1	Grundlagen	1
2	Werkstoffe	23
3	Ändern der Eigenschaften metallischer Werkstoffe	71
4	Werkstoffprüfung	83
5	Schmierstoffe	119
6	Reinigen und Entfetten	129
7	Korrisionsschutz	135
8	Fertigungsverfahren Metalle	147
9	Fertigungsverfahren Kunststoffe	269
10	Betriebsmittel	309
11	Arbeitsgestaltung (Ergonomie)	377
12	Elektrische Antriebe	389
13	Steuerungs- und Regelungstechnik	421
14	Meßtechnik	445
15	Betriebsorganisation	573
16	Rechnerunterstützte Planung von Fertigungsprozessen	609
17	Automatisierung in Teilefertigung, Handhabung und Montage	683
18	Rechnerunterstützte Qualitätssicherung	699
19	Innerbetriebliche Lager- und Transportsysteme	745
20	Technische Gebäudeausrüstung	765
21	Arbeitsschutz und Unfallverhütung	819
22	Arbeitsrecht	829
23	Umweltschutz	837

Wolfgang Meins (Hrsg.)

**Handbuch
Fertigungs- und Betriebstechnik**

Autoren

Dr.-Ing. Wolfgang Adam
Dipl.-Ing. Bruno Alberts
Prof. Dipl.-Ing. Arno Bergmann
Prof. Dr.-Ing. Eberhard Birkel
Dr.-Ing. Horst Brandt
Prof. Dr.-Ing. Berend Brouer
Dr.-Ing. Wolfgang Dorau
Prof. Dipl.-Ing. Hans-Jürgen Dräger
Prof. Dr.-Ing. Gert Goch
Prof. Dr.-Ing. Siegfried Haenle
Prof. Dipl.-Ing. Günther Harsch
Prof. Dr. Walter Hellerich
Dipl.-Ing. Hans-Friedrich Hintze
Prof. Dr.-Ing. Klaus Horn
Dr. Volker Irmer
Prof. Dipl.-Ing. Hans Jebsen
Dr. Dieter Jost
Dr. Josef Kolerus
Dipl.-Ing. Erich Koops
Prof. Dr.-Ing. Frank-Lothar Krause
Prof. Dr. Ralf Kürer
Prof. Dipl.-Ing. Hans Volker Lange
Prof. Dr.-Ing. Heinrich Martin
Prof. Dr.-Ing. Wolfgang Meins
Dipl.-Ing. Otto Menzel
Dr.-Ing. Kai Mertins
Prof. Dr. Hans Meurers
Dr.-Ing. Friedrich Mittrop
Dr.-Ing. Dietrich Morghen
Prof. Dipl.-Ing. Hans Müller
Dipl.-Ing. Hans Nohme
Prof. Dr.-Ing. Richard Overdick
Prof. Dr. Volker Reinhard
Dipl.-Ing. Wolfgang Schultetus
Dr.-Ing. Günther Seliger
Prof. Dr.-Ing. Erich Singer
Dipl.-Ing. Jürgen Stoldt
Dipl.-Ing. Wolfram Süssenguth
Prof. Dr.-Ing. Vlassis Vassilakopoulos
Prof. Dr.-Ing. Hans-Jürgen Warnecke
Dr.-Ing. Klaus Zerweck
Prof. Dr.-Ing. Jörg Zimmermann

Wolfgang Meins (Hrsg.)

Handbuch Fertigungs- und Betriebstechnik

Mit 604 Bildern und 113 Tabellen

Friedr. Vieweg & Sohn
Braunschweig / Wiesbaden

CIP-Titelaufnahme der Deutschen Bibliothek

Handbuch Fertigungs- und Betriebstechnik /
Wolfgang Meins (Hrsg.). — Braunschweig;
Wiesbaden: Vieweg, 1989
  ISBN-13: 978-3-322-84911-3

NE: Meins, Wolfgang [Hrsg.]

Verlagsredaktion: *Alfred Schubert*

Der Verlag Vieweg ist ein Unternehmen der Verlagsgruppe Bertelsmann.

Alle Rechte vorbehalten
© Friedr. Vieweg & Sohn Verlagsgesellschaft mbH., Braunschweig 1989
Softcover reprint of the hardcover 1st edition 1989

Das Werk einschließlich aller seiner Teile ist urheberrechtlich geschützt. Jede Verwertung außerhalb der engen Grenzen des Urheberrechtsgesetzes ist ohne Zustimmung des Verlages unzulässig und strafbar. Das gilt insbesondere für Vervielfältigungen, Übersetzungen, Mikroverfilmungen und die Einspeicherung und Verarbeitung in elektronischen Systemen.

Satz: Vieweg, Braunschweig

ISBN-13: 978-3-322-84911-3   e-ISBN-13: 978-3-322-84910-6
DOI: 10.1007/ 978-3-322-84910-6

Vorwort

Das Handbuch dient als studienbegleitendes Buch für Studierende des Maschinenbaues an Fachhochschulen und Technischen Universitäten. Aber auch Fertigungs- und Betriebsingenieure in der Praxis, die entweder ihre Kenntnisse auffrischen wollen oder sich über Nachbargebiete informieren müssen, finden in diesem Buch die notwendige Hilfe. Es gibt ihnen die erste Grundlage. Zusätzlich bieten umfangreiche Literaturhinweise dem Leser die Möglichkeit, mit Hilfe weiterführender Bücher und entsprechender Normen die Kenntnisse zu vertiefen.

Die Auswahl des Stoffes ergibt sich zwingend, wenn man den vorgesehenen Leserkreis betrachtet: Für Fertigungsingenieure sind besonders die Gebiete Werkstoffkunde, Werkstoffprüfung, Schmierstoffe, Reinigen und Entfetten, Korrosionsschutz, Fertigungstechnologien, Fertigungsmittel, Antriebe, industrielle Meßtechnik, rechnerunterstützte Konstruktion und Planung von Fertigungsprozessen sowie rechnerunterstützte Qualitätssicherung von Bedeutung. Der Betriebsingenieur wird sich dagegen mehr mit den Bereichen Betriebsorganisation, Arbeitsplatzgestaltung, Ergonomie, Transport- und Lagersysteme, Steuerungs- und Regelungstechnik, techniche Gebäudeausrüstung, Umweltschutz, Arbeitsschutz und Unfallverhütung sowie Arbeitsrecht, Organisation und Planung rechnerintegrierter Betriebsstrukturen befassen. Jeder wird in seinem Bereich nur optimal arbeiten können, wenn er auch die Probleme des anderen kennt. Gerade dazu ist das Buch ein unentbehrliches Hilfsmittel.

Die Gliederung der Fertigungsverfahren erfolgte in Anlehnung an DIN 8580. In Einzelfällen wurde im Interesse einer besseren Übersichtlichkeit davon abgewichen. So wurde beispielsweise die „Blechbearbeitung" als Gesamtheit dargestellt und nicht unter „Umformen" und „Trennen". Ähnliches gilt für das „Schweißen", es ist unter „Fügen" aufgeführt und nicht zusätzlich unter „Trennen" und „Beschichten". Leser, die mit den Grundlagen der Fertigungsverfahren nach DIN 8580 weniger vertraut sind, bitten wir die Übersicht auf dem vorderen Vorsatz zu beachten.

Bei den Gebieten, die sich mit den Grundlagen der Werkstoffe und den Fertigungstechnologien befassen, ist eine Trennung nach den Werkstoffen „Metalle" und „Kunststoffe" vorgenommen worden, damit sich der Leser schneller und intensiver informieren kann.

In der Fertigungstechnik sind die Technologien, Maschinen und Werkzeuge getrennt bearbeitet. Von der klassischen Gliederung wurde Abstand genommen, da so gezielt rasche Information möglich ist.

Besonderer Wert wurde darauf gelegt, daß auch die neuesten Gebiete der Fertigungstechnik aufgenommen wurden. Ihrer gegenwärtigen und künftigen Bedeutung entsprechend wurden die Gebiete Rechnerunterstützung bei Konstruktion und Planung sowie bei Fertigungsprozessen berücksichtigt. Auch die Automatisierung und Handhabungstechnik (Industrieroboter) wurden bearbeitet, genauso wie das Programmieren numerisch gesteuerter Werkzeugmaschinen und rechnergeführte Meßgeräte.

Die Qualitätssicherung, die durch neue Gesetze (Produzentenhaftung) wegen der schwerwiegenden Konsequenzen für die Hersteller von Industriegütern eine steigende Bedeutung bekommt, wird vor allem in den folgenden Buchteilen ausführlich dargestellt: Statistik, Fertigungsmeßtechnik, Qualitätssicherung innerhalb der Betriebsorganisation und Schwerpunkte der Qualitätssicherung.

Ein besonderes Kapitel wurde dem Umweltschutz gewidmet. Dieses Thema wird auch für Betriebsingenieure künftig von großer Bedeutung sein. Nach dem Verursacher-Prinzip wird die Industrie in zunehmendem Maße gezwungen werden, Gesetze und Grenzwerte für die Reinhaltung von Wasser und Luft sowie für die Lärmbelastung einzuhalten.

Selbstverständlich werden die SI-Einheiten konsequent eingehalten. Da die Leser noch auf längere Zeit mehrgleisig denken müssen, sind zur Erleichterung Definitionen und Umrechnungen gegenüber anderen Einheiten wiedergegeben.

42 Autoren, jeder Fachmann auf seinem Gebiet, haben das Buch geschrieben. Da sie fast alle in der Lehre tätig sind, kennen sie die Probleme der Studenten, aber auch der Berufsanfänger und der Praktiker, deren Studium schon länger zurückliegt und die sich in die neue Technik einarbeiten müssen. Bedingt durch die Vielzahl der Autoren und aufgrund der breitgefächerten Thematik war es nicht ganz auszuschließen, daß in dem einen oder anderen Falle das gleiche Thema von zwei Autoren aus ihrer unterschiedlichen Sicht behandelt wird. Diese Wiederholungen tragen sogar zum Verständnis bei.

Ein Buch der vorliegenden Art hat eine lange Vorbereitungsphase, in der verschiedene Vorstellungen und Wünsche hinsichtlich des Inhaltes und des Umfanges abzuwägen und abzustimmen sind. Die hier notwendige Zusammenarbeit zwischen Verlag und einer Vielzahl von Autoren war vorbildlich. Dafür möchte ich allen Beteiligten sehr danken. Es wurden stets Lösungen und Kompromisse erarbeitet, die für das Buch und damit für die Leser von Vorteil sind. Vor allem möchte ich dem Lektor, Herrn Alfred Schubert, besonders danken. Er hatte die schwierige Aufgabe zu lösen, die Manuskripte für den Druck vorzubereiten, die Literaturverzeichnisse abzustimmen, das Sachwortverzeichnis zu erstellen und die unvermeidlichen Korrekturen zu überwachen.

Herausgeber, Autoren, Lektor und Verlag hoffen, daß es gelungen ist, den Lesern ein wertvolles und unentbehrliches Arbeitsmittel zu bieten.

Hamburg, Januar 1989

Prof. Dr.-Ing. *Wolfgang Meins*
(Herausgeber)

Inhaltsverzeichnis

1	**Grundlagen**	1
1.1	Maßeinheiten	1
1.1.1	SI-Einheiten	1
1.1.2	Abgeleitete Einheiten	3
1.1.3	Dezimale Vielfache und Teile von Einheiten	5
1.1.4	Andere nicht mehr gebräuchliche Einheiten	6
1.1.5	Umrechnungen verschiedener Maßeinheiten	6
1.2	Maßtoleranzen und Toleranzsysteme	9
1.3	Form- und Lagetoleranzen	13
1.3.1	Maximum-Material-Prinzip	14
1.3.2	Positionstolerierung	15
1.3.3	Neue Tolerierungsgrundsätze. Zusammenhang zwischen Maß-, Form- und Lagetoleranzen	15
1.3.4	Allgemeintoleranzen für Form und Lage	17
1.4	Werte fester, flüssiger und gasförmiger Stoffe	18
1.5	Literatur	20
2	**Werkstoffe**	23
2.1	Eisenwerkstoffe	23
2.1.1	Baustähle	23
2.1.1.1	Allgemeine Baustähle	23
2.1.1.2	Feinkornbaustähle	23
2.1.1.3	Einsatz- und Nitrierstähle	24
2.1.1.4	Vergütungsstähle	26
2.1.1.5	Warmfeste Stähle	26
2.1.1.6	Nichtrostende Stähle	28
2.1.1.7	Stähle für Sonderzwecke	28
2.1.2	Werkzeugstähle und Hartmetalle	29
2.1.2.1	Werkzeugstähle	29
2.1.2.2	Hartmetalle	31
2.1.3	Gegossene Eisenwerkstoffe	34
2.1.3.1	Stahlguß	34
2.1.3.2	Grauguß lamellar (GGL)	35
2.1.3.3	Grauguß globular (GGG)	35
2.1.3.4	Temperguß	37
2.2	Nichteisenmetalle	38
2.2.1	Schwermetalle und deren Legierungen	38
2.2.1.1	Kupfer	39
2.2.1.2	Kupfer-Zinn-Legierungen	40
2.2.1.3	Kupfer-Nickel-Legierungen	41
2.2.1.4	Kupfer-Zink-Legierungen (Messinge)	41
2.2.1.5	Zink- und Zink-Legierungen	42
2.2.2	Leichtmetalle und deren Legierungen – Aluminium	44
2.3	Kunststoffe	47
2.3.1	Einführung	47
2.3.2	Aufbau und Verhalten von Kunststoffen	52
2.3.2.1	Der molekulare Aufbau von Kunststoffen	52
2.3.2.2	Mechanisch-thermisches Verhalten von Kunststoffen	53

	2.3.3	Gezielte Eigenschaftsänderungen bei Thermoplasten	55
		2.3.3.1 Weichgemachte Kunststoffe	55
		2.3.3.2 Thermoplastische Polymerisatmischungen	55
		2.3.3.3 Thermoplastische Copolymerisate und Pfropfpolymerisate	55
		2.3.3.4 Zusatzstoffe für Kunststoffe	55
	2.3.4	Wichtige Kunststoffe, Eigenschaften und Anwendungsbeispiele	56
		2.3.4.1 Thermoplaste	57
		2.3.4.2 Fluorhaltige Kunststoffe	60
		2.3.4.3 Duroplaste (Formstoffe gepreßt und laminiert)	60
	2.3.5	Elastomere (Gummi)	63
		2.3.5.1 Gummi	63
		2.3.5.2 Polyurethan-Elastomere, PUR	65
	2.3.6	Geschäumte Kunststoffe	66
2.4	Literatur		67

3 Ändern der Eigenschaften ... 71

3.1	Verformung und Rekristallisation		71
	3.1.1	Kaltverformung	71
	3.1.2	Kristallerholung und Rekristallisation	71
	3.1.3	Warmverformung	73
3.2	Wärmebehandlung bei umwandlungsfähigen Stählen		73
	3.2.1	Normalglühen	75
	3.2.2	Grobkornglühen oder Hochglühen	75
	3.2.3	Weichglühen	76
	3.2.4	Spannungsarmglühen	76
	3.2.5	Diffusionsglühen	76
	3.2.6	Sonderverfahren	76
	3.2.7	Härten und Vergüten	77
	3.2.8	Begriffe der Härtetechnik	80
3.3	Ausscheidungshärtung bei Nichteisenmetallen und Stählen		80
3.4	Literatur		82

4 Werkstoffprüfung ... 83

4.1	Werkstoffprüfung metallischer Werkstoffe		83
	4.1.1	Mechanisch-technologische Prüfverfahren	83
		4.1.1.1 Zugversuch	83
		4.1.1.2 Druckversuch	85
		4.1.1.3 Biegeversuch	86
		4.1.1.4 Härteprüfungen nach Brinell, Vickers und Rockwell sowie Sonderverfahren	87
		4.1.1.5 Kerbschlagbiegeversuch	89
		4.1.1.6 Technologische Prüfverfahren	90
		4.1.1.7 Dauerfestigkeitsprüfungen	92
	4.1.2	Metallografische Untersuchungen	95
		4.1.2.1 Makroskopische Prüfverfahren	95
		4.1.2.2 Mikroskopische Prüfverfahren	95
	4.1.3	Zerstörungsfreie Prüfverfahren	96
		4.1.3.1 Magnetische Risseprüfung	96
		4.1.3.2 Prüfung mit dem Farbeindringverfahren	96
		4.1.3.3 Ultraschallprüfung	97
		4.1.3.4 Durchstrahlungsverfahren	98

4.2		Werkstoffprüfung Kunststoffe	100
	4.2.1	Mechanische Eigenschaften	101
		4.2.1.1 Zugversuch	101
		4.2.1.2 Druckversuch	102
		4.2.1.3 Biegeversuch	102
		4.2.1.4 Härteprüfung	103
		4.2.1.5 Schlagversuche	103
		4.2.1.6 Zeitschwingversuche	104
		4.2.1.7 Zeitstandversuche	106
	4.2.2	Elektrische Eigenschaften	108
		4.2.2.1 Elektrische Durchschlagfestigkeit	108
		4.2.2.2 Oberflächenwiderstand R_0	108
		4.2.2.3 Spezifischer Durchgangswiderstand ρ_D	109
		4.2.2.4 Dielektrische Eigenschaftswerte	109
		4.2.2.5 Kriechstromfestigkeit	109
	4.2.3	Thermische Eigenschaften	109
	4.2.4	Chemische Eigenschaften und Spannungsrißbildung	110
	4.2.5	Schwindungsverhalten	111
	4.2.6	Gefügeuntersuchungen	112
		4.2.6.1 Untersuchungen im Durchlichtverfahren	112
		4.2.6.2 Untersuchungen im Auflichtverfahren	112
	4.2.7	Prüfung von Kunststoff-Fertigteilen	113
	4.2.8	Erkennen von Kunststoffen	113
	4.2.9	Brennverhalten von Kunststoffen	114
	4.2.10	Lichtechtheit, Wetter- und Alterungsbeständigkeit	114
4.3		Literatur	115

5 Schmierstoffe ... 119

- 5.1 Kennwerte und ihre Bedeutung ... 120
- 5.2 Hydrauliköle ... 123
- 5.3 Getriebeöle ... 124
- 5.4 Gleitbahnöle ... 125
- 5.5 Kühlschmierstoffe und Funktionsstoffe ... 125
- 5.6 Schmierfette ... 126
- 5.7 Literatur ... 127

6 Reinigen und Entfetten ... 129

- 6.1 Grundlagen der Metallreinigung ... 129
  - 6.1.1 Die Verunreinigungen ... 129
  - 6.1.2 Adhäsion, Adsorption und Chemisorption ... 129
- 6.2 Reinigen mit Flüssigkeiten ... 129
  - 6.2.1 Lösungsmittelreinigung ... 130
  - 6.2.2 Reinigen mit alkalischen Lösungen ... 131
  - 6.2.3 Mechanische Unterstützung ... 131
  - 6.2.4 Die elektrolytische Entfettung ... 131
- 6.3 Beizen und Brennen ... 132
  - 6.3.1 Das Beizen mit Säuren ... 132
  - 6.3.2 Das Beizen mit alkalischen Lösungen ... 133
  - 6.3.3 Verfahrensweise, Sonderverfahren ... 133
- 6.4 Literatur ... 133

7 Korrosionsschutz ... 135
- 7.1 Grundlagen der metallischen Korrosion ... 135
  - 7.1.1 Chemische Korrosion ... 135
  - 7.1.2 Elektrolytische Korrosion ... 135
  - 7.1.3 Einflüsse von Gefüge und Spannungen ... 138
  - 7.1.4 Spannungsrißkorrosion, Erosion, Kavitation ... 138
- 7.2 Korrosive Medien ... 139
  - 7.2.1 Die Atmosphäre ... 139
  - 7.2.2 Das Wasser ... 139
  - 7.2.3 Das Erdboden ... 139
- 7.3 Korrosionsschutz durch Oberflächenschichten ... 140
  - 7.3.1 Aktive Schichten ... 140
  - 7.3.2 Schichten mit Sperrwirkung ... 141
- 7.4 Korrosionsschutz durch Schutzspannungen ... 142
- 7.5 Literatur ... 142

8 Fertigungsverfahren Metalle ... 147
- 8.1 Urformen ... 147
  - 8.1.1 Gießereitechnik ... 147
    - 8.1.1.1 Grundlagen ... 147
    - 8.1.1.2 Verfahren mit Dauermodellen und verlorenen Formen ... 150
    - 8.1.1.3 Verfahren mit verlorenen Modellen und verlorenen Formen ... 152
    - 8.1.1.4 Verfahren mit Dauerformen ... 153
  - 8.1.2 Sintertechnik ... 156
- 8.2 Umformen ... 159
  - 8.2.1 Allgemeines ... 159
  - 8.2.2 Schmieden ... 162
  - 8.2.3 Fließpressen ... 166
  - 8.2.4 Strangpressen ... 168
  - 8.2.5 Walzen ... 169
- 8.3 Trennen ... 171
  - 8.3.1 Spanen ... 171
    - 8.3.1.1 Grundlagen ... 171
    - 8.3.1.2 Spanen mit geometrisch bestimmten Schneiden ... 181
    - 8.3.1.3 Verfahren mit geometrisch unbestimmten Schneiden ... 190
  - 8.3.2 Abtragen ... 197
    - 8.3.2.1 Thermisches Abtragen ... 197
    - 8.3.3.2 Elektrochemisches Abtragen ... 200
- 8.4 Fügen ... 202
  - 8.4.1 Kleben ... 202
    - 8.4.1.1 Allgemeine Einführung ... 202
    - 8.4.1.2 Physikalische und chemische Grundlagen des Klebens ... 203
    - 8.4.1.3 Vorbehandlungsverfahren für das Metallkleben ... 203
    - 8.4.1.4 Klebstoffe und ihre Verarbeitung ... 204
    - 8.4.1.5 Konstruktive Gestaltung der Klebverbindungen ... 205
    - 8.4.1.6 Festigkeitsverhalten der Klebverbindungen ... 206
  - 8.4.2 Löten ... 207
    - 8.4.2.1 Allgemeine Einführung ... 207
    - 8.4.2.2 Lote ... 209
    - 8.4.2.3 Arbeitsverfahren ... 209
  - 8.4.3 Schweißen ... 210
    - 8.4.3.1 Schweißbarkeit ... 210
    - 8.4.3.2 Schmelzschweißverfahren ... 214

Inhaltsverzeichnis

		8.4.3.3 Preßverbindungsschweißen	222
		8.4.3.4 Beschichten; Auftragsschweißen und thermisches Spritzen	227
		8.4.3.5 Thermisches Schneiden	229
8.5	Beschichten		231
	8.5.1	Überblick	231
		8.5.1.1 Funktion der Beschichtung	231
		8.5.1.2 Verfahrens- und Werkstoffübersicht	231
	8.5.2	Metallschichten	232
		8.5.2.1 Aufdampfen und ähnliche Verfahren	232
		8.5.2.2 Schmelztauchen	233
		8.5.2.3 Galvanisieren	233
		8.5.2.4 Thermisches Spritzen	233
		8.5.2.5 Weitere Verfahren	234
	8.5.3	Lackschichten	234
		8.5.3.1 Streichen	234
		8.5.3.2 Spritzen	234
		8.5.3.3 Tauchen und Elektrotauchlakieren	236
		8.5.3.4 Pulverbeschichten	236
		8.5.3.5 Weitere Lackierverfahren	236
		8.5.3.6 Lacktrocknen	237
	8.5.4	Weitere Schichtwerkstoffe und Verfahren	237
	8.5.5	Vor- und Nachbehandlungsverfahren	237
	8.5.6	Beschichtungsgerechtes Konstruieren	237
8.6	Blechverarbeitung (umformende Verfahren)		238
	8.6.1	Verfahrensübersicht	238
	8.6.2	Tiefziehen	238
	8.6.3	Biegen	245
	8.6.4	Streckziehen	247
	8.6.5	Abstreckziehen	251
	8.6.6	Drücken	251
8.7	Blechverarbeitung (schneidende Verfahren)		252
	8.7.1	Begriffe	252
	8.7.2	Grundlagen des Schneidens	255
	8.7.3	Gestaltungsregeln	256
	8.7.4	Feinschneiden	259
8.8	Literatur		260

9 Fertigungsverfahren Kunststoffe ... 269

9.1	Urformen		269
	9.1.1	Spritzgießen	270
		9.1.1.1 Spritzgießen von Thermoplasten	270
		9.1.1.2 Spritzgießen von Duroplasten	274
		9.1.1.3 Sonderverfahren	274
	9.1.2	Pressen und Spritzpressen	274
		9.1.2.1 Warmpressen	275
		9.1.2.2 Spritzpressen	276
	9.1.3	Fertigungsgenauigkeit beim Spritzgießen und Pressen	277
	9.1.4	Fertigungsgerechtes Gestalten von Formteilen	278
	9.1.5	Extrudieren und Blasformen	283
	9.1.6	Herstellen von faserverstärkten Formteilen	284
	9.1.7	Schäumen	285
	9.1.8	Rotationsformen	287

9.2 Umformen ... 287
- 9.2.1 Biegen und Abkanten von Tafeln ... 288
- 9.2.2 Biegen und Aufweiten von Rohren ... 288
- 9.2.3 Streckformen von Folien und Tafeln ... 289

9.3 Spanende Bearbeitung ... 291

9.4 Fügen von Kunststoffen ... 293
- 9.4.1 Kleben ... 294
  - 9.4.1.1 Wichtige Einflußfaktoren auf die Güte der Klebverbindung ... 294
  - 9.4.1.2 Klebstoffarten ... 294
  - 9.4.1.3 Ausführung von Klebverbindungen ... 295
  - 9.4.1.4 Verwendung von Klebstoffen ... 295
- 9.4.2 Schweißen ... 295
  - 9.4.2.1 Warmgasschweißen W ... 297
  - 9.4.2.2 Heizelementschweißen H ... 298
  - 9.4.2.3 Reibschweißen FR ... 300
  - 9.4.2.4 Ultraschallschweißen US ... 300
  - 9.4.2.5 Hochfrequenzschweißen HF ... 301
- 9.4.3 Nieten ... 301
- 9.4.4 Schnappverbindungen ... 302
- 9.4.5 Schrauben ... 303
- 9.4.6 Einbetten von Metallteilen ... 303

9.5 Beschichten und Oberflächenbehandlung ... 304
- 9.5.1 Lackieren ... 304
- 9.5.2 Metallisieren ... 305
  - 9.5.2.1 Vakuumbedampfen ... 305
  - 9.5.2.2 Galvanisieren ... 305
- 9.5.3 Beflocken ... 305
- 9.5.4 Bedrucken ... 306
- 9.5.5 Heißprägen ... 306
- 9.5.6 Beschichten mit Kunststoffen ... 306

9.6 Literatur ... 307

10 Betriebsmittel ... 309

10.1 Werkzeugmaschinen ... 309
- 10.1.1 Werkzeugmaschinen für spanende Verfahren ... 309
  - 10.1.1.1 Allgemeines ... 309
  - 10.1.1.2 Bauteile der spanenden Werkzeugmaschinen ... 309
  - 10.1.1.3 Abnahme und Genauigkeit ... 316
  - 10.1.1.4 NC-Steuerung ... 316
  - 10.1.1.5 Übersicht der spanenden Werkzeugmaschinen ... 318
- 10.1.2 Werkzeugmaschinen für Umformen und Blechverarbeitung ... 325
  - 10.1.2.1 Schmiedehämmer ... 325
  - 10.1.2.2 Mechanische Pressen ... 327
  - 10.1.2.3 Hydraulische Pressen ... 332
- 10.1.3 Werkzeugmaschinen für die Kunststoffverarbeitung ... 334
  - 10.1.3.1 Spritzgießmaschinen ... 334
  - 10.1.3.2 Pressen ... 334
  - 10.1.3.3 Extruder ... 335
  - 10.1.3.4 Warmumformmaschinen ... 335
  - 10.1.3.5 Sondermaschinen ... 335

10.2 Werkzeuge ... 336
- 10.2.1 Werkzeuge für spanende Verfahren ... 336
  - 10.2.1.1 Allgemeines ... 336
  - 10.2.1.2 Werkzeuge zum Drehen ... 336

Inhaltsverzeichnis XIII

	10.2.1.3 Werkzeuge zum Bohren	337
	10.2.1.4 Werkzeuge zum Fräsen	340
	10.2.1.5 Werkzeuge zum Schleifen	341
	10.2.1.6 Werkzeuge zum Hobeln, Stoßen und Räumen	342
	10.2.1.7 Werkzeuge zum Sägen	343
	10.2.1.8 Werkzeuge zum Herstellen von Gewinden	343
	10.2.1.9 Werkzeuge zum Herstellen von Verzahnungen	344
10.2.2	Werkzeuge zum Umformen und zur Blechverarbeitung	344
	10.2.2.1 Werkzeuge des Umformens	344
	10.2.2.2 Schneidwerkzeuge	345
	10.2.2.3 Tiefziehwerkzeuge	345
10.2.3	Werkzeuge für die Kunststoffverarbeitung	347
	10.2.3.1 Werkzeuge zum Spritzgießen	347
	10.2.3.2 Werkzeuge zum Pressen und zum Spritzpressen	350
	10.2.3.3 Werkzeuge für Extrusion und Blasformen	350
	10.2.3.4 Werkzeuge zum Umformen	351
	10.2.3.5 Werkzeuge für Gummiverarbeitung	351
10.3 Spannzeuge für Werkzeuge		351
10.3.1	Allgemeines	351
10.3.2	Spannzeuge für Drehwerkzeuge	352
10.3.3	Spannzeuge für Bohrwerkzeuge	353
10.3.4	Spannzeuge für Fräswerkzeuge	354
10.3.5	Spannzeuge für Schleifwerkzeuge	354
10.3.6	Spannzeuge für Hobel- Stoß- und Räumwerkzeuge	354
10.3.7	Spannzeuge für Werkzeuge zum Sägen	355
10.4 Vorrichtungs-Systematik		356
10.4.1	Einführung	356
	10.4.1.1 Definition	356
	10.4.1.2 Begründung für den Einsatz von Vorrichtungen	356
	10.4.1.3 Anforderungen an Vorrichtungen	356
	10.4.1.4 Aufgaben der Vorrichtung	357
10.4.2	Lagebestimmen	357
	10.4.2.1 Bestimmebenen und Bezugsebenen	357
	10.4.2.2 Halbbestimmen	358
	10.4.2.3 Bestimmen und Vollbestimmen	359
	10.4.2.4 Halbzentrieren	359
	10.4.2.5 Zentrieren	360
	10.4.2.6 Vollzentrieren	360
10.4.3	Spannen	363
	10.4.3.1 Spannregeln	363
	10.4.3.2 Berechnung der Spannkraft	363
	10.4.3.3 Mechanische Spannmittel	364
	10.4.3.4 Spannen mit Wirkmedien	364
	10.4.3.5 Spannen mit Magnetwirkung	368
10.4.4	Führen von Bohrwerkzeugen	369
	10.4.4.1 Aufgaben und Einsatz von Bohrbuchsen	369
	10.4.4.2 Einbau von Bohrbuchsen	369
10.4.5	Toleranzbetrachtungen	369
	10.4.5.1 Bestimmfehler	370
	10.4.5.2 Berechnung von systematischen Maß und Lageabweichungen	370
	10.4.5.3 Fehler durch Verformung von Vorrichtung und/oder Werkstück	371
10.5 Literatur		372

11 Arbeitsgestaltung (Ergonomie) ... 377

- 11.1 Grundlagen der Arbeitsgestaltung ... 377
  - 11.1.1 Belastung und Beanspruchung ... 377
  - 11.1.2 Formen der Muskelarbeit ... 378
  - 11.1.3 Körperkräfte ... 378
  - 11.1.4 Körpermaße ... 378
  - 11.1.5 Belastung der Sinne und Nerven ... 380
  - 11.1.6 Einflüsse aus der Arbeitsumgebung ... 381
- 11.2 Daten für die Arbeitsgestaltung ... 381
  - 11.2.1 Arbeitsplatzmaße ... 381
  - 11.2.2 Maximale Muskelkräfte ... 384
  - 11.2.3 Stellteile und Anzeigen ... 385
  - 11.2.4 Sehbedingungen ... 386
  - 11.2.5 Maßnahmen zur Lärmminderung ... 386
- 11.3 Literatur ... 387

12 Elektrische Antriebe ... 389

- 12.1 Das Wesen des elektrischen Antriebs ... 389
- 12.2 Strukturen von Antriebssystemen ... 391
- 12.3 Antriebsaufgaben und Arbeitsmaschinen ... 396
- 12.4 Elektrische Antriebsmotoren ... 401
- 12.5 Stellglieder für elektrische Antriebe ... 412
- 12.6 Antriebsregelung ... 415
- 12.7 Antriebsauswahl ... 416
- 12.8 Literatur ... 418

13 Steuerungs- und Regelungstechnik ... 421

- 13.1 Allgemeines ... 421
  - 13.1.1 Erläuterung der Begriffe ... 421
  - 13.1.2 Signalflußplan ... 422
  - 13.1.3 Mathematische Betrachtungen ... 423
    - 13.1.3.1 Schaltfunktion ... 423
    - 13.1.3.2 Differentialgleichungen ... 423
    - 13.1.3.3 Frequenzgang ... 425
    - 13.1.3.4 Zustandsgleichungen ... 426
    - 13.1.3.5 Simulation ... 428
- 13.2 Mechanische Verfahren der Steuerungs- und Regelungstechnik ... 429
  - 13.2.1 Fliehkraftprinzip ... 429
  - 13.2.2 Schwimmerprinzip ... 429
  - 13.2.3 Ausdehnungsprinzip ... 430
- 13.3 Hydraulische Verfahren ... 430
  - 13.3.1 Hydrostatische Steuerungen ... 430
  - 13.3.2 Servohydraulik ... 430
- 13.4 Pneumatische Verfahren ... 432
  - 13.4.1 Pneumatische Steuerungen ... 432
  - 13.4.2 Pneumatische Logik ... 432
  - 13.4.3 Fluidik ... 432
  - 13.4.4 Pneumatische Regler ... 434
- 13.5 Elektrische und elektronische Verfahren ... 434
  - 13.5.1 Schützensteuerungen ... 435
  - 13.5.2 Integrierte elektronische Digitalbausteine ... 436
  - 13.5.3 Elektronische Regler mit Rechenverstärkern ... 437

Inhaltsverzeichnis XV

13.6 Einsatz von Computern 438
    13.6.1 Speicherprogrammierte Steuerungen 438
    13.6.2 Prozeßrechner 439
    13.6.3 Mikrocomputer als Regler 441
        13.6.3.1 Aufbau und Arbeitsweise des Mikrocomputers 441
        13.6.3.2 Programmierung des Mikrocomputers 441
        13.6.3.3 Prozeßleitsysteme 442
13.7 Literatur 442

14 Meßtechnik   445

14.1 Grundlagen 445
    14.1.1 Messen 445
    14.1.2 Meßfehler 445
14.2 Statistische Methoden 447
    14.2.1 Anwendungsbereich statistischer Methoden 447
    14.2.2 Grundbegriffe 447
    14.2.3 Statistisches Auswerten von Meßreihen 449
        14.2.3.1 Voraussetzungen 449
        14.2.3.2 Urliste 449
        14.2.3.3 Ausreißerkontrolle 449
        14.2.3.4 Klassierung 449
        14.2.3.5 Parameter der Stichprobe 452
        14.2.3.6 Berechnung der Parameter x und s aus klassierten Werten 453
        14.2.3.7 Parameter der Grundgesamtheit (Vertrauensbereiche) 454
        14.2.3.8 Zufallsstreubereiche, Zufallsgrenzen 456
    14.2.4 Die Normalverteilung 456
        14.2.4.1 Darstellung und Eigenschaften 456
        14.2.4.2 Mischverteilung 458
        14.2.4.3 Das Wahrscheinlichkeitsnetz 458
    14.2.5 χ^2-Anpassungstest 460
    14.2.6 Stichprobenprüfung 462
        14.2.6.1 Verfahren 462
        14.2.6.2 Annahmekennlinie 464
        14.2.6.3 Stichprobensysteme 464
    14.2.7 Qualitätsregelkarten 465
14.3 Elektrisches Messen mechanischer Grundgrößen 467
    14.3.1 Begriffsdefinitionen 467
        14.3.1.1 Mechanische Grundgrößen 467
        14.3.1.2 Elektrisches Messen 470
    14.3.2 Grundgesetze der Signalübertragung in Meßketten 470
        14.3.2.1 Das Energieprinzip der Signalübertragung 471
        14.3.2.2 Signalumformung in Funktionsblöcken 471
        14.3.2.3 Leistungsumformer als Funktionsblock-Koppler 472
        14.3.2.4 Meßfühler-Funktionsblöcke 474
        14.3.2.5 Funktionsblöcke von Meßobjekt-Systemen 475
        14.3.2.6 Aufstellung von Energieflußplänen 475
        14.3.2.7 Vereinheitlichung von Energieflußsträngen 477
        14.3.2.8 Berechnung des Übertragungsverhaltens elektromechanischer
                Meßkettenteile 480
        14.3.2.9 Anpassungsabweichungen 484
    14.3.3 Aktive elektromechanische Aufnehmer 485
        14.3.3.1 Elektrodynamischer Aufnehmer 486
        14.3.3.2 Elektromagnetische Aufnehmer 487
        14.3.3.3 Piezoelektrische Aufnehmer 488

	14.3.4	Passive elektromechanische Aufnehmer	489
		14.3.4.1 Aufnehmer mit ohmschen Widerständen	490
		14.3.4.2 Kapazitive Aufnehmer	493
		14.3.4.3 Induktive Aufnehmer	494
		14.3.4.4 Vibrations-Aufnehmer	497
		14.3.4.5 Resonator-Aufnehmer	497
	14.3.5	Kompensierende Aufnehmer	497
	14.3.6	Überblick über elektromechanische Aufnehmer	499
	14.3.7	Das elektronische Meßkettenteil	499
		14.3.7.1 Elektrische Meßtechnik, allgemein	499
		14.3.7.2 Verstärkertechnik	499
		14.3.7.3 Digitale Meßtechnik	499
		14.3.7.4 Digitale Schnittstellen und Datenbussysteme	499
		14.3.7.5 Telemetrie	500
14.4	Temperaturmessung		500
	14.4.1	Das thermodynamische System	500
		14.4.1.1 Zustandsgrößen, Speicher	500
		14.4.1.2 Temperaturskalen	500
	14.4.2	Ausdehnungsthermometer	501
		14.4.2.1 Flüssigkeits-Glasthermometer	501
		14.4.2.2 Federthermometer (Tensionsthermometer)	502
		14.4.2.3 Metallausdehnungsthermometer	502
	14.4.3	Thermoelemente	502
	14.4.4	Metallische Widerstandsthermometer	503
	14.4.5	Halbleiter-Widerstandsthermometer	503
	14.4.6	Strahlungsthermometer	503
	14.4.7	Rauschspannungsthermometrie	504
	14.4.8	Quarzthermometer	504
	14.4.9	Anpassungsabweichungen	504
	14.4.10	Temperaturmeßbereiche	504
14.5	Fertigungsmeßtechnik		505
	14.5.1	Allgemeine Grundlagen	505
	14.5.2	Beschreibung von Meßverfahren und Meßgeräten	508
		14.5.2.1 Meßverfahren	508
		14.5.2.2 Mechanische Innenmeßgeräte	508
		14.5.2.3 Pneumatische Längenmeßgeräte	510
		14.5.2.4 Elektronische Längenmeßgeräte	512
		14.5.2.5 Koordinatenmeßgeräte	515
		14.5.2.6 Meßunsicherheiten	517
		14.5.2.7 Automatische Meßwertverarbeitung	518
	14.5.3	Prüfen von Längen	519
	14.5.4	Prüfen von Winkeln und Kegeln	521
	14.5.5	Prüfen von Form- und Lageabweichungen	525
	14.5.6	Prüfen der Rauhheit	528
	14.5.7	Prüfen von Verzahnungen	532
		14.5.7.1 Prüfung der Einzelverzahnungsgrößen	533
		14.5.7.2 Sammelfehlerprüfung	535
	14.5.8	Prüfen von Gewinden	536
		14.5.8.1 Prüfen von Außen- und Innengewinden	537
		14.5.8.2 Gewinde-Lehrung	537
		14.5.8.3 Gewinde-Messungen	538
	14.5.9	Prüfen der Schichtdicke	540
	14.5.10	Rechnereinsatz in der Fertigungsmeßtechnik	542
	14.5.11	Prüfmittelüberwachung	544
	14.5.12	Überprüfung von Werkzeugmaschinen	546

- 14.6 Schwingungsmeßtechnik ... 548
  - 14.6.1 Meßgrößen ... 548
  - 14.6.2 Ausgangs- und Beurteilungsgrößen ... 548
  - 14.6.3 Meßprinzipien ... 549
  - 14.6.4 Meßsysteme ... 549
  - 14.6.5 Frequenzanalyse ... 552
  - 14.6.6 Auswuchten starrer Rotoren ... 554
    - 14.6.6.1 Statisches Auswuchten ... 555
    - 14.6.6.2 Dynamisches Auswuchten ... 557
    - 14.6.6.3 Wuchtmaschinen ... 558
- 14.7 Messen technischer Geräusche ... 558
  - 14.7.1 Zweck ... 558
  - 14.7.2 Meßgrößen ... 558
  - 14.7.3 Meßgeräte ... 562
  - 14.7.4 Meßpunktanordnung und Umgebungseinfluß ... 563
  - 14.7.5 Betriebszustand der Quelle ... 565
  - 14.7.6 Maßgebende Größen zur Kennzeichnung ... 566
- 14.8 Literatur ... 566

15 Betriebsorganisation ... 573

- 15.1 Einführung ... 573
- 15.2 Aufbauorganisation eines Betriebes ... 574
  - 15.2.1 Formen der Aufbauorganisation ... 574
    - 15.2.1.1 Linienorganisation ... 575
    - 15.2.1.2 Funktional-System nach Taylor ... 575
    - 15.2.1.3 Linie-Stab-System (Stablinienorganisation) ... 576
    - 15.2.1.4 Divisionalorganisation ... 576
    - 15.2.1.5 Produkt- und Projektmanagement ... 577
    - 15.2.1.6 Matrixorganisation ... 578
  - 15.2.2 Anwendung der Organisationsformen ... 578
- 15.3 Ablauforganisation eines Betriebes ... 578
- 15.4 Funktionale Betriebsorganisation ... 581
  - 15.4.1 Organisation der Forschung und Entwicklung ... 581
    - 15.4.1.1 Organisatorische Eingliederung der Forschung und Entwicklung ... 582
    - 15.4.1.2 Forschung ... 582
    - 15.4.1.3 Entwicklung ... 582
    - 15.4.1.4 Gegenstand der Forschung und Entwicklung ... 583
    - 15.4.1.5 Ziele der Forschung und Entwicklung ... 583
    - 15.4.1.6 Standardisierung ... 584
    - 15.4.1.7 Rechtsschutz von Entwicklungen ... 584
  - 15.4.2 Organisation der Konstruktion ... 585
    - 15.4.2.1 Organisatorische Eingliederung der Konstruktion ... 585
    - 15.4.2.2 Aufgaben und Ziele der Konstruktion ... 585
    - 15.4.2.3 Hilfsmittel der Konstruktion ... 586
    - 15.4.2.4 Erzeugnisbeschreibung ... 587
  - 15.4.3 Organisation der Fertigungsplanung ... 591
    - 15.4.3.1 Organisatorische Eingliederung der Fertigungsplanung ... 591
    - 15.4.3.2 Aufgaben und Ziele der Fertigungsplanung ... 592
    - 15.4.3.3 Arbeitsplan ... 592
    - 15.4.3.4 Arbeitsplanerstellung ... 594
  - 15.4.4 Organisation der Fertigungssteuerung ... 596
    - 15.4.4.1 Organisatorische Eingliederung der Fertigungssteuerung ... 596
    - 15.4.4.2 Aufgaben und Ziele der Fertigungssteuerung ... 596
    - 15.4.4.3 Auftragsdisposition und -bearbeitung ... 597

		15.4.4.4 Terminplanung	598
		15.4.4.5 Bereitstellung	600
		15.4.4.6 Arbeitsverteilung	600
		15.4.4.7 Auftragsdurchführung	601

15.5 Qualitätssicherung 602
    15.5.1 Allgemeines zur Qualität 602
    15.5.2 Das Prüfen 603
    15.5.3 Organisation der Qualitätssicherung 604
    15.5.4 Qualitätskosten 604
    15.5.5 Dokumentation 605
    15.5.6 Qualitätsfähigkeit 605
15.6 Literatur 605

16 Rechnerunterstützte Planung von Fertigungsprozessen ... 609

16.1 Hardware- und Softwarestrukturen 609
    16.1.1 Einleitung 609
    16.1.2 Hardwarestrukturen 609
        16.1.2.1 Hardwarestrukturen von CAD/CAM-Systemen ... 609
        16.1.2.2 Peripheriegeräte für CAD/CAM-Systeme ... 612
        16.1.2.3 Netzwerke ... 612
    16.1.3 Softwarestrukturen 614
        16.1.3.1 Systemarchitektur von CAD/CAM-Systemen ... 614
        16.1.3.2 Modellbegriff bei CAD/CAM-Systemen ... 615
        16.1.3.3 Kopplung von CAD/CAM-Systemen ... 618
16.2 Organisation und Planung rechnerintegrierter Betriebsstrukturen ... 619
    16.2.1 Allgemeines 619
    16.2.2 Ziel und Potentiale der Integration 620
        16.2.2.1 Funktionales Referenzmodell ... 620
        16.2.2.2 Funktionsintegration ... 626
        16.2.2.3 Datenintegration ... 626
    16.2.3 Einflüsse auf Organisationsstrukturen 630
    16.2.4 Planung rechnergeführter Fertigungssysteme ... 631
16.3 Rechnerunterstützte Konstruktion und Arbeitsplanung ... 634
    16.3.1 Einleitung 634
    16.3.2 Stand der Technik 636
    16.3.3 Geometrieverarbeitung 637
    16.3.4 Grafische Datenverarbeitung 640
    16.3.5 Konstruieren mit Rechnern 641
    16.3.6 Arbeitsplanung mit Rechnern 643
    16.3.7 Auswahl und Einführung von CAD-Systemen ... 645
    16.3.8 Entwicklungstendenzen 647
16.4 Rechnergeführte Fertigungssteuerung 654
    16.4.1 Einführung 654
    16.4.2 Steuerungsrelevante Strukturmerkmale der Fertigung ... 654
    16.4.3 Gegenwärtiger Stand der rechnergeführten Fertigungssteuerung ... 658
    16.4.4 Der Regelkreis als Idealmodell der Fertigungssteuerung ... 659
    16.4.5 Fertigungssteuerung als umfassende Konzeption der betrieblichen Durchsetzung ... 659
    16.4.6 Die Werkstattsteuerung als zentrales Element der Fertigungssteuerung ... 663
16.5 Programmierung numerisch gesteuerter Werkzeugmaschinen ... 667
    16.5.1 Einführung 667
    16.5.2 Programmierverfahren, Hard- und Softwarestrukturen ... 669
        16.5.2.1 Manuelle Programmierung ... 672
        16.5.2.2 Maschinelle Programmierung ... 678
16.6 Literatur 680

17 Automatisierung in Teilefertigung, Handhabung und Montage ... 683
- 17.1 Begriffe ... 683
  - 17.1.1 Rationalisierung ... 683
  - 17.1.2 Mechanisierung ... 683
  - 17.1.3 Automatisierung ... 683
- 17.2 Methoden der Automatisierung ... 684
  - 17.2.1 Systembetrachtung ... 684
  - 17.2.2 Ermittlung des Automatisierungsgrades ... 686
- 17.3 Automatisierung in der Teilefertigung ... 687
  - 17.3.1 Automatisierte Fertigungszelle ... 688
  - 17.3.2 Flexible Fertigungssysteme ... 689
- 17.4 Automatisierung der Handhabung mit Industrierobotern ... 691
  - 17.4.1 Aufbau und Wirkungsweise von Industrierobotern ... 691
  - 17.4.2 Werkzeughandhabung ... 692
  - 17.4.3 Werkstückhandhabung ... 693
- 17.5 Automatisierung der Montage ... 693
  - 17.5.1 Montagemittel ... 694
  - 17.5.2 Montageautomaten ... 695
  - 17.5.3 Programmierbare Montagesysteme ... 695
- 17.6 Auswirkungen und Tendenzen der Automatisierung ... 696
- 17.7 Literatur ... 697

18 Rechnerunterstützte Qualitätssicherung ... 699
- 18.1 Schwerpunkte der Qualitätssicherung ... 699
  - 18.1.1 Der Qualitätsbegriff ... 699
  - 18.1.2 Qualität als strategischer Faktor ... 699
  - 18.1.3 Qualitätssicherung als gesamtbetriebliche Aufgabe ... 700
    - 18.1.3.1 Allgemeines ... 700
    - 18.1.3.2 Produktionsplanung und Konstruktion ... 701
    - 18.1.3.3 Fertigungsplanung und Fertigung ... 702
  - 18.1.4 Statistische Methoden der Qualitätssicherung ... 704
    - 18.1.4.1 Vorbemerkung ... 704
    - 18.1.4.2 Prüfung nach Stichprobenplänen ... 704
    - 18.1.4.3 Qualitätssicherung des Fertigungsprozesses ... 705
  - 18.1.5 Zuverlässigkeit ... 707
  - 18.1.6 Motivation und Mitarbeiterbeteiligung ... 708
  - 18.1.7 Qualitätsaudit ... 709
  - 18.1.8 Wirtschaftlichkeitsaspekt ... 710
  - 18.1.9 Rechnerunterstützte Qualitätssicherung ... 712
    - 18.1.9.1 Konzeption ... 712
    - 18.1.9.2 Vorgehensweise bei der Einführung ... 714
    - 18.1.9.3 Lösungsbeispiel ... 714
- 18.2 Rechnergeführte Meßgeräte ... 716
  - 18.2.1 Grundlagen, allgemeine Begriffe ... 716
    - 18.2.1.1 Komponenten von rechnergeführten Meßsystemen ... 716
    - 18.2.1.2 Zusammenwirken der Komponenten ... 718
    - 18.2.1.3 Bedingungen für einen störungsfreien Betrieb ... 719
    - 18.2.1.4 Beispiele für rechnergeführte Meßgeräte ... 720
  - 18.2.2 Koordinatenmeßgeräte ... 727
    - 18.2.2.1 Hardware ... 727
    - 18.2.2.2 Anwendungen, Meßaufgaben ... 732
    - 18.2.2.3 Software ... 736
  - 18.2.3 Einbindung in die rechnergeführte Fertigung ... 740
- 18.3 Literatur ... 743

19 Innerbetriebliche Lager- und Transportsysteme 745
19.1 Grundlagen 745
    19.1.1 Begriffsbestimmungen, Einordnungen 745
    19.1.2 Bildung von Ladeeinheiten 745
    19.1.3 Aufgaben und Funktionen von Transport- und Lagersystemen 746
    19.1.4 Gesichtspunkte zur Planung von Transport- und Lagersystemen 746
19.2 Transportsysteme 747
    19.2.1 Strukturierung eines Transportsystems 747
    19.2.2 Bestimmungsgrößen für Transportsysteme 748
    19.2.3 Stetigförderer 750
    19.2.4 Unstetigförderer 753
19.3 Lagersysteme 757
    19.3.1 Allgemeines 757
    19.3.2 Strukturierung eines Lagersystems 757
    19.3.3 Kommissionierlagersysteme 758
    19.3.4 Ein- und Auslagerungssysteme 759
    19.3.5 Lagerungssysteme 759
19.4 Steuerungssysteme 759
19.5 Lager- und Verteilsysteme 761
19.6 Literatur 764

20 Technische Gebäudeausrüstung 765
20.1 Beleuchtungstechnik 765
    20.1.1 Größen, Einheiten, Begriffe 765
    20.1.2 Lichtquellen für Beleuchtungszwecke 766
    20.1.3 Schaltung von Entladungslampen 767
    20.1.4 Beleuchtungskörper 770
    20.1.5 Berechnung von Innenraumbeleuchtungsanlagen 771
    20.1.6 Blendungsbegrenzung 771
    20.1.7 Auszug von Normbeleuchtungsstärken 772
    20.1.8 Messung der Beleuchtungsstärke 772
    20.1.9 Anwendung 772
        20.1.9.1 Industriebeleuchtung 772
        20.1.9.2 Bürobeleuchtungsanlagen 776
20.2 Heiztechnik 776
    20.2.1 Grundlagen 776
    20.2.2 Berechnungen und Auslegungen 779
    20.2.3 Bestandteile der Heiz- und Wassererwärmungsanlagen 782
    20.2.4 Heiz- und Warmwassersysteme 785
    20.2.5 Betriebshinweise für Heiz- und Wassererwärmungsanlagen 787
        20.2.5.1 Raumheizungsanlagen 788
        20.2.5.2 Wassererwärmungsanlagen 789
        20.2.5.3 Zentrale Wärmeversorgungsanlagen 789
20.3 Raumlufttechnik 789
    20.3.1 Grundlagen 789
        20.3.1.1 Außenluftzustand 790
        20.3.1.2 Raumluftzustand und Behaglichkeit 791
        20.3.1.3 Raumluftzustand für Fertigung und Produkte 792
    20.3.2 Berechnung und Auslegung 792
    20.3.3 Bestandteile von RLT-Anlagen 795
        20.3.3.1 Zentralanlagen 795
        20.3.3.2 Luftverteilsystem 797
        20.3.3.3 Wärmerückgewinnung 797

		20.3.3.4	Regelung	798
		20.3.3.5	Wasseraufbereitung	798
		20.3.3.6	Kälteaggregate	798
	20.3.4	Systeme Lüftung	799
		20.3.4.1	Freie Lüftung	799
		20.3.4.2	Mechanische Lüftung	799
	20.3.5	Systeme Klima	799
	20.3.6	Spezielle RLT-Anlagen für die Industrie	800
		20.3.6.1	Absauganlagen	800
		20.3.6.2	Teilklimaanlagen	801
		20.3.6.3	Klimakammern	801
		20.3.6.4	Reinraumanlagen	801
		20.3.6.5	EDV-Anlagen	801
		20.3.6.6	Luftschleieranlagen	801
	20.3.7	Betrieb von RLT-Anlagen	801
20.4	Ver- und Entsorgung	802
	20.4.1	Wasserversorgung	802
	20.4.2	Entsorgung	803
	20.4.3	Technische Gase	804
20.5	Lärmminderung an Maschinen und im Gebäude	804
	20.5.1	Systematik der Vorgehensweise	804
	20.5.2	Verhinderung der Schallentstehung	806
	20.5.3	Minderung in Quellennähe	806
		20.5.3.1	Körperschalldämpfung und -dämmung	806
		20.5.3.2	Abstrahlungsminderung	807
		20.5.3.3	Kapselung	807
		20.5.3.4	Schalldämpfer	808
	20.5.4	Schallschutz auf dem Ausbreitungsweg	809
		20.5.4.1	Schallausbreitung in Räumen	809
		20.5.4.2	Baulicher Schallschutz	811
20.6	Literatur	812

21 Arbeitsschutz und Unfallverhütung — 819

21.1	Allgemeine Vorbemerkungen	819
21.2	Rechtsgrundlagen	819
	21.2.1 Allgemeines	819
	21.2.2 Die Gewerbeordnung (1869)	820
	21.2.3 Die gesetzliche Unfallversicherung	820
	21.2.4 Gesetz über technische Arbeitsmittel (Gerätesicherheitsgesetz, 1968)	821
	21.2.5 Gesetz über Betriebsärzte, Sicherheitsingenieure und andere Fachkräfte für Arbeitssicherheit (Arbeitssicherheitsgesetz, 1973)	821
	21.2.6 Verordnung über Arbeitsstätten (Arbeitsstätten-VO, 1975)	822
	21.2.7 Verordnung über gefährliche Stoffe (Gefahrstoff-VO, 1986)	822
21.3	Arbeitssicherheit in der Praxis	822
	21.3.1 Allgemeines	822
	21.3.2 Brandschutz und Handfeuerlöschgeräte	823
	21.3.3 Persönliche Schutzausrüstung (PSA)	824
	21.3.4 Gefahren elektrischer Spannung	824
	21.3.5 Alkohol am Arbeitsplatz	824
	21.3.6 Sicherheit in der Schweißtechnik	825
	21.3.7 Schadstoffe in der Arbeitsluft	826
	21.3.8 Schleifkörper	826
	21.3.9 Lastaufnahmeeinrichtungen	827
21.4	Literatur	827

22 Arbeitsrecht ... 829

- 22.1 Einleitung ... 829
- 22.2 Das Arbeitsverhältnis ... 829
  - 22.2.1 Die Begründung des Arbeitsverhältnisses ... 830
  - 22.2.2 Die Pflichten des Arbeitnehmers ... 831
  - 22.2.3 Die Haftung des Arbeitnehmers gegenüber dem Arbeitgeber ... 831
  - 22.2.4 Die Pflichten des Arbeitgebers ... 833
  - 22.2.5 Die Haftung des Arbeitgebers gegenüber dem Arbeitnehmer ... 834
  - 22.2.6 Die Beendigung des Arbeitsverhältnisses ... 834
- 22.3 Das arbeitsgerichtliche Verfahren ... 836
- 22.4 Literatur ... 836

23 Umweltschutz ... 837

- 23.1 Wasserreinhaltung ... 837
  - 23.1.1 Struktur gesetzlicher Regelungen ... 837
  - 23.1.2 Struktur der Wasserbehörden ... 837
  - 23.1.3 Schwerpunkte gesetzlicher Regelungen im Wasserhaushaltsgesetz (WHG) 844
    - 23.1.3.1 Anforderungen an das Einleiten von Abwasser in Gewässer ... 844
    - 23.1.3.2 Lagerung und Transport wassergefährdender Stoffe ... 844
  - 23.1.4 Abwasserabgabengesetz (AbwAG) ... 845
  - 23.1.5 Klärschlammverordnung (AbfKlärV) ... 846
  - 23.1.6 Landesqassergesetze/Einleiteerlaubnis ... 846
  - 23.1.7 Satzungen ... 846
  - 23.1.8 Regelwerke technischer Vereinigungen/Lehrgänge ... 847
- 23.2 Luftreinhaltung ... 848
  - 23.2.1 Einleitung ... 848
  - 23.2.2 Produktbezogene Maßnahmen ... 848
  - 23.2.3 Gebietsbezogene Maßnahmen ... 851
  - 23.2.4 Anlagenbezogene Maßnahmen ... 851
    - 23.2.4.1 Maßnahmen bei Anlagen zur Bearbeitung von Kunststoffen (Schäumen, Gießen, Beschichten u.ä.) ... 853
  - 23.2.5 Überwachung der Luftreinhaltung ... 854
    - 23.2.5.1 Emissionsüberwachung ... 854
    - 23.2.5.2 Immissionsüberwachung ... 855
  - 23.2.6 Fragen der Zuständigkeit ... 855
  - 23.2.7 Internationale Aspekte ... 855
- 23.3 Lärmbekämpfung ... 856
  - 23.3.1 Einführung ... 856
  - 23.3.2 Lärm am Arbeitsplatz ... 856
    - 23.3.2.1 Gesetzliche Vorschriften ... 856
    - 23.3.2.2 Forderungen der Berufsgenossenschaften ... 857
    - 23.3.2.3 VDI-Richtlinien und DIN-Normen ... 858
  - 23.3.3 Arbeitslärm in der Nachbarschaft ... 858
    - 23.3.3.1 Das Bundes-Immissionsschutzgesetz ... 858
    - 23.3.3.2 Technische Anleitung zum Schutz gegen Lärm (TA Lärm) ... 859
    - 23.3.3.3 VDI- und ETS-Richtlinien, DIN-Normen ... 860
- 23.4 Literatur ... 861

Sachwortverzeichnis ... 863

Autorenverzeichnis

	Kapitel bzw. Abschnitt
Dr.-Ing. Wolfgang Adam Fraunhofer Institut für Produktions- und Konstruktionstechnik, Berlin	18.1 und 18.3
Dipl.-Ing. Bruno Alberts Fraunhofer Institut für Produktions- und Konstruktionstechnik, Berlin	16.1 und 16.6
Prof. Dipl.-Ing. Arno Bergmann Technische Fachhochschule Berlin	1.2, 1.3, 1.5, 14.5 und 14.8
Prof. Dr.-Ing. Eberhard Birkel Fachhochschule für Technik, Esslingen	8.4.2, 8.4.3 und 8.8
Dr.-Ing. Horst Brandt Technische Hochschule Darmstadt, Institut für Werkzeugmaschinen	10.1.1, 10.2.1, 10.3 und 10.5
Prof. Dr.-Ing. Berend Brouer Fachhochschule Hamburg	13
Dr.-Ing. Wolfgang Dorau Umweltbundesamt Berlin	23.1 und 23.4
Prof. Dipl.-Ing. Hans-Jürgen Dräger Fachhochschule Hamburg	10.4 und 10.5
Prof. Dr.-Ing. Gert Goch Fachhochschule Hamburg	18.2 und 18.3
Prof. Dr.-Ing. Siegfried Haenle Früher Fachhochschule für Technik, Esslingen	2.3, 2.5, 4.2, 4.3, 9, 10.1.3, 10.2.3 und 10.5
Prof. Dipl.-Ing. Günther Harsch Fachhochschule Heilbronn	2.3, 2.5, 4.2, 4.3, 9, 10.1.3, 10.2.3 und 10.5
Prof. Dr. Walter Hellerich Früher Fachhochschule Heilbronn	2.3, 2.5, 4.2, 4.3, 9, 10.1.3, 10.2.3 und 10.5
Dipl.-Ing. Hans-Friedrich Hintze Baubehörde Hamburg	21
Prof. Dr.-Ing. Klaus Horn Technische Universität Braunschweig, Institut für Meßtechnik	14.3, 14.4 und 14.8
Dr. Volker Irmer Umweltbundesamt Berlin	23.3 und 23.4
Prof. Dipl.-Ing. Hans Jebsen Fachhochschule Hamburg	15.1, 15.2, 15.3, 15.4 und 15.6

Dr. Dieter Jost Umweltbundesamt Berlin	23.2 und 23.4
Dr. Josef Kolerus Fa. Müller BBM GmbH, Schalltechnisches Beratungsbüro, Planegg bei München	14.6 und 14.8
Dipl.-Ing. Erich Koops Fa. Rudolf Otto Meyer Wärme-Klima-Sanitär, Hamburg	20.2.2, 20.4 und 20.6
Prof. Dr.-Ing. Frank-Lothar Krause Fraunhofer Institut für Produktions- und Konstruktionstechnik, Berlin	16.3 und 16.6
Prof. Dr. Ralf Kürer Umweltbundesamt Berlin	20.5 und 20.6
Prof. Dipl.-Ing. Hans Volker Lange Fachhochschule Hamburg	8.1, 8.3, 8.8, 16.5 und 16.6
Prof. Dr.-Ing. Heinrich Martin Fachhochschule Hamburg	19
Prof. Dr.-Ing. Wolfgang Meins Fachhochschule Hamburg	1.1, 1.4 und 1.5
Dipl.-Ing. Otto Menzel Deutsche BP AG Hamburg	5
Dr.-Ing. Kai Mertins Fraunhofer Institut für Produktions- und Konstruktionstechnik, Berlin	16.2, 16.4 und 16.6
Prof. Dr. Hans Meurers Umweltbundesamt Berlin	14.7 und 14.8
Dr.-Ing. Friedrich Mittrop Kömmerling Chemische Fabrik KG, Pirmasens	8.4.1 und 8.8
Dr.-Ing. Dietrich Morghen Volkswagen-AG, Wolfsburg	20.1 und 20.6
Prof. Dipl.-Ing. Hans Müller Technische Fachhochschule Berlin	14.1, 14.2, 14.8, 15.5 und 15.6
Dipl.-Ing. Rolf Nohme Baubehörde Hamburg, Hochbauamt	20.2.1, 20.3 und 20.6
Prof. Dr.-Ing. Richard Overdick Fachhochschule Hamburg	2.1, 2.2, 2.4.3, 4.1 und 4.3
Prof. Dr. Volker Reinhard Fachhochschule Hamburg	22

Dipl. Wolfgang Schultetus Siemens AG, Bereich Forschung und Technik, München	11
Dr.-Ing. Günther Seliger Fraunhofer Institut für Produktions- und Konstruktionstechnik, Berlin	16.2, 16.3 und 16.6
Prof. Dr.-Ing. Erich Singer Technische Fachhochschule Berlin	6, 7
Dipl.-Ing. Jürgen Stoldt Technisches Team Ahrensburg	5
Dipl.-Ing. Wolfram Süssenguth Fraunhofer Institut für Produktions- und Konstruktionstechnik, Berlin	16.2, 16.4 und 16.6
Prof. Dr.-Ing. Vlassis Vassilakopoulos Fachhochschule Hamburg	12
Prof. Dr.-Ing. Hans-Jürgen Warnecke Technische Universität Stuttgart, Fraunhofer Institut für Produktionstechnik und Automatisierung, Stuttgart	17
Dr.-Ing. Klaus Zerweck Technische Hochschule Stuttgart, Institut für Produktionstechnik und Automatisierung	8.5 und 8.8
Prof. Dr.-Ing. Jörg Zimmermann Fachhochschule Hamburg	8.2, 8.6, 8.7, 8.8, 10.1.2, 10.2.2 und 10.5

Quellenverzeichnis

Bargel/Schulze, Werkstoffkunde: Bilder 4.3, 4.23
Böge, A., Das Techniker Handbuch: Bilder 2.1, 2.2, 2.3, 2.4, 2.8, 2.9, 3.9, 3.10, 3.11, 4.12, 17.1, 17.7, 17.12
  Tabellen: 2.1, 2.2, 2.3, 2.4, 2.5, 2.9, 2.10, 2.11, 2.12, 2.13, 2.16, 2.17
Busch, M., D. Fatehi, A. Halmer, Kleinrechnereinsatz zur Automatisierung von Prüfabläufen im Wareneingangs- und Fertigungsbereich, ZwF (1980): Bild 18.12
Demag, Förder- und -verteiltechnik: Bild 17.8
Deutsche Gesellschaft für Qualität e.V. (Hrsg.), DGQ-Schrift Nr. 17–25
  Das Lebensdauernetz: Bilder 18.6, 18.7
Deutsche Gesellschaft für Qualität e.V. (Hrsg.), DGQ-Schrift Nr. 12–28. Qualitätsaudit: Bild 18.8
Deutsche Gesellschaft für Qualität e.V. (Hrsg.), DGQ-Schrift Nr. 14–17. Qualitätskosten: Bild 18.9
Evans, U.R., Einführung in die Korrosion der Metalle: Bild 7.1
Geridomez, O., OERLIKON-Schweißmitteilungen 32 (1974), Nr. 68: Bild 8.59
Graf/Henning/Stange, Formeln und Tabellen der mathematischen Statistik: Tabellen 14.1, 14.2, 14.3
Handbuch der Arbeitsgestaltung und Arbeitsorganisation: Bild 11.15
Industriewerke Karlsruhe Augsburg AG, IWKA-Schweißtechnik ARO. KUKA, Roth-Electric, Augsburg: Bild 8.70
Laska/Felsch, Werkstoffkunde für Ingenieure: Bilder 2.4, 2.5, 2.6, 3.12, 3.13, 3.14
  Tabelle 3.1
Laurig, W., Grundzüge der Ergonomie: Bilder 11.1, 11.2
Liebisch, H., OERLIKON-Schweißmitteilungen 35 (1977) Nr. 80/81, Bild 8.80
Martin, M., Förder- und Lagertechnik: Bilder 19.2, 19.3, 19.4, 19.5, 19.6, 19.9, 19.10, 19.11
  Tabellen 19.1, 19.2
McCormick, E.J., Human Factors Engineering: Bild 11.15
Mertins, K., Steuerung rechnergeführter Fertigungssysteme. Reihe Produktionstechnik: Bilder 16.43, 16.44, 16.45, 16.46, 16.47, 16.48
Rapistan Lande, Fördersystematik: Bild 17.7
Roth, K., Gliederung und Rahmen einer neuen Maschinen-, Gerätekonstruktionslehre, Feinwerktechnik 72 (1968) 11: Bild 18.2
Ruge, J., Handbuch der Schweißtechnik: Bilder 8.52, 8.53, 8.54, 8.58a, 8.60, 8.61, 8.64, 8.65, 8.66, 8.67, 8.68, 8.69, 8.71, 8.72, 8.73, 8.75, 8.76, 8.77, 8.78, 8.79
Schultetus, W., Montagegestaltung: Bilder 11.3, 11.4, 11.5, 11.6, 11.7, 11.8, 11.9, 11.11, 11.12, 11.13
Spur, G., ZwF-Lehrgang: Bild 18.3
Taschenbuch für Lackierbetriebe 1984: Bild 8.81
Vieweger, B. und B. Wieneke, Rechnerunterstützte Planungshilfen für Fertigungssysteme. ZwF 81 (1986) 1: Bilder 16.21, 16.22, 16.23
Weißbach, W., Werkstoffkunde und Werkstoffprüfung: Bilder 2.7, 3.1, 3.2, 3.3, 3.4, 3.6, 3.7, 3.8, 4.1, 4.2, 4.6, 4.7, 4.9, 4.10, 4.11, 4.14, 4.15, 4.17, 4.19, 4.20, 4.21, 4.22, 8.55
Zeiss, Oberkochen: Bilder 14.46, 14.47

1 Grundlagen

Ihr sollt nicht unrecht handeln im Gericht mit Elle, mit Gewicht, mit Maß.
Rechte Waage, rechtes Gewicht, rechter Scheffel und rechtes Maß sollen bei Euch sein.

(3. Buch Moses)

1.1 Maßeinheiten

1.1.1 SI-Einheiten

Tabelle 1.1: Basisgrößen und Basiseinheiten

Basisgröße	Basiseinheiten	Einheitenzeichen
Länge	Meter	m
Masse	Kilogramm	kg
Zeit	Sekunde	s
elektrische Stromstärke	Ampere	A
thermodynamische Temperatur	Kelvin	K
Stoffmenge	Mol	mol
Lichtstärke	Candela	cd

Definitionen der Basiseinheiten nach DIN 1301, Teil 1:

Meter (Länge)
Das Meter ist die Länge der Strecke, die Licht im Vakuum während der Dauer (1/299 792 458) Sekunden durchläuft.
(17. CGPM, 1983)[1]

Historische Bemerkung: Früher war der Herrscher eines Landes das „Maß aller Dinge". Seine Körpermaße waren z. B. die Grundlage für eine Elle. In Deutschland gab es über 100 unterschiedliche Ellen, deren Maße zwischen 495 mm und 779 mm variierten. Die Elle wurde – da sie für den Handel benötigt wurde – an Marktplätzen oft an den Rathäusern als Abstand zwischen zwei Markierungen dargestellt. Man findet sie heute noch an einigen Rathäusern, z. B. in Braunschweig, Celle, Einbeck, Hildesheim u. a.
1889 wurde das Urmeter als der 40millionste Teil des Erdumfanges international festgelegt. 1 Meter war definiert als Abstand zweier Strichmarken auf dem Urmeter (Paris). Jedes angeschlossene Land hatte einen nationalen Prototyp aus Platin-Iridium. Diese nationalen Prototypen haben heute historischen Wert. Der deutsche Prototyp (Nr. 23) ist in der Physikalisch-Technischen Bundesanstalt, Braunschweig, aufbewahrt und wurde auf zwei Zylindern gleicher Durchmesser gelagert, als er noch technische Bedeutung hatte.
Auf der 11. CGPM 1960 wurde eine neue Definition festgelegt: „1 Meter ist das 1 650 763,73fache der Wellenlänge der vom Atom des Nuklids ^{86}Kr (Krypton) beim Übergang vom Zustand 5 d_5 zum Zustand 2 p_{10} ausgesandten, sich im Vakuum ausbreitenden Strahlung". Diese (orangefarbene) Strahlung wird von einer Krypton-Lampe besonderer Bauart unter festgelegten Betriebsbedingungen ausgesandt. Die Wellenlänge der orangefarbenen Strahlung ist $\lambda = 0,6057802106$ μm. Die neue Definition führte auf eine in der Natur vorkommende reproduzierbare Konstante zurück. – Seit 1983 gilt die obige Definition.
Historische Angaben zu Yard, Fuß und Zoll siehe Abschnitt 1.1.4, Umrechnungen siehe Abschnitt 1.1.5.

---

[1] CGPM Generalkonferenz für Maß und Gewicht.

Kilogramm (Masse)

Das Kilogramm ist die Einheit der Masse; es ist gleich der Masse des Internationalen Kilogrammprototyps.
(1. CGPM (1889) und 3. CGPM (1901)).
Der deutsche Prototyp (Nr. 52) aus Platin-Iridium wird in der Physikalisch-Technischen Bundesanstalt, Braunschweig, aufbewahrt.

Sekunde (Zeit)

Die Sekunde ist das 9 192 631 770fache der Periodendauer der dem Übergang zwischen den beiden Hyperfeinstrukturnivenaus des Grundzustandes von Atomen des Nuklids ^{133}Cs entsprechenden Strahlung.
(13. CGPM 1967).

Historische Bemerkung: Früher wurde die Zeit auf der Basis von 24 Stunden definiert, sie beruhte auf der Erddrehung (Sterntag, Sonnentag). Diese ist jedoch nicht konstant.

Ampere (Elektrische Stromstärke)

Das Ampere ist die Stärke eines konstanten elektrischen Stromes, der, durch zwei parallele, geradlinige, unendlich lange und im Vakuum im Abstand von 1 Meter voneinander angeordnete Leiter von vernachlässigbar kleinem, kreisformigem Querschnitt fließend, zwischen diesen Leitern je 1 Meter Leiterlange die Kraft $2 \cdot 10^{-7}$ Newton hervorrufen würde.
(CIPM (1946), angenommen durch die 9. CGPM (1948)).

Kelvin (Thermodynamische Temperatur)

Das Kelvin, die Einheit der thermodynamischen Temperatur, ist der 273,16te Teil der thermodynamischen Temperatur des Tripelpunktes des Wassers.
(13. CGPM (1967)).

Anmerkung 1: Die 13. CGPM (1967) entschied, daß die Einheit Kelvin und das Einheitenzeichen K benutzt werden können, um eine Temperaturdifferenz anzugeben.

Anmerkung 2: Bei Angabe der Celsius-Temperatur
$t = T - T_0$
mit
$T_0 = 273,15$ K
wird der Einheitenname Grad Celsius (Einheitenzeichen: °C) als besonderer Name für das Kelvin benutzt. Eine Differenz zweier Celsius-Temperaturen darf auch in Grad Celsius angegeben werden. Siehe auch DIN 13 346.

Mol (Stoffmenge)

Das Mol ist die Stoffmenge eines Systems, das aus ebensoviel Einzelteilchen besteht, wie Atome in 0,012 Kilogramm des Kohlenstoffnuklids ^{12}C enthalten sind. Bei Benutzung des Mol müssen die Einzelteilchen spezifiziert sein und können Atome, Moleküle, Ionen, Elektronen sowie andere Teilchen oder Gruppen solcher Teilchen genau angegebener Zusammensetzung sein.
(14. CGPM, 1971).

Candela (Lichtstärke)

Die Candela ist die Lichtstärke in einer bestimmten Richtung einer Strahlungsquelle, die monochromatische Strahlung der Frequenz $540 \cdot 10^{12}$ Hertz aussendet und deren Strahlstärke in dieser Richtung (1/683) Watt durch Steradiant beträgt.
(16. CGPM, 1979).
Siehe auch Abschnitt 20.1 Beleuchtungstechnik.

1.1 Maßeinheiten

1.1.2 Abgeleitete Einheiten

In der Tabelle 1.2 sind die wichtigsten abgeleiteten Einheiten (mechanische und elektrische) wiedergegeben. Weitere Einheiten sind DIN 1301, Teil 1 bis 3, zu entnehmen.
Akustische Einheiten siehe Abschnitt 14.7, Messen technischer Geräusche.

Tabelle 1.2: Abgeleitete Einheiten

Größe	Formelzeichen	Einheitenzeichen (Name)	kohärente Beziehungen mit andere SI-Einheiten	SI-Basis-Einheiten
Arbeit, elektrische	W	kWh	$V \cdot A$	
Arbeit, mechanische	A	J (Joule)	$N \cdot m$	$\dfrac{m^2 \cdot kg}{s^2}$
Beschleunigung	b	$\dfrac{m}{s^2}$		
Biegemoment	M_b	$N \cdot m$		
Dichte	ρ	$\dfrac{kg}{m^3}$ $\dfrac{g}{cm^3}$		
Drehimpuls	L	$N \cdot s \cdot m$		
Drehmoment (siehe Moment)	M_t	$N \cdot m$		
Drehzahl	n	$\dfrac{1}{s}$		
Druck	p	Pa (Pascal)	N/m^2	$\dfrac{kg}{m \cdot s^2}$
Druck	P	bar		
Elastizitätsmodul	E	$\dfrac{N}{mm^2}$		$\dfrac{kg}{m \cdot s^2}$
Energie	E	J (Joule)	$N \cdot m$	$\dfrac{m^2 \cdot kg}{s^2}$
Energiestrom (siehe auch Leistung)	E	W (Watt)	J/s	$\dfrac{m^2 \cdot kg}{s^3}$
Fläche	A	m^2	mm^2	
Flächenträgheitsmoment	J	m^4	mm^4	
Frequenz	f	Hz (Hertz)		$\dfrac{1}{s}$
Geschwindigkeit	v	$\dfrac{m}{s}$		
Impuls	p	$N \cdot s$		$\dfrac{kg \cdot m}{s}$
Kapazität, elektrische	C	F (Farad)	$\dfrac{C}{V}$	$\dfrac{A^2 \cdot s^4}{kg \cdot m^2}$

Tabelle 1.2 (Fortsetzung)

Größe	Formelzeichen	Einheitenzeichen (Name)	kohärente Beziehungen mit andere SI-Einheiten	SI-Basis-Einheiten
Kraft	F	N (Newton)		$\dfrac{m \cdot kg}{s^2}$
Winkelgeschwindigkeit	ω	$\dfrac{1}{s}$		
Ladung, elektrische Elektrizitätsmenge	Q	C (Coulomb)		$A \cdot s$
Leistung	P	W (Watt)	$\dfrac{J}{s}$	$\dfrac{m^2 \cdot kg}{s^3}$
Leitwert, elektrischer	G	S (Siemens)	$\dfrac{A}{V}$	$\dfrac{A^2 \cdot s^3}{kg \cdot m^2}$
Massenstrom Massendurchfluß	m	$\dfrac{kg}{s}$		
Massenmoment 2. Grades	J	$kg \cdot m^2$		
Moment (Dreh- und Biegemoent)	M, T	$N \cdot m$		$\dfrac{kg \cdot m^2}{s^2}$
Spannung, elektrische	U	V (Volt)	$\dfrac{W}{A}$	$\dfrac{kg \cdot m^2}{A \cdot s^3}$
Spannung, mechanische	δ, τ	$\dfrac{N}{mm^2}$	Pa	$\dfrac{kg}{m \cdot s^2}$
Thermischer Längenausdehnungskoeffizient	α	$\dfrac{1}{K}$		
Viskosität, dynamische	St	$Pa \cdot s$	$\dfrac{N}{m^2} \cdot s$	$\dfrac{kg}{m \cdot s}$
Viskosität, kinematische	ν	$\dfrac{m^2}{s}$		
Volumen	V	m^3		
Volumen	V	l (Liter)		m^3
Volumen, spezifisches	v	$\dfrac{m^3}{kg}$		
Volumenstrom Volumendurchfluß	V	$\dfrac{m^3}{s}$		
Wärme, spezifische	c	$\dfrac{J}{kg \cdot K}$		
Wärmedurchgangskoeffizient	k	$\dfrac{W}{m^2 \cdot K}$		$\dfrac{kg \cdot m^2}{s^3}$
Wärmekapazität	C	$\dfrac{J}{K}$	$\dfrac{N \cdot m}{K}$	$\dfrac{kg \cdot m^2}{s^2 \cdot K}$
Wärmekapazität, spezifische	c	$\dfrac{J}{kg \cdot K}$	$\dfrac{N \cdot m}{kg \cdot K}$	$\dfrac{m^2}{s^2 \cdot K}$
Wärmeleitfähigkeit	λ	$\dfrac{W}{m \cdot K}$	$\dfrac{J}{s \cdot m \cdot K}$	$\dfrac{N}{s \cdot K}$

1.1 Maßeinheiten

Tabelle 1.2 (Fortsetzung)

Größe	Formelzeichen	Einheitenzeichen (Name)	kohärente Beziehungen mit anderen SI-Einheiten	SI-Basis-Einheiten
Wärmemenge	Q	J (Joule)	$N \cdot m$	$\dfrac{kg \cdot m^2}{s^2}$
Wärmestrom	Φ	W (Watt)	$\dfrac{J}{s}$	$\dfrac{kg \cdot m^2}{s^3}$
Widerstand, elektrischer	R	Ω (Ohm)	$\dfrac{V}{A}$	$\dfrac{kg \cdot m^2}{s^3 \cdot A^2}$
Widerstandsmoment	W	m^3		

1.1.3 Dezimale Vielfache und Teile von Einheiten

Tabelle 1.3: Vorsilben

Faktor	Vorsatz	Vorsatzzeichen
10^{18}	Exa	E
10^{15}	Peta	P
10^{12}	Tera	T
10^{9}	Giga	G
10^{6}	Mega	M
10^{3}	Kilo	k
10^{2}	Hekto	h
10^{1}	Deka	da
10^{-1}	Dezi	d
10^{-2}	Zenti	c
10^{-3}	Milli	m
10^{-6}	Mikro	μ
10^{-9}	Nano	n
10^{-12}	Piko	p
10^{-15}	Femto	f
10^{-18}	Atto	a

Empfehlung: Bei der Angabe von Größen kann es zweckmäßig sein, die Vorsätze so zu wählen, daß die Zahlenwerte zwischen 0,1 und 1000 liegen.

Tabelle 1.4: Einheiten außerhalb des SI

Größe	Einheit	Einheitenzeichen	Definition
Winkel, eben	Grad	°	$360°$
	Minute	′	$\dfrac{1°}{60}$
	Sekunden	″	$\dfrac{1'}{60}$
Volumen	Liter	l	$1\,l = 1\,dm^3$
Zeit	Sekunde	s	
	Minute	min	$1\,min = 60\,s$
	Stunde	h	$1\,h = 60\,min$
	Tag	d	$1\,d = 24\,h$
	Jahr	a	$1\,a = 365\,d$
Masse	Tonne	t	$1\,t = 10^3\,kg = 1\,Mg$
	Gramm	g	$1\,g = 10^{-3}\,kg$
Druck	Bar	bar	$1\,bar = 10^5\,Pa$

Tabelle 1.5: Prozent und andere Anteile

Symbol	Begriff	Erklärung
%	Prozent	Anteil pro Hundert
°/oo	Promille	Anteil pro Tausend
ppm	parts par million	Anteil pro Millionen

1.1.4 Andere nicht mehr gebräuchliche Einheiten

Länge

Fuß: Das Maß entsprach dem menschlichen Fuß und war früher regional verschieden. Vor Einführung des metrischen Systems gab es in Deutschland z. B. mehr als 100 verschiedene Fußmaße. Umrechnungen siehe Abschnitt 1.1.5.

Yard: Ein willkürliches Längenmaß. Einheit der Länge für Länder mit der Einheit „Zoll". Es ist der Abstand zweier Strichmarken auf dem Urmaßstab. Er ist in London auf 8 Rollen gleicher Durchmesser bei festgelegter konstanter Temperatur gelagert. 1959 erfolgte eine Vereinheitlichung der unterschiedlichen Maße (Yard, Fuß und Zoll) und gleichzeitig der Anschluß an das Urmeter (Paris). Heute gilt:

1 Yard = 3 Fuß = 36 inch = 0,9144 m

Weitere Umrechnung siehe Abschnitt 1.1.5.

Zoll (inch): Ursprünglich Breite des menschlichen Daumens, bzw. der Länge des 1. Daumengliedes. Maße früher regional verschieden. Umrechnungen siehe Abschnitt 1.1.5.

Temperatur

Grad Fahrenheit: Der Gefrierpunkt des Wassers liegt bei + 32 °F und der Siedepunkt des Wassers bei + 212 °F. Die Temperaturdifferenz von 180 °F entspricht auf der Celsiusskala von 0 °C bis 100 °C.

Grad Réaumur: Die Differenz zwischen dem Gefrierpunkt (0 °R) und dem Siedepunkt (80 °R) des Wassers beträgt 80 °R.

1.1.5 Umrechnungen verschiedener Maßeinheiten

Tabelle 1.6: Umrechnungen

Länge			
Meter	1 m	=	1,093613 Yard
	1 m	=	3,28084 Fuß
	1 m	=	39,37008 Zoll
	1 μm	=	39,37 μinch
Angstrom	1 A	=	10^{-10} m
Lichtjahr	1 Lichtjahr	=	$9,4605 \cdot 10^{15}$ m
(astronomisches, nicht gesetzlich; entspricht der Entfernung, die Licht bei der Geschwindigkeit von 300 000 km/s in einem Jahr zurücklegt)			
Yard	1 Yard	=	3 Fuß = 36 inch
	1 Yard	=	0,9144 m
Fuß	1 Fuß	=	12 Zoll
	1 Fuß	=	0,3048 m

1.1 Maßeinheiten

Tabelle 1.6 (Fortsetzung)

Zoll (inch, ″)	1 inch	=	25,4 mm
	1 µinch	=	0,0254 µm (= 25,4 nm)
Meile	1 Meile	=	7500 m
Seemeile	1 Seemeile	=	1852 m
Faden	1 Faden	=	1,852 m
(seemännisches Tiefenmaß, regional verschieden)			
Typographischer Punkt (für Druckereitechnik)	1 p	=	$\frac{1{,}000333}{2660}$ m
	1 p	=	0,376 mm
Fläche			
Ar	1 a	=	10^2 m^2
Hektar	1 ha	=	10^2 a
	1 ha	=	10^4 m^2
Morgen	1 Morgen	=	25 a
(regional auch andere Umrechnungen üblich)			
Volumen			
Liter	1 l	=	10^{-3} m^3
Barrel	1 Barrel	=	42 gallonen
(f. Petroleum)	1 Barrel	=	158,99 l
Masse			
metrisches Karat	1 kt	=	0,2 g
Unze	1 Unze	=	(meist) 30 g
(altes Apotheker- und Medizinalgewicht)			
Unze	1 Unze	=	31,1 g
(altes Handels- und Edelmetallgewicht)			
Deka (gramm)	1 Deka	=	10 g
(noch regional in Österreich)			
Zentner	1 Zentner	=	50 kg
Tonne	1 t	=	10^3 kg
	1 t	=	1 Mg
Kraft			
Dyn	1 dyn	=	10^{-5} N
Kilopond	1 kp	=	9,8067 N ($\approx$ 10 N)
Newton	1 N	=	1 kg m/s^2
	1 N	=	0,102 kp ($\approx$ 0,1 kp)
	1 N	=	10^5 dyn
Druck			
Pascal	1 Pa	=	1 N/m^2
	1 Pa	=	10^{-5} bar
	1 Pa	=	$0{,}102 \cdot 10^{-6}$ kp/mm^2
	1 Pa	=	0,102 mm WS
	1 Pa	=	0,0075 mm Hg
Bar	1 bar	=	10^5 Pa
	1 bar	=	10^5 N/m^2
	1 bar	=	0,0102 kp/mm^2
	1 bar	=	0,9869 atm
	1 bar	=	1,0198 at
	1 bar	=	10,1972 mWS

Tabelle 1.6 (Fortsetzung)

Größe	Einheit		Umrechnung
Torr	1 Torr	=	$\frac{101325}{760}$ = 133,324 Pa
	1 Torr	=	1,333 224 mbar
	1 Torr	=	1 mm Hg
kp/mm²	1 kp/mm²	=	$9{,}81 \cdot 10^6$ Pa
	1 kp/mm²	=	9,81 MPa
	1 kp/mm²	=	9,81 N/mm²
	1 kp/mm²	=	98,0665 bar
Physikalische Atmosphäre	1 atm	=	101,325 kPa
	1 atm	=	1,01325 bar
Technische Atmosphäre	1 at	=	98,0665 kPa
	1 at	=	0,980665 bar
	1 at	=	10 m WS
Wassersäule	1 m WS	=	9806,65 Pa
	1 m WS	=	98,0665 mbar
	1 m WS	=	0,1 at
	1 mm WS	=	1 kp/m²
	1 mm WS	=	9,8066 Pa
Quecksilbersäule	1 mm Hg	=	133,3224 Pa
	1 mm Hg	=	13,595 kp/m²
	1 mm Hg	=	1,333224 mbar
Arbeit			
Erg	1 erg	=	10^{-7} J
	10^7 erg	=	1 N · m
Kilowattstunde	1 kWh	=	$3{,}6 \cdot 10^6$ J
Energie (siehe Arbeit)			
Leistung			
Pferdestärke	1 PS	=	0,735 kW
	1 PS	=	75 kp · m/s
Watt	1 W	=	1 Nm/s
	1 W	=	1 J/s
	1 W	=	3,6 kJ/h
	1 W	=	0,8598 kcal/h
	1 kW	=	1,3596 PS
Wärmemenge			
Kilokalorie	1 kcal	=	4,1868 kJ
Temperatur			
Fahrenheit ⎫ siehe			
Réaumur ⎭ Abschnitt 1.1.4			
Viskosität			
Poise (dynamische Viskosität)	1 P	=	0,1 Pa · s
Stokes (kinetische Viskosität)	1 St	=	1 cm²/s
	1 cSt	=	1 mm²/s
Grad Engler	1 °E		keine feste Umrechnung
Geschwindigkeit			
Knoten	1 Knoten	=	1 Seemeile/h
	1 Knoten	=	1852 m/h
Drehmoment, Drehimpuls			
Drehmoment	1 Nm	=	1 J
	1 Nm	=	1 Ws
Drehimpuls	1 Ws m	=	1 kg · m²/s

1.2 Maßtoleranzen und Toleranzsystem

Die ISO-Empfehlung R 286 enthält Toleranzen und Passungen für den Nennmaßbereich bis 500 mm. Für den Bereich über 500 mm bis 3150 mm werden Toleranzen und Passungen nur zur Erprobung empfohlen, da bei diesen Nennmaßen noch nicht genügend Erfahrungen vorliegen. Die in ISO/R 286 gegebenen Empfehlungen gelten insbesondere für Passungen zwischen zylindrischen Teilen, jedoch ist das Toleranz- und Paßsystem auch auf nicht-zylindrische Teile anwendbar.

Um allen Bedürfnissen sowohl für Toleranzen und Einzelteilen als auch für Passungen genügen zu können, enthält das ISO-System einerseits 18 Reihen von Grundtoleranzen (DIN 7151) und andererseits eine große Anzahl systematisch gestufter Reihen von Grundabmaßen (DIN 7152) die die Lage dieser Toleranz zur Nullinie bestimmen. Die 18 Toleranzreihen gehen von den feinsten bis zu den gröbsten Toleranzen. Mit den Grundabmaßen und den Grundtoleranzen lassen sich Toleranzfelder für Außenmaße und Innenmaße bilden, deren Paarungen einen praktisch lückenlosen Bereich von Spielpassungen mit sehr großen Spielen bis zu Preßpassungen mit sehr großen Übermaßen überdecken (Bild 1.1). Die aus den ISO-Toleranzen und ISO-Abmaßen gebildeten Toleranzfelder werden durch ISO-Kurzzeichen gekennzeichnet.

Die Grundlagen des ISO-Toleranz- und Paßsystems sind:

a) Die nach dem ISO-System tolerierten und gefertigten Teile sind gegenseitig austauschbar.
b) Die Bezugstemperatur ist 20 °C.
c) Die Nullinie ist die Begrenzungslinie für die Toleranzfelder der Einheitsbohrungen und der Einheitswellen.
d) Die Systeme Einheitsbohrung und Einheitswelle sind gleichmäßig aufgebaut.
e) Die Toleranzen wachsen mit dem Nennmaß; ihrem Aufbau liegt für Nennmaße bis 500 mm die Toleranzeinheit i, für Nennmaße über 500 mm bis 3150 mm die Toleranzeinheit I zugrunde.
f) Die Abmaße ergeben in Verbindung mit den Nennmaßen die Grenzmaße der Werkstücke, zwischen denen die Istmaße liegen sollen.
g) Das ISO-System umfaßt
  – ein System von Toleranzfeldern, die sich aus den Grundtoleranzen und den Grundabmaßen ergeben und die durch ISO-Kurzzeichen, bestehend aus einem Buchstaben und einer Zahl, ausgedrückt werden;
  – ein Passungssystem, das die verschiedenen Passungsarten behandelt;
  – ein Lehrensystem, das Festlegungen über Prüfen der Werkstücke und Herstelltoleranzen, unzulässige Abnutzungen der Lehren und deren Anwendung enthält.
h) Um die Grundtoleranzen und Grundabmaße nicht für jedes vorkommende Nennmaß berechnen zu müssen, sind die Nennmaße in Nennmaßbereiche unterteilt, die bedingt durch die geschichtliche Entwicklung des Toleranzsystems verschiedenen Gesetzmäßigkeiten folgen.

Die *Grundtoleranzen* sind vom Nennmaß abhängig, d.h., sie nehmen mit wachsendem Nennmaß zu. Ihrer Berechnung liegt für die Toleranzqualitäten 5 bis 16 bis zum Nennmaß 500 mm die Toleranzeinheit i zugrunde.

$$i = 0{,}45 \sqrt[3]{D} + 0{,}001\,D \quad (i \text{ in } \mu m,\ D \text{ in mm}).$$

Diese Formel trägt der Tatsache Rechnung, daß bei gleichen Fertigungsbedingungen die Beziehung zwischen der Fertigungsschwierigkeit und der Toleranz etwa eine parabolische Funktion ist (Bild 1.2). Je größer ein Nennmaß wird, um so mehr kommt das lineare Glied $0{,}001 \cdot D$ zur Auswirkung und trägt damit der Tatsache Rechnung, daß der Temperatureinfluß und die Meßunsicher-

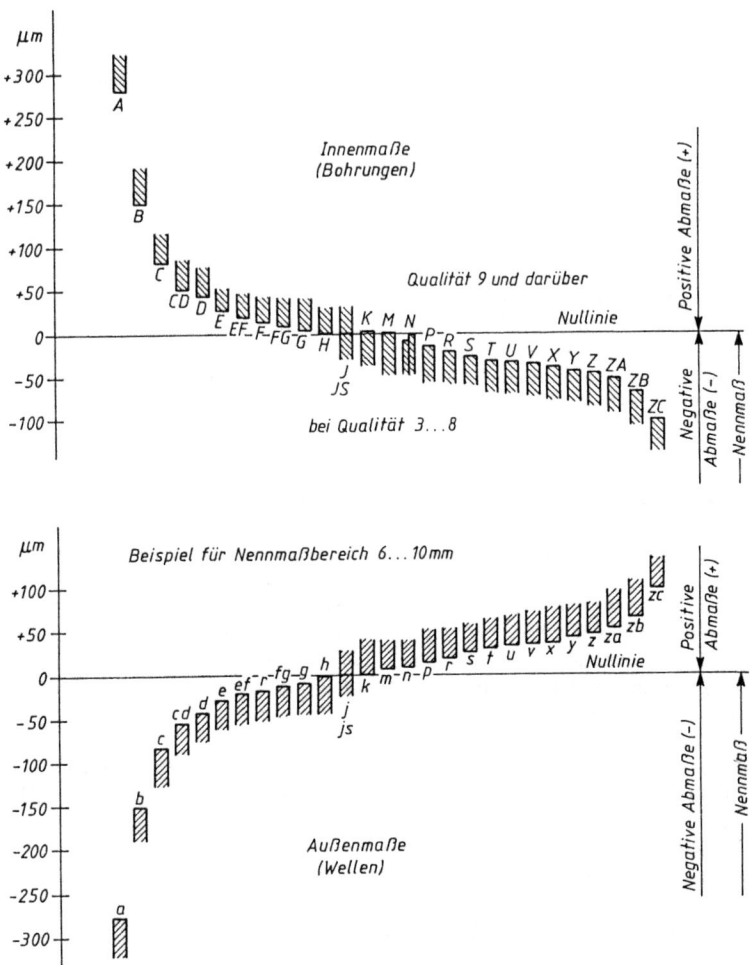

Bild 1.1 Lage der Toleranzen

heit proportional dem Nennmaß wachsen. Bei Maßen über 500 mm bis 3150 mm wurde mit Rücksicht auf die Temperatureinflüsse und die Meßunsicherheit die Toleranzeinheit sogar vergrößert. Sie beträgt

$$I = 0{,}004 \cdot D + 2{,}1 \qquad (I \text{ in } \mu m, D \text{ in mm}).$$

Bild 1.3 zeigt den Verlauf der nach i und I errechneten Grundtoleranzen.

Die Toleranzen sind entsprechend den Anforderungen, die an die Teile zu stellen sind, und im Hinblick auf die vorkommenden Fertigungsverfahren in jedem Nennmaßbereich geometrisch gestuft.

1.2 Maßtoleranzen und Toleranzsystem

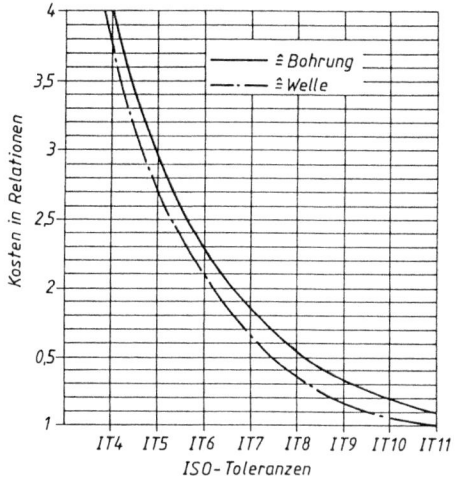

Bild 1.2
Zusammenhang Herstellkosten (Fertigungsschwierigkeiten) zu Toleranzgröße.

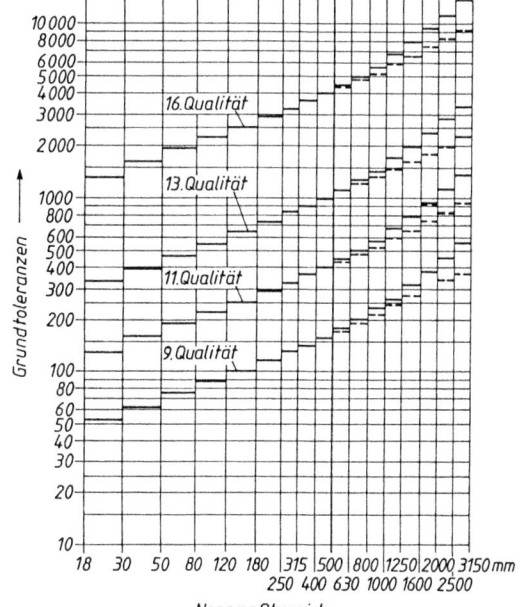

Bild 1.3
Verlauf der Grundtoleranzen

- - - Verlauf, wenn Toleranzeinheit
$i = 0{,}45 \cdot \sqrt[3]{D} + 0{,}001 \cdot D$ gewählt würde

Diese Stufen werden *ISO-Qualitäten* (Genauigkeitsgrade) genannt, die zugehörigen Toleranzen heißen Grundtoleranzen. Die Reihe der Grundtoleranzen einer bestimmten Qualität heißt *ISO-Grundtoleranzreihe*, ihre Abkürzung ist IT mit der zusätzlichen Angabe der Qualitätszahl für die Größe der Toleranz, z.B. IT 9. Die Grundtoleranzreihe der 18 Qualitäten werden mit IT 01 bis IT 16 bezeichnet (DIN 7151).

Die Grundtoleranzen nehmen mit der Qualitätszahl zu. Die Grundtoleranzen für IT 01 bis IT 4 wurden empirisch festgelegt, von der 5. Qualität an sind die Grundtoleranzen ein Vielfaches der Toleranzeinheit und geometrisch nach der Normzahlreihe R 5 mit dem Stufensprung 1,6 gestuft (Tabelle 1.7).

Tabelle 1.7 Abhängigkeit der Qualität von der Toleranzeinheit

Qualität	5	6	7	8	9	10	11	12	13	14	15	16
Vielfache von Toleranzeinheit i bzw. I	7	10	16	25	40	64	100	160	250	400	640	1000

Da für ein bestimmtes Nennmaß bei gleicher IT-Qualität die Toleranzen für alle Werkstücke gleich groß sind, ist mit dem Begriff Qualität (Genauigkeitsgrad) die Toleranzgröße des einzelnen Werkstückes gegeben, also ein allgemein und leicht anwendbares Kennzeichen für die Maßgenauigkeit festgelegt. Dadurch wird dem Konstrukteur, dem Arbeitsvorbereiter, Fertigungsplaner und Zeitrechner eine leicht erkennbare Orientierung für seine Überlegungen gegeben. Die IT-Qualität wird Ausgangspunkt für die Wahl des Fertigungsverfahrens, der Maschine des Werkzeuges und später des Meßgerätes. Die Fertigung einer Bohrung nach IT 6 verlangt beispielsweise eine genauere Maschine als die Fertigung einer Bohrung nach IT 12.

Die durch die Grundabmaße gegebene Lage der Toleranzen zum Nennmaß (Nullinie) wird durch einen Buchstaben gekennzeichnet. Für Wellen sind Kleinbuchstaben, für Bohrungen Großbuchstaben gewählt worden. Wellen bzw. Bohrungen mit den gleichen Buchstaben haben innerhalb eines Nennmaßbereiches für alle IT-Qualitäten den gleichen nächstliegenden Abstand von der Nullinie. Eine Ausnahme hiervon bilden die Toleranzlagen js bzw. JS., die symmetrisch zur Nullinie angeordnet sind. Die Verbindung des Buchstabens für die Lage der Toleranz zur Nullinie mit der Qualitätszahl für die Größe der Toleranz bildet das ISO-Kurzzeichen, z.B. Welle g6, Bohrung D10. Der Buchstabe läßt nicht nur erkennen, wie weit die Toleranz von der Nullinie entfernt liegt, sondern macht auch deutlich, ob es sich um eine Bohrung oder eine Welle handelt. Die Zahl gibt einen Begriff für die Größe der Toleranz (Bild 1.4).

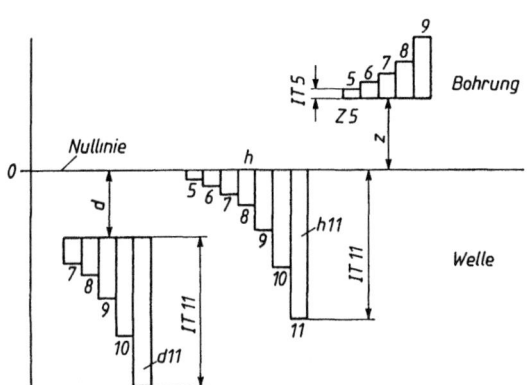

Bild 1.4
Toleranzfeldlagen von Wellen und Bohrungen.

1.3 Form- und Lagetoleranzen

Qualität und Zuverlässigkeit technischer Erzeugnisse werden von den Maß- und Gestaltabweichungen ihrer funktionswichtigen Teile und Baugruppen wesentlich beeinflußt. Um ein bestimmtes Funktionsverhalten zu gewährleisten, sind oft enge Maß-, Form- und Rauheitstoleranzen notwendig. In verschiedenen Forschungsvorhaben aus dem Hochschulbereich und im DIN-Ausschuß NLG 4 ist man derzeit bemüht, bessere Erkenntnisse über den Zusammenhang zwischen Maß- und Formabweichungen und dem jeweiligen Funktionsverhalten bestimmter Baugruppen zu erarbeiten. Gezielt durchgeführte Versuche und meßtechnische Analysen mit Einflußgrößenrechnungen könnten dazu beitragen, den Zusammenhang zwischen der jeweils notwendigen Toleranzvorgabe und dem angestrebten Funktionsverhalten abzusichern. Hierbei ist eine enge Zusammenarbeit zwischen Entwicklung, Konstruktion, Fertigung und Qualitätssicherung erforderlich.

Die Einführung der Norm DIN 7184 über Form- und Lagetoleranzen hat zu einer verstärkten Behandlung dieser Thematik in der industriellen Praxis geführt. Inzwischen sind die damit zusammenhängenden Normen teilweise überarbeitet oder ergänzt worden. Die international genormten Symbole für Form- und Lagetoleranzen sind auszugsweise in Bild 1.5 dargestellt.

Die ISO-Empfehlung ISO/R 1101 über die Grundlagen der Form- und Lagetoleranzen erschien erstmalig 1969 und wurde 1972 vollinhaltlich als DIN 7184 Teil 1 ins Deutsche Normenwerk übernommen. Die Erfahrungen mit der ISO-Empfehlung finden nunmehr in einer überarbeiteten

Arten von Elementen und Toleranzen		Tolerierte Eigenschaften	Symbole
einzelne Elemente	Formtoleranzen	Geradheit	—
		Ebenheit	▱
		Rundheit (Kreisform)	○
		Zylindrizität	⌭
einzelne oder bezogene Elemente		Profil einer beliebigen Linie	⌒
		Profil einer beliebigen Fläche	⌓
bezogene Elemente	Richtungstoleranzen	Parallelität	∥
		Rechtwinkligkeit	⊥
		Neigung	∠
	Ortstoleranzen	Position	⊕
		Konzentrizität und Koaxialität	◎
		Symmetrie	≡
	Lauftoleranzen	Lauf	↗
		Gesamtlauf	↗↗

Bild 1.5 Symbole für Form- und Lagetoleranzen

Fassung ihren Niederschlag. Es wurde ein neuer internationaler Norm-Entwurf ISO/DIS 1101 herausgegeben, der unverändert als Deutscher Normen-Entwurf DIN ISO 1101 Teil 1 (Januar 1981) veröffentlicht wurde. Gegenüber der 1. Ausgabe enthält er folgende Änderungen:
a) Die Allgemeingültigkeit der Angabe, daß, wenn nur Maßtoleranzen angegeben sind, diese auch die Form- und Lageabweichungen begrenzen, wurde aufgehoben (DIN 2300). Der Abschnitt 4 in DIN 7184 Teil 1 über die Wechselbeziehung zwischen Maß-, Form- und Lagetoleranzen wurde ersatzlos gestrichen, weil er nicht mehr mit den neuesten Erkenntnissen voll im Einklang steht.
b) Im ISO/TC 10/SC 5 hat man sich entschlossen, die bildlichen Darstellungen der Toleranzzonen einheitlich in eine Ebene projiziert darzustellen. Die dadurch bedingten Änderungen gegenüber DIN 7184 Teil 1 sind auch hinsichtlich der den Bildern zugeordneten Definitionen der Toleranzeigenschaften schwerer verständlich. Deshalb wurden im nationalen Vorwort zum Entwurf DIN ISO 1101 Teil 1 einige Definitionen und Bilder zum besseren Verständnis zusätzlich erläutert, ohne den Inhalt der ISO-Norm zu ändern.

1.3.1 Maximum-Material-Prinzip

Die internationale Norm ISO 1101 Teil 2 über das Maximum-Material-Prinzip war in deutscher Übersetzung als Norm-Entwurf DIN 7184 Teile 3 veröffentlicht worden.

Das *Maximum-Material-Prinzip* ist ein Tolerierungsgrundsatz für Achsen oder Mittelebenen, der durch die Eintragung des Symbols $\textcircled{M}$ die wechselseitige Abhängigkeit von Maß- und Richtungs- oder Ortstoleranzen berücksichtigt. Er erlaubt eine Vergrößerung der Form- und Lagetoleranz, wenn das betreffende tolerierte Formelement von seinem Maximum-Material-Maß abweicht.

Das Fügen von Teilen hängt vom Zusammenwirken der Istmaße der Form- und Lageabweichungen der zu paarenden Teile ab. Das *Kleinstspiel* kommt dann zustande, wenn jedes der gepaarten Teile das Grenzmaß der Maßtoleranz erreicht hat, das dem „Maximum an Stoff" des Werkstucks entspricht (Größtmaß der Welle bzw. Kleinstmaß der Bohrung), und wenn Form- und Lageabweichungen ihre größten zulässigen Werte erreichen. Das verfügbare Spiel wird größer, wenn sich die Istmaße der zu fügenden Teile von den Maximum-Material-Grenzen entfernen und wenn Form- und Lageabweichungen ihren größten zulassigen Wert nicht erreichen. Daraus folgt, daß die Form- und Lagetoleranzen überschritten werden können, ohne die Paarungsmoglichkeit und damit die Funktionstauglichkeit zu paarender Teile zu gefährden, wenn die Istmaße der zu paarenden Teile ihr Maximum-Material-Maß nicht erreichen. Die Überschreitung der Form- und Lagetoleranz-Grenzen ist also um den Betrag der Differenz zwischen dem Paarungsmaß und dem Maximum-Material-Maß für die Paarung unschädlich. Die Vergroßerung der Toleranz nach dem Maximum-Material-Prinzip, die sich sowohl auf die Maßtoleranz als auch auf Lagetoleranzen anwenden läßt, verhindert, daß funktionstaugliche, paarbare Teile, an denen einzelne Maß- und/oder Lagetoleranzen nicht eingehalten sind, als Ausschuß verworfen werden.

Wenn Maß- und Lagetoleranzen durch das Maximum-Material-Prinzip untereinander in Beziehung gesetzt werden, dann haben die Istmaße der einzelnen Elemente allein betrachtet keine funktionelle Bedeutung mehr, sondern nur im Zusammenwirken mit den anderen in Beziehung stehenden Elementen. Daraus folgt, daß eine messende Prüfung jedes einzelnen Elements nicht oder nur bedingt zu einer Aussage über die Funktionstauglichkeit der zu paarenden Werkstücke führt. Es ist deshalb unbedingt ratsam, für mit $\textcircled{M}$ tolerierte Werkstucke Funktionslehren zu verwenden. Das Maximum-Material-Prinzip kann deshalb dort sinnvoll und wirtschaftlich eingesetzt werden, wo Toleranzforderungen, Stückzahl, Kosten für Lehrenherstellung und sonstiger Prüfaufwand in einem vernünftigen Verhältnis zueinander stehen. In der Einzelfertigung dürfte das Maximum-Material-Prinzip nur dort verwendet werden, wo engere Einzeltoleranzen, die zur Funktionssicherung erforderlich wären, kaum oder gar nicht eingehalten werden können.

1.3 Form- und Lagetoleranzen

1.3.2 Positionstolerierung

Das Symbol für *Positionstoleranzen* und die Zeichnungseintragung sind in ISO/R 1101 und in DIN 7184 Teil 1 genormt. Mit Positionstoleranzen werden die Lage von Elementen, meist Achsen und Mittelebenen, aber auch Flächen, Linien, Punkten usw. in bezug auf eines oder mehrere Elemente definiert. Sie ersetzen in vielen Fällen die Maßtoleranzen. Für die Eintragung der Positionstoleranzen gelten jedoch andere Regeln und damit eine andere Auslegung der Zeichnungseintragung. Sind Positionstoleranzen für ein Element vorgeschrieben, so dürfen die Maße, die die theoretisch genaue Lage bestimmen, nicht toleriert werden. Diese Maße werden deshalb in einen rechteckigen Rahmen gesetzt. Bild 1.6 zeigt ein einfaches Beispiel mit Positionstoleranzen.

Wesentliche Vorteile der Positionstoleranzen sind:
a) einfache Eintragung auf Zeichnungen, auch bei gleichzeitiger Gültigkeit für mehrere Formelemente, z.B. für Funktionsgruppen;
b) leichte Toleranzrechnung;
c) die Toleranzfestlegung von komplizierten Werkstücken wird vereinfacht;
d) gute Möglichkeit zur Anwendung des Maßausgleichs und dadurch weiterer Toleranzgewinn, insbesondere durch Verbindung mit dem Maximum-Material-Prinzip;
e) durch Anwendung theoretischer Maße entsteht bei Kettenmaßen keine Toleranzaddition.

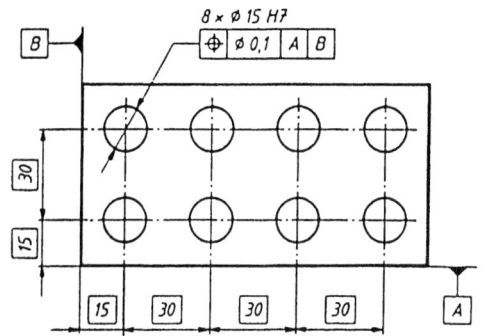

Bild 1.6 Beispiel einer Positionstolerierung.

1.3.3 Neue Tolerierungsgrundsätze. Zusammenhang zwischen Maß-, Form- und Lagetoleranzen

Nach DIN 7182 Teil 1 über Begriffe der Toleranzen und Passungen dürfen Formabweichungen die gesamte Maßtoleranz ausnutzen, wenn keine Einschränkungen festgelegt sind. Dieser Tolerierungsgrundsatz basiert auf dem *Taylorschen Grundsatz*, in dem ein Grenzlehrensystem beschrieben wird, das für zylindrische Wellen und Bohrung gilt, die miteinander gepaart werden sollen. Der Taylorsche Grundsatz besagt, daß die Gutseite einer Lehre dem formvollkommenen Gegenstück des zu prüfenden Formelementes entsprechen soll. Die Ausschußseite soll dagegen nur an zwei Punkten das Formelement prüfen. Dieser ursprünglich nur auf ein Formelement bezogene Grundsatz wurde in der Vergangenheit in Ermangelung eindeutiger Zeichnungseintragungsmöglichkeiten auch auf verbundene Formelemente und sogar auf Lageabweichungen ausgedehnt. Dies war bisher oft zweckmäßig und unter dem Gesichtspunkt des zeichnungstechnischen Aufwandes auch richtig, führte jedoch unter Umständen zu einer unnötig teuren Fertigung und Kontrolle, und es bestand die Gefahr, daß auch taugliche Teile verworfen wurden. Die implizierte Forderung, daß Form- und gewisse Lageabweichungen grundsätzlich innerhalb der Maßtoleranz liegen müssen, wurde jedoch nicht dem Anspruch gerecht, daß Zeichnungen eindeutig die Funktion eines Bauteils oder einer Baugruppe beschreiben sollen. Hierzu waren in der Vergangenheit auch nicht die technischen Möglichkeiten gegeben, weil eine umfassende Norm über Allgemeintoleranzen für Form und Lage noch nicht existierte.

Im Zuge der Überarbeitung der internationalen Grundnorm über Form- und Lagetoleranzen wurden neue Tolerierungsgrundsätze erarbeitet, die die oben genannten Tolerierungsgrundsätze langfristig ablösen sollen. Die neuen Tolerierungsgrundsätze sind in der Vornorm DIN 2300 (November

1980) wie folgt festgelegt: Alle Maß-, Form- und Lagetoleranzen gelten unbhängig voneinander. Maßtoleranzen begrenzen nur die Istmaße an einem Formelement, nicht aber seine Formabweichungen (z.b. nicht die Rundheits- und Geradheitsabweichungen bei zylindrischen Flächen und nicht die Ebenheitsabweichung an parallelen Flächen). Form- und Lagetoleranzen gelten unabhängig von den Istmaßen der einzelnen Formelemente, d.h., sie dürfen auch dann voll ausgenutzt werden, wenn die betreffenden Formelemente überall Maximum-Material-Maß haben.

Bei zylindrischen und parallelen Flächen, deren Funktion eine Passung ist, kann es notwendig sein, außer den Maß-, Form- und Lagetoleranzen auch noch die Hüllbedingung vorzuschreiben. Dies bedeutet, daß das betreffende Formelement die geometrisch ideale Hüllfläche (Zylinderfläche oder parallele Flächen) mit Maximum-Material-Maß an keiner Stelle durchbrechen darf. Die Funktionsforderung der Hüllbedingung wird durch das Symbol Ⓔ hinter der Maßtoleranz ausgedrückt. Die Einhaltung der Hüllbedingung kann z.b. durch eine Gutlehrung mit einer Vollformlehre nach dem Taylorschen Grundsatz geprüft werden.

Da es unmöglich ist, bestehende Zeichnungen auf diese neuen Tolerierungsgrundsätze „umzufunktionieren", müssen neue Zeichnungen, die unter Beachtung dieser Tolerierungsgrundsatze entstanden sind, gekennzeichnet werden. Deshalb sollen Zeichnungen, für die die Tolerierungsgrundsätze nach DIN 2300 gelten sollen, im oder am Zeichnungsschriftfeld wie folgt gekennzeichnet werden: „Tolerierung DIN 2300".

Es wurden Untersuchungen durchgeführt, um festzustellen, wie groß der Anteil der Maße in Zeichnungen ist, bei denen die Funktionsanforderung der Hullbedingung erforderlich ist, d.h., bei denen Teile miteinander gepaart werden mussen. Es wurde festgestellt, daß, abhangig von der jeweiligen Branche, nur etwa 5 % bis in Einzelfällen maximal 50 % der angegebenen Maße dem Taylorschen Grundsatz gerecht werden müssen. Es wurde deshalb für wirtschaftlicher angesehen, nur diejenigen Formelemente und Maße mit dem Symbol Ⓔ zu kennzeichnen, die aus Funktionsgrunden die Hüllbedingung erfüllen müssen.

Ein sehr wichtiges Argument, das für die neuen Tolerierungsgrundsatze spricht, ist die Tatsache, daß die industrielle Praxis sich — möglicherweise unbewußt — schon seit langem oder immer dieser neuen Tolerierungsgrundsätze bedient. Theoretisch hätte man unter Zugrundelegung der alten Tolerierungsgrundsatze in sehr vielen Fällen die Grenzlehrung nach dem Taylorschen Grundsatz anwenden müssen, um der Allgemeingültigkeit der Hüllbedingungen gerecht zu werden. Tatsächlich ist man jedoch in den letzten Jahren mehr und mehr zur messenden Prüfung ubergegangen, durch die nur Istmaße an den Formelementen eines Werkstücks ermittelt wurden.

Ob und zu welchem Zeitpunkt ein Industriebetrieb die neuen Tolerierungsgrundsatze nach DIN 2300 einführt, hängt wesentlich von den Genauigkeitsanforderungen an die Geometrie der zu fertigenden Werkstücke ab. Darüber hinaus bedarf es einer relativ langen innerbetrieblichen Ausbildungs- und Umstellzeit. Da die neuen Tolerierungsgrundsätze im allgemeinen ohnehin nur für Neukonstruktionen gelten können, werden der alte Tolerierungsgrundsatz (Form- und Lageabweichungen innerhalb der Maßtoleranz) und die neuen Tolerierungsgrundsatze nach DIN 2300 während einer unbefristeten Übergangszeit nebeneinander bestehen müssen.

Zusammenfassend ergeben die neuen Tolerierungsgrundsätze nach DIN 2300 folgende Vorteile:

a) Viele scheinbare Paarungsteile, d.h. Formelemente mit Passungskurzzeichen, werden nicht gepaart; trotzdem gilt für sie der Taylorsche Grundsatz mit allen Konsequenzen für Fertigung und Prüfung.

b) Die Fertigung kann wirtschaftlicher werden, weil nur die Formelemente, die mit dem Symbol Ⓔ gekennzeichnet sind, entsprechend gefertigt werden müssen. Für alle anderen Formelemente wird der Toleranzbereich vergrößert.

c) Der Prüfaufwand wird geringer, weil Formelemente ohne das Symbol Ⓔ das Hullprinzip nicht einzuhalten brauchen und somit einfachere Prüfmittel mit geringerem Stichprobenumfang verwendet werden können.

1.3 Form- und Lagetoleranzen

Die beiden letzten Argumente führen verständlicherweise nur dann zu Einsparungen, wenn Fertigung und Prüfwesen sich tatsächlich bei allen Formelementen bisher an den Taylorschen Grundsatz gehalten haben. In vielen Fällen trifft dies in der industriellen Praxis aber nicht zu. Trotzdem würde durch diese neue Betrachtung mehr Übereinstimmung zwischen den Angaben der Konstruktion in den Zeichnungsunterlagen sowie der Ausführung durch die Fertigung und die Kontrolle durch das Prüfwesen erreicht werden, also insgesamt mehr „Ehrlichkeit" im Betriebsgeschehen.

1.3.4 Allgemeintoleranzen für Form und Lage

Werkstücke ohne Form- und Lageabweichungen herzustellen, ist nicht möglich. An jedem Formelement gibt es für alle Form- und Lageabweichungen von der Funktion des Werkstücks bestimmte Grenzen. Wenn sie größer sind als die in der vorgesehenen Fertigung ohne besonderen Aufwand mit großer Wahrscheinlichkeit eingehaltenen Allgemeintoleranzen für Form und Lage, brauchen sie in der Zeichnung nicht einzeln eingetragen zu werden. Dadurch werden die Zeichnungen übersichtlicher, die Konstruktionsarbeit wird erleichtert und die Fertigung nicht teurer.

In der Industrie wurden Untersuchungen über werkstattübliche Formabweichungen durchgeführt, auf deren Ergebnissen die entsprechenden Tabellenwerte in den Normen DIN 7168 Teil 2 aufgebaut sind.

Die *Allgemeintoleranzen* sind in mehrere Genauigkeitsgrade R, S, T, U (früher A, B, C, D) unterteilt. Im Schriftfeld der Zeichnung werden die Allgemeintoleranzen als gültig für alle Nennmaße ohne Toleranzangabe (Freimaße) vorgeschrieben. Gegenüber dem Eintragen aller Funktionstoleranzen ergibt sich in der Fertigung kein wirtschaftlicher Nutzen, weil bei Toleranzen, die größer als die Allgemeintoleranzen sind, die Fertigung nicht billiger wird. Insgesamt ergibt sich aber der Vorteil, daß

– die Zeichnung übersichtlicher wird (weniger Toleranzangaben),
– Toleranzrechnungen teilweise eingespart werden,
– Fertigung und Prüfwesen auf die wichtigsten (direkt tolerierten) Maße hingewiesen werden,
– der Prüfaufwand geringer wird, weil in der Regel Allgemeintoleranzen nur mit großer Stichprobe geprüft werden müssen.

Bild 1.7 enthält eine Übersicht der Allgemeintoleranzen, die für die verschiedenen Form- und Lagetoleranzen anzuwenden sind.

Genauigkeitsgrad		R	S	T	U
Rundheit			2)		
Geradheit – Ebenheit					
Nennmaßbereich					
über	bis				
	6	0,004	0,008	0,025	0,1
6	30	0,01	0,02	0,06	0,25
30	120	0,02	0,04	0,12	0,5
120	400	0,04	0,08	0,25	1
400	1 000	0,07	0,15	0,4	1,5
1 000	2 000	0,1	0,2	0,6	2,5
2 000	4 000	–	0,3	0,9	3,5
4 000	8 000	–	0,4	1,2	5
8 000		–	–	1,8	7
Rundlauf und Planlauf		0,1	0,2	0,5	1
Symmetrie		0,3	0,5	1	2

Bild 1.7
Allgemeintoleranzen für Form und Lage nach DIN 7168 Teil 2.

2) Die Allgemeintoleranz für Rundheit ist so groß wie die Durchmessertoleranz, aber nicht größer, als die Allgemeintoleranz für Lauf.

1.4 Werte fester, flüssiger und gasförmiger Stoffe

Tabelle 1.8 Stoffwerte fester Stoffe

Stoff	Chemisches Symbol Benennung	Dichte bei 20 °C g/cm³	Schmelztemperatur °C	E-Modul bei 20 °C N/mm²	Wärmeausdehnungskoeffizient bei 20 °C μm/m °C	Wärmeleitfähigkeit bei 20 °C W/m · K
Aluminium	Al	2,70	658	70 000	23,8	210,503
Aluminoxid s. Korund						
Asbest		2,1 ... 2,8	1150 ... 1550	–	–	0,17
Blei	Pb	11,34	327,4	17 000	29	34,89
(Bronze)	CuSn6	7,4 ... 8,9	900	90 000	17,5	≈ 46
Chrom, rein	Cr	7,1	1890	190 000	8,4	67
Diamant	C	3,51	≈ 3540	910 000 [1]	1,2 [1]	– [1]
Eis		0,92	0	–	51	1,745
Eisen, rein	Fe	7,86	1539	215 500	12	75,36
Eisenoxid (Rost)	Fe₂O₃	5,1	1565	–	–	0,582 (pulv.)
Faserstoffe						
Aramidfasern		1,44 ... 1,45	–	(65 ... 130) 10³ [2]	2	0,04 ... 0,05
Glasfasern		2,5 ... 2,6	–	(73 ... 86) 10³ [2]	4 ... 5	1
Kohlenstoff-Fasern		1,75 ... 1,96	–	(240 ... 500) 10³ [2]	(0,1 ... 1,5)	17 ... 115
Glas, Fenster-		2,4 ... 2,7	≈ 700	56 000	–	0,5 ... 1,0
Glas, Acryl-		1,18	–	3 200	–	1,347
Gold	Au	19,33	1063	80 000	14,2	308,195
Graphit	C	2,26	≈ 3540	–	7,8	5,02
Gußeisen		7,25	1150 ... 1250	100 000	10,5	48,846
Hartmetall	P10 ... P30	14,7	> 2000	540 000	6	81,41
Hartmetall	K10 ... K30	14,7	> 2000	620 000	6	81,41
Kadmium	Cd	8,64	321	50 000	30	92,11
Kobalt	Co	8,9	1490	200 000	12,7	69,78
Konstantan	CuNi45Mn1	8,89	1260	180 000	15,2	23,26
Korund, Elektro-	Al₂O₃	3,94	1950 ... 2045	400 000	8 (1400 °C)	≈ 20
Kupfer	Cu	8,93	1083	110 000	17	372,16
Magnesium	Mg	1,74	650	41 000	26	157,0
Mangan	Mn	7,3	1260	–	23	–
(Messing)	CuZn37	8,4 ... 8,7	900 ... 1000	110 000	18,5	87,2 ... 116,3
Molybdän	Mo	10,2	2600	330 000	5,2	137,23
Monelmetall		8,6	1315 ... 1350	183 000	14	18,61
Natrium	Na	0,97	97,5	–	71	133,75
Neusilber	CuNiZn	8,4 ... 8,7	1000 ... 1100	142 000	–	29,08
Nickel	Ni	8,85	1452	200 000	13	58,15
Nickel-Chrom	NiCr20Ti	8,4	1430	210 000	13,7	13
Platin	Pt	21,45	1773,5	170 000	9	69,78
Plexiglas s. Glas		–	–	–	–	–
Porzellan		2,3 ... 2,5	≈ 1600	60 000	4	0,81 ... 1,05
Quarz	SiO₂	2,649	1710	7040 ... 105 000 [1]	7,4 ... 13,7 [1]	– [1]
Rotguß Rg 5 ... 10	CuSn	8,78	990	82 000		63,97
Silber	Ag	10,5	960,8	80 000	19,7	418,68
Silizium	Si	2,33	1420	115 000	7,7	83,74
Siliziumkarbid		3,17	zerfällt über 3000	–	–	15,24
Stahl unlegiert und niedrig legiert	St 37	7,8 ... 7,86	1450 ... 1530	210 000	11,5	46,52 ... 58,15
rostbeständig, nicht magnetisierbar	X5CrNi18 11	7,8	1450	200 000	16	16
Wolframstahl	S18-0-2	8,7	1450	105 200	10,8	25,59
Titan	Ti	4,54	1670	110 000	8,2	16,747
Vanadium	V	6,1	1730	150 000	8,5	–
Weißmetall [3]		7,5 ... 10,1	300 ... 400	–	–	35 ... 70
Wolfram	W	19,3	3370	380 000	4,5	197,71
Zink	Zn	7,14	419,5	100 000	29	110,49
Zinn	Sn	7,28	231,8	55 000	23	63,97

[1] Wert abhängig von der Achse der Kristalle.   [2] Werte in Faserrichtung.   [3] Beschichtung von Blech.

1.4 Werte fester, flüssiger und gasförmiger Stoffe

Tabelle 1.9 Stoffwerte flüssiger Stoffe [1, 2]

Stoff	DIN-Name	DIN-Norm	Chemische Formel Benennung	Dichte g/ml	bei °C	Siedeverlauf von °C bis °C	Kristallisations-schmelztemperatur °C
Alkohol (Weingeist)	Ethylalkohol, Ethanol		C_2H_5OH	0,791	20	78,4	−117
Alkohol (Holzgeist)	Methylalkohol, Methanol	53 245	CH_3OH	0,791	20	65	−98
Aceton	Dimethylketon	53 247	CH_3COCH_3	0,791	20	56	−96
Benzin	Siedegrenzenbenzin 1	51 631	KW-Stoffe	0,698	15	60 ... 95	< 0
Benzin	Ottokraftstoff	51 600	KW-Stoffe	0,740	15	< 70 ... 180	< −20
Benzol	Reinbenzol	51 633	C_6H_6	> 0,883	15	80,1	5,35
DK	Dieselkraftstoff	51 601	KW-Stoffe	um 0,840	15	< 250 ... > 350	−12
Ether	Diethylether	53 521	$(C_2H_5)_2O$	0,71	20	35	−116
Ester d. Essigsaure	Ethylacetat	53 246	$CH_3COOC_2H_5$	0,900	20	77	−84
Glyzerin	Mehrwertiger Alkohol	−	$(CH_2OH)_2CHOH$	1,26		> 290 (zersetzt)	18
Gefrierschutz	Mono-Ethylenglykol	−	$C_2H_4(OH)_2$	1,11	15	19	−16
Heizol	Heizol EL	51 603	KW-Stoffe	< 0,860	15	< 250 ... > 350	< −12
Leuchtpetroleum	Petroleum A (Kerosin)	51 636	KW-Stoffe	0,830	15	130 ... 280	−15
Maschinenol	Schmierol L-AN	51 501	KW-Stoffe	0,900	15	> 360	−15
Quecksilber	−	−	Hg	13,55		357	−38,9
Salpetersaure	70 %; konzentriert	53 521	$HNO_3 + H_2O$	1,42	20	122	−42
Salzsaure	37 %; konzentriert	53 521	$HCl + H_2O$	1,19	15	110	
Schwefelsaure	98 %, konzentriert	53 521	H_2SO_4	1,84	20	388 (zersetzt)	+3
Wasser, destilliert	entmineralisiert		H_2O	1,00	4	100	0

Tabelle 1.10 Stoffwerte gasförmiger Stoffe [1, 2]

Stoff	DIN-Name	DIN-Norm	Chemische Formel	Normdichte kg/m³ [1]	Relative Dichte Gas/Luft
Ammoniakgas	Ammoniak	1340/1871	$3H_2 + 2N(NH_3)$	0,772	0,597
Argon (Edelgas)	Argon	1871	Ar	1,784	1,378
Butan	iso-/n-Butan	1340/1871	C_4H_{10}	2,700	2,900
Chlor	Chlor	1871	Cl_2	3,210	2,482
Erdgase	L-Gas/H-Gas	1340	CH_4, C_2H_6 u.a.	−	−
Ethin (Acetylen)	Ethin	1340/1871	C_2H_2	1,171	0,906
Ethan	Ethan	1340/1871	C_2H_6	1,355	1,048
Flussiggas	Gasgemische	1340/51 622	$C_3H_8, C_3H_6, C_4H_{10}, C_4H_8$	ca. 0,45 kg/l	verflussigt
Kaltemittel R 12	Dichlordifluormethan	8960/8962	CCl_2F_2	5,51	4,17
Kohlenstoffmonoxid	Kohlenoxid	1871	CO	1,250	0,967
Kohlenstoffdioxid	Kohlendioxid	1871	CO_2	1,977	1,529
Luft (trocken)	Gasgemisch	1871	N_2, O_2 u.a.	1,293	1,000
Methan (Grubengas)	Methan	1340/1871	CH_4	0,717	0,555
Propan	Propan	1340/1871	C_3H_8	2,011	1,555
Sauerstoff	Sauerstoff	1871	O_2	1,429	1,105
Schwefeldioxid	Schwefeldioxid	1871	SO_2	2,931	2,267
Schwefelwasserstoff	(Faulgas)	1871	H_2S	1,535	1,187
Stickstoff	Stickstoff	1871	N_2	1,250	0,967
Wasserdampf	Wasserdampf	1871	H_2O	(0,854)	(0,660)
Wasserstoff	Wasserstoff	1340/1871	H_2	0,089	0,069

[1]) nach DIN 1343: $T = 273,15$ K bzw. $t_n = 0$ °C, $p_n = 101\,325$ Pa bzw. 1,01 bar

1.5 Literatur

Bücher

[1.1] *Hellwig, G.*: Lexikon der Maße und Gewichte, Lexikothek Verlag GmbH, Gutersloh, 1979/1983.
[1.2] *Kuhn/Birett*: Merkblatter Gefahrliche Arbeitsstoffe, Ecomed Verlagsgesellschaft mbH Landsberg/Lech, 1986

Normen

DIN 1301	Teil 1 Einheiten; Einheitennamen, Einheitenzeichen
	Teil 1 Beiblatt 1: Einheiten; Einheitenahnliche Namen und Zeichen
	Teil 2 Einheiten; Allgemein angewendete Teile und Vielfache
	Teil 3 Einheiten; Umrechnungen fur nicht mehr anzuwendende Einheiten
DIN 1304	Teil 1 Formelzeichen; Allgemeine Formelzeichen
DIN 1314	Druck; Grundbegriffe, Einheiten
DIN 1340	Gasförmige Brennstoffe und sonstige Gase; Arten, Bestandteile, Verwendung
	Beiblatt 1: Gasförmige Brennstoffe und sonstige Gase; Arten, Bestandteile, Verwendung; Bemerkungen zur Erzeugung
DIN 1343	Referenzzustand, Normzustand, Normvolumen; Begriffe und Werte
DIN 1871	Gasförmige Brennstoffe und sonstige Gase; Dichte und relative Dichte, bezogen auf den Normzustand
DIN 2300	Maß-, Form- und Lagetoleranzen, Grundsatze fur die Tolerierung
DIN 4890	Inch – Millimeter; Grundlagen fur die Umrechnung
DIN 4892	Inch – Millimeter; Umrechungstabellen
DIN 4893	Millimeter – Zoll; Umrechnungstafeln von 1 bis 10 000 mm
DIN 7150	Teil 1 ISO-Toleranzen und ISO-Passungen für Langenmaße von 1 bis 500 mm; Einfuhrung
	Teil 2 ISO-Toleranzen und ISO-Passungen; Prüfung von Werkstuck-Elementen mit zylindrischen und parallelen Paßflachen
DIN 7151	ISO-Grundtoleranzen für Langenmaße von 1 bis 500 mm Normmaß
DIN 7152	Bildung von Toleranzfeldern aus den ISO-Grundabmaßen fur Nennmaße von 1 bis 500 mm
DIN 7168	Teil 1 Allgemeintoleranzen; Langen und Winkelmaße
	Teil 2 Allgemeintoleranzen; Form und Lage
	Teil 2 Beiblatt 1: Allgemeintoleranzen (Freimaßtoleranzen); Form und Lage, Maßprotokoll für Beiblatt 1: werkstoffübliche Geradheitsabweichungen
DIN 7184	Teil 1 Form- und Lagetoleranzen; Begriffe, Zeichnungseintragungen
	Teil 1 Beiblatt 1: Form- und Lagetoleranzen; Begriffe, Zeichnungseintragungen, Kurzfassung
	Teil 1 Beiblatt 3: Form- und Lagetoleranzen; Begriffe, Zeichnungseintragungen, Bemaßung und Beiblatt 3: Tolerierung von Linienformen
DIN 8960	Kaltemittel; Anforderungen
DIN 8962	Kältemittel; Begriffe, Kurzzeichen
DIN 32 625	Großen und Einheiten in der Chemie; Stoffmenge und davon abgeleitete Großen, Begriffe und Definitionen
DIN 51 501	Schmierstoffe; Schmieröle, L-AN, Mindestanforderungen
DIN 51 600	Flüssige Kraftstoffe; Verbleite Ottokraftstoffe; Mindestanforderungen
DIN 51 601	Flüssige Kraftstoffe; Dieselkraftstoff; Mindestanforderungen
DIN 51 603	Teil 1 Flüssige Brennstoffe; Heizole; Heizöl EL; Mindestanforderungen
	Teil 2 Flüssige Brennstoffe; Heizole; Heizöl L, M und S, Mindestanforderungen
DIN 51 622	Flussiggase; Propan, Propen, Butan, Buten und deren Gemische, Anforderungen
DIN 51 631	Spezialbenzine; Siedegrenzenbenzine; Anforderungen
DIN 51 633	Benzol und Benzolhomologe; Anforderungen
DIN 51 636	Flüssige Brennstoffe; Leucht-, Brenn- und Losungspetroleum; Mindestanforderungen
DIN 53 245	Teil 1 Lösemittel für Lacke und Anstrichstoffe; Alkohole; Anforderungen, Prufung
DIN 53 246	Teil 1 Lösemittel für Lacke und Anstrichstoffe; Ester der Essigsaure; Anforderungen, Prüfung
DIN 53 247	Teil 1 Lösemittel für Lacke und Anstrichstoffe; Ketone; Anforderungen, Prufung
DIN 53 521	Prufung von Kautschuk und Elastomeren; Bestimmung des Verhaltens gegen Flussigkeiten, Dampfe und Gase
DIN 66 034	Kilopond – Newton, Newton – Kilopond; Umrechnungstabellen

1.5 Literatur

DIN 66 035 Kalorie – Joule, Joule – Kalorie; Umrechnungstabellen
DIN 66 036 Pferdestarke – Kilowatt, Kilowatt – Pferdestarke; Umrechnungstabellen
DIN 66 037 Kilopond je Quadratzentimeter – Bar, Bar – Kilopond je Quadratzentimeter; Umrechnungstabellen
DIN 66 038 Torr – Millibar, Millibar – Torr; Umrechnungstabelle
DIN 66 039 Kilokalorie – Wattstunde, Wattstunde – Kilokalorie; Umrechnungstabellen

DIN ISO 1101 Technische Zeichnungen; Form- und Lagetolerierung; Form-, Richtungs-, Orts- und Lauftoleranzen; Allgemeine Definitionen, Symbole, Zeichnungseintragungen
DIN ISO 2692 Technische Zeichnungen; Form- und Lagetolerierung; Maximum-Material-Prinzip
DIN ISO 5458 Technische Zeichnungen; Form- und Lagetolerierung; Positionstolerierung
DIN ISO 8015 Technische Zeichnungen; Tolerierungsgrundsatz

ISO/R 286 ISO-Toleranz- und Paßsystem

2 Werkstoffe

2.1 Eisenwerkstoffe

Eisenwerkstoffe werden je nach Herstellungsart und Zusammensetzung in Baustähle, Werkzeugstähle und Gußwerkstoffe eingeteilt.

Die Gruppe der *Baustahle* reicht von den unlegierten Kohlenstoffstählen bis zu den korrosionsbeständigen Stählen mit zum Teil sehr hohen Legierungsanteilen. Ihr Anwendungsgebiet umfaßt den Maschinenbau, Apparatebau- und Rohrleitungsbau, Schiffbau, Fahrzeugbau, Stahlbau usw. Je nach Verarbeitungsmöglichkeiten werden Baustähle in Form von Blechen, Rohren und Profilen geliefert.

Werkzeugstähle dienen der Bearbeitung und sind in verschiedenen Gruppen je nach Einsatzgebiet lieferbar.

Gußwerkstoffe liegen in Graugußsorten, Stahlgußsorten und Sondergußwerkstoffen mit unterschiedlichen Legierungsanteilen vor. Die Hauptvorteile der Gußwerkstoffe liegen in einer guten Vergießbarkeit unter Anwendung kostengünstiger Gieß- und Formverfahren.

Der Bezeichnung der Eisenwerkstoffe liegen die Normen DIN 17 006 (Kurzbezeichnungen) bzw. DIN 17 007 (Werkstoffnummern) zu Grunde.

2.1.1 Baustähle

2.1.1.1 Allgemeine Baustähle

Allgemeine Baustahle nach DIN 17 100 sind nach ihrer Zugfestigkeit (R_m) steigend geordnet, die Festigkeitskennwerte wie Zugfestigkeiten (R_m) und Streckgrenze (R_e) werden bei diesen unlegierten Stählen durch zunehmende C-Gehalte gesteigert, damit nimmt die Verformungsfähigkeit ab; die Schweißeignung ist bis zu einem C-Gehalt von 0,22 % gegeben.

Die Stähle nach DIN 17 100 sind außerdem nach Gutegruppen 2 und 3 unterteilt (in der alten Ausgabe noch Gütegruppe 1). Je höher die Gütegruppenziffer ist, je besser ist der Reinheitsgrad. Die Stähle der Gütegruppe 2 können beruhigt und unberuhigt vergossen sein, Stähle der Gütegruppe 3 sind grundsätzlich doppelt beruhigt vergossen, durch die Behandlung mit Aluminium sind sie sprödbruchunempfindlich und alterungsbeständig.

Der Stahl St 52-3 nimmt innerhalb der DIN 17 100 eine Sonderstellung ein, er ist durch einen angehobenen Mn-Gehalt auf ca. 1,6 % und einen begrenzten C-Gehalt auf 0,22 % als sprödbruchunempfindlicher Stahl mit angehobenen Festigkeitskennwerten bei guter Schweißeignung entwickelt worden.

2.1.1.2 Feinkornbaustähle

Die Feinkornbaustähle sind aus der konsequenten Weiterentwicklung des Stahles St 52-3 entstanden, sie sind grundsätzlich voll beruhigt und durch geringe Zusätze (Mikrolegierungselemente), z.B. Al, Nb, V, gekennzeichnet, die fein verteilte, erst bei hohen Temperaturen in Lösung gehende

Ausscheidungen (Nitride und/oder Karbide) bilden. Durch Absenkung des C-Gehaltes, Feinkornbildung und Ausscheidungshärtung ist es gelungen, Stähle herzustellen, die bei hohen Streckgrenzenwerten und niedrigen Übergangstemperaturen noch eine gute Schweißeignung aufweisen. Die hoherfesten Feinkornbaustähle werden in zwei Gruppen unterteilt:

a) Die *normalgegluhten Feinkornbaustahle* sind entweder normalgeglüht oder die Wärmbehandlung ist bereits während der Verformung der Stähle erfolgt (thermomechanische Behandlung).

b) Die *vergüteten Feinkornbaustahle* haben eine Luft- oder Wasservergütung erfahren, neben hohen Festigkeitswerten weisen diese Stähle hohe Zähigkeitswerte auf, die Anlaßtemperaturen liegen zwischen 400 ... 700 °C.

Feinkornbaustähle sind in Stahl-Eisen-Werkstoffblatt 089-70 sowie in DIN 17 102 genormt. Hinweise über die Weiterverarbeitung, insbesondere Schweißen sind aus Stahl-Eisen-Werkstoffblatt 088-69 zu entnehmen.

In den hochfesten, vergüteten Feinkornbaustählen ist der niedriggekohlte Martensit wegen seiner hohen Festigkeits- und Zähigkeitswerte kennzeichnend, daher ist eine hohe Abkühlungsgeschwindigkeit zur Erzeugung des zähen Martensits notwendig. Die Eigenschaften sind demzufolge von der Wanddicke abhängig. Für das Schweißen ergeben sich Forderungen, die der Erzielung des Martensits dienlich sind: Wärmeeinbringung begrenzen, damit die Vergütung im Grundwerkstoff nicht unzulässig beeinträchtigt wird. Nach dem Schweißen sind relativ hohe Abkühlgeschwindigkeiten anzustreben, damit sich die austenitisierten Gefügebereiche in der Wärmeeinflußzone in Martensit oder Martensit und untere Zwischenstufe umwandeln.

2.1.1.3 Einsatz- und Nitrierstähle

Einsetzen und Nitrieren sind Verfahren zur Verbesserung der Oberflächenhärte von Bauteilen, wenn für den Kern eine hohe Zähigkeit gefordert wird.

Zum *Aufkohlen*, auch *Einsetzen* oder *Zementieren* genannt, wird der Stahl in kohlenstoffabgebenden Mitteln im Austenit-Bereich geglüht. Um eine hohe Zähigkeit im Kern zu erzielen, wird von einem kohlenstoffarmen Stahl (ca. 0,1 ... 0,2 % C) ausgegangen. Je nach dem Aggregatzustand des Aufkohlungs- oder Einsatzmittels werden feste, flüssige und gasförmige Mittel (Pulver-, Bad- und Gasaufkohlung) unterschieden. Im Prinzip erfolgt die Aufkohlung jedoch nur über die Gasphase. Die aufzukohlenden Werkstücke sollen vor dem Aufkohlen metallisch blank sein, der C-Gehalt in der aufzukohlenden Schicht soll ca. 0,8 % betragen.

Nach dem Verwendungszweck des Werkstückes werden unterschiedliche Wärmebehandlungen zur Härtung angewendet:

a) *Direkthärtung:* Das Werkstück wird sofort von der Einsatztemperatur (850 ... 930 °C) in Wasser, Öl oder im Warmbad abgeschreckt, die Härtetemperatur richtet sich nach dem niedrigsten C-Gehalt des Werkstückes, also nach dem Kern. Diese Methode ist kostensparend, führt aber zu recht grobkörnigem Martensit.

b) *Einfachhärtung* nach Abkühlen aus dem Einsatz: Das Werkstück wird aus dem Einsatz zunächst auf Raumtemperatur oder auf ca. 550 °C abgekühlt und dort isotherm gehalten. Die isotherme Umwandlung des Austenits ergibt ein feinlamellares perlitisches Gefüge. Die für das anschließende Härten notwendige Erwärmung erfolgt nach dem C-Gehalt der Randschicht (A_1-Temperatur).

c) *Doppelhärtung:* Im Werkstück wird eine außerordentliche hohe Zähigkeit im Kern sowie eine feinkörnige martensitische Randzone durch die Doppelhärtung erzielt. Zunächst wird von oberhalb A_{c3} die Härtung für den Kern vorgenommen, anschließend erfolgt die Härtung von Oberhalb A_{c1} für die Randzone. Typische Einsatzstähle nach DIN 17 210 sind in Tabelle 2.1 aufgeführt.

2.1 Eisenwerkstoffe

Tabelle 2.1 Einsatzstähle DIN 17 210, gewährleistete Eigenschaften (Mindestwerte)

Stahlsorte Kurzname DIN 17 006	Behandlungszustand E (im Einsatz gehärtet), Kerneigenschaften, 30 mm Durchmesser					Anwendungsbeispiele
	Festigkeit N/mm²		%		J	
	R_e	R_m	A_5	Z	A_v [1])	
Ck 10/C 10	300	500 ... 650	16	50/45	89	niedrige Beanspruchung bei hoher Zähigkeit
Ck 15/C 15	360	600 ... 800	14	45/40	62	Bolzen, Wellen, Zahnräder (badnitriert), Werkzeuge
15 Cr 3	450	700 ... 900	11	40	55	Schaltstangen, Kolbenbolzen, Meßzeuge
16 MnCr 5	600	800 ... 1100	10	40	41	kleine ⎫ Zahnräder, Wellen von Kfz-
20 MnCr 5	700	1000 ... 1300	8	35	34	mittlere ⎭ Getrieben
20 MoCr 4	600	800 ... 1100	10	40	48	wie vor, für Direkthärtung und
25 MoCr 4	700	1000 ... 1300	8	35	41	Badnitrieren
15 CrNi 6	650	900 ... 1200	9	40	55	mittlere ⎫ Zahnräder, Wellen von Ge-
18 CrNi 8	800	1200 ... 1450	7	35	48	große ⎬ trieben im Nutzfahrzeugbau,
17 CrNiMo 6	750	1100 ... 1350	8	35	55	große ⎭ z.B. Tellerräder und Ritzel

[1]) Nicht gewährleistet

Bedeutung der Formelzeichen. $R_{p0,2}$ 0,2-Dehngrenze; R_e Streckgrenze; R_m Zugfestigkeit; A_5 Bruchdehnung; Z Brucheinschnürung; A_v Kerbschlagarbeit (DVM-Probe)

Tabelle 2.2 Nitrierstähle DIN 17 211, gewährleistete Eigenschaften (Mindestwerte)

Stahlsorte Kurzname DIN 17 006	ϕ mm	vergütet			HV [1]) etwa	Eigenschaften, Anwendung
		$R_{p0,2}$ N/mm²	A_5 %	A_v J		
31 CrMo 12	≤ 16	900	10	41	⎫	
	> 16 ... ≤ 40	850	10	48	⎬ 800	Ventilspindeln
	> 40 ... ≤ 100	800	11	48		Extruderschnecken
	> 100 ... ≤ 160	750	12	48	⎭	
39 CrMoV 13 9	≤ 70	1100	8	27	800	höchste Kernfestigkeit
34 CrAlMo 5	≤ 70	600	14	41	950	Heißdampfarmaturenteile
41 CrAlMo 7	≤ 100	750	12	34	950	
	> 100 ... ≤ 160	650	14	41		
34 CrAlS 5	≤ 60	450	12	–	900	Automatenteile
34 CrAlNi 7	≥ 70 ... 250	600	13	41	950	für große Querschnitte, Extruderschnecken

[1]) Anhaltswerte der Oberflächenhärte nach dem Gasnitrieren, nicht gewährleistet

Eine weitere Methode, zu oberflächenharten Schichten bei hoher Kernzähigkeit zu gelangen, besteht im *Nitrierharten*. Bei diesem Verfahren diffundiert Stickstoff in atomarer Form bei Glühvorgangen unterhalb A_{c1} in die Werkstückoberfläche. Grundsätzlich lassen sich alle Stähle nitrieren, wenn sie Elemente enthalten, die harte und stabile Nitride bilden, z.B. AlN, TiN, VN, CrN und MoN. Ähnlich wie beim Aufkohlen kann das Nitrieren im Ammoniakstrom über die Gasphase unmittelbar oder die Salzbäder durchgeführt werden. Typische Nitrierstähle und Anwendungsgebiete sind aus Tabelle 2.2 (Auszug aus DIN 17 211) ersichtlich.

2.1.1.4 Vergütungsstähle

Zu den *Vergütungsstählen* nach DIN 17 200 zählen die Stähle, die ihre kennzeichnenden Eigenschaften durch eine Vergütungsbehandlung (Härten und Anlassen) erfahren haben. Dadurch wird eine dem Verwendungszeck des Werkstückes angepaßte Zugfestigkeit bzw. Streckgrenze bei erhohter Zähigkeit erreicht. Für eine erfolgreiche Vergütungsbehandlung ist eine optimale Härtung eine wesentliche Voraussetzung, insbesondere ist die Durchhärtung bis in den Kern wichtig.

Durch Kombination bestimmter Kohlenstoffgehalte mit bestimmten Gehalten an Legierungselementen wird sowohl eine hohe Härte als auch die Tiefe der Einhärtung über den Stahlquerschnitt erzielt; bevorzugt werden als Legierungselemente Mangan, Chrom, Molybdän und Nickel.

Zur Überprüfung der Härtbarkeit wird der *Stirnabschreckversuch* (DIN 50 191) eingesetzt: Eine Probe von 100 mm Länge und 25 mm Durchmesser wird nach dem Austenitisieren an einer Stirnfläche unter festgesetzten Bedingungen abgeschreckt. Durch Anschleifen des Zylindermantels wird der Härteverlauf in Abhängigkeit vom Abstand von der abgeschreckten Stirnfläche gemessen.

Beim Anlassen nach dem Härten ergibt sich ein Ausgleich zwischen Härte- und Zugfestigkeitswerten, es erfolgt die notwendige Zähigkeitsverbesserung. Das Maß der Anlaßbehandlung ist vielfach vom Anwendungsfall abhängig.

Vergütungsstähle enthalten neben Kohlenstoffgehalten von 0,2 ... 0,5 % C steigende Gehalte an Chrom, Mangan, Molybdän, Nickel und Vanadium.

Die erreichbare Festigkeit im Vergütungsquerschnitt ist wanddickenabhängig. Die Anlaßprodigkeit bei mit Mangan und Chrom legierten Stählen durch Ausscheidungshärtung wird über Zusätze von Molybdän oder Vanadium gemildert.

Über die geeignete Wahl des Vergütungsstahles ist von der geforderten Mindeststreckgrenze und der Wanddicke auszugehen (Bild 2.1), die Ziffern in den Feldern beziehen sich auf die laufende Nummer des Stahles in der Tabelle 2.3.

2.1.1.5 Warmfeste Stähle

Warmfeste Stähle müssen auch bei höheren Temperaturen noch ausreichende Festigkeitskennwerte aufweisen, insbesondere für den Temperaturbereich über 300 °C hinaus. Stähle, die höheren Tem-

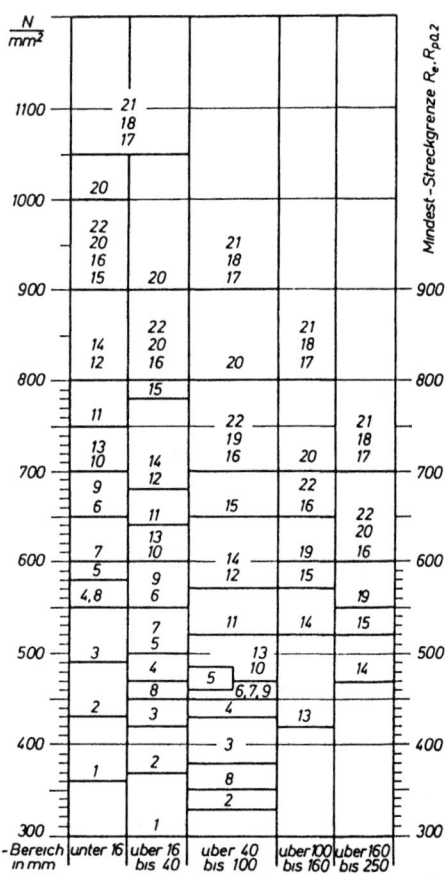

Bild 2.1 Vergütungsstahle nach DIN 17 200, Übersicht über die Mindestwerte der Streckgrenze für verschiedene Durchmesserbereiche. Für die in einem Feld angeführten Sorten gilt der untere stark ausgezogene Rand als Mindeststreckgrenze.

2.1 Eisenwerkstoffe

Tabelle 2.3 Vergütungsstähle DIN 17 200

Lfd. Nr.	Stahlsorte Kurzname DIN 17 006	Gewahrleistete Eigenschaften, vergütet (Mindestwerte)								
		Durchmesserbereich ≤ 16 mm					16 < d ≤ 40 mm			
		Festigkeit [1]) N/mm²		%		J	Festigkeit [1]) N/mm²		%	J
		R_e	R_m	A_5	Z	A_v [2])	R_e	R_m	A_5	Z	A_v [2])
1	Ck22/C22	360	700 ... 550	20	40	55 [3])	300	650 ... 500	22	45	55 [3])
2	Ck35/C35	430	780 ... 630	17	40	41 [3])	370	740 ... 590	19	45	41 [3])
3	Ck45/C45	490	860 ... 710	14	35	27 [3])	420	820 ... 670	16	40	27 [3])
4	Ck55/C55	550	950 ... 800	12	25	–	470	900 ... 750	14	35	–
5	Ck60/C60	580	1000 ... 850	11	25	–	500	950 ... 800	13	35	–
6	40Mn4	650	1100 ... 900	12	40	34	550	950 ... 800	14	35	41
7	28Mn6	600	950 ... 800	13	40	41	500	850 ... 700	15	45	48
8	38Cr2	550	950 ... 800	14	40	41	450	850 ... 700	15	45	41
9	46Cr2	650	1100 ... 900	12	40	34	550	950 ... 800	14	45	41
10	34Cr4	700	1100 ... 900	12	40	41	600	950 ... 800	14	45	48
11	37Cr4	750	1150 ... 950	11	40	34	640	1000 ... 850	13	45	41
12	41Cr4	800	1200 ... 1000	11	40	34	680	1100 ... 900	12	45	41
13	25CrMo4	700	1100 ... 900	12	50	48	600	950 ... 800	14	55	55
14	34CrMo4	800	1200 ... 1000	11	45	41	680	1100 ... 900	12	50	48
15	42CrMo4	900	1300 ... 1100	10	40	34	780	1200 ... 1000	11	45	41
16	50CrMo4	900	1300 ... 1100	9	40	34	800	1200 ... 1000	10	45	34
17	32CrMo12	1050	1450 ... 1250	9	35	34	1050	1450 ... 1250	9	35	34
18	30CrMoV9										
19	36CrNiMo4	900	1300 ... 1100	10	45	41	800	1200 ... 1000	11	50	41
20	34CrNiMo6	1000	1400 ... 1200	9	40	41	900	1300 ... 1100	10	45	48
21	30CrNiMo8	1050	1450 ... 1250	9	40	34	1050	1450 ... 1250	9	40	34
22	50CrV4	900	1300 ... 1100	9	40	34	800	1200 ... 1000	10	45	34

[1]) Umrechnung 1 kp/mm² ≈ 10 N/mm².
[2]) Umrechnung von J in kpm/cm² : Tafelwerte durch 6,86 dividieren (nur bei DVM-Probe).
[3]) Nur bei den Sorten Ck... gewahrleistet.

Bedeutung der Formelzeichen: R_e Streckgrenze bzw. 0,2-Dehngrenze, R_m Zugfestigkeit, A_5 Bruchdehnung, Z Brucheinschnurung, A_v Kerbschlagarbeit (DVM-Probe)

peraturen ausgesetzt sind, erfahren bei konstanter Belastung stetig wachsende Formänderungen, die schließlich zum Bruch führen. Diese Erscheinung – Kriechen genannt – muß bei der Festigkeitsberechnung berücksichtigt werden. Für die Dimensionierung von warmfesten Bauteilen (Druckbehälter, Wärmetauscher, Kessel usw.) werden neben Warmstreckgrenzenwerten auch sogenannte *Zeitstandfestigkeitswerte* herangezogen. Bei Zeitstandfestigkeitswerten, die es für einige Stähle für Zeiträume bis 200 000 Stunden gibt, ist das Kriechverhalten berücksichtigt. Warmfeste Stähle nach DIN 17 155 (Bleche) und DIN 17 175 (Rohre) müssen einen hohen *Kriechwiderstand* aufweisen und sollen außerdem gut schweißbar und gut verformbar sein. Für die Erhöhung des Kriechwiderstandes werden vorzugsweise Legierungselemente wie Chrom, Molybdän und Vanadium bei den niedrig legierten Stählen benutzt, die Schweißeignung wird dadurch verschlechtert. Die Legierungselemente erhöhen die Warmfestigkeit durch Mischkristallverfestigung und Ausscheidungshärtung, außerdem werden warmfeste Stähle für Temperaturen über 450 °C im vergüteten Zustand eingesetzt. Das Gefüge besteht in der Regel bei vergüteten Stählen aus der Zwischenstufe, je nach Abkühlungsgeschwindigkeit können noch gewisse Anteile von Ferrit oder Martensit vorhanden sein. Mit der Anlaßbehandlung beim Vergütungsprozeß wird die Ausscheidung von Karbiden vorweggenommen.

Eine weitere Gruppe warmfester Stähle sind die *austenitischen Stähle*, diese Stähle zeichnen sich auch durch hohe Warmfestigkeitswerte bei Temperaturen oberhalb 550 °C aus. Austenitische Stähle sind nicht umwandlungsfähig und haben ein kubisch-flächenzentriertes Gitter. Neben Chromgehalten von ca. 15 ... 17 % enthalten diese Stähle 14 ... 16 % Nickel – sie sind infolge dieser Zusammensetzung stabilaustenitisch, d.h., sie haben keine Anteile von δ-Ferrit, die für die bessere Schweißeignung bei den nichtrostenden austenitischen Stählen erwünscht sind. Der δ-Ferrit ist bei warmfesten Stählen unerwünscht, der im Temperatubereich oberhalb 500 °C je nach der Legierungskonzentration zu der spröden Sigmaphase umgewandelt werden kann.

2.1.1.6 Nichtrostende Stähle

Nichtrostende Stähle nach DIN 17 440 gibt es in drei großen Gefugegruppen: martensitische, ferritische Stähle und austenitische Stähle.

Martensitische Stähle haben einen Chromgehalt in Höhe der Passivierungsgrenze von ca. 13 %, diese Stähle sind noch umwandlungsfähig, sie konnen noch gehärtet werden.

Bei den *ferritischen Stählen* ist das Austenitgebiet stark abgeschnürt, der Chromgehalt liegt in der Größenordnung von ca. 17 %, sie sind nicht umwandlungsfähig, Wärmebehandlungen zur Gefügeveränderung können nicht vorgenommen werden.

Die *austenitischen Stähle* sind dadurch gekennzeichnet, daß sie neben ca. 17 ... 20 % Chrom ca. 8 ... 10 % Nickel aufweisen, das Austenitgebiet ist bei diesen Stählen bis Raumtemperatur geöffnet, sie sind ebenfalls nicht umwandlungsfähig, d.h., auch diese Stähle können im Sinne einer Gefügeumwandlung nicht wärmebehandelt werden.

Wegen ihrer kubisch-flächenzentrierten Gitterstruktur haben die austenitischen Stähle gegenüber den ferritischen Stählen, die kubisch-raumzentriert kristallisieren, sehr günstige Verformungseigenschaften; das drückt sich nicht nur in den wesentlich höheren Werten der Bruchdehnung im Zugversuch aus, auch die Kerbschlagzähigkeit dieser Stähle ist besonders hoch. Das bei den unlegierten Stählen anzutreffende Steilabfallgebiet in der A_v-T-Kurve fehlt bei diesen Stahlen, daher werden sie besonders im Druckbehälterbau eingesetzt, wo plötzlich auftretende Spannungsspitzen über die hohen Verformungseigenschaften abgebaut werden können. Obgleich die austenitischen Chrom-Nickel-Stähle im allgemeinen als korrosionsbeständig gelten, kann es unter bestimmten Voraussetzungen zur sogenannten „Interkristallinen Korrosion" kommen, die sehr gefürchtet ist; denn dadurch können Bauteile völlig zerstört werden. Die Entstehung der interkristallinen Korrosion beruht auf einer Sensibilisierung dieser Stähle nach der Lösungsglühbehandlung mit anschließendem Abschrecken in Wasser. Durch Erwärmungen wie Glühen oder Schweißen kann sich der in Lösung befindliche Kohlenstoff in Form von Chromkarbiden ausscheiden. Hierdurch kommt es zur Chromverarmung und der Stahl gilt im Hinblick auf die korrosionschemische Beanspruchung als sensibel. Nur durch erneutes Lösungsglühen mit Abschrecken können derartig sensibilisierte Stähle vor der interkristallinen Korrosion geschützt werden. Andere Maßnahmen sind legierungstechnischer Art. So wird bei einigen Typen der Kohlenstoffgehalt besonders stark herabgesetzt (bis zu 0,03 % C), bei anderen Typen dagegen werden starke Karbidbildner zugegeben, die eine Chromkarbidausscheidung und damit eine Chromverarmung verhindern. In der DIN 17 440 sind die entsprechenden Stähle mit vielen Variationen zur Verhinderung der interkristallinen Korrosion aufgeführt.

2.1.1.7 Stähle für Sonderzwecke

Hier seien nur einige Anwendungsfälle genannt, z.B. die Tieftemperaturtechnik und die Hochtemperaturtechnik.

Für die *Tieftemperaturtechnik* werden Stähle benötigt, die auch noch bei der Verflüssigungstemperatur von Gasen ausreichende Zähigkeitseigenschaften aufweisen. Die Überprüfung der niedrigsten Anwendungstemperatur geschieht meist durch den Kerbschlagbiegeversuch; dabei wird die sogenannte Übergangstemperatur $T_{ü}$ ermittelt, das ist die niedrigste Anwendungstemperatur. Allgemeine

Baustähle nach DIN 17 100 können für hochbeanspruchte Zwecke etwa bis $-20\,°C$ als sprödbruchunempfindlich eingestuft werden, Feinkornbaustähle reichen schon bis etwa $-60\,°C$. Für noch tiefere Temperaturen bedarf es besonders legierter Stähle, die meist Zusätze von Nickel zwischen 1,5 ... 9 % aufweisen und im vergüteten Zustand eingesetzt werden; bei diesen Stählen lassen sich Übergangstemperaturen bis ca. $-200\,°C$ nachweisen. Neben vergüteten Nickelstählen sind aber auch die austenitischen Chrom-Nickel-Stähle sehr geschätzt, da sie eine ausreichende Zähigkeit aufweisen; die Anwendungstemperatur liegt bei diesen Stählen z.t. noch weit unter $-200\,°C$.

Welcher Stahl für welchen Belastungsfall in Frage kommt, richtet sich nach bestimmten Regelwerken, besonders erwähnt sei für die Stähle der Tieftemperaturtechnik, also kaltzähe Stähle, das AD-Merkblatt W10 bzw. DIN 17280. Die Dimensionierung von Bauteilen richtet sich nach der Streckgrenze bei Raumtemperatur, die Kerbschlagzähigkeit bzw. Übergangstemperatur ist lediglich eine Beurteilungsgröße, die nicht in die Festigkeitsrechnung einbezogen wird.

Stähle für die petrochemische Industrie. Fur die petrochemische Industrie werden Stähle bzw. Werkstoffe benötigt, die auch bei sehr hohen Temperaturen und nach sehr langen Zeiten chemisch beständig sind, d.h., sie sollen in heißen Verbrennungsgasen durch Ausbildung einer festhaftenden und dichten Oxidschicht vor dem Verzundern geschützt sein. Die Zunderbeständigkeit wird legierungstechnisch durch Zusätze von Silizium, Chrom und Aluminium erreicht; es sind die hitzebeständigen Stähle, die je nach Legierungsanteil entweder ferritisch (Hauptlegierungsanteil ist Chrom) oder austenitisch (Hauptlegierungsanteile sind Chrom und Nickel) sind.

Die ferritischen Chromstähle weisen neben Silizium und Aluminium etwa 7 ... 24 % Chrom auf, sie sind sehr spröde. Beim Einsatz dieser Stähle bei erhöhten Temperaturen stört die Sprodigkeit nicht, sie stört aber besonders bei der Verarbeitung bzw. beim An- und Abfahren von Anlagen aus diesen Stahltypen. Gegenüber einer Versprödung bei Raumtemperatur absolut unempfindlich sind dagegen die austenitischen Chrom-Nickel-Stähle; ihr Einsatz ist nur dann begrenzt, wenn bei der Verbrennung stark schwefelhaltige Atmosphären entstehen; denn der Nickelgehalt in den austenitischen Chrom-Nickel-Stahlen und die Schwefelanteile fuhren zu Eutektika mit entsprechend niedrigem Schmelzpunkt, der weit unter der Bestandigkeit dieser Stähle liegen kann. Von Fall zu Fall ist zu entscheiden, ob ein ferritischer oder austenitischer Stahl zu verwenden ist; ferritische Stähle sind gegenüber schwefelhaltigen Atmospharen beständiger. Eine Übersicht von ferritischen und austenitischen Stählen fur hitzebestandige Zwecke ist im Stahleisenwerkstoffblatt 470 gegeben.

Weitere Stähle für spezielle Zwecke sind u.a. Automatenstähle (nach DIN 1651), die bei der Zerspanung kurzbrechende Späne liefern sollen. Automatenstähle sind mit angehobenen Schwefelgehalten bzw. Blei und Schwefel oder Blei, Schwefel und Mangan legiert.

2.1.2 Werkzeugstähle und Hartmetalle

2.1.2.1 Werkzeugstähle

Anforderungen: *Werkzeugstahle* dienen als Werkzeuge für die Formgebung, Trennung oder Zerspanung bei unterschiedlichen Temperaturen, es wird unterteilt in

Gebrauchseigenschaften	*Verarbeitungseigenschaften*
Härte, Warmhärte	Zerspanbarkeit
Zähigkeit, Bruchsicherheit	Schleifbarkeit
Verschleißfestigkeit, Abriebfestigkeit	Polierbarkeit
Einhärtungstiefe	Kaltumformbarkeit
geringer Härteverzug	Warmumformbarkeit
Anlaßbeständigkeit	Schmiedbarkeit
Zeitstandfestigkeit	
Wechselfestigkeit	

In Deutschland werden die Werkzeugstähle nach Anwendungsgruppen eingeteilt (Tabellen 2.4 und 2.5):
- unlegierte Werkzeugstähle (Stahleisenwerkstoffblatt 150-63)
- legierte Kaltarbeitsstähle (Stahleisenwerkstoffblatt 200-69)
- Warmarbeitsstähle (Stahleisenwerkstoffblatt 250-70)
- Schnellarbeitsstähle (Stahleisenwerkstoffblatt 320-69)

Tabelle 2.4 Werkzeugstähle, Auswahl

Kurzname DIN 17 006	Stoffnummer DIN 17 007	Eigenschaften Verwendungsbeispiele
Unlegierte Werkzeugstähle nach SEW 150-63		
C100W1	1.1540	nicht durchhartend über 12 mm Dicke, für Tiefzieh-, Fließpreß- und Prägewerkzeuge
C60W3	1.1740	Schäfte und Körper von Schnellstahl- und Hartmetallverbundwerkzeugen
C15WS	1.1805	im Einsatz zu hartende Werkzeuge, z.B. Kunststoffformen oder Lehren
Legierte Kaltarbeitsstähle nach SEW 200-69		
X210Cr12	1.2080	Hochleistungsschnittwerkzeuge für Blech bis 3 mm, Profilierrollen, Gewindewalzwerkzeuge, geirnger Härteverzug
X210CrW12	1.2436	wie 1.2080 bei größeren Abmessungen oder härteren Blechen (Si-legiertes Dynamoblech)
X165CrMoV12	1.2601	wie 1.2080, mit erhöhter Zähigkeit für Blech bis 6 mm
115CrV3	1.2210	Metallsägen, Bohrer, Stemmeisen
60WCrV7	1.2550	Schnitte für dickere Bleche 6 ... 15 mm, Stempel zum Kaltlochen von Schienen und Laschen
Legierte Warmarbeitsstähle nach SEW 250-63		
45WCrV7	1.2542	Warmschnitte und -abgratwerkzeuge, Warmlochstempel
X32CrMoV33	1.2365	vielseitiger Hochleistungsstahl für Gesenkeinsätze, Druckgußformen, Preßmatrizen für Ne-Metalle, wenig rißempfindlich, für Wasserkühlung
X30WCrV93	1.2581	für thermische Höchstbeanspruchung, Werkzeuge höchster Verschleißfestigkeit, rißempfindlich bei Thermoschock

Tabelle 2.5 Schnellarbeitsstähle, Auswahl nach SEW 320-69

Gruppe	Bezeichnung neu (alt)	Werkstoff-Nr.	Anwendung
Wolfram hoch	S18-1-2-5 (E18Co5)	1.3255	Schrupparbeiten, harte Werkstoffe mit großer Zerspanleistung, Hartguß, nichtmetallische Stoffe
Wolfram mittel	S10-4-3-10 (ES9Co10)	1.3207	Schlichtarbeiten, Automatenarbeit mit hoher Schnittgeschwindigkeit bei bester Oberflächengüte
Wolfram Molybdän	S6-5-2-5 (EMo5Co5)	1.3243	für Fräser, Bohrer und Gewindeschneidwerkzeuge höchster Beanspruchung
Molybdän hoch	S6-5-2 (DMo9)	1.3343	Bohrer und Gewindebohrer, Schlitzfräser und Metallsägen kleiner Abmessungen

In der neuen Bezeichnung der SS-Stähle sind die Prozente der Legierungselemente in der *Reihenfolge* Wolfram, Molybdän, Vanadium und Kobalt angegeben. Der Chromgehalt beträgt etwa 4 %. Der Kohlenstoffgehalt liegt zwischen 0,8 % und 1,4 %.
Der Stahl S6-5-2 hat demnach als mittlere Analysenwerte 6 % W, 5 % Mo und 2 % V neben 4 % Cr.

2.1 Eisenwerkstoffe

Bei den *unlegierten Werkzeugstählen* steht ausschließlich der C-Gehalt für die zu erreichende Härte zur Vergütung, derartige Stähle haben nach der Härtung – Wasserhärtung – eine harte, verschleißfeste Oberfläche und einen relativ zähen Kern. Je nach der chemischen Zusammensetzung, dem Reinheitsgrad und der Einhärtetiefe werden verschiedene Güteklassen (W1, W2 und W3) unterschieden, infolge ihrer geringen Anlaßbeständigkeit sind diese Stähle nur für Kaltarbeitszwecke wie Meßwerkzeuge oder Holzbearbeitungswerkzeuge einzusetzen. Legierte Kaltarbeitsstähle enthalten zur Verringerung der kritischen Abkühlungsgeschwindigkeit für die Martensitbildung Elemente wie Chrom, Molybdän und Nickel. Zur weiteren Härtesteigerung, wodurch auch der Verschleißwiderstand zunimmt, wird die karbidbildende Wirkung einiger Legierungselemente ausgenutzt (z.B. Cr, Mo, Mn, V und W).

Mit zunehmender Härte und Karbidmenge nimmt die Zähigkeit ab; es wird daher unterschieden:

Gruppe 1: untereutektoide Stähle ohne Karbid,
Gruppe 2: übereutektoide Stähle mit weniger als 5 % Karbid,
Gruppe 3: ledeburitische Stähle mit mehr als 15 % Karbid.

Entsprechende Kaltarbeitsstähle sind in SEW 200 aufgeführt (Tabelle 2.6).

Warmarbeitsstähle sind Werkzeugstähle, die für spanlose Umformung von Metallen bei Temperaturen über 200 °C eingesetzt werden, nämlich für Druckgießformen, Schmiedegesenke u.a.m. Warmarbeitsstähle sollen folgenden Anforderungen genügen:

hohe Anlaßbeständigkeit,
hohe Warmfestigkeit,
hohe Warmzähigkeit,
hohe Beständigkeit gegenüber Temperaturwechsel,
hohe Beständigkeit gegen Erosion und Auflösung durch flüssiges Metall.

Neben C-Gehalten von 0,3 ... 0,5 % enthalten diese Stähle Legierungselemente wie Chrom, Molybdän, Wolfram und Vanadium, in Einzelfällen auch Kobalt, Silizium und Nickel.

Der Einsatz von Warmarbeitsstählen erfolgt im vergüteten Zustand, wobei vom weichgeglühten Zustand ausgegangen wird. Das Abschrecken erfolgt in Luft, Öl oder Warmbad; das Härtegefüge besteht aus hartem Martensit, so daß zur Verbesserung der Zähigkeit eine Anlaßbehandlung vorgenommen werden muß. Einige Warmarbeitsstähle nach SEW 250 enthält Tabelle 2.7.

Schnellarbeitsstähle sind Stähle, die hauptsächlich für spanende Werkzeuge verwendet werden. Sie haben auf Grund ihrer chemischen Zusammensetzung und Wärmebehandlung eine hohe Anlaßbeständigkeit und Warmhärte bis rund 600 °C und erzielen dabei lange Standzeiten auch bei Rotglut. Gegenüber den Hartmetallwerkstoffen sind sie dann im Vorteil, wenn die Bruchanfälligkeit und die Bearbeitung im Vordergrund stehen; denn Hartmetalle sind nur durch Schleifen herstellbar. Schnellarbeitsstähle, die ihren Namen auf Grund eingeführter hoher Schnittgeschwindigkeiten verdanken, finden inzwischen auch eine weite Verbreitung beim Umformwerkzeug. Die Schnellarbeitsstähle sind hauptsächlich nach ihrer chemischen Zusammensetzung eingeteilt, der C-Anteil liegt zwischen 0,75 ... 1,5 % und bestimmt die Menge an Ledeburitkarbiden, sie enthalten ferner 4 ... 5 % Chrom, 2 ... 18 % Wolfram sowie 1 ... 5 % Molybdän, wodurch die Härtbarkeit erhöht, die Anlaßbeständigkeit verbessert und die Karbidausscheidung intensiviert werden. Durch Zusätze von 1 ... 5 % Vanadium und 5 ... 11 % Kobalt wird auch die Schnittleistung erhöht. Entsprechende Sorten sind in der Tabelle 2.8 aufgeführt.

2.1.2.2 Hartmetalle

Die Schnellarbeitsstähle werden in ihrer Warmhärte nur noch von den *Hartmetallen* übertroffen; im Gegensatz zu den Werkzeugstählen, die bei hohen Temperaturen durch den Zerfall des Martensits erweichen, bleiben Hartmetalle auch bei sehr hohen Temperaturen stabil.

Tabelle 2.6 Legierte Werkzeugstähle für Kaltarbeit nach SEW 200-69

Stahlsorte		chemische Zusammensetzung							Weichglühen °C	Härte nach dem Weichglühen HB höchstens	Härten bei °C in		Anhaltsangaben über die Oberflächenhärte an einem gehärteten Querschnitt von 25 × 25 mm					
Kurzname	Werkstoff-Nr.	% C	% Si	% Mn	% Cr	% V	% W	% Mo / % Ni					nach dem Härten HRC	nach einstündigem Anlassen bei HRC				
														100 °C	200 °	300 °C	400 °C	
X210Cr12	1.2080	2,00	0,30	0,30	12,0	0,10	–	0,60 / –	800...840	250	930...960	Öl, Warmbad	63...64	63	62	60	58	
X210CrW12	1.2436	2,00	0,30	0,30	12,0	–	0,70	– / –	800...840	250	950...980	Öl, Luft Warmbad	63...64	63	62	60	58	
X165CrMoV12	1.2601	1,65	0,30	0,30	12,0	0,10	0,50	0,60 / –	800...840	250	980...1010 920...970	Öl, Luft, Warmbad	63...64	63	61	59	58	
115 CrV 3	1.2210	1,15	0,20	0,30	0,70	0,10	–	–	710...750	220	810...840 780...810	Öl (< 16 mm ∅) Wasser	64	64	62	57	51	
100Cr6	1.2067	1,00	0,30	0,30	1,50	–	–	–	710...750	225	830...860	Öl	64	64	62	57	–	
145 V 33	1.2838	1,45	0,30	0,40	–	3,30	–	–	720...760	230	800...950	Wasser	65	65	62	56	48	
21MnCr5	1.2162	0,21	0,30	1,30	1,20	–	–	–	670...710	210	810...840	Öl	62	62	60	57	54	
90MnV8	1.2842	0,90	0,20	2,00	(0,30)	0,10	–	–	680...720	220	790...820	Öl	64	64	61	56	–	
105WCr6	1.2419	1,05	0,20	1,00	1,00	–	1,20	–	710...750	230	800...830	Öl	64	64	61	58	–	
80WCrV8	1.2552	0,80	0,50	0,40	1,10	0,30	2,00	–	710...750	230	860...890	Öl	61	61	60	58	55	
60WCrV7	1.2550	0,60	0,60	0,30	1,10	0,20	2,00	–	710...750	225	870...890	Öl	60	60	59	56	53	
54NiCrMoV6	1.2711	0,54	0,30	0,60	0,70	0,10	–	0,30 / 1,70	660...700	240	850...880	Öl	59	59	56	53	48	
50NiCr13	1.2721	0,50	0,30	0,50	1,10	–	–	– / 3,30	610...650	250	840...870	Öl, Luft	59	59	56	52	48	
X45NiCrMo4	1.2767	0,45	0,20	0,40	1,40	–	(0,50)	0,30 / 4,10	610...650	250	840...870	Öl, Luft	56	56	54	51	48	
X19NiCrMo4	1.2764	0,90	0,20	0,40	1,30	–	(0,40)	0,20 / 4,10	620...660	250	780...810 800...830	Öl Luft	62 56	62 56	61 55	59 53	56 51	

2.1 Eisenwerkstoffe

Tabelle 2.7 Chemische Zusammensetzung, Temperaturen für die Warmformgebung und Wärmebehandlung sowie Härte der gebräuchlichen Warmarbeitsstähle lt. SEW 250-70

Stahlsorte Kurzname	Werkstoff-Nr.	chemische Zusammensetzung							Temperatur (°C) für		Härte nach Weichglühen HB höchstens	Härten von °C	in
		% C	% Si	% Mn	% Cr	% Mo	% Ni	% V	% W	Walzen und Schmieden	Weichglühen			
55NiCrMoV6	1.2713	0,55	0,3	0,6	0,7	0,3	1,7	0,1	–	1100 ... 850	650 ... 700	240	830 ... 870	Öl
56NiCrMoV7	1.2714	0,55	0,3	0,7	1,0	0,5	1,7	0,1	–	1100 ... 850	650 ... 700	250	860 ... 900 830 ... 870	Luft Öl
X38CrMoV51	1.2343	0,38	1,0	0,4	5,3	1,1	–	0,4	–	1100 ... 900	750 ... 800	240	1000 ... 1040	Luft Öl, W[1]
X40CrMoV51	1.2344	0,40	1,0	0,4	5,3	1,4	–	1,0	–	1100 ... 900	750 ... 800	240	1020 ... 1060	Luft Öl, W[1]
X32CrMoV33	1.2365	0,32	0,3	0,3	3,0	2,8	–	0,5	–	1100 ... 900	750 ... 800	230	1020 ... 1060	Öl, W[1]
X30WCrV53	1.2567	0,30	0,2	0,3	2,4	–	–	0,6	4,3	1100 ... 900	750 ... 800	240	1060 ... 1100	Öl, W[1]

[1]) W Warmbad von 500 ... 550 °C

Tabelle 2.8 Schnellschnittstähle in Anlehnung an SEW 320-69

Stahlsorte Kurzbezeichnung	Werkstoff-Nr.	chemische Zusammensetzung						Wärmebehandlung Härtetemperatur °C	Anlaßtemperatur °C	erreichbare Härte nach dem Anlassen HRC
		% C	% Co	% Cr	% Mo	% V	% W			
S 3-3-2	1.3333	0,95 ... 1,03		3,8 ... 4,5	2,5 ... 2,8	2,2 ... 2,5	2,7 ... 3,0	1180 ... 1220	520 ... 550	62 ... 64
S 6-5-2	1.3343	0,84 ... 0,92		3,8 ... 4,5	4,7 ... 5,2	1,7 ... 2,0	6,0 ... 6,7	1190 ... 1230	530 ... 560	64 ... 66
SC 6-5-2	1.3342	0,95 ... 1,05		3,8 ... 4,5	4,7 ... 5,2	1,7 ... 2,0	6,0 ... 6,7	1180 ... 1220	530 ... 560	65 ... 67
S 6-5-3	1.3344	1,17 ... 1,27		3,8 ... 4,5	4,7 ... 5,2	2,7 ... 3,2	6,0 ... 6,7	1200 ... 1240	540 ... 570	64 ... 66
S 6-5-2-5	1.3243	0,88 ... 0,96	4,5 ... 5,0	3,8 ... 4,5	4,7 ... 5,2	1,7 ... 2,0	6,0 ... 6,7	1210 ... 1240	540 ... 570	64 ... 66
S 7-4-2-5	1.3246	1,05 ... 1,15	4,8 ... 5,2	3,8 ... 4,5	3,6 ... 4,0	1,7 ... 1,9	6,6 ... 7,1	1180 ... 1220	540 ... 570	66 ... 68
S 10-4-3-10	1.3207	1,20 ... 1,35	10,0 ... 11,0	3,8 ... 4,5	3,5 ... 4,0	3,0 ... 3,5	9,5 ... 11,0	1210 ... 1250	540 ... 570	65 ... 67
S 12-14-5	1.3202	1,30 ... 1,45	4,5 ... 5,0	3,8 ... 4,5	0,7 ... 1,0	3,5 ... 4,0	11,5 ... 12,5	1210 ... 1250	550 ... 580	65 ... 67
S 18-1-2-5	1.3255	0,75 ... 0,83	4,5 ... 5,0	3,8 ... 4,5	0,5 ... 0,8	1,4 ... 1,7	17,5 ... 18,5	1260 ... 1300	550 ... 580	64 ... 66

Weichglühtemperatur 770 ... 840 °C anzustrebende Härte im weichgeglühten Zustand 240 ... 300 HB

Eine große Gruppe unter den Hartmetallen stellen die sogenannten Stellite dar, das sind geschmolzene Kobalt-Chrom-Wolfram-Legierungen, in denen Chrom- und Wolfram-Karbide in einer Kobaltmatrix eingelagert sind. Wenn das Erschmelzen solcher Legierungen unmöglich oder unwirtschaftlich ist, werden derartige Legierungen pulvermetallurgisch durch Sintern hergestellt.
Für die spanabhebende Bearbeitung ist die hohe Wärmeleitfähigkeit der Hartmetalle von Bedeutung.

2.1.3 Gegossene Eisenwerkstoffe

Die *Eisenwerkstoffe* werden im flüssigen Zustand in ihre vorgesehene Form gebracht, je nach Kohlenstoffanteil und Erstarrungsart (metastabil oder stabil) werden die Gußwerkstoffe wie folgt eingeteilt:

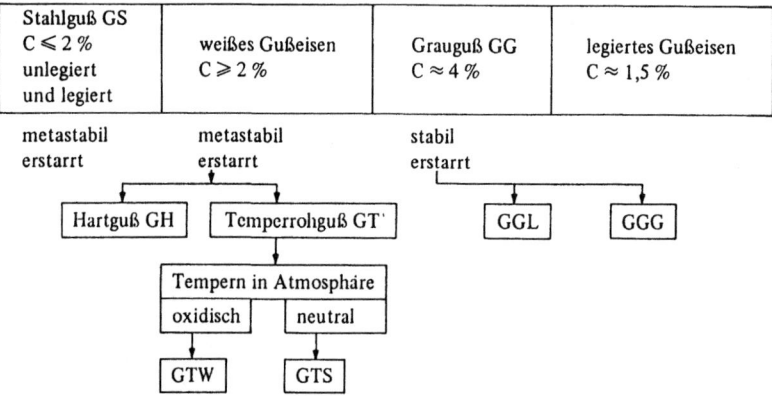

2.1.3.1 Stahlguß

Bis ca. 2 % Kohlenstoff erhält man *Stahlguß* GS bei metastabiler Erstarrung, das Schwindmaß beträgt $\approx$ 2 %, die Lunkergefahr ist groß.
Unlegierter Stahlguß weist häufig das grobkörnige Widmannstattensche Gefüge auf, das über Normalglühen beseitigt wird; dadurch erhöhen sich die Festigkeitseigenschaften und die Dehnung. Auch andere Wärmebehandlungen, die für Stahl Gültigkeit haben, sind möglich (Härten, Vergüten usw.). Unlegierter Stahlguß ist in DIN 1681 genormt (Tabelle 2.9), legierter Stahlguß gibt es für verschiedenste Anwendungen, z.B. nichtrostender Stahlguß nach DIN 17 445, hitzebeständiger Stahlguß nach SEW 471-60, warmfester Stahlguß nach DIN 17 245, Vergütungsstahlguß nach SEW 510-62.

Tabelle 2.9 Stahlguß für allgemeine Verwendungszwecke (Mindestwerte)

Werkstoffkurzname		GS-38	GS-45	GS-52	GS-60	GS-62	GS-70
Zugfestigkeit R_m	N/mm²	380	450	520	600	620	700
Streckgrenze R_e	N/mm²	190	230	260	300	350	420
Bruchdehnung A_5	%	25	22	18	15	15	12
Brucheinschnürung Z	%	35	30	25	–	–	–
Kerbschlagarbeit A_v[1]	J	34	27	20	13	13	–

[1]) Werte nur gewährleistet bei den Sorten GS-38.3 ... GS-62.3

2.1 Eisenwerkstoffe

Wenn Fe-C-Legierungen mit mehr als 2 % Kohlenstoff schnell abkühlen und auch Karbidbildner zugegeben werden, gelangt man zum *weißen Gußeisen* mit metastabiler Erstarrung; mit Abschreckplatten hergestelltes Gußeisen weist am Rand ledeburitisches Gefüge, im Kern perlitisches Gefüge auf und ist als *Schalenhartguß* GH bekannt.

2.1.3.2 Grauguß lamellar (GGL)

Werden Fe-C-Legierungen mit mehr als 2 % Kohlenstoff langsam abgekühlt und enthalten graphitisierende Elemente, z.b. Silizium, so stellt sich ein Gefüge ein, bei dem Graphitlamellen in eine meist perlitische oder ferritische Grundmasse eingelagert sind. Die Bruchfläche derartiger Gußsorten ist grau, *Grauguß* GG, Abkühlgeschwindigkeit einerseits und die Wirkung der Eisenbegleiter wie Silizium, Mangan und Phosphor andererseits haben Einfluß auf die Ausbildung der Graphitstruktur und der Gefügematrix; damit auch auf die Eigenschaften des *lamellaren Graugusses* GGL. Welche Gefügematrix erreicht wird, vermittelt das Bild 2.2 nach *Greiner-Klingenstein*.

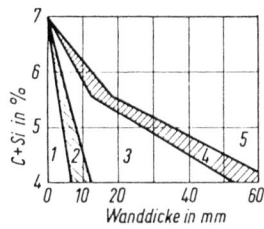

Bild 2.2
Gefügeausbildung von Gußeisen nach *Greiner-Klingenstein*
1 weißes Eisen,
2 meliertes Eisen,
3 Perlitguß,
4 ferritisch-perlitischer Grauguß,
5 ferritischer Grauguß.

Die Vorzüge des lamellaren Graugusses sind:
a) gutes Formfüllungsvermögen bei geringem Schwindmaß (ca. 1 %);
b) hohe Schwingungsdämpfung, weil durch die Graphitlamellen mechanische Schwingungen über Reibungsarbeit abgebaut werden;
c) hoher Rostwiderstand bzw. Korrosionsbeständigkeit der unverletzten Gußhaut;
d) gute Notlaufeigenschaften bei Lagern durch Schmierwirkung des Graphits;
e) gute Zerspanbarkeit durch heterogen eingelagerte Lamellen.

Besonders nachteilig bei GGL ist die hohe Sprödbruchneigung, die Lamellen wirken im Inneren wie Kerben. GGL soll möglichst nur auf Druck bzw. Biegung beansprucht werden. Die Festigkeitskennwerte bei den Beanspruchungen Zug, Biegung und Druck verhalten sich etwa wie 1 : 2 : 4. GGL ist in DIN 1691 genormt (Tabelle 2.10), die Festigkeitskennwerte sind wanddickenabhängig (Bild 2.3), eine Dehnung ist praktisch nicht gegeben.

Grauguß mit Lamellengraphit wird normalerweise nicht wärmebehandelt, jedoch ist auf Grund der perlitischen Matrix eine Härtbarkeit gegeben.

2.1.3.3 Grauguß globular (GGG)

Über eine besondere Erschmelzungstechnik (Impfen mit Magnesium oder Cer) erhält man Graugußsorten, bei denen sich der Graphitanteil quasi kugelig anordnet, dadurch ist die innere Kerbwirkung wesentlich geringer, die Festigkeitseigenschaften sind gegenüber GGL wesentlich günstiger. Bei diesem *Grauguß mit kugelig angeordnetem Graphit* GGG können über spezielle Wärmebehandlungen stahlähnliche Eigenschaften erzielt werden.

Die Schwingungsdämpfung bei GGG ist gemindert, das Formfüllungsvermögen ist ähnlich wie bei GGL. Anhaltswerte für GGG-Sorten enthält die Tabelle 2.11 (vgl. DIN 1693).

Tabelle 2.10 Eigenschaften von Gußeisen mit Lamellengraphit

Werkstoffkurzname			GG-10	GG-15	GG-20	GG-25	GG-30	GG-35	GG-40
Zugfestigkeit	R_m	N/mm²	100	150	200	250	300	350	400
Biegefestigkeit	σ_{bB}	N/mm²	–	300	360	420	480	540	600
Druckfestigkeit	σ_{dB}	N/mm²	500 … 600	550 … 700	600 … 830	700 … 1000	820 … 1200	950 … 1400	1100 … 1400
Brinellharte	HB 30		100 … 150	140 … 190	170 … 210	180 … 240	200 … 260	210 … 280	230 … 300
Elastizitätsmodul	E_0	10^4 N/mm²	7,5 … 10,0	8,0 … 10,5	9,0 … 11,5	10,5 … 12,0	11,0 … 14,0	12,5 … 14,5	12,5 … 15,5
Querdehnzahl	η					0,258 … 0,273			
Biegewechselfestigkeit	σ_{bW}	N/mm²				0,35 … 0,50 mal Zugfestigkeit			
Schlagbiegezähigkeit	σ_b	J/cm²	20						→ 60
Gefüge			ferritisch →						→ perlitisch

Tabelle 2.11 Eigenschaften von Gußeisen mit Kugelgraphit

Werkstoffkurzname			GGG-35.3	GGG-40.3	GGG-40	GGG-50	GGG-60	GGG-70	GGG-80
Zugfestigkeit	R_m	N/mm²	350	400	400	500	600	700	800
Streckgrenze	R_e	N/mm²	220	250	250	320	380	440	500
Bruchdehnung	A_5	%	22	18	15	7	3	2	2
Brinellharte	HB 30	–	130 … 160	130 … 170	140 … 200	150 … 240	175 … 290	210 … 310	230 … 320
Druckfestigkeit	σ_{dB}	N/mm²	600	700	800	900	1000	1000	1200
Biegefestigkeit	σ_{bB}	N/mm²	700 … 800	800 … 900	800 … 900	850 … 1000	900 … 1100	1000 … 1200	1100 … 1300
Elastizitätsmodul	E	N/mm²	15 · 10⁴						→ 18,5 · 10⁴
Wechselfestigkeit	σ_{bW}	N/mm²	0,5 · σ_{zB} →						→ 0,35 · σ_{zB}
Gefüge			Ferrit	Ferrit	überw. Ferrit	Ferrit/ Perlit	Perlit		Perlit/Zwischen- stufengefüge
Bearbeitbarkeit				sehr gut		gut	gut	ausreichend	
Verschleißfestigkeit				gering		mittel	gut	sehr gut	
Dämpfung				gut			mittel		gering

2.1 Eisenwerkstoffe

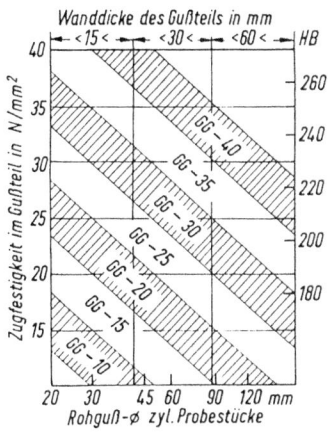

Bild 2.3
Zugfestigkeit der GGL-Sorten in Abhängigkeit von der Wanddicke.

2.1.3.4 Temperguß

Temperrohguß hat ca. 4 % Kohlenstoff, die Erstarrung erfolgt metastabil, wegen des relativ hohen Schwindmaßes einerseits (Lunkerbildung) und der Gefahr einer verzögerten Abkühlung, die zur Graphitbildung und damit zum Faulbruch führt, sind die Stückgewichte auf etwa 100 kg begrenzt. Über das Tempern, das aus einer vielstündigen Wärmebehandlung besteht, zerfällt der Zementit zu Austenit und Temperkohle. Die Temperkohle ist nesterförmig strukturiert, damit wird ebenfalls die innere Kerbwirkung herabgesetzt, die Eigenschaften sind stahlähnlich. Temperguß mit nesterförmiger Anordnung des Graphits liegt in seinen Eigenschaften zwischen dem lamellaren GGL und dem globularen GGG. Zum *weißen Temperguß* gelangt man über eine oxidierende Glühatmosphäre, es kommt zur Randentkohlung, die jedoch verfahrenstechnisch auf ca. 8 mm begrenzt ist. Der Tempervorgang sowohl für GTW als auch für GTS wird in Bild 2.4 deutlich. Die Eigenschaften von Tempergußsorten sind in DIN 1692 aufgeführt, die Tabelle 2.12 vermittelt typische Tempergußsorten für GTW und GTS.

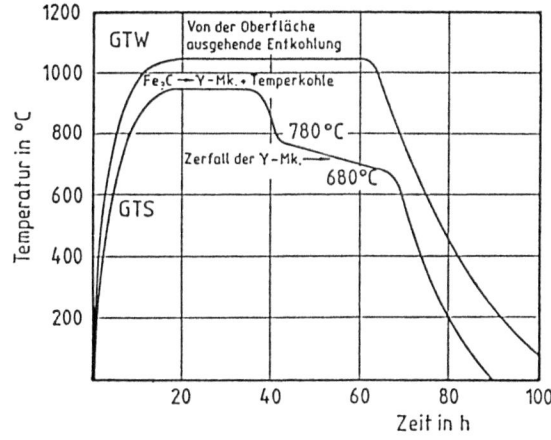

Bild 2.4
Wärmebehandlung von Temperaturguß für GTS und GTW.

Tabelle 2.12 Eigenschaften von Temperguß nach DIN 1692

Werkstoff	R_m N/mm²	$R_{p0,2}$ N/mm²	A_3 %	HB 30	Anwendungsbeispiele
GTW-35	350	–	4	220	Fittings-, Förderkettenglieder, Schloßteile
GTW-40	400	220	5	220	Schraubzwingen, Kanalstreben
GTW-45	450	260	7	220	sehr schlagfest, Fahrwerksteile
GTW-55	550	360	5	240	Steuerkurvenscheiben
GTW-65	650	430	3	270	vergütet
GTW-S 38	380	200	12	200	Verbundkonstruktionen mit Walzstahl, schweißbar, Pkw-Fahrwerksteile
GTS-35	350	200	12	150	Getriebe, Hinterachsgehause mit großer Wanddicke, kaltzäh
GTS-45	450	300	7	160 ... 200	Schaltgabeln, Bremstrommeln
GTS-55	550	360	5	180 ... 220	Kurbelwellen, Kipphebel für Flammhartung, Federbocke, Bremstrager
GTS-65	650	430	3	210 ... 250	druckbeanspruchte kleine Gehäuse
GTS-70	700	550	2	240 ... 270	vergütet, für Verschleißteile, Kardangabelstucke

Die Werte für GTW sind an Probestaben von 12 mm ϕ ermittelt, bei kleineren Wanddicken ergeben sich kleinere Dehnungs- und höhere Festigkeitswerte

2.2 Nichteisenmetalle

2.2.1 Schwermetalle und deren Legierungen

Typische Eigenschaften von *Nichteisenmetallen* sind in Tabelle 2.13 gegenübergestellt. Entsprechend ihrer Bedeutung sind nur einige Nichteisenmetalle aufgeführt. Nach ihrer Dichte unterscheidet man *Schwermetalle* und *Leichtmetalle*. Alle Metalle, deren Dichte > 5 g/cm³ ist, werden als *Schwermetalle* bezeichnet. Dazu zählen:

a) höchstschmelzende Metalle: Chrom, Vanadium, Molybdän, Wolfram, Tantal, Zirkon;
b) hochschmelzende Metalle: Mangan, Kupfer, Nickel, Kobalt, sowie die Edelmetalle Silber, Gold, Platin, Palladium, Iridium, Osmium, Rhodium, Ruthenium;
c) niedrigschmelzende Metalle: Zink, Cadmium, Zinn, Antimon, Blei, Wismut, Quecksilber.

Tabelle 2.13 Besondere Eigenschaften der NE-Metalle

Eigenschaften	Metalle und Legierungen
niedrige Dichte	Magnesium, Aluminium, Titan, Beryllium
niedriger Schmelzpunkt (Gießbarkeit)	Blei, Zinn, Zink, Aluminium, Magnesium (Druckgußlegierungen)
Korrosionsbeständigkeit	Kupfer, Nickel, Titan, Aluminium
Hitzebeständigkeit, Warmfestigkeit	Wolfram, Kobalt, Molybdän, Chrom, Nickel
Leitfahigkeit für Wärme und Elektrizitat	Silber, Kupfer, Aluminium
Gleiteigenschaften	Blei-, Zinn-, Kupfer- und Aluminiumlegierungen
geringe Neutronenaufnahme	Zirkonium
hohe Neutronenaufnahme	Cadmium, Hafnium

2.2 Nichteisenmetalle

Diese Art der Einteilung wird durch die Anordnung im periodischen System der Elemente nach *Gürtler* ebenfalls gegeben.

Alle Metalle, deren Dichte < 5 g/cm^3 ist, werden als *Leichtmetalle* bezeichnet. Dazu zählen u.a. Beryllium, Magnesium, Aluminium und Titan.

Die Grenze zwischen Leicht- und Schwermetallen ist willkürlich auf 5 g/cm^3 festgelegt. Die Leichtmetalle haben für die Leichtbauweise unter Ausnutzung konstruktiver Maßnahmen in Verbindung mit der geringen Dichte eine ganz besondere Bedeutung.

Reinmetalle werden mit ihrem chemischen Symbol bezeichnet, angehängt wird der Metallgehalt in Prozent.

2.2.1.1 Kupfer

Reines Kupfer vereinigt in sich eine Reihe technisch wertvoller Eigenschaften (Tabelle 2.14):
a) Korrosionsbeständigkeit, die durch die Edelrostbildung $Cu_2(OH)_2CO_3$, auch Patina genannt, gewährleistet wird;
b) extrem hohe elektrische Leitfähigkeit;
c) hohe Wärmeleitfähigkeit;
d) besonders hohes plastisches Formänderungsverhalten, das Walzen und Ziehen im kalten Zustand gewährleistet. Während die Festigkeitskennwerte mit zunehmendem Verformungsgrad ansteigen, fallen die Werte für die Dehnung und die elektrische Leitfähigkeit.

Tabelle 2.14 Eigenschaften und Verwendung des reinen Kupfers

günstige Eigenschaften	ungünstige Eigenschaften
hohe Leitfähigkeit für Wärme und Elektrizität	schlechte Gießbarkeit wegen Wasserstoffaufnahme
Beständigkeit gegen Wasser, Dampf und Witterung	schlechte Zerspanbarkeit
hohe Kaltformbarkeit, Zähigkeit in der Kälte	unbeständig gegen Schwefel und oxidierende Säuren (HNO_3)
gut löt- und schweißbar	

Werkstoffkennwerte			
Zugfestigkeit R_m	200 ... 250 N/mm^2	Brucheinschnürung Z	75 %
Streckgrenze $R_{p0,2}$	40 ... 80 N/mm^2	Schmelztemperatur	1083 °C
Härte	45 HB 10/1000	Schmiedetemperatur	950 ... 800 °C
Elastizitätsmodul E	$12{,}5 \cdot 10^4$ N/mm^2	Rekristallisationstemperatur	400 ... 100 °C
Kerbzähigkeit α_k	kaltzäh	Dichte ρ	8,93 kg/dm^3
Bruchdehnung A_5	45 %	Raumgitter	kubisch-flächenzentriert

Von Bedeutung ist die bei Kupfer auftretende *Wasserstoffkrankheit*. Durch den beim Glühen, Schweißen oder Löten in das Metall eindiffundierenden Wasserstoff kommt es durch den im Kupfer eingelagerten Sauerstoff (Cu_2O) zur Dampfblasenbildung und damit zum Aufreißen des Gefüges nach der Reaktion $Cu_2O + H_2 \rightarrow 2Cu + H_2O$. Insofern ist immer auf den Sauerstoffgehalt des Kupfers zu achten, es gibt entsprechend sauerstoffhaltige und sauerstofffreie Kupfersorten. Bei der Kupfernormung ist für die sauerstofffreien Sorten der Kennbuchstabe S vorangestellt, z.B. SE-Cu bedeutet sauerstofffreies Elektrolytkupfer. Wichtige Normen enthält Tabelle 2.15. Durch Wärmebehandlungen lassen sich die Eigenschaften des Kupfers beeinflussen.

Tabelle 2.15 Zusammensetzung der wichtigsten Normen für Kupferwerkstoffe

Werkstoff Legierungselemente	Gegenstand der Normung	Normblatt
Kupfer	Zusammensetzung Halbzeug Gußwerkstoffe, rein und niedriglegiert	DIN 1708 DIN 1787 DIN 17655
Kupfer-Gußlegierungen (Gußstucke)		
Zinn und (Guß-Zinnbronze) Zinn-Zink (Rotguß)		DIN 1705
Zink und (Guß-Messing) Zink mit Zusatzen	Zusammensetzung, Werkstoffeigenschaften im Probestab	DIN 1709
Aluminium (Guß-Aluminiumbronze)		DIN 1714
Blei-Zinn und Blei (Guß-Bleibronze)		DIN 1716
Nickel		DIN 17658
Kupfer-Knetlegierungen		
Zink (Messing) Zinn (Zinnbronze) Nickel-Zink (Neusilber) Nickel Aluminium (Aluminiumbronzen) niedriglegierte	Zusammensetzung	DIN 17660 DIN 17662 DIN 17663 DIN 17664 DIN 17665 DIN 17666
Erzeugnisse aus Kupfer-Knetlegierungen		
Bleche, Bander Rohre Stangen und Drahte Gesenkschmiedestucke Strangpreßprofile	Festigkeitseigenschaften in Blatt 1 Lieferbedingungen in Blatt 2	DIN 17670 DIN 17671 DIN 17672 DIN 17673 DIN 17674

Besonders weiches und damit gut verformbares Kupfer erhält man, wenn Kupfer von hoher Temperatur in Wasser *abgeschreckt* wird. Hierdurch bleiben geringe Verunreinigungen im Kupfer gelöst, die sonst zu einer unbeabsichtigten Ausscheidungshärtung führen.
Ein *Rekristallisationsgluhen* wird durchgeführt, wenn Kupfer stark kaltverformt wurde, durch Rekristallisationsglühen bei ca. 250 °C wird die Kaltverfestigung abgebaut und Verformungsvorgänge können erneut ablaufen.
Durch Legierungselemente lassen sich über Mischkristallbildung bestimmte Eigenschaften des Kupfers steigern. Zugfestigkeit, Rekristallisationsbeginn, Warmhärte, Korrosionsbeständigkeit, Schweißeignung, Zerspanbarkeit sollen verbessert werden. Dabei sollen die Vorzüge des Kupfers erhalten bleiben, nämlich Leitfähigkeit und Verformbarkeit.

2.2.1.2 Kupfer-Zinn-Legierungen

Kupfer-Zinn-Legierungen (Bronzen) haben gegenüber Messingen bessere Korrosionsbestädnigkeit und verbesserte Gleiteigenschaften. Das Zweitstoffsystem Kupfer-Zinn (Bild 2.5) zeigt ein großes Erstarrungsintervall, wodurch starke Kristallseigerungen (Entmischungen) auftreten können. Technisch bedeutsam sind Legierungen mit bis zu 9 % Zinn, die gut verformbar sind. Über 9 % Zinn tritt der sprodere δ-Bestandteil auf, derartige Legierungen sind für Walzzwecke ungeeignet, sie werden als Gußlegierungen verwendet. Der Umstand, daß bei mehr als 9 % Zinn der harte δ-

2.2 Nichteisenmetalle

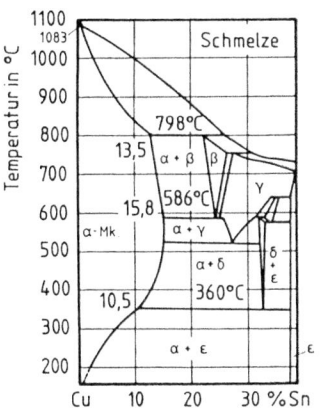

Bild 2.5 Zustandsdiagramm Cu-Sn (Cu-Seite) (Einstellung der Gleichgewichte erst nach sehr langen Zeiten).

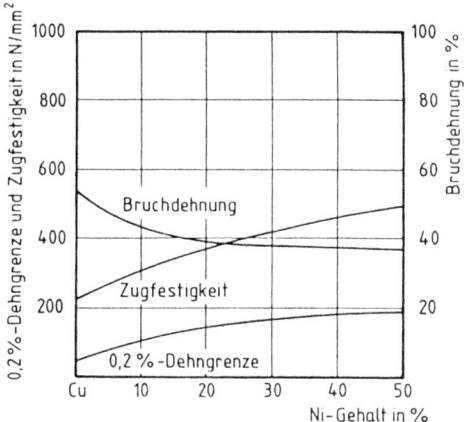

Bild 2.6 Mechanische Eigenschaften von Cu-Ni-Legierungen in Abhängigkeit vom Ni-Gehalt

Bestandteil in einer relativ weichen Grundmasse vorhanden ist, ist ein Grund für den Einsatz von Bronzen als Lagerwerkstoffe.

Sonderlegierungen zwischen Kupfer und anderen Metallen enthalten neben Zinn oder auch allein Aluminium, Blei, Mangan, Silizium und Beryllium in einigen Fällen auch Eisen.

2.2.1.3 Kupfer-Nickel-Legierungen

Das Zweistoffsystem *Kupfer-Nickel* ist durch eine lückenlose *Mischkristallbildung* gekennzeichnet. Alle Legierungen zwischen Kupfer und Nickel sind homogen und daher gut kaltverformbar, in Meerwasser koroosionsbeständig, warmfest und gut schweißgeeignet. Die *Knetlegierungen* sind in DIN 17 664 genormt (Tabelle 2.15). Infolge der Mischkristallhärtung werden die Festigkeitskennwerte verbessert (Bild 2.6).

Die *Mischkristallbildung* erfolgt durch Elemente wie Silber, Kadmium, Zink und Nickel. Bei den aushärtbaren Legierungen wird durch den Aushärtungseffekt die Festigkeit und die Rekristallisationstemperatur erheblich angehoben, z.B. durch Beryllium. Niedrig legierte Knet- und Gußlegierungen sind in DIN 17 666 und DIN 17 665 zusammengefaßt.

2.2.1.4 Kupfer-Zink-Legierungen (Messinge)

Kupfer-Zink-Legierungen (Messinge), die etwa bis zu 44 % Zink enthalten, haben Eigenschaften, die zwischen denen des Kupfers und denen der Sonderlegierungen liegen. Die bei Legierungen zwischen Kupfer und Zink zu erwartenden Gefügebestandteile ersieht man aus dem Zweistoffsystem Kupfer-Zink (Bild 2.7). Kupfer kann ca. 37 % Zink bei 20 °C lösen. Die Löslichkeit des α-Mischkristalls nimmt mit fallender Temperatur zunächst zu, um dann unter 450 °C geringfügig abzunehmen. Der α-Mischkristall ist gut kaltverformbar, bei höheren Temperaturen etwas schlechter, über 37 % Zink entsteht das β-Messing, das härter und spröder, jedoch noch gut warmverformbar ist (Schmiedemessing).

Als Wärmebehandlungen kommen in Betracht:
a) *Entspannungsglühen* bei ca. 250 °C,
b) *Rekristallisationsglühen* zwischen 250 °C und 400 °C,
c) *Weichglühen* zwischen 500 °C und 650 °C.

Die Eigenschaften von Sonderlegierungen mit Kupfer und Zink werden durch folgende Legierungselemente besonders geprägt:

Aluminium: Verbesserung der Festigkeitskennwerte bei nur geringfügiger Dehnungsabnahme,
Blei: Verbesserung der Zerspanbarkeit (Automatenmessing),
Eisen: durch Kornverfeinerung steigende Festigkeitskennwerte, die Dehnung fällt ab,
Mangan: erhöht Warmfestigkeit und Korrosionsbeständigkeit,
Silizium: Verbesserung der Gleiteigenschaften,
Zinn: Verbesserung der Festigkeitseigenschaften.

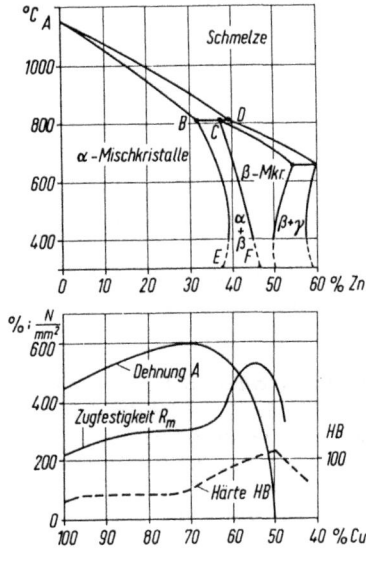

Bild 2.7
Zustandsschaubild (Kupfer-Zink) und Verlauf mechanischer Eigenschaften bei steigendem Zinkgehalt.

2.2.1.5 Zink und Zinklegierungen

Zink besitzt einen hexagonalen Gitteraufbau und ist infolgedessen im kalten Zustand sehr spröde. Bei Temperaturen über 200 °C wird es so spröde, daß es pulverisiert werden kann. Reinzink hat bei Raumtemperatur nur eine geringe Festigkeit, die bei ca. 20 ... 40 N/mm² liegt.

Obwohl Zink nach der Spannungsreihe der Elemente unedler als Eisen ist, verhält es sich gegenüber atmosphärischen Einflüssen edler als Eisen, was auf die gut haftende Schutzschicht aus basischem Zinkkarbonat $4ZnO \cdot CO_2 \cdot 4H_2O$ zurückzuführen ist. Nach Kaltverformungen zeigt Zink im Laufe der Zeit ein Absinken der Festigkeitswerte, da eine Kristallerholung und nachfolgende Rekristallisation schon bei Raumtemperatur stattfinden kann. Bei Temperaturerhöhung gehen die Festigkeitswerte so weit zurück, daß die Grenze der Gebrauchstemperatur bei ca. 80 °C liegt.

Tabelle 2.16 Druckgußwerkstoffe

Kurzzeichen (Handelsbez.)	Dichte ρ g/cm³	Dehngrenze $\sigma_{0,2}$ N/mm²	Zugfestigkeit σ_{zB} N/mm²	Bruchdehnung δ_5 %	Brinellhärte HB 10	Schmelztemperatur °C	Gießbarkeit	Spanbarkeit	Standmenge ca. 10³	Wanddicke s_{min} mm	größere Werkstückmasse kg	Anwendung	Eigenschaften
Zink-Legierungen DIN 1743 Bl. 2													
GD-ZnAl4 (Z400)	6,7	160 … 220	250 … 300	1,5 … 3,0	70 … 90	380 … 386	1	1	500	0,6 bis 2	20	Plattenteller, Vergasergehäuse, Pkw-Scheinwerferrahmen, Pkw-Türschlösser-Griffe, Modelleisenbahnen	dekorativ galvanisierbar, wenig kaltzäh Basis Feinzink 99,995
GD-ZnAl4Cu1 (Z410)	6,7	180 … 240	270 … 320	2 … 3	80 … 100	380 … 386	1	1					
Aluminium-Legierungen DIN 1725 Bl. 2													
GD-AlSi12 (230)	2,55	140 … 180	220 … 280	1 … 3	60 … 80	575	2	2 … 3				hydraulische Getriebeteile, druckdichte Gehäuse	eutektische Legierung, keine Warmrisse, korrosionsbeständig
GD-AlSi8Cu3 (226)	2,75	160 … 240	240 … 310	0,5 … 3	80 … 110	510 … 620	2	2	80	1 bis 3	25	Trittstufen f. Rolltreppen E-Motoren-Gehäuse	billig z.B. aus Umschmelzmetall, meist verwendet
GD-AlSi12CuNi (239)	2,65	190 … 230	260 … 320	1 … 3	90 … 120	570 … 585	2	2 … 3				Kolben, Zylinderköpfe, Fernsehrahmen, Nähmasch.	warmfest, Gleiteigenschaften
GD-AlMg9	2,6	140 … 220	200 … 300	1 … 5	70 … 100	520 … 620	3 … 4	1				Gehäuse für Haushalts-, Büro- und optische Geräte	dekorativ anodisierbar, korrosionsbeständig
Magnesium-Legierungen DIN 1729 Bl. 2													
GD-MgAl9Zn1 (AZ91)	1,8	150 … 170	220 … 250	0,5 … 3	65 … 85	470 … 600	1 … 2	1				Rahmen f. Schreibmasch., Tonbandgeräte	Oberflächenschutz durch Bichromatschicht erforderlich, sehr leicht
GD-MgAl6Mn (AM60)	1,8	120 … 150	190 … 230	4 … 8	55 … 70	470 … 620	1 … 2	1	100	1 bis 3	15	Gehäuse für tragbare Werkzeuge und Motoren	
GD-MgAl4Si1 (AS41)	1,8	120 … 150	200 … 250	3 … 6	60 … 90	580 … 620	2	1				Kfz-Getriebegehäuse, Radfelgen	
Kupfer-Legierungen DIN 1709													
GD-CuZn37Pb	8,5	120	280	4	75	880 … 900	3	3	10	2 bis 4	5	Armaturen für Warm- und Kaltwasser	höhere Festigkeit und Zähigkeit, hoher Formverschleiß durch hohe Gießtemperatur
GD-CuZn15Si4	8,6	300 … 400	500 … 600	8	125	850	2	3					
Zinn-Legierungen DIN 1742													
GD-Sn80Sb	7,1		115	2,5	30	250 … 320	1	2				Teile von Meßgeräten	höchste Maßbeständigkeit, kaltformbar, korrosionsbeständig

Reinzink ist in sechs verschiedenen Reinheitsgraden genormt. Zwischenstufen entstehen durch Mischen von Fein- und Hüttenzink zu *Mischzink*. Da bei abnehmendem Reinheitsgrad Festigkeit und Härte ansteigen und die Bruchdehnung abfällt, kann das Mischungsverhältnis den zu erwartenden Anforderungen angepaßt werden.

Der größte Zinkverbraucher ist mit ungefähr 30 % die Stahlindustrie, die verzinkte Stähle herstellt. Am häufigsten wird die *Feuerverzinkung* angewendet, hierbei sind zwei Verfahren zu unterscheiden:

a) Schichten von 0,02 ... 0,04 mm Dicke werden durch das *Trockenverzinken* hergestellt. Die gebeizten und in wäßrige Losung aus Zinkchlorid ($ZnCl_2$) getauchten Tafeln werden zuerst getrocknet und dann in das reine Zinkbad getaucht.

b) Bei der *Naßverzinkung* gelangen die Tafeln nach dem Beizen und Waschen ohne Behandlung mit Zinkchlorid in das 450 °C heiße Zinkbad. Die Schichtdicken betragen 0,04 ... 1 mm, derartige Tafeln sind nicht so gut biegsam.

Zinklegierungen werden als *Knet-* und *Gußlegierungen* verwendet. Als Legierungselemente sind besonders Aluminium und Kupfer zu nennen, für Automatenlegierungen werden noch Zusatze von Blei verwendet. Fast 80 % aller Zinklegierungen werden zu Druckguß verarbeitet. Die Tabelle 2.16 vermittelt einen Überblick über die gebräuchlichsten Zinklegierungen. Eine Schwäche der Zinklegierungen ist ihre Anfälligkeit zur Alterung, außerdem unterliegen sie unter langdauernder Einwirkung von Kräften Formänderungen; diesen Vorgang bezeichnen wir als *Kriechen*.

2.2.2 Leichtmetalle und deren Legierungen – Aluminium

Aluminium ist besonders durch seine geringe Dichte (2,7 g/cm^3), seine hohe plastische Formänderungsfähigkeit, aber auch durch seine Wärmeleitfähigkeit und seine elektrische Leitfähigkeit gekennzeichnet. Die Korrosionsbeständigkeit des Aluminiums ist trotz seiner ungünstigen Stellung in der elektrochemischen Spannungsreihe der Elemente durch eine sich automatisch bildende transparente Oxidschicht bedingt. Auch andere Metalle verbessern ihre Korrosionsbeständigkeit durch eine Oxidschicht auf der Oberfläche, aber diese Schichten haben eine gute elektrische Leitfähigkeit; ihre Schutzwirkung beruht auf einer Verschiebung des elektrochemischen Potentials zu edleren Werten. Die Oxidschicht des Aluminiums dagegen ist ein Isolator, so daß es keine elektrochemische Korrosion geben kann. Die Oxidschicht bildet sich um so besser aus, je reiner das Aluminium ist. Einige Legierungselemente behindern die Oxidbildung kaum, z.B. Magnesium, so daß man auch Legierungen mit gesteigerter Festigkeit bei hoher Korrosionsbeständigkeit herstellen kann. Andere Legierungselemente, z.B. Kupfer, verschlechtern die Korrosionsbeständigkeit erheblich. Durch chemische und elektrochemische Verfahren läßt sich die Korrosionsbeständigkeit noch verbessern. Am bekanntesten ist das *el*ektrische *Ox*idieren des *Al*uminiums. Diese *Eloxal*-Schicht kann während oder nach der Ausbildung eingefärbt werden, so daß der Farbton des Messings erreicht wird.

Die plastische Verformbarkeit des Aluminiums ist wie die Korrosionsbeständigkeit um so besser, je reiner das Aluminium ist. Kein anderes in großen Mengen hergestelltes Metall ermöglicht es, Folien mit so geringer Dicke herzustellen, wie das bei Aluminium der Fall ist. Für die Verpackungsindustrie hat deshalb die Aluminiumfolie eine enorme Bedeutung erlangt; selbst hauchdünne Aluminiumfolien sind gegenüber Kunststoffolien wasserundurchlässig. Fast alle technischen Spiegel werden wegen der hohen Lichtreflexion aus Aluminium hergestellt.

Die relative Masse des Aluminiums führt nicht unbedingt zu leichteren Konstruktionen; eine Brücke aus Aluminium würde sehr viel schwerer werden als eine aus Stahl, die relativen Massen verhalten sich zwar wie etwa 1 : 3, die Festigkeitskennwerte dagegen wie 1 : 10.

2.2 Nichteisenmetalle

Durch *Mischkristallbildung* werden Legierungen mit erhöhten Festigkeitseigenschaften bei nur geringer Dehnungsabnahme erreicht. Das kubisch-flächenzentrierte Aluminium hat jedoch nur eine geringe Löslichkeit für die in Frage kommenden Elemente wie Kupfer, Magnesium, Zink, Silizium und Nickel. Bei größeren Gehalten an Legierungselementen bilden sich leicht sprödere intermetallische Verbindungen mit größerer Härte und geringerer Verformbarkeit.

Für Leichtbau geeignete Metalle erhält man jedoch durch die *aushärtbaren Aluminium-Legierungen*. Die Aushärtung besteht in einer dreistufigen Wärmebehandlung:
1. *Lösungsglühen* bei ca. 480 ... 540 °C, hier entsteht ein homogener Mischkristall;
2. *Abschrecken* in Wasser, es entsteht ein übersättigter Mischkristall;
3. *Aushärtung*, sie erfolgt entweder kalt (bei 20 °C) (Bild 2.8) oder warm (bei 100 ... 180 °C) (Bild 2.9), hier laufen Diffusionsvorgänge in den übersättigten Mischkristallen ab, die zur Ausscheidung führen. Dabei steigen die Festigkeitskennwerte, die Dehnungswerte nehmen nur geringfügig ab.

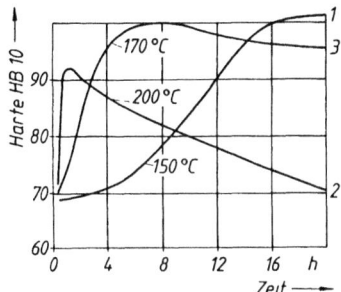

Bild 2.8 Kaltaushartung einer Legierung AlCuMg. Erhöhung der Streckgrenze durch Auslagern bei verschiedenen Temperaturen.

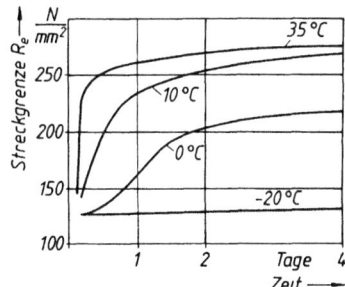

Bild 2.9 Warmeaushärtung der Gußlegierung G-AlSi10Mg. Erhöhung der Härte durch Warmauslagern bei verschiedenen Temperaturen.

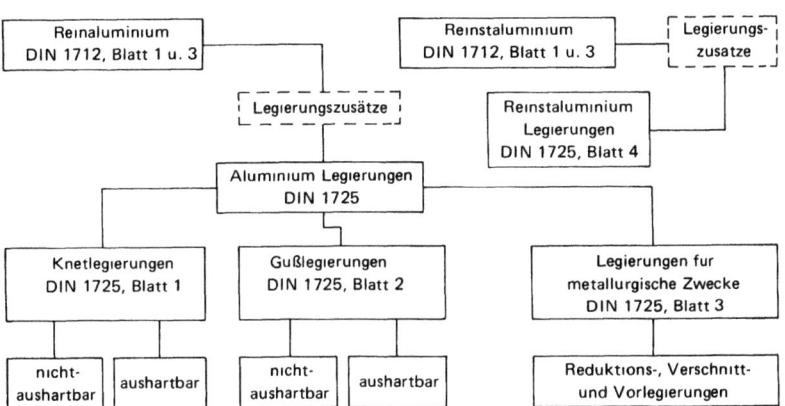

Bild 2.10 Stammbaum von Al-Legierungen

Alle aushärtbaren Knetlegierungen und Gußlegierungen auf Aluminiumbasis enthalten als entscheidende Legierungselemente Kupfer, Kupfer und Magnesium, Magnesium und Silizium oder Magnesium und Zink. Eine notwendige Voraussetzung für den Aushärtungsvorgang ist, daß die betreffenden Legierungselemente eine ausreichende, mit sinkender Temperatur abnehmende Löslichkeit im Aluminiummischkristall besitzen. Vorgänge des Kalt- und Warmauslagerns sind in den Bildern 2.8 und 2.9 dargestellt. Eine Sortenübersicht vermittelt der Stammbaum in Bild 2.10. Übersichten zu wichtigen Aluminiumlegierungen enthalten die Tabellen 2.16 und 2.17.

Tabelle 2.17 Auswahl von Aluminiumlegierungen DIN 1725

Kurzzeichen	Werkstoff-nummer DIN 17 007	Zustand	R_m/R_e/HB N/mm²	Formgebung			Beständigkeit gegen		Halbzeuge, Verwendung
				spanlos	Spanen	Schweißen	Witterung	Seewasser	
Knetlegierungen									
AlMn	3.0515	w F16	90/35/28 160/130/40	1 5	–	1 1	1 2	2 2	Bleche, Bänder, Rohre, Profile, wie Rein-Al mit höherer Festigkeit
AlMg3	3.3535	W19 F24	190/80/50 240/190/73	2 4	5 –	2 1	1 1	1 1	wie vorstehend, Preß- und Schmiedeteile
AlMg2Mn0,8	3.3527	W19 F29	190/80/50 290/250/85	2 4	5 –	2 1	1 1	1 1	wie AlMn mit höherer Festigkeit bis 180 °C
AlMgSi1	3.2315	w ka F21 wa F30	150/85/35 205/110/65 295/240/90	1 3 4	5 3 2	2 –	3 1 2	4 2 3	Bleche, Bänder, Rohre, Profile und Gesenkteile für Fahrzeug-, Berg- und Schiffbau
AlCuMg1	3.1325	w ka F39	215/140/50 395/265/100	3 –	4 2	– –	– 5	– –	hochfeste Konstruktionslegierung, abgeschreckt noch verformbar, punktschweißbar, Bleche und Bänder plattiert mit Al99,9
AlCuMg2	3.1355	ka F44	440/290/110						
AlZn4,5Mg1 AlZnMg1	3.4335	wa F35	350/275/105	–	2	3	3	–	im Zustand wa schweißbare Konstruktionslegierung, selbstaushärtend
AlZnMgCu1,5	3.4365	wa F53	530/450/140	–	2	–	5	–	Rohre, Stangen, Profile, Schmiedeteile für Berg- und Fahrzeugbau
Gußlegierungen		Gießart	Oberfläche mech. | chem.	Gießen					
Für allgemeine Verwendung R_m = 150 ... 180 N/mm²; σ_{bW} = 55 ... 100 N/mm²									
G-AlSi12	3.2581	S, K, D	4 –	1	3	1	2	3	verwickelte, stoß- und schwingungsfeste, druckdichte Gußstücke
G-AlSi10Mg wa	3.2381	S, K, D	3 –	1	3	1	2	3	wie vorstehend, höhere Festigkeit, Zyl.-Köpfe, Lenkgehäuse, aushärtbar
G-AlSi8Cu3	3.2161	S, K, D	3 –	1	2	2	4	–	auch für dünnwandige Teile warmfest, Motorblöcke
G-AlSi6Cu4	3.2151	S, K, D	3 –	2	2	3	4	–	wie vorstehend für einfachere Formen

2.3 Kunststoffe

Tabelle 2.17 (Fortsetzung)

Kurzzeichen	Werkstoff-nummer DIN 17 007	Zustand	R_m/R_e/HB N/mm^2	Formgebung				Beständig-keit gegen		Halbzeuge, Verwendung
				spanlos	Spanen	Schweißen	Witterung	Seewasser	
Für besondere Verwendung, korrosionsbeständige Teile oder mit Oberflächenbehandlung $R_m = 130 ... 300 \text{ N/mm}^2$; $\sigma_{bW} = 60 ... 90 \text{ N/mm}^2$										
G-AlSi5Mg ka/wa	3.2341	S, K	2	4	3	2	3	2	3	ka/wa, gute elektrische Leitfähigkeit
G-AlMg3	3.3541	S, K	1	2	4	1	4	1	1	Beschlagteile für Bauwesen, Fahrzeugbau, Schiffbau
G-AlMg3Si wa	3.3241	S, K	1	2	3	1	4	1	1	wie vorstehend, besser gießbar, warmfest
G-AlMg5	3.3561	S, K	1	1	4	1	3	1	1	Gußteile für Nahrungsmittel- und chemische Industrie, Architektur
G-AlMg5Si	3.3261	S, K	1	2	3	1	3	1	1	wie vorstehend, für verwickelte Formen, warmfest
GD-AlMg9	3.3292.05	D	1	4	3	1	–	1	1	Gußteile mit höchsten Ansprüchen an Oberflächen-güte, optische Büro- und Haushaltsgeräte
Mit hohen Festigkeitseigenschaften $R_m = 220 ... 440 \text{ N/mm}^2$; $\sigma_{bW} = 70 ... 100 \text{ N/mm}^2$										
G-AlSi9Mg wa	3.2373	S, K	3	–	1	2	1	2	3	verwickelte, dünnwandige Gußteile hoher Festigkeit, Flugzeugbau
G-AlSi7Mg wa	3.2371	S, K	3	–	2	2	1	2	3	wie vorstehend, mit größerer Wanddicke
G-AlCu4Ti ka/wa	3.1841	S, K	2	–	4	1	4	4	–	einfache Gußteile höchster Festigkeit, zäh
G-AlCu4TiMg ka/wa	3.1371	S, K	2	–	4	1	4	4	–	wie vorstehend, ka höchste Zähigkeit wa höchste Festigkeit

2.3 Kunststoffe

2.3.1 Einführung

Kunststoffe sind organische, hochmolekulare (polymere) Werkstoffe, die überwiegend synthetisch hergestellt werden. Ausgangsrohstoffe sind Naturprodukte wie Erdöl, Erdgas und Kohle, die vor allem die Elemente Kohlenstoff (C) und Wasserstoff (H) in verschiedensten Verbindungen liefern. Für den Aufbau der Kunststoffe spielen, wie in der Natur, die vielfältigen Bindungsmöglichkeiten des Kohlenstoffs mit sich selbst und mit anderen Elementen, z.B. H, O, Cl, N, F, S, die grundlegende Rolle. Daraus resultieren die großen Variationsmöglichkeiten bei der Herstellung von Kunststoffen durch *Polymerisation, Polykondensation* und *Polyaddition* (Tabelle 2.18). Von den einzelnen Kunststoffen gibt es zahlreiche *Modifikationen* in Form von *Copolymerisaten, Polymerisatmischungen, Polyblends, Legierungen* usw. mit unterschiedlichen Abwandlungen der Grundeigenschaften. So erklärt sich die Vielseitigkeit der Eigenschaften von Kunststoffen und damit der Begriff „Kunststoffe = Werkstoffe nach Maß".

Tabelle 2.18 Zuordnung von Kunststoffen nach Herstellungsverfahren und „Gefüge"-Aufbau

„Gefüge"-Aufbau	Herstellungsverfahren	Polymerisate (Copolymerisate)	Polykondensate	Polyaddukte	sonstige
Thermoplaste	amorph	PVC, PS, SB, SAN, ABS, ASA, PMMA	PC, PPO mod., PSU, PES, PPS		durch Veresterung: CA, CP, CAB
	teilkristallin	PE, PP, PA6, PA11, PA12, POM, PTFE[1]), FEP, PVDF, ETFE	PA66, PA610, PETP/PBTP		
Duroplaste vernetzt		UP	PF, UF, MF	EP PUR-Hartschaum	
Elastomere		EVA		PUR-Elastomere PUR-Weichschaum	Vulkansation von natürlichen oder synthetischen Kautschukmolekülen

[1]) PTFE ist nicht thermoplastisch verarbeitbar. Es wird beim Erwärmen nicht schmelzbar-flüssig, sondern nur gummiartig weich, es wird deshalb oft auch als „Thermoelast" bezeichnet.

Polyimide PI können unvernetzt und vernetzt sein, sie sind aber immer unschmelzbar und unlöslich. Je nach Ausgangskomponenten können Polyimide PI durch alle 3 Bildungsreaktionen hergestellt werden.

2.3 Kunststoffe

Kunststoffe können oft gleichwertig an die Stelle anderer Werkstoffe treten, da sie z.t. völlig neue Eigenschaften mit sich bringen oder die Verwirklichung bestimmter technischer Probleme überhaupt erst ermöglichen. Man denke hier z.b. an Schnappverbindungen, Filmscharniere oder die integrale Herstellung komplizierter Formteile.

Bei der Normung von Kunststoffen ergeben sich gegenüber metallischen Werkstoffen bestimmte Probleme, da es keinen „Normalzustand" gibt. Alle Kenngrößen und Kennwerte von Formstoffen sind nämlich von den Verarbeitungsbedingungen für die Herstellung der entsprechenden Probekörper abhängig.

In DIN 7728 sind Kurzzeichen für Kunststoffe nach ihrer chemischen Zusammensetzung festgelegt (Tabelle 2.19)[1]). In DIN 7728 sind weiterhin Richtlinien festgelegt, wie verstärkte Kunststoffe bezeichnet werden. Allgemein gilt dabei für faserverstärkte Kunststoffe FK; spezielle Bezeichnungen enthalten die Art der Verstärkung, z.b. glasfaserverstärkter Kunststoff GFK, kohlenstofffaserverstärkter Kunststoff CFK oder synthesefaserverstarkter Kunststoff SFK. Fur die genaue Bezeichnung von verstärkten Kunststoffen wird nach DIN 7728 immer zuerst die Kunststoffart und dann durch Mittestrich getrennt das Kurzzeichen der Faserart angegeben; als Ziffer kann dann noch der Verstärkungsstoffgehalt (Massegehalt) angegeben werden.

Beispiele:
EP-CF   kohlenstoffaserverstarktes Epoxidharz,
PA6-GF   glasfaserverstärktes Polyamid 6,
PA6-GF35 Polyamid 6 mit 35 Gewichtsprozent Glasfasern,
UP-GF   glasfaserverstärkter ungesättigter Polyester.

In neuen Kunststoffnormen für *Thermoplaste* sind erweiterte Bezeichnungen für Kunststoff-Formmassen gemäß internationaler Vereinbarungen (ISO) festgelegt worden. Es handelt sich hier um eine neue Systematik. Ab 1982 werden alle DIN- und ISO-Normen auf dieses System umgestellt. Diese neuen Normbezeichnungen [2.19, S. 168] sind sehr umfangreich aufgebaut und enthalten sog. Benennungs- und Identifizierungsblöcke mit Normnummern und Merkmal-Datenblöcken. Die Merkmalblöcke enthalten u.a. den chemischen Aufbau mit Kurzzeichen, qualitative Merkmale (z.b. Möglichkeit der Verarbeitung, Zusätze), quantitative Eigenschaftswerte (verschlüsselte Kennwertbereiche, z.b. für Viskositätszahl, Dichte, E-Modul, Formbeständigkeit in der Wärme usw.) und Angaben über Art und Form von Füll- und Verstärkungsstoffen. So bedeutet

Formmasse DIN 7744 − PC, GF, 55 − 05, GF30

eine glasfaserverstärkte Polycarbonat-Formmasse nach DIN 7744 mit Brandschutzausrüstung F (G = allgemeine Anwendung), einer Viskositätszahl $J = 56$ cm^3/g(55), einem Schmelzindex MFI300/1,2 = 5,5 g/10 min (05) und einem Glasfasergehalt von 30 % (GF30).

Beachte: Bei dem neuen Bezeichnungssystem für Thermoplaste wird von der *Formmasse* ausgegangen, es können aber dann je nach Bedarf kennzeichnende, quantitative festgelegte Kenngrößen für den *Formstoff* angefügt werden. Es gilt dann: *Formmassen* sind ungeformte Ausgangsprodukte, die in technischen Verarbeitungsprozessen (Urformverfahren wie Spritzgießen, Extrudieren usw.) zu *Formstoffen* (Halbzeuge, Formteile) verarbeitet werden.

Bei *Duroplasten* enthält die Normbezeichnung nach wie vor Angaben zur Harzbasis, sowie zum Füll- und Verstärkungsstoff. Für solche typisierten Formmassen sind in den Normen Mindestanforderungen an die Eigenschaften von Probekörpern (Formstoffen) festgelegt.

---

[1]) In Tabellenwerken z.B. [2.1] und [2.4] findet man übersichtliche Darstellungen bestimmter Eigenschaften von wichtigen Kunststoffen im Vergleich zueinander.

Tabelle 2.19 Übersicht über die wichtigsten Kunststoffe mit Kurzzeichen, Firmennamen und Normung (Auszug)

Kunststoff	Kurzzeichen [1]	Firmennamen (Auswahl)	Dichte ρ [2] g/cm^3	Elastizitätsmodul E [2] N/mm^2
Polyethylen	HDPE (hohe Dichte)	Baylon, Hostalen, Lupolen,	0,94 ... 0,96	100 ... 1000
	LDPE (niedrige Dichte)	Vestolen	0,92 ... 0,93	
Polypropylen	PP	Hostalen PP, Novolen, Vestolen F	0.9 (1,03 ... 1,3)	1100 ... 1300 (3000 ... 6000)
Polyvinylchlorid	Hart-PVC (PVC-U)	Hostalit, Vestolit, Vinnol,	1,35 ... 1,45	2500 ... 3500
	Weich-PVC (PVC-P)	Trosiplast, Vinnoflex	1,2 ... 1,35	450 ... 600
Polystyrol	PS	Hostyren N, Polystyrol 1, Vestyron	1,05	3000 ... 4000
Styrol-Butadien	SB	Hostyren S, Polystyrol 4., Vestyron, Styrolux	1,04 ... 1,05	1600 ... 3000
Styrol-Acrylnitril	SAN	Luran	1,08 (1,2 ... 1,4)	3700 (... 10000)
Acrylnitril-Butadien-Styrol	ABS	Novodur, Terluran	1,06 ... 1,08	1500 ... 3000 (4000 ... 7000)
SAN mit Acrylesterelastomer modifiziert	ASA	Luran S	1,07	2000
Polyacrylat	PMMA	Plexiglas, Resartglas, Paraglas	1,17 ... 1,2	1500 ... 3000
Polyamide	PA6 [4]		1,12 ... 1,14 (... 1,4)	2500 ... 3200 (10000 ... 15000)
	PA66 [4]	Akulon, Durethan, Rilsan, Grilon, Ultramid, Vestamid, Zytel	1,13 ... 1,15 (... 1,4)	2800 ... 3300 (9000 ... 12000)
	PA11 [4]		1,03 ... 1,05 (... 1,26)	1000 (4000 ... 5000)
	PA12 [4]		1,01 ... 1,02 (... 1,25)	1600 (4000 ... 5000)
Polyacetale	POM	Delrin, Hostaform, Ultraform	1,4 ... 1,45 (1,5 ... 1,6)	2500 ... 3500 (7000 ... 10000)
Polycarbonat	PC	Makrolon, Lexan	1,2 ... 1,24 (1,25 ... 1,5)	2000 ... 2500 (3500 ... 10000)
lineare Polyester	PETP	Arnite, Crastin, Pocan,	1,37	3100
	PBTP	Ultradur, Valox, Vestodur	1,3 (1,5 ... 1,6)	2600 (... 9000)
Polyphenylenoxid	PPO	Noryl	1,05 ... 1,1 (1,2 ... 1,3)	2300 ... 2500 (6000 ... 9000)
Polysulfon	PSU	Udel, Radel, Mindel, Ultrason	1,24	2000 ... 2500
Polyimide	PI	Gemon, Kinel, Kerimid, Vespel, Ultem	1,4 ... 1,5 (1,6 ... 1,9)	3200 (6000 ... 25000)
Polyphenylensulfid	PPS	Ryton, Tedur	1,3 (1,4 ... 1,6)	3600 (8000)
Fluorhaltige Kunststoffe	PTFE	Hostaflon TF, Teflon	2,1 ... 2,2	350 ... 700
	FEP	Teflon FEP	2,1 ... 2,17	350 ... 650
	PVDF	Dyflor 2000	1,77	800 ... 1800
	ETFE	Hostaflon ET, Tefzel	1,7 (1,7 ... 1,85)	850 ... 1500 (6500 ... 8500)
Celluloseabkömmlinge	CA		1,22 ... 1,35	2000 ... 3600
	CP	Cellidor, Tenite	1,19 ... 1,24	1000 ... 2500
	CAB		1,15 ... 1,24	800 ... 2200
Phenoplaste (Formmassen [7])	PF	Bakelite, Supraplast, Trolitan, Resinol	1,4 ... 1,8	5500 ... 12000
Aminoplaste	UF/MF	Bakelite, Supraplast, Ultrapas	1,5 ... 2,0	5000 ... 10000
Ungesättigte Polyester	UP	Alpolit, Leguval, Palatal, Vestopal, Resipol, Rutapal	1,5 ... 2,0	14000 ... 20000
Epoxidharze	EP	Araldit, Epoxin, Lekutherm, Rütapox, Hostapox	1,5 ... 1,9	12000 ... 20000

Festigkeitskennwerte [2]) σ_B, σ_S N/mm²	Dehnungswerte [2]) ϵ_B, ϵ_S %	Schlagzähigkeit [2]) [3]) a_n kJ/m²	Zeitdehnspannung [2]) $\sigma_{1/1000}$ N/mm²	Wärmedehnzahl [2]) α 10^{-5} 1/K	Normung
8 ... 35 (σ_S)	8 ... 20 (ϵ_S)	o. Br.	1 ... 3	12 ... 22	DIN 16 776 VDI 2474 Bl. 1
25 ... 35 (σ_S) (40 ... 70 (σ_B))	10 ... 20 (ϵ_S) (7 ... 80 (ϵ_B))	o. Br. (9 ... 40)	4,5	15 ... 18 (4 ... 10)	DIN 16 774 VDI 2474 Bl. 2
50 ... 80 (σ_B) 15 ... 30 (σ_B)	10 ... 40 (ϵ_B) 150 ... 400 (ϵ_B)	20 ... o. Br. o. Br.	20	7 ... 8 15 ... 21	DIN 7746, DIN 7747 DIN 7748, DIN 7749
30 ... 60 (σ_B)	3 ... 5 (c_B)	10 ... 20	20	7 ... 8	DIN 7741 VDI 2471
20 ... 50 (σ_B)	15 ... 50 (ϵ_B)	40 ... o. Br.		8 ... 10	DIN 16 771
70 ... 80 (σ_B) (... 140 (σ_B))	5 (ϵ_B) (3 (ϵ_B))	20 ... 30	15	6 ... 8 (3)	DIN 16 775
30 ... 50 (σ_S) 50 ... 70 (σ_S)	2 ... 3 (ϵ_S) 1 (ϵ_S)	80 ... o. Br. 10 ... o. Br.	10 ... 15	7 ... 11 3 ... 5	DIN 16 772
45 ... 50 (σ_B)	15 ... 20 (ϵ_B)	o. Br.	10	8 ... 10	DIN 16 777
45 ... 80 (σ_B)	2 ... 10 (ϵ_B)	11 ... 20	15 ... 20	7 ... 8	DIN 7745, VDI 2476
60 ... 90 (σ_S) (150 ... 200 (σ_B))	20 ... 25 (ϵ_S) (6 ... 7 (ϵ_B))	o. Br. (35 ... 60)	6 (40)	7 ... 12 (3)	DIN 16 773 VDI 2479
60 ... 90 (σ_S) (180 ... 220 (σ_B))	20 ... 25 (ϵ_S) (4 (ϵ_B))	o. Br. (30 ... 40)	7 (50)	7 ... 10 (2)	
55 (σ_S) (90 ... 100 (σ_B))	15 ... 25 (c_S) (5 ... 6 (ϵ_B))	o. Br. (50 ... 70)	5,5 (12)	8 ... 12 (3 ... 5)	
55 (σ_S) (90 ... 100 (σ_B)	15 ... 25 (c_S) (5 ... 6 (ϵ_B))	o. Br. (50 ... 70)	4,5	8 ... 12 (3 ... 5)	
65 ... 75 (σ_S) (100 ... 160 (σ_B))	10 ... 16 (ϵ_S) (5 ... 6 (ϵ_B))	o. Br. (10 ... 30)	10 ... 14	11 ... 13 (2 ... 4)	VDI 2477 DIN 16781
60 ... 70 (σ_S) (70 ... 100 (σ_S))	80 ... 150 (ϵ_S) (3 ... 8 (ϵ_B))	o. Br. (40 ... 70)	18 (35)	6 ... 7 (2 ... 4)	DIN 7744, VDI 2475
75 (σ_S) 55 (σ_S) (120 ... 160 (σ_B))	60 ... 180 (c_B) ... 180 (ϵ_B) (2 ... 4 (ϵ_B))	o. Br. o. Br. (45)	28 12 (55)	7 6 (3 ... 5)	DIN 16 779
50 ... 60 (σ_S) (95 ... 130 (σ_B))	6 ... 7 (ϵ_S) (2 ... 5 (ϵ_B))	o. Br. (40)	18 (35)	6 ... 7 (2 ... 4)	
70 (σ_S)	5 ... 6 (ϵ_S)	o. Br.	23	5,5	
70 ... 90 (σ_B) (100 ... 200 (σ_B))	6 ... 7 (ϵ_B) (1 ... 2 (ϵ_B))			4,5	
75 (σ_B) (170 (σ_B))	3 (ϵ_B) (2 (ϵ_B))			6 (4)	
20 ... 40 (σ_B) 19 ... 22 (σ_S) 50 (σ_S) 27 (σ_S) (85 (σ_B))	250 ... 500 (ϵ_B) 250 ... 350 (ϵ_B) 100 ... 240 (ϵ_B) 18 ... 22 (c_S) (8 ... 9 (ϵ_B))	o. Br. o. Br.	1,5	10 ... 15 8 ... 10 8 ... 10 7	VDI 2480
30 ... 65 (σ_S) 18 ... 28 (σ_S) 18 ... 28 (σ_S)	3 ... 5 (c_S) 3 ... 5 (ϵ_S) 3 ... 5 (ϵ_S)	80 ... o. Br. o. Br. o. Br.	5 ... 9 5 ... 9 5 ... 9	8 ... 12 11 ... 14 12 ... 15	DIN 7742, DIN 7743
15 ... 50 (σ_B)	< 1 (ϵ_B)	6 ... 25		2 ... 5	DIN 7708, DIN 16 916 VDI 2478
30 (σ_B)	< 1 (ϵ_B)	7		2 ... 6	DIN 7708
20 ... 200 (σ_B)	< 1 (ϵ_B)	4 ... 20	50 ... 120 [5])	2 ... 10	DIN 16 911, DIN 16 945 DIN 16 913, VDI 2010
60 ... 200 (σ_B)	3 ... 5 (ϵ_B)	8 ... 40	100 ... 150 [6])	2 ... 6	DIN 16 912, DIN 16 945, DIN 16 946, DIN 16 947, VDI 2010

Stahl z. Vergleich 1,1 · 10^{-5} 1/K

[1]) DIN 7728, [2]) Kennwerte ohne Klammer: ungefüllt, Kennwerte in Klammer: gefüllt (GF), [3]) o. Br.: ohne Bruch, [4]) für Zustand trocken, [5]) Mattenlaminat, [6]) Gewebelaminat, [7]) Formmassetypen s. Tabelle 2.20. Weitere Hinweise siehe [2.1] und [2.4].

Ein Duroplast wird als Formmasse z.b. bezeichnet

    Formmasse Typ 31 N DIN 7708,

der daraus hergestellte Formstoff erhält die Bezeichnung

    FS 31 N DIN 7708.

Im Hinblick auf die Verarbeitungstechnik und das mechanisch-thermische Verhalten teilt man die Kunststoffe zweckmäßigerweise ein in *Thermoplaste, Duroplaste* und *Elastomere* (Tabelle 2.18).

2.3.2 Aufbau und Verhalten von Kunststoffen

2.3.2.1 Der molekulare Aufbau von Kunststoffen

Thermoplaste sind aufgebaut aus ineinander verknäulten Faden- oder Kettenmolekülen mit einer Länge von ca. 10^{-6} mm bis 10^{-3} mm (Bild 2.11). Die inneren Zusammenhaltekräfte ergeben sich aus dem Zusammenwirken von Hauptvalenzbindungen (chemische Bindungen innerhalb der Kette), mechanischen Verschlingungen und Nebenvalenzbindungen als Kraftwirkungen zwischen den Ketten (allgemeine Van der Waalsche Kräfte, Dipolkräfte, Wasserstoffbrückenbindungen).

Die Eigenschaften werden durch den chemischen Aufbau der Ketten und ihre durchschnittliche Länge, durch die Art der Nebenvalenzkräfte und den Abstand zwischen den Ketten, der stark von Größe und Gestalt der Seitengruppen abhängt, beeinflußt (Bild 2.12). Großer Kettenabstand erniedrigt die Festigkeit und erhöht die Sprödigkeit.

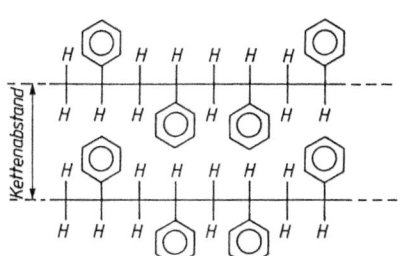
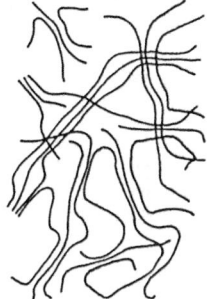

Bild 2.11 Struktur eines amorphen Thermoplasten, schematisch

Bild 2.12 Sperrige Wirkung des Benzolrings beim Polystyrol durch unsymmetrisch gebautes Grundmolekül mit großer Seitengruppe, schematisch

Bild 2.13 Struktur eines teilkristallinen Thermoplasten, schematisch

Thermoplaste kommen entweder vorwiegend *amorph* (ohne Ordnung, Wattebauschstruktur, Bild 2.11) oder *teilkristallin* (teilweise molekulare kristalline Ordnung im Gegensatz zur fast vollständigen atomaren kristallinen Ordnung der Metalle) vor (Bild 2.13). Die Ausbildung von kristallinen Bereichen wird begünstigt durch

    symmetrischen Aufbau der Kettenbausteine, z.B. bei Polyethylen $\begin{bmatrix} H & H \\ -C-C- \\ H & H \end{bmatrix}$,

    die lineare Gestalt der Ketten (Bild 2.14) und

    räumliche, regelmäßige Anordnung von Seitengruppen, z.B. bei isotaktischem PP.

2.3 Kunststoffe

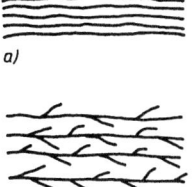

Bild 2.14
Auswirkung der Kettengestalt auf die Festigkeit
a) lineare Ketten, Kettenabstand klein, d.h. gute Festigkeit,
b) verzweigte Ketten, Kettenabstand größer, d.h. geringere Festigkeit.

Kenngröße für die Verarbeitung von geschmolzenen Thermoplasten ist der *Polymerisationsgrad* bzw. die relative molare Masse, d.h. die durchschnittliche Kettenlänge:

lange Ketten: hochviskos, geeignet für Extrusion,
kurze Ketten: niedriger viskos, geeignet für Spritzgießen.

Die Viskosität wird häufig durch den Schmelzindex MFI (DIN 53 735) angegeben.
Duroplaste zeigen engmaschige Verknüpfung von Bauelementen durch chemische Bindungen nach allen Raumrichtungen (Bild 2.15). Duroplaste sind spröde, weil keine inneren Gleitmöglichkeiten wie bei Thermoplasten und Metallen bestehen.
Bei *Elastomeren* liegt weitmaschige Verknüpfung von flexiblen Fadenmolekülen vor, d.h., es bestehen nur vereinzelt echte chemische Bindungen zwischen den Makromolekülen (Bild 2.16).
Bei den *Siliconen* bildet nicht das Kohlenstoffatom, sondern das Siliziumatom mit dem Sauerstoffatom die Grundstruktur; C-Atome kommen nur in Seitengruppen vor. Man unterscheidet Siliconöle, Siliconharze und Siliconkautschuk, allen ist der große Temperaturanwendungsbereich bis + 200 °C gemeinsam.

Bild 2.15 Struktur eines Duroplasten, schematisch

Bild 2.16 Struktur eines Elastomeren, schematisch

2.3.2.2 Mechanisch-thermisches Verhalten von Kunststoffen

Das *mechanisch-thermische Verhalten* wird vorwiegend im Torsionsschwingungsversuch durch Aufnahme von Schubmodul-Temperatur-Kurven ermittelt [2.1], [2.2]. Man kann es dann in entsprechende thermische Zustandsbereiche einteilen (Bild 2.17).

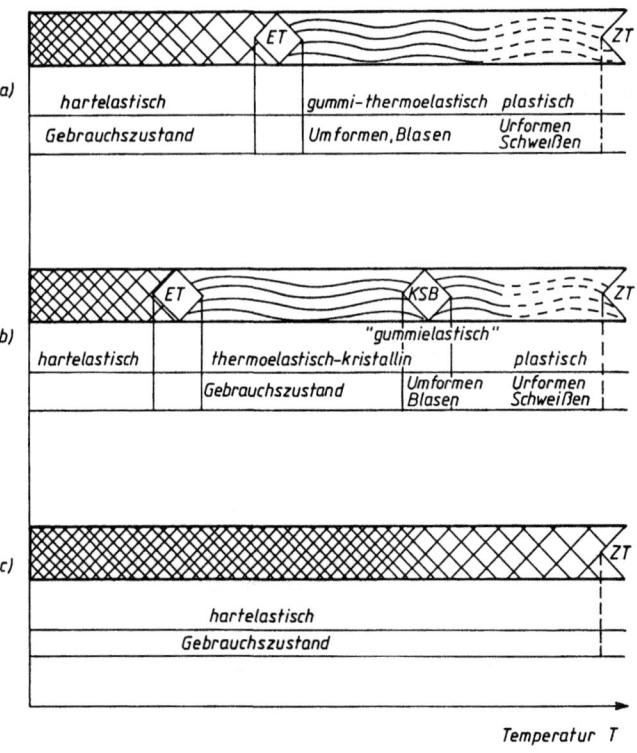

Bild 2.17 Zustandsbereiche für Kunststoffe
a) amorpher Thermoplast, b) teilkristalliner Thermoplast, c) Duroplast.

Gebrauchszustand (fest)
Je nach geforderten Eigenschaften ist Kunststoff genügend steif. Bei duroplastischen Kunststoffen gibt es praktisch nur diesen Bereich bis zur Zersetzung.

Thermoelastischer Zustand (gummiähnlich)
Große Verformbarkeit mit kleinen Kräften möglich, infolge gelockerten Nebenvalenzkraften und höherer Kettenbeweglichkeit, bei teilkristallinen Kunststoffen außerdem teilweise Auflösung der kristallinen Bereiche.

Thermoplastischer Zustand
Kettenmoleküle können unter Druck- und Schubbeanspruchung aus ihrer Kettenverknäuelung gelöst und gegeneinander plastisch verschoben werden (Kettengleitung).

Zersetzung
Begrenzung des thermoplastischen Bereichs nach oben durch zeit- und temperaturabhängige Zersetzung. Kettenmoleküle werden chemisch verändert bzw. abgebaut (irreversible thermische Schädigung).

Berichtigung

zu

Meins, **Handbuch Fertigungs- und Betriebstechnik**

Friedr. Vieweg & Sohn, Braunschweig/Wiesbaden
ISBN 3 528 04172 2

Die Seiten 50 und 51 sind durch die nachfolgenden beiden Seiten zu ersetzen.

Tabelle 2.19 Übersicht über die wichtigsten Kunststoffe mit Kurzzeichen, Firmennamen und Normung (Auszug)

Kunststoff	Kurzzeichen [1]	Firmennamen (Auswahl)	Dichte ρ [2] g/cm^3	Elastizitätsmodul E [2] N/mm^2
Polyethylen	PE-HD (hohe Dichte) PE-LD (niedrige Dichte)	Baylon, Hostalen, Lupolen, Vestolen	0,94 ... 0,96 0,92 ... 0,93	100 ... 1000
Polypropylen	PP	Hostalen PP, Novolen, Vestolen F	0,9 (1,03 ... 1,3)	1100 ... 1300 (3000 ... 6000)
Polyvinylchlorid	Hart-PVC (PVC-U) Weich-PVC (PVC-P)	Hostalit, Vestolit, Vinnol, Trosiplast, Vinnoflex	1,35 ... 1,45 1,2 ... 1,35	2500 ... 3500 450 ... 600
Polystyrol	PS	Hostyren N, Polystyrol 1.. Vestyron	1,05	3000 ... 4000
Styrol-Butadien	SB	Hostyren S, Polystyrol 4.., Vestyron, Styrolux	1,04 ... 1,05	1600 ... 3000
Styrol-Acrylnitril	SAN	Luran	1,08 (1,2 ... 1,4)	3700 (... 10000)
Acrylnitril-Butadien-Styrol	ABS	Novodur, Terluran	1,06 ... 1,08	1500 ... 3000 (4000 ... 7000)
SAN mit Acrylester-elastomer modifiziert	ASA	Luran S	1,07	2000
Polyacrylat	PMMA	Plexiglas, Resartglas, Paraglas	1,17 ... 1,2	1500 ... 3000
Polyamide	PA 6 [4]	Akulon, Durethan, Rilsan, Grilon, Ultramid, Vestamid, Zytel	1,12 ... 1,14 (... 1,4)	2500 ... 3200 (10000 ... 15000)
	PA 66 [4]		1,13 ... 1,15 (... 1,4)	2800 ... 3300 (9000 ... 12000)
	PA 11 [4]		1,03 ... 1,05 (... 1,26)	1000 (4000 ... 5000)
	PA 12 [4]		1,01 ... 1,02 (... 1,25)	1600 (4000 ... 5000)
Polyacetale	POM	Delrin, Hostaform, Ultraform	1,4 ... 1,45 (1,5 ... 1,6)	2500 ... 3500 (7000 ... 10000)
Polycarbonat	PC	Makrolon, Lexan	1,2 ... 1,24 (1,25 ... 1,5)	2000 ... 2500 (3500 ... 10000)
lineare Polyester	PET PBT	Arnite, Crastin, Pocan, Ultradur, Valox, Vestodur	1,37 1,3 (1,5 ... 1,6)	3100 2600 (... 9000)
Polyphenylenoxid (Polyphenylenether)	PPO (PPE)	Noryl	1,05 ... 1,1 (1,2 ... 1,3)	2300 ... 2500 (6000 ... 9000)
Polysulfon	PSU	Udel, Radel, Mindel, Ultrason	1,24	2000 ... 2500
Polyimide	PI	Gemon, Kinel, Kerimid, Vespel, Ultem	1,4 ... 1,5 (1,6 ... 1,9)	3200 (6000 ... 25000)
Polyphenylensulfid	PPS	Ryton, Tedur	1,3 (1,4 ... 1,6)	3600 (8000)
Fluorhaltige Kunststoffe	PTFE FEP PVDF ETFE	Hostaflon TF, Teflon Teflon FEP Dyflor 2000 Hostaflon ET, Tefzel	2,1 ... 2,2 2,1 ... 2,17 1,77 1,7 (1,7 ... 1,85)	350 ... 700 350 ... 650 800 ... 1800 850 ... 1500 (6500 ... 8500)
Celluloseabkömmlinge	CA CP CAB	Cellidor, Tenite	1,22 ... 1,35 1,19 ... 1,24 1,15 ... 1,24	2000 ... 3600 1000 ... 2500 800 ... 2200
Phenoplaste (Formmassen [7])	PF	Bakelite, Supraplast, Trolitan, Resinol	1,4 ... 1,8	5500 ... 12000
Aminoplaste (Formmassen [7])	UF/MF	Bakelite, Supraplast, Ultrapas	1,5 ... 2,0	5000 ... 10000
Ungesättigte Polyester (Formmassen [7])	UP	Alpolit, Leguval, Palatal, Vestopal, Resipol, Rütapal	1,5 ... 2,0	14000 ... 20000
Epoxidharze (Formmassen [7])	EP	Araldit, Epoxin, Lekutherm, Rütapox, Hostapox	1,5 ... 1,9	12000 ... 20000

Festigkeitskennwerte [2]) σ_B, σ_S N/mm²	Dehnungswerte [2]) ϵ_B, ϵ_S %	Schlagzähigkeit [2]) [3]) a_n kJ/m²	Zeitdehnspannung [2]) $\sigma_{1/1000}$ N/mm²	Wärmedehnzahl [2]) α 10^{-5} 1/K	Normung
8 ... 35 (σ_S)	8 ... 20 (ϵ_S)	o. Br.	1 ... 3	12 ... 22	DIN 16 776 VDI 2474 Bl. 1
25 ... 35 (σ_S) (40 ... 70 (σ_B))	10 ... 20 (ϵ_S) (7 ... 80 (ϵ_B))	o. Br. (9 ... 40)	4,5	15 ... 18 (4 ... 10)	DIN 16 774 VDI 2474 Bl. 2
50 ... 80 (σ_B) 15 ... 30 (σ_B)	10 ... 40 (ϵ_B) 150 ... 400 (ϵ_B)	20 ... o. Br. o. Br.	20	7 ... 8 15 ... 21	DIN 7746, DIN 7748, DIN 7749
30 ... 60 (σ_B)	3 ... 5 (ϵ_B)	10 ... 20	20	7 ... 8	DIN 7741 VDI 2471
20 ... 50 (σ_B)	15 ... 50 (ϵ_B)	40 ... o. Br.		8 ... 10	DIN 16 771
70 ... 80 (σ_B) (... 140 (σ_B))	5 (ϵ_B) (3 (ϵ_B))	20 ... 30	15	6 ... 8 (3)	DIN 16 775
30 ... 50 (σ_S) 50 ... 70 (σ_S)	2 ... 3 (ϵ_S) 1 (ϵ_S)	80 .. o. Br. 10 ... o. Br	10 . 15	7 ... 11 3 .. 5	DIN 16 772
45 ... 50 (σ_B)	15 .. 20 (ϵ_B)	o. Br.	10	8 ... 10	DIN 16 777
45 ... 80 (σ_B)	2 .. 10 (ϵ_B)	11 ... 20	15 ... 20	7 ... 8	DIN 7745, VDI 2476
60 ... 90 (σ_S) (150 ... 200 (σ_B)) 60 ... 90 (σ_S) (180 ... 220 (σ_B)) 55 (σ_S) (90 ... 100 (σ_B)) 55 (σ_S) (90 ... 100 (σ_B))	20 ... 25 (ϵ_S) (6 ... 7 (ϵ_B)) 20 ... 25 (ϵ_S) (4 (ϵ_B)) 15 ... 25 (ϵ_S) (5 .. 6 (ϵ_B)) 15 .. 25 (ϵ_S) (5 ... 6 (ϵ_B))	o. Br. (35 .. 60) o. Br. (30 ... 40) o. Br. (50 ... 70) o Br. (50 .. 70)	6 (40) 7 (50) 5,5 (12) 4,5	7 ... 12 (3) 7 ... 10 (2) 8 ... 12 (3 ... 5) 8 ... 12 (3 .. 5)	DIN 16 773 VDI 2479
65 ... 75 (σ_S) (100 ... 160 (σ_B))	10 ... 16 (ϵ_S) (5 ... 6 (ϵ_B))	o. Br. (10 .. 30)	10 .. 14	11 ... 13 (2 ... 4)	VDI 2477 DIN 16781
60 ... 70 (σ_S) (70 ... 100 (σ_S))	80 ... 150 (ϵ_B) (3 ... 8 (ϵ_B))	o. Br. (40 ... 70)	18 (35)	6 .. 7 (2 ... 4)	DIN 7744, VDI 2475
75 (σ_S) 55 (σ_S) (120 ... 160 (σ_B))	60 ... 180 (ϵ_B) ... 180 (ϵ_B) (2 ... 4 (ϵ_B))	o. Br o. Br. (45)	28 12 (55)	7 6 (3 ... 5)	DIN 16 779
50 ... 60 (σ_S) (95 ... 130 (σ_B))	6 ... 7 (ϵ_S) (2 ... 5 (ϵ_B))	o. Br. (40)	18 (35)	6 ... 7 (2 ... 4)	
70 (σ_S)	5 ... 6 (ϵ_S)	o. Br.	23	5,5	
70 ... 90 (σ_B) (100 ... 200 (σ_B))	6 ... 7 (ϵ_B) (1 ... 2 (ϵ_B))			4,5	
75 (σ_B) (170 (σ_B))	3 (ϵ_B) (2 (ϵ_B))			6 (4)	
20 ... 40 (σ_B) 19 ... 22 (σ_S) 50 (σ_S) 27 (σ_S) (85 (σ_B))	250 .. 500 (ϵ_B) 250 ... 350 (ϵ_B) 100 ... 240 (ϵ_B) 18 ... 22 (ϵ_S) (8 ... 9 (ϵ_B))	o. Br. o. Br.	1,5	10 ... 15 8 ... 10 8 ... 10 7	VDI 2480
30 ... 65 (σ_S) 18 ... 28 (σ_S) 18 ... 28 (σ_S)	3 ... 5 (ϵ_S) 3 ... 5 (ϵ_S) 3 ... 5 (ϵ_S)	80 ... o. Br. o. Br. o. Br.	5 ... 9 5 ... 9 5 ... 9	8 ... 12 11 ... 14 12 ... 15	DIN 7742, DIN 7743
15 ... 50 (σ_B)	< 1 (ϵ_B)	6 ... 25		2 ... 5	DIN 7708, DIN 16 916 VDI 2478
30 (σ_B)	< 1 (ϵ_B)	7		2 ... 6	DIN 7708
20 ... 200 (σ_B)	< 1 (ϵ_B)	4 .. 20	50 ... 120 [5])	2 ... 10	DIN 16 911, DIN 16 945 DIN 16 913, VDI 2010
60 ... 200 (σ_B)	3 ... 5 (ϵ_B)	8 ... 40	100 ... 150 [6])	2 ... 6	DIN 16 912, DIN 16 945, DIN 16 946, DIN 16 947, VDI 2010

Stahl zum Vergleich 1,1 10^{-5} 1/K

[1]) DIN 7728,   [2]) Kennwerte ohne Klammer. ungefullt, Kennwerte in Klammer: gefüllt (GF),   [3]) o. Br.. ohne Bruch.   [4]) für Zustand trocken.   [5]) Mattenlaminat,   [6]) Gewebelaminat,   [7]) Formmassetypen s. Tabelle 2.20. Weitere Hinweise siehe [2.1] und [2.4].

2.3 Kunststoffe

2.3.3 Gezielte Eigenschaftsänderungen bei Thermoplasten

2.3.3.1 Weichgemachte thermoplastische Kunststoffe

Die sog. *äußere Weichmachung* ist von großer Bedeutung bei PVC zur Herstellung von Weich-PVC. In den zwischenmolekularen Bereichen der Ketten sind niedermolekulare Verbindungen (Weichmacher) als „Schmiermittel" eingearbeitet (Bild 2.18). Große Variationsmöglichkeiten ergeben sich durch verschiedenartige Rezepturen. Weichmacherwanderung und Ausschwitzen des Weichmachers können zur Versprödung führen. Weichgemachtes PVC (PVC-P) wird vor allem für Folien, „Kunstleder", Fußbodenbeläge, Schlauche usw. eingesetzt.

Bild 2.18
Äußere Weichmachung, schematisch.

2.3.3.2 Thermoplastische Polymerisatmischungen

Wichtigstes Beispiel ist mit eingemischten Kautschukanteilen schlagzäh modifiziertes Polystyrol (SB). Andere Mischungen sind z.b. „Polyblends" bei Polyolefinen, PVC, Styrolpolymeren (ABS + PC) usw. (ABS + PC: Bayblend; PBTP + PC: Makroblend).

2.3.3.3 Thermoplastische Copolymerisate und Pfropfpolymerisate

Durch Einbau von bestimmten chemischen Verbindungen, die für das gewünschte Eigenschaftsbild ausgewählt sind, können die Grundmolekule modifiziert werden („Kunststoffe nach Maß"). Die größte Bedeutung liegt bei den Polystyrolmodifikationen SAN, ABS, ASA sowie bei schlagzähem PVC. Kautschukmoleküle erhöhen z.b. bei ABS, ASA und PVC die Flexibilität und damit die Schlagzähigkeit; Polyacrylnitril erhöht bei SAN, ABS und ASA die Festigkeit, Steifigkeit und Temperaturwechselbeständigkeit.

2.3.3.4 Zusatzstoffe für Kunststoffe

Man unterscheidet zwischen *Verstärkungsstoffen*, *Füllstoffen* und *Hilfsstoffen*.

Verstärkungsstoffe: Glasfasern, Kohlenstoffasern, Aramidfasern. Durch die Verstärkungsstoffe werden die Festigkeitseigenschaften (σ_B, E) stark verbessert und die Zähigkeit (ϵ_S, ϵ_R) verändert. Kunststoffe mit Glasfaserverstärkung bezeichnet man als GFK, mit Kohlenstoffasern verstärkte als CFK.
Füllstoffe: Holzmehl, Gesteinsmehl, Glaskugeln, Talkum.
Hilfsstoffe: Gleitmittel, Stabilisatoren, Farbstoffe, feuerhemmende Stoffe, Treibmittel.

2.3.4 Wichtige Kunststoffe, Eigenschaften und Anwendungsbeispiele

Die speziellen Eigenschaften von Kunststoffen lassen sich am besten im Vergleich zu Metallen beschreiben: *Kunststoffe* haben eine verhältnismäßig niedrige Festigkeit ($\sigma_B \approx 20 \ldots 100 \text{ N/mm}^2$) und einen kleinen Elastizitätsmodul ($E \approx 200 \ldots 4000 \text{ N/mm}^2$). Durch Verstärken, insbesondere mit Glasfasern, erreicht man Festigkeitswerte bis $\sigma_B = 1300 \text{ N/mm}^2$ und Elastizitätsmoduln bis $E = 30\,000 \text{ N/mm}^2$, bei Kohlenstoffasern bis $E = 95\,000 \text{ N/mm}^2$, damit erreicht man den unteren Bereich der Werte von Metallen. Eine Besonderheit stellen *verstreckte thermoplastische Kunststoffe* dar, wie PE, PP, PA, PBTP, die in der Anwendung für Seile, Verpackungsbänder und Textilfasern in Längsrichtung Festigkeitswerte von Baustählen erreichen.

Das *Verformungsverhalten* von Kunststoffen ist sehr unterschiedlich, je nach dem inneren Aufbau und nicht zu vergleichen mit den atomaren Gleitvorgängen bei der Metallverformung. Duroplaste und hoch glasfaserverstärkte Thermoplaste sowie PS, SAN, PMMA sind spröde. Andere Thermoplaste wie PC, PVC, POM, ABS, SB sind zäh oder zähhart; einige Thermoplaste wie PE, PP, PA, PETP, PBTP sind verstreckbar (vgl. auch Abschnitt 4.2.1).

Die *Festigkeits- und Verformungseigenschaften* sind viel stärker temperaturabhängig und bereits bei Raumtemperatur zeitabhängig; Kunststoffe neigen daher zum Kriechen bzw. zum Entspannen (vgl. Abschnitt 4.2.1). Selbst zähe thermoplastische Kunststoffe sind gegenüber Metallen viel stärker schlag- und kerbempfindlich (s. Abschnitt 4.2.1.4).

Die *Dichte* der meisten Kunststoffe liegt im Bereich von etwa 0,9 ... 1,4 g/cm³, geschäumte Kunststoffe können je nach Gasgehalt auf Dichten bis etwa 0,01 g/cm³ reduziert werden.

Die maximalen *Gebrauchstemperaturen* liegen bei Duroplasten eng zusammen im Bereich von etwa 140 ... 180 °C. Bei thermoplastischen Kunststoffen findet man eine große Streubreite von 60 ... 130 °C; Glasfasern erhöhen diese Werte. Mit hochtemperaturbeständigen Kunststoffen kann man Temperaturen bis 170 °C, in Sonderfällen bis ca. 250 °C erreichen (z.B. PPS). Die meisten Kunststoffe sind brennbar, einzelne selbstverlöschend (PVC, PC), manche unbrennbar (PTFE).

Kunststoffe haben als *Isolierstoffe* schlechte elektrische und thermische Leitfähigkeit, aber eine große Wärmedehnung.

Die *Korrosionsbeständigkeit* der Kunststoffe ist i.a. gut, jedoch durch die Spannungsrißbildung in manchen Fällen beeinträchtigt, diese wirkt sich besonders im Zusammenspiel von Spannungen im Formteil und Umgebungsmedien aus, selbst wenn die Medien im spannungsfreien Zustand nicht angreifen. Die Beständigkeit gegen chemische Agenzien und Lösungsmittel muß im einzelnen festgestellt werden [2.1, 2.2, 2.4, 2.8, 2.11].

Eine weitere Besonderheit, z.B. bei Polyamiden, ist die *Wasseraufnahme* und die damit verbundene Festigkeitsabnahme und Zähigkeitszunahme.

Amorphe Kunststoffe sind durchsichtig, PMMA und PC haben besonders günstige optische Eigenschaften. Durchsichtige Kunststoffe können transparent, alle Kunststoffe können gedeckt durchgefärbt werden.

Der makromolekulare Aufbau der Kunststoffe wirkt sich in besonderen *Verarbeitungseigenschaften* aus. *Duroplaste* erhalten ihre endgültigen Eigenschaften bei der Verarbeitung, wobei ein chemischer Prozeß abläuft (Härtung). Sie sind dann nicht mehr löslich und schmelzbar, also auch nicht schweißbar. Sie sind aber spanend bearbeitbar. *Thermoplaste* sind nur in besonderen Fällen und in geringem Umfang kaltumformbar, aber nach allen Verfahren, unter Beachtung entsprechender Grundsätze, spanend bearbeitbar. Große Bedeutung hat das Warmumformen (Umformen) von thermoplastischen Halbzeugen im thermoelastischen Bereich (s. Abschnitt 7.2). Urformverfahren wie Extrudieren und Spritzgießen werden im thermoplastischen Bereich durchgeführt, ebenso das Schweißen. Hierbei stellt die zähe Schmelze besondere Anforderungen an die Verarbeitungsprozesse. Die bei der Verarbeitung gewählten *Verarbeitungsbedingungen* (Massetemperatur, Spritzdruck, Nachdruck, Werkzeugtemperatur usw.) haben großen Einfluß auf die Formteileigenschaften. Eine nachträgliche „Glühbehandlung" wie bei Metallen ist nämlich nicht möglich und damit auch nicht die Definition eines „normalen" (Gefüge-)Zustands.

2.3 Kunststoffe

2.3.4.1 Thermoplaste

Siehe hierzu auch die Übersicht in Tabelle 2.19 mit Kurzzeichen, Handelnamen und Normen.

Polyethylen PE. Teilkristalline Thermoplaste in weicher (LDPE) und härterer (HDPE) Qualität. Dichte 0,91 ... 0,96 g/cm^3. Verhältnismäßig flexible Stoffe, schlagzäh, niedrige Festigkeit, verstreckbar bei hoher Verfestigung. Gute elektrische Isolierfähigkeit, losungsmittelbeständig.
Anwendungsbeispiele: Halbzeuge: Stangen, Rohre, Schläuche, Tafeln, Folien. *Formteile:* Flaschen, Behälter, Flaschenkästen, Heizöltanks, Kraftstoffbehälter, Verpackungsmittel (Folienbeutel, Säcke), Kabelummantelungen, Kinderspielzeug, Skigleitbeläge.

Polypropylen PP. Teilkristalline Thermoplaste mit besseren mechanischen und thermischen Eigenschaften als PE, sonst ähnlich wie PE. Dichte 0,9 ... 0,91 g/cm^3.
Anwendungsbeispiele: Halbzeuge: Stangen, Rohre, Profile, Tafeln, Folien. *Formteile:* Transportkasten, Behälter, Koffer, Verpackungsbander, Seile, Formteile mit Filmscharnieren, Batteriekästen, Drahtummantelungen, Heizkanäle, Rohrsysteme für Fußbodenheizungen, Radiatoren, Laugenpumpen.

Polyvinylchlorid, Hart-PVC (PVC-U). Amorpher Thermoplast mit der Dichte 1,4 g/cm^3. Gute Festigkeit und Steifigkeit; schwer entflammbar; polar, daher hohe dielektrische Verluste, aber hochfrequenzschweißbar, gut klebbar. Nur bis ca. 60 °C einsetzbar. Gute chemische Beständigkeit, aber nicht beständig gegen Chlorkohlenwasserstoffe.
Anwendungsbeispiele: Halbzeuge: Stangen, Rohre, Profile, Tafeln, Folien, Blöcke, Schweißzusatzstäbe, Fenster- und Rolladenprofile. *Formteile:* Rohrleitungselemente für Kalt- und Warmwasser und chemische Industrie, Behälter und Schalen für Fotolabor und Galvanik, Schallplatten, Einwegbecher, geblasenen Getränkeflaschen, säurefeste Gehäuse und Apparateteile.

Polyvinylchlorid, Weich-PVC (PVC-P). Amorpher Thermoplast mit der Dichte 1,2 ... 1,35 g/cm^3. Flexibel je nach Weichmachergehalt. Polar, daher HF-schweißbar. Nur bis ca. 60 °C einsetzbar. Weniger chemisch beständig als PVC hart. Bei Kontakt mit Lebensmitteln sind besondere Anforderungen an den Weichmacher zu stellen.
Anwendungsbeispiele: Halbzeuge: Schläuche, Profile, Tafeln, Folien. *Formteile.* Tischdecken, Vorhänge, Täschnerwaren, wasserdichte Stiefel, Schutzhandschuhe, Regenbekleidung, Koffer, Schutzhüllen, Bucheinbände, Puppen, Schwimmtiere, Schlauchboote, Kunstlederbezüge für Möbel und Fahrzeuge. Kabelummantelungen, Fußbodenbeläge, Förderbänder, Dichtprofile, Handläufe, Isolierband.

Polystyrol PS. Amorpher, glasklarer Thermoplast mit der Dichte 1,05 g/cm^3. Steif, hart und spröde, sehr kerbempfindlich. Sehr gute elektrische Isoliereigenschaften. Starke elektrostatische Aufladung. Neigung zur Spannungsrißbildung an Luft. Keine Beständigkeit gegen organische Lösungsmittel, Benzin, Benzol, Aceton.
Anwendungsbeispiele: Formteile: Schubladeneinsätze für Ordnungssysteme, Spielwaren, Diarähmchen, Tonband- und Filmspulen, Einweggeschirr, Klarsichtverpackungen, Haushaltsgeräte, Bauteile der Elektrotechnik, z.B. Spulenkörper.

Modifizierte Polystyrole SB und ABS. Amorphe, aber meist nicht mehr glasklare Thermoplaste (wegen Butadienkomponente) mit den Dichten 1,03 ... 1,06 g/cm^3. Höhere Schlagzähigkeit und Stoßfestigkeit bei geringerer Kerbempfindlichkeit als PS. Gute elektrische Isoliereigenschaften. SB bis 75 °C, ABS je nach Type bis 100 °C einsetzbar, bei Spezialtypen noch höher. Geringe Neigung zu Spannungsrißbildung. Elektrostatische Aufladung bei SB groß, bei ABS verschwindend gering.
Anwendungsbeispiele: Halbzeuge: Tafeln, vor allem für die Warmumformung. *Formteile:* Typische Gehäusewerkstoffe für Haushaltsgeräte, Phono- und Fernsehgeräte, Telefone, Buromaschinen, Meßgeräte. Stühle, Sitzschalen, technisches Spielzeug. Kühlschrankinnengehäuse.

Modifizierte Polystyrole SAN und ASA. Amorphe Thermoplaste, SAN glasklar, ASA nicht durchsichtig. Dichte SAN 1,08 g/cm³, ASA 1,07 g/cm³. Hohe mechanische Festigkeit und hoher Elastizitätsmodul bei SAN, bei ASA geringer, dafür verbesserte Schlagzähigkeit vor allem in der Kälte. Gute elektrische Isoliereigenschaften. Einsatztemperaturen bis 100 °C. Bessere Lösungsmittelbeständigkeit als PS, bei ASA besonders gute Witterungsbeständigkeit. Geringe Neigung zu Spannungsrißbildung vor allem bei ASA.
Anwendungsbeispiele: Halbzeuge: Profile, Rohre. *Formteile:* Geschirrteile (SAN), Gehäuse, Verkehrsschilder (ASA), Boote (ASA), Sitzmöbel für Verwendung im Freien (ASA).

Polyacrylat PMMA (Polymethylmethacrylat, Acrylglas). Amorpher Thermoplast mit der Dichte 1,18 g/cm³. Glasklar mit besonders günstigen optischen Eigenschaften (organisches Glas). Hart, spröde bei hoher Festigkeit. Gute elektrische Isoliereigenschaften. Einsatztemperaturen bis 65 °C, bei speziellen Typen bis 95 °C. Gut licht-, alterungs- und witterungsbeständig. Nicht beständig gegen konzentrierte Säuren, Chlorkohlenwasserstoffe, Benzol, Spiritus. Spannungsrißbildung möglich, z.B. in Netzmitteln. Gut klebbar mit speziellen Polymerisationsklebstoffen.
Anwendungsbeispiele: Halbzeuge: Tafeln, Blöcke, Rohre, Profile. *Formteile:* Teile mit optischer Funktion für Brillen, Linsen, Lichtleitfasern. Haushaltsgeräte, Schreib- und Zeichengeräte, Fahrzeugleuchten, Verglasungen, Schaugläser. Dachverglasungen, Badewannen, Sanitärgegenstände. Skalen, Lichtbänder. Anschauungsmodelle, Werbe- und Hinweisschilder.

Polyamide PA. Wichtige Polyamide sind PA6, PA66, PA610, PA11, PA12. Teilkristalline Thermoplaste mit Dichten zwischen 1,01 g/cm³ und 1,15 g/cm³; milchig trübe Eigenfarbe. Besondere Neigung zu Wasseraufnahme, am stärksten bei PA6 und PA66, abnehmend bis PA12, davon abhängig sind die mechanischen Eigenschaften. Mit zunehmender Wasseraufnahme nehmen Zähigkeit zu und Festigkeit ab. Polyamide sind verstreckbar bei starker Verfestigung. Ein transparentes, amorphes Polyamid ist PA6-3-T mit der Dichte 1,07 g/cm³. Elektrische Eigenschaften stark abhängig vom Wassergehalt. Obere Gebrauchstemperaturen je nach Typ 80 ... 120 °C, kaltzäh bis −40 °C. Beständig gegen sehr viele Lösungsmittel, vor allem Kraftstoffe, Öle und Fette. Nicht beständig gegen viele Säuren und starke Laugen.
Anwendungsbeispiele: Halbzeuge: Tafeln, Stangen, Profile, Rohre, Folien. *Formteile:* Konstruktionsteile bei hohen technischen Anforderungen bezüglich Festigkeit, Zähigkeit und Gleiteigenschaften wie Zahnräder, Laufrollen, Gleitlager. Schrauben, Dübel, Gehäuse. Lüfterräder, Lagerbuchsen, Schiffsschrauben, Bremsleitungen. Transportketten, Transportbänder. Bergsteiger- und Abschleppseile. Technisches Spielzeug.

Polyacetal POM. Teilkristalliner Kunststoff mit der Dichte 1,42 g/cm³ und weißlich trüber Eigenfarbe. Praktisch keine Wasseraufnahme. Hohe Steifigkeit und Festigkeit bei ausreichender Zähigkeit. Gute Federungseigenschaften. Günstiges Gleit- und Abreibverhalten. Hohe Maßbeständigkeit. Gute elektrische Isoliereigenschaften. Einsetzbar von −40 °C bis +100 °C. Hohe chemische Beständigkeit mit Ausnahme gegen starke Säuren.
Anwendungsbeispiele: Halbzeuge: Tafeln, Stangen, Rohre, Profile. *Formteile:* Konstruktionsteile bei hohen technischen Anforderungen bezüglich Maßgenauigkeit, Festigkeit und Steifigkeit, sowie Gleit- und Federungseigenschaften wie Zahnräder, Steuerscheiben, Lager, Federelemente, Gehäuse, Pumpenteile. Funktionsteile für feinwerktechnische Geräte, auch bei gleichzeitigen Forderungen an Schnapp- und Federungsverhalten. Scharniere, Beschläge, Griffe, Installationsteile.

Polycarbonat PC. Amorpher, glasklarer Thermoplast mit der Dichte 1,22 g/cm³. Hohe Festigkeit bei sehr guter Zähigkeit. Gute elektrische Isoliereigenschaften mit geringer Abhängigkeit von Luftfeuchte und Umgebungstemperatur. Einsatztemperaturen bis 130 °C (Vorsicht bei längerer Einwirkung von Wasserdampf), sehr gute Kaltzähigkeit bis −100 °C; kleine Wärmeausdehnung. Beständig gegen Benzin, Fette, Öle und verdünnte Mineralsäuren, nicht gegen Benzol und Laugen. Neigung zur Spannungsrißbildung, insbesondere bei Einwirkung von Lackverdünnungsmitteln.

2.3 Kunststoffe

Anwendungsbeispiele: Halbzeuge: Tafeln, Rohre, Profile, Folien. *Formteile:* Abdeckungen für Leuchten und Sicherungskästen, Spulenkörper, Röhrenfassungen, Gehäuse für optische und feinwerktechnische Geräte. Küchenmaschinenteile, Geschirr, Schutzhelme, Sicherheitsverglasungen, Schutzschilde, Zeichendreiecke.

Lineare Polyester Polyethylenterephthalat PETP/Polybutylenterephthalat PBTP. Teilkristalline Thermoplaste mit je nach Verarbeitungsbedingungen unterschiedlicher Kristallinität von amorphtransparent (PETP) bis milchig-weiß (PBTP). Dichten 1,29 ... 1,37 g/cm^3. Günstige mechanische Eigenschaften bei hoher Steifigkeit und Festigkeit und guter Zähigkeit auch bei tiefen Temperaturen. Verstreckbar bei hoher Verfestigung. Günstiges Langzeitverhalten. Geringer Abrieb bei guten Gleiteigenschaften. Sehr geringe Feuchteaufnahme und hohe Maßbeständigkeit. Günstige elektrische Isoliereigenschaften. Einsetzbar bis 110 °C, kleine Warmeausdehnung. Nicht beständig gegen heißes Wasser und Dampf, Aceton und chlorhaltige Lösungsmittel sowie konzentrierte Säuren und Laugen. Keine Neigung zu Spannungsrißbildung.

Anwendungsbeispiele: Halbzeuge: Tafeln, Stangen, Rohre; hochfeste und hochtemperaturbeständige Folien für Magnetbänder, Klebebänder, Backfolien, Elektroisolierfolien. *Formteile:* Maßhaltige technische Konstruktionsteile bei guten Lauf- und Gleiteigenschaften für Maschinenbau, Feinwerktechnik, Elektrotechnik, Haushalt- und Büromaschinen. Verstreckte Verpackungsbander.

Polyphenylenoxid PPO. Meist mit Polystyrol modifizierter amorpher Thermoplast mit beiger Eigenfarbe und Dichte 1,08 g/cm^3. Sehr geringe Wasseraufnahme. Hohe Festigkeit und Steifigkeit bei guter Schlagzähigkeit. Dimensionsstabil, geringe Kriechneigung auch bei höheren Temperaturen. Sehr gute Temperaturbeständigkeit bis 120 °C bei geringer Wärmeausdehnung. Sehr gute elektrische Isoliereigenschaften, fast unabhängig von der Frequenz. Nicht beständig gegen aromatische und chlorhaltige Kohlenwasserstoffe.

Anwendungsbeispiele: Halbzeuge: Tafeln, Rohre, Profile. *Formteile:* Gehäuse bei höherer thermischer Beanspruchung. Bauteile für Büro-, Feinwerk- und Elektrotechnik. Armaturen.

Polysulfon PSU, Polyethersulfon PES, Polyphenylensulfid PPS. Amorphe Thermoplaste (PSU, PES) bzw. teilkristalline Thermoplaste (PPS). Hohe Festigkeit und Steifigkeit PSU/PES zäh; PPS durch Glasfaserverstärkung noch höhere Festigkeit aber kleinere Zähigkeit. Anwendungstemperaturen bis 180 °C (PSU/PES) bzw. bis über 200 °C (PPS). Sehr gute Isoliereigenschaften. Gute chemische Beständigkeit vor allem bei PPS, eingeschränkte Beständigkeit gegen polare, aromatische und chlorhaltige Kohlenwasserstoffe bei PSU/PES.

Anwendungsbeispiele: Formteile: PSU/PES für mechanisch, thermisch und elektrisch hochbeanspruchte Konstruktionsteile, wenn auch Durchsichtigkeit verlangt wird, z.B. Bauteile im Motorraum, Lampenfassungen, Gehäuse, Steckerleisten. PPS besonder für Pumpenteile, Dichtungen und Ventile sowie in der chemischen Industrie.

Polyimide PI. Amorphe, thermoplastische oder vernetzte (duroplastische) Kunststoffe mit gelblicher, braun bis schwarzer Eigenfarbe. Außergewöhnlich hohe Temperaturbeständigkeit von -240 °C bis $+260$ °C, in manchen Fällen auch noch höher. Sehr gute mechanische Festigkeit und gute elektrische Isoliereigenschaften. Gute chemische Beständigkeit, eingeschränkt bei Einwirkung von starken Säuren, Laugen und Wasserdampf. Ungünstige Witterungsbeständigkeit.

Anwendungsbeispiele: Halbzeuge: Tafeln, beschichtetes Gewebe, Folien. *Formteile:* Mechanisch, thermisch und elektrisch hochbeanspruchte Konstruktionsteile, vorwiegend in der Flugzeug- und Raumfahrttechnik. Wegen hohem Preis erst langsam Eingang in allgemeine technische Bereiche.

Celluloseabkömmlinge, Celluloseacetat CA, Cellulosepropionat CP, Celluloseacetobutyrat CAB. Amorphe, durchsichtige Thermoplaste, hergestellt durch chemische Abwandlung aus Cellulose; häufig mit Weichmacher versetzt, unterschiedliche Dichten und Wasseraufnahme. Gute mechanische Festigkeit bei hoher Zähigkeit. Einsetzbar bis etwa 100 °C. Beständig gegen die meisten

Lösungsmittel außer Alkoholen und Aceton bzw. starke Säuren und Laugen. Bei Kontakt mit Lebensmitteln besondere Anforderungen an die Weichmacher.

Anwendungsbeispiele: Halbzeuge: Tafeln, Stangen, Rohre, Profile. *Formteile:* Werkzeuggriffe, Hammerköpfe, Zierleisten, Griffe, Schreibgeräte, Brillengestelle, Bürstengriffe, Spielzeug.

2.3.4.2 Fluorhaltige Kunststoffe

Polytetrafluorethylen PTFE. Teilkristalliner weißer Kunststoff (Thermoelast, nicht schmelzbar, aber erweichbar), Dichte 2,14 ... 2,2 g/cm^3 je nach Druck beim Verarbeiten durch Preßsintern. Flexibel, niedrige Festigkeit, Neigung zum Kriechen („Kalter Fluß"). Besondere Eigenschaften von PTFE: schwere Benetzbarkeit (antiadhäsiv), hoher Temperaturanwendungsbereich von $-200\,^{\circ}$C bis ca. 270 $^{\circ}$C, unbrennbar! Niedriger Reibungsbeiwert, kein „stickslip". Sehr gute elektrische Isoliereigenschaften. Höchste chemische Beständigkeit, keine Spannungsrißbildung. Nur durch Sinterprozesse und anschließende spanende Formgebung sind Formteile herstellbar (sehr teuer!). *Anwendungsbeispiele: Halbzeuge:* Tafeln, Stangen, Rohre, Schläuche, Profile, Bänder, Folien, auch Verbundfolien mit Glasfasern. *Formteile* sind herstellbar durch Sintern, meistens durch Spanen aus Halbzeug: Konstruktionsteile für höchste thermische und chemische Beanspruchung wie Dichtungen, Pumpenteile, Laborgeräte, Gleitlager, Kolbenringe, Isolatoren; antiadhäsive Beschichtungen.

Fluorhaltige Thermoplaste FEP, ETFE. Diese beiden teilkristallinen Thermoplaste mit weißer Eigenfarbe sind Beispiele der Abwandlung von PTFE zu thermoplastisch verarbeitbaren Kunststoffen. Ähnliches Verhalten wie bei PTFE, mit jedoch z.t. eingeschränkten speziellen Eigenschaften wie verminderter chemischer und thermischer Beanspruchbarkeit.

Anwendungsbeispiele: Halbzeuge und *Formteile* durch Schmelzprozesse (Spritzgießen, Extrudieren) herstellbar. Anwendung wie PTFE bei teilweise eingeschränkten Eigenschaften.

2.3.4.3 Duroplaste (Formstoffe gepreßt und laminiert)

Siehe hierzu auch die Übersichten in den Tabellen 2.18 und 2.19 mit Kurzzeichen, Handelsnamen und Normen. Weiter gibt es für Duroplaste ein Überwachungszeichen nach DIN 7702, das im Formwerkzeug eingeprägt wird. Darin enthalten sind Firmenkennzeichen und Duroplasttype (Tabelle 2.20). Es gibt verschiedene Methoden zur Herstellung von duroplastischen Formstoffen (Halbzeuge, Formteile).

a) *Gießfähige Harzmassen (Gießharze)* werden meist zusammen mit Glas- oder Kohlenstoffaserverstärkungen (GFK, CFK) zu verstärkten Formstoffen verarbeitet. Die Gießharze werden kalt oder warm ausgehärtet und damit zu duroplastischen Formstoffen räumlich vernetzt.
b) Pressen, Spritzpressen und Spritzgießen von noch *schmelzbaren Vorprodukten,* die mit Füll-, Verstärkungs- und Zusatzstoffen (Holzmehl, Glas-, Aramid- und andere Fasern, Gesteinsmehl, Cellulose, Gewebeschnitzel) als *Preßmassen* oder *Spritzgießmassen* zur Verfügung stehen. Die endgültige räumliche Vernetzung erfolgt durch Druck und Wärmeenergie in einer bestimmten Reaktionszeit beim Formgebungsvorgang.
c) Herstellung von *Schichtpreßstoffen.* Bahnenformige Verstärkungsstoffe (Papier, Baumwoll- oder Glasfasergewebe, Holzfurniere) werden mit gelösten Vorprodukten getränkt, getrocknet und warm verpreßt. Man stellt so Tafeln, Profile, Rohre, Zahnradrohlinge und ähnliches her. Danach erfolgt ggf. spanende Verarbeitung.

Gießharze

Ungesättigte Polyester UP. Ausgangsprodukte sind ungesättigte Polyester (thermoplastisch), gelöst in Styrol. Die Vernetzung erfolgt nach Zugabe und Einmischen von Härtern durch Copolymerisation, wobei keine Nebenprodukte entstehen. Die Harze sind sıruartig dickflüssig und wer-

2.3 Kunststoffe

Tabelle 2.20 Auswahl duroplastischer Formmassetypen mit Art des Fullstoffs (s. auch DIN 7708 und DIN 16 911)

Harzbasis	Art des Füllstoffs	Formmasetyp	Bemerkungen
PF (Phenolharz)	Holzmehl	31	allgemeine Verwendung
	Zellstoff	51	erhöhte Kerbschlagzahigkeit
	Baumwollfasern	71	erhohte Kerbschlagzähigkeit
	Baumwollgewebeschnitzel	74	erhohte Kerbschlagzahigkeit
	Baumwollfasern und Holzmehl	83	erhöhte Kerbschlagzahigkeit
	(Astbestfasern	12	erhohte Formbestandigkeit in der Warme)
	Glimmer	13, 13.5	erhöhte elektrische Eigenschaften
	Holzmehl	31.5	erhöhte elektrische Eigenschaften
UF (Harnstoffharz)	Zellstoff	131.5	erhohte elektrische Eigenschaften
MF (Melaminharz)	Holzmehl	150	allgemeine Verwendung
	(Astbestfasern	156	erhohte Formbestandigkeit in der Warme)
	(Astbestfasern und Holzmehl	157	erhohte Formbestandigkeit in der Warme)
	Zellstoff	152	erhöhte elektrische Eigenschaften
	Zellstoff	152.7	nach Lebensmittelgesetz zugelassen
MP (Melamin-Phenolharz)	Holzmehl	180	allgemeine Verwendung
	Zellstoff	181, 181.5	erhöhte elektrische Eigenschaften
	Zellstoff und Gesteinsmehl	183	erhohte elektrische Eigenschaften
UP (ungesättigte Polyesterharze)	kurze Glasfasern und Gesteinsmehl	802	rieselfähig
	kurze Glasfasern und Gesteinsmehl	804	rieselfähig, selbstverlöschend
	lange Glasfasern und Gesteinsmehl	801, 803	nicht rieselfähig

den meist mit flächigen Glasfasermaterialien zu sog. *Laminaten* verarbeitet. Die Glasfaserverstärkung wird dabei mit der Harzmasse getränkt und dann kalt oder warm ausgehärtet. Die Aushärtung kann drucklos, in Vorrichtungen oder Preßwerkzeugen erfolgen. Farblose bis leicht gelbliche Harze. Dichte und Eigenschaften je nach Glasfaseranteil. Vernetzte Harze sind sprode. Sprodigkeit wird durch Glasfaserstruktur gemildert. Hohe Festigkeit erreichbar je nach Glasfaserkonstruktion bis zur Festigkeit von Baustählen bei allerdings noch geringerem Elastizitätsmodul. Infolge der Glasfaserkonstruktion tritt bei örtlicher Überbeanspruchung ein allmähliches Einbrechen mit hohem Arbeitsaufnahmevermögen auf. Anwendungstemperaturen bis ca. 130 °C, in Sonderfällen höher. Formstoffe erweichen nur wenig, sind nicht mehr schmelzbar und deshalb nicht schweißbar und nicht warm umformbar. Günstige elektrische Eigenschaften. Gute chemische Beständigkeit außer gegen konzentrierte Säuren und Laugen, Chlorkohlenwasserstoffe und einige organische Lösungsmittel.

Anwendungsbeispiele: Halbzeuge: Schichtpreßstoffe (Tafeln), Profile, Rohre. *Formteile:* Hauptsächlich großflächige Konstruktionsteile mit hoher mechanischer Beanspruchung wie Behälter, Fahrzeugaufbauten, Flugmodelle, Boots- und Schiffsrümpfe, Heizöltanks, Container. Angelruten, Stabhochsprungstäbe. Lichtkuppeln, Verkehrsschilder. Sitzmöbel.

Epoxidharze EP. Ausgangsprodukte sind kettenförmige, unvernetzte Epoxidharze, die nach Zugabe von Härtern durch Polyaddition vernetzt werden, wobei keine Spaltprodukte entstehen. Die Harze sind dickflüssig bis zäh und müssen ggf. durch Erwärmen oder Lösen fließfähig gemacht werden. Sie werden meist mit Glasfaser- oder Kohlefaserkonstruktionen verstärkt zu *Laminaten* verarbeitet. Verarbeitung wie bei UP, meist jedoch Warmaushärtung. Trübe Harze mit gelblicher bis bräunlicher Eigenfarbe. Ähnliche Eigenschaften wie bei UP, dabei höhere Festigkeit erreichbar, vor allem bei Verwendung von Kohlenstoffaserverstärkung, dabei auch höherer Elastizitätsmodul. Geringere Schwindung als bei UP.

Anwendungsbeispiele: Ähnlich UP, jedoch speziell im Flugzeugbau (Zellen, Tragflachen, Leitwerke, Rotorblätter für Hubschrauber) und im Raumfahrzeugbau, häufig in der Sandwichbauweise. Werkzeuge z.B. für Warmumformung. Technische Klebstoffe.

Formstoffe

Phenolharz PF. Entsteht durch Polykondensation von Phenol mit Formaldehyd, dabei wird Wasser abgespalten, das z.B. die elektrischen Eigenschaften beeinflußt. Fast immer gefüllt. Vernetzter duroplastischer Formstoff, Dichte und Eigenschaften stark von verwendeten Füllstoffen und seinen Anteilen abhängig. Wegen dunkler Eigenfarbe nur gedeckt einfärbbar. Hoher Elastizitatsmodul und hohe Festigkeit, je nach Füllstoff. Infolge Vernetzung sprode. Bruchanfalligkeit kann durch Fullstoffstruktur herabgesetzt werden (z.B. Fasern). Gebrauchstemperaturen bis ca. 150 °C, schwer brennbar. Nur geringfügig erweichbar, aber nicht schmelzbar, deshalb auch nicht schweiß- und umformbar. Elektrische Eigenschaften abhangig vom Fullstoff. Gute chemische Bestandigkeit außer gegen starke Säuren und Laugen. Nicht für Lebensmittelzwecke zugelassen.

Anwendungsbeispiele. Halbzeuge: Schichtpreßstoffe, Tafeln, Profile, Rohlinge. *Formteile.* Gehäuse, Lager, Griffe, Handräder, elektrische Installationsteile, Zahnrader. Formteile meist mit eingepreßten Metallteilen.

Aminoplaste MF, UF. Entstehen durch Polykondensation von Melamin (MF) oder Harnstoff (UF) mit Formaldehyd; fast immer gefüllt. Vernetzte duroplastische Formstoffe. Dichte und Eigenschaften stark vom verwendeten Fullstoff und seinem Anteil abhangig. Farblose Harze, deshalb auch hell einfarbbar. Hoher Elastizitatsmodul und hohe Festigkeit je nach Füllstoff. Infolge Vernetzung sprode. Bruchanfalligkeit kann durch Fullstoffstruktur herabgesetzt werden (z.B. Fasern). Gebrauchstemperaturen bei MF bis 130 °C, bei UF bis 80 °C, schwer brennbar. Nur geringfügig erweichbar, aber nicht schmelzbar, deshalb auch nicht schweiß- und umformbar. Elektrische Eigenschaften abhängig vom Füllstoff. MF gute Kriechstromfestigkeit. Gute chemische Bestandigkeit außer gegen starke Säuren und Laugen. MF Typ 152.7 für Lebensmittelzwecke zugelassen.

Anwendungsbeispiele: Halbzeuge: Schichtpreßstoffe, auch dekorativ. *Formteile:* Gehause aller Art, auch hellfarbig, Elektroisolierteile, Schalter, Steckdosen, Griffe, Eßgeschirr.

Ungesättigte Polyester UP. UP entstehen durch Copolymerisation von ungesattigten Polyestern mit Styrol (vgl. Gießharze, S. 60). Durch Einarbeiten von Verdickungsmitteln und für die Verarbeitung notwendige Komponenten wie Härter, Gleitmittel, Verstarkungsmittel usw. werden sog. *Knetermassen* oder *rieselfähige Formmassen* erzeugt, die durch Warmpressen, Spritzpressen oder Spritzgießen zu vernetzten Formteilen verarbeitet werden. Dichte und Eigenschaften sind stark von den verwendeten Füllstoffen und deren Anteilen abhängig. Farblose bis gelbliche Harze, fast immer mit Glasfaser verstärkt. Elastizitatsmodul, Festigkeit und Zahigkeit variierbar durch entsprechenden Harzansatz und Fullstoffstruktur bis zu sehr hoher Steifigkeit. Einsetzbar bis ca. 140 °C, in Sonderfällen bis 180 °C. Nur geringfügig erweichbar, nicht schmelzbar, daher nicht

2.3 Kunststoffe

schweißbar und nicht umformbar. Gute elektrische Eigenschaften. Gute chemische Beständigkeit außer gegen konzentrierte Säuren und Laugen, Chlorkohlenwasserstoffe und einige organische Lösungsmittel.

Anwendungsbeispiele: Formteile: Technische Formteile mit hohen Anforderungen an mechanische und thermische Eigenschaften, bei gutem Isolationsvermögen wie Spulenkörper, Schaltergehäuse, Steckerleisten, Zündverteiler.

Epoxidharze EP. Entstehen als vernetzte Produkte durch Polyaddition (vgl. Gießharze, S. 62). Eigenschaften und Art der Verstärkung ähnlich wie bei UP, jedoch Harze trübe. Geringere Verarbeitungsschwindung als UP und höhere Festigkeit.

Anwendungsbeispiele: Wie UP, jedoch für höhere Maßhaltigkeit und hochwertige Konstruktionsteile in der Elektrotechnik und im Gerätebau.

2.3.5 Elastomere (Gummi)

Unter Elastomeren versteht man hochmolekulare Werkstoffe, die eine hohe Elastizität (Gummielastizität) besitzen. Bei mechanischer Beanspruchung können diese Stoffe stark elastisch gedehnt werden. Infolge der weitmaschigen Vernetzung oder bestimmter struktureller Fixierungen wird ein Abgleiten der Fadenmoleküle gegeneinander vermieden. Nach Entlastung wird die ursprüngliche Gestalt wieder erreicht. Der Elastizitätsmodul von Elastomeren liegt im Bereich von 1 ... 500 N/mm^2. Wegen des vernetzten Aufbaus ist Schweißen und Warmumformen nicht möglich. Eine besondere Gruppe bilden die thermoplastisch verarbeitbaren Elastomere (TPE), z.B. Polyesterlastomere (Arnitel, Hytrel) und Elastomere auf Polyolefinbasis (EVA), PUR-Elastomere s. S. 65.

2.3.5.1 Gummi

Gummi wird aus natürlichem oder synthetischem *Kautschuk* und einer großen Anzahl von Zusatzstoffen hergestellt. Die weitmaschige Vernetzung erfolgt meist durch eine *Vulkanisation* mittels Schwefel oder anderen Vernetzungsmitteln meist bei erhöhten Temperaturen (über 140 °C) und unter Preßdruck.

Beispiel für eine Gummirezeptur:

Naturkautschuk	100 Gewichtsteile (GT)
aktiver Füllstoff (Gasruß)	45 GT
Weichmacher	7 GT
Vulkanisiermittel (Schwefel)	3 GT
Aktivator (ZnO)	5 GT
Beschleuniger	1 GT
Alterungsschutzmittel	1,5 GT

Wichtige Gummikomponenten. Der *Kautschuk* bestimmt die wesentlichen Eigenschaften der Gummiqualität, insbesondere die mechanischen Eigenschaften und die chemische Beständigkeit. Im wesentlichen unterscheidet man *Naturkautschuk* und *synthetische Kautschuksorten*.

Regenerat (mechanisch und chemisch aufgearbeiteter Gummi) wird zur Verbilligung den Gummimischungen zugesetzt, wobei allerdings Festigkeit und Elastizität herabgesetzt werden.

Aktive (verstärkende) Füllstoffe sind bei schwarzen Gummisorten Gasruß, bei hellen Kieselsäure (SiO_2), Magnesiumkarbonat, Kaolin usw. Sie verbessern die mechanischen Eigenschaften der Vulkanisate (Festigkeit, Abriebwiderstand).

Inaktive Füllstoffe wie Kreide, Kieselgur und Talkum sind meist grobteilig. Sie dienen i.a. zur Verbilligung, teilweise auch zur Erhöhung der elektrischen Isolation und der Härte.

Weichmacher wie Mineralöle, Stearinsäure, Teer verbessern die Verarbeitbarkeit und erleichtern die Einarbeitung der Füllstoffe. Bei größeren Mengen wird die Stoßelastizität erhöht und das Kälteverhalten der Gummimischungen verbessert; Härte und mechanische Festigkeit werden vielfach herabgesetzt.

Vulkanisiermittel sind überwiegend Schwefel in kleinen Mengen (unter 3 %) oder schwefelabgebende Stoffe; bei Sonderkautschuksorten werden Peroxide eingesetzt. Durch die Vulkanisiermittel erfolgt die Vernetzung der linearen Kautschukmoleküle z.B. über Schwefelbrücken. Durch die Menge des Vulkanisiermittels werden die Festigkeitseigenschaften, z.b. die Harte beeinflußt (Weichgummi – Hartgummi).

Aktivatoren (meist Zinkoxid) verbessern die Vulkanisation.

Beschleuniger erhöhen die Reaktionsgeschwindigkeit der Vulkanisation und ermöglichen eine Herabsetzung der erforderlichen Schwefelmenge. Sie verbessern die Warmebestandigkeit des Gummi.

Alterungsschutzmittel schützen Gummi gegen Alterung durch Ozon, Sauerstoff und Warme. Als Schutz gegen Sonnenlicht werden teilweise ausschwitzende Wachskörper (Paraffin) zugesetzt.

Farben werden rußfreien Gummimischungen zugegeben, z.b. Eisenoxid für roten Gummi, Zinkweiß oder Titandioxid für weiße Mischungen. Es besteht aber Gefahr des Verfärbens.

Wichtige Gummitypen. Die Eigenschaften eines Gummis werden wesentlich durch die verwendete Kautschuktype beeinflußt. Im folgenden sind charakteristische Merkmale wichtiger Sorten aufgeführt. Naturkautschuk wird aus dem Milchsaft des Gummibaums gewonnen, synthetische Kautschukarten werden nach Verfahren der Kohlenstoffchemie hergestellt.

Naturkautschuk, NR. NR-Vulkanisate besitzen hohe Elastizitat und dynamische Festigkeit, gute Zerreißfestigkeit und guten Abriebwiderstand. Sie sind schlecht witterungsbestandig und quellen stark in Mineralolen, Schmierfetten und Benzin. Einsatztemperaturen: $-60 ... +80$ °C. *Anwendungsbeispiele:* Lkw-Reifen, Gummifedern, Scheibenwischerblatter, Gummilager.

Styrol-Butadien-Kautschuk, SBR (z.B. BUNA). SBR-Vulkanisate besitzen besseren Abriebwiderstand und bessere Alterungsbestandigkeit als NR, jedoch schlechtere elastische Eigenschaften, niedrigere Kerbfestigkeit und ungünstigere Verarbeitungseigenschaften. Die Quellbestandigkeit entspricht etwa NR. Einsatztemperaturen: $-50 ... +100$ °C. *Anwendungsbeispiele:* Pkw-Reifen, Schläuche, Faltenbälge, Förderbänder.

Polychloroprenkautschuk, CR (z.B. Neoprene, Baypren). CR-Vulkanisate zeichnen sich durch sehr gute Witterungs- und Ozonbeständigkeit und befriedigende Flammwidrigkeit aus. Sie besitzen geringere Elastizität und Kältebeständigkeit als NR. Sie sind maßig bis ausreichend bestandig gegen Schmieröle und -fette, aber empfindlich gegen heißes Wasser und Treibstoffe. Einsatztemperaturen: $(-55) -30 ... +120$ °C. *Anwendungsbeispiele:* Bautendichtungen, Dachisolationen, Forderbander für Bergwerke, Kabelisolationen.

Acrylnitril-Butadien-Kautschuk, NBR (z.B. Perbunan, Hycar). NBR-Vulkanisate sind besonders widerstandsfähig gegen Quellung in Ölen oder aliphatischen Kohlenwasserstoffen, jedoch unbestandig in aromatischen Kohlenwasserstoffen. Sie besitzen guten Alterungswiderstand und gute Abriebfestigkeit. Die Elastizitat und Kältebeständigkeit sind schlechter als bei NR. Einsatztemperaturen: $-40 ... +100$ °C (120 °C). *Anwendungsbeispiele:* olbestandige Dichtungen (Wellendichtringe, O-Ringe), Benzinschlauche.

Acrylatkautschuk, ACM (z.B. Cyanacryl, Hycar). ACM-Vulkanisate besitzen hohere Warme- und chemische Bestandigkeit als NR, jedoch schlechtere Kaltebeständigkeit. Sie sind schwieriger zu verarbeiten. Sie sind bestandig gegen Mineralole und Fette, jedoch unbestandig gegen Wasserdampf und aromatische Lösungsmittel. Einsatztemperaturen: $-25 ... +140$ °C (150 °C). *Anwendungsbeispiele:* Wellendichtringe, O-Ringe.

2.3 Kunststoffe

Butylkautschuk, IIR (z.B. Polysar Butyl, ESSO-Butyl). IIR-Vulkanisate haben sehr geringe Gasdurchlässigkeit und gute elektrische Isoliereigenschaften, Heißdampffestigkeit und gute Witterungs- und Alterungsbeständigkeit. Sie haben niedrige Elastizität und hohe innere Dämpfung; sie neigen zu bleibender Verformung. Sie sind nicht beständig gegen Mineralöle, Treibstoffe und Fette. Einsatztemperaturen: −40 ... + 100 °C (110 °C). *Anwendungsbeispiele:* Luftschläuche für Reifen, Dachabdeckungen, Heißwasserschläuche, Dämpfungselemente.

Ethylen-Propylen-Kautschuk, EPM, EPDM (z.B. BUNA AP, Vistalon). EPM- bzw. EPDM-Vulkanisate besitzen gute Witterungs- und Ozonbeständigkeit und gute elektrische Isoliereigenschaften. Sie zeigen nur geringes plastisches Fließen. EPM wird durch Peroxide vernetzt und ist schwierig zu verarbeiten. Sie sind beständig ähnlich NR, sie verhalten sich günstiger in Waschlaugen und heißem Wasser. Einsatztemperaturen: −50 ... +120 °C (140 °C). *Anwendungsbeispiele:* Dichtungen für Waschmaschinen, Kfz-Kühlwasserschläuche, Kfz-Fensterdichtungen, Bautendichtungen.

Etyhlen-Vinyl-Acetat, EVA (z.B. Levapren). EVA-Vulkanisate sind besonders witterungs-, ozon- und lichtbeständig und sehr gut beständig gegen kaltes Wasser und heißen Dampf. Sie besitzen nur eine geringe Einreißfestigkeit in der Hitze. Die Vulkanisation mit Peroxiden macht Schwierigkeiten. Einsatztemperaturen: −40 ... +120 °C (150 °C). *Anwendungsbeispiele:* Kabelmäntel, chirurgische Gummiwaren, Gewebegummierungen.

Chlorsulfoniertes Polyethylen, CSM (z.B. Hypalon). CSM-Vulkanisate besitzen ausgezeichnete Alterungs- und Witterungsbeständigkeit, gute Farbstabilität und gute elektrische Isoliereigenschaften. Sie sind jedoch schwieriger zu verarbeiten und mäßig beständig gegen Öle und Fette. Einsatztemperaturen: −40 ... +130 °C (150 °C). *Anwendungsbeispiele:* Gummierungen, Tankauskleidungen, Kabelisolierungen, witterungsfeste Außenanstriche.

Fluorkautschuk, FKM (z.B. Viton). FKM-Vulkanisate besitzen ausgezeichnete Temperatur-, Öl- und Treibstoffbeständigkeit. Sie haben jedoch mäßige Kältebeständigkeit. Einsatztemperaturen: −25 ... +200 °C (250 °C). *Anwendungsbeispiele:* Wellendichtungen, O-Ringe.

Siliconkautschuk, VQM (z.B. Silopren). VQM-Vulkanisate sind hoch wärme- und kältebeständig. Sie weisen ausgezeichnete Ozon- und Lichtbeständigkeit auf. Sie haben geringe Gasdurchlässigkeit und besonders gute elektrische Isoliereigenschaften, aber geringen Einreißwiderstand. Sie sind beständig gegen Öle und Fette, jedoch nicht gegen Treibstoffe und Wasserdampf. Einsatztemperaturen: −100 ... +200 °C (240 °C). *Anwendungsbeispiele:* Dichtungen für hohe elektrische und thermische Anforderungen, Förderbänder für heiße Materialien, Kabelisolationen.

2.3.5.2 Polyurethan-Elastomere, PUR

Je nach Aufbau und Art der Ausgangskomponenten können gummielastische Formteile aus Polyurethan durch *Pressen* (ähnlich Gummiverarbeitung), *Spritzgießen, Extrudieren* oder *Gießen* hergestellt werden. Bei thermischer Beanspruchung verhalten sich thermoplastische Spritzgußtypen ungünstiger als vernetzte Guß- bzw. Preßtypen.

Preßbare PUR-Elastomere (z.B. Urepan, Elastopal). Dieser Polyurethankautschuk wird nach den üblichen Methoden der Gummitechnologie zusammen mit anderen Hilfsstoffen (Vernetzer, Alterungsschutzmittel, Füllstoffe) verarbeitet und vulkanisiert. Er besitzt hohe mechanische Festigkeit und sehr hohe Verschleißfestigkeit, sowie hohen Elastizitätsmodul im Vergleich zu den Gummiwerkstoffen. Niedriger Druckverformungsrest, starke Dämpfung, besonders bei hohen Frequenzen. Beständig gegen Treibstoffe, unlegierte Fette und Öle, jedoch nicht beständig gegen heißes Wasser und Wasserdampf (Hydrolyse), heiße legierte Fette und Öle; Versprödung durch UV-Strahlen. Einsatztemperaturen: −25 ... +80 °C. *Anwendungsbeispiele:* Laufrollen, Dichtungen, Kupplungselemente, Lager, für die Metallumformung ohne aufwendige Werkzeuge.

Gießbare PUR-Elastomere (z.B. Baytec, Vulkollan). Die Verarbeitung erfolgt durch *druckloses Gießen* der flüssigen Ausgangskomponenten in offene Werkzeuge. Die vernetzten Formteile werden i.a. nachträglich zur Erreichung optimaler Eigenschaften getempert. Die Shorehärte kann je nach Kombination der Ausgangskomponenten in weitem Bereich variiert werden. Durch Gießen können auch großvolumige Formteile hergestellt werden. Die Eigenschaften und das Verhalten ist den preßbaren PUR-Elastomeren ähnlich. *Anwendungsbeispiele:* Dichtungen, Kupplungspakete, Zahnriemen, Pumpenauskleidungen, Lagerschalen, Rollen bzw. Reifen für Baufahrzeuge, Rollschuhrollen, Verschleißbeläge, Schneidunterlagen, Siebelemente.

Thermoplastisch verarbeitbare PUR-Elastomere (z.B. Desmopan, Elastollan). Die elastomerähnlichen Eigenschaften werden nicht erreicht durch eine weitmaschige chemische Vernetzung, sondern durch den Aufbau der Molekülketten aus Weich- und Hartsegmenten, wobei die „Verknüpfung" über Wasserstoffbrücken erfolgt. Diese Produkte sind deshalb *thermoplastisch verarbeitbar*. Diese Werkstoffe zeichnen sich durch besonders hohe Verschleißfestigkeit aus und verhalten sich im übrigen ähnlich wie die preß- und gießbaren PUR-Elastomere. Einsatztemperaturen: −40 ... +80 °C. *Anwendungsbeispiele:* Bauelemente an Kfz-Fahrwerken, Zahnräder, Kupplungselemente, Skischuhe, Rollenbeläge, Puffer, Siebböden, Dichtungen, Kabelummantelungen, Faltenbälge.

2.3.6 Geschäumte Kunststoffe

Geschäumte Kunststoffe sind synthetische Werkstoffe mit zelliger Struktur bei niedriger Rohdichte (Raumgewicht). Theoretisch können alle Kunststoffe (Thermoplaste und Duroplaste) geschäumt werden, besondere Bedeutung haben geschäumte Kunststoffe auf der Basis von schlagfestem Polystyrol (SB) und Polyurethan (PUR), z.T. auch Polyolefinen (PE, PP) und Polyvinylchlorid (PVC). Die Zellstruktur wird durch Einmischen von Gasen, Freiwerden von zugemischten Treibmitteln bei der Formgebung und Freiwerden von Treibmittel bei der chemischen Reaktion der Ausgangsprodukte für die Kunststoffherstellung erreicht.
Die Eigenschaften der geschäumten Kunststoffe sind von der *Art des verwendeten Kunststoffs*, von der *Zellstruktur* und von der *Rohdichte* abhängig. Bei der *Zellstruktur* unterscheidet man *offenzellige, geschlossenzellige* und *gemischtzellige Schäume.* Schaumstoffe mit kompakter (ohne Zellstruktur) Außenhaut und zum Kern hin abnehmender Dichte bei entsprechend zunehmender Porosität werden als *Integral-* oder *Strukturschaumstoffe* bezeichnet (Bild 2.19).

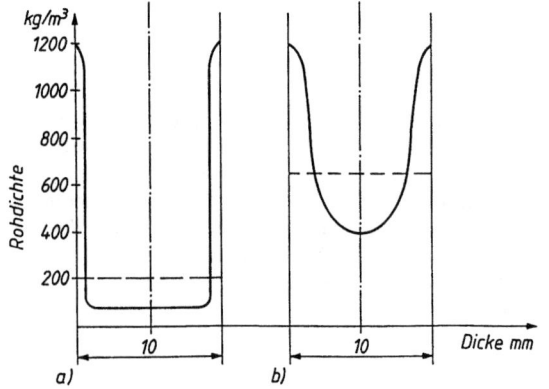

Bild 2.19
Dichteprofile von Strukturschaum-Formteilen
a) „leichtes" Formteil mit mittlerer Raummasse 200 kg/m³,
b) „schweres" Formteil mit mittlerer Raummasse 650 kg/m³.

Die mechanische Belastbarkeit und die Wärmeisolierfähigkeit sind wesentlich von der Rohdichte abhängig. Kleine Rohdichten (hohe Porosität) ergeben gute Wärmeisolation und Auftriebskörper (Rohdichte 10 ... 100 kg/m³), höhere Rohdichten ergeben bessere Tragfähigkeit (Rohdichte) 100 ... 200 kg/m³). Strukturschäume sind besonders für Biegebeanspruchung geeignet.

Expandiertes Polystyrol, EPS (z.B. Styropor). Es handelt sich um geschlossenzellige Schaumstoffe auf der Basis PS oder SAN mit Rohdichten im Formteil von 13 ... 80 kg/m³. Bei der Herstellung wird treibmittelhaltiges PS-Granulat vorgeschäumt und dann in metallischen Werkzeugen zu Formteilen ausgeschäumt.
Anwendungsbeispiele: Blocke, Wärme- und Trittschall-Dämmplatten, stoßfeste Leichtverpackungen für empfindliche Geräte, Auftriebskörper.

Thermoplastschaumguß TSG (z.B. Polystyrol TSG). Es handelt sich um Strukturschaumstoffe (Basis SB, ABS, PE, PP, PC, PPO) mit dichter (kompakter), aber etwas rauher Außenhaut mit im Innern überwiegend geschlossenzelliger Schaumstruktur. Die Rohdichten liegen meist im Bereich von 600 ... 1000 kg/m³. Bei der Herstellung werden Thermoplast und Treibmittel in das Werkzeug eingespritzt. Das Treibmittel läßt den Kunststoff im Werkzeug aufschäumen, die kompakte Außenhaut entsteht durch die „kühle" Werkzeugwandung.
Anwendungsbeispiele: Kunststoffmobel; Gehäuse fur Büromaschinen, Fernsehapparate usw., Transportbehälter; Sportgeräte.

Reaktionsschaumguß RSG. Je nach Aufbau der flüssigen Ausgangskomponenten lassen sich *PUR-Hart-* oder *PUR-Weich-Schaume* herstellen. Eine geschlossene Randzone wird an der Werkzeugwand beim Aufschäumen des Gemischs erreicht, man erhält dann die *PUR-Integralschaume* mit sandwichartiger Struktur (Bild 2.19).

Harter PUR-Integralschaum (z.B. Baydur) mit Rohdichten von 200 ... 800 kg/m³ hat gute mechanische Steifigkeit, gute Witterungsstabilität und Alterungsbeständigkeit bei geringem Gewicht. Die Formteile haben allerdings keine so guten Oberflächen wie kompakte Spritzgußteile und werden deshalb in vielen Fällen lackiert. Die Formteile lassen sich kleben, sägen, bohren und nageln.
Anwendungsbeispiele: Mobel aller Art; Gehäuse für Buromaschinen, Fernseher und Meßgeräte, Fensterprofile; Karosserieteile; Sportgeräte.

Weicher PUR-Integralschaum (z.B. Bayflex) mit Rohdichten von 200 ... 900 kg/m³ gute stoßdämpfende Eigenschaften und eine gut dehnbare, reißfeste Außenhaut. Wegen der Neigung zur Vergilbung ist Lackierung vorteilhaft.
Anwendungsbeispiele: Formpolster, Lenkradumkleidungen, Stoßfänger, Schuhsohlen.

2.4 Literatur

Bücher

[2.1] *Hellerich/Harsch/Haenle:* Werkstoff-Führer Kunststoffe. Carl Hanser Verlag, Munchen 1986.
[2.2] *Haenle/Gnauck/Harsch:* Praktikum der Kunststofftechnik. Carl Hanser Verlag, Munchen 1972.
[2.3] *Franck/Biederbick:* Kunststoff-Kompendium. Vogel-Verlag, Wurzburg 1984.
[2.4] *Saechtling, H.:* Kunststoff-Taschenbuch. Carl Hanser Verlag, München 1986.
[2.5] *Stoeckert, K.:* Kunststoff-Lexikon. Carl Hanser Verlag, München 1981.
[2.6] *Menges, G.:* Werkstoffkunde der Kunststoffe. Carl Hanser Verlag, München 1985.
[2.7] *Gnauck/Frundt:* Leichtverständliche Einführung in die Kunststoffchemie. Carl Hanser Verlag, Munchen 1979.
[2.8] *Oberbach, K.:* Kunststoff-Kennwerte für Ingenieure. Carl Hanser Verlag, München 1980.

[2.9]   Carlowitz, B.: Kunststofftabellen. Carl Hanser Verlag, München 1986.
[2.10] Kunststoff-Handbuch, 12 Bande. Carl Hanser Verlag, München 1963 bis 1985.
[2.11] Dolezel, B.: Die Bestandigkeit von Kunststoffen und Gummi. Carl Hanser Verlag, Munchen 1978.
[2.12] Bayer-Polyurethane. Druckschrift der Bayer AG.
[2.13] Gohl, W. u.a.: Elastomere – Dicht- und Konstruktionswerkstoffe. expert verlag, Sindelfingen 1983.
[2.14] Bostrom, S.: Kautschuk-Handbuch. Berliner Union, Stuttgart 1962.
[2.15] Heinisch, F. K.: Kautschuk-Lexikon. Verlag A. W. Gentner, Stuttgart 1979.
[2.16] Le Bras, J.: Grundlagen der Wissenschaft und Technologie des Kautschuks. Berliner Union, Stuttgart 1956.
[2.17] Piechota/Rohr: Integralschaumstoffe. Carl Hanser Verlag, Munchen 1975.
[2.18] Käufer, H.: Arbeiten mit Kunststoffen, Band 1: Aufbau und Eigenschaften. Springer Verlag, Berlin 1978.
[2.19] Wiebusch, K.: Einteilung und Bezeichnung von thermoplastischen Formmassen. Kunststoffe 72 (1982).

Normen

DIN 1651	Automatenstähle; Technische Lieferbedingungen
DIN 1681	Stahlguß für allgemeine Verwendungszwecke; Technische Lieferbedingungen
DIN 1691	Gußeisen mit Lamellengraphit (Grauguß); Eigenschaften
	Beiblatt 1: Gußeisen mit Lamellengraphit (Grauguß); Allgemeine Hinweise für die Werkstoffwahl und die Konstruktion; Anhaltswerte der mechanischen und physikalischen Eigenschaften
DIN 1692	Temperguß; Begriff, Eigenschaften
DIN 1693	Teil 1 Gußeisen mit Kugelgraphit; Werkstoffsorten, unlegiert und niedriglegiert
	Teil 2 Gußeisen mit Kugelgraphit, unlegiert und niedriglegiert; Eigenschaften im angegossenen Probestück
DIN 1705	Kupfer-Zinn- und Kupfer-Zinn-Zink-Gußlegierungen (Guß-Zinnbronze und Rotguß); Gußstucke
	Beiblatt 1: Kupfer-Zinn- und Kupfer-Zinn-Zink-Gußlegierungen (Guß-Zinnbronze und Rotguß); Gußstücke; Anhaltsangaben uber mechanische und physikalische Eigenschaften
DIN 1706	Zink
DIN 1708	Kupfer; Kathoden und Gußformen
DIN 1709	Kupfer-Zink-Gußlegierungen (Guß-Messing und Guß-Sondermessing); Gußstucke
	Beiblatt 1: Kupfer-Zink-Gußlegierungen (Guß-Messing und Guß-Sondermessing); Gußstucke; Anhaltsangaben über mechanische und physikalische Eigenschaften
DIN 1714	Kupfer-Aluminium-Gußlegierungen (Guß-Aluminium); Gußstücke
	Beiblatt 1: Kupfer-Aluminium-Gußlegierungen (Guß-Aluminium); Gußstucke; Anhaltsangaben über mechanische und physikalische Eigenschaften
DIN 1716	Kupfer-Blei-Zinn-Gußlegierungen (Guß-Zinn-Blei-Bronzen); Gußstucke
	Beiblatt 1: Kupfer-Blei-Zinn-Gußlegierungen (Guß-Zinn-Blei-Bronzen) Gußstucke, Anhaltsangaben über mechanische und physikalische Eigenschaften
DIN 1725	Teil 1 Aluminiumlegierungen; Knetlegierungen
	Beiblatt 1: Aluminiumlegierungen; Knetlegierungen, Beispiele für die Anwendungen
	Teil 2 Aluminiumlegierungen; Gußlegierungen; Sandguß, Kokillenguß, Druckguß
DIN 1729	Teil 1 Magnesiumlegierungen; Knetlegierungen
	Teil 2 Magnesiumlegierungen; Gußlegierungen; Sandguß, Kokillenguß, Druckguß
DIN 1742	Zinn-Druckgußlegierungen; Druckgußstücke
DIN 1743	Teil 1 Feinzink-Gußlegierungen; Blockmetalle
	Teil 2 Feinzink-Gußlegierungen, Gußstücke aus Druck-, Sand- und Kokillenguß
DIN 1787	Kupfer; Halbzeug
DIN 7708	Teil 1 Kunststoff-Formmassen, Kunststofferzeugnisse; Begriffe
	Beiblatt 1 Kunststoff-Formmassentypen; Eigenschaften von Norm-Probekorpern aus Phenoplast-Aminoplast- und Aminoplast/Phenoplast-Preßmassen
	Teil 2 Kunststoff-Formmassentypen; Phenoplast-Formmassen
	Teil 3 Kunststoff-Formmassentypen; Aminoplast/Phenoplast-Formmassen
	Teil 4 Kunststoff-Formmassentypen; Kaltpreßmassen
DIN 7728	Teil 1 Kunststoffe; Kurzzeichen für Homopolymere, Copolymore und Polymergemische
	Teil 2 Kunststoffe; Kurzzeichen fur verstarkte Kunststoffe
DIN 7741	Teil 1 Kunststoff-Formmassen; Polystyrol(PS)-Formmassen; Einteilung und Bezeichnung
	Teil 2 Kunststoff-Formmassen; Polystyrol(PS)-Formmassen; Bestimmung von Eigenschaften

2.4 Literatur

DIN 7742	Teil 1	Kunststoff-Formmassen; Celluloseester-Formmassen; Einteilung und Bezeichnung
	Teil 2	Kunststoff-Formmassen; Celluloseester-Formmassen; Bestimmung von Eigenschaften
DIN 7744	Teil 1	Kunststoff-Formmassen; Polycarbonat(PC)-Formmassen; Einteilung und Bezeichnung
	Teil 2	Kunststoff-Formmassen; Polycarbonat(PC)-Formmassen; Bestimmung von Eigenschaften
DIN 7745	Teil 1	Kunststoff-Formmassen; Polymethylmethacrylat(PMMA)-Formmassen, Einteilung und Bezeichnung
	Teil 2	Kunststoff-Formmassen, Polymethylmethacrylat(PMMA)-Formmassen, Bestimmung von Eigenschaften
DIN 7746	Teil 1	Vinylchlorid (VC)-Polymerisate; Einteilung und Bezeichnung
	Teil 2	Vinylchlorid (VC)-Polymerisate; Bestimmung von Eigenschaften
DIN 7747		Vinylchlorid (VC)-Polymerisate; Copolymerisate; Einteilung und Bezeichnung
DIN 7748	Teil 1	Kunststoff-Formmassen; Weichmacherfreie Polyvinylchlorid(PVC-U)-Formmassen; Einteilung und Bezeichnung
	Teil 2	Kunststoff-Formmassen; Weichmacherfreie Polyvinylchlorid(PVC-U)-Formmassen, Bestimmung von Eigenschaften
DIN 7749	Teil 1	Kunststoff-Formmassen; Weichmacherhaltige Polyvinylchlorid(PVC-P)-Formmassen, Einteilung und Bezeichnung
	Teil 2	Kunststoff-Formmassen; Weichmacherhaltige Polyvinylchlorid(PVC-P)-Formmassen, Bestimmungen von Eigenschaften
DIN 16 771	Teil 1	Kunststoff-Formmassen; Styrol-Butadien(SB)-Formmassen; Einteilung und Bezeichnung
	Teil 2	Kunststoff-Formmassen; Styrol-Butadien(SB)-Formmassen; Bestimmung von Eigenschaften
DIN 16 772	Teil 1	Kunststoff-Formmassen, Acrylnitril-Butadien-Styrol(ABS)-Formmassen, Einteilung und Bezeichnung
	Teil 2	Kunststoff-Formmassen; Acrylnitril-Butadien-Styrol(ABS)-Formmassen; Bestimmung von Eigenschaften
DIN 16 773	Teil 1	Kunststoff-Formmassen, Polyamid(PA)-Formmassen für Spritzgießen und Extrusion; Homopolymere; Einteilung und Bezeichnung
	Teil 2	Kunststoff-Formmassen, Polyamid(PA)-Formmassen für Spritzgießen und Extrusion; Homopolymere; Herstellung der Probekörper; Bestimmung von Eigenschaften
DIN 16 774	Teil 1	Kunststoff-Formmassen, Polypropylen(PP)-Formmassen; Einteilung und Bezeichnung
	Teil 2	Kunststoff-Formmassen; Polypropylen(PP)-Formmassen; Bestimmung von Eigenschaften
DIN 16 775	Teil 1	Kunststoff-Formmassen; Styrol-Acrylnitril(SAN)-Formmassen; Einteilung und Bezeichnung
	Teil 2	Kunststoff-Formmassen; Styrol-Acrylnitril(SAN)-Formmassen; Bestimmung von Eigenschaften
DIN 16 776	Teil 1	Kunststoff-Formmassen; Polyethylen(PE)-Formmassen; Einteilung und Bezeichnung
	Teil 2	Kunststoff-Formmassen; Polyethylen(PE)-Formmassen; Bestimmung von Eigenschaften
DIN 16 777	Teil 1	Kunststoff-Formmassen; Acrylnitril-Styrol-Acrylester(ASA)-Formmassen, Einteilung und Bezeichnung
	Teil 2	Kunststoff-Formmassen; Acrylnitril-Styrol-Acrylester(ASA)-Formmassen; Bestimmung von Eigenschaften
DIN 16 778	Teil 1	Kunststoff-Formmassen; Ethylen-Vinylacetat-Copolymer(EVA)-Formmassen; Einteilung und Bezeichnung
	Teil 2	Kunststoff-Formmassen; Ethylen-Vinylacetat-Copolymer(EVA)-Formmassen; Bestimmung von Eigenschaften
DIN 16 779	Teil 1	Kunststoff-Formmassen; Polyalkylenterephthalat-Formmassen, Polyethylenrerephthalat (PETP)- und Polybutylenterephthalat(PBTP)-Formmassen; Einteilung und Bezeichnung
	Teil 2	Kunststoff-Formmassen; Polyalkylenterephthalat-Formmassen, Polyethylenterephthalat (PETP)- und Polybutylenterephthalat(PBTP)-Formmassen; Bestimmung von Eigenschaften
DIN 16 781	Teil 1	Kunststoff-Formmassen; Polyoxymethylen(POM)-Formmassen; Einteilung und Bezeichnung
DIN 16 911		Kunststoff-Formmassen; Polyesterharz-Formmassen; Typen, Anforderungen, Prüfung
	Beiblatt:	Kunststoff-Formmassetypen, Eigenschaften von Norm-Probekörpern aus Polyesterharz-Preßmassen
DIN 16 913	Teil 1	Kunststoff-Formmassen; Verstärkte Reaktionsharz-Formmassen; Begriffe, Einteilung, Kurzzeichen
	Teil 2	Kunststoff-Formmassen; Verstärkte Reaktionsharz-Formmassen; Prepreg; Bestimmung der Eigenschaften an genormten Probekörpern

	Teil 3	Kunststoff-Formmassen; Verstärkte Reaktionsharz-Formmassen, Prepreg; flachenformig, fließfahıg; Polyester Harzmatten; Typen, Anforderungen
DIN 16 916	Teil 1	Kunststoffe; Reaktionsharze, Phenolharze; Begriffe, Einteilung
	Teil 2	Kunststoffe; Reaktionsharze, Phenolharze; Prüfverfahren
	Teil 2 A1	Kunststoffe; Reaktıonsharze, Phenolharze; Prufverfahren; Änderung 1
DIN 16 945		Reaktıonsharze, Reaktionsmıttel und Reaktionsharzmassen; Prufverfahren
DIN 16 946	Teil 1	Reaktıonsharzformstoffe; Gıeßharzformstoffe; Prüfverfahren
	Teil 2	Reaktionsharzformstoffe; Gıeßharzformstoffe; Typen
DIN 17 006	Teil 4	Eısen und Stahl; Systematische Benennung, Stahlguß, Grauguß, Hartguß, Temperguß
DIN 17 007	Teil 1	Werkstoffnummern; Rahmenplan
	Teil 2	Werkstoffnummern; Systematık der Hauptgruppe 1: Stahl
	Teil 3	Werkstoffnummern; Systematık der Hauptgruppe 0: Roheisen, Vorlegıerungen, Gußeısen
	Teil 4	Werkstoffnummern; Systematık der Hauptgruppen 2 und 3: Nıchteisenmetalle
DIN 17 100		Allgemeıne Baustähle; Gütenorm
DIN 17 102		Schweißgeeıgnete Feınkornbaustahle, normalgeglüht; Technısche Lıeferbedıngungen für Blech, Band, Breıtflach, Form- und Stabstahl
DIN 17 155		Blech und Band aus warmfesten Stählen; Technısche Lıeferbedıngungen
DIN 17 175		Nahtlose Rohre aus warmfesten Stählen; Technısche Lıeferbedıngungen
DIN 17 200		Vergütungsstähle; Technısche Lıeferbedıngungen
DIN 17 210		Einsatzstahle; Gütevorschrıften
DIN 17 211		Nitrierstähle; Gütevorschriften
DIN 17 245		Warmfester ferrıtıscher Stahlguß; Technısche Lıeferbedıngungen
DIN 17 440		Nıchtrostende Stahle; Technische Lıeferbedıngungen für Blech, Warmband, Walzdraht, gezogenen Draht, Stabstahl, Schmıedestücke und Halbzeug
DIN 17 445		Nıchtrostender Stahlguß; Technısche Lıeferbedıngungen
DIN 17 655		Kupfer-Gußwerkstoffe unlegıert und nıedrıglegıert; Gußstücke
DIN 17 658		Kupfer-Nıckel-Gußlegıerungen; Gußstücke
DIN 17 660		Kupfer-Knetlegıerungen; Kupfer-Zınk-Legıerungen (Messıng), (Sondermessıng); Zusammensetzung
DIN 17 662		Kupfer-Knetlegıerungen; Kupfer-Zınn-Legıerungen (Zınnbronze); Zusammensetzung
DIN 17 663		Kupfer-Knetlegıerungen; Kupfer-Nıckel-Zınk-Legıerungen (Neusılber); Zusammensetzung
DIN 17 664		Kupfer-Knetlegıerungen; Kupfer-Nıckel-Legıerungen; Zusammensetzung
DIN 17 665		Kupfer-Knetlegıerungen; Kupfer-Alumınıumlegıerungen (Alumınıumbronze); Zusammensetzung
DIN 17 666		Nıedrıglegıerte Kupfer-Knetlegıerungen; Zusammensetzung
DIN 17 670	Teil 1	Bander und Bleche aus Kupfer und Kupfer-Knetlegıerungen; Eıgenschaften
	Teil 2	Bander und Bleche aus Kupfer und Kupfer-Knetlegıerungen; Technısche Lıeferbedıngungen
DIN 17 671	Teil 1	Rohre aus Kupfer und Kupfer-Knetlegıerungen; Eıgenschaften
	Teil 2	Rohre aus Kupfer und Kupfer-Knetlegıerungen; Technısche Lıeferbedıngungen
DIN 17 672	Teil 1	Stangen aus Kupfer und Kupfer-Knetlegıerungen; Eıgenschaften
	Teil 2	Stangen aus Kupfer und Kupfer-Knetlegıerungen; Technısche Lıeferbedıngungen
DIN 17 673	Teil 1	Gesenkschmıedestücke aus Kupfer und Kupfer-Knetlegıerungen; Eıgenschaften
	Teil 2	Gesenkschmıedestucke aus Kupfer und Kupfer-Knetlegıerungen; Technısche Lıeferbedıngungen
	Teil 3	Gesenkschmıedestucke aus Kupfer und Kupfer-Knetlegıerungen, Grundlagen fur dıe Konstruktıon
	Teil 4	Gesenkschmıedestucke aus Kupfer und Kupfer-Knetlegıerungen; Zulassıge Abweıchungen
DIN 17 674	Teil 1	Strangpreßprofile aus Kupfer und Kupfer-Knetlegıerungen; Eıgenschaften
	Teil 2	Strangpreßprofıle aus Kupfer und Kupfer-Knetlegıerungen; Technısche Lıeferbedıngungen
	Teil 3	Strangpreßprofile aus Kupfer und Kupfer-Knetlegıerungen; Gestaltung
	Teil 4	Strangpreßprofile aus Kupfer und Kupfer-Knetlegıerungen, gepreßt; zulassıge Abweıchungen
DIN 17 850		Tıtan; Zusammensetzung
DIN 53 735		Prüfung von Kunststoffen; Bestımmung des Schmelzındex von Thermoplasten

3 Ändern der Eigenschaften

3.1 Verformung und Rekristallisation

3.1.1 Kaltverformung

Unter *Kaltverformung* versteht man eine bleibende Verformung unterhalb der Rekristallisationstemperatur. Es kommt als Folge der Kaltverformung zu einer Verfestigung, dadurch steigen die Festigkeitskennwerte wie Streckgrenze und Zugfestigkeit sowie Härte an, die Dehnungswerte dagegen nehmen ab. Der Vorgang der Verfestigung beruht auf neu gebildeten Versetzungen durch die Verformung im Kristallgitter: Plastische Verformungen sind als Bewegungen von Versetzungen zu verstehen, dabei spielt die Gitterstruktur der zu verformenden Metalle eine entscheidende Rolle. Verformungsvorgänge sind um so leichter möglich, je mehr Gleitebenen ein Kristallgitter aufweist. Das kubisch-flächenzentrierte Gitter der Metalle Aluminium, Gold, Silber, Kupfer und Nickel hat vier dichtest mit Atomen besetzte Flächen, sog. Gleitebenen; die leichte Verformbarkeit ist daher für die genannten Metalle kennzeichnend. Metalle, wie Magnesium, die nach dem hexagonalen System kristallisieren, haben nur eine derartige Gleitebene und sind infolgedessen, wie bekannt, weniger gut verformbar. Maßgebend für das Kaltverformungsvermögen eines metallischen Werkstoffes ist seine Fließkurve.

Die Kaltverformung ist bei gut verformbaren Metallen eine wichtige Methode zur Festigkeitssteigerung; als Folge der Vermehrung von Versetzungen bei der Kaltverformung kommt es bei den Kristalliten im Bereich von Korngrenzen zu Versetzungsstaus, die Verformung ist erschöpft, der Werkstoff versprödet. Neben der Festigkeitssteigerung bei der plastischen Verformung sinken jedoch die Werte für die elektrische Leitfähigkeit sowie für die Korrosionsbeständigkeit.

3.1.2 Kristallerholung und Rekristallisation

Bei metallischen Werkstoffen, die eine Verformung erfahren haben, ist Energie gespeichert worden, die durch überlagerte Temperaturerhöhung zum Energieabbau durch Ausheilen von Gitterdefekten (*Erholung*) oder zur Kornneubildung (*Rekristallisation*) führen kann.
Mit der Zunahme der Erwärmung eines verformten Werkstoffes laufen nacheinander folgende Vorgänge gemäß Bild 3.1 ab:
a) *Ausscheidungsvorgänge* je nach Vorliegen eines übersättigten Mischkristalls;
b) *Kristallerholung*, Spannungen im Gitter werden abgebaut, die Korngröße bleibt noch erhalten;
c) *primäre Rekristallisation*, es findet eine Kornneubildung mit völlig neuer Kornorientierung statt, Verfestigungseffekte durch die vorangegangene Kaltverformung werden aufgehoben;
d) *sekundäre Rekristallisation* oder Sammelrekristallisation, die Körner wachsen zu einer groben Struktur.
Der *Rekristallisationsvorgang* setzt ab einer bestimmten Rekristallisationstemperatur ein, die von folgenden Größen abhängig ist:
a) Verformungsgrad,
b) Glühzeit und Glühtemperatur,
c) Korngröße des verformten Gefüges;
d) Verunreinigungen, die die Rekristallisation verzögern.

3 Ändern der Eigenschaften

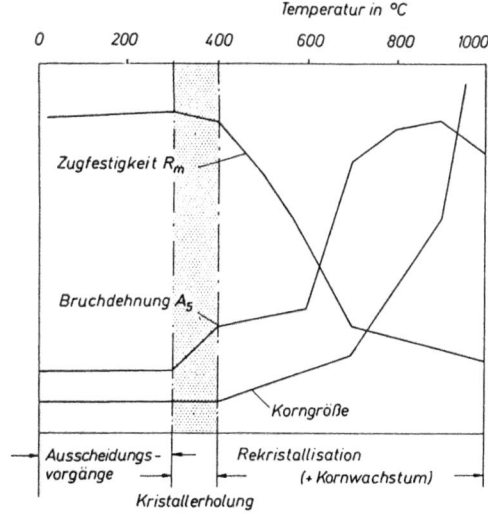

Bild 3.1
Einfluß der Glühtemperatur auf Korngröße und mechanische Eigenschaften von NiCu 30 Fe, um 40 % kaltverformt und 1 h bei verschiedenen Temperaturen geglüht.

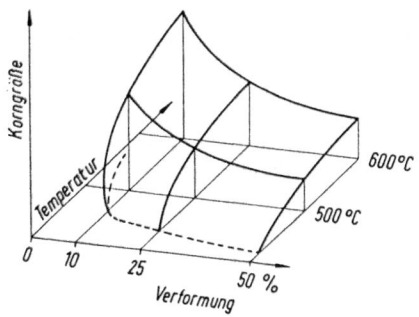

Bild 3.2
Rekristallisationsschaubild, schematisch.

Der Rekristallisationsvorgang, der sowohl mit einer Umkornung als auch mit einer Entfestigung verbunden ist, ist um so intensiver, je größer der Verformungsgrad ist (Bild 3.2). Die Rekristallisation ist immer an die Bedingung einer Mindestverformung sowie einer Mindestrekristallisationstemperatur geknüpft. Der Mindestverformungsgrad beträgt bei Stahl ca. 5 %, bei Aluminium ca. 2 %. Die Mindestrekristallisationstemperatur bei höchstmöglichem Verformungsgrad wird annähernd durch die folgende Gleichung beschrieben:

$$\vartheta_{Re} \approx 0{,}4 \cdot (\vartheta_s + 273\,K) - 273\,K,$$

dabei ist ϑ_s die Schmelztemperatur des betreffenden Metalls in °C.
Korngröße, Verformungsgrad und Temperatur werden schematisch durch ein *Rekristallisationsschaubild* (Bild 3.2) dargestellt. Zu Feinkornbildung gelangt man über einen hohen Verformungsgrad bei relativ niedriger Rekristallisationstemperatur, zu Grobkorn führt eine geringe Verformung bei höherer Rekristallisationstemperatur. Bei geringen Verformungsgraden kommt es in Folge der Grobkornbildung zu Versprödungserscheinungen; erwünscht sind daher feinkörnigere Gefügestrukturen, die eine Neuverformung ermöglichen.

3.1.3 Warmverformung

Bei Verformungen oberhalb der Rekristallisationstemperatur kommt es nicht zu Verfestigungsmechanismen, das Gefüge rekristallisiert während der Verformung oder kurz danach – es wird von *Warmverformung* gesprochen, die Verformung ist unbegrenzt.
Durch Warmverformung hergestellte Bauteile werden feinkörnig, weil ständig der Vorgang der Rekristallisation abläuft. Geschmiedete oder gepreßte Werkstoffe sind entsprechenden gegossenen Werkstoffen überlegen. Bei einer Reihe von Werkstoffen, z.B. Blei, findet die Warmverformung bereits bei Raumtemperatur statt, eine Verfestigung findet nicht statt. Die Rekristallisation ist bei umwandlungsfreien Metallen die einzige Möglichkeit der Gefügeumkörnung (bei umwandlungsfähigen Stählen erfolgt die Umkörnung über Normalglühen).

3.2 Wärmebehandlung bei umwandlungsfähigen Stählen

Warmebehandlungen sind Glühvorgänge, die für Stähle in DIN 17 014 festgelegt sind. Unter Glühen werden alle Arten der Wärmebehandlung zusammengefaßt, die das Erwärmen des Werkstücks auf eine bestimmte Temperatur mit nachfolgender Abkühlung zur Folge haben. Alle Glühvorgänge lassen sich in drei Abschnitte unterteilen:

a) *Erwärmen* oder Aufheizen auf eine bestimmte Temperatur, je nach Werkstückdichte und Werkstoffart muß eine bestimmte Aufheizgeschwindigkeit eingehalten werden;
b) *Halten auf Erwarmungstemperatur* bis zur gleichmäßigen Durchwärmung, abhängig von Werkstückdicke;
c) *Abkühlen* mit einer bestimmten Abkühlungsgeschwindigkeit.

Durch eine Wärmbehandlung soll in der Regel eine Änderung der Gefügeausbildung erreicht werden, um die mechanischen Eigenschaften zu verbessern. Bei den umwandlungsfähigen Stählen werden bei der Wärmebehandlung die Umwandlungen im festen Zustand ausgenutzt, in erster Linie sind hierbei die Umwandlungstemperaturen vom Kohlenstoffgehalt abhängig.
Das Doppelschaubild Eisen-Kohlenstoff bildet die Grundlage zum Verständnis der wichtigsten Eisenlegierungen und der verschiedensten Wärmebehandlungen. Das metastabile System (Bild 3.3) stellt das System Eisen-Eisenkarbıd (Fe-Fe$_3$C) dar; zur metastabilen Erstarrung kommt es vorzugsweise für Legierungen von 0 ... 2 % Kohlenstoff sowie bei schnellerer Abkühlung und Zusatz von Karbidbildnern auch für Legierungen mit mehr als 2 % C. Im metastabilen System treten die metallografischen Gefügearten auf:

Ferrit	α-Mischkristall (loslich), kubisch-raumzentriertes Gitter, relativ weich, magnetisch,
Austenit	γ-Mıschkristall, kubisch-flächenzentriertes Gitter, gut verformbar, unmagnetisch;
Zementit	Karbid-Legierung mit 6,67 % Kohlenstoff, sehr hart;
Perlit	feines Gemenge (unlöslich) aus Ferrit und Zementit (entstanden aus dem Austenit durch Zerfall), sehr hohe Festigkeit;
Ledeburit	feines Gemenge (unlöslich) aus zerfallenen γ-Mischkristallen und Zementit, sehr hart und spröde, nicht schmiedbar.

Im stabilen System Fe-C treten die Gefüge Ferrit und Grafit (hexagonal kristallisierter Kohlenstoff, kaum verformbar, schmierend) auf, die stabile Erstarrung erfolgt in der Regel bei sehr langsamer Abkühlung, bei einem relativ hohen Kohlenstoffgehalt sowie in Anwesenheit von Silizium, Titan und Aluminium. Es kann sich aber auch durch Zerfall von Fe$_3$C bilden, z.b. durch längeres Glühen kohlenstoff- und siliziumreicher Eisenlegierungen. Die Zerfallsneigung macht deutlich, daß Eisen nur mit Grafit ein stabiles Gleichgewicht hat. Das Eisenkarbid Fe$_3$C ist weniger beständig – metastabil –. In der Praxis kommen bei Graugußwerkstoffen meist beide Erstarrungsarten nebenein-

74 3 Ändern der Eigenschaften

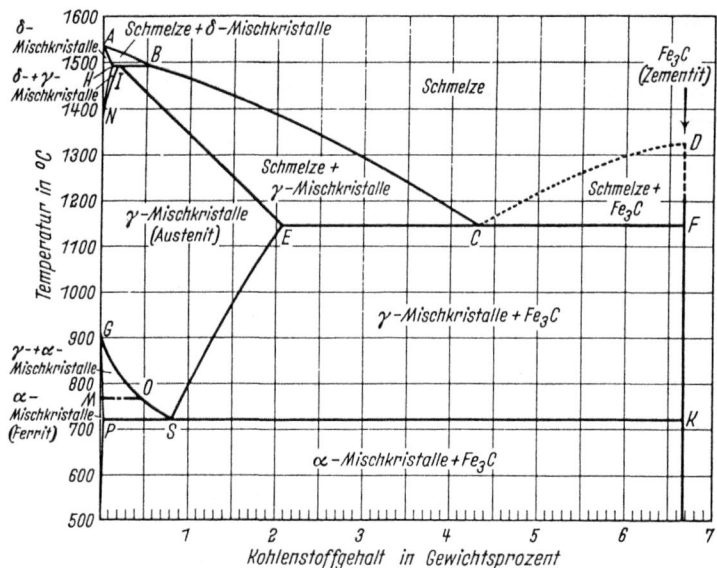

Bild 3.3 Das System Fe-Fe₃C (metastabil).

ander vor: Grafitlamellen im Grauguß liegen in perlitischer Grundmasse. Für die Wärmebehandlung der Stähle ist der Bereich von 0 ... 2,06 % Kohlenstoff im metastabilen System Fe-Fe₃C von besonderem Interesse.

Gemäß der „allotropen Modifikation" des Eisens, d.h., im festen Zustand in verschiedenen Kristallgittern vorzuliegen, werden die Gitterumwandlungstemperaturen mit Kurzzeichen versehen. Es bedeuten:

A_{r1} (Abkühlung von 723 °C) Austenit → Perlit,
A_{c1} (Erhitzung auf 723 °C) Perlit → Austenit,
A_{r3} (Abkühlung von 911 °C) Austenit → Ferrit (γ/α-Umwandlung),
A_{c3} (Erhitzung auf 911 °C) Ferrit → Austenit (α/γ-Umwandlung),
A_{rcm} Beginn der Zementitabkühlung (Linie ES),
A_{ccm} Ende der Zementiteinformung beim Erwärmen.

Diese für Wärmebehandlungen häufig benutzten Kurzzeichen können auch für A_5 (1536 °C) bzw A_4 (1392 °C) entsprechend angewendet werden. Die Benutzung der Kurzzeichen ist deshalb sinnvoll, weil viele technische Eisenlegierungen durch Zusatz weiterer Legierungselemente Verschiebungen ihrer Umwandlungstemperaturen erfahren.

Weitere Kurzzeichen sind bei beschleunigter Abkühlung:

A'_r: Austenit → Ferrit, Perlit
A'_{r_z}: Austenit → Zwischenstufe
M_s: Austenit → Martensit, Beginn
M_f: Austenit → Martensit, Ende

3.2 Wärmebehandlung bei umwandlungsfähigen Stählen

3.2.1 Normalglühen

Das *Normalglühen* oder *Normalisieren* hat eine Gefügeumbildung, nämlich ein normales und feinkorniges Gefüge zum Ziel. Schmiede-, Walz-, Zieh- und Gußgefügestrukturen, Grobkorn und Texturen sollen in einen Normalzustand überführt werden. Durch die feinere und gleichmäßigere Gefügestruktur werden sowohl die Festigkeitseigenschaften als auch die Verformungseigenschaften verbessert.

Unterperlitische Stähle ($< 0,8 \%$ C) werden ca. 30 ... 50 °C oberhalb A_{c3} (linie GSK) erwärmt und bis zur vollständigen Durchwärmung (ca. 2 min je mm Wanddicke) gehalten. Danach erfolgt eine beschleunigte Luftabkühlung bis unter A_{r1} (Linie PSK). Die Temperaturen sind aus dem Eisen-Kohlenstoff-Diagramm (Bild 3.4) abzulesen. Bei Erreichen von A_{c1} geht der Perlit in feine Austenitkörner über; denn die Ferritlamellen im Perlit unterliegen der γ/α-Umwandlung, viele kleine Austenitkörner können die Zementitlamellen auflösen. Der Ferritanteil wandelt bei Erreichen von A_{c3} sich ebenfalls in Austenit um. Bei zu hohen Temperaturen (Überhitzen) oder zu langem Halten (Überzeiten) würde der gebildete Austenit einer Kornvergröberung unterliegen. Die Einhaltung von Temperatur und Zeit ist daher dringend notwendig; für einen optimalen Normalisierungseffekt soll schnell unter A_{r1} (Linie PSK) abgekühlt werden. Der feinkörnige Austenit zerfällt in noch feinkörnigeren Ferrit und Perlit.

Überperlitische Stähle ($> 0,8 \%$ C) werden zur Vermeidung eines zu starken Kornwachstums nicht oberhalb A_{ccm} (Linie SE) erhitzt, sondern nur oberhalb A_{c1} (Linie SK), dadurch wird lediglich der Perlitanteil verfeinert.

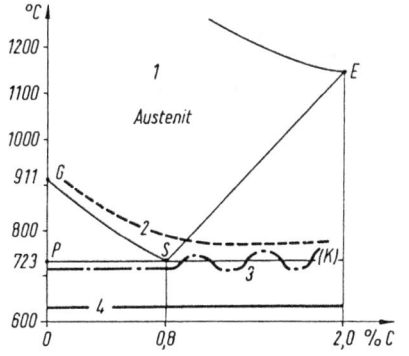

Bild 3.4
Glühtemperaturen der Stähle in Abhängigkeit vom C-Gehalt.

1 Diffusionsglühen,
2 Normalglühen und Härten,
3 Weichglühen,
4 Spannungsarmglühen.

3.2.2 Grobkornglühen oder Hochglühen

Für die Verbesserung der Zerspanbarkeit werden die Stähle mehrere Stunden ca. 150 °C über A_{c3} (Linie GS) geglüht und langsam abgekühlt, der Vorgang entspricht dem Überhitzen und Überzeiten, so daß eine *grobkörnige Gefügestruktur* entsteht, die bei spanabhebender Bearbeitung nicht zum „Schmieren" führt. Häufig muß zur Einstellung eines feineren Gefüges erneut normalisiert werden.

3.2.3 Weichglühen

Durch das *Weichgluhen* wird die Bearbeitbarkeit für spanlose und spangebende Verformung verbessert. Für Werkzeugstähle wird durch das Weichglühen eine günstigere Gefügestruktur für das anschließende Harten erreicht, auch die Abschreckhärte kann durch Weichglühen beseitigt werden. Beim Weichglühen wird eine Einformung des Zementitlamellen des Perlits zu Zementitkornern erreicht. Wenn die Atome genug Beweglichkeit haben, versuchen sie unter dem Einfluß der Oberflächenspannung Körper mit kleinster Oberfläche (Kugeln) zu bilden.
Für die Weichglühbehandlung werden unterperlitische Stähle gemäß Bild 3.4 dicht unter A_{c1} (Linie PSK) einige Stunden geglüht, überperlitische Stähle werden dicht oberhalb A_{c1} (Linie PSK) einige Stunden geglüht oder pendelnd um A_1 geglüht (Pendelglühen).

3.2.4 Spannungsarmglühen

Durch das *Spannungsarmgluhen* sollen Spannungen, die durch Schrumpfvorgänge, Umwandlungen oder Kaltverformungen aufgetreten sind, ausgeglichen werden. Zum Beispiel können bei spanenden Bearbeitungen spannungsführende Werkstoffasern angeschnitten werden, dadurch kann Verzug eintreten. Durch den Glühvorgang, bei dem keine Gefügeumwandlung beabsichtigt ist, sinkt die Eigenspannung unter die Fließgrenze ab, so daß ein Spannungsabbau über plastische Verformung möglich wird.
Für unlegierte C-Stähle wird zwischen 550 °C und 650 °C (Bild 3.4) längere Zeit geglüht. Temperatur und Zeit sind hierbei austauschbare Großen, d.h., bei etwas höherer Temperatur ist die Haltezeit kürzer, bei etwas niedrigerer Temperatur entsprechend länger zu wählen.
Das Spannungsarmglühen wird vorzugsweise angewendet bei geschweißten Konstruktionen, für Schmiederohlinge und Gußstücke vor der zerspanenden Weiterverarbeitung, für Werkstücke mit engen Maßtoleranzen nach mechanischer Bearbeitung. Das Spannungsarmglühen stellt wegen seiner Temperaturhohe einen Anlaßvorgang dar, der bei einigen Stählen zu Ausscheidungen bzw. Diffusionsvorgängen führen kann, so daß eine Gefügeveränderung nicht ausgeschlossen werden kann.

3.2.5 Diffusionsglühen

Für den Konzentrationsausgleich über einen großen Blockquerschnitt ist das *Diffusionsgluhen* oberhalb 1100 ... 1200 °C geeignet (vgl. Bild 3.4). Infolge der sehr hohen Temperaturen stehen dem Verarbeiter meist keine geeigneten Wärmebehandlungsöfen zur Verfügung, so daß das Diffusionsglühen zweckmäßigerweise beim Stahlhersteller durchgeführt werden muß.

3.2.6 Sonderverfahren

Je nach den Eigenschaftsanforderungen sind vielfältige Sonderverfahren der Wärmebehandlung erprobt:
a) *Perlitisieren* für Drahtziehen;
b) *Patentieren* für Drahtziehen;
c) *Zwischenstufenvergüten* uber isotherme Umwandlung des Austenits in Zwischenstufe zur Verminderung von Abschreckspannungen;
d) *Warmbadharten* statt Abschreckhärten durch Halten in Metall- oder Salzbädern oberhalb der Martensittemperatur zur Verminderung von Abschreckspannungen;
e) *Oberflächenharten* von Zapfen, Wellen, Zahnstangen und Zahnrädern durch ortlich begrenztes Erwarmen mit nachfolgendem Abschrecken;
f) Verfahren mit Änderung der chemischen Zusammensetzung: *Oberflachenaufhohlung* und *Oberflachenaufstickung* zur Erhohung der Oberflächenhärte. Nach der Oberflächenaufhohlung erfolgt ein Direkthärten oder Doppelhärten.

3.2.7 Härten und Vergüten

Das *Abschreckharten* besteht aus einem Erwärmen auf eine Temperatur oberhalb A_{c3} (Bild 3.4) für unterperlitische Stähle bzw. auf eine Temperatur oberhalb A_{c1} für überperlitische Stähle mit nachfolgendem Abschrecken und Anlassen auf *niedrige* Temperaturen, um hohe Härtewerte bei nicht zu großer Sprödigkeit zu erzielen. Das Abschreckhärten wird vorzugsweise für Werkzeugstähle durchgeführt.

Das *Vergüten* besteht aus einem Härten (Erwärmen und Abschreckhärten) und nachfolgendem Anlassen auf *höhere* Temperaturen, um bei hohen Festigkeitskennwerten eine hohe Zähigkeit zu erzielen.

Mit der Erhöhung der Abkühlungsgeschwindigkeit beim Abkühlen nach einer Austenitisierung (Glühen im Austenitgebiet bei Stählen) verschieben sich die Umwandlungslinien (A_3- und A_1-Linie) zu tieferen Temperaturen. Infolge der damit verbundenen Unterkühlung können die Diffusionsvorgänge bei der Umwandlung von γ-Mischkristallen (Austenit) in α-Mischkristalle (Ferrit) und die Ausscheidung von Kohlenstoff als Sekundärzementit nur noch unvollständig ablaufen, bei sehr hoher Abkühlungsgeschwindigkeit bleiben sie völlig aus (Bild 3.5). Das Bild 3.6 zeigt schematisch

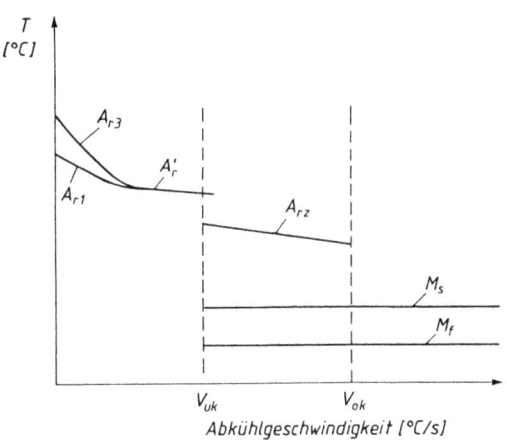

Bild 3.5
Einfluß der Abkühlungsgeschwindigkeit auf das Umwandlungsverhalten von Stahl (schematisch).

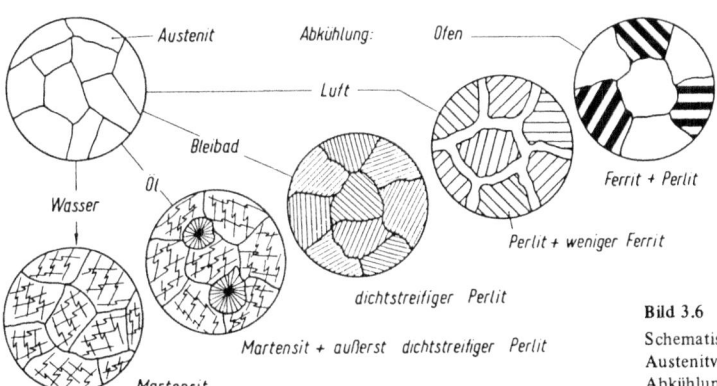

Bild 3.6
Schematische Darstellung des Austenitverfalls bei steigender Abkühlungsgeschwindigkeit.

den Austenitzerfall bei steigender Abkühlungsgeschwindigkeit. Mit zunehmender Abkühlungsgeschwindigkeit wird der Perlit immer dichtstreifiger, ab der sogenannten „unteren kritischen Abkühlungsgeschwindigkeit V_{uk}" tritt neben dichtstreifigem Perlit erstmals Martensit (Härtegefüge) auf, ab der sogenannten „oberen kritischen" Abkühlungsgeschwindigkeit V_{ok} unterbleibt die Perlitbildung vollständig, es tritt nur noch Martensit auf. Das Martensitgefüge ist ein Zwangsgefüge, der Kohlenstoff kann sich nicht als Zementit ausscheiden, die C-Atome bleiben zwangsläufig im Gitter und verspannen es (tetragonal), die Folge ist eine nadelige Gefügestrutkur mit hoher Härte. Zwischen der unteren und oberen kritischen Abkühlungsgeschwindigkeit tritt die sogenannte Zwischenstufe auf, die in ihrer Struktur und Härte zwischen der Perlitstufe und der Martensitstufe liegt (Bild 3.5).

Die Darstellung in Bild 3.7 zeigt die Martensitlinien für Beginn (s = Start) und Ende (f = finish) in Abhängigkeit vom C-Gehalt. Je höher der C-Gehalt eines Stahles, je tiefer liegt die Martensittemperatur. Bei überperlitischen Stählen ist daher das Auftreten von Restaustenit keine Seltenheit, es kommt zu einer geringeren Gesamthärte.

Die bei beschleunigter Abkühlung der Stähle auftretenden Gefügestrukturen sind thermodynamisch instabil; werden diese Stähle erwärmt, so ist die durch schnelle Abkühlung abgebrochene oder unterdrückte Diffusion wieder möglich, die Gefüge erreichen den stabilen Gleichgewichtszustand, dieser Vorgang wird mit *Anlassen* bezeichnet. Im nur abgeschreckten Zustand sind alle Stähle sehr hart und spröde; durch den Anlaßvorgang werden die Stähle zäher. Das Anlassen besteht in einem Wiedererwärmen nach dem Abkühlen auf Temperaturen von 150 ... 650 °C. Das Bild 3.8 vermittelt den Zusammenhang zwischen Anlaßtemperatur und den Festigkeits- und Verformungseigenschaften; je höher die Anlaßtemperatur gewählt wird, desto deutlicher geht der Härteeffekt zurück, d.h., die Verformungseigenschaften verbessern sich. Mit steigender Anlaßtemperatur gleichen sich zu-

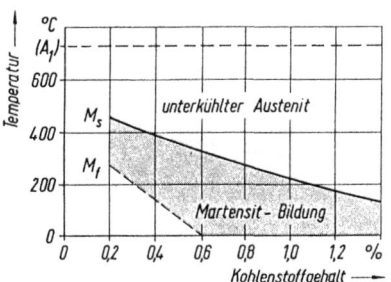

Bild 3.7 Start und Ende der Martensitbildung.

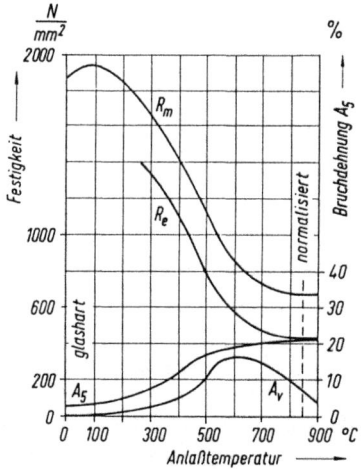

Bild 3.8 Vergütungsschaubild. Einfluß der Anlaßtemperatur auf die Eigenschaften eines glashart abgeschreckten Stahles mit 0,45 % C.

3.2 Wärmebehandlung bei umwandlungsfähigen Stählen

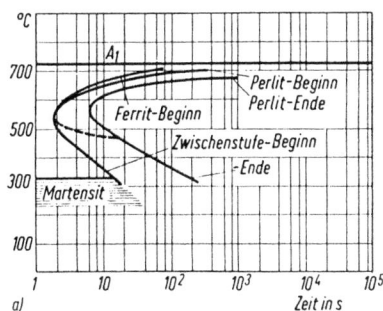

Bild 3.9 ZTU-Schaubild für isotherme Umwandlung von Stahl mit 0,45 % C.

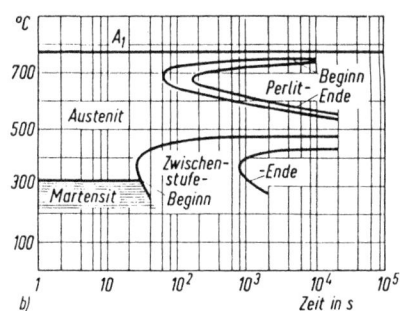

Bild 3.10 ZTU-Schaubild für isotherme Umwandlung von Stahl mit 0,45 % C und 3,5 % Cr.

nächst Wärmespannungen aus (ca. 180 °C), die C-Atome beginnen innerhalb des Martensits zu diffundieren, etwa vorhandener Restaustenit geht über in Martensit (ca. 250 °C), tetragonaler Martensit (weiß) geht über Volumenminderung in kubischen Martensit (schwarz) über. Das Zusammenballen feiner Karbidteilchen ab 200 °C geht über 400 °C zu kugeligen Körnchen vor sich. Zwischen 600 °C und 723 °C (A_1) stellt sich bei längerer Haltedauer der Gleichgewichtszustand ein.

Die Umwandlungsvorgänge des unterkühlten Austenits können nicht mehr dem Gleichgewichtsdiagramm $F_e - Fe_3C$ entnommen werden; hierfür wurden sogenannte *Zeit-Temperatur-Umwandlungs-Schaubilder* (ZTU-Diagramme) aufgestellt, darin sind Beginn und Ende der jeweiligen Umwandlungsstufe dargestellt. Derartige ZTU-Diagramme sind für fast alle gebräuchlichen Stähle aufgestellt und im Atlas zur Wärmebehandlung der Stähle zusammengetragen. Je nach Abkühlungsverlauf gibt es ZTU-Diagramme für isotherme Umwandlung (Bilder 3.9 und 3.10), diese Schaubilder sind entlang der Zeitkoordinaten zu lesen. Im Bild 3.9 wird für einen Stahl mit 0,45 % C die Gefügeumwandlung nach der Austenitisierung (880 °C) auf zwei verschiedene Arten deutlich:

a) auf 550 °C im Warmbad abgekühlt. Beginn der Umwandlung nach ca. 2 s, Ende der Umwandlung nach ca. 10 s;

b) auf 400 °C im Warmbad abgekuhlt. Beginn der Umwandlung nach ca. 6 s, Ende der Umwandlung nach ca. 50 s. Durch die stärkere Unterkuhlung ist die Diffusion behindert und die Umwandlung verläuft träger ab.

Bei legierten Stählen läuft die Umwandlung noch träger ab (Bild 3.10), die obere kritische Abkühlungsgeschwindigkeit ist zu geringeren Abkühlungsgeschwindigkeiten verschoben; bei dem Stahl in Bild 3.10 ist die Perlitstufe deutlich von der Zwischenstufe getrennt.
Des weiteren gibt es ZTU-Diagramme für kontinuierliche Abkühlung, diese Schaubilder werden entlang der Abkühlungskurven gelesen (Bild 3.11). Je steiler die Abkühlungskurven verlaufen, desto höher ist die erreichbare Härte in Vickerseinheiten (gekennzeichnet durch eingekreiste Zahlen). Die Wärmebehandlungen Normalglühen und Abschreckhärten können sinngemäß in einem ZTU-Diagramm für kontinuierliche Abkühlung festgelegt werden.

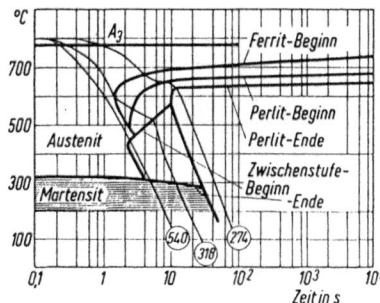

Bild 3.11
ZTU-Schaubild für kontinuierliche Abkühlung.
Stahl mit 0,45 % C.

3.2.8 Begriffe der Härtetechnik

Unter der *Härtbarkeit* versteht man die Neigung eines Stahles zur Härtesteigerung durch Martensitbildung. Bei erfolgter Martensitbildung über den gesamten Querschnitt spricht man von *Durchhärtung*, bei Martensitbildung nur am Rand ist von *Oberflächenhärtung* die Rede.
Wieweit eine Durchhärtung erfolgt, hängt besonders von der chemischen Zusammensetzung sowie von der Härtetemperatur, den Abkühlungsgeschwindigkeiten, den Abkuhlungsbedingungen sowie von den Abmessungen des Werkstückes ab. Unlegierte Stähle erfordern eine sehr hohe kritische Abkühlungsgeschwindigkeit, so daß in der Regel nur die Randschicht gehärtet wird, zum Kern hin verläuft die Umwandlung entsprechend der geringeren Abkühlungsgeschwindigkeit in der Zwischenstufe bzw. in der Perlitstufe ab. Bei legierten Stählen, die Legierungselemente wie Cr, Mn, Ni und Mo enthalten, ist die kritische Abkühlungsgeschwindigkeit erheblich herabgesetzt; diese Stähle erfordern keine Abschreckung mit Wasser, Eiswasser oder Natronlauge, es reichen Luft oder Öl als Kühlmittel. Derartige Stähle heißen *Luft-* oder *Ölharter* im Gegensatz zu den unlegierten Stählen, die *Wasserharter* genannt werden.
Zur Härtbarkeitsbestimmung wird der *Stirnabschreckversuch nach Jominy* eingesetzt.

3.3 Ausscheidungshärtung bei Nichteisenmetallen und Stählen

Eine Reihe von Nichteisenmetallen sowie viele Stähle lassen sich durch die Ausscheidungshärtung, auch *Aushärtung* genannt, in ihren Festigkeitseigenschaften verbessern. Voraussetzung hierfür ist eine abnehmende Löslichkeit bei fallender Temperatur innerhalb eines Legierungssystems. Eine typische Legierung auf Nichteisenmetallbasis hierfür ist Aluminium mit Mg_2Si (Bild 3.12), bei Stählen ist das Beispiel Fe-N von Bedeutung (Bild 3.13). Bei beiden Legierungstypen liegt eine abnehmende Löslichkeit vor, so daß von der Loslichkeitstemperatur ausgehend nach dem Abschrecken ubersättigte Mischkristalle vorliegen, sie enthalten mehr Mg_2Si (bei Al-Mg_2Si) bzw. mehr N (bei Fe-N) als ihrem Gleichgewicht entspricht. Die in Zwangslosung befindlichen Atome diffundieren bei Raumtemperatur sehr langsam (Kaltaushartung), bei hoheren Temperaturen entsprechend schneller (Warmaushartung) (Bild 3.14); damit sind Gefügeänderungen und entsprechend Eigenschaftsänderungen verbunden, die bei Stählen durch Stickstoff (System Fe-N) zur Versprodung (Alterung) führen. Bei einer Reihe von Werkstoffen führt die Ausscheidung zu einem Festigkeitsanstieg auch ohne Versprodungsneigung. Je nach Intensität und Dauer der Ausscheidungsvorgänge wird von Kalt- oder Warmaushärtung Gebrauch gemacht (Tabelle 3.1).

3.3 Ausscheidungshärtung bei Nichteisenmetallen und Stählen

Tabelle 3.1 Festigkeitseigenschaften von Blechen und Bändern aus AlMgSi 1 im weichen kaltausgehärteten und warmausgehärteten Zustand

	weich	Zustand kaltausgehartet	warmausgehartet
Dehngrenze $R_{p\,0,2}$ in N/mm²	85	120	280
Zugfestigkeit R_m in N/mm²	150	230	350
Bruchdehnung A in %	18	15	12

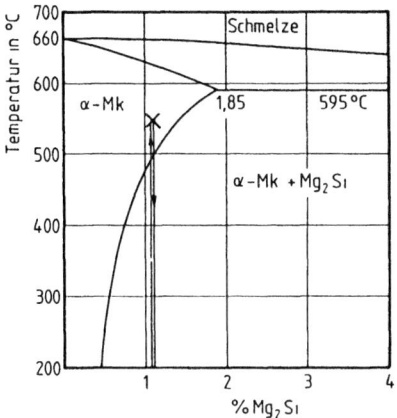

Bild 3.12 Lösungsglühen und Abkuhlen einer aushärtbaren Legierung im Zweistoffsystem Al-Mg₂Si
langsame Abkühlung: Mg₂Si-Ausscheidungen,
Abschreckung: Keine Mg₂Si-Ausscheidungen
(übersättigte α-Mischkristalle).

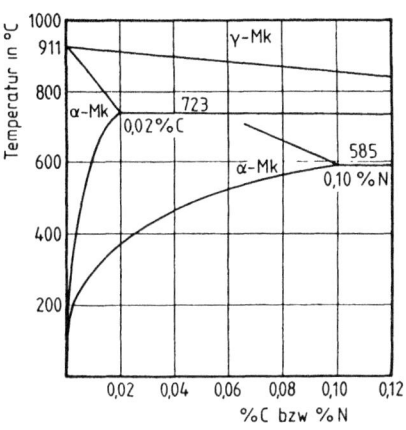

Bild 3.13 Löslichkeit der Elemente Kohlenstoff und Stickstoff in α-Fe.

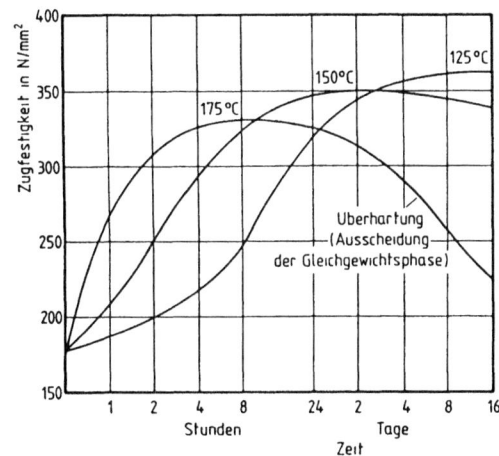

Bild 3.14 Verlauf der Zugfestigkeit einer AlMgSi 1-Legierung mit 1,0 % Mg, 1,0 % Si und 0,6 % Mn in Abhängigkeit von der Dauer und der Temperatur der Warmauslagerung.
Vorbehandlung: Lösungsglühen bei 540 °C und Wasserabschreckung.

3.4 Literatur

Bücher

Weißbach, W.: Werkstoffkunde und Werkstoffprufung. Friedr. Vieweg & Sohn, Braunschweig/Wiesbaden 1989.
Laska, R. und *C. Felsch:* Werkstoffkunde für Ingenieure, Friedr. Vieweg & Sohn, Braunschweig/Wiesbaden 1981.
Bargel, H. J. und *G. Schulze:* Werkstoffkunde. VDI-Verlag, Dusseldorf 1983.
Schlenker, B. R.: Einführung in die strukturorientierte Werkstoffkunde. R. Oldenbourg, Munchen/Wien 1975.
Schumann, H.: Metallographie. VEB Deutscher Verlag für Grundstoffindustrie, Leipzig 1983.
Boge, A.: Das Technikerhandbuch. Friedr. Vieweg & Sohn, Braunschweig/Wiesbaden 1985.

Normen

DIN 17 014   Beiblatt 2: Wärmebehandlung von Eisen und Stahl; Fremdsprachige Übersetzung von Fachausdrucken
              Teil 1   Wärmebehandlung von Eisenwerkstoffen; Fachbegriffe und -ausdrücke
              Teil 3   Wärmebehandlung von Eisenwerkstoffen; Kurzangabe von Warmebehandlungen

4 Werkstoffprüfung

4.1 Werkstoffprüfung metallischer Werkstoffe

Einen umfassenden Überblick über die Verfahren der Werkstoffprüfung vermittelt Tabelle 4.1. Untersuchungsergebnisse aus diesen Teilgebieten dürfen nicht für sich allein betrachtet werden; ein abschließendes Ergebnis über eine Werkstoffuntersuchung ist oft erst durch das Zusammenwirken und Bewerten einiger oder aller Teilgebiete der Werkstoffprüfverfahren möglich.

Tabelle 4.1 Werkstoffprüfverfahren

Prüfverfahren	Ergebnis oder Erkenntnis
mechanisch-technologische Prüfverfahren: Festigkeitsuntersuchungen Härte- und Schlagprüfungen Dauerfestigkeitsuntersuchungen Technologische Versuche	Wissenschaftliche Zahlenwerte, Vergleichswerte, Gebrauchseignung, Verformungseigenschaften
metallographische Untersuchungen: Mikroskopie Makroskopie	Gefügestrukturen, Aufschluß über Herstellung und und Behandlung, Deutung von Werkstoff-Fehlern und Beanspruchungsfehlern
zerstörungsfreie Prüfung: Durchstrahlungsprüfung Ultraschallprüfung Magnetische Prüfverfahren	Werkstoff-Fehler an der Oberfläche und im Innern
chemische Prüfverfahren: Naßchemische Untersuchungen Spektralanalyse Korrosionsprüfung	Nachweis der beteiligten Elemente im Stahl oder anderen Werkstoffen, Korrosionsursachen
physikalische Prüfung: Feinstrukturuntersuchungen Wärmeleitfähigkeitsmessungen Widerstandsmessungen	Feinbau der Werkstoffe, spezifische Eigenschaften der Werkstoffe

4.1.1 Mechanisch-technologische Prüfverfahren

Bei der *mechanisch-technologischen Prüfung* wird für die Beurteilung der Werkstoffe der teilweise oder gesamte Zerstörungsverlauf zugrunde gelegt. Diese Zerstörung der Werkstoffe geschieht an genormten Proben auf entsprechenden Prüfeinrichtungen.

4.1.1.1 Zugversuch

Der *Zugversuch* für metallische Werkstoffe wird nach DIN 50145 an genormten *Proportionalstäben* nach DIN 50125 durchgeführt und dient der Ermittlung von *Festigkeitskennwerten* (Zugfestigkeit R_m, Streckgrenze R_e bzw. Ersatzstreckgrenze $R_{p0,2}$) und *Verformungskennwerten*

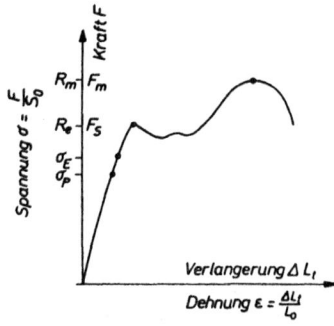

Bild 4.1
Schematische Darstellung des Spannungs-Dehnungs-Diagramms bei weichem Stahl.

(Bruchdehnung A_5 oder A_{10} und Brucheinschnürung Z) bei nahezu statischer Beanspruchung; hierbei wird eine Probe unter einachsiger, über den Querschnitt gleichmäßig verteilter Zugbeanspruchung in einer Zerreißmaschine bis zum Bruch beansprucht. Die Meßeinrichtungen an den Prüfmaschinen schreiben während des Versuches ein *Kraft-Verlängerungs-Diagramm*, moderne Prüfmaschinen zeichnen direkt ein *Spannungs-Dehnungs-Diagramm* während des Versuches auf. Eine charakteristische Spannungs-Dehnungs-Kurve für einen weichen Baustahl zeigt Bild 4.1. Bis zur Unstetigkeitsstelle ist vom Koordinatenursprung aus die Hookesche Gerade kennzeichnend, es ist das Gebiet elastischer, d.h. zurückgehender Verformung. Spannung und Dehnung sind zueinander proportional, es gilt das Hookesche Gesetz:

$$\sigma = \epsilon \cdot E \quad \text{in N/mm}^2.$$

E bezeichnet den Elastizitätsmodul und stellt die Steigung der Hookeschen Geraden dar; der E-Modul ist eine Materialkonstante. An der Unstetigkeitsstelle beginnt die plastische bzw. bleibende Verformung der Dehnung, es setzt der Fließvorgang ein. Die Spannung, bei der die Kraft im Zugversuch konstant bleibt oder absinkt, wird als obere Streckgrenze

$$R_{eH} = \frac{F_{eH}}{S_0} \quad \text{in N/mm}^2$$

bezeichnet. Die untere Streckgrenze

$$R_{eL} = \frac{F_{eL}}{S_0} \quad \text{in N/mm}^2$$

stellt dabei die kleinste Spannung im sogenannten Fließbereich dar. Nach dem Fließvorgang erfolgt ein Anstieg der Spannung, der durch Verfestigung verursacht wird. Bis zum Erreichen der Zugfestigkeit

$$R_m = \frac{F_m}{S_0} \quad \text{in N/mm}^2$$

dehnt sich die Probe über ihre Länge gleichmäßig (Gleichmaßdehnung), erst danach setzt durch Einschnürung (Einschnürdehnung) die Zerstörung der Probe ein, schließlich setzt der Bruch der Probe ein. Durch Zusammenlegen der beiden Probenhälften wird die Bruchdehnung

$$A = \frac{L_u - L_0}{L_0} \cdot 100 \quad \text{in \%}$$

bestimmt, es ist die auf die Anfangslänge L_0 bezogene bleibende Längenänderung, die sich aus Gleichmaßdehnung und Einschnürdehnung zusammensetzt. Der Wert der Bruchdehnung wird

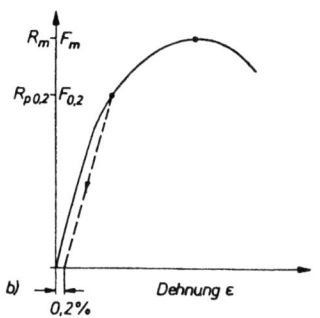

Bild 4.2
Schematische Darstellung des Spannungs-Dehnungs-Diagramms bei austenitischem Stahl.

durch das Verhältnis von Meßlänge zu Probenquerschnitt mitbestimmt, das Symbol 5 ($L_0 = 5 d_0$) oder 10 ($L_0 = 10 d_0$) wird daher stets angegeben, z.B.: $A_5 = 40\%$ bedeutet, die Bruchdehnung am kurzen Proportionalitätsstab ($L_0 = 5 d_0$) beträgt 40 %.

Ein weiterer Verformungskennwert, der zur Beurteilung von Verformungsvorgängen wichtig ist, ist die Brucheinschnürung

$$Z = \frac{S_0 - S_u}{S_0} \cdot 100 \quad \text{in \%}.$$

Bei einer Reihe von Werkstoffen (Aluminium, Kupfer, austenitische Stähle) ist keine ausgeprägte Streckgrenze vorhanden (Bild 4.2), in diesem Fall wird eine sogenannte 0,2-Dehngrenze (Ersatzstreckgrenze) ermittelt. Es ist die Spannung, bei der 0,2 % plastische Dehnung eingetreten ist:

$$R_{p0,2} = \frac{F_{0,2}}{S_0} \quad \text{in N/mm}^2.$$

Während die Festigkeitskennwerte der Dimensionierung von Bauteilen dienen, sind die Verformungskennwerte Anhaltswerte und Erfahrungsgrößen für Verformungen und sicherheitstechnische Belange.
Beim Zugversuch an Gußeisen mit Lamellengraphit GGL (DIN 50 109) werden ausgerundete Proben benutzt, es kann daher lediglich die Zugfestigkeit R_m ermittelt werden.

4.1.1.2 Druckversuch

Bei der Untersuchung von Lagermetallen und spröden Werkstoffen wie Grauguß lamellar (GGL) oder für die Ermittlung des Kraft- und Arbeitsbedarfes zur spanlosen Umformung von duktilen Werkstoffen hat der *Druckversuch* nach DIN 50 106 große Bedeutung. Beim Druckversuch entsprechen die Festigkeitskennwerte und Verformungskennwerte im wesentlichen denen des Zugversuches. Die Druckfestigkeit

$$\sigma_{dB} = \frac{F_B}{S_0} \quad \text{in N/mm}^2$$

ist die auf den Anfangsquerschnitt bezogene Höchstkraft, bei der Bruch eintritt. Bei duktilen Werkstoffen ist der Beginn des Fließens durch die Quetschgrenze

$$\sigma_{dF} = \frac{F_F}{S_0} \quad \text{in N/mm}^2$$

gekennzeichnet. Bei einem stetigen Spannungs-Verformungs-Verlauf werden Nennspannungen, die bestimmte nichtproportionale oder bleibende Stauchungen hervorrufen, als Stauchgrenze bezeichnet: $\sigma_{d0,2}$.

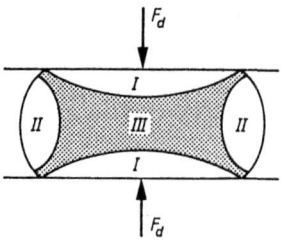

Bild 4.3
Verformungszonen einer gestauchten Probe
I geringe Verformung (Reibungsbehinderung),
II mäßige Zugverformung,
III hohe Schubverformung.

Werkstoffe, die im Druckversuch keinen Anriß erleiden, werden bis zu 50 % gestaucht, als Druckfestigkeit gilt die Beziehung

$$\sigma_{d50} = \frac{F_{50}}{S_0} \text{ in N/mm}^2.$$

Als Verformungskennwerte kommen die Bruchstauchung ϵ_{dB} (%) und die Bruchausbauchung ψ (%) in Betracht.
Die Formänderungen in einem gestauchten Zylinder sind durch die in Bild 4.3 angegebenen drei Bereiche gekennzeichnet. In der Zone I (Grund- und Deckfläche) ist die Verformung durch Reibung behindert, es bilden sich in ihrer Verformung behinderte kegel- oder pyramidenförmige Zonen. Die plastische Verformung erfolgt im wesentlichen in der außerhalb dieser Kegel liegenden Zone, die sog. Druckkegel nehmen an der Verformung nicht teil, sie wirken wie Meißel, im Bereich der Rutschfuge findet ein Abgleiten statt.

4.1.1.3 Biegeversuch

Der *Biegeversuch* nach DIN 50 110 wurde für die Prüfung von Gußwerkstoffen geschaffen, wie überhaupt der Biegeversuch für besonders spröde Werkstoffe herangezogen wird, da der gewünschte Spannungszustand im elastischen Bereich leichter einzuhalten ist. Im Biegeversuch wird die Biegefestigkeit σ_{bB} ermittelt. Für zylindrische Proben gilt, wenn der Biegeversuch nach dem Prinzip des frei aufliegenden Trägers auf zwei Stützen mit mittig angreifender Kraft zu betrachten ist (Bilder 4.4 und 4.5)

$$\sigma_{bB} = \frac{M_{b\,max}}{W} = \frac{8 \cdot F_{max} \cdot l_S}{\pi \cdot d_0 3} \text{ in N/mm}^2.$$

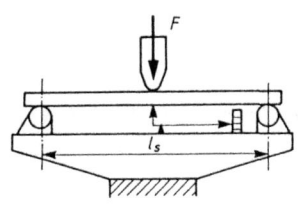

Bild 4.4 Schema des Biegeversuchs.

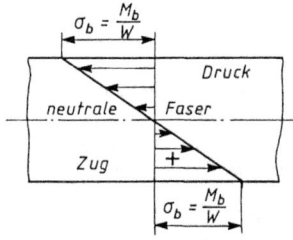

Bild 4.5 Spannungsverteilung im Stabquerschnitt.

4.1 Werkstoffprüfung metallischer Werkstoffe

Weitere Biegegrößen sind:

Durchbiegung f: Änderung der Höhenlage des Kraftangriffspunktes,
Bruchdurchbiegung f_B: Durchbiegung im Augenblick des Bruches,
Biegesteifigkeit S: Quotient aus Biegefestigkeit und Bruchdurchbiegung,
Biegefaktor F_B: Verhältnis der Biegefestigkeit zur Zugfestigkeit

Für die Probenentnahme ist DIN 50 108 zu beachten, es werden unterschieden:
a) getrennt gegossene Proben mit 30 mm Rohgußdurchmesser,
b) angegossene Proben mit verschiedenen Rohgußdurchmessern von 13 ... 45 mm,
c) am Gußstück entnommene bzw. herausgearbeitete Proben.

4.1.1.4 Härteprüfung nach Brinell, Vickers und Rockwell sowie Sonderverfahren

Der Begriff *Härte* ist stark verbreitet und kommt nahezu überall im täglichen Leben vor. *Mohs* hat die nach ihm benannte Härteskala aufgestellt (Tabelle 4.2), die vor allem in der Mineralogie Anwendung findet.

Tabelle 4.2 Härtegrade nach *Mohs*

Mineral	Härte
Talg	1
Gips	2
Kalkspat	3
Flußspat	4
Apatit	5
Feldspat	6
Quarz	7
Topas	8
Korund	9
Diamant	10

Für metallische Werkstoffe sind spezielle Prüfverfahren entwickelt worden, denn die Härte liefert bei metallischen Werkstoffen eine der wichtigsten technologischen Kenngrößen. Härte ist der Widerstand, den ein Körper dem Eindringen eines anderen härteren Körpers entgegensetzt. Bei den *statischen Härteprüfverfahren* handelt es sich um Härtemessungen bei denen ein nach Form und Stoff festgelegter Eindringkörper mit einer definierten Prüfkraft langsam, stetig und stoßfrei in den zu untersuchenden Stoff eingedrückt wird. Die örtlichen Verformungen des Werkstoffes werden für die Beurteilung der Härte herangezogen. Nach der Härteprüfkraft werden unterschieden:
— Makrohärteprüfungen
— Kleinlasthärteprüfungen
— Mikrohärteprüfungen.

Härteprüfung nach Brinell. Bei dem Verfahren nach *Brinell* (DIN 50 351) erfolgt die Härteangabe durch das Verhältnis von Prüfkraft F zur Oberfläche A des bleibenden Eindrucks. Eine Kugel aus gehärtetem Stahl mit dem Durchmesser D wird mit der Prüfkraft F in das Werkstück gedrückt, ausgemessen wird der Kalottendurchmesser d des bleibenden Eindrucks auf der Oberfläche des Werkstücks (Bild 4.6). Das Verfahren kann bis 450 HB angewendet werden. Prüfkraft und Kugeldurchmesser richten sich nach Werkstückart und Dicke des Werkstücks, Angaben sind aus DIN 50 351 zu entnehmen.
Die Brinell-Härte wird durch ein Kurzzeichen angegeben: 360 HB bedeutet: $D = 10$ mm, $F = 29\,420$ N, Einwirkdauer $t = 10$ s, für diese Daten beträgt die Brinell-Härte 360 kp/mm² $\approx$ 3532

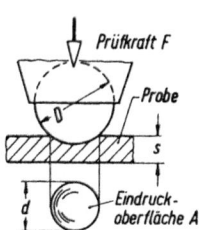

Bild 4.6 Härteprüfung nach *Brinell*; Eindringkörper, Eindruck und Meßwert d.

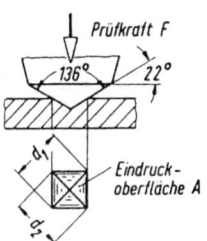

Bild 4.7 Härteprüfung nach *Vickers*; Eindringkörper, Eindruck und Meßwert d.

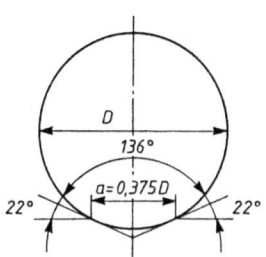

Bild 4.8 Übereinstimmung von Brinell- und Vickersprüfkörpern.

N/mm², 272 HB 5/250/30 bedeutet: $D = 5$ mm, $F = 2450$ N, Einwirkdauer $t = 30$ s, für diese Daten beträgt die Brinell-Härte 272 kp/mm² ≈ 2668 N/mm². Häufig wird aus der Brinell-Härte auf die Zugfestigkeit über Umrechnungswerte geschlossen, derartige Umrechnungen können nur Anhaltswerte sein. Für einen unlegierten C-Stahl gilt etwa: R_m ≈ 0,35 HB (für F in kp).

Härteprüfung nach Vickers. Bei dem Verfahren nach *Vickers* erfolgt die Harteangabe ebenfalls durch das Verhältnis von Prüfkraft F zur Oberfläche des bleibenden Eindrucks A. Als Prüfkörper dient eine regelmäßige vierseitige Diamantpyramide mit einem Spitzenwinkel von 136° (Bild 4.7). Die Prüfung erfolgt nach DIN 50 133. Das Verfahren ist lastunabhängig, weil bei verschiedenen Eindrucktiefen ähnliche Eindrücke hinterlassen werden. Der Winkel von 136° wurde deshalb gewählt (Bild 4.8), weil der Vickersversuch mit dem Brinellversuch recht gut übereinstimmt, wenn die Kugel einen Eindruck $d = 0,375\,D$ erzeugt (sog. Gebrauchsmittel). Infolge der sehr geringen Eindringtiefen beim Kleinlast- und Mikrohärteprüfverfahren wird die Vickersprufung vorteilhaft auch in der Metallografie eingesetzt.

Die Vickers-Harte wird durch Kurzzeichen angegeben: 630 HV 30 bedeutet: $F = 294$ N, Einwirkdauer $t = 10 \ldots 15$ s, für diese Daten betragt die Vickers-Harte 630 kp/mm² ≈ 6180 N/mm².

Härteprüfung nach Rockwell. Die Prüfung nach *Rockwell* (DIN 50 103) hat den Bereich der Harteprufungen im oberen Hartebereich erheblich erweitert. Bei Rockwell-Prüfung wird als Prüfkorper ein Diamantkegel mit einem Spitzenwinkel von 120° benutzt (Abrundungsradius an der Spitze = 0,2 mm). Der Kegel wird in zwei Stufen (Bild 4.9) (1. Stufe = 100 N Vorlast F_D, 2. Stufe = 140 N Hauptlast F_1) in die Probe eingedrückt; die bleibende Eindringtiefe des Kegels nach Entlastung auf die 1. Stufe F_0 läßt auf die Rockwell-Härte schließen. Bei Rockwell C beträgt die maximale Eindringtiefe 0,2 mm, dieser Bereich ist mit einer Meßuhr gekoppelt, jeder Skalenteil beträgt 0,002 mm und entspricht 1 Rockwelleinheit, der Toleranzbereich beträgt ± 2 Skalenteile. Die Rockwell-Härte HR C wird mit Kurzzeichen angegeben: z.B. 66 HR C.

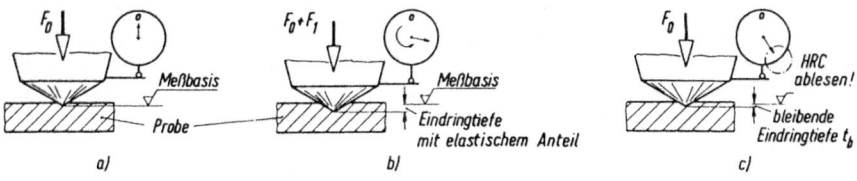

Bild 4.9 Harteprufung nach *Rockwell*.

4.1 Werkstoffprüfung metallischer Werkstoffe

Sonderverfahren. Bei den *dynamischen Härteprüfverfahren* werden meist einfache Geräte benutzt. Der *Kugelschlaghammer* der Poldihütte trägt eine Kugel von 10 mm Durchmesser, durch einen Schlag hinterläßt die Kugel einen Eindruck in einem Vergleichsstab bekannter Festigkeit bzw. Härte und in dem zu prüfenden Werkstück. Aus einer Umrechnungstabelle kann auf die Brinell-Härte geschlossen werden. Weitere Verfahren sind die *Fallhärteprüfungen* (besonders bewährt hat sich das Gerät der Fa. Equotip).

4.1.1.5 Kerbschlagbiegeversuch

Der *Kerbschlagbiegeversuch* nach DIN 50 115 ist für die Prüfung von Stahl und Stahlguß, aber auch anderen metallischen Werkstoffen zur Beurteilung der Sprödbruchneigung und Überwachung von Wärmebehandlungen von großer Bedeutung. Er wird in einem Pendelschlagwerk nach *Charpy* (Bild 4.10) durchgeführt. Die schlagartige Beanspruchung ist mit anderen Einflußgrößen, wie Temperatur und mehrachsiger Spannungszustand, vereinigt. In die Beurteilung zur *Sprödbruchneigung* fließen auch noch weitere Faktoren ein: Probenform (Bild 4.11), Probenlage im Werkstück, Kerbanordnung zur Walz- oder Schmiederichtung, Reinheitsgrad, Wärmebehandlung, Stahlherstellung.

Für unlegierte Stähle existiert ein charakteristischer Verlauf der *Kerbschlagzähigkeit* (Joule) in Abhängigkeit von der Temperatur (°C) — die sogenannte *Kerbschlagzähigkeits-Temperatur-Kurve* (Bild 4.12). Unterschieden werden drei Bereiche: Verformungsbrüche im Bereich der Hochlage, Mischbrüche im Bereich des Steilabfalls und Sprödbrüche im Bereich der Tieflage. Die Übergangstemperatur $T_ü$ kennzeichnet die Lage des Steilabfalls; da sich der Steilabfall über einen Temperaturbereich erstreckt, gibt es keine allgemein gültige Definition der Übergangstemperatur. Folgende Kriterien haben sich entsprechend DIN 50 115 als brauchbar erwiesen:

a) bestimmter Wert der Kerbschlagarbeit, z.B. A_v (ISO-V-Probe) = 27 J;
b) bestimmter Prozentsatz der Kerbschlagarbeit der Hochlage, z.B. 50 %;
c) bestimmter Anteil an matter oder faseriger Bruchfläche, z.B. 50 %.

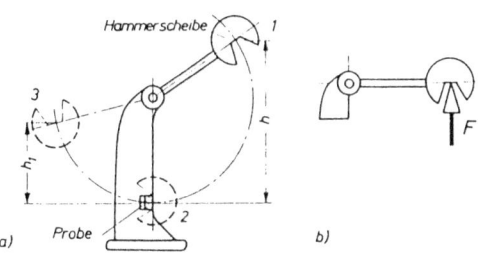

Bild 4.10 Kerbschlagbiegeversuch mit dem Pendelhammer, schematisch dargestellt
a) Pendelschlagwerk,
b) Ermittlung der Kraft F.

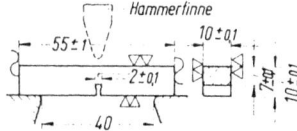

Bild 4.11 DMV-Probe für den Kerbschlagbiegeversuch.

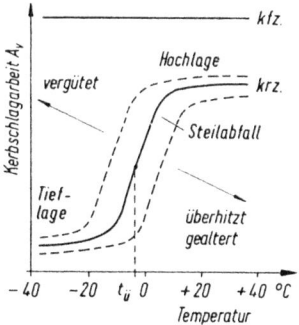

Bild 4.12 Kerbschlagzähigkeit in Abhängigkeit von der Temperatur an Stahl unlegiert (krz-Gitter) und an Stahl (austenitisch, kfz-Gitter).

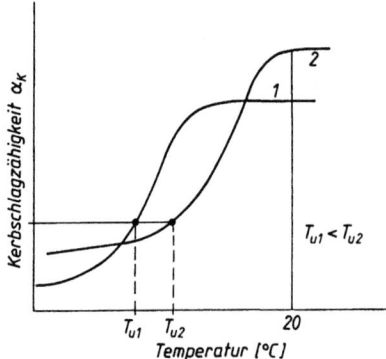

Bild 4.13
Kerbschlagzähigkeitsverlauf bei Stählen 1 und 2.

Das Bild 4.13 zeigt, daß die Kerbschlagzähigkeit bei Raumtemperatur wenig Aussagekraft besitzen kann; obwohl der Stahl 2 eine bessere Kerbschlagzähigkeit in der bei Raumtemperatur liegenden Hochlage aufweist als der Stahl 1, ist dieser jedoch weniger sprödbruchanfällig, weil seine Übergangstemperatur $T_{ü}$ tiefer liegt.

Neuerdings setzt sich immer mehr die ISO-V-Probe (DIN 50 115) durch, das Ähnlichkeitsgesetz zwischen verschiedenen Kerbschlagbiegeproben wie beim Zugversuch kann hier nicht angewendet werden.

4.1.1.6 Technologische Prüfverfahren

Die *technologischen Prüfungen* stellen Werkstattprüfungen dar, die in meist kürzester Zeit eine Aussage über die Einsatzmöglichkeit eines Werkstoffes für einen bestimmten Zweck gestatten, ohne dabei immer exakt meßbare Größen zu ermitteln. Die Formänderungsfähigkeit nimmt bei den Werkstoffen den größten Raum ein.

Faltversuch. Die Ermittlung des Formänderungsvermögens erfolgt hierbei durch den *technologischen Biegeversuch* nach DIN 50 111 (Bild 4.14). Wichtigste Einflußgrößen sind Festigkeit und Werkstoffdicke; die Größe des Biegewinkels ist in der Regel ein Maß für die Formänderungsfähigkeit. Gefordert wird in der Regel ein Biegewinkel von 180°. Die Entfernung der Auflagerollen soll etwa $D + 3a$ betragen. Der Dorndurchmesser richtet sich meist nach der Festigkeitsgruppe des Werkstoffes (s. DIN 17 100).

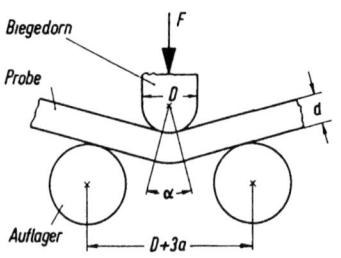

Bild 4.14
Faltversuch.

4.1 Werkstoffprüfung metallischer Werkstoffe

Prüfung von Feinblechen. Durch die geringe Dicke dieser Bleche, die von vornherein eine gute Biegbarkeit bei geringem Kraftaufwand sichert, werden sie zu vielen Formgebungen im kalten Zustand bevorzugt herangezogen. Neben Biegung, Walzung, Falzung, Abkantung wird durch Tiefziehen und Hämmern von den Blechwerkstoffen eine außerordentlich hohe Verformbarkeit verlangt. Als Prüfverfahren kommen zu Anwendung:

Tiefungsversuch,
Faltversuch,
Doppelfaltversuch,
Hin- und Herbiegeversuch,
Abkantversuch,
Alterungsversuch,
Verwindeversuch.

Der *Tiefziehversuch* hat unter den technologischen Blechprüfungen die größte Bedeutung erlangt. Der Ablauf erfolgt nach DIN 50 101 und DIN 50 102. Ausgeführt wird der Versuch mit einem Normalwerkzeug nach DIN 51 101, wobei die Güte und Verwendbarkeit eines Bleches sich nach den Anforderungen richtet (Bild 4.15). Neben diesen Tiefungswerten werden auch durch die Beurteilung der Oberfläche wesentliche Kriterien herangezogen:

1. *Bruchlinie:* Das Blech ist geeignet, wenn die Bruchlinie rundherum verläuft; es ist weniger geeignet, wenn das Tiefungsrondell radial aufplatzt; es ist dann faserig. Zu Faserbildungen neigen Stahl und Weißbleche, weniger dagegen Messingbleche.
2. *Rauhigkeit der Oberfläche:* Behält das Rondell eine glatte Oberfläche, so ist der Werkstoff gut zum Ziehen geeignet, eine rauhe Oberfläche zeugt von einem groben Gefüge, oft bei Überglühung feststellbar.
3. *Kleinbrüchigkeit der Oberfläche:* Tritt besonders bei Kupfer-, aber auch bei Messingblechen auf und ist als feine Aderung auf dem Rondell, evtl. auch auf dem Blech selbst festzustellen.

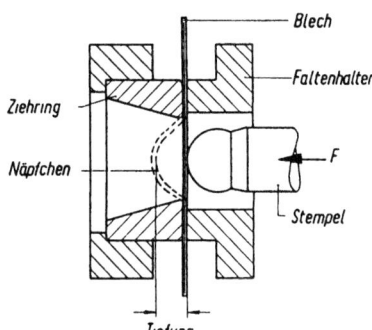

Bild 4.15
Tiefungsversuch nach *Erichsen*.

Der *Weitungsversuch* stellt eine Ergänzung zum Tiefziehversuch dar. Die mit einer zentrischen Bohrung versehenen Proben werden so eingespannt, daß beim Tiefen der Werkstoff für die Näpfchenbildung nur dem Innenrondell der Proben entnommen werden kann. Hierbei weitet sich die Bohrung entsprechend den Blecheigenschaften mehr oder weniger auf. Die Aufweitung bis zum Beginn des Einreißens ist ein Maß für die Tiefziehfähigkeit.

4.1.1.7 Dauerfestigkeitsprüfungen

Die *Dauerfestigkeit* ist diejenige Grenzspannung, die eine Werkstoffprobe bei standiger Wiederholung der Belastung theoretisch unendlich oft ertragen kann, ohne daß ein Bruch eintritt. Geht ein Bauteil, das wechselnden Belastungen unterhalb der statischen Elastizitatsgrenze ausgesetzt ist, nach einer endlichen Zeit zu Bruch, so wird dieser Bruch als *Dauerbruch* bezeichnet, der auf eine Schadigung wahrend der Belastung zurückgeführt wird. Ausgangspunkt für eine derartige Schadigung ist eine Rißbildung im atomaren Bereich durch Erschopfung der Verformung im Bereich der Gleitebenen bzw. durch Makrorisse in Folge von Fehlern im Bauteil (Harterisse, Korrosionsrisse, Oberflachenverletzungen, Korngrenzenrisse, Flocken im Werkstoff u.a.m.). Derartige Anrisse wirken wie scharfe Kerben, so daß die Zerstorung schnell fortschreitet; der tragende Restquerschnitt wird immer kleiner, bis es zum Gewaltbruch kommt. Die entstandene Bruchfläche besteht meist aus zwei deutlich zu unterscheidenden Zonen (Bild 4.16):
a) Fläche der allmählichen Werkstofftrennung mit Rastlinien-Dauerbruchflache,
b) Fläche der plötzlichen Werkstofftrennung: Rest- oder Gewaltbruchflache.

Zur Ermittlung von Kenngrößen für das Werkstoffverhalten bei schwingender Beanspruchung ist der Dauerschwingversuch nach DIN 50 100 heranzuziehen. Einer Mittelspannung σ_m, die im Versuch als statische Vorspannung wirkt, ist eine wechselnde Belastung in Form eines Schwingvorgangs überlagert (Bild 4.17). Die Große der Schwingung wird durch die Amplitude σ_a gekenn-

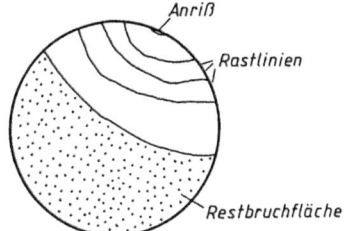

Bild 4.16
Schematische Darstellung des Dauerbruchs.

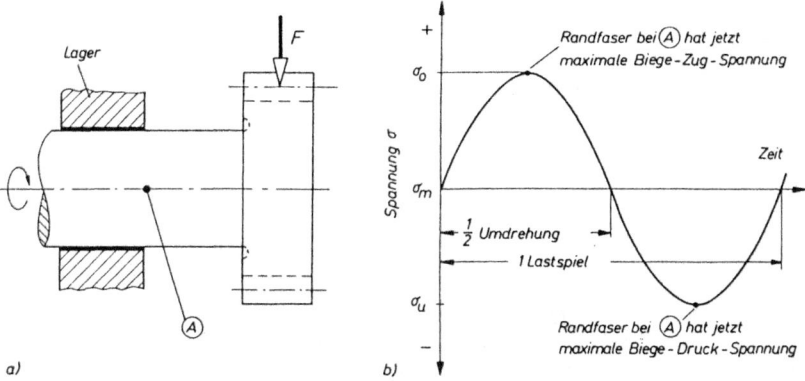

a) b)
Bild 4.17 Getriebewelle
a) schematisch, b) Spannungsverlauf eines Randfaserteilchens.

4.1 Werkstoffprüfung metallischer Werkstoffe

zeichnet, die Oberspannung σ_o ist der größte, die Unterspannung σ_u der kleinste in einem Schwingspiel auftretende Spannungswert. Es bedeuten hierbei:

$$\sigma_m = \frac{\sigma_o + \sigma_u}{2} \quad \text{und} \quad \sigma_a = \pm \frac{\sigma_o - \sigma_u}{2}.$$

Unter einem Schwingspiel versteht man eine volle Schwingung der Beanspruchung (Bild 4.17). Je nach Art der Mittelspannung (negativ, Null oder positiv) werden verschiedene Falle der Beanspruchung unterschieden (Bild 4.18).

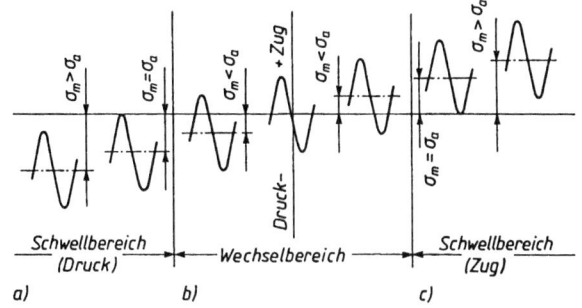

Bild 4.18
Beanspruchungsfalle beim Dauerschwingversuch.

Im Gegensatz zum Zugversuch, bei dem eine Werkstoffprobe einmalig, einachsig und zügig bis zum Bruch belastet wird, wird eine Werkstoffprobe bei einem *Dauerfestigkeitsversuch* vielmals einer wechselnden Belastung unterworfen. Bei einer bestimmten Anzahl von Schwingspielen, der Grenzschwingungspielzahl N_G (z.B. Stahl $2 \cdot 10^6 \ldots 10^7$), treten dann keine Brüche mehr auf, dies ist ein Maß für eine bestimmte Dauerfestigkeit.

Die *Dauerfestigkeitprüfung* erfolgt mit unterschiedlich gestalteten Proben: mit glatten, polierten Proben zur Ermittlung der Dauerfestigkeit für Zug, Druck, Biege- und Torsionsbeanspruchung, mit Proben, die Kerben, Bohrungen, Querschnittsanderungen oder andere Oberflächen aufweisen, zur Ermittlung der Gestaltfestigkeit, d.h. der Kerbwirkung und des Oberflächeneinflusses auf die Dauerfestigkeit. Auch werden Dauerfestigkeitsversuche mit ganzen Maschinenteilen oder Baugruppen durchgeführt, um Schwachstellen zu ermitteln, die dann durch Konstruktions- oder Werkstoffänderungen beseitigt werden.

Die Versuchsdurchführung erfolgt im allgemeinen nach dem *Wöhler-Verfahren* durch Dauerschwingversuche nach DIN 50 100. Eine Anzahl gleicher Proben des gleichen Werkstoffes (im allgemeinen poliert oder feinst geschliffen, Durchmesser 8 ... 10 mm) wird in einer Dauerprüfmaschine jeweils bei gleicher Mittelspannung σ_m mit verschieden hohen Spannungsausschlägen σ_a bis zum Bruch beansprucht. Die Zahl N_B der Schwingspiele bis zum Bruch wird bei jeder Probe festgehalten und in Abhängigkeit von σ_a (Bild 4.19) aufgetragen, wobei die Abszisse N meist logarithmisch geteilt ist. Verbindet man die einzelnen Punkte miteinander, so erhält man das sogenannte *Wöhlerschaubild*. Man erkennt aus dem typischen Aussehen, daß mit immer geringer werdender Spannung σ_a die ertragbaren Schwingspiele bis zum Bruch immer größer werden, bis bei einer Grenzlastspielzahl N_G keine Brüche mehr auftreten und die Kurve asymptotisch verläuft (Bild 4.19). Bei der Herstellung der Proben ist darauf zu achten, daß durch die Bearbeitung keine Gefügeveränderungen an der Oberfläche entstehen, deshalb sind beim Schleifen und Polieren Erwärmungen zu vermeiden.

Im Dauerfestigkeitsschaubild nach *Smith* (Bild 4.20) werden die Grenzspannungen, d.h. die Festigkeiten σ_o und σ_u, in Abhangigkeit von der Mittelspannung σ_m aufgetragen. Daraus ergeben sich

94　　　　　　　　　　　　　　　　　　　　　　　　　　　　　　　　4 Werkstoffprüfung

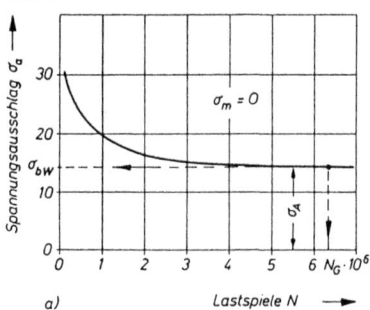
a) Lastspiele N →

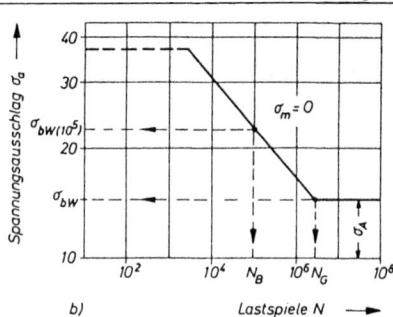
b) Lastspiele N →

Bild 4.19 Wohlerkurve zum Umlaufbiegeversuch
a) im linear geteilten Netz, b) im doppelt-logarithmisch geteilten Netz.

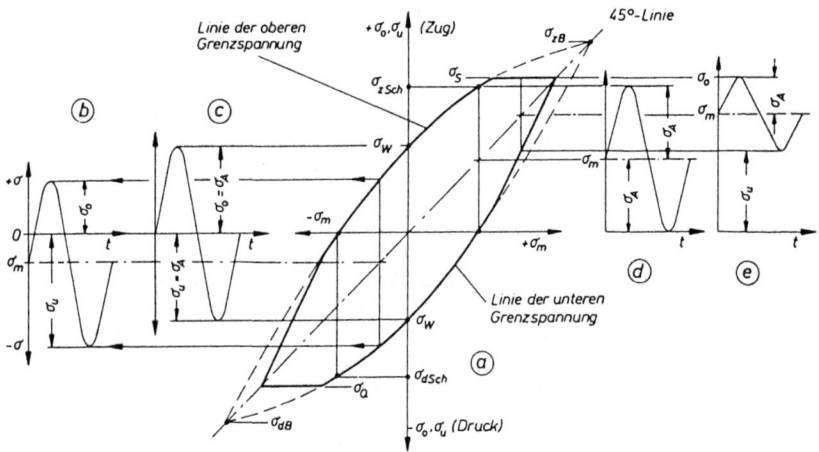

Bild 4.20 Dauerfestigkeitsschaubild für Zug-Druck-Beanspruchung

Bildteil a. Dauerfestigkeitsschaubild. Fur vier verschiedene Mittelspannungen sind die Spannungsausschlage als Hilfslinien eingetragen und seitlich herausprojiziert.
Bildteil b. Druckbeanspruchung im Wechselbereich, dabei reicht die Unterspannung in den Zugbereich hinein.
Bildteil c. Zug-Druck-Wechselbeanspruchung. Die Mittelspannung ist Null, die Spannungsausschlage sind gleich und erreichen die Wechselfestigkeit.
Bildteil d: Zugschwellbeanspruchung, dabei ist die Unterspannung Null, die Mittelspannung gleich dem Spannungsausschlag. Die Oberspannung ist hier gleich der Zugschwellfestigkeit.
Bildteil e: Zugbeanspruchung im Schwellbereich mit hoher Mittelspannung Dabei sind die ertragbaren Spannungsausschlage nur klein. Ober- und Unterspannung haben die gleiche Richtung.

4.1 Werkstoffprüfung metallischer Werkstoffe

zwei Kurvenäste, die von der 45°-Geraden in der Ordinatenrichtung gleich weit entfernt sind. Diese Gerade entspricht den Mittelspannungen, und von dieser sind σ_o und σ_u von dem Spannungsausschlag σ_A entfernt. Das Bild der Werte wird durch die Horizontale der Quetsch- (Druck) bzw. Streckgrenze (Zug) abgeschnitten, da im allgemeinen plastische Verformungen im Maschinenbau vermieden werden. Um ein abgerundetes Bild über einen Werkstofftyp zu erhalten, müssen Schaubilder der Grenzspannungen für Zug, Druck, Biegung und Torsion koordiniert werden.

4.1.2 Metallografische Untersuchungen

Die Eigenschaften metallischer Werkstoffe sind u.a. von der chemischen Zusammensetzung, der Gefügestruktur infolge Umformung, Rekristallisation oder Wärmebehandlung sowie vom Reinheitsgrad abhängig. Zielsetzung von *metallografischen Untersuchungen* ist es daher, Aufschluß über die Gefügestruktur, den Reinheitsgrad oder die Art eines Bruches zu bekommen. Faserverläufe von Umformungen können sichtbar gemacht werden. Alle diese möglichen Befunde erfordern spezielle Methoden, die insgesamt zu den metallografischen Untersuchungen gezählt werden. Es wird unterschieden:

Auflichtmikroskopie von 50- bis 1000-facher Vergrößerung, sie dient der Bestimmung der Gefügeart (z.B. Ferrit, Perlit oder Martensit bei Stahl), der Korngröße, dem Nachweis von Einschlüssen (Sulfide bzw. Oxide), Rissen u.a. m.

Rasterelektronenmikroskopie (REM) bei 100- bis 40000-facher Vergrößerung.

Makroskopie von Oberflächen (Bruch- und Ätzflächen) bis etwa 40-facher Vergrößerung.

Des weiteren sollen bestimmt werden: Guß-, Gluh-, Härte- oder Vergütungsgefüge, Entkohlungen, Aufkohlungen, Nitrierzonen, Rekristallisationsgefüge, Warmeeinflußzonen und Schweißgut von geschweißten Bauteilen.

Voraussetzung für eine einwandfreie Beurteilung ist die sorgfältige Probenentnahme sowie Probenvorbereitung. Weiche Metalle werden gesägt, Schnitte sind wegen damit verbundener Kaltverformungen zu vermeiden, von spröden Metallen lassen sich meist Teile abschlagen. Beim Trennen ist immer für ausreichende Kühlung zu sorgen, damit das Gefüge keine Wärmebeeinflussung erfährt. Häufig müssen Proben in Fassungen eingeklammert oder in Kunstharzmassen eingebettet werden.

4.1.2.1 Makroskopische Prüfverfahren

Für makroskopische Ätzungen werden bei unlegierten Stählen verwendet:
1. alkoholische Salpetersäure: 90 ml Spiritus, 10 ml konzentrierte Schwefelsäure;
2. Ätzmittel nach *Adler:*
   a) 3 g Ammoniumchlorocuprat (II), 25 ml destilliertes Wasser;
   b) 15 g Eisen (III)-Chlorid, 50 ml konzentrierte Schwefelsäure.

Makroätzmittel für Aluminium- und Aluminium-Legierungen: 10 ml destilliertes Wasser, 10 ml konzentrierte Schwefelsäure, 10 ml konzentrierte Salpetersäure, 2,5 ml Flußsäure (38 ... 40 %ig).
Für den makroskopischen Nachweis von Schwefelseigerungen nach *Baumann* werden benötigt: 95 ml destilliertes Wasser, 5 ml konzentrierte Schwefelsäure sowie photografisches Papier.

4.1.2.2 Mikroskopische Prüfverfahren

Für *Mikroschliffe* sind Naßschleifanlagen zu verwenden, auf denen mit unterschiedlichen Körnungen geschliffen wird; nach dem Schleifen werden die Schliffe poliert und geätzt. Typische Ätzmittel sind:
1. für unlegierte und niedriglegierte Stähle und Gußeisen alkoholische Salpetersäure: 98 ml Spiritus, 2 ml konzentrierte Schwefelsäure;
2. für hochlegierte Stähle auf Chrom-Nickel-Basis V2A-Beize nach *Goerens:* 100 ml destilliertes Wasser, 100 ml konzentrierte Salzsäure, 10 ml konzentrierte Salpetersäure, 0,3 ml Sparbeize;

3. für Kupfer- und Kupferlegierungen 120 ml destilliertes Wasser, 10 g Ammoniumchlorocuprat (II);

4. für Aluminium- und Aluminium-Legierungen entweder Flußsaure: 99,5 ml destilliertes Wasser und 0,5 ml Flußsaure oder Natronlauge: 90 ml destilliertes Wasser und 10 g Natriumhydroxid.

4.1.3 Zerstörungsfreie Prüfverfahren

Die gebräuchlichsten Verfahren der Werkstoffprüfung führen zur Zerstörung der Werkstücke und erfordern meist besondere Prüfkörper. Für den Einsatz von Bauteilen ist es jedoch wichtig, daß keine Werkstoffehler vorliegen; denn Werkstofftrennungen führen zu zusatzlichen Spannungserhohungen und sind damit Ausgangspunkte für Schadensfälle. Die *zerstörungsfreie Werkstoffprüfung* hat demzufolge die Aufgabe, eine Werkstuckkontrolle auf sogenannte *Ungänzen* durchzuführen. Die Aufgabe der einzelnen Verfahren ist es (Tabelle 4.3), die angezeigten Ungänzen in ihrer unzulässigen Hohe als Fehler auszuweisen und zu dokumentieren. Für die Beurteilung sind meist Lage, Größe, Form und Oberfläche der Ungänzen von Bedeutung.

Tabelle 4.3 Überblick der zerstorungsfreien Prüfverfahren bei verschiedenen Fehlerarten

Fehlerart	Prüfverfahren
Risse und Fehler, die dicht an der Oberfläche liegen	magnetische Risseprüfung
Fehler, die an der Oberfläche enden	Prüfung mit Penetrierflüssigkeiten
Risse, Gasblasen, Lunker, Bindefehler in Schweißnähten	Rontgenprüfung, Ultraschallprüfung
Haarrisse, die in ihren Abmessungen unter der Erkennbarkeit der Röntgenprufung liegen	Ultraschallprufung

4.1.3.1 Magnetische Risseprüfung

Hier werden die durch Fehler im Werkstück hervorgerufenen Änderungen der magnetischen Leitfahigkeit mit Hilfe eines magnetisierbaren Pulvers sichtbar gemacht; in fehlerfreien Bauteilen ist der magnetische Kraftlinienfluß ungestort, befinden sich dagegen in ferromagnetischen Werkstoffen Gaseinschlusse, Schlackenreste oder Risse, so entsteht an diesen Stellen eine Magnetfeldstorung, der sogenannte *magnetische Streufluß*. Fehler, die an der Oberflache oder dicht darunter liegen, rufen senkrecht zum Kraftlinienfluß ein gut sichtbares Streufeld hervor (Bild 4.21a). Für die Magnetisierung werden verschiedene Verfahren eingesetzt, z.b. die Jochmagnetisierung, die Spulenmagnetisierung, Verfahren der Selbst- und Hilfsdurchflutung sowie der Induktionsdurchflutung. Das Bild 4.21b ziegt ein kombiniertes Verfahren, wobei die Jochmagnetisierung mit Gleichstrom und die Selbstdurchflutung mit Wechselstrom betrieben werden. Der Vorteil des kombinierten Verfahrens liegt darin, Langs- und Querrisse eines Prüflings zu erfassen. Anzeigemittel für die Magnetpulverprüfung ist in Leichtbenzin aufgeschwammtes Eisenoxidpulver; meist sind die Eisenoxidpulverteilchen mit einer fluoreszierenden Hülle umgeben, die bei Betrachtung mit einer ultravioletten Lampe besonders hell aufleuchten.

4.1.3.2 Prüfung mit den Farbeindringverfahren

Zur Prüfung von unmagnetischen Werkstoffen wie Aluminium oder unmagnetischen Chrom-Nickel-Stählen werden die *Farbeindringverfahren* für die Oberflächenrißprüfung eingesetzt. Zu prüfende Teile werden mit einer farbigen (meist roten) bzw. floureszierenden Prüfflüssigkeit (Penetrant) benetzt; der Penetrant soll eine niedrige Oberflächenviskosität haben, damit durch Kapillarwirkung auch in sehr feine Oberflächenrisse eindringen kann. Nach einer Einwirkdauer von

4.1 Werkstoffprüfung metallischer Werkstoffe 97

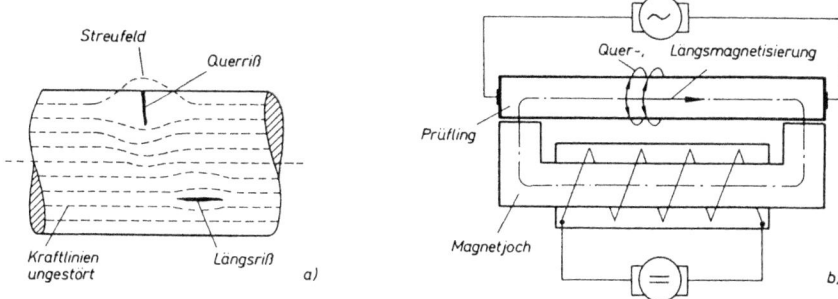

Bild 4.21 Magnetische Rißprüfung
a) Prüfling mit Längsmagnetisierung, b) Längs- und Quermagnetisierung kombiniert.

ca. 10 min wird der Penetrant abgewaschen und die Oberfläche mit einem Entwickler besprüht, der schnell abtrocknet. Auf Grund der Gegenkapillarwirkung wird der Penetrant von dem Entwickler angesogen, eventuell vorhandene Risse werden kontrastreich sichtbar.

4.1.3.3 Ultraschallprüfung

Schallwellen breiten sich in metallischen Werkstoffen als mechanische Schwingungen geradlinig aus. In der *Ultraschallprüftechnik* werden Schallwellen mit Frequenzen von etwa 0,5 ... 6 MHz benutzt. Sie haben eine hohe Durchdringungsfähigkeit homogener Werkstoffe (bei Stahl bis 10 m), ein hohes Reflexionsvermögen an Werkstoffgrenzen; als solche wirken Risse, Schlackeneinschlusse, Hohlraume u.a. m. Die Schallausbreitung wird durch folgende Gleichung beschrieben:

$$c = f \cdot \lambda$$

f Prüffrequenz; λ Wellenlänge (mm); c Schallgeschwindigkeit (m/s).

Die Schallgeschwindigkeit wird durch die Art des Werkstoffes und die Schwingungsart bestimmt. Es wird unterschieden zwischen der Ausbreitungsgeschwindigkeit der Longituindalwellen c_l und der der Transversalwellen c_t, wobei $c_l > c_t$ ist.
Ultraschall wird durch piezoelektrische Plättchen (Bariumtitanat) erzeugt. Diese Plättchen laden sich unter Einwirkung mechanischer Kräfte, wie sie beispielsweise durch Schwingungen hervorgerufen werden (piezoelektrischer Effekt), elektrisch auf, so daß eine Spannung gemessen werden kann. Bei Schwingungen ist dies eine Wechselspannung. Dieser Effekt ist auch umkehrbar. Benutzt werden sogenannte Schwinger (elektroakustische Wandler), die sowohl als Sender als auch als Empfänger eingesetzt werden können (Impuls-Echo-Methode).
Der Schwinger ist wegen seiner Stoßempfindlichkeit durch eine Kunststoffschicht geschützt. Wird der Schall senkrecht zur Prüffläche eingeleitet (DIN 54 119), wird der Prüfkopf als Normalkopf bezeichnet; bei nicht senkrechter Einschallung spricht man vom Winkelprüfkopf. Zur besseren Ankopplung wird ein Kopplungsmedium wie Wasser, Öl oder Tapetenkleister benutzt.
Bei der am häufigsten angewendeten *Impuls-Echo-Methode* (oder *Impuls-Laufzeit-Verfahren*) werden Schallimpulse von 1 ... 10 μs vom Prüfkopf eingeschallt und empfangen. Als Anzeigegerät dient ein Oszillograph, die Erzeugung der Schallwellen erfolgt im Impulsgenerator; diese Haupteinheiten bilden ein Ultraschallgerät, in dem durch Bedienungsknöpfe der Prüfbereich, die Verstärkung, die Impulsverschiebung usw. eingestellt werden können.

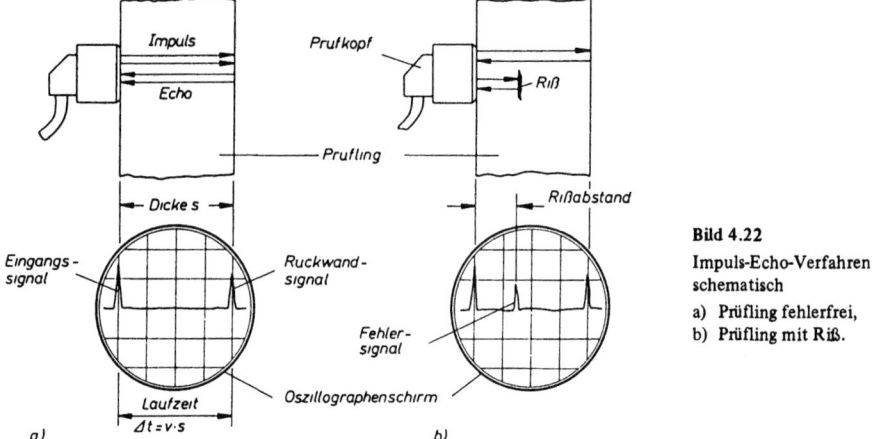

Bild 4.22
Impuls-Echo-Verfahren, schematisch
a) Prüfling fehlerfrei,
b) Prüfling mit Riß.

Das Bild 4.22 zeigt schematisch das Auffinden eines Fehlers nach der Impuls-Echo-Methode, Schalleintritt bzw. Schallaustritt und Schallreflexion an Werkstoffgrenzen werden auf dem Oszillographen als „Spitzen" (Spannungsimpulse) angezeigt, diese Spitzen werden als *Echos* bezeichnet (Eintrittsecho, Rückwandecho und Fehlerecho).

Vor jeder Ultraschallprüfung wird an fehlerfreien Eichkörpern der Schallweg geeicht, um bei Werkstücken mit Fehlern über den Schallweg die geometrische Lage des Fehlers genau festlegen zu können. Fehler in Richtung der Schallwellen werden schlecht reflektiert, das gilt besonders für Stumpfschweißnähte, hierfür werden Winkelprüfköpfe eingesetzt, bei denen der Schall schräg eingeleitet wird (Bild 4.23).

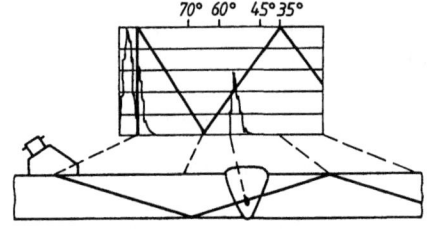

Bild 4.23
Ultraschallprüfung an Schweißnaht.

4.1.3.4 Durchstrahlungsverfahren

Eine der wichtigsten zerstörungsfreien Prüfverfahren sind das *Röntgen-* und das *Gammaverfahren*, hierbei handelt es sich um Fehleranzeigen über die Makrostruktur.

Röntgenprüfung. Gearbeitet wird mit Röntgengeräten bis etwa 300 kV. Von der Strahlenquelle, dem Brennfleck in der Röntgenröhre, wird das zu untersuchende Teil von Röntgenstrahlen (Wellenlänge etwa 1 nm) durchdrungen; hinter dem zu prüfenden Werkstück befindet sich der Röntgenfilm, auf dem die Silber Bromid-Körner durch Strahlung eine Veränderung ihrer physikalischen Struktur erfahren (Bild 4.24). Durch die Entwicklerflüssigkeit werden die Veränderungen sichtbar

4.1 Werkstoffprüfung metallischer Werkstoffe

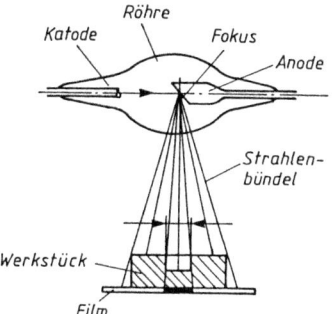

Bild 4.24
Schematische Darstellung einer Röntgenprüfung.

gemacht. Die Strahlungsintensität, die der Röntgenfilm erfährt, wird durch folgenden Ausdruck beschrieben:

$$I = I_0 e^{-\mu d}$$

- I Strahlungsintensität der Reststrahlung
- I_0 Strahlungsintensität vor dem Prüfstück
- μ Schwächungskoeffizient
- d durchstrahlte Materialdicke.

Infolge von Ungänzen in zu den prüfenden Werkstücken nimmt die Strahlungsintensität und damit die Schwärzung des Röntgenfilms zu, es kommt zu Schwärzungsunterschieden, die zur Fehlerauswertung herangezogen werden. Makrorisse bzw. Poren bilden sich entsprechend gut sichtbar auf dem Film ab.

Eine Kontrolle der Bildgüte (nach DIN 54 109) wird über einen Drahtsteg, bestehend aus 7 im Durchmesser abgestuften Drähten, erreicht. Der Drahtsteg ist der Strahlungsquelle zugewandt auf dem Prüfstuck befestigt, somit werden bei der Belichtung die Drähte mehr oder weniger gut sichtbar (abhängig vom Durchmesser des Drahtes und der zu prüfenden Wanddicke) abgebildet. Das Röntgenverfahren wird hauptsächlich bei der Schweißnahtprüfung eingesetzt.

Gammaprüfung. Gammastrahlen entstehen beim Zerfall von radioaktiven Stoffen; hier spielt die Halbwertszeit eine Rolle, das ist die Zeit, bei der ein radioaktives Element auf die Hälfte seiner radioaktiven Kerne zerfallen ist. Einige Strahlungsquellen mit ihren Halbwertszeiten sind in Tabelle 4.4 aufgeführt:

Tabelle 4.4 Halbwertszeiten einiger radioaktiver Stoffe

Strahlungsquelle	Halbwertszeit
Radium	1622 Jahre
Kobalt	5,3 Jahre
Iridium	74,5 Tage
Tantal	11 Tage

Die Wellenlänge der Gammastrahlen liegt um etwa ein bis zwei Zehnerpotenzen niedriger als die der Röntgenstrahlen, damit ist die Gammastrahlung härter. Die Frequenz liegt dagegen um ein bis zwei Zehnerpotenzen höher als bei der Röntgenstrahlung. Vorteilhaft gegenüber der Röntgenprüfung ist der geringere apparative Aufwand, der kleinere Brennfleck, wirtschaftliche Prüfung bei größeren Wanddicken, geringere Belichtungszeiten. Von Nachteil ist, daß Bilder mit geringerem Kontrast erhalten werden, die Gammastrahlung läßt sich nicht abschalten, nur abschirmen. Strahlenschutzbestimmungen sind entsprechend noch intensiver zu beachten als bei der Röntgenprüfung.

4.2 Werkstoffprüfung Kunststoffe

Für die *Werkstoffprüfung von Kunststoffen* kommen die gleichen Versuche wie für Metalle in Frage, jedoch müssen die Besonderheiten der Kunststoffe, z.B. viskoelastisches Verhalten, berücksichtigt werden. Deshalb sind bei Kunststoffen die Einflüsse von Temperatur und Zeit besonders zu beachten. Langzeitversuche bei Raumtemperatur und erhohten Temperaturen sind wichtiger und aussagekraftiger als Kurzversuche[1]). Auch spielen Verarbeitungs- und Umgebungseinflüsse, sowie Gestalteinflusse eine wesentliche Rolle. An Probekorpern ermittelte Werkstoff-Kennwerte konnen i.a. nicht ohne weiteres auf beliebig gestaltete Formteile übertragen werden[2]).

Folgende Einflüsse auf die Werkstoffkennwerte und damit auf Kunststoff-Formteile sind zu beachten:

Umgebungseinflüsse
Technoklima (Temperatur, Luftfeuchte und sonstige Medien),
Wasseraufnahme,
Alterung,
Weichmacherwanderung;

Gestalteinflüsse
Wanddickenverteilung,
Kerbwirkung,
Metalleinlegeteile,
Angußlage (Bindenahte, Orientierungen),
Einfach-, Mehrfachanguß,
Formfüllung (Quellfluß, Freistrahl);

Verarbeitungseinflüsse
Orientierungen,
Eigenspannungen,
ungleichmaßige Schwindung,
Kristallisation und Nachkristallisation,
Angußart und Angußlage,
Zugabe von Regenerat;

Einflusse von Zusatzstoffen
Änderung von Festigkeit und Elastizitatsmodul (meist Erhohung angestrebt, dabei Verlust an Zahigkeit),
hohere thermische Beanspruchbarkeit,
Verkleinerung der Schwindung,
Orientierungen, vor allem bei faserigen Stoffen ergibt sich Anisotropie.

Durch diese vielen Einflusse ist es notwendig, mit den Werkstoffkennwerten immer auch die Verarbeitungs- und Prüfbedingungen anzugeben.

---

[1]) Kurzversuche werden, wenn nicht anders vereinbart, unter Normalklimabedingungen DIN 50 014 – 23/50 – 2 (23 °C und 50 % relative Luftfeuchte) mit entsprechend konditionierten Probekorpern durchgeführt.

[2]) In Tabellenwerken z.B. [4.1] findet man übersichtliche Darstellungen bestimmter Eigenschaften von wichtigen Kunststoffen im Vergleich zueinander.

4.2 Werkstoffprüfung Kunststoffe

4.2.1 Mechanische Eigenschaften

Man ermittelt hier *mechanische Werkstoffkennwerte*, die entweder durch Grenzspannungen (z.b. Zugfestigkeit) oder Grenzverformungen (z.b. Dehngrenzen) gekennzeichnet sind. Kennwerte aus Kurzversuchen dienen vorwiegend der Überwachung der Fabrikation bzw. dem Werkstoffvergleich. Wegen Zeitabhängigkeit spielen statische und dynamische Langzeitversuche eine große Rolle, wegen Versprödungsgefahr die Schlag- und Kerbschlagversuche.

Anmerkung: Dehnungen werden im Gegensatz zur Prüfung von metallischen Werkstoffen grundsätzlich aus Verformungen unter Last ermittelt.

4.2.1.1 Zugversuch

Mit dem *Zugversuch* nach DIN 53 455 werden die Werkstoffeigenschaften bei einachsiger, quasistatischer Zugbeanspruchung ermittelt. Man erhält Einblick in das Festigkeits- und Dehnungsverhalten. Probekörper werden getrennt hergestellt oder aus Formteilen entnommen. Bild 4.25 zeigt charakteristische *Spannungs-Dehnungs-Diagramme* bei 20 °C und 10 mm/min Prüfgeschwindigkeit. Die Spannungen ergeben sich als $\sigma = F/A_0$, die Dehnungen als $\epsilon = \Delta L/L_0$, Dehnungen ϵ werden unter Last ermittelt, enthalten also elastischen und plastischen Anteil. Als *Werkstoffkennwerte* werden ermittelt

Festigkeitskennwerte in N/mm²   Verformungswerte in %

Streckspannung σ_S Dehnung bei Streckspannung ϵ_S
Zugfestigkeit σ_B Streckdehnung ϵ_B
Reißfestigkeit σ_R Reißdehnung ϵ_R
Elastizitätsmodul E_z
(s. auch DIN 53 457)

Anmerkung: Bei stark verformungsfähigen Thermoplasten, insbesondere nach starker Verformung (Bild 4.25d) ist nur die Angabe von σ_S, allenfalls σ_R sinnvoll; σ_B ist nicht eindeutig, es kann $\sigma_B = \sigma_S$ oder $\sigma_B = \sigma_R$ sein (Bild 4.25c). σ_S ist der maßgebliche Kurzzeitkennwert bei verformungsfähigen Thermoplasten.

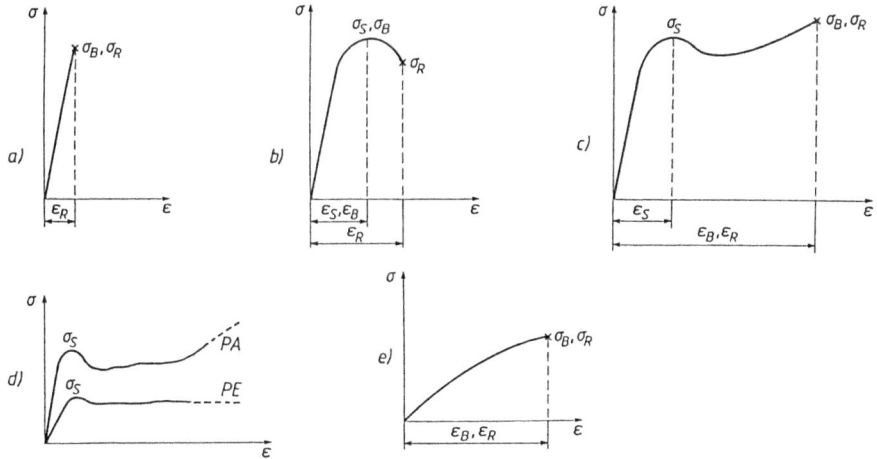

Bild 4.25 Charakteristische Spannungs-Dehnungs-Kurven von Kunststoffen (schematisch)
a) sprode Kunststoffe wie Duroplaste, sprode Thermoplaste (PS, SAN, PMMA) und hoch glasfasergefullte Thermoplaste, b) zähharte Thermoplaste wie POM, c) zähe Thermoplaste wie ABS, PC, d) verstreckbare Thermoplaste wie PE, PP, PA, PBTP, e) weiche Kunststoffe (PVC weich), Elastomere.

4.2.1.2 Druckversuch

Mit dem *Druckversuch* nach DIN 53 454 werden die Werkstoffeigenschaften bei einachsiger Druckbeanspruchung ermittelt, dabei wirken sich die Schwachstellen im zwischenmolekularen Bereich viel weniger aus als bei Zugbeanspruchung, so daß auch sprode Kunststoffe wie PMMA stark verformbar werden (Bild 4.26).

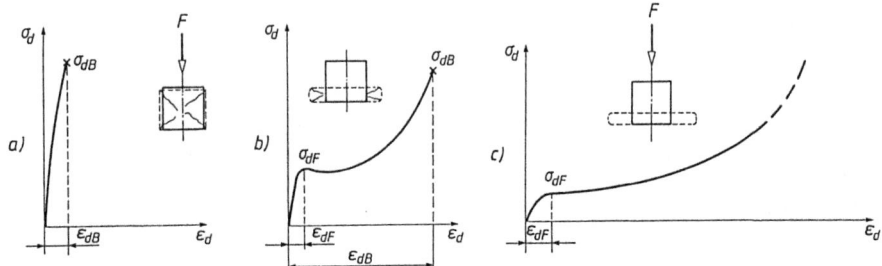

Bild 4.26 Spannungs-Dehnungs-Kurve von Kunststoffen beim Druckversuch (schematisch)
a) spröde Kunststoffe, b) im Druckversuch verformungsfähige Kunststoffe, z.B. PMMA, mit Quetschspannung und Schubbruch, c) verformungsfähige Kunststoffe mit weitgehender Verformung, z.B. PVC hart, PC, PA, PE.

Probekorper werden am besten aus Stangenmaterial als zylindrische Abschnitte, bei faserverstarkten Kunststoffen mit speziellen „Endkappen" hergestellt. Knicken ist zu vermeiden. Als *Werkstoffkennwerte* werden ermittelt:

Festigkeitskennwerte in N/mm²   Verformungskennwerte in %
Druckfestigkeit σ_{dB} Stauchung bei Bruch ϵ_{dB}
Quetschspannung σ_{dF} Stauchung bei Quetschspannung ϵ_{dF}
Elastizitatsmodul E_d
(s. auch DIN 53 467)

Tritt kein Bruch ein, so kann keine Druckfestigkeit angegeben werden.

4.2.1.3 Biegeversuch

Mit dem *Biegeversuch* nach DIN 53 452 werden Festigkeits- und Formanderungseigenschaften bei *Dreipunktbiegung* ermittelt. Es herrscht keine gleichmäßige Spannungsverteilung über den Querschnitt des Probekörpers. Die größte Beanspruchung erfolgt in der Randschicht. Zu beachten ist der Schubspannungseinfluß.
Probekörper werden getrennt hergestellt oder aus Formteilen entnommen. Bild 4.27 zeigt charakteristische Spannungs-Dehnungs-Diagramme. Als *Werkstoffkennwerte* werden ermittelt:

Festigkeitskennwerte in N/mm²   Verformungskennwerte in %
Biegefestigkeit σ_{bB} Randfaserdehnung bei Höchstkraft ϵ_{bB}
3,5 %-Biegespannung $\sigma_{b3,5}$ Randfaserdehnung bei 3,5 %-Biegespannung
Elastizitätsmodul E_b $\epsilon_b = 3,5\,\%$
(s. auch DIN 53 457)

Anmerkung: Bei Probekörpern mit längsorientierten, faserigen oder schichtartigen Verstarkungen konnen in der Mittelebene Schubbruche auftreten oder auch ein Knicken der Fasern in der Druckzone. Die Prüftechnik ergibt bei solchen Stoffen daher besondere Probleme.

4.2 Werkstoffprüfung Kunststoffe 103

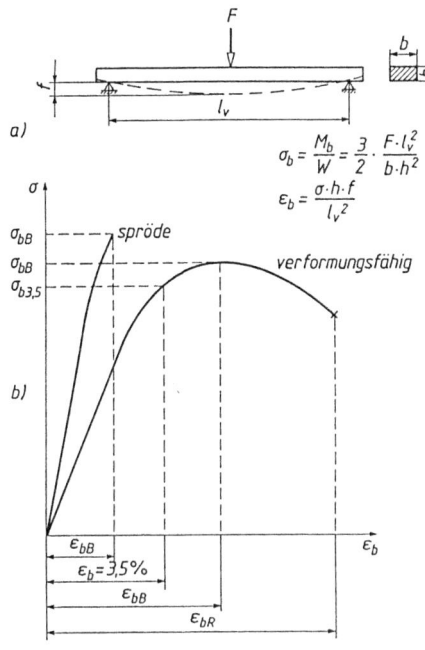

Bild 4.27
Biegeversuch von Kunststoffen
a) Versuchsanordnung bei Dreipunktbiegung,
b) Spannungs-Dehnungs-Kurven von Kunststoffen im Biegeversuch (schematisch).

4.2.1.4 Härteprüfung

Die *Härteprüfung* bei Kunststoffen nach DIN 53 456 ist eine *Kugeleindruckprüfung*, ähnlich dem Brinellverfahren bei Metallen und wird deshalb als *Kugeldruckhärteprüfung* bezeichnet. Im Gegensatz zu der Härteprüfung bei Metallen wird bei Kunststoffen die Eindringtiefe unter Last nach 30 s ermittelt. Die Prüfkraft F in vier Stufen hängt vom Härtebereich der zu prüfenden Kunststoffe ab. Bei hochelastischen Werkstoffen, z.B. PUR-Elastomeren und Gummi, wird die Härteprüfung nach *Shore A* oder *D* DIN 53 505 durchgeführt. Probekörper sollten mindestens 4 mm dick sein sowie planparallel und satt auf der Unterlage aufliegen. Als *Werkstoffkennwerte* werden ermittelt:

Kugeldruckhärte H in N/mm^2
Shore *A*- oder Shore *D*-Härte.

Man beachte, daß die Härtewerte nur Vergleichswerte sind. Es kann weder aus der Shore-Härte die Kugeldruckhärte noch aus der Kugeldruckhärte ein Festigkeitskennwert errechnet werden.

4.2.1.5 Schlagversuche

Schlagversuche können bei Biegebeanspruchung oder Zugbeanspruchung, jeweils ohne oder mit Kerben durchgeführt werden. Erfolgen die Versuche noch in Abhängigkeit von der Temperatur, so erhält man Aussagen über Zäh/Sprod-Übergänge. Schlagversuche werden wegen der einfachen Versuchsanordnung vorwiegend als *Schlagbiege-* oder *Kerbschlagbiegeversuche* durchgeführt. Als Kerbe wird die U-Kerbe (DIN 53 453) verwendet, besser sind jedoch Loch- und Doppel-V-Kerben (DIN 53 753), die eine bessere Differenzierung erlauben (Bild 4.28) und bei denen die Außenfasern nur zur Hälfte durchtrennt sind.

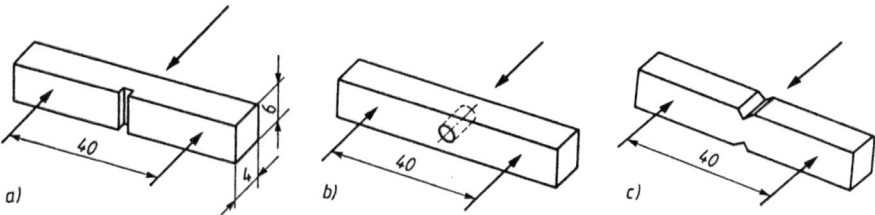

Bild 4.28 Kerbformen beim Kerbschlagbiegeversuch
a) U-Kerbe DIN 53 453, b) Lochkerbe DIN 53 753, c) Doppel-V-Kerbe DIN 53 753.

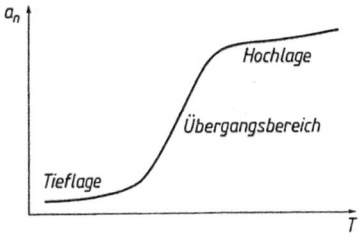

Bild 4.29
Schlag- oder Kerbschlagzähigkeit als Funktion der Temperatur (schematisch)
Hochlage: Verformungsbrüche,
Tieflage: Sprödbrüche,
Übergangsbereich („Steilabfall"): Mischbrüche.

Probekörper (Normkleinstab) werden getrennt hergestellt oder aus Formteilen entnommen. Als *Werkstoffkennwerte* ermittelt man in kJ/m^2 oder mJ/mm^2

Schlagzähigkeit a_n
Kerbschlagzähigkeit a_k (U-Kerbe)
Kerbschlagzähigkeit a_L (Lochkerbe)
Kerbschlagzähigkeit a_V (Doppel-V-Kerbe)

Anmerkung: Tabellenwerte der Kerbschlagzahigkeit beziehen sich meist auf die U-Kerbe und Normaltemperatur. Günstiger sind jedoch Werte mit Lochkerbe oder Doppel-V-Kerbe, da hier die beanspruchte Randfaser nicht völlig durchtrennt wird. Aus dem Verlauf der Schlag- oder Kerbschlagzahigkeit uber der Temperatur (Bild 4.29) laßt sich ein Kunststoff besser charakterisieren.
In neuen Kunststoffnormen wird die Ermittlung der (Ixod-)Schlag- bzw. Kerbschlagzahigkeit nach ISO 180 vorgeschrieben.
Aus Schlagversuchen gewonnene Kennwerte werden nicht zu Berechnungen herangezogen, sie sind auch nicht auf Formteile übertragbar.
Bei sehr zähen Kunststoffen können auch Schlagzugversuche nach DIN 53 448 durchgeführt werden, ggf. mit Kerben, z.B. Lochkerben.

4.2.1.6 Zeitschwingversuche

Zeitschwingversuche für Kunststoffe werden in Anlehnung an DIN 50 100 (Dauerschwingversuche, aufgestellt zunachst für Metalle) durchgeführt oder als Dauerschwingversuch im Biegebereich nach DIN 53 444. Wegen des besonderen Verhaltens der Kunststoffe müssen bei dynamischer Prüfung bzw. Beanspruchungen nachstehende Hinweise beachtet werden:
a) Keine zu hohe Prüffrequenz wegen Erwarmung ($<$ 10 Hz).

4.2 Werkstoffprüfung Kunststoffe

b) Das Verhältnis Probekörpervolumen zu Probekörperoberfläche spielt wegen der Wärmeabfuhr eine große Rolle.

c) Bei Versuchen unter konstanten Spannungsausschlägen kriecht der Kunststoff, bei konstanten Verformungsausschlägen entspannt er sich.

d) Es werden keine *Dauerschwingfestigkeiten*, sondern nur *Zeitschwingfestigkeiten*, meist für $N = 10^7$ Lastwechsel ermittelt.

Die Schwingungsbeanspruchung erfolgt allgemein als $\sigma = \sigma_m \pm \sigma_a$, wobei gelten kann $\sigma_m = 0$, $\sigma_m > 0$, $\sigma_m < 0$; die entsprechenden Beanspruchungsverhältnisse sind in Bild 4.30 dargestellt.
Probekörper und deren Form sind von der verwendeten Prüfmaschine abhangig. Sie werden durch Pressen, Spritzgießen oder spanend aus Halbzeug hergestellt. Sie mussen völlig gleich sein und ohne Oberflächenfehler. Aufgenommen werden *Wöhlerkurven* (Bild 4.31) für verschiedene Mittelspannungen, aus denen dann ein *Zeitschwingfestigkeitsschaubild nach Smith* (Bild 4.32) ermittelt wird. Als Versuchsbedingungen gelten Pruffrequenzen < 10 Hz und Lastwechselzahl N bis 10^7
Die ermittelten *Werkstoffkennwerte* in N/mm^2 sind:

Zeitwechselfestigkeit $\pm \sigma_{W(10^7)}$
Zeitschwellfestigkeit $\sigma_{Sch(10^7)}$
Zeitschwingfestigkeit allgemein $\sigma_D = \sigma_m \pm \sigma_a$

Anmerkung Die Kennwerte sind stark vom Gefügezustand, insbesondere an der Oberfläche, abhängig. Oberflächenfehler setzen die Beanspruchbarkeit herab; die zulässigen Beanspruchungen müssen daher mit ausreichender Sicherheit unterhalb der Begrenzungen des Zeitschwingfestigkeitsschaubildes liegen.

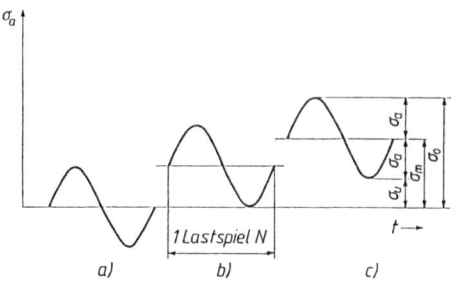

Bild 4.30
Schwingungsbeanspruchung (schematisch)
a) Wechselbeanspruchung $\sigma_m = 0$,
b) Schwellbeanspruchung $\sigma_m = \sigma_a$,
c) Zugschwellbeanspruchung $\sigma_m > \sigma_a$.

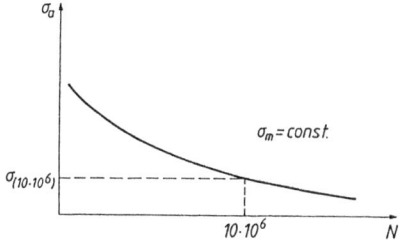

Bild 4.31
Wöhlerkurve eines Kunststoffs (schematisch).

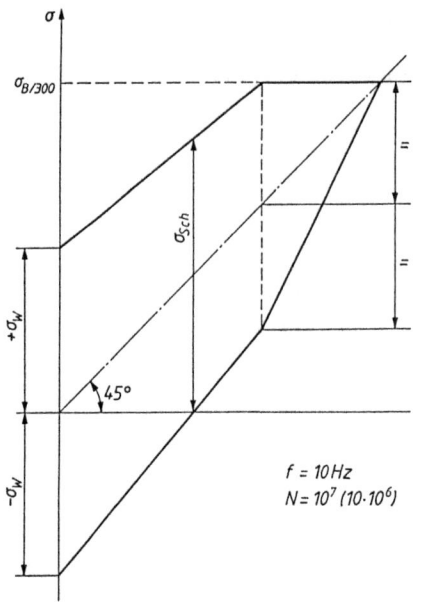

Bild 4.32
Zeitschwingfestigkeitsdiagramm nach *Smith* für $10 \cdot 10^6$ Lastwechsel (schematisch).

$f = 10\,Hz$
$N = 10^7\,(10 \cdot 10^6)$

4.2.1.7 Zeitstandversuche

Die Durchführung eines *Zeitstandversuchs* nach DIN 53 444 erfolgt als *Kriech-* oder *Retardationsversuch*, wobei bei konstanter Belastung im Klimaraum die Dehnungszunahme $\epsilon = f(t)$ ermittelt wird (Bild 4.33a). Bedeutung hat dies für Formteile, Rohre und Behälter unter Innendruck, die in der Praxis ähnlich beansprucht sind. Untersuchungen des *Entspannungs-* oder *Relaxationsverhaltens* erfolgt in aufwendigerer Versuchstechnik; hierbei wird bei konstanter Dehnung die zeitabhängige Spannungsabnahme $\sigma = f(t)$ bestimmt (Bild 4.33b). Bedeutung haben solche Versuche für verspannte Elemente, z.B. Schraubverbindungen, Dübel, Befestigungen, Dichtungen.

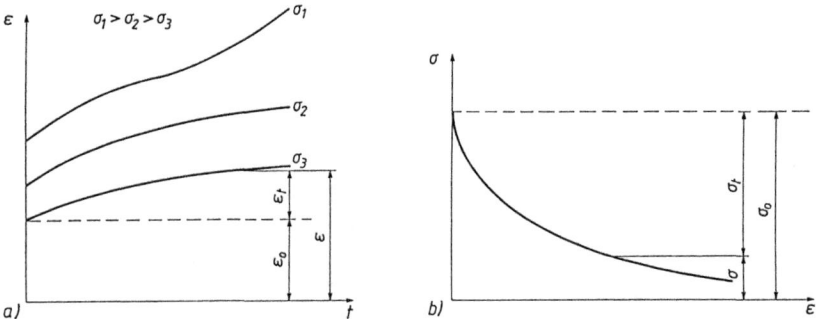

Bild 4.33 a) Kriechkurven aus Kriech- oder Retardationsversuch, b) Entspannungskurve aus Entspannungs- oder Relaxationsversuch.

4.2 Werkstoffprüfung Kunststoffe

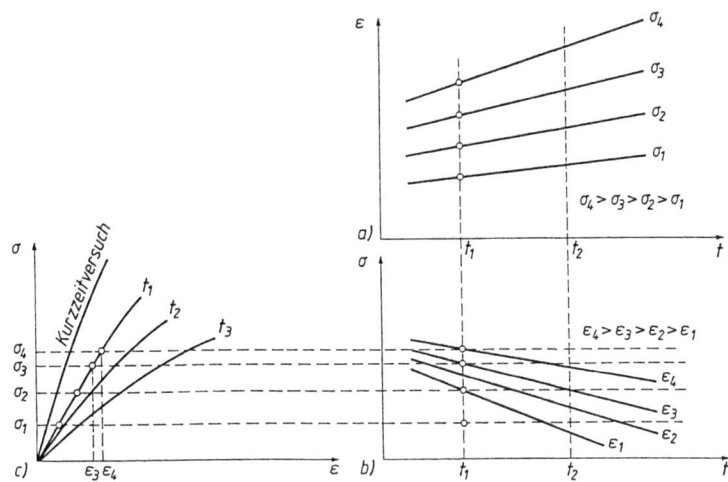

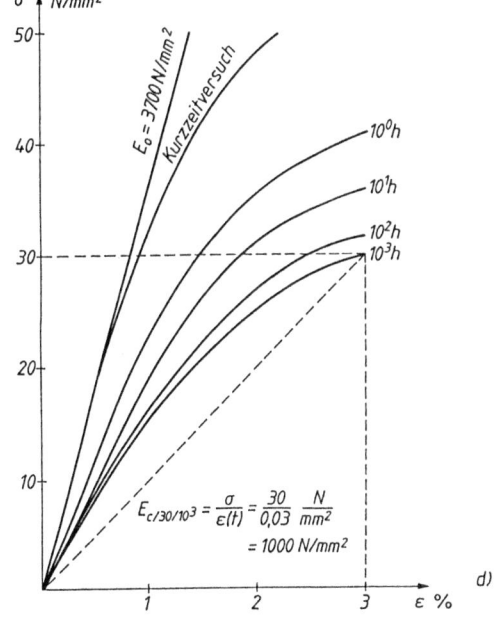

Bild 4.34
a) Kriechkurven (schematisch),
b) Zeitstand-Schaubild (schematisch)
c) Isochrone Spannungs-Dehnungs-Kurve (schematisch),
d) Isochrone Spannungs-Dehnungs-Kurven für POM mit Ermittlung des Kriechmoduls E_c für $\sigma = 30\,\text{N/mm}^2$, $t = 10^3$ h.

Probekörper werden wie für Zug- oder Biegeversuch hergestellt. Bei der Aufnahme von *Kriechkurven* werden zunächst *Zeitdehnlinien* $\epsilon = f(t)$ bei konstanter Spannung und Temperatur aufgenommen (Bild 4.34a), daraus ermittelt man das *Zeitstandschaubild* $\sigma = f(t)$ (Bild 3.34b) bei konstanter Dehnung und Temperatur. Durch weiteres Umzeichnen erhält man *isochrone Spannungs-Dehnungs-Diagramme* $\sigma = f(\epsilon)$ bei konstanter Zeit und Temperatur; aus Bild 4.34c kann man ent-

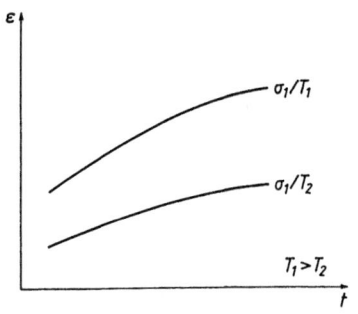

Bild 4.35
Kriechkurven für gleiche Spannung σ_1, aber verschiedene Temperaturen $T_1 > T_2$.

nehmen, welche Dehnung bei einem mit einer bestimmten Spannung beanspruchten Teil nach einer bestimmten Zeit zu erwarten ist. Durch zunehmende Temperatur wird das Kriechen beschleunigt (Bild 4.35). Man erhält als *Werkstoffkennwerte* in N/mm²:

Zeitdehnspannung $\sigma_{\epsilon/t}$ (ϵ Gesamtdehnung in %, t Zeit in h)
Zeitstandfestigkeit $\sigma_{B/t}$
Kriechmodul $E_c(t, \sigma)$
Relaxationsmodul $E_r(t, \sigma)$

4.2.2 Elektrische Eigenschaften

Kunststoffe haben als Isolierstoffe in der Elektrotechnik eine besondere Bedeutung. Dementsprechend gibt es eine Reihe von Prüfverfahren zur Ermittlung von elektrischen Eigenschaften.

4.2.2.1 Elektrische Durchschlagfestigkeit

Die Prüfung der *elektrischen Durchschlagfestigkeit* E_d nach DIN 53 481 dient zur Beurteilung der Spannungsfestigkeit von Isolierstoffen bei technischen Frequenzen.
Der Probekörper ist von der verwendeten Elektrode und der Gestalt des zur Verfügung stehenden Formstoffs abhängig. Als *Kennwert* in kV/cm bzw kV/mm ergibt sich:

$$\text{Durchschlagfestigkeit } E_d = \frac{\text{Durchschlagspannung } U_d}{\text{kleinste Probendicke } a}$$

Anmerkung: Die Kennwerte haben nur vergleichende Bedeutung, sie sind von der Probendicke, der Elektrodenanordnung sowie den Umgebungsbedingungen abhängig.

4.2.2.2 Oberflächenwiderstand R_O

Der *Oberflächenwiderstand* R_O nach DIN VDE 0303 T3/IEC 112 gibt Aufschluß über den Isolationszustand eines Isolierstoffs an der Oberfläche, wobei allerdings darunter liegende Schichten mitwirken können.
Probekörper werden, wenn möglich, in den Größen 120 mm × 120 mm oder 120 mm × 15 mm, aus Tafeln oder Folien hergestellt; bei Formteilen ist es zweckmäßig, haftende Strichelektroden aufzubringen. Als *Kennwert* in Ω ergibt sich:

Oberflächenwiderstand R_{OG} mit Angabe der Elektrodenanordnung.

Anmerkung: Der Oberflächenwiderstand ist abhängig von Abmessungen und Abstand der Elektroden, von der Art, wie diese angebracht sind, von der Meßspannung sowie von den Probenabmessungen und den Umgebungsbedingungen, insbesondere der Sauberkeit der Oberfläche.

4.2 Werkstoffprüfung Kunststoffe

4.2.2.3 Spezifischer Durchgangswiderstand ρ_D

Die Prüfung des *spezifischen Durchgangswiderstands* nach DIN VDE 0303 T2/IEC 112 gibt Aufschluß über das Isoliervermögen eines Kunststoffs.
Probekörper haben möglichst einfache geometrische Form, wie Platten oder Zylinder. Als *Kennwert* in $\Omega \cdot$ cm ergibt sich:

spezifischer Durchgangswiderstand ρ_D.

4.2.2.4 Dielektrische Eigenschaftswerte

Unter dielekektrischen Eigenschaften (DIN 53 483) versteht man das Verhalten von Isolierstoffen im elektrischen Wechselfeld bei 50 Hz, 1 kHz, 1 MHz zwischen Kondensatorplatten. Die dielektrischen Eigenschaften sind neben den üblichen Einflußfaktoren stark vom inneren Aufbau der Kunststoffe, vor allem der Polarität und Polarisierbarkeit abhangig. Die Prüfung gibt deshalb Aufschluß über den Energieverlust im elektrischen Wechselfeld.
Die Form der Probekörper richtet sich nach dem Meßverfahren und der Elektrodenanordnung. Als *Kennwerte* (dimensionslos) erhalt man:

Dielektrizitätszahl ϵ_r
(Dielektrizitätskonstante $\epsilon = \epsilon_r \cdot \epsilon_0$, wobei $\epsilon_0 = 0{,}08854$ pF/cm für den luftleeren Raum gilt)
Dielektrischer Verlustfaktor $\tan \delta$

Anmerkung: Prüffrequenzen sind unbedingt anzugeben.

4.2.2.5 Kriechstromfestigkeit [1])

Bei der Prüfung der *Kriechstromfestigkeit* nach DIN VDE 0303 T1/IEC 112 fließt unter einer angelegten Wechselspannung auf einer definiert mit Prüflösungen „verunreinigten" Oberfläche eines Isolierstoffs ein Kriechstrom, der infolge ortlicher thermischer Zersetzung eine Kriechspur erzeugt.
Probekorper oder Formteile sollten an der Prufstelle eine möglichst ebene Flache von 15 mm X 15 mm X mind. 3 mm haben und frei von Kratzern und Beschadigungen sein. Es ergibt sich der *Kennwert*:

Stufe KC mit Angabe der Spannung, bei der Überstromauslösung erfolgte. Wenn bei 600 V noch keine Auslösung erfolgte, wird angegeben „Stufe KC > 600".

Anmerkung. Die früher üblichen Prüfverfahren KA und KB sollen nicht mehr angewendet werden. Die Prüfergebnisse geben nur eine Tendenz für die Kriechstromfestigkeit eines Isolierstoffs an, da in der Praxis Verunreinigungen der verschiedensten Art eine Rolle spielen konnen.

4.2.3 Thermische Eigenschaften

Bedingt durch den Aufbau der Kunststoffe haben diese ein weitgehend anderes thermisches Verhalten als Metalle. Besonders zu beachten ist, wie bereits bei den mechanischen Eigenschaften (s. Abschnitt 4.2.1) erwahnt, die starke Abhangigkeit der Kennwerte von der Temperatur, auch schon bei kleinen Temperaturanderungen. Ein grundlegender Unterschied zu den Metallen besteht in der schlechten *Warmeleitfahigkeit* (Ermittlung nach DIN 52 612 [4.1]), der größeren *linearen Warmedehnzahl* [4.1], die vor allem bei Verbundkonstruktionen beachtet werden müssen.

---

[1]) DIN 53 480 ist ersetzt durch DIN VDE 0303 T1/IEC 112. Es werden dort andere Kennwerte beschrieben, z.B. CTI-Werte. Dazu liegen aber noch nicht genügend Kennwerte vor.

Beim Einsatz von Kunststoff-Formteilen spielen Angaben über die Formbestandigkeit eine Rolle. Man unterscheidet dabei Formbeständigkeit in der Warme nach *Martens* DIN 53 458 [4.1], Formbeständigkeit in der Warme nach ISO R 75 DIN 53 461 [4.1] und Vicaterweichungstemperatur DIN 53 460 [4.1]. Zu beachten ist dabei jedoch, daß bei diesen Prüfungen unterschiedliche Verformungsgrenzen bei unterschiedlichen Belastungen festgelegt sind; die Ergebnisse der verschiedenen Untersuchungen sind daher nicht ineinander umrechenbar. Die Kennwerte der einzelnen Prüfverfahren lassen nur Vergleiche zwischen den Kunststoffen zu und machen keine Aussagen über *Gebrauchstemperaturen* von Formteilen. In Tabellenwerken, z.B. [4.1] und [4.3], werden derartige Gebrauchstemperaturen angegeben, sie gelten zwar für Langzeittemperatureinwirkung, aber nur für geringe Belastungen und Eigengewicht in Luft. Für nur kurzzeitige oder intermittierende Temperaturbeanspruchung können die Werte überschritten werden; bei wesentlichen Betriebsbelastungen müssen sie unterschritten werden.

Für thermoplastische Kunststoffe hat sich die Aufnahme von *Schubmodul-Temperatur-Kurven* im Torsionsschwingungsversuch nach DIN 53 445 (Bild 2.17) bewährt. Aus solchen Kurven kann man sowohl den *Gebrauchstemperaturbereich* als auch den *Übergangstemperaturbereich* in den thermoelastischen Zustand (vgl. Abschnitt 7.2 Umformen) entnehmen. Aus den gleichzeitig ermittelten *Dämpfungs-Temperatur-Kurven* erkennt man das gute *Dämpfungsverhalten* der Kunststoffe.

Zur Beurteilung des Fließverhaltens von Thermoplasten unter bestimmten Druck- und Temperaturbedingungen wird der *Schmelzindex MFI* in g/10 min nach DIN 53 735 bestimmt. Kunststoffe mit hohen MFI-Werten haben ein besseres Fließverhalten (Spritzgußtypen) als solche mit niedrigen MFI-Werten (Extrusionstypen).

4.2.4 Chemische Eigenschaften und Spannungsrißbildung

Die chemische Bestandigkeit der einzelnen Kunststoffe ist je nach Aufbau unterschiedlich. Zwar ist die *Korrosionsbeständigkeit* gegenüber üblichen Bedingungen haufig sehr gut oder die Kunststoffe können entsprechend stabilisiert werden. Die Duroplaste sind wegen ihrer raumlichen Vernetzung weitgehend bestandig gegen chemische Angriffe und gegen Lösungsmittel. Beim Einsatz von Thermoplasten muß für jeden Kunststoff geprüft werden, ob er gegenüber einwirkenden Chemikalien oder Losungsmitteln bestandig ist oder nicht. Fur einige wichtige Medien sind diese Bedingungen in Tabelle 4.5 zusammengestellt. In besonderen Fallen muß man auf spezielle Angaben der Rohstoffhersteller, auch in Abhangigkeit von der Temperatur, zurückgreifen.

Ähnliches gilt für die Anfälligkeit von Kunststoffen gegenüber Licht, insbesondere UV-Strahlung bei unterschiedlichen Klimabedingungen (*irreversible Alterung*).

Ein besonderes Problem, vor allem bei Thermoplasten, stellt die *Spannungsrißbildung* dar. Sie tritt im Zusammenwirken chemischer Einflüsse bei gleichzeitigem Vorhandensein von Spannungen als Eigen-, Betriebs- oder Montagespannungen auf. Sie führt zunachst zu optisch erkennbaren Veränderungen, die sich bis zu ausgepragter Rißbildung und dadurch mechanischer Schädigung weiterentwickeln konnen. Möglichkeiten der Untersuchung des Spannungsrißverhaltens sind in DIN 53 449 z.B. mit dem *Kugeleindrückverfahren* und der *Biegestreifenmethode* beschrieben. Wegen des vielfaltigen Einflusses der morphologischen Aufbaus, der Verarbeitungsbedingungen und der wirkenden Agenzien ist die Angabe von „Werten" der *Spannungsrißempfindlichkeit* problematisch. Es gibt deshalb hierzu praktisch noch keine detaillierten Angaben, höchstens für einzelne, amorphe Thermoplaste z.B. PC in VDI/VDE 2475 (TnP-Test) oder PS und SAN in [4.1] und [4.5].

4.2 Werkstoffprüfung Kunststoffe

Tabelle 4.5 Chemikalienbeständigkeit einiger Thermoplaste gegen wichtige Medien

	Heißwasser/Dampf	Waschmittel	Säuren, schwach	Säuren, stark	Laugen, schwach	Laugen, stark	Alkohole	Benzin	Benzol	Dieselöl	Motorenöl/Fette	Aceton	Chlorkohlenwasserstoffe
PE	+	+	+	+	+	+	(+)	+	(+)	+	+	(+)	−
PP	+	+	+	(+)	+	+	+	+	−	+	+	+	−
PVC hart	(+)	+	+	+	(+)	+	+	+	−	+	+	−	−
PVC weich	(+)	(+)	(+)	(+)	(+)	(+)	(+)	−	−	(+)	(+)	−	−
PS	+	+	+	(+)	(+)	+	+	−	−	(+)	(+)	−	−
SB	+	+	+	(+)	+	+	(+)	−	−	+	(+)	−	−
SAN	+	+	+	(+)	+	+	(+)	+	−	+	+	−	−
ABS	+	+	+	(+)	+	+	(+)	+	−	+	+	−	−
PMMA	+	+	+	(+)	+	+	−	+	−	+	+	−	−
PA	(+)	(+)	(+)	−	(+)	(+)	(+)	+	+	+	+	+	+
POM	+	+	(+)	−	+	+	+	+	+	+	+	+	(+)
PC	(+)	+	+	−	−	−	(+)	+	−	+	+	−	−
PETP/PBTP	−	+	(+)	−	(+)	−	(+)	+	(+)	+	+	−	(+)
PPO mod.	+	+	+	+	+	+	+	(+)	(+)	+	+	−	−
PSU/PES	(+)	+	+	+	+	+	(+)	+	−	+	+	−	−
PPS	+	+	+	−	+	+	+	+	+	+	+	+	(+)
PI	−	+	+	−	−	−	+	+	+	+	+	+	−
CA/CP/CAB	(+)	+	−	−	−	−	−	+	(+)	+	+	−	(+)

+ beständig
(+) bedingt beständig
− unbeständig

4.2.5 Schwindungsverhalten

Kenntnisse über das *Schwindungsverhalten* von Kunststoffen sind beim Entwurf von Formteilen und den zugehörigen Formwerkzeugen wichtig. Die Schwindung wirkt sich auf die erreichbaren Toleranzen (vgl. Abschnitt 7.1.3) und die Maßhaltigkeit aus. Man unterscheidet *Verarbeitungsschwindung VS* und *Nachschwindung NS*; beide zusammen ergeben die *Gesamtschwindung GS*. Die *Verarbeitungsschwindung* ist fertigungsbedingt und wird als Unterschied zwischen den Maßen des Werkzeugs bei 23 °C und des Maßen des Formteils nach 24 Stunden Lagern im Normalklima DIN 50 014 − 23/50 − 2 (DIN 16 901) ermittelt. Die Verarbeitungsschwindung ist von der Kunststoffart (amorph, kristallin, gefüllt), vom Verarbeitungsverfahren, von den Verarbeitungsbedingungen, von der Gestalt des Formteils und von der Werkzeugkonstruktion (Lage, Zahl und Art der Angüsse) abhängig; sie ist in Werkzeugfüllrichtung und senkrecht dazu unterschiedlich.
Die *Nachschwindung* tritt erst nach beendeter Verarbeitung zeitabhangig auf und beruht auf dem Abbau innerer Spannungen, bei teilkristallinen Thermoplasten auf der Nachkristallisation bzw. auf Nachhartungseffekten bei Duroplasten. Die Nachschwindung ist hauptsachlich werkstoff-, verarbeitungs- und umweltbedingt.
Anmerkung: Eine Maßänderung im positiven Sinne tritt bei einzelnen Thermoplasten, besonders bei Polyamiden, durch Wasseraufnahme auf [4.1].

Meist kann festgestellt werden, daß eine Reduzierung der Verarbeitungsschwindung durch entsprechende Verarbeitungsbedingungen spater zu einer erhöhten Nachschwindung fuhrt. Angaben über die Ermittlung von *Schwindungskennwerten* siehe DIN 16 901 und DIN 53 464. An Normprobekörpern oder einfachen Formteilen ermittelte Schwindungswerte können nicht ohne weiteres auf Formteile beliebiger Gestalt übertragen werden. Werte für Verarbeitungsschwindung beim Spritzgießen siehe Tabelle 7.1.

4.2.6 Gefügeuntersuchungen

Lichtmikroskopische Untersuchungen der Kunststoffgefuge sind ein wichtiges Prufverfahren für Qualitatsformteile. Dadurch konnen festgestellt werden:

Verarbeitungsfehler bei der Herstellung,
Verunreinigungen im Kunststoff,
Verteilung und Orientierung von Füllstoffen,
Ursachen für Schadensfälle.

Bei mikroskopischen Untersuchungen von Kunststoffen wird meist mit *Durchlicht* gearbeitet, in speziellen Fällen wird aber auch das *Auflichtverfahren* eingesetzt, ahnlich wie bei metallografischen Untersuchungen.

4.2.6.1 Untersuchungen im Durchlichtverfahren

Für diese Untersuchungen im *Durchlichtverfahren* müssen mit Hilfe eines Mikrotoms Dünnschnitte hergestellt werden, die bei teilkristallinen Kunststoffen eine Dicke von ca. 10 μm aufweisen. Bei spröden Kunststoffen kann ein Zerbroseln des Dünnschnitts durch Überkleben der Probe mit „Tesafilm" vor dem letzten Schnitt verhindert werden. Der Dünnschnitt wird dann auf ein Objektglas mit künstlichem Kanadabalsam montiert und dabei sorgfaltig geglattet und zum Schluß mit einem dünnen Deckglas abgedeckt. Ein Einfärben der Praparate wird bei Kunststoffen i.a. nicht angewendet. Zur Untersuchung der Dünnschnitte wird ein Durchlichtmikroskop mit Vergrößerungen bis 500:1 eingesetzt. Teilkristalline Kunststoffe werden im *polarisierten Durchlicht* untersucht. Zur Differenzierung einzelner Komponenten bei amorphen Kunststoffen (z.b. kautschukmodifiziertes Polystyrol) wird das *Phasenkontrastverfahren* angewendet.
Bei *teilkristallinen Kunststoffen* (PA, POM, PE, PETP/PBTP usw.) können im Durchlichtverfahren spharolithfreie Randzonen sowie Große und Form von Sphärolithen festgestellt werden, außerdem Schiebezonen. Diese Gefügeausbildung ist von den Verarbeitungsbedingungen, insbesondere von der Werkzeugtemperatur, aber auch vom Füllvorgang der Schmelze im Werkzeug abhängig. An Dunnschnitten von geschweißten Formteilen aus teilkristallinen Kunststoffen können die Güte der Schweißnaht durch Bestimmung der Schweißzonendicke, Fehler in der Schweißnaht und Bindefehler beurteilt werden.
Bei *amorphen Thermoplasten* können an Mikrotomschnitten nur die Verteilung der Farbpigmente oder die Ausbildung und Verteilung einzelner Komponenten ermittelt werden. Mittels Gefrierschnitten kann bei *Elastomeren* Größe und Verteilung der Füllstoffe, z.B. Rußpartikel, festgestellt werden. Bei *duroplastischen Kunststoffen* können an Dünnschnitten, die nach dem „Tesafilmverfahren" hergestellt wurden, Größe, Verteilung und Orientierung der Fullstoffe im Harz festgestellt werden. Werden sehr harte Füllstoffe wie Glasfasern benutzt, so besteht die Gefahr des Ausbrechens, deshalb wird hierfür das Auflichtverfahren eingesetzt.

4.2.6.2 Untersuchungen im Auflichtverfahren

Die zu untersuchenden Proben werden meist in Kunstharz eingebettet und dann wie Metallschliffe poliert. Die Oberflachen der Proben werden im Auflichtmikroskop bei *Dunkelfeldbeleuchtung* oder nach dem *Interferenzkontrastverfahren* untersucht. Durch die unterschiedliche Reflexion von

4.2 Werkstoffprüfung Kunststoffe

Glasfasern und Kunststoff können Größe, Verteilung und Orientierung der Glasfasern deutlich erkannt werden. In vielen Fällen lassen sich auch sphärolithische Strukturen bei teilkristallinen Kunststoffen erkennen. Die Auswertung der Kunststoffgefüge wird durch fotografische Aufnahmen erleichtert. Durch unterschiedliche Belichtungszeiten werden jedoch die einzelnen Gefügebestandteile mehr oder weniger stark hervorgehoben, was bei Versuchsreihen zu falschen Aussagen führen kann. Makromoleküle von Kunststoffen können bei der Lichtmikroskopie nicht erkannt werden. Zur Beurteilung von Bruchflächen wird bei Schadensfällen vorteilhaft das *Rasterelektronenmikroskop* (REM) eingesetzt.

4.2.7 Prüfung von Kunststoff-Fertigteilen

Eine betriebsnahe Prüfung von Kunststoff-Formteilen wird durchgeführt, um ein Versagen im praktischen Einsatz möglichst zu vermeiden. Die *Prüfung des Formstoffs im Fertigteil* umfaßt die Prüfverfahren die an aus Formteilen entnommenen Probekörpern durchgeführt werden. Oft können jedoch normgerechte Probekörper nicht hergestellt werden. Die Prüfergebnisse entsprechen deshalb meist nur annähernd den an Normprobekörpern ermittelten Werkstoffkennwerten.

Beispiele für Formstoffprüfungen: Härteprüfung (s. Abschnitt 4.2.1.4), Schlagversuche (s. Abschnitt 4.2.1.5), Bestimmung des Oberflächenwiderstands (s. Abschnitt 4.2.2).

Bei der *Prüfung des ganzen Fertigteils* unterscheidet man zerstörungsfreie und zerstörende Prüfungen. Einen Überblick über die Prüfung von Kunststoff-Fertigteilen gibt DIN 53 760. *Zerstörungsfreie Prüfungen:* Sichtkontrolle, Prüfung des Stückgewichts, Kontrolle der Maßhaltigkeit, spannungsoptische Untersuchungen. Die Auswertung erfolgt i.a. nach den Regeln der Statistik.

Zerstörende Prüfungen: Warmlagerungsversuch DIN 53 497, Beurteilung der Spannungsrißbeständigkeit DIN 53 449, Gefügeuntersuchungen (s. Abschnitt 4.2.6), chemische Beständigkeitsprüfungen, Bestimmung der Wasseraufnahme DIN 53 495.

Durch die *Gebrauchsprüfung des ganzen Fertigteils* soll das Verhalten des Fertigteils unter Betriebsbedingungen festgestellt werden. Dafür sollten die Einsatzbedingungen für das Fertigteil möglichst genau bekannt sein. Zur Abkürzung der Prüfzeit (*Zeitraffung*) müssen einzelne Bedingungen (z.B. Temperatur) gezielt erhöht werden. Schwierig ist dann die Abschätzung der Lebensdauer aus dem Prüfergebnis. Wichtig ist, daß die Versagensart (z.B. Bruchform, Bruchaussehen) bei der beschleunigten Prüfung und bei Überbeanspruchung im praktischen Einsatz gleich sind.

Beispiele für Gebrauchsprüfungen: Zeitstandversuch an Rohren unter Innendruck DIN 53 759, Gebrauchsprüfungen an Flaschenkästen (ähnlich DIN 53 757), Verschleißversuche an Zahnrädern, passiver Fallversuch mit Schutzhelmen, aktiver Fallversuch mit Telefonhörern, Aufprallversuche mit Sicherheitsgurten.

Die Prüfverfahren werden meist zwischen Fertigteilhersteller und Anwender vereinbart.

4.2.8 Erkennen von Kunststoffen

Bei der großen Anzahl der zur Anwendung kommenden Kunststoffe ist es oft erforderlich, mit möglichst einfachen Methoden die Art des eingesetzten Kunststoffs für ein Formteil zu bestimmen. Auch die Unterscheidung der Modifikationen bei einzelnen Kunststoffen, wie Styrolpolymere und Polyamide, ist wünschenswert und möglich [4.1]. Man kann jedoch mit geringem Aufwand keine quantitativen Angaben über Copolymerisat- oder Polymerisatmischungsanteile machen, auch nicht spezielle Angaben über Art und Menge beigegebener Weichmacher und sonstiger Zusätze, wie Stabilisatoren oder Flammschutzmittel. Dagegen ist die quantitative Bestimmung von Glasfaser-, Glaskugel-, Gesteinsmehl- und Asbestanteilen durch Veraschung möglich [4.1]. Will man detaillierte

Angaben über Zusammensetzung von Copolymerisaten, Polymerisatmischungen und Zusatzen ermitteln, so benötigt man aufwendige Apparaturen wie Infrarotspektroskope oder Gaschromatografen sowie Differentialthermoanalysegeräte und entsprechende Erfahrung.
Die ersten einfachen Beurteilungsmöglichkeiten zur Feststellung der Kunststoffart sind z.B.

äußeres Erscheinungsbild (glasklar, opak, undurchsichtig),
Verhalten beim Ritzen, Schneiden und Biegen [4.1], [4.2], [4.4], [4.7].

Eine besondere Rolle spielt die *Dichtebestimmung* DIN 53 479; nach dem abgewandelten Schwebeverfahren [4.1] ist sie besonders einfach, so schwimmen z.B. Polyolefine auf Wasser. Mit einfach herzustellenden Prüflösungen sind weitere Eingrenzungen einfach möglich. Die Dichten von Kunststoffen können aus Tafel 2.19 oder Tabellenwerken [4.1], [4.3], [4.4], [4.7] entnommen werden. Es ist dabei aber zu beachten, daß die Dichte durch Zusätze wie Farbstoffe zwar sehr wenig, mit Füllstoffen aber stark verändert wird. Nach Bestimmung des Füllstoffgehalts ist jedoch auch die Dichtebestimmung des Grundkunststoffs möglich.
Genauere Aussagen über den inneren Aufbau eines Kunststoffs erhält man

beim *Beobachten des Brennverhaltens* bezüglich Brennbarkeit, Flammenfarbe und Geruch der Schwaden,
beim *Erhitzen im Reagenzglas* einschließlich Untersuchung der Rauchschwaden mit Indikatorpapier (alkalisch, neutral, sauer).

Dafür gibt es in der Literatur ausführliche Anweisungen für diese Untersuchungen einschließlich Tabellen mit Untersuchungsbeispielen [4.1], [4.2], [4.4], [4.7]. Die Unterscheidung der Kunststoffe allein durch den Geruch ist sehr problematisch, es wird daher empfohlen, eine Sammlung von definierten Vergleichsproben anzulegen.
Das *Verhalten in organischen Lösungsmitteln* [4.1], [4.4], [4.7] kann trotz des größeren Aufwands untersucht werden, wenn andere Verfahren zur Bestimmung des Kunststoffs nicht ausreichen.

4.2.9 Brennverhalten von Kunststoffen

Zur Prüfung des *Brennverhaltens von Kunststoffen* wurde eine große Anzahl von Prüfmethoden entwickelt, die stets nur für bestimmte Formstoffe und Bauteile gelten. Eine Aussage über das Brennverhalten ist demnach von der Prüfmethode abhangig. Man unterscheidet *nichtbrennbare* Kunststoffe, *brennbare und wieder verlöschende* Kunststoffe, sowie *brennbare und weiterbrennende* Kunststoffe. Durch Flammschutzmittel kann das Verhalten der Kunststoffe verandert werden. Wichtige Prüfverfahren sind in DIN 4102, ASTM D 635 und vor allem in UL 94 (amerikanische Norm nach „Underwriters Laboratories") niedergelegt. Alle Verfahren werden an Probekörpern mit definierten Abmessungen durchgefuhrt, die Ergebnisse lassen sich deshalb nicht ohne weiteres auf beliebig gestaltete Formteile übertragen.

4.2.10 Lichtechtheit, Wetter- und Alterungsbeständigkeit

Man kann praktisch ermitteln, wie sich ein Kunststoff in einem vorgesehenen Zeitraum und einem bestimmten Klima bei Freibewitterung verhält. Dabei ist es allerdings schwierig, die Auswirkung der einzelnen Faktoren zu trennen und durch Laborversuche nachzuahmen. Im folgenden sind einige Begriffe zu solchen Prüfungen erklärt.
Unter *Lichtechtheit* versteht man die Verfarbung des Kunststoffs durch Einwirkung von Licht bei unterschiedlicher Luftfeuchte. Sie wird in Freibewitterungs- oder Laborversuchen, z.B. im Xenotest-Gerat ermittelt, vgl. auch DIN 53 388 und DIN 54 004.
Unter *Wetterbeständigkeit* versteht man die Änderung der physikalischen Eigenschaften und des chemischen Aufbaus durch Einwirkung von Licht-, Luftfeuchte, Regen, Temperaturwechsel und

sonstigen atmosphärischen Einflüssen. Bei der Beurteilung der Wetterbeständigkeit unter den besonderen Verhältnissen der Tropen spricht man von *Tropenfestigkeit*. Das Verhalten unter solchen Bedingungen ist wesentlich schwieriger zu bestimmen, da die Freibewitterungsversuche relativ langwierig sind und eine Simulation in zeitraffenden Laborversuchen oft Ergebnisse liefert, die von der Praxis abweichen.

Unter *Alterung* versteht man die Gesamtheit aller, im Laufe der Zeit in einem Kunststoff irreversibel ablaufenden physikalischen und chemischen Vorgänge, i.a. im Sinne einer Verschlechterung der Gebrauchseigenschaften (DIN 50 035). Eine Erfassung und Simulierung der vielen Einflußfaktoren ist schwierig.

Alterungseffekte wirken sich besonders ungünstig aus, wenn Formteile hohen Beanspruchungen ausgesetzt sind. In solchen Fällen ist die *Gebrauchstauglichkeit* durch Langzeitprüfungen festzustellen.

4.3 Literatur

Bücher

[4.1] *Hellerich/Harsch/Haenle* Werkstoff-Führer Kunststoffe. Carl Hanser Verlag, München 1983.
[4.2] *Haenle/Gnauck/Harsch·* Praktikum der Kunststofftechnik. Carl Hanser Verlag, München 1972.
[4.3] *Oberbach, K :* Kunststoff-Kennwerte für Konstrukteure. Carl Hanser Verlag, München 1980.
[4.4] *Saechtling, H. J :* Kunststoff-Taschenbuch. Carl Hanser Verlag, München 1983.
[4.5] *Schreyer, G.·* Konstruieren mit Kunststoffen. Carl Hanser Verlag, München 1972
[4.6] *Vieweg·* Kunststoff-Handbuch Band 1 Grundlagen. Carl Hanser Verlag, München 1975.
[4.7] *Orthmann/Mair:* Die Prüfung thermoplastischer Kunststoffe. Carl Hanser Verlag, München 1971.
[4.8] *Kaufer, H.·* Arbeiten mit Kunststoffen, Band 1: Aufbau und Eigenschaften. Springer Verlag, Berlin 1978.
[4.9] *Bartnig, K* u.a.: Prüfung hochpolymerer Werkstoffe. Carl Hanser Verlag, München 1979.
[4.10] *Troitzsch, J.:* Brandverhalten von Kunststoffen. Carl Hanser Verlag, München 1982.
[4.11] *Brown, R. P..* Taschenbuch Kunststoff-Prüftechnik. Carl Hanser Verlag, München 1984.
[4.12] Schadenanalyse an Kunststoff-Formteilen. VDI-Verlag, Düsseldorf 1981.
[4.13] *Menges, G..* Werkstoffkunde der Kunststoffe. Carl Hanser Verlag, München 1985.

Normen

DIN 1691   Gußeisen mit Lamellengraphit (Grauguß); Eigenschaften
           Beiblatt 1: Gußeisen mit Lamellengraphit (Grauguß); Allgemeine Hinweise für die Werkstoffwahl und die Konstruktion; Anhaltswerte der mechanischen und physikalischen Eigenschaften
   Teil 1 Beiblatt 1: Gußeisen mit Lamellengraphit (Grauguß), unlegiert und niedriglegiert; Allgemeine Hinweise für die Werkstoffwahl und die Konstruktion
DIN 4102   Beiblatt 1: Brandverhalten von Baustoffen und Bauteilen; Inhaltsverzeichnis
   Teil 1 Brandverhalten von Baustoffen und Bauteilen; Baustoffe; Begriffe, Anforderungen und Prüfungen
   Teil 2 Brandverhalten von Baustoffen und Bauteilen; Bauteile; Begriffe, Anforderungen und Prüfungen
   Teil 3 Brandverhalten von Baustoffen und Bauteilen; Brandwände und nichttragende Außenwände; Begriffe, Anforderungen und Prüfungen
   Teil 4 Brandverhalten von Baustoffen und Bauteilen; Zusammenstellung und Anwendung klassifizierter Baustoffe, Bauteile und Sonderbauteile
   Teil 5 Brandverhalten von Baustoffen und Bauteilen; Feuerschutzabschlüsse; Abschlüsse von Fahrschachtwanden und gegen Feuer widerstandsfähige Verglasungen; Begriffe, Anforderungen und Prüfungen
   Teil 6 Brandverhalten von Baustoffen und Bauteilen; Lüftungsleitungen; Begriffe, Anforderungen und Prüfungen
   Teil 7 Brandverhalten von Baustoffen und Bauteilen; Bedachungen; Begriffe, Anforderungen und Prüfungen

4 Werkstoffprüfung

DIN 16 901		Kunststoff-Formteile; Toleranzen und Abnahmebedingungen für Längenmaße
DIN 17 100		Allgemeine Baustähle; Gütenorm
DIN 50 035	Teil 1	Begriffe auf dem Gebiet der Alterung von Materialien; Grundbegriffe
	Teil 2	Begriffe auf dem Gebiet der Alterung von Materialien; Hochpolymere Werkstoffe
DIN 50 100		Werkstoffprüfung; Dauerschwingversuch; Begriffe, Zeichen, Durchführung, Auswertung
DIN 50 101	Teil 1	Prüfung metallischer Werkstoffe; Tiefungsversuch an Blechen und Bändern mit einer Breite von ≥ 90 mm (nach *Erichsen*), Dickenbereiche: 0,2 mm bis 2 mm
	Teil 2	Prüfung metallischer Werkstoffe; Tiefungsversuch an Blechen und Bändern mit einer Breite von ≥ 90 mm (nach *Erichsen*), Dickenbereich: über 2 mm bis 3 mm
DIN 50 102		Prüfung metallischer Werkstoffe; Tiefungsversuch an schmalen Bändern (nach *Erichsen*), Breitenbereich 30 mm bis unter 90 mm
DIN 50 103	Teil 1	Prüfung metallischer Werkstoffe; Härteprüfung nach *Rockwell*; Verfahren C, A, B, F
	Teil 2	Prüfung metallischer Werkstoffe; Härteprüfung nach *Rockwell*; Verfahren N und T
	Teil 3	Prüfung metallischer Werkstoffe; Härteprüfung nach *Rockwell*; Modifizierte Rockwell-Verfahren Bm, Fm und 30 Tm für Feinblech aus Stahl
DIN 50 106		Prüfung metallischer Werkstoffe; Druckversuch
DIN 50 109		Prüfung von Gußeisen mit Lamellengraphit; Zugversuch
DIN 50 110		Prüfung von Gußeisen; Biegeversuch
DIN 50 111		Prüfung metallischer Werkstoffe; Technologischer Biegeversuch (Faltversuch)
DIN 50 115		Prüfung metallischer Werkstoffe; Kerbschlagbiegeversuch
DIN 50 125		Prüfung metallischer Werkstoffe; Zugproben; Richtlinien für die Herstellung
DIN 50 133		Prüfung metallischer Werkstoffe; Härteprüfung nach *Vickers*; Bereich HV 0,2 bis HV 100
DIN 50 135		Prüfung metallischer Werkstoffe; Aufweiteversuch an Rohren
DIN 50 136		Prüfung metallischer Werkstoffe; Ringfaltversuch an Rohren
DIN 50 139		Prüfung von Stahl; Bordelversuch an Rohren
DIN 50 145		Prüfung metallischer Werkstoffe; Zugversuch
DIN 50 351		Prüfung metallischer Werkstoffe; Härteprüfung nach *Brinell*
DIN 51 210	Teil 1	Prüfung metallischer Werkstoffe; Zugversuch an Drähten, ohne Feindehnungsmessung
	Teil 2	Prüfung metallischer Werkstoffe; Zugversuch an Drähten, mit Feindehnungsmessung
DIN 51 211		Prüfung metallischer Werkstoffe; Hin- und Herbiegeversuch an Drähten
DIN 51 212		Prüfung metallischer Werkstoffe; Verwindeversuch an Drähten
DIN 51 213		Prüfung metallischer Überzüge auf Drähte; Überzüge aus Zinn oder Zink
DIN 52 612	Teil 1	Wärmeschutztechnische Prüfungen; Bestimmung der Wärmeleitfähigkeit mit dem Plattengerät; Durchführung und Auswertung
	Teil 2	Wärmeschutztechnische Prüfungen; Bestimmung der Wärmeleitfähigkeit mit dem Plattengerät; Weiterbehandlung der Meßwerte für die Anwendung im Bauwesen
DIN 53 388		Prüfung von Kunststoffen und Elastomeren; Belichtung im Naturversuch unter Fensterglas
DIN 53 444		Prüfung von Kunststoffen; Zeitstand-Zugversuch
DIN 53 445		Prüfung von Kunststoffen; Torsionsschwingversuch
DIN 53 448		Prüfung von Kunststoffen; Schlagzugversuch
DIN 53 449	Teil 1	Prüfung von Kunststoffen; Beurteilung der Spannungsrißbildung (ESC); Kugel- oder Stifteindrückverfahren
	Teil 2	Prüfung von Kunststoffen; Beurteilung der Spannungsrißbildung (ESC); Zeitstandzugversuchsverfahren
	Teil 3	Prüfung von Kunststoffen; Beurteilung der Spannungsrißbildung (ESC); Biegestreifenverfahren
DIN 53 452		Prüfung von Kunststoffen; Biegeversuch
DIN 53 453		Prüfung von Kunststoffen; Schlagbiegeversuch
DIN 53 454		Prüfung von Kunststoffen; Druckversuch
DIN 53 455		Prüfung von Kunststoffen; Zugversuch
DIN 53 456		Prüfung von Kunststoffen; Härteprüfung durch Eindruckversuch
DIN 53 457		Prüfung von Kunststoffen; Bestimmung des Elastizitätsmoduls im Zug-, Druck- und Biegeversuch
DIN 53 458		Prüfung von Kunststoffen; Bestimmung der Formbeständigkeit in der Wärme nach *Martens*
DIN 53 460		Prüfung von Kunststoffen; Bestimmung der Vicat-Erweichungstemperatur von nichthartbaren Kunststoffen
DIN 53 461		Prüfung von Kunststoffen; Bestimmung der Formbestandigkeit in der Wärme nach ISO/R 75
DIN 53 479		Prüfung von Kunststoffen und Elastomeren; Bestimmung der Dichte

4.3 Literatur

DIN 53 483	Beiblatt 1:	Prüfung von Isolierstoffen; Bestimmung der relativen Dielektrizitätskonstante und des dielektrischen Verlustfaktors; Meßeinrichtungen
	Teil 1	Prüfung von Isolierstoffen; Bestimmung der dielektrischen Eigenschaften, Begriffe, Allgemeine Angaben
	Teil 2	Prüfung von Isolierstoffen; Bestimmung der dielektrischen Eigenschaften; Prüfung bei den festgelegten Frequenzen 50 Hz, 1 kHz, 1 MHz
	Teil 3	Prüfung von Isolierstoffen; Bestimmung der dielektrischen Eigenschaften; Meßzellen für Flussigkeiten für Frequenzen bis 100 MHz
DIN 53 495		Prüfung von Kunststoffen; Bestimmung der Wasseraufnahme
DIN 53 497		Prüfung von Kunststoffen; Warmlagerungsversuch an Formteilen aus thermoplastischen Formmassen, ohne äußere mechanische Beanspruchung
DIN 53 505		Prüfung von Elastomeren; Härteprüfung nach Shore A und D
DIN 53 726		Prüfung von Kunststoffen; Bestimmung der Viskositätszahl und des K-Wertes von Vinylchlorid (PVC)-Polymerisaten
DIN 53 727		Prüfung von Kunststoffen; Bestimmung der Viskositatszahl von Thermoplasten in verdunnter Lösung, Polyamide (PA)
DIN 53 735		Prüfung von Kunststoffen; Bestimmung des Schmelzindex von Thermoplasten
DIN 53 752		Prufung von Kunststoffen; Bestimmung des thermischen Längenausdehnungskoeffizienten
DIN 53 753		Prüfung von thermoplastischen Kunststoffen; Schlagbiegeversuch an Probekorpern mit Loch- oder Doppel-V-Einkerbung
DIN 53 757		Prüfung von Kunststoff-Fertigteilen; Zeitstand-Stapelversuch an Transport- und Lagerbehaltern
DIN 53 760		Prüfung von Kunststoff-Fertigteilen; Prüfungsmöglichkeiten, Prüfkriterien
DIN 53 769	Teil 1	Prüfung von Rohrleitungen aus glasfaserverstärkten Kunststoffen; Bestimmung der Haft-Scherfestigkeit von Rohrleitungsteilen entsprechend Rohrtyp B
	Teil 2	Prüfung von Rohrleitungen aus glasfaserverstärkten Kunststoffen; Zeitstand-Innendruckversuch an Rohren
	Teil 3	Prüfung von Rohrleitungen aus glasfaserverstärkten Kunststoffen; Langzeit-Scheiteldruckversuch an Rohren
	Teil 4	Prüfung von Rohrleitungen aus glasfaserverstärkten Kunststoffen; Kurzzeit-Scheiteldruckversuch an Rohren
DIN 54 109	Teil 1	Zerstörungsfreie Prüfung; Bildgüte von Durchstrahlungsaufnahmen an metallischen Werkstoffen, Begriffe, Bildgüteprüfkörper, Ermittlung der Bildgütezahl
	Teil 2	Zerstörungsfreie Prüfung; Bildgüte von Röntgen- und Gamma-Filmaufnahmen an metallischen Werkstoffen; Richtlinien für das Aufstellen von Bildgüteklassen
DIN 54 119		Zerstörungsfreie Prüfung; Ultraschallprüfung; Begriffe
DIN VDE 0303	Teil 1/IEC 112	Verfahren zur Bestimmung der Vergleichszahl und Prüfzahl der Kriechwegbildung auf festen isolierenden Werkstoffen unter feuchten Bedingungen [VDE-Bestimmung]
	Teil 2	VDE-Bestimmungen für elektrische Prüfungen von Isolierstoffen. Durchschlagspannung, Durchschlagfestigkeit
	Teil 3	Prufungen von Werkstoffen für die Elektrotechnik; Messung des elektrischen Widerstandes von nichtmetallenen Werkstoffen [VDE-Bestimmung]

VDI/VDE 2475 Werkstoffe in der Feinwerktechnik; Polycarbonat-Formstoffe

5 Schmierstoffe

Schmierstoffe sind Maschinenelemente. Ihre Eigenschaften und ihr Zustand sind mitentscheidend für die optimale Lebensdauer und den Wirkungsgrad der Maschineneinheit. International werden die Industrieschmierstoffe in der Norm DIN ISO 6743/0 nach ihren Hauptanwendungsgebieten klassifiziert (Tabelle 5.1). Die alte deutsche Kennzeichnung ist in DIN 51 502 festgelegt.

Tabelle 5.1 Klassifizierung von Industrieschmierstoffen (Klasse L-) nach Anwendungsgebieten DIN ISO 6743 Teil 0

Kennbuchstabe	Produkte für	Unterteilung in ISO 6743
A	Verlustschmierung, Umlauföle	Teil 1
B	Schalung und Formen/Trennmittel	
C	Getriebe	Teil 6
D	Verdichter (einschließlich Kälteerzeugung und Vakuumpumpen)	Teil 3
E	Verbrennungsmotoren	
F	Spindel- und Lagerschmierung, integrierte Kupplungen	Teil 2
G	Gleitbahnen	
H	Hydraulische Systeme	Teil 4
M	Metallbearbeitung	Teil 7
N	Elektrische Isolation, Trafos und Schaltgeräte	
P	Druckluftwerkzeuge	
Q	Wärmeübertragung/Wärmeträgeröle	
R	Zeitweiliger Korrosionsschutz	Teil 8
T	Turbinen, Schmierung und Regelung	Teil 5
U	Wärmebehandlung von Metallen	
X	Anwendungen, die Schmierfette erfordern	
Y	Andere Anwendungen	
Z	Dampfzylinderschmierung	

Die unterschiedlichsten Anforderungen, die an Schmierstoffe gestellt werden, erfordern umfangreiche Behandlungen der verschiedenen Rohöle, z.B. mittels Destillation, Raffination, Entparaffinierung, Hydrofining, Bleicherdefilterung. Die so gewonnenen mineralischen Basisöle müssen zum Teil in ihren natürlichen Eigenschaften durch Zusätze (Additives) den Anforderungen angepaßt werden. *Oxidationsinhibitoren* verbessern die Alterungsbeständigkeit. *Korrosionsinhibitoren* erhöhen das Korrosionsschutzvermögen. *Antiwear-* und *EP-Additives* mindern den Verschleiß. *Antischaum-Zusätze* dämpfen die Schaumneigung. *VI-Verbesserer* beeinflussen das Viskositäts-Temperatur-Verhalten. *Pourpoint-Erniedriger* gewährleisten die Fließfähigkeit auch bei niedrigen Temperaturen. Spezielle *detergierende* und *dispergierende Zusätze* vermeiden Verklebungen an Maschinenelementen.

5.1 Kennwerte und ihre Bedeutung

Viskosität ist die Eigenschaft einer Flussigkeit, der Verschiebung ihrer molekularen Schichten einen Widerstand entgegenzusetzen. Sie ist ein Maß für die innere Reibung der Flüssigkeit (s. DIN 1342). Zu unterscheiden sind die *dynamische Viskosität* (η) in Pa $\cdot$ s = N $\cdot$ s/m^2 und die *kinematische Viskosität* (ν) in m^2/s = 10^6 mm^2/s.

ISO-Viskositätsklassifikation nach ISO 3448 und DIN 51 519 ist die Einteilung der flüssigen Industrieschmierstoffe in 18 Viskositatsklassen. Die international vereinbarte Pruftemperatur ist 40 °C (Tabelle 5.2).

Tabelle 5.2 ISO-Viskositatsklassifikation für flüssige Industrie-Schmierstoffe nach ISO 3448 und DIN 51 519

Viskositatsklasse ISO	Mittelpunktsviskositat bei 40,0 °C mm^2/s	Grenzen der kinematischen Viskositat bei 40,0 °C mm^2/s	
		min.	max.
ISO VG 2	2,2	1,98	2,42
ISO VG 3	3,2	2,88	3,52
ISO VG 5	4,6	4,14	5,06
ISO VG 7	6,8	6,12	7,48
ISO VG 10	10	9,00	11,0
ISO VG 15	15	13,5	16,5
ISO VG 22	22	19,8	24,2
ISO VG 32	32	28,8	35,2
ISO VG 46	46	41,4	50,6
ISO VG 68	68	61,2	74,8
ISO VG 100	100	90,0	110
ISO VG 150	150	135	165
ISO VG 220	220	198	242
ISO VG 320	320	288	352
ISO VG 460	460	414	506
ISO VG 680	680	612	748
ISO VG 1000	1000	900	1100
ISO VG 1500	1500	1350	1650

Viskosität-Temperatur-Verhalten nach DIN 51 563 ist die Änderung der Viskosität mit der Öltemperatur. Das VT-Verhalten wird zahlenmäßig mit dem *m*-Wert (Richtungskonstante der VT-Geraden) oder dem Viskositatsindex *VI* gekennzeichnet. In dem VT-Diagramm (Bild 5.1) ist die Temperaturabhangigkeit der Viskositat von Hydraulikolen mit einem *VI* = 100 eingezeichnet. Je hoher der *VI*, um so geringer ist die Viskositatsanderung bei Temperaturschwankungen. Die maximal zulässigen Startviskositaten und sicheren Betriebsviskositaten für Hydraulikpumpen sind als Richtwerte eingetragen.

Druckabhängigkeit der Viskosität ist neben der allgemein sichtbaren Temperaturabhängigkeit auch ein wissenschaftlich untersuchter Einfluß. Mit steigendem Druck kommt es zu einer Viskositatserhöhung, die in engen Schmierspalten eine Erhohung der Tragfahigkeit des Ölfilmes bewirkt. Die Viskosität ändert sich mit dem Druck exponentiell. Der Viskositäts-Druckkoeffizient ist von der Provenienz (Herkunft) des Rohöles oder bei Syntheseölen von der chemischen Struktur ab-

5.1 Kennwerte und ihre Bedeutung

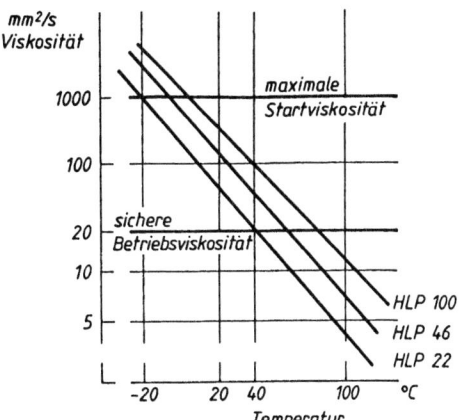

Bild 5.1 Temperaturabhängigkeit der Viskositat für Hydraulikole HLP (HM) (s. auch Abschnitt 5.2).

hangig. Er ist bei Mineralolen mit uberwiegend naphthenischem Charakter größer als bei einem überwiegend paraffinbasischen Öl.

Luftabscheidevermögen und Schaumbildung. Mineralole enthalten geloste Luft. Unter Normalbedingungen, d.h. bei 20 °C und 1013 hPa, betragt die geloste Luftmenge ca. 9 Vol. %. Dieser Wert ist praktisch vom Raffinationsgrad des Schmieroles, von der Viskositat und von der Art der Additivierung unabhangig. Abhangig ist das *Luftlosevermogen* vom Druck. Es gilt das Henry-Daltonsche Gesetz:

$$\text{gelöstes Gasvolumen} = a_v \cdot \text{Ölvolumen} \cdot \frac{\text{Enddruck}}{\text{Ausgangsdruck}} \quad (\text{cm}^3),$$

mit dem Bunsenkoeffizienten a_v, der das Volumen des Gases (cm³) angibt, das in 1 cm³ der Flüssigkeit aufgenommen wird. Für das Gas gilt dabei Normalatmosphäre mit einem Partialdruck von 1013 hPa (Tabelle 5.3).

Tabelle 5.3 Luftlosevermögen in Flüssigkeiten

Flussigkeit	Bunsenkoeffizient bei Normalatmosphare
Mineralöle	ca. 0.09
Silikonöle	ca. 0,20
Phosphatester	ca. 0,08
Dikarbonsäureester	ca. 0,09
Wasser	ca. 0,02

Mineralöle können auch freie Luft enthalten, die als dispergierte Luft (Aeroemulsion) oder als Oberflächenschaum vorliegen kann. Die Bestimmung des Luftabscheidevermögens erfolgt nach DIN 51 381, Bestimmung der Schäumungseigenschaften nach DIN 51 566. Nur wenn diese Luft betriebsstörend wirkt, sind Abhilfemaßnahmen zu treffen, um folgende Nachteile auszuschalten: *Kavitationserscheinungen* an Anlageteilen, insbesondere an Pumpen und Steuereinheiten; verstärkte *Alterung* von Schmierölen durch Reaktion mit Sauerstoff sowie *Crack-Erscheinungen* infolge von Temperaturblitzen in adiabatisch verdichteten Luftblasen; *Kraftübertragungs-Schwierigkeiten* in hydraulischen Anlagen wegen erhöhter Kompressibilität des freie Luft enthaltenden Öles; Verschlechterung des Wärmeleitvermögens und des Wärmeüberganges; *Zerstörung von Dichtungen* durch explosionsartige Expansion von unter Druck stehenden Luftblasen.

Elastomer-Verträglichkeit. Nichtmetallische Dichtungs- und Schlauchwerkstoffe reagieren unterschiedlich auf die Einwirkung von Mineralölen. Dichtungen und Schläuche sollen deshalb aus Werkstoffen bestehen, die gegenüber den jeweils verwendeten Flüssigkeiten beständig sind, um Quellen, Schrumpfen, Erweichen oder Verhärten zu vermeiden. Das Verhalten von Mineralölen gegenüber Dichtungswerkstoffen wird gemäß DIN 53 538 Teil 1 − in Verbindung mit DIN 53 521 (Volumenänderung) und DIN 53 505 (Härteänderung) − mit Hilfe von Standard-Referenz-Elastomeren auf Basis Butadien Acrylnitril-Vulkanisat (NBR) vorbestimmt. Für Mineralöle eignen sich eine Reihe von Elastomeren, die nach ISO R 1629 die Bezeichnungen: NBR, ACM, MVQ, FPM, AU und PTFE tragen. Eine Anwendungsberatung durch den Dichtungs-Hersteller ist zweckmäßig.

Verschleißschutzvermögen von Ölen kann in verschiedenen Prüfmaschinen nachgewiesen werden, z.B. VKA-Test mit dem Vierkugelapparat (DIN 51 350); Timken-Test mit den Prüfkörpern Ring gegen Fläche; Reibverschleißtest nach *Reichert* mit den Prüfkörpern Ring gegen Zylinder und andere Stift-Scheibe-Vorprüfungen. Diese Teste haben jedoch nur eine geringe Beziehung zu den Anforderungen der Praxis. Sie sollten daher nur noch vom Ölhersteller zur Produktionsüberwachung verwendet werden. Ergebnisse mit guter Aussagekraft liefern dagegen die mechanischen Prüfungen im *Zahnrad-Verspannungs-Prüfstand* (FZG-Test) nach DIN 51 354 (s. Abschnitt 5.3) und in der *Flügelzellenpumpe* nach DIN 51 389 (s. Abschnitt 5.2).

Spezifische Wärmekapazität und Wärmeleitfähigkeit. Schmierstoffe haben u.a. die Aufgabe, Reibungswärme aus Maschinenelementen abzuführen. In Sonderfällen werden sie auch zum Wärmetransport angewendet (Wärmeträgeröle Q nach DIN 51 522). Wichtige Kennwerte sind die *spezifische Wärmekapazität* (Bild 5.2) und die *Wärmeleitfähigkeit* (Bild 5.3).

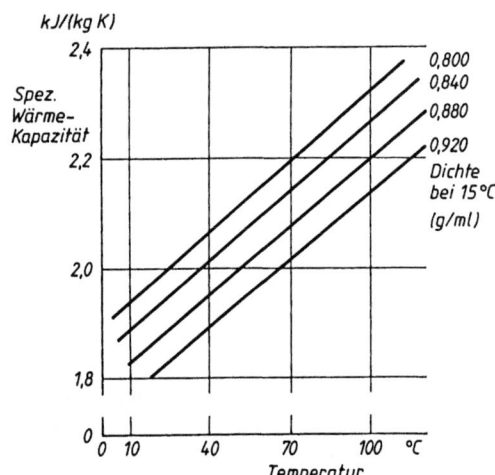

Bild 5.2
Spezifische Wärmekapazität von Mineralölen, abhängig von Dichte und Temperatur.

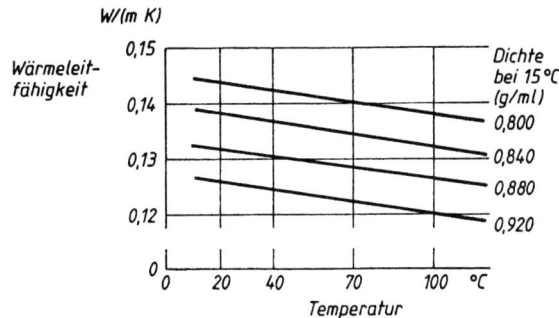

Bild 5.3
Wärmeleitfähigkeit von Mineralölen, abhängig von Dichte und Temperatur.

5.2 Hydrauliköle

Eine sachgemäße Pflege und Wartung vorausgesetzt, gewährleisten moderne Hydrauliköle eine lange Lebensdauer der Ölfüllungen und der Hydraulikbauteile. Die Verschmutzung des Hydrauliköles muß — ebenso wie der Alterungszustand — in regelmäßigen Abständen überprüft werden. Aus den Befunden sind Maßnahmen wie *Filtern* bei ölunlöslichen Verunreinigungen, *Separieren* bei Wassereinbruch oder auch *Ölwechsel* bei fortgeschrittener Alterung oder nicht zu entfernender (echt gelöster) Verunreinigung, abzuleiten. Das Verschleißschutzverhalten von Hydraulikölen wird vornehmlich in der Flügelzellenpumpe beurteilt. Die Prüfbedingungen nach DIN 51 389 sind: Vickers-Flügelzellenpumpe Typ V-104-C-10, Druck 140 bar (14 MPa), Prüfdauer 250 h; ermittelt wird der am Ring und an den Flügeln auftretende Verschleiß in Milligramm. Die Prüfung gilt als bestanden, wenn der Gewichtsverlust aller Flügel kleiner als 30 mg und der des Ringes kleiner als 120 mg ist.

Hydrauliköle werden international nach ISO 6743/4 klassifiziert. Die Anforderungen sind in DIN 51 524 festgelegt. Es wird unterschieden:

Hydrauliköle H alterungsbeständige Mineralöle ohne Wirkstoffzusätze für ölhydraulische Anlagen ohne besondere Anforderungen. Sie werden nur noch in geringem Umfang verwendet und entsprechen den Anforderungen an Schmieröle nach DIN 51 517 Teil 1. Internationale Bezeichnung L-HH.

Hydrauliköle HL sind Mineralöle mit alterungshemmenden und korrosionsschützenden Zusätzen für Anlagen mit hohen thermischen Beanspruchungen und möglichem Wasserzutritt. Internationale Bezeichnung L-HL.

Hydrauliköle HLP müssen gemäß den bestehenden Anforderungsnormen im FZG-Normaltest DIN 51 354 mindestens die Schadenskraftstufe 10 erreichen und die Prüfung in der Flügelzellenpumpe DIN 51 389 bestehen. Internationale Bezeichnung L-HM.

Hydrauliköle HV sind Hydrauliköle HLP mit zusätzlichen Wirkstoffen zur Verbesserung des Viskosität-Temperatur-Verhaltens, d.h. zur Erweiterung des Temperatureinsatzbereiches. Internationale Bezeichnung L-HV.

Detergierende/dispergierende Hydrauliköle (HLPD-Hydrauliköle) lösen Ablagerungen zum Teil auf (Detergent-Effekt) und halten im Öl vorhandene feste Verunreinigungen (z.B. Alterungsprodukte, Staub, Metallabrieb) und eingetretenes Wasser in feinstverteilter Form in Schwebe (Dispersant-Effekt). Derartige Hydrauliköle werden seit langem für mobile ölhydraulische Anlagen eingesetzt. Sie finden zunehmend auch für stationäre Anlagen Verwendung, z.B. in Werkzeugmaschinen.

In Bild 5.1 sind Viskositatsgrenzen für den Hydraulik-Pumpenbetrieb eingezeichnet. Oberhalb der zulassigen Startviskositaten kann es zu Kaltstartschwierigkeiten (Fullverluste, Kavitation, Gerausche), unterhalb der Mindestbetriebsviskositat zu erhohtem Verschleiß und Abfall des hydraulisch-mechanischen Wirkungsgrades der Anlage kommen.

5.3 Getriebeöle

In Industriegetrieben mussen unter Umstanden hohe lokale Drucke (Hertzsche Pressungen uber 2000 N/mm^2) bei hohen Ritzeldrehzahlen und bei Temperaturen um 100 °C moglichst verschleißarm und gerauschlos übertragen werden. Diese Betriebsbedingungen stellen hohe Anforderungen an das Getriebeöl. International werden *Getriebeole* nach ISO 6743 klassifiziert. Die Anforderungen sind in DIN 51 517 Teil 1 bis 3 festgelegt. Man unterscheidet:

Schmieröle C sind unlegierte Mineralolraffinate. Sie werden eingesetzt, wenn keine hohen Anforderungen an das Lasttragevermogen, den Korrosionsschutz und die Alterungsbestandigkeit gestellt werden. ISO-Bezeichnung AN; API[1] Klasse GL-1.

Schmierole CL sind legierte Mineralölraffinate fur höhere Anforderungen hinsichtlich des Korrosionsschutzes und der Alterungsbestandigkeit. ISO-Bezeichnungen FC und CB; API Klasse GL-2.

Schmieröle CLP sind Getriebeole, die uber einen verbesserten Verschleißschutz verfugen. Sie werden − je nach Art und Menge des Verschleißschutzzusatzes − als mildlegierte oder als EP-(Extreme Pressure-)Getriebeole bezeichnet. ISO-Bezeichnung CC; API Klasse GL-3/GL-4.

Die Auswahl von Schmierstoffen fur Zahnradgetriebe erfolgt nach DIN 51 509 Teil 1 und Tabelle 5.4.

Tabelle 5.4 Richtwerte für das Leistungsverhalten von Getriebeölen im FZG-Test A/8, 3/90 (Normaltest) DIN 51 354

Getriebeole	Schadenskraftstufen
C und CL (CB) DIN 51 517 Teil 1 und Teil 2	
ISO VG 32 ... 68	6 ... 7
ISO VG 68 ... 100	7 ... 8
uber ISO VG 100	8 ... 9
CLP (CC) DIN 51 517 Teil 3, ISO VG 32 bis 680 (Legierungsart EP)	12 und uber 12

Belastungen (Hertzsche Pressungen im Walzkreis) in den einzelnen Kraftstufen des FZG-Testes											
Kraftstufe	1	2	3	4	5	6	7	8	9	10	11	12
N/mm²	146	295	474	621	773	927	1080	1232	1386	1538	1691	1841

Zur Viskositatsauswahl gilt:

wenn Walzpressung	groß	klein
wenn Umfangsgeschwindigkeit	klein	groß
wenn Verzahnungsqualitat	niedrig	hoch
dann Ölviskositat	hoch	niedrig

Aufgrund der dem Konstrukteur bekannten Hohe der Walzpressung an den Zahnflanken kann mit Hilfe von Tabelle 5.4 der erforderliche Getriebeoltyp festgelegt werden.

---

[1] American Petroleum Institute (API); Lubricant Designations for Automotive Manual Transmissions and Axles

5.5 Kühlschmierstoffe und Funktionsstoffe

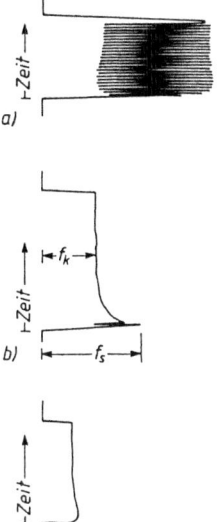

Bild 5.4
Ruckgleiten als Beurteilungsmaßstab für Gleitbahnöle, gemessen mit dem BP Staticinemeter
a) unlegiertes Öl,
b) Hydraulik- und Gleitbahnöl, schneller Übergang in eine Stick-slip-freie Gleitbewegung,
c) Spezial-Gleitbahnöl, sofortiger gleichförmiger Bewegungszustand,
f_s Ruhe, Losbrechkraft, f_k Bewegung.

5.4 Gleitbahnöle

Die Schmierung von Gleitbahnen an Fertigungsmaschinen erfordert haufig Spezialöle, um eine gleichformige Vorschubbewegung bei kleinsten Gleitgeschwindigkeiten und hohen spezifischen Belastungen zu gewahrleisten und damit Rattermarken an den Werkstücken zu verhindern. Auch die akkurate Positionierung bei NC-gesteuerten Maschinen ist eine Voraussetzung für die Maßhaltigkeit der Werkstucke.
Das *Gleitverhalten* (Gleiten, Rucken, Stottern, Stick-slip) von Schmierstoffen kann auf Prüfmaschinen vorgeprüft und aufgezeigt werden. Bild 5.4 zeigt das unterschiedliche Verhalten von drei Ölen gleicher Viskositat (68 mm²/s bei 40 °C) in bezug auf ihre Eignung als Gleitbahnöl.

5.5 Kühlschmierstoffe und Funktionsstoffe

Bei der spanenden, umformenden und abtragenden Formgebung von Metallen werden zur Kühlung und zur Verminderung der Reibung sowie zum Spänetransport *Kühlschmierstoffe* und *Funktionsstoffe* eingesetzt. Eine Vielzahl von Faktoren, die vom Material des Werkstücks, des Werkzeugs und der Kühlschmierstoffe ausgehen, beeinflussen dabei die Wirtschaftlichkeit der Metallbearbeitung.
Die Einteilung der *Kühlschmierstoffe* erfolgt nach DIN 51 385 (Auszug):
1. *nichtwassermischbare Kühlschmierstoffe* (Schneidöle) und
2. *wassermischbare Kuhlschmierstoffe* (Konzentrate).

Als gebrauchsfertige Mischungen der wassermischbaren Kühlschmierstoffe sind zu nennen: Kühlschmier-*Emulsionen* und Kühlschmier-*Losungen*. Reichen das Druckaufnahmevermögen und der

Kühleffekt von unlegierten Ölen nicht aus, konnen die Eigenschaften der Kühlschmierstoffe durch Fettstoffe und für schwere Zerspanoperationen durch chemische Verbindungen, z.B. Phosphor-Schwefel-Verbindungen und Komplexbildner, wirksam verbessert werden. Für die Operationen Drehen, Bohren, Fräsen, Sägen, Räumen, Verzahnungsarbeiten, spanende Gewinde-Herstellung und Schleifen werden legierte Mineralöle der Viskositätsklassen ISO VG 22 bis 46 und Emulsionen mit einem Konzentratgehalt von 3 ... 10 % verwendet; von diesen Richtwerten wird in Sonderfällen abgewichen.

Als *Funktionsstoff* für die *elektroerosive Metallbearbeitung* (EDM-Verfahren) werden niedrigviskose (etwa 2 ... 6 mm^2/s bei 20 °C) Mineralöle eingesetzt. Schruppvorgänge erfolgen dabei mit den viskoseren Flüssigkeiten. Sicherheitstechnischer Hinweis: Nach den Sicherheitsvorschriften für den Betrieb von *Funkenerosionsanlagen* (Anhang der VDI-Richtlinie 3400) sind Arbeitsflüssigkeiten der Gefahrklasse A I nach TVbF (Technische Verordnung brennbarer Flüssigkeiten) nicht zulässig. Arbeitsflüssigkeiten der Gefahrklasse A II und A III sind zulässig, jedoch muß die Temperatur im Arbeitsbehälter mindestens 15 °C unterhalb des Flammpunktes liegen (Tabelle 5.5). Räume mit leicht entzündlichen Arbeitsflüssigkeiten der Gefahrklasse A II und A III gelten als feuergefährdet; die Elektroinstallation muß den Bedingungen für feuergefährdete Betriebsstätten nach VDI 0100 genügen.

Tabelle 5.5 Die zulassige Arbeitsbehaltertemperatur ist vom Flammpunkt abhangig

Gefahrklasse nach TVbF	Flammpunkt der Funktionsflüssigkeit	Bestimmungsmethode	Behältertemperatur
A I	unter 21 °C	DIN 51 755 Abel-Pensky	nicht zugelassen
A II	21 ... 55 °C	DIN 51 755 Abel-Pensky	6 ... 40 °C
A III	55 ... < 65 °C ab 65 ... 100 °C	DIN 51 755 Abel -Pensky DIN 51 758 Pensky-Martens	40 ... 85 °C

5.6 Schmierfette

Schmierfette sind konsistente, meistens mineralölhaltige Schmierstoffe. Sie werden hergestellt in einem weiten Konsistenz- bzw. Penetrationsbereich von flüssig bis fest und dienen hauptsächlich zum Schmieren von Walz- und Gleitlagern, von Getrieben, Gelenken, Fahrzeugteilen, zum Abdichten und als Langzeit-Schmierstoffdepot. Schmierfette bestehen zu uber 70 % aus *Mineralöl* bzw. *Syntheseölen* und einem *Dickungsmittel* sowie den bekannten *Schmierölzusätzen*. Die Dickungsmittel sind Reaktionsprodukte aus Fettsäuren und Laugen, z.B. Aluminium-, Calcium-, Natrium-, Lithium-Seifen. Als anorganische Aufdicker verwendet man Bentonit (Tonerde), Graphit, Ruß, Kieselgel. Die Eigenschaften – z.B. Temperatur- und Wasserbestandigkeit – von Schmierfetten werden durch das Dickungsmittel, die Viskositat und die Provenienz des Grundöles, die Art des Herstellungsprozesses, das Verhaltnis Dickungsmittel zu Grundöl und durch die Wirkstoffe bestimmt.

Die Einteilung der Schmierfette hinsichtlich *Verformbarkeit* erfolgt nach DIN 51 818 nach der Walkpenetration in NLGI[1]-Klassen (Tabelle 5.6).

---

[1] National Lubricatıng Grease Institute

5.7 Literatur

Tabelle 5.6 Verformbarkeit eines Schmierfettes, Einteilung in Konsistenzklassen nach DIN 51 818

NLGI-Klasse (Konsistenz)	Walkpenetration nach DIN ISO 2137 Eindringtiefe eines Prüfkegels (0,1 mm)	Beschaffenheit des Fettes bei 25 °C
000	445 ... 475	fast fließend
00	400 ... 430	fast fließend
0	355 ... 385	halbflüssig
1	310 ... 340	sehr weich
2	265 ... 295	weich, geschmeidig
3	220 ... 250	weich, geschmeidig
4	175 ... 205	halbfest
5	130 ... 160	fest
6	85 ... 115	sehr fest

Walzlager haben eine *Drehzahlgrenze*, deren Höhe davon abhangt, ob das Lager mit Schmieröl oder mit Schmierfett versorgt wird. Das Produkt aus der Betriebsdrehzahl n und dem mittleren Lagerdurchmesser d_m ist mitentscheidend für die Schmierfettauswahl (Bild 5.5). Periodische *Nachschmierung* erweitert den Einsatzbereich.

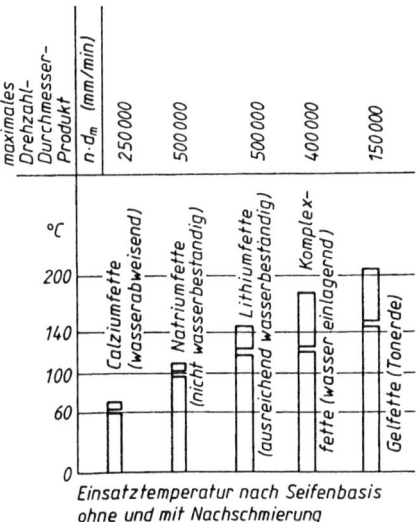

Bild 5.5 Einsatzbereiche für Schmierfette, temperaturbezogen.

5.7 Literatur

Bücher

[5.1] DIN Taschenbuch 20: Mineralole und Brennstoffe 1. Grundnormen, Normen uber Eigenschaften und Anforderungen. Beuth Verlag, Berlin 1984. Siehe auch DIN 51 500 bis DIN 51 524.

[5.2] Additive für Schmierstoffe und Arbeitsflüssigkeiten, 5. Internationales Kolloquium 14.–16. Januar 1986. Band 1 und 2, Herausgeber *Wilfried J. Bartz*, Technische Akademie Esslingen 1986.

Normen

DIN 1342	Viskosität newtonscher Flüssigkeiten
	Teil 1 Viskosität; Rheologische Begriffe
	Teil 2 Viskosität; Newtonsche Flüssigkeiten
DIN 51 350	Teil 1 Prüfung von Schmierstoffen; Prüfung im Shell-Vierkugel-Apparat; Allgemeine Arbeitsgrundlagen
DIN 51 354	Teil 1 Prüfung von Schmierstoffen; Mechanische Prüfung von Schmierstoffen in der FZG-Zahnrad-Verspannungsprüfmaschine; Allgemeine Arbeitsgrundlagen
	Teil 2 Prüfung von Schmierstoffen, Mechanische Prüfung von Schmierstoffen in der FZG-Zahnrad-Verspannungsprüfmaschine; Gravimetrisches Verfahren für Schmieröle A/8, 3/90
DIN 51 381	Prüfung von Schmierstoffen und Hydraulikflüssigkeiten; Bestimmung des Luftabscheidevermögens, Impinger-Verfahren
DIN 51 385	Kühlschmierstoffe; Begriffe
DIN 51 389	Teil 1 Prüfung von Schmierstoffen; Mechanische Prüfung von Hydraulikflüssigkeiten in der Flügelzellenpumpe; Allgemeine Arbeitsgrundlagen
DIN 51 500	Teil 1 Schmierstoffe und verwandte Stoffe; Ermittlung des Bedarfs und Verbrauchs von Schmierstoffen und verwandte Stoffe; Begriffe
	Teil 2 Schmierstoffe und verwandte Stoffe; Ermittlung des Bedarfs und Verbrauchs von Schmierstoffen und verwandten Stoffen; Rechnungsgang
DIN 51 501	Schmierstoffe; Schmieröle L-AN; Mindestanforderungen
DIN 51 502	Schmierstoffe und verwandte Stoffe; Bezeichnung der Schmierstoffe und Kennzeichnung der Schmierstoffbehälter, Schmiergeräte und Schmierstellen
DIN 51 503	Teil 1 Schmierstoffe; Kältemaschinenöle; Mindestanforderungen
	Teil 2 Schmierstoffe; Kältemaschinenöle; Gebrauchte Kältemaschinenöle
DIN 51 506	Schmierstoffe; Schmieröle VB und VC ohne Wirkstoffe und mit Wirkstoffen und Schmieröle VDL; Einteilung und Anforderungen
DIN 51 509	Teil 1 Auswahl von Schmierstoffen für Zahnradgetriebe, Schmieröle
	Teil 2 Auswahl von Schmierstoffen für Zahnradgetriebe; Plastische Schmierstoffe
DIN 51 510	Schmierstoffe; Schmieröle Z; Mindestanforderungen
DIN 51 511	Schmierstoffe; SAE-Viskositätsklassen für Motoren-Schmieröle
DIN 51 512	Schmierstoffe; SAE-Viskositätsklassen für Kraftfahrzeug-Getriebeöle
DIN 51 513	Schmierstoffe; Schmieröle B; Mindestanforderungen
DIN 51 515	Teil 1 Schmierstoffe und Reglerflüssigkeiten für Dampfturbinen; Schmier- und Reglerole L-TD; Mindestanforderungen
DIN 51 516	Auswahl von Schmierstoffen für Baumaschinen
DIN 51 517	Teil 1 Schmierstoffe; Schmieröle, Schmieröle C; Mindestanforderungen
	Teil 2 Schmierstoffe; Schmieröle, Schmieröle CL; Mindestanforderungen
	Teil 3 Schmierstoffe; Schmieröle, Schmieröle CLP; Mindestanforderungen
DIN 51 519	Schmierstoffe; ISO-Viskositätsklassifikation für flüssige Industrie-Schmierstoffe
DIN 51 522	Mineralöle und verwandte Kohlenwasserstoffe; Wärmeträgeröle Q; Flüssige, ungebrauchte Wärmeträger; Anforderungen, Prüfung
DIN 51 524	Teil 1 Druckflüssigkeiten; Hydrauliköle, Hydrauliköle HL; Mindestanforderungen
	Teil 2 Druckflüssigkeiten; Hydrauliköle, Hydrauliköle HLP; Mindestanforderungen
DIN 51 563	Prüfung von Mineralölen und verwandten Stoffen; Bestimmung des Viskositat-Temperatur-Verhaltens, Richtungskonstante m
DIN 51 566	Prüfung von Schmierölen; Bestimmung des Schaumverhaltens
DIN 51 755	Prüfung von Mineralölen und anderen brennbaren Flüssigkeiten; Bestimmung des Flammpunktes im geschlossenen Tiegel, nach *Abel-Pensky*
DIN 51 818	Schmierstoffe; Konsistenz-Einteilung für Schmierfette NLGI-Klassen
DIN 53 505	Prüfung von Elastomeren; Härteprüfung nach Shore A und D
DIN 53 521	Prüfung von Kautschuk und Elastomeren; Bestimmung des Verhaltens gegen Flüssigkeiten, Dampfe und Gase
DIN 53 538	Teil 1 Standard-Referenz-Elastomere; Butadien-Acrylnitril-Vulkanisat (NBR), peroxidvernetzt, zur Charakterisierung flüssiger Betriebsmittel hinsichtlich ihres Verhaltens gegen NBR
	Teil 2 Standard-Referenz-Elastomere; Butadien Acrylnitril-Vulkanisat (NBR) mit niedrigem Acrynitril-Gehalt zur Charakterisierung von Prüfflüssigkeiten und -fetten auf Mineralölbasis
DIN ISO 2137	Mineralölerzeugnisse; Schmierfett; Bestimmung der Konuspenetration
DIN ISO 6743	Teil 0 Schmierstoffe, Industrielle und verwandte Erzeugnisse (Klasse L); Klassifikation; Allgemeines

6 Reinigen und Entfetten

6.1 Grundlagen der Metallreinigung

Die zur Reinigung oder Entfettung der Oberflache eines metallischen Werkstucks anzuwendenden Verfahren hangen sowohl von der Art der Verunreinigungen als auch von der Art der sie an der Metalloberflache festhaltenden Krafte ab.

6.1.1 Die Verunreinigungen

Als Verunreinigungen auf Metalloberflachen konnen auftreten:
1. *metallische Verunreinigungen*, z.B. *Flitter* oder *Abrieb* aus der mechanischen Bearbeitung sowie der metallahnliche *Graphit* aus Zieh- und Gleitmitteln oder dem Gefuge – diese Stoffe sind in allen flussigen Reinigungsmitteln unlöslich;
2. *polare Verunreinigungen*, z.B. *Oxide* aus thermischen Behandlungen (Zunder, eingebrannte Schlacke) – kaum angreifbar durch Reinigungsmittel –, anhaftende Oxide und *Carbide* aus Schleif- und Poliermitteln, *Salze* durch Beizsaurereste, Schweiß und Entfettungsmittel, organische *Sauren* und *Fette* aus Polierpasten sowie *Netzmittel* aus Beiz- oder Phosphatierlösungen;
3. *unpolare Verunreinigungen*, z.B. *Ruß* und eingebrannte Kohleschichten – kaum angreifbar durch Reinigungsmittel –, *hohere Kohlenwasserstoffe* aus Zieh- und Rostschutzmitteln, *Chlorkohlenwasserstoffe* aus der Lösungsmittelentfettung sowie Schmieröle.

6.1.2 Adhäsion, Adsorption und Chemisorption

Die Oberflache von Metallen enthält Teilchen, die wegen ihrer geringeren Anzahl von Nachbarteilchen im Kristall einen höheren Energieinhalt haben als die im Innern und deren Wechselwirkung mit Stoffen an der Oberflache zu anziehenden Kräften fuhrt. Man spricht von *Adhäsionskräften*, wenn es sich um feste Stoffe, und von *Adsorptionskräften*, wenn es sich um flüssige oder gasförmige Stoffe handelt. Die Größe dieser Anziehungskrafte hangt primar vom Charakter der Verunreinigungen (metallisch, polar oder unpolar) ab. Bei Adhasionen spielt außerdem die *Oberflächengüte* eine Rolle, da sie die wahre Berührungsflache zwischen Werkstückoberflache und anhaftendem Teilchen bestimmt (*Hinweis:* Endmaße als Extremfall).
Ein Sonderfall sind echte *chemische Bindungen* zwischen den Metallatomen in der Oberflache und den Verunreinigungen. In solchen Fallen spricht man oft von *Chemisorption*. Eine Reinigung ist dann nur chemisch unter Abtrag des metallischen Werkstoffs moglich (Beizen oder Brennen). Ein Beispiel dafur sind Zunder- und Anlaufschichten.

6.2 Reinigen mit Flüssigkeiten

Jede Reinigung einer Oberfläche durch eine Flüssigkeit beruht letztlich auf einer Verdrängung der absorbierten Verunreinigungen durch Teilchen aus der Reinigungsflüssigkeit. Man kann organische Lösungsmittel benutzen, die unpolare bis wenig polare, oder alkalische, wäßrige Lösungen, die polare, wasserlösliche Verunreinigungen aufzulösen vermögen. Letztere sind so zusammengesetzt, daß sie außerdem unlösliche Stoffe absprengen und unter Emulgierung aufnehmen können.

Bei den praktisch angewendeten Reinigungsverfahren mit Flüssigkeiten kann man verfahrenstechnisch zwischen *Tauch-* und *Spritzverfahren* unterscheiden. Ein Sonderfall ist die sogenannte *Dampfentfettung*. In Tabelle 6.1 sind die Vor- und Nachteile der verschiedenen Verfahren zusammengestellt.

Tabelle 6.1 Verfahren der Oberflächenbehandlung

Vorteile	Nachteile
Tauchverfahren geringe Anlagekosten, gleichmäßige Einwirkung der Flüssigkeit über die gesamte Oberfläche, gute Abspülung von lose anhaftendem Schmutz, universell anwendbar	langsamer Stoffaustausch an der Oberfläche, daher längere Bearbeitungszeiten, hoher Verbrauch und schlechte Ausnutzung der Reinigungsmittel und Beizen, schlechte Entfettung, Entfernung fester anhaftender Teile nur bei Anwendung von Ultraschall
Spritzverfahren guter Stoffaustausch an der Oberfläche, daher kürzere Bearbeitungszeiten, geringerer Verbrauch, gute Entfettung, Entfernung von Schmutz auch aus Vertiefungen	höhere Anlagekosten, Hinterschneidungen und tiefe Bohrungen nur schwierig zu bearbeiten, Anlagen müssen der Form der Werkteile angepaßt werden
Dampfentfettung sehr gute Entfettung, sehr geringer Lösungsmittelverbrauch, universell anwendbar	schlechte Reinigungswirkung bei Vertiefungen und fest anhaftendem Schmutz
kombinierte Verfahren Höchste Wirksamkeit bei sehr hohen Anlagenkosten	

6.2.1 Lösungsmittelreinigung

Organische Lösungsmittel wirken hauptsächlich durch ihr Lösungsvermögen. Tabelle 6.2 enthält eine Zusammenstellung der praktisch angewendeten Lösungsmittel. Beim *Tauch-* und *Spritzver-*

Tabelle 6.2 Lösungsmittel zur Metallreinigung

Namen Größen	1,1,1-Trichlorethan	1,1,2-Trichlor-1,2,2-trifluorethan, Freon TF, Frigen TR	Trichlorethen, Trichlorathylen, „Tri"	Tetrachlorethen, Perchlorathylen, „Per"
Siedepunkt (°C)	74,1	47,6	87,2	121
Dichte bei 20 °C (g · ml^{-1})	1,325	1,574	1,464	1,623
Verdampfungswarme (kJ · kg^{-1})	242,7	146,9	239,7	209,2
Oberflachenspannung (10^{-3} N · m^{-1})*		19,6	31,6	31,7
MAK (ppm) *1985*	200	1000	50	50
MAK (mg · m^{-3} bei 20 °C und 1,013 bar)	1080	7600	260	345

* Wasser: $72,9 \cdot 10^{-3}$, mit Tensiden $26 \ldots 38 \cdot 10^{-3}$ N · m^{-1}.

Die aufgeführten Lösungsmittel dürfen nur unter Zusatz von Stabilisatoren für Reinigungszwecke verwendet werden, um die mögliche Bildung von Salzsaure oder Phosgen (sehr giftig!) einzudämmen.

6.2 Reinigen mit Flüssigkeiten

fahren müssen die Lösungsmittel laufend regeneriert werden (Abfiltrieren fester Verunreinigungen und Destillation), da eine gute Reinigung nur dann erzielt wird, wenn die Metalloberfläche zuletzt mit reinem Lösungsmittel gespült wird. Bei der *Dampfentfettung* wird das kalte Werkteil in den Dampfraum eines entsprechend konstruierten, offenen Gefäßes mit siedendem Lösungsmittel getaucht. Der Dampf kondensiert auf der Werkstückoberfläche und das Kondensat läuft mit den Verunreinigungen in das Bad zurück. *Wasserlösliche* Verunreinigungen werden mit Lösungsmitteln oft nur zu einem geringen Teil entfernt. Man behandelt daher das Werkteil mit einer Emulsion aus Lösungsmittel und Wasser im Spritzverfahren vor. *Kaltentfettungsmittel* sind relativ konzentrierte Lösungen von Emulgatoren in Benzin oder Petroleum. Sie sind für den einmaligen Gebrauch bestimmt, nicht regenerierfähig und lassen sich nach Auftrag (oft von Hand) durch Wasser abspülen.

6.2.2 Reinigen mit alkalischen Lösungen

Handelsübliche Reiniger sind Feststoffe, die als wäßrige Lösungen eingesetzt werden. Sie enthalten starke Alkalien (NaOH, Na_2CO_3), Silikate (Wasserglas, Natriummetasilikat), Phosphate (z.B. Na_3PO_4), Borate (z.B. $Na_2B_4O_7$) und Tenside (Detergentien, oberflächenaktive Stoffe). Die Wirksamkeit dieser Reiniger nimmt mit steigender Temperatur zu. Bei der sogenannten *Abkochentfettung* arbeitet man zwischen 90 °C und 100 °C. Die höchsten Temperaturen treten bei der *Dampfstrahlreinigung* auf, bei der die Reinigungslösung mit hochgespanntem Dampf auf die Metalloberfläche gespruht wird.

6.2.3 Mechanische Unterstützung

Bestimmte Verunreinigungen, z.B. anhaftende, in der Reinigungsflüssigkeit unlösliche Stoffe (Metalle) lassen sich nur durch *mechanische Einwirkung* auf die Oberfläche entfernen. Derartige Verfahren reichen von der Handreinigung mit Bürsten bis zur Anwendung von Ultraschall. In Tauchbadern setzt man der Flüssigkeit *Kunststoff-Kugeln* zu, um einen zusatzlichen mechanischen Effekt zu erzielen. Bei der Abkochentfettung wird dieser Effekt durch die *wallende Bewegung* der Flüssigkeit bewirkt, bei allen Spritzverfahren spielt der *Spritzdruck* eine entscheidende Rolle.
Die wirksamste Unterstützung bietet die Anwendung von *Ultraschall*. Mittels eines Generators werden dabei in der Reinigungsflüssigkeit Schwingungen mit einer Frequenz zwischen 20 kHz und 10 MHz erzeugt. Sie führen zu Druckschwankungen zwischen etwa 0,01 bar und 10 000 bar im Rhythmus der Frequenz. Dadurch werden Schmutzschichten aufgerissen, von der Oberfläche abgesprengt, Verunreinigungen aus Poren herausgesaugt und die Flüssigkeit hineingedrückt. Die Leistungsdichten handelsüblicher Ultraschallgeneratoren liegen zwischen 5 W/cm^2 und 20 W/cm^2 Oberfläche.

6.2.4 Die elektrolytische Entfettung

Für Beschichtungsverfahren, die eine absolut fettfreie Oberfläche voraussetzen, wird *elektrolytisch* entfettet. In stark alkalischen Bädern, die Natriumcyanid oder — moderner — Natriummetasilikat bzw. Phosphate enthalten, wird das Werkteil bei etwa 20 °C mit Gleichstrom unter relativ hoher Stromdichte behandelt. Es kann als Kathode oder als Anode geschaltet werden. An der Kathode entwickelt sich Wasserstoffgas, an der Anode Sauerstoffgas. Der Reinigungseffekt der elektrolytischen Entfettung dürfte auf einem Absprengen des Fettfilms durch die Gasentwicklung beruhen. Die kathodische Entfettung ist wegen der größeren Gasmenge ($H_2 : O_2 = 2 : 1$) wirksamer als die anodische. Wegen der Gefahr einer *Wasserstoffversprödung* ist die Behandlungszeit kurz. Verfahren, die dieser Gefahr durch periodisches oder einmaliges Umpolen in der Schlußphase begegnen werden eingesetzt.

6.3 Beizen und Brennen

Um überwiegend chemisch gebundene Schichten (Zunder-, Anlauf- oder Korrosionsschichten) oder eingebrannte Verunreinigungen von der Oberfläche eines metallischen Werkstücks zu entfernen, ist es notwendig, Stoffe einwirken zu lassen, die auch das Grundmetall angreifen. Man spricht dann vom *Beizen* oder *Brennen* und verwendet dazu je nach Art des Metalles Sauren oder Basen.

6.3.1 Das Beizen mit Säuren

Unedle Metalle ($\varphi_0 < 0$) reagieren mit Sauren unter Wasserstoffentwicklung zu den entsprechenden Salzen, vgl. (5). Die schichtbildenden Stoffe werden durch Sauren chemisch aufgelost, vgl. (1) bis (4). (Me zweiwertiges Metall):

$$\text{Schichtstoffe:} \begin{cases} \text{MeO} + 2\,\text{H}^+ \rightarrow \text{Me}^{++} + \text{H}_2\text{O} & (1) \\ \text{Me(OH)}_2 + 2\,\text{H}^+ \rightarrow \text{Me}^{++} + 2\,\text{H}_2\text{O} & (2) \\ \text{MeCO}_3 + 2\,\text{H}^+ \rightarrow \text{Me}^{++} + \text{CO}_2 + \text{H}_2\text{O} & (3) \\ \text{MeS} + 2\,\text{H}^+ \rightarrow \text{Me}^{++} + \text{H}_2\text{S} & (4) \end{cases}$$

$$\text{Grundmetall:} \quad \text{Me} + 2\,\text{H}^+ \rightarrow \text{Me}^{++} + \text{H}_2 \qquad (5)$$

In der Praxis werden verdünnte Säuren, rein oder im Gemisch mit anderen Säuren, verwendet. Als Beizzusätze enthalten sie handelsübliche *Sparbeizzusatze* (Inhibitoren), die den Angriff auf das Grundmetall nach (5) moglichst bremsen sollen, ohne die Reaktionen (1) bis (4) zu beeinflussen, und *Netzmittel* (Detergentien, Tenside), die eine bessere Benetzung der Oberflache bewirken. Tabelle 6.3 enthält eine Übersicht über die wichtigsten Beizsauren.

Das *Beizen* (in diesen Fällen auch *Brennen* genannt) edler Metalle ($\varphi_0 > 0$) erfordert den Einsatz *stark oxidierender Sauren* (s. Tabelle 6.3). Gl. (6) beschreibt als Beispiel die Einwirkung von Salpetersaure auf Kupfer.

$$3\,\text{Cu} + 8\,\text{HNO}_3 \rightarrow 3\,\text{Cu(NO}_3)_2 + 2\,\text{NO} + 4\,\text{H}_2\text{O}. \qquad (6)$$

Neben Kupfernitrat entsteht dabei Stickoxid, ein Reduktionsprodukt der Salpetersaure, das mit dem Sauerstoff der Luft braune, nitrose Gase (NO_2) bildet. Je nach Zusammensetzung der Beize kann man glanzende (*Glanzbrennen*) oder matte Oberflächen (*Mattbrennen*) erzielen.

Tabelle 6.3 Beizmittel

Säuren		Gew.-%[2])
Schwefelsäure	$H_2SO_4 \rightleftharpoons H^+ + HSO_4^- \rightleftharpoons 2\,H^+ + SO_4^{2-}$	96 ... 98
Salzsäure	$HCl \rightleftharpoons H^+ + Cl^-$	30 ... 37
Phosphorsäure [1])	$H_3PO_4 \rightleftharpoons H^+ + H_2PO_4^- \rightleftharpoons 2\,H^+ + HPO_4^{2-}$	80 ... 90
Flußsäure	$HF \rightleftharpoons H^+ + F^-$	40 ... 50
Salpetersäure	$HNO_3 \rightleftharpoons H^+ + NO_3^-$	69
Chromsäure [3])	$H_2CrO_4 \rightleftharpoons H^+ + HCrO_4^- \rightleftharpoons 2\,H^+ + CrO_4^{2-}$	–
Basen		
Natriumhydroxid	$NaOH \rightleftharpoons Na^+ + OH^-$	etwa 100
Natriumcarbonat	$Na_2CO_3 + H_2O \rightleftharpoons NaHCO_3 + NaOH$	etwa 100

[1]) Die 3. Dissoziationsstufe $HPO_4^{2-} \rightleftharpoons H^+ + PO_4^{3-}$ spielt in diesen Fällen keine Rolle.
[2]) Handelsübliche Konzentrationen des Stoffes.
[3]) Chromsäure wird aus Chromtrioxid $CrO_3 + H_2O \rightleftharpoons H_2CrO_4$ oder aus Alkalidichromaten $Na_2Cr_2O_7 + H_2SO_4 \rightleftharpoons H_2Cr_2O_7 + Na_2SO_4$ hergestellt: $H_2Cr_2O_7 + H_2O \rightleftharpoons 2\,H_2CrO_4$.

6.3.2 Das Beizen mit alkalischen Lösungen

Einige Metalle, insbesondere Aluminium (neben Zink und Beryllium), lassen sich auch mit *alkalischen Lösungen* beizen. Dazu werden Lösungen verwendet, die Natriumhydroxid oder Natriumcarbonat enthalten (s. Tabelle 6.3). Die Gln. (7) und (8) beschreiben die dabei ablaufenden Prozesse.

Oxidschicht: $\quad Al_2O_3 + 3H_2O + 2OH^- \rightarrow 2[Al(OH)_4]^-$ (7)

Grundmaterial: $\quad 2Al + 6H_2O + 2OH^- \rightarrow 2[Al(OH)_4]^- + H_2$. (8)

6.3.3 Verfahrensweise, Sonderverfahren

In der Praxis wird im *Tauch-* oder im *Spritzverfahren* gebeizt, vgl. dazu auch Tabelle 6.1. Um die Beizen besser auszunutzen, wendet man haufig eine *mehrstufige* Verfahrensweise (Vor-, Haupt- und Nachbeizen) an.

Auf die beim Beizen besonders sorgfaltig einzuhaltenden *Sicherheits-* und *Umweltschutzbestimmungen* sei in Stichworten hingewiesen: Gute Absaugung fur das entstehende Wasserstoffgas und atzende Nebel, Neutralisation und Entgiftung der Waschwasser, Schutzkleidung mit Haube (Brille) und Handschuhen, sorgfältige Einhaltung der Vorschriften für den Ansatz der Beizen. Ein besonderes Problem ist die Beseitigung verbrauchter Beizen. Ihre Regeneration ist nur in Einzelfallen und von bestimmten Großenordnungen ab wirtschaftlich moglich.

Stark verzunderte Werkteile oder solche mit eingebrannten Rußschichten werden häufig in *Salzschmelzen* vorgebeizt, wobei das Grundmaterial nicht angegriffen wird. Schmelzen aus NaOH und NaNO$_3$ (oxidierend) lockern Zunderschichten und solche aus NaOH und NaH (Natriumhydrid, reduzierend) beseitigen Rußschichten.

6.4 Literatur

Bücher

[6.1] *Singer/Strauß:* Praktische Chemie für Ingenieurberufe, Bd. 1: Korrosion und Oberflachenbehandlung. VDI-Verlag, Düsseldorf 1978.
[6.2] *Pollack, A* und *P. Westphal:* Metall-Reinigung und Entfettung, Eugen G. Leuze Verlag, Saulgau 1961.
[6.3] *Straschill, M.:* Neuzeitliches Beizen von Metallen, Eugen G. Leuze Verlag, Saulgau 1972.
[6.4] *Orth, H :* Korrosion und Korrosionsschutz. Wissenschaftliche Verlagsgesellschaft, Stuttgart 1974.
[6.5] *Dettner/Elze:* Handbuch der Galvanotechnik, Carl Hanser Verlag, Munchen 1966.

Normen

DIN 65 079	Luft und Raumfahrt; Reinigung von Aluminium; alkalisch
DIN 65 080	Luft und Raumfahrt; Beizen von Aluminium, alkalisch
LN 29 740	Fertigungsrichtlinien für das Entfetten von Metallteilen in dampfformigen Perchlorathylen; Kenn-Nummern 0001 bis 0003
ALZ O6	Beizen und Entfetten von Aluminium
SEB 18 2010	Allgemeines, Reinigungsstoffe
VDI/VDE 2420	Metalloberflächenbehandlung in der Feinwerktechnik; Übersicht
	Blatt 1: Metalloberflachenbehandlung in der Feinwerktechnik, Mechanische Behandlung
	Blatt 2: Metalloberflachenbehandlung in der Feinwerktechnik, Vorbehandlung durch Reinigen und Entfetten
	Blatt 3: Metalloberflachenbehandlung in der Feinwerktechnik; Chemische Behandlung durch Beizen

Blatt 4: Metalloberflachenbehandlung in der Feinwerktechnik, Metallische Überzüge I; Galvanische Verfahren
Blatt 5: Metalloberflächenbehandlung in der Feinwerktechnik; Metallische Überzüge II, Chemische und sonstige Verfahren
Blatt 6: Metalloberflächenbehandlung in der Feinwerktechnik; Nichtmetallische Überzüge I, Chemische und elektrochemische Verfahren
Blatt 7: Metalloberflächenbehandlung in der Feinwerktechnik; Nichtmetallische Überzuge II; Lackierungen
Blatt 8: Metalloberflächenbehandlung in der Feinwerktechnik; Nichtmetallische Überzüge III; Pulverbeschichtungen

7 Korrosionsschutz

Mit dem Begriff *Korrosion* bezeichnet man die Zerstörung von Werkstoffen von der Oberfläche her, hervorgerufen durch *chemische* Reaktionen mit ihrer Umgebung. Diese Definition grenzt die Korrosion gegenüber *mechanischen* Oberflächenzerstörungen wie Verschleiß, Kavitation oder Erosion ab, wobei berücksichtigt werden muß, daß in der Praxis beide Angriffsformen sehr oft gemeinsam auftreten. Im Folgenden werden die Korrosion der *metallischen Werkstoffe*, insbesondere die der Eisenwerkstoffe, sowie die Möglichkeiten zu ihrer Verhinderung behandelt. Korrosionserscheinungen an nichtmetallischen Werkstoffen werden gemeinsam mit den entsprechenden Werkstoffen besprochen (vgl. Abschnitte 2.3 und 4.2). Die wirtschaftliche Bedeutung der Korrosion läßt sich aus der Schätzung ablesen, daß rund ein Viertel des hergestellten Eisens durch solche Prozesse zerstört wird.

7.1 Grundlagen der metallischen Korrosion

Alle Korrosionsprozesse lassen sich chemisch als *Oxidation* des metallischen Werkstoffs deuten. Je nach Art des angreifenden Mediums und der äußeren Bedingungen unterscheidet man im allgemeinen zwischen *chemischer* und *elektrolytischer Korrosion*.

7.1.1 Chemische Korrosion

Man spricht von *chemischer Korrosion*, wenn das angreifende Medium *nichtionogen* ist, d.h. der Angriff auf den metallischen Werkstoff nicht durch geladene Teilchen (Ionen) erfolgt. So führt z.B. die Einwirkung von Sauerstoff auf Eisenwerkstoffe bei höheren Temperaturen zur Bildung von *Zunderschichten*, die aus Eisenoxiden verschiedener Zusammensetzung bestehen. In den Zunderschichten nimmt der O-Gehalt der oxidischen Phasen von innen nach außen zu:

Grundmaterial — Wüstit (FeO) — Magnetit (Fe_3O_4) — Hämatit (Fe_2O_3).

In diesem und ähnlichen Fällen tritt in der Regel ein gleichmäßiger *Flächenabtrag* ein, der durch die *Abtragungsgeschwindigkeit* in Menge pro Flächen- und Zeiteinheit charakterisiert wird. Sind die entstehenden Oxidschichten riß- und porenfrei sowie festhaftend, so können sie das Fortschreiten der Korrosion verlangsamen oder verhindern. In der Praxis spielen rein chemische Korrosionsprozesse nur unter extremen Bedingungen (Temperatur, Medium) eine Rolle.

7.1.2 Elektrolytische Korrosion

Korrosionsprozesse unter dem Einfluß von *Elektrolyten* (Ionenlösungen) können nach unterschiedlichen Mechanismen ablaufen. Gemeinsam ist allen die entscheidende Rolle der *Wasserstoffionen* im angreifenden Elektrolyten. Elektrochemische Grundlage für die Deutung solcher Korrosionsprozesse sind die *Normalpotentiale* φ_0 der beteiligten Stoffe (Tabelle 7.1), die sich mit

Hilfe der *Nernstschen Gleichung* (1) in die Potentiale φ bei anderen Bedingungen und Konzentrationen umrechnen lassen:

$$\varphi = A + \frac{RT}{nF} \ln \frac{c_{Ox}}{c_{Red}}, \tag{1}$$

vereinfacht (25 °C):

$$\varphi = \varphi_0 + \frac{0{,}059}{n} \lg [\text{Ion}]$$

A Konstante
R universelle Gaskonstante
T Temperatur in K
F Faradaykonstante
n Anzahl der ausgetauschten Elektronen
[Ion] Konzentration in mol $\cdot$ ℓ^{-1}

Tabelle 7.1 Normalpotentiale φ_0 in Volt für 25 °C, Spannungsreihe

reduziert $\longleftrightarrow$ oxidiert	φ_0
Mg $\longleftrightarrow$ Mg^{++} + 2 e	$-2{,}34$
Al $\longleftrightarrow$ Al^{+++} + 3 e	$-1{,}67$
Zn $\longleftrightarrow$ Zn^{++} + 2 e	$-0{,}762$
Cr $\longleftrightarrow$ Cr^{+++} + 3 e	$-0{,}71$
Fe $\longleftrightarrow$ Fe^{++} + 2 e	$-0{,}441$
Co $\longleftrightarrow$ Co^{++} + 2 e	$-0{,}277$
Ni $\longleftrightarrow$ Ni^{++} + 2 e	$-0{,}23$
Sn $\longleftrightarrow$ Sn^{++} + 2 e	$-0{,}14$
H$_2$ $\longleftrightarrow$ 2 H$^+$ + 2 e	$\mp 0{,}000$
Cu $\longleftrightarrow$ Cu^{++} + 2 e	$+0{,}52$

Potential des reinen Metalles bzw. des Gases bei 1,013 bar gegen eine einmolare Lösung des Metallkations in Wasser.

Je *größer* (kleiner) das Potential φ ist, um so *größer* ist das Bestreben des Stoffes in den *reduzierten* (oxidierten) Zustand zu gelangen. Kombiniert man die *Reduktionsstufe* eines Stoffes mit *kleinem* (unedlem) φ_0 mit der *Oxidationsstufe* eines anderen mit *größerem* (edlerem) φ_0, so tritt eine chemische Reaktion ein, im umgekehrten Fall nicht. Ein Eisenstab ($\varphi_0 = -0{,}441$ V) in eine kupferionenhaltige Lösung ($\varphi_0 = +0{,}52$ V) getaucht überzieht sich nach Gl. (2) mit metallischem Kupfer, während Eisen als Ion in Lösung geht.

$$\left. \begin{array}{l} \text{Oxidation:} \quad \text{Fe} \rightarrow \text{Fe}^{++} + 2\,e \\ \text{Reduktion:} \quad \text{Cu}^{++} + 2\,e \rightarrow \text{Cu} \end{array} \right\} \text{Fe} + \text{Cu}^{++} \rightarrow \text{Fe}^{++} + \text{Cu}. \tag{2}$$

Ein Maß für die Triebkraft dieser und ähnlicher Reaktionen ist die Differenz der Potentiale, die in *galvanischen Elementen* praktisch als *Spannung* genutzt werden kann.
Für die Kombination eines Metalls mit einer wasserstoffionenhaltigen Lösung, z.B. einer verdünnten Säure [H$^+$] = etwa 1 mol $\cdot$ ℓ^{-1}, folgt daraus, daß eine Reaktion nach Gl. (3) nur möglich ist,

7.1 Grundlagen der metallischen Korrosion

wenn es sich um ein unedles Metall ($\varphi_0 < 0$) handelt. Dabei läßt sich die Wasserstoffabscheidung nach Gl. (4) in Teilschritte zerlegen:

$$\left. \begin{array}{ll} \text{Oxidation (Anode):} & Fe \rightarrow Fe^{++} + 2e \\ \text{Reduktion (Kathode):} & 2H^+ + 2e \rightarrow H_2 \end{array} \right\} Fe + 2H^+ \rightarrow Fe^{++} + H_2, \tag{3}$$

$$2H^+ + 2e \xrightarrow{\text{Entladung}} 2H_{ad} \xrightarrow{\text{Reaktion}} H_{2_{ad}} \xrightarrow{\text{Desorption}} H_2. \tag{4}$$

Wegen der Hinderung des Angriffs der H^+-Ionen durch den an der Metalloberfläche adsorbierten Gasfilm ($H_{2_{ad}}$) ist der 3. Schritt, die *Desorption*, für den Gesamtprozeß geschwindigkeitsbestimmend.

Errechnet man mit Hilfe von Gl. (1) das Entladungspotential der Wasserstoffionen in reinem Wasser ([H^+] = 10^{-7} mol · ℓ^{-1}), so erhält man $\varphi = -0,413$ V. Metalle mit kleinerem Normalpotential reagieren theoretisch mit Wasser unter Bildung von Metallhydroxiden und Wasserstoff. Ursache für die Tatsache, daß wichtige Werkstoffmetalle (Al, Mg usw.) trotzdem von Wasser nicht angegriffen werden, ist die Bildung *geschlossener Oxidschichten mit Sperrwirkung*.

Sind in einem Werkstück zwei Metalle mit unterschiedlichen Normalpotentialen leitend verbunden, so geht bei Gegenwart eines auch schwachen Elektrolyten das unedle Metall in Lösung (korridiert), während am edleren Metall Wasserstoffionen entladen werden. Dabei wandern die am unedlen Metall abgegebenen Elektronen über die leitende Verbindung zum edleren Metall, wo sie durch die Wasserstoffentladung verbraucht werden. Dieser als *Kontaktkorrosion* bezeichnete Spezialfall zeigt im Gegensatz zu den bisher diskutierten Beispielen erstmalig eine räumliche Trennung des Anoden- (Oxidation) vom Kathodenbereich (Reduktion), wie sie in galvanischen Elementen und den meisten praktischen Korrosionsfällen eine Rolle spielt.

Nach dem *Faradayschen Gesetz* ist die bei elektrochemischen Reaktionen umgesetzte Stoffmenge an Kathode und Anode äquivalent und der Stärke des fließenden Stromes sowie der Zeit direkt proportional. Da die Stromstärke an Kathode und Anode gleichermaßen wirksam wird und deren Oberflächen unterschiedliche Größen haben können, operiert man mit einer *Kathoden-* und einer *Anodenstromdichte* in A · dm^{-2}. Bei der elektrolytischen Korrosion ist die Abtragsgeschwindigkeit (vgl. Abschnitt 7.1.1) der Anodenstromdichte direkt proportional. Praktisches Beispiel:

1. Mit Kupfernieten verbundene großflächige Eisenbleche → hohe Kathoden- und kleine Anodenstromdichte → langsame Korrosion der Bleche.
2. Mit Eisennieten verbundene großflächige Kupferbleche → kleine Kathoden- und hohe Anodenstromdichte → sehr schnelle Korrosion der Nieten.

Bei Gegenwart von Sauerstoff kann die Entladung der Wasserstoffionen auch nach anderen Mechanismen erfolgen, vgl. Gln. (5) und (6). Man spricht dann von einer *Sauerstoffkorrosion* im Gegensatz zur *Wasserstoffkorrosion*, die von der Gl. (4) beschrieben wird (Bild 7.1):

in sauren Medien:
$$2H_2O \leftrightarrow O_2 + 4H^+ + 4e \qquad \varphi_0 = +1,229 \text{ V}, \tag{5}$$
in neutralen oder schwach alkalischen Medien:
$$2OH^- \leftrightarrow O_2 + 2H^+ + 4e \qquad \varphi_0 = +0,40 \text{ V}. \tag{6}$$

Bei Korrosionsprozessen unter Einfluß der *Atmosphäre* (vgl. dazu Abschnitt 7.2.1), bei denen der Elektrolyt ein durch Kondensation von Wasserdampf auf der Werkstoffoberfläche gebildeter Feuchtigkeitsfilm ist, sind die Gln. (5) und (6) entscheidend.

Taucht man zwei Eisenbleche in Wasser, dessen Leitfähigkeit durch Kochsalz-Zusatz (NaCl) erhöht wurde, und umspült eins der Bleche mit Luft, so entsteht eine Potentialdifferenz zwischen den Blechen. Das Blech mit Sauerstoffdefizit wird zur Anode und korridiert. Praktische Beispiele für solche *Belüftungselemente* sind die *Spaltkorrosion* an Nieten, Schraubbolzen und in schlechten

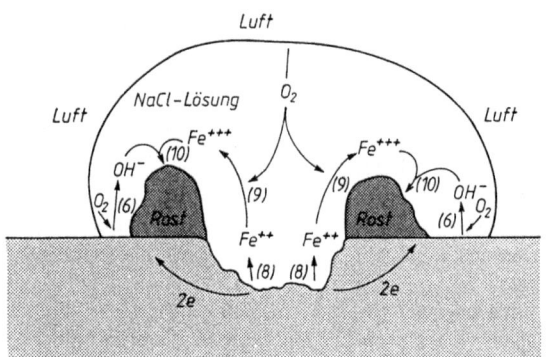

Bild 7.1
Tropfversuch nach *U. R. Evans* zur Demonstration der Sauerstoffkorrosion an Eisen.

$2H^+ + O_2 + 4e \rightarrow 2OH^-$ (6)
$Fe \rightarrow Fe^{++} + 2e$ (8)
$2Fe^{++} + H^+ + 1/2 O_2 \rightarrow 2Fe^{+++} + OH^-$ (9)
$Fe^{+++} + 3OH^- \rightarrow Fe(OH)_3$ (10)
Rost: $(Fe^{+++})(O^{--})(OH^-)$.

Schweißnähten, die *Wasserlinienkorrosion* an Eisenbauwerken, die eine Wasseroberfläche durchbrechen (s. Abschnitt 7.2.3) sowie die Korrosion von Blind- oder wenig genutzten Strängen im Wasserleitungsbau (Anode wegen Sauerstoffverarmung des stehenden Wassers) in Nachbarschaft zu Leitungen mit hohen Durchflußmengen.

7.1.3 Einflüsse von Gefüge und Spannungen

Auf der Oberfläche metallischer Werkstoffe sind Potentialunterschiede im μV-Bereich nachweisbar, die auf Störungen im Kristallgitter durch mechanische oder thermische Vorbehandlungen zurückgeführt werden müssen. Sie führen bei Gegenwart eines Elektrolyten (z.B. Feuchtigkeitsfilm aus der Atmosphäre, s. Abschnitt 7.2.1) zur Bildung von sogenannten *Lokalelementen* und dadurch zur Korrosion.
Bei der *interkristallinen Korrosion* schreitet der Angriff an den Korngrenzflächen des Gefüges fort. Man spricht von einem *Kornzerfall* (Gußeisen, Entzinkung von Messing). Die *transkristalline Korrosion*, die mechanische oder thermische Spannungen im Werkstoff zur Voraussetzung hat, erfolgt durch das Korn hindurch.

7.1.4 Spannungsrißkorrosion, Erosion, Kavitation

Eine besonders schnelle und gefährliche Korrosion mit tiefen Rißbildungen kann auftreten, wenn ein an sich wenig aggressiver Elektrolyt gemeinsam mit Zugspannungen auf den Werkstoff einwirkt. Periodisch wechselnde Zug und Druckspannungen können mit Elektrolyten die sogenannte *Schwingungskorrosion* verursachen.
In Gegenwart strömender Flüssigkeiten besonders im Turbulenzbereich kann neben der Korrosion auch eine mechanische Abtragung der Korrosionsprodukte erfolgen, die zur Bildung geometrischer Figuren führt und als *Erosionskorrosion* bezeichnet wird.
Bei sehr großen Relativgeschwindigkeiten zwischen Werkstoffoberfläche und flüssigem Medium kann *Kavitation* auftreten. Man versteht darunter eine tiefgreifende Lochbildung, mitverursacht durch plötzliche Drucksteigerungen infolge Zusammenbruchs von Kavitationsblasen, die selbst durch das Aufreißen der Flüssigkeit entstehen.

7.2 Korrosive Medien

7.2.1 Die Atmosphäre

Entscheidend für die *Korrosivität der Atmosphäre* ist in erster Linie ihr *Wasserdampfgehalt*, der allgemein als *relative Luftfeuchtigkeit* in % (vorhandene Wasserdampfmenge bezogen auf die Sättigungsmenge bei der jeweiligen Temperatur) angegeben wird. In trocknen Atmospharen (Luftfeuchtigkeit stets unterhalb der kritischen Luftfeuchte zwischen 60 % und 70 %) tritt praktisch keine Korrosion auf. In zweiter Linie wird die Korrosionsgeschwindigkeit von anderen Stoffen in der Atmosphare, wie Schwefeldioxid, Staub, Rauch, Öldunst usw. beeinflußt. Man unterscheidet nach den Inhaltsstoffen und Bedingungen zwischen *Industrie-* (Großstadt-), *Meeres-, Land-* und *Tropenatmosphare*.

Saure Stoffe wie Schwefeldioxid (SO_2) oder Kohlendioxid (CO_2) erhohen z.B. nach Gl. (7) die im Kondensatfilm vorhandene Menge an Wasserstoffionen und damit die Korrosionsgeschwindigkeit:

$$H_2O + SO_2 \rightleftharpoons H_2SO_3 \rightleftharpoons H^+ + HSO_3^-. \tag{7}$$

Staube, Öldunst und Rauch bestehen aus Partikeln sehr hoher *Oberflachenenergie*, an denen der Wasserdampf der Luft besonders leicht kondensieren kann. Auf Metalloberflachen konnen diese Partikel als Kathode in Lokalelementen wirksam werden.
Abschließend sei darauf hingewiesen, daß Feuchtigkeitsfilme nicht nur durch Kondensation des Wasserdampfes an kalteren Oberflachen (Schwitzwasser) sondern auch durch *Adsorption* entstehen konnen.

7.2.2 Das Wasser

Die *Aggressivitat* von Wässern hängt von ihrer Zusammensetzung ab. So fördert Meerwasser z.B. Kontaktkorrosionen, weil es wegen des hohen Salzgehalts ein guter Elektrolyt ist (praktisches Beispiel aus dem Schiffsbau: Schraube aus Bronze (Kathode); Rumpf aus Eisenblechen (Anode)). Von Bedeutung ist auch der *Chloridionen-Gehalt*. Chloridionen können die geschlossenen und sehr dünnen, oxidischen Schichten, wie sie von einigen metallischen Werkstoffen (Chrom, Aluminium, passivierbare Stähle usw.) gebildet werden und deren Korrosionsbeständigkeit bestimmen, durchdringen. Es entstehen Lokalelemente mit sehr hoher Anodenstromdichte und als Folge eine *Lochfraßkorrosion*.
Bei Wässern mit geringem Salzgehalt hängt die Aggressivität überwiegend vom *Sauerstoffgehalt* ab (bei 20 °C maximal 6 ml Sauerstoff unter Normalbedingungen pro Liter Wasser, bei 80 °C 3 ml). Bei stehenden Gewässern nimmt der Sauerstoffgehalt nach unten hin ab und Eisenbauwerke zeigen daher unter der Wasseroberfläche eine anodische Zone, die korrodiert (Wasserlinienkorrosion, siehe Abschnitt 7.1.2). Auf die Korrosion von Blindsträngen im Wasserleitungsbau wurde schon in Abschnitt 7.1.2 hingewiesen. In geschlossenen Warmwasserheizungssystemen tritt anders als in offenen wegen der Sauerstoffarmut (keine kathodischen Bereiche) praktisch keine Korrosion auf.
Auf den Einfluß der *Harte des Wassers* auf die Korrosion sei abschließend hingewiesen. Bei mittleren Härtegraden können sogenannte *Kalkrostschichten* entstehen, die eine weitere Korrosion verhindern.

7.2.3 Der Erdboden

Metallische Werkstoffe im Erdboden sind sehr unterschiedlichen Angriffsformen ausgesetzt. Trockene Boden (kein Elektrolyt) und wassergesattigte (kein Sauerstoff) sind wenig aggressiv. Feuchte und lockere Boden korrodieren dagegen stark. Wegen ihres Huminsauregehaltes sind

Sumpf-, Moor- und Humusboden besonders aggressiv. Beluftungselemente konnen eine Rolle spielen, wenn auch uber größere Entfernungen hinweg der Werkstoff mit sehr unterschiedlichen Bodenarten Kontakt hat.
Die *biologische Korrosion* in sauerstoffarmen, gipshaltigen Böden wird von Bakterien verursacht. Sie greift Gußeisen und Stahl ortlich stark an und produziert schwarzes Eisensulfid.
Auf die *Streustromkorrosionen*, hervorgerufen durch im Erdboden vagabundierende Gleichstrome aus Schutzspannungsvorrichtungen oder elektrischen Bahnen usw., sei abschließend hingewiesen.

7.3 Korrosionsschutz durch Oberflächenschichten

Oberflachenbehandlungsverfahren zum Schutz metallischer Oberflachen gegen Korrosion kann man nach den Wirkungsmechanismen der gebildeten Schichten in zwei Gruppen einteilen. *Aktive Schichten* greifen direkt chemisch in den Korrosionsablauf ein, wahrend *Schichten mit Sperrwirkung* ausschließlich den Kontakt des Grundmetalles mit dem korrodierenden Medium verhindern sollen.

7.3.1 Aktive Schichten

Stehen bei einem elektrochemischen Prozeß mehrere Metalle mit unterschiedlichen Potentialen als Anode zur Verfugung, so wird zunachst das Metall mit dem niedrigsten Potential zur Anode und durch Oxidation aufgelost. Aktive Schichten sind Metallschichten mit einem unedleren Potential als das Grundmaterial. Der Angriff des korrosiven Mediums richtet sich primar gegen die aktive Schicht. Deren Korrosion schützt das Grundmetall. Die *Porenfreiheit* der aufgebrachten Schicht spielt für ihre Wirksamkeit praktisch keine Rolle. Zusätzlich aufgebrachte Schichten mit Sperrwirkung (siehe Abschnitt 7.3.2) erhohen den erzielten Korrosionsschutz betrachtlich (Tabelle 7.2).

Tabelle 7.2 Korrosionsschutz durch aktive Schichten

Schichtmetall	Beschichtungsverfahren [1]	Bemerkungen
Zink	Schmelztauchen	auf Eisenwerkstoffen, Schichtdicke: 20 ... 200 μm, Aufbau [2],
	thermisches Spritzen	auf vielen Grundmaterialien, Haftung durch mechanische Verklammerung,
	Galvanisieren	auf Metallen in sauren oder cyanidischen Badern,
Cadmium	Galvanisieren	auf Metallen in cyanidischen Bädern,
Aluminium	Schmelztauchen thermisches Spritzen	auf Eisenwerkstoffen, zum Schutz gegen Verzunderung durch Al_2O_3.

[1] siehe Abschnitt 8.5 Beschichten.
[2] Grundmetall 100 % Fe; stark haftende Grenzschicht (Gammaschicht, 24,5 % Fe); zwei harte, sprode Legierungsschichten (Delta-1-Schicht, 7 ... 11,5 % Fe und Zetaschicht, 6 ... 6,2 % Fe); zahe Reinzinkschicht (Etaschicht).

7.3.2 Schichten mit Sperrwirkung

Schichten mit Sperrwirkung müssen aus gegen das angreifende Medium möglichst widerstandsfahigen Stoffen bestehen und sich möglichst porenfrei auf das zu schützende Grundmetall aufbringen lassen (Tabelle 7.3).

Tabelle 7.3 Korrosionsschutz durch Schichten mit Sperrwirkung

1. Metallische Schichten		
Schichtmetall	Beschichtungsverfahren [1])	Bemerkungen
Blei, Zinn	Schmelztauchen	dickere Schichten in mehreren Schritten um Porenfreiheit zu erzielen,
Titan, Molybdan, Chrom, Nickel	thermisches Spritzen	meist aus technologischen Grunden,
Zinn, Kupfer, Messing, Bronze	chemisches Abscheiden und Aufreiben	mit Ausnahme der Sudverzinnung meist aus dekorativen Gründen,
Kupfer, Nickel	chemisches Abscheiden	meist aus technologischen Grunden,
Kupfer, Nickel, Chrom	Galvanisieren	meist in drei Schichten (Cu, Ni, Cr).
2. Auf dem Grundmetall chemisch erzeugte Schichten		
Oxide von	Verfahren	Bemerkungen
Aluminium, Magnesium, Cadmium, Zink, Zinn	Chromatieren	gelbe bis grüne, chromhaltige Oxidschichten durch Einwirkung von Chromsäure-Lösungen,
Eisen	Brunieren	festhaftende, schwarze Oxidschichten durch oxidierende Salze in alkalischem Medium,
Aluminium	Eloxalverfahren	anodische Oxidation von Aluminium in sauren, galvanischen Badern,
Phosphatdeckschichten auf Eisen, Aluminium, Zink, Cadmium	Phosphatieren	zeitweiliger Korrosionsschutz in Verbindung mit Ölen; Basis für Anstrichsysteme (Haftvermittlung), Kaltverformung, Stanzen.
3. Nichtmetallische Schichten		
Schichtmaterial	Verfahren	Bemerkungen
Bor-Tonerde-Gläser	Emaillieren	Aufschmelzen von Glasflüssen in einer oder mehreren Schichten auf Eisen, Kupfer, Aluminium,
Kunststoffe	Laminieren Wirbelsintern	Aufwalzen von Kunststoffolien in der Warme, Aufschmelzen eines Kunststoffpulvers auf das vorgeheizte Werkstück durch Tauchen in ein Wirbelbett, porenfrei ab 250 µm Schichtdicke,
	Elektrostatisches Pulverspruhen (EPS)	Aufspruhen eines Kunststoffpulvers auf das Werkstück im Gleichspannungsfeld (30 kV ... 150 kV) und Aufschmelzen im Ofen;
Anstriche	„Lackieren"	eine aus einer oder mehreren Schichten bestehende Beschichtung aus Anstrichstoffen (siehe Abschnitt 8.5).

[1]) siehe Abschnitt 8.5 Beschichten

7.4 Korrosionsschutz durch Schutzspannungen

Um größere und/oder komplexere Einrichtungen aus Metall gegen Korrosion zu schützen, kann man *Opferanoden* anbringen oder der Einrichtung durch eine aufgebrachte *Fremdspannung* ein edleres Potential geben. Der Wirkungsmechanismus der Opferanoden entspricht dem der in Abschnitt 7.3.1 beschriebenen aktiven Schichten. Opferanoden aus Zink oder Magnesium, die meist so dimensioniert sind, daß ihre Lebenserwartung 10 ... 20 Jahre beträgt, sollten in der Nähe möglicher kathodischer Bereiche mit dem zu schützenden Grundmetall leitend verbunden sein. Praktische Beispiele sind die Anbringung von Zinkplatten am Heck von Schiffen gegenüber der Schiffsschraube aus Bronze, die Verwendung von zusätzlichen Hutmuttern aus Zink oder Cadmium bei Verbindungen mit Schrauben und Muttern aus Stahl oder die leitende Verbindung von Bauwerken aus Eisen im Erdreich mit im Erdreich vergrabenen Magnesiumblöcken.

Der *kathodische Schutz* durch Fremdspannungen wird angewendet, wenn der Strombedarf, um große zu schützende Flächen in ausreichendem Maße positiv aufzuladen, nicht mehr durch Opferanoden gedeckt werden kann. Man legt eine mit Hilfe eines Gleichrichters erzeugte Gleichspannung mit dem Plus-Pol an das zu schützende Bauwerk (z.B. Öltanks, Rohrleitungen, Kabelummantelungen usw.) und mit dem Minus-Pol durch Anoden aus Graphit oder Eisen an Erde. Auf die Gefahr von Streustromkorrosionen durch solche Vorrichtungen sei hingewiesen.

7.5 Literatur

Bücher

[7.1] *Singer/Strauß:* Praktische Chemie für Ingenieurberufe, Bd. 1: Korrosion und Oberflächenbehandlung. VDI-Verlag, Düsseldorf 1978.
[7.2] *Orth, H.:* Korrosion und Korrosionsschutz, Wissenschaftliche Verlagsgesellschaft, Stuttgart 1974.
[7.3] *Müller, K.:* Lehrbuch der Metallkorrosion, Eugen G. Leuze Verlag, Saulgau 1975.
[7.4] *Evans, U. R.:* Einführung in die Korrosion der Metalle, Verlag Chemie, Weinheim/Bergstr. 1965.
[7.5] *Kirsch, W.:* Korrosion im Boden, Franckhsche Verlagshandlung, Stuttgart 1968.
[7.6] *Wiederholt, W.:* Die chemische Oberflächenbehandlung von Metallen zum Korrosionsschutz, Eugen G. Leuze Verlag, Saulgau 1963.
[7.7] *Dettner/Elze:* Handbuch der Galvanotechnik, Carl Hanser Verlag, München 1966.
[7.8] Merkblatt 166, Phosphatieren, Beratungsstelle für Stahlverwendung, Düsseldorf, 4. Aufl.
[7.9] *Niedtank, R.:* Korrosionsschutz durch Verzinkung, Frauenhofersche Gesellschaft, Stuttgart 1985.
[7.10] *Wranglen, G.:* Korrosien und Korrosionsschutz, Springer-Verlag, Berlin 1985.

Normen

DIN 1548	Zinküberzüge auf runden Stahldrähten	
DIN 2444	Zinküberzüge auf Stahlrohren; Qualitätsnorm für die Feuerverzinkung von Stahlrohren für Installationszwecke	
DIN 8565	Korrosionsschutz von Stahlbauten durch thermisches Spritzen von Zink und Aluminium; Allgemeine Grundsätze	
DIN 8567	Vorbereitung von Oberflächen metallischer Werkstücke und Bauteile für das thermische Spritzen	
DIN 30 676	Planung und Anwendung des kathodischen Korrosionsschutzes für den Außenschutz	
DIN 32 530	Thermisches Spritzen; Begriffe	
DIN 50 010	Teil 1	Klimate und ihre technische Anwendung; Klimabegriffe, Allgemeine Klimabegriffe
	Teil 2	Klimate und ihre technische Anwendung; Klimabegriffe, Physikalische Begriffe
DIN 50 011	Teil 1	Werkstoff-, Bauelemente- und Geräteprüfung; Wärmeschränke, Begriffe, Anwendungen
	Teil 2	Werkstoff-, Bauelemente- und Geräteprüfung; Wärmeschränke, Richtlinien für die Lagerung von Proben
	Teil 11	Klimate und ihre technische Anwendung; Klimaprüfeinrichtungen; Allgemeine Begriffe und Anforderungen
	Teil 12	Klimate und ihre technische Anwendung; Klimaprüfeinrichtungen; Klimagröße, Lufttemperatur

7.5 Literatur

DIN 50 016		Werkstoff-, Bauelemente- und Geräteprüfung; Beanspruchung im Feucht-Wechselklima
DIN 50 017		Klimate und ihre technische Anwendung; Kondenswasser-Prüfklimate
DIN 50 018		Korrosionsprüfungen; Beanspruchung im Kondenswasser-Wechselklima mit schwefeldioxidhaltiger Atmosphäre
DIN 50 021		Korrosionsprüfungen; Sprühnebelprüfungen mit verschiedenen Natriumchloridlösungen
DIN 50 899		Prüfung der Qualität von verdichteten anodisch erzeugten Oxidschichten auf Aluminium und Aluminiumlegierungen; Bestimmung des Massenverlustes in Chromphosphorsaure-Losung
DIN 50 900	Teil 1	Korrosion der Metalle; Begriffe; Allgemeine Begriffe
	Teil 2	Korrosion der Metalle; Begriffe; Elektrochemische Begriffe
	Teil 3	Korrosion der Metalle; Begriffe; Begriffe der Korrosionsuntersuchung
DIN 50 902		Behandlung von Metalloberflachen für den Korrosionsschutz durch anorganische Schichten; Begriffe
DIN 50 903		Metallische Überzuge; Poren, Einschlusse, Blasen und Risse; Begriffe
DIN 50 905	Teil 1	Korrosion der Metalle; Korrosionsuntersuchungen; Grundsatze
	Teil 2	Korrosion der Metalle; Korrosionsuntersuchungen; Korrosionsgroßen bei gleichmaßiger Flachenkorrosion
	Teil 3	Korrosion der Metalle; Korrosionsuntersuchungen; Korrosionsgroßen bei ungleichmäßiger und örtlicher Korrosion ohne mechanische Belastung
	Teil 4	Korrosion der Metalle; Korrosionsuntersuchungen; Durchführung von chemischen Korrosionsverfahren ohne mechanische Belastung in Flussigkeiten im Laboratorium
DIN 50 914		Prufung nichtrostender Stähle auf Bestandigkeit gegen interkristalline Korrosion; Kupfersulfat-Schwefelsaure-Verfahren; Strauß-Test
DIN 50 915	Teil 1	Prufung von unlegierten und niedriglegierten Stahlen auf Beständigkeit gegen interkristalline Spannungsrißkorrosion; Ungeschweißte Werkstoffe
DIN 50 916	Teil 1	Prufung von Kupferlegierungen; Spannungsrißkorrosionsversuch mit Ammoniak; Prufung von Rohren, Stangen und Profilen
	Teil 2	Prufung von Kuperlegierungen; Spannungsrißkorrosionsversuch mit Ammoniak; Prufung von Bauteilen
DIN 50 917	Teil 1	Korrosion der Metalle; Naturversuche; Freibewetterung
	Teil 2	Korrosion der Metalle; Naturversuche; Naturversuche in Meerwasser
DIN 50 918		Korrosion der Metalle; Elektrochemische Korrosionsuntersuchungen
DIN 50 919		Korrosion der Metalle; Korrosionsuntersuchungen der Kontaktkorrosion in Elektrolytlosungen
DIN 50 920	Teil 1	Korrosion der Metalle; Korrosionsuntersuchungen in stromenden Flussigkeiten; Allgemeines
DIN 50922		Korrosion der Metalle; Untersuchung der Bestandigkeit von metallischen Werkstoffen gegen Spannungsrißkorrosion; Allgemeines
DIN 50 927		Planung und Anwendung des elektrochemischen Korrosionsschutzes für die Innenflachen von Apparaten, Behaltern und Rohren (Innenschutz)
DIN 50 928		Korrosion der Metalle; Prufung und Beurteilung des Korrosionsschutzes beschichteter metallischer Werkstoffe bei Korrosionsbelastung durch waßrige Korrosionslosungen
DIN 50 929	Teil 1	Korrosion der Metalle; Korrosionswahrscheinlichkeit metallischer Werkstoffe bei äußerer Korrosionsbelastung; Allgemeines
	Teil 2	Korrosion der Metalle; Korrosionswahrscheinlichkeit metallischer Werkstoffe bei äußerer Korrosionsbelastung; Installationsteile innerhalb von Gebauden
	Teil 3	Korrosion der Metalle; Korrosionswahrscheinlichkeit metallischer Werkstoffe bei äußerer Korrosionsbelastung; Rohrleitungen und Bauteile in Böden und Wassern
DIN 50 930	Teil 1	Korrosion der Metalle, Korrosionsverhalten von metallischen Werkstoffen gegenüber Wasser; Allgemeines
	Teil 2	Korrosion der Metalle; Korrosionsverhalten von metallischen Werkstoffen gegenuber Wasser; Beurteilungsmaßstabe für unlegierte und niedriglegierte Eisenwerkstoffe
	Teil 3	Korrosion der Metalle; Korrosionsverhalten von metallischen Werkstoffen gegenuber Wasser; Beurteilungsmaßstabe für feuerverzinkte Eisenwerkstoffe
	Teil 4	Korrosion der Metalle; Korrosionsverhalten von metallischen Werkstoffen gegenuber Wasser; Beurteilungsmaßstabe für nichtrostende Stahle
	Teil 5	Korrosion der Metalle; Korrosionsverhalten von metallischen Werkstoffen gegenuber Wasser; Beurteilungsmaßstabe für Kupfer- und Kupferlegierungen
DIN 50 938		Brunieren von Gegenstanden aus Eisenwerkstoffen; Verhaltensgrundsatze; Kurzeichen, Prufverfahren
DIN 50 939		Korrosionsschutz; Chromatieren von Aluminium; Richtlinien, Kurzeichen und Prufverfahren

DIN 50 941	Korrosionsschutz; Chromatieren von galvanischen Zink- und Cadmiumüberzugen; Allgemeine Hinweise, Kurzzeichen und Prüfverfahren
DIN 50 942	Phosphatieren von Metallen; Verfahrensgrundsätze, Kurzzeichen und Prüfverfahren
DIN 50 944	Prüfung von anorganischen nichtmetallischen Überzügen auf Reinaluminium und Aluminiumlegierungen; Bestimmung des Flachengewichtes von Aluminiumoxidschichten durch chemisches Ablösen
DIN 50 946	Prüfung von anorganischen nichtmetallischen Überzügen auf Reinaluminium und Aluminiumlegierungen; Prüfung der Güte der Verdichtung anodisch erzeugter Oxidschichten im Anfärbeversuch
DIN 50 947	Prüfung von anorganischen nichtmetallischen Überzügen auf Reinaluminium und Aluminiumlegierungen; Prüfung anodisch erzeugter Oxidschichten im Korrosionsversuch; Dauertauchversuch
DIN 50 949	Prüfung von anorganischen nichtmetallischen Überzügen auf Reinaluminium und Aluminiumlegierungen; Zerstörungsfreie Prüfung von anodisch erzeugten Oxidschichten durch Messung des Scheinleitwertes
DIN 50 954	Prüfung metallischer Überzuge; Bestimmung des mittleren Flachengewichtes von Zinkuberzugen auf Stahl durch chemisches Ablösen des Überzuges
DIN 50 958	Prüfung galvanischer Überzuge; Korrosionsprüfung von verchromten Gegenstanden nach dem modifizierten Corrodkote-Verfahren
DIN 50 959	Galvanische Überzuge; Hinweise auf das Korrosionsverhalten galvanischer Überzuge auf Eisenwerkstoffen unter verschiedenen Klimabeanspruchungen
DIN 50 960	Galvanische und chemische Überzüge; Bezeichnung und Angabe in technischen Unterlagen
DIN 50 961	Galvanische Überzuge; Zinkuberzuge auf Eisenwerkstoffen
DIN 50 962	Galvanische Überzuge; Cadmiumüberzüge auf Eisenwerkstoffen
DIN 50 965	Galvanische Überzuge; Zinnüberzuge auf Eisen- und Kupferwerkstoffen
DIN 50 967	Galvanische Überzuge; Nickel-Chrom-Überzüge auf Stahl-, Kupfer- und Zinkwerkstoffen sowie Kupfer-Nickel-Chrom-Überzüge auf Stahl und Zinkwerkstoffen
DIN 50 968	Galvanische Überzuge; Nickeluberzuge auf Stahl und Kupferwerkstoffen sowie Kupfer-Nickel-Überzuge auf Stahl
DIN 50 976	Korrosionsschutz, Durch Feuerverzinken auf Einzelteile aufgebrachte Überzüge; Anforderungen und Prüfung
DIN 50 978	Prüfung metallischer Überzüge; Haftvermögen von durch Feuerverzinken hergestellte Überzuge
DIN 50 980	Prüfung metallischer Überzüge; Auswertung von Korrosionsprüfungen
DIN 51 152	Prufung von Emails; Verschleißversuch, Gewichtsverlust nach Tiefenverschleiß
DIN 51 155	Prüfung von Emaillierungen; Schlagversuch
DIN 51 167	Prüfung von Emaillierungen; Bestimmung der Rißbildungstemperatur von Chemie-Emails beim Abschreckversuch
DIN 51 169	Prufung von Emaillierungen; Prufung emaillierter Gegenstande mit Kleinspannung; Nachweis und Lokalisieren von Fehlstellen
DIN 51 170	Prufung von Emaillierungen; Leitfaden für die Auswahl von Prufverfahren für emaillierte Flachen von Erzeugnissen
DIN 51 171	Prüfung von Emaillierungen; Prufung des Selbstreinigungsvermögens kontinuierlich selbstreinigender Emaillierungen
DIN 51 172	Aluminium-Emails; Herstellung von Proben
DIN 51 173	Prufung von Emaillierungen; Prüfung der Haftung von Aluminium-Emails unter Einwirkung von Elektrolytlosungen
DIN 51 213	Prüfung metallischer Überzuge auf Drahten; Überzuge aus Zinn oder Zink
DIN 55 928	Teil 1 Korrosionsschutz von Stahlbauten durch Beschichtungen und Überzuge; Allgemeines
	Teil 2 Korrosionsschutz von Stahlbauten durch Beschichtungen und Überzuge; Korrosionsschutzgerechte Gestaltung
	Teil 3 Korrosionsschutz von Stahlbauten durch Beschichtungen und Überzuge; Planung der Korrosionsschutzarbeiten
	Teil 4 Korrosionsschutz von Stahlbauten durch Beschichtungen und Überzuge; Vorbereitung und Prufung der Oberflachen
	Beiblatt 1: Korrosionsschutz von Stahlbauten durch Beschichtungen und Überzuge, Vorbereitung und Prüfung der Oberflachen; Photographische Vergleichsmuster
	A1: Korrosionsschutz von Stahlbauten durch Beschichtungen und Überzuge; Vorbereitung und Prufung der Oberflächen; Änderung 1

7.5 Literatur

	Teil 5	Korrosionsschutz von Stahlbauten durch Beschichtungen und Überzüge; Beschichtungsstoffe und Schutzsysteme
	Teil 6	Korrosionsschutz von Stahlbauten durch Beschichtungen und Überzüge; Ausführung und Überwachung der Korrosionsschutzarbeiten
	Teil 7	Korrosionsschutz von Stahlbauten durch Beschichtungen und Überzüge. Technische Regeln für Kontrollflachen
	Teil 8	Korrosionsschutz von Stahlbauten durch Beschichtungen und Überzüge; Korrosionsschutz von tragenden dünnwandigen Bauteilen (Stahlleichtbau)
	Teil 9	Korrosionsschutz von Stahlbauten durch Beschichtungen und Überzüge; Bindemittel und Pigmente für Beschichtungsstoffe
DIN ISO 4534		Emails; Prüfung des Fließverhaltens; Ablaufversuch
DVS 2202		Richtlinien für das Wirbelsintern von Kunststoffen
DVS 2301		Richtlinien für das thermische Spritzen von metallischen und nichtmetallischen Werkstoffen
DVS 2302		Korrosionsschutz von Stahlen und Gußwerkstoffen durch thermisch gespritzte Schichten aus Zink und Aluminium
VDI/VDE 2420		Metalloberflächenbehandlung in der Feinwerktechnik; Übersicht
SEP 1870		Ermittlung der Beständigkeit nichtrostender austenitischer Stähle gegen interkristallinen Angriff; Korrosionsversuch in Salpetersäure durch Messung des Massenverlustes (Prüfung nach *Huey*)
SEP 1871		Prüfung der Beständigkeit hochlegierter korrosionsbeständiger Werkstoffe gegen interkristalline Korrosion
ZH 1/44		Anleitung zur Ersten Hilfe bei Unfällen
V VG 81 249	Teil 1	Korrosion von Metallen in Seewasser; Kontaktkorrosion; Begriffe, Grundlagen, Korrosionsverluste
	Teil 2	Korrosion von Metallen in Seewasser; Freie Korrosion; Begriffe, Grundlagen, Potentiale, Massenverluste

8 Fertigungsverfahren Metalle

Aufgabe der Fertigung ist die Realisierung der durch die Konstruktion vollständig beschriebenen Arbeitsgegenstände. Bei der Auswahl der anzuwendenden Fertigungsverfahren sind zunächst folgende Kriterien entscheidend:
— Herstellbarkeit der vorgegebenen Werkstückgeometrie,
— sicheres Einhalten der vorgegebenen Genauigkeiten,
— sicheres Einhalten der vorgeschriebenen Festigkeitswerte,
— Wirtschaftlichkeit des gesamten Fertigungsablaufs unter Berücksichtigung der Stückzahl.

Vielfach stehen zunächst mehrere Fertigungsverfahren und -abläufe alternativ zur Auswahl. Die Optimierung erfordert exakte Planungsarbeit. Wünschenswert ist die Zusammenarbeit zwischen Konstruktion und Fertigung bereits in frühen Konzeptionsstadien, um weitgehende Fertigungsgerechtigkeit der Konstruktion zu erreichen und damit die besten Voraussetzungen für Wirtschaftlichkeit und Güte zu schaffen.

8.1 Urformen

Der Begriff *Urformen* bezeichnet anschaulich die Herstellung eines gezielt geformten Arbeitsgegenstandes aus „formlosem Stoff", also aus einer Flüssigkeit (Schmelze, Elektrolyt), einem Pulver oder Granulat.

8.1.1 Gießereitechnik

Bei allen *gießereitechnischen Fertigungsverfahren* erfolgt die Formgebung durch die Erstarrung einer Metallschmelze in einer geeigneten Form. Die wesentlichen Fertigungsaufgaben sind dabei
— die Herstellung der Form,
— das Erschmelzen des Gußwerkstoffs,
— das Einbringen der Schmelze in die Form, der Guß,
— das Entformen der Gußteile und das Abtrennen von Hilfsvolumen, Gießkanälen und Formresten, das Gußputzen,
— Wärmebehandlung der Gußteile, soweit erforderlich.

8.1.1.1 Grundlagen

Der Konstrukteur hat bei der Entscheidung für ein gießereitechnisches Fertigungsverfahren die Auswahl aus einer großen Anzahl von Gußwerkstoffen mit bekannten und durch die Normung festgelegten Eigenschaften und Anwendungsbereichen. Tabelle 8.1 gibt einen Überblick über die Hauptgruppen der Gußwerkstoffe (s. auch Abschnitt 2.1).
Entscheidend für die Beherrschung der Gußtechnologie ist die Berücksichtigung der Volumenverringerungen der Gußwerkstoffe beim Übergang vom flüssigen in den festen Zustand, der Erstarrung, *Erstarrungsschrumpfung*, und bei der weiteren Abkühlung der Gußteile auf Raumtemperatur, *Abkühlungsschwindung*.

Tabelle 8.1 Gruppeneinteilung der Gußwerkstoffe

Eisen-Kohlenstoff-Gußwerkstoffe (Auswahl)
Gußeisen
Gußeisen mit Lamellengraphit (GG) DIN 1691
Gußeisen mit Kugelgraphit (GGG) DIN 1693
Austenitisches Gußeisen DIN 1694
Temperguß (GT) DIN 1692
entkohlend geglühter Temperguß (GTW, Weißer Temperguß)
nicht entkohlend geglühter Temperguß (GTS, Schwarzer Temperguß)
Stahlguß (GS)
unlegierter Stahlguß DIN 1681
warmfester Stahlguß DIN 17 245
Nichteisen-Metallgußwerkstoffe (Auswahl)
Aluminium-Gußlegierungen (G-Al) DIN 1725 Bl. 2
Magnesium-Gußlegierungen (G-Mg) DIN 1729 Bl. 2
Guß-Kupfer und -Legierungen (G-Cu) DIN 17 655, 1705, 1709, 1714, 1716
Zink-Gußlegierungen (G-Zn) DIN 1743

Ohne geeignete Maßnahmen entstehen

- Lunker (innere Hohlraume durch Volumenverringerung beim Erstarren),
- Einzuge (außere Einfallstellen durch Volumenverringerung beim Erstarren),
- Maßabweichungen (Schwindung, thermische Langenabnahme bei der Abkuhlung),
- Verwerfungen (Deformationen durch ungleichmaßige Schwindung),
- Warm- und Kaltrisse (ortliche Überschreitung der Bruchfestigkeit infolge Schwindungsbehinderung durch die Form oder durch ungleichmaßige Schwindung).

Zwar wird der Konstrukteur darauf achten, die schadlichen Auswirkungen der genannten physikalischen Erscheinungen dadurch klein zu halten, daß Massenkonzentrationen im Gußteil vermieden werden. Dennoch steht haufig die funktionelle Gestaltung im Vordergrund und es muß ein sinnvoller Kompromiß gefunden werden, der technisch und wirtschaftlich um so gunstiger ausfallen wird, je besser die Zusammenarbeit und Abstimmung zwischen Konstrukteur und Gießereifachmann ist.

Folgende Maßnahmen werden gießereitechnisch angewandt, um dichte, maßhaltige und spannungsarme Gußteile auch bei schwieriger Formgebung zu erhalten:

Speisung. Anordnung von *Speisern* (Bild 8.1) bzw. *verlorenen Kopfen* zur Auffullung der durch die Erstarrungsschrumpfung entstehenden Volumendefizite. Diese Maßnahmen konnen nur wirksam sein, wenn die Nachspeisekanale nicht vorzeitig erstarren. Die Zonen der zuletzt erfolgenden Erstarrung und damit die Lunker und Einzuge sollen in den Speiservolumen außerhalb der Fertigmaße des Gußteils liegen. Der erforderliche Gewichtsanteil der Speiser hangt von der Gestaltung der Gußteile, insbesondere aber auch von der Erstarrungsschrumpfung der Gußwerkstoffe ab. Diese liegt zum Beispiel für Gußeisen bei 2 %, für Stahlguß bei 5 %. In ungünstigen Fallen kann hier das Speisergewicht größer werden als das Fertiggewicht. Beim Modellausschmelzverfahren und beim Druckguß muß die Nachspeisung durch das Eingußsystem erfolgen.

Beeinflussung der Wärmeableitung in der Form. Anordnung von *Kühlkokillen* (Metallplatten oder -formteile, die in den verlorenen Formen angeordnet werden) und *Innenkuhlungen* (Metallelemente, die vom Guß umschlossen werden und mit ihm verschweißen) einerseits, *Warmeisolation durch Formstoffe* mit geringer Warmeleitfahigkeit andererseits. Ziel ist die Verlagerung der Zonen der zuletzt erfolgenden Erstarrung in die Speiser.

8.1 Urformen 149

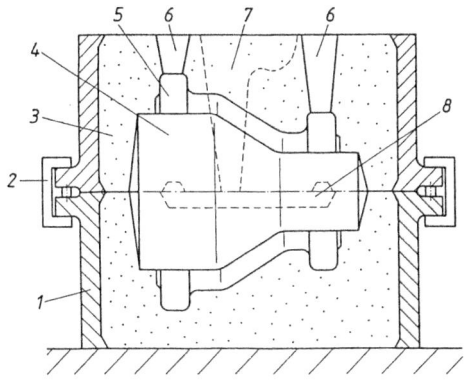

Bild 8.1
Gießfertige Form
(Hand- oder Maschinenformerei)
1 Formkasten,
2 Lagesicherung und Verklammerung von Ober- und Unterkasten,
3 Formstoff (Formsand),
4 Kern, durch Kernmarken in der Form gelagert,
5 Hohlraum für den Guß,
6 Speiser,
7 Eingußtrichter,
8 Eingußverteiler mit Anschnitten.

Reißrippen und Klammern. Warmrißgefahrdete Zonen werden durch dunnwandigere *Verrippung*, die rascher abkuhlt und tragfahig wird, oder durch in die Form eingelegte *Metallbügel* (gleichzeitig Innenkuhlungen) entlastet.

Gleichmäßige langsame Abkühlung. Nach der Erstarrung soll die Abkuhlung des Gußteils in der Form moglichst einheitlich erfolgen. Örtlich unterschiedliche Temperaturen führen zu Spannungen, Verwerfungen und Kaltrissen.

Schwindmaßberücksichtigung. Die Form muß um das Schwindmaß (Tabelle 8.2) größer sein als das Gußteil-Sollmaß.

Tabelle 8.2 Bereiche von Gießtemperatur, Abkühlungsschwindung und erreichbarer Dichte für die Hauptgruppen der Gußwerkstoffe

Gußwerkstoff	Gießtemperatur °C	Abkühlungsschwindung %	Dichte bei Raumtemperatur g/cm³
GG	1300 ... 1500	um 1	7,0 ... 7,3
GGG	1300 ... 1400	0 ... 2,0	7,1 ... 7,3
GS	1500 ... 1700	um 2	7,8
G-Al	650 ... 800	0,5 ... 1,5	2,6 ... 2,8
G-Mg	630 ... 750	0,4 ... 1,4	um 1,8
G-Cu	920 ... 1300	1,0 ... 2,0	7,7 ... 9,6
G-Zn	390 ... 420	0,6 ... 1,1	6,5 ... 6,7

Formstoffe. Die wesentlichen Anforderungen an geeignete *Formstoffe* sind
- *Bildsamkeit*, gute Abbildungsgenauigkeit bei wirtschaftlichem Arbeitsaufwand;
- *Formbeständigkeit*, bis zur Erstarrung des Gusses muß die Form dem Druck der Schmelze und der Warmebelastung standhalten;
- *Gasdurchlässigkeit*, Luft, Gase und Wasserdampf mussen durch ausreichende Porosität der Formstoffe abgeführt werden;
- *Entformbarkeit durch Entfestigung*, nach der Erstarrung des Gusses soll die Form ihre Festigkeit verlieren, um Schwindungsbehinderung zu vermeiden und einfache Entformung zu ermöglichen.

Die gegensätzlich erscheinenden Forderungen nach Formbeständigkeit und Entfestigung sind bei den verlorenen Formen durch richtige Werte von Warmeleitfahigkeit, Warmekapazität und Dicke der Formwandung vereinbar. Bei Dauerformen (Kokillen) sind Gasdurchlässigkeit und Entfestigung nicht möglich; daher müssen Kanäle für die Gasabfuhr vorgesehen werden, der Schwindungsbehinderung muß durch geeignete Gestaltung von Gußteil und Form begegnet werden.

Formstoffe für verlorene Formen bestehen aus den Komponenten
- *Stützmittel*, Quarzsand, Schamotte, keramische Stoffe;
- *Bindemittel*, Ton, Lehm, Zement, kalt- und warmhärtende Kunstharze, Öle, Wasserglas (Aushärtung durch Reaktion mit CO_2), Stärke;
- *Zusätze*, Kohlenstaub, Graphit, Aluminiumoxid, Kaolin, organische Stoffe; Anwendungszweck ist die Beeinflussung der Wärmeleitfähigkeit und Gasdurchlässigkeit, sowie die Verbesserung der Formflächen.

Als spezielle Formstoffe werden *keramische Formmassen* eingesetzt (Modellausschmelzverfahren). Fur NE-Metallguß kommt auch Gips als Formstoff zur Anwendung.

Dauerformen bestehen aus Metall, meist Stahl oder Gußeisen, fur besondere Anwendungsfalle auch Kupfer.

Spezielle Formverfahren sind das *Vakuumformverfahren*, bei dem der äußere Atmosphärendruck die Formfestigkeit nach dem Evakuieren der durch eine Kunststoffolie abgedichteten Form ergibt, und das *Magnetformverfahren*, das Eisengranulat mit dunnem Keramikuberzug als Stützmittel verwendet und die Formfestigkeit durch ein Magnetfeld erreicht.

Die verlorenen Formen und Kerne werden nach Modellen, Kernkästen und Schablonen gefertigt. Modellstoffe sind Holz, Kunststoffe (z.B. verstarkte Duroplaste) und Metalle (z.B. Al-Legierungen) für Dauermodelle, Wachs, Paraffin und Thermoplaste, häufig auch Hartschaumstoff, fur verlorene Modelle.

8.1.1.2 Verfahren mit Dauermodellen und verlorenen Formen

Die Dauermodelle müssen aus den Formen entnommen werden. Daher ist die Konstruktion moglichst auf einfache Formteilung, Vermeidung von Hinterschneidungen sowie auf einfache Entformbarkeit (einfache Umrißlinien) auszurichten.

Handformen nach Modell. In *handwerklicher Formerarbeit* werden die einzelnen Formelemente hergestellt (Bild 8.1). Die Formkasten werden an den Modellen abgeformt, Kerne zur Bildung der Werkstuck-Innenraume werden in Kernkasten hergestellt. Bei sehr großen Gußteilen ist die Handhabung von Kasten nicht mehr möglich. Die Formen werden dann im Sandbett auf dem Hallenboden aufgebaut (*Herdformerei*) und durch einzeln hergestellte Formelemente geschlossen. Die Kasten und Formelemente werden lagegesichert verklammert und durch Gewichte beschwert, um die hydrostatischen Krafte durch die Schmelze aufzunehmen. Bei großeren Kernen ist der Auftrieb in der Schmelze besonders zu beachten; wichtig sind ausreichend große Lagerflachen der Kerne in der Form (Kernmarken). Soweit erforderlich werden Stutzkonstruktionen aus Stahl eingesetzt (Kerneisen).

Die Schmelze wird beim Guß uber den Eingußtrichter, Eingußverteiler und Anschnitte zugeführt. Die Fullung der Form soll steigend von unten erfolgen; wahrend des Gießens soll der Eingußtrichter standig gefullt bleiben, um ein Mitreißen der auf der Oberflache befindlichen Schlacke in die Form zu vermeiden.

Das Verfahren ist für alle Gußwerkstoffe bei Anwendung der jeweils geeigneten Formstoffe anwendbar. Die kleinsten Stuckgewichte liegen bei 10 g (Temperguß); die obere Begrenzung der Stuckgewichte ist nur durch Bedarf und Transportmoglichkeiten gesetzt. Realisiert wurden die Großenordnungen 4000 kg (G-Al) bis 300 000 kg (GS). Die wirtschaftlichen Stuckzahlen liegen im Bereich Einzel- bis Kleinserienfertigung, bei Großteilen bestehen keine Fertigungsalternativen.

8.1 Urformen

Tabelle 8.3 Allgemeintoleranzen für das Handformen nach Modell. Beispiele für zulässige relative Maßabweichungen bei Maßen ohne Toleranzangabe; die Kleinst- und Größtwerte umfassen den Bereich der normalerweise realisierten Genauigkeitsgrade (nach DIN 1680 T1, 1680 T2, 1683 T1, 1684 T1, 1685 T1, 1686 T1, 1687 T1, 1688 T1)

Gußwerkstoff	zulässige relative Maßabweichungen			
	für Längen-Nennmaße		für Wanddicken-Nennmaße	
	20 mm	1000 mm	10 mm	50 mm
GGL, GGG	± 4,8 % ... ± 25 %	± 0,3 % ... ± 1,6 %	± 10 % ... ± 25 %	± 2,6 % ... ± 22 %
GS	± 7,5 % ... ± 25 %	± 0,7 % ... ± 1,6 %	± 25 %	± 5 % ... ± 22 %
GT	± 4,8 % ... ± 8 %	± 0,3 % ... ± 0,6 %	± 7,5 % ... ± 12 %	± 2,2 % ... ± 3,8 %
G-Cu	± 4,3 % ... ± 22 %	± 0,3 % ... ± 1,9 %	± 6,5 % ... ± 25 %	± 2 % ... ± 10,4 %
G-Al	± 4 % ... ± 6,5 %	± 0,3 % ... ± 0,5 %	± 15 % ... ± 23 %	± 4,4 % ... ± 6 %

Die Angaben für GT, G-Cu und G-Al beziehen sich auf nicht formgebundene Maße; bei Maßen, die nicht durch Formteilungen beeinflußt werden (formgebundene Maße), kann die Genauigkeit gesteigert werden.

Für die erzielbaren Maßgenauigkeiten gibt die Tabelle 8.3 Beispiele zu den Allgemeintoleranzen bei Anwendung jeweils des höchsten und niedrigsten Genauigkeitsgrades bei normaler Fertigung. Aus Gründen der Wirtschaftlichkeit sollten die besonders engen Gußtoleranzen nur bei technischer Notwendigkeit vereinbart werden. Noch höhere örtliche Genauigkeiten sind in günstigen Fällen realisierbar. Die geringsten herstellbaren Wanddicken betragen für G-Al ungefähr 3 mm, für GG ungefähr 5 mm und für GS ungefähr 8 mm. Größte Wanddicken von mehr als 500 mm wurden für GS realisiert. Die Oberflächengüte entspricht den verwendeten Formstoffen. Als Normalwert kann gelten R_z = 0,1 mm, erreichbar ist bei entsprechendem Aufwand R_z = 0,04 mm. Im Normalfall beinhaltet das Gußputzen ein Strahlen der Oberfläche. Kleinere Gußteile können einer Gleitschleif-Behandlung unterzogen werden.

Schablonenformverfahren. Bei rotationssymmetrischen und bei profilartigen Gußteilen können die aufwendigen Modelle durch Dreh- oder Ziehschablonen ersetzt werden. Die Modellkosten werden dadurch reduziert, allerdings steigen die Fertigungslohnkosten. Das Verfahren wird daher sinnvoll insbesondere bei Einzelfertigung von mittleren bis großen Teilen angewandt. Es besteht die Möglichkeit, gleichzeitig Schablonen und Teilmodelle anzuwenden.

Maschinenformverfahren. Alle Verfahrensschritte von der Formherstellung bis zur Gußputzerei sind mechanisierbar und automatisierbar, sofern ausreichende Stückzahlen und realisierbare Größen vorliegen. Maschinen werden beispielsweise für das Einbringen und Verdichten des Formstoffs in den Kästen, für die Kernherstellung, für das Ziehen der Modelle, für das Wenden und Aufsetzen der Formkästen eingesetzt. Für die Großserienfertigung (Motorenbau) kommen automatische Form- und Gießstraßen zum Einsatz. Die Qualität kann beim Maschinenformen gegenüber dem Handformen noch gesteigert werden.

Maskenformverfahren. Bei diesem speziellen Maschinenformverfahren wird mit geheizten Metallmodellen gearbeitet (Bild 8.2). Quarzsand mit warmhärtendem Kunstharzbinder bildet nach dem Aufschütten auf das Modell mit dem Fortschreiten der Erwärmungsfront eine feste Schicht, die *Maske*. Durch Wenden der Anordnung wird der Formstoffüberschuß abgeschüttet. Nach vollständiger Aushärtung wird die Maske vom Modell abgehoben. Die Maskenform entsteht durch Verkleben von zwei Formhälften nach Einlegen der sinngemäß gefertigten hohlen Maskenkerne. Eingußsystem, Steiger und Lagesicherungselemente der Formhälften werden jeweils in den Masken integriert.

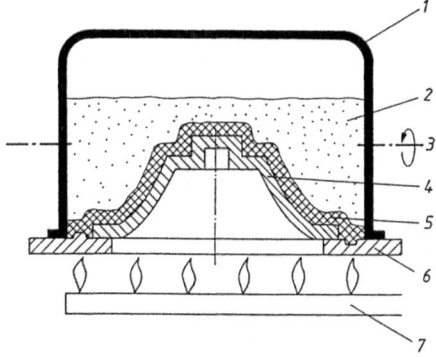

Bild 8.2
Herstellung einer Maskenform
1 Formstoffbehälter,
2 schüttfähiger Formsand, warmhärtend,
3 Schwenkachse,
4 beheiztes Modell,
5 durch Wärmeeinwirkung verfestigte Formstoffschicht, Formmaske,
6 Modellplatte,
7 Heizeinrichtung.

Tabelle 8.4 Maskenformverfahren, Allgemeintoleranzen. Beispiele für zulässige relative Maßabweichungen bei Maßen ohne Toleranzangabe (Allgemeintoleranzen)

Gußwerkstoff	zulässige relative Maßabweichungen			
	für Längen-Nennmaß		für Wanddicken-Nennmaß	
	20 mm	500 mm	10 mm	25 mm
GS	± 6,5 %	± 0,9 %	± 20 %	± 10 %
G-Cu	± 4 %	± 0,6 %	± 14 %	± 9 %

Das Verfahren ist für alle Gußwerkstoffe anwendbar. Die Stückgewichte liegen zwischen 0,1 kg und 150 kg (GS). Wirtschaftlichkeit des Verfahrens ist ab Mindeststückzahlen von 1000 an gegeben, erforderliche aufwendige Modelleinrichtungen erfordern höhere Stückzahlen. Beispiele für Allgemeintoleranzen gibt die Tabelle 8.4. Bei entsprechend hochwertiger Fertigung sind die Qualitäten 15 bis 14 der ISO-Toleranzreihen erreichbar. Die realisierbaren Wanddicken liegen zwischen 3 mm und 40 mm. Infolge der Verwendung von besonders feinkörnigem Formstoff ergeben sich gute Oberflächenqualitäten; erreichbar ist $R_z = 25$ μm.

8.1.1.3 Verfahren mit verlorenen Modellen und verlorenen Formen

Bei dieser Verfahrensgruppe werden ungeteilte Gußformen angewandt. Zwar müssen maschinell gefertigte Modelle aus den Spritz- oder Schaumformen entformt werden. Dennoch brauchen Maßnahmen zur Erzielung einfacher Entformbarkeit der Modelle nicht im selben Maß berücksichtigt werden, wie bei den Dauermodellen; bei Einzelfertigung der Modelle können diese Maßnahmen ganz entfallen. Die Konstruktion der Gußteile kann dann ganz auf die funktions- und werkstoffgerechte Gestaltung ausgerichtet werden.

Modellausschmelzverfahren (Feinguß). Die *Ausschmelzmodelle* werden in Spritzformen hergestellt. Komplizierte Modelle mit Hinterschneidungen werden aus Einzelelementen zusammengesetzt; bei kleinen Gußteilen wird eine geeignete Anzahl von Modellen mit dem Eingußsystem, das gleichzeitig die Speiserfunktion übernimmt, zu Modelltrauben zusammengefügt. Die Modelle werden durch Tauchen in einer Keramiksuspension mit einer hochwertigen Form-Feinschicht überzogen, die durch Besanden verstärkt wird. Mehrmaliges Tauchen und Besanden ergibt eine Schalenform; alternativ kann eine Kompaktform durch Hinterfüllen der Feinschicht in einer Formhülse her-

8.1 Urformen

gestellt werden. Die Modelle werden ausgeschmolzen, Reste verdampfen oder verbrennen. Die Formen werden bei Temperaturen um 1000 °C gebrannt. Der Guß kann in die heiße Form erfolgen, wenn erforderlich auch im Vakuum. Zur Steigerung des Gießdrucks und damit des Formfüllvermogens kann das *Schleuder-Formgießverfahren* angewandt werden, bei dem die Zentrifugalkrafte bei Rotation der Formen um eine Achse genutzt werden.

Das Verfahren ist für alle Gußwerkstoffe anwendbar; die verwendeten Formstoffe ermöglichen beispielsweise auch den Feinguß hochlegierter Stahle. Stückgewichte der Großenordnung 1 g bis 50 kg (Stahl) sind normal. Wirtschaftlich ist das Verfahren insbesondere bei Großserienfertigung; die besonderen Moglichkeiten des Verfahrens konnen die Anwendung aber in speziellen Fallen auch bei kleinen Stuckzahlen technisch sinnvoll machen. Fur die erzielbare Genauıgkeit bei gunstigen Fertigungs-Randbedingungen gibt die Tabelle 8.5 Beıspiele. Der Gußwerkstoff hat beim Modellausschmelzverfahren nur geringen Einfluß auf die einhaltbaren Toleranzen. Die herstellbaren geringsten Wanddicken betragen ungefähr 1 mm. Die Feınkornigkeit der Feinschicht ermoglicht gute Oberflachenqualitat; erreichbar ist $R_z = 5$ µm.

Tabelle 8.5 Modellausschmelzverfahren, Maßtoleranzen. Beispiele fur zulässige relative Maßabweichungen bei gunstiger Formgebung und hochwertiger Fertigung

	Langen			Mıttenabstande		
Nennmaß	10 mm	100 mm	500 mm	10 mm	100 mm	500 mm
relative Maßabweıchung	± 1,5 %	± 0,65 %	± 0,4 %	± 3,2 %	± 1,2 %	± 0,8 %

Vollformgießverfahren. Modelle aus Polystyrol-Schaum werden entweder in Einzelfertigung hergestellt (Modelltischlerei) oder bei großen Stuckzahlen maschinell geschäumt. Das Einformen erfolgt in ungeteilten Formen unter Verwendung von kalthartenden Kunstharzbindern; auch können zement- und wasserglasgebundene Sande eingesetzt werden. Die Modelle bleiben in der Form und werden beim Guß ruckstandsfrei vergast. Vorteile des Verfahrens liegen insbesondere bei Einzelfertigung in den gegenüber Dauermodellen geringeren Modellkosten sowie im Wegfall der Formteilungen. Bis auf die Hinweise zum Mengenbereich gelten die für das Hand- und Maschinenformen nach Modell genannten Anwendungshinweıse.

8.1.1.4 Verfahren mit Dauerformen

Dauerformen (Kokillen, Druckgußformen) werden aus Gußeisen, Stahl, insbesondere warmfesten Werkzeugstahlen, sowie für besondere Anwendungsfalle aus Kupfer hergestellt. Zu beachten ist die im Vergleich mit den verlorenen Formen wesentlich höhere Warmeleitfahigkeit und -kapazitat der Kokillen, sowie die Schwindungsbehinderung. Fur die Gestaltung der Gußteıle ergeben sich dadurch besondere Anforderungen.

Kokillengießverfahren. *Kokillen* konnen einfache handbetatigte Formen sein, aber auch aufwendige mechanisierte und automatisierte Spezialwerkzeuge fur die Herstellung komplizierter Serienteile. Auch sind Anwendungskombinationen mıt verlorenen Formelementen, zum Beispiel mit Maskenform-Kernen, moglich. Das Fullen der Form beim Guß erfolgt durch Schwerkraft, bei Leichtmetall auch durch einen geringen Überdruck, der auf die Schmelze wirkt und den Gußwerkstoff über ein Steigrohr in die Form drückt (Niederdruckkokillenguß).

Abgesehen vom Stahl-Block- oder Strangguß sind Kokillen hauptsachlich fur den Formguß aus NE-Gußwerkstoffen, insbesondere für den Leichtmetallguß anwendbar. Bei gunstiger Formgebung und Größe der Gußteile wird auch Gußeisen in Kokillen gegossen. Kokillengußteile werden bis zu

Stückgewichten um 100 kg hergestellt. Wirtschaftlichkeit des Verfahrens kann bei einfachen Kokillen ab 1000 Stück gegeben sein. Der Kokillenguß komplizierter Teile ist wegen der hohen Werkzeugkosten nur bei großen Serien wirtschaftlich. Für die einhaltbaren Allgemeintoleranzen beim Leichtmetall-Kokillenguß gibt die Tabelle 8.6 Beispiele. Für hohen Genauigkeitsgrad sind günstige Formgebung und hochwertige Fertigung Voraussetzung. Zu unterscheiden sind formgebundene und nicht formgebundene Maße. Letztere verlaufen über eine Kokillenteilung und erfordern gröbere Toleranzen. Die kleinsten Wanddicken liegen bei 2 mm (G-Al, 100 mm Hauptabmessung) für kleine Gußteile. Die Wanddicken müssen bei langeren Fließwegen vergroßert werden. Als normal kann eine Oberflache mit R_z = 50 μm gelten, erreichbar ist R_z = 10 μm (G-Al).

Druckgießverfahren. Die Schmelze wird bei diesem Verfahren maschinell durch Drücke bis 300 MPa mit hoher Geschwindigkeit in die *Druckgußform* eingebracht („geschossen"). Nachspeisung ist nur in begrenztem Maß durch den Einguß während einer Nachdrückphase möglich. Die Notwendigkeit, Massenansammlungen zu vermeiden, gilt daher hier ganz besonders, das Verfahren bietet andererseits gute Möglichkeiten zu Gewichts- und Materialersparnis durch dünnwandige, aber durch geeignete Verrippung formstabile Konstruktionen. Von Bedeutung ist auch die Möglichkeit des *Verbundgusses* durch Umgießen von in die Form eingelegten Werkstückelementen, zum Beispiel Gewindebolzen aus Stahl oder Lagerbuchsen aus Kupferlegierung. Druckgußformen sind aufwendige Werkzeuge, nachtragliche Änderungen sind kaum möglich. Gute Abstimmung zwischen dem Konstrukteur und dem Druckgußfachmann ist erforderlich.
Zu unterscheiden ist das *Warmkammerverfahren* (Bild 8.3), bei dem das Gießaggregat auf Gießtemperatur gehalten wird, und das *Kaltkammerverfahren* (Bild 8.4), das für G-Al und G-Cu angewandt werden muß, um schadliche Reaktionen des Gußwerkstoffs mit dem Aggregat gering zu halten. Wegen der raschen Warmeableitung sind hier besonders hohe Gießgeschwindigkeiten und -drucke erforderlich. Kenngröße von Druckgießmaschinen ist die erforderliche Werkzeug-Schließkraft, die sich aus dem Produkt von Gießdruck und Werkstuck-Projektionsflache in der Formteilebene ergibt. Realisiert werden Druckgießmaschinen mit Schließkräften bis 20 MN.
Das Verfahren ist für G-Al, G-Mg, G-Zn und G-Cu anwendbar. Hergestellt werden Stuckgewichte von ungefähr 1 g bis 35 kg (G-Al), 15 kg (G-Mg), 20 kg (G-Zn) und 5 kg (G-Cu). Die größten Hauptabmessungen betragen ungefähr $1200 \cdot 600 \cdot 400$ mm³, bei G-Cu $400 \cdot 300 \cdot 200$ mm³. Stückzahlen ab 5000 konnen bei einfacher Formgebung wirtschaftlich gefertigt werden; bei aufwendigeren Formen kann Wirtschaftlichkeit erst bei sehr viel größeren Stückzahlen gegeben sein. Die Standmengen einer Druckgußform liegen im Bereich von 10 000 Stuck bei G-Cu, bis 500 000 Stuck bei G-Zn. Beispiele für die einhaltbaren Allgemeintoleranzen gibt die Tabelle 8.7 fur Leichtmetallegierungen. Bei G-Zn sind etwas engere Toleranzen erzielbar; bei G-Cu mussen die Toleranzen großer angesetzt werden. Wegen thermischer und elastischer Deformationen der Werkzeuge hat neben der Formteilung auch der Raumdiagonalenbereich Einfluß auf die Genauigkeiten. Der Kennwert Raumdiagonale erfaßt die Hauptabmessungen des Gußteils und wird als Diagonale eines das Gußteil umhüllenden Quaders definiert. Hohe Genauigkeit erfordert gunstige Formgebung und hochwertige Fertigung. Die realisierbaren Wanddicken sind von der Fließweglange in der Form stark abhangig. Kleine Teile ermöglichen kleine Wanddicken. Andererseits ergeben sich aber wegen der begrenzten Nachspeisemoglichkeit auch enge Grenzen für die maximalen Wanddicken. Die normalen Wanddicken liegen zwischen 0,6 mm (G-Zn), 1,0 mm (G-Al, G-Mg, G-Cu) und maximal ungefähr 6 mm. Das Verfahren ermöglicht hochwertige Oberflachenqualitaten. Unter günstigen Bedingungen ist erreichbar R_z = 1 μm (G-Zn), R_z = 5 μm (G-Al, G-Mg) und R_z = 12 μm (G-Cu).

Schleudergießverfahren. Rotierende Kokillen werden angewandt
– zur Herstellung von Rotationsteilen, zum Beispiel von Rohren,
– zur Verbesserung der Reinheit und Dichte des Gusses durch Auszentrifugieren von Verunreinigungen (Schlacke, Tiegelabrieb) zum Beispiel bei Halbzeugen fur Gleitlagerbuchsen,

8.1 Urformen

Tabelle 8.6 Allgemeintoleranzen für Kokillengießverfahren bei Gußaluminiumlegierungen und Gußmagnesiumlegierungen. Beispiele für zulässige relative Maßabweichungen bei Maßen ohne Toleranzangabe (nach DIN 1688 T3)

Nennmaß	für Langen-Nennmaße					für Wanddicken-Nennmaße					
	formgebunden		nicht formgebunden			formgebunden			nicht formgebunden		
	20 mm	100 mm	1000 mm	20 mm	100 mm	1000 mm	6 mm	10 mm	18 mm	6 mm	10 mm	18 mm
Bereich der Allgemeintoleranz	± 1,8 % bis ± 2,5 %	± 0,6 % bis ± 0,9 %	± 0,14 % bis ± 0,23 %	± 2 % bis ± 3,3 %	± 0,7 % bis ± 1,1 %	± 0,18 % bis ± 0,28 %	± 5 % bis ± 10 %	± 4 % bis ± 12 %	± 2,8 % bis ± 10 %	± 8,4 % bis ± 13,4 %	± 6 % bis ± 15 %	± 3,9 % bis ± 12,2 %

Tabelle 8.7 Allgemeintoleranzen für Druckgießverfahren bei Gußaluminiumlegierungen und Gußmagnesiumlegierungen. Beispiele für zulässige relative Maßabweichungen bei Maßen ohne Toleranzangabe (nach DIN 1688 Bl. 4)

Raumdiagonalenbereich		für Langen-Nennmaße							für Wanddicken-Nennmaße					
		formgebunden			nicht formgebunden				formgebunden			nicht formgebunden		
	Nennmaß	10 mm	50 mm	100 mm	10 mm	50 mm	100 mm	500 mm	3 mm	6 mm	10 mm	3 mm	6 mm	10 mm
50 mm bis 180 mm	Bereich der Allgemeintoleranz	± 1,4 % bis ± 1,7 %	± 0,4 % bis ± 0,5 %	± 0,27 % bis ± 0,35 %	± 2,4 % bis ± 3,2 %	± 0,6 % bis ± 0,8 %	± 0,37 % bis ± 0,5 %		± 5 % bis ± 6,7 %	± 3,3 % bis ± 4,2 %	± 2 % bis ± 3 %	± 8,3 % bis ± 11,6 %	± 5 % bis ± 6,7 %	± 3 % bis ± 4,5 %
über 500 mm	Nennmaß	10 mm	100 mm	500 mm	10 mm	100 mm	500 mm	500 mm	3 mm	6 mm	10 mm	3 mm	6 mm	10 mm
	Bereich der Allgemeintoleranz	± 2,2 % bis ± 2,5 %	± 0,44 % bis ± 0,55 %	± 0,16 % bis ± 0,19 %	± 4,2 % bis ± 5,5 %	± 0,65 % bis ± 0,85 %	± 0,2 % bis ± 0,24 %		± 8,3 % bis ± 10 %	± 5 % bis ± 6,7 %	± 3,5 % bis ± 4,5 %	± 15 % bis ± 18,3 %	± 8,3 % bis ± 10,8 %	± 5,5 % bis ± 7 %

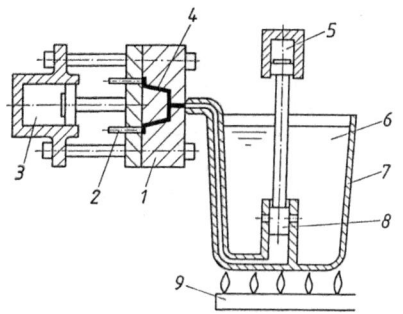

Bild 8.3
Warmkammer-Druckgießverfahren (Prinzipdarstellung)
1 Druckgießform,
2 Auswerferstifte,
3 Formschließhydraulik,
4 Werkstuck mit Anguß,
5 Gießhydraulik,
6 Schmelze,
7 Tiegel,
8 Druckkolben,
9 Heizeinrichtung.

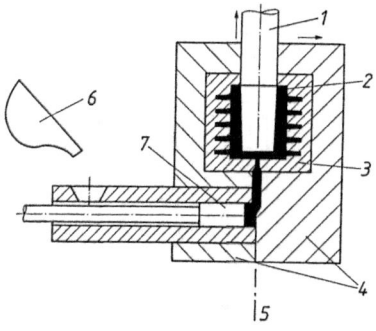

Bild 8.4
Kaltkammer-Druckgießverfahren (Prinzipdarstellung)
1 Kern,
2 Werkstuck mit Anguß,
3 Formeinsatz,
4 Formplatten,
5 Form-Trennebene,
6 Zubringeeinrichtung fur die Schmelze,
7 Druckkolben.

– zur Herstellung von Verbundschleuderguß, zum Beispiel beim Auskleiden von Stahlrohren mit austenitischem Gußeisen.

Es handelt sich um spezielle Verfahren.

Stranggießverfahren. Zur Herstellung von Gußhalbzeugen (Stangen, Profile, dickwandige Rohre, Vormaterial für Walzbearbeitung) bietet das *kontinuierliche Gießen* mit wassergekuhlten Durchlaufkokillen Qualitats- und Kostenvorteile. Insbesondere werden die beim Blockguß unvermeidlichen Kopfeinzuge vermieden, die Reinheit wird gesteigert. Das Verfahren wird fur Stahl, Gußeisen und NE-Schwermetalle angewandt.

8.1.2 Sintertechnik

Beim Urformen durch *Pressen* und *Sintern* (Pulvermetallurgie) werden weitgehend einbaufertige Maschinenteile durch Verdichten (Formgebung) von Metallpulver und Warmebehandlung (Diffusions- und Rekristallisationsgluhung) hergestellt. Dabei bieten sich folgende technisch und wirtschaftlich wichtige Möglichkeiten:

– Erzielung definierter Porosität (Filterelemente, Gleitlager),
– Herstellung von Verbundwerkstoffen, die legierungstechnisch nicht realisierbar sind (Hartmetalle, Friktionsstoffe, „Pseudolegierungen"),
– wirtschaftliche Fertigung von Massen-Genauteilen mit dem Anwendungsbereich angepaßten Eigenschaften (zum Beispiel Hebel, Hydraulikelemente, Zahnräder).

8.1 Urformen

Die eingesetzten Metallpulver werden durch Reduktion vermahlener Metalloxide oder durch Verdüsen von Metallschmelzen hergestellt, auch durch elektrochemische Abscheidung. Die üblichen Korngrößen liegen zwischen 0,01 mm und 0,5 mm. Zur Verringerung der Reibung beim Pressen werden geringe Anteile von Preßhilfsmitteln zugemischt (Stearat, Wachs), die bei erhöhter Temperatur vor dem Sintern rückstandsfrei verdampfen müssen. Den Zusammenhang zwischen dem erforderlichen Preßdruck und der erzielten Preßdichte und Porositat bei typischem Eisenpulver zeigt für die verschiedenen Anwendungsbereiche Bild 8.5.

Für die Qualitat von Sinterteilen ist moglichst gleichmaßige Preßdichte anzustreben. Daraus ergeben sich Richtlinien für die Gestaltung von Sinterteilen sowie die Notwendigkeit der Füllraumaufteilung im Preßwerkzeug (Bild 8.6). Weitere Gestaltungsnotwendigkeiten folgen aus den Anforderungen hinsichtlich Werkzeugstandfestigkeit und Entformbarkeit (Tabelle 8.8).

Die Sinterglühung erfolgt meist in Durchlaufofen bei Temperaturen wenig unterhalb der Solidustemperatur homogener Sinterwerkstoffe. Bei heterogenen Werkstoffen kann die Glühtemperatur oberhalb der Liquidustemperatur der niedriger schmelzenden Komponente liegen (Beispiel: Hartmetalle). Die Glühungen erfolgen in reduzierender Schutzgasatmosphare, die Glühzeiten liegen normalerweise zwischen 15 min und 60 min. Durch die Sinterglühung können Volumenanderungen auftreten, meist Volumenabnahme (Sinterschwund). Durch Zusatz geringer Kupferanteile kann bei Sintereisen der Sinterschwund kompensiert werden.

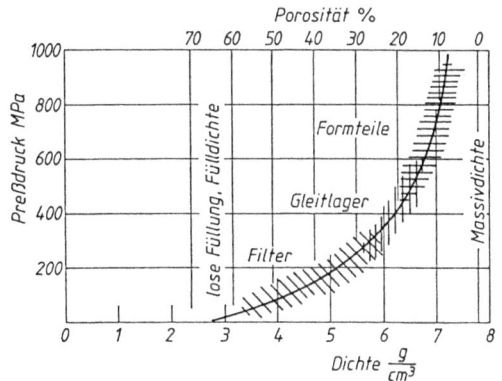

Bild 8.5
Zusammenhang von Preßdruck und Dichte, Porositat und Anwendungsbereich von Teilen aus Sintereisen und Sintereisenlegierungen.

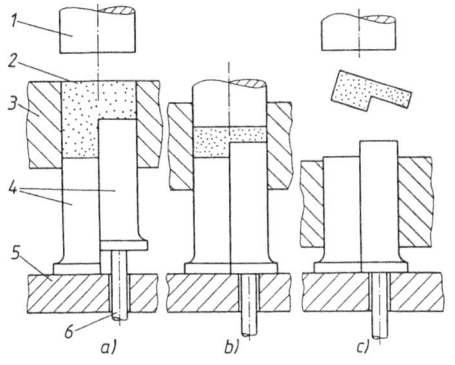

Bild 8.6
Pressen von Sinterteilen
a) Füllstellung,
b) Preßstellung,
c) Abzugsstellung,

1 Oberstempel,
2 Fullraum, Pulverfüllung,
3 Matrize,
4 Unterstempel,
5 Grundplatte,
6 Vorheber.

Tabelle 8.8 Grundregeln für die Gestaltung von Sinterteilen

Richtlinie	Begründung
Höhe des Sinterteils in Preßrichtung nicht größer als 2,5 mal Durchmesser	Gleichmaßigkeit der Verdichtung, Begrenzung der Preßkrafte
keine Profile, Durchbrüche oder Hinterschneidungen quer zur Preßrichtung	Entformbarkeit aus dem Preßwerkzeug; mehrfach geteilte Werkzeuge sind normalerweise zu aufwendig
kleinste Wanddicken und Abstände 2 mm	Gleichmäßigkeit der Preßdichte, Festigkeit der Preßlinge
tangentiale Übergänge zwischen Formelementen vermeiden; definierte Übergangsflächen vorsehen	Werkzeugbau, Ausführung der Stempelkanten; dünne Stempelelemente sind gefährdet; Berührungen zwischen Ober- und Unterstempeln sind zu vermeiden
bei Oberflachenstrukturen offene Profilierung in Preßrichtung vorsehen; Verzahnungen nicht kleiner als Modul 0,5	Entformbarkeit der Preßlinge; Gefahr des Haftens im Preßwerkzeug

Der Arbeitsablauf kann mehrere Preß- und Sintervorgange umfassen, um höhere Dichte zu erzielen; ferner kann als letzter Arbeitsgang ein Nachpressen (Kalibrieren) zur Steigerung der Genauigkeit angewandt werden. Um dichte Oberflachen und hohe Festigkeit zu erzielen, ist ein Tranken möglich; dabei wird bei der letzten Sintergluhung ein aufgelegtes Lotplattchen (zum Beispiel aus Kupfer) in die offenen Poren aufgenommen. Besonders dichte und mechanisch hoch beanspruchte Teile sind durch *Sinterschmieden* herstellbar. Bei dieser Verfahrensvariante wird ein Sinterrohteil unter Schutzgas auf Schmiedetemperatur gebracht und heiß fertiggepreßt. Bei Sinterstahlteilen ist eine hartereitechnische Behandlung möglich sowie eine Behandlung mit überhitztem Wasserdampf zur Erhohung von Oberflachenharte, Verschleißwiderstand und Korrosionsbestandigkeit durch gezielte Oxidation.

Zu beachten ist bei porenoffenen Sinterteilen eine gewisse Korrosionsanfalligkeit durch die große Oberfläche. Behandlungen in Elektrolytlosungen oder Salzbadern sind nur bei ausreichend dichter Oberflache möglich (bei Sintereisen soll die Dichte hierfür mindestens 7,2 g/cm^3 betragen). Für Maschinenteile kommt als Sinterwerkstoff insbesondere Eisen bzw. Stahl mit geringem Kupferzusatz zum Einsatz, aber auch Kupfer-Zink- und Kupfer-Zinn-Legierungen sowie legierte Stähle mit Chrom- und Nickelanteilen. Die Legierungen werden meist durch Mischen entsprechender Anteile reiner Metallpulver hergestellt. Die Stückgewichte von üblichen Sinterteilen liegen in der Größenordnung zwischen 1 g und 1 kg. Wegen der aufwendigen Preßwerkzeuge sind Sinterteile in Massenfertigung wirtschaftlich herstellbar. Die erzielbare Genauigkeit entspricht bei Kalibrierteilen in Preßrichtung IT 12, quer zur Preßrichtung (formgebunden) IT 6. Die Oberflächenstruktur steht in Zusammenhang mit der Porosität und der Art der Schlußbehandlung. Dichte Kalibrierteile können gemittelte Rauhtiefen bis R_z = 2 μm erreichen.

8.2 Umformen

8.2.1 Allgemeines

Beim *Massivumformen* wird in sehr kurzer Zeit die Form von Werkstucken, die keine Blechteile sind, unter Beherrschung der Geometrie verandert. Hierbei sind meist kostenaufwendige Werkzeuge, die z.T. die Endform der Werkstücke enthalten, und hohe Umformkrafte, d.h. teure Umformmaschinen, eingesetzt. Fur den wirtschaftlichen Einsatz der Massivumformverfahren sind deshalb Mindestmengen erforderlich. Werden diese überschritten, bietet das Massivumformen folgende Vorteile:

- hohe Mengenleistung bei kurzer Fertigungszeit je Einheit,
- hohe Maß- und Formgenauigkeit der Werkstücke je nach Fertigungsaufwand,
- günstige mechanische Eigenschaften, besonders bei dynamischer Beanspruchung.

Die großen Formanderungen beim Massivumformen werden meist durch eine uberwiegende Druckbeanspruchung in der Umformzone erreicht. Eine Übersicht über die *Umformverfahren* und einige beispielhaft ausgewählte Verfahren gibt Bild 8.7 wieder. Weitere Untergliederungen und Beispiele sind in den Normen DIN 8583 bis DIN 8587 und in den folgenden Abschnitten enthalten.

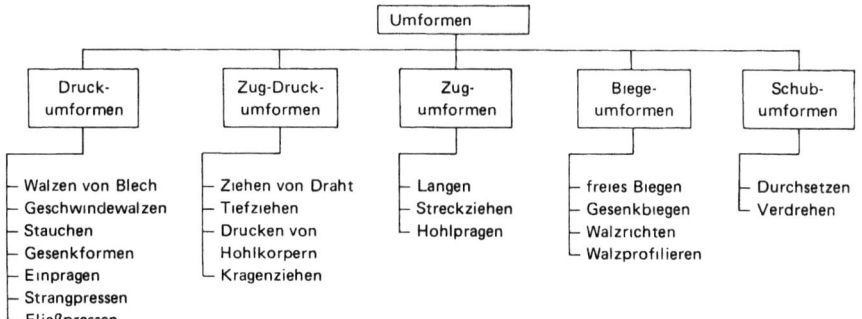

Bild 8.7 Übersicht über die Einteilung der Umformverfahren nach DIN 8583 bis DIN 8587.

Zur Gestaltung des Fertigungsablaufs der Umformverfahren ist die Kenntnis des *Werkstoffverhaltens* vor allem im plastischen Bereich wichtig, wahrend bei der Konstruktion und beim Einsatz der Bauteile vorwiegend das Werkstoffverhalten im elastischen Bereich oder die Grenze (Streckgrenze) zwischen elastischem und plastischem Bereich interessiert. Anhand des im einachsigen Zugversuch gewonnenen Spannungs-Dehnungs-Diagramms sind diese Bereiche im Bild 8.8 gegeneinander abgegrenzt. Der Spannungsverlauf σ wird im Zugversuch dadurch ermittelt, daß die gemessene Kraft auf den Ausgangsquerschnitt bezogen wird. Bei den meist großen Formanderungen wahrend des Massivumformens muß dagegen der augenblickliche Werkstückquerschnitt zugrundegelegt werden, mit dem sich auch im Zugversuch die „wahre", die tatsachlich im Werkstuck vorhandene Spannung σ' ermitteln laßt. Diese ist gerade bei großen Umformungen erheblich größer und wird in der Umformtechnik mit *Fließspannung* k_f bezeichnet. Auch die Dehnung ϵ ist auf die Ausgangslange bezogen und wird wegen der großen Formanderungen in der Umformtechnik durch den *Umformgrad* φ ersetzt.

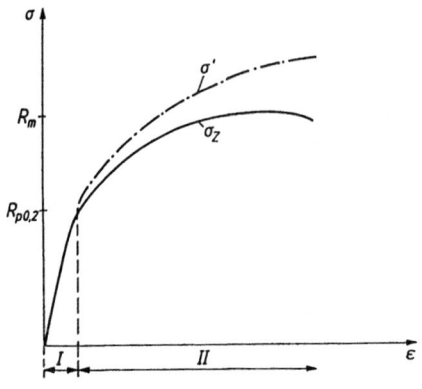

Bild 8.8
Spannungs-Dehnungs-Diagramm mit σ-Spannung
σ_Z Spannungsverlauf aus einachsigem Zugversuch,
$R_{p0,2}$ Streckgrenze,
R_m Zugfestigkeit,
σ' Verlauf der „wahren" Spannung,
ϵ Dehnung,
I elastischer Bereich,
II elastisch-plastischer Bereich.

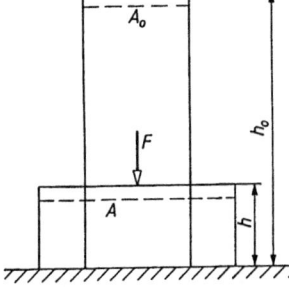

Bild 8.9 Ideeller Stauchvorgang mit
A_0 Ausgangsquerschnitt,
h_0 Ausgangshöhe,
F Augenblickskraft,
A Augenblicksquerschnitt,
h Augenblickshöhe.

Ein ideeller Stauchvorgang ist im Bild 8.9 dargestellt. Die augenblickliche Formänderung $d\varphi$ ruft eine Höhenänderung dh der Augenblickshöhe h hervor, so daß entsprechend zur Definition der Dehnung ϵ gilt:

$$d\varphi = \frac{dh}{h} \rightarrow \int d\varphi = \varphi \int_{h_0}^{h} \frac{dh}{h} = \ln\frac{h}{h_0}.$$

Der Umformgrad φ geht hieraus durch Integration beider Seiten hervor. Diese Größe hat den Vorteil, daß sie bei gleichem Verhältnis zwischen Ausgangs- und Endabmessung die gleichen Zahlenwerte für Zug- und Druckumformung ergibt, lediglich das Vorzeichen ist bei Zug +, bei Druck −. Ein Vergleich der aus dem Zugversuch bekannten Größen und der in der Umformtechnik verwendeten Größen zeigt folgendes (siehe auch Bild 8.9):

	Zugversuch	Umformtechnik
Spannung:	Spannung $\sigma = \dfrac{F}{A_0}$	Fließspannung $k_f = \dfrac{F}{A}$
Formänderung:	Dehnung $\epsilon = \dfrac{\Delta h}{h_0}$	Umformgrad $\varphi = \ln\dfrac{h}{h_0} = \ln(\epsilon + 1)$
max. Formänderung ca.:	$\epsilon = 30\% \stackrel{\wedge}{=} \varphi = 0{,}2$	$\varphi = -1 \stackrel{\wedge}{=} \epsilon = -271{,}8\%$

8.2 Umformen

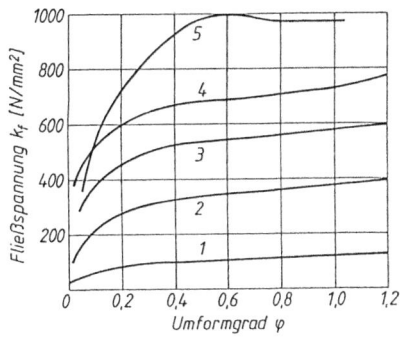

Bild 8.10
Fließkurven einiger Metalle bei Raumtemperatur
1 Al 99,5,
2 E-Cu geglüht,
3 St 37,
4 Ck 10,
5 X 10 CrNiTi 18 9.

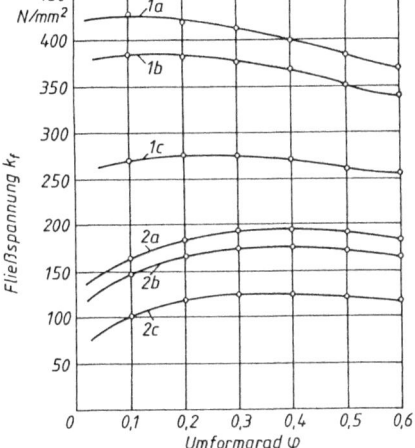

Bild 8.11
Einfluß der Umformtemperatur T und der Umformgeschwindigkeit $\dot{\varphi}$ auf die Fließspannung k_f für Stahl C 45
Kurven 1a bis c für $T = 973$ K,
Kurven 2a bis c für $T = 1273$ K,
1a und 2a für $\dot{\varphi} = 20\,\text{s}^{-1}$ (Gesenkschmiedehämmer),
1b und 2b für $\dot{\varphi} = 10\,\text{s}^{-1}$ (mechanische Pressen),
1c und 2c für $\dot{\varphi} = 1\,\text{s}^{-1}$ (hydraulische Pressen).

Die Darstellung des Spannungs-Formänderungs-Verhaltens erfolgt in *Fließkurven* (Bild 8.10 und VDI-Richtlinie 3200). Beim Kaltumformen (Umformen ohne Anwärmen) wird die Höhe der Fließspannung nur vom Umformgrad, d.h. von der vorausgegangenen Kaltverfestigung bestimmt. Beim Warmumformen hängt die Höhe der zur Formänderung aufzubringenden Spannung (Fließspannung) auch von der Höhe der Umformtemperatur und der Umformgeschwindigkeit $\dot{\varphi}$ ab (Bild 8.11), da hier Erholungs- und Rekristallisationsvorgänge stattfinden. Die *Umformgeschwindigkeit* wird errechnet aus:

$$\dot{\varphi} = \frac{V_{wz}}{h};$$

Vwz augenblickliche Werkzeuggeschwindigkeit

Zur Berechnung des Kraft- und Energiebedarfs beim Massivumformen muß die *Reibung* des Werkstoffes am Werkzeug berücksichtigt werden. Durch Reibung entstehen beim Stauchen zylindrischer

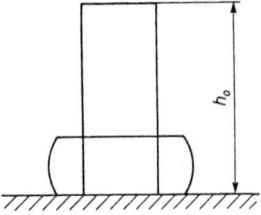

Bild 8.12
Realer Stauchvorgang mit Reibung an den Werkzeugen.

Verfahren \ ISO-Qualität	5	6	7	8	9	10	11	12	13	14	15	16
Gesenkschmieden normal (F u. E)												
Gesenkschmieden genau (G)												
Gesenkschmieden Präzision (P)												
Fließpressen warm												
Fließpressen kalt												
Walzen (Dicke)												
Maßwalzen (Dicke)												
Maßprägen (Dicke)												
Abstreckziehen												
Genauschneiden												
Rundkneten kalt												

Bild 8.13
Erreichbare Toleranzen ausgewahlter Umformverfahren.

Ausgangsformen tonnenformige Endformen (Bild 8.12). Dadurch wird der Kraftbedarf hoher. Man erfaßt dies, indem man mit dem *Formanderungswiderstand* k_w statt mit der Fließspannung k_f rechnet. Zur Berechnung des Kraft- und Energiebedarfes siehe [8.9] und [8.10]. Die erreichbare Arbeitsgenauigkeit einzelner Umformverfahren ist so hoch, daß bei einzelnen Bauteilen auf eine nachfolgende spanende Bearbeitung verzichtet werden kann (Bild 8.13).

8.2.2 Schmieden

Unter *Schmieden* versteht man eine Gruppe von Verfahren, die meist in einem Schmiedebetrieb unter Einsatz von Schmiedemaschinen oder Handarbeitswerkzeugen durchgefuhrt werden. Es sind uberwiegend Umformverfahren aber auch Verfahren des Trennens und Fugens. Die wichtigsten Schmiedeverfahren sind die *Druckumformverfahren Freiformen* und *Gesenkformen* (Bild 8.14). Wegen seiner herausragenden Bedeutung wird im folgenden nur das Gesenkformen behandelt.

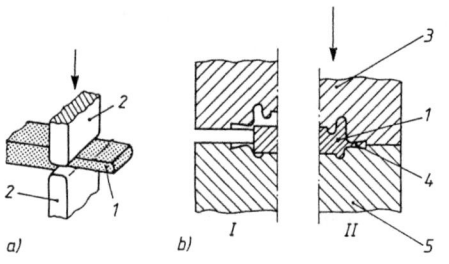

Bild 8.14
a) Recken als Freiformverfahren,
b) Formpressen mit Grat als Gesenkformverfahren,
1 Werkstuck,
2 Sattel,
3 Obergesenk,
4 Grat,
5 Untergesenk,
I Ausgangsform,
II Endform des Werkstucks.

8.2 Umformen

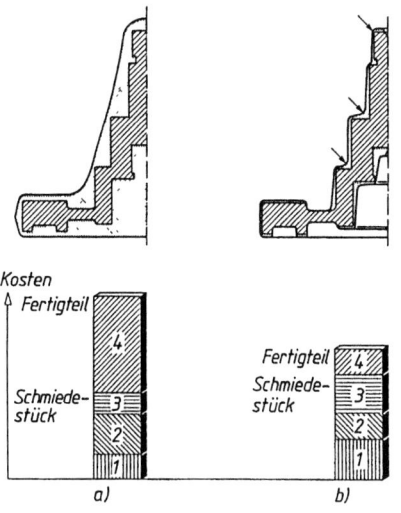

Bild 8.15
Kosten des Schmiedestücks und Fertigteils bei
a) kleiner Stückzahl und geringer Anpassung des Schmiedestucks an die Fertigform,
b) großer Stuckzahl und guter Anpassung an die Fertigform,
1 Gesenkkosten,
2 Werkstoff,
3 Schmieden,
4 spanende Bearbeitung.

Schmiedestucke können Gewichte zwischen einigen Gramm und weit über einer Tonne haben. Die Abmessungen erreichen z.B. bei Flugzeug-Bauteilen aus Leichtmetall bis zu 10 m. Die Stuckzahl reicht von wenigen Stück bis zu Millionenserien. Durch das günstige Festigkeits-Gewichts-Verhaltnis können Bauteile in geschmiedeter Ausführung oftmals leichter und damit kostengunstiger konstruiert werden, als dies bei anderen Ausführungen möglich ware.
Die *Herstellkosten* eines Schmiedestücks hangen wesentlich von den Kosten fur das Schmiedegesenk und der insgesamt damit gefertigten Stückzahl ab. Je kleiner der Quotient aus Gesenkkosten und Stuckzahl ist, desto kleiner werden die Herstellkosten. Andererseits hangen die *Gesenkkosten* davon ab, wie genau die Form des Fertigteils bereits beim Schmieden hergestellt werden soll. Mit entsprechendem Aufwand wird z.B. die Zahnform der Kegelrader in Fahrzeug-Ausgleichsgetrieben durch Schmieden hergestellt, ohne daß eine weitere spanende Bearbeitung erforderlich ist. Es müssen deshalb immer die *Gesamtkosten des Fertigteils* betrachtet werden, um entscheiden zu können, welcher Aufwand einerseits beim Schmieden, andererseits bei der anschließenden spanenden Bearbeitung zu den geringsten Gesamtkosten führt. Bild 8.15 zeigt schematisch, wie die Gesamtkosten des Fertigteils bei großer Stückzahl durch genaue Anpassung des Schmiedestücks an die Fertigform kleiner werden, obwohl die Kosten des Schmiedestucks allein betrachtet großer werden.
Den *Verfahrensablauf* beim Gesenkformen zeigt beispielhaft das Bild 8.16. Aus einem Blechstreifen wird das schwarze Spaltstück durch Schnitt entlang den durchgezogenen Linien herausgeschnitten. Um bei dieser Großserienfertigung moglichst wenig Abfall beim Schneiden der Ausgangsstücke aus der Blechtafel zu erhalten (Flachenschluß), wurde diese Form des Spaltstucks gewählt und ein zusätzlicher Arbeitsgang Biegen in Kauf genommen. Die Form nach dem eigentlichen Gesenkformen mit Grat zeigt das Teilbild c), die Endform nach dem Entgraten das Teilbild d). Die *Gesenkauslegung* insbesondere beim aufeinanderfolgenden Schmieden in Vor-, Zwischen- und Fertiggesenken bleibt dem Schmiedefachmann vorbehalten, ebenso die Lage der Schmiedeteilform im Ober- bzw. Untergesenk (Gesenkteilung).
Der zum Füllen einer Form erforderliche *Werkstofffluß* im Gesenk macht die bei Schmiedeteilen zu beachtenden *Gestaltungsregeln* deutlich. Der einfachste Vorgang ist das Stauchen im Gesenk (Bild 8.17). Im Teilbild a) trifft das Obergesenk gerade auf den Rohling, der vorher im Ofen auf Schmiedehitze erwarmt wurde. Im Teilbild b) ist ein Teil des uberflüssigen Werkstoffs in die Grat-

bahn abgewandert, kühlt dort schnell ab, setzt dem Nachfließen von weiterem Werkstoff in den Gratspalt einen immer größeren Widerstand entgegen, je kleiner der Gratspalt selbst wird, und erhöht dadurch den Druck in der Gravur. Im Zwischenstadium sind die Radien der Gravur noch nicht gefüllt, dies folgt erst im Teilbild c) durch Druckerhöhung im Gesenk. Je kleiner diese Radien sind und je weiter sie vom Gratspalt entfernt liegen (d.h., je höher das Werkstück ist), desto schwieriger wird die Umformung.

Den Werkstofffluß beim *Steigen im Gesenk* zeigt Bild 8.18. Auch hier wird dem in den Gratspalt abfließenden Werkstoff im Laufe der Umformung ein steigender Widerstand entgegengesetzt,

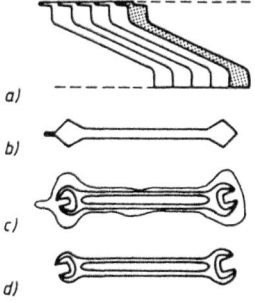

Bild 8.16
Gesenkform eines Schraubenschlüssels
a) Blechstreifen mit Spaltstück und Schnittkantenverlauf,
b) ausgeschnittenes und gebogenes Teil,
c) gesenkgeformtes Teil mit Grat,
d) entgratetes Schmiedestück.

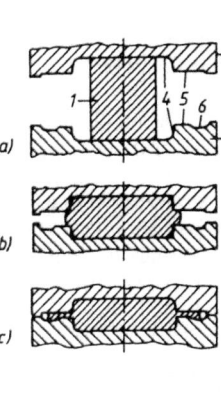

Bild 8.17
Stauchen im Gesenk
a) Ausgangssituation,
b) Zwischenstadium
c) Endsituation,
1 Werkstück (Rohling),
2 bewegtes Obergesenk,
3 stehendes Untergesenk,
4 Gravur,
5 Gratbahn,
6 Gratrille.

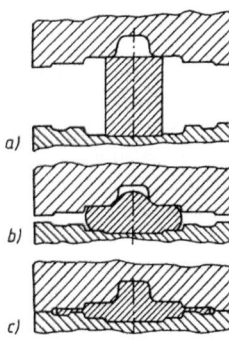

Bild 8.18
Steigen im Gesenk
a) Ausgangssituation,
b) Zwischenstadium,
c) Endsituation.

8.2 Umformen

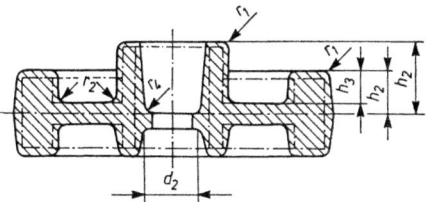

Bild 8.19
Werte (auszugsweise) für Seitenschrägen, Kantenrundungen und Hohlkehlen (Empfehlungen nach DIN 7523).

Schmieden mit	Innenflächen		Außenflachen	
	Winkel	Anwendung	Winkel	Anwendung
Pressen	9°	bei größerer Vertiefung	6°	bei flachen Teilen
	6°	Normalfall	3°	Normalfall
	3°	mit Auswerfer	1°	mit Auswerfer

Höhe h_2 oder h_3		Kantenrundung r_1	Hohlkehle r_2 Schmiedegüte		Durchmesser d_2		Hohlkehle r_4
über	bis		F	E	über	bis	
	25	2	4	4		25	2
25	40	3	6	5	25	40	3
40	63	4	10	6	40	63	5
63	100	6	16	8	63	100	8
100	160	8	25	10	100	160	12
160	250	10	40	16	160	250	20
250	400	16	63	25	–	–	–
400	630	25	–	–	–	–	–

der den Druck erhoht und die Radien an der Spitze des Teiles voll ausformen laßt. Hierbei ist ein guter Werkstofffluß um die spateren Hohlkehlen des Schmiedeteiles durch große Radien in der Gravur fur das Fullen der Form und damit fur die Schmiedequalitat vorteilhaft.

Eine weitere Forderung an Schmiedeteile sind *Seitenschrägen*, damit die Teile aus der Gravur herausgeholt werden können, nachdem sie unter hohem Druck dort hineingepreßt worden sind. Die Schragen von Innenflachen mussen großer sein, da das Schmiedeteil beim Erkalten dort im Gesenk aufschrumpft.

In DIN 7522, DIN 7523 und DIN 7526 werden einige Werte zur Gestaltung von Schmiedeteilen aus Stahl empfohlen, einen stark gekürzten Auszug enthalt Bild 8.19. DIN 1749, 9005, 17 673 und 17 864 enthalten weitere Gestaltungsregeln und Beispiele für NE-Metalle. Abweichungen von diesen Empfehlungen sind teilweise sogar bis zu extrem kleinen Werten möglich, verteuern aber z.B. durch mehr Schmiedearbeitsgange und die zugehorigen Vor- oder Zwischengesenke die Herstellung.

Versatz als Schmiedefehler entsteht durch unzureichende Führung zwischen Ober- und Untergesenk (Bild 8.20). Er kann beim Schmieden im *geschlossenen Gesenk* vollstandig vermieden werden (Bild 8.21), bei dem das Obergesenk in das Untergesenk eintaucht und dort gefuhrt wird. Im geschlossenen Gesenk ist auch der erreichbare Druck höher, damit die Abbildungsschärfe

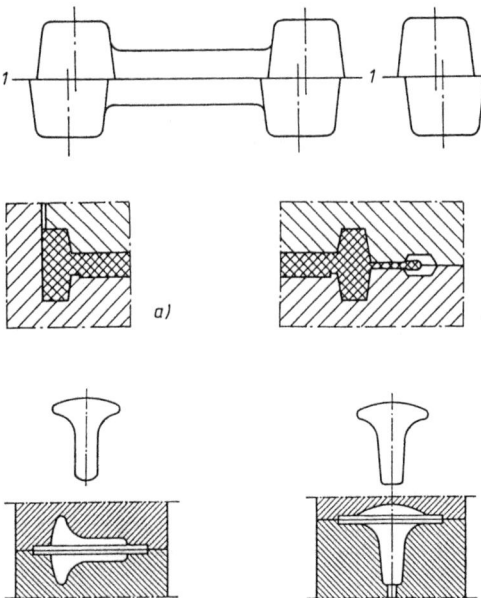

Bild 8.20
Versatz bei Schmiedeteilen
1 Gesenkteilung.

Bild 8.21
Gegenüberstellung der Gesenkformen
a) geschlossenes Gesenk,
b) offenes Gesenk mit Gratspalt.

Bild 8.22
Schmieden eines Knaufs
a) mit zylindrischem Schaft, liegend geschmiedet im durch Fräsen hergestellten Gesenk,
b) mit Schaftseitenschrägen, stehend geschmiedet im durch Drehen hergestellten Gesenk.

größer, aber die Herstellkosten des Gesenks und sein Verschleiß ebenfalls größer, außerdem muß das Einsatzvolumen des Rohlings genau dosiert werden.

Eine Besonderheit ist das *Stehend-Schmieden*, daß im Gegensatz zum meist angewendeten *Liegend-Schmieden* eine hohe Formgenauigkeit und teilweise billigere Herstellung des Gesenks bewirken kann. Bild 8.22, Teilbild a) zeigt das aufwendig durch Fräsen und Handbearbeitung hergestellte Gesenk, das durch den zylindrischen Schaft des Knaufs erforderlich ist und nur ein Liegend-Schmieden zuläßt, um das Teil nach dem Schmieden wieder aus dem Gesenk entnehmen zu können. Teilbild b) zeigt den Knauf mit Seitenschrägen, der stehend geschmiedet und dessen Gesenk kostengünstig durch Drehen und Innenschleifen hergestellt werden kann. Auch ein möglicher Versatz ist auf ein Minimum reduziert.

8.2.3 Fließpressen

Das *Fließpressen* ist eines der wichtigsten Verfahren des Durchdrückens (DIN 8583), bei denen man das formgebende Werkzeugteil als Düse ansehen kann. Das Fließpressen wird meist bei Raumtemperatur durchgeführt (Kaltumformen). Es entstehen Einzelteile (Stuckgut), die bis auf eine eventuelle spanende Nachbearbeitung als Fertigerzeugnisse hergestellt werden. Entsprechend der Richtung des Werkstoffflusses bezogen auf die Werkzeugbewegung und entsprechend der Werkstückgeometrie untergliedert man das Fließpressen in die in Bild 8.23 dargestellten Verfahren:

- Voll-Vorwärts-Fließpressen,
- Hohl-Vorwärts-Fließpressen,
- Voll-Rückwärts-Fließpressen,
- Hohl-Rückwärts-Fließpressen,
- Napf-Vorwärts-Fließpressen,
- Voll-Quer-Fließpressen,
- Hohl-Quer-Fließpressen,
- Hydrostatisches-Voll-Vorwärts-Fließpressen.

In der Regel werden rotationssymmetrische Werkstücke hergestellt, deren Gewicht von 1 g bis zu etwa 35 kg reichen kann. Einige Beispiele für durch Fließpressen herstellbare Formen zeigt Bild 8.24.

8.2 Umformen

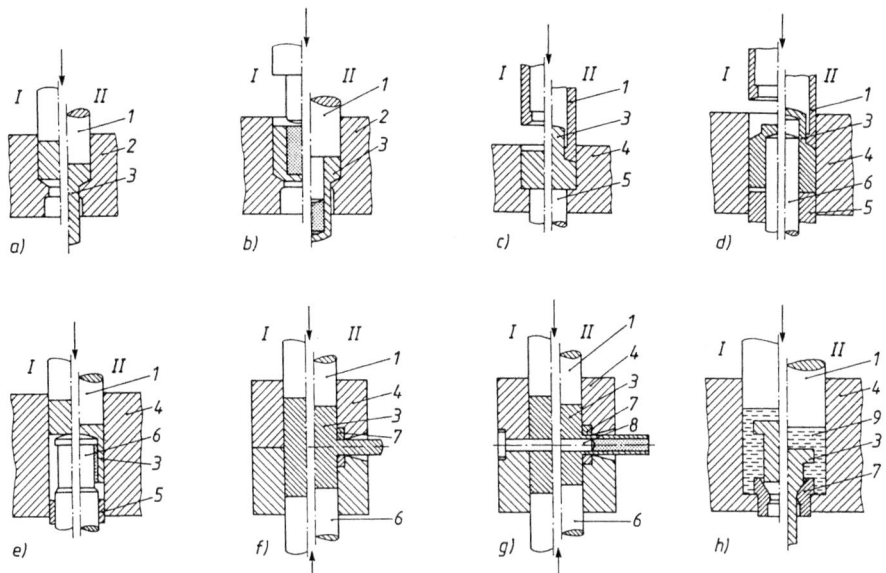

Bild 8.23 Verfahren des Fließpressens nach DIN 8593
a) Voll-Vorwarts-Fließpressen,   b) Hohl-Vorwarts-Fließpressen,   c) Voll-Ruckwarts-Fließpressen,
d) Hohl-Ruckwarts-Fließpressen,   e) Napf-Vorwarts-Fließpressen,   f) Voll-Quer-Fließpressen,
g) Hohl-Quer-Fließpressen,   h) hydrostatisches Voll-Vorwarts-Fließpressen.
I AI Ausgangsform,   II End- oder Zwischenform des Werkstucks,
1 Stempel, **2** Preßbuchse, **3** Werkstuck, **4** Aufnehmer, **5** Auswerfer, **6** Gegenstempel, **7** Matrize,
8 Dorn, **9** Flussigkeit.

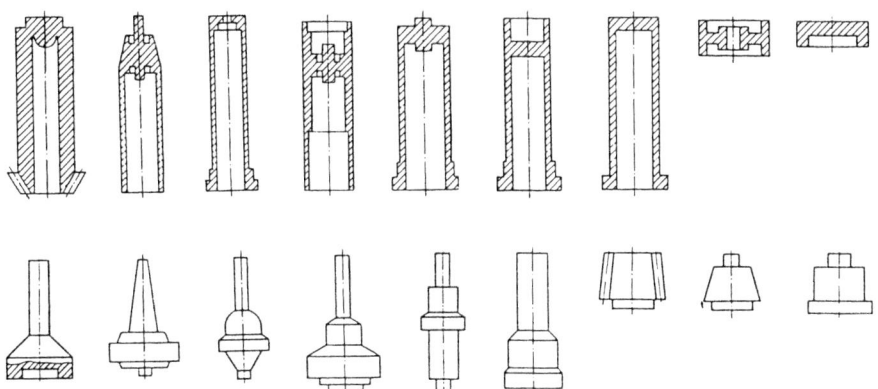

Bild 8.24 Beispiele für durch Fließpressen herstellbare Formen.

Die Vorteile insbesondere des Kaltfließpressens bei Raumtemperatur liegen in der großen Werkstoffeinsparung gegenuber dem Spanen aber auch gegenüber anderen Umformverfahren, z.b. dem Warmgesenkschmieden, in der geringen Fertigungszeit oft schwieriger Formteile, in der guten Maß- und Formgenauigkeit bei hoher Oberflachengüte und in der Festigkeitssteigerung wahrend der Kaltumformung, die haufig den Einsatz von Stahlen mit niedrigerer Festigkeit für höher beanspruchte Bauteile erlaubt, ohne daß vergütet werden muß. Diesen Vorteilen steht ein hoher Aufwand an Werkzeugen, Maschinen und Einrichtungen einschließlich Entwicklungskosten für jedes Teil entgegen, die für eine wirtschaftliche Fertigung Mindeststückzahlen erforderlich machen. Diese hangen vom Einzelfall ab. Als grobe Faustregel gilt eine Mindest-Stuckzahl von 10^4. Für kleine Teile, die wirtschaftlich auf Mehrstufenpressen mit bis zu 7 Stufen gefertigt werden, konnen sogar Mindestückzahlen bis zu 10^6 erforderlich sein! Weitere Hinweise zur *Wirtschaftlichkeit* sowie zum Fließpressen selbst enthalten die VDI-Richtlinien 3138, 3151 und 3166.

Als *Werkstoffe* für Fließpreßteile kommen alle metallischen Werkstoffe mit gutem Formanderungsvermogen infrage. Für das Kaltfließpressen eignen sich vornehmlich unlegierte und niedriglegierte Stahle, z.b. die speziell für das Fließpressen entwickelten Stahle Muk 7 und Ma 8, aber auch C 10 und C 15 sowie Aluminium, Kupfer und deren Legierungen. Für hohere Festigkeiten finden Vergutungsstahle Anwendung. Korrosionsbestandige austenitische Stahle werden meist vor dem Umformen angewarmt oder zwischengeglüht. Weitere Angaben enthalten DIN 1654, VDI-Richtlinie 3143 und [8.9], [8.10].

Für die *Gestaltung* von Fließpreßteilen gelten folgende Regeln: Die Teile sollten rotationssymmetrisch sein oder zumindest Achsensymmetrie (als Querschnitt ein Quadrat, Sechskant usw.) aufweisen. Unsymmetrische Teile kann man durch Fugen mehrerer einzelner rotationssymmetrischer Fließpreßteile herstellen. Starke Werkstoffanhaufungen, große Querschnittsabnahmen und schroffe Übergange von dicken zu dünnen Wanden sind zu vermeiden. Die kleinsten Wanddicken betragen bei Stahl etwa 1 mm, bei weichen NE-Metallen (z.b. AL 99,5) bis etwa 0,1 mm. Übergangsradien sollten 1 mm moglichst nicht unterschreiten. Schragen, wie die Aushebeschragen beim Gesenkschmieden erschweren grundsatzlich das Fließpressen, siehe VDI-Richtlinie 3138.

Die Berechnung des *Kraftbedarfs* ist in VDI-Richtlinie 3185 angegeben. Sowohl der Kraftbedarf als auch die Oberflachengüte werden durch die *Schmierung* mit hochdruckbestandigen Ölen oder Fetten, besser noch durch Feststoffschmiermittel wie Molybdansulfid beeinflußt.

8.2.4 Strangpressen

Beim *Strangpressen* werden in der Regel die Werkzeuge beheizt und die Rohteile uberwiegend auf Temperaturen oberhalb der Rekristallisationsgrenze angewarmt. Dadurch werden geringe Fließspannungen und hohe Umformgrade erreicht, die sich zur Herstellung von *Fließgut* wie Rohren, Stangen und Profilen (Halbzeug) eignen. Die Umformung lauft wahrend der Entstehung des Stranges nahezu gleichformig (stationar) ab, ansonsten ist der Werkzeugaufbau und der Verfahrensablauf dem Fließpressen ahnlich (Bild 8.25). Auch die Untergliederung in Voll-Vorwärts-, Hohl-

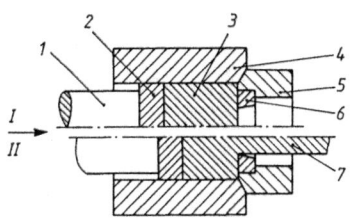

Bild 8.25
Voll-Vorwarts-Strangpressen nach DIN 8583
I Ausgangsform,
II Endform des Werkstücks,

1 Stempel,   5 Matrizenhalter,
2 Preßscheibe,   6 Matrize,
3 Werkstück (Block),   7 Strang.
4 Blockaufnehmer,

8.2 Umformen

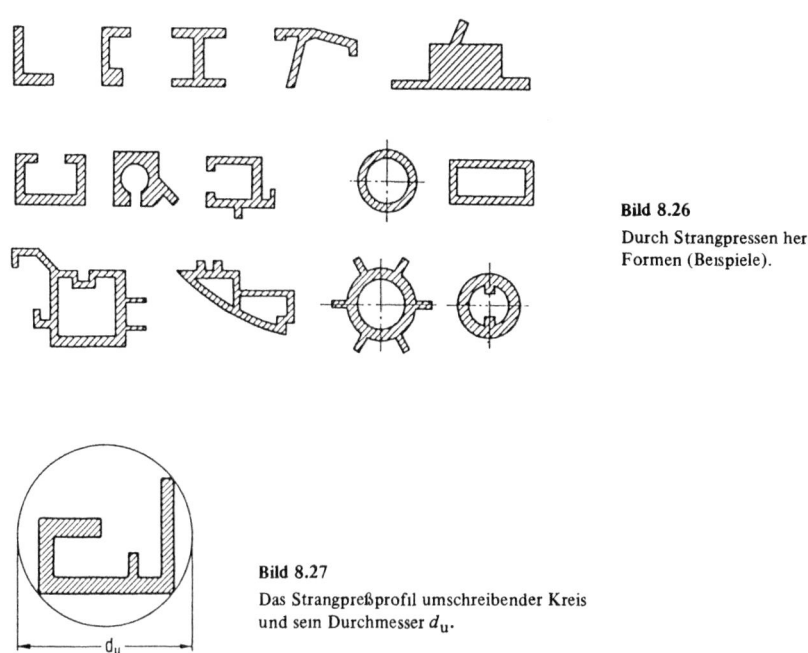

Bild 8.26
Durch Strangpressen herstellbare Formen (Beispiele).

Bild 8.27
Das Strangpreßprofil umschreibender Kreis und sein Durchmesser d_u.

Vorwärts-, Voll-Rückwärts-, Hohl-Rückwärts-, Voll-Quer-, Hohl-Quer- und hydrostatisches Voll-Vorwärts-Strangpressen nach der Richtung des Werkstoffflusses und nach der Werkstückgeometrie entspricht der Einteilung der Fließpreßverfahren nach Bild 8.23.
Als wesentlicher Vorteil des Strangpressens z.b. gegenüber dem Walzen oder Gleitziehen ist hervorzuheben, daß nahezu beliebige Querschnittsformen erzielt werden können (Bild 8.26). Die mögliche Gestalt des Profilquerschnitts hängt wesentlich von den Kennwerten des gewählten Werkstoffs und den Betriebsbedingungen ab. Eine wichtige Ausgangsgröße zur Gestaltung des Verfahrensablaufs ist der Durchmesser d_u des Kreises, der das gewünschte Profil umschreibt (Bild 8.27). Ein weiteres Kriterium ist die kleinste erreichbare Wanddicke des Profils. Anhaltswerte für die *Gestaltung* von Aluminium und Aluminium-Legierungen enthält DIN 1748, Bl. 3. Angaben über Strangpreßprofile aus Kupfer- und Kupfer-Legierungen enthält DIN 17 674, aus Magnesium und Magnesium-Legierungen DIN 9711. Es läßt sich jedoch auch legierter und unlegierter Stahl umformen. Eine Übersicht über gebräuchliche Strangpreßwerkstoffe und deren Umformbedingungen enthält u.a. [8.9].

8.2.5 Walzen

Das *Walzen* wird sehr unterschiedlich im Hinblick auf die Werkzeug-Werkstück Bewegung, die Werkzeuggeometrie und die Werkstückgeometrie ausgeführt. Einige Beispiele zeigt Bild 8.28. Am bekanntesten sind die *Langswalzverfahren* zur Herstellung von Halbzeug (Teilbilder a) bis c)) in Form von Blech, Stangen, Rohren und Draht aus Stahl und Nichteisenmetallen. Aber auch zur Herstellung von Stückgut (Teilbilder d) bis f)) wird das Walzumformen eingesetzt.

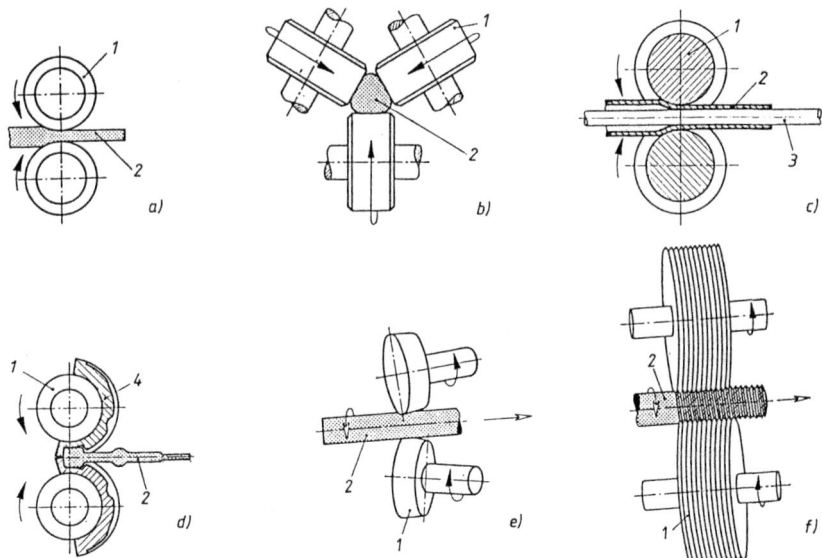

Bild 8.28 Beispiele von Walzverfahren nach DIN 8583
a) Walzen von Blech, b) Walzen von Staben oder Draht mit Dreiecksquerschnitt, c) Walzen von Rohren über Stange, d) Reckwalzen von Schmiedeteilen zur Massenvorverteilung, e) Glattwalzen von Stangen, f) Gewindewalzen im Durchlaufverfahren,
1 Walze, **2** Werkstück, **3** Stange, **4** Walzsegment.

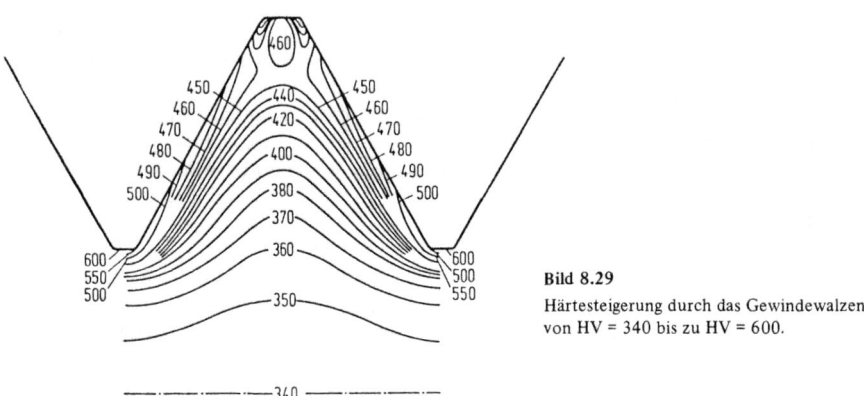

Bild 8.29
Härtesteigerung durch das Gewindewalzen von HV = 340 bis zu HV = 600.

Als Sonderverfahren haben sich das *Glattwalzen* (VDI-Richtlinie 3177), mit dem minimale Rauhtiefen von 0,1 ... 0,2 mm erreicht werden, und das *Gewindewalzen* in der Serienfertigung bewährt. Das durch Walzen hergestellte Gewinde zeichnet sich durch hohe Tragfähigkeit und vor allem Wechselfestigkeit aus, die auf den günstigen Faserverlauf im Gewindezahn und die härtesteigernde Verfestigung zurückzuführen sind (Bild 8.29). Es lassen sich Gewinde mit Fein-Toleranz nach DIN 13, Bl. 15 herstellen (siehe auch VDI-Richtlinie 3174).

8.3 Trennen

Zu den Fertigungsverfahren, bei denen Material vom Werkstück abgetrennt wird, gehören das *Zerteilen* (Schneiden, Abschnitt 8.7), das *Spanen* und das *Abtragen*. Die Begriffsbestimmungen nach DIN 8580 gehen davon aus, daß beim Spanen und Abtragen im Gegensatz zum Zerteilen formloser Stoff anfällt (Späne, Pulver, Schmelze, Dampf, Ionen). Der Trennvorgang beim Spanen erfolgt mechanisch, beim Abtragen erfolgt die Bearbeitung thermisch oder elektrochemisch ohne direkte mechanische Berührung zwischen dem Werkstück und einem festen Werkzeug.

8.3.1 Spanen

Die spanenden Fertigungsverfahren sind universell einsetzbar; mit Standardmaschinen und -werkzeugen kann bei entsprechendem Aufwand prinzipiell nahezu jede Werkstückgeometrie und auch jede geforderte Genauigkeit erzielt werden. Andererseits entstehen beim Zerspanen großer Volumen hohe Kosten und mögliche Qualitätsnachteile durch Anschneiden des Faserverlaufs im Vormaterial. Es ist daher sinnvoll, die Werkstückform durch Urformen oder Umformen vorzubilden, und zwar um so vollständiger, je größer die Serie ist. In der Mengenfertigung ist daher die Erzielung von Genauigkeit die Hauptaufgabe der spanenden Bearbeitung.

8.3.1.1 Grundlagen

Zur grundsätzlichen Darstellung und Untersuchung von Abspanvorgängen wird zweckmäßig das Beispiel des stationären Drehzerspanens (Außen-Langsdrehen) gewählt. Die hier gewonnenen Erkenntnisse können mit gewissen Einschränkungen auf alle spanenden Verfahren übertragen werden.
Bild 8.30 gibt eine Prinzipdarstellung des Langsdrehvorgangs und enthält die Grunddefinitionen zur Bestimmung der Schneidengeometrie. Das Werkzeug wird in dieser Darstellung in einem Be-

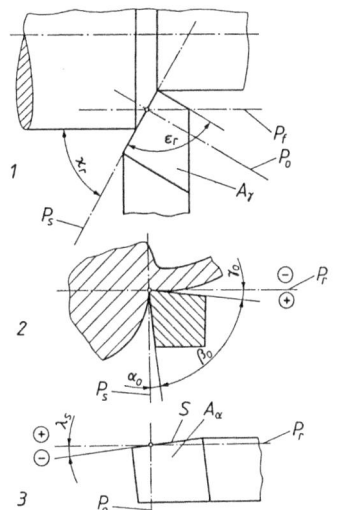

Bild 8.30 Grunddefinitionen zur Schneidengeometrie, dargestellt am Beispiel des Längsdrehens (nach DIN 6581)

1 Ansicht in der Werkzeug-Bezugsebene P_r,
2 Schnittdarstellung in der Werkzeug-Orthogonalebene P_o,
3 Ansicht in der Werkzeug-Schneidenebene P_s,

P_r Werkzeug-Bezugsebene,
P_s Werkzeug-Schneidenebene,
P_o Werkzeug-Orthogonalebene,
P_f Angenommene Arbeitsebene.

A_γ Spanfläche,
A_α Hauptfreifläche,
S Hauptschneide,

α_o Werkzeug-Orthogonalfreiwinkel,
β_o Werkzeug-Orthogonalkeilwinkel,
γ_o Werkzeug-Orthogonalspanwinkel,
ϵ_r Werkzeug-Eckenwinkel,
κ_r Werkzeug-Einstellwinkel,
λ_s Werkzeug-Neigungswinkel.

Bedeutung der Indices:
– der Index o steht für die Werkzeug-Orthogonalebene und kennzeichnet die in ihr definierten Winkel,
– der Index r steht für die Werkzeug-Bezugsebene und kennzeichnet die in ihr definierten Winkel,
– der Index s steht für die Werkzeug-Schneidenebene und kennzeichnet die in ihr definierten Winkel.

zugssystem aus drei sich rechtwinklig durchdringenden Ebenen gezeigt, die jeweils den betrachteten Punkt der Hauptschneide enthalten. Die *Werkzeug-Bezugsebene* P_r kann bei Drehmeißeln meist als Parallelebene zur Auflageebene des Schaftes definiert werden. Senkrecht auf dieser steht die *Werkzeug-Schneidenebene* P_s; die Hauptschneide ist eine Gerade in dieser Ebene. Die *Werkzeug-Orthogonalebene* P_o schließlich steht senkrecht auf P_r und P_s. Die Bestimmung der Winkel am Schneidteil erfolgt in diesen Ebenen. Nach DIN 6581, Bezugssysteme und Winkel am Schneidteil des Werkzeugs, stehen aber auch andere Ebenen zur Definition der Winkel zur Verfügung, für die Winkel am Schneidkeil (α, β, γ) zum Beispiel auch die angenommene *Arbeitsebene* P_f, die senkrecht zu P_r und parallel zur angenommenen Vorschubrichtung steht. Welche Definition den Winkel-Bestimmungen jeweils zugrundeliegt, wird durch die Nennung entsprechender Kennworter für die angewandten Ebenen in der Winkelbezeichnung und durch die Anwendung der entsprechenden Indices bei den Kurzzeichen ausgedrückt. Der Winkel α_o ist zum Beispiel der *Werkzeug-Orthogonalfreiwinkel*, wie er in der Werkzeug-Orthogonalebene P_o definiert ist, α_f ist der *Werkzeug-Seitenfreiwinkel*, der in der angenommenen Arbeitsebene P_f bestimmt wird.

Für den Einsatz der Werkzeuge ist zu beachten, daß die Richtung der Wirkbewegung nicht senkrecht zur Werkzeug-Bezugsebene verlauft, weil der Einfluß der Vorschubbewegung sich auswirkt (siehe Bild 8.32); die im Werkzeug-Bezugssystem bestimmten Winkel am Schneidteil ändern sich beim Einsatz der Werkzeuge in Abhängigkeit vom Verhältnis der Schnittgeschwindigkeit v_c zur Vorschubgeschwindigkeit v_f. Zur Erfassung dieses Einflusses wird ein *Wirk-Bezugssystem* definiert für die geometrisch-exakte Beschreibung der Winkel am Schneidteil unter Abspan-Einsatzbedingungen. Die *Wirk-Bezugsebene* P_{re} ist hierbei eine Ebene senkrecht zur Wirkrichtung, zur Richtung des Vektors der Wirkgeschwindigkeit v_e. Die *Wirk-Schneidenebene* P_{se} und die *Wirk-Orthogonalebene* P_{oe} ergeben sich in ihrer Lage sinngemäß. Im Wirk-Bezugssystem werden die Wirk-Lagewinkel am Schneidteil definiert und gegenuber den Werkzeug-Lagewinkeln jeweils durch den zusatzlichen Index e gekennzeichnet.

Die Anwendung des Werkzeug- und des Wirk-Bezugssystems erfolgt entsprechend auch bei der Beschreibung der Lagewinkel der Schneiden von Hobel-, Raum-, Bohr- und Fräswerkzeugen. Bei den folgenden qualitativen Aussagen zur Schneidengeometrie wird allerdings vereinfachend auf die exakte Zuordnung der Lagewinkel der Schneiden zu den verschiedenen Bezugssystemen und -ebenen verzichtet; entsprechend werden die Winkel-Kurzzeichen ohne Index angegeben.

Der Schneidteil bewirkt in der Spanwurzel einen Spannungszustand, der zum Überschreiten der Fließgrenze beziehungsweise der Schubbruchspannung (bei sprödem Werkstuckstoff) fuhrt. Der Span wird unter normalerweise betrachtlicher Stauchung abgetrennt. Je nach der Duktilitat des Werkstuckstoffs können zusammenhangende Spane (*Fließspan*) oder einzeln abgetrennte Spanpartikel (*Reißspan*) sowie alle Zwischenformen (*Lamellenspan, Scherspan*) entstehen.

Bei der Wahl der Schneidengeometrie gelten hinsichtlich der Werkzeugwinkel folgende Grundüberlegungen:

- Der *Freiwinkel* α muß ausreichend groß sein, um ein Drücken der Freiflache gegen die Schnittflache zu vermeiden. Zu beachten ist, daß wegen der Vorschubbewegung der Vektor der Wirkbewegung v_e nicht in der Schneidenebene liegt, sondern leicht zum Schneidteil geneigt ist (s. Bild 8.32).
- Der *Keilwinkel* β ergibt sich als die Ergänzung von α und γ zu 90°. Große Keilwinkel sind aus Grunden der Stabilität und der Warmeableitung wunschenswert.
- Der *Spanwinkel* γ beeinflußt den Spannungszustand in der Spanwurzel, aber auch im Schneidteil selbst. Kleine positive oder auch negative Spanwinkel bewirken uberwiegende Druckspannungen im Schneidteil und werden daher vorwiegend bei Schneidstoffen angewandt, die geringe Zug- und Biegefestigkeit haben (Hartmetall, Schneidkeramik) sowie bei Werkstückstoffen mit hoher Festigkeit und solchen mit geringer Duktilität. Allerdings steigen die Schnittkrafte bei kleiner werdenden Spanwinkeln, insbesondere bei negativen Werten. Vorteilhaft kann es daher

8.3 Trennen

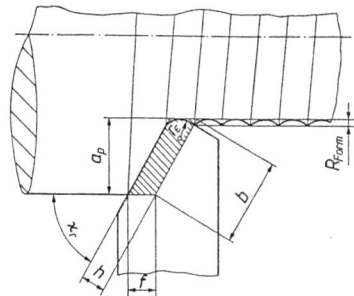

Bild 8.31
Spanungsgrößen, Formrauheit
a_p Schnittiefe,
f Vorschub pro Umdrehung,
b Spanungsbreite,
h Spanungsdicke,
κ_r Werkzeug-Einstellwinkel,
r_ϵ Eckenradius,
R_{Form} Formrauheit.

sein, nur den Spanflachenbereich unmittelbar hinter der Schneide mit einem negativen Spanwinkel zu versehen (Spanflachenfase).

- Der *Eckenwinkel* ϵ betragt bei Langs- und Plandrehwerkzeugen haufig 90°, bei Kopierwerkzeugen konnen kleinere Werte sinnvoll sein, beispielsweise 60°. Für die Stabilitat der Schneidenecke ist ein großer Eckenwinkel wünschenswert sowie ein ausreichend großer Eckenradius (Bild 8.31).
- Der *Einstellwinkel* κ beeinflußt bei gegebener Schnittiefe die belastete Breite der Schneide. Bei kleinen Werten von κ wird die Spanungsbreite großer und damit die spezifische Schneidenbelastung geringer. Ferner wird die Richtung der Zerspankraft beeinflußt sowie der Spanablauf.
- Ein negativer *Neigungswinkel* λ entlastet die Schneidenecke und tragt auch in geringem Maße zur Verringerung von Zugspannungen im Schneidteil bei. Der Neigungswinkel hat ferner einen gewissen Einfluß auf den Spanablauf. Empfindliche Schneiden erfordern negative Neigungswinkel, insbesondere bei unterbrochenem Schnitt. Auch der Neigungswinkel beeinflußt die belastete Schneidenbreite; da λ aber immer klein ist, kann dieser Einfluß jedoch vernachlassigt werden.

Weitergehende Angaben uber Zerspanungswerkzeuge finden sich im Abschnitt 10.2.1.
Der *Zerspanungsvorgang* erfolgt fur das Beispiel Langsdrehen bei konstanter Schnittgeschwindigkeit v_c und konstanter Vorschubgeschwindigkeit v_f. Dadurch ergibt sich bei gegebener Schneidengeometrie der Spanungsquerschnitt A gemäß Bild 8.31:

$$A \approx a_p \cdot f = b \cdot h.$$

A mm²   Spanungsquerschnitt
a_p mm   Schnittiefe
f mm   Vorschub (je Umdrehung)
b mm   Spanungsbreite
h mm   Spanungsdicke

Bei den Berechnungen wird vereinfachend Parallelogrammform des Spanungsquerschnitts angenommen. Der Eckenwinkel ϵ bewirkt zusammen mit dem Eckenradius r_ϵ Abweichungen, die eine verfahrensbedingte Formrauhheit hervorrufen.
Die *mechanische Beanspruchung* der Werkzeugschneide ergibt sich durch die Umform- und Trennkrafte in der Spanwurzel sowie durch Reibung im Kontaktbereich zwischen Werkstuck und Span mit dem Schneidteil. Die resultierende *Zerspankraft* F kann im Maschinenkoordinatensystem zerlegt werden in die *Schnittkraft* F_c (in Richtung des Schnittgeschwindigkeitsvektors), die *Vorschubkraft* F_f (in Richtung der Vorschubbewegung) und die *Passivkraft* F_p (Bild 8.32). Die Schnittkraft F_c ist die größte Komponente und technisch auch dadurch wesentlich, daß die Schnittleistung

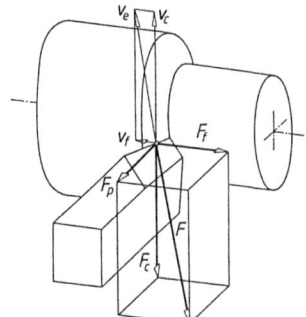

Bild 8.32
Bewegungen und Kräfte, Definitionen
F Zerspankraft,
F_c Schnittkraft,
F_f Vorschubkraft,
F_p Passivkraft,
v_c Schnittgeschwindigkeit (auf das Werkzeug bezogen),
v_f Vorschubgeschwindigkeit,
v_e Wirkgeschwindigkeit.

von ihr direkt abhängig ist. Die Komponenten F_f und F_p sind bei normaler Schneidengeometrie wesentlich kleiner (Größenordnung $0{,}3 \cdot F_c$) und werden daher in der Praxis nur dann besonders untersucht, wenn die Werkstückstabilität oder die Spannsituation das erfordern. Im entsprechenden Fall erfolgt die Berechnung dieser Kraftkomponenten sinngemäß ebenso wie die im folgenden dargestellte Berechnung der Schnittkraft.

Die *Schnittkraft* F_c kann berechnet werden, wenn die beiden Verfahrenskennwerte (Schnittkraftkennwerte) *spezifische Bezugsschnittkraft* $k_{c1.1}$ und *Schnittkraftexponent* m_c bekannt sind. Diese Kennwerte erfassen insbesondere die Einflüsse des Werkstückstoffs, der Schneidengeometrie und des Schneidstoffs. Sie werden durch Abspanversuche (meist Außen-Langsdrehen) ermittelt und sind über die einschlägige Literatur sowie über Datenbanken zugänglich. Eine Auswahl gibt die Tabelle 8.9.

Tabelle 8.9 Ausgewählte Schnittkraftkennwerte

Werkstückstoff	spezifische Bezugsschnittkraft $k_{c1.1}$ N/mm²	Spanungsdickenexponent m_c
St 50-2	1500	0,29
St 70-2	1600	0,32
C 15	1520	0,27
C 35	1520	0,29
Ck 60	1670	0,32
15 CrMo 5	1560	0,24
15 CrNi 6	1490	0,23
42 CrMo 4	1760	0,17
GG-20	890	0,35
GGG-50	1050	0,30
GS-45	1570	0,17
GD-AlSi 8 Cu 3	600	0,27

Die Werte wurden unter folgenden Bedingungen ermittelt:

Abspanverfahren Außendrehen
Schneidstoff Hartmetall
Werkzeug-Orthogonal-Spanwinkel $\gamma_o = 6°$, für GG und GGG $\gamma_o = -6°$
Werkzeug-Einstellwinkel $\kappa_r = 70°$
Schnittgeschwindigkeit $v_c = 100$ m/min

Es handelt sich um Anhaltswerte, die durch Mittelwertbildung und Rundung gefunden wurden. Je nach Art der konkreten Legierungszusammensetzung auch im Rahmen der Toleranz, der Verunreinigungen und der Gefügeausbildung können beträchtliche Abweichungen auftreten. Hierin liegt auch der Grund für die deutlichen Unterschiede der in der Fachliteratur genannten Werte.

8.3 Trennen

Allgemein wird beim Spanen die *spezifische Schnittkraft* k_c durch die Gleichung

$$k_c = \frac{F_c}{A} \approx \frac{F_c}{a_p \cdot f} = \frac{F_c}{h \cdot b}$$

definiert. Die Berechnung der spezifischen Schnittkraft erfolgt unter Anwendung der Schnittkraftkennwerte durch die empirische Näherungsgleichung:

$$k_c = k_{c1.1} \cdot \left(\frac{1 \text{ mm}}{h}\right)^{m_c} \cdot K.$$

Damit kann die Schnittkraft F_c ermittelt werden durch die Gleichung:

$$F_c = k_{c1.1} \cdot h \cdot \left(\frac{1 \text{ mm}}{h}\right)^{m_c} b \cdot K.$$

k_c	N/mm²	spezifische Schnittkraft
$k_{c1.1}$	N/mm²	spezifische Bezugsschnittkraft
F_c	N	Schnittkraft
A	mm²	Spanungsquerschnitt
a_p	mm	Schnittiefe
f	mm	Vorschub (je Umdrehung)
h	mm	Spanungsdicke
b	mm	Spanungsbreite
m_c		Schnittkraftexponent
K		Einflußfaktor

In der Darstellung ist die Bezugsspanungsdicke 1 mm enthalten, denn die spezifische Bezugsschnittkraft $k_{c1.1}$ ist als spezifische Schnittkraft k_c bei 1 mm Spanungsdicke definiert. Häufig wird die Gleichung für die Schnittkraft ohne den Bezugswert 1 mm dargestellt, wobei der Zahlenwert unverändert bleibt, allerdings auch die Dimension Länge (Einheit mm) wegfällt. Die Gleichung lautet dann:

$$F_c = k_{c1.1} \cdot h^{1-m_c} \cdot b \cdot K.$$

Der Zusammenhang zwischen den geometrischen Größen des Spanungsquerschnitts ergibt sich über den Werkzeug-Einstellwinkel κ_r (s. Bild 8.31):

$$h = f \cdot \sin \kappa_r, \qquad b = \frac{a_p}{\sin \kappa_r}.$$

Der Faktor K dient zur Berücksichtigung von Abweichungen zwischen den Versuchsbedingungen bei der Kennwertermittlung und dem Anwendungsfall. K kann bei Bedarf als Produkt mehrerer Einzel-Einflußfaktoren ermittelt und angewandt werden:

$$K = K_\gamma \cdot K_{vc} \cdot K_{St} \cdot K_{Ver} \ldots .$$

Als wichtigste Einflußfaktoren sind zu nennen:
- *Spanwinkeleinfluß.* Bei Vergrößerung des Spanwinkels γ um 1° nimmt die Schnittkraft um etwa 1,5 % ab. Dies kann über den Faktor für Spanwinkeleinfluß K_γ berücksichtigt werden.
- *Schnittgeschwindigkeitseinfluß.* Die Schnittkraft nimmt um etwa 30 % ab, wenn die Schnittgeschwindigkeit v_c von ca. 60 m/min auf ca. 200 m/min erhöht wird; weitere Erhöhung bewirkt Schnittkraftreduzierung in geringerem Maße. Die Berücksichtigung dieses Effekts kann durch den Faktor für Schnittgeschwindigkeitseinfluß K_{vc} erfolgen.
- *Einfluß der Spanstauchung.* Die Krümmung der Schnittbewegungs-Bahn hat Einfluß auf die Spanstauchung. Beim Außendrehen (die Schnittkraftkennwerte werden meist im Außendreh-

versuch ermittelt) ergeben sich daher Schnittkrafte, die etwa 20 % geringer sind als beim vergleichbaren Innendrehen. Über den Faktor für den Spanstauchungseinfluß K_{St} kann diese Tatsache naherungsweise erfaßt werden.

– *Einfluß des Schneiden-Verschleißzustands.* Mit zunehmendem Schneidenverschleiß steigt normalerweise die Schnittkraft um bis zu 30 % an. Der Faktor fur Verschleißeinfluß K_{Ver} kann hier als Sicherheitsfaktor angewandt werden.

Exakte Schnittkraftwerte sind nur durch unmittelbare Messung zu gewinnen. Die Schnittkraftberechnung kann bei sinnvoller Anwendung jedoch wertvolle Anhaltswerte liefern.

Die *Schnittleistung* ist zu berechnen nach der Gleichung:

$$P_c = F_c \cdot v_c \cdot \frac{1 \text{ min}}{60 \text{ s}} \cdot \frac{1 \text{ kW}}{1000 \text{ W}}.$$

P_c kW Schnittleistung
F_c N Schnittkraft
v_c m/min Schnittgeschwindigkeit

Hinweis: Für die meisten spanenden Verfahren (außer Schleifen) wird traditionell die Schnittgeschwindigkeit in m/min angegeben. Bei Angabe in m/s entfallt der Faktor zur Umrechnung der Zeiteinheit.

Die *Antriebsleistung der Maschine* erhalt man durch Berücksichtigung des Antriebswirkungsgrads:

$$P_M = P_c \cdot \frac{1}{\eta_M}.$$

P_M kW Antriebsleistung
P_c kW Schnittleistung
η_M Antriebswirkungsgrad

Die Vorschubleistung ist im Vergleich mit der Schnittleistung gering und kann mit durch den Antriebswirkungsgrad berücksichtigt werden.

Schneidstoffe. Von entscheidender Bedeutung fur die Wirtschaftlichkeit und Gute beim Zerspanen ist die Wahl des geeigneten *Schneidstoffs.* Die Schneidstoff- und Werkzeughersteller geben hierzu gute Informationen; dennoch sind eigene Erfahrungen des Anwenders in Verbindung mit geeigneter Dokumentation und Auswertung wichtig. Durch Steigerung der Temperaturbestandigkeit der Schneidstoffe und damit der anwendbaren Schnittgeschwindigkeiten wurden in den letzten Jahren große Fortschritte erzielt, was sich auch in starkem Maß auf die Werkzeugmaschinen- und Werkzeugkonstruktion ausgewirkt hat. Die Tabelle 8.10 gibt einen Überblick uber die Schneidstoffe für geometrisch bestimmte Schneiden und ihre Hauptanwendungskriterien.

Schneidenverschleiß. Die Schneiden unterliegen beim wirtschaftlichen Zerspanen einem starken Verschleiß, der durch Reibung insbesondere in Verbindung mit hohen Temperaturen am Schneidteil hervorgerufen wird. Die Schnittarbeit wird nahezu vollstandig in Warme umgewandelt, die zum großten Teil mit dem Span abgeführt wird. Durch Reibung und Warmestau werden am Schneidteil jedoch Temperaturen erreicht, die weit über den Spantemperaturen liegen konnen. Die Schnittgeschwindigkeit darf nur so hoch gewahlt werden, wie es die Schneide bei sinnvoller Standzeit zulaßt. Andererseits führen zu niedrige Schnittgeschwindigkeiten bei vielen Werkstückstoff-Schneidstoffkombinationen zur Bildung instabiler Aufbauschneiden, die in rascher Folge gebildet und wieder abgerissen werden, was zu besonders deutlichen Verschleißerscheinungen führen kann. Bild 8.33 zeigt qualitativ den Zusammenhang zwischen Schnittgeschwindigkeit und Schneidenverschleiß für drei Schneidstoffe und geometrisch bestimmte Schneiden. Angestrebt wird immer der Arbeitsbereich außerhalb der Aufbauschneidenbildung.

8.3 Trennen

Tabelle 8.10 Schneidstoffe für geometrisch bestimmte Schneiden

Schneidstoff	Zusammensetzung	Anwendungsbereich
legierter Werkzeugstahl (Schnellarbeitsstahl)	Fe mit 0,7 ... 1,5 % C und Co, Cr, Mo, V, W als Legierungsbestandteile	Wendelbohrer, Fräser, Raumwerkzeuge; geringe Temperaturbestandigkeit; Schnittgeschwindigkeit bis 30 m/min, beim Fräsen 60 m/min
Hartmetall	Sinterwerkstoffe aus Wolframkarbid, Titankarbid, Kobalt, Nickel	Schneidplatten (geklemmt oder gelötet) für Dreh-, Hobel-, Fras- und Räumwerkzeuge; Schnittgeschwindigkeit 50 ... 350 m/min
beschichtetes Hartmetall	Hartmetall mit dunner Oberflachenschicht (wenige μm) aus harten Karbiden, Oxiden, Nitriden	gegenüber unbeschichtetem Hartmetall erhöhte Temperaturbestandigkeit und Standzeit; erhohte Stoßempfindlichkeit
Schneidkeramik	Sinterwerkstoff aus Aluminiumoxid, auch mit Zusatz von Zirkonoxid	Schneidplatten für Drehwerkzeuge; Schnittgeschwindigkeiten bis uber 1000 m/min; stoßempfindlich; keine Kuhlschmierung
Mischkeramik	Sinterwerkstoff aus Aluminiumoxid mit Titankarbid (auch mit anderen Karbiden)	Drehbearbeitung von Hartstoffen, auch Feinschlichten
Diamant monokristallin	naturlicher oder synthetischer kubischer Kohlenstoff	Feinbearbeitung von NE-Werkstoffen
Diamant polykristallin	auf Hartmetallträger im Schneidenbereich aufgebrachte Schicht (z.B. 0,4 mm Dicke)	Leistungszerspanen von NE-Werkstoffen

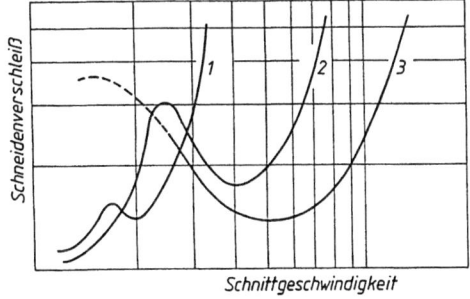

Bild 8.33
Prinzipieller Zusammenhang zwischen Schnittgeschwindigkeit und Schneidenverschleiß (qualitative Darstellung in logarithmischem Koordinatensystem)
Kurve 1 Schnellarbeitsstahl,
Kurve 2 Hartmetall,
Kurve 3 Schneidkeramik.

Am Schneidteil werden insbesondere zwei Verschleißformen beobachtet (Bild 8.34). Der *Freiflächenverschleiß* entsteht hauptsächlich durch mechanischen Abrieb, der *Kolkverschleiß* meist im Zusammenhang mit Diffusions- und Reibschweißvorgängen am Ort der höchsten Temperatur am Schneidteil.
Die *Standzeit T* eines Werkzeugs ist die Einsatzdauer bis zum Erreichen eines zweckmäßig festgelegten Standkriteriums. Als Standkriterium kommen die Verschleißform und der Verschleiß-

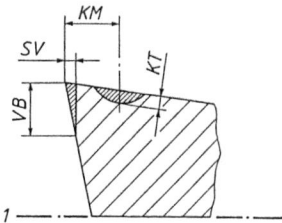
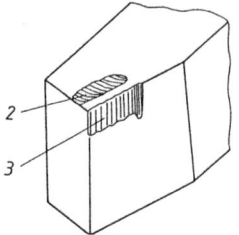

Bild 8.34
Haupt-Verschleißarten
1 Werkzeug-Auflageebene, parallel zur Werkzeug-Bezugsebene,
2 Kolkverschleiß auf der Spanfläche,
3 Verschleißmarke auf der Freifläche,
KM Kolkmittenabstand,
KT Kolktiefe,
SV Schneidkantenversatz,
VB Verschleißmarkenbreite.

betrag in Betracht, durch die zuerst eine entscheidende Schwachung oder Einsatzbegrenzung des Werkzeugs gegeben sind, beispielsweise eine sinnvoll gewählte *Verschleißmarkenbreite* (Anhaltswert für Schlichten: $VB = 0{,}3$ mm; für Schruppen: $VB = 1{,}2$ mm) oder die *Kolkzahl* $K = KT/KM$ (Anhaltswert: $K = 0{,}3$; wegen der Bildung des Quotienten entfällt hier die Differenzierung in Bearbeitungsstufen).

Für den wirtschaftlichen Einsatz von spanenden Fertigungsverfahren ist es sinnvoll, die Standzeiten der Werkzeuge zu planen. Wirtschaftliche Standzeiten liegen beim Spanen mit HM- oder Keramik-Wendeplatten im Bereich zwischen 5 min und 30 min. Der Verschleiß und damit die Standzeit werden sehr stark insbesondere durch die Schnittgeschwindigkeit beeinflußt. Die Einflüsse der Spanungsdicke und der Spanungsbreite sind demgegenüber deutlich geringer und werden daher normalerweise nicht rechnerisch erfaßt. Praktisch ergibt sich häufig die folgende Fragestellung: Ein Zerspanungsvorgang wurde durchgeführt; dabei wurde eine ungünstige Standzeit ermittelt. Wie muß nun die Schnittgeschwindigkeit geändert werden, um eine gewünschte Standzeit einzuhalten? (Grunde: Abstimmung mit anderen Maschinen, Kostenoptimierung). Die Berechnung der Standzeit ist im technisch sinnvollen Bereich uber die allgemeine Standzeitgleichung möglich. Bei doppeltlogarithmischer Auftragung ergibt sich oberhalb des Bereichs der Aufbauschneidenbildung im thermisch realisierbaren Einsatzbereich des Schneidstoffs ein linearer Zusammenhang zwischen Standzeit und Schnittgeschwindigkeit, die *Standzeitgerade* (Bild 8.35). Die Steigung der Geraden ergibt den Standzeitexponenten k. Es gilt die Gleichung:

$$v_c = v_{c1} \cdot \left(\frac{T_1}{T}\right)^{-1/k}$$

v_c	m/min	Schnittgeschwindigkeit bei der gewünschten Standzeit T
v_{c1}	m/min	Schnittgeschwindigkeit bei der Standzeit T_1
T_1	min	ermittelte Standzeit bei Schnittgeschwindigkeit v_{c1}
T	min	gewünschte Standzeit
k		Standzeitexponent

8.3 Trennen

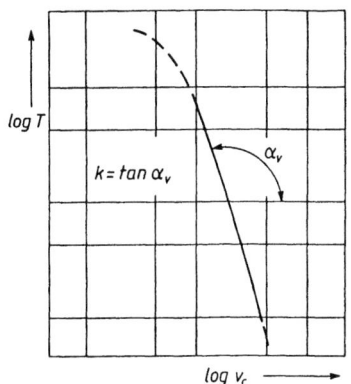

Bild 8.35
Doppellogarithmische Auftragung der Standzeit über der Schnittgeschwindigkeit, Prinzipdarstellung der Standzeitgeraden
T Standzeit,
v_c Schnittgeschwindigkeit,
α_v Steigungswinkel der Standzeitgeraden,
k Standzeitexponent (Steigungsexponent der Standzeitgeraden).

Tabelle 8.11 Ausgewählte Beispiele für Werte des Standzeitexponenten k bei Anwendung von

Werkstückstoff	Schneidstoff	
	Hartmetall	Schneidkeramik
St 50-2	– 3,8	– 2,2
St 70-2	– 5,0	– 2,4
C 15	– 2,6	– 1,8
C 35	– 3,6	– 2,1
Ck 60	– 6,2	– 2,4
15 CrMo 5	– 3,5	– 2,1
15 CrNi 6	– 3,8	– 2,2
42 CrMo 4	– 5,2	– 2,4
GG-20	– 4,5	– 2,3
GGG-50	– 5,2	– 2,4
GS-45	– 3,6	– 2,1

Es handelt sich um Anhaltswerte im technisch sinnvollen Schnittgeschwindigkeitsbereich. Beträchtliche Abweichungen können sich durch unterschiedliche Schneidstoffqualitäten, Legierungszusammensetzung und Gefügeausbildung sowie die Zerspanbedingungen ergeben (z.b. unterbrochener Schnitt, ungewöhnliche Schneidengeometrie).

Der Standzeitexponent wird in Laborversuchen ermittelt und kann der Literatur entnommen werden (Tabelle 8.11). Er erfaßt insbesondere die Einflüsse der Werkstückstoff-Schneidstoff-Kombination, während die Einflüsse der Schneidengeometrie, des Vorschubs, der Schnittiefe und eventueller Kühlschmierung durch die Werte v_{c1} und T_1 mit für die Praxis realistischer Genauigkeit erfaßt werden können. Es ist darauf hinzuweisen, daß die allgemeine Standzeitgleichung in der Literatur in verschiedenen Modifikationen zu finden ist; für den Standzeitexponenten können andere Bezeichnungen und Definitionen angewandt werden. Die Konstanten in der Gleichung können zu Kennwerten verschiedener Definition verknüpft werden.
Kühlschmierung mit Schneidölen oder Emulsionen (s. Abschnitt 5.4) kann die Standzeit verlängern, ist jedoch nicht in allen Fällen sinnvoll einsetzbar. Es ist zu bedenken, daß nicht nur die Schneide, sondern auch die Spanwurzel und der Span gekühlt werden, wodurch auch ungünstige Beeinflussung des Zerspanungsvorgangs möglich ist. Nicht für Kühlschmierung geeignet sind die besonders zugspannungsempfindlichen Schneidstoffe wegen der entstehenden Wärmespannungen (Schneid-

keramik, manche Hartmetallsorten). Andererseits ist der Einsatz von Werkzeugen aus Werkzeugstählen ohne Kühlschmierung praktisch nicht möglich. Auch kann dem Kühlschmierstoff eine wesentliche Aufgabe bei der Spanabfuhr zukommen. Sofern Kühlschmierung angewandt wird, ist es wichtig, auf vollständige und ununterbrochene Wirkung durch ausreichende Fördermengen zu achten. Von Bedeutung ist die Kühlschmierung auch für die erzielbare Güte, da thermische Deformationen von Werkzeug und Werkstück weitgehend verhindert werden und die Oberflächenqualität günstig beeinflußt werden kann.

Optimierung der Zerspankosten. Um die Zerspankosten möglichst gering zu halten, ist von folgenden Grundlagen auszugehen:

— Die *Schnittiefe* und der *Vorschub* ergeben sich beim Zerspanen größerer Volumen (Schruppen) aus der zulassigen maximalen Schnittkraft, die durch die Belastbarkeit von Werkzeug, Werkstück oder Spannmittel begrenzt ist. Beim Feinzerspanen (Schlichten) ist die Maßgenauigkeit und die Oberflachengüte bestimmend.

— Die *Schnittgeschwindigkeit* kann dagegen variiert und kostenmäßig optimiert werden, denn die Maschinen-, Lohn- und Restgemeinkosten sinken bei steigender Schnittgeschwindigkeit; die durch Werkzeugverbrauch und Werkzeugwechsel entstehenden Kosten steigen dagegen uberproportional infolge des rasch zunehmenden Verschleißes. Die Kostensummenfunktion weist ein Minimum auf.

Die kostenoptimale Standzeit und die kostenoptimale Schnittgeschwindigkeit konnen bei bekannten Verschleißdaten (Standzeitexponent k und ein Wertepaar v_{c1} und T_1) berechnet werden durch die Gleichungen:

$$T_{o.K.} = \left(-k - 1\right) \cdot \left(\frac{W_{WT}}{K_{ML}} + t_{WP}\right)$$

$$v_{o.K.} = v_{c1} \cdot \left(\frac{T_1}{T_{o.K.}}\right)^{-1/k}.$$

$T_{o.K.}$	min	kostenoptimale Standzeit
$v_{o.K.}$	m/min	kostenoptimale Schnittgeschwindigkeit
k		Standzeitexponent
W_{WT}	DM	Wert des Werkzeugs je Standzeit; zu berucksichtigen sind Schneidstoffkosten sowie Kostenaufwand für Schleifen, Voreinstellen, Bereitstellen usw. der unabhangig von der Produktionsmaschine auftritt
K_{ML}	DM/min	Gesamt-Kostensatz für Maschinen-, Lohn- und Restgemeinkosten für den Betrieb der Produktionsmaschine
t_{WP}	min	Zeitaufwand für Werkzeugwechsel, Positionieren, Probeschnitt, Messen usw. an der Produktionsmaschine in Zusammenhang mit dem durch einen Standzeitablauf bedingten Werkzeugwechsel
T_1	min	für die Schnittgeschwindigkeit v_{c1} ermittelte Standzeit (Probefertigung)
v_{c1}	m/min	Schnittgeschwindigkeit, bei der die Standzeit T_1 ermittelt wurde (Probefertigung)

Sofern beispielsweise aus Lieferzeitgründen nicht die kostenoptimale, sondern die zeitoptimale Standzeit und Schnittgeschwindigkeit gesucht werden, ist der Lösungsweg ähnlich und führt zu den folgenden Gleichungen:

$$T_{o.Z.} = (-k - 1) \cdot t_{WP}$$

$$v_{o.Z.} = v_{c1} \cdot \left(\frac{T_1}{T_{o.Z.}}\right)^{-1/k}.$$

$T_{o.Z.}$	min	zeitoptimale Standzeit
$v_{o.Z.}$	m/min	zeitoptimale Schnittgeschwindigkeit

8.3 Trennen

Bei der Anwendung der genannten Berechnungsverfahren ist immer zu beachten, daß die Gleichungen nur im Bereich der Standzeitgeraden zu sinnvollen Ergebnissen führen. Die ermittelten Werte müssen entsprechend kritisch überprüft werden. Ferner sind übergeordnete Gesichtspunkte sinnvoll in die Überlegungen mit einzubeziehen, beispielsweise die Abstimmung mehrerer Standzeiten aufeinander oder die Abstimmung zwischen Hauptzeiten und Standzeiten.

8.3.1.2 Spanen mit geometrisch bestimmten Schneiden

Die Einhaltung der definierten Sollgeometrie der eingesetzten Werkzeuge ermoglicht günstige, reproduzierbare Abspanung und ausreichend genaue Ermittlung und Vorgabe von Schnittdaten und Standzeiten. Dadurch können die technischen Möglichkeiten gut genutzt und eine hohe Wirtschaftlichkeit kann erzielt werden. Die Grenzen des Anwendungsbereichs der geometrisch bestimmten Schneiden sind durch die Eigenschaften der Schneidstoffe bedingt, die definiert formbar und ausreichend zah sein müssen. Im Zusammenhang mit der Ausbildung der Schneiden und mit dem Schneidenverschleiß ergeben sich ferner Mindestwerte für realisierbare Schnittiefen und Vorschübe.

Drehen. Das Drehen ist ein Verfahren zur Herstellung von Rotations-Schnittflachen. Der Einsatzbereich erstreckt sich von der Feinwerktechnik bis zum Schwermaschinenbau, von manuell gesteuerter Einzelfertigung bis zum Automateneinsatz bei Großserien. Definiert werden die Bewegungen:

- *Schnittbewegung* (Umfangsbewegung des Werkstücks an der Schnittstelle),
- *Langsvorschubbewegung* (parallel zur Werkstückachse),
- *Quer-* oder *Planvorschubbewegung, Zustellbewegung* (senkrecht zur Werkstückachse).

Entsprechend wird zwischen *Längsdrehen, Plandrehen* sowie *Kopier-* und *Formdrehen* bei gleichzeitiger Anwendung von Langs- und Planvorschub unterschieden (Drehmaschinen, s. Abschnitt 10.1.1.5). Hinweise zu den eingesetzten Werkzeugen gibt der Abschnitt 10.2.1.2; die im Abschnitt 8.3.1.1 dargestellten Berechnungsverfahren können unmittelbar angewandt werden.
Die Drehbearbeitung wird normalerweise zweckmäßig aufgeteilt in *Schrupp-* und *Schlichtbearbeitung*. Aufgabe beim Schruppen ist die möglichst wirtschaftliche Zerspanung der Bearbeitungszugabe, wahrend beim Schlichten die gewünschten Genauigkeiten der Abmessungen und der Oberflache erzielt werden. Bei Bedarf kann durch einen Meßschnitt die hochste Genauigkeit erreicht werden. Die Schlichtbearbeitung wird in diesem Fall in zwei gleiche Schnitte aufgeteilt; nach dem ersten Schnitt (Meßschnitt) wird das Ist-Abmaß ermittelt und beim Fertigschnitt, der dann mit dem gleichen elastischen und thermischen Deformationszustand erfolgt, entsprechend berücksichtigt.
Durch die Abbildung der Schneidenecke auf dem Werkstück ergibt sich die *Formrauheit* (s. Bild 8.31). Die Formrauheit kann im Bereich normaler Schneidengeometrie und üblicher Schnittwerte berechnet werden durch die Naherungsgleichung:

$$R_{\text{Form}} = \frac{f^2}{8 \cdot r_\epsilon}.$$

R_{Form} mm   Formrauheit
f mm   Vorschub (je Umdrehung)
r_ϵ mm   Eckenradius des Werkzeugs

Die theoretische Formrauheit wird durch Rauheit infolge von Fehlern und Verschleiß der Schneide überlagert. Zu kleine Vorschübe und zu große Eckenradien führen eher zu Verminderung der Oberflachenqualitat durch Instabilitaten durch Unterschreiten der Mindestspanungsdicke. Besonders hochwertige Oberflächen können bei NE-Werkstücken mit Schneiden spezieller Geometrie aus monokristallinem Diamant erzielt werden, weil solche Schneiden praktisch ohne Abweichungen von der Idealgeometrie herstellbar sind.

Die erzielbare Genauigkeit beim *Schlichtdrehen* entspricht IT 8 bis IT 7; unter besonders günstigen Bedingungen ist IT 6 möglich. Die erreichbare Oberflachenqualitat entspricht einer gemittelten Rauhtiefe R_z = 10 µm; unter besonders günstigen Bedingungen ist R_z = 2 µm möglich.

Hobeln, Stoßen. Es handelt sich um Verfahren mit linearer Schnittbewegung durch das Werkzeug (Kurzhobeln, Stoßen) oder durch das Werkstuck (Langhobeln). Anwendungsfalle sind die Bearbeitung ebener Flachen (Fugeflachen bei Gußkonstruktionen), die Herstellung von Profilen und Nuten, sowie die Herstellung von Verzahnungen durch Walz- und Formverfahren (Hobel- und Stoßmaschinen s. Abschnitt 10.1.1.5).

Bei der Auswahl der Werkzeuge (s. Abschnitt 10.2.1.6) und der Schneidstoffe ist die Stoßbelastung durch den intermittierenden Schnitt zu berücksichtigen. Die Berechnung der *Schnittkräfte* und der *Schnittleistung* erfolgt gemäß Abschnitt 8.3.1.1; nach jedem Schnitt erfolgt der Werkzeugrucklauf im Eilgang sowie die Vorschubbewegung.

Die erreichbare Genauigkeit liegt bei IT 8 bis IT 7 für Kurzhobeln. Beim Langhobeln ist unter günstigen Bedingungen IT 6 möglich. Die Formrauheit der Oberflache ergibt sich wie beim Drehen. Die normale Oberflachenqualitat entspricht R_z = 10 µm; erreichbar ist unter günstigen Bedingungen R_z = 4 µm Kurzhobeln und R_z = 2 µm für Langhobeln.

Räumen. Das Abspanen erfolgt durch vielschneidige Werkzeuge (Bild 8.36 sowie Abschnitt 10.2.1.6). Die herstellbare Werkstückgeometrie sowie die Schnittdaten ergeben sich aus der Gestaltung und Staffelung der Werkzeugschneiden. Bearbeitet werden können sowohl Innen- als auch Außenflachen am Werkstück (beispielsweise Innen-Nutprofile, Außen-Segmentverzahnung, Tannenbaumprofile usw.). Wegen der hohen Werkzeugkosten ist das *Raumen* normalerweise nur für die Mengenfertigung wirtschaftlich.

Raumwerkzeuge werden meist aus legierten Werkzeugstählen hergestellt; die Entwicklung führt aber auch hier zum Einsatz geklemmter Hartmetall-Schneidplatten. Für die Funktion der Räumwerkzeuge ist wesentlich:

- Der *Abstand der Schneiden*; die Teilung muß ausreichende Spankammergroßen ermoglichen.
- Der *Eingriff*; es sollen immer mehrere Schneiden (uber zwei) im Eingriff sein, die Obergrenze der Anzahl der Schneiden im Eingriff ergibt sich aus der mit dem Werkzeug übertragbaren Gesamtschnittkraft.

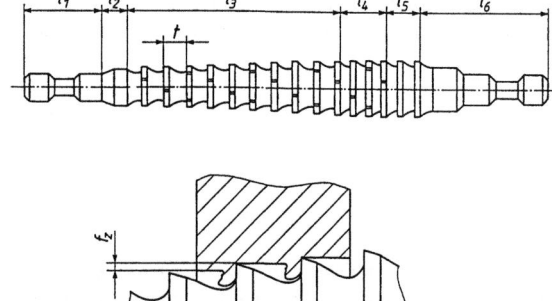

Bild 8.36
Raumnadel (Prinzip Innen-Rundraumen)
l_1 Schaft mit Aufnahmeteil fur Krafteinleitung,
l_2 Fuhrung,
l_3 Schruppzahnung,
l_4 Schlichtzahnung,
l_5 Reservezahnung fur Nachschliffe, Kalibrierteil,
l_6 Fuhrungs- und Endteil mit Aufnahmeteil fur Ruckhub,
t Teilung,
f_z Vorschub je Schneide.

8.3 Trennen 183

- Die *maximale Lange* der Raumwerkzeuge ist durch die Maschine begrenzt; entsprechend ergeben sich Grenzen fur die moglichen Raumlangen am Werkstück (Raummaschinen s. Abschnitt 10.1 1.5).

Aus Gründen der Fertigungsgenauigkeit wird auch beim Raumen haufig eine Aufteilung der Zerspanung in *Schruppen* und *Schlichten* vorgenommen; die Werkzeuge sind er tsprechend in Bereiche mit unterschiedlichem Vorschub je Schneide und unterschiedlicher Teilung aufgeteilt. Die Spanungsdicke ergibt sich aus dem Vorschub je Schneide, die Spanungsbreite ist der jeweils spanende Umfangsbereich jeder Schneide. Große Spanungsbreiten werden durch Spanbrechnuten zur Verkleinerung der Breite der Einzelspane aufgeteilt, um die Spanvolumen klein zu halten.

Die Berechnung der *Schnittkrafte* und der *Schnittleistung* erfolgt mit den Formeln nach Abschnitt 8.3.1.1. Es muß uberpruft werden, ob die haufig sehr großen Schnittkrafte mit großem dynamischem Anteil sicher eingeleitet und übertragen werden konnen.

Die durch Raumen erzielbare Genauigkeit liegt bei IT 7; bei gunstigen Bedirgungen und erhohtem Werkzeugaufwand ist IT 6 erreichbar. Bei entsprechender Auslegung im Schlicht- und Kalibrierteil ist eine gemittelte Rauhtiefe $R_z = 2$ μm moglich.

Bohren. Die spanende Herstellung rotationssymmetrischer Innenformen wird allgemein als *Bohren* bezeichnet, wenn Formwerkzeuge eingesetzt werden. Es handelt sich hauptsachlich um folgende Verfahren:

- *Vollbohren*, Herstellung von Bohrungen in Vollmaterial;
- *Aufbohren*, Erweitern von Vorbohrungen (auch vorgeschmiedet oder vorgegossen);
- *Senken*, Aufbohren zur Herstellung definierter Bohrungs-Stirnflachenformen (Ebene, Kegel, Kugel usw.);
- *Zentrierbohren*, Herstellung genormter Zentrierbohrungen (DIN 332 T1);
- *Reiben*, Erweitern von Vorbohrungen mit speziellen Formwerkzeugen (Reibahlen) zur Erzielung enger Toleranzen und guter Oberflachen);
- *Gewindebohren*, spanende Herstellung von Gewinden in Vorbohrungen nit Kerndurchmesser durch mehrschneidige Werkzeuge;
- *Tieflochbohren*, Herstellung von Bohrungen mit großem Langen/Durchmesserverhaltnis mit speziellen Werkzeugen und Maschinen (horizontale Arbeitsweise);
- *Kernbohren*, Herstellung von Bohrungen durch Abspanen eines ringformigen Bereichs um einen verbleibenden Kern; dadurch Verringerung des Zerspanungsvolumens; Spezialwerkzeuge.

Die verschiedenen Bohroperationen konnen auf Bohrmaschinen, Mehrzweckmaschinen (Bohr- und Frasmaschinen, Bearbeitungszentren) sowie auf Drehmaschinen (hier Schnittbewegung durch das Werkstück) durchgefuhrt werden. Die Werkzeuge bestehen haufig aus legiertem Werkzeugstahl, aber auch Hartmetall-Schneidplatten werden eingesetzt. Nahere Angaben zu den Maschinen gibt der Abschnitt 10.1.1.5, zu den Werkzeugen der Abschnitt 10.2.1.3.

Die Berechnung von Bohrvorgangen basiert auf den Grundlagen gemäß Abschnitt 8.3.1.1 und kann allgemein anwendbar fur das Aufbohren dargestellt werden (Bild 8.37). Fur alle Bohrverfahren ergeben sich aufgrund des zerspanten Durchmesserbereichs ortlich unterschiedliche Schnittgeschwindigkeiten, was sich am starksten beim Vollbohren auswirkt. Die zentrale Querschneide verdrangt hier den Werkstuckstoff in weiter außen liegende Zonen, wo ausreichende Schnittgeschwindigkeit die Spanbildung ermoglicht. Fur das Vollbohren ergeben sich daher im Vergleich mit dem Drehzerspanen wesentlich hohere Vorschubkrafte.

Die Grunddefinitionen für die Schneidengeometrie gelten auch fur Bohrwerkzeuge. Erganzend wird der *Spitzenwinkel* σ eingefuhrt (Bild 8.37), der traditionell hier anstelle des Werkzeug-Einstellwinkels κ_r verwendet wird.

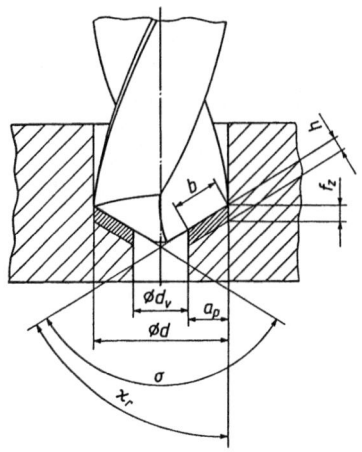

Bild 8.37
Spanungsgrößen beim Bohren
d_V Vorbohrdurchmesser,
d Aufbohrdurchmesser,
f_z Vorschub je Schneide und Umdrehung,
h Spanungsdicke,
a_p Schnittiefe,
b Spanungsbreite,
σ Spitzenwinkel,
κ_r Werkzeug-Einstellwinkel.

Es gilt:

$$\kappa_r = \frac{\sigma}{2} \quad \text{und damit für} \quad f_z = \frac{f}{z}$$

$$h = f_z \cdot \sin\frac{\sigma}{2}, \qquad b = \frac{a_p}{\sin \sigma/2}.$$

κ_r		Werkzeug-Einstellwinkel
σ		Spitzenwinkel
f	mm	Vorschub (je Umdrehung)
f_z	mm	Vorschub je Schneide (je Umdrehung)
z		Anzahl der Schneiden
h	mm	Spanungsdicke
b	mm	Spanungsbreite
a_p	mm	Schnittiefe; hier: abzuspanender Radiusbereich

Damit ergibt sich beim Aufbohren die Schnittkraft je Schneide nach der Gleichung:

$$F_{cz} = f_z \cdot k_c \cdot \frac{d - d_V}{2}.$$

F_{cz}	N	Schnittkraft je Schneide
k_c	N/mm²	spezifische Schnittkraft
d	mm	Aufbohrdurchmesser
d_V	mm	Vorbohrdurchmesser

Das Gesamt-Bohrmoment ergibt sich bei Annahme des Kraftangriffspunktes in Schneidenmitte durch die Gleichung:

$$M_c = z \cdot F_{cz} \cdot \frac{d + d_V}{4} \cdot \frac{1\,\text{m}}{10^3\,\text{mm}} = f \cdot k_c \cdot \frac{d^2 - d_V^2}{8} \cdot \frac{1\,\text{m}}{10^3\,\text{mm}}.$$

M_c Nm   Schnittmoment beim Bohren

8.3 Trennen

Die Schnittleistung beim Bohren errechnet sich nach der Gleichung:

$$P_c = M_c \cdot 2 \cdot \pi \cdot n \cdot \frac{1 \text{ min}}{60 \text{ s}} \cdot \frac{1 \text{ kW}}{10^3 \text{ W}}.$$

P_c kW   Schnittleistung beim Bohren
n 1/min   Drehzahl

Die Formeln für das Vollbohren ergeben sich für $d_V = 0$. Zu beachten sind die nicht vernachlässigbaren Leistungsanteile für Vorschub (Vollbohren) und Reibung (bei größeren Bohrtiefen). Bei Bohrwerkzeugen wird der maximal zulässige Verschleißzustand häufig nicht über die Standzeit definiert, sondern über den *Standweg*. Der Standweg ist die Gesamt-Bohrungslänge bis zum Erreichen des Standkriteriums. Wesentlich sind beim Bohren geeignete Kühlschmierbedingungen zur Kühlung von HSS-Werkzeugen und zur Spanabfuhr insbesondere bei größeren Bohrtiefen. Definierte Güte von Bohrungen ist erzielbar durch Reiben oder durch Ausdrehen (Innen-Drehbearbeitung). Hierbei sind Toleranzen der Reihe IT 7 möglich bei erreichbaren gemittelten Rauhtiefen $R_z = 2$ μm. Das Voll- und Aufbohren mit Spiral- und Wendeplattenbohrern ermöglicht alleine keine definierte Genauigkeit. Diese ist jedoch erzielbar mit speziellen Tiefbohrverfahren und -werkzeugen.

Fräsen. *Fräsen* ist Zerspanen mit rotierenden, meist mehrschneidigen Werkzeugen, deren Schneiden intermittierend im Eingriff sind. Es entstehen „Kommaspäne" bei während des Durchgangs der Schneide zwangsläufig veränderlicher Spanungsdicke. Die wichtigsten Definitionen können den Bildern 8.38 und 8.39 entnommen werden. Eine Besonderheit bei Verfahren mit *instationärem Spanbildungsprozeß* ist die Änderung des Winkels zwischen Schnittgeschwindigkeits- und Vor-

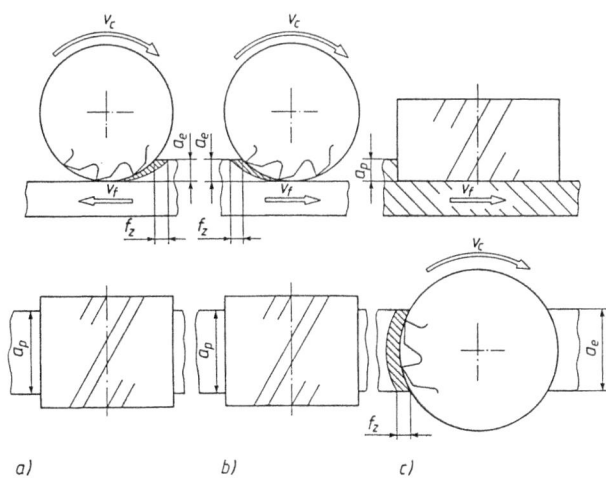

Bild 8.38 Fräsen, Grunddefinitionen
a) Umfangsfräsen im Gleichlauf,
b) Umfangsfräsen im Gegenlauf,
c) Stirnfräsen,

a_e Arbeitseingriff,
a_p Schnittiefe, Schnittbreite,
f_z Vorschub je Schneide und Umdrehung,
v_c Schnittgeschwindigkeit,
v_f Vorschubgeschwindigkeit.

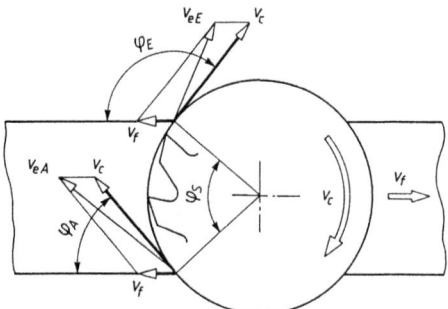

Bild 8.39
Fräsen, Definition des Eingriffswinkels am Beispiel Stirnfräsen

v_c Schnittgeschwindigkeit,
v_f Vorschubgeschwindigkeit,
v_{eA} Wirkgeschwindigkeit beim Anschnitt,
v_{eE} Wirkgeschwindigkeit bei Schnittende,
φ_A Vorschubrichtungswinkel beim Anschnitt,
φ_E Vorschubrichtungswinkel bei Schnittende,
φ_S Schnitt-Eingriffswinkel.

schubgeschwindigkeitsvektor während der Spanbildung. Dieser Winkel wird als *Vorschubrichtungswinkel* φ bezeichnet. Die Differenz der entsprechenden Winkelbeträge bei Schnittende (φ_E) und Schnittbeginn (φ_A) ergibt den *Schnitt-Eingriffswinkel* φ_S (Bild 8.39).
Gegenlauffräsen liegt vor, wenn der Vorschubrichtungswinkel den Wert 90° nicht übersteigt. Die Gesamt-Zerspankraft kann hierbei ein Abheben des Werkstücks von der Aufspannung bewirken. Nachteilig ist beim Gegenlauffräsen ferner der Schnittbeginn bei einer theoretischen Spanungsdicke Null; die Schneide gleitet zunächst auf der Schnittfläche bis zum Aufbau einer für den Abspanbeginn ausreichenden Schnitt-Normalkraft. *Gleichlauffräsen* liegt für Eingriffswinkel über 90° vor. Beim Gleichlauffräsen wird das Werkstück in den Schnitt gezogen. Der Vorschubantrieb muß spielfrei erfolgen, die Aufspannung muß sicher sein. Beim *Stirnfräsen* können beide Bereiche auftreten.
Nach der Werkstückgeometrie können im wesentlichen folgende Verfahrensvarianten unterschieden werden:
- *Planfräsen*, Herstellung ebener Flächen;
- *Rundfräsen*, Herstellung von Rotationsflachen, Vorschubbewegung durch Rotation des Werkstücks;
- *Nutenfräsen*, Nuten werden mit Schaft- oder Scheibenfräsern gefräst. Die Nutbreite ergibt sich durch Fräserdurchmesser bzw. -breite;
- *Formfräsen, Profilfräsen*, durch entsprechende Gestaltung der Fräser (Kegel, Kugel oder Spezialformen) und bei Bedarf Zusammenstellung mehrerer Umfangsfräser auf einer Achse (Satzfräser) werden die entsprechenden Bereiche von Konturen oder Profilen gleichzeitig bearbeitet;
- *Nachformfräsen*, die Bewegungen des Fräsers werden in den drei Raumkoordinaten gesteuert durch Abtasten eines Modells. Die Informationen über die Werkstückgeometrie können auch numerisch gespeichert und verarbeitet werden;
- *Gewindefräsen*, Anwendung von Umfangsfräsern mit Gewindeprofil; Vorschub durch Werkstückrotation und überlagerte Längsbewegung ergibt Gewindeform und -steigung;
- *Wälzfräsen*, Herstellung von Zahnrädern durch koordinierte Abwälzbewegung des Trapez-Verzahnungsprofils eines Umfangsfräsers, Vorschubbewegung durch Werkstückrotation und überlagerte Bewegung in Werkstück-Achsrichtung.

Nähere Angaben zu Fräsmaschinen finden sich im Abschnitt 10.1.1.5, zu Fräswerkzeugen im Abschnitt 10.2.1.4.
Die Zerspanungskräfte beim Fräsen ergeben sich aus der Summe der örtlich und zeitlich veränderlichen Kräfte an den im Eingriff befindlichen Schneiden. Der Vorgang muß daher im Ganzen betrachtet werden, Mittelwertbildung über den zeitlichen Verlauf muß erfolgen. Die im Abschnitt

8.3.1.1 definierte *spezifische Schnittkraft* kann auch als Quotient aus der Schnittarbeit mit dem Spanungsvolumen definiert werden. Die Beziehung zwischen den beiden Definitionen ergibt sich über den Schnittweg:

$$k_c = \frac{F_c \cdot l_c}{A \cdot l_c} = \frac{W_c}{V_Z}.$$

k_c	N/mm²	spezifische Schnittkraft
F_c	N	Schnittkraft
A	mm²	Spanungsquerschnitt
l_c	mm	Schnittweg
W_c	mJ	Schnittarbeit
V_Z	mm³	Spanungsvolumen

Damit ergibt sich die *Schnittarbeit* beim Frasen durch die Gleichung:

$$W_c = k_{cm} \cdot V_Z = k_{cm} \cdot a_e \cdot a_p \cdot v_f \cdot t.$$

k_{cm}	N/mm²	mittlere spezifische Schnittkraft
a_e	mm	Arbeitseingriff (Bild 8.38)
a_p	mm	Schnittiefe bzw. Schnittbreite (Bild 8.38)
v_f	mm/min	Vorschubgeschwindigkeit
t	min	Schnittzeit

Die mittlere spezifische Schnittkraft kann näherungsweise über die mittlere Spanungsdicke aus den Schnittkraftkennwerten berechnet werden:

$$k_{cm} = k_{c1.1} \cdot \left(\frac{1\,\text{mm}}{h_m}\right)^{m_c}.$$

$k_{c1.1}$	N/mm²	spezifische Grundschnittkraft
h_m	mm	mittlere Spanungsdicke
m_c		Schnittkraftexponent

Die *Schnittleistung* beim Frasen ergibt sich damit aus der Schnittarbeit dividiert durch die Schnittzeit:

$$P_c = k_{cm} \cdot a_e \cdot a_p \cdot v_f \cdot \frac{1\,\text{kW}}{10^3\,\text{W}} \cdot \frac{1\,\text{min}}{60\,\text{s}} \cdot \frac{1\,\text{m}}{10^3\,\text{mm}}$$

P_c	kW	Schnittleistung

Das *Schnittmoment* beim Frasen ergibt sich durch die Gleichung:

$$M_c = \frac{P_c \cdot d}{2 \cdot v_c} \cdot \frac{60\,\text{s}}{1\,\text{min}} \cdot \frac{1\,\text{m}}{10^3\,\text{mm}} \cdot \frac{10^3\,\text{W}}{1\,\text{kW}}.$$

M_c	Nm	Schnittmoment beim Frasen
v_c	m/min	Schnittgeschwindigkeit

Die fur die Berechnungen zu ermittelnde *mittlere Spanungsdicke* wird näherungsweise über die geometrischen Größen der „Kommaspan"-Bildung berechnet. Hinsichtlich der Eingriffsverhältnisse beim Frasvorgang sind prinzipiell vier Fälle möglich (Bild 8.40).

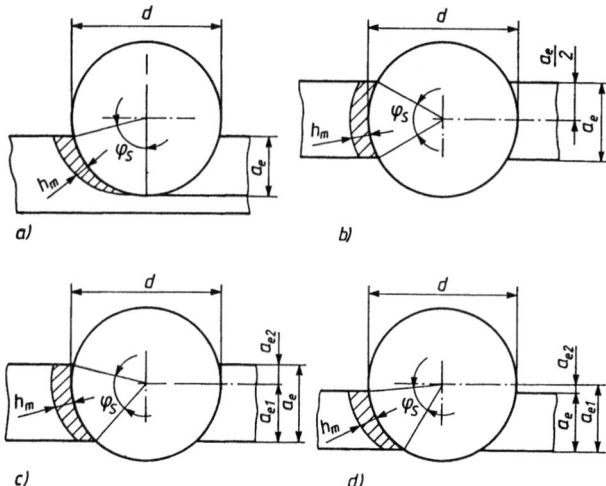

Bild 8.40 Frasen, Falldefinitionen zur Ermittlung mittlerer Spanungsdicke
d Fraserdurchmesser, a_e Arbeitseingriff, a_{e1}, a_{e2} Bestimmungselemente des Arbeitseingriffs, h_m mittlere Spanungsdicke, φ_S Schnitt-Eingriffswinkel.

Der jeweilige Schnitt-Eingriffswinkel ist wie folgt zu ermitteln:

Fall A $\quad \varphi_S = \arccos\left(1 - \dfrac{2 \cdot a_e}{d}\right),$

Fall B $\quad \varphi_S = 2 \cdot \arcsin \dfrac{a_e}{d},$

Fall C $\quad \varphi_S = \arcsin \dfrac{2 \cdot a_{e1}}{d} + \arcsin \dfrac{2 \cdot a_{e2}}{d},$

Fall D $\quad \varphi_S = \arcsin \dfrac{2 \cdot a_{e1}}{d} - \arcsin \dfrac{2 \cdot a_{e2}}{d}.$

φ_S	Grad	Schnitt-Eingriffswinkel
a_e, a_{e1}, a_{e2}	mm	Arbeitseingriff, Bestimmungselemente für den Arbeitseingriff
d	mm	Fraserdurchmesser, bei Formfrasern mittlerer Fraserdurchmesser

Die mittlere Spanungsdicke kann damit berechnet werden durch die Gleichung:

$$h_m = \dfrac{360 \cdot a_e}{\pi \cdot \varphi_S \cdot d} \cdot f_z \cdot \sin(90 - \delta) \cdot \sin \kappa_r \quad \text{mit} \quad f_z = \dfrac{f}{z}.$$

f	mm	Vorschub (je Umdrehung)
f_z	mm	Vorschub je Schneide (je Umdrehung)
z		Schneidenzahl am Umfang
δ	Grad	Drallwinkel (Bild 8.41)
κ_r	Grad	Werkzeug-Einstellwinkel (Bild 8.41)

8.3 Trennen

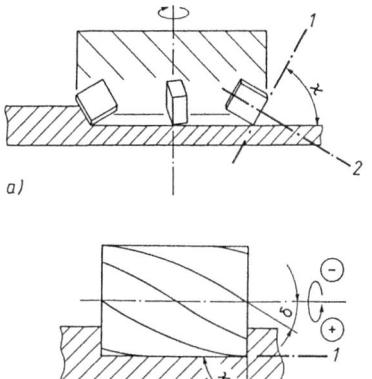

Bild 8.41
Frasen, Grunddefinitionen zur Schneidengeometrie
a) Stirnfrasen, Prinzip Messerkopf-Fraser,
b) Umfangsfrasen, Prinzip Walzenfraser,
beide Ansichten: Darstellung in der Werkzeug-Bezugsebene,
1 Spur der Schneidenebene, **2** Spur der Werkzeug-Orthogonalebene, κ_r Werkzeug-Einstellwinkel,
δ Drallwinkel.

Beim Frasen ist eine sehr große Vielfalt von Verfahrensvarianten auch hinsichtlich der Werkzeugform zu unterscheiden; als Beispiele sind zu nennen das *Walzenfräsen, Schaftfrasen, Scheibenfrasen, Messerkopffrasen* usw., wobei alle Schneidstoffe zur Anwendung kommen konnen.
Beim *Planfrasen* wird, sofern die Alternative besteht, dem Stirn- bzw. Stirn-Umfangsfrasen haufig der Vorzug gegeben und zwar aus folgenden Gründen:
- stabile Schnittbedingungen durch im Vergleich mit dem Umfangsfrasern größere mittlere Spanungsdicke (durch mittlere Schnitt-Eingriffswinkel um 90°),
- im Vergleich geringere Gesamt-Schnittarbeit,
- bessere Kuhlschmierbedingungen, alle Schneiden sind für den Kühlschmierstoff zuganglich,
- gleichzeitig konnen viele Schneiden im Einsatz sein; dadurch sind große Zeitspanvolumen und gleichmaßigere Gesamtbelastung moglich,
- gute Anwendbarkeit von Wendeplatten.

Der instationare Kraftverlauf beim Frasen führt zu erhohter dynamischer Belastung im Vergleich mit dem Drehzerspanen, weshalb die Schnittwerte normalerweise geringer gewahlt werden als dort. Die Zerspanungsproduktivitat kann wegen der Mehrschneidigkeit der Werkzeuge dennoch wesentlich höher sein. Je nach Größe der angewandten Schnittwerte wird auch beim Frasen unterschieden in *Schruppbearbeitung* (Vor- bzw. Grobzerspanen), bei der großere Volumen moglichst wirtschaftlich zerspant werden, und *Schlichtbearbeitung* (End- bzw. Feinbearbeitung), bei der die Genauigkeit im Vordergrund steht.
Die erreichbaren Genauigkeiten liegen im Bereich IT 8 für das Umfangsfrasen und IT 6 für das Stirnfrasen. Mit Messerkopffrasern ist eine gemittelte Rauhtiefe $R_z = 6$ μm erzielbar, Walzenfrasen erreicht diesen Wert kaum. Spezielle Stirnfräsverfahren (Feinfräsen, Einzahn-Fräsen mit speziellen Keramikschneidplatten) ermöglichen noch deutlich geringere Rauhtiefen.

Sägen. Die Verfahrensgruppe *Sagen* umfaßt die Bearbeitung mit Bugel-, Band- und Kreissägen. Der Einsatz erfolgt insbesondere in der Zurichterei beim Ablangen von stangenförmigem Vormaterial, es handelt sich dabei um Grobzerspanung, bei der die Wirtschaftlichkeit entscheidend ist, weniger die erzielbare Genauigkeit. Dennoch wird der Versuch gemacht, durch Genausagen mit speziellen Maschinen und Werkzeugen Arbeitsgange im weiteren Fertigungsablauf einzusparen. Hinsichtlich der Schneidengeometrie, der Spanbildung und der Berechnungsmoglichkeiten bestehen weitgehende Analogien zum Frasen und zum Raumen. Eine Übersicht uber Sagemaschinen gibt der Abschnitt 10.1.1.5; Werkzeuge für das Sagen werden im Abschnitt 10.2.1.7 behandelt.

8.3.1.3 Verfahren mit geometrisch unbestimmten Schneiden

Für das Zerspanen harter Werkstücke sowie zur Erzielung hoher Genauigkeit und Oberflachengüte bei sehr kleinen Spanungsdicken und -querschnitten ist der Einsatz besonders harter Schneidstoffe erforderlich, die wegen ihrer geringen Zahigkeit nur in Form von *Schneidkorn* eingesetzt werden konnen. Die Form der einzelnen Schneiden ergibt sich zufällig beim Mahlen des Schneidstoffes auf die gewünschte Korngröße sowie durch Absplitterungen und Abstumpfungen am Schneidkorn durch Abrichtvorgänge und Beanspruchung während des Einsatzes. Die aus Versuchen mit geometrisch bestimmten Schneiden gewonnenen Erkenntnisse hinsichtlich der Abspanvorgange sowie die damit ermittelten Kennwerte lassen sich auf das Spanen mit geometrisch unbestimmten Schneiden nur sehr bedingt übertragen. Die Begrundung hierfur ergibt sich aus den folgenden Feststellungen:

– Die Schneidkorner kommen mit stark negativen mittleren Spanwinkeln zum Einsatz (Großenordnung $-45°$); Absplitterungen und Abstumpfung können dies noch verstarken.
– Der Abspanprozeß ist bei duktilen Werkstuckstoffen in starkem Maß mit Umformvorgangen im Oberflachenbereich verbunden oder wird sogar erst dadurch moglich, daß eine Vielzahl von Umformvorgangen zu einer Versprodung der Oberflachenschicht gefuhrt hat.
– Die Passivkraft (Normalkraft, Abdrangkraft), die senkrecht zur bearbeiteten Werkstuckoberfläche wirkt, ist die größte auftretende Komponente der Zerspankraft.

Die Berechnung von Schnittkraft und Schnittleistung aus den im Abschnitt 8.3.1.1 genannten Grundlagen ist zwar bei Anwendung von Korrekturfaktoren prinzipiell moglich; die Genauigkeit ist jedoch sehr begrenzt und die Anwendbarkeit ist durch die Vielzahl der unterschiedlichen Verfahren und Werkzeuge erschwert. Es ist daher eher praxisgerecht, bei Bedarf von direkt am Verfahren ermittelten Werten auszugehen. Die Maschinen- und Werkzeughersteller geben Hinweise, auch in der Literatur sind Daten zu finden. Abschätzen kann man die auftretenden *Schnittkrafte* (Tangentialkräfte, Umfangskräfte) über die umgesetzte Antriebsleistung der Maschine:

$$F_c = \frac{P_M \cdot \eta_M}{v_c} \cdot \frac{1000\ W}{1\ kW}.$$

F_c N   Gesamt-Schnittkraft (Tangentialkraft)
P_M kW   Antriebsleistung
η_M –   Antriebswirkungsgrad
v_c m/s   Schnittgeschwindigkeit

Die wirksame Passivkraft (Normalkraft) kann den Betrag der Schnittkraft noch uberschreiten. Einen Überblick uber die Schneidstoffe fur geometrisch unbestimmte Schneiden gibt die Tabelle 8.12. Die Schneidkorner konnen gebunden in einem Schleifkorper oder auf einer Unterlage (Schleifen, Honen), oder in loser Form als Lapp- oder Strahlmittel angewandt werden.

Verfahren mit gebundenem Korn. Die Eigenschaften eines *Schleifkörpers* konnen in weitem Bereich durch Art und Große der Schneidkorner, Art und anteilige Menge des Bindemittels sowie durch Formgebung variiert werden. Fur das Arbeitsergebnis ist die richtige Abstimmung der Schleifkorper auf das Werkstuck erforderlich. Das Schneidkorn muß ausreichend verschleißfest sein, andererseits ist es wünschenswert, daß der Verschleiß weniger zu Abstumpfungen fuhrt, als zu Absplitterungen, die wieder scharfe Kanten ergeben konnen. Bei Bedarf kann dies durch Abrichten (Profilieren mit Scharfen) der Schleifkorper mit geeigneten Werkzeugen erreicht werden. Verbrauchte Schneidkörner mussen sich aus der Bindung losen, was durch die am stumpfen Korn

8.3 Trennen

Tabelle 8.12 Schneidstoffe für geometrisch unbestimmte Schneiden

Schneidstoffe	Anwendungsbereich
Korund, Al_2O_3, kristallines Aluminiumoxid mit geringen Anteilen von Titandioxid und Chromoxid; meist synthetisch, verschiedene Reinheitsgrade	universelle Anwendung für Schleifen, Bandschleifen, Honen, Gleitschleifen; Lapp- und Strahlmittel; für Stahl (auch legiert und vergütet), Guß NE-Werkstoffe
Siliziumkarbid, SiC, grün oder schwarz durch geringe Al-Verunreinigung; synthetisch	Schleifkorper, Aufbringung häufig als Belag; Läppmittel; vergütete und legierte Stähle, Guß, NE-Werkstoffe
Borkardib, B_4C, synthetisch	Läppmitel für harte Werkstoffe
kubisches Bornitrid (CBN), BN, synthetisch	Schleifkörper, Aufbringung meist als Belag; Läppmittel; harte Werkstückstoffe, Hartmetall
Diamant, polykristallin, natürlich oder synthetisch, kubischer Kohlenstoff	härtestes Schneidkorn; Schleifkorperbelag; Lappmittel; harte Werkstückstoffe, Poliermittel

Tabelle 8.13 Bindemittel für Schleifkorper

Bindungsart	Eigenschaften, Anwendungsbereich
keramische Bindung Ton, Kaolin, Quarz, Feldspat, glasartige Fritten in verschiedenen Mischungsverhältnissen	Härte an Anwendungsfall anpaßbar; großer Elastizitätsmodul; wasser- und chemikalienbeständig; stoßempfindlich, empfindlich bei Temperaturwechsel; Umfangsgeschwindigkeit bis 100 m/s
mineralische Bindung Natriumsilikat (Na_2SiO_3), Magnesit ($MgCO_3$)	weich, nur für Trockenschliff; empfindlich; spezielle Anwendungen, meist Feinbearbeitung; bis 25 m/s
metallische Bindung Sintermetall, meist Bronze; auch galvanisch aufgebrachte Schichten auf Metallträgern	feste, unempfindliche Schleifkorper, insbesondere für Diamant oder CBN; alle Moglichkeiten der Formgebung und Anwendung
Kunstharzbindung Duroplaste, häufig mit Füll- und Verstärkungsstoffen	vielseitig in der Anpaßbarkeit der Eigenschaften; gute Herstellbarkeit dünner Scheiben; auch für Schleifbänder; temperaturempfindlich; mit Verstärkung bis über 100 m/s
Gummibindung Kautschuk, Elastomere	elastisch, flexibel; für spezielle Anwendung; Regelscheiben für Spitzenlosschleifen; bis 60 m/s
Schellackbindung	elastische Bindung für feines Korn; Feinbearbeitung; chemisch nicht beständig, temperaturempfindlich; bis 60 m/s
Leimbindung Hautleim	für Schleifbänder, Schleifkörper für spezielle Feinbearbeitung; elastisch; nicht wasserbeständig

ansteigenden Schnitt- oder Reibkrafte und die durch Reibung stark steigende Temperatur erreicht wird. Art und Festigkeit der Bindung sind daher auf den Schneidstoff und den Werkstückstoff abzustimmen. Für die Spanabfuhr müssen ausreichende Spanraume zur Verfügung stehen; das Bindemittel darf die Schneidkörner an der Schleifkörperoberflache nicht vollstandig einbetten, was durch die Wahl des geeigneten Gefüges und durch Auswaschung und Verschleiß des Bindemittels erreicht wird. Die hauptsachlich angewandten Bindemittel sind in Tabelle 8.13 aufgeführt. Nähere Angaben zu den Schleifmaschinen gibt der Abschnitt 10.1.1.5, zu den Werkzeugen der Abschnitt 10.2.1.5.

Schleifen. Unter dem Begriff *Schleifen* werden Verfahren zusammengefaßt, die mit rotierenden Schleifwerkzeugen arbeiten und zu einer gerichteten Bearbeitungsstruktur der Werkstückoberflache führen. Bild 8.42 zeigt schematisch eine Auswahl der wichtigsten Verfahrensvarianten:

– *Planschleifen* kann als Umfangsschleif- oder Stirnschleifvorgang durchgefuhrt werden.
– *Profilschleifen* erfordert entsprechend geformte Werkzeuge, kann aber auch mit schmalen Schleifscheiben bei geeigneter Steuerung der Zustellbewegungen erfolgen.
– *Rundschleifen* erfolgt mit Vorschubbewegung durch Rotation der Werkstucke; beim *Rund-Langsschleifen* wird zusatzlich ein Längsvorschub überlagert (Durchlaufschleifen).
– *Gewindeschleifen* erfolgt mit Ein- oder Mehrprofilwerkzeugen im Durchlaufverfahren. Langsvorschub und Werkstückdrehzahl müssen im richtigen Verhaltnis zueinander stehen. Das Gewinde kann vorgearbeitet sein, wenn nur die Genauigkeit durch Schleifen erzielt werden soll. Als *Einstech-Gewindeschleifen* wird das Schleifen von kurzen Gewinden bezeichnet, wenn alle Gewindegange gleichzeitig wahrend einer Werkstuckumdrehung (mit entsprechendem Langsvorschub) bearbeitet werden.

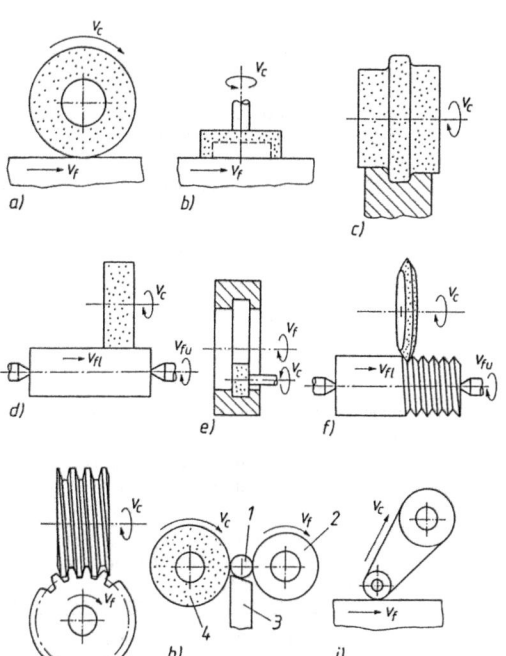

Bild 8.42
Schleifverfahren
a) Umfangs-Planschleifen,
b) Stirn-Planschleifen,
c) Profilschleifen,
d) Außenrund-Langsschleifen,
e) Innenrundschleifen,
f) Gewindeschleifen mit Einprofilscheibe,
g) Walzschleifen mit Schleifschnecke,
h) Spitzenloses Schleifen,
1 Werkstuck,
2 Regelscheibe,
3 Auflage,
4 Schleifscheibe,
i) Bandschleifen,
v_c Schnittgeschwindigkeit,
v_f Vorschubgeschwindigkeit,
v_{fl} Langs-Vorschubgeschwindigkeit,
v_{fu} Umfangs-Vorschubgeschwindigkeit.

8.3 Trennen

- *Walzschleifen* kann mit Schleifschnecken erfolgen (kontinuierliches Wälzschleifen) oder mit Teller- oder Doppelkegelscheiben, die intermittierend jeweils einzelne Zahnflankenpaare bearbeiten (Teilwälzschleifen). Die Evolventenform ergibt sich in beiden Fällen durch das Abwälzen des Werkzeug-Trapezprofils.
- *Spitzenloses Schleifen* erfolgt ohne Zentrierung oder Einspannung der Werkstücke. Die Normalkraft drückt das Werkstück gegen die Regelscheibe. Die Schnittkraft in Verbindung mit der Abschragung der Auflage ergibt ebenfalls eine auf die Regelscheibe gerichtete Kraftkomponente. Die Werkstückbewegung erfolgt durch Mitnahme über Reibung an der Regelscheibe, die ihre Umfangsgeschwindigkeit als Vorschubgeschwindigkeit übertragt. Ein radialer Vorschub kann überlagert werden Oft ist die Werkstückachse etwas oberhalb der Achsen von Schleif- und Regelscheibe angeordnet. Das Verfahren kann auch für das Umfangs-Profilschleifen und für das Rund-Langsschleifen im Durchlaufverfahren angewandt werden.
- *Bandschleifen* wird mit schleifmittelbesetzten Tragern durchgeführt, die durch Kontaktscheiben an das Werkstück angedrückt werden. Vorteilhaft sind erreichbare große Schnittgeschwindigkeiten trotz möglicher kleiner Kontaktscheibenabmessungen und kleiner Schleifbandmasse, ferner die vergleichsweise geringen Schleifmittelkosten und der Wegfall des Abrichtens.

Die Schleifverfahren arbeiten bei Stahl als Werkstuckstoff mit Schnittgeschwindigkeiten im Bereich zwischen 25 m/s und 60 m/s; höhere Schnittgeschwindigkeiten sind durch die Werkzeugbelastung infolge hoher Zentrifugalkrafte nur in Sonderfallen realisierbar. Die *tangentiale Vorschubgeschwindigkeit* (Werkstuckgeschwindigkeit) wird haufig über das Geschwindigkeitsverhaltnis erfaßt:

$$q = \frac{v_c}{v_f}.$$

q		Geschwindigkeitsverhaltnis
v_c	m/s	Schnittgeschwindigkeit
v_f	m/s	Vorschubgeschwindigkeit (tangential)

Der Vorschubbewegung können weitere Bewegungen überlagert werden (Langsvorschub, Zustellbewegung). Beim Schleifen von Stahl wird mit Geschwindigkeitsverhaltnissen zwischen 50 und 250 gearbeitet. Große Werte des Geschwindigkeitsverhaltnisses ergeben kleine mittlere Spanungsdicken und Spanungsquerschnitte. Allerdings können werkstuckstoff- und werkzeugabhangig gewisse Minimalwerte für die mittlere Spanungsdicke nicht unterschritten werden; andernfalls würde die Schleifscheibe nicht schneiden, sondern hauptsachlich Reibung bewirken, was zu thermischer Schadigung von Werkstück und Werkzeug führen kann. Aber auch bei normaler Spanbildung beim Schleifen ist intensive *Kühlschmierung* zur Kühlung von Werkstuck und Schleifscheibe, zur Verringerung der Reibung und zum Freispulen der Spanraume erforderlich. Wahrend beim Spanen mit geometrisch bestimmter Schneide der größte Teil der erzeugten Warme mit dem Span abtransportiert wird, wird beim Schleifen infolge der ungunstigeren mittleren Schneidengeometrie der größte Teil der Warme auf der Werkstückoberflache durch Reibungs- und Umformvorgange erzeugt und in das Werkstück geleitet, sofern die Kühlwirkung unzureichend ist. Maßabweichungen und Gefugebeeinflussungen waren dann zu erwarten.

Die Schleifscheiben unterliegen einem *Verschleiß*, der zu Maß- und Formabweichungen führt und in ungunstigen Fallen auch Rattererscheinungen bewirken kann. Entsprechende Standkriterien können definiert werden; beim Vorliegen experimentell ermittelter Standzeitdaten können Schleifkosten und Schleifzeiten planend optimiert werden. Nach Standzeitablauf ist *Abrichten der Schleifscheiben* erforderlich. Das Abrichten erfolgt mit Ein- oder Mehrkorn-Diamantwerkzeugen, durch die die Schleifkorper durch Absplittern und Herausbrechen von Schneidkornern wieder auf Sollgeometrie gebracht werden. Zur Anwendung kommen auch Rollen aus Stahl mit und ohne Diamantbesatz sowie Hartmetallrollen, die durch Überschreiten der Druckfestigkeit des Schleifkorpergefuges das gezielte Herauslösen von Schneidkorn und Bindemittel ermoglichen. Der Ab-

richtvorgang bewirkt ferner einen Schärfeffekt durch das Entfernen von verbrauchtem Schneidkorn. Diamant- und Bornitrid-Schleifbelage können durch Schleifen von z.b. St 37 gescharft werden.
Als Vergleichswert für die Schleifzerspanungs-Produktivitat kann das *Zeitspanungsvolumen* verwendet werden. Bei Anwendung der beim Frasen definierten Schnittgroßen kann es berechnet werden nach der Gleichung:

$$Z = \frac{V_Z}{t} = a_e \cdot a_p \cdot v_f.$$

Z	mm³/s	Zeitspanungsvolumen
V_Z	mm³	Spanungsvolumen
t	s	Schnittzeit
a_e	mm	Arbeitseingriff
a_p	mm	Schnittbreite
v_f	mm/s	Vorschubgeschwindigkeit

Weil die Breite der Bearbeitungszone, die Schnittbreite, den Mechanismus der Zerspanung nicht beeinflußt, kann bei Verfahrensvergleichen das Zeitspanungsvolumen auf die Schnittbreite a_p bezogen werden:

$$Z_{bez} = \frac{Z}{a_p} = a_e \cdot v_f$$

Z_{bez} mm³/(mm · s) bezogenes Zeitspanungsvolumen

Die Definition kann sinngemaß für alle Umfangsschleifverfahren angewandt werden, naherungsweise auch für das Stirnschleifen.

Als Überblick konnen bezuglich der Betriebsparameter Geschwindigkeitsverhaltnis q und bezogenes Zeitspanungsvolumen Z_{bez} die folgenden prinzipiellen Aussagen hinsichtlich Ablauf und Ergebnis des Schleifvorgangs gemacht werden, wenn auf die Betrachtung spezieller Effekte an den Grenzen des technisch sinnvollen Einsatzbereichs verzichtet wird:

Bei *Steigerung des Geschwindigkeitsverhaltnisses*
- werden die Schnitt- und Normalkräfte verringert,
- wird der Schleifscheibenverschleiß reduziert,
- sind engere Maßtoleranzen und geringere Rauhtiefen erzielbar,
- bleibt die Schnittzeit gleich (bei Steigerung von v_c) oder wird großer (bei Verringerung von v_f).

Bei *Steigerung des bezogenen Zeitspanungsvolumens*
- ergeben sich großere Schnitt- und Passivkrafte,
- ist mit großerem Schleifscheibenverschleiß zu rechnen,
- ist Verringerung der Maßhaltigkeit und Vergrößerung der Rauhtiefe zu erwarten,
- wird die Schnittzeit entsprechend reduziert.

Die Schleifbearbeitung wird zweckmäßig in *Vorschleifen* und *Fertigschleifen* aufgeteilt, um sowohl Wirtschaftlichkeit als auch Genauigkeit zu erreichen. Die Bearbeitungsaufmaße fur das Schleifen liegen im Bereich von 0,05 ... 0,25 mm; bei der Bearbeitung von geharteten Werkstucken mit Harteverzug werden die großeren Aufmaße gewahlt. In Sonderfallen kann auch aus dem vollen Material gearbeitet werden (*Vollschnittschleifen*), um sonst zusatzlich erforderliche Bearbeitungsvorgänge einzusparen.
Die erzielbare Genauigkeit der Maß- und Formtoleranzen entspricht IT 4 für das Profil- und Spitzenlosschleifen, liegt bei IT 8 für Rundschleifverfahren und bewegt sich zwischen diesen Angaben für die übrigen Schleifverfahren. Die zugehorigen gemittelten Rauhtiefen liegen bei $R_z = 2$ μm

8.3 Trennen

und $R_z = 10\ \mu m$. Die erreichbare Werkstückqualität ist beim Schleifen in besonderem Maße abhängig vom Zustand und der Bauform der Maschinen, der Anwendung der am besten geeigneten Schleifkörper und der Wahl günstiger Technologiewerte. Hoher Fertigungsaufwand ermöglicht auch hier noch engere Toleranzen und gesteigerte Oberflächenqualität, allerdings bei überproportional steigenden Kosten.

Honen. Die *Honverfahren* werden hauptsächlich zur gezielten Veränderung der Werkstückoberfläche nach bereits erfolgter Feinzerspanung (Drehen, Bohren, Schleifen) eingesetzt. Auch Verbesserungen der Maßgenauigkeit sind erzielbar. Die Formgenauigkeit kann mit gewissen Einschränkungen verbessert werden. Lagetoleranzen werden nicht beeinflußt.

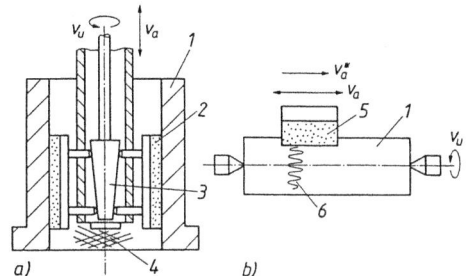

Bild 8.43 Honverfahren
a) Langhubhonen, b) Kurzhubhonen,
1 Werkstück,
2 Honsteine (Honleisten) im Honkopf,
3 Spreizmechanismus,
4 Honspuren beim Langhubhonen,
5 Honstein in Honkluppe,
6 Honspuren beim Kurzhubhonen,

v_a Axialgeschwindigkeit (Oszillation),
v_u Umfangsgeschwindigkeit,
v_a^* überlagerte Axialgeschwindigkeit.

Langhubhonen ist die Honbearbeitung von Bohrungen (Zylinderlaufflächen, Lager) mit Honahlen (kleine Durchmesser) oder Honkopfen (große Durchmesser). Bild 8.43 zeigt das Werkzeugprinzip. Die Schleifkörper (Honsteine, Honleisten) werden durch einen Spreizmechanismus mit Drücken im Bereich 0,5 ... 1,5 MPa an die Schnittfläche angedrückt. Ziel der Bearbeitung ist die Herstellung einer für Gleitbeanspruchung und Schmierung besonders geeigneten Oberflächenstruktur. Erreicht wird dies durch Überlagerung einer Umfangsbewegung durch Rotation mit einer Axialbewegung durch Oszillation. Die Umfangsgeschwindigkeit wird häufig größer gewählt als die Axialgeschwindigkeit. Die angewandten resultierenden Schnittgeschwindigkeiten liegen im Bereich 10 ... 100 m/min. Die gehonte Oberfläche zeigt überlagerte Schnittspuren, die sich in einem Winkelbereich von 45 ... 90° in Abhängigkeit vom angewandten Geschwindigkeitsverhältnis kreuzen. Die Honzugabe von 0,02 ... 0,05 mm wird gleichmäßig abgespant. Die Honsteine passen sich durch ihren Verschleiß an die Werkstückkrümmung an. Die Späne und der Schleifkörperabrieb werden durch Kühlschmierung (meist Schneidöl) ausgeschwemmt. Inwieweit Formabweichungen durch den Honvorgang verringert werden, hängt davon ab, wie sich die Honsteine durch Elastizität der Anordnung an die Werkstückgestalt anpassen können. Welligkeit wird um so stärker verringert, je kleiner die Wellenlänge im Vergleich mit den Hauptabmessungen der Schleifkörper ist.

Die erreichbaren Maßtoleranzen liegen bei IT 4; Oberflächenrauheiten mit gemittelten Rauhtiefen $R_z = 1\ \mu m$ können noch unterschritten werden. Allerdings wird für die gewünschte optimale Schmierwirkung beim Einsatz der gehonten Werkstücke eine besonders geringe Rauhtiefe nicht allgemein angestrebt; die Oberflächenstruktur ist entscheidend. Vorteilhaft sind Bereiche mit geringer Rauhtiefe, die von einzelnen tieferen Bearbeitungsspuren durchzogen werden. Man kann dies durch geeignete Arbeitsfolgen mit unterschiedlichen Schleifkörpern (Schneidkorn, Korngröße) erreichen (*Plateauhonen*).

Kurzhubhonen ermöglicht die Bearbeitung von Wellen oder Lagerzapfen (Bild 8.43) oder auch von ebenen Flächen sowie Formteilen. Das Honwerkzeug (Honkluppe) führt Schwingungsbewegungen aus (Schwingfrequenz bis 250 Hz), die einer Umfangs- oder Querbewegung überlagert werden. Die Honzugabe von etwa 0,02 mm wird unter Kühlschmierung durch die sich ergebenden sinusförmigen Schnittbewegungen abgespant. Erreicht werden unter günstigen Bedingungen Toleranzen der Reihe IT 3 sowie gemittelte Rauhtiefen $R_z = 0,1$ μm.

Gleitspanen (Gleitschleifen). Durch Umwälzen in rotierenden Trommeln oder durch Vibrations- und Förderbewegungen in Vibratoren werden Werkstücke in Kontakt und Relativbewegung zu Schleifkörpern gebracht. Zugesetzt werden wäßrige Lösungen zur Reinigung, zum Abtransport des Abriebs und zum Korrosionsschutz. Die Relativbewegung kann auch dadurch erreicht werden, daß man die Werkstücke in einem Flüssigkeitsstrom haltert, der kleine Schleifkörper mitführt (Tauchen). Die Verfahren werden angewandt, um kleine Guß- und Schmiedeteile oder Stanzteile wirtschaftlich zu entgraten sowie auch zur Verbesserung der Oberflächen. Maß- und Formgenauigkeiten können durch Gleitspanen nicht erreicht werden; Kanten und Bereiche mit kleinem Außen-Krümmungsradius werden am stärksten bearbeitet.
Die Art und Form der verwendeten Schleifkorper und die Zusammensetzung der verwendeten Zusätze (Compounds) sind sehr vielfaltig; die Betriebsbedingungen der Einrichtungen können in weiten Grenzen variiert werden. Die geeignete Arbeitsweise ist haufig nur durch Versuche zu ermitteln.

Verfahren mit losem Korn. Die Wirkungsweise *loser Schneidkörner* ergibt sich aus den Energiebetragen, mit denen die einzelnen Körner auf die Werkstückoberflache einwirken. Die Schneidkorner werden dabei nicht auf festgelegten Bahnen geführt, sondern rollen auf dem Werkstück ab oder gleiten über das Werkstück, wobei sie durch ein Werkzeug angedruckt werden (*Läppen*). Die Schneidkörner werden auch wirksam, wenn sie auf das Werkstück geschleudert werden (*Strahlspanen*).

Läppen. *Lappkorn* wird in einem Trägermedium zwischen der Werkstuckoberfläche und einer parallel dazu bewegten Werkzeugflache eingesetzt (Bild 8.44). Die Korner walzen sich zwischen den beiden festen Flachen ab und hinterlassen unter dem Druck des Werkzeugs (Bereich 10 ... 150 kPa) feine Eindrücke. Es erfolgen zahlreiche kleine Umformvorgange in rascher Folge, die zu zunehmender Kaltverfestigung und Versprodung der Oberflächenschicht fuhren. Weiteres Abwalzen von Lappkörnern fuhrt dann zu Mikroausbrüchen auf den Oberflachen. Als Tragermedium für die Läppkörner werden Mineralöle, Paraffine, Vaseline und ahnliche Substanzen und deren Mischungen verwendet, auch waßrige Losungen. Die Korngrößen liegen im Bereich

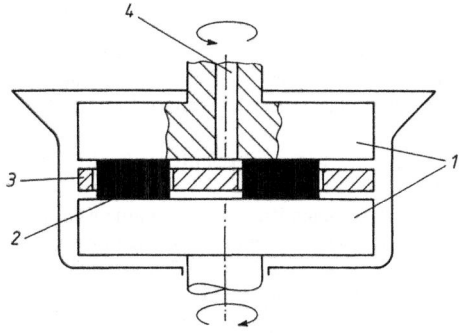

Bild 8.44
Prinzip Planparallel-Lappen
1 Lappscheiben, Lappmitteltrager,
2 Werkstücke,
3 Kafig (Fuhrung),
4 Lappmittelzufuhr.

8.3 Trennen

0,005 ... 0,05 mm Hauptabmessung. Das Lappmittel wird nach der Art des zu bearbeitenden Werkstückstoffs ausgewahlt. Die Schneidkorner verschleißen und konnen nicht mehrmals verwendet werden; das Tragermedium wird regeneriert. Die *Lappwerkzeuge* (*Lappscheiben*) bestehen meist aus feinkornigem Gußwerkstoff. Sie werden ebenso zerspant, wie die Werkstücke. Durch gleichmaßige Verteilung des Abspanvorgangs und durch Abrichteinrichtungen muß daher die Einhaltung der Werkzeug-Sollform gesichert werden. Bei entsprechender Formgebung der Werkzeuge können auch Werkstückformen wie beispielsweise Wellen, Bohrungen, Ventilsitze, Walzlager-Laufflachen usw. gelappt werden (*Formläppen*). Die Lappgeschwindigkeiten liegen im Bereich von 10 ... 250 m/min; wesentliche Erwarmung muß vermieden werden, die Werkzeuge konnen mit Kühleinrichtungen versehen werden. Durch geeignete Werkstuckaufnahme- und -bewegungseinrichtungen (Lappkäfig) wird gleichmaßige, ungerichtete Bearbeitung ermoglicht. Bei Anwendung harter Lappscheiben ergeben sich durch das Abrollen des Lappkorns mattgraue Werkstuckoberflachen. Die Oberflachenstruktur ergibt sich durch große Steilheit der feinen Rauheitskrater. Sofern glanzende Oberflachen erzielt werden sollen werden weiche Lappscheiben aus NE-Metall oder Kunststoff in Verbindung mit hartem Läppkorn, beispielsweise Diamant, verwendet (*Polierlappen*). Die Läppkörner drücken sich hierbei in die Läppscheibe ein und bewirken feine, sich ungerichtet überlagernde Schneidspuren auf dem Werkstück. Vorgelappte Werkstücke erhalten nach kurzer Polierläppzeit Hochglanz.
Die Läppverfahren sind geeignet, sowohl hohe Maß- und Formgenauigkeit als auch geringste Oberflächenrauheit zu ermöglichen. Bearbeitungsaufmaße nur wenig oberhalb der vor dem Läppen vorhandenen Formfehler sind ausreichend. Bei Bedarf sind Toleranzen bis IT 1 und enger einhaltbar (Endmaße). Die Oberflachenqualitat kann bis zu gemittelten Rauhtiefen R_z = 0,1 µm und weniger gesteigert werden; die Anwendung derartiger Oberflachen ist allerdings nur in technischen Sonderfallen erforderlich.
Sonderverfahren sind das *Schwinglappen*, bei dem das Lappwerkzeug Ultraschallschwingungen ausfuhrt, die auf das Lappmittel ubertragen werden. Das Werkzeug wird in das Werkstück eingesenkt. Die Anwendung erfolgt bei sprodem Werkstückstoff, beispielsweise beim Bearbeiten von Hartmetall. Ferner das *Preßlappen*, bei dem eine plastische Lappmasse zum Entgraten und Kantenrunden am Werkstuck in geschlossenen Kammern mehrmals vorbeigepreßt wird.

Strahlspanen. Das *Strahlmittel* wird durch Druckluft, Druckluft mit Flüssigkeitszusatz, Dampf oder durch Druckflussigkeit geforderrt und beschleunigt. Die Schneidkorner werden beim Auftreffen auf dem Werkstuck abgebremst und bewirken ortliche Umformvorgange, Verfestigung und Abspanung nach Versprodung der Oberflache. Angewandt werden die Strahlspanverfahren zur Reinigung, zur Entfernung von Formstoffresten und Zunder (Gießerei, Schmiede) und zur Erzielung gleichmaßiger Oberflachenstruktur und -qualitat. Die Strahlwirkung ist von Kornart, -form und -große, von der Strahlgeschwindigkeit und Auftreffrichtung, dem Strahlmitteldurchsatz und der Einwirkdauer abhangig.

8.3.2 Abtragen

Zu den *Abtragverfahren*, die eine Trennbearbeitung ohne direkte mechanische Einwirkung eines Werkzeugs ermoglichen, konnen neben den in diesem Abschnitt behandelten Bearbeitungsverfahren auch das Brennschneiden und das Schmelzschneiden gerechnet werden. Diese Verfahren werden wegen der Zugehorigkeit der Art der verwendeten Einrichtungen im Abschnitt 8.4.3 (Schweißen) unter 8.4.3.2 (Thermisches Trennen) behandelt.

8.3.2.1 Thermisches Abtragen

Durch die Anwendung von elektrischen Entladungen kann Werkstoff geschmolzen und verdampft werden. Dieses Grundprinzip wird bei den *Elektroerosionsverfahren* durch stationare Entladungen

(Lichtbögen) verwirklicht; allerdings ist diese Anwendungsform wegen der großen thermischen Belastung und geringer erzielbarer Genauigkeit heute ohne wesentliche technische Bedeutung. Groß ist dagegen der Einsatzbereich von instationären Entladungen (Funken), der *Funkenerosionsverfahren*, auf die hier näher eingegangen werden soll.
Bei der *Funkenerosion* wird mit zahlreichen örtlich und zeitlich getrennten Einzelentladungen (Energiebeträge im Bereich von 0,01 ... 5 J) bei hohen Impulshäufigkeiten (Impulsfrequenzen im Bereich von 0,5 ... 500 kHz) gearbeitet. Die Entladungen erfolgen zwischen einer Werkzeug-Elektrode und dem als Gegenelektrode geschalteten Werkstück (Bild 8.45). Als Stromquelle dienen Generatoren, die angenähert rechteckige, unipolare Impulse mit wählbarer Impulsdauer, Pausendauer und Stromstärke liefern. Die Polung wird so gewählt, daß die Abtragwirkung auf der Werkstückseite möglichst groß ist, möglichst klein dagegen auf der Werkzeugseite. Stahlwerkstücke werden daher kathodisch, solche aus Hartmetall dagegen anodisch geschaltet. Die Zünd- und Arbeitsspannung der Impulse stehen in Zusammenhang mit dem Abstand zwischen Werkzeug- und Werkstückoberfläche, der Spaltweite (Bereich 0,01 ... 0,2 mm) und werden für die Vorschubregelung ausgewertet. Der Bearbeitungsspalt wird von einem Dielektrikum durchspült; die Zu- oder Abführung erfolgt häufig durch Bohrungen in der Werkzeugelektrode, kann aber auch durch Querdurchströmung erfolgen. Das Dielektrikum intensiviert durch Einengen der Entladekanäle die Abtragwirkung, sorgt für den Abtransport der Abtragpartikel und kühlt Werkstück und Werkzeug. Verwendet werden Mineralöle (Petroleum) für das funkenerosive Senken und demineralisiertes Wasser für das funkenerosive Schneiden (Angaben über Dielektrika s. Abschnitt 5.5.2).
Durch die Begrenzung der Einzelenergiebeträge, durch die statistische Verteilung der Orte der Einzelentladungen und durch die Kühlung kann die thermische Beeinflussung der Werkstücke auf dünne Randzonen bis ungefähr 0,1 mm Dicke beschränkt werden. Tiefer reichende Gefügeveränderungen oder störende thermische Deformationen während der Bearbeitung treten nicht auf. Es muß jedoch darauf hingewiesen werden, daß bereits die sehr dünne thermisch veränderte Randschicht je nach Anwendungsfall deutliche positive aber auch negative Auswirkungen auf die Festigkeitseigenschaften insbesondere bei Dauerbeanspruchung haben kann.
Als *Werkzeug-Elektrodenmaterial* sind elektrisch leitfähige Stoffe mit hoher Schmelz- und Verdampfungstemperatur und -wärme sowie mit hoher Wärmeleitfähigkeit geeignet. Angewandt werden Kupfer, Wolfram und Graphit sowie Kombinationswerkstoffe aus diesen Komponenten. Die Auswahl muß auch nach den Formgebungsmöglichkeiten erfolgen. Wegen des Elektrodenverschleißes ist die Herstellung der Werkzeuge beim funkenerosiven Senken ein wesentlicher Kostenfaktor. Große Elektroden bestehen meist aus Graphit und werden auf Feilmaschinen mit speziellen Form-Feilwerkzeugen gefertigt.

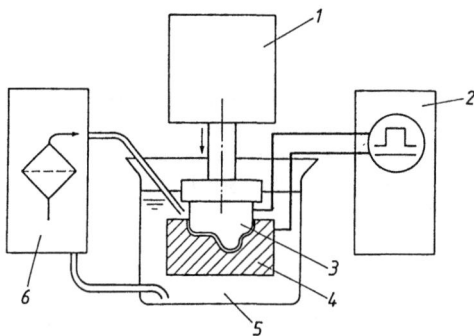

Bild 8.45
Prinzip funkenerosives Senken
1 Vorschubeinheit,
2 Impulsgenerator,
3 Werkzeug-Elektrode,
4 Werkstuck,
5 Arbeitsbehälter,
6 Filter- und Kuhlaggregat für Dielektrikum.

8.3 Trennen

Die Werkzeugelektrode führt beim *funkenerosiven Senken* eine über vorgewahlte elektrische Werte geregelte Bewegung durch. Ansteigende Spannungswerte führen zum Absenken der Pinole, Kurzschlußentladungen bewirken Zurückfahren und damit Herausspülen angesammelter Abtragpartikel durch die Dielektrikumsspülung. Der Vertikalbewegung des Werkzeugs können Horizontalbewegungen überlagert werden (*Planetarerodieren, Orbitalerodieren*), um Hinterschneidungen herstellbar zu machen oder um den Elektrodenverschleiß zu kompensieren.

Beim *funkenerosiven Schneiden* wird eine vertikal ablaufende Drahtelektrode (Drahtdurchmesser 0,02 ... 0,25 mm) als Werkzeug eingesetzt. Durch numerisch gesteuerte Vorschubbewegung in der Horizontalebene (meist Werkstückbewegung) werden ausgehend von plattenförmigem Vormaterial Zuschnitte oder Ausschnitte hergestellt. Die Geschwindigkeit der Bahnbewegung wird durch Auswertung des Entladungs-Spannungsverlaufs geregelt.

Angewandt werden die Verfahren für die Bearbeitung harter Werkstücke (gehartete Stahlteile, Hartmetall), zur Herstellung spanend nicht herstellbarer Formen (profilierte Feinbohrungen, mechanisch wenig belastbare Teile) sowie zur Erzielung der Genauigkeit bei spanend vorgearbeiteten Raumformen (Schmeidegesenke, Formen für Urformverfahren).

Beim *funkenerosiven Senken* wird als Produktivitatskenngröße die *Abtragrate* als das je Zeiteinheit abgetragene Werkstückvolumen definiert. Der dabei auftretende *relative Elektrodenverschleiß* ist das je Zeiteinheit abgetragene Werkzeugvolumen dividiert durch die Abtragrate. Die Bearbeitungskosten können bei richtiger Wahl der Verfahrensparameter optimiert werden; allerdings sind kleine Rauhtiefen nur bei verringerter Abtragrate moglich, weshalb die Bearbeitung bei Bedarf in Schruppen und Schlichten zweckmäßig aufgeteilt wird. Beispielsweise ist beim *funkenerosiven Schruppen* von Stahl mit einer Maschine mit 10 kW Anschlußwert eine Abtragrate in der Größenordnung von 200 mm^3/min realisierbar. Das *Schlichten* erfolgt dann z.B. für ein Rest-Aufmaß von 0,25 mm mit einer Abtragrate von ungefähr 5 mm^3/min. Der relative Elektrodenverschleiß liegt in günstigen Fallen unter 5 %; hohe Genauigkeitsanforderungen machen den Einsatz gesonderter Schlichtelektroden notwendig, bei großen Abtragvolumen kann auch mehrmaliger Elektrodenwechsel erforderlich werden.

Beim *funkenerosiven Schneiden* wird die Schnittrate als das Produkt von Schnittgeschwindigkeit (hier gleich der mittleren Horizontal-Vorschubgeschwindigkeit) und Werkstückhöhe (Schnittdicke) definiert. Wegen der kontinuierlichen Elektrodenerneuerung durch den Drahtablauf wirkt sich der Elektrodenverschleiß hier nicht auf das Arbeitsergebnis aus. Angewandt werden bei Stahl Schnittraten bis 200 mm^2/min. Eine Aufteilung in Bearbeitungsstufen kann auch bei diesem Verfahren vorgenommen werden, die gewünschte Oberflachenqualität bestimmt dann die Betriebsparameter.

Die erreichbaren Toleranzen liegen für das funkenerosive Senken und Schneiden bei 0,01 mm, bei besonderen Anforderungen sind noch engere Toleranzen bei entsprechendem Aufwand möglich. Für das Senken kann die Reihe IT 6 als Richtwert gelten. Die Oberflachenqualität liegt für das funkenerosive Senken im Bereich von R_z = 30 μm (Schruppen) bis R_z = 1 μm (Schlichten). Beim funkenerosiven Schneiden ist eine gemittelte Rauhtiefe R_z = 3 μm sinnvoll einhaltbar.

Ein spezieller Anwendungsfall der Funkenerosion ist das sogenannte *funkenerosive Schleifen*, das allerdings hinsichtlich des Wirkprinzips keine Gemeinsamkeiten mit spanender Bearbeitung hat. Lediglich die Form der rotierenden Elektrode (meist Graphit) fuhrt zu der Bezeichnung. Anwendungsbereich ist insbesondere die Herstellung von Profilen aus Hartmetall. Die Austragung der Abtragpartikel ergibt sich bei diesem Verfahren durch die Mitnahme des Dielektrikums im Arbeitsspalt durch die Rotation der Elektrode bei gleichzeitiger Vorschubbewegung des Werkstücks. Vorteile liegen in der gunstigen Herstellbarkeit und Abrichtmoglichkeit der rotationssymmetrischen Werkzeugelektrode.

8.3.2.2 Elektrochemisches Abtragen

Die *elektrochemische Metallbearbeitung* kann durch Ätzen ohne äußere Stromquelle erfolgen; in diesem Fall wird die elektrische Energie durch Lokalelemente im Mikrobereich des Werkstücks geliefert. Die Leistungsfähigkeit und Steuerbarkeit der Verfahren kann durch Anwendung äußerer Stromquellen gesteigert werden (elektrochemisches Senken, Entgraten und Polieren). Das *elektrochemische Ätzen* wird insbesondere für das Abtragen von Schichten von oder aus plattenformigem Vormaterial angewandt. Die Ätzlösungen werden je nach Werkstuckstoff zweckmäßig gewählt, beispielsweise wäßrige Losungen von Salzsaure, Salpetersaure, Schwefelsaure, Natronlauge. Das Werkstück wird durch Aufsprühen oder Tauchen in Kontakt mit dem Ätzmedium gebracht. Die Abtraggeschwindigkeit hangt von der Konzentration und Strömungsgeschwindigkeit der Losung, der Temperatur und dem Werkstückstoff ab. Praktisch realisiert werden Abtraggeschwindigkeiten zwischen 0,01 mm/min und 0,8 mm/min. Gesteuert wird der Ätzvorgang durch Abdeckmasken oder Abdeckschichten auf den Werkstücken und durch die Bearbeitungszeit. Durch wiederholtes Abdecken und Ätzen ist es moglich, an einem Werkstück ortlich unterschiedliche Abtragschichtdicken zu erzielen. Anwendungsbeispiele sind die Herstellung gedruckter Schaltungen oder die Herstellung flächiger Bauelemente im Flugzeugbau. Hier sind gemittelte Rauhtiefen R_z = 10 μm erreichbar.

Bei den elektrochemischen Abtragverfahren mit äußerer Stromquelle wird der Werkstückstoff in einem Elektrolyt anodisch gelost. Der prinzipielle Aufbau einer Anlage für *elektrochemisches Senken* ist in Bild 8.46 dargestellt. Die wesentlichen Baugruppen sind die Gleichstromquelle mit Regeleinrichtung, die Elektrolytversorgung mit Austrageinrichtung für die Abtragprodukte, die Vorschubeinheit und das Werkzeug. Dieses muß so ausgebildet sein, daß die anodische Auflösung des Werkstücks ortlich gezielt erfolgen kann. Man erreicht dies durch entsprechende Formgebung der Werkzeugkathode und Anwendung von Isolierstoffen (Bild 8.47). Die Steuerung des Prozesses ergibt sich durch die Stromdichteverteilung (angewandt werden Stromdichten von 40 ... 400 A/cm^2), durch die Vorschubbewegung des Werkzeugs (Bereich der Vorschubgeschwindigkeit 0,5 ... 10 mm/min) und durch die Elektrolytströmung (Stromungsgeschwindigkeit im Bereich 10 ... 50 m/s). Zwischen Werkzeugkathode und Werkstück ergeben sich Spaltweiten im Bereich von 0,1 ... 1 mm. Im Gegensatz zur Funkenerosion ist beim elektrochemischen Senken die Spaltweite nicht gleichmäßig, was bei Genauigkeitsanforderungen durch die Form des Werkzeugs kompensiert werden muß. Andererseits wird das Werkzeug durch den Abtragvorgang nicht beeinflußt, es tritt kein Verschleiß auf.

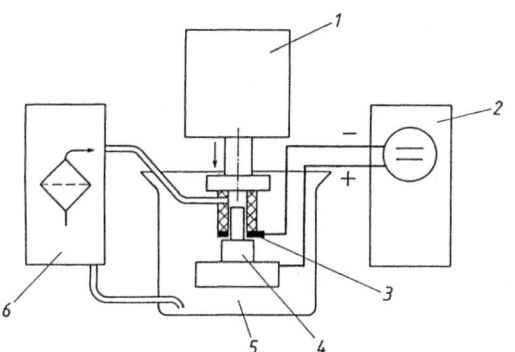

Bild 8.46
Prinzip elektrochemisches Senken
1 Vorschubeinheit,
2 Gleichstromquelle (Gleichrichter),
3 Werkzeug-Elektrode (Kathode),
4 Werkstuck (Anode),
5 Auffangbehalter fur Elektrolyt,
6 Elektrolytversorgung und -regenerierung, (Zentrifuge, Absetztank, Filter, Kühlung, Pumpe).

8.3 Trennen

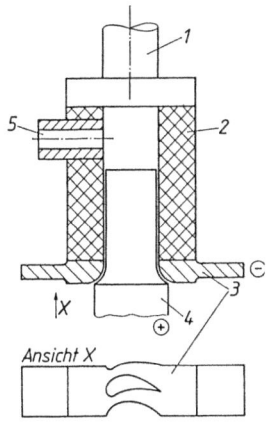

Bild 8.47
Elektrochemisches Senken. Prinzip Werkzeug für das Außensenken von Turbinenschaufeln
1 Aufnahmeschaft,
2 Werkzeugkörper aus Kunststoff,
3 Elektrode mit Anschlußlaschen,
4 Werkstück,
5 Elektrolytzuführung.

Als Elektrolyt werden meist NaCl (Kochsalz) oder $NaNO_3$ (Natriumnitrat) in wäßriger Lösung angewandt. Der *Reaktionsablauf* soll am Beispiel Stahl/NaCl-Lösung vereinfacht dargestellt werden:

$Fe + 2\,NaCl + 2\,H_2O \rightarrow FeCl_2 + 2\,NaOH + H_2 \uparrow$
$FeCl_2 + 2\,NaOH \rightarrow Fe(OH)_2 \downarrow + 2\,NaCl.$

Die Natrium- und Chlorionen nehmen zwar an der Reaktion teil, verbleiben aber in der Lösung. An der Werkzeugkathode entsteht Wasserstoffgas. Als Abtragprodukt fällt Eisenhydroxid an, das aus dem Elektrolyt durch Absetzen, Zentrifugieren und Filtern entfernt werden muß, was wegen der sehr feinen Verteilung nur mit beträchtlichem technischem Aufwand möglich ist.
Das Faradaysche Gesetz beschreibt den Zusammenhang zwischen der elektrischen Ladungsmenge und dem gelösten Metallgewicht. Für das aufgelöste Metallvolumen gilt danach:

$$V = \frac{a}{n \cdot \rho \cdot F} I \cdot t.$$

V	mm³	gelöstes Metallvolumen
a	g	Atomgewicht
I	A	Stromstärke
t	s	Reaktionsdauer
n		elektrochemische Wertigkeit
ρ	g/mm³	Dichte
F	As	Faradaysche Konstante; $F \approx 96\,500$ As

In der Praxis bewirken Nebenreaktionen (Elektrolyse, Passivierung), daß die theoretischen Werte nicht voll realisierbar sind.
Wesentlich für den richtigen Ablauf ist ausreichende Elektrolytströmung zur Abführung der Reaktionsprodukte und insbesondere auch zur Kühlung im Arbeitsspalt (Abführung der umgesetzten Jouleschen Wärme). Dampfblasenbildung im Arbeitsspalt würde den Vorgang zum Erliegen bringen. Es wird mit Stromstärken von 20 000 A und mehr gearbeitet. Die Arbeitsspannung kann zwischen 6 V und 20 V liegen. Die Anlagen sind mit Schutzschaltungen zur Schnellabschaltung der Generatoren ausgerüstet, um bei Störungen des Prozesses Lichtbogenbildung im Arbeitsspalt und Zer-

störung der Werkzeuge zu verhindern. Obwohl der Abtragvorgang selbst ohne wesentliche Kraftwirkung erfolgt, erfordert der notwendige Elektrolytdruck (bis zu 5 MPa) sehr steife Ausführung der Maschinen und Werkzeuge.

Anwendungen dieses Verfahrens sind die Herstellung von Werkzeugformen, Massenteilen mit spanend oder umformtechnisch schwer herstellbaren Formelementen, die Bearbeitung schwer zerspanbarer oder schwer umformbarer Legierungen (zum Beispiel hochwarmfeste Werkstoffe im Turbinenbau). Die einhaltbaren Toleranzen liegen bei 0,02 mm, Anhaltswerte kann die Reihe IT 8 geben. Bei geeigneten Werkstoffen sind gemittelte Rauhtiefen $R_z = 2$ μm erreichbar. Ein Spezialanwendungsfall ist das *elektrochemische Entgraten* von spanend bearbeiteten Serienteilen. Der Abtragprozeß wird durch entsprechende Formgebung der Werkzeuge auf die Gratbereiche beschränkt.

Das *elektrochemische Polieren* ist ein Oberflächenabtragen, bei dem auch in die Oberfläche eingepreßte Verunreinigungen entfernt werden. Die glättende Wirkung beruht darauf, daß Rauheitsspitzen stärker abgetragen werden als tiefer liegende Oberflächenbereiche. Durchgeführt wird das Verfahren in Elektrolytbädern mit äußerer Stromquelle. Die Stromdichte ist geringer als beim elektrochemischen Senken und liegt bei 0,5 ... 3 A/cm². In Kombination mit dem Polieren kann elektrochemisches Badentgraten erfolgen. Massenteile werden zweckmäßig in Trommeln behandelt.

Angewandt werden gelegentlich auch Kombinationen des elektrochemischen Abtragens mit spanender Bearbeitung bei der Verwendung von metallgebundenen Schleifkörpern als Abtrag- und Zerspanwerkzeug (*elektrochemisches Schleifen* und *Honen*). Auch die Anwendung von losem Schleifkorn ist möglich in Verbindung mit dem Abtragprozeß (*elektrochemisches Läppen*). Der Einsatz der Verfahren erstreckt sich insbesondere auf die Hartmetallbearbeitung. Erreicht wird durch den Zerspanungsvorgang die Entfernung unlöslicher Oberflächenschichten (Passivierungsschichten). Vorteilhaft ist die wesentlich größere Werkzeugstandzeit und die Vermeidung thermischer Werkstückbeeinflussung im Vergleich mit reiner Zerspanung.

8.4 Fügen

8.4.1 Kleben

8.4.1.1 Allgemeine Einführung

Das *Kleben von Metallen* unterscheidet sich von den allgemein bekannten Verbindungsarten grundsätzlich dadurch, daß die Haftung zwischen den Fügeteilen durch einen artfremden Stoff, den Kunstharzklebstoff, bewirkt wird. Es ist ein Fügeverfahren, bei dem die Fügeteile unter Ausnutzung der Oberflächenhaftung, der Adhäsion, und der inneren Festigkeit der Klebstoffschicht, der Kohäsion, miteinander verbunden werden, ohne daß sich Form, Eigenschaften und Gefüge der Werkstoffe wesentlich ändern. Man erhält hierbei ganzflächige, kraftschlüssige, nichtlösbare Verbindungsstellen. Es ist eine Fügetechnik, die in ihrer Anwendung nahezu unabhängig ist von den Metall- und sonstigen Werkstoffarten, die miteinander verklebt werden sollen.

Der *Klebstoff* bildet eine dünne Kunstharzschicht zwischen den zu verbindenden Teilen und ist in dieser Form als Haftvermittler und Übertrager von Kräften wirksam. Die Festigkeit einer geklebten Verbindung ist somit entscheidend von der Kohäsion und dem Verformungsverhalten der Klebstoffschicht sowie den Bindekräften zwischen der Klebstoffschicht und der Metalloberfläche abhängig. Umfassende Ausführungen über das Metallkleben enthalten [8.26], [8.27] und [8.28].

8.4.1.2 Physikalische und chemische Grundlagen des Klebens

Der als *Adhasion* bezeichnete Begriff der Oberflachenhaftung umfaßt alle Kraftwirkungen, von denen zwei Werkstoffe in der Grenzflache zusammengehalten werden. Eine eindeutige Klärung der hierbei wirksam werdenden Kräfte ist bis heute nicht gelungen. Die Theorien deuten darauf hin, daß es sich bei diesem Haftmechanismus um eine Summe sich überlagernder und beeinflussender mechanischer, physikalischer und chemischer Wirkungen handeln muß. Übereinstimmung besteht aber allgemein darin, daß die Haftung des Klebstoffes auf einer Oberflache eine *physikalische Adsorption* des Klebstoffes voraussetzt; je großer die Adsorption ist, desto besser ist die Haftung und daraus folgend auch die Bindefestigkeit und Alterungsbestandigkeit der Klebung. Der Klebstoff muß den Haftgrund benetzen und an der Oberflache adsorptiv gebunden werden, um in eine innige Kontaktbeziehung mit dem Fugeteilwerkstoff zu treten. Das setzt voraus, daß er im Moment des Auftrages flussig bzw. niedrigviskos ist und einen benetzungsfähigen Haftgrund mit einem guten Adsorptionsvermogen vorfindet.

Durch geeignete *Vorbehandlungen der Klebflachen* laßt sich das Benetzungs- und Adsorptionsvermogen des Haftgrundes und damit die Haftwirkung um ein Vielfaches steigern. Die Vorbehandlung hat dabei die Aufgabe, die Oberfläche zu säubern, durch ein feines Aufrauhen ihre wirksame Flache zu vergroßern und ihre Aktivität für das Kleben zu verbessern. Beim Kleben von Metallen ist somit der Vorbehandlung der Klebflachen in allen Fällen eine vorrangige Aufmerksamkeit zu schenken. Es muß dabei grundsatzlich gewährleistet sein, daß sich vor dem Kleben auf den Klebflachen keine Verunreinigungen wie Schmutzschichten, Farbreste, Fettfilme, Zunder, Rost usw. mehr befinden, weil sie als Trennschichten wirken und ihre Haftung zum festen Untergrund in den meisten Fallen schwacher ist als die mit den Klebstoffen erzielbaren Bindungen.

8.4.1.3 Vorbehandlungsverfahren für das Metallkleben

Der optimale Oberflachenzustand für das Kleben kann auf unterschiedliche Weise erreicht werden:
- Reinigen mit organischen oder alkalischen Reinigungsmitteln,
- Aufrauhen durch mechanische oder chemische Verfahren,
- Verandern der Oberflachenstruktur durch chemische Einwirkungen.

Reinigen. Das *Reinigen der Fugeflachen* erfolgt zweckmäßig mit organischen oder alkalischen waschaktiven Reinigungsmitteln, z.B. Perchloräthylen, Aceton, Estern, wäßrigen Sulfonaten usw., mit denen sich Schmutzschichten, Farbüberzüge, Fettfilme usw. entfernen lassen. In der Praxis werden für diesen Reinigungsprozeß je nach Umfang und Größe von Klebung oder Fertigungsablauf ungefarbte Zellstofftücher, Sprühdosen, Waschanlagen mit Bürsten oder Sprühdüsen oder auch Dampfbäder verwendet. Bei kleinen Teilen, insbesondere wenn sie in größeren Mengen zu reinigen sind, haben sich auch Ultraschallbäder bewährt. Die intensivste Reinigung erzielt man erfahrungsgemäß in Losungsmittel-Dampfbädern.
Mit derartig vorgereinigten Klebflächen erreicht man Bindefestigkeiten, die den an die Klebstelle gestellten Anforderungen genügen, z.B. bei großflächigen Klebungen von Verbundbauteilen mit leichten Schaumen als Kern, Verkleben von dünnen Blechüberzügen, Aufklebern usw. Die Haftfähigkeit der Klebflächen muß jedoch durch mechanische oder chemische Vorbehandlungen verbessert werden, wenn Bindefestigkeiten erreicht werden sollen, wie sie von den konstruktiven Klebungen gefordert werden.

Mechanisches Aufrauhen. Von den *mechanischen Vorbehandlungen* durch Sandstrahlen, Schleifen, Stahldrahtbursten, Schmirgeln, Polieren usw. ist bei den gebrauchlichsten Metallen wie Baustahl, nichtrostendem Stahl, Bunt-, Leicht- und Schwermetallen das Sandstrahlen den anderen Verfahren grundsätzlich vorzuziehen. Es bringt nicht nur die intensivste Aufrauhung, sondern gewahrleistet auch am sichersten die fur das Kleben so wichtigen Effekte:

- Abtragen von adhäsionsfeindlichen Schichten (Rost, Zunder usw.),
- wesentliche Vergrößerung der wahren, benetzbaren Oberfläche gegenüber der geometrischen Oberfläche,
- Aktivierung der Klebfläche durch Bloßlegen adhäsionsfreundlicher Zonen.

Die hierfür zu verwendenden Strahlmedien müssen spröde Materialien mit unregelmäßig geformten, scharfkantigen Oberflächen sein, z.B. Hartgußkies, Elektrokorund usw., die mit fettfreier Trägerluft gefordert werden. Elastische, glatte und kugelige Strahlmittel sind weniger geeignet, da sie mehr eine Verdichtung als Aufrauhung der Oberfläche erzeugen. Die Strahlmittel sollten Kornungen von 0,3 ... 0,5 mm haben. Sie verursachen je nach Werkstoffhärte auf der Oberfläche Rauhtiefen bis zu 30 µm.

Nach einer mechanischen Vorbehandlung müssen Staubreste und andere Bearbeitungsrückstande mit sauberer, ölfreier Luft von den Klebflächen abgeblasen werden. Organische Lösungsmittel können für diesen Zweck auch verwendet werden, wenn die gestrahlten Werkstoffe porenfreie Gefügestrukturen besitzen. Bei Grauguß dürfen beispielsweise keine Lösungsmittel zum Reinigen genommen werden, da sie ins Gefüge eindringen und im Laufe der Zeit ein Ablösen der Klebschicht vom Metallgrund bewirken. Auch das Abblasen mit fetthaltiger Luft muß vermieden werden.

Chemische Vorbehandlungen. Für die meisten Metalle reicht das Entfetten und Aufrauhen aus, um sie mit ausreichender Festigkeit verkleben zu können. Eine *chemische Vorbehandlung* ist aber dann erforderlich, wenn ein Aufrauhen nicht möglich ist, wie es beispielsweise bei dünnen, nicht formstabilen oder oberflächenveredelten Metallwerkstoffen, Bauteilen mit engen Maßtoleranzen, schwierig zu erreichenden Klebflächen (Hinterschneidungen, Hohlkörpern) usw. der Fall ist. Weiterhin lassen sich auch einige spezielle Metalle wie Titan, Blei usw. nur nach einer chemischen Vorbehandlung hochfest verkleben. Die für die einzelnen Werkstoffe geeigneten und in der Praxis bewährten Verfahren sind in DIN 53 281, Blatt 1, und in [8.27], [8.29], [8.30] ausführlich beschrieben. Für die moderne Fertigung sind für die chemischen Vorbehandlungen auch Beizanlagen in jeder Größe und Automation auf dem Markt erhältlich.

8.4.1.4 Klebstoffe und ihre Verarbeitung

Die beim Kleben metallischer Werkstoffe verwendeten *Klebstoffe* sind ausschließlich auf der Basis synthetischer, organischer Grundstoffe entwickelt. Es ist eine unüberschaubare Palette an Klebstofftypen, von denen jeder einzelne ganz besondere Anwendungs- und Eigenschaftskennwerte aufweist. Die Wahl des für den jeweiligen Anwendungsfall richtigen Klebstoffes sollte immer in enger Zusammenarbeit mit dem Klebstoffhersteller getroffen werden. Ein wesentliches Unterscheidungsmerkmal der Klebstoffe ist der *Abbindemechanismus*. Man unterscheidet zwischen physikalisch abbindenden und chemisch abbindenden Klebstoffen.

Bei den *physikalisch abbindenden Metallklebstoffen* ist das Bindemittel entweder durch Lösungsmittel in einen fließfähigen, benetzenden Zustand gebracht oder es wird bei der Verarbeitung aufgeschmolzen. Die Aushärtung erfolgt fast immer bei Raumtemperatur von 18 ... 25 °C durch Verdunsten der Lösungsmittel oder durch Abkühlen der Schmelze. Zu dieser Klebstoffgruppe gehören die lösungsmittelhaltigen Kunstharz- und Kunstkautschukklebstoffe sowie die Schmelzklebstoffe. Die wäßrigen Dispersionsklebstoffe eignen sich nur zum Kleben von Werkstoffen, von denen zumindest einer eine ausreichende Saugaktivität, d.h. Kapillaraktivität, besitzt, um das im Klebfilm enthaltene Wasser für den Abbindeprozeß abzuziehen, z.B. Holz, Textilien, Pappe usw.

Bei den *chemisch abbindenden Klebstoffen* entstehen während des Klebprozesses durch eine chemische Reaktion hochmolekulare Produkte mit besonders hoher mechanischer Festigkeit. Als Grundstoffe dieser Klebstoffe werden Phenolharze, Epoxidharze, Polyurethane, Polyimide usw. in vielfältigen Zusammensetzungen eingesetzt. Die Klebstoffe selbst werden in mehreren,

8.4 Fügen

meist zwei Komponenten geliefert, die vor der Anwendung gut vermischt werden müssen. Sie sind weiterhin unterteilbar in kalt- und warmaushartende Systeme. Bei den kaltaushartenden Klebstoffen liegen die Abbindetemperaturen normalerweise bei 18 ... 25 °C. Die Aushartezeiten betragen in Sonderfallen wenige Minuten, im allgemeinen wenige Stunden bis zu mehreren Tagen, ehe die Endfestigkeit der Klebverbindung erreicht ist. Die Aushartezeiten konnen allerdings durch Warmeeinwirkung verkürzt werden. Die Hartungstemperaturen der warmaushartenden Klebstoffe liegen zwischen 100 °C und 200 °C. Die Aushartungszeiten betragen je nach Temperatur wenige Minuten bis mehrere Stunden, sie verkurzen sich mit zunehmender Temperatur. Die zu erwartende Bindefestigkeit ist unmittelbar nach Abschluß des Hartungsprozesses erreicht. Die Klebungen durfen sofort in voller Höhe beansprucht werden. Die warmaushartenden Systeme werden nicht nur in Zweikomponenten-Form (Bindemittel und Harter getrennt), sondern auch in der Einkomponenten-Form (Bindemittel und Harter bereits gemischt) als Pasten, Pulver, Tabletten, Stangen oder Folien angeboten. Die chemisch abgebundenen Klebstoffe besitzen im allgemeinen eine hohere Temperatur- und Alterungsbestandigkeit und auch eine größere Haft- und Kriechfestigkeit als die meisten Klebstoffe, die physikalisch abbinden.
Fur die Verarbeitung der Klebstoffe werden heute Hilfsmittel, Arbeitsgerate und Anlagen vieler Arten und Größen angeboten. Diese Gerate zum Auftragen, Dosieren allein oder gleichzeitigem Dosieren und Mischen werden manuell, pneumatisch oder elektrisch angetrieben und sind in kleinen und großen Ausführungen lieferbar. Klebstoffe und Fertigungsmittel lassen sich so aufeinander abstimmen, daß sie sich in jeden Arbeitsgang einfugen [8.31].

8.4.1.5 Konstruktive Gestaltung der Klebverbindungen

Klebverbindungen erfordern infolge der relativ geringen Eigenfestigkeit der Kunstharzklebschicht (Kohasion) große Fügeflächen, um allen Festigkeitsanforderungen gerecht zu werden. Die aus diesem Grunde zweckmäßig einzusetzenden *Klebnahtformen* sind daher Überlappungen, Laschungen, geschäftete oder gefalzte Verbindungen, bei denen die Klebschichten bei Zugbelastung auf Scherung beansprucht werden. Stumpfstoßverbindungen sind nur dann zu wahlen, wenn Teile mit großen Klebflachen aufeinander geklebt werden (Bild 8.48). Klebgerecht ausgeführte Klebverbindungen sind immer so zu gestalten, daß in keinem Fall Schalkrafte, gegen die alle Klebstoffe mehr oder weniger empfindlich sind, auf die Klebnaht einwirken. Schalkrafte belasten die Klebflache nur linienhaft und verursachen dadurch zwangslaufig ein schnelles Ein- und Weiterreißen der Klebschicht. Bei der Konstruktion und im Einsatz ist weiterhin zu beachten, daß die

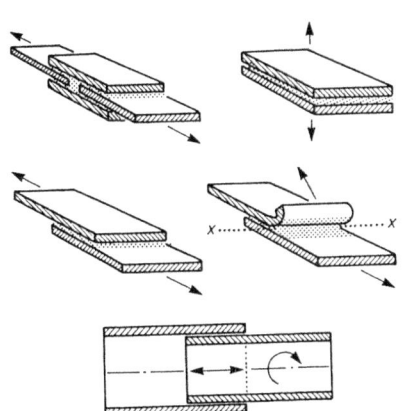

Bild 8.48
Verbindungsformen von Metallklebungen und Moglichkeiten der mechanischen Beanspruchungen.

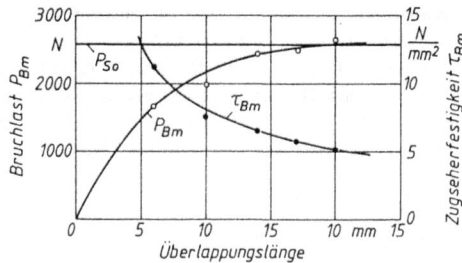

Bild 8.49
Bindefestigkeit und übertragbare Last in Abhängigkeit von der Überlappungslänge.

Klebstellen nur geringen Schlagbeanspruchungen widerstehen. Die Empfindlichkeit gegen Schlagwie Schalbeanspruchungen ist um so größer, je harter bzw. sproder der Klebstoff im ausgehärteten Zustand ist.
Die *übertragbaren Lasten* werden bei überlappten oder gelaschten Verbindungen mit zunehmender Überlappungslänge größer. Die Zugscherfestigkeit fällt jedoch analog einer Exponentialfunktion mit größer werdender Überlappungslänge ab (Bild 8.49). Dies beruht darauf, daß sich mit zunehmender Überlappungslänge die Spannungsverdichtung immer mehr auf die Überlappungsenden konzentriert. Weiterhin gilt allgemein, daß die Zugscherfestigkeit mit größer werdender Fügeteildicke und größer werdender Werkstoffestigkeit ansteigt, aber mit zunehmender Klebschichtdicke abnimmt. Die optimale Klebschichtdicke liegt je nach Klebstofftyp zwischen 0,2 mm und 0,5 mm [8.26], [8.28] und [8.33].
Zunehmende Bedeutung findet das Kleben in neuerer Zeit in Kombination mit punktförmigen Verbindungen wie Punktschweißen oder Nieten. Die zusätzliche Klebschicht führt durch Abbau der Spannungsspitzen an den Rändern der Schweißpunkte bzw. Nietlöcher zu einer gleichmäßigeren Spannungsverteilung und damit zur Verminderung von Ermüdungsbrüchen, schafft daneben druck-, gas- und flüssigkeitsdichte Verbindungen und bietet vor allem die Gewähr, daß an der Überlappungsstelle keine Kontaktkorrosion auftritt [8.32].

8.4.1.6 Festigkeitsverhalten der Klebverbindungen

Geklebte Verbindungen ertragen bei ausreichender Überlappungslänge statische Kurzzeitbelastungen bis zur Höhe der Werkstoffestigkeit. Die *Dauerstandfestigkeit* der Klebungen bei einer zeitlich konstanten Belastung ist vom Kriechverhalten des Klebstoffes abhängig. Sie ist um so besser, je weniger der Klebstoff zum Kriechen neigt. Um die Langzeitfestigkeit der Grundwerkstoffe praktisch auszunutzen, müssen zum Beispiel bei einschnittig überlappten Klebungen größere Überlappungslängen gewählt werden, als es dem statischen Kurzzeit-Zugversuch nach erforderlich ist [8.26], [8.33] und [8.34].
Gegenüber genieteten und punktgeschweißten Verbindungen weisen Klebungen in vielen Fällen höhere *dynamische Festigkeiten* auf. Die Zugscherschwellfestigkeit von einfach überlappten Metallklebungen beträgt je nach Klebstoff etwa 10 ... 30 % der im statischen Zugversuch ermittelten Festigkeit [8.26], [8.28].
Die zulässige *Temperaturbeanspruchung* liegt für die meisten Klebstoffe bei 60 ... 150 °C. Bei tiefen Temperaturen bis −50 °C fällt die Zugscherfestigkeit im allgemeinen nur wenig ab. Der Widerstand gegen Abschälen und gegen Schlagbeanspruchung ist dagegen bei tiefen Temperaturen bedeutend geringer als bei Raumtemperatur [8.26], [8.34].
Das *Alterungsverhalten* der Klebverbindungen wird vom Klebstofftyp und den einwirkenden Medien bestimmt. Feuchtigkeitseinflüsse verursachen den größten Abfall der Bindefestigkeit. Es ist daher immer von Vorteil, die Klebfugen durch eine entsprechende konstruktive Gestaltung oder

8.4 Fügen

durch einen geeigneten Schutzanstrich gegen das Eindringen von Wasser zu schützen. Voraussetzung für ein gutes Alterungsverhalten der Klebverbindungen ist in allen Fällen eine sachgemäße Vorbehandlung des Haftgrundes. Klebverbindungen, die im praktischen Einsatz der Witterung, der Feuchtigkeit usw. ausgesetzt sind, erfordern infolge des Alterns des Klebstoffes große Überlappungslängen. Sie erreichen dadurch unmittelbar nach dem Kleben Bruchlasten oberhalb der Streckgrenze der Fügeteilwerkstoffe. Diese zunächst nicht ausgenutzte Belastbarkeit der Klebschicht kann durch das Altern der Klebstoffe abgebaut werden, ohne daß die geforderte Beanspruchbarkeit der Klebung unterschritten wird [8.26], [8.34].

8.4.2 Löten

8.4.2.1 Allgemeine Einführung

Das *Löten* ist nach DIN 8505 ein Verfahren zum Verbinden metallischer Werkstücke mit Hilfe eines geschmolzenen Zusatzmetalls (Lotes), gegebenenfalls unter Anwendung von Flußmitteln und/oder Lötschutzgasen. Die Schmelztemperatur des Lotes liegt unterhalb derjenigen der zu verbindenden Grundwerkstoffe, diese werden benetzt, ohne geschmolzen zu werden.
Aufgrund der Schmelztemperatur der Lote unterscheidet man zwischen *Weich-* und *Hartlöten*. Der Grenzwert für die Arbeitstemperatur ist dabei 450 °C. Die Arbeitstemperatur ist die niedrigste Temperatur, die an der Berührungsfläche zwischen Lot und Werkstück vorhanden sein muß, damit das Lot fließen, sich ausbreiten und am Grundwerkstoff binden kann. In der Grenzfläche zwischen flüssigem Lot und festem Grundwerkstoff ist für die Bindung die Benetzung, Ausbreitung und Annäherung auf Atomgitterabstand wichtig. Schon bei geringer Löslichkeit ist Diffusion, auch die Bildung von Zwischenschichten, möglich. Man kann auch nach Art der Lotaufbringung unterscheiden: Das *Löten mit angesetztem* oder *eingelegtem Lot*. Entweder wird zuerst das Werkstück auf Arbeitstemperatur und dann etwa der Lotdraht mit seiner Spitze an den Lötspalt gebracht oder die abgemessene Lotmenge wird in das kalte Werkstück eingelegt und gemeinsam auf Arbeitstemperatur erwärmt (Bilder 8.50 und 8.51).

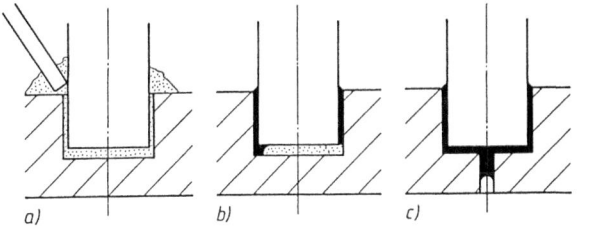

Bild 8.50
Löten
a) angesetztes Lot und Flußmittel,
b) Flußmittel kann nicht entweichen,
c) durch eine zusätzliche Bohrung werden Flußmitteleinschlüsse vermieden.

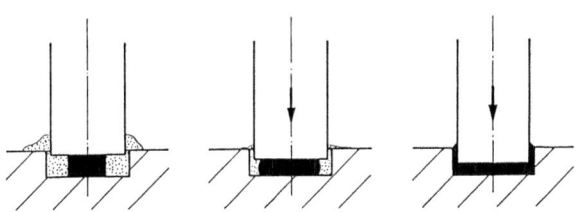

Bild 8.51
Löten mit eingelegtem Lot.
Das Flußmittel wird nach außen gedrückt. Der Füllgrad ist gut, die Endkontrolle einfach.

Voraussetzungen für eine einwandfreie Lötung sind:
a) *Auswahl des Lotes.* Das Lot wird nach Grundwerkstoff, Anforderung an die Verbindung und nach Arbeitstemperatur ausgewählt. Je niedriger die Arbeitstemperatur ist, desto einfacher ist die Handhabung, desto kürzer die Lötzeit, desto geringer die Verzunderung und der Verzug. Lotformen sind: Drähte, Stäbe, Bänder, Bleche, Pulver, Pasten oder Formteile.
b) *Reinigen der Lotflächen.* Die Lotflächen sind durch Feilen, Schaben oder durch Flußmittel zu reinigen.
c) *Auswahl des Flußmittels.* Ein Flußmittel wird nach Arbeitstemperatur und Grundwerkstoff gewählt. Es muß Oxidschichten während des Lötvorgangs am Lot und Werkstück beseitigen, damit das Lot benetzen kann. Die Flußmittel sind in DIN 8511 beschrieben, ihre Prüfung in DIN 8527. Nach dem Abkühlen des Werkstücks müssen die Flußmittelreste sorgfältig entfernt werden: auf Schwermetallen durch Abwaschen mit heißem oder kaltem Wasser, durch Abbeizen mit verdünnten Säuren, mechanisch durch Bürsten oder Strahlen; auf Leichtmetallen möglichst rasch nach dem Löten durch Abwaschen in heißem Wasser oder durch Sonderverfahren.
d) *Form und Abmessungen der Verbindung:* Sie sollen lotgerecht sein. Beim Fugenlöten ist der Werkstückabstand im allgemeinen größer als 0,5 mm oder gleich der Blechdicke. Vor allem bei dickeren Blechen sind die Verbindungsstellen V- oder X-förmig vorbereitet. Beim Spaltlöten sinkt die Scherfestigkeit der Überlappverbindung mit steigender Spaltbreite und Überlappungslänge. Die Überlappungslänge ist etwa 3- bis 6-mal so groß wie die kleinere Wanddicke. Die Zugfestigkeit von Stoßspaltverbindungen steigt zunächst mit der Spaltbreite und bleibt dann konstant. Beim Hartlöten erreichbare Scherzugfestigkeiten 150 ... 250 N/mm^2, Zugfestigkeit 300 ... 500 N/mm^2.
e) *Dauer der Erwärmung und Führung der Temperatur an der Lötstelle.* Beim Fugenlöten reicht es aus, wenn die Arbeitstemperatur an der Berührungsstelle des Werkstücks erst im Augenblick der Berührung mit dem Lot erreicht ist. Das Lot benetzt an der Berührungsstelle, breitet sich jedoch nicht aus. Beim Spaltlöten ist die Arbeitstemperatur im ganzen Spaltbereich des Grundwerkstoffs überschritten, so daß das fließende Lot den engen Spalt erreichen, überbrücken und durch Kapillarwirkung in den Spalt gelangen kann (Bilder 8.52, 8.53 und 8.54). Andererseits darf eine maximale Löttemperatur nicht überschritten werden, bei der etwa das Werkstück durch Grobkornbildung, das Lot durch Verdampfen von Legierungsbestandteilen oder das Flußmittel geschädigt wird. Die Lötzeit muß für die Reinigung der Oberflächen durch das Flußmittel ausreichen. Sie sollte mindestens 5 ... 10 s betragen.
f) *Prüfung von Lotverbindungen.* In DIN 8525 und 8526 ist die Ausführung von Zug- und Scherversuchen zur Prüfung von Hartlötverbindungen festgelegt.

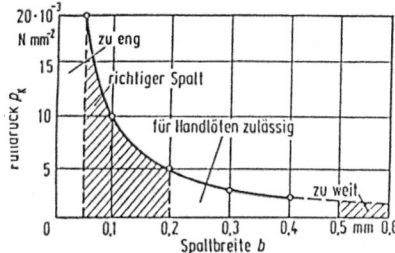

Bild 8.52 Kapillarer Fülldruck in Abhängigkeit von der Spaltbreite.

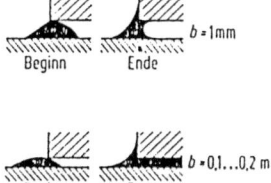

Bild 8.53 Einfluß der Spaltbreite auf die Spaltfüllung.

8.4 Fügen

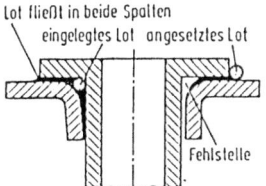

Bild 8.54
Das eingelegte Lot fließt in beide Spalte.
Das angesetzte Lot fuhrt bei zu weitem Spalt zu Fehlstellen.

8.4.2.2 Lote

Beim *Weichlöten* ist der Lotwerkstoff in der Regel eine Zinn-Bleilegierung nach DIN 1707 oder 8516 mit sehr geringer Zugfestigkeit (bei Raumtemperatur ca. 50 N/mm²). Zum Weichloten geeignete Werkstoffe sind Zink und Kupfer und deren Legierungen sowie Stahl. Stahl wird weichgelötet wenn z.B. die Verbindung mechanisch kaum beansprucht, aber dicht sein soll (etwa Falznähte für Autokühler oder Wärmetauscher mit L-Sn40). Für Arbeiten an Autokarosserien wird etwa L-PbSn30Sb mit einem hohen Erstarrungsintervall als Modellierlot verwendet. L-Sn60Pb, das nahezu eutektische Lot, füllt enge Zwischenräume, gibt glatte Lötstellen für Feinlötungen, auch für die elektrotechnische Industrie. L-Sn63Pb mit einer Beschränkung des Gehalts an Aluminium, Zink und Kadmium auf unter 0,002 % wird für gedruckte Schaltungen bevorzugt. Für Aluminiumwerkstoffe sind Weich- und Hartlote in DIN 8512 zusammengestellt, z.b. L-SnZn10 als Reiblot (Reiblottemperatur 210 °C) vorzugsweise für das Ultraschall-Löten.

Hartlote vor allem aus Kupferlegierungen ergeben höherfeste Verbindungen. Zum Hartlöten geeignete Werkstoffe sind z.b. Eisen-, Kupfer- und Nickelwerkstoffe, Hartmetalle, Edelmetalle. Hartlote für Aluminium und Aluminiumlegierungen sind DIN 8512 zu entnehmen. Hinweise für die Auswahl von Kupferloten, Form der Lötstelle oder Art der Lotzufuhrung sind in DIN 8513 zu finden. Die üblichen Arbeitstemperaturen liegen zwischen 845 °C und 910 °C, bei den silberhaltigen Loten für feinere Arbeiten zwischen 800 °C und 860 °C; für besonders schonendes Löten mit kurzer Lötzeit liegen die Silbergehalte über 20 % und die Arbeitstemperaturen zwischen 610 °C und 810 °C.

8.4.2.3 Arbeitsverfahren

Arbeitsverfahren für Weich- und Hartlötverbindungen (DIN 8505). Beim *Flammlöten* dient der Gasbrenner als Wärmequelle zum Fugen- und Spaltloten. Das Lot wird angesetzt. Das Verfahren läßt sich mechanisieren. Für Massenfertigung gibt es gasbeheizte Vorrichtungen und Lötmaschinen mit Flammenfeldern. Beim *Ofenlöten* werden die Teile mit eingelegtem Lot im Ofen erwärmt. An schweren Werkstücken werden große Lotflächen diskontinuierlich im Kammer-, Schacht- oder Haubenofen gelötet. Kleinere Massenartikel werden im Durchlaufofen wirtschaftlich gefertigt. Verzug- und Warmespannungen bleiben gering. Schutzgas- oder Vakuumöfen sind elektrisch beheizt. Die Charge befindet sich in einer gasdichten Muffel. Auf Flußmittel kann dann verzichtet werden.

Das *Widerstandslöten* nutzt das Erwarmen durch elektrischen Strom. Er fließt durch das zu lötende Teil, bei Kontaktwiderstandserwärmung auch über die Lötstelle. Durch den höheren Übergangswiderstand wird dann die Wärme bevorzugt an der Lötfläche erzeugt. Das Verfahren ist dem Widerstandspunktschweißen ähnlich. Beim *Induktionslöten* wird die Wärme im Werkstück durch induzierte mittel- oder hochfrequente Ströme erzeugt. Durch Form und Abstand der Induktoren muß die gesamte Lotstelle gleichzeitig auf Arbeitstemperatur gebracht werden. Bei großen Stückzahlen werden automatisch arbeitende Lotmaschinen eingesetzt.

Arbeitsverfahren für Weichlotverbindungen. Beim *Kolbenlöten* wird die Warme von Hand oder teilmechanisiert über elektrisch- oder gasbeheizte Lötkolben dem Werkstück zugefuhrt. Das *Blocklöten* wird vor allem bei dickeren Werkstucken eingesetzt. Sie werden auf elektrisch- oder gasbeheizten Blocken erwarmt. Beim *Tauch-* bzw. beim *Schwallöten* wird Lot in offenen Behaltern elektrisch erwärmt und in flüssigem Zustand gehalten. Das mit Flußmittel benetzte Werkstück wird in das Bad getaucht bzw. über die stehende Lotwelle gefuhrt. (Autokühler, Haushaltswaren bzw. gedruckte Schaltungen.) *Ultraschallöten* wird angewandt, wo Oxidschichten ein Löten verhindern (bei Aluminium, Silizium, Germanium). Die Lotstellen werden über Arbeitstemperatur erwarmt. Das Lot wird zugegeben. Mit einem stabformigen, im Ultraschallbereich schwingenden Lotgriffel werden die dunnen Oxidschichten an der Lotstelle zertrummert und eine Benetzung erreicht.

8.4.3 Schweißen

Schweißen bedeutet nach DIN 1910 Teil 1 das Vereinigen oder Beschichten von Werkstoffen unter Anwendung von Warme oder/und Druck ohne oder mit Zusatzwerkstoffen. Die Einteilung der Verfahren erfolgt hier nach: Zweck (Verbinden, Auftragen), Ablauf (Preß-, Schmelzschweißen) oder Art der Fertigung (von Hand, teil/vollmechanisch, automatisch). Die Verfahren sind in DIN 1910 Teil 2 übersichtlich dargestellt. Die Abgrenzung gegenüber anderen Fertigungs- oder Fügeverfahren z.B. Gießen, Schneiden, Löten, Kleben oder Nieten erfolgt meist durch die Beurteilung von Festigkeit, Betriebsverhalten und Wirtschaftlichkeit der Schweißverbindung.

8.4.3.1 Schweißbarkeit

Die Schweißbarkeit eines Bauteils wird nach DIN 8528 erklart durch drei Unterbegriffe:
a) Die *Schweißeignung* wird wesentlich beeinflußt von der chemischen Zusammensetzung der Werkstoffe. Auch das gewahlte Schweißverfahren bestimmt das Gefuge und damit die metallurgischen und physikalischen Eigenschaften.
b) Die *Schweißsicherheit* ergibt sich aus der konstruktiven Gestaltung, dem Beanspruchungszustand – Art und Große der Belastungs- und Eigenspannungen – und den Werkstoffeigenschaften.
c) Die *Schweißmöglichkeit* wird von der Konstruktion und der Fertigung beeinflußt, ist von den Schweißverfahren, der Vorbereitung, der Ausführung und der Nachbehandlung abhängig.

Die Schweißeignung der Werkstoffe. *Baustahle* nach DIN 17 100 weisen in der Gütegruppe 3 einen besonders niedrigen Phosphor- und Schwefelgehalt auf. Sie sind deshalb nicht alterungsanfällig und weniger durch Sprodbruch gefahrdet. Unberuhigt vergossene Qualitaten neigen eher zu Kornwachstum und Seigerung und dadurch zu Sprodbruch und Warmrissen. Nach der Warmumformung unbehandelte Stahlsorten konnen bei zu hohen Walzendtemperaturen ungünstige Gefugeausbildung aufweisen. Deshalb sind normalgegluhte Qualitaten vorzuziehen. Aus diesen Grunden ist die *Schweißeignung* am besten bei St 37-3, St 52-3, gut bei RSt 37-3, St 44-3, St 44-2, eingeschrankt bei St 37-2, USt 37-2. Vorwarmung und Nachbehandlung sind erforderlich bei St 50-2, St 60-2 (St 70-2 ist dennoch kaum schweißbar). Meist vorhanden jedoch nicht gewahrleistet ist die Schweißbarkeit bei St 33.

Niedrig legierte Stahle sind gut schweißbar, wenn ihr Kohlenstoffgehalt unter 0,22 %, ihr Phosphor- und Schwefelgehalt unter 0,06 % liegt. Die Schweißbarkeit wird durch Legierungselemente wie Chrom, Mangan und Nickel erschwert. Durch ein Kohlenstoffaquivalent

$$C_{aqu} = C + \frac{Mn}{6} + \frac{Cr}{5} + \frac{Mo}{4} + \frac{Ni}{15}$$

8.4 Fügen

kann die Aufhärtungsneigung nur etwa beschrieben werden. Liegt dieser Wert unter 0,4 % bzw. 0,6 %, so ist der Werkstoff gut bzw. bedingt schweißbar.

Feinkornbaustähle, vor allem mit höherer Streckgrenze, sollten schon von niedrigerer Grenzdicke an vorgewarmt werden. Zähigkeitsverluste infolge Aufhartung oder Grobkorn können außerdem durch Viellagenschweißen und mittlere Wärmeeinbringung vermindert werden.
Hochlegierte Stähle. Ferritische Stahle sind auf ca. 200 °C vorzuwarmen, auf geringe Warmezufuhr ist zu achten; der Zusatzwerkstoff sollte möglichst austenistisch sein. Besser schweißbar sind die *austenitischen Stahle*. Die 1 1/2-fache Warmedehnung und schlechtere Warmeleitfahigkeit führen jedoch zu hohen Spannungen und Verwerfungen. Vor allem bei Mischschweißungen kann mit dem Schaeffler-Diagramm das entstehende Gefüge vorherbestimmt werden. *Stahlguß* ist normalisiert schweißbar. Vorwärmen und späteres Spannungsarmglühen ist bei höheren Qualitäten erforderlich.
Grauguß. Bei Reparaturschweißungen sind aus der Naht Fett und Risse sorgfältig zu entfernen. Beim Kaltschweißen wird unter 350 °C vorgewärmt (geringe Wärmezufuhr) und moglichst geringer Kerndrahtdurchmesser und verformungsfähiger Zusatzwerkstoff verwendet. Beim Warmschweißen wird das Gußteil auf möglichst hohe Temperatur vorgewärmt (700 °C) und viel Wärme eingebracht. Weißer Temperguß ist stark randentkohlt schweißbar – schwarzer Temperguß nicht.
Aluminiumlegierungen. Hinderlich ist die hochschmelzende Oxidschicht Al_2O_3 (Schmelzpunkt 2050 °C). Heißrisse entstehen bei großen Erstarrungsintervallen, Kaltrisse durch starke Warmeschrumpfung. Gut schweißbar sind AlMg5, AlMg3 (bei 1 ... 2 % Mg Rißneigung), besser AlMgMn, AlMgSi1, AlMg3Si, AlZnMg1, evtl. mit Zirkon-Zusatz. Kupfer über 0,2 % erhöht die Rißbildungsgefahr (AlCuMg, AlZnMgCu). Beim Widerstandspunktschweißen ergeben sich geringe Elektrodenstandzahlen durch Anlegieren der Elektroden.

Schweißsicherheit. Die Schweißsicherheit erfordert bei der Konstruktion die Beachtung der *Gestaltungsgrundsätze*: Aufteilung in Baugruppen entsprechend den Fertigungsmöglichkeiten; *Nahtanordnung*: Nahtkreuzungen und -anhaufungen vermeiden, möglichst wenige und dünne Nahte, Naht moglichst nicht in Bereiche hoher Beanspruchung legen, stetiger Kraftfluß, keine Kerben, optimale Querschnittsformen, keine Steifigkeitssprünge, Bleche nicht in Dickenrichtung auf Zug beanspruchen. Die Schweißsicherheit hangt vom Beanspruchungszustand ab: Art, Größe, Verteilung der Spannungen im Bauteil, mehrachsiger Spannungszustand, Eigenspannungen, zeitlicher Verlauf der Beanspruchungen, Belastungsgeschwindigkeit, Einfluß der Temperatur, Korrosion. Die Sicherheit wird durch geeignete Prüfungen der Bauteile und Schweißverbindungen gewahrleistet. Dabei konnen sowohl die Belastungs- als auch die Eigenspannungszustände erfaßt werden.
Verformungs- und *Eigenspannungszustände* und ihre Entstehung sollen anhand einiger Beispiele vereinfacht dargestellt werden. Mit den räumlich und zeitlich sich ändernden Temperaturen beim Schweißen andern sich auch Gefügezustande, Werkstoffeigenschaften und -kennwerte (Bild 8.55).

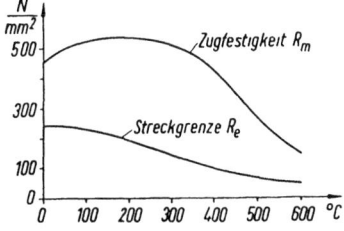

Bild 8.55
Zugfestigkeit und Streckgrenze eines Stahls bei hoheren Temperaturen.

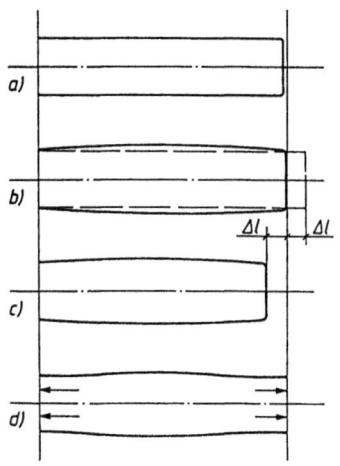

Bild 8.56
Freie und behinderte Schrumpfung nach behinderter Ausdehnung
a) einseitig fest eingespannter Stab,
b) ein Festanschlag verhindert bei Wärmeeinbringung eine Längenausdehnung,
c) Schrumpfung bei Abkühlung um den Stauchweg Δl,
d) ein beidseitig fest eingespannter Stab (Beispiel 2), wird bei der Abkühlung um den Stauchweg Δl gedehnt.

So treten etwa beim Fügen von Teilen mit unterschiedlichen Wärmeausdehnungszahlen während der Abkühlung zusätzliche Verzerrungen und Spannungen in einer Schweißnaht auf.

Beispiel 1: Bei einem einseitig fest eingespannten Stab (Bild 8.56) wird durch einen Festanschlag eine Ausdehnung Δl bei einer Wärmeeinbringung W verhindert. Diese verhinderte Wärmeausdehnung führt zu einer Stauchung Δl. Die jeweilige Stauchkraft hängt dabei von der jeweiligen Höhe der Warmstreckgrenze ab. Sie wird also bei Temperaturen über 400 °C bei Baustahl stark abfallen. Nach der Abkühlung ist der Stab ohne Längsspannung und um den Betrag Δl verkürzt (Bild 8 56c).

Beispiel 2: Bei einem beidseitig fest eingespannten Stab muß dagegen während der Abkühlung diese bleibende Stauchung Δl durch eine Verlängerung um den Betrag Δl wieder rückgängig gemacht werden. Dadurch stellt sich eine Zugkraft aus Zugeigenspannungen in Stablängsrichtung ein (Bild 8.56d).

Beispiel 3: Durch Flammrichten soll eine Platte mit der Form „1" im Bild 8.57 eine bleibende Krümmung, die Endform „4", erhalten. Bei kräftiger, punktförmiger Erwärmung an der Stelle

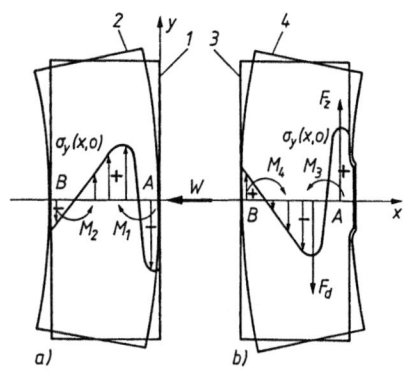

Bild 8.57
Flammrichten
a) Ausgangsform „1"
   Krümmung zur Form „2" bei Wärmeeinbringung W,
b) Rückformung zur Form „3" bei Erweichen des Werkstoffs bei A, Endform „4" nach Abkühlung.

8.4 Fügen

A bewirkt die einseitige Warmedehnung eine Krummung zur Form „2". Jedoch behindert die kalte Plattenseite bei B diese Ausdehnung. Deshalb entstehen Druck- und Zugkrafte bei A. Diese bilden ein Kraftepaar, das Moment M_1. Die elastische Krümmung bei B ruft eine Verteilung von Druck- und Zugspannungen hervor, deren resultierendes Kraftepaar das Moment M_2 und damit Gleichgewicht zu M_1 herstellt. Die gezeichneten Druck- und Zugspannungen steigen mit der Temperatur an der Stelle A zunachst an. Nach Überschreiten der Temperatur von etwa 400 °C fallt dem Bereich A die Warmstreckgrenze und damit die maximal mogliche Druckspannung deutlich ab. Die Kraftepaare und die Krümmung gehen entsprechend wieder zuruck. Der im Bereich A erweichte Werkstoff wird dabei bleibend quer abgeschoben, gestaucht. Die Form „2" geht in die Form „3" über. Nach Wegnahme der Warmequelle zieht sich der Werkstoff an der Stelle A zusammen. Die Wamrstreckgrenze steigt wieder an. Eine bleibende Ruckverformung wird dadurch behindert. So entstehen durch hohe elastische Zugspannungen im Querschnitt bei A die Zugkraft F_z und unmittelbar daneben die Druckkraft F_d. Sie bilden das Kräftepaar M_3 und damit die erwünschte, gekrümmte Form „4". Durch diese Krümmung entsteht im nicht erwarmten Teil B aus weiteren Druck- und Zugzonen das Kraftepaar M_4 und damit Gleichgewicht.

Beispiel 4: Zwei Platten werden durch eine Stumpfnaht zusammengefugt. Gesucht wird die Verteilung der Eigenspannungen in Schnittebenen quer und langs zur Naht. *Langsspannungen:* Wahrend des Schweißens laufen die Vorgange ahnlich ab wie im Beispiel 3. Nach dem Schweißen wird eine Schrumpfung der sich abkühlenden Naht durch das auf beiden Seiten kaltere Material behindert. Dadurch entstehen Zugspannungen in der Naht und Druckspannungen zu beiden Seiten im Grundwerkstoff. Krafte und Momente sind im Gleichgewicht. Die Entstehung der *Querspannungen* kann mit dem Überlagerungsprinzip veranschaulicht werden. Ihre Verteilung ist in Bild 8.58a dargestellt. Im Modellversuch werden zwei Plattenstreifen zuerst an der inneren Langskante, je für sich, durch den Schweißbrenner erwarmt. Sie werden sich, wie im Beispiel 3 erlautert, krümmen. Anschließend werden die beiden gekrummten Nahtflanken zur geraden Mittelnaht zusammengefügt. Dabei entstehen am Nahtbeginn und -ende jeweils Querdruck- sowie im Mittenbereich der Naht Querzugeigenspannungen (Bild 8.58b).

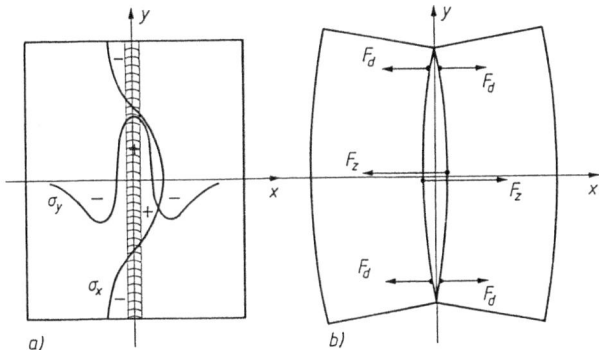

Bild 8.58 Schweißeigenspannungen in einem stumpf geschweißten Blech
a) Schematische Darstellung der Langs- und Querspannungen,
b) Modell zur Erlauterung der Querspannungen. Beim Zusammenfugen der durch Schweißwarme gekrummten Halften entstehen an den Nahtenden Druck- und in der Nahtmitte Zugspannungen.

Schweißmöglichkeit. Die *Schweißmöglichkeit* und -sicherheit sind um so besser, je weniger fertigungsbedingte Faktoren beim Entwurf der Konstruktion für einen bestimmten Werkstoff beachtet werden müssen. Sie hangt ab
- bei der *Vorbereitung* zum Schweißen je nach Schweißverfahren von der Nahtform (DIN 8551) und Stoßart (DIN 1912),
- bei der *Ausführung* der Schweißarbeiten von der Warmeführung, Warmeeinbringung und Schweißfolge,
- bei der *Nachbehandlung* vom Bearbeiten, Glühen oder Beizen.

Samtliche Planungsergebnisse können nach dem Merkblatt DVS 1610 dargestellt werden im:
- *Schweißplan*. Er enthält alle schweißtechnischen Angaben für die einwandfreie und wirtschaftliche Herstellung einer Schweißkonstruktion und kann daher auch als Kalkulationsgrundlage dienen.
- *Zuschnittplan*. Er bestimmt die wirtschaftliche Ausnutzung des Halbzeugs, Schnittanfang, -richtung und -ende unter Beachtung des geringsten Verzugs.
- *Heftplan*. Er ist meist im
- *Schweißfolgeplan* enthalten. Für die Aufstellung ist die Schweißaufsichtsperson (DIN 18 800 Teil 7 und DIN 8563) verantwortlich. Bild 8.59 zeigt ein praktisches Beispiel für die Gestaltung eines Schweiß- und Schweißfolgeplans. Im Schriftfeld dieser Pläne sind Angaben zu machen über Werkstoff, Schweißzusatzwerkstoffe (evtl. für die Kehl- und Stumpfnähte verschieden), Bezeichnung des Bauwerks, Benennung des Teils, Zeichnungsnummer, Maßstab, Grobmaße des Bauteils, Schweißplan- und -folgeplannummer, verantwortlicher Schweißfachingenieur. Die Einzelheit- und Zusammenbauzeichnungen enthalten die Angaben: Lfd. Nr., Arbeitsfolge, Nahtform und -dicke, Zahl der Schweißer (evtl. Prüfgruppe), Heft- und Schweißfolge (nach Skizze), Schweißverfahren (evtl. für Wurzel und Füllung verschieden), Bemerkung (evtl. Angaben über Vorwärmtemperaturen, Schrumpfzugaben, zu verwendende Vorrichtungen, Hinweise auf Konstruktionszeichnungen bzw. Schnitte oder Positionen usw.).
- *Prufplan*. Darin sind Prüfverfahren und Reihenfolge evtl. in besonderen Prüfblättern festgelegt.

8.4.3.2 Schmelzschweißverfahren

Gasschmelzschweißen. Das *Gasschmelzschweißen* ist ein Verfahren der Autogentechnik (DIN 8522). Der zum Fugen erforderliche Schmelzfluß entsteht durch Einwirkung einer Brenngas-Sauerstoff-Flamme. Der Schweißzusatzwerkstoff wird meist getrennt zugeführt. Für Eisenwerkstoffe wird als Brenngas Azetylen verwendet (Flammentemperatur 3150 °C). Azetylen entsteht im Entwickler aus Kalziumkarbid und Wasser. Es wird heute jedoch nicht mehr an der Verwendungsstelle erzeugt, sondern in Flaschen (Kennfarbe gelb) bezogen. Azetylen zerfällt bei 2 bar explosiv. Eine 40-ℓ-Flasche enthält 15 ℓ Azeton. Bei 1 bar löst 1 ℓ Azeton ca. 25 ℓ Azetylen. Bei 16 bar enthalt die Flasche ca. $15 \times 25 \times 16 = 6000$ ℓ Azetylen. Wegen der Gefahr des Mitreißens von Azeton ist die größte Gasentnahmemenge auf 1000 ℓ in der Stunde beschrankt. Fur große Brennereinsätze müssen also 2 oder mehr Flaschen zu einer Flaschenbatterie zusammengeschlossen werden. Die Sauerstoffflasche (Kennfarbe blau) enthält bei 50 ℓ Rauminhalt und einem Fulldruck von 200 bar etwa 10 m^3 Sauerstoff. Zur Verbrennung von 1 m^3 Azetylen sind 2,5 m^3 Sauerstoff erforderlich. Dem Brenner werden die Gase im Verhaltnis 1:1 zugefuhrt. Bei 1 m^3 Sauerstoff aus der Flasche werden also noch 1,5 m^3 Sauerstoff für die 2. Verbrennungsstufe der Raumluft entnommen (Bild 8.60). Die Hullflamme schutzt die Schmelze vor dem Luftsauerstoff, indem sie ihn verbraucht. Das Sauerstoffventil ist beim Zunden der Flamme zuerst zu offnen, beim Loschen zuletzt zu schließen. Für dunne Bleche ist das Nach-links- dem wirtschaftlicheren Nach-rechts-Schweißen vorzuziehen (Bild 8.61). (DVS-Merkblatt 0103: Azetylen-Entwickler, DVS-Merkblatt 0201 – 0207: Technische Gase für Schweißen.)

8.4 Fügen

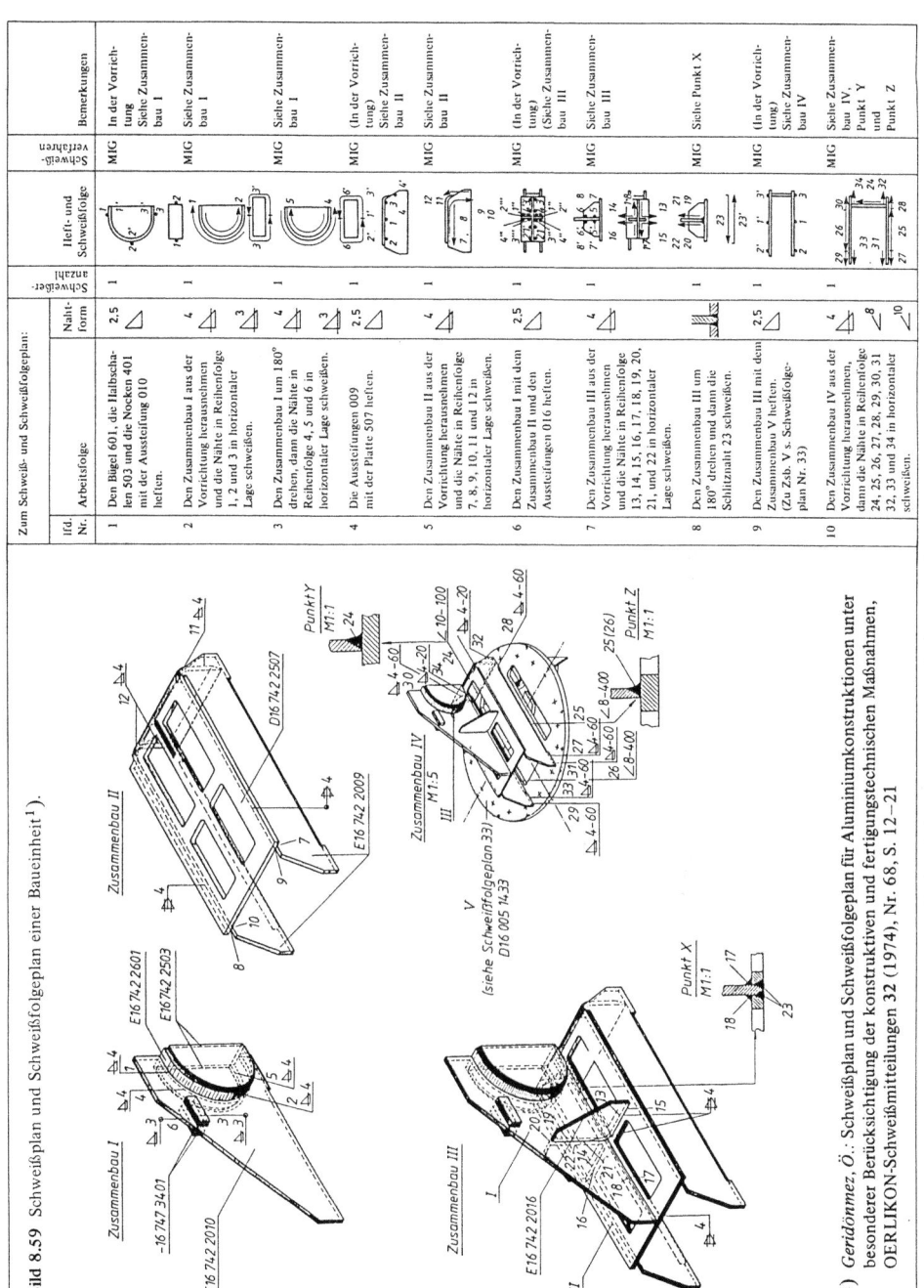

Bild 8.59 Schweißplan und Schweißfolgeplan einer Baueinheit[1]).

1) *Geridonmez, Ö.*: Schweißplan und Schweißfolgeplan für Aluminiumkonstruktionen unter besonderer Berücksichtigung der konstruktiven und fertigungstechnischen Maßnahmen, OERLIKON-Schweißmitteilungen 32 (1974), Nr. 68, S. 12–21

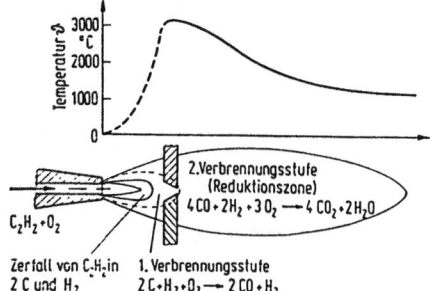

Bild 8.60 Reaktionen in der Flamme beim Gasschmelzschweißen.

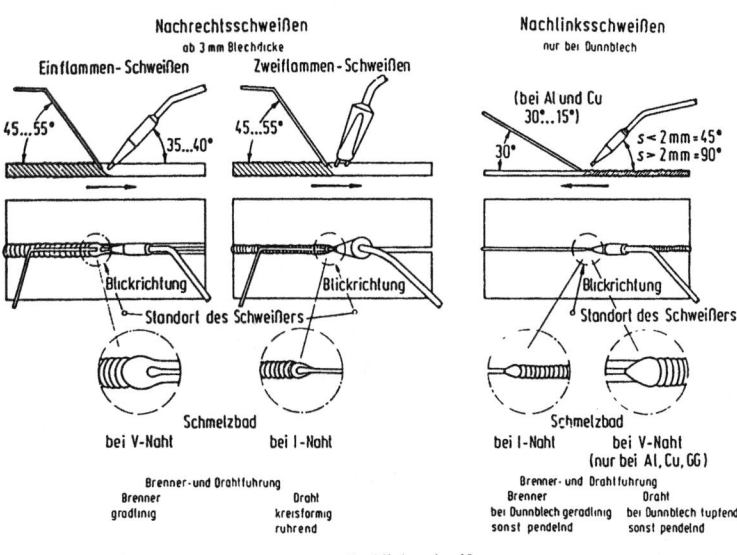

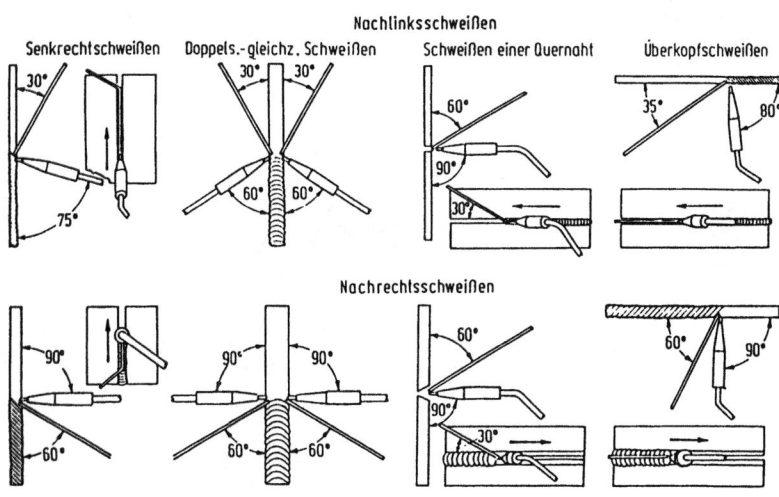

Bild 8.61 Technik des Gasschweißens.

8.4 Fügen

Lichtbogenhandschweißen. Der *Lichtbogen* brennt zwischen einer abschmelzenden Elektrode und dem Werkstück. Er entsteht durch Kurzschlußzünden. Die Ladungsträger werden automatisch erzeugt (selbständige Entladung). Der Werkstoffübergang beginnt mit dem Verdampfen der Elektrodenstirnseite. Tropfen kondensieren und werden aus der siedenden Schmelze herausgeschleudert und durch mechanische Bogenkräfte zum Werkstück übertragen – auch gegen die Schwerkraft. Schweißspannungen betragen 20 ... 40 V, die Stromstärken 50 ... 300 A. Trotz geringer Abschmelzleistung (maximal 1 ... 3 kg/h) ist es ein weit verbreitetes Verfahren. Handhabung und Geräte sind einfach. Die umhüllte Elektrode ist Zusatzwerkstoff, Schlackenbildner, Träger von Schutzgas, Ionisationsstoffen, Desoxidationsmitteln und Legierungselementen. Hieraus ergibt sich große Anpassungsfähigkeit an die unterschiedlichsten Bedingungen (Spaltüberbrückbarkeit, Schweißposition, Schweißgutanalysen, Festigkeitswerte – DIN 1913 und 8555 sowie Merkblatt DVS 0403).

Die *Polung der Elektroden* ist von der Umhüllung abhängig. Sie bestimmt die Abschmelzleistung oder den Einbrand. Die Elektrode liegt meist am Minus-Pol. Dadurch ergibt sich besseres Zünden und Halten des Bogens und eine höhere Abschmelzleistung. Bei kurzem Bogen sind die Raupen schmal und tief, die Schweißgeschwindigkeit und Abschmelzleistung hoher. Forderungen an die *Schweißstromquelle* sind: ungefährliche Leerlaufspannung, begrenzter Kurzschlußstrom, Unterdrückung von Stromspitzen und damit Spritzern beim Zünden, rasches Erreichen der Schweißspannung nach Kurzschluß zum Zünden und Halten des Lichtbogens, gute Einstellbarkeit der Stromstärke und eine steil abfallende statische Kennlinie $U = f(I)$. In Bild 8.62a ist der Kennlinienbereich eines Lichtbogens dargestellt. In Bild 8.62b ergibt sich der Arbeitspunkt A aus dem Schnittpunkt zwischen Lichtbogen- und Stromquellenkennlinie. Auch wenn sich Lichtbogenlänge und -spannung stark ändern, schwanken Stromstärke und damit Einbrand und Abschmelzleistung nur geringfügig. Das *Schweißen mit Gleichstrom* ist universell, die Polung wählbar, die Leerlaufspannung niedriger und ungefährlicher (für Behälterinnenschweißung). Die Blaswirkung, eine Ablenkung des Lichtbogens, erfordert ein Kurzhalten des Lichtbogens und Neigen der Elektrode. Beim *Schweißen mit Wechselstrom* sind Transformatoren billigere Stromquellen, der Wirkungsgrad ist besser, es sind jedoch nicht alle Elektroden verschweißbar.

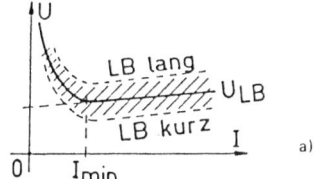
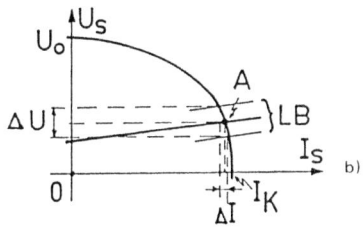

Bild 8.62
Kennlinien $U = f(I)$
a) Kennlinienbereich des Lichtbogens,
b) Steil abfallende Kennlinie einer Schweißstromquelle,

U_S Schweißspannung,
I_S Schweißstrom,
U_0 Leerlaufspannung,
I_K Kurzschlußstrom,
LB Lichtbogenbereich,
ΔU Spannungsänderung,
ΔI Stromänderung,
A Arbeitspunkt.

Unterpulverschweißen (UP). Der Lichtbogen brennt zwischen der endlos zugeführten Drahtelektrode und dem Werkstück unsichtbar unter lose aufgeschüttetem Pulver (Bild 8.63). Wie beim Lichtbogenhandschweißen sind Draht und Pulver (DIN 8557) auf die Schweißaufgabe abzustimmen. Geschweißt werden vor allem dicke Bleche aus un-, niedrig- und hochlegierten Stählen in Wannenlage, Horizontal- oder Querposition (quer für Rundnähte im Großbehälterbau). Die Abschmelzleistungen betragen bis zu 15 kg/h und mehr. Die Schweißgeschwindigkeit ist hoch. Für Auftragschweißungen werden anstelle von Draht auch Bandelektroden eingesetzt. Die Stromquellen sind Wechsel- und Gleichstromgerate (Pluspolung beim Fügen, Minuspolung beim Auftragen) fur Strome bis 1500 A und mehr. Das Schmelzbad kann vor dem Durchbrechen etwa durch eine Kupferschiene geschützt werden.

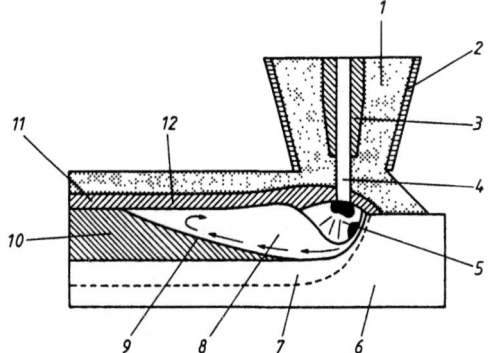

Bild 8.63
Entstehung der Naht beim UP-Schweißen
1 Schweißpulver,
2 Pulvertrichter,
3 Kontaktstucke,
4 Drahtelektrode,
5 Lichtbogen mit Tropfenubergang,
6 Grundwerkstoff,
7 Warmeeinflußzone,
8 Schmelzbad,
9 Erstarrungsfront,
10 Schweißnaht,
11 feste Schlacke,
12 flussige Schlacke.

Schutzgasschweißen. *Wolfram-Inertgas-Schweißen (WIG).* Der Lichtbogen brennt zwischen Wolframelektrode und Werkstück. Elektrode und Schweißbad werden vor der Luft durch Gas geschützt. *Schutzgas* ist meist Argon. Dünne Bleche werden ohne Zusatz geschweißt. Bei dicken Blechen kann Warme und Zusatzwerkstoff ahnlich wie beim Gasschweißen unabhängig voneinander zugeführt werden. Beruhrungsloses Zünden ist durch ein Hochfrequenzzündgerat möglich. Stahl und Nichteisenmetalle werden mit Gleichstrom (Elektrode am Minuspol) geschweißt. Die Nahte sind hochwertig, ohne Poren und Schlackeneinschlüsse. Eventuell muß auch die Nahtruckseite geschützt werden. Fur Aluminium- und Magnesiumwerkstoffe wird Wechselstrom verwendet. (Bei Gleichstromschweißung verhindert die Oxidschicht bei negativ gepolter Elektrode die Aufnahme des Tropfens. Bei positiv gepolter Elektrode reißt die Oxidhaut auf, die Elektrode wird jedoch überhitzt.)
Metall-Inertgasschweißen (MIG). Im Gegensatz zum WIG-Schweißen ist dies ein Hochleistungsverfahren. Anstelle der Wolfram-Elektrode wird der Zusatzdraht kontinuierlich zugeführt. Die Strombelastung betragt ca. 100 A/mm^2, die Abschmelzleistung bis zu 8 kg/h. Das Verfahren ist gut mechanisierbar, ergibt wenig Verzug, erfordert jedoch sorgfaltigere Nahtvorbereitung. Kurzlichtbogen wird bevorzugt für Dunnblech, Zwangslage und Spaltuberbruckung (Bild 8.64). Die Kennlinie der Stromquelle ist flach. Kleine Schwankungen der Lichtbogenlange und -spannung führen zu starker Änderung der Stromstarke und Abschmelzleistung. Dadurch wird die ursprüngliche Lichtbogenlänge bei konstantem Drahtvorschub rasch wiederhergestellt (innere Regelung).
Metall-Aktivgasschweißen (MAG). Zum Schweißen von unlegierten oder niedriglegierten Stählen kann teures Argon durch CO_2 (MAGC) oder Mischgas (MAGM) ersetzt werden. Wegen kleinem Schmelzbad, tiefem Einbrand ist es für Zwangslagen geeignet. Spritzerbildung kann durch ge-

8.4 Fügen

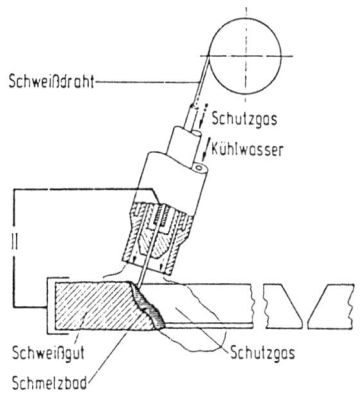

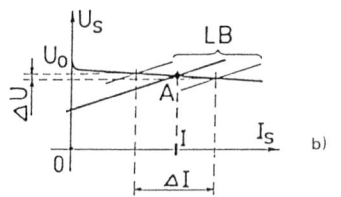

Bild 8.64
Metall-Schutzgasschweißen
a) Entstehung der Schweißnaht,
b) flache Kennlinie der Stromquelle (vgl. Bild 8.62),
U_S Schweißspannung,
I_S Schweißstrom,
U_0 Leerlaufspannung
LB Lichtbogenbereich,
ΔU Spannungsänderung,
ΔI Stromänderung,
A Arbeitspunkt,
I Schweißstrom von A.

eignete Stromquellen verringert werden. Der durch Dissoziation und Ionisation freigesetzte Sauerstoff macht Aluminium- und Kupferschweißungen unmöglich. Mit Fülldrahtelektroden kann die Abschmelzleistung erhöht werden. Durch eine bessere Flankenbenetzung und leichte Schlackenabdeckung wird außerdem die Schweißnahtgüte verbessert.

Plasmaschweißen. *Plasma* ist hier hocherhitztes Gas mit hohem Energieinhalt. Der nicht übertragene Lichtbogen brennt zwischen einer Wolframelektrode (minus) und einer Kupferdüse (plus). Die gekühlte Kupferdüse schnürt den Lichtbogen mit Druckgas ein. Der übertragene Lichtbogen wird durch den mit Hochfrequenz gezündeten Hilfslichtbogen erzeugt. Das Werkstück ist wie die Düse Anode (Bild 8.65). Neben dem Plasmagas (Argon) wird dem Brenner noch Schutzgas zugeführt und eventuell ein drittes, das Fokussiergas, das den Plasmastrahl außerhalb der Düse einschnüren soll. Der Plasmastrahl durchdringt das Werkstück an den Stoßkanten und

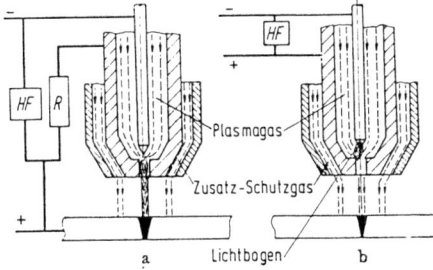

Bild 8.65
Plasmaschweißen
a) mit übertragenem Lichtbogen,
b) mit nicht übertragenem Lichtbogen.

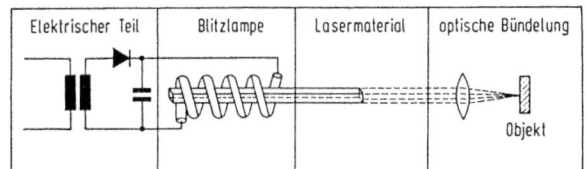

Bild 8.66 Schematischer Aufbau eines Lasers.

bildet ein Stichloch. Dahinter fließt der Werkstoff zusammen und bildet die Schweißnaht. Der Pilotlichtbogen beleuchtet schon vor Schweißbeginn die Schweißstelle. Der Lichtbogen ist konzentriert, stabil und weitgehend unabhangig vom Abstand. Der Einbrand ist tief, der Verzug gering, die Energiedichte und Schweißgeschwindigkeit sind hoch. Das Verfahren wird zum Schweißen von dicken Blechen im Stumpfstoß ohne oder mit Zusatzwerkstoff oder als Mikroplasmaschweißverfahren fur dünne Folien und kleinere Bauteile eingesetzt. Schweißbare Werkstoffe sind hochlegierte Stahle, Kupfer, Nickel, Titan, Sonderwerkstoffe. Aluminium wird mit Impulslichtbogen geschweißt.

Strahlschweißen. Vorteile der *Strahlschweißverfahren* sind: berührungsloser, gut steuer-, automatisier- und kontrollierbarer Fertigungsprozeß, neue Konstruktionsmöglichkeiten, geringe Wärmeeinbringung, geringer Verzug, umweltfreundlich. Nachteile: Hohe Investitionskosten, erhöhtes Spezialwissen, extreme Abkühlgeschwindigkeit, schwieriger Fehlernachweis.
Laserstrahlschweißen. Eine Xenon-Lampe bewirkt z.b. über einen Laserkristall (Rubin) eine Lichtverstarkung durch Anregung zur Strahlenemission (Bild 8.66). Die Schweißgeschwindigkeit ist hoch, ebenso die Leistungsdichte auf der weniger als 1 mm^2 großen Flache. Oxidation wird durch Argon-Schutzgas vermieden. Festkorperlaser mit Leistungen unter 1 kW werden fur metallische Werkstucke im Mikrobereich eingesetzt, CO_2-Gaslaser fur Metalle und Nichtmetalle im Makrobereich (unter 10 kW).
Elektronenstrahlschweißen. Aus einer Wolfram-Kathode austretende Elektronen werden durch Hochspannung (30 ... 150 kV) beschleunigt. Sie prallen scharf gebundet im Vakuum (10^{-4} bar) auf den Werkstoff. Schweißwarme entsteht durch Umwandlung dieser kinetischen Energie. Anlagenleistungen sind 3 ... 100 kW (Bild 8.67). Der Elektronenstrahl schmilzt nicht nur, sondern verdampft den Werkstoff. In diesem Dampfkanal dringen nachfolgende Elektronen in die Tiefe Die Nahte sind extrem tief im Verhaltnis zur Breite. Das Verfahren ist besonders für schweißempfindliche Werkstoffe (Titan, Zirkon, Beryllium) und Werkstoffkombinationen geeignet, aber auch fur elektronenstrahlschweißgerechte neuartige Konstruktionen, z.B. verzugsarmes Schweißen von Prazisionsteilen aus Aluminiumlegierungen oder Stahl. Problematisch konnen bei Dickblechschweißungen sein: Porenbildung, Schweißspalt, Zusatzwerkstoff.

Gießschmelzschweißen. Schmelzwarme wird durch Eingießen von flussigem Schweißzusatz in die eingeformte Schweißstelle ubertragen. Die Stoßflachen schmelzen an. Der Zusatzwerkstoff kann im Schmelzofen oder durch eine aluminothermische Reaktion geschmolzen werden. Beim Zwischengußverfahren oder Schienenschweißen (Bild 8.68) werden die mit einem Abstand ausgerichteten Stoßenden feuerfest eingeformt und auf 1000 °C vorgewarmt. Das pulverformige Gemisch aus Aluminium und Eisenoxid wird in einem Tiegel darüber gezündet und der flussige Thermitstahl in die Form gegossen. Nach der Erstarrung werden Einlauf und Schweißwulst noch rotwarm entfernt. Anwendung fur Schienen, Betonstahle mit und ohne Muffe, Rotorwellen, Walzen. Es konnen auch Aluminium- oder Kupferkabel geschweißt werden.

Elektroschlackeschweißen. Dieses Widerstandsschmelzschweißverfahren ist fur senkrechte Stumpfstoßnahte an dickwandigen Teilen aus un- oder niedriglegiertem Stahl (Mindestspaltbreite 25 mm)

8.4 Fügen   221

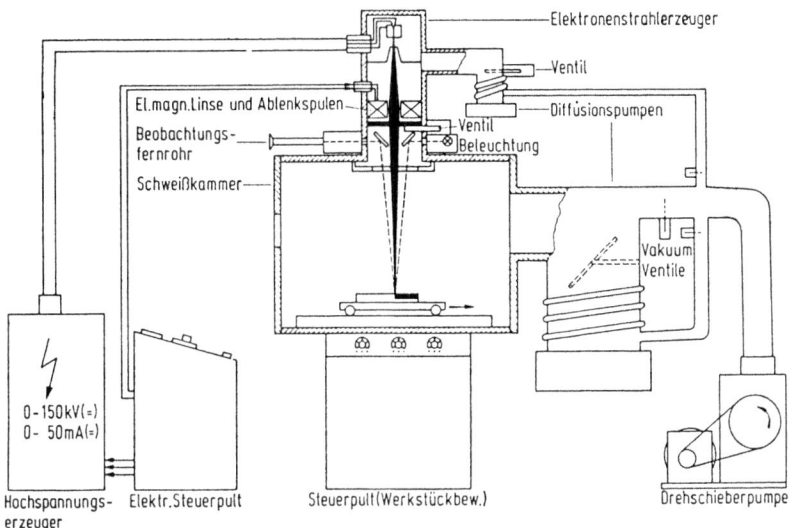

Bild 8.67 Elektronenstrahlschweißanlage.

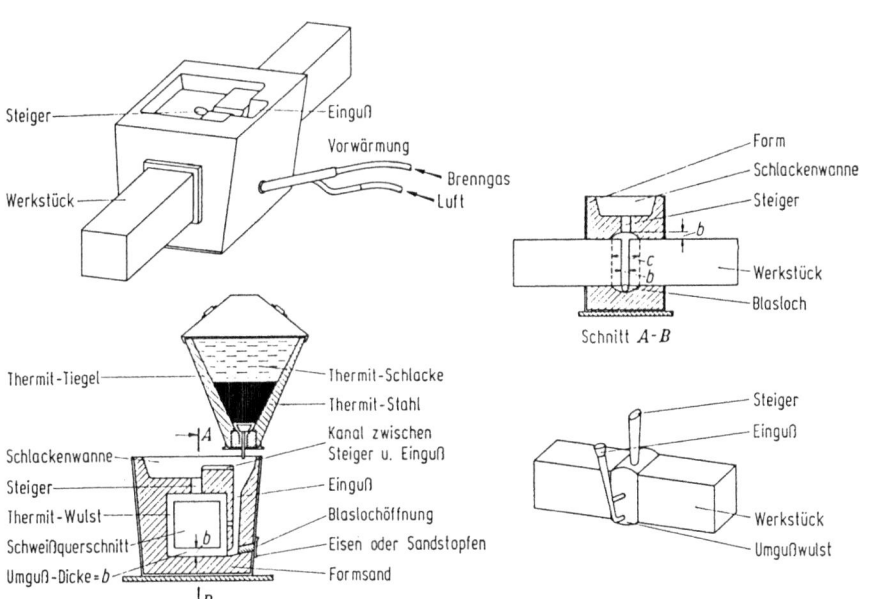

Bild 8.68 Aluminothermisches Gießschmelzschweißen.

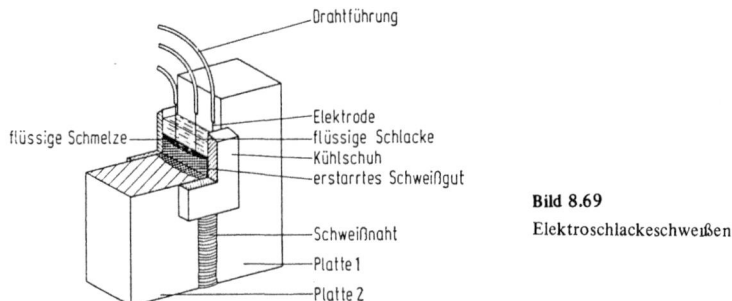

Bild 8.69
Elektroschlackeschweißen.

geeignet. Wassergekuhlte Kupfergleitbacken bilden zusammen mit den Stirnflachen eine Kammer, in der die Schweißnaht entsteht (Bild 8.69). Zum Schweißbeginn wird Pulver in der Kammer durch einen Lichtbogen zwischen dem von oben zugeführten Zusatzwerkstoff und dem Werkstück aufgeschmolzen. Der Lichtbogen erlischt, wenn die Drahtelektrode in die geschmolzene Schlacke eintaucht. Von nun ab wird der Zusatzdraht wie auch der Grundwerkstoff an der Stirnseite im widerstandserwarmten Schlackenbad aufgeschmolzen. Der Draht wird mit konstanter Geschwindigkeit nachgeschoben. Vorteile: Hohe Abschmelzleistung, einfache Nahtvorbereitung (die Fugenflanken konnen brenngeschnitten sein), langsames Erwarmen und Abkühlen, kaum Aufhartung, Risse und Poren. Nachteil: Gefahr der Grobkornbildung und niedriger Kerbschlagzahigkeitswerte. Es wird mit Gleich- oder Wechselstrom mit 1 bis 3 Drahtelektroden mit 3 mm Durchmesser und einer Stromdichte bis zu 80 A/mm^2 geschweißt. Die Abschmelzleistung betragt bis zu 20 kg/h, die Schweißgeschwindigkeit 1 m/h. Geeignete Wanddicken sind 20 ... 300 mm und mehr im Schiff-, Großbehalter- und Schwermaschinenbau.

8.4.3.3 Preßverbindungsschweißen

Gaspreßschweißen. Beim *Gaspreßschweißen* werden die Stumpfstoßenden z.b. von Rund- und Profilstaben oder Rohren mit oder ohne Stirnflachenabstand mit Ring- oder Flachenbrennern auf Temperaturen meist unterhalb der Soliduslinie erhitzt und dann axial meist hydraulisch gegeneinander gepreßt. Es entsteht ein Grat oder Wulst, je nach Stauchdruck und Erwarmungsgrad. Das Verfahren wird bei Stahlen, Kupfer- und Aluminiumlegierungen angewendet.

Lichtbogenpreßschweißen. Das *Lichtbogenbolzenschweißen* dient zum Bestiften von Platten und Rohren mit Lichtbogenschmelzwarme und Druck. Beim Verfahren mit Hubzundung werden Strom und Kraft mit einem Bolzenhalter in einer Hubvorrichtung ubertragen. Durch Beruhren und Abheben wird zwischen Bolzen und Werkstuck ein Lichtbogen gezundet. Nach der gewahlten Zeit wird der Bolzen in das Schmelzbad eingetaucht. Ein Keramikring konzentriert den Lichtbogen, halt die Atmosphare fern und begrenzt das Schweißbad. Beim Schweißen mit der Pistole werden Keramikring und Bolzen von Hand eingeführt, der Schweißvorgang wird vom Steuergerat ubernommen. Maximale Bolzendurchmesser sind je nach Schweißposition 14 ...25 mm. Es konnen bis zu 10 Bolzen pro Minute geschweißt werden, bei mechanisierten Anlagen bis zu 20 Bolzen pro Minute. Es werden Gleichstromquellen mit Bolzen am Minuspol verwendet. Aluminiumbolzen werden unter Rein-Argon verschweißt. Beim Verfahren mit Ringzundung bestimmt ein Ring die Distanz zwischen Bolzen und Werkstück. Beim Verfahren mit Spitzenzündung bestimmen die Abmessungen der Bolzenspitze den Schweißvorgang. Durch Kondensatorentladung entsteht bei Stromstarken von mehreren Kiloampere in wenigen Millisekunden ein flaches Schweißbad. Das Verfahren ist für Bolzen unter 8 mm, fur geringe mechanische Beanspruchung, für die Bestiftung von dunnen oder einseitig kunststoffbeschichteten Blechen geeignet.

8.4 Fügen

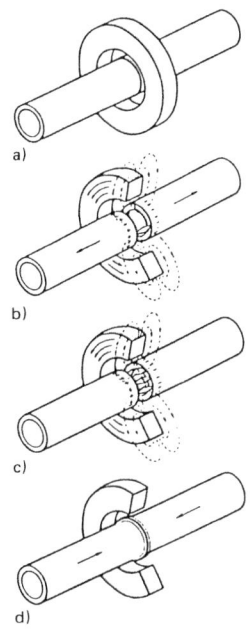

Bild 8.70
Preßschweißen unter Schutzgas mit magnetisch bewegtem Lichtbogen.
a) Die Werkstuckhalften beruhren sich innerhalb der Magnetspulen,
b) Magnetfeld, Schutzgas und Schweißstrom werden eingeschaltet, der Lichtbogen gezundet,
c) der rotierende Lichtbogen schmilzt die Werkstuckkanten rasch an,
d) die Werkstucke werden zusammengepreßt.

Das *Preßschweißen* unter Schutzgas mit magnetisch bewegtem Lichtbogen dient zum Fügen von dünnwandigen Rohren, Hohlwellen oder geschlossenen Hohlkorpern mit anderen Profilformen. Da kein Teil rotiert, wird eine hohe Fertigungsgenauigkeit erreicht. Die Schweißzeiten liegen meist unter 3 s. Der Energiebedarf ist gering. Die Verfahrensschritte sind im Bild 8.70 dargestellt.

Kaltpreßschweißen. Teile werden unter Druck ohne Warmezufuhr verbunden. Nur bei großer bleibender Verformung der vorgereinigten Schweißflachen (durch Spanen, Entfetten, Bursten) werden Fremdschichten (Oxide, Gase) aufreißen, die Metallflachen sich annahern und verbinden; durch „quasiflüssigen" Zustand oberflachennaher Atomschichten, durch ortlich begrenzte Deformationswarme und Rekristallisation. Geschweißt werden homogene weiche Metalle, Kupfer (Fahrdrahte für elektrische Bahnen), Aluminium-Kupfer- oder Silber-Kupfer-Leiter oder Kontaktverbindungen, Hülsen aus Verbundwerkstoffen z.B. Chromnickelstahle mit Aluminium, Tantal, Niob, Kupfer, Nickel. Beim Punktschweißen liegen die Mindestwerte für den Verformungsgrad über 70 %, beim Stumpfschweißen über 200 % für Aluminium- oder Kupferwerkstoffe. Durch die Kaltverformung ergeben sich verfestigte, sichere Verbindungen. Auch Rohre, Rundmaterial oder Napfe als Verbundwerkstoffe lassen sich durch gleichzeitigen Schweiß- und Formgebungsvorgang beim Ziehen oder Fließpressen durch ineinandergesteckte Rohre oder aufeinandergelegte Platinen durch einen Kaltpreßschweißvorgang herstellen.

Sprengschweißen. Dieses *Schockschweißverfahren* dient zum Verbinden von plattenförmigen Teilen durch schrägen, d.h. senkrechten und tangentialen Druck. Über die meist einseitig mit Sprengstoff beschichtete, meist schrag angestellte Platte kann nach dem Zunden eine Druckwelle mit einer Geschwindigkeit bis zu 7000 m/s fortschreiten. Die Auftreffgeschwindigkeit der Plattierung erreicht Werte bis zu 1000 m/s, der Druck bis zu 100 000 bar. Dadurch entsteht eine meist wellenförmige, vergrößerte Bindefläche. Im Kollisionspunkt reißen Oxidfilme und Trennschichten auf, und ein Materialstrahl tritt mit hoher Geschwindigkeit aus. Geschweißt werden in erster Linie großflächige Plattierungen, nichtrostende auf unlegierte Stahlbleche, Aluminium, Titan, Tantal auf Stahl, oder Kupfer mit Aluminium – auch Innensprengplattieren eines Rohres ist möglich. Größte geschweißte Flächen sind 30 ... 40 m².

Ultraschallschweißen. Das Verfahren dient zum Verbinden von Teilen durch mechanische Schwingungen im Ultraschallbereich unter geringem Druck. Die Schweißteile liegen auf dem feststehenden Amboß. Die Sonotrode übertragt tangentiale Schwingungen auf das Werkstück (4 ... 60 kHz). Sind die Anpreßkraft und die Amplitude der Relativbewegungen zwischen den Schweißflächen ausreichend groß, dann tritt Fließen ein. Schmutz-, Wasser- und Oxidfilme werden aufgerissen. Die Oberflächen, aufgeheizt und eingeebnet, nähern sich. Oberflächenbindekräfte werden wirksam. Die Aufheizung ist auf eine sehr dünne Schicht begrenzt. Geschweißt werden dünne Bleche oder Drähte (Dicke 0,004 ... 3 mm), auch auf wesentlich dickere Teile aus Eisen und Nichteisenmetallen, Kunststoffen, Glas, Keramik und Werkstoffkombinationen (DVS-Merkblatt 2802).

Reibschweißen. Das *Reibschweißen* dient zum Verbinden von Teilen durch Reibungswärme und Druck. In der Reibschweißmaschine führt meist ein Teil die Drehbewegung, das andere die Stauchbewegung zur Erzeugung des Anpreßdrucks aus. Beim konventionellen Reibschweißen wird das rotierende Teil bei Erreichen der Schweißtemperatur schlagartig gebremst und die Axialkraft erhöht. Drehzahl (500 ... 3000 U/min) und Stauchdruck (20 ... 100 N/mm²) sind weitgehend konstant. Die Reibzeit kann bis zu 100 s betragen. – Beim *Schwungradreibschweißen* werden die Teile durch Reibkräfte in weniger als 2 s abgebremst. Die Reibzeit ergibt sich, abhängig vom Werkstoff, aus Drehmasse, Drehzahl und Axialkraft. Schweißbar sind legierte und unlegierte Stähle, Grauguß, Sinterwerkstoffe, Nichteisenmetalle, auch Werkstoffkombinationen, Kunststoffe. Die Querschnittsformen der Teile müssen nicht deckungsgleich, aber eines muß möglichst rotationssymmetrisch sein (Bild 8.71). Geschweißte Wellendurchmesser 4 ... 100 mm, Rohre bis 250 mm (DVS-Merkblatt 2909).

Widerstandspreßschweißen. Das *Widerstandspreßschweißen* dient zum Verbinden von Teilen durch Stromwärme und Druck. Die erzeugte Wärmemenge ist $Q \sim R \cdot I^2 \cdot t$.

Preßstumpfschweißen. Die zu verbindenden Teile werden auf einer festen Maschinenseite und einem beweglichen Stauchschlitten eingespannt. Strom und Kraft werden von Spannbacken übertragen. Bei niedriger Stauchkraft wird die Stoßstelle durch den hohen Übergangswiderstand stärker erwärmt: Nach dem Erreichen der Schweißtemperatur wird unter Wulstbildung gestaucht (Bild 8.72). Die Schweißzeit wird durch einen Stauchwegschalter begrenzt. Das Verfahren wird selten und nur für kleinere, meist runde oder quadratische Querschnitte unter 150 mm² angewandt.

Abbrennstumpfschweißen. Die zu verbindenden Stoßflächen müssen nicht sauber geschnitten sein, jedoch in Form und Größe übereinstimmen (Bild 8.73). Durch wiederholtes Zurückfahren des Stauchschlittens wird die Vorwärmung gesteuert. Strom und Kraft fallen dabei ab. Den zeitlichen Verlauf der wichtigsten Einflußgrößen zeigt Bild 8.74. In der Abbrennphase wird an den Schmorkontaktstellen der Werkstoff teils geschmolzen, teils verdampft. Gestaucht wird, wenn die optimale Temperaturverteilung im Werkstück erreicht ist. Der Schweißgrat wird meist noch warm entfernt. Geschweißt werden auch große Querschnitte von Wellen, Rohren oder Schmiedeteilen: bei Stahl bis zu 40 000 mm² (mit Fehlern bis zu 100 000 mm²), Aluminiumlegierungen bis 15 000 mm², Kupferlegierungen bis 1500 mm², s. auch DIN 44 752 und DVS-Merkblatt 2901.

Punktschweißen. Schweißstrom und Kraft werden mit wassergekühlten Elektroden übertragen. Wärme entsteht im Sekundärkreis entsprechend dem örtlichen Widerstand. Querschnitte von

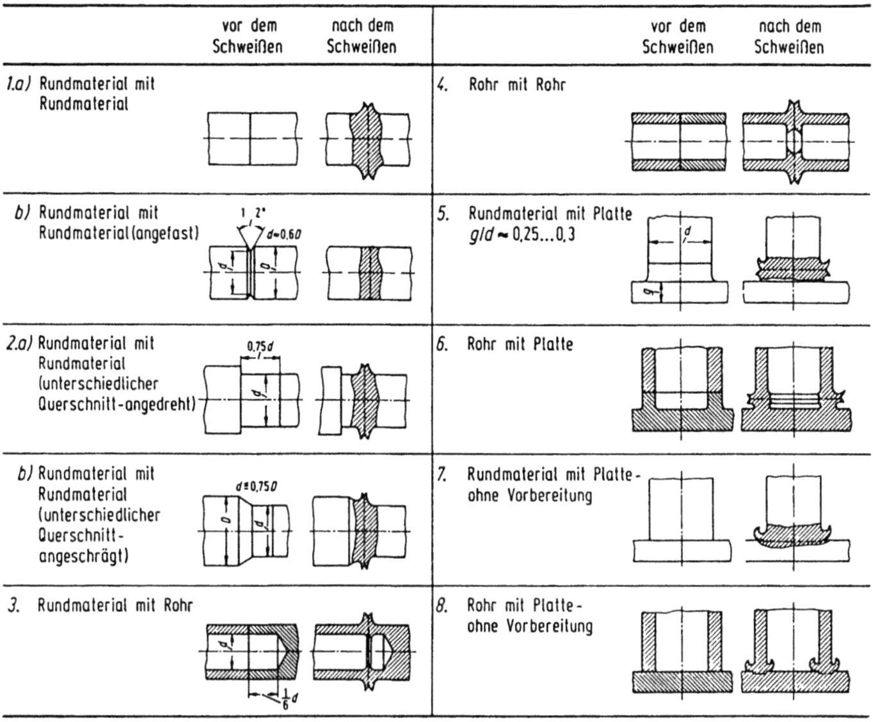

8.4 Fügen

	vor dem Schweißen	nach dem Schweißen			vor dem Schweißen	nach dem Schweißen
1.a) Rundmaterial mit Rundmaterial			4.	Rohr mit Rohr		
b) Rundmaterial mit Rundmaterial (angefast)			5.	Rundmaterial mit Platte $g/d \approx 0{,}25...0{,}3$		
2.a) Rundmaterial mit Rundmaterial (unterschiedlicher Querschnitt-angedreht)			6.	Rohr mit Platte		
b) Rundmaterial mit Rundmaterial (unterschiedlicher Querschnitt-angeschrägt)			7.	Rundmaterial mit Platte - ohne Vorbereitung		
3. Rundmaterial mit Rohr			8.	Rohr mit Platte - ohne Vorbereitung		

Bild 8.71 Verbindungsformen beim Reibschweißen.

Bild 8.72 Preßstumpfschweißen.

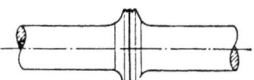

Bild 8.73 Abbrennstumpfschweißen.

Zuführungskabeln werden deshalb groß, Elektrodenkontaktflachen klein gewählt. Übergangs- und Stoffwiderstände im Schweißpunkt ändern sich während des Schweißvorgangs. Spannungen im Sekundärkreis betragen 4 ... 20 V, Schweißströme bis zu 100 kA. Der Strom wird durch Gasentladungsrohren (Ignitron) oder Thyristoren geschaltet und der Effektivwert durch Verschiebung des Zündzeitpunkts (Phasenanschnitt) stufenlos eingestellt. Nach Art der Elektrodenanordnung und Stromzufuhr unterscheidet man
- *einseitiges Punktschweißen*: meist in Vielpunktschweißmaschinen, wenn der Strom nur von einer Seite zugeführt werden kann. Durch Nebenschluß entstehen unsymmetrische Punkte (Bild 8.75).
- *zweiseitiges Punktschweißen*: in Punktschweißmaschinen, Schweißzangen, auch in Robotern, wo der Strom an beide Seiten über Elektroden an das Werkstuck geführt wird (Bild 8.76). Die

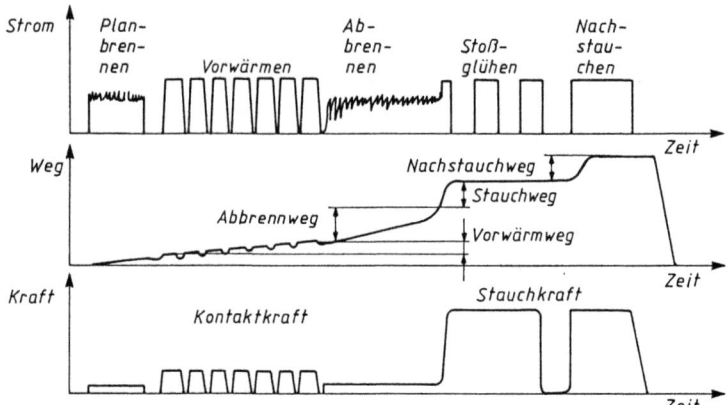

Bild 8.74 Zeitlicher Verlauf von Weg, Kraft und Strom beim Abbrennstumpfschweißen.

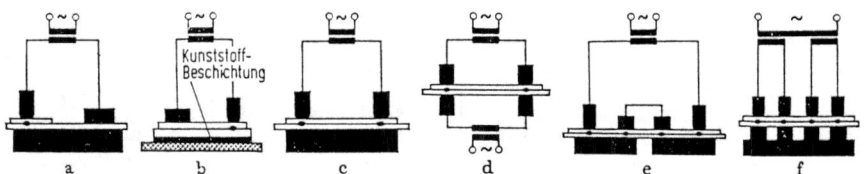

Bild 8.75 Einseitiges Punktschweißen.

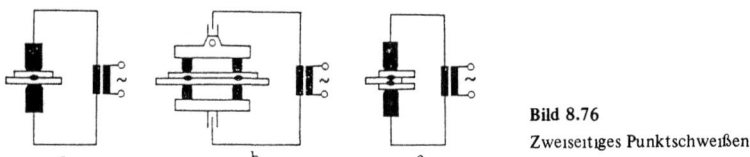

Bild 8.76 Zweiseitiges Punktschweißen.

Verbindungen sind im allgemeinen sicherer. Geschweißt werden meist kohlenstoffarme Stahlbleche, aber auch austenitische Stähle oder Stahlbleche mit Überzügen aus Zink, Zinn oder Blei. Die Standzeit der Elektroden aus Kupferlegierungen ist dann jedoch wesentlich geringer. Mit Einschränkungen lassen sich auch Aluminiumlegierungen und andere Nichteisenmetalle verschweißen. Siehe DIN 44 753 und DVS-Merkblätter 1603 ff., 2801, 2902, 2905, 2906.

Buckelschweißen. Strom und Kraft werden durch großflächige Elektroden dem Werkstück zugeführt (Bild 8.77). Eines der Werkstücke, bei unterschiedlicher Blechdicke das dickere, enthält mehrere eingeprägte Buckel (Bild 8.78). Strom und Kraft werden bei Beginn des Schweißvorgangs nur im Bereich der Buckel übertragen und dort zu Verbindungen führen, wobei die Buckel zurückverformt werden. Besonders bei großflächigen Verbindungen ist es schwierig, Kraft und

8.4 Fügen

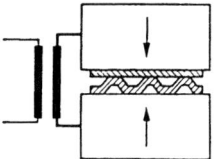

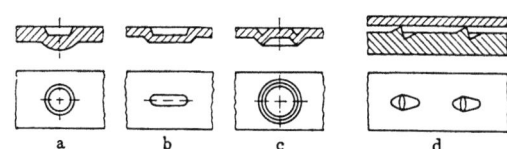

Bild 8.77 Buckelschweißen.

Bild 8.78 Übliche Buckelformen.

Strom gleichmäßig auf alle Punkte zu verteilen. Gegebenenfalls ist eine der Elektroden aufzuteilen. Das Massenfertigungsverfahren wird zum Schweißen von Schweißmuttern, Mutternkäfigen, Verstärkungsblechen eingesetzt, s. DVS-Merkblatt 2905.

Rollennahtschweißen. Kraft und Strom werden über Rollenelektroden zugeführt. Oft wird nur eine Rolle angetrieben und die Gegenrolle mitgeschleppt. Abhängig von der Umfangsgeschwindigkeit, der Strom- und Pausenzeit entstehen Rollenpunkt- oder Rollendichtnahte. Nur bei sehr dunnen Stahlblechen kann in jeder Halbwelle ein Schweißpunkt erzeugt werden. Dickere Bleche erfordern langere Schweißzeiten zum Aufschmelzen und.Pausenzeit zum Erstarren des Schweißpunktes durch Warmeabfuhr uber die Rollenelektroden. Als Schweißnahtbreite wird nach DVS-Merkblatt 2906 die doppelte Blechdicke plus 2 mm gewahlt. Bei Blechdicken unter 0,5 mm darf die Überlappungsbreite gleich der Nahtbreite gewählt werden. Bei dicken Blechen ist sie großer. Überlappungen vom 0,8- bis 1,5-fachen der Blechdicke führen zu Quetschnahten. Die Naht wird dann etwa auf Einzelblechdicke eingeebnet. Die scharfen Blechkanten führen jedoch nach kurzer Zeit zur Riefenbildung in den Rollen. Kräftige Spannvorrichtungen oder Heftpunkte sind erforderlich, um ein Verschieben der Bleche zu verhindern.

Beim *Foliennahtschweißen* wird ein- oder beidseitig zwischen Rollen und Werkstück ein Folienband zugefuhrt. Die mit kleinem Spalt stumpf gestoßenen Werkstucke verschweißen untereinander und mit dem Band. Vor allem bei oberflachenbeschichteten Blechen wird so eine Beruhrung und ein Anlegieren zwischen Elektrode und Überzug vermieden. Beim Rollnahtschweißen dünner, verzinnter Bleche kann zwischen Blech und Elektrodenrolle ein Kupferdraht zugeführt werden, der ebenfalls das Anlegieren der Elektrode verhindert und damit die Widerstandsverhaltnisse konstant halt. Punkt-, Buckel- und Nahtschweißmaschinen und wichtige Kenngroßen sind in DIN 44 753 beschrieben.

8.4.3.4 Beschichten: Auftragschweißen und thermisches Spritzen

Auftragschweißen. Das *Auftragschweißen* ist nach DIN 1912 Blatt 3 das Beschichten eines Werkstoffs durch Schweißen. Bei artgleichem Auftragwerkstoff dient die Auftragung zum Erganzen bzw. Vergroßern des Volumens (neue Form fur abgenutzte Teile), bei artfremden Auftragwerkstoff als Panzerung zum Schutz vor Verschleiß oder als Plattierung zum Schutz vor Korrosion oder Hitze oder als Pufferschicht, wenn damit Teile aus unterschiedlichen Werkstoffen verbunden werden konnen. Die Auftragschweißung besteht meist aus mehreren sich uberdeckenden Schweißraupen oder Schweißlagen. Das Verhaltnis von aufgeschmolzenem Grund- zum Zusatzwerkstoff soll moglichst gering sein. Geringe Abschmelzleistungen werden mit den schlecht automatisierbaren Gas-, Elektro- oder WIG-Verfahren erbracht, mittlere Abschmelzleistungen mit den gut automatisierbaren MIG- und MAG-Verfahren. Für Stahle werden vorzugsweise CO_2 und Fülldrahtelektroden verwendet. Diese werden z.T. auch ohne Schutzgas abgeschmolzen. Fullstoffe sind lichtbogenstabilisierend. Sie ermoglichen dadurch hohere Schweißleistung, aber auch Legierungselemente konnen auf diese Weise beigegeben werden. Durch Einsatz des Impulslichtbogens wird das Verhaltnis zwischen aufgeschmolzenem Grund- und Zusatzwerkstoff besser steuerbar.

Hohe Abschmelzleistung und gute Automatisierbarkeit zeichnen verschiedene *Unterpulver-* und *Plasmaschweißverfahren* aus. Spezielle Arbeitsverfahren fur das Auftragen sind:
Unterpulverschweißen mit Kaltdraht. Der Lichtbogen brennt zwischen der Drahtelektrode und dem Werkstück verdeckt unter dem lose aufgeschutteten Pulver. In den Lichtbogen wird ein Zusatzdraht stromlos zugefuhrt. Dadurch wird der Einbrand geringer, die Abschmelzleistung größer.
Unterpulverschweißen mit Bandelektrode ist ein wirtschaftliches Verfahren zum Beschichten großer Flachen. Man erhalt glatte Auftragoberflachen. Die Bandbreiten betragen bis zu 120 mm und mehr. Es sind Gleichstromquellen mit etwa 1200 A erforderlich. Die Abschmelzleistungen erreichen 20 kg/h, die Schweißgeschwindigkeiten 0,2 m/min. Bei weiteren Arbeitsverfahren wird z.b. eine Plattenelektrode parallel zur Werkstuckoberflache mitten in die Pulverschicht eingelegt und durch Kurzschluß am Ende gezundet, oder es wird zwischen 2 zugeführten Drahten ein Serienlichtbogen oder noch zusatzlich gegen das Werkstuck ein Drehstromlichtbogen erzeugt.
Plasma-Pulver-Auftragschweißen. Dem Plasmabrenner wird mit Fordergas Pulver zugefuhrt. Dieses wird im Pilotlichtbogen vorgewarmt, auf seinem Weg im Plasmastrahl verflussigt und feintropfig auf das leicht angeschmolzene Werkstück ubertragen. Die Auftragbreite von 3 ... 5 mm kann durch Pendeln auf 25 mm vergroßert werden. Es konnen auch sehr dünne Schichten ab 0,25 mm aufgetragen werden.
Plasma-Heißdraht-Auftragschweißen. Der pendelnde Plasmabrenner schmilzt das Werkstuck an. Zwei Heißdrahte, durch Widerstandserwarmung über eine zusatzliche Wechselstromquelle erhitzt, werden mitpendelnd dem Schmelzbad zugeführt. Der Plasmastrom beeinflußt die Einbrandtiefe, der Heißdrahtstrom die Abschmelzleistung. Die Plattierungsdicken betragen bis zu 7 mm, die Raupenbreiten bis 50 mm. Auftragwerkstoffe sind niedrig- und hochlegierte Stahle, Nickel- und Kupferlegierungen, Aluminiumbronze und verschleißfeste Legierungen. Die Auswahl des Zusatzwerkstoffs ist vom Grundwerkstoff, der Beanspruchungsart (Abrieb, Schlag, Korrosion) und Verschleißart abhangig.

Thermisches Spritzen. Die *Metallspritzverfahren* unterscheiden sich von den Auftragschweißverfahren durch eine im allgemeinen nicht angeschmolzene Werkstuckoberflache.
Flammspritzen. In der Brenngas-Sauerstofflamme einer Spritzpistole wird zu verspritzendes Metall geschmolzen und durch Preßluft auf den Grundwerkstoff geschleudert. Draht oder mit Hilfe von Tragergas auch pulverformige Stoffe werden in das Zentrum des Brenners geführt. Die Spritzpartikel, durch Schutzgas weitgehend vor Oxidation geschutzt, prallen auf den aufgerauhten Untergrund und verklammern sich beim Erkalten. Die Haftung und der Zusammenhalt des Spritzgutes sind verhaltnismaßig gering. Sie kommen z.B. durch Adhasion, mechanische Verklammerung, Diffusion und Verschweißung in Mikrobereichen zustande. Die Vorbereitung der Oberflachen durch Strahlen für das thermische Spritzen ist in DIN 8567 beschrieben.
Lichtbogenspritzen. Zwischen zwei der Pistole zugefuhrten Drahtelektroden wird der Lichtbogen gezundet. Die Schmelztropfen werden wie beim Flammspritzen durch Zerstaubergas auf die gestrahlten Werkstuckoberflachen geschleudert.
Plasmaspritzen. Der in einem Gas oder Gasgemisch brennende Lichtbogen erzeugt den Plasmastrahl mit hoher Temperatur und Geschwindigkeit. Dadurch lassen sich auch emfindliche Werkstoffe auftragen, die u.a. wegen ihres hohen Schmelzpunktes nicht flamm- oder lichtbogengespritzt werden konnen, z.B. Karbide, Oxide oder Cermets und die besonders dichte, besser haftende, temperaturbestandige, warmedammende oder verschleißfeste Überzuge ergeben. Eine Übersicht uber weitere Verfahren und Begriffserklarungen gibt DIN 32 530.

8.4.3.5 Thermisches Schneiden

Autogenes Brennschneiden. Das autogene Brennschneiden wird mit einer Brenngas-Sauerstoffflamme und Schneidsauerstoff ausgeführt. Der Werkstoff wird an der Schnittstelle auf Zündtemperatur erwarmt und dann im Schneidsauerstoffstrahl verbrannt. Das Verfahren läßt sich anwenden bei un- und niedriglegierten Stahlen, bei Titan, bei Werkstoffen, bei denen die Zünd- und Verbrennungstemperatur niedriger liegen als die Schmelztemperatur, die Schneidschlacke so dünnflüssig ist, daß sie vom Schneidsauerstoffstrahl ausgetrieben werden kann und die Verbrennungswarme ausreicht, um die in Schneidrichtung liegenden Werkstoffbereiche auf Entzundungstemperatur zu bringen. Bei Stahlen wird deshalb der Schneidvorgang mit steigenden Gehalten an Chrom, Kohlenstoff, Molybdan und Silizium erschwert. Hochlegierte Chromnickel- oder Siliziumstahle sind daher nicht brennschneidgeeignet. In der Schmelzschicht andert sich die Zusammensetzung. So reichert sich in der Schnittkante der Stähle z.B. der Kohlenstoff an. Damit nimmt die Neigung zu Aufhartung und Rißbildung zu. Dieser Gefahr kann durch Vorwarmen begegnet werden.

Hand- und *Maschinenschneidbrenner* werden als *Saug-* oder *Druckgasbrenner* in vielerlei Bauarten ausgefuhrt, als Zwei- oder Dreischlauchbrenner je nachdem, ob der Heizsauerstoff dem Schneidsauerstoff entnommen oder getrennt zugefuhrt wird, um Druckschwankungen zu vermeiden. Die Wirtschaftlichkeit des Verfahrens wird wesentlich von der Schneiddüse bestimmt. Liegen die Bohrungen für das Heizgas konzentrisch um die Schneidsauerstoffbohrung, dann können kurvenformige und eckige Schnitte ausgeführt werden, liegen sie hintereinander, dann sind nur geradlinige Schnitte moglich. Gleichmaßige Schnittgüte fordert konstanten Brennabstand und -vorschub. Sie wird durch Brennerwagen und Führungslineale oder durch exakte Steuerung und Brennerführung in Brennschneidanlagen (eventuell mehrere Brenner gleichzeitig) erreicht. Sehr wichtig für die Schweißnahtvorbereitung sind Mehrbrenneraggregate (Bild 8.79). Damit lassen sich V-, X-, Y- und sogar konkave Fugenflanken herstellen. Auch zur Herstellung von Rohrverschneidungen gibt es Einrichtungen. Schnittflachengüte und Formgenauigkeit machen oft eine Nachbearbeitung bei Formteilen z.B. bei Zahnradern unnotig. Schnittgüte und Genauigkeitsgrad können mit Hilfe der DIN 2310 vereinbart werden. Zu den Varianten des Brennschneidens zahlt:

- *Brennhobeln.* Der geringere Anteil des abzutragenden Werkstoffs wird verbrannt.
- *Brennfugen.* Der Werkstoff wird muldenformig abgetragen. Das Verfahren dient zum Freilegen und Ausarbeiten von Fehlstellen und Rissen oder Vorbereiten von Fugenflanken und Wurzelnahten.
- *Brennflammen.* Der Werkstoff wird schichtförmig abgetragen. Das Verfahren dient zum Schalen von Blöcken und Knuppeln.
- *Brennbohren.* In das metallische oder mineralische Werkstuck wird mit Hilfe einer im Sauerstoffstrom abbrennenden dickwandigen Stahlrohrlanze ein Loch „gebohrt". Zur Unterstützung der Verbrennung konnen auch Pulver zugefuhrt werden.

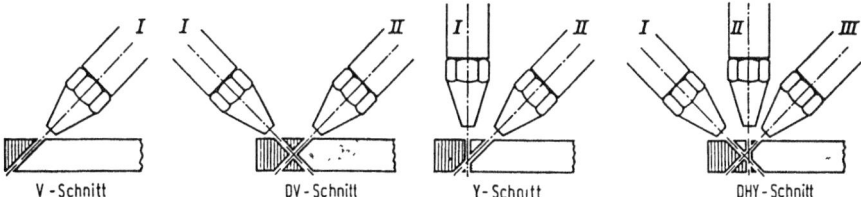

Bild 8.79 Schweißfugenvorbereitung durch Brennschneiden.

— *Unterwasserschneiden und -bohren. Autogenes Brennschneiden.* Das Verfahren unterscheidet sich nur durch einen zusätzlichen Druckluft- oder Sauerstoffschleier, mit dem das Wasser weggedrückt wird. Gezündet wird durch eine elektrische Zündvorrichtung oder über Wasser.

Schmelzschneidverfahren mit umhüllter Stabelektrode. Bei Verwendung von massiven Elektroden wird der Werkstoff im Lichtbogen geschmolzen und durch eine sägende Bewegung aus der Schnittfuge gestoßen. Das Wasser wird durch den sich im Lichtbogen bildenden Dampf ferngehalten. Bei Verwendung von umhüllten Hohlstabelektroden wird nach dem Zünden ein Sauerstoffstrahl auf die Schnittstelle geleitet. Der Werkstoff wird als flüssiges Oxid aus der Fuge geblasen.

Pulverbrennschneiden. Dem Schneidsauerstoffstrahl werden Salze, Sand oder Pulver rings um die Schneiddüse für Formschnitte oder aus einer vorauslaufenden Pulverdüse für Geradschnitte zugegeben. Eisenpulver ergeben durch zusätzliche Wärmeentwicklung dünnflüssigere Schlacke. Mit Flußmittelpulver werden hochschmelzende Oxide bei tieferer Temperatur leichter aus der Schnittfuge ausgetrieben. Das Verfahren ist auch zum Trennen von Beton anwendbar. Dann wird neben Eisen auch Aluminiumpulver zugeführt. Für hochlegierte Stähle, Nickel, Kupfer und Aluminiumlegierungen kann das Plasmaschneiden vorgezogen werden.

Plasmaschneiden. Schmelzbare Werkstoffe, vor allem jedoch Nichteisenmetalle, können durch die hohe Temperatur und Energie des Plasmastrahls geschnitten werden, vorwiegend mit dem übertragenen Lichtbogen, nichtleitende Stoffe jedoch nur mit dem nicht übertragenen (siehe Plasmaschweißen). Die Schneidgeschwindigkeit nimmt mit zunehmender Dicke rasch ab. Un- und niedriglegierte Stähle lassen sich deshalb nur bis zu etwa 20 mm Blechdicke wirtschaftlich schneiden, Nichteisenwerkstoffe bis zu Blechdicken über 100 mm. Als Plasmagas werden Gemische aus Argon, Wasserstoff und Stickstoff verwendet. Beim Wasserplasmaschneiden wird das zum Kühlen des Brenners verwendete Wasser in die Bogensäule gesprüht. Davon verdampft und dissoziiert ein Teil. Durch die tangentiale Zuführung entsteht ein asymmetrischer Schnitt und nur eine korrekte Flanke (Bild 8.80). In der Vornorm DIN 2310 Teil 4 über die Güte und Maßabweichungen ist der Schnittwinkel ein typischer neuer Begriff.

Plasmafugen. Beim von Hand geführten Brenner wird der Lichtbogen nicht übertragen, dagegen wird beim mechanischen Verfahren, für höhere Abtragleistung, der übertragene Lichtbogen eingesetzt.

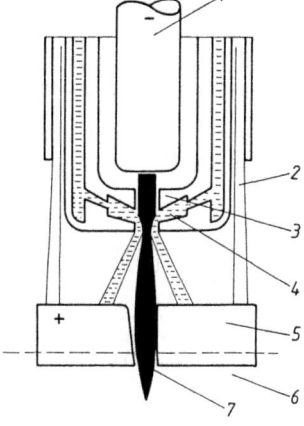

Bild 8.80
Plasma-Wasserschneidbrenner
1 Elektrode,
2 Wassermantel,
3 Düse,
4 Schneidwasserwirbelkammer,
5 Werkstück,
6 Wasserband,
7 Lichtbogen

Laserstrahlschneiden. Beim Schmelz- oder Sublimierschneiden wird der Werkstoff mit der Strahlenergie geschmolzen und mit einem Gas ausgetrieben, oder er wird verdampft. Beim Brennschneiden wird der Werkstoff mit der Strahlenergie auf Zündtemperatur gebracht und durch zugeführten Sauerstoff verbrannt. Für dünne Folien eignen sich Festkörperlaser, für größere Wanddicken CO_2-Laser mit Gasunterstützung. Schnittgüte und -geschwindigkeit sind hoch. Vielerlei Werkstoffe lassen sich schneiden.

8.5 Beschichten

8.5.1 Überblick

Nach DIN 8580 „Fertigungsverfahren − Einteilung" ist *„Beschichten ... das Aufbringen einer fest haftenden Schicht aus formlosem Stoff auf ein Werkstück".* Demnach umfaßt das Beschichten Überzüge aus metallischen, organischen sowie anorganisch nichtmetallischen Werkstoffen auf Werkstücken aller Art. Im Folgenden werden nur diejenigen Verfahren besprochen, die für die Veredlung metallischer Werkstücke üblich sind.

8.5.1.1 Funktion der Beschichtung

Metallische Werkstücke werden als Fertigprodukte oder in Form von Halbzeug (z.B. Band, Draht) mit Beschichtungen versehen. Im Vordergrund steht dabei die Absicht, den Konstruktionswerkstoff vor *korrosiven Einflüssen zu schützen.* Nahezu gleichbedeutend ist die *dekorative Aufgabe* einer Beschichtung, wobei Werkstücken ein ästhetisches Aussehen oder eine informative Funktion (Signalwirkung, Tarnung) verliehen wird.
Das *funktionelle Beschichten* ist ein weiterer, immer wichtigerer Fertigungsschritt. Die Kombination der zahlreichen Werkstückeigenschaften, die der Konstrukteur fordert, soll hier durch ein Verbundwerkstück erfüllt werden. Meist wird die notwendige Festigkeit des Werkstücks durch den Werkstoff und die Dimensionierung des Substrats gewährleistet, während die Schicht spezielle physikalische oder chemische Funktionen übernimmt. Beispiele für diese Schichteigenschaften sind geringe Reibung, hoher Verschleißwiderstand, elektrische Leitfähigkeit oder Isolierung, Reflexionserhöhung oder -erniedrigung. Chemische Beständigkeit bzw. Korrosionsschutz ist beim funktionellen Beschichten häufig eine zusätzliche Forderung.
Viele dieser Werkstückeigenschaften lassen sich nur durch den Verbund mehrerer Werkstoffe erzielen. Der wirtschaftliche Vorteil, der Einsatz „billiger" Grundwerkstoffe, ist ein zusätzlicher Gesichtspunkt.

8.5.1.2 Verfahrens- und Werkstoffübersicht

Wie schon angeführt, kommen als *Schichtwerkstoffe* die Metalle einschließlich zahlreicher Legierungen und Metallverbindungen (Oxide, Karbide usw.) in Betracht. Die zweite große Werkstoffgruppe umfaßt organische Stoffe (Lacke und Kunststoffbeschichtungen). Die dritte Gruppe betrifft anorganische, nichtmetallische Werkstoffe (Keramik, Glas usw.). Das Beschichten mit Dispersionen ist ein Beispiel für die zahlreichen Möglichkeiten weiterer Kombinationen (Diamantoder Siliziumeinlagerungen in Metallen, Metallpartikel in Lacken usw.).
Die *Verfahren zum Auftragen* dieser Werkstoffe werden entsprechend Tabelle 8.14 in Gruppen eingeteilt.

Tabelle 8.14 Gliederung der Beschichtungsverfahren (nach *Tuffentsammer*[1]))

Verfahrensgruppe	Beispiel
Beschichten	
aus dem flüssigen Zustand	Schmelztauchen, Lackieren
aus dem plastischen Zustand	Spachteln
aus dem breiigen Zustand	Verputzen
aus dem körnigen oder pulverformigen Zustand	Pulverbeschichten
durch Schweißen	Auftragschweißen
durch Loten	Auftragloten
durch Vakuumbedampfen und -bestauben	PVD, CVD
aus dem ionisierten Zustand	Galvanisieren

[1]) *Tuffentsammer, K.*: Zur Normung der Begriffe der Fertigungsverfahren. wt-Z. ind. Fertig. 76 (1986) 9, S. 517–520.

8.5.2 Metallschichten

Für den Maschinenbau sind metallische Überzüge hauptsächlich unter dem Gesichtspunkt des Korrosions- und des Verschleißschutzes von Interesse.

8.5.2.1 Aufdampfen und ähnliche Verfahren

Die *PVD-Verfahren* (Physical-Vapour-Deposition) haben eine rasche Entwicklung durchgemacht und kommen nun auch in größerem Umfang zu praktischem Einsatz. Folgende Verfahren gehören zu dieser Gruppe:
– Aufdampfen,
– Kathodenzerstäuben (Sputtern),
– Ionenplattieren.

Von Vorteil ist die Möglichkeit, nahezu alle Metalle rein oder als Legierung aufzutragen, wobei auch sehr hohe Schmelzpunkte der Schichtwerkstoffe kein Hindernis sind. Mit Zusatzeinrichtungen können auch Verbindungen wie SiO_2 oder TiO_2 aufgebracht werden. Nachteile sind relativ geringe Abscheideraten und hoher verfahrenstechnischer Aufwand, denn die Werkstücke sind in Vakuum- oder Hochvakuumkammern zu behandeln, wobei der Schichtwerkstoff durch direktes Erhitzen verdampft wird oder durch Einwirkung von Elektronenstrahlen oder Gasentladungsvorgängen aus einem Träger herausgelöst wird und sich durch Kondensation auf dem Werkstück niederschlägt. Der Einsatz der PVD-Verfahren nimmt insbesondere im Bereich der Elektronik und beim Verschleißschutz sehr stark zu; Werkzeuge für das Spanen (z.B. Bohrer, Schneidplättchen) sind heute schon häufig durch PVD-Verfahren veredelt oder mit *CVD-Verfahren* (Chemical-Vapour-Deposition) gegen Verschleiß geschützt. Beispiele für typische Schichtwerkstoffe sind Metallverbindungen wie Al_2O_3, WC, TiC, TiN und SiC. Bei CVD-Verfahren werden die Werkstücke in eine Reaktionskammer eingebracht und verschiedene Gase genau dosiert zugeführt. Die Reaktion der Gase mit dem erhitzten Werkstück führt zu den gewünschten Schichten und evtl. zu flüchtigen Nebenprodukten. Anwendungsbeispiele sind Extruderschnecken für die Kunststoffverarbeitung, Turbinen- und Pumpenbauteile sowie Siebe und Walzen in der Papier- und Textilherstellung bzw. -verarbeitung.

8.5 Beschichten

8.5.2.2 Schmelztauchen

Die Verfahren zum Aufbringen metallischer Schichten durch *Schmelztauchen* sind in allen Industriebereichen sehr verbreitet und werden meist nach dem aufgebrachten Metall benannt, z.B. Feuerverzinken, Feueraluminieren, Feuerverzinnen, Feuerverbleien. Voraussetzung für das Beschichten durch Schmelztauchen ist ein hoherer Schmelzpunkt des Substratwerkstoffs gegenüber dem des Überzugmaterials. Das Grundmaterial darf zudem im Überzugswerkstoff nicht leicht loslich sein. Die Werkstücke werden zunachst von Fetten und Oxiden befreit und dann durch Eintauchen in ein beheiztes Flußmittel benetzbar gemacht Anschließend werden die Werkstucke in die Schmelze des Schichtwerkstoffes getaucht. Temperatur, Tauchzeit und Zusammensetzung des Substrats bestimmen die Schichtdicke. Die Haftung der Schicht ist rein adhasiv, haufig kommt es jedoch zu einer Mischkristallbildung zwischen Substrat und Schicht. Reine Metalle werden nur selten aufgebracht, da Legierungen meist gunstigere Eigenschaften ergeben. Neben der Stuckgutbeschichtung bekommt die Bandveredlung zunehmende Bedeutung, wobei mit speziellen verfahrenstechnischen Maßnahmen auch einseitige Beschichtungen von Bandern erfolgreich durchgefuhrt werden.

8.5.2.3 Galvanisieren

Beim *Galvanisieren* werden Metalle und ihre Legierungen meist aus waßrigen Losungen abgeschieden. Die Werkstucke werden an Gestellen oder als Schuttgut in Trommeln bzw. Sieben in diese Losungen getaucht. Durch Anlegen einer elektrischen Spannung zwischen Kathode (Werkstuck) und Anode (Gegenelektrode) wird die Elektrolyse eingeleitet und die Metallabscheidung beginnt. Durch Variation der Verfahrensparameter (Elektrolytzusammensetzung, Temperatur, Stromdichte usw.) konnen die Schichteigenschaften entscheidend beeinflußt werden hinsichtlich Harte, Sprodigkeit, Verschleiß- und Korrosionsbestandigkeit sowie der Gleichmaßigkeit der Schichtdicke. Hilfsanoden und Blenden sind zusatzliche Maßnahmen zum Verbessern der Strom- und Schichtdickenverteilung.
Mehrschichtsysteme sind beim Galvanisieren ublich. Einerseits dienen die Grundschichten zum Erhohen der Haftfestigkeit (z.B. bei Gußgrundkorpern), andererseits zum Verbessern des Korrosionsschutzes. Für den Korrosionsschutz sind Schichtfolgen von Kupfer, Nickel und Chrom günstig (Dicke 10 ... 50 µm). Fur den Verschleißschutz ist eine dickere Chromschicht (100 ... 2000 µm) nutzlich (Hartchrom). Zinkschichten mit anschließender Chromatierung (Umwandlungsschicht) sind ebenfalls gunstig bei Korrosionsbeanspruchung, wobei zusatzlicher Schutz durch nachfolgende Lackierung moglich ist.
Elektrochemisches Beschichten ist auch ohne außere Stromquelle durchfuhrbar. Der Prozeß kommt durch ortliche, zeitlich wechselnde elektrochemische Elemente in Gang. Neben der Elektronikindustrie ist das Verfahren beim Korrosions- und Verschleißschutz verbreitet (z.B. chemisch Vernickeln). Vorteile sind sehr geringe örtliche Unterschiede der Schichtdicke, Nachteile die schwierigen Maßnahmen zum Konstanthalten der Verfahrensparameter, speziell der Elektrolytzusammensetzung.
Galvanisieren von Kunststoffen s. Abschnitt 9.5.2.2.

8.5.2.4 Thermisches Spritzen

Die Verfahren zum *thermischen Spritzen* sind in vielen Varianten im technischen Einsatz, um Schichten aus Metallen, Metalloxiden, -carbiden, -boriden, -silicaten und anderen Verbindungen aufzutragen. Beim *Schmelzbadspritzen* werden Legierungen mit niedrigen Schmelzpunkten (z.B. Zinn-Wismut-Legierungen) elektrisch beheizt zum Schmelzen gebracht und durch Druckluft zerstaubt auf das Werkstuck aufgetragen. Beim *Flammspritzen* wird Acetylen oder Wasserstoff verbrannt, um den draht- oder pulverförmigen Werkstoff zu schmelzen und durch die Gasströmung zum Werkstück zu transportieren. Das Beschichten erfolgt manuell oder automatisch mit Spritzpistolen. Große Werkstücke konnen im Freien, kleinere in speziellen Spritzkabinen beschichtet werden.

Das *Plasmaspritzen* erfolgt wegen des starkem Lärms ausschließlich automatisch. Es wird ein Plasmastrahl erzeugt, mit dessen hoher Temperatur praktisch jedes Material geschmolzen und damit als Schicht auf ein Werkstück aufgebracht werden kann. Durch Plasmaspritzen erzeugte Schichten werden hauptsachlich wegen der hohen thermischen und chemischen Bestandigkeit ausgewählt.

8.5.2.5 Weitere Verfahren

Auftragloten und *Auftragschweißen* sind Sonderverfahren, die in einzelnen Industriebereichen eingesetzt werden. Auftraglöten ist eine verbreitete Methode in der Elektronikindustrie, während Auftragschweißen hauptsachlich in der Verfahrenstechnik vorzufinden ist, um chemisch bestandige Werkstoffe in Vorrats- oder Reaktionsbehältern aufzutragen. Auch beim Verschleißschutz für Anlagen der mechanischen Verfahrenstechnik ist Auftragschweißen ein übliches Verfahren.

Für Schüttgut (Schrauben und ähnliches) eignet sich ein Verfahren zum Aufhämmern von Metallschichten, das *mechanische Plattieren*. Die Werkstücke werden zusammen mit kleinen Glaskugeln, dem Metallpulver (z.b. Zink) und einer wäßrigen Lösung in eine Trommel eingefüllt. Innerhalb von 20 ... 40 min wird das Metallpulver bei Rotation der Trommel auf die Werkstückoberfläche aufgehämmert.

8.5.3 Lackschichten

In der Lackiertechnik kommen organische Beschichtungsstoffe zur Anwendung. Verarbeitungsfertige Lacke werden üblicherweise in drei Hauptbestandteile aufgegliedert:
− Bindemittel (Harze und nichtflüchtige Hilfsstoffe),
− Pigmente (unlösliche Farbmittel),
− Lösemittel.

Die *Lösemittel* sind Hilfsstoffe, die nach dem Auftragen der Schicht ausgetrieben werden. *Pigmente* dienen dazu, dem fertigen Lackfilm das farbige Aussehen zu geben und haben außerdem einen Einfluß auf Deckvermögen, Trocknung, Haltbarkeit und teilweise auch auf den Korrosionsschutz („aktive Pigmente"). Klarlacke sind pigmentfrei. Außer Pigmenten und Füllstoffen besteht die fertige Lackschicht aus *Bindemittel*, das auch Weichmacher, Trockenstoff und andere Hilfsstoffe enthält. Das Bindemittel verbindet die Pigmentteilchen untereinander und mit dem Untergrund.

8.5.3.1 Streichen

Das Beschichten durch *Streichen* wird nur im handwerklichen Bereich, bei der Reparaturlackierung und in der Einzelfertigung eingesetzt. Dieses manuelle Auftragsverfahren mit Pinseln (Rund-, Flach- oder Ringpinsel) ist durch vergleichsweise schlechtes Aussehen der Lackoberflachen (nicht strukturfrei) gekennzeichnet.

8.5.3.2 Spritzen

Das bedeutendste Lackierverfahren ist das *Spritzen*. Flüssiges Lackmaterial wird mit mechanischen Kraften in unterschiedlicher Weise zerstaubt und dann auf dem zu lackierenden Gegenstand niedergeschlagen. Der Auftrag erfolgt manuell oder mit automatisch betätigten Spritzpistolen (einfache Hubgerate oder auch Spritzroboter mit bis zu sieben Achsen).
Bei den Zerstaubungsmechanismen unterscheidet man zahlreiche Varianten. Beim selten eingesetzen *Niederdruckspritzen* wird mit einem Gebläse ein Druck von 0,2 ... 0,5 bar zum Zerstauben erzeugt. Beim haufigsten Verfahren, dem *Hochdruckspritzen*, wird der Lack mit Luft von 2 ... 8 bar in feine Partikel zerteilt und zum Werkstuck beschleunigt. Die Anordnung der Lack- und Luftdusen an den Spritzpistolen ist sehr unterschiedlich und schematisch in Bild 8.81 dargestellt. Der zusatz-

8.5 Beschichten

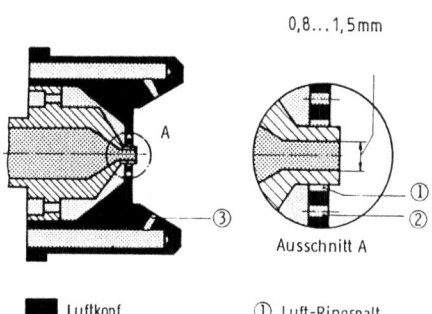

Bild 8.81
Düsen an Hochdruckspritzpistolen.

- ■ Luftkopf
- ▨ Lackdüse
- ▫ Druckluft
- ▨ Lackmaterial

① Luft-Ringspalt
② Luft-Steuerbohrung
③ Flachstrahlbohrung

liche Luftkopf enthält weitere Luftdüsen und dient einerseits zur feineren Zerstäubung und andererseits zur Ausbildung des charakteristischen Spritzstrahls (Rund- und Flachstrahl). Das Lackmaterial wird bei Becherpistolen aus Fließ-, Druck- oder Saugbechern zugeführt, während bei Anlagen für die Großserienfertigung der Lack aus großen Vorratsbehältern über Dosiereinrichtungen zu den Pistolen gepumpt wird. Das Hochdruckspritzen ist durch die universellen Anwendungsmöglichkeiten und das gute Aussehen der erzeugten Lackschichten gekennzeichnet. Nachteilig sind relativ hohe Verluste von Lackmaterial, das beim Spritzen am Objekt vorbeifliegt. Verlustärmer ist das *Höchstdruckspritzen*. Mit Kolben- oder Membranpumpen wird das Lackmaterial auf Drücke von 100 ... 250 bar gebracht und durch feine Düsen mit 0,15 ... 0,5 mm Durchmesser versprüht. Kombinationen von Höchst- und Hochdruckspritzen sind ebenfalls üblich. Der Materialdruck beträgt hier etwa 20 bar. Die Luft dient hauptsächlich der Eingrenzung des Spritzstrahls.
Beim *Heißspritzen* wird das Lackmaterial im Umlaufsystem oder in der Spritzpistole auf 70...80 °C erwärmt und dann nach dem Hoch- oder Niederdruckverfahren zerstäubt. Die hier verwendeten lösemittelärmeren Lacke bilden gegenüber üblichen Verfahren geringere Spritznebel.
Neben konventionellen, lösemittelhaltigen Lacken sind auch *Zweikomponenten-Materialien* im Einsatz, für deren Verarbeitung Spezialpistolen entwickelt wurden, die mit Doppeldüsen oder Innenmischkammern arbeiten. Wesentlicher Bestandteile solcher Anlagen sind die Dosiereinrichtungen für das richtige Mischungsverhältnis der beiden Komponenten.
Das Spritzlackieren kann durch *Anwendung elektrostatischer Effekte* wesentlich verbessert werden. Man erhält dadurch geringere Lackverluste und eine gleichmäßigere Beschichtung, auch an Werkstückstellen, die dem Sprühorgan abgewandt sind (Umgriff). Zwischen dem Zerstäuberaggregat und dem Werkstück liegt eine Hochspannung von etwa 100 kV. Dadurch werden die Lacktröpfchen elektrisch aufgeladen und erfahren längs den Feldlinien eine auf das Beschichtungsobjekt gerichtete Kraft. Faradaysche Käfige am Werkstück können dadurch nicht beschichtet werden. Jedes elektrostatische Spritzlackiersystem muß die Zerstäubung des Lacks in ausreichend kleine Tröpfchen gewährleisten, die Tröpfchen elektrostatisch aufladen und zum Beschichtungsobjekt transportieren.
Bei elektrostatischen Systemen werden konventionelle Zerstäubungsaggregate eingesetzt, bei denen der Lack innerhalb der Pistolen oder an außen liegenden Elektroden aufgeladen wird. Daneben existieren rein elektrostatische Zerstäubersysteme, bei denen das Lackmaterial an scharfen Kanten eines Spalts oder einer Scheibe bzw. Glocke (Drehzahl etwa 4000 min^{-1}) vorbeigeführt und aufgeladen wird. Diese Variante eignet sich nur für wenig profilierte Werkstücke. Zunehmende

Bedeutung haben die elektrostatischen Hochgeschwindigkeits-Rotationszerstauber, die ebenfalls mit Sprühscheiben bzw. -glocken arbeiten, die allerdings mit einer Drehzahl von 10 000 ... 70 000 min^{-1} rotieren. Die Lackzerstaubung erfolgt nahezu ausschließlich durch die Zentrifugalkräfte. Eine Ringluftstromung verleiht den senkrecht zur Beschichtungsrichtung wegfliegenden Lacktröpfchen einen Impuls zum Beschichtungsobjekt, das elektrische Feld ist jedoch fur den Partikeltransport maßgebend.

8.5.3.3 Tauchen und Elektrotauchlackieren

Das *Tauchlackieren* ist ein relativ verlustarmes Verfahren für Werkstücke mit maßigen Qualitatsanforderungen. Die Teile werden in ein Bad getaucht und wieder herausgezogen. Langsames Ein- und Austauchen ergibt eine gleichmaßige Schichtdicke. Das *Elektrotauchlackieren* wird nur in der Großserienfertigung, meist als Grundierung, angewendet. Spezielle Bindemittel und Pigmente sind in Form feinst verteilter Kolloide in Wasser dispergiert. Je nach Verfahren wird das Werkstuck als Anode (bei anodischem Tauchlackieren) oder als Kathode (bei kathodischem Tauchlackieren) geschaltet. Gegenelektroden sind an der Behalterwand angebracht (bei anodischem Tauchlackieren ist der Stahlbehalter meist die Gegenelektrode). Im elektrischen Feld wandern die Lackteilchen entlang den Stromlinien zum Werkstück und werden dort neutralisiert und abgeschieden. Nach dem Austauchen wird mit Wasser gespult und schließlich der Lackfilm eingebrannt. Wesentliches Kennzeichen des Elektrotauchlackierens ist die zeitlich unterschiedliche Stromlinienverteilung im Bad. Zunachst werden die Stellen hochster Stromdichte beschichtet. Der entstehende Lackfilm hat einen hohen elektrischen Widerstand und führt zu einer Feldverschiebung, bei ausreichender Prozeßdauer auch in Hohlraume des Werkstücks. Dadurch wird ein Korrosionsschutz erreicht, der außer durch konventionelles Tauchlackieren durch kein anderes Verfahren erzielt wird.

8.5.3.4 Pulverbeschichten

Ausgangspunkt *organischer Beschichtungen* konnen auch nahezu losemittelfreie, feinkornige *Pulver* sein, die beim Einbrennen zu einem geschlossenen Film vernetzen. Der Auftrag erfolgt beim *Wirbelsintern* aus fluidisiertem Zustand auf das erwarmte Objekt. Das Kunststoffpulver kann auch durch *Flammspritzen* mit einem Brenngas (z.B. Acetylen) aufgespritzt werden.

Üblich ist das *elektrostatische Pulverspruhen*, bei dem das Pulver an einer Spruhpistole elektrisch aufgeladen wird und entlang den Feldlinien zum Objekt wandert, wobei zwischen Pistole und Werkstück eine Hochspannung anliegt. Wie beim elektrostatischen Spritzen von Naßlacken ist auch hier die Beschichtung abgewandter Oberflachen moglich. Entscheidender Vorteil dieses Verfahrens ist die Moglichkeit, überschussiges Pulvermaterial abzusaugen, zu reinigen und dem Prozeß wieder zuzuführen.

8.5.3.5 Weitere Lackierverfahren

Große Werkstucke konnen durch *Fluten* lackiert werden. Mit speziellen Düsen wird ein Lackvorhang erzeugt, der über das Objekt bewegt wird. Überschüssiger Lack wird aufgefangen und dem Prozeß wieder zugegeben.

Kleine Teile in Großserien, die schüttfahig sind, können durch *Trommeln* oder *Zentrifugieren* beschichtet werden. Die Werkstücke werden in beiden Fallen in eine Trommel gefüllt. Bei drehender Trommel wird dann der Lack eingespruht und schlagt sich auf den standig wechselnden Oberflachen nieder. Im Gegensatz dazu wird beim Zentrifugieren die Trommel in ein Lackbad getaucht und nach dem Ausheben das uberschussige Material abgeschleudert.

Band- oder plattenförmiges Grundmaterial wird im allgemeinen durch *Walzen* oder *Gießen* lackiert. Diese Verfahren werden hauptsachlich eingesetzt fur lackiertes Bandmaterial, das spater z.b. zu Fassadenverkleidungen, Buromobeln oder Emballagen verarbeitet werden soll. Auch in der Holzverarbeitung (Mobel) sind diese Verfahren verbreitet.

8.5.3.6 Lacktrocknen

Die Mehrzahl der industriell eingesetzten Lacke muß nach dem Auftragen eingebrannt werden. Die gewünschten Eigenschaften werden nur erreicht, wenn je nach Lackzusammensetzung Temperaturen von 80 ... 200 °C auf das Objekt einwirken, damit die Vernetzung in vorgesehener Weise abläuft. Man benutzt im allgemeinen Umlufttrockner, die öl-, gas- oder elektrisch beheizt sind. Seltener sind Strahlungstrockner mit Infrarotstrahlen oder bei speziellen Lacksorten auch mit Ultraviolett- oder Elektronenstrahlen.

8.5.4 Weitere Schichtwerkstoffe und Verfahren

Das Beschichten mit Metalloxiden und anderen Metallverbindungen ist schon in den Abschnitten 8.5.2.1 bei den CVD-Verfahren und 8.5.2.4 beim Plasmaspritzen angeführt worden. Als weiteres, industriell bedeutsames Verfahren sei noch das Auftragen anorganischer, nichtmetallischer Schichten genannt. Hier ist insbesondere das *Emaillieren* von Bedeutung. Neben den traditionellen Anwendungen im Sanitärbereich ist Emaillieren zunehmend als konkurrierendes Verfahren zum Lackieren beim Beschichten von Gehäusen und anderen Bauteilen zu sehen, z.B. in der Hausgerateindustrie. Durch den Einsatz erdölunabhängiger Rohstoffe und geringe Schadstoffemissionen steigt die Bedeutung des Emaillierens. Die Verfahrensschritte sind ähnlich wie beim Lackieren. Auf entsprechend vorbehandelte Metallsubstrate, die teilweise zur Erhöhung der Haftfestigkeit außenstromlos vernickelt werden, wird die Emaillemasse durch Spritzen aufgetragen. Üblich ist auch das elektrostatische Emaillieren. Das anschließende Brennen erfolgt bei Temperaturen von etwa 830 °C.

8.5.5 Vor- und Nachbehandlungsverfahren

Alle Beschichtungsverfahren erfordern eine Vorbehandlung, mit der Schmutz, Oxide und Fette von der Oberfläche entfernt werden. Neben mechanischen Verfahren wie *Strahlen, Schleifen* usw. ist dem *Beizen* und *Entfetten* besondere Bedeutung beizumessen. Letzteres kann manuell durch Wischen mit lösemittelhaltigen Lappen oder automatisch durch Sprühen bzw. Tauchen oder im Lösemitteldampf erfolgen. Entfetten ist auch in schwachen Laugen möglich, unterstützt durch eine elektrolytische Gasentwicklung an der Werkstückoberfläche.

Vor dem Lackieren ist eine *Phosphatierung* nützlich zur Erhöhung der Haftfestigkeit und des Korrosionsschutzes. Oberflächennahe Bereiche des Werkstücks werden mit einer Spritz- oder Tauchbehandlung in entsprechende Metallphosphate umgewandelt, die im Mikrobereich eine stark strukturierte Oberfläche aufweisen. Der Umwandlungsprozeß wird durch Austauchen und Spülen mit Wasser gestoppt.

Als Nachbehandlung beim Beschichten kommen vor allem *Spülprozesse* beim elektrolytischen Metallabscheiden sowie beim Elektrotauchlackieren in Betracht. Zusätzliche Maßnahmen bei Metallschichten sind *Temperbehandlungen*, um bessere Eigenschaften des metallischen Verbundwerkstücks zu erhalten. Bei manchen Schichtwerkstoffen empfiehlt sich eine Stoffumwandlung an der Oberfläche, z.B. *Chromatieren* bei Zink zum Erhöhen des Korrosionsschutzes.

8.5.6 Beschichtungsgerechtes Konstruieren

Für alle Beschichtungsverfahren gibt es spezielle Gesichtspunkte, die bei der *Werkstückkonstruktion* zu beachten sind. Besonderen Einfluß hat die Werkstückgestalt auf die Schichtdickenverteilung. Während bei einigen Verfahren nur ebene Teile zulässig sind (Gießen, Walzen), können mit anderen auch profilierte Teile beschichtet werden. Dabei wird die örtliche Schichtdicke je nach Verfahren mehr oder weniger unterschiedlich. Bei den Verfahren mit Einwirkung elektrischer Felder sind besonders Hohlraume (Faradaysche Käfige) zu beachten. Ähnliches gilt, wenn bei Tauchverfahren das vollkommene Benetzen mit Flüssigkeit sowie das vollständige Entleeren beim Austauchen gewährleistet werden muß. Bei fast allen Verfahren sind scharfe Kanten ungünstig, weil entweder zuviel Schichtwerkstoff abgeschieden wird und daraus Passungsprobleme entstehen können (Galvanisieren), oder die Kante nur einen geringen Korrosionsschutz aufweist durch sehr geringe Schichtdicken („Kantenflucht" beim Lackieren). Die Verrundung von Werkstückkanten und eine geringe Tiefe von Sachlochbohrungen, Nutzen usw. bei großen Öffnungen sind für alle Beschichtungsverfahren günstig.

8.6 Blechverarbeitung (umformende Verfahren)

8.6.1 Verfahrensübersicht

Während das Blech selbst durch ein Verfahren des Druckumformens, Walzen (Abschnitt 8.2.5), als Halbzeug hergestellt wird, erfolgt seine Verarbeitung zu Einzelteilen nach dem Schneiden (Abschnitt 8.7) vor allem durch Verfahren des *Zugdruckumformens* (DIN 8584), *Zugumformens* (DIN 8585), teils auch durch *Biegeumformen* (DIN 8586) und *Schubumformen* (DIN 8587). Einige wichtige umformende Verfahren der Blechverarbeitung und ihre Zuordnung nach der überwiegenden Beanspruchung in der Umformzone nach DIN 8584 bis 8587 sind in den Bildern 8.82 und 8.83 wiedergegeben. Einzelne Werkzeuge bzw. Arbeitsgänge der Blechverarbeitung enthalten in der Praxis häufig mehrere dieser genormten Verfahren bzw. Umformvorgänge, die eine Kombination dieser Verfahren darstellen. Deshalb werden in der Betriebspraxis auch häufig die Begriffe *Ziehen* oder *Stanzen* als Sammelbegriffe für umformende Verfahren verwendet, ohne die Unterscheidungsmerkmale der Norm zu berücksichtigen. Die wichtigsten Dickenabmessungen liegen im Bereich der Feinbleche (Dicke unter 3 mm nach DIN 1541) und Mittelbleche (Dicke zwischen 3 mm und 4,75 mm nach DIN 1542).

8.6.2 Tiefziehen

Die Grundlagen dieses Verfahrens werden am Beispiel des Tiefziehens eines runden Napfes mit zylindrischer Wandung behandelt (Bild 8.84). Ausgangsteil ist die aus der Blechtafel ausgeschnittene ebene *Platine*, die in den Ziehring zentriert eingelegt wird. Beim Auslösen des Pressenhubes eilt der Niederhalter gegenüber dem Ziehstempel vor und erzeugt nach dem Aufsetzen auf die Platine im Ziehflansch den erforderlichen Niederhalterdruck. Dann setzt der Ziehstempel auf den späteren Boden des zu ziehenden Napfes auf und erzeugt die erforderliche Ziehkraft, die während der Umformung vom Boden des Napfes über die Napfwand in die eigentliche *Umformzone*, den Ziehflansch, übertragen wird. Dabei wird die Kreisringfläche zwischen d_0 und d_1 zur zylindrischen Wand des Napfes (*Zarge*) umgeformt. Unter der üblichen Annahme, daß die Blechdicke während der Umformung konstant bleibt, könnte ein Napf allein durch Hochklappen der Rechtecksegmente (6) entstehen. Da die Platine aber auch die Dreiecksegmente (7) enthält und diese nicht wie z.B. beim Basteln eines Papiernapfes herausgeschnitten werden, müssen sie während der Umformung verdrängt werden. Dadurch erklärt sich die zusätzliche *Druckbeanspruchung* im Ziehflansch, die einerseits *große Umformgrade* ermöglicht, zum anderen aber zum Ausknicken des Bleches (*Falten 1. Ordnung*) führen kann, was durch den Niederhalterdruck verhindert werden muß.

Ähnlich wie ein auf Druck belasteter schlanker Stab um so eher ausknickt, je kleiner sein Verhältnis von Trägheitsradius zur Länge ist, so ist auch die Neigung zur Faltenbildung beim Tiefziehen um so größer, je kleiner das Verhältnis von Blechdicke s_0 zum Platinendurchmesser d_0

8.6 Blechverarbeitung (umformende Verfahren)

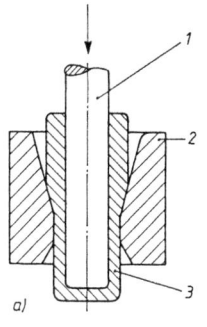
a)

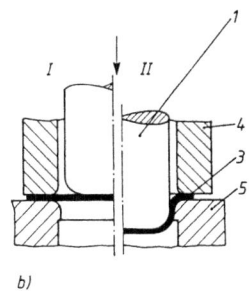
b)

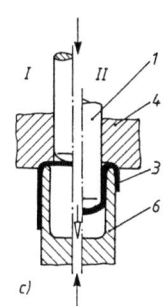
c)

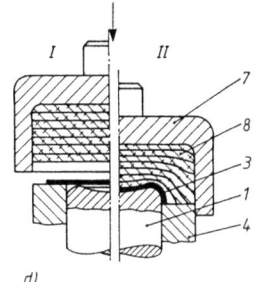
d)

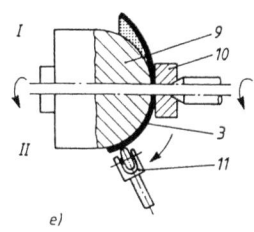
e)

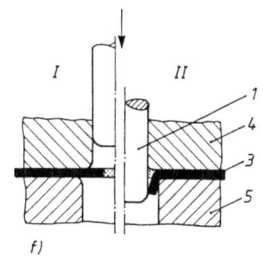
f)

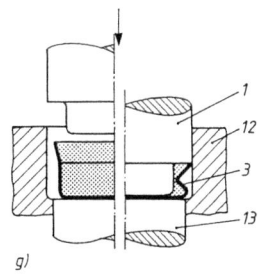
g)

Bild 8.82
Verfahren des Zugdruckumformens von Blech nach DIN 8584
a) Abstreckziehen,
b) Tiefziehen,
c) Stülpziehen,
d) Tiefziehen mit nachgiebigem Medium (Gummikissen),
e) Drücken,
f) Kragenziehen,
g) Knickbauschen,
I Ausgangsform,
II Zwischen- oder Endform
1 Stempel,
2 Abstreckring,
3 Werkstück,
4 Niederhalter,
5 Matrize (Ziehring),
6 Gegenstempel,
7 Koffer,
8 Gummikissen,
9 Druckform,
10 Gegenhalter,
11 Druckwalze,
12 Aufnehmer,
13 Ausstoßer.

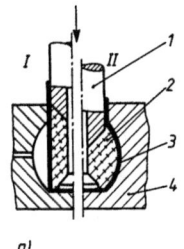
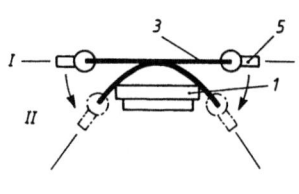

a)   b)

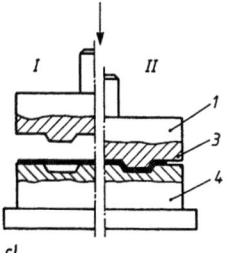
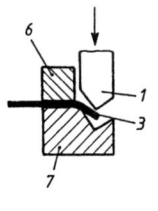

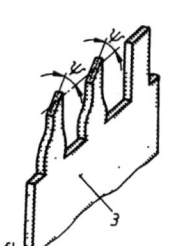

c)   d)

c)   e)   f)

Bild 8.83
Weitere Verfahren der Blechverarbeitung nach DIN 8585 bis 8587
a) bis c) Zugumformen,
d) Biegeumformen,
e) und f) Schubumformen.

a   Weiten mit Gummistempel,
b   Streckziehen,
c   Hohlprägen,
d   Gesenkbiegen,
e   Durchsetzen von Schweißbuckeln,
f   Verdrehen,

I   Ausgangsform,
II Zwischen- oder Endform,

1   Stempel,
2   Stempelkopf (Gummi),
3   Werkstück,
4   Matrize,
5   Spannzange,
6   Niederhalter,
7   Biegestock
8   Schweißbuckel.

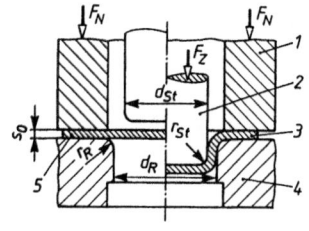

Bild 8.84
Tiefziehen eines kreiszylindrischen Napfs im Erstzug

1   Niederhalter,
2   Ziehstempel,
3   Werkstück,
4   Matrize (Ziehring),
5   Platine,
6   Rechtecksegmente,
7   Dreiecksegmente,
8   Boden
9   Zarge des fertigen Napfs,

F_N Niederhalterkraft,
F_Z Ziehkraft,
s_0 Ausgangsdicke,
s_1 Endblechdicke,
d_0 Durchmesser der Platine,
d_1 Durchmesser des Napfinneren,
d_{St} Durchmesser des Stempels,
d_R Durchmesser des Ziehringes,
r_R Ziehringradius,
r_{St} Stempelradius
h Höhe des fertigen Napfes.

8.6 Blechverarbeitung (umformende Verfahren)

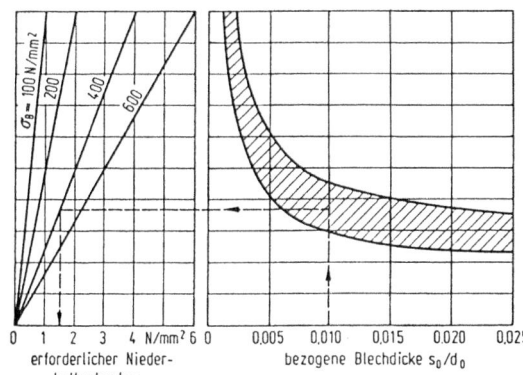

Bild 8.85
Erforderlicher Niederhalterdruck beim Tiefziehen im Erstzug für ein Ziehverhältnis von 2,0.

ist. Deshalb hängt der zur Vermeidung von Falten erforderliche *Niederhalterdruck* p_N von der bezogenen Blechdicke s_0/d_0 ab. Weitere Einflußgrößen sind die *Festigkeit des Bleches*, der *Umformgrad* (beim Tiefziehen ausgedrückt durch das weiter unten erläuterte *Ziehverhältnis*) und die weiteren Umformbedingungen wie z.B. die Reibung. In Bild 8.85 ist der erforderliche Niederhalterdruck in Abhängigkeit von diesen Einflußgrößen wiedergegeben.

Neben dem Werkstoffwiderstand gegen das Umformen im Ziehflansch treten beim Tiefziehen weitere Umformwiderstände auf:
– Reibung zwischen Ziehflansch und dem Niederhalter sowie Ziehring,
– Biegung um den Ziehringradius,
– Reibung am Ziehringradius.

Zur Erfassung auch dieser Einflußgrößen gibt es mehrere empirisch entwickelte *Näherungsformeln für die Gesamtziehkraft* F_z [8.9], [8.10], [8.11]. Eine davon lautet:

$$F_z = \pi \cdot (d_1 + s_0) \cdot 1{,}1 \cdot \frac{k_{fm}}{\eta_F} \left(\ln \frac{d_0}{d_1} - 0{,}25 \right)$$

mit η_F Umformwirkungsgrad = 0,5 für dünne und 0,7 für dicke Bleche. Eine weitere Vereinfachung ist durch die Näherungsformel $k_{fm} \approx 1{,}3 \cdot \sigma_B$ möglich.

Ein häufiger *Schadensfall* beim Tiefziehen ist der sogenannte *Bodenreißer*. Er tritt ein, wenn die zur Überwindung der gesamten Umform- und Reibungswiderstände erforderliche Ziehkraft F_z größer als die vom Napfboden zur Napfwandung übertragbare Kraft F_{BR} wird. Letztere kann überschlägig angegeben werden zu:

$$F_{BR} = \pi \cdot (d_1 + s_0) \cdot s_0 \cdot \sigma_B.$$

Setzt man F_{BR} mit der Gesamtziehkraft (für $\eta_F = 0{,}7$) gleich und löst nach dem maximal möglichen Verhältnis von d_0/d_1 auf, so erhält man

$$\left(\frac{d_0}{d_1} \right)_{max} = 2{,}1 = \beta_{max},$$

den Wert für das *Grenzziehverhältnis* β_{max}, der hier unabhängig vom Werkstoff und den geometrischen Größen zu 2,1 errechnet werden kann. Dies Grenzziehverhältnis wird durch alle Maßnahmen erhöht, die die Umformung im Flansch erleichtern (z.B. gute Schmierung am Flansch, ortliches Erwarmen des Flansches) bzw. eine Einschnurung am Napfboden verhindern (z.B. örtliches Aufrauhen der Stempelrundung).

Der Innendurchmesser d_1 ist durch die Konstruktionszeichnung des herzustellenden Napfes vorgegeben. Die *Bestimmung des Platinendurchmessers* d_0 folgt aus der gewünschten Napfhohe h. Hierbei wird angenommen, daß die Blechdicke des fertigen Napfes im arithmetischen Mittel so groß wie die Ausgangsblechdicke s_0 ist. Dann errechnet sich der Platinendurchmesser d_0 durch Oberflachenbilanz zwischen Platine und Innenoberflache des Napfes zu:

$$d_0 = \sqrt{d_1^2 + 4 \cdot d_1 \cdot h}.$$

Für andere geometrische Formen sind Berechnungsformeln fur diese Zuschnittsermittlung im Schrifttum, z.B. [8.9], angegeben.

Zur *Auslegung einzelner Ziehstufen* wird nach der Zuschnittsermittlung das *Gesamt-Ziehverhaltnis* $\beta_{ges.} = d_0/d_1$ errechnet und mit den Grenzziehverhaltnissen fur den betreffenden Werkstoff verglichen, eine Auswahl enthalt Tabelle 8.15. Die Anzahl der erforderlichen Tiefziehzüge ergibt sich durch Multiplikation der einzelnen Grenzziehverhaltnisse, bis das geforderte Gesamtziehverhaltnis übertroffen wird, nach

$$\beta_1 \cdot \beta_2 \cdot \beta_3 \ldots \geq \beta_{ges}.$$

Die nach dem *Erstzug* folgenden *Weiterzuge* werden durch konisches Einziehen des 1. Napfes mit großem Durchmesser auf einen kleinen Durchmesser nach Bild 8.86 durchgeführt. Auf einen Niederhalter kann hierbei haufig verzichtet werden, da das Blech durch das Gleiten uber die konische Zwischenform schon auf den Ziehring gepreßt wird. Ein Beispiel fur die Ziehabstufung eines hohen, schlanken Napfes gibt Bild 8.87 wieder.

Beim *Tiefziehen von konischen, parabolischen und kugeligen Teilen* kann das Blech in der Umformzone nicht vollstandig niedergehalten werden; zwischen Niederhalter und Stempel liegt es

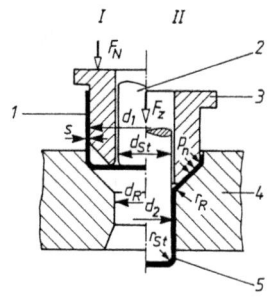

Bild 8.86
Weiterzug eines kreisrunden Napfes
I   Ausgangssituation,
II Zwischensituation,
1   Ausgangsform fur Weiterzug,
2   Stempel,
3   Niederhalter,
4   Matrize,
5   Endform.

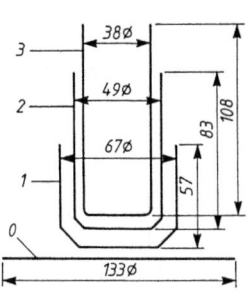

Bild 8.87
Ziehabstufung fur eine Hulse aus Aluminium
0   Platine,
1   nach 1. Zug,
2   nach 2. Zug,
3   nach 3. Zug.

8.6 Blechverarbeitung (umformende Verfahren)

Tabelle 8.15 Maximal erreichbare Grenzziehverhältnisse

Werkstoff	erreichbares Ziehverhältnis β_{max}					
	1. Zug	2. Zug nach Glühen	2. Zug ohne Glühen	3. Zug	4. Zug	5. Zug
Tiefziehstahlblech RR St 14 (für $s_0/d_0 = 0,01 \ldots 0,015$)	2,0	–	1,33	1,28	1,25	1,22
ferritischer Stahl X8Cr17	1,55	1,25	–	–	–	–
austenitischer Stahl X5CrNi18g	2,0	1,8	1,2	–	–	–
Aluminium Al99,5w	2,1	2,0	1,6	–	–	–
Al99,5 F 20	1,9	1,8	1,4	–	–	–
Aluminium-Legierung AlMgSi 1 w	2,05	1,9	1,4	–	–	–

frei (Bild 8.88). Auch in dieser freien Zone werden die Elemente von einem großen Durchmesser auf einen kleinen Durchmesser umgeformt. Es entstehen durch Volumenverdrangung auch dort Druckspannungen, die zur Bildung von *Falten 2. Ordnung* (im Gegensatz zu den *Falten 1. Ordnung* im Bereich des Niederhalters) führen. Diese Falten 2. Ordnung können vermieden werden, wenn die radiale Zugspannung erhöht wird. Wegen der gleichbleibenden Fließbedingungen (nach *Tresca* $k_f \leq \sigma_r + |\sigma_t|$) wird damit die tangentiale Druckspannung erniedrigt, im Bild 8.88 sogar in eine tangentiale Zugspannung umgewandelt. Maßnahmen zur *Zugspannungserhöhung*, die aber keine „Bodenreißer" zur Folge haben dürfen, sind:
– Erhöhung des Niederhalterdrucks p_N,
– Vergrößern des Platinendurchmessers d_0,
– Verwendung eines Ziehwulsts nach Bild 8.89.

Um diese Schwierigkeiten in der freien Zone zu vermeiden, verwendet man auch zylindrische Zwischenformen nach Bild 8.90 und bringt das Werkstück erst im letzten Zug auf seine kegelige

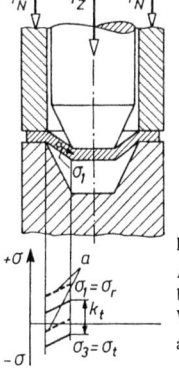

Bild 8.88
Anordnung und Spannungsverlauf beim Ziehen von konischen Werkstücken
a nach Zugspannungserhöhung.

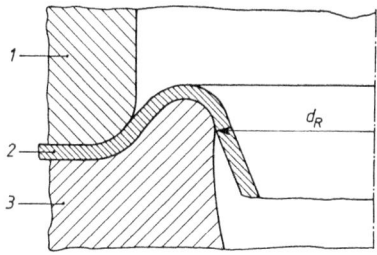

Bild 8.89 Beispiel für einen Ziehwulst
1 Niederhalter,
2 Blech,
3 Ziehring mit Ziehwulst.

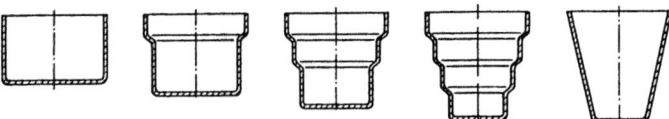

Bild 8.90 Zylindrische Zwischenzuge zur Herstellung eines konischen Napfes.

Gestalt. Durch Einschnurung des Werkstoffs an den jeweiligen Stempelrandungen der Zwischenformen, durch ortliches Aufdicken infolge der radialen Druckspannungen und durch elastisches Ruckfedern der Abstufungen nach dem letzten Zug erhalt man jedoch wellige und unregelmaßige Oberflachen, an deren Gute und Maßhaltigkeit keine hohen Anforderungen gestellt werden durfen.

Beim *Tiefziehen rechteckiger oder unregelmaßiger Teile* (im Querschnitt mit langen geraden Kanten und kleinen Radien) schafft man sich einen Ersatzkorper, der als Napf aus den kleinsten herzustellenden Rundungen zusammengesetzt ist (Bild 8.91). Nur fur diesen kreiszylindrischen Ersatznapf werden die Ziehabstufungen ausgelegt, wahrend man annimmt, daß die langen geraden Seitenwande durch Hochklappen entstehen. Durch die tatsachlich aber gemeinsam durchgefuhrte Umformung von Rundungen und Seitenwanden druckt der Werkstoff infolge tangentialer Druckspannungen auch in die geraden Seitenwande. Das Ergebnis sind haufig Wandbeulungen, sog. *Blubber*, die man durch ortliches Behindern des Werkstoffflusses mit Hilfe von Ziehleisten bzw. mit Hilfe entsprechend eintuschierter Niederhalter zu vermeiden sucht. Der Platinenzuschnitt dieser Teile wird durch Flachenausgleich zwischen den theoretisch abgeklappten langen Seitenwanden und den kurzen Viertelkreisen des Ersatznapfes ermittelt (Bild 8.92); grafische Zuschnittsbestimmung z.B. [8.12], [8.13]. Die Oberflache der Platine muß auch hierbei so groß wie die innere Oberflache des herzustellenden Ziehteils sein.

Beim *Tiefziehen hoher ovaler oder quadratischer Teile* werden fur die ersten Ziehstufen oft kreisrunde Zwischenformen gewahlt. Hierbei werden aus der wirklichen Oberflache A des Ziehteils äquivalente Durchmesser d' flachengleicher Kreise nach

$$d' = 2 \cdot \sqrt{A/\pi}$$

für den Stempel und den Zuschnitt eines flachengleichen kreisrunden Ersatznapfes errechnet und danach der Platinendurchmesser d_0 und die einzelnen Ziehstufen ausgelegt.

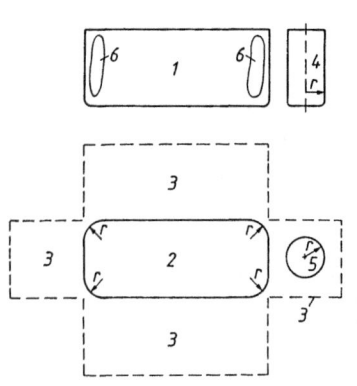

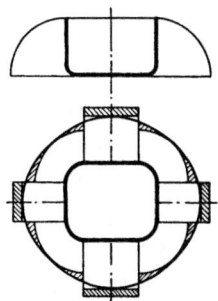

Bild 8.91 Runder Napf (**4** und **5**) als Ersatzmodell zur Auslegung eines rechteckigen Ziehteiles (**1** und **2**), **3** Zuschnitt, wenn das Werkstuck durch Hochklappen der Seitenwande hergestellt werden konnte, **6** Bereiche moglicher „Blubber".

Bild 8.92 Zuschnittsermittlung fur einen rechteckigen Napf durch Ausgleich der gestrichelten Flachen.

8.6 Blechverarbeitung (umformende Verfahren)

Bei der *konstruktiven Gestaltung* von Tiefziehteilen ist das Umformverhalten des jeweiligen Werkstoffes zu beachten, das durch das Grenzziehverhältnis erfaßt wird. Dieses wird u.a. stark durch die *Rundungen* an der unteren Stempelkante (Innenradius Boden zur Seitenwand) und dem Ziehring (Außenradius Seitenwand zum Ziehflansch) beeinflußt. Übliche Radien sind 6 bis 10 mal so groß wie die Blechdicke, wobei größere Werte größere Ziehverhältnisse ergeben, der Stempelradius aber größer als der Ziehringradius sein sollte. Weitere Hinweise enthalten die VDI-Richtlinie 3175 und das AWF-Blatt 5790.

8.6.3 Biegen

Einige Anwendungsmöglichkeiten des *Biegeumformens* nach DIN 8586 sind in den Bildern 8.93 und 8.94) angegeben. Die Eigenheiten dieses Verfahrens ergeben sich im wesentlichen aus dem *Spannungsverlauf* über den Querschnitt des Biegeteils, in Bild 8.95 dargestellt am Beispiel des querkraftfreien Biegens. Während der Umformung verlaufen die Spannungen von der Mitte hin zu den Randzonen des Biegeteils entsprechend der Spannungs-Dehnungs-Kennlinie des Werkstoffes und dem von außen wirkenden Biegemoment (zur Berechnung erforderlicher Biegemomente oder Biegekräfte siehe [8.10]). Hierbei werden nur in den oberen und unteren Randzonen die Fließgrenzen überschritten, während die mittlere Zone lediglich elastisch verformt wird. Die Umformung erfolgt also nur in den Randzonen. Nach der Umformung federt der nur elastisch verformte mittlere Bereich zurück. Als Gleichgewichtszustand stellt sich ein S-förmiger Spannungsverlauf ein, der die Bedingungen innere Normalkraft = 0 und inneres Moment = 0 erfüllt. Diese zurückbleibenden *Eigenspannungen* können bei anschließender Wärmebehandlung (Glühen, Schweißen) oder spanender Bearbeitung zu unerwünschter Formänderung der Bauteile führen und vermindern ihre Belastbarkeit.

Die Höhe der *Rückfederung* hängt ab von der *Fließgrenze* des Werkstoffes und vom *Biegehalbmesser* (Bild 8.96). Sie ist um so kleiner, je weicher der Werkstoff und je kleiner der Biegehalbmesser ist. Da die Umformung der Randzonen aber um so größer wird, je kleiner der Biegehalb-

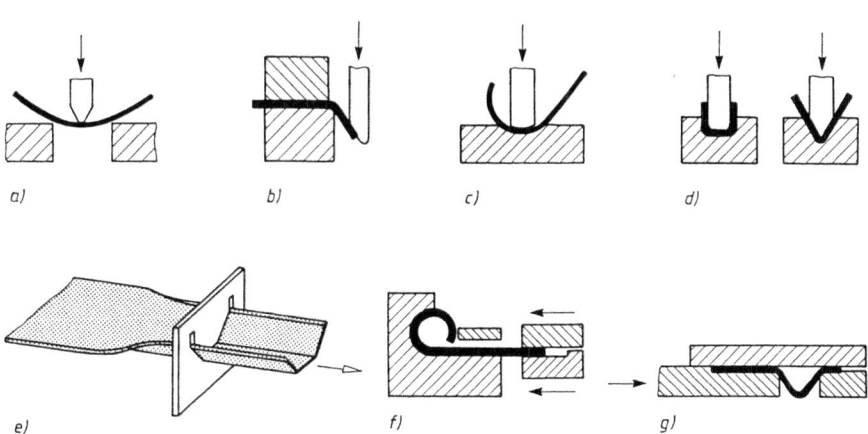

Bild 8.93 Biegeumformen mit geradliniger Werkzeugbewegung
a) und b) freies Biegen,   d) Gesenkbiegen,   f) Rollbiegen,
c) Gesenkrunden,   e) Gleitziehbiegen,   g) Knickbiegen.

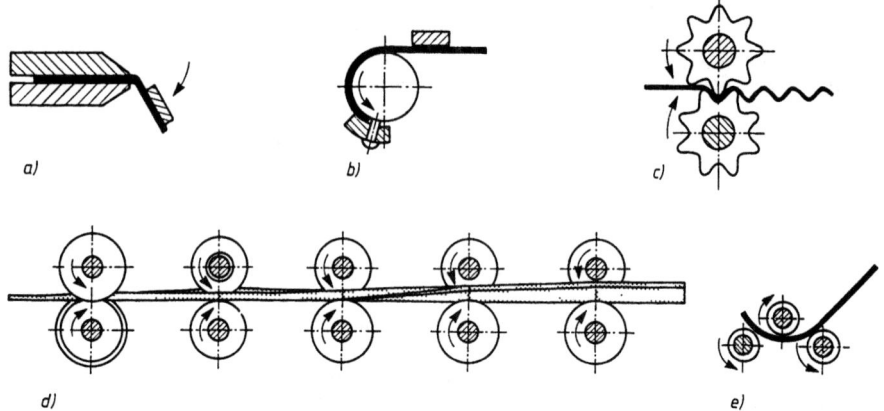

Bild 8.94 Giegeumformen mit drehender Werkzeugbewegung
a) Schwenkbiegen,
b) Rundbiegen,
c) Wellbiegen,
d) Walzprofilieren,
e) Walzrunden,
c), d), e) Walzbiegeverfahren.

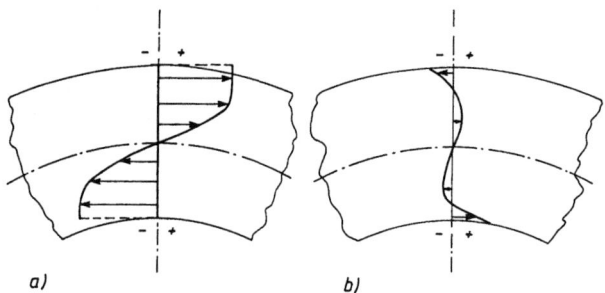

Bild 8.95 Spannungsverlauf über den Querschnitt beim querkraftfreien Biegen
a) während der Umformung,
b) zurückbleibende Eigenspannungen nach der Umformung.

messer ist, dürfen wegen der begrenzten Umformfähigkeit beim meist im kalten Zustand durchgeführten Biegen Mindestbiegehalbmesser nicht unterschritten werden.

Weitere Probleme beim Biegen können durch die *Randverformungen* auftreten (Bild 8.97), die erst bei Blechbreiten $> 20 \cdot s_0$ ihren Einfluß verlieren. Ebenso wie die Rückfederung können diese beim Gesenkbiegen durch Nachdrucken verringert werden.

Beim Biegeumformen werden die gestauchten Zonen dicker, die gedehnten Zonen dünner. Während der Umformung verlagert sich deshalb die ursprüngliche Biegeteilmitte nach außen. Dies führt zu kleineren *Zuschnittslängen*, als sich aus einer rein geometrischen Abwicklung errechnen ließe. Zuschnittsberechnungen sind z.B. in [8.10] angegeben.

8.6 Blechverarbeitung (umformende Verfahren)

Werkstoff	Ruckfederungsverhaltnis bei			Mindestbiegeradius r_i
	$r_{iR} = 1 \cdot s_0$	$r_{iR} = 4 \cdot s_0$	$r_{iR} = 40 \cdot s_0$	
Tiefziehblech	0,99	0,99	0,92	$0,5 \cdot s_0$
Aluminium (weich)	0,99	0,99	0,98	$0,6 \cdot s_0$
AlMgSi (ausgehartet)	0,98	0,94	0,67	$2,5 \cdot s_0$

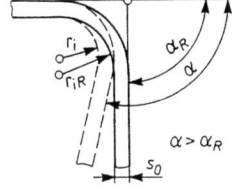

Bild 8.96
Ruckfederungsverhaltnisse α_R/α und Mindestbiegeradien beim freien Biegen nach [8.14], siehe auch [8.10].

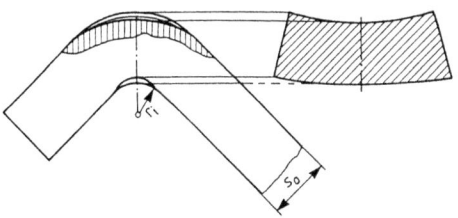

Bild 8.97
Randverformungen beim Biegen, insbesondere bei kleinen Verhaltnissen von r_i zu s_0.

8.6.4 Streckziehen

Das *Streckziehen* ist das klassische Verfahren des reinen Zugumformens, das insbesondere im Flugzeug- und Nutzfahrzeugbau angewendet wird, um meist großflachigen Teilen kleine Krummungen zu geben.

Beim *einfachen Streckziehen* nach Bild 8.98 wird das ebene Blech zunachst lose zwischen Spannbacken eingelegt und in diesen festgeklemmt, bevor der Stempel das formgebende Werkzeug gegen das Blech drückt. Beim ersten Anlegen des Bleches ans Werkzeug tritt der bereits vom Biegen (Abschnitt 8.6.3) bekannte Spannungsverlauf über die Blechdicke auf und zwar zunächst für rein elastische, dann für elastisch-plastische Beanspruchung in der Umformzone. Das Streckziehen selbst setzt erst ein, wenn das Blech über den weiteren Stempelhub mitgenommen wird, und über den gesamten Querschnitt nahezu die gleiche Zugspannung vorhanden ist. Die Umformung unter Zugbeanspruchung ist nur im Rahmen der Gleichmaßdehnung sinnvoll, da sonst örtliches Einschnuren zur Rißbildung im Ziehteil fuhren wurde. Dadurch sind (im Gegensatz zum Zugdruck-Umformen Tiefziehen) auf ein Flachenelement bezogen nur *kleine Umformgrade* realisierbar, auch wenn durch die Große der Teile die Umformung recht großraumig wirken kann. Die damit verbundene Oberflachenvergroßerung erfolgt allein auf Kosten der Blechdicke, wobei beim einfachen Streckziehen die Ziehteil-Oberflache auf der Werkzeugoberflache gleitet (*Reibung*). Maximal erreichbare Dehnungen einiger Werkstoffe sind in Tabelle 8.16 angegeben.

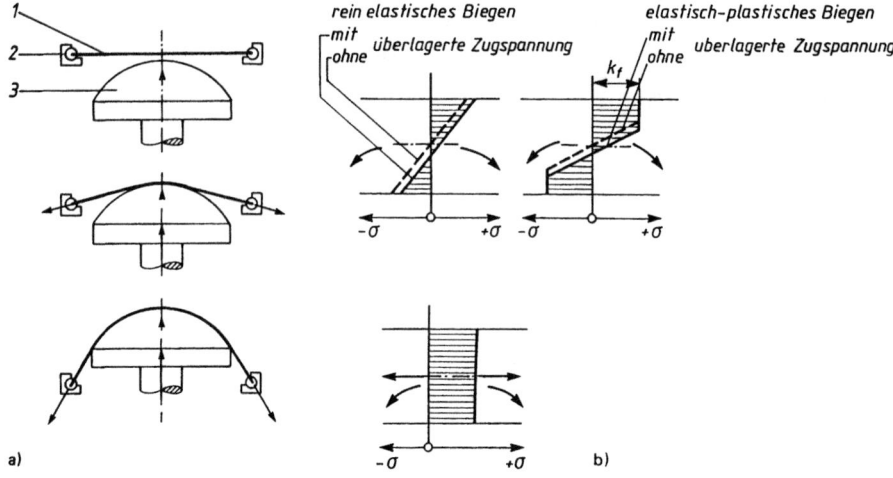

Bild 8.98 Einfaches Streckziehen
a) Anordnung und Ablauf,   b) Spannungsverlauf über dem Querschnitt,
1 Blech,   2 Spannzange,   3 Stempel.

Tabelle 8.16 Maximal erreichbare Gleichmaßdehnung bei Raumtemperatur

Werkstoff	Gleichmaßdehnung
Tiefziehblech	25 ... 35 %
austenitisches Stahlblech	50 ... 60 %
Messing, weich	45 ... 50 %
Aluminium, weich	25 ... 30 %
Aluminium-Legierungen, weich	10 ... 30 %
Reintitan	10 ... 20 %
Titan-Legierungen	5 ... 8 %

Die über den Querschnitt nahezu gleichmäßige Zugspannung während des Umformens führt bei Wegnahme der äußeren Belastung nach dem Umformen zu einer geringfügigen und gleichmäßigen *Rückfederung*, während ein größeres Auffedern verbleibt.
Auch *Eigenspannungen* sind nach dem Streckziehen praktisch nicht vorhanden. Ein weiterer Vorteil dieses Verfahrens sind die *geringen Werkzeugkosten*, da meist Werkzeuge aus Holz oder Kunstgießharzen verwendet werden, so daß Einzelteile oder Teile in geringen Stückzahlen trotz langer Herstellzeiten wirtschaftlich gefertigt werden können.
Das *Tangentialstreckziehen* erfolgt in 2 Stufen (Bild 8.99):
1. Vorrecken mindestens bis zur Fließgrenze (meist 2 ... 4 % Dehnung), um mögliche Eigenspannungen durch Fließen abzubauen und eine gleichmäßige Festigkeit im gesamten Ziehteil zu erhalten.
2. Anlegen an das Werkzeug ohne Relativbewegung (ohne Reibung) zwischen Werkzeug und Ziehteil so, daß die Streckziehkraft immer tangential zur eingespannten Blechoberfläche wirkt.

8.6 Blechverarbeitung (umformende Verfahren) 249

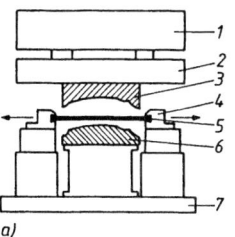
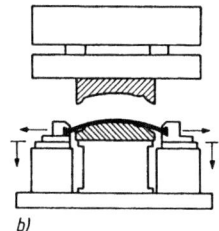
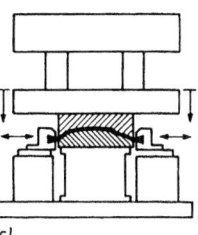

a) b) c)

Bild 8.99 Tangentialstreckziehen
a) Vorrecken,
b) Anlegen an Unterwerkzeug,
c) Nachdrucken mit Oberwerkzeug,

1 Pressenquerhaupt,
2 Stempel,
3 Oberwerkzeug,
4 Spannvorrichtung,

5 Werkstuck,
6 Unterwerkzeug,
7 Pressentisch.

Bei dem in Bild 8.99 gezeigten Beispiel wird auch ein *Oberwerkzeug* verwendet, um ein genaues Ausformen auch kleiner Krümmungen zu erreichen. Ein typisches Streckziehteil ist in Bild 8.100 dargestellt. Das gestrichelt dargestellte sattelformige Fertigteil wird aus dem umgeformten Teil herausgeschnitten. Die an den Stellen X im Werkzeug vorhandenen Wülste sollen ein Nachrutschen des Werkstoffes von außen in den Sattel hinein verhindern. Auch durch Anbringen von *Bremswulsten* in Ziehwerkzeugen wird der Werkstofffluß behindert und die Zugspannung in der Umformzone erhöht. Eine solche Anordnung zeigt das Bild 8.101 mit den für Streckziehteile typischen flachen Vertiefungen des Fertigteils.
Neben großflächigen Teilen können auch lange schlanke Teile vorteilhaft durch Streckziehen gekrümmt werden. Bild 8.102 zeigt einige Beispiele von Teilen, die beim Biegen über die Achse mit dem geringsten Flächentragheitsmoment wegdrillen wurden. Durch Streckziehen z.B. mit der im Bild 8.103 gezeigten Einrichtung lassen sich diese Teile jedoch in der dargestellten Form herstellen. Wegen der Möglichkeit, Krümmungen mit großen Radien um „drillbiegeweiche" Achsen auch räumlich herzustellen, wird das Streckziehen auch in der *Massenfertigung* in Spezialvorrichtungen angewendet, z.B. bei Zierleisten für Auto-Seitenscheiben.

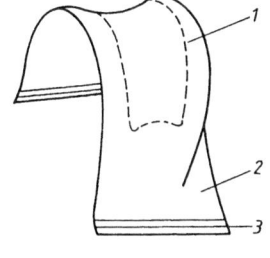
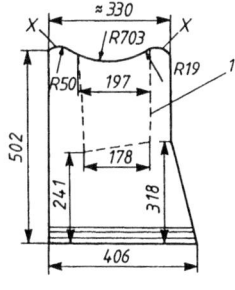

Bild 8.100
Sattelformiges Streckziehteil
1 Kontur des Fertigteils,
2 Steckziehteil,
3 Einspannrillen.

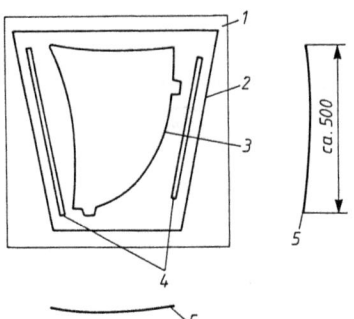

Bild 8.101
Ziehen flacher Teile mit Bremswulsten
1 Werkzeug,
2 Platine,
3 Gravur,
4 Bremswulste,
5 Konturen des Ziehteils.

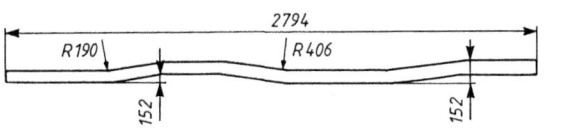

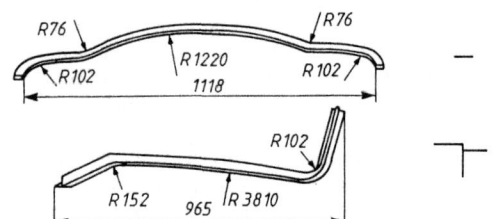

Bild 8.102
Lange Träger als Streckziehteile mit Querschnittsangabe (rechts).

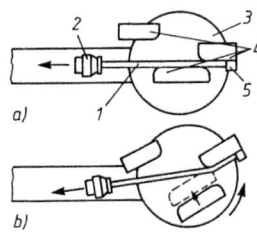

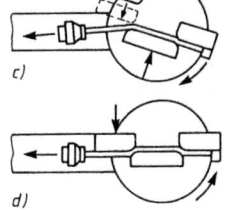

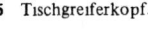

Bild 8.103
Einrichtung zum Tangentialstreckziehen langer Träger
a) bis d) einzelne Stadien des Umformens,
1 Werkstück,
2 Spann- und Reckkopf,
3 Drehtisch,
4 Werkzeugteile,
5 Tischgreiferkopf.

8.6.5 Abstreckziehen

Im Gegensatz zum Tiefziehen wird beim *Abstreckziehen* bewußt die Wanddicke des Ausgangskörpers verändert, um Fertigteile mit besonders hoher und dünner Napfwandung, aber dickem Boden zu erhalten (Bild 8.104). Häufig wird das Abstreckziehen mit dem vorausgehenden Tiefziehen in einem Werkzeug kombiniert durchgeführt. Bild 8.105 zeigt ein derartiges Verbundwerkzeug, in dem das Tiefziehen und ein zweistufiges Abstreckziehen während eines Pressenhubs erfolgt. Es lassen sich höchstens folgende *Wanddickenveränderungen* erreichen, wenn die Platine die Blechdicke s_0 aufweist:

- 1 Abstreckzug mit spannungsfrei geglühten Napf $s_1 = 0{,}55 \cdot s_0$;
- 1 Abstreckzug nach Tiefziehen $s_1 = 0{,}65 \cdot s_0$ (in einem Werkzeug);
- 2 Abstreckzüge nach Tiefziehen (Bild 8.105) $s_2 = 0{,}7 \cdot s_0$; $s_3 = 0{,}7 \cdot s_2$.

Die Ausgangsform muß das gleiche Volumen wie das Fertigteil haben und wird entsprechend dem Umformablauf festgelegt.

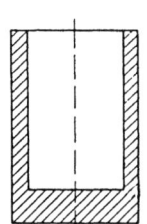

Bild 8.104
Durch Abstreckziehen hergestelltes Werkstück.

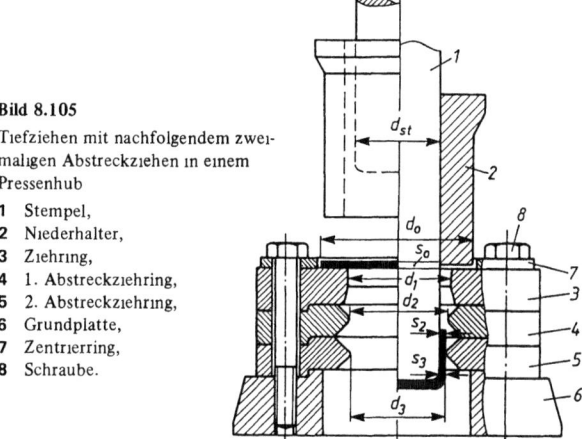

Bild 8.105
Tiefziehen mit nachfolgendem zweimaligen Abstreckziehen in einem Pressenhub

1 Stempel,
2 Niederhalter,
3 Ziehring,
4 1. Abstreckziehring,
5 2. Abstreckziehring,
6 Grundplatte,
7 Zentrierring,
8 Schraube.

8.6.6 Drücken

Das *Drücken* ist in DIN 8584, Bl. 4 als *Zugdruckumformen ohne beabsichtigte Wanddickenänderung* definiert, während das *Drückwalzen mit Wanddickenverminderung* nach DIN 8583, Bl. 2 beim Druckumformen eingegliedert wird (Bild 8.106). In der Praxis spricht man in beiden Fällen vom Drücken.

Besonders vorteilhaft durch Drücken herstellbar sind rotationssymmetrische Hohlkörper mit zylindrischer, kegeliger und kugeliger Form. Bei Verwendung von Druckdornen, die aus einzelnen Segmenten zusammengesetzt sind, lassen sich auch Ausbauchungen und Einhalsungen wie bei Flaschen oder Vasen erzeugen. Es lassen sich Hohlkörper mit mehreren Metern Durchmesser herstellen wie Kesselböden und Parabolspiegel. Die Umformung erfolgt auf *Drückmaschinen*, die Drehmaschinen ähneln. Dorn, Gegenhalter und Ausgangsform werden gedreht, während die Drückwalze oder der Drückstab die örtliche Umformung erzwingen.

Der *Umformgrad* (ohne Veränderung der Blechdicke) wird wie beim Tiefziehen durch das Durchmesserverhältnis von Platine zum Hohlkörper ausgedrückt. Während beim Tiefziehen dieses Ver-

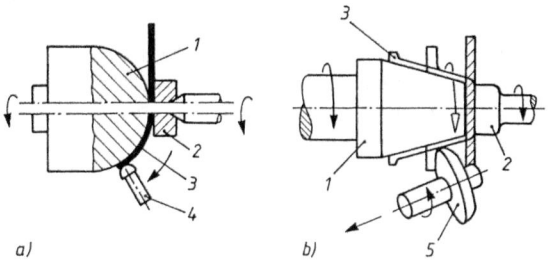

Bild 8.106
a) Drücken, b) Druckwalzen,
1 Druckform,
2 Gegenhalter,
3 Fertigform,
4 Druckstab,
5 Druckwalze.

hältnis für Tiefziehstahl maximal 2,0 beträgt, wird beim Drücken maximal der Wert 1,55 erreicht, da der Flansch nicht geführt wird und leichter Falten bildet. Die Blechdickenverminderung wird durch den *Streckgrad* als Verhältnis der Blechdicke vor und nach dem Drücken erfaßt.
Durch den Druck beim sog. Streckdrücken kann man die Wanddicken bis auf minimal 23 % der Ausgangswanddicke herunterwalzen. Besonders bei kleinen Stückzahlen und großen Hohlkörpern ist das Drücken wegen der geringeren Werkzeugkosten wirtschaftlicher als das Tiefziehen.

8.7 Blechverarbeitung (schneidende Verfahren)

8.7.1 Begriffe

Nach DIN 8588 gehört das *Zerteilen* zur Hauptgruppe *Trennen* und wird selbst untergliedert in *Scherschneiden, Keilschneiden, Reißen* und *Brechen*. Die ersten beiden Verfahren sind in Bild 8.107 wiedergegeben. Wegen seiner besonderen industriellen Bedeutung wird im folgenden nur noch das Scherschneiden behandelt.
Wie aus den Bezeichnungen des Bildes 8.107 hervorgeht, werden die Begriffe am *Werkzeug mit „Schneid-"* als Stammsilbe gebildet, während die Begriffe am *Werkstück mit „Schnitt-"* als Stammsilbe gebildet werden (Bild 8.108). Nach der Lage der Schnittflächen zur Werkstückbegrenzung

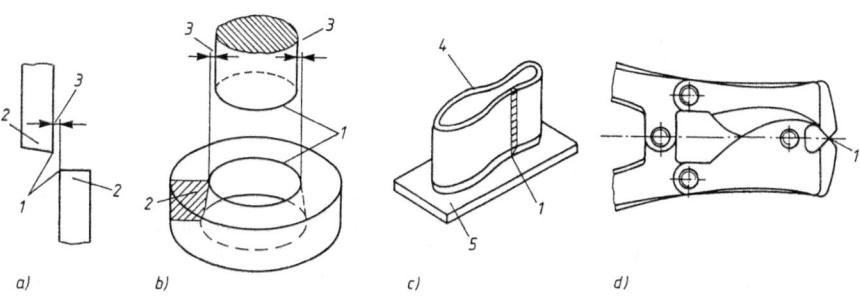

Bild 8.107 Beispiele für Trennverfahren nach DIN 8588
a) und b) Scherschneiden,
c) Keilschneiden, Messerschneiden,
d) Keilschneiden, Beißschneiden,

1 Schneide,
2 Schneidkeil,
3 Schneidspalt,

4 Messer,
5 Auflage.

8.7 Blechverarbeitung (schneidende Verfahren)

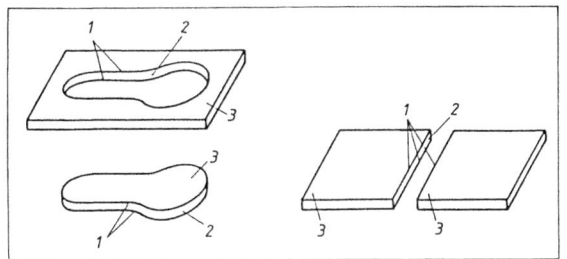

Bild 8.108
Bezeichnungen am Schnitteil
1 Schnittkanten,
2 Schnittflächen,
3 Schnitteile.

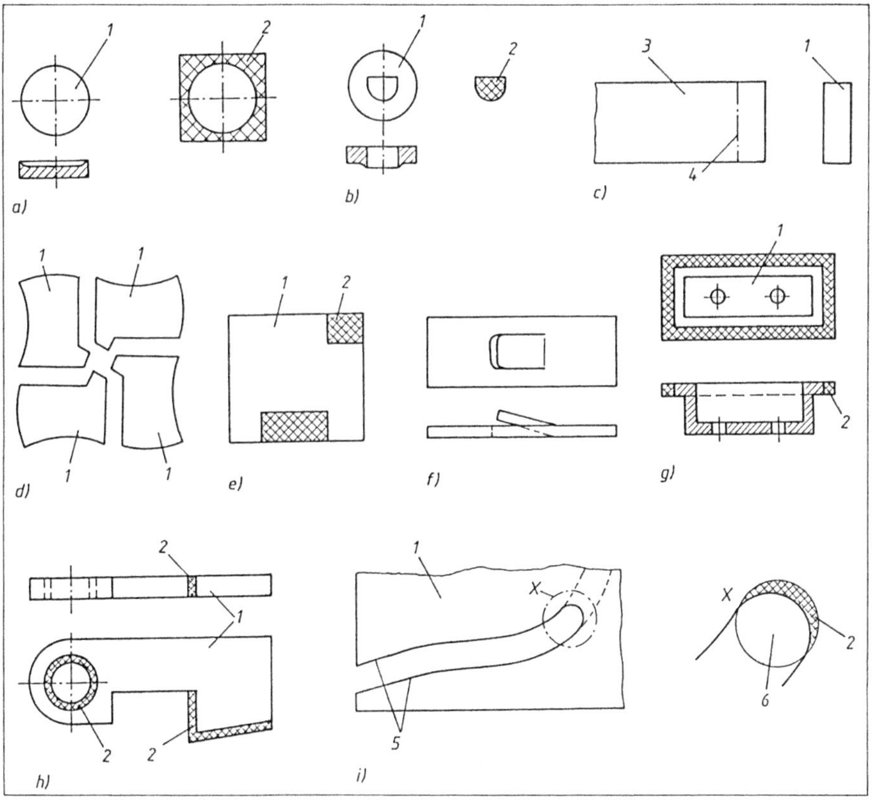

Bild 8.109 Scherschneidverfahren nach DIN 8588
a) Ausschneiden,
b) Lochen,
c) Abschneiden,
d) Zerschneiden,
e) Ausklinken,
f) Einschneiden,
g) Beschneiden,
h) Nachschneiden,
i) Knabberschneiden,

1 Schnitteil,
2 Abfall,
3 Streifen,
4 Schnittlinie,
5 Schnittkanten,
6 Schneidstempel.

254　　　　　　　　　　　　　　　　　　　　　　　　8 Fertigungsverfahren Metalle

werden unterschieden: *Ausschneiden, Abschneiden, Lochen, Ausklinken, Nachschneiden, Trennschneiden, Knabberschneiden, Einschneiden, Beschneiden* (Bild 8.109). Wird in einem Werkzeug nur eines dieser Verfahren angewendet, so spricht man von einem *Einverfahrenswerkzeug*, z.b. Ausschneidwerkzeug, Lochwerkzeug usw. Wenn mehrere dieser Schneidverfahren in einem Werkzeug zur Wirkung kommen, so unterscheidet man *Folgeschneiden* und *Gesamtschneiden* (Bild 8.110). Beim *Folgeschneiden* im *Folgeschneidwerkzeug* werden Innenformen (Löcher) und Ausklinkungen in Vorstufen (Pressenhübe) hergestellt, wahrend die Außenform in der letzten Stufe durch Ausschneiden oder Abschneiden entsteht. Der Schnittgrat der in den Vorstufen gefertigten Innenformen und der Schnittgrat der in der Endstufe gefertigten Außenform liegen beim Folgeschneiden auf entgegengesetzten Oberflachen des Schnitteils. Beim *Gesamtschneiden* im *Gesamtschneidwerkzeug* werden Innen- und Außenformen in einem Pressenhub erzeugt. Der Schnittgrat an Außen- und Innenformen liegt auf der gleichen Werkstückseite. Dagegen spricht man von *Verbundverfahren* in einem *Verbundwerkzeug*, wenn ein Schneidverfahren mit einem Umformverfahren, z.b. Biegen, in einem Werkzeug kombiniert wird (Bild 8.111). Weitere Begriffsbestimmungen siehe insbesondere DIN 9870, auch DIN 8588 und fur Werkzeuge DIN 9869.

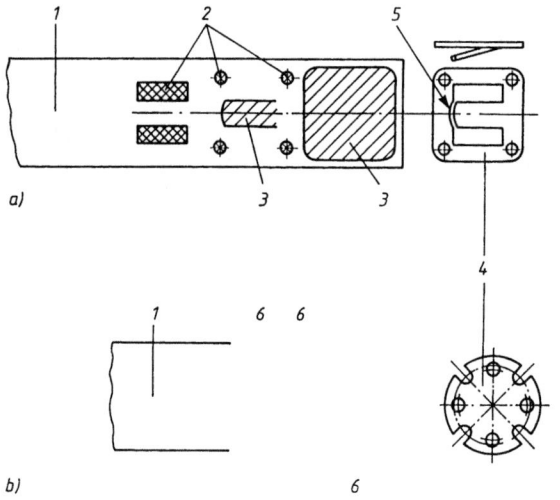

Bild 8.110
a) Folgeschneiden in 3 Stufen (2 × Vorlochen),
b) Gesamtschneiden in 1 Stufe,

1 Streifen,
2 Abfall durch Vorlochen,
3 Schneidstempel,
4 Schnitteil,
5 Schnittkante,
6 Abfall beim Gesamtschneiden.

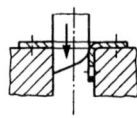
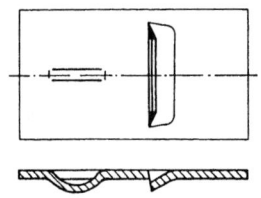

Bild 8.111
Verbundverfahren
a) Einschneiden und Abbiegen,
b) Einschneiden und Formbiegen.

8.7 Blechverarbeitung (schneidende Verfahren)

8.7.2 Grundlagen des Schneidens

Das Prinzip des Ausschneidens oder Lochens im Werkzeug ist in Bild 8.112 dargestellt. Der *Ablauf des Schneidvorgangs* läßt sich in drei Stufen beschreiben:
1. Der Stempel wird auf das Blech gepreßt, dieses gibt zunachst elastisch nach und biegt durch.
2. Die Scherfestigkeit des Bleches wird uberschritten, Risse konnen ausgehend von der Stempel- und Schneidplattenkante entstehen.
3. Die Bruchfestigkeit des Restquerschnitts wird uberschritten, das Blech reißt durch.

Der dabei entstehende Schnittkantenverlauf laßt diese 3 Stufen wiedererkennen (Bild 8.113). Die Zipfelbildung entsteht durch Einpressen des Bleches in die Schneidplatte. Wesentlichen Einfluß auf diesen Ablauf und die Schnittkantenausbildung hat der *Schneidspalt u* (Bild 8.112). Als Faustregel gilt, daß der Schneidspalt 5 % der Blechdicke betragen soll. Bei zu großem Schneidspalt bricht das Schnitteil von beiden Seiten aus und die Maßgenauigkeit ist gering, bei zu kleinem Schneidspalt sind Risse in der Schnittkante vorhanden, die Schneidkrafte und der Schneidkantenverschleiß werden großer.

Die *Schneidkräfte* F_s lassen sich überschlägig aus der Schneidkantenlange l, der Blechdicke s und der Zugfestigkeit σ_B des Bleches berechnen:

$$F_s \approx 0{,}8 \cdot l \cdot s \cdot \sigma_B,$$

wobei fur zahe Werkstoffe der Faktor 0,8 bis auf 1,0 erhoht werden muß. Eine *Minderung der Schneidkräfte* ist durch Abschragen der Schneidwerkzeuge möglich (Bild 8.114). Die Hohe H der

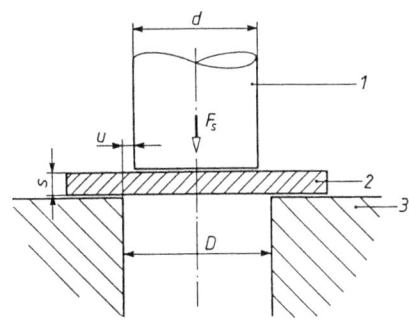

Bild 8.112
Prinzipdarstellung beim Ausschneiden oder Lochen
1 Schneidstempel, d, D Durchmesser,
2 Blech, F_s Schneidkraft,
3 Schneidplatte, u Schneidspalt,
                    s Blechdicke

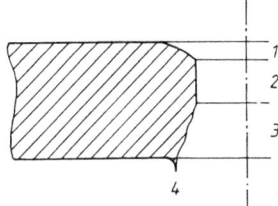

Bild 8.113 Schnittkantenverlauf
Bereiche:
1 eingezogen,   3 ausgebrochen,
2 geschnitten, 4 Zipfel.

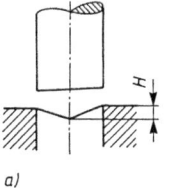 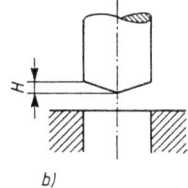

a)   b)

Bild 8.114 Abgeschrägte Schneidwerkzeuge zur Minderung der Schneidkraft
a) beim Ausschneiden,
b) beim Lochen.

Abschragungen kann bis zum 1,5 fachen der Blechdicke betragen. Die Schneidkraft errechnet sich dann zu

$$F'_s \approx 0,54 \cdot l \cdot s \cdot \sigma_B.$$

Die *Schneidarbeit* W_s wird überschlagig ermittelt nach

$$W_s \approx 0,6 \cdot F_s \cdot s$$

und steigt mit kleinerem Schneidspalt stark an.

8.7.3 Gestaltungsregeln

Der *Verfahrensablauf* zur Herstellung von Schnitteilen kann sehr unterschiedlich gestaltet sein, wie schon mit den Begriffen Folgeschneiden und Gesamtschneiden im Abschnitt 8.7.1 gezeigt wurde. Gesichtspunkte zur Gestaltung des Verfahrensablaufs können sein: die herzustellende Stückzahl, die geforderte Maßhaltigkeit, geringer Blechabfall usw. Durch die Ausführung der einzelnen Schneidwerkzeuge, die im Abschnitt 10.2.2.2 behandelt werden, wird der Verfahrensablauf festgelegt. Im Folgenden werden die allgemeinen Regeln der Schnittaufteilung und allgemeine Grundlagen der Werkzeuggestaltung behandelt.

Bei der *Schnittaufteilung*, d.h. Lage der Schnittkontur im Blechstreifen oder in der Blechtafel müssen u.a. die *Mindest*-Stegbreiten e und die *Mindest*-Randbreiten a berücksichtigt werden (Bild 8.115), um ein Verbiegen der Stege und Ränder und damit eine Beeinträchtigung des Schneidvorganges und des Werkstofftransports zu verhindern. Detaillierte Angaben enthält die VDI-Richtlinie 3367. Die Werte liegen für Blechdicken bis 1 mm bei etwa 1 ... 2 mm, wobei größere Steglängen l_e und Randbreiten l_a die höheren Werte erfordern. Bei größeren Blechdicken, bei spröden oder weichen Werkstoffen und bei Wendestreifen müssen die Steg- und Randbreiten größer gewählt werden.

Wendestreifen werden zur besseren Werkstoffausnutzung nach dem 1. Durchgang durch Werkzeug gewendet (im Bild 8.116 umgeklappt), im 2. Durchgang liegt dann das gleiche Schnitteil in neuer Lage im Blechstreifen. Bei unsymmetrischer Ausschnittsform wird der Streifen für den 2. Durchgang so gewendet, daß das Streifenende des 1. Durchgangs jetzt den Streifenanfang bildet.

Gute *Werkstoffausnutzung* wird auch durch mehrreihige Anordnung und den sog. Flächenschluß erreicht. Bei *mehrreihiger Anordnung* der Schnitteile im Schnittstreifen müssen wegen Bruchge-

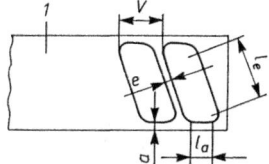

Bild 8.115
Stegbreiten e und Randbreiten a
1 Streifen,
V Vorschub,
l_e Steglänge,
l_a Randlänge.

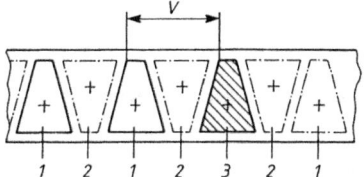

Bild 8.116
Wendestreifen
V Vorschub je Pressenhub,
1 Schnitteil im 1. Durchgang,
2 Schnitteil im 2. Durchgang,
3 Schneidstempel.

8.7 Blechverarbeitung (schneidende Verfahren)

fahr der Schneidplattenstege die Abstände zwischen den gleichzeitig schneidenden Stempeln größer sein als die Stegbreiten. Dadurch entsteht das im Bild 8.117 gezeigte Schnittbild. Der Flachenschluß (Bild 8.118) entsteht durch geschicktes Verschachteln der Teile ineinander. In der Massenfertigung wird teilweise die Außenform der Schnitteile so konstruiert, daß dieser Flachenschluß entsteht. Auch bei nicht „schlüssigen" Formen ist die Verschachtelung unterschiedlicher Konstruktionsteile in einem Blechstreifen oder einer Blechtafel zur optimalen Werkstoffausnutzung üblich.

Neben dem eigentlichen Ausschneiden oder Lochen zur Herstellung des Schnitteils können durch zusätzliches Lochen oder Seitenschneiden *Vorschubbegrenzungen* geschaffen werden. Bild 8.119 zeigt Vorschubbegrenzungen mit Einhängestift und Seitenschneider, die den Vorschub des Bleches im Werkzeug begrenzen, die Lage des Bleches im Werkzeug bestimmen und bei Folgewerkzeugen die richtige Lage der einzelnen Arbeitsstufen sichern sollen. Weitere Ausführungen und Hinweise für die Anordnung gibt die VDI-Richtlinie 3358.

Für die Werkzeugauslegung wichtig ist die *Lage der Resultierenden aller Schneidkräfte = Lage des Einspannzapfens* bei kleineren und mittleren Schneidwerkzeugen. Dies kann durch Momenten-

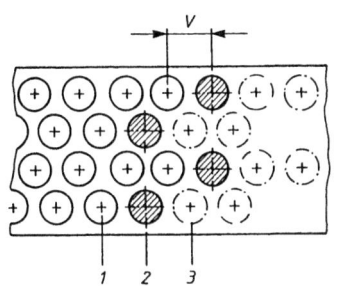

Bild 8.117

Gleichzeitiges, vierreihiges Ausschneiden

1 geschnittenes Loch,
2 Schneidstempel,
3 Schnittlinie,
V Vorschub je Pressenhub.

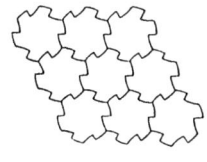
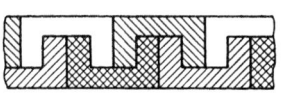

Bild 8.118
Flachenschlüssige Formen.

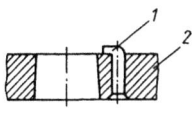
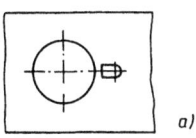
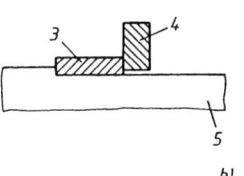

Bild 8.119

Vorschubbegrenzungen
a) mit Einhängestift,
b) durch Seitenschneider,

1 Einhängestift,
2 Schneidplatte,
3 Seitenschneider,
4 Anschlag,
5 Streifen.

gleichgewicht aller einzelnen Stempelkräfte oder durch Bildung des *Schwerpunktes aller Schnittlinien* gebildet werden. Letzteres kann sowohl rechnerisch als auch grafisch erfolgen. Weitere Hinweise siehe z.B. [8.12].

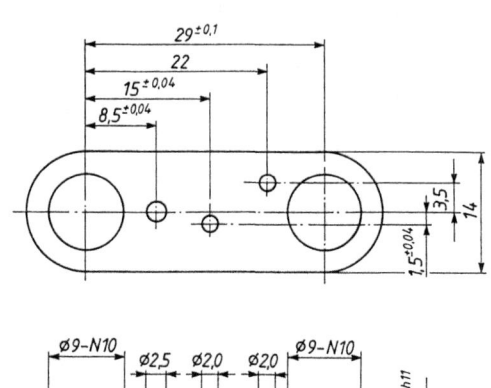

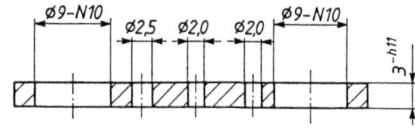

a)

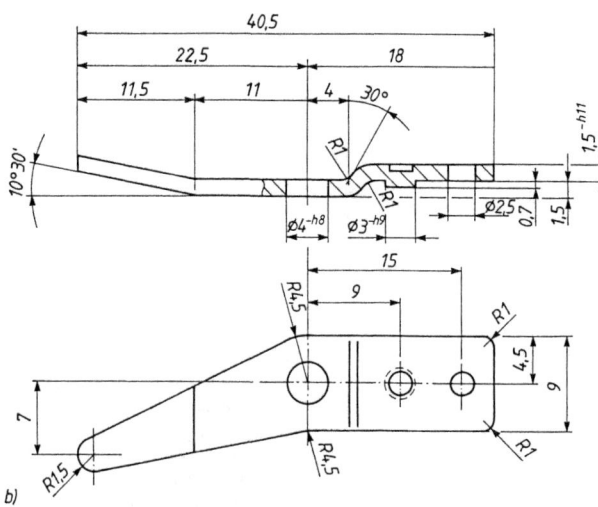

b)

Bild 8.120 Feinschnittteile
a) reines Schnittteil,
b) Schnittteil mit Durchsetzungen und Abkantung

8.7 Blechverarbeitung (schneidende Verfahren)

8.7.4 Feinschneiden

Das *Feinschneiden* hat gerade in der Großserienfertigung im letzten Jahrzehnt große Bedeutung erlangt. Die Werkzeugkosten betragen zwar ein Vielfaches der Kosten herkömmlicher Schneidwerkzeuge, es entstehen dafur aber Schnitteile mit zur Blechoberflache senkrechten *Funktionskanten* (z.b. Zahnflanken), die nicht mehr durch Nachschneiden oder gar Frasen bearbeitet werden müssen (Bild 8.120). Die erreichbaren Toleranzen liegen zwischen IT 7 und IT 8. Auch Abkantungen und Durchsetzungen lassen sich im gleichen Arbeitsgang herstellen. Um dies zu erreichen, sind optimale Schneidbedingungen an Werkzeugen, Maschinen und Blechwerkstoffen erforderlich.
Das Prinzip eines *Feinschneidwerkzeugs* zeigt Bild 8.121. Gegenüber dem herkömmlichen Ausschneiden (Abschnitt 8.7.2) verhindern der Niederhalter und der Gegenstempel ein Durchbiegen des Bleches, die Rıngzacke verhindert ein Nachfließen (Einziehen) an der Blechoberflache, und das Schnitteil wird wahrend des Schneidens zwischen Stempel und Gegenstempel fest eingespannt gefuhrt. Dadurch wird das Feinschneiden zur Kombination zwischen einem Scher- und Fließvorgang. Oberhalb von 5 mm Blechdicke werden mehrere Ringzacken verwendet. Anhaltswerte fur die Werkzeugauslegung sind: Schneidspalt $u \leqslant 0{,}01$ mm, Ringzackenabstand $a_R \approx 0{,}7 \cdot s$, Ringzackenhohe $h_R \approx 0{,}25 \cdot s$ mit s Blechdicke. Die Schneidkraft F_s ist erheblich hoher als beim herkommlichen Schneiden, die Niederhalterkraft F_N ist $0{,}3 \ldots 1{,}0 \cdot F_s$, die Gegenstempelkraft etwa $0{,}3 \cdot F_s$.
Die *Schneidgeschwindigkeit* wird mit etwa 5 ... 10 mm/s besonders gering gehalten, um dem Werkstoff Zeit zum Fließen zu geben und Risse in der Schnittkante zu vermeiden. Hierfur sind besondere *Feinschneid-Pressen* mit kurzer Schließzeit und langer Schneidzeit entwickelt worden, um die Zeit fur einen Pressenhub möglichst kurz zu halten. Bei hydraulischen Pressen ist dies durch Umschalten der Hydraulik wahrend des Pressenhubs moglich, bei mechanischen Pressen sind besondere Antriebskinematiken entwickelt worden (Abschnitt 10.1.2.2).
Um optimale Feinschneidergebnisse zu erhalten, sind auch besondere *Feinschneidbander* entwıckelt worden, die zwar nicht genormt sind, aber von einzelnen Stahlherstellern angeboten werden. Neben einer hohen Oberflachengute verfügen sie über gute Fließeigenschaft, die zum Beispiel durch besondere Gefugeausbildung erreicht wird. Bild 8.122 zeigt dies in grober Vereinfachung, sowie die Verbesserung der Fließeigenschaft des Kohlenstoffstahles C75 durch Herabsetzen der Streckgrenze σ_s und Erhöhen der Brucheinschnürung δ bei einem höheren Prozentsatz der Zementiteinkugelung.

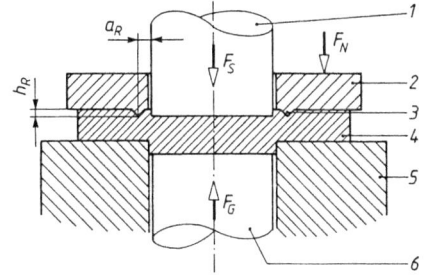

Bild 8.121
Prınzipieller Aufbau eines Feinschneıdwerkzeugs

1 Schneıdstempel,	h_R Rıngzackenhöhe,
2 Niederhalter,	a_R Ringzackenabstand,
3 Rıngzacke,	F_s Schneıdstempelkraft,
4 Blech,	F_N Nıederhalterkraft,
5 Schneidplatte,	F_G Gegenstempelkraft.
6 Gegenstempel,	

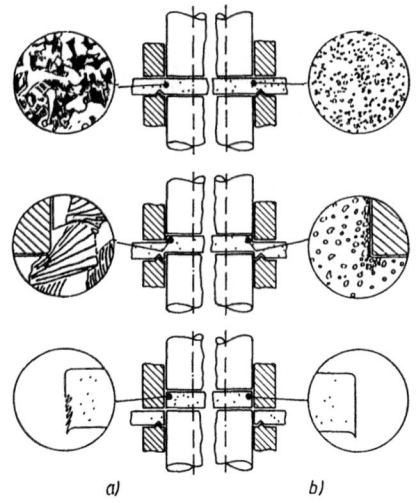

Bild 8.122
Einfluß des Werkstoffs auf die Feinschneidgüte
a) Feinschneiden mit ungeeignetem Band,
b) Feinschneiden mit Feinschneidband,
c) Erhöhung der Feinschneidgüte des Stahles C 75 durch Einkugelung des Zementits.

Zementit-einkugelung %	σ_s N/mm²	σ_B N/mm²	δ %
60	600	800	11
90	300	600	22

a)   b)   c)

8.8 Literatur

Bücher

[8.1] *Bayer, A.*: Elektrisch abtragende Fertigungsverfahren VDI-Verlag, Düsseldorf 1977.
[8.2] *Brunhuber, E.* (Hrsg.): Gießerei-Lexikon. Fachverlag Schiele und Schön, Berlin 1978.
[8.3] Fachverband Pulvermetallurgie: Sinterwerkstoffe, Werkstoff-Leistungsblätter und technische Lieferbedingungen. Beuth-Vertrieb, Berlin/Köln 1974.
[8.4] *Fritz, A H* und *G Schulze*, (Hrsg.): Fertigungstechnik. VDI-Verlag, Düsseldorf 1985.
[8.5] *Frommer, L* und *G Lieby*. Druckgieß-Technik. Springer-Verlag, Berlin 1965.
[8.6] *Roesch/Zeuner/Zimmermann*. Stahlguß. Verlag Stahleisen, Düsseldorf 1982.
[8.7] *Spur/Stöferle:* Handbuch der Fertigungstechnik. Bd. 1: Urformen. Carl Hanser Verlag, München 1981.
[8.8] Verein Deutscher Gießereifachleute (Hrsg.): Konstruieren mit Gußwerkstoffen. Gießerei-Verlag, Düsseldorf 1966.
[8.9] *Lange, K*. Lehrbuch der Umformtechnik. Springer Verlag, Berlin 1972/75.
[8.10] *Grüning, K*. Umformtechnik. Verlag Friedr. Vieweg & Sohn, Braunschweig/Wiesbaden 1982.
[8.11] *Romanowski, W. P*. Handbuch der Stanzereitechnik VEB-Verlag Technik, Berlin 1959.
[8.12] *Semlinger, E:* Stanztechnik. Verlag Friedr. Vieweg & Sohn, Braunschweig 1973.
[8.13] *Oehler, G* und *F Kaiser*. Schnitt-, Stanz- und Ziehwerkzeuge. Springer-Verlag, Berlin 1966.
[8.14] *Oehler, G* Biegen. Carl Hanser-Verlag, München 1963.
[8.15] *Hilbert, H*. Stanzereitechnik, Band 1: Schneidende Werkzeuge. Carl Hanser-Verlag, 1954.
[8.16] *Hilbert, H*. Stanzereitechnik, Band 2. Umformende Werkzeuge. Carl Hanser-Verlag, 1970.
[8.17] *Bruins, D H* und *H -J Drager* Werkzeuge und Werkzeugmaschinen für die spanende Metallbearbeitung, Teil 1: Werkzeuge und Verfahren. Carl Hanser-Verlag, München 1984.
[8.18] *Hennermann, H* und *N Dix·* Kleine Zerspanungslehre. Carl Hanser-Verlag, München 1967.
[8.19] *Klein, H H*. Bohren und Aufbohren. Springer-Verlag, Berlin 1975.
[8.20] *König, W* Fertigungsverfahren. Band 1: Drehen, Fräsen, Bohren, Band 2: Schleifen, Honen, Läppen; Band 3: Abtragen. VDI-Verlag, Düsseldorf 1978/84.
[8.21] *Kronenberg, M.*: Grundzüge der Zerspanungslehre. Springer-Verlag, Berlin 1969.
[8.22] *Pauksch/Preger*: Zerspantechnik. Verlag Friedr. Vieweg & Sohn, Braunschweig/Wiesbaden 1985
[8.23] *Reichard, A.·* Fertigungstechnik 1. Verlag Handwerk und Technik, Hamburg 1980
[8.24] *Tschätsch, H.* Taschenbuch spanende Formgebung. Carl Hanser-Verlag, München 1980.

8.8 Literatur

[8.25] *Vieregge, G*: Zerspanung der Eisenwerkstoffe. Verlag Stahleisen, Düsseldorf 1970.
[8.26] *Matting, A.*: Metallkleben. Springer-Verlag, Berlin 1969.
[8.27] *Schliekelmann, R. J.*: Metallkleben – Konstruktion und Fertigung in der Praxis, Fachbuchreihe Schweißtechnik 60, DVS-Verlag, Dusseldorf 1972.
[8.28] *Brockmann, W.*: Grundlagen und Stand der Metallklebtechnik. VDI-Taschenbuch T22, VDI-Verlag, Düsseldorf 1971.
[8.29] *Fauner, G.* und *W. Endlich:* Angewandte Klebtechnik. Carl Hanser-Verlag, Munchen 1979.
[8.30] *Mittrop, F.:* Vorbehandlungsverfahren für das Kleben und Veredeln von Werkstoffen. Technische Mitteilungen 65 (1972), H. 12, S. 576–583.
[8.31] *Mittrop, F.*: Kleben, eine wirtschaftliche Verbindungsart, Maschinenmarkt 76 (1970), H. 8, S. 135–138; H. 16, S. 298–301.
[8.32] *Stepanski, H*: Punktschweißkleben von Karosserieblechen aus Stahl und Aluminium. Dissertation an der RWTH Aachen 1980.
[8.33] *Hahn, O.*: Festigkeitsverhalten und Berechnung von Metallklebverbindungen. Habilitationsschrift an der RWTH Aachen 1976.
[8.34] *Mittrop, F.*: Das Alterungsverhalten von Metallklebverbindungen, VDI-Z (1966) Nr. 29, S. 1421–1427.
[8.35] *Aichele, G.*: MAG-Schweißen. Fachbuchreihe Schweißtechnik, Bd. 65. Deutscher Verlag für Schweißtechnik, Dussseldorf 1975.
[8.36] *Becken, O*. Handbuch des Schutzgasschweißens, Fachbuchreihe Schweißtechnik. Bd. 30. Deutscher Verlag fur Schweißtechnik, Dusseldorf 1969.
[8.37] *Bernard, P.*: Verfahren der Autogentechnik, Fachbuchreihe Schweißtechnik. Bd. 61. Deutscher Verlag für Schweißtechnik, Düsseldorf 1973.
[8.38] DVS, die Verfahren der Schweißtechnik, Fachbuchreihe Schweißtechnik. Bd. 55. Deutscher Verlag fur Schweißtechnik, Dusseldorf 1974.
[8.39] *Malisius, R.*: Schrumpfungen, Spannungen und Risse beim Schweißen, Fachbuchreihe Schweißtechnik. Bd. 10. Deutscher Verlag für Schweißtechnik, Düsseldorf 1977.
[8.40] *Malisius, R.*: Wirtschaftlichkeitsfragen der praktischen Schweißtechnik. Deutscher Verlag für Schweißtechnik, Dusseldorf 1971
[8.41] *Muller, P.* und *L. Wolff:* Handbuch des Unterpulverschweißens. Deutscher Verlag für Schweißtechnik, Dusseldorf 1976/79.
[8.42] *Munske, H.*: Handbuch des Schutzgasschweißens, Elektrotechnische Grundlagen, Schweißanlagen und Einstellpraxis, Fachbuchreihe Schweißtechnik. Bd. 30/II. Deutscher Verlag für Schweißtechnik, Dusseldorf 1975.
[8.43] *Neumann, A.* und *K.-D. Robenack* Katalog uber Schweißverformungen und -spannungen. Deutscher Verlag für Schweißtechnik, Dusseldorf 1979.
[8.44] *Pfeifer, L.*: Fachkunde des Widerstandsschweißens. Verlag Girardet, Essen 1969.
[8.45] *Ruge, J.*: Handbuch der Schweißtechnik, Bd. 1. Werkstoffe; Bd. 2. Verfahren und Fertigung; Bd. 3: Konstruktive Gestaltung der Bauteile, Bd. 4 Berechnung geschweißter Konstruktionen. Springer-Verlag, Berlin 1980/86.
[8.46] *Mass, P.* und *P. Treisker:* Handbuch Feuerverzinken. VEB Deutscher Verlag fur Grundstoffindustrie, Leipzig 1970.
[8.47] *Simon, H.* und *M. Thoma.* Angewandte Oberflachentechnik für metallische Werksroffe. Carl Hanser-Verlag, Munchen 1985.
[8.48] *Schlosser, G.-U* und *A. Knauschner*: Feueraluminiertes Stahlblech – Tauchbedingungen, Überzugsaufbau und Umformverhalten. Freiberger Forschungshefte, Heft B 201, VEB Deutscher Verlag für Grundstoffindustrie, Leipzig 1978.
[8.49] Handbuch der Galvanotechnik, Band I. Hrsg.: *Dettner, H. W.* und *J. Elze.* Carl Hanser-Verlag, München 1964.
[8.50] Thermische Spritztechnik 1977. DVS-Berichte. Band 47. Deutscher Verlag für Schweißtechnik, Dusseldorf 1977.
[8.51] *Tolkmit, B.* Mechanical Plating. In: Jahrbuch Oberflachentechnik, Band 34. Metall-Verlag, Berlin 1978, S. 156–162.
[8.52] *Goldschmidt, A*, u.a.: Glasurit-Handbuch Lacke und Farben. Vincentz-Verlag, Hannover 1984.
[8.53] Taschenbuch für Lackierbetriebe 1986, Band 43. Hrsg.: *Quadratschek, D* und *K. Ortlieb.* Vincentz-Verlag, Hannover 1985.

8 Fertigungsverfahren Metalle

Normen

DIN 332	Teil 1	Zentrierbohrungen 60°, Form R, A, B und C
	Teil 2	Zentrierbohrungen 60° mit Gewinde für Wellenenden elektrischer Maschinen
	Teil 4	Zentrierbohrungen für Radsatzwellen von Schienenfahrzeugen
	Teil 7	Werkzeugmaschinen; Zentrierbohrungen 60°; Bestimmungsverfahren
	Teil 8	Zentrierbohrungen 90°, Form S; Maße, Bestimmungsverfahren
	Teil 10	Zentrierbohrungen; Angaben in technischen Zeichnungen
DIN 1541		Flachzeug aus Stahl; kaltgewalztes Breitband und Blech aus unlegierten Stahlen, Maße, zulassige Maß- und Formabweichungen
DIN 1654	Teil 1	Kaltstauch- und Kaltfließpreßstahle; Technische Lieferbedingungen
	Teil 2	Kaltstauch- und Kaltfließpreßstahle, Technische Lieferbedingungen für nicht für eine Warmebehandlung bestimmte beruhigte unlegierte Stahle
	Teil 3	Kaltstauch- und Kaltfließpreßstahle; Technische Lieferbedingungen für Einsatzstahle
	Teil 4	Kaltstauch- und Kaltfließpreßstahle, Technische Lieferbedingungen für Vergutungsstähle
	Teil 5	Kaltstauch- und Kaltfließpreßstahle; Technische Lieferbedingungen für nichtrostende Stahle
DIN 1680	Teil 1	Gußrohteile; Allgemeintoleranzen und Bearbeitungszugaben, Allgemeines
	Teil 2	Gußrohteile; Allgemeintoleranz-System
DIN 1681		Stahlguß für allgemeine Verwendungszwecke; Technische Lieferbedingungen
DIN 1683	Teil 1	Gußrohteile aus Stahlguß; Allgemeintoleranzen, Bearbeitungszugaben
DIN 1684	Teil 1	Gußrohteile aus Temperguß; Allgemeintoleranzen, Bearbeitungszugaben
DIN 1685	Teil 1	Gußrohteile aus Gußeisen mit Kugelgraphit; Allgemeintoleranzen, Bearbeitungszugaben
DIN 1686	Teil 1	Gußrohteile aus Gußeisen mit Lamellengraphit, Allgemeintoleranzen, Bearbeitungszugaben
DIN 1687	Teil 1	Gußrohteile aus Schwermetallegierungen; Sandguß, Allgemeintoleranzen, Bearbeitungszugaben
	Teil 3	Gußrohteile aus Schwermetallegierungen; Kokillenguß, Allgemeintoleranzen, Bearbeitungszugaben
	Teil 4	Gußrohteile aus Schwermetallegierungen; Freimaßtoleranzen, Druckguß
DIN 1688	Teil 1	Gußrohteile aus Leichtmetallegierungen, Sandguß, Allgemeintoleranzen, Bearbeitungszugaben
	Teil 3	Gußrohteile aus Leichtmetallegierungen; Kokillenguß, Allgemeintoleranzen, Bearbeitungszugaben
	Teil 4	Gußrohteile aus Leichtmetallegierungen; Freimaßtoleranzen, Druckguß
DIN 1690	Teil 1	Technische Lieferbedingungen für Gußstucke aus metallischen Werkstoffen; Allgemeine Bedingungen
	Teil 2	Technische Lieferbedingungen für Gußstucke aus metallischen Werkstoffen; Stahlgußstucke; Einteilung nach Gutestufen aufgrund zerstorungsfreier Prufungen
DIN 1691		Gußeisen mit Lamellengraphit (Grauguß); Eigenschaften
		Beiblatt 1: Gußeisen mit Lamellengraphit (Grauguß); Allgemeine Hinweise für die Werkstoffwahl und die Konstruktion; Anhaltswerte der mechanischen und physikalischen Eigenschaften
DIN 1691	Teil 1	Beiblatt 1: Gußeisen mit Lamellengraphit (Grauguß), unlegiert und niedriglegiert; Allgemeine Hinweise für die Werkstoffwahl und die Konstruktion
DIN 1692		Temperguß; Begriff, Eigenschaften
DIN 1693	Teil 1	Gußeisen mit Kugelgraphit; Werkstoffsorten, unlegiert und niedriglegiert
	Teil 2	Gußeisen mit Kugelgraphit, unlegiert und niedriglegiert; Eigenschaften im angegossenen Probestück
DIN 1694		Austenitisches Gußeisen
		Beiblatt 1: Austenitisches Gußeisen; Anhaltsangaben über mechanische und physikalische Eigenschaften
DIN 1695		Verschleißbeständiges legiertes Gußeisen
		Beiblatt 1: Verschleißbeständiges legiertes Gußeisen; Anhaltsangaben über Wärmebehandlungen, Eigenschaften, Gefüge
DIN 1705		Kupfer-Zinn- und Kupfer-Zinn-Zink-Gußlegierungen (Guß-Zinnbronze und Rotguß), Gußstucke
		Beiblatt 1: Kupfer-Zinn- und Kupfer-Zinn-Zink-Gußlegierungen (Guß-Zinnbronze und Rotguß); Gußstücke; Anhaltsangaben über mechanische und physikalische Eigenschaften

8.8 Literatur

DIN 1707		Weichlote; Zusammensetzung, Verwendung, Technische Lieferbedingungen
DIN 1709		Kupfer-Zink-Gußlegierungen (Guß-Messing und Guß-Sondermessing); Gußstücke
		Beiblatt 1: Kupfer-Zink-Gußlegierungen (Guß-Messing und Guß-Sondermessing); Gußstücke; Anhaltsangaben über mechanische und physikalische Eigenschaften
DIN 1714		Kupfer-Aluminium-Gußlegierungen (Guß-Aluminiumbronze); Gußstücke
		Beiblatt 1: Kupfer-Aluminium-Gußlegierungen (Guß-Aluminiumbronze); Gußstücke; Anhaltsangaben über mechanische und physikalische Eigenschaften
DIN 1716		Kupfer-Blei-Zinn-Gußlegierungen (Guß-Zinn-Blei-Bronze); Gußstücke
		Beiblatt 1: Kupfer-Blei-Zinn-Gußlegierungen (Guß-Zinn-Blei-Bronze); Gußstucke; Anhaltsangaben über mechanische und physikalische Eigenschaften
DIN 1725	Teil 1	Aluminiumlegierungen; Knetlegierungen
		Beiblatt 1: Aluminiumlegierungen; Knetlegierungen; Beispiele für die Anwendung
	Teil 2	Aluminiumlegierungen; Gußlegierungen; Sandguß, Kokillenguß, Druckguß, Feinguß
		Beiblatt 1: Aluminiumlegierungen; Gußlegierungen; Anhaltsangaben über mechanische und physikalische Eigenschaften sowie gießtechnische Hinweise
	Teil 3	Aluminiumlegierungen; Vorlegierungen
	Teil 5	Aluminiumlegierungen; Gußlegierungen; Blockmetall (Masseln); Flussigmetall; Zusammensetzung
		Beiblatt 1: Aluminiumlegierungen; Gußlegierungen; Hinweise zur Legierungsverarbeitung
DIN 1729	Teil 1	Magnesiumlegierungen; Knetlegierungen
	Teil 2	Magnesiumlegierungen; Gußlegierungen; Sandguß, Kokillenguß, Druckguß
DIN 1741		Blei-Druckgußlegierungen; Druckgußstücke
DIN 1742		Zinn-Druckgußlegierungen; Druckgußstücke
DIN 1743	Teil 1	Feinzink-Gußlegierungen; Blockmetalle
	Teil 2	Feinzink-Gußlegierungen; Gußstücke aus Druck-, Sand- und Kokillenguß
DIN 1748	Teil 2	Strangpreßprofile aus Aluminium und Aluminium-Knetlegierungen; Technische Lieferbedingungen
DIN 1749	Teil 1	Gesenkschmiedestücke aus Aluminium und Aluminium-Knetlegierungen; Festigkeitseigenschaften
	Teil 2	Gesenkschmiedestücke aus Aluminium (Reinstaluminium, Reinaluminium und Aluminium-Knetlegierungen); Technische Lieferbedingungen
	Teil 3	Gesenkschmiedestücke aus Aluminium (Reinstaluminium, Reinaluminium und Aluminium-Knetlegierungen); Grundlagen für die Konstruktion
	Teil 4	Gesenkschmiedestücke aus Aluminium (Reinstaluminium, Reinaluminium und Aluminium-Knetlegierungen); Zulässige Abweichungen
DIN 1910	Teil 1	Schweißen; Begriffe, Einteilung der Schweißverfahren
	Teil 2	Schweißen; Schweißen von Metallen, Verfahren
	Teil 4	Schweißen; Schutzgasschweißen, Verfahren
	Teil 5	Schweißen; Schweißen von Metallen, Widerstandsschweißen, Verfahren
	Teil 10	Schweißen; Mechanisierte Lichtbogenschweißverfahren; Benennungen
	Teil 11	Schweißen; Werkstoffbedingte Begriffe für Metallschweißen
	Teil 12	Schweißen; Fertigungsbedingte Begriffe für Metallschweißen
DIN 1912	Teil 1	Zeichnerische Darstellung, Schweißen, Loten; Begriffe und Benennungen für Schweißstöße, -fugen und -nahte
	Teil 2	Zeichnerische Darstellung, Schweißen, Loten; Arbeitspositionen, Nahtneigungswinkel, Nahtdrehwinkel
		Beiblatt 1: Zeichnerische Darstellung, Schweißen, Löten; Arbeitspositionen, Nahtneigungswinkel, Nahtdrehwinkel; Bestimmung der Arbeitsposition am Rohr (Beispiele)
	Teil 3	Zeichnerische Darstellung, Schweißen, Löten; Auftragschweißungen
	Teil 4	Zeichnerische Darstellung, Schweißen, Löten; Begriffe und Benennungen für Lötstöße und Lötnahte
	Teil 5	Zeichnerische Darstellung, Schweißen, Löten; Grundsätze für Schweiß- und Lötverbindungen, Symbole
	Teil 6	Zeichnerische Darstellung, Schweißen, Löten; Grundsätze für die Bemaßung
DIN 1913	Teil 1	Stabelektroden für das Verbindungsschweißen von Stahl, unlegiert und niedriglegiert; Einteilung, Bezeichnung, Technische Lieferbedingungen
DIN 2310	Teil 1	Thermisches Schneiden; Begriffe und Benennungen
	Teil 2	Thermisches Schneiden; Ermittlung der Gute von Brennschnittflächen

8 Fertigungsverfahren Metalle

	Teil 3	Thermisches Schneiden; Autogenes Brennschneiden, Verfahrensgrundlagen, Güte, Maßabweichungen
	Teil 4	Thermisches Schneiden; Plasma-Schmelzschneiden, Verfahrensgrundlagen, Begriffe, Güte, Maßabweichungen
	Teil 5	Thermisches Schneiden; Laserschneiden, Begriffe
	Teil 6	Thermisches Schneiden; Einteilung, Verfahren
DIN 4766	Teil 1	Herstellverfahren der Rauheit von Oberflächen. Erreichbare gemittelte Rauhtiefe R_z nach DIN 4767 Teil 1
	Teil 2	Herstellverfahren der Rauheit von Oberflachen. Erreichbare gemittelte Rauhtiefe R_z nach DIN 4768 Teil 1
DIN 6580		Begriffe der Zerspantechnik; Bewegungen und Geometrie des Zerspanvorganges
DIN 6581		Begriffe der Zerspantechnik; Bezugssysteme und Winkel am Schneidteil des Werkzeuges
DIN 6582		Begriffe der Zerspantechnik; Ergänzende Begriffe am Werkzeug, am Schneidteil und an der Schneide
DIN 6583		Begriffe der Zerspantechnik; Standbegriffe
DIN 6584		Begriffe der Zerspantechnik; Kräfte, Energie, Arbeit, Leistungen
DIN 7521		Schmiedestücke aus Stahl; Technische Lieferbedingungen
DIN 7522		Schmiedestücke aus Stahl; Technische Richtlinien für Lieferung, Gestaltung und Herstellung, Allgemeine Gestaltungsregeln nebst Beispielen
DIN 7523	Teil 1	Schmiedestucke aus Stahl, Gestaltung von Gesenkschmiedestucken, Regeln für Schmiedestückzeichnungen
	Teil 2	Schmiedestücke aus Stahl; Gestaltung von Gesenkschmiedestucken, Bearbeitungszugaben, Seitenschragen, Kantenrundungen, Hohlkehlen, Bodendicken, Wanddicken, Rippenbreiten und Rippenkopfradien
DIN 7526		Schmiedestücke aus Stahl; Toleranzen und zulässige Abweichungen für Gesenkschmiedestücke Beiblatt 1: Schmiedestücke aus Stahl; Toleranzen und zulässige Abweichungen für Gesenkschmiedestücke, Beispiele für die Anwendung
DIN 8200		Strahlverfahrenstechnik; Begriffe, Einordnung der Strahlverfahren
DIN 8201	Teil 1	Feste Strahlmittel; Einteilung, Bezeichnung
	Teil 2	Feste Strahlmittel, metallisch, gegossen; Kornform kugelig
	Teil 3	Feste Strahlmittel, metallisch, gegossen; Kornform kantig
	Teil 4	Feste Strahlmittel; Stahldrahtkorn
	Teil 5	Feste Strahlmittel, naturlich, mineralisch; Quarzsand
	Teil 6	Feste Strahlmittel, synthetisch, mineralisch; Elektrokorund
	Teil 7	Feste Strahlmittel, synthetisch, mineralisch; Glasperlen
	Teil 9	Feste Strahlmittel, synthetisch, mineralisch; Kupferhüttenschlacke
	Teil 10	Strahlmittel, synthethisch, mineralisch; Schmelzkammerschlacke
DIN 8505	Teil 1	Löten; Allgemeines, Begriffe
	Teil 2	Löten, Einteilung der Verfahren, Begriffe
	Teil 3	Loten; Einteilung der Verfahren nach Energietragern, Verfahrensbeschreibungen
DIN 8511	Teil 1	Flußmittel zum Löten metallischer Werkstoffe; Flußmittel zum Hartloten
	Teil 2	Flußmittel zum Loten metallischer Werkstoffe; Flußmittel zum Weichlöten von Schwermetallen
	Teil 3	Flußmittel zum Löten metallischer Werkstoffe; Flußmittel zum Hart- und Weichloten von Leichtmetallen
DIN 8513	Teil 1	Hartlote; Kupferbasislote, Zusammensetzung, Verwendung, Technische Lieferbedingungen
	Teil 2	Hartlote; Silberhaltige Lote mit wenger als 20 Gew.-% Silber, Zusammensetzung, Verwendung, Technische Lieferbedingungen
	Teil 3	Hartlote; Silberhaltige Lote mit mindestens 20 Gew.-% Silber, Zusammensetzung, Verwendung, Technische Lieferbedingungen
	Teil 4	Hartlote; Aluminiumbasislote, Zusammensetzung, Verwendung, Technische Lieferbedingungen
DIN 8516		Weichlote mit Flußmittelseelen auf Harzbasis; Zusammensetzung, Technische Lieferbedingungen, Prüfung
DIN 8522		Fertigungsverfahren der Autogentechnik; Übersicht
DIN 8525	Teil 1	Prüfung von Hartlötverbindungen; Spaltlotverbindungen, Zugversuch
	Teil 2	Prufung von Hartlotverbindungen; Spaltlotverbindungen, Scherversuch
	Teil 3	Prüfung von Hartlötverbindungen; Hochtemperatur-Spaltlötverbindungen; Zugversuch
DIN 8526		Prufung von Weichlotverbindungen; Spaltlötverbindungen, Scherversuch, Zeitstandscherversuch

8.8 Literatur

DIN 8527	Teil 1	Flußmittel zum Weichlöten von Schwermetallen; Prüfung
	Teil 2	Flußmittel zum Weichlöten von Schwermetallen; Anforderungen
DIN 8528	Teil 1	Schweißbarkeit; metallische Werkstoffe, Begriffe
	Teil 2	Schweißbarkeit; Schweißeignung der allgemeinen Baustähle zum Schmelzschweißen
DIN 8551	Teil 1	Schweißnahtvorbereitung; Fugenformen an Stahl, Gasschweißen, Lichtbogenschweißen und Schutzgasschweißen
	Teil 4	Schweißnahtvorbereitung; Fugenformen an Stahl, Unter-Pulverschweißen
DIN 8555	Teil 1	Schweißzusätze zum Auftragschweißen; Schweißdrähte, Schweißstabe, Drahtelektroden, Stabelektroden; Bezeichnung, Technische Lieferbedingungen
DIN 8563	Teil 1	Sicherung der Gute von Schweißarbeiten; Allgemeine Grundsätze
	Teil 2	Sicherung der Gute von Schweißarbeiten; Anforderungen an den Betrieb
	Teil 3	Sicherung der Gute von Schweißarbeiten; Schmelzschweißverbindungen an Stahl (ausgenommen Stahlschweißen); Anforderungen, Bewertungsgruppen
	Teil 10	Sicherung der Gute von Schweißarbeiten; Bolzenschweißverbindungen an Baustahlen; Bolzenschweißen mit Hub- und Ringzündung
	Teil 30	Sicherung der Güte von Schweißarbeiten; Schmelzschweißverbindungen an Aluminium und Aluminiumlegierungen (ausgenommen Strahlschweißen); Anforderungen, Bewertungsgruppen
DIN 8566	Teil 1	Zusatze fur das thermische Spritzen; Massivdrahte zum Flammspritzen
	Teil 2	Zusatze für das thermische Spritzen; Massivdrahte zum Lichtbogenspritzen; Technische Lieferbedingungen
	Teil 3	Zusätze für das thermische Spritzen; Fulldrähte und Stäbe zum Flammspritzen
DIN 8567		Vorbereitung von Oberflächen metallischer Werkstücke und Bauteile für das thermische Spritzen
DIN 8580		Fertigungsverfahren; Einteilung
DIN 8582		Fertigungsverfahren Umformen; Einordnung, Unterteilung, Alphabetische Übersicht
DIN 8583	Teil 1	Fertigungsverfahren Druckumformen; Einordnung, Unterteilung, Begriffe
	Teil 2	Fertigungsverfahren Druckumformen; Walzen, Unterteilung, Begriffe
	Teil 3	Fertigungsverfahren Druckumformen; Freiformen, Unterteilung, Begriffe
	Teil 4	Fertigungsverfahren Druckumformen; Unterteilung, Begriffe
	Teil 5	Fertigungsverfahren Druckumformen; Eindrücken, Unterteilung, Begriffe
	Teil 6	Fertigungsverfahren Druckumformen; Durchdrücken, Unterteilung, Begriffe
DIN 8584	Teil 1	Fertigungsverfahren Zugdruckumformen; Einordnung, Unterteilung, Begriffe
	Teil 2	Fertigungsverfahren Zugdruckumformen; Durchziehen, Unterteilung, Begriffe
	Teil 3	Fertigungsverfahren Zugdruckumformen; Tiefziehen, Unterteilung, Begriffe
	Teil 4	Fertigungsverfahren Zugdruckumformen; Drücken, Unterteilung, Begriffe
	Teil 5	Fertigungsverfahren Zugdruckumformen; Kragenziehen, Begriffe
	Teil 6	Fertigungsverfahren Zugdruckumformen; Knickbändern, Begriffe
DIN 8585	Teil 1	Fertigungsverfahren Zugumformen; Einordnung, Unterteilung, Begriffe
	Teil 2	Fertigungsverfahren Zugumformen; Längen, Unterteilung, Begriffe
	Teil 3	Fertigungsverfahren Zugumformen; Weiten, Unterteilung, Begriffe
	Teil 4	Fertigungsverfahren Zugumformen; Tiefen, Unterteilung, Begriffe
DIN 8586		Fertigungsverfahren Biegeumformen; Einordnung, Unterteilung, Begriffe
DIN 8587		Fertigungsverfahren Schubumformen; Einordnung, Unterteilung, Begriffe
DIN 8588		Fertigungsverfahren Zerteilen; Einordnung, Unterteilung, Begriffe
DIN 8589	Teil 0	Fertigungsverfahren Spanen; Einordnung, Unterteilung, Begriffe
	Teil 1	Fertigungsverfahren Spanen; Drehen; Einordnung, Unterteilung, Begriffe
	Teil 2	Fertigungsverfahren Spanen; Bohren, Senken, Reiben; Einordnung, Unterteilung, Begriffe
	Teil 3	Fertigungsverfahren Spanen; Frasen; Einordnung, Unterteilung, Begriffe
	Teil 4	Fertigungsverfahren Spanen; Hobeln, Stoßen; Einordnung, Unterteilung, Begriffe
	Teil 5	Fertigungsverfahren Spanen; Raumen; Einordnung, Unterteilung, Begriffe
	Teil 6	Fertigungsverfahren Spanen, Sagen; Einordnung, Unterteilung, Begriffe
	Teil 7	Fertigungsverfahren Spanen; Feilen, Raspeln; Einordnung, Unterteilung, Begriffe
	Teil 8	Fertigungsverfahren Spanen; Burstspanen, Einordnung, Unterteilung, Begriffe
	Teil 9	Fertigungsverfahren Spanen; Schaben, Meißeln; Einordnung, Unterteilung, Begriffe
	Teil 11	Fertigungsverfahren Spanen; Schleifen mit rotierendem Werkzeug; Einordnung, Unterteilung, Begriffe
	Teil 12	Fertigungsverfahren Spanen; Bandschleifen; Einordnung, Unterteilung, Begriffe
	Teil 13	Fertigungsverfahren Spanen; Hubschleifen; Einordnung, Unterteilung, Begriffe
	Teil 14	Fertigungsverfahren Spanen; Honen, Einordnung, Unterteilung, Begriffe

8 Fertigungsverfahren Metalle

	Teil 15	Fertigungsverfahren Spanen; Läppen; Einordnung, Unterteilung, Begriffe
	Teil 17	Fertigungsverfahren Spanen; Gleitspanen; Einordnung, Unterteilung, Begriffe
DIN 8590		Fertigungsverfahren Abtragen; Einordnung, Unterteilung, Begriffe
DIN 9005	Teil 1	Gesenkschmiedestücke aus Magnesium-Knetlegierungen; Technische Lieferbedingungen
	Teil 2	Gesenkschmiedestücke aus Magnesium-Knetlegierungen; Grundlagen für die Konstruktion
	Teil 3	Gesenkschmiedestücke aus Magnesium-Knetlegierungen; Zulässige Abweichungen
DIN 9711	Teil 1	Strangpreßprofile aus Magnesium; Technische Lieferbedingungen
	Teil 2	Strangpreßprofile aus Magnesium; Gestaltung
	Teil 3	Strangpreßprofile aus Magnesium; Zulässige Abweichungen
DIN 9869	Teil 1	Begriffe für Werkzeuge zur Fertigung dünner, vorwiegend flächenbestimmter Werkstücke; Einteilung
	Teil 2	Begriffe für Werkzeuge der Stanztechnik; Schneidwerkzeuge
DIN 9870	Teil 1	Begriffe der Stanztechnik; Fertigungsverfahren und Werkzeuge; Allgemeine Begriffe und alphabetische Übersicht
	Teil 2	Begriffe der Stanztechnik; Fertigungsverfahren und Werkzeuge zum Zerteilen
	Teil 3	Begriffe der Stanztechnik; Fertigungsverfahren und Werkzeuge zum Biegeumformen
DIN 17 245		Warmfester ferritischer Stahlguß; Technische Lieferbedingungen
DIN 17 445		Nichtrostender Stahlguß; Technische Lieferbedingungen
DIN 17 655		Kupfer-Gußwerkstoffe unlegiert und niedriglegiert; Gußstücke
DIN 17 673	Teil 1	Gesenkschmiedestücke aus Kupfer und Kupfer-Knetlegierungen; Eigenschaften
	Teil 2	Gesenkschmiedestücke aus Kupfer und Kupfer-Knetlegierungen; Technische Lieferbedingungen
	Teil 3	Gesenkschmiedestücke aus Kupfer und Kupferknetlegierungen; Grundlagen für die Konstruktion
	Teil 4	Gesenkschmiedestücke aus Kupfer und Kupferknetlegierungen; Zulässige Abweichungen
DIN 17 674	Teil 1	Strangpreßprofile aus Kupfer und Kupfer-Knetlegierungen; Eigenschaften
	Teil 2	Strangpreßprofile aus Kupfer und Kupfer-Knetlegierungen; Technische Lieferbedingungen
	Teil 3	Strangpreßprofile aus Kupfer und Kupfer-Knetlegierungen; Gestaltung
	Teil 4	Strangpreßprofile aus Kupfer und Kupfer-Knetlegierungen, gepreßt; zulässige Abweichungen
	Teil 5	Strangpreßprofile aus Kupfer und Kupfer-Knetlegierungen, gezogen; zulässige Abweichungen
DIN 17 864		Schmiedestücke aus Titan und Titan-Knetlegierungen (Freiform- und Gesenkschmiedestücke
DIN 18 800	Teil 1	Stahlbauten; Bemessung und Konstruktion
	Teil 7	Stahlbauten; Herstellen, Eignungsnachweise zum Schweißen
DIN 30 900		Terminologie der Pulvermetallurgie; Einteilung, Begriffe
DIN 32 530		Thermisches Spritzen; Begriffe
DIN 44 752		Elektrische Stumpfschweißmaschinen; Begriffe und Bewertungsmerkmale
DIN 44 753		Elektrische Punkt-, Buckel- und Nahtschweißmaschinen sowie Punkt- und Nahtschweißgeräte; Begriffe und Bewertungsmerkmale
DIN 50 903		Metallische Überzüge; Poren, Einschlüsse, Blasen und Risse, Begriffe
DIN 50 938		Brünieren von Gegenständen aus Eisenwerkstoffen; Verfahrensgrundsätze, Kurzzeichen, Prüfverfahren
DIN 50 942		Phosphatieren von Metallen; Verfahrensgrundsätze, Kurzzeichen und Prüfverfahren
DIN 50 978		Prüfung metallischer Überzüge; Haftvermögen von durch Feuerverzinken hergestellten Überzügen
DIN 53 281	Teil 1	Prüfung von Metallklebstoffen und Metallklebungen; Proben, Klebflächenvorbehandlung
	Teil 2	Prüfung von Metallklebstoffen und Metallklebungen; Proben, Herstellung
	Teil 3	Prüfung von Metallklebstoffen und Metallklebungen; Proben, Kenndaten des Klebvorgangs
DIN 53 282		Prüfung von Metallklebstoffen und Metallklebungen; Winkelschälversuch
DIN 53 283		Prüfung von Metallklebstoffen und Metallklebungen; Bestimmung der Klebfestigkeit von einschnittig überlappten Klebungen (Zugscherversuch)
DIN 53 284		Prüfung von Metallklebstoffen und Metallklebungen; Zeitstandversuch an einschnittig überlappten Klebungen
DIN 53 285		Prüfung von Metallklebstoffen und Metallklebungen; Dauerschwingversuch an einschnittig überlappten Klebungen
DIN 53 286		Prüfung von Metallklebstoffen und Metallklebungen; Bedingungen für die Prüfung bei verschiedenen Temperaturen
DIN 53 287		Prüfung von Metallklebstoffen und Metallklebungen; Bestimmung der Beständigkeit gegenüber Flüssigkeiten

8.8 Literatur

DIN 53 288	Prüfung von Metallklebstoffen und Metallklebungen; Zugversuch
DIN 53 289	Prüfung von Metallklebstoffen und Metallklebungen; Rollenschalversuch
DIN 54 450	Prüfung von Metallklebstoffen und Metallklebungen; Zugversuch zur Bestimmung der Knotenrißkraft von Metall-Wabenkernen
DIN 54 451	Prüfung von Metallklebstoffen und Metallklebungen; Zugscher-Versuch zur Ermittlung des Schubspannungs-Gleitungs-Diagramms eines Klebstoffs in einer Klebung
DIN 54 452	Prüfung von Metallklebstoffen und Metallklebungen; Druckscher-Versuch
DIN 54 453	Prüfung von Metallklebstoffen und Metallklebungen; Bestimmung der dynamischen Viskositat von anaeroben Klebstoffen mittels Rotationsviskosimetern
DIN 54 454	Prüfung von Metallklebstoffen und Metallklebungen; Losbrechversuch an geklebten Gewinden
DIN 54 455	Prüfung von Metallklebstoffen und Metallklebungen; Torsionsscherversuch

VDI/VDE 2601	Blatt 1 Anforderungen an die Oberflächengestalt zur Sicherung der Funktionstauglichkeit spanend hergestellter Flächen; Zusammenstellung der Meßgrößen
VDI 3137	Begriffe, Bemessungen, Kenngrößen des Umformens
VDI 3138	Blatt 1 Kaltfließpressen von Stahlen und NE-Metallen; Grundlagen
	Blatt 2 Kaltfließpressen von Stählen und NE-Metallen; Anwendung
	Blatt 3 Kaltfließpressen von Stählen und NE-Metallen; Arbeitsbeispiele, Wirtschaftlichkeit
VDI 3140	Streckziehen auf Streckziehpressen
VDI 3141	Ziehen über Wulste
VDI 3142	Gummi-Zug-Schnitt-Verfahren
VDI 3143	Blatt 1 Stahle für das Kaltfließpressen; Auswahl, Wärmebehandlung
VDI 3151	Kaltfließpreßteile aus Stahlen und Nichteisenmetallen; Anforderungen, Bestellung, Lieferung
VDI 3171	Stauchen und Formpressen
VDI 3172	Flachprägen
VDI 3173	Ziehen von Rohren aus Nichteisenmetallen
VDI 3174	Rollen von Außengewinden durch Kaltformung
VDI 3175	Zieh- und Stempelrundung für das Tiefziehen in Stanzerei-Großwerkzeugen
VDI 3177	Oberflächen-Feinwalzen
VDI 3184	Schmieden in Waagerecht-Stauchmaschinen
VDI 3185	Blatt 1 Berechnung der bezogenen Stempelkraft und der größten Fließpreßkraft für das Voll-Vorwärts-Fließpressen von Stahl bei Raumtemperatur
	Blatt 2 Berechnung der bezogenen Stempelkraft und der größten Fließpreßkraft für das Napf-Rückwärts Fließpressen von Stahl bei Raumtemperatur
	Blatt 3 Preßkraftermittlung für das Hohl-Vorwärts-Fließpressen von Stahl bei Raumtemperatur
VDI 3200	Blatt 1 Fließkurven metallischer Werkstoffe; Grundlagen
	Blatt 2 Fließkurven metallischer Werkstoffe; Stahle
	Blatt 3 Fließkurven metallischer Werkstoffe; Nichteisenmetalle
VDI 3219	Oberflächenrauheit und Maßtoleranz in der spanenden Fertigung
VDI 3358	Vorschubbegrenzung in Stanzwerkzeugen
VDI 3367	Richtwerte über Steg- und Randbreiten in der Stanztechnik; Ermittlung der Streifen- und Werkstückzahl
VDI 3400	Elektroerosive Bearbeitung; Begriffe, Verfahren, Anwendung
VDI 3401	Blatt 1 Elektrochemische Bearbeitung; Anodisches Abtragen mit äußerer Stromquelle; Form-Elysieren
	Blatt 2 Elektrochemische Bearbeitung; Anodisches Abtragen mit außerer Stromquelle; Bad-Elysieren
	Blatt 4 Elektrochemische Bearbeitung; Behandlung der Elektrolyte und Ätzlosungen, Abwasser und Schläuche
VDI 3402	Blatt 1 Elektroerosive Bearbeitung; Definition und Terminologie
	Blatt 2 Elektroerosive Bearbeitung; Kennzeichnung und Abnahme von Anlagen
	Blatt 3 Elektroerosive Bearbeitung; Gestaltung und Betrieb von Anlagen
VDI 3420	Feinguß

DVS 0103	Zulässige Karbidkörnungen für Azetylenentwickler und die Beseitigung von Karbidresten und Karbidschlamm
DVS 0201	Technische Gase für Schweißen, Schneiden und verwandte Arbeitsverfahren; Sauerstoff
DVS 0202	Technische Gase für Schweißen, Schneiden und verwandte Arbeitsverfahren; Azetylen

DVS 0203	Technische Gase für Schweißen, Schneiden und verwandte Arbeitsverfahren; Propan, Butan (Flüssiggas nach DIN 51 622)
DVS 0204	Technische Gase für Schweißen, Schneiden und verwandte Arbeitsverfahren; Wasserstoff
DVS 0205	Technische Gase für Schweißen, Schneiden und verwandte Arbeitsverfahren; Argon
DVS 0206	Technische Gase für Schweißen, Schneiden und verwandte Arbeitsverfahren; Kohlendioxid (CO_2 – Kohlensäure)
DVS 0207	Technische Gase für Schweißen, Schneiden und verwandte Arbeitsverfahren; Stickstoff
DVS 0403	Abschmelzleistung, Abschmelzzahl, Ausbringung und Volumenleistung von umhullten Stabelektroden
DVS 1603	Widerstandspunktschweißen von Stahl im Schienenfahrzeugbau
DVS 1604	Widerstandspunktschweißen von Aluminium und dessen Legierungen im Schienenfahrzeugbau
DVS 1609	Widerstandspunktschweißen von hochlegierten Stählen im Schienenfahrzeugbau
DVS 1610	Allgemeine Richtlinien für die Planung der schweißtechnischen Fertigung
	Beiblatt 1: Begriffe der Schweißplanung und deren Definitionen
	Beiblatt 2: Beispiele für den Schweißfolgeplan im Schienenfahrzeugbau
DVS 2801	Widerstandsschweißen in der Mikrotechnik (Übersicht)
DVS 2802	Ultraschallschweißverfahren in der Mikrotechnik (Übersicht)
DVS 2901	Abbrennstumpfschweißen von Stahl
	Teil 2 Abbrennstumpfschweißen von Leichtmetall
DVS 2902	Teil 1 Widerstandspunktschweißen von Stählen bis 3 mm Einzeldicke; Verfahren und Grundlagen
	Teil 2 Widerstandspunktschweißen von Stählen bis 3 mm Einzeldicke; Punktschweißeignung von unlegierten und legierten Stahlen (Legierungsgehalt ≤ 5 %)
	Teil 3 Widerstandspunktschweißen von Stählen bis 3 mm Einzeldicke; Konstruktion und Berechnung
	Teil 4 Widerstandspunktschweißen von Stählen bis 3 mm Einzeldicke; Vorbereitung und Durchführung
DVS 2905	Buckelschweißen von unlegiertem Stahl
DVS 2906	Widerstands-Rollennahtschweißen uberlappter Teile

9 Fertigungsverfahren Kunststoffe

Beim Einsatz von Kunststoffen dürfen nicht nur die Eigenschaften und Kosten der Rohstoffe berücksichtigt werden, sondern auch die Verarbeitungsmöglichkeiten. Gerade bei Kunststoffen sind *Fertigungsverfahren* möglich, die niedrige Preise für die Formteile ergeben und in vielen Fallen eine Nacharbeit ersparen. Dies ist von großer Bedeutung bei der Fertigung von Massenteilen. Für die einzelnen Fertigungsverfahren sind jeweils Grenzen in Formteilgröße und Stückzahl gesetzt, die auch von den verwendeten Maschinen und Werkzeugen abhangen. Beim Vergleich der Fertigungsverfahren für Kunststoffe und Metalle sollte berücksichtigt werden, daß die Verarbeitungstemperaturen bei Kunststoffen wesentlich niedriger liegen. Dies wirkt sich insbesondere beim *Energieaufwand* für die Herstellung von Formteilen stark aus; deshalb sollten bei der Berechnung der Wirtschaftlichkeit für die Herstellung von Formteilen Rohstoffpreis und Fertigungsaufwand zusammen betrachtet werden. Als Vorteile der Kunststoffverarbeitung können insbesondere genannt werden:

– niedrige Verarbeitungstemperaturen,
– Herstellung von komplizierten Formteilen in einem Arbeitsgang,
– vielfaltige Verbindungsverfahren (Montagevereinfachung),
– meist keine maßliche Nacharbeit,
– gute Farbgebung ohne Lackieren,
– breite Variationsmoglichkeit der Werkstoffe,
– Vielfalt von speziellen Problemlösungen (Schnappverbindungen, Filmscharnier).

9.1 Urformen

Unter *Urformen* versteht man bei Kunststoffen die Herstellung einer ersten Gestalt aus pulverformigen, granulatformigen oder flüssigen *Formmassen zu Formstoffen* (Formteile, Halbzeuge). Bei *Thermoplasten* wird durch Aufschmelzen der thermoplastische, hochviskose Schmelzzustand erreicht. Diese zähflüssige Schmelze wird meist auf Schneckenmaschinen in einer Art Gießprozeß geformt. Beim *Extrudieren* wird die Schmelze kontinuierlich durch Profildusen (Werkzeuge) zu Halbzeugen verarbeitet. Beim *Spritzgießen* als diskontinuierlichem Verfahren wird die Schmelze unter hohem Druck in das geschlossene Werkzeug schnell eingebracht, dabei entstehen spritzgegossene Formteile. Extrudieren und Spritzgießen sind *physikalische Prozesse*. *Duroplastische Formmassen* (Preß- bzw. Spritzgießmassen) sind chemisch gesehen noch nicht im endgültigen Zustand, sie sind noch schmelzbar. Beim Verarbeitungsprozeß (Warmpressen, Spritzpressen, Spritzgießen) erfolgt mit der Formgebung die Aushartung (Vernetzung), d.h. die letzte *chemische Reaktion*. Die Formstoffe sind dann nicht mehr schmelzbar. Bei der *Gießharzverarbeitung* sind die Ausgangsprodukte geloste oder zähfließende Vorprodukte. Sie werden meist zur Trankung von Verstärkungsstoffen aus Glasfaser oder Kohlenstoff-Faser verwendet. Die Aushärtung zum duroplastischen Formstoff und damit zum *Verbundwerkstoff* kann drucklos erfolgen (Laminate) oder in Werkzeugen (Preßteile). Weitere Verfahren siehe Abschnitt 9.1.6.

Besondere Verfahren erlauben die Herstellung von *geschaumten Formstoffen* aus Thermoplasten (TSG) oder Duroplasten (RSG). Ein weiteres Urformverfahren ist das *Rotationsformen* zur Herstellung von Hohlkorpern ohne Kern aus pulverformigen oder fließfähigen Ausgangsstoffen.

9.1.1 Spritzgießen

Das *Spritzgießen* von Kunststoffen ist ein diskontinuierliches Gießverfahren, das wegen der hochviskosen Kunststoffschmelzen im Gegensatz zu den dünnflüssigen Metallschmelzen speziell entwickelt wurde. Moderne Spritzgießmaschinen arbeiten mit einer Schnecke, die die Formmasse plastifiziert, fördert und in das Werkzeug einspritzt. Das Spritzgießen eignet sich besonders fur die wirtschaftliche Massenfertigung. Formteile werden in einem Arbeitsgang hergestellt, wobei vielfach Nacharbeit entfallt (Beispiel Zahnrader). Die Herstellung von großen, auch großflächigen Formteilen ist ebenso moglich wie die Prazisionsfertigung von Kleinstteilen der Feinwerktechnik.

9.1.1.1 Spritzgießen von Thermoplasten

Verfahrensablauf. Die thermoplastische Formmasse in Pulver- oder Granulatform wird von der rotierenden Schnecke aus dem Fulltrichter eingezogen und verdichtet (Bild 9.1). Beim Durchwandern des von außen beheizten Zylinders wird die Formmasse aufgeschmolzen und gut durchmischt (plastifiziert). Durch die Knetarbeit wird außerdem innere Warme erzeugt. Die getörderte aufgeschmolzene Masse sammelt sich bei geschlossener Duse vor der Schnecke und druckt diese gegen den einstellbaren *Staudruck* zurück, bis die fur den Sprıtzvorgang erforderliche Schmelzmenge vorhanden ist. Dann druckt die Schnecke mit dem entsprechenden *Spritzdruck* in einer Axialbewegung (als Kolben wirkend) die Masse in das geschlossene und temperierte Werkzeug ein. In der Formhohlung erstarrt die Schmelze. Die dabei entstehende Volumenkontraktion wird durch den *Nachdruck* ausgeglichen. Das fertige („eingefrorene") Formteil wird beim Öffnen des Werkzeugs durch Auswerfer ausgestoßen. Schwierigkeiten beim Entformen von Spritzgußteilen konnen durch Ändern der Werkzeugtemperaturen oder durch Verwenden von Trennmıtteln (Einspruhen, Pudern) beseitigt werden.

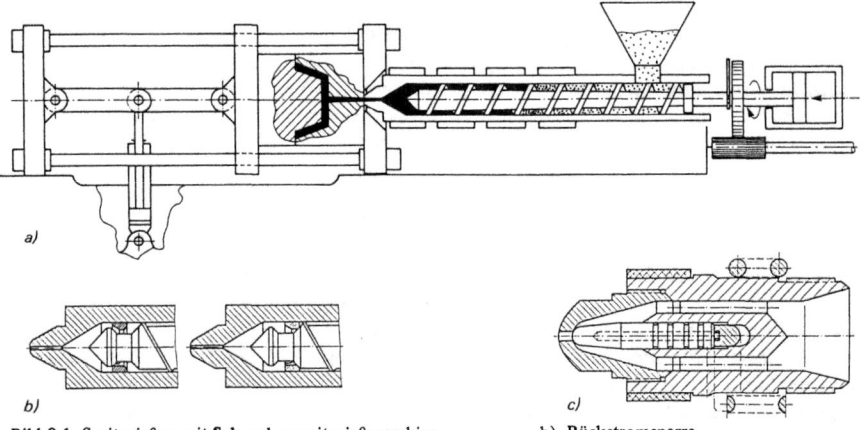

Bild 9.1 Spritzgießen mit Schneckenspritzgießmaschine
a) Spritzeinheit (rechts),
Schließeinheit mit Werkzeug (links).

b) Rückstromsperre,
links: Stellung beim Plastifizieren,
rechts: Stellung beim Einspritzen,
c) Nadelverschlußdüse (nach *Fuchslocher*).

9.1 Urformen

Für einen *vollautomatischen Betrieb* sind folgende Maßnahmen erforderlich:
- vollautomatische Steuerung der Arbeitsabläufe,
- Überwachung des erfolgten Auswerfens aller Teile (Ausfallsicherung),
- zweckmäßiges automatisches Trennen und Sortieren von Formteil und Anguß,
- gesteuerte Zuführung des vorgewärmten Granulats,
- selbständiges Abschalten der Maschine bei Störung und Melden der Störung.

Einfluß der Verarbeitungsbedingungen. Die Eigenschaften der spritzgegossenen Formteile sind stark von den *Verarbeitungsbedingungen* (Tabelle 9.1) abhängig, insbesondere von
- *Massetemperatur* (Änderung der Schmelzenviskosität),
- *Einspritzgeschwindigkeit* (Auswirkung auf Formfüllung),
- *Druckverlauf* (Bild 9.2) des Einspritz- und Nachdrucks (Auswirkung auf Einfallstellen, Lunker und Gratbildung),
- *Werkzeugtemperatur* (Auswirkung auf Eigenspannungen, Gefüge, Schwindung, Abkühlzeit).

In Tabelle 9.2 sind Fehlermöglichkeiten und Abhilfemaßnahmen beim Spritzgießen zusammengestellt.

Tabelle 9.1 Verarbeitungsbedingungen beim Spritzgießen

Kunststoff	Massetemperatur*) °C	Spritzdruck*) bar	Werkzeug- temperatur*) °C	Verarbeitungs- schwindung %	Bemerkung
PEHD	240 ... 300	600 ... 1200	50 ... 70	1,5 ... 3	
PELD	160 ... 260	200 ... 500	30 ... 70	1,5 ... 4	
PP	250 ... 300	800 ... 1200	50 ... 100	0,8 ... 2,0	
PVC hart	170 ... 210	1000 ... 1800	30 ... 60	0,2 ... 0,5	
PVC weich	170 ... 200	300 ... 800	20 ... 60	1,0 ... 2,5	
PS	160 ... 250	600 ... 1500	20 ... 50	0,2 ... 0,6	
SB	160 ... 250	600 ... 1500	50 ... 70	0,6 ... 0,7	
SAN	200 ... 260	1000 ... 1500	40 ... 80	0,3 ... 0,6	
ABS	180 ... 240	1000 ... 1500	50 ... 85	0,4 ... 0,7	vortrocknen
ASA	200 ... 250	1000 ... 1500	60 ... 80	0,4 ... 0,7	
PMMA	200 ... 250	400 ... 1200	50 ... 90	0,3 ... 0,8	vortrocknen
PA	210 ... 290	700 ... 1200	80 ... 120	0,2 ... 2,5	vortrocknen
POM	180 ... 230	800 ... 1700	50 ... 120	1,5 ... 3,5	
PC	280 ... 320	800 ... 1000	80 ... 120	0,7 ... 0,8	vortrocknen
PETP/PBTP	230 ... 270	1000 ... 1700	30 ... 140	1,0 ... 2,0	vortrocknen
PPO mod.	260 ... 300	1000 ... 1400	75 ... 110	0,5 ... 0,7	vortrocknen
PSU/PES	330 ... 400	800 ... 1200	100 ... 160	0,7 ... 0,8	vortrocknen
CA/CP/CAB	180 ... 230	800 ... 1200	40 ... 70	0,4 ... 0,7	
PF	95 ... 110	600 ... 1800	170 ... 190	0,5 ... 1,0	
UF	95 ... 110	700 ... 1800	150 ... 165	0,2 ... 0,6	
MF	95 ... 110	700 ... 1800	160 ... 180	0,2 ... 1,3	
EP	70 ... 80	800 ... 1200	160 ... 170	0,1 ... 0,3	

*) Die einzustellende Massetemperatur, der Spritzdruck und die Werkzeugtemperatur hängen vom verwendeten Kunststofftyp und der Gestalt des Formteils (Fließweg/Wanddicke) ab.

Füllvorgang beim Spritzgießen. Bei Thermoplastschmelzen wird eine Formfüllung durch *Quellfluß* (Bild 9.3) angestrebt. Wegen des viskosen Verhaltens der Kunststoffschmelze fließt diese mit einer fortschreitenden Fließfront vom Anguß her in die Formhöhlung ein. Die einströmende Schmelze erstarrt jeweils zuerst an der Werkzeugwand und bleibt im Kern noch teigig. *Orientierungen* (Bild 9.4) der Fadenmoleküle entstehen deshalb hauptsächlich in der Nähe der Werkzeugwand.

Solange der Kern noch plastisch ist, kann zum Ausgleich der Volumenkontraktion vom Anguß her noch Schmelze nachgedrückt werden bis dieser eingefroren ist. Unter ungünstigen Bedingungen, z.B. bei zähen, gefüllten Massen, kann der sog. *Würstchenspritzguß* (Bild 9.5) auftreten, der aber möglichst zu vermeiden ist. Es besteht die Gefahr von „Bindefehlern" und ungünstigen Füllstofforientierungen.

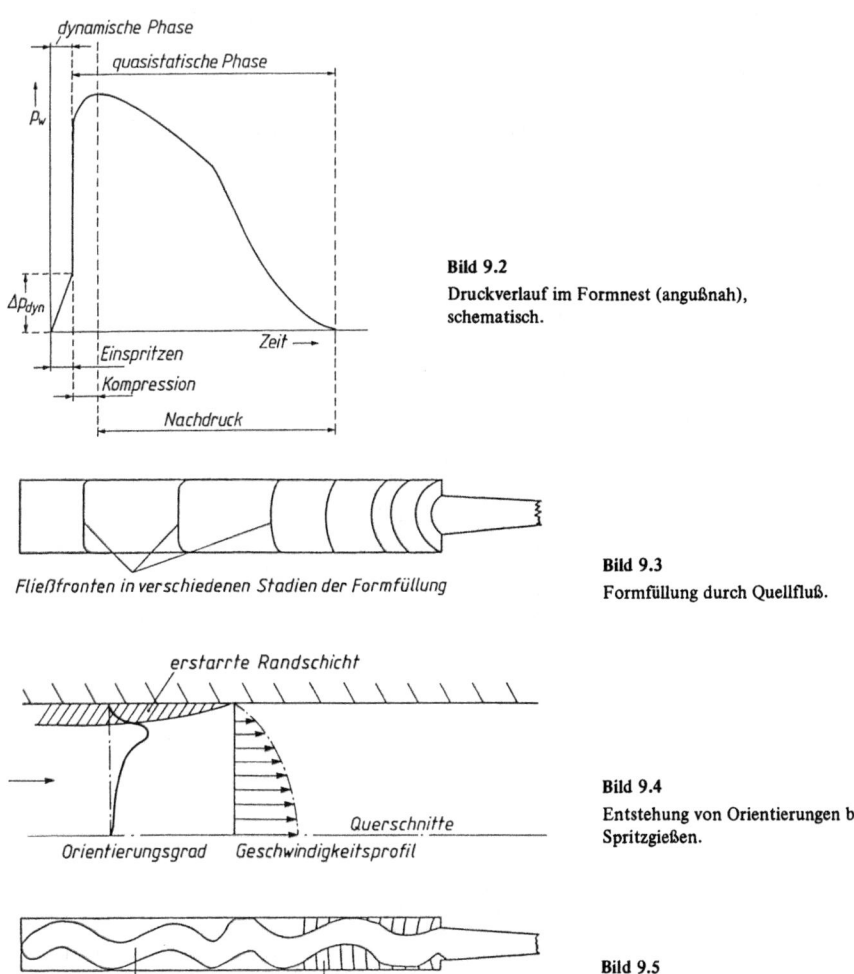

Bild 9.2
Druckverlauf im Formnest (angußnah), schematisch.

Bild 9.3
Formfüllung durch Quellfluß.

Bild 9.4
Entstehung von Orientierungen bei Spritzgießen.

Bild 9.5
Würstchenspritzguß.

Nachbehandlung von Spritzgußteilen. Bei Spritzgußteilen mit großen Anschnittquerschnitten muß der Anguß mechanisch entfernt werden; bei Punktanguß kann dies meist, bei Tunnelanguß immer vermieden werden. Innere Spannungen können durch Lagern bei erhöhten Temperaturen (*Tempern*) abgebaut werden. Bei teilkristallinen Thermoplasten tritt dabei Nachkristallisation (Nach-

9.1 Urformen

Tabelle 9.2 Fehlermöglichkeiten und Abhilfemaßnahmen beim Spritzgießen

Fehler \ Abhilfemaßnahme	Massetemperatur erhöhen	Massetemperatur erniedrigen	Werkzeugtemperatur erhöhen	Werkzeugtemperatur erniedrigen	Spritzdruck erhöhen	Spritzdruck erniedrigen	Nachdruckzeit verlängern	Nachdruckzeit verkürzen	Spritzgeschwindigkeit erhöhen	Spritzgeschwindigkeit erniedrigen	Kühlzeit verlängern	Kühlzeit verkürzen	Dosierung erhöhen	Dosierung erniedrigen	Formmasse vortrocknen	Anschnitt oder Angußkanäle erweitern	Anschnitt verlegen	Werkzeugoberfläche besser polieren	Schließdruck erhöhen	Entlüftung verbessern	schroffe Querschnittsübergänge vermeiden	Entformungsschräge vergrößern
Einfallstellen	x		x		x		x										x				x	
ungenügende Füllung	x		x		x				x		x					x	x				x	
Rillen in der Oberfläche	(x)	x	x		x		x		x												x	
Lunker	(x)				x																	
Gratbildung, Schwimmhäute		x		x		x				x							x		x			
Verbrennungen	x		x		x			x		x			x	x								
Ringe um den Anguß	(x)	x	x		(x)	x	x		x	x					x	x	x	x				
Schlieren, Schieferung		x	x		(x)	(x)			x	(x)					x	x						
matte Oberfläche	x		x						x						x	x		x				
Entformungsschwierigkeiten	(x)	x	x		x	x		x		x		x		x		x	x	x			x	x

schwindung) auf. Durch Tempern andern sich Abmessungen und Gestalt (Verzug). *Thermoplastische Kunststoff-Formteile*, die stark zur Aufnahme von Feuchtigkeit neigen (hauptsachlich bei Polyamiden) sollen nach dem Spritzgießen konditioniert werden (s. DIN 53 715). Sie werden dazu in Wasser oder feuchter Luft solange gelagert bis sie die geforderte Feuchtigkeit aufgenommen haben. Dabei vergrößern sich Volumen (Abmessungen) und Zähigkeit.

9.1.1.2 Spritzgießen von Duroplasten

Duroplastische Formmassen konnen auf den gleichen Schneckenspritzgießmaschinen wie thermoplastische Formmassen verarbeitet werden; wobei die Plastifiziereinheit (Schnecke und Zylinder) jedoch dem besonderen Fließ-Härtungs-Verhalten der bei der Verarbeitung vernetzenden Formmassen angepaßt werden muß. Außerdem muß das Werkzeug, in dem die Aushärtung erfolgt, auf einer hoheren Temperaturstufe gehalten werden als die Spritzeinheit. Die Formmasse wird von der Schnecke eingezogen, Verdichtet und plastifiziert, wobei sie noch nicht nennenswert vernetzen darf, damit ihre Fließfähigkeit erhalten bleibt. Die Masse wird dann durch die Axialbewegung der Schnecke in das heißere Werkzeug eingespritzt, wo sie aushärtet und fest wird. Das Formteil wird heiß ausgeformt und kann ggf. in Erkaltungslehren zum Vermeiden von Verzug abgekühlt werden.

Geschmolzene härtbare Formmassen haben beim Einspritzen in das Werkzeug noch eine verhältnismäßig niedrige *Viskositat*. Die Formteile weisen mehr Gratbildung auf als thermoplastische Formteile und müssen deshalb durch Nacharbeit mechanisch von Hand oder maschinell entgratet werden.

9.1.1.3 Sonderverfahren

Intrusionsverfahren für Thermoplaste. Um das Spritzvolumen einer Schneckenspritzgießmaschine für dickwandige Formteile zu erhöhen, spritzt man bei rotierendei Schnecke ein.

Spritzprägen für Thermoplaste und Duroplaste. Beim Einspritzen wird die Formhohlung des Werkzeugs infolge des Spritzdrucks durch Verschieben der beiden Werkzeughalften gegeneinander vergroßert. Das Werkzeug muß so konstruiert sein, daß dabei keine Masse austreten kann. Nach Beendigung des Einspritzvorgangs erfolgt der sog. *Prägehub*, der durch eine hydraulische Sonderschaltung in der Schließeinheit ermöglicht wird. Dadurch wird bei großflachigen Teilen ein gleichmaßiger Nachdruck ausgeubt (verminderte Eigenspannungen, geringerer Verzug).

Spritzgießen mit zwei Spritzeinheiten. Bei Quellfluß kann die Formfullung mit zwei Spritzeinheiten nacheinander so erfolgen, daß nach Fullung der Werkzeughohlung die zuerst eingespritzte Masse nur an der Oberflache des Formteils, die zweite Masse nur im Kern auftritt. Es konnen dabei Kunststoffe verschiedener Art und Farbe eingesetzt werden. Fur den Rand werden i.a. hochwertige, für den Kern billigere oder geschaumte Kunststoffe eingesetzt (*Sandwichspritzguß*). Bei der Herstellung von zweifarbigen Tasten werden die beiden Farben nacheinander in verschiedene Werkzeuge eingespritzt (vgl. Abschnitt 9.1.4 Einlegeteile).

Spritzblasen s. Abschnitt 9.1.5.

Thermoplastschaumguß (TSG) s. Abschnitt 9.1.7.

9.1.2 Pressen und Spritzpressen

Unter *Pressen* versteht man das Formen einer plastischen Masse durch Druckeinwirkung in einem Werkzeug. Grundsatzlich konnen thermoplastische und duroplastische Formmassen, Schichtpreßstoffe sowie Elastomere verarbeitet werden. Da beim Pressen von Thermoplasten das Werkzeug zuerst geheizt und dann gekuhlt werden muß, wird das *Warmpressen* für Thermoplaste nur selten angewandt. Bei duroplastischen Formmassen wird das Warmpressen gegenüber dem Spritz-

9.1 Urformen

gießen vorteilhaft dann eingesetzt, wenn Einlegeteile durch die Formmasse umpreßt werden müssen.

Viele Formmassen lassen sich durch Warmpressen problemloser verarbeiten als durch Spritzgießen; Pressen sind meist billiger als Spritzgießmaschinen, jedoch ist die Automatisierung beim Spritzgießen wesentlich einfacher als beim Warmpressen. Vorimprägnierte Papier- oder Gewebebahnen können nur durch Warmpressen zu *Schichtpreßstoffen* verarbeitet werden.

9.1.2.1 Warmpressen

Verfahrensablauf. Die dosierte Formmasse wird meist tablettiert. Die Tabletten werden im *Hochfrequenzvorwärmgerät* vorgewärmt und in das offene, beheizte Werkzeug eingebracht (Bild 9.6). Beim Schließen des Werkzeugs wird die Formmasse bis zum plastischen Zustand erweicht. Durch den *Preßdruck* wird der Werkzeughohlraum ausgefüllt. Die bei der Vernetzung ggf. auftretenden Gase entweichen beim „Entlüften" des Werkzeugs. Eine Gefügeauflockerung wird durch den Preßdruck vermieden. Nach Ablauf der *Preßzeit*, d.h. nach weitgehender Vernetzung, wird das Werkzeug geöffnet und das heiße Formteil entnommen. Zur Verringerung des Verzugs läßt man vielfach die Formteile in Abkühllehren abkühlen.

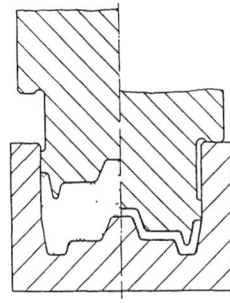

Bild 9.6
Warmpressen, schematisch.

Einfluß der Verarbeitungsbedingungen. Die Eigenschaften der gepreßten Formteile sind stark von den Verarbeitungsbedingungen (Tabelle 9.3) abhängig, insbesondere von
- *Vorwärmung* (Auswirkung auf Fließeigenschaften der Formmasse, Preßzeit),
- *Preß-* oder *Werkzeugtemperatur* (Auswirkung auf Formfüllung und Vernetzung),
- *Preßdruck* (Auswirkung auf Formfüllung, Gefügeverdichtung, Dickentoleranz),
- *Preß-* oder *Härtezeit* (Auswirkung auf Vernetzung).

In Tabelle 9.4 sind Fehlermöglichkeiten und Abhilfemaßnahmen beim Warmpressen zusammengestellt.

Tabelle 9.3 Verarbeitungsbedingungen beim Warmpressen

Harzbasis	Preßtemperatur °C	Preßdruck bar	Härtezeit für 2 mm Wanddicke s	Verarbeitungsschwindung %
PF	150 ... 170	150 ... 400	60 ... 120	0,1 ... 1,1
UF	140 ... 150	> 160	90 ... 120	0,2 ... 1,0
MF	150 ... 160	150 ... 300	100 ... 180	0,1 ... 1,1
UP	140 ... 160	50 ... 150	20 ... 120	0,1 ... 0,3
EP	140 ... 170	100 ... 200	120 ... 180	0,1 ... 0,3

Tabelle 9.4 Fehlermöglichkeiten und Abhilfemaßnahmen beim Spritzgießen

Fehler \ Abhilfemaßnahme	Feuchtegehalt der Preßmasse erniedrigen	erhöhen	Dosierung verringern	erhöhen	Vorwärtstemperatur erniedrigen	erhöhen	Preßtemperatur erniedrigen	erhöhen	Schließgeschwindigkeit erniedrigen	erhöhen	Preßdruck erniedrigen	erhöhen	Preßzeit verkürzen	verlängern	Werkzeugoberfläche verbessern
Blasen, matte Oberfläche	x						x						x		
Blasen, glanzende Oberfläche	x				x						x	x			
ungenügende Füllung			x	x	x		x			x		x			x
porose Stellen	x			x		x	x					x			
matte Stellen	x					x	x	x					x	x	
Fließmarkierungen	x			x			x								
Einfallstellen							x				x		x		
Farbabweichungen	x					x					(x)				
Verzug	x				x	x						x			
Risse							x					x			
Entformungsschwierigkeiten	x	x			x		x								x
Gratbildung		x				x				x					

Nachbehandlung von Preßteilen

Durch knapp bemessene Preßzeiten sind Preßteile oftmals nicht vollständig ausgehärtet. Für solche Teile erfolgt deshalb eine *Nachhärtung* im Ofen für 2 ... 3 h bei 120 °C. Dabei findet eine *Nachschwindung* statt, oft verbunden mit *Verzug*. Bei Präzisionsteilen muß deshalb volle Aushärtung im Werkzeug erfolgen. Die relativ dünnflüssige Formmasse bewirkt beim Pressen einen relativ starken *Preßgrat*. Dieser wird in Trommelmaschinen oder in Gebläsereinigungsmaschinen mechanisch entfernt.

9.1.2.2 Spritzpressen

Beim *Spritzpressen* (Bild 9.7) wird die vorgewärmte Preßmasse in den beheizten Spritzzylinder eingebracht, dann wird das Werkzeug geschlossen. Durch Bewegen des Spritzkolbens wird die plastifizierte Masse durch die Spritzkanäle in die Formhohlungen des geschlossenen Werkzeugs eingespritzt. Die gegenüber dem Warmpressen wesentlich gleichmäßiger durchwärmte Masse härtet schneller aus. Eine Überdosierung bewirkt beim Spritzpressen keine Wanddickenvergrößerung. Das Spritzpreßverfahren ist besonders für *Mehrfachwerkzeuge* geeignet. Nachteilig sind der höhere Formmassenverbrauch (Rückstände im Spritzzylinder) und vielfach die Füllstofforientierung. Die Verarbeitungsbedingungen wirken sich ähnlich aus wie beim Warmpressen.

9.1 Urformen

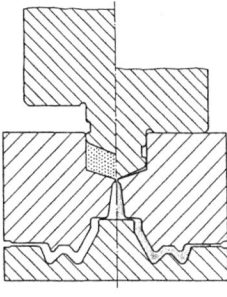

Bild 9.7
Spritzpressen, schematisch.

9.1.3 Fertigungsgenauigkeit beim Spritzgießen und Pressen

Wegen der integralen Fertigungsmöglichkeit müssen bei Kunststoffen andere Toleranzen gelten als die ISO-Toleranzen bei Metallen. In DIN 16 901 werden für Kunststoff-Formteile (Spritzguß-, Spritzpreß- und Preßteile) Toleranzen und zulassige Abweichungen für Maße angegeben. Diese Angaben gelten nur für die Abnahme von Formteilen, d.h., es handelt sich um *fertigungsbedingte Maßabweichungen*. Veränderungen durch Nachschwindung, Quellung oder Temperatureinfluß, d.h., betriebs- oder *umweltbedingte Abweichungen* werden jedoch nicht erfaßt, ebensowenig Form-, Lage- und Profilabweichungen. Die maßgebliche Abnahme erfolgt frühestens 24 h nach der Herstellung des Formteils bzw. einer Nachbehandlung.
Für die Festlegung von Toleranzen ist auch die Lage des Formteils im Werkzeug wichtig. Man unterscheidet
– *werkzeuggebundene Maße*, wenn das Maß nur in einer Werkzeughälfte liegt, und
– *nichtwerkzeuggebundene Maße*, wenn das Maß z.B. in Öffnungsrichtung des Werkzeugs oder von Schiebern liegt, d.h. durch mehrere Werkzeughälften gebildet wird (Bild 9.8).
Werkzeuggebundene Maße können enger toleriert werden als nicht werkzeuggebundene.
Beachte: Je enger die Toleranzen, desto teurer die Fertigung! Es ist nicht sinnvoll, vom Verarbeiter enge Toleranzen bei der Fertigung zu verlangen, wenn die betriebsbedingten Umwelteinflüsse nicht genau bekannt sind, bzw. sehr stark schwanken.

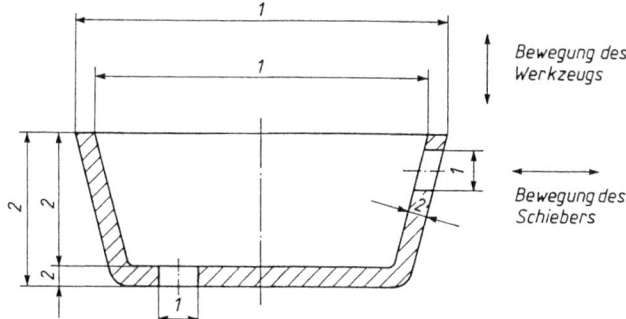

1 werkzeuggebundene Maße
2 nicht werkzeuggebundene Maße

Bild 9.8
Werkzeuggebundene und nichtwerkzeuggebundene Maße.

Wegen der *Verarbeitungsschwindung* VS muß das Werkzeug mit größeren Abmessungen hergestellt werden:

Werkzeugmaß = Formteilmaß + Formteilmaß · Schwindungskennwert.

Zum Beispiel ergibt sich bei Formteilmaß 25,0 mm und Verarbeitungsschwindung 1,5 % ein Werkzeugmaß

WM = 25, 0 mm + 25,0 · 0,015 mm = 25,0 mm + 0,375 mm = 25,375 mm.

Wesentlichen Einfluß auf die *Verarbeitungsschwindung VS* haben:
- *Kunststoffart:* amorphe Kunststoffe haben kleinere Schwingungen als teilkristalline
- *Kunststofftype:* s. Tabelle 9.5;
- *Füllstoffe:* Art, Form und Anteil, so setzen z.b. Glasfasern die Verarbeitungsschwindung wesentlich herab;
- *Gestalt des Formteils:* Fließweg/Wanddickenverhältnis, Querschnittsübergänge, Ausrundungen;
- *Angußart:* bei Stangenguß i.a. kleinere Schwindung als bei Punktanguß;
- *Verarbeitungsbedingungen:* Massetemperatur, Druckverlauf, Spritzdruck/Nachdruck, Werkzeugtemperatur. Diese Faktoren beeinflussen die Verarbeitungsschwindung gegenseitig; zweckmäßig werden die Einflüsse für das spezielle Formteil festgestellt und das Werkzeug entsprechend verandert, vor allem für enge Toleranzen;
- *Füllvorgang:* Einfluß von Füllstofforientierungen; unterschiedliche Verarbeitungsschwindung in Fließrichtung und senkrecht dazu.

Die *Nachschwindung NS* tritt im Laufe der Zeit bei teilkristallinen Thermoplasten durch Nachkristallisation ein, bei amorphen Thermoplasten durch den Abbau von Eigenspannungen und bei Duroplasten durch Nachhärtung. Um diese Maßänderungen vorwegzunehmen, werden die Formteile getempert, z.B. für POM bei 120 °C.

Die *Gesamtschwindung GS* ist die Summe aus Verarbeitungsschwindung VS und Nachschwindung NS; i.a. gilt, daß eine Verkleinerung der Verarbeitungsschwindung eine erhöhte Nachschwindung ergibt. Bei teilkristallinen Kunststoffen wird durch niedrige Werkzeugtemperatur der kristalline Anteil niedrig und damit die Verarbeitungsschwindung kleiner; bei nachtraglichem langzeitigem Lagern bei Raumtemperatur oder kurzzeitigem Tempern bei erhöhter Temperatur wird die Kristallinität und dadurch die Nachschwindung erhöht.

Die *Wasseraufnahme*, insbesondere bei PA 6 und PA 66 (mehrere Prozent) wirkt sich als Maßzunahme aus, ebenso *Warmedehnungen*. Orientierungen im Formteil konnen durch den Warmlagerungsversuch DIN 53 497 und DIN 53 498 an den auftretenden Verformungen festgestellt werden.

In DIN 16 901 werden die einzelnen Kunststoff-Formstoffe, je nach Schwindungsverhalten, sog. *Toleranzgruppen* zugeordnet. Für die wichtigsten Kunststoffe sind die Toleranzgruppen in Tabelle 9.5 dargestellt. Es sind zu unterscheiden
- Maße *ohne* Toleranzangabe (Allgemeintoleranz) und
- Maße *mit* Toleranzangabe in Reihe 1 (normaler Spritzguß) oder Reihe 2 (aufwendigerer Spritzguß).

In Tabelle 9.6 sind dann die zugehörigen Toleranzbreiten aufgeführt. *Beachte:* Abmaße gelten für Nennmaße; aus der Zeichnung muß ersichtlich sein, an welcher Stelle der Ausformschräge das Nennmaß gilt.

9.1.4 Fertigungsgerechtes Gestalten von Formteilen

Gegenüber Metallen sind nur wenig neue Gesichtspunkte zu berücksichtigen, hochstens bei einigen besonderen Fertigungsverfahren wie Hohlkörperblasen, Herstellung von TSG- oder RSG-Formteilen. Wegen ggf. auftretenden *Bindenähten* ist der *Angußlage* und *Angußart* (Schirm-, Film-,

9.1 Urformen

Tabelle 9.5 Zuordnung von Kunststoff-Formmassen zu Toleranzgruppen entsprechend der Schwindung (DIN 16 901)

Kunststoff-Formstoffe			Toleranzgruppen für Maße		
teilkristallin thermoplastisch	amorph thermoplastisch	vernetzt duroplastisch	ohne Toleranzangabe (Allgemeintoleranzen)	mit Toleranzangabe (Maße mit direkt eingetragenen Abmaßen)	
				Reihe 1	Reihe 2
GF-PA, GF-POM PBTP gefüllt, PES, PPS gefüllt	PS, SAN, SB, ABS, PVC hart, PMMA, PA amorph, PC, PETP amorph, PPO modifiziert	PF, UF/MF, EP- und UP-Formmasse mit anorganischer Füllung	130	120	110
GF-PP (PP anorganisch gefüllt), POM (Länge < 150 mm) PA6, PA 66, PA 11, PA 12, PETP kristallin, PBTP	CA, CAB, CAP, CP PUR thermoplastisch über 50 Shore D	PF, UF/MF mit organischer Füllung, UP-Harzmatten	140	130	120
PE, PP, POM (Länge > 150 mm) fluorhaltige Thermoplaste wie FEP, ETFE	PUR-thermoplastisch 70 … 90 Shore A		150	140	130

Tabelle 9.6 Toleranzen für Maße an Kunststoff-Formteilen beim Spritzgießen und Pressen (DIN 16 901)

Toleranzgruppe (Tabelle 9.5)	Toleranzen und zulässige Abweichungen [1]	Nennmaßbereiche über / bis													
		1 / 3	3 / 6	6 / 10	10 / 15	15 / 22	22 / 30	30 / 40	40 / 53	53 / 70	70 / 90	90 / 120	120 / 160	160 / 200	200 / 250	250 / 315	315 / 400	400 / 500
110	werkzeuggebunden	0,1	0,12	0,14	0,16	0,18	0,2	0,22	0,26	0,3	0,34	0,4	0,48	0,58	0,7	0,86	1,06	1,3
110	nicht werkzeuggebunden	0,2	0,22	0,24	0,26	0,28	0,3	0,32	0,36	0,4	0,44	0,5	0,58	0,68	0,8	0,96	1,16	1,4
120	werkzeuggebunden	0,14	0,16	0,18	0,2	0,22	0,26	0,3	0,34	0,4	0,48	0,58	0,7	0,86	1,04	1,3	1,6	2,0
120	nicht werkzeuggebunden	0,34	0,36	0,38	0,4	0,42	0,46	0,5	0,54	0,6	0,68	0,78	0,9	1,06	1,24	1,5	1,8	2,2
130	werkzeuggebunden	0,18	0,2	0,22	0,26	0,3	0,34	0,4	0,48	0,56	0,68	0,82	1,0	1,3	1,6	2,0	2,4	3,0
130	nicht werkzeuggebunden	0,38	0,4	0,42	0,46	0,5	0,54	0,6	0,68	0,76	0,88	1,02	1,2	1,5	1,8	2,2	2,6	3,2
140	werkzeuggebunden	0,22	0,24	0,28	0,34	0,4	0,48	0,56	0,66	0,8	1,0	1,2	1,5	1,9	2,3	2,9	3,6	4,4
140	nicht werkzeuggebunden	0,42	0,44	0,48	0,54	0,6	0,68	0,76	0,86	1,0	1,2	1,4	1,7	2,1	2,5	3,1	3,8	4,6
150	werkzeuggebunden	0,3	0,34	0,4	0,48	0,56	0,66	0,78	0,94	1,16	1,42	1,74	2,2	2,8	3,4	4,2	5,4	6,6
150	nicht werkzeuggebunden	0,5	0,54	0,6	0,68	0,76	0,86	0,98	1,14	1,36	1,62	1,94	2,4	3,0	3,6	4,4	5,6	6,8
Feinwerktechnik[2]	werkzeuggebunden	0,06	0,07	0,08	0,1	0,12	0,14	0,16	0,18	0,21	0,25	0,3	0,4	–	–	–	–	–
Feinwerktechnik[2]	nicht werkzeuggebunden	0,12	0,14	0,16	0,2	0,22	0,24	0,26	0,28	0,31	0,35	0,4	0,5	–	–	–	–	–

[1] Bei den Toleranzangaben ist jeweils die Toleranzbreite angegeben. Bei Maßen *ohne* Toleranzangabe bedeutet das eine Toleranz als ± Abweichung in der halben Toleranzbreite; z.B. bei 0,54 als ± 0,27. Bei Maßen *mit* Toleranzangabe kann die Aufteilung beliebig erfolgen; bei 0,54 z.B. als $0{,}54\,{}^{0{,}54}_{0}$ oder ${}^{0}_{-0{,}54}$ oder ${}^{+0{,}24}_{-0{,}3}$ usw. Die Toleranzbreite wird also nach den technischen Erfordernissen in zulässige Abweichungen aufgeteilt.

[2] Es ist vorher zu klaren, ob es möglich ist, mit der vorgesehenen Formmasse diese Toleranzen einzuhalten.

9.1 Urformen

Stangen-, Punkt-, Tunnelanguß) große Beachtung zu schenken. Bei komplizierten Formteilen sind oft mehrere Angüsse notwendig. Eine Konstruktion muß *kunststoffgerecht, funktionsgerecht, fertigungs-* und *montagegerecht, wirtschaftlich* und *formschon* sein.
Wanddicken (Bild 9.9) sollten möglichst gleichmaßig sein, keine Materialanhaufungen aufweisen wegen Einfallstellen und Verzug. Mindestwanddicken aus fertigungstechnischen Gründen bei Spritzgußteilen ≈ 0,4 mm, bei Preßteilen ≈ 1,0 mm. Je nach Fließfahigkeit des Kunststoffs sind Fließweg-Wanddickenverhaltnisse bis 250:1 möglich. Aus Kostengründen liegen die maximalen Wanddicken bei etwa 10 mm (bei größeren Wanddicken und Wanddickenunterschieden besser TSG oder RSG einsetzen).
Ausrundungen (Bild 9.10) dienen zur Verminderung der Kerbwirkung und Spannungskonzentration, sowie für leichteres Fließen der Formmasse im Werkzeug; aber keine Radien an Werkzeugtrennungen. Radien kosten Geld (Handarbeit) und ergeben z.b. an Rippen Materialanhaufungen.

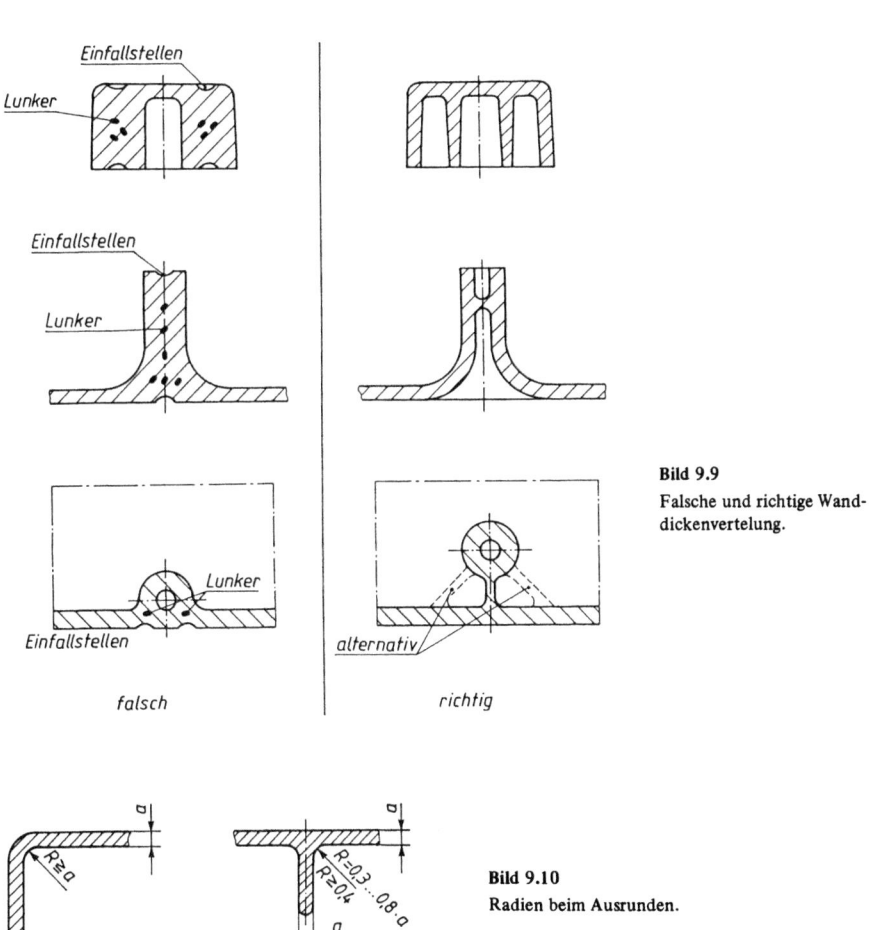

Bild 9.9
Falsche und richtige Wanddickenvertelung.

Bild 9.10
Radien beim Ausrunden.

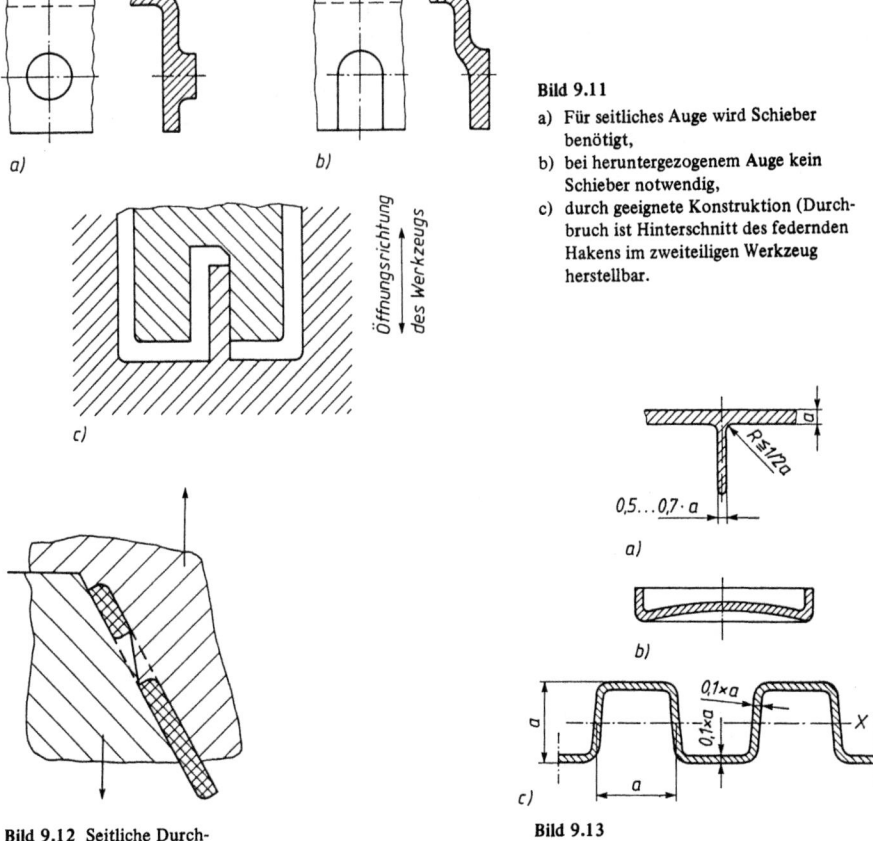

Bild 9.11
a) Für seitliches Auge wird Schieber benötigt,
b) bei heruntergezogenem Auge kein Schieber notwendig,
c) durch geeignete Konstruktion (Durchbruch ist Hinterschnitt des federnden Hakens im zweiteiligen Werkzeug herstellbar.

Bild 9.12 Seitliche Durchbrüche im zweiteiligen Werkzeug herstellbar durch richtige Gestaltung.

Bild 9.13
a) Versteifung durch Rippen,
b) Versteifung durch Wölben,
c) Versteifung durch Profilieren.

Aushebeschrägen sind für einwandfreies Entformen von Formteilen notwendig; sie sind bei Maßangaben zu berücksichtigen. Bei Spritzgußteilen genügt i.a. eine Ausformschräge von 1 : 100, bei Preßteilen ist sie größer.

Hinterschneidungen sind zu vermeiden, da sie die Werkzeuge verteuern (Schieber). Bei POM, PA, PE und vor allem Elastomeren sind Hinterschneidungen (s. Abschnitt 9.4.4 Schnappverbindungen) in gewissem Umfang aus zweiteiligen Werkzeugen entformbar. Bei geeigneter Konstruktion lassen sich Hinterschneidungen ohne Schieber herstellen (Bild 9.11).

Seitliche Löcher und Durchbrüche bedeuten wie Hinterschneidungen wegen Schiebern erhöhte Werkzeugkosten. Auch hier kann man durch geeignete Gestaltung Schieber vermeiden (Bild 9.12).

Bei *Sacklöchern* und *Nuten* (einseitig gelagerte Kernstifte) gilt $L \leqslant 5 \cdot D$, bei *Durchgangslöchern* (zweiseitig gelagerte Kernstifte) kann $L \leqslant 15 \cdot D$ gewählt werden.

Versteifungen (Bild 9.13) sind durch Verrippen, Wölben oder Profilieren möglich, beim Verrippen ist auf Einfallstellen durch Materialanhäufungen zu achten.

9.1 Urformen

Randgestaltung ist aus Versteifungsgrunden wichtig, ggf. ist auf Stapelbarkeit zu achten.
Griff-Flächen sind bei Knopfen am besten als Mehrkantflachen auszubilden; Kreuzrandel sind auf Knöpfen nicht herstellbar.
Gewinde, vor allem M-Gewinde, sind in Kunststoff-Formteilen zu vermeiden (schraubbare Kerne!). Besser ist das Vorspritzen oder Vorpressen von Bohrungen und nachtragliches Einschrauben von *gewindeformenden*, z.b. gewindepragenden (für zahe Kunststoffe wie POM, PA, ABS usw.) oder gewindeschneidenden Schrauben (für spröde Kunststoffe, z.b. glasfaserverstarkte Thermoplaste, s. auch Bild 9.39). Mussen Schraubverbindungen haufig gelost und gefügt werden, sind Metalleinlegeteile besser.
Einlegeteile (vgl. auch Abschnitt 9.4.6) konnen metallisch oder nichtmetallisch sein. Metallische Einlegeteile werden direkt eingespritzt oder eingepreßt (teure Werkzeuge) oder nachtraglich durch Warme oder Ultraschall eingebracht. Nichtmetallische Einlegeteile (z.b. Schreibmaschinentasten) werden praktisch immer umspritzt. Bei metallischen Einlegeteilen ist die größere Warmedehnung der Kunststoffe zu beachten. Ferner soll das Metallteil mit ausreichender Dicke voll vom Kunststoff umschlossen sein. Einlegeteile müssen gegen Verdrehen und Herausziehen gesichert sein.

9.1.5 Extrudieren und Blasformen

Verfahrensablauf. Die thermoplastische Formmasse in Pulver- oder Granulatform wird von der standig rotierenden Schnecke aus dem Fulltrichter eingezogen und verdichtet (Bild 9.14). Beim Durchwandern des von außen beheizten Zylinders wird die Formmasse aufgeschmolzen und gut durchmischt (plastifiziert). Durch die Knetarbeit wird außerdem innere Warme erzeugt. Durch den vor der Schnecke aufgebauten Forderdruck wird die hochviskose Masse durch das Werkzeug ausgepreßt. Je nach Werkzeuggestalt entstehen Halbzeuge wie Profile, Rohre, Schlauche, Bander, Tafeln und Flachfolien. Beim Austritt aus dem Werkzeug (Düse) vergroßert die Masse wegen ihrer viskoelastischen Eigenschaften die Querabmessungen, sie zeigt das sog. *Schwellverhalten*. Dies wird, soweit moglich, schon bei der Bemessung der Werkzeuge berücksichtigt. Die endgultige Profilform wird jedoch in nachgeschalteten *Kalibriereinrichtungen* bestimmt. Größtenteils wer-

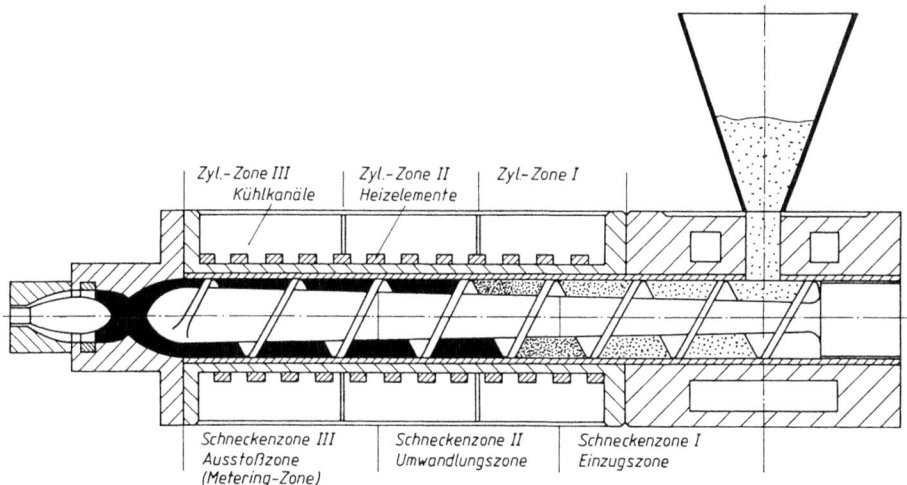

Bild 9.14 Extruder, schematisch.

den thermoplastische Formmassen extrudiert. Bei den seltener verarbeiteten duroplastischen Formmassen ist das profilgebende Werkzeug zugleich als Aushartungsstrecke ausgebildet. Die extrudierbaren Formmassen müssen hochviskos, d.h. eine verhältnismäßig große mittlere Kettenlange (hoher Polymerisationsgrad) aufweisen, damit der extrudierte Strang (das Extrudat) nach Verlassen der Düse in ausreichender Formstabilitat abgezogen werden kann. Die *Schmelzviskositat* von thermoplastischen Formmassen wird haufig durch den *Schmelzindex MFI* (DIN 53 735) gekennzeichnet. Dabei bedeutet ein kleiner MFI-Wert eine hohe Schmelzviskositat. Ein Spezialgebiet stellt die Extrusion von Hart-PVC- und Weich-PVC-Formmassen dar.

Extrusionsanlagen. Zu jeder Extrusionsanlage gehoren grundsatzlich
- Extruder mit Profilwerkzeug,
- Kalibriereinrichtung,
- Kuhlstrecke,
- Abzug mit Regeleinrichtung,
- ggf. Ablang- bzw. Aufwickeleinrichtungen.

Extruder sind haufig Bestandteile von kombinierten Verarbeitungsanlagen z.b. zur Herstellung von *Schlauchfolien* (Folienblasanlagen), *Hohlkorpern* (Extrusionsblasanlagen), zur *Ummantelung* von Kabeln und Drahten. Zur Herstellung von *Mehrschichtfolien* (Folien unterschiedlicher Kunststoffe oder verschiedener Einfarbung) wird die *Coextrusion* mit mehreren gleichzeitig arbeitenden Extrudern eingesetzt.

Hohlkörperblasen (Blasformen). Die verschiedenen Verfahren dienen zur Herstellung von *Hohlkörpern* ohne Kern aus thermoplastischen Formmassen. Dazu werden nach unterschiedlichen Verfahren Vorformlinge hergestellt, die im plastischen Zustand in zweiteiligen Blaswerkzeugen zu Hohlkorpern aufgeblasen werden. Beispiele von so hergestellten Formteilen sind *Flaschen, Kanister, Heizoltanks, Schwimmkorper*.
Man unterscheidet folgende Verfahren:
- *Extrusionsblasen.* Der Vorformling wird als extrudierter Schlauch hergestellt und nachfolgend bei verschiedenartiger Anordnung des Blasdorns aufgeblasen (zahlreiche Verfahrensvarianten). Die Formteile bekommen durch das Verschließen des Schlauchs (Quetschkanten im Werkzeug) eine Bodenschweißnaht. Eine gezielte Wanddickenverteilung, vor allem bei kompliziert geformten Teilen, erfordert besondere werkzeug- und steuerungstechnische Maßnahmen.
- *Spritzblasen.* Vorformlinge werden durch Spritzgießen von napf- oder hulsenartigen Teilen hergestellt, die nachfolgend in einem zweiten Werkzeug zum endgultigen Hohlkorper aufgeblasen werden. Vorteilhaft ist, daß kein Abfall entsteht, keine Bodenschweißnaht auftritt und die spatere Wanddickenverteilung einfach festgelegt werden kann.
- *Streckblasen.* Das Verfahren kann als Extrusions- oder als Spritzgießstreckblasen durchgefuhrt werden. Dabei laufen die Blasverfahren so ab, daß vor oder mit dem Blasen der Vorformling langs gestreckt wird, so daß im Endzustand, zusammen mit dem Blasen, eine *biaxiale Streckung* erfolgt. Zahlreiche Verfahrensvarianten sind bekannt, z.B. *Corpoplast-, Bekum-, Kautexverfahren* und andere. Die Verfahren sind jeweils auf die speziellen Kunststoffe (PVC, PETP, PP) für Getränkeflaschen abgestimmt.

9.1.6 Herstellen von faserverstärkten Formteilen[1])

Bei *Verbundwerkstoffen* aus gießharzgetrankten (UP, EP) Glas- oder Kohlenstoffaserverstarkungen dient das ausgehartete Harz als Verbindungselement (*Matrix*) des Festigkeitsträgers Glas- oder

---
[1]) Diese Verfahren lassen sich sinngemaß auf die Verarbeitung von Kohlenstoffasern (CFK) und Aramıdfasern anwenden.

9.1 Urformen

Kohlenstoffaser in Form von flächigen (Gewebe, Matten) oder bündelartigen (Roving) Verstärkungen. Solche Verbundwerkstoffe finden Verwendung im Leichtbau bei hohen mechanischen Beanspruchungen. Auch lose in das noch fließfähige Gießharz eingemischte Glasfasern kommen zur Anwendung. Flächige Verbundwerkstoffe nennt man *Laminate*. Es sind verschiedene Verarbeitungsverfahren in Gebrauch.

Handverfahren. Sie dienen zur Herstellung von großen Teilen in kleinen Stückzahlen bei geringen Investitionskosten aber hohen Lohnkosten. Die einzelnen Verstärkungsschichten werden mit dem fließfähigen Harz intensiv getrankt und anschließend kalt oder warm ausgehärtet. Die am einteiligen Formwerkzeug abgeformte Flache wird glatt. Sollen beide Oberflachen glatt werden, muß ein Gegenwerkzeug durch Beschweren oder Verklammern (Zwingen) verwendet werden. Verfeinerte Verfahren werden bei der Herstellung von Segelflugzeugen angewendet.

Preßverfahren. Zur Herstellung von großflächigen Formteilen in größeren Stuckzahlen wird das *Preßverfahren in Pressen* mit zweiteiligen Preßwerkzeugen angewendet. Es sind Metallwerkzeuge üblich, aber auch Werkzeuge aus verstärkten bzw. gefüllten EP-Gießharzen sind möglich. Beim *Naßpressen* wird die entsprechende Glasfaserverstärkung in das Werkzeug eingelegt und mit Harz getrankt. Nach langsamem Schließen des Werkzeugs wird das Harz gleichmaßig über die Glasverstarkung verteilt und die Luft verdrängt. Die nachfolgende Aushartung kann kalt oder warm erfolgen. Beim *Warmpressen* sind die Werkzeuge aus Metall und heizbar. Beim Warmpressen von Vorprodukten, bei denen die Verstarkung bereits mit Harz getrankt ist (*Prepregs*) werden zuerst Zuschnitte entsprechend der Formteilgestalt hergestellt und diese in beheizten Preßwerkzeugen ausgehartet. Es gibt UP-Harzmatten mit „eingedicktem" Gießharz getrankt und zwischen Trennfolien in Rollenform geliefert und EP-Prepregs, bei denen das Harz erst beim Verpressen schmilzt.

Vor allem in der Flugzeugtechnik aber auch für Windkraftwerke, wird das *Rovingspannverfahren* eingesetzt, bei dem harzgetrankte Glasfaserbundel (*Rovings*) der Beanspruchung entsprechend in Formwerkzeuge unter Vorspannung (vgl. Spannbeton) eingelegt und darin ausgehartet werden. So werden z.B. Steuerflachen bei Flugzeugen, Hubschrauberrotorblätter, Verbindungselemente von Segelflugzeugen und Rotorblatter für Windkraftanlagen hergestellt.

Das *Wickelverfahren* dient zur Herstellung von hochbeanspruchten Hohlkorpern in Leichtbauweise z.B. für Raumfahrtzellen und Druckbehalter. Dazu werden auf einem demontierbaren Kern harzgetrankte Rovings programmgesteuert, entsprechend der Beanspruchungsverhältnisse, aufgewickelt und ausgehartet.

Eine einfache Art, auf vorgegebene flachige Elemente eine Verstarkungsschicht aufzubringen, stellt das *Faserspritzverfahren* dar, bei dem in einer Vorrichtung geschnittene Glasfaden mit dem Harzgemisch vermischt und mittels Druckluft auf die zu verstärkende Oberflache aufgeblasen werden. Durch Aufspritzen auf ein einteiliges Formwerkzeug lassen sich so auch Formteile, bei nicht zu hohen Anforderungen an die Festigkeit, herstellen.

Halbzeuge wie Profile, Rohre, Platten mit hohem Glasanteil werden im *Profilziehverfahren* so hergestellt, daß man die endlose Glasverstarkung trankt, in einer Duse formt und in der nachfolgenden Aushartestrecke warm aushartet.

Durch Kombination von hochfesten *Decklaminaten* mit *Stützkernen* (Stege, Waben, Schaume) werden besonders leichte, hochbeanspruchbare *Sandwichbausysteme* für Fahrzeug- und Flugzeugbau hergestellt.

Kalt ausgehartete Gießharze sollten, wenn moglich, nachtraglich *getempert* werden, um Festigkeit und Warmestandfestigkeit zu erhohen.

9.1.7 Schäumen

Beim *Schaumen von Kunststoffen* unterscheidet man grundsatzlich zwei Zielrichtungen: *Herstellung von geschäumten Blocken* mit durchgehend gleicher Struktur. Daraus können durch

Trennen geschäumte Tafeln und Folien hergestellt werden. Solche Teile werden hauptsächlich zur Warmedämmung eingesetzt. Formgeschäumte Teile aus EPS oder PUR dienen zur sicheren, stoßfreien und leichten Verpackung. *Herstellung von Strukturschaumformteilen* mit dichter Außenhaut und geschäumtem Kern (Bild 2.19). Solche Formteile zeichnen sich durch niedriges Gewicht bei ausreichender Steifigkeit aus, wobei allerdings die Oberflächengüte gegenüber kompakten Formteilen meist schlechter ist. Die üblichen Wanddicken liegen zwischen 5 mm und 20 mm.

Thermoplastschaumguß TSG. Thermoplastische Formmassen werden mit einem Zusatz von bis zu 2 % chemischem Treibmittel gemischt und auf Schneckenspritzgießmaschinen verarbeitet. Die Zersetzungstemperatur des Treibmittels wird erst kurz vor Eintritt in den Dosierraum des Zylinders überschritten; das sich dabei bildende Treibgas bleibt jedoch infolge des hohen Staudrucks in der Formmasse gelöst. Beim Einströmen dieser gasbeladenen Thermoplastschmelze in das Werkzeug wird das Gas frei und treibt die Schmelze auf; das Werkzeug wird nicht vollständig gefüllt, da das Treibmittel die restliche Formfüllung übernimmt. Die Schaumschmelze kühlt an der kalten Werkzeugwand ab und bildet eine porenlose, dichte Außenhaut. Im Kern wirkt das Treibmittel und schaumt den Kern auf. Nachteilig bei diesem Verfahren ist die relativ rauhe Oberfläche; die Formteile müssen daher i.a. gespachelt und dann lackiert werden.

Zwei-Komponenten-Spritzgießverfahren (ICI-Verfahren). Bei diesem Verfahren nutzt man die Formfüllung durch Quellfluß aus. Zuerst wird *kompaktes Randmaterial* bis zum sog. *kritischen Füllgrad* eingespritzt, was eine geschlossene Außenhaut ermöglicht. Anschließend wird mit einer zweiten Spritzeinheit *schäumbares Kernmaterial* nachgeschoben; zum Verschließen des Angusses wird noch einmal kompaktes Randmaterial eingespritzt. Die Oberflachenqualitat der so hergestellten Formteile ist besser als beim TSG-Verfahren und mit kompakt gespritzten Formteilen vergleichbar. Nachteilig ist die aufwendigere Spritzgießmaschine.

Gasgegendruckverfahren. Bei diesem Verfahren konnen, wie bei den vorherigen Verfahren, alle thermoplastischen Kunststoffe verarbeitet werden. Das Spritzgießwerkzeug muß jedoch gasdicht sein. Das Verfahren läuft folgendermaßen ab: In dem Werkzeug wird ein Gasdruck aufgebaut gegen den die Schmelze eingespritzt wird. Der Werkzeuggasdruck verhindert zunächst ein Aufschäumen der Schmelze, dadurch ergibt sich eine glatte, kompakte Randzone. Nach dem Entlüften des Werkzeugs ergibt sich die Porositat durch die Schwindung, d.h. die Volumenkontraktion der Schmelze beim Abkuhlen. Gegenüber den anderen Verfahren werden Formteile mit hoherer Dichte und insbesondere besserer Oberflache erreicht. Erheblich komplizierter und teurer sind bei diesem Verfahren die Werkzeuge.

Reaktionsschaumguß RSG. Man spricht hier auch von **RIM (Reaction-Injection-Molding)**. Ausgangsstoffe sind Diisocyanate und Polyhydroxylverbindungen (Polyole). Als Zusatzkomponenten werden Reaktionsbeschleuniger, Vernetzer, Treibmittel, Schaumstoffstabilisatoren und vielfach Flammschutzmittel eingesetzt. In einer Verschaumungsanlage werden die beiden Hauptkomponenten Polyol und Isocyanat mit Zusatzstoffen durch Dosierpumpen geforderte und in *Mischvorrichtungen (Mischkopfe)* gut durchmischt. Das dosierte Gemisch wird in das Werkzeug eingebracht und schaumt dort auf. An der temperierten Werkzeugwand bildet sich dabei eine dichte Außenhaut bei einem Schaumdruck von etwa 6 bar, gleichzeitig erfolgt Vernetzung zum PUR-Strukturschaum. Je nach Ausgangskomponenten konnen auf diese Weise weiche, halbharte oder harte PUR-Strukturschaumstoff-Formteile hergestellt werden. Durch ein ahnliches Verfahren werden solche Werkstoffe auch zum *Ausschaumen von Hohlkonstruktionen* (z.B. Kuhlschranke) verwendet. Die relativ rauhe Oberfläche und die Eigenfarbe machen in den meisten Fallen eine nachtragliche Lackierung der Formteile erforderlich.

9.1.8 Rotationsformen

Das *Rotationsformen* ist ein Herstellungsverfahren für nahtlose Hohlkörper ohne Kern in vielfältiger Gestalt, die auch ohne jegliche Öffnung sein können (VDI 2018). Im Vergleich zu *geblasenen* (s. Abschnitt 9.1.5) sind *rotationsgeformte* Hohlkörper frei von inneren Spannungen, müssen jedoch eine Mindestschichtdicke aufweisen, wenn sie dicht sein müssen. Es werden Kunststoffe wie PE und PA in Pulverform mit guter Rieselfähigkeit und definierter Korngröße eingesetzt oder rieselfähige *Dryblends* (Trockenmischungen) auf PVC-Basis. Auch Plastisole, d.h. Dispersionen von PVC-Pulvern in Weichmachern können eingesetzt werden.

Beim *Schmelzrotationsformen* wird das Pulver in ein heiz- und kühlbares zweiteiliges Werkzeug eingefüllt. Nach dem Schließen läßt man das Werkzeug um zwei Raumachsen mit einstellbaren Winkelgeschwindigkeiten, aber ohne Schleudereffekt drehen. Das Werkzeug wird aufgeheizt, dabei schmilzt das Pulver auf der inneren Wandung auf und bildet eine zusammenhangende geschmolzene Schicht. Danach wird das Werkzeug unter weiterer Rotation gekühlt bis die Kunststoffschmelze fest geworden ist. Infolge der Schwindung lassen sich die Formteile nach dem Öffnen des Werkzeugs leicht ausformen.

Beim *Rotationsformen mit gleichzeitiger Polymerisation* wird insbesondere ε-Caprolactamschmelze (Ausgangsprodukt für die Herstellung von PA 6) mit Katalysator in das beheizte Werkzeug eingefüllt, wobei mit der Formgestaltung die Polymerisation zum Kunststoff PA 6 erfolgt. Es können dabei größere Wanddicken als beim Schmelzverfahren erzielt werden.

9.2 Umformen

Umformungen können nur an thermoplastischen Kunststoffen durchgeführt werden. Umgeformt wird hauptsachlich thermoplastisches Kunststoffhalbzeug in Temperaturbereichen in denen die Kunststoffe im thermoelastischen („quasi-gummielastischen") Zustand vorliegen. Diese Art der Umformung ist also eine *Warmumformung*. Angaben über Umformtemperaturen enthält Tabelle 9.7. Eine spezielle Art der Warmumformung wird z.B. mit glasmattenverstärkten PP (GMT) durchgeführt. Anwendung: Verkleidungen im Automobilbau.

Tabelle 9.7 Temperaturbereiche für das Warmumformen thermoplastischer Kunststoffe und Richtwerte für Werkzeugtemperaturen beim Streckformen

Kunststoff	Umformtemperaturbereiche °C	Werkzeugtemperaturen °C
PELD	130 ... 150	gekühlt bis 70
PEHD	ca. 170	60 ... 90
PP	180 ... 220	gekühlt bis 90
PVC hart	110 ... 180 (ungünstig 140 ... 165)	bis 50
PS	110 ... 150	gekühlt bis 80
biaxial verstrecktes PS	105 ... 115	bis 80
expandiertes Polystyrol EPS	110 ... 140	gekühlt bis temperiert
SB	130 ... 150	gekühlt bis 75
ABS, ASA	140 ... 170 (bis 220)	gekühlt bis 95
PMMA gegossen	150 ... 170	bis 95
PMMA extrudiert	150 ... 180	bis 95
PC	180 ... 220	bis 150
CAB	180 ... 210	bis 80

Bei *amorphen Thermoplasten* liegen die Umformtemperaturen oberhalb des *Erweichungstemperaturbereichs*, bei *teilkristallinen* Thermoplasten im *Kristallitschmelzbereich* (s. Bild 2.13). Der Vorteil der Warmumformverfahren liegt darin, daß man mit verhaltnismäßig kleinen Kraften sehr große Verformungen erreichen kann. Nach der Umformung muß jedoch die Umformkraft solange weiter wirken bis der Werkstoff durch *Einfrieren* wieder im festen (formstabilen) Zustand vorliegt. Die beim Umformen aufgebrachten Spannungen und erzeugten Orientierungen der Kettenmoleküle werden beim Abkühlen eingefroren und beim Wiedererwarmen frei, d.h. die Warmumformung wird durch Erwarmung weitgehend rückgangig gemacht (*Rückstellbestreben* bei Wiedererwarmung). Aus diesem Grund ist die Gebrauchstemperatur, auch ohne außere Belastung, begrenzt.

Kaltumformen einzelner, bei Raumtemperatur ausreichend plastisch verformbarer Thermoplaste (z.B. ABS) im festen Zustand, also unterhalb der Einfriertemperatur, ist wegen starker zeitabhangiger Rückfederung nur sehr begrenzt moglich. Kaltumgeformte Teile haben bereits bei Raumtemperatur, erst recht bei hoheren Temperaturen, das Bestreben sich zuruckzuformen. Bei *Schrumpffolien* und *Schrumpfschläuchen* wird das Ruckstellbestreben bei Wiedererwarmung gezielt nutzbar gemacht.

Einige teilkristalline Thermoplaste wie PA, PE, PP und lineare Polyester konnen unterhalb des Kristallitschmelzbereichs in Langsrichtung um mehrere 100 Prozent *kalt verstreckt* werden. Die Festigkeit wird dadurch in der Verstreckungsrichtung um ein Vielfaches erhöht. Anwendung erfolgt bei Textilfasern, Seilen und Bandern. Bei Folien kommt auch eine biaxiale Verstreckung infrage.

9.2.1 Biegen und Abkanten von Tafeln

Biegen und *Abkanten* von Tafeln erfolgen als Warmumformung im *thermo-* oder *gummielastischen Temperaturbereich*. Die Erwarmung der umzuformenden Zone erfolgt durch Heizelemente (mechanische Berührung), mit Heizstrahlern oder mit Warmgas, z.B. Warmgasschweißgerat (s. Abschnitt 9.4.2). Bei dünnwandigen Tafeln (bis ca. 3 mm) genügt meist einseitige Erwärmung auf der Biegezugseite; bei großerer Tafeldicke muß beidseitig erwärmt werden. Zum Biegen und Abkanten verwendet man am besten Vorrichtungen z.B. aus Holz, Schichtpreßstoffen oder Metall, je nach Anzahl der umzuformenden Teile. Die Abkühlzeit ist bei metallischen Vorrichtungen kürzer als bei nichtmetallischen, z.B. Holz. Wegen der Rückfederung nach dem „Einfrieren" müssen die Biegewinkel entsprechend größer sein als für das Fertigteil gefordert. Zum Biegen und Abkanten gibt es geeignete Maschinen; es kann aber auch von Hand gearbeitet werden.

Eine Besonderheit des Abkantens ist das *Heizelement-Schwenkbiegeschweißen HB* (s. Bild 9.29), bei dem Abkanten und Heizelementschweißen kombiniert werden. Man erhält scharfe Biegekanten, die durch die Schweißung auf der Biegedruckseite besonders stabil sind. Als *Formbiegen* bezeichnet man die Herstellung von zylindrisch oder spharisch gekrummten Flachen aus ebenen Tafeln. Das Formbiegen eignet sich vor allem für kleine Stuckzahlen großflächiger Formteile bei geringem Werkzeugaufwand. Rohre großer Durchmesser konnen durch *Rundbiegen* von Tafeln mit nachfolgendem Verschweißen der Langskanten hergestellt werden. Mit Hilfe des Formbiegens und Verschweißens lassen sich auch *Rohre mit beliebigen Querschnittsformen* (Vierkantrohre rechteckig oder quadratisch) herstellen.

9.2.2 Biegen und Aufweiten von Rohren

Wenn bei der Rohrverlegung keine geeigneten Formstücke (Bogen, Muffen usw.) zur Verfugung stehen, kann man für die handwerkliche Verarbeitung von Kunststoffrohren *Rohrbogen* und *Rohrmuffen* in einfacher Weise selbst herstellen. Dies kommt hauptsächlich für PVC-hart-Rohre infrage, bei denen Verbindungen einfach und sicher geklebt werden konnen. Auch hier erfolgt die Umfor-

9.2 Umformen

mung im thermoelastischen Bereich. Zur Erhaltung des Querschnitts im Rohrbogen füllt man das Rohr vorher mit Sand, Schaumgummi, Schraubenfedern oder aufgeblasenen Gummischlauchen. Die Rohrstücke werden zum Biegen im Warmeschrank oder örtlich an der Biegestelle durch Warmgas erwarmt. Bei der Muffenherstellung kann die Erwarmung auch durch Eintauchen in heiße Flüssigkeiten (Paraffin, Glycerin) erfolgen. Die erwarmten Rohre werden von Hand oder in einer Vorrichtung gebogen und bis zur Formstabilität abgekühlt. Zur Muffenherstellung wird die erwarmte Zone i.a. mit einem Metalldorn aufgeweitet.

9.2.3 Streckformen von Folien und Tafeln

Auch diese Verfahren sind selbstverständlich nur für thermoplastische Kunststoffe geeignet. Im Gegensatz zum Tiefziehen von Metallblechen wird bei thermoplastischem Halbzeug eine andere Verfahrensweise angewandt. Beim Tiefziehen von Metallblechen (s. Abschnitt 6.7) fließt das Blech zwischen Niederhalter und Werkzeug nach, wobei die Blechdicke nahezu erhalten bleibt. Bei Kunststoffen ist dieses Verfahren wegen des Rückformstrebens, erhöhter Gefahr der Faltenbildung und schwer beherrschbaren Reibungsbedingungen nur in Sonderfallen als *Kaltumformen* für kleine Ziehtiefen anwendbar.

Bei Kunststoffen muß die Verformung bei erhohten Temperaturen im thermo- oder gummielastischen Bereich als *Warmumformen (Streckformen)* durchgeführt werden. Dabei ist der Folien- oder Tafelzuschnitt in einem Spannrahmen fest eingespannt. Die Verformung erfolgt zweiachsig durch Zugspannungen, wodurch eine Faltenbildung vermieden werden kann. Da der Werkstoff durch die feste Einspannung nicht nachfließen kann, erfolgt die Verformung „aus der Wanddicke heraus", die Wanddicke wird daher kleiner mit zunehmender Formungstiefe.

Verfahrensablauf beim Streckformen:
- *Zuschneiden* von Tafeln und Folien (oder Arbeiten von der Rolle),
- *Einspannen*,
- *Erwärmen* in den thermoelastischen Bereich (Anhaltswerte für Umformtemperaturen s. Tabelle 9.7),
- *Umformen* (mechanisch – pneumatisch),
- *Abkuhlen* (Einfrieren) unter Einwirkung der Umformkraft,
- *Ausformen*,
- *Nacharbeiten* (Randbeschneidung, Rollieren von Becherrändern usw.).

Die genannten Vorgange können halbautomatisch oder vollautomatisch im Durchlaufverfahren (z.B. bei Bechern) auf entsprechenden Maschinen bzw. Anlagen durchgeführt werden (Bild 9.15).

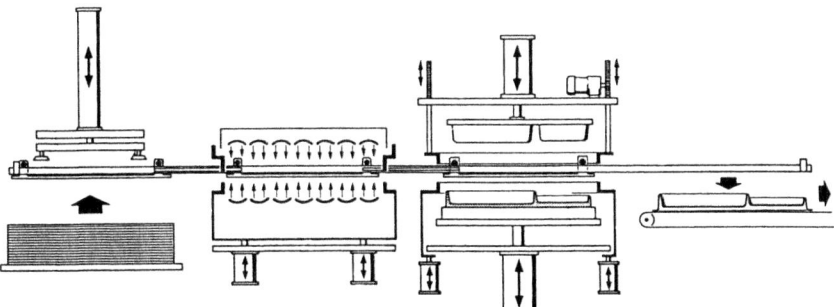

Bild 9.15 Fertigungslinie für die Verarbeitung von Tafeln (Werkfoto Illig).

Für die Erwärmung kommen infrage: Wärmeofen (selten, da lange Heizzeiten), Kontaktheizung (für dünne Folien) und Infrarotstrahlungsheizung (häufigste Art mit Keramik- oder Quarzstrahlern). Auf gleichmäßige oder gezielt unterschiedliche Temperaturverteilung ist je nach Formteilgestalt und Wanddickenverteilung zu achten. Je nach Kunststoff, Gestalt des Formteils, einschließlich Wanddickenverteilung und Stückzahl werden verschiedenartige Umformverfahren eingesetzt. Bedeutung hat vor allem die Art der Kraftwirkung beim Umformen (Druckluft – Vakuum). Gebräuchliche Verfahren sind:

Vakuumformen positiv oder negativ (Bild 9.16). Die Maschinen sind preiswert, die Werkzeuge billig. Die Negativ-Verformung benotigt meist einen Stempel, sonst erhält man dünne Ecken und dicke Flansche. Entformung ist gut. Positiv-Verformung ist meist nur für flache oder reliefartige Teile zweckmäßig.

Druckluftformen. Maschinen sind teurer, beim Werkzeug ist höherer Aufwand notwendig, aber bessere Konturenschärfe und hohe Taktfolge erreichbar.

Vakuumformen mit mechanischer oder pneumatischer Vorstreckung (Bild 9.17).

Druckluftformen mit mechanischer Vorstreckung.

Führt eines der genannten Verfahren nicht zum gewünschten Erfolg bezüglich Formungstiefe, Wanddickenverteilung und Ausformung von Einzelheiten, so mussen ggf. weitere Kombinationen oder zusätzliche Maßnahmen (Vorblasen und „Umstülpen" z.B. bei PP) ergriffen werden. *Verpackungsbehälter* und *Trinkbecher* werden in Mehrfachmetallwerkzeugen nach mechanischem

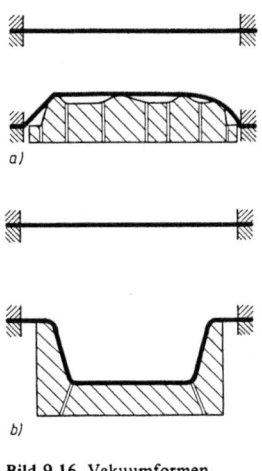

Bild 9.16 Vakuumformen, schematisch
a) positiv,
b) negativ.

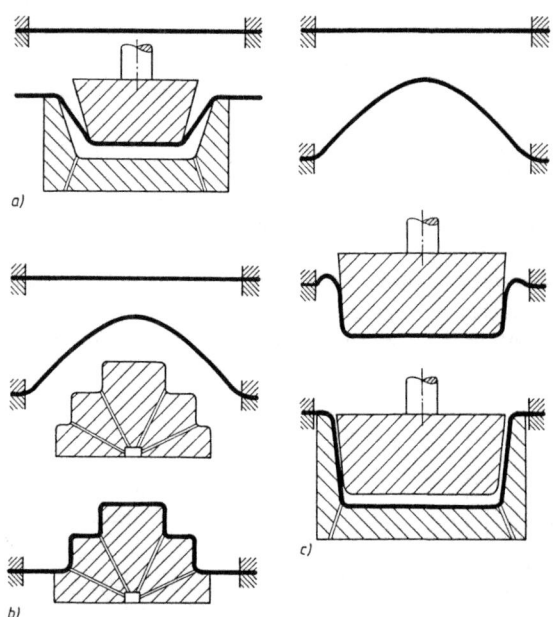

Bild 9.17 Vakuumformen mit Vorstreckung, schematisch
a) mechanisches Vorstrecken,
b) pneumatisches Vorstrecken,
c) pneumatisches Vorstrecken mit nachfolgendem mechanischen „Umstülpen" durch Stempel und Saugen in das Werkzeug.

Vorstrecken mit Filzstempeln durch Druckluft geformt. *Großflächige Formteile* z.T. sogar mit Hinterschneidungen (eingelegte Losteile) können in Holzwerkzeugen oder Werkzeugen aus verstärkten Epoxidharzen hergestellt werden. Es kann pneumatisch oder mechanisch mit filz- oder stoffbelegten Holzstempeln vorgestreckt werden. Die Formteilkonstruktion ist so zu wählen, daß keine Falten auftreten (ggf. Vergrößerung der Radien). Zur Verkürzung der Abkühlzeit wird die Oberfläche der Formteile in der Maschine mit Preßluft oder Preßluft-Wassernebel-Gemisch besprüht. Da die Maschinen und Werkzeuge für das Streckformen gegenüber Spritzgießeinrichtungen preisgünstiger sind, eignen sich diese Verfahren schon für kleine Stückzahlen. Zu beachten ist jedoch, daß dem Verfahren entsprechend konstruiert werden muß. So müssen z.b. Durchbrüche und Löcher immer nachträglich eingebracht werden. Da nur einteilige Werkzeuge notwendig sind, besteht „Formtreue" nur an der werkzeugseitigen Oberfläche des Formteils, d.h. beim Negativformen außen, beim Positivformen innen.

Skin- und *Blisterpackungen* werden ebenfalls durch Warmumformen hergestellt. Die Kartone, auf die aufgesiegelt wird, müssen entsprechend vorbehandelt sein, d.h. heißsiegelfähig beschichtet.

9.3 Spanende Bearbeitung

Gegenüber den spanlosen Urformungs- und Umformungsverfahren, die vor allem für die Massenfertigung geeignet sind, hat die *spanende Bearbeitung* von Kunststoffen (vgl. VDI 2003) eine geringere Bedeutung. Sie kommt vor allem infrage

– für Nacharbeit bei Spritzguß-, Preß- und umgeformten Teilen,
– bei der handwerklichen Verarbeitung zur Herstellung von Einzelstücken (Prototypen, Ersatzteile),
– zur Vorbereitung von Schweißnähten im Apparatebau,
– zum Zerschneiden von Halbzeug.

In neuerer Zeit gewinnt die Bearbeitung, insbesondere von thermoplastischem Halbzeug, z.B. aus PA, POM, PBTP und PTFE auf *Drehautomaten* größere Bedeutung. Das Halbzeug wird als Stangenmaterial speziell mit engen Maßtoleranzen dafür geliefert. Die Wirtschaftlichkeit der Automatenbearbeitung ist wegen der kurzen Rüstzeiten und sehr variabler Werkzeugbestückung auch schon bei kleinen Stückzahlen gegeben. Bei Formteilen mit großen Wanddicken bzw. Wanddickenunterschieden sowie inneren Hinterschneidungen (Innengewindeauslauf) stellt die spanende Bearbeitung oft die einzige Bearbeitungsmöglichkeit dar. Allerdings müssen zur Spanabfuhr besondere Maßnahmen getroffen werden, z.B. Spanzerkleinerung mit Druckluftstoß.

Allgemein sind Kunststoffe nach allen gängigen Verfahren spanend bearbeitbar. Es müssen nur bzgl. *Werkzeuggeometrie* und *Maschinenauslegung* (Drehzahl, Schnittgeschwindigkeit, Vorschub usw.) die grundsätzlich anderen Eigenschaften der Kunststoffe gegenüber den Metallen beachtet werden, wie schlechte Wärmeleitung, große Wärmeausdehnung, kleinerer Elastizitätsmodul, ggf. niedrige Erweichungstemperatur, Rückdeformationen, starker Verschleiß der Werkzeuge durch Füllstoffe, Staubentwicklung bei Duroplasten und ggf. Freiwerden von Zersetzungsprodukten.

Schneiden, Sägen, Trennen. *Zuschneiden* von Tafeln auf der *Schlagschere*. *Handwerkliches Sägen* mit speziellen Sägeblättern für Kunststoffe. *Maschinelles Sägen* auf der *Bandsäge* mit speziellen Sägeblättern (je weicher der Kunststoff, um so größer die Zahnteilung). Schnitte werden verhältnismäßig rauh und müssen ggf. nachgearbeitet werden. Bei thermoplastischen Kunststoffen müssen die Bandgeschwindigkeiten so gewählt werden, daß im Sägespalt keine zu große Erwärmung und damit Klemmwirkung auftritt. Beim maschinellen Sägen auf der *Kreissäge* sind Sägeblätter mit hartmetallbestückten Zähnen und besonderem Schliff je nach zu trennendem Kunststoff zweck-

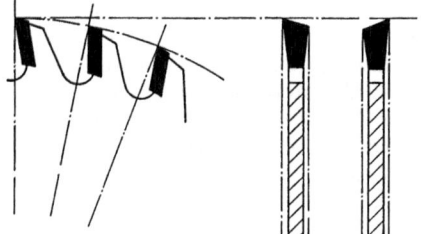

Bild 9.18
Zahnform eines hartmetallbestückten Sägeblattes für Kunststoffe (keine geschränkten Zähne wie bei Holz, sondern an Freifläche wechselseitig 10° angeschliffen).

mäßig (Bild 9.18). *Trennen* mit *Trennscheibe* (Diamanttrennscheibe) ist bei besonders harten Werkstoffen bzw. Füllstoffen mit Wasserkühlung zu empfehlen.

Abgraten, Feilen, Hobeln. *Abgraten* mit *Ziehklinge* oder speziellen Kunststoff-Feilen. *Feilen* und *Hobeln* als handwerkliche Bearbeitung von einzelnen Flachen mit Kunststoff-Feilen bzw. -hobeln, die große Spanrillen aufweisen (z.B. „Surform-Feilen"). *Maschinelles Hobeln* auf *Hobelmaschinen* mit üblichen Stählen für die Kunststoffbearbeitung.

Bohren, Senken, Gewindeschneiden. Wichtigster Faktor ist der *Spiralbohrer* mit *Spanwinkel* um 0°, so daß eine schabende Wirkung ausgeübt wird (Bild 9.19). Es können spezielle Bohrer für Kunststoffe mit *steilerem Drall* und *kleinerem Spitzenwinkel*, ggf. auch neue, scharf geschliffene Bohrer für Stahl eingesetzt werden. Mindestens Bohrer in HSS-Qualität, bei harten und gefüllten Kunststoffen Bohrer mit Hartmetallschneiden verwenden. In Kunststoff gebohrte Löcher fallen i.a. kleiner aus als dem Bohrerdurchmesser entspricht. Kunststoffe sind nur mit speziellen, *zylindrischen Senkern* zu bearbeiten. *Gewindeschneiden* ist grundsätzlich möglich, metrisches Gewinde ist wegen Kerbwirkung unzweckmäßig. *Eingebettete Metallgewindebuchsen* sind vorzuziehen. Einbettungen sind auch nachtraglich möglich (s. Abschnitte 9.1.4 und 9.4.6).

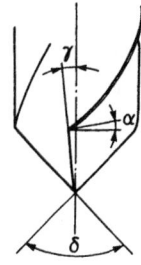

Bild 9.19
Winkel am Bohrer
α Freiwinkel,
γ Spanwinkel,
δ Spitzenwinkel.

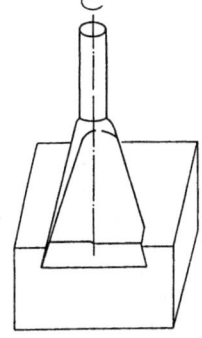

Bild 9.20
Fräsen einer Nut mit Fräsenmesser.

Fräsen. Sowohl *Gleichlauffrasen* als auch *Gegenlauffrasen* ist moglich. Frasmaschinen sollten schnellaufend sein (Schnittgeschwindigkeiten bis 2000 m/min), auch schnellaufende Bohrmaschinen mit eingesetzten Frasern sind verwendbar. Fraser fur Kunststoffe haben *kleine Schneidenzahl* und sind zweckmaßig mit Hartmetall bestuckt; der *Spanwinkel* sollte um so mehr gegen 0° gehen, je dunner das Werkstück ist, um ein Haken zu vermeiden. Wegen der starken Neigung zur „Bartbildung" am Werkstück sind die zu bearbeitenden Werkstücke an der Seite und im Fräserauslauf mit Beilagen aus gleichem oder ähnlichem Kunststoff zu spannen. Zum Nutenfrasen konnen zweischneidige *Frasmesser* (Bild 9.20) verwendet werden, die man auch selbst herstellen kann.

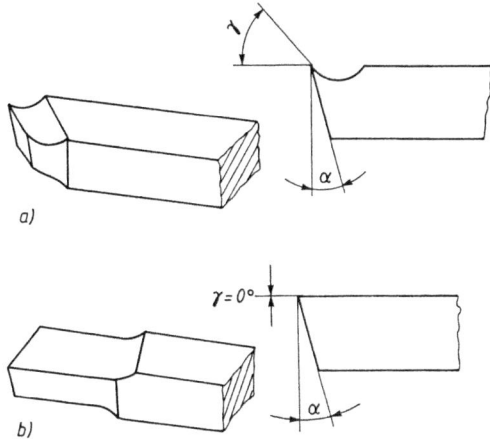

Bild 9.21
Drehmeißel
α Freiwinkel,
γ Spanwinkel,
a) für harte Thermoplaste,
b) für weiche Thermoplaste.

Drehen. Drehen ist ein sehr haufig verwendetes Verfahren in Werkstatt (Einzelfertigung) und Fertigung (Serien). Bei der *Automatenbearbeitung* werden Drehen, Frasen, Bohren, Gewindeschneiden, Randeln usw. kombiniert. Es sind schnellaufende Drehmaschinen (Schnittgeschwindigkeiten bis 500 m/min) erforderlich, möglichst mit Einrichtung für Luftkühlung. Die *Schneidengeometrie* der Drehmeißel (VDI 2003) richtet sich nach den zu bearbeitenden Kunststoffen. Werkzeuge sind aus HSS oder Hartmetallen. Der Vorschub ist so zu wahlen, daß die Warme weitgehend mit dem Span abgefuhrt wird. Der *Spanwinkel* (Bild 9.21a) liegt um 0°, z.T. negativ, d.h., man erreicht schabende Wirkung. In Ausnahmefallen, bei weichen Thermoplasten, insbesondere bei PA, werden ein positiver Spanwinkel (Bild 9.21b) und Hohlkehle verwendet, damit ein sog. *Fließspan* entsteht, d.h. eine stetige Spanabfuhr aus dem Schneidenbereich gewährleistet ist. Bei langen Teilen mit kleineren Durchmessern muß das Drehteil im Werkzeugeingriffsbereich unterstützt werden (mitlaufende Rolle oder Lünette).

Schleifen, Polieren. *Schleifen* wird insbesondere zum Einstellen genauer Maße bei Halbzeugschnitten oder Schweißnahtvorbereitung angewandt. Zweckmäßig sind *Bandschleifmaschinen* mit Bändern verschiedener Kornung. Die Körnung der Bander ist um so grober, je weicher der Kunststoff, sonst besteht Neigung zum Schmieren und Aufschmelzen. *Staubabsaugung* ist unbedingt erforderlich. Beim Arbeiten mit *Schwingschleifern* muß *naß* geschliffen werden. *Polieren* kommt nur in Ausnahmefällen infrage, z.B. wenn eine geschliffene Oberfläche noch mattes Aussehen hat. Polieren kommt hauptsächlich bei PMMA im Modellbau vor. Es erfolgt mit Filzscheiben und Poliermittelzusatz naß oder trocken, meist von Hand. Bei Thermoplasten besteht dabei die Gefahr des Anschmelzens und Verschmierens.

9.4 Fügen von Kunststoffen

Fügeverfahren dienen zum lösbaren oder nicht losbaren Verbinden von Formteilen oder Halbzeugen. Man unterscheidet *Kleben* (Leimen), *Schweißen* sowie Herstellung von *Schnapp-, Schraub-* und *Nietverbindungen*. In Sonderfallen kommt auch *Nageln* und *Nahen* infrage. Schweißen ist nur bei thermoplastischen Formteilen oder Halbzeugen möglich. Gelenkige Beweglichkeit zwischen zwei Teilen, die sonst durch Scharniere oder ähnliches hergestellt wird, kann bei thermoplastischen Kunststoffen, am besten PP, bereits beim Spritzgießen durch einen dunnen Steg, das sog. *Filmscharnier* erreicht werden.

9.4.1 Kleben

Das *Kleben* von Metallen und Kunststoffen ist ein Fugeverfahren, bei dem gleiche oder unterschiedliche Werkstoffe mit speziellen *Klebstoffen*, i.a. *unlösbar*, miteinander verbunden werden. Kleben ermöglicht eine *gleichmäßige Spannungsverteilung* in der Klebfuge, wobei die Struktur der Fügeteile meist nicht verandert wird. In den meisten Fällen wird gleichzeitig eine *Abdichtung* erreicht. Die Klebeverfahren sind leicht erlernbar und benötigen nur geringe Investitionen, sie sind daher für Einzel- und Serienfertigung geeignet. *Nachteilig* ist die meist *niedrige Festigkeit* der Verbindung, deshalb ist eine *Überlappung* der Fügeteile erforderlich; die Klebverbindung wird dann auf *Scherung*, nicht auf Zug beansprucht. Mit einer *Alterung* des Klebstoffs und damit einer Versprodung sollte gerechnet werden.

9.4.1.1 Wichtige Einflußfaktoren auf die Güte der Klebverbindung

Maßgebend für eine gute Klebverbindung sind eine hohe *innere Festigkeit des Klebstoffs* (*Kohäsion*) und hohe *Haftfestigkeiten* des Klebstoffs an den beiden Fügeteiloberflächen (*Adhäsion*). Eine hohe *Kohäsion* wird bei thermoplastischen Klebstoffen durch langkettige Moleküle erreicht (z.B. Kautschukklebstoffe), durch eine Polymerisation der Ausgangskomponenten des Klebstoffs oder bei duroplastischen Klebstoffen durch eine Vernetzung. Je dünner die Klebstoffschicht, desto hoher ist die Kohasion.
Wichtigste Einflußgröße auf die *Adhasion* ist die *Sauberkeit* der Oberflächen. Die Fügeflachen müssen deshalb gut *gereinigt* und *entfettet* sein. Durch ein *Aufrauhen* der Fügeflachen wird die Oberfläche vergroßert und in vielen Fallen ein „mechanisches Verhaken" des Klebstoffs im Fügeteil erreicht (mechanische Adhäsion). Durch ein Zusammendrücken der Fügeteile nach dem Klebstoffauftrag und ggf. Erhohung der Temperatur kann die *Benetzung* der Fügeflachen mit Klebstoff verbessert werden. Bei Kunststoff-Fügeteilen wird dadurch vielfach eine Diffusion der Klebstoffmoleküle in die Fügeteile erreicht. Polare Werkstoffe lassen sich i.a. besser verkleben als unpolare, daher werden die Oberflächen von unpolaren Werkstoffen (z.B. Polyethylen, Metalle) durch eine Oberflächenbehandlung (Abflammen, Ätzen) in ihrer Polarität verändert.
Durch *Weichmacher* und *Fullstoffe* werden Kohäsion und Adhäsion beeinflußt.

9.4.1.2 Klebstoffarten

Man unterscheidet *physikalisch abbindende* und *chemisch reagierende Klebstoffe.*

Physikalisch abbindende Klebstoffe. *Kleblosungen* sind organische Losungsmittel, die vielfach mit Kunststoffen eingedickt sind. Durch Verdunsten des Losungsmittels wird die Klebfestigkeit erhoht. Es besteht Gefahr der Spannungsrißbildung in den Fügeteilen. Beispiel: Ameisensaure für PA 6 und PA 66; Toluol für PS.
Klebdispersionen bestehen aus thermoplastischen Bindemitteln, die in Wasser dispergiert werden. Das Wasser muß dabei durch mindestens ein Fugeteil verdunsten konnen. Beispiel: Milch- oder Weißleim für Holz.
Kontaktklebstoffe bestehen aus synthetischem Kautschuk, der in Lösungsmitteln gelost ist. Nach dem Klebstoffauftrag auf beide Fügeflachen und kurzem „Ablüften" werden die Klebeflachen zusammengedrückt. Beispiel: Kautschukspezialklebstoffe.
Heißsiegelklebstoffe bestehen aus thermoplastischen Bindemitteln, die uber Losungsmittel oder direkt auf die Fügeteiloberflache aufgetragen werden. Sie werden spater durch Warme aufgeschmolzen und durch Druck verklebt. Beispiele: Heißsiegelfahige Pappen in der Verpackungsindustrie.

9.4 Fügen von Kunststoffen

Schmelzklebstoffe sind thermoplastische Klebstoffe ohne Lösungsmittel, die auf die Schmelztemperatur erhitzt werden und auf ein Fügeteil aufgetragen werden. Im geschmolzenen Zustand wird die zweite Fügeflache aufgedrückt (gute Anfangsfestigkeit).

Chemisch reagierende Klebstoffe. Bei *Einkomponentenklebstoffen*, meist sog. *Schnellklebstoffe*, erfolgt die chemische Vernetzung der Ausgangskomponenten durch *Erwärmung* auf eine bestimmte Temperatur oder durch die *katalytische Wirkung* der Fugeteiloberflachen. Beispiele: Cyanoacrylat- und Einkomponenten-PUR-Klebstoffe (Vernetzung durch Feuchtigkeit der Fügeteiloberflachen oder Luftfeuchtigkeit).

Zwei- oder *Mehrkomponentenklebstoffe* bestehen aus niedermolekularen Substanzen, die vor dem Klebstoffauftrag in einem bestimmten Verhaltnis gemischt werden. Die Vernetzung erfolgt durch eine chemische Reaktion, eingeleitet durch beigemischte Katalysatoren. Nach der Abbindezeit, je nach Temperatur bis zu mehreren Stunden, erhalt man hohe Festigkeit der Klebverbindung. Beispiel: EP-Harze für Kunststoff- und Metallklebungen.

9.4.1.3 Ausführung von Klebverbindungen

Klebverbindungen sind so zu gestalten, daß keine wesentlichen *Scherkrafte* auf die Klebstelle wirken. Stumpfstoß-Verbindungen sind nur bei großen Klebeflachen und kleinen Beanspruchungen zulassig. Wegen der einfachen Ausfuhrung und guten Festigkeit wird bevorzugt die *einschnittige Überlappung* (Bild 9.22) angewendet. Bei der Laschung, insbesondere bei der *zweischnittigen Laschung* (Bild 9.23) werden Schalkrafte weitgehend vermieden.

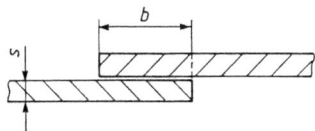

Bild 9.22 Überlappung
$b = 3\,s$ bis $5\,s$; $b_{min} = 10$ mm.

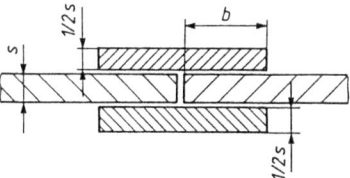

Bild 9.23 Zweischnittige Laschung.

9.4.1.4 Verwendung von Klebstoffen

EP-Klebstoffe werden fur hochbeanspruchbare Klebverbindungen bei Metallen, PVC hart, PA, POM, PC, PPO, PF, MF eingesetzt, wobei gleiche oder unterschiedliche Fugewerkstoffe moglich sind. *Cyanacrylat-Klebstoffe* finden für hochbeanspruchbare Schnellklebverbindungen Verwendung, auch bei unterschiedlichen Werkstoffen, z.B. Metalle, PVC hart, PA, ABS, PC, PPO, PMMA, PETP/PBTP, PF, MF. *PUR-Klebstoffe* verwendet man für Klebverbindungen mittlerer Beanspruchung bei PA, ABS, PC, PPO, SAN, PF, MF. Genauere Informationen über Klebstoffe und deren Anwendungsmoglichkeiten werden von den Klebstoffherstellern herausgegeben, weitere Angaben siehe auch VDI-Richtlinien.

9.4.2 Schweißen

Das *Schweißen* von Kunststoffen als werkstoffgerechtes Fügeverfahren ist definiert als das Vereinigen von thermoplastischen Kunststoffen unter Anwendung von Warme und Druck mit oder ohne Zusatzwerkstoffe. Die Verbindung erfolgt durch Aufschmelzen und Ineinanderfließen der Grenzschichten. Durch Schweißen erhält man *stoffschlüssige unlosbare Verbindungen*. *Grundsatzlicher Verfahrensablauf* beim Schweißen:

- *Bearbeiten* der Fügeflachen (kann z.T. entfallen),
- *Reinigen* der Fügeflächen,
- *Erwärmen* der Fügeflachen,
- *Zusammenpressen* der Fügeflachen,
- *Abkühlen* unter Druck.

Das *Erwärmen* beim Kunststoffschweißen erfolgt durch
- *erhitztes Gas* beim Warmgasschweißen;
- *erhitztes Metallelement* beim Heizelementschweißen, Heizelement-Schwenkbiegeschweißen (früher Abkantschweißen), Heizelement-Muffenschweißen und Heizwendelschweißen (früher Elektromuffenschweißen), auch beim Heizelement-Warmeimpulsschweißen und Heizelement-Trennahtschweißen (früher Glühdraht Trennschweißen) für Folien (auch im Haushalt);
- *Reibung* bei Rotations-, Vibrations-, Winkel- und Reibkegelschweißen;
- *Beschallung* beim Ultraschallschweißen und Ultraschallnahen für Gewebe mit mindestens 65 % Synthesefasern;
- *Hochfrequenz* beim Hochfrequenzschweißen für polare Kunststoffe.

Fehlerquellen beim Schweißen von Kunststoffen sind:
- *thermische Schadigung*, deshalb rasch arbeiten;
- *zu geringe Schweißdrücke* ergeben Bindefehler und Lunker;
- *zu hohe Schweißdrücke* fuhren ggf. zu Spannungen,
- *Bindefehler* durch Einschluß von Luft oder zersetztem Kunststoff;
- *Spannungen* durch unvollstandige und/oder ungleichmaßige Erwarmung oder Zug- oder Druckausübung beim Warmgasschweißen mit Zusatzdraht.

Die *Güte von Schweißnahten* ist abhangig von
- konstruktions-, verfahrens- und werkstoffbedingten Faktoren;
- Form der Schweißnaht;
- Anzahl der Schweißlagen (besser wenige dicke als viele dunne);
- Sauberkeit der Verbindungsflachen;
- Einhaltung empfohlener Bedingungen (Temperaturen, Drücke, Zeiten).

Bei guten Schweißungen gilt:

$$Wertigkeitsverhaltnis = \frac{Festigkeit\ der\ Schweißverbindung}{Festigkeit\ des\ Grundwerkstoffs} > 0{,}6$$

Bei Schweißverbindungen gelten folgende *allgemeine Gesichtspunkte für das Gestalten*.
- Schweißnähte nicht an Stellen maximaler Beanspruchung (Bild 9.24);
- Kreuznähte vermeiden (Bild 9.25), ggf. aussparen;
- schroffe Querschnittsübergänge und Kerben vermeiden.

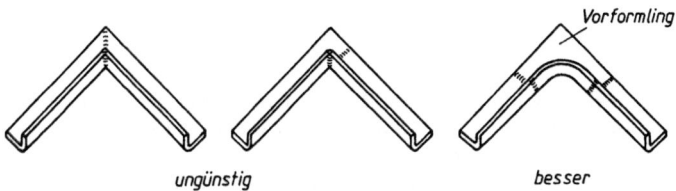

Bild 9.24 Schweißnähte nicht an Stellen maximaler Beanspruchung.

9.4 Fügen von Kunststoffen

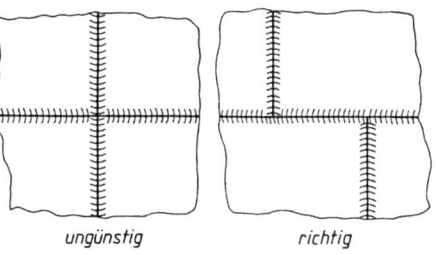

ungünstig *richtig*

Bild 9.25 Kreuznähte vermeiden.

9.4.2.1 Warmgasschweißen W

Anwendung vorwiegend für Polyolefine, PVC hart und weich, PMMA. Bild 9.26 zeigt den prinzipiellen Vorgang beim Warmgasfächelschweißen WF. Der Zusatzstab (meist ϕ 2 mm bis ϕ 4 mm) darf weder gestaucht noch gedehnt werden und ist meist aus artgleichem Kunststoff. Wärmeträger ist meist elektrisch beheizte Luft oder bei oxidationsempfindlichen Kunststoffen auch Stickstoff oder Kohlendioxid. Eine Sonderform ist das *Warmgas-Extrusionsschweißen* WE für Polyolefinrohre mit hoher Schweißgeschwindigkeit und Nahtfestigkeit. Die Schweißtemperaturen müssen bei beiden Verbindungspartnern gleich sein (Tabelle 9.8). *Nahtformen* zeigen Bild 9.27 und Tabelle 9.9. Zu vermeiden sind Überlappstoß mit Kehlnähten.

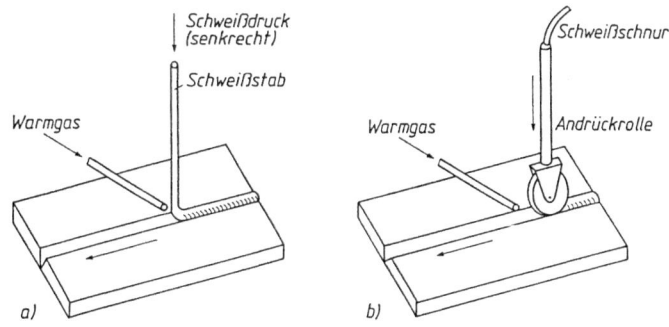

Bild 9.26 Vorgang beim Warmgasschweißen WF
a) bei harten Thermoplasten,
b) bei weichen Thermoplasten.

Tabelle 9.8 Richtwerte für Schweißtemperaturen beim Warmgasschweißen

Kunststoff	Kunststofftemperatur °C	Gastemperatur °C
PVC hart	160	300 ... 350
PVC wärmebeständig	200	350
PVC weich	150	250 ... 300
PMMA	180	250 ... 300
PP	175	240 ... 280
PEHD	150	240 ... 280
PELD	120	200 ... 250

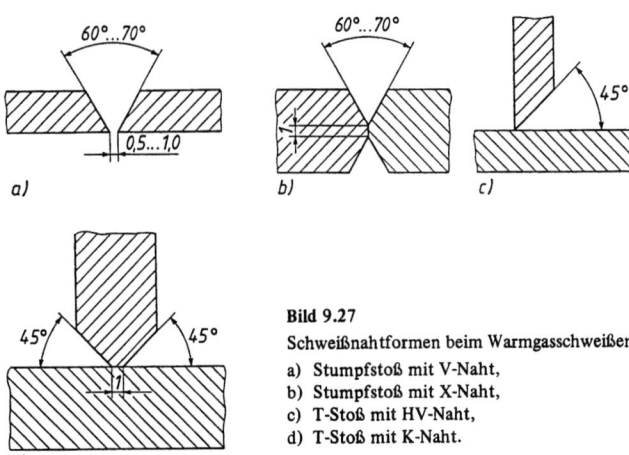

Bild 9.27
Schweißnahtformen beim Warmgasschweißen
a) Stumpfstoß mit V-Naht,
b) Stumpfstoß mit X-Naht,
c) T-Stoß mit HV-Naht,
d) T-Stoß mit K-Naht.

Tabelle 9.9 Nahtform beim Warmgasschweißen

Anwendung	Nahtform	Vorbereitung
Tafeln bis 5 mm, Rohre	Stumpfstoß mit V-Naht	Flankenwinkel 30° Stegabstand 0,5 mm bis 1 mm
Tafeln über 5 mm	Stumpfstoß mit X-Naht	Flankenwinkel beidseitig 30° Fixieren Stoß an Stoß Anfasen bis 1 mm am Mittelsteg
Tafeln bis 5 mm senkrecht	T-Stoß mit HV-Naht	Flankenwinkel 45° Abziehen der Schweißzonen
Tafeln über 5 mm	T-Stoß mit K-Naht	Flankenwinkel beidseitig 45° Anfasung mit Steg 1 mm Abziehen der Schweißzone

9.4.2.2 Heizelementschweißen H

Anwendung vorwiegend für Polyolefine, PVC hart und weich, PA-Folien. Das *Heizelementschweißen* kann als *Heizelementstumpfschweißen HS* (Bild 9.28), *Heizelement-Schwenkbiegeschweißen HB* (Bild 9.29), *Heizelementnutschweißen HN* (Bild 9.30), *Heizkeilschweißen HH* für Folien, *Heizelement-Muffenschweißen HD* für Rohrverbindungen und *Heizelement-Warmekontaktschweißen HK* in der Verpackungsindustrie durchgeführt werden. Anwendung bei Tafeln, Rohren, Profilen, Folien und Formteilen. Es ist auch möglich, bestimmte unterschiedliche Thermoplaste miteinander zu verbinden, z.B. ABS mit PMMA bei Autorückleuchten. Bei Preßstumpfschweißungen sind die Nähte so zu gestalten, daß an Sichtflächen möglichst kein Schweißwulst austritt (Bild 9.31). Temperaturen für das Heizelementschweißen zeigt Tabelle 9.10.

9.4 Fügen von Kunststoffen

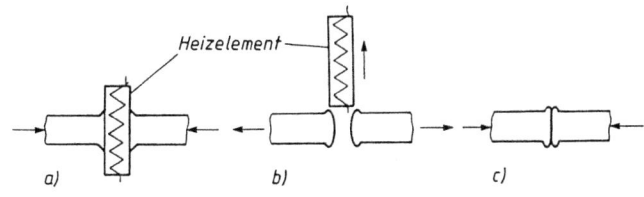

Bild 9.28
Heizelementstumpfschweißen HS
a) Anwärmen,
b) Umstellen,
c) Fügen und Abkühlen.

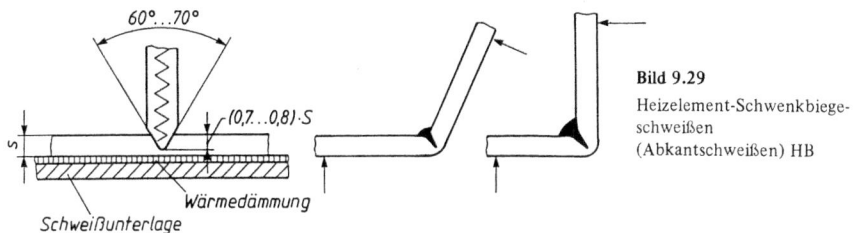

Bild 9.29
Heizelement-Schwenkbiegeschweißen
(Abkantschweißen) HB

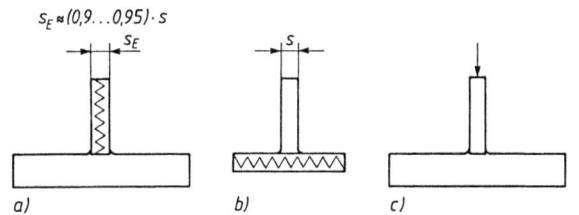

Bild 9.30
Heizelementnutschweißen
(T-Stoßschweißen) HN
a) Anwärmen einer Nut,
b) Anwärmen des Stegs,
c) Gefugter Stoß.

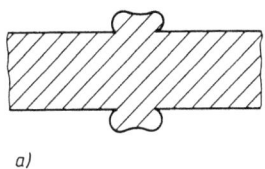 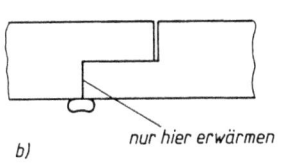

Bild 9.31
Gestalten von Nähten für Heizelementschweißung
a) reiner Stumpfstoß, Schweißwulst auf beiden Seiten,
b) stufenformige Schweißstelle, Wulst nur auf einer Seite, aber nur halbe Nahtdicke!

Tabelle 9.10 Temperaturen für das Heizelementschweißen

Kunststoff	Temperatur des Heizelements °C
PEHD	190 ... 220
PP	190 ... 240
PVC hart	230 ... 250
PVC weich	130 ... 200
POM	210 ... 230

9.4.2.3 Reibschweißen FR

Anwendung vorwiegend für POM, PA, PPO, Styrolpolymere, lineare Polyester und Polyolefine. Durch Bewegung des einen Fügeteils und Abbremsen auf dem anderen entsteht Wärme, die den Kunststoff in einen schweißbaren Zustand überführt. Die Erkaltung erfolgt unter Druck. Das *Rotationsschweißen* eignet sich nur für rotationssymmetrische Teile, wenn die Winkelstellung der beiden Fügeteile zueinander gleichgültig ist oder zum Aufschweißen rotationssymmetrischer Teile auf ebene Gegenstücke. Es sind bestimmte Schweißnahtformen notwendig; die unverschweißten Teile sollen sich „satt" gegeneinander drehen lassen und auf dem gesamten Umfang der Naht gut anliegen. Die Rotationsgeschwindigkeiten betragen 80 ... 200 m/min.

Ein Sonderverfahren ist das *Reibkegelschweißen* nach BASF für dicke Tafeln aus Polyolefinen. Beim *Vibrationsschweißen* können beliebig gestaltete Formteile verschweißt werden, wenn eine bestimmte Lage der Formteile zueinander vorgeschrieben ist. Man unterscheidet je nach Formteilgeometrie zwischen *Linear-* und *Winkelschweißen*. Teilweise genügen ebene Flächen als Nahtvorbereitung, es entsteht dann aber durch Austrieb ein Wulst. Vibrationsfrequenz 100 ... 120 Hz. Kleine relative Bewegungen der Fügeteile zueinander bei Vibrationswegen bis 5 mm, hervorgerufen durch lineare Bewegungen (Linearschweißen) oder schwingende Winkeländerung (Winkelschweißen) je nach Gestalt der Formteile.

9.4.2.4 Ultraschallschweißen US

Es handelt sich im Prinzip um ein Reibschweißen mit Erwärmung durch Ultraschallschwingungen (ca. 20 kHz). Die Ultraschallerzeugung erfolgt piezoelektrisch oder magnetostriktiv. Die Schweißung erfolgt mit einer *Sonotrode* aus Titan, die je nach Werkstoff und Schweißproblem gestaltet sein muß.

Man unterscheidet *direktes Ultraschallschweißen* oder *Schweißen im Nahfeld* für starker dämpfende Kunststoffe wie Polyolefine (Bild 9.32) und *indirektes Ultraschallschweißen* oder *Schweißen im Fernfeld* für wenig dämpfende Kunststoffe, z.B. PS (Bild 9.33). Gut ultraschallschweißbar sind (unterschiedlich im Fern- und Nahfeld): ABS, PMMA, PC, PA trocken, POM, PE, PP, PBTP, PS, SAN, PVC, PPO, PSU, CA, CAB. Während bei den übrigen Schweißverfahren i.a. nur gleiche Kunststoffe miteinander verschweißt werden können, lassen sich nachstehende Werkstoffpaarungen durch Ultraschall verschweißen: ABS/PMMA (Rückleuchten für PKW), PS/PPO und bedingt auch PMMA/PC, PS/ABS, ABS/SAN, PMMA/SAN.

Die *Nahtvorbereitung* ist beim Ultraschallschweißen sehr wichtig. Es sind sog. *Energierichtungsgeber* vorzusehen (Bild 9.34). Anwendungsbeispiele: Autorückleuchten, Filmkassetten, Diarähmchen, Film- und Tonbandspulen, gasdichte Behälter für Feuerzeuge. Textilien mit mindestens 65 % Gehalt an synthetischen Fasern und thermoplastische Folien lassen sich auf Ultraschallnähmaschinen mit rollendem Amboß verschweißen.

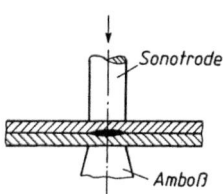

Bild 9.32 Direktes Ultraschallschweißen (Nahfeld).

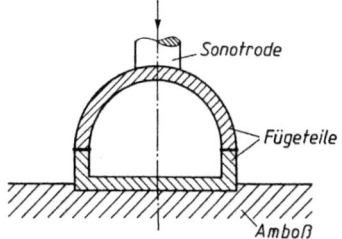

Bild 9.33 Indirektes Ultraschallschweißen (Fernfeld).

9.4 Fügen von Kunststoffen

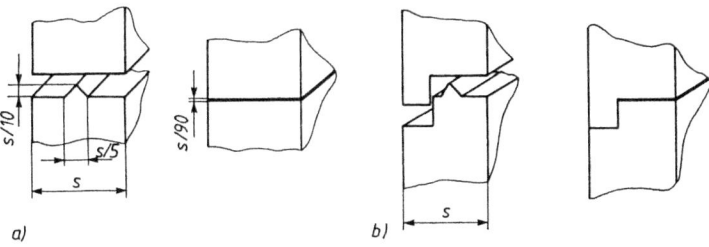

Bild 9.34 Beispiele für Energierichtungsgeber (nach *Branson*)
a) einfache Stoßverbindung, b) Stufenverbindung.

9.4.2.5 Hochfrequenzschweißen HF

Bei Kunststoffen mit hohen *dielektrischen Verlusten* (*polare Kunststoffe* wie PVC, PVC-Schaumstoffe, PA 6, CA) erfolgt im Hochfrequenzfeld eine schnelle Erwärmung an den Fügeflächen. Übliche Schweißfrequenz ist 27, 12 MHz. Den Temperaturverlauf im Schweißgut zeigt Bild 9.35. Schweißleistungen 35 ... 50 W je cm² Schweißfläche, Schweißdrücke 60 ... 80 N je cm² Elektrodenfläche. Die Elektroden bleiben beim Schweißen kalt und bestehen aus Kupfer oder Kupfer-Zink-Legierungen. Vielfältige Gestaltung der Elektroden, auch zum gleichzeitigen Trennen und Prägen ist möglich. Es sind Dicken von 0,1 ... 3 mm verschweißbar. Außer den polaren Kunststoffen sind auch durch entsprechende Dispersionsanstriche schweißfähig gemachte Pappen und Vliese schweißbar. Typische Anwendungsbeispiele: Verschweißen von Hüllen, Bucheinbänden, Aufblas- und Konfektionsartikel, Türverkleidungen für Fahrzeuge, Sitzen und Fahrzeughimmeln. Dicke PVC-Tafeln lassen sich überlappt schweißen, die Schweißnaht wird dann auf Tafeldicke zusammengepreßt.

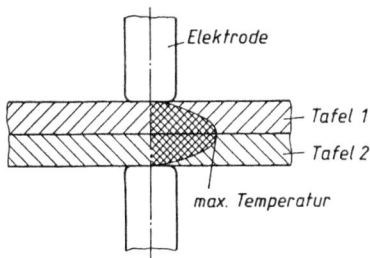

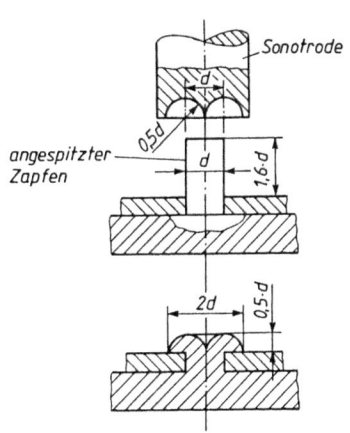

Bild 9.35 Temperaturverlauf im Schweißgut bei HF-Schweißung, maximale Temperatur an der Schweißstelle.

Bild 9.36 Ultraschallnieten, Standardkopfform (*Branson*)

9.4.3 Nieten

Sind an thermoplastischen Kunststoff-Formteilen Zapfen angespritzt, so lassen sich *Nietverbindungen* herstellen. Die Nietschäfte (Zapfen) können auf Ultraschallschweißmaschinen erwärmt und zu Nietköpfen gestaucht werden (Bild 9.36). Es ist aber auch möglich, Nietungen durch Berührungserwärmung mit beheizten metallischen Nietvorrichtungen auszuführen.

9.4.4 Schnappverbindungen

Schnappverbindungen sind wirtschaftliche, einfache und formschlüssige Verbindungen. Eine Schnappverbindung muß allerdings an den zu fügenden Formteilen konstruktiv vorgesehen und auf die elastischen Eigenschaften des Kunststoffs abgestimmt sein. Entsprechend gilt dies auch für die zu übertragenden Kräfte. Man unterscheidet *zylindrische* oder *Ringschnappverbindungen* (Bild 9.37) und *federnde* oder *Schnapphaken* (Bild 9.38). Schnappverbindungen können je nach Gestalt lösbar oder unlösbar sein. Sie sind i.a. nicht dicht, können aber durch Dichtelemente wie O-Ringe abgedichtet werden.

Zur Herstellung von Schnappverbindungen sind besonders die zähelastischen Kunststoffe POM und PA geeignet, jedoch finden auch PE, PP, SAN, ABS, PC, PBTP, PUR-Elastomere und z.T. auch gefüllte Thermoplaste Verwendung.

Die *zulässigen Hinterschneidungen* bzw. *zulässigen Dehnungen* hängen von der Konstruktion und dem verwendeten Kunststoff ab. Werte hierfür sind in Tabelle 9.11 enthalten. Man beachte, daß Hinterschneidungen, hergestellt durch Spritzgießen, auch entformbar sein müssen.

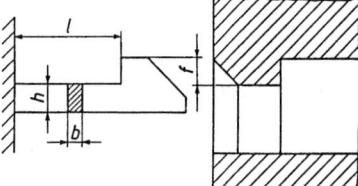

Bild 9.38 Federnder Haken.

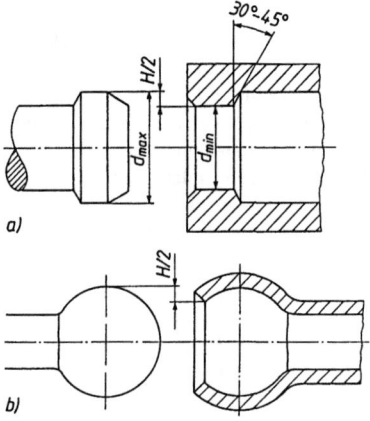

Bild 9.37
a) Zylindrische Schnappverbindung,
b) Ringschnappverbindung.

Tabelle 9.11 Richtwerte für zulässige Hinterschneidungen H_{zul} bzw. Dehnungen ϵ_{zul}

Werkstoff	H_{zul} bzw. ϵ_{zul} *) %
POM	4 ... 5
PA trocken	3
PA konditioniert	4 ... 5
PEHD	7 ... 8
PELD	... 12
PP	6
SAN	1 ... 2
ABS und SB	2 ... 3
PBTP	4
PC	6
PUR-Elastomere	... 100

*) Bei glasfaserverstärkten Typen reduzieren sich diese Werte

9.4 Fügen von Kunststoffen

Es gilt

für *zylindrische Schnappverbindungen* $H = \dfrac{d_{max} - d_{min}}{d_{max}} \cdot 100\,\%$,

für *federnde Haken* $f = \dfrac{2}{3} \cdot \dfrac{\varepsilon_{zul}}{h} \cdot l^2$.

Typische Anwendungsbeispiele für Schnappverbindungen: Befestigungselemente, Clipse aller Art, Fügen von Gehäuseteilen, einfache Kugelgelenke.

9.4.5 Schrauben

Nach Vorspritzen entsprechender Bohrungen (Bild 9.39) in Kunststoff-Formteile können durch *gewindeformende Schrauben* Verbindungen hergestellt werden. Bei spröderen Kunststoffen verwendet man *gewindeschneidende Schrauben* (z.B. Gewindeschneidschraube DIN 7513 oder andere mit Schneidkante), bei zäheren Kunststoffen *gewindeprägende Schrauben* (z.B. Blechschrauben DIN 7979 oder spezielle Schrauben wie Plastite- oder Hi-Lo-Schrauben. Müssen Schraubverbindungen häufig gelöst und gefügt werden, so sind *Metalleinlegeteile* (s. Abschnitt 9.4.6) oder durchgehende Schrauben mit großen Unterlegscheiben vorteilhafter. Bei geblasenen Flaschen werden spritzgegossene Kappen mit Rundgewinde, häufig selbstdichtend, angewandt. Schrauben aus Kunststoffen (meist PA oder POM) werden wegen der elektrischen Isolation, des Korrosionsschutzes, farblicher Anpassung, Vermeidung der Beschädigung von Oberflächen eingesetzt. Hier ist auf Spannungsabbau (Relaxation) und dadurch Lockern im Laufe der Zeit zu achten.

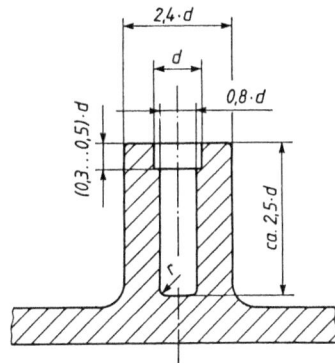

Bild 9.39
Abmessungen für vorgespritzte Bohrungen zum nachträglichen Einschrauben von gewindeformenden bzw. -prägenden Schrauben.

d Gewindeaußendurchmesser

9.4.6 Einbetten von Metallteilen

Werden in der Verbindungstechnik *metrische Schraubverbindungen* an Kunststoff-Formteilen gewünscht, so bettet man zweckmäßig in das Formteil *Metallgewindebuchsen* ein. Grundsätzlich können solche Metallteile beim Spritzgießen in das Werkzeug eingelegt werden, was jedoch meist großen Aufwand bedeutet, vor allem bei automatischer Fertigung. Deshalb werden Gewindebuchsen oft nachträglich in vorgespritzte Bohrungen mit entsprechendem Untermaß eingebettet. Es gibt hierfür z.B. *Expansionsgewindesätze* für Duroplaste und Thermoplaste, bei denen aufspreizbare Hülsen zur *mechanischen Verankerung* in die Bohrung eingedrückt werden. Bei den

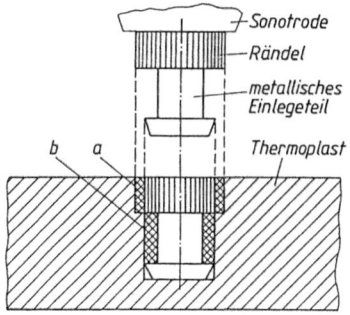

Bild 9.40
Einbetten von Metallteilen in Thermoplaste durch Ultraschall.
Materialversatz von a nach b.

Warmeverfahren werden die vorgeheizten Metallbuchsen in die vorgespritzte Bohrung „eingeschmolzen". Bei der *Ultraschalleinbettung* (Bild 9.40) erfolgt Erwarmen und Einbetten in Spezialvorrichtungen der Ultraschallschweißmaschine.

9.5 Beschichten und Oberflächenbehandlung

Die durchgehende *Einfärbung* von Kunststoffen und die *Strukturierung von Oberflächen* bietet vielfältige Moglichkeiten der Oberflachengestaltung und ist preislich vorteilhaft. Trotzdem werden gelegentlich weitere, zusatzliche Behandlungen zur Verbesserung oder Veranderung von Oberflachen durchgeführt. Sie kommen dann infrage, wenn aus technischen oder wirtschaftlichen Gründen die gewünschte oder erforderliche Oberflachengestaltung bei der Formgebung nicht moglich ist. Gründe dafur konnen z.b. sein:
- nur bestimmte Stellen eines Formteils sollen verandert werden (Bedrucken, Heißpragen),
- nicht ausreichend glatte Oberflachen oder schlierige Strukturen z.b. bei TSG (Spachteln, Lackieren),
- die Oberflache eines Formteils soll leitfahıg sein (Bedampfen, Galvanisieren),
- die Oberflache soll ohne Strukturierung matt werden (Lackieren),
- die Oberflache soll griffiger werden (Beflocken),
- Schutz gegen Witterungs- oder Lichteinflusse (Lackieren),
- Anbringen von Informationen und Hinweisen (Bedrucken, Heißpragen),
- Moglichkeit der Kennzeichnung (Bedrucken, Heißpragen).

Aus Kostengründen ist jedoch immer anzustreben, so wenig wie möglich nachtraglich zu behandeln, vor allem dann, wenn es sich nur um Verschonerungseffekte handelt. Bei allen nachstehend kurz besprochenen Oberflächenbehandlungsverfahren spielt die *Beschaffenheit der Ausgangsoberflachen* eine wesentliche Rolle; deshalb sind auch Formtrennmittel, vor allem siliconhaltige, möglichst zu vermeiden. In jedem Falle ist auf eine entsprechende *Vorbereitung der Oberfläche*, insbesondere *Entfettung*, zu achten.

9.5.1 Lackieren

Üblich sind besondere *Kunststofflacksysteme*, die auf den zu lackierenden Kunststoff, den gewünschten Farb- und Oberflacheneffekt abgestimmt sind. Wichtig für die Haftung ist die Vorbehandlung, zumindest Entfettung; manche Kunststoffe, z.b. Polyolefine brauchen besondere Oberflächenvorbereitung (z.B. Abflammen). Der Lackauftrag erfolgt durch *Farbspritzen, Streichen*, elek-

9.5 Beschichten und Oberflächenbehandlung

trostatisches Spritzlackieren und *Tauchlackieren*. Die Schichtdicken betragen meistens 10...20 μm. Ein besonderes Problem stellt die *Gefahr der Spannungsrißbildung* bei verschiedenen Kunststoffen dar, die durch ungeeignete Lösungsmittel in den Lacken ausgelöst werden kann.

9.5.2 Metallisieren

Bringt man *metallische Schichten* auf Kunststoffe auf, so lassen sich z.b. folgende Wirkungen erzielen:
- Herstellung von Leitfähigkeit und Verhinderung elektrostatischer Aufladung,
- Verbesserung von Festigkeit und Verschleißwiderstand,
- Versiegelung der Oberfläche gegenuber Aufnahme von Medien,
- Schutz gegen Alterung,
- dekorative Effekte.

9.5.2.1 Vakuumbedampfen

Im Hochvakuum lassen sich Kunststoff-Formteile oder Halbzeuge mit metallischen Schichten teilweise oder ganz *bedampfen*, wobei vor allem Reinaluminium verwendet wird. Die Bedampfung erfolgt z.B. auf der Innenseite von durchsichtigen Teilen (Leuchten, Zierleisten). Die dunne Metallschicht von 0,1 ... 1 μm wird dabei selbst durch den Kunststoff vor Oxidation und Abrieb geschutzt. Die freiliegende Seite der Metallschicht wird durch Lack oder SiO_2-Aufdampfung zusatzlich geschutzt. Anwendung bei Zierleisten, Werbeartikeln, Bezeichnungsschildern, Pragefolien (s. Abschnitt 9.5.5), Kondensatorfolien.

9.5.2.2 Galvanisieren

Im Gegensatz zum Galvanisieren von Metallen (vgl. Abschnitt 8.5.2.3) steht beim *Kunststoffgalvanisieren* zunachst keine leitfähige Oberfläche zur Verfügung. Außerdem ist das Galvanisieren auf spezielle, dafür geeignete Kunststofftypen, hauptsächlich ABS und ggf. PPO, beschränkt. Die erforderliche Leitfähigkeit wird durch das Aufbringen einer metallisch leitenden Schicht von Cu oder Ni in Bädern stromlos erzielt. Die Metallschichten sollen sich dabei in der vorgebeizten Kunststoffoberfläche gewissermaßen „mechanisch verankern". Das nachfolgende eigentliche Galvanisieren erfolgt nach den üblichen Verfahren in entsprechenden Bädern der Galvanisiertechnik (s. Abschnitt 8.5.2.3). Bei Kunststoffen spielt vor allem eine ausreichende Haftfestigkeit, guter Abschälwiderstand und ausreichendes Verformungsvermögen der Metallschicht eine Rolle. Die Gestaltung der zu galvanisierenden Formteile hat großen Einfluß auf die gleichmäßige Dicke der Schichten (keine scharfen Kanten!). Galvanisch aufgebrachte Metallschichten haben wesentlich größere Dicken (bis zu 30 μm) als aufgedampfte Metallschichten und sind deshalb widerstandsfähiger gegen mechanischen Abrieb. Das ist besonders wichtig, wenn die Metallschicht an den Außenseiten von Formteilen aufgebracht wird. Galvanisieren von Metallen s. Abschn. 8.5.2.3.

9.5.3 Beflocken

Kurzgeschnittene Fasern mit 0,3 ... 0,7 mm Lange aus PA 6, PA 66, Kunstseide oder Baumwolle (Wildledereffekt) werden uber Klebstoffe auf Kunststoffoberflachen durch Vibration, Luft oder elektrostatisch aufgebracht. Die Fasern setzen sich senkrecht zur Oberflache in der Klebstoffschicht fest, es ergibt sich ein *Flor*. Der Formteilgeometrie (keine spitzen Winkel – große Radien) ist große Beachtung zu schenken, damit der Auftrag gleichmaßig wird. Anwendung bei Auftragswalzen, Friktionselementen der Feinwerktechnik, Schutzgittern fur Mikrofone, Filtergeweben, Fensterführungen in Fahrzeugen, Auskleidungen, Polstergeweben, schallschluckenden Wandverkleidungen, Verpackungen (Etuis), Textilbeschichtungen.

9.5.4 Bedrucken

Beim *Bedrucken* handelt es sich im Prinzip um ein teilweises Lackieren, d.h., Anforderungen, Vorbehandlung und Lacksysteme sind ähnlich wie beim Lackieren. Als Druckverfahren werden hauptsachlich angewandt *Hochdruck* (Buchdruck, Flexodruck) und *Siebdruck*. Beim *Tampoprintverfahren* können von Metallklischees feinste Details und kleinste Schriften (Schrifthohe 0,5 mm) übertragen werden. Ebene Flachen sind sehr gut zu bedrucken; schwieriger sind spharisch gekrümmte Formteile, man verwendet den sog. indirekten Siebdruck. Anwendung in der Verpackungstechnik, für Skalen, in der Modellbahntechnik und in der Werbung.

9.5.5 Heißprägen

Bei diesem Verfahren handelt es sich um eine Kombination von Oberflachenauftrag und Oberflachenverformung. Beheizbare Metall- oder Siliconprägestempel drucken eine *Prägefolie* (Mehrschichtfolie mit Trenn- und Farbschichten) mit hohem Druck auf die Formteiloberfläche. Es lost sich dabei die Prägeschicht von der Folie und gleichzeitig wird bei Thermoplasten die Oberfläche angeschmolzen, was i.a. die Haftung der Prageschicht verbessert. Die Prageschicht kann beliebig farbig oder metallisiert sein. Als Prägeverfahren werden eingesetzt *Positiv-*, *Relief-* und *Konterprägung*. Anwendungsbeispiele: Lineale, Zeichenschablonen, Skalen, Zahlenrollen.

9.5.6 Beschichten mit Kunststoffen

Beim Beschichten werden Kunststoffe oder Kunststoffvorstufen auf Tragermaterialien aufgebracht. Es gibt eine Vielzahl von Beschichtungsverfahren: *Beschichten mit Losungen, waßrigen Dispersionen* und *Pasten*; Beschichten durch Aufbringen von *Kunststoffschmelzen* (Drahtummantelung), *Pulverbeschichten* durch Wirbelsintern, *Ummanteln mit Schrumpfschlauchen*. Die Trägermaterialien müssen für gute Haftung meist vorbehandelt werden. Metalle beschichtet man meist wegen des Korrosionsschutzes, elektrischer und Wärmeisolierung, Verbesserung der Gleiteigenschaften, Geräuschminderung, oft auch wegen der dekorativen Wirkung. Bei der Beschichtung von Papier, Pappen, Textilien usw. erzielt man besonders Dichtigkeit und z.T. auch Festigkeitsverbesserung.

Bei *Beschichtung mit PVC-Pasten* muß nach dem Auftragen eine Gelierung im Ofen erfolgen, bei *Auftrag waßriger Dispersionen* muß zur Filmbildung erwarmt werden (Wasserbeseitigung). Beim *Wirbelsintern* in speziellen Wirbelsintergeraten von thermoplastischen Beschichtungsmassen erfolgt zur Schichtbildung ein Aufschmelzen und Aufsintern; bei duroplastischen Pulvern (z.B. EP-Harze) ist Aufschmelzen und Ausharten notwendig. Als thermoplastische Beschichtungspulver finden vor allem PVC, PE, PA 11, PA 12, CAB mit Korngroßen von 0,05 ... 0,25 mm Verwendung. Beim *Wirbelsintern* werden die Formteile erwarmt (200 ... 400 °C) in das „Wirbelbad", d.h. fluidisiertes Kunststoffpulver durch Einblasen von Luft durch eine porose Bodenplatte, getaucht. Dabei schmilzt in wenigen Sekunden eine porenfreie Kunststoffschicht auf. Übliche Schichtdicken 250 ... 500 μm. Beim *elektrostatischen Beschichten* werden die Kunststoffpulver, auch auf der Rückseite, mittels Druckluftpistolen aufgebracht. In Warmeofen werden dann die thermoplastischen Pulver aufgeschmolzen, die duroplastischen aufgeschmolzen und ausgehartet. Textilgewebe können durch Einbügeln von PA- oder PE-Pulvern versteift oder verbunden werden.

9.6 Literatur

Bücher

[9.1] Kenndaten für die Verarbeitung thermoplastischer Kunststoffe. Hrsg. VDMA Fachgem. Gummi- und Kunststoffmaschinen. Teil 1: Thermodynamik; Teil 2: Rheologie; Teil 3: Tribologie. Carl Hanser Verlag, München 1979 bis 1983.
[9.2] Spritzgießen. Verfahrensablauf, Verfahrensparameter, Prozeßführung. Hrsg. Institut für Kunststoffverarbeitung an der RWTH Aachen. Carl Hanser Verlag, München 1979.
[9.3] Spritzgießtechnik. Hrsg. VDI-Ges. Kunststofftechnik. VDI-Verlag, Dusseldorf 1980.
[9.4] Spritzgießen von Qualitätsformteilen. VDI-Verlag, Dusseldorf 1975.
[9.5] Kunststoffverarbeitung im Gespräch – Spritzguß Firmendruckschrift der BASF AG.
[9.6] *Menges, G.:* Spritzgießen. Carl Hanser Verlag, München 1979.
[9.7] *Mirk, W.:* Grundzuge der Spritzgießtechnik. Verlag Zechner und Hüthig, Speyer 1979.
[9.8] *Draeger, H.* und *W. Woebcken:* Pressen und Spritzpressen. Carl Hanser Verlag, München 1960.
[9.9] *Bauer, W.:* Technik der Preßmasseverarbeitung. Carl Hanser Verlag, München 1964.
[9.10] *Wallhaußer, H.:* Bewertung von Formteilen aus hartbaren Kunststoff-Formmassen. Carl Hanser Verlag, München 1967.
[9.11] *Menges, G.:* Einführung in die Kunststoffverarbeitung. Carl Hanser Verlag, München 1979.
[9.12] *Geyer/Gemmer/Strelow:* Qualitätsformteile aus thermoplastischen Kunststoffen. VDI-Verlag, Dusseldorf 1974.
[9.13] *Ehrenstein/Erhard:* Konstruieren mit Polymerwerkstoffen. Carl Hanser Verlag, München 1983.
[9.14] *Erhard, G.* und *E. Strickle:* Maschinenelemente aus thermoplastischen Kunststoffen. Lager und Antriebselemente. VDI-Verlag, Düsseldorf 1985.
[9.15] *Schreyer, G.:* Konstruieren mit Kunststoffen. Carl Hanser Verlag, München 1972.
[9.16] *Hildebrand, S.* und *W. Krause:* Fertigungsgerechtes Gestalten in der Feinwerktechnik. Verlag Friedr. Vieweg & Sohn, Braunschweig 1978.
[9.17] *Haack/Schmitz:* Rechnergestutztes Konstruieren von Spritzgießformteilen. Vogel Verlag, Würzburg 1985.
[9.18] *Mink, W.:* Grundzuge der Spritzgießtechnik. Verlag Zechner und Hüthig, Speyer 1979.
[9.19] *Ebeling, F. W.:* Extrudieren von Kunststoffen – kurz und bündig. Vogel Verlag, Würzburg 1974.
[9.20] Extrudieren von Profilen und Rohren. VDI-Verlag, Düsseldorf 1974.
[9.21] Extrudieren von Schlauchfolien. Hrsg. VDI-Ges. Kunststofftechnik. VDI-Verlag, Düsseldorf 1985.
[9.22] Technologie des Blasformens. VDI-Verlag, Düsseldorf 1977.
[9.23] *Selden, P. H.:* Glasfaserverstarkte Kunststoffe. Springer-Verlag, Berlin 1967.
[9.24] *Haferkamp, H.:* Gasfaserverstarkte Kunststoffe. VDI-Verlag, Düsseldorf 1970.
[9.25] *Haenle/Gnauck/Harsch:* Praktikum der Kunststofftechnik. Carl Hanser Verlag, München 1972.
[9.26] *Knipp, U.:* Herstellung von Großteilen aus Polyurethanschaumstoffen. Verlag Zechner und Hüthig, Speyer 1974.
[9.27] *Piechota/Rohr:* Integralschaumstoffe. Carl Hanser Verlag, München 1975.
[9.28] *Klepek, G.:* Konstruieren mit PUR-Integral-Hartschaumstoff. Carl Hanser Verlag, München 1980.
[9.29] *Lehnen, J. P.:* Kautschukverarbeitung. Vogel-Verlag, Würzburg 1980.
[9.30] *Hoger, A.:* Warmumformen von Kunststoffen. Carl Hanser Verlag, München 1971.
[9.31] *Knoth, J.:* Kunststoffe verarbeiten – Spanen und Thermoformen. Rudolf Muller Verlagsgesellschaft, Koln 1976.
[9.32] *Saechtling, H.:* Kunststoff-Taschenbuch. Carl Hanser Verlag, Munchen 1986.
[9.33] *Niederstadt, G.* u.a.: Leichtbau mit kohlenstoffaserverstarkten Kunststoffen. expert verlag, Sindelfingen 1985.
[9.34] *Michel, M.:* Adhasion und Klebtechnik. Carl Hanser Verlag, München 1969.
[9.35] *Dinter, L.:* Klebstoffe für Plaste. VEB Deutscher Verlag für Grundstoffindustrie, Leipzig 1960.
[9.36] Klebstoffe und Klebverfahren für Kunststoffe. VDI-Verlag, Düsseldorf 1979.
[9.37] *Potente, H., F. Albertsmeyer* und *K. De Zeeuw.* Kunststoff – Klebverbindungen – Was klebe ich womit? IKV, Aachen 1976.
[9.38] Schweißen von Kunststoffen, Fachbuchreihe Schweißtechnik. Deutscher Verlag für Schweißtechnik, Dusseldorf.
[9.39] *Abele, G. F.:* Kunststoff-Fugeverfahren. Teil 1. Allgemeine Einführung, Teil 2: Hochfrequenzschweißen. Carl Hanser Verlag, Munchen 1977.
[9.40] Ultraschall in der Kunststoff-Fugetechnik. Hrsg. Herfurth GmbH, Hamburg 1979.

[9.41] Kunststoffe in der Konstruktion – Schnappverbindungen. Firmendruckschrift der BASF AG.
[9.42] Schnappverbindungen aus Kunststoff – Gestaltung und Berechnung. Firmendruckschnft der Bayer AG.
[9.43] Berechnung von Schnappverbindungen mit Kunststoffteilen. Firmendruckschrift der Hoechst AG.
[9.44] *Hellerich/Harsch/Haenle:* Werkstoff-Führer Kunststoffe. Carl Hanser Verlag, München 1986.
[9.45] *Stoeckhert, K..* Veredeln von Kunststoff-Oberflachen. Carl Hanser Verlag, Munchen 1974.

Normen

DIN 1910	Teil 3 Schweißen; Schweißen von Kunststoffen, Verfahren
DIN 7513	Gewinde-Schneidschrauben; Sechskantschrauben, Zylinder-, Senk- und Linsensenkschrauben mit Schlitz
DIN 7979	Zylinderstifte mit Innengewinde
DIN 16 901	Kunststoff-Formteile; Toleranzen und Abnahmebedingungen
DIN 16 920	Klebstoffe; Klebstoffverarbeitung; Begriffe
DIN 16 960	Teil 1 Schweißen von thermoplastischen Kunststoffen; Grundsatze
DIN 53 497	Prüfung von Kunststoffen; Warmlagerungsversuch an Formteilen aus thermoplastischen Formmassen, ohne außere mechanische Beanspruchung
DIN 53 498	Prüfung von Kunststoffen; Warmlagerung von Preßteilen aus hartbaren Preßmassen
DIN 53 715	Prüfung von Kunststoffen; Bestimmung des Wassergehaltes von pulverförmigen Kunststoffen durch Titration nach *Karl Fischer*
DIN 53 735	Prüfung von Kunststoffen; Bestimmung des Schmelzindex von Thermoplasten
VDI 2003	Spanende Bearbeitung von Kunststoffen
VDI 2006	Gestalten von Spritzgußteilen aus thermoplastischen Kunststoffen
VDI 2008	Blatt 2: Das Umformen von Halbzeug aus PVC hart (Polyvinylchlorid hart)
	Blatt 3: Das Umformen von Halbzeugen aus PP (Polypropylen) und PE (Polyäthylen)
VDI 2012	Gestalten von Werkstücken aus GFK (glasfaserverstärkte Kunststoffe)
VDI 2229	Metallkleben; Hinweise für Konstruktion und Fertigung
VDI/VDE 2421	Kunststoffoberflächenbehandlung in der Feinwerktechnik; Übersicht
	Blatt 1: Kunststoffoberflächenbehandlung in der Feinwerktechnik; Mechanische Bearbeitung
	Blatt 2: Kunststoffoberflächenbehandlung in der Feinwerktechnik; Metallisieren
	Blatt 3: Kunststoffoberflächenbehandlung in der Feinwerktechnik; Lackieren
	Blatt 4: Kunststoffoberflächenbehandlung in der Feinwerktechnik; Bedrucken und Heißprägen
VDI 3821	Kunststoffkleben

10 Betriebsmittel

10.1 Werkzeugmaschinen

10.1.1 Werkzeugmaschinen für spanende Verfahren

10.1.1.1 Allgemeines

Werkzeugmaschinen sind Maschinen zum Formen von Teilen mit Hilfe von physikalischen, chemischen und anderen Verfahren. Dieses Formen bezieht sich vorwiegend auf die Erzeugnisse aus dem Grundwerkstoff Metall. Es geschieht sowohl spanend als auch spanlos. Nach DIN 8580 ist *Spanen* ein Unterbegriff von *Trennen*, das sowohl mit geometrisch bestimmten als auch unbestimmten Schneiden durchgeführt werden kann. Die Anforderungen, die an eine *spanende Werkzeugmaschine* gestellt werden, sind, ein Werkstück so zu fertigen, daß ein technisch und wirtschaftlich vertretbares Ergebnis erzielt wird. Die Werkstückform wird durch die *Wirkbewegung* Schnitt-, Zustell- und Vorschubbewegung erreicht. Die Wirkbewegungen können je nach Bearbeitungsverfahren vom Werkstück, vom Werkzeug oder durch Überlagerung beider erzeugt werden. Die Werkzeugmaschine hat die Aufgaben:

- Führung der beweglichen Maschinenteile,
- Übertragen der Kräfte,
- Umwandeln der Energie und
- Verarbeiten der zur Bearbeitung von Werkstücken notwendigen Signale.

All diese Aufgaben werden von unterschiedlichen Bauteilen erfüllt. Die auftretenden Kräfte werden vom Gestell aufgenommen, die Bewegungen durch Tische und Schlitten und die Signalverarbeitung durch die Steuerung ausgeführt.

10.1.1.2 Bauteile der spanenden Werkzeugmaschinen

Gestelle haben die Aufgabe der Zuordnung von Werkzeug- und Werkstückträger und dienen als Aufbaueinheit für Tische, Schlitten, Spindelstöcke, Spannvorrichtungen, Zusatzeinrichtungen. Dabei soll das Gestell die auftretenden Belastungen (Kräfte und Momente) bei möglichst geringer elastischer Verformung aufnehmen können. Die Anforderungen, die an das Gestell gestellt werden, sind: hohe statische und dynamische *Steifigkeit,* hohe *Genauigkeit* der Führungsbahnen und Aufbauflächen, gute *Weiterleitung des Kraftflusses* von den Aufbaueinheiten über breite Führungsbahnen in den tragenden Querschnitt. Weiterhin *Bedienungsfreundlichkeit,* guter *Späneabfluß,* leichte *Wartung* und *Austauschbarkeit* der Teile. Die Grundformen der Gestelle sind:

- *L-Form* (Bild 10.1), baut auf aus Grundplatte und Ständer,
- *C-Form* (Bild 10.2), baut auf aus Grundplatte, Ständer und Ausleger,
- *O-Form* (Bild 10.3), auch Portalform genannt, baut auf aus Grundplatte, Ständer und Querbalken

Bei gleichen Belastungen ist die O-Form diejenige, die sich am wenigsten verformt, allerdings bei kleinstem Arbeitsraum. Gestelle gibt es in gegossenen, geschweißten und gefügten Ausführungen. Die gegossenen Gestelle zeichnen sich durch gute Dämpfung, gute Steifigkeit, geringe Kosten bei großen Serien, größere Vielfalt der Formgebung, abgerundete Flächen usw. aus. Als Werkstoff wird

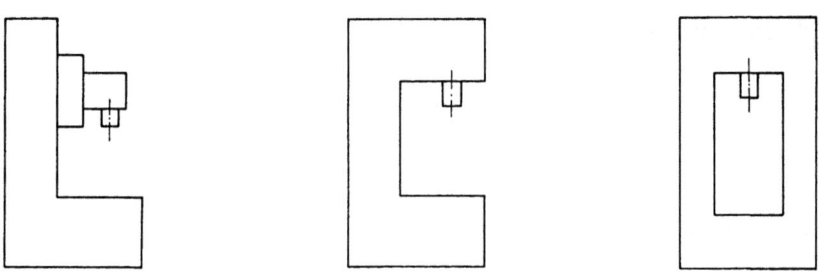

Bild 10.1 L-Gestellform.   **Bild 10.2** C-Gestellform.   **Bild 10.3** O-Gestellform.

GG 22 oder GG 26 verwendet; als neueste Entwicklung ist das Gestell aus Kunstharzbeton zu beachten. Geschweißte Gestelle werden bei Einzelfertigung aus Stahl hergestellt, die aber schwingungsempfindlicher sind. Die gefügten Gestelle haben den Nachteil, daß durch die nicht zu vermeidenden Fugen ein Verlust an Steifigkeit auftritt, daß aber als Vorteil ein Gewinn an Dämpfung zu verzeichnen ist. Zu beachten ist bei allen Gestellformen, daß jede unkontrollierte Erwärmung einen Verlust an Genauigkeit bringt.

Führungen sind Elemente zur Verbindung von ruhenden und bewegten Teilen. Führungen haben die Aufgabe sowohl bei größeren als auch bei kleinen Verlagerungen, die Übertragung von Kräften oder Drehmomenten zu ermöglichen. Es wird unterschieden in Geradführungen und Drehführungen. *Geradführungen* werden unterteilt in Gleitführungen, Wälzführungen, hydrostatische und aerostatische Führungen. Bild 10.4 zeigt eine Auswahl von Geradführungen. Deren Aufgabe besteht darin, Schlitten, Tische usw. in allen Stellungen mit verlangter Genauigkeit zu

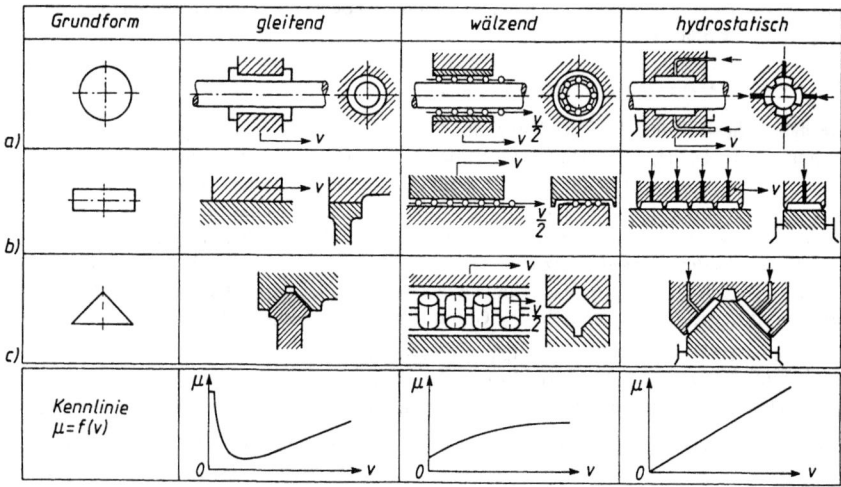

Bild 10.4 Grundformen der Geradführungsarten.
a) Rundführungen, b) Flachführungen, c) Prismenführung.

10.1 Werkzeugmaschinen

führen und zu halten, auch unter Belastung. *Drehführungen* werden unterteilt in Gleitlager, Wälzlager, hydrostatische und aerostatische Lager. Ihre Aufgabe ist, die Spindel radial und axial zu führen. Hauptforderung ist dabei schwingungsfreier Lauf, genauer Rundlauf und genau axiale Führung. Bei allen Führungsarten ist die Wahl des Schmiermittels und der Reibpartner von entscheidender Bedeutung, da sie unmittelbare Einwirkung auf den Verschleiß und damit auf die Lebensdauer der Führung haben.

Arbeitsspindeln sollen das Werkzeug oder das Werkstück drehen, ein ausreichendes Drehmoment übertragen und eine genügende statische und dynamische Steifigkeit zur Übertragung der auftretenden Kräfte und Momente aus Werkstückgewichten und dem Zerspanungsprozeß aufweisen. Die Bewegung der Arbeitsspindel kann nur drehend (Drehmaschine) oder drehend und axial schiebend (Bohrmaschine) sein. Die Anforderungen, die an sie gestellt werden, sind hohe Steifigkeit bei kurzer Kraglange und eventuell auftretende Wärmedehnungen dürfen keine Verlagerungen des Werkzeugs oder Werkstucks zur Folge haben. Weiterhin soll die Arbeitsspindel eine hohe Eigenfrequenz und eine geringe Gesamtnachgiebigkeit von Spindel und Lagerung aufweisen. Der Spindelkopf muß zur Aufnahme des Werkzeugs oder Werkstücks eingerichtet sein (Spindelköpfe mit Gewinde siehe DIN 800, mit Zentrierkegel und Flansch DIN 55 021, mit Steilkegel DIN 2079, mit Morsekegel DIN 2201).

Hauptantriebe wandeln in der Werkzeugmaschine die erforderliche Energie so um, daß an der Wirkstelle eine Zerspanung stattfinden kann. Hierzu sind Antriebsmotoren, Übertragungs- und Übersetzungsmittel, Kupplungen und Bremsen erforderlich. Die Antriebe werden in Hauptantriebe (zur Erzeugung der Schnittbewegung), Nebenantriebe (zur Erzeugung von Vorschub und/oder Zustellbewegungen) und in Hilfsantriebe unterteilt. In Bild 10.5 ist eine mogliche Gliederung in zwei Hauptgruppen aufgefuhrt. Die Auswahl der Antriebsart erfolgt aufgrund der jeweiligen speziellen Antriebsaufgabe.

Die Elektromotoren sollen nur vollstandigkeitshalber hier aufgefuhrt werden, ansonsten wird auf das Kapitel 12 verwiesen. *Gleichstrommotoren* werden aufgrund ihrer hohen Drehsteifigkeit als Antriebsmotor an Werkzeugmaschinen eingesetzt, die eine stufenlose Verstellung der Drehfrequenz uber einen weiten Bereich erfordern. Allerdings ist zum Betrieb eines Gleichstrommotors eine elektrische Energiequelle erforderlich, die eine regelbare Gleichspannung liefert. Der *Drehstrom-Asynchronmotor* mit Kurzschlußlaufer ist der am haufigsten verwendete Antriebsmotor. Er zeichnet sich durch hohe Drehfrequenzsteifigkeit unter Last aus, allerdings hat er nur ein geringes Anfahrmoment. Ein weiterer Nachteil ist der hohe Anfahrstrom. *Drehstrom-Synchronmotoren*

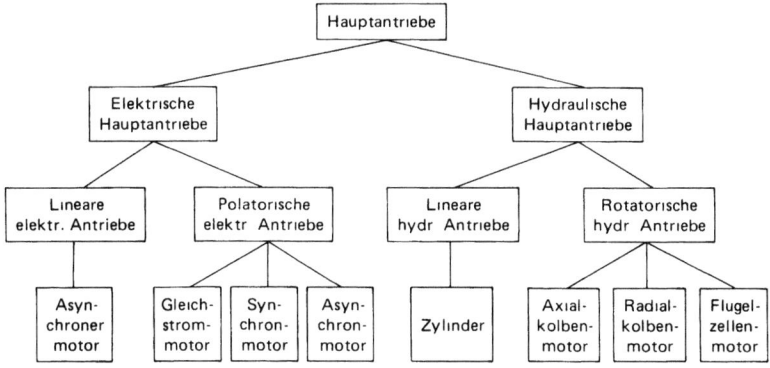

Bild 10.5 Gliederung der Hauptantriebe.

drehen synchron mit der Netzfrequenz, z.b. bei $f = 50\,\text{Hz}$ und Polpaarzahl $p = 1$ mit $3000\,\text{min}^{-1}$. Der Motor muß fremd angelassen werden und bleibt bei Drehmomentüberlastung stehen. Für *Vorschubantriebe* bei NC-Maschinen werden hauptsächlich elektrische Schrittmotoren verwendet. Diese führen keine kontinuierliche Drehbewegung aus, sondern zerlegen sie in kleine, genau bestimmte Winkelschritte. Der Nachteil der elektrischen Schrittmotoren, ein zu kleines Drehmoment, kann durch Nachschalten eines hydraulischen Drehmomentwandlers beseitigt werden.

Hydraulische Antriebe finden in Werkzeugmaschinen für die Erzielung von Haupt- und Vorschubbewegungen Verwendung. Der Hauptvorteil besteht darin, daß diese Antriebe eine sehr hohe Kraftdichte aufweisen und damit mit vergleichbaren Elektromotoren ein sehr viel kleineres Bauvolumen haben. Nachteilig ist ein geringerer Wirkungsgrad, Schmutz- und Temperaturempfindlichkeit. Alle Hydraulikmotore arbeiten nach dem gleichen Prinzip: elektrisch angetriebene Druckölpumpen erzeugen einen Ölstrom, dieser wird durch Kammern von hydraulischen Motoren geleitet und dort in mechanische Energie umgesetzt. Die Steuerung des Ölstroms erfolgt über Ventile. Beim *Zahnradmotor* bilden die Zahnlücken mit dem Gehäuseumfang die Verdrängerräume. Eines der beiden Räder wird angetrieben, nimmt das zweite mit, und beide fördern in ihren Zahnlücken Öl von der Saug- auf die Druckseite. Der Volumenstrom kann bei diesen Motoren nicht verstellt werden (Bild 10.6). Beim *Flügelzellenmotor* bilden Flügel, die sich radial in Schlitzen des Rotors bewegen können, zusammen mit Rotor und Gehäuse die Verdrängungsräume. Beim *Axialkolbenmotor* liegen Antriebswelle und Kolbenachse parallel zueinander. Die Trommel mit den Kolben rotiert und in Verbindung mit einer Schrägscheibe erfolgt die axiale Bewegung der Kolben und damit die Erzeugung mechanischer Energie. Beim *Radialkolbenmotor* stehen Kolbenachse und die Antriebswelle senkrecht zueinander. Drehfrequenzverstellung und Drehrichtungsumkehr wird durch Verändern der Exzentrität oder durch Förderstromverstellung der Pumpe erreicht. Beim *linearen hydraulischen Antrieb* wird ein Kolben beidseitig mit Öl beaufschlagt und durch Umsteuern des Ölstromes die Bewegung erzeugt.

Getriebe werden im Werkzeugmaschinenbau verwendet, um die hohen Drehfrequenzen der Antriebsmotoren auf die Arbeitsdrehfrequenzen abzusenken. Es werden *gleichformig* und *ungleichformig* übersetzende Getriebe unterschieden. Die gleichförmig übersetzenden Getriebe werden weiterhin in *gestufte* und *stufenlose Getriebe* unterteilt. Stufenlose Getriebe bieten den Vorteil, daß die Abtriebsfrequenz in einem bestimmten Bereich jeden gewünschten Wert annehmen kann. Nachteilig gegenüber den gestuften Getrieben ist allerdings der schlechtere Wirkungsgrad und das größere Bauvolumen bei gleicher Leistung. Die ungleichförmig übersetzenden Getriebe werden im allgemeinen verwendet, um rotatorische Bewegungen in lineare Abtriebsbewegungen umzusetzen.

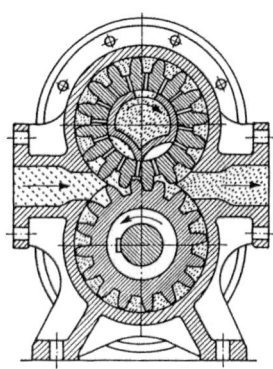

Bild 10.6
Zahnradpumpe.

10.1 Werkzeugmaschinen

Gleichförmig übersetzende Getriebe (*Stufengetriebe*) können in Werkzeugmaschinen deshalb eingesetzt werden, weil Veränderungen von Schnittgeschwindigkeiten oder Vorschüben um ±10% keine wesentlichen Änderungen der Zerspanungsbedingungen bringen. Die Festlegung des *Drehfrequenzbereichs* erfolgt bei der Konstruktion und ist abhängig vom zukünftigen Einsatzgebiet der Werkzeugmaschine. Die Bereichsaufteilung kann durch folgende Stufungen erfolgen: arithmetisch (ungebräuchlich, außer in Vorschubgetrieben), geometrisch (gebräuchlich), logarithmisch (ungebräuchlich). Die geometrische Reihe entsteht durch wiederholtes Multiplizieren eines Grundwertes n_1 mit einem konstanten Stufensprung φ (Bild 10.7).

$$n_1, \; n_2 = n_1 \cdot \varphi, \; n_3 = n_2 \cdot \varphi = n_1 \cdot \varphi^2, \; n_g = n_{g-1} \cdot \varphi, \; n_g = n_1 \cdot \varphi^{(g-1)} \quad (g \text{ Anzahl der Stufen}).$$

Der Stufensprung wird berechnet:

$$\varphi = \sqrt[g-1]{\text{Drehfrequenzbereich}}.$$

Die arithmetische Reihe entsteht durch wiederholtes Addieren eines konstanten Sprungwertes k zu einem Grundwert. Arithmetische Reihen werden nur sehr selten angewendet.
Die *Frequenzen* sind in der DIN 804 festgelegt. *Normdrehfrequenzen* sind Vollastdrehfrequenzen aus den sogenannten Grundreihen. Die Grundreihen entstehen durch Unterteilung einer Dekade in 40, 20, 10 oder 5 gleiche Teile. Die jeweiligen Stufensprunge werden durch Wurzelausdrücke festgelegt:

$$R\,40 := 1{,}06 \; (\sqrt[40]{10}); \quad R\,20 := 1{,}12 \; (\sqrt[20]{10}); \quad R\,10 := 1{,}25 \; (\sqrt[10]{10}); \quad R\,5 := 1{,}6 \; (\sqrt[5]{10}).$$

Als Hauptreihe wurde für die Drehfrequenznormung R 20 gewählt. Sie bildet die mathematische Grundlage der Norm DIN 804. Alle Drehfrequenzenreihen beginnen mit 100, da die Motor- und Spindelfrequenzen in dieser Größenordnung liegen. Ausgangspunkt der Frequenzfolgen sind die Lastfrequenzen der Elektromotoren 1400 min^{-1} oder 2800 min^{-1}. Dies sind die *Synchrondrehfrequenzen*, vermindert um den Schlupf von etwa 6%. Daneben werden sogenannte abgeleitete Reihen benutzt. Für die Normdrehfrequenzen sind Toleranzen von −2% bis +3% zulässig.
Die *Getriebearten* werden nach dem inneren Aufbau und der Art der Übersetzungsmittel bezeichnet:

- *Wechselräder-Getriebe*: Die Wechselräder verbinden zwei Wellen mit festliegenden Achsen über eine Zwischenwelle, deren Achsenlage geändert werden kann (Wechselradschere).
- *Umsteckräder-Getriebe*: Die Umsteckräder verbinden zwei Wellen mit festliegendem Achsabstand und können umgesteckt werden.
- *Stufenscheiben-Getriebe* (Bild 10.7) besitzen mehrere Stufenscheiben, die arithmetisch oder geometrisch gestufte Durchmesser haben, auf die der Riemen (Flach- oder Keilriemen) wahlweise umgelegt werden kann. Da die Riemenlänge fest ist, muß bei mehrstufigen Riementrieben die Summe der gegenüberliegenden Stufenscheibendurchmesser konstant sein.

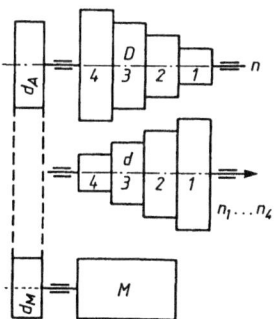

Bild 10.7
Stufenscheiben-Getriebe.

– *Grundgetriebe* bestehen aus zwei oder drei nebeneinander liegenden Räderpaaren zwischen zwei Wellen mit festem Achsabstand. Die Getriebe werden nach Anzahl der Wellen und Stufen bezeichnet.

– *Mehrwellengetriebe* (Bild 10.8) entstehen durch Aneinanderreihung von Grundgetrieben. An diesem soll beispielhaft ein Getriebeaufbau ausgeführt werden. In Kenntnis der Asynchrondrehfrequenzen, der Normdrehfrequenzen der Hauptspindel und dem o.g. Begriff des Drehfrequenzbereichs sowie der Übersetzung, können mit Hilfe der Schnittgeschwindigkeitsbeziehung $v = d \cdot \pi \cdot n$ die erforderlichen fehlenden Großen berechnet werden. Fur eine Werkzeugmaschine wird ein Schnittgeschwindigkeitsbereich festgelegt; damit ergeben sich mit dem ebenfalls festgelegten Durchmesserbereich die Grenzdrehfrequenzen n_{min} und n_{max}. Weiter festgelegt werden muß die Stufenzahl des Getriebes und die Motordrehfrequenz. In Bild 10.8 sind der Getriebeplan, das Aufbaunetz, die Übersetzungen und der Kraftfluß in einem III/6-Getriebe dargestellt. Im Aufbaunetz bedeuten die senkrechten Linien eine Übersetzung $i = 1$, nach links geneigte Linien die Übersetzungen ins Langsame und nach rechts geneigte Linien die Übersetzung ins Schnelle. Um die Getriebeabmessungen nicht zu groß zu erhalten, wird die Einzelubersetzung in den Grenzen zwischen 0,5 und 4 gewählt. Kleine Übersetzungsverhältnisse sind vorzuziehen. Für das kleinste Zahnrad soll die geringste Zähnezahl 14 betragen.

Mit *polumschaltbaren Motoren* kann eine Bereichserweiterung durchgeführt werden. Hierdurch sind Kombinationen zweier oder dreier Drehfrequenzen in einem Motor möglich und entsprechend kann das Stufengetriebe ausgelegt werden. *Vorgelege* bieten weitere Möglichkeiten zur Bereichserweiterung der Mehrwellengetriebe, insbesondere zu niederen Drehfrequenzen hin. Dabei wird der Kräftefluß über die Vorgelegewelle zur Abtriebswelle zurückgeführt. *Wende-*

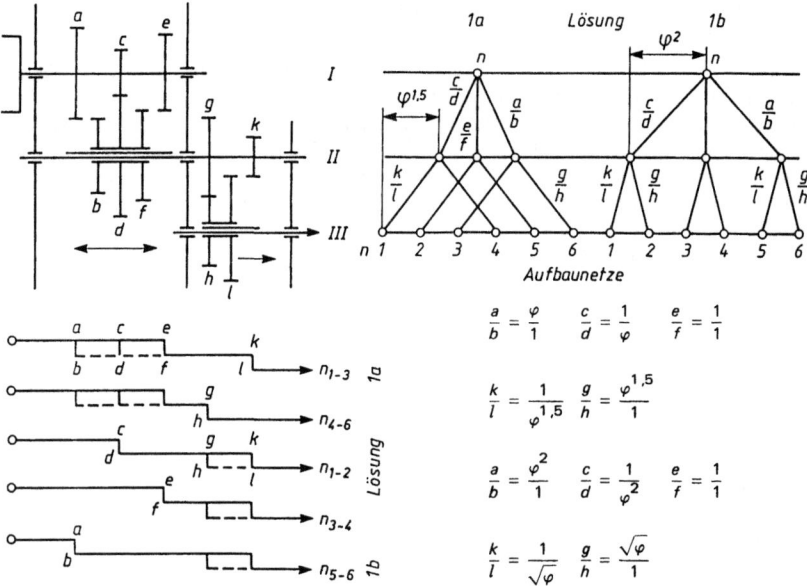

Bild 10.8 Mehrwellengetriebe, III/6-Getriebe mit zwei Lösungsmöglichkeiten.

10.1 Werkzeugmaschinen

getriebe dienen der Drehrichtungsumkehr bei meist gleichbleibenden Drehfrequenzen. Sie werden mit Schieberädern oder Schwenkrädern (Wendeherz) ausgeführt und finden vorzugsweise Verwendung in Vorschubgetrieben.

– *Stufenlosgetriebe* gestatten optimale Anpassung an alle Zerspanungsbedingungen durch stufenlose Veränderung der Antriebsdrehfrequenz. Sie werden hauptsächlich in Nebenantrieben angewendet und ermöglichen auf einfache Weise die Automatisierung durch Programmregelung. Es wird unterschieden in kraftschlüssige und formschlüssige Getriebe. *Kraftschlüssige Getriebe* sind das Reibradgetriebe, das Reibringgetriebe und das Globoidgetriebe. Die Kraftübertragung erfolgt durch Reibungsschluß an beliebigen Durchmessern eines Kegels oder unter Verwendung von Kugeln als Übertragungsmittel. *Formschlüssige Getriebe* sind z.B. Umhüllungsgetriebe (z.B. PIV-Getriebe).

– *Ungleichförmig übersetzende Getriebe*: Sie finden in Werkzeugmaschinen Anwendung, um Drehbewegungen in reversierende geradlinige Bewegungen umzusetzen. Sie sind erforderlich für den Antrieb von Hobel-, Stoß- und Räummaschinen, Bewegungen von Werkstücken, Vorschubantrieben usw. Die hierzu bestehenden Möglichkeiten sind in Bild 10.9 zu erkennen. *Kurbelgetriebe* vermögen nicht nur rotatorische in translatorische Bewegungen umzusetzen, sondern ganz allgemein Bewegungen zu koppeln. Die schwingende Kurbelschleife findet an Waagerecht-Stoßmaschinen (Shaping) Verwendung. Dabei gleitet ein Kulissenstein bei der rotierenden Kurbelbewegung in einer Kurbelschwinge, die die Arbeitsbewegung des Stößels erzeugt. Die *Schubkurbel* wird hauptsächlich bei Senkrecht-Stoß-Maschinen zur Erzielung der Hauptbewegung eingesetzt. Die *Kurbelschwinge* wird zur Erzeugung der Arbeitsbewegung an Zahnrad-Stoßmaschinen verwendet.

Kupplungen sind feste und lösbare Verbindungsteile von Wellen im Kraftfluß einer Werkzeugmaschine. Feste, elastische Kupplungen dienen zum Ausgleich von Fluchtungsfehlern und zur Dynamikverbesserung. Weiter wird unterschieden in *nichtschaltbare* und in *schaltbare Kupplungen*. Bei *nichtschaltbaren Kupplungen* kann die Momentübertragung über Formschluß oder Kraftschluß erfolgen. Die formschlüssigen Kupplungen werden meist als *Zahnkupplungen* ausgeführt. Die

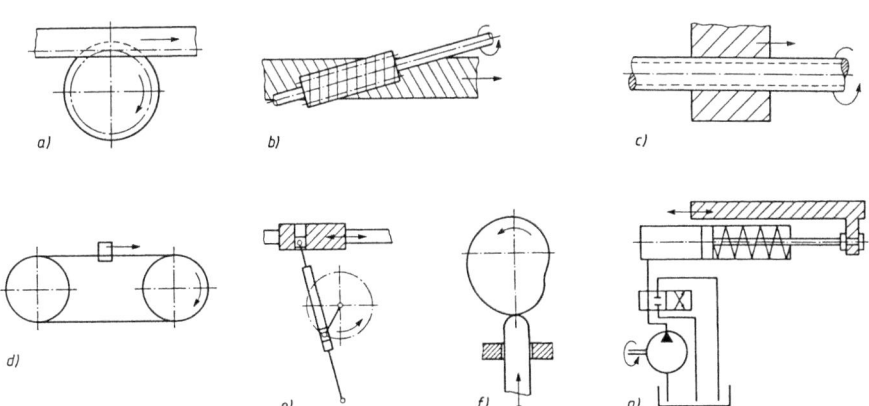

Bild 10.9 Kurbelgetriebe.
a) Zahnstange-Ritzel,
b) Zahnstange-Schnecke,
c) Spindel-Mutter,
d) Seil- oder Kettentrieb,
e) Kurbeltrieb,
f) Kurvenscheibe,
g) Zylinder mit Kolben.

kraftschlüssigen Kupplungen sind *Reibungskupplungen* mit ein oder mehreren Reibflächen. Die Steuerung der *schaltbaren Kupplungen* kann mechanisch, hydraulisch, pneumatisch oder elektrisch erfolgen.

10.1.1.3 Abnahme und Genauigkeit

Ziel der *Abnahme einer Werkzeugmaschine* ist, die Genauigkeit, das dynamische Verhalten, die Gerauschemission und die Sicherheit zu erfassen und mit den Forderungen entsprechend den Normen DIN 8601 ff zu vergleichen. Nach DIN 45 635 werden *Gerauschmessungen* durchgeführt. Gemessen wird ein bezogener Schalldruckpegel in einem definierten Abstand. Die o.g. Normen unterscheiden nach geometrischer und praktischer Prüfung. Bei der *geometrischen Prüfung* werden Große, Form und Lage der Bauteile und deren Relativbewegungen erfaßt. Das heißt, die Ebenheit von Flächen, das Fluchten der Achsen, die Winkelstellung der Achsen zueinander, Geradheit von Fuhrungen usw. werden untersucht. Weiterhin konnen Rundlauf und eventuelle Spezialprüfungen (Teilgenauigkeit, Winkelspiel, Positioniergenauigkeit usw.) durchgefuhrt werden. Bei der *praktischen Prüfung* werden Probewerkstucke hergestellt, deren Arbeitsgange sich nur durch die Bearbeitung auf der einen Maschine zusammensetzen, um die zu erzielende Form- und Maßgenauigkeit sowie die Oberflächengüte überprüfen zu können.
Hierzu vergleiche Abschn. 14.5.12 Überprüfen von Werkzeugmaschinen.

10.1.1.4 NC-Steuerung

NC steht als Abkurzung für „numerical control", auf deutsch *„numerische Steuerung"*, d.h., die Steuerbefehle fur die Maschine werden „zahlenmäßig" eingegeben. Bei Werkzeugmaschinen sind diese Zahlen die Maßangaben, die das Werkstuck beschreiben und die zur Steuerung der Relativbewegung von Werkzeug und Werkstück dienen. Mit Hilfe numerisch gesteuerter Werkzeugmaschinen kann eine wirtschaftliche Einzelfertigung auch komplizierter Teile erreicht werden. Merkmal einer NC-Maschine ist die leichte Auswechselbarkeit des *Informationstragers* (Lochstreifen, Magnetband), der die numerische Steuerung mit Daten versorgt. Diese Daten beinhalten geometrische und technologische Informationen (Kuhlmittel, Ein-Ausspannen usw.), Korrekturwerte und zusatzliche Maschinenfunktionen (z.B. Werkzeugwechsel). Die Datenverarbeitung wird unterschieden in: *äußere Datenverarbeitung* (software) und *innere Datenverarbeitung* (hardware). Zur ersten Gruppe gehort die Datenverarbeitung von der Zeichnung bis zum Lochstreifen. Zur zweiten Gruppe wird die Datenverarbeitung von der Eingabe des Lochstreifens bis zur Maschinenbewegung gerechnet. Steuerungsarten zur Bedienung von Werkzeugmaschinen werden unterschieden in Punktsteuerung, Streckensteuerung und Bahnsteuerung. Die *Punktsteuerung* (Bild 10.10a) erfullt die Anforderungen von Maschinen, die ohne Werkzeug im Eingriff einzelne Bearbeitungspositionen im Eilgang anfahren; erst dann erfolgt die Bearbeitung. Beispiel: Bohrmaschinen, Stanzmaschinen. Die *Streckensteuerung* (Bild 10.10b) unterscheidet sich von der Punktsteuerung dadurch, daß auf der Strecke zwischen zwei Punkten eine Bearbeitung stattfindet. Hierbei muß die Geschwindigkeit den technologischen Anforderungen angepaßt werden und kann nicht beliebig hoch gewahlt werden. Beispiel: Frasmaschinen, einfache Drehmaschinen. Die *Bahnsteuerung* (Bild 10.10c) ist die universellste Steuerungsart, da sie jeder Bewegungsaufgabe entsprechen und die Bearbeitung durchfuhren kann. Dabei wird eine beliebig gekrummte Bahn in geometrische Teile (Kreise, Gerade, Parabel) zerlegt und die Bahnpunkte werden schrittweise über einen Interpolator errechnet. Beispiel: Profilfrasmaschinen, Brennschneidmaschinen, Bearbeitungszentren.
Der *Interpolator* wird benotigt, um die Achsenbewegungen einer Werkzeugmaschine so zu koordinieren, daß die resultierende Bewegung standig der programmierten Bahnkurve entspricht. Dazu verfugen Bahnsteuerungen uber unterschiedliche Interpolationen. Bei Werkzeugverschleiß ist allerdings auch ein Interpolator fur Punkt- und Streckensteuerungen notwendig, um eventuelle Korrekturen durchfuhren zu konnen. Bei *Linearinterpolation* (Bild 10.11) wird das Werkzeug vom Anfangs-

10.1 Werkzeugmaschinen

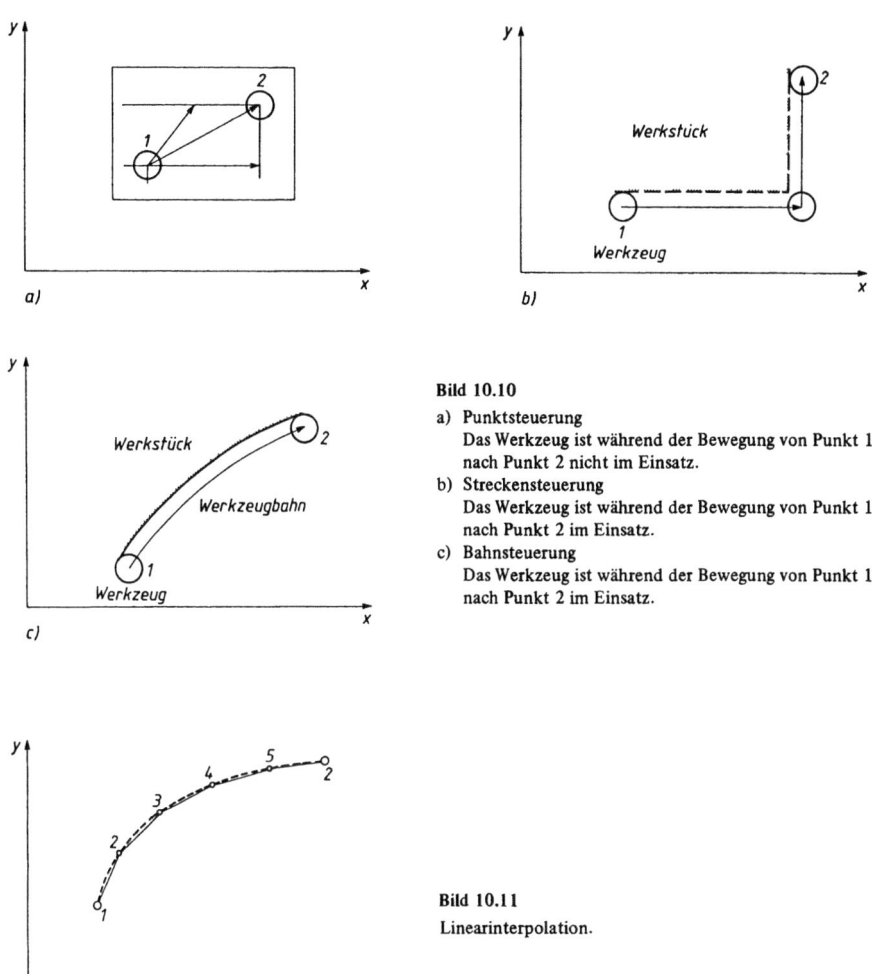

Bild 10.10
a) Punktsteuerung
Das Werkzeug ist während der Bewegung von Punkt 1 nach Punkt 2 nicht im Einsatz.
b) Streckensteuerung
Das Werkzeug ist während der Bewegung von Punkt 1 nach Punkt 2 im Einsatz.
c) Bahnsteuerung
Das Werkzeug ist während der Bewegung von Punkt 1 nach Punkt 2 im Einsatz.

Bild 10.11
Linearinterpolation.

bis zum Endpunkt entlang einer Geraden bewegt. Auf die gleiche Art kann eine beliebige Kurve durch Geraden ersetzt werden. Mit der Anzahl der Stutzpunkte steigt aber auch die zu verarbeitende Datenmenge. Um diese in überschaubaren Grenzen zu halten, wird haufig die *Zirkular*- oder die *Parabelinterpolation* verwendet. Letztere wird hauptsachlich bei vier- und funfachsigen Werkzeugmaschinen eingesetzt. Die *Eingabedaten* beinhalten alle Informationen, die notwendig sind, um eine Werkzeugmaschine zu betreiben und setzen sich zusammen aus den *geometrischen* und den *technologischen Informationen*. Die geometrischen Informationen haben die Aufgabe, das Werkzeug zu positionieren, die Verfahrrichtung anzugeben und den Programmablauf zu bestimmen. Die technologischen Informationen sind Interpolationsart, Bearbeitungsfolge, Vorschub, Spindeldrehzahl, Werkzeugnummer im Magazin, eventuelle Korrekturwerte und Hilfsfunktionen wie Kühlmitteleinfluß, Programmende usw. Voraussetzung für die Anwendung numerischer Steuerungen sind genormte Maschinensprachen. Ein Hinweis hierfür sind die Normen DIN 8601 und DIN 66 025 und VDI-Richtlinien VDI 2813, VDI 3034, VDI 3234, VDI 3252, VDI 3254. Die Daten werden in Programmsatzen eingegeben, die im allgemeinen aus mehreren Wortern bestehen und auch unterschiedlich lang sind. Jedes Wort beginnt mit einem Adreßbuchstaben zur Kennzeichnung der nachfolgenden numerischen Information. Die Dateneingabe erfolgt im allgemeinen über Lochstreifen, Magnetband usw. in einen Speicher, wobei eine Codeprufung und bei Fehlererkennung eine Fehleranzeige erfolgt. An den numerisch gesteuerten Werkzeugmaschinen werden Nullpunkte und Bezugspunkte definiert, um die Werkstückvermaßung maschinengerecht auszulegen. Der Maschinen-Nullpunkt liegt im Ursprung des Maschinenkoordinatensystems, ist dies nicht moglich, so wird ein Maschinen-Referenzpunkt definiert, auf den die Werkstuckmaße dann bezogen werden. Der Werkstück-Nullpunkt ist der Ursprung des Werkstuckkoordinatensystems und wird vom Programmierer frei gewählt. Um einen Bezug vom Maschinen-Nullpunkt zum Werkstück-Nullpunkt zu erhalten, legt der Programmierer einen werkstückbezogenen Programm-Nullpunkt fest, auf den die geometrischen Werte bezogen werden.

CNC-Steuerungen bieten die Möglichkeit, ohne großen Aufwand das Programmsystem zu erweitern. Dies ist durch einen Kleinrechner gegeben, der die Änderungen vornimmt und auf einem Datengerät sichtbar macht. Ist das neue Programm getestet, wird ein neuer Lochstreifen erstellt und der zeitliche Rücklauf zur Arbeitsvorbereitung entfällt. *DNC-Systeme* (Direct Numerical Control) bieten die Möglichkeit, von einem Großrechner aus mehrere numerisch gesteuerte Arbeitsmaschinen zu führen. Die Systeme bieten eine Reihe von Vorteilen, wie mehr Sicherheit bei der Datenübertragung, Zeiteinsparungen, kein Lochstreifentransport usw.
Adaptiv-Control-Systeme (AC) werden unterschieden in:
– *Adaptive Control Constraint (ACC)*, d.h. Grenzregelung, hierbei werden Vorschub und Drehzahl so verändert, daß eine Bearbeitung mit maximaler Schnittleistung oder Schnittkraft durchgeführt wird.
– *Adaptive Control Optimisation (ACO)*, d.h. Optimierungsregelung, hierbei wird durch Verändern von Vorschub und Drehzahl die wirtschaftlichste Bearbeitung ermittelt und durchgeführt.
Einzelheiten und ein Beispiel für das Programmieren s. Abschn. 16.5.

10.1.1.5 Übersicht der spanenden Werkzeugmaschinen

Drehmaschinen sind ausschließlich zur Herstellung rotationssymmetrischer Teile ausgelegt. Dabei rotiert das Werkstück und das Werkzeug (Drehmeißel) führt die Vorschubbewegung aus. Es wird unterschieden zwischen *Langsdrehen, Plandrehen* und *Konturdrehen*.
– Die *Universaldrehmaschine* (Bild 10.12) ist zum Ausführen aller Dreharbeiten ausgerüstet und besteht aus einem liegenden Gestell (Bett), dem Spindelstock mit Hauptantrieb, Support und Reitstock. Mit der Leitspindel wird die Vorschubbewegung beim Gewindeschneiden bewirkt. Der Supportantrieb erfolgt über die Zugspindel. Die Werkstückspannung kann im Futter erfolgen (*Futterdrehmaschine*) oder bei langen Werkstücken zwischen zwei Spitzen (*Spitzendrehmaschine*). Die Kenngrößen der Drehmaschine sind Spitzenweite und Spitzenhöhe (bzw. maximaler Bearbeitungsdurchmesser). Großdrehmaschinen haben bis zu 20 m Spitzenweite und 6 m Bearbeitungsdurchmesser.

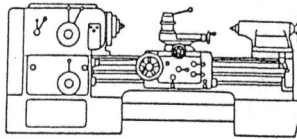

Bild 10.12
Universaldrehmaschine.

10.1 Werkzeugmaschinen

- Die *Revolverdrehmaschine* ist ein Zwischenschritt zum Drehautomat. Das Hauptmerkmal der Maschine ist der Revolverkopf, der mehrere Werkzeug aufnehmen kann. Ziel ist, den Einsatz der unterschiedlichen Werkzeuge in zeitlicher Folge so zu steuern, daß die Nebenzeiten stark verkürzt werden. Es werden Trommel-, Stern-, Flachtisch- und Block-Revolverköpfe unterschieden. Um die Nebenzeiten weiter zu verkürzen, werden die Werkzeuge in den Revolverköpfen voreingestellt und komplett ausgewechselt.
- Der *Drehautomat* ist die erste automatisierte Werkzeugmaschine mit automatischem Ablauf des gesamten Bearbeitungsvorgangs, einschließlich des Übergangs zum folgenden. Voraussetzung sind hohe Stückzahlen. Die Maschinen werden als Ein- und als Mehrspindeldrehautomaten gebaut. Beim *Einspindeldrehautomaten* erfolgt die Steuerung mechanisch. Im Arbeitsraum sind mehrere simultan arbeitende Schlitten im Einsatz. Die *Mehrspindelautomaten* sind als Vier-, Sechs- oder Achtspindler aufgebaut und bieten die Möglichkeit, die Arbeitsgänge zu unterteilen und damit einfache Werkzeuge zu verwenden. Jede einzelne Spindel kann durch Reibungskupplungen bei Bedarf stillgesetzt werden. Mehrspindelautomaten werden üblicherweise mechanisch kurvengesteuert, im Zuge der NC-Technik und der Forderung nach mehr Flexibilität geht der Trend zur numerischen Steuerung. Die *Nachformdrehmaschinen* (Kopierdrehmaschinen) kopieren nach Modellen, Prototypen, Schablonen oder direkt von einer Zeichnung. Die Kopiersysteme (Fühler und Kraftverstärker) arbeiten meist hydraulisch. Die Abmessungen der Maschinen sind ähnlich denen der Universaldrehmaschinen. Die *Plandrehmaschinen* sind ausgelegt für die Bearbeitung scheibenförmiger Werkstücke mit großem Durchmesser und relativ kurzer Länge. In Sonderfällen ist zwischen Planscheibe und Vorschubschlitten eine Grube vorgesehen. Von Nachteil sind allerdings die langen Ausrichtezeiten der Werkstucke auf den Planscheiben. Auf der *Karusselldrehmaschine* werden schwere und sperrige Werkstücke bearbeitet. Das Werkstück wird auf der horizontalen Planscheibe befestigt. Die Planscheibe wird über Zahnkranz und Ritzel stufenlos angetrieben. Meist sind zwei oder mehrere Werkzeugschlitten im Einsatz. Bei Einstander-Maschinen betragt der Planscheibendurchmesser 0,6...1,5 m, bei Zweistander-Maschinen (Portal-Maschine) 1,3...20 m.

Bohrmaschinen werden zum Bohren, Senken, Reiben und Gewindeschneiden eingesetzt. Das Bohren kann sowohl mit dem Spiralbohrer als auch mit einer Bohrstange durchgeführt werden. Das Werkzeug kann dabei ein-, zwei- oder mehrschneidig sein. Die Vorschubbewegung kann sowohl vom Werkzeug als auch vom Werkstuck ausgeführt werden. Die vielfältigen Bohrmaschinentypen konnen hinsichtlich der Anzahl und Anordnung der Spindeln eingeteilt werden in *Senkrecht-, Waagerecht-, Ein-* und *Mehrspindelbohrmaschinen*.

- Die *Handbohrmaschine* gehört zur universellsten Maschinenart, wird elektrisch oder mit Druckluft angetrieben und findet bei Reparatur- und Montagearbeiten Anwendung.
- Die *Tischbohrmaschine* ist eine kleine ortsfeste Einspindel-Senkrecht-Bohrmaschine fur Bohrungen bis etwa 10 mm. Die Vorschubbewegung erfolgt zumeist von Hand uber eine Hebelubersetzung. Der Antrieb besteht hauptsächlich aus einem Elektromotor und einem drei- oder vierstufigen oder stufenlosen Riementrieb.
- Die *Saulenbohrmaschine* (Bild 10.13) ist ebenfalls eine ortsfeste Einspindel-Senkrecht-Bohrmaschine für Bohrungen bis etwa 40 mm Bohrungsdurchmesser, in Sonderfällen bis 80 mm. Der Vorschub kann von Hand oder durch den vom Hauptantrieb abgezweigten Vorschubantrieb ausgeführt werden. Der Spindelantrieb kleinerer Maschinen erfolgt über Riementrieb, bei größeren Maschinen uber Schaltgetriebe. Der schwenk- und hohenverstellbare Arbeitstisch kann leichte bis mittelschwere Werkstucke aufnehmen.
- Die *Standerbohrmaschine* ist der Saulenbohrmaschine ahnlich. Der Unterschied besteht im säulenförmigen Gestell, an dessen oberen Ende die komplette Antriebseinheit montiert ist.

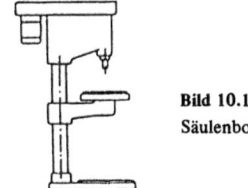

Bild 10.13
Säulenbohrmaschine.

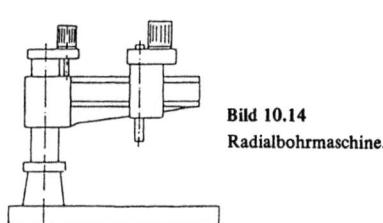

Bild 10.14
Radialbohrmaschine.

- Die *Revolverbohrmaschine* entspricht vom Aufbau her der Standerbohrmaschine. Die Antriebseinheit ist dabei mit einem Sternrevolver ausgerüstet, der es gestattet, die einzelnen Werkzeuge zum Eingriff zu bringen. Angetrieben wird aber nur jeweils die senkrechte Arbeitsspindel.
- Die *Radialbohrmaschine* (Bild 10.14) ist zum Bearbeiten großer und sperriger Werkstücke geeignet. Die Hauptspindel sitzt in einem Schlitten, der in einem Ausleger verschiebbar gelagert ist und damit jede gewünschte Stellung über dem Werkstück erreichen kann. Radialbohrmaschinen haben bis zu 4 m Ausladung.
- *Reihenbohrmaschinen* bestehen aus mehreren, nebeneinander aufgestellten Senkrechtbohrmaschinen. Die Anzahl der Maschinen richtet sich nach dem Durchmesserbereich und dem Werkstückspektrum.
- Die *Gelenkspindelbohrmaschine* hat nur einen Antriebsmotor und einen gemeinsamen Vorschub aller Bohrspindeln. Die Gelenkspindeln werden in einer dem Bohrbild des Werkstücks angepaßten Bohrplatte geführt. Bei größeren Maschinen können Bohrköpfe mit unterschiedlichen Drehfrequenzen eingesetzt werden.
- Die *Tieflochbohrmaschine* hat eine besondere Kühlschmiermittelzufuhr und Spanabfuhr und findet Verwendung, wenn das Verhältnis von Bohrlänge zu Bohrungsdurchmesser größer als zehn ist.
- Die *Koordinatenbohrmaschine* (Lehrenbohrmaschine) hat Wegmeßsysteme, die in allen drei Achsen die Werkzeugpositionierung erlauben. Die Wegmessung kann elektrisch oder optisch erfolgen. Bohrungen lassen sich damit ohne vorheriges Anreißen eng toleriert herstellen. In Verbindung mit einer numerischen Steuerung wird sie zur NC-Bohrmaschine.

Fräsmaschinen. Fräsen ist eine spanabhebende Bearbeitung mit einem vielschneidigen Werkzeug, das definierte Schneiden besitzt. Das Werkzeug führt kreisförmige Schnittbewegungen aus und die Vorschubbewegung liegt quer zur Drehachse. Die Bauarten von Fräsmaschinen können eingeteilt werden in *Konsolfräsmaschinen* und *Standerfräsmaschinen.*

- Die *Konsolfräsmaschine* (Bild 10.15) ist durch die nichtverschiebbare Frässpindel im Maschinengestell gekennzeichnet. Hierbei wird unterschieden: die *Waagerechtfräsmaschinen,* die vorwiegend für das Walzenfräsen und die *Senkrechtfräsmaschinen,* die für das Stirnfräsen eingerichtet sind. Der Tisch von Konsolfräsmaschinen ist in allen drei Koordinaten beweglich, da wegen der ortsfesten Frässpindel die Zustellbewegungen vom Tisch ausgeführt werden. Die *Universalfräsmaschine* gehört ebenfalls zu den Konsolfräsmaschinen, hat aber zusätzlich einen schwenkbaren oder austauschbaren Fräskopf. Zudem ist zwischen dem Längs- und Querschlitten eine Drehscheibe mit senkrechter Drehachse angeordnet, um dem Schlitten eine Schrägstellung zu ermöglichen. Dadurch können unter Zuhilfenahme eines Teilapparates Schraubennuten in Drehkörper gefräst werden.
- Die *Standerfräsmaschinen* sind durch einen auf dem Maschinengestell verschiebbaren Frässchlitten gekennzeichnet und werden in Universalmaschinen, Planfräsmaschinen und Langfräsmaschinen unterteilt. Die *Universalmaschine* hat einen kreuzbeweglichen Tisch mit waagerechter oder senkrechter Frässpindel. Die *Planfräsmaschine* hat eine waagerechte Frässpindel mit

10.1 Werkzeugmaschinen

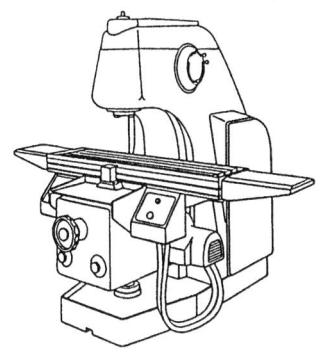

Bild 10.15
Konsolfräsmaschine.

einer Zustellpinole und ist dadurch für das Stirnfräsen zu verwenden. *Langfrasmaschinen* haben einen oder mehrere Frässchlitten, die in alle Richtungen geschwenkt werden können. Der Frästisch kann dagegen nur Längsbewegungen ausführen. Die Maschinen werden nach dem Baukastenprinzip zusammengestellt und können bis zu *Portalfrasmaschinen* erweitert werden.

Schleifmaschinen. Schleifen ist eine spanabhebende Bearbeitung mit geometrisch unbestimmten Schneiden, die aus einer Vielzahl gebundener Körner bestehen. Diese Körner sind aus natürlichen oder synthetischen Werkstoffen. Die Vorschubbewegung ist von dem Schleifverfahren abhängig, die Zustellung der Schleifscheiben erfolgt mit einem spielfreien Spindeltrieb.

- *Außenrundschleifmaschinen* (Bild 10.16) arbeiten nach zwei unterschiedlichen Verfahren. Zum einen führt der Schleifspindelstock der Schleifscheibe die Längsvorschubbewegung aus, und zum anderen führt der Werkstückspindelstock den Längsvorschub aus und der Schleifspindelstock steht fest. Auf diesen Maschinen werden wellenförmige Werkstücke bearbeitet.
- Die *Innenrundschleifmaschine* eignet sich zum Schleifen zylindrischer und kegeliger Bohrungen. Die Vorschubbewegung wird entweder durch Drehbewegung des Werkstücks oder durch Planetenbewegung der Schleifspindel erzeugt. Bei kleinen Bohrungen werden Schleifspindeldrehfrequenzen bis zu $60\,000\,\text{min}^{-1}$ erreicht.
- Mit der *spitzenlosen Rundschleifmaschine* werden Werkstücke mit konstantem Durchmesser im Durchlaufverfahren geschliffen und sind besonders für die Massenfertigung geeignet.
- *Flachschleifmaschinen* (Bild 10.17) gibt es mit waagerechter Schleifspindel für den Umfangsschliff und mit senkrechter Schleifspindel für den Stirnschliff. Die Tische von Flachschleifmaschinen können sowohl als Langtisch als auch als Rundtisch ausgebildet sein. Viele Maschinen sind sowohl für das *Pendelschleifen* als auch für das *Tiefschleifen* (Profil-Kehlschnittschleifen) ausgerüstet.

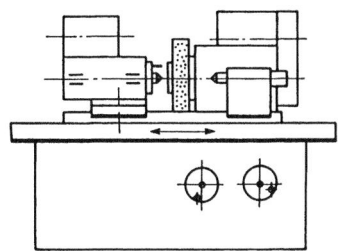

Bild 10.16 Außenrundschleifmaschine.

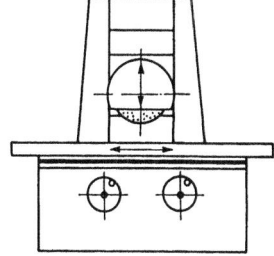

Bild 10.17 Flachschleifmaschine.

- *Trennschleifmaschinen* werden zum Trennen von Stangen, Rohren und Profilen verwendet; häufig auch für das Entfernen von Steigern und Trichtern an Gußstücken.
- *Werkzeugschleifmaschinen* werden zum Scharfschleifen von Dreh- und Hobelmeißeln, Spiralbohrern, Fräsern, Messerköpfen und anderen Werkzeugen benutzt und besitzen meist eine in zwei Ebenen schwenkbare Schleifspindel, um die teilweise kompliziert geformten Werkzeuge schleifen zu können.
- *Sonderschleifmaschinen* richten sich nach dem jeweiligen Verwendungszweck und werden auch danach benannt. Zum Beispiel Kehlwellen-, Nockenwellen-, Führungsbahnen-, Gewinde- und Schneckenschleifmaschine.
- Bei *Bandschleifmaschinen* ist das Werkzeug ein Schleifband. Sie werden unterschieden in Plan-, Rund-, Profil- und Formschleifmaschinen. Bei Profilschleifmaschinen wird die Schmiegsamkeit des Schleifbandes ausgenutzt, um das Profil zu erzeugen. Die Form ergibt sich durch die Anpreßkraft und durch das Gegenstück in der Unterlage des Bandes.

Stoß- und Hobelmaschinen unterscheiden sich dadurch, daß bei *Stoßmaschinen* das Werkstück in Ruhe ist und die Vorschubbewegung vom Stößelschlitten, der das Werkzeug trägt, ausgeführt wird. Bei der *Hobelmaschine* dagegen ist das Werkzeug in Ruhe und die geradlinige Hauptbewegung wird vom Tisch, auf dem das Werkstück aufgespannt ist, ausgeführt. Das gemeinsame Kennzeichen dieser Maschinengruppe ist die geradlinige Relativbewegung zwischen Werkzeug und Werkstück und die Bearbeitung des Werkstücks mit geometrisch definierter Schneide.

- *Hobelmaschinen* (Bild 10.18) gibt es als Einständer- und Zweistandermaschinen. Die Einständermaschinen bestehen aus einem offenen Gestell, dessen hohenverstellbarer Ausleger durch einen Hilfsständer abgestützt werden kann. Die Zweiständermaschinen haben einen geschlossenen Portalrahmen hoher Steifigkeit. Beide Maschinenarten haben üblicherweise mehrere Hobelsupporte, die sowohl Hohen- als auch Querverstellung besitzen. Der Tischantrieb kann durch Gleichstrommotoren, Zahnstange oder hydraulisch erfolgen. Große Portalhobelmaschinen haben bis zu 10 m Tischlänge.
- *Waagerecht-Stoßmaschinen* (Bild 10.19) haben einen auf der Querseite des Maschinengestells zur Ausführung der Schnittbewegung hin- und hergehenden Stößel zur Bearbeitung des ruhenden Werkstücks. Der Einsatzbereich dieser Maschinengruppe erstreckt sich hauptsächlich auf kleinere Werkstücke.
- *Senkrecht-Stoßmaschinen* werden zum Stoßen von Nuten oder Profilen an Innen- oder Außenflachen von Werkstucken verwendet. Der Stoßel ist meistens nur für die Bearbeitung senkrechter Flachen ausgelegt. Das Werkstück wird auf einen Kreuzsupport gespannt. Der Antrieb der Maschine kann mechanisch erfolgen.

Räummaschinen sind dadurch gekennzeichnet, daß sie keine Vorschubbewegung haben und das Werkzeug (die Räumnadel) die gesamte Zerspanungsarbeit in einem Arbeitshub leistet. Das heißt, nach jedem Räumhub muß die Maschine stillgelegt werden, um das fertige Werkstück entnehmen zu können. Zum Räumen ist unbedingt ein Kühlmittel erforderlich.

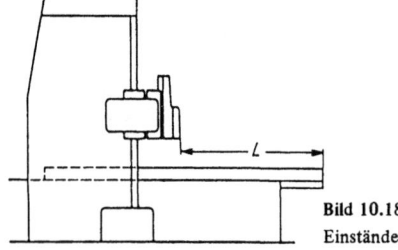

Bild 10.18
Einständer-Hobelmaschine.

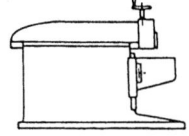

Bild 10.19 Waagerecht-Stoßmaschine.

10.1 Werkzeugmaschinen

- *Waagerecht-Raummaschinen* sind geeignet zum Außen- und Innenräumen von sperrigen Werkstücken. Nachteilig ist der große Platzbedarf.
- *Senkrecht-Raummaschinen* sind hauptsächlich für das Innenräumen ausgelegt und nur für begrenzte Werkstückabmessungen geeignet. Mit einem zusätzlichen Werkstücktisch ist auch Außenräumen möglich.

Sägemaschinen. Das Sägen ist ein spanendes Verfahren mit geometrisch bestimmter Schneide und wird zum Trennen angewendet. Mit Sägen wird üblicherweise meist ein ebener oder einachsig gekrümmter Schnitt erzeugt.

- *Hub-* oder *Bügelsägemaschinen* (Bild 10.20) haben ein in einem Sägerahmen eingespanntes Sägeblatt. Der Antrieb erfolgt über eine Kurbelschwinge oder Exzenter.
- *Bandsägemaschinen* sind in senkrechter und waagerechter Bauweise üblich. Die Maschinen arbeiten mit kontinuierlicher Schnittgeschwindigkeit. Zum Innensägen werden die Sägebänder mit einem angebauten Schweißapparat stumpf verschweißt.
- *Kaltkreissägemaschinen* (Bild 10.21) haben meist eine waagerechte Spindel zur Aufnahme des Sägeblattes, das mit einem Drehstrommotor angetrieben wird. Die konstante Vorschubkraft wird meist hydraulisch erzeugt.

Sondermaschinen. Im Bereich des Werkzeugmaschinenbaus sind *Sondermaschinen* derart vielfältig, daß die hier benannten Bauarten nur beispielhaft aufgeführt sind. Aus dem breiten Anwendungsfeld sollen die Maschinen für Zahnradbearbeitung, Gewindefertigung und für die Feinbearbeitung vorgestellt werden.

- *Walzfräsmaschinen* arbeiten im kontinuierlichen Wälzverfahren mit einem Wälzfräser als Zerspanwerkzeug. Werkstück und Werkzeug arbeiten wie ein Schneckentrieb zusammen, hinzu kommt noch eine Vorschubbewegung parallel zur Werkstückachse. Die Zustellung erfolgt jeweils auf die volle Zahntiefe. Für die Konstruktion der Maschine sind die schwierigen kinematischen Vorgänge von ausschlaggebender Bedeutung.
- *Wälzhobel-* und *Walzstoßmaschinen* werden über einen Kurbeltrieb angetrieben, der über einen Hebel mit Zahnsegment die geradlinige Hubbewegung erzeugt. Bei der Wälzhobelmaschine erzeugt der drehbare Werkstückspanntisch den Radial- und den Tangentialvorschub. Bei den kontinuierlich arbeitenden Wälzstoßmaschinen, die mit einem Schneidrad als Werkzeug arbeiten, führt das Werkzeug die Schnittbewegung aus und wälzt gleichzeitig mit dem Werkstück ab.
- *Zahnradräummaschinen* arbeiten im Profilschneidverfahren ohne Wälzbewegung. Das Erstellen der Innenverzahnung erfolgt meist in zwei Arbeitsgängen (Vorverzahnen und Fertigverzahnen). Anwendung hauptsächlich in der Großserienfertigung.
- *Zahnflankenschleifmaschinen* können grundsätzlich nach zwei unterschiedlichen Verfahren arbeiten. Beim *Teilwalzschleifverfahren* entspricht der Bewegungsablauf dem Walzhobeln, d.h., es werden schrittweise die Zähne erstellt. Beim *kontinuierlich arbeitenden Walzschleifverfahren* ist die Schleifscheibe schneckenförmig profiliert und das Verfahren entspricht dem Walzfräsen.

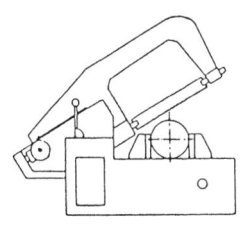

Bild 10.20
Hub- oder Bügelsägemaschine.

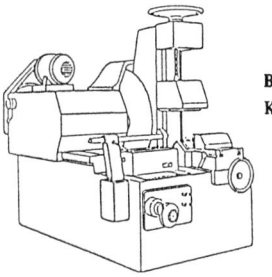

Bild 10.21
Kaltkreissägemaschine.

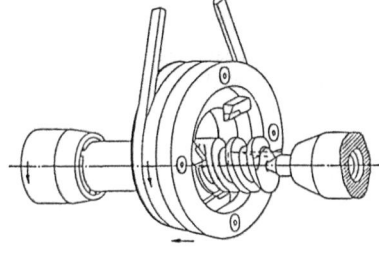

Bild 10.22
Prinzip des Gewindewirbelns.

- *Gewindefräsmaschinen* arbeiten mit mehrschneidigen rotierenden Werkzeugen. Es wird unterteilt in *Kurzgewindefräsen* und *Langgewindefräsen*. Beim Kurzgewindefräsen ist die Fräslänge etwa gleich der Länge des zu fertigenden Gewindes. Beim Langgewindefräsen ist die Gewindelänge am Werkstuck beliebig und von der Fraserbreite unabhängig. Mit beiden Verfahren können sowohl Innen- als auch Außengewinde hergestellt werden.
- *Gewindewirbelmaschinen* (Bild 10.22) arbeiten mit bis zu vier Meißeln, die in einem Wirbelkopf eingesetzt sind, deren Flugkreis exzentrisch um das Werkstuck herum verlauft. Dabei ist der Wirbelkopf um den Steigungswinkel zum Werkstuck geneigt. Es können sowohl Innen- als auch Außengewinde gewirbelt werden. Bedingt durch die hohen Schnittgeschwindigkeiten (etwa 100 m/min) werden sehr kurze Fertigungszeiten und sehr gute Genauigkeiten erzielt, da fast keinerlei Erwarmung auftritt.
- *Gewindeschleifmaschinen* können nach drei möglichen Arbeitsverfahren eingeteilt werden: Längsschleifen mit einprofiliger Schleifscheibe, Langsschleifen mit mehrprofiliger Schleifscheibe und Einstechschleifen mit mehrprofiliger Schleifscheibe. Für höchste Genauigkeitsansprüche wird dabei das erstgenannte Verfahren angewendet. Das Einstechschleifen wird hauptsächlich bei Massenproduktion eingesetzt.

Feinbearbeitung. Die *Feinbearbeitung* ist ein Fertigungsverfahren nach den VDI-Richtlinien 3220, auch als *Feinstbearbeitung* bekannt.

- *Honmaschinen* werden eingeteilt in Langhubhon- und in Kurzhubhonmaschinen. Beim *Langhubhonen* ist das Werkzeug, ein Honstein, aus feinkornigem, keramische oder kunststoffgebundenem Korund, Bornitrid oder Diamant. Das Werkzeug führt dabei gleichzeitig Dreh- und Hubbewegungen aus. Beim *Kurzhubhonen* (Superfinish) wird ein feinkorniger Honstein auf das umlaufende Werkstück gedrückt und dabei parallel zur Bearbeitungsfläche zum Schwingen gebracht. Langhubhonmaschinen werden für den Durchmesserbereich von 1...1500 mm und Bohrlangen bis 12 000 mm gebaut. Bei den Kurzhubhonmaschinen wird unterschieden in Aufsatzgeräte für Drehmaschinen und teil- oder vollautomatische Spezialmaschinen, die für einen jeweiligen Fertigungsbedarf konzipiert sind.
- *Lappmaschinen* dienen zur Endbearbeitung von Werkstucken, bei denen eine hohere Oberflächenfeingestalt erforderlich ist. Es wird in Strahllappen, Tauchlappen, Einlappen und Kugellappen unterschieden. Bei allen Verfahren gleiten Werkstuck und Werkzeug unter Verwendung lose aufgebrachten Korns und unter Richtungswechseln aufeinander, wodurch die Werkstofftrennung bewirkt wird.

Bohr-, Fräswerke und Bearbeitungszentren sind Werkzeugmaschinen, die für eine kombinierte Bearbeitungsfolge gerustet sind. Damit unterscheiden sie sich deutlich gegenuber den bisher besprochenen Maschinentypen, die ja zum großen Teil Einzweckmaschinen sind. Bei den *Bohr-* und *Fräswerken* ist das Hauptmerkmal, daß das zu bearbeitende Groß-Werkstuck in Ruhe ist und samtliche Zustell- und Vorschubbewegungen das Werkzeug ausführt. Die Maschinen haben beachtliche

10.1 Werkzeugmaschinen 325

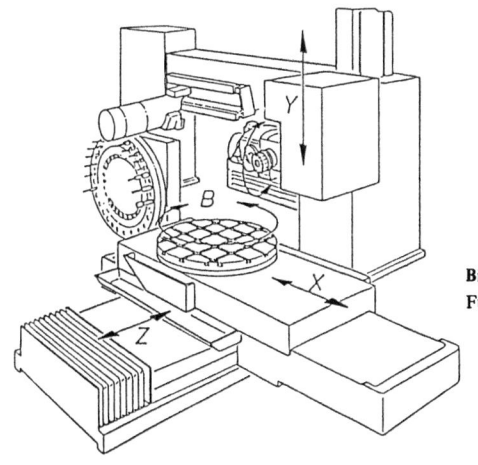

Bild 10.23
Fünf-Achsen-Bearbeitungszentrum mit Rundmagazin.

Abmessungen, sind NC-gesteuert und werden als Ständer- und Portalversion hergestellt. Durch einen schwenkbaren Winkelfräskopf ist eine Funf-Achsen-Bearbeitung gegeben. *Bearbeitungszentren* (Bild 10.23) sind numerisch gesteuerte Werkzeugmaschinen mit hohem Automatisierungsgrad, hauptsächlich für die Bohr- und Fräsbearbeitung und verfügen über mindestens drei numerisch bahngesteuerte Achsen. Der gesamte Fertigungsablauf wird numerisch in einem großen Drehfrequenz- und Vorschubbereich gesteuert, um jeweils die optimalen Schnittbedingungen erreichen zu können. Weiterhin sind sie mit automatischem Werkzeugwechselsystem, in Verbindung mit einem Werkzeugmagazin, ausgestattet. Die Werkzeugmagazine sind entweder als Rundmagazin oder als Kettenmagazin ausgebildet. Der Werkzeugwechsel wird von einem angebauten *Werkzeugwechsler* durchgeführt. Die Steuerung des Werkzeugwechslers wird ebenfalls von der NC-Steuerung durchgeführt, hierzu werden entweder codierte Werkzeuge oder codierte Magazine verwendet. An Bauarten von Bearbeitungszentren konnen unterschieden werden: Einstanderbauweise, Konsolbauweise und Portalbauweise. Die Zentren werden vorzugsweise in der Klein- und Mittelserienfertigung verwendet, da sie aufgrund der numerischen Steuerung sehr flexibel sind. Einzelheiten über Werkzeuge s. Abschn. 10.2.1 und über Spannzeuge für Werkzeuge s. Abschn. 10.3.

10.1.2 Werkzeugmaschinen für Umformen und Blechverarbeitung

10.1.2.1 Schmiedehämmer

Schmiedehammer sind wegen ihres einfachen Aufbaus wesentlich billiger als Pressen. Sie werden vor allem in Schmiedebetrieben fur Arbeiten eingesetzt, die eine hohe Umformenergie aber auch hohe Umformkrafte erfordern, z.B. zum Freiformschmieden, Gesenkschmieden und Prägen. Schmiedehammer sind *arbeitsgebundene Maschinen,* d.h., sie stellen für den Umformvorgang die Energie zur Verfügung, die beim Auftreffen der Werkzeuge auf das Werkstück als kinetische Energie in der Bewegung einer meist fallenden Masse (Bär) gespeichert ist. Diese Energie wird in Umformarbeit umgesetzt, wobei der Kraft-Weg-Verlauf allein durch das Umformverhalten des Werkstücks bestimmt wird. Bild 10.24 zeigt, wie bei drei Schmiedeschlägen mit zunehmender Ausformung des Werkstücks der Kraftbedarf steigt, der Umformweg aber wegen gleichen Energiebetrages kleiner wird. Die maximale Umformkraft wird im sogenannten „Prellschlag" erreicht, wenn die Gesenke

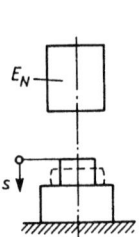
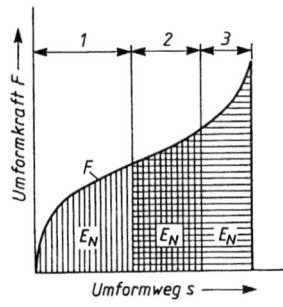

Bild 10.24
Kraft-Weg-Verlauf an einem Fallhammer bei 3 Schmiedeschlägen.
1 = 1., 2 = 2., 3 = 3. Schlag E_N = Nennarbeitsvermögen des Schmiedehammers.

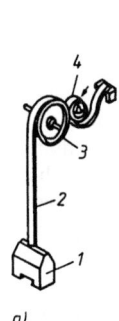
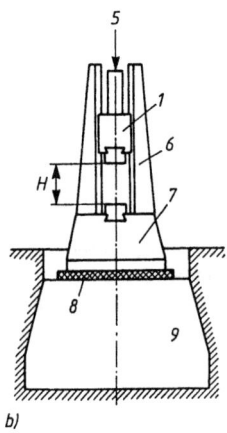
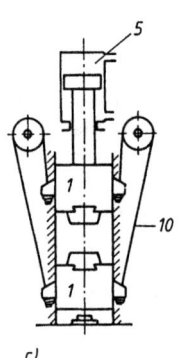

a)   b)   c)

Bild 10.25 Prinzipieller Aufbau von
a) Fall-,
b) Oberdruck-,
c) Gegenschlaghammer.
H = Hub.

1 Bär,
2 Riemen,
3 Treibrolle,
4 Andrückrolle,
5 Oberdruck,

6 Ständer,
7 Schabotte,
8 Zwischenlage,
9 Fundament,
10 Kupplungsband.

unmittelbar aufeinandertreffen und ihre Energien nach den Gesetzen des elastischen Stoßes austauschen.

Die *Bauart* von Schmiedehammern (Bild 10.25) richtet sich nach dem erforderlichen Arbeitsvermögen (Bild 10.26). Reine *Fallhammer*, bei denen der Bär durch Aufzugsorgane wie Riemen und Rolle hochgehoben und zur Umformung fallengelassen wird, sind heute weitgehendst durch *Oberdruckhammer* verdrängt. Bei diesen wird der Bär neben der Fallbeschleunigung zusätzlich durch Dampf-, Luft- oder Öldruck nach unten beschleunigt. Der Aufbau in Schabotte, Ständer und Bär ist beim Fall- und Oberdruckhammer gleich. Durch den Stoß zwischen Bär und Schabotte werden erhebliche Erschütterungen in der Umgebung verursacht, die durch z.T. federnd gelagerte Fundamente verringert werden. Bei *Gegenschlaghammern* werden durch den Stoß zwischen dem bewegten Ober- und Unter-Bär diese Erschütterungen der Umgebung sehr stark herabgesetzt. Auch das Gesamtgewicht des Gegenschlaghammers kann bis zu 35 % kleiner sein.

10.1 Werkzeugmaschinen

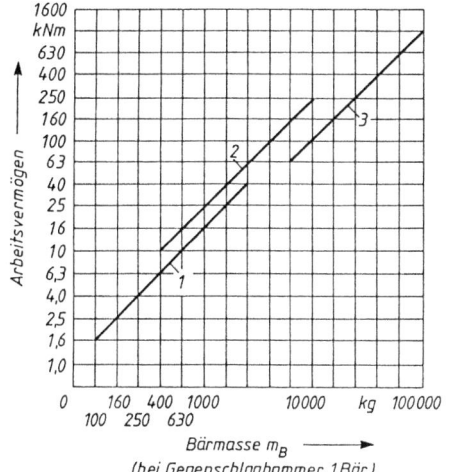

Bild 10.26
Anwendungsbereiche für
1 Fall-,
2 Oberdruck-,
3 Gegenschlaghämmer.

Die *Umformgeschwindigkeit* ist hoch, da die Werkzeuge gewohnlich mit ca. 5 m/s auf das Werkstuck auftreffen. Entsprechend kurz ist die *Umformzeit* mit ca. 0,01...0,001 s. Fur sehr hohe Arbeitsvermogen stehen auch Gegenschlaghämmer mit Bar-Auftreffgeschwindigkeiten von ca. 20 m/s zur Verfugung, die man als *Hochgeschwindigkeitshämmer* bezeichnet.

Die *Arbeitsgenauigkeit* von Schmiedehammern ist geringer als die von Pressen, da die Lage zwischen dem Ober- und Untergesenk über die Gesenkbefestigung und die Fuhrung des Bars in den Ständern mit größeren Toleranzen behaftet ist und bei der fast stoßartigen Umformung diese Führungen stark beansprucht werden und schnell verschleißen.

10.1.2.2 Mechanische Pressen

Den Schmiedehämmern ähnlich sind *Spindelpressen,* die die erforderliche Umformenergie im wesentlichen in Form von Rotationsenergie großer Schwungräder zur Verfügung stellen (Bild 10.27). Die charakteristische Spindel (meist Drei- oder Vierfach-Gewinde mit Steigungswinkeln um 15°) wird über eine Schwungscheibe vom Antriebsmotor aus getrieben und setzt die Drehung der Schwungscheibe in eine geradlinige des Stößels um. Während bei Hämmern der Bar nach dem Schlag frei zuruckspringen kann, wird das Gestell von Spindelpressen durch die Umformkraft verspannt und federt auf. Insbesondere beim Pragen muß durch Anpassen der Schwungrad-Drehzahl das Arbeitsvermogen klein gehalten werden, da sonst Überlastungen (siehe Bild 10.28) moglich sind. Als Überlastsicherungen werden z.B. Scherstifte und Rutschkupplungen verwendet. Die *Auftreffgeschwindigkeit* des Stoßels betragt bis zu 1 m/s. Die *Arbeitsgenauigkeit* ist hoher als bei Schmiedehammern, da durch die Lagerung der Schwungräder im Pressenkopf die Ständer und damit die Stoßelführungen eng an den Arbeitsraum angepaßt sind.

Die einfachsten mechanischen Pressen sınd *Einständer-Exzenterpressen* (Bild 10.29). Ihre Baugrößen sind in DIN 55 170, DIN 55 171 und DIN 55 172 in Abhangigkeit von der maximalen Preßkraft genormt. Eine großere Bearbeitungsgenauigkeit durch ein steiferes Gestell und bessere Führung des Stoßels haben *Doppelstander-Exzenterpressen* (Bild 10.30), deren Bauweisen in DIN 55 173 genormt sind. Nach der Form ihres Gestells werden beide Maschinenarten auch *C-Gestell-Pressen* genannt. Für die Umformung großer Blechteile, z.B. Karosserieteile setzt man *Zweiständer-Exzenterpressen* oder auch *Zweistander-Kurbelpressen* (Bild 10.31) ein, die sich bei

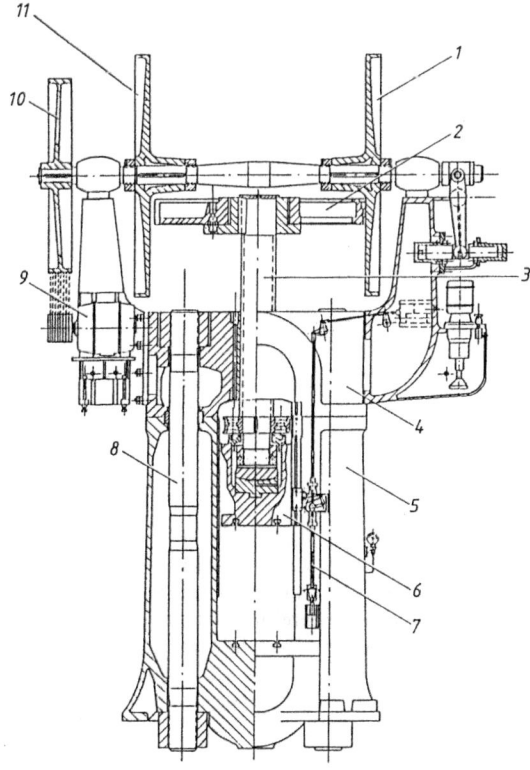

Bild 10.27
3-Scheiben-Spindelpresse
1 Treibscheibe,
2 Schwungscheibe,
3 Spindel,
4 Kopfstück,
5 Pressenständer,
6 Stößel,
7 Schaltgestänge,
8 Zuganker,
9 Antriebsmotor,
10 Keilriemenscheibe,
11 Aufzugscheibe.

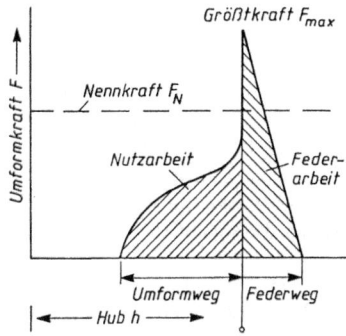

Bild 10.28 Überlastung einer Spindelpresse und verlorene Federarbeit.

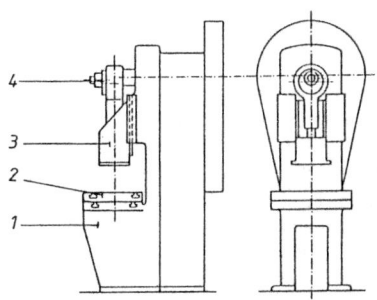

Bild 10.29 Einständer-Exzenterpresse
1 C-Gestell,
2 Tisch,
3 Stößel,
4 Exzenter.

10.1 Werkzeugmaschinen

großem Arbeitsraumquerschnitt durch ausreichende Steifigkeit und Stößelführungsgenauigkeit auszeichnen.

Die Exzenter- und Kurbelpressen sind *weggebundene Pressen*, da der Kraft-Weg-Verlauf des Stößels durch die Antriebskinematik festgelegt ist, wie das Beispiel des *einfachen Schubkurbeltriebs* in Bild 10.32 zeigt. Der Hub H zwischen dem oberen und unteren Totpunkt ist durch die Kurbel bzw. die Exzentereinstellung festgelegt. Das Schubstangenverhältnis r/l liegt zwischen 1/4 und 1/15. Die in einzelnen Pressen vorhandenen Schubkurbelgetriebe sind durch den *Nutzwinkel* α_N gekennzeichnet, bei dem die Stößelkraft F_{St} gerade so groß wie die Pressennennkraft F_N ist. Als Normalausführung gilt $\alpha_N = 30°$. Den Verlauf der theoretisch größtmöglichen *Stößelkraft* über den Kurbelwinkel zeigt Bild 10.33. Da die Presse aber nicht überlastet werden darf, muß sicher-

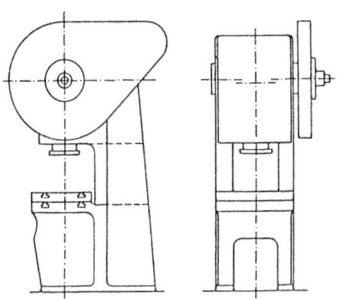

Bild 10.30 Doppelständer-Exzenterpresse.

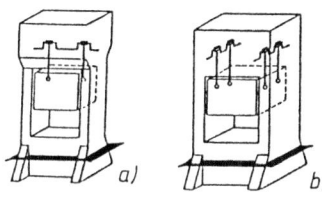

Bild 10.31 Zweiständer-Kurbelpressen.
a) mit einer längsangeordneten,
b) mit zwei querliegenden
(synchronisierten) Kurbeln.

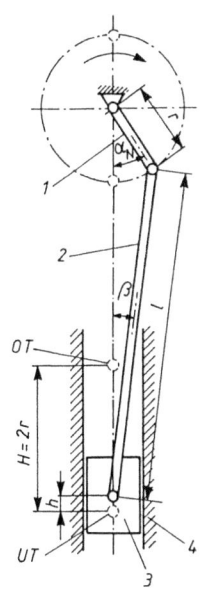

Bild 10.32
Prinzip des einfachen
Schubkurbeltriebs
OT oberer Totpunkt,
UT unterer Totpunkt,
H Gesamthub,
h Nutz- (Arbeits-) hub,
1 Kurbel,
2 Schubstange,
3 Stößel,
4 Führung.

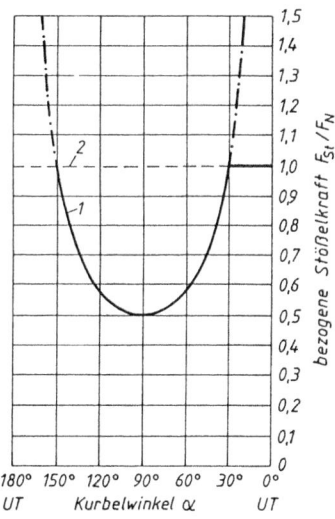

Bild 10.33 Kraftverlauf über dem Kurbelwinkel
1 theoretisch größtmögliche Stößelkraft F_{St}
2 Pressennennkraft F_N.

gestellt sein, daß die in der Presse durchgeführte Bearbeitung keine höhere Kraft als die Pressenkraft erfordert. Entsprechend dem typischen Kraft-Weg-Verlauf bei einzelnen Pressenbearbeitungen nach Bild 10.34 baut man auch Pressen mit kleinerem Nutzwinkel fürs Schneiden ($\alpha_N = 20°$) und Gesenkschmieden ($\alpha_N = 10°$), bzw. größerem Nutzwinkel fürs Fließpressen ($\alpha_N = 45°$). Bei Exzenterpressen besteht die Möglichkeit, durch *Hubverstellung* die Charakteristik des Kraft-Weg-Verlaufs zu verändern. Wie Bild 10.35 zeigt, steht durch Halbieren des Hubs die Pressennennkraft über dem doppelten Stößelweg zur Verfügung.

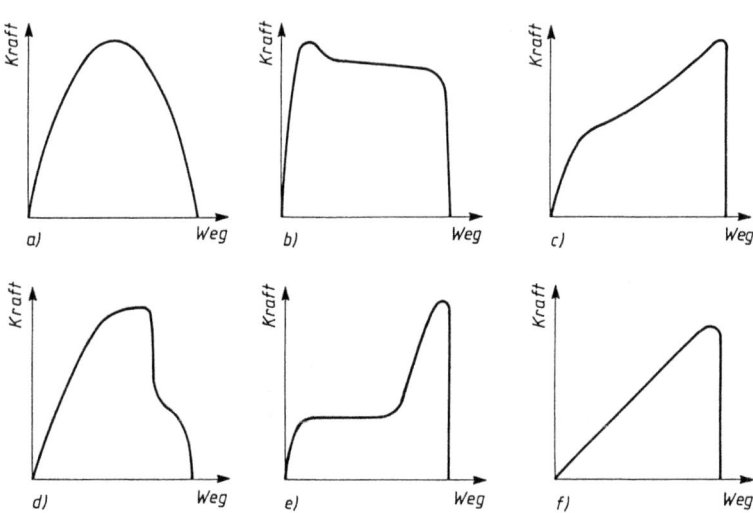

Bild 10.34 Charakteristische Kraft-Weg-Verläufe bei Pressenarbeiten
a) Tiefziehen,   d) Schneiden,
b) Fließpressen,   e) Biegen,
c) Stauchen,   f) Prägen.

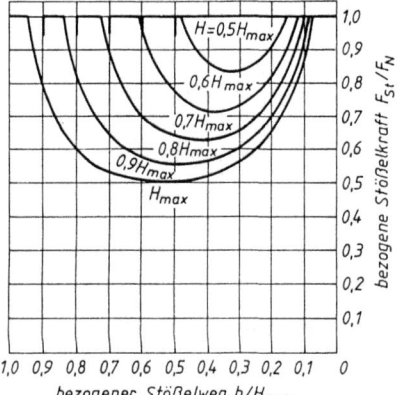

Bild 10.35
Größtmögliche Stößelkräfte abhängig von der Hubverstellung
H_{max} maximaler Stößelhub,
H eingestellter Stößelhub,
h tatsächlicher Stößelweg.

10.1 Werkzeugmaschinen

Besonders bei C-Gestell-Pressen muß zur Auswahl der richtigen Presse für einen Arbeitsgang die *Federsteifigkeit des Gestells* berücksichtigt werden. Bild 10.36 zeigt, daß beim Entlasten der Presse von der Maximalkraft beim Tiefziehen keine Probleme auftreten, während beim Schneiden durch die plötzliche Entlastung beim Durchreißen des Bleches die Presse potentielle Energie als Verlustarbeit in Schwingungen freisetzt. Dadurch nutzen sich die Schneidwerkzeuge schnell ab, es können auch Schneidkanten ausbrechen. Eine Möglichkeit zum Versteifen einer C-Gestell-Presse bieten Zuganker und Hülsen (Bild 10.37), die aber den Arbeitsraum stark einengen.

Eine weitere Bauart von mechanischen Pressen sind *Kniehebel-Pressen*. Während sie durch das gleiche Doppel- oder Zweiständer-Gestell äußerlich genauso wie Exzenter- oder Kurbelpressen aussehen, unterscheiden sie sich durch die Antriebskinematik (Bild 10.38). Daraus folgt ein möglicher

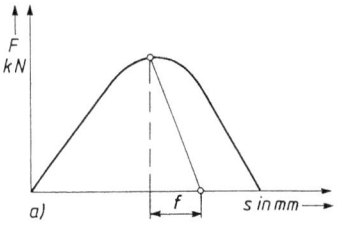

Bild 10.36 Kraft-Weg-Verläufe beim
a) Tiefziehen,
b) Schneiden mit Verlustarbeit
1 Umformkraft,
2 Federkennlinie der Presse
f Auffederung der Presse.

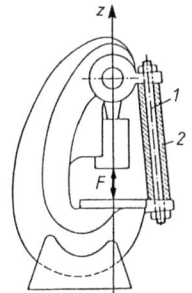

Bild 10.37 Versteifung an einer C-Gestellpresse durch vorgespannte
1 Zuganker,
2 Hülse.

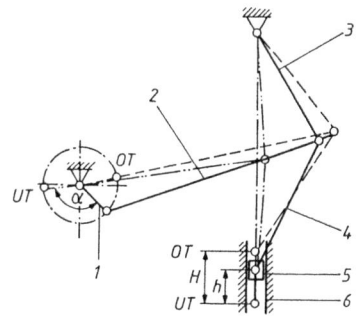

Bild 10.38 Antriebsschema einer Kniehebelpresse
OT oberer Totpunkt,
UT unterer Totpunkt,
H Gesamthub,
h Arbeitshub,
1 Kurbel,
2 Pleuelstange (zugbeansprucht),
3 Schwinge,
4 Druckstange,
5 Stößel,
6 Führung.

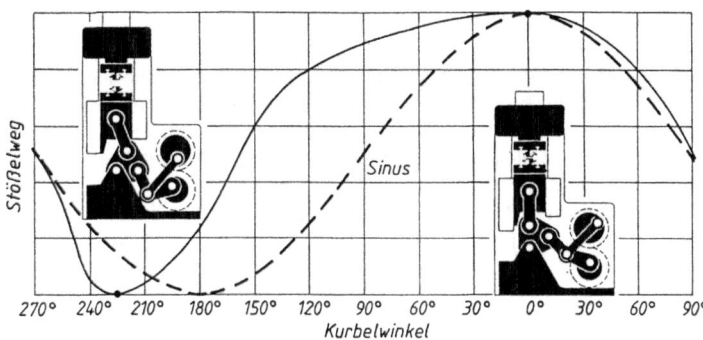

Bild 10.39 Antriebsschema und Stößelwegverlauf einer mechanischen Presse zum Feinschneiden.

Kraft-Weg-Verlauf der hohe Schließkrafte praktisch erst ab dem Nutzwinkel bei vergleichsweise geringer Belastung der Pleuelstange und des Antriebs ermoglicht. Einsatzgebiete fur Kniehebelpressen sind alle Verfahren, bei denen sehr große Krafte uber einen kleinen Weg erforderlich sind, z.B. Münzpragen oder Vollvorwärts-Fließpressen kurzer Teile.

Die *Umformarbeit* wird bei allen Exzenter-, Kurbel- und Kniehebelpressen durch standig umlaufende Schwungmassen abgedeckt. Bei schneller Hubfolge muß sichergestellt sein, daß der Antriebsmotor (mit vergleichsweise kleiner Leistung) zwischen den einzelnen Arbeitstakten die bei der Bearbeitung geringfugig abgebremsten Schwungmassen wieder auf die Nenndrehzahl beschleunigen kann.

Es gibt eine Vielzahl weiterer mechanischer Pressen mit besonderer Antriebskinematik, die speziell für ein besonderes Bearbeitungsverfahren entwickelt worden sind. Ein solches Beispiel ist eine mechanische *Feinschneidpresse* (Bild 10.39). Der Wegverlauf über den gleichmaßig zurückgelegten Kurbelwinkel ist gegenuber dem normalen Sinusverlauf eines einfachen Kurbeltriebs so verandert, daß die Werkzeuge in sehr kurzer Zeit schließen, das Feinschneiden selbst dagegen langsam erfolgen kann. Letzteres ist erforderlich, um die hohe Gute von Feinschnitteilen zu erzielen (Abschnitt 8.7.4).

10.1.2.3 Hydraulische Pressen

Die *hydraulischen Pressen* entsprechen in ihrem *Gestellaufbau* denen der Kurbelpressen (Bild 10.40). Die Stößelbewegung erfolgt in der Regel durch einen Differenzkolben, dessen Druckraume meist unmittelbar uber eine Pumpe gespeist werden (Bild 10.41). Bei kleineren Pressen verwendet man Konstantforderpumpen, bei großen Pressen verstellbare Axial- oder Radialkolbenpumpen. Bei sehr großer Pressennennkraft und hohen Arbeitsgeschwindigkeiten verwendet man auch Speicherantriebe, bei denen Pumpen vergleichsweise kleiner Leistung Luft- oder Stickstoffpolster vorspannen und woraus die Bearbeitungsenergie entnommen wird. Da das Drucköl (insbesondere durch Luftaufnahme nach langerer Betriebszeit) bei den hohen Betriebsdrücken von 200...300 bar durchaus kompressibel ist, konnen bei hydraulischen Pressen die gleichen *Schwingungen beim Schneiden* auftreten wie in Bild 10.36 gezeigt wird.

Hydraulische Pressen sind *kraftgebundene Pressen,* da sie uber den gesamten Hub ihre Pressennennkraft zur Verfugung stellen konnen. Ihre Einsatzgebiete sind deshalb besonders das Tiefziehen, Fließpressen langer Teile und Abstreckziehen, siehe Bild 10.34, aber auch das Pragen oder Gesenkschmieden von Aluminium, da die Maximalkraft genau einstellbar ist, und diese Kraft längere Zeit aufgebracht werden kann, um dem Werkstoff Zeit zum Fließen zu geben.

10.1 Werkzeugmaschinen

Ein wesentlicher Vorteil von hydraulischen Pressen ist die *leichte Steuerbarkeit* des Stößels. Je nach der Bearbeitungsaufgabe kann in modernen hydraulischen Pressen der Stößel im Eilgang die Werkzeuge schließen und dann mit vorgewählter Geschwindigkeit die Bearbeitung durchführen. Durch die Hydraulik lassen sich auch *mehrfachwirkende Pressen* leicht verwirklichen, so daß z.b. Niederhalter, Stempel und Gegenstempel eines Ziehwerkzeugs (dreifach wirkend) unabhangig voneinander bewegt werden können.
Vergleiche auch Abschn. 10.2.2 über Werkzeuge für Umformen und Blechverarbeitung.

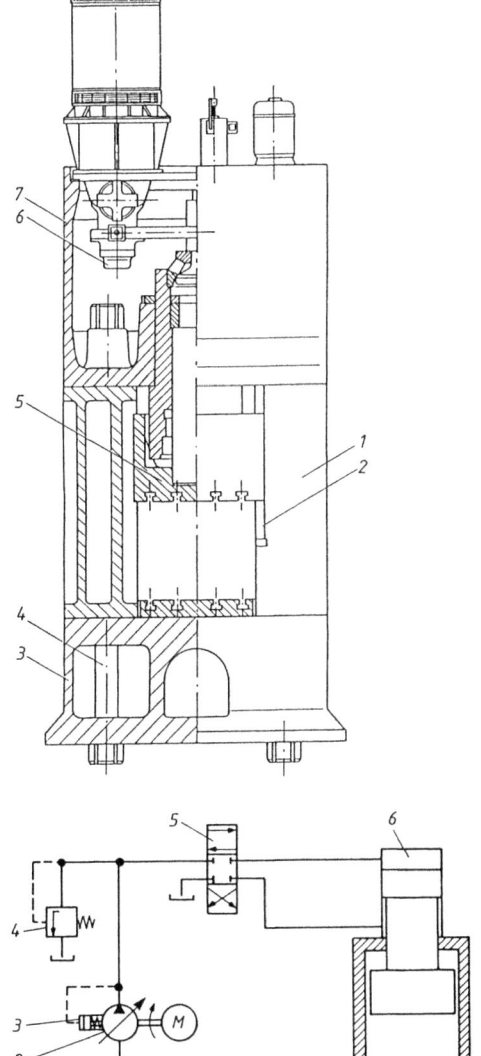

Bild 10.40
Aufbau einer hydraulischen Presse
1 Gestell,
2 Führung,
3 Pressentisch,
4 Zuganker,
5 Stößel,
6 Antrieb,
7 Kopfstück.

Bild 10.41
Schema des unmittelbaren Pumpenantriebs einer hydraulischen Presse
1 Behälter,
2 Verstellpumpe,
3 Regler,
4 Druckbegrenzungsventil,
5 4/3-Wegeventil,
6 Pressenzylinder.

10.1.3 Werkzeugmaschinen für die Kunststoffverarbeitung

Der hohe Stand der heutigen Kunststoffverarbeitung ist im wesentlichen der Qualität der Verarbeitungsmaschinen zu verdanken. Die Maschinen wurden für hohe Präzision der Spritzgußteile und weitgehende Automatisierung entwickelt.
Vergleiche auch Abschn. 10.2.3 über Werkzeuge für Kunststoffverarbeitung.

10.1.3.1 Spritzgießmaschinen

Eine Spritzgießmaschine besteht aus *Spritzeinheit* und *Schließeinheit*.
Die *Spritzeinheit* dient zum Plastifizieren, Durchmischen und Ausstoßen der Formmasse. Sie besteht bei *Kolbenspritzgießmaschinen* aus dem meist elektrisch beheizten Zylinder mit Verdrangungskörper (Torpedo) und axial beweglichem Kolben. Wegen der ungleichmäßigen Plastifizierung finden sie heute hauptsächlich noch bei der Massenfertigung von Kleinstteilen und „marmorierten" Formteilen Anwendung. Bei der *Schneckenspritzgießmaschine* (s. Bild 9.1) wird durch die rotierende Schnecke eine wesentlich gleichmäßigere Plastifizierung erreicht. Schneckenform und Schneckenlange mussen auf den zu verarbeitenden Kunststoff abgestimmt sein. Für feuchtigkeitsempfindliche Formmassen sind Entgasungsschnecken vorteilhaft. Eine Ruckstromsperre verhindert das Zuruckfließen der plastischen Masse. Die Schneckenzylinder für die Thermoplastverarbeitung werden zonenweise elektrisch beheizt; für die Duroplast- und Elastomerverarbeitung wird die gleichmäßigere Flüssigkeits-Umlaufheizung vorgezogen. Der *Antrieb der Schnecke* erfolgt meist stufenlos durch regelbare hydraulische Ölmotoren, die axiale Schneckenbewegung wird durch Hydraulikzylinder erreicht. Am Zylinderende sitzt die *Düse,* als offene Düse für zähflüssige Formmassen, als Verschlußdüse (z.B. Nadelventil) für dünnflüssige Formmassen.
Die *Schließeinheit* besteht aus der feststehenden düsenseitigen Aufspannplatte und der durch Holmen geführten beweglichen Aufspannplatte. Diese wird entweder durch hydraulisch betätigte Kniehebel oder rein hydraulisch bewegt. Die Zuhaltekraft muß großer als die durch den Spritzdruck erzeugte Öffnungskraft sein, deshalb erfolgt die Auswahl von Spritzgießmaschinen, neben der *Plastifizierleistung,* vorwiegend nach der maximal moglichen *Werkzeugzuhaltekraft.*
Schließeinheit und Spritzeinheit sind auf einem Maschinenbett meist horizontal hintereinander aufgebaut. Fur Sonderfälle, z.B. Einspritzen in der Trennebene, kann die Spritzeinheit um 90° geschwenkt werden. Für Formteile mit langen Rüst- oder Aushärte- bzw. Vulkanisierzeiten (Duroplaste, Elastomere) werden *Rundlaufermaschinen* eingesetzt, d.h. eine Spritzeinheit bedient mehrere Formstationen.
Druck- und *Temperaturregelung,* sowie *vollautomatischer Ablauf* des Spritzgießvorgangs werden heute uber elektronische Regler, elektronische Programmierung oder Bildschirmsteuerung vorgenommen. Die Einstellung der Verarbeitungsparameter erfolgt meistens digital und ist daher gut reproduzierbar. Eingesetzt werden Proportionalventile. Zur Messung der Druckverlaufe der Maschinenhydraulik und im Werkzeug (s. Bild 9.2) werden spezielle Druckaufnehmer eingesetzt, dadurch ist auch eine *werkzeuginnendruckabhangige Steuerung* der Spritzgießmaschine möglich.
EUROMAP[1]-Empfehlungen 1 bis 10 kennzeichnen Spritzgießmaschinen.

10.1.3.2 Pressen

Beim Pressen muß die Preßmasse in das geöffnete Werkzeug eingefüllt werden, deshalb sind die Schließeinheiten durchweg *vertikal* angeordnet. In den meisten Fällen wird die Schließkraft hydraulisch aufgebracht.

---

[1]) EUROMAP von VDMA, FG Gummi- und Kunststoffmaschinen, Postfach 71 01 09, 6000 Frankfurt/M. 1

10.1 Werkzeugmaschinen 335

Bei *hydraulischen Oberdruckpressen* ist der bewegliche Kolben oben angeordnet. Im Preßtisch ist ein zweiter, von unten wirkender Druckkolben angebracht, der ein *Spritzpressen* von unten erlaubt. Bei *Unterdruckpressen* wirkt der Hauptpreßkolben von unten; solche Pressen werden fast nur als *Etagenpressen* für Schichtpreßstoffe eingesetzt.

Kunstharzpressen sind mit einstellbaren Vorschubgeschwindigkeiten, sowie Zeit- und Temperaturregelungen ausgerüstet. Die Auswahl der Pressen erfolgt nach der notwendigen Preßkraft, die von der Große des Formteils (projizierte Flache) und von der verwendeten Preßmasse abhangig ist.

Zum Vorwärmen der Preßmassen werden im allgemeinen *Hochfrequenzvorwärmgeräte* eingesetzt, die in ihren Taktzeiten auf die Preßzeiten abgestimmt sind. Für die automatische Verarbeitung von Preßmassen werden neuerdings *Preßautomaten* eingesetzt, die automatisch mit Preßmasse versorgt werden und bei denen die Preßteile über „Roboter" entnommen werden. Bei solchen Maschinen ist auch ein vollautomatisches Beschicken mit Metalleinlegeteilen möglich. Solche Preßautomaten konnen auch als *Rundlaufer* mit mehreren Stationen ausgeführt werden.

10.1.3.3 Extruder

Die Plastifiziereinheit des *Schneckenextruders* besteht aus der Einzugszone mit Fulltrichter, der Umwandlungszone und der Ausstoßzone. Der Zylinder wird elektrisch von außen beheizt. Die Schneckengeometrie muß auf den zu verarbeitenden Kunststoff abgestimmt sein. Der Antrieb der Schnecke erfolgt stufenlos über elektrische Antriebe. Zwischen Zylinder und Spritzkopf (Werkzeug) werden Lochplatten geschaltet, die zur Druckregelung oder als Massefilter dienen. Die ebenfalls elektrisch beheizten Spritzköpfe (Werkzeuge) sind entsprechend des Extrusionsprofils ausgeführt. EUROMAP 21 behandelt die Meß-, Steuerungs- und Regelungstechnik an Extrusionsanlagen. Extruder konnen als *Einschnecken-* oder *Mehrschneckenextruder* ausgeführt werden. *Extrusionsblasmaschinen* arbeiten vielfach mit kontinuierlich ausstoßenden Extrudern, bei denen der Vorformling (Schlauch) nach unten austritt und von den Blaswerkzeugen abgenommen und durch eine Blasvorrichtung im Werkzeug aufgeblasen wird. Zur Regelung der Wanddicke werden verstellbare Schlauch- oder Speicherkopfdusen eingesetzt. Die Blasmaschinen haben meist mehrere Stationen zum Abkühlen der Blasteile.

10.1.3.4 Warmumformmaschinen

Maschinen zur Warmumformung werden für *Vakuum-* und *Druckluftformung* angeboten. Man unterscheidet folgende Bauweisen: Plattenmaschinen – von der Rolle arbeitende Vollautomaten – Skin- und Blistermaschinen – komplette Verpackungslinien. Zu diesen Maschinen gehoren meist noch Nachbearbeitungsmaschinen wie Stanzen und Sägen. Bei der Auswahl der Maschinen sind zu beachten: Arbeitsformat – Bauhöhe – maximale Ziehtiefe – Art und Regelung der Heizung – mechanische Vorstreckung durch Oberstempel – Vorblasmöglichkeit – Automatisierung – schnelle und reproduzierbare Einstellung der Verarbeitungsparameter.

10.1.3.5 Sondermaschinen

Je nach Verfahren der Kunststoffverarbeitung und -konfektionierung werden spezielle Maschinen eingesetzt wie *Mischwalzwerke* für Weich-PVC-Verarbeitung oder Gummiverarbeitung, *Kalander* für Folien und Bänder, *Streichmaschinen* für Beschichtungen, *Druck-* und *Pragemaschinen* für Oberflächenbehandlung. Für das Fügen von Kunststoffen werden *Schweißmaschinen* und *Schweißautomaten* für die verschiedenen Verfahren eingesetzt. Zum Kleben in der industriellen Fertigung werden spezielle *Klebemaschinen* verwendet.

10.2 Werkzeuge

10.2.1 Werkzeuge für spanende Verfahren

10.2.1.1 Allgemeines

Die Werkzeuge für die spanende Bearbeitung werden in zwei Gruppen eingeteilt: *Werkzeuge mit geometrisch bestimmter* und *Werkzeuge mit geometrisch unbestimmter Schneide*. Bei beiden erfolgt der Werkstoffabtrag durch die Bewegung der Werkzeugschneide, die aufgrund ihrer Keilwirkung den Span abnimmt. Die Ausbildung der Werkzeugschneide ist von dem Bearbeitungsverfahren und der Bearbeitungsaufgabe abhängig, d.h., die Geometrie der Werkzeugschneide hängt in erster Linie von der Art der Werkzeugmaschine ab. Die Werkzeuge zum Drehen, Fräsen, Bohren, Räumen, Sägen, Hobeln und Stoßen gehören zu der Gruppe der Werkzeuge mit geometrisch bestimmter Schneide. Zu der Gruppe mit geometrisch unbestimmter Schneide gehören die Werkzeuge zum Schleifen, Honen und Lappen.

10.2.1.2 Werkzeuge zum Drehen

Die größte Anzahl der Werkstücke wird durch Drehen bearbeitet, dadurch ergibt sich zwangsläufig eine Vielfalt von *Drehmeißeln* für die unterschiedlichen Bearbeitungsoperationen. Ein Drehmeißel besteht aus Schaft und Schneidkörper. Der Schneidkörper kann aus Schnellarbeitsstahl, Hartmetall, Keramik, Bornitrid oder Diamant gefertigt sein. Für den Schaft werden rechteckige Querschnitte mit dem Seitenverhältnis 1:1 oder 1:1,6 bevorzugt. Kreisquerschnitte von 6...63 mm Durchmesser sind ebenfalls zulässig (DIN 770). Drehwerkzeuge aus Schnellarbeitsstahl können ganz, d.h., Schaft und Schneidkörper sind aus einem Stück (DIN 4951 bis DIN 4965), gefertigt sein. Nach DIN 771 werden auch Schneidplatten aus Schnellarbeitsstahl auf Stahlschäfte aufgeschweißt. Bei Verwendung von Hartmetall als Schneidkörper (Bild 10.42) werden diese entweder auf Stahlschäfte aufgelötet (DIN 4971 bis DIN 4981) oder als Wendeschneidplatten (DIN 4968, Teil 1 und DIN 4987) in Klemmhaltern eingespannt. Die Art der Klemmung ist dabei unterschiedlich. Schneidkeramik wird ebenfalls in Form von Wendeschneidplatten (DIN 4969 und DIN 4987) verwendet; der Unterschied zu den Hartmetall-Wendeschneidplatten besteht in der Dicke der Platten und in der Art der Klemmung (Bild 10.43). Keramik-Wendeschneidplatten sind dicker als Hartmetall-Wendeschneidplatten, Ursache hierfür ist die geringere Bruchfestigkeit der Keramik. Bornitrid wird ebenfalls in Form von Wendeschneidplatten als Schneidkörper verwendet. Die Art der Klemmung ist identisch mit der der Keramik. Bei Werkzeugen mit Diamantschneiden handelt es sich um Einkorndiamanten, die in die üblichen Stahlschäfte eingelötet werden. Aufgrund der Stoßempfindlichkeit des Diamanten werden diese hauptsächlich nur zum Feinschlichten verwendet. Ein weiteres

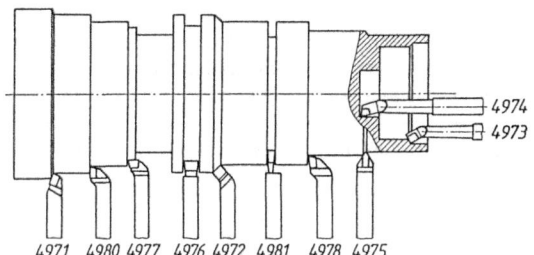

Bild 10.42
Außen- und Innendrehmeißel nach DIN 4971 bis DIN 4981.

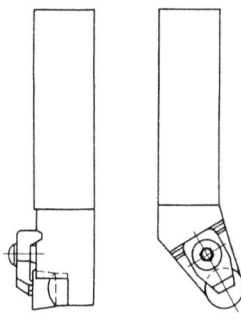

Bild 10.43
Klemmhalter mit Keramik-Wendeschneidplatte
(nach Feldmühle, Plochingen).

Anwendungsgebiet ist das *Glanzdrehen*, hierbei wird mit negativem Spanwinkel gearbeitet, wobei durch eine Werkzeugneigung der Polierdruck eingestellt werden kann. Bei der Drehbearbeitung finden weiterhin noch *Formdrehmeißel* Verwendung. Die Formdrehmeißel sind üblicherweise aus Schnellarbeitsstahl und das Profil des Meißels entspricht der speziellen Aufgabe. Das Nachschleifen erfolgt nur an der Spanfläche. Der *Formscheiben-Drehmeißel* wird bei Dreharbeiten auf Automaten und Revolver-Drehmaschinen zur Bearbeitung großer Serien eingesetzt. Der Umfang der Scheiben, der nach DIN 4970 genormt ist, entspricht dem Schneidprofil. Durch Ausfrasung der Scheibe entsteht die Spanfläche und der Spanraum. Der Vorteil des Formscheiben-Drehmeißels liegt in der billigen Herstellung und der langen Lebensdauer, da die Scheibe bis zu 75 % genutzt werden kann.

10.2.1.3 Werkzeuge zum Bohren

Der *Spiralbohrer* ist das am häufigsten verwendete Werkzeug für das Bohren von Löchern. Die Bohrbearbeitung ist aufgrund der erzielbaren Oberflächenqualität als Schruppbearbeitung zu betrachten. Die Vorschubbewegung liegt senkrecht zur Schnittrichtung, verlauft stetig und wird üblicherweise vom Werkzeug ausgeführt. Die Vielfaltigkeit der zum Bohren eingesetzten Werkzeuge – hierzu gehören auch das Senken und Reiben – ist vom Werkstoff, den unterschiedlichen Abmessungen und den geforderten Oberflächenqualitäten abhängig. Die Form des Spiralbohrers wird von dem zu bearbeitenden Werkstoff bestimmt. Entsprechend den Zerspanungseigenschaften des zu bearbeitenden Metalls ändern sich insbesondere der Seitenwinkel (Drallwinkel) und der Spitzenanschliff. Spiralbohrerformen können grundsätzlich unterteilt werden nach:

a) *Art der Einspannung*, mit Zylinderschaft oder mit Kegelschaft (vgl. Bild 10.44);
b) *Seitenspanwinkel*, auch Drallwinkel genannt, wird nach DIN 1836 in drei charakteristische Formen unterteilt;
c) *Drallrichtung*, rechtsschneidend: für den überwiegenden Teil der Bohrvorgänge; linksschneidend: für linkslaufende Spindeln (bestimmte Automaten);
d) *Spiralbohrer-Werkstoff*, Werkzeugstahl (WS), Schnellarbeitsstahl (HSS), kobaltlegierter Molybdanstahl (HSCO/HSS-E), Hartmetall (HM).

Die Spiralbohrer sind nach DIN 339, DIN 345, DIN 346, DIN 1412, DIN 1414, DIN 1861 und DIN 1899 genormt. Die Ausführungen extra kurz sind in DIN 1897, kurz in DIN 338, lang in DIN 340 und DIN 341, überlang in DIN 1869 und DIN 1870 genormt. Für die Ausführungen mit Hartmetall-Schneidplatten gelten die Normen DIN 8037 bis DIN 8041.
Stufen- und *Mehrfasen-Stufenbohrer* werden zum gleichzeitigen Anfasen und Planen von Stirnflächen oder auch Bohrungen mit einer oder mehreren Senkungen in einem Arbeitstakt verwendet. Der Stufenbohrer wird aus einem üblichen Spiralbohrer auf einer Werkzeugschleifmaschine um-

Spiralbohrer mit Zylinderschaft

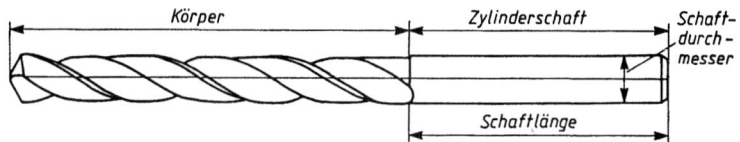

Spiralbohrer mit Kegelschaft

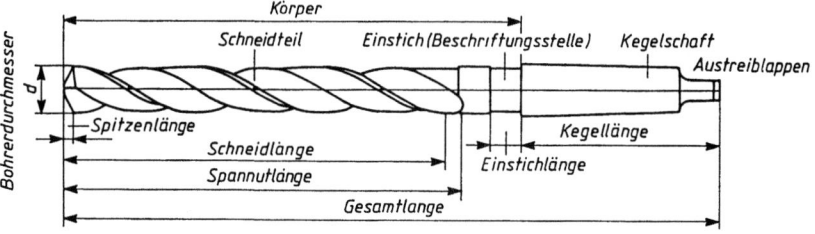

Bild 10.44 Bezeichnungen am Spiralbohrer.

geschliffen. Nachteilig ist die Verengung des Spanraumes durch absetzen auf einen kleineren Durchmesser. Der Mehrfasen-Stufenbohrer hat eine zentrisch verlaufende und zur Senkerschneide versetzte, durchgehende Führungsfase und kann kontinuierlich nachgeschärft werden. Bei geringen Stückzahlen ist der Stufenbohrer das wirtschaftlichere Werkzeug, da er aus kostengünstigen Standardbohrern hergestellt werden kann. Beide Bohrerarten sind nach DIN 8374 bis DIN 8379 genormt.
Spiralbohrer mit innerer Kuhlmittelzufuhr (Bild 10.45) sind besonders für tiefe Bohrungen (über $3d$) in schwer zerspanbare Werkstoffe geeignet. Im Bohrrucken liegende Kühlkanale enden unmittelbar hinter den Bohrerschneiden und leiten das Kühlmittel genau dorthin, wo die Zerspanungswärme entsteht. Zum Entspanen muß der Bohrer nach einem Vorschub von etwa $2d$ zurückgezogen werden. *Flachnut-Spiralbohrer* sind für tiefe Bohrungen ($10...15d$) ohne den unwirtschaftlichen Entspanungsvorgang besonders geeignet. Sie haben meist einen Drallwinkel von etwa 40°, um den Spänetransport zu verbessern, und einen größeren Spanraum. Die Fuhrungsfasen sind sehr schmal ausgebildet, um Werkstoffaufschweißungen zu verhindern. *Zentrierbohrer* sind eine Sonderform der Stufenbohrer und dienen dazu, in rotierende Werkstucke Aufnahmebohrungen herzustellen. Ihr Kennzeichen ist ihre doppelseitige Verwendbarkeit. Neben den in DIN 333 beschriebenen Zentrierbohrertypen wurden für Zentriermaschinen zahlreiche Varianten entwickelt.
Zur Herstellung extrem tiefer Bohrungen seien hier genannt: der Einlippen-Tiefbohrer, das BTA-Verfahren und das Ejektor-Bohrwerkzeug. Alle drei Verfahren sind für Bohrungen höherer Genauigkeit, gute Fluchtung und gute Rundheit bekannt. Beim *Einlippen-Tiefbohrer* können Bohrungen bis $d = 100$ mm und etwa bis zum 200-fachen des Bohrdurchmessers an Tiefe erzielt werden. Die Bohrbereiche beim *BTA-Verfahren* (Bild 10.46) mit innerer oder äußerer Kuhlmittelzufuhr betragen: Bohren ins Volle $d = 10...300$ mm, Kernbohren $d = 40...400$ mm und beim Aufbohren $d = 20...500$ mm. Für das *Ejektor-Tiefbohrverfahren* (Bild 10.47) können Bohrungen bis etwa $d = 70...900$ mm Bohrtiefe hergestellt werden. Zum Aufbohren größerer Bohrungen wird häufig die *Bohrstange* verwendet. Das Werkzeug ist ein umlaufender Bohrmeißel. Bei größeren Längen wird die Bohrstange häufig in Bohrbuchsen zusätzlich geführt. Für große Bohrungsdurchmesser können auch mehrere Bohrmeißel eingesetzt werden.

10.2 Werkzeuge

Bild 10.45 Spiralbohrer mit Ölkanalen.

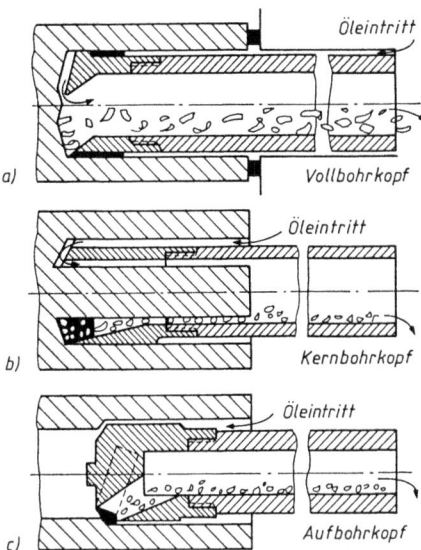

Bild 10.46 Tieflochbohren
a) Vollbohren, b) Kernbohren, c) Aufbohren.

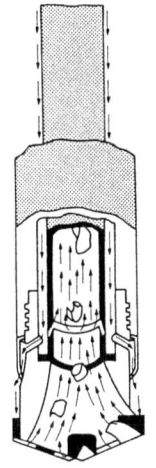

Bild 10.47 Ejektor-Tiefbohrverfahren.

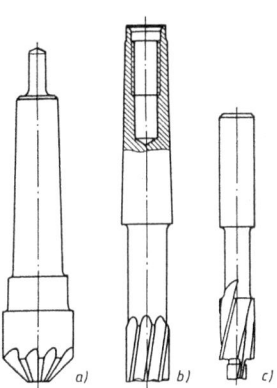

Bild 10.48 Senker
a) Kegelsenker, b) Stirnsenker, c) Zapfensenker.

Beim *Senken* wird eine bereits vorhandene Bohrung mit einem Profil versehen. Häufigster Anwendungsfall ist das Herstellen von Schraubenkopfsenkungen oder das Ansenken von Flächen für Federringe, Dichtungen und Unterlegscheiben. Senkwerkzeuge können eingeteilt werden in Flachsenker, Kegelsenker, Stirnsenker und Sondersenker (Bild 10.48). Die *Kegelsenker* sind nach DIN 334, DIN 335, DIN 347, DIN 1863, DIN 1866 und DIN 1867 genormt und haben einen Kegelwinkel von 60°, 90° oder 120°. Sie werden für Senkungen von Senkschrauben und Senk-

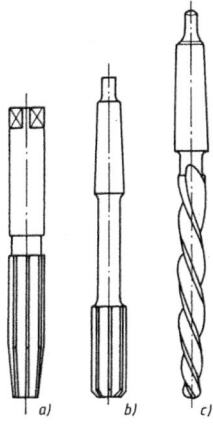

Bild 10.49
Reibahlen
a) Handreibahle,
b) Maschinenreibahle,
c) Nietlochreibahle.

nieten verwendet. *Flachsenker* sind nach DIN 373 und DIN 375 genormt und werden für Senkungen von Zylinderkopf- oder Sechskantschrauben verwendet.

Reibahlen dienen zur Herstellung von Bohrungen mit hoher Paßgenauigkeit und werden in Handreibahlen, Maschinenreibahlen, verstellbare Reibahlen und Nietlochreibahlen (Bild 10.49) eingeteilt. Die *Handreibahle* ist nach DIN 206 genormt und wird in der Einzelfertigung und in der Reparatur eingesetzt. Die gute Führung der Reibahle wird durch den verhältnismäßig langen Anschnitt erzielt, daher können damit auch kleine Sackbohrungen von Hand gerieben werden. Die *Maschinenreibahle* ist nach DIN 208, DIN 209 und DIN 212 genormt und unterscheidet sich hauptsächlich durch den kurzen Anschnitt von der Handreibahle. Die Maschinenreibahle gibt es in unterschiedlichen Bauarten und, je nach Größenordnung, aus einem Stuck oder als Aufsteckreibahle. Die *verstellbare Reibahle* entspricht im Aufbau der Maschinenreibahle, hat jedoch den Vorteil, daß sie bei Abnutzung nachgestellt werden kann. Die Verstellung kann über Spreizen, konische Gewinde oder konische Nuten erfolgen. Die *Nietlochreibahle* wird verwendet, um bei der Montage vorgebohrte Locher aufzureiben und damit unvermeidliche Ungenauigkeiten auszugleichen. Der Einsatz erfolgt hauptsachlich im Brucken-, Schiffs-, Stahl- und Behälterbau.

10.2.1.4 Werkzeuge zum Fräsen

Fräswerkzeuge gibt es in einer großen Vielfalt. Die Art des Fräsers ist vom Arbeitsverfahren (Walzenfräsen, Stirnfräsen, Formfräsen), von den auftretenden Kräften und vom zu bearbeitenden Werkstoff abhängig. Die Zerspanung wird mit einem ein- oder mehrschneidigen Werkzeug durchgeführt, wobei die Schnittbewegung durch die Werkzeugdrehung um seine Achse erfolgt. Die Vorschubbewegung kann vom Werkzeug oder Werkstück ausgeführt werden und die Schneiden sind nicht ständig mit dem Werkstück im Eingriff (unterbrochener Schnitt). Die Art des Schneidenwerkstoffs ist vom zu bearbeitenden Werkstoff und den Abmessungen des Fräswerkzeugs abhängig. Das Werkzeug kann aus einem Stuck oder aus einem Grundkörper mit eingesetzten, eingelöteten oder geklemmten Schneidkörpern aus hochwertigem Werkzeugstahl, Hartmetall oder Keramik hergestellt sein. Die Einteilung der Fräswerkzeuge ist willkürlich, da diese nach unterschiedlichen Gesichtspunkten durchgeführt werden kann. Die üblichste Einteilung ist die nach der geometrischen Form der Schneiden in spitzgezahnte und hinterdrehte Fraser. Hinzu kommen die Messerkopfe und die Satzfraser. *Spitzgezahnte Fräser* werden auch als Fräser mit gefrästen Schneiden bezeichnet. Die Schneiden konnen gerade, schräg oder wendelförmig verlaufen; das Nachschleifen

10.2 Werkzeuge

erfolgt hauptsächlich an der Freifläche. Bild 10.50 zeigt Formen spitzgezahnter Fräser für die unterschiedlichsten Bearbeitungsaufgaben. *Hinterdrehte Fräser* werden üblicherweise *Profil-* bzw. *Formfräser* (Bild 10.51) genannt. Sie haben ungünstige Schneidewinkel und werden nur für die Formflächen verwendet, die mit spitzgezahnten Fräswerkzeugen nicht zu bearbeiten sind. Beim radialen Nachschleifen an der Spanfläche bleibt das Profil erhalten. *Messerköpfe* (Bild 10.52) sind Fräser mit eingesetzten Schneiden (Messern) zum Bearbeiten ebener Flächen bei großen Schnittleistungen. Der Fräskörper ist aus Stahl, Stahlguß oder bei großen Fräskörpern aus Aluminium-Legierungen, die Messer sind aus hochwertigem Werkzeugstahl (Schnellstahl, Hochleistungsschnellstahl), Hartmetallschneiden oder Oxidkeramik. Die Messerköpfe mit eingelöteten Schneiden werden zunehmend von den Messerkopfen mit Wendeschneidplatten verdrängt. *Satzfräser* bestehen aus mehreren Einzelfräsern zur Erzielung einer bestimmten Kontur und zur Werkzeugkosteneinsparung.

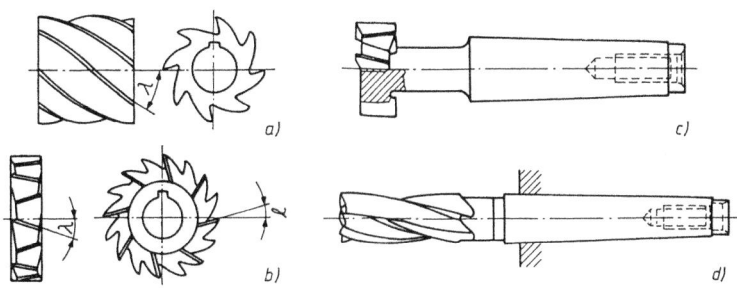

Bild 10.50 Spitzgezahnte Fräser
a) Walzenfräser,
b) Scheibenfräser,
c) Nutenfräser,
d) Schaltfräser.

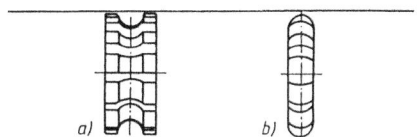

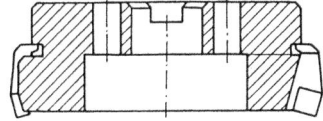

Bild 10.51 Hinterdrehte Fraser
a) Außen-Halbkreisfraser, b) Innen-Halbkreisfraser.

Bild 10.52 Messerkopf mit Wendeschneidplatten in Einbaukorpern (System Montanwerke Walter, Tubingen).

10.2.1.5 Werkzeuge zum Schleifen

Werkzeuge zum Schleifen sind Werkzeuge mit unbestimmter Schneidengeometrie. Die zur Bearbeitung notwendige Schneide wird von jedem einzelnen Korn gebildet. Eine Einteilung kann in Werkzeuge mit gebundenem und ungebundenem Korn erfolgen. Werkzeuge mit *gebundenem Korn* sind Schleifscheiben und Honsteine. Beim *ungebundenen Korn* kann im herkömmlichen Sinne nicht von einem Werkzeug gesprochen werden, da das Abspanen (Läppen) mit einem losen Schleifkorn, das in einer Flüssigkeit oder Paste aufgeschwemmt wird, erfolgt. Der Aufbau der Schleifscheiben ist neben den Hauptabmessungen hauptsachlich durch das Schleifmittel, die Körnung, den Härtegrad, das Gefüge und die Bindung gepragt. Die Schleifmittel konnen unterschieden werden in naturliche und synthetische. Die naturlıchen Schleifmittel sind u.a. Bimsstein, Quarz, Sandstein, Naturkorund. Von technischer Bedeutung sind allerdings nur die synthetischen Schleifmittel wie Siliziumkarbid, Elektrokorund, Borkarbid, kubisch kristallines Bornitrid (CBN) und Diamant. Die Körnungen der Schleifmittel werden mit Zahlen bezeichnet, die der Maschenzahl des Siebgewebes pro Zoll entsprechen. Der Härtegrad eıner Schleifscheibe ist als Widerstand des Bindemittels gegen das Herausbrechen eines Schleifkorns aus dem Bindungsverband definiert. *Schleifscheibenharten* sind daher eigentlich *Bindungsharten* und werden mit Buchstaben bezeichnet, wobei die Härte mit der alphabetischen Reihenfolge steigt. Die Bindung hat die Aufgabe, die Schleifkörner bis zum Erreichen eines bestimmten Verschleißzustandes zu halten und während des Schleifvorgangs freizugeben (Selbstscharfung). Die wichtigsten Bindungsarten sind keramisch, elastisch oder mineralisch. Die Grundformen und die Hauptabmessungen der Schleifscheiben richten sich nach dem Schleifverfahren, bei dem diese eingesetzt werden. Die Schleifkorper aus gebundenen Schleifmitteln sind nach DIN 69111 genormt. Die konischen und verjüngten und die Topf- und Tellerscheiben werden hauptsächlich zum Schleifen von Werkzeugen verwendet. Die auf Tragescheiben befestigten Schleifkörper oder Schleifsegmente werden zum Stirnflachschleifen verwendet. Die Schleifstifte finden hauptsachlich bei Handschleifmaschinen zu Putz- oder Entgratarbeiten Anwendung. Die Schleifscheibenformen sind in DIN 69 111 genormt. Die Randformen der Profilschleifscheiben nach DIN 69105. Dıe Kennzeichnung erfolgt mit großen Kennbuchstaben von A bis P.

Beim Honen ist das Werkzeug ein feınkornıger, keramisch oder kunststoffgebundener *Honstein* oder eine *Diamant-* oder *Bornitridhonleiste*. Die Honsteine werden dem jeweiligen Bearbeitungsfall angepaßt und sind in DIN 69 186 genormt.

10.2.1.6 Werkzeuge zum Hobeln, Stoßen und Räumen

Hobel- und *Stoßwerkzeuge* erfahren eine Stoßbelastung, da die Zustellung nach jedem Schnitt erfolgt. Die Schnittbewegung ist geradlinig; die Werkzeuge werden nach dem Freischneıden abgehoben und zurückgeführt. Aufgrund der Stoßbelastung der Schneıde konnen als Schneidenwerkstoff nur Schnellarbeitsstähle und zähe Hartmetalle verwendet werden. Die Form der Werkzeuge entspricht denen bei der Drehbearbeitung; hinzu kommen noch eine Vielzahl von Sonderformen, die dem jeweiligen Bearbeitungsfall angepaßt sind.

Beim *Raumwerkzeug* erfolgt die Schnittbewegung ebenfalls geradlinig, nur wırd der gesamte Werkstoffabtrag in einem Hub durchgeführt. Bei großen Spanabnahmen kann das Werkzeug (Raumnadel) auch unterteilt oder der gesamte Abtrag auf mehrere Werkzeuge verteilt werden. In Bild 10.53 zeigt eine *Raumnadel,* an der die einzelnen Bereiche gekennzeichnet sind. Das Werkzeug besteht aus Schaft, Aufnahme (fur das Werkstück), Schneidenteil, Kalibrierteıl, Führungsstuck und Endstuck. Einfache Raumwerkzeuge sowie Innen-Raumwerkzeuge bestehen meist aus einem Stuck.

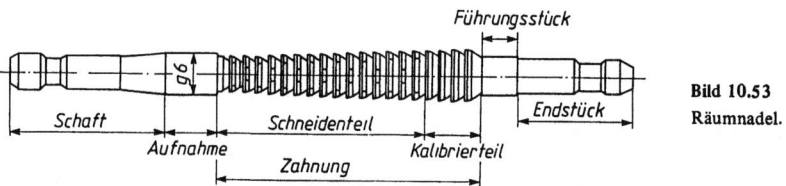

Bild 10.53 Räumnadel.

10.2 Werkzeuge

Bei großen Raumwerkzeugen und Außen-Raumwerkzeugen wird zumeist mit zusammengesetzten Werkzeugen gearbeitet. Als Werkzeugwerkstoff wird ausschließlich Schnellarbeitsstahl verwendet, lediglich bei der Graugußbearbeitung kommen hartmetallbestuckte Werkzeuge zum Einsatz.

10.2.1.7 Werkzeuge zum Sägen

Sagewerkzeuge konnen in drei Gruppen eingeteilt werden: *Hubsägeblatter, Bandsägeblatter* und *Kreissageblätter*. Es werden drei *Schrankungsarten* unterschieden: *Rechts-links-, Rechts-Mittelinks* und *wellenförmige Schrankung*. Sageblatter werden aus Schnellarbeitsstahl (beim Sagen weicher Werkstoffe) hergestellt und, je nach Anforderung, konnen hartmetallbestuckte (beim Sagen von hochfesten Werkstoffen) oder diamantbestuckte Sageblätter (beim Sagen von Natur- und Hartsteinen) Anwendung finden.

10.2.1.8 Werkzeuge zum Herstellen von Gewinden

Kennzeichnend fur ein Gewinde ist dessen Profil (Spitzgewinde, Trapezgewinde usw.), Steigung und Gangzahl. Entsprechend angepaßt ist hierfur die Vielzahl von *Gewindeschneidwerkzeugen*. Nachstehend sollen die wichtigsten Werkzeuge aufgefuhrt werden. Der *Gewinde-Drehmeißel* ist ein ublicher *Spitzdrehmeißel* mit einem Flankenwinkel, der dem zu schneidenden Gewinde entsprechen muß. Der *Gewinde-Strehler* (Bild 10.54) hat mehrere Schneiden mit Steigungsabstand zum Herstellen des Gewindes in einem Schnitt. Die Schneiden des Strehlers sind so abgeschragt, daß jede Schneide die gleiche Spanmenge abnimmt. Der Nachteil der Gewinde-Strehler ist, daß das Gewinde bis zu einem Bund nicht voll ausgeschnitten werden kann. *Gewinde-Schneidbacken* werden in Halter eingesetzt und dann von Hand oder auf Drehmaschinen das Gewinde geschnitten. *Gewinde-Schneideisen* sind nach DIN 223 genormt und schneiden das Gewinde in einem Arbeitsgang. Selbstoffnende Schneidköpfe haben radial oder tangential stehende Strehler-Schneidbacken, die nach Schnittende durch Federkraft nach außen geschoben werden. Sie haben den Vorteil, daß die Spane aufgrund des großen Spanraumes nicht klemmen konnen und bei Anwendung in Automaten die Drehrichtung der Arbeitsspindel nicht geandert werden muß. *Gewinde-Scheibenfraser* werden zum Frasen von Langgewinden untergeordneter Genauigkeitsanforderungen verwendet; der Fraser nach DIN 1893 T 1 wird dabei senkrecht zur Flankensteigung gestellt. Beim *Gewindewirbeln* besteht das Werkzeug aus ein bis vier Einzelmessern, deren Schneidenprofil dem Gewindeprofil entspricht. Bei *Gewindeschleifscheiben* entspricht das Profil der Einprofilschleifscheibe dem Gewindeprofil. Die Schleifspindel ist unter den Flankensteigungswinkel gegenuber der Werkstuckachse geneigt. Beim Gewindeschleifen mit der Mehrprofilscheibe ist die Schleifscheibe mit dem Strehler vergleichbar, so daß die Spanabnahme ebenfalls auf die Rillen gleichmaßig verteilt ist. Kurzgewinde werden mit Mehrprofilscheiben im Einstechverfahren geschliffen. Dabei dreht das Werkstück etwas mehr als eine Umdrehung. Das Scheibenprofil entspricht dem Gewindeprofil.

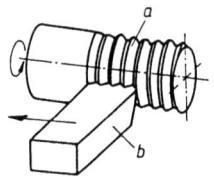

Bild 10.54 Gewinde-Strehler
a) Werkstück,
b) Strehler (Werkzeug).

Gewindebohrer werden für Innengewinde benutzt und sind in DIN 351 und DIN 352 genormt. Sie werden in Hand- und Maschinengewindebohrer eingeteilt. *Handgewindebohrer* bestehen aus einem Satz von zwei oder drei Bohrern. Dabei hat der Vorschneider einen längeren Anschnitt als der Nach- und Fertigschneider. Beim Gewindeschneiden mit der Maschine wird nur ein Gewindebohrer verwendet.

10.2.1.9 Werkzeuge zum Herstellen von Verzahnungen

Die Werkzeuge für die Zahnradherstellung können in Werkzeuge für Stirnräder- und Kegelräder-Verzahnungen eingeteilt werden und als Schneidenwerkstoff wird üblicherweise Schnellarbeitsstahl verwendet. Eine weitere Unterteilung erfolgt nach dem Bearbeitungsverfahren in Form- und Wälzwerkzeuge.

Werkzeuge für *Stirnräder-Verzahnungen* mit den Formwerkzeugen wird jeweils nur eine Verzahnungslücke hergestellt. Hierzu konnen *Formfraser, Fingerfraser, Formmeißel* und *Formschleifscheiben* zur Anwendung kommen. Die Form der Werkzeuge muß der Form der zu erstellenden Verzahnung entsprechen. Mit den Wälzwerkzeugen wird die Verzahnung im Abwalzverfahren hergestellt. Die Werkzeuge hierfür sind: *Zahnstangen-Schneidkamm, Schneidrad, Walzfraser* und *Schleifscheiben* zum Abwalzschleifen. Zur Verbesserung von Oberflächen erstellter Zahnflanken werden Schabewerkzeuge verwendet. Das *Schaberad* ist ein Zahnrad, dessen Zahnflanken durch eingearbeitete Nuten unterbrochen sind. Das Werkzeug (Schaberad) walzt auf dem Werkstuck (Zahnrad) ab und nimmt feine Späne ab.

Werkzeuge zur *Kegelrader-Verzahnung* als Formwerkzeug dient eine *Raumscheibe* mit der Form der Zahnlücke. Das Verfahren kann nur bis Zahnbreiten von etwa 30 mm eingesetzt werden. *Hobelwerkzeuge* werden beim Zweimeißel-Wälzhobeln angewandt, wobei diese gerade Flanken haben und die Balligkeit durch das Abwalzen der Räder erzielt wird. Üblicherweise werden zum Herstellen von Kegelräder *Kegelrad-Walzfraser* oder *Messerkopfe* verwendet.

10.2.2 Werkzeuge zum Umformen und zur Blechverarbeitung

Die Ausführung einzelner Werkzeuge ist je nach Verwendungszweck sehr unterschiedlich, da eine Vielzahl einzelner Punkte bei ihrer Gestaltung berücksichtigt werden muß. Solche Punkte können z.B. sein: Das Fertigungsverfahren, der Verfahrensablauf, die Fertigungszeit, die Werkzeugkosten, die Gesamtstückzahl der mit diesem Werkzeug zu fertigenden Werkstücke, die zur Verfügung stehende Zeit für das Anfertigen des Werkzeugs, die Art der Werkzeugmaschine, ihre Werkzeugspannmöglichkeiten, der Werkstücktransport, die geforderte Werkstückqualität, Sicherheitsbestimmungen usw. Für den Werkzeugkonstrukteur sind eine Vielzahl von Erfahrungswerten als z.T. sehr detaillierte *Angaben zur Werkzeuggestaltung und Ausfuhrungsbeispiele* in DIN 9811 bis 9870, in den VDI-Richtlinien 3030 bis 3389 und in vielen AWF-Richtwertblättern enthalten. Im folgenden können nur einige wenige Werkzeugausführungen beispielhaft wiedergegeben werden.

10.2.2.1 Werkzeuge des Umformens

Die Werkzeuge werden durch sehr hohe Krafte und meist auch hohe Temperaturen beansprucht. Dementsprechend kommen legierte Stähle mit einem Kohlenstoffgehalt von 0,3 ... 0,55 % zum Einsatz [10.10], [10.11]. Bild 10.55 zeigt den massiven Aufbau eines Schmiedegesenks zur Herstellung einer Radnabe, Bild 10.56 den feingliedrigen Aufbau eines Fließpreßwerkzeugs.

10.2 Werkzeuge

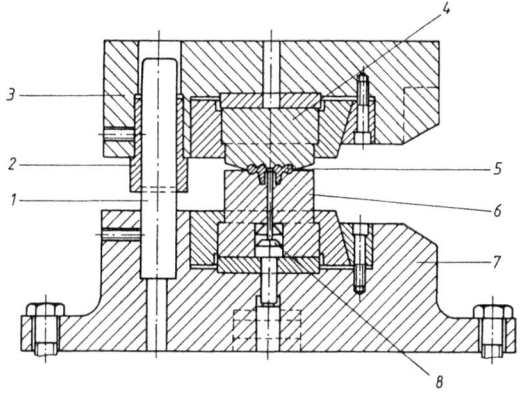

Bild 10.55
Schmiedegesenk mit Säulenführung.
1 Führungssäule,
2 Führungshülse,
3 obere Grundplatte,
4 Obergesenk,
5 Schmiedestück,
6 Untergesenk,
7 untere Grundplatte,
8 Auswerfer.

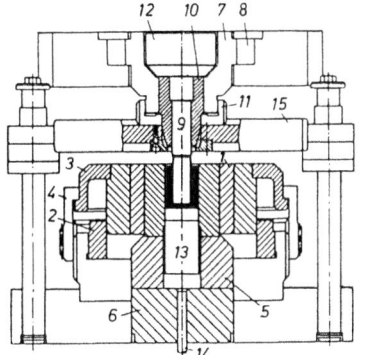

Bild 10.56
Aufbau eines Rückwärtsfließpreßwerkzeugs.
1 Matrize, mit Hülsen doppelt armiert,
2 Führungsring,
3 Spannring,
4 Überwurfmutter,
5 und 6 Druckstücke,
7 Stempelaufnahme,
8 Keilelemente,
9 Stempel,
10 Spannhülse,
11 Mutter,
12 Druckstück,
13 Gegenstempel,
14 Auswerfer.

10.2.2.2 Schneidwerkzeuge

Zu den *Schneidwerkzeugen* sind detaillierte Angaben und viele Ausführungsbeispiele in [10.10], [10.13], [10.14] und [10.16] enthalten. Nach unterschiedlichen Ordnungsgesichtspunkten zusammengefaßt sind in Bild 10.57 je ein *Freischneid-* und ein *Plattenführungsschneidwerkzeug*. In Bild 10.58 sind ein *Gesamtschneid-* und ein *Folgeschneidwerkzeug* als Säulenführungsschneidwerkzeuge wiedergegeben.

10.2.2.3 Tiefziehwerkzeuge

Auch zu den *Tiefziehwerkzeugen* sind im Schrifttum [10.10], [10.11], [10.13], [10.14], [10.17] detaillierte Angaben und viele Ausführungsbeispiele enthalten. Im Bild 10.59 ist der Aufbau je eines Ziehwerkzeugs für den 1. und 2. Zug eines Napfes gezeigt.

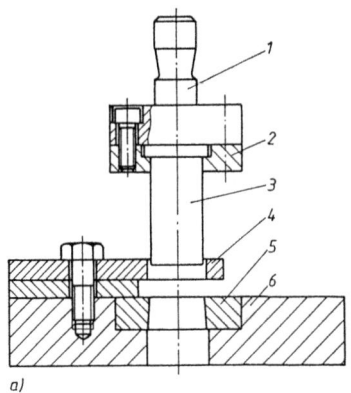

Bild 10.57 Schneidwerkzeuge entsprechend der Führungsart:
a) Freischneidwerkzeug (ohne Führung),
b) Plattenführungsschneidwerkzeug.

1 Einspannzapfen, 5 Schneidplatte,
2 Stempelplatte,   6 Grundplatte,
3 Stempel,   7 Führungsplatte.
4 Abstreifer,

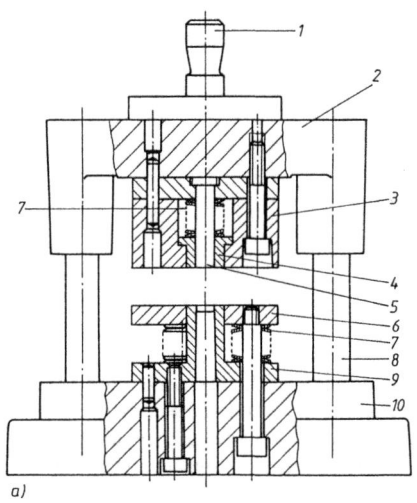
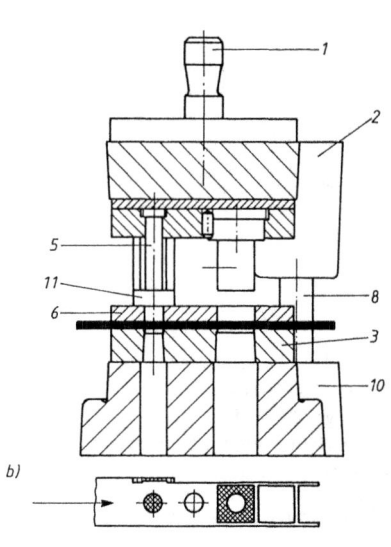

Bild 10.58 Säulenführungsschneidwerkzeuge.
a) Gesamtschneidwerkzeug,
b) Folgeschneidwerkzeug.

1 Einspannzapfen,   7 Tellerfedern,
2 Oberteil,   8 Führungssäule,
3 Schneidplatte,   9 äußerer Stempel,
4 Niederhalter,   10 Unterteil,
5 innerer Stempel, 11 Seitenschneider.
6 Abstreifplatte,

10.2 Werkzeuge

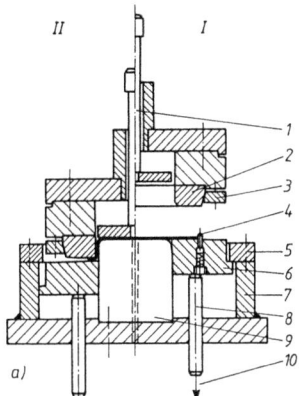

Bild 10.59 Tiefziehwerkzeuge (dreifachwirkend)
a) 1. Zug,
b) Weiterzug
I Ausgangssituation,
II Zwischenstadium,

1 Auswerfer,
2 Ziehring,
3 Spannring,
4 Zentrierstifte (3) bzw. Zentrierring,
5 Anschlag,

6 Niederhalter,
7 Distanzring,
8 Druckstifte,
9 Ziehstempel,
10 zum Ziehkissen.

10.2.3 Werkzeuge für die Kunststoffverarbeitung

Fur die Herstellung von Kunststoff-Formteilen sind neben den Verarbeitungsmaschinen die Werkzeuge (Formen) besonders wichtig. Werkzeuge müssen folgende allgemeine Forderungen erfullen:
- hohe Formgenauigkeit
- ausreichende Stabilıtat
- gunstige Auslegung des Temperiersystems
- einfache Entformungsmoglıchkeit für die Formteıle
- geringer Verschleiß
- leichte Instandsetzungsmoglichkeıt
- schnelle Montierbarkeit auf der Verarbeitungsmaschine
- wirtschaftliche Herstellung.

10.2.3.1 Werkzeuge zum Spritzgießen

Ein *Spritzgießwerkzeug* (Bild 10.60) besteht aus der festen Werkzeughälfte mit Angußbüchse und der beweglichen Werkzeughalfte mit dem Auswerfersystem. Die Trennebene verläuft durch die Formhohlung. Meist werden *Zweiplattenwerkzeuge* verwendet, bei Mehrfachangussen oft auch *Dreiplattenwerkzeuge*. Die Entscheidung für ein Einfach- oder Mehrfachwerkzeug ist von den Herstellkosten des Formteils und damit von der Stückzahl, der Gestalt des Formteils, der vorhandenen Spritzgießmaschine und den Werkzeugkosten abhängig, die mit der Fachzahl (Anzahl der Formhohlungen) zunehmen.
Die *Werkzeugkonstruktion* wird wesentlich vom Formteil (Gestalt, Kunststoff, geforderte Eigenschaft) beeinflußt. Am einfachsten sind Werkzeuge für Formteile ohne Hinterschneidungen. Äußere Hinterschneidungen an Formteilen werden durch Schieber ermöglicht; innere Hinterschneidungen werden durch ausschraubbare Gewindekerne oder durch spezielle Patentkerne möglich gemacht.

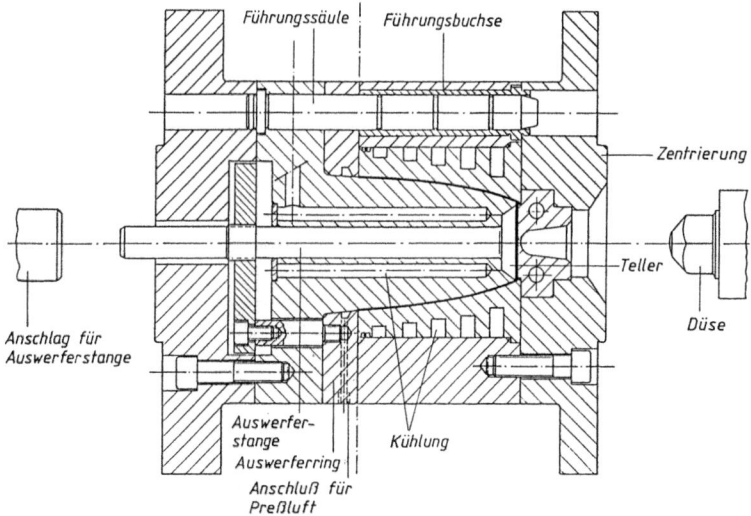

Bild 10.60 Becherwerkzeug mit Vorkammer-Punktanguß (nach BASF).

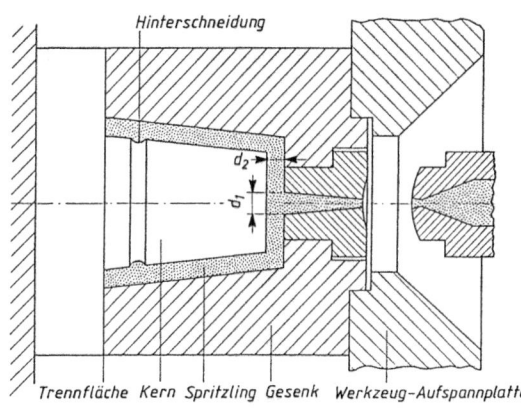

Bild 10.61
Kegelanguß (nach BASF).

Bei großflächigen Formteilen besteht die Gefahr, daß die Werkzeughälften durch den inneren Spritzdruck auseinandergedrückt werden, wodurch sich Schwimmhäute bilden können; dies kann durch *Konusbacken* vermieden werden. Das *Angußsystem* und die Lage des Anschnitts beeinflussen wesentlich den Füllvorgang und damit die Eigenschaften des Formteils. Wichtig sind die nachstehenden Angußarten:

– *Kegelanguß* (Bild 10.61), günstig für dickwandige Formteile wegen geringen Druckverlusts, aber spanendes Abarbeiten notwendig;

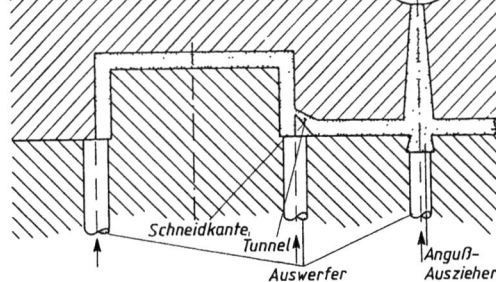

Bild 10.62
Tunnelanguß (nach BASF).

- *Punktanguß*, günstig für dünnwandige Formteile; praktisch keine Nacharbeit notwendig;
- *Schirmanguß* zur Vermeidung von Bindenähten, z.b. an Zahnrädern; jedoch spanendes Abarbeiten notwendig;
- *Tunnelanguß* (Bild 10.62) ermöglicht automatisches Abreißen des Angußverteilers vom Formteil auch beim Zweiplattenwerkzeug. Die Verteilerkanäle leiten die thermoplastische Formmasse zu den Formnestern. Zur Vermeidung von Druckverlusten sollten sie strömungstechnisch günstig gestaltet sein und möglichst kurz gehalten werden. Um den Materialverlust durch die Angüsse zu vermeiden, werden heute häufig *Heißkanalwerkzeuge* eingesetzt. Dabei wird die Formmasse im temperierten Angußsystem plastisch gehalten, so daß jeweils nur die Formteile erstarren.

Die *Werkzeugtemperatur* beeinflußt wesentlich Formgenauigkeit und Festigkeitseigenschaften des Formteils sowie die Fertigungszeit. Wichtig ist, daß alle das Formteil bildenden Werkzeugteile temperiert werden können.
Nach dem Spritzvorgang werden die Formteile zwangsweise entformt, d.h. aus dem geöffneten Spritzgießwerkzeug ausgeworfen. Dazu sind erforderlich: *Auswerferstifte, Abstreiferplatten* und *Preßluftentformung*. Die Auswerferstifte sollten großflächig auf Rippen und möglichst nicht auf Sichtflächen angesetzt werden, da sie sich oft in das Formteil eindrücken.
Da bei Spritzgießwerkzeugen viele Bauelemente ähnlich sind, werden von Normalienherstellern genormte *Stammwerkzeuge* und Grundelemente für Werkzeuge (Auswerferstifte, Angußbuchsen usw.) angeboten. Sie ermöglichen eine genauere Kalkulation, eine raschere Herstellung und eine einfache Austauschbarkeit der Werkzeuge sowie eine Verringerung des Maschinenparks im Werkzeugbau.
Als *Werkstoffe* für Spritzgießwerkzeuge werden üblicherweise Stähle verwendet, die gute Bearbeitbarkeit und Polierbarkeit, ausreichende Festigkeit und Zähigkeit sowie chemische Beständigkeit gegen die verwendeten Formmassen (PVC!) haben sollten. Hoher Verschleißwiderstand wird durch eine Oberflächenhärte von ca. 60 HRC erreicht. *Einsatzstähle* haben dabei den Vorteil des zähen Kerns und den Nachteil des stärkeren Verzugs gegenüber den *durchgehärteten Stählen*. Für Formeinsätze finden meist *hochlegierte Stähle* Verwendung. Durch *Hartverchromen* erreicht man eine Verbesserung der Verschleißfestigkeit und der Korrosionsbeständigkeit. *Erodieren* von Formhöhlungen ist auch bei gehärteten Stählen möglich und für hohe Formgenauigkeit üblich. In Sonderfällen verbessert man die Verschleißfestigkeit von fertig bearbeiteten Formplatten durch *Badnitrieren* (geringe Schichtdicke). Ungehärtete Werkzeugteile werden aus unlegierten Vergütungsstählen hergestellt.
Die *Maßtoleranzen* für formgebende Werkzeugteile sind in DIN 16 749 festgelegt; in den meisten Fällen werden jedoch firmeninterne Maßtoleranzen verwendet, die sich nach den gestellten Forderungen an die Formteile richten oder vor allem nach der Ausstattung des Werkzeugbaus.

10.2.3.2 Werkzeuge zum Pressen und Spritzpressen

Beim Pressen werden härtbare Kunstharzpreßmassen unter Wärme und Druck zu Formteilen verarbeitet. Die Werkzeuge werden fast durchweg elektrisch beheizt, die Füllung mit Formmasse erfolgt von Hand oder mittels Füllvorrichtung mit loser Preßmasse oder vorgepreßten Tabletten.
Bei *Preßwerkzeugen* unterscheidet man *Handwerkzeuge* für Musterpressungen oder Kleinserien, *Stammwerkzeuge* für auswechselbare, formbildende Werkzeugteile und *Normalpreßwerkzeuge*, die speziell auf das Formteil abgestimmt sind. Normalpreßwerkzeuge sind fest in die Presse eingebaut. Übliche Bauformen sind *Füllraumwerkzeuge* (Bild 9.6) mit Austrieb. Der Füllraum ist so bemessen, daß er die Formmasse bei geöffnetem Werkzeug aufnehmen kann. Der Materialüberschuß fließt beim Schließen des Werkzeugs durch Austriebskanäle ab; der dabei am Formteil entstehende Preßgrat muß nachträglich entfernt werden.
Bei *Spritzpreßwerkzeugen* (Bild 9.7) sind die beiden Werkzeughälften vor dem Einspritzen geschlossen, der Spritzzylinder muß die notwendige Formmasse aufnehmen können. Man unterscheidet Spritzpreßwerkzeuge mit Spritzzylinder und Kolben von oben oder Kolben von unten. Bei letzterem ist bei der Presse eine zweite Hydraulikeinrichtung notwendig. Spritzpreßwerkzeuge werden meist als Mehrfachwerkzeuge ausgeführt, weil dabei die zentrale Befüllung der einzelnen Formhöhlungen vom Spritzzylinder aus gleichmäßig möglich ist. Als Werkstoffe werden ähnliche Materialien wie beim Spritzgießen (Abschnitt 10.2.3.1) verwendet, wobei insbesondere bei „agressiven" Preßmassen entsprechender Korrosionsschutz notwendig ist.

10.2.3.3 Werkzeuge für Extrusion und Blasformen

Die *Werkzeuge für die Extrusion* sind direkt am Ende des Extruders montiert. Sie bestehen durchweg aus Stahl und sind ganz speziell auf das zu extrudierende Profil (Vollstab, Rohr, Profil, Folie, Tafel) abgestimmt. Als Beispiel zeigt Bild 10.63 ein *Rohrwerkzeug*. Bei Außenkalibrierung wird das extrudierte thermoplastische Rohr nach dem Austritt aus der Ringdüse durch innere „Stützluft" an die kalte Wand des Kalibrierwerkzeugs gedrückt und abgekühlt, so daß es formstabil wird. Extrusionswerkzeuge müssen jeweils auf Extruder, Kunststoff, Kalibriervorrichtung und Kühlstrecke abgestimmt sein.
Werkzeuge für das Blasformen nach dem Extrusions-, Spritz- oder Tauchblasen sind im Prinzip ähnlich aufgebaut. Größte Bedeutung haben Extrusionsblaswerkzeuge für die Massenfertigung. Für Dauerbetrieb und Großserien werden ausschließlich metallische Werkstoffe eingesetzt. Von besonderer Wichtigkeit sind die Ausführung der Schweißkanten und Quetschtaschen und die Entlüftung der Formhöhlungen. Die immer entstehenden „Butzen" müssen nachträglich abgearbeitet werden.

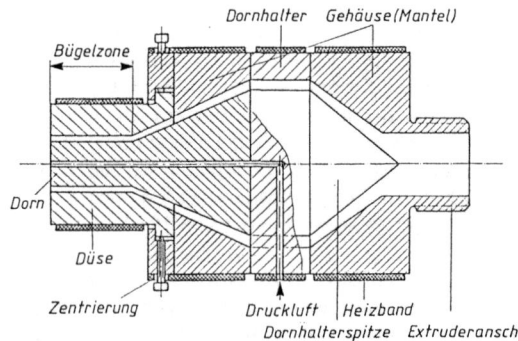

Bild 10.63
Rohrwerkzeug (nach RASF).

10.3 Spannzeuge für Werkzeuge

10.2.3.4 Werkzeuge zum Umformen

Fur die *handwerkliche Umformung* von Tafeln und Rohren, d.h. bei kleinen Stückzahlen, reichen im allgemeinen einfache Holzvorrichtungen aus, ebenso bei „Testformen" und kleineren Stückzahlen zum Streckformen. Für große Serien und wenn das Werkzeug temperiert werden muß, kommen nur Metallwerkzeuge (Aluminium, Stahl) zur Anwendung. Eine Mittelstellung nehmen Gießharzwerkzeuge (Epoxidharze mit unterschiedlichen Füllstoffen) ein. *Streckformwerkzeuge* sind immer einteilig und müssen Abluft- oder Vakuumkanäle enthalten (Bild 10.64), die so angebracht sein müssen, daß alle Partien des Formteils mit Sicherheit entluftet werden. Diese Bohrungen sind z.b. bei PS und PE kleiner zu wählen als bei PVC, damit keine Markierung auf dem Formteil entsteht oder sogar eine „Perforation". Man unterscheidet *Positiv-* und *Negativwerkzeuge*. Fur größere Ziehtiefen sind filzbelegte Stempel zur mechanischen Vorstreckung erforderlich. Bei der Massenfertigung von dünnwandigen Verpackungen oder Trinkbechern werden *kombinierte Werkzeuge* eingesetzt, die gleichzeitig formen und stanzen; hierbei ist nur Stahl als Werkzeugwerkstoff verwendbar. Bei einfachen Werkzeugen müssen die Formteile nachtraglich aus der Tafel durch Messerschnitte oder horizontale Bandsägen ausgetrennt werden.

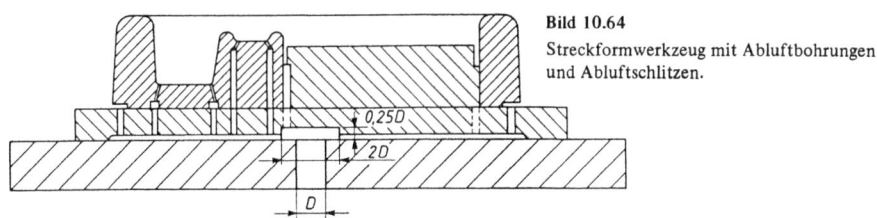

Bild 10.64
Streckformwerkzeug mit Abluftbohrungen und Abluftschlitzen.

10.2.3.5 Werkzeuge für Gummiverarbeitung

Werkzeuge für die Gummiverarbeitung entsprechen im wesentlichen den Preß- und Spritzpreßwerkzeugen, wenn die klassischen Verfahren der Gummiverarbeitung eingesetzt werden. Für das Spritzgießen von Gummi mussen die Werkzeuge gegenüber der Thermoplastverarbeitung wesentlich hoher beheizt werden, um die Vulkanisation im Werkzeug zu erreichen. Wichtig bei den Werkzeugen ist jedoch, daß durch konstruktive Maßnahmen am Werkzeug ein Austrieb ermöglicht wird, damit einwandfreie Formteile hergestellt werden konnen.

10.3 Spannzeuge für Werkzeuge

10.3.1 Allgemeines

Die grundsätzlichen Forderungen, die an die *Spannzeuge für Werkzeuge* gestellt werden, sind: Steifigkeit, Genauigkeit und schneller Werkzeugwechsel. D.h., das Werkzeug muß so mit dem zugehörigen Werkzeugmaschinenteil (Spindel oder Werkzeughalter) verbunden werden, daß alle auftretenden Kräfte und Momente mit möglichst geringer (keiner) Veränderung der Lage des Werkzeugs zum Werkzeugmaschinenteil aufgenommen werden können. Von besonderer Bedeutung ist, daß kein Rutschen des Werkzeugs auf den Spannflächen auftreten kann und die gesamte Einspannung unempfindlich gegen Schwingungen und Stöße ist. Auf den Spannflächen soll möglichst kein Verschleiß auftreten, um eine gute Wiederholgenauigkeit beim Werkzeugwechsel zu erzielen. Dies erfordert, daß die Spannflächen gehärtet oder aus Hartmetall sind. Der Werkzeughalter darf durch die auftretenden Spannkräfte nicht verformt werden. Zur Erzielung kurzer Wechselzeiten müssen die Spannstellen gut zugänglich sein und kurze, direkte Spannbewegungen ermöglichen.

10.3.2 Spannzeuge für Drehwerkzeuge

Drehmeißel, die aus einem Stück gefertigt sind oder die mit Schneidkörpern aus Schnellarbeitsstahl, Hartmetall, Keramik oder Diamant versehen sind, werden üblicherweise in vierkantige, schwenkbare *Drehmeißelspanner* (Bild 10.65) eingespannt. Die Schneidkörper können dabei aufgelötet oder in besonderen Halterungen eingeklemmt oder eingeschraubt werden. Unterschiedliche Klemmsysteme sind in Bild 10.66 angegeben. Die Wendeschneidplatten lassen sich dadurch mit

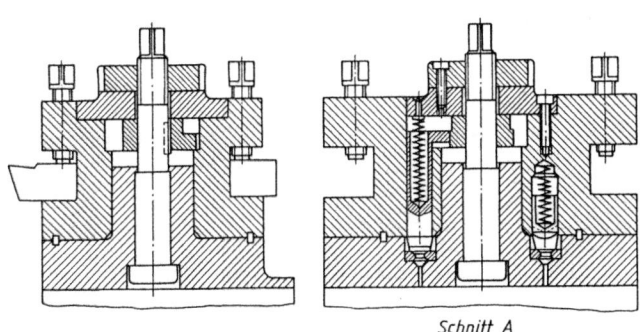

Bild 10.65 Drehmeißelspanner (schwenkbar).

Schnitt A

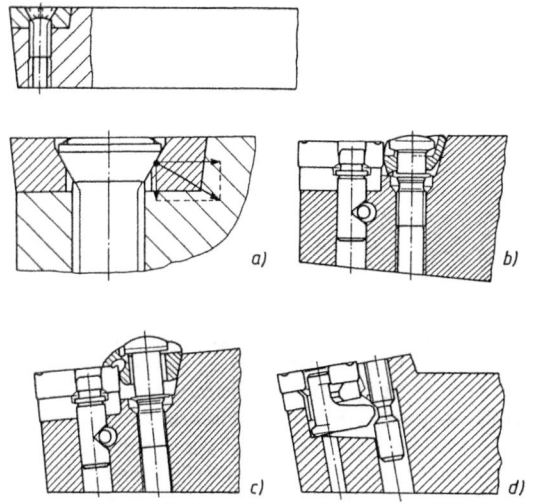

Bild 10.66
Klemmsysteme für Wendeschneidplatten
a) Loch-Wendeschneidplatte mit Spannschraube (System Krupp),
b) Loch-Wendeschneidplatte mit Spannkeil (System Coromant),
c) Loch-Wendeschneidplatte mit Keilspannpratze (System Coromant),
d) Loch-Wendeschneidplatte mit Hebelspannsystem (System Coromant).

10.3 Spannzeuge für Werkzeuge

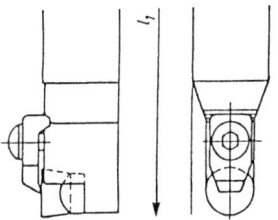

Bild 10.67
Klemmung einer runden Schneidkeramik-Wendeschneidplatte (System Feldmühle).

hoher Wiederholgenauigkeit wenden und wechseln. Bild 10.67 zeigt die Klemmung einer runden Schneidkeramik-Wendeschneidplatte. Für Revolver-Drehmaschinen sind spezielle Werkzeuge und Halterungen vorgesehen.

10.3.3 Spannzeuge für Bohrwerkzeuge

Bohrwerkzeuge müssen, um einwandfreie Bohrungen zu erhalten, fest und schlagfrei in der Bohrspindel aufgenommen werden. Hierzu können Bohrfutter, Aufnahmehülsen und Stellhülsen verwendet werden. *Bohrfutter* finden Verwendung für Bohrwerkzeuge mit Zylinderschaft. Die Bohrfutter sind selbstzentrierende Zwei- oder Dreibackenfutter (Bild 10.68) und werden üblicherweise mit einem Kegeldorn oder Morsekegel in der Maschinenspindel befestigt. *Bohrfutter mit Spannzangen* (Bild 10.69) sind jeweils für einen Schaftdurchmesser ausgelegt und werden mit einer Überwurfmutter geklemmt. *Schnellwechselfutter* sind für mehrere Arbeitsgänge (Bohren, Senken, Gewindebohren), die hintereinander ausgeführt werden, bestimmt. Dabei können bei drehender Arbeitsspindel die Werkzeuge, die in einem Werkzeugeinsatz gespannt sind, gewechselt werden. Bohrwerkzeuge mit Morsekegelschaft werden direkt im Innenkegel der Arbeitsspindel aufgenommen. Bei kleinen Werkzeugen, die einen kleineren Morsekegel als die Arbeitsspindel haben, werden *Reduzierhülsen* verwendet. Die Aufnahmehülsen sind nach DIN 1806 bis 1808 genormt. *Klemmhulsen* finden Anwendung, wenn Bohrwerkzeuge mit zylindrischem oder mit Zylinderschaft und vierkant eingespannt werden sollen. Sie sind nach DIN 6328 und 6329 genormt. *Stellhülsen* werden hauptsächlich bei Transferstraßen eingesetzt, da der Werkzeugwechsel der voreingestellten Werkzeuge damit leichter und genauer durchgeführt werden kann und sind nach DIN 6327 genormt.

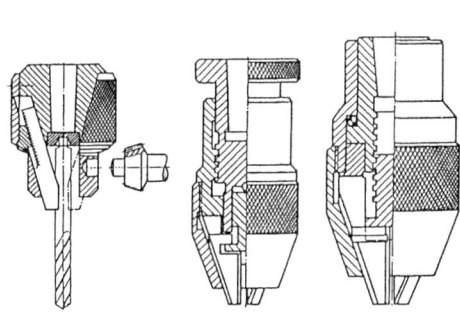

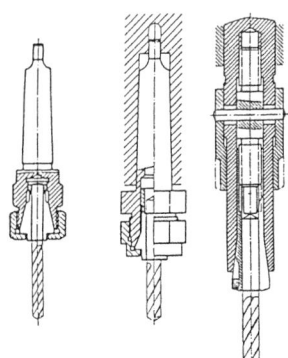

Bild 10.68 Selbstzentrierende Bohrfutter.

Bild 10.69 Bohrfutter mit Spannzangen.

10.3.4 Spannzeuge für Fräswerkzeuge

Fräswerkzeuge werden mittelbar über *Spannzeuge* oder unmittelbar mit der Arbeitsspindel verbunden. Eine Übersicht von Werkzeugaufnahmen für Fräsmaschinen gibt DIN 2201. Kleinere Fräswerkzeuge werden überwiegend als Schaftwerkzeuge gefertigt und können damit in *Spannfutter* oder *Spannhülsen* aufgenommen werden. Für schnellen und automatischen Werkzeugwechsel sind die neueren Werkzeugmaschinen mit *Steilkegel* nach DIN 2079 im Hauptspindelkopf ausgestattet. Die Werkzeugschäfte sind hierfür nach DIN 2080 genormt und mit Gewindeanzug versehen. Walzenfräsen oder Scheibenfräsen besitzen meist eine durchgehende Aufnahmebohrung mit Längsnut nach DIN 138 und werden auf Fräsdornen mit Steilkegel nach DIN 6354 aufgenommen. Eck- und Planfräser (Messerköpfe) besitzen eine Zentrierbohrung mit Quernut nach DIN 138. Aus Gründen der Laufgenauigkeit wird fast ausschließlich die Innenzentrierung verwendet. Fräswerkzeuge größerer Durchmesser werden mit Wendeschneidplatten bestückt. Die Klemmung erfolgt zum Teil analog derer bei den Drehwerkzeugen. Zunehmend wird aber auf Einbauelemente (Bild 10.70) oder Kasetten übergegangen. Diese bieten den Vorteil, daß Wendeschneidplatten jeder gewünschten Form eingesetzt werden können, da nur die Einbauelemente im Werkzeug-Grundkörper ausgetauscht werden müssen. Die Fräserkonzeptionen sind üblicherweise nach dem Baukastenprinzip aufgebaut und begrenzen dadurch die Lagerhaltung an teueren Fräswerkzeugen.

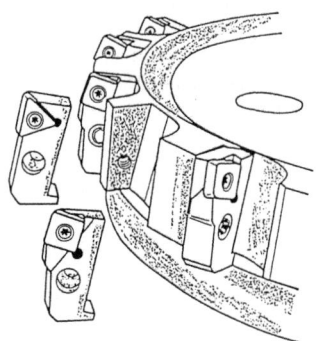

Bild 10.70
Einbauelemente für Messerkopf
(System Walter).

10.3.5 Spannzeuge für Schleifwerkzeuge

Schleifwerkzeuge werden auf *Aufnahmeflansche* aufgespannt und werden in Schleifscheiben mit kleiner und großer Bohrung unterteilt. Die Unfallverhütungs-Vorschriften (UVV) geben genaue Anweisungen für das Aufspannen der Schleifscheiben und für die Schutzvorrichtungen. Aufspannungen der unterschiedlichen Schleifscheibenformen sind aus Bild 10.71 ersichtlich.

10.3.6 Spannzeuge für Hobel-, Stoß- und Räumwerkzeuge

Bei der Hobel- und Stoßbearbeitung erfolgt nach jedem Arbeitshub der Leerhub als Rückhub. Dabei muß, um die Werkzeugschneide zu schützen, das Werkzeug abgehoben werden. Hierzu dient die *Meißelklappe* (Bild 10.72), die mechanisch, pneumatisch, magnetisch oder hydraulisch um etwa 45° abgehoben wird. Üblicherweise werden die Werkzeuge (Hobel- oder Stoßmeißel) mit *Meißelhaltern* auf der Meißelklappe festgespannt. An Senkrecht-Stoßmaschinen werden die Werk-

10.3 Spannzeuge für Werkzeuge

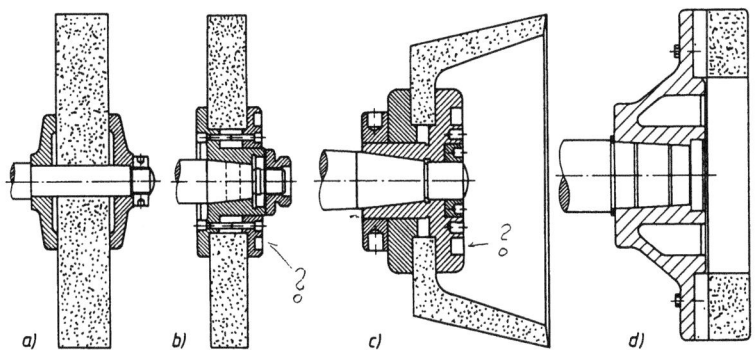

Bild 10.71 Aufspannungen an Schleifscheiben
a) kleine Aufnahmebohrung,
b) große Aufnahmebohrung,
c) Topfscheibe,
d) Ringscheibe.

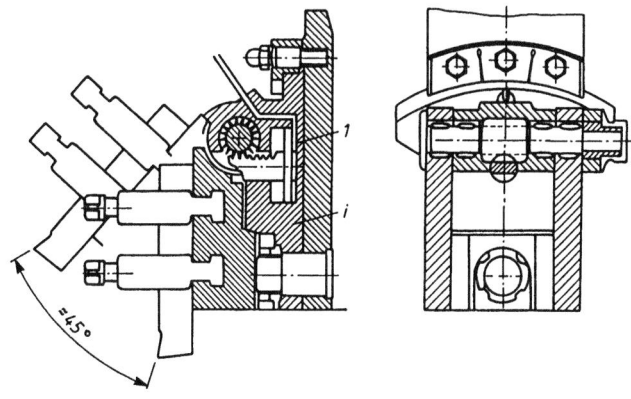

Bild 10.72 Hobelstahlhalter mit pneumatischem Lüften der Meißelklappe.

zeuge in *Spannbügeln* oder *Stoßmeißelhaltern* festgespannt. Innen-Räumwerkzeuge werden nach DIN 1415 und 1418 über *Schaft-* und *Endstückhalter* befestigt. Eine Verriegelung ist bei unsymmetrischen Profilen erforderlich, um eine bestimmte Lage des Werkzeugs zu erhalten. Außen-Räumwerkzeuge werden meist über *Nutensteine* oder *Gewindehülsen* gespannt.

10.3.7 Spannzeuge für Werkzeuge zum Sägen

Hubsägeblätter werden über Stifte im Bügel der Sägemaschine gehalten und über eine Gewindeverstelleinrichtung in diesem gespannt. Bandsägeblätter werden über eine *Spannrolleneinheit* gespannt. Kreissägeblätter werden auf *Aufnahmedorne* aufgesetzt und über Zwischenscheiben mit Gewindemuttern gespannt. Zur Verdrehsicherung sind Aufnahmestifte üblich.

10.4 Vorrichtungs-Systematik

10.4.1 Einführung

10.4.1.1 Definition

Vorrichtungen im Sinne dieser Systematik sind *Werkstückspanner*. Das Werkstück wird mit Hilfe der Vorrichtung in eine bestimmte Lage zum Werkzeug gebracht und durch entsprechende Spannmittel während der Bearbeitung gehalten. Die Vorrichtung kann zusätzlich zur Führung eines Werkzeugs dienen.

10.4.1.2 Begründung für den Einsatz von Vorrichtungen

Vorrichtungen werden eingesetzt zur *Verringerung von Nebenzeiten*, zur *Verbesserung der Fertigungsqualität*, insbesondere der Wiederholgenauigkeit und zur *Erleichterung der Arbeit für den Menschen*. Vorrichtungskosten sind auflagefixe Kosten, der Einsatz von Vorrichtungen ist kostenseitig nur begründbar, wenn eine Senkung der auflageproportionalen Kosten erreicht wird. Zur Begründung konnen Kosten-Stückzahl- oder Zeit-Stückzahluntersuchungen herangezogen werden.

10.4.1.3 Anforderungen an Vorrichtungen

Die Ausführung und Durchbildung der Vorrichtungen wird beeinflußt durch: das oder die aufzunehmenden Werkstück(e), das oder die Bearbeitungswerkzeug(e), die Werkzeugmaschine, die Meßmittel und die Bedienungsanforderungen.

Der *Einfluß des Werkstücks* ergibt sich aus dem Anlieferungszustand, der erforderlichen Bearbeitung, der geforderten Fertigungsqualität hinsichtlich Lage- und Maßgenauigkeit sowie Oberflächengüte, der Werkstückmenge und aus der Werkstückgröße bzw. dem Werkstückgewicht. Die für den Anlieferungszustand charakteristischen Eigenschaften folgen aus der vorausgegangenen Formgebung und der Bearbeitung. So werden z.B. Aushebeschrägen an gegossenen Werkstücken oder Grate nach abspanender Bearbeitung die Gestaltung von Auf- und Anlageflächen beeinflussen. Die Bearbeitungskräfte werden von der Vorrichtung aufgenommen und auf die Werkzeugmaschine übertragen. Die Vorrichtung liegt also im Kraftwirkungskreis:

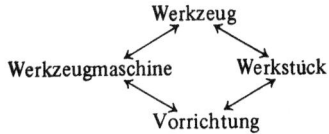

Ihre statische und dynamische Steife beeinflußt die Lagegenauigkeit (durch Verformung) und die Oberflächengüte (durch Rattern) des Werkstücks. Herstellung und Montage der Vorrichtung dürfen nur einen bestimmten Teil der Werkstücktoleranzen ausnutzen. Die Spanabfuhr und die einfache, wirkungsvolle Reinigung muß sichergestellt sein. Die Vorrichtung soll als komplette Baugruppe auf der Spannfläche der Werkzeugmaschine zu befestigen und auszurichten sein. Vorrichtungen für große Werkstücke – Grundfläche z.B. größer als $0,6 \times 0,7 \, m^2$ – und insbesondere kleine Losgrößen z.B. für NC-Bohr- und Fraswerke werden u.U. aus einem Baukastensystem nach Spannskizze direkt auf den Spanntisch der Maschine montiert. Der Bedienungskomfort richtet sich meist nach der Losgröße. Bei kleinen Losen, z.B. auf NC-Maschinen, wird von Hand ein- und angelegt und anschließend werden mehrere Spannstellen nacheinander bedient. In der Massenfertigung erfolgt der Zu- und Abtransport, das Be- und Entladen sowie das Spannen und Lösen selbsttätig, gesteuert vom Arbeitstakt der Anlage.

10.4 Vorrichtungs-Systematik

10.4.1.4 Aufgaben der Vorrichtung

Die analytische Untersuchung jeder Vorrichtung ergibt zwei bzw. drei Aufgaben: *Lagebestimmen* und *Spannen des Werkstücks* sowie u.U. *Führen des Werkzeugs*. Die drei Aufgaben werden zum besseren Verständnis und zwecks Anleitung zur systematischen Konstruktion nacheinander behandelt (s. die Abschnitte 10.4.2., 10.4.3 und 10.4.4).

10.4.2 Lagebestimmen

Aufgabe: Das Werkstück ist in eine bestimmte Lage zum Werkzeug zu bringen.

10.4.2.1 Bestimmebenen und Bezugsebenen

Der Werkstückkonstrukteur bezieht jedes Maß auf eine Ebene – die *Bezugsebene*. Im Bild 10.73 sind die Bezugsebenen für zwei Werkstücke beispielhaft gekennzeichnet. Das Werkstück wird in der Vorrichtung durch Bestimmflächen in seiner Lage bestimmt. Der Betriebsmittelkonstrukteur soll bei jeder Vorrichtungskonstruktion soweit wie möglich die Grundregel

Bestimmebene = Bezugsebene

beachten. Die Werkstücke werden durch die in Bild 10.73 gezeigten Lösungsvorschläge lagebestimmt. Beim rechteckigen Werkstück läßt sich die Grundregel vollständig, beim zylindrischen Werkstück nur teilweise verwirklichen (vgl. Abschnitt 10.4.5.2). Würden beide Bezugsebenen beim zylindrischen Werkstück festgelegt, so wäre die Lage unbestimmt (= überbestimmt). Je nach Aufgabe der Vorrichtung sind folgende *Grundlosungen* allein oder miteinander kombiniert möglich:

Lagebestimmung in einer (der Auflage-) Ebene = Halbbestimmen,
Lagebestimmung in zwei Ebenen = Bestimmen,
Lagebestimmung in drei Ebenen = Vollbestimmen,

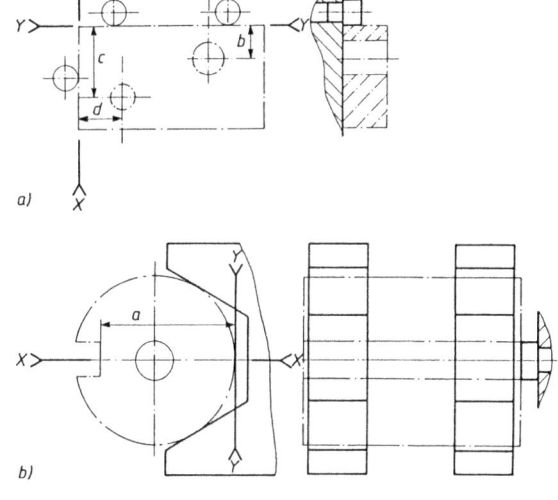

Bild 10.73
Vorrichtungsbauteile und Bestimmungen
a) Durch Anlage an zwei bzw. einem Zapfen nach DIN 6321 wird die Grundregel vollständig erfüllt.
b) Durch Einlegen in ein zweiteiliges Prisma wird die Grundregel bezüglich der Mittenebenen erfüllt.
X–X und Y–Y Bezugsebenen
a, b, c, d Maße auf Bezugsebene.

Einmitten auf eine Ebene = Halbzentrieren,
Einmitten auf zwei Ebenen = Zentrieren,
Einmitten auf drei Ebenen = Vollzentrieren.

Das Werkstück in Bild 10.73a) muß entsprechend den beiden Maßbezugsebenen bestimmt und in einer dritten Ebene aufgelegt werden – es ist also vollbestimmt. Das Werkstück in Bild 10.73b) muß entsprechend der Maßbezugsebene einmal eingemittet aufgelegt und zur Aufnahme der Kräfte einmal angelegt werden – es ist also halbzentriert und bestimmt.

10.4.2.2 Halbbestimmen

Aufgabe: Konstruktive Durchbildung der Auflagefläche.

Eine theoretisch einwandreie Halbbestimmung ist die Auflage auf drei Punkten. Die dazu benötigten Bauteile zeigen die Bilder 10.74a) bis c). In den meisten Fällen sind ebene Auflageflächen oder Flächensegmente vorteilhaft:

– Bei unbearbeiteten Werkstückflächen (z.b. an gegossenen Werkstücken) erfolgt die Auflage auf drei Stützen, Ausführung nach Bild 10.74c), Anordnung nach Bild 10.75 oder 10.76. Bei leicht verformbaren (weichen) Werkstücken wird u.U. eine federnde und/oder klemmbare Stütze vorgesehen.
– Bei spanend bearbeiteten Werkstückflächen kann die Auflage je nach Kraftangriff auf drei (Bild 10.75) oder vier Stützen erfolgen. Ist das Werkstück weich kann eine durchgehende Fläche möglichst mit Nuten verwendet werden.

Bei Auflage auf Stützen oder Flächensegmenten ist die unterstützte Fläche begrenzt (Bild 10.75 und 10.76). Außerhalb der unterstützten Fläche angreifende Kräfte sollten vermieden werden.

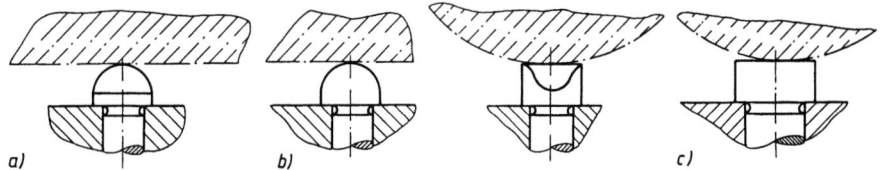

Bild 10.74 Ausführung von Auflagepunkten
a) Kuppe gegen ebenes Werkstück,
b) Kamm gegen zylindrisches Werkstück,
c) Ebene gegen kugelförmiges Werkstück.

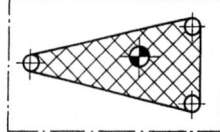

Bild 10.75
Unterstützte Fläche (Kreuzschraffur) bei Auflage auf drei Stützen. Kraftangriff innerhalb der unterstützten Fläche. Werkstück ausreichend steif, bearbeitet oder unbearbeitet.

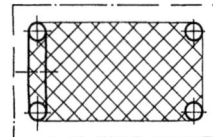 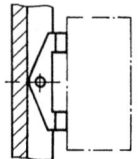

Bild 10.76
Zweipunktwippe für Vergrößerung der unterstützten Fläche (Kreuzschraffur). Werkstück unbearbeitet, ausreichend steif.

10.4 Vorrichtungs-Systematik

Außerdem ist zu prüfen: Pressung bzw. plastische Verformung an den Auflagepunkten, Reinigungsmöglichkeit der Auflagefläche.

10.4.2.3 Bestimmen und Vollbestimmen

Aufgabe: Konstruktive Durchbildung der Anlageflächen.

Eine theoretisch einwandfreie Bestimmung und Vollbestimmung ist die Anlage an zwei Punkten in der 2. Ebene und die Anlage an einem Punkt in der 3. Ebene sowie die bereits behandelte Auflage auf drei Punkten (Bild 10.77). Wegen der Toleranzen in der Vorrichtung selbst sind flächige Anlagen nicht zulässig.
Die benötigten Bauteile entsprechen Bild 10.74, in Bild 10.78 sind einige praktisch verwendbare Lösungen zusammengestellt. Wippen zur Aufteilung von Punkten (vgl. Bild 10.76) sind auch in den beiden Anlageebenen möglich.

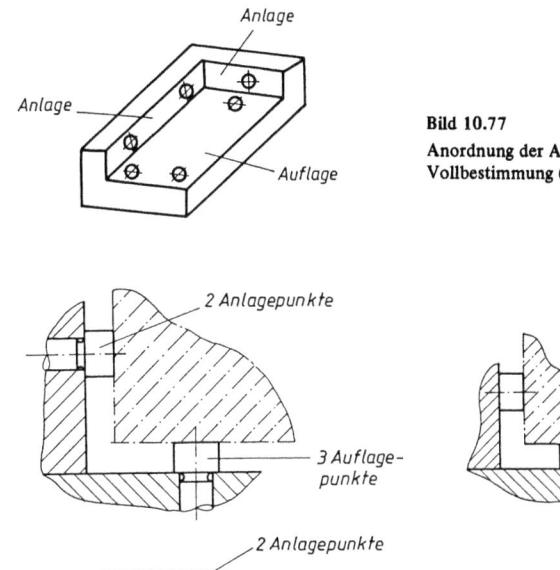

Bild 10.77
Anordnung der Auf- und Anlagepunkte zur Vollbestimmung (schematisch).

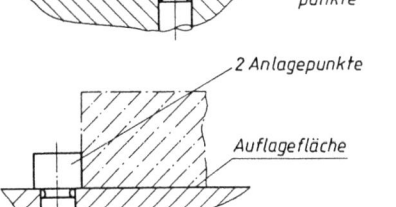

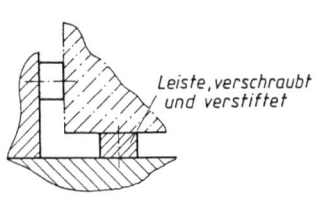

Bild 10.78
Konstruktionsvorschläge Bestimmungen; Ausführung von Anlagen und Auflagen.

10.4.2.4 Halbzentrieren

Aufgabe: Bauteile zum Einmitten auf eine Ebene.

Wesentlich für die Ausführung der Bauteile sind Form und Lage der Bezugsflächen am Werkstück. In Bild 10.79 ist für die vier Möglichkeiten je ein Lösungsvorschlag gegeben. Hinsichtlich der Ausbildung der Bestimmflächen an den Bauteilen sind die Aussagen aus den Abschnitten 10.4.2.2 und 10.4.2.3 übertragbar.

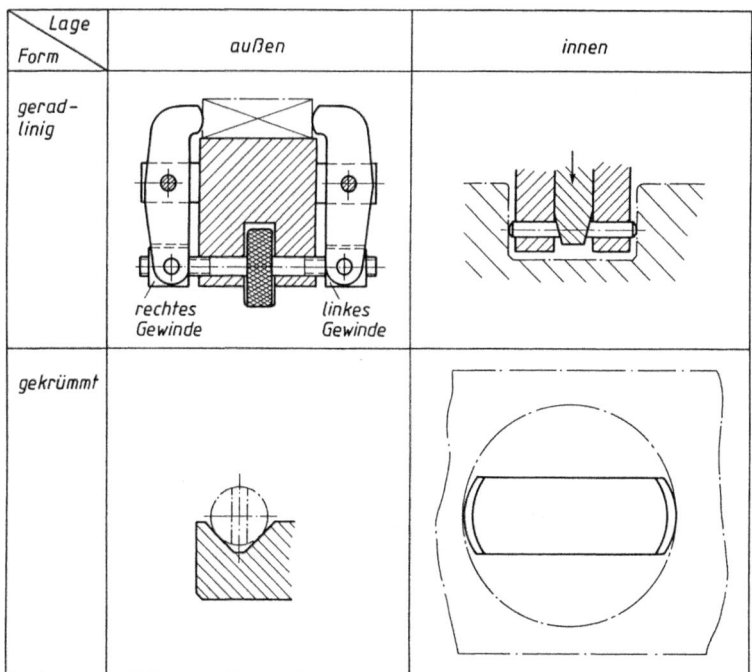

Bild 10.79 Ausgewählte Bauteile zum Einmitten auf eine Ebene (Halbzentrieren).

10.4.2.5 Zentrieren

Aufgabe: Bauteile zum Einmitten auf zwei Ebenen.

Wesentlich für die Ausführung bzw. Auswahl der Zentriermittel sind Form und Lage der Bezugsflächen sowie der Anlieferungszustand. In der Tabelle 10.1 sind verschiedene fertig käufliche Bauteile vereinfacht dargestellt und bewertet.
Alle aufgeführten Konstruktionen setzen eine kreisförmige Bezugsfläche voraus.
Das Einmitten nach geraden Bezugsflächen kann ebenfalls verlangt werden. Dafür und für weitere oben nicht aufgeführte Lösungen muß der Gestaltung der Bestimmflächen bzw. -punkte besondere Aufmerksamkeit gewidmet werden – vgl. die Abschnitte 10.4.2.2 und 10.4.2.3.

10.4.2.6 Vollzentrieren

Aufgabe: Bauteile zum Einmitten auf drei Bezugsebnen.

Das Vollzentrieren führt zu konstruktiv und baulich sehr aufwendigen Lösungen. Grundsätzlich sollte die Notwendigkeit einer Vollzentrierung geprüft und, insbesondere an Hand von Toleranzbetrachtungen (vgl. Abschnitt 10.4.5), mit kombinierten Lösungen verglichen werden. In Bild 10.80 führt die Vermaßung der Querbohrung zur Aufgabe *Vollzentrierung* für den Vorrichtungskonstrukteur. Zur Vereinfachung der Konstruktion ist zu prüfen, ob die Mittellage der Querbohrung mit

10.4 Vorrichtungs-Systematik

Tabelle 10.1 Zentriermittel

Prinzip	Benennung, Beschreibung	Bezugsflächen außen	innen	bearbeitet	unbearbeitet
	Planspiralfutter Durch Drehen der Planspirale werden die in Nuten geführten Backen radial bewegt.	x	x	x Beschädigung?	x
	Keilstangenfutter Über eine Gewindespindel und einen Übertragungsring werden Keilstangen mit schräg liegenden Zähnen verschoben.	x	x	x Beschädigung?	x
	Plankurvenfutter Je Spannbacke eine Nut z.B. in Kreisbogenform.	x	x	x Beschädigung?	x
	kraftbetätigte Futter Verschiedene Übertragungsmechanik, Betätigung pneumatisch, hydraulisch, elektrisch.	x	x	x Beschädigung	x
	Spanndorne DIN 523 Drehdorn DIN 6374 Schleifdorn Werkstück wird aufgeschoben.		x	x	
	mechanischer Dehndorn Durch gekennzeichnete Drehbewegung axiales Wandern der Rollen und Dehnung der Hülse.	Umkehrung des Prinzips möglich		x	x
	hydraulischer Dehndorn Dehnung der Hülse durch Öldruck.	Umkehrung des Prinzips möglich		x	x

Tabelle 10.1 (Fortsetzung)

Prinzip	Benennung, Beschreibung	Bezugsfläche			
		außen	innen	bearbeitet	unbearbeitet
	Spannzange DIN 6341 und DIN 6343. Geschlitzte Hülse über Kegel radial zusammengedrückt.	Umkehrung des Prinzips möglich	x	x	
	Spannscheiben Paketweise zusammengesetzt. Bei axialem Zusammendrücken radiales Aufweiten (Ausführung B) bzw. Verengen (Ausführung A).	x Ausführung B	x Ausführung A	x	
	Ringfeder-Spannelemente	x	x		
	Spannhülse Axiales Zusammendrücken hat je nach Ausführung radiales Aufweiten nach innen oder außen zur Folge.	x	x	x	
	Zentrierspitze	als Innenkegel	x	x	

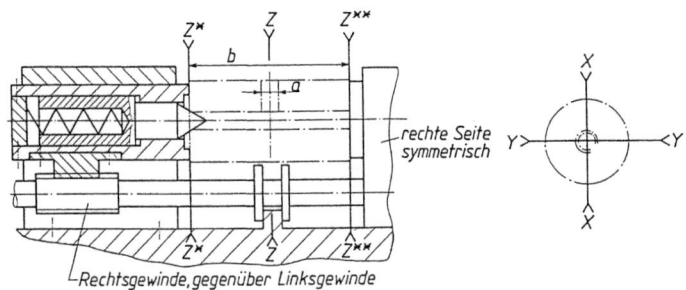

Bild 10.80 Lösungsvorschlag zur Vollzentrierung (nach *Schreyer*)
X, Y, Z Bezugsebenen,
a, b Maße auf Bezugsebenen.

10.4 Vorrichtungs-Systematik

hinreichender Genauigkeit bei Anlage an Bezugsebene Z* oder Z** erreicht werden kann. Prinzipiell ist die Aufgabe mit der in Bild 10.80 dargestellten Konstruktion lösbar. Für die Ausbildung der Anlageflächen bzw. -punkte gelten die Aussagen in den Abschnitten 10.4.2.2 und 10.4.2.3. Daraus folgt die flächige Anlage im obigen Beispiel an der Ringfläche und der Spitze ist nur bei entsprechend bearbeitetem Werkstück zulässig.

10.4.3 Spannen

Aufgabe: Das Werkstück ist in bestimmter Lage sicher zu halten.

10.4.3.1 Spannregeln

Richtung der Spannkraft:

1. Die Spannkraft soll gegen die Bestimmflächen gerichtet sein.
2. Die Spannkräfte und die Bearbeitungskräfte sollen gleich oder im Winkel kleiner 90° zueinander gerichtet sein.
3. Bei mehreren Spannstellen sollen die Spannkräfte gleich gerichtet sein oder im Winkel kleiner 90° zueinander stehen.
4. Stehen, abweichend von den bisherigen Regeln, die resultierende Bearbeitungskraft und die resultierende Spannkraft senkrecht zueinander, so ist eine Aufnahme über Reibschluß unvermeidlich. Dabei ist zu beachten, daß die Spannkräfte um den Faktor 5 bis 10 anwachsen, was die gesamte Konstruktion beeinflußt.

Angriffspunkt der Spannkraft, Anzahl der Spannstellen:

1. Spannen möglichst nahe der Wirkstelle.
2. Resultierende aus Spannkräften und Bearbeitungskräften bilden und prüfen, ob Werkstück sicher bestimmt liegt.
3. Biegebeanspruchung von Werkstück, Vorrichtung und Werkzeugmaschinentisch/-schlitten vermeiden.
4. Kurze und gerade Kraftwege anstreben.
5. Gegen jede Bestimmfläche soll gespannt werden. Notfalls Hilfsspanner verwenden. Hilfsspanner sind federnde Druckstücke, Permanentmagnete u.a., die als Einlegehilfe dienen.
6. Veränderung des Werkstücks durch Bearbeitung beachten, z.B. Querschnittsverminderung, Auffedern durch frei werdende Spannungen.

10.4.3.2 Berechnung der Spannkraft

Auf das Werkstück wirken *Spannkräfte* und *Bearbeitungskräfte*. Die Berechnung der Bearbeitungskräfte wird in Abschnitt 8.3.1 erläutert. Für die Berechnung der Spannkraft ist die *Wirkkraft*

$$F_W = F_c \cdot K_{St} \cdot S_i$$

ausschalggebend. Darin sind F_c Hauptschnittkraft (vgl. Abschnitt 8.3.1), K_{St} Stoßfaktor und S_i Sicherheitsfaktor.

K_{St}	Verfahren
1,2	Drehen ohne Schnittunterbrechung, Bohren
1,4	Fräsen, Räumen
1,6	Hobeln, Stoßen
1,1	Schleifen

Sicherheitsfaktor:
$S_i = 1$ bei Formschluß $S_i = 3$ bei Reibschluß.

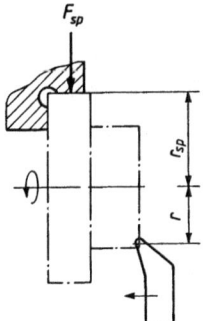

Bild 10.81
Spannskizze zum Beispiel.

Die Berechnung der Spannkraft kann allgemeingültig nicht hergeleitet werden. Je nach Werkstück und konstruktiver Lösung ergeben sich verschiedene Ansätze. Dazu ein einfaches Beispiel:
Kurzes oder reitstockseitig gestütztes Werkstück in Dreibackenfutter (Bild 10.81)

$$F_W \cdot r = F_c \cdot r \cdot K_{St} \cdot S_i \leqslant F_{Sp} \cdot r_{Sp} \cdot 3$$

$$F_{Sp} = \frac{F_c \cdot r \cdot K_{St} \cdot S_i}{r_{Sp} \cdot 3} \quad \text{Spannkraft je Backe.}$$

Bei langen, ungestützten Werkstücken muß das Kippmoment durch die Passivkraft berücksichtigt werden. Bei großen Drehzahlen, z.b. auf modernen NC-Drehmaschinen, verringert sich die effektive Spannkraft um die Backenfliehkräfte.

$$F_{Sp\,eff} = F_{Sp} - F_F; \quad F_F = m \cdot r_s \cdot \omega^2; \quad \omega = 2 \cdot \pi \cdot n$$

m Masse einer vollständigen Backe,
r_s Schwerpunktradius.

10.4.3.3 Mechanische Spannmittel

Die gebräuchlichen mechanischen Spannmittel werden in der Tabelle 10.2 zusammengefaßt. Aus der Tabelle sind das Wirkungsprinzip, die theoretische Kraft und einige Hinweise zu entnehmen. Am Übertragungspunkt, der Übertragungslinie oder -fläche ist die zulässige Pressung nach *Hertz* oder die Flächenpressung zu untersuchen.

10.4.3.4 Spannen mit Wirkmedien

Wirkmedien sind Luft, Öl und plastische Masse. Sie dienen der Übertragung bzw. Übersetzung von Kräften und Wegen in der Vorrichtung. Druckluft wird dabei dem Netz im Betrieb entnommen (6 bar an der Wirkstelle), Öldruck wird entweder aus dem Hydraulikkreis der jeweiligen Werkzeugmaschine abgezweigt oder durch einfache Pumpen erzeugt (Drücke zwischen 20 bar und 400 bar). Plastische Masse, z.B. Weichmypolan, wird auf 130 °C erhitzt und blasenfrei in die Druckräume der Vorrichtung eingefüllt. Die Druckerzeugung erfolgt in der Vorrichtung unmittelbar an der Wirkstelle, da eine Übertragung durch Leitungen wegen zu großer Reibungsverluste unmöglich ist. Drücke bis 500 bar sind mit einfachen Schraubpumpen erreichbar (s. Bild 10.84).
Zu unterscheiden ist zwischen *direktem* und *indirektem Spannen* mit Wirkmedien (Bild 10.82 und 10.83).

10.4 Vorrichtungs-Systematik

Der Einsatz der Wirkmedien erfolgt nach folgendem Schema:

	direkt	indirekt
Luft	ungeeignet	geeignet
Öl	geeignet	geeignet
plastische Masse	geeignet	ungeeignet

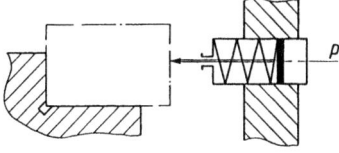

Bild 10.82
Direktes Spannen (schematisch).

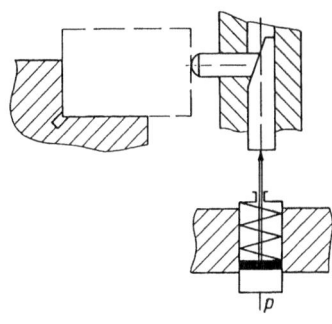

Bild 10.83
Indirektes Spannen (schematisch).

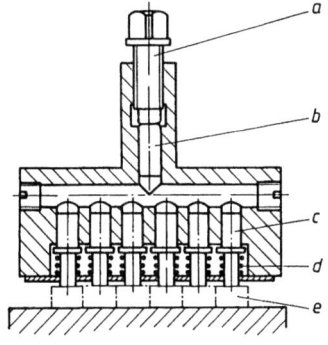

Bild 10.84
Spannen mit plastischer Masse
a) Druckschraube,
b) Druckkolben,
c) Spannkolben,
d) Rückstellfedern,
e) Werkstücke.

Tabelle 10.2 Mechanische Spannmittel

Bezeichnung Hinweise	Prinzipskizze	Berechnungsgrundlagen F Spannkraft; Q Betätigungskraft
Keil selbsthemmend bei $\tan\alpha \leqslant \tan\rho_1$		$F = \dfrac{Q}{\tan\rho_2 + \tan(\rho_1 \pm \alpha)}$ + Einschieben − Lösen mit $\rho_1 = \rho_2 \approx 8{,}5°$ und $\alpha \approx 3{,}5°$ $F \approx 3Q$

Schraube selbsthemmend bei $\tan\alpha \leqslant \tan\rho$
 	
flach
		flach: + Anziehen
		    − Lösen
		$F = \dfrac{M}{r_2 \tan(\alpha \pm \rho) + \underbrace{\mu \cdot r_A}_{\text{nur bei Auflage}}}$
		α = Steigungswinkel
		r_A = Hebelarm für Auflagereibkraft
		    = $0{,}7 \cdot d$ bei Sechskantmutter
		$M = Q \cdot l$ = Kraft × Hebel

spitz		*spitz:* Gerechnet wird mit obiger Formel, statt ρ mit ρ' $\rho' = \arctan \dfrac{\tan\rho}{\cos\dfrac{\beta}{2}}$
Kreisexcenter $\varphi = 0$ Arbeitsstellung Bereich: $\varphi = 60...120°$		$F \cdot e + f \cdot \mu_1 \cdot F + \dfrac{d}{2} \cdot \mu_2 \cdot R - Q \cdot l = 0$ $R \approx F;\quad e = e_0 \cdot \sin\varphi,\ f = \dfrac{D}{2} + e_0 \cdot \cos\varphi$ $F = \dfrac{Q \cdot l}{e + f \cdot \mu_1 + \dfrac{d}{2} \cdot \mu_2}$ μ_1 Reibung am Werkstück μ_2 Reibung am Zapfen *Vereinfacht:* $\mu_1 = \mu_2 = 0{,}1;\ d = \dfrac{1}{3}$; Selbsthemmung $e_0 \approx \dfrac{1}{15} D$ $\varphi = 90$ kleinste Kraft: $e = e_0;\ f = \dfrac{D}{2}$ $F = \dfrac{Q \cdot l}{2 \cdot e_0}$ mit $e_0 = \dfrac{1}{15} D$ Sicherheit gegen lösen: $S_i = \dfrac{f \cdot \mu_1 + \dfrac{d}{2}\mu_2}{e} > 1{,}5$

10.4 Vorrichtungs-Systematik

Tabelle 10.2 (Fortsetzung)

Bezeichnung Hinweise	Prinzipskizze	Berechnungsgrundlagen F Spannkraft; Q Betätigungskraft
Spiral-excenter Spirale überhöht gezeichnet		$F \cdot e + \mu_1 \cdot F \cdot f + \mu_2 \cdot R \dfrac{d}{2} - Q \cdot l = 0$ $R \approx F$ $F = \dfrac{Q \cdot l}{e + \mu_1 \cdot f + \mu_2 \cdot \dfrac{d}{2}}$ $f = \rho \cdot \cos\alpha; \quad \rho \approx r(1 + \widehat{\varphi} \cdot \tan\alpha)$ $e = \rho \cdot \sin\alpha$ $\tan\alpha = \dfrac{h_0}{\pi \cdot r}$ *Vereinfacht* mit $\alpha = 3{,}5°$; $2r = d$ $\mu_1 = \mu_2 = 0{,}1$ und da die Kraft nahezu unabhängig von φ wird z.B. $\varphi = 180°$ $F \approx \dfrac{3 \cdot Q \cdot l}{r}$
Kniehebel muß durch Spiel und/oder elastische Verformung über den unteren Totpunkt beweglich sein		$F \approx \dfrac{Q}{2}\left(\dfrac{1}{\tan\alpha_{\min}}\right)$ Reibung vernachlässigt, Haltekraft bei $\alpha = \alpha_{\min}$. Hebellängen gleich. Eine Seite fest: $F \approx Q\left(\dfrac{1}{\tan\alpha_{\min}}\right)$

Für die Betätigung und Steuerung von Vorrichtungen mit Luft oder Öl werden die Bauteile nach DIN 24 300 verwendet. Druckzylinder sind in vielfacher Ausführung im Handel erhältlich. Die Kraft- bzw. Wegübersetzung ergibt sich aus den wirksamen Flächen der Druckkolben. Die Abgrenzung gegen mechanische Spannmittel erfolgt in Form eines Vergleichs.

– *Vorteile:* Große Kraft- bzw. Wegübersetzung einfach zu erreichen; Kraftumlenkung bzw. -übertragung einfach; Kraftverteilung auf mehrere Spannstellen durch Druckleitungen oder gemeinsame Druckräume (Bild 10.84) bei gleichzeitiger oder gegeneinander verzögerter (Drosseln) Betätigung möglich.

– *Nachteile:* Druckerzeugung vergrößert den Aufwand; bei direktem Spannen kompressibles Druckmedium im Kraftfluß; Unfallgefahr bei direktem Spannen und Druckausfall; Pflege der Vorrichtung aufwendiger.

10.4.3.5 Spannen mit Magnetwirkung

Mit *Magnetwirkung* können Werkstücke aus ferromagnetischem Werkstoff auf der Fläche einer Magnetspannplatte gehalten werden. Die Spannfläche ist in mehrere, entgegengesetzt ausgerichtete Pole aufgeteilt, dazwischen befinden sich unmagnetische Distanzstücke (Bild 10.85). Die Länge bzw. der Durchmesser der Werkstücke müssen größer sein als der Polschritt p, die Dicke des Werkstücks größer als $p/2$. Die Haltekraft ist

$$F_H = k_M \cdot A \cdot f_W \cdot f_0.$$

Für hochwertige Elektromagnetplatten ist $k_M \approx 0{,}5$ N/mm². A ist die Auflagefläche des Werkstücks, f_W berücksichtigt den Einfluß des Werkstoffs (Eisengehalt), f_0 den der Oberfläche (Luftspalt).

Werkstoff	f_W	Bearbeitung DIN 3141	f_0
GG	0,4	—	0,4
20 MnCr5	0,6	∽	0,6
GT	0,7	▽	0,8
St50	0,9	▽▽	0,9
St37	1,0	▽▽▽	1,0
C10	1,1		

Die Kraft gegen Scheren (Bild 10.85) ist

$$F_Q = F_H \cdot \mu \quad \text{mit} \quad \mu \approx 0{,}25.$$

Bei nicht ausreichender Kraft wird durch Auflegen von plattenförmigen Anschlägen die wirksame Fläche vergrößert oder gegen Queranschläge (verschraubt) gearbeitet.

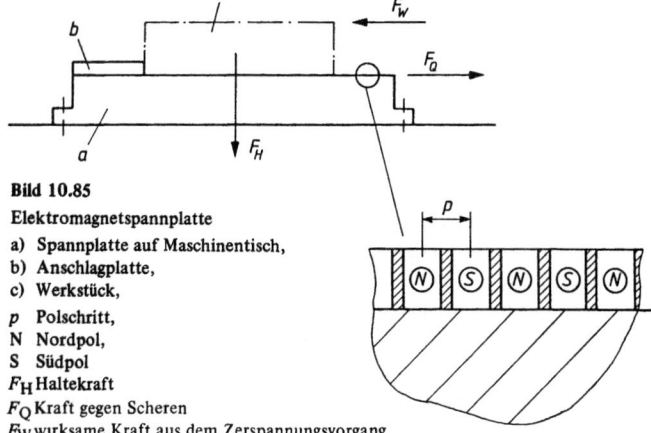

Bild 10.85
Elektromagnetspannplatte
a) Spannplatte auf Maschinentisch,
b) Anschlagplatte,
c) Werkstück,
p Polschritt,
N Nordpol,
S Südpol
F_H Haltekraft
F_Q Kraft gegen Scheren
F_W wirksame Kraft aus dem Zerspannungsvorgang.

10.4 Vorrichtungs-Systematik

10.4.4 Führen von Bohrwerkzeugen

10.4.4.1 Aufgaben und Einsatz von Bohrbuchsen

Die Führung der Vorschubbewegung durch Bauteile der Werkzeugmaschine kann ein Verlaufen von Bohrwerkzeugen nicht verhindern. Mittels *Bohrbuchsen* werden Bohrwerkzeuge (insbesondere Wendelbohrer) in unmittelbarer Nähe der Anschnittstelle geführt, wenn an die Lagegenauigkeit der Bohrung erhöhte Anforderungen gestellt werden und

- ins Volle gebohrt wird,
- auf schräg zur Bohrerachse liegende, gerade oder gekrämmte Flächen gebohrt wird,
- ohne Zentrierbohrung angebohrt wird,
- auf rauhen Oberflächen angebohrt wird,
- das Längen- Durchmesserverhältnis des freien Bohrerendes groß ist.

Je nach Aufgabe werden Bohrbuchsen nach DIN 172, 173, 179 oder Sonderformen eingesetzt.

10.4.4.2 Einbau von Bohrbuchsen

Bezugsebene für die Lage der Bohrbuchsen in der Vorrichtung sind deren Bestimmebenen bzw. -flächen. Der Abstand der Unterkante Bohrbuchse zur Oberkante Werkstück (l in Bild 10.86) wird nach folgender Aufstellung ermittelt:

l	Werkstoff und Oberfläche
$l = d$	langspanende Werkstoffe, unbearbeitete Oberflächen
$l = 0{,}3\,d$	langspanende Werkstoffe, bearbeitete Oberflächen
$l = 0{,}5\,d$	kurzspanende Werkstoffe.

Die Bauteile mit Bohrbuchsen dürfen nicht durch äußere Kräfte (z.B. Spannkräfte) verformt werden. Falsche und richtiger Einbau sind in Bild 10.86 einander gegenüber gestellt.

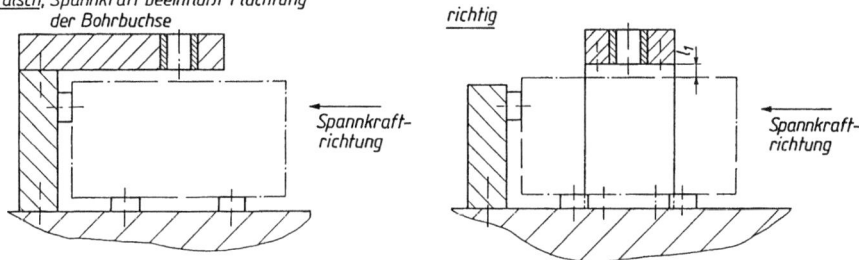

Bild 10.86 Einbau einer Bohrbuchse l_1 Abstand der Bohrbuchse zur Werkstuckkante

10.4.5 Toleranzbetrachtungen

Konstruktion und Eigenschaften von Vorrichtung und Werkstück beeinflussen das Arbeitsergebnis hinsichtlich Form-, Lage-, Maß- und Oberflächenabweichungen.
Oberflachenabweichungen sind auf Rattervorgänge zurückzuführen, die durch nicht ausreichende statische und dynamische Steife des Systems Werkzeug-Werkstück-Vorrichtung-Werkzeugmaschine (vgl. Abschnitt 10.4.1.3) hervorgerufen werden.

Form-, Maß- und Lageabweichungen entstehen durch Bestimmfehler und Verformung von Werkstück oder Vorrichtung.

10.4.5.1 Bestimmfehler

Bestimmfehler sind Unterbestimmung, Überbestimmung, falsche Bestimmung.
- *Unterbestimmung:* Weniger Bestimmebenen in der Vorrichtung als Bezugsebenen am Werkstück.
- *Überbestimmung:* = Doppelbestimmung. Mehr Bestimmebenen in der Vorrichtung als Bezugsebenen am Werkstück, d.h., eine Bezugsebene ist mehrmals bestimmt.
- *Falsche Bestimmung:* Bezugsebene ist nicht die Bestimmebene. Wenn unvermeidlich, Toleranzbetrachtung nach Abschnitt 10.4.5.2 durchführen. Der häufigste Fehler ist die Überbestimmung. Dazu ist ein einfaches Beispiel in Bild 10.87 wiedergegeben.

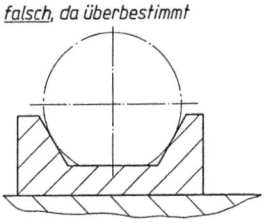
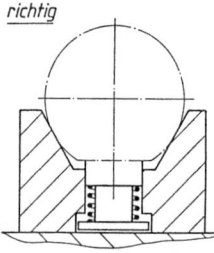

Bild 10.87
Einmitten eines Zylinders mit Planfläche.

10.4.5.2 Berechnung von systematischen Maß- und Lageabweichungen

Das Berechnen der *systematischen Maß- und Lageabweichungen* erfolgt mit einfachen Geometriebetrachtungen. Allgemeine Regeln lassen sich nicht aufstellen, stattdessen werden zwei Beispiele gegeben.
- *Beispiel 1* (Bild 10.88): Wegen Spiel zwischen Bohrer und Buchse wird das Istmaß $a_1 = a \pm \Delta d/2$ und $\Delta d = |A_{uB}| + A_{oF}$.

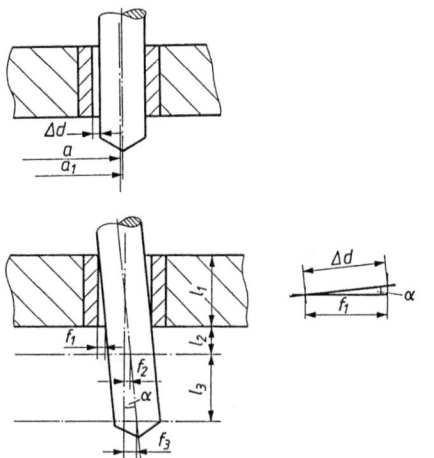

Bild 10.88
Maß- und Lagefehler beim Bohren mit Buchse.
a Sollmaß,
a_1 Istmaß,
Δd Toleranz,
f_1, f_2, f_3 Lageabweichungen,
l_1, l_2, l_3 Längen.

10.4 Vorrichtungs-Systematik

Für ϕ 20 mm, Bohrer h8 und Buchse F7 wird $\Delta d = (|-33| + 41)\,\mu m = 74\,\mu m$. Die Lagefehler wegen möglicher Schrägstellung des Bohrers ergeben sich aus Bild 10.88 unten näherungsweise:

$$\tan\alpha = \frac{\Delta d}{l_1} = \frac{f_2}{\dfrac{l_1}{2} + l_2} = \frac{f_3}{\dfrac{l_1}{2} + l_2 + l_3}.$$

Bei gegebener Bohrbuchsenlänge l_1 wird nach f_2 bzw. f_3 aufgelöst. Bei bestimmten Toleranzanforderungen wird nach l_1 aufgelöst, um die benötigte Führungslänge zu berechnen.

- *Beispiel 2* (Bild 10.89): Bei Durchmesserabweichungen verändert sich die Höhenlage des Werkstücks im Prisma.

$$f_1 = \frac{\Delta d}{2}\left(1 + \frac{1}{\sin\dfrac{\alpha}{2}}\right),$$

$$f_3 = \frac{\Delta d}{2}\left(1 - \frac{1}{\sin\dfrac{\alpha}{2}}\right),$$

$$f_2 = \frac{\Delta d}{2} \cdot \frac{1}{\sin\dfrac{\alpha}{2}},$$

Δd Toleranz des Durchmessers.

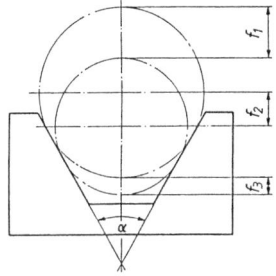

Bild 10.89 Lageabweichung im Prisma.

10.4.5.3 Fehler durch Verformung von Vorrichtung und/oder Werkstück

Die Verformung unter Spann- und/oder Bearbeitungskräften kann zu Maß-, Form- und Lagefehlern am Werkstück führen. In Bild 10.86 ist beispielhaft ein Vorschlag gegen Verformung unter Spannkräften gezeigt. Bild 10.90 zeigt einen Vorschlag zur Aufnahme von Bearbeitungskräften.

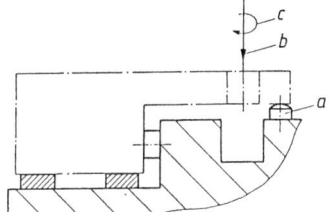

Bild 10.90
Verformungen eines Werkstücks unter Bearbeitungskräften
a) federnde und u. U. klemmbare Stücke,
b) Vorschubkraft beim Bohren,
c) Moment beim Bohren.

10.5 Literatur

Bücher

[10.1] *Bruins, D. H.* und *H.-J. Drager:* Werkzeuge und Werkzeugmaschinen für die spanende Metallverarbeitung. Teil 1: Werkzeuge und Verfahren, Teil 2 Maschinenteile, Steuerungen, Aufstellung. Carl Hanser-Verlag, München 1984.
[10.2] *Weck, M.:* Werkzeugmaschinen. Bd. 1: Maschinenarten, Bauformen und Anwendungsbereiche; Bd. 2: Konstruktion und Berechnung; Bd. 3: Automatisierungs- und Steuerungstechnik; Bd. 4: Meßtechnische Untersuchungen und Beurteilungen. VDI-Verlag 1980/85.
[10.3] *Witte, H.:* Werkzeugmaschinen. Vogel-Verlag, Würzburg 1986.
[10.4] *Kief, H. B.:* NC-Handbuch. NC-Handbuch-Verlag, München 1986.
[10.5] *Spur/Stöferle:* Handbuch der Fertigungstechnik. Bd. 3 Spanen (2 Teile). Carl Hanser-Verlag, München 1978/80.
[10.6] *Pauksch/Preger:* Zerspantechnik. Verlag Friedr. Vieweg & Sohn, Braunschweig/Wiesbaden 1985.
[10.7] Schleifmittel-Handbuch. Naxos-Union, Frankfurt.
[10.8] Kunststoff-Verarbeitungsmaschinen transparent gemacht. Umschau Verlag, Frankfurt/M. 1978.
[10.9] M–S–R – Messen – Steuern – Regeln in der Kunststoffverarbeitung. IKV-Dokumentation. Herausgeber Institut für Kunststoffverarbeitung Aachen. Leitung *G. Menges.* Hanserverlag München.
[10.10] Kunststoff-Maschinenführer. Herausgeber *Johannaber/Stoeckhert.* Carl Hanser-Verlag, München 1984.
[10.11] Lehrbuch der Umformtechnik. Herausgeber *K. Lange.* Bd. 1: Grundlagen; Bd. 2: Massivumformung; Bd. 3: Blechumformung. Springer-Verlag, Berlin 1974/84.
[10.12] *Grüning, K.:* Umformtechnik. Verlag Friedr. Vieweg & Sohn, Braunschweig/Wiesbaden 1982.
[10.13] *Romanowski, W. P.:* Handbuch der Stanzereitechnik. VEB-Verlag Technik, Berlin 1968.
[10.14] *Semlinger, E.:* Stanztechnik. Verlag Friedr. Vieweg & Sohn, Braunschweig/Wiesbaden 1973.
[10.15] *Oehler, G.* und *F. Kaiser:* Schnitt-, Stanz- und Ziehwerkzeuge. Springer-Verlag, Berlin 1966.
[10.16] *Oehler, J.:* Biegen. Carl Hanser-Verlag, München 1963.
[10.17] *Hilbert, H.:* Stanzereitechnik. Bd. 1: Schneidende Werkzeuge; Bd. 2: Umformende Werkzeuge. Carl Hanser-Verlag, München 1954/70.
[10.18] Werkzeugbau für die Kunststoff-Verarbeitung. Herausgeber *K. Stoeckhert* u. a. Carl Hanser-Verlag, München 1979.
[10.19] *Menges/Mohren:* Anleitung für den Bau von Spritzgießwerkzeugen. Carl Hanser-Verlag, München 1983.
[10.20] *Gastrow, H.:* Der Spritzgießwerkzeugbau in 100 Beispielen. Carl Hanser-Verlag, München 1982.
[10.21] *Heitz, E.:* Formenbau, Werkzeuge für glasfaserverstärkte Kunststoffe. Krauskopf-Verlag, Mainz 1971.
[10.22] Berechenbarkeit von Spritzgießwerkzeugen. VDI-Verlag, Düsseldorf 1978.
[10.23] Berechnen von Extrudierwerkzeugen. Herausgeber VDI-Gesellschaft Kunststofftechnik. VDI-Verlag, Düsseldorf 1978.
[10.24] Kunststoff-Formenbau. VDI-Verlag, Düsseldorf 1976.
[10.25] *Michaeli, W.:* Extrusionswerkzeuge für Kunststoffe. Carl Hanser-Verlag, München 1979.
[10.26] *Thiel, H.:* Vorrichtungen. Gestalten, Bemessen, Bewerten. VEB Verlag Technik, Berlin 1984.
[10.27] *Matuszewski, H.:* Handbuch Vorrichtungsbau. Konstruktion und Einsatz. Verlag Friedr. Vieweg & Sohn, Braunschweig/Wiesbaden 1986.
[10.28] *Oehler, J.:* Die Hydraulischen Pressen. Carl Hanser-Verlag, München 1962.
[10.29] *Mäkelt, H.:* Die mechanischen Pressen. Carl Hanser-Verlag, München 1961.

Normen

DIN 138	Maschinenwerkzeuge für Metall; Bohrungen Nuten und Mitnehmer für Werkzeuge mit zylindrischer Bohrung und kegeliger Bohrung 1 : 30
DIN 172	Handbohrbuchsen
DIN 173	Teil 1 Steckbohrbuchsen; Schnellwechselbuchsen Form K und KL, Auswechselbuchsen Form K, Zubehör
	Teil 2 Steckbohrbuchsen; Auswechselbuchsen, Schnellwechselbuchsen Form ES und ER, Grundbuchsen, Zylinderschrauben mit Ansatz
DIN 179	Bohrbuchsen
DIN 206	Handreibahlen
DIN 208	Maschinen-Reibahlen mit Morsekegelschaft

10.5 Literatur

DIN 209	Maschinen-Reibahlen mit aufgeschraubten Messern
DIN 212	Teil 1 Maschinen-Reibahlen mit Zylinderschaft; durchgehender Schaft
	Teil 2 Maschinen-Reibahlen mit Zylinderschaft; abgesetzter Schaft
DIN 223	Teil 1 Runde Schneideisen für Metrisches ISO-Regelgewinde M1 bis M68
	Teil 3 Runde Schneideisen für Metrisches ISO-Feingewinde M1 bis M68
	Teil 10 Runde Schneideisen; Generalplan der Abmessungen
DIN 333	Zentrierbohrer 60°, Form R, A und B
DIN 334	Kegelsenker 60°
DIN 335	Kegelsenker 90°
DIN 338	Kurze Spiralbohrer mit Zylinderschaft
DIN 339	Spiralbohrer mit Zylinderschaft, zum Bohren durch Bohrbuchsen
DIN 340	Lange Spiralbohrer mit Zylinderschaft
DIN 341	Lange Spiralbohrer mit Morsekegelschaft, zum Bohren durch Bohrbuchsen
DIN 345	Spiralbohrer mit Morsekegelschaft
DIN 346	Spiralbohrer mit größerem Morsekegelschaft
DIN 347	Kegelsenker 120°
DIN 352	Satzgewindebohrer; Dreiteiliger Satz für metrisches ISO-Regelgewinde M1 bis M68
DIN 373	Flachsenker mit Zylinderschaft und festem Führungszapfen
DIN 375	Flachsenker mit Morsekegelschaft und auswechselbarem Führungszapfen
DIN 523	Drehdorne; Werkstück-Aufnahmedorne
DIN 770	Teil 1 Schaftquerschnitte für Dreh- und Hobelmeißel; gewalzte und geschmiedete Schäfte
	Teil 2 Schaftquerschnitten für Dreh- und Hobelmeißel; allseitig bearbeitete Schäfte ohne besondere Anforderungen an die Genauigkeit
DIN 771	Schneidplatten eines Schnellarbeitsstahl, für Dreh- und Hobelmeißel
DIN 804	Werkzeugmaschinen; Lastdrehzahlen für Werkzeugmaschinen, Nennwerte, Grenzwerte, Übersetzungen
DIN 1412	Spiralbohrer; Begriffe
DIN 1414	Spiralbohrer aus Schnellarbeitsstahl; Technische Lieferbedingungen
DIN 1415	Teil 1 Räumwerkzeuge; Einteilung, Benennung, Bauarten
	Teil 3 Räumwerkzeuge; Runde Schäfte A und B
	Teil 4 Räumwerkzeuge; Runde Endstücke C und D
	Teil 5 Räumwerkzeuge; Rechteckige Schäfte E und Endstück F (Nicht für Nabennuten)
	Teil 6 Räumwerkzeuge; Rechteckige Schäfte G mit gerader Mitnahmefläche (für Nabennuten)
DIN 1417	Teil 1 Räumwerkzeuge; Runde Schäfte J und K mit schräger Mitnahmefläche
	Teil 2 Räumwerkzeuge; Runde Endstücke L und M
	Teil 3 Räumwerkzeuge; Rechteckige Schäfte N mit schräger Mitnahmefläche (Nicht für Nabennuten)
	Teil 4 Räumwerkzeuge; Rechteckige Endstücke P (Nicht für Nabennuten)
	Teil 5 Räumwerkzeuge; Rechteckige Schäfte R mit schräger Mitnahmefläche (Für Nabennuten)
	Teil 6 Räumwerkzeuge; Rechteckige Endstücke S (Für Nabennuten)
DIN 1418	Teil 1 Halter für Räumwerkzeuge mit Schäften und Endstücken nach DIN 1417; Schafthalter
	Teil 2 Halter für Räumwerkzeuge mit Schäften und Endstücken nach DIN 1417; Endstückhalter
DIN 1420	Reibahlen; Herstellungstoleranzen und Bezeichnung
DIN 1806	Kegelschäfte für Querkeilbefestigung
DIN 1808	Reduzierhülsen für Querkeilbefestigung
DIN 1836	Werkzeug-Anwendungsgruppen zum Zerspanen
DIN 1861	Spiralbohrer für Waagerecht-Koordinaten-Bohrmaschinen (Lehrenbohrwerke)
DIN 1863	Senker für Senkniete
DIN 1866	Kegelsenker 90°, mit Zylinderschaft und festem Führungszapfem
DIN 1867	Kegelsenker 90°, mit Morsekegelschaft und auswechselbarem Führungszapfen
DIN 1869	Überlange Spiralbohrer mit Zylinderschaft
DIN 1870	Überlange Spiralbohrer mit Morsekegelschaft
DIN 1893	Teil 1 Gewinde-Scheibenfräser für Metrisches ISO-Trapezgewinde; Maße
	Teil 2 Gewinde-Scheibenfräser für Metrisches ISO-Trapezgewinde; Technische Lieferbedingungen
DIN 1897	Extra kurze Spiralbohrer mit Zylinderschaft
DIN 1899	Spiralbohrer; Kleinstbohrer
DIN 2079	Werkzeugmaschinen; Spindelköpfe mit Steilkegel 7:24
DIN 2080	Teil 1 Steilkegelschäfte für Werkzeuge und Spannzeuge, Form A
	Teil 2 Steilkegelschäfte für Werkzeuge und Spannzeuge; Form B

DIN 2201	Fräsmaschinen; Frässpindelköpfe für Messerkopfaufnahme, Innenkegel Morse 3 bis 6 und Metrisch 50 bis 200
DIN 4951	Gerade Drehmeißel mit Schneiden aus Schnellarbeitsstahl
DIN 4952	Gebogene Drehmeißel mit Schneiden aus Schnellarbeitsstahl
DIN 4953	Innen-Drehmeißel mit Schneiden aus Schnellarbeitsstahl
DIN 4954	Innen-Eckdrehmeißel mit Schneiden aus Schnellarbeitsstahl
DIN 4955	Spitze Drehmeißel mit Schneiden aus Schnellarbeitsstahl
DIN 4956	Breite Drehmeißel mit Schneiden aus Schnellarbeitsstahl
DIN 4960	Abgesetzte Seitendrehmeißel mit Schneiden aus Schnellarbeitsstahl
DIN 4961	Steckdrehmeißel mit Schneiden aus Schnellarbeitsstahl
DIN 4963	Innen-Steckdrehmeißel mit Schneiden aus Schnellarbeitsstahl
DIN 4964	Teil 1 Drehlinge aus Schnellarbeitsstahl
DIN 4965	Gebogene Eckdrehmeißel mit Schneiden aus Schnellarbeitsstahl
DIN 4968	Wendeschneidplatten aus Hartmetall, mit Eckenrundungen
DIN 4969	Wendeschneidplatten aus Schneidkeramik, mit Eckenrundungen
DIN 4971	Gerade Drehmeißel mit Schneidplatte aus Hartmetall
DIN 4972	Gebogene Drehmeißel mit Schneidplatte aus Hartmetall
DIN 4973	Innen-Drehmeißel mit Schneidplatte aus Hartmetall
DIN 4974	Innen-Eckdrehmeißel mit Schneidplatte aus Hartmetall
DIN 4975	Spitze Drehmeißel mit Schneidplatte aus Hartmetall
DIN 4976	Breite Drehmeißel mit Schneidplatte aus Hartmetall
DIN 4977	Abgesetzte Stirnmeißel mit Schneidplatte aus Hartmetall
DIN 4978	Abgesetzte Eckdrehmeißel mit Schneidplatte aus Hartmetall
DIN 4980	Abgesetzte Seitendrehmeißel mit Schneidplatte aus Hartmetall
DIN 4981	Steckdrehmeißel mit Schneidplatte aus Hartmetall
DIN 4987	Wendeschneidplatten; Bezeichnung
DIN 6321	Aufnahme- und Auflagebolzen
DIN 6327	Teil 1 Stellhülsen mit Werkzeugkegel, kurze Bauart
	Teil 2 Stellhülse mit Werkzeugkegel, lange Bauart
	Teil 3 Stellhülsen mit Werkzeugkegel, abgesetzte Bauart
	Teil 4 Stellhülsen mit Werkzeugkegel; Nutmuttern und Klemmuttern
DIN 6328	Teil 1 Klemmhülsen für Werkzeuge mit Zylinderschaft, Form A für Werkzeuge mit DIN-Vierkant
	Teil 2 Klemmhülsen für Werkzeuge mit Zylinderschaft, Form B für Werkzeuge mit ISO-Vierkant
	Teil 3 Klemmhülsen für Werkzeuge mit Zylinderschaft, Form C für Werkzeuge ohne Vierkant
DIN 6329	Klemmhülsen für Werkzeuge mit Zylinderschaft und Mitnehmer
DIN 6341	Teil 1 Zug-Spannzangen und Kegelhülsen für Spannzangen
	Teil 2 Zug-Spannzangen; Spannzangengewinde, Nennmaße, Toleranzen, Grenzmaße
DIN 6343	Druck-Spannzangen
DIN 6354	Fräserdome mit Steilkegel, vollständig
DIN 6374	Schleifdorne; Werkstück-Aufnahmedorne
DIN 8037	Spiralbohrer mit Zylinderschaft, mit Schneidplatte aus Hartmetall, für Metall
DIN 8038	Spiralbohrer mit Zylinderschaft, mit Schneidplatte aus Hartmetall, für Kunststoff (buroplaste)
DIN 8039	Steinbohrer mit Zylinderschaft, mit Schneidplatte aus Hartmetall
DIN 8041	Spiralbohrer mit Morsekegel, mit Schneidplatte aus Hartmetall, für Metall
DIN 8374	Mehrfasen-Stufenbohrer mit Zylinderschaft, für Durchgangslöcher und Senkungen für Senkschrauben
DIN 8375	Mehrfasen-Stufenbohrer mit Morsekegelschaft, für Durchgangslöcher und Senkungen für Senkschrauben
DIN 8376	Mehrfasen-Stufenbohrer mit Zylinderschaft, für Durchgangslöcher und Senkungen für Zylinderschrauben
DIN 8377	Mehrfasen-Stufenbohrer mit Morsekegelschaft für Durchgangslöcher und Senkungen mit Zylinderschrauben
DIN 8378	Mehrfasen-Stufenbohrer mit Zylinderschaft, für Kernlochbohrungen und Freisenkungen
DIN 8379	Mehrfasen-Stufenbohrer mit Morsekegelschaft für Kernlochbohrungen und Freisenkungen
DIN 8580	Fertigungsverfahren; Begriffe, Einteilung
DIN 8601	Werkzeugmaschinen; Abnahmebedingungen für Werkzeugmaschinen für spanende Bearbeitung von Metallen; Allgemeine Regeln
DIN 9811	Teil 1 Säulengestelle; Technische Lieferbedingungen
	Teil 2 Säulengestelle; Einbaurichtlinien

10.5 Literatur

DIN 9812	Säulengestelle mit mittigstehenden Führungssäulen
DIN 9814	Säulengestelle mit mittigstehenden Führungssäulen und beweglicher Stempelführungsplatte
DIN 9816	Säulengestelle mit mittigstehenden Führungssäulen und dicker Säulenführungsplatte
DIN 9819	Säulengestelle mit übereckstehenden Führungssäulen
DIN 9822	Säulengestelle mit hintenstehenden Führungssäulen
DIN 9825	Teil 1 Führungssäulen, mit Bund, für Preßwerkzeuge und Spritzgußwerkzeuge
	Teil 2 Führungssäulen für Säulengestelle
DIN 9859	Teil 1 Einspannzapfen; Übersicht, allgemeine Abmessungen
	Teil 2 Stanzereiwerkzeuge; Einspannzapfen mit Nietschaft
	Teil 3 Einspannzapfen mit Gewindeschaft
	Teil 4 Einspannzapfen mit Hals und Bund
	Teil 5 Stanzereiwerkzeuge; Einspannzapfen mit runder Kopfplatte
	Teil 6 Stanzereiwerkzeuge; Einspannzapfen mit eckiger Kopfplatte
	Teil 7 Einspannzapfen mit Gewindeschaft und Bund
DIN 1961	Teil 1 Runde Schneidstempel, mit durchgehendem Schaft, bis 16 mm Schneiddruckmesser
	Teil 2 Runde Schneidstempel, mit abgesetztem Schaft, bis 2,95 mm Schneiddurchmesser
DIN 9869	Teil 1 Begriffe für Werkzeuge zur Fertigung dünner, vorwiegend flächenbestimmter Werkstücke; Einteilung
	Teil 2 Begriffe für Werkzeuge der Stanztechnik; Schneidwerkzeuge
DIN 9870	Teil 1 Begriffe der Stanztechnik; Fertigungsverfahren und Werkzeuge; Allgemeine Begriffe und alphabetische Übersicht
	Teil 2 Begriffe der Stanztechnik; Fertigungsverfahren und Werkzeuge zum Zerteilen
	Teil 3 Begriffe der Stanztechnik; Fertigungsverfahren und Werkzeuge zum Biegeumformen
DIN 16749	Werkzeuge für Kunststoff-Formteile; Toleranzen und zulässige Abweichungen für Preßwerkzeuge und Spritzgußwerkzeuge
DIN 24450	Maschinen zum Verarbeiten von Kunststoffen. Begriffe
DIN 24900	Teil 20 Bildzeichen für Maschinenbau, Kunststoffmaschinen
DIN 24901	Teil 20 Grafische Symbole zur Information der Öffentlichkeit, Kunststoffmaschinen
DIN 45635	Geräuschmessung an Maschinen (außer Fahrzeugen)
	Diese Norm ist sehr umfangreich, sie enthält über 80 Teile.
DIN 55021	Spindelköpfe mit Zentrierkegel und Flansch
DIN 55170	Einständer-Tisch-Exzenterpressen; Baugrößen
DIN 55184	Werkzeugmaschinen; Mechanische Einständerpressen; Einbauraum für Werkzeuge; Baugrößen, Aufspannplatten, Einlegeplatten, Einlegeringe
DIN 66025	Teil 1 Programmaufbau für numerisch gesteuerte Arbeitsmaschinen; Allgemeines
	Teil 2 Programmaufbau für numerisch gesteuerte Arbeitsmaschinen; Wegbedingungen und Zusatzfunktionen
DIN 69105	Randformen für Schleifscheiben
DIN 69111	Schleifkörper aus gebundenen Schleifmitteln; Einteilung, Übersicht
DIN 69186	Hausteine
VDI 2813	Numerisch gesteuerte Arbeitsmaschinen; Bewertung von NC-Programmier-Systemen
VDI 3034	Numerisch gesteuerte Fertigungsanlagen; Zustandhaltung
VDI 3170	Kaltsenken von Werkzeugen
VDI 3175	Zieh- und Stempelrundung für das Tiefziehen in Stanzerei-Großwerkzeugen
VDI 3180	Gesenk- und Gravureinsätze für Schmiedegesenke
VDI 3181	Oberflächenbehandlung von Schmiedegesenken
VDI 3184	Schmieden in Waagerecht-Stauchmaschinen
VDI 3186	Blatt 1 Werkzeuge für das Kaltfließpressen von Stahl; Aufbau, Werkstoffe
	Blatt 2 Werkzeuge für das Kaltfließpressen von Stahl; Gestaltung, Herstellung, Instandhaltung von Stempeln und Dornen
	Blatt 3 Werkzeuge für das Kaltfließpressen von Stahl; Gestaltung, Herstellung, Instandhaltung Berechnung von Preßbuchsen und Schrumpfverbindungen
VDI 3188	Maschinen zum Gesenkschmieden; Formblatt für Anfrage, Angebot und Bestellung von Kurbel-, Exzenter- und Kniehebelpressen
VDI 3189	Maschinen zum Gesenkschmieden; Formblatt für Anfrage, Angebot und Bestellung von einfach wirkenden hydraulischen Pressen
VDI 3234	Numerisch gesteuerte Werkzeugmaschinen; Hinweise zum Programmieren

VDI 3253	Programmieren numerisch gesteuerter Werkzeugmaschinen; Verschlüsselung von Zahlenwerten; Auswahlreihen
VDI 3351	Verbundwerkzeuge
VDI 3352	Einrichten von Stanzerei-Großwerkzeugen
VDI 3353	Einbauschema für Stanzerei-Großwerkzeuge
VDI 3355	Kugelführungen; Einbaurichtlinien
VDI 3356	Richtwerte für die Ausführung von Führungssäulen, Säulenlagern, Führungsbuchsen, Klammern für Stanzerei-Großwerkzeuge
VDI 3357	Flach- und Stollenführung in Stanzerei-Großwerkzeugen
VDI 3358	Vorschubbegrenzung in Stanzwerkzeugen
VDI 3359	Blechdurchzüge; Fertigungsverfahren und Werkzeuggestaltung
VDI 3360	Blatt 1 Sicherung von Stanzwerkzeugen durch elektrische Kontaktschalter
	Blatt 2 Sicherung von Stanzwerkzeugen mit akustischen, optischen, induktiven und pneumatisch-elektrischen Schaltelementen
VDI 3361	Zylindrische Druckfedern aus runden oder flachrunden Drähten und Stäben für Stanzwerkzeuge
VDI 3362	Gummifedern für Stanzwerkzeuge
VDI 3368	Schneidspalt-, Schneidstempel- und Schneidplattenmaße für Schneidwerkzeuge der Stanztechnik
VDI 3369	Gießharze im Schnitt- und Stanzwerkzeugbau
VDI 3370	Mechanisierte und automatisierte Arbeitsvorgänge in Stanzwerkzeugen; Einlegearbeiten
VDI 3371	Abschneidewerkzeuge für Streifen und Bänder
VDI 3372	Vermeiden des Zurückkommens von Abfallbutzen, Ausschnitten, Ausklinkungen
VDI 3374	Blatt 1 Lochstempel mit Bund
	Blatt 2 Lochstempel mit Kugelsicherung; Schnellwechsel-Lochstempel
VDI 3382	Präge-Richtwerkzeuge
VDI 3386	Keiltriebe in Stanzerei-Großwerkzeugen
VDI 3388	Werkstoffe für Stanzwerkzeuge
VDI 3389	Blatt 1 Biegeumformen; Technologie
	Blatt 2 Biegeumformen; Abbiegewerkzeuge für U- und winkelförmige Biegeteile
	Blatt 3 Biegeumformen; 90° Keilbiegen; Werkzeuggestaltung und Ermittlung der gestreckten Länge
	Blatt 4 Biegeumformen; Elastische Kissen

11 Arbeitsgestaltung (Ergonomie)

11.1 Grundlagen der Arbeitsgestaltung

Für den Konstrukteur von Werkzeugen und Betriebsmitteln, für den Gestalter von Arbeitsplätzen, an denen diese Hilfsmittel eingesetzt werden, aber auch für den Entwickler und Konstrukteur von Produkten sind einige Grundkenntnisse der *Ergonomie* unerläßlich. Die Ergonomie ermittelt, sammelt und ordnet Gesetzmäßigkeiten zur Gestaltung menschlicher Arbeit [11.9]. Mit ihrer Hilfe lassen sich durch wechselseitige Anpassung von Mensch und Arbeit praxisgerechte Arbeitssysteme gestalten, die sowohl menschengerechten als auch technisch-wirtschaftlichen Gesichtspunkten entsprechen.

11.1.1 Belastung und Beanspruchung

Als *Belastung* wird die Gesamtheit aller auf den Menschen wirkenden Faktoren verstanden die von der Arbeit und von der Arbeitsumgebung ausgehen. Die Belastung ist abhängig von der *Belastungshöhe* und der *Belastungsdauer* (Bild 11.1).
Im Menschen selbst führt die Belastung zum Entstehen einer *Beanspruchung*. Diese stellt also die Reaktion der Organe des menschlichen Körpers dar. Die Höhe der Beanspruchung wird nicht nur durch die Höhe und Dauer der Belastung, sondern auch durch die individuelle Leistungsfähigkeit des Menschen bestimmt. Diese hängt wiederum von den Einflußgrößen Alter, Fähigkeiten, Fertigkeiten und körperliches Befinden ab. Beanspruchung ist von Belastung und individuellen Eigenschaften abhängig (Bild 11.2). Gleiche Belastung verschiedener Menschen hat im allgemeinen unterschiedliche Beanspruchung der einzelnen Menschen zur Folge [11.9].

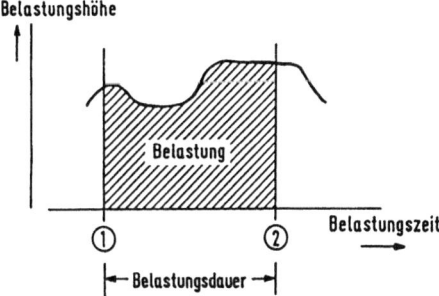

Bild 11.1 Veränderliche Belastungshöhe und Belastungsdauer als bestimmende Größen für die Belastung (nach *Laurig*).

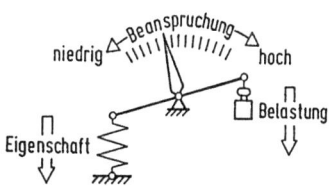

Bild 11.2 Mechanisches Modell zur Beschreibung der Beziehung zwischen Belastung und Beanspruchung (nach *Laurig*).

11.1.2 Formen der Muskelarbeit

Dynamische Muskelarbeit. Bei *dynamischer Muskelarbeit* wird Arbeit im physikalischen Sinne durch die „Kraftmaschine" — den Muskel — verrichtet. Es wechseln hierbei Anspannung und Erschlaffung des Muskels ab. Man unterscheidet *schwere dynamische* und *einseitige dynamische* Muskelarbeit.

Schwere dynamische Muskelarbeit. Hierunter wird das Bewegen des Körpers, der Gliedmaßen und „äußerer" Lasten durch große Muskelgruppen, wie Rumpf- und Beinmuskeln, verstanden. Schwere dynamische Muskelarbeit führt zu erhöhtem Energieumsatz, der ein Maß für die Belastung sein kann.

Einseitige dynamische Muskelarbeit. Bei der einseitigen dynamischen Muskelarbeit bezieht die dynamische Tätigkeit kleine Muskelgruppen, wie Finger-, Hand-, Arm- oder Fußmuskeln, ein. Die häufig hohe Bewegungsfrequenz bei der Arbeit dieser Muskeln kann zu einer hohen Beanspruchung führen.

Statische Muskelarbeit. Bei *statistischer Muskelarbeit* ist keine Bewegung der Gliedmaßen erkennbar. Hier wird der Muskel längere Zeit, d. h. länger als 0,1 min, gegen eine äußere Kraft angespannt (*statische Haltearbeit*). Statische Muskelarbeit tritt auch dann auf, wenn große oder kleine Muskelgruppen lediglich zur Fixierung von Gelenk- oder Körperstellungen eingesetzt werden. Man spricht dann auch von *statischer Haltungsarbeit*.

11.1.3 Körperkräfte

An Arbeitsplätzen müssen Kräfte und häufig auch Drehmomente aufgebracht werden. Die hierdurch verursachten Belastungen dürfen den Menschen nicht zu hoch beanspruchen. Es sind deshalb Kenntnisse über die Körperkräfte des Menschen nötig. Die Höhe der *abgebbaren Körperkräfte* wird einmal durch die Tätigkeit beeinflußt, z. B. durch

— die Häufigkeit, mit der die Kraft aufgebracht werden muß,
— die Haltezeit, bzw. Anspannungsdauer, bei statischer Muskelbelastung,
— die Körperhaltung,

und andererseits durch den Menschen selbst, d. h. durch

— sein Geschlecht,
— sein Alter,
— seine Konstitution und Trainiertheit.

11.1.4 Körpermaße

Arbeitsmittel und Arbeitsplätze sollen nach den *menschlichen Körpermaßen* so gestaltet werden, daß möglichst viele der infrage kommenden Benutzer ergonomisch gute Bedingungen antreffen. Die Berücksichtigung der Variationsbreite menschlicher Körpermaße spielt dabei eine entscheidende Rolle. Man erreicht dadurch, daß sowohl körperlich kleine als auch große Menschen gleich gute mäßliche Arbeitsbedingungen vorfinden.
Da die Körpermaße durch verschiedene Einflüsse, z. B. Alter, Geschlecht, Rasse, Bevölkerungsgruppe, stark schwanken, betrachtet man für die Arbeitsgestaltung nicht den gesamten Bereich der Körpermaße, sondern begrenzt ihn aus Gründen der Zweckmäßigkeit auf das 5. und 95. Perzentil[1]) (Bild 11.3). Damit berücksichtigt man eine Variationsbreite menschlicher Körpermaße,

---

[1]) In der Arbeitswissenschaft wird der Begriff *Perzentil* gebraucht um auszusagen, daß es beispielsweise für einen Menschen, dessen Körperhöhe dem 95. Perzentil aller Meßwerte entspricht, nur 5 Prozent Menschen gibt, die größer sind und 95 Prozent, die kleiner sind als er.

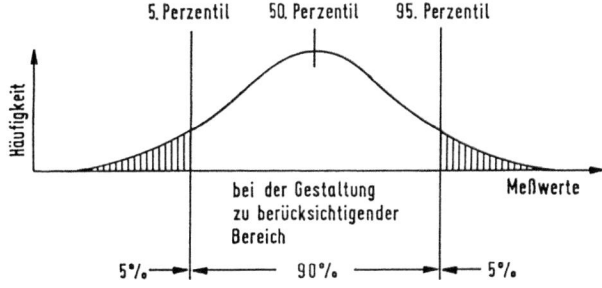

Bild 11.4 Streuung des Maßes „Körperhöhe" in Anlehnung an DIN 33 402.

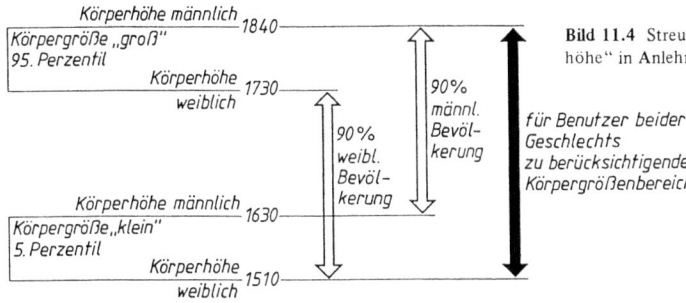

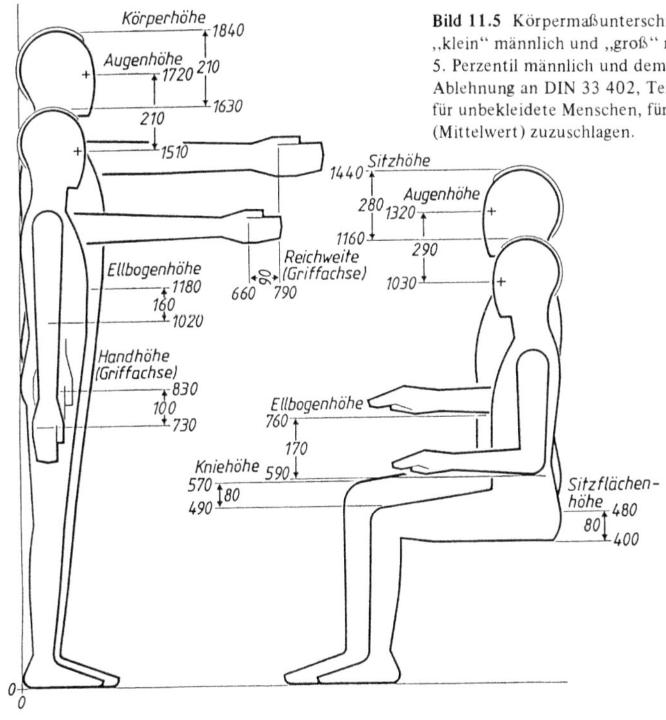

Bild 11.5 Körpermaßunterschiede der Körpergrößen „klein" männlich und „groß" männlich zwischen dem 5. Perzentil männlich und dem 95. Perzentil männlich in Ablehnung an DIN 33 402, Teil 2. Die Höhenmaße gelten für unbekleidete Menschen, für Schuhe sind ggf. 20 mm (Mittelwert) zuzuschlagen.

die mindestens 90% aller möglichen Benutzer umfaßt. Für besonders große bzw. kleine Personen müssen ggf. besondere Gestaltungsmaßnahmen getroffen werden.

Die aktuellste Zusammenstellung von Körpermaßen, gegliedert nach Geschlecht und Altersgruppen enthält das Normblatt DIN 33402, Teil 2. Es umfaßt Körpermaße der deutschen Bevölkerung. Die große Streuung einzelner Körpermaße wird am Beispiel des Maßes „Körperhöhe" deutlich (Bild 11.4). Einige wichtige Körpermaße enthalten die Bilder 11.5 und 11.6. Es sind auch die Körpermaßunterschiede zwischen „großen" (95. Perzentil) und „kleinen" (5. Perzentil) Frauen und Männern eingetragen.

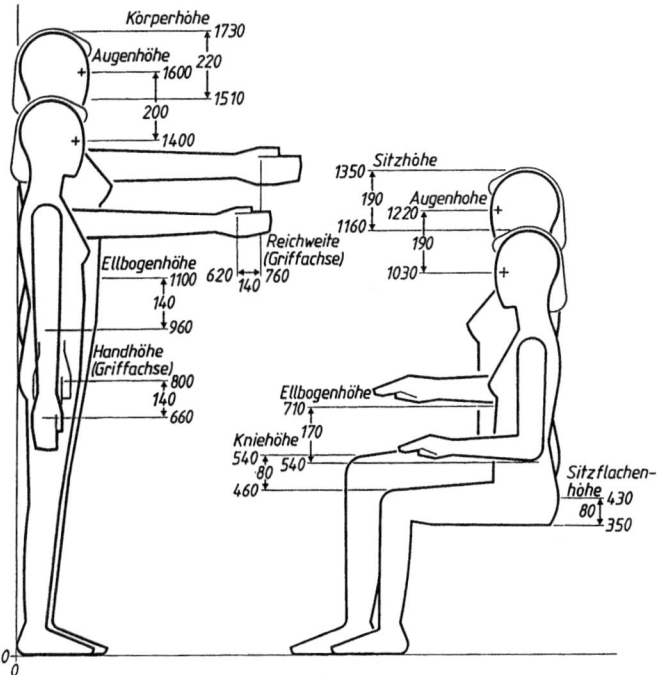

Bild 11.6 Korpermaßunterschiede der Korpergroßen „klein" weiblich und „groß" weiblich zwischen dem 5. Perzentil und dem 95. Perzentil weiblich in Anlehnung an DIN 33 402, Teil 2. Die Hohenmaße gelten für unbekleidete Menschen, für Schuhe sind ggf. 20 mm (Mittelwert) zuzuschlagen.

11.1.5 Belastung der Sinne und Nerven

Jede Arbeit erfordert eine mehr oder minder große Aufmerksamkeitszuwendung. Sie belastet dadurch neben den Muskeln auch die *Sinne* und *Nerven* und wirkt durch ihre Intensität und Dauer beanspruchend. Wir wollen unter dem Begriff *Belastung der Sinne und Nerven* die sensorischen, psychischen, gedanklichen und geistigen Komponenten der Arbeit verstehen. Über die Zusammenhänge zwischen Belastung und Beanspruchung der Sinne und Nerven liegen wenig gesicherte

Erkenntnisse vor. Die Beurteilung der Belastung erfolgt meist durch eine detaillierte Beschreibung der Tätigkeit, die Beanspruchung kann durch Messung bestimmter Körperreaktionen, aber auch von Begleiterscheinungen oder von Folgeerscheinungen bestimmt werden. Beide Methoden sind jedoch recht ungenau und nur begrenzt einsetzbar. Dieses Gebiet kann deshalb hier nicht weiter behandelt werden.

11.1.6 Einflüsse aus der Arbeitsumgebung

Für die Arbeitsgestaltung sind auch *Einflüsse aus der Arbeitsumgebung* von Bedeutung. Es sind dies
– Beleuchtung,
– Lärm,
– Klima,
– mechanische Schwingungen,
– Staub, Gase, Dämpfe,
– Farbe.

11.2 Daten für die Arbeitsgestaltung

11.2.1 Arbeitsplatzmaße

Bei der Ausrüstung von Arbeitsplätzen mit Arbeitsmitteln, Arbeitstischen, Stühlen, Fußstützen usw. müssen die menschlichen Körpermaße berücksichtigt werden (s. Abschnitt 11.1.4). Damit ein möglichst großer Teil der in Betracht kommenden Personengruppen die Arbeit ohne Behinderung ausführen kann, sollten die Arbeitsplätze für minimale bzw. maximale Körpermaße ausgelegt werden. *Arbeitsplatzmaße* lassen sich gliedern in
– Höhenmaße,
– Maße des Beinraums,
– Maße des Greifbereichs.

Die *Arbeitsaufgabe* ist ausschlaggebend für die *Arbeitshaltung*. In Abhängigkeit von
– Kraftaufwand,
– Greifraumgröße,
– Sehentfernung und
– technischen Randbedingungen
wird sich der Arbeitsplaner für einen
– Sitzarbeitsplatz,
– Steharbeitsplatz oder
– kombinierten Steh-/Sitzarbeitsplatz
entscheiden. Überall dort, wo große Kräfte aufzubringen sind oder umfangreiche Armbewegungen auftreten, ist ein *Steharbeitsplatz* zu empfehlen. Bei allen anderen Arbeiten, insbesondere bei Feinarbeiten, z. B. Arbeiten mit hoher visueller Kontrolle, sollten *Sitzarbeitsplätze* gewählt werden. Sofern es die Arbeitsaufgabe erlaubt, sollten aus ergonomischen Gesichtspunkten *kombinierte Sitz-/Steharbeitsplätze* eingerichtet oder bei reinen Sitzplätzen durch die Arbeitsorganisation ein gelegentliches Aufstehen ermöglicht werden. Ein Wechsel der Körperhaltung führt zur Verminderung der physischen Belastung am Arbeitsplatz.
Maße für den *Sitzarbeitsplatz* enthält Bild 11.7. Maße für den *Steharbeitsplatz* zeigt Bild 11.8. Beim *Steh-/Sitzarbeitsplatz* gelten die Tischmaße aus Bild 11.8, die Stuhlhöhe sollte zwischen 500 mm und 800 mm und die Fußstütze zwischen 520 mm und 750 mm verstellbar sein. Maße

des *Beinraums* für Arbeiten im Sitzen enthält Bild 11.9, für Arbeiten im Stehen Bild 11.10. Maße für den Greifraum im Sitzen und Stehen sind in Bild 11.11 wiedergegeben.

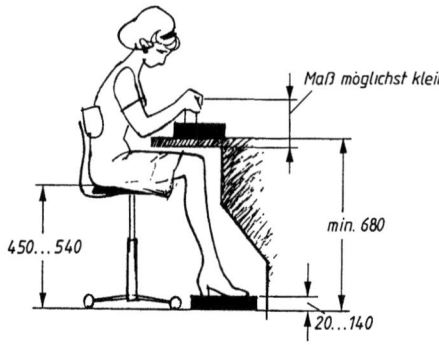

Bild 11.7
Hohenmaße bei sitzender Arbeitshaltung. (Sitzarbeitsplatz) in cm.

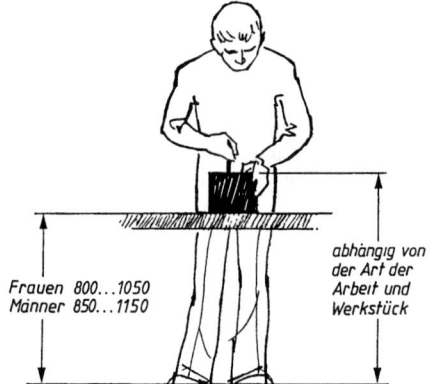

Bild 11.8
Hohenmaße bei stehender Arbeitshaltung. (Steharbeitsplatz) in cm.

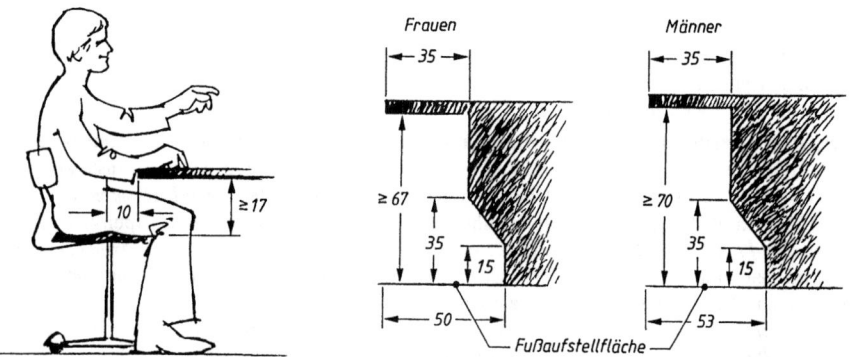

Bild 11.9 Sitzarbeitsplatz. Maße für Beinraumtiefe und -hohe in cm.

11.2 Daten für die Arbeitsgestaltung

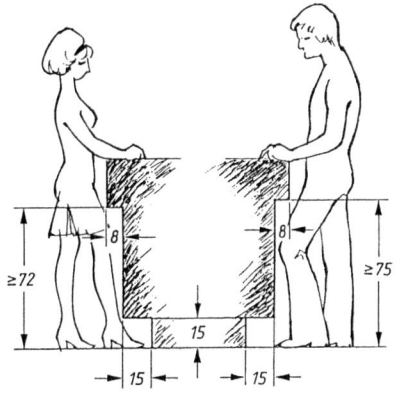

Bild 11.10
Steharbeitsplatz. Maße des Beinraums in cm.

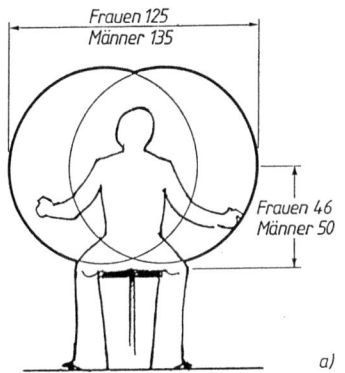

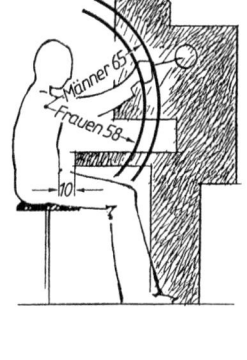

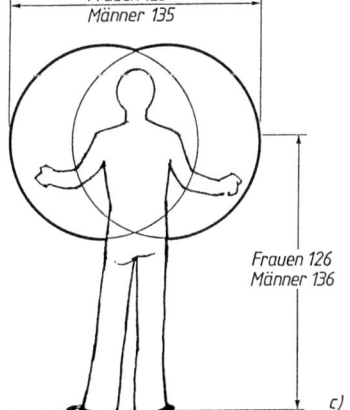

Bild 11.11
Griefraum im Sitzen und Stehen (Maße in cm).

11.2.2 Maximale Muskelkräfte

Die vom Menschen *maximal aufbringbaren Muskelkräfte* können für die Arbeitsgestaltung nur Ausgangswerte für die Festlegung von *zulässigen Belastungsgrenzwerten* sein, die in den meisten Fällen deutlich unter den Maximalwerten liegen werden. Berechnungsverfahren hierzu findet der Leser in [11.9, 11.11 und 11.13]. Sie hier zu erläutern würde den Rahmen sprengen. Einige für die Gestaltung wichtige maximale Werte für die Hand-Finger-Muskeln enthalten die Bilder 11.12 und 11.13.

Belastung durch		Maximalkraft in N
Faustschluß um einen Zylinder von 40 mm Durchmesser		410
Druck des Daumens gegen vier Finger	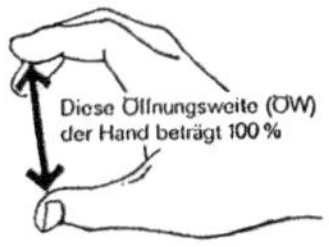 Diese Öffnungsweite (ÖW) der Hand beträgt 100 %	190
Betätigen einer Druckleiste durch den Daumenballen		180
Druck des Daumens gegen die Zeigefingerseite		120
Betätigen eines Daumen-Schalters, Zeigefinger gegenhalten	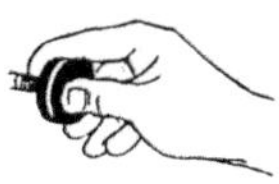	100
Betätigen eines Druckknopfes mit dem Daumen		100
Betätigen eines Einfingerdruckknopfes (Zeigefinger)		60
Schließen von Zangengriffen	 ÖW ~ 70 %	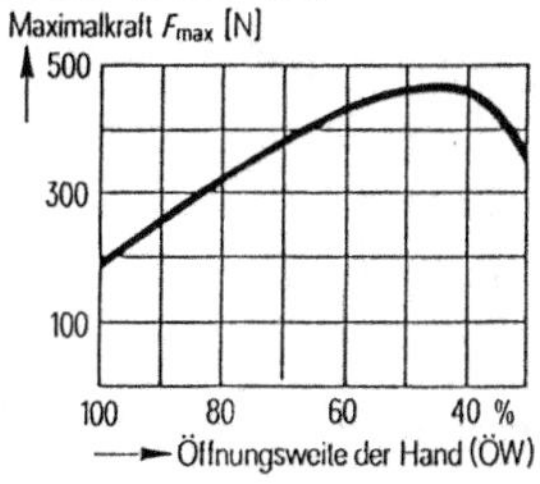 Maximalkraft F_{max} [N] vs. Öffnungsweite der Hand (ÖW)

Bild 11.12 Maximalkräfte der Hand-Finger-Muskeln in N.

11.2 Daten für die Arbeitsgestaltung 385

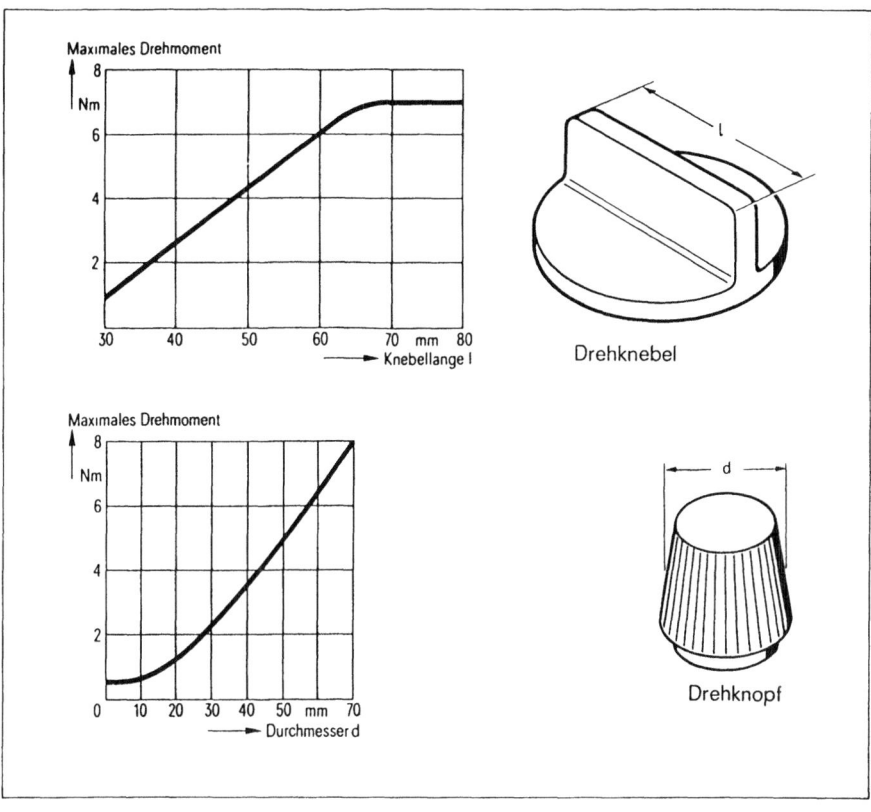

Bild 11.13 Maximale Drehmomente der Hand-Finger-Muskeln in Nm.

11.2.3 Stellteile und Anzeigen

Stellteile und Anzeigen helfen dem Menschen, im Arbeitssystem an der Schnittstelle zur Maschine den Übergang herzustellen. *Stellteile* sind Elemente, mit deren Hilfe der Mensch Vorrichtungen, Geräte oder maschinelle Anlagen steuern und regeln kann (DIN 33401). Eine *Anzeige* ist eine Information, die über eine technische Einrichtung dem menschlichen Auge in verschiedener Form — je nach Informationsaufgabe — angeboten wird.
Sinnfällig sind die Bewegungsrichtungen von Stellteilen und deren Auswirkung, z. B. auf der Anzeige, dann, wenn sie der Erwartung des Menschen entsprechen. Zum Beispiel dreht ein Autofahrer sein Lenkrad nach rechts, um nach rechts abbiegen zu können. Bild 11.14 gibt hierzu Hinweise.

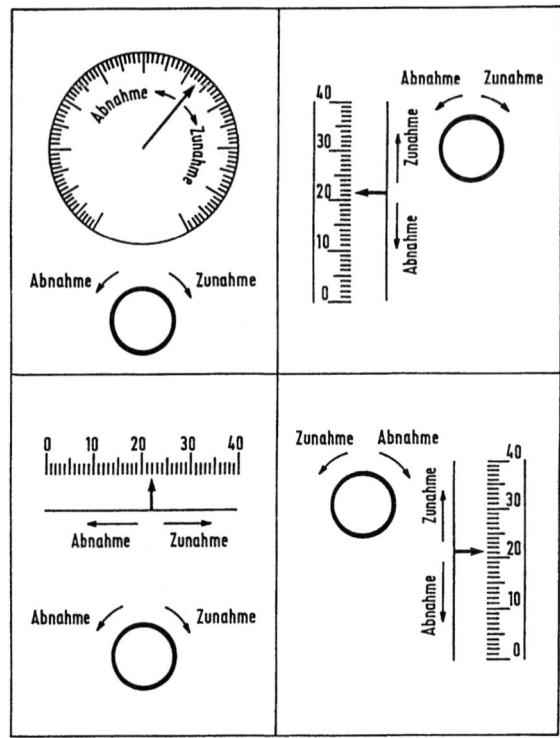

Bild 11.14
Sinnfällige Bewegungen von Stellteilen und Anzeigen.

11.2.4 Sehbedingungen

Die *Sehleistung* des Menschen kann verbessert werden durch günstige
- Allgemeinbeleuchtung (z. B. nach DIN 5035, Teil 2),
- Arbeitsplatzbeleuchtung,
- Anordnung von Fenstern,
- Anordnung der Arbeitsplätze,
- Oberflächen im Bereich des Arbeitsplatzes.

Häufige Ursachen für Schwierigkeiten sind Direkt- oder Reflexblendung durch Lampen und spiegelnde Fenster, zu geringe Kontraste und Störinformationen durch unruhige Oberflächen im Blickfeld. Eine praxisbezogene Darstellung über Gestaltungsmaßnahmen findet der Leser in [11.14], s. auch Abschnitt 20.1 Beleuchtungstechnik.

11.2.5 Maßnahmen zur Lärmminderung

Lärm, der auf den Menschen einwirkt, kann
- belästigen,
- das Nervensystem aktivieren,
- die Sprachverständigung beeinträchtigen,
- zur Schädigung und Zerstörung der Hörsinneszellen des Innenohres führen,

11.3 Literatur

- bei längeren Einwirkungen zu erhöhtem Gesundheitsrisiko, insbesondere bei Herz- und Kreislaufkranken führen.

Nach der Arbeitsstättenverordnung vom 1. 5. 1976 darf der Beurteilungsschalldruckpegel deshalb folgende Höchstwerte nicht überschreiten
- bei überwiegend geistigen Tätigkeiten   55 dB(A),
- bei einfachen Bürotätigkeiten   70 dB(A),
- bei allen sonstigen Tätigkeiten   85 dB(A)
bzw. 90 dB(A),
soweit ein Pegel von 85 dB(A) nach der betrieblichen Lärmminderung zumutbarerweise nicht einzuhalten ist.

Einige mögliche Ansatzpunkte für die Lärmminderung sind in Bild 11.15 aufgeführt.

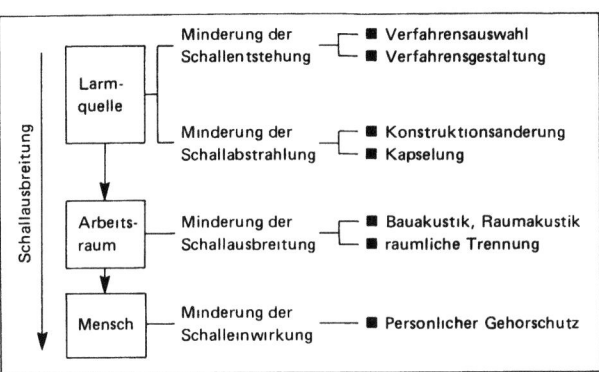

Bild 11.15
Möglichkeiten der Lärmminderung.

11.3 Literatur

Bücher

[11.1] *Buttner, B., B. Fuchs* und *H. Völkner:* Orientierungshilfen für die Arbeitsgestaltung – Daten – Fakten – Normen. Beuth Verlag GmbH, Berlin – Köln 1977.
[11.2] *Bullinger, H. J.* und *J. J. Solf:* Ergonomische Arbeitsmittelgestaltung. I: Grundlagen. Herausgeber Bundesanstalt für Arbeitsschutz und Unfallforschung, Forschungsbericht Nr. 196, Dortmund 1979.
[11.3] *Burandt, U.:* Ergonomie für Design und Entwicklung. Verlag Dr. Otto Schmidt KG, Köln 1978.
[11.4] Deutscher Gewerkschaftsbund (Hrsg.), *Birkwald, R.* u. a.: Menschengerechte Arbeitsgestaltung. 2. Informationsschrift. Bund-Verlag, Köln 1978.
[11.5] *Hettinger, T., G. Kaminsky* und *H. Schmale:* Ergonomie am Arbeitsplatz. Friedrich Kiehl Verlag, Ludwigshafen (Rhein) 1976.
[11.6] *Kirchner, J.-H.* und *W. Rohmert:* Ergonomische Leitregeln zur menschengerechten Arbeitsgestaltung. Carl Hanser-Verlag, München 1974.
[11.7] *Konold, P., H. Kern* und *H. Reger:* Arbeitssystem-Elementekatalog. Krauskopf-Verlag, Mainz 1978.
[11.8] *Lange, W.* unter Mitarbeit von *J.-H. Kirchner, H. Lazarus* und *H. Schnauer:* Kleine ergonomische Datensammlung. Herausgeber Bundesanstalt für Arbeitsschutz und Unfallforschung, Dortmund. Verlag TÜV Rheinland, Köln 1979.
[11.9] *Laurig, W.:* Grundzüge der Ergonomie, Beuth Verlag, Berlin 1987. 3. Auflage.
[11.10] *Rohmert, W.:* In Taschenbuch der Arbeitsgestaltung. Herausgeber Institut für angewandte Arbeitswissenschaft. Verlag J.P. Bachem, Köln 1987. 2. Auflage.
[11.11] *Schultetus, W.:* Montagegestaltung – Daten, Hinweise und Beispiele zur ergonomischen Arbeitsgestaltung, Verlag TÜV Rheinland, Köln 1987.

[11.12] *Warnecke, H. J.* und *K. Weiß:* Katalog Zubringeeinrichtungen. Hilfsmittel zur Planung von Handhabungssystemen. Krauskopf-Verlag, Mainz 1978.
[11.13] Handbuch Arbeitsgestaltung und Arbeitsorganisation. VDI-Verlag, Düsseldorf 1980.
[11.14] *Benz, C., J. Leibig* und *K.-F. Roll:* Gestalten der Sehbedingungen am Arbeitsplatz. Verlag TÜV Rheinland, Köln 1983.

Normen

DIN 4551	Büromöbel; Bürodrehstuhl mit verstellbarer Rückenlehne, mit oder ohne Armstützen, Höhenverstellbar
DIN 4552	Büromöbel; Drehstuhl mit in der Höhe nicht verstellbarer Rückenlehne, mit oder ohne Armstützen, Höhenverstellbar
DIN 4556	Büromöbel; Fußstützen für den Büroarbeitsplatz; Anforderungen, Maße
DIN 5035	Teil 1 Innenraumbeleuchtung mit künstlichem Licht; Begriffe und allgemeine Anforderungen
	Teil 2 Innenraumbeleuchtung mit künstlichem Licht; Richtwerte für Arbeitsstätten
	Teil 5 Innenraumbeleuchtung mit künstlichem Licht; Notbeleuchtung
	Teil 6 Innenraumbeleuchtung mit künstlichem Licht; Messung und Bewertung
DIN 31 000/VDE 1000	Allgemeine Leitsätze für das sicherheitsgerechte Gestalten technischer Erzeugnisse
DIN 31 001	Teil 1 Sicherheitsgerechtes Gestalten technischer Erzeugnisse; Sicherheitstechnische Maßnahmen an Gefahrenstellen; Sicherheitsabstände gegen das Erreichen von Gefahrstellen
	Teil 3 Sicherheitsgerechtes Gestalten technischer Erzeugnisse; Sicherheitstechnische Maßnahmen an Gefahrenstellen; Begriffe
	Beiblatt 1: Sicherheitsgerechtes Gestalten technischer Erzeugnisse; Sicherheitstechnische Maßnahmen an Gefahstellen; Begriffe; Erläuternde Beispiele
	Teil 4 Sicherheitsgerechtes Gestalten technischer Erzeugnisse; Sicherheitstechnische Maßnahmen an Gefahrstellen; Sicherheitsabstände zum Vermeiden von Quetschstellen
DIN 33400	Gestalten von Arbeitssystemen nach arbeitswissenschaftlichen Erkenntnissen; Begriffe und allgemeine Leitsätze
	Beiblatt 1: Gestalten von Arbeitssystemen nach arbeitswissenschaftlichen Erkenntnissen; Beispiel für höhenverstellbare Arbeitsplattformen
DIN 33401	Stellteile; Begriffe, Eignung, Gestaltungshinweise
	Beiblatt 1: Stellteile; Erläuterungen zu Einsatzmöglichkeiten und Eignungshinweisen für Hand-Stellteile
DIN 33402	Teil 1 Körpermaße des Menschen; Begriffe, Meßverfahren
	Teil 2 Körpermaße des Menschen; Werte
	Beiblatt 1: Körpermaße des Menschen; Werte; Anwendung von Körpermaßen in der Praxis
	Teil 2 A1 Körpermaße des Menschen; Werte; Änderung 1
	Teil 3 Körpermaße des Menschen; Bewegungsraum bei verschiedenen Grundstellungen und Bewegungen
	Teil 4 Körpermaße des Menschen; Grundlagen für die Bemessung von Durchgängen, Durchlassen und Zugängen
DIN 33406	Arbeitsplatzmaße im Produktionsbereich; Begriffe, Arbeitsplatztypen, Arbeitsplatzmaße
DIN 33408	Teil 1 Körperumrißschablonen; Seitenansicht für Sitzplätze
	Beiblatt 1: Körperumrißschablonen; Seitenansicht für Sitzplätze; Anwendungsbeispiele
	Teil 1 A1 Körperumrißschablonen; Seitenansicht für Sitzplätze; Änderung 1
DIN 33411	Teil 1 Körperkräfte des Menschen; Begriffe, Zusammenhänge, Bestimmungsgrößen
	Teil 2 Körperkräfte des Menschen; Zulässige Grenzwerte von Aktionskräften der Arme
	Teil 3 Körperkräfte des Menschen; Maximal erreichbare statische Aktionsmomente an Handrädern
	Teil 4 Körperkräfte des Menschen; Maximale statische Aktionskräfte (Isodynen)
DIN 33413	Teil 1 Ergonomische Gesichtspunkte für Anzeigeeinrichtungen; Arten, Wahrnehmungsaufgaben, Eignung
DIN 33416	Zeichnerische Darstellung der menschlichen Gestalt in typischen Arbeitshaltungen
DIN 45635	Geräuschmessung an Maschinen
	Es handelt sich um eine sehr umfangreiche Norm mit über 80 Teilen
DIN 68877	Arbeitsdrehstuhl; Sicherheitstechnische Anforderungen, Prüfung
VDI 2058	Blatt 1 Beurteilung von Lärm in Nachbarschaft
	Blatt 2 Beurteilung von Lärm am Arbeitsplatz hinsichtlich Gehorschaden
	Blatt 3 Beurteilung von Lärm am Arbeitsplatz unter Berucksichtigung unterschiedlicher Tatigkeiten

12 Elektrische Antriebe

12.1 Das Wesen des elektrischen Antriebs

Elektrische Antriebe haben sich gegenüber anderen Antriebsarten in überzeugender Weise bei der Mehrzahl aller Antriebsprobleme in der Produktionstechnik, bei Förderanlagen, im Haushalt und im Büro durchgesetzt. Durch ihre günstigen Eigenschaften in der Steuerbarkeit und Energieumwandlung bestimmen sie in allen Zweigen der Wirtschaft den Ablauf und die Effektivitat von technologischen Prozessen. Die Vorteile elektrischer Antriebe gegenüber anderen Antriebsarten liegen in folgenden Eigenschaften:
- breiter Drehzahlstellbereich, gute Drehzahlkonstanz;
- leichte Fernbedienbarkeit;
- schnelle Reaktion auf Störgrößen;
- flexible Anpassung an Maschinenabläufe;
- Platzsparsamkeit;
- niedriger Bedarf an Schallschutzmaßnahmen;
- hoher Wirkungsgrad;
- sofortige Betriebsbereitschaft der elektrischen Energie;
- hohe Lebensdauer und Zuverlässigkeit elektrischer Maschinen.

Aus der Entwicklungsgeschichte des elektrischen Antriebs lassen sich zum Teil sein Wesen und die zukunftigen Entwicklungstendenzen erkennen:
- erster elektromotorischer Bahnantrieb, 1879;
- Entwicklung der Drehstromtechnik, ab 1890;
- Ablösung der Dampfmaschine mit Transmission als zentralen Antrieb, ab 1900;
- Zusammenfassung von Arbeitsmaschinen zu Gruppenantrieben, ab 1910;
- Übergang zum Einzelantrieb der Arbeitsmaschinen, ab 1920;
- Einführung von Mehrmotorantrieben an Werkzeugmaschinen, Bearbeitungszentren, Handhabungssystemen, Verarbeitungsmaschinen, Walzwerkmaschinen und Maschinen der Fördertechnik, ab 1930.

Die elektrischen Antriebssysteme gehören nunmehr zu den wichtigsten gerätemäßigen Voraussetzungen für die *Automatisierung technischer Prozesse.*
Elektrische Antriebe bestehen aus mehreren Systemelementen, die sich systemtechnisch in einer Funktionsgliederung darstellen lassen. Im Bild 12.1 sind mögliche Teilfunktionen als Bausteine hierarchisch gegliedert. Nicht jeder elektrische Antrieb enthält alle aufgeführten Teilfunktionen. Die Funktionen sind hier abstrakt und losgelost vom Gegenständlichen formuliert, um die Festlegung von Lösungsprinzipien mit Rücksicht auf zukünftige Entwicklungen zu vermeiden.
Das *Wesen des elektrischen Antriebs* wird konkretisiert, indem die Aufgaben der Antriebstechnik als das Bindeglied zwischen Maschinenbau, Elektrotechnik und Informationsverarbeitung analysiert werden. Im einzelnen sind die Aufgaben eines hochentwickelten Antriebs folgende [12.1; 12.2; 12.3]:
- Bereitstellung der benötigten mechanischen Energie für die Arbeitsmaschine durch Umwandlung aus der nahe am Verbrauchsort gegebenen elektrischen Energie mit möglichst hohem Wirkungsgrad;

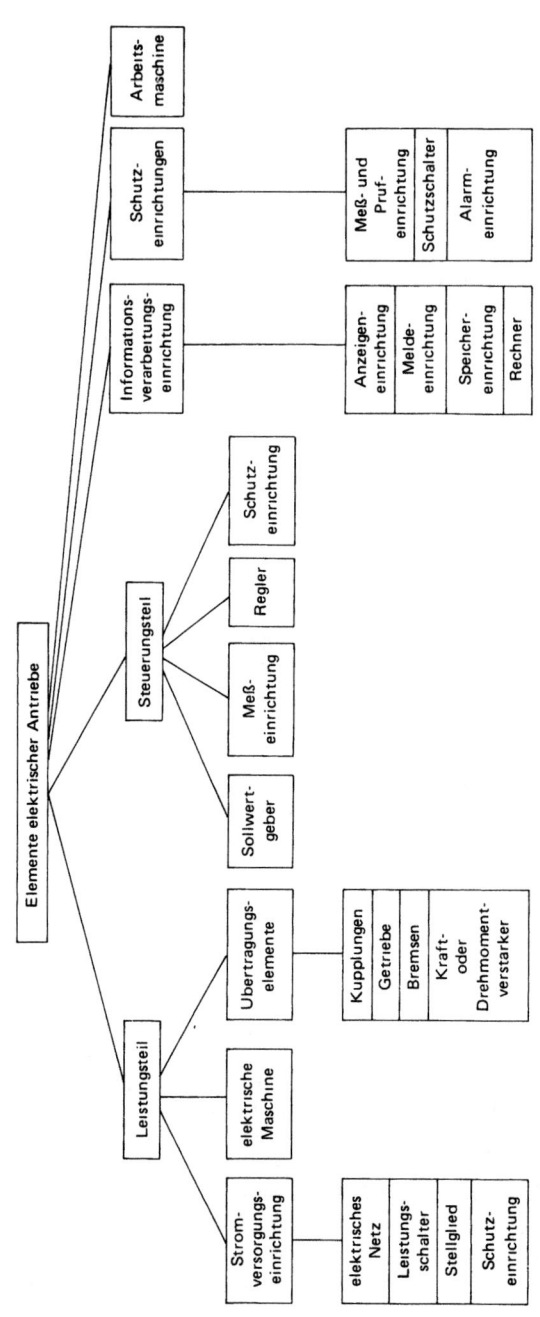

Bild 12.1 Funktionsgliederung elektrischer Antriebe.

- bedarfsgerechte Herstellung der Verbindung zwischen dem elektrischen Netz und dem Energiewandler, dem elektrischen Motor, durch leistungsfähige, verlustarme Stromversorgungseinrichtungen wie Schalter und Stellglieder;
- exakte Zuführung der von der Antriebsaufgabe verlangten Sollwerte nach zeitlichem Verlauf und Größe der Drehzahl und des Drehmoments bzw. der Geschwindigkeit und der Kraft an die Arbeitsmaschine;
- Einhaltung von Toleranzbereichen der vorgegebenen Größen;
- Ermöglichung von wirtschaftlichen Fertigungen und Transporten sowie Abnahme von Tätigkeiten, die den Menschen unangenehm belasten;
- Einhaltung von Schutz- und Verriegelungsbedingungen, um Personen und technische Einrichtungen vor Schaden bzw. Überlastungen zu bewahren;
- Verarbeitung von manuell eingegebenen oder von anderen technischen Einrichtungen vorgegebenen Informationen;
- meßtechnische Erfassung von Istwerten und Störgrößen zur Regelung, Überwachung und Abgrenzung gegen Störeinflüsse des Antriebssystems und zur Registrierung oder Weiterleitung der Information zur Verarbeitung mittels übergeordneter Einrichtungen.

12.2 Strukturen von Antriebssystemen

Je nach Anforderungsprofil und Komplexität der Aufgabenstellung wird ein elektrischer Antrieb entwickelt bzw. projektiert und ausgewählt. Dabei werden die Teilfunktionen zu *Strukturen* verknüpft. Drei wesentliche Funktionsstrukturen von Antriebssystemen werden nach besonderen Merkmalen voneinander unterschieden [12.2, 12.3]:
- elementares oder gesteuertes System (Bild 12.2);
- automatisiertes oder geregeltes System (Bild 12.3);
- komplex automatisches, integriertes Antriebskonzept (Bild 12.4).

Die gewählten Antriebsstufen in den Bildern 12.2 bis 12.4 zeigen einerseits die in der Praxis vorhandenen Antriebssysteme, sie verdeutlichen zugleich die bevorstehende industrielle Entwicklung durch den Einsatz von Halbleitern und Rechensystemen. Andere Zwischenstufen neben diesen sind insbesondere zwischen der zweiten und der dritten Stufe denkbar. Es ist beispielsweise möglich und bereits vielfach praktiziert, daß ein geregeltes System von einem Rechner, z.B. von einem Mikroprozessor, geführt wird, ohne in einer integrierten Antriebskonzeption eingebettet zu sein.
In allen drei Funktionsstrukturen ist das Zusammenwirken der Teilfunktionen des elektrischen Antriebs mittels Energie-, Stoff- und Signalfluß erzeugt. Den Hauptfluß stellt die Energieübertragung dar. Die Verknüpfung von Energie und Nachricht sowie Nachricht und Stoff wird mit zunehmender Automatisierung bedeutender, z. B. die Nachricht Meßgröße verstärken oder Energiefluß einschalten oder Stoffmenge drosseln. Der Stoffluß findet an der Arbeitsmaschine, also am Ausgangsende des Systems statt und ist immer an einen Energiefluß gebunden, z. B. Werkstück bewegen, jedoch nicht umgekehrt.

Das *gesteuerte System* ist der einfachste und kostengünstigste Antrieb. Deshalb prüft der projektierende Ingenieur, ob der gesteuerte Antrieb den Anforderungen der Antriebsaufgabe gerecht wird. Die meisten industriellen Anwendungen elektrischer Antriebe wenden bisher noch gesteuerte Systeme an. Im stationären Betrieb mit nicht zu hohen Genauigkeitsansprüchen der Bewegungsabläufe (bis. ca. 10 % Genauigkeit) wird der elementare Antrieb höher entwickelten Stufen vorgezogen. Durch Einbau von Schutzeinrichtungen sind Begrenzungen wichtiger Parameter, wie unzulässige Beanspruchungen der Systemelemente, möglich, dabei wird der Energiefluß zum Motor unterbrochen. Der Einbau von Meßeinrichtungen und Einheiten zur Weiterverarbeitung der erfaßten Meßwerte ist nicht in jedem Fall notwendig.

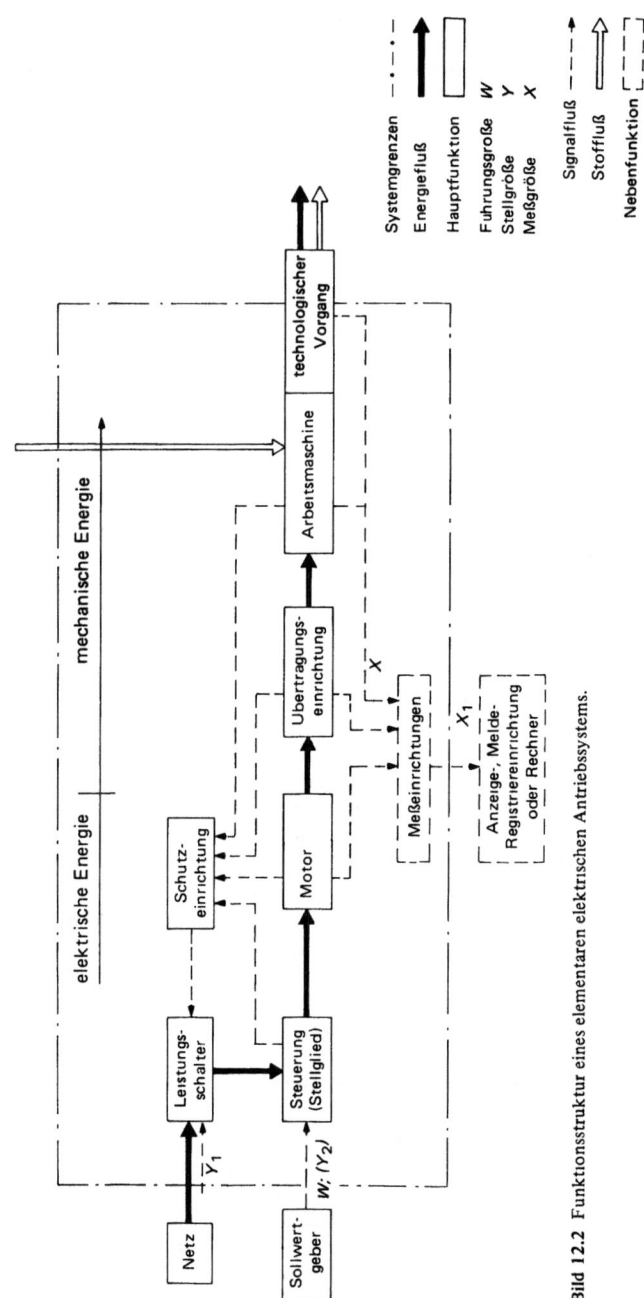

Bild 12.2 Funktionsstruktur eines elementaren elektrischen Antriebssystems.

12.2 Strukturen von Antriebssystemen

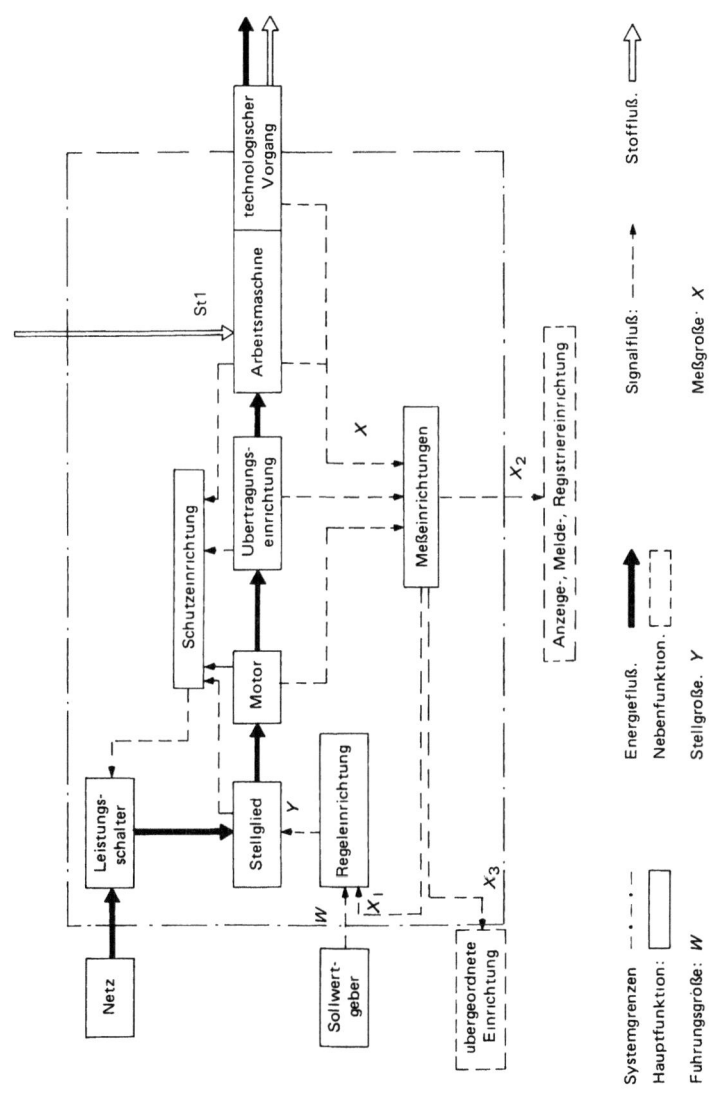

Bild 12.3 Funktionsstruktur eines geregelten elektrischen Antriebssystems.

12 Elektrische Antriebe

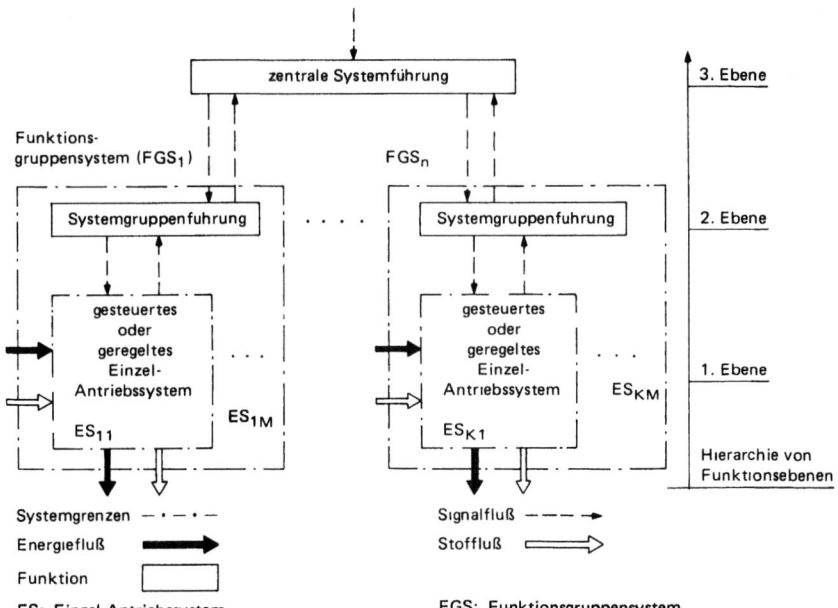

Bild 12.4 Funktionsstruktur eines komplexen und rechnergeführten Antriebskonzeptes.

In *geregelten Antriebssystemen* wird, im Gegensatz zu den gesteuerten Antrieben, der Istzustand der Funktionselemente und des Prozesses erfaßt, die Meßgrößen werden zurückgeführt und mit den Größen des Sollzustands verglichen. Die Regelung von Antriebsprozessen wird überall dort erforderlich, wo Bewegungsabläufe, das dynamische Verhalten, z.B. beim Anfahren, Bremsen oder Umsteuern, oder der Zustand des technologischen Prozesses zur Erhaltung von definierten Grenzen oder Toleranzbereichen überwacht und gesteuert werden müssen. Durch selbständige Regelung laufen die Systeme automatisiert nach dem Einschalten und der Eingabe oder automatischen Zuführung der Führungsgröße w.

Das Kennzeichen von *komplexen* und für einen großen Automatisierungsgrad und -umfang aufgebauten *Systemen* ist die Integration des einzelnen Antriebssystems in eine Gruppenführung. Die Gruppierung von Einzelantrieben und die Gruppenführung durch eine übergeordnete Funktionseinheit, z.B. von einem Rechner, wird von den Erfordernissen der Maschineneinheit oder des technologischen Prozesses bestimmt, beispielsweise die Führung der Antriebe für alle Bewegungsfreiheitsgrade eines Handhabungssystems oder der Antriebe eines rechnergesteuerten Walzwerkes. Der Integration zu höheren hierarchischen Ebenen sind, wie im Bild 12.4 angedeutet, keine Grenzen gesetzt. Die Führung der unteren Ebenen wird von der jeweils darüber liegenden Ebene übernommen. Der modulare Aufbau von derartig *integrierten Systemen* ist von grundlegender Bedeutung. Die Erweiterbarkeit der Anlage, die Wartung, Änderung und Instandsetzung von Teilbereichen sowie die Lokalisierung und Beseitigung von Störungen sollen ohne Unterbrechung des Gesamtbetriebes vorgenommen werden können.

Aus den Erkenntnissen über das Wesen des elektrischen Antriebs wird deutlich, daß der Umfang für die grundlegende Analyse der Antriebstechnik den Rahmen dieses Kapitels weit überschreiten würde. Literaturhinweise sollen dem Leser die Vertiefung des Stoffgebietes erleichtern. Dem

12.2 Strukturen von Antriebssystemen

Anwender von elektrischen Antrieben wird hier eine Einführung in die Vorgehensweise für die Projektierung und Auswahl von Antrieben für fertigungs- und betriebstechnische Probleme geboten. In diesem Sinne wird die Vorgehensweise an systemtechnische Gesichtspunkte angelehnt. Im Bild 12.5 ist in groben Schritten die Vorgehensweise dargestellt.

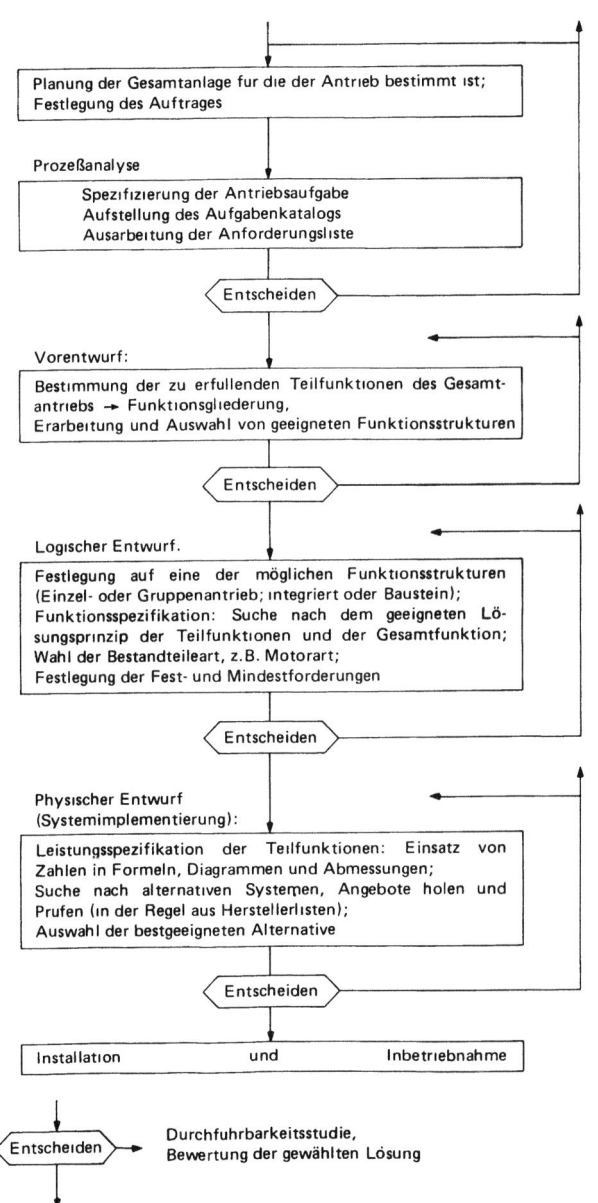

Bild 12.5
Vorgehensplan für die Projektierung und Auswahl von elektrischen Antrieben.

Die Hauptschritte

- Analyse des Prozesses, für den der elektrische Antrieb bestimmt ist;
- Vorentwurf;
- logischer und physischer Entwurf des Antriebssystems

sind die wesentlichen Stationen des Vorgehens von projektierenden Ingenieuren bzw. vom facherübergreifenden Arbeitsteam.

12.3 Antriebsaufgaben und Arbeitsmaschinen

Die Spezifizierung der *Antriebsaufgabe* bedarf der Kenntnis des technologischen Prozesses und der Arbeitsmaschine. Das Ziel einer prozeßanalytischen Aufbereitung ist, die Stell- und Bewegungsvorgänge, die Belastungsvorgänge und eine Reihe anderer Kennwerte und Maßnahmen festzustellen sowie das Anforderungsprofil festzulegen, da sie die Ausgangsbasis für die nachfolgenden Vorgehensschritte bilden. Läßt sich ein Schema, eine Strategie oder ein Algorithmus, aus dem ein Rechenprogramm entwickelt werden kann, finden, um die Projektierungsarbeit zu rationalisieren, so müssen dem Projektierungsschema bzw. Programm Eingaben gemacht werden, damit nacheinander, wie im Bild 12.5 gezeigt, die Funktionsstruktur, das Arbeitsprinzip, die schaltungsmäßige und räumliche Gestaltung von Antriebsausrüstungen gefunden bzw. erstellt werden können.

Die eigentliche Aufgabenstellung des elektrischen Antriebs ist in der Beschreibung des Lastspiels der Regelgrößen, falls Regelung notwendig ist, des Stellbereichs, der Toleranzen und der dynamischen Anforderungen formuliert. Weiterhin müssen die Störgrößeneinflüsse und räumliche, konstruktive Anordnungen dem Projektierungsprozeß bereitgestellt werden.

Arbeitsmaschinen dienen dazu, mit translatorisch oder rotatorisch wirkenden Arbeitsmitteln Stoffumwandlungen oder Materialtransport vorzunehmen. Die Bewegungsvorgänge von Antriebsaufgaben lassen sich in Be- oder Verarbeitungs- und Stellvorgängen unterteilen.

Zu den *Be-* oder *Verarbeitungsvorgangen* gehören Arbeitsprozesse, die mit Trennen oder Entfernen, Verbinden oder Heranführen, Formen von Körpern, Verdichten oder die Pressen von Massen verbunden sind. Beispiele dafür sind spanabhebende oder umformende Werkzeugmaschinen, Förderanlagen u.a.

Als *Stellvorgange* werden Bewegungsabläufe bezeichnet, die zur Durchführung des Hauptprozesses erforderlich sind. Am technologischen Prozeß beteiligte Elemente der Arbeitsmaschine werden dabei entlang von Stellwegen bewegt. Die Stellwege sind durch den Hauptprozeß bestimmt. Die dafür bestimmten Antriebe haben unterschiedlichen Anforderungen zu genügen. Beispiele für Stellvorgänge sind Positioniereinrichtungen, Positionsanzeigen, Vorschubeinrichtungen, Ventile und Schieber.

Bei Werkzeugmaschinen spricht man von Haupt- bzw. von Vorschubantrieben. Während die *Hauptantriebe* in erster Linie die Aufgabe haben, die benötigten Schnittkräfte und die erforderlichen Drehzahlen zur Zerspanung des Werkstücks aufzubringen, haben die *Vorschubantriebe* die Hauptaufgabe, die Relativbewegung zwischen Werkzeug und Werkstück mit hohen Anforderungen hinsichtlich ihres Zeit- und Beharrungsverhaltens zu erfüllen [12.6].

Die nachfolgenden Analysen werden an rotatorischen Vorgängen dargestellt. Sie gelten im Prinzip auch für translatorisch wirkende Mechanismen. Dafür müssen die entsprechenden Größen, wie Geschwindigkeit v statt Drehzahl n, Kraft $F_t = f(t)$ statt Drehmoment $M_t = f(t)$ und Masse m statt Trägheitsmoment J eingesetzt werden.

Da der funktionale Zusammenhang der Bestimmungsgrößen untereinander und mit der Zeit oft nicht mathematisch beschreibbar ist, wird das mittlere Bewegungsspiel des technologischen Vorgangs nach Analysen oder aus Erfahrungswerten aufgestellt. Dadurch können der Spielverlauf, die Auslastung und der Energiebedarf im Zusammenhang mit den Belastungsgrößen ermittelt werden.

12.3 Antriebsaufgaben und Arbeitsmaschinen

Für die Ermittlung der Größen, der Kennwerte und der Prozeßablaufe, z.b. Massen und Trägheitsmoment, Wirkungsgrade der Antriebselemente, Elastizitäten und Spiele des mechanischen Systems, Anlaufzeiten und Anlaufverhalten, muß der physische Entwurf des Antriebssystems vorliegen. Zum Zeitpunkt früherer Projektierungsphasen wird mit geschätzten Werten und Verhalten gearbeitet. Hier wird also deutlich, daß der Projektierungsprozeß oft iterativ, wie im Bild 12.5 dargestellt, durchgeführt werden muß. Das exakte Verhalten ist meist, wegen vieler nicht formal erfaßbarer Faktoren bzw. beschreibbarer Abläufe, nicht vorausberechenbar. Hier hilft oft nur der experimentelle Versuch. Dies setzt jedoch zumindest die exemplarische Vorinstallation des Antriebs voraus. Der projektierende Ingenieur oder das Team stellt in der Regel die Konstruktionsart des Antriebssystems fest, die sich aus den Gegebenheiten der Anlage und des Umfeldes, z.B. aus Liefer- und Vertragsbedingungen ergeben. Aus den Merkmalen des Entwicklungs- oder Projektierungsauftrages laßt sich feststellen, ob es sich um eine Neu-, eine Anpassungs- oder eine Variantenkonstruktion handelt. Diese Begriffe sind in den VDI-Richtlinien 2221 und 2222 [12.1] definiert und in der Literatur ausführlich analysiert [12.4]. Für den elektrischen Antrieb können die drei genannten Konstruktionsarten wie folgt interpretiert werden:

Wird eine Anlage *neu konstruiert*, und damit auch moglicherweise das Antriebssystem, so wird fur die Bestimmung der Funktionsstruktur von der abstrakten Problemformulierung und von der Anforderungsliste ausgegangen. Der funktionale Zusammenhang der Teilfunktionen ergibt sich aus der Herausforderung des Antriebsproblems. Aus einer Liste von moglichen Forderungen werden die Festforderungen, die Mindestforderungen und die Wünsche festgelegt. Liegt bereits eine allgemeine Spezifikationsliste ausgearbeitet vor, so können die für die betreffenden Antriebsaufgaben bedeutungslosen Forderungen gestrichen werden. Der gesamte Ablaufplan, wie er im Bild 12.5 dargestellt ist, wird durchlaufen werden mussen und eine fächerubergreifende Teamarbeit ist notwendig.

Bei einer *Anpassungskonstruktion* wird von der Funktionsstruktur bekannter Lösungen ansatzweise ausgegagen. Durch Variation der Elemente lassen sich dem gestellten Problem angepaßte Losungsmoglichkeiten finden. Hierfür wird meist das *Baukastenprinzip* vorausgesetzt. Umgekehrt führen Anpassungskonstruktionen zu Baukastenentwicklungen, die miteinander als Konstruktions- und Funktionseinheiten kombinierbar sind. Die *Kompaktbauform* oder die *integrierte Bauweise* von Antrieben ist der Gegensatz dazu [12.2; 12.4]. Gemäß dem Ablaufplan (Bild 12.5) kann von einem festgelegten logischen Entwurf ausgegangen werden. Mit Hilfe der Beratung von Herstellerfirmen kann das Anwender-„know how" optimiert und die geeignetste Systemimplementierung gefunden werden.

Bei *Variantenkonstruktionen* sind alle Baueinheiten, ihr Funktionsprinzip, ihre möglichen Kombinationen, ihr Großenbereich und die Berechnungs- und Verknupfungslogik entwickelt und bekannt. Die Projektierungsarbeit beschrankt sich auf das Durcharbeiten einer fest vorgeschriebenen Strategie mit den geforderten Daten. Der Projektierer befaßt sich nur noch mit dem physischen Entwurf. Die Daten der Spezifikationsliste werden nach den bereits vorliegenden Berechnungsvorschriften errechnet und angegeben. Fachspezifisches Wissen wird wegen der Beurteilung von Moglichkeiten neuerer Entwicklungen, z.B. der Steuer- und Schutzeinrichtungen, benötigt.

Für eine ausreichend genaue Darstellung des Anforderungsprofils zur Projektierung, Auswahl und Dimensionierung des Antriebssystems mussen die nachfolgend zusammengefaßten allgemein notwendigen Angaben erarbeitet sein [12.3]:

1. Schritt: Bestimmung der Zeitabhängigkeiten von Bewegungsabläufen für den Nennbetriebsfall: Grundsätzlich lassen sich die auftretenden Bewegungs- und Belastungsverlaufe in Gruppen mit folgenden Merkmalen einteilen [12.3]:
– zeitlich konstant (stationär),
– periodisch wiederholend (quasistationar),
– nicht periodisch veranderlich (instationar).

Tabelle 12.1: Typisches stationäres Verhalten von Arbeitsmaschinen, nach [12.1, 12.2, 12.3].

formale Zusammenhänge	idealisierte Kennlinien	Merkmale	Beispiele	Bemerkungen
$n \sim \dfrac{1}{M_L}$ $P_L = \text{const}$ bzw. $M_L = \dfrac{P_L}{\omega} \sim \dfrac{1}{n} \sim \dfrac{1}{r}$	(Kennlinie: Hyperbel im n-M_L/P_L-Diagramm)	Arbeitsprozesse, die konstante Antriebsleistung erfordern. Die Winkelgeschwindigkeit ω wird entsprechend dem Drehhalbdurchmesser r eingestellt.	Werkzeugmaschinen: Plandrehen. Rundschälen: Sie fordern konstante Schnittkraft und konstanten Bearbeitungsvorschub. Aufwickelmaschinen: Das Wickelgut (Papier, Textil, Magnetband, Bandblech) fordert gleichbleibenden Bandzug und konstante Transportgeschwindigkeit.	Das Kennlinienverhalten ist nicht natürlich, es wird durch Steuerung oder Regelung erreicht (eingeprägte Kennlinie).
$n = \text{const}$ $M_L = \text{variabel}$ $P_L = \omega \cdot M_L \sim M_L$	(V-förmige Kennlinie, n konstant, M_L und $-M_L$)	Arbeitsprozesse mit Nebenschluß – oder Synchronverhalten.	spanabhebende Werkzeugmaschinen bei konstanter Schnittgeschwindigkeit und unterschiedlicher Spandicke.	Bei Maschinen mit Förder- und Deformationseigenschaften kann bei Drehrichtungsumkehr das Leistungsvorzeichen wechseln, z. B. bei durchziehenden Lasten.
	(abfallende Gerade n über P_L, M_L)	Arbeitsprozesse mit „Änderung des potentiellen Energieinhalts" wie Überwindung von Schwerkraft oder Deformation elastischer Körper.	Hebezeuge, Aufzüge, Winden, Fördermaschinen; Kolbenpumpen, -verdichter.	Antrieb in beiden Richtungen möglich oder nötig.
$M_L = \text{const}$ $P_L = \omega \cdot M \sim n$	(V-förmige Kennlinie mit M_{Lo}, $-M_L$, M_L, P_L)	Arbeitsprozesse mit Reibungs- oder Formänderungsarbeit	mechanische Stellglieder wie Schieber, Ventile u. a.; Fließbänder; spanabhebende Werkzeugmaschinen mit konstanter Schnittkraft und konstantem Drehdurchmesser, wie Langdrehmaschinen; Hobelmaschinen bei konstantem Spanquerschnitt und beliebiger Schnittgeschwindigkeit; Vorschubantriebe für drehende	

$M_L \sim n \sim \omega$ $P_L = \omega \cdot M_L \sim \omega^2 \sim n^2$	Arbeitsprozesse mit geschwindigkeitsproportionaler Reibung (z.B. Viskosereibung).	Glatten und Glanzen von Papier, Kunststoffolien; elektrische Bremsen; Generatoren. Kalander, Mangeln, Wirbelstrombremsen, Gleichstromgeneratoren mit konstantem Belastungswiderstand bei gleichbleibender Erregung	Antrieb in beiden Drehrichtungen möglich oder nötig.
$M_L \sim n^2 \sim \omega^2$ $P_L = \omega \cdot M_L \sim \|\omega^3\| \sim \|n^3\|$	Arbeitsprozesse, die Luft- oder Flüssigkeitswiderstände zu überwinden haben.	Lüfter aller Art, Kreiselpumpen und -verdichter, Propeller (auch Schiffsschrauben), Zentrifugen, Ruhrwerke, Luftwiderstand von Fahrzeugen, Förderanlagen bei hohen Geschwindigkeiten.	Bei kleinen Geschwindigkeiten macht sich das Losbrechmoment bei verschiedenen Maschinen unterschiedlich stark bemerkbar. Antrieb in beiden Drehrichtungen möglich oder nötig.

Anmerkung: Die Kennlinien sind im Sinne der Systematik idealisiert dargestellt. Das natürliche Verhalten von Arbeitsmaschinen unterscheidet sich in Teilbereichen von den dargestellten Kurvenverläufen. Oftmals treten überlagerte Einflüsse im Kennlinienverhalten auf. Durch Steuerung oder Regelung werden Kennlinienverläufe nach der Forderung des zu fördernden oder formenden Stoffes abweichend vom natürlichen Verlauf dem Arbeitsprozeß künstlich eingeprägt.

P_L = durch die Arbeitsmaschine geforderte Antriebsleistung; M_L = durch die Arbeitsmaschine gefordertes Last- (oder Widerstands-)moment; n = Drehzahl; ω = Winkelgeschwindigkeit; M_{Lo} = Losbrechmoment, das bei Anlaufvorgängen auftritt, verursacht durch Haftreibung; ….: wirklicher Kennlinienverlauf, bedingt durch Losbrechmoment.

Die Bestimmungsgrößen sind:
- Winkel $\quad \alpha = f(t) \quad$ bzw. Weg $\quad s = f(t)$
- Winkelgeschwindigkeit $\quad \omega = \dfrac{d\alpha}{dt} \quad$ bzw. Geschwindigkeit $\quad v = \dfrac{ds}{dt}$
- Winkelbeschleunigung $\quad \epsilon = \dfrac{d\omega}{dt} \quad$ bzw. Beschleunigung $\quad a = \dfrac{dv}{dt}$
- Ruck $\quad r = \dfrac{d\epsilon}{dt} \quad$ bzw. $\quad r = \dfrac{da}{dt}$

Die Angabe des Rucks ist nicht immer notwendig, da diese Große durch mechanische Tragheiten und Elastizitaten kompensiert wird.

2. Schritt: Feststellung der Kennlinien des Widerstands- oder Lastmoments der Arbeitsmaschine. Durch die Arbeitskennlinien von Arbeitsmaschine und Antriebsmotor wird der Arbeitspunkt des elektrischen Antriebs bestimmt.

Arbeitsmaschinen lassen sich nach folgenden Kriterien ordnen:
- nach stationären *Drehzahl-Drehmoment-Abhangigkeiten* (Tabelle 12.1);
- nach stationaren *Energieflußabhangigkeiten* (Bild 12.6);
- nach *Zeitabhangigkeiten* des Lastmoments: Die Ermittlung der Zeitabhangigkeit des Lastmoments wird fur die praktikable Bestimmung der mittleren, effektiven Motorleistung benotigt. Dabei wird der effektive Wert vom zeitlichen Verlauf des elektrischen Stromes, des geforderten Drehmomentes und der Leistung ermittelt. Dieser Weg wird insbesondere dann gewählt, wenn stark wechselnde Lasten auftreten, siehe [12.1–12.3, 12.6];
- nach *Winkelabhangigkeiten* des Lastmoments: Winkelabhangiges Lastverhalten tritt bei folgenden Prozessen bzw. Einrichtungen auf: Kurbelmechanismen wie Kolbenverdichter und Kolbenpumpen; Kurbelpressen; Metallscheren; Abkant-, Schmiede-, Stanz-, Verpackungseinrichtungen u.a. Der Verlauf wird in ein sogenanntes Drehkraftdiagramm, d.h. Lastmoment M_L als Funktion vom Drehwinkel β aufgezeichnet. Dabei sind mit den Schwankungen des Drehmoments auch ungleichformige Drehbewegungen und pulsierende Leistungsentnahmen vom elektrischen Netz verbunden. Die Grundfrequenz des Drehkraftdiagramms und die Eigenfrequenz des Antriebs durfen nicht nahe beieinander liegen [12.1]. Zur Verminderung von Drehmomentstoßen dienen zusatzlich Schwungrader;
- nach *Wegabhangigkeiten* des Lastmoments: Wegabhangiges Lastverhalten wird in sogenannte Fahrdiagramme dargestellt. Es tritt bei elektromotorisch angetriebenen Fahrzeugen bei Steigungen, Talfahrten und in Krummungen sowie bei Fordermaschinen ohne Seilausgleich und bei Schragaufzugen auf.

3. Schritt: Ermittlung aller bewegter Massen m bzw. aller Tragheitsmomente J:
Neben der Kenntnis von Bewegungs- und Belastungsablaufen ist die Kenntnis der Tragheitsmomente aller bewegten Massen eine weitere Voraussetzung fur die Aufstellung der Bewegungsgleichung. Antriebssysteme enthalten Elemente, die rotatorisch oder translatorisch und haufig mit unterschiedlichen Geschwindigkeiten bewegt werden. Die Dimensionierung der Antriebselemente und die Berechnung der Ablaufe macht erforderlich, daß die Kraft- und Tragheitswirkungen auf eine Bewegungsart bzw. auf eine Welle, meist auf die des Motorlaufers bezogen werden. Die Umrechnungen erfolgen nach den Gesetzen der Mechanik. Ausfuhrliche Analysen, Beschreibungsfalle und Berechnungsbeispiele sind in der angegebenen Literatur [12.1–12.3] zu finden.

12.4 Elektrische Antriebsmotoren

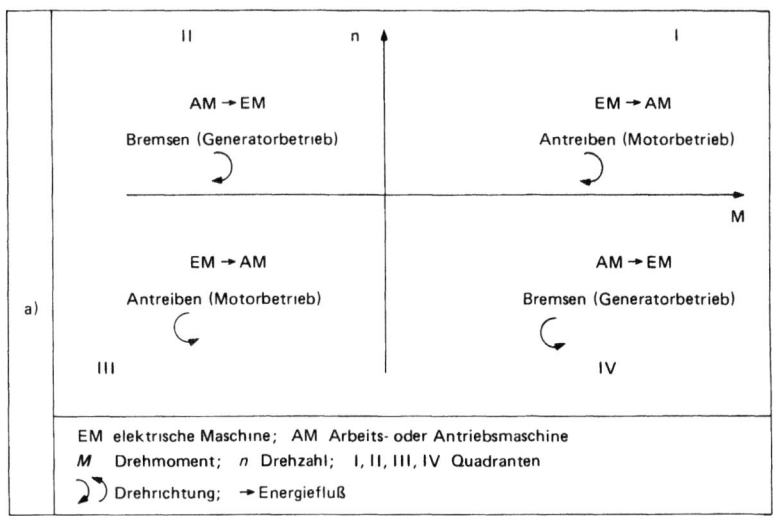

Bild 12.6 Stationäre Energieflußabhängigkeiten und Bewegungsrichtungen von elektrischen Antrieben
a) Einteilung in Quadranten b) Einteilung in Antriebsfälle.

12.4 Elektrische Antriebsmotoren

Der *elektrische Motor* wandelt die dem Antriebssystem zugeführte elektrische Energie in mechanische um. Arbeitet der Antrieb im Vierquadrantenbetrieb, so kann der Elektromotor dem elektrischen Netz Energie zurückführen. Auf der Suche nach Möglichkeiten zur Erfüllung der Teilfunktion Energieumwandlung können zahlreiche Lösungen gefunden werden. Erst weitere Kriterien aus der Anforderungsliste, wie Drehzahl-Drehmoment-Verhalten oder Dynamik des Antriebs und anderer Merkmale führen zur Einschränkung der Alternativen. Systematiken aus verschiedener Sicht können die Arbeit des Projektierers erleichtern, die richtige Lösung zu finden. In der Phase des Vorentwurfs des Antriebssystems können Detailinformationen Verwirrung stiften. Erst im weiteren Schritt, in der Festlegung der Leistungsspezifikationen der einzelnen Funktionen wird das Detailwissen notwendig. Wegen dieses Aspekts wird im vorliegenden Abschnitt der Aufstellung von Systematiken aus Anwendersicht der Vorrang eingeräumt. Die weitergehenden und detaillierteren Informationen können der zahlreich vorhandenen Fachliteratur entnommen werden.

12 Elektrische Antriebe

	Gleichstrommotor		Drehstrom-Asynchronmotor	
	Stator	Rotor	Stator	Rotor
				Kurzschluß-läufer / Schleifring-läufer
Prinzipieller Aufbau				
Wicklung	Gleichstromwicklung	Gleichstromwicklung	Drehstromwicklung	Kurzschlußwicklung aus Stäben oder Gußmaterial / Drehstromwicklung
Stromart	Gleichstrom	Gleichstrom	Drehstrom	Wechselstrom / Drehstrom
Stromversorgung	über Klemmenkasten	über Bürsten und Kollektor	über Klemmenkasten	wird induziert vom Statordrehfeld / wird induziert vom Statordrehfeld und über Bürsten und Schleifringe ab- bzw. zusätzlich zugeführt
Elektrisches Schaltbild (DIN 42 401)	GNM Doppelschlußmotor durch Kombination beider Erregerschaltungen E1–E2 und D1–D2 erreichbar	GRM	Beispiel: Statorwicklung in Sternschaltung	

Erklärungen

A1–A2 Ankerwicklung
B1–B2 Wendepolwicklung
C1–C2 Kompensationswicklung
D1–D2 Erregerwicklung für Reihenschluß
E1–E2 Erregerwicklung für Nebenschluß
F1–F2 Erregerwicklung für Fremderregung
L, R, M Anlasser;   s, t, q Steller
R1, R2, R3 Widerstände

a Statorkörper massiv
b Erregerwicklung
c Wendepolwicklung
d Polschuh aus Blechpaket
e Kompensationswicklung
1 Rotorkörper als Blechpaket
2 Gleichstromwicklung
3 Kommutator
4 Bürsten

GRM Gleichstrom-Reihenschlußmotor
GNM Gleichstrom-Nebenschlußmotor

U1, V1, W1 Wicklungsanfänge
U2, V2, W2 Wicklungsenden
L1, L2, L3 Klemmen für Netzanschluß
KLM Klemmen der Rotorwicklung

a Statorkörper als Blechpaket
b Drehstromwicklung
g Klemmenkasten

1 Rotorkörper als Blechpaket
2 Wicklung als Käfig aus Stäben oder Gußmaterial ausgeführt
3 Schleifringe
4 Bürsten
5 Drehstromwicklung in Stern geschaltet

12.4 Elektrische Antriebsmotoren

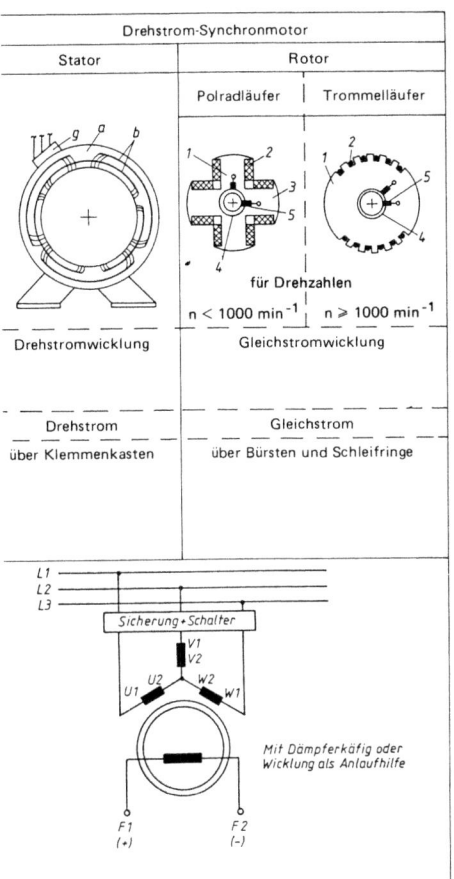

Bild 12.7
Aufbau und Schaltung von grundsätzlichen Motorarten.

12 Elektrische Antriebe

Das *Funktionsprinzip von elektrischen Motoren* läßt sich mit Hilfe der Grundgesetze der Elektrotechnik erläutern, die in jedem Grundlagenfachbuch beschrieben sind. Aus den verschiedenen Möglichkeiten Relativbewegung zwischen einem elektrischen Leiter und einem Magnetfeld zu erzeugen, ergeben sich die verschiedenen (Bau-)Arten von elektrischen Maschinen. In der Antriebstechnik wird die energieumwandelnde elektrische Maschine vorwiegend im Motorbetrieb angewendet. Grundsätzlich bestehen elektrische Motoren aus einem Läufer und einem Ständer. In jedem dieser Motorbestandteile muß ein magnetisches Feld erzeugt werden oder vorhanden sein, damit eine Kraft- bzw. eine Drehmomentenwirkung nach den Gesetzen der Elektrotechnik und somit die Bewegung des Läufers entstehen kann.

Die Magnetfelder werden erzeugt entweder durch Dauermagnete, z.b. für kleine Motorleistungen, oder durch Zufuhr eines Gleich- oder eines Einphasen- bzw. Mehrphasenwechselstromes oder durch Zufuhr eines impulsartigen bzw. nach einem Programm getakteten Stromes in die Leitungen der Systeme. Magnetfelder können auch durch Ströme aus induzierten elektrischen Spannungen in den Leiterstaben- oder -wicklungen eines der Motorsysteme durch das sich zu ihm relativbewegende Magnetfeld des anderen Motorsystems erzeugt werden.

Im Laufe der Zeit sind verschiedene Arten von Motoren entwickelt worden. Nach ihrer prinzipiellen Wirkungsweise lassen sich die elektrischen Motoren in drei Grundtypen einteilen: *Gleichstrommotoren, Asynchronmotoren, Synchronmotoren*. Im Bild 12.7 ist das Aufbau- und Funktionsprinzip der drei Grundtypen von rotierenden Motoren dargestellt. Durch Abwandlungen in den Bestandteilen entstehen weitere Untergruppen und Spezialausführungen von Motoren. Bei Kleinst- und Kleinmaschinen bis ca. 1 kW bietet der Markt ein besonders großes und vielfältiges Sortiment von Motorarten an. Wegen der Unübersichtlichkeit einer gesamtheitlichen Darstellung der Systematik aus den möglichen Kriterien wird im folgenden die Motorenvielfalt nur nach einzelnen Kriterien eingeteilt:

- Gliederung nach der *Bewegungsbahn:* Motoren mit drehenden Teilen, mit Längsbewegungen (Linearmotoren) oder mit beliebiger Bewegungsbahn;
- Gliederung nach der *Bewegungskontinuität:* Motoren mit kontinuierlich bewegten Teilen oder mit schrittweise bewegten Teilen (Schrittmotoren);
- zur Kraftwirkung und dadurch zur Drehmomentenentwicklung in einem Motor ist ein *Magnetfeld und von elektrischem Strom durchflossene Leiter in diesem Magnetfeld* notwendig, woraus sich Gliederungskriterien ergeben: Erzeugung des Magnetfeldes durch Permanentmagnet oder durch Erregerwicklung und/oder durch Drehstrom; Erzeugung des Stromes durch Zufuhr von außen über Klemmenkasten oder über Bürsten, aber dann über Kollektor oder Schleifringe oder durch Induktion;
- Gliederung nach der Art des *Betriebsstromes*: Drehstrommotoren ohne Kollektor. Wechselstrommotoren mit Kollektor (Universalmotor) oder ohne Kollektor, Gleichstrommotoren (alle mit Kollektor), Mischstrommotoren, Motoren mit getaktetem Strom (Schrittmotoren);
- Gliederung nach der *Signalverarbeitung:* analog oder digital gespeiste oder gesteuerte Motoren;
- Gliederung nach dem *Leistungsbereich:* in dem breiten Leistungsbereich von 10^{-6} W bis über 10^6 W werden Motoren in mehrere Leistungsstufen eingeteilt;
- Gliederung nach der *Betriebsspannung;*
- Gliederung nach dem *Drehzahl-Drehmomentverhalten* (Tabellen 12.2 und 12.3);
- Gliederung nach *Drehzahlstellbereich* und *Drehzahlsteuerungs-* oder *Drehzahlregelungsmöglichkeiten* (Tabelle 12.2);
- Gliederung nach dem *dynamischen Verhalten:* das dynamische Verhalten beschreibt das Drehzahl- oder Lastmomentverhalten von Motoren, in Abhängigkeit von der Zeit und ist besonders wichtig für geregelte Antriebe;
- Gliederung nach dem *Hauptanwendungsgebiet* (s. auch Tabelle 12.3): Hauptantriebe, Stell- oder Positionierantriebe (vgl. Abschnitt 12.3);

12.4 Elektrische Antriebsmotoren

- Gliederung nach den *Herstell-* und *Wartungskosten*: die Reihenfolge ist durch die Höhe der Kosten vorgegeben, wobei die erste Motorart die geringsten Kosten verursacht. In der Reihenfolge sind die Motoren mit der Leistung unter 1 kW nicht berücksichtigt:
  Asynchron-Kurzschlußläufermotoren,
  Asynchron-Schleifringläufermotoren,
  Synchronmotoren,
  Gleichstrommotoren,
  Wechselstrom- und Drehstrom-Kollektormotoren,
- Gliederung nach der *konstruktiven Gestaltung*:
  Konstruktionsformen des Läufers von rotierenden Motoren [12.2]:
  Innenläufermotoren (übliche Bauform),
  Außenläufermotoren (großes Trägheitsmoment für Kleinantriebe mit guter Laufruhe),
  contrarotierende Motoren (Läufer und Ständer rotierend),
  Zwischenläufermotoren (kleines Trägheitsmoment und gute dynamische Eigenschaften, geeignet für Stellantriebe),
  Schlankläufermotoren (oder nutenlose Motoren als Stellmotor),
  Glockenläufermotoren (geeignet für Stellantriebe),
  Scheibenläufermotoren (extrem flache Motorkonstruktion, geeignet für Stellantriebe),
  Motoren mit zylindrischem Aufbau (übliche Art),
  Motoren mit konischem Aufbau (z. B. als Bremsmotoren),
  Motoren mit konzentrischem Aufbau (übliche Art),
  Motoren exzentrischer Lagerung des Läufers (Wälzmotoren).
  Konstruktionsformen von Linearmotoren [12.2, 12.10].
  Bauformen:
  Art der Kupplung des Motors mit der Arbeitsmaschine:
    genormt (s. DIN IEC 34 Teil 7 [12.3, 12.4],
    nicht genormt;
  Baugrößen, Leistungen:
    genormt (s. DIN 42973),
    nicht genormt;
  Kühlungsarten (s. VDE 0530, Teil 1 [12.2]);
  Schutzarten (s. DIN 40040 [12.5]);
  Geräuschentwicklung der elektrischen Maschine (s. VDE 0530 [12.2] und DIN 45635 Teil 10 [12.6]).

Anmerkung: Die konstruktive Gestaltung der Maschine wird vorwiegend durch die vorgegebenen Bedingungen des Antriebs beeinflußt. Ist der Motor bei der Planung als *Baustein* zu behandeln, so bedient sich der Projektant genormter Bauformen. In vielen Fällen wird die integrierte Bauweise des Motors mit der Arbeitsmaschine oder mit dem Getriebe vorgezogen. In Haushaltsgeräten wird beispielsweise haufig die Vollintegration des Motors angetroffen. Ist der Motor mit dem Getriebe in einem Baukasten integriert aufgebaut, so spricht man von *Getriebemotoren.* Sie finden überall dort Anwendung, wo die Drehzahldifferenz zwischen Motor und Arbeitsmaschine sehr groß ist. Mit fortschreitender Automatisierung weitet sich der Integrationsbegriff von der konstruktiven elektromechanischen Gestalt auf die elektronische, elektromechanische Integration aus. Der informationsverarbeitende, elektronische Teil und seine Probleme treten dabei kombiniert mit dem elektromechanischen Antrieb als Umformer und Energieübertrager auf. Somit ergeben sich auch folgende konstruktive Merkmale zur *Gliederung von Arbeitssystemen*:
- Zentralantrieb: nicht mehr üblich;
- Dezentralantrieb: konventionell oder integriert.

Tabelle 12.2 Grundsätzliche Verhaltensarten und Drehzahländerungsmöglichkeiten von elektrischen Motoren

Merkmale Verhaltensarten		Formale Zusammenhänge	Natürliche Kennlinien (stationär)	
Synchronverhalten		$n = n_0 = \dfrac{2\pi f}{p} = \text{const}$ $I \approx c_1 \lvert M \rvert$	n,I vs M; Generatorbereich ← → Motorbereich; $-M_{max}$, M_N, M_{max}	
Nebenschlußverhalten	Nebenschlußmotoren	$n = n_0 - c_2 \cdot M$ $I = c_3 \cdot M$ $n = \dfrac{U}{c_4 \Phi} - \dfrac{R_A}{c_4^2 \cdot \Phi^2} M$ $= n_0 - \Delta n$	n,I vs M; wegen der Ankerrückwirkung; $-M_{max}$, M_N, M_{max}; Generatorbereich ← → Motorbereich	Spannungssteuerung $\Phi = \text{const}$; n,I vs M; U_N, $U_{N/2}$, $U_{N=0}$, $-U_{N/2}$, $-U_N$
	Asynchronmotoren	Die Funktion $n = f(M)$ ist nicht geschlossen analytisch beschreibbar $I \approx c_5 \cdot \lvert M \rvert$ $n_S = \dfrac{f_1}{p} = $ Drehfelddrehzahl $s = \dfrac{n_S - n}{n_S} = $ Schlupf	n,I vs M; Generatorbetrieb / Motorbetrieb / Gegenstrombremsbetrieb; normale Betriebsbereich; $-M_{max}$, M_N, M_{max}	U_1-Steuerung über Stelltransformator und Drehstromsteller, $f_1 = \text{const}$; verlustreich; $U_1' < U_1$; $n' = n_S(1-s')$
Reihenschlußverhalten		$n = \dfrac{U}{c_6 \sqrt{M}} - \dfrac{R}{c_7}$ $I = c_8 \cdot \sqrt{M}$ gültig für den linearen Bereich der Magnetisierungskennlinie	n,I vs M; $M_{max}/M_N = 2{,}5$; ← Motorbereich; M_N, M_{max}	Ankerspannungssteuerung; $c < 1$; $u = c \cdot U_N$; U-Steuerung als Pulssteuerung, verluststarm, gut für Batteriefahrzeuge

Erklärungen:

$c_1, c_2, \ldots = $ Konstanten $\quad f_1 = $ Frequenz der Ständerspannung
$n = $ Drehzahl der Motorwelle $\quad n_S = $ synchrone Drehzahl = Drehfelddrehzahl
$s = $ Schlupf $\quad U = $ elektrische Spannung
$M_L = $ Lastmoment $\quad R_i = $ Innenwiderstand
Größen mit dem Index N (z. B. n_N, M_N) sind Nennbetriebsgrößen

Möglichkeiten zum Drehzahlstellen	Bemerkungen
– Stufenlos zwischen 1:3 bis 1:5 durch Frequenzänderung } Aufwendige und unwirtschaftliche Verfahren – In Stufen 1:4 durch Polzahländerung – Drehrichtungsumkehr, durch Vertauschen von zwei Zuleitungen des Netzes, wobei zu beachten ist, daß die Feldwicklung für beide Drehrichtungen ausgelegt ist, anderenfalls auch Feldwicklung umpolen	– Bei Überschreitung von M_{max} fällt die Maschine außer Tritt und bleibt zunächst stehen. – Synchronmotoren laufen nicht selbsttätig an, Sondermaßnahmen notwendig
Drehrichtungsumkehr entweder durch Anker- oder Feldwicklungsumpolung erreichbar Feldsteuerung — Ankerwiderstandssteuerung — Pulssteuerung $\Phi = f(I_E); U = \text{const}$ — $\Phi = \text{const}; U = \text{const}$ 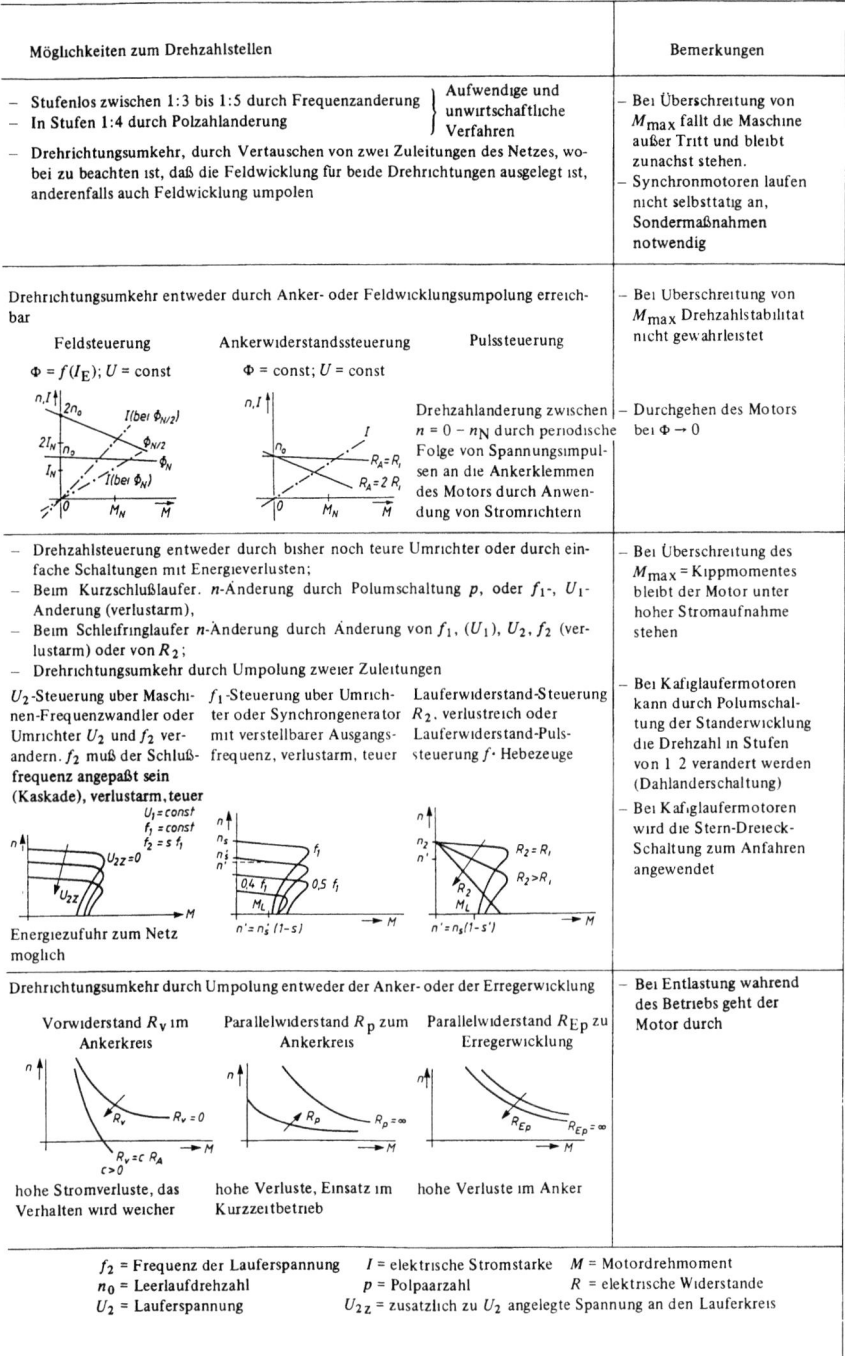 Drehzahländerung zwischen $n = 0 - n_N$ durch periodische Folge von Spannungsimpulsen an die Ankerklemmen des Motors durch Anwendung von Stromrichtern	– Bei Überschreitung von M_{max} Drehzahlstabilität nicht gewährleistet – Durchgehen des Motors bei $\Phi \to 0$
– Drehzahlsteuerung entweder durch bisher noch teure Umrichter oder durch einfache Schaltungen mit Energieverlusten; – Beim Kurzschlußläufer: n-Änderung durch Polumschaltung p, oder f_1-, U_1-Änderung (verlustarm), – Beim Schleifringläufer n-Änderung durch Änderung von f_1, (U_1), U_2, f_2 (verlustarm) oder von R_2; – Drehrichtungsumkehr durch Umpolung zweier Zuleitungen U_2-Steuerung über Maschinen-Frequenzwandler oder Umrichter U_2 und f_2 verändern. f_2 muß der Schlupffrequenz angepaßt sein (Kaskade), verlustarm, teuer — Energiezufuhr zum Netz möglich	f_1-Steuerung über Umrichter oder Synchrongenerator mit verstellbarer Ausgangsfrequenz, verlustarm, teuer	Läuferwiderstand-Steuerung R_2, verlustreich oder Läuferwiderstand-Pulssteuerung f· Hebezeuge	– Bei Überschreitung des M_{max} = Kippmomentes bleibt der Motor unter hoher Stromaufnahme stehen – Bei Käfigläufermotoren kann durch Polumschaltung der Ständerwicklung die Drehzahl in Stufen von 1 2 verändert werden (Dahlanderschaltung) – Bei Käfigläufermotoren wird die Stern-Dreieck-Schaltung zum Anfahren angewendet
Drehrichtungsumkehr durch Umpolung entweder der Anker- oder der Erregerwicklung Vorwiderstand R_V im Ankerkreis — Parallelwiderstand R_p zum Ankerkreis — Parallelwiderstand R_{Ep} zur Erregerwicklung hohe Stromverluste, das Verhalten wird weicher — hohe Verluste, Einsatz im Kurzzeitbetrieb — hohe Verluste im Anker	– Bei Entlastung während des Betriebs geht der Motor durch

f_2 = Frequenz der Läuferspannung I = elektrische Stromstärke M = Motordrehmoment
n_0 = Leerlaufdrehzahl p = Polpaarzahl R = elektrische Widerstände
U_2 = Läuferspannung U_{2Z} = zusätzlich zu U_2 angelegte Spannung an den Läuferkreis

Tabelle 12.3: Elekrische Motore geordnet nach Verhalten, Ausführung und Anwendungen

Verhalten $n = f(M)$	Ausfuhrungsarten	Aufbau und Schaltung
Synchronverhalten n = const. (starres Verhalten)	Drehstrom-Synchronmotoren: (bis zu 100 MW Nennleistungen) – Polradläufer für $n < 100$ min^{-1} – Trommelläufer für $n \geq 1000$ min^{-1} – Klauenpolmaschine als Lichtmaschine für Kraftfahrzeuge	Drehstromwicklung im Stator, gleichstromerregtes sekundäres Polsystem im Rotor; Rotordrehzahl synchron mit der Drehfelddrehzahl bei Leerlauf und bei Last.
	Einphasenwechselstrom-Synchronmotoren: (für Nennleistungen zwischen 5 mW und 500 W) – Reluktanzmotor: (Reaktionsmotor) – Hysteresemotor: (Induktionsmotor) – Permanentmagnet-erregter Motor.	Im Stator wird ein Drehfeld mit Hilfe einer Hauptwicklung und entweder durch eine Hilfswicklung mit Betriebskondensator oder durch kurzgeschlossene Spaltpolwicklung erzeugt. – Der nicht rotationssymmetrische Rotor besteht aus ausgepragten weichmagnetischen Polen ohne Erregerwicklung. – Der Rotor besteht aus massivem Material mit großen Hystereseverlusten bzw. aus hochpermeablem Stoff in mehreren Schichten. – Der Rotor besteht aus Dauermagnetwerkstoff.
Nebenschlußverhalten $n = n_0 - c \cdot M$ (hartes Verhalten)	Gleichstromnebenschlußmotoren (GNM): (Kommutatormotoren) – Selbst- bzw. fremderregte Motoren Leistungsbereich. ca. 25 W ... ca. 1 MW aus Grundreihe, fur noch größere Leistungen Spezialausfuhrungen notig. – Permanentmagnet-erregte Motoren, große Auswahl von Ausfuhrungsarten, im folgenden eine Auswahl.	Der Rotorwicklung wird über Bursten und Kollektor Strom zugefuhrt. – Das Erregermagnetfeld wird im Ständer durch Erregerpole erzeugt. Die Erregerwicklung ist im Nebenschluß, d. h. parallel zur Rotorwicklung geschaltet. Man unterscheidet zwischen selbst- und fremderregten Motoren. – Bei Kleinmotoren wird die Permanentmagneterregung gewahlt.
	Normalläufer (bis 100 W), nutenloser Läufer, Schlankanker (bis 20 kW), Scheibenläufer (bis 10 kW), eisenloser Läufer (bis 5 W), Glockenläufer (bis 7 kW). – GNM mit elektronischem Kommutator (bis ca. 300 W).	Batterie-Antriebe, extrem schlanker Rotor mit Leiterbahnen in Kunststoff, Rotor aus dünner Isolierscheibe mit Kupferleiterbahnen, Batterie-Antriebe, Anker aus eiselosem Hohlanker mit Wicklung und feststehendem Eisenteil fur Feldruckfluß. – Permanentmagnetrotor, Wicklung im Stator.

12.4 Elektrische Antriebsmotoren

Anwendungen	Bemerkungen
Allgemein. Für Antriebe, die eine konstante lastunabhängige Drehzahl verlangen. Als Einzelantrieb. Für große Leistungen, über 500 kW, im Dauerantrieb, wegen des günstigen Blindleistungsverhaltens: für Pumpenantriebe, Kolbenverdichter, Umformersätze, Schiffspropellerantriebe. Als Gruppenantrieb: Für Gruppenantriebe mit hohen Anforderungen an Gleichlauf. Textil-, Papier-, Folienherstellung. Als Phasenschieber. Gleichzeitig als Einzelantrieb und zur Leistungsfaktorverbesserung.	Asynchroner Anlauf durch Sondermaßnahmen möglich, z.B. durch Einbau eines Dampferkäfigs.
	Alle Einphasenmotoren laufen durch direktes Einschalten selbsttätig an
– Für Antriebe mit kleinem Trägheitsmoment, geeignet für gesteuerte Antriebe in der Steuerungs-, Zeitmeß- und Phonotechnik.	– einfache und robuste Antriebsmotoren,
– Für Kleinantriebe mit großem Trägheitsmoment in der Steuerungs- und Regelungstechnik.	– bei Überlastung asynchrones Verhalten,
– Für Kleinstantriebe mit sehr kleinem Trägheitsmoment, z.B. in Zeitschaltwerken und Registriergeräten.	– durch Anbaugetriebe Drehzahl bis 10 000.1 heruntersetzbar.
Allgemein: Für Antriebe, die über einen weiten Belastungsbereich annähernd konstante Drehzahlen erfordern. – Für hochwertige Antriebe mit gesteuerter oder geregelter Drehzahl und mit überschaubarem dynamischen Verhalten sowie vorausbestimmbarer Genauigkeit. Einsetzbar: universell, für Werkzeugmaschinen, Förderanlagen, Walzwerke. – Für den Antrieb von kleinen Arbeitsmaschinen und für Antriebe mit besonderen Forderungen wie Stell- und Vorschubantriebe. τ_M = mechanische Zeitkonstante: ein Maß für das dynamische Verhalten. universell, für Stellantriebe, $\tau_M \approx 5$ ms, für Stellantriebe, $\tau_M \approx 10$ ms, für Stellantriebe mit sehr hoher Winkelbeschleunigung ϵ_{max} bis 10^6 rad/s^2 für Stellantriebe; $\tau_M \approx 1$ ms.	
– Meß- und Regelungstechnik, Phonotechnik; explosionsgeschützt.	Keine mechanische Kommutierung erforderlich.

Fortsetzung Tabelle 12.3

Verhalten $n = f(M)$	Ausführungsarten	Aufbau und Schaltung
Asynchronverhalten (Kennlinie nicht geschlossen beschreibbar; nur im normalen Betriebsbereich Nebenschlußverhalten $n = n_0 - c \cdot M$)	– Drehstrom-Asynchronmotor (DAM) ohne Kommutator (Induktionsmotor) Käfigläufermotor (bis zu 10 MW als Grundreihe, bis zu 40 MW Nennleistungen in Spezialreihen. Bis ca. 10 kW Rundstabmotoren, darüber hinaus andere Läuferarten). Schleifringläufermotor (ab 1 kW bis 30 MW)	Alle DAM haben im Stator Drehstromwicklungen. Die Ströme in den Rotorleitungen werden bei asynchronem Lauf (Schlupf) durch das mit der Netzfrequenz synchron umlaufende Drehfeld des Stators induziert (Induktionsmotor). Stäbe in Nuten des Rotorblechpakets eingebettet die an den Stirnseiten durch Ringe kurzgeschlossen sind. Verschiedene Läuferstabformen (Rundstab-, Hochstab-, Keilstab- und Doppelkäfig-Läufer) bewirken entsprechend einen niedrigeren Anlaufstrom und ein höheres Anlaufmoment des Motors. **Sonderbauformen:** Bremsmotoren; Außenläufermotoren. In den Nuten des Rotorblechpakets ist eine in Stern geschaltete Drehstromwicklung eingebettet Die Anfänge der Wicklung sind über Schleifringe und Bürsten zum Anlasser geführt.
	– Einphasen-Asynchronmotoren ohne Kommutator (Induktionsmotoren) (Nennleistungen in der Regel bis 500 W, max. ca. 1 kW) Es gibt eine Vielzahl von Motorarten dieser Kategorie.	– Im Stator wird ein Drehfeld mit Hilfe einer Hauptwicklung und entweder durch eine Anlaß-Hilfsphase mit in Reihe geschaltetem R, L oder C oder durch Hilfswicklung mit Betriebskondensator oder durch elektrisch steuerbare Hilfsphase oder durch kurzgeschlossene Spaltpolwicklungen erzeugt. Die Rotorwicklung ist als Kurzschlußkäfig im Rotorblechpaket ausgebildet.
Reihenschlußverhalten (weich) $n \sim \dfrac{1}{\sqrt{M}}$	– Gleichstromreihenschlußmotor (GRM): (Nennleistungen von: kleine Leistungen bis ca. 1300 kW) – Universalmotoren für Gleich- und Wechselstrom (Nennleistung bis ca. 0,5 kW) – Einphasenwechselstrom-Reihen-Schlußmotor (Bahnmotor) (für max. 1000 kW bei $16\tfrac{2}{3}$ Hz bzw. 850 kW bei 50 Hz)	– Stator (massiv) mit Erregerwicklung und ausgeprägten Polen, Wendepole und meist bei großen Maschinen Kompensationswicklung. Rotor aus Blechpaket mit Ankerwicklung verbunden mit Kollektor. Alle Wicklungen in Reihe geschaltet. – Stator und Rotor aus Blechpaket. Wendepole werden in der Regel nicht eingebaut. – Aufbau und Schaltung wie beim GRM, Stator und Rotor aus Blechpaket, Wendepol- und Kompensationswicklung eingebaut. Alle Wicklungen in Reihe geschaltet.

12.4 Elektrische Antriebsmotoren

Anwendungen	Bemerkungen
Für Antriebe aller Art mit niedrigen Ansprüchen an Drehzahlsteuerbarkeit und hohen Ansprüchen an Funkenfreiheit, Sicherheit, Robustheit, Wartungsfreiheit und Kostenminimum. Wegen der Robustheit wird auch der hohe Aufwand für Thyristorstellglieder in Kauf genommen und mit veränderliche Spannung und Frequenz eingesetzt. Für Anwendung mit hohen Bremsmomenten, gesonderte Bremsvorrichtung nötig, Rollgangmotoren oder Trommelmotoren für z. B. Zentrifugen-, Förderbandantriebe.	Einfachster, robuster und preisgünstigster Motor. Bei Drehzahlen von 1500 oder 100 min^{-1} Kostenminimum, unterhalb von 750 min^{-1} Einsatz von Getriebemotoren. Polumschaltbare Motoren 50 . 100% teurer als einfache Käfigläufermotore
Für Antriebe mit vorwiegend großer Nennleistung und schweren Anlauf-, Bremsbedingungen und/oder mit geringem Drehzahlstellbereich während des Betriebs, z.B für Pumpen, Hebezeuge, Förderanlagen, Verdichter. Mit elektrischen Stellgliedern im Läuferkreis erweitert sich der Drehzahlstellbereich und damit die Anwendungsbreite	Nebenschlußverhalten nur bei kurzgeschlossenen Anlaßwiderständen im Läuferkreis Motorkosten ca. 1,3fach im Vergleich zum Käfigläufer
Einphasen-Asynchronmotoren werden in großen Stückzahlen hergestellt und in Haushaltsgeräte, Elektrowerkzeuge, Büromaschinen, in Geräte für Heiz- und Klimatechnik und zum Teil als Stellantrieb eingesetzt	
Reihenschlußmotoren allgemein Für Antriebe, die ein hohes Anzugsmoment und ein weiches Drehzahl-Drehmoment-Verhalten erfordern und keine Entlastungen während des Betriebs aufweisen. – Für Schienen- und Straßenfahrzeuge, Drehscheiben, Hebezeuge. Über Stromrichterspeisung auch als Mischstrommotor eingesetzt. In geregelte Antriebe im allgemeinen nicht eingesetzt – Für Elektrowerkzeuge, Haushalts- und Büromaschinen. – Wegen seiner Fahreigenschaften für Antriebe elektrischer Bahnen eingesetzt	Alle Reihenschlußmaschinen sind mit Kollektor und Bürsten ausgeführt und bedürfen der regelmäßigen Wartung. – 1,5...3mal teurer als Drehstrom-Asynchron-Käfigläufermotoren.

Fortsetzung Tabelle 12.3

Verhalten $n = f(M)$	Ausführungsarten	Aufbau und Schaltung
Verbund- oder Doppelschluß- verhalten (zwischen Neben- und Reihenschluß- verhalten)	Gleichstromdoppelschlußmotor oder Verbundmotor	Aufbau und Schaltung kombiniert durch GNM und GRM Der Kennlinienverlauf läßt sich durch die Auslegung der Wicklungen beeinflussen.
Linearmotor $v = f(F)$ Asynchron- verhalten	Ausführung in allen Gleich- und Wechselstrom- motoren möglich. Für die Praxis ist der lineare Induktionsmotor (Wanderfeldmotor) der wichtigste Fuhrt Translationsbewegung ohne Umsetzungsmechanismen aus. Verschiedene Ausführungsformen möglich	Der Primärteil ist geblecht, lang gestreckt und enthält eine dreistrangige Wanderfeldwicklung Der Sekundärteil ist eine massive, elektrisch-leitende Schiene in der Wirbelströme induziert werden und dadurch das Sekundärmagnetfeld erzeugt wird.
Schrittmotor $M = f(f_s)$ f_s = Schritt- frequenz	Elektromechanische Energiewandler mit digitaler Informationsverarbeitung Durch vorgegebene elektrische Impulsfolge führt der Schrittmotor eine definierte Anzahl von Winkelschritten aus Sein Wirkprinzip ist mit dem des Synchronmotors vergleichbar Verschiedene Prinzipien in vielen Ausführungs- varianten möglich.	Prinzipieller Aufbau Stator mit mehreren Phasen- wicklungen oder Spulen, die in gewünschter Reihenfolge mit diskreten Stromimpulsen von einer Ansteuerelektronik gespeist werden Rotor mit Permanentmagneten oder mit weich- magnetisch reaktivem Läufer. Schrittwinkel $\alpha = 360°/$Polzahl $\times$ Statorsysteme $\alpha_{min} = 0{,}75°$, Start-Stop-Frequenz bis 4 kHz, Betriebsfrequenz bis ca. 50 kHz

Der integrierte Antrieb läßt sich in folgende *Integrationsarten* unterscheiden:
- konstruktiv integriert: Konstruktionsformen wie Kompaktbauweise, Bausteinbauweise (Baukastensystem),
- energieübertragungstechnisch integriert: Netzversorgung, Stellglied, Motor,
- informationstechnisch integriert: Antrieb mit integrierter Ansteuereinheit, Steuerung oder Regelung.

Bei der integrierten Technik ist eine Unterscheidung oder Trennung zwischen Antrieb und angetriebenem Element bzw. zwischen Mechanik und Elektronik nicht mehr möglich. Integrierte Systeme sind dem jeweiligen Anwendungsfall angepaßt. Die der Anwendung zugeschnittene Antriebslösung hat Vorteile für den betreffenden Anwendungsfall, ist jedoch hinsichtlich der Anwendungsbreite des Antriebssystems sehr nachteilig.

12.5 Stellglieder für elektrische Antriebe

Je nach Verwendung des elektrischen Antriebs werden verschiedene *Stellglieder* für den Betrieb von elektrischen Maschinen benötigt. Sie dienen in erster Linie zum Anlassen, Bremsen, Drehzahlstellen und -regeln von Motoren gemäß den Prozeßerfordernissen. Darüber hinaus haben sie die

12.5 Stellglieder für elektrische Antriebe

Anwendungen	Bemerkungen
Für Antriebe, bei denen Nebenschlußverhalten zu hart ist, das Anlaufmoment nicht ausreicht und Entlastungen während des Betriebs auftreten. Für Antriebe, in denen stoßweise Belastungen auftreten: Schwungradantriebe, wie Exzenterpressen, Scheren, Stanzen, Walzenstraßen.	Drehzahlsteuerung wie beim GNM.
Anwendung sowohl für Kraft- und Geschwindigkeitsbereiche als auch für zugeordnete Steuer- und Regeltechniken. Förder-, Tur-, Hochgeschwindigkeitstransport-Antriebe, hoch automatisierte Transportsysteme Seine Robustheit und Fähigkeit, direkt geradlinige Bewegungen und Haltekräfte zu erzeugen, macht ihn zu einem wichtigen Konstruktionselement	Gleichstromlinearmotor wird praktisch nicht verwendet.
Die Hauptanwendungsgebiete sind bei digital gesteuerten Stellantrieben, z.B. in Meß- und Regelungstechnik, numerisch gesteuerten Zeichenmaschinen und Werkzeugmaschinen. Da der Schrittmotor Stell- und Meßglied in sich vereint, kann eine zusätzliche Messung von beispielsweise Schlittenpositionen durch eine Meßeinrichtung und ein anschließender Vergleich von Soll- und Istwert entfallen.	Das maximal erreichbare Drehmoment von Schrittmotoren liegt bei einigen 10 Ncm. Mit Hilfe von hydraulischen Drehmomentverstärkern können größere Drehmomente (60 Nm) erreicht werden

Aufgabe, das vorhandene elektrische Netz an die Maschineneigenschaften anzupassen sowie die Energie gegebenenfalls auf mehrere Motoren zu verteilen. Somit bestimmen die Stellglieder zusammen mit dem Elektromotor das Betriebsverhalten des elektrischen Antriebs. Stellglieder werden nach ihrem physikalischen Wirkungsprinzip in folgende Gruppen unterteilt [12.3]:

- mechanisch-elektrische Stellglieder,
- elektromagnetische Stellglieder,
- elektronische Stellglieder.

Elektromagnetische und elektronische Stellglieder werden elektrisch angesteuert. Sie werden in automatisierten Antriebssystemen angewendet. *Maschinenumformer* und *Stromrichtergeräte* sind von besonderer Bedeutung für gesteuerte, geregelte und rechnergeführte Antriebssysteme. *Umformer* sind Maschinen, die elektrische Energie von einer Erscheinungsform in eine andere umformen. Mit Hilfe von Transformatoren wird Wechselspannung in Wechselspannung gleicher Frequenz, jedoch anderer Spannungshöhe transformiert. Für Umformungen von Gleichspannung in Gleichspannung anderer Größe oder Wechselspannung in Gleichspannung und umgekehrt oder Frequenzänderungen von Spannungen werden Umformer mit drehenden Teilen (Maschinenumformer) oder ruhende Stromrichter angewendet.

Wegen ihrer Vorteile gegenüber anderen Verwirklichungen wie rotierenden Maschinenumformern haben sich die *stromrichtergespeisten Industrieantriebe* durchgesetzt. Die wichtigsten Bauelemente für Stromrichter sind Halbleiterdioden, Leistungstransistoren, Thyristoren und deren Sonderbauformen, z.B. Triacs [12.13, 12.14].

Stromrichter sind elektrische Energieumformer bzw. -umwandler oder sie dienen als Stellglieder und steuern dabei den Energiefluß zwischen verschiedenen Stromsystemen. Wegen der zunehmenden Bedeutung von Stromrichtern und wegen ihrer Vorteile gegenüber anderen Realisierungen von Stellgliedern und Energieumformern wird im folgenden nur auf die systematische Gliederung von *Halbleiter-Stromrichtern* eingegangen. Für die begrenzte Anzahl von Grundfunktionen von Stellgliedern gibt es eine Vielzahl von Schaltungsrealisierungen. Die Beschreibung und Analyse auch nur der wichtigsten Stromrichterschaltungen wurde den Rahmen dieses Abschnitts überschreiten [12.2, 12.3, 12.13, 12.14]. Stromrichter können nach verschiedenen Kriterien geordnet werden:
— nach der äußeren Wirkungsweise,
— nach dem inneren Funktionsprinzip,
— nach der Kommutierungsart bzw. nach der Herkunft der Kommutierungsspannung.

Die *äußere Wirkungsweise von Stromrichtern* wird durch eine begrenzte Anzahl von Grundfunktionen beschrieben. Die auszuführenden Grundfunktionen ergeben sich durch die Verbindungen von Gleich- und Wechselstromsystemen, wie sie oft bei elektrischen Antrieben vorkommen (Bild 12.8):

1. *Gleichrichten*: Die Energie wird von einem ein- oder mehrphasigen Wechselspannungsnetz in ein Gleichspannungsnetz übertragen.
2. *Wechselrichten*: Die Energie wird von einem Gleichspannungsnetz in ein ein- oder mehrphasiges Wechselspannungsnetz übertragen.

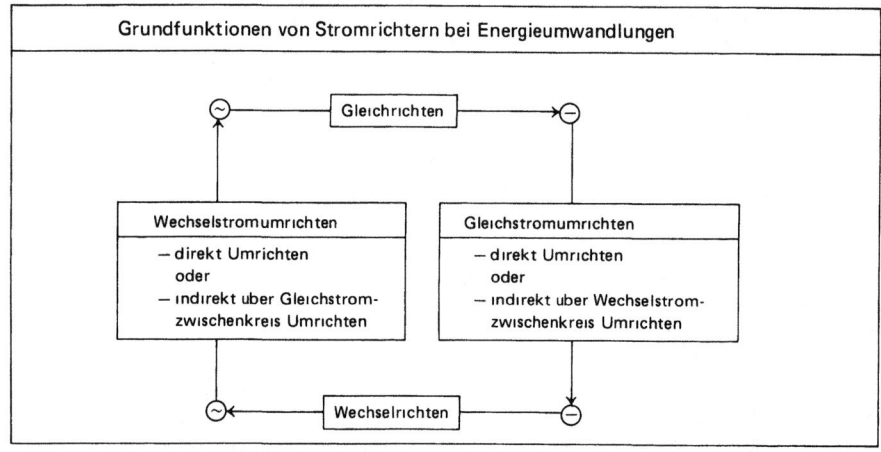

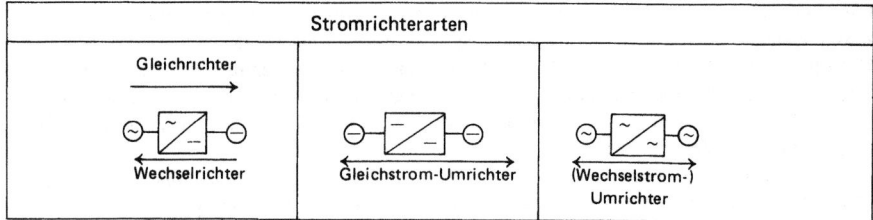

Bild 12.8 Grundfunktionen und Arten von Stromrichtern.

3. **Gleichstrom-**   Dabei wird die Energie von einem Gleichstromsystem gegebener Spannung
   umrichten: und Polarität in solches anderer Spannung und gegebenenfalls umgekehrter
   Polarität umgeformt.

4. **Wechselstrom-**   Dabei wird die Energie von einem Wechselstromsystem gegebener Spannung,
   umrichten: Frequenz und Phasenzahl in ein solches anderer Spannung, Frequenz und
   gegebenenfalls anderer Phasenzahl umgeformt.

Auch andere Klassifizierungen der Stromrichter nach ihren Grundfunktionen sind möglich. So werden Gleichrichter, Wechselrichter und Wechselstromumrichter oder kurz: Umrichter als *Energiewandler* bezeichnet. Dagegen werden Einrichtungen, welche die Energie von einem Netz auf ein anderes gleicher Frequenz f (auch für $f = 0$ Hz) jedoch mit unterschiedlicher Spannung übertragen, als *Steller* bezeichnet.

Für die Charakterisierung oder Unterscheidung der Stromrichter nach ihrem *inneren Funktionsprinzip* ist die Art der Zündung und Löschung der Ventile ausschlaggebend. In der Fachliteratur werden die Begriffe Taktfrequenz und Kommutierung verwendet [12.13].

In der Antriebstechnik haben sich die stromrichtergespeisten Antriebe dort durchgesetzt, wo laufend Drehzahlverstellungen zur Anpassung an die veränderlichen Arbeitsbedingungen erforderlich sind.

Es gibt zahlreiche Varianten von Stromrichterschaltungen sowohl für Gleichstrom- als auch für Drehstromantriebe. Die Auswahl der Stromrichterschaltung richtet sich nach Kriterien, die sich aus der Analyse des Anwendungsfalles ergeben und in Zusammenarbeit mit den Antriebssystemlieferanten zur Ausfüllung einer sogenannten *Spezifikationsliste für stromrichtergespeiste Antriebe* führt. Die Spezifikationsliste wird in der Regel von Antriebssystemherstellern zur Verfügung gestellt.

12.6 Antriebsregelung

Mit zunehmendem technologischen Wandel, mit fortschreitender Automatisierung und mit steigenden Ansprüchen an die Genauigkeit der Prozeßgrößen, an die Schnelligkeit sowie an die Störfreiheit der Prozeßabläufe und zum Schutz vor Überlastung der Stellglieder, Maschinen und Anlagenteile wird im wachsenden Maß das Regelungsprinzip in der Antriebstechnik angewendet. Dennoch überwiegt bisher noch in industriellen Prozessen der gesteuerte Antrieb. Die Grundbegriffe von Steuerung und Regelung sind in DIN 19226 [12.7] und im Abschnitt 13.1 erläutert.

Für die *Antriebsregelung* werden charakteristische Größen des Systems als Informationsträger und Sollwert- und Istwertquellen benötigt. Durch diese Informationsträger wird der Signalfluß, das Verhalten und die interne Verknüpfung zwischen den Systemelementen sowie ihr Zusammenwirken beschrieben. Die charakteristischen Größen eines elektrischen Antriebs können unterschiedlicher physikalischer Art sein, wie Spannung, Stromstärke, Drehzahl, Drehmoment, Winkel bzw. Positionslage, Ausdehnung oder thermischer Zustand u.a.

Der Projektant untersucht die Antriebsaufgabe und ergänzt das Anforderungsprofil mit Angaben, die zum Entwurf der Regelstruktur, der Regelkreisglieder, des funktionalen Verhaltens und zur gerätemäßigen Ausführung und Dimensionierung führen. Regelungssysteme sind nach verschiedenen Kriterien, wie im folgenden dargestellt charakterisierbar:

- nach dem zeitlichen Verhalten: stationär oder nicht stationär bzw. statisch oder dynamisch;
- nach der Signalverarbeitung: analog oder digital oder gemischt;
- nach dem funktionalen Zusammenhang zwischen Eingangs- und Ausgangsvariablen;
- nach der Anzahl der Regelkreise;
- nach der Anzahl der zu regelnden Motoren.

Sowohl die konstruktive Struktur und Gestalt als auch die gerätemäßige Ausführung sind stark dem technologischen Wandel unterworfen, der durch die rasche Entwicklung der Halbleitertechnik bedingt ist. Die Bausteinkonstruktion von Regeleinrichtungen und die integrierte Schaltkreistechnik schaffen optimale Voraussetzungen für eine rationelle Fertigung von Regelsystemen und erleichtern dem Anwender das Projektieren und Auswahlen der Bausteine sowie des Antriebssystems insgesamt. Mit wachsender Komplexität von Regelstrukturen elektrischer Antriebe wird für den Projektanten dennoch die Spezialisierung und die Fähigkeit zum ingenieurmäßigen Vorgehen in der praktischen Anwendung der Regelungstechnik für elektrische Antriebe erforderlich. Vertiefende Aussagen und Analysen sowie typische, in der Praxis ausgeführte Regelstrukturen sind in der weiterführenden Literatur zu suchen [12.1–12.3, 12.5].

12.7 Antriebsauswahl

Damit der Arbeitsprozeß sicher, zuverlässig und nach dem gewünschten physikalischen Verhalten ablaufen kann, muß der Motor auf die Arbeitsmaschine sowie die Stellglieder und das Regelsystem auf die Betriebsverhältnisse abgestimmt werden. Die Qualität dieser Abstimmung bestimmt die Anschaffungs- und Betriebskosten einer Anlage. Zuerst wird das Anforderungsprofil des Antriebsprozesses analysiert und das Pflichtenheft erstellt (vgl. Abschnitt 12.3). Auf dieser Grundlage können dann Angaben über die elektrische Maschine, die Stellglieder, die Übertragungsmechanismen, die Schutzeinrichtungen und über das Steuer- bzw. Regelsystem gemacht werden.

Im folgenden sind Kriterien zusammengefaßt, durch die elektrische Antriebsmotoren verglichen werden können (vgl. auch Abschnitt 12.4). Die systematische Sammlung von gegenüberstehenden Kriterien erleichtert die Auswahlentscheidung und die Zusammenstellung der Bestellangaben der elektrischen Maschine. Der projektierende Ingenieur hat die Aufgabe, mit Hilfe von Bestellangaben, z.B. in Form einer Spezifikationsliste, den Antriebsmotor und die Stellglieder zu bestimmen. Grundsätzlich erfolgt die Auswahl des Antriebsmotors und der Stellglieder, z.B. der Stromrichtergeräte, nach energetischen, antriebstechnischen, konstruktiven, schutztechnischen, betriebs- und kostenbedingten Gesichtspunkten.

Kriterien für die Auswahl des elektrischen Motors [12.1–12.3]:
- *Energetische Kriterien, VDE 05030*: Spannungsart; Nennspannung; Nennfrequenz; Frequenzstellbereich; Schaltungsart.
- *Antriebstechnische Kriterien*: Aufgrund der antriebstechnischen Angaben wird die Motorleistung und -größe bestimmt und der Motor aus einer Herstellerliste ausgewählt. Aus der Prozeßanalyse sind das Last- oder Widerstandsmoment $m_L = f(t)$, die Drehzahl $n = f(t)$ und das Trägheitsmoment $J_t = f(t) + J_0$ der anzutreibenden Elemente sowie das zeitliche Verhalten dieser Größen hervorgegangen. Somit sind das geforderte Anlaufmoment, die Drehmomentüberlastbarkeit, die minimale oder maximale Anlaufzeit, die Nenndrehzahl, der Drehzahlstellbereich, der Drehsinn und die $n = f(M_L)$-Kennlinie des Antriebsprozesses bekannt bzw. festgelegt.

Die benötigte Motorleistung wird unter Berücksichtigung der Betriebsart, der Erwärmung und der zulässigen Grenzübertemperatur ermittelt.

Die *Betriebsart* beschreibt das zeitliche Belastungsverhalten des Antriebes (vgl. Abschnitt 12.3). In VDE 0530 sind acht Betriebsarten definiert, durch die alle in der Praxis auftretenden Fälle beschrieben werden können. Aus den Betriebsarten geht der zeitliche Verlauf von Verlustleistung, Übertemperatur und Drehzahl sowie wichtige Zeiten wie Spieldauer, Anlaufzeit, Belastungszeit, Bremszeit, Leerlauf- und Pausezeit hervor. Die Betriebsart ist von großer Bedeutung für die Auslegung und Berechnung des Antriebsmotors und wird deshalb als eine der Kenngrößen auf dem Leistungsschild der Maschine im Feld 5 angegeben, DIN 42961.

12.7 Antriebsauswahl

Das *Erwärmungsverhalten* des Motors ist von der Betriebsart abhängig. Die Betriebstemperatur der Wicklung ist von entscheidender Bedeutung für die Lebensdauer elektrischer Maschinen. Die Erwärmung der Maschine entsteht durch die Motorverluste. Sie bestehen aus den Leerverlusten und den Lastverlusten. Der Motor wird in der Regel aus wirtschaftlichen und betriebstechnischen Gründen möglichst bis nahe an die *zulässige Erwärmungsgrenze* ausgenutzt. Für die Motorbestandteile, wie Wicklungen und andere Konstruktionselemente, sind zulässige Grenztemperaturen festgelegt (VDE 0530, Teil 1). Wobei der Begriff Übertemperatur als der Temperaturunterschied zwischen Kühlmittel- und Motorteiltemperatur definiert ist. In VDE 0530 ist eine feste Zuordnung von Isolierstoffklassen und zulässigen Dauertemperaturen getroffen worden. Damit die zulässige Grenzübertemperatur eines Motors nicht überschritten wird, führt die Belüftung bzw. Kühlung des Motors die Verlustwärme nach außen ab. Mit einer wirkungsvolleren Kühlung kann bei gleicher Leistung der Motor kleiner gebaut bzw. gewählt werden. In VDE 0530 sind verschiedene Kühlungsarten beschrieben. Zusammenfassend läßt sich die Berechnung des Motors in folgende Schritte unterteilen.

- *1. Schritt*: Aus den Lastverhältnissen des Antriebsfalles ergibt sich das notwendige Nennmoment des Motors. Unter Berücksichtigung der Betriebsart, der Schutzart, der Bauform und der Kühlung wird der Motor aus einer Herstellerliste gewählt.
- *2. Schritt*: Die Trägheitsmomente für die verschiedenen Belastungen werden unter Berücksichtigung der gewünschten zulässigen Beschleunigung und Verzögerung bestimmt. Der gewählte Motor wird geprüft, ob seine Kenngrößen ausreichend sind. Ist der gewählte Motor nicht ausreichend, so werden die Schritte 1 und 2 wiederholt abgearbeitet.
- *3. Schritt*: Die auftretende Verlustarbeit wird ermittelt und die Motorgröße erneut geprüft.

Für die Berechnung der erforderlichen Größen hat sich der projektierende Ingenieur mit den in der Literatur niedergeschriebenen Berechnungsgrundlagen, wie z.B. in [12.1–12.3] beschrieben, Normen und Vorschriften zu befassen.

Betriebsbedingte Kriterien: Die Art des Anlaß-, Brems- und Reversierungsvorgangs von elektrischen Maschinen, deren Schalthäufigkeit und die minimale Schaltpause sind betriebsbedingte Kriterien. Zum Anlassen, Drehzahlstellen und Bremsen von Elektromotoren sind mehrere Verfahren bekannt. Je nach Motorart, geforderter Motorleistung und Antriebsfall werden die Verfahren ausgewählt [12.1–12.3].

Konstruktionsbedingte Kriterien (vgl. auch Abschnitt 12.3): Das anzutreibende System stellt bestimmte Anforderungen an die Konstruktion des Motors. In der Regel bevorzugt der Anwender genormte Bauformen und Norm- oder Listenmotoren. Sondermotoren, meist für Leistungen über 1000 kW, werden im allgemeinen nicht in Serie hergestellt und werden auch nicht in Herstellerlisten aufgeführt. Der Anwender bestellt diese Motoren durch gesonderte Angaben zu den üblichen Kenngrößen wie Spannung, Leistung, Drehzahl, Abmessungen u.ä. beim Hersteller. In DIN IEC 34 Teil 7 [12.3, 12.4] sind Bauformen definiert. Die Bausteinkonstruktion wird durch eine weitgehende Normung ermöglicht. Im folgenden sind die wichtigsten Bauformkriterien zusammengestellt:

– Lagerung der Motorwelle,
– Aufstellung des Motorgehäuses.

Die Bauform des Elektromotors bestimmt die Art der Kupplung mit der Arbeitsmaschine:
– entweder starre Verbindung mittels Flanschen,
– drehelastische Kupplung (am häufigsten verwendete Verbindung),
– Getriebeverbindung (bei sehr verschiedenen Drehzahlen des Motors und der Arbeitsmaschine) oder
– Riementriebverbindung (bei relativ kleinem Drehzahlunterschied).

Nicht genormte Bauformen werden oft für Massenprodukte angewendet, bei denen durch integrierte Bauweise von Motor und Arbeitsmaschine das Gerät handlicher und billiger wird, z.b. bei Werkzeugen und Haushaltsgeräten.

Umgebungsbedingte Kriterien: Die *Bedingungen der Umgebung des Aufstellungsortes* beeinflussen die Wahl der Motorart und Motorkonstruktion. Sie bestimmen unter anderem die Schutzart und den Schutzgrad. In DIN 40 050 sind Schutzarten festgelegt [12.5]. Die Schutzarten sind einheitlich mit den Kennbuchstaben IP und zwei Kennziffern bezeichnet. Die erforderliche Umgebungstemperatur und Aufstellhöhe, die Güte des Schwingverhaltens und die Geräuschentwicklung sowie der Funkentstörgrad sind weitere Umgebungskriterien für die Motorwahl. Auch die Kühlung und Schmierung von elektrischen Maschinen sowie das benötigte Kühl- und Schmiermittel stellen weitere Motorauswahlkriterien dar.

Angaben zum Motorschutz: Um die Beschädigung von Motoren in einem Antriebssystem durch Störungen oder Überlastungen zu verhindern, werden Schutzeinrichtungen eingebaut. Dabei sind die *Motorschutzeinrichtungen* ein Teil des gesamten Anlagenschutzes. Je nach Forderungen zum Schutz des Motors, der Arbeitsmaschine oder des technologischen Prozesses, läßt sich eine Staffelung der Wirksamkeit von Schutzeinrichtungen aufstellen. Der Motorschutz kann unter Umständen von untergeordneter Bedeutung sein. Meistens jedoch ist der Motor der gefährdetste Teil eines Antriebssystems, hauptsächlich durch thermische Überlastung. Daher konzentrieren sich die Sicherheitsvorkehrungen bei einfachen Antriebssystemen im wesentlichen auf den Schutz des Netzes und des Motors. Im praktischen Anwendungsfall sorgen Schutzeinrichtungen dafür, daß bei Störung oder Gefährdung der Motor vom Netz abgetrennt wird.

Kostenbedingte Auswahlkriterien: Außer den Anschaffungs- und Betriebskosten eines elektrischen Antriebes fallen auch die durch Ausfallzeiten verursachten Kosten in einem Unternehmen an. Eine Stunde Stillstand einer Fertigungsstraße kann Kosten von mehreren tausend DM verursachen. Durch die richtige Dimensionierung und Auslastung der Antriebselemente kann viel Energie eingespart werden. Trotz des hohen Wirkungsgrades von einzelnen elektrischen Maschinen kann der *Gesamtwirkungsgrad des Antriebssystems* nur 50% betragen. Der Gesamtwirkungsgrad wird aus dem Produkt der Einzelwirkungsgrade aller Bestandteile des Antriebssystems errechnet, die an der Energieumwandlung und -übertragung beteiligt sind. Nicht immer ist die billigste Anschaffung eines Antriebssystems insgesamt betrachtet auch die kostengünstigste Lösung. Oftmals wird durch einen zusätzlichen Anschaffungsaufwand, z.b. statt eines gesteuerten Systems eine Regelung, eine technische und wirtschaftliche Verbesserung der Anlage erreicht. Das frühzeitige Gespräch mit den Lieferanten und die neutrale fachkundige Beratung führen meist zur richtigen Entscheidung.

Auswahlkriterien für Stromrichtergeräte: In ähnlicher Art wie für die Motorauswahl können Bestellangaben für Stromrichtergeräte strukturiert werden (vgl. auch Abschnitt 12.5) [12.3, 12.15]. Eingangsgrößen, Ausgangsgrößen, erforderliche Ausgangsleistung, weitere Auswahlkriterien für die Schaltung und den Stellgliedtyp, wie beispielsweise Spannungswelligkeit und Art der Informationsverarbeitung.

12.8 Literatur

Bücher

[12.1] Moeller, F.: Leitfaden der Elektrotechnik, Band VIII. *Bederke/Ptassek/Rothenbach/Vaske:* Elektrische Antriebe und Steuerungen. B.G. Teubner Verlagsgesellschaft, Stuttgart 1975.

[12.2] VEM-Handbuch. Die Technik der elektrischen Antriebe, Grundlagen. VEB Verlag Technik, Berlin 1979.

12.8 Literatur

[12.3] *Vogel, J.* u.a.: Grundlagen der elektrischen Antriebstechnik mit Berechnungsbeispielen. Hüthig Verlag, Heidelberg 1986.
[12.4] *Pahl, G.* und *W. Beitz:* Konstruktionslehre. Springer-Verlag, Berlin 1986.
[12.5] *Buxbaum, A.* und *K. Schierau:* Berechnung von Regelkreisen der Antriebstechnik. AEG-Telefunken Handbücher Band 16. Berlin und Frankfurt am Main 1980.
[12.6] *Herold, H.-H., W. Maßberg* und *G. Stute:* Die numerische Steuerung in der Fertigungstechnik. VDI-Verlag, Düsseldorf 1971.
[12.7] *Kummel F.:* Elektrische Antriebstechnik. 3 Teile. VDE-Verlag, Berlin 1986.
[12.8] *Moczala, H.* u.a.: Elektrische Kleinstmotoren und ihr Einsatz. Kontakt und Studium, Bd. 34. expert-verlag, Ehningen 1979.
[12.9] *Keve, Th.* und *H. Roeloffzen:* Baustein Elektrische Maschine. Verlag Berliner Union, Stuttgart 1978.
[12.10] *Budig, P.-K.:* Drehstromlinearmotoren, Hüthig Verlag, Heidelberg/Basel 1983.
[12.11] *Gerber, G.* und *R. Hanitsch:* Elektrische Maschinen. Verlag Berliner Union, Stuttgart 1980.
[12.12] *Bodefeld, Th.* und *H. Sequenz:* Elektrische Maschinen. Springer Verlag, Wien 1971.
[12.13] *Heumann, K.:* Grundlagen der Leistungselektronik. Teubner Studienbucher. B. G. Teubner Verlagsgesellschaft, Stuttgart 1985.
[12.14] *Heumann, K.* und *A. C. Stumpe:* Thyristoren-Eigenschaften und Anwendungen. B. G. Teubner Verlagsgesellschaft, Stuttgart 1974.
[12.15] *Langhoff, J.* und *E. Raatz:* Geregelte Gleichstromantriebe. AEG-Telefunken-Handbucher, Bd. 19. Berlin 1977 (Huthig Verlag, Heidelberg/Basel).

Normen

DIN 19 226 Teil 1 Steuerungs- und Regelungstechnik; Begriffe; Allgemeine Grundlagen
Teil 2 Steuerungs- und Regelungstechnik; Begriffe; Übertragungsverhalten dynamischer Systeme
DIN 40 040 Anwendbarkeit von Bauelementen der Elektronik, Grenzwerte und Klassifizierung der Umweltbedingungen
DIN 40 050 IP-Schutzarten; Berührungs-, Fremdkorper- und Wasserschutz für elektrische Betriebsmittel
DIN 42961 Leistungsschilder für elektrische Maschinen; Ausführung
DIN 42 973 Leistungsreihe für elektrische Maschinen; Nennleistungen bei Dauerbetrieb
DIN 45 635 Teil 10 Gerauschmessung an Maschinen; Luftschallmessung; Hüllflachenverfahren; Rotierende elektrische Maschinen
DIN IEC 34 Teil 7 Umlaufende elektrische Maschinen; Kurzzeichen für Bauformen und Aufstellung von umlaufenden elektrischen Maschinen
DIN VDE 0530 Teil 1 Bestimmungen für umlaufende elektrische Maschinen; Teil 1: Allgemeines

13 Steuerungs- und Regelungstechnik

13.1 Allgemeines

13.1.1 Erläuterung der Begriffe

Bei der Steuerung und Regelung von Maschinen, Anlagen oder Prozessen geht es darum, daß bestimmte Betriebszustände gezielt verändert, neu eingestellt oder trotz wirkender Störungen genau eingehalten werden. Bei der *Steuerung* wird die Steuerinformation unter der Annahme eingegeben, daß sie am vorgesehenen Ort der Anlage die gewünschte Wirkung hervorbringt. Es erfolgt keinerlei besondere Überwachung des Steuerergebnisses. Beispielsweise wird durch Drehen am normalen Heizkörperventil eine neue Raumtemperatur eingestellt, ohne daß die Temperatur gemessen wird. Bei der *Regelung* dagegen wird fortlaufend kontrolliert, ob das Ergebnis mit der Wunschvorstellung übereinstimmt. Bei einer Abweichung wird entsprechend nachgestellt. Zum Beispiel wird durch Drehen am Thermostat-Heizkörperventil die Raumtemperatur vorgewählt. Am Ventil wird jedoch die Umgebungstemperatur fortlaufend gemessen. Bei Abweichung von der Solltemperatur wird die Ventilstellung automatisch korrigiert.

Steuerungen und Regelungen treten meistens kombiniert auf. Jeder Regelkreis enthält Steuerungselemente und innerhalb einer Steuerkette können auch Regelkreise vorhanden sein. DIN 19226 legt Begriffe und Benennungen der Steuerungs- und Regelungstechnik fest. Formelzeichen und Signalflußpläne für international einheitliche Darstellungen finden sich in DIN 19221.

Bei der Regelung bezeichnet man die physikalische Größe, die geregelt werden soll, als *Regelgröße*. Die *Führungsgröße* gibt den gewünschten Wert der Regelgröße vor. *Störgröße* heißt die ungewollte Einflußgröße, die das Einhalten der vorgesehenen Regelgröße stört. Die *Regeleinrichtung* soll dafür sorgen, daß die Regelgröße trotz auftretender Störungen den durch die Führungsgröße gegebenen Wert einhält. Dies geschieht durch den Eingriff der *Stellgröße* an der *Regelstrecke*. So wird der Teil einer Anlage genannt, in dem die zu regelnde Größe auftritt und die Beeinflussung dieser Regelgröße geschieht. Die Regelung der Drehzahl eines elektrischen Antriebs möge als Beispiel dienen. Bild 13.1 zeigt die Funktionsskizze. Regelgröße ist die Drehzahl der Motorwelle. Führungsgröße ist die durch das Potentiometer eingestellte Spannung, die ein Maß für die gewünschte Drehzahl ist. Störgröße ist das sich laufend ändernde Lastmoment der Arbeitsmaschine. Die Regeleinrichtung besteht aus Tachogenerator, Differenzverstärker und Thyristor-

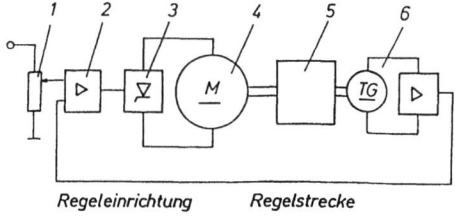

Bild 13.1
Funktionsskizze eines Drehzahlregelkreises
1 Potentiometer,
2 Differenzverstärker,
3 Thyristorsteller,
4 Elektromotor,
5 Arbeitsmaschine,
6 Tachogenerator mit Anpassungsverstärker.

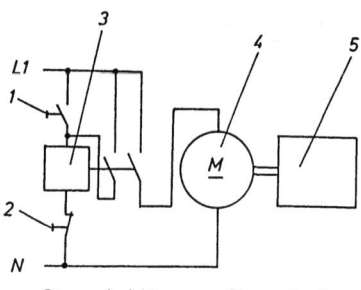

Bild 13.2
Funktionsskizze einer Motorsteuerung
1 Eintaster,
2 Austaster,
3 Schaltschütz,
4 Elektromotor,
5 Arbeitsmaschine.

steller. Stellgröße ist die durch den Thyristor gesteuerte Ankerspannung des Motors. Der elektrische Antrieb selbst stellt die Regelstrecke dar. In der Steuerungstechnik wird der Teil der Anlage, in dem man die zu steuernde Größe beeinflussen kann, die *Steuerstrecke* genannt. Die Beeinflussung wird von der *Steuereinrichtung* veranlaßt und erfolgt über das *Stellglied*. Als Beispiel sei die Schützensteuerung eines Elektromotors betrachtet (Bilder 13.2 und 13.15). Steuerstrecke ist der Motor selbst. Stellglied ist das Schaltschütz, Steuereinrichtung ist der Steuerstromkreis mit den Tastern, durch die das Schütz geschaltet wird.

13.1.2 Signalflußplan

Innerhalb eines Systems, in dem gesteuert oder geregelt wird, werden Informationen übertragen. Der *Informationsfluß* wird üblicherweise in einem sogenannten *Signalflußplan* dargestellt. Massen- oder Energieflüsse sind bei dieser Art der Darstellung nicht wesentlich. Sie werden nicht berücksichtigt. Regeln für das Zeichen von Signalflußplänen enthalten die DIN-Blätter 19221 und 19226. Die einzelnen Elemente des Systems sind die *Übertragungsglieder*. Sie werden als Blöcke dargestellt. Die Leitungen, auf denen die Signalgrößen übertragen werden, werden als gerichtete Wirkungslinien gezeichnet. Entscheidend ist, daß die Information nur in Richtung der eingezeichneten Pfeile weitergeleitet werden kann. Somit besteht Rückwirkungsfreiheit innerhalb einer Signalleitung. Bild 13.3 zeigt den Signalflußplan eines Regelkreises. Der Plan enthält an den Übertragungsblöcken und den zugehörigen Wirkungslinien eine Additionsstelle und eine Verzweigung. An der Additionsstelle werden die Signale unter Berücksichtigung des angeschriebenen Vorzeichens zueinander addiert. Jede Regeleinrichtung enthält diese Additionsstelle. An ihr wird die Führungsgröße w mit der Regelgröße x verglichen und die Regeldifferenz $e = w - x$ gebildet. Der Regler erzeugt die Stellgröße y, die die Störgröße z kompensieren soll. An der Regelstrecke entsteht dann die Regelgröße x, sie ist das Ergebnis der Regelung. Bild 13.4 zeigt den Signalflußplan für eine Steuerung. Der Wirkungsablauf ist offen. Die Steuer-

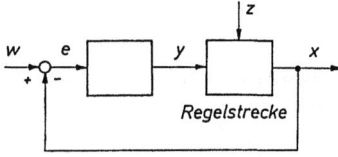

Regeleinrichtung
Bild 13.3 Signalflußplan eines Regelkreises.

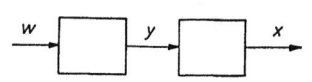

Steuereinrichtung   Steuerstrecke
Bild 13.4 Signalflußplan einer Steuerkette.

13.1 Allgemeines

information w wird in der Steuereinrichtung verarbeitet und in die zur Beeinflussung der Steuerstrecke geeignete Stellgröße y umgesetzt. Das Ergebnis der Steuerung ist die Reaktion x der Steuerstrecke.
Regelkreise und Steuerketten können eine oder mehrere Informationsgrößen verarbeiten. Bei den Regelkreisen sind neben einschleifigen auch komplizierte Mehrschleifen-Regelkreise zu finden. Die Steuerketten können ebenfalls eine komplizierte zusammengesetzte Struktur aufweisen.

13.1.3 Mathematische Betrachtungen

13.1.3.1 Schaltfunktion

Die Schaltfunktion dient zur Berechnung einer Steuerung, wenn diese nur zwei verschiedene Schaltzustände zuläßt, z. B. die Zustände logisch „1" und logisch „0" entsprechend beispielsweise den Spannungspegeln 5 V und 0 V. Die einzelnen Schaltvariablen lassen sich dann durch logische Verknüpfungen miteinander verbinden [13.1].

UND $\quad x = y_1 \wedge y_2 \wedge y_3 \quad$ x ist „1", wenn y_1 und y_2 und y_3 gleichzeitig „1" sind.

ODER $\quad x = y_1 \vee y_2 \vee y_3 \quad$ x ist „1", wenn y_1 oder y_2 oder y_3 einzeln oder gemeinsam „1" sind.

NICHT $\quad x = \bar{y} \quad\quad\quad\quad\quad$ x ist „1", wenn y „0" ist und umgekehrt.

Beispiel für eine Schaltfunktion zeigt Bild 13.5. Das Licht L brennt, wenn Schalter S1 und Schalter S2 geschlossen, oder wenn Schalter S3 geschlossen ist.

$L = (S1 \wedge S2) \vee S3$.

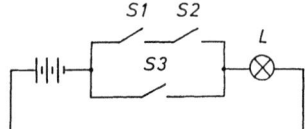

Bild 13.5
Steuerung einer Lampe über drei Schalter.

Bei umfangreicheren Steuerungen ergeben sich entsprechend komplizierte Schaltfunktionen mit vielen Schaltvariablen. Diese können mit Hilfe der Booleschen Algebra mathematisch abgeleitet und in eine für die Ausführung der Steuerung günstige Form gebracht werden. Man versucht, komplizierte Schaltfunktionen soweit wie möglich zu vereinfachen, um unnötige Redundanzen aus dem Steuersystem zu eliminieren und die Schaltung mit dem geringsten Aufwand bauen zu können. Verfahren zur Vereinfachung der Schaltfunktionen sind z. B. das Karnaugh-Veitch-Diagramm und das Verfahren von Quine-McClusky [13.2, 13.3].

13.1.3.2 Differentialgleichungen

Die zeitliche Änderung von Ausgangsgrößen eines dynamischen Systems nach entsprechenden Änderungen der Eingangsgrößen läßt sich mit Hilfe von *Differentialgleichungen* mathematisch darstellen. Große Bedeutung kommt dabei der linearen Differentialgleichung (Dgl.) mit konstanten Koeffizienten bei der Berechnung von Regelkreisgliedern und Regelkreisen zu. Diese beschreibt das Zeitverhalten linearer Übertragungsglieder, deren Übertragungseigenschaften zeitlich unverändert bleiben (lineare, zeitinvariante Glieder) [13.4, 13.5].

Bild 13.6 zeigt einen elektrischen Schaltkreis, in dem ein Kondensator C über einen Widerstand R aufgeladen bzw. entladen wird. Unter Berücksichtigung der Maschenregel, des Ohmschen Gesetzes und der Kondensatorgleichung läßt sich die Differentialgleichung für dieses dynamische System wie folgt aufstellen:

$u_1 = u_R + u_2,$

$u_R = R \cdot i,$

$i = C \cdot \dfrac{du_2}{dt},$

$R \cdot C \dfrac{du_2(t)}{dt} + u_2(t) = u_1(t).$

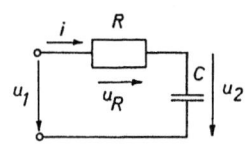

Bild 13.6
Zeitverlauf der Ausgangsspannung eines RC-Gliedes bei sprungartiger Änderung der Eingangsspannung um den Betrag u_{10}.

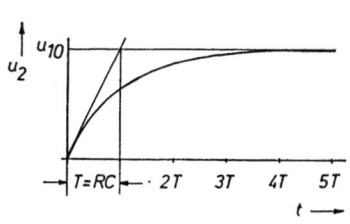

Da das beschriebene System nur *einen* Energiespeicher, nämlich den Kondensator C, besitzt, ergibt sich eine Differentialgleichung *erster* Ordnung. Man hat es mit einem proportionalen Verhalten mit zeitlicher Verzögerung erster Ordnung zu tun. Tabelle 13.1 gibt eine Übersicht über häufig in der Regelungstechnik vorkommende Zeitverhalten mit den zugehörigen Differentialgleichungen.

Tabelle 13.1: Zeitverhalten von Regelkreisgliedern und zugehörige Differentialgleichungen

P-Verhalten:	$v(t) = K_p \cdot u(t)$
PT1-Verhalten:	$T \cdot \dfrac{dv(t)}{dt} + v(t) = K_p \cdot u(t)$
PT2-Verhalten:	$T_2^2 \cdot \dfrac{d^2v(t)}{dt^2} + T_1 \cdot \dfrac{dv(t)}{dt} + v(t) = K_p \cdot u(t)$
I-Verhalten:	$v(t) = K_I \cdot \int u(t) \cdot dt$
IT1-Verhalten:	$T \cdot \dfrac{dv(t)}{dt} + v(t) = K_I \cdot \int u(t) \cdot dt$
D-Verhalten:	$v(t) = K_D \cdot \dfrac{du(t)}{dt}$
DT1-Verhalten:	$T \dfrac{dv(t)}{dt} + v(t) = K_D \cdot \dfrac{du(t)}{dt}$
DT2-Verhalten:	$T_2^2 \cdot \dfrac{d^2v(t)}{dt^2} + T_1 \cdot \dfrac{dv(t)}{dt} + v(t) = K_D \cdot \dfrac{du(t)}{dt}$
PID-Verhalten:	$v(t) = K_p \cdot u(t) + K_I \cdot \int u(t) \cdot dt + K_D \cdot \dfrac{du(t)}{dt}$

13.1 Allgemeines

Wird das Störglied auf der rechten Seite der Dgl. Null gesetzt, so ergibt die Lösung der sogenannten homogenen Dgl. den Zeitverlauf der Ausgangsgröße für den Fall, daß das System nach einem kurzzeitigen Anstoß sich selbst überlassen bleibt. Die Lösung der vollständigen Dgl. ergibt bei Berücksichtigung der Anfangs- und Randbedingungen den Zeitverlauf der Ausgangsgröße als Reaktion auf die gegebene Zeitfunktion der Eingangsgröße. Für das Beispiel in Bild 13.6 ergibt die Lösung der Dgl. für den Fall, daß sich die Eingangsspannung u_1 um den Betrag u_{10} sprungartig ändert, die Zeitfunktion

$$u_2(t) = u_{10}(1 - e^{-t/RC}).$$

Der durch diese Gleichung für die Ausgangsspannung gegebene Zeitverlauf ist in Bild 13.6 ebenfalls dargestellt.

13.1.3.3 Frequenzgang

Man untersucht das Verhalten eines analogen Regelkreisgliedes mit Hilfe einer an den Eingang gelegten periodischen Sinusschwingung $u(t) = u_0 \cdot \sin \omega t$ mit gleichbleibender Amplitude u_0 und verschiedenen Kreisfrequenzen ω. Dann ergibt sich bei linearen Systemen am Ausgang wieder eine Sinusschwingung $v(t) = v_0 \cdot \sin(\omega t + \alpha)$. Diese hat die gleiche Kreisfrequenz wie die Eingangsschwingung. Jedoch ändern sich sowohl die Amplitude v_0 als auch die Phasenverschiebung α mit der Frequenz.

$$v_0 = f(\omega), \quad \alpha = f(\omega).$$

Diese funktionelle Abhängigkeit nennt man den *Frequenzgang* des Systems. Zeitverhalten und Frequenzgang sind einander zugeordnet, man kann die eine Darstellung aus der anderen mathematisch herleiten. Die Zeitfunktion $u(t)$ und $v(t)$ werden durch ihre Abbildungen im Frequenzbereich ersetzt, indem die Sinusschwingung durch die komplexe Exponentialfunktion dargestellt wird [13.4]. Bildlich bedeutet das die Abbildung der Sinusschwingung durch die äquivalente Zeigerdarstellung:

$$u(t) = u_0 \cdot \sin \omega t \quad \rightarrow u(j\omega) = u_0 \cdot e^{j\omega t},$$
$$v(t) = v_0 \cdot \sin(\omega t + \alpha) \rightarrow v(j\omega) = v_0 \cdot e^{j(\omega t + \alpha)}.$$

Der Frequenzgang ergibt sich aus dem Verhältnis der komplexen Ausdrücke von Ausgangs- und Eingangsgröße:

$$F(j\omega) = \frac{v(j\omega)}{u(j\omega)} = \frac{v_0 \cdot e^{j(\omega t + \alpha)}}{u_0 \cdot e^{j\omega t}} = \frac{v_0}{u_0} e^{j\alpha}.$$

Für jede Frequenz ω ergibt sich daraus eine komplexe Zahl, deren Betrag das Amplitudenverhältnis v_0/u_0 enthält und deren Argument gleichzeitig die Phasenverschiebung α beschreibt. Die komplexe Größe des Frequenzganges kann graphisch als Zeiger in der komplexen Zahlenebene dargestellt werden (Bild 13.7). Die *Ortskurve* des Frequenzganges ist der geometrische Ort der Endpunkte aller Zeiger, die sich ergeben, wenn die Kreisfrequenz ω von 0 bis ∞ durchlaufen wird. Sie vermittelt eine anschauliche Aussage über das Verhalten von Amplitude und Phasenverschiebung der Ausgangsgröße für alle vorkommenden Kreisfrequenzen der Eingangsschwingung. Aus den Ortskurven einzelner Übertragungsglieder läßt sich auf graphischem Wege leicht die Ortskurve des zusammengesetzten Systems konstruieren. Damit gewinnt man rasch einen Überblick über das Zeitverhalten des zusammengesetzten Systems, z. B. des geschlossenen Regelkreises. Der Verlauf der Ortskurve des aufgeschnittenen Regelkreises gibt mit Hilfe des Nyquist Kriteriums Aufschluß über die Stabilität des Regelkreises nach dem Zusammenschluß [13.4, 13.5].
Außer in der Form der Ortskurve lassen sich die Änderungen von Amplitude und Phase mit der Frequenz in zwei getrennten Diagrammen über der logarithmisch geteilten Frequenzachse auf-

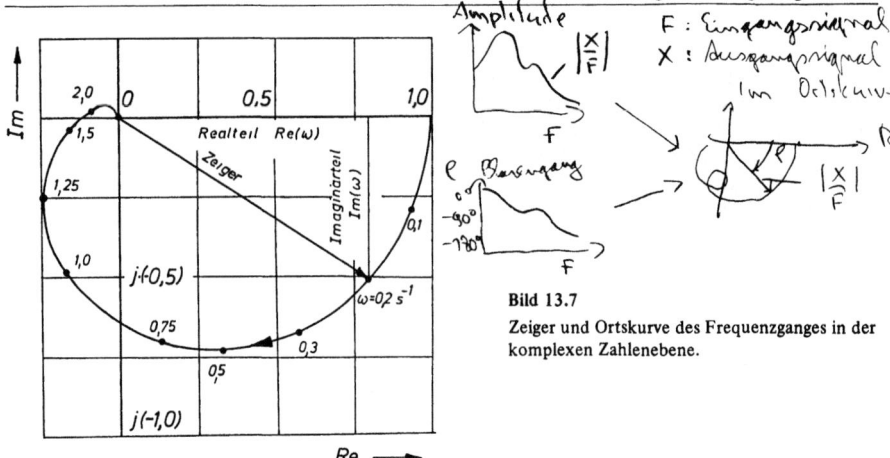

Bild 13.7
Zeiger und Ortskurve des Frequenzganges in der komplexen Zahlenebene.

tragen. Derartige *Frequenzkennlinien* oder *Bode Diagramme* finden sich außer in der Regelungstechnik in der Meß- und Nachrichtentechnik zur Beurteilung des Frequenzverhaltens von Meßgeräten und Übertragern [13.11].
Die Frequenzuntersuchung bildet nur den Sonderfall einer Reihe weiterer klassischer Methoden zur Beurteilung des dynamischen Verhaltens von Übertragungsgliedern in der Regelungstechnik. Häufige Anwendung finden z. B. auch die *Laplace Transformation* und das *Wurzelortverfahren* [13.6, 13.5].

13.1.3.4 Zustandsgleichungen

Das Verhalten eines dynamischen Systems kann durch folgendes Gleichungssystem in der sogenannten *Zustandsdarstellung* wiedergegeben werden [13.5, 13.7]:

$$\vec{x} = A\vec{x} + B\vec{u},$$
$$\vec{v} = C\vec{x} + D\vec{u}.$$

Dabei sind $\vec{u}$ der Eingangsvektor, $\vec{v}$ der Ausgangsvektor und $\vec{x}$ der Zustandsvektor. A ist die Systemmatrix, B und D sind die Steuermatrizen und C ist die Ausgangsmatrix. Den Signalflußplan für die Darstellung eines Systems durch seine *Zustandsgleichung* zeigt Bild 13.8. Die Vektorenschreibweise ermöglicht das Erfassen von Systemen mit mehreren Ein- und Ausgangsgrößen (Mehrgrößensysteme). Die Zustandsgrößen kennzeichnen die Zustände des Systems. Zustandsgröße eines Systems kann z. b. sein: die Lage, die Geschwindigkeit, die Beschleunigung von Bauteilen.
Bild 13.8 zeigt die Verhältnisse bei der Drehzahlsteuerung eines Gleichstrommotors über die Ankerspannung. Aus der Spannungsbilanz ergibt sich:

$$u = R_A \cdot i(t) + L_A \cdot \frac{di(t)}{dt} + K_1 \cdot \frac{d\varphi(t)}{dt}.$$

Aus der Bewegungsbilanz folgt:

$$K_2 \cdot i(t) = J \cdot \frac{d^2\varphi(t)}{dt^2} + b \cdot \frac{d\varphi(t)}{dt} + M_L(t).$$

13.1 Allgemeines

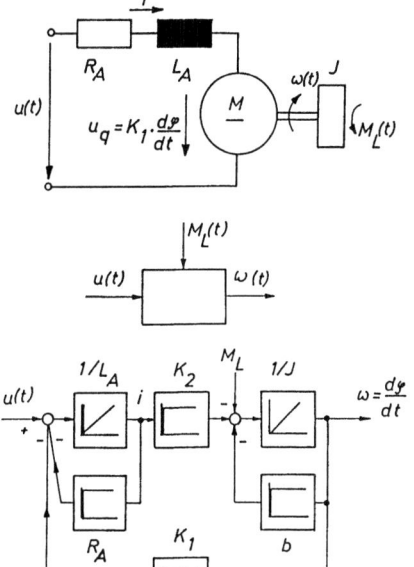

Bild 13.8
Drehzahlsteuerung eines Gleichstrommotors über die Ankerspannung.

Eingangsgrößen sind: $u_1 = u(t)$ Ankerspannung,
                      $u_2 = M_L(t)$ Lastmoment.

Ausgangsgrößen sind: $v_1 = \varphi(t)$ Rotordrehwinkel,
                      $v_2 = i(t)$ Motorstrom.

Zustandsgrößen sind: $x_1 = \varphi(t)$ Rotordrehwinkel,

$$x_2 = \frac{d\varphi(t)}{dt} = \omega(t) \quad \text{Winkelgeschwindigkeit,}$$

$$x_3 = q(t) \quad \text{elektrische Ladung,}$$

$$x_4 = \frac{dq(t)}{dt} = i(t) \quad \text{Motorstrom.}$$

Es sei ferner:

$K_1 \cdot \dfrac{d\varphi(t)}{dt}$ im Anker induzierte Gegenspannung,

$K_2 \cdot i(t)$ dem Ankerstrom proportionales Motormoment,

$M_L(t)$ Lastmoment,

J Massenträgheitsmoment,

b drehzahlproportionale Dämpfung (Reibung).

Damit läßt sich ein System von Differentialgleichungen erster Ordnung aufstellen:

$\dot{x}_1 = x_2,$

$\dot{x}_2 = -\dfrac{b}{J} x_2 + \dfrac{K_2}{J} x_4 - \dfrac{1}{J} u_2,$

$\dot{x}_3 = x_4,$

$\dot{x}_4 = -\dfrac{K_1}{L_A} x_2 - \dfrac{R_A}{L_A} x_4 + \dfrac{1}{L_A} u_1,$

$v_1 = x_1,$

$v_2 = x_4.$

In Matrizenschreibweise ergibt sich folgende Darstellung:

$\vec{\dot{x}} = A \vec{x} + B \vec{u},$

$\vec{v} = C \vec{x} + D \vec{u},$

mit den Matrizen:

$$A = \begin{bmatrix} 0 & 1 & 0 & 0 \\ 0 & -\dfrac{b}{J} & 0 & \dfrac{K_2}{J} \\ 0 & 0 & 0 & 1 \\ 0 & -\dfrac{K_1}{L_A} & 0 & -\dfrac{R_A}{L_A} \end{bmatrix} \qquad B = \begin{bmatrix} 0 & 0 \\ 0 & -\dfrac{1}{J} \\ 0 & 0 \\ \dfrac{1}{L_A} & 0 \end{bmatrix}$$

$$C = \begin{bmatrix} 1 & 0 & 0 & 0 \\ 0 & 0 & 0 & 1 \end{bmatrix} \qquad D = 0.$$

Die Zustandsgleichungen enthalten Differentialgleichungen von nur 1. Ordnung. Aus ihnen ergibt sich deshalb unmittelbar ein Ansatz zur Simulation dynamischer Systeme auf Analog- und Digitalrechnern, siehe Abschnitt 13.1.3.5. Die Zustandsgleichungen ermöglichen die Behandlung dynamischer Probleme im Zeitbereich durch Lösung des Systems der Differentialgleichungen mittels Digitalrechner [13.5]. Mit Zustandsgleichungen lassen sich auch Mehrgrößensysteme und in speziellen Fällen nichtlineare Systeme beschreiben [13.8].

13.1.3.5 Simulation

Bei der *Simulation* wird das zu untersuchende dynamische System durch ein Modell nachgebildet, das dem gleichen mathematischen Gleichungsansatz genügt. Das dynamische Verhalten des Systems läßt sich dann leicht und gefahrlos an dem Modell untersuchen. Im Fortschritt der Untersuchungen kann das Modell der Wirklichkeit mehr und mehr angepaßt werden. Die Aussagen werden dadurch relevanter. Ein in Echtzeit reagierendes Modell kann darüber hinaus mit realen dynamischen Gliedern zusammengeschaltet werden, wenn das Zusammenspiel des Gesamtsystems untersucht werden soll. *Analogrechner* ermöglichen die Nachbildung dynamischer Systeme in Echtzeit, weil die Zeitkonstanten der analogen elektronischen Verstärker von gleicher Größenordnung oder noch kleiner sind als die Zeitkonstanten des abzubildenden Systems [13.9, 13.11].

13.2 Mechanische Verfahren der Steuerungs- und Regelungstechnik

Die digitale Simulation auf dem *Digitalrechner* bietet diesen Zeitvorteil nicht. Sie läßt dafür höhere Genauigkeiten zu. Spezielle höhere Programmiersprachen, z. B. CSMP (Continuous System Modelling Program) ermöglichen eine sehr einfache Anwendung des Digitalrechners für Simulationsaufgaben. [13.9, Abschnitt 4.4.8].

Eine geeignete graphische Darstellung kann schon vor Aufstellen der Differentialgleichung einen gewissen Überblick über die Dynamik eines Systems vermitteln. Unter Umständen wird dadurch auch der Übergang zur Rechner-Simulation vereinfacht. Eine solche graphische Methode ist die *Bond-Graph-Darstellung* [13.10]. Bei dieser wird das System in integrierende bzw. differenzierende Teilelemente zerlegt, deren Energieaustausch durch Bindungen dargestellt wird [13.9, Abschnitt 3.3]. Bild 13.9 zeigt die Bond-Graph-Darstellung eines Feder-Masse-Dämpfersystems (gedämpfter mechanischer Schwinger). Der Vorteil der Bond-Graph-Darstellung liegt darin, daß sie auch für gekoppelte physikalische Systeme unterschiedlicher Art, z. B. elektrisch-hydraulisch-mechanisch-thermisch, eine einheitliche dynamische Betrachtungsweise anbietet. Sie kann als eine Art graphischer Simulation angesehen werden. Die aus ihr entwickelte Programmsprache ENPORT ermöglicht es, ein digitales Simulationsprogramm unmittelbar aus der Bond-Darstellung heraus zu entwickeln [13.9, Abschnitt 3.7].

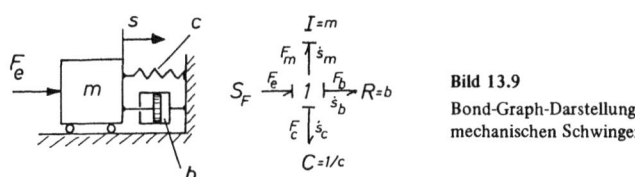

Bild 13.9
Bond-Graph-Darstellung des mechanischen Schwingers.

13.2 Mechanische Verfahren der Steuerungs- und Regelungstechnik

Rein mechanische Steuerungs- und Regelungsverfahren nutzen die im System vorhandene mechanische Energie für den Steuer- oder Regelvorgang. Es wird keinerlei sonstige Hilfsenergie benötigt [13.11].

13.2.1 Fliehkraftprinzip

Bei sich drehenden Teilen kann die auftretende *Fliehkraft* ausgenutzt werden. Die Größe der Fliehkraft ist ein Maß für die gerade vorhandene Drehzahl. Ein durch die Fliehkraft betätigter Hebel kann z. B. bei einer bestimmten Drehzahl eine Kupplung ausrücken und dadurch auf einfache Weise die Drehzahl begrenzen. Bei der Steuerung elektrischer Motoren werden fliehkraftbetätigte Schalter dazu verwendet, von Stern- auf Dreieckschaltung umzuschalten oder Anlaufkondensatoren abzuschalten. Der *Fliehkraftregler* ist ein rein mechanisch wirkender Regler. Die von der Drehzahl abhängige Fliehkraft bewegt eine Muffe, die wiederum über ein Gestänge z. B. einen Ventiltrieb steuert. Dieses Prinzip wurde schon von *James Watt* zur Drehzahlregelung der Dampfmaschine benutzt.

13.2.2 Schwimmerprinzip

Die durch den Auftrieb eines Schwimmkörpers erzeugte Lageänderung wird zur Messung des Flüssigkeitsstandes ausgenutzt. Auch hier kann entweder nur geschaltet werden: Prinzip der

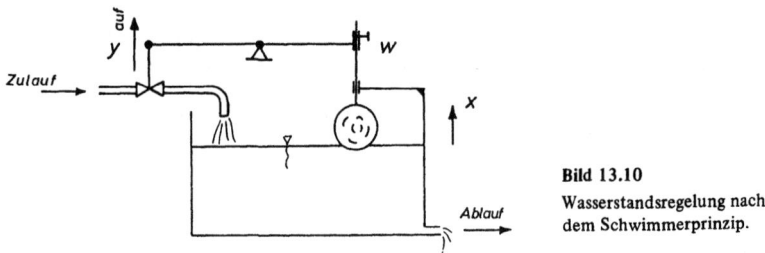

Bild 13.10
Wasserstandsregelung nach dem Schwimmerprinzip.

Zulaufabschaltung im WC-Spülkasten oder Schwimmerschalter für die Kellerentwässerung. Es kann andererseits auch kontinuierlich geregelt werden, wenn die Ventilstellung sich proportional zur Lage des Schwimmers einstellt (Bild 13.10).

13.2.3 Ausdehnungsprinzip

Die Wärmeausdehnung von Körpern oder Flüssigkeiten wird zur Steuerung und Regelung in der Wärme- und Klimatechnik ausgenutzt. Beispiele sind Ausdehnungskörper, Bimetallstreifen oder sogenannte Invarstäbe zur Steuerung von Ventilen und Klappen für die Umlenkung von Stoffströmen: Thermostatventil, Startautomatik beim Kfz, Steuerung der Belüftung von Gewächshäusern u. ä. [13.12, Abschnitt 2.1].

13.3 Hydraulische Verfahren

Als Hilfsenergie wird hier der *hydrostatische Druck* von Hydrauliköl, zuweilen auch von Wasser oder von bestimmten Kraftstoffen, eingesetzt [13.12, 13.13].

13.3.1 Hydrostatische Steuerungen

Die Energiequelle ist im allgemeinen ein hydraulisches Druckaggregat, in dem der Druck des Hydrauliköls durch eine Pumpe erzeugt und durch ein Druckbegrenzungsventil einstellbar konstant gehalten wird. Über Wegeventile und Mengenregler wird das Drucköl den Verbrauchern, d. h. Hydrozylindern oder -motoren zugeführt. Diese entwickeln entsprechende Wege und Kräfte bzw. Drehzahlen und Drehmomente, die in Richtung und Intensität einstellbar sind. Bild 13.11 zeigt den Schaltplan der hydraulischen Steuerung eines Werkzeugmaschinenschlittens. Eine andere Möglichkeit besteht darin, das Drucköl mit einer Pumpe mit verstellbarem Fördervolumen zu erzeugen. In diesem Falle kann man die Ölmenge dem beim Verbraucher erforderlichen Volumenstrom anpassen. Dadurch werden die Drosselverluste herabgesetzt, das Öl heizt sich weniger auf.

13.3.2 Servohydraulik

Proportional wirkende Ventile, sogenannte *Proportional-* bzw. *Servoventile*, ermöglichen es, einen hydraulischen Ölstrom oder Öldruck kontinuierlich proportional zu einem mechanischen oder elektrischen Signal zu steuern. Elektrisch angesteuerte Servoventile lassen sich dabei bis zu Frequenzen in der Größenordnung von 100 Hz ohne nennenswerten Amplitudenabfall einsetzen. Dadurch ist es möglich, sehr schnelle Positions- oder Druckregelkreise mit hohen verfügbaren Stellkräften aufzubauen, wie sie zur Steuerung von Werkzeugmaschinen oder auch bei Spritzgußmaschinen und in der Luft- und Raumfahrttechnik erforderlich sind. Ähnliche Regelkreise

13.3 Hydraulische Verfahren

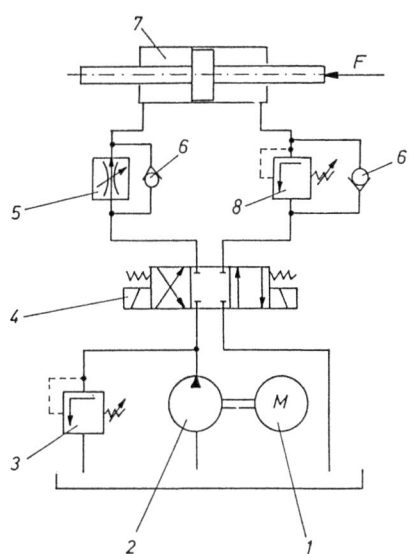

Bild 13.11
Schaltplan der hydraulischen Steuerung für einen Werkzeugmaschinenschlitten
1 Elektromotor,
2 Hydraulikpumpe,
3 Druckbegrenzungsventil,
4 4/3-Wegeventil,
5 Stromregler,
6 Kugelrückschlagventil,
7 Vorschubzylinder,
8 Gegenhalteventil
Schaltzeichen nach DIN 24300.

werden zum Betrieb von Rütteltischen oder Simulatoren zur Nachbildung von Flug- und Fahrzuständen eingesetzt.

Als Beispiel für einen servohydraulischen Regelkreis zeigt Bild 13.12 den Hydraulikschaltplan für die hydraulische Nachführung des Werkzeugs an einer Kopierdrehbank. Der Kopierfühler fühlt die Kontur der Schablone ab, indem er infolge der Vorschubbewegung s um w abgelenkt wird. Dabei öffnet das Servoventil im Fühler und gibt das Drucköl für den Stellkolben frei. Dieser bewegt sich um den Weg x soweit, bis das mit x mitbewegte Gehäuse des Fühlers das Servoventil wieder geschlossen hat. Auf diese Weise folgt der Drehmeißel der Schablonenkontur nach. Die relative Bewegung $w-x$ ist der *Regelfehler* (*Regeldifferenz*). Bei genügend steifem Antrieb geht der Fehler gegen Null.

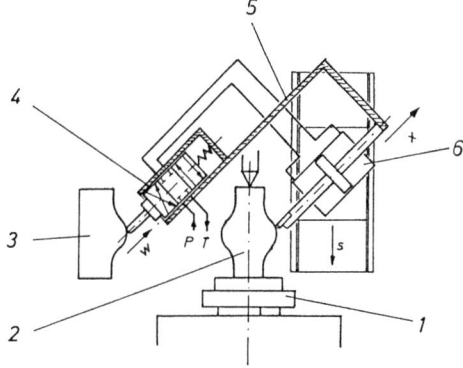

Bild 13.12
Servohydraulischer Regelkreis einer Kopierdrehbank
1 Drehbankantrieb,
2 Werkstück,
3 Schablone,
4 Fühlerventil,
5 mechanische Rückführung,
6 Servozylinder für Werkzeugnachführung.

13.4 Pneumatische Verfahren

Als Hilfsenergie wird Luft mit einem Druck in der Größenordnung von wenigen bar verwendet. Druckluft kann leicht erzeugt werden und ist problemlos zu handhaben. Pneumatik ist für harte Betriebsbedingungen geeignet und unempfindlich gegen elektrische und magnetische Felder und gegen Strahlungen. Unter bestimmten Bedingungen können pneumatische Verfahren auch in explosiver Atmosphäre gefahrlos eingesetzt werden. Gegenüber der Hydraulik sind die Stellkräfte geringer, gegenüber elektrischen und elektronischen Verfahren ist die Geschwindigkeit der Signalübertragung langsam, da sie durch die Schallgeschwindigkeit in der Luft gegeben ist.

13.4.1 Pneumatische Steuerungen

Für Handhabungsgeräte, Verpackungs- und Abfüllmaschinen, sowie für Stell- und Haltevorrichtungen in der Fertigungstechnik sind pneumatische Stelleinheiten im Einsatz. In der Chemie und in der Verfahrenstechnik werden pneumatisch betätigte Ventilstelleinheiten eingesetzt [13.14, 13.15].

Für kurze Arbeitshübe bei großer Stellkraft werden *Membranen* verwendet (*Ventiltriebe*), für langhubige Bewegungen bei geringerer Stellkraft eignen sich besser *pneumatische Stellzylinder* mit Kolben und Stange. Die Druckversorgung der Stellgeräte erfolgt über Wegeventile, die von Hand, über Steuernocken und Anschläge, bzw. von pneumatischen Vorsteuerdrücken geschaltet werden. Auch elektrische Schaltung der Ventile ist üblich. Durch entsprechende Anordnung und Fortschaltung der Ventile können logische Funktionen und Speicherglieder für pneumatische Steuerketten aufgebaut werden.

13.4.2 Pneumatische Logik

Die logischen Funktionen einer pneumatischen Steuerung können auch von den Stellelementen getrennt in einer speziellen Schaltung, die mit besonderen Logikelementen arbeitet, zusammengefaßt werden. Die *Logikelemente* werden mit geringerem Druck, meistens unter 1 bar, gefahren. Sie besitzen nur geringe Abmessungen und erlauben eine größere Packungsdichte und damit höhere Schaltfrequenzen. Man unterscheidet nach der Bauart *Kolben-, Kugel-* und *Membranventile*. Bild 13.13 zeigt verschiedene pneumatische Logik- und Verstärkerelemente.

13.4.3 Fluidik

Bei den *fluidischen Steuerungen* handelt es sich um pneumatische Elemente ohne bewegte mechanische Teile. Man arbeitet mit Luftstrahlen, die sich innerhalb entsprechend ausgebildeter Strömungskanäle bilden und die sich durch Steuerluft gezielt ablenken lassen, bzw. vom laminaren in den turbulenten Strömungszustand umschalten lassen. Auf diese Weise wird das Drucksignal am Ausgang des fluidischen Elementes von dem einen in den anderen Druckzustand umgeschaltet. Fluidische Bauelemente bauen auf vier verschiedenen Prinzipien auf [13.16].

– *Strahlablenkverfahren.* Ein Strahl hoher Leistung wird durch einen Steuerstrahl geringerer Leistung abgelenkt. Der Druck am Ausgang wird dadurch von dem einen Anschluß auf den anderen umgeschaltet. Statt dieses digitalen Betriebes läßt sich bei spezieller Ausführung auch analoger Betrieb erreichen. Dann erfolgt die Weite der Ablenkung analog zur Stärke des Steuerstrahls.
– *Haftstrahlverfahren.* Der Strahl wird durch den Steuerstrahl abgelenkt. Er legt sich dabei stabil an die Seitenwand an, bis ihn ein entgegengerichteter Steuerstrahl wieder an die andere Seitenwand zurückschaltet. Das Element erfüllt eine Speicherfunktion (Flip-Flop).

13.4 Pneumatische Verfahren

Pneumatische Logikelemente mit bewegten Teilen:

Doppelmembranelement　　　Kugelelement

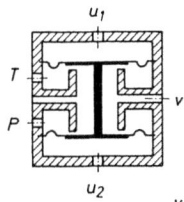
$v = u_1 \wedge \bar{u}_2$

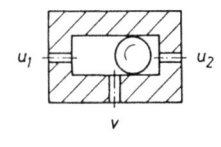
$v = u_1 \vee u_2$

Pneumatische Logik- und Verstärkerelemente ohne bewegte Teile:

Strahlablenkverfahren　　　Haftstrahlverfahren

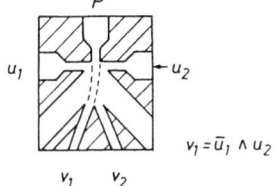
$v_1 = \bar{u}_1 \wedge u_2$

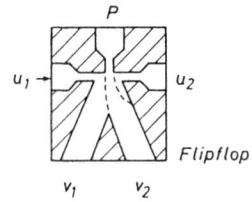
Flipflop

Turbulenzverfahren　　　Wirbelkammerverfahren

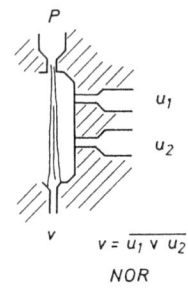
$v = \overline{u_1 \vee u_2}$
NOR

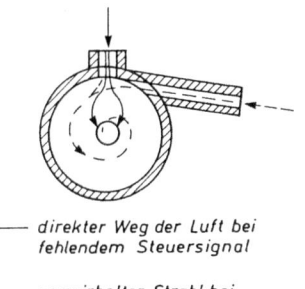
—— direkter Weg der Luft bei fehlendem Steuersignal
- - - verwirbelter Strahl bei vorhandenem Signal

Bild 13.13 Pneumatische Logik- und Verstärkerelemente.

- *Turbulenzverstärker.* Ein im ungestörten Zustand laminarer Leistungsstrahl wird durch den Einfluß des Steuerstrahls turbulent. Durch den vergrößerten Strömungswiderstand sinkt dabei der Druck am Ausgang ab.
- *Wirbelkammerelement.* Der Leistungsstrahl bildet einen Wirbel, dessen Ausdehnung und Verlauf vom Steuerstrahl beeinflußt wird. Dadurch ändert sich wiederum der Strömungswiderstand und folglich der Ausgangsdruck.

Auf den Grundverfahren aufbauend lassen sich Meßfühler für verschiedene physikalische Größen wie Drehzahl, Annäherung, Beschleunigung, Temperatur, Kraft u. ä. verwirklichen. Auf fluidischer

Grundlage arbeitende Logik-, Speicher- und Zählelemente sind ebenso vorhanden wie analoge fluidische Operationsverstärker und Trägerfrequenzverstärker. Es lassen sich auf diese Weise komplexe fluidische Meß-, Steuer- und Regelschaltungen zusammensetzen.

13.4.4 Pneumatische Regler

Für *pneumatische Regelungen* hat sich der in DIN 19231 genormte Einheitssignalbereich 0,2 ... 1,0 bar Überdruck eingeführt. Der Regler bekommt die Führungsgröße als Drucksignal auf den Eingang w. Er vergleicht diese mit der Regelgröße, Drucksignal auf Eingang x, und gibt nach entsprechender Aufbereitung gemäß dem eingestellten Zeitverhalten die Stellgröße, ebenfalls als Drucksignal, am Ausgang y ab.

Üblich sind *PID-Regler* mit Einstellmöglichkeiten für Proportionalbereich X_P, Nachstellzeit T_n und Vorhaltzeit T_v. Die Regler können auch als *P-*, *PI-*, *PD-Regler* eingesetzt werden. Der Druckvergleich $(w-x)$ beruht auf dem Waagebalken- oder Kreuzbalg-Prinzip. Die resultierende mechanische Auslenkung wird über ein Düse-Prallplatte-System [13.12] in den Stelldruck y umgewandelt. Die Anordnung entsprechender Rückführungen des Ausgangssignals auf den Vergleicher erzeugt das Zeitverhalten: Starre Rückführung führt zum P-Verhalten, nachführende Rückführung führt zum I- und verzögerte Rückführung führt zum D-Verhalten. Bild 13.14 zeigt das Prinzip des pneumatischen Einheitsreglers in Kreuzbalgbauart [13.17].

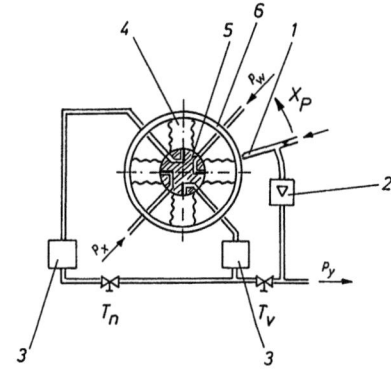

Bild 13.14
Prinzip des pneumatischen Einheitsreglers in Kreuzbalgbauart

1 schwenkbare Düse,
2 pneumatischer Leistungsverstärker,
3 Luftvolumen,
4 Faltenbälge,
5 feststehende Nabe,
6 beweglicher Prallring.

13.5 Elektrische und elektronische Verfahren

Wegen ihrer Robustheit und Übersichtlichkeit werden für einfache Steuerungsaufgaben überwiegend *Schützen-* und *Relaisschaltungen* eingesetzt. Bei umfangreicheren Anlagen ist es vorteilhafter, die logische Schaltung mit vollelektronischen Halbleiterbauelementen (*TTL-Bausteinen*) auszuführen. Die weitere Entwicklung der Steuerungen führt zum Einsatz programmierbarer Mikroelektronik und zur Anwendung von Rechnern. In *elektronischen Regelkreisen* werden analoge Signalgrößen verarbeitet, hierzu werden elektronische Rechenverstärker eingesetzt. Elektrische und elektronische Verfahren für Steuerung und Regelung sind heute weit verbreitet im Einsatz. Ihre hervorstechenden Merkmale sind: hohe Packungsdichte, dadurch geringer Raumbedarf, kürzeste Schaltzeiten, geringer Energieverbrauch, kein Verschleiß.

13.5.1 Schützensteuerungen

Das *Schütz* ist ein elektromagnetischer Schalter für größere Schaltleistungen. Im Steuerkreis wird es meistens mit 220 V Wechselstrom betrieben und schaltet dann Motoren, Lampen, Heizgeräte und andere Verbraucher. Die Kontakte verlassen ihre Ruhelage nur, solange die Magnetspule des Schützes erregt ist. Danach kehren sie in ihre ursprüngliche Ruhelage zurück. Das *Relais* ist ein elektromagnetisch angetriebener Schalter für kleine Schaltleistungen. Die Kontakte kehren bei stromloser Spule in die Ausgangslage zurück. Relais werden für reine Steuerschaltungen im Niederspannungsbereich benutzt. Wird eine höhere Verbraucherleistung notwendig, so muß diese dann durch ein nachfolgendes Schütz geschaltet werden. Hilfskontakte am Schütz ermöglichen es, Steuerschaltungen auch ohne Relais nur mit Schützen aufzubauen. Bild 13.15 zeigt als Beispiel die Steuerung eines Elektromotors über Schütze [13.18]. Bei Betätigung des Eintasters b1 wird zunächst das Schütz c3 erregt. Der von Schütz c3 betätigte Öffnerkontakt c3 öffnet und schaltet die Spule des Schützes c2 ab. Der Schließerkontakt c3 schaltet das Schütz c1 an. Der Schließer c1 überbrückt den Taster b1. Dieser kann jetzt losgelassen werden. Das Schütz c1 hält sich jetzt selbst. Die Hauptkontakte des Schützes c3 schalten die Ausgangsklemmen der Motorwicklungen zum Sternpunkt zusammen. Schütz c1 legt die Eingangsklemmen ans Netz. Der Motor läuft damit in Sternschaltung an. Ein weiterer Schließer c1 erregt das Zeitrelais d1. Dieses schaltet nach einer gegebenen Zeitspanne den Motor auf Dreieckschaltung um, indem der Öffner d1 das Schütz c3 abschaltet. Der Öffner c3 legt das Schütz c2 an Spannung. Schütz c2 schaltet die Ausgänge der Motorwicklungen in Dreieckschaltung ans Netz. Das Abschalten des Motors geschieht über die Austaste b2, die sämtliche Schützspulen stromlos macht. Die Kontakte kehren dadurch in die Ruhelage zurück. In Reihe geschaltete Kontakte bilden eine UND-Funktion. Parallelgeschaltete Kontakte bilden eine ODER-Funktion. Die Steuergleichung lautet:

$$c1 = \overline{b2} \wedge (b1 \wedge c3 \vee c1).$$

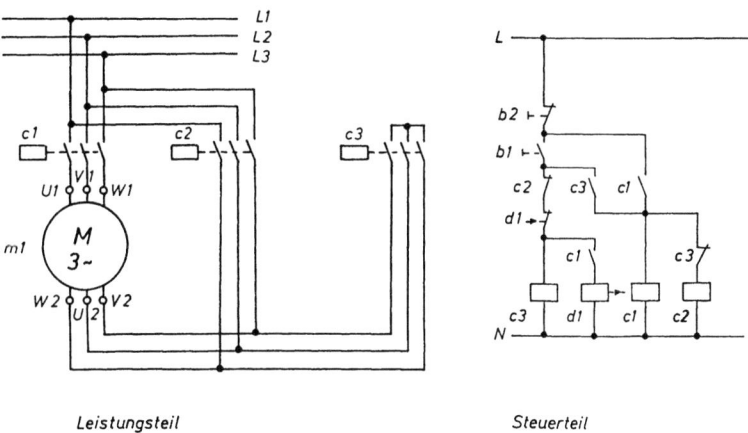

Leistungsteil   Steuerteil

Bild 13,15 Schützensteuerung für selbsttätigen Stern-Dreieck-Anlauf eines Drehstrommotors.

13.5.2 Integrierte elektronische Digitalbausteine

Die am weitesten verbreiteten integrierten Bauelemente für elektronische Logikschaltungen sind *TTL-Bausteine*. TTL bedeutet Transistor-Transistor-Logik. Die Schaltfunktion wird durch eine integrierte Schaltung verwirklicht, die aus mehreren hintereinandergeschalteten Transistoren im Zusammenspiel mit Widerstandsschichten und Dioden besteht. Bild 13.16 zeigt den Aufbau eines TTL-NAND-Bausteins. Schaltzeichen nach DIN 40900 Teil 12 [13.19]. Die logischen Bausteine arbeiten mit 5 V Gleichspannung als Versorgungsspannung. Das binäre Spannungssignal hat einen oberen Pegel $U_H = 2,2 ... 5,5$ V und einen unteren Pegel $U_L = 0 ... 0,6$ V (vgl. DIN 19238). Typische Leistungsaufnahmen der integrierten Logikbausteine liegen bei 40 mW. Ein integrierter Schaltkreis enthält meistens mehrere gleichartige Steuerfunktionen, z. B. 4 NAND-Gatter mit je zwei Eingängen oder 2 NAND-Gatter mit je 4 Eingängen. Neben den *logischen Standardschaltungen*: NAND, NOR, AND, OR, EXCLUSIVE OR usw. sind *Speicherelemente, digitale Addierer, Multiplizierer, Vergleicher, Binärzähler* usw. vorhanden. Es lassen sich somit auf einfache Weise kompliziertere logische bzw. digitale Schaltungen für Steuerung und Regelung aufbauen [13.20]. Bild 13.17 zeigt als Beispiel die elektronische Steuerung einer Presse.

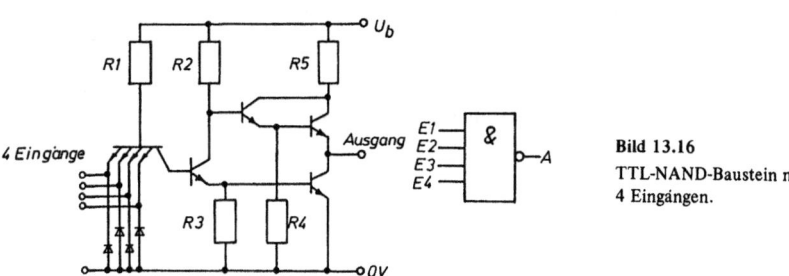

Bild 13.16
TTL-NAND-Baustein mit 4 Eingängen.

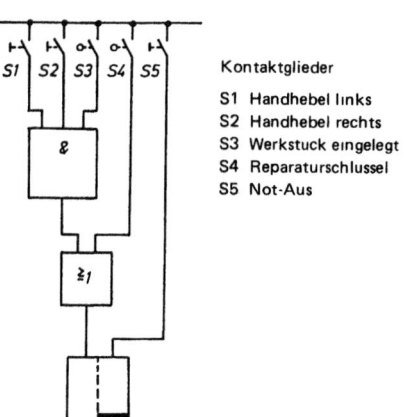

Kontaktglieder
S1 Handhebel links
S2 Handhebel rechts
S3 Werkstück eingelegt
S4 Reparaturschlüssel
S5 Not-Aus

Bild 13.17
Elektronische Steuerung einer Presse.

13.5 Elektrische und elektronische Verfahren

13.5.3 Elektronische Regler mit Rechenverstärkern

Elektronische Operations- oder *Rechenverstärker* sind analog arbeitende Gleichspannungsverstärker. Sie werden mit niedrigen Spannungen, typisch −10 V bis +10 V Gleichspannung, und mit geringen Strömen, Größenordnung 1 mA, betrieben. Die äußere Beschaltung des Verstärkers bestimmt sein Zeitverhalten, d. h. den zeitlichen Verlauf der Spannung am Verstärkerausgang bei gegebenem Eingangssignal. Grundsätzlich ist der unbeschaltete Rechenverstärker ein Verstärker mit sehr hoher Verstärkung $V > 10^5$, der im allgemeinen als *hochintegrierter mehrstufiger Transistorverstärker* ausgeführt ist. Das Verhalten des beschalteten Verstärkers ergibt sich nach Bild 13.18 aus folgender Überlegung: Wegen der hohen Verstärkung sind Eingangsstrom und Eingangsspannung bei Betrieb des Verstärkers verschwindend gering. Sonst könnte der Verstärker nicht im gegebenen Betriebsbereich arbeiten. Es gelten also $u \approx 0, i \approx 0$. Dann ist bei der Beschaltung mit den Widerständen R_a und R_e:

$$i_e = \frac{u_e}{R_e} \quad i_a = \frac{u_a}{R_a} \quad i_e + i_a = 0 \quad u_a = -\frac{R_a}{R_e} \cdot u_e.$$

Das Zeitverhalten ist in diesem Falle proportional. Der Proportionalitätsfaktor ist durch das Verhältnis Ausgangs- zu Eingangswiderstand gegeben:

$$K_P = \frac{R_a}{R_e}$$

Der Verstärker dreht das Vorzeichen um. Wird $K_P = 1$ gewählt, ergibt sich ein *Inverter* (*Umkehrverstärker*). Die Werte für die Widerstände werden so gewählt, daß die Ströme an den Anschlüssen die zulässigen Grenzwerte nicht überschreiten. Bild 13.19 zeigt verschiedene Möglichkeiten der

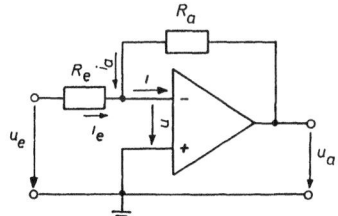

Bild 13.18 Funktion des elektronischen Rechenverstärkers.

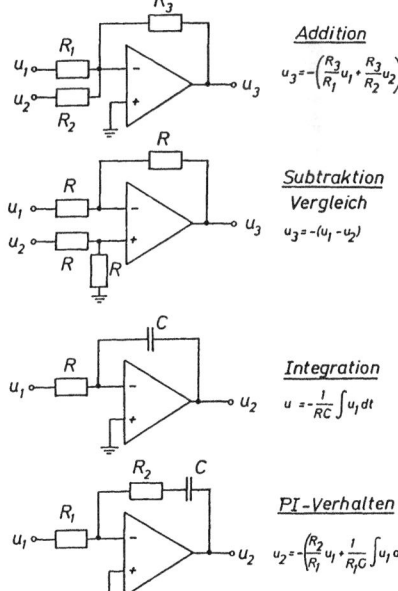

Bild 13.19
Verschiedene Rechenverstärkerschaltungen und zugehörige Zeitverhalten.

Beschaltung von Rechenverstärkern und die zugehörigen Zeitverhalten. Schaltet man mehrere Eingangssignale über entsprechende Eingangswiderstände auf den sogenannten Summenpunkt, so addiert der Verstärker die Signale:

$$u_a = -\left(\frac{R_a}{R_{e1}} \cdot u_{e1} + \frac{R_a}{R_{e2}} \cdot u_{e2} + \ldots\right).$$

Durch Beschaltung mit einer Kapazität bekommt der Verstärker Differential- oder Integralverhalten [13.21, 13.22]. Durch Kombination geeignet beschalteter Rechenverstärker können Signale addiert oder subtrahiert, d. h. miteinander verglichen werden. Sie können verstärkt oder abgeschwächt, d. h. angepaßt werden. Es können elektronische Regler mit P-, I-, PI-, PD- oder PID-Verhalten erstellt werden.

13.6 Einsatz von Computern

Die Steuerungs- und Regelungstechnik hat durch den Einsatz von *Computern* einen erheblichen Fortschritt erfahren. Der Rechner wird einerseits für den Entwurf und die Untersuchung von Regelkreisen, z. B. bei der Simulation (Modellbildung) komplizierter Steuer- und Regelstrecken mittels Analog- und Digitalrechner eingesetzt, andererseits wird der Rechner unmittelbar zur Steuerung und Regelung von Prozessen benutzt.

13.6.1 Speicherprogrammierte Steuerungen

Programmierte Steuerungen bilden die unterste Stufe beim Einsatz von Rechnerbausteinen zur Steuerung. Bei ihnen übernehmen programmierbare Halbleiterschaltkreise mit hoher Integrationsrate in Zusammenwirken mit Halbleiterspeichern die Funktion der konventionellen verdrahteten Steuerschaltungen. Die im Programmspeicher hinterlegte feste Folge von Steuerbefehlen bestimmt den Ablauf der Steuerfunktion. Für die Programmierung speicherprogrammierter Steuerungen ist DIN 19239 zuständig. Die Programmiersprache baut auf den Ausdrücken der Schaltalgebra auf. Typische Befehle sind: UND, ODER, NICHT sowie Zeitabläufe und Speicherung digitaler Werte. Entsprechend einer festgelegten Zykluszeit, z. B. 10 ms werden die Eingänge abgefragt und das Programm durchfahren, so daß eine Änderung z. B. der Schalterzustände spätestens nach einem Zeitintervall berücksichtigt wird.

Das Programm wird per Tastatur in den RAM-Speicher (Random Access Memory = Schreib-Lese-Speicher) eines besonderen Programmiergerätes geladen. Es kann beliebig wieder aufgerufen, verändert oder korrigiert werden, bis es seine endgültige Form erhalten hat. Dann erst wird es auf den Arbeitsspeicher der programmierten Steuerung übertragen. Dieser ist ein Halbleiterspeicher, der die Information auch bei Netzausfall nicht verliert. Die Information kann auf Wunsch durch Bestrahlung des Bausteins mit UV-Licht wieder gelöscht werden. Derartige Speicher werden EPROM genannt: Erasable Programmable Read Only Memory. Den Aufbau einer speicherprogrammierten Steuerung zeigt Bild 13.20. Folgende Funktionseinheiten sind vorhanden:

- *Eingangsregister:*   zum Zwischenspeichern der Eingangssignale,
- *Zentraleinheit:*   für die Steuerung des Signalflusses und die Abarbeitung der logischen Befehle,
- *Programmspeicher:* enthält das Programm und die Konstanten,
- *Zeitfunktionen:*   zur Erzeugung zeitlicher Abläufe, Pausen, Verzögerungen usw.,
- *Ausgangsregister:*   zum Zwischenspeichern der Ausgangssignale.

Zusätzliche *Eingangsfilter* dienen zur Erzeugung sauberer Signale, und *Ausgangsverstärker* passen die Ausgangssignale an die Stellgeräte an.

13.6 Einsatz von Computern

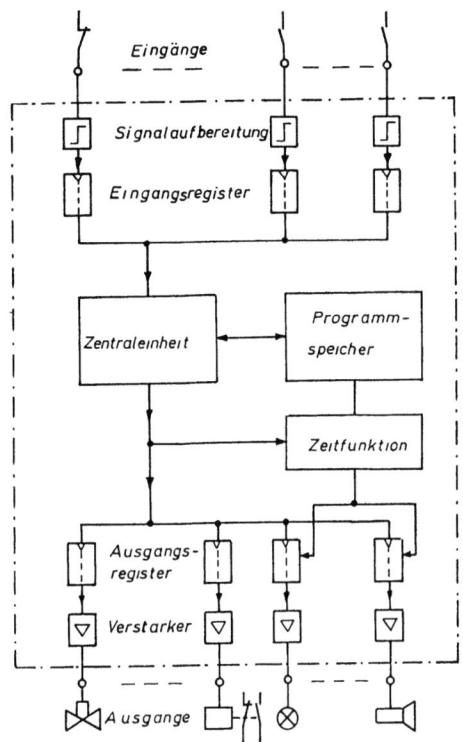

Bild 13.20
Aufbau einer speicherprogrammierten Steuerung.

13.6.2 Prozeßrechner

Zur zentralen Steuerung größerer industrieller Anlagen werden *Prozeßrechner* eingesetzt. Sie führen einerseits Steuer- und Regelaufgaben in der Anlage aus, andererseits übernehmen sie Meß- und Überwachungsaufgaben, optimieren die Abläufe, koordinieren mehrere Prozesse, dokumentieren die Prozeßdaten und bereiten sie auf für Planungsentscheidungen des Managements. Die Struktur eines solchen Rechnersystems ist zentral, der gleiche Prozeßrechner arbeitet scheinbar gleichzeitig auf mehreren Ebenen. Dazu werden die Aufgaben portionsweise zeitlich hintereinander bearbeitet. Aufgaben, die eine schnelle Reaktion erfordern wie Regeln und Steuern, werden entsprechend dem vorgegebenen Abtastrhythmus sofort erledigt. Andere, z. B. die Verarbeitung der Meßdaten, werden in den Pausen zwischen den Abtastintervallen eingeschoben [13.23, 13.24].

Wird der Rechner in der unteren Ebene als *direkter Regler* eingesetzt (DDC-Betrieb = Direct Digital Control), so muß die Rechenanlage sehr zuverlässig arbeiten. Durch die Anordnung sogenannter *Doppelregler* (*Backupregler*) mit analoger Betriebsweise wird verhindert, daß die Regelung bei einem etwaigen Ausfall des Prozeßrechners zusammenbricht.
Der Rechner wird im *DDC-Betrieb* im allgemeinen an mehreren Regelstrecken gleichzeitig im *Multiplexverfahren* eingesetzt. Bild 13.21 zeigt das Schaltbild der Direkten Rechner-Regelung nach DIN 19225. $\overset{*}{x}$ und $\overset{*}{y}$ sind die am Rechner anliegenden Regelgrößen- bzw. Stellgrößensignale. Sie unterscheiden sich von den Regelgrößen und Stellgrößen der Strecke durch die Meßum-

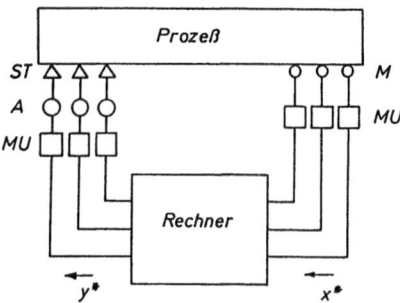

Bild 13.21
Schaltbild der Direkten-Rechner-Regelung (DDC).
M Regelgrößenaufnehmer,
MU Meßumformer,
A Stellantrieb,
ST Stellglied.

formung. Über vom Rechner gesteuerte Multiplexschalter werden die Regelgrößen $\tilde{x}$ auf den Rechnereingang geschaltet und die entsprechenden zugehörigen Stellgrößen $\tilde{y}$ an die passenden Stellglieder gelegt.

Analog-Digital- und *Digital-Analog-Umsetzer* sind erforderlich, wenn die analogen Meßdaten des Prozesses in die digitalen Signale des Rechners und umgekehrt die digitalen Ausgangsdaten des Rechners in analoge Stellsignale des Prozesses umgesetzt werden müssen.

Bei der *SPC-Regelung* (Set Point Control) werden im Gegensatz zur DDC-Regelung vom Prozeßrechner die Führungsgrößen (Sollwerte) der verschiedenen autarken Regelkreise des Prozesses eingestellt und geführt, ohne daß der Rechner selbst als Regler eingesetzt ist.

Das Rechenprogramm, das im Prozeßrechner die Reglerfunktion erzeugt, wird *Regelalgorithmus* genannt. Er bestimmt das jeweilig gültige Reglerverhalten. Ein einfacher *PID-Regelalgorithmus* läßt sich aus der Gleichung des analogen PID-Reglers ableiten [13.24, S. 77]:

$$y = K_{PR} \cdot e(t) + K_{IR} \int e(t) \cdot dt + K_{DR} \cdot \frac{de(t)}{dt},$$

für endliche Abtastintervalle T gilt zum Zeitpunkt t_n:

$$y_n = K_{PR} \cdot e_n + K_{IR} \cdot \sum_{i=0}^{n} e_i \cdot T + K_{DR} \cdot \frac{e_n - e_{n-1}}{T}$$

und zum vorhergehenden Zeitpunkt t_{n-1}:

$$y_{n-1} = K_{PR} \cdot e_{n-1} + K_{IR} \cdot \sum_{i=0}^{n-1} e_i \cdot T + K_{DR} \cdot \frac{e_{n-1} - e_{n-2}}{T}.$$

Daraus ergibt sich die Stellgrößenänderung im Abtastintervall T:

$$\Delta y_n = K_{PR} \cdot (e_n - e_{n-1}) + K_{IR} \cdot T \cdot e_n + \frac{K_{DR}}{T} \cdot (e_n - 2 \cdot e_{n-1} + e_{n-2}).$$

Es wird $e = w - x$ gesetzt und die Führungsgröße w nur im Integralteil berücksichtigt, um abrupte Übergänge bei Änderung von w zu vermeiden:

$$\Delta y_n = K_{PR} \cdot (x_{n-1} - x_n) + K_{IR} \cdot T \cdot (w_n - x_n) + K_{DR} \cdot \frac{1}{T} \cdot (2x_{n-1} - x_n - x_{n-2}).$$

13.6 Einsatz von Computern

Dieser Algorithmus, mit dem der Zuwachs der Stellgröße während der Abtastperiode T berechnet wird, wird *Geschwindigkeitsalgorithmus* genannt. Die Stellgröße y ergibt sich daraus durch Integration in einem integral wirkenden Stellglied. Man kann die Stellgröße auch berechnen, indem Δy_n zum jeweiligen y-Wert addiert und dann mit einem proportional wirkenden Stellglied gearbeitet wird.

13.6.3 Mikrocomputer als Regler

13.6.3.1 Aufbau und Arbeitsweise des Mikrocomputers

Das Herz des *Mikrocomputers* ist die Zentraleinheit (CPU), ein hochintegrierter elektronischer Baustein. Dieser ist über Adreßleitungen (Adreßbus) und Datenleitungen (Datenbus) mit den Bauelementen für die Speicherung von Betriebsprogrammen, mit den Datenspeichern, sowie mit den Einheiten zur Ein- und Ausgabe der Informationen verbunden. Die Zentraleinheit und der gesamte Funktionsablauf wird von einem Quarzzeitgeber getaktet. Die Datenverarbeitung erfolgt über ein oder mehrere Register in der Zentraleinheit: Akkumulator- und Indexregister. Diese Register korrespondieren mit der ALU, der Arithmetisch-Logischen Einheit in der CPU. Die ALU führt mit den internen Registern und den Speicherplätzen im Datenspeicher arithmetische bzw. logische Verknüpfungen durch: Binäre Addition, Inversion, UND, ODER usw. [13.25, 13.26, 13.27, 13.28].
Je nach der Anzahl der in einem Rechenschritt gleichzeitig parallel verarbeiteten Binärstellen (Bits) spricht man von *8-Bit* bzw. *16-Bit-Rechnern* usw. Das Arbeitsprogramm des Mikrorechners, das z. B. in EPROM-Speichern abgelegt sein kann, legt fest, welche Schritte der Rechner tun muß und in welcher Reihenfolge diese abzuarbeiten sind. Beim 8-Bit-Rechner besteht das Programm aus einer Folge 8-Bit breiter Datenwörter. Jedes dieser 8-Bit-Wörter wird als Byte bezeichnet. Das erste Byte einer Programmanweisung enthält den Befehl, das zweite und dritte bildet die Adresse desjenigen Speichers, mit dessen Inhalt die Verknüpfung durchgeführt werden soll. Nacheinander wird auf diese Weise Anweisung für Anweisung ausgeführt. Der geradlinige Programmablauf wird verlassen, wenn Programmverzweigungen vorgesehen sind oder wenn der Rechenablauf unterbrochen wird, um ein Teilprogramm mit höherer Priorität vorweg abzuarbeiten. Der Vorgang läuft ähnlich ab, wenn in ein Unterprogramm gesprungen wird. Nach Durchlaufen des eingeschobenen Programmteils kehrt der Rechner an die Stelle des Hauptprogramms zurück, an der er den geradlinigen Ablauf verlassen hatte.

13.6.3.2 Programmierung des Mikrocomputers

Das *Programmieren eines Mikrorechners* kann auf verschiedene Weise geschehen. Das Programm kann im Maschinencode Byte für Byte durch Eingabe eines entsprechenden Hexadezimalwertes in den flüchtigen Speicher (RAM) geladen werden. Diese Methode ist mühsam. Schneller und übersichtlicher läßt sich im sogenannten *mnemonischen Code* programmieren. Jeder Befehl, über den die Zentraleinheit verfügt, ist durch eine ihm eigene Buchstabenkombination, die sich leicht einprägt, gekennzeichnet. Aus der Folge dieser mnemonischen Befehle entsteht das *Quellprogramm*, das in die Maschinensprache (*Objektprogramm*) übersetzt werden muß, bevor der Rechner mit dem Programm arbeiten kann. Das Übersetzen wird *Assemblieren* genannt. Das Programm, mit dessen Hilfe der Rechner selbsttätig assembliert, heißt *ASSEMBLER-Programm*. Häufig wird auch das Quellprogramm selber mit ASSEMBLER bezeichnet.
Mikrorechner lassen sich bei entsprechender Ausstattung auch mit höheren Programmiersprachen wie FORTRAN, PASCAL oder BASIC programmieren. BASIC hat sich z. B. für Personalcomputer weitgehend durchgesetzt. Höhere Programmiersprachen erfordern als Ausgleich für den größeren Programmierkomfort ein Mehr an Speicherplatz und Rechenzeit. Für zeitkritische regelungstechnische Probleme wird der Mikrorechner deshalb häufig doch in ASSEMBLER programmiert [13.29].

Auf Mikrorechnern basierende PID-Regler-Einheiten werden heute als Kompaktregler wie analoge Regler angeboten. Gegenüber der analogen Version bieten sie den Vorteil, daß sich Änderungen der Reglerstruktur und der Reglerparameter auch während des Regelablaufs programmgesteuert ausführen lassen. Auch für kleinere Anlagen sind damit Regleroptimierung, An- und Abfahren des Regelkreises, automatische Adaption an nichtlineare Verhältnisse usw. durchführbar.

13.6.3.3 Prozeßleitsysteme

Die bisher überwiegend anzutreffende zentrale Prozeßrechneranordnung weicht derzeit mehr und mehr dem Prinzip des *Prozeßleitsystems* mit dezentral verteilter Intelligenz. Dabei arbeitet ein zentraler Leitrechner (ein Prozeßrechner oder komfortabel ausgestatteter Mikrorechner) mit mehreren dezentral angeordneten Mikrorechnern zusammen. Die Mikrorechner übernehmen die direkte Regelung und Steuerung vor Ort, während der Leitrechner den Betrieb der Einzelrechner und aller weiteren Komponenten koordiniert. Alle Geräte sind über ein Bussystem (Datenübertragungsleitungen) miteinander verbunden. Der Zugriff erfolgt über den Leitrechner mittels Tastatur, Funktionstasten oder Bildschirm mit Lichtgriffel. Die Überwachung geschieht mit Hilfe graphischer Darstellungen auf Farbbildschirmen. Bild 13.22 zeigt das Strukturbild eines Prozeßleitsystems [13.30].

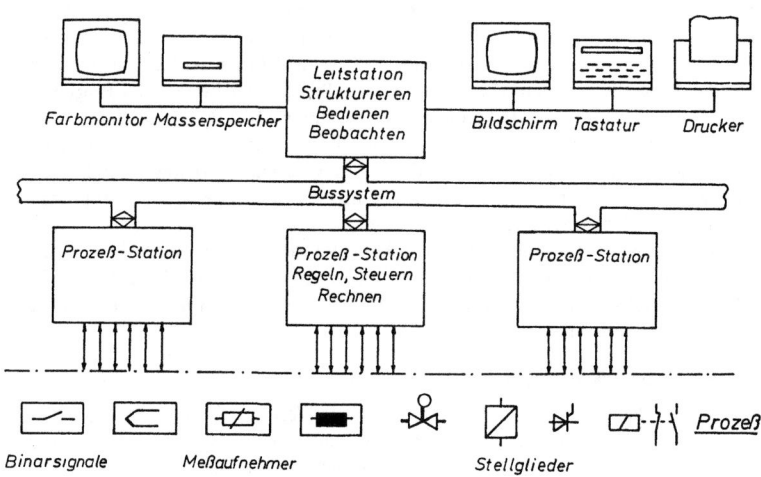

Bild 13.22 Prozeßleitsystem mit verteilter Intelligenz.

13.7 Literatur

Bücher

[13.1] *Pütz, J.* (Hrsg.): Digitaltechnik. VDI-Verlag, Düsseldorf 1975.
[13.2] *Leonhardt, E.:* Grundlagen der Digitaltechnik. Carl Hanser-Verlag, München 1984.
[13.3] *Kaspers, W.* und *H.-J. Küfner:* Messen Steuern Regeln. Verlag Friedr. Vieweg & Sohn, Braunschweig/Wiesbaden 1984.
[13.4] *Oppelt, W.:* Kleines Handbuch technischer Regelvorgänge. Verlag Chemie, Weinheim 1972.

13.7 Literatur

[13.5] *Pestel, E.* und *E. Kollmann:* Grundlagen der Regelungstechnik. Verlag Friedr. Vieweg & Sohn, Braunschweig/Wiesbaden 1979.
[13.6] *Holbrook, J. G.:* Laplace Transformation. Verlag Friedr. Vieweg & Sohn, Braunschweig/Wiesbaden 1984.
[13.7] *Thoma, M.:* Theorie linearer Regelsysteme. Verlag Friedr. Vieweg & Sohn, Braunschweig/Wiesbaden 1973.
[13.8] *Takahashi, Y., M. J. Rabins* und *D. M. Auslander:* Control and Dynamic Systems. Addison-Wesley Publishing Co., Reading Massachusetts 1970.
[13.9] *Schöne, A.:* Simulation Technischer Systeme. Bd. 1: Grundlagen der Simulationstechnik. Carl Hanser-Verlag, München 1974.
[13.10] *Karnopp, D.* und *R. C. Rosenberg:* Analysis and Simulation of Multiport Systems. MIT Press, Massachusetts 1968.
[13.11] *Reuter, M.:* Regelungstechnik für Ingenieure. Verlag Friedr. Vieweg & Sohn, Braunschweig/Wiesbaden 1986.
[13.12] *Töpfer, H.* und *W. Kriesel:* Funktionseinheiten der Automatisierungstechnik, elektrisch, pneumatisch, hydraulisch. VDI-Verlag, Düsseldorf 1977.
[13.13] *Kauffmann, E.:* Hydraulische Steuerungen. Verlag Friedr. Vieweg & Sohn, Braunschweig/Wiesbaden 1985.
[13.14] *Kriechbaum, G.:* Pneumatische Steuerungen. Verlag Friedr. Vieweg & Sohn, Braunschweig/Wiesbaden 1984.
[13.15] *Schlitt, H.:* Regelungstechnik in Verfahrenstechnik und Chemie. Vogel Verlag, Würzburg 1978.
[13.16] *Schaedel, H. M..* Fluidische Bauelemente und Netzwerke. Verlag Friedr. Vieweg & Sohn, Braunschweig/Wiesbaden 1979.
[13.17] *Preßler, G.:* Regelungstechnik. B.I.-Hochschultaschenbücher. Bibliographisches Institut, Mannheim 1967.
[13.18] Grundschaltungen. Eine Anleitung für Projektierung, Zusammenbau und Wartung von Steuerungen. Siemens A. G., Bestell-Nr. E 22/0002.
[13.19] *Siegfried, H.-J.:* Leitfaden der elektronischen Steuerungs- und Regelungstechnik. Teil 1. Franzis Verlag, München 1972.
[13.20] Das TTL-Kochbuch, Texas Instruments Deutschland GmbH, 1972.
[13.21] *Barth, H. R.:* Arbeitsbuch der Regelungstechnik. Carl Hanser-Verlag, München 1974.
[13.22] *Morgenstern, B.:* Elektronik für Elektrotechniker ab 1. Semester. Bd. 2: Schaltungen. Verlag Friedr. Vieweg & Sohn, Braunschweig/Wiesbaden 1985.
[13.23] *Isermann, R.:* Digitale Regelsysteme. Bd. I: Grundlagen, deterministische Regelungen; Bd. II: Stochastische Regelungen; Mehrgrößenregelungen; adaptive Regelungen; Anwendungen. Springer-Verlag, Berlin 1986.
[13.24] *Latzel, W.:* Regelung mit dem Prozeßrechner. Bibliographisches Institut, Mannheim 1977.
[13.25] *Schumny, H.:* Digitale Datenverarbeitung für das technische Studium. Verlag Friedr. Vieweg & Sohn, Braunschweig/Wiesbaden 1975.
[13.26] Mikroprozessoren, Sonderausgabe Elektronik. Franzis Verlag, München 1977.
[13.27] Mikroprozessoren, Software, Elektronik Sonderheft II, Franzis Verlag, München 1977.
[13.28] *Schumny, H.* (Hrsg.): Taschenrechner und Mikrocomputer Jahrbuch 1980 und folgende. Verlag Friedr. Vieweg & Sohn, Braunschweig/Wiesbaden 1980 u. f.
[13.29] *Leventhal, L. A.:* 6502 – Programmieren in Assembler, te-wi Verlag, München 1981.
[13.30] VDI-Bericht 451: Prozeßrechner-Aussprachetag Lahnstein 1982. VDI-Verlag, Düsseldorf 1982.

Normen

DIN 19221 Messen, Steuern, Regeln; Formelzeichen der Regelungs- und Steuerungstechnik
DIN 19225 Messen, Steuern, Regeln; Benennung und Einteilung von Reglern
DIN 19226 Teil 1 Regelungs- und Steuerungstechnik; Begriffe; Allgemeine Grundlagen
          Teil 2 Regelungs- und Steuerungstechnik; Begriffe; Übertragungsverhalten dynamischer Systeme
DIN 19227 Teil 1 Bildzeichen und Kennbuchstaben für Messen, Steuern, Regeln in der Verfahrenstechnik; Zeichen für die funktionelle Darstellung
          Teil 2 Messen, Steuern, Regeln; Sinnbilder für die Verfahrenstechnik, Zeichen für die gerätetechnische Darstellung
          Teil 3 Messen, Steuern, Regeln; Sinnbilder für die Verfahrenstechnik, Zeichen für die funktionelle Darstellung
          Teil 4 Messen, Steuern, Regeln; Sinnbilder für die Verfahrenstechnik, Zeichen für die funktionale Darstellung beim Einsatz von Prozeßrechnern

DIN 19228	Bildzeichen für Messen, Steuern, Regeln; Allgemeine Bildzeichen
DIN 19229	Übertragungsverhalten dynamischer Systeme; Begriffe
DIN 19231	Messen, Steuern, Regeln; Druckbereich für pneumatische Signalübertragung
DIN 19233	Automat, Automatisierung; Begriffe
DIN 19235	Messen, Steuern, Regeln; Meldung von Betriebszuständen
DIN 19236	Messen, Steuern, Regeln; Optimierung, Begriffe
DIN 19237	Messen, Steuern, Regeln; Steuerungstechnik, Begriffe
DIN 19238	Messen, Steuern, Regeln; Binäres Gleichspannungssignal
DIN 19239	Messen, Steuern, Regeln; Steuerungstechnik; Speicherprogrammierte Steuerungen, Programmierung
DIN 40900	Teil 12 Schaltzeichen; Binäre Elemente, IEC 617-12 modifiziert
DIN IEC 381	Teil 1 Analoge Signale für Regel- und Steueranlagen; Analoge Gleichstromsignale
	Teil 2 Analoge Signale für Regel- und Steueranlagen; Analoge Gleichspannungssignale

445

14 Meßtechnik

14.1 Grundlagen

14.1.1 Messen

Durch *Messungen* werden *objektive Informationen* über physikalische Größen und ihre Veränderungen ermittelt, womit die Wirkung von Maßnahmen in Entwicklung, Konstruktion und Fertigung erkannt und beurteilt werden kann. Damit ist das Messen die Grundlage zur Sicherung des Qualitätsniveaus in der industriellen Fertigung (Qualitätssicherung s. Abschnitt 15.5). Messen ist das Ermitteln des Wertes einer physikalischen Größe – der *Meßgröße* – z. B. Länge, Spannung usw., an einem *Prüfgegenstand*, z. B. Werkstück, Stromkreis. Durch *Vergleichen mit einer Maßverkörperung*, z. B. Maßstab, Normalelement, – allgemein *Normal* genannt – wird mit einem *Meßgerät* ein *Meßwert* für den gesuchten Wert bestimmt. Das Normal muß bekannte Einheiten der Meßgröße darstellen, vorzugsweise SI-Einheiten bzw. deren Vielfache oder Bruchteile (s. Abschnitt 1.1). Der Meßwert gibt das Verhältnis des gesuchten Wertes zur Einheit als das Produkt aus Zahlenwert und Einheit an, z. B. 25 mm, 3,6 V.

Der gesuchte Wert wird auch als *wahrer Wert* (DIN 1319, DIN 55350) bezeichnet. Vorzugsweise in der Fertigungsmeßtechnik ist die Bezeichnung *Istwert* üblich, wobei aus praktischen Gründen hierfür ein Meßergebnis eingesetzt wird. Ein Istwert ist deshalb immer durch *Meßabweichungen* verfälscht. Bei der praktischen Durchführung von Meßaufgaben stellt sich daher nie die Frage, ob Meßabweichungen auftreten oder nicht – sie treten immer auf –, sondern es muß stets geprüft werden, ob der Betrag der auftretenden Meßabweichungen akzeptiert werden kann oder nicht.

Das Messen muß ein objektiv beschreibbarer Vorgang sein; die Ermittlung eines Meßwertes darf keiner subjektiv beeinflußbaren Ermessensentscheidung unterliegen. Eine gute Messung muß wiederholbar (reproduzierbar) sein, und sie muß durch eine andersartige Lösung der gleichen Meßaufgabe (Vergleichsmessung) bestätigt werden können.

Bei vielen herkömmlichen Meßverfahren kann der Meßwert nur mit Einsatz der menschlichen Sinne festgestellt werden; die messende Person ist also mit ihren Fähigkeiten Bestandteil des Meßverfahrens. In solchen Fällen können subjektive Einflüsse nicht vermieden werden. Die Entwicklung der Meßtechnik strebt aus diesem Grund zu Verfahren, bei denen der Meßwert ohne jeden menschlichen Einfluß ermittelt wird.

Das Messen kann Bestandteil besonderer Aufgaben sein, z. B. dem Prüfen, dem Eichen, dem Kalibrieren (Einmessen), dem Justieren, dem Sortieren und Klassieren.

14.1.2 Meßfehler

Der Begriff *Fehler* bezeichnet bisher in der Praxis der Meßtechnik die unvermeidliche Tatsache, daß ein Meßwert nicht genau gleich dem gesuchten Wert der Meßgröße ist. In rechtlicher Sicht kann jedoch ein „Fehler" die Ursache eines „Mangels" sein, der z. B. die Zurückweisung einer gelieferten Ware rechtfertigen kann. Deshalb setzt sich die rechtlich nicht relevante Bezeichnung *Abweichung* anstelle „Fehler" durch, wobei eine Bewertung erst durch die Unterscheidung in *zulässige* und *unzulässige Abweichungen* erfolgt.

Jedes Messen unterliegt technischen Unvollkommenheiten und äußeren störenden Einflüssen, so daß der vom Meßgerät angezeigte Meßwert – die *Istanzeige* x_I – nicht mit dem gesuchten wahren Wert der Meßgröße – der *Sollanzeige* x_S – übereinstimmt.

Die *Meßabweichung* wird mit

$$\Delta x = x_I - x_S \tag{14.1.2.1}$$

definiert, wobei die Vorzeichenfestlegung wesentlich ist. Die *Korrektion (Berichtigung)* wird durch

$$K_x = -\Delta x, \tag{14.1.2.2}$$

definiert, so daß gilt:

$$x_I + K_x = x_S. \tag{14.1.2.3}$$

Meßabweichungen treten in zwei grundsätzlich unterschiedlichen Formen auf:
— *systematische Meßabweichungen* und
— *zufällige Meßabweichungen*.

Systematische Meßabweichungen haben unter gleichen Bedingungen bei der Durchführung der Messung für jeden Meßwert einen bestimmten Betrag und ein bestimmtes Vorzeichen. Sie können deshalb bei der Wiederholung einer Messung nicht erkannt werden, sondern müssen durch andere Meßverfahren, deren Meßabweichungen hinreichend klein bzw. bekannt sind, ermittelt werden. Sind systematische Meßabweichungen bekannt, so kann jeder abweichende Meßwert berichtigt werden. Da der Aufwand für das Ermitteln systematischer Abweichungen in vielen Fällen nicht lohnend ist, kann für solche *nicht erfaßten systematischen Abweichungen* ein Maximalbereich f als ±-Angabe geschätzt werden, der rechnerisch wie der Streubereich zufälliger Abweichungen behandelt wird und die Meßunsicherheit erhöht.

Zufällige Meßabweichungen schwanken infolge nicht kontrollierbarer Zufallseinflüsse während des Messens nach Betrag und Vorzeichen. Die zufällige Meßabweichung eines einzelnen Meßwertes kann nicht ermittelt und daher auch nicht berichtigt werden. Das Auftreten zufälliger Meßabweichungen kann aber an der Streuung der Meßwerte einer *Wiederholmeßreihe* ohne zusätzliche Hilfsmittel erkannt werden. Wiederholmeßreihen müssen unter gleichbleibenden Bedingungen mit der gleichen Meßeinrichtung und dem gleichen Prüfgegenstand in unmittelbarer Folge aufgenommen werden. Aus der Streuung der Meßwerte wird nach den Regeln der Statistik eine *Meßunsicherheit* u berechnet (DIN 1319, DIN 2257).

Aus der Meßunsicherheit u ist ein zum Meßergebnis y symmetrischer Bereich $y \pm u$ zu berechnen, der mit einer Wahrscheinlichkeit $(1 - \alpha)$, dem *Vertrauensniveau*, den gesuchten wahren Wert enthält. Innerhalb dieses Unsicherheitsbereiches kann keinerlei genauere Angabe über den wahren Wert gemacht werden. Das Vertrauensniveau $(1 - \alpha)$ schließt die Aussage mit ein, daß sich der wahre Wert auch mit der Wahrscheinlichkeit α außerhalb des angegebenen Unsicherheitsbereiches befinden kann.

Sind bei der Auswertung von Meßergebnissen funktionale Zusammenhänge zu berücksichtigen, so ist der Einfluß von Meßabweichungen nach den sog. *Fortpflanzungsregeln* zu berechnen (DIN 1319, DIN 2257).

Ist durch eine Messung zu prüfen, ob der Wert einer Größe eine gegebene Toleranz T einhält, so muß der zugehörige Bereich der Meßunsicherheit kleiner als die Toleranz sein. Für werkstattübliche Meßverfahren muß

$$\frac{2|u|}{T} < 0,1 \ldots 0,2 \tag{14.1.2.4}$$

eingehalten sein, wenn die Meßunsicherheit praktisch vernachlässigbar und damit die *Brauchbarkeit des Meßverfahrens* gesichert sein soll. Ist die Toleranz T sehr klein oder ist der Aufwand für das Messen sehr hoch, so kann

$$\frac{2|u|}{T} < 1 \qquad (14.1.2.5)$$

noch zulässig sein. Für

$$\frac{2|u|}{T} \geqslant 1 \qquad (14.1.2.6)$$

kann eine Toleranzeinhaltung nicht mehr geprüft werden; das Meßverfahren ist unbrauchbar.

14.2 Statistische Methoden

14.2.1 Anwendungsbereich statistischer Methoden

Jeder Fertigungs-, Prüf- und Meßvorgang unterliegt *unkontrollierten Zufallseinflüssen*. Deshalb treten Fertigungsstreuungen, fehlerhafte Prüfentscheidungen und zufällige Meßabweichungen auf, und zwar bei Einhaltung der Voraussetzung, daß qualifiziertes Wissen, qualifizierte Fähigkeiten und fachübliche Sorgfalt angewandt werden. Diese Unvollkommenheiten technischer Abläufe gehören zum Erfahrungsschatz eines jeden Praktikers.
Infolge des Wirkens von Zufallseinflüssen haben in Serie gefertigte Geräte, Maschinen, Werkstücke usw. nicht völlig übereinstimmende Eigenschaften. Mehrere gleiche Meßgeräte liefern aus diesem Grund von demselben Meßobjekt unterschiedliche Meßergebnisse (*Gerätestreuung*). Ist die streuende Wirkung zufallsbedingter Einflüsse im Vergleich zu einzuhaltenden Toleranzen gering, so können sie hingenommen werden. Sind sie jedoch die wesentliche Ursache für Toleranzüberschreitungen, so handelt es sich um ungeeignete Verfahren, die durch Methoden mit anderen Konstruktionsprinzipien, Fertigungsverfahren usw. ersetzt werden müssen. Die technische Statistik stellt in solchen Fällen mathematisch begründete Methoden zur Verfügung, mit denen unter bestimmten Voraussetzungen berechenbare Rückschlüsse und Voraussagen über die Auswirkung von Zufallseinflüssen gemacht und hinsichtlich einzuhaltender Toleranzen geeignete Verfahren ausgewählt werden können.

Nicht nur technische Abläufe, sondern auch naturwissenschaftliche Experimente, Planungs- und Entscheidungsabläufe jeder Art, also Entwicklungs- und Entwurfstätigkeiten, die Abwicklung von Projekten usw. unterliegen Zufallseinflussen, so daß angestrebte Ergebnisse jeder Art, z. B. auch Kosten und Termine, zufallsbedingten Abweichungen unterliegen.

14.2.2 Grundbegriffe

Grundlage statistischer Untersuchungen sind Gegenstände oder Vorgänge — *Ereignisse* — an denen als Merkmalwerte Werte bestimmter Eigenschaften — *Merkmale* — beobachtet werden. Zu unterscheiden sind
— *Quantitative Merkmale:* alle meßbaren Größen wie Länge, Gewicht, Spannung, Viskosität usw.; die beobachteten Merkmalwerte sind Meßergebnisse.
— *Qualitative Merkmale:* alle Unterscheidungen für eine Eigenschaft, die nicht auf Messungen beruhen, z. B. für Korrosionszustand: Flugrost, haftender Rost, Rostnarben, Rostschichten.
Bei der Anwendung qualitativer Merkmale sind *alternative Merkmale* wie Gut/Ausschuß, Ein/Aus, Frei/Besetzt usw. von besonderer Bedeutung. Quantitative Merkmale können immer in qualita-

tive Merkmale überführt werden; z. B. kann für ein Meßergebnis angegeben werden, ob es innerhalb oder außerhalb einer Toleranz liegt. Diese Feststellung stellt ein alternatives qualitatives Merkmal dar.

Ein besonderer Vorzug der statistischen Methode besteht darin, daß die Merkmale fast immer nur an einer Teilmenge, der *Stichprobe* mit dem Umfang n (Anzahl der untersuchten Einheiten) untersucht werden, die einer größeren Gesamtmenge, der *Grundgesamtheit* entnommen ist. Die Grundgesamtheit kann eine vorhandene Menge mit endlichem Umfang N sein, kann aber auch eine gedachte Menge mit endlichem oder unendlichem Umfang sein, z. B. die von einer Fertigungseinrichtung zukünftig zu produzierende Fertigungsmenge oder die Menge der denkbaren Wiederholungsmessungen bei einem nicht zerstörenden Prüfverfahren.

Sowohl die Grundgesamtheit als auch die Stichprobe werden durch *statistische Parameter* — z. B. Mittelwert und Standardabweichung — beschrieben, mit denen die Auswirkungen von Zufallseinflüssen zahlenmäßig erfaßt werden können. Neben der rechnerischen Ermittlung dieser Parameter ist der *Rückschluß* von den ermittelten und damit bekannten Parametern der Stichprobe auf die unbekannten Parameter der Grundgesamtheit (oder umgekehrt) eine der wichtigsten Aufgaben der Statistik.

Die aus statistischen Untersuchungen zu gewinnenden Aussagen haben zwei wesentliche Eigenschaften:

1. Sie beziehen sich immer auf größere Mengen; niemals kann die konkrete Auswirkung von Zufallseinflüssen auf den Einzelfall, z. B. die in einem bestimmten Meßergebnis tatsächlich enthaltene zufällige Meßabweichung, angegeben werden.
2. Sie haben immer Wahrscheinlichkeitscharakter, d. h., das Eintreffen von Voraussagen ist niemals absolut gewiß. Die Aussagen sind daher immer auf eine *statistische Sicherheit* $P = 1 - \alpha$ bezogen; die Ergänzungswahrscheinlichkeit $\alpha = 1 - P$ stellt den Grad der Ungewißheit bzw. des Nichtzutreffens der Aussage dar.

Diese zweite, zunächst nachteilig erscheinende Eigenschaft ist tatsächlich ein Vorzug, weil sie mit genau berechenbaren Zahlenangaben (Vertrauensbereiche) verknüpft ist.

Die *Wahrscheinlichkeit* W wird als das Verhältnis des Umfanges einer interessierenden Teilmenge — z. B. der Anzahl der Ausschußwerkstücke — zum Umfang der Gesamtmenge — z. B. der produzierten Anzahl von Werkstücken — definiert:

$$\text{Wahrscheinlichkeit } W = \frac{\text{Anzahl der interessierenden Ereignisse}}{\text{Gesamtanzahl der Ereignisse}}.$$

Somit ist immer $0 \leq W \leq 1$. Die Grenzfälle $W = 1$ bzw. $W = 0$ zeigen den sicheren Eintritt bzw. Nicht-Eintritt eines Ereignisses an. Häufig wird die mit 100% multiplizierte prozentuale Wahrscheinlichkeit angegeben. Verknüpfungen von Wahrscheinlichkeiten werden durch die Wahrscheinlichkeitsrechnung beschrieben, die die mathematische Grundlage für statistische Aussagen liefert.

Wird eine für einen bestimmten Sachverhalt ermittelte Meßreihe statistisch ausgewertet, so läßt sich zunächst feststellen, daß sich die verschiedenen Zahlenwerte mit unterschiedlicher Häufigkeit genau oder angenähert wiederholen. Diese Häufigkeiten ergeben in ihrer Gesamtheit eine für den untersuchten Sachverhalt typische *Häufigkeitsverteilung*. Dabei wird die Vorstellung zugrundegelegt, daß diese Häufigkeitsverteilung ein Abbild einer durch die Grundgesamtheit dargestellten und mathematisch berechenbaren *Wahrscheinlichkeitsverteilung* ist. Dem Auftreten bestimmter Meßwerte ist demnach eine zahlenmäßig bestimmbare Wahrscheinlichkeit zugeordnet. Ist die Wahrscheinlichkeitsverteilung der Grundgesamtheit bekannt, so lassen sich recht zuverlässige Aussagen über die Zusammenhänge zwischen den Parametern der Grundgesamtheit und der Stichprobe machen.

14.2 Statistische Methoden

Die Häufigkeitsverteilung der Stichprobe entspricht wegen der Zufallsbeeinflussung bei der Ermittlung des Einzelmeßwertes nur annähernd der Wahrscheinlichkeitsverteilung der Grundgesamtheit. Deshalb kann praktisch nur die Frage beantwortet werden, ob die in einer Meßreihe beobachtete Häufigkeitsverteilung der Annahme einer bestimmten Wahrscheinlichkeitsverteilung in der Grundgesamtheit nicht widerspricht. Hierzu werden besondere Rechenverfahren als *Anpassungstests* durchgeführt, s. [14.7, 14.11]. Unter verschiedenen Formen von Wahrscheinlichkeitsverteilungen hat die *Normalverteilung* besondere Bedeutung.

14.2.3 Statistisches Auswerten von Meßreihen

14.2.3.1 Voraussetzungen

Einer *statistischen Auswertung* werden in erster Linie *Wiederholmeßreihen* unterworfen. Sie entstehen, wenn ein bestimmter Vorgang, z. B. die Durchführung einer Messung oder die Fertigung eines Werkstücks mit bestimmten Merkmalwerten, unter völlig gleichen Bedingungen und Umständen kurzfristig wiederholt wird. Wichtig ist, daß die Wiederholmessungen sehr sorgfältig und aufmerksam durchgeführt werden. Nachlässigkeiten beim Durchführen der Messungen können *nicht* durch statistische Auswertungen ausgeglichen werden — die Auswertung wird sinnlos und irreführend!

Wiederholmeßreihen dienen der Verminderung von Zufallseinflüssen auf ein Meßergebnis oder der Untersuchung von Meßverfahren; gleichermaßen können Fertigungsverfahren analysiert werden. Von *Wiederholbedingungen* sind *Vergleichsbedingungen* zu unterscheiden, bei denen z. B. dieselbe Meßaufgabe mit verschiedenen Geräten oder unter verschiedenen Bedingungen durchgeführt wird. Wiederhol- und Vergleichsbedingungen sind hinsichtlich der Aufgabenstellung einer statistischen Untersuchung sorgfältig festzulegen.

Wiederholmeßreihen sind immer als Stichprobe aus einer Grundgesamtheit aufzufassen. Diese Grundgesamtheit ist meist gedacht, d. h. sie liegt tatsächlich nicht vor.

14.2.3.2 Urliste

Die Meßwerte x_i werden in der Reihenfolge mit der laufenden Nummer $i = 1 \ldots n$ notiert, in der sie ermittelt werden; Bild 14.1 stellt ein Beispiel dar. Nur diese *Urliste* kann unabhängig von statistischen Auswertungen z. B. auf nicht zufällige zeitabhängige Veränderungen der Meßwerte untersucht werden. Die chronologische Reihenfolge der Meßwerte wird bei statistischen Auswertungen meist aufgelöst.

14.2.3.3 Ausreißerkontrolle

Es ist empfehlenswert, eine Meßreihe vor der eigentlichen Auswertung mit einem objektiven Ausreißer-Kriterium, z. B. nach [14.6, 14.7], auf das eventuelle Vorhandensein von *Ausreißern* zu prüfen. Dieses sind Zahlenwerte in der Meßreihe, die durch grobe Fehler oder Irrtümer entstanden und unerkannt geblieben sind. Sie werden ersatzlos gestrichen oder durch zusätzliche Meßwerte ersetzt. Das Ausreißer-Kriterium muß objektiv sein, d. h., es darf keinem Ermessen unterliegen, ob ein Meßwert als Ausreißer zu streichen ist, da anderenfalls mit seiner Anwendung die Ergebnisse statistischer Auswertungen manipuliert werden könnten.

14.2.3.4 Klassierung

Die Häufigkeitsverteilung der Meßreihe wird durch *Klassierung* der Meßwerte ermittelt, wenn der Umfang $n \geqslant 25 \ldots 30$ ist. Bei Meßreihen geringeren Umfangs ist die Darstellung der Häufigkeitsverteilung nur von geringerer Aussagekraft. Es werden k gleichgroße Klassen gebildet, Richtwert für die *Klassenzahl* k ist

$$k \approx \sqrt{n},$$

Meßprotokoll

Prüfgegenstand: Bolzen
Qualitätsmerkmal: Durchmesser Zeichnungsmaß   20,000 mm
                          oberes Abmaß   +0,550 mm
                          unteres Abmaß   –0,550 mm
Prüfmittel: Elektrisches Längenmeßgerät

Lfd. Nr. i	Meßwerte x_i in mm	Lfd. Nr. i	Meßwerte x_i in mm	Lfd. Nr. i	Meßwerte x_i in mm
1	19,96	16	19,80	31	20,25
2	19,87	17	20,09	32	20,01
3	20,19	18	20,23	33	20,03
4	20,08	19	19,93	34	19,69
5	20,02	20	20,02	35	19,62
6	20,15	21	19,98	36	19,90
7	19,98	22	20,22	37	19,91
8	20,16	23	19,90	38	20,09
9	19,94	24	19,81	39	19,99
10	19,84	25	19,96	40	20,29
11	20,23	26	19,83	41	19,88
12	19,91	27	19,91	42	19,82
13	20,39	28	19,64	43	19,83
14	19,82	29	20,06	44	20,13
15	20,21	30	19,74	45	19,99

Bild 14.1
Meßprotokoll als Urliste.

wobei k im Bereich $6 \leqslant k \leqslant 20$ liegen soll: im Zweifelsfall wird k eher aufgerundet. Die *Klassenbreite* w ergibt sich aus

$$w \leqslant \frac{R}{k}.$$

Die *Spannweite* R ist die Differenz der Extremwerte der Meßreihe:

$$R = x_{\max} - x_{\min}.$$

Der Wert w wird grundsätzlich bis auf einen möglichst übersichtlichen Zahlenwert abgerundet, wodurch sich die Klassenzahl nachträglich erhöhen kann. Die Klassen werden mit $j = \ldots; -2; -1;$ $0; +1; +2; \ldots$ numeriert, wobei die Nummer „0" aus rechentechnischen Gründen etwa in die Mitte des Bereiches der auftretenden Meßwerte gelegt wird. Die Klassen werden durch je eine *untere Klassengrenze* $x_{j,\text{u}}$ und eine *obere Klassengrenze* $x_{j,\text{o}}$ unterteilt, die so festgelegt werden müssen, daß die Klassen lückenlos aneinander anschließen — also $x_{j,\text{o}} = x_{j+1,\text{u}}$ — und daß die vorhandenen Meßwerte jeweils eindeutig einer Klasse zugeordnet werden können. Da die Meßwerte eine bestimmte einheitliche Stellenzahl aufweisen müssen, können die Klassengrenzen z. B. durch eine zusätzliche Stelle zwischen die Stellen der Meßwerte gelegt werden.

Beispiel zu den Meßwerten gemäß Bild 14.1:

$n = 45; \sqrt{45} = 6,7;$ gewählt $k = 7$

$x_{\max} = x_{13} = 20,39$ mm; $x_{\min} = x_{35} = 19,62$ mm; $R = 0,77$ mm

$\dfrac{R}{k} = 0,11;$ gewählt $w = 0,100$ mm

14.2 Statistische Methoden

Meßwerte sind z. B. 19,60; 19,61; 19,62; 19,63 usw.

Klassengrenzen $x_{1,u} = 19{,}595$ mm
$x_{1,o} = x_{2,u} = 19{,}695$ mm
$x_{2,o} = x_{3,u} = 19{,}795$ mm usw.

Mit sehr geringem Aufwand werden mit einer Strichliste (je Meßwert ein Strich in der zugehörigen Klasse) die Häufigkeiten festgestellt und als Säulendiagramm dargestellt (Bild 14.2). Die Häufigkeit in der einzelnen Klasse ist die *Klassenbesetzung* n_j. Bezogen auf den Umfang n der Meßreihe ergibt sich die prozentuale *Klassenhäufigkeit* h_j

$$h_j = \frac{n_j}{n} \cdot 100\%.$$

Die prozentuale Klassenhäufigkeit kann näherungsweise als die Wahrscheinlichkeit für das Auftreten der zugehörigen Meßwerte verstanden werden. Typische Häufigkeitsverteilungen sind in Bild 14.3 dargestellt.

Klassen-Nr.	Klassengrenzen mm		Strichliste	Klassenbesetzung	Klassenhäufigkeit
j	$x_{j,u}$	$x_{j,o}$		n_j	h_j in %
−3	19,595	19,695	III	3	6,7
−2	19,695	19,795	I	1	2,2
−1	19,795	19,895	‖‖‖ IIII	9	20,0
0	19,895	19,995	‖‖‖ ‖‖‖ III	13	28,9
1	19,995	20,095	‖‖‖ III	8	17,8
2	20,095	20,195	IIII	4	8,9
3	20,195	20,295	‖‖‖ I	6	13,3
4	20,295	20,395	I	1	2,2

a)

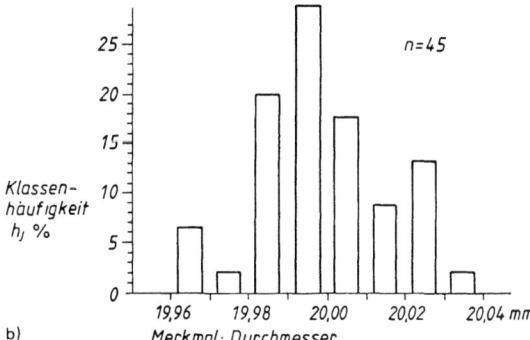

b)

Bild 14.2 Klassierung
a) Klassierung der Meßreihe gemäß Bild 14.1 mit Strichliste,
b) Säulendiagramm zur Darstellung der Häufigkeitsverteilung.

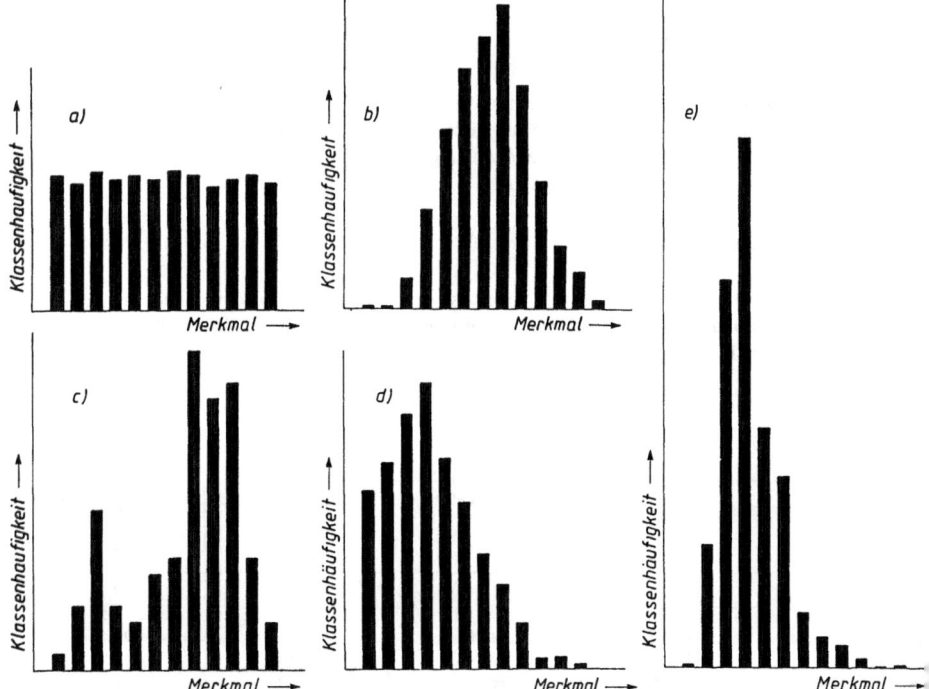

Bild 14.3 Typische Haufigkeitsverteilungen
a) Gleichverteilung (Rechteckverteilung),
b) Normalverteilung (Gaußsche Verteilung),
c) Mischverteilung,
d) Aussortierte Normalverteilung (einseitig unten aussortiert),
e) Schiefe Verteilung (asymmetrische Verteilung, linksschief).

14.2.3.5 Parameter der Stichprobe

Lagemaße. Sie kennzeichnen die „Lage" der untersuchten Meßreihe im Bereich der Merkmalwerte.

Arithmetischer Mittelwert $\bar{x}$ („x – quer"):

$$\bar{x} = \frac{1}{n} \sum_{i=1}^{n} x_i.$$

Zentralwert $\tilde{x}$ *(Median)* („x-Tilde"): Mittelster Wert der nach ihrer Große geordneten Werte mit der laufenden Nummer $(i) = (1) \ldots (n)$. *Beachte:* Das Symbol für die laufende chronologische Numerierung in der Urliste ist der Buchstabe i *ohne* Einklammerung.

n ungerade: $\tilde{x} = x_{\left(\frac{n+1}{2}\right)}$, $\quad n$ gerade: $\tilde{x} = \dfrac{x_{\left(\frac{n}{2}\right)} + x_{\left(\frac{n}{2}+1\right)}}{2}.$

14.2 Statistische Methoden

Streumaße: Wenn beobachtet wird, daß die Meßwerte einer Meßreihe infolge des Wirkens von Zufallseinflüssen „streuen", so wird häufig von einer *Streuung* gesprochen. Dieser Bezeichnung selbst entspricht jedoch keine mathematisch definierte Größe, sondern es werden zur zahlenmäßigen Beschreibung der Streuung die Streumaße verwendet.

Standardabweichung s:

$$s = \sqrt{\frac{\sum_{i=1}^{n}(x_i - \bar{x})^2}{n-1}}.$$

Es wird nur die positive Wurzel angegeben. s^2 wird die *Varianz* genannt.

Spannweite R:

$$R = x_{max} - x_{min} = x_{(n)} - x_{(1)}.$$

Variationskoeffizient v: Zur Kennzeichnung der relativen Streuung wird häufig der Variationskoeffizient v

$$v = \frac{s}{|\bar{x}|}$$

angegeben; Voraussetzung ist $\bar{x} \neq 0$.

Beispiele zu den Meßwerten gemäß Bild 14.1:

arithmetischer Mittelwert $\quad \bar{x} = \dfrac{899{,}30}{45}$ mm = 19,984 mm,

Zentralwert $\quad \tilde{x} = x_{(26)} = x_{21} = 19{,}98$ mm,

Standardabweichung $\quad s = \sqrt{\dfrac{1{,}366}{44}}$ mm = 0,176 mm,

Spannweite $\quad R = x_{(45)} - x_{(1)} = x_{13} - x_{35} = 0{,}77$ mm,

Variationskoeffizient $\quad v = \dfrac{0{,}176}{19{,}98} = 0{,}00881.$

Arithmetischer Mittelwert und Standardabweichung sind vorzuziehen, da bei der Berechnung *alle* Meßwerte eingehen, allerdings können die Ergebnisse durch Ausreißer deutlich beeinflußt werden, weshalb stets eine Ausreißerkontrolle zu empfehlen ist. Der Rechenaufwand ist hoch, auch bei der Benutzung moderner Rechengeräte ist eine *Verschlüsselung (lineare Merkmaltransformation)* vorteilhaft [14.6]. Die Standardabweichung ist als Streumaß zunächst ein unanschaulicher Wert, der erst durch den Bezug auf bestimmte Formen der Häufigkeitsverteilung eine Aussage über den Streubereich liefert. Zentralwert und Spannweite sind bei Meßreihen geringeren Umfanges vorzuziehen und liefern hinreichend brauchbare Aussagen bei geringem Rechenaufwand. Die Spannweite ist als Streumaß sehr anschaulich, wird aber im Gegensatz zum Zentralwert durch Ausreißer unmittelbar verfälscht.

14.2.3.6 Berechnung der Parameter $\bar{x}$ und s aus klassierten Werten

Ist gemäß Abschnitt 14.2.3.4 bereits klassiert worden, so ist die Summe S_1 aller Produkte $j n_j$ und die Summe S_2 aller Produkte $j^2 n_j$ zu bilden. Außerdem muß die Klassenmitte a der Klasse mit der Nummer $j = 0$ und die Klassenbreite w festgestellt werden. Es sind dann

der arithmetische Mittelwert $\quad \bar{x} = \dfrac{w}{n} S_1 + a,$

die Standardabweichung $\quad s = w \sqrt{\dfrac{Q}{n-1}} \quad$ mit $Q = S_2 - \dfrac{1}{n} S_1^2.$

Beispiel zu den klassierten Meßwerten gemäß Bild 14.2:

Klassen-Nr. j	-3	-2	-1	0	1	2	3	4
Klassenbesetzung n_j	3	1	9	13	8	4	6	1
jn_j	-9	-2	-9	0	8	8	18	4
$j^2 n_j$	27	4	9	0	8	16	54	16

$S_1 = 18; \quad S_2 = 134$

für $j = 0$: $\quad x_{j,u} = 19{,}985$ mm; $\quad x_{j,o} = 19{,}995$ mm,

Klassenmitte $\quad x_{j=0} = \dfrac{x_{j,u} + x_{j,o}}{2} = 19{,}945$ mm $= a$,

Klassenbreite $\quad w = 0{,}1$ mm

Arithmetischer Mittelwert $\quad \bar{x} = \left(\dfrac{0{,}1}{45} \cdot 18 + 19{,}945 \text{ mm}\right) = 19{,}985$ mm,

Standardabweichung $\quad Q = 134 - \dfrac{18^2}{45} = 126{,}8; \; s = 0{,}1 \sqrt{\dfrac{126{,}8}{44}}$ mm $= 0{,}170$ mm.

Die Ergebnisse weichen geringfügig von den unmittelbar aus den Meßwerten der Urliste berechneten Werten für $\bar{x}$ und s ab (siehe Beispiel zu Abschnitt 14.2.3.5); bei richtig durchgeführter Klassierung sind diese Unterschiede vernachlässigbar.

14.2.3.7 Parameter der Grundgesamtheit (Vertrauensbereiche)

Allgemein geben *Vertrauensbereiche* ein Intervall oder einen Bereich an, in dem ein unbekannter Parameter mit der Wahrscheinlichkeit P (statistische Sicherheit) zu erwarten ist.

Ein Vertrauensbereich kann *zweiseitig* oder *einseitig* abgegrenzt werden. Bei zweiseitiger Abgrenzung liegt der unbekannte Parameter innerhalb eines durch eine untere *und* eine obere Grenze bestimmten Intervalls. Bei einseitiger Abgrenzung liegt er in einem offenen Bereich *entweder* oberhalb einer unteren *oder* unterhalb einer oberen Grenze. Infolge des Zusammenhanges mit der statistischen Sicherheit sind die Zahlenwerte für zwei- und einseitige Abgrenzung nicht gleich. Für das Lagemaß wird zweiseitige, für das Streumaß einseitige Abgrenzung bevorzugt.

Für die folgenden Angaben zur Berechnung von Vertrauensbereichen wird die Annahme einer Normalverteilung in der Grundgesamtheit vorausgesetzt (s. Abschnitt 14.2.4).

Lagemaß: Der unbekannte arithmetische Mittelwert μ der Grundgesamtheit liegt mit der Wahrscheinlichkeit P (statistische Sicherheit) in dem zweiseitig abgegrenzten Bereich

$$\bar{x} - VB_{\bar{x}} \leqslant \mu \leqslant \bar{x} + VB_{\bar{x}}.$$

Vertrauensbereich des Mittelwertes $VB_{\bar{x}}$:

$$VB_{\bar{x}} = \dfrac{t \cdot s}{\sqrt{n}}.$$

Werte für t enthält Tabelle 14.1.

Tabelle 14.1: Werte für t (zweiseitige Abgrenzung)

n	5	6	7	8	9	10	12	14	16
$P = 95\%$	2,78	2,57	2,45	2,37	2,31	2,26	2,20	2,16	2,13
$P = 99\%$	4,60	4,03	3,71	3,50	3,36	3,25	3,11	3,01	2,95
n	18	20	25	30	35	40	45	50	100
$P = 95\%$	2,11	2,09	2,06	2,05	2,03	2,02	2,02	2,01	1,98
$P = 99\%$	2,90	2,86	2,80	2,76	2,73	2,70	2,69	2,68	2,63

14.2 Statistische Methoden

Vertrauensbereich der Standardabweichung: Die unbekannte Standardabweichung σ der Grundgesamtheit liegt mit der Wahrscheinlichkeit P (statistische Sicherheit) unter der Grenze σ_o (einseitige Abgrenzung)

$$\sigma \leqslant \sigma_o = k_o \cdot s$$

oder oberhalb der Grenze σ_u

$$\sigma \geqslant \sigma_u = k_u \cdot s$$

Werte für k_o und k_u gibt Tabelle 14.2 wieder.

Tabelle 14.2: Werte k_o und k_u (einseitige Abgrenzung)

n		5	10	15	20	50	100	500	1000
$P = 95\%$	k_o	2,35	1,65	1,46	1,37	1,18	1,12	1,056	1,039
	k_u	0,65	0,730	0,768	0,793	0,860	0,892	0,950	0,965
$P = 99\%$	k_o	3,6	2,08	1,73	1,59	1,31	1,19	1,079	1,053
	k_u	0,548	0,644	0,695	0,726	0,807	0,850	0,932	0,949

Vertrauensbereich des Einzelmeßwertes: Ist aus früheren Meßreihen eine für das untersuchte Verfahren typische Standardabweichung s bekannt, so kann für einen zukünftigen beliebigen Einzelmeßwert x_i mit der Wahrscheinlichkeit P (statistische Sicherheit) als zweiseitig abgegrenzter Bereich angegeben werden

$$x_i - VB_{x_i} \leqslant \mu \leqslant x_i + VB_{x_i},$$
$$VB_{x_i} = u \cdot \sigma_o.$$

Für u wird eingesetzt

$u = 1{,}96$ für $P = 95\%$ oder

$u = 2{,}58$ für $P = 99\%$.

Beispiele zu den Meßwerten gemäß Bild 14.1:

Vertrauensbereich des Mittelwertes

$$VB_{\bar{x}} = \frac{t \cdot s}{\sqrt{n}} = \frac{2{,}02 \cdot 0{,}176}{\sqrt{45}} \text{ mm} = 0{,}053 \text{ mm}$$

mit $t = 2{,}02$ für $n = 45$ und $P = 95\%$.

Der Mittelwert der Grundgesamtheit, z. B. einer größeren Menge unter unveränderten Bedingungen gefertigter gleichartiger Teile, wird mit 95% Wahrscheinlichkeit im Bereich $19{,}931$ mm $\leqslant \mu \leqslant 20{,}037$ mm liegen.

Vertrauensgrenze der Standardabweichung

$\sigma_o = k_o \cdot s = 1{,}20 \cdot 0{,}176$ mm $= 0{,}211$ mm

mit $k_o = 1{,}20$ für $n = 45$ und $P = 95\%$.

Die Standardabweichung der Grundgesamtheit ist mit der Wahrscheinlichkeit $P = 95\%$ kleiner als $\sigma_o = 0{,}211$ mm.

Vertrauensbereich des Einzelmeßwertes

$VB_{x_i} = u\sigma_o = 1{,}96 \cdot 0{,}211$ mm $= 0{,}414$ mm

mit $u = 1{,}96$ für $P = 95\%$.

Ein beliebig aus der Grundgesamtheit entnommenes Teil wird mit der Wahrscheinlichkeit $P = 95\%$ in einem Bereich ± 0,414 mm liegen, bezogen auf den festgestellten Mittelwert $\bar{x} = 19{,}984$ mm also in dem Bereich von 19,570 mm bis 20,398 mm. Das bedeutet, daß der vorgegebene Toleranzbereich annähernd eingehalten werden könnte, allerdings werden 5% der Maße außerhalb der angegebenen Grenzen zu erwarten sein. Für die Wahrscheinlichkeit $P = 99\%$ ergibt sich als entsprechender Bereich 19,440 mm bis 20,528 mm, womit zu erkennen ist, daß die Toleranz nur knapp eingehalten werden kann, da erwartet werden muß, daß bei diesem Bereich noch 1% der Maße außerhalb liegen.
Zusätzlich muß beachtet werden, daß diese Aussagen nur dann zutreffen, wenn $\bar{x}$ mit der Toleranzmitte übereinstimmt. Da diese Übereinstimmung praktisch nie vollkommen erreichbar ist, sollte die tatsächlich gewählte Toleranz etwa dem Betrag $\pm (4 \ldots 5)\sigma_o$ entsprechen.
Aus dem Vergleich der verschiedenen Vertrauensbereiche ergibt sich, daß der Mittelwert einer Wiederholmeßreihe immer ein besseres Meßergebnis darstellt als ein Einzelmeßwert, da für keinen Einzelmeßwert festgestellt werden kann, ob er zu dem gesuchten unbekannten Wert μ (der das fehlerfreie Meßergebnis darstellt) eine größere oder geringere Differenz hat. Für eine gegebene statistische Sicherheit P lassen sich bereits mit geringem Meßreihenumfang n enge Vertrauensbereiche $VB_{\bar{x}}$ erreichen, allerdings steigt der Meßaufwand (die Anzahl n der Meßwerte) quadratisch, d. h. z. B. eine Halbierung von $VB_{\bar{x}}$ erfordert den vierfachen Wert für n. Soll dagegen eine Standardabweichung zuverlässig festgestellt werden, so müssen die Meßreihen vergleichsweise um den Faktor 10 ... 20 umfangreicher sein.

14.2.3.8 Zufallsstreubereiche, Zufallsgrenzen

Sind die Parameter einer Grundgesamtheit bekannt, so können die zu erwartenden abweichenden Parameter in Stichproben aus dieser Grundgesamtheit für bestimmte statistische Sicherheiten P berechnet werden. Die Stichprobenparameter werden mit der Wahrscheinlichkeit P innerhalb eines durch sog. *Zufallsgrenzen* abgegrenzten *Zufallsstreubereichs* zu erwarten sein. Zur Berechnung siehe [14.6].

14.2.4 Die Normalverteilung

14.2.4.1 Darstellung und Eigenschaften

Die *Normalverteilung* hat die Parameter Mittelwert μ und Standardabweichung σ, d. h., es können beliebig verschiedene Normalverteilungen auftreten, die sich durch ihre unterschiedliche Lage im Wertebereich und ihre Streuungen unterscheiden. Jede Normalverteilung ist symmetrisch zu ihrem Mittelwert μ, d. h., negative Abweichungen zum Mittelwert treten ebenso häufig auf wie positive. Die Normalverteilung hat nirgendwo den Wert Null (ausgenommen für den theoretischen Grenzfall *Merkmalwert* $= \pm \infty$), was praktisch bedeutet, daß auch für das Auftreten außerordentlich extremer Werte immer noch eine – wenn auch geringe – Wahrscheinlichkeit besteht. Dennoch lassen sich Bereiche der Merkmalwerte eingrenzen, in denen z. B. 95, 99, 99,5, 99,9 oder 99,99% aller wahrscheinlich zu erwartenden Merkmalwerte auftreten werden. Dies ist eine der wichtigsten Eigenschaften der Normalverteilung, denn damit wird die Wirkung von Zufallseinflüssen berechenbar.
Durch eine Umrechnung des Merkmals x in das sog. normierte Merkmal u kann jede Normalverteilung in die standardisierte Form mit dem Mittelwert $\mu_u = 0$ und der Standardabweichung $\sigma_u = 1$ überführt werden.

normiertes Merkmal: $\quad u = \dfrac{x - \mu}{\sigma}.$

Anstelle der oft unbekannten Parameter μ und σ der Grundgesamtheit werden die aus einer Stichprobe ermittelten Schätzwerte $\bar{x}$ und s eingesetzt.

14.2 Statistische Methoden

Standardisierte Form der Normalverteilung (Bild 14.4):

Wahrscheinlichkeitsdichtefunktion: $\varphi(u) = \dfrac{1}{\sqrt{2\pi}} e^{-\frac{1}{2}u^2}$

Verteilungsfunktion: $\Phi(u_P) = \displaystyle\int_{-\infty}^{u_P} \varphi(u)\,du$

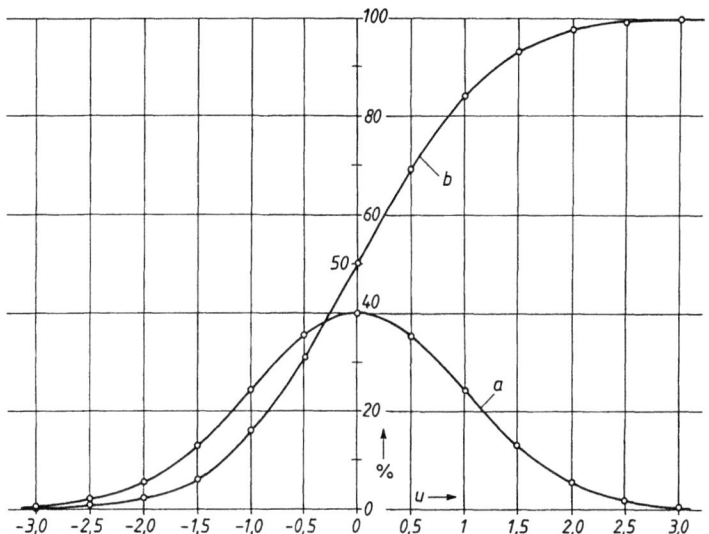

u	$\varphi(u) = \varphi(-u)$	$\Phi(u)$	$\Phi(-u)$
0	39,89	50,00	50,00
0,5	35,21	69,15	30,85
1,0	24,20	84,13	15,87
1,5	12,95	93,32	6,68
2,0	5,399	97,72	2,28
2,5	1,753	99,38	0,62
3,0	0,443	99,865	0,135
3,5	0,087	99,977	0,023
4,0	0,013	99,997	0,003
Werte in %			

Bild 14.4
Die Normalverteilung (standardisierte Form)
a) Wahrscheinlichkeitsdichtefunktion $\varphi(u)$,
b) Verteilungsfunktion $\Phi(u)$,
c) Tabelle einiger Werte für $\varphi(u)$ und $\Phi(u)$.

Für die standardisierte Form stehen die Funktionswerte tabelliert zur Verfügung, z. B. in [14.6]. Durch Rückrechnung auf das ursprüngliche Merkmal $x = \mu + u \cdot \sigma$ kann jede beliebige Normalverteilung berechnet werden.

Die Normalverteilung tritt vor allem dann auf, wenn in einem Vorgang viele voneinander unabhängige Zufallseinflüsse wirken. Da die Normalverteilung als mathematische Funktion im Bereich $-\infty < x < \infty$ Funktionswerte $f(x) > 0$ hat, kann sie in vielen Fällen nur eine Näherungsfunktion sein, da – z. B. bei Längenmessungen – Meßwerte $x < 0$ nicht auftreten können. Die Funktionswerte $f(x)$ sind aber außerhalb des Bereiches $\mu \pm (3 \ldots 6)\sigma$ vernachlässigbar. Diese sehr geringen Anteile der gesamten Wahrscheinlichkeitsdichtefunktion deuten lediglich an, daß beim Wirken von Zufallseinflüssen außergewöhnlich extreme Ergebnisse nicht völlig ausgeschlossen werden können und sie sind die Ursache dafür, daß Aussagen über das Auftreten zufallsbeeinflußter Meßwerte in einem abgegrenzten Merkmalbereich nur mit statistischen Sicherheiten $P < 100\%$, nie mit $P = 100\%$ gemacht werden können.

Die Normalverteilung steht mit den Häufigkeitsverteilungen vieler Meßreihen direkt im Einklang, z. B. bei Wiederholmeßreihen und bei der Untersuchung von Fertigungsstreuungen, bei der allerdings im Beobachtungszeitraum kein nennenswerter Verschleißvorgang, z. B. Werkzeugverschleiß, auftreten darf. Befindet sich jedoch in der Nähe des Streubereichs der Meßwerte eine unüberschreitbare Schranke, z. B. Schichtdicke Null bei der Messung der Dicke dünner Schichten, so entsteht eine schiefe Verteilung, die aber meist durch eine besondere Merkmaltransformation in die zum Mittelwert symmetrische Normalverteilung überführt werden kann.

14.2.4.8 Mischverteilung

Eine *Mischverteilung* entsteht, wenn z. B. gleichartige Werkstücke, die auf zwei (oder mehr) verschiedenen Werkzeugmaschinen hergestellt wurden, vermischt werden. Bei jeder einzelnen Werkzeugmaschine entsteht als Fertigungsstreuung je eine Verteilung der Werte bestimmter Qualitätsmerkmale, die sich durch ihre statistischen Parameter und die Verteilungsform (meist Normalverteilung oder schiefe Verteilung) unterscheiden. Werden solche ursprünglichen Verteilungen gemischt, so addieren sich die Häufigkeiten der einzelnen Verteilungen für bestimmte Merkmalwerte. Unter günstigen Voraussetzungen kann man bei der statistischen Auswertung einer Mischverteilung erkennen, daß es sich nicht um eine ursprüngliche Verteilung handelt, sondern daß zwei (oder mehr) unterscheidbare Ursachen an der Entstehung der Merkmalwerte beteiligt waren. Damit ergibt sich eine wertvolle Möglichkeit zur Aufdeckung von noch nicht erkannten Einflüssen z. B. auf einen Fertigungsvorgang. Nähere Angaben hierzu in [14.15], wo auch Hinweise zu anderen Sonderfällen im Zusammenhang mit dem Auftreten von Normalverteilungen gegeben werden.

14.2.4.3 Das Wahrscheinlichkeitsnetz

Die besondere Bedeutung der Normalverteilung legt es nahe, ein Auswertverfahren für Meßreihen zu verwenden, mit dem sofort festgestellt werden kann, ob eine Normalverteilung vorliegt. Diese Möglichkeit ist mit einer graphischen Auswertung im *Wahrscheinlichkeitsnetz* gegeben. Bei dieser Auswertung werden die *Häufigkeitssummenwerte* mit der Verteilungsfunktion der Normalverteilung verglichen. Die Häufigkeitssummenwerte H_j werden aus den fortlaufend aufaddierten Klassenhäufigkeiten h_j gewonnen (s. Abschnitt 14.2.3.4), H_j ist die Summe aller vorangehenden Klassenhäufigkeiten h_j bis zur Klasse j.

Tabelle 14.3: Beispiel zu den Meßwerten gemäß Bild 14.1 (s. hierzu auch Bild 14.2)

Klassen-Nr.	j	−3	−2	−1	0	1	2	3	4
Klassen-häufigkeit	$h_j \%$	6,7	2,2	20,0	28,9	17,8	8,9	13,3	2,2
Häufigkeits-summe	$H_j \%$	6,7	8,9	28,9	57,8	75,6	84,5	97,8	100,0

Das Wahrscheinlichkeitsnetz ist ein Koordinatensystem, bei dem die senkrechte Achse (Ordinate) so verändert ist, daß die im regulären Koordinatensystem S-förmig gekrümmte Verteilungsfunktion der Normalverteilung (Bild 14.4) zu einer Geraden gestreckt wird. Zur Auswertung wird die Klasseneinteilung auf die waagrechte Achse (Abszisse) übertragen und die H_j-Werte werden an der *Klassenobergrenze* entsprechend ihren Prozentwerten eingetragen (Bild 14.5). Ergibt die Punkt-

14.2 Statistische Methoden

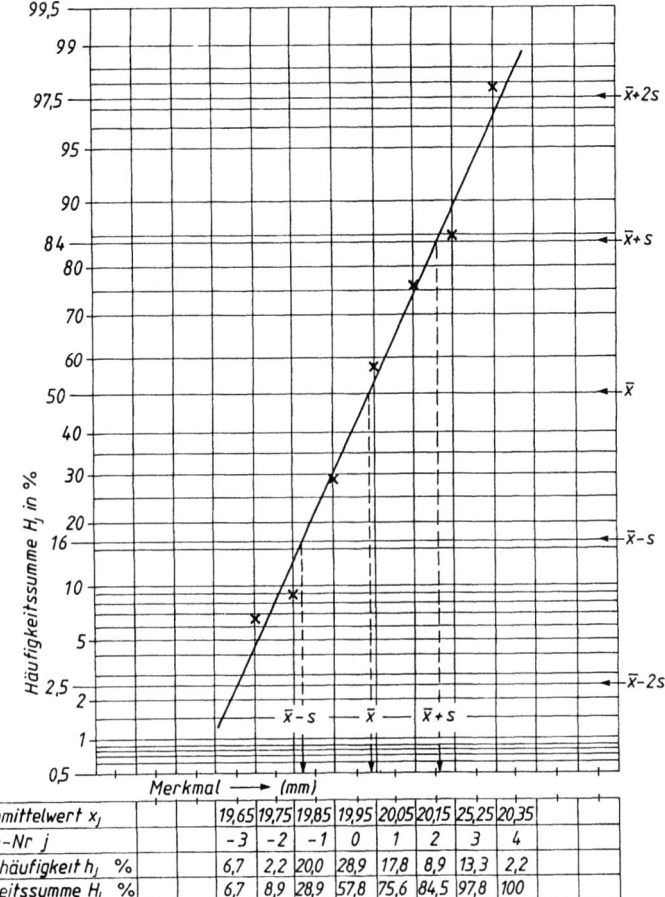

Bild 14.5 Wahrscheinlichkeitsnetz mit Beispiel einer graphischen Auswertung. Eintragung der klassierten Meßreihe gemäß Bild 14.2 als Auswertebeispiel (Werte für Klassenmitte x_j gerundet)
Ergebnisse: $\bar{x}$ = 19,985 mm; $\bar{x} + s$ = 20,160 mm; $\bar{x} - s$ = 19,820 mm; s = 0.170 mm.

folge angenähert eine Gerade, so darf angenommen werden, daß die untersuchte Stichprobe einer normalverteilten Grundgesamtheit entstammt.

Etwas gewöhnungsbedürftig ist die besondere Eigenschaft des Wahrscheinlichkeitsnetzes, daß der 0%- und der 100%-Wert nicht dargestellt werden können. Praktisch ist dies kein wesentlicher Mangel, man kann sich diesen Grenzwerten auf Zehntel- und Hundertstelprozent beliebig nähern.

Zur weiteren *graphischen Auswertung* wird durch die Punktfolge eine ausgleichende Gerade gelegt, wobei die Punkte im Bereich 10 ... 90% stärker berücksichtigt werden müssen, da sie größere Prozentanteile darstellen als die darunter- und darüberliegenden Punkte. Der Schnittpunkt der Geraden mit der 50%-Linie liefert auf der waagerechten Achse den arithmetischen Mittelwert $\bar{x}$;

die Schnittpunkte mit der 16%- und der 84%-Linie liefern die Werte $\bar{x} - s$ und $\bar{x} + s$, aus denen leicht die Standardabweichung s berechnet werden kann. Wenn die Folge der H_j-Punkte mit der Geraden annähernd übereinstimmt, so sind die graphisch ermittelten Werte für $\bar{x}$ und s ausreichend genau.

Bei der praktischen Anwendung der graphischen Auswertung im Wahrscheinlichkeitsnetz können Fälle auftreten, in denen nicht ohne weiteres entschieden werden kann, ob die H_j-Werte ausreichend gut mit einer Geraden übereinstimmen. Diese Frage ist deshalb von besonderer Bedeutung, weil die Annahme einer Normalverteilung in der Grundgesamtheit verworfen werden muß, wenn die H_j-Werte der Stichprobe nicht genügend gut mit einer Geraden im Wahrscheinlichkeitsnetz übereinstimmen. In solchen Fällen kann ein *Zufallsstreubereich* der H_j-Werte konstruiert werden [14.6], womit eine objektive Entscheidung ermöglicht wird. Zu beachten ist, daß dieser Zufallsstreubereich, der gewissermaßen die zulässige Abweichung der H_j-Werte von einer Geraden darstellt, um so enger wird, je größer der Umfang n der Meßreihe ist. Hieraus darf allerdings nicht der falsche Schluß gezogen werden, daß mit einem kleinen Umfang n die Herkunft der Stichprobe aus einer normalverteilten Grundgesamtheit leichter nachzuweisen wäre, stattdessen werden bei kleinem n andere Verteilungsformen in der Grundgesamtheit nicht erkannt und eventuell fälschlich als Normalverteilung interpretiert.

Die graphische Auswertung im Wahrscheinlichkeitsnetz hat den besonderen Vorzug, daß das Vorliegen anderer Verteilungsformen nach einiger Übung gut erkannt werden kann und damit unmittelbar Hinweise über das weitere Vorgehen bei einer Auswertung gewonnen werden können. Weiterhin ist die Lage einer Verteilung zu Toleranzgrenzen sofort zu übersehen und es können leicht Prozentwerte für Ausschuß- und Nacharbeitsanteile geschätzt werden.

Die graphische Auswertung nicht klassierter Meßreihen kleinen Umfangs — herunter bis zu $n = 6$ — ist mit dem Wahrscheinlichkeitsnetz auch möglich, siehe hierzu [14.11].

14.2.5 χ^2-Anpassungstest

Es handelt sich um ein numerisches Verfahren für klassierte Werte, das vorzugsweise für höherwertige Taschenrechner bzw. Kleinrechner programmiert werden kann. Aus den Differenzen zwischen der tatsächlichen Klassenbesetzung n_j und einer theoretischen Klassenbesetzung n_j^* wird eine Testgröße T_{χ^2} berechnet. Ist diese Testgröße kleiner oder gleich einem tabellierten Wert χ^2, so darf angenommen werden, daß die Grundgesamtheit eine Verteilungsform mit der Wahrscheinlichkeitsfunktion $F(x_P)$ hat, mit der die theoretische Klassenbesetzung n_j^* berechnet wurde.

$$n_j^* = [F(x_P = x_{j,o}) - F(x_P = x_{j,u})]n.$$

Im Fall der für $F(x_P)$ meist zugrundegelegten Normalverteilung müssen die Klassengrenzen $x_{j,u}$ und $x_{j,o}$ mit den aus der Meßreihe ermittelten Werten für $\bar{x}$ und s in die normierten Klassengrenzen $u_{j,o}$ und $u_{j,u}$ umgerechnet werden:

$$u_{j,o} = \frac{x_{j,o} - \bar{x}}{s}; \quad u_{j,u} = \frac{x_{j,u} - \bar{x}}{s}.$$

Zur Vereinfachung ist daran zu erinnern, daß $x_{j+1,u} = x_{j,o}$ sein muß, also auch $u_{j+1,u} = u_{j,o}$. Mit einer Tabelle der Verteilungsfunktion $\Phi(u_P)$ der standardisierten Form der Normalverteilung (oder einem entsprechenden im Rechner enthaltenen Programmablauf) kann die theoretische Klassenbesetzung für eine Normalverteilung berechnet werden:

$$n_j^* = [\Phi(u_P = u_{j,o}) - \Phi(u_P = u_{j,u})]n.$$

14.2 Statistische Methoden

Wenn die Werte n_j^* vorliegen, so ist zu prüfen, ob alle $n_j^* > 1$ sind, außerdem dürfen nicht mehr als 20% der n_j^*-Werte < 5 sein. Diese Bedingungen können durch das Zusammenfassen benachbarter Klassen erreicht werden, wobei bis zu $k = 4$ Klassen herunter zusammengefaßt werden darf. Es muß aber beachtet werden, daß für die Anwendung des Tests eine hohe Klassenzahl günstig ist. Sind die gestellten Bedingungen erfüllt, so wird die Testgröße T_{χ^2} berechnet:

$$T_{\chi^2} = \sum_{j=j_{\min}}^{j=j_{\max}} \frac{(n_j - n_j^*)^2}{n_j^*}$$

Der Wert χ^2 wird für einen sogenannten Freiheitsgrad f

$$f = k - 3$$

und einer zu wählenden statistischen Sicherheit P der Tabelle 14.4 entnommen. Für

$$T_{\chi^2} > \chi^2$$

muß die Annahme einer Normalverteilung in der Grundgesamtheit verworfen werden. Für

$$T_{\chi^2} \leq \chi^2$$

ist kein Widerspruch zu dieser Annahme gegeben.

Tabelle 14.4: Werte für χ^2 (einseitige Abgrenzung)

f		1	2	3	4	5	6	7	8	9	10
$P = 95\%$	χ^2	3,84	5,99	7,82	9,49	11,1	12,6	14,1	15,5	16,9	18,3
$P = 99\%$	χ^2	6,64	9,21	11,3	13,3	15,1	16,8	18,5	20,1	21,7	23,2

Beispiel zu den klassierten Werten gemäß Bild 14.2
Arithmetischer Mittelwert $\bar{x} = 19.985$ mm
Standardabweichung $\quad s = 0,170$ mm (s. Beispiel zu Abschnitt 14.2.3.6)
Testgröße $T_{\chi^2} = 4,415$; Freiheitsgrad $f = 6 - 3 = 3$.
Für $P = 95\%$ und $f = 3$ ist $\chi^2 = 7,82$.

Es ist also $T_{\chi^2} < \chi^2$, d. h., es ist kein Widerspruch zu der Annahme gegeben, daß die Grundgesamtheit eine Normalverteilung darstellt.
Muß die Annahme einer Normalverteilung in der Grundgesamtheit abgelehnt werden, so liefert das Testergebnis keinen Hinweis auf eine andere typische Form der vorliegenden Verteilung; die graphische Auswertung im Wahrscheinlichkeitsnetz bringt hier mehr Aufschluß. Dagegen ist der χ^2-Test universeller anzuwenden, denn anstelle der Verteilungsfunktion der Normalverteilung kann jede andere Verteilungsfunktion zur Berechnung der theoretischen Klassenbesetzung eingesetzt werden.

Tabelle 14.5: Beispiel für χ^2-Test

Klassengrenzen		normierte Klassengrenzen		Klassenanteil der Normalverteilung $\Phi(u_{j,o}) - \Phi(u_{j,u})$	n_j^*	n_j	$\dfrac{(n_j - n_j^*)^2}{n_j^*}$
$x_{j,u}$	$x_{j,o}$	$u_{j,u}$	$u_{j,o}$				
19,595	19,695	−2,29412	−1,70588	0,03312	1,5*⎫	3*⎫	−
19,695	19,795	−1,70588	−1,11765	0,08784	4,0*⎭	1*⎭	0,409
19,795	19,895	−1,11765	−0,52941	0,16640	7,5	9	0,300
19,895	19,995	−0,52941	0,05882	0,22519	10,1	13	0,833
19,995	20,095	0,05882	0,64706	0,21775	9,8	8	0,331
20,095	20,195	0,64706	1,23529	0,15044	6,8	4	1,153
20,195	20,295	1,23529	1,82353	0,07425	3,3**⎫	6**⎫	−
20,295	20,395	1,82353	2,41176	0,02617	1,2**⎭	1**⎭	1,389

(Zusammenfassung!) *) 5,5 *) 4
 **) 4,5 **) 7

14.2.6 Stichprobenprüfung

14.2.6.1 Verfahren

Mit *Stichprobenprüfung* werden bestimmte statistische Methoden bezeichnet, die vorzugsweise in der industriellen Wareneingangsprüfung angewendet werden, um Liefermengen mit unzulässig hohem Ausschußanteil erkennen zu können, ohne eine Vollprüfung (100%-Prüfung) durchführen zu müssen.

Das Vermeiden der *Vollprüfung* (Prüfung eines jeden Teiles einer Liefermenge) ist bei zerstörenden Prüfverfahren unumgänglich, wird aber darüber hinaus zur Verminderung der Prüfkosten angestrebt.

Grundlage des Verfahrens sind *Stichprobenprüfpläne*, z. B. nach DIN 40080, zu deren Anwendung in jedem Fall die Festlegung eines *zulässigen Ausschußprozentsatzes* − AQL-Wert[1]) genannt − erforderlich ist. Dieser AQL-Wert kann nicht Null sein; er wird nach Erfahrungen und betrieblichen Erfordernissen im Bereich von 0,1% bis 10% gewählt; er kann auch in der Form *Fehlerzahl je 100 Einheiten* festgelegt werden.

Mit der Festlegung des AQL-Wertes muß die Tatsache akzeptiert werden, daß es kein wirtschaftliches Prüfverfahren gibt, mit dem absolut sicher jeder Fehler erkannt werden könnte; auch mit einer 100%-Prüfung wird nicht jeder Fehler erfaßt. Das Zulassen einer angegebenen Fehlerrate ist in den Konsequenzen besser zu übersehen, als der letzten Endes aussichtslose Versuch, das Auftreten von Fehlern völlig zu unterbinden.

Zur Durchführung der Prüfung werden mit dem vorgegebenen AQL-Wert und dem Umfang N des zur Beurteilung vorgestellten Loses (Lieferumfang) aus Tabellen der *Stichprobenumfang n* und die *Annahmezahl c* bestimmt. Die Stichprobe wird dem Los entnommen und jedes entnommene Teil wird gemäß Prüfvorschrift geprüft und als „gut" oder „fehlerhaft" eingestuft. Die *Losentscheidung* über *Annahme* oder *Zurückweisung* des gesamten Loses wird aufgrund des Verhält-

---

[1]) *A*nnehmbare *Q*ualitätsgrenz-*L*age

14.2 Statistische Methoden

nisses der Anzahl i der fehlerhaften Teile in der Stichprobe zur Annahmezahl c schematisch getroffen: ist $i \leqslant c$, so wird das Los angenommen; im Fall $i > c$ wird das Los zurückgewiesen. Aus praktischen Gründen werden zurückgewiesene Lose meist einer Vollprüfung mit Aussortierung der fehlerhaften Teile zugeführt, wobei die Kostenübernahme für den zusätzlichen Prüfaufwand geregelt werden muß.

Das dargestellte Verfahren wird als *Einfach-Stichprobenplan für alternative Merkmale* bezeichnet, dessen Ablaufschema aus Bild 14.6 hervorgeht. Es werden auch *Doppel-Stichprobenpläne* angewandt, bei denen die Entscheidung über das Los entweder nach einer ersten oder nach einer zweiten Stichprobe erfolgt (Bild 14.7).

Sollen die in die Stichprobenprüfung gesetzten Erwartungen zutreffen, so ist die *richtige Stichprobenentnahme* von entscheidender Bedeutung! Keine Teilmenge eines Loses darf vorzugsweise in die Stichprobe gelangen, z. B. die obere Schicht eines Gebindes, umgekehrt darf es keine Teilmenge geben, die sicher nicht in die Stichprobe gelangt, z. B. die unterste Schicht eines Gebindes.

Regeln zur Stichprobenentnahme: Schüttgüter müssen vor der Stichprobenentnahme ausgeschüttet werden. Bei geordneten Packungen bzw. Stapeln werden gleich große Untergruppen gebildet und jeder Untergruppe wird eine entsprechende Teilstichprobe entnommen.

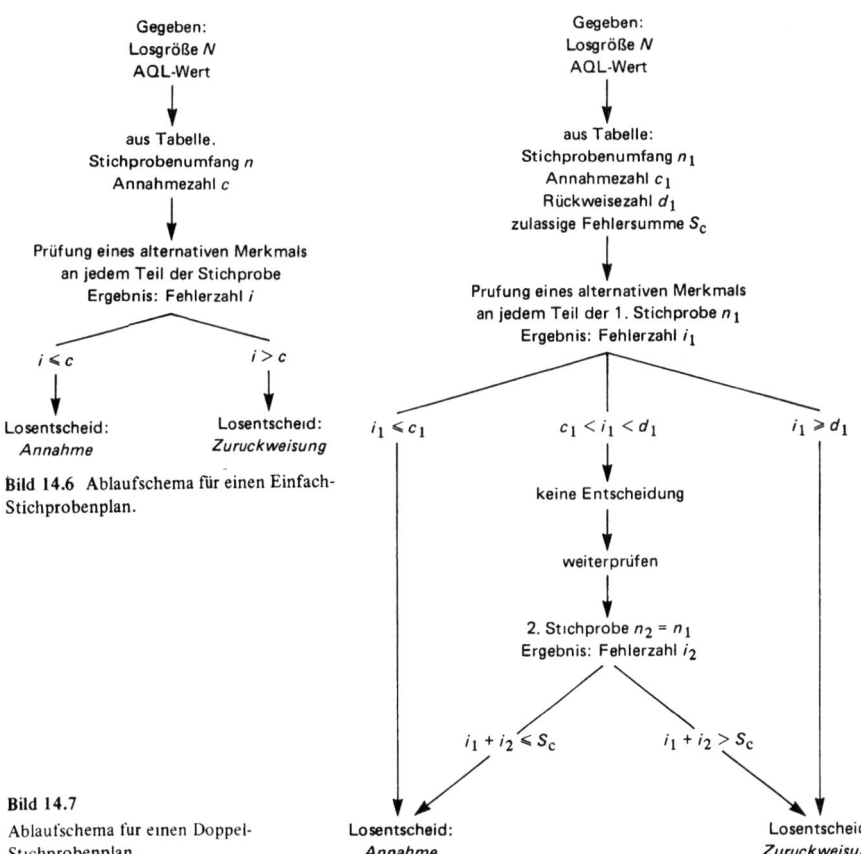

Bild 14.6 Ablaufschema für einen Einfach-Stichprobenplan.

Bild 14.7 Ablaufschema für einen Doppel-Stichprobenplan.

14.2.6.2 Annahmekennlinie

Die Wirkungsweise der Stichprobenprüfung beruht auf Wahrscheinlichkeitsverhältnissen und kann mit der Annahmekennlinie (Bild 14.8) beurteilt werden, die jeder Stichprobenvorschrift mit dem Stichprobenumfang n und der Annahmezahl c zugeordnet ist. Die Annahmekennlinie stellt die *Annahmewahrscheinlichkeiten L* für Lose dar, die mit einem bestimmten Ausschußanteil p zur Beurteilung vorgestellt werden:

$$L = \frac{\text{angenommene Lose mit Ausschußanteil } p}{\text{vorgestellte Lose mit Ausschußanteil } p} \cdot 100\%.$$

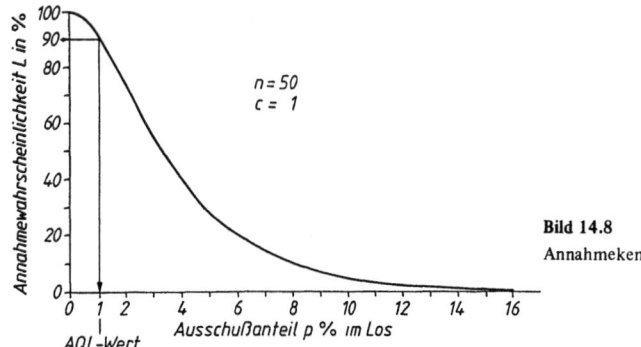

Bild 14.8
Annahmekennlinie eines Stichprobenplanes.

Die Annahmekennlinie weist aus, daß „gute" Lieferungen mit $p \leqslant$ AQL nicht restlos, sondern nur mit $L < 100\%$ angenommen werden – das ist das *Herstellerrisiko*, während „schlechte" Lieferungen mit $p >$ AQL noch teilweise mit $L > 0\%$ angenommen werden, obwohl sie ausnahmslos zurückgewiesen werden sollten – das ist das *Abnehmerrisiko*. Die mehr oder weniger gute Trennung zwischen guten und schlechten Lieferungen wird durch die Steilheit der Kennlinie dargestellt, die in erster Linie vom Stichprobenumfang n abhängt: Je größer n ist, um so steiler ist die Kennlinie. Aus diesem Grund können große Lose schärfer geprüft werden als kleine, wobei aber der Stichprobenumfang n unterproportional zur Losgröße N steigt, so daß der relative Prüfaufwand bei großen Losen trotz der schärferen Prüfung geringer ist.

Einmal zur Beurteilung vorgestellte Lose dürfen *auf keinen Fall* wiederholt zur Prüfung vorgelegt werden. Aus der Annahmekennlinie ergibt sich, daß schließlich auch das schlechteste Los angenommen wird, wenn es nur oft genug vorgestellt wird.

Da schlechte Lose noch teilweise angenommen werden, ergibt sich ein *Durchschlupf D*. Das ist der in den angenommenen Losen verbliebene durchschnittliche Ausschußprozentsatz. Der Durchschlupf ist eine zusätzliche Beurteilungsgröße für die Anwendung einer Stichprobenvorschrift.

Zugeordnete Einfach- und Doppelpläne haben für gleichen Losumfang und AQL-Wert die gleiche Annahmekennlinie. Sie unterscheiden sich lediglich im Prüfaufwand, der beim Doppelplan vor allem bei guten Lieferungen geringer als beim Einfachplan ist, wogegen die Durchführung der Doppel-Stichprobenprüfung einen höheren organisatorischen Aufwand erfordert.

14.2.6.5 Stichprobensysteme

Die Anwendung nur einer einzigen Stichprobenvorschrift würde bedeuten, daß nur ein AQL-Wert angewendet werden würde und große wie kleine Lose nach der gleichen Annahmekennlinie geprüft würden. Praktisch sinnvoll ist eine Unterscheidung nach verschiedenen AQL-Werten und

14.2 Statistische Methoden

nach Losgrößen, so daß bei kleinen Losen der relative Prüfaufwand begrenzt und bei großen Losen mit steilerer Kennlinie schärfer geprüft wird. Eine solche Zusammenstellung ist ein *Stichprobensystem*. Ein solches System kann noch anpassungsfähiger gemacht werden. Bei guten Lieferungen kann eine Stichprobenvorschrift mit flach verlaufender Kennlinie angewandt werden. Verschlechtern sich die Lieferungen (der Ausschußprozentsatz steigt), so muß auf eine strengere Vorschrift mit steilerer Kennlinie gewechselt werden, womit auch der Prüfaufwand steigt. Geht der Ausschußprozentsatz der Lieferungen zurück, so kann der Prüfaufwand vermindert werden. Dieses dynamische Verfahren führt zu Systemen mit *normaler, verschärfter* und *reduzierter Prüfung*, die in DIN 40080 enthalten sind, wo auch Regeln für den Übergang auf verschärfte bzw. reduzierte Prüfung angegeben sind. Weiterhin sind in DIN 40080 unterschiedliche *Prüfniveaus* enthalten, mit denen von vornherein gewählt werden kann, ob strengere Stichprobenvorschriften mit steileren Kennlinien oder großzügigere Vorschriften mit flacheren Kennlinien angewandt werden sollen. Für die betrieblichen Erfordernisse wird aus der Vielzahl der Möglichkeiten eine Auswahl getroffen.

Die Stichprobenprüfung kann in vielfältiger Weise variiert werden. Neben den Doppelplänen können Mehrfach- und Folgepläne angewandt werden, die im wesentlichen der Verminderung des Prüfaufwandes dienen. Anstelle der Anwendung alternativer Merkmale können die zählende Prüfung (Fehler je Einheit) und die messende Prüfung Grundlage der Losbeurteilung sein (siehe [14.20]).

14.2.7 Qualitätsregelkarten

Die Anwendung von *Qualitätsregelkarten* stellt ein spezielles statistisches Verfahren dar, mit dem in einer laufenden Fertigung korrigierende – regelnde – Maßnahmen ausgelöst werden, wenn sich z. B. infolge des durch Werkzeugverschleiß bedingten Trends die gefertigten Werkstückabmessungen einer Toleranzgrenze nähern und die Gefahr besteht, demnächst Ausschuß zu produzieren. In regelmäßigen Abständen werden verhältnismäßig kleine Stichproben unmittelbar der Fertigung entnommen und gemessen. In die vorbereitete Qualitätsregelkarte (Bild 14.9) werden die Meßergebnisse entweder direkt in ein Diagramm eingetragen – x-*Karte* – oder aus der Stichprobe berechnete statistische Parameter. Erreichen die Eintragungen *Warn-* oder *Eingriffsgrenzen*, so sind Maßnahmen zur Korrektur der Fertigung zu veranlassen. Beim Überschreiten einer Warngrenze ist z. B. sofort eine weitere Stichprobe zu prüfen. Überschreiten die Ergebnisse wiederum die Warngrenze oder wird von vornherein eine Eingriffsgrenze überschritten, so ist z. B. die Fertigung zu unterbrechen und die Fehlerursache zu beseitigen. Die Qualitätsregelkarte ist außerdem ein Prüfdokument, da sie in knapper Form Aussagen über Zeitpunkt, Ergebnisse und den Prüfer von durchgeführten Prüfungen enthält.

Werden die Stichprobenparameter verwendet, so müssen getrennte Eintragungen für das Lage- und das Streumaß vorgenommen werden. Es entstehen *zweispurige Karten*, die als $\bar{x}$-R-, $\tilde{x}$-R-, $\bar{x}$-s-Karten usw. bezeichnet werden. Es können auch der prozentuale Fehleranteil p oder die Fehleranzahl i in der Stichprobe beobachtet werden. Zur Berechnung der Warn- und Eingriffsgrenzen ist ein *Vorlauf*, d. h. eine unmittelbare Folge von 20 oder mehr Stichproben zur Ermittlung der statistischen Parameter der zu überwachenden Fertigung erforderlich. Außerdem werden zusätzlich spezielle Zahlenwerte benötigt, die der Literatur zu entnehmen sind [14.21, 14.22].

Zu jeder Qualitätsregelkarte kann eine *Eingriffskennlinie* berechnet werden, die mit der Annahmekennlinie der Stichprobenprüfung zu vergleichen ist. Hieraus kann die Wahrscheinlichkeit abgelesen werden, mit der bei bestimmten Ausschußanteilen in der zu überwachenden Fertigung ein Überschreiten der Eingriffsgrenzen zu erwarten sein wird. Auf die Feststellung der Eingriffskennlinie sollte auf keinen Fall verzichtet werden! Grundsätzlich führen auch bei der Qualitätsregelkarte größere Stichproben zu einer schärferen Trennung zwischen akzeptablen und unzulässigen Fehleranteilen.

Unter der Bezeichnung „SPC" („*statistical process control*") wird die Qualitätsregelkarte als *Prozeßregelkarte* eingesetzt.

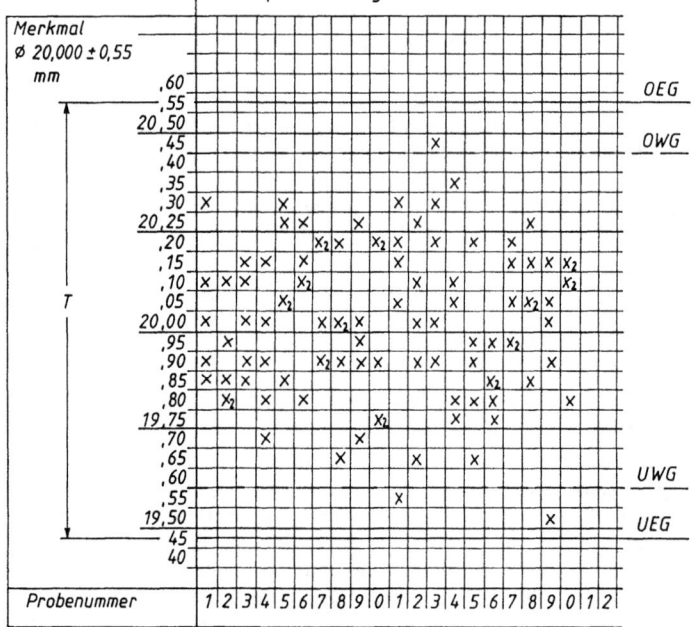

Bild 14.9 Qualitätsregelkarte als Urwertkarte
x Einzelmeßwert, x_2 zwei gleiche Einzelmeßwerte,
OEG obere Eingriffsgrenze = obere Toleranzgrenze,
OWG obere Warngrenze = OEG $-$ 0,125 T,
UWG untere Warngrenze = UEG + 0,125 T,
UEG untere Eingriffsgrenze = untere Toleranzgrenze.
Stichproben Nr. 12, 14 und 20 sind unmittelbare Wiederholungen der Stichproben Nr. 11, 13 und 19 wegen Überschreitung der Eingriffsgrenzen.

Die *Fehlersammelkarte* ist keine Qualitätsregelkarte im eigentlichen Sinn. Sie dient der Erfassung aller gefundenen Fehlerarten und der Fehlerhäufigkeit bei fortlaufenden Prüfungen gleicher Bauteile und stellt die Gleichmäßigkeit bzw. die Änderung der Liefer- oder Fertigungsqualität über einen längeren Zeitraum dar. Besonders in der Wareneingangsprüfung liefert sie die Grundlage für die Lieferantenbeurteilung [14.23].

14.3 Elektrisches Messen mechanischer Grundgrößen

14.3.1 Begriffsdefinitionen

14.3.1.1 Mechanische Grundgrößen

Unter *Grundgrößen* seien allgemein alle die physikalischen Größen verstanden, mit denen sich die bei der Umformung und Übertragung von Energie auftretenden dynamischen Leistungen P und Energieänderungen ∂W beschreiben lassen. Wie in der Tabelle 14.6 in der obersten Zeile beschrieben wird, besitzt jedes einheitliche physikalische System S ein eigenes Quadrupel derartiger Grundgrößen, nämlich die *Intensitätsgrößen* I_P und I_T, deren Produkt

$$P = I_P \cdot I_T \tag{14.3.1.1}$$

die Leistung (*Intensität*) einer systemspezifischen Energieumformung beschreibt sowie als deren Zeitintegrale zwei *Quantitätsgrößen*

$$Q_P = \int I_P \, dt \quad \text{und} \quad Q_T = \int I_T \, dt. \tag{14.3.1.2}$$

Da in jedem physikalischen System die Gesamt-Energie W_s in zwei verschiedenen Erscheinungsformen W_P und W_T (z. B. als *kinetische* und *potentielle* Energie!) auftreten kann werden diese Quantitätsgrößen zur Beschreibung der Größe (*Quantität*) der Änderungen ∂W_P und ∂W_T dieser beiden Energieformen benötigt die sich bei dynamischen Vorgängen an den verschiedenen Energiespeicherbausteinen C_P und C_T oder den Energieverbrauchern R dieses Systems innerhalb einer sehr kleinen Zeitdauer ∂t beobachten lassen:

$$\partial W_P = I_T \cdot \int_t^{t+\partial t} I_P(t) \, dt = I_T \cdot Q_P(\partial t). \tag{14.3.1.3}$$

$$\partial W_T = I_P \int_t^{t+\partial t} I_T(t) \, dt = I_P \cdot Q_T(\partial t). \tag{14.3.1.4}$$

Sieht man einmal von den in den Abschnitten 14.4 und 14.6 gesondert behandelten Grenzgebieten der Thermodynamik und der Akustik ab, kennt die Mechanik nur drei unterschiedliche physikalische Systeme, nämlich das *translatorische*, das *rotatorische* und das *strömungsdynamische System*. Somit gibt es auch nur insgesamt die $3 \cdot 4 = 12$ *mechanischen Grundgrößen*, die in den Zeilen 2, 3 und 4 der Tabelle 14.6 aufgeführt sind. Sie alleine können in Form von *Meßgrößensignalen* von Meßobjekten der Mechanik direkt abgegriffen und zur weiteren Signalverarbeitung an Meßeinrichtungen übertragen werden (s. Abschnitt 14.3.2.1). Alle übrigen der für Betriebs- und Fertigungstechnik wichtigen mechanischen Meßgrößen sind grundsätzlich nur indirekt dadurch zu messen, daß man die jeweiligen Meßobjekte definierten Änderungen ihres Energiezustandes unterwirft, die dabei hervorgerufenen Grundgrößen-Signale mißt und aus den dabei gewonnenen Meßergebnissen über mehr oder weniger komplexe Verknüpfungsbeziehungen auf die gesuchte indirekte Meßgröße zurückschließt.

Tabelle 14.6: Beziehungen zwischen den dynamischen Größen wichtiger physikalischer Systeme

System	Zeitliche Verknüpfungen	P = Größen	Energetische Verknüpfungen	T = Größen	Zeitliche Verknüpfungen
Allgemeines System	$I_P = \dfrac{dQ_P}{dt}$	I_P ↔ Q_P	$\partial W_T = I_P \cdot \partial Q_T$ $P = I_P \cdot I_T$ $\partial W_P = I_T \cdot \partial Q_P$	Q_T ↔ I_T	$I_T = \dfrac{dQ_T}{dt}$
Translatorisches System	$F = \dfrac{dp_t}{dt}$	F ↔ p_t	$\partial W_{\text{pot}} = F \cdot \partial s$ $P_t = F \cdot v$ $\partial W_{\text{kin}} = v \cdot \partial p_t$	s ↔ v	$v = \dfrac{ds}{dt}$
Rotatorisches System	$M = \dfrac{dL_r}{dt}$	M ↔ L_r	$\partial W_{\text{pot}} = M \cdot \partial \varphi$ $P_r = M \cdot \omega$ $\partial W_{\text{kin}} = \omega \cdot \partial L_r$	φ ↔ ω	$\omega = \dfrac{d\varphi}{dt}$
Strömungsdynamisches System	$p = \dfrac{d\Pi}{dt}$	p ↔ Π	$\partial W_{\text{pot}} = p \cdot \partial V$ $P_S = p \cdot q_S$ $\partial W_{\text{kin}} = q_S \cdot \partial \Pi$	V ↔ q_S	$q_S = \dfrac{dV}{dt}$
Elektrisches System	$i = \dfrac{dQ}{dt}$	i ↔ Q	$\partial W_{\text{mag}} = i \cdot \partial \psi$ $P_e = i \cdot u$ $\partial W_{\text{el}} = u \cdot \partial Q$	ψ ↔ u	$u = \dfrac{d\psi}{dt}$
Thermodynamisches System	$\dot{S} = \dfrac{dS}{dt}$	$\dot{S}$ ↔ S	$P_W = \dot{S} \cdot T$ $\partial W_W = T \cdot \partial S$	nicht existent! T	

14.3 Elektrisches Messen mechanischer Grundgrößen

Dynamische Verknüpfungen	Baustein-Definitionen	Baustein-Bezeichnung	
$I_{T_T} = C_T \cdot \dfrac{dI_P}{dt}$	$C_T = \dfrac{Q_T}{I_P}$	C_T	T-Energiespeicher
$I_{T_V} = R \cdot I_{P_V}$	$R = \dfrac{I_{T_V}}{I_{P_V}}$	R	Energieverbraucher
$I_{T_P} = \dfrac{1}{C_P} \int I_P dt$	$C_P = \dfrac{Q_P}{I_T}$	C_P	P-Energiespeicher
$v_T = n_t \cdot \dfrac{dF}{dt}$	$n_t = \dfrac{s}{F}$	n_t	translatorische Nachgiebigkeit
$v_V = R_t \cdot F_V$	$R_T = \dfrac{v_V}{F_V}$	R_t	Reibwiderstand
$v_P = \dfrac{1}{m} \int F dt$	$m = \dfrac{p_t}{v}$	m	(träge) Masse
$\omega_T = n_r \cdot \dfrac{dM}{dt}$	$n_r = \dfrac{\varphi}{M_r}$	n_r	rotatorische Nachgiebigkeit
$\omega_V = R_r \cdot M$	$R_r = \dfrac{\omega_V}{M_{r_V}}$	R_r	rotatorischer Reibwiderstand
$\omega_P = \dfrac{1}{J} \int M dt$	$J = \dfrac{L_r}{\omega}$	J	Massenträgheitsmoment
$q_{S_T} = K_S \cdot \dfrac{dp}{dt}$	$K_S = \dfrac{V}{p}$	K_S	Kompressibilität
$q_{S_V} = R_S \cdot p_V$	$R_S = \dfrac{p_V}{q_S}$	R_S	Strömungswiderstand
$q_{S_P} = \dfrac{1}{\Theta} \int p\, dt$	$\Theta = \dfrac{\text{II}}{q_S}$	Θ	Strömungsträgheit
$u_r = L \cdot \dfrac{di}{dt}$	$L = \dfrac{\psi}{i}$	L	Induktivität
$u_V = R \cdot i_V$	$R = \dfrac{u_V}{i_V}$	R	elektrischer Widerstand
$u_P = \dfrac{1}{C} \int i\, dt$	$C = \dfrac{Q}{u}$	C	elektrische Kapazität
nicht existent!	nicht existent!	nicht existent!	
$\vartheta_V = R_W \cdot q_V$	$R_W = \dfrac{q_V}{v_V}$	R_W	Wärmewiderstand
$\vartheta_P = \dfrac{1}{C_W} \int q_W dt$	$C_W = \dfrac{Q_W}{\vartheta}$	C_W	Wärmekapazität

14.3.1.2 Elektrisches Messen

Vom *elektrischen Messen* spricht man bei allen Meßverfahren, bei denen das Intensitätsgrößenpaar des elektrischen Systems (Tabelle 14.6), der Strom i und die Spannung u, Träger der Signale für die Meßwertbildung sind. Diese heute in hohem Maße mit kleinbauenden, verlustleistungsarmen, abnutzungsfreien, preisgünstigen und anpassungsfähigen *mikroelektronischen Bausteinen* arbeitenden Meßverfahren haben beim heutigen Stand der Technik derartig viele anwendungstechnische Vorteile, daß sie unbedingt auch für die Messung mechanischer Grundgrößen genutzt werden sollten: hohe dynamische Grenzfrequenzen und Übertragungsgeschwindigkeiten, Fernübertragbarkeit, Verstärkungsmöglichkeit auch extrem schwacher Meßsignale, freie Wahl zwischen analoger oder digitaler Signalstruktur, vielfältige Möglichkeiten der Speicherung, Verknüpfung und Meßwertausgabe auch sehr schnell veränderlicher Vorgänge, volle Freizügigkeit in der Meßwertbildung nach fast beliebig komplexen Funktionen und Algorithmen durch integrierte Rechenbausteine bis zu vollständigen Computersystemen.

Dazu ist es erforderlich, entsprechend (Bild 14.10) *hybride Meßketten* zu bilden, in deren erstem Teil, dem *elektro-mechanischen Meßkettenteil*, zunächst am Meßobjekt von geeigneten Aufnehmern Signale mechanischer Grundgrößen aufgenommen und diese nach einem oder mehreren mechanischen Umformschritten dann in elektrische Meßsignale umgeformt werden. Diese lassen sich unter Nutzung aller angeführten Vorteile aufgabengerecht im nachfolgenden *elektronischen Meßkettenteil* zur Meßwertbildung verarbeiten. Über den allgemeinen Aufbau von Meßketten, ihre verschiedenen Grundbausteine sowie ihre Darstellung mit Hilfe von Gerate- und Signalflußplänen informiert näher der Abschnitt 14.1.3.

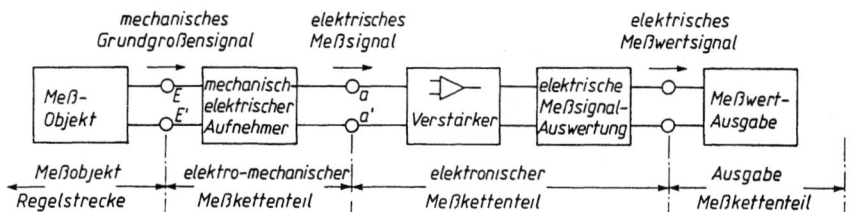

Bild 14.10 Grundaufbau von Meßketten zur elektrischen Messung mechanischer Größen.

14.3.2 Grundgesetze der Signalübertragung in Meßketten

In Abschnitt 14.1.3.4 wird dargelegt, wie sich das Übertragungsverhalten von solchen Meßkettenteilen, die sich in Form von *Signalflußplänen* aus gegenseitig rückwirkungsfreien Signalblocken darstellen lassen, mittels vereinfachender Rechenverfahren elegant und genau ermitteln läßt. Diese Rückwirkungsfreiheit ist in der Praxis für den elektrischen Meßkettenteil (Bild 14.10) durchweg gegeben oder kann notfalls leicht durch Einfügen von Pufferverstärkern zwischen zwei aufeinander rückwirkende Meßkettenglieder erzwungen werden.

Der *mechanische Meßkettenteil* dagegen ist aus einer Reihe *Masse-, Reibungs-* und *Elastizitatsbehafteter Bauelemente* zusammengesetzt, die Signale nur durch Relativbewegungen übertragen konnen und dabei merklichen Signallaufzeiten, Einschwingvorgängen und oft auch verzerrenden Resonanzerscheinungen unterworfen sind. Da Entkopplungsmöglichkeiten zwischen den Signalblöcken hier aber fehlen, können diese nicht mehr als *ruckwirkungsfrei* angesehen werden. Daher läßt sich das *Übertragungsverhalten* bis zur Bildung des Eingangssignales für den elektrischen

14.3 Elektrisches Messen mechanischer Grundgrößen

Meßkettenteil nicht mehr nach den Regeln von Abschnitt 14.1.3.4, sondern nur noch aus dem Zusammenwirkungen *aller* Bausteine des *mechanischen Meßkettenteiles* sowie ihrer Rückwirkungen (Anpassungsabweichungen, s. Abschnitt 14.3) auf das Meßobjekt bestimmen. Derartige Bestimmungen werden aber noch dadurch erschwert, daß in den zusammenwirkenden mechanischen Bauelementen jeweils die Parameter *Tragheit, Reibung* und *Elastizitat* nicht *diskret*, sondern *raumlich verteilt* angeordnet sind und häufig sogar *unterschiedlichen mechanischen Systemen* angehoren. Dennoch sind sie nicht zu umgehen, denn ohne genaue Kenntnis des Übertragungsverhaltens des mechanischen Meßkettenteiles sind alle Meßergebnisse von *transienten* oder auch *stationaren dynamischen Vorgangen* ohne entscheidende Aussagekraft! Denn in der Praxis können sie – unabhängig vom Aufwand beim elektrischen Meßkettenteil! – in ungünstigen Fällen (z.B. bei Resonanzen!) um Faktoren von den richtigen Werten abweichen [14.24]. Dies gilt sogar für den Einsatz elektromechanischer Präzisionsmeßeinrichtungen zur Bestimmung *rein statischer Grundgroßen*, wenn der *Eingangsenergiebedarf* des Aufnehmers dem *Energieinhalt* des Meßobjektes *vergleichbar* wird (z.B. Ruckstellkraft eines Wegaufnehmers bei der Messung von Feder-Nachgiebigkeiten).

Die *Systemdynamik* hat gezeigt, wie sich das Übertragungsverhalten derart *gemischter, gegenseitig verkoppelter Systeme* beschreiben und berechnen läßt. Nachfolgend soll daher eine stark geraffte Übersicht über die wichtigsten der hierbei anzuwendenden Prinzipien gegeben werden, im Detail greife man auf die Literatur [14.25–14.28] zuruck.

14.3.2.1 Das Energieprinzip der Signalübertragung

Als Basis dieser Betrachtungen besagt das *Energieprinzip der Signalubertragung*: ,,Ein abgeschlossenes physikalisches System (z.B. Meßobjekt) vermag Informationen über seinen Zustand (innere Energieverteilung) nur uber den Austausch einer – meist sehr kleinen – Energiemenge ∂W_N an ein anderes abgeschlossenes System (z.B. Aufnehmer, Meßgerät) zu übertragen!" Danach konnen Signale nur in Form einer systemspezifischen Nachrichten-Leistung

$$P_N = \partial \dot{W}_N = I_{P_N} \cdot I_{T_N} \qquad (14.3.2.1)$$

durch den Querschnitt eines Signalweges übertragen werden, in der grundsätzlich *zwei Intensitatsgroßen paarweise gleichzeitig* auftreten (s. Gl. (14.3.1.1)). Auch in der ausgetauschen Signalenergie

$$\partial W_{P_N} = I_{T_N} \cdot Q_{P_N} \cdot \quad \text{bzw.} \quad \partial W_{T_N} = I_{P_N} \cdot Q_{T_N} \qquad (14.3.2.2)$$

treten je nach der ubertragenen Energieform *stets zwei Grundgroßen als das Produkt einer Intensitats- und einer Quantitatsgroße* gleichzeitig auf (Gl. (14.3.1.2))!

14.3.2.2 Signalumformung in Funktionsblöcken

Wegen dieser energiebehafteten Signalstruktur lassen sich die einzelnen aufeinander rückwirkenden Signalumformungsschritte im mechanischen Meßkettenteil nicht durch Signalblocke, sondern nur anhand von *Funktionsblocken* physikalisch richtig beschreiben. Dabei muß jeder dieser Funktionsblocke diejenigen mechanischen Bauelemente der elektromechanischen Meßkette zusammenfassen, mit denen der jeweilige Signalschritt bewirkt wird, soweit wie dieser in einem einheitlichen physikalischen System arbeitet. Bei den Bauelementen ist dabei gemäß Tabelle 14.6 zu unterscheiden einerseits zwischen den *idealen*

P-Speichern C_P, die reversierbar *kinetische* (P-)Energie und
T-Speichern C_T, die reversierbar *elastische* (T-)Energie zu speichern vermogen, und einerseits den Energieverbrauchern R, in denen systemspezifische Energie bei Belastung, z.B. durch Reibung, *irreversibel* in Warme uberfuhrt wird.

Leider treten derartige Bauelemente in der Mechanik fast nie *diskret*, d.h. isoliert für sich auf, sondern man hat sie sich meist in hochst komplizierter Weise *raumlich kontinuierlich verteilt* und dazu noch gegenseitig in sich

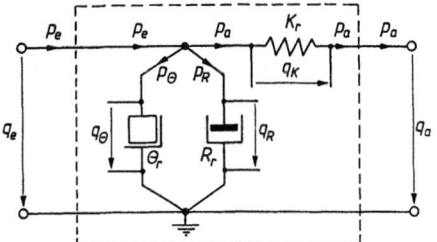

Bild 14.11
Modell eines mechanischen Funktionsblockes
(im Beispiel: einer Druckrohrleitung).

verwoben vorzustellen (z.B. die Masse m, Nachgiebigkeit N und innere Reibung R_i einer Biegefeder). Die Berechnung des dynamischen Verhaltens derartiger Systeme mit verteilten Parametern nach den Methoden der Schwingungslehre [14.29] ist durchweg so aufwendig, daß sie in diesem Zusammenhang ausscheidet. Man wird daher reale Funktionsblöcke dieser Art grundsätzlich durch *Modelle* nachbilden, in denen entsprechend Bild 14.11 *ideale*, diskrete Speicher- und Verbraucher-Elemente netzwerkartig so angeordnet sind, daß das *Modell-Verhalten zumindest* im Arbeitsbereich der zu übertragenden Signalfrequenzen mit dem der realen Funktionsblöcke übereinstimmt! Dabei ist zu beachten, daß sich alle massebehafteten mechanischen P-Speicherelemente mit ihrer Trägheit stets nur am Zentrum unseres Inertialsystems, – ersatzweise an einem relativ zur örtlichen Erdoberfläche ruhenden Bezugspunkt – abstützen können! Im Gegensatz dazu können Kondensatoren als elektrische P-Speicher bekanntlich jeden beliebigen Platz in einem elektrischen Netzwerk einnehmen, wodurch deren Variationsbreite sehr viel größer als die der mechanischen Funktionsblöcke ist.

Jeder Funktionsblock stellt so ein in sich abgeschlossenes physikalisches System dar (in Bild 14.11 innerhalb des gestrichelten Rahmens), das aber über je ein *zweipoliges* Tor als *Signalwegquerschnitt* mit der Umgebung Signalenergie austauschen kann. Die Modelle mechanischer Funktionsblöcke nehmen damit grundsätzlich eine elektrischen Netzwerken gleichartige Struktur an. Dies hat den großen Vorteil, daß sie bezüglich ihrer Übertragungseigenschaften formal auch nach den eingefahrenen, leistungsfähigen Methoden der elektrischen Vierpoltheorie [14.30, 14.31] behandelt werden können!

In Bild 14.11 ist gezeigt, wie mit diesen Prinzipien beispielsweise der Funktionsblock *Druckrohrleitung* in Bild 14.2 in einem Modell abgebildet werden kann, das lediglich drei diskrete ideale Bauelemente Θ_r, R_r und K_r enthält und somit eine formale Analogie zu einem elektrischen Tiefpaß aufweist. Im Bereich niedriger Druckschwankungsfrequenzen gibt das Modell das dynamische Verhalten der Rohrleitung insofern sehr anschaulich wieder, als es zeigt, daß vom Eingangsdrucksignal p_e ein Druckanteil p_Θ zur Beschleunigung der Strömungsträgheit Θ_r, ein weiterer Anteil p_R zur Überwindung der Fluid- und Wandreibung R_r zur Erde abgeleitet wird und nur noch der Ausgangsdruck p_a unter Veränderung des eingangsseitigen Volumenstroms q_e um q_K durch die Kompressibilität K_r an dem Ausgangstor (Rohraustritt) auftritt.

Wie auch bei beliebigen anders aufgebauten Funktionsblocken kann die Größe der Bauelemente des Modells entweder auf rechnerischem Wege aus den Daten des Originals abgeleitet oder aber durch Zustandsmessungen an den Toren bestimmt werden. Diese werden dazu wechselweise mit bekannten Meßsignalen beaufschlagt, wobei das jeweils korrespondierende Tor im Interesse definierter Abschlußbedingungen nacheinander in die beiden Grenzbedingungen des leistungslosen Betriebs gebracht wird:

1. *Kurzschlußbetrieb*. $I_T = 0$ Messung von $I_P = I_{P_K}$
2. *Leerlaufbetrieb*: $I_P = 0$ Messung von $I_T = I_{T_0}$

Achtung: An das Ende jeder Modellbildung stets eine Richtigkeitskontrolle durch Vergleich des *berechenbaren Modellverhaltens* mit dem *meßbaren Verhalten des Originals* stellen!

14.3.2.3 Leistungsumformer als Funktionsblock-Koppler

Innerhalb des elektromechanischen Meßkettenteiles arbeiten die einzelnen Funktionsblocke sehr häufig in unterschiedlichen mechanischen Systemen. Ein Signalfluß zwischen physikalisch verschiedenen Systemen angehörenden Funktionsblocken ist daher nur denkbar, wenn längs des Signal-

14.3 Elektrisches Messen mechanischer Grundgrößen

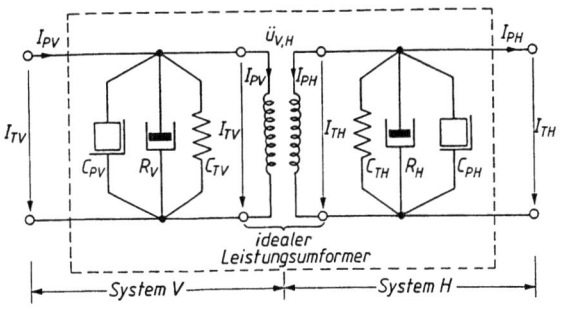

Bild 14.12 Funktionsnetzwerk eines realen Leistungsumformers.

weges ein *Leistungsumformer* als Koppelelement eingefügt ist. Dessen prinzipiellen Aufbau zeigt das Funktionsnetzwerk in Bild 14.12: Sein zentrales Element bildet ein *idealer Leistungsumformer*, der *verlustlos* und *ohne Energiespeicherung* bidirektional Signalleistungen P_1 und P_2 der physikalisch unterschiedlichen Systeme V und H ineinander umformen kann. Für die durch seine Tore hindurch tretenden Signalleistungen gilt in jedem Augenblick

und
$$P_V = I_{P_V} \cdot I_{T_V} \equiv I_{P_H} \cdot I_{T_H} = P_H \qquad (14.3.2.3)$$

$$\frac{I_{P_H}}{I_{P_V}} = \frac{I_{T_V}}{I_{T_H}} = ü_{H,V}. \qquad (14.3.2.4)$$

Die daneben in *realen Leistungsumformern* auftretenden Verluste und Energiespeicherungen werden ein- und ausgangsseitig durch entsprechende Netzwerkskonfigurationen aus jeweils *systemspezifischen* Verbraucher- und Speicherelementen wiedergegeben.
In der Meßaufnehmer-Praxis sind wohl am häufigsten der *Hebel* und seine Varianten mit dem Hebelarm *r* als *translatorisch-rotatorische Leistungsumformer* mit dem *Übersetzungsverhältnis* $u_{T,R} = 1/r$ und *Zylinderkolbensysteme* mit der wirksamen Fläche *A* als *strömungsdynamisch-translatorische Leistungsumformer* mit $u_{ST} = 1/A$ anzutreffen. Aber auch alle übrigen in Bild 14.13 angeführten Umformerprinzipien kommen zum Einsatz und gestatten prinzipiell Leistungsumformungen sowohl zwischen den drei mechanischen Systemen (*T, R, S*) als auch – in den *aktiven Meßfühlern* – zwischen diesen und dem *elektrischen System* (*E*).

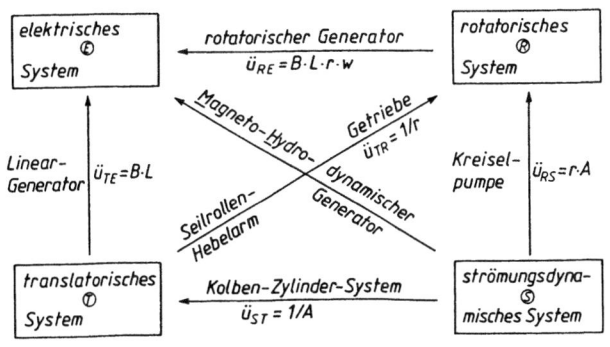

Bild 14.13 Prinzipien mechanischer und elektro-mechanischer Leistungsumformer.

14.3.2.4 Meßfühler-Funktionsblöcke

Innerhalb des mechanischen Meßkettenteils stellt der *Meßfühler* die Abschlußbaugruppe dar, in der die unmittelbare Erzeugung des elektrischen Meßsignals i_a, u_a (vgl. Bild 14.10) für die Eingabe in den elektrischen Meßkettenteil erfolgt.

Die *Meßfühler aktiver Aufnehmer* gewinnen die Leistung $P_a = i_a \cdot u_a$ des elektrischen Ausgangssignals durch Energieumformung nach einem der in Bild 14.13 angeführten Prinzipien direkt aus der ihnen eingangsseitig zugeführten mechanischen Leistung $P_M = I_{P_M} \cdot I_{T_M}$ des in den vorgeschalteten Funktionsgruppen in geeigneter Weise aufbereiteten Meßsignals. Aufgrund dieser Wirkungsweise haben derartige Meßfühler ebenfalls den in Bild 14.12 gezeigten Aufbau, mit der Besonderheit, daß ihre ausgangsseitigen Speicher- und Verbraucherelemente von elektrischen Kapazitäten C, Induktivitäten L und Widerständen R gebildet werden.

In den *Meßfühlern passiver elektromechanischer Aufnehmer* werden dagegen entsprechend Bild 14.14 von der mechanischen Signalleistung P_f lediglich masse(C_{P_f})- und verlust(R_f)-behaftete elastische Federelemente (Meßfedern) C_{T_f} unter Energieaufnahme $W_P = \int P_f dt$ verformt. Die dabei *integral* bewirkten Änderungen der Geometrie oder auch der Materialeigenschaften der Meßfedern beeinflussen aber gleichzeitig die elektrische Ruhegröße (Impedanz) Z_{ν_0} von *Fühlerelementen*, die als Induktivitäten L_ν, Kondensatoren C_ν oder ohmsche Widerstände R_ν ausgeführt sind und für die die Geometrie der Meßfedern direkt die bestimmende Größe ist (vgl. Abschnitt 14.3.3.2).

Die solchermaßen an den Fühlerelementen bewirkten Impedanzänderungen $\frac{\Delta Z_\nu}{Z_{\nu_0}}$ sind demnach der den Energieinhalt von C_{T_M} bewertenden Quantitätsgröße Q_{T_P} direkt proportional, wie dies durch die *Stellfunktion*

$$\frac{\Delta Z_{\nu_0}}{Z_{\nu_0}} = \sigma_\nu \cdot Q_{T_f} = \sigma_\nu \int I_{T_f} dt \approx \frac{\sigma_\nu}{C_{T_{f_\nu}}} \cdot I_{P_{T_\nu}} \tag{14.3.2.5}$$

beschrieben wird. *Passive Aufnehmer* sind daher ihrem Wesen nach grundsätzlich Aufnehmer für *I*-Quantitätsgrößen (Wege, Winkel, Strömungsvolumina). Da bei der Verformung ihrer Meßfedern jedoch rückstellende *P*-Größen $I_{P_{T_\nu}}$ entstehen, die gemäß Tabelle 14.7 über ihre Nachgiebigkeit $C_{T_{f_\nu}}$ proportional sind, lassen sie sich hervorragend auch als *Kraft-, Drehmoment-* oder *Druckaufnehmer* einsetzen!

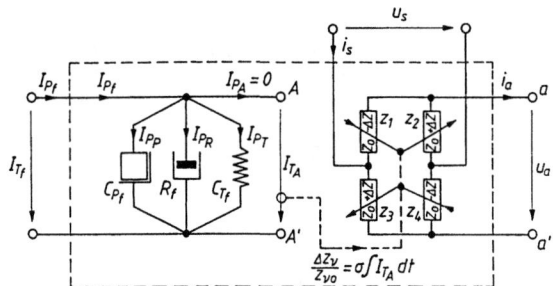

Bild 14.14
Funktionsblock des Meßfühlers eines passiven Aufnehmers.

Tabelle 14.7: Mechanische Grundgrößen

P Größen			T Größen			
I_P Größen		Q_P Größen		I_T Größen		Q_T Größen
F	Kraft	p_t	Impuls	v	Geschwindigkeit	s	Weg
M_r	Drehmoment	L_r	Drehimpuls	ω	Winkelgeschwindigkeit	φ	Winkelstellung
p	Druck	π	Druckimpuls	q_S	Strömungsgeschwindigkeit	V	Strömungsvolumen

14.3 Elektrisches Messen mechanischer Grundgrößen

Die Große $Z_\nu(Q_{T_f})$ ist aber nach [14.34] nur eine *Eigenschaft* der Fuhlerelemente, die nur bei Aufwendung einer Hilfsleistung $P_S = i_S \cdot u_S$ in ein Meßsignal $P_a = i_a \cdot u_a$ zu überführen ist. Aus diesem Grunde werden in der Praxis die n wirksamen Fühlerimpedanzen Z_ν zu vollständigen (vierarmigen) Brückenschaltungen erganzt, wobei man sich bei hochwertigen Aufnehmern darum bemuht, daß mindestens ein *Fuhlerpaar* mit gleicher Grundgröße Z_0, aber *gegensinniger* Stellfunktion zum Einsatz kommt und die unbelastete Brückenschaltung abgeglichen ist (d.h. $Z_2 Z_3 = Z_1 Z_4$). Im Leerlauf ($i_a = 0$) steht dann über die Meßdiagonale $a - a'$ der Brucke eine Meßsignal-Spannung

$$u_{a_0} \approx \frac{n}{4} \cdot u_S \cdot \frac{\Delta Z}{Z_0} = \frac{n}{4} \cdot \sigma \cdot u_S \int I_{T_A} dt \qquad (14.3.2.6)$$

zur Verfügung, die einmal Q_{T_f}, aber auch der Speisespannung u_S proportional ist! ($I_{T_f} = I_{T_A}$). Da in aller Regel die absolute Hohe der Speiseleistung $P_S = i_S \cdot u_S$ keine oder zumindest vernachlassigbar kleine Ruckwirkungen auf die Mechanik des Meßfühlers besitzt, kann hier von einer *ruckwirkungsfreien Steuerung* des Hilfsenergieflusses P_S gesprochen werden, der in Bild 14.14 durch eine gestrichelte *Wirkungslinie* symbolisiert wird, auf der eine Pfeilspitze in Stellrichtung weist.

14.3.2.5 Funktionsblöcke von Meßobjekt-Systemen

In der Praxis wird meistens *völlig unberechtigt* von der idealisierenden Annahme ausgegangen, daß bei Ankopplung einer Meßeinrichtung an das Meßobjekt trotz des dann einsetzenden Energieflusses die *interessierende Meßgröße unverändert* erhalten bleibe. Hierbei hätte man sich den Funktionsblock des Meßobjektes entsprechend Bild 14.15 fallweise als *ideale P*- oder *T*-Intensitäts-Meßgrößenquelle vorzustellen. Meist ist aber der Energieinhalt des Meßobjektes *begrenzt*, so daß durch den *Energieaustausch* über das Eingangstor $E-E'$ der Meßeinrichtung die interessierende Meßgröße u.U. *erhebliche Veranderungen* erfahrt, die im nachfolgenden mit *Anpassungsabweichungen* bezeichnet werden. Diese lassen sich nur berechnen, wenn die Meßobjektsysteme durch *reale* Meßgrößenquellen nachgebildet werden, bei denen gemäß Bild 14.15 jeweils *ideale* Meßgrößenquellen durch Innen-Netzwerke N_i aus Speicher- und Verbraucherbausteinen erganzt sind, durch die die Abhangigkeit f_A der *interessierenden Meßgröße* von der durch das Ankopplungstor $E-E'$ jeweils mit hindurchfließenden *konjugierten Meßgroßen* realistisch beschrieben wird.

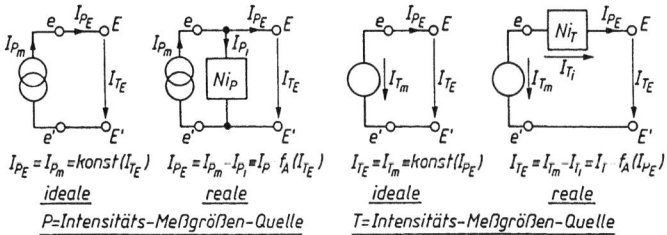

Bild 14.15 Funktionsblöcke idealer und realer Modellsysteme.

14.3.2.6 Aufstellung von Energieflußplänen

Einen intimen Überblick über die im elektromechanischen Meßkettenteil *dynamisch ablaufenden Prozesse* der Signalumformung erhält man, wenn man sämtliche daran beteiligten Funktionsmodelle so verknüpft, daß gleichnamige Pole des Ausgangstores und des Eingangstores im Signalfluß aufeinanderfolgender Funktionsblocke zusammenfallen. Es entstehen dabei *Energieflußplane*

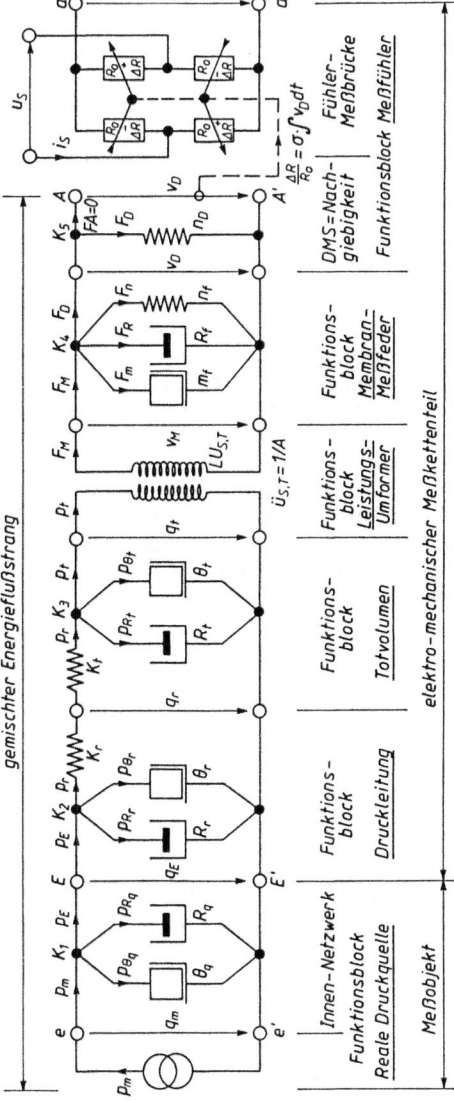

Bild 14.16 Energieflußplan des mechanischen Meßkettenteiles der Druckmeßeinrichtung in Bild 14.2.

14.3 Elektrisches Messen mechanischer Grundgrößen

in Netzwerkstruktur, wie dies in Bild 14.16 beispielhaft für die in Bild 14.2 geschilderte Druckmeßeinrichtung gezeigt ist.

Das Meßobjekt ist dort durch eine ideale Druckquelle wiedergegeben, die von einer Strömungsträgheit Θ_q und einem Strömungswiderstand $R_q = 1/G_q$ (G_q innerer Druckableitungs-Leitwert) innerlich belastet wird. Der Funktionsblock des Totvolumens vor der Tellermembran ist analog zu dem der Druckleitung aufgebaut, der mit Bild 14.11 übereinstimmt.

Die dem Totvolumen zugewandte Seite der Oberfläche der Tellermembrane stellt mit ihrem wirksamen Querschnitt A den eigentlichen Leistungsumformer $LU_{S,T}$ zwischen dem Strömungs- und dem Translations-System mit dem Übersetzungsverhältnis $u_{S,T} \equiv 1/A$ dar. Da die Speicher- und Verlusteigenschaften der Membrane dem nachfolgenden Funktionsblock Membran-Meßfeder zugeschlagen sind, konnte hier von einem idealen Leistungsumformer ausgegangen werden.

Die Dehnungsmeßstreifen (*DMS*) stellen, mechanisch gesehen, eine Meßfeder mit einer im Vergleich zur Membran-Nachgiebigkeit n_f sehr großen Nachgiebigkeit n_D dar. Ihre Masse und innere Reibung wurde gegenüber den entsprechenden Bauelementen m_f und R_f der Membrane vernachlässigt.

Die ohmschen Ruhewiderstände R_0 der *DMS*, die an geeigneten, unter dem Einfluß von $v_M = v_P \sim F_D$ positiv und negativ gedehnten Oberflächenzonen auf der Membranrückseite geklebt sind, erfahren gegensinnige Widerstandsänderungen $\pm \Delta R$ gleichen Betrages, die der jeweiligen Oberflächendehnung $\pm \epsilon_{D_v}$ und damit den Membranauslenkungen $s_D = \int v_D\, dt = n_D F_D$ proportional sind. Das auf die Speisespannung u_S bezogene elektrische Ausgangssignal ergibt sich mit Gl. (14.3 2.6) und der Steuerungsfunktion $\pm \dfrac{\Delta R_v}{R_0} = \sigma \cdot s_D$

$$\frac{u_{a_0}}{u_S} = \frac{1}{4}\sum_{\nu=1}^{4} \frac{\Delta R}{R_0} = \frac{\Delta R}{R_0} = \sigma \int v_D\, dt = \sigma \cdot n_D F_D. \qquad (14.3.2.7)$$

Wegen der *völligen Rückwirkungsfreiheit* der Speisestromquelle i_S, u_S auf den mechanischen Meßkettenteil wird über die *Stell-Wirklinie* durch das Tor $A-A$ effektiv keinerlei Leistung übertragen!

Bei passiven Aufnehmern stellen damit Tore, durch die *einzig* eine *Stellwirklinie* austritt, schon das *Ende* eines *Energieflußstranges* dar. Bei aktiven Aufnehmern ist dieses Ende stets erst an der Schnittstelle $a-a'$ am Eingangstor des elektrischen Meßkettenteiles anzusetzen, dessen Leistungsbedarf sich praktisch auf Null reduzieren läßt (vgl. Bild 14.11).

14.3.2.7 Vereinheitlichung von Energieflußsträngen

Allgemein stellt jeder derartige auch die Meßgrößenquelle einschließende Energieflußstrang ein energetisch vollständig in sich abgeschlossenes System dar, in dem aber Teilsysteme unterschiedlicher physikalischer Natur miteinander verkoppelt sind. Dadurch wird letztlich die prinzipiell mögliche Berechnung des Übertragungsverhaltens außerordentlich unübersichtlich und unnötig erschwert. Diese Schwierigkeiten lassen sich vermeiden, wenn man derart *gemischte Systeme* in *gleichwertige einheitliche Systeme* transformiert, in denen nur noch Bauelemente eines einzigen physikalischen Systems vorkommen, die in direkter Kopplung ein zusammenhängendes Übertragungsnetzwerk bilden und bei denen Leistungsumformer am Signal-Ein- und/oder -Ausgang die rückkommende Anpassung an den Ausgangszustand übernehmen.

Das Transformationsverfahren beruht auf dem Umstand, daß sich in jedem gemischten Energieflußstrang in Signalflußrichtung der Reihenfolge eines idealen Leistungsumformers $LU_{V,H}$ und eines diesem unmittelbar benachbarten Bauelementes vertauschen läßt, ohne daß dadurch das Gesamtübertragungsverhalten dieses Stranges geändert wird. Das verlagerte Bauelement hat dabei *sowohl seine Art* (Verbraucher, bzw. *P*- oder *T*-Speicher) als auch *seine Anordnung* in Bezug auf die Signalflußrichtung beizubehalten, ist aber nach den Vorschriften von Tabelle 14.8, Spalte 1 mit $u^2_{V,H}$, dem Quadrat des Übersetzungsverhältnisses von $LU_{V,H}$ in das benachbarte physikalische System zu transformieren!

Beispielsweise haben trotz vertauschter Reihenfolge beide in Bild 14.17 wiedergegebenen Anordnungen aus $LU_{V,H}$ und einem benachbarten *P*-Speicher C_{P_V} bzw. C_{P_H} das gleiche Übertragungsverhalten I_{P_A}/I_{P_E} und I_{T_A}/I_{T_E}, sofern $C_{P_V}/C_{P_N} = u^2_{V,H}$! Um eine derartige *Transformation* zu erreichen, hat man nacheinander sämtliche innerhalb eines gemischten Energieflußstranges vorkommenden Leistungsumformer durch *schrittweises*

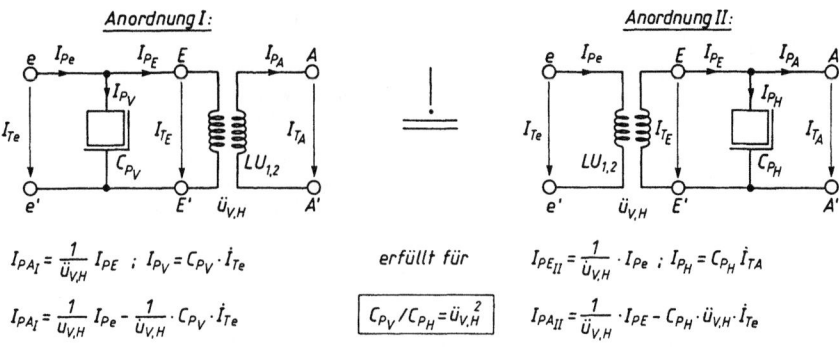

Bild 14.17 Transformation von Bausteinen am Beispiel eines P-Speichers.

Tabelle 14.8: Transformation und Vereinigung idealer Systembausteine

Bausteinart	Transformation[1]	Parallel-Anordnung[2]	Serien-Anordnung[3]
P-Quellen:	$I_{P_H} = I_{P_V}/\ddot{u}_{V_H}$	$I_{P_{ges}} = I_{P_1} + I_{P_2}$	Nicht möglich!
T-Quellen:	$I_{T_H} = I_{T_V} \cdot \ddot{u}_{V_H}$	Nicht möglich!	$I_{T_{ges}} = I_{T_1} + I_{T_2}$
P-Speicher:	$C_{P_H} = C_{P_V}/\ddot{u}^2_{V_H}$	$C_{P_{ges}} = C_{P_1} + C_{P_2}$	$1/C_{P_{ges}}{}^* = 1/C_{P_1} + 1/C_{P_2}$
T-Speicher:	$C_{T_H} = C_{T_V} \cdot \ddot{u}^2_{V_H}$	$1/C_{T_{ges}} = 1/C_{T_1} + 1/C_{T_2}$	$C_{T_{ges}} = C_{T_1} + C_{T_2}$
Verbraucher:	$R_H = R_V \cdot \ddot{u}^2_{V_H}$	$1/R_{ges} = 1/R_1 + 1/R_2$	$R_{ges} = R_1 + R_2$

*) Bei den trägheitsbehafteten P-Speichern der mechanischen Systeme nicht möglich!

Platztauschen mit den einzelnen dabei jeweils nach Tabelle 14.8, Spalte 1 zu transformierenden Bauelementen entweder bis unmittelbar hinter das Tor $e-e'$ der idealen Meßgrößenquelle an den Anfang des Energieflußstranges zu verschieben, oder ganz an dessen Ende bis vor das Tor $A-A'$ (vgl. Bild 14.16). Nach Abschluß einer solchen Verschiebungsoperation muß man grundsätzlich zwischen den Leistungsumformern am Anfang und Ende des Stranges ein Netzwerk vorliegen, das nur noch Bauelemente aufweist, die *alle dem gleichen physikalischen System* angehören. Hierin fallen in aller Regel jetzt aber mehrere gleichartige Bauteile entweder mit gleichnamigen Polen zusammen (*Parallelanordnung!*), so daß an ihnen die gleichen T-Intensitätsgrößen anliegen, oder sie werden hintereinander (*Serienanordnung!*) von den gleichen P-Intensitätsgrößen durchsetzt. In beiden Fällen wird nach den Vorschriften der Spalten 2 bzw. 3 von Tabelle 14.8 eine *Vereinigung* solcher gleichartiger Bauelemente zu einem einzigen gemeinsamen gleichartigen Bauelement möglich. Zusätzlich lassen sich auch zwei unmittelbar in Signalflußrichtung aufeinanderfolgende Leistungsumformer $LU_{V,Z}$ und $LU_{Z,H}$ mit den Übersetzungsverhältnissen $u_{V,Z}$ und $u_{Z,H}$ zu einem gemeinsamen Umformer $LU_{V,H}$ mit dem Übersetzungsverhältnis $u_{V,H} = u_{VZ} \cdot u_{ZH}$ zusammenfassen. Hierdurch läßt sich meist die Anzahl der im Netzwerk auftretenden Bauelemente stark reduzieren und die Netzwerkstruktur wesentlich vereinfachen, ohne daß sich dadurch das Gesamtübertragungsverhalten des solchermaßen transformierten, einheitlichen Energieflußstranges gegenüber dem ursprünglichen ändert.

Das zuvor geschilderte Verschiebeverfahren gestattet zunächst nur Transformationen auf eines der im ursprünglichen Energieflußstrang vorkommenden physikalischen Systeme. Es ist aber erweiterbar auf *Transformationen in ein beliebiges System B*, indem man vor dem Ausgangstor $A-A'$ zwei aufeinander folgende inverse ideale Leistungsumformer $LU_{A,B}$ und $LU_{B,A}$ in den ursprünglichen

14.3 Elektrisches Messen mechanischer Grundgrößen

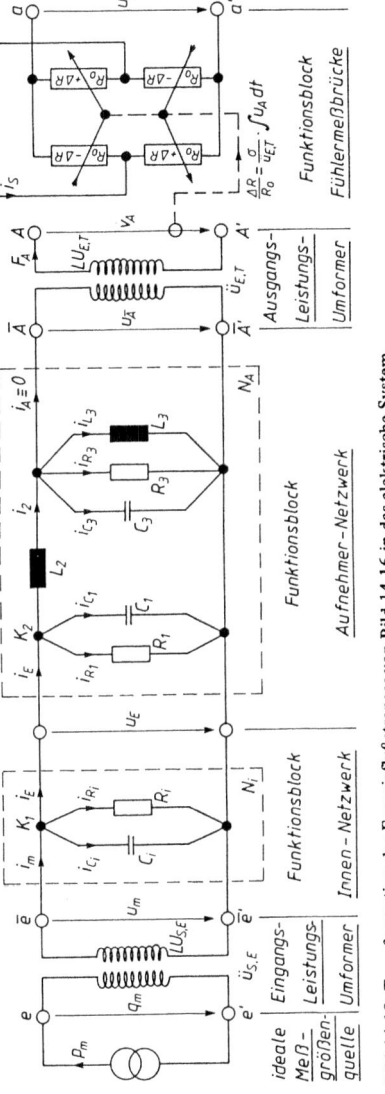

Bild 14.18 Transformation des Energieflußstranges von Bild 14.16 in das elektrische System.

Energieflußstrang einfügt, von denen das im Signalfluß vorausgehende $(LU_{A,B})$ mit einem frei wählbaren Übersetzungsverhältnis $u_{A,B}$ die Signalform im Tor $A-A'$ in das gewünschte System B umformt und $LU_{B,A}$ mit dem Übersetzungsverhältnis $u_{B,A} = 1/u_{A,B}$ diese Leistungsumformung wieder rückgängig macht. Anschließend ist $LU_{A,B}$ mit den übrigen Leistungsumformern des Stranges in der beschriebenen Weise hinter das Eingangstor $e-e'$ zu verschieben und mit diesen zu einem Eingangsumformer $LU_{M,B}$ zusammenzufassen, der die Meßgroßensignalleistung $P_M = I_{M_P} \cdot I_{M_T}$ mit dem Übersetzungsverhältnis $u_{M,B} = \prod_1^n \cdot u_\nu$ (dem Produkt aus den Übersetzungsverhältnissen aller n verschobenen Leistungsumformer) an das gewünschte System anpaßt. $LU_{B,A}$ bleibt dagegen als Ausgangsumformer vor dem Tor $A-A'$ am Ende des Stranges und übernimmt mit $u_{B,A}$ die Rückübersetzung in die ursprüngliche Ausgangssignalart.

Bei der praktischen Durchführung derartiger Transformationen ist je nach der Art des Fuhlerelementes in unterschiedlicher Weise vorzugehen:
Bei Energieflußstrangen mit *aktiven Meßfuhlern* liegt am Ausgangstor $a-a'$ schon von Natur ein elektrisches Ausgangssignal u_a an. Daher genugt es hier, – im besonderen bei der Transformation auf ein einheitliches elektrisches System – , alle Leistungsumformer innerhalb des Stranges nach vorn direkt hinter die ideale mechanische Meßgroßenquelle mit dem Tor $e-e'$ zu verschieben. Dennoch kann auch hier das Einfugen eines inversen Paares von Leistungsumformern $LU_{E,E}$ vorteilhaft sein, die lediglich die Signalpegel wandeln, aber beidseitig im elektrischen System arbeiten, wenn sich dadurch einfacher zu realisierende Großen für die transformierten elektrischen Bauteile ergeben. Außerdem sollten nach der Transformation gleichartige Bauelemente der realen Meßgroßenquelle und des Aufnehmers nicht miteinander vereinigt, sondern in zwei getrennten Funktionsblocken, dem Innennetzwerk N_i und dem Aufnehmernetzwerk N_A, zusammengefaßt werden, um die Berechnung von Übertragungsgleichungen und Anpassungsabweichungen zu vereinfachen.

Die Vorgehensweise beim Vorliegen *passiver Meßfuhler* kann Bild 14 18 entnommen werden, bei dem die mechanischen Bauelemente der Druckmeßeinrichtung von Bild 14.16 samtlich in ein einheitliches elektrisches System E transformiert wurden. Wie zu erkennen ist, wird dabei allgemein die Bruckenstruktur der gesteuerten Impedanzen Z_ν (hier der DMS-Widerstande R_ν) und damit die Steuerungsfunktion nach Gl. (16.3.2.5) nicht geändert. Im vorliegenden Beispiel haben folgende Bauelemente-Transformationen stattgefunden:

$$u_{S,E} = u_{S,T} \cdot u_{T,E} = \frac{u_{T,E}}{A} \qquad C_1 = \frac{\Theta q}{u_{S,E}^2} \qquad R_i = u_{S,E}^2 \cdot R_q$$

$$C_1 = \frac{\Theta r}{u_{S,E}^2} \qquad R_1 = u_{S,E}^2 R_r \qquad L_2 = u_{S,E}^2 (K_r + K_t)$$

$$C_3 = \frac{\Theta t}{u_{S,E}^2} + \frac{m_w}{u_{T,E}^2} \qquad R_3 = \frac{u_{S,E}^2 R_t \cdot R_f}{u_{S,T}^2 R_t + R_f} \qquad L_3 = u_{T,E}^2 \frac{n_f \cdot n_D}{n_f + n_D}$$

14.3.2.8 Berechnung des Übertragungsverhaltens elektromechanischer Meßkettenteile

Faßt man nach vollzogener Transformation alle in den Netzwerken N_i und N_A jeweils noch einander parallel liegenden Speicher- und Verbraucher-Elemente Z_ν noch einmal zu einer gemischten Impedanz Z_K zusammen, so kann man die in der Praxis vorkommenden elektromechanischen Meßkettenteile alle auf eine der in Bild 14.19 wiedergegebenen Grundformen zurückführen. Danach ist zu unterscheiden, ob die interessierende mechanische Meßgroße $M(t)$
a) als *P-Intensitatsgroße* I_{P_M} an einer *realen P-Quelle* mit der transformierten Innenimpedanz Z_{i_P} oder
b) als *T-Intensitatsgroße* I_{T_M} an einer *realen T-Quelle* mit Z_{i_T} bestimmt werden soll und ob der Aufnehmer
c) mit *aktiven Meßfuhlern* oder
d) mit *passiven Meßfuhlern*

arbeitet Da für beide Aufnehmerarten c) und d) willkurlich ein Betrieb aus einer P- oder T-Quelle (Fall a) oder b)) möglich ist, gibt es prinzipiell die vier Grundformen

a) – c),   a) – d),   b) – c)   und   b) – d)

Die Berechnung ihres individuellen Übertragungsverhaltens, das zeitlichen und quantitativen Zusammenhang zwischen den Änderungen des (vom nachgeschalteten elektrischen Meßkettenteil) vereinbarungsgemaß nicht

14.3 Elektrisches Messen mechanischer Grundgrößen

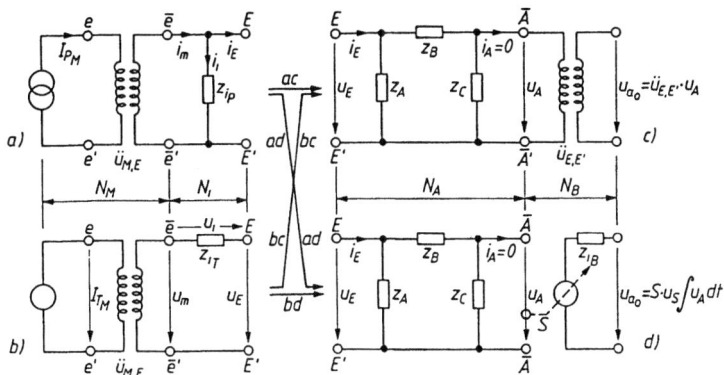

Bild 14.19 Grundnetzwerke transformierter elektromechanischer Meßkettenteile
a) mit P-Intensitäts- und
b) mit T-Intensitäts-Meßgrößenquelle,
c) und aktivem Meßfühler
d) passivem Meßfühler.

belasteten elektrischen Ausgangssignal $u_{a_0}(t)$ und den Änderungen von $I_{M_P}(t)$ bzw. $I_{T_M}(t)$ im ungestörten (d.h. nicht von der Meßeinrichtung belasteten Zustand) in Form einer Übertragungsgleichung

$$\frac{u_{a_0}(t)}{I_{P_M}(t)} = \ddot{U}_{P_M}(t) \quad \text{bzw.} \quad \frac{u_{a_0}(t)}{I_{T_M}(t)} = \ddot{U}_{T_M}(t) \tag{14.3.2.8}$$

beschreibt, erfolgt grundsätzlich dadurch, daß man in einem ersten Schritt zunächst mit einer der in Abschnitt 14.1.3.4 aufgeführten Methoden das Übertragungsverhalten des zwischen den Toren $\bar{e}-\bar{e}'$ und $\bar{A}-\bar{A}'$ liegenden transformierten Netzwerkes N_T

$$\frac{I_{T_A^-}(t)}{I_{P_e}(t)} = \ddot{U}_{P_N}(t) \quad \text{bzw} \quad \frac{I_{T_A^-}(t)}{I_{T_e}(t)} = \ddot{U}_{T_N}(t) \tag{14.3.2.9}$$

und die so gefundenen Übertragungsgleichungen $\ddot{U}_N(t)$ eingangsseitig uber das Übersetzungsverhältnis $(u_{M,E})$ des Eingangsleistungsumformers $(LU_{M,E})$ auf $M(t)$ und ausgangsseitig im Falle c) mit $u_{E,E'}$ und im Falle d) mittels der Steuerungsfunktion: Vgl. die Gln. (16.3.2.5) und (16.3.2.6).

$$u_{a_0}(t) = \frac{n}{4} \sigma \cdot u_s \int I_{T_A} dt = \frac{n}{4} \cdot \sigma \cdot u_{E,A} \cdot u_s \int I_{T_A^-} dt = S \cdot u_s \int I_{T_A^-} dt \tag{14.3.2.10}$$

auf $u_{a_0}(t)$ umrechnet. Hierbei kann durch Einführung des *Steuerfaktors* $S = \frac{n\sigma}{4} \cdot u_{E,A}$ die Erzeugung von $u_{a_0}(t)$ auf eine gesteuerte Spannungsquelle vereinfacht werden.
Die Berechnung des Übertragungsverhaltens bei beliebigem Zeitverlauf von $M(t)$ über die Aufstellung und Auflösung von Differentialgleichungssystemen aufgrund der individuellen Netzwerkstruktur ist in aller Regel äußerst mühselig und zeitaufwendig, so daß sie auf die wenigen Sonderfälle beschränkt bleiben sollte, in denen es auf die genaue Erfassung *transienter*, d.h. stoßformiger, einmalig ablaufender Meßvorgänge $M(t)$ ankommt.
Bei fast allen anderen praktischen Aufgabenstellungen des elektrischen Messens mechanischer Größen sind *stationäre Meßvorgänge* $M(\omega t)$ zu bestimmen, die sich nach Ablauf eines Einschwingvorganges mit der Frequenz $f = \omega/2\pi$ periodisch wiederholen. Hier genügen Übertragungsgleichungen in Form von Frequenzgängen $F(\omega) = A(\omega)/E(\omega)$, die beschreiben, wie sich das Amplitudenverhältnis $a(\omega) = A(\omega)/E(\omega)$ als *Amplitudengang* und die relative Verschiebung φ der Nulldurchgänge (Nullphasenwinkel φ) als Phasengang $\varphi(\omega)$ des sinusförmigen Ausgangssignals $A(\omega)$ in Bezug auf ein sinusförmiges Eingangssignal $E(\omega)$ eines Übertragungsgliedes in Abhängigkeit von ω ändern.

Ihre Berechnung läßt sich stark vereinfachen, wenn man, wie in der Elektrotechnik üblich [14.33], mit *komplexen* Ein- und Ausgangsgrößen in der Form

$$E(j\omega) = \hat{E} \cdot e^{j\omega t} = \hat{E}[\cos\omega t + j\sin\omega t] \qquad (14.3.2.11)$$

$$A(j\omega) = \hat{A} \cdot e^{j(\omega t + \varphi)} = \hat{A}[\cos(\omega t + \varphi) + j\sin(\omega t + \varphi)] \qquad (14.3.2.12)$$

arbeitet, wobei j lediglich eine verwechselungsvermeidende, andere Schreibweise für $i = \sqrt{-1} = j$ ist und die aus der Mathematik bekannte *Eulerbeziehung*

$$e^{jx} = \cos x + j\sin x \qquad (14.3.2.13)$$

genutzt wird. Ansonsten wird bei der nachfolgenden Beschreibung der Arbeitsschritte davon ausgegangen, daß die mechanischen Bauelemente einheitlich in das elektrische System E transformiert wurden, wie dies in Bild 14.18 gezeigt wurde.

1. Arbeitsschritt Die elektrischen Kapazitaten C_ν, Induktivitaten L_ν und Widerstände R_ν werden nach der Vorschrift

$$Z_{P_\nu} = \frac{1}{j\omega C_\nu} \quad ; \quad Z_{T_\nu} = j\omega L_\nu \quad \text{und} \quad Z_{R_\nu} = R_\nu \qquad (14.3.2.14)$$

in komplexe Impedanzen Z_ν überführt. Bei Beachtung der Rechenregeln für komplexe Zahlen kann man diese Impedanzen wie die Widerstande rein ohmscher Netzwerke behandeln und mit Hilfe der beiden Kirchhoffschen Gesetze

$$\sum_k i_\nu = 0 \qquad \text{(Knotenregel)} \qquad (14.3.2.15)$$

$$\sum_m i_\nu \cdot Z_\nu = \sum_n u_\mu \qquad \text{(Knotenregel)} \qquad (14.3.2.16)$$

auch die in den Zweigen ζ_ν eines Netzwerkes aus derartigen Impedanzen auftretenden Zweigstrome i_ν und die von diesen an den Impedanzen Z_ν hervorgerufenen Spannungsabfalle berechnen [14.32]. u_μ sind dabei von außen an Netzwerketore angelegte ideale Spannungsquellen.

2. Arbeitsschritt: Da das Aufnehmernetzwerk N_A an seinem Ausgangstor $\overline{A}-\overline{A}'$ nicht belastet ist (i_A = 0!), lassen sich die in seinem Eingangstor $E-E'$ wirksame Eingangsimpedanz

$$Z_E(j\omega) = \frac{u_E(j\omega)}{i_E(j\omega)} \qquad (14.3.2.17)$$

und sein Spannungsfrequenzgang

$$F_u(j\omega) = \frac{u_{A_0}(j\omega)}{u_E(j\omega)} = a_u(j\omega) e^{j\varphi_u(j\omega)} \qquad (14.3.2.18)$$

direkt mit den Gln. (14.3.2.14), (14.3.2.15) und (14.3.2.16) aus dem individuellen Netzwerkaufbau ableiten. Hierbei ist es von besonderem Vorteil, daß man die Berechnungen im Bedarfsfalle sehr einfach durch Anlegen eines in seiner Frequenz $f = \omega/2\pi$ variierbaren Sinusgenerators als ideale Spannungsquelle u_E an das Eingangstor einer Netzwerknachbildung von N_A aus diskreten elektrischen Bauelementen kontrollieren oder gar ersetzen kann. Dabei ist nämlich

$$a_u(j\omega) = |F_u(j\omega)| = \left|\frac{u_{A_0}(j\omega)}{u_E(j\omega)}\right| \qquad (14.3.2.19)$$

das Amplitudenverhaltnis (Amplitudengang) und

$$\varphi_u(j\omega) = \sphericalangle u_{A_0}, \ u_E(j\omega) \qquad (14.3.2.20)$$

der Nullphasenwinkel φ_u (Phasengang) der Ausgangsspannung u_{A_0} bezogen auf die angelegte Eingangsspannung u_E, die sich beispielsweise bequem und anschaulich mittels eines Oszilloskops ermitteln lassen. Wird dann noch der in Abhangigkeit von ω in das Eingangstor $E-E'$ hineinfließende Eingangsstrom $i_E(j\omega)$ gemessen, kann mit Gl. (14.3.2.17) sowohl $Z_E(j\omega)$ als auch der *Stromfrequenzgang*

$$F_i(j\omega) = \frac{u_{a_0}(j\omega)}{i_E(j\omega)} = \frac{u_E}{i_E} \cdot \frac{u_{A_0}}{u_E} = Z_E(j\omega) \cdot F_u(j\omega) \qquad (14.3.2.21)$$

bestimmt werden.

14.3 Elektrisches Messen mechanischer Grundgrößen 483

3. *Arbeitsschritt:* Zur Berechnung der Übertragungsgleichungen der aus idealen Meßgrößenquellen ($Z_{i_p} = \infty$ bzw. $Z_{i_T} = 0$) betriebenen, vollständigen elektromechanischen Meßkettenteils müssen noch die durchgeführten Transformationen berücksichtigt werden: Eingangsseitig gilt im Betriebsfall

a) $i_E = \dfrac{1}{u_{M,E}} \cdot I_{P_M}$ und

b) $u_E = u_{M,E} \cdot I_{T_M}$ (14.3.2.22)

Ausgangsseitig wird bei *aktiven Meßfuhlern* (Fall c) das unbelastete Ausgangssignal a_0 durch die Übersetzung $u_{E,E'}$ des aus Anpassungsgründen ggf. eingeführten Leistungsumformers $LU_{E,E'}$ bestimmt:

c) $u_{a_0} = u_{E,E'} \cdot u_{A_0}$. (14.3.2.23)

Bei *passiven Meßfuhlern* (Fall d) gilt mit Gl. (14.3.2.10)

d) $u_{a_0}(t) = \dfrac{n}{4} \cdot \sigma \cdot u_{E,A} \cdot u_s \cdot \int u_{A_0} dt = S \cdot u_s \int u_{A_0} dt$. (14.3.2.24)

Diese Integration ist hier aber einfach durchführbar, da im *stationären Zustand* $u_{A_0}(t)$ die Form $u_{A_0}(j\omega) = \hat{u}_{A_0} e^{j(\omega t + \varphi_{A_0})}$ annimmt. Daher wird im Fall d) das auf die Speisespannung bezogene Ausgangssignal

$$\dfrac{u_{A_0}(j\omega)}{u_S} = S \cdot \dfrac{1}{j\omega} u_{A_0} e^{j(\omega t + \varphi_{A_0})} = \dfrac{S}{j\omega} \cdot u_{A_0}(j\omega).$$ (14.3.2.25)

Mit Hilfe dieser Beziehungen lassen sich die gesuchten Übertragungsgleichungen ebenfalls in Form von Frequenzgangen direkt ableiten: Danach gilt beim Vorliegen *aktiver Aufnehmer an idealer*

P-Quelle: $F_M(j\omega)_{a,c} = \dfrac{u_{a_0}}{I_{P_M}}(j\omega) = \dfrac{u_{E,E'}}{u_{M,E}} F_i(j\omega)$, (14.3.2.26)

T-Quelle: $F_M(j\omega)_{p,c} = \dfrac{u_{a_0}}{I_{T_M}}(j\omega) = u_{M,E} \cdot u_{E,E'} \cdot F_u(j\omega)$ (14.3.2.27)

und bei *passiven Aufnehmern an idealer*

P-Quelle: $F_M(j\omega)_{a,d} = \dfrac{u_{a_0}/u_S}{I_{P_M}}(j\omega) = \dfrac{S}{u_{M,E}} \cdot \dfrac{F_i(j\omega)}{j\omega}$, (14.3.2.28)

T-Quelle: $F_M(j\omega)_{b,d} = \dfrac{u_{a_0}/u_S}{I_{T_M}}(j\omega) = u_{M,E} \cdot S \cdot \dfrac{F_u(j\omega)}{j\omega}$. (14.3.2.29)

An diesen Ergebnissen ist bemerkenswert, daß sich die gesuchten Übertragungsgleichungen alle direkt mit Hilfe des Strom- bzw. Spannungsfrequenzganges des transformierten elektrischen Aufnehmernetzwerkes N_A angeben lassen, die man ja in der beschriebenen Weise rasch und mit hoher Genauigkeit an Netzwerknachbildungen experimentell bestimmen kann.

Bei der rechnerischen Ermittlung dieser Frequenzgange wird man meist zu folgenden Ausdrucken kommen:

$$F_i(j\omega) = \dfrac{j\omega k_i}{1 + j\omega a_1 + \cdots + (j\omega)^n a_n}$$ (14.3.2.30)

und

$$F_u(j\omega) = \dfrac{k_u}{1 + j\omega b_1 + \cdots + (j\omega)^m b_m},$$ (14.3.2.31)

wobei der Grad n bzw. m der *charakteristischen Nenner-Funktion* maximal der *Summe* der Kondensatoren C_ν und Induktivitaten L_μ entspricht, die in N_A an der jeweiligen Übertragung beteiligt sind. Es ist daraus unmittelbar erkennbar, daß man schon beim Vorliegen von wenigen Speicherelementen in der Praxis damit rechnen muß, daß sowohl der Amplitudengang $|F_M(j\omega)|$ als auch der Phasengang $\varphi_M(j\omega)$ einen stark schwankenden, von vielen Resonanzstellen geprägten Verlauf über der Arbeitsfrequenz hat.

Des weiteren ist zu entnehmen, daß mit *aktiven Aufnehmern keine statischen P-Intensitätsgrößen* und mit *passiven Aufnehmern keine statischen T-Intensitätsgrößen* zu erfassen sind, weil in diesen Betriebsfällen für $\omega = 0$ der Amplitudengang zu Null wird. Bei Kenntnis der Frequenzgänge können aber beide Aufnehmerarten für *dynamische Messungen* sowohl von *P*- als auch von *T*-Meßgrößen eingesetzt werden.

In der meßtechnischen Praxis wird in zunehmendem Maße dazu übergegangen, das Übertragungsverhalten von für die Aufnahme *statischer Meßgrößen* geeigneter Aufnehmer durch Nennkennwerte C_N zu beschreiben (DIN 51 301, VDI 2637 und VDE 2638). Dabei beschreibt dieser Nennkennwert für die Betriebsart

bc) *T-Quelle*, aktive Aufnehmer $\quad C_{N\text{akt.}} = \dfrac{\Delta u_{a_0}}{\Delta I_{T_N}}$, $\hspace{2cm}$ (14.3.2.32)

ad) *P-Quelle*, passive Aufnehmer $\quad C_{N\text{pass.}} = \dfrac{\Delta u_{a_0}/u_s}{\Delta I_{P_N}}$ $\hspace{2cm}$ (14.3.2.32)

die Änderung Δu_{a_0}, die das unbelastete Ausgangssignal nach dem Abklingen aller Einschwingvorgänge erfährt, wenn die Eingangsgröße I_{P_M} bzw. I_{T_M} einer statischen Änderung ΔI_{P_N} bzw. ΔI_{T_N} in Höhe des Meßgrößen-Nennwertes unterworfen wird, für den der Aufnehmer *nominal* ausgelegt ist. Führt man diese Kennwertdefinition ein, stellt sich der Frequenzgang derartiger Aufnehmer mit den Gln. (16.3.2.30) und (16.3.2.31) wie folgt dar:

$$F_M(j\omega)_{b,c} = \dfrac{C_{N\text{akt.}}}{1 + j\omega b_1 + \cdots + (j\omega)^m b_m} \quad \text{mit} \quad C_{N\text{akt}} = u_{M,E} \cdot u_{E,E'} k_u \hspace{1cm} (14.3.2.34)$$

$$F_M(j\omega)_{a,d} = \dfrac{C_{N\text{pass.}}}{1 + j\omega a_1 + \cdots + (j\omega)^n b_b} \quad \text{mit} \quad C_{N\text{pass.}} = \dfrac{S}{u_{M,E}} k_i \; . \hspace{1cm} (14.3.2.35)$$

Hieraus ist unmittelbar entnehmbar, daß man *nur bei genauer Kenntnis des Frequenzganges derartige Aufnehmer auch für dynamische Messungen einsetzen kann, selbst wenn die Kennwerte* C_N *mit hoher Präzision bestimmt wurden!*.

14.3.2.9 Anpassungsabweichungen

Nach Bild 14.19 beträgt die Signalleistung P_A, die man zur Erzeugung eines vorgegebenen Ausgangssignals dem Aufnehmernetzwerk N_A zur Verfügung stellen muß mit Gl. (14.3.2.17)

$$P_A = i_E \cdot u_E = i_E^2 \cdot Z_E(j\omega) = u_E^2/Z_E(j\omega) \; . \hspace{2cm} (14.3.2.36)$$

Diese Leistung aber kann ohne entscheidende Meßverfälschungen nur von effektiv idealen Meßgrößenquellen aufgebracht werden, die aber in der Praxis fast nie anzutreffen sind. In aller Regel hat man es dagegen mit realen Meßgrößenquellen zu tun, bei denen die interessierende Meßgröße I_M mehr oder weniger große Anpassungsabweichungen d_A erfährt, sobald sie mit dem Aufnehmer belastet und mit diesem die benötigten Signalleistungen P_A austauscht. Das Verhalten derartiger realer Meßgrößenquellen wird nach Abschnitt 14.3.2.5 durch Einfügen eines Innennetzwerkblockes N_i mit einer zugehörigen Innenimpedanz Z_{ip} bzw. Z_{i_T} in den Energieflußplan des elektromechanischen Meßkettenteils beschrieben, wie dies aus Bild 14.19 zu erkennen ist. Danach erfahren die transformierten Meßgrößen i_m bzw. u_m durch N_i die *Anpassungsabweichungen*

P-Quelle: $\quad d_{A\,P}(j\omega) = \dfrac{i_i(j\omega)}{i_m} = \dfrac{Z_E}{Z_{i_P} + Z_E}(j\omega) \; , \hspace{2cm} (14.3.2.37)$

T-Quelle: $\quad d_{A\,T}(j\omega) = \dfrac{u_i(j\omega)}{u_m} = \dfrac{Z_{i_T}}{Z_{i_T} + Z_E}(j\omega) \; . \hspace{2cm} (14.3.2.38)$

14.3 Elektrisches Messen mechanischer Grundgrößen

Daraus errechnen sich die *komplexen Anpassungsfaktoren*

$$\kappa_{AP} = \frac{i_E}{i_m} = 1 - d_{AP} = \frac{Z_{i_P}}{Z_{i_P} + Z_E} \quad (j\omega) = |\kappa_{AP}| e^{j\varphi_{AP}}, \tag{14.3.2.39}$$

$$\kappa_{AT} = \frac{u_E}{u_m} = 1 - d_{AT} = \frac{Z_E}{Z_{i_T} + Z_E} \quad (j\omega) = |\kappa_{AT}| e^{j\varphi_{AT}} \tag{14.3.2.40}$$

mit denen sich anschließlich die Übertragungsgleichungen (14.3.2.26) bis (14.3.2.29), bei Bezug auf die unbelasteten Meßgrößen $I_{P_{M_0}}$ bzw. $I_{T_{M_0}}$, darstellen lassen.

$$F_m(j\omega)_{a,c} = \frac{u_{a_0}}{I_{P_{M_0}}} (j\omega) = \kappa_{AP}(j\omega) \cdot \frac{u_{E,E'}}{u_{M,E}} \cdot F_i(j\omega), \tag{14.3.2.41}$$

$$F_m(j\omega)_{b,c} = \frac{u_{a_0}}{I_{T_{M_0}}} (j\omega) = \kappa_{AT}(j\omega) \cdot u_{M,E} \cdot u_{E,E'} \cdot F_u(j\omega), \tag{14.3.2.42}$$

$$F_m(j\omega)_{a,d} = \frac{u_{a_0}/u_S}{I_{P_{M_0}}} (j\omega) = \kappa_{AP}(j\omega) \cdot \frac{S}{u_{M,E}} \cdot \frac{F_i(j\omega)}{j\omega}, \tag{14.3.2.43}$$

$$F_m(j\omega)_{b,d} = \frac{u_{a_0}/u_S}{I_{T_{M_0}}} (j\omega) = \kappa_{AT}(j\omega) u_{M,E} \cdot S \cdot \frac{F_u(j\omega)}{j\omega}. \tag{14.3.2.44}$$

Die obige Einführung der komplexen Anpassungsfaktoren hat den Vorteil, daß man auf den im allgemeinen unveränderlichen und einfach bestimmbaren Frequenzgängen $F_i(j\omega)$ und $F_u(j\omega)$ der elektrischen Aufnehmernetzwerke einer vorgegebenen Meßeinrichtung aufbauen kann und sich bei wechselndem Einsatz dieser Meßeinrichtung an unterschiedlichen Meßobjekten die für jeden individuellen Fall anzusetzenden Anpassungskorrekturen an den gewonnenen Meßergebnissen direkt mit Hilfe des unveränderlichen $Z_E(j\omega)$ und dem individuellen Z_i der Meßgrößenquelle durchführen lassen.
Es ist unmittelbar aus den Gln. (14.3.2.41) bis (14.3.2.44) zu entnehmen, daß der Frequenzgang der vollständigen elektromechanischen Meßkette um so intensiver beeinflußt wird, je komplexer N_A angesetzt werden muß und daß man in der Praxis zu beträchtlichen Meßabweichungen kommen kann, wenn man den Signalleistungsbedarf einer gegebenen Meßeinrichtung nicht kennt und insbesondere den Einfluß des Innennetzwerkes eines individuellen Meßobjekts nicht berücksichtigt [14.24]!
Unter allen Umständen *hüte man sich vor der Annahme*, daß Anpassungsabweichungen lediglich bei dynamischen Messungen auftreten können. Im statischen Fall ($\omega = 0$) werden in Z_i lediglich die trägheitsbehafteten Speicherkomponenten C_{P_i} unwirksam, die elastischen Speicher C_{T_i} schlagen in $\kappa(\omega = 0)$ in vollem Maße durch!
Grundsätzlich sind also bei Nichtberücksichtigung der Anpassungsabweichungen nur dann brauchbare Meßergebnisse zu erwarten, solange der Energiebedarf $\int P_A\,dt$ der Meßeinrichtung vernachlässigbar klein gegenüber dem Energieinhalt des Meßobjektes gehalten werden kann!.

14.3.3 Aktive elektromechanische Aufnehmer

Wie im Abschnitt 14.3.2.4 allgemein erläutert wurde, arbeiten auch elektromechanische Aufnehmer als reine Leistungsumformer nach einer der in Bild 14.13 wiedergegebenen Betriebsweise. In der überwiegenden Mehrzahl wird dabei das von *Faraday* angegebene Induktionsgesetz

$$u_{a_0} = w \cdot \frac{d\Phi}{dt} \tag{14.3.3.1}$$

benutzt, nach dem sich an den Klemmen einer Spule mit w Windungen im unbelasteten Zustand ($i_a = 0$) eine Leerlaufspannung u_{a_0} messen läßt, die der zeitlichen Änderung des diese Windungen durchsetzenden magnetischen Flusses Φ ist. Daneben hat nur das in Abschnitt 14.3.3.3 beschriebene piezoelektrische Prinzip Bedeutung gewinnen können.

14.3.3.1 Elektrodynamischer Aufnehmer

Bei elektromechanischen Aufnehmern wird von der Meßgröße M die *Position* x einer Meßspule in Bezug auf einen räumlichen Magnetfluß Φ verändert, der von einem Permanentmagneten *PM* hervorgerufen wird. Dies sei am Beispiel des in Bild 14.20 wiedergegebenen Linearmotors beschrieben, der als Antrieb in Lautsprechersystemen allgemein bekannt geworden ist.

Die Spule *SP* mit w gegeneinander isolierten Kupferwindungen ist fest auf einen zylindrischen Spulenkörper *SK* gewickelt, der, von elastischen Lenkern *PF* in einem zylindrischen Luftspalt eines Topfkernmagnetkörpers *TK* parallel geführt vom Meßgrößensignal $F_x \cdot v_x$ in x-Richtung verschoben werden kann. Da die Flußdichte B des im Luftspalt radialgerichteten Magnetflusses ausgezeichnete Homogenität aufweist, nimmt der Fluß $\Phi(x)$ des Magnetkerns von $x = x_0$ bis $x = 1$, wie angedeutet, linear von 0 auf Φ zu

$$\Phi(x) = \pi \cdot d \cdot B(x - x_0) \Big|_{x_0}^{x_0 + h} \qquad (14.3.3.2)$$

Wird nun innerhalb des linearen Bereichs die Spule mit der Geschwindigkeit $v_x = \dot{x}$ im Luftspalt bewegt, wird dabei der diese in Spulenachsrichtung x durchsetzende Fluß $\Phi(x)$ geändert, und an den über flexible Zuleitungen angeschlossenen Klemmen $a - a'$ läßt sich nach Gl. (14.3.3.1) eine Spannung

$$u_{a_0} = w \frac{d\Phi(x)}{dx} \frac{dx}{dt} = w \cdot \pi \cdot d \cdot v_x = l \cdot [\vec{B} \times \vec{v}] \qquad (14.3.3.3)$$

abgreifen, die der Meßgeschwindigkeit v_x direkt linear ist. Damit beträgt die Übersetzung derartiger Geschwindigkeitsaufnehmer:

$$\ddot{u}_{M,E} = \frac{u_{a_0}}{v_x} \equiv w \cdot \pi \cdot d \cdot B = l \cdot B. \qquad (14.3.3.4)$$

Wie bei jedem Leistungsumformer ist auch hier die *umgekehrte Betriebsweise* möglich: Wird ein Strom i_a in entgegengesetzter Richtung in das Ausgangstor $a-a'$ durch die Spule geschickt, wird auf diese eine *Lorentz-Kraft*

$$F_{s_x} = l \cdot B \cdot i_a = w \cdot \pi \cdot d \cdot [\vec{B} \times \vec{i}_a] \equiv u_{M,E} \cdot i_a \qquad (14.3.3.5)$$

ausgeübt, die ebenfalls das Übersetzungsverhältnis $\ddot{u}_{M,E}$ nach Gl. (14.3.3.4) ergibt, weil i_a an jeder Stelle des Luftspaltes senkrecht auf B steht und die aktive Länge l des im Induktionsfluß B verlaufenden Leiters $l = w \cdot \pi \cdot d$ beträgt. F_{s_x} kann vollständig am Lastelement LE abgenommen

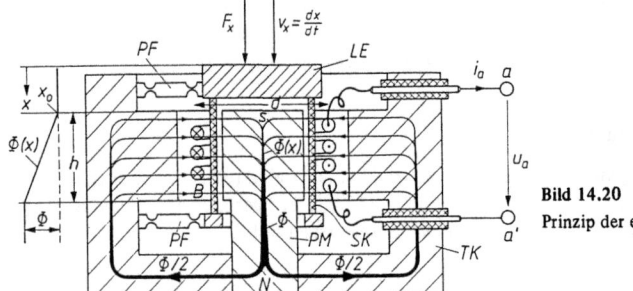

Bild 14.20
Prinzip der elektrodynamischen Aufnehmer.

14.3 Elektrisches Messen mechanischer Grundgrößen

werden, wenn dieses durch eine Gegenkraft F_x gleicher Große an einer Bewegung ($v_x = 0$) gehindert und damit der Aufnehmer eingangsseitig nicht belastet wird.
Wird statt der Spule ein leitfähiger *Hohlzylindermantel* in den Luftspalt des Topfmagneten Bild 14.20 gebracht und mit einer in dessen Rotationsachse umlaufenden Welle verbunden, so tritt bei Drehung des Zylindermantels zwischen dessen axialen Rändern eine drehgeschwindigkeitsproportionale Spannung auf: vgl. Gl. (14.3.3.3)

$$u_{a_0} = l \cdot [\vec{B} \times \vec{v}_x] \equiv h \cdot \frac{d}{2} \cdot \omega_x . \qquad (14.3.3.6)$$

Da sich bei derartigen *Unipolarmaschinen* [14.32, S. 202 bis 204] die aktive Spulenlange nur zu $l = h$ gestalten läßt, lassen sich auf diese Weise nur sehr kleine Nutzspannungen ($< 10^{-2}$ V/1000 U/min) erreichen, die zudem noch über Schleifringe abgenommen werden müssen.

Zu Wechselspannungen $u_{a_0} \sim$ hoher Amplitude kommt man jedoch bei solchen Tachogeneratoren, bei denen eine auf einen Anker gewickelte Spule in einem permanenten Statormagnetfeld rotiert. Sorgt man durch geeignete Anker- und Statorgeometrie dafür, daß der Ankerfluß $\Phi(\varphi)$ über dem Drehwinkel φ sinusförmig verlauft, $\Phi(\varphi) = \hat{\Phi} \cdot \cos\varphi$, erhält man eine Ausgangsspannung

$$u_{a_0 \sim} = w \frac{\partial \Phi}{\partial \varphi} \cdot \frac{\partial \varphi}{\partial t} = -w \cdot \omega \cdot \hat{\Phi} \cdot \sin\varphi \qquad (14.3.3.7)$$

die ebenfalls über Schleifringe abgenommen werden muß. Letztere lassen sich vermeiden, wenn der Anker als Permanentmagnet ausgebildet ist und der Stator eine Spulenwicklung trägt. In diesem Signal sind zwar sowohl die Amplitude $w\hat{\Phi} \cdot \omega$ als auch die Frequenz $f = \omega/2\pi$ der Winkelgeschwindigkeit ω direkt proportional, eine Aussage über die Drehrichtung ist aber nicht enthalten. Deshalb setzt man häufig vielpolige Anker und Statoren ein und richtet die Ausgangsspannung mit Kommutatoren gleich [14.32, S. 202].

Letztlich eignet sich das elektrodynamische Prinzip auch noch zur Messung der Strömungsgeschwindigkeit q_s von elektrisch zumindest geringfügig leitenden Strömungen, wenn man diese innerhalb eines Rohres senkrecht durch ein parallel gerichtetes Magnetfeld mit der Flußdichte B hindurchfließen läßt. Denn dann läßt sich senkrecht zur Flußrichtung über zwei Wandelelektroden im Rohrinnern eine Spannung

$$u_{a_0} = \frac{l_e}{A} \cdot B \cdot \bar{q}_s \qquad (14.3.3.8)a$$

abgreifen, die der mittleren Strömungsgeschwindigkeit $\bar{q}_{s_x}$ und dem Elektrodenabstand l_e direkt proportional ist. Da auch hier nur sehr kleine Signalspannungen auftreten, wird in der Praxis stets ein wechselstromerregtes Magnetfeld mit $B = \hat{B} \sin \omega t$ eingesetzt, um Störungen durch Polarisationsspannungssignale zu unterdrücken [14.33, S. 436].

14.3.3.2 Elektromagnetischer Aufnehmer

Elektromagnetische Aufnehmer bestehen entsprechend Bild 14.21 aus einem weichmagnetischen Joch J, das eine Spule mit w Windungen trägt und Teil eines permanent erregten Magnetkreises

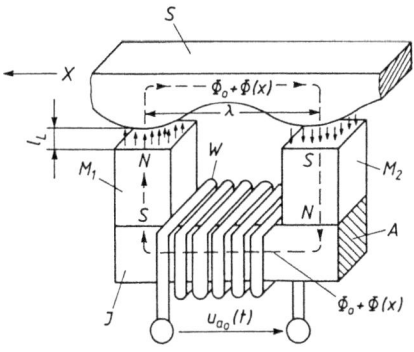
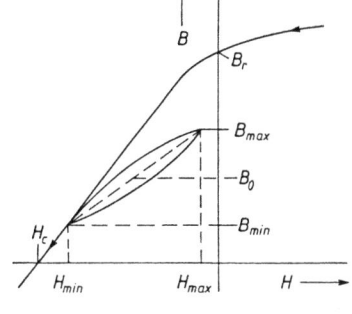

Bild 14.21 Prinzip der elektromagnetischen Aufnehmer.

ist, dessen Magnetfluß Φ entweder durch meßgrößenabhängige Luftspaltänderungen $\Delta l_L(x)$ um $\Phi(x)$ moduliert oder durch Aufmagnetisierungen $H(x)$ mit örtlich wechselnder Stärke und Polarität durch *Relativbewegungen* gegenüber einem Magnetsegment S geändert werden kann (vgl. Tonkopf bei einem Magnetband).

Während bei der letzten Ausführungsart der Aufnehmer selbst ohne eigene Permanentmagneten auskommen kann, sind diese bei unmagnetischen Gegensegmenten S unumgänglich. In jedem Falle aber wird bei den (tangentialen) Relativbewegungen von S gegenüber J die Entmagnetisierungskurve der Permanentmagneten stets auf einer Hysteresekurve durchlaufen. Sorgt man im übrigen durch die Formgebung von $l_L(x)$ bzw. $H(x)$ dafür, daß der wegabhängige Flußverlauf wiederum näherungsweise sinusförmig ist, d. h. $\Phi(x) \cong \hat{\Phi} \cos(2\pi \frac{x}{\lambda})$, erhält man als Ausgangssignal

$$u_{a_0}(t) = -w \cdot \frac{2\pi}{\lambda} \cdot \hat{\Phi} \sin\left(2\pi \cdot \frac{x}{\lambda}\right) \cdot v_x = -w \cdot \frac{2\pi}{\lambda} \cdot \hat{\Phi} \cdot v_x \cdot \sin(2\pi \frac{v_x}{\lambda} \cdot t) \qquad (14.3.3.9)$$

eine Wechselspannung, deren Amplitude $w \cdot \frac{2\pi}{\lambda} \hat{\Phi} v_x$ und Frequenz $f = \frac{v_x}{\lambda}$ beide wieder der Geschwindigkeitsmeßgröße v_x direkt proportional sind.

Elektromagnetische Aufnehmer können in großer Variationsbreite als berührungslose Linear- und Rotations-Geschwindigkeitsaufnehmer eingesetzt werden, die besonders für eine auf Zählbausteinen basierende digitale Meßwertverarbeitung geeignet sind, sofern gewährleistet ist, daß die Geschwindigkeiten *nur mit einem Vorzeichen* (Richtung!) auftreten.

Die Geschwindigkeitsabhängigkeit der Amplituden verhindert aber einen sicheren Betrieb bei niedrigen Geschwindigkeiten!

14.3.3.3 Piezoelektrische Aufnehmer

Die meisten elektrisch nicht leitenden Kristalle weisen eine streng geordnete Gitterstruktur auf, in der zwei jeweils räumlich benachbarte Gitterbausteine elektrisch entgegengesetzt geladene Ionen sind. Diese sind dabei so angeordnet, daß nicht nur im Kristallinnern, sondern auch an der Oberfläche im Normalzustand ihre elektrischen Nahfelder zu Null (elektrisch neutral) werden. Einige von diesen Kristallen weisen aber in Form polarer Achsen x Vorzugsrichtungen auf, in denen durch Dehnungen ϵ oder Scherung γ diese Ionenladungen aus ihrer nach außen neutralen Lage gegen ihre elektrischen Anziehungskräfte gegensinnig heraus bewegt werden, so daß an Elektroden auf den Endflächen eine *Polarisation* (Ladung pro Flächeneinheit)

$$D_x = \frac{Q}{A_x} = k_{11} \epsilon_x + k_{12} \epsilon_y + k_{13} \epsilon_z + k_{14} \gamma_{yz} + k_{15} \gamma_{zx} + k_{16} \gamma_{xy} \qquad (14.3.3.10)$$

hervorgerufen wird, die sich in der vorstehenden Tensorschreibweise für jede Kristallart und alle drei Raumrichtungen durch die Angabe derartiger Moduln $k_{\mu\nu}$ beschreiben läßt.

Für Kraft- und Druckaufnehmer werden bevorzugt der in Bild 14.22 dargestellte *Longitudinal-* (a) und *Transversaleffekt* (b) benutzt, bei denen das Kristallmaterial in Richtung bzw. quer zur Polarisationsachse gedehnt wird und die Moduln k_{11} bzw. k_{12} zur Wirkung kommen. Für Drehmomentaufnehmer dagegen läßt sich auch einer der Schereffekte heranziehen [14.32, S. 211 bis 219].

Aufgrund der beschriebenen Wirkungsweise sind piezoelektrische Aufnehmer keine eigentlichen Leistungsumformer, sondern elektromechanische T-Speicher, deren Rückstellkräfte aus den Anziehungskräften der ausgelenkten Ionenladungen stammen.

Die auf den unbelasteten ($i_a = 0$) Meßelektroden P_1 und P_2 bei einer relativen Verlagerung um s auftretenden Ladungen betragen: ($A_x = a \cdot b$)

$$Q_x = A_x \cdot D_x = A_x \cdot k_{\mu\nu} \cdot \epsilon = \frac{A_x \cdot k_{\mu\nu}}{l} \cdot s \, . \qquad (14.3.3.11)$$

Aufgrund der Kapazität $C_x = \epsilon_0 \cdot \epsilon_r \cdot \frac{A_x}{l}$ wird dadurch eine Spannung ($\epsilon_0 \cdot \epsilon_r$ Dielektrizitätskonstante des Kristallmaterials)

$$u_{a_0} = \frac{Q_x}{C_x} = \frac{k_{\mu\nu} \cdot l}{\epsilon_0 \cdot \epsilon_r} \cdot \epsilon = \frac{k_{\mu\nu}}{\epsilon_0 \cdot \epsilon_r} \cdot s = \frac{k_{\mu\nu} \cdot l}{\epsilon_0 \, \epsilon_r \cdot E} \cdot \sigma \qquad (14.3.3.12)$$

14.3 Elektrisches Messen mechanischer Grundgrößen

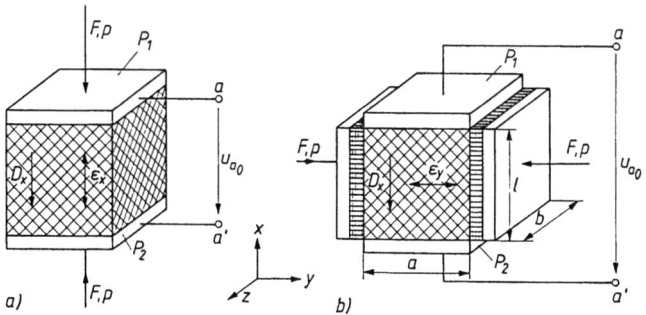

Bild 14.22 Prinzip piezoelektrischer Aufnehmer
a) nach dem Longitudinaleffekt,
b) nach dem Transversaleffekt.

erzeugt, die grundsätzlich der Kristall-Länge l und der Materialverformung $\epsilon = \frac{s}{l}$ proportional ist (E Elastizitätsmodul des Materials). Dabei ist die zwischen u_{a_0} und σ bestehende Proportionalität auch umkehrbar, weil sich das Material auch beim Anlegen einer äußeren Spannungsquelle an P_1, P_2 verformt (*piezo-striktiver Effekt*).

Um das Abfließen der Meßladungen Q_x unter dem Einfluß von u_{a_0} zu minimieren, wird im praktischen Aufnehmerbau durchweg die eine Meßelektrode zwischen zwei Kristallschichten gehaltert, die von der Meßgröße in gleicher Richtung gedehnt, aber gegensinnig polarisiert werden. Dadurch wird eine Verschlechterung des Isolationswiderstandes des Aufnehmers durch zusätzliche Elektrodenhalterungen vermieden.

Dennoch ist auch bei den besten Kristallmaterialien (Quarz) auf die Dauer ein Abfließen der Meßladungen nicht zu vermeiden; daher können piezoelektrische Aufnehmer nicht zur Messung statischer Großen herangezogen werden. Ihr Meßsignal ist aber auch bei dynamischen Meßgrößen nur mittels Spannungsverstarkern mit extrem hohen Eingangswiderstand zu erfassen, wobei in Kauf genommen werden muß, daß die am Verstarkereingang nutzbare Meßspannung

$$u_V = \frac{C_x}{C_x + C_K + C_E} \qquad (14.3.3.13)$$

unter der Wirkung der Kapazität des Kabels C_K und des Verstärkereingangs C_E reduziert wird. Für hochwertige Messungen greift man heute daher bevorzugt auf *Ladungsverstärker* zurück, die die Polarisationsladungen Q_x ständig kompensieren, so daß keine Meßspannungen u_{a_0} auftreten können und die Isolationswiderstände und Kapazitäten des Aufnehmers, Kabels und Verstärkers ohne Einfluß auf das Meßergebnis bleiben.

Hochwertige Aufnehmer verwenden Quarz als Kristallmaterial, weil dieses mechanisch und thermisch hoch belastbar ist und einen hohen Elastizitätsmodul E und spezifischen Widerstand besitzt, so daß sich damit im Bereich von -200 °C bis $+300$ °C *dynamische Messungen* zwischen ca. 0,1 Hz und 100 kHz durchführen lassen. Sehr viel größere Meßladungen liefern Bariumtitanat, Turmalin oder Seignettesalzkristalle, sowie neuerdings auch piezoelektrische Keramikmaterialien wie Lithiumniobat und Blei-Zirkonat-Titanat [14.34]. Letztere können als Pulver in beliebige Form gepreßt und nachträglich durch hohe elektrische Felder polarisiert werden.

Abschließend ist festzustellen, daß piezoelektrische Aufnehmer zwar primär wegfühlend sind, wegen ihres hohen E-Moduls aber nur extrem kleine Nachgiebigkeiten aufweisen. Daher kommen sie in der Praxis nahezu ausschließlich für die Messung von P-Intensitätsgrößen in Betracht.

14.3.4 Passive elektromechanische Aufnehmer

Die Wirkungsweise *passiver elektromechanischer Aufnehmer*, bei denen unter der Einwirkung mechanischer Signalleistungen an geeigneten Meßfedern Änderungen der Geometrie oder von Materialeigenschaften erzeugt werden, die rückwirkungsfrei in Brückenschaltungen zusammengefaßte ohmsche, kapazitive oder induktive Impedanzen beeinflussen und damit einen elektrischen Hilfsenergiefluß steuern, wurde schon in Abschnitt 14.3.2.4 und in Bild 14.14 erläutert.

14.3.4.1 Aufnehmer mit ohmschen Widerständen

Potentiometer-Aufnehmer. Die einfachste Art der gegensinnigen Veränderung zweier ohmscher Widerstände besteht darin, einen Schleifkontakt über einen linear ausgestreckten oder kreisförmig gebogenen Widerstandskörper in Abhängigkeit von einem Meßweg s, einem Winkel φ oder einem Strömungsvolumen V_S zu verstellen. Dabei sind zwar Reibungswiderstände zu überwinden, aber es lassen sich insbesondere leicht große Verstellwege erfassen. Wendelförmig mit dünnem Widerstandsdraht bewickelte Widerstandskörper gestatten wegen der Windungssprünge keine stetige Veränderung des Widerstandsverhältnisses, dagegen lassen sich mit Volldraht- oder Schichtpotentiometern aus Kunststoff-Widerstandsbahnen heute sowohl hohe Auflösungen als auch gute Linearitätseigenschaften erreichen.

Freidraht-Druckaufnehmer. Die Messung großer hydrostatischer Drücke läßt sich vorteilhaft mit Hilfe frei aufgehängter Widerstandsdrähte ausführen, die unter der allseitigen Druckwirkung komprimiert werden und ihren spezifischen Widerstand ändern.

$$\frac{\Delta R}{R_0} = \alpha_p \cdot p_{hydrost.} \qquad (14.3.4.1)$$

Mit Manganin ($\alpha_p = 2{,}7 \cdot 10^{-7}$/bar) können hier z. B. bis zu 12 000 bar Linearitätsfehler $< 10^{-3}$ eingehalten werden.

Feldplatten-Aufnehmer. *Feldplatten* sind dünnschichtige Halbleiterelemente, deren ohmscher Widerstand sich unter der Einwirkung eines sie senkrecht durchsetzenden Magnetflusses erheblich vergrößert, weil dann ihre Ladungsträger um den Hallwinkel δ aus ihren direkten Strompfaden zwischen den Anschlußelektroden auf wesentlich längere Widerstandsbahnen abgelenkt werden [14.35]. Hier stellt die Industrie kleine Differentialfeldplatten her, deren beider Grundwiderstände sich durch Verschiebung eines eng begrenzten Magnetflusses (z.B. mittels eines vom Meßweg betätigten kleinen Weicheisenankers) typisch im Verhältnis 1:15 gegensinnig variieren lassen. Diese berührungslosen, abnutzungsfreien Potentiometer können in vielfältigen Variationen für kleinvolumige Weg-, Winkel- und Strömungsvolumen-Aufnehmer-Konstruktionen eingesetzt werden, deren Auflösungsvermögen deutlich $< 1 \, \mu m$ liegen kann.

Photodioden und Phototransistoren. Dies sind in Sperrichtung betriebene Halbleitereinkristalle mit einem *p-n-*Übergang, der bei Lichteinfall durch die Erzeugung von Ladungsträgerpaaren teilweise leitend wird. Sie zeichnen sich durch hohe Empfindlichkeit und Ansprechgeschwindigkeit aus und eignen sich damit speziell für Lichtschranken aller Art. Als 2- oder 4-Quadrant-Differentialdioden arbeiten sie aber auch als weitgehend lineare, berührungslose Potentiometer bei der genauen Bestimmung der Position eng gebündelter Lichtstrahlen (Laser). Phototransistoren haben als Basis-Emitterstrecke eine Photodiode, besitzen diesen gegenüber aber zusätzliche Verstärkungseigenschaften, haben aber ansonsten gleichartige Anwendungen.

Dehnungsmeßstreifen-Aufnehmer. Bei den mit Dehnungsmeßstreifen arbeitenden Aufnehmern werden von der Meßgröße m auf deren Art und Größe zugeschnittene Meßfedern elastisch verformt und auf diese Weise in ausgezeichneten Zonen ihrer Oberfläche proportionale Zug- (ϵ_Z) und Druck-Dehnungen (ϵ_D) hervorgerufen, deren Beträge bei hochwertigen Aufnehmern möglichst gleich sein sollten.
Bild 14.23 gibt einen Überblick über die wichtigsten dabei eingesetzten Grundformen:

a) *Zug- oder Stauch-Zylinder*, voll oder hohl. Sehr einfach und robust, direkt für $F > 10$ kN geeignet, mangelhafte Linearität, da $|\epsilon_D| \neq |\epsilon_Z|$.
b) *Biegebalken*, meist in Vielfach-Anordnungen, auch für $F < 10$ kN.
c) *Membranen*, vielfach mit biegesteifem Mittenbereich, direkt für Kräfte und Drücke, wegen kompliziertem dreiachsigem Spannungszustand nur begrenztes Linearitätsverhalten.
d) *Toroid-Meßfedern* weisen ringförmige Dehnungszonen mit $\lceil \epsilon_D \rceil = |\epsilon_Z|$ auf. Sehr hohe Steifigkeit gegen Querkräfte, geringe Empfindlichkeit gegenüber außermittigem Kraftangriff.
e) *Hohlzylinder-Druckmeßfedern* weisen nur Zugdehnungen auf und besitzen ein sehr großes Totvolumen. C- und schneckenförmige oder verdrillte Bourdonfedern haben dagegen Dehnungen beiderlei Vorzeichens, aber wegen kompliziertem Spannungszustand und großer Strömungsvolumina mangelhafte Umformeigenschaften.
f) *Torsionsmeßfedern* mit vorzugsweise zylindrischem oder rechteckförmigem Querschnitt zeigen bei Beanspruchung durch Drehmomente Oberflächendehnungen unter $\pm 45°$ zur Torsionsachse mit $|\epsilon_D| = |\epsilon_Z|$.
g) *Scherkraftmeßfedern* vorzugsweise mit I- oder □-förmigen Querschnitt weisen symmetrisch unter $\pm 45°$ zur neutralen Faser maximale Scherdehnungen auf. $|\epsilon_D| = |\epsilon_Z|$. Da dort von Biege- oder Torsionsmomenten herrührende Materialspannungen σ_B, τ_M Null sind, sind die Scherdehnungen vom Ort des Kraftangriffs weitgehend unabhängig und gegen Querkräfte und Störmomente nahezu unempfindlich.

14.3 Elektrisches Messen mechanischer Grundgrößen

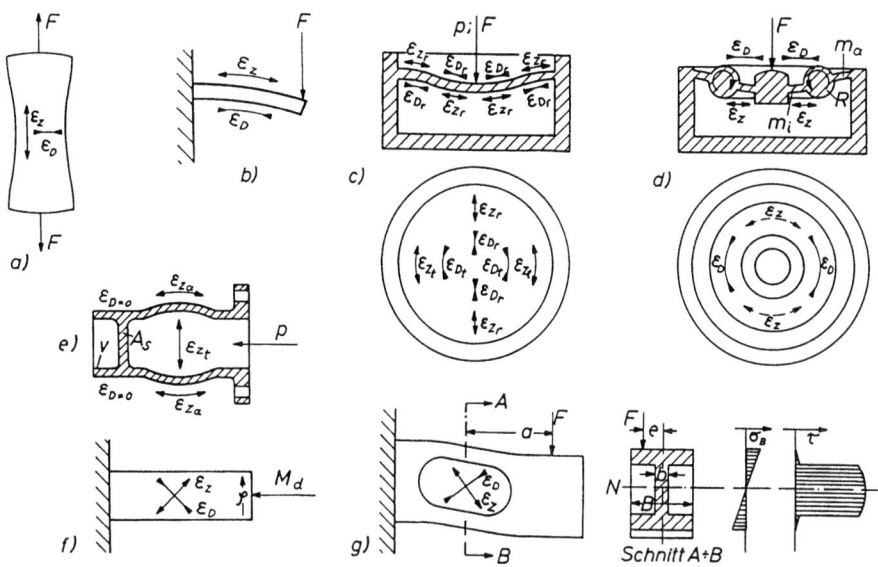

Bild 14.23 Wichtige Meßfedergrundformen für DMS-Aufnehmer.

In der Praxis werden die Meßfedern zweckmäßig so dimensioniert, daß sie bei Nennbelastung durch die Meßgröße maximale Dehnungen $|\epsilon_{max}| \approx 10^{-3}$ aufweisen! Auf die gedehnten Oberflächenzonen werden, elektrisch isoliert, als Dehnungsmeßstreifen langgestreckte Widerstandsbahnen mit extrem kleinem Leiterquerschnitt in so engem mechanischem Kontakt appliziert, daß diesen die Oberflächendehnungen in vollem Umfange und vorzeichenrichtig aufgezwungen werden. Dabei erfährt der ohmsche Grundwiderstand eines langgestreckten Leiters

$$R_0 = \rho_0 \cdot \frac{l_0}{A_0} \tag{14.3.4.2}$$

mit der Länge l_0, dem Querschnitt A_0 und dem spezifischen Widerstand ρ_0 eine relative Widerstandsänderung

$$\frac{\Delta R}{R} = \frac{\Delta \rho}{\rho_0} + \frac{\Delta l}{l_0} - \frac{\Delta A}{A_0} \cong (c_1 + 1 + 2\nu)\epsilon = k \cdot \epsilon. \tag{14.3.4.3}$$

Darin setzt sich der Proportionalitätsfaktor k (K-Faktor) aus dem rein geometrischen Anteil $1 + 2\nu$ zusammen, der mit ν die Querkontraktion der gedehnten Widerstandsbahn berücksichtigt, und aus dem Piezoresistivitäts-Faktor c_1, der den linearen Einfluß der Dehnung ϵ auf den spezifischen Widerstand ρ des Bahnmaterials beschreibt.

$$\rho(\epsilon) = \rho_0 + c_1 \epsilon + c_2 \epsilon^2 + \ldots \tag{14.3.4.4}$$

k hat bei den gebräuchlichen metallischen Widerstandsmaterialien [14.32, S. 130] Werte zwischen 2 und 6, bei Halbleitern dagegen $\pm (80 \ldots 200)$! [14,32, S. 135].

Nachfolgend sind Ausführungsbeispiele für die wichtigsten der heute in der Praxis eingesetzten DMS-Formen zusammengestellt:

a) *Drahtstreifen:* Mäanderförmige Wicklungen aus 10...20 μm dickem Widerstandsdraht, sandwichartig eingebettet in Papier oder Kunststoff-Folien. Weitgehend veraltet, da unflexibel.

b) *Folienstreifen:* Auf fotochemischem Wege aus 5...15 μm dicken Metallfolien herausgeätzt, die zuvor auf Kunststoffträgerfolien von 5...25 μm Dicke aufplattiert wurden. Sie lassen sich gemäß Bild 14.24 auf graphischem Wege in äußerst mannigfaltiger Weise in Form, Größe, Material und Grundwiderstand an die individuellen Meßfederformen anpassen und haben daher heute die weiteste Verbreitung gefunden. b_1 wird für gewöhnliche Zug- und Druck-Dehnungen ein- und zweiachsiger Spannungszustände eingesetzt, b_2 für Scherdehnungsmessungen und b_3 für Vollbrückenschaltungen auf Membranmeßfedern.

c) *Hochtemperatur-Streifen* sind hermetisch direkt in Edelstahlröhrchen mit Magnesium-Oxid-Pulver isoliert eingebettete Drahtwicklungen, die auf ein Edelstahlblech aufgeschweißt und mit diesem auf hitzebeanspruchte Meßstellen gepunktet werden können. Dynamische Messungen bis 1000 °C, statische bis ca. 600 °C.

d) *Halbleiterstreifen* nutzen den großen piezoresistiven Effekt, den man durch geeignetes Dotieren kristalliner Halbleitermaterialien erreichen kann. Sie werden zur Applikation auf metallischen Meßfedern entweder in Streifenform aus Einkristallen herausgeschnitten und auf ca. 15 μm Dicke heruntergeätzt oder direkt in nichtleitendes Kristallbasismaterial eindiffundiert, das gleichzeitig die Funktion der Meßfedern übernimmt. Halbleiter-DMS sind äußerst kriech- und hysteresearm und bis zu 540 °C einsetzbar. Da ihrem K-Faktor sowohl positives als negatives Vorzeichen gegeben werden kann, lassen sich mit ihnen auch auf Oberflächen mit nur einer Dehnungsart Vollbrücken mit vier aktiven Streifen herstellen, die wegen der Größe von $(80 < |k| < 200)$ außerdem schon bei kleinen Federdehnungen große Ausgangssignale liefern.

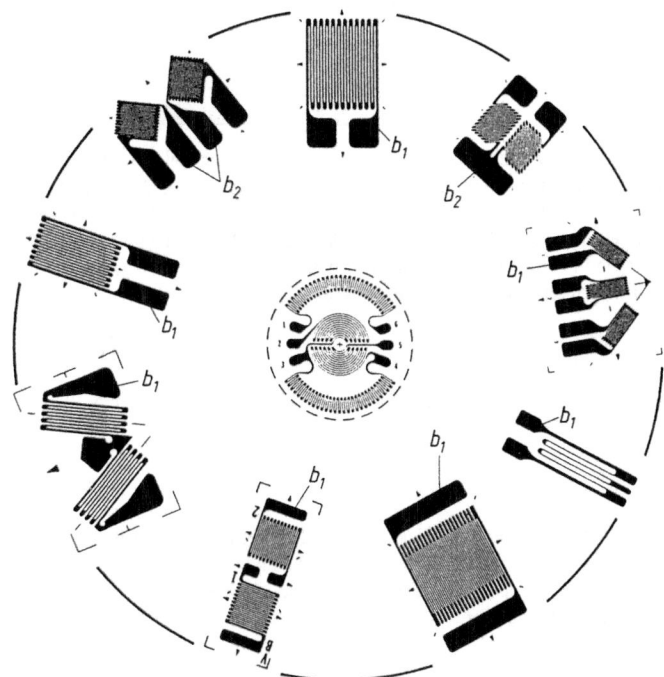

Bild 14.24 Ausführungsformen handelsüblicher Dehnungsmeßstreifen
a) Drahtstreifen,
b) Folienstreifen,
c) Hochtemperaturstreifen,
d) Halbleiterstreifen,
e) Dünnfilm-DMS,
f) Dickfilm-Streifen.

14.3 Elektrisches Messen mechanischer Grundgrößen

e) *Dünnfilm-DMS* werden durch aufeinander erfolgendes Verdampfen von anorganischen Isolations-Widerstands-Leiter, Abdeck- und Passivierungsmaterialien im Hochvakuum auf eingebrachten Meßfederoberflächen niedergeschlagen. Sie eignen sich besonders für die Massenfertigung von Aufnehmern mit kleinem Federvolumen, sind hermetisch von der Umgebung abzukapseln und können auch höheren Temperaturen ausgesetzt werden. Durch Maskenabdeckungen oder Laserstrahlanwendungen können sehr kleine Abmessungen für vollständige Brückenschaltungen erzielt werden, die insgesamt nur 0,1...5 μm auftragen.

f) *Dickfilm-Streifen* werden in Siebdruckverfahren mit den Methoden der Dickfilm-Technik auf die Meßfederoberflächen aufgebracht. Sie befinden sich derzeit noch in der Entwicklung und sind Aufnehmern minderer Genauigkeit vorbehalten.

Allen aufgeführten DMS ist gemeinsam, daß sie wegen ihrer geringen Masse und großen Nachgiebigkeit äußerst kleine Anpassungsabweichungen aufweisen und teilweise dynamischen Dehnungen bis zu etwa 100 kHz zu folgen vermögen. Da sich fast alle mechanischen Größen direkt oder indirekt in Dehnungen von Meßfederoberflächen überführen lassen, haben sie in ihrer großen Flexibilität eine außergewöhnliche Anwendungsbreite gefunden. Es können teilweise Abweichungsgrenzen von weniger als 10^{-4} eingehalten werden. Ihr kleines Ausgangssignal muß kein Hindernis mehr sein, seitdem Lösungen für preisgünstige elektronische Auswerteschaltungen gefunden wurden, die im Bedarfsfalle kleinvolumig integrationsfähig sind [14.36].

14.3.4.2 Kapazitive Aufnehmer

Läßt man einmal die elektrischen Streufelder außerhalb des Dielektrikums D unberücksichtigt, so berechnet sich die elektrische Kapazität eines *Plattenkondensators* nach Bild 14.25 a) zu

$$C_{\text{Platte}} = \epsilon_0 \cdot \epsilon_r \cdot \frac{A}{d} = \epsilon_0 \cdot \epsilon_r \cdot \frac{b \cdot l}{d} \qquad (14.3.4.5)$$

und eines *Zylinderkondensators* nach b) zu

$$C_{\text{Zyl.}} = 2\pi \cdot \epsilon_0 \cdot \epsilon_r \cdot \frac{l}{\ln \frac{D_a}{D_i}} . \qquad (14.3.4.6)$$

Hierin ist $\epsilon_0 = 8{,}8543 \cdot 10^{-12}$ As/Vm die Dielektrizitätskonstante des Vakuums und ϵ_r die relative Dielektrizitätskonstante des Dielektrikums zwischen den Elektroden E_1 und E_2. Die beiden Beziehungen zeigen, daß Kapazitäten nahezu ausschließlich von der Geometrie ihrer Dimensionierung und nur mit ϵ_r von stofflichen Eigenschaften abhängig sind. Im Vakuum ist $\epsilon_r = 1$ und in den meisten Gasen liegt es nur geringfügig über diesem Wert, so daß sich kapazitive Aufnehmer mit ausgezeichneten Stabilitätseigenschaften in weitesten Temperaturgrenzen einsetzen lassen. Die Elektroden E_1, E_2 können im Bedarfsfalle sehr massearm ausgebildet direkt auf den Meßobjekten

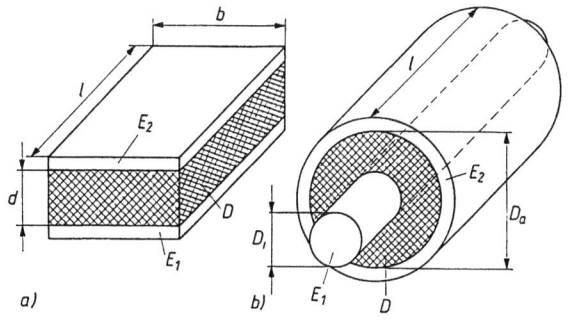

Bild 14.25
Kondensator-Grundformen
für Aufnehmer
a) Plattenkondensator,
b) Zylinderkondensator.

appliziert werden und verursachen dann nur kleinste Anpassungsabweichungen bis zu sehr hohen dynamischen Frequenzen.

Bei *dielektrischen Aufnehmern* wird von der Meßgröße das Dielektrikum zwischen räumlich festangeordneten Elektroden beeinflußt. Sie haben vor allem als Füllstandsaufnehmer für elektrisch nichtleitende Flüssigkeiten, weniger als Wegaufnehmer, Bedeutung gefunden [14.32, S. 155].

Bei *Abstandsaufnehmern* kommen im wesentlichen nur ebene Elektrodenformen (a) in Frage. Da die Weg-Kapazitätskennlinie nach Gl. (14.3.4.5) als Funktion von d hyperbolisch verläuft, werden meist elektronische Auswerteschaltungen verwendet, deren Signale dem Kehrwert der Meßkapazität proportional sind.

Die größte Bedeutung haben dagegen *kapazitive Aufnehmer mit variierbarer wirksamer Fläche A* gefunden. Im einfachsten Fall als Füllstandsaufnehmer für leitfähige Medien in der Zylinderform (b), wobei das Meßmedium die Elektrode E_2 bildet und das Dielektrikum D für Isolation und die Einhaltung eines definierten Abstands sorgt. Ansonsten werden von der Meßgröße in Form von Wegen oder Winkeln die Elektroden E_1 und E_2 gegeneinander verschoben und dadurch die wirksame Fläche A linear beeinflußt. Da es hier aber große konstruktive Probleme bereitet, die Meßelektrode E_2 in streng konstantem Abstand d parallel zu E_1 zu führen, schließt man E_2 entsprechend Bild 14.26 auf gegenüberliegenden Seiten jeweils im Grundabstand d von E_1 ein. Führungsfehler Δd werden dadurch auf Abweichungen 2. Ordnung reduziert:

$$\frac{C(s)}{C_{max}} = \frac{s}{s_{max}}\left\{1 + c\left(\frac{\Delta d}{d}\right)^2\right\}. \tag{14.3.4.7}$$

$c = 1$ bei Flächen- und $c = 0,5$ bei Zylinder-Kondensatoren.

Eine weitere Verbesserung der meßtechnischen Eigenschaften wird erreicht, wenn man den Aufnehmer als Differential-Kondensator entsprechend Bild 14.26 ausbildet, dessen Kapazitäten C_1 und C_2 von der Meßgröße gegensinnig verändert werden und die zusammen eine Halbbrückenschaltung bilden (Bild 14.14). Kapazitive Wegaufnehmer in dieser Ausführungsform können Linearitätsabweichungen von $< 10^{-5}$ v.E bei Meßwegen s_{max} bis zu mehreren Hundert Millimetern bei Auflösungen von 10^{-9} m erreichen. Einen Überblick über die sehr variationsfähigen Anwendungsmöglichkeiten entnehme man [14.37].

Kapazitive Aufnehmer haben meist nur äußerst kleine Ruhekapazitäten (<10 pF) und stellen damit sehr hochohmige Impedanzen dar. Dennoch lassen sich durch den Einsatz von Ladungsverstärkern die Störeinflüsse von Leitungskapazitäten und Isolations-Widerständen hochwirksam unterdrücken. Bei einfacheren Auswerteschaltungen bilden die Meßkapazitäten das bestimmende Element in einem Spannungsteiler oder Frequenzgenerator. Der wirksame Elektrodenspalt ist aber grundsätzlich sorgfältigst gegen das Eindringen von Schmutz und Feuchtigkeit aus der Umgebungsatmosphäre abzuschirmen!

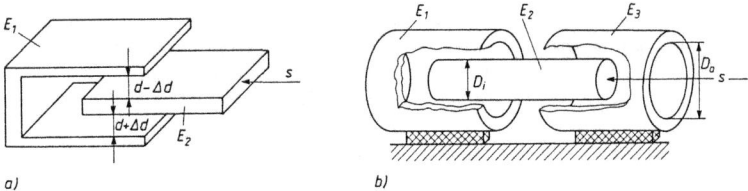

Bild 14.26 Flächenvariable kapazitive Aufnehmer.

14.3.4.3 Induktive Aufnehmer

Die Induktivität einer aus w Windungen bestehenden Spule, die entsprechend Bild 14.27 auf einen ferromagnetischen Kern vom Querschnitt A und der relativen Permeabilität μ_r gewickelt ist, beträgt bei Vernachlässigung der Streuflüsse

$$L_{1,2}(s) = \mu_0 \cdot w^2 \cdot \frac{A}{l_E/\mu_E + 2(l_0 \pm s)/\mu_L}. \tag{14.3.4.8}$$

14.3 Elektrisches Messen mechanischer Grundgrößen

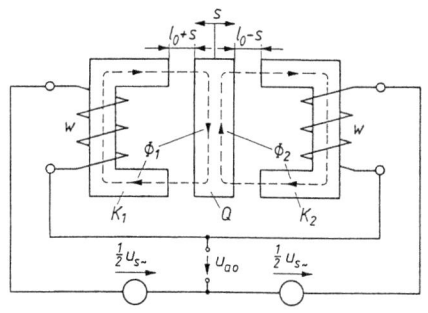

Bild 14.27
Induktiver Queranker-Aufnahmer.

Hierin ist l_E die mittlere Länge, die der magnetische Fluß $\Phi_{1,2}$ jeweils im Kern $K_{1,2}$ und dem Queranker Q zurücklegt und $2(l_0 \pm s)$ die Strecke, die er insgesamt in Luft überwinden muß. $\mu_0 = 4\pi \cdot 10^{-7}$ Vs/Am ist die absolute und $\mu_L \cong 1$ die relative Permeabilitätskonstante in den Luftspalten sowie μ_E die des Kernes. Die Beziehung (14.3.4.8) zeigt selbst für $l_L \gg |s|$ nur eine annähernd hyperbolische Abhängigkeit $L_{1,2}(s)$, die überdies noch wesentlich von der Materialkonstanten $\mu_E \gg 1$ beeinflußt wird. Da außerdem auf den Queranker von einem einzelnen Kern (K_1) eine Anziehungskraft

$$F_K \cong A \cdot B^2/\mu_0 \cong \Phi^2/\mu_0 \cdot A \tag{14.3.4.9}$$

ausgeübt wird, werden induktive Aufnehmer meist aus gegensinnig von der Meßgröße (s) beeinflußten Induktivitäten L_1 und L_2 als *Differentialaufnehmer* ausgebildet, deren Anziehungskräfte sich bei Mittelstellung des Ankers ($s = 0$) gegensinnig aufheben. Bei Speisung der zur Halbbrücke geschalteten Induktivitäten aus einer symmetrischen Spannungsquelle mit der sinusförmigen Wechselspannung $u_s = \hat{u}_s \cdot \sin \omega t$ erhält man mit Gl. (14.3.2.7) eine Leerlaufausgangsspannung

$$u_{a_0}(s) = u_s \cdot \left(\frac{j\omega L_2}{j\omega L_1 + j\omega L_2} - \frac{1}{2} \right) \cong \frac{\hat{u}_s}{2} \cdot \frac{1}{1 + \frac{1}{2} \frac{l_E/\mu_E}{l_L/\mu_L}} \cdot \frac{s}{l_L}, \tag{14.3.4.10}$$

die dem Meßweg s bei kleineren Auslenkungen $s \ll l_L$ näherungsweise proportional und nur noch geringfügig von den übrigen geometrischen magnetischen und elektrischen Daten der Magnetkreise abhängig ist.

Tauchanker-Aufnehmer. Bessere Linearitätseigenschaften (< 1 % v.E) bei Meßwegen von einigen Millimetern erreicht man dagegen bei rotationssymmetrischer Gestaltung der Magnetkerne $K_{1,2}$, entsprechend Bild 14.28. Hier wird durch Verschieben eines Tauchankers T_A längs der Rotationsachse um s die Flußsymmetrie gestört und ein Differenzfluß $\Phi_D = \Phi_1 - \Phi_2$ erzeugt. Dabei wird wie beim Queranker die Induktivität der Spulen Sp_1 und Sp_2 gegensinnig verändert und kann mit Halbbrückenschaltungen entsprechend Bild 14.27 zur Bildung eines Ausgangssignals genutzt werden
Differential-Transformator-Aufnehmer. Erzeugt man die Flüsse Φ_1 und Φ_2 jedoch mit Hilfe einer gesonderten Erreger-Wicklung EW, erhält man einen *Differential-Transformator-Aufnehmer*, in dessen Spulen Sp_1 und Sp_2 sich mit s gegensinnig ändernde Spannungen u_1 und u_2 induziert werden. Schaltet man die Wicklungen dieser Spulen entsprechend Bild 14.28 b) mit umgekehrtem Wicklungssinn hintereinander, kann man eine potentialfreie Ausgangsspannung

$$u_{a_0} = u_1 - u_2 = w \cdot \left(\frac{d\Phi_1}{dt} - \frac{d\Phi_2}{dt} \right) = \hat{u} \cdot k_u \cdot s \tag{14.3.4.11}$$

gewinnen. Die Ausgangsspannung u_{a_0} beider Tauchanker-Versionen ist nur in einem begrenzten Bereich s proportional und fällt bei großen Auslenkungen wieder auf kleinere Werte zurück [14.32, S. 178 und 189]. Zur Vermeidung mehrdeutiger Signale sind die möglichen Auslenkungen s_{max} dieser Aufnehmer daher mechanisch zu begrenzen!

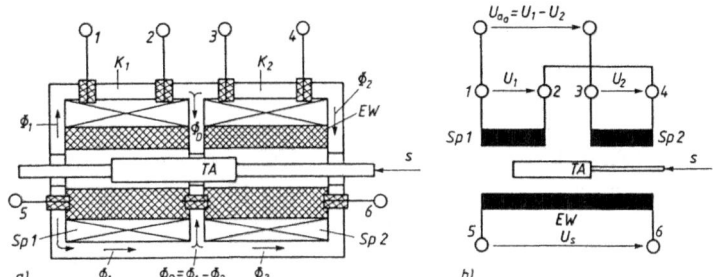

Bild 14.28 Tauchanker-Aufnehmer und Differential-Transformator-Aufnehmer.

Wirbelstrom-Aufnehmer. Wird eine mit hoher Frequenz von einem Wechselstrom $i_\sim$ gespeiste Spule Sp auf einem einseitig offenen Topfkern aus großer Entfernung auf den Abstand a an eine elektrisch leitende Schicht herangebracht, so wird ihre Induktivität vermindert, weil der zuvor in Luft vorhandene Streufluß Φ_{s_0} sich im wesentlichen auf das Luftspaltvolumen der Dicke a beschranken muß. Ursache hierfur sind Wirbelströme in der leitenden Schicht, die von dem dort eindringenden Rest Φ_M des Streuflusses induziert werden und sich mit ihrem eigenen Fluß dem Streufluß Φ_s entgegenstellen.
Die Abhängigkeit der Spuleninduktivität vom Luftspalt a ist aber kompliziert und in starkem Maße von der Frequenz und Amplitude des Erregerstroms $i_\sim$, aber auch von der Dicke d und der Leitfähigkeit κ der Schicht abhängig. Ist diese Schicht zusatzlich ferromagnetisch, werden die Zusammenhänge noch komplizierter.
Derartige Annäherungsaufnehmer sind daher für den jeweiligen Einsatzfall sorgfältig zu kalibrieren, weisen aber große Robustheit und Unempfindlichkeit gegenüber Umwelteinflüssen auf.
Magnetoelastische Aufnehmer. Die meisten ferromagnetischen Materialien verandern aufgrund des magnetoelastischen Effekts richtungsabhängig anisotrop ihre relative Permeabilität μ_r, wenn sie mechanischen Dehnungen ϵ oder Scherungen γ unterworfen werden. Diese Erscheinung kann vorteilhaft zum Bau robuster Aufnehmer für Kräfte, Drücke und Drehmomente genutzt werden [14.38].
In einer erfolgreichen Ausführungsvariante gemäß Bild 14.29 mit einer Stauchmeßfeder aus geschichteten Trafoblechen sind durch Bohrungen unter $\pm 45°$ zur Kraftrichtung F zwei Wicklungen gefädelt. Wird durch die eine davon ein Erregerwechselstrom $i_E\sim$ hindurchgeschickt, so ruft dieser im ungestauchten Zustand im Federmaterial einen symmetrischen Fluß Φ_0 hervor, dessen Achse senkrecht auf der Spulenachse der zweiten (Meß-)Wicklung steht und so in dieser keine Spannung u_{a_0} hervorrufen kann (b). Bei Stauchung unter Krafteinwirkung wird das Material jedoch magnetisch anisotrop, μ_r in Richtung ϵ_{zug} vergrößert und in Druckrichtung verkleinert. Daraus resultiert eine Drehung von $\Phi(F)$, wodurch jetzt in der Meßspule eine F proportionale Ausgangsspannung u_{a_0} induziert wird. Moderne Aufnehmer mit gedehnten und gestauchten Materialzonen in Differentialanordnung können heute z.T. Abweichungsgrenzen von 10^{-4} v.E einhalten!

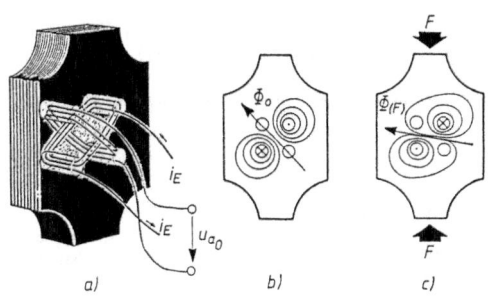

Bild 14.29
Magnetoelastischer Aufnehmer.

14.3 Elektrisches Messen mechanischer Grundgrößen

Allgemeine Eigenschaften induktiver Aufnehmer. Induktive Prinzipien gestatten den Bau robuster, gegen rauhe Umwelteinflüsse unempfindlicher und über weite Temperaturbereiche einsetzbarer Aufnehmer, die bei niedrigem Innenwiderstand Signalspannungen liefern konnen, die nur einfache Installationstechnik und aufwandsarme, elektronische Auswerteschaltungen verlangen. Ihre Linearitats- und Anpassungsabweichungen und Temperaturabhangigkeiten schließen sie aber meist von Prazisionsanwendungen aus. Ihr breites Anwendungsspektrum wird in [14.37] ausführlich beschrieben.

14.3.4.4 Vibrations-Aufnehmer

Viele Meßfederformen lassen sich auf elektrodynamischem Wege in ausgezeichneten Freiheitsgraden zu ungedämpften Vibrationsschwingungen anregen, deren Eigen-Frequenz f_0 sich aber unter der Einwirkung äußerer Kräfte über Veränderungen der Federnachgiebigkeit n_v verändern läßt:

$$f_0(F) = \frac{1}{2\pi} \sqrt{\frac{1}{m_v n_v}} \sim \sqrt{1 + k_v \cdot F} \ . \tag{14.3.4.12}$$

Besondere Bedeutung haben hier *Schwingsaiten-* und *Stimmgabel-Meßfedern* [14.38] gefunden
In der grundsatzlich nichtlinearen Frequenzkennlinie braucht heute keinerlei Nachteil mehr erblickt zu werden, da sie streng systematischer Natur ist und daher leicht durch mikroprozessorgestutzte Meßschaltungen fehlerfrei zu linearisieren ist. Diesem Umstand kommt hier besonders entgegen, daß sich frequenzanaloge Ausgangssignale leicht und hochprazise mittels Zahlschaltungen in digitale Strukturen umsetzen lassen. Ein weiterer wesentlicher Vorteil der *Vibrations-Aufnehmer* ist ihre hohe Unempfindlichkeit gegenüber Umwelteinflussen, insbesondere Feuchte und Temperatur. Vibrations-Aufnehmer erreichen heute in elektromechanischen Waagen Abweichungsgrenzen $< 10^{-5}$ v.E. Sie konnen prinzipiell auch als *Weg-* und *Dehnungsaufnehmer* eingesetzt werden, weisen in dieser Betriebsart aber schlechte Meßeigenschaften auf, weil sich temperaturbedingte Verlagerungen der Wegeinleitungspunkte stark auf das Meßsignal auswirken.

14.3.4.5 Resonator-Aufnehmer

Grundsatzlich erscheint es danach auch aussichtsreich, die Meßfedern nicht selbst zu mechanischen Schwingungen anzuregen, sondern sie als *Resonatoren* für anders geartete Schwingungsarten zu gestalten, indem deren Resonatorfrequenz von der mechanisch beeinflußten Resonatorgeometrie bestimmt wird. Hier kann an akustische, optische oder elektromagnetische Hohlraumresonatoren gedacht werden, die in der Patentliteratur mehrfach erwähnt wurden.

Eine Ausnahme bilden hier *akustische Oberflachenwellen-Resonatoren*, bei denen meist mit piezoelektrischen Schwingungssendern auf Meßfederoberflachen hochfrequente akustische Oberflachenwellen erzeugt und von gleichartigen Empfangern in festem Abstand wieder aufgenommen werden. Zu ungedämpften Oszillationen kommt es, indem man die Empfangssignale verstarkt und damit die Schwingungssender ansteuert. Dabei wird die Oszillatorfrequenz proportional zur Dehnung der Meßfederoberflache verandert. An der Entwicklung derartiger Aufnehmer wird weltweit gearbeitet.

14.3.5 Kompensierende Aufnehmer

Die Anpassungsabweichungen, die gewohnlich durch die Ankopplung des Aufnehmers an das Meßobjekt entstehen, lassen sich vermeiden oder zumindest sehr stark reduzieren, wenn man die vom Aufnehmer entzogene Signalenergie auf einem getrennten Signalweg wieder an das Meßobjektsystem zuruckfuhrt. Das hierbei zur Wirkung kommende *Kompensationsprinzip* möge anhand des Energieflußlanes von Bild 14.30 erläutert werden.

An das Tor $S-S'$ der realen P-Meßgroßenquelle ist einmal in bekannter Weise ein passiver Aufnehmer aus NA, LU_{MA} und gesteuerter Spannungsquelle u_{a_0} angeschlossen, dessen Ausgangssignal u_{a_0} von einem Regelverstarker in das Verstarkersignal $P_V = i_K \cdot u_V$ verstarkt wird. Ein Teil dieser Signalleistung wird als $P_R = i_K \cdot u_R$ auf einen invers betriebenen aktiven Aufnehmer weitergeleitet, dessen Innenaufbau (vgl. Bild 14.12) durch den

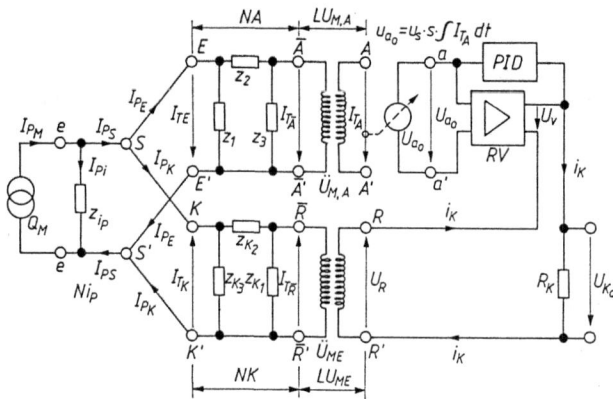

Bild 14.30 Energieflußplan kompensierender Aufnehmer für P-Meßgrößen.

idealen Leistungsumformer LU_{ME} mit dem Übersetzungsverhältnis $Ü_{ME}$ und dem Kompensationsnetzwerk aus den mechanischen Impedanzen Z_{K_1}, Z_{K_2} und Z_{K_3} wiedergegeben wird. Die am Tor $K-K'$ von NK zur Verfügung stehende Kompensationsleistung $P_K = I_{P_K} \cdot I_{T_K}$ wird schließlich an das Meßquellentor $S-S'$ zurückgeführt. Wie erkennbar, hat man bezüglich des Signalflusses eine *Kreisstruktur* vorliegen, deren Übertragungsverhalten man mit den Mitteln der Regelungstechnik (vgl. Abschnitt 13.1.3) beschreiben und berechnen kann. Die Wirkungsweise der Anordnung beruht nun darauf, daß der mit einer PID = Charakteristik (*P*roportional-, *I*ntegral- und *D*ifferential-Anteil) versehene Regelverstärker RV bei sehr hoher Verstärkung v sein Ausgangssignal $P_V = i_K \cdot u_V$ stets so einstellt, daß sein Eingangssignal

$$u_{a_0} = u_s \cdot S \int I_{T_A} dt \sim \int I_{T_E} = Q_{T_E} \cong 0$$

vgl. Gl. (14.3.2.10).

Liegt I_{P_M} als rein statische Meßgröße vor, wird im ausgeregelten Zustand auch $I_{T_E} \cong 0$ und damit der Aufnehmer NA auf seinen Ausgangswert zurückgeführt. Damit aber gilt auch:

$$I_{T_E} = -I_{T_K} \cong 0 \quad \text{und} \quad I_{P_E} \cong 0, \tag{14.3.5.1}$$

womit der im Rückführsignalweg liegende, als Kompensationsmotor wirkende aktive Aufnehmer NK eine Kompensationsgröße

$$I_{P_K} = I_{P_S} \equiv I_{P_M} \tag{14.3.5.2}$$

liefert, die genau der ungestörten Meßgröße I_{P_M} entspricht, da auch $I_{P_i} = I_{T_E}/Z_{i_p} \equiv 0$!
Sofern der Kompensationsmotor hochwertige Meßqualitäten zeigt, indem die strenge Proportionalität gilt

$$I_{P_K} = k_K \cdot i_K \tag{14.3.5.3}$$

ist auch i_K ein genaues Abbild für I_{P_M} und kann entweder als Strom oder als Spannungssignal

$$u_{K_0} = i_K \cdot R_K = \frac{R_K}{k_K} \cdot I_{P_K} \tag{14.3.5.4}$$

über dem Kompensationswiderstand R_K abgenommen werden.
Bemerkenswert an derartigen Kompensationsaufnehmern ist, daß ihr Ausgangssignal ausschließlich von dem statischen Übertragungsverhalten des eingesetzten Kompensationsmotors (Gl. (14.3.5.3)) bestimmt wird und weder die absolute Größe, Linearität oder Änderungen von Z_i, Z_1, Z_2, Z_3, S oder v von Einfluß sind. Bei sorgfältiger Dimensionierung des Übertragungsverhaltens des gesamten Regelkreises und insbesondere des PID-Regelverstärkers ist es möglich, diese vorteilhaften Meß-

14.3 Elektrisches Messen mechanischer Grundgrößen 499

eigenschaften auch bis zu hohen dynamischen Meßfrequenzen sicherzustellen und auch das Einschwingverhalten nach stoßartigen Meßgrößenänderungen günstig zu gestalten.

Als Anwendungsbeispiel sei auf die elektrodynamischen Waagen hingewiesen, die als Kraftgeber (Kompensationsmotor) einen invers betriebenen Aufnehmer nach Bild 14.20 einsetzen und optische oder kapazitive Aufnehmer als Wegindikatoren (Bild 14.27) verwenden. Mit ihnen können heute Gewichte als Auflagekräfte mit Abweichungen $< 3 \cdot 10^{-7}$ gemessen werden:

Anmerkung: Derartige Kompensationsaufnehmer können bei Modifikation der Signalsummierung im Tor $S-S'$ auch für die Aufnahme von T-Meßgrößen I_{T_M} ausgelegt werden!

14.3.6 Überblick über elektromechanische Aufnehmer

Im Vorausgehenden konnte aus Raumgründen nur auf die wichtigsten Arten und Eigenschaften der in der Praxis eingesetzten Aufnehmer eingegangen werden. Weitergehende Informationen entnehme man [14.32] bis [14.37]. Dabei verdient [14.37] insofern eine besondere Beachtung, weil dort vor allem auf die Möglichkeiten hingewiesen wird, derartige Aufnehmer auch unter widrigen Umweltbedingungen zu betreiben und darüber hinaus ein außergewöhnliches reiches Literaturverzeichnis auf weiterführende Informationsquellen hinweist.

14.3.7 Das elektronische Meßkettenteil

Nachdem am Ausgangstor $a-a'$ des elektromechanischen Meßkettenteils ein elektrisches Ausgangssignal in Form einer Leerlaufspannung u_{a_0} oder auch einer frequenzanalogen Signalspannung zur Verfügung steht, kann die weitere Signalverarbeitung auf rein elektronischem Wege mit allen in der elektrischen Meßtechnik, Nachrichtentechnik und der mikroelektronischen Datenverarbeitung eingeführten Verfahren erfolgen. Da der Raum für eine systematische Behandlung der hier vorhandenen Möglichkeiten an dieser Stelle nicht zur Verfügung steht, seien nachfolgend Hinweise auf weiterführende Literatur gegeben, bei der man sich im Bedarfsfalle detailliertere Informationen beschaffen kann. In der überwiegenden Mehrzahl aller Fälle aber wird man sich damit begnügen können, auf elektronische Standard-Meßgeräte zurückzugreifen, die in großer Vielfalt und Leistungsfähigkeit zur Verfügung stehen. Im einzelnen sei auf folgende Teilgebiete verwiesen:

14.3.7.1 Elektrische Meßtechnik, allgemein

Einen sehr umfassenden, allgemein verständlichen Überblick sowohl über die analogen als auch digitalen Verfahren der gesamten *elektrischen Meßtechnik* gibt [14.40], dort sind 209 Hinweise auf Bücher und 167 Hinweise auf grundlegende Aufsätze in Zeitschriften zu den wichtigsten Teilbereichen enthalten. Weiterhin [14.41] und [14.42].

14.3.7.2 Verstärkertechnik

Elektronische Verstärker werden in vielfältiger Form benötigt, um das Leistungsniveau von Meßsignalen anzuheben, um Potentialtrennungen, Impedanzanpassungen und analoge Rechenoperationen durchzuführen [14.43] bis [14.48].

14.3.7.3 Digitale Meßtechnik

Die vielfältigen Vorteile der digitalen Datenverarbeitung unter Nutzung der großen Verarbeitungstiefe von Mikroprozessoren und Großrechnern können heute in vollem Umfange auch in der Meßtechnik genutzt werden [14.49] bis [14.54].

14.3.7.4 Digitale Schnittstellen und Datenbussysteme

Zur Kopplung digitaler Datenkanäle, Meßgeräte, Rechner, Speicher-Anzeiger und Ausgabegeräte werden *Schnittstellen* als vielpolige Steckverbindungen und Verbindungskanäle benötigt, die möglichst einer der bestehenden

Normen entsprechen sollten, um einen störungsfreien Datenverkehr zwischen allen diesen koppelbaren Geräten sicherstellen zu können. Von besonderer Bedeutung sind folgende Schnittstellen und Datenbussysteme:

Die *seriellen Systeme:*
1. RS 232C/V24: vorzugsweise für Kopplungen über Fernsprechleitungen DIN 66020, DIN 66021 und RS 232;
2. MIL-STD 1553B: schnell, redundant, Anwendung in der Meßdatenverarbeitung MIL STD 1553B;
3. PDV-BUS: hierarchisch aufgebaut, komplex, sehr schnelle Prozeßdatenverarbeitung, Verfahrenstechnik, Werkzeugmaschinensteuerung [14.56].

Die *parallelen Systeme:*
1. CAMAC-BUS: größere Prozeßautomatisierungsaufgaben, Kernphysik sehr hoher Datendurchsatz [14.56] Normen IEEE 583, 595 und 596;
2. IEC-BUS: Kopplung von fernsteuerbaren und fernlesbaren Meßgeräten etc. im Laboratoriumsbetrieb DIN 66349, IEEE-Standard 488 [14.57].

14.3.7.5 Telemetrie

Sie wird allgemein zur Fernübertragung von Meßwerten benötigt, bekommt aber besondere Bedeutung, wenn Meßwertübertragungen von bewegten Meßobjekten erforderlich sind [14.59].

14.4 Temperaturmessung

14.4.1 Das thermodynamische System

14.4.1.1 Zustandsgrößen, Speicher

Die beiden Intensitätsgrößen des thermodynamischen Systems sind gemäß Tabelle 14.6 der *Entropiestrom* $\dot{S}$ und die *thermodynamische Temperatur T* (auch mit Kelvin-Temperatur bezeichnet). Als *P*-Quantitätsgröße beschreibt dabei die Entropie *S* den Grad, in dem die in einem System gespeicherte Wärmeenergie Q nach dem 2. Hauptsatz für Energieumformungen zur Verfügung steht:

$$\Delta W = \Delta Q = \Delta S \cdot T. \tag{14.4.1.1}$$

Das *thermodynamische System* kennt aber nur eine einzige Art von Energiespeichern, nämlich den *P*-Speicher *Wärmekapazität* C_{th}, daher ist hier auch keine *T*-Quantitatsgröße existent! ($\int T dt = Q_P$ ist ohne physikalischen Sinn!) Die thermodynamische Temperatur wird aus der Zustandsgleichung gewonnen:

$$p \cdot V_m = R_0 \cdot T, \tag{14.4.1.2}$$

in der *p* der Gasdruck, V_m das stoffmengenbezogene Gasvolumen und R_0 = 8,31441 J/K die allgemeine Gaskonstante sind; *T* ist vollständig von den Eigenschaften spezieller Thermometer unabhängig, wie sich durch Messungen an stark verdünnten Gasen mit Hilfe von Gasthermometern mit konstantem Volumen nachweisen läßt [14.59].

14.4.1.2 Temperaturskalen

Der Umgang mit Gasthermometern und niedrigen Drücken ist sehr umständlich und aufwendig. Daher ist man dazu übergegangen, 1968 eine *Internationale Praktische Temperaturskala* (ITPS-68) einzuführen, die sich am Tripelpunkt von reinem Wasser bei T_{tr} 273,16 K − an dem alle drei Phasen Wasserdampf, Wasser und Eis im Gleichgewicht stehen können − und dem physikalisch

14.4 Temperaturmessung

nicht unterschreitbaren absoluten Nullpunkt orientiert. Der dazwischen liegende Temperaturbereich wird linear unterteilt, damit ist

$$1 \text{ K} = T_{tr}/273,16 \, . \tag{14.4.1.3}$$

In der Praxis hat diese Kelvin-Temperatur nur eine geringe Bedeutung, man benutzt meistens die besondere Temperaturdifferenz

$$t = T - T_0 = T - 273,15 \text{ K} \tag{14.4.1.4}$$

mit der Einheit °C. Andere Temperaturdifferenzen sollten vorzugsweise in K angegeben werden, nach DIN 1301 dürfen sie aber auch in °C beschrieben werden.

Für die Darstellung der IPTS-68, zuletzt verbessert 1975, hat man einzelne Temperaturbereiche herausgegriffen und durch die Siede-, Erstarrungs- und Tripelpunkte anderer sehr rein darstellbarer Stoffe definiert und die zu ihrer Messung benutzenden Meßverfahren nebst Interpolationskorrektur festgelegt [14.60]. In der Praxis werden dagegen durchweg mit Linearitatsfehlern behaftete, aber möglichst einfach zu handhabende Methoden und Geräte eingesetzt, deren Kennlinien bei höheren Genauigkeitsanforderungen aber anhand von IPTS-68/75 einzumessen sind. Auf diese Verfahren sei im folgenden eingegangen.

14.4.2 Ausdehnungsthermometer

Ausdehnungsthermometer arbeiten meist als *Beruhrungsthermometer*, die mit dem Meßobjekt in mechanische Berührung gebracht werden. Sie nutzen die systematische lineare oder räumliche Ausdehnung flüssiger, fester oder gasformiger Körper und Volumina unter Temperatureinwirkung aus.

14.4.2.1 Flüssigkeits-Glasthermometer

Sie stellen die erste überhaupt realisierte Thermometerart dar und besitzen einen dünnwandigen Vorratsbehälter aus Glas oder Quarz, der nur eine Austrittsmöglichkeit in eine Kapillare besitzt und hermetisch gegen die Umgebung abgeschlossen mit einer ausdehnungsfreudigen Flüssigkeit gefüllt ist. Reines Quecksilber eignet sich für Messungen zwischen $-38,5$ °C und ca. 800 °C, sofern das Gas im Ausdehnungsvolumen zur Erhöhung des Siedepunktes unter hohen Druck versetzt wurde. Neben Quecksilber werden Quecksilber-Thallium (-59 °C bis ca. 1000 °C), Gallium (30...2060 °C), Äthanol ($>\approx -110$ °C), Toluol ($>\approx -90$ °C) und Pentan ($>\approx -200$ °C) eingesetzt. Man unterscheidet *Stabthermometer*, bei denen die Skala direkt auf eine dickwandige Kapillare aufgebracht ist und *Einschlußthermometer* mit dünnwandiger Kapillare und getrennt dahinter angeordnetem Skalenträger in einem gemeinsamen Schutzglasrohr. Da meist zwischen dem Meßobjekt und der übrigen Umgebung größere Temperaturdifferenzen bestehen, ist wegen der unterschiedlichen Ausdehnungskoeffizienten von Ausdehnungsflüssigkeit und Kapillare der jeweils abgelesene Temperaturmeßwert zu korrigieren: *Fadenkorrektur* [14.61]. Als weiterer Störeinfluß ist der Umgebungsdruck zu berücksichtigen und zu korrigieren ($\approx 0,1$ °C/bar!) Flüssigkeitsthermometer mit leitendem Medium können elektrische Grenzkontakte betatigen (*Kontaktthermometer*) die vielfach verstellbar sind. *Minimum-Maximum-Thermometer* dagegen sind U-förmig gebogene Kapillaren, die im unteren Teil mit Quecksilber gefüllt sind, auf dem ferromagnetische Schleppmarken schwimmen. Der Rest der Kapillare ist bis auf eine Expansionserweiterung vollständig mit Alkohol gefüllt und hat an einem Ende einen gasgefüllten Ausdehnungsbehälter. Beim Durchlaufen von Temperaturschleifen wird der Quecksilberfaden verschoben und die Schleppmarken beharren in den Extremwerten [14.61, S. 32]. Mit Glas-Thermometern können reproduzierbare Ablesungen bis auf 1/100 °C erreicht werden!

14.4.2.2 Federthermometer (Tensionsthermometer)

Federthermometer messen die Temperatur über druckempfindliche Meßfedern, die über eine metallische Kapillare mit einem metallischen Vorratsbehälter zusammen ein hermetisch dicht abgeschlossenes Volumen bilden, das vollständig mit einer thermometrischen Flüssigkeit gefüllt ist. Bei deren wärmebedingter Ausdehnung führt die Meßfeder – meist in der Form der vom Manometer her bekannten *Bourdonfeder* – proportionale Meßwege aus, die über Getriebe in entsprechende Ausschläge von Zeigern übersetzt werden. Es können von der Kapillare größere Entfernungen zwischen Meßstelle und Anzeige überbrückt werden. Höhere Genauigkeitsansprüche sind aber nur durch gleichzeitiges Verlegen einer *Kompensationskapillare* ohne Vorratsbehälter und eine zweite gegensinnig drehende Bourdonfeder im Anzeigegerät erzielbar [14.61, S. 40]. Daneben kommen aber auch *Gas-Federthermometer* und *Dampfdruck-Federthermometer* zum Einsatz, bei denen im Vorratsbehälter ein größeres Gasvolumen eingeschlossen ist, das meist auch noch von der übrigen Füllflüssigkeit durch flexible Membranen abgetrennt wird. Dampfdruck-Federthermometer haben eine stark überlineare Kennlinie.

14.4.2.3 Metallausdehnungsthermometer

Sie nutzen generell die Relativbewegungen aus, die zwei metallische Körper A und B mit stark unterschiedlichen Warmeausdehnungskoeffizienten α_A und α_B bei Temperaturänderungen ausführen.

Bei *Stabausdehnungsthermometern* befindet sich ein knicksteifer Stab konzentrisch in einem Schutzrohr mit sehr großem α_A und ist mit diesem an einem Ende verschweißt. Da die Stablänge nicht beliebig lang gewählt werden kann, sind die Relativwege nur klein, aber es stehen sehr große Stellkräfte zur Verfügung, mit denen direkt Grenzkontakte betätigt oder Zeiger über Getriebe verstellt werden können. Einsatzbereiche bis ca. 1000 °C bei Meßgenauigkeiten von 2% [14.62].

Bei *Bimetallthermometern* sind die Körper A und B als Bleche direkt aufeinander gewalzt, so daß Temperaturänderungen zu Blechkrümmungen führen. In den Thermometern werden schneckenförmige oder zylindrische Spiralfedern eingesetzt, deren eines Ende raumfest gelagert ist und deren anderes Ende ohne Getriebe direkt Zeiger oder Grenzkontakte betätigt. Meßgenauigkeiten 1...3%.

14.4.3 Thermoelemente

Thermoelemente sind aktive Aufnehmer (vgl. Abschnitt 14.3.24), die die Leistung eines Wärmestromes

$$P_{th} = \frac{Q}{\Delta T} \cdot \Delta T = j_{th} \cdot u_{th} = P_{el} \tag{14.4.3.1}$$

direkt und umkehrbar in elektrische Leistung umformen können. j_{th} ist hier die Stromdichte eines im Thermoleiterkreis fließenden Stromes i_{th}. Maßgebend sind hier die von *Seebeck* und *Peltier* angegebenen Effekte. Für die Temperaturmessung werden sie durch Thermopaare aus zwei unterschiedlichen Materialien A und B ausgenutzt, die an zwei voneinander beliebig entfernten Stellen (Lötstellen) innig miteinander in Kontakt gebracht sind und insgesamt einen Leiterkreis bilden. Wird letzterer an einer beliebigen Stelle unterbrochen, kann hier eine Thermo-Leerlaufspannung

$$u_{th_0} = (\sigma_A - \sigma_B) \Delta T + (\sigma_{A_2} - \sigma_{B_2}) \Delta T^2 + \ldots \tag{14.4.3.2}$$

gemessen werden, die der Temperaturdifferenz ΔT zwischen den beiden Lötstellen entspricht. Die Seebeck-Koeffizienten σ_A und σ_B sind Materialkonstanten, die als *thermoelektrische Spannungsreihe* in einschlägigen Tabellen festgelegt sind [14.64, S. 167]. Für technische Zwecke werden jedoch nur Paarungen ausgenutzt, die stabil und reproduzierbar sind und über größere Temperaturbereiche *hinreichend lineare* Kennlinien aufweisen [14.64, S. 168]. Um mit Thermopaaren eindeu-

14.4 Temperaturmessung

tige Temperaturmessungen ausführen zu können, muß die *Vergleichslotstelle* auf einer exakt bekannten Referenztemperatur gehalten werden. Mit geeigneten Paarungen sind dann Messungen zwischen $-273\,°C$ bis über $2000\,°C$ durchführbar. Thermoelemente stehen in einer großen Vielfalt von Bauformen, teilweise genormt nach DIN 43710 bis DIN 43770, zur Verfügung.

14.4.4 Metallische Widerstandsthermometer

Metallische Leiter erhöhen ihren elektrischen Grundwiderstand R_0, den sie bei einer Bezugstemperatur T_0 haben, mit der Temperatur nach der Beziehung

$$R_{met}(T) = R_0 [1 + \alpha(T - T_0) + \beta(T - T_0)^2 + \dots]. \tag{14.4.4.1}$$

Für Temperaturmessungen sind Materialien herausgesucht worden, die sich in ihrer Zusammensetzung und vor allem in ihren charakteristischen Koeffizienten α und β reproduzierbar herstellen lassen und über größere Bereiche hinweg stabil und weitgehend linear sind (Pt und Ni, DIN 43760). Wegen *Umkristallationserscheinungen* können sie aber nur maximal bis zu Temperaturen von ca. $850\,°C$ eingesetzt werden. In Verbindung mit geeigneten elektronischen Auswerteschaltungen können Auflösungen auf ca. $10^{-3}\,°C$ erreicht werden. Meßgenauigkeiten $\approx 0{,}1\,\%$. Näheres über Bauformen enthält DIN 16160.

14.4.5 Halbleiter-Widerstandsthermometer

Halbleiterwiderstande nehmen in aller Regel näherungsweise exponentiell mit der Temperatur ab,

$$R_{Halb}(T) \cong R_0\, e^{-\alpha/T}, \tag{14.4.5.1}$$

wobei sie einen gegenüber Metallen sehr großen (allerdings negativen) Temperaturkoeffizienten (*NTC-Widerstande*) aufweisen. Daher können mit ihnen einfache Auswerteschaltungen realisiert werden, in denen die stark gekrümmten Kennlinien der NTC, meist durch Vor- und Parallelwiderstande, linearisiert werden. Einsatzbereiche $-55\dots350\,°C$, Sondertypen bis $1000\,°C$. Werden Dioden oder Basis-Emitter-Strecken von Transistoren in Durchlaßrichtung von Konstantstrom durchflossen, zeigen sie eine recht linear mit der Temperatur abnehmende Durchlaßspannung, die direkt zur Temperaturmessung genutzt werden kann.

14.4.6 Strahlungsthermometer

Bei hohen Temperaturen versagen alle aufgeführten berührenden Thermometer aus unterschiedlichen physikalischen Gründen. Deshalb muß man hier dazu übergehen, die von den Meßobjekten ausgesendete *infrarote, sichtbare* oder *ultraviolette Warmestrahlung* für die Temperaturbestimmung zu benutzen. Dabei wird von folgenden Gesetzmäßigkeiten Gebrauch gemacht: Die gesamte Strahlungsdichte eines schwarzen Körpers beträgt

$$S_s = \sigma \cdot T^4 \quad \text{mit} \quad \sigma = 5{,}75 \cdot 10^{-8}\,W/m^2\,K^4. \tag{14.4.6.1}$$

Hat die Umgebung die Temperatur T_0, so nimmt der Strahler aber auch von dieser Strahlung auf, so daß die *Nettostrahlungsdichte* nur

$$S_{snetto} = \sigma(T^4 - T_0^4) \tag{14.4.6.2}$$

beträgt. Diese Strahlung aber wird über einen breiten Wellenlängenbereich λ mit unterschiedlicher Intensitat abgestrahlt (*Plancksche Strahlungsformel*)

$$S_{\lambda_s} = C_1 \lambda^{-5}/(e^{\frac{C_2}{\lambda T}} - 1)\,\Delta\lambda \approx C_1 \lambda^{-5} e^{\frac{C_2}{\lambda T}} \cdot \Delta\lambda. \tag{14.4.6.3}$$

Bei *nichtschwarzer (grauer) Strahlung* wird in Abhängigkeit vom Emissionsvermögen ϵ, das wiederum von λ abhängig ist, nur ein Teil dieser Strahlungsdichte ausgesendet:

$$S_\lambda = \epsilon S_{\lambda_s}. \qquad (14.4.6.4)$$

Auf der Basis dieser Gesetze findet man in der Praxis *Gesamt-Strahlungsthermometer*, die mit optischen Mitteln einen breiten Wellenlängenbereich der von einem Meßobjekt ausgehenden Strahlung erfassen und meist mit empfindlichen Thermoelementen in elektrische Signale umformen, sowie *Spektralthermometer*, die nur jeweils einen schmalen Wellenlängenbereich ausnutzen. Über die weiterführende Theorie informiere man sich anhand von [14.59, 14.61 und 14.62].

14.4.7 Rauschspannungsthermometrie

Jeder elektrische Widerstand liefert aufgrund der thermischen Bewegung seiner freien Elektronen zwischen seinen Enden eine „statistisch um den Mittelwert Null schwankende" Rauschspannung, deren Effektivwert sich nach *Nyquist*

$$\Delta u_{R_{eff}} = 2\sqrt{k \cdot R \cdot \Delta f \cdot T} \qquad (14.4.7.1)$$

berechnet und direkt der Wurzel aus der absoluten Temperatur T, dem Widerstand R und der Bandbreite Δf proportional ist, die man bei der Spannungsmessung erfaßt. $k = 1.3806 \cdot 10^{-23}$ J/K ist die *Boltzmannkonstante*. Diese Beziehung wird mit modernen Auswerteelektroniken, die stets zwei Verstärker aufweisen und zwischen dem Meßwiderstand und einem bekannten Vergleichswiderstand umschalten, neuerdings sehr erfolgreich zur Temperaturmessung unter erschwerten Einsatzbedingungen (z.B. Reaktortechnik) herangezogen [14.62, S. 257 ff.].

14.4.8 Quarzthermometer

Schwingquarze sind gewöhnlich als äußerst stabile Referenzelemente in Taktgeneratoren bekannt. Werden derartige Quarze aber unter geeigneten Kristallrichtungen geschnitten, zeigen sie zwischen $-80\,°C$ und $+250\,°C$ eine nahezu lineare Temperaturabhängigkeit ihrer Schwingfrequenz. Da Frequenzen heute extrem genau meßbar sind, werden Auflosungen von 10^{-4} K im Differenzbetrieb und Genauigkeiten von ca. 10^{-3} erreicht.

14.4.9 Anpassungsabweichungen

In Abschnitt 14.3.2.9 wurde allgemein erläutert, daß man wegen des endlichen Energieinhalts der Meßgroßenquellen und ihrer Innenimpedanzen meist mit erheblichen Anpassungsabweichungen rechnen muß. Bei Temperaturmessungen muß man daher streng darauf achten, daß der *Warmeubergangswiderstand* zwischen Meßobjekt und Thermometer und vor allem die *Warmekapazitat* und *Warmeableitung* des Thermometers moglichst klein ist. Im allgemeinen wird man aber stets mit einem Ansprechverhalten in Form von e-Funktionen rechnen müssen, deren Zeitkonstanten sich nur mit extrem niedrigen Wärmekapazitäten unter einige Millisekunden senken lassen [14.63, BW 5048].

14.4.10 Temperaturmeßbereiche

Bild 14.31 gibt einen schematischen Überblick über die Temperaturmeßbereiche, die man mit den beschriebenen Meßverfahren heute überdecken kann.

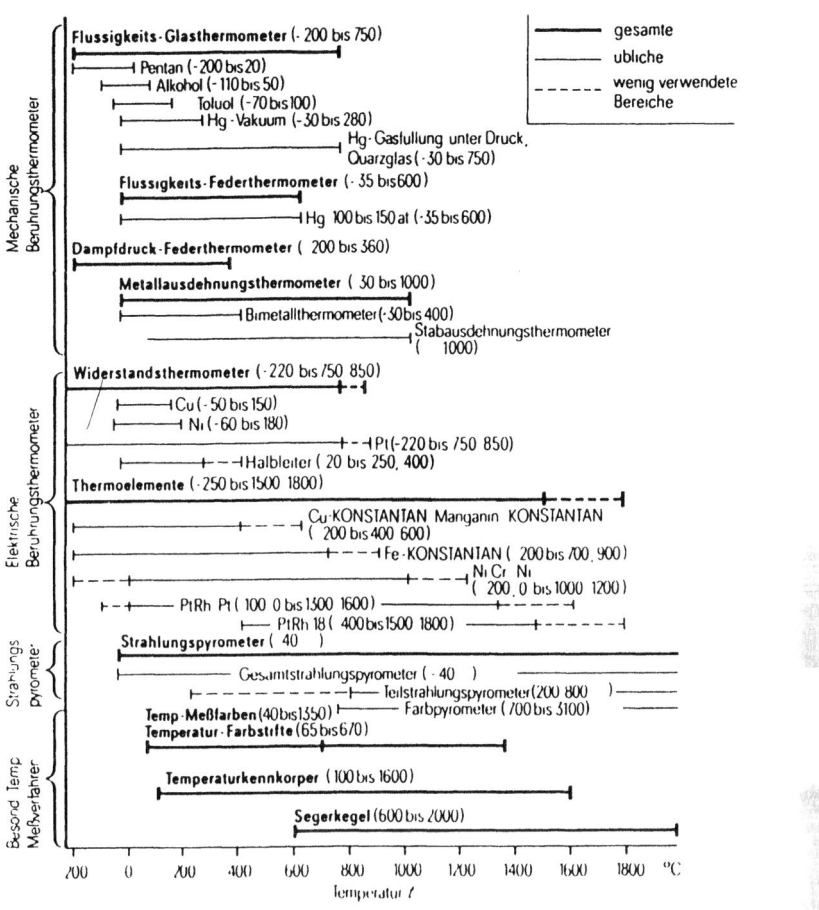

Bild 14.31 Temperatur-Einsatzbereiche heutiger Thermometer.

14.5 Fertigungsmeßtechnik

14.5.1 Allgemeine Grundlagen

Die *Fertigungsmeßtechnik* hat in den vergangenen Jahrzehnten standig an Bedeutung gewonnen, weil nur durch Messungen die notwendigen Informationen uber den Ablauf eines Produktionsprozesses und damit Moglichkeiten zur Steuerung desselben gewonnen werden konnen. *Qualitatssicherung* ist ohne Überwachen und Messen nicht moglich. Qualitätssicherung und Fertigungsmeßtechnik sind deshalb eng miteinander verbunden. Auch im Hinblick auf die zunehmende Automatisierung der Fertigung, aber auch der Montage, ist die Fertigungsmeßtechnik von grundlegen-

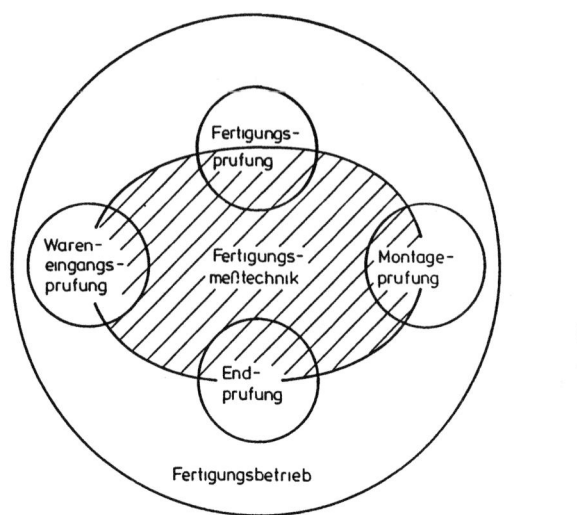

Bild 14.32
Anwendung der Fertigungsmeßtechnik.

der Bedeutung. Es läßt sich nachweisen, daß die Fortschritte der Meßtechnik das Entwicklungstempo der Technik fördern und vielfach sogar bestimmen.
Die vier Hauptanwendungsgebiete der Fertigungsmeßtechnik sind: *Wareneingangsprüfung, Fertigungsprüfung, Montageprüfung* und *Endprüfung* (Bild 14.32). In diesen Bereichen werden Qualitätsmerkmale (Eigenschaften) an Werkstücken aber auch an Fertigungseinrichtungen, Vorrichtungen, Werkzeugen und Werkstoffen geprüft. Neben unterschiedlichen physikalischen Größen gehören zu den Prüfmerkmalen der Fertigungstechnik hauptsächlich aber geometrische Größen wie Längen, Winkel, Form und Lage, Rauheit u. a.
Prüfen heißt feststellen, ob vorgegebene Bedingungen eingehalten sind oder nicht. Nach DIN 2257 unterscheidet man subjektives und objektives Prüfen, wobei das letztere in *Messen* und *Lehren* unterteilt wird. Subjektives Prüfen erfolgt durch Sinneswahrnehmung, also ohne Hilfsmittel, z. B. bei der Sichtprüfung. In der Fertigungsmeßtechnik wird hauptsächlich objektiv, d. h. unter Verwendung von Meßgeräten, Maßverkörperungen und Lehren geprüft.
Messen ist der zahlenmäßige Vergleich einer zu messenden Länge mit einer Maßverkörperung, z. B. Längen- oder Winkeleinheiten wie Strichmaße, Parallelendmaße u. a. Das Ergebnis des Messens ist ein Meßwert (Zahlenwert mit Vorzeichen und Einheit), z. B. das Istmaß eines Werkstücks.
Lehren ist das Vergleichen mit einer Lehre, z. B. Lehrdorn, Lehrring oder Rachenlehre. Beim Lehren wird festgestellt, ob das zu prüfende Maß innerhalb bestimmter Grenzwerte liegt oder nicht. Ein Zahlenwert kann nicht angegeben werden. Das Ergebnis kann nur lauten: Gut oder Ausschuß.
Die *Basiseinheit der Länge* ist das Meter (m) mit den Dezimalen 1 dm = 0,1 m, 1 cm = 0,01 m, 1 mm = 0,001 m, 1 μm = 0,000 001 m. Auf der 11. Generalkonferenz für Maß und Gewicht wurde die Wellenlänge des Lichts, das von dem Atom Krypton (Kr) unter bestimmten Bedingungen ausgesandt wird, als Meternormal festgelegt. Die Definition lautete damals: „Die Basiseinheit 1 Meter ist das 1 650 763,73fache der Wellenlänge der von Atomen des Nuklids ^{86}Kr beim Übergang vom Zustand $5d_5$ zum Zustand $2p_{10}$ ausgesandten, sich im Vakuum ausbreitenden Strahlung." Seit 1983 gilt: „Ein Meter ist die Länge der Strecke, die Licht im Vakuum während der Dauer von 1/299 792 458 Sekunden durchläuft." In den angelsächsischen Ländern wird noch überwiegend das Zollsystem angewendet. 1 Zoll (englisch inch) mit dem Kurzzeichen (″) ist der 12. Teil eines

14.5 Fertigungsmeßtechnik

foot (′) und dieses wiederum der 3. Teil des yard (yd). Für industrielle Messungen gilt nach DIN 4890/93 der abgerundete Umrechnungswert 1″ = 25,400 000 mm.

Da sich Werkstoffe bei Erwärmung unterschiedlich ausdehnen, muß eine *Bezugstemperatur* definiert sein. Nach DIN 102 gilt: „Bezugstemperatur der Meßzeuge und Werkstücke ist 20 °C. Bei dieser Temperatur sollen die Meßzeuge und Werkstücke die vorgeschriebenen Maße haben. Alle technischen Maßangaben gelten für die Bezugstemperatur 20 °C, sofern nichts anderes angegeben ist."

Voraussetzung für einwandfreie Prüfergebnisse ist die Beachtung von Grundsätzen bei Prüfmitteln. Für Meßgeräte gilt das *Abbesche Komparatorprinzip*. Es besagt: „Die zu messende Länge und das Vergleichsnormal (Strichmaß, Meßspindel) müssen fluchtend hintereinander liegen. Dies trifft für den Meßschieber nicht zu. Meßstrecke und Maßstab haben einen Versatz (Bild 14.33). Bei Nichtbeachtung des Abbeschen Komparatorprinzip können bei nicht vollständiger Parallelführung (Kippung) größere Meßfehler entstehen (Bild 14.34).

Für Lehren gilt der *Taylorsche Grundsatz*: „Die Gutseite der Lehre soll dem idealen Gegenstück (Formelement) entsprechen, um die Paarungsmöglichkeit des Werkstücks zu prüfen; die Ausschußseite soll nur punktweise das Gegenstück prüfen, um örtliche Formabweichungen festzu-

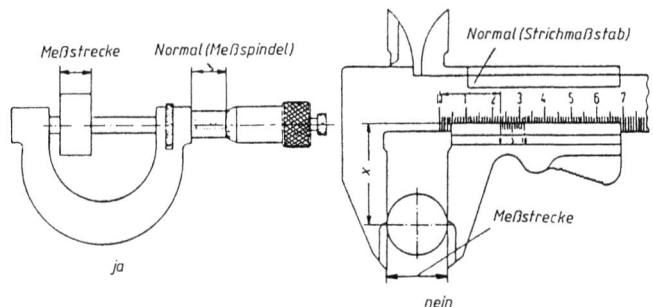

Bild 14.33 Komparatorprinzip.

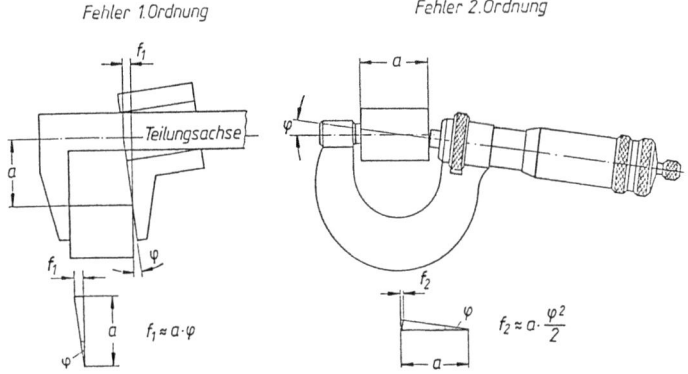

Bild 14.34 Fehler durch Nichtbeachtung des Abbeschen Prinzips.

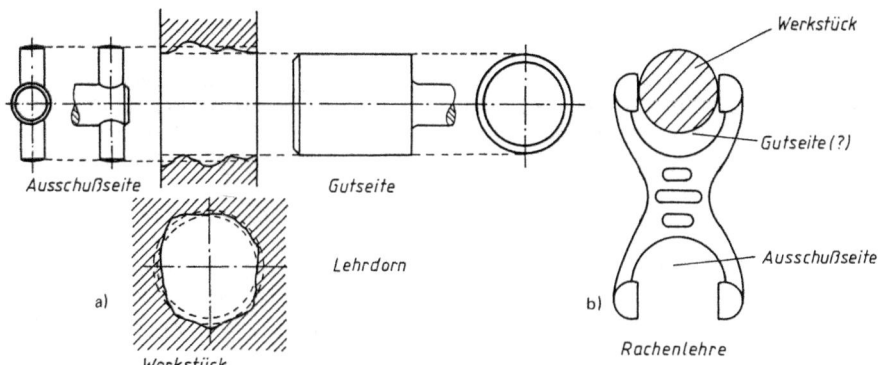

Bild 14.35 Taylorscher Grundsatz.

stellen, die die Toleranz überschreiten (Bild 14.35a). In der Praxis wird dieser Grundsatz häufig verletzt (Bild 14.35b).
Ein Vergleich der beiden Prüfmethoden Lehren und Messen zeigt erhebliche Vorteile der messenden Prüfung. Es sind dies:

- universellere Verwendbarkeit der Meßgeräte, die Lehre dagegen ist nur für ein bestimmtes Nennmaß mit Toleranzlage, z. B. $12^{\emptyset}_{h7}$ verwendbar;
- zahlenmäßige Istwertbestimmung, die Aussage beim Lehren heißt nur Gut oder Ausschuß;
- Möglichkeit der statistischen Auswertung und Weiterverarbeitung der Meßwerte;
- Steuerung des Fertigungsprozesses durch Einstellen und Nachstellen der Werkzeuge;
- keine Einengung der Fertigungstoleranzen durch Lehrentoleranzen (Herstell- und Abnutzungstoleranz);
- geringerer Prüfumfang bei gleichem Test;
- insgesamt bessere Methode zur Qualitätssicherung.

14.5.4 Beschreibung von Meßverfahren und Meßgeräten

14.5.2.1 Meßverfahren

Die Verfahren der Fertigungsmeßtechnik lassen sich entsprechend der Anwendung bestimmter physikalischer Methoden grob in folgende Gruppen einteilen:
- *mechanische Meßverfahren*, z. B. Meßschieber, Bügelmeßschraube, Meßuhr u. a.;
- *optische Meßverfahren*, z. B. Meßlupe, Meßmikroskop, optischer Teilkopf u. a.;
- *pneumatische Meßverfahren*, z. B. Druck-, Differenzdruck- und Durchflußverfahren für Innen- und Außenmaße u. a.;
- *elektronische Meßverfahren*, z. B. induktive und kapazitive Taster u. a.;
- *opto-elektronische Meßverfahren*, z. B. inkrementale Taster, Laserinterferometer u. a.

14.5.2.2 Mechanische Innenmeßgeräte

Mechanische Innenmeßgeräte bestehen im allgemeinen aus einem Anzeigeteil (Meßuhr oder Feinzeiger) und dem mechanischen Meßwertaufnehmer (Bild 14.36). Die Übertragung der Tastbolzen-

14.5 Fertigungsmeßtechnik

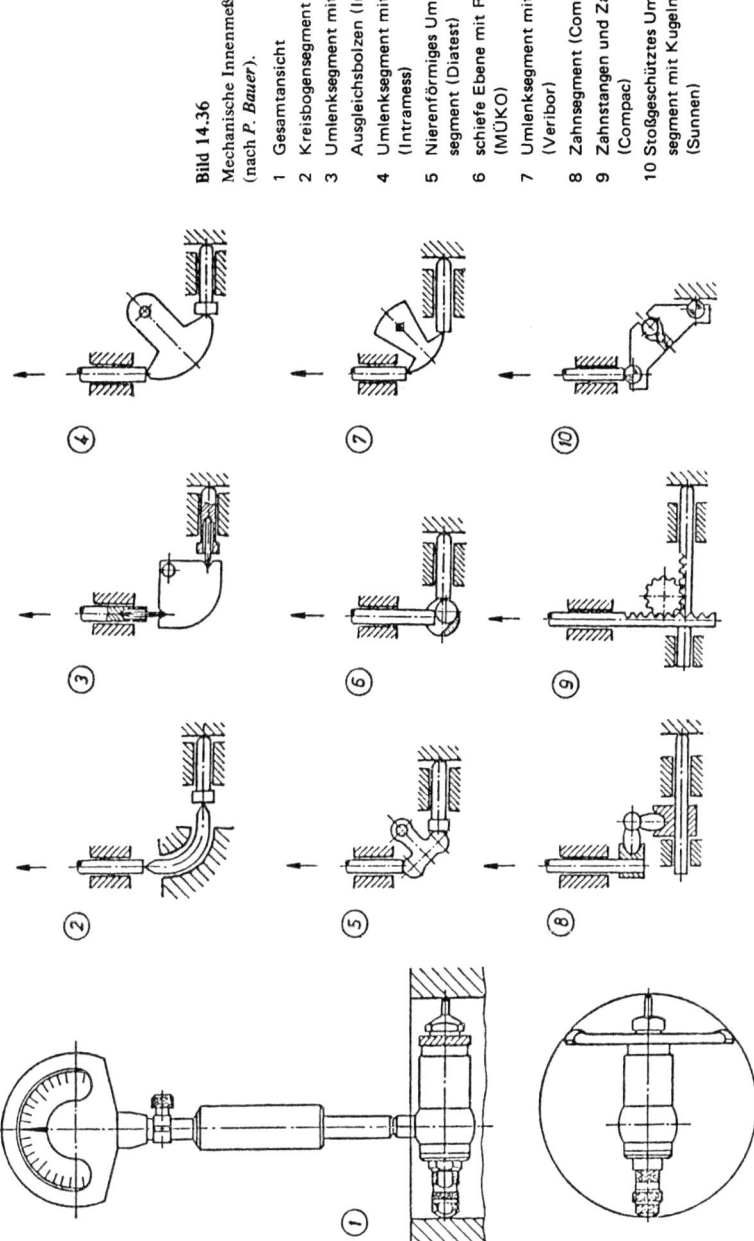

Bild 14.36 Mechanische Innenmeßgeräte (nach *P. Bauer*).
1 Gesamtansicht
2 Kreisbogensegment (Subito)
3 Umlenksegment mit Ausgleichsbolzen (Intramess)
4 Umlenksegment mit Radien (Intramess)
5 Nierenförmiges Umlenksegment (Diatest)
6 schiefe Ebene mit Rolle (MÜKO)
7 Umlenksegment mit Spitzen (Veribor)
8 Zahnsegment (Compac)
9 Zahnstangen und Zahnrad (Compac)
10 Stoßgeschütztes Umlenksegment mit Kugeln (Sunnen)

bewegung erfolgt über weitgehend reibungsfrei arbeitende Umlenkvorrichtungen zum Anzeigeteil hin.

14.5.2.3 Pneumatische Längenmeßgeräte

Pneumatische Längenmeßgeräte haben aufgrund ihrer Einfachheit und Robustheit einen festen Platz in der Fertigungsmeßtechnik. Wesentliche Merkmale sind neben der hohen Genauigkeit (Übersetzung bis 1 : 100 000, Skalenwert bis 0,05 µm), einfache Handhabung sowie räumliche Trennung von Meßstelle und Anzeige. Die pneumatischen Längenmeßverfahren beruhen auf der Erscheinung, daß die Luftmenge, die in der Zeiteinheit durch einen Strömungskanal strömt, wesentlich durch dessen engsten Strömungsquerschnitt beeinflußt werden kann. Die Änderung der durchströmenden Luftmenge dient als Maß für die Verschiebung dieses Hindernisses. So kann z. B. die Prüflingsoberfläche direkt mit der aus der Meßdüse austretenden Luft angeblasen werden. Dann bestimmt der Abstand zwischen Meßdüse und Pruflingsoberfläche die Größe des engsten Querschnittes. Bei anderen Meßgrößenaufnehmern, die den Prüfling mechanisch antasten, steuert ein Meßbolzen das Hindernis, das eine keglige Nadel, ein Ventilteller oder eine Prallplatte sein kann (Bild 14.37).

Niederdruck- und Hochdruck-Meßgeräte. Die pneumatischen Meßgeräte gibt es als *Niederdruck-* und als *Hochdruck-Meßgeräte*.

Niederdruck-Meßgeräte haben einen Arbeitsdruck unter 0,1 bar und können bereits mit einem Betriebsdruck unter 0,5 bar betrieben werden. Diese Meßgeräte haben einen besonders einfachen Aufbau und sind daher wenig störanfällig. Beim berührungslosen Messen mit offenen Meßdüsen müssen die Werkstücke vorher gereinigt werden, da der geringe Luftstrom der Meßluft für eine Schmutzentfernung nicht ausreicht.

Hochdruck-Meßgeräte sind durch den weitaus höheren Arbeitsdruck von 0,7 bar bis etwa 3 bar, je nach dem zur Anwendung kommenden Meßverfahren, gekennzeichnet. Der erforderliche Betriebsdruck liegt zwischen 2,5 bar und etwa 5 bar. Der jeweils vorgeschriebene Arbeitsdruck wird mit einem mechanisch arbeitenden Feindruckregler eingestellt, von dessen einwandfreier Beschaffenheit die Meßgenauigkeit abhängt. Aus diesem Grunde ist der Drucklufaufbereitung für Hochdruckgerate besondere Bedeutung zu schenken, um Storungen zu vermeiden. Der wesentliche Vorteil des Hochdruck-Meßgerätes liegt in den kurzen Meßzeiten.

Der Meßbereich beträgt bei den Meßgeräten für Niederdruck und Hochdruck für alle Meßverfahren beim beruhrungslosen Messen mit offenen Meßdüsen etwa 0,2 mm. Beim Kontaktmessen liegt der

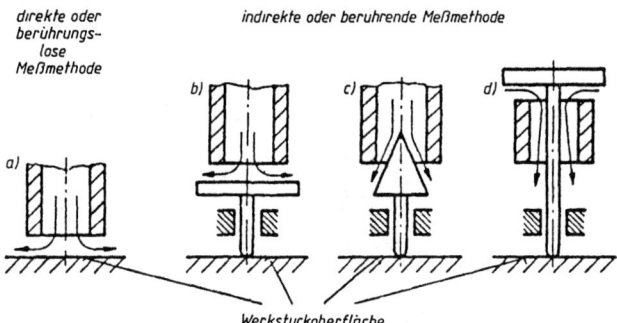

Bild 14.37 Prinzipien der Werkstuckantastung.

14.5 Fertigungsmeßtechnik

Meßbereich bei etwa 1 mm. Die Hochdruck- und Niederdruck-Meßgeräte arbeiten nach dem Volumen-, Geschwindigkeits-, Druck- oder Differenzdruckmeßverfahren.

Volumenmeßverfahren. Beim *Volumenmeßverfahren* (Bild 14.38) wird das aus den Meßdüsen des Düsendorns in einer Werkstückbohrung ausströmende Luftvolumen gemessen. Meßwertanzeiger ist ein pneumatischer Strömungsmesser. In einem konisch ausgebildeten Glasrohr befindet sich ein Schwebekörper oder Schwimmer, der vom Luftstrom getragen wird; er stellt sich nach dem durchströmenden Luftvolumen je Zeiteinheit auf eine bestimmte Höhe ein.

Geschwindigkeitsmeßverfahren. Beim *Geschwindigkeitsmeßverfahren* (Bild 14.39) wird mit einer Venturidüse die Geschwindigkeit der Druckluft gemessen, die aus den Meßdüsen des in der Werkstückbohrung befindlichen Düsendornes austritt. Die Druckdifferenz in den verschiedenen Stromungsquerschnitten vor und hinter der Venturidüse wird mittels eines Differenz-Feindruckmanometers angezeigt. Ändert sich die Werkstuckbohrung, so ändert sich die Geschwindigkeit der aus den Meßdüsen des Düsendorns ausströmenden Druckluft und somit auch der Anzeigewert am Differenz-Feindruckmanometer.

Druckmeßverfahren. Das *Druckmeßverfahren* (Bild 14.40) beruht darauf, daß in einem pneumatischen Meßkreis zwischen einer Vordüse oder Kopfdüse und der Meßduse im pneumatischen Meßgerät der Druckunterschied der durchströmenden Druckluft mittels eines Feindruckmanometers gemessen wird.

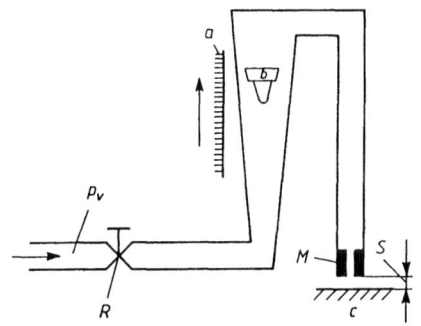

Bild 14.38
Volumenmeßverfahren
a Meßwertskala,
b Schwebekörper,
c Werkstück,
p_V Luftdruck vor dem Regler,
R Regler,
M Meßdüse,
S Spalt (Meßgröße).

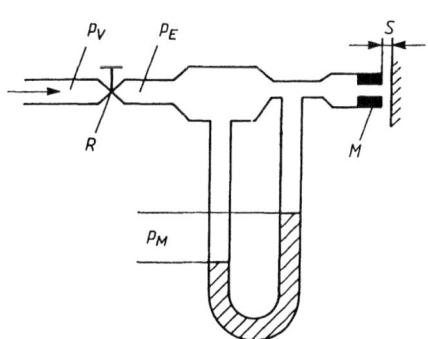

Bild 14.39 Geschwindigkeitsmeßverfahren
p_E = Eingangsdruck, p_M = Meßdruck.

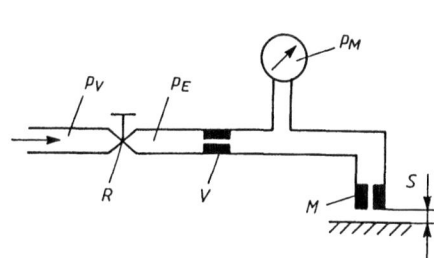

Bild 14.40 Druckmeßverfahren.

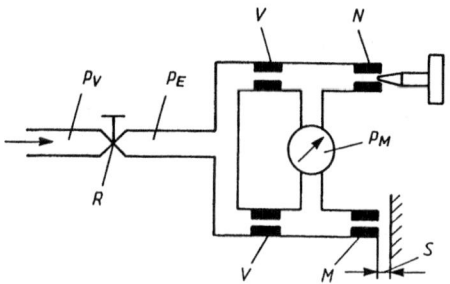

Bild 14.41
Differenzdruckverfahren
N Vergleichsmeßdüse.

Differenzdruckmeßverfahren. Beim *Differenzdruckmeßverfahren* (Bild 14.41) strömt die Druckluft über eine Vorduse zu den Meßdüsen der Meßeinheit und gleichzeitig parallel dazu im zweiten Meßkreis über eine Vordüse zur Regeldüse. Der Differenzdruck wird mittels eines Feindruckmanometers gemessen. Etwaige Druckänderungen des Feindruckreglers wirken sich gleichmäßig in beiden Meßkreisen aus, so daß der Differenzdruck unbeeinflußt bleibt und der vom Feindruckmanometer angezeigte Meßwert stets gleich ist. Der Luftverbrauch ist etwa doppelt so groß wie beim gleichartigen Druckmeßverfahren.

Sondermeßgeräte. Werkstucke mit zahlreichen oder sehr ungünstig liegenden Meßstellen, bei denen sich eine Prüfung mit handelsublichen Meßgeräten nur schwer oder sehr zeitraubend durchführen läßt, werden mit besonderen Meßgeräten, den *Sondermeßgeräten*, geprüft. Diese sind im allgemeinen zeichnungsgebunden. Die Sondermeßgeräte erlauben eine schnelle und gleichzeitige Prüfung mehrerer Maße, die mit handelsublichen Prufmitteln nur schwierig und zeitraubend gepruft werden können. Die Geräte sind oft so aufgebaut, daß damit sowohl gemessen als auch gelehrt werden kann.

Die Meßwertanzeige bei pneumatischen Meßverfahren erfolgt entweder durch sogenannte Säulengeräte (Schwimmerbeobachtung oder elektrische Anzeige durch Lampen) oder Zeigergerate. Der Meßbereich beim berührungslosen Messen liegt etwa bei 0,2 mm. Weiterhin ist zu beachten, daß die Oberflächenrauheit ($R_z > 4\mu m$) das Meßergebnis beeinflussen kann.

Trotz dieser Einschränkung und des zunehmenden Einsatzes von elektronischen Meßverfahren, haben pneumatische Meßgerate, insbesondere für Bohrungsmessungen, ihren festen Platz in der Fertigungsprüfung.

14.5.2.4 Elektronische Längenmeßgeräte

In zunehmendem Maße werden *elektronische Längenmeßgeräte* eingesetzt, wobei digitale Meßsysteme gegenuber analogen Systemen an Bedeutung gewinnen. Im einfachsten Fall besteht ein elektronisches Meßsystem aus einem elektronischen Taster mit einem analogen oder digitalen Anzeigegerät. Das Prinzip der elektronischen Längenmessung besteht darin, daß die messende Länge über einen Wegaufnehmer eine elektrische Größe verursacht. Je nach Art der elektrischen Große unterscheidet man *ohmsche, kapazitive* und *induktive Wegaufnehmer*. Die meisten der am Markt erhältlichen elektronischen Taster sind nach dem induktiven Meßprinzip ausgeführt. Diese Taster arbeiten nach dem Prinzip eines Differentialtransformators (Bild 14.42). Der Tastbolzen des Tasters ist in einer Kugelfuhrung gelagert, um die Reibung moglichst gering zu halten. Mit dem Tastbolzen verbunden ist der Ferritkern. Dieser taucht in die Spulen des Differenzialtransformators ein. Die Primär-Spule wird von einem Hochfrequenzgenerator (20 KHz) mit einer konstanten Wechselspannung erregt. Der Ferritkern koppelt die Primarspule mit 2 Sekundarspulen, die gegeneinander geschaltet sind. Die Ausgangsspannung der Sekundärspule ist bei mittiger Ferritkernstellung null.

14.5 Fertigungsmeßtechnik

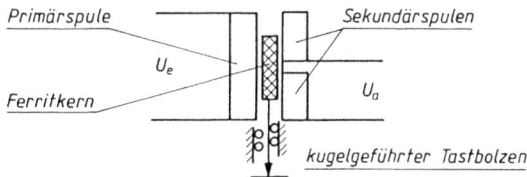

Bild 14.42
Prinzip induktiver Meßtaster
U_e Primärspannung,
U_a Sekundärspannung.

Verschiebt sich der Ferritkern, so entspricht die Ausgangsspannung in Amplitude und Phasenlage der Größe und Richtung der Ferritkernverschiebung und damit dem Tastbolzenweg. Gegenüber mechanischen Meßgeräten haben elektronische Meßgeräte folgende Vorteile:

- hohe Auflösung und Empfindlichkeit,
- geringe Meßkräfte (elektrischer Taster: 0,25 N; Meßuhr: 2 N),
- Möglichkeit der Meßwertübertragung per Kabel oder Funk,
- Möglichkeit der Meßwertweiterverarbeitung im Rechner,
- hohere Genauigkeit (bis 0,1 % des Meßbereichs),
- vielseitige Variationsmöglichkeiten, z. B. für Mehrmeßstellenmeßeinrichtungen.

In den letzten Jahren sind auch schon einfache Meßgeräte, z.B. Meßschieber u.a. mit Digitalmaßstab und Digitalanzeige zu relativ günstigen Preisen auf dem Markt erhältlich.

Eine Entdeckung in den 50er Jahren hat die Längenmeßtechnik entscheidend beeinflußt und zwar die des lichtverstärkenden Effekts angeregter Atome bestimmter Gase oder Festkörper, die zur Entwicklung des *Laser* führte. Der Ausdruck „Laser" ist eine Abkürzung aus dem englischen: „*L*ight *A*mplifiction by *S*timulated *E*mission of *R*adiation" und heißt „Lichtverstärkung durch stimulierte Emission von Strahlung." Die Besonderheit des Lasers als Lichtquelle ist, daß er Licht mit folgenden Eigenschaften erzeugt:

- monochromatisch, d.h. unifrequent,
- hohe Intensität, d.h. Licht gleicher Wellenlänge und Schwingungsart und
- besondere Richtstrahlcharakteristik, d.h. sehr kleiner Strahlwinkel.

Diese Eigenschaften des Laserlichts ermöglichten die Entwicklung des *Laserinterferometers*, mit dem sich Verschiebewege über große Längen mit hoher Genauigkeit und Auflösung erfassen lassen.

Die Arbeitsweise einer Laserlichtquelle läßt sich folgendermaßen erklären: Das aktive Medium, z.B. Edelgas, wird zwischen zwei gut ausgerichtete hochreflektierende Spiegel (Resonatoren) gesetzt. Einer der beiden Spiegel ist teildurchlässig. Infolge der Energiezufuhr durch die Pumplichtquelle werden die Atome des aktiven Mediums angeregt. Diese angeregten Atome erreichen ihren Gleichgewichtszustand wieder, wenn sie Licht ausstrahlen. Die Atome emittieren vorzugsweise dann Licht, wenn sie von einem Lichtquant gleicher Wellenlänge getroffen werden. Beide Lichtquanten haben dann gleiche Wellenlänge (monochromatisch) und gleiche Phase (kohärent). Anfangs wird das Licht in alle Raumrichtungen ausgestrahlt. Dabei wird aber immer ein gewisser Anteil sein, der zufällig senkrecht auf einen der beiden Spiegel fällt. Der jeweilige Spiegel reflektiert das Licht zurück in das aktive Medium, hier wird es verstärkt und vom zweiten Spiegel reflektiert, läuft wieder durch das Medium und wird nochmals verstärkt usw. Innerhalb kürzester Zeit baut sich zwischen den beiden Spiegeln eine stehende Welle auf, wobei auf jedem der Spiegel ein Knoten entsteht. Der Spiegelabstand L muß also ein Vielfaches n der halben Wellenlänge betragen:

$$L = n \cdot \frac{\lambda}{2} .$$

Die Wellenlänge der für Meßzwecke meist verwendeten HE/NE-Lasers beträgt 0,63 m.
Im Prinzip arbeiten auch die modernen Laser-Interferometer nach dem schon lange bekannten *Michelson-Interferometer*. Beim Michelson-Interferometer (Bild 14.43) wird der Laserstrahl durch einen Teilerspiegel in zwei Strahlen aufgespalten. Der eine fällt auf das Meßobjekt, der andere auf einen Vergleichsspiegel. Die beiden reflektierten Strahlen werden vom Teilerspiegel wieder vereinigt und fallen auf den Beobachtungsschirm. Sind Vergleichsspiegel und Meßobjekt optisch eben und gut justiert, so interferieren auf dem Beobachtungsschirm zwei ungestörte, ebene Lichtquellen. Je nach ihrer Phasenlage (abhängig von den beiden Wegstrecken L_1, L_2) ergibt sich auf dem Schirm maximale Helligkeit oder Dunkelheit.

Das *Laser-Interferometer* (Bild 14.44) besteht im wesentlichen aus den Einheiten: Geber, Reflektor und dem elektronischen Zähl- und Rechenwerk. Das Funktionsprinzip entspricht dem des Michelson-Interferometers mit Referenz- und Meßstrahl. Beim Meßvorgang entstehen bei Bewegung des Reflektors, der als Tripelspiegel ausgebildet ist, infolge der Überlagerung (Interferenz) von Referenz- und Meßstrahl auf dem Strahlenteiler Hell-Dunkel-Wechsel. Diese werden in den beiden Photodetektoren in zwei elektrische, 90° phasenverschobene Signale umgewandelt und als Zählimpulse dem Rechenwerk zugeführt. Korrekturwerte, wie Luftdruck, Lufttemperatur, Luftfeuchte und Materialtemperatur werden ebenfalls in das Rechenwerk eingegeben und entsprechend berücksichtigt. Die Meßwerte werden digital angezeigt.

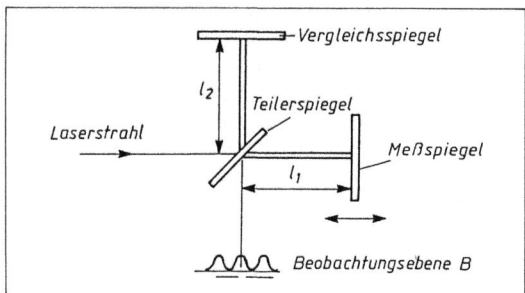

Bild 14.43
Interferometerprinzip.

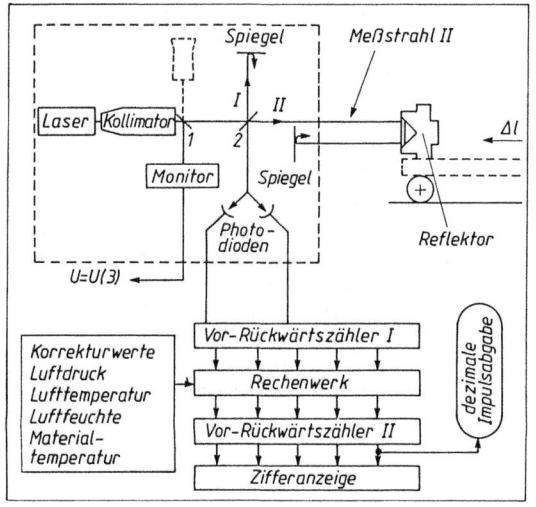

Bild 14.44
Prinzip eines Laser-Interferometers.

14.5 Fertigungsmeßtechnik

Anwendung in der Praxis:
- Beurteilen von Werkzeug- und Meßmaschinen,
- Messen von Längen (Endmaße, Maßstäbe) und
- Messen von Richtungen (Winkel, Geradheit, Ebenheit).

14.5.2.5 Koordinatenmeßgeräte

Koordinatenmeßgeräte dienen dazu, die geometrische Gestalt von Werkstücken zu prüfen. Bekannteste Ausführungen waren früher die sogenannten *Universal-Mikroskope*. Ihre Einsatzmöglichkeiten beschränkten sich auf Zwei-Koordinaten-Messungen mit eng begrenztem Meßbereich. Anfang siebziger Jahre wurden in Anlehnung an koordinatengeführte Werkzeugmaschinen *Drei-Koordinatenmeßmaschinen* entwickelt. Das Werkstück wurde mit einem Tastelement manuell angetastet. Damit war die Erfassung von nahezu beliebig am Werkstück liegenden Meßpunkten in kurzer Zeit und mit guter Genauigkeit möglich. Zwischenzeitlich sind diese Meßmaschinen weiter entwickelt worden. Die unterschiedliche Anordnung und Ausführung in den Achsrichtungen führten zu verschiedenen Bauarten (Bild 14.45). Diese lassen sich auf vier Grundbauarten zurückführen. Es sind dies:

- Ständerbauart,
- Auslegerbauart,
- Portalbauart,
- Brückenbauart.

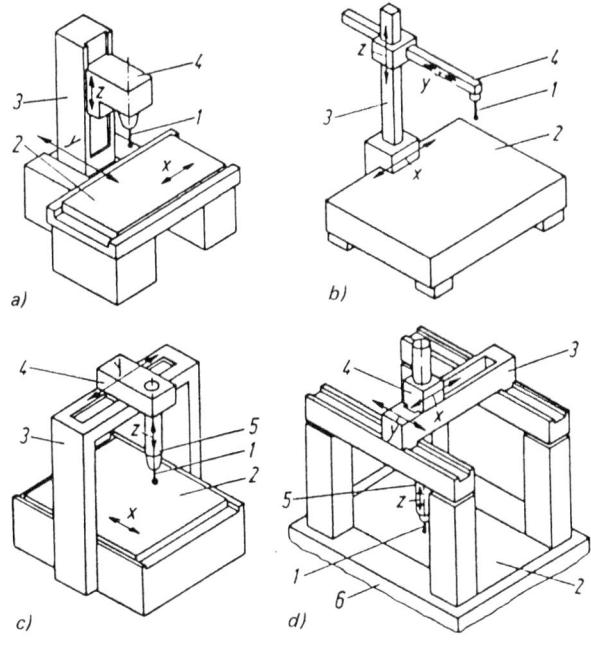

Bild 14.45
Bauarten von Drei-Koordinatenmeßmaschinen
a) Ständerbauart:
1 Taststift,
2 Tisch,
3 Ständer,
4 Support;

b) Auslegerbauart:
1 Taststift,
2 Tisch,
3 Stander,
4 Ausleger;

c) Portalbauart:
1 Taststift,
2 Tisch,
3 Portal,
4 Support,
5 Pinole;

d) Brückenbauart:
1 Taststift,
2 eingelegte Werkstückaufnahme,
3 Brücke,
4 Support,
5 Pinole,
6 Fundament.

Heute werden von verschiedenen Herstellern Drei-Koordinatenmeßmaschinen unterschiedlicher Bauart, Ausstattung, Meßbereiche und Anschaffungskosten angeboten (Bild 14.46). Die besonderen Merkmale dieser Meßmaschinen sind:
- automatische dreidimensionale Objektantastung mit dreidimensionalen Tastsystemen,
- Meßwerterfassung durch hochauflösende photoelektrische Längenschrittgeber,
- motorisch angetriebene – von Hand bzw. über Tischrechner – steuerbare Meßschlitten in allen drei Koordinaten, Motorantrieb stufenlos regelbar,
- On-line gekoppelter Tischrechner neuester Generation zur vollautomatischen Positionierung, nach Repetierprogramm bzw. manueller Datenvorgabe Auswertung der Meßdaten und Erstellung von Meßprotokollen schnell und objektiv wahlweise auf Bildschirm, Thermodrucker, Schreibmaschine oder Plotter,
- einfache Handhabung der Anlage, externes Bedien- und Steuerpult, kurze Umrüstung in eine meßkraftfrei messende Zwei-Koordinaten-Durchlicht-Meßanlage,
- wesentliche Verkürzung der Meßzeiten, Zeitersparnisfaktor 4...10 je nach Art und Anzahl der Meßobjekte,

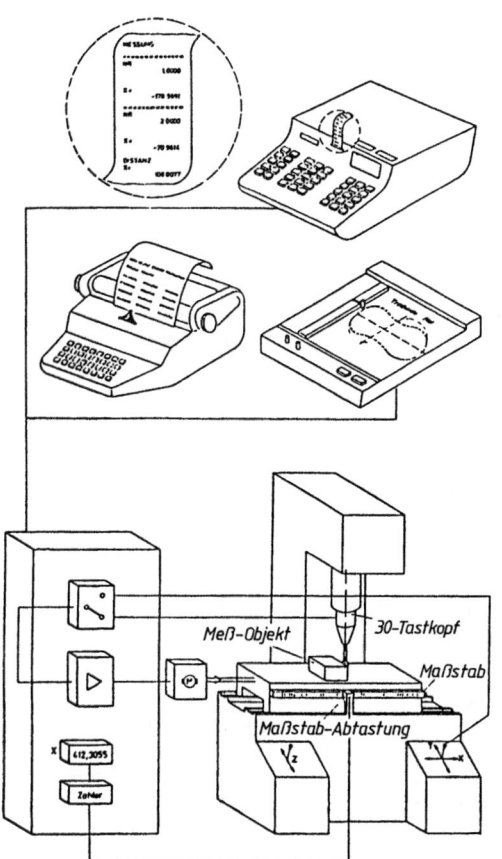

Bild 14.46
Drei-Koordinatenmeßmaschine.

14.5 Fertigungsmeßtechnik   517

- hohe Meßgenauigkeit und Zuverlässigkeit durch Verwendung bewährter Komponenten,
- große Flexibilität bei der Vielfalt der Meßaufgaben durch Einsatz bis zu fünf Taststiften in einem automatischen Meßablauf (automatische Taststiftkorrektur), Sondertaststifte können schnell und problemlos hergestellt werden,
- Schutz des Tastsystems gegen Beschädigung durch unbeabsichtigte Kollision.

Automatische Objektantastung. Für die Wirtschaftlichkeit einer Meßmaschine ist u.a. die Lösung des Antastproblems unter Einhaltung der Genauigkeitsforderungen von Bedeutung. Der elektronische Abtastknopf für die dreidimensionale Werkstückantastung zeichnet sich bei hoher Genauigkeit durch einfache Bauweise und sehr geringe Beschneidung des Meßvolumens aus (Bild 14.47). Es können bis zu fünf sternformig orientierte Taststifte eingesetzt werden. Bei Taststiftwechsel wird nach Betätigen einer Auslösetaste ein automatischer Gewichtsausgleich durchgeführt. Der Tastkopf hat drei translatorische Freiheitsgrade und ist in der Nullage in allen drei Richtungen klemmbar.

Durch eine vorangehende Taststifteichung werden die Koordinaten aller eingesetzten Taststifte - bezogen auf einen definierten Punkt - gespeichert. Damit kann nun in den darauf folgenden Meßabläufen jeder Taststift (am Bedienpult vorgewählt) zur Antastung in allen drei Raumkoordinaten herangezogen werden. Vom Tischrechner wird sofort die Taststift-, Radius-, Biegungs- und Ablagekorrektur durchgeführt. Die am Bedienpult wählbare Meßkraft von 0,1 N, 0,2 N und 0,4 N wird elektronisch voreingestellt.

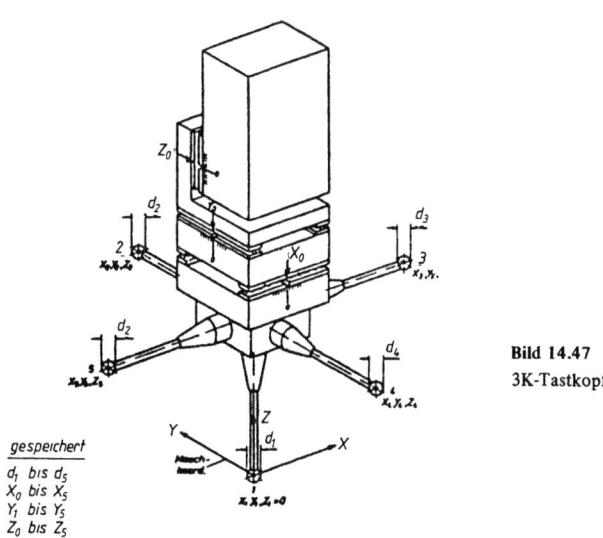

Bild 14.47
3K-Tastkopf

gespeichert
d_1 bis d_5
X_0 bis X_5
Y_1 bis Y_5
Z_0 bis Z_5

14.5.2.6 Meßunsicherheiten

Die *Meßunsicherheit* setzt sich aus Unsicherheiten der Objektantastung (und zwar zweimal, am Anfangs- und am Endpunkt der Meßstrecke) und Unsicherheiten der Verschiebungsmessung zusammen. Keinesfalls darf als Meßunsicherheit etwa die Standardabweichung einer mehrmaligen Schlittenpositionierung definiert werden, wie das in der Praxis häufig der Fall ist.

Da in den letzten Jahren die Leistungsfähigkeit gerade von Präzisionsmaschinen durch genaue Wegmeßgeräte und genaue Führungen erheblich gesteigert werden konnte, wird der Anteil der Objektantastung an der gesamten Meßunsicherheit immer größer. Dieser Anteil ist außerdem von Oberfläche, Kantensauberkeit und Werkstoff des Objekts stark abhängig. Der Gesamtfehler setzt sich aus einem längenunabhängigen und einem längenabhängigem Fehlerglied zusammen. Je nach den Maschinenkonstanten K_1 und K_2 ist

$$f \pm (K_1 + \frac{L}{K_2})\,\mu m \ (L = \text{Werkstücklänge}).$$

Bei der Messung von Bohrungen müssen die Formabweichungen vom geometrisch idealen Profil berücksichtigt werden. Dabei taucht die Frage auf, welche Meßmethode anzuwenden ist. Für die Praxis sind folgende Methoden relevant: 2-Punkt-, 3-Punkt-, 4-Punkt-Meßmethode. Bei der Zweipunktmeßmethode ist die Meßunsicherheit ebenso groß wie die Formschwankungen der Bohrung. Bei der Vierpunktmeßmethode verringert sich dieser Fehler, er hängt jedoch von der Anzahl der Ungleichförmigkeiten ab. Bei der Dreipunktmeßmethode ist die Abhängigkeit von der Anzahl der Ungleichförmigkeiten nicht gegeben. Aus Versuchen hat sich gezeigt, daß die Streuung bei der Vierpunktmeßmethode am geringsten war.

14.5.2.7 Automatische Meßwertverarbeitung

Der Rechner übernimmt

– die Umrechnung von Werkstückkoordinaten auf Maschinenkoordinaten, dadurch entfällt das zeitraubende Ausrichten der Werkstücke nach Flächen, Bohrungen und Bolzen,
– die Kompensation der Tastkugeldurchmesser einschließlich der Durchbiegung,
– die Umrechnung beliebig gewählter Taststifte auf einen gemeinsamen Nullpunkt,
– die Berechnung von Bohrungs-, Bolzendurchmesser auf den Mittelpunktkoordinaten aus wahlweise drei oder vier Antastungen,
– die Berechnung von Winkeln und Distanzen,
– den Soll-Istwertvergleich,
– die Ermittlung von Formabweichung von Kurven in Ebene und Raum,
– die Null-Setzung von beliebigen Bezugsflächen am Werkstuck,
– die Umrechnung der metrischen Meßwerte in das Zollsystem.

Es ist gut bekannt, daß viele *Auswerterrechnungen*, z. B. die Bestimmung der Mittelwerte Extremwerte, Standardabweichungen, Soll-Istwert-Differenzen, mit einem nachgeschalteten Rechner rationell durchgeführt werden können. Das Vorhandensein eines automatischen Antastkopfes mit Meßsignalen, die die Antastlage und Antastrichtung festlegen können, erweitert diese Rationalisierung noch einmal um einen ganz beträchtlichen Faktor.
Der Rechner bietet durch direkte Eingabe der Antastrichtung und der Maschinenkoordinaten ohne ins Gewicht fallenden Zeitbedarf erhebliche Erleichterungen nicht nur bei der Auswertung, sondern schon beim Meßvorgang selbst. Durch die Richtungserkennung wird vom Rechner sofort erkannt, ob es sich um Abstandsmessung von beidseitig außen- oder innenliegenden oder einseitig außen- oder innenliegenden Flächen handelt. Der am Beginn des Meßvorgangs einmal eingegebene Kugeldurchmesser des Taststiftes kann dadurch gleich vorzeichen- und lagerichtig addiert werden. Bei Kurvenmessungen kann der halbe Kugeldurchmesser bei jedem Meßwert lagerichtig vektoriell subrahiert oder addiert werden, wodurch die meist umständliche Äquidistantenmessung sehr erleichtert wird. Auf dem Datendrucker wird sofort der Istpunkt der Kurve nach Subtraktion oder Addition des Kugelradius ausgegeben.
Besonders interessant ist die *rechnerische Kompensation von Ausrichtfehlern* des Werkstucks. Das beliebig aufgespannte, nicht ausgerichtete Werkstück wird an irgendeiner Bezugsflache zweimal

angetastet. Durch das Vorhandensein von vier Azimutlagen der Taststifte können als Bezugsflächen verschiedene Seitenflächen, außen- und innenliegend, aber auch Bohrungsachsen oder Verbindungslinien von Bohrungsmitten herangezogen werden. Bei letzterem Problem müssen die Bohrungsmitten gar nicht angefahren werden. Der Rechner bildet sich aus einer Drei- oder Vierpunktantastung des Bohrungsumfangs die Koordinaten des Mittelpunktes und speichert die Werte als Bezugsgrößen für alle späteren Meßvorgänge.

Aus der Antastung von zwei beliebigen Punkten der Bezugsfläche wird der zufällige Winkelfehler zum rechtwinkligen Koordinatensystem der Maschine bestimmt. Mit diesem Winkel werden dann alle folgenden Einzelmessungen in ein gedrehtes Werkstückkoordinatensystem transformiert. Am Datendrucker stehen bereits unmittelbar die Meßwerte im richtigen Koordinatensystem zur Verfügung. Dadurch erspart man sich die häufig sehr zeitraubende Rüstzeit beim Messen.

Weitere Rechnervorgänge sind: Bestimmung von Ketten- und Stichmaßen, Berechnung des Mittelpunkts und Durchmessers von Bohrungen und Bolzen aus drei oder mehr Umfangspunkten, Umrechnung kartesischer Koordinaten in Polarkoordinaten, Bestimmung der Tangenten- oder Normalrichtung bei Messungen an Kurven oder schrägen Flächen, Ermittlung des Raumwinkels zwischen zwei Meßpunkten oder Meßachsen, Durchmesser- und Mittelpunktbestimmung an Kreisabschnitten, direkte Distanzbestimmung von sich kreuzenden Achsen, Fluchtung von Bohrungen oder Bolzen.

Der Benutzer braucht zu Beginn der Messung nur die vom Maschinenhersteller bezogene oder auch selbst erstellte Programmkarte einzulegen. Das Anrufen der gewünschten Rechenvorgänge geschieht vom Programmtastenfeld der Maschine aus, das durch eine spezielle auswechselbare Bezeichnungsmarke dem jeweils eingelesenen Programm zugeordnet wird. Damit wird der Rechnerbetrieb auch für kleinere Unternehmen interessant und erfordert keinerlei besondere Vorkenntnisse oder Ausbildungen. Der Tischrechner ist natürlich auch getrennt von der Maschine für viele Ingenieur- und Technikeraufgaben bestens geeignet und dadurch ein rationelles Allroundgerät.

Der gesamte *Zeitbedarf* für die Messungen wird im wesentlichen nur mehr von dem Aufwand für das Werkstückspannen beeinflußt. Wegen der sehr geringen Meßkräfte von $0,1 \ldots 0,4\,N$ braucht man dafür auch keine besonderen Maßnahmen vorzusehen. Die Einstell-, Rechner- und Auswertvorgänge sind pro Meßpunkt innerhalb weniger Sekunden zu erledigen. Die Zeitersparnis gegenüber konventionellen Messungen geht nun tatsächlich in die Größenordnung von über $95\,\%$. Gepaart ist dieser Vorteil noch mit einer bedeutenden Steigerung der Zuverlässigkeit, weil zumindest menschlich subjektive Einstellfehler gänzlich vermieden werden.
S. auch Abschnitt 18.2 Rechnergeführte Meßgeräte.

14.5.3 Prüfen von Längen

Unter *Längenprüfung* versteht man allgemein die Bestimmung der geraden Entfernung zweier Punkte, die irgendwelchen Flächen, Formelementen oder Geraden angehören. Unter diese Definition fallen sowohl der Abstand zweier ebener Flächen, als auch der Durchmesser eines Zylinders. Streng genommen gehört dazu z.B. auch die Prüfung der Rauheit, der Formabweichungen, der Verzahnungen und der Gewinde. Diese letztgenannten werden in besonderen Abschnitten später behandelt.

Die *Einkoordinatenmaße* lassen sich grob in *Außen-* und *Innenmaße* einteilen (Bild 14.48). Zur Prüfung dieser Maße gibt es eine Vielzahl handelsüblicher Prüfmittel, die entsprechend der Meßaufgabe ausgewählt werden müssen. Dabei sind die Geometrie des Werkstücks, seine Größe, die geforderte Meßgenauigkeit u.v.m. zu berücksichtigen. Grundsätzlich kann die Prüfung durch *Lehren* oder *Messen* erfolgen. Die Besonderheiten beider Prüfmethoden sind in Abschnitt 14.5.1 beschrieben. Bei der Auswahl der Prüfmittel ist weiterhin zu beachten, daß ihre Meßunsicherheit nicht größer als max. $50\,\%$ der Toleranz des zu prüfenden Merkmals sein soll. Die Prüfung

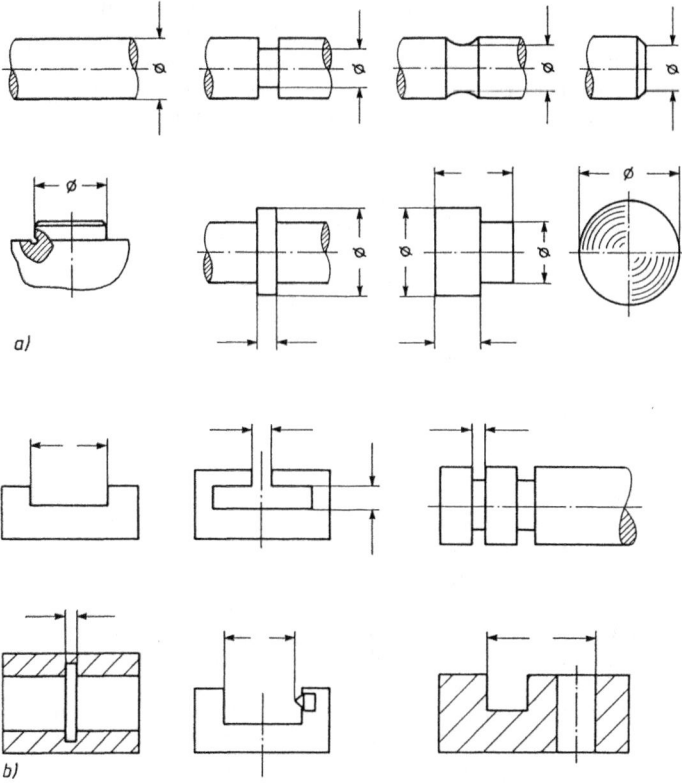

Bild 14.48 Beispiele von Längenmaßen
a) Außenmaße,
b) Innenmaße.

großer Längen, dazu zählt man die über 500 mm, erfordert in der Regel spezielle Prüfeinrichtungen und besondere Maßnahmen. Probleme sind z. B.:
- Die Prüfung der Werkstücke erfolgt meist in Fertigungshallen. Umweltbedingungen, wie Schwingungen und Temperaturschwankungen wirken sich nachhaltig aus.
- Die aus der Größe der Werkstücke resultierenden Gewichte können zu Durchbiegungen führen und erfordern deshalb besonders wirksame Halterungen und Auflagen.
- Die Bedienung und Ablesung der meisten Prüfmittel ist wegen der Werkstückgröße oft unhandlich und schwierig.
- Oft sind die Prüfaufgaben nicht mit handelsüblichen Prüfmitteln zu erledigen und deshalb meist werkstückgebundene, kostenaufwendige Sonderprüfmittel erforderlich.

Insgesamt erfordert die Prüfung großer Längen und die großer Werkstücke gute Fachkenntnisse und handwerkliches Geschick des Prüfpersonals.

14.5.4 Prüfen von Winkeln und Kegeln

Neben den eigentlichen Längenmessungen erfordern oft komplizierte Werkstücke zur meßtechnischen Erfassung auch technische *Winkelmessungen*. Sie haben allerdings insgesamt nicht die Bedeutung von Längemessungen, da sie nicht so oft erforderlich sind und die verlangte Genauigkeit meist nicht so hoch ist. Außerdem ist es in vielen Fällen möglich, die Winkelbestimmungen auf Längenmessungen zurückzuführen. Je nach Aufgabenstellung werden deshalb den jeweiligen Anforderungen angepaßte Verfahren und Meßgeräte verwendet. Bei den verschiedenen Meßmethoden unterscheidet man zwischen direkten und indirekten Meßwertbestimmungen. Bei der direkten Meßmethode folgt das Meßergebnis unmittelbar aus der Messung, wahrend bei der indirekten Meßmethode aus verschiedenen Meßwerten berechnet wird.

Winkeleinheiten. Als Einheit des Winkels dient der zu einem vereinbarten ganzzahligen Bruchteil des Kreisumfanges gehörige Zentriwinkel. Bezogen auf die Basiseinheiten ist er eine dimensionslose Größe.

Historisch sind eine Vielzahl von Einheiten, z. B. rechter Winkel, Grad, Neugrad, Radiant u. a. entstanden. In der industriellen Praxis sind meist nur zwei Einheiten im Gebrauch. Die erste ist der Altgrad, bei dem der Kreisumfang in 360 gleiche Teile geteilt ist. Zieht man vom Anfangs- und Endpunkt eines Kreisteiles je eine Gerade durch den Mittelpunkt, so bilden diese beiden Schenkel einen Winkel von $1°$ (1 Altgrad) miteinander. Der Altgrad wird in 60 Minuten ($60'$) und diese in 60 Sekunden ($60''$) unterteilt. In anderen Disziplinen, die sich mit Winkelmessungen befassen, ist wegen der großen Vorzüge bei Rechnung der Neugrad stark im Vordringen. Beim Neugrad wird der Kreisumfang in 400 Teile geteilt, so daß ein Quadrant, d. h. ein rechter Winkel, 100 Neugrad (100^g) umfaßt. Er wird seinerseits in 100 Neuminuten (100^c) zu je 100 Neusekunden (100^{cc}) unterteilt. Zwischen den Winkeleinheiten Radiant (rad), Grad ($°$), Gon (gon) und dem Vollwinkel (pla) gelten die Umrechnungsbeziehungen nach Bild 14.49. Sie werden hergeleitet aus:

$$1 \text{ pla} = 2 \cdot \pi \cdot \text{rad} = 360° = 400 \text{ gon}.$$

Umwandlungstabelle für ebene Winkel							
	rad	L	°	°	'	''	gon
1 rad =	1	0,636 62	57,295 77	57	17	44,8	63,661 97
1 L =	$\frac{\pi}{2} = 1,570\,796$	1	90	90	00	00,0	100
1° =	$\frac{\pi}{180} = 0,017\,453$	0,011 11	1	1	00	00,0	1,111 11
1 gon =	$\frac{\pi}{200} = 0,015\,708$	0,01	0,9	0	54	00,0	1

Umrechnung von Winkeleinheiten

$$\text{arc } 1° = 0,017\,453\,29 \text{ rad} = \frac{1}{\rho°} = \frac{1}{57,3} = 1,7 \cdot 10^{-2} = 17 \frac{\text{mm}}{\text{m}}$$

$$\text{arc } 1' = 2,908\,82 \cdot 10^{-4} \text{ rad} = \frac{1}{\rho'} = \frac{1}{3438} = 3 \cdot 10^{-4} = 0,3 \frac{\text{mm}}{\text{m}}$$

$$\text{arc } 1'' = 4,848\,14 \cdot 10^{-6} \text{ rad} = \frac{1}{\rho''} = \frac{1}{206265} = 5 \cdot 10^{-6} = 5 \frac{\mu\text{m}}{\text{m}}$$

Bild 14.49 Umrechnungsfaktoren für Winkel.

Im Gegensatz zur Längeneinheit ist die Winkeleinheit jederzeit reproduzierbar und bedarf dadurch eigentlich keiner Verkörperung durch ein Normal. Trotzdem sind bei der industriellen Winkelmessung *Winkelnormale* gebräuchlich. Es sind dies Winkelstrichscheiben, Teil- und Rastenscheiben, Winkelendmaße und 90°-Winkel verschiedener Genauigkeitsstufen.

Unter Benutzung von *Endmaßen* lassen sich mit besonderen Einrichtungen beliebige Winkel einstellen, deren Genauigkeit etwa den *Winkelendmaßen* entspricht. Hierzu gehören das Sinus- und Tangenslineal. In beiden Fällen wird der gewünschte Winkel durch zwei Seiten eines rechtwinkligen Dreiecks aufgebaut (Bild 14.50).

Für die verschiedenen Meßaufgaben stehen Winkelmeßgeräte unterschiedlicher Bauart und Genauigkeit zur Verfügung. Die bekanntesten Geräte sind

— Universalwinkelmesser,
— optische Teilköpfe,
— Meßmikroskope,
— elektronische Drehgeber und
— Röhrenlibellen.

Sinustisch

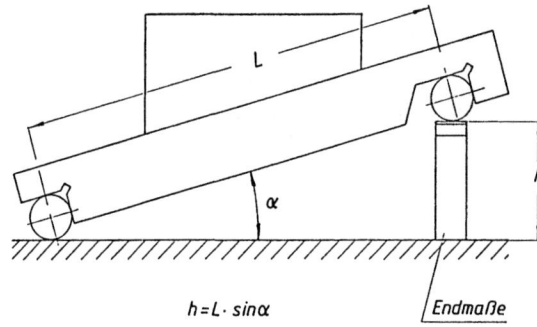

$h = L \cdot \sin\alpha$

Tangenstisch

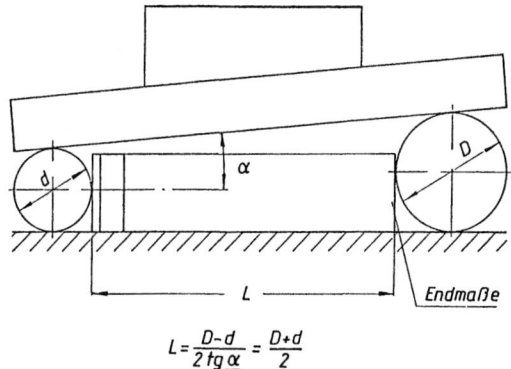

$$L = \frac{D-d}{2\,tg\frac{\alpha}{2}} = \frac{D+d}{2}$$

Bild 14.50 Sinus- und Tangensprinzip.

14.5 Fertigungsmeßtechnik

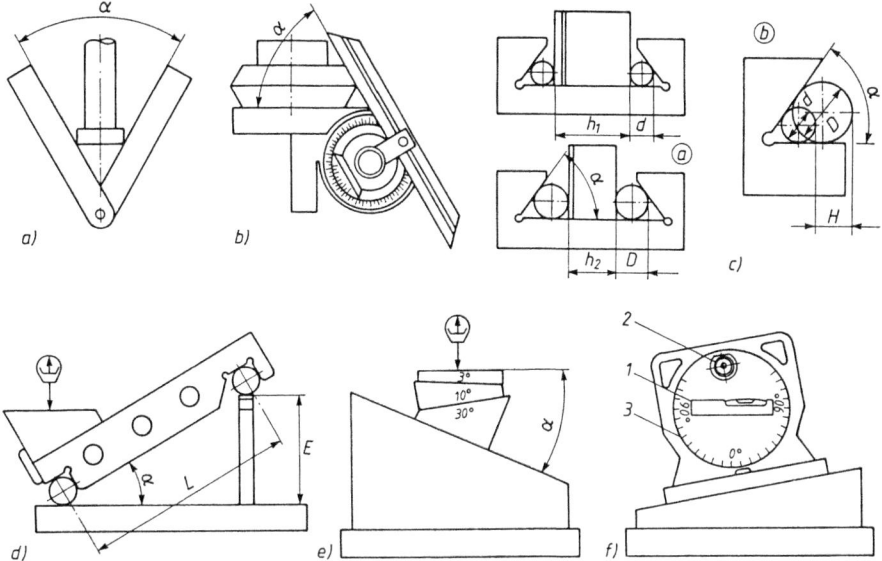

Bild 14.51 Übersicht über Winkelmeßverfahren
a) Schmiege,
b) Winkelmesser,
c) Endmaß-Meßstift-Kombinationen,
d) Sinuslineal,
e) Winkelendmaße,
f) Neigungsmesser.

Zusammenfassend sind in Bild 14.51 die gebräuchlichsten Winkelmeßverfahren dargestellt. Eine Sonderform der Winkelmessung ist die *Kegelprüfung*. Die Begriffe des Kegels sind in DIN 254 enthalten (Bild 14.52). Der Kegelwinkel α ist der Winkel zwischen den Kegelmantellinien im Achsschnitt. Der Winkel $\frac{\alpha}{2}$ ist der halbe Kegelwinkel und dient beim Prüfen zum Einstellen des Werkstücks. Das Kegelverhältnis C ist das Verhältnis der Durchmesserdifferenz von zwei Querschnitten zum Abstand zwischen diesen Querschnitten. Häufig wird das Kegelverhältnis auch in der Form $C = 1 : x$ angegeben. Für Kegel 1 : 3 bis 1 : 500 und Kegellängen von 6...630 mm gilt das Toleranzsystem nach DIN 7178, Teil 1. Ausführliche Beispiele für Kegelprüfverfahren mit Angaben über die zu erwartenden Meßunsicherheiten sind in DIN 7178, Teil 1, Beiblatt 1 zusammengestellt (Bild 14.53).

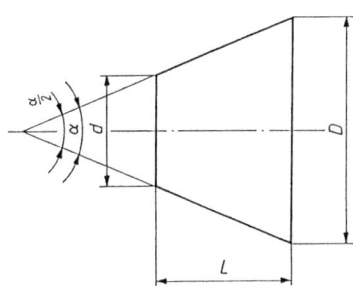

Bild 14.52
Kegeldefinition nach DIN 254.

Nr.	Prüfverfahren	Prüfgerät Skizze	unmittelbares Meßverfahren	Unterschieds-Meßverfahren	Lehrung	senkrecht zur Kegelmantellinie	senkrecht zur Kegelachse	parallel zur Kegelachse	Unsicherheit der Durchmesserprüfung	Anwendungsbereich	Zylinderform	Geradheit der Mantellinie	Bemerkungen
1	Messung mit mechanischer Antastung Zwei- oder Drei-Koordinaten-Meßgerät	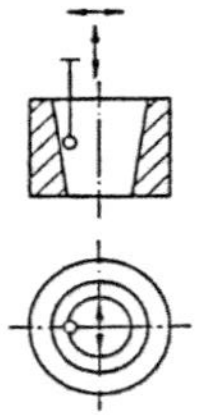	×				×		± 1 bis ± 5 µm	Winkel beliebig Durchmesser > 10 mm		○	
2	Messung mit Kugeln und Endmaßen	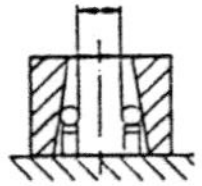	×				×		± 5 bis ± 20 µm	Winkel < 30° Durchmesser > 50 mm		○	
3	Messung mit Meßkugeln	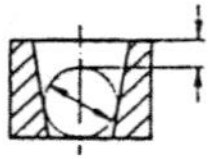	×					×	±5...±20 µm mit kleinerm Kegelwinkel zunehmend	Winkel > 3°			
4	Messung mit Meßscheiben	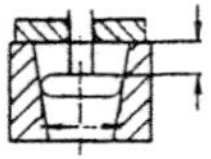	×					×	±10...±20 µm mit kleinerem Kegelwinkel zunehmend	Winkel > 3°			

Spalten-Gruppierung: "Anwendbar für Prüfung des Kegeldurchmessers durch" (unmittelbares Meßverfahren, Unterschieds-Meßverfahren, Lehrung); "Antastrichtung" (senkrecht zur Kegelmantellinie, senkrecht zur Kegelachse, parallel zur Kegelachse); "Formabweichungen" (Zylinderform, Geradheit der Mantellinie).

Bild 14.53 Kugelprüfverfahren nach DIN 7178 Teil 1, Beiblatt 1.

14.5 Fertigungsmeßtechnik

14.5.5 Prüfen von Form- und Lageabweichungen

Die Einführung der Form- und Lagetoleranzen nach DIN 7184 und deren Angabe in den Konstruktionszeichnungen machten die Erarbeitung entsprechender Prüfverfahren notwendig. Das ISO/TC 10/SC 5 hatte deshalb eine Arbeitsgruppe gebildet, die sich die Aufgabe stellte, eine internationale Norm über Prüfverfahren für Form- und Lageabweichungen zu erarbeiten. Dieses ISO-Dokument ist nahezu fertiggestellt und wird als Technischer Bericht (Technical Report) erscheinen, da eine Zusammenstellung von Prüfverfahren keinen normativen, sondern nur informativen Charakter hat. Unter Zugrundelegung des ISO-Dokumentes hat der Normenausschuß Länge und Gestalt im DIN, Unterausschuß „Berliner Arbeitskreis Längenprüftechnik", den Beuth-Kommentar „Prüfverfahren für Form- und Lageabweichungen" erarbeitet. Dieser enthält unter Berücksichtigung der meßtechnischen Praxis in der Deutschen Industrie weitergehende Detailinformationen, stimmt aber in der Gliederung mit dem ISO-Dokument überein (Bild 14.54).
Formabweichungen an Rotationskörpern sind im Maschinen- und Apparatebau Sorgenkind Nr. 1 (Bild 14.55). Ein wichtiges Teilgebiet der Formfehlerprüfung sind deshalb *Rundheits-, Mantellinien-* und *Zylinderformmessungen* an Werkstücken mit zylindrischen Konturen, weil diese einen hohen Anteil des gesamten Werkstücksspektrums darstellen. Es gibt eine Anzahl verschiedener Typen von *Formfehlermeßgeräten*, mit denen die Abweichungen von der Rundheit und der Zylinderform bestimmt werden können. Prinzipielle Unterschiede bestehen bei diesen Geräten in der Methode der Abtastung der Werksütckoberflächen. Es gibt Ausführungen, bei denen der Taster bei der Rundheitsmessung stillsteht und das Werkstück sich dreht und andere, bei denen das Werkstück stillsteht und der Taster den Umfang des Werkstücks abfährt. Bei einigen Typen kann der Taster in Achsrichtung des Prüflings bewegt und somit die Form der Mantellinie erfaßt

Toleranzzone und Zeichnungseintragung	Prüfverfahren	Beispiele für Prüfmittel	Bemerkungen
		Meßplatte nach DIN 876 Winkel Meßständer mit anzeigendem Längenmeßgerät	
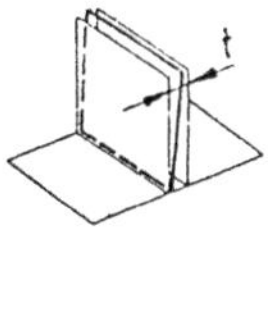 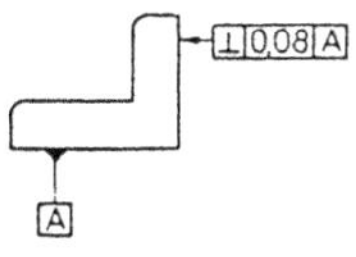 ⊥ 0,08 A	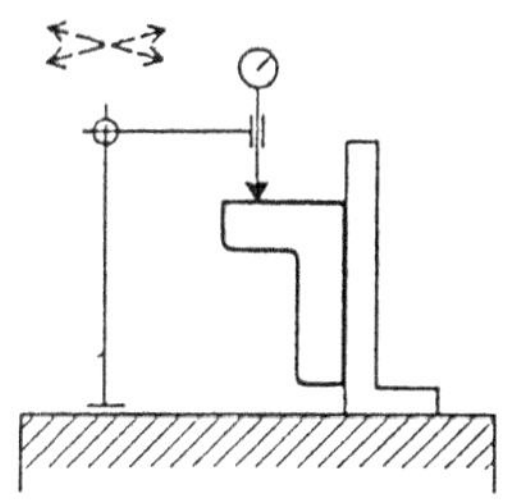 Der Prüfgegenstand wird mit seiner Bezugsfläche auf einem Winkel, der auf einer Meßplatte steht, aufgespannt. Die tolerierte Fläche wird senkrecht zur dargestellten Ebene weitestgehend parallel zur Meßplatte ausgerichtet. Der Abstand zwischen tolerierter Fläche und Meßplatte wird an der geforderten Anzahl von Punkten, die gleichmäßig verteilt sein sollen, gemessen. Die Rechtwinkligkeitsabweichung f_R ist die Differenz zwischen größtem und kleinstem Meßwert. Diese ist mit dem Toleranzwert t zu vergleichen.		

Bild 14.54 Prüfverfahren für Form- und Lageabweichungen (Auszug aus Beuth-Kommentar).

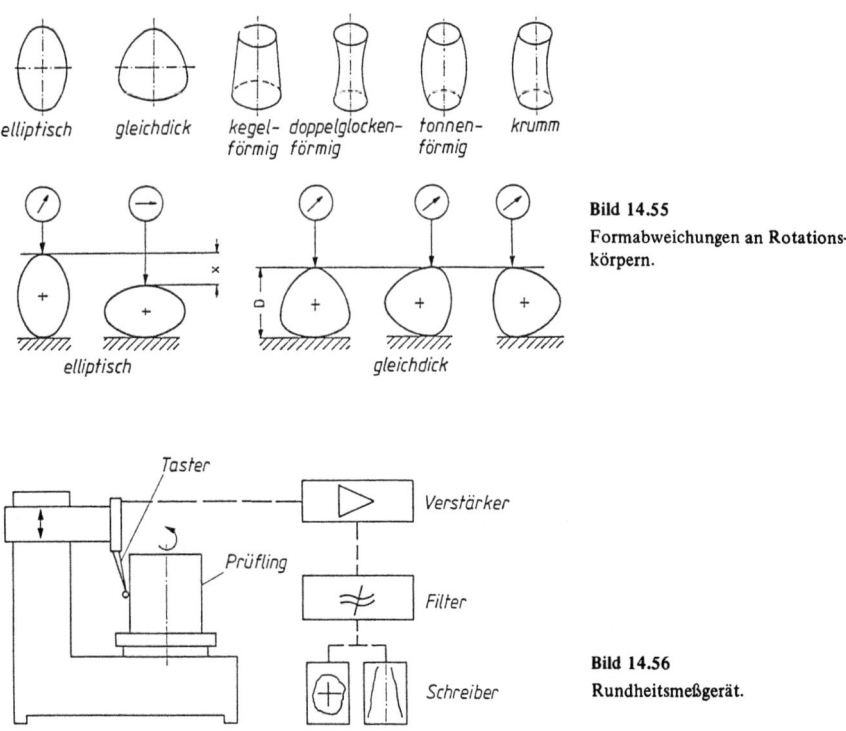

Bild 14.55
Formabweichungen an Rotationskörpern.

Bild 14.56
Rundheitsmeßgerät.

werden. Im Prinzip bestehen die Rundheitsmeßgeräte (Bild 14.56) aus einem stabilen Gußgehäuse, in dem der mechanische Aufbau untergebracht ist, und den elektronischen Bauteilen, d.h. dem Verstärker, den Filtern und dem Schreiber. Bei der Messung wird die Werkstückfläche mit einem Meßwertaufnehmer abgetastet. Die Meßsignale werden über den Verstärker und den Wellenfilter dem Schreiber zugeführt. Oft sind wahlweise Polar- und Liniendiagrammschreiber einsetzbar. Der Automatisierungsgrad der handelsüblichen Rundheitsmeßgeräte ist je nach Ausstattung und damit Preislage sehr unterschiedlich. Bei den meisten *Rundheitsmeßgeräten* sind sogenannte Wellenfilter vorhanden, die das vom Taster kommende Signal mehr oder weniger dämpfen, d.h., ein Sinussignal wird je nach Frequenz mit der vollen oder reduzierten Amplitude durchgelassen. Diese elektrischen Wellenfilter, in der Rauheitsmeßtechnik auch Cut-off genannt, bieten also die Möglichkeit, bestimmte Frequenzen oder Frequenzbereiche zu beeinflussen.

Das Meßergebnis bei der Rundheitsmessung wird nach Bild 14.57 von mehreren Faktoren mehr oder weniger stark beeinflußt. Es kann angenommen werden, daß die Ausrichtung des Werkstücks, ein falsch gewählter Filter und die manuelle Auswertung Hauptursache für fehlerhafte Meßergebnisse sind. Für die manuelle Auswertung von Rundheitsdiagrammen gibt es drei genormte Methoden (Bild 14.58). Um zu vergleichbaren Ergebnissen zu kommen, empfiehlt es sich, die Methode des kleinsten radialen Abstandes von Außen- und Innenberührkreis zu wählen.

Form- und Lagemessungen haben verschiedene Zielsetzungen. Neben der Prüfung, ob die vorgegebenen Toleranzen eingehalten sind, interessiert vor allem der Rückschluß auf das Funktionsverhalten und das Fertigungsverfahren. Man kann sich deshalb nicht nur darauf beschränken, neue Gerä-

14.5 Fertigungsmeßtechnik

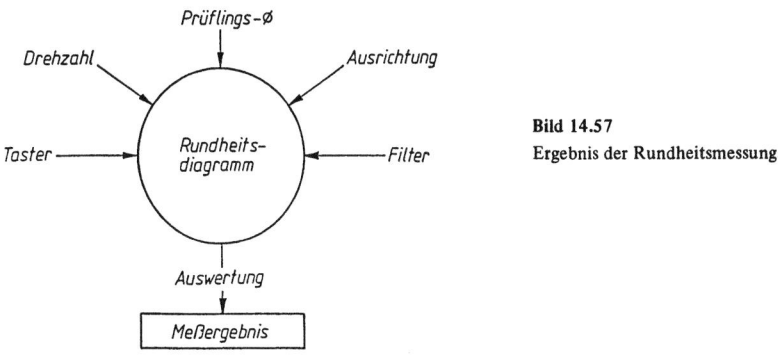

Bild 14.57 Ergebnis der Rundheitsmessung.

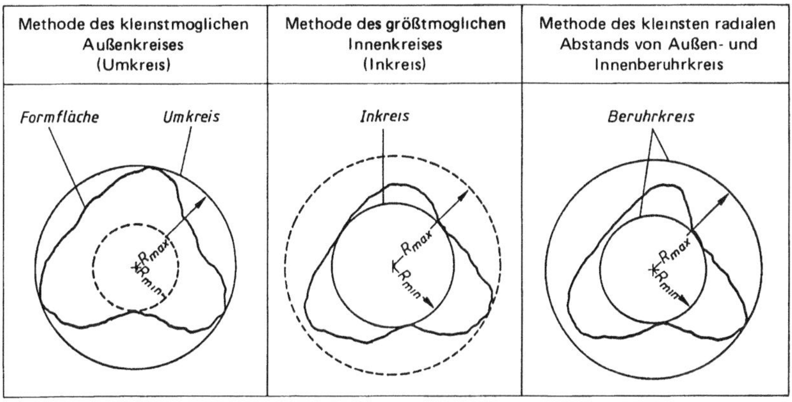

Bild 14.58 Auswerteverfahren (manuell) für Rundheitsdiagramme.

te und Verfahren zu entwickeln und anzuwenden, sondern man muß sich auch beispielsweise folgenden Fragen zuwenden:

- Durch welche Einflüsse entstehen Form- und Lageabweichungen, gibt es Möglichkeiten, sie zu vermeiden oder einzuschränken?
- Welche Meßmethode ist für das jeweilige Merkmal am besten hinsichtlich erforderlicher Genauigkeit und notwendigem Prüfumfang geeignet?
- Wozu dient die Messung, was kann aus dem Meßergebnis für die Beurteilung des Fertigungsprozesses, des Prüfverfahrens und des Funktionsverhaltens abgeleitet werden?
- Mit welcher Kenngröße läßt sich das jeweilige Merkmal, z.B. die Unrundheit, eindeutig beschreiben?

In diesen Punkten liegen zur Zeit noch die eigentlichen und zum Teil noch ungelösten Probleme der Form- und Lagemessungen und ihrer Automatisierung. Aus diesen Gründen sollte man sich nicht nur darum bemühen, mehr und schneller messen zu können, sondern auch darum, den Fertigungsprozeß mehr als bisher meßtechnisch zu durchdringen.
S. auch Abschnitt 1.3 Form- und Lagetoleranzen.

14.5.6 Prüfen der Rauheit

Die Qualität technischer Erzeugnisse wird u.a. auch maßgeblich vom Verhalten der Oberflachen an Funktionsstellen bestimmt. Über die Notwendigkeit einer angemessenen *Rauheitsprüfung* bestehen deshalb keine Zweifel. Die Frage ist nur, mit welchen Mitteln, mit welcher Genauigkeit, d.h. letztlich mit welchem Aufwand sie erfolgen soll und inwieweit die Rauheitsprüfung allein zur Qualitätsbeurteilung von Oberflächen geeignet ist. Die Rauheit ist nur eine der Gestaltabweichungen, die an einer technischen Oberfläche vorhanden sein können. Bild 14.59 zeigt die verschiedenen Gestaltabweichungen nach DIN 4760.

- die Formabweichungen, Unebenheit und Unrundheit,
- die Welligkeit, d.h. die Wellen, denen die Rauheit überlagert ist,
- die Rauheit, darunter werden Rillen, Riefen und Gefügestruktur verstanden, und
- der Gitteraufbau, der fur den Werkstoff kennzeichnend ist.

Gestaltabweichung (als Profilschnitt überhoht dargestellt)		Beispiele fur die Art der Abweichung	Beispiele fur die Entstehungsursache
1. Ordnung: Formabweichungen 		Unebenheit Unrundheit	Fehler in den Fuhrungen der Werkzeugmaschine, Durchbiegung der Maschine oder des Werkstuckes, falsche Einspannung des Werkstuckes, Harteverzug, Verschleiß
2. Ordnung: Welligkeit		Wellen	Außermittige Einspannung oder Formfehler eines Frasers, Schwingungen der Werkzeugmaschine oder des Werkzeuges
3. Ordnung: 	Rauheit	Rillen	Form der Werkzeugschneide, Vorschub oder Zustellung des Werkzeuges
4. Ordnung:		Riefen Schuppen Kuppen	Vorgang der Spanbildung (Reißspan, Scherspan, Aufbauschneidel), Werkstoffverformung beim Sandstrahlen, Knospenbildung bei galvanischer Behandlung
5. Ordnung: nicht mehr in einfacher Weise bildlich darstellbar		Gefugestruktur	Kristallisationsvorgange, Veranderung der Oberflache durch chemische Einwirkung (z.B Beizen), Korrosionsvorgänge
6. Ordnung: nicht mehr in einfacher Weise bildlich darstellbar		Gitteraufbau des Werkstoffes	Physikalische und chemische Vorgange im Aufbau der Materie, Spannungen und Gleitungen im Kristallgitter
		Uberlagerung der Gesaltabweichungen 1. bis 4. Ordnung	

Bild 14.59 Gestaltabweichungen nach DIN 4760.

14.5 Fertigungsmeßtechnik

Die Gestaltabweichungen 1. bis. 4. Ordnung ergeben zusammen die Oberflächengeometrie einer „technischen Oberfläche."
Die Prüfung der Oberflächenrauheit kann durch Messen oder Vergleichen erfolgen. Zum Messen werden elektrische Tastschnittgeräte, z. B. Perth-O-Meter, Talysurf oder Hommel-Tester, sowie optische Geräte, z. B. Lichtschnitt- oder Interferenz-Mikroskope, verwendet. Das Vergleichen erfolgt mit sogenannten Oberflachenvergleichsmustern (Bild 14.60).

Die Klarung der Zusammenhänge zwischen geometrischen Rauheitswerten der Werkstückoberfläche einerseits und dem subjektiven Rauheitsempfinden andererseits, hat schon zu umfangreichen Untersuchungen gefuhrt. Dabei wurde festgestellt, daß das Tastgefühl eindeutig dem Auge uberlegen ist. Von den verschiedenen Meßverfahren hat sich in der industriellen Praxis eindeutig das *Tastschnittverfahren* (Bild 14.61) durchgesetzt. Hierbei wird mit einer feinen Tastnadel (Spitzenradius ~ 5 μm) die zu prufende Oberfläche abgetastet. Die Nadelbewegungen werden in elektrische Signale umgesetzt, danach verstärkt über einen Wellenfilter geleitet und auf einer Skala

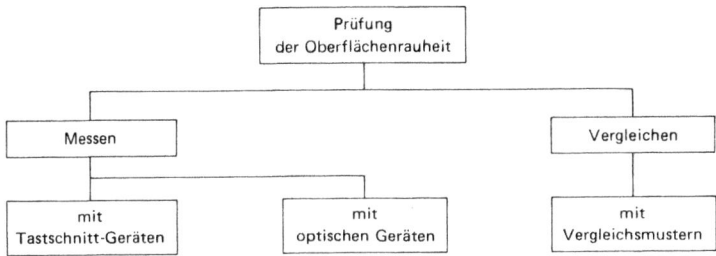

Bild 14.60 Möglichkeiten der Rauheitsprüfung.

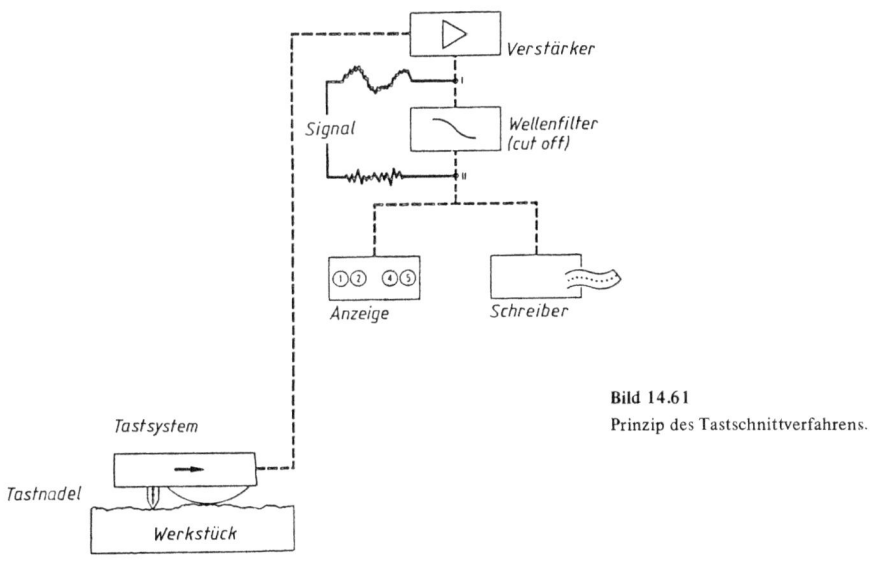

Bild 14.61
Prinzip des Tastschnittverfahrens.

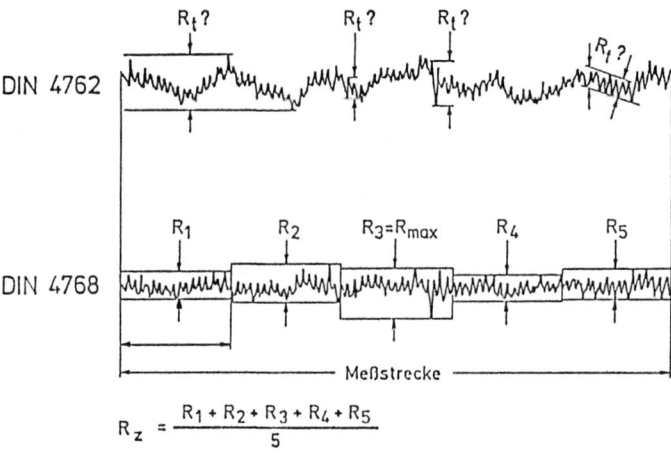

Bild 14.62 Vergleich der Rauheitsgrößen R_t und R_z.

angezeigt bzw. auf einem Profilschreiber die Oberfläche graphisch dargestellt. Auf dem Gebiet der Rauheitsmeßtechnik hat nach dem 2. Weltkrieg eine derartig rasche Entwicklung eingesetzt, daß die Normung der Einheiten dieses Fachgebietes hinter der allgememen technischen Entwicklung zurückblieb. Da weiterhin nicht alle Länder den gleichen Weg gegangen sind, existiert heute eine Vielzahl von genormten Rauheitsgrößen. Die Definition des bisher in Deutschland gebräuchlichen Rauheitswertes R_t nach DIN 4762 ist leider nicht eindeutig, wie Bild 14.62 zeigt, und deshalb für die industrielle Praxis weniger geeignet, weil

– unterschiedliche Auslegungen über die Größe von R_t möglich sind,
– die Meßbedingungen, wie Wellenfilter und Bezugsstrecke, nicht festgelegt sind und auch
– die Frage, was ein Ausreißer ist, ungeklärt bleibt.

Man sieht, wie unterschiedlich die Rauheit ausgelegt werden kann. Leider ist dieses Beispiel nicht übertrieben. Es wurden früher immer wieder Schiedsmessungen und Klarungen notwendig, wenn sich verschiedene Abteilungen und Betriebe nicht einigen konnten. Da diese Probleme auch bei vielen Firmen bestanden, drängten die Vertreter der Industrie im Deutschen Normenausschuß darauf, eine neue Norm für die industrielle Praxis zu schaffen. Im DIN-Ausschuß „Praktische Oberflachenprufung" wurde daraufhin die Norm DIN 4768 erarbeitet. Indieser Norm wurden der *mittlere Rauheitswert* R_z definiert und eindeutige Meßbedingungen festgelegt. Der mittlere Rauheitswert ist definiert als Mittelwert von fünf Teilrauheiten einer festgelegten Meßstrecke aus dem gefilterten, d.h. von der Welligkeit befreiten, Rauheitsprofil. Die größte Einzelrautiefe wird als R_{max} bezeichnet und müßte z.B. bei auf Festigkeit beanspruchten Teilen zusätzlich auf der Zeichnung angegeben werden. Mit dieser Definition ist auch die Frage der Ausreißer geklärt. Sie werden voll erfaßt, beeinflussen aber das Meßergebnis nur zu einem kleinen Teil.

Bei den Tastschnittgeräten kann die Übertragung der Welligkeit durch elektrische Frequenzfilterung (RC-Filter) verhindert werden. Die Filterung im Meßgerät ist dann ideal, wenn die Welligkeit (langwelliger Anteil des Oberflachenprofils) völlig ausgefiltert, die Rauheit aber noch nicht

14.5 Fertigungsmeßtechnik

gedämpft wird. Durch den *Wellentrenner* können bewußt oder unbewußt Meßergebnisse verfälscht werden. Erst durch DIN 4768 sind die verschiedenen Wellentrenner bestimmten Kriterien zugeordnet worden. Die Zuordnung erfolgt bei periodischen Profilen (Drehen, Hobeln) über den Rillenabstand (Werkzeugvorschuß) und bei aperiodischen Profilen über die mittlere Rautiefe. Um zu übereinstimmenden Meßwerten zu kommen, ist die Zuordnung der Wellenfilter unbedingt erforderlich. Für viele Meßaufgaben ist das Aufzeichnen von Profildiagrammen zu einer vergleichenden Beurteilung eine gute Hilfe.
Man sollte sich aber davor hüten, aus nur einem Profildiagramm, vielleicht noch ohne Kenntnis der Maßstücke, Rückschlüsse auf die tatsächliche Profilform zu ziehen. Die exakte Beschreibung der Oberfläche mit nur einem Kennwort, z.B. R_t oder R_z, ist nach Bild 14.63 nicht möglich. In diesem Bild sind verschiedene idealisierte Oberflächenprofile dargestellt. Obwohl bei allen drei Profilen die Bautiefe R_z gleich ist, handelt es sich doch um recht unterschiedliche Oberflächen, die sich sicherlich auch funktionsmäßig verschieden verhalten werden. Um eine Oberfläche genügend zu definieren, ist die Angabe eines zweiten Rauheitswertes, z.B. der *Glättungstiefe* oder des *Traganteils*, erforderlich.
Für das Funktionsverhalten ist aber die Makrogeometrie ebenfalls von entscheidender Bedeutung. Man kann schon von Unlogik sprechen, wenn für die Rauheit enge Vorschriften erfüllt werden sollen, aber für Formabweichungen keine Vorschriften gemacht werden. Eine geringe, mit hohen Kosten erzielte Rauheit, die in einem Wellental liegt, ist für die Funktion im Hinblick auf eine Gegenfläche bedeutungslos. Unter diesem Gesichtspunkt ist die Normung der Form- und Lageabweichung und deren Anwendung von zwingender Notwendigkeit.
Es besteht ein deutlicher Zusammenhang zwischen geforderter Rauheit und den Herstellkosten. Die Fertigungszeiten und damit die Fertigungskosten steigen, je feiner die Oberflächen werden. Es ist deshalb von großer wirtschaftlicher Bedeutung, ob in den Fertigungszeichnungen eine der Funktion angemessene oder aus einem Sicherheitsbedürfnis heraus zu feine Rautiefe gefordert wird. Wenn man noch den Einfluß der Formabweichungen auf die Funktion bedenkt, so sollte die Eintragung einer feinen Rauheit in die Zeichnung erst nach sorgfältigem Abwägen vorgenommen werden. Es sind erfahrungsgemäß in den allerwenigsten Fällen die Rauheitsforderungen durch Untersuchungen untermauert. Hier scheint teilweise noch eine echte Rationalisierungsreserve vorhanden zu sein.

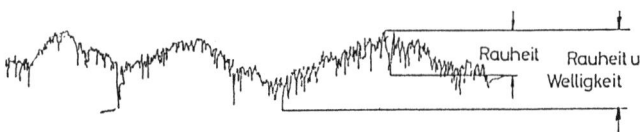

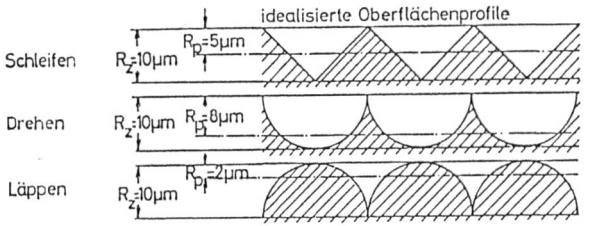

Bild 14.63
Aussagekraft einer Rauheitskenngröße.

14.5.7 Prüfen von Verzahnungen

Die *Anforderungen* an *Verzahnungen*, z.B. Stirnrädern, hinsichtlich ihrer Laufruhe im Getriebe, schwingungsfreier und winkeltreuer Bewegungsübertragung usw., erfordern nicht nur ein genaues und leistungsfähiges Herstellverfahren, sondern auch eine laufende und sinnvolle Prüfung dieser Räder. Je nach dem Einsatzbereich der Zahnräder sind folgende Qualitätsmerkmale von Bedeutung:

– das zu übertragende Drehmoment,
– hohe Verschleißfestigkeit,
– geringe Geräuschentwicklung und
– winkeltreue Drehzahlwandlung.

Zahnräder mit fehlerhaften Verzahnungen verursachen erhebliche Laufgerausche, arbeiten nicht stoßfrei und nutzen sich vorzeitig ab.
Fehler können u.a. auftreten an

– Flankenform,
– Schrägungswinkel,
– Teilung,
– Zahndicke,
– Rundlauf.

Durch Prüfen während der Fertigung wird die Einhaltung der vorgeschriebenen Toleranzen sichergestellt. Es wird zwischen der Prüfung von Einzel- und Sammelabweichungen unterschieden.
Nach DIN 3960 werden als *Einzelabweichungen einer Verzahnung* die Abweichungen bezeichnet, die einzelne Bestimmungsgrößen der Verzahnung von ihren Sollwerten haben. Auch die Rundlaufabweichung zählt dazu, weil sie die Abweichungen der Verzahnungsmitte von der Führungsachse angibt. Zu den Einzelabweichungen gehören demnach:

– Profil-Winkelabweichung,
– Profil-Formabweichung,
– Flankenlinien-Winkelabweichungen,
– Flankenlinien-Formabweichungen,
– Rundlaufabweichungen,
– Teilungsabweichungen,
– Zahndickenabweichungen.

Als *Sammelfehler einer Verzahnung* wird die gemeinsame örtliche und gleichzeitige Auswirkung mehrerer Einzelfehler auf die Lage und Form der Zahnflanken bezeichnet. Der Sammelfehler kann durch Wälzen des zu prüfenden Zahnrades mit einem Lehrzahnrad nachgewiesen werden, wobei dessen Wälzfehler vernachlassigbar klein oder bekannt sein muß und vom Prüfergebnis in Abzug zu bringen ist. Hierbei werden die Fehler über den ganzen im Eingriff mit dem Lehrzahnrad stehenden Bereich der Flanken erfaßt. Es ist zu unterscheiden zwischen

– dem Sammelfehler beim Walzen auf einer Flanke (*Einflankenwälzabweichung*). Dieser entsteht durch die von Verzahnungsfehlern hervorgerufenen Winkelbewegungsunterschiede gegenüber einer gleichbleibenden Drehbewegung. Zahnrad und Lehrzahnrad kammen in dem vorgeschriebenen Achsabstand, wobei entweder die Rechts- oder die Linksflanken im Eingriff sind;
– dem Sammelfehler beim Wälzen auf beiden Flanken (*Zweiflankenwälzabweichung*). Dieser wird angezeigt durch die Schwankung des Achsabstandes zwischen dem zu prufenden Zahnrad und einem Lehrzahnrad, wenn beide Rader unter gleichbleibender Kraft spielfrei kämmen. Mit den üblichen Walzprufgeraten wird der Sammelfehler entweder in kreis- oder streifenförmigen Diagrammen entsprechend Bild 14.64 aufgezeichnet oder bei Meßgeraten sichtbar gemacht.

14.5 Fertigungsmeßtechnik

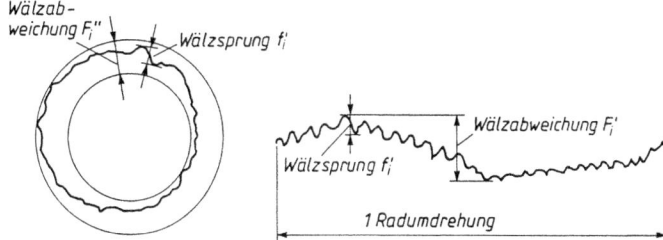

Bild 14.64 Wälzdiagramme nach DIN 3960.

14.5.7.1 Prüfung der Einzelverzahnungsgrößen

Die Verzahnungsgrößen eines Zahnrades konnte auch einzeln geprüft werden.

Zahndicke. Sie ist die Dicke eines Zahnes auf dem Teilkreisdurchmesser, also die Länge des Teilkreisbogens zwischen zwei Zahnflanken. Sie kann, da sie ein Bogenmaß ist, nicht direkt gemessen werden. Zu ihrer Kontrolle wird deshalb das Sehnenmaß $\bar{s}_0$ geprüft. Dazu dienen *Zahnmeßschieber*.

Zahnweite. Die Messung der *Zahnweite* ist eine indirekte Bestimmung der Zahndicke. Im Unterschied zur reinen Zahndickenmessung mit dem Zahmeßschieber erfolgt die Messung des Zahnweitenmaßes völlig bezugsfrei. Gemessen wird über mehrere Zähne, wobei die Meßflächen des Prüfgerätes je eine Links- und eine Rechtsflanke berühren. Die Anzahl der Zähne, über die gemessen wird, hängt von der Gesamtzähnezahl des Zahnrades ab und wird so gewählt, daß die Meßflächen des Prüfgerätes sich ungefähr in Teilkreisnähe tangierend an die Zahnflanken anlegen. Für die Praxis gibt es auch hier Tabellen, aus denen sowohl die Zähnezahl, über die gemessen wird, als auch das Nennmaß der Zahnweite W in Abhängigkeit von der Gesamtzähnezahl, dem Modul und dem Eingriffswinkel entnommen werden konnen. Zum Messen der Zahnweite dienen *Zahnweiten-Meßschrauben* (Bild 14.65).

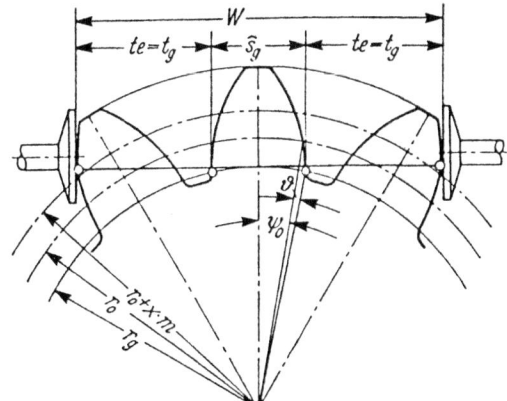

Bild 14.65
Zahnweitenmessung.

Bei der Messung der Zahnweite W von schrägverzahnten Stirnrädern muß in der Normalebene, also senkrecht zum Zahnverlauf, gemessen werden. Dafür ist eine gewisse Mindest-Zahnbreite erforderlich, damit sich die Meßteller oder Meßschnäbel überhaupt noch innerhalb der Zahnbreite an die Zahnflanken anlegen lassen. Bei sehr schmalen, schrägverzahnten Rädern oder solchen mit großem Schrägungswinkel, kann die Zahnweitenprüfung nicht angewandt werden. Dort wird die Prüfung der Zahndicke indirekt als Messung des Durchmessers vorgenommen.

Teilkreisdurchmesser d_0 (diametrales Zweikugelmaß). In zwei gegenüberliegenden Zahnflanken wird je eine Meßkugel eingelegt, deren Durchmesser so bemessen wird, daß die beiden Kugeln die Zahnflanken ungefähr in Teilkreisnähe berühren. Gemessen wird das sogenannte *Kugelmaß der Verzahnung* M_a, entsprechend Bild 14.66. Man benützt dazu *Schraublehren* oder *Fühlhebel-Rachenlehren*, wie sie zur Prüfung von Gewinden benutzt werden. In die Aufnahmebohrungen der Spindel und des Ambosses wird ein kugelförmiger Meßeinsatz eingesetzt. Er besteht aus einer genau geschliffenen und geläppten Meßkugel und einem Aufnahmeschaft.

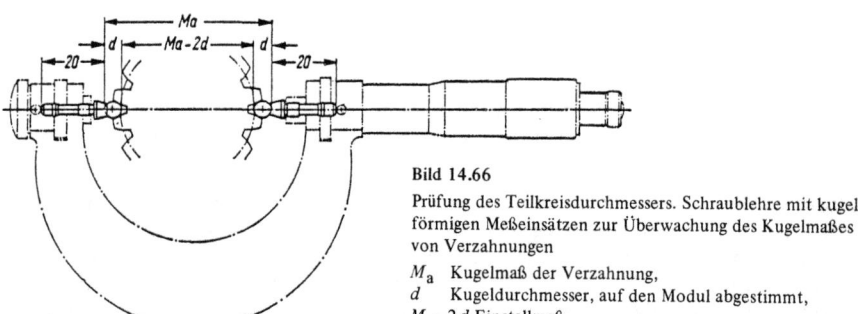

Bild 14.66
Prüfung des Teilkreisdurchmessers. Schraublehre mit kugelförmigen Meßeinsätzen zur Überwachung des Kugelmaßes von Verzahnungen
M_a Kugelmaß der Verzahnung,
d Kugeldurchmesser, auf den Modul abgestimmt,
$M_a - 2d$ Einstellmaß.

Teilung. *Teilungsfehler* haben infolge des entstehenden Kanteneingriffs starkes Geräusch und Erschütterungen zur Folge. Außerdem nutzen sich solche Zahnräder schnell ab, da kein zwangfreies Abrollen möglich ist. Man unterscheidet an einem Zahnrad grundsätzlich Teilkreisteilung t_0, Eingriffsteilung t_e und Grundkreisteilung t_g, entsprechend Bild 14.67. Die wichtigste Teilungsgröße und dabei die am genauesten und leichtesten meßbare ist die Eingriffsteilung t_e.

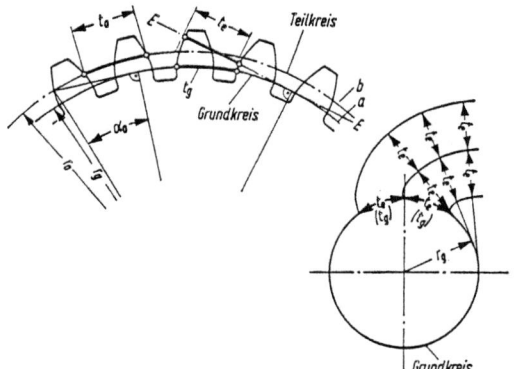

Bild 14.67
Teilung am Zahnrad. Darstellung der Teilungen eines Stirnrades
a Grundkreis,
b Teilkreis,
r_0 Teilkreisradius,
r_g Grundkreisradius,
t_0 Teilkreisteilung,
t_e Eingriffsteilung,
t_g Grundkreisteilung,
a_0 Eingriffswinkel.

14.5 Fertigungsmeßtechnik

Rundlauf der Verzahnung. Hierbei wird der Prüfling auf einem geeigneten Dorn drehbar aufgenommen. Eine Meßuhr oder ein Feinzeiger mit im Tastbolzen eingeschraubten, kugelförmigen Meßeinsatz wird so gegen den Prüfling angestellt, daß die Kugel in die Zahnlücke des Prüflings eingreift. Bei der ersten Messung wird die Meßuhr auf Null, also auf das Ausgangsmaß eingestellt. Dann wird in mehreren am Umfang verteilten Zahnlücken gemessen und so der *Rundlauffehler* bestimmt.

Zahnflankenform. *Für die Güte eines Zahnrades* und damit für seine Laufeingeschaften ist die *Zahnflankenform* (Evolventenform) von großer Wichtigkeit. Das Evolventenprofil wird durch den Endpunkt einer Geraden, der sogenannten Erzeugenden, gebildet, die sich auf dem Grundkreis abwälzt. Zum Prüfen des Evolventenprofils wird an die zu prüfende Zahnflanke ein Meßtaster angelegt, der auf einer theoretisch richtigen Evolvente des Sollgrundkreises geführt wird. Dieser Taster nimmt die Abweichung der Zahnflanke von dieser Sollvolvente auf und zeichnet sie mechanisch oder elektrisch vergrößert auf einem Diagrammstreifen auf. Es gibt zur Prüfung der Zahnflankenform Evolventprüfgeräte mit festen Grundkreisscheiben, Geräte mit stufenloser Einstellung des Grundkreises und Einrichtungen, die sowohl für den Betrieb mit festen Grundkreisscheiben als auch wahlweise für die Prufung bei stufenloser Einstellung des Grundkreises geeignet sind, je nach dem wie die augenblicklichen Verhältnisse liegen.

Schrägungswinkel. In hochbeanspruchten Getrieben werden aus Gründen der Laufruhe und des Wirkungsgrades sehr häufig schrägverzahnte Stirnräder eingesetzt. Es muß geprüft werden, ob der Ist-Schragungswinkel das vorgeschriebene Maß aufweist, oder ob dieser *Schrägungswinkel* fehlerbehaftet ist, also ein sogenannter Flankeneinrichtungsfehler vorliegt. Die einfachste Methode ist, Antuschieren des zu prüfenden Rades und Abrollen mit dem Gegenrad. Diese Methode macht allerdings keine Angaben uber die Größe des Flankenrichtungsfehlers. Mit speziellen Meßeinrichtungen kann er auch zahlenmäßig bestimmt werden.

14.5.7.2 Sammelfehlerprüfung

Als *Sammelfehlerprüfung* gibt es die *Zweiflanken-Wälzprüfung*, die *Einflanken-Wälzprüfung*, außerdem als Beurteilungsgrundlage für den Lauf eines Zahnradpaares auch die *Geräuschprüfung* und das *Antuschieren*. In der industriellen Praxis wird die Zweiflanken-Wälzprüfung am haufigsten angewendet.

Zweiflanken-Wälzprüfung. Bei dieser Prufart werden zwei Zahnräder wie in Bild 14.68 miteinander in spielfreien Eingriff gebracht. Linke und rechte Flanken berühren sich. Dann werden sie miteinander abgewalzt, wobei ein Zahnrad auf einem festen Dorn und das zweite auf einem Dorn gelagert ist, der auf einem beweglichen Schlitten befestigt ist. Beim Abwälzen des Zahnradpaares ergeben alle vorhandenen Verzahnungsfehler Änderungen des Achsabstandes. Diese Änderungen werden in geeigneter Weise angezeigt. Der schwimmende Schlitten dieser Prufgerate muß eine exakt geradlinige Verschiebung garantieren, auch muß praktisch spielfrei und reibungsarm gefuhrt

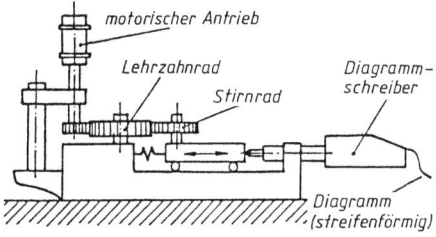

Bild 14.68
Zweiflanken-Walzprüfung.

werden. Bei Zahnradwälzprüfgeräten für kleinere Zahnräder mit geringem Gewicht erfolgt die Lagerung des schwimmenden Schlittens zweckmäßig und genau in Parallelfedern. Das Meßergebnis bei der Zweiflanken-Wälzprüfung enthält die Summe der Fehler beider Zahnflanken, da rechte und linke Flanken gleichzeitig im Eingriff sind.

14.5.8 Prüfen von Gewinden

Für Gewindeverbindungen wird Austauschbarkeit der mit Bolzen- und Muttergewinde versehenen Werkstücke verlangt. Dies wird erreicht, wenn die Gewindeflanken nach dem Zusammenschrauben weitgehend zur Anlage kommen. Maßgebend für die Güte einer Schraubverbindung ist das *Tragen* an den Flanken. Die wichtigsten Bestimmungsgrößen der Gewinde sind in Bild 14.69 dargestellt und hinsichtlich ihrer Abmessungen und Toleranzen in DIN 13, Blatt 13, genormt.

Die fünf wichtigsten Bestimmungsgrößen, die zur eindeutigen Festlegung des Gewindes erforderlich sind, werden vom Axialschnitt des Gewindes abgeleitet. Dieser Schnitt ist die einzige Ebene, in der für die Gewindeflanken geradlinige Schnittbegrenzungen auftreten, und er ist außerdem diejenige Ebene, in der gemessen werden soll bzw. auf die jede Messung bezogen werden muß. Der mit den Sollwerten der Bestimmungsgrößen ausgeführte Axialschnitt wird als *theoretisches Profil* des Gewindes bezeichnet.

Der *Flankendurchmesser* d_2 des Bolzens (D_2 der Mutter) ist der achsensenkrechte Abstand zweier einander gegenüberliegender (paralleler) Flanken oder der achsensenkrechte Abstand von der Flankenmitte, wobei die Mitte auf das scharf ausgeschnittene, gedachte Profil bezogen werden muß.

Die größte Bedeutung von den Bestimmungsgrößen haben *Flankendurchmesser*, *Steigung* und *Flankenwinkel*, da sie untereinander abhängig sind und sich gegenseitig beeinflussen.

Um eine Paarungsmöglichkeit und Austauschbarkeit von Bolzen und Mutter zu erreichen, darf das theoretische Gewindeprofil beim Bolzen an keiner Stelle unterschritten werden. Die Durchmessertoleranzen liegen daher beim Bolzen sämtlich nach Minus und bei der Mutter sämtlich nach Plus, also in Richtung der Spanabhebung bei der Herstellung der Werkstücke.

Fehler in der Steigung und im Winkel bewirken eine scheinbare Vergrößerung bzw. Verkleinerung des Flankendurchmessers beim Bolzen- bzw. Muttergewinde. Die Gewindetoleranzen enthalten daher keine Werte für Flankenwinkel- und Steigungsfehler, sondern nur für den Flankendurchmesser sowie Außen- und Kerndurchmesser. Daraus folgt, daß der für den Flankendurchmesser selbst verbleibende Anteil an der Toleranz um so geringer ist, je größer die Winkel- und Steigungsfehler sind. Selbstverständlich kann die Toleranz auch durch den Winkel- oder Steigungsfehler allein aufgebraucht werden. Noch nicht genormt, doch in der Praxis häufig geprüft, ist der Paarungsflankendurchmesser. Dabei wird der Flankendurchmesser mit mehrgängigen Gewindemeßrollen angetastet.

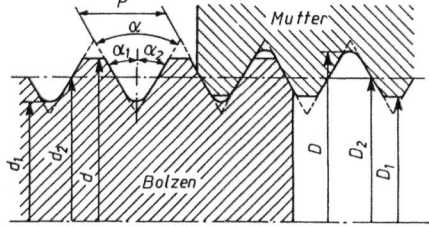

Bild 14.69 Bestimmungsgrößen am Gewinde
α Flankenwinkel,
$α_1, α_2$ Teilflankenwinkel,
p Steigung;

Bolzen:
d Außendurchmesser,
d_3 Kerndurchmesser,
d_2 Flankendurchmesser;

Mutter:
D Außendurchmesser,
D_1 Kerndurchmesser,
D_2 Flankendurchmesser.

14.5 Fertigungsmeßtechnik

14.5.8.1 Prüfen von Außen- und Innengewinden

Welche Bestimmungsgrößen zu ermitteln sind, richtet sich nach den Forderungen, die sich aus dem vorgesehenen Verwendungszweck oder aus dem Herstellungsverfahren ergeben. Man kann die verschiedenen Gewinde nach ihrem Verwendungszweck in vier Hauptgruppen einteilen:

1. *Befestigungsgewinde*
   a) lösbarer Sitz,
   b) fester Sitz.
2. *Bewegungsgewinde*
   a) Übertragung einer Kraft,
   b) Übertragung einer Meßbewegung,
   c) Übertragung einer Steuerbewegung.
3. *Dichtungsgewinde*
   a) losbarer Sitz,
   b) fester Sitz.
4. *Lehrengewinde*

14.5.8.2 Gewinde-Lehrung

Grenzlehren prüfen auf „Gut" und „Ausschuß". Nach dem Grundsatz von *Taylor* für Grenzlehren sollen auf der Ausschußseite dagegen jede Bestimmungsgröße einzeln geprüft werden. Da also die Gutseitenprüfung die Paarung mit einem fehlerfreien Gegenstück darstellt, können für die Bolzengutprüfung Lehrringe und fur die Muttergutprüfung Lehrdorne verwendet werden. Das Kennzeichen der Ausschußseite einer Gewindelehre sind verkürzte Flanken und wenige, meist nur ein oder zwei Gewindegange. Durch die verkürzten Flanken der Lehre wird der Flankendurchmesser praktisch unabhängig vom Winkelfehler geprüft, und durch die Verwendung geringer Gangzahlen wird der Einfluß des Steigungsfehlers auf ein Minimum herabgedrückt. Das Lehrensystem ist ebenfalls in DIN 13 genormt. Einen Auszug zeigt Bild 14.70.

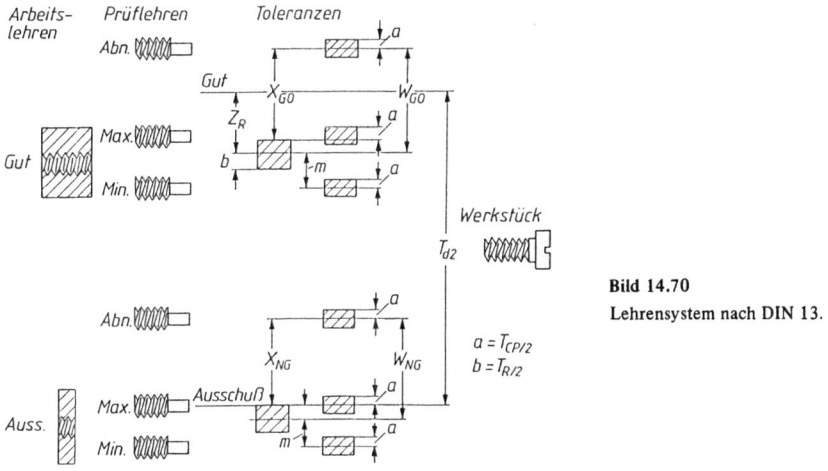

Bild 14.70
Lehrensystem nach DIN 13.

14.5.8.3 Gewinde-Messungen

Optische Verfahren. Bei *optischen Messungen* können am Bolzengewinde fast alle Bestimmungsgrößen in einer Einspannung des Werkstücks erfaßt werden. Für diese Messungen eignen sich Werkzeug-Meßmikroskope sowie Universal-Meßmikroskope. Die Messung ist meßkraftfrei und wird am Schattenbild des Prüflings ausgeführt.

Mechanische Verfahren. Bei den *mechanischen Meßgeräten* ist zu unterscheiden zwischen Meßgeräten, die nur für einen Gewinde-Durchmesser ausgelegt sind und solchen, die innerhalb eines Meßbereichs auf jeden Gewinde-Durchmesser eingestellt werden können. Im Bild 14.71 sind einige Möglichkeiten der messenden Gewinde-Prüfung schematisch dargestellt.

Außendurchmesser d, D. Die Bestimmung des Außendurchmessers d bzw. D ist sehr einfach, weil sie mit fast allen Meßgeräten der Langenmeßtechnik durchgeführt werden kann.

Kerndurchmesser d_3, D_1. Für die Bestimmung des Kerndurchmessers kann man ebenfalls mechanische Meßgeräte verwenden, jedoch müssen die Einsätze bzw. Gewinderollen einen kleineren Flankenwinkel als das Gewinde haben.

Flankendurchmesser d_2, D_2. Bei der Bestimmung des Flankendurchmessers d_2 müssen die Einsätze bzw. die Gewindemeßrollen verkürzt sein, damit sie im Flankendurchmesser anliegen.

Paarungs-Flankendurchmesser. Bei dieser Prüfung wird der Flankendurchmesser über mehrere Gewindegänge gemessen, d.h. einschließlich der Einflüsse der Steigungs-, Teilungs-, Flankenwinkelabweichung, Unrundheit und Ungeradheit der Gewindeachse innerhalb der Meßrollenlänge. In Bild 14.72 ist ein Prüfling mit idealer Form zwischen zwei verschiedenen Meßeinsätzen dargestellt. In diesem Fall ergibt sich zwischen der Messung des Flankendurchmessers und der des Paarungs-Flankendurchmessers keine Differenz. Die Meßuhren haben gleiche Anzeige. Im Bild 14.73a hat der

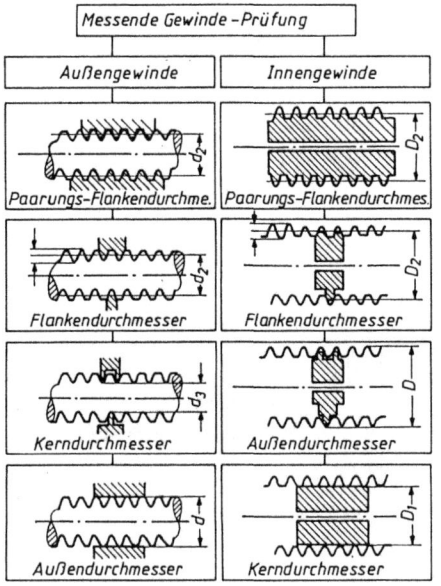

Bild 14.71
Messende Gewindeprüfung.

14.5 Fertigungsmeßtechnik

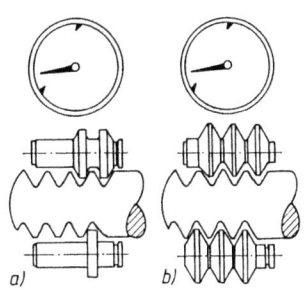

Bild 14.72 Flankendurchmesser bei „fehlerfreiem" Gewinde.

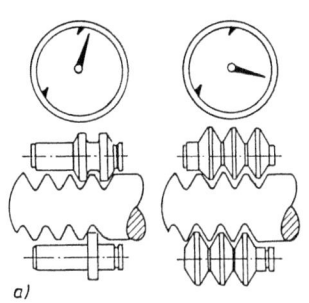
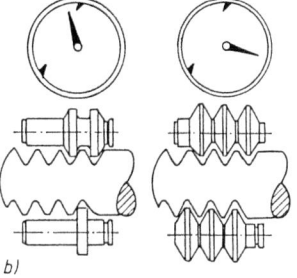

Bild 14.73 Flankendurchmesser bei „fehlerhaftem" Gewinde.

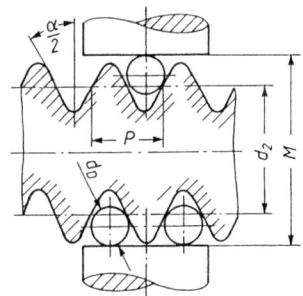

Bild 14.74
Dreidrahtmethode zur Bestimmung des Flankendurchmessers

$$d_2 = M - d_D \left(\frac{1}{\sin \frac{\alpha}{2}} + 1 \right) + \frac{p}{2n} = \cot \frac{\alpha}{2} \ \bigg| \ + A_1 + A_2$$

$$M = d_2 + d_D \left(\frac{1}{\sin \frac{\alpha}{2}} + 1 \right) = \frac{p}{2n} = \cot \frac{\alpha}{2} \ \bigg| \ -A_1 - A_2$$

M Prüfmaß, $\alpha/2$ Teilflankenwinkel,
d_2 Flankendurchmesser, d_D Meßdrahtdurchmesser,
P Steigung, a Gangzahl.

Prüfling einen positiven und im Bild 14.73b einen negativen Steigungsfehler. Der Einfluß auf den Paarungs-Flankendurchmesser ist jeweils positiv, d. h., der Paarungs-Flankendurchmesser wird jeweils größer angezeigt als der Flankendurchmesser. Zur Messung des Paarungs-Flankendurchmessers bei Muttergewinden gibt es handelsübliche Geräte mit auswechselbaren Meßbakken.

Messen des Flankendurchmessers mit drei Drähten. Dieses Verfahren ergibt sehr genaue Meßergebnisse. Man verwendet zum Messen drei Meßdrähte mit gleichem Durchmesser. Zwei dieser Drähte werden entsprechend Bild 14.74 in benachbarte Gewindelücken, einer in die gegenüberliegende Lücke des Prüflings, eingelegt. Die Drähte müssen einen der Steigung entsprechenden günstigen Durchmesser haben, damit die Berührung in der Flankenmitte erfolgt. Der Einfluß des Flankenwinkelfehlers auf das Meßergebnis ist dadurch praktisch ausgeschaltet. Der Durchmesser des günstigsten Drahtes errechnet sich nach der Gleichung

$$d = \frac{P}{2 \cdot \cos/2} \ .$$

Die erforderliche Rechenarbeit zur Bestimmung des Prüfmaßes und der Fehlereinflüsse kann durch die Benutzung von vorhandenen Tabellen weitgehend eingeschränkt werden.

14.5.9 Prüfen der Schichtdicke

Die Notwendigkeit, Bauteile vor Korrosion zu schützen, ihr dekoratives Aussehen zu verbessern oder mechanisch-technologische Eigenschaften der Oberfläche zu verbessern, hat in den letzten Jahren zu einer zunehmenden Beschichtung von Bauteilen mit metallischen oder nichtmetallischen Überzügen geführt. Unter Überzug versteht man einen Belag auf einem Grundwerkstoff, der gegenüber diesem andere physikalische oder chemische Eigenschaften aufweist und meist wesentlich dünner als der Grundwerkstoff ist. Das Aufbringen der Überzüge, d.h. die eigentliche Beschichtung, erfolgt durch Aufdampfen, galvanisches oder chemisches Abscheiden oder durch Aufspritzen (Abschn. 9.5). Wirtschaftliche wie funktionelle Anforderungen erfordern jedoch die Einhaltung immer dünner werdender Schicktdicken.
Die Tatsache, daß bei den meisten Beschichtungsprozessen starke Streuungen der Überzugsdicken vorhanden sind, zwingt zu einer laufenden *Schichtdickenmessung*. Einer Vielfalt von möglichen Schicht-Grundwerkstoff-Kombinationen stehen eine Reihe von physikalischen und elektrochemischen Meßverfahren zur Verfügung. In Bild 14.75 ist eine Übersicht der wichtigsten Schicht-Grundwerkstoff-Kombinationen und möglichen Meßverfahren aufgeführt. Es zeigt sich, daß die Verwendung eines universellen Meßverfahrens ausgeschlossen ist. Trotz der Vielfalt der am Markt erhältlichen Meßgeräte mit unterschiedlichen Konzepten, lassen sich die meisten Meßverfahren auf nur wenige physikalische und elektrochemische Prinzipien zurückführen. Die Frage, welchem Verfahren man den Vorzug geben sollte, ist nicht allgemeingültig zu beantworten. Die Wahl eines geeigneten Verfahrens hängt von verschiedenen Faktoren ab, z.B. der Kombination Grundwerkstoff – Art des Überzuges, Schichtdickentoleranz, gewünschte Meßunsicherheit, Fertigungsstreuung hinsichtlich Schichtdicke, Funktion des Bauteiles und ob der Überzug zerstörend oder zerstörungsfrei geprüft werden soll.
Bild 14.76 zeigt eine Übersicht der bekanntesten Meßverfahren für Schichten. Eine ausführliche Beschreibung der aufgeführten Verfahren ist aus der einschlägigen Literatur zu ersehen.

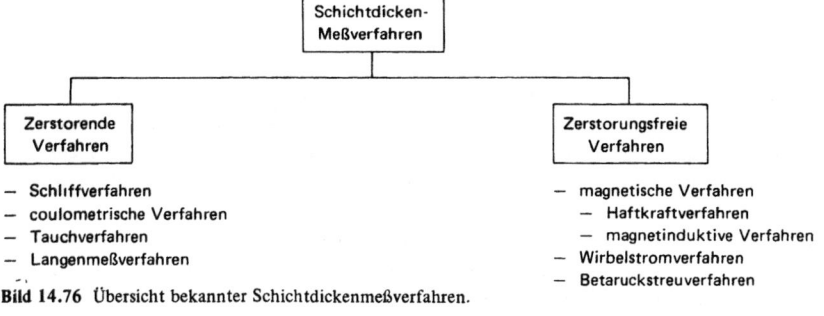

Bild 14.76 Übersicht bekannter Schichtdickenmeßverfahren.

14.5 Fertigungsmeßtechnik

Grundwerkstoff	Aluminium	Blei	Chrom	Eloxal-Schichten	Email, Farbe, Gummi, Lack, Kunststoff	Gold	Kadmium	Kupfer	Lötzinn	Messing	Nickel	Nickel stromlos	Palladium	Platin	Rhodium	Silber	Zink	Zinn
Aluminium und Legierungen	–	B, Q	B, EC, Q	B, C, EC	B, C, EC	B	B, Q	B, Q	B, Q	B	B, EN, Q	B, Q	B	B	B	B, Q	B, Q	B, Q
Gold	–	–	–	–	–	–	–	–	–	–	–	–	–	–	–	–	–	–
Kover	B, ES	B, ES	ES, Q	–	B, C, ES	B, ES	ES, Q	ES, Q	B, ES, Q	ES, Q	EN, Q	Q	B, ES	B, ES	B, ES	B, ES, Q	ES, Q	B, ES
Titan	B	B	–	–	B, C, EC	B	B	B, Q	B, Q	B	EN	–	B	B	B	B	B	B
Kupfer und Legierungen	–	B, Q	B, EC, Q	–	B, C, EC	B	B, Q	–	B, Q	–	EN, B	–	B	B	B	B, Q	B	B, Q
Magnesium und Legierungen	–	–	–	–	B, C, EC	B	B	B	B	B	EN, Q	–	B	B	B	B	B	B
Nickel	–	B, Q	B, Q	–	B, C	B	B, Q	B	B, Q	–	B, EN	B	B	B	B	B, Q	B, Q	B, Q
Glas, Keramik Kunststoff	B	B, Q	B, Q	–	B	B	B, Q	B, EC, Q	B, Q	B	–	Q	B	B	B	B, Q	Q	B, Q
Silber	–	B	B	–	B, C, EC	B	–	B	B	B	B, EN, Q	B, Q	–	B	–	–	B	–
Stahl, magnetisch	B, ES	B, ES, Q	ES, Q	–	B, C, ES	B, ES	B, ES, Q	ES, Q	B, ES, Q	ES, Q	EN, Q	(ES/EN) Q	B, ES	B, ES	B, ES	B, ES, Q	ES, Q	B, ES
Stahl, unmagnetisch	B	B, Q	Q	–	B, C, EC	B	B, Q	Q	B, Q	Q	EN, Q	Q	B	B	B	B, Q	B, Q	B, Q
Zink	–	B	B	–	B, C, EC	B	B	Q	B	–	EN	–	B	B	B	B	–	B

1) zerstörungsfreie Verfahren: B, C, EC, ES und EN, zerstörendes Verfahren: Q

Bild 14.75
Möglichkeiten der Schichtdickenprüfung.

Zunehmende Bedeutung und technische Weiterentwicklung hat das *Betarückstreu-Verfahren* erfahren. Auch die Handhabung dieser Geräte ist wesentlich erleichtert worden. In DIN 50983 ist dieses Verfahren weitgehend genormt. Kernstuck moderner Geräte ist ein Mikroprozessor, der alle internen Vorgänge, wie Steuerung und Auswertung der Messung, Abfrage der Bedienungselemente, Steuerung des Dialog- und Ergebnisdisplays, Druckersteuerung usw. ausführt.

14.5.10 Rechnereinsatz in der Fertigungsmeßtechnik

Der *Einsatz von Rechnern* zur Rationalisierung von Meßaufgaben wurde durch die rasche Entwicklung von Tisch- und Kleinrechnersystemen zu immer preiswerteren und leistungsfähigeren Einrichtungen beeinflußt. Sie ermöglicht selbst bei einfachen Prüfproblemen rationelle Meßwerterfassung und deren Verarbeitung. Als wichtigste Vorteile sind zu nennen:

- die Entlastung des Prüfpersonals von Routinearbeiten durch eine weitgehende *Automatisierung der Datenerfassung und der Protokollierung* über Drucker und Schreiber;
- die Moglichkeiten der Durchführung von *programmierbaren Prüfabläufen* durch maschinelle Anweisung über Datensichtgerate an das Prüfpersonal;
- die weitgehende *Automatisierung von Prüfabläufen* durch Prüfautomaten und die direkte Steuerung des Fertigungsprozesses;
- die Erhöhung der Aussagekraft von Meßdaten durch deren sofortige *statistische Auswertung* und *graphische Darstellung*, z. B. durch Häufigkeitsdiagramme;
- die *schnelle Bereitstellung von* verdichteten *Meßdaten* für regelnde Maßnahmen im Rahmen einer allgemeinen Qualitatssicherung eines Betriebes.

Weiterhin werden in Verbindung mit neuen hochwertigen Sensoren und Bildwandlersystemen auch Möglichkeiten zur Automatisierung visueller Prüfvorgänge geschaffen.
Auch die Entwicklung der Mikroprozessoren führt zu völlig neuartigen Konzeptionen fur Meßgeräte mit weitgehender automatischer Steuerung des Prufablaufes und Verknüpfung der Meßsignale. Für viele Prüfaufgaben bieten auch schon programmierbare Taschenrechner eine echte Alternative zu teuren Tischrechnern.

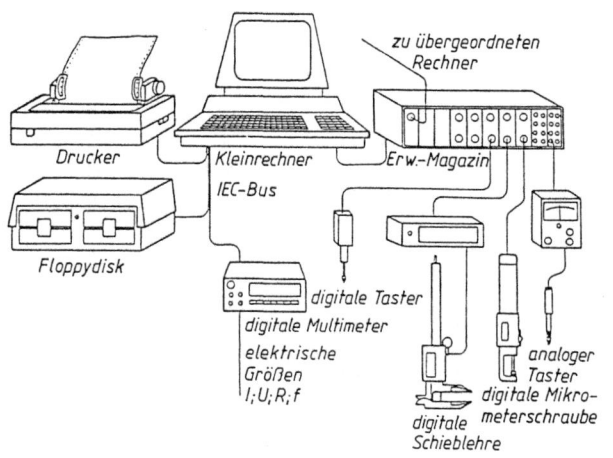

Bild 14.77
Rechnergestutzte Längenmessung.

14.5 Fertigungsmeßtechnik

```
PRUEFGEGENSTAND: Aufnahmestift        PRUEFER:.. BIEDERMANN
TEIL-NR.:....... 0815                 DATUM:.... 26.9.84
STUECKZAHL=.... 1200                  ABTEILUNG: QM113
LIEFERANT:...... Fa Sedelmeyer
PRUEFPLAN NR.:.. SCH007
PRUEFMASS=...... 1.75 +/-0.05
TOLERANZ T=..... 0.100 [mm]
-------------------------------------------------------------
PRUEFPLAN NR.: SCH007
PRUEFART: MESSEN (AUSSEN)
PRUEFMITTEL: Digital-Mess-Schieber
ANZAHL ZU PRUEFENDER TEILE= 100
MAXIMALER ANTEIL FEHLERHAFTER TEILE= 5
-------------------------------------------------------------
    1.830 !
          !
    1.820 !
          !*
    1.810 !
          !**
    1.800 !------------------------------------To
          !*******
    1.790 !
          !**********
    1.780 !
          !******************
    1.770 !
          !************************ (----Mittelwert
    1.760 !
          !******************
    1.750 !--------------------------------------Tm
          !***********
    1.740 !
          !*****
    1.730 !
          !***
    1.720 !
          !*
    1.710 !
          !*
    1.700 !-------------------------------------Tu
          !
    1.690 !
          !
    1.680 !
          !
    1.670 !
          !
-------------------------------------------------------------
ANZAHL DER MESSWERTE= 100

MITTELWERT X=............... 1.764  [mm]
STANDARDABWEICHUNG +/- S= +/- 0.020 [mm]

VERSATZ X ZU Tm =............ 0.014 [mm]
FERTIGUNGSSTREUUNG (FS) 6S=.. 0.119 [mm] d.h.>2/3T
FERTIGUNG: U N S I C H E R
FEHLERHAFTE TEILE= 3    DAVON AUSSCHUSS= 0    ZUR NACHARBEIT= 3
LOSANNAHME: JA
```

Bild 14.78 Prüfprotokoll.

Für Meßräume bieten Tischrechnersysteme eine vielseitige Rationalisierung der Meßaufgaben, z. B. können über eine Standortnahtstelle unterschiedliche Meßgeräte an einen transportablen Tischrechner flexibel angeschlossen werden. Der Rechner ubernimmt im wesentlichen die im manuellen Betrieb zeitraubende Meßwerterfassung, statistische Berechnungen und Auswertungen sowie die Protokollierung in einem vorgegebenen Textformat. Bild 14.77 zeigt eine Hardwarekonfiguration einer rechnerunterstützten Prüfstation.
In Bild 14.78 ist ein Prüfprotokoll mit Häufigkeitsverteilung, Fertigungsstreuung, Beurteilung der Fertigung und Anzahl fehlerhafter Teile dargestellt.
S. auch Abschnitt 18.2 Rechnergeführte Meßgeräte.

14.5.11 Prüfmittelüberwachung

Eine wichtige Teilaufgabe der Qualitätssicherung besteht in der laufenden und lückenlosen *Überwachung der in allen Bereichen des Betriebes im Einsatz befindlichen Prüfmittel*. Der einwandfreie Zustand der eingesetzten Prüfmittel ist eine wesentliche Voraussetzung dafür, daß die erforderlichen Messungen u. a. zur Beurteilung der Werkstücke mit der erforderlichen Genauigkeit erfolgen konnen. Die laufende Prüfmittelüberwachung muß sich an den Kosten orientieren sowie Einsatzhäufigkeit, Einsatzbedingungen, Zuverlässigkeit, Art und Genauigkeit des Prufmittels berücksichtigen. Weiterhin sind einschlägige Gesetze und behördliche Vorschriften sowie die vertraglichen Vereinbarungen gegenuber dem Käufer des Produktes zu beachten. Soweit verbindliche Forderungen hinsichtlich Genauigkeit von Prüfmitteln vertraglich vereinbart werden, bedeutet eine Nichterfüllung dieser Vereinbarungen das Fehlen einer zugesicherten Eigenschaft mit beträchtlichen Haftungsfolgen nach §§ 459 ff. BGB. Im Zusammenhang mit der Produzentenhaftung ist die Prufmitteluberwachung unter zwei Gesichtspunkten von besonderer Bedeutung. Einerseits hilft der Einsatz genauer Prüfmittel in der Fertigung fehlerhafte Teile zu erkennen und damit ihre Verwendung zu verhindern, und andererseits ist der Nachweis einer systematischen und dokumentierten Prufmitteluberwachung als Entlastungsbeweis unerläßlich.
Die Überwachung der Prüfmittel kann nach zwei Methoden erfolgen:
1. durch *direkten Vergleich*, z. B. Überprüfung der Bügelmeßschraube mit Parallelendmaßen;
2. durch *indirekten Vergleich*, z. B. Vergleich der Länge eines Parallelendmaßes mit einer bekannten Lichtwellenlänge (z. B. Strahlung des Krypton 86-Atoms entsprechend der Meterdefinition).

In der industriellen Praxis wird in den meisten Fällen der direkte Vergleich mit einem Normal bekannter Große praktiziert. Die Normale sind entsprechend ihrer Genauigkeit und Verwendung in einer „Hierarchie" geordnet. In Bild 14.79 wird dies veranschaulicht. Oberste nationale Eich-

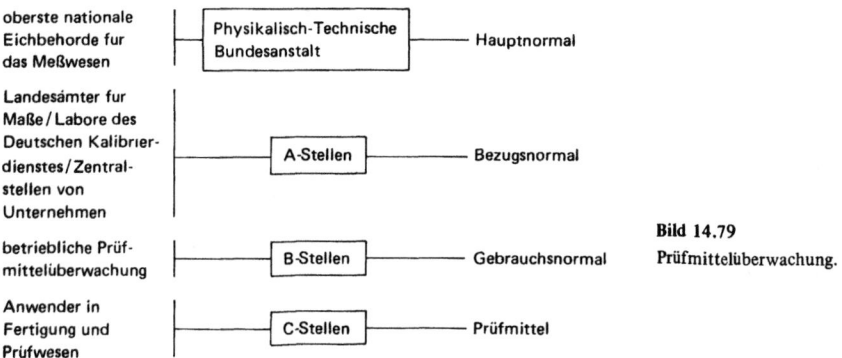

Bild 14.79 Prüfmittelüberwachung.

14.5 Fertigungsmeßtechnik

behörde mit den genauesten Normalen und Meßgeraten sowie entsprechenden Laboratorien ist die Physikalisch-Technische Bundesanstalt (PTB) in Braunschweig. Direkt angeschlossen an die Normale der PTB sind sogenannte A-Stellen. Diese konnen sein

— Landesamter für Maße, Gewicht und Material;
— Meßlabors des Deutschen Kalibrierdienstes (DKD) und
— Feinstmeßräume der Zentralstellen von Industrieunternehmen.

Normale der A-Stellen sind *Bezugsnormale*. Hieran angeschlossen sind die sogenannten B-Stellen in den einzelnen Betrieben, die für die eigentliche Prüfmitteluberwachung zuständig sind. Normale der B-Stellen sind *Gebrauchsnormale*. Letztes Glied in der Kette sind die eigentlichen *Prüfmittel*, die in den verschiedenen Stellen der Fertigung und des Prüfwesens im Einsatz sind. Angestrebt wird eine Staffelung der Normale bezüglich ihrer Genauigkeit um den Faktor 10 von einer Stufe zur anderen. Beispielsweise sollte ein Prüfmittel, das eine Genauigkeit von 0,01 mm besitzt, mit einem Normal der Genauigkeitsklasse 0,001 mm überprüft werden. Da diese Relation in manchen Fällen nicht realisierbar ist, kann in begründeten Fällen auch ein kleinerer Faktor, z. B. 5, ausreichend sein. Die Ergebnisse der Überprüfungen werden von der PTB und den A-Stellen mit *Prüfungsscheinen* dokumentiert. Diese enthalten Angaben über die Prüfdurchführung, die verwendeten Normale und Meßeinrichtungen sowie die Meßunsicherheit der festgestellten Werte. B-Stellen dokumentieren ihre Prufergebnisse in sogenannten *Prüfkarten, Prüfscheinen* u. a.
Welcher organisatorische Rahmen und welches Dokumentationssystem eingefuhrt werden, hängt von der Größe des Unternehmens und vom Produktspektrum ab. Nicht immer ist bei Einführung eines Überwachungssystems unbedingt eine neue Dienststelle erforderlich. Die organisatorische Durchfuhrung kann oft einer schon bestehenden Dienststelle der Qualitätssicherung übertragen werden. Meist genügt es dann, den Meßraum in meßtechnischer Hinsicht zu verbessern, z. B. Einbau einer Klimaanlage und Beschaffung geeigneter Normale.

Kennzeichnung der Prüfmittel. Es wird hier unterschieden zwischen

— dem *Prüfmittelkennzeichen* und
— dem *Überwachungskennzeichen*.

Das *Prüfmittelkennzeichen* soll ermoglichen, daß die einzelnen Prüfmittel untereinander unterscheidbar sind, d. h., es wird jedem einzeln eindeutig zugeordnet. Bei kleineren, nicht ortsgebundenen Prufmitteln, z. B. Lehren, Bugelmeßschrauben u. a., kann auf die Zuordnung einer Prufmittelnummer und Aufnahme in die Prufmittelkartei verzichtet werden. Es genügt hier die farbliche Kennzeichnung als Nachweis, daß diese Prüfmittel turnusmäßig überwacht werden. Das Überwachungskennzeichen auf dem Prüfmittel zeigt an, daß dieses einer turnusmäßigen Überwachung unterliegt. Dazu werden Plaketten, Farbpunkte, Banderolen u. a. verwendet. In Bild 14.80 sind beispielhaft einige Plaketten dargestellt. Es hat sich bewährt, wegen der teilweise sehr

zu verwenden von	Beurteilung des Prüfmittels		
	brauchbar	bedingt brauchbar	unbrauchbar
A- und B-Prüfstellen (übliche Plakettengrößen: 15; 25 und 40mm Durchmesser)	 (Plakette "A-Prüfstelle 82")	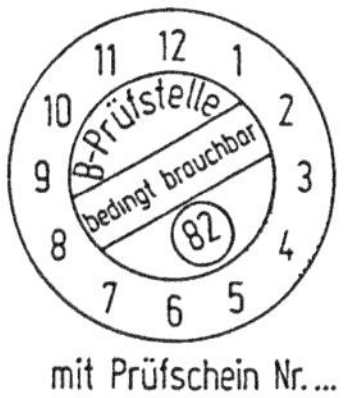 (Plakette "bedingt brauchbar 82" mit Prüfschein Nr. ...)	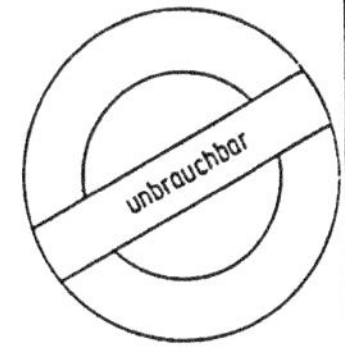 (Plakette "unbrauchbar")

Bild 14.80 Prüfmittelplaketten.

unterschiedlichen Größenordnung von Prüfmitteln verschiedene Größen zu verwenden. Ähnlich wie bei den TÜV-Plaketten ist entweder der letzte oder nächste Überwachungstermin mit Monat und Jahr gebräuchlich. Die Beurteilung „brauchbar" ist dann anzugeben, wenn das Prüfmittel insgesamt in den vorgeschriebenen Grenzen liegt. Bei Überschreiten der zulässigen Grenzen wird das Prüfmittel als „unbrauchbar" beurteilt. In den Fällen wo zum Beispiel das Prüfmittel nur in bestimmten Meßbereichen in den vorgeschriebenen Grenzen liegt, ist die Plakette „bedingt brauchbar" und ein Aufkleber „Mit Prüfschein-Nr. ..." zu verwenden. Im Prüfschein ist angegeben, für welche Meßbereiche bzw. Anwendungen das Prüfmittel geeignet ist.

14.5.12 Überprüfung von Werkzeugmaschinen

Voraussetzung für eine rationell gefuhrte Fertigung ist unter anderem genaue Kenntnis über quantitative Angaben über Genauigkeit und Grenzen der eingesetzten *Werkzeugmaschinen* und *Fertigungsmittel*. Dies gewinnt an Bedeutung unter dem Aspekt der zunehmenden Automatisierung und der sich dadurch ergebenden geringeren direkten Eingriffe des Menschen in den Fertigungsprozeß. Im Vordergrund des Interesses stehen dabei die optimale Anpassung an die Fertigungsaufgabe und die wirtschaftliche Nutzung. Die Kosten, hervorgerufen Verzögerung der Inbetriebnahme und Produktionsausfälle, Forderung nach besserer Qualität und die Verschärfung gesetzlicher Vorschriften führen zu einer Verschiebung der Akzente der Beurteilung. Die Anpassung der Abnahme- und Beurteilungsmethoden an diese Gegebenheiten sind deshalb zwingend notwendig.
In einer Reihe von Normen und Richtlinien werden verschiedene Verfahren zur Beurteilung von Werkzeugmaschinen beschrieben. Die DIN-Normen 8601 ff. betreffen vorwiegend geometrische Messungen an der Maschine im unbelasteten Zustand, allgemeine Abnahmeregeln und Begriffsbestimmungen. Da die Prüfung einer Werkzeugmaschine allein nach Normen des DIN nicht genügt, wurden von gemeinsamen Arbeitsgruppen des VDI und der DGQ die Richtlinien VDI/DGQ 3441 bis 3445 erarbeitet. In der Richtlinie 3441 sind die Grundlagen statistischer Prüfverfahren beschrieben. Diese Verfahren gelten sowohl für werkstückgebundene Werkzeugmaschinen — also für alle Sondermaschinen, bei denen die zu bearbeitenden Teile festliegen — als auch für nichtwerkstückgebundene Werkzeugmaschinen, Längenmeßgeräte oder koordinatengesteuerte Einrichtungen. Die VDI/DGQ-Richtlinie 3442 beschreibt speziell die statistische Prüfung der Arbeitsgenauigkeit von Drehmaschinen. Die bei der Bearbeitung von Werkstücken auftretenden Maßschwankungen geben zunächst direkten Aufschluß über die Fertigungsstreuung bzw. über die, bei dem gewählten Fertigungsverfahren, erzielbare Fertigungsgenauigkeit. Die *Fertigungsunsicherheit* nach Bild 14.81 ist damit ein Maß für Genauigkeit, mit der ein Werkstück auf einer vorgegebenen Maschine bei einem definierten Betriebszustand hergestellt werden kann. Sie schließt maschinenbedingte Abweichungen — definitionsgemäß die Arbeitsunsicherheit einer Werkzeugmaschine — und nicht maschinenbedingte Abweichungen ein.
Alle rein *maschinenbedingten Abweichungen*, die bei der Herstellung von Teilen auf einer Werkzeugmaschine entstehen, werden definitionsgemäß unter dem Begriff der *Arbeitsunsicherheit* zusammengefaßt. Er enthält entsprechend Bild 14.82 damit sowohl systematische als auch zufällige Fehleranteile. Ein direktes, geschlossenes Prüfverfahren zur Ermittlung der Arbeitsunsicherheit oder der Fertigungsunsicherheit einer Werkzeugmaschine ist technisch z. Zt. nicht realisierbar. Nur verschiedene indirekte Prüfungen geben Aufschluß über die wesentlichen Einflußgrößen.
Die *systematischen Fehleranteile* der Arbeitsunsicherheit — insbesondere die Positionsunsicherheit — werden meist durch direkte Messungen an der Maschine ermittelt. Die Arbeitsstreubreite oder die verfahrensbedingte Fertigungsstreuung als Maß für alle zufälligen Abweichungen werden

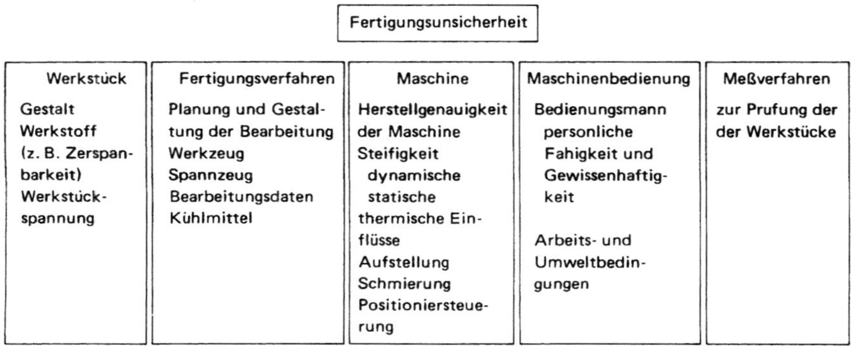

Fertigungsunsicherheit
Werkstück
Gestalt
Werkstoff
(z. B. Zerspan-
barkeit)
Werkstück-
spannung
Fertigungsverfahren
Planung und Gestal-
tung der Bearbeitung
Werkzeug
Spannzeug
Bearbeitungsdaten
Kühlmittel
Maschine
Herstellgenauigkeit
der Maschine
Steifigkeit
dynamische
statische
thermische Ein-
flüsse
Aufstellung
Schmierung
Positioniersteue-
rung
Maschinenbedienung
Bedienungsmann
personliche
Fahigkeit und
Gewissenhaftig-
keit
Arbeits- und
Umweltbedin-
gungen
Meßverfahren
zur Prufung der
der Werkstücke

Bild 14.81 Einflußgroßen auf die Fertigungsunsicherheit eines Werkstucks.

Arbeitsunsicherheit
systematische
Abweichung
zufallige Abweichung
Arbeitsstreubreite
Positionsunsicherheit
Steifigkeit
Geometrie
Positions-
abweichung
Umkehrspanne
Positions-
streubreite
Belastungen
(Lastwechsel)
Schwingungen

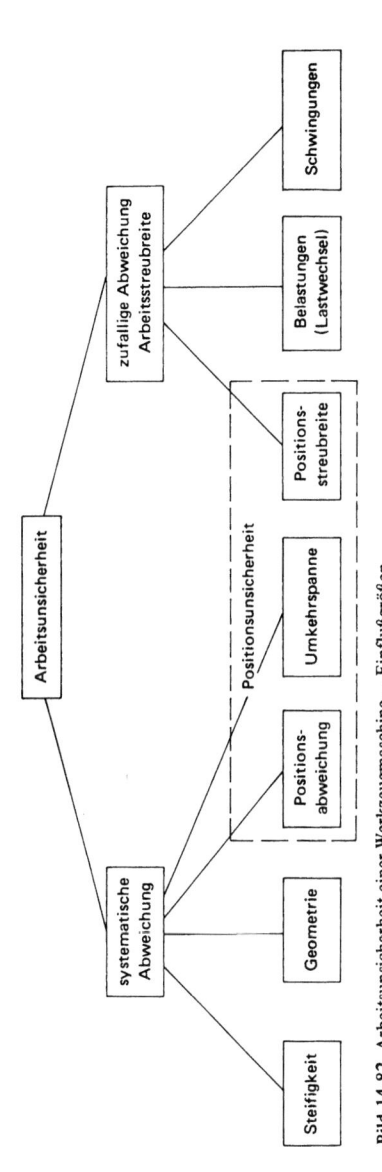

Bild 14.82 Arbeitsunsicherheit einer Werkzeugmaschine – Einflußgrößen.

vorzugsweise durch Bearbeiten und Prüfen von definierten Probekörpern oder Werkstücken ermittelt. Jede Untersuchungsmethode ermöglicht nur eine begrenzte Aussage. Welche Methode vorzuziehen ist, hängt ab von:

— Art, Größe und Leistung der Maschine,
— Dringlichkeit und Art der gewünschten Aussage und
— vorhandenen Meßmöglichkeiten, z. B. Laser-Interferometer, Winkel-Normale u. a.

Der Übergang zwischen der jeweils verfahrensbedingten Fertigungsunsicherheit und der maschinenbedingten Arbeitsunsicherheit ist naturgemäß fließend, je nachdem welche Einflußgrößen mit einbezogen werden. Für Maschinenbewertungen ist es daher von besonderer Bedeutung, daß die Einsatzbedingungen genau beschrieben sind, um zu reproduzierbaren Vergleichsdaten zu kommen.

S. auch Abschnitt 10.1.1.3 über Abnahme und Genauigkeit einer Werkzeugmaschine

14.6 Schwingungsmeßtechnik

14.6.1 Meßgrößen

Die *Schwingungsmeßtechnik* im gebräuchlichen Sinn befaßt sich mit der Erfassung der Schwingbewegung eines Objektes, ist also auf rein kinematische Vorgänge beschränkt. Drei Meßgrößen kommen insgesamt in Frage:

— Schwingweg (Ausschlag),
— Schwinggeschwindigkeit (Schnelle),
— Schwingbeschleunigung.

Die genannten Großen sind voneinander abhängig. Kennt man eine von ihnen in ihrem zeitlichen Verlauf, so sind die beiden anderen daraus durch Integration oder Differentiation ableitbar. Hinsichtlich der Auswahl der passenden Meßgröße hat man also prinzipiell freie Hand.

14.6.2 Ausgangs- und Beurteilungsgrößen

Je nach Meßobjekt und Ziel der Messungen sind verschiedene Beurteilungsgrößen in Normen und Richtlinien verankert, die wichtigsten sind in diesem Abschnitt zusammengefaßt:
Der *Effektivwert der Schwinggeschwindigkeit* im Frequenzbereich zwischen 10 Hz und 1000 Hz, die *effektive Schnelle*, wird als Maß für die Schwingstärke vor allem für die Beurteilung von Lagerschwingungen herangezogen (DIN 45 666 und VDI 2056). Er wird vorwiegend der Schwingungsbeurteilung bei elektrischen Maschinen zugrunde gelegt.
Der *Maximalwert des Schwingweges* ist Grundlage zur Beurteilung von *Wellenschwingungen* vorwiegend bei Turbomaschinen jeder Bauart. Erfaßt wird dazu die radiale Bewegung der Welle in einem oder mehreren Wellenquerschnitten. Der Schwingweg wird in zwei zueinander senkrechten radialen Richtungen erfaßt, die beiden Anteile werden vektoriell addiert. Beurteilungsgröße ist vorwiegend die maximale Auslenkung des Wellenquerschnittes (DIN 45 670 und VDI 2059), im amerikanischen Bereich ist der in beiden Meßrichtungen ermittelte maximale Spitze-Spitze-Wert des Schwingweges für die Beurteilung standardisiert [14.91].
Die *Wahrnehmungsstärke K* ist der entsprechend physiologischen Gegebenheiten frequenzbewertete Effektivwert der Schwinggeschwindigkeit im Bereich von 0,5 Hz bis 80 Hz. Sie wird als Beurteilungsmaß für die Wirkung mechanischer Schwingungen auf Menschen und Gebäude herangezogen (DIN 4150, 45 669 und VDI 2057).

14.6 Schwingungsmeßtechnik

14.6.3 Meßprinzipien

Die Aufgaben der Schwingungsmeßtechnik lassen sich in zwei Gruppen einordnen, *Messung von Relativ-* und *Messung von Absolutschwingungen*. Der grundsätzliche Unterschied im meßtechnischen Sinn liegt vorwiegend im Aufnehmerkonzept.

Seismische Schwingungsaufnehmer. Der *seismische Schwingungsaufnehmer* (Bild 14.83) erfaßt die absolute Schwingbewegung eines materiellen Objektes, ohne daß dazu die Ankopplung an einen räumlich festen Bezugspunkt erforderlich ist. Beim *seismischen Wegaufnehmer* ist die Eigenfrequenz des Aufnehmers selbst klein gegen die niedrigste zu messende Schwingungsfrequenz (tief abgestimmter Aufnehmer). Eine (große) seismische Masse ist innerhalb des Aufnehmers an einer weichen Feder aufgehängt und bleibt, grob gesprochen, bei einer Schwingbewegung des am Objekt montierten Aufnehmers ruhig im Raum stehen (Prinzip des Seismographen). Der Schwingweg zwischen dieser Masse und dem Aufnehmergehäuse ist somit gleich dem Schwingweg des Objektes selbst; er wird mit einem dynamischen Wegmeßsystem erfaßt. Mit einem elektrodynamischen Meßsystem — Permanentmagnet und Spule in Relativbewegung zueinander — erhält man nach diesem Prinzip einen *elektrodynamischen Schwinggeschwindigkeitsaufnehmer* (s. auch Abschnitt 14.6.4).

Beim *Beschleunigungsaufnehmer* nach dem seismischen Prinzip liegt die Aufnehmer-Resonanzfrequenz oberhalb der höchsten zu messenden Schwingungsfrequenz (hoch abgestimmter Aufnehmer). Die Schwingbewegung wird bei diesem Aufnehmertyp, idealisiert betrachtet, über eine sehr steife Feder auf eine (kleine) seismische Masse übertragen, die Federkraft, aufgrund der Massenträgheit direkt proportional der Schwingbeschleunigung, wird jetzt zur Beschleunigungsmessung herangezogen.

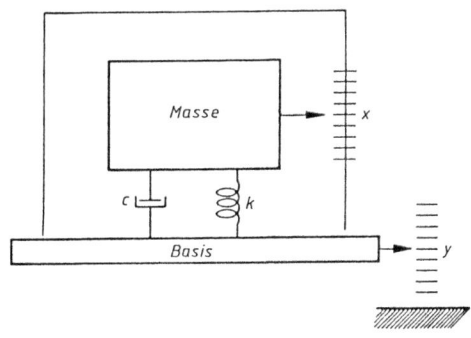

Bild 14.83
Prinzip des seismischen Schwingungsaufnehmers.

14.6.4 Meßsysteme

a) Induktives System (Wellenschwingungsaufnehmer) (Bild 14.84a)

Meßgröße: Schwingweg (relativ).
Arbeitsprinzip: Transformator oder Spule (Wirbelstromaufnehmer) mit veränderlichem magnetischem Rückschluß über das Meßobjekt.
Vorteile: berührungslos,
verschleißfrei,
für statische und dynamische Meßgrößen.

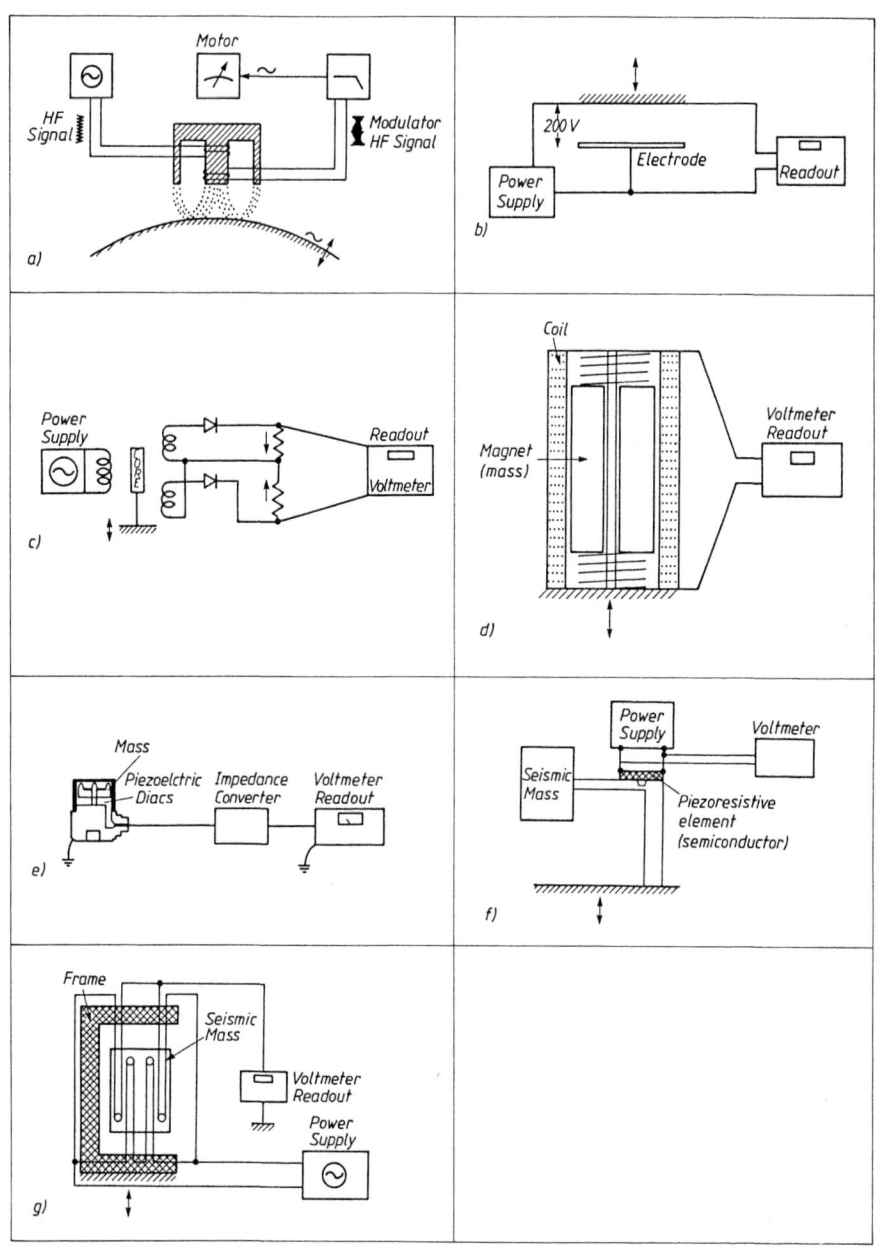

Bild 14.84 Schwingungsmeßsysteme
a) induktives System,
b) kapazitives System,
c) Differentialtransformator,
d) elektrodynamisches System,
e) piezoelektrisches System,
f) piezoresistives System,
g) DMS-System.

14.6 Schwingungsmeßtechnik

Nachteile: passives Aufnehmerprinzip (Speisung erforderlich),
aufwendige Anschlußelektronik,
geringer Dynamikbereich,
niedrige obere Grenzfrequenz,
beschränkt auf ferromagnetische Objekte,
Einfluß der Oberfläche des Meßobjektes auf die Messung (mechanischer „Run-Out"),
starker Werkstoffeinfluß vom Meßobjekt her (elektrischer „Run-Out"),
schwer kalibrierbar.

b) Kapazitives System (Bild 14.84b)

Meßgröße: Schwingweg (relativ).
Arbeitsprinzip: leitfähiges Meßobjekt und Aufnehmer bilden einen Kondensator variabler Kapazität.
Vorteile: berührungslos,
geringe Baugröße,
großer Frequenzbereich.
Nachteile: passives Aufnehmerprinzip (Speisung erforderlich),
nur für kleine Schwingwege,
Einfluß der Oberfläche des Meßobjektes auf die Messung (mechanischer „Run-Out"),
empfindlich gegenüber Oberflächenverschmutzung.

c) Differentialtransformator (Bild 14.84c)

Meßgröße: Schwingweg (relativ).
Arbeitsprinzip: Doppeltransformator mit verschieblichem Kern.
Vorteile: hohe Auflösung,
geringe elektrische Impedanz,
für statische und dynamische Meßgrößen.
Nachteile: passives Aufnehmerprinzip (Speisung erforderlich),
aufwendige Anschlußelektronik,
niedrige obere Grenzfrequenz.

d) Elektrodynamischer Aufnehmer (Bild 14.84d)

Meßgröße: Schwinggeschwindigkeit (absolut).
Arbeitsprinzip: tief abgestimmter seismischer Aufnehmer,
Permanentmagnet (seismische Masse) induziert in der Spule geschwindigkeitsproportionale Spannung.
Vorteile: aktiver Aufnehmer (keine Speisung erforderlich),
niedrige elektrische Impedanz.
Nachteile: nur für dynamische Größen,
bewegte Teile.

e) Piezoelektrischer Beschleunigungsaufnehmer (Bild 14.84e)

Meßgröße: Schwingbeschleunigung (absolut).
Arbeitsprinzip: hoch abgestimmter seismischer Aufnehmer,
der Aufnehmer gibt eine beschleunigungsproportionale elektrische Ladung ab.

Vorteile: aktiver Aufnehmer (keine Speisung erforderlich),
geringe Baugröße, kleine Aufnehmermasse,
großer Frequenz- und Dynamikbereich,
hohe Stabilität.
Nachteile: hohe elektrische Impedanz,
nur für dynamische Meßgrößen.

f) Piezoresistiver Beschleunigungsaufnehmer (Bild 14.84f)

Meßgröße: Schwingbeschleunigung (absolut).
Arbeitsprinzip: hoch abgestimmter seismischer Aufnehmer,
der ohmsche Widerstand ändert sich zufolge des piezoresistiven Effekts.
Vorteile: für statische und dynamische Meßgrößen,
niedrige elektrische Impedanz.
Nachteile: passiver Aufnehmer (Speisung erforderlich),
Kompromiß zwischen Frequenzbereich und Empfindlichkeit notwendig,
geringer Dynamikbereich,
niedrige obere Grenztemperatur.

g) DMS-Beschleunigungsaufnehmer (Bild 14.84g)

Meßgröße: Schwingbeschleunigung (absolut).
Arbeitsprinzip: hoch abgestimmter seismischer Aufnehmer,
der ohmsche Widerstand ändert sich zufolge des piezoresistiven Effekts.
Vorteile: für statische und dynamische Meßgrößen,
niedrige elektrische Impedanz.
Nachteile: passiver Aufnehmer (Speisung erforderlich),
Kompromiß zwischen Frequenzbereich und Empfindlichkeit notwendig,
geringer Dynamikbereich.

14.6.5 Frequenzanalyse

Einfachste aller Schwingungsformen ist die rein harmonische Schwingung, bei der der zeitliche Verlauf des Schwingweges exakt einer Kreisfunktion entspricht (*Sinusschwingung*). Die in der Praxis auftretenden Schwingungen sind, von wenigen Ausnahmen abgesehen, von wesentlich komplizierterer Struktur und können als Überlagerung mehrerer solcher Grundkomponenten gedacht werden. Aufgabe der *Frequenzanalyse* ist es, die Schwingungsanteile innerhalb enger Frequenzbereiche zu isolieren und meßtechnisch zu erfassen. Das Ergebnis, die anteilige Schwingungsleistung als Funktion der Frequenz, wird im sogenannten Spektrum dargestellt (Bild 14.85). Im Bereich des Maschinenbaus ist die Frequenzanalyse Basis vieler Verfahren zur Zustandsüberwachung von Maschinen, zur Schadensfrüherkennung sowie zur Fehlerdiagnose aus dem Schwingungsbild [14.91].
Kernstück jedes *Frequenzanalysators* ist das *Filter*. Ein ideales Filter läßt Signalkomponenten in einem bestimmten Frequenzbereich, dem Durchlaßbereich, unverändert passieren, der Rest wird unterdrückt. Schaltungstechnisch und rechnerisch läßt sich diese Charakteristik allerdings nur näherungsweise realisieren (Bild 14.86). Ein *Frequenzanalysator* besteht im wesentlichen aus einem oder mehreren Filtern mit Effektivwertdetektor am Filterausgang zur Leistungsmessung.
Folgende Bauprinzipien sind gebräuchlich:

— *Feste Filter* mit unveränderlichem Durchlaßbereich dienen zur Überwachung bestimmter Schwingungskomponenten.

14.6 Schwingungsmeßtechnik

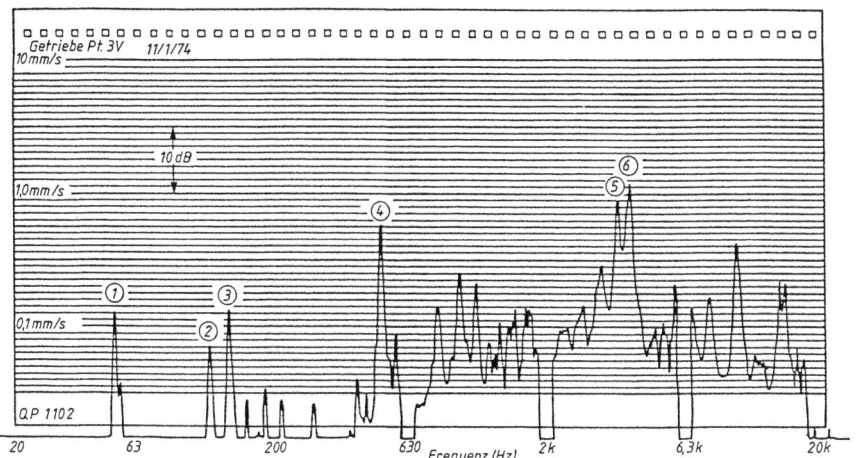

Bild 14.85 Schwingungsspektrum eines einfachen Getriebes
① Drehfrequenz Antrieb (50 Hz),
② 2. Harmonische von ① (100 Hz),
③ Drehfrequenz Abtrieb (121 Hz),
④ 3. Harmonische von ③ (484 Hz),
⑤ Zahneingriffsfrequenz,
⑥ Geisterkomponente.

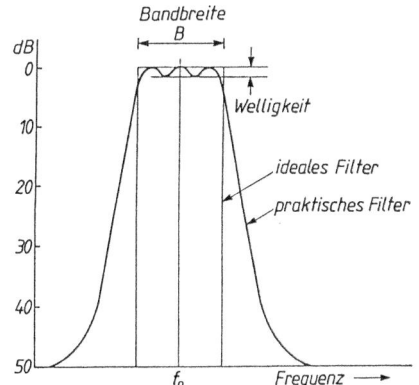

Bild 14.86
Durchlaßcharakteristik eines Bandpaßfilters.

— *Mitlauffilter* verschieben ihren Durchlaßbereich synchron mit der Frequenz eines extern zugeführten Steuersignals. Ein solches Filter kann damit also automatisch mit der Drehfrequenz einer Welle mitgeführt und auf die Drehfrequenz selbst oder eine ihrer Harmonischen gesetzt werden (Ordnungsanalyse).
— *Serielle Frequenzanalysatoren* besitzen ein einziges Filter mit durchstimmbarer Mittenfrequenz. Wegen der dadurch erforderlichen großen Meßzeit sind sie nur zur Analyse stationärer Signale geeignet.

— *Echtzeitanalysatoren* kann man sich als eine Bank parallel geschalteter Filter-Detektor-Gruppen vorstellen. Sie werden heute fast ausschließlich auf digitalem Wege realisiert. Aufgrund ihrer Eigenschaften sind sie auch zur Analyse instationärer Vorgänge geeignet. Die größte Bedeutung im maschinenbaulichen Bereich kommt auf diesem Gebiet dem *FFT-Analysator* zu, der in ein- und mehrkanaliger Ausführung angeboten wird.

14.6.6 Auswuchten starrer Rotoren

Auswuchten heißt, die Massenverteilung eines rotierenden Körpers derart verbessern, daß er in seiner Lagerung ohne Wirkung von freien Fliehkräften umläuft und die Lager nicht durch umlauffrequente, periodische Kräfte beansprucht werden (Zitat aus VDI 2060). Als Wirkung einer Unwucht treten ausschließlich drehfrequente Schwingungen auf, die ihrerseits wegen der Unwuchtbezogenheit als Grundlage zum Auswuchten herangezogen werden.

Liegt der Schwerpunkt eines Rotors außerhalb seiner Drehachse, spricht man von *statischer Unwucht*; diese kann prinzipiell durch Auspendeln im Schwerefeld ermittelt werden. *Momentenunwucht* liegt vor, wenn bei einem statisch ausgewuchteten Rotor die Drehachse nicht mit einer Trägheitshauptachse zusammenfällt (Bild 14.87). Eine Kombination dieser beiden Grundformen wird als *dynamische Unwucht* bezeichnet.

Bild 14.88 zeigt, repräsentativ für zahlreiche Varianten, eine Meßeinrichtung zum dynamischen Auswuchten eines starren Rotors in seinen eigenen Lagern, dem sogenannten *Betriebsauswuchten*. Das Bandpaßfilter ist stets auf die Drehfrequenz abzugleichen und dient zum Ausblenden nicht durch Wuchten zu beseitigender Störkomponenten. Die Triggereinheit ermöglicht die Messung der Phasenlage der Schwingung.

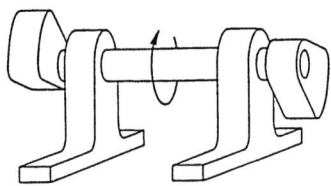

Bild 14.87
Modell eines Rotors mit Momentenunwucht.

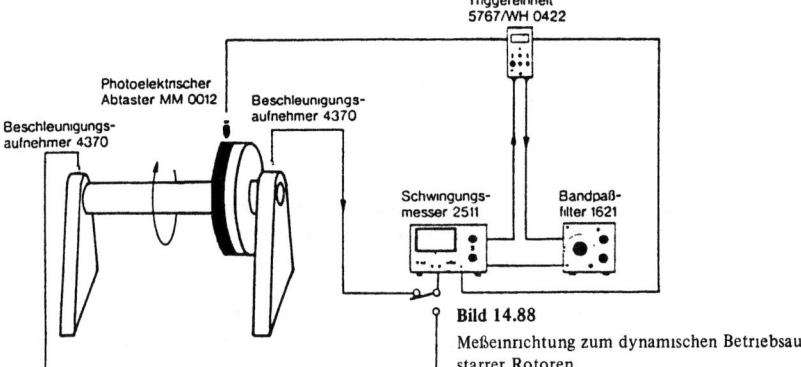

Bild 14.88
Meßeinrichtung zum dynamischen Betriebsauswuchten starrer Rotoren.

14.6 Schwingungsmeßtechnik

14.6.6.1 Statisches Auswuchten

Ziel des *statischen Auswuchtens* ist die Beseitigung (hinreichende Verringerung) statischer Unwucht, mit anderen Worten eine Verlagerung des exzentrischen Schwerpunktes in die Drehachse durch Anbringen von Gegengewichten. Die statische Unwucht eines starren Rotors läßt sich vollständig durch die vektorielle Größe

$$\vec{U} = m \cdot \vec{e},$$

m Rotormasse, $\vec{e}$ Schwerpunktsexzentrizitat,

beschreiben oder einfach auch durch die Exzentrizitat $\vec{e}$ des Schwerpunkts allein. Für die Beurteilung des Laufzustandes ist nur der Betrag der Unwucht maßgeblich. Folgende Angaben sind dafur gebrauchlich:

$|U| = \vec{U}$ in g mm oder

$|e| = \vec{e}$ in μm oder

$e \cdot \omega$ in mm s^{-1}.

Die letzte der aufgefuhrten Großen wird zur Klassierung der *Wuchtgute* herangezogen (Tabelle 14.9).

Zum statischen Auswuchten sind nur die Schwingungen in einer Meßebene moglichst nahe der Schwerpunktsebene des Rotors zu erfassen. Zwei Testlaufe sind je Durchgang erforderlich: Zunachst bestimmt man die Schwingung des Systems im Ausgangszustand nach Betrag $|\vec{v}_0|$ und Phasenlage. Bild 14.89 zeigt die Darstellung in Form eines Zeigerdiagramms. Wegen der unbekannten Lagersteifigkeit ist die Beziehung zwischen Phasenlage der Schwingung und Winkellage der Unwucht unbekannt. Fur den zweiten Testlauf bringt man in der Ausgleichsebene eine Testmasse m_T bekannter Große an. (Es wird im folgenden vorausgesetzt, daß Test- und Ausgleichsmassen stets am gleichen Radius, dem Ausgleichsradius, montiert werden.) Die durch den neuen Unwuchtzustand hervorgerufene Schwingung wird durch den Zeiger $\vec{v}_1$ im Diagramm beschrieben. Über vektorielle Differenzbildung erhalt man nun den Einfluß der Testmasse allein (Zeiger $\vec{v}_T$). Position und Große der Ausgleichsmasse sind aus der Überlegung zu bestimmen, daß der durch sie hervorgerufene Schwingungsanteil die ursprungliche Unwuchtschwingung genau kompensieren soll ($\vec{v}_A$ im Diagramm). Die Winkellage ist aus dem Zeigerdiagramm direkt abzulesen ($\sphericalangle \vec{v}_T \vec{v}_A$), fur die Große erhält man

$$m_0 = \frac{|\vec{v}_0|}{|\vec{v}_T|} m_T.$$

Zur Verifizierung ist in Tabelle 14.10 eine Kollektion von Meßergebnissen angegeben (diese Werte korrespondieren mit Bild 14.89). Der Rotor ist in diesem Beispiel mit einer Ausgleichsmasse von 2,68 g statisch auszuwuchten, die gegenuber der Position der Testmasse um 37° in Drehrichtung versetzt zu montieren ist.

Bei scheibenförmigen Rotoren ist statisches Auswuchten im allgemeinen ausreichend, sofern die Scheibe nicht schief auf die Welle aufgezogen wurde.
Eine Methode zum statischen Betriebsauswuchten ohne Phasenwinkelmessung ist in [14.87] beschrieben.

Tabelle 14.9: Auswucht-Gütestufen und Gruppen starrer Wuchtkörper (nach VDI 2060)
Für starre Wuchtkörper mit zwei Ausgleichsebenen gilt im allgemeinen je Ebene die Hälfte des betreffenden Richtwertes, für scheibenförmige starre Wuchtkörper gilt der volle Richtwert.
Hinweis: Passungsbedingte Anteile sind in den Richtwerten gegebenenfalls mit enthalten.

Güte stufen	$e \cdot \omega^1$ mm/s	Wuchtkörper oder Maschinen Beispiele
(keine)	(> 1600)	Kurbeltriebe[2] starr aufgestellter, langsam laufender Schiffsdieselmotoren mit ungerader Zylinderzahl
Q 1600	1600	Kurbeltriebe starr aufgestellter Zweitaktgroßmotoren
Q 630	630	Kurbeltriebe starr aufgestellter Viertakt-Motoren; Kurbeltriebe elastisch aufgestellter Schiffsdieselmotoren
Q 250	250	Kurbeltriebe starr aufgestellter, schnellaufender 4-Zylinder-Dieselmotoren
Q 100	100	Kurbeltriebe starr aufgestellter, schnellaufender Dieselmotoren mit sechs und mehr Zylindern; komplette PKW-, LKW-, Lok-Motoren[3]
Q 40	40	AuToräder, Felgen, Radsätze, Gelenkwellen; Kurbeltriebe elastisch aufgestellter, schnellaufender Viertaktmotoren mit sechs und mehr Zylindern; Kurbeltriebe von PKW-, LKW-, Lok-Motoren
Q 16	16	Gelenkwellen mit besonderen Anforderungen; Teile von Zerkleinerungs- und Landwirtschafts-Maschinen; Kurbeltrieb-Einzelteile von PKW-, LKW-, Lok-Motoren; Kurbeltriebe von sechs und mehr Zylindermotoren mit besonderen Anforderungen
Q 6,3	6,3	Teile der Verfahrenstechnik; Zentrifugentrommeln; Ventilatoren, Schwungräder, Kreiselpumpen; Maschinenbau- und Werkzeugmaschinen-Teile; Normale Elektromotorenanker; Kurbeltrieb-Einzelteile mit besonderen Anforderungen
Q 2,5	2,5	Läufer von Strahltriebwerken, Gas- und Dampfturbinen, Turbogebläsen, Turbogeneratoren; Werkzeugmaschinen-Antriebe; Mittlere und größere Elektromotoren-Anker mit besonderen Anforderungen; Kleinmotoren-Anker; Pumpen mit Turbinenantrieb
Q 1 Feinwuchtung	1	Magnetophon- und Phono-Antriebe; Schleifmaschinen-Antriebe, Kleinmotoren-Anker mit besonderen Anforderungen
Q 0,4 Feinstwuchtung	0,4	Feinstschleifmaschinen-Anker, -Wellen und -Scheiben, Kreisel

1 $\omega = n \cdot 2\pi/60 \approx n/10$ mit ω in 1/s und n in U/min
2 Unter Kurbeltrieb sei die Baugruppe: Kurbelwelle, Schwungrad, Kupplung, Riemenscheibe, Schwingungsdämpfer, rotierender Pleuelanteil usw. verstanden.
3 Bei kompletten Motoren ist unter der Wuchtkörpermasse die Summe der Massen der zum Kurbeltrieb gehörenden Teile zu verstehen.

14.6 Schwingungsmeßtechnik

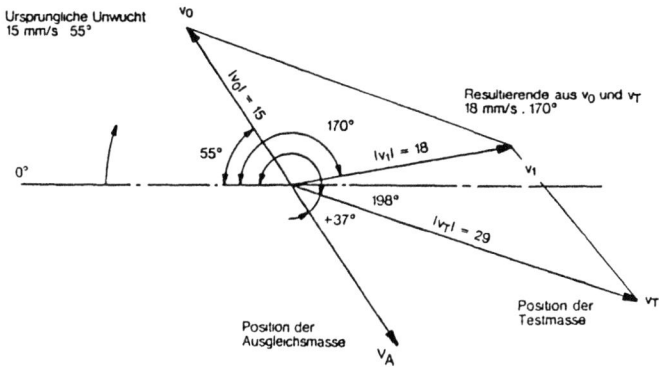

Bild 14.89 Zeigerdiagramm zum statischen Auswuchten (entspricht Tabelle 14.10).

Tabelle 14.10: Meßwerte für statisches Auswuchtbeispiel

	$\dfrac{\|v\|}{\text{mms}^{-1}}$	γ	$\dfrac{b}{\text{mms}^{-1}}$	$\dfrac{a}{\text{mms}^{-1}}$
v_0	15	55°	12,3	5,6
v_1	18	170°	3,12	-17,7
Testmasse: $m_T = 5$ g				

14.6.6.2 Dynamisches Auswuchten

Da beim *dynamischen Auswuchten* neben statischer Unwucht auch Momentenunwucht zu kompensieren ist, ist der Ausgleich durch zwei Korrekturmassen auszuführen, die in zwei in axialer Richtung versetzten Ausgleichsebenen anzubringen sind. Entsprechend ist auch eine Schwingungsmessung in zwei Ebenen notwendig (Bild 14.88 und Tabelle 14.11). Das Verfahren beruht auf den gleichen Grundprinzipien wie das statische Auswuchten, ist jedoch in dieser Form nicht mehr graphisch auswertbar. Zur Auswertung bieten die Meßgerätehersteller einfache Rechenprogramme

Tabelle 14.11: Meßwerte für dynamisches Auswuchtbeispiel

	$\dfrac{\|v\|}{\text{mms}^{-1}}$	γ	$\dfrac{a}{\text{mms}^{-1}}$	$\dfrac{b}{\text{mms}^{-1}}$
$v_{1,0}$	7,2	238°	-3,82	-6,12
$v_{1,1}$	4,9	114°	-2,00	+4,48
$v_{1,2}$	4,0	79°	+0,76	+3,93
$v_{2,0}$	13,5	296°	+5,92	-12,13
$v_{2,1}$	9,2	347°	+8,96	-2,07
$v_{2,2}$	12,0	292°	+4,5	-11,13
Testmasse: Ausgleichsebene 1 : $m_{T1} = 2{,}5$ g				
Ausgleichsebene 2 : $m_{T2} = 2{,}5$ g				

an, wie sie etwa auch in [14.87] beschrieben sind. Dynamisches Auswuchten ist in der Regel bei walzenförmigen Rotoren erforderlich.

14.6.6.3 Wuchtmaschinen

Auch *Wuchtmaschinen* arbeiten genaugenommen nach dem im vorigen Abschnitt vorgestellten Prinzip, jedoch wird der Rotor in einer speziellen Drehvorrichtung gelagert. Meß- und Auswertesystem sind in solchen Maschinen immer integriert und sollen daher hier nicht näher behandelt werden.

14.7 Messen technischer Geräusche

14.7.1 Zweck

Die subjektive Beurteilung einer *Geräuschbelastung* entspricht lediglich einer groben Einschätzung der Situation. Im Bereich der heute üblichen Anforderungen an Arbeits- und Lebensbedingungen reicht eine solche Schätzung nicht aus. Wenn einerseits bei der technischen Ausrüstung der Betriebe eine ständige Weiterentwicklung und Verbesserung selbstverständlich geworden ist, muß andererseits auch die Erfassung der für den Menschen wichtigen Belastungsdaten mittels moderner Meßtechnik zur Regel werden. Mit verhältnismäßig geringem Aufwand an Meßgeräten lassen sich heute *Geräuschmessungen* einfach und ausreichend durchführen, die in der Fertigungs- und Betriebstechnik die wesentlichen Ziele des Arbeits- und Immissionsschutzes abdecken:

– leise Fertigung,
– leise Produktion.

Die Geräuschmessung dient hier insbesondere

– zur Prüfung, ob Sollwerte eingehalten sind (Arbeitsplatz und Nachbarschaft),
– zum Vergleich verschiedener Quellen (Qualitätseinstufung von Produktion),
– zum Erkennen von Teilquellen als dominierende Ursache
– zur Erfolgskontrolle bei technischer Minderung.

S. auch Abschnitt 20.5 Maßnahmen der Lärmminderung an Maschinen und Gebäuden sowie Abschnitt 23.3 über gesetzliche Maßnahmen und Vorschriften der Lärmbekämpfung im Zusammenhang mit Umweltschutz.

14.7.2 Meßgrößen

Der *Schalldruck* ist die primäre physikalische Größe zur quantitativen Beschreibung einer Geräuschbelastung. Dieser Druck (Einheit Pascal, Pa, $1 \text{ Pa} = 1\frac{N}{m^2}$) ist der Effektivwert der durch den Schallvorgang verursachten Druckschwankungen, die dem statischen Druck der Atmosphäre überlagert sind (Bild 14.90). Der Mensch umfaßt mit seinem Gehör den weiten Bereich von etwa $20 \cdot 10^{-6}$ ... 20 Pa, also eine Spannweite von 1 : 1 000 000. Besser überschaubare Zahlen bietet das heute in der Akustik übliche Maß, der *logarithmische Schallpegel L*, eine reine Verhältniszahl, die nur durch Festlegen eines Bezugsdrucks von $P_0 = 20 \cdot 10^{-6}$ Pa (Reizschwelle) zum absoluten Maß wird:

$$L \text{ (in dB)} = 20 \cdot \log \frac{p}{p_0} = 10 \cdot \log \frac{p^2}{p_0^2} \ .$$

14.7 Messen technischer Geräusche

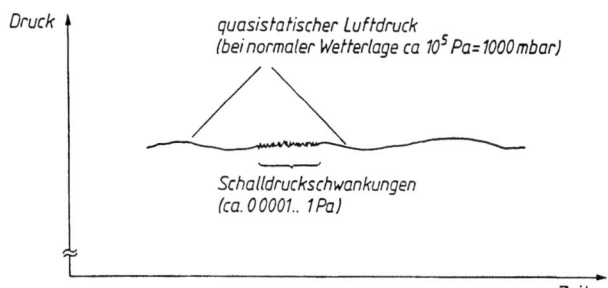

Bild 14.90 Luftdruck und Schalldruck.

Den wetterbedingten langsamen Druckänderungen der Atmosphäre im Bereich von etwa 10^5 Pa (1 000 mbar) sind die Schalldruckschwankungen als Feinstruktur (wesentlicher Bereich 0,001 ... 1 Pa) überlagert.
Im üblichen logarithmischen Schallpegelmaß entsprechen
0,001 Pa etwa 35 dB,
1   Pa etwa 95 dB.

Mit dem Schallpegel wird der Einblick für den Ungeübten schwierig. Berücksichtigt man noch, daß die Schallintensität dem Quadrat des Schalldrucks proportional ist, so ergeben sich z. B. folgende Beziehungen

Pegeländerung ΔL	Druckänderung Δp		Intensitätsänderung ΔI	
+ 3	Faktor	1,4	Faktor	2,0
+ 6	Faktor	2,0	Faktor	4,0
+10	Faktor	3,2	Faktor	10,0
+20	Faktor	10,0	Faktor	100,0
- 3	Faktor	0,71	Faktor	0,5
- 6	Faktor	0,50	Faktor	0,25
-10	Faktor	0,32	Faktor	0,10
-20	Faktor	0,10	Faktor	0,01

Häufig soll das Zusammenwirken mehrerer Schallpegel, die jeweils von verschiedenen Quellen stammen, berechnet werden; dabei wird erkennbar, welche Quellenanteile vorwiegend zum *Gesamtpegel* oder *Summenpegel* (L_Σ) an einem Immissionsort beitragen. Solche Umrechnungen sind nur über die Intensität $I = 10^{0,1 \cdot L}$ möglich:

$$L_\Sigma = 10 \cdot \log \left[10^{0,1 \cdot L_1} + 10^{0,1 \cdot L_2} \right].$$

Man verwendet entweder moderne Taschenrechner (Funktionen log x und 10^x) oder Diagramme nach Bild 14.91, bei denen lediglich mit Pegeldifferenzen gearbeitet wird. Sind mehr als zwei Quellen zu kombinieren, so geht man schrittweise vor: der Summenpegel aus zwei Quellen kann in der weiteren Rechnung jeweils als *ein* Pegel aufgefaßt werden, der die darin enthaltenen Quellen repräsentiert.

Zur Anpassung der rein physikalisch definierten Schallstärke im Pegelmaß an die subjektive Empfindung hat man sich hinsichtlich der Tonhöhe oder Frequenz des Schalles auf eine genormte *Bewertungskurve A* international geeinigt (Bild 14.92), die bereits in den üblichen Schallpegelmessern eingearbeitet ist und dafür sorgt, daß Schallanteile in den tieferen Frequenzbereichen, wo un-

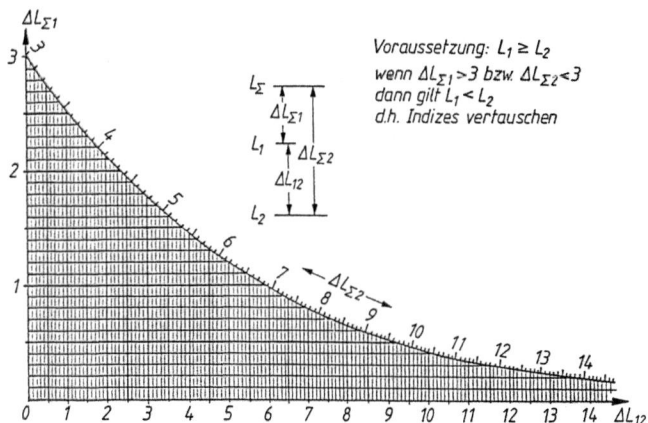

Bild 14.91 Pegel-„Addition".

Ablesebeispiele:

(1) Gesucht: Summenpegel L_Σ zweier Quellen, deren Pegel (L_1, L_2) bekannt sind:

$\left. \begin{array}{l} L_1 = 80 \text{ dB} \\ L_2 = 75 \text{ dB} \end{array} \right\}$ $\Delta L_{12} = 5 \text{ dB}$ — Diagramm → $\Delta L_{\Sigma 1} \approx 1{,}2 \text{ dB}$

$L_\Sigma = 80 \text{ dB} + 1{,}2 \text{ dB} \approx 81 \text{ dB}$.

(2) Gesucht: Der Pegel (L_1), der von einer Quelle stammt, die nur gemeinsam mit einem ständig vorhandenen Hintergrundpegel (L_2) zu erfassen ist. In der Regel kann L_1 kurzfristig abgeschaltet werden, so daß der Messung L_2 und L_Σ zugänglich sind; dann gilt.

$\left. \begin{array}{l} L_\Sigma = 85 \text{ dB} \\ L_2 = 80 \text{ dB} \end{array} \right\}$ $\Delta L_{\Sigma 2} = 5 \text{ dB}$ — Diagramm → $\Delta L_{\Sigma 1} \approx 1{,}6 \text{ dB}$

$L_1 = 85 \text{ dB} - 1{,}6 \text{ dB} \approx 83 \text{ dB}$.

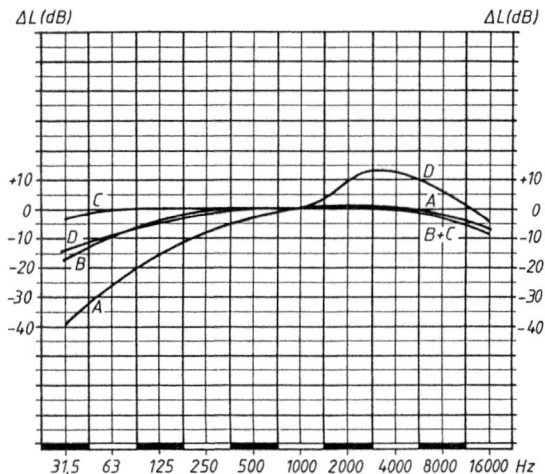

Bild 14.92 Bewertungskurven
Die im Bild wiedergegebenen 4 Bewertungskurven versuchen, der Wahrnehmungsreaktion des betroffenen Menschen in Abhängigkeit von Frequenz und Schallintensität (Kurven A, B, C) und von der Quellenart (Kurve D für Fluglärm) gerecht zu werden. Die Meß- und Beurteilungspraxis im Bereich des allgemeinen Umweltschutzes erforderte die Festlegung einer einfachen und eindeutigen Konvention; dabei wurde der A-Kurve international der Vorzug gegeben.

14.7 Messen technischer Geräusche

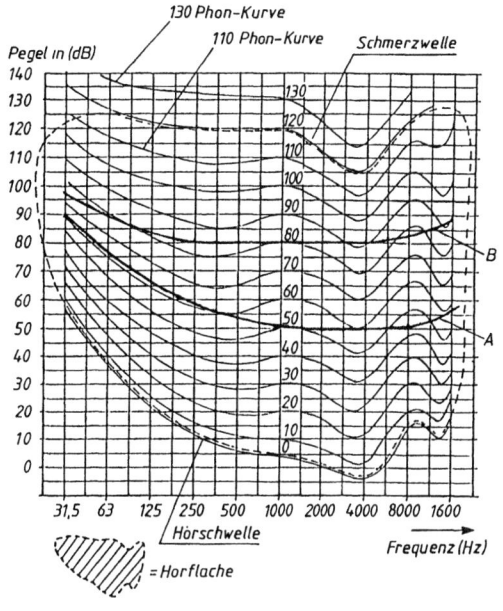

Bild 14.93
Kurven gleicher Lautstärke in Phon für Töne nach *Robinson* und *Dadson*. Gleichzeitig sind die Bewertungskurven
A bei 50 dB und 1000 Hz eingezeichnet.
B bei 80 dB und 1000 Hz eingezeichnet.
Man vergleiche mit den Bewertungskurven in Bild 14.92, die zum Zweck der Meßgerätekorrektur mit entgegengesetztem Vorzeichen in Bezug auf die dB-Achse (d. h. invers) aufgetragen sind.

ser Gehör unempfindlicher ist, entsprechend geringer zur Meßgeräteanzeige beitragen. Aus vielen Untersuchungen zur Festellung der Schallwahrnehmung in Abhängigkeit von der Tonhöhe (Frequenz) hatte man „Kurven gleicher Lautstarke" abgeleitet, die je nach Schallintensitat einen unterschiedlichen Verlauf im Pegel/Frequenz-Diagramm zeigen (Bild 14.93). Aufgrund dieser Phon-Kurven gleicher Lautstarke wurde nach früherer Normung (heute nicht mehr gultige DIN 5045) bei Schallpegeln bis 60 dB (bei der Bezugsfrequenz 1000 Hz) mit der Kurve A, oberhalb 60 dB mit der Kurve B gemessen. (Man vergleiche die sogenannte gehorrichtige Lautstarkeregelung bei guten Hi-Fi-Anlagen, wo beim Leiser-Regeln die Basse angehoben werden.) Der auf diese Weise ermittelte *Lautstarkepegel* wurde in DIN-phon angegeben. Größter Nachteil waren die Pegelsprünge durch den Zwang zum Wechseln der Bewertungskurve bei kleiner werdendem Pegel mit wachsender Entfernung von der Quelle. Um hier Unsicherheiten – insbesondere fur Ausbreitungsrechnungen – zu vermeiden und zur Vereinfachung einigte man sich international auf die oben genannte Bewertungskurve A. Der so unter Einschaltung der Kurve A gewonnene Meßwert ist der

A-bewertete Schallpegel L_A in dB.

Bei Wertangaben x ist es zweckmäßig $L_A = x$ dB zu schreiben, da fur die Zeitbewertung häufig noch weitere Indizes am Pegelsymbol L zur eindeutigen Beschreibung erforderlich sind. Ist letzteres unkritisch, mag die bisher ubliche Meßangabe x dB(A) beibehalten werden; in jedem Fall ist zur Angabe A-bewerteter Schallpegel ein Hinweis auf die A-Bewertung erforderlich, insbesondere wenn auf das Mitführen des Pegelsymbols L_A verzichtet wird.

Neben der Frequenzbewertung muß noch der *Zeitverlauf* einer Geräuschbelastung berücksichtigt werden; dazu kann am Schallpegelmesser die sogenannte *Dynamik* auf verschiedene Zeitkonstanten (τ) eingestellt werden:

SLOW (S) mit $\tau = 1000$ ms,
FAST (F) mit $\tau = 125$ ms,
IMPULSE (I) mit $\tau_1 = 35$ ms, $\tau_2 = 1500$ ms,

(Nur bei „I" sind Anstiegs-(τ_1) und Abklingzeitkonstante (τ_2) verschieden!)
Zur eindeutigen Kennzeichnung der Frequenz- und Zeitbewertung fügt man dem Pegelsymbol L als zweiten Index die entsprechenden Kurzzeichen S, F bzw. I an. So ist

L_{AF} der A-bewertete Schallpegel mit der Dynamik FAST,
L_{AI} der A-bewertete Impuls-Schallpegel, beide in dB.

Je nach Zweck der Messung und nach Art der Quelle wird man die Wahl dieser Zeitbewertung treffen. Zur Einhaltung von Sollwerten wird vorwiegend die Bewertung FAST verwendet, gegebenenfalls ist eine bestimmte Bewertung vorgeschrieben. Zur Erfassung der *Schall-Leistung* einer Quelle (Emissions-Messung) ist die Bewertung IMPULSE nicht geeignet.
Der wichtigste Mittelwert über eine maßgebende Beurteilungszeit ist der sogenannte energieäquivalente *Dauerschallpegel* oder *Mittelungspegel*, Symbol einschließlich der A-Bewertung: L_{Am} (international L_{eq}). Wie der Name sagt, werden hier die Augenblickswerte des Zeitverlaufs energiebewertet kombiniert, d.h. beispielsweise: halbe Einwirkzeit erlaubt um 3 dB höhere Pegel [14.92, S. 108].
Die stets erwünschte technische Minderung der Geräuschemission am tatsächlichen Entstehungsort führt zur Frage, wo denn die Zentren der Geräuschquelle und der Abstrahlung wirklich sind. Vielfach werden entscheidende Geräuschanteile an großen Maschinenflächen abgestrahlt, die ihrerseits über die Schallfortleitung innerhalb der Maschine angeregt werden. Um hier Schall im festen Material auf seinem Weg zu verfolgen, ist häufig die Messung dieses *Körperschalls* vorteilhaft. Man setzt Körperschallaufnehmer als Sonde auf die entsprechenden Maschinenteile auf und kann die Schwingungsgrößen am zugehörigen Meßgerät ablesen. Schon Relativmessungen geben dabei nützliche Hinweise, wo Schwerpunkte der Schallentstehung und der Abstrahlung liegen.

14.7.3 Meßgeräte

Aus der Sicht eines Betriebes können die notwendigen Geräte in der Reihenfolge ihrer Bedeutung für die Praxis wie folgt benannt werden:
a) Schallpegelmesser + Windschirm + Kalibrierhilfe,
b) Personen-Lärmdosimeter,
c) Frequenzanalysator (Terzband, Schmalband),
d) digitale und integrierende Schallpegel-Meßgeräte,
e) Magnetbandgeräte,
f) Pegelschreiber,
g) Wetter-Meßgeräte (Windgeschwindigkeit, Temperatur, relative Feuchte),
h) Korperschallaufnehmer zum Schallpegelmesser.

Schallpegelmesser zeigen unmittelbar den Schallpegel in der gewünschten Bewertung an, einfache Geräte mindestens L_{AF}. *Dosimeter* nach (b) bilden innerhalb einer vorgegebenen Meßzeit die Summe der Geräuschbelastung und zeigen sie als Larmdosis in % der Nennbelastung an (z. B. L_{Am} = 85 dB nach Arbeitsstättenverordnung (ArbStättV) [14.93]). *Frequenzanalysatoren* nach (c) sind

14.7 Messen technischer Geräusche

eine unentbehrliche Hilfe zur Einengung der Geräuschursachen bei Minderungsmaßnahmen an den Quellen.

Meßtechnische Kontrollen der Immissionen beim Nachbarn sind von der Schallausbreitung im Freien abhängig; die *Wetter-Meßgeräte* nach (g) ermöglichen die Erfassung der tatsächlichen örtlichen Wetterdaten.

14.7.4 Meßpunktanordnung und Umgebungseinfluß

Bei jeder Schallmessung ist zunächst die Frage zu stellen: *Was* will ich mit dem Meßergebnis aussagen? In den meisten Fällen gilt es, an einem Aufpunkt den Schallpegel zu nennen, der dort durch *eine* bestimmte Quelle verursacht wird. Das schwierigste Problem der Praxis liegt dann auf der Hand: ausreichende Unterdrückung unerwünschter anderer Schalleinwirkungen, die lediglich durch eine akustisch ungünstige Mikrofonumgebung entstehen und zum anderen die sogenannten Fremdgeräusche, die aus Quellen stammen, über die keine Aussage gewünscht wird.
Die im Abschnitt 14.7.2 erläuterte Pegel-„Addition" liefert den Überblick, inwieweit störende Geräuschkomponenten (Reflexionsanteile, Fremdgeräusche) die gesuchte Meßaussage verfälschen können. Je nach Situation ist es möglich, entweder die *Nutzquelle* oder die *Störquellen* zu unterdrücken bzw. durch Standortwahl für das Mikrofon zu hohe Reflexionsanteile zu vermeiden. Einzelheiten können den Regelwerken für die Emissions- und Immissionsmessung entnommen werden ([14.94] und DIN 45 635).
Hier ist es nützlich, die Grundlagen der geometrischen Schallausbreitung zu kennen (auf die sehr komplexen Einflüsse bei großen Schallwegen durch Luft- und Bodenabsorption und Hindernisse kann hier nicht eingegangen werden; dazu sei auf VDI 2714 verwiesen: Im Nahbereich von Schallquellen — d.h., wenn der Abstand noch in der Größenordnung der Quellenabmessungen liegt — spielt die geometrische Form der Quelle bei der Intensitätsabnahme des Schalls mit der Entfernung eine erhebliche Rolle; entsprechend dem Anwachsen der Hüllfläche, die einem bestimmten konstanten Abstrahlungssektor der Quelle zugeordnet werden kann (Bild 14.94), wird die Intensität (Schalleistung/Fläche) verringert. So erstreckt sich die Schallpegelabnahme ΔL je Entfernungsverdoppelung von 0 dB (Flächenquelle) bis 6 dB (Punktquelle). Bei Abständen, die groß gegenüber allen Quellenabmessungen sind, gelten die Gesetze der Punktquelle.
Im folgenden wird das Prinzip der für einen Betrieb besonders wichtigen Emissionsmessung nach DIN 45 635 erläutert: Unter Berücksichtigung der Intensitätsänderung mit der Entfernung genügt der Schallpegel allein zur absoluten Kennzeichnung einer Quelle nicht, da es entscheidend auf den Meßabstand ankommt. Man hat statt dessen den *Schall-Leistungspegel* als quellenspezifische Kenngröße definiert, die nicht von den Abmessungen der Quelle abhängt. Bei der Freifeldmessung nach dem sogenannten *Hüllflächenprinzip* (DIN 45 635, Teil 1) bestimmt man den Energiefluß durch eine Fläche, die die Quelle vollständig umschließt, z.B. eine Halbkugel um eine auf reflektierendem Boden stehende Maschine (Bild 14.95). In der Hüllfläche muß ein repräsentativer Mittelungspegel bestimmt werden. Je nach der Richtungsabhängigkeit der Schallabstrahlung sind dazu mehr oder weniger Meßpunkte auf dieser Hüllfläche nötig. In der Praxis wählt man einfache Hüllflächen (Kugel, Halbkugel, Quader bzw. Teile davon bei üblicher Aufstellung mit raumbedingten Begrenzungsflächen) und auf diesen definierte Meßpunktanordnungen so, daß jeder Meßpunkt etwa den gleichen Abstrahl-Raumwinkel vertritt. Brauchbare Erfahrungsregeln für bestimmte Quellen sind in den jeweiligen Folgeteilen der DIN 45 635 bereits für viele Quellenarten zu finden.
Der A-bewertete Schall-Leistungspegel L_{WA} ist bezogen auf eine Hüllfläche von $S_0 = 1\,m^2$. Die in de Praxis üblichen Meßabstände (siehe Bild 14.95) führen zu Hüllflächen S, die meist erheblich

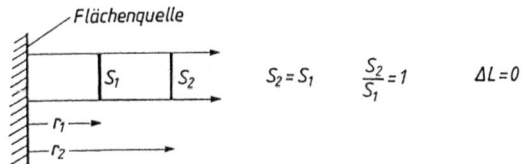
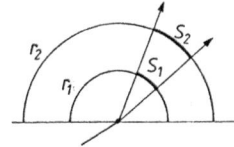
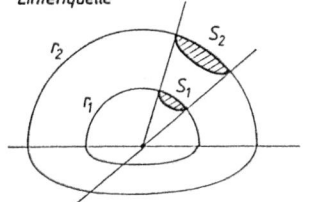
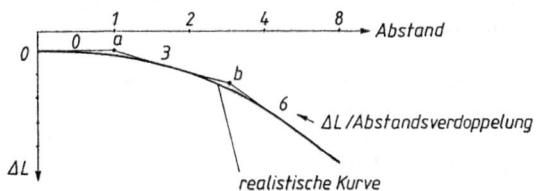

Bild 14.94 Zur Geometrie der Schallausbreitung

Schallausbreitung in Abhängigkeit von der Quellengeometrie. Der Pegelabfall ΔL folgt aus der „Intensitätsverdünnung" mit wachsender Durchtrittsfläche eines Strahlenbündels:

$$\Delta L = 10 \cdot \log \frac{S_2}{S_1}.$$

Im Überblickschema unten hängt die Lage der Knickpunkte a und b von den Quellenabmessungen ab.

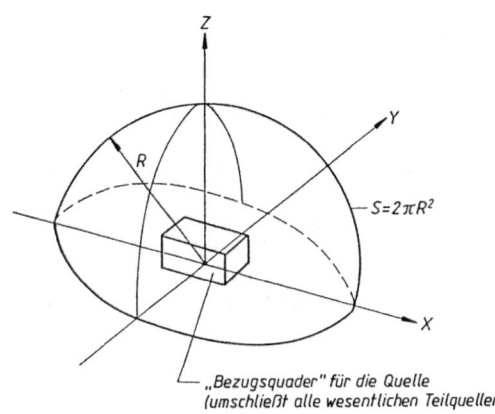

Bild 14.95 Das Hüllflächen-Verfahren für die Geräusch-Emissions-Messung

Beispiel für die Bestimmung der Schall-Leistung einer Quelle, hier mit einer Halbkugel als geschlossene Hüllfläche, auf der die Meßpunkte angeordnet werden. Auch andere einfache Hüllflächenformen (Vollkugel, Quader) sind zulässig. R = 0,5 m; 1,0 m; 2,0 m; 4,0 m je nach Quellengröße.

14.7 Messen technischer Geräusche

größer sind. Daraus ergibt sich als Korrekturglied zur Berechnung des Schall-Leistungspegels das sogenannte *Meßflächenmaß*:

$$L_s = 10 \cdot \log \frac{S}{S_0} \text{ in dB.}$$

Mit L_{Am} als Mittelungspegel über die Hüllfläche (Meßpunkte) gilt dann für den Schall-Leistungspegel:

$$\frac{L_{WA}}{dB} = \frac{L_{Am}}{dB} + \frac{L_S}{dB}.$$

Die beim meist üblichen Standort einer Quelle innerhalb eines Raumes unvermeidlichen Reflexionen des Schalls an Wänden und Decken ergeben einen *Raumeinfluß*, der nach DIN 45 635 Teil 1 über eine Korrektur K_2 (Bereich 0...3 dB) berücksichtigt wird. Diese Korrektur hängt von der Raumausstattung (Anteil schallschluckender Flächen) und dem Verhältnis Raumvolumen zur Hüllfläche ab; es ist einleuchtend, daß mit kleiner werdender Hüllfläche bei gleichem Raumvolumen die Raumbegrenzungen weniger stören; andererseits bedingen kleine Hüllflächen geringe Abstände Quellenoberfläche/Meßpunkte, und dies führt zu Problemen bei der erwünschten Gewinnung eines repräsentativen Mittelwertes, wenn die Schallabstrahlung der Quelle nicht ausreichend unabhängig von der Abstrahlrichtung ist.

Bei einer Messung nach den *Hallraumprinzip* sind im Meßraum (Hallraum) möglichst viele und vollständige Reflexionen an den Raumbegrenzungen erwünscht, so daß eine stationäre Schallenergieverteilung entsteht (*diffuses Schallfeld*). Schallpegel an mehreren Meßpunkten und akustische Raumeigenschaften sind zu berücksichtigen; da letztere auch noch frequenzabhängig sind, müssen die Pegelmessungen in mehreren für die Quelle wesentlichen Frequenzbereichen getrennt durchgeführt werden. Näheres dazu bringt DIN 45 635 Teil 2.

Wegen der nur pauschalen Leistungsangabe (keinerlei Aussage zur Richtcharakteristik und damit kein Hinweis auf kritische Quellenteile) sind mit dem Hallraum-Verfahren nur ein Teil der in Abschnitt 14.7.1 genannten Aufgaben zu lösen. Bedenkt man dazu die eng begrenzten Meßbedingungen mit erheblichem Aufwand, so wird in der Regel das *Freifeldverfahren* vorherrschen. Bei oft notwendigen Messungen „vor Ort" (in situ) bietet auch nur dieses Verfahren die Möglichkeit, durch geschickte Wahl der Meßpunkte zumindest eine Näherung an die Ermittlung auf einer vollständigen Hüllfläche zu erzielen.

14.7.5 Betriebszustand der Quelle

Der während der Emissions-Messung einzuhaltende *Betriebszustand einer Quelle* muß für jeden Meßzweck sehr sorgfältig ausgewählt und festgelegt werden. Nach Möglichkeit ist über vollständige Arbeitszyklen (an jedem Meßpunkt!) zu mitteln, gegebenenfalls auch der ungünstigste Fall (d.h. die Pegelmaxima) heranzuziehen. Es gilt, die für die Aufgabenstellung repräsentative Betriebsweise zu wählen, die während der Messung konstant gehalten werden kann. Damit scheiden wegen fehlender Reproduzierbarkeit die Geräusche des durch eine Maschine bearbeiteten Materials in der Regel für eine Messung aus. Nützlich sind in diesen Fällen aber Überschlagswerte von Schallpegeln an bestimmten Meßpunkten bei der Bearbeitung typischer Materialproben. Es kann notwendig sein, zwangsläufig mitbetriebene Maschinenteile, deren Emission für die Meßaufgabe nicht erwünscht ist, durch Abschirmungen und Kapseln ausreichend unwirksam zu machen. Die Vielfalt möglicher Betriebsbedingungen hat zur ständigen Ergänzung der DIN 45 635 durch „Folgeteile" geführt, in denen jeweils für bestimmte Maschinenarten Betriebsbedingungen und Meßpunkte festgelegt bzw. möglichst reproduzierbar beschrieben sind.

14.7.6 Maßgebende Größen zur Kennzeichnung

Die maßgebenden Größen sind schließlich

- zur Kennzeichnung einer Quelle der *bewertete Schall-Leistungspegel* L_{WA} in dB (ergänzende Angaben zu besonderen Geräuscheigenschaften wie schlagartig, knallartig, intermittierend, tongeprägt u. ä. sind nützlich);
- zur Entscheidung über Gehörschadensmöglichkeiten bei Arbeitnehmern der *mittlere A-Schallpegel* L_{Am} im üblichen Aufenthaltsbereich der Ohren des Arbeitnehmers. Hierzu sind in der Regel zusätzliche Meßpunkte an dieser Stelle nötig; ein bereits auf der Hüllfläche erfaßter Punkt in der Nähe kann ausreichen. Auch hier sind Zusatzangaben wie bei der Quellen-Kennzeichnung (s. o.) erwünscht;
- zur Beurteilung der Immission bei gestörten Nachbarn kann der *Immissionspegel* L_A, ausgehend vom L_{WA} der Quelle, über Ausbreitungsrechnungen nach VDI 2714 abgeschätzt werden. Eine Messung beim Nachbarn wird bei Entfernungen ab 100 m in wachsendem Maße von Topographie, Bewuchs und Wetter abhängig.

14.8 Literatur

Bücher

[14. 1] *Profos, P.*: Handbuch der industriellen Meßtechnik. Vulkan Verlag, Essen 1978.
[14. 2] *Profos, P.*: Lexikon der industriellen Meßtechnik. Vulkan Verlag, Essen 1980.
[14. 3] *Hofmann, D.*: Handbuch Meßtechnik und Qualitätssicherung. Verlag Friedr. Vieweg & Sohn, Braunschweig/Wiesbaden 1983.
[14. 4] *Hofmann, D., R. Meinhard* und *H. Reineck*: Meßwesen, Prüftechnik, Qualitätssicherung. VEB Verlag Technik, Berlin 1980.
[14. 5] *Profos, P.*: Meßfehler. Verlagsgesellschaft B. G. Teubner, Stuttgart 1984.
[14. 6] *Graf/Henning/Stange*: Formeln und Tabellen der mathematischen Statistik. Springer-Verlag, Berlin 1966.
[14. 7] *John, B.*: Statistische Verfahren für technische Meßreihen. Carl Hanser-Verlag, München 1979.
[14. 8] *Sachs, L.*: Statistische Methoden. Springer-Verlag, Berlin 1982.
[14. 9] *Sachs, L.*: Angewandte Statistik. Anwendung statistischer Methoden. Springer-Verlag, Berlin 1984.
[14.10] *Bokranz, R.*: Statistik im Versuch und im Betrieb. Resch Verlag, Gräfelfing/München 1986.
[14.11] *Paßmann, W.*: Auswerten von Meßreihen. DGQ-Schrift 16-07. Beuth Verlag, Berlin/Köln 1974.
[14.12] *Wagner/Lang*: Statistische Auswertung von Meß- und Prüfergebnissen. DGQ-Schrift 16-14. Beuth-Verlag, Berlin/Köln 1976.
[14.13] *Henning, H.-J.*: Mittelwert und Streuung. DGQ-Schrift 16-29. Beuth Verlag, Berlin/Köln 1977.
[14.14] Formblätter mit Wahrscheinlichkeitsnetz. DGQ-Schrift 18-19. Beuth Verlag, Berlin/Köln 1982.
[14.15] *Heinhold/Gaede*: Ingenieur-Statistik. R. Oldenbourg-Verlag, München 1979.
[14.16a] *Schwindowski/Schurz*: Statistische Qualitätskontrolle. VEB Verlag Technik, Berlin 1976.
[14.16b] *Grant/Leavenworth*: Statistical Quality Control. McGraw-Hill Book Company, New York 1988.
[14.17] Methode zur Ermittlung geeigneter AQL-Werte. DGQ-Schrift 16-26. Beuth Verlag, Berlin/Köln, 1984.
[14.18] Stichprobenprüfung anhand qualitativer Merkmale, Verfahren und Tabellen nach DIN 40080. DGQ-Schrift 16-01. Beuth Verlag, Berlin/Köln 1986.
[14.19] Stichprobenprüfung für kontinuierliche Fertigung anhand qualitativer Merkmale. DGQ-Schrift 16-37. Beuth Verlag, Berlin/Köln 1981.
[14.20] Stichprobenpläne für quantitative Merkmale (Variablenstichprobenpläne). DGQ-Schrift 16-43. Beuth Verlag, Berlin/Köln 1979.
[14.21] *Masing, W.*: Handbuch der Qualitätssicherung. Carl Hanser-Verlag, München 1980.
[14.22] Qualitätsregelkarten. DGQ-Schrift 16-30. Beuth Verlag, Berlin/Köln 1979.
[14.23] *Bernecker, K.*: Anleitung zur Qualitätsregelkarte und zur Fehlersammelkarte. DGQ-Schrift 18-18. Beuth Verlag, Berlin/Köln 1987.

14.8 Literatur

[14.24] *Sawla*: Ein Beitrag zur Verringerung der Meßunsicherheiten bei der dynamischen Werkstoff- und Bauteilprüfung mit periodischen Kräften (Dissertation der Fakultät Maschinenbau und Elektrotechnik TU Braunschweig 1979.
[14.25] *Koenig, H. E.*, und *W. A. Blackwell*: Electrotechnical System Theory. McGraw-Hill, New York 1961.
[14.26] *MacFarlane, A. G. I.*: Analyse technischer Systeme. Bibliographisches Institut, Mannheim 1967.
[14.27] *Lenk, A.*: Elektromechanische Systeme. Bd. 1: Systeme mit konzentrierten Parametern. VEB Verlag Technik, Berlin 1971.
[14.28] *Stein, P. K.*: Measurement Engineering. Bd. 1: Basic Principles. Stein Engineering Services, Inc. East Monte Rosa Phoenix 1964.
[14.29] *Klotter, K.*: Technische Schwingungslehre. Springer-Verlag, Berlin 1980/81.
[14.30] *Leonhard, W.*: Wechselströme und Netzwerke. Verlag Friedr. Vieweg & Sohn, Braunschweig 1972.
[14.31] *Feldtkeller, R.*: Einführung in die Vierpoltheorie der elektrischen Nachrichtentechnik. S. Hirzel-Verlag, Stuttgart 1962.
[14.32] *Rohrbach, Chr.*: Handbuch für elektrisches Messen mechanischer Großen. VDI-Verlag, Düsseldorf 1967.
[14.33] *Kronmüller, H.*: Prinzipien der Prozeßmeßtechnik. Schnacker Verlag, Karlsruhe 1986.
[14.34] *Jaffe, B., W. R. Cook* und *H. Jaffe*: Piecoelectric Ceramics. Academic Press, London 1977.
[14.35] *Steidle, H.-G.*: Die Feldplatte. ZVW 50 Verlag, Berlin, München 1972.
[14.36] *Horn, K.*: Time Division Circuitry, a versatile Conceipt for High-Precision and Low Cost Transducers of the Strain Gage type. Proceedings of the 10th IMEKO TL 3-Conference. KOBE (Japan) 1984.
[14.37] *Roughton, J. E.*, und *W. S. Jones*: Electromechanical Transducers in Mobile Environments. Proc. IEE Vol. 126, Nr. 11R (Nov. 1979), S. 1029–1052.
[14.38] *Baumann, E.* · Elektrische Kraftmeßtechnik. VEB Verlag Technik, Berlin 1976.
[14.39] *Kochsiek, M.* (Hrsg.): Handbuch des Wagens. Verlag Friedr. Vieweg & Sohn, Braunschweig/Wiesbaden 1988.
[14.40] *Bergmann, K.*: Elektrische Meßtechnik. Verlag Friedr. Vieweg & Sohn, Braunschweig/Wiesbaden 1986.
[14.41] *Arnolds, F.*: Elektrische Meßtechnik. Verlag Berliner Union, Stuttgart 1976.
[14.42] *Kautsch, R.*: Elektrische Meßtechnik zur Messung nichtelektrischer Großen. VEB Verlag Technik, Berlin 1976.
[14.43] *Done, J.*: Verstarkertechnik. Akademische Verlagsgesellschaft, Wiesbaden 1975.
[14.44] *Bischop, G. D.*: Einführung in lineare elektronische Schaltungen. Verlag Friedr. Vieweg & Sohn, Braunschweig/Wiesbaden 1977.
[14.45] *Steinbuch, K.*, und *W. Rupprecht*: Nachrichtentechnik, 3 Bande, Springer-Verlag, Berlin 1982.
[14.46] *Nuhrmann, D.*: Operationsverstarker-Praxis. Franzis-Verlag, München 1980.
[14.47] *Zirpel, M.*: Operationsverstarker. Franzis-Verlag, München 1986.
[14.48] *Herpy, M.*: Analoge integrierte Schaltungen. Franzis-Verlag, München 1979.
[14.49] *Tränkler, H.-R.*: Die Technik des digitalen Messens. R. Oldenbourg Verlag, München 1976.
[14.50] *Borucki, L.*, und *J. Dittmann*: Digitale Meßtechnik. Springer-Verlag, Berlin 1971.
[14.51] Das TTL-Kochbuch. Texas-Instruments GmbH, Freising 1972.
[14.52] *Osborne, A.*: Einführung in die Mikrocomputertechnik, te-wi-Verlag, München 1983.
[14.53] *Morris, N. M.*: Einführung in die Digitaltechnik. Verlag Friedr. Vieweg & Sohn, Braunschweig/Wiesbaden 1977.
[14.54] *Ulrich, D.*: Grundlagen der Digital-Elektronik und digitalen Rechentechnik. Franzis-Verlag, München 1973.
[14.55] *Walze, H.*: BUS-System für die Prozeßlenkung (PDV-BUS). Elektronik 1979, Hefte 20 und 21.
[14.56] *Schweizer, G.*, und *W. Mall*: Das CAMAC-System ein Schritt zur standardisierten Prozeßperipherie. Regelungstechnische Praxis und Prozeß-Rechentechnik 1973, Heft 6.
[14.57] IEC-BUS Elektronik, Sonderheft Nr. 47. Franzis-Verlag, München 1980.
[14.58] *Hascher, W.*: Im Blickpunkt: Telemetrie Elektronik 1979, Heft 24.
[14.59] *Heining, F.* und *H. Moser*: Temperaturmessung. Springer-Verlag, Berlin 1977.
[14.60] Bekanntmachung über Temperaturskalen vom 01.10.1977. PTB-Mitteilungen 87, S. 497–510.
[14.61] *Lienary, F.*: Handbuch der technischen Temperaturmessung. Verlag Friedr. Vieweg & Sohn, Braunschweig/Wiesbaden 1976.
[14.62] *Weickert, L.*: Temperaturmessung in der Technik, Grundlagen, Praxis. Export Verlag, Grafenau 1981.
[14.63] Technische Temperaturmessung. Handbuch zu einem Lehrgang. VDI-Bildungswerk, Düsseldorf 1983.
[14.64] *Grave, H. F.*: Elektrische Messung nichtelektrischer Großen. Akademische Verlagsanstalt, Frankfurt 1965.
[14.65] *Koch/Kienzle/Hucktemann*: Messen und Meßgerate. Verlag Rösch und Winter, Leipzig 1931.
[14.66] *Schmidt, H.*: Langenmessungen. Springer-Verlag, Berlin 1951.
[14.67] *Leinweber, P.* u. a.: Taschenbuch der Langenmeßtechnik. Springer-Verlag, Berlin 1954.

[14.68] *Frank, K.*: Parallel-Endmaße. Eduard Roether-Verlag, Darmstadt 1958.
[14.69] *Berndt, G.*, und *Trumpold, H.*: Technische Winkelmessungen. Springer-Verlag, Berlin 1964.
[14.70] *Zill, H.*: Messen und Lehren im Maschinenbau. VEB Verlag Technik, Berlin 1972.
[14.71] *Bauer, P.*: Grundlagen und Geräte der technischen Bohrungsmessung. Birkhäuser-Verlag, Basel 1974.
[14.72] *Bergmann, A.*: Probleme und Möglichkeiten der Automatisierung von Form- und Lagemessungen. VDI-Berichte 230. VDI-Verlag, Düsseldorf 1975.
[14.73] VDI-Berichte 265: Fertigungs-Meßtechnik. VDI-Verlag, Düsseldorf 1976.
[14.74] Tagungsbericht „Oberflächenmeßtechnik", Aussprachetag Stuttgart, am 8. und 9. Juni 1978. VDI-VDE Gesellschaft Meß- und Regelungstechnik.
[14.75] *Bergmann, A.*: Maß-, Form- und Lagetoleranzen. Werkstattstechnik 70 (1980), S. 657–661.
[14.76] VDI-Berichte 408: Meßtechnik zur Sicherung der Qualität. VDI-Verlag, Düsseldorf 1981.
[14.77] Denkschrift „Fertigungsmeßtechnik", VDI-VDE Gesellschaft Meß- und Regelungstechnik. VDI-Verlag, Düsseldorf 1981.
[14.78] *Bergmann, A.*: Funktionserfordernisse zur Oberflächengestalt. Werkstoffe und ihre Veredelung, Jahrg. 3 (1981), Nr. 9/10, S. 375–379.
[14.79] VDI-Berichte 448: Dimensionelles Messen und Prüfen in der Fertigung. VDI-Verlag, Düsseldorf 1982.
[14.80] DGQ-Schrift Nr. 15–43: Längenprüftechnik für angelernte Prüfer, Beuth Verlag, Berlin/Köln 1982.
[14.81] DIN-Taschenbuch 11: Längenprüftechnik 1, Grundnormen, Meßgeräte. Beuth Verlag Berlin/Köln 1986.
[14.82] *Aberle, W.*, *B. Brinkmann* und *H. Müller*: Prüfverfahren für Form- und Lageabweichungen. Beuth Verlag, Berlin/Köln 1983.
[14.83] *Warnecke, H. J.*, und *W. Dutschke* (Hrsg.): Fertigungsmeßtechnik, Handbuch für Industrie und Wissenschaft. Springer-Verlag, Berlin 1983.
[14.84] VDI-Berichte 529: Koordinatenmeßtechnik. VDI-Verlag, Düsseldorf 1984.
[14.85] *Broch, J. T.*: Messung von mechanischen Schwingungen und Stoßen. Bruel und Kjaer, Naerum (Danemark) 1970.
[14.86] *Randall, R. B.*: Frequency Analysis. Brüel und Kjaeer, Naerum (Danemark) 1977.
[14.87] Auswuchten betriebsmäßig montierter Rotoren. Brüel und Kjaer Application Note 19-061.
[14.88] *Schneider, H.*: Auswuchttechnik. VDI-Verlag, Dusseldorf 1984.
[14.89] *Federn, K.*: Auswuchttechnik. Bd. 1: Allgemeine Grundlagen – Meßverfahren und Richtlinien. Springer-Verlag, Berlin 1977.
[14.90] API 670: Noncontacting Vibration and Axial Position Monitoring. American Petroleum Institute, Juni 1976.
[14.91] *Kolerus, J.*: Zustandsüberwachung von Maschinen. Expert Verlag, Sindelfingen 1986.
[14.92] *Schild, E.* u. a.: Bauphysik. Planung und Anwendung. Verlag Friedr. Vieweg & Sohn, Braunschweig/Wiesbaden 1987.
[14.93] Bundesminister für Arbeit und Sozialordnung: Arbeitsstättenverordnung, April 1975.
[14.94] Technische Anleitung zum Schutz gegen Lärm (TA Lärm). Allg. Verw. Vorschr. der BReg. vom 16. Juli 1968. Bundesanz. Nr. 137 vom 26. Juli 1968 (Beilage).

Normen

DIN	13	Teil 13	Metrisches ISO-Gewinde; Auswahlreihen für Schrauben, Bolzen und Muttern von 1 bis 52 mm Gewindedurchmesser und Grenzmaße
		Teil 16	Metrisches ISO-Gewinde; Lehren für Bolzen und Muttergewinde, Lehrensystem und Benennungen
		Teil 17	Metrisches ISO-Gewinde; Lehren für Bolzen- und Muttergewinde, Lehrenmaße und Baumerkmale
		Teil 18	Metrisches ISO-Gewinde; Lehren für Bolzen- und Muttergewinde, Lehrung der Werkstücke und Handhabung der Lehren.
DIN	102		Bezugstemperatur der Meßzeuge und Werkstücke
DIN	254		Kegel
DIN	876	Teil 1	Prüfplatten; Prüfplatten aus Naturhartgestein, Anforderungen, Prüfung
		Teil 2	Prüfplatten; Prüfplatten aus Gußeisen, Anforderungen, Prüfung
DIN	1301	Teil 1	Einheiten; Einheitennamen, Einheitenzeichen
		Teil 1	Beiblatt 1: Einheiten; einheitenähnliche Namen und Zeichen
		Teil 2	Einheiten; allgemein angewendete Teile und Vielfache
		Teil 3	Einheiten; Umrechnungen für nicht mehr anzuwendende Einheiten

14.8 Literatur

DIN 1319	Teil 1	Grundbegriffe der Meßtechnik; allgemeine Grundbegriffe
	Teil 2	Grundbegriffe der Meßtechnik; Begriffe für die Anwendung von Meßgeräten
	Teil 3	Grundbegriffe der Meßtechnik; Begriffe für die Meßunsicherheit und für die Beurteilung von Meßgeräten und Meßeinrichtungen
DIN 2257	Teil 1	Begriffe der Längenprüftechnik; Einheiten, Tätigkeiten, Prüfmittel; meßtechnische Begriffe
	Teil 2	Begriffe der Längenpruftechnik; Fehler und Unsicherheiten beim Messen
DIN 3960		Begriffe und Bestimmungsgrößen für Stirnräder (Zylinderräder) und Stirnradpaare (Zylinderradpaare) mit Evolventenverzahnung
		Beiblatt 1: Begriffe und Bestimmungsgrößen für Stirnräder (Zylinderrader) und Stirnradpaare (Zylinderradpaare) mit Evolventenverzahnung; Zusammenstellung der Gleichungen
DIN 4150	Teil 1	Erschütterungen im Bauwesen; grundsätzliche Vorermittlung Messung von Schwingungsgrößen
	Teil 2	Erschütterungen im Bauwesen; Einwirkungen auf Menschen in Gebauden
	Teil 3	Erschutterungen im Bauwesen; Einwirkungen auf bauliche Anlagen
DIN 4760		Gestaltabweichungen; Begriffe, Ordnungssystem
DIN 4762	Teil 1	Oberflachenrauheit; Begriffe
DIN 4768	Teil 1	Ermittlung der Rauheitsmeßgrößen R_a, R_z, R_{max} mit elektrischen Tastschnittgeraten; Grundlagen
	Teil 1	Beiblatt 1: Ermittlung der Rauheitsmeßgrößen R_a, R_z, R_{max} mit elektrischen Tastschnittgeräten; Umrechnung der Meßgröße R_a in R_z und umgekehrt
DIN 4890		Inch – Millimeter; Grundlagen für die Umrechnung
DIN 4892		Inch – Millimeter; Umrechnungstabellen
DIN 4893		Millimeter – Zoll; Umrechnungstafeln von 1 bis 10 000 mm
DIN 7178	Teil 1	Kegeltoleranz- und Kegelpaßsystem für Kegel von Verjüngung $C = 1 : 3$ bis $1 : 500$ und Längen von 6 bis 630 mm; Kegeltoleranzsystem
	Teil 1	Beiblatt 1: Kegeltoleranz- und Kegelpaßsystem für Kegel von Verjüngung $C = 1 : 3$ bis $1 : 500$ und Längen von 6 bis 630 mm; Verfahren zum Prüfen von Innen- und Außenkegeln
	Teil 2	Kegeltoleranz- und Kegelpaßsystem für Kegel von Verjüngung $C = 1 : 3$ bis $1 : 500$ und Längen von 6 bis 630 mm; Kegelpaßsystem
	Teil 3	Kegeltoleranz und Kegelpaßsystem für Kegel von Verjüngung $C = 1 : 3$ bis $1 : 500$ und Langen von 6 bis 630 mm; Auswirkungen der Abweichungen am Kegel auf die Kegelpassung
	Teil 4	Kegeltoleranz- und Kegelpaßsystem für Kegel von Verjüngung $C = 1 : 3$ bis $1 : 500$ und Längen von 6 bis 630 mm; Errechnung der axialen Verschiebemaße
	Teil 5	Kegeltoleranz- und Kegelpaßsystem für Kegel von Verjüngung $C = 1 : 3$ bis $1 : 500$ und Längen von 6 bis 630 mm; Benennungen in Deutsch, Englisch, Französisch, Italienisch, Russisch, Spanisch.
DIN 8601		Werkzeugmaschinen; Abnahmebedingungen für Werkzeugmaschinen für spanende Bearbeitung von Metallen, Allgemeine Regeln
		Die für die einzelnen Werkzeugmaschinenarten gultigen Abnahmebedingungen findet man in den Normen
		DIN 8660 für Hobelmaschinen
		DIN 8602, 8615, 8620, 9642 für Fräsmaschinen
		DIN 8665, 8666, 9667, 8668 für Räummaschinen
		DIN 8630, 9631, 9632, 9633, 9634, 9635, 9637 für Schleifmaschinen
		DIN 8605, 8606, 8607, 8609, 8610, 8611, 9613 für Drehmaschinen
		DIN 8625, 9626 für Bohrmaschinen
		DIN 8650, 9651 für Pressen
DIN 16 160	Teil 1	Thermometer; Allgemeine Begriffe
	Teil 2	Thermometer; Begriffe für Stabausdehnungs- und Bimetallthermometer
	Teil 3	Thermometer; Begriffe für Flüssigkeits-Glasthermometer
	Teil 4	Thermometer; Begriffe für Flüssigkeits- und Dampfdruck-Federthermometer
	Teil 6	Thermometer; Begriffe für Strahlungsthermometer
DIN 40 080		Verfahren und Tabellen für Stichprobenprüfung anhand qualitativer Merkmale (Attributprüfung)

DIN 43 710 bis		
43 770		*Normung der unterschiedlichen Bauformen von Thermoelementen und deren Zubehör*
DIN 45 635	Teil 1	Gerauschmessung an Maschinen; Luftschallemission, Hüllflachen-Verfahren
	Teil 2	Gerauschmessung an Maschinen; Luftschallemission, Hallraum-Verfahren
	Beiblatt 2:	Gerauschmessung an Maschinen; Erlauterung zu den Gerauschemissions-Kenngrößen
	Beiblatt 3:	Geräuschmessung an Maschinen; Verzeichnis der in den Normen der Reihe DIN 45 635 behandelten Maschinenarten
	Es folgen uber 85 Teile, deren Inhalte dem Beiblatt 3 entnommen werden können.	
DIN 45 661		Schwingungsmeßgerate; Begriffe, Kenngrößen, Störgrößen
DIN 45 662		Eigenschaften von Schwingungsmeßgeraten; Angaben in Typenblattern
DIN 45 664		Ankopplung von Schwingungsmeßgeräten und Überprufung auf Störeinflusse
DIN 45 666		Schwingstärkemeßgerät; Anforderungen
DIN 45 669	Teil 1	Messung von Schwingungsimmissionen; Anforderung an Schwingungsmesser
	Teil 2	Messung von Schwingungsimmissionen; Meßverfahren
DIN 45 670		Wellenschwingungs-Meßeinrichtung; Anforderungen an eine Meßeinrichtung zur Überwachung der relativen Wellenschwingung
DIN 51 301		Untersuchung von Werkstoffprüfmaschinen; Kraftmeßgerate für statische Krafte
DIN 55 350	Teil 11	Begriffe der Qualitätssicherung und Statistik; Begriffe der Qualitätssicherung; Grundbegriffe
	Teil 12	Begriffe der Qualitätssicherung und Statistik; Begriffe der Qualitatssicherung; Merkmalsbezogene Begriffe
	Teil 13	Begriffe der Qualitätssicherung und Statistik; Begriffe der Qualitätssicherung; Genauigkeitsbegriffe
	Teil 14	Begriffe der Qualitätssicherung und Statistik; Begriffe der Probenahme
	Teil 15	Begriffe der Qualitätssicherung und Statistik; Begriffe der Qualitätssicherung; Begriffe zu Mustern
	Teil 16	Begriffe der Qualitätssicherung und Statistik; Begriffe der Qualitatssicherung; Begriffe zu Qualitätssicherungssystemen
	Teil 17	Begriffe der Qualitätssicherung und Statistik; Begriffe der Qualitätssicherung; Begriffe der Qualitätsprüfungsarten
	Teil 21	Begriffe der Qualitätssicherung und Statistik; Begriffe der Statistik; Zufallsgrößen und Wahrscheinlichkeitsverteilungen
	Teil 22	Begriffe der Qualitätssicherung und Statistik; Begriffe der Statistik; Spezielle Wahrscheinlichkeitsverteilungen
	Teil 23	Begriffe der Qualitatssicherung und Statistik; Begriffe der Statistik; Beschreibende Statistik
	Teil 24	Begriffe der Qualitätssicherung und Statistik; Begriffe der Statistik; Schließende Statistik
	Teil 31	Begriffe der Qualitätssicherung und Statistik; Begriffe der Annahmestichprobenprüfung
DIN 66 020	Teil 1	Funktionelle Anforderungen an die Schnittstelle zwischen DEE und DÜE in Fernsprechnetzen
	Teil 2	Funktionelle Anforderungen an die Schnittstelle zwischen DEE und DÜE in Datennetzen
DIN 66 021	Teil 1	Schnittstelle zwischen DEE und DÜE bis 300 bit/s für Gegenbetrieb in Fernsprechnetzen
	Teil 2	Schnittstelle zwischen DEE und DÜE bis 1200 oder bis 600 bit/s in Fernsprechnetzen
	Teil 3	Schnittstelle zwischen DEE und DÜE bis 2400 (1200) bit/s in Fernsprechnetzen
	Teil 4	Datenübertragung; Schnittstelle zwischen DE- und DÜ-Einrichtungen bei automatischem Verbindungsaufbau in Fernsprechnetzen
	Teil 5	Schnittstellen zwischen DEE und DÜE für synchrone Übertragung in Datennetzen
	Teil 6	Schnittstellen zwischen DEE und DÜE für Start-Stop-Übertragung in Datennetzen
	Teil 7	Schnittstelle zwischen DEE und DÜE bei 480 (2400) bit/s in Fernsprechnetzen
	Teil 8	Schnittstelle zwischen DEE und DÜE bei 9600 (7200/4800) bit/s in Fernpsrechnetzen
	Teil 9	Schnittstelle zwischen DEE und DÜE für synchrone Übertragung bei 48 000 bit/s auf Primärgruppenverbindungen

14.8 Literatur

	Teil 10	Schnittstelle zwischen DEE und DÜE bei paralleler Datenubertragung auf Fernsprechleitungen
DIN 66 349		Schnittstelle für die parallele Meßdatenübermittlung; BCD Schnittstelle
VDI 2056		Beurteilungsmaßstäbe für mechanische Schwingungen von Maschinen
VDI 2057	Blatt 1	Beurteilung der Einwirkung mechanischer Schwingungen auf den Menschen; Schwingungsbeanspruchung des Menschen
	Blatt 2	Beurteilung der Einwirkung mechanischer Schwingungen auf den Menschen; Schwingungseinwirkung auf den menschlichen Körper
	Blatt 3	Beurteilung der Einwirkung mechanischer Schwingungen auf den Menschen; Schwingungsbeanspruchung des Menschen
	Blatt 4.1	Beurteilung der Einwirkung mechanischer Schwingungen auf den Menschen; Messung und Bewertung für Arbeitsplätze in Gebäuden
	Blatt 4.2	Beurteilung der Einwirkung mechanischer Schwingungen auf den Menschen; Messung und Bewertung für Landfahrzeuge, einschließlich fahrbarer Arbeitsmaschinen und Transportmittel bei festgelegten Betriebsbedingungen
	Blatt 4.3	Beurteilung der Einwirkung mechanischer Schwingungen auf den Menschen; Messung und Bewertung für Wasserfahrzeuge
VDI 2059	Blatt 1	Wellenschwingungen von Turbosätzen; Grundlagen für die Messung und Beurteilung
	Blatt 2	Wellenschwingungen von Dampfturbosätzen für Kraftwerke; Messung und Beurteilung
	Blatt 3	Wellenschwingungen von Industrieturbosatzen; Messung und Beurteilung
	Blatt 4	Wellenschwingungen von Gasturbosätzen; Messung und Beurteilung
	Blatt 5	Wellenschwingungen von Wasserkraftmaschinensätzen; Messung und Beurteilung
VDI 2060		Beurteilungsmaßstabe für den Auswuchtzustand rotierender starrer Körper
VDI/VDE 2337		Wägezellen; Kenngrößen
VDI 2714		Schallausbreitung im Freien
VDI/VGQ 3441		Statistische Prüfung der Arbeits- und Positionsgenauigkeit von Werkzeugmaschinen; Grundlagen
VDI/VGQ 3442		Statistische Prüfung der Arbeitsgenauigkeit von Drehmaschinen
VDI/VGQ 3443		Statistische Prufung der Arbeitsgenauigkeit von Frasmaschinen
VDI/VGQ 3444		Statistische Prüfung der Arbeits- und Positioniergenauigkeit von Koordinaten-Bohrmaschinen und Bearbeitungszentren
VDI/VGQ 3445	Blatt 1	Statistische Prüfung der Arbeitsgenauigkeit von Schleifmaschinen; Grundlagen
	Blatt 2	Statistische Prüfung der Arbeitsgenauigkeit von Schleifmaschinen; Außenrundschleifmaschinen mit Zentrierspitzen bei Geräteeinstechschleifen
	Blatt 3	Statistische Prüfung der Arbeitsgenauigkeit von Schleifmaschinen; Spitzenlose Außenrundschleifmaschinen
	Blatt 4	Statistische Prüfung der Arbeitsgenauigkeit von Schleifmaschinen; Innenschleifmaschinen
	Blatt 5	Statistische Prufung der Arbeitsgenauigkeit von Schleifmaschinen; Flachschleifmaschinen mit beweglichem Rechtecktisch und waagerechter Schleifspindel (Plan-Umfangschleifen)
ISO 2371		Field Balancing Equipment – Description and Evaluation

15 Betriebsorganisation

15.1 Einführung

Der Begriff *Organisation* wird in der betriebswirtschaftlichen Organisationslehre keineswegs einheitlich gesehen. *Schwarz* [15.1] definiert folgende Verwendungen des Organisationsbegriffes:
1. im Sinne von Organisieren als Tätigkeit,
2. im Sinne von Organisationsgebilde als Objekt dieser Tatigkeit und
3. im Sinne von Organisation als Ordnung, die dem Gebilde Unternehmung durch das Organisieren gegeben wird,

und kommt zu dem Schluß, daß die Unterschiede nicht so bedeutend sind, die Definitionen also nebeneinander gelten können. Neuere Definitionen uber den Begriff Organisation gehen von der *Systemtheorie* aus, z. B.:
1. Organisation ist ein System von betriebsgestaltenden Regelungen [15.2];
2. Organisation ist ein System dauerhaft angelegter betrieblicher Regelungen, das einen möglichst kontinuierlichen und zweckmaßigen Betriebsablauf sowie den Wirkzusammenhang zwischen den Trägern betrieblicher Entscheidungsprozesse gewahrleisten soll [15.1];
3. Organisation ist zielorientierte Gestaltung von Systemen [15.4]; und
4. Organisation ist Strukturierung von Systemen zur Erfüllung von Daueraufgaben [15.5].

Diese Definitionen basieren auf dem in DIN 19226 definierten Systembegriff: „Ein System ist eine Gesamtheit von Elementen, deren Beziehungen einem bestimmten Zweck dienen." Grundlage der Systemtheorie ist eine Betrachtungsweise, die auf der Erkenntnis beruht, daß das Ganze häufig mehr ist als die Summe seiner Teile und dementsprechend nur eine systemorientierte Untersuchung die wahre Struktur und Verhaltensweise realer Phänomene erkennen läßt [15.6]. Im industriellen Bereich werden drei Arten von Systemen unterschieden: *technische Systeme*, *soziale Systeme* und *soziotechnische Systeme*, die ihrerseits wieder in Untersysteme – Systemelemente – aufgegliedert werden. Im Rahmen dieses Kapitels sind soziotechnische Systeme, also *Mensch-Betriebsmittel-Systeme*, von besonderer Bedeutung. Kann eine weitere Aufgliederung erfolgen, entsteht eine Systemhierarchie (Unternehmung, Fertigung, Werkstatt).
Im folgenden soll der Definition nach *Grochla* [15.5] gefolgt werden, wobei entsprechend der Zielsetzung des Handbuches schwerpunktmäßig die *Betriebsorganisation* behandelt werden soll. Als Aufgabe soll die Verpflichtung zur Vornahme bestimmter Verrichtungen verstanden werden, die entweder kontinuierlich vorliegen oder in regelmäßigen Abständen wiederkehren. Damit soll nicht gesagt werden, daß einmalige oder diskontinuierliche Aufgaben von dem System nicht erledigt werden. Nach Grochla mussen im Hinblick auf das Erreichen des Unternehmenszieles die einzelnen Aufgaben formuliert werden und die zur Erfüllung dieser Aufgaben benötigten Menschen und Betriebsmittel in einen sinnvollen Ordnungszusammenhang gebracht werden. Zu dem Zweck wird sowohl in der Organisationstheorie wie -praxis zwischen Aufbau- und Ablauforgnisation unterschieden. Die *Aufbauorganisation* legt fest, wie die Aufgaben des Betriebes auf einzelne Abteilungen verteilt werden. Die *Ablauforganisation* regelt, wie die einzelnen Funktionen, die zur Erfüllung der Aufgaben notwendig sind, durchgeführt werden.
Vergleiche auch Abschnitt 16.2 Organisation und Planung rechnerintegrierter Betriebsstrukturen.

15.2 Aufbauorganisation eines Betriebes

Ein Vergleich der *Aufbauorganisation* verschiedener Industriebetriebe gleicher Branchen zeigt große Unterschiede. Selbst Bezeichnungen für Stellen mit gleichen Aufgaben weichen erheblich voneinander ab. Diese Unterschiede haben ihre Ursachen in der Entwicklung der Betriebe in der Vergangenheit und dem Fehlen geeigneter Normen. Die Entwicklung einer Aufbauorganisation erfolgt in den Schritten Aufgabenanalyse und Aufgabensynthese.
Die *Aufgabenanalyse* geht von der Gesamtaufgabe aus. Die Gesamtaufgabe wird in Haupt-, Teil- und Elementaraufgaben nach unterschiedlichen Gliederungsmerkmalen zerlegt. *Kosiol* [15.7] unterscheidet in *sachliche* (nach Verrichtung oder Objekt) und *formale* (nach Rang, Phase oder Zweckbeziehung) Gliederungsmerkmale. Die Gliederung nach Verrichtungen wie Entwickeln, Konstruieren, Beschaffen, Arbeit vorbereiten, Lagern, Fertigen ist typisch für einen Industriebetrieb. Jede Verrichtung wird an einem Objekt vorgenommen. Bei den Objekten kann es sich um materielle wie Betriebsmittel, Rohstoffe usw. oder immaterielle wie Daten oder Texte handeln. Nach dem Merkmal *Rang* wird gegliedert, weil jeder Ausführungsaufgabe eine Entscheidungsaufgabe vorausgeht. Dabei ist die Entscheidungsaufgabe sachlich der Ausführungsaufgabe übergeordnet. Beim Gliederungsmerkmal *Phase* ist die Aufgliederung der Gesamtaufgabe in zeitlich und sachlich aufeinanderfolgende Teilaufgaben wie Planung, Steuerung, Ausführung und Kontrolle gemeint. Bei der Gliederung nach *Zweckbeziehungen* wird die Unterteilung der Aufgaben des Betriebes in primäre oder Zweckaufgaben – wie die Fertigung von Maschinen und Anlagen – und sekundäre oder Verwaltungsaufgaben verstanden.
Die *Aufgabensynthese* als zweiter Schritt setzt die in der Aufgabenanalyse ermittelten Elementaraufgaben zu *Stellen* zusammen. Stellen sind die kleinsten organisatorischen Einheiten zur Erfüllung von Aufgaben. Für jede dieser Stellen muß das Gesetz der Einheit von Aufgabe, Befugnis und Verantwortung gelten. Nur dann ist der Stelleninhaber in der Lage, seine Aufgaben zu erfüllen, wobei das Stellen von Sachmitteln und Energie vorausgesetzt ist. Zweiter Schritt der Aufgabensynthese ist die hierarchische Strukturierung. Dies geschieht durch Zusammenfassen von mehreren Stellen zu einer *Abteilung*. Die Abteilungsbildung erfolgt nach *Schwarz* [15.3] in drei Phasen:

1. artmäßige Bestimmung der Abteilungsaufgaben,
2. umfangmäßige Bestimmung der Abteilungsaufgaben und
3. Festlegung einer Abteilungsordnung.

Durch das Zusammenfassen von Abteilungen zu einer *Hauptabteilung*, von Hauptabteilungen zu *Direktionen*, entsteht schließlich die hierarchische Struktur der Industriebetriebe.

15.2.1 Formen der Aufbauorganisation

In der Praxis haben sich einige typische Organisationsformen herausgebildet:
- Linienorganisation,
- Funktional-System nach *Taylor*,
- Stablinienorganisation,
- Divisionalorganisation,
- Produkt- und Projektmanagement und
- Matrixorganisation.

15.2 Aufbauorganisation eines Betriebes

15.2.1.1 Linienorganisation

Die reine *Linienorganisation* ist als strenges, unzweideutiges, klares System von Befehlswegen gekennzeichnet. Die Linie zur jeweils untergeordneten organisatorischen Instanz ist zugleich Befehls-, Verkehrs- und Informationsweg. Anweisungen werden ausschließlich der unmittelbar untergeordneten Stelle erteilt, die zur Durchführung bzw. zur Weiterleitung derselben verpflichtet ist. Jede organisatorische Einheit ist der nächst höheren verantwortlich. Querverbindungen und Übergehen einer Instanz sind nicht systemgerecht und daher nicht erlaubt. Der Vorteil dieses Systems besteht in der Geschlossenheit einheitlicher Lenkung, dem klaren Anordnungsweg, den klaren Unterstellungsverhältnissen und einer starken Kontrollwirkung. Nachteile sind in der ständigen Tendenz zur Überlastung hoher Leitungskräfte und in der Schwerfälligkeit des Systems durch zu lange Weisungs- und Verkehrswege zu sehen (Bild 15.1).

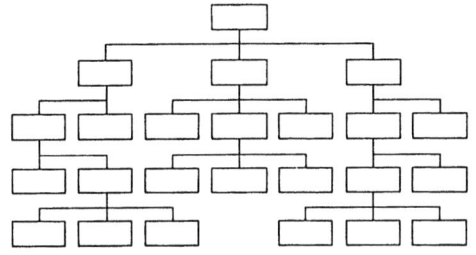

Bild 15.1
Linienorganisation.

15.2.1.2 Funktional-System nach Taylor

Im *Funktional-System* ist im Gegensatz zur Linienorganisation die Einheitlichkeit und Ausschließlichkeit des Instanzenweges aufgehoben. Weisungsbefugnis besitzen nicht nur die jeweiligen Vorgesetzten der Linie, sondern zusätzlich jeder Spezialist für sein Fachgebiet (seine Funktion). Die einzelnen Mitarbeiter können also von mehreren Stellen Weisungen erhalten. Die Grundkonzeption dieser Organisationsform geht auf *Taylor* zurück und existiert in den verschiedensten Spielarten. Wenn es für das gesamte Unternehmen angewandt wird, ist es ein umfassendes fachliches Autoritätsnetz und zwar immer zusätzlich zur disziplinären Autorität. Im Zweifelsfalle kann der Disziplinarvorgesetzte die Weisungen von Fachvorgesetzten aufheben. Der Vorteil dieses Systems besteht in einem gut funktionierenden Informationssystem und darin, daß alle Entscheidungen von Spezialisten vorbereitet werden. Die Nachteile überwiegen jedoch, da die Aufgabenabgrenzung nicht klar ist, das Versagen einer Informationslinie zum Zusammenbruch des ganzen Systems führen kann und die Mitarbeiter u. U. durch sich widersprechende und/oder sich überschneidende Anweisungen verwirrt werden (Bild 15.2).

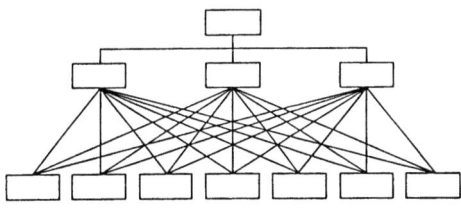

Bild 15.2
Funktional-Organisation nach *Taylor*.

15.2.1.3 Linie-Stab-System (Stablinienorganisation)

Die Praxis weist in der Regel Mischformen der beiden dargestellten Systeme auf. Das *Linie-Stab-System* ist die heute gebräuchlichste Organisationsform — selbst in Mittel- und Kleinbetrieben. In ihr wird die Betriebsleitung durch eine Reihe von Stabsabteilungen, die ihre einzelnen Aufgabengebiete von der Betriebsleitung übertragen bekommen, entlastet. Diese in ihrer Aufgabenstellung nur mittelbare produktivgerichteten Stabsabteilungen haben gegenüber den unmittelbar produktivgerichteten Bereichen keine Weisungsbefugnis. Die Vorteile dieses Systems bestehen darin, daß die Führungskräfte der Linie durch Spezialisten der Stäbe beraten, somit bessere Entscheidungen getroffen und die Führungskräfte der Linie durch die Tätigkeit der Stäbe wesentlich entlastet werden. Die Nachteile liegen in der Schwerfälligkeit des Instanzen- und Verkehrsweges und in der Gefahr bei Stäben, ihre eigenen Spezialaufgaben als Selbstzweck voranzutreiben (Bild 15.3).

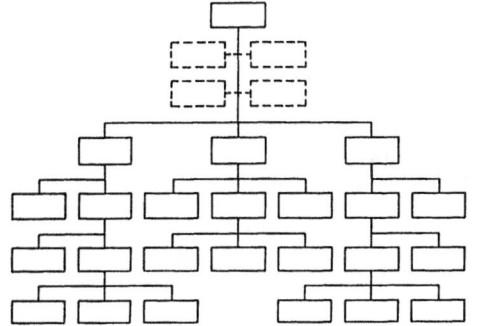

Bild 15.3
Stablinienorganisation.

15.2.1.4 Divisionalorganisation

Bei der *Divisionalorganisation* oder *Spartenorganisation* erfolgt die Aufgabengliederung nach Produkten, Produktgruppen oder Produktionszweigen. Innerhalb einer Sparte wird jeweils in gleiche Funktionen untergliedert (z. B. Produktion, Produktentwicklung, Vertrieb). Damit entstehen in den nächsten Führungsebenen der Sparten wiederum Gliederungen nach Funktionen. Eine reine durchgehende Gliederung nach Funktionen oder Produkten ist in keinem Betrieb anzutreffen. Die übrigen meist kaufmännischen Funktionen können in einem kaufmännischen Zentralbereich zusammengefaßt und direkt der Unternehmensspitze unterstellt werden. Das gilt auch für die zentralen Stabsstellen und Dienstleistungsfunktionen. Somit wird ein Teil der unternehmerischen Entscheidungen auf die Geschäftsbereiche (Sparten) übertragen. Je nach der finanziellen Koordination der Sparten lassen sich unterscheiden:

– das *Cost-Center-Konzept* (Division ist für die Einhaltung der Kostenzielvorgaben verantwortlich),
– das *Profit-Center-Konzept* (Division ist zusätzlich verantwortlich für den Gewinn und erstellt eine eigene Erfolgsrechnung) und
– das *Investment-Center-Konzept* (Divisionen werden gemessen am Verhältnis Gewinn zu eingesetztem Kapital).

Die Vorteile dieses Systems bestehen in der großen Selbständigkeit, eingeschränkt durch die rechtliche Bindung an die vorgegebenen Ziele und bereitgestellten Finanzmittel, in der Entstehung flexibler leicht überschaubarer Untersysteme und in der Markt- und Produktorientierung. Die

15.2 Aufbauorganisation eines Betriebes

Nachteile bestehen in der evtl. vordergründigen Konzentration der Divisionsleiter auf kurzfristige Gewinnerzielung, in den erhöhten Personalkosten durch zusätzliche Führungskräfte, in der Zentralisation der Beschaffung bei Verwendung gleicher Vorprodukte in mehreren Divisionen, in der Ermittlung von Verrechnungspreisen bei Leistungsaustausch und in der Gefahr personeller Konflikte zwischen Spartenleitern und Zentralbereichsleitern (Bild 15.4).

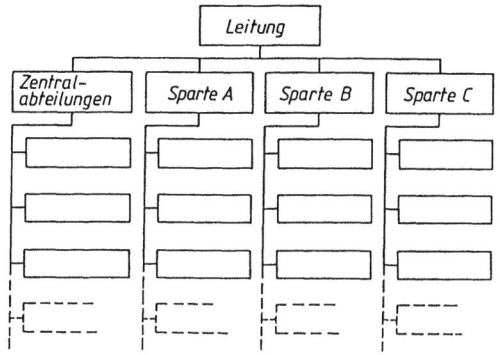

Bild 15.4
Divisionalorganisation (Spartenorganisation).

15.2.1.5 Produkt- und Projektmanagement

Der Unterschied zwischen *Projekt-* und *Produktmanagement* besteht darin, daß ein Projekt zeitlich begrenzt ist, daß es sich um kein Routineproblem, sondern um ein komplexes relativ neuartiges Vorhaben handelt, das losgelöst von Ressortbefangenheit und Abteilungsegoismen von mehreren Personen bewältigt werden muß. Typische Anwendungsbeispiele sind vor allem der Organisationsbereich, der Forschungs- und Entwicklungsbereich oder die Abwicklung von Großaufträgen. Beim Produktmanagement handelt es sich dagegen um eine dauernde, marktorientierte Koordinationsaufgabe. Den Produktionsmanagern fällt die Aufgabe zu, z.b. aus einem Produktionsprogramm ein bestimmtes Produkt oder eine Produktgruppe zu fördern.

Das *Produktmanagement* ist eine relativ junge Erscheinungsform der organisatorischen Gestaltung des Unternehmens. Entwickelt wurde es in den USA und findet in der Bundesrepublik zunehmende Verbreitung. Die Gründe liegen in der wachsenden Abhängigkeit und Komplexität der Probleme bei der Entwicklung, Produktion, der Einführung und dem Vertrieb neuer Produkte. Dem Produktmanager wird z.B. die Koordination von Entwicklung, Herstellung, Vertrieb und finanzieller Abwicklung für ein Produkt übertragen. Ihm obliegt die generelle Abstimmung aller Pläne, Entscheidungen und Maßnahmen für ein Produkt quer durch die Funktionen. Das Produktmanagement ist deshalb vor allem als organisatorisches Instrument marktorientierter Unternehmensführung anzusehen.

Die Produkt- oder Projektmanager haben damit die Aufgabe, alle Gesichtspunkte bezüglich ihrer Produkte/Projekte quer durch die funktionsorientierte hierarchische Ebene zu koordinieren. Sie konzentrieren sich auf die mit ihrer Verantwortung verbundenen Probleme. Die Verantwortlichen für die Funktionsbereiche konzentrieren sich demgegenüber nicht auf einzelne Projekte/Produkte, sondern sind für den gesamten Funktionsbereich verantwortlich (Bild 15.5).

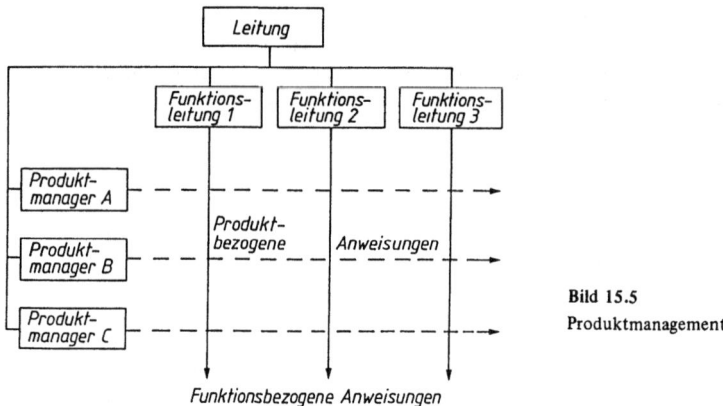

Bild 15.5
Produktmanagement.

15.2.1.6 Matrixorganisation

Die *Matrixorganisation* wurde aus der Divisionalorganisation entwickelt. Bei der Divisionalorganisation besteht eine große Gefahr darin, daß sich die einzelnen Geschäftsbereiche immer weiter auseinanderleben, daß auch in Gebieten, die nur gemeinsam sinnvoll bearbeitet werden konnen, getrennt gearbeitet wird, daß primar Ziele des eigenen Geschäftsbereiches angestrebt werden und die Unternehmensziele zu Sekundärzielen werden. Aus diesem Grund werden bestimmte Funktionen nicht wie bei der Divisionalorganisation den Geschaftsbereichen überlassen, sondern werden zentral wahrgenommen. Dazu werden Zentralabteilungen oder Zentralbereiche geschaffen. Dazu gehören Funktionen wie Forschung und Entwicklung, Personalwesen, Finanzierung, Einkauf. Die Matrixorganisation kann in Abhängigkeit von der Zubilligung von Voll- und Teilkompetenz an die Zentralbereiche als Matrixorganisation entweder in Linienstruktur oder Stablinienstruktur aufgebaut sein.

15.2.2 Anwendung der Organisationsformen

Die Formen der Linien- bzw. Stablinienorganisation waren in der Bundesrepublik bis zum Beginn der sechziger Jahre fast ausschließlich gebräuchlich. In den sechziger Jahren und anfangs der siebziger Jahre wurde in vielen Großunternehmen unter dem Zwang der Entwicklung eine Reorganisation im Hinblick auf eine Divisional- oder eine Matrixorganisation vorgenommen. Nur in Ausnahmefällen sind die Organisationsformen in Reinkultur vorhanden. In Groß- und Mittelunternehmen werden Divisional- und Matrixorganisation eingesetzt, vielfach in Verbindung mit Produkt- oder Projektorganisation. Nur in Kleinbetrieben und wenigen Mittelbetrieben ist noch Linien- oder Stablinienorganisation vorzufinden.

15.3 Ablauforganisation eines Betriebes

Die *Ablauforganisation* legt den Ablauf eines Arbeitsprozesses entweder fur eine vorhandene oder eine zu ändernde oder neue Aufbauorganisation fest. Ausgangspunkt der Ablauforganisation ist die Problemerkennung. Sie lost die Systemanalyse aus. Die Ist-Aufnahme ermittelt den Ist-Zustand

15.3 Ablauforganisation eines Betriebes

und die voraussichtlichen Entwicklungen und Veränderungen für den Zeitraum des geplanten Einsatzes des neuen Systems. Das schließt zusätzliche Anforderungen und Bedürfnisse der Mitarbeiter ein. Informationsquellen für die Darstellung des Ist-Zustandes sind Mitarbeiter, schriftliche Unterlagen über das vorhandene System und Arbeitsmittel. In der Regel sind die Informationen der Mitarbeiter aus allen Ebenen der Hierarchie des Betriebes wertvoller, da die Mitarbeiter ihre Organisation genau kennen, schriftliche Unterlagen dagegen selten vollständig und auf dem letzten Stand sind. Das gilt für Organisationspläne, Stellenbeschreibungen, Arbeitsablaufdarstellungen, Datenflußpläne und auch für Organisationshandbücher bzw. -richtlinien. Bei der Ist-Aufnahme werden Techniken wie Interview, Fragebogen, Dauerbeobachtung, Multimomentaufnahme, Selbstaufschreibung, Dokumentationsauswertung, Experiment und Konferenz eingesetzt. Zur Absicherung der Ergebnisse werden häufig mehrere Techniken kombiniert, z.B. Fragebogen und anschließendes Interview.

Aufgabe der *Ist-Aufnahme* ist die Erfassung sämtlicher Daten des Ablaufs (Arbeitsgänge, Reihenfolge, Arbeitsplätze, Eingaben, Verarbeitung, Ausgaben), die Erfassung der Mengen (Ist- und Soll-Mengen), die Erfassung der Zeiten (Arbeitszeit der Arbeitsgänge, Durchlaufzeit des Arbeitsablaufs, Häufigkeit der Arbeitsdurchführung, die Feststellung der eingesetzten Sachmittel (Art, Menge und Kapazität), die personale Kapazität (verfügbare und benötigte), die verwendeten Formulare, Vordrucke bzw. Formblätter, die Ist-Kosten, die Probleme des Ist-Zustandes, die Verbesserungsvorschlage und Forderungen der Systembeteiligten. Die so ermittelte Ablauforganisation wird mit den bekannten Dokumentationstechniken festgehalten, wie z.B. Tabellen, Arbeitsablaufdiagramme, Datenflußpläne, Kommunikationsausweise (Kommunikationsmatrix, -spinne, -netz) und Entscheidungstabellen.

Die *Ist-Analyse* geht von den Ergebnissen dieser Ist-Aufnahme aus. Sie untersucht das vorhandene System nach Mängeln und Schwachstellen und prüft die Leistungsanforderungen an das neue System, die sich aus Aufgabenstellung und Zielvorgabe des Organisationsauftrages, Ergebnissen der Ist-Aufnahme sowie Verbesserungsvorschlägen und Forderungen der Mitarbeiter an das zu gestaltende System ergeben. Dabei werden einige Methoden und Techniken eingesetzt, die danach unterschieden werden, ob mit ihnen eine Gesamtanalyse des zu untersuchenden Systems oder nur Teilanalysen vorgenommen werden. Es werden u.a. eingesetzt:

- *Grundlagenanalyse*: Anhand der Unternehmensziele wird geprüft, ob einzelne Systemteile zwingend notwendig, vorteilhaft oder verzichtbar sind.
- *Checklistentechnik*: Checklisten oder Prüflisten sind Zusammenstellungen von gezielten Fragen, durch die Schwachstellen des Ist-Zustandes erkannt werden können.
- *Wirtschaftlichkeitsanalyse*: Bei der Wirtschaftlichkeitsanalyse [15.9] werden die verschiedenen Verfahren der Wirtschaftlichkeitsrechnung zur Beurteilung der Übereinstimmung von Zielsetzung und Zielerreichung eingesetzt.
- *ABC-Analyse*: Die ABC-Analyse [15.9] geht davon aus, daß z.B. im Rahmen der Materialwirtschaft unter einer Vielzahl von Materialarten in den meisten Fällen nur eine kleine Anzahl von Materialarten (die sog. A-Materialien) den Hauptanteil des wertmäßigen Lagerumschlages ausmacht, während der artmäßig größere Rest (die sog. B- und C-Materialien) nur geringeren (die B-Materialien) oder nahezu unwesentlichen Einfluß (die C-Materialien) auf das Ergebnis der Materialwirtschaft hat. Die Ermittlung der A-, B- und C-Teile ist für die Materialdisposition von besonderer Wichtigkeit, da unnötige Kapitalbindung vermieden werden kann.
- *Verfahrensvergleich*: Alternative Verfahren beispielsweise in der Fertigung werden hinsichtlich ihrer Kosten verglichen und der wirtschaftliche Einsatzbereich der Verfahren bestimmt [15.10].

Die so ermittelten Daten fließen in die Systemplanung als nächstem Schritt ein. Zunächst wird aufbauend auf den Ist- und Soll-Daten ein *Systemkonzept* erarbeitet. Dazu werden zunächst mögliche Systemalternativen erarbeitet. Hilfreich bei ihrer Erarbeitung können Planungsmethoden sein wie

— *Methode des schwarzen Kastens* [15.11]: auch *Black-Box-Methode* genannt, geht von den Beziehungen eines Systems zur Umwelt aus und strukturiert aufgrund der Ein- und Ausgabedaten das neue System.
— *Ideenfindungstechniken* [15.11]: Bei der Suche nach erfolgreichen Ideen erweisen sich Gruppen einem einzelnen Individuum überlegen. Abgestimmt auf die schöpferischen Qualitäten der Gruppenmitglieder können verschiedene Methoden der systematischen Entwicklung von Ideen herangezogen werden:
Die *morphologische Methode* nach *Zwicky* untersucht und bewertet alle Parameter einer Lösung und kommt so zu Lösungsalternativen.
Die Technik des *Brainstorming* nach *Osborne* ist im Vergleich dazu unsystematisch. Beim Brainstorming werden die Mitglieder der Ideensuchgruppe aufgefordert, für ein Problem, mit dem sie vorher vertraut gemacht werden müssen, so viele Lösungsvorschläge wie möglich zu unterbreiten. Die Qualität der Vorschläge spielt dabei keine Rolle. Sie werden anschließend von Fachleuten bewertet. Der Name der Methode 635 basiert auf der Vorgehensweise bei dieser Methode: sechs Gruppenmitglieder haben jeweils drei Lösungsvorschläge zu machen und diese an ihre Nachbarn weiterzugeben. Diese Vorschläge werden fünfmal weitergegeben und auf diese Weise maximal 108 Systemalternativen entwickelt.
Die anspruchsvollste und psychologisch wohl fundierteste Methode der gemeinsamen Ideenfindung in Gruppen ist die *Synektik*. Sie besteht aus drei Phasen: der Auswahl möglichst kreativer, hochqualifizierter Personen, deren intensive Schulung (z. B. in Psychoanalyse, Informationsverarbeitungspsychologie, Problemlösungsverhalten) und der Konfrontation mit schwierigen, Kreativität erfordernden Aufgaben.

Die mit Hilfe dieser Techniken entwickelten Systemalternativen werden im nächsten Schritt bewertet und eine Auswahl der Systemalternativen vorgenommen, in der Regel drei Alternativen. Haufig wird aus Kostengründen nur eine Alternative ausgewählt. Diese Alternative wird zu einer *Groborganisation* weiterentwickelt, die Arbeitsablaufplanung, Sachmitteleinsatz und Arbeitsverteilung erkennen läßt. In der Regel wird für das Entscheidungsgremium ein Bericht über die Groborganisation erstellt.

Nach einer positiven Entscheidung für das System wird ein *detaillierter, einführungsreifer Entwurf* entwickelt. Dabei sind zwei Aufgabenbereiche zu unterscheiden. Der erste beschäftigt sich mit der Gestaltung des ablauforganisatorischen Systems. Analog zur Aufbauorganisation erfolgt dies in den Phasen Arbeitsanalyse und Arbeitssynthese. Der zweite Aufgabenbereich entsteht aus dem ersten und beinhaltet z. B. die Entwicklung von Formularen, Nummernsystemen, Organisationsrichtlinien bis hin zum Organisationshandbuch.

Nach Genehmigung des Plans kann die dritte Stufe der Systemgestaltung begonnen werden, die *Systemeinführung*. Von der Systemeinführung hängt wesentlich der Erfolg des neuen Systems ab. Die Einführung muß daher sorgfältig vorbereitet werden. Zunächst müssen die Mitarbeiter über die eintretenden Änderungen informiert werden (siehe § 90 Betriebsverfassungsgesetz [15.12]). Da bei Änderungen generell Widerstand geleistet wird, müssen die Mitarbeiter motiviert werden. Weiter muß entschieden und geplant werden, wie die Änderungen eingeführt werden sollen: schlagartig, stufenweise, probeweise usw. Für diese Planungen wird vorteilhaft die *Netzplantechnik* [15.13; 15.14] eingesetzt, die als Weiterentwicklung des Ganttschen Planungsbogens für die Darstellung sowie Zeit- und Terminplanung komplizierter Abläufe mit verzweigten gegenseitigen Abhängigkeiten besonders geeignet ist. Die Projekte werden in einzelne Vorgänge zerlegt, die Abhängigkeiten der Vorgänge untereinander festgestellt und die Vorgänge und ihre Abhängigkeiten grafisch in Form des Netzplanes oder tabellarisch dargestellt. Bei der folgenden Zeitplanung werden im ersten Schritt die frühestmöglichen Fertigstellungstermine ermittelt, abhängig von der Zeitdauer der einzelnen Vorgänge und deren Anordnungsbeziehungen. Diese *Vorwärtsrechnung* ergibt gleichzeitig die Projektdauer. Im zweiten Schritt, der *Rückwärtsrechnung*, wer-

15.4 Funktionale Betriebsorganisation

den die spätesten End- und Anfangszeitpunkte ermittelt. Das Ergebnis sind die *Pufferzeiten* bzw. *Zeitreserven* der einzelnen Vorgänge, die sich aus der Differenz der frühesten und spätesten Zeitpunkte errechnen lassen. Damit sind auch die kritischen Vorgänge bestimmt, die keine Zeitreserven besitzen. Der kritische Weg ist dann die ununterbrochene Folge kritischer Vorgänge. Dieser *kritische Weg* ist in der Durchführungsphase besonders zu beachten, denn jede zeitliche Verschiebung von Vorgängen auf diesem Weg bedeutet eine Verlängerung der Projektdauer. Die ersten Verfahren der Netzplantechnik (PERT, CPM und MPM) waren reine *Zeitplanungsmethoden*. Ihre Weiterentwicklungen und neuere Verfahren erlauben darüber hinaus auch eine *Kosten*- und *Kapazitätsplanung*. Durch Kumulation der detailliert geschätzten Kosten der einzelnen Vorgänge und ihre Zuordnung zu den in der Zeitplanung ermittelten Zeitabschnitten ergibt sich der erwartete Kostenverlauf in der Durchführungsphase. Durch Gegenüberstellung dieser Plankosten mit den bei der Ausführung ermittelten Ist-Kosten können Plan-Abweichungen frühzeitig erkannt und Umdispositionen rechtzeitig vorgenommen bzw. die erforderlichen Mittel zur Verfügung gestellt werden.

Teil einer solchen Planung ist auch die *Personalplanung*, denn organisatorische Umstellungen bedingen entweder Freisetzung oder zusätzlichen Bedarf von Personal. Im ersten Fall muß für das freigesetzte Personal entsprechend der Qualifikation ein anderer Arbeitsplatz gefunden werden, im zweiten entsprechend qualifiziertes Personal bereitgestellt werden, sei es durch Umbesetzung, Schulung oder Neueinstellung (§ 92, BetrVG [15.12]). Werden während der Anlaufphase Änderungen verlangt, beispielweise weil Mängel sichtbar, zusätzliche berechtigte Forderungen der Abteilungen gestellt bzw. weitere Systemverbesserungen sichtbar werden, muß sofort gehandelt werden. Alle anderen Änderungswünsche sollten erst am Ende der Anlaufphase durchgeführt werden, weil sie nur zusätzliche Unruhe in das neue System bringen.

Begleitet wird die Systemeinführung von permanenter Systemkontrolle. Diese dient einmal der Kontrolle Soll-Ist und zum anderen dem Aufspüren möglicher Schwachstellen, über deren Beseitigung im Einzelfall entschieden werden muß.

15.4 Funktionale Betriebsorganisation

Die funktionale Betriebsorganisation erstreckt sich individuell auf Bereiche und Stellen in Betrieb und Verwaltung. Hierbei gibt es typische Arbeitsabläufe, die sich unter bestimmten Gegebenheiten als zweckmäßig herausgebildet haben. Entsprechend den Zielsetzungen in einem Betrieb werden im folgenden die hierzu erforderlichen Funktionen behandelt.

15.4.1 Organisation der Forschung und Entwicklung

Jedes Produkt unterliegt einem *Produkt-Lebenszyklus*. Nach einer mehr oder weniger starken *Anstiegsphase* geht die Umsatzentwicklung über in die sogenannte *Sättigungsphase*, an die sich die *Abstiegsphase* anschließt. Anhand des erwarteten Verlaufs der Lebenszykluskurve der einzelnen Produkte oder Produktgruppen läßt sich ermitteln, wie groß der nicht gedeckte Umsatzanteil in Zukunft sein wird, wenn nicht rechtzeitig neue Produkte von Forschung und Entwicklung erarbeitet und auf den Markt gebracht werden. Charakteristisch für Forschung und Entwicklung ist die latente Gefahr, daß eine Produktidee sich nicht technisch realisieren läßt, teurer als vorgesehen produziert oder gar vom Markt nicht angenommen wird.

Forschung und *Entwicklung* sind zwei Begriffe, die sowohl im betriebswirtschaftlichen Sinne als auch im Hinblick auf die Gewinnung von technologischem und technischem Wissen so eng zueinander gehören, daß sie üblicherweise wie in der amerikanischen Literatur *Research and Development* als ein Begriff (F + E) verwendet werden.

15.4.1.1 Organisatorische Eingliederung der Forschung und Entwicklung

Es ist zweckmäßig, *Forschung und Entwicklung* organisatorisch als Hauptbereich neben die übrigen Funktionen zu stellen und der Unternehmensleitung direkt zu unterstellen. Sie hat damit die ihr zugehörige Bedeutung in der Hierarchie des Unternehmens. Die direkte Linie zur Unternehmensleitung ermöglicht ihren zielgerichteten Einsatz. Spielt die Forschung und Entwicklung in dem Unternehmen eine untergeordnete Rolle, sollte sie der Unternehmensleitung als Stabstelle zugeordnet werden.
Von der Größe des Unternehmens und der Produktvielfalt hängt ab, ob Forschung und Entwicklung zentralisiert oder dezentralisiert werden. Zentralisation wird von forschungsintensiven Unternehmen wegen der straffen Organisation bevorzugt, mit der Doppelarbeiten mit Verzettelungen vermieden werden und bessere Kontrollmöglichkeiten gegeben sind. Dezentralisation kann in Mehrproduktunternehmen angeraten sein, deren Erzeugnisse unterschiedliches know-how erfordern. Solche Unternehmen bevorzugen die Form der Divisionsorganisation. Eine Sonderform der Dezentralisation ist das angesprochene Projektmanagement.
Will ein Unternehmen auf einen Forschungs- und Entwicklungsbereich verzichten, kann es sich mit anderen Unternehmen zusammenschließen und Gemeinschaftsforschung und -entwicklung betreiben oder Forschungs- und Entwicklungsaufträge an qualifizierte Institute vergeben. Die Ergänzung des eigenen know-hows kann aber auch über Ankauf eines entsprechenden Unternehmens oder durch Lizenznahme erfolgen. In beiden Fällen werden die Risiken unergiebiger kostenintensiver Forschungs- und Entwicklungstätigkeit vermieden.

15.4.1.2 Forschung

Forschung ist das Herausfinden von Zusammenhängen unter Zuhilfenahme der Naturwissenschaften mit dem Ziel, den technischen Erkenntnisstand zu erweitern und für das Unternehmen zu nutzen [15.15].
Der Erkenntnisgewinn bezieht sich auf die Gebiete Grundlagenforschung und Angewandte Forschung. *Grundlagenforschung* ist Zweckforschung, auch wenn sie nicht patentfähige theoretische Grundlagen betrifft und diese darüberhinaus außerhalb des Unternehmens in Forschungsstiftungen oder öffentlichen Forschungsanstalten betrieben wird. Die Methoden der Grundlagenforschung vertragen keinen Termindruck, unterscheiden sich aber wesentlich von der Arbeitsweise, die sich in Universitäten bewährt hat. Diese Erkenntnisse und Erfindungen dienen als Grundlage für Entwicklung und Anwendung und betreffen i. a. nicht nur ein einzelnes Produkt, sondern diskrete Produktgruppenfelder. Die Forschungsergebnisse sind in diesem Sinne zukunftsweisend und behalten auch ihre Gültigkeit, wenn vorhandene Produkte oder Verfahren durch neue ersetzt werden.
Im Gegensatz zur Grundlagenforschung, die mit einer gewissen Zielrichtung, nicht aber mit einer bestimmten Zielvorgabe betrieben wird, steht die auf konkrete Produkte oder Verfahren gerichtete *Angewandte Forschung* hinsichtlich einer kürzeren Realisationszeit. Hierin ist ein Grund zu suchen, daß die Leiter industrieller Forschungsinstitute neben der Grundlagenforschung auch Angewandte Forschung betreiben. Angewandte Forschung ist auch in kleinreren Unternehmen durchführbar, Versuchsfeld und Labor sind in vielen Fällen Rahmen und Hilfsmittel zugleich, Problemlösungsmöglichkeiten zu erarbeiten.

15.4.1.3 Entwicklung

Der Übergang zur *Entwicklung* im engeren Sinne ist fließend. Ziel der Entwicklung ist, durch Versuch, Konstruktion und/oder Musterbau die Ergebnisse der Grundlagenforschung und der Angewandten Forschung in Erzeugnisse oder Verfahren umzusetzen. In diesem Zusammenhang wird

15.4 Funktionale Betriebsorganisation

von *Innovation* gesprochen, weil es sich um die technische Realisation von technologischen Kenntnissen handelt. Dabei spielt es keine Rolle, ob nur Verbesserungen an bestehenden Produkten oder Verfahren durchgeführt wurden oder völlig neue Produkte oder Verfahren entstanden sind. Die Entwicklung wirtschaftlicher Produkte, Verfahren oder Dienstleistungen zielt auf die Lebensfähigkeit des Unternehmens allgemein.
Die Entwicklung erfolgt in den Phasen *Erzeugnisplanung* und *Erzeugniskonkretisierung*. In der Phase Erzeugnisplanung wird Art, Einsatzgebiet, Funktion und Menge des Erzeugnisses unter Berücksichtigung der Marktgegebenheiten und der geltenden Gesetze und Verordnungen festgelegt. In der Phase Erzeugniskonkretisierung treten fertigungstechnische Überlegungen in den Vordergrund. Das Ergebnis dieser Phase ist eine *Erzeugniskonzeption*.

15.4.1.4 Gegenstand der Forschung und Enwicklung

Forschung und Entwicklung beschäftigen sich mit Erzeugnissen, Verfahren und Anwendungen. Wie schon angedeutet, unterliegt jedes *Ergebnis* einem Lebenszyklus. Will ein Unternehmen seine Marktposition behaupten, muß es neue Erzeugnisse auf den Markt bringen. Neue Erzeugnisse sind solche Erzeugnisse, die in gleicher oder ähnlicher Form im bisherigen Produktionsprogramm nicht enthalten sind, eventuell sogar eine Diversifikation, d.h. ein Erzeugnis, das keine Verwandtschaft zu den vorhandenen aufweist. Das Unternehmen kann aber auch veränderte Erzeugnisse schaffen, d.h. Weiterentwicklungen vorhandener Erzeugnisse, deren Resonanz auf dem Markt nachgelassen hat.
Forschung und Entwicklung beschäftigen sich auch mit den *Verfahren* zur Herstellung der Erzeugnisse. Die dabei verfolgte Zielrichtung ist sehr verschieden, z.B. die Entwicklung von Verfahren zur Fertigung neuer Erzeugnisse, zur Verarbeitung neuer Werkstoffe, zur Kostensenkung, zur Verbesserung der Arbeitsbedingungen usw.
Weiterhin kann die Forschungs- und Entwicklungstätigkeit oder das Verfahren auf den *Anwendungsbereich* bestehender Erzeugnisse gerichtet sein, etwa dadurch, daß nach Sättigung des Marktes für ein Erzeugnis ein Zusatznutzen geschaffen wird, oder dadurch, daß für ein Erzeugnis ein Verfahren ein Markt durch Entwickeln von Anwendungsbeispielen erschlossen wird.

15.4.1.5 Ziele der Forschung und Entwicklung

Bei der Forschung und Entwicklung sind eine Reihe von Gesichtspunkten zu berücksichtigen, die Absatz und Fertigung betreffen. Für den Erfolg von Erzeugnissen ist der *Preis* ausschlaggebend. Es muß die Zielgruppe und der ihr zumutbare Preis bekannt sein. Außerdem müssen die *Folgekosten* des Erzeugnisses bei der Nutzung in vernünftigem Verhältnis zum Preis stehen. Wesentlich ist auch der *Gebrauchswert*, welche Anforderungen der Kunde an das Erzeugnis stellt: narrensicher, nutzungsfreundlich, pflegefreundlich, störungsunanfällig, reparaturfreundlich, automatisiert usw. Ein weiterer Gesichtspunkt ist die *Lebensdauer* des Erzeugnisses. Sie sollte sich am jeweiligen Verwendungszweck orientieren. Es kann bewußt ein Erzeugnis mit langer Lebensdauer entwickelt werden, es kann aber auch das Gegenteil durch schnellen Typenwechsel oder Verzicht auf Erzeugnisverbesserungen (planned obsolescence) oder Begrenzung der Lebensdauer kritischer Teile des Erzeugnisses (built-in-obsolescence) erreicht werden. Die verfolgte Strategie hängt weitestgehend vom Erzeugnis bzw. den Unternehmenszielen ab. Als letzter Gesichtspunkt ist das *Design* zu nennen. Über markt- und kundenbezogenen Gesichtspunkte hinaus sind fertigungsbezogene in Forschung und Entwicklung zu berücksichtigen: ist das Erzeugnis in der eigenen Fertigung entsprechend den Vorstellungen der Entwickler zu fertigen, existiert das know-how für die Verarbeitung vorgesehener Werkstoffe, sind diese Werkstoffe auf dem Markt in ausreichendem Maße zu erhalten, sind entsprechende Lagermöglichkeiten vorhanden, sind die Werkstoffe auf den vorhandenen Betriebsmitteln zu bearbeiten, welche Investitionen sind notwendig, was geschieht mit den alten Betriebsmitteln, sind die geforderten Toleranzen notwendig, welches Personal wird zusätzlich benötigt.

15.4.1.6 Standardisierung

Zunehmende Größe und damit zunehmende Unübersichtlichkeit in Betrieben führt zur Entwicklung von Einzelteilen, die in ähnlicher Form schon gefertigt werden und geplante daher überflüssig machen. Zur Vermeidung betreibt die Praxis *Standardisierung*, d.h. *Typenbeschrankung*. Sie ist Voraussetzung für die Fertigung großer Stückzahlen und somit für die Einführung der Automatisierung in der Fertigung kompletter Erzeugnisse. Der Weg dahin führt entweder über Normung oder Typung. *Normung* bedeutet Festlegen einheitlicher Begriffe, Bezeichnungen, Abmessungen, Eigenschaften usw. für häufig wiederkehrende Teile. Aus der Normung entwickeln sich *Normteile*. Durch die Normung wird die Vielfalt denkbarer Problemlösungen eingeschränkt. Die für die Bundesrepublik geltenden Normen werden vom Verband „Deutscher Normenausschuß" (DNA) in DIN-Normen festgelegt. Der DNA ist Mitglied der internationalen Normungsgemeinschaft „International Organisation for Standardization" (ISO). Daneben existieren Verbandsnormen (VDI, VDE). Aus diesen wie aus den ISO- und DIN-Normen entwickeln die Betriebe ihre *Werksnormen*. Ihre Aufgabe ist die rationelle Gestaltung des Fertigungsprozesses. Sie sind für den Betrieb verbindlich und nur in Ausnahmefällen nach Genehmigung durch die Betriebsleitung zu umgehen. Während die Normung dazu dient, einzelne Teile zu vereinheitlichen, werden durch die *Typung* oder *Typisierung* komplette Erzeugnisse bzw. Aggregate vereinheitlicht. Die Typung eines kompletten Erzeugnisses ist jedoch schwieriger durchzuführen als die Normung eines Einzelteils, da für den Absatz typisierter Erzeugnisse nicht die technische Zweckmäßigkeit sondern vor allem der Verbrauchergeschmack maßgebend ist. Die Typisierung muß nicht auf das einzelne Unternehmen beschränkt sein, sie kann auch überbetrieblich erfolgen (RKW, AWF, VDI). Eine Variante dazu stellt das *Baukastensystem* dar. Aus einer Sammlung genormter Bausteine können aufgrund eines Programmes oder eines Baumusterplans begrenzte oder auch unbegrenzte Anzahlen von Varianten hergestellt werden.

15.4.1.7 Rechtsschutz von Entwicklungen

Die Ausübung von Forschungs- und Entwicklungstätigkeit und die Nutzung ihrer Ergebnisse werden durch staatlichen Schutz vor fremder Nachahmung und Ausbeutung gewährleistet. Das Gebiet des *gewerblichen Rechtsschutzes* beinhaltet die sogenannten *Registerrechte* (Patent, Gebrauchsmuster, Geschmacksmuster und Warenzeichen), und das *Wettbewerbsrecht*. Juristisch gesehen sind Registerrechte Verbietungsrechte. Sie haben nach dem Territorialprinzip in dem Staat Geltung, in dem sie eingetragen sind. Eine Anmeldung in der Bundesrepublik ist nicht gleichbedeutend mit Schutz auch im Ausland. Bestrebungen zur Vereinheitlichung des gewerblichen Rechtsschutzes auf internationaler Ebene führten zur Gründung eines europäischen Patentamtes mit Sitz in München, das ein für die angeschlossenen Staaten einheitliches europäisches Patent erteilen soll.
Nach dem Patentgesetz vom 2.1.1968 setzt der *Patentschutz* eine neue Erfindung durch Kombination bisher bekannten Wissens bzw. Anwendung von Erkenntnissen voraus. Sie muß auf dem Gebiet der Technik liegen und gewerblich verwertbar sein. Bei den Patenten wird unterschieden zwischen *Sachpatenten*, die technische und chemische Erzeugnisse, Arznei-, Nahrungs- und Genußmittel betreffen, und *Verfahrenspatenten*, die Fertigungsverfahren schützen. Verlängerung ist nicht möglich.
Das Gebrauchsmustergesetz vom 2.1.1968 regelt den Rechtsschutz für *Gebrauchsmuster*. Im Gegensatz zum Patent ist der *Gebrauchsmusterschutz* einfacher zu erlangen. Das Gebrauchsmuster entsteht durch bloße Registrierung nach der Anmeldung beim Deutschen Patentamt. Sie erfor-

dert lediglich die Einsendung von Zeichnungen und Modellen. Eine Prüfung auf Neuheit, Fortschritt und Erfindungshöhe erfolgt nicht. Die Schutzdauer beträgt drei Jahre und kann um weitere drei Jahre verlängert werden.
Der *Geschmacksmusterschutz* ist im Geschmacksmustergesetz vom 11.1.1976 geregelt. Die Anmeldung eines Geschmacksmusters erfolgt grundsätzlich beim Amtsgericht unter Beifügung eines Musters des Erzeugnisses. Eine Prüfung erfolgt nicht. Das Geschmacksmustergesetz schützt keine technischen Erfindungen sondern gewerbliche Muster und Modelle. Der Schutz kann für ein bis drei Jahre angemeldet und bis auf 15 Jahre verlängert werden.
Warenzeichen haben den Zweck, die Herkunft von Erzeugnissen oder Erzeugnisgruppen kenntlich zu machen. Der Rechtsschutz ist im Warenzeichengesetz vom 2.1.1968 geregelt. Für die Eintragung beim Deutschen Patentamt genugt zunachst der Benutzungswille ohne Nachweis einer tatsächlichen Verwendung. Das Patentamt uberpruft nur, ob das angemeldete Zeichen eintragungsfähig ist, d. h., ob es z. b. unterscheidungsfähig, nicht ärgerniserregend oder irreführend ist und keine Warenbeschreibung darstellt. Eintragungsfähig sind *Wortzeichen*, die durch ihren Klang oder Sinn wirken und an keine besondere Darstellungsform gebunden sind, und *Bildzeichen* mit raumlichen Gestaltungen, die auf den Gesichtssinn wirken. Darunter fallen auch Wörter in einer charakteristischen Bilddarstellung oder aus Wort und Bild zusammengesetzte Zeichen als kombinierte Zeichen.

15.4.2 Organisation der Konstruktion

15.4.2.1 Organisatorische Eingliederung der Konstruktion

Die *Konstruktion* – auch *Erzeugnisgestaltung* genannt – folgt unmittelbar auf die Entwicklung des Erzeugnisses und wird je nach Branche um die Erprobung ergänzt. In der Praxis wird die Konstruktion unterschiedlich organisatorisch angebunden. Da die Unterschiede zwischen Entwicklung und Konstruktion fließend sind, werden in vielen mittleren und kleinen Unternehmen beide Bereiche unter der Bezeichnung Entwicklung und Konstruktion oder Entwicklung und Anwendungstechnik zusammengefaßt. In größeren und großen Unternehmen ist die Konstruktion ein eigenständiger Bereich, der gleichbedeutend neben der Forschung und Entwicklung hierarchisch eingebunden ist. In diesem Fall ist dann die Organisationsform der Hauptabteilung zu überlegen. In der klassischen Form sind dem Konstruktionschef eine Reihe von Gruppenleitern ohne Spezialisierung und die Zeichnungsverwaltung/Archiv unterstellt. Die Gruppen werden entsprechend den anfallenden Konstruktionsarbeiten eingesetzt. Moderne Unternehmen gliedern entweder gruppenorientiert oder projektorientiert. In beiden Fällen untersteht dem Konstruktionschef eine Stabsabteilung für die Konstruktionsplanung und -steuerung als Entlastung von den planerischen Routinen, auch die Zeichnungsverwaltung/Archiv. Bei der gruppenorientierten Planung bestehen die Gruppen jeweils aus Spezialisten, Konstrukteuren und Zeichnern, wobei die beiden letzten je nach Arbeitsanfall in den verschiedenen Gruppen einsetzbar sind. Bei der projektorientierten Gliederung wird entsprechend den Anforderungen des Projekts ein Projektleiter ernannt und diesem für die Dauer des Projekts bzw. seiner Teilarbeiten aus dem Pool der Spezialisten und dem Pool der Konstrukteure und Zeichner ein Team gestellt. Zur Unterstützung der Teams befaßt sich ein Team mit Standardisierung und Normung.

15.4.2.2 Aufgaben und Ziele der Konstruktion

Die Aufgabe der Konstruktion ist die Gestaltung funktionsfahiger und fertigungsreifer Erzeugnisse und Betriebsmittel, insbesondere Sonderwerkzeuge, Vorrichtungen und Prufwerkzeuge. Beim Konstruieren kann es sich um völlige Neukonstruktion unter Benutzung der Ergebnisse angewandter Forschung oder auch um Umkonstruktion oder Anpassungskonstruktion handeln. Die Konstruktionsaufgaben lassen sich weitgehend arbeitsteilig erledigen: Grundsatz-Entwürfe werden von den qualifizierten Mitarbeitern (Gruppenleiter) erstellt, die daraus abzuleitenden Konstruktionen den Konstrukteuren und Teilekonstrukteuren übertragen und die Anfertigung der Einzelzeichnungen den technischen Zeichnern überlassen. Das Ergebnis der Konstruktion sind Zeichnungen und die daraus abgeleiteten Stücklisten.

15.4.2.3 Hilfsmittel der Konstruktion

Die optimale Durchführung der Konstruktionsarbeit wird durch analytische und technische Hilfsmittel unterstützt. Zu den analytischen gehören die Netzplantechnik, Wertanalyse, ABC-Analyse, Funktionsanalyse und Fremderzeugnisanalyse.

Die Anwendung der *Netzplantechnik* ist nicht ganz einfach, wenn mehrere Projekte gleichzeitig anstehen und der Grad der Ungewißheit bei Projekten, die sich im Grenzbereich des derzeitigen Wissenstands bewegen, sehr groß ist. Wenn mehrere Projekte gegeben sind, ist der Aufbau einer Reihe getrennter Graphs mit verschiedenen Start- und Endzeiten erforderlich. Dazu sind Spezialrechnerprogramme entwickelt worden, die den besonderen Problemen gerecht werden. In bezug auf die Ungewißheitsfaktoren ist eine mögliche Methode die Aufzeichnung eines normalen Graphs mit alternativen Wegen, die die voraussichtliche Wahrscheinlichkeit des Erfolgs zeigen.

Das Ziel der *Wertanalyse* ist die Senkung der Herstellkosten eines Erzeugnisses unter Beibehaltung oder sogar Erhöhung seines Wertes. Nach *Miles* [15.8] wird unterschieden in *Value Analysis*, d.h. Wertanalyse bei Erzeugnissen aus der laufenden Fertigung, und *Value Engineering*, d.h. Wertanalyse in der Entwicklungs- und Konstruktionsphase eines Erzeugnisses, deren Ergebnis die späteren Herstellkosten sehr stark beeinflußt. Die Durchführung der Wertanalyse erfolgt nach einem festen Arbeitsplan. Er ist in Normen, Richtlinien, Vorschriften festgelegt. In der Bundesrepublik ist der *Arbeitsplan der Wertanalyse* in DIN 6 9910 genormt, bekannter ist die VDI-Richtlinie 2801. Beide unterscheiden folgende Schritte bei der Wertanalyse: Ermitteln des Ist-Zustandes, Prüfen des Ist-Zustandes und Ermitteln des Soll-Zustandes, Ermitteln von Lösungen, Prüfen der Lösungen, Vorschlag und Verwirklichung einer Lösung.

Die *ABC-Analyse* wurde schon im Abschnitt 15.3 angesprochen. Die *Funktionsanalyse* gliedert die Funktionen eines Erzeugnisses nach ihrem Rang. Funktion bedeutet nichts anderes als die Aufgabe, die ein Erzeugnis bzw. Teile eines Erzeugnisses erfüllen sollen. Jedes Erzeugnis oder Einzelteil übt Hauptfunktionen aus, die den eigentlichen Verwendungszweck erfüllen und für den Gebrauch unerläßliche Voraussetzung sind. Dazu kommen Nebenfunktionen, die durch konstruktive Lösung zur Erfüllung der Hauptfunktionen zusätzlich ermöglicht werden, und eventuell unnötige Funktionen, für die es keine rationale Begründung gibt und deren häufigste Ursachen Voreingenommenheit, Gewohnheit u.ä. sind. Die Prüfung der funktionellen Aufgaben des Produktes und seiner Teile und der zugehörigen Kosten dient dazu, Produkte nicht teurer herzustellen, als ihre Funktion es erfordert.

Fremderzeugnisanalysen werden grundsätzlich dann gemacht, wenn die Konkurrenz neue oder veränderte Erzeugnisse auf den Markt bringt oder wenn ein Unternehmen einen interessanten Markt gefunden hat und in diesen eindringen will. Im ersten Fall dient die Analyse dem Erkunden des eingesetzten know-hows der Konkurrenz, um Anregungen für die eigene Entwicklung zu bekommen. Im zweiten Fall geht es darum, herauszufinden, welches know-how für die Fertigung überhaupt notwendig ist und inwieweit dieses im Unternehmen bereits vorhanden ist oder beschafft werden muß.

Zu den technischen Hilfsmitteln der Konstruktion zählen zunächst einmal die Zeichenmaschinen, Schablonen, Beschriftungsmaschinen, Klebefolien für wiederkehrende Texte bzw. Schraffuren, Schaltzeichnungen, symbolhafte Darstellungen usw. In zunehmendem Maße zieht die Datenverarbeitung in die Konstruktion ein. Grundsätzlich können bei Betrachtung des Konstruk-

15.4 Funktionale Betriebsorganisation

tionsablaufs die Tätigkeitsabschnitte *Konzipieren, Entwerfen* und *Ausarbeiten* unterschieden werden (VDI 2222, Blatt 1). Mit fortschreitender Konkretisierung nimmt dabei der schöpferische Anteil des Konstrukteurs immer mehr ab. Dagegen wächst der Umfang der sich wiederholenden, vielfach routinemäßigen Abläufe wie das Berechnen, Zeichnen oder das Erstellen von Stücklisten stark an. Da es sich hierbei um algorythmische Vorgänge handelt und diese logisch beschreibbar sind, sind sie grundsätzlich für den Einsatz von Datenverarbeitungslagen geeignet. Methoden zur Unterstützung der Zeichentätigkeit sind unter dem Namen *Computer Aided Design (CAD)* und *Graphische Datenverarbeitung (GDV)* bekannt und in der Praxis eingesetzt.

Zum automatischen Erstellen von Zeichnungen werden *Zeichenautomaten (Plotter)* verwendet, die digitale Informationen graphisch auf geeignete Zeichnungsträger umsetzen. Während mit druckenden Geräten wie Fernschreiber oder Schnelldrucker durch Kombination von Zahlen, Buchstaben oder sonstigen Symbolen graphische Darstellungen einfacher Art erzielbar sind, lassen sich erst seit Einführung der Zeichnungsautomaten Fertigungszeichnungen komplett über die EDV maschinell gewinnen. Um den Programmaufwand in wirtschaftlichen Grenzen zu halten, wird der Dialog zwischen dem Menschen und der EDV in Zukunft ein immer wichtigeres Instrument darstellen, denn im Dialog kann die Fähigkeit des Menschen, heuristische Tätigkeiten auszuführen, die vom Rechner überhaupt nicht oder nur schwer durchführbar sind, mit den hervorragenden Eigenschaften der EDVA für schematische, algorythmische Vorgänge kombiniert werden.

Nach Abschluß der Konstruktion werden die Erzeugnisse einer *Erprobung* unterzogen. Die Erprobung dient der praktischen Überprüfung der Erzeugnisse von Entwicklung und Konstruktion. Die Erprobung bezieht sich im wesentlichen auf die technische Funktionsfähigkeit, die asthetische Gestaltung und die Haltbarkeit bzw. den Verschleiß. Die Erprobung muß vor der Freigabe des Erzeugnisses für die Fertigung erfolgen.

15.4.2.4 Erzeugnisbeschreibung

Die Ergebnisse der Entwicklung und Konstruktion müssen schriftlich festgehalten werden, damit sie jederzeit vervielfältigt und anderen Betriebsbereichen als Arbeitsunterlagen zur Verfügung gestellt werden können. Die *Erzeugnisbeschreibung* dient der Arbeitsplanung, der Disposition, der Beschaffung, der Kalkulation, Fertigung usw. Aus der Aufzählung des Einsatzes der Erzeugnisbeschreibung leiten sich die Forderungen an sie ab. Sie muß eindeutig, genau, vollständig, übersichtlich, einfach und wirtschaftlich sein. In technischen Zeichnungen wird das Erzeugnis nach DIN-Zeichnungsnormen oder anderen Zeichnungssymbolen unter Angabe von Maßen, Toleranzen, Oberflächengüte und -behandlung, Werkstoffe und -behandlung graphisch dargestellt. Aus mehreren Einzelteilen und Baugruppen zusammengesetzte Erzeugnisse können ganze *Zeichnungssätze* erfordern. Zu einem Zeichnungssatz gehören die Zusammenstellungszeichnung mit der Darstellung des gesamten Erzeugnisses ohne detaillierte Maßangaben, die Baugruppenzeichnungen mit der Darstellung der Baugruppen ähnlich der Zusammenstellungszeichnung und den Einzelteilzeichnungen mit den vollständigen und genauen Angaben, die eine zweifelsfreie, identische Fertigung ermöglichen. Zu einem Zeichnungssatz konnen zusätzlich noch eine Reihe von Sonderzeichnungen wie Rohrleitungsplane, Schaltplanzeichnung, Fundamentzeichnung, Betriebsmittelzeichnung usw. gehören. Der Zeichnungsaufbau ist in DIN 6 und DIN 6789, der Maßstab in DIN 823, die Zeichnungssymbolik in DIN 406 und die Benennung und textlichen Angaben in DIN 199 festgelegt.

Die *Zeichnungsverwaltung* und -archivierung kennt heute verschiedene Möglichkeiten. Ursprünglich wurden die Original- bzw. Transparentzeichnungen nach Formaten sortiert in feuersicheren Zeichnungsschränken aufbewahrt. Im Bedarfsfall wurden von den Originalen Lichtpausen erstellt. Viele Unternehmen sind inzwischen zur *Mikroverfilmung* übergegangen. Der Mikrofilm hat den Vorteil, von Datenträgern unterschiedlicher Größe und verschiedener Beschaffenheit einheitliche und gleich große Datenträger mit hoher Informationsdichte zu schaffen. Auf eine 16 mm Mikrofilmrolle von 30 m Länge lassen sich etwa 8400 DIN-A4-Seiten unterbringen [15.16]. In Unternehmen, in denen das Arbeiten mit dem aktiven Mikrofilm bis zur letzten Konsequenz durchgeführt wird, d.h. bis zur Vernichtung der Original-Zeichnungen, läßt sich eine Karteiführung mit speziellen Karteikarten wie bei der Aufbewahrung und Verwaltung von Transparenten vermeiden. Voraussetzungen sind dann ein vollständiger *Mikrofilm-Lochkartensatz* im Zeichnungsarchiv, das Arbeiten mit Duplikat-Sätzen zur Herstellung der Fertigungsunterlagen, z. B. mit nach dem elektronischen Kopierverfahren arbeitenden Rückvergrößerungsgeräten, und die Benutzung von Duplikatsatzen für die Zwecke der Wiederholteil-Organisation in den Konstruktionsbüros. Es ist dabei zu empfehlen, daß bei jeder Zeichnungsänderung ohne Änderung der Zeichnungsnummer, also nur unter Eintragung einer Änderungsindexzahl oder eines Buchstabens in das Zeichnungsschriftfeld, auch eine neue Mikrofilm-Aufnahme gemacht wird und somit von jedem Änderungszustand eine Mikrofilm-Lochkarte vorhanden ist. Die Mikrofilm-Lochkarten vorhergehender Änderungszustände sind dann als überholt zu kennzeichnen. Ihre weitere Archivierung ergibt aber die Möglichkeit der Information über jeden durchlaufenden Änderungszustand. Zeichnungen können auch in digitale Form umgesetzt und auf magnetischen Datenträgern gespeichert werden. Sie können dann mit einem Plotter einfach reproduziert werden.

Die *technische Zeichnung* ist für Betriebsbereiche mit überwiegend kaufmännischen oder dispositiven Aufgaben nicht die geeignete und ausreichende Arbeitsunterlage. Sie wird deshalb durch die *Stückliste* ergänzt. Die von der Konstruktion erstellte Urstückliste gibt in tabellarischer Form einen vollständigen Überblick über alle Einzelteile und Baugruppen unter Angabe der Zeichnungs- oder DIN-Nummer, des Werkstoffs, der Häufigkeit des Vorkommens in einem Erzeugnis und ähnlicher für die Fertigung relevanter Informationen. Stücklisten lassen sich auf drei Grundformen zurückführen: reine Mengenübersicht, strukturierte Form oder Baukastenform [15.23].

Die *Mengenstückliste* ist die einfachste Form der Stücklistendarstellung. Sie nennt alle Erzeugnisbestandteile ohne Hinweis auf ihre Stellung innerhalb der Struktur. Jede Sachnummer wird nur einmal und mit Angabe der Menge aufgeführt, mit der sie insgesamt im Erzeugnis vorkommt. Diese Form wird in der Praxis selten angewandt, denn sie erlaubt keine termingerechte Disposition und Steuerung der Teile und Gruppen mehrstufiger Erzeugnisse.

Zu dem Zweck wurden die *Strukturstücklisten* entwickelt. Das sind Stücklisten, die nach fertigungstechnischen Strukturmerkmalen gegliedert sind. Die Zuordnung der Fertigungsstufen erfolgt – vom Endergebnis ausgehend – über die Zergliederung in Baugruppen und Einzelteile. Dabei kann ein Einzelteil mehrfach in verschiedenen Fertigungsstufen vorkommen. Die Strukturstückliste ist übersichtlich, solange sie nicht zu umfangreich ist. Mit zunehmender Wiederverwendung von Gruppen steigen der Schreibaufwand und der Umfang (Speicherbedarf) der Stücklisten. Bei Änderungen muß jeder Fall einzeln aufgesucht werden. Auch ist die Nettobedarfsermittlung nur mit erhöhtem Aufwand möglich. Schließlich ist der Rückgriff auf einmal konstruierte Gruppen zur Wiederverwendung erschwert.

Das wiederholte, vollständige Abschreiben der Grupen mit allen Positionen, oft über mehrere Strukturstufen, wird mit der *Baukastenstückliste* vermieden. Sie enthält je Gruppe nur die Baugruppen und Teile, die unmittelbar für ihren Zusammenbau benötigt werden, sie ist also eine einstufige Stückliste. Eine mehrstufige Erzeugnisstruktur läßt sich demnach nur in mehreren einstufigen Stücklisten darstellen. Zum Erkennen der Struktur muß bei jeder Position angegeben werden, ob sie ein Einzelteil oder eine Gruppe mit weiteren Einzelteilen ist. Dies geschieht über die Auflösungskennzahl. Für jede Baugruppe, auch für mehrfach verwendete, gibt es nur eine Stückliste im Stücklistenbestand. Speicherbedarf und Änderungsaufwand werden damit auf ein Mindestmaß verringert. Da eine Stückliste nur einmal vorhanden ist, braucht die Änderung nur an einer Stelle vorgenommen zu werden. Diese Form ist ideal für *elektronische Stücklisten-Organisation* und auch solchen Betrieben zu empfehlen, die noch den Übergang planen, weil die Umstellung einfach zu bewältigen ist. Der Nachteil der Baukastenstückliste ist die fehlende Übersicht über die Erzeugnisstruktur. Aus gespeicherten Baukastenstücklisten lassen sich aber alle anderen Stücklistenformen, so auch die Strukturstückliste, ausdrucken.

15.4 Funktionale Betriebsorganisation

Aus diesen drei Grundformen wurden eine Reihe von Mischformen entwickelt, die die Nachteile mildern oder vermeiden. Eine verbreitete Mischform ist die *Baukastenstrukturstückliste*. Wiederholgruppen werden in der Strukturstückliste des Erzeugnisses nicht weiter untergliedert, sondern in einer eigenen Strukturstückliste selbständig geführt. Der Hinweis auf die weitere Stückliste kann über die Auflösungskennzahl sichtbar gemacht werden.
Eine weitere Form ist die *Variantenstückliste*. Sie wird benutzt, um mehrere, jedoch nur mit gerigfügigen Unterschieden versehene Erzeugnisse wirtschaftlich listenmäßig zu beschreiben. Die einfachste Form der Variantenstückliste ist die *Komplexstückliste*, die auf einer der Grundformen aufbaut und einen schnellen Überblick über das Erzeugnis verschafft. Sie ist vor allem in der Auftragsfertigung anzutreffen und eignet sich nur bei wenigen Varianten. In dieser Stückliste ist nicht zu erkennen, welche Kombinationen von Varianten zulässig oder moglich sind. Eine Erweiterung der Komplexstückliste ist die *Typenstückliste*. Sie vereinigt alle Varianten auf einem Blatt mit Mengenangabe. Sie wird vorteilhaft in der Serienfertigung angewandt. Geht die Anzahl der Kombinationsmöglichkeiten über 8 bis 12 Varianten hinaus, kann man zur Verminderung des Aufwandes die in allen Varianten unverändert vorkommenden Teile und Gruppen, die Gleichteile (GT), in einer eigenen Liste zusammenfassen. Die Erzeugnisvarianten werden dann aus der Gruppe GT und den variierenden Teilen gebildet. Der Aufbau von *Gleichteilestücklisten* ist aufwendig und setzt ein weitgehend ausgereiftes Erzeugnis voraus. Selten vorkommende Varianten zu einer überwiegend gebauten Grundausführung lassen sich wirtschaftlich mit der *Plus-Minus-Stückliste* darstellen. Sie ist immer auf die Grundausführung bezogen und eignet sich besonders dann, wenn nur wenige Teile oder Gruppen abweichen, der Kreis dieser Teile aber nicht genau festgelegt ist. Sie ist sehr einfach zu handhaben in der Einzel- und Kleinserienfertigung für die auftragsbezogene Anpassung eines Erzeugnisses an den Kundenwunsch verbreitet, trotz des höheren programmtechnischen Aufwandes gegenüber der Gleichteilestückliste.
Die Stückliste ist die Dokumentationsform der analytischen Erzeugnisgliederung. Vom Erzeugnis abwärts über Gruppen, Einzelteilen bis zu den Werkstoffen wird die Erzeugnisstruktur durchlaufen. Eine andere Form ist der *Verwendungsnachweis*, die *synthetische Erzeugnisgliederung*. Ausgehend von Einzelteilen wird die Erzeugnisstruktur aufwärts bis zum Enderzeugnis durchlaufen. Verwendungsnachweise werden in erster Linie in der Serienfertigung und für Wiederholteile benötigt. Sie dienen der Ermittlung des Materialbedarfs in der Materialwirtschaft, der Konstruktion bei der Ermittlung von Teilen und Baugruppen, die von einer eventuellen Änderung betroffen sind, und der Fertigungssteuerung bei der Lieferterminplanung. Die Verwendungsnachweise werden in Form des *Mengenverwendungsnachweises*, des *Strukturverwendungsnachweises* und des *Baukastenverwendungsnachweises* verwendet. Wegen des großen Aufwandes wird jedoch häufig auf die manuelle Führung des Verwendungsnachweises verzichtet, nicht jedoch bei maschineller Speicherung der Stücklisten.
Die *Stücklistenarchivierung* oder *Stücklistenspeicherung* kann in Form der Listenspeicherung oder der gegliederten Speicherung erfolgen. Die Listenspeicherung ist durch die EDV-Entwicklung überholt. Die Stückliste wird aus der Zeichnung auf Papier, Transparentpapier oder Umdruckfolie übertragen und von diesen Originalen Vervielfältigungen vorgenommen. Mit dem Aufkommen der EDV wurden zwar Magnetkontenkarten, Lochkarten, Lochstreifen, Magnetband und Magnetplatten zur Speicherung der Stücklisten eingesetzt. Der Nachteil der Listenspeicherung liegt in der Redundanz, d.h., da jedes Teil und jede Baugruppe so oft gespeichert werden müssen, wie sie in den Erzeugnissen vorkommen, wird mit erheblichem Aufwand ein unnötiges Datenvolumen geschaffen, das einen aufwendigen Änderungsdienst nach sich zieht. Bei der gegliederten Speicherung wird zwischen Stammdaten und Strukturdaten unterschieden. *Stammdaten* sind solche Daten, die normalerweise über einen längeren Zeitraum hinweg gleichbleiben wie z. B. Teilenummer, Benennung, Maßeinheit, Materialangabe, Kosten, Teileart und verschiedene weitere Schlüssel. *Strukturdaten* oder auch *Erzeugnisstrukturdaten* beziehen sich auf den Aufbau des Erzeugnisses,

wie z. B. Stücklistennummern, Sachnummern (Positionen), Mengen. Beide Datenarten werden in getrennten Dateien (Teilestammdatei und Erzeugnisstrukturdatei) gehalten. Sowohl die Stammdatei als auch die Strukturdatei enthält für jede Stücklistenposition einen Datensatz mit allen relevanten Angaben. Über Adreßverweise sind die Sätze beider Dateien miteinander verkettet. Über diese Adressen kann jederzeit die abgespeicherte Stückliste abgerufen werden [15.17]. Zur Speicherung und Wiedergewinnung von Stücklisten werden üblicherweise *Datenbanken* benutzt. Das Prinzip der Datenbank besteht darin, die Speicherung der Grunddaten so zu organisieren, daß sie in jeder gewünschten Kombination abgerufen werden können. Durch die zentrale Speicherung ist zudem sichergestellt, daß Änderungen nur einmal durchgeführt werden und daß sich der vorhandene Datenbestand jederzeit auf einem aktuellen Niveau befindet. Es sei schon an dieser Stelle erwähnt, daß zur Datenbank noch die Arbeitsgangdatei, die Arbeitsplatzdatei und die Auftragsdatei gehören.

Voraussetzung für eine lückenlose Informationsverarbeitung im Betrieb ist eine *einheitliche Sprache*. Hierzu dienen Verschlüsselungen, insbesondere in Form von Nummernsystemen [15.18]. Nicht nur Erzeugnisse und ihre Bestandteile werden mit Nummern versehen, sondern auch Arbeitsplätze, Betriebsmittel, Aufträge, Kostenarten, Kostenstellen, Kostenträger, Mitarbeiter, Kunden, Lieferanten usw. Unter *Nummerung* wird nach DIN 6763 das Bilden, Erteilen, Verwalten und Anwenden von Nummern verstanden. Eine Nummer ist demzufolge eine festgelegte Folge von Zeichen. Nummern sollen im wesentlichen identifizieren und klassifizieren. Die Identifizierung hat den Zweck, eine Sache oder einen Sachverhalt eindeutig und unverwechselbar zu kennzeichnen, ohne ihn notwendigerweise zu beschreiben. Wegen der bis heute noch nicht eindeutig festgelegten Begriffe der Nummerungstechnik muß von zwei Möglichkeiten ausgegangen werden, die *Identifizierungsnummer* oder kurz *Identnummer* zu interpretieren. Zum einen sind mit einer Identnummer gleiche Gegenstände zu unterscheiden. Beispiele sind Inventarnummern, mit denen z. B. Werkzeugmaschinen eines Herstellers, Typs und Baujahrs im Betrieb auseinandergehalten werden. Die in der betriebswirtschaftlichen Praxis und Literatur gebräuchlichere Interpretation der Identnummer geht von dem Begriff der Austauschbarkeit aus. Teile oder Baugruppen, die bei Austausch in einem Produkt keine Funktionsänderung dieses Produkts bewirken, gelten als identisch und werden mit ein- und derselben Nummer gekennzeichnet.

Die *Klassifizierung* hat den Zweck, die Ordnung von Sachen oder Sachverhalten nach vorher festgelegten Begriffen zu ermöglichen. Sie stellt die Beschreibung einer oder mehrerer ausgewählter Eigenschaften dar und ist meist mit Informationsverlusten verbunden. Sachen oder Sachverhalte sind daher nur gleich in bezug auf die beschriebene Eigenschaft. Normalerweise bedeutet dies keine Identität. Neben Nummern zum Identifizieren und Klassifizieren sind in der Praxis Verbundnummern- und Parallelnummernsysteme bekannt.

Als *Parallelnummernsystem* werden Nummernsysteme bezeichnet, bei denen einer Identifizierungsnummer eine oder mehrere Klassifizierungsnummern zugeordnet werden. Die Identifizierung wird der Klassifizierung vorangestellt, so daß die Identifizierungsnummer im Bedarfsfall erweitert werden kann, wenn das System „platzt". Weiterer Vorteil ist auch die Erweiterungsfähigkeit der Klassifizierung. Schließlich können beide Teile unabhängig voneinander benutzt werden. Deswegen hat sich dieses System in der Praxis durchgesetzt.

Das *Verbundnummernsystem* ist ein Nummernsystem, dessen Nummern aus je einem klassifizierenden und einem identifizierenden Teil bestehen, wobei der identifizierende Nummernteil von dem klassifizierenden Teil abhängig ist. Bei diesem Nummernsystem entsteht die Identifizierung aus der Klassifizierung heraus. Verbundnummern sind gut für manuelle Organisationsformen geeignet. Die Nummern sind systematisch aufgebaut und erlauben eine schnelle Aussage. Da Verbundnummern recht umfangreich sein können, wird dieser Vorteil bei Einsatz der EDV als Nachteil gesehen.

Eine Sonderform von Nummernsystemen stellen *Teileklassifikationssysteme* dar. Sie entstanden aus dem Gedanken, die Vorteile einer Serienfertigung auch in Betrieben mit Einzel- und Kleinse-

15.4 Funktionale Betriebsorganisation

rienfertigung durch Reduzierung der Teilevielfalt nutzbar zu machen. Die generelle Zielsetzung liegt im Aufzeigen der konstruktiven und fertigungstechnischen Ähnlichkeit von Werkstücken. Die Konstruktion soll neben der Wiederverwendung von Teilen die Vereinheitlichung ganzer Teile und — falls dies nicht möglich ist — zumindest der wesentlichen Formelemente anstreben. Dies zielt neben der Reduzierung der Zeichenarbeit besonders auf das Einsparen der kostspieligen Sonderwerkzeuge, Vorrichtungen, Lehren und Meßmittel. Die Erfahrungen mit dem rechnerunterstützten Konstruieren haben gezeigt, daß diese Standardisierung unabdingbare Voraussetzung ist.

Ähnlich wie in der Konstruktion werden in der *Fertigungsplanung* Karteien bzw. Dateien zum Auffinden der Fertigungspläne ähnlicher Werkstücke und zum Aufbau von Standard-Fertigungsplänen bis hin zum Aufbau von Zeitrichtwerten für Teilegruppen aufgebaut. Fertigungstechnisch ähnliche Teilegruppen dienen in der Fertigungssteuerung zur Einsparung von Rüstzeiten. Eine Durchlaufverkürzung ist dann zu erreichen, wenn die Arbeitsplätze so angeordnet sind, daß alle Arbeitsoperationen in einem Verantwortungsbereich möglich sind.

Für die *Investitionsplanung* wird die Auswahl der Maschinen und übrigen Betriebsmittel durch eine derartige Systematisierung stark vereinfacht, da erfahrungsgemäß die Aufbereitung der Ausgangsdaten 2/3 des gesamten Planungsaufwandes ausmacht. In der Praxis werden unterschieden werkstückbeschreibende und fertigungsorientierte Klassifizierungssysteme. Bekannte Systeme sind das *Opitz-Klassifikationssystem* für Drehteile, die *Gußstück-Klassifikation* nach *Pacyna*, der *Brisch-Code*, *Zafoformenordnung* nach *Zimmermann* und der *IBM-Teilecode*.

15.4.3 Organisation der Fertigungsplanung

15.4.3.1 Organisatorische Eingliederung der Fertigungsplanung

Nach einer Definition des AWF — Ausschuß für Wirtschaftliche Fertigung e.V. — umfaßt die *Arbeitsvorbereitung* die Gesamtheit aller Maßnahmen einschließlich der Erstellung aller erforderlicher Unterlagen und Betriebsmittel, die durch Planung, Steuerung und Überwachung für die Fertigung von Erzeugnissen ein Minimum an Aufwand gewährleisten [15.19]. Aus dieser Definition ergibt sich eine Aufteilung in die Bereiche *Fertigungsplanung* und *Fertigungssteuerung*. Nach AWF umfaßt die Fertigungsplanung alle einmalig zu teffenden Maßnahmen. Diese beziehen sich auf die Gestaltung des Erzeugnisses, die Fertigungsvorbereitung, die Planung sowie die Bereitstellung der Betriebsmittel und schließen mit der Freigabe der Fertigung ab. Die Fertigungssteuerung umfaßt alle Maßnahmen, die zur Durchführung eines Auftrages im Sinne der Fertigungsplanung erforderlich sind [15.20]. Das AWF-Modell wird in der Praxis oft angewendet und ihr weitgehend gerecht. Aus der Zweiteilung der Arbeitsvorbereitung ergeben sich verschiedene Möglichkeiten hinsichtlich ihrer organisatorischen Eingliederung. In kleineren Betrieben ist die Arbeitsvorbereitung Teil der Fertigung oder sogar als Stabsstelle innerhalb der Fertigung denkbar. In größeren Betrieben ist die Arbeitsvorbereitung als Hauptabteilung gleichrangig neben der Fertigung und Konstruktion zu finden. In Großbetrieben gibt es keine Arbeitsvorbereitung mehr im klassischen Sinne sondern nur zwei Hauptabteilungen Fertigungsplanung und Fertigungssteuerung. Es gibt aber auch Betriebe, insbesondere im Anlagen- und Apparatebau, für die eine solche Gliederung nicht ausreicht, da die Bereiche, der Arbeitsvorbereitung vorgelagert sind, einen großen Teil der Durchlaufzeit des Auftrages beanspruchen. Gemeint sind Entwicklung, Konstruktion und Beschaffung. In solchen Betrieben sollte eine sogenannte *Auftragsleitstelle* eingerichtet werden, eine Stabsstelle, die zwischen dem Vertrieb einerseits und den Bereichen Konstruktion, Arbeitsvorbereitung, Beschaffung, Fertigung und Montage andererseits die Planung des Ablaufs von Aufträgen koordiniert und zwar schon in der Auftragsterminplanungsphase [15.21]. Sie ist jederzeit über die aktuellen Situationen in den einzelnen Bereichen informiert und kann so die Einhaltung der Liefertermine sicherstellen, Auslastungs- und Terminschwierigkeiten in den Bereichen rechtzeitig erkennen, berücksichtigen und damit Mehrkosten vermeiden.

15.4.3.2 Aufgaben und Ziele der Fertigungsplanung

Die Aufgaben der Fertigungsplanung sind im wesentlichen:

- *Methodenplanung*, d.h. Planung und Entwicklung neuer Methoden und Verfahren,
- *Materialplanung*, d.h. Materialbedarf pro Einheit, Materialsortenplanung, Materiallagerplanung, Lagerortplanung,
- *Ablauf- und Zeitplanung*, d.h. Erzeugnisgliederung, fertigungsgerechte Gestaltung, Fertigungsreifmachung, Arbeitsplanerstellung, Arbeitsunterweisung, Arbeitsbewertung, Arbeitsplatzgestaltung, Vorgabezeitwesen,
- *Vorkalkulation*, d.h. Materialkosten pro Einheit, Lohnkosten pro Einheit, Betriebsmittelkosten pro Einheit,
- *Investitionsplanung*, d.h. Planung von Fertigungsstätten, Maschinen, Vorrichtungen, Werkzeugen usw.,
- *Fertigungsmittelplanung*, d.h. Planung und Entwicklung neuer Sondermaschinen, Sondervorrichtungen usw., Instandhaltung.

Diese Aufgaben unterscheiden sich hinsichtlich des Planungszeitraumes in kurzfristige und langfristige. Die zu den kurzfristigen Aufgaben gehörende Fertigungsplanung erstellt den Arbeits- und Montageplan. Ausgehend von der Werkstückzeichnung, der Stückliste und den Auftragsdaten werden in der Material-, der Ablauf- und Zeitplanung die notwendigen Informationen ermittelt. Dagegen werden in der Investitions- und Methodenplanung langfristige Planungsdaten ermittelt. Fertigungsmittel- und Kostenplanung nehmen eine Zwitterstellung ein, ihre Aufgaben sind sowohl kurzfristiger wie langfristiger Natur.

Die Ergebnisse der Fertigungsplanung bestimmen entscheidend die Wirtschaftlichkeit der Fertigung. Daher muß das Ziel der Fertigungsplanung die Minimierung der Fertigungskosten sein. Dieses Ziel wird erreicht durch optimales Zusammenwirken von Mensch, Betriebsmittel und Werkstoff, durch Anwendung der optimalen Fertigungsverfahren und -methoden, kurze Auftragsdurchlaufzeit, gleichmäßige Auslastung der Fertigungskapazitäten, aber auch durch Anwendung der linearen Optimierung, einem beliebten Verfahren des Operations Research zum Festlegen optimaler Verhältnisse. Die Ergebnisse der Fertigungsplanung beeinflussen stark andere Funktionen wie Fertigungssteuerung, Fertigung und Qualitätswesen. Es ist daher der Trend festzustellen, nicht mehr wie in der Vergangenheit die Fußkranken der Fertigung in die Arbeitsvorbereitung zu versetzen, sondern im Gegenteil das Fertigungsknow-how in der Fertigungsplanung zu konzentrieren und damit die Fertigung zu einem reinen Ausführungsorgan zu degradieren.

15.4.3.3 Arbeitsplan

Das Ergebnis der Arbeitsplanung ist der *Arbeitsplan*, das dritte Grunddokument der Fertigung neben der Zeichnung und Stückliste. Für die Fertigung und Montage ist der Arbeitsplan das entscheidende Informationsmittel über das Wo, Wie und Womit der Fertigung der Einzelteile und der Montage.

Auf der Grundlage des Arbeitsplans kann im weiteren Verlauf die *Arbeitsgestaltung* durchgeführt und schließlich für jeden Arbeitsgang bis in einzelne Handgriffe oder Bewegungsabläufe gehende *Arbeitsunterweisungen* erstellt werden. Diese dienen nicht nur der Entlastung der Arbeiter, sondern auch der Vermeidung von Mehrarbeit aufgrund von Ausschuß. Arbeitsunterweisungen haben nicht nur für besonders schwierige, sondern auch wegen ihrer leistungsfördernden Wirkung besonders bei einfachen, häufig wiederkehrenden Arbeitsgängen große Bedeutung.

15.4 Funktionale Betriebsorganisation

Beim Aufbau des Arbeitsplanes ist in der Regel von den fertigungstechnischen Gegebenheiten auszugehen. Aufgrund der Erzeugnismenge ist unter Kosten- und Wirtschaftlichkeitsgesichtspunkten die Wahl der Fertigungsverfahren und -abläufe durchzuführen. Mit der Festlegung der Verfahren und Arbeitsgangfolgen fällt nicht nur die Entscheidung über die Fertigungsqualität eines Erzeugnisses, sondern auch über seine Fertigungskosten. Vom Arbeitsplaner sind daher gute fertigungstechnische Kenntnisse, Grundkenntnisse der Kostenrechnung und Kalkulation, Kenntnisse der Arbeitsorganisation und des Arbeitsstudiums zu verlangen. Hinzu kommen menschliche Anforderungen wie Teamgeist, Einfühlungsvermögen, selbständiges Handeln und Entscheiden usw. Analog den technologischen Unterschieden der Fertigungsverfahren weisen auch die Arbeitspläne in den einzelnen Industriebranchen erhebliche Unterschiede auf. Im Maschinenbau sind bei mehrstufigen Erzeugnissen für alle Einzelteile gesonderte Arbeitspläne üblich. Dazu kommen Montagearbeitspläne für Montage der Einzelteile zu Baugruppen und diese zum fertigen Erzeugnis.

In der Regel ist der Arbeitsplan auftragsunabhangig und wird als *Basis-* oder auch *Normalarbeitsplan* bezeichnet. In der Investitionsgüterindustrie werden Arbeitspläne für Aufträge, die sich wahrscheinlich nicht wiederholen werden, gleich auftragsbezogen aufgestellt als *Auftragsarbeitsplan*. In der betrieblichen Praxis wird eine Vielzahl von Arbeitsplanarten verwendet, je nach ihrem Verwendungszweck. Ein *Einzelarbeitsplan* betrifft immer nur ein bestimmtes Werkstück. Ein *Sammelarbeitsplan* kann als Standardarbeitsplan für mehrere unterschiedliche Werkstückarten, die sich nicht oder nur unwesentlich voneinander unterscheiden, oder als Alternativarbeitsplan für Werkstücke mit alternativen Arbeitsgängen erstellt werden. Ein *Teilefertigungsarbeitsplan* ist der Plan zur Fertigung eines Teiles, ein *Montageplan* besteht aus mehreren Positionen. Neben Arbeitsplänen für die Fertigung und Montage werden Arbeitspläne für Reparatur und Wartung der Erzeugnisse und Betriebsmittel aufgestellt.

Der klassische Arbeitsplan zur Fertigung eines Einzelteils im Maschinenbau gliedert sich in den Kopf-, Fertigungs- und Fußteil [15.19]. Im *Kopfteil* des Arbeitsplanes werden alle einmaligen Daten eingetragen. Sie beziehen sich auf alle im Arbeitsplan beschriebenen Fertigungsvorgänge und Materialangaben. Zu den Kopfdaten zahlen Sachnummer, Benennung, Zeichnungsnummer, Stücklistennummer, Ausgabennummer, Werkstoffbezeichnung und -abmessung, Verbrauch pro Mengeneinheit incl. etwaiger Bearbeitungszugaben und prozentuale Angaben über den etwaigen Ausschuß, Mindestlosgröße. Der *Fertigungsteil* nimmt alle planbaren Arbeitsgänge vollständig und eindeutig in der richtigen Reihenfolge auf. Um nachträglich zusätzliche Arbeitsgänge einzufügen oder Alternativarbeitsgange auszuweisen oder Änderungen durchführen zu konnen, wird die Arbeitsgangnummer in Zehnersprungen vergeben. Die Bezeichnung des Arbeitsganges erfolgt stichwortartig, z. B. Keilnut frasen, Gewinde M10 schneiden. Hierzu gehoren auch eventuelle Prüfarbeitsgänge. Die ausführende Fertigungsstelle wird mit ihrer Kostenstellennummer gekennzeichnet. Ihre technischen Leistungsdaten sind den Maschinenkarten bzw. -dateien zu entnehmen. Dazu gehören ferner die zur Ausführung des Arbeitsganges benötigten Werkzeuge, Vorrichtungen, Lehren, Sonderwerkzeuge, Formen und Modelle mit Angabe ihrer Schlüssel- oder Zeichnungsnummer, nach der sie in der Werkzeug- und Vorrichtungskartei und im Werkzeuglager zu finden sind. Etwaige ergänzende Vorschriften beziehen sich auf Arbeitsunterweisungen, Prüfanweisungen, Einrichte- oder Werkzeugwechselpläne. Außerdem gehören in den Arbeitsplan die Rüstzeit, die Zeit je Einheit, Lohnart und Lohngruppe. Im *Fußfeld* des Arbeitsplans sind die Ursprungsangaben zu finden: Ausgabedatum, Name des Arbeitsplaners, Gültigkeitsdauer, etwaige Änderungen und der Verteiler.

Zu den Überlegungen, wo gefertigt werden soll, gehört auch die Überlegung Eigenfertigung oder Fremdbezug. Die *Make-or-buy-Analyse* ist eine *Kostenvergleichsrechnung*, bei der die Kosten der Eigenfertigung denen des Fremdbezuges gegenübergestellt werden. Dabei sind zwei wesentliche Fälle zu unterscheiden. Sind Kapazitäten frei, so dürfen nur die variablen Kosten pro Erzeugnis der Eigenfertigung dem Beschaffungsmarktpreis gegenübergestellt werden. Sind dagegen die vorhandenen Kapazitäten ausgelastet und ist die Eigenfertigung nur nach zusätzlicher Investition möglich, so sind auch diese fixen Kosten in die Überlegung einzubeziehen [15.2; 15.10].

15.4.3.4 Arbeitsplanerstellung

Um das optimale Fertigungsverfahren für ein Einzelteil festlegen zu können, werden neben Zeichnung und Stückliste Angaben über die jährliche Fertigungsmenge, die Aufsplittung dieser Menge in welche Losgrößen und die erwartete Lebensdauer benötigt. Die Vorgehensweise bei der Arbeitsplanung ist folgende: Zunächst wird in den Karteien bzw. Dateien nachgeforscht, ob dieses oder ein ähnliches Teil vorliegt, wenn dies nicht schon in der Konstruktion erfolgt ist. Ist das Teil vorhanden, entfällt die Arbeitsplanung dafür. Ist ein ähnliches Teil vorhanden, reduziert sich aufgrund der einsetzenden Ähnlichkeitsplanung der Arbeitsaufwand für das Teil.

Sind für die Herstellung eines Einzelteils mehrere konkurrierende Fertigungsverfahren vorhanden, wird das optimale Verfahren ausgesucht. Die Verfahrensauswahl erfolgt ausschließlich unter Kostengesichtspunkten. Wird ein Erzeugnis oder Erzeugnisteil laufend oder in Serien wiederkehrend gefertigt, genügt ein Vergleich der Kosten je Erzeugnis oder ein Vergleich der Fertigungskosten einer Abrechnungsperiode, um das wirtschaftlichere Verfahren zu finden. Ist dagegen die Fertigungsmenge durch einen Auftrag von vornherein begrenzt und werden zusätzlich erzeugnisgebundene Arbeitsmittel eingesetzt, hängt die Wirtschaftlichkeit sehr stark von der Stückzahl ab. In diesem Fall kann nur der Verfahrensvergleich – entweder graphisch oder rechnerisch – über die Ermittlung der Grenzstückzahl zum optimalen Verfahren führen [15.10]. Hierbei sollte auch beachtet werden, daß durch die Auswahl eines billigeren Verfahrens in den nachfolgenden Fertigungsstufen höhere Folgekosten entstehen können. Die qualitativen Gesichtspunkte dürfen also nicht hinter den quantitativen zurückstehen. Mit der Auswahl eines Verfahrens ist häufig ein zusätzlicher Bedarf an Vorrichtungen, Werkzeugen, Meßgeräten usw. verbunden. Handelt es sich dabei nicht um handelsübliche Geräte, muß der Arbeitsplaner die Anforderungen spezifizieren und den Werkzeugs- und Vorrichtungsbau mit Konstruktion und Fertigung beauftragen, damit sie rechtzeitig zum Fertigungsbeginn einsetzbar sind.

Die *Zeitplanung* befaßt sich mit der Bestimmung des Zeitaufwandes für die einzelnen Arbeitsabschnitte und den gesamten Durchlauf des Erzeugnisses oder Erzeugnisteils durch die Fertigung. Erfaßt wird der reine Zeitverbrauch pro Einheit, d.h. neutralterminiert. Die ermittelten Zeiten dienen nicht nur der Kalkulation und Lohnabrechnung, sondern vor allem der Terminplanung. Die Zahlenwerte sind theoretische Werte, die nicht mit der späteren Durchlaufzeit identisch sein können, weil Betriebsmittelbelegung, Werkstättenauslegung, Transit- und Transportzeiten nicht berücksichtigt worden sind. Das Ergebnis der Zeitplanung sind die *Fristenpläne*. Sie geben eine terminfreie Übersicht über die Teilzeiten pro Fertigungsstufe und ihre zeitlichen Abhängigkeiten. Die Ermittlung der Zeiten erfolgt entweder vor der Einschleusung des Auftrags in die Fertigung mittels der *Systeme vorbestimmter Zeiten* wie MTM oder Work Factor, durch Benutzung der Zeiten ähnlicher schon gelaufener Aufträge, Schätzen oder Berechnen der Prozeßzeiten oder nach Aufnahme der Fertigung durch Ermittlung der Teilzeiten mittels Zeitaufnahmen nach REFA [15.22].

Unter der *Durchlaufzeit* eines Erzeugnisses ist die Zeitdauer vom Beginn der Fertigung bis zur Fertigstellung des Erzeugnisses zu verstehen. Die Durchlaufzeit beinhaltet daher neben der Zeit pro Einheit t_e mal Stückzahl m und der Rüstzeit t_r auch die schon erwähnten technologischen Liegezeiten, Transportzeiten, Kontrollzeiten, ablaufbedingte Liegezeiten vor Engpaßfertigungsmitteln. Nicht zu verwechseln mit der Durchlaufzeit ist die *Gesamtarbeitszeit*. Sie ergibt sich aus der Summe der einzelnen Teilarbeitszeiten und den genannten Zusatzzeiten, wie Förder-, Liege- und Kontrollzeiten. Die Durchlaufzeit kann wesentlich kürzer als die Gesamtarbeitszeit sein, wenn für bestimmte Teile eines Auftrages mehrere Maschinen parallel eingesetzt werden. Umgekehrt kann die

15.4 Funktionale Betriebsorganisation

Durchlaufzeit erheblich länger als die Gesamtarbeitszeit sein, wenn längere Stau- und Lagerzeiten auftreten.
Heute wird mehr denn je die Notwendigkeit einer rationallen Materialfluß- und Transportplanung gesehen. Unter *Materialfluß* wird die Versorgung und Entsorgung von Arbeitsplätzen einschließlich der dazu erforderlichen Organisation verstanden. Nach der VDI-Richtlinie 2411 ist der Materialfluß die Verkettung aller Vorgänge beim Gewinnen, Be- und Verarbeiten sowie beim Lagern und Verteilen von Stoffen innerhalb festgelegter Bereiche (Arbeitssysteme). Am Anfang einer *Materialflußplanung* steht die *Materialflußanalyse*, die nach der VDI-Richtlinie 3300 vorgenommen werden kann. In der Praxis handelt es sich in der Regel um Umplanungen, die sich auf vorhandene Materialflußunterlagen stützen. Bei der *Materialflußgestaltung* sind raumliche, fertigungstechnische und fördertechnische Voraussetzungen zu beachten. Jede umfassende Materialflußgestaltung geht von einer Erfassung der räumlichen Voraussetzungen wie Standort des Betriebes, den Betriebsgebäuden und den Förderwegen aus. Neben den räumlichen Voraussetzungen haben die fertigungstechnischen einen starken Einfluß auf den Materialfluß, insbesondere die Fördermittel. Es wird dabei zwischen Fertigungsart und Ablaufprinzip unterschieden.
Unter den *Fertigungsarten* versteht man Einzel-(Einmal-), Serien- und Massenfertigung. Bei *Einzelfertigung* wird nur ein einziges Erzeugnis einer Art in einer Periode hergestellt. Sie erfordert universell einsetzbare Fordermittel, die der wechselnden Fertigungsaufgabe gewachsen sein mussen. Werden die Erzeugnisse in größerer Anzahl verbraucht, wird zur *Serienfertigung* übergegangen. Kennzeichen der Serienfertigung ist: Arbeiter und Maschinen produzieren hintereinander eine bestimmte Stückzahl gleicher Einzelteile, Baugruppen oder kompletter Erzeugnisse in Arbeitsteilung. Serienfertigung ermoglicht eine Spezialisierung im Bereich des Förderwesens. Der Einsatz von Spezialfördermitteln ist moglich, weil die Serien sich zu Lade- und Fördereinheiten zusammenstellen lassen. Sonderfälle der Serienfertigung sind die *Sortenfertigung*, bei der aus verschiedenen Materialien oder Erzeugnisart oder aus einem Material eine Erzeugnisart verschiedener Größe hergestellt wird, und die Chargenfertigung. Sie ist dadurch gekennzeichnet, daß in einem Produktionsvorgang eine großere Fertigungsmenge erstellt wird, die sich von anderen durch die Ausgangsbedingungen unterscheidet. Bei der *Massenfertigung* wird der Fertigungsprozeß eines Erzeugnisses in der Regel ohne Unterbrechung wiederholt. Es liegt eine marktorientierte Fertigung in großer Stückzahl vor. Bei der Massenfertigung werden daher Spezialfördermittel eingesetzt, die weitgehend ortsgebunden sind und durch Flurfördermittel ergänzt werden.
Die verschiedenen Ablaufprinzipien sind durch die Art und Weise, wie ein Arbeitsablauf auf ein oder mehrere Arbeitssysteme aufgeteilt wird, gekennzeichnet. Nach REFA [15.22] sind folgende Ablaufprinzipien denkbar: Eine *Werkbankfertigung* ist eine ein- oder mehrstellige Einzelarbeit, bei der an einem (mehreren) ortsgebundenen Arbeitsplatz (Arbeitsplätze) Erzeugnisse einzeln oder in kleinen Mengen hergestellt werden. Sie ist durch niedrigen Mechanisierungsgrad aber relativ hohe Lohnkosten gekennzeichnet. Bei *Werkstattenfertigung* sind nach dem Verrichtungsprinzip Arbeitssysteme mit gleicher oder gleichartiger Verrichtungsausführung in Werkstätten räumlich zusammengefaßt, ohne daß ein zwangsmäßiger ablaufgebundener Übergang zu anderen Arbeitssystemen besteht. Sie ist im Grunde eine Einzelplatzarbeit wie die Werkbankfertigung.
Bei der *Fertigung nach dem Flußprinzip* sind die Arbeitssysteme entsprechend dem fertigungstechnischen Ablauf angeordnet. Hierbei ist zu unterscheiden zwischen Reihenfertigung oder Fließreihenfertigung und Fließfertigung oder Fließarbeit. Bei der *Reihenfertigung* besteht keine direkte zeitliche Bindung zwischen den einzelnen Arbeitsplatzen. Reihenfertigung wird oft angewandt, wenn *Fließfertigung* erwünscht, aber wegen großer Erzeugnisvariation, haufiger Typenwechsel, Schwierigkeiten bei der genauen zeitlichen Abstimmung und hoher Investitionen schwer zu realisieren ist. Der große Vorteil dieses Systems neben kurzen Forderwegen, kurzen Durchlaufzeiten, Spezialisierung der Arbeitsplatze usw. ist die Elastizität in bezug auf die Umstellung auf andere Produkte. Nachteile: hoher Investitionsaufwand, geringe Nutzung der Betriebsmittel, Schwierig-

keiten bei Erweiterungen, Empfindlichkeit gegenüber Störungen an Betriebsmitteln. Bei der Fließfertigung dagegen ist der Ablauf zeitlich gebunden. Der wesentliche Unterschied gegenüber den Reihenfertigungen besteht darin, daß die einzelnen Untersysteme nicht nur räumlich, sondern auch zeitlich aufeinander abgestimmt sind und voneinander abhängen. Es gelten sinngemäß die Vor- und Nachteile wie bei Reihenfertigungen. Bei weitergehender Mechanisierung entwickelt sich die Fließfertigung zur *automatischen Fertigung*. Hierbei sind die menschlichen Überwachungsfunktionen auf die Störungsbehebung, die Materialversorgung, den Werkzeugwechsel und auf das Rüsten beschränkt. Dies gilt sowohl für Einzelautomaten wie für verkettete Automaten und Transferstraßen. Die Vorteile der Automatenfertigung liegen im niedrigen Raumbedarf, geringeren Personalaufwand und niedrigen Stückkosten. Nachteile sind die hohen Anschaffungskosten und verbunden damit der Zwang zu hoher Auslastung. Einen technologisch bedingten Sonderfall stellt die *verfahrenstechnische Fließfertigung* dar. Hier handelt es sich um einen selbsttätig ablaufenden, gesteuerten und überwachten Vorgang in Großanlagen zur Herstellung homogener Massengüter.

Fördertechnische Voraussetzungen für die Materialflußgestaltung sind Kenntnisse über die Fördergüter, Fördermengen und Lagerungsarten, siehe Kapitel 19. Die Ergebnisse dieser Untersuchungen, Überlegungen und Berechnungen werden in *Materialflußdarstellungen* niedergelegt. Dafür werden genormte Symbole verwendet:

- ○ Bearbeitung,
- → Transport,
- ▽ Lagerung,
- ▢ Kontrolle.

Diese Symbole können auch kombiniert werden, z.B. Bearbeitung und Kontrolle. Die Ergebnisse sind für die Erstellung der Arbeitspläne notwendig. Das Ausschreiben und Verwalten der Arbeitspläne kann wie bei der Stuckliste manuell und maschinell erfolgen. Es gelten daher die Vorgehensweisen und Datenträger sinngemäß wie im Abschnitt 15.4.2.4 auch für die Verwaltung der Arbeitspläne ausgeführt.

Der Arbeitsplan ist nicht nur Datenträger für die Fertigung und Montage, sondern ist darüberhinaus Ausgangsdatenträger für weitere aus ihm abgeleitete Datenträger. Dazu gehören die *Laufkarte*, die *Lohnscheine*, die *Hilfslohnscheine*, die *Materialscheine*.

Aus diesen Scheinen bzw. Karten einzelner Aufträge werden in der Fertigungssteuerung Listen duch Zusammenfassung der einzelnen Daten erstellt.

15.4.4 Organisation der Fertigungssteuerung

15.4.4.1 Organisatorische Eingliederung der Fertigungssteuerung

Für die Stellung der Fertigungssteuerung innerhalb des Betriebes gelten analog die Ausführungen wie für die Fertigungsplanung, denn nach der Definition des AWF bilden Fertigungssteuerung und Fertigungsplanung zusammen die Arbeitsvorbereitung.

15.4.4.2 Aufgaben und Ziele der Fertigungssteuerung

Nach der Definition des AWF umfaßt die *Fertigungssteuerung* alle Maßnahmen, die zur Durchführung eines Auftrages im Sinne der Fertigungsplanung erforderlich sind [15.20]. Nach einer REFA-Definition besteht die Fertigungssteuerung im Veranlassen, Überwachen und Sichern der Aufgabendurchführung hinsichtlich Menge, Termin, Qualität und Kosten [15.22]. Ausgehend von den Ergebnissen der Arbeitsplanung veranlaßt sie die Verwirklichung der Pläne durch Erteilung

15.4 Funktionale Betriebsorganisation

von Werkstattaufträgen gemäß Fertigungsprogramm. Sie sorgt dafür, daß die dafür notwendigen Arbeitskräfte, Betriebsmittel, Materialien und Informationen rechtzeitig zur Verfügung stehen. Sie überwacht die Durchführung der Werkstattaufträge, greift im Falle von Abweichungen ein und nimmt die dann notwendigen Plankorrekturen vor. Darüberhinaus hat die Fertigungssteuerung die Aufgabe, alle Funktionen im Betrieb mit den Informationen zu versorgen, die sie im Hinblick auf die Erfüllung ihrer Aufgabenstellung benötigen. Die Ziele der Fertigungssteuerung sind:

- möglichst kurze Durchlaufzeiten der Aufträge, damit kurze Lieferzeiten und hoher Kapitalumschlag,
- Einhalten der Termine, damit Vermeidung von Konventionalstrafen und von Verärgerung der Kunden,
- wirtschaftliche Nutzung der Kapazität durch hohe Kapazitätsauslastung bei kostenminimaler Fertigung und
- optimale Bestände in Fertigung und Lager zur Vermeidung von Fertigungsstörungen und unnötiger Kapitalbildung.

Diese Ziele sind nicht ohne weiteres miteinander vereinbar. *Gutenberg* sprach in dem Zusammenhang vom „Dilemma der Ablaufplanung". Es können nicht gleichzeitig die Durchlaufzeiten und die Zeiten, während deren Betriebsmittel infolge fehlender Aufträge außer Einsatz sind, bzw. die damit verbundenen Kosten oder entgangenen Gewinne minimiert werden. Ausweg aus diesem Dilemma kann nur ein Kompromiß sein. Er besteht in dem Optimum aus kurzen Durchlaufzeiten und hoher Kapazitätsauslastung bei größtmöglicher Termintreue. In der betrieblichen Praxis wird versucht, die Reihenfolge der Aufträge so zu steuern, daß sie termingerecht erledigt werden und die vorhandene Kapazität dabei möglichst hoch und gleichmäßig ausgelastet wird. Dies setzt voraus, daß Materialien und Informationen rechtzeitig beschafft und bereitgestellt werden und die Termine realistisch sind.

Die Durchführung der Fertigungssteuerung erfolgt entweder *manuell* unter Zuhilfenahme einfacher Hilfsmittel wie Planungstafeln oder *manuell-maschinell* unter Zuhilfenahme von Druckmaschinen, Lochkartenmaschinen, EDV-Anlagen oder *dialogorientiert* zwischen Mensch und Computer. In der Zukunft wird die manuelle Fertigungssteuerung zugunsten einer elektronischen abgelöst werden. Das Tempo wird im wesentlichen durch die Lösung der Frage bestimmt, welches elektronische Medium die Aufgabe der Planungstafel übernehmen wird [15.20].

Die Steuerung ist ohne geeigneten Zeitmaßstab nicht möglich. Der sonst im täglichen Leben gebräuchliche gregorianische Kalender ist für die Zwecke der Fertigungssteuerung nicht geeignet, da die Angabe eines Termins zu viele Stellen beansprucht, z. B. incl. der Punkte zwischen Tag, Monat und Jahr maximal zehn Stellen. Zur Vereinfachung dieser Terminangabe wurden in vielen Betrieben *Betriebskalender* entwickelt, die nur die Arbeitstage enthalten. Sie enthalten fortlaufend durchnumeriert die Arbeitstage eines Jahres oder bis zu 1000 Arbeitstage, was etwa einer Zeitperiode von vier Jahren entspricht. Die Entscheidung, welche Laufzeit ein Betriebskalender haben soll, hängt weitgehend von der Durchlaufzeit der betriebsgewöhnlichen Aufträge ab [15.15]. Ein Sonderfall ist die Terminierung im Rahmen der Netzplantechnik: hier werden *dekadische Betriebskalender* verwendet.

Vergleiche dazu auch Abschnitt 16.4 über rechnergeführte Fertigungssteuerung.

15.4.4.3 Auftragsdisposition und -bearbeitung

Ein *Auftrag* ist eine Aufforderung, eine bestimmte Arbeit auszuführen. Der Auftrag ist durch eine Auftragsnummer gekennzeichnet, um den Arbeitsablauf steuern und die dabei anfallenden Kosten erfassen zu können. Bei den Aufträgen sind zu unterscheiden:

- *Kundenaufträge* aufgrund von Kundenbestellungen,
- *Vorrats-* oder *Lageraufträge* aufgrund von Absatzerwartungen und

— *Innenaufträge* zur Herstellung von Maschinen, Werkzeugen, Vorrichtungen für die betriebliche Nutzung und deren Instandhaltung.

Zur Kennzeichnung eines Auftrages gehören die Art des Auftrages und die auszuführende Aufgabe, die zugehörige Menge, Liefertermin, Qualitätsvorschriften und sonstige Angaben, die den Auftrag eindeutig beschreiben. Aus den vorliegenden Aufträgen wird das *Fertigungsprogramm* gebildet. Dann erfolgt die *Bedarfsrechnung* in den Stufen Bruttobedarfsrechnung und Nettobedarfsrechnung. Die *Bruttobedarfsrechnung* ermittelt ausgehend von dem ermittelten Fertigungsprogramm den Bedarf an Roh-, Hilfs- und Betriebsstoffen sowie Zukaufteilen. Steht das Fertigungsprogramm für eine Planungsperiode exakt fest, wird eine deterministische Bedarfsrechnung [15.23] durchgeführt, d.h. mit Hilfe der Stücklisten oder Verwendungsnachweise und deren Auflösung wird der Bedarf ermittelt. Liegt das Fertigungsprogramm nicht in allen Einzelheiten fest, wird eine stochastische Bedarfsermittlung [15.23] durchgeführt. Sie besteht in einer statistischen Bestimmung des Bedarfs, indem vom Verbrauch in der Vergangenheit auf den Bedarf in der Zukunft geschlossen wird. Dabei werden Prognosemethoden wie die Methode der gleitenden Durchschnitte, die Methode der kleinsten Quadrate, die Methode des Exponential Smoothing oder Korrelationsmethoden eingesetzt. Der so ermittelte Bruttobedarf muß um die verfügbaren Lagerbestände und den Zusatzbedarf für Ausschuß und Ersatzteilbedarf korrigiert werden. Das Ergebnis ist der Nettobedarf, Eigenfertigung und Fremdbezug.

Bei der Materialbedarfsermittlung werden folgende Unterscheidungen benutzt: *Primärbedarf* ist der Bedarf an Erzeugnissen, der sich aus den Verkäufen am Markt bzw. aus dem Produktionsprogramm ergibt, er dient als Eingangsgröße der Bedarfsermittlung. Der *Sekundarbedarf* ist der Bedarf an Material zur Deckung des Primärbedarfs (ohne Hilfs- und Betriebsstoffe). Er stellt den Bedarf an Rohstoffen und Halbfertigfabrikaten dar, der sich aufgrund der Zusammensetzung des Fertigungsprogramms ergibt. Er ist das Ergebnis der Bedarfsermittlung. Der *Tertiarbedarf* baut auf dem Sekundärbedarf auf und umfaßt den Bedarf an Hilfs- und Betriebsstoffen. Die Materialbedarfs- und Bestandsermittlung sind Voraussetzungen für die Materialbeschaffung, die Planung der Beschaffungszeitpunkte und die Entscheidung über Eigenfertigung oder Fremdbezug.

Die Entscheidung über die Art der Beschaffung hängt von der Höhe des Bedarfs und den Kosten je Mengeneinheit ab. Da die Kosten sehr unterschiedlich hoch sind, wird in der Praxis zwischen *auftragsgebundener* und *verbrauchsgebundener Disposition* unterschieden. Die auftragsgebundene Disposition ist die genauere Dispositionsart und wird entsprechend den Ergebnissen der ABC-Analyse auf die A-Teile angewendet. C-Teile sind vor allem DIN-Teile und einfache Fertigungsteile. Sie werden in großen Stückzahlen für längere Bedarfszeiträume bestellt, also verbrauchsgebunden, mit dem Vorteil niedriger Stückkosten. Bei den B-Teilen ist von Fall zu Fall zu unterscheiden, welche Dispositionsart die bessere ist. Liegen keinerlei Beschränkungen vor, wie z.B. in der Regel bei den C-Teilen, so stellt sich die Bestimmung der Losgröße als ein Problem der Kostenoptimierung dar. Nach *Adler* [15.22] werden von jedem Beschaffungsvorgang von der Bezugsmenge unabhängige losfixe Kosten verursacht. Diese Kosten belasten das einzelne Teil um so weniger, je größer die Bezugsmenge ist. Andererseits verursachen größere Bezugsmengen ein Ansteigen der proportionalen Lagerkosten. Das Kostenoptimum ergibt sich bei der Beschaffungsmenge, bei der die Summe aus Beschaffungs- und Lagerhaltungskosten bezogen auf eine Einheit ein Minimum ist.

15.4.4.4 Terminplanung

Aufgabe der *Terminplanung* ist die Festlegung des Start- und Endtermins. Die Terminplanung geht dabei von der Arbeitsplanung aus, bei der die Zeitpunkte über Fristenpläne oder Netzpläne bestimmt worden sind. In der Praxis ist das Umsetzen der Zeitpunkte in Termine nicht ganz einfach, da konkurrierende Aufträge vorliegen. Darüberhinaus müssen festgelegte Termine aufgrund von

15.4 Funktionale Betriebsorganisation

Krankheitsfällen, Maschinenausfall oder fehlendem Material an die neue Situation angepaßt werden. Die Terminplanung gilt im wesentlichen für die kundenorientierte Fertigung, in der in der Regel nach dem Verrichtungsprinzip gefertigt wird. Bei Fließfertigung ist mit der Taktabstimmung das Problem der Terminermittlung weitgehend gelöst.

Bei der Terminplanung wird zwischen auftragsorientierter und kapazitätsorientierter unterschieden. Die *auftragsorientierte Terminplanung* ordnet die Aufträge den Betriebsmitteln mit Festlegung der Anfangs- und Endtermine ohne Berücksichtigung der vorhandenen Kapazitätsbelastung zu. Andere Bezeichnungen sind Durchlaufterminierung oder Projektterminierung. Das Ergebnis einer auftragsorientierten Terminermittlung kann in Form von Listen, Balkendiagrammen, Netzplanen usw. dargestellt werden. Liegt in der Fertigung ein Engpaß vor, d.h. ein Betriebsmittel mit kapazitiver Unterdeckung, wird eine Engpaßterminierung vorgenommen, und zwar entweder rechnerisch oder graphisch. Rechnerisch ergibt sich der Starttermin aus der vorhandenen Belegung durch Aufträge und der Endtermin durch Hinzufügen der Engpaßfertigungszeit. Graphisch ergeben sich die Termine durch Einlasten des neuen Auftrages in das „Kapazitätsgebirge" [15.21]. Die *kapazitätsorientierte Terminplanung* ordnet die Aufträge den Betriebsmitteln zu mit Festlegung der Anfangs- und Endtermine unter Berücksichtigung der vorhandenen Kapazitätsbelastung. Das Ergebnis der kapazitätsorientierten Terminplanung ist eine Terminliste mit der Reihenfolge der Aufträge. Es erfolgt also eine termingebundene Abstimmung von Kapazitätsbestand und -bedarf, die bei Maschinen mit hohem Automatisierungsgrad von besonderer Bedeutung hinsichtlich ihrer Kosten ist.

Die Abstimmung von Betriebsmittelbedarf und -bestand kann durch Anpassung oder Abgleich geschehen [15.3]. Im Rahmen der Terminplanung ist der technologische und zeitliche Abgleich von Wichtigkeit. Anpassung bedeutet entweder Abbau oder Erweiterung der vorhandenen Kapazität. Beim zeitlichen Abgleich werden die Aufträge solange zeitlich verschoben, bis die Belastung des Betriebsmittels nicht mehr über der Kapazitätsgrenze liegt. Voraussetzung: Einhalten des kritischen Weges. Beim technologischen Abgleich wird auf andere Betriebsmittel ausgewichen, soweit dies technisch möglich und kostenmäßig vertretbar ist. Wenn in allen Perioden die Kapazitätsgrenze überschritten ist, muß mit Auswärtsvergabe, Überstunden oder Sonderschichten gearbeitet werden.

Die kapazitätsorientierte Terminplanung ist demnach sehr aufwendig, insbesondere auch dann, wenn zusätzlich für die Reihenfolge von Aufträgen noch Prioritätsregeln berücksichtigt werden müssen. Das geht nur mit Hilfe der EDV. Die kapazitätsorientierte Terminplanung wird lang-, mittel- und kurzfristig vorgenommen. Die langfristige Terminplanung ist gleichbedeutend mit der Fertigungsprogrammplanung und erstreckt sich über einen Zeitraum von ein bis zwei Jahren. Die mittelfristige Terminplanung erfaßt den Zeitraum von einem Monat bis zu einem Jahr. Die kurzfristige Terminplanung oder auch Feinplanung plant für den Zeitraum bis zu einem Monat. Aus dieser Gliederung ergibt sich zwangläufig die Aussage, je kürzer der Planungszeitraum, desto genauer die Terminplanung. Bei der Terminplanung werden vier Methoden unterschieden. Bei der *Vorwartsrechnung* wird, ausgehend von einem Starttermin, der Liefertermin bestimmt. Bei der *Rückwärtsrechnung* wird, ausgehend von einem Liefertermin, der Starttermin bestimmt. Die kombinierte Terminplanung geht von einem Liefertermin aus und ermittelt stufenweise die Anfangs- und Endtermine durch abwechselnde Vorwarts- und Rückwartsrechnung ahnlich dem Vorgehen in der Netzplantechnik. Die *integrierte Terminplanung* ist mit Hilfe der EDV und Modularprogrammen moglich. Zusatzlich zur kombinierten Terminplanung wird die Materialbedarfsermittlung unter Berücksichtigung der Lagerbestände durchgeführt. In der Praxis sind im Einsatz Programme von IBM, Siemens, Univac, WANG usw.

15.4.4.5 Bereitstellung

Die Aufgabe der *Bereitstellung* ist das Bereitstellen und Verteilen der für die Fertigung erforderlichen Materialien, Fertigungsmittel, Arbeitskräfte und Fertigungsunterlagen. Die Bereitstellung kann auftragsbezogen, arbeitssystembezogen und kombiniert vorgenommen werden.

Bei der *auftragsbezogenen Bereitstellung* werden nur die Materialien, Fertigungsmittel, Arbeitskräfte und Fertigungsunterlagen bereitgestellt, die zur Durchführung eines bestimmten Auftrags erforderlich sind. Dieser Fall ist in der betrieblichen Praxis relativ selten, er beschränkt sich auf ortsveränderliche Arbeitssysteme. Der Aufwand ist hoch, die zuverlässige Bereitstellung wichtig. Bei der *arbeitssytembezogenen Bereitstellung* werden die Fertigungsmittel, Arbeitskräfte und Fertigungsunterlagen am Arbeitsplatz bereitgehalten. Die Bereitstellung betrifft in diesem Fall Rohstoffe, Teile und Baugruppen, die zur Durchführung des Auftrages notwendig sind. Der Bereitstellungsaufwand ist gering, die Kosten des Arbeitssystems dagegen hoch. Bei der *kombinierten Bereitstellung* werden bestimmte, häufig verwendete Fertigungsmittel und Fertigungsunterlagen neben den Arbeitskärften am Arbeitsplatz bereitgehalten, nur Spezialwerkzeuge und -vorrichtungen werden auftragsabhängig bereitgestellt. Dieser Fall ist in der Praxis sehr weit verbreitet.

Die *Bereitstellungstermine* sind spätestens die Starttermine der Terminplanung. Die Termine können vorverlegt werden, wenn der Arbeitsfluß nicht leidet und in den Werkstätten nicht zuviel Material liegt. Das Material wird in der Regel am Arbeitsplatz bereitgestellt (*Bringsystem*). Ist dies aus Platzgründen nicht möglich, wird nach dem *Holsystem* gearbeitet und werden in der Fertigung Zwischenlager eingerichtet. Eine viel praktizierte Methode ist das Einrichten von „Bahnhöfen" für Kapazitätsgruppen mit Eingangsbahnhöfen für Rohmaterial und Ausgangsbahnhöfen für bearbeitetes Material [15.21]. Diese Form der Organisation erlaubt dem Arbeitsverteiler schnell die Feststellung, ob das für einen Auftrag vorgesehene Material bereitgestellt ist. In vielen Betrieben wird eine kombinierte Form praktiziert. Das Holsystem bezieht sich auf die arbeitsbezogenen Verbrauchsmaterialien und die zugehörigen Werkzeuge, das Bringsystem dagegen auf die auftragsbezogenen Materialien, größere Vorrichtungen und Spezialwerkzeuge. Sind die für einen Auftrag notwendigen Bereitstellungsaufgaben abgeschlossen, kann unverzüglich mit der Durchführung des Auftrags begonnen werden.

15.4.4.6 Arbeitsverteilung

Die Aufgabe der *Arbeitsverteilung* (Aufgabenverteilung) ist die Verteilung der vorliegenden Aufträge in der vorgesehenen Reihenfolge auf die geeigneten Arbeitssysteme mit dem Ziel eines termingerechten Starts und Endes. Darüberhinaus überwacht die Arbeitsverteilung, ob die Bereitstellung erfolgt ist und leitet sämtliche Fertigmeldungen an den Leitstand weiter. Eine sinnvolle Arbeitsverteilung ist nur möglich, wenn die Arbeitsverteilung über Betriebsstörungen, Instandhaltungsarbeiten, Krankheits- und Urlaubsausfälle informiert ist.

Die Arbeitsverteilung baut auf den Ergebnissen der Terminplanung auf. Die eintreffenden Aufträge werden je Kostenstelle zusammengefaßt. Weitergeleitet werden dürfen nur solche Aufträge, für die Materialdeckung und Betriebsmittelbereitschaft überprüft und vorhanden sind. Eine weitere Kategorie sind fertigungsbereite Aufträge (verfügbare Bereitstellungen) für die endgültigen Starttermine. Schließlich können Reservierungen für künftige Aufträge vorgenommen werden, für die die volle Fertigungsbereitschaft noch nicht gegeben ist.

Die Arbeitsverteilung ist in den Betrieben unterschiedlich organisatorisch angesiedelt. Die *dezentrale Arbeitsverteilung* empfiehlt sich bei wenigen Arbeitsplätzen, kleinen Auftragsbeständen und kurzen Auftragszeiten. Umgekehrt ist die *zentrale Arbeitsverteilung* bei großem Auftragsvolumen mit langen Durchlaufzeiten und unterschiedlicher Ablaufstruktur sinnvoll. Dieses System funktioniert nur bei guter Ausbildung der Arbeitsverteiler und guter Zusammenarbeit mit den ausfüh-

15.4 Funktionale Betriebsorganisation

renden Stellen. Die beste Möglichkeit ist die *kombinierte Arbeitsverteilung*, sie schließt den Werkstattleiter bei der Belegungsplanung ein. Diese Maßnahme hat einmal psychologische Gründe, nämlich die Position des Meisters nicht zu entwerten und eine Vertrauensbasis zu erhalten. Zum anderen kennt der Meister die fachliche Qualifikation seiner Mitarbeiter, den Schwierigkeitsgrad der Aufträge und die Einsatzbereitschaft der Betriebsmittel besser als die Arbeitsverteiler.

Die Funktionsfähigkeit der Arbeitsverteilung hängt weitgehend von den verwendeten Hilfsmitteln und der Steuerung des Belegflusses ab. Wichtigstes Hilfsmittel der Arbeitsverteiler ist der *Werkstattauftrag*. Er ist mt dem Arbeitsplan gekoppelt: er entsteht aus dem Arbeitsplanoriginal. Der Werkstattauftrag ist durch die auf ihm verzeichnete Auftragsnummer gekennzeichnet. Er enthält außerdem die Fertigungsmenge und den Liefertermin. Der Werkstattauftrag kann weitere Unterlagen enthalten, z. B.: *Terminkarten* werden fur jeden Arbeitsgang erstellt und enthalten Informationen wie Bezeichnung des Gegenstandes, Erzeugungsmenge, Liefertermin und sind die Unterlage für die Terminverfolgung. Aus dem Grund gehort ein Exemplar ins Terminburo, ein zweites begleitet den Auftrag. Jede Werkstatt ist verpflichtet, nach Beendigung des Auftrages dieses entweder auf der Terminkarte zu vermerken oder das Terminburo auf anderem Wege zu informieren. Nur so kann wirtschaftlich gefertigt und ggf. Storungen durch sinnvolle Maßnahmen beseitigt werden. Die *Laufkarte* hat eine ähnliche Funktion wie die Terminkarte. Sie begleitet die Auftrage von Arbeitsplatz zu Arbeitsplatz bis zum Fertigerzeugnis. Sie enthalt die Arbeitsvorgange laut Arbeitsplan und die ausfuhrenden Kostenstellen. Nach Beendigung entnimmt der Kostenstellenverantwortliche der Laufkarte seinen Beleg und leitet den an das Terminburo weiter.

Lohnscheine werden ebenfalls von der Arbeitsverteilung dem Werkstattauftrag oder der Laufkarte beigegeben. Lohnscheine enthalten die Bezeichnung des Auftrages, die Positionsnummer im Arbeitsplan, die Erzeugnismenge, die zugehorigen Zeiten fur Bearbeitung und ggf. Rusten und die Lohngruppe. Sie sind die Belege der Arbeitskräfte fur die Lohnberechnung.

Materialentnahmescheine ermoglichen die Materialentnahme aus dem jeweiligen Lager. Sie enthalten neben der Auftragsnummer Daten uber die Materialart, -form, -abmessung und -menge sowie weitere Felder zur Berechnung der Materialkosten. Außerdem werden sie fur Dispositionszwecke benutzt.

Weitere Unterlagen – insbesondere bei Erstauftragen – können Zeichnungen, Stucklisten, Arbeitsunterweisungen, Betriebsmittellisten, Werkzeug- und Vorrichtungslisten, Transportscheine, Kontrollscheine u. ä. sein.

15.4.4.7 Auftragsdurchführung

Bei der Durchfuhrung der Aufträge sind Storungen nicht zu vermeiden. Da sie zu Termin- und Kostenüberschreitungen sowie Minderauslastung der Kapazitat fuhren und erheblichen zusätzlichen Planungsaufwand auslosen, sollten ihre Auswirkungen so gering wie moglich gehalten werden. *Arbeitsbedingte Storungen* entstehen durch Krankheiten, Arbeitsunfalle, Streiks, Bearbeitungsfehler und erhebliche Leistungsgradabweichungen. *Materialbedingte* Storungen entstehen durch fehlerhafte Materialien, falsche Abmessungen, Mengenabweichungen, Transportschäden usw. *Anlagenbedingte Störungen* sind Ausfall von Maschinen und Hilfseinrichtungen durch Verschleiß, ungenugende Wartung oder Energieausfall. *Dispositionsbedingte Störungen* gehen auf mangelhafte Planung und Organisation zuruck, z. B. Fehler in den Werkstattunterlagen, fehlende Fertigungsunterlagen, Fehler bei der Verfahrens-, Termin- und Qualitatsplanung, schlechte Transportorganisation usw. Um die Wirkungen der Storungen moglichst gering zu halten, bieten sich eine Reihe von Moglichkeiten an. Die einfachste Losung, die Pannen von vornherein zu vermeiden. Dies ist aufgrund einschlägiger Erfahrungen in der Vergangenheit in einigen Fallen moglich. Wenn vorbeugende Maßnahmen nicht greifen, kann erst beim Auftreten von Storungen reagiert werden. Dann bieten sich als Losungsmoglichkeiten Überstunden, Springereinsatz, Ersatzteilhaltung, Reserveanlagen, Reservematerialbestand usw. an. Eine weitere Moglichkeit besteht in der Durchlaufzeitverkürzung durch Mehrmaschineneinsatz oder Fremdvergabe.

15.5 Qualitätssicherung

15.5.1 Allgemeines zur Qualität

Qualität ist die „Gesamtheit von Eigenschaften und Merkmalen eines Produktes oder einer Tätigkeit, die sich auf die Eignung zur Erfüllung gegebener Erfordernisse beziehen" (DIN 55 350 Teil 11 (Vornorm)). Qualität kann daher nur bezogen auf bestimmte Anforderungen an ein Produkt oder eine Dienstleistung als „gut" oder „unbefriedigend" bezeichnet werden. Diese Anforderungen müssen z. B. durch Marktanalysen, Ermittlung des Standes der Technik, Kundenwünsche und -erfahrungen usw. festgestellt werden. Wenn die Anforderungen bekannt sind, so können alle Eigenschaften und Merkmale – die *Qualitätsmerkmale* – benannt werden, die zur Erfüllung der Anforderungen von Bedeutung sind. Qualitätsmerkmale sind z. B. Maße (Länge, Durchmesser), Oberflächenrauheit und Härte mechanischer Bauteile oder Leiterabmessungen, Schichtdicke und Verwölbung von Leiterplatten.
Sollen die gegebenen Erfordernisse nach einer bestimmten Zeit (z. B. Betriebsdauer, Lagerzeit usw.) noch sicher erfüllt werden, so wird von *Zuverlässigkeit* gesprochen. Eine Zuverlässigkeitszusage bezieht sich also auf Qualitätsmerkmale, setzt aber besondere Methoden der Zuverlässigkeitsprüfung voraus.
Für meßbare Merkmale – *quantitative Merkmale* – müssen Nenn- oder Sollwerte sowie Toleranzen oder zulässige Grenzwerte und für nicht meßbare Merkmale – *qualitative Merkmale* – müssen Vergleichsmuster, Grenzmuster oder sonstige fachübliche Beurteilungsmaßstäbe festgelegt werden, womit ein *Qualitätsniveau* bestimmt wird. Viele Merkmale lassen sich sowohl quantitativ als auch qualitativ behandeln, z. B. kann der Durchmesser einer Bohrung gemessen oder als Ergebnis einer Lehrung als „gut" oder „Ausschuß" bezeichnet werden. Die Lehren müssen allerdings maßlich überwacht werden, so daß eine wirkungsvolle Qualitätssicherung nur dann durchgeführt werden kann, wenn das Messen gut beherrscht wird. Siehe hierzu Kap. 14 Meßtechnik, besonders Abschnitt 14.2 über statistische Methoden. Vergleiche auch Abschnitt 18.1 über Schwerpunkte der Qualitätssicherung.

Das Qualitätsniveau eines Produktes bestimmt zusammen mit der Kostensituation die Marktchancen eines Produkts gegenüber Konkurrenzerzeugnissen. Ausdrücklich muß darauf hingewiesen werden, daß der umgangssprachliche Gebrauch des Wortes und die allgemeine Bewertung von „Qualität" häufig schwer faßbaren subjektiven Einschätzungen unterliegen, die nicht immer mit der definierten Begriffsabgrenzung verträglich sind.

Die durch objektiv beschriebene Qualitätsmerkmale festgelegte Qualität muß zur Erhaltung der Marktchancen über länger Zeit gleichmäßig gefertigt und geliefert oder zielstrebig verändert (Verbesserung oder Entfeinerung) werden. Die Einhaltung der festgelegten Qualitätsmerkmale ist somit eine entscheidende unternehmerische Aufgabe, deren erfolgreiche Bewältigung durch nahezu jede betriebliche Maßnahme beeinflußt wird. Um Fehlentwicklungen rechtzeitig erkennen und das Betriebsgeschehen regelnd beeinflussen zu können werden besondere *Qualitätssicherungsabteilungen (QS)* beauftragt, Informationen über das tatsächlich erreichte Qualitätsniveau und insbesondere über Qualitätsprobleme unbeeinflußt von partiellen betrieblichen Interessen zu sammeln und auszuwerten.

Zum Sammeln der Informationen sind von der QS aufgrund der vorgegebenen Qualitätsmerkmale alle erforderlichen Prüfungen zu planen, organisatorisch und technisch vorzubereiten und durchzuführen; zum Auswerten der Informationen müssen Prüfberichte und zusammenfassende Statistiken umgehend der Geschäftsleitung und allen anderen Betriebsabteilungen zur Verfügung gestellt werden. Prüfergebnisse dürfen keiner Wertung durch die QS unterzogen werden; sie bilden als sachliche Feststellung die Grundlage für die Ermittlung und Beeinflussung der Ursachen von Qualitätsabweichungen. Zur rationellen Durchführung ihrer Aufgaben bedient sich die QS der Technischen Statistik und der EDV.

15.5.2 Das Prüfen

Das *Prüfen* führt zu der Entscheidung, ob ein Produkt bzw. Prüfgegenstand — auch eine Dienstleistung — die vorgegebenen Toleranzen, Grenzwerte, Grenzmuster usw. für bestimmte Qualitätsmerkmale einhält. Das Prüfen kann subjektiv oder objektiv erfolgen. Beim *subjektiven Prüfen* fällt der Prüfer aufgrund seiner Sinneswahrnehmung eine Prüfentscheidung. Sichtprüfungen werden in vielfältiger Form angewandt, z. B. Qualitätsprüfung von Lackoberflächen, von Geweben, von Lotungen an Leiterplatten, Feststellung ob Versandpapiere beigelegt sind usw. Es werden auch Hörprüfungen, z. B. bei der Beurteilung von Geräuschen, und — bei Lebensmitteln — Geschmacks- und Geruchsprüfungen durchgeführt. Subjektives Prüfen erfordert Konzentrationsfähigkeit und Erfahrung, es ermöglicht in besonderem Maß Ermessensentscheidungen und führt immer zu einem Anteil von Fehlentscheidungen. Durch unterstutzende Maßnahmen kann das subjektive Prüfen erleichtert werden, z. B. bei Sichtprufungen durch gute, den Eigenschaften des Auges angepaßte Beleuchtung. Das *objektive Prüfen* stützt sich immer auf das Messen (s. Kap. 14), so daß in strittigen Fallen die Prüfentscheidung jederzeit nachvollzogen werden kann, wenn es sich um nichtzerstörende Prüfverfahren handelt.

Die festgelegten Qualitätsmerkmale werden beim Prüfen nach einem *Prüfplan* untersucht. Der Prüfplan gibt an, was und wie geprüft werden soll. Neben der Benennung des zu prüfenden Teils (Teile- und Zeichnungsnummer) enthält der Prüfplan die Arbeitsfolge (Eingliederung der Prüfung in den Fertigungsablauf), die zu prüfenden Qualitätsmerkmale mit ihren zulässigen Werten, die Art der Prüfung (z. B. Sicht-, Lehren- oder Maßprüfung), die Prüfmittel und den Prüfumfang (Voll- oder Stichprobenprüfung) und — soweit erforderlich — besondere Prufbedingungen. Das Ergebnis der Prufung ist in einem *Prüfbericht* festzuhalten, der in möglichst standardisierter Form neben der Benennung der geprüften Teile das Prüfergebnis und den Prüfentscheid (z. B. Teile liefern, nacharbeiten, reparieren oder verschrotten) enthalten muß. Das Prüfergebnis bezieht sich auf festgestellte Fehler.

Als *Fehler* werden unzulässige Werte von Qualitätsmerkmalen bezeichnet. Die ermittelten Fehler werden in der Auswertung der Prüfberichte einer *Fehleranalyse* unterworfen, um Maßnahmen zur Fehlerverhütung und zur Verminderung ihrer weiteren Auswirkung ableiten zu können. Hierzu muß die *Fehlerart* eindeutig benannt werden (z. B. „Toleranz nicht eingehalten", „Schraube lose", „unzulässige Risse" usw.). Die möglichen Fehlerarten werden — soweit übersehbar — in einem *Fehlerkatalog* zusammengestellt, in dem jede Fehlerart mit einer Kennziffer für die Datenverarbeitung versehen wird. Zu jedem ermittelten Fehler soll der *Fehlerort* am geprüften Gegenstand, die *Fehlerursache* (z. B. falscher Werkstoff, Werkzeug stumpf, Transportschaden, falsche Lagerung usw.) und die durch Nacharbeit, Reparatur oder Verschrottung entstehenden *Fehlerkosten* angegeben werden. In der Auswertung werden die Fehlerarten einer der drei üblichen *Fehlergewichtung* — kritischer Fehler, Hauptfehler, Nebenfehler — zugeordnet. Das Fehlergewicht und die Fehlerkosten bestimmen in Verbindung mit der Häufigkeit des Auftretens der Fehlerarten die Intensität und den Umfang von Maßnahmen z. B. zur Beseitigung von Fehlerursachen.

Die zusammenfassende Auswertung von Prüfberichten muß schnell und systematisch erfolgen. Besondere Aufmerksamkeit erfordern wiederholt mit herausragender Häufigkeit auftretende Fehlerarten (sog. *Schwachstellenanalyse*). Neben den betriebsintern erfaßten Fehlern sind auch die im Kundendienst und durch Reklamationen bekanntgewordenen Fehler auszuwerten.

Fehler treten immer zufällig auf, denn alle Planungen und Maßnahmen sind auf einen korrekten Ablauf von Entwicklung, Konstruktion und Fertigung ausgerichtet, um ein bestimmtes Produktionsergebnis sicher zu erreichen. Treten Fehler auf, so müssen die Fehlerursachen systematisch ermittelt und analysiert werden, um sie abstellen zu können. Hierfür bieten sich statistische Mittel als Hilfsmittel an, die besonders auf die Untersuchung von Zufallseinflüssen abgestimmt sind (s. Abschnitt 14.2).

15.5.3 Organisation der Qualitätssicherung

Die QS muß als selbständige Abteilung ausschließlich und unmittelbar der Geschäftsleitung unterstellt sein, um das Sammeln von Informationen über das Qualitätsniveau unbeeinflußt von der Interessenlage anderer Betriebsabteilungen zu ermöglichen. Die QS selbst kann sich je nach den betrieblichen Erfordernissen und der Betriebsgröße in die Bereiche Prüfplanung, Wareneingangsprüfung, Fertigungsprüfung und Endprüfung (Prüffeld) gliedern. Sind besondere Prüfungen erforderlich, die sich nicht in den regulären Fertigungsablauf eingliedern lassen (z. B. Werkstoffprüfung, Chemikalienprüfung), so können zusätzliche Betriebslaboratorien, Meßräume usw. angegliedert sein.

Die *Prüfplanung* bereitet die technische und organisatorische Durchführung aller Prüfungen vor; sie erarbeitet Prüfpläne und stellt die Prüfmittel im erforderlichen Umfang bereit. Sind komplexe Eigenschaften oder Funktionsabläufe zu prüfen, so müssen Prüf- und Testprogramme entworfen und ihrerseits geprüft werden. Dies gilt insbesondere für den zunehmenden Einsatz von Mikroprozessoren in den zu prüfenden Geräten und Baugruppen. Weiterhin muß sichergestellt werden, daß keine falschen Prüfentscheidungen durch fehlerhafte Prüfmittel verursacht werden. Zu den Aufgaben der Prüfplanung gehört daher auch die Veranlassung von Maßnahmen zur *Prüfmittelüberwachung*.

Die *Wareneingangsprüfung* stellt das Qualitätsniveau aller eingehenden Rohstoffe, Halbzeuge, Zulieferteile usw. fest und veranlaßt gegebenenfalls Zurückweisungen, Reklamationen usw. Die Prüfberichte der Wareneingangsprüfung sind eine wichtige Grundlage für die *Lieferantenbeurteilung*. Soweit als möglich werden aus Kostengründen Wareneingangsprüfungen reduziert, in dem der Lieferant Zertifikate über die Qualitätsmerkmale seiner Waren liefert oder sich vertraglich zur Durchführung von Prüfungen nach den Spezifikationen des Abnehmers verpflichtet.

Die *Fertigungsprüfung* wird zwischen den einzelnen Fertigungsschritten so eingefügt, daß Fehlerursachen sicher erkannt und Fehlerfolgekosten infolge der späteren Auswirkung nicht rechtzeitig erkannter Fehler vermieden werden. Der Aufwand in der Fertigungsprüfung kann durch die Einführung der sogenannten Selbstprüfung vermindert werden.

In der *Endprüfung* werden abschließende Funktions- und Belastungsprüfungen durchgeführt, wesentliche Qualitätsmerkmale und Vollständigkeit der Lieferung werden geprüft.

15.5.4 Qualitätskosten

Als *Qualitätskosten* sind alle Kosten anzusehen, die durch das Auftreten von Fehlern entstehen. Zu unterscheiden sind Fehlerverhütungskosten, Prüfkosten und Fehlerkosten. *Fehlerverhütungskosten* ergeben sich aus allen vorbeugenden Maßnahmen der QS, durch die das Auftreten von Fehlern bzw. von Fehlerfolgen verhindert werden soll. Hierzu rechnet neben allen planerischen und vorbeugenden Aktivitäten der QS die allgemeine Bereitstellung betrieblicher Kapazität für die Aufgaben der QS. Zu den *Prüfkosten* rechnen alle Kosten, die durch routinemäßige QS-Maßnahmen unmittelbar im Zusammenhang mit Wareneingangs-, Fertigungs- und Endprüfung entstehen. Sie werden deutlich mengen- bzw. stückzahlabhängig sein. *Fehlerkosten* sind alle Kosten, die durch tatsächlich aufgetretene Fehler ausgelöst werden (Kosten für Nacharbeit, Reparatur, Ausschuß).

Allgemein ist davon auszugehen, daß bei geringem Aufwand für Prüfung und Fehlerverhütung hohe Fehlerkosten zu erwarten sind, die durch größeren Mitteleinsatz beim Prüfen und Fehlerverhüten gesenkt werden können.

15.5.5 Dokumentation

Vertragliche Regelungen und die *Produkthaftung* verlangen in Einzelfällen, daß bestimmte Prüfungen dokumentiert werden müssen. In diesen Fällen muß im nachhinein für die betreffenden Teile bzw. Lieferungen beweiskräftig belegt werden können, daß bestimmte Prüfungen mit einem einwandfreien Prüfergebnis sachgemäß und zuverlässig durchgeführt worden sind. Für die QS ergibt sich hieraus nicht nur die Aufgabe, sorgfältige Prüfberichte zu führen, sondern es muß auch jederzeit der Nachweis geführt werden können, daß die Prüfungen fachlich und organisatorisch richtig durchgeführt wurden. Dieser Nachweis wird nur dann überzeugend geführt werden können, wenn verbindliche Prüfpläne vorliegen und belegt werden kann, daß das Prüfpersonal hinreichend fachlich ausgebildet ist und die Prüfmittel regelmäßig überwacht werden.

Unter *Produkthaftung*, auch als *Produzentenhaftung* bezeichnet, wird die Haftung für Schaden verstanden, die der Geschädigte infolge von Produktfehlern über den Schaden am Produkt hinaus erleidet. Das liefernde Unternehmen – nicht nur der Hersteller, auch der Händler – hat in seinem Bereich dem Stand der Technik entsprechend alles zumutbar Erforderliche zu tun, um Schaden des Käufers oder Betreibers zu vermeiden. Im Streitfall muß nachzuweisen sein, daß entsprechende Sorgfalt aufgewendet wurde.

15.5.6 Qualitätsfähigkeit

Viele Erzeugnisse der modernen Technik sind so komplex, daß ihre Qualität durch eine Abnahmeprüfung allein nicht hinreichend sicher festgestellt werden kann (z. B. Luft- und Raumfahrt, Energietechnik, Verkehrstechnik usw.). In solchen Fällen wird vom Hersteller zusätzlich der Nachweis der *Qualitätsfähigkeit* gefordert. Er muß aufgrund seiner technischen Einrichtungen und Organisation grundsätzlich in der Lage sein, die Einhaltung eines geforderten Qualitätsniveaus sicherzustellen. Dieser Nachweis kann ohne eine gut ausgestattete und organisierte QS nicht geführt werden. Die regelmäßige Prüfmittelüberwachung und die solide Ausbildung der Mitarbeiter im QS-Bereich haben hierbei eine besondere Bedeutung. Die Leistungsfähigkeit der QS insgesamt muß durch regelmäßige *Qualitätsaudits* (auch als *Qualitätsrevision* bezeichnet) gesichert werden.

In Qualitätsaudits werden die Ausstattung, Organisation und Tätigkeiten der QS begutachtet und gegebenenfalls verbessert oder geänderten Aufgabenstellungen angepaßt. Die QS darf kein Eigenleben führen. Es muß vermieden werden, daß zu hoher Prüfaufwand für Fehlerarten getrieben wird, die erfahrungsgemäß nur mit einer unerheblich geringen Häufigkeit auftreten. Anders ausgedrückt: Wenn festgestellt wird, daß Fertigungsprozesse sicher beherrscht werden, so kann der Prüfaufwand reduziert werden.

15.6 Literatur

Bücher

[15. 1] *Schwarz, H.*: Betriebsorganisation als Führungsaufgabe. Verlag Moderne Industrie, München 1974.
[15. 2] *Nordsiek*: Rationalisierung der Betriebsorganisation. Klett-Verlag, Stuttgart 1955.
[15. 3] REFA Methodenlehre der Planung und Steuerung. Hrsg. REFA-Verband für Arbeitsstudien und Betriebsorganisation. 5 Bände. Carl Hanser-Verlag, München 1985.
[15. 4] *Scheibler*: Unternehmensorganisation. Gabler-Verlag, Wiesbaden 1974.
[15. 5] *Grochla, E.*: Unternehmensorganisation. Reinbek, Hamburg 1972.
[15. 6] *Gehring, H.*: Projektinformationssysteme. Springer-Verlag, Berlin 1975.
[15. 7] *Kosiol, E.*: Organisation der Unternehmung. Gabler-Verlag, Wiesbaden 1962.
[15. 8] *Miles, L. D.*: Value Engineering. Verlag Moderne Industrie, München 1969.
[15. 9] *Zimmermann, W.*: Betriebliches Rechnungswesen. Verlag Friedr. Vieweg & Sohn, Braunschweig/Wiesbaden 1978.

[15.10] *Olfert, K.*: Investition. Kiehl-Verlag, Ludwigshafen 1985.
[15.11] *Heinen, E.*: Industriebetriebslehre. Gabler-Verlag, Wiesbaden 1978.
[15.12] *Bader, H.*: Staat, Wirtschaft, Gesellschaft. R. V. Decker's Verlag, Hamburg 1976.
[15.13] Netzplantechnik. Hrsg. *Groh/Gutsch*: VDI-Verlag, Düsseldorf 1982.
[15.14] *Heigenhauser*: Netzplantechnik. Vogel-Verlag, Würzburg 1976.
[15.15] *Steinbuch, O.*: Fertigungswirtschaft. Kiehl-Verlag, Ludwigshafen 1978.
[15.16] *Bernhard, R.*: Informationsverarbeitung mit Mikrofilm. Vogel-Verlag, Würzburg 1977.
[15.17] *Roschmann, K.*: Fertigungssteuerung. Carl Hanser-Verlag, München 1980.
[15.18] *Bernhard, R.*: Nummerungstechnik. Vogel-Verlag, Wurzburg 1975.
[15.19] AWF-Lehrgangsunterlage Arbeitsplanung, AWF-interne Unterlagen.
[15.20] AWF-Lehrgangsunterlage Arbeitssteuerung, AWF-interne Unterlagen.
[15.21] *Brankamp*: Handbuch der modernen Fertigung und Montage. Verlag Moderne Industrie, München 1975.
[15.22] REFA Methodenlehre des Arbeitsstudiums. Hrsg. Verband für Arbeitsstudien REFA. 6 Teile. Carl Hanser-Verlag, Munchen 1985/87.
[15.23] *Wiendahl, H.-P.*: Betriebsorganisation für Ingenieure. Carl Hanser-Verlag, Munchen 1986.
[15.24] *Masing, W.*, (Hrsg.): Handbuch der Qualitatssicherung. Carl Hanser-Verlag, Munchen 1980.
[15.25] *Wucherer, H.*: Industrielle Qualitatssicherung. Vogel-Verlag, Würzburg 1981.
[15.26] Begriffe und Formelzeichen im Bereich der Qualitatssicherung. DGQ-Schrift 11-04. Beuth Verlag, Berlin/Köln 1987.
[15.27] Qualitatssicherung in kleineren Unternehmen. DGQ-Schrift 12-40. Beuth Verlag, Berlin/Köln 1980.
[15.28] *Geiger, W.*: Qualitatslehre. Verlag Friedr. Vieweg & Sohn, Braunschweig/Wiesbaden 1986.
[15.29] *Enrick, N. L.*: Qualitatssicherung und Zuverlassigkeit. Resch-Verlag, München 1980.
[15.30] *Masing, W.*: Qualitatslehre. DGQ-Schrift 11-19. Beuth-Verlag, Berlin/Koln 1979.
[15.31] Einführung in die Zuverlassigkeitssicherung. DGQ-Schrift 17-33. Beuth Verlag, Berlin/Köln 1978.
[15.32] Rechnerunterstutzung in der Qualitatssicherung. DGQ-Schrift 14-20. Beuth Verlag, Berlin/Koln 1987.
[15.33] Rahmenempfehlungen fur die Qualitatssicherungs-Organisation. DGQ-Schrift 12-45. Beuth Verlag, Berlin/Koln 1981.
[15.34] Prufmitteluberwachung, Grundlagen. DGQ-Schrift 13-39. Beuth Verlag, Berlin/Koln 1980.
[15.35] *Seibel, H.*: Selbstprufung, Anmerkungen zur Vorbereitung und Einfuhrung. DGQ-Schrift 15-42. Beuth Verlag, Berlin/Koln 1981.
[15.36] *Hahner*. Qualitatskostenrechnung als Informationssystem zur Qualitatslenkung. Carl Hanser-Verlag, Munchen 1981.
[15.37] Qualitatskosten, Rahmenempfehlung zu ihrer Definition, Erfassung, Beurteilung. DGQ-Schrift 14-17. Beuth Verlag, Berlin/Koln 1985.
[15 38] Qualitat und Haftung, die Verantwortung des Herstellers für sein Produkt. DGQ-Schrift 19-27. Beuth Verlag, Berlin/Koln 1986.
[15.39a] *Gaster, D.*: Systemaudit. DGQ-Schrift 12-63. Beuth Verlag, Berlin/Koln 1984.
[15.39b] Produkt- und Verfahrensaudit. DGQ-Schrift 13-41. Beuth Verlag, Berlin/Koln 1987.
[15.40] Mitarbeiter in der Qualitatssicherung. DGQ-Schrift 15-38. Beuth Verlag, Berlin/Koln 1980.
[15.41] Qualitatsprufung fur angelernte Prufer, Anleitung fur die Ausbildung. DGQ-Schrift 15-41. Beuth Verlag, Berlin/Koln 1980.

Normen

DIN	6		Technische Zeichnungen; Darstellungen in Normalprojektion
DIN	199	Teil 1	Begriffe im Zeichnungs- und Stücklistenwesen; Zeichnungen
		Teil 2	Begriffe im Zeichnungs- und Stücklistenwesen; Stücklisten
		Teil 3	Begriffe im Zeichnungs- und Stücklistenwesen; Stücklisten-Verarbeitung, Begriffe in Schlüsselsystem
		Teil 4	Begriffe im Zeichnungs- und Stücklistenwesen; Änderungen
		Teil 5	Begriffe im Zeichnungs- und Stucklistenwesen; Stücklisten-Verarbeitung, Stucklistenauflosung
DIN	406	Teil 1	Maßeintragung in Zeichnungen; Arten
		Teil 2	Maßeintragung in Zeichnungen; Regeln
		Teil 3	Maßeintragung in Zeichnungen; Bemaßung durch Koordinaten
		Teil 3	Beiblatt 1: Maßeintragung in Zeichnungen; Bemaßung durch Koordinaten; Lochkreiskoordinaten
		Teil 4	Maßeintragung in Zeichnungen; Bemaßung für die maschinelle Programmierung
		Teil 4	Beiblatt 1: Maßeintragung in Zeichnungen; Bemaßung für die maschinelle Programmierung, Anwendungsbeispiele

15.6 Literatur

DIN	820	Beiblatt 1: Normungsarbeit; Stichwortverzeichnis
		Teil 1 Normungsarbeit; Grundsätze
		Teil 3 Normungsarbeit; Begriffe
		Teil 4 Normungsarbeit; Geschäftsgang
		Teil 11 Normungsarbeit; Besondere Grundsätze für die DKE am VDE-Vorschriftenwerk
		Teil 12 Normungsarbeit; Normen mit sicherheitstechnischen Festlegungen; Gestaltung von Normen
		Teil 13 Normungsarbeit; DIN-EN-Normen; Gestaltung
		Teil 15 Normungsarbeit; Übernahme von internationalen Normen der ISO und der IEC; Begriffe und Gestaltung
		Teil 21 Normungsarbeit; Gestaltung von Normen, Form, Nummer, Titel
		Teil 22 Normungsarbeit; Gestaltung von Normen, Gliederung
		Teil 23 Normungsarbeit; Gestaltung von Normen; Wortangaben, Größenangaben, Verweisungen und Anhänge
		Teil 24 Normungsarbeit; Gestaltung von Normen; Bilder und Tabellen
		Teil 25 Normungsarbeit; Gestaltung von Normen, Angabe über Werkstoff, Ausführung, Lieferung und Kennzeichnung
		Teil 26 Normungsarbeit; Gestaltung von Normen, Erläuternde Angaben
		Teil 27 Normungsarbeit; Gestaltung von Normen; Bezeichnung genormter Gegenstände
		Teil 27 Beiblatt 1: Normungsarbeit; Gestaltung von Normen; Beispiele für den Aufbau von Normbezeichnungen
		Teil 29 Normungsarbeit; Gestaltung von Normen, Änderungen
DIN	823	Technische Zeichnungen; Blattgrößen
DIN	6763	Nummerung; Grundbegriffe
DIN	6786	Kennzeichnung technischer Unterlagen für dokumentationspflichtige Teile
DIN	7186	Teil 1 Statistische Tolerierung; Begriffe, Anwendungsrichtlinien und Zeichnungsangaben
DIN	19 226	Regelungstechnik und Steuerungstechnik; Begriffe und Benennungen
		Teil 1 Regelungs- und Steuerungstechnik; Begriffe; Allgemeine Grundlagen
		Teil 2 Regelungs- und Steuerungstechnik; Begriffe; Übertragungsverhalten dynamischer Systeme
DIN	33 853	Teil 1 Büro- und Datentechnik; Endgeräte für Bildschirmtext; Begriffe und Einteilung
DIN	33 855	Büro- und Datentechnik; Graphische Symbole
DIN	40 080	Verfahren und Tabellen für Stichprobenprüfung anhand qualitativer Merkmale (Attributprüfung)
DIN	44 300	Informationsverarbeitung; Begriffe
		Beiblatt 2: Informationsverarbeitung; Begriffe; Alphabetisches Gesamtverzeichnis
		Teil 1 Informationsverarbeitung; Begriffe; Allgemeine Begriffe
		Teil 6 Informationsverarbeitung; Begriffe; Speicherung
		Teil 7 Informationsverarbeitung; Begriffe; Zeiten
		Teil 8 Informationsverarbeitung; Begriffe; Verarbeitungsfunktionen
		Teil 9 Informationsverarbeitung; Begriffe; Verarbeitungsabläufe
DIN	55 350	Teil 11 Begriffe der Qualitätssicherung und Statistik; Begriffe der Qualitätssicherung; Grundbegriffe
		Teil 12 Begriffe der Qualitätssicherung und Statistik; Begriffe der Qualitätssicherung; Merkmalsbezogene Begriffe
		Teil 13 Begriffe der Qualitätssicherung und Statistik; Begriffe der Qualitätssicherung; Genauigkeitsbegriffe
		Teil 14 Begriffe der Qualitätssicherung und Statistik; Begriffe der Probenahme
		Teil 15 Begriffe der Qualitätssicherung und Statistik; Begriffe der Qualitätssicherung; Begriffe zu Mustern
		Teil 16 Begriffe der Qualitätssicherung und Statistik; Begriffe der Qualitätssicherung; Begriffe zu Qualitätssicherungssystemen
		Teil 17 Begriffe der Qualitätssicherung und Statistik; Begriffe der Qualitätssicherung; Begriffe der Qualitätsprüfungsarten
		Teil 21 Begriffe der Qualitätssicherung und Statistik; Begriffe der Statistik; Zufallsgrößen und Wahrscheinlichkeitsverteilungen
		Teil 22 Begriffe der Qualitätssicherung und Statistik; Begriffe der Statistik; spezielle Wahrscheinlichkeitsverteilungen
		Teil 23 Begriffe der Qualitätssicherung und Statistik; Begriffe der Statistik; Beschreibende Statistik

	Teil 24	Begriffe der Qualitätssicherung und Statistik; Begriffe der Statistik; Schließende Statistik
	Teil 31	Begriffe der Qualitätssicherung und Statistik; Begriffe der Annahmestichprobenprüfung
DIN 69 900	Teil 1	Netzplantechnik; Begriffe
	Teil 2	Netzplantechnik; Darstellungstechnik
DIN 69 910	Wertanalyse; Begriffe, Methode	
VDI 2220	Produktplanung; Begriffe und Organisation	
VDI 2221	Methodik zum Entwickeln und Konstruieren technischer Systeme und Produkte	
VDI 2222	Blatt 1	Konstruktionsmethodik; Konzipieren technischer Produkte
	Blatt 2	Konstruktionsmethodik; Erstellung und Anwendung von Konstruktionskatalogen
VDI 2225	Blatt 1	Konstruktionsmethodik; Technischwirtschaftliches Konstruieren; Vereinfachte Kostenermittlung
	Blatt 2	Kosntruktionsmethodik; Technischwirtschaftliches Konstruieren; Tabellenwerk
VDI 2234	Wirtschaftliche Grundlagen für den Konstrukteur	
VDI 2235	Wirtschaftliche Entscheidungen beim Konstruieren; Methoden und Hilfen	
VDI 2411	Begriffe und Erläuterungen im Forderwesen	
VDI 2496	Vorgehen bei einer Materialflußplanung	
VDI 2689	Leitfaden für Materialflußuntersuchungen	
VDI 2811	Nummernschlüssel für die Produktionsplanung und -steuerung	
VDI 2815	Blatt 1	Begriffe für die Produktionsplanung und -steuerung; Einführung, Grundlagen
	Blatt 2	Begriffe für die Produktionsplanung und -steuerung; Material, Erzeugnis, Handelsware
	Blatt 3	Begriffe für die Produktionsplanung und -steuerung; Stücklisten
	Blatt 4	Begriffe für die Produktionsplanung und -steuerung; Materialbedarfsermittlung
	Blatt 5	Begriffe für die Produktionsplanung und -steuerung; Betriebsmittel
	Blatt 6	Begriffe für die Produktionsplanung und -steuerung; Kapazität
	Blatt 7	Begriffe für die Produktionsplanung und -steuerung; Fertigungsarten, Fertigungsablaufarten
VDI 3300	Materialfluß-Untersuchungen	
VDI 3300 a	VDI/AWF-Materialflußbogen	
VG 95 001	Teil 1	Zeichnungssatz; Arten, Aufbau, Ausführung, Umfang
	Teil 1	Beiblatt 1: Zeichnungssatz; Arten, Aufbau, Ausführung, Umfang; Eintragung der Sachnummer im Schriftfeld
	Teil 2	Zeichnungssatz; Stücklisten
	Teil 3	Zeichnungssatz; Eintragung von Änderungen
	Teil 4	Zeichnungssatz; Schnittstellen-Zeichnungen; Darstellung, Inhalt

16 Rechnerunterstützte Planung von Fertigungsprozessen

16.1 Hardware- und Softwarestrukturen

16.1.1 Einleitung

Mit der Entwicklung der Computertechnologie wurden in der Produktionstechnik die Anwendungsfelder für einen *wirtschaftlichen Rechnereinsatz* ständig erweitert. Bereits in den Anfängen der NC-Programmierung wurde von Anwendern und Praktikern die Frage erörtert, ob nicht ein Rechnereinsatz in dem der Arbeitsplanung vorgelagerten Bereich sinnvoll und nützlich ist. Die Fragestellung war, ob die Programmierung von Werkzeugwegen durch die Beschreibung der Werkstückgeometrie im Rechner und die anschließende Übergabe der Geometrie an die NC-Programmierung ergänzt werden konnte. Damit wurde ein wichtiger Schritt zur *rechnerunterstützten Geometrieverarbeitung* in der Konstruktion und Arbeitsplanung getan. Heute werden Rechner für die numerische Steuerung von Werkzeugmaschinen, zur Steuerung von Materialfluß- und Handhabungssystemen, für übergeordnete Prozeßsteuerungsaufgaben und im Bereich der Qualitätssicherung eingesetzt. Diese unmittelbar auf die Fertigungstechnologie und Organisation des Fertigungsprozesses bezogenen Aufgaben werden *Computer Aided Manufacturing* (CAM) genannt. Das Anwendungsfeld für rechnerunterstützte Methoden im Bereich der Konstruktion und Arbeitsplanung wird als *CAD/CAM-Technik* bezeichnet [16.1]. Die rechnerunterstutzte Konstruktion und Arbeitsplanung stellt heute, als Teil des gesamten Fertigungsprozesses, die Basis der rechnerunterstützten Planung in der Fertigung dar. Die geometrischen Daten wurden damit zur Grundlage für die Ermittlung der technologischen Sachverhalte und stellen die Eingangsinformation für den Weiterverarbeitungsprozeß.

16.1.2 Hardwarestrukturen

16.1.2.1 Hardwarestrukturen von CAD/CAM-Systemen

Die Basis für CAD/CAM-Anwendungen bilden Rechenanlagen die aus Standardkomponenten der Datenverarbeitung und aus CAD-spezifischen grafischen Peripheriegeräten bestehen. Die Struktur von Rechenanlagen soll an dieser Stelle nur kurz angerissen werden. Es sei in diesem Zusammenhang auf weiterführende Literatur verwiesen (beispielsweise in [16.2]). Der Kern eines Rechners bildet die sogenannte *Zentraleinheit*, die aus den Komponenten

– Steuerungsmodul,
– Arithmetikmodul,
– Speicher und Speicherverwaltung

und

– Ein-/Ausgabemodul

besteht. Die Leistungsfähigkeit und damit die Verarbeitungsgeschwindigkeit einer Rechenanlage wird ganz wesentlich von dieser Zentraleinheit bestimmt. Dabei sind nachfolgende Faktoren maßgeblich bei der Leistungsfähigkeit eines Rechnersystems beteiligt: Die *Wortlänge*, d. h. die Rechengenauigkeit des Arithmetikmoduls, die *Ausbaubarkeit des Speichers* und seiner effektiven Verwaltung durch eine sogenannte Memory-Managment-Unit und schließlich auch die *Verwaltung und Steuerung der Ein-/Ausgabe*, die wesentlich ist für den Anschluß von diversen Peripheriegeräten.

Eine Vielzahl auf dem Markt verfügbarer CAD/CAM-Systeme wird auf Minicomputern mit einer Wortlänge von 32 Bit angeboten. Die Verarbeitungsgeschwindigkeit dieser Rechnerklasse ist in den letzten Jahren ständig durch modernste Halbleiterentwicklung gesteigert worden. Großrechner werden im Verbund mit CAD/CAM-Systemen häufig zur Verwaltung zentraler Datenbasen und zur Bearbeitung von besonders rechenintensiven Aufgaben herangezogen. CAD/CAM-Systeme auf der Basis von Microcomputern beziehungsweise Personalcomputern bieten eine preisgünstige Einstiegsmöglichkeit und die direkte Verfügbarkeit von Rechenleistung vor Ort. Die Wortlänge der in ihnen enthaltenen Prozessoren beträgt meist 16 oder 32 Bit. Als Zusatzprozessoren sind Grafik- und schnelle Arithmetikprozessoren verfügbar.

Bild 16.1 zeigt eine typische Rechnerkonfiguration eines CAD/CAM-Systems einschließlich der CAD-spezifischen grafischen Peripheriegeräte. Als Besonderheit ist erkennbar, daß für die Steuerung der Ein- und Ausgabe und der erforderlichen Funktionen ein eigener Prozessor zum Einsatz kommt, was den Datendurchsatz des Systems wesentlich erhöht. Zur Beschleunigung der arithmetischen Operationen, denen besonders bei CAD/CAM-Anwendungen ein großer Stellenwert zukommt, werden spezielle *Floating-Point-Prozessoren* in das Rechnersystem integriert. Dieser Aspekt trägt ganz wesentlich zur Leistungssteigerung und damit Systembenutzerfreundlichkeit des CAD/CAM-Systems bei.

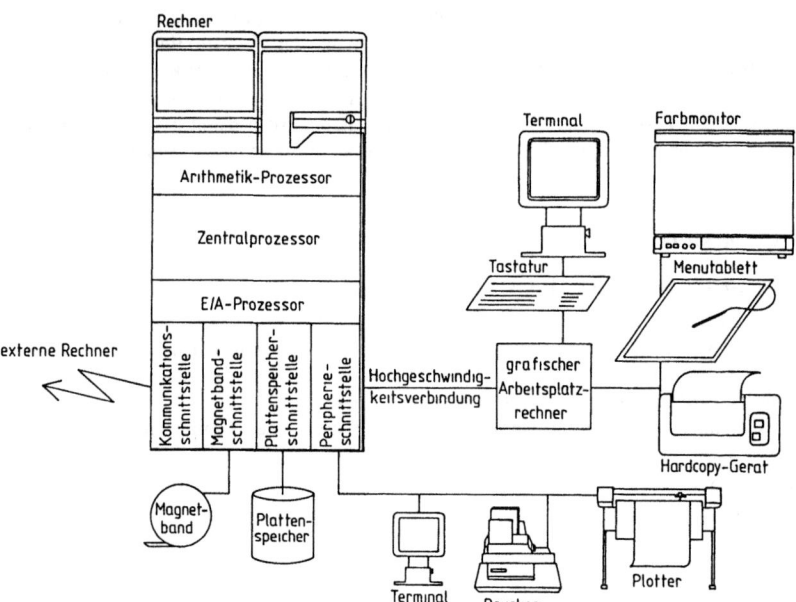

Bild 16.1 Hardwarekonfiguration für CAD/CAM-Anwendungen [16.4]

16.1 Hardware- und Softwarestrukturen

Je nach Leistungsfähigkeit des Rechnersystems können mehrere Arbeitsplatzeinheiten, bestehend aus grafischen Sichtgeräten, Tastatur und entsprechenden grafischen Eingabegeräten angeschlossen werden. Dies ist insbesondere wünschenswert, da bei komplexen CAD-Aufgaben, wie mechanischer Konstruktion oder dem Layout von integrierten Schaltkreisen, mehrere Anwender eine Aufgabe im Team bearbeiten.

Ein wichtiger Klassifizierungsgesichtspunkt von CAD/CAM-Arbeitsplätzen ist der verfügbare *Intelligenzgrad*. So wird zwischen nicht-intelligenten, intelligenten aber nicht eigenständigen sowie autonomen Arbeitsplätzen unterschieden (Bild 16.2) [16.3].

Das typische Beispiel eines *nicht-intelligenten CAD-Arbeitsplatzes* ist das grafische Bildschirmterminal, das lokal mit einem Rechner verbunden ist. Teilweise verfügen Bildschirmterminal-Arbeitsplätze über Steuereinrichtungen, worüber Ein- und Ausgabegeräte bedient werden können.

CAD/CAM-Arbeitsplätze verfügen infolge der stetigen Hardwareentwicklung in zunehmendem Maße über *lokale Intelligenz*. Sie besitzen Funktionen, die hardwareorientiert ausgeführt werden, beinhalten eigene Rechenleistung in Form von modernster Mikroprozessortechnik und verfügen über lokale Massespeicher. Mit dieser Rechenleistung vor Ort können Funktionen, z. B. der Bildmanipulation, mit besonders kurzen Antwortzeiten ausgeführt werden. Gleichzeitig führt diese Verlagerung von CAD/CAM-Teilprozessen in eine Arbeitsstation zu einer wesentlichen Entlastung des Zentralrechners. Arbeitsplätze dieser Art müssen on-line, d.h. in direkter Verbindung, an den Zentralrechner angeschlossen sein, weil der größte Teil der CAD/CAM-Software dort verarbeitet werden muß. In Abhängigkeit vom lokalen Ausbau der Hard- und Software kann man zwischen CAD/CAM-Arbeitsplätzen mit niedriger und hoher Intelligenz unterscheiden, wobei eine kürzere Systemantwortzeit zur Konsequenz hat, daß immer mehr Basisfunktionen in den Arbeitsplatzrechner verlagert werden müssen.

Der Trend bei CAD/CAM-Systemen geht infolge der Entwicklung leistungsfähiger und preisgünstiger Hardware hin zu *Standalone-Arbeitsplätzen*, auch *Workstation* genannt. Diese können autonom CAD/CAM-Aufgaben bearbeiten. Sie verfügen über eine Zentraleinheit, Ein- und Aus-

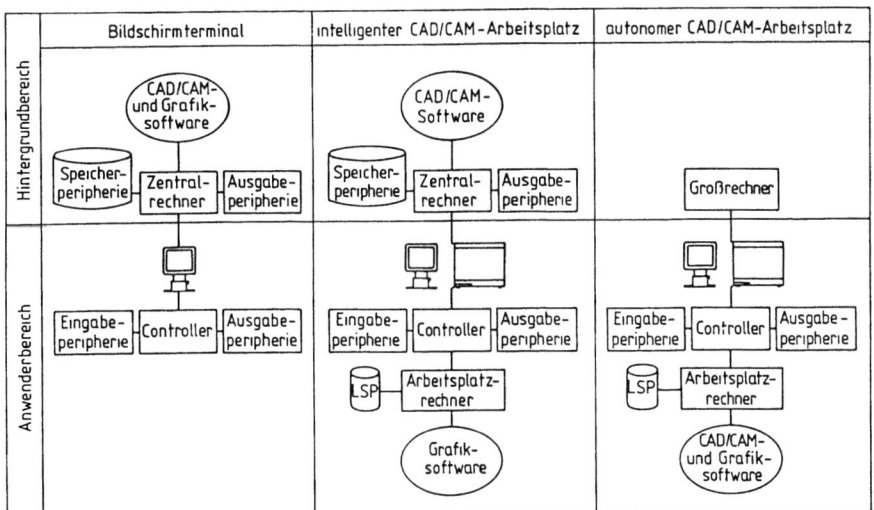

Bild 16.2 Einteilung von CAD/CAM-Arbeitsplätzen nach Intelligenzgrad [16.3]
LSP = Lokale Speicher Peripherie

gabeperipherien, einen lokalen Massespeicher sowie die gesamte CAD/CAM-Software, die physikalisch im Arbeitsplatz vorhanden ist. Eine Workstation enthält neben der lokalen Plattenperipherie einen 32-Bit-Prozessor, verfügt über ein grafisches Subsystem und ist netzwerkfähig. Eine Kopplung mit einem Zentralrechner muß nicht unbedingt on-line erfolgen. Sie kann jedoch bei Zugriffen auf Datenbanken sowie bei Inanspruchnahme von rechenintensiven Berechnungsprogrammen erforderlich sein.

16.1.2.2 Peripheriegeräte für CAD/CAM-Systeme

Die in diesem Abschnitt beschriebenen Peripheriegeräte werden nur kurz angesprochen. Fur die Erklärung von physikalischen und funktionalen Grundlagen wird dazu auf weiterführende Literatur wie in [16.4] verwiesen. An die für die CAD/CAM-Anwendung spezifischen grafischen Peripheriegeräte werden insbesondere hinsichtlich der ergonomischen Gestaltung des grafischen Arbeitsplatzes besondere Anforderungen gestellt.

Durch seine exponierte Aufgabe im Gesamtsystem nimmt der *grafische Bildschirm* eine zentrale Stellung ein. Für diese Komponente in einem CAD/CAM-System sind Anforderungen zu nennen wie eine entspiegelte Bildschirmoberfläche, ein hohes Auflösungsvermögen, starker Bildschirmkontrast und Flimmerfreiheit. Als Bildschirme werden bildspeichernde Sichtgeräte eingesetzt, die die grafische Darstellung auf der Bildschirmoberfläche selbst speichern oder aber bildwiederholende Sichtgeräte, wobei das Bild auf der Sichtfläche ständig neu erzeugt werden muß. Letztere, auch *Rastersichtgeräte* genannt, kommen zunehmend bevorzugt zur Anwendung, da sie mehr den interaktiven CAD/CAM-Aufgaben entgegenkommen. Sie sind in einfarbiger (schwarz/weiß) und in mehrfarbiger Ausführung verfügbar, ermöglichen den Aufbau von dynamischen Bildern, erlauben einen raschen Bildaufbau und erfüllen die oben genannten Anforderungen. Ihre Auflösung, die Anzahl der adressierbaren Rasterpunkte, beträgt 1280 × 1024 Bildpunkte bei Farbbildschirmen und bei einfarbigen Rasterschirmen 2048 × 1560 Bildpunkten. Damit werden diese Sichtgeräte den CAD-Anforderungen gerecht.

Hervorzuheben als Ausgabeperipheriegeräte sind des weiteren für die Ergebnisdarstellung *Hardcopygeräte*, durch die schnell erzeugbare Kopien der Sichtgeräte mittels elektrostatischer Verfahren möglich sind. Auf dem Markt verfügbar sind mittlerweile auch Farb-Hardcopygeräte für Rastersichtgeräte. Als wichtiges Ausgabeperipheriegerät dient die *rechnergesteuerte Zeichenmaschine* zur Ergebnisdarstellung und Ausgabe von Präzisionszeichnungen. Je nach Anwendungsanforderungen ergeben sich unterschiedliche Anforderungen an die Genauigkeit der automatischen Zeichenmaschine. Aufgrund ihrer hoheren Genauigkeit werden für die Herstellung von Präzisionszeichnungen zumeist Flachtischzeichenmaschinen verwendet, die im Vergleich zu den sogenannten Trommelmaschinen in ihrer Ausgabegeschwindigkeit langsamer sind. Die kostengünstigeren Trommelmaschinen werden vielfach dort eingesetzt, wo eine große Anzahl von Zeichnungen erstellt werden muß.

Das wesentliche Element von CAD/CAM-Arbeitsplätzen ist die *grafische Interaktivität*, worüber der Benutzer im Dialog mit dem Rechner grafische Darstellungen bzw. Zeichnungen erstellen kann. Zur Eingabe werden neben alphanumerischen Tastaturgeräten und Funktionstastaturen grafische Eingabegeräte verwendet. Dazu gehören Eingabegeräte wie Tablett, Maus, Lichtgriffel und Digitalisierer. Diese Geräte können einerseits zur Auswahl und zur Aktivierung von Funktionen und Kommandos am System verwendet werden, andererseits aber zum Identifizieren grafischer Elemente auf dem Bildschirm eingesetzt werden.

16.1.2.3 Netzwerke

Der Datenaustausch über *Netzwerke* wird durch die Verfügbarkeit von Arbeitsstationen und unter dem Aspekt der dezentralen Verarbeitung immer eminenter. Besonders bei CAD/CAM-Anwendungen können unter Verwendung der Netzwerktechnik die Effizienz und damit die Wirtschaftlichkeit ganz wesentlich gesteigert werden. *Lokale Netzwerke* oder LAN, als Abkürzung für *Local*

16.1 Hardware- und Softwarestrukturen 613

Area Network, stellen ein solches Verbindungssystem für diverse CAD/CAM-Systemkomponenten, wie Verbindung zu anderen Benutzern, zu Datenbanken oder Peripheriegeräten dar.

Ein lokales Netzwerk ist ein Datenkommunikationssystem, das die Kommunikation zwischen mehreren unabhängigen Geräten/Rechnern ermöglicht, und basiert auf einem Kommunikationskanal mittlerer oder hoher Datenrate. Der Wirkungsbereich von lokalen Netzen ist dabei geographisch auf ein Gebäude oder ein Firmengelände beschränkt. Die physikalische Struktur eines solchen Netzwerkes besteht aus den Verbindungselementen, – den Leitungen für die Datenübertragung –, und Wandlern für die Hardware- und Softwareanpassung zwischen den Komponenten mit unterschiedlichen Schnittstellen. In einem Netzwerk bezeichnet man die einzelnen integrierten Rechner als *Knoten*. Ein wichtiges Unterscheidungsmerkmal von Netzen ist die Art der *Netzwerktopologie*. Je nach Anforderung unterscheidet man verschiedene Netzstrukturen (Bild 16.3). In der Praxis am häufigsten verbreitet sind die *Stern-*, *Bus-* oder auch die *Ringstrukturen*. Für die physikalische Realisierung der Netzwerktopologie stehen drei typische Medien als Leitungen zur Auswahl: die *verdrillte Kupferleitung* als preiswerteste Lösung, jedoch mit relativ niedriger Übertragungskapazität, das *Koaxialkabel*, das hohe Übertragungsgeschwindigkeiten erlaubt, und das gegen elektrische und magnetische Störungen unempfindliche *Glasfaserkabel*. Letzteres Übertragungsmedium gewinnt gerade für CAD/CAM-Anwendungen aufgrund der genannten positiven Eigenschaften zunehmend an Bedeutung. Die Netzwerktechnik bildet insbesondere für den rechnerintegrierten Fertigungsprozeß eine wesentliche Voraussetzung. Auf der Basis der Netzwerktechnik können zwischen den technischen Funktionen Konstruktion, Arbeitsplanung, Fertigung und den begleitenden administrativen Prozessen wie Fertigungsplanung und -steuerung entsprechende Datenverbindungen aufgebaut werden (Bild 16.4) [16.5].

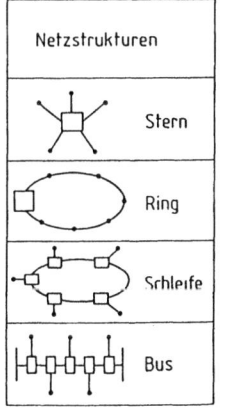

Bild 16.3 Netzwerktopologien

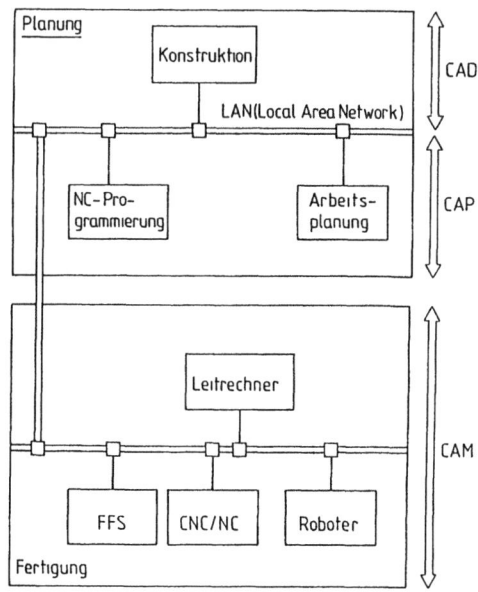

Bild 16.4 Rechnerintegrierte Fertigung und Netzwerktechnik

16.1.3 Softwarestrukturen[1]

16.1.3.1 Systemarchitektur von CAD/CAM-Systemen

Den verallgemeinerten CAD/CAM-Systemaufbau zeigt Bild 16.5 [16.6]. Aufgrund des komplexen Umfanges eines CAD/CAM-Systems ist die Aufteilung der Software in verschiedene Programmbausteine, auch Module genannt, erforderlich. Die Systemarchitektur eines CAD/CAM-Systems gliedert sich in die Module

— Kommunikations-Modul für die grafische Ein-/Ausgabe auch grafischer Dialogteil genannt,
— Modul zur Speicherung der definierten Objekte,
— Datenbank und Programmbibliothek und
— Erweiterungs- und Anwendungsmodule für die verschiedenen Aufgabenbearbeitungsmethoden wie
  * Zeichnungserstellung,
  * Arbeitsplanung,
  * NC-Programmierung,
  * Qualitätssicherung,
  * Technische Berechnung usw.

Das *Modul zur rechnerinternen Objektdarstellung* nimmt bei der Architektur eines CAD/CAM-Systems eine zentrale Stellung ein. Unter der rechnerinternen Darstellung versteht man die Speicherung der zu beschreibenden Objekte in eine definierte Struktur nach festgelegten Algorithmen. Diese Thematik wird im nachfolgenden Abschnitt detailliert erörtert.

CAD/CAM-Systeme benötigen sowohl bei der Eingabe als auch bei der Ausgabe den Dialog mit dem Anwender. Mit diesem *Dialogteil* kann der Benutzer grafische und nichtgrafische Daten interaktiv mit entsprechenden Eingabeperipheriegeräten eingeben, verändern, auf dem Bildschirm darstellen und auch über Plotter und Drucker ausgeben.

Zur Softwarearchitektur eines modernen CAD/CAM-Systems gehört desweiteren die Möglichkeit der *Langzeitspeicherung* von erarbeiteten Konstruktions- und Arbeitsplanungsergebnissen in Datenbanken.

Die Verbindung der verschiedenen Module untereinander wird über sogenannte *Schnittstellen* realisiert. Im Aufbau eines CAD/CAM-Systems lassen sich im wesentlichen Benutzer-, Programm- und Datenschnittstellen unterscheiden. Die *Benutzerschnittstelle* hat dabei die Aufgabe der Mensch-Maschine-Kommunikation. Hierin findet man die Grafiksoftware wie grafische Grundprogramme, grafische Editierprogramme sowie grafische Programmiersprachen zum Erstellen grafischer Pro-

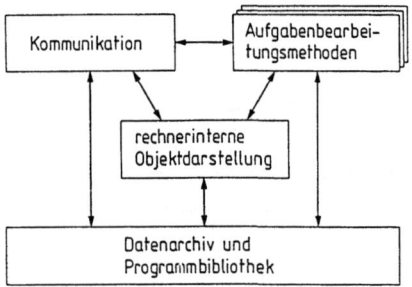

Bild 16.5
Prinzipaufbau von CAD/CAM-Systemen [16.6]

---

[1]) Vergleiche hierzu auch Abschn. 16.3.

16.1 Hardware- und Softwarestrukturen   615

gramme und zum Manipulieren von Geometrieprogrammen. Die *Programmschnittstelle* dient dem funktionalen Aufruf von Anwendermodulen und darüber hinaus den Basismodulen, wie Geometrieverarbeitung und Datenverwaltung. Die *Datenschnittstelle* ist wichtig, vor allem für die Übergabe von geometrischen Daten an andere Systeme.

Das rechnerunterstützte Lösen einer Konstruktions- oder Fertigungsplanungsaufgabe beginnt mit der Eingabe objekt- und aufgabenbeschreibender Daten. Mit dieser Eingabe wird eine rechnerinterne Darstellung des zu bearbeitenden realen Objekts aufgebaut. Neben der Eingabe von bauteilbeschreibenden Daten, den geometrischen Daten, sind zur rechnerunterstützten Lösung von bauteilbezogenen Aufgaben noch aufgabenbeschreibende Daten — *technologische Daten* — notwendig. Diese Daten dienen dann als Eingangsinformation für die rechnerunterstützte Lösung eines Aufgabenkomplexes wie z. B. der Zeichnungserstellung, Arbeitsplanerstellung oder NC-Programmierung.

16.1.3.2 Modellbegriff bei CAD/CAM-Systemen

Die Verwendung eines Rechners zur Bearbeitung von Konstruktionsaufgaben setzt die Abbildung eines realen technischen Objektes in den physischen Speicher des Rechners voraus. Hierzu wird von einem realen räumlichen Objekt in mehreren Stufen ein rechnerinternes Objekt erzeugt. Die Abbildung des technischen Objektes in die rechnerinterne Objektdarstellung eines CAD/CAM-Systems besteht aus *operationalen Datenbasen*, von deren Auslegung das Spektrum der Anwendungsmöglichkeit abhängt. Einflüsse auf die Gestaltung der rechnerinternen Darstellung gehen von programmtechnischen Randbedingungen und der geplanten Anwendung aus. Die rechnerinterne Darstellung kann in Form von Datenfeldern oder als Modell realisiert sein. Die Modelle bestehen aus Daten, Strukturen und Algorithmen (Bild 16.6) [16.6]. Im *Informationsmodell*

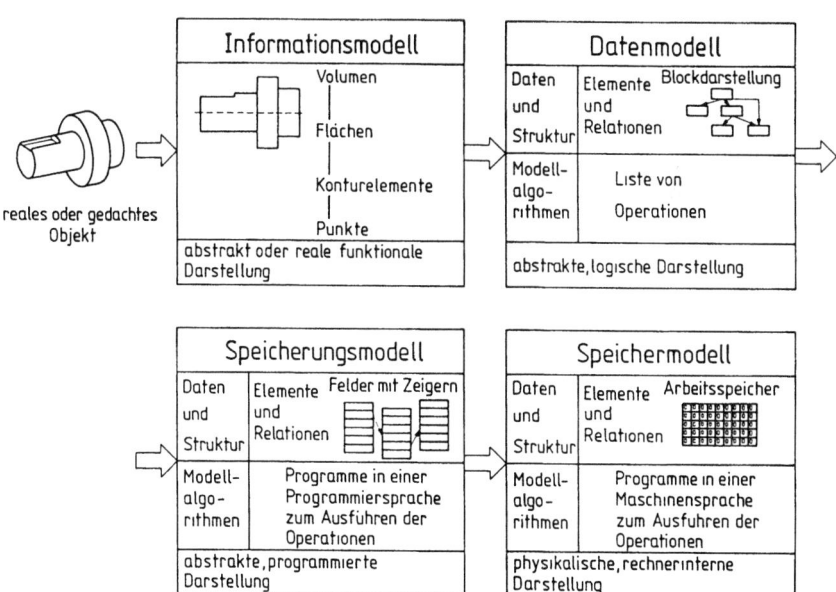

Bild 16.6 Transformation vom realen Objekt in die rechnerinterne Darstellung im CAD/CAM-System [16.6]

von Bild 16.6 müssen alle zu verarbeitenden Elemente und erforderlichen Beziehungen zwischen den Elementen berücksichtigt werden. Das Informationsmodell ist die Basis der Geometriealgorithmen, da über dieses Modell die Funktionen der Geometrieverarbeitung mit den systemverfügbaren Elementen realisiert werden müssen. Die Verarbeitung der über Daten und Strukturen abgespeicherten Elemente erfolgt über Modell- und Anwenderalgorithmen. Die *Modellalgorithmen* bilden ein spezielles Datenhandhabungssystem, das ein Zufügen, Lesen und Löschen von Elementen und ihren Relationen und deren zugehörigen beschreibenden Daten ermöglicht. Der *Anwenderalgorithmus* kann gegliedert werden in die Module der geometrischen Modellierung und zusätzlichen anwendungsorientierten Programme, die Daten der rechnerorientierten Objektdarstellung verarbeiten [16.3]. Bild 16.7 zeigt den Verknüpfungsprozeß zwischen Modell und Anwenderalgorithmus [16.7].

Auch wenn technische Werkstücke meist dreidimensionale Objekte sind, muß ihre rechnermäßige Verarbeitung nicht unbedingt ebenfalls dreidimensional erfolgen. Jedoch lassen sich mit Hilfe der zweidimensionalen Darstellung nur ebene Blechteile und rotationssymetrische Bauteile eindeutig und hinreichend genau beschreiben. Die *2D-Methode* zielt jedoch im wesentlichen auf die rechnerunterstützte Zeichnungserstellung hin, und ist für die rechnerinterne Darstellung von Bauteilansichten und Schnitten geeignet. Aufgrund des, im Vergleich zu einem *3D-System*, relativ geringen Entwicklungsaufwandes basiert ein großer Teil der heute bekannten Systeme auf der Basis der zweidimensionalen Objektdarstellung.

Eine vollständige Erfassung der Gestalt beliebiger Bauteile erlaubt die dreidimensionale Abbildung der Objekte im Rechner. Wie Bild 16.8 zeigt sind die Elemente der rechnerinternen Darstellung Baugruppen, Einzelkörper, Flächen, Konturelemente und Punkte, die derart definiert und strukturiert sind, daß sich die gestaltbezogene Information für alle CAD-Prozesse ableiten lassen [16.7]. Bei *3D-CAD-Systemen* empfiehlt sich eine Gliederung nach dem Abbildungsprinzip des rechnerinternen Modells. In der Praxis werden Kantenmodell bzw. Drahtmodell, Flächenmodell und Volumenmodell unterschieden. Beim *Kantenmodell* werden Elemente verwendet wie Punkte, Linien und Kegelschnitte. Das *Flächenmodell* zeichnet sich dadurch aus, daß die im Modell verwendeten Flächen durch eine Anzahl ebener Flächen (Dreieck- oder Rechteckflächen) aproximiert werden. Sie können vom Typ Ebene, Facette, Prisma (Basisfläche und eine Kante), Rotationsfläche und Flächen zweiter Ordnung und beliebig geformte Flächen sein. Beim *Volumenmodell* liegt ein Modell im Rechner, das weitgehend dem späteren Bauteil entspricht. Das Modell wird aus einfach dimensionierten räumlichen Elementen wie Quader, Zylinder, Kegelstumpf, Tetraeder, Kugel, Torus und Torusbogen, beschrieben. Diese *Grundvolumenelemente*, auch *Primitives* genannt, können auf den verschiedensten Wegen kombiniert werden, um Teile oder eine Gruppe von

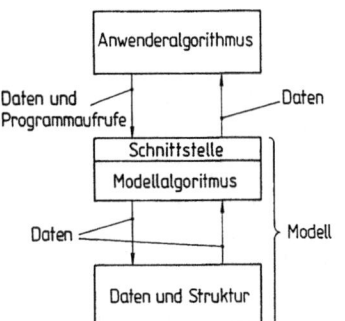

Bild 16.7
Verbindungsprozeß von Modell- und Anwenderalgorithmen [16.6]

16.1 Hardware- und Softwarestrukturen

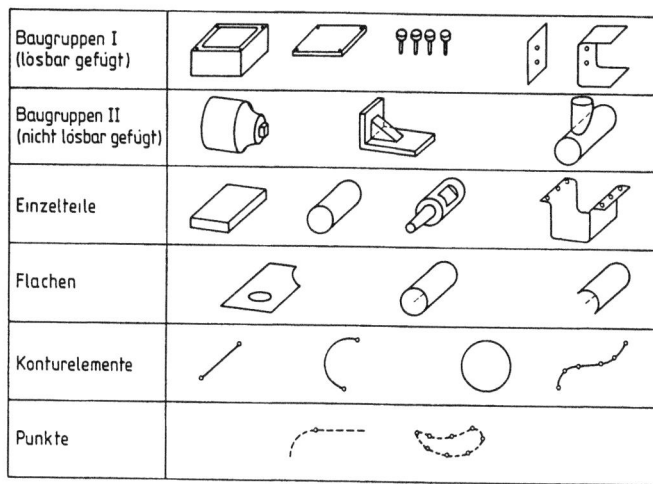

Bild 16.8 Geometrische Elemente der rechnerinternen Darstellung [16.7]

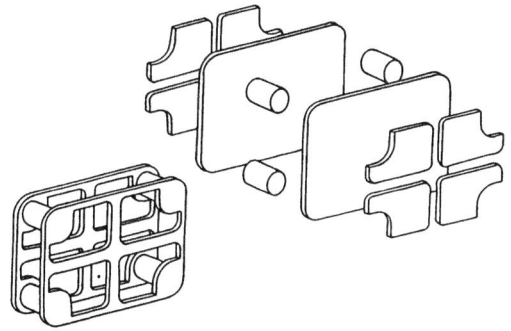

Bild 16.9
Beispiel für Kontaktflachenverknupfung

Bauteilen zu entwerfen. Die Verknüpfung der einzelnen Grundkörper geschieht durch die mengentheoretischen Operationen Vereinigung, Differenz und Durchschnitt.

In der dreidimensionalen Geometrieverarbeitung wurden für die Verknüpfung der Grundkörper zwei unterschiedliche Methoden entwickelt, die *Kontaktflachenverknupfung* und die *Durchdringungsverknüpfung* (Bilder 16.9 und 16.10). Bei der Kontaktflächenverknüpfung werden die Flächen, die die Kontaktzone bilden, zu Flächenpaaren verknüpft. Diese werden modifiziert oder auch teilweise gelöscht. Vorteil dieses Verfahrens ist, daß sehr schnell ablaufende 3D-Verknüpfungsalgorithmen aufgrund der Einschränkungen entwickelt wurden [16.4]. Ein Großteil praxisgerechter Formen läßt sich jedoch nur auf der Basis allgemeiner Volumenelementedurchdringungen erfassen.

Ein wichtiges Ziel besteht darin, daß die rechnerinterne Darstellung in einem integrierten CAD/CAM-System als eine Datenbasis für verschiedene Planungsaufgaben herangezogen werden kann.

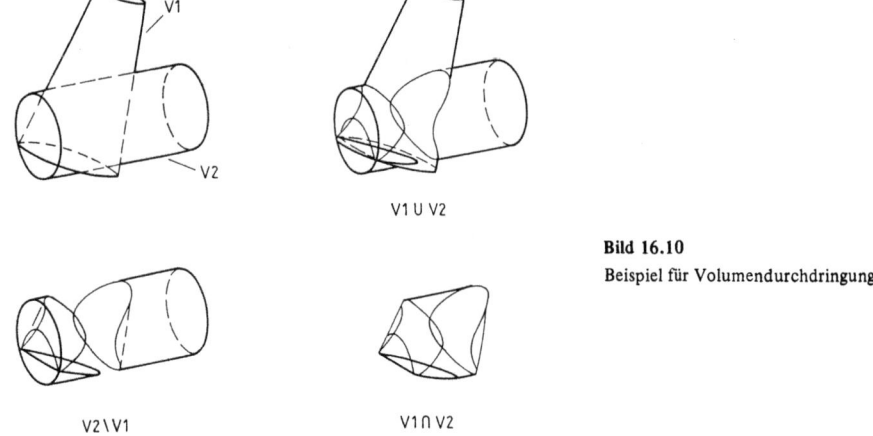

Bild 16.10
Beispiel für Volumendurchdringung

Zum gegenwärtigen Zeitpunkt können verschiedene Modelle je nach Anwendungssystem erstellt und verarbeitet werden. An dieser Stelle seien nur die wichtigsten angeführt: *Geometrisches-, Technologisches-, Simulations- Kinematisches-, Berechnungs-* und *Kostenmodell* [16.8]. Die zukünftige Integration von Konstruktions-, Arbeitsplanungs- und Fertigungssteuerungssystemen erfordert ein integriertes Modell, das die rechnerinterne strukturierte Zusammenfassung aller Einzelinformationen über ein Produkt enthält. Nach [16.8] wird dies unter den globalen Begriff *Produktmodell* gefaßt. Dieser Modellbegriff kann als das datenorientierte Wissen über ein Produkt in einem Betrieb aufgefaßt werden und wird damit die Basis für die rechnerintegrierte Fabrik der Zukunft bilden.

16.1.3.3 Kopplung von CAD/CAM-Systemen

Das Bestreben zur *dezentralen Datenverarbeitung* im Unternehmen verstärken den Zwang der Vernetzung von Rechnern gleicher und unterschiedlicher Hersteller. Daraus ergibt sich ein Kopplungsproblem zwischen unterschiedlichen CAD/CAM-Systemen, wobei es nicht nur um die Übertragung von Dateninhalten, sondern auch um den Austausch komplexer Datenstrukturen geht. Bild 16.11 zeigt prinzipiell drei verschiedene Kopplungsmoglichkeiten von CAD/CAM-Systemen [16.7]. Sie kann unter Verwendung der gleichen rechnerinternen Darstellung erfolgen, über jeweils spezifische Koppelbausteine zwischen den Systemen oder über eine gemeinsame Datenbasis bei Beibehaltung der systemeigenen rechnerinternen Darstellung. Der Modellaustausch als ein wichtiger Bestandteil der Integrationsbestrebung wird in Zukunft sich nicht nur auf die innerbetriebliche CAD/CAM-Anwendungsebene beschränken, sondern auch dahingehend erfolgen, daß ein Datenaustausch zwischen verschiedenen Unternehmen ermöglicht wird. Daraus resultiert eine Beschleunigung des Informationsaustausches, es werden Mehrfacharbeiten vermieden und die Exaktheit der Daten wird damit gewährleistet. Aus diesem Grunde sind für die Kopplung von CAD-Systemen Standardschnittstellen entwickelt worden, in die die Daten eines CAD-Modells in ein Standard-Datenformat transferiert werden, das dann von einem anderen CAD-System gelesen werden kann. Eine Standardisierung von Kopplungen zwischen CAD/CAM-Systemen ist die *IGES-Definition* und für die Übertragung von Freiformflächendaten die *VDA-FS-Schnittstelle*, die von der Automobilindustrie entwickelt worden ist [16.4].

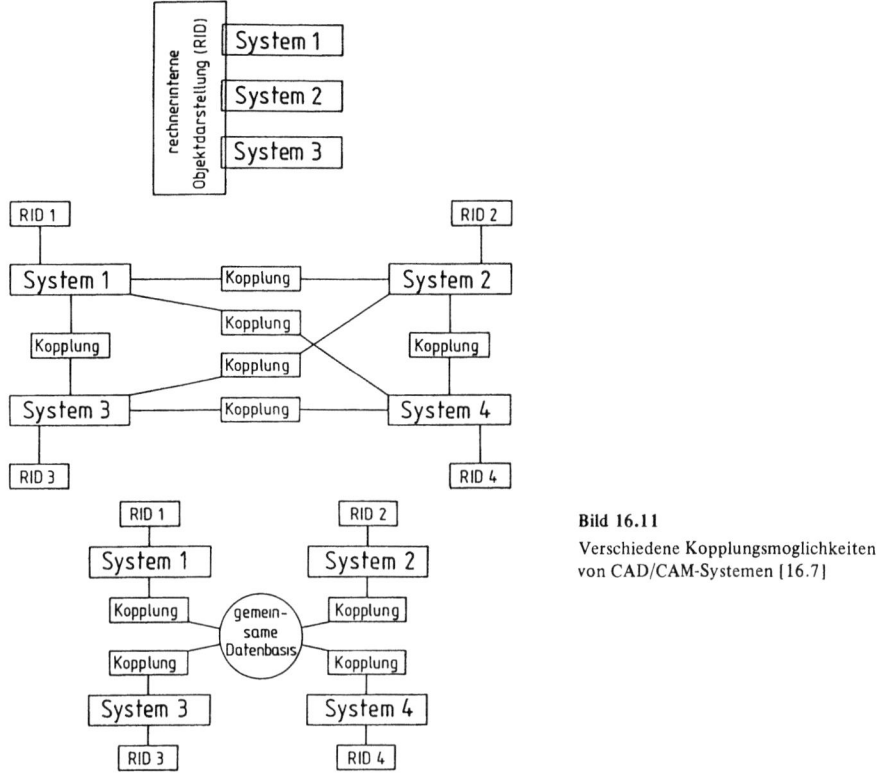

Bild 16.11
Verschiedene Kopplungsmoglichkeiten
von CAD/CAM-Systemen [16.7]

16.2 Organisation und Planung rechnerintegrierter Betriebsstrukturen

16.2.1 Allgemeines

Der *industrielle Produktionsprozeß* basiert auf einem Zusammenwirken von Energietechnik, Materialtechnik und Informationstechnik. Insbesondere die Informationstechnik hat durch ihre integrierende Funktion die Organisation unserer Produktionsunternehmen in eine neue Entwicklungsphase geführt. Sie durchdringt alle technischen und organisatorischen Funktionsabläufe sowie alle Produktionsmittel und Methoden, die zur industriellen Gutererzeugung erforderlich sind [16.9]. Der sehr differenzierte und verfeinerte technologische Anspruch an industriell gefertigte Güter führt zur vermehrten Produktvariation und schnellen Produktsubstitution. Diese Veranderung der Marktsituation erfordert eine Automatisierung mit hoher Flexibilität und Produktivität zugleich. Die Konsequenz ist die rechnerintegrierte, flexibel automatisierte Fabrik, in der die Informationstechnik eine Schlüsselfunktion einnimmt. Durch informationstechnische Verknüpfung des gesamten Fabrikbetriebes ist eine kontinuierliche Optimierung des Prozesses der Gutererzeugung moglich geworden. *Computer Integrated Manufacturing* „CIM" kann daher gedeutet werden als die Integration von Funktionen, Informations- und Materialfluß durch Informationstechnologie im Industriebetrieb (Bild 16.12). Siehe auch Kap. 15 Betriebsorganisation.

16 Rechnerunterstützte Planung von Fertigungsprozessen

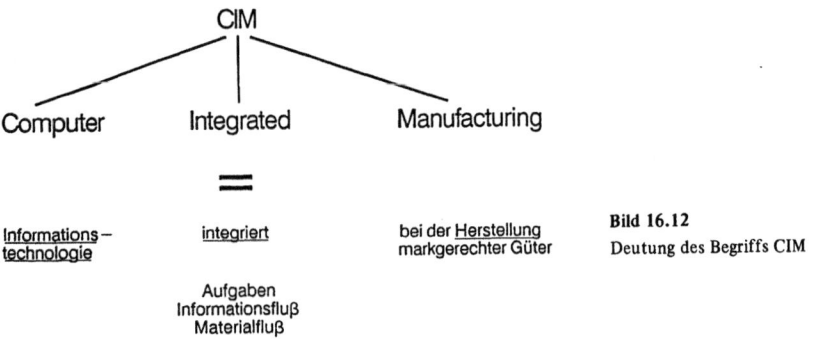

Bild 16.12 Deutung des Begriffs CIM

16.2.2 Ziel und Potentiale der Integration

16.2.2.1 Funktionales Referenzmodell

Die Gestaltung eines *rechnerintegrierten Fabrikbetriebes* vollzieht sich in einem Regelkreis aus den Anforderungen der betrieblichen Funktionen an die Datenverarbeitung und Informationstechnologie sowie, als Rückkopplung, den Gestaltungsmöglichkeiten für die Datenverarbeitung und die betrieblichen Abläufe durch neue Technologien und Methoden. Ein Integrationspotential ergibt sich, wenn durch die Einführung neuer EDV-Systeme mit dem Ziel einer Integration von Aufgaben, Informationen und Materialfluß

- eine Verkürzung der Produktentwicklungszeit,
- eine Verkürzung der Fertigungsdurchlaufzeit,
- eine Verbesserung der Auftragstermintreue,
- eine Erhöhung der Produktqualität oder
- eine Kostenreduktion

erreicht werden kann.

Eine funktionale Betrachtung der industriellen Produktion veranschaulicht den Sinn und die Vorteile einer Integration und ermöglicht die Ableitung von Integrationspotentialen. Ausgehend von einem Einmannbetrieb, in dem alle Teilfunktionen von einer Person durchgeführt werden, läßt sich bei der Betrachtung zunehmend größerer Betriebe und Produktionsaufgaben eine Aufteilung in Teilfunktionen erkennen, die im wesentlichen die *Arbeitsteilung* in den Unternehmen und Betrieben widerspiegelt (Bild 16.13). Die Arbeitsteilung führt einerseits zu einer hohen Effizienz bei der Durchführung der Teilfunktionen und andererseits zu vielen Schnittstellen, die den Ablauf hemmen können (Bild 16.14). Die Integration der verschiedenen Anwendungssysteme in den Unternehmen ermöglicht

- den Austausch von mehr Daten zwischen mehr Stellen,
- frühestmögliche Berücksichtigung aller Einflußgrößen zur optimalen Funktionserfullung,
- Verringerung der Organisationsfunktionen,
- Verringerung der Kommunikationsschnittstellen,
- Komplettbearbeitung von Informationen.

Zur Erfassung betrieblicher Funktionsabläufe wurde ein funktionales *Referenzmodell des Fabrikbetriebs* entwickelt. Das Modell ist weitgehend unabhängig von der Ausprägung verschiedener Betriebsmerkmale wie Anwenderbranche, Herstellerbranche, Fertigungsstückzahlen und Produktkomplexität. Die stark unterschiedlichen Anwenderanforderungen an die betriebliche Informa-

16.2 Organisation und Planung rechnerintegrierter Betriebsstrukturen

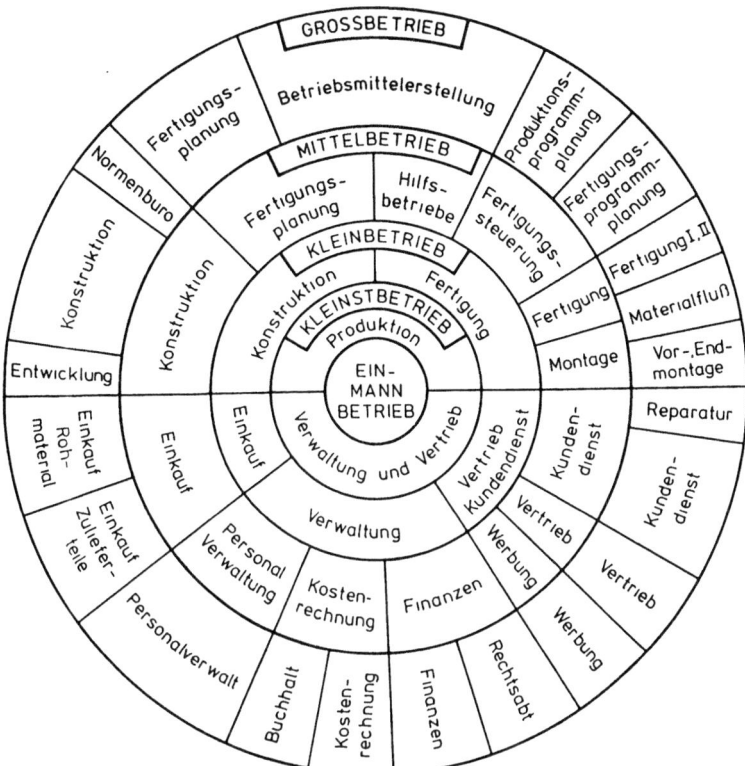

Bild 16.13 Arbeitsteilung in Industriebetrieben

Arbeitsteilung in der industriellen Produktion	
positive Folgen	negative Folgen
– Entwicklung effizienter Arbeitssysteme für Teilaufgaben (z B. CAD, CAP, PPS) – Durchführung der Teilaufgaben mit hoher Arbeitsleistung	– viele Schnittstellen – hoher Organisationsaufwand – langer Auftragsdurchlauf – Durchführung der Teilaufgaben ohne Berücksichtigung des Gesamtzusammenhanges

Bild 16.14 Vor- und Nachteile der Arbeitsteilung

tionstechnik sollen sich an einem einheitlichen Modell aufzeigen lassen. Die funktionale Betrachtung des Fabrikbetriebs wird durch Anlehnung an die IDEF Modellbeschreibungsmethode [16.10] unterstützt. Es wurde eine Gliederung in sieben Hauptfunktionen gewählt (Bild 16.15):

- Vertrieb und Kundendienst,
- Produktionsprogrammplanung,
- Entwicklung und Konstruktion,
- Fertigungsplanung,
- Betriebsmittelerstellung,
- Fertigungsprogrammplanung,
- Fertigung steuern und überwachen.

Da der Fabrikbetrieb Ausgangspunkt der Untersuchung ist, sind die genannten sieben Hauptfunktionen in der sogenannten *A0-Ebene* angeordnet. Die verbindenden und in der *A0-Ebene* herausund hereingeführten Pfeile sind mit den Aus- und Eingangsdaten der Funktionen beschriftet. Jede der Hauptfunktionen wird in weitere Teilfunktionen gegliedert. Dieser Detaillierungsvorgang kann je nach gewünschter Abbildungsgenauigkeit beliebig wiederholt werden.

Als Beispiel sei auf die Detaillierung der Hauptfunktionen Vertrieb und Kundendienst sowie Betriebsmittelerstellung eingegangen. Vertrieb und Kundendienst (Bild 16.16) läßt sich in sieben Teilfunktionen gliedern:

- Beratung,
- Absatzprognosen,
- Angebotserstellung,
- Kundenauftragsverwaltung,
- Vertriebsprogrammerstellung

sowie die Kundendienstfunktionen

- Installation, Inbetriebnahme und Schulung,
- Reparatur und Ersatzteilversorgung.

Die bei den Detaillierungen der Hauptfunktionen aufgeführten Teilfunktionen müssen nicht alle in einem realen Unternehmen vorkommen; das allgemeine Modell soll aber die Abbildung nahezu aller Fälle ermöglichen.

Wesentliche Eingangsdaten für Vertrieb und Kundendienst sind von außerhalb des Unternehmens

- Kundenanfragen und -aufträge,
- Reparaturaufträge

sowie von anderen Hauptfunktionen

- Konstruktions- und Produktionsunterlagen für die Erstellung von Verkaufs- und Kundendienstunterlagen,
- Rückmeldungen über mögliche Fertigungstermine und den Auftragsfortschritt.

Ausgangsdaten sind u. a. Vertriebsprogramm, Verkaufsunterlagen, Angebote, Liefertermine und Ersatzteilaufträge an die Fertigung.

Die Betriebsmittelerstellung (Bild 16.17) nimmt unter den sieben Hauptfunktionen eine Sonderstellung ein. Sie umfaßt einerseits die Planung der Bereitstellung der Betriebsmittel und andererseits deren Konstruktion, Arbeitsvorbereitung und Fertigung, d. h. sie spiegelt nahezu den gesamten Funktionsumfang des Fabrikbetriebs wieder: Die Funktion Betriebsmittelerstellung kann somit als Unternehmen im Unternehmen aufgefaßt werden.

Auf der Basis des funktionalen Referenzmodells konnen für bestimmte Unternehmen die CIM-relevanten Funktionsabläufe aufgezeigt werden. Dabei sind die Sichtweisen einer ablauforientierten Integration von Funktionen einerseits und der Integration der in den Funktionen verarbeiteten Daten andererseits zu unterscheiden.

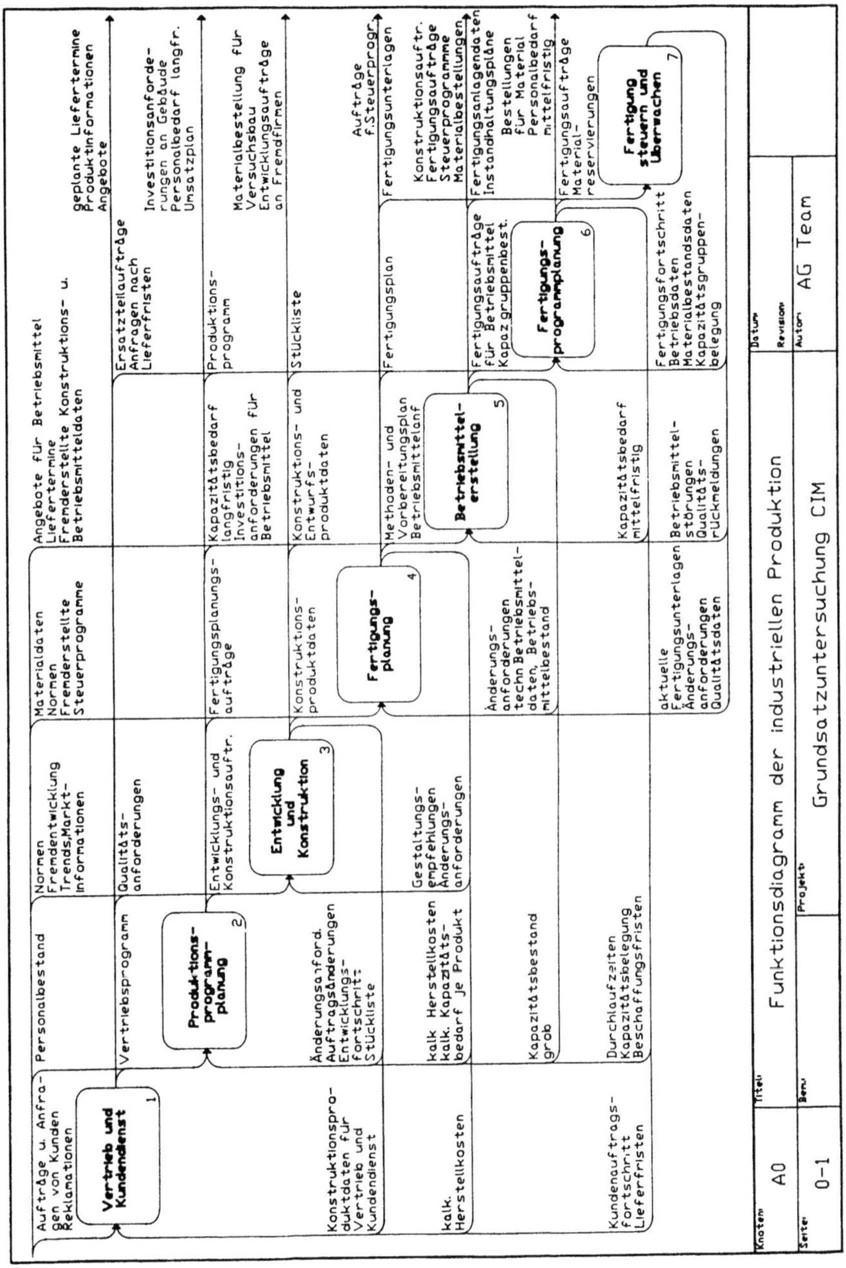

16.2 Organisation und Planung rechnerintegrierter Betriebsstrukturen   623

Bild 16.15 Funktion als Referenzmodell des Fabrikbetriebs

16 Rechnerunterstützte Planung von Fertigungsprozessen

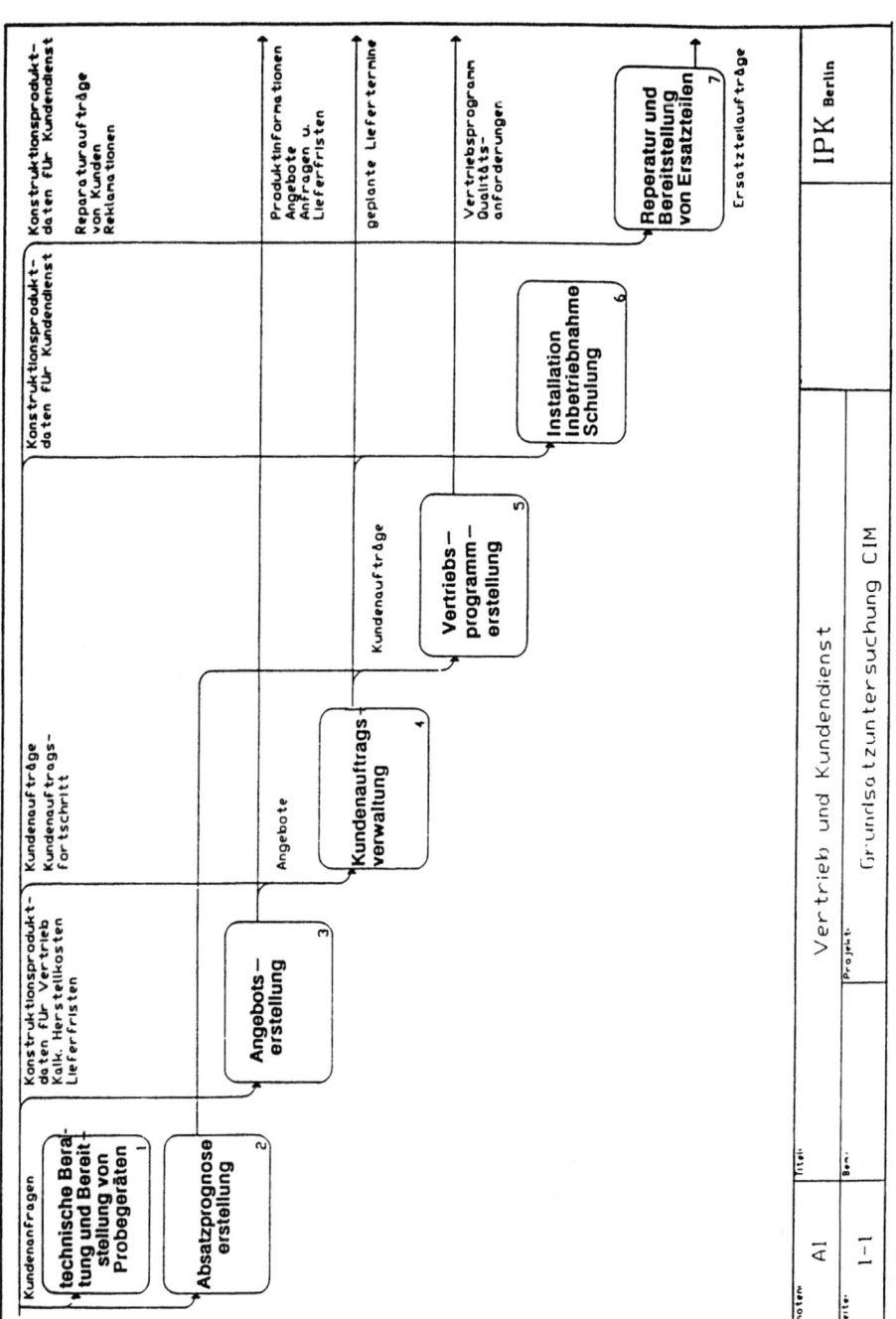

Bild 16.16 Funktionen von Vertrieb und Kundendienst

16.2 Organisation und Planung rechnerintegrierter Betriebsstrukturen

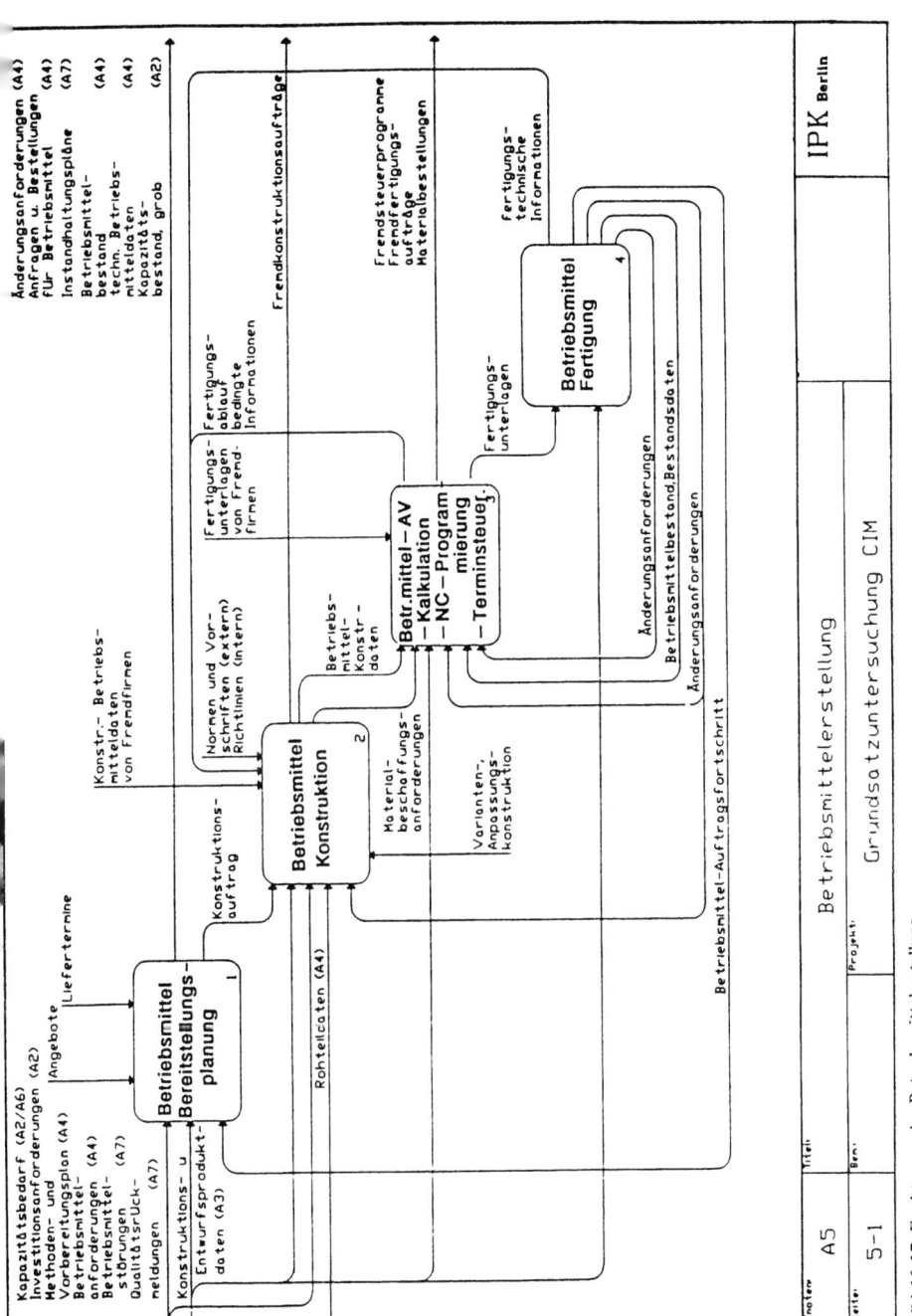

Bild 16.17 Funktionen der Betriebsmittelerstellung

16.2.2.2 Funktionsintegration

In Bild 16.18 sind Funktionsbereiche dargestellt, die heute durch EDV-Systeme unterstützt werden. Wesentliche *Integrationsinseln* sind dabei entstanden durch Systeme zur
- Produktionsplanung und -steuerung (PPS),
- Konstruktion und Arbeitsplanung (CAD/CAM),
- Betriebsdatenerfassung (BDE),
- Werkstattprogrammierung von NC-Maschinen.

Ausgehend von diesen Integrationsinseln lassen sich, in Abhängigkeit von der jeweiligen betriebsspezifischen Ausprägung, Funktionsbereiche mit hohem Integrationspotential im Referenzmodell aufzeigen (Bild 16.19):

- Zur Verkürzung der Entwicklungszeiten neuer Produkte sind die fertigungsgünstige Konstruktion sowie die simultane Planung von Produkt und Betriebsmittel Ziele, die durch Integration von Konstruktion, Fertigungsplanung und Betriebsmittelerstellung erreicht werden konnen.
- Die Verkürzung der Auftragsdurchlaufzeit kann durch eine Integration aller Systeme, die Mengen und Zeiten steuern, erreicht werden.

16.2.2.3 Datenintegration

Die im Fabrikbetrieb anfallenden Daten sind heute in den Datenhaltungssystemen der einzelnen EDV-Anwendungen verteilt. Eine integrierte Informationsverarbeitung erfordert jedoch eine Abkehr von der EDV-System-orientierten Datenhaltung hin zu einer *objektbezogenen Datenhaltung*. Eine Analyse der Funktionen der industriellen Produktion liefert Kriterien für eine solche objektbezogene Datenhaltung. Bild 16.20 ordnet die einzelnen Hauptfunktionen drei grundsätzlich verschiedenen Objekten des Fabrikbetriebs zu:

1. Was soll produziert werden? = Das Objekt „Produkt".,
2. Wann soll was in welcher Menge = Das Objekt „Auftrag".
produziert werden?
3. Womit soll produziert werden? = Das Objekt „Betriebsmittel".

Die Funktionen Entwicklung und Konstruktion definieren das Objekt *Produkt* zunächst losgelöst von Zeit-, Mengen- und Kapazitätsgesichtspunkten. Vertrieb und Kundendienst sowie die Fertigungsplanung üben zusätzlich einen gestaltenden Einfluß aus. Die Funktionen der Programmplanung, Betriebsmittelerstellung und Fertigung sind Nutzer der produktdefinierenden Daten.
In den Funktionen Produktionsprogramm- und Fertigungsprogramm-Planung wird bestimmt, was zu welcher Zeit in welchen Stückzahlen produziert wird und welche Ressourcen und Materialien wann in welchem Umfang dafür bereitzustellen sind. Der Vertrieb liefert dazu als Eingangsgrößen die *Kundenaufträge* oder Mengenbedarfe, die bis zur Umsetzung in der Fertigung über mehrere Stufen aufzulösen sind.
In der Betriebsmittelerstellung werden die für die Produktion erforderlichen Betriebsmittel gestaltet. Produkt- und Auftragsdaten sind dafür die wesentlichen Eingangsgrößen. In der Fertigungsplanung wird die Teilegeometrie je nach Betriebsmittel in Fertigungs-, Montage- und Prüfpläne sowie NC-Programme umgesetzt, in der Fertigung wird der Fertigungsplan auf den Betriebsmitteln ausgeführt.
Aufgrund der Verschiedenheit der Objekte, der vielfältigen einzelnen Daten, durch die sie jeweils beschrieben werden, sowie der komplexen Beziehungen zwischen diesen Daten kann von

- einem *Produktmodell,*
- einem *Steuerungsmodell* und
- einem *Betriebsmodell*

gesprochen werden.

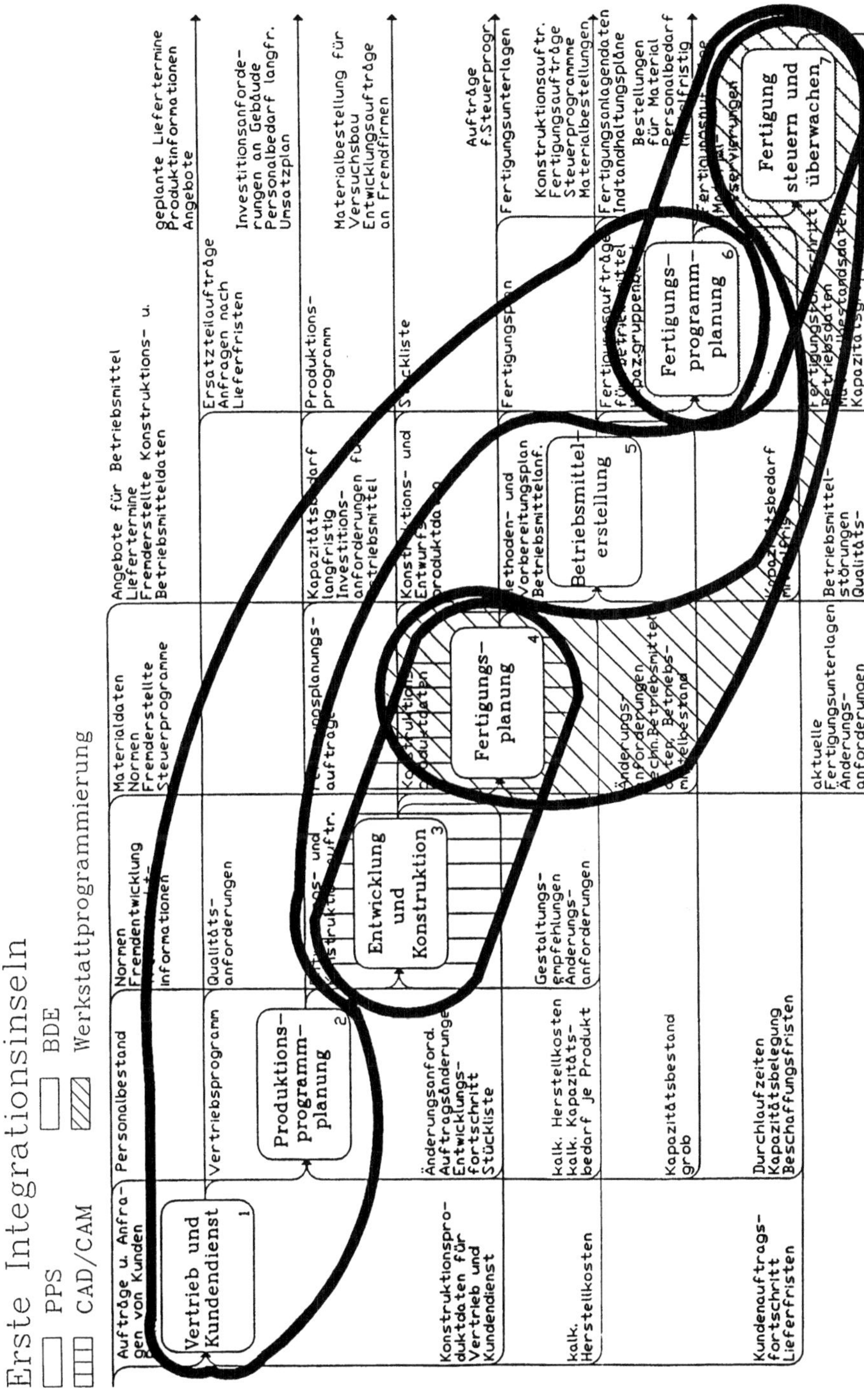

16.2 Organisation und Planung rechnerintegrierter Betriebsstrukturen 627

Erste Integrationsinseln

☐ PPS ☐ BDE
☐ CAD/CAM ▨ Werkstattprogrammierung

Bild 16.18 Erste Integrationsinseln

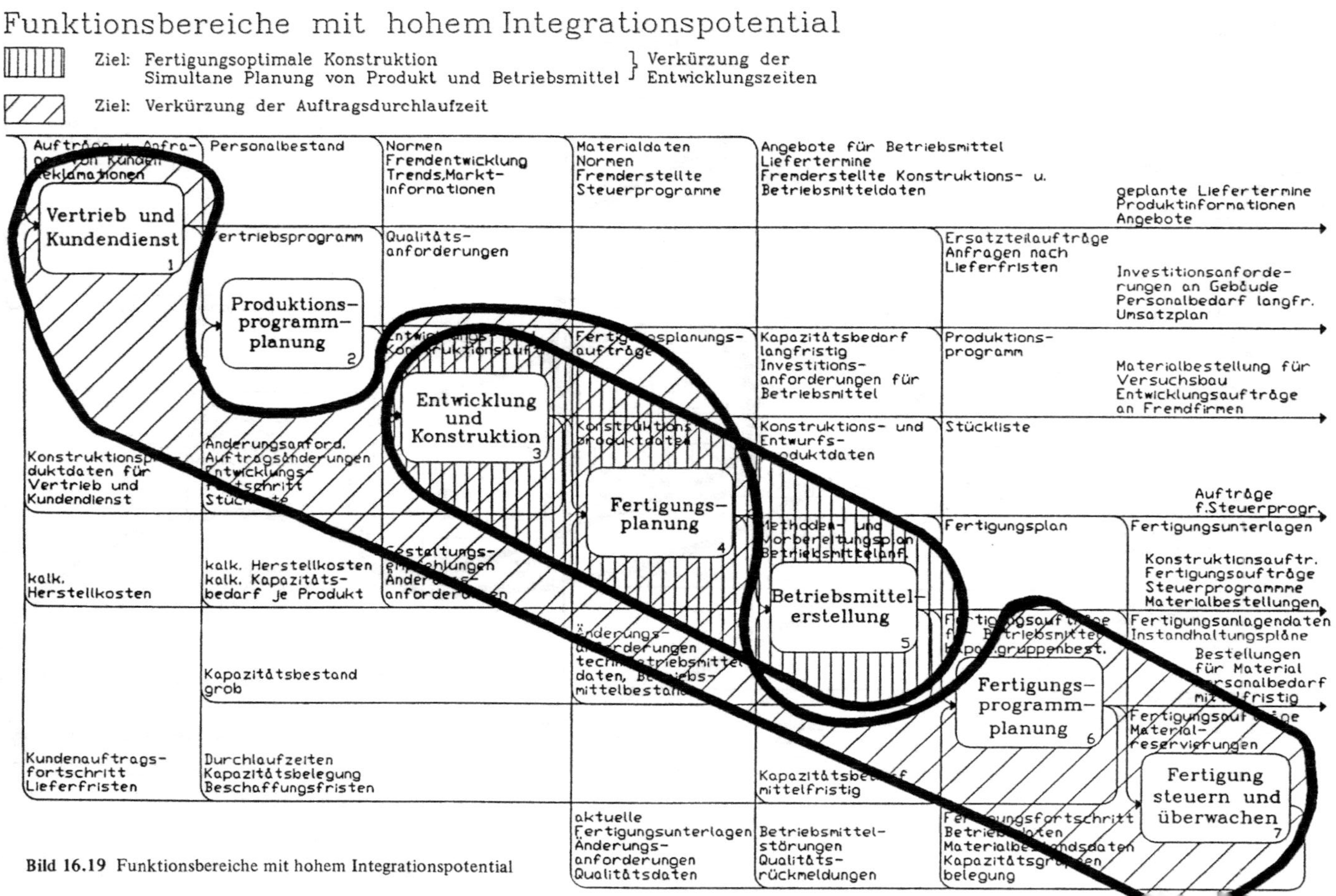

Funktionsbereiche mit hohem Integrationspotential

Ziel: Fertigungsoptimale Konstruktion
Simultane Planung von Produkt und Betriebsmittel } Verkürzung der Entwicklungszeiten

Ziel: Verkürzung der Auftragsdurchlaufzeit

Bild 16.19 Funktionsbereiche mit hohem Integrationspotential

16.2 Organisation und Planung rechnerintegrierter Betriebsstrukturen

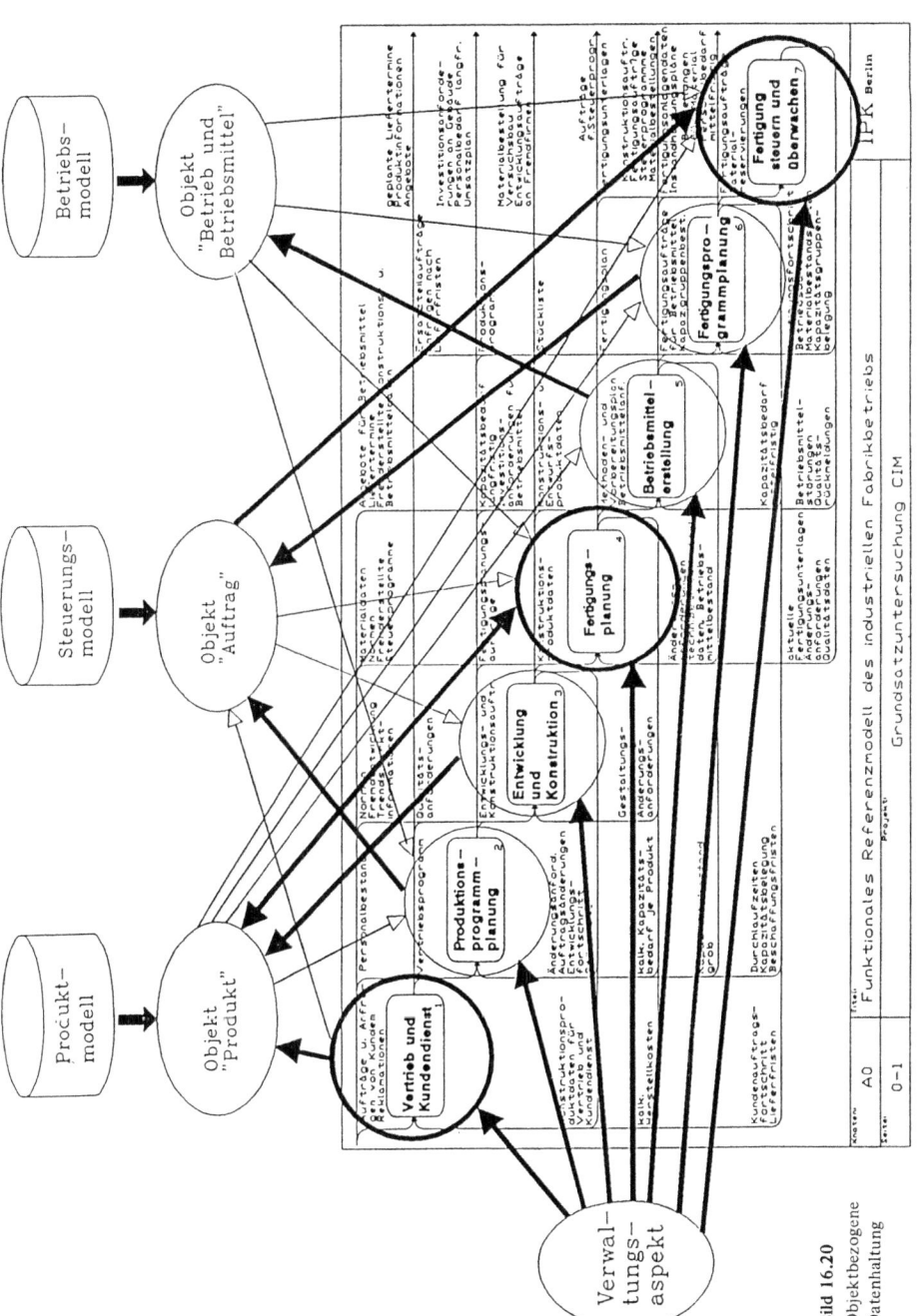

Bild 16.20
Objektbezogene
Datenhaltung

Zusätzlich treten im Fabrikbetrieb eine Vielzahl von Daten auf, die aufgrund der parallelen Ausführung der Funktionen durch viele verschiedene Funktionsträger, aufgrund der Bewertung der Produktionsausführung, ihrer Hilfsmittel, der Rohstoffe, der Zwischen- und Endprodukte in monetären Größen, sowie für Verwaltungszwecke erforderlich sind. Diese Verwaltungsmaßnahmen durchdringen alle Hauptfunktionen und werden hier durch das Objekt *Verwaltung* dargestellt.

Die EDV-anwendungsabhängige Zusammenfassung der für die Planung und Durchführung des Fabrikbetriebs erforderlichen Daten im derartigen Modell

— vermeidet die Haltung redundanter Daten,
— ermöglicht eine hohe Datenaktualität und -konsistenz,
— und ist offen für eine Erweiterung der Datenverarbeitungsfunktionen entsprechend den Anforderungen des Fabrikbetriebs.

Dadurch wird eine wesentliche Integrationsvoraussetzung geschaffen.

16.2.3 Einflüsse auf Organisationsstrukturen

Wesentliche Eigenschaften rechnerintegrierter Betriebsstrukturen sind neben einer anwendungsunabhängigen Datenorganisation die

— konsequente Gestaltung von Arbeitsabläufen und Systemen entsprechend den Funktionsketten und die
— Einrichtung kurzer dezentraler Regelkreise.

Diese beiden Eigenschaften sind insbesondere aus organisatorischer Sicht bedeutend.
Das *Denken in Funktionsketten* ist ein Wesensmerkmal von CIM. Unabhängig von gewachsenen aufbauorganisatorischen Strukturen werden Abläufe in ihrem Zusammenhang betrachtet und durch geschlossene Informationssysteme begleitet. Dies führt dazu, daß die nach den Grundsätzen von Taylor geführte betriebliche Arbeitsteilung zunehmend in Frage gestellt wird. Die Flexibilität solcher Strukturen ist unzureichend. Für den einzelnen Mitarbeiter geht oft genug die Möglichkeit ganzheitlicher Betrachtung von Information und Kommunikation verloren. Er bekommt keine Bindung und Beziehung zu seiner Arbeit.
Der traditionelle Ansatz „Arbeitsteilung soweit wie möglich", d.h.

— einfache Arbeit mit möglichst niedriger Lohngruppe,
— geringer Arbeitsinhalt,
— viele Schnittstellen

wird abgelöst durch das Ziel „Arbeitsteilung so gering wie nötig" [16.11], d.h.

— qualifizierte Arbeit mit möglichst hochqualifizierten Mitarbeitern,
— großer Arbeitsinhalt,
— wenige Schnittstellen.

Als Beispiel für die an Funktionsketten orientierte Arbeitsorganisation sei die *Fertigungssteuerung* herausgegriffen. Die Fertigungsprogrammplanung gibt nur dann einen Auftrag frei, wenn ein schneller Durchlauf gewährleistet ist. Dabei geht es darum, den Auftrag insgesamt kurzfristig abzuwickeln, nicht so sehr darum, einen Arbeitsgang schnell zu erledigen. Die traditionelle Produktionsplanung mit

— losweiser Fertigung,
— und hintereinandergeschalteten Arbeitsvorgängen

16.2 Organisation und Planung rechnerintegrierter Betriebsstrukturen

wird ersetzt durch
- bedarfsgerechte, kleine Losgrößen,
- überlappende Fertigung,
- dezentrale, kurzfristige Feinsteuerung in der Werkstatt und
- fertigungsbereichsübergreifende Auftragsverfolgung.

Die Bildung kleiner Regelkreise bedeutet, daß innerhalb von Vorgangsbearbeitungen möglichst ständig Soll-Ist-Vergleiche durchgeführt werden, um bei Abweichungen aktuell in den Steuerungsprozeß eingreifen zu können. Dieses erfordert eine konsequente zeitnahe Informationsverarbeitung und die Dezentralisierung von Steuerungs- und Entscheidungskompetenzen an die Stellen des Soll-Ist-Vergleichs. Die einzelnen Regelkreise sind über Rahmenvorgaben, wie Termine, Stückzahlen, Qualitätsanforderungen gekoppelt. Aufgrund der kleineren Regelkreise wird der Gesamtablauf überschaubarer und besser steuerbar. Als Beispiel dafür sei im folgenden die Qualitätssicherung aufgeführt.

Qualität produzieren und nicht kontrollieren gewinnt zunehmend an Bedeutung. Folgerichtig muß die *Qualitätssicherung* in den Produktionsprozeß bzw. an den produktiven Arbeitsplatz zurückverlegt werden. Bei der Produktentwicklung sind bereits die Anforderungen der Fertigung, Montage und auch der Qualitätssicherung zu berücksichtigen. Ziel ist eine fertigungsintegrierte Qualitätssicherung und eine fertigungsnachgeschaltete Kontrolle.

16.2.4 Planung rechnergeführter Fertigungssysteme

Wesentlicher Bestandteil rechnerintegrierter Betriebsstrukturen sind flexibel automatisierte, rechnergeführte *Fertigungssysteme*. Ausgangspunkte bei der Planung von Fertigungssystemen sind einerseits das vorgesehene Werkstückspektrum, andererseits die geeigneten Bearbeitungseinheiten. Über die technologische Verfahrensauswahl wird in der Literatur [16.12; 16.13] ausführlich berichtet, die Steuerung dieser Systeme wird in Abschnitt 16.4 beschrieben. Hier soll vorrangig auf die auslegungstechnischen und organisatorischen Planungsgesichtspunkte eingegangen werden [16.15].

Aufgrund des hohen Investitionsaufwands für die Realisierung derartiger Systeme und des damit verbundenen Investititionsrisikos ist eine sorgfältige Planung unerläßlich. Die mit der Komplexität steigende Anzahl der in einem System zu kombinierenden Funktionen und die Forderung nach Integration in den betrieblichen Material- und Informationsfluß führt zu einer Vielzahl unterschiedlicher Lösungsalternativen. Deren Überprüfung erhöht den Planungsaufwand. Gefordert sind daher angepaßte, mächtige *Planungshilfen*, die Hersteller und Anwender von Fertigungssystemen während Planung und Betrieb der Anlage wirkungsvoll unterstützen und eine schnellere Analyse unterschiedlicher Lösungsalternativen ermöglichen [16.66].

Im Planungsvorgehen sind zunächst durch grobe Berechnungen Anzahl der Kapazitätseinheiten, Auslastungsgrade und Materialflußkomponenten festzulegen. Der Betrachtung unterschiedlicher Organisationstypen der Fertigung kommt bei der Gestaltung neuzeitlicher Fabrikstrukturen eine wachsende Bedeutung zu. Für die Festlegung alternativer Strukturlayouts sind dabei neben technischen zunehmend wirtschaftliche, organisatorische und soziale Kriterien ausschlaggebend. In einem iterativen Prozeß der Bildung von Gestaltungsalternativen und ihrer Überprüfung durch Planungshilfsmittel wird die Planung zunehmend detailliert [16.15].

In Bild 16.21 sind die Anwendungsgebiete unterschiedlicher Planungshilfen aufgezeigt. *Mathematisch-analytische Methoden* eignen sich für die schnelle Analyse vieler Lösungsalternativen im Rahmen der Grobplanung. Der Wertebereich und die Sensitivität der Systemparameter können mit wenigen Experimenten ermittelt werden. Eine Begrenzung des Lösungsfeldes ist mit geringem Aufwand möglich. Hauptanwendungsgebiet der *Simulation* ist die genaue und detaillierte Untersuchung der Fertigungssysteme. Dabei können mit *bausteinorientierten Simulationssystemen* Fertigungsanlagen unterschiedlicher Struktur modelliert werden [16.16]. *Parametrisierbare Simula-*

16 Rechnerunterstützte Planung von Fertigungsprozessen

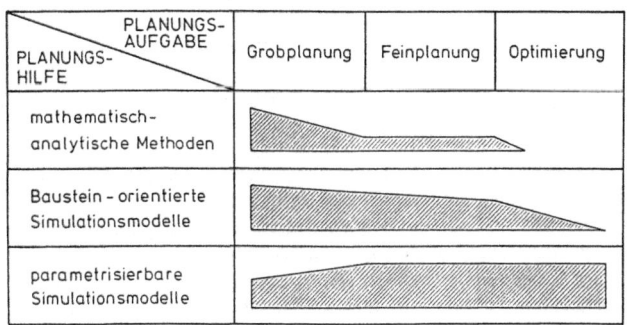

Bild 16.21 Anwendungsgebiete von Planungshilfen [16.16]

tionsmodelle können die bei ihrer Entwicklung zugrundegelegte Fertigungsstruktur sehr detailliert abbilden. Für die komplexen Aufgabenstellungen bei der Planung von Fertigungssystemen soll als Beispiel das Planungsunterstützungssystem MOSYS [16.17] dargestellt werden. Im System MOSYS steht zur Modellierung der Fertigung ein funktional orientiertes Beschreibungssystem zur Verfügung. Für die Analyse des Systemverhaltens beinhaltet MOSYS zur Zeit die diskrete, ereignisorientierte Simulation und ein mathematisch-analytisches Verfahren.

Beschreibungssystem

Die Beschreibung erfolgt durch die fünf Bausteine

- Fertigen,
- Montieren,
- Fördern,
- Prüfen,
- Lagern (Bild 16.22).

Diese Grundbausteine können durch Parameter an die anwenderspezifischen Anforderungen angepaßt werden und hierarchisch beliebig tief detailliert werden. Je nach Anwendungsfall kann bei der Modellierung die *TOP-DOWN-* oder die *BOTTOM-UP-Vorgehensweise* angewendet werden (Bild 16.23). Für die Beschreibung des Produktionssystems sind weitere Angaben erforderlich, wie beispielsweise

- Entfernungsmatrizen,
- Rüstmatrizen,
- Produktmix,
- Einlastreihenfolge,
- Systemzustandsangaben.

Diese Dateien werden dialogunterstützt erstellt. Zusätzlich müssen Angaben zur Fertigungssteuerung die Abbildung des Systems vervollständigen.

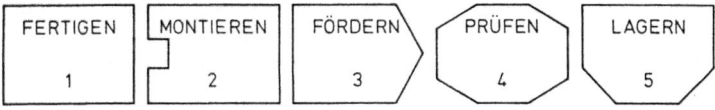

Bild 16.22 Grundbausteine [16.16]

16.2 Organisation und Planung rechnerintegrierter Betriebsstrukturen 633

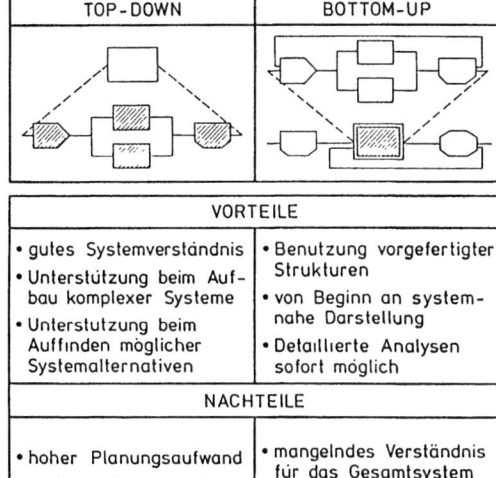

Bild 16.23 Vorgehensweisen bei der Modellierung [16.16]

Analyse durch Simulation

Der Simulationsmodul in MOSYS führt eine diskrete, ereignisorientierte Simulation des beschriebenen Fertigungssystem durch, d. h., die interne Simulationszeit wird durch den Beginn und das Ende von Prozessen weitergeschaltet. Diese Prozesse laufen quasi-parallel ab. Nach dem Beenden der Simulation stehen in der Datei für die statistischen Auswertungen über die gewählten Betrachtungszeiträume folgende Angaben zur Verfügung:

  Daten je Systemauftragstyp
  – Anzahl fertiger Systemaufträge,
  – durchschnittliche Durchlaufzeit,
  – durchschnittliche Bearbeitungs-, Prüf- und Transportzeit als Summe;
– Baustein-bezogene Daten
  – Anzahl benutzter Kapazitätsstellen bei unbegrenzter Kapazität,
  – Nutzungsgrad,
  – Hauptnutzungszeitanteil,
  – Störzeitanteil,
  – Rüstzeitanteil,
  – maximale Warteschlangenlänge vor der Funktion während des betrachteten Simulationszeitraumes;

- für den Baustein Lagern
  - maximale Anzahl gleichzeitiger vorhandener Systemaufträge während des Betrachtungszeitraums,
  - durchschnittliche Verweildauer.

Die Möglichkeit, die Zeitspanne für die Ausgabe der Statistiken beliebig wählen zu können, gestattet es, das Systemverhalten über der Zeit sehr detailliert oder auch zusammenfassend zu betrachten.

Analyse durch Mathematisch-analytische Methode

Die *mathematisch-analytische Methode* basiert auf der Theorie der *Wartenetze*. Unter Wartenetzen versteht man Graphen, in denen Knoten elementare Wartesysteme und Kanten Auftragswege darstellen. Wartenetze sind einfache Modelle zur Ermittlung der Kenngrößen eines Systems. Mit Hilfe des Moduls MAM (mathematisch-analytische Methode) [16.18] werden die folgenden Kenndaten für das mit MOSYS modellierte System berechnet.

- charakteristische Systemfüllung f_*,
- Kapazitätsengpaß des Systems,
- Grenzdurchsatz des Systems,
- Füllung des Systems.

Für die einzelnen Bausteine des Modells werden folgende Kennwerte berechnet:

- Grenzdurchsatz,
- Nutzungsgrad,
- Warteschlangenlänge vor dem Baustein.

Das Anwendungsfeld der vorgestellten Planungshilfsmittel reicht von der Untersuchung flexibler Fertigungssysteme über Planungszeitabschnitte von einigen Schichten bis zur Analyse von Auftragsdurchläufen in Fabriken mit vielen Kapazitätsgruppen, bezogen auf Jahresproduktionsprogramme nach mittelfristigen Absatzprognosen. Daneben konnen einmal implementierte Planungshilfen für produktionstechnische Investitionsentscheidungen auch in der Systembetriebsphase für die Untersuchung dispositiver Fertigungssteuerungsmaßnahmen genutzt werden.

16.3 Rechnerunterstützte Konstruktion und Arbeitsplanung

16.3.1 Einleitung

Rechnerunterstützung für Konstruktion und Arbeitsplanung läßt sich auch mit den amerikanischen Abkürzungen CAD (*Computer Aided Design*) oder CAM (*Computer Aided Manufacturing*) beschreiben. Für die rechnerunterstutzte Arbeitsplanung allein wird auch der Begriff CAP (*Computer Aided Planning*) gebraucht. In der Zeit zwischen 1957 und 1959 wurde am MIT (Massachusetts Institute of Technology) die Programmiersprache APT (Automatically Programmed Tools) entwickelt. Der damit möglichen Beschreibung von Werkzeugwegen stand der Gedanke entgegen, Werkstucke rechnerintern zu beschreiben und die Werkzeugwege von dieser Datenbasis aus automatisch abzuleiten. Konstruieren kann im Maschinenbau als eine Geometrieverarbeitung unter funktionalen und physikalischen Randbedingungen verstanden werden. Arbeitsplanung einschließlich NC-Programmierung ist als Geometrieverarbeitung mit technologischen Vorgaben interpretierbar [16.4].

16.3 Rechnerunterstützte Konstruktion und Arbeitsplanung

Für die Arbeitsbereiche der Konstruktion und Arbeitsplanung sind Maßnahmen des Systematisierens sowie Klassifizierens seit langem zur Steigerung der Produktivität verwendet worden. Für die rechnerunterstützte Aufgabenbearbeitung steht beim Stand der Technik eine Vielzahl von Systemen zur Verfügung, mit denen meist jedoch nur Teilaufgaben bearbeitet werden können. Zur Aufgabenbearbeitung werden *CAD-Systeme* angewendet, die durch die Arbeitsperson, CAD-Software, Betriebssoftware und Hardware bestimmt werden. Es können damit Aufgaben des Berechnens, Gestaltens, der Zeichnungserstellung, der geometrischen Modellierung, der Simulation von Funktions- und Bewegungsabläufen, der Erstellung und Auflösung von Stücklisten, der Arbeitsplanung und NC-Programmierung sowie der Herstellung von technischen Dokumentationsunterlagen bearbeitet werden (Bild 16.24) [16.27].
Gründe für die Nutzung von CAD-Systemen liegen in erhöhter Bearbeitungsgeschwindigkeit, verbesserter Qualität und in der Möglichkeit zur Weitergabe von Daten an nachfolgende Aufgaben. Die damit erreichbare Wirtschaftlichkeit läßt sich berechnen. Weil auch nichtquantifizierbare Anteile zur Wirtschaftlichkeit beitragen, sind Wirtschaftlichkeitsberechnungen vor der Einführung

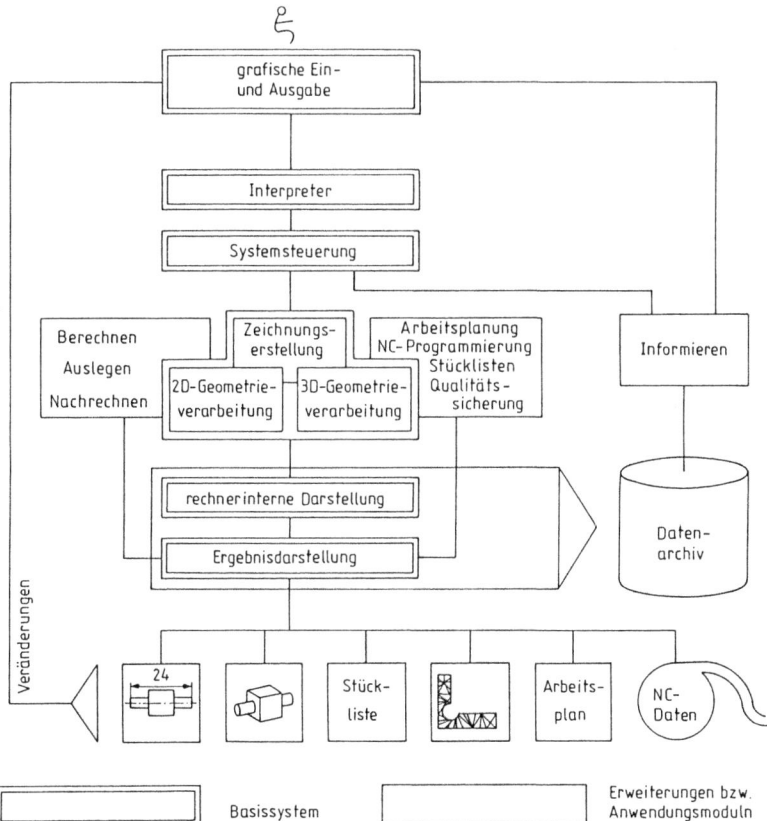

Bild 16.24 Aufbau eines CAD/CAM-Systems

von CAD-Systemen mit Unsicherheiten behaftet. Mit der Anwendung von CAD-Systemen werden die Ablauf- und Aufbauorganisation verändert. Der dazu erforderliche Zeitaufwand ist von den Gegebenheiten abhängig, kann jedoch mit ein bis zwei Jahren angegeben werden. Der Integrationsaspekt wird unter der Zielsetzung der rechnerintegrierten Fabrik (CIM) immer wichtiger. Die Integration wird durch eine gemeinsame Nutzung der Daten angestrebt, die Programmsystemen auf unterschiedlichen Rechnern und Maschinensteuerungen über Rechnernetzwerke verfügbar gemacht werden sollen. Aufgrund der Bedeutung geometrieorientierter Daten für die technische Datenverarbeitung kann die CAD/CAM-Technologie als eine mögliche Ausgangsbasis für CIM angesehen werden. Damit wird nicht nur die Kommunikation im eigenen Betrieb auf eine neue Grundlage gestellt. Der Datenaustausch mit Kunden und Zulieferern ist eine weitere Möglichkeit zur Beschleunigung und Verbesserung der Kommunikation in Konstruktion und Fertigung.

16.3.2 Stand der Technik

Beim heutigen Stand der Technik ist es nicht möglich, mit einem einzigen CAD-System alle genannten Aufgaben optimal zu bearbeiten [16.26]. Die Eignung von CAD-Systemen ist teilweise branchenspezifisch. Es gibt Systeme mit speziellen Eigenschaften für den Maschinenbau, Flugzeugbau, Schiffbau und Kraftfahrzeugbau, den Apparatebau, die Elektronik und für das Bauwesen. CAD-Systeme können schlüsselfertig oder rechnerflexibel realisiert werden [16.27]. Schlüsselfertige CAD-Systeme bestehen aus einer Liefereinheit von Hardware und Software. Bei den meisten angebotenen schlüsselfertigen Systemen ist die CAD-Software auf die Programmiersprachen des verwendeten Rechners, auf die Größe des Zentralspeichers und der peripheren Speicher sowie die grafischen Peripheriegeräte und das Betriebssystem angepaßt. Dadurch lassen sich vor allem für die Interaktivität kurze Verarbeitungszeiten erzielen. Schlüsselfertige Systeme sind zu einem großen Teil so gestaltet, daß in den Programmen vorhandene Schnittstellen nicht ohne weiteres vom Anwender zur Programmerweiterung oder Kopplung mit anderen Programmbausteinen genutzt werden können. Sind für schlüsselfertige Systeme die Programm- und Datenschnittstellen vorhanden und dokumentiert, so ist es möglich, anwendungsspezifische Entwicklungen auch mit schlüsselfertigen Systemen aufzubauen. Als *rechnerflexible CAD-Systeme* bezeichnet man CAD-Anwendersoftware, die auf unterschiedlichen Rechnern mit unterschiedlicher Speicherausrüstung und Peripherie lauffähig ist. Die meisten rechnerflexiblen CAD-Systeme sind in der Programmiersprache FORTRAN geschrieben.

Ein großer Teil von CAD/CAM-Systemen wird auf Minicomputern angeboten. Diese Systeme haben eine Wortlänge von 32 Bit und erlauben so die Adressierung von genügend großen Speicherbereichen. Großrechner werden im Verbund mit CAD/CAM-Systemen häufig zur Verwaltung zentraler Datenbasen und zur Bearbeitung besonders rechenintensiver Aufgaben, wie beispielsweise komplexen Festigkeitsberechnungen, verwendet.

Eine größere Anzahl von CAD/CAM-Moduln werden auf kleineren Rechnersystemen wie grafischen Arbeitsstationen, aber auch Personalcomputern angeboten, die selbständig oder im Verbund untereinander und mit größeren Rechnern arbeiten. Für ein klar definiertes, im allgemeinen aber beschränktes Aufgabenspektrum stellen sie eine preisgünstige Lösung dar.

Gründe für die zunehmende Anwendung von CAD/CAM-Systemen auf Microcomputern beziehungsweise Personalcomputern liegen in der Verfügbarkeit der Rechnerleistung vor Ort, den preisgünstigen Einstiegsmöglichkeiten, einfacher Installation und der Entbehrlichkeit klimatisierter Räume. Die Wortlängen der Prozessoren reichen von 16 Bit bei den meisten Personalcomputern bis 32 Bit bei Workstation-Systemen. Die verfübaren Zentralspeicher sind allgemein noch begrenzt. Als Zusatzprozessoren sind Grafik- und schnelle Arithmetikprozessoren im Einsatz. Als Massenspeicher stehen Floppies und Winchesterplatten zur Verfügung. Die grafische Peripherie entspricht im wesentlichen den bei CAD/CAM-Systemen bekannten Geräten. Die Erweiterbarkeit von 2D auf

3D ist wegen der erforderlichen Rechnerleistung nur bei 32-Bit-Rechnern gegeben. Die gleiche Beschränkung gilt hinsichtlich der Entwicklung von zusätzlicher Anwendungssoftware.

Im Zusammenhang mit verstarkten Dezentralisierungsbestrebungen beim Einsatz von Datenverarbeitungsanlagen und dem zunehmenden Umfang an Programmen und Daten bei CAD/CAM-Systemen, insbesondere bei integrierten Systemen, ist die Verteilung von Funktionen oder die Verteilung von Datenbanken auf mehrere Rechner zu berucksichtigen. Entsprechend werden neben zentralisierten Einzelrechnern vermehrt dezentralisierte Hardwarekonfigurationen eingesetzt. Die Übertragung der Informationen zwischen den Einzelrechnern kann uber lokale Netze oder mittels Einrichtungen zur Datenfernubertragung erfolgen. Von besonderer Bedeutung für CAD/CAM-Anwendungen sind die *lokalen Netzwerke (Local Area Networks*, LAN), deren Wirkungsbereich geografisch auf ein Gebaude oder ein Firmengelande beschränkt ist.

16.3.3 Geometrieverarbeitung

Geometrisches Modellieren kann mit unterschiedlichen Systemgrenzen beschrieben werden. Allgemein kann es als ein mehrstufiger Vorgang bezeichnet werden, der von einer gedanklichen Objektvorstellung ausgeht und die rechnerinterne Darstellung dieses Objekts zum Ziel hat (Bild 16.25). Bezuglich der Verarbeitung geometrischer Elemente können sieben Klassen der Geometrieverarbeitung unterschieden werden (Bild 16.26) [16.27]. Eine Sonderform der Geometrieverarbeitung wird mit Hilfe von Symbolen durchgefuhrt.

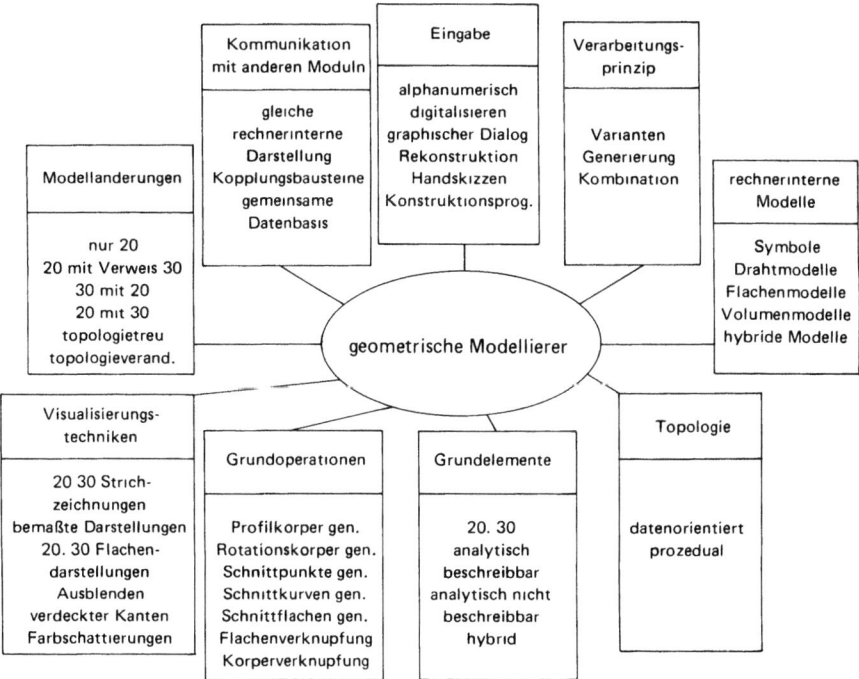

Bild 16.25 Gestaltungsmoglichkeiten geometrischer Modellierer [16.48]

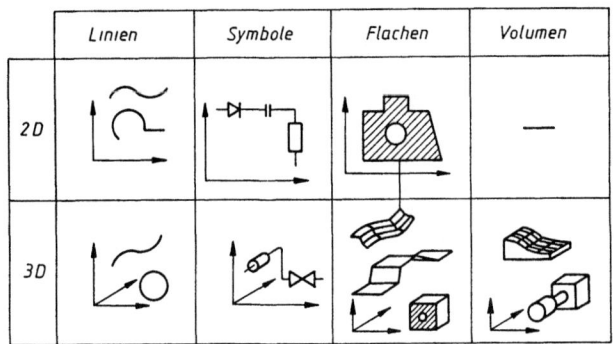

Bild 16.26
Gliederung der Geometrieverarbeitungsmöglichkeiten

Für eine große Anzahl von Anwendungen sind zweidimensionale Bearbeitungsmoglichkeiten ausreichend. Dazu gehort die Bearbeitung von Schema- und Werkstattzeichnungen. Zweidimensionale Geometrieverarbeitung kann kanten- oder flächenorientiert durchgeführt werden. Bei der Beschreibung und Verarbeitung von Kanten werden Konturzüge aufgebaut, die in ihrer Gesamtheit Ansichten von Bauteilen beschreiben.
Die Modellformen für dreidimensionale Geometrieverarbeitung sind Kanten-, Flächen- und Volumenmodelle (Bild 16.27). Die Modelle können in Form von endlicher Gestalt mit bestimmter Position der Elemente ausgelegt sein. Diese Form wird auch als *Boundary Representation* bezeichnet. Eine andere Möglichkeit besteht darin, eine prozedurale Abbildung vorzunehmen. Dafür wird der Begriff *Constructive Solid Geometry* verwendet, bei der die Bauteile nicht als endliche Geometrie und in ihrer tatsächlichen räumlichen Lage, sondern nur in Form von Vorschriften, die zu ihrer Definition und Position führen, abgespeichert werden.
Kantenorientierte Modelle ermöglichen im dreidimensionalen Raum einen schnellen Aufbau der zu beschreibenden Geometrie, haben aber den Nachteil, daß Schnitt- und Visibilitätstechniken nur begrenzt angewendet werden können. Bei flächenorientierten Modellen unterscheidet man zwei Darstellungsformen. Zum einen kann jede im Modell verwendete Fläche durch eine Anzahl ebener Flächen (Dreieck- oder Rechteckflächen) approximiert werden, zum anderen können Flächen zweiter Ordnung und beliebig geformte Flächen zugelassen sein. Bei der Volumenbildung durch Flächenvereinigung werden alle am Aufbau eines Volumens beteiligten Flächen durch eine mengentheoretische Vereinigungsoperation zusammengefaßt. Eine zweite Möglichkeit besteht darin, Basiskörper mengentheoretisch miteinander zu verknüpfen.

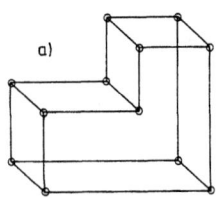
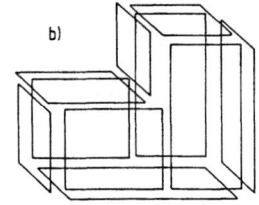
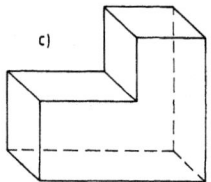

Bild 16.27 Kanten-, Flächen- und Volumenmodelle

16.3 Rechnerunterstützte Konstruktion und Arbeitsplanung

Bild 16.28
Anwendung analytisch nicht beschreibbarer Geometrie [16.58]

Die Komplexität der Verarbeitung ist bei dreidimensionaler Geometrie größer als bei zweidimensionaler und für analytisch nicht beschreibbare Geometrien umfangreicher als für analytisch beschreibbare Elemente. Analytisch beschreibbare Geometrie ist durch die Verwendung von Gleichungen für geometrische Elemente wie Gerade, Kreis, ebene Fläche und Zylindermantelfläche gekennzeichnet. Mit analytisch nicht beschreibbarer Geometrie können approximierend oder interpolierend freigeformte Kurven und Flächen dargestellt werden. Je nach Systemauslegung können die Geometriearten getrennt oder gemeinsam angewendet werden (Bild 16.28).

Bezüglich des Verarbeitungsprinzips unterscheiden sich geometrische Modellierer nach dem *Varianten-* und *Generierungsverfahren*. Während bei Generierungsverfahren die Gesamtheit elementweise neu aufgebaut wird, liegt bei Anwendung der Variantentechnik bereits ein Modell des Objekts vor. Diese Modelle beschreiben sogenannte Komplexteile [16.31, 16.54], die fiktive Werkstücke oder Baugruppen sind und alle geometrischen und technologischen Eigenschaften einer Teilefamilie in sich vereinigen. Am häufigsten werden Komplexteile aus einer Gruppe geometrisch ähnlicher Bauteile gebildet. Im Gegensatz zum Variantenverfahren arbeitet das Generierungsverfahren auf der Grundlage im System definierter und verarbeitbarer geometrischer Elemente in der Form, daß für jede neue Zeichnung die Elemente ausgewählt und miteinander verknüpft werden. Bei 2D-Systemen sind dies Elemente wie Strecken, Kreisbogen, Kreise oder ebene Flächen, bei 3D-volumenorientierten Systemen werden beispielsweise Quader, Zylinder oder Kegelstümpfe verwendet. Die Beschreibung eines Bauteils erfolgt dabei durch Zerlegen eines realen Objektes in die vom System verarbeitbaren Elemente und deren Verknüpfung.

Vollständigkeit rechnerinterner Modelle bezüglich der Gestalt von Objekten bedeutet, daß sämtliche Informationen über die Geometrie und Topologie enthalten sein müssen, die für die weitere Verarbeitung benötigt werden. Dies gewährleistet eine Bereitstellung der Daten für die unterschiedlichsten Anwendungsbereiche wie Zeichnungserstellung, Bewegungssimulation und Kollosionsprüfung.

Je mehr geometrische Modellierfunktionen durch ein System zur Verfügung gestellt werden, um so sinnvoller können Konstruktionsvorgänge unterstützt werden. Für das Zusammenwirken von zwei- und dreidimensionalen Systemen beziehungsweise Systembestandteilen können Kopplungen oder eine Integration vorgenommen werden. Dabei können Daten von dem 3D-System an das 2D-System übergeben werden, um beispielsweise eine Bemaßung einer mit dem 3D-System erzeugten Ansicht eines Bauteils durchzuführen (Bild 16.29). Die Übergabe von 2D-Daten an das 3D-System kann erfolgen, um beispielsweise ein Profil, ausgehend von einer vorgegebenen Kontur oder Fläche, zu generieren. Während bei der Kopplung die jeweiligen Systeme verlassen und das andere System gestartet werden muß, um mit den gelieferten Daten zu arbeiten, können die Funktionen zwei- und dreidimensionaler Geometrieverarbeitung bei einem integrierten System ohne Systemwechsel ausgeführt werden, wodurch die Benutzerfreundlichkeit wesentlich erhöht wird.

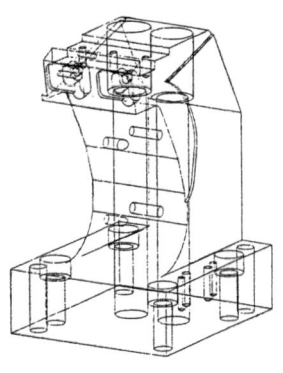
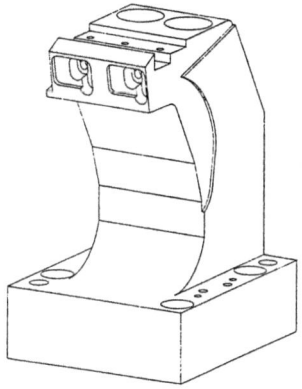

Bild 16.29
Ausblenden unverdeckter
Kanten [16.59]

Die geometriebasierte Integration zwischen CAD/CAM-Systemen kann mit standardisierten Datenformen durchgeführt werden. Es sind IGES (*Initial Graphics Exchange Specification*) und VDA-FS, eine Schnittstelle zur Übergabe von Daten beliebig geformter Flächen verfügbar. Mit VDA-PS sind Daten fur Normteile bereitzustellen [16.28, 16.29].

16.3.4 Grafische Datenverarbeitung

Die Entwicklung von CAD-Systemen hat die *grafische Datenverarbeitung* sehr stark beeinflußt [16.35]. Konstruktionszeichnungen können verhältnismäßig leicht und schnell mit Rechnern und automatischen Zeichenmaschinen erstellt werden. Deshalb wird die grafische Datenverarbeitung in zahlreichen Gebieten als Hilfsmittel herangezogen. Werkstattzeichnungen im Maschinenbau, Schaltpläne in der Elektrotechnik, Flußdiagramme in der Chemietechnik, Diagramme in der Organisationstechnik, Plane in der Architektur und Statik, Illustrationen beim rechnerunterstützten Unterricht, Gebrauchsgrafik und Trickfilmproduktion sind nur einige Beispiele. Bereiche der grafischen Datenverarbeitung sind die *Bildverarbeitung* (Bilder sind die Ein- und Ausgabe), die *Bildanalyse* (Bilder sind die Eingabe und Bildbeschreibungen sind die Ausgabe) und die *Bildgenerierung* (Bildbeschreibungen sind die Eingabe und Bilder sind die Ausgabe) [16.33]. Die Bildgenerierung ist von besonderer Bedeutung, da in CAD-Systemen mit Hilfe der grafischen Datenverarbeitung die rechnerinternen Modelle bildhaft dargestellt werden sollen. Die Bilder wiederum dienen als Hilfsmittel für die Modellerzeugung, Modell- und Bildtransformation, Bildidentifikation und Informationsgewinnung [16.34].
Für die Mensch-Maschine-Kommunikation in CAD-Systemen werden alphanumerische und grafische Datendarstellungen verwendet. Es werden zwei Klassen grafischer Daten entsprechend den unterschiedlichen Darstellungs- und Verarbeitungsmoglichkeiten unterschieden:

– *linienorientierte Darstellungen* und
– *flachenhafte Farb- und Grautondarstellungen*.

Die erste Klasse umfaßt Strichzeichnungen, die aus Punkt- bzw. Vektorfolgen aufgebaut sind. Zur zweiten Klasse gehoren die nach der bekannten Fernsehbildtechnik hergestellten Bilder, mit denen realistische erscheinende Darstellungen generiert werden konnen. Die Umwandlung grafischer Daten in grafische Darstellungen kann mittels Vektor- und Raster-Grafik erfolgen.
Die für die grafische Datenverarbeitung entwickelte Hardware wird in so großer Vielfalt angeboten, daß es außer bei schlüsselfertigen Systemen üblich ist, Rechner und verschiedene Peripheriegeräte unterschiedlicher Fabrikate zu verwenden. Die CAD-Software und insbesondere die grafi-

16.3 Rechnerunterstützte Konstruktion und Arbeitsplanung

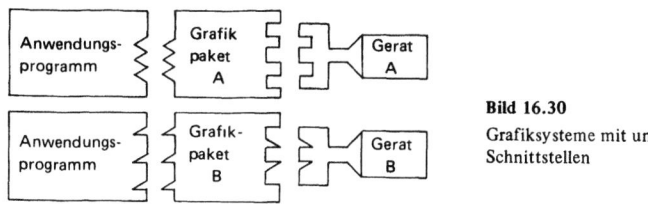

Bild 16.30
Grafiksysteme mit unterschiedlichen Schnittstellen

sche Software muß von der Hardware unabhängig sein, so daß sie auf unterschiedlichen Rechnern und Geräten einsetzbar ist. Die Portabilität der Software stützt sich auf die Rechner- und Geräteunabhängigkeit. Beschränkt sich die Hardwareabhängigkeit auf wenige, deutlich vom Gesamtsystem getrennte Teile, so ist die Portabilität besonders groß. Das grafische Kernsystem GKS [16.35; 16.36] hat sich als DIN- und ISO-Norm durchgesetzt [16.30]. Für die Normung mußten zwei Schnittstellen untersucht werden. Bild 16.30 zeigt ein Anwendungsprogramm mit zwei unterschiedlichen Grafiksystemen, weil zwei unterschiedliche Geräte Verwendung finden sollen. Das Anwendungsprogramm muß dabei so gestaltet werden, daß es einmal das eine und einmal das andere Grafiksystem benutzen kann. Eine Vereinheitlichung der Schnittstelle vom Anwendersystem zum Grafiksystem führt dazu, daß das Anwendungsprogramm nicht mit zwei unterschiedlichen Schnittstellen versehen werden muß.

GKS besteht aus einer Reihe von grafischen Funktionen, die unabhängig von speziellen Geräten, Programmiersprachen und Anwendungen definiert sind. Zum ursprünglich zweidimensionalen System GKS wurde ein dreidimensionaler Ergänzungsmodul GKS-3D entwickelt. Eine amerikanische Entwicklung zur dreidimensionalen Grafik ist PHIGS (*Programmer's Hierachical Interactive Graphics Standard*) [16.37].

16.3.5 Konstruieren mit Rechnern

Die Notwendigkeit, den Konstruktionsablauf zu verbessern, ergibt sich aus der Tatsache, daß die Verantwortung für die Qualität und die Kosten der Produkte in hohem Maße bei der Konstruktion liegt [16.38]. Mit der Wahl des Lösungsprinzips, des Werkstoffs, der Teilegeometrie und der Genauigkeitsanforderungen werden bereits die Entscheidungen der nachgeordneten Betriebsbereiche beeinflußt. Durch die kürzere Beibehaltungszeit der Produkte ist es notwendig, immer schneller neue Produkte auf den Markt zu bringen. Das erfordert in der Konstruktion eine Beschleunigung des Arbeitsablaufs, da sich dieser Bereich oft als Engpaß beim Auftragsdurchlauf darstellt. Eine Verbesserung läßt sich durch Anwendung geeigneter organisatorischer Hilfsmittel, durch Übertragung systemtechnischer Methoden auf die Konstruktion und vor allem durch den Einsatz von Datenverarbeitungsanlagen erreichen.

Die Tätigkeiten beim Konstruieren können in heuristische und algorithmierbare Vorgänge eingeteilt werden. Heuristische Vorgänge haben ihren Ursprung in Ideen, Intuitionen und im Erfindungsvermögen. Sie stellen geistig-schöpferische Vorgänge dar, die sich beim Stand der Technik für eine automatische Ausführung mit Datenverarbeitungsanlagen nicht eignen, sondern den Dialog erfordern. Algorithmisch beschreibbare Vorgänge lassen sich auf mathematische, physikalische und konstruktive Gesetzmäßigkeit zurückführen oder beziehen sich auf logische Verknüpfungen zwischen verschiedenen Aussagen. Bei der Ausführung durch Arbeitspersonen werden diese Vorgänge als manuell-schematisch bezeichnet [16.39]. Sie eignen sich für die automatische Aufgabenbearbeitung mit Hilfe von Datenverarbeitungsanlagen.

Der Zusammenhang zwischen Konstruieren und Geometrieverarbeitung ist durch die rechnerunterstützte Arbeitsweise deutlicher geworden als beim konventionellen Konstruieren. Zwischenergeb-

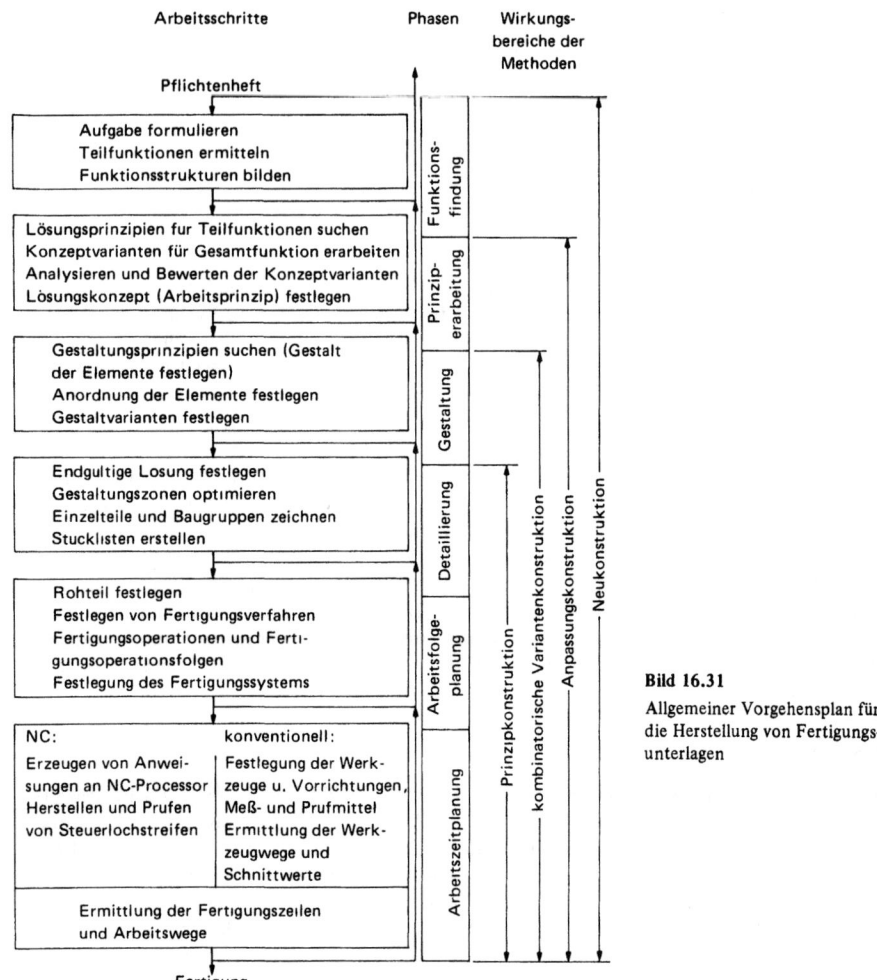

Bild 16.31
Allgemeiner Vorgehensplan für die Herstellung von Fertigungsunterlagen

nisse und Ergebnisse von Konstruktionsvorgängen werden mit zwei- oder dreidimensionalen geometrischen Modellen abgebildet.
Der zur Umformung von Informationen dienende Konstruktionsprozeß wird wegen seiner Komplexitat in eine Folge von Phasen aufgeteilt [16.40]. Jede Konstruktionsphase ist durch eine *Phasenlogik* gekennzeichnet. Phasenlogiken sind dem Konkretisierungsgrad der Phasen entsprechende verallgemeinerte Folgen logischer Lösungsschritte. In Bild 16.31 sind unter Berücksichtigung der Anwendung von Datenverarbeitungsanlagen die Phasen der Konstruktion und Arbeitsplanung dargestellt [16.41]. Die in jeder Phase auszuführenden rechnerunterstützten Tatigkeiten sind: Informieren, Berechnen, Darstellen, Bewerten und Ändern [16.6]. Die dafur erforderlichen Zeitanteile sind abhangig vom jeweiligen Konkretisierungsgrad.

16.3 Rechnerunterstützte Konstruktion und Arbeitsplanung

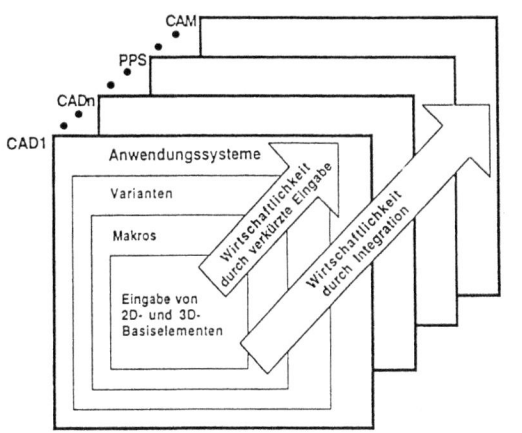

Bild 16.32
Steigerung der Wirtschaftlichkeit durch Softwaremittel [16.53]

Der Arbeitsfortschritt zur Erreichung des entsprechenden Phasenziels zeigt sich im Detaillierungsgrad des jeder Phase zugehörigen Phasenobjektes. Diese Objekte sind Modelle der Entwicklungsstufen der jeweiligen technischen Gebilde. Um die einzelnen Phasenlogiken rechnerunterstützt durchlaufen zu können, ist es notwendig, die Modelle sowohl rechnerintern als auch rechnerextern darstellen zu können.
Die verknüpften Prozesse stellen bereits eine integrative Vorgehensweise der rechnerunterstützten Konstruktion und Arbeitsplanung dar. Neben der Anwendung von Berechnungsprogrammen wie Finite-Elemente-Programme sind auch einfache Auslegungsrechnungen im Rahmen von Variantenkonstruktionen und Anwendungsprogrammen wesentliche Hilfsmittel.
Die Wirtschaftlichkeit rechnerunterstützter Konstruktion läßt sich entsprechend Bild 16.32 steigern. Insbesondere ist die Anwendung von Makro- und Variantentechniken von Bedeutung.

16.3.6 Arbeitsplanung mit Rechnern

Nach der Definition von AWF/REFA umfaßt die *Arbeitsplanung* alle einmalig auftretenden Planungsmaßnahmen wie die fertigungs- und ablaufgerechte Gestaltung der Arbeitsgegenstände und Betriebsmittel, die Festlegung der Arbeitsverfahren, -methoden und -bedingungen sowie die Bereitstellung der Menschen und Betriebsmittel [16.42].
Die Anwendung von Datenverarbeitungsprogrammen zur Unterstützung von Arbeitsplanungsaufgaben ist in einigen Teilbereichen der Arbeitsplanverwaltung und -erstellung schon seit längerer Zeit erfolgreich. Weitergehende Aufgaben, insbesondere im Bereich der Betriebsmittelplanung und Arbeitsablaufplanung, haben sich wegen fehlender Systematik und Algorithmen als schwer automatisierbar erwiesen. Die Einbeziehung neuzeitlicher Informationstechnologien hat die Entwicklung *dialogorientierter Arbeitsplanungssysteme* ermöglicht, die unter Einbeziehung des menschlichen Erfahrungsträgers eine breite Basis zur Lösung von Arbeitsplanungsaufgaben bilden können (Bild 16.33) [16.43].
Die Datenbereitstellung für überwiegend geometrie- oder technologie-orientierte Grundprogramme der automatisierten Arbeitsplanungssysteme wird durch Anbindung oder Einbeziehung von Hilfssystemen zur Simulation von Fertigungsprozessen oder zur Entscheidungsunterstützung mit Techniken zur Wissensverarbeitung übernommen. Allgemeine Systeme zur Datenhandhabung

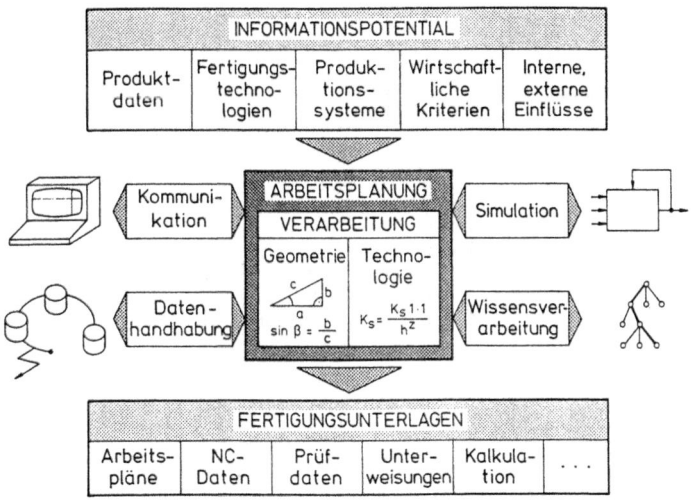

Bild 16.33 Informationsverarbeitung der automatisierten Arbeitsplanung [16.43]

und verbesserte Kommunikationstechniken erweitern die Möglichkeiten zur rechnerunterstützten Erstellung der verschiedensten Fertigungsunterlagen.

Grundlage für den Arbeitsplanungsvorgang ist ein in der Konstruktion definiertes technisches Objekt [16.27]. Für dieses Objekt werden unter Berücksichtigung der zur Verfügung stehenden Betriebsmittel die für die Fertigung benotigten Fertigungsunterlagen hergestellt.

Betrachtet man die in der Arbeitsplanung anfallenden Tätigkeiten, so läßt sich feststellen, daß es sich überwiegend um gedachte Veränderungen an simulierten Bearbeitungszuständen handelt. Demzufolge muß der Arbeitsplaner sich die verschiedenen Zwischenzustände vorstellen, die ein Rohteil auf dem Wege zum Fertigteil durchläuft, bevor er Planungen für den jeweils folgenden Bearbeitungsschritt vornehmen kann. Übertragen auf die Detailaufgaben bei der Arbeitsplanung ist festzustellen, daß jede weitere Bearbeitung eines Werkstückes erst dann geplant werden kann, wenn der Endzustand des vorausgegangenen Planungsschrittes bekannt ist.

In Bild 16.34 ist eine Systemübersicht des Arbeitsplanungssystems *CAPSY* dargestellt [16.44; 16.45; 16.46]. Zur Planungsdurchführung und Ermittlung der Fertigungsdaten werden die nach Fertigungsverfahren und Technologien gegliederten CAPSY-Planungsprozessoren aufgerufen. Die einzelnen Verarbeitungsprogramme werden durch ein übergeordnetes Steuerprogramm verknüpft. Derzeit stehen Programmbausteine zur Planung der Bearbeitung von Rotationsteilen, Blechteilen und kubischen Bauteilen auf konventionell und numerisch gesteuerten Werkzeugmaschinen zur Verfügung.

Die Planungsergebnisse werden sowohl in fertigungsverfahrensspezifisch aufbereiteten Basisarbeitsplänen, grafischen Darstellungen der Bearbeitungsprozesse und die NC-Daten in CLDATA-Form ausgegeben. Außerdem werden sie zur weiteren rechnerintegrierten Informationsbearbeitung bereitgestellt.

Auch Aufgaben der Prüfplanung, off-line-Roboterprogrammierung und Montageplanung sind mit rechnerunterstützten Systemen durchführbar.

16.3 Rechnerunterstützte Konstruktion und Arbeitsplanung

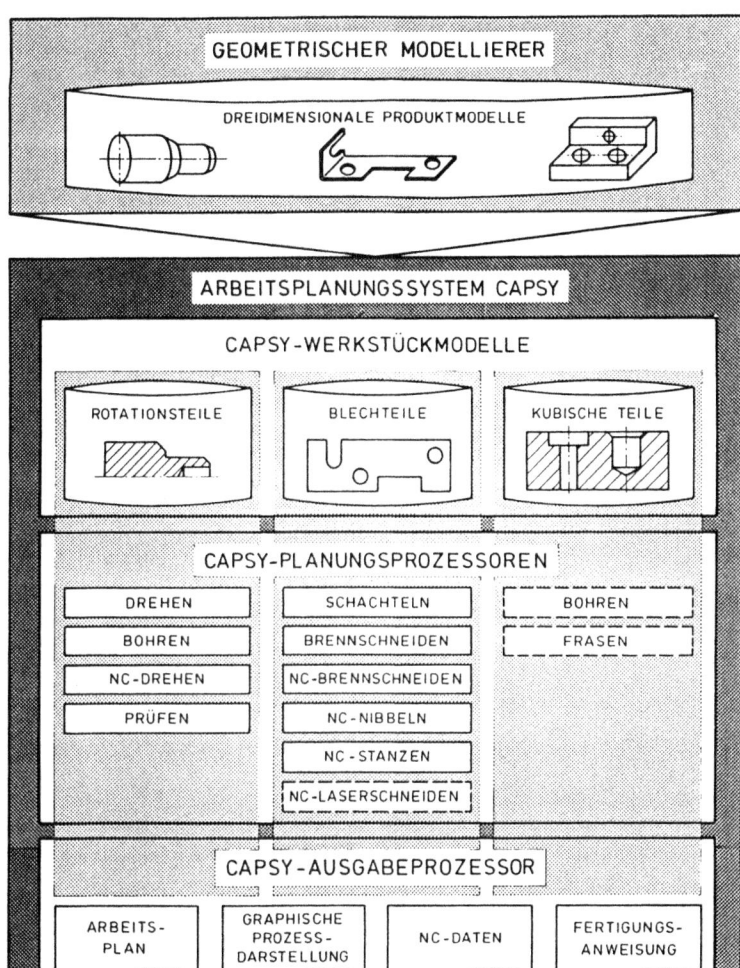

Bild 16.34 Arbeitsplanungssystem CAPSY [16.44, 16.45; 16.46]

16.3.7 Auswahl und Einführung von CAD-Systemen

Auswahl und Einführung von CAD/CAM-Systemen stellen sowohl kleine und mittlere als auch große Firmen vor eine Reihe ungewohnter Aufgaben. Die Entscheidung, sich mit der CAD/CAM-Technologie zu befassen, erfolgt zumeist aufgrund von erwarteten Zeit-, Qualitäts- und Kostenvorteilen sowie durch Integrationsmoglichkeiten von Konstruktion und Fertigung. Die Hemmnisfaktoren für die Einführung von CAD/CAM-Systemen sind: Relativ hohe Kosten für die Systeme, ein mit über 300 Systemen sehr vielfältiges Angebot am Markt, der finanzielle und zeitliche Aufwand für die Auswahl und Planung der Einführung und eventuelle Vorbehalte von Mitarbeitern gegen die unbekannte Technologie. Die Vorgehensweise bei der Auswahl und Einführung von CAD/CAM-Systemen muß deshalb auf die funktionellen Anforderungen, die finanziellen Möglichkeiten und die unternehmensspezifischen Gegebenheiten abgestimmt sein.

Obwohl bereits eine Reihe von Möglichkeiten für einen kostengünstigen Einstieg in die CAD/CAM-Technologie besteht, ist die erfolgreiche Realisierung von einer guten Planung der Einführung von CAD/CAM-Systemen abhängig. Eine wichtige Aufgabe kommt den Beratern im Team als Ausbilder der firmenangehörigen Teammitglieder zu. Diese Ausbildung sollte sich auf den Zeitraum vor der Planung, während der Planung und während der Anlaufphase des CAD/CAM-Einsatzes erstrecken.

Größere Unternehmen haben für Aufgaben der Planung und ständigen Anpassung an technologische Entwicklungen teilweise Planungsabteilungen aufgebaut. Die Auswahl und die Einführung von CAD-Systemen kann vollständig durch Mitarbeiter der Planungsabteilung durchgeführt werden, sofern genug Fachwissen und ausreichend Personalkapazität verfügbar sind. Externe Beratung durch eine möglichst neutrale Stelle kann dennoch angebracht sein, um zusätzliche Gesichtspunkte zu berücksichtigen.

Die Erfahrung hat gezeigt, daß ein Vorgehen in drei Phasen für die Einführung von CAD/CAM-Systemen sehr vorteilhaft ist. Eine Grobstudie sollte feststellen, ob eine Rationalisierung durch CAD/CAM-Anwendung überhaupt erfolgen kann. Der zweite Planungsschritt zur Auswahl eines geeigneten CAD/CAM-Systems bedarf besonderer Sorgfalt (Bild 16.35). Die dritte Phase umfaßt das praktische Einführen des ausgewählten Systems.

Bezogen auf die begrenzten finanziellen Möglichkeiten ist die Auswahl des bestgeeigneten Systems von besonderer Bedeutung. Folgende Gruppierung von Auswahlkriterien steht zur Verfügung:

- wirtschaftliche Kriterien,
- strategische Kriterien,
- technische Kriterien,
- ergonomische Kriterien.

Es existieren Checklisten und Eigenschaftskataloge, mit deren Hilfe die *technischen Auswahlkriterien* verfeinert werden können. *Wirtschaftliche Kriterien* können das vollständige und am Anfang verfügbare Investitionskapital beziehungsweise die maximalen Mietkosten und den Kapitalrückfluß einschließen. *Strategische Kriterien* sind die langfristige Abhängigkeit von einem CAD/CAM-Systemanbieter, das Risiko der raschen Veralterung des zu erwerbenden CAD/CAM-Systems, die Anwendungsmöglichkeit von Rechnern für andere technische Aufgaben sowie langerfristige Integrationsmaßnahmen.

Die wichtigsten technischen Auswahlkriterien sind die Ausführbarkeit der Aufgabe, die Anzahl der erforderlichen Arbeitsstationen, die Qualität des grafischen Sichtgeräts, der Rechnertyp, die Rechnergröße, die Art und Eigenschaft der Peripheriegeräte sowie die erforderlichen Kriterien für CAD/CAM-Software und Hardware-Schnittstellen, die Verfügbarkeit analytisch beschreibbarer und analytisch nicht beschreibbarer geometrischer Elemente, die Definition von Symbolen, Bemaßungsfunktionen, Schraffurmöglichkeiten, geometrische Berechnungen und Variantenkonstruktionen. Andere Faktoren können die Kompatibilität des CAD/CAM-Systems mit vorhandenen Rechnern oder mit Anwenderprogrammen betreffen. Die Frage nach Schnittstellen für Programmerweiterungen gehört zu den wichtigsten Bewertungsmerkmalen bei CAD/CAM-Systemen.

Ergonomische Kriterien richten sich auf die Handhabung eines CAD/CAM-Systems hinsichtlich der Gerätetechnik und der Dialogführung, insgesamt auf die Benutzerfreundlichkeit eines CAD/CAM-Systems.

16.3 Rechnerunterstützte Konstruktion und Arbeitsplanung

Die Planungsarbeiten für die Einführung eines ausgewählten CAD/CAM-Systems können direkt nach der Investitionsentscheidung, müssen aber in jedem Fall vor der Installation des Systems vorgenommen werden. Folgende Planungsarbeiten sind erforderlich:

- Planung der Installation,
- Personalplanung,
- Planung der Schulung und Einarbeitung,
- Planung der Pilotphase,
- Planung der produktiven Anwendung.

Wirtschaftlichkeitsabschätzungen für die Anwendung von CAD/CAM-Systemen lassen sich mit statischen und dynamischen Verfahren durchführen. Welches Vorgehen bevorzugt wird, ist firmenabhängig. Weil derartige Schatzungen jeweils auf einer größeren Anzahl von Annahmen beruhen, sollte der Aufwand für die Wirtschaftlichkeitsabschätzung in Grenzen gehalten werden. Zunehmend werden die sogenannten nicht qualifizierbaren Vorteile bewertet und in Wirtschaftlichkeitsüberlegungen einbezogen.

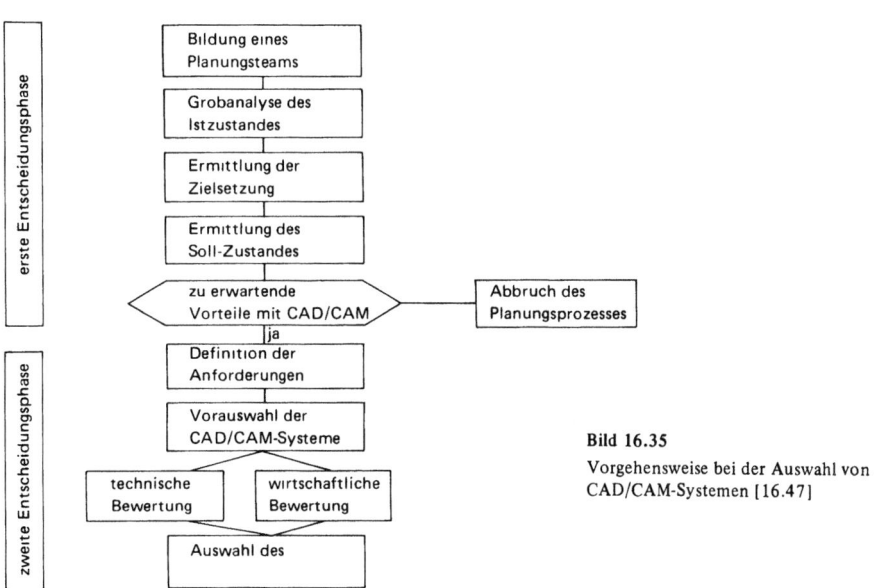

Bild 16.35
Vorgehensweise bei der Auswahl von CAD/CAM-Systemen [16.47]

16.3.8 Entwicklungstendenzen

Man kann die Weiterentwicklung der CAD-Technologie in zwei miteinander korrespondierende Entwicklungsströme gliedern. Zum einen werden Systementwicklungen mit dem Ziel durchgeführt, eine verbesserte Einbindung in den Konstruktionsprozeß zu ermöglichen. Die Verbesserungen beziehen sich auf Eingabetechniken durch Makros und Varianten, wie auf die Verfügbarkeit von Konstruktionslogikprogrammen, die teilweise auch wissensbasiert realisiert werden. Der zweite Entwicklungsstrom ist auf die rechnerintegrierte Fabrik ausgerichtet. Dabei werden viele Aufgaben, die ursprunglich der Arbeitsplanung zugeordnet wurden, auch in den Bereich des Konstruierens einbezogen. Die Flexibilisierung der Anwendung von CAD/CAM-Systemen im

Hinblick auf Bereitstellung von Daten für alle produktabhangigen Prozesse führen zum Aufbau von Produktmodellen, die eine logische Zusammenfassung aller produktbeschreibenden Daten darstellen. Im folgenden sind für diese genannten Entwicklungsstufen Beispiele angegeben.

Die derzeitige Vorgehensweise beim Konstruieren mit CAD-Systemen ist dadurch gepragt, daß der Benutzer sein gedankliches Modell eines Konstruktionsobjekts nicht direkt auf ein CAD-System übertragen kann. Er ist beispielsweise gezwungen, zum Aufbau eines dreidimensionalen CAD-Modelles sein gedankliches Modell zunächst in geeignete Teilsegmente zu zerlegen, die mittels bestimmter CAD-Funktionen auf dem Sichtgerät abgerufen und miteinander kombiniert werden können. Charakteristisch für die bisher realisierten Methoden sind Tastatureingaben oder Menüfunktionen, die mittels Tablett oder Maus vom Sichtgerät abrufbar sind. Das teilweise mit Mitteln des BMFT entwickelte System CASUS (*Computer Aided Solid-Reconstruction Using Sketches*) erlaubt dem Anwender die Eingabe gedanklicher Konstruktionsmodelle durch Skizzieren auf einem grafischen Tablett (Bild 16.36). Die zunächst als qualitative Skizze eingegebenen Bauteilansichten können mit handgeschriebenen Bemaßungssymbolen exakt dimensioniert werden. Aus dem exakt dimensionierten, aber auch aus dem qualitativen Ansichtsmodell kann mit den entwickelten Rekonstruktionsprogrammen automatisch ein dreidimensionales Modell des gewünschten Konstruktionsobjektes erzeugt werden (Bild 16.37). Das Modell ist mit den üblichen Funktionen eines geometrischen Modellierers, wie automatisches Ausblenden verdeckter Kanten, Schnittbildung oder farbschattierte Darstellung, weiterverarbeitbar. Auch alle nachfolgenden Prozesse, wie zum Beispiel die Erstellung von Anweisungen zur automatischen Fertigung des Bauteils auf einer NC-Maschine, sind von diesem Modell ableitbar.

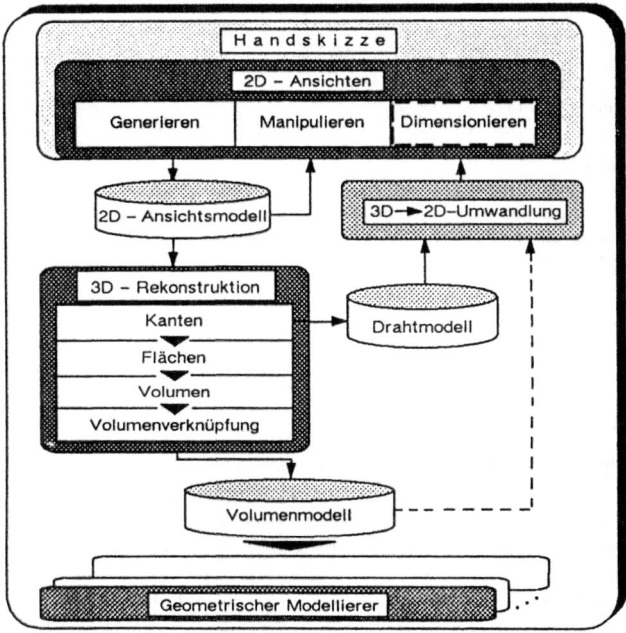

Bild 16.36 CASUS-Systemarchitektur [16.49]

16.3 Rechnerunterstützte Konstruktion und Arbeitsplanung

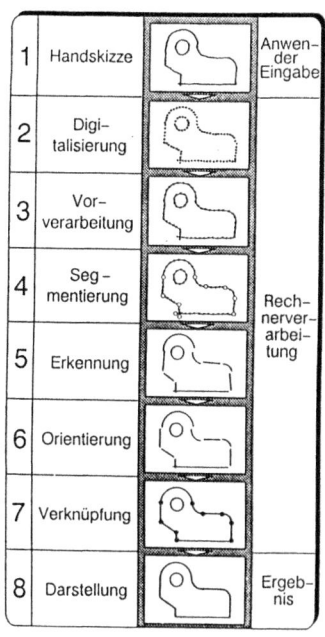

Bild 16.37
Ablauf der Handskizzenverarbeitung

Der Vorteil dieser Arbeitsweise liegt darin, daß der Konstrukteur wie gewohnt die Bauteilansichten ganzheitlich beschreibt. CASUS erzeugt automatisch aus den skizzierten Ansichten das exakte 3D-Modell. Ein weiterer Vorteil wird in der verwendeten Geräte- und Beschreibungstechnik gesehen. Sie erlaubt durch das Skizzieren mit Stift und grafischem Tablett eine dem Konstrukteur vertraute Arbeitsweise bei gleichzeitiger Ausnutzung der bekannten Vorteile der Rechnerverarbeitung [16.49; 16.50].

Die automatische Erfassung und Aufbereitung technischer Zeichnungen für CAD-Prozesse ist eine Problematik, die erst mit Einführung der CAD-Technik in die Konstruktions- und Entwicklungsbereiche aktuell geworden ist. Die Planungen für die Fabrik der Zukunft sehen zwar einen *papierlosen Informationsverbund* aller beteiligten Unternehmensbereiche vor, jedoch dürfte die Frage der *automatischen Zeichnungserfassung* für den Übergangszeitraum von mindestens 10 Jahren aktuell bleiben. Die gegenwärtige Situation läßt sich dadurch charakterisieren, daß der Bestand von konventionell erstellten Zeichnungen noch bedeutend schneller wächst, als der von CAD-Modelle [16.51]. Die zur Zeit bekannten Lösungsansätze lassen sich in zwei Kategorien klassifizieren [16.52]:

- automatische Verfahren mit interaktiver Korrektur,
- interaktive Verfahren mit intelligenter Systemunterstützung.

Bezogen auf den vierstufigen Prozeß der Zeichnungsumwandlung ergibt sich der in Bild 16.38 dargestellte Zusammenhang hinsichtlich dieser beiden Vorgehensweisen. Darüber hinaus lassen sich den vier Prozeßstufen bestimmte Problembereiche zuordnen, für die geeignete Lösungen vorhanden sind, beziehungsweise gefunden werden müssen, damit eine erfolgreiche Zeichnungsumwandlung möglich wird.

Das Wissensgebäude Konstruktionstechnik wird durch informationstechnische Einwirkungen erweitert und umstrukturiert. Die Wechselwirkung zwischen Konstruktionstechnik und Realisierun-

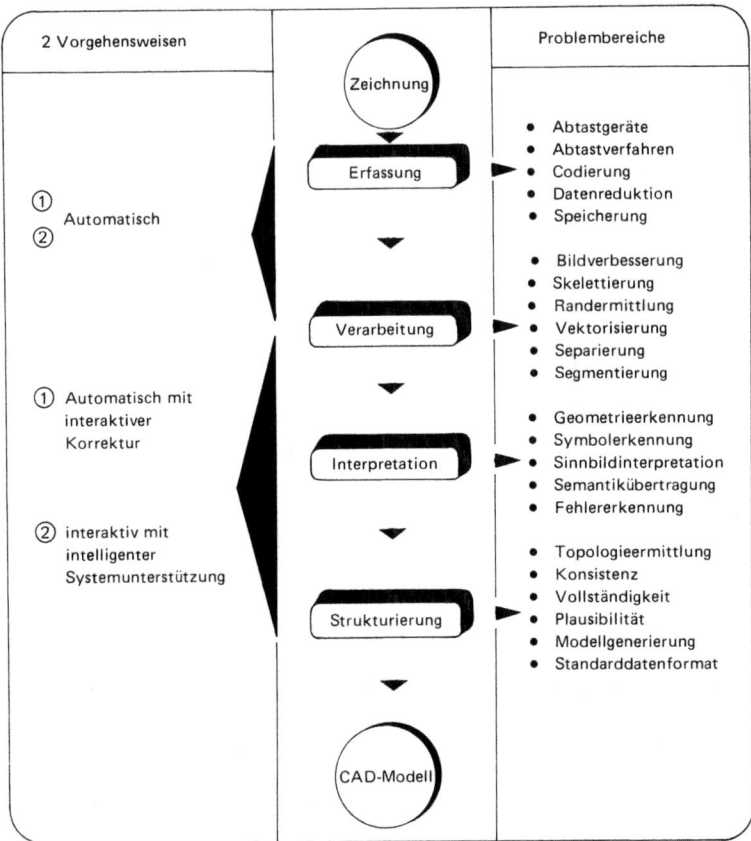

Bild 16.38 Alternative Vorgehensweisen bei der Zeichnungsumwandlung und zugehörige Problemkreise [16.51]

gen von Softwaresystemen erfordert die Weiterentwicklung von beiden. Anstöße kommen aus nach Wirtschaftlichkeit strebenden Anwendungen und aus neuen Möglichkeiten der Softwaresysteme. Forderungen nach Flexibilitätssteigerung, kürzeren Durchlaufzeiten und Integration führen zu komplexen Systemstrukturen, die offen für Erweiterungen und für die Einbeziehung bestehender Lösungen ausgelegt sind. Wissensbasierte Systeme eröffnen neue Dimensionen der Rechneranwendung für die Konstruktionstechnik; Verknüpfungen zwischen konventioneller und wissensbasierter Datenverarbeitung werden erforderlich, um das Innovationspotential der Software voll nutzbar zu machen.

Produktgestaltung basiert auf dem Zusammenwirken vielfältiger Wissensbereiche und Erfahrungen. Die technische Speicherung und Verarbeitung von Wissen und Erfahrung kann mit Hilfe wissensbasierter Systeme vorgenommen werden (Bild 16.39). Die Bestandteile derartiger Systeme sind Problemlösungsdialog, Wissensakquisitionskomponente, Wissensrepräsentation, Inferenzmechanismen und gegebenenfalls Erklärungskomponenten.

16.3 Rechnerunterstützte Konstruktion und Arbeitsplanung

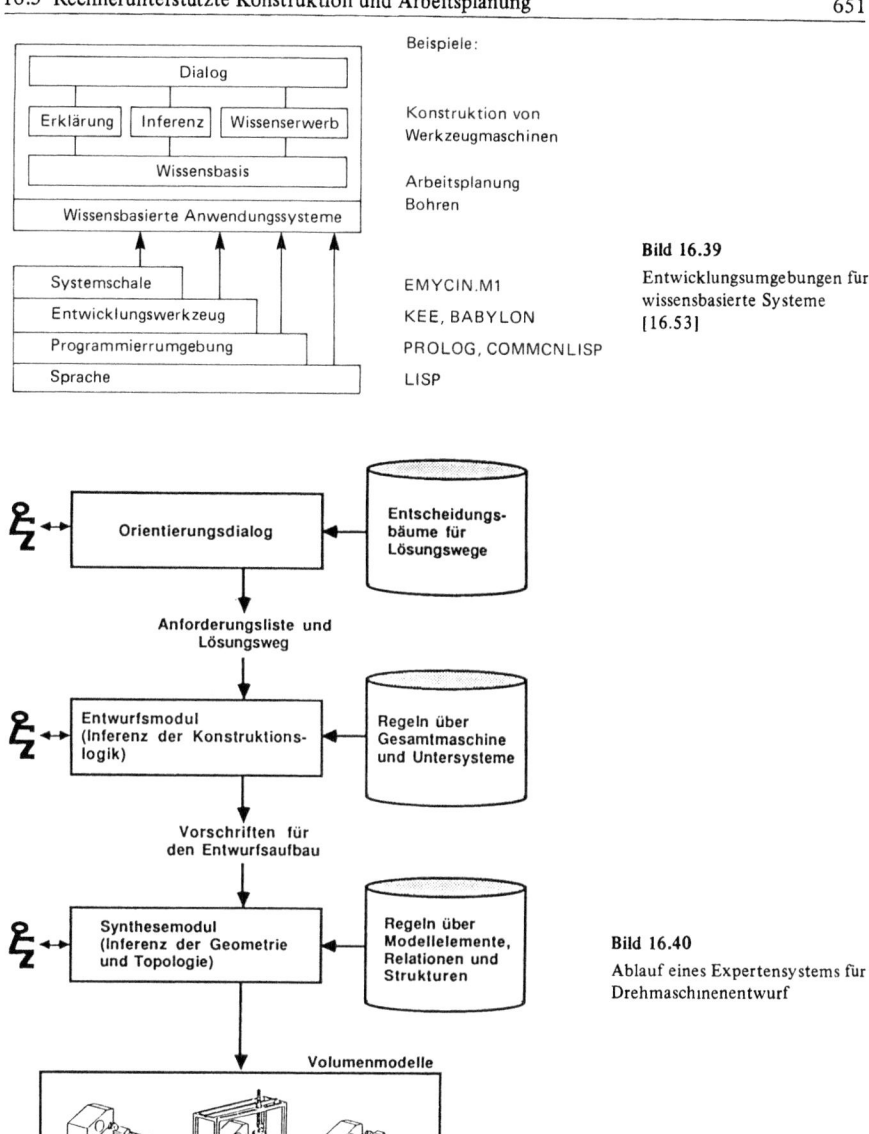

Bild 16.39
Entwicklungsumgebungen für wissensbasierte Systeme [16.53]

Bild 16.40
Ablauf eines Expertensystems für Drehmaschinenentwurf

Systeme dieser Art unterstutzen das schnelle Erzeugen von Softwareprototypen und geben Hilfe bei der Bewertung und Fehleranalyse, Wissen eines Experten kann nach dem Pradikatenkalkül verarbeitet werden. Die Abspeicherung kann beispielsweise mit Regeln erfolgen, die IF-THEN-Beziehungen darstellen (Bild 16.40).

Die vom System aufgrund des Eingabedialoges vorgeschlagene Lösung wird durch die Inferenzmechanismen der im System realisierten Konstruktionslogik generiert. Man unterscheidet Vorwärts- und Rückwärtsverkettungen von Regeln. Die *Vorwartsverkettung* wird auch datengesteuert genannt, die *Rückwartsverkettung* auch zielgesteuert. Eine Vorwartsverkettung besteht dann, wenn keine Kenntnisse über Einzelheiten der geplanten Gesamtmaschine zu Beginn des Konstruktionsvorganges vorliegen. Es handelt sich um eine zielgesteuerte Vorgehensweise, wenn eine optimierte Lösung aus einer begrenzten Anzahl bekannter Lösungen für Untersysteme, wie Spannmittel, ausgewählt werden soll.

Wissensbasierte Vorgehensweisen sind auch für technologische Planungsaufgaben anwendbar (Bild 16.41). Vor der eigentlichen Planungsdurchführung werden der Wissensbasis die Zusammenhänge der Verarbeitungsschritte mit der Geometrie in Form von Regeln als Entscheidungsbaum abgespeichert. Will der Planer eine vom System automatisch gefällte Entscheidung erklärt haben, kann er von der Darstellung des Entscheidungsbaumes Gebrauch machen. Aufgabenstellung und Regeln werden gemeinsam vom Inferenzmechanismus verarbeitet. Dieser Verarbeitungsprozeß generiert automatisch die Planstruktur und den Arbeitsplan.

Das technologieorientierte Beispiel macht deutlich, daß dem Konstrukteur mit Hilfe von wissensbasierten Systemen auch Wissen verfügbar gemacht werden kann, das er nicht selbst besitzt. Gerade im vorliegenden automatisch ablaufenden Planungsprozeß, der aufgrund der Transparenz der Problemstellung keinen Dialog benötigt, könnte eine problemlose Anwendung durch den Konstrukteur erfolgen. Die mit dem Planungsvorgang durchgeführte technologische Simulation kann in seinen weiteren Konstruktionsschritten berücksichtigt werden. Eine Kopplung des Systems mit einer Kostenberechnung ist anhand der Planstruktur leicht durchführbar. Die gezeigten Beispiele verdeutlichen, daß mit der Realisierung wissensbasierter Systeme neue Lösungen für rechnerunterstützte Konstruktion und Arbeitsplanung erarbeitet werden können. Neben Problemstellungen, die durch neue Softwaremittel entstehen, muß die Kopplung mit der Geometrieverarbeitung gelöst werden. Die Pflege und Erweiterungen der Wissensbanken benötigen den Wissensingenieur.

Ein wesentlicher Aspekt der rechnerintegrierten Fabrik ist die Integration von geometrieorientiertem und administrationsorientiertem Datenfluß. Die an den Informationsflüssen beteiligten Aufgabenbereiche benötigten Informationen, deren zeitliche und örtliche Bereitstellung gewährleistet sein muß, um überschaubare und wirksame Funktionsabläufe zu erzielen. Von der Produktplanung bis zur Endkontrolle werden vielfältige alphanumerische und grafische Informationen benötigt, wie technische Zeichnungen, Konstruktionsvorschriften, Arbeits- und Prüfpläne, Daten von Fertigungsmitteln und fertigungsbezogene Angaben. Diese Informationen werden von einer Phase des Produktionsablaufes bis zur nächsten weiterentwickelt, wobei auch Rückkopplungen zum kaufmännischen Bereich erforderlich sind.

Der Ablauf rechnerunterstützter Konstruktionsprozesse erfordert es, daß der Informationsinhalt in Daten einer rechnerinternen Darstellung verfügbar ist. Zur rechnerinternen Informationsverarbeitung dienen Modelle, die aus Daten, Strukturen und Algorithmen bestehen. Durch Integration von rechnerunterstützten Konstruktions-, Arbeitsplanungs- und Fertigungssteuerungssystemen sowie durch die Benutzung rechnergeführter Fertigungseinrichtungen soll der Aufbau von integrierten Informationseinflüssen möglich werden. Die Einbeziehung von administrativen Daten und ihre Verbindung mit konstruktiven und fertigungstechnischen Daten erfordert ein integriertes Modell. Dieses Modell, das die rechnerinterne, strukturierte Zusammenfassung aller Einzelinformationen über ein Produkt enthält, die in einer Fabrik erforderlich sind, heißt *Produktmodell*. Ein Beispiel für den Aufbau und die möglichen Inhalte eines Produktmodells ist in Bild 16.42 dargestellt [16.53].

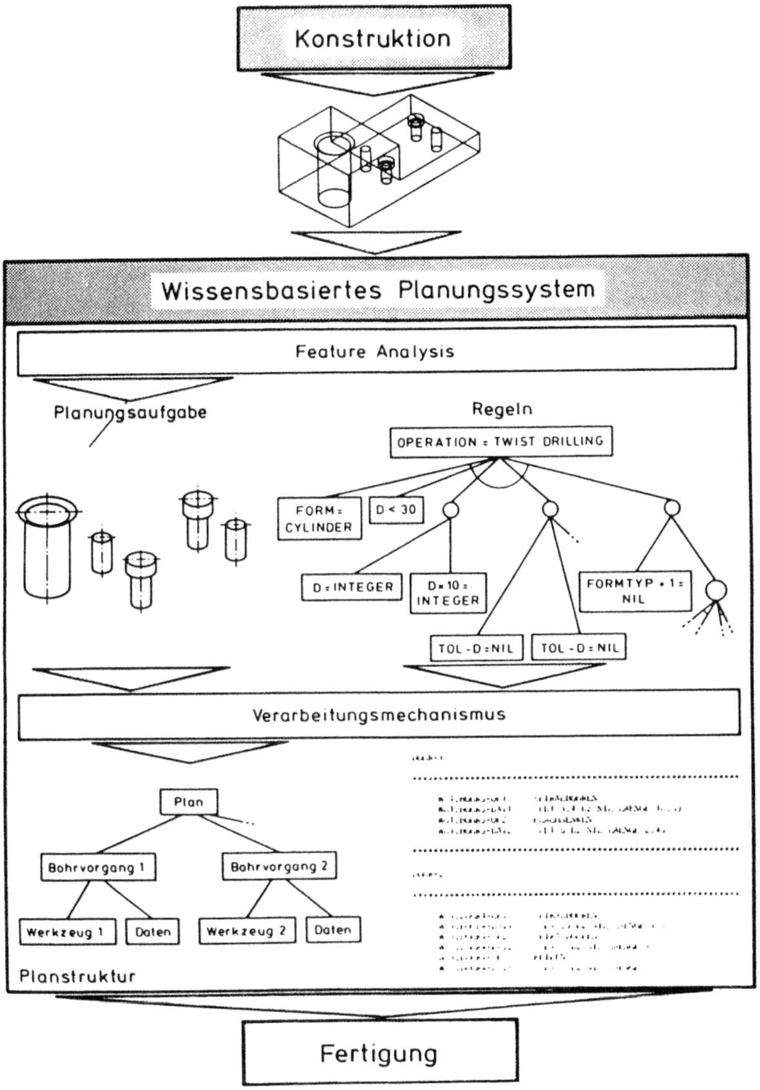

16.3 Rechnerunterstützte Konstruktion und Arbeitsplanung

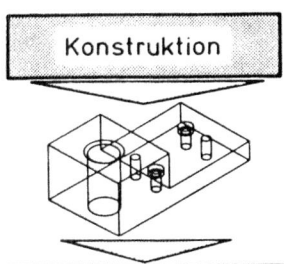

Bild 16.41 Technologische Planung mit einem wissensbasierten System [16.56]

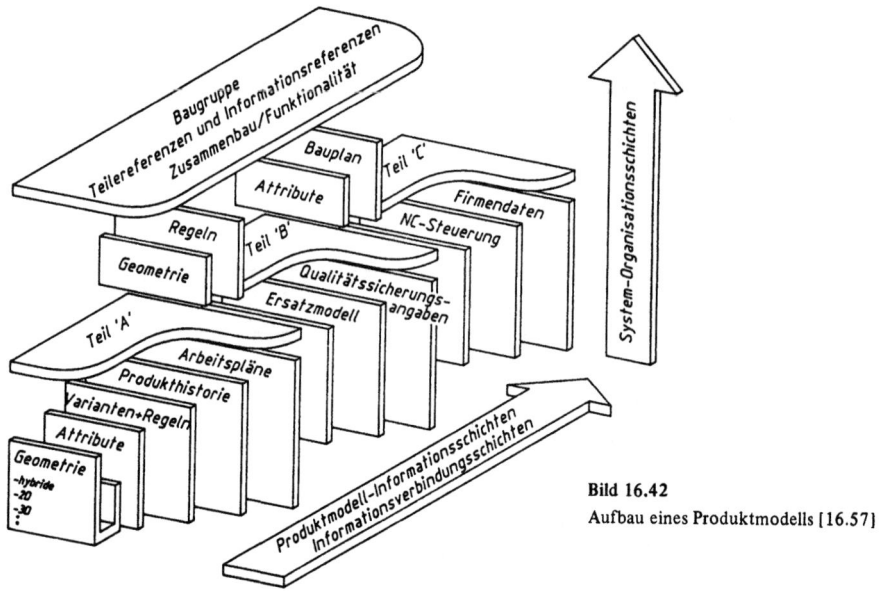

Bild 16.42
Aufbau eines Produktmodells [16.57]

16.4 Rechnergeführte Fertigungssteuerung

16.4.1 Einführung

Der Begriff *Fertigungssteuerung* ist in der Literatur wie auch im betrieblichen Sprachgebrauch nicht einheitlich definiert. Als Synonym wird häufig auch der Begriff *Produktionsplanung* und *-steuerung* (PPS) verwendet. Die Produktionsplanung betrifft im wesentlichen die Arbeitsplanung mit der Verfahrens- und Zeitplanung sowie die Produktionsmittelplanung mit der Funktionsträgerauswahl und Layoutgestaltung. Die Produktionssteuerung veranlaßt, überwacht und sichert die Durchführung der Produktionsaufgaben. In Anlehnung an die VDI-REFA-Definition wird hier die Fertigungssteuerung als Teilfunktion der Produktionssteuerung betrachtet.
Im Bild 16.43 sind die Aufgabenbereiche der Fertigungssteuerung dargestellt. Die Aufgaben sind unabhängig von der betrieblichen Organisation definiert. Sie entsprechen nicht der Gliederung von Betriebsanleitungen. Die Fertigungssteuerung enthält ein planendes und ein steuerndes Teilsystem. Das Planungssystem umfaßt die Produktions- und Fertigungsprogrammplanung, die Mengenplanung sowie die Verwaltung der Stammdaten aus der Konstruktion und Arbeitsplanung. Das Steuerungssystem hat die geplanten Aktionen durchzusetzen. Dazu gehören die *Auftragsveranlassung* und *Auftragsüberwachung*.

16.4.2 Steuerungsrelevante Strukturmerkmale der Fertigung

Die Gestaltung der Fertigungssteuerung rechnergeführter Fertigungsanlagen wird durch die Auslegung des Bearbeitungs- und Materialflußsystems beeinflußt. Im folgenden Abschnitt werden daher

16.4 Rechnergeführte Fertigungssteuerung

FERTIGUNGSSTEUERUNG		
Teilsysteme	Hauptfunktionen	Teilfunktionen
Planungssystem	Stammdatenverwaltung	Teile-, Produktdaten Stücklistendaten Arbeitsplandaten Arbeitsplatzdaten Lieferantendaten
	Produktionsprogrammplanung	Umsatzplanung Programmplanung Auftragsverwaltung Auftragsterminierung Betriebsmittelbedarf
	Mengenplanung	Materialbedarfsermittlung Bestandsführung Beschaffungsrechnung
	Fertigungsprogrammplanung	Fertigungsauftragsbildung Durchlaufterminierung Kapazitätsabgleich
Steuerungssystem	Auftragsveranlassung	Auftragsbelegerstellung Fertigungsauftrag Bestellauftrag Fertigungsauftragsfreigabe Auftragsbereitstellung Arbeitsverteilung
	Auftragsüberwachung	Fertigungsfortschritt Wareneingang Qualitätssicherung Betriebsmittelüberwachung

Bild 16.43
Aufgabenbereiche der Fertigungssteuerung

– die strukturprägenden Merkmale der Fertigung beschrieben,
– der funktionale Einfluß auf die Teilaufgaben der Fertigungssteuerung ermittelt und
– Anforderungsschwerpunkte an die Fertigungssteuerung aufgezeigt.

Die strukturprägenden Merkmale der Fertigung lassen sich drei Bereichen zuordnen:

– Teilespektrum,
– Auftragsspektrum und
– Betriebsmittel.

Teilespektrum

Die strukturbestimmenden Merkmale des *Teilespektrums* sind:

– Anzahl unterschiedlicher Teile,
– durchschnittliche Anzahl Arbeitsvorgänge,
– Anzahl unterschiedlicher Arbeitsvorgangsfolgen,
– durchschnittliche Vorgabezeit je Einheit (T_e),
– Streuung der Zeit je Einheit und
– durchschnittliche Rüstzeit (T_r).

Die steigende Teilevielfalt ist mit einer höheren Anzahl unterschiedlicher Arbeitspläne, NC-Programme, Vorrichtungen, Werkzeuge, Rüstvorgänge und Arbeitsvorgänge verbunden. Aufgrund der wachsenden Anzahl möglicher Alternativen steigt der Einfluß auf die Auftragsfreigabe und Arbeitsverteilung. Das größere Auftrags- und Datenvolumen wirkt sich auf die Belegerstellung und die

Bereitstellung aus. Maßnahmen des Kapazitätsabgleichs müssen mehr gegenseitige Abhängigkeiten berücksichtigen.

Eine große Anzahl von Arbeitsvorgängen je Teil beeinflußt

- die Belegerstellung,
- die Einlastungshäufigkeit von Arbeitsvorgängen,
- den Umfang der Durchlaufterminierung,
- die Überschaubarkeit des Auftragsdurchlaufs und
- die Auswirkungen von Steuerungsmaßnahmen und Störungen.

Daher steigen besonders die Einflüsse auf die *Durchlaufterminierung, Arbeitsverteilung* und *Fortschrittskontrolle*.

Die Teileähnlichkeit des Teilespektrums wird durch die Anzahl verschiedener *Arbeitsvorgangsfolgen* beschrieben. Unterschiedliche Arbeitsvorgangsfolgen gibt es aufgrund verschiedener Werkstücke und aufgrund von Alternativarbeitsplänen für gleiche Werkstücke. Gleiche Arbeitsvorgangsfolgen sind für verschiedene Werkstücke möglich, wenn diese einander ähnlich sind:

- die Auswirkungen der Einlastung von Fertigungsaufträgen sind stark unterschiedlich und daher schwer überschaubar;
- die gegenseitigen Beeinflussungen der Fertigungsaufträge sind im voraus nur schwer abzuschätzen.

Kennzeichnend für die *Belegungszeiten* in der Fertigung sind die durchschnittlichen *Bearbeitungszeiten* T_e und deren Streuung. Lange Belegungszeiten führen zu abnehmenden Planungshäufigkeiten. Die Auswirkungen einer Reihenfolgeentscheidung sind schwerwiegend, da durch lange Belegungszeiten der Maschinen lange Wartezeiten auftreten können. Stark streuende Belegungszeiten verhindern eine Taktangleichung in der Fertigung und führen zu schwer überschaubaren Auftragsdurchläufen, einer steigenden Anzahl Reihenfolgeentscheidungen und größeren Auswirkungen der Reihenfolgeentscheidungen auf die Fertigungsaufträge.
Der Rüstzeitanteil an der Belegungszeit hat vor allem einen starken Einfluß auf die Reihenfolgeplanung bei der Arbeitsverteilung.

Auftragsspektrum

Die strukturbestimmenden Merkmale des *Auftragsspektrums* sind:

- durchschnittliche Losgröße,
- Streuung der Losgröße,
- Anzahl der Fertigungsaufträge in der Werkstatt,
- Anzahl der eingelasteten Fertigungsaufträge je Schicht und
- kurzfristige Bedarfsänderungen.

Ein *Los* ist ein Anteil oder ein Mehrfaches der Menge, aus der ein Fertigungsauftrag besteht. Die Fertigungsauftragsmenge ist die Anzahl der im Rahmen eines Auftrages anzuliefernden Einheiten. Zur Erfassung extremer Fertigungsarbeiten wird die *Los-* und *Fertigungsauftragsgröße* für folgende Fälle a priori bestimmt.

- Bei Großserien- und Massenfertigung nach dem Fließbandprinzip ist die Fertigungsauftragsgröße der Auflagedauer des Produktes proportional, die Losgröße wird als unendlich angenommen;
- bei flexiblen Fertigungseinrichtungen ist die Simultanfertigung mehrerer Fertigungsaufträge ohne Losbildung möglich. Es wird dann eine Splittung des Auftrages mit der Losgröße 1 angenommen.

Keinen direkten Einfluß auf die Anforderungen an die Werkstattsteuerung haben die Produktionsstückzahlen, die indirekt Losgroße und Fertigungsauftragszahlen beeinflussen.

16.4 Rechnergeführte Fertigungssteuerung

Das Auftragsspektrum als zusammenfassendes Merkmal für das Mengengerüst einer Fertigung bestimmt vor allem das Datenvolumen und beeinflußt damit die Überschaubarkeit der Steuerungsaufgaben.

Eine Verringerung der Losgröße hat eine steigende Planungshäufigkeit zur Folge. Die Bereitstellung erschwert sich, weil häufig neue Werkzeuge, Vorrichtungen und NC-Programme benötigt werden. Bei konstanter Produktionsleistung und sinkender Losgröße erhöht sich der Aufwand für die Fortschrittsüberwachung. Eine starke Streuung der Losgröße führt zu ungleichmäßigem Fertigungsablauf.

Eine steigende Anzahl von Fertigungsaufträgen führt zu höherem Überwachungsaufwand, größerem Datenvolumen und längeren Warteschlangen, unter der Voraussetzung konstanten Durchsatzes und konstanter Maschinenzahl zu einem höheren Aufwand bei der Reihenfolgeauswahl und zu sinkender Vorhersagegenauigkeit, da die Durchlaufzeit stark von den Wartezeiten beeinflußt wird. Eine steigende Anzahl der Einlastungen von Fertigungsaufträgen führt zu häufigerer Ausführung der Steuerungszyklen Belegerstellung, Fertigungsauftragsauswahl, Bereitstellung, Arbeitsverteilung und Fortschrittsüberwachung.

Verschiebungen im Produktmix oder der Gesamtmengen erfordern insbesondere bei kurzfristigem Auftreten neben einer hohen Flexibilität der Produktionsanlagen auch eine flexible Fertigungssteuerung.

Betriebsmittel

Die strukturbestimmenden Merkmale der *Betriebsmittel* sind:
- Organisationstyp,
- Komplexität,
- Flexibilität,
- Automatisierung und
- Taktbindung.

Kennzeichen des *Organisationstyps* ist die Anordnung der Fertigungsmittel. Als extreme Anordnungen werden unterschieden:

- *Werkstattprinzip* mit Übergangsbeziehung zwischen allen Maschinen. Die Maschinen sind nach Fertigungsart und unabhängig vom Produkt aufgestellt.
- *Fließprinzip* mit Übergangsbeziehungen nur zwischen Maschinen oder Maschinengruppen, die der Bearbeitungsfolge entsprechen. Die Anordnung orientiert sich am Fertigungsablauf.

Strukturen, bei denen bearbeitungsähnliche Maschinen in Gruppen ablauforientiert angeordnet sind oder bei denen das Fließprinzip innerhalb einer Gruppe von Maschinen verwirklicht ist, liegen zwischen den Extremen.

Mit *Taktbindung* wird die zeitliche Kopplung des Fertigungsablaufes bezeichnet. Voraussetzung dafür sind gleiche Bearbeitungszeiten an den Maschinen.

Der Organisationstyp bestimmt entscheidend die *Komplexität der Fertigung* und damit auch die Fertigungssteuerung. Die Anzahl möglicher Übergangsbeziehungen zwischen den Maschinen ist bei der Werkstattfertigung wesentlich größer als bei der Fließfertigung. Die Anzahl möglicher Maschinenfolgen ist bei der Transferstraße genau eins, sie steigt bei der Werkstattfertigung mit der Fakultät der Anzahl der Maschinen. Die große Anzahl Ablaufmöglichkeiten der Werkstattfertigung ermöglicht eine flexible Maschinenbelegung und Abfertigungsfolge, stellt jedoch auch hohe Anforderungen an alle Steuerungsaufgaben. Bei steigender Anzahl von Maschinen und Maschinenarten, Werkzeugen sowie Vorrichtungen, also bei steigender Komplexität des Bearbeitungssystems, erhöht sich besonders der Einfluß auf den Kapazitätsabgleich durch die steigende Anzahl Bearbeitungsalternativen und das steigende Datenvolumen [16.66].

Mit zunehmender *Flexibilität der Fertigung* steigen und verlagern sich die Anforderungen an die Fertigungssteuerung. Aufgrund der freieren Ablaufgestaltung lassen sich Reihenfolgeplanung und Kapazitätsabgleich unter weniger Restriktionen durchführen, was theoretisch eine bessere Auslastung und Termintreue ermöglicht. Die steigende Anzahl der Ablaufmöglichkeiten und die zur Nutzung der hohen Flexibilität der Fertigung erforderliche hohe Reaktionsfähigkeit der Steuerung stellen hohe Anforderungen an das Steuerungssystem.

Ein hoher *Automatisierungsgrad* der Fertigungsanlagen erfordert einerseits wegen der Kapitalintensität eine hohe Auslastung der Anlagen und rechtfertigt damit einen höheren Steuerungsaufwand, andererseits erfordern zusätzliche automatisierte Operationen einen zusätzlichen Steuerungsaufwand.

Die *Auslastungsanforderungen* beeinflussen vor allem die Art der Bereitstellungssteuerung und die Reihenfolgeentscheidung sowie die Betriebsmittelüberwachung, um störungsbedingte Stillstände zu minimieren. Durch Anwendung geeigneter Strategien wie Simultanfertigung oder Wegeoptimierung bei Transport- und Lagersteuerung lassen sich Abläufe in der automatisierten Fertigung optimieren. Die Realisierung derartiger Strategien stellt hohe Anforderungen an die Reihenfolgeplanung, Fortschritts- und Betriebsmittelüberwachung.

Eine sinkende zeitliche Bindung des Fertigungsablaufes im Sinne einer Taktentkopplung erhöht dessen Komplexität und führt zu einer Erhöhung des Steuerungsaufwandes. Bei taktgebundener Fertigkeit ist insbesondere die Auswahlproblematik stark vereinfacht, da die Reihenfolge nur einmal bestimmt und über alle Bearbeitungsstationen beibehalten wird. Bei taktgebundenen Abschnitten kann die Reihenfolge für eine Folge mehrerer Maschinen beibehalten werden, soweit es keine Aufträge gibt, die um Kapazität einzelner Maschinen dieser Gruppe konkurrieren. Erfolgt der Durchlauf zwangsweise getaktet, so verlagern sich die Steuerungsaufgaben auf die Bereitstellung.

16.4.3 Gegenwärtiger Stand der rechnergeführten Fertigungssteuerung

Bereits in den 60er Jahren wurden Modularprogrammsysteme zur rechnerunterstützten Fertigungssteuerung entwickelt [16.64]. Die Programmsysteme enthalten meist die Hauptmodule Materialwirtschaft und Zeitwirtschaft. In der *Materialwirtschaft* wird, ausgehend vom Produktionsprogramm und dem Primärbedarf, durch Stücklistenauflösung der Bedarf an Einzelteilen und Material nach Art, Menge und Termin ermittelt. Dieser Sekundärbedarf, gleichzeitig der Bruttobedarf, wird mit dem verfügbaren Bestand in Lägern verglichen und so der Nettobedarf an Fertigungs- und Kaufteilen festgestellt.

In der *Zeitwirtschaft* wird anschließend die Fertigungsprogrammplanung durchgeführt. In einer Durchlaufterminierung wird der Kapazitätsbedarf für Fertigungsteile ermittelt und eine Zuordnung von Fertigungsaufträgen, Kapazitäten und Fertigungsterminen durchgeführt. Bei den höchstintegrierten Systemen erfolgt zusätzlich ein programmgesteuerter Kapazitätsabgleich. Die Planung des Materialbedarfs mit entsprechenden Bedarfszeitpunkten und die Zuordnung zu Kapazitäten erfolgt sequentiell, obwohl eine gegenseitige Beeinflussung wie beispielsweise bei überbelegten Kapazitäten gegeben ist. Die Anzahl möglicher Kombinationen einer Simultanplanung steigt gegenüber der sequentiellen Planung jedoch so stark an, daß sich die heutigen Programmlaufzeiten von teilweise mehr als acht Stunden unvertretbar verlängern würden. Die Planungsphilosophie dieses konventionellen Fertigungssteuerungskonzeptes baut prinzipiell auf den folgenden Voraussetzungen auf:

– Zu einem möglichst frühen Zeitpunkt kann das gesamte Produktionsprogramm bis in alle Einzelteile aufgelöst und als Fertigungsprogramm festgeschrieben werden.
– Der vollständige Fertigungsablauf mit allen Einflußgrößen kann durch einen Algorithmus abgebildet und durch Rechnerprogramme vorausgeplant werden.

16.4 Rechnergeführte Fertigungssteuerung

Der diskontinuierliche Ablauf einer Stückfertigung kann durch detaillierte Vorgaben verstetigt werden.

In der Einzel- und Kleinserienfertigung, dem größten Teil der industriellen Produktion in der Bundesrepublik Deutschland, ist es bisher nicht gelungen, mit diesem System befriedigende Ergebnisse zu erhalten. Die Weiterentwicklung der Modularprogramme zu Dialogsystemen, ihre Erweiterung um die online Betriebsdatenerfassung zur aktuelleren Abbildung des Betriebsgeschehens und der Einsatz leistungsfähigerer Rechner zur Bewältigung des steigenden Datenumfanges haben zwar Verbesserungen ergeben, die ungenügende Berücksichtigung menschlichen Verhaltens und stochastischer Einflüsse im Betriebsablauf lassen jedoch eine vollständige Deckung von Planungsergebnis und Fertigung als nicht erreichbar erscheinen. Die Modularprogrammsysteme erweisen sich als Informationsschlauch, durch den sich nicht die gesamte Informationsmenge pressen läßt. In vielen Unternehmen ist das Ergebnis gekennzeichnet durch

— überhöhte Lagerbestände,
— unzureichende Lieferbereitschaft und mangelnde Lieferflexibilität,
— zu geringe Liefertermintreue,
— zu hohe Durchlaufzeiten und
— zu geringe Kapazitätsauslastung.

16.4.4 Der Regelkreis als Idealmodell der Fertigungssteuerung

Die meisten heute eingesetzten EDV-Programme zur Fertigungssteuerung arbeiten in Form einer einfachen *Steuerungskette* (Bild 16.44a). Aus den Unternehmenszielen werden durch ein Planungssystem Führungsgrößen, die Sollwertvorgaben, entwickelt. Sie enthalten beispielsweise Fertigungsaufträge und Fertigungstermine. Während des Prozeßablaufes treten eine Vielzahl ungeplanter Ereignisse auf, die eine planmäßige Durchsetzung der Vorgaben verhindern [16.65]. Regelungstechnisch werden diese Ereignisse als *Störgrößen* bezeichnet. Aus betriebsorganisatorischer Sicht müssen sie bei der Modellbildung zur Fertigungssteuerung jedoch als Normalfall der Einzel- und Kleinserienfertigung betrachtet werden. Die Rückmeldung der IST-Daten des Realsystems zum Modellsystem sind bei dieser einfachsten Stufe der Fertigungssteuerung nicht durch bestimmte Glieder des Regelkreises vorgesehen. Sie erfolgen zufällig oder unorganisiert durch informelle Informationssysteme, die daher nicht zielgerichtet das Betriebsoptimum erreichen können.
Der Produktionsprozeß in der Fertigungstechnik ist nicht vollständig vorherbestimmbar, so daß der Informationsfluß zur Fertigungssteuerung als Regelkreis ausgebildet sein muß. Die Einführung einer formalen Rückführung der Fertigungsdaten an das Modellsystem führt zu einem nach übergeordneten Zielen beeinflußbaren *Informationsregelkreis* (Bild 16.44b).
Während des Fertigungsprozesses treten Veränderungen auf, die durch das langfristig orientierte, über mehrere Hierarchiestufen reichende Durchsetzungssystem nicht bewältigt werden können. Einerseits ist der Wirkungsweg zu lang, andererseits sind häufig Erfahrungen erforderlich, die nur nahe am Prozeß verfügbar sind. Ein schnelles, wirkungsvolles Fertigungssystem erfordert daher ein mehrstufiges Regelkreiskonzept (Bild 16.44c). Die Fristigkeit und Tragweite der Prozeßstörungen bestimmen dabei den Wirkungsweg der Rückmeldungen.

16.4.5 Fertigungssteuerung als umfassende Konzeption der betrieblichen Durchsetzung

Die Fertigungssteuerung hat als oberstes Ziel die Fertigung des Produktionsprogramms sicherzustellen. Entsprechend dem Planungshorizont kann darunter eine *Zielhierarchie* definiert werden. Langfristig ist z. B. die Lieferbereitschaft durch Nutzung von Absatzchancen und Planung der Produktionsfaktoren zu sichern. Mittelfristig sind die Bestände durch Steuerung der Durchlauf-

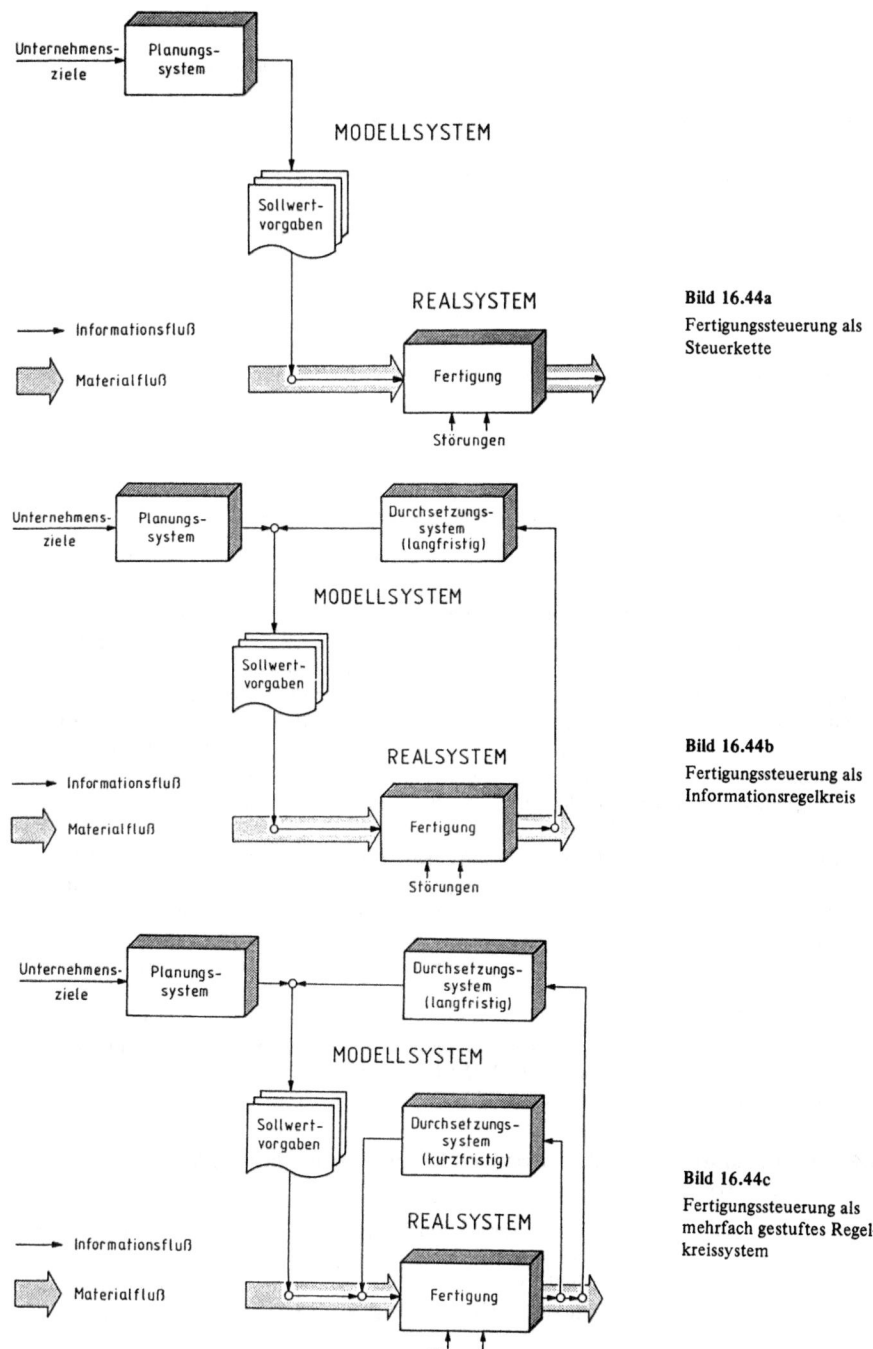

Bild 16.44a
Fertigungssteuerung als Steuerkette

Bild 16.44b
Fertigungssteuerung als Informationsregelkreis

Bild 16.44c
Fertigungssteuerung als mehrfach gestuftes Regelkreissystem

16.4 Rechnergeführte Fertigungssteuerung

zeiten zu minimieren und die Kapazitäten maximal auszulasten. Kurzfristiges Ziel kann die Sicherung der Durchführbarkeit der Fertigungsaufträge und deren Durchsetzung in der Werkstatt sein. Entsprechend dem Planungsfortschritt sind unterschiedliche *Aggregationsniveaus* als Aktionsräume zu wählen. Das Planungsobjekt der Grobplanung kann die Fabrik, der mittelfeinen Planung die Abteilung und der Feinplanung die Einzelmaschine sein.

Die Stufung der *Aktionsräume* mit unterschiedlichem Detaillierungsniveau führt dazu, daß im Gegensatz zur konventionellen Fertigungssteuerung die Informationsmenge auf der lang- und mittelfristigen Ebene kleiner und damit häufiger verarbeitbar wird. Es entsteht eine *Informationspyramide*. Der entscheidende Vorteil liegt darin, daß durch die fortschreitende Planung parallel zum sich konkreter abzeichnenden Fertigungsprozeß Plandaten entstehen, die sich letztendlich in der kurzfristigen Steuerung vollständig mit den Istdaten der Fertigung decken. Auf jeder Stufe kann eine ganzheitliche, simultane Planung erfolgen, so daß synergetische Effekte die Effizienz noch steigern.

Die Vernetzung der komplexen Informationsbeziehungen auf jeder Ebene wie auch zwischen den Ebenen erfordert eine Rechnerunterstützung. Die Realisierung eines EDV-Konzeptes zur strategischen Fertigungssteuerung hat sich an den folgenden Prämissen zu orientieren:

- Die Planbarkeit von diskontinuierlichen Prozessen hängt entscheidend von ihrer Überschaubarkeit ab. Das Informationsangebot darf daher nicht größer als erforderlich sein.
- Die Informationsqualität muß so hoch wie möglich sein, d.h., das Wesentliche bzw. Gewünschte muß treffend und aktuell dargestellt werden.
- Der Fertigungsprozeß in der Einzel- und Serienfertigung ist nicht vollständig algorithmierbar. Nur ein hoher Entscheidungsspielraum des Menschen kann zu angemessener Handlungsflexibilität führen.
- Die Möglichkeit zur häufigen Datenmanipulation durch den Rechner, wie bei der Simulation von Entscheidungsergebnissen, führt zu hoher Planungsflexibilität.
- Die Verantwortlichkeit der Mitarbeiter für ihre Planungsergebnisse muß deutlich und nachvollziehbar sein.
- Die Herkunft der Daten und ihre Beziehungen untereinander müssen erkennbar sein, d.h. keine Anonymität von Informationen.
- Softwareergonomische Erkenntnisse wie die Prinzipien der flexiblen, differentiellen, dynamischen und partizipativen Arbeitsgestaltung sind zu berücksichtigen.

Die Aufgaben der Fertigungssteuerung lassen sich entsprechend ihres zeitlichen Ablaufes in drei Entscheidungsebenen gliedern:

1. die langfristige Ebene zur unternehmenspolitischen Zielbestimmung des Produktionsprogrammes,
2. die mittelfristige Ebene zur Bestimmung von Strategien zur Durchsetzung des Fertigungsprogrammes und
3. die kurzfristige Ebene zur Durchsetzung der Fertigungsziele in der Werkstatt.

In der langfristig orientierten Entscheidungsebene werden der kundenbezogene und der kundenanonyme Bedarf zu Marktanforderungen zusammengefaßt und als Absatzübersicht dargestellt (Bild 16.45). Die *Produktionsprogrammplanung* ermittelt daraus das *Produktionsprogramm*, d.h. den Bedarf an Erzeugnissen in bestimmter Menge zu bestimmten Zeitpunkten und ermittelt dazu den erforderlichen Kapazitäts- und Personalbedarf auf *Betriebsbereichsebene*. Es werden langfristig die Voraussetzungen zur Herstellbarkeit des Produktionsprogramms geschaffen. Als Eingangsdaten sind Informationen über Aufträge, Produkte und Betriebsbereiche erforderlich. Zur Durchführung überschlägiger Planungsrechnungen sind folgende Kenndaten ausreichend:
- *Auftragskenndaten* wie Anzahl Produkte, gewünschter Liefertermin, Priorität des Kunden,
- *Produktdaten* wie Anzahl Fertigungsstunden für Fräsen, Drehen, Bohren, Montage, größte Vorlaufzeit für die Beschaffung, kritische Durchlaufzeitpfade und

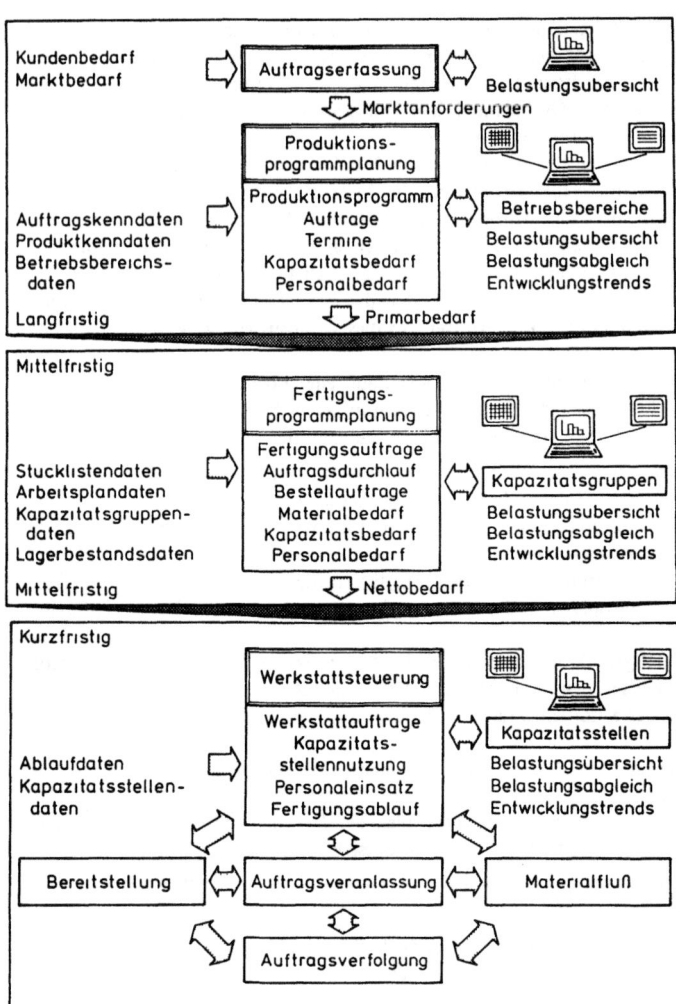

Bild 16.45 Entscheidungsebene der Fertigungssteuerung

- *Betriebsbereichsdaten* wie Normkapazität für z. B. Fräsen, Drehen, Bohren, Montage, Verfügbarkeit von Material und Kaufteilen sowie besonderer Vorrichtungen.

Mit diesen Kenndaten lassen sich für die einzelnen Betriebsbereiche *Belastungsübersichten* erstellen. Ein *Belastungsabgleich* kann durch Verschieben von Lieferterminen oder langfristige Beschaffung von Produktionsmitteln herbeigeführt werden.
In der mittelfristig orientierten Entscheidungsebene erfolgt die *Fertigungsprogrammplanung* auf *Kapazitätsgruppenebene*. Kapazitätsgruppen können nach teilebezogenen Kriterien, wie bei der

16.4 Rechnergeführte Fertigungssteuerung

Teilefamilienfertigung eine Fertigungszelle, oder nach verrichtungsbezogenen Kriterien, wie bei der Werkstättenfertigung eine Gruppe gleichartiger Fräsmaschinen, gebildet werden. Die Fertiungsprogrammplanung löst den Primärbedarf durch Verarbeitung von Stücklisten, Arbeitsplan- und Kapazitätsgruppendaten auf und bildet den Sekundärbedarf an Einzelteilen und Material. Unter Berücksichtigung der Erzeugnis- und Materialbestände wird der Nettobedarf an Teilen und Material sowie der Kapazitäts- und Personalbedarf nach Menge, Zeit und Ort ermittelt.
Entscheidungsgrundlage ist wiederum zunächst die Belastungsübersicht, nun aber detaillierter auf Kapazitätsgruppenebene. Der Belastungsabgleich erfolgt durch Anpassung der zeitlichen Nutzung der Ressourcen, Auswärtsverlagerung von Aufträgen oder zeitlicher Verschiebung der Aufträge.
In der kurzfristig orientierten Entscheidungsebene, der *Werkstattsteuerung*, erfolgt die arbeitsvorgangsweise Verteilung von Werkstattaufträgen auf *Kapazitätsstellenebene* und die operative Steuerung aller Abläufe im Werkstattbereich. Kapazitätsstellen sind die kleinsten Einheiten im Betrieb, an denen Kapazität bereitgestellt wird. Für einen kurzen Zeitraum vor dem Fertigungsbeginn werden die Kapazitäten unter Berücksichtigung der Auftragsvernetzung mit Arbeitsvorvorgängen belastet. Die Belastungsübersicht im gesamten Werkstattbereich wie an den einzelnen Kapazitätsstellen bildet wieder die Grundlage für den Belastungsabgleich. In dieser Entscheidungsebene sind Anpassungen der Nutzungszeit nur noch in geringem Umfang möglich. Von großer Bedeutung ist die optimale Nutzung der verfügbaren Kapazität durch richtige Wahl der Auftragsreihenfolge unter Beachtung der Verfügbarkeitsbedingungen.

16.4.6 Die Werkstattsteuerung als zentrales Element der Fertigungssteuerung

Im Rahmen der *Werkstattsteuerung* sind die Planungsergebnisse der mittelfristigen Fertigungssteuerung zu detaillieren und unter Beachtung der aktuellen Situation durchzusetzen, da mit ihrer Hilfe der Erfolg letztlich realisiert werden muß. Eine optimale Kapazitätsauslastung unter Einhaltung vorgegebener Eckterme ist das Ziel [16.67]. Der Begriff Werkstatt soll den wirtschaftlichen Anwendungsbereich des Steuerungskonzepts andeuten: Die mehrstufige Mehrproduktfertigung von Werkstücken in Einzelfertigung oder in kleinen bis mittleren Serien. Die Fertigung ist durch häufigen Wechsel der Bearbeitungsfolgen gekennzeichnet. Abweichungen und Veränderungen gegenüber der Planung sowie die endgültige Festlegung von Planungsdaten dürfen bei dieser Fertigungsart nicht als störende Ausnahme sondern müssen als die Regel angesehen werden.
Nur eine prozeßnahe Disposition kann den aktuellen Arbeitsfortschritt und die Betriebsmittelbelastung angemessen berücksichtigen. Die Vielfalt der möglichen Kombinationen im Werkstattbereich ist dabei so groß, daß sie sich einer Algorithmierbarkeit weitgehend entzieht.
Die Funktionen der Werkstattsteuerung lassen sich in dispositive und operative Elemente trennen. Die *dispositive Steuerung* hat die Aufgabe, Arbeits- und Montagevorgänge den Kapazitätseinheiten zuzuordnen. Kriterien sind dabei eine gleichmäßige Kapazitätsauslastung, termingerechte und kurze Auftragsdurchlaufzeiten, geringer Rüstaufwand und die abgestimmte Bereitstellung von Werkstücken, Werkzeugen, Vorrichtungen, NC-Programmen und menschlicher Arbeitskraft. Die *operative Steuerung* bezieht sich auf die auszuführenden Funktionsabläufe von Fertigung, Montage, Transport und Lager. Je nach Automatisierungsgrad der Produktionssysteme verschiebt sich die Grenze zwischen dispositiver und operativer Steuerung in dem Maße, wie menschlicher Arbeitskraft mit der Ausführung manueller Verrichtungen am Prozeß auch die unmittelbare Entscheidung über deren Ablauf entzogen wird (Bild 16.46).

Dispositive Steuerung

Die Aufgaben der dispositiven Werkstattsteuerung lassen sich in fünf Module gliedern (Bild 16.47).

- Datenverwaltung,
- Auftragsbildung,

664 16 Rechnerunterstützte Planung von Fertigungsprozessen

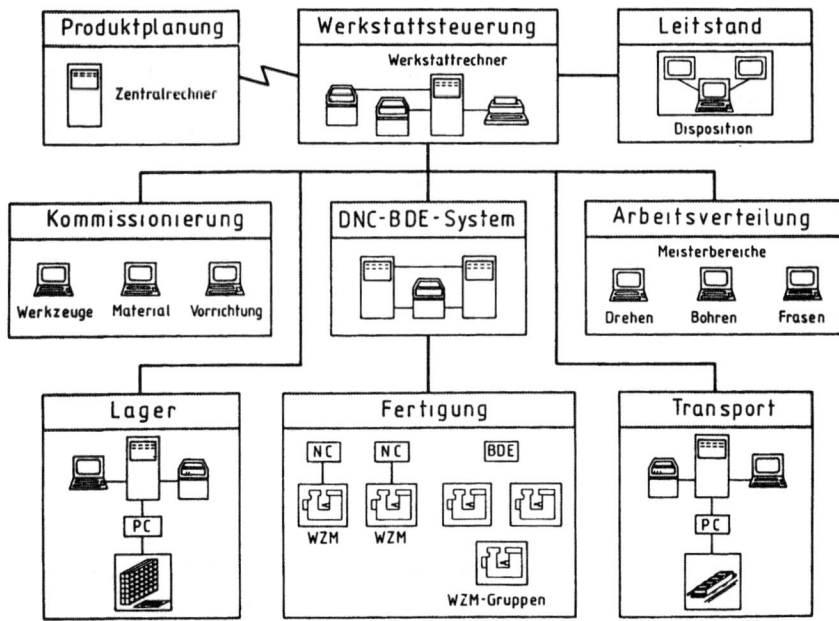

Bild 16.46 Komponenten der Werkstattsteuerung

DISPOSITIVE WERKSTATTSTEUERUNG				
Daten-verwaltung	Auftrags-bildung	Auftrags-freigabe	Arbeits-verteilung	Fertigungs-überwachung
Auftrags-daten	Durchlauf-terminierung	Verfügbar-keitsprüfung	Reihenfolge-auswahl	Fertigungs-fortschritt
Kapazitäts-daten	Kapazitäts-belastung	Reser-vierungs-planung	Beleger-stellung	Fertigungs-unter-brechungen
Personal-daten	Scheinserien-bildung	Prioritäts-bestimmung	Bereit-stellungs-durchführung	Qualitäts-sicherung
Daten-austausch	Auftrags-zusammen-fassung	Warte-schlangen-bildung		Trendaus-wertung

Bild 16.47 Aufgaben der dispositiven Werkstattsteuerung

16.4 Rechnergeführte Fertigungssteuerung

- Auftragsfreigabe,
- Arbeitsverteilung und
- Fertigungsüberwachung.

Die *Datenverwaltung* schafft die Voraussetzungen zur Manipulation von Auftrags-, Kapazitäts- und Personaldaten sowie zum Datenaustausch mit der übergeordneten zentralen Fertigungssteuerung und der operativen Werkstattsteuerung.

Die *Auftragsbildung* setzt die von der zentralen Fertigungssteuerung übernommenen Fertigungsaufträge in Werkstattaufträge um. Die Fertigungsaufträge enthalten die identifizierenden Daten wie Auftragsnummer, Werkstücknummer, Teilebezeichnung und Arbeitsplatznummer sowie organisatorische Daten wie Losgröße und Ecktermine über frühestmöglichen Starttermin und spätestzulässigen Fertigstellungstermin. Unter Verwendung der zugehörigen Arbeitspläne und Kapazitätsdaten werden in der Durchlaufterminierung die einzelnen Arbeitsvorgänge mit Start- und Endterminen versehen und die betroffenen Kapazitäten belastet. Diese Auftragseinplanung kann in Abhängigkeit von der einzuplanenden Auftragszahl manuell durch einen Disponenten oder progammgesteuert vorgenommen werden. Unter Berücksichtigung gleicher oder ähnlicher Arbeitsvorgänge oder Arbeitsfolgen können zur Rüstaufwandminimierung Scheinserien gebildet werden.

Die Belastung der Kapazitäten wird im allgemeinen Engpässe, Unterauslastungen oder Terminüberschreitungen aufzeigen. Es ist daher eine Glättung des Kapazitätsbelastungsgebirges mit dem Ziel einer optimalen Kapazitätsausnutzung durchzuführen. Für dieses Problem wurden eine Reihe von Operations-Research Verfahren entwickelt. Diese haben sich jedoch meist als ungeeignet erwiesen, da sie zwar die Problemstellung einfach beschreiben, eine Problemlösung jedoch teilweise unbekannt oder nur mit sehr hohen Rechenlaufzeiten erreichbar ist. Im Rahmen der Werkstattsteuerung geht es daher zunächst darum, einen Kapazitätsausgleich durch manuelle Umdisposition vorzunehmen, indem der Disponent aufgrund seiner Erfahrung einen Arbeitsvorgang oder einen Auftrag verschiebt und das Programmsystem unter Berücksichtigung der Vernetzungen das neue Belastungsgebirge erstellt.

Im Steuerungsmodul *Auftragsfreigabe* ist zunächst die Verfügbarkeit von Material, Vorrichtungen, Werkzeugen und notwendigen NC-Programmen zu prüfen. Nur wenn alle Bereitstellungsbedingungen erfüllt sind, wird ein Auftrag freigegeben. Die Freigabe ist verbunden mit einer Reservierung von Werkzeugen, Vorrichtungen und Material. Soll ein Werkstattauftrag in seinem Durchlauf beschleunigt werden, so ist dies durch Vorgabe einer externen Priorität möglich: Vor jeder Kapazitätseinheit stehen Warteschlangen mit freigegebenen Aufträgen zur Verfügung.

Der Steuerungsmodul *Arbeitsverteilung* enthält die Aufgaben Reihenfolgebestimmung, Belegerstellung und Bereitstellungsdurchführung. Bevor ein Auftrag an einer Kapazitätseinheit fertiggestellt ist, wird online aus der Warteschlange der nächste Auftrag ausgewählt. Bei der Auswahl kann der Disponent eine Reihe von Einflußgrößen berücksichtigen:

- externe Priorität der Aufträge,
- Verzug der Aufträge,
- rüstzeitminimaler Folgeauftrag,
- personelle Gegebenheiten.

Die Erstellung von Belegen für Materialentnahme, Arbeitsanweisungen, Lohnabrechnung, Materialbegleitung und Rückmeldungen soll grundsätzlich so spät wie möglich erfolgen, um Änderungen auf bereits gedruckten Formularen zu vermeiden.

Nach Auswahl eines Auftrages und der Belegerstellung erfolgt die Bereitstellung des Materials, der erforderlichen Werkzeuge und Vorrichtungen sowie der NC-Programme an der Maschine. Dazu sind die jeweiligen Lagerorte festzustellen sowie Auslagerungs- und Transportaufträge zu erteilen. Je nach Automatisierungsgrad der Fertigungs-, Förder- und Lagermittel erfolgt die Ausführung und

Überwachung dieser Funktionen automatisch durch die operative Werkstattsteuerung oder manuell durch Lager- und Transportarbeiter.

Die *Fertigungsüberwachung* betrifft die Bereiche Fertigungsfortschritt, Betriebsmittel und Qualitätssicherung. Der Fertigungsfortschritt kann aus Arbeitsvorgängen, Lagerbewegungen oder Lohnscheinen ermittelt werden. Dabei lassen sich verschiedene Verfahren realisieren. Bei Arbeitsvorgängen kann z. B. der Beginn und die Fertigstellung gemeldet werden, woraus sich die Zustände der Aufträge in „wartend", „in Bearbeitung" und „fertig" einteilen lassen, oder es wird nur die Fertigstellung gemeldet, so daß die Zustände „wartend" oder „in Bearbeitung" nicht unterschieden werden können. Das wirkt sich auf die Beschreibung der Aufträge im Arbeitsvorrat der Maschinen aus. Die Wahl der Methode bestimmt die Datenübertragungshäufigkeit und Datenmenge. Aus dem Soll-Ist-Vergleich von Termin und Menge werden die notwendigen Steuerungsmaßnahmen der Arbeitsverteilung abgeleitet.

Die *Betriebsmittelüberwachung* dient zur Erfassung der Maschinenbelegung und von Storungen sowie deren statistische Auswertung. Störungen sind entsprechend ihrem Umfang sowie der voraussichtlichen Dauer einzuordnen und im Hinblick auf die betroffenen Aufträge auszuwerten.

Die *Qualitätssicherung* betrifft die Werkstücke, das Material und die Betriebsmittel. Ziel ist es, durch frühzeitiges Erkennen von Mängeln rechtzeitig Rückwirkungen auf den Produktionsprozeß zu ermöglichen.

Operative Steuerung

Die operative Steuerung hat den Prozeßablauf nach den dispositiven Vorgaben der Werkstattsteuerung zu gewährleisten. Die operative Werkstattsteuerung umfaßt die direkte Steuerung und Überwachung von Fertigungs-, Transport-, Lager- und Meßeinrichtungen (Bild 16.48). Bei automatisierten Betriebsmitteln können aus der dispositiven Entscheidung zur Durchführung einer bestimmten Arbeitsoperation an einer Maschine unmittelbar und programmgesteuert die erforderlichen Lager- und Transportaufgaben generiert, als Steuerbefehle an die operative Ebene übermittelt und abgearbeitet werden. Entsprechend dem Datenfluß wird zwischen *Steuerdaten* und *Rückmeldedaten* unterschieden.

Bild 16.48 Aufgaben der operativen Werkstattsteuerung

16.5 Programmierung numerisch gesteuerter Werkzeugmaschinen

Die Versorgung der Bearbeitungsstationen mit Steuerdaten erfolgt durch ein DNC-System. Die Grundfunktionen sind Verwalten, Bereitstellen und Übertragen von NC-Programmen, erweiterte Funktionen sind die Maschinendatenerfassung sowie die Verwaltung und Überwachung von Werkzeugen und Vorrichtungen.

Die Steuerung und Überwachung der Materialflußkomponenten erfolgt meist durch autonome Systeme getrennt für Lagerung, Transport und Handhabung.

Die Steuerung und Überwachung der Lagereinrichtungen umfaßt organisatorisch die Lagerplatz- und Bestandsverwaltung, technisch die Ablaufsteuerung der Ein- und Auslagerungen, die Storungserfassung sowie die Führung des Systemabbildes. Auswahlkriterien für die Wahl des Lagerortes sind bespielsweise

— Prioritäten, die aus den Bewegungshäufigkeiten der Vergangenheit abgeleitet werden,
— gleichmäßige Lagerbelegung nach Ort und Auslastung der Forderzeuge sowie
— geometrische Voraussetzungen.

Die Steuerung der Transporteinrichtungen umfaßt organisatorisch die Führung der Transportaufträge und des Systemabbildes. Bei mehr als einem Transportfahrzeug und freier Streckenführung sind die Fahrzeuge und die Fahrstrecken entsprechend vorgegebener Zielfunktionen auszuwählen. Auswahlkriterien sind z. B. die minimale Bedienungszeit oder die kürzeste Fahrstrecke. Die technische Steuerung umfaßt den Transportablauf, die Fahrzeugführung sowie die Zustands- und Storungserfassung. Die Steuerung der Handhabungseinrichtungen umfaßt im wesentlichen die technische Steuerung des Handhabungsablaufes.

Die Überwachung des organisatorischen Fertigungsablaufes erfordert die Kenntnis des aktuellen Prozeßzustandes. Er wird durch Auftrags-, Fertigungsfortschritts-, Betriebsmittelbelegungs- und Personaldaten beschrieben. Das Betriebsdatenerfassungssystem (BDE) erfaßt und aktualisiert diese Daten kontinuierlich. Mit den im Prozeßablauf gewonnenen Daten können Abweichungen im Fertigungsablauf frühzeitig erkannt und ausgeregelt sowie Funktionen der Materialfluß- und Bearbeitungssteuerung direkt beeinflußt werden.

16.5 Programmierung numerisch gesteuerter Werkzeugmaschinen

16.5.1 Einführung

Mit dem Einsatz *numerischer Steuerungen* für Werkzeugmaschinen begann die rasch fortschreitende Verbreitung von Anwendungen der Datenverarbeitung in der Fertigung, die heute unter dem Sammelbegriff CIM zur rechnerintegrierten Produktion weitergeführt wird.
Voraussetzung und Anlaß für die Entwicklung der *NC-Technik (Numerical Control)* waren die Verfügbarkeit ausreichend leistungsfähiger Rechner und das Vorliegen fertigungstechnischer Aufgaben, die bei manueller Steuerung von Werkzeugmaschinen oder bei mechanischer Automatisierung nicht in ausreichender Qualität realisierbar waren. Diese Situation war Ende der vierziger Jahre in den USA gegeben, als die Entwicklung im Flugzeugbau hohe fertigungstechnische Anforderungen beim Fräsen komplexer Integral-Bauteile stellte und Elektronenrechner auf Röhrenbasis entsprechende Datenmengen bewältigen konnten, allerdings bei großem Raumbedarf und einer Leistungsfähigkeit, die heute von jedem Taschenrechner überboten wird. Diese erste Generation von NC-Maschinen mußte unmittelbar binär-codiert programmiert werden; im Programmablauf wurde vom Datenträger Lochkarte oder Lochstreifen Befehl nach Befehl gelesen und verarbeitet. Bereits in dieser Anfangsphase wurde deutlich, daß Programmiererleichterungen im Rechnereinsatz anzustreben waren, was bald zur Entwicklung *dezimal-alphanumerischer Anweisungs-Codes* und zur fertigungsorientierten Anweisungs-Sprache APT (*Automatically Programmed Tools*) führte. Die entsprechenden Befehlsformate sind auch heute noch die Basis der NC-Programmierung.

Die raschen Fortschritte in der Weiterentwicklung von Datenverarbeitung und Antriebstechnik, begünstigt insbesondere durch die rasche Entwicklung im Bereich der Mikroelektronik, führten dazu, daß am Anfang der sechziger Jahre auch in Europa die ersten NC-Maschinen im normalen Produktionseinsatz auftauchten. Von einfachen Punktsteuerungen verlief die Weiterentwicklung über die Streckensteuerung zur heute allgemein angewandten Bahnsteuerung (s. Abschnitt 10.1.1.4). Die Steigerung der Leistungsfähigkeit der eingesetzten Steuerungs-Rechner führte zur *CNC-Maschine (Computerized Numerical Control)* und ermöglichte dadurch weitgehende Erleichterungen und Verbesserungen in den programmtechnischen Anforderungen.

Während zunächst die Abspantechnik der Haupteinsatzbereich für NC-Einrichtungen war, finden sich heute CNC-Maschinen in allen Bereichen der Fertigung. War die NC-Fertigung aus Kostengründen zunächst nur bei Werkstücken mit hohem Fertigungsaufwand und bei höheren Stückzahlen wirtschaftlich gerechtfertigt, so ergeben sich beim heutigen Stand im Vergleich zu manueller Steuerung und zu mechanischer Automatisierung Kostenvorteile im gesamten Spektrum von Fertigungsanforderungen und Seriengrößen bis zur Einzelfertigung. Auch im mechanischen Aufbau wurden die Maschinen den erweiterten Möglichkeiten und Anforderungen durch die CNC-Steuerung angepaßt; typisch sind z. B. große Kapazität der Werkzeugspeicher, geschlossener Arbeitsraum und bei Drehmaschinen die Schrägbettbauweise. In Anpassung an die vielfältigen Einsatzbereiche haben sich Bauartmodifikationen von der CNC-Universalmaschine bis zu Spezialeinrichtungen ergeben. Die Steuerungsrechner dagegen sind durch Modulbauweise, Miniaturisierung und weitgehende Integration aller Funktionen eher vereinheitlicht worden und können durch große Fertigungsstückzahlen kostengünstig angeboten werden.

Nicht nur Einzelmaschinen werden numerisch gesteuert angesprochen. Maschinengruppen können als integriertes CNC-Fertigungssystem gemeinsam hinsichtlich Kapazität und Qualität rechnergesteuert optimiert betrieben werden. Lager- und Fördereinrichtungen verketten als Bestandteile des Systems die verschiedenen Fertigungs-, Wasch- und Prüfstationen. Personalverdünnter Betrieb wird durch die Anwendung von Werkzeugüberwachung in Verbindung mit automatischem Werkzeugwechsel ermöglicht.

Wegen des beim Stand der Technik insgesamt weit ausgebauten Rechnereinsatzes ist es heute nicht mehr sinnvoll bzw. erforderlich, die seinerzeit auch aus Werbegründen definierte Unterscheidung zwischen NC- und CNC-Einrichtungen beizubehalten. Der Oberbegriff NC kann damit auch wieder für alle zeitgemäß ausgerüsteten Betriebsmittel angewandt werden.

Die Entwicklung verläuft logischerweise zu immer konsequenterer Anwendung der Datenverarbeitung bei Integration aller Entscheidungs- und Ausführungsvorgänge im Industriebetrieb in einem Datenverarbeitungs-System. Das erforderliche Fachwissen wird dabei unmittelbar durch die Speicherung in Dateien bzw. durch die Anwendung von Expertensystemen verfügbar gemacht. Die NC-Fertigungseinrichtungen in Verbindung mit rechnergeführter Qualitätssicherung behalten dabei ihre besondere Bedeutung als letztes und für den Erfolg wesentliches Glied der Wirkkette.

Der angestrebte Integrationsstand ist in der Praxis heute jedoch erst in Teilbereichen realisierbar. Hindernisse ergeben sich durch die noch nicht abgeschlossene Entwicklung der Hard- und Softwarestrukturen sowie durch die Vielzahl unterschiedlicher Systeme ohne unmittelbare Kompatibilität. Wenn es schon innerhalb eines Unternehmens Schwierigkeiten bereiten kann, die Integration der verschiedenen Ebenen der Datenverarbeitung zu erreichen, so ist es praktisch noch kaum möglich, diesen Datenverbund firmenübergreifend zu realisieren. Ein Werkzeugbau-Betrieb wird z. B. normalerweise nicht in der Lage sein, CAD-Daten, die vom Auftraggeber bereitgestellt werden können, tatsächlich direkt für die Steuerung seiner NC-Maschinen zu verwenden. Die Daten müssen für die NC-Programme erneut eingegeben werden. Die verschiedenen Methoden der direkten NC-Programmierung werden daher ihre Bedeutung noch längere Zeit behalten, auch wenn sie zunehmend durch integrierte Systeme ergänzt werden. Der Zugang zum Programmablauf auf der NC-Maschine muß auch aus Gründen der Flexibilität erhalten bleiben, um bei Störungen oder bei Erprobungs- und Optimierungsaufgaben an dieser Stelle eingreifen zu können.

16.5.2 Programmierverfahren, Hard- und Softwarestrukturen

Die bei NC-Maschinen anwendbaren *Programmierverfahren* unterscheiden sich hinsichtlich des Umfangs der gebotenen Rechnerunterstützung und des Grades der angewandten Rechnerintegration (Bild 16.49). Eine weitere Unterscheidungsmöglichkeit ist darin zu sehen, ob maschinenfern programmiert wird (z. B. durch die Arbeitsvorbereitung) oder ob die Programmierung maschinennah (durch den Maschinenführer) erfolgt. Die unterschiedlichen Programmierverfahren können als verschiedene Generationen in der Entwicklung der NC-Programmierung angesehen werden; es liegen jedoch auch unterschiedliche Entwicklungsziele vor: einerseits Rationalisierung durch die weiter fortschreitende Automatisierung in Rechnerintegration (CIM), andererseits das Eröffnen der Möglichkeit der Programmeingabe unmittelbar an der Werkzeugmaschine, um hohe Flexibilität und Qualität dadurch zu erreichen, daß der gut ausgebildete und erfahrene Facharbeiter als Maschinenführer bei hochwertiger Rechnerunterstützung die NC-Programmierung dort direkt ausführen kann.

Die erforderliche Informationsbasis für jede Art der NC-Programmierung setzt sich zusammen aus den

- *Geometriedaten* des zu fertigenden Werkstücks; diese sind konventionell meist in Form der Werkstückzeichnung, bei Anwendung von CAD auch unmittelbar als Datei verfügbar.
- *Maschinen, Werkzeug-* und *Vorrichtungsdaten*; das Programm muß ausgerichtet sein auf die anzuwendende Werkzeugmaschine (Koordinatensystem, verfügbare Achsen, Wege und Geschwindigkeiten, Antriebsleistung) mit den einzusetzenden Werkzeugen und Vorrichtungen (Maße, Codierung). Diese Informationen sind für den Teileprogrammierer über entsprechende

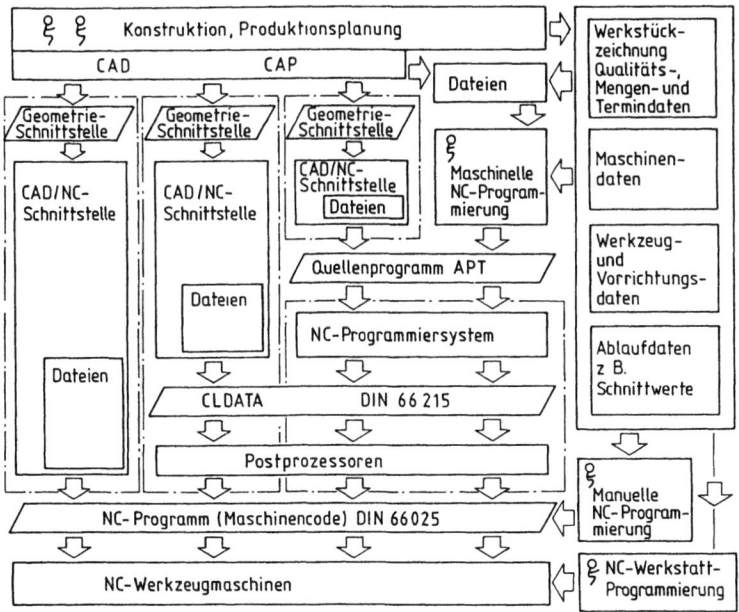

Bild 16.49 NC-Programmierverfahren, Informationsfluß, Möglichkeiten der CAD/NC-Integration

Karteien verfügbar; auch hier führt die Entwicklung bei zunehmender Rechnerunterstützung und -integration zum Aufbau und zur Anwendung von Dateien, auf die bei der Programmierung oder beim automatischen Programmiervorgang unmittelbar zurückgegriffen werden kann.

— *Ablaufparametern*; für den Fertigungsvorgang auf der Maschine sind werkzeug- und werkstückbezogene Ablaufdaten vorzugeben (z. B. die Schnittwerte Vorschub, Schnittiefe und Schnittgeschwindigkeit bei spanender Bearbeitung). Diese Ablaufdaten legt der Teileprogrammierer nach Vorschrift oder nach eigener Erfahrung fest, wobei auch numerische Methoden zur Optimierung des Vorganges angewandt werden können. Mit zunehmendem Umfang der Rechneranwendung werden auch hier entsprechende Dateien und Programme zur Entlastung des Programmierers, zur Rationalisierung sowie zur Fehlervermeidung eingesetzt. Bei AC-Systemen (Adaptive Control) besteht ferner die Möglichkeit, den Fertigungsvorgang auf der NC-Maschine durch direkte Erfassung und Auswertung von Prozeßdaten zu beeinflussen bzw. zu optimieren, z. B. durch die Verwendung der Meßdaten von Kraftkomponenten zur Regelung von Wegen oder Geschwindigkeiten sowie zur Erfassung von Werkzeugverschleiß, um das Einwechseln von Parallelwerkzeugen bei Bedarf auszulösen.

Grundlage der NC-Programmierung sind die Vorschriften für den Programmaufbau gemäß DIN 66025. Es handelt sich um Syntax- bzw. Codierungsvorschriften für die Erstellung von NC-Programmen (auch als Maschinencode bezeichnet), die unmittelbar in die NC-Steuerung der Maschine eingegeben bzw. eingelesen werden. Da diese Programme normalerweise maschinenfern durch den Teileprogrammierer zunächst als Manuskript erstellt werden, wird dieses ohne Rechnerhilfe bei der Programmerstellung ablaufende Programmierverfahren auch als *manuelle Programmierung* bezeichnet.

Als Weiterentwicklung der manuellen Programmierung kann die *Werkstatt-Programmierung* gelten. Der Steuerungsrechner ist hierbei hard- und softwareseitig im Hinblick auf die bedienergerechte Leichtigkeit und Sicherheit in der Anwendung so hochwertig ausgebaut, daß unmittelbar an der Maschine programmiert werden kann, auch in *Parallelprogrammierung*, d. h., das folgende Werkstück kann bereits programmiert werden während ein anderes Teil gleichzeitig bearbeitet wird. Die Programmierung muß hierbei wegen der Doppelbelastung des Maschinenführers besonders einfach und sicher möglich sein. Angewandt werden daher z. B. Menütechnik, Dialog-Programmierung, graphisch-interaktive Verfahren, graphische Ablaufsimulation, Vollständigkeits- und Plausibilitäs- sowie Kollisionsschutz-Prüfungen.

Die *maschinelle Programmierung* erfolgt maschinenfern und setzt Rechnersysteme zur Programmier-Unterstützung ein, wobei sowohl Mikrocomputer als auch Großrechner zum Einsatz kommen können. Programmiert wird in einer der Fertigungsaufgabe zweckmäßig angepaßten Programmiersprache (bei exakter Definition ein hochwertiges Hilfsprogramm), wobei es sich meist um weiterentwickelte oder vereinfachte Formen der Stammform APT handelt. Vom Programmierer erstellt wird ein sog. *Quellenprogramm*. Das Rechnersystem entwickelt hieraus zunächst ein noch nicht maschinenbezogenes *CLDATA-Programm (Cutter Location Data)*, das die geometrischen Zusammenhänge und Ablaufvorgaben in einheitlicher Form enthält; das Format ist genormt (DIN 66215). Über maschinenbezogene Postprozessoren wird in der nächsten Verarbeitungsstufe das NC-Programm nach DIN 66025 ausgegeben. Die Vorteile der maschinellen Programmierung ergeben sich in zwei wesentlichen Punkten:

— Ein Quellenprogramm kann wesentlich sicherer und schneller formuliert werden als das auszugebende NC-Programm; die Rechnerunterstützung übernimmt z. B. geometrische Berechnungen, das Generieren von Zyklen, die Berücksichtigung von Werkzeugkorrekturen; alle Programmiererleichterungen wie Programmprüfung und Fehlernachweis, Hilfsfunktionen, Makro- und Dateianwendung, Optimierungsberechnungen, graphische Simulation usw. sind möglich. Die Ablaufplanung wird unterstützt: Werkzeug- und Belegungszeiten werden ausgegeben.

16.5 Programmierung numerisch gesteuerter Werkzeugmaschinen

— NC-Maschinen unterschiedlicher Generation und Art, auch mit Steuerungen verschiedener Hersteller bei — wie in der Praxis gegeben — z.T. deutlich unterschiedlichen Syntaxanforderungen, können über das Programmiersystem einheitlich angesprochen werden. Die Vielzahl der bei manueller Programmierung oder Werkstattprogrammierung vom Teileprogrammierer zu berücksichtigenden unterschiedlichen Anforderungen wird bei maschineller Programmierung über die Postprozessor-Programme erfaßt und ausgeführt. Der hierdurch mögliche Gewinn an Übersichtlichkeit und Sicherheit bei der Programmierung ist hoch einzuschätzen. Auch ältere NC-Maschinen können auf diese Weise mit modernem Programmierkomfort erreicht werden.

Die weiteren in Bild 16.49 im Prinzip gezeigten Möglichkeiten der NC-Programmierung sind drei in der Rechnerintegration unterschiedlich organisierte Formen der CAD/NC-Verknüpfung im Rahmen von CIM. Bei rechnerunterstützter Konstruktion (CAD) und Fertigungsvorbereitung (CAP) stehen die Geometrie-, Mengen- und Termindaten für die NC-Fertigung rechnerintern von dort bereits zur Verfügung; sie bedürfen jedoch einer geeigneten Aufbereitung und Anwendung. Insbesondere die Geometriedaten müssen über Hard- und Software-Schnittstellen für die Anwendung im Rahmen der NC-Programmierung verwendbar gemacht werden. Konturbereiche sind entsprechend dem Fertigungsablauf aufzugliedern und den einzelnen Operationen zuzuordnen; für den Programmablauf nicht benötigte geometrische Elemente sind auszusondern. Die Maschinen-, Werkzeug-, Vorrichtungs- und Ablaufdaten sind ggf. über Dateien einzubringen.

Angedeutet werden drei Möglichkeiten der Rechnerorganisation:

— die Anwendung eines Systems für maschinelle Programmierung bei automatischer Entwicklung und Eingabe z. B. eines APT-Programms,
— die Entwicklung von CLDATA ohne den Zwischenschritt APT-Programm; die Anpassung an die einzelnen Maschinen erfolgt jedoch über Postprozessoren;
— die Möglichkeit der direkten Entwicklung des NC-Programms ohne CLDATA-Ausgabe; in diesem Fall werden alle steuerungs- und maschinenspezifischen Informationen unmittelbar den entsprechenden Dateien entnommen.

Die zeitliche Entwicklung des anteiligen Umfangs der Verbreitung der genannten verschiedenen Programmierverfahren bei Neuinvestitionen zeigt Bild 16.50. Die manuelle Programmierung hat für die Eingabe von Programmen demnach heute an sich keine Bedeutung mehr; entsprechende Kenntnisse bleiben dennoch erforderlich, denn nur sie eröffnen den Zugang an der Schnittstelle

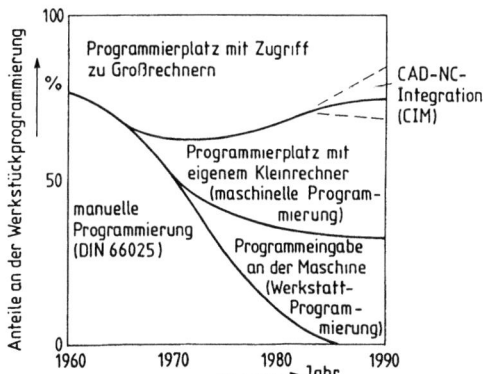

Bild 16.50

Anteilige Entwicklung des Einsatzes der verschiedenen NC-Programmierverfahren bei Neuinvestititionen

Programmiersystem/Werkzeugmaschine, vermitteln Informationen über die Organisation der NC-Maschinen und ermöglichen direktes Eingreifen in die Abläufe dort. Die maschinelle Programmierung über Großrechner wird insbesondere dort durchgeführt, wo durch das Produktions-Teilespektrum besonders hohe Anforderungen gestellt werden, auch wo in Großbetrieben ohnehin Rechenzentren verfügbar sind. Hochwertig weiterentwickelte APT-Programme (z. B. EXAPT, Extended APT), auch in Verbindung mit CAD-NC-Integration, sind anwendbar. Speziell ausgerüstete Mikrocomputer-Systeme sind eher in mittleren und auch in kleineren Unternehmen zu finden, sie können aber auch im Großbetrieb zusätzlich im Datenverbund eingesetzt werden. Werkstattprogrammierbare Maschinen finden Anwendung meist in mittleren oder kleineren Betrieben, aber auch in vorwiegend auf Einzelfertigung ausgerichteten Abteilungen großer Firmen, z. B. im Werkzeugbau. Die verschiedenen Möglichkeiten der CAD/NC-Verknüpfung werden wegen des beträchtlichen erforderlichen Investitionsumfangs in den nächsten Jahren wohl hauptsächlich für größere Betriebe nutzbar sein, dort aber zunehmend genutzt werden.

Die beiden folgenden Abschnitte geben anhand von Beispielen Grundinformationen zum konkreten Ablauf bei der manuellen und der maschinellen Programmierung.

Der Ablauf bei Werkstattprogrammierung kann als Kombination dieser beiden Verfahren angesehen werden, denn für den Programmaufbau ist DIN 66025 auch hier die Basis, ebenso wie bei der manuellen Programmierung. Der Programmierkomfort entspricht dagegen weitgehend den Möglichkeiten, die auch ein maschinelles System bieten kann. In den konkreten Ausführungsformen besteht allerdings herstellerabhängig eine große Spannweite im Detail unterschiedlicher Lösungen.

Die strukturellen und organisatorischen Anforderungen und Lösungsmöglichkeiten für das Erzeugen von NC-Programmen bei Rechnerintegration in Verbindung mit CAD und CAP wurden bereits in den Abschnitten 16.1 bis 16.4 behandelt.

16.5.2.1 Manuelle Programmierung

Der einheitliche Programmaufbau für numerisch gesteuerte Arbeitsmaschinen wurde durch die Normung bereits in einer relativ frühen Phase der technischen Entwicklung in diesem Bereich festgelegt. Die gewünschte sinnvolle Vereinheitlichung ist dadurch weitgehend gelungen. Dennoch verbleibt noch ein beträchtlicher Spielraum für herstellertypische Besonderheiten bei der Programmierung; manche Hersteller weichen bei einzelnen Anweisungen auch deutlich von der Norm ab. Lauffähigkeit desselben Programms für Steuerungen unterschiedlicher Hersteller oder auch verschiedener Generation ist daher trotz Normung normalerweise nicht gegeben. Dargestellt werden hier allgemeingültige Grundlagen nach DIN 66025.

Ein NC-Programm besteht aus *Programmsätzen*, die jeweils mehrere logisch sinnvoll zusammengehörende *Programmwörter* enthalten (Bild 16.51). Jedes Programmwort besteht aus einem Buchstaben, der *Adresse*, und einer *Ziffernfolge*, die entweder direkt als Zahlenwert oder als Code eine Anweisung ergibt. Das Programm kann erweitert werden durch Klartextzeilen zur Zuordnung und Erläuterung des Ablaufs.

Dargestellt wird der geometrische Ablauf in einem rechtshändigen, rechtsdrehenden Koordinatensystem gemäß DIN 66217 (Koordinatenachsen und Bewegungsrichtungen von numerisch gesteuerten Arbeitsmaschinen) mit den Haupt-Translationsachsen X, Y und Z (Bild 16.52). Definiert werden Translations- und Rotationsachsen; die Ausrichtung des Koordinatensystems zur Werkzeugmaschine ist dadurch festgelegt, daß die positive Z-Achse parallel zur Achse der Hauptspindel in Richtung vom Werkstück zum Werkzeug verläuft und die X-Achse in Richtung des größeren Schlittenführungsweges liegt (bei Drehmaschinen in Querschlittenrichtung). Die Achsbezeichnungen sind jeweils identisch mit den Adressen für Wegbefehle. Programmiert wird in einem Werkstück-Koordinatensystem. Eine Schlittenbewegung in Richtung X' oder Y' wird beschrieben als entsprechende Werkzeugbewegung in Richtung X oder Y.

Werkstuckbezeichnung (Information)	**WST.-Nr. 3456 erste Einspannung Spannmittel 07.89**																	
Programmanfang	%																	
Programmsatz 1	N	1	G	92			X	260	Z	680								
Programmsatz 2	N	2	G	90	G	95							S	500	T	303	M	04
Anmerkung	**(linker Eckdrehmeißel)**																	
Programmsatz 3	N	3	G	00			X	180	Z	85								
Programmsatz 4	N	4	G	01	G	97			Z	37.4	F	.2					M	08
. . .	Adresse	Ziffernfolge	Adresse	Ziffernfolge	Adresse	Ziffernfolge	Adresse	Ziffernfolge	Adresse	Ziffernfolge	Adresse	Ziffernfolge	Adresse	Ziffernfolge	Adresse	Ziffernfolge	Adresse	Ziffernfolge
	Programmwort		Programmwort		Programmwort		Programmwort		Programmwort		Programmwort		Programmwort		Programmwort		Programmwort	
	Satznummer		Wegbedingungen				Wegbefehle				Vorschubbefehl		Drehzahlbefehl		Werkzeugbefehl		Zusatzfunktionen	
	Ordnung des Programmablaufs		Festlegung der Art der Verarbeitung der Weg-, Vorschub- und Drehzahlbefehle				Anweisungen für die Werkzeugbewegungen				hier. Vorschub je Umdrehung		hier: 500 1/min		hier: Werkzeug Nr. 3 Korrekturspeicher 3		hier: Spindeldrehung Kühlschmierung	

Bild 16.51 Manuelle Programmierung, Programmaufbau (Beispiel Drehbearbeitung)

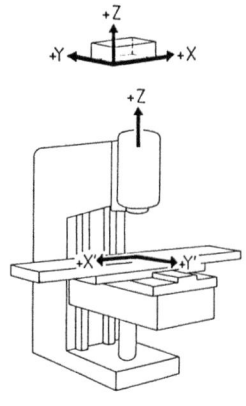

Bild 16.52
Grund-Koordinatensystem bei einer Senkrecht-Konsolfräsmaschine; X', Y', Z': positive Translationsachsen der Schlitten- bzw. Pinolenbewegungen; X, Y, Z: werkstückbezogene positive Translationsachsen (nach DIN 66 217)

Satz-		Weginformationen			Schaltinformationen			
nummer	Wegbe-dingung	Koordinaten-Achsen			Interpol.-Param., Gewindesteigung	Vorschub	Spindel-drehzahl	Werkzeug	Zusatz-funktion
N	G	X, U, P, A	Y, V, Q, B	Z, W, R, C	I J K	F	S	T	M

Bedeutung der Adreß-Buchstaben (alphabetische Reihenfolge):

A Drehbewegung um die X-Achse
B Drehbewegung um die Y-Achse
C Drehbewegung um die Z-Achse
D Werkzeugkorrekturspeicher
E zweiter Vorschub
F Vorschub
G Wegbedingung
H in der Norm nicht festgelegt
I Interpolationsparameter oder Gewindesteigung parallel zur X-Achse
J Interpolationsparameter oder Gewindesteigung parallel zur Y-Achse
K Interpolationsparameter oder Gewindesteigung parallel zur Z-Achse
L in der Norm nicht festgelegt
M Zusatzfunktion

N Satznummer
O in der Norm nicht festgelegt
P dritte Bewegungsrichtung parallel zur X-Achse
Q dritte Bewegungsrichtung parallel zur Y-Achse
R dritte Bewegungsrichtung parallel zur Z-Achse
S Spindeldrehzahl
T Werkzeug
U zweite Bewegungsrichtung parallel zur X-Achse
V zweite Bewegungsrichtung parallel zur Y-Achse
W zweite Bewegungsrichtung parallel zur Z-Achse
X Bewegung in Richtung der X-Achse
Y Bewegung in Richtung der Y-Achse
Z Bewegung in Richtung der Z-Achse

Bild 16.53 Aufbau von NC-Programmsätzen; Bedeutung der Adreßbuchstaben bzw. Programmwörter (nach DIN 66 025)

Die Programmwörter werden aus Gründen der Übersichtlichkeit normalerweise in den Sätzen in einheitlicher Reihenfolge geordnet (Bild 16.53), auch wenn Reihenfolge der Ausführung auf der Maschine davon unabhängig nach notwendiger Ablauflogik erfolgt. Die meisten Anweisungen sind selbsthaltend, bleiben also auch für Folgesätze wirksam, bis sie aufgehoben bzw. überschrieben werden. Jeder Satz beginnt mit der *Satznummer*, wird fortgesetzt mit einer Anweisungsgruppe, die *Weginformationen* umfaßt und abgeschlossen mit *Schaltinformationen*.
Die wichtigsten Anweisungstypen, dargestellt in der normalen Reihenfolge des Satzaufbaus, haben folgende Bedeutungen:

— Satznummer N...: Der Programmablauf folgt steigenden Satznummern; die Satznummerung ermöglicht aber z. B. auch Programmschleifen oder den Aufruf einzelner Sätze aus dem Speicher der Steuerung bei Programmänderungen.

16.5 Programmierung numerisch gesteuerter Werkzeugmaschinen

- Wegbedingung G...: Beeinflußt wird die Art der Verarbeitung von Weganweisungen. Da mehrere Gruppen von Wegbedingungen bestehen, können in einem Satz auch mehrere sich ergänzende Wegbedingungen gesetzt werden. Einige Beispiele:

G00 Eilgangsaufruf
G01 Geraden-Interpolation, Gerade mit Vorschub
G02 Kreisinterpolation, Kreisbogen, rechtsumlaufend
G03 Kreisinterpolation, Kreisbogen, linksumlaufend
G17, G18, G19 Ebenenauswahl; durch G17 wird Bahnsteuerungsablauf für die X-Y-Ebene gewählt; G18 und G19 wählen entsprechend die X-Z- bzw. die Y-Z-Ebene aus.
G33 Gewindeschneiden; Koordination von Spindeldrehung und Vorschubbewegung
G41, G42 Werkzeugbahn-Korrektor; Werkzeugradius-Berücksichtigung links bzw. rechts; durch G41 wird die Werkzeugachse um den Werkzeugradius versetzt in Vorschubrichtung links von der programmierten Kontur bewegt, um die Sollgeometrie richtig zu bewirken; G42 bewirkt entsprechende Korrektur rechts.
G90, G91 Maßangaben; Wegbefehle werden durch G90 als Absolutwerte (Bezugsmaße) verarbeitet; G91 bewirkt entsprechend die Verarbeitung als Inkrementalwerte (Kettenmaße).
G92 Speicher setzen; Wegbefehle werden nicht als Positionierung ausgeführt, sondern als Ausgangs- bzw. Istwerte in das Positionsregister übertragen.

- Wegbefehle X... Y... Z...: Mit den Adressen für die anzusprechenden Achsen werden in dezimaler Form die anzufahrenden Ziel-Koordinaten bzw. die auszuführenden Weginkremente genannt.
- Interpolationsparamter bzw. Gewindesteigung I... J... K...: Benannt werden Größen zur Kreisbogenbestimmung (Achsabschnitte, Radius) bzw. Gewindesteigungen in den entsprechenden Richtungen.
- Vorschub F...: Benannt werden die Vorschubgeschwindigkeit oder der Umdrehungsvorschub.
- Spindeldrehzahl S...: Spindeldrehzahlen werden entweder direkt als Drehzahl oder in codierter Form angegeben.
- Werkzeug T...: Benannt werden der aufzurufende Speicherplatz oder bei Direktcodierung das einzuwechselnde Werkzeug zusammen mit den Werkzeugkorrektur-Speichern, in denen erforderliche Korrekturwerte (Soll-Ist-Abweichungen der tatsächlich eingesetzten Werkzeuge) durch den Maschinenbediener oder automatisch abgelegt werden.
- Zusatzfunktionen M...: Es handelt sich um ergänzende Informationen wie z. B.

M00 Programmierter Programmhalt
M02 Programmende
M03 Spindel rechtsdrehend
M04 Spindel linksdrehend
M05 Spindelstop
M06 Auslösung eines Werkzeugwechsels
M08 Kühlschmierung Ein
M09 Kühlschmierung Aus
M19 Spindel-Halt in definierter Winkelstellung
M40 bis M45 Aufruf von Getriebe-Schaltstufen.

Die Ausführung der Sätze erfolgt in der im Programm gegebenen Reihung; zusätzlich besteht die Möglichkeit, in Unterprogrammtechnik auch z. B. Programmzyklen mit Parameterkettung zu bewirken. Die Steuerungen ermöglichen auch Programmiervereinfachungen durch bereits vorbereitete Arbeitszyklen, die über die Wegbedingungs-Anweisungen G81 bis G89 aktiviert werden können, und die häufig vorkommende Abläufe beschreiben, z. B. Schnittaufteilungen, Bohrvorgänge, Gewindeschneiden, Rechteck- oder Sechskantfräsen usw. Einzugeben sind jeweils die be-

treffenden Ablaufparameter, bei Bohroperationen z. B. die Ausgangsebene und die Koordinaten, die Bohrtiefe, der Bohrvorschub und die Anzahl der Ausspängänge.
Als Beispiel für die manuelle Programmierung soll ein NC-Programm für ein einfaches Bohr- und Frästeil (Bild 16.54) erläutert werden.
Die Bearbeitung soll auf einer Senkrecht-Bohr- und Fräsmaschine gemäß Bild 16.52 erfolgen. Die Werkzeuge werden aus einem Werkzeugspeicher eingewechselt; die Werkzeugwechselposition wird bei jedem programmierten Werkzeugwechsel über einen steuerungsinternen Zyklus automatisch angefahren. Zum Einsatz kommen ein Hartmetall-Wendelbohrer (Durchmesser 12 mm) sowie ein hartmetallbestückter Eckfräser (Durchmesser 50 mm). Das Rohteil liegt als vorbereitete Platte mit 25 mm Dicke vor und wird mit seitlicher Einspannung auf dem Maschinentisch so aufgenommen, daß der Bohrerauslauf sichergestellt ist und der Fräsvorgang durch die Vorrichtung nicht behindert wird. Die Vorrichtung ist auf dem Maschinentisch in definierter Lage zum Maschinenkoordinatensystem ausgerichtet. Die Werkstück-Außenkanten sind bereits fertig bearbeitet.
Mit dem NC-Programm wird dem Maschinenbediener der Werkzeugsatz mit einem Einrichteblatt zugestellt, das festlegt, auf welchen Plätzen des Werkzeugspeichers die Werkzeuge einzusetzen sind und welche Werte für die jeweilige Werkzeuglänge und ggf. den Werkzeugradius in den zugehörigen Speicherplätzen der Steuerung vom Bedienfeld aus abzulegen sind. Die Werkzeuge wurden zuvor entsprechend vermessen. Eine zeitgemäße Möglichkeit für die Eingabe der Korrekturwerte ist auch das Einlesen über einen Datenträger.
Alle Wegbefehle im Programmablauf werden normgerecht so dargestellt, als ob das Werkstück im X-Y-Z-Koordinatensystem festliegt und jede Positionierung vom Werkzeug ausgeführt wird, obwohl tatsächlich die Tischbewegungen X' und Y' (Bild 16.52) erfolgen. Vorzeichenfehler werden auf diese Weise vermieden.
Das Programm (ohne die Anwendung von Arbeitszyklen, vereinfacht) hat gelistet die folgende Form:

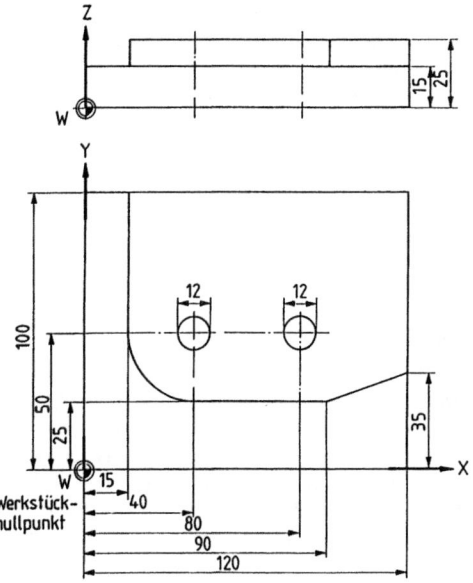

Bild 16.54
Bohr- und Frasteil als einfaches NC-Programmierbeispiel

16.5 Programmierung numerisch gesteuerter Werkzeugmaschinen

BEISPIEL BOHR- UND FRAESTEIL, MANUELLE PROGRAMMIERUNG

```
%
N1    G92            X-250    Y-150    Z300
N2    (HM-BOHRER D=12 L=150    PLATZ 3        KORREKTURSPEICHER 3)
N3    G17                                     T0202    M06
N4    G90  G00       X40      Y50      Z28    S1000    M03
N5    G01                              Z-5    F220     M08
N6    G00                              Z28
N7                   X80
N8    G01                              Z-5    F220
N9    G00                              Z28             M09  M05
N10   (HM-ECKFRAESER D=50 L=120  PLATZ 5    KORREKTURSPEICHER 5)
N11                                          T0505  M06
N12   G00            X-12     Y128     Z15    S500
N13   G42  G01       X15                      F200     M08
N14                           Y50
N15   G03            X40      Y25      I0     J25
N16   G01            X90
N17                  X120     Y35
N18                  X130
N19   G00                              Z150            M09  M05
N20                                                    M02
```

Die Bedeutung und Wirkung der einzelnen Anweisungen wird nachfolgend erläutert.

- Das %-Zeichen setzt den Programmanfang und bewirkt die Verarbeitung durch die NC-Steuerung. Vor diesem Zeichen geschriebener Text dient der Kennzeichnung des Programms.
- In Satz 1 wird die in diesem Beispiel bekannte Lage des Werkstück-Koordinatensystems bezogen auf das Maschinen-Koordinatensystem abgespeichert. Die in der Zeichnung enthaltenen Maße können so direkt übernommen werden. Als Alternative könnte eine nicht exakt bekannte Lage des Werkstücks auch durch Antasten erfaßt und der Steuerung übermittelt werden.
- Satz 2 gibt, wie auch Satz 10, die entsprechende Anmerkung auf dem Bildschirm der Steuerung zur Ablaufverdeutlichung aus.
- Satz 3 wählt die X-Y-Ebene für Bohrpositionierung und Bahnsteuerung aus und bewirkt das Einwechseln des im Werkzeugspeicher auf Platz 2 bereitgestellten Werkzeugs.
- Satz 4 bewirkt die Verarbeitung von Absolut-Maßen sowie das Anfahren der Position vor dem Bohren im Eilgang. Die Spindeldrehzahl 1000 1/min rechtsumlaufend wird aufgerufen.
- Satz 5 bewirkt Bohren mit der Vorschubgeschwindigkeit 220 mm/min unter Kühlschmierung; das Zurückziehen des Bohrers erfolgt durch Satz 6 im Eilgang.
- Satz 7 führt im Eilgang zur zweiten Bohrposition; die Sätze 8 und 9 sind identisch mit den Sätzen 5 und 6, bis auf das jetzt erfolgende Ausschalten der Kühlschmierung. Bei größeren Bohrbildern wäre es hier naheliegend, Unterprogramme zu vereinbaren bzw. Arbeitszyklen zu verwenden.
- Satz 11 ruft den Werkzeugspeicherplatz 5 auf; nach Anfahren der Werkzeugwechselposition wird das Werkzeug eingewechselt.
- Durch Satz 12 wird der Fräser im Eilgang positioniert; der Fräserradius ist bei der Festlegung der Zielpunkt-Koordinaten zu berücksichtigen, denn dieser Punkt wird noch mit der Fräserachse angefahren. Die Drehzahl 500 1/min wird aufgerufen.
- Satz 13 bewirkt Werkzeugbahn-Korrektur rechts; der Fräserradius wird beim nachfolgenden Bahnsteuerungsablauf automatisch berücksichtigt. Mit Vorschubgeschwindigkeit 200 mm/min

erfolgt das entsprechende Verrechnen beim Einfahren der X-Koordinate vor Schnittbeginn. Die Kühlschmierung wird eingeschaltet.

— Satz 14 erzeugt die Gerade $X = 15$ bis zum Beginn des Kreisbogens ($Y = 50$) mit der zuvor gesetzten Vorschubgeschwindigkeit.

— Satz 15 gibt den Kreisbogen linksumlaufend bis zur Zielkoordinate (Übergang Kreis-Gerade) aus. Unter Adresse I wird der X-Abstand Startpunkt-Kreismittelpunkt gesetzt, unter J der entsprechende Abstand in Y-Richtung.

— Die Sätze 16 und 17 setzen die Zielpunkte der anschließenden achsparallelen und schrägen Geraden, Satz 18 bewirkt einen Fräserauslauf, Satz 19 Freifahren, Ausschalten der Kühlschmierung und Spindelstop. Satz 20 beendet das Programm.

Das gezeigte, sehr einfache Beispiel kann nicht deutlich machen, wie aufwendig die manuelle Programmierung bei komplexer Werkstückgeometrie werden kann. Erschwerend kann ferner sein, daß bei konventioneller Werkstückbemaßung häufig nicht alle Bahnpunkte direkt der Zeichnung entnommen werden können, sondern z. B. bei Übergangsradien oder bei durch Winkelangabe definierten Geraden erst berechnet und in einem Koordinatenplan zusammengestellt werden müssen. Wiederholt auftretende Konturen (z. B. Schrupp- und Schlichtkontur) müssen erneut aufgebaut werden, sofern nicht mit Unterprogrammen gearbeitet wird.

16.5.2.2 Maschinelle Programmierung

Ziel der maschinellen Programmierung ist die Vereinfachung der Darstellung durch anschaulicheren Programmaufbau, Trennung von Geometrie- und Ablaufbeschreibungen, Erleichterungen beim Aufruf sich wiederholender Beschreibungen bzw. Vorgänge sowie automatischer Berechnung von z. B. Koordinaten, Geschwindigkeiten und Drehzahlen. Bild 16.55 zeigt die Hardware-Konfiguration eines geeigneten Systems in Arbeitsplatzrechner-Ausführung. Die Software-Mindestausstattung umfaßt ein Editier-Programm für die Programmeingabe und -verwaltung, Prozessoren für die verschiedenen anzuwendenden Fertigungsverfahren (z. B. Drehen, Bohren und Fräsen, Stanzen und Nibbeln, Funkenerosion), Postprozessoren für die Anpassung an die verschiedenen anzusprechenden NC-Maschinen sowie Hilfsprogramme für die Ausgabe auf Datenträger bzw. Übertragung an die NC-Steuerungen.

Die Stamm-Programmiersprache APT sowie ihre zahlreichen (Größenordnung 50) angewandten Variationen bzw. Weiterentwicklungen verwenden als Hauptworte und Wortmodifikatoren englischsprachige Wortstämme, ferner Zahlenmodifikatoren mit direkter Zahlenwert-Aussage sowie Zahlencodes. Die folgende Listung zeigt als ein für die vielen Angebote stellvertretendes Beispiel den Aufbau eines entsprechenden Quellenprogramms für das in Bild 16.54 dargestellte Werkstück.

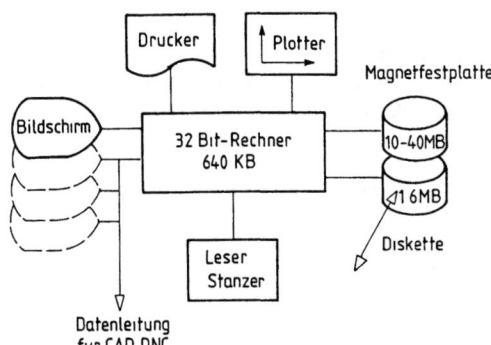

Bild 16.55
Hardware-Konfiguration eines maschinellen NC-Programmiersystems in Mikrocomputer-Ausführung

16.5 Programmierung numerisch gesteuerter Werkzeugmaschinen

Die Programm-Syntax ist gültig für das System PROGRAMAT der Firma Heyligenstaedt & Comp., Gießen.

```
 1   PART/BEISPIEL BOHR UND FRAESTEIL, MASCHINELLE PROGRAMMIERUNG
 2   FROM/250,150,-300,PLOT,-20,-20,-10,140,120,40
 3   SPDL/RANGE,200,2000,42
 4   CONT/ROUGH,YC,0,XC,0,YC,100,XC,120,YC,0,XC,0
 5   P1=POINT/40,50
 6   P2=POINT/80,50
 7   L1=LINE/90,25,120,35
 8   C1=CIRC/P1,25
 9   K1=CONT/C1,CCLW,YC,25,L1,XC,120+10
10   * HM-BOHRER D=12  L=150  PLATZ 3  LAENGENKORREKTURSPEICHER 3
11   TOOL/2,12,0,40,3,0,3
12   SURF/28
13   DRILL/81,.22,-1
15   GOTO/P1
15   GOTO/P2
16   * HM-ECKFRAESER D=50  L=120  PLATZ 5
     * LAENGEN-KORREKTURSPEICHER 5  RADIUS-KORREKTURSPEICHER 15
17   TOOL/6,50,0,80,5,5,15
18   GOIN/-12,128,15,ATA,0,RGT,200,XC,15
19   CONT/K1
20   FINI
```

Das Quellenprogramm erzeugt in Verbindung mit einem Postprozessor im Prinzip das im letzten Abschnitt bereits gezeigte NC-Programm. Die zeilenweisen numerierten Anweisungs-Gruppen, die auch hier als Programmsätze bezeichnet werden können, haben dabei die folgenden Bedeutungen.

- Satz 1: Programmstart; Ausgabe des kennzeichnenden Textes auf allen erzeugten Unterlagen
- Satz 2: Definition der Lage des Werkstücknullpunkts im Maschinenkoordinatensystem; Setzen der Eckbegrenzungen (links unten, rechts oben) des Bereichs bei graphischer Darstellung
- Satz 3: Begrenzung des Drehzahlbereichs, Wahl einer Schaltstufe
- Satz 4: Beschreibung der Rohkontur durch Kettung der achsparallelen Begrenzungen (Nennung der Koordinaten, z. B. XC,120 X-coordinate 120) zur Verdeutlichung der graphischen Ausgaben
- Sätze 5 bis 8: Definitionen von Punkten, der nicht achsparallelen Gerade und des Kreises durch Koordinaten bzw. Punkt und Radius
- Satz 9: Konturdefinition durch Kettung der Einzelelemente; das erste Konturelement, die Achsparallele X = 15 erscheint hier noch nicht, denn sie wird beim Fräsaufruf benannt
- Sätze 10 und 16: Anmerkungen für den Maschinenbediener
- Satz 11: Bohrer-Werkzeugbeschreibung mit Typ (Code 2), Durchmesser, Schnittgeschwindigkeit (40 m/min), Speicherplätzen
- Satz 12: Z-Anfahrebene für Bohrwerkzeug; Eilgangsbewegungen erfolgen erst in der X-Y-Ebene; anschließend Z-Positionierung mit Bohrerspitze auf Anfahrebene
- Sätze 13 bis 15: Bohrzyklus mit Rückzug im Eilgang (Code 81), Umdrehungsvorschub 0,22 mm, Bohrtiefe bis Bohrerecke auf Z = -1 mit Ausführung auf den durch die Punkte benannten Positionen
- Satz 17: Eckfräser-Werkzeugbeschreibung (Code 6), Durchmesser, Schnittgeschwindigkeit 80 m/min, Speicherplätze
- Sätze 18 und 19: Eilgangspositionierung des Fräsers mit seiner Achse auf X = -12, Y = 128, Fräsebene Z = 15; von hier mit Vorschub in Richtung 0 (waagerecht) so an die Gerade X = 15, daß der Fräser in Kontur-Vorschubrichtung rechts steht; Vorschubgeschwindigkeit 200 mm/min; Konturfortsetzung mit K1

- Satz 20: Programmende mit Rücksetzen, d.h. Anfahren der Werkzeugwechselposition, Abschalten der zuvor automatisch ausgegebenen Kühlschmierung, Spindelstop usw.

Das System führt zunächst eine Syntax- und Logikprüfung des Programms durch und gibt ggf. Fehlerhinweise. Der geometrische Ablauf kann zur Prüfung ferner am Bildschirm oder über Plotter graphisch verarbeitet werden (Bild 16.56), wobei die Möglichkeit besteht, Werkzeugsymbole (Umkreis Fräser, Ansicht Bohrer) sowie Eilgangsabläufe mit darzustellen. Schließlich wird mit der Postprozessorverarbeitung eine weitere Fehlerprüfung im Hinblick auf die Lauffähigkeit des NC-Programms auf der vorgesehenen Maschine vorgenommen.

Besondere Bedeutung bekommt die maschinelle Programmierung bei komplexer Werkstückgeometrie und aufwendiger Bearbeitung, z. B. bei Mehrachsen-Bahnsteuerung und bei gleichzeitigem Einsatz mehrerer Werkzeuge.

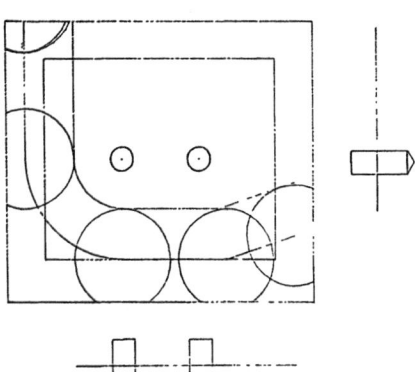

Bild 16.56
Plot-Ausgaben des Quellenprogramms für das Programmierbeispiel Bohr- und Frästeil; dargestellt sind die Rohkontur (nur in der X-Y-Ebene), die Fertigkonturen, Werkzeugsymbole und die Bahn der Fräserachse

16.6 Literatur

Bücher

[16.1] *Spur, G.:* Produktionstechnik im Wandel. Carl-Hanser-Verlag, Munchen 1979.
[16.2] *Schneider, H. J.:* Lexikon der Informatik und Datenverarbeitung. Oldenbourg Verlag, München 1986.
[16.3] *Krause, F. L.* und *M. Abramovici.* Aufbau und Leistungsstand von CAD-Arbeitsplätzen. In: Datenverarbeitung in der Konstruktion '83. Munchen 1983. Proc., VDI-Verlag, Dusseldorf 1983, (VDI-Bericht 492), S. 459–474.
[16.4] *Spur, G.* und *F.-L. Krause:* CAD-Technik. Carl-Hanser-Verlag, Munchen 1984.
[16.5] *Scheer, A.-W.:* CIM – Der computergesteuerte Industriebetrieb. Spinger-Verlag, Berlin 1987.
[16.6] *Krause, F.-L.:* Methoden zur Gestaltung von CAD-Systemen. Dr.-Ing. Diss. TU Berlin 1976.
[16.7] *Pohlmann, G.:* Rechnerinterne Objektdarstellung als Basis integrierter CAD-Systeme. Reihe Produktionstechnik, Bd. 27, Carl-Hanser-Verlag, Munchen 1982.
[16.8] *Grottke, W.:* Integration von Konstruktion und Arbeitsvorbereitung durch technologische Modellierung. Reihe Produktionstechnik, Bd. 53, Carl-Hanser-Verlag, Munchen 1980.
[16.9] *Spur, G.:* CIM – Die Informationstechnische Herausforderung. Vortrage des Produktionstechnischen Kolloquiums Berlin PTK '86. Carl-Hanser-Verlag, Munchen 1986.
[16.10] *Harrington, J.:* Understanding the manufacturing process. Marcel Dekker, Inc, New York 1984.
[16.11] *Gutschke, W.* und *K. Mertins:* Erfolgreich produzieren mit CIM. Integrierte Informationsverarbeitung. ZwF 80 (1985) 9, S. 365–371.
[16.12] *Junghanns, W.:* Planung und wirtschaftlicher Einsatz numerisch gesteuerter Fertigungskonzepte. Investitionsplanung und Wirtschaftlichkeitsrechnung. VDI-Verlag, Dusseldorf 1977.

16.6 Literatur

[16.13] *Guhring, K.* u. a.: Neuartige Fertigungsstrukturen für die Prazisionswerkzeugindustrie. Bd. 6: Entwicklung von Komponenten für die Fertigungsstrukturen. KfK-PFT 36, Karlsruhe 1982.
[16.14] *Seliger, G.:* CIM – was ist das? – Grundkonzept. DIN-Mitt. 67. 1988, Nr. 6, S. 325–330.
[16.15] *Seliger, G.:* Wirtschaftliche Planung automatisierter Fertigungssysteme. Carl-Hanser-Verlag, München 1983.
[16.16] *Viehweger, B.* und *B. Wieneke:* Rechnerunterstutzte Planungshilfen für Fertigungssysteme. ZwF 81 (1986) 1, S. 23–28.
[16.17] *Wieneke, B..* Rechnerunterstutztes Planungssystem zur Auslegung von Fertigungsanlagen. Carl-Hanser-Verlag, Munchen 1987.
[16.18] *Viehweger, B..* Planung von Fertigungssystemen mit automatisiertem Werkzeugfluß. Carl-Hanser-Verlag, Munchen 1986.
[16.19] *Spur, G.:* Aufschwung, Krisis und Zukunft der Fabrik. Vortrage des Produktionstechnischen Kolloquiums Berlin PTK '83 Wien. Carl-Hanser-Verlag, Munchen 1983.
[16.20] *Mertins, K.:* Steuerung rechnergeführter Fertigungssysteme. Produktionstechnik – Berlin, Bd. 37. Carl-Hanser-Verlag, Munchen 1985.
[16.21] *Mertins, K.:* Entwicklungsstand flexibler Fertigungssysteme: Linien-, Netz- und Zellenstrukturen. ZwF 80 (1985) 9, S. 365–371.
[16.22] *Spur, G.* Rechnerintegration wird Schlusselelement der automatisierten Fertigung. ZwF 80 (1985) 1, S. 1.
[16.23] *Furgac, I.* Aufgabenbezogene Auslegung von Robotersystemen Produktionstechnik – Berlin, Bd. 39, Carl-Hanser-Verlag, Munchen 1985.
[16.24] *Sussenguth, W.:* Software zur Fertigungssteuerung im werkstattnahen Bereich – Bericht von der Hannover-Messe 1985. ZwF 80 (1985) 7, S. 296–300.
[16.25] Norsk Data (Hrsg.): Integrierte Datenverarbeitung fur Konstruktion und Arbeitsplanung. Carl-Hanser-Verlag, Munchen 1986.
[16.26] *Spur, G* und *F.-L. Krause* Gesichtspunkte zur Weiterentwicklung von CAD-Systemen. ZwF 76 (1981) 6, S. 207–215.
[16.27] *Spur, G.* und *F.-L. Krause* Aufbau und Einordnung von CAD-Systemen. VDI-Berichte Nr 413, VDI-Verlag, Dusseldorf 1981.
[16.28] *Smith, B. M.:* IGES A Key to CAD/CAM Systems Integration. Computer Graphics & Application, Vol. 3, No. 8, 1983.
[16.29] *Jonas, W.,* *W. Schmadeke* und *R. Schulz* VDAPS: Programmschnittstelle für Normteile wird DIN-Norm. VDI-Z., Bd. 129 (1987) Nr. 5.
[16.30] ISO/DIS 7942: Graphical Kernel System (GKS). Functional Description, Draft International Standard ISO/DIS 7942, Aug. 1982.
[16.31] *Lewandowski, S.* Programmsysteme zur Automatisierung des technischen Zeichnens. Reihe Produktionstechnik Bd. 1. Carl-Hanser-Verlag, Munchen 1979.
[16.32] *Ross, D. T.* Gestalt Programming: A New Concept in Automatic Programming. Proc. of the Western Joint Computer Conf., San Francisco, 7–9 Febr. 1956, Am. Inst. Elec. Engrs., New York 1956.
[16.33] *Foley, J D.* und *A. van Dam* Fundamentals of Interactive Computer Graphics. Addison-Wesley Publishing Co., Reading, Menlo-Park, London, Amsterdam, Don-Mills, Sidney 1982.
[16.34] *Nake, F.* und *A. Rosenfeld* Graphic Languages. North Holland Publishing Co., Amsterdam 1972.
[16.35] *Eckert, R., G Enderle, K. Kansy* und *F.-J. Prester.* Grafische Datenverarbeitung: Entwicklungen auf dem Weg zur Standardisierung. Informatik Spektrum 3, 1980.
[16.36] *Encarnacao, J.* und *W. Straßer* (Hrsg.) Gerateunabhangige grafische Systeme, Oldenbourg Verlag, Munchen 1981.
[16.37] *Imam, M., T. Dokken:* Experience in Integrating Sculptured Surfaces in Boundary Structure Volume Modellers. SIAM Conference, Albany 1987.
[16.38] *Opitz, H.:* Moderne Produktionstechnik, Stand und Tendenzen, W. Girardet Verlag, Essen 1970.
[16.39] *Simon, R.:* Rechnerunterstütztes Konstruieren, Diss. RWTH Aachen 1968.
[16.40] *Roth, K.:* Konstruieren mit Konstruktionskatalogen. Springer-Verlag, Berlin 1981.
[16.41] *Richtlinie 2213:* Integrierte Herstellung von Fertigungsunterlagen. VDI-Verlag, Düsseldorf, Entw. 05.75.
[16.42] AWF/REFA: Handbuch der Arbeitsvorbereitung, Teil I, Arbeitsplatz, Berlin, Koln, Frankfurt 1969.
[16.43] *Spur, G., F.-L. Krause* und *W. Grottke.* Advanced Methods for Generative Process Planning. 1ist CIRP Working Seminar on Computer Aided Process Planning (CAPP), Paris, 22 –23.1.1985.
[16.47] *Turowski, W.* und *W. Grottke* Graphik in der automatisierten Arbeitsplanung. Proceedings CAMP '84. VDE-Verlag, Berlin 1984.
[16.45] *Pistorius, E.* Graphische Simulation von Drehprozessen. Dokumentation. CAMP '83, VDE-Verlag, Berlin 1983.

[16.46] *Turowski, W.:* Schachtelplanerstellung und Planung von Brennschneidbearbeitung mit CAPSY. HGF Kurzbericht, Industrie-Anzeiger Nr. 86 vom 25.10.1985.
[16.47] *Krause, F.-L.* und *M. Abramovici:* Möglichkeiten zum verstärkten Einsatz von CAD in kleineren und mittleren Maschinenbaubetrieben. ZwF 77 (1982) 5, S. 201–206.
[16.48] *Krause, F.-L.:* Veränderungen der Konstruktionstätigkeit durch CAD-Systeme: In: PTK '83, Berlin, 1983, Proc., Carl-Hanser-Verlag, München 1983.
[16.49] *Jansen, H.* und *M. Timmermann:* Handskizzierter Entwurf von CAD-Modellen mit CASUS. ZwF 82 (1987) 7.
[16.50] *Spur, G., F.-L. Krause, H. Jansen* und *M. Timmermann.* Rekonstruktion von 3D-Modellen mit CASUS. ZwF 82 (1987) 10.
[16.51] *Spur, G., F.-L. Krause* und *H. Jansen.* Automatische Digitalisierung und Interpretation technischer Zeichnungen für CAD-Prozesse. ZwF 81 (1986) 5, S. 235–241.
[16.52] *Hofer-Alfeis, J.:* Automated conversion of existing mechanical-engineering drawings to CAD data structures: state of the art. Proceedings of the IFIP TC5 2nd International Conference on Computer Applications in Production Engineering, CAPE 86, Ed.: *E. A. Warman, K. Bo, L. Estensen.*
[16.53] *Krause, F.-L.:* Fortgeschrittene Konstruktionstechnik durch neue Softwarestrukturen. In: „CIM, die informationstechnische Herausforderung", PTK '86 des IWF der TU Berlin und des IPK der FhG.
[16.54] *Eversheim, W., W. Wiewelhove* und *L.-J. Szabo:* Varianten- und freie Konstruktion. CAD-Berichte, KfK-CAD 169, Kernforschungszentrum Karlsruhe, Karlsruhe 1980.
[16.55] *Krause, F.-L.* und *C. Lehmann.* Artificial Intelligence for Design Systems. Proceedings of the International Conference on Intelligent Manufacturing Systems. Budapest, Juni 1986.
[16.56] *Major, F.* und *W. Grottke.* Knowledge Engineering within Integrated Process Planning Systems. Proceedings of the International Conference on Intelligent Manufacturing Systems. Budapest, Juni 1986.
[16.57] Autorengemeinschaft: Integrative Neugestaltung von rechnerunterstutzten Konstruktionsprozessen. Forschungsbericht des SFB 203 für die Jahre 1982–1984, TU Berlin.
[16.58] *Hoffmann, H., M. Imam, T. Dokken* und *R. Mellum:* Eine gemeinsame Datenbasis für Freiformflächen und Volumenmodelle im APS-Geometriemodellierer. ZwF Vol. 11, 1985.
[16.59] *Spur, G.* und *H.-J. Germer:* 3-Dimensional Solid Modelling Capabilities of the COMPAC System and some Applications. CAE 82, Workshop on Geometric Modelling, Milano, Feb. 1982.
[16.60] *Seliger, G.:* Wirtschaftliche Planung automatisierter Führungssysteme. Reihe Produktionstechnik – Berlin, Band 31. Carl-Hanser-Verlag, München 1983.
[16.61] *Mertins, K.:* Steuerung rechnergeführter Fertigungssysteme. Reihe Produktionstechnik – Berlin, Band 37. Carl-Hans-Verlag, München 1985.
[16.62] Institut für Angewandte Organisationsforschung: NC-Programmiersysteme, Marktübersicht 86/76. Carl-Hanser-Verlag, München 1987.
[16.63] Fa. Heyligenstaedt & Comp., Gießen: Programat-System, Programmieranleitungen.
[16.64] *Seliger, G.:* Modularprogramme zur Fertigungssteuerung. ZwF 73 (1978) 4, S. 199 – 207.
[16.65] *Spur, G., G. Seliger* und *A. Eggers:* Kompetenzorientierte Werkstattsteuerung. ZwF 78 (1983) 5, S. 216 – 220.
[16.66] *Seliger, G., B. Viehweger* und *B. Wieneke:* Deision Support in Design and Optimization of Flexible Automared Manufacturing and Assembly. Robotics & CIM, Vol. 3, No. 2, pp. 221 – 227, 1987.
[16.67] *Spur, G.* und *G. Seliger:* Simultaneous Processing – Scheduling Concept for Flexible Manufacturing Systems. Annals of CIRP, Vol. 32/1983 pp. 385 – 388.

Normen

DIN 66 025 Teil 1 Programmaufbau für numerisch gesteuerte Arbeitsmaschinen; Allgemeines.
    Teil 2 Programmaufbau für numerisch gesteuerte Arbeitsmaschinen; Wegbedingungen und Zusatzfunktionen.
DIN 66 215 Teil 1 Programmierung numerisch gesteuerter Arbeitsmaschinen; CLDATA, Allgemeiner Aufbau und Satztypen.
    Teil 2 Programmierung numerisch gesteuerter Arbeitsmaschinen; CLDATA, Nebenteile des Satztypes 2000.
DIN 66 217 Koordinatenachsen und Bewegungsrichtungen für numerisch gesteuerte Arbeitsmaschinen.

17 Automatisierung in Teilefertigung, Handhabung und Montage

17.1 Begriffe

Automatisierungstechnik im Bereich der Produktion befaßt sich mit der Gestaltung von selbsttätig ablaufenden Produktionsprozessen, insbesondere von Fertigungsprozessen, Lager-, Förder- und Handhabungsprozessen sowie auch zunehmend von Planungs-, Steuerungs- und Kontrollprozessen.

17.1.1 Rationalisierung

Rationalisierung steigert die Produktivität von Prozessen (Verfahren, Abläufen) und die Qualität von Leistungen (Produkte, Dienste), indem durch systematisches Verbessern auszuführende Aufgaben mit einem ständig abnehmenden Aufwand gelöst werden.
Produktivität ist das Verhältnis von erstellter Leistungsmenge zur in den Produktionsprozeß eingebrachten Faktoreinsatzmenge. Die *Leistungsmenge* ist meist ein quantitativer Kennwert für die Produktion (z. B. Stück, kg, m^3); die *Faktoreinsatzmenge* kennzeichnet den quantitativen Einsatz der Produktionsfaktoren wie Arbeit, Kapital oder Werkstoffe. Produktivität ist grundsätzlich eine technisch-mengenmäßige Größe. Die Wirtschaftlichkeit unterscheidet sich von der Produktivität durch die monetäre Bewertung der Mengenangaben. Während technisch-organisatorische Informationssysteme durch eine qualitative Verbesserung der Planung und Disposition zu einer indirekten Rationalisierung des Produktionsprozesses führen, gewinnen zunehmend rechnerunterstützte Systeme an Bedeutung, die die direkte Rationalisierung des Planungs- und Dispositionsprozesses sowie des Produktionsprozesses selbst zum Ziel haben.

17.1.2 Mechanisierung

Aufgabe der *Mechanisierung* ist das Verdrängen, Ersetzen oder Erleichtern manueller Tätigkeiten durch mechanische Vorrichtungen oder Maschinen. Die menschlichen Arbeitskräfte werden also durch *Mechanismen* von bestimmten manuellen Verrichtungen entlastet, während sie nach wie vor die Steuerung und Kontrolle des Arbeitsablaufes übernehmen. Dadurch bleibt der Mensch häufig weitgehend an den Produktionsprozeß gebunden.

17.1.3 Automatisierung

Automatisierung umfaßt neben der Entlastung des Menschen von körperlicher Arbeit auch die Übernahme der während des Ablaufes eines Produktionsprozesses notwendigen „geistigen Arbeit" des Menschen. Bei automatischer Ausführung einzelner Vorgänge muß ein *selbsttätiger, programmierter Ablauf* gewährleistet sein.

Ein *Automat* ist ein künstliches System, das selbsttätig ein Programm befolgt. Aufgrund des Programms trifft das System Entscheidungen, die auf der Verknüpfung von Eingaben mit den jeweiligen Zuständen des Systems beruhen und Ausgaben zur Folge haben (DIN 19 233). Ein *Programm* ist eine zur Lösung einer Aufgabe vollständige Anweisung zusammen mit allen erforderlichen Vereinbarungen (DIN 44 300). Wesentliches Merkmal eines Automaten ist das Vorhandensein von mindestens einer Verzweigung, also einer mit technischen Mitteln durchgeführten logischen Entscheidung im Programm mit verschiedenen Ablaufmöglichkeiten. Der Programmablauf wird durch äußere Anregung ausgelöst, die Bestandteil der Eingabe ist oder diese selbst darstellt.

17.2 Methoden der Automatisierung

17.2.1 Systembetrachtung

Mit zunehmender Automatisierung hat sich zunächst die *Kybernetik* als eine Wissenschaft von der Steuerung von natürlichen und künstlichen Prozessen entwickelt. Ein zentraler Begriff dieser Wissenschaft ist der des *Systems*. Das abstrakte Arbeiten mit Systemen ist Inhalt der *Systemtechnik*, ohne die eine heutzutage notwendige Arbeitsteilung im Bereich der Automatisierungstechnik undenkbar wäre. Die Systemtechnik vermittelt ein allgemein einsetzbares Instrumentarium zur Lösung komplexer Aufgaben, wie sie beim Automatisieren anfallen. Dabei ist es unerheblich, ob es um das Lösen neuartiger Problemstellungen z.B. mit Hilfe der Methoden systematischen Konstruierens oder um das Projektmanagement bei der Planung und beim Aufbau einer umfangreichen automatisierten Anlage geht, bei der mehrere Unterlieferanten gewisse Teilausrüstungen der Gesamtanlage nach genau definierten Pflichtenheften und vorgegebenen Schnittstellen zu den übrigen Teilausrüstungen (z.B. Baugruppen) liefern. In dem Maß, in dem der Mensch durch den Automaten entlastet wird, sind alle Abläufe im voraus genauestens zu durchdenken, eine wesentliche Voraussetzung aller Automatisierungsvorhaben.

Ein *System* ist eine Anordnung von aufeinander einwirkenden Gebilden, die man sich durch eine Hüllfläche von ihrer Umgebung abgegrenzt vorstellen kann. Durch die Hüllflache werden die Verbindungen des Systems mit seiner Umwelt geschnitten (DIN 19 226).

Die *Struktur* eines Systems bezeichnet die Art, die Anzahl und Eigenschaften der *Systemelemente* und deren quantitative wie qualitative Beziehungen untereinander. Wenn demnach von *Strukturierung* als einer Tätigkeit gesprochen wird, ist damit gemeint, daß Systemelemente beschrieben und untereinander in einen Zusammenhang gebracht, d.h. im Hinblick auf einen übergeordneten Zweck *geordnet* werden.

Elemente außerhalb des betrachteten Systems zählen zur *Systemumwelt*. Bei der Umweltbetrachtung werden nur solche Elemente berücksichtigt, die das System beeinflussen oder durch das System selbst beeinflußt werden. Die Lage der Systemgrenzen — d.h. die Trennung eines Systems aus seiner Umwelt heraus — ist nur eine Frage der Zweckmäßigkeit für die jeweils zu behandelnde Problemstellung. Der Zweck eines Systems drückt sich aus in seiner Funktion, die Umwandlung von Eingangsgrößen in gewünschte Ausgangsgrößen.

Systeme können nach verschiedenen *Kriterien* klassifiziert werden. *Fertigungssysteme* sind im allgemeinen offen, komplex, künstlich, dynamisch, deterministisch, konkret. Ein Fertigungssystem ist eine Anordnung von Menschen und technischen Einrichtungen mit der Funktion, aus Rohmaterial oder Halbfertigteilen ein Produkt mit geometrisch definierter Gestalt herzustellen. Seine *Systembetrachtung* beginnt zunächst übergeordnet mit seiner Funktion, das System selbst bleibt eine „Black-Box" (Bild 17.1), dann erfolgt ein schrittweises Feststellen und Bilden von Teilsystemen (Bild 17.2) und deren Verknüpfung (Bild 17.3).

17.2 Methoden der Automatisierung

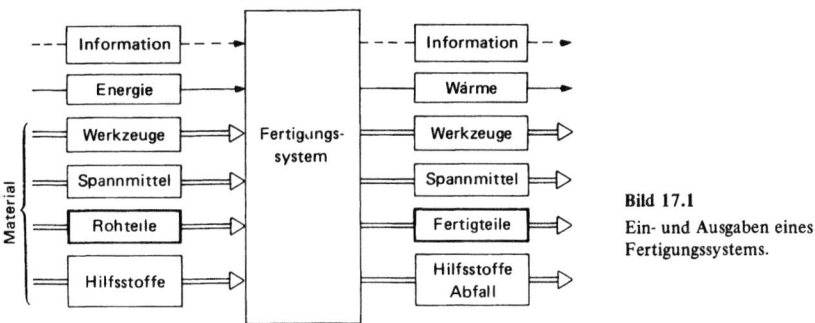

Bild 17.1 Ein- und Ausgaben eines Fertigungssystems.

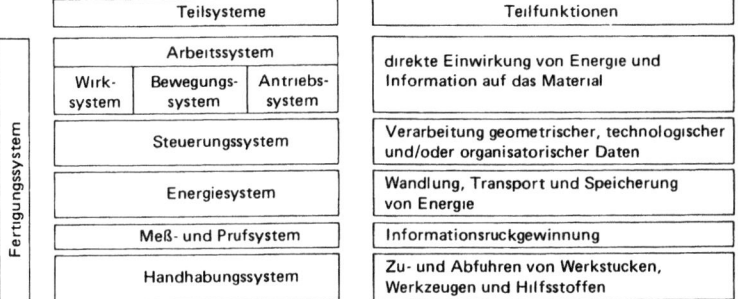

Bild 17.2 Teilsysteme eines Fertigungssystems.

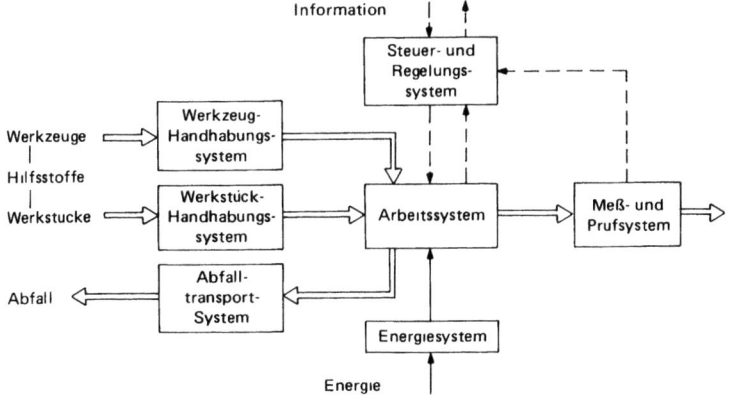

Bild 17.3 Struktur eines Fertigungssystems.

17.2.2 Ermittlung des Automatisierungsgrades

Automatisierungsgrad beschreibt den Anteil, den die automatisierten Funktionen an der Gesamtfunktion einer Anlage haben. Er kann nur für ein festgelegtes System angegeben werden, dessen Grenzen genannt sein müssen (DIN 19 233). Zahlenmäßig wird der Automatisierungsgrad meist

Tabelle 17.1: Stufen der Automatisierung nach *Bright*

Ausgangspunkt der Kontrolle	Art der Maschinenreaktion			Energiequelle	Stufen-Nr.	Stufen der Mechanisierung
durch veränderliche Einflußgrößen in der Umgebung	reagiert auf die Arbeitsausführung	ändert die eigene Aktion innerhalb der variablen Einflußgrößen		mechanisch (nicht von Hand)	17	sieht die erforderlichen Arbeitsgänge voraus und sorgt für die entsprechende Ausführung
					16	korrigiert die Arbeitsausführung während der Bearbeitung
					15	korrigiert die Arbeitsausführung nach der Bearbeitung
		wählt aus vorher festgelegten möglichen Arbeitsvorgängen aus			14	identifiziert und wählt die entsprechenden Operationen aus
					13	wählt aus und verwirft aufgrund der Meßwerte
					12	wechselt Ganggeschwindigkeit, Lageveränderung und Richtung nach dem gemeldeten Meß-Signal
	reagiert auf Signale				11	zeichnet die Arbeitsausführung auf
					10	meldet vorher ausgewählte Meßwerte (schließt auch die Entdeckung von Fehlern nicht aus)
					9	mißt Merkmale der Arbeitsausführung
durch Kontrollmechanismus, der die vorher festgelegten Tätigkeitsfolgen testet	in der Maschine festgelegt				8	wird bestätigt durch Einführung des Werkstücks oder Materials
					7	Maschinensystem mit ferngesteuerter Kontrolle
					6	Maschinenwerkzeuge, Programmkontrolle (Reihe von festgelegten Arbeitsgängen)
					5	Maschinenwerkzeuge, Einzweckmaschine mit festgelegtem Arbeitsgang
vom Arbeiter	veränderlich				4	Maschinenwerkzeuge, Kontrolle von Hand
					3	durch Energie angetriebenes Werkzeug
				von Hand	2	Handwerkzeug
					1	von Hand

17.3 Automatisierung in der Teilefertigung

als Quotient der Anzahl von automatisierten Funktionen zu der Gesamtzahl der Funktionen eines Systems angegeben, so daß Zahlenwerte im Intervall von 0 bis 1 liegen, *Teilautomatisierung* eines Systems liegt vor, wenn nicht alle Teilsysteme automatisiert sind, wenn also der Automatisierungsgrad des Systems < 1 ist. Trotz der Definition des Automatisierungsgrades nach DIN 19 233 besteht eine einheitliche Methode zu seiner Bestimmung bisher nicht. Die Angabe eines Automatisierungsgrades ohne genaue Bezeichnung des Prozesses und der Bestimmungsmethode hat daher keinen besonderen Aussagewert. Methoden zur quantitativen Bestimmung des Automatisierungsgrades lassen sich in zwei Gruppen einteilen:

a) *Bestimmung durch Vergleich mit einer Stufenskala*, die Stufenskala enthält sämtliche Funktionen eines bestimmten Produktionsprozesses bzw. eines bestimmten Systems und die Zuordnung von Automatisierungsgraden(-stufen). Der gesuchte Automatisierungsgrad wird durch Vergleich mit der Stufenskala gefunden. Dieses entspricht etwa dem Vorgehen bei der Mohsschen Härteskala oder der Windstärkenskala von Beaufort. Die Tabelle 17.1 enthält als Beispiel die Definition von Automatisierungsstufen nach *Bright*.

b) *Bestimmung eines Quotienten aus der Summe der bewerteten automatisch getroffenen Entscheidungen und der insgesamt* – einschließlich menschlicher Mitwirkung – *getroffenen Entscheidungen* (DIN 19 233).

Beispiel: Zur Gesamtfunktion eines Systems gehören zehn Entscheidungen, sechs werden von technischen Einrichtungen, vier von Menschen getroffen. Da die Entscheidungen nicht gleichwertig sind, können sie z.B. durch die Anzahl der notwendigen Programmschritte gewichtet werden:

Entscheidung Nr.	Bewertung (Programmschritte)
1	14
2	10
3	12
4	8
5	15
6	11
Summe Automat	70
7	31
8	40
9	72
10	55
Summe Mensch	198

$$\text{Automatisierungsgrad} = \frac{70}{70 + 198} = \frac{70}{268} = 0{,}27$$

17.3 Automatisierung in der Teilefertigung

Bis zur Gegenwart bedeutete Automatisierung in der Regel eine notwendige starre Festlegung des Arbeitsablaufs und hatte über lange Zeit gleichbleibende Abläufe (Großserienfertigung von Produkten) zur Voraussetzung. Jetzt ist Automatisierung auch mit hoher *Flexibilität* durch Programmierbarkeit des Arbeitsablaufs infolge der Entwicklung von Rechnersteuerungen möglich (Bild 17.4). Die Forderung nach Flexibilität – Tabelle 17.2 zeigt seine Vielschichtigkeit – kommt von

17 Automatisierung in Teilefertigung, Handhabung und Montage

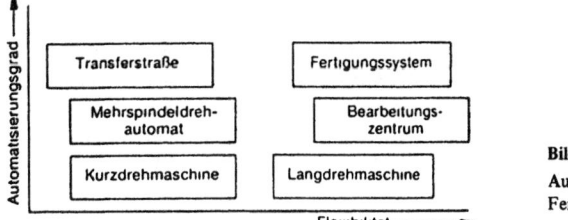

Bild 17.4
Automatisierungsgrad und Flexibilität von Ferigungseinrichtungen.

Tabelle 17.2 Der Begriff Flexibilität

Flexibilität wird verstanden als:	Besser zu bezeichnen mit:
Fähigkeit eines Fertigungssystems, verschiedene Fertigungsaufgaben ohne großen Umrüstaufwand ausfuhren zu konnen	Einsatzflexibilität = Vielseitigkeit
Eigenschaften eines Fertigungssystems, sich an neue Anforderungen verschiedener Fertigungsaufgaben anpassen zu können, ohne daß entsprechende Funktionselemente ständig vorhanden sind.	Anpaßflexibilität = Anpassungsfähigkeit
Unabhangigkeit bei der Wahl von Bearbeitungspfaden für verschiedene Fertigungsaufgaben in Mehrstationen-Fertigungssystemen.	Durchlauffreizügigkeit
Vorhandensein von mehr als zur augenblicklichen Funktionserfullung notwendigen Funktionstragern, die im Störungsfall eingesetzt werden können.	Fertigungsredundanz
Erweiterungsfähigkeit eines Fertigungssystems hinsichtlich der quantitativen Kapazität.	Erweiterungsfähigkeit der quantitativen Kapazität
Erweiterungsfähigkeit eines Fertigungssystems hinsichtlich der qualitativen Kapazität.	Erweiterungsfähigkeit der qualitativen Kapazität
Möglichkeit zum Ausgleich von schwankenden Arbeitszeilen in direkt aufeinanderfolgenden Arbeitsstationen eines Fertigungssystems.	Speicherfähigkeit

den Absatzmärkten. Mit zunehmender Sättigung der Absatzmärkte entstehen größere Absatzschwankungen; dieser Sachverhalt trifft zudem mit einem zunehmend kritischen Käuferverhalten zusammen, so daß sich insgesamt eine Wandlung vom Verkäufer- zum Käufermarkt vollzogen hat.

17.3.1 Automatisierte Fertigungszelle

Analysiert man den Automatisierungsgrad rechnergesteuerter Maschinen, so zeigt sich, daß zunehmend Teilfunktionen automatisiert werden, sowie Transportvorgänge innerhalb der Maschine und zwischen den Maschinen gesteuert werden. Eine grundsätzliche Änderung der Maschinenkonzepte, die durch den Einsatz von Mikroprozessoren denkbar ist, hat noch nicht stattgefunden. Ein Entwicklungsschwerpunkt liegt im Ausbau *rechnergesteuerter Fertigungsmaschinen* mit Hilfe von automatisierten Werkstückspeichern, Transport- und Kontrollsystemen zur automatisierten Fertigungseinrichtung. Dabei treten neben der NC-Datenverteilung organisatorische Funktionen in den Vordergrund, wie Betriebsdatenerfassung, Prozeßüberwachung und Fertigungslenkung. Für automatisierte Fertigungseinrichtungen, wie flexible Fertigungssysteme sind die Bausteine weitgehend vorhanden.

17.3.2 Flexible Fertigungssysteme

Flexible Fertigungssysteme bestehen in der Regel aus mehreren, meist numerisch gesteuerten und miteinander lose verketteten Einzelmaschinen. Sie sind aufgrund der *material- und informationstechnischen Verknüpfung* imstande, weitgehend automatisch Werkstücke in kleinen oder mittleren Losen zu bearbeiten. Bild 17.5 zeigt eine Einteilung flexibler Fertigungssysteme nach der Kapazität des jeweiligen Fördermittels zwischen den einzelnen Bearbeitungsstationen. Fertigungssysteme mit geringer Kapazität innerhalb des Systems werden vorzugsweise bei großen Bearbeitungszeiten der einzelnen Werkstucke eingesetzt; bei kurzen Bearbeitungszeiten dagegen wird von dem Transportsystemen eine hohe Transportkapazität verlangt. Typische Realisierungen der Transportmittel sind bei Typ A ein Regalbediengerät, bei Typ B ein induktiv gesteuerter Förderwagen und bei Typ C eine Friktionsrollenbahn.

Solche flexiblen Fertigungssysteme stellen den höchsten Grad der Automatisierung einer für kleine Losgrößen notwendigerweise flexiblen Fertigung dar. Derzeit sind jedoch nur sehr wenige solcher Systeme realisiert, so daß auch nur begrenzte Erfahrungen in Fertigungsbetrieben hierfur vorliegen. Neben weiteren grundlegenden Entwicklungen wird deshalb die stufenweise Realisierung von Pilotsystemen in der Industrie im Vordergrund stehen. Noch zu losende Aufgaben liegen in den Bereichen Informationsverarbeitung, Programmierung, Messen, Überwachen und Planungshilfsmitteln sowie in der Integration dieser automatisierten Fertigungseinrichtungen in den Gesamtbetrieb. Eine Losungsmoglichkeit für diesen Problemkreis stellt die Rechnerhierarchie dar, wie sie Bild 17.6 im Prinzip zeigt.

Der hohe Automatisierungsgrad solcher EDV-gesteuerter Fertigungskonzepte wird es daruber hinaus erlauben, den Menschen weitgehend vom Arbeitstakt der Produktionsanlagen zu losen und das investierte Anlagevermogen besser zu nutzen. Wie in der Energiewirtschaft und in der Verfahrenstechnik schon lange praktiziert, sollen auch in der Produktionstechnik die Anlagen von 8700 mog-

Transportkapazität K_T		Prinzipbild	Ausführungsbeispiel
Typ A	$K_T = 1$	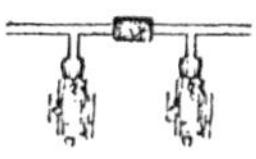	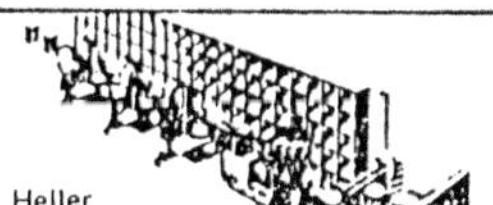 Heller
Typ B	$K_T > 1$	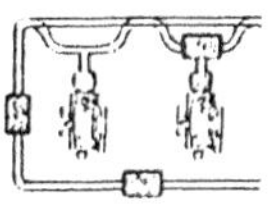	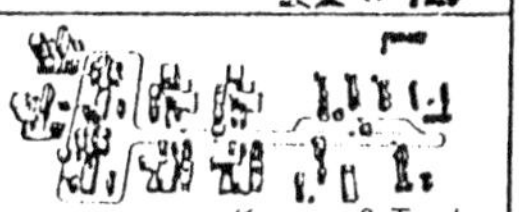 Kearney & Trecker
Typ C	$K_T \gg 1$	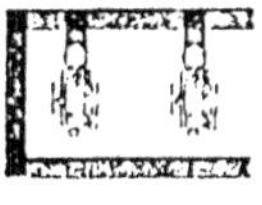	 Burr

Bild 17.5 Flexible Fertigungssysteme – eingeteilt nach der Kapazität des Fördermittels.

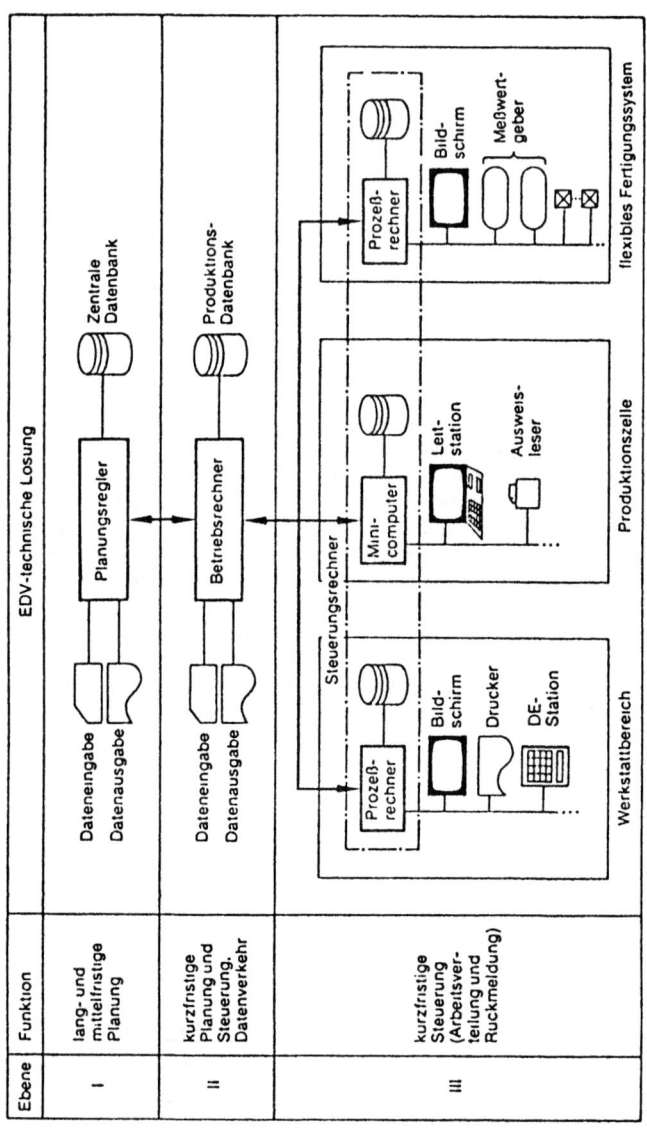

Bild 17.6 Beispiel einer betrieblichen Rechnerhierarchie.

lichen Stunden des Jahres nicht mehr wie heute nur 1500 Stunden arbeiten. Bei einer solchen mehrschichtigen Produktion werden dann noch nicht automatisierte Tätigkeiten wie das Auf- und Abspannen der Werkstücke auf Paletten vom Bedienungspersonal während der Tagschicht ausgeführt werden. Dabei muß parallel auch die flexible Fertigungsmeßtechnik und Qualitätssicherung entwickelt werden, wie es z. B. programmierbare 3-D-Meßgeräte ermöglichen.

17.4 Automatisierung der Handhabung mit Industrierobotern

Unter *Werkstückhandhabung* versteht man alle Vorgänge, die den Werkstoff- oder Werkstückfluß im Bereich der Fertigungseinrichtungen bewirken. Die Werkstücke werden dabei in richtiger Lage und Menge zu einem bestimmten Zeitpunkt an der Bearbeitungsstelle positioniert, gespannt und nach der Bearbeitung entspannt und weitergeleitet. Entsprechendes gilt auch für die *Werkzeughadhabung*.
Die *Handhabungsvorgange* können in einzelne Funktionen aufgelöst werden, die durch ein Sinnbild entsprechend der VDI-Richtlinie 3239 dargestellt werden (Bild 17.7). Die Sinnbilder sind noch kein Hinweis auf die technische Lösung, die dann im nächsten Schritt mit verschiedenen Alternativen prinzipiell gesucht wird. Kann nur ein Teil der Zubringefunktionen automatisiert werden, so bringen i. a. die im Funktionsablauf dem Fertigungsvorgang nächst gelegenen Funktionen den größeren Rationalisierungseffekt. Dies trifft vor allem auf die Funktionen Positionieren, Spannen und Entspannen zu.

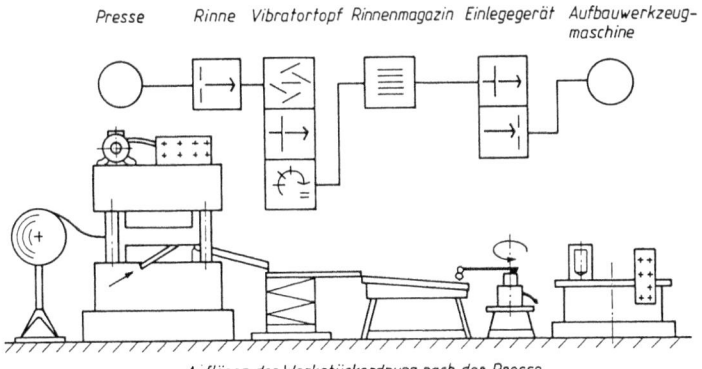

Bild 17.7 Systematisches Losen von Handhabungsaufgaben

17.4.1 Aufbau und Wirkungsweise von Industrierobotern

Industrieroboter sind frei programmierbare, mit Greifern oder Werkzeugen ausgerustete automatische Handhabungseinrichtungen, die für den industriellen Einsatz konzipiert sind. Sie werden eingesetzt zur
– Handhabung von Werkstucken; sie fuhren dabei hauptsachlich folgende Aufgaben aus:
  • Umsetzen von Werkstücken,
  • Montageaufgaben,
  • Prufaufgaben,
  • Be- und Entladen von Arbeitsmaschinen usw.;

- Handhabung von Werkzeugen:
  - Punktschweißzangen handhaben,
  - Autogenschweißbrenner führen,
  - Lackierpistolen bedienen,
  - Handschleifer führen usw.

Infolge ihrer Programmierbarkeit sollen Industrieroboter die Moglichkeit bieten, auch die Fertigung mittlerer Losgrößen sowie von Varianten zu automatisieren. Die Programmierung erfolgt an der Einsatzstelle im Abfahren und Speichern eines Ablaufs (Zyklus), das sogenannte *teach-in-Verfahren*. Punkt- oder Bahnsteuerungen werden angewendet. Neben den Entwicklungen von Sensoren ist bei den Industrierobotern eine Weiterentwicklung der Bewegungsgeschwindigkeiten (über 1 m/s) und -genauigkeiten (besser als ±1 mm) zu erwarten. Bei Analysen verschiedener Anwendungsfälle erkennt man folgende Schwerpunkte, die neben dem eigentlichen Industrieroboter u. U. hohe zusätzliche Investitionen erfordern. Dies sind beispielsweise:

- der Automatisierungsgrad des Fertigungsmittels ist oft nicht ausreichend;
- Kontrollfunktionen, die der Bediener nebenbei mit übernommen hat, müssen automatisiert oder an einen anderen Platz verlegt werden;
- die Abfuhr von Spänen und Hilfsstoffen muß automatisch erfolgen;
- das Ordnen von ungeordnet angelieferten Werkstücken muß automatisch ausgeführt werden, was heute z. T. zwar technisch möglich, aber nocht nicht wirtschaftlich ist.

Die gegenwärtigen Innovationshemmnisse für den breiten Einsatz von Industrierobotern sind weniger auf die mangelnde Eigenschaftsausprägungen der Geräte zurückzuführen, sondern gegenwärtig vielmehr auf ein hohes Maß an planerischem, technischem, organisatorischem und wirtschaftlichem Aufwand für die Einsatzvorbereitung dieser Geräte. Industrieroboter sind nur dort erfolgreich einsetzbar, wo unter systemtechnischen, d. h. ganzheitlichen Aspekten das System „Arbeitsplatz" mitsamt seiner Umgebung abgestimmt ist.

17.4.2 Werkzeughandhabung

Das *Beschichten* (z. B. Auftragen von Lack, Email, Unterbodenschutz) zählt neben dem Punktschweißen zu den klassischen Einsatzfällen von Industrierobotern. Der Industrieroboter hat die Aufgabe, mit einer Spritzpistole definierte Bewegungen im Raum auszuführen. Die Bewegung wird von einem „Programmierer" vorgemacht und vom Industrieroboter reproduziert. Besondere Programmierkenntnisse werden nicht verlangt. Da die zu beschichtenden Teile meist bewegt sind (Förderband, Hängeförderer) muß der Industrieroboter in der Lage sein, dieser Bewegung kontinuierlich zu folgen.

Beim *Punktschweißen* sind die an Industrieroboter wegen des Gewichts der Punktschweißzange, der geforderten Geschwindigkeiten und großen Positioniergenauigkeiten, sehr hoch. Große Beschleunigungen und Verzögerungen sind notwendig. Industrieroboter zum Punktschweißen zeichnen sich durch große Steifigkeit, starke Antriebe, große Arbeitsräume und hohe Tragkräfte aus. In diesem Bereich wird in Zukunft der Industrieroboter immer mehr als Alternative zur konventionellen automatischen Schweißstraße an Bedeutung gewinnen.

Beim *Bahnschweißen* muß der Industrieroboter einen Schweißbrenner entlang einer programmierten Bahn möglichst genau führen. Die Programmierung kann punktweise erfolgen, wobei anschließend zwischen den Punkten interpoliert wird, oder es wird ähnlich wie beim Beschichten durch Teach-in programmiert. Da die Toleranzen der zu verschweißenden Teile häufig sehr groß sind, gewinnt die sensorgeführte Schweißnahtverfolgung zunehmend an Bedeutung. Arbeitsplätze zum Bahnschweißen sind meist als Schwenktische ausgeführt, an denen der Bedienungsmann auf einer

17.5 Automatisierung der Montage

Seite, außerhalb vom Wirkbereich des Schweißbrenners die Teile einlegt, spannt und evtl. vorheftet und der Industrieroboter nach Schwenken des Tisches die Teile verschweißt.

Das *Entgraten* und *Putzen* von Werkstucken zählt zu den Tätigkeiten, die hohe Belastungsmerkmale für den Menschen aufweisen. Der noch geringe Einsatz von Industrierobotern liegt an den nicht exakt vorherbestimmbaren Einflußparametern während des Bearbeitungsprozesses. Ein Durchbruch ist nach dem Vorhandensein geeigneter Sensoren zu erwarten. Die Bewegungsbahn muß aus Sensorsignalen errechnet und während der Bearbeitung ständig korrigiert werden.

17.4.3 Werkstückhandhabung

Industrieroboter zur *Werkstückhandhabung* sind mit Greifern ausgerüstet und haben die Aufgabe, Werkstücke von einer definierten Anfangs- in eine definierte Endposition zu bringen. Die Geräte sind meist punktgesteuert. Sie unterscheiden sich von Einlegegeräten nur durch ihren programmierbaren Bewegungsablauf. Schwierigkeiten liegen häufig in der Peripherie, da z.B. Ordnungseinrichtungen und Greifer nicht dieselbe Flexibilität aufweisen wie der Industrieroboter.

17.5 Automatisierung der Montage

Die Vielfalt der unterschiedlichen, oft sehr komplizierten Montagefunktionen (Bild 17.8), die in den einzelnen Montageprozessen auszuüben sind, erschwert oder verhindert häufig den wirtschaftlichen Einsatz automatischer Montagemittel. Neben dem Fügen (DIN 8580 ff.) treten vor allem Funktionen aus dem Bereich der Werkstückhandhabung auf (VDI-Richtlinien 3239, 3240, 3244). Die Automatisierung der Montage beginnt bei der Konstruktion des Produktes (Bild 17.9) und ist meist nur bei folgenden Voraussetzungen wirtschaftlich:

- hohe Stuckzahlen je Zeiteinheit,
- lange Lebensdauer des Produktes,
- montagegerechter Produktaufbau,

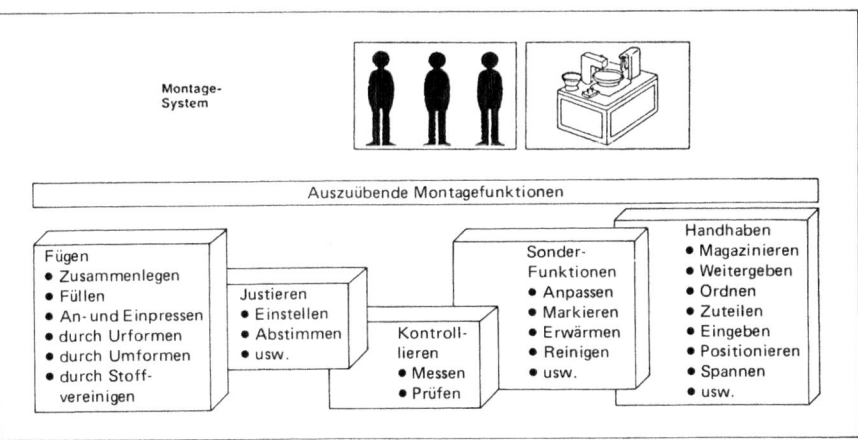

Bild 17.8 Montagefunktionen.

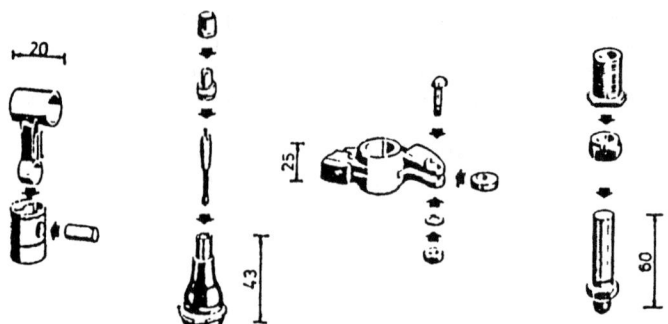

Bild 17.9 Montagegerechter Aufbau von Produkten.

— handhabungsgerechte Einzelteile,
— Montagevorgänge mit stets gleichen Ausgangsbedingungen,
— automatisierungsgerechte Fertigungsqualität der Einzelteile.

17.5.1 Montagemittel

Montagemittel (Bild 17.10) sind technische Einrichtungen, die automatisch oder unter Einbeziehung des Menschen Montagefunktionen ausuben. Unter dem Begriff *maschinelle Montageeinrichtungen* werden sowohl Montagemaschinen als auch Montageautomaten verstanden. Derartige Einrichtungen bestehen im allegemeinen aus mehreren Montagestationen, in denen jeweils eine oder mehrere Montagefunktionen ausgeübt werden und die untereinander durch eine Transfereinrichtung verkettet sind. Beide Maschinenarten haben im Prinzip den gleichen Aufbau. Ihr grundsätzliches Unterscheidungsmerkmal besteht in der Art des Umfangs der Integration des Bedienungspersonals in das Maschinensystem. Während bei einer *Montagemaschine* taktgebundene Handarbeitsgange für den Montageablauf erforderlich sind, beschränkt sich beim *Montageautomaten* die Tätigkeit des Menschen auf nicht taktgebundenes Nachfüllen von Einzelteilen in die Einrichtung zur Teilevorbereitung, sowie auf Kontroll- und Überwachungsvorgänge. Am

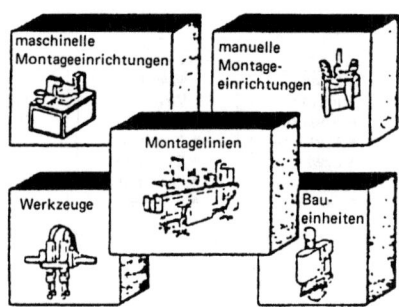

Bild 17.10
Übersicht über Montagemittel.

17.5 Automatisierung der Montage

weitesten verbreitet sind heute maschinelle Montageeinrichtungen mit intermittierender Transferbewegung. Die Montagefunktionen werden bei diesem Arbeitsprinzip während des Stillstandes der Transfereinrichtung in den einzelnen Montagestationen ausgeführt. Die teilmontierten Baugruppen müssen dazu in den Montagestationen in definierter Lage vorliegen (Indexierung). Danach werden sie taktweise durch eine Transfereinrichtung zur nachfolgenden Station bewegt. Während der Transferbewegung liegen die teilmontierten Baugruppen entweder positioniert in Werkstückträgern oder sie werden ohne Werkstückträger von speziellen Werkzeugen zur nachfolgenden Montagestation weitergegeben.

Die Erfahrung zeigt, daß sich Montagefunktionen bei den unterschiedlichsten Produkten in ähnlicher Form wiederholen. Hersteller von Montageeinrichtungen konnten deshalb einzelne technische Lösungen standardisieren. Sie entwickelten Baukastensysteme für Montagemaschinen und -automaten (DIN 69 705).

17.5.2 Montageautomaten

Am weitesten verbreitet sind *Monatageautomaten nach dem Rundtransferbaukastenprinzip*. Bild 17.11 zeigt Grundeinheiten zusammen mit den dazugehörigen Aufbaueinheiten. Die Grundeinheit besitzt einen Zentralantrieb; über Kurvensteuerungen können die Aufbaueinheiten mechanisch angetrieben und gesteuert werden. Wegen der kurzen Taktzeiten ist diese Art Antrieb und Steuerung bewährt und zuverlässig. Montageautomaten werden nur in der Massen- und Großserienfertigung eingesetzt. Sie unterscheiden sich vor allem durch das Prinzip des Werkstücktransfers: Rund-, Längs-, Karussel-, Über-, Unterfluß- oder Plattentransfer. Bei zu viel (>5) starr miteinander verketteter Montagestationen besteht die Gefahr geringer Ausbreitung wegen Störanfälligkeit, Puffer zwischenschalten (lose Verkettung).

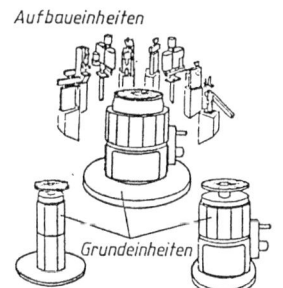

Bild 17.11
Beispiel eines Baukastens für Montageautomaten.

17.5.3 Programmierbare Montagesysteme

Mit Hilfe programmierbarer Handhabungsgerate kann auch in der Montage der Schritt weg von der Einzweckmaschine hin zum flexiblen automatischen Montagemittel erfolgen. Dabei muß von der üblichen extrem arbeitsteiligen Zerlegung der Arbeitsinhalte in viele „Einzweckstationen" abgegangen werden. Der Begriff der *Montagestation* ist weiter zu fassen, weil ein programmierbares Handhabungsgerät komplexere Handhabungsvorgänge, etwa das Montieren verschiedener Teile, hintereinander in einem Zyklus durchführen kann. Diese neuartigen automatischen Montagemittel werden *programmierbare Montagesysteme* (PMS) genannt, und bestehen aus einem Industrieroboter und der zum Montieren benötigten peripheren Einrichtungen, wie Ordnungseinrichtungen und Magazine. Dazu ist ein automatischer Greifer- und Werkzeugwechsel, ein taktiler Sensor zum Fügen Bolzen—Loch sowie auch ein optischer Sensor zur Überwachung erforderlich. Bild 17.12 zeigt den Aufbau eines solchen Montagesystems.

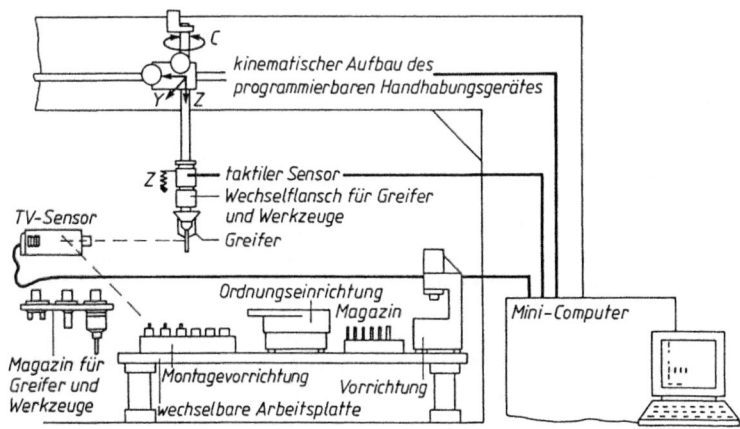

Bild 17.12 Programmierbares Montagesystem.

17.6 Auswirkungen und Tendenzen der Automatisierung

Ziele der Automatisierung in der Fertigungstechnik sind:
- die Verbesserung der Zeit- und Kostenstruktur der Produkterstellung im Sinne einer hoheren Wirtschaftlichkeit,
- Erhöhung der Produktqualität und
- die Verbesserung der Arbeitsbedingungen für den Menschen.

Automatisierung der Produktion erfordert vor allem eine Steigerung des Aufwandes bei der Planung, der Einführung und Organisation sowie für das bereitzustellende Kapital. Weitere Voraussetzungen sind:
- Der Prozeß muß algorithmierbar sein.
- Eine Meßwerterfassung durch technische Mittel (Sensoren) muß möglich sein.
- Die Vorgange müssen sich wiederholen. Die Automatisierung ist bislang am erfolgreichsten, wo stets wiederkehrende, gleichartige Tatigkeiten zu verrichten sind (Massenfertigung). Auch im Bereich der Einzel- und Kleinserienfertigung ist eine Automatisierung nur wirtschaftlich sinnvoll, wenn wiederkehrende, gleichartig komplizierte Aufgaben anfallen, damit die Ausnutzung universeller bzw. flexibler Einrichtungen gewährleistet ist. Dieses kann durch Standardisierung

der Produkte, Vereinfachung, Normung, Vereinheitlichung der Fertigungsabläufe, hohe zeitliche Ausnutzung erreicht werden. Voraussetzung dafür ist ein gesicherter Absatz der Produkte. Die dem automatisierten Fertigungsbereich vor- und nachgeschalteten Bereiche müssen angepaßt werden.

Automatisierung wird in allen Bereichen der Produktion fortschreiten. Dadurch werden nicht nur Arbeitsplätze „wegrationalisiert", sondern Automatisierung ist auch *ein* Schlüssel zur Produktivitätssteigerung, der Wettbewerbsfähigkeit und somit Sicherung und Schaffung von Arbeitsplätzen. Vielfach ist damit gleichzeitig das Aufkommen neuer Tätigkeitsfelder verbunden (Beispiele: Systemanalytiker für EDV-Konzepte, Teileprogrammierer für numerisch gesteuerte Werkzeugmaschinen). Die traditionelle Vorstellung von verschiedenen, eindeutig und eng definierten Einzelberufen muß immer mehr aufgegeben werden. Soziale Folgen sind rechtzeitig zu bedenken und durch entsprechende Maßnahmen aufzufangen. Automatisierung bietet Chancen zur

– Verringerung von Gefahrenquellen bei der Arbeit,
– Verringerung der Umgebungseinflüsse auf den Menschen,
– Verringerung von Beanspruchungen.

17.7 Literatur

Bücher

[17.1] *Steinbuch, K.*: Automat und Mensch. Springer Verlag, Berlin 1970.
[17.2] *Hesse, S.*, und *H. Zapf*: Verkettungseinrichtungen in der Fertigungstechnik. Cal-Hauser Verlag, München 1971.
[17.3] *Schneeweiss, W.*: Zuverlässigkeitstheorie. Springer Verlag, Berlin 1973.
[17.4] *Warnecke, H. J., H. G. Lohr* und *W. Kiener*: Montagetechnik – Schwerpunkt der Rationalisierung. Krausskopf-Verlag, Mainz 1975.
[17.5] *Warnecke, H. J.*, und *R. D. Schraft*: Industrieroboter. Krausskopf-Verlag, Mainz 1984.
[17.6] *Warnecke, H. J.*, und *R. D. Schraft*: Einlegegerate zur automatischen Werkstuckhandhabung. Krausskopf-Verlag, Mainz 1973.
[17.7] *Scharf, P.*: Strukturen flexibler Fertigungssysteme. Krausskopf-Verlag, Mainz 1976.
[17.8] *Frank, H. E.*: Handhabungseinrichtungen. Krausskopf-Verlag, Mainz 1975.
[17.9] *Konold, P., H. Kern* und *H. Reyer*: Arbeitssystem-Elemente-Katalog. Krausskopf-Verlag, Mainz 1978.
[17.10] *Warnecke, H. J.*, und *K. Weiss*: Zubringeeinrichtungen. Krausskopf-Verlag, Mainz 1978.
[17.11] *Raab, H.*: Handbuch Industrieroboter. Verlag Fried. Vieweg & Sohn, Braunschweig/Wiesbaden 1986.

Normen

DIN 8580 Fertigungsverfahren; Begriffe, Einteilung
Weiterführende Angaben sind zu finden:
Umformen: DIN 8582, 9583, 8584, 8585, 8586, 8587;
Fügen: DIN 8593;
Löten: DIN 8593;
Schweißen: DIN 8593;
Kleben: DIN 8593;
Spanen: DIN 8589;
Abtragen: DIN 8590;
Zerlegen: DIN 8591;
Reinigen: DIN 8592.
DIN 19 226 Teil 1 Regelungs- und Steuerungstechnik; Begriffe; Allgemeine Grundlagen
DIN 19 233 Automat; Automatisierung; Begriffe

17 Automatisierung in Teilefertigung, Handhabung und Montage

DIN 44 300   Informationsverarbeitung; Begriffe
- Beiblatt 1: Informationsverarbeitung; Begriffe; Alphabetisches Gesamtverzeichnis
- Teil 1   Informationsverarbeitung; Begriffe; Allgemeine Begriffe
- Teil 2   Informationsverarbeitung; Begriffe; Informationsdarstellung
- Teil 3   Informationsverarbeitung; Begriffe; Datenstrukturen
- Teil 4   Informationsverarbeitung; Begriffe; Programmierung
- Teil 5   Informationsverarbeitung; Begriffe; Aufbau digitaler Rechnersysteme
- Teil 6   Informationsverarbeitung; Begriffe; Speicherung
- Teil 7   Informationsverarbeitung; Begriffe; Zeiten
- Teil 8   Informationsverarbeitung; Begriffe; Verarbeitungsfunktionen
- Teil 9   Informationsverarbeitung; Begriffe; Verarbeitungsabläufe

VDI 2861
- Blatt 1   Montage- und Handhabungstechnik; Kenngrößen für Handhabungsgeräte; Achsbezeichnungen
- Blatt 2   Montage- und Handhabungstechnik; Kenngrößen für Handhabungseinrichtungen; Einsatzspezifische Kenngrößen

18 Rechnerunterstützte Qualitätssicherung

18.1 Schwerpunkte der Qualitätssicherung

18.1.1 Der Qualitätsbegriff[1])

Wenn heute die Bedeutung der *Qualität* für Produkte beschrieben werden soll, so muß zunächst die Frage gestellt werden, was eigentlich unter Qualität zu verstehen ist und wie man sie messen kann. Die Alltagssprache begreift Qualität häufig als einen Absolutheitsanspruch, der uber die Tauglichkeit des bestimmungsgemäßen Gebrauchs hinausgeht. Daraus kann ein Konflikt zwischen dem Kunden und dem Hersteller beziehungsweise Lieferanten entstehen. Sicherlich wird jeder Hersteller von Erzeugnissen die Erwartungen seiner Kunden erfüllen wollen. Er wird daher, bevor er mit seinem Produkt auf den Markt geht, zunächst die beabsichtigte Produktqualität anhand von *Merkmalen* beschreiben und deren Ausprägungen festlegen.
Wenn die in Nutzung genommene Ware später entsprechend der definierten Bestimmung einwandfreies Verhalten zeigt, so erfüllt sie den festgelegten Qualitätsanspruch. Von Seiten des Nutzers des Produktes läßt sich daher Qualität über den Begriff der *Gebrauchstauglichkeit* definieren:

„Fit for Use".

Aus dem Blickwinkel des mit der Inspektion betrauten Mitarbeiters in der Produktion wird es um die Übereinstimmung mit den Vorgaben gehen:

„Conformance to Specifications".

In ihrer Philosophie zur Qualitätssicherung erweitern die Amerikaner Juran und Deming mit der Forderung

„Mach's gleich richtig!"

diesen nach innen gerichteten Anspruch. Die Vermeidung von Verlusten führt zur Kostensenkung und damit zur Produktionssteigerung: Qualität ist daher auch ein Wirtschaftlichkeitsfaktor [18.1].
Der Begriff Qualität ist in DIN 55 350, Teil 1, wie folgt definiert: „Gesamtheit von Eigenschaften und Merkmalen eines Produktes oder einer Tatigkeit, die sich auf die Erfüllung gegebener Erfordernisse beziehen". Zur Erklärung heißt es dort in Anmerkung 1: „Die Erfordernisse ergeben sich aus dem Verwendungszweck des Produktes oder dem Ziel der Tätigkeit". Merkmale dienen dazu, Qualität beurteilen zu können.

18.1.2 Qualität als strategischer Faktor

Auf zahlreichen Märkten herrscht infolge weitreichender internationaler Handelsbeziehungen ein harter Wettbewerb. Die technische Entwicklung in vielen Bereichen der industriellen Produktion

---
[1]) Siehe hierzu auch Abschnitt 15.5.

hat zwischen den Herstellern ein nahezu ausgeglichenes Verhältnis in der Ausnutzung neuester technischer Entwicklungen entstehen lassen. Neben dem Preis und dem Liefertermin übt die *Produktqualität* einen wesentlichen Einfluß auf die Kaufentscheidung aus, so daß die Sicherung der auf hohem Niveau festgelegten Produktqualität immer mehr an Gewicht gewinnt.

Die Unternehmen ergreifen zunehmend mehr qualitätssichernde Maßnahmen, da die Komplexität der Produkte und ihre firmenübergreifende Herstellung wächst und eine produktgesamtheitliche Aufgabe zur Sicherung der Qualität nötig wird.

Auf die Einhaltung der gesetzlichen Vorschriften und besonderen Bestimmungen muß streng geachtet werden. Die Einführung des EG-Rechtes zur Haftung für Produkte wird eine Verschärfung in der Rechtssprechung mit sich bringen. Weiterhin sind der Kunde mit seinen sich rasch ändernden weitgefächerten Wünschen und Sicherheitsbedürfnissen sowie gesamtgesellschaftliche Forderungen, z.B. die Beachtung des Umweltschutzes, zu nennen.

Eine Zusammenstellung der Gründe, die zunehmend Maßnahmen zur Qualitätssicherung an Produkt und Produktion vom Hersteller verlangen, der sich am Markt dauerhaft bewähren will, ist in Bild 18.1 dargestellt.

Bild 18.1
Bedeutung der Qualität im unternehmerischen Aktionsfeld

In der PIMS-Studie wurde die strategische Bedeutung der Produktqualität für die produzierenden Unternehmen herausgestellt. Wettbewerbsbestrebungen auf dem Markt sind dann auf Dauer erfolgversprechend, wenn zunächst das eigene Qualitätsniveau für das gewünschte Marktsegment festgelegt wird. Als Ergebnis wird sich ein größerer Marktanteil bei günstiger Ertragslage einstellen [18.2].

18.1.3 Qualitätssicherung als gesamtbetriebliche Aufgabe

18.1.3.1 Allgemeines

An der Herstellung eines Produktes hat das gesamte Unternehmen Anteil. Konstruktion, Einkauf, Fertigung und Vertrieb sind zunächst für ihren Wirkungsbereich dafür verantwortlich, daß das Produkt nach den Interessen des Marktes konzipiert, geplant und gefertigt wird. Jeder Bereich hat jedoch auch die Pflicht, die Möglichkeiten und Einschränkungen der anderen Bereiche in seine

18.1 Schwerpunkte der Qualitätssicherung

Überlegungen mit einzubeziehen. Dies wird durch die beiden Klammern der betrieblichen Kostenrechnung und der Qualitätssicherung unterstützt. Damit ist sichergestellt, daß die personellen, materiellen und finanziellen Ressourcen des Betriebes im Sinne einer gesamtheitlichen Ausrichtung adäquat genutzt werden [18.3].

18.1.3.2 Produktplanung und Konstruktion

Der *Vertrieb* erarbeitet auf der Basis von Marktanalysen und Kundenbefragungen und aufgrund von Erfahrungen über die Situation der eigenen Produkte im Feld einen Produktvorschlag. Das kann zur Folge haben, daß ein Produkt des Vertriebsprogrammes überarbeitet oder ein neues Produkt entwickelt werden muß. Im Vorschlag (*Pflichtenheft*) werden die zu realisierenden Funktionen des Produktes, die Anforderungen an die Gestaltung und das Kostenziel lösungsneutral beschrieben.

In der *Entwicklungs- oder Konstruktionsabteilung* wird zunächst die Spezifikation erarbeitet, in der die Aufgabenstellung bis ins einzelne festgelegt wird. Eine möglichst umfassende und vollständig geklärte Aufgabenstellung mindert die Gefahr, daß im Laufe der Bearbeitung der Entwicklungsaufgabe Ergänzungen und Korrekturen notwendig werden. Die Spezifikation enthält auch alle Kriterien, nach denen Lösungen erarbeitet, bewertet und ausgewählt oder verworfen werden. Sie lassen sich folgendermaßen gliedern:

- Funktionserfüllung,
- Herstellbarkeit, fertigungs- und montagegerechte Konstruktion,
- Service- und Reparaturfreundlichkeit,
- Materialauswahl,
- Einhaltung gesetzlicher Vorschriften,
- Berücksichtigung ausreichender Sicherheitsfaktoren,
- Qualitätsniveau (Anforderungen des Marktes),
- Einhaltung der Herstellkosten.

Da das vom Vertrieb erarbeitete Pflichtenheft lösungsneutral gehalten wurde, wird von Konstruktion und Entwicklung in der zweiten Phase des Konstruktionsprozesses zunächst das Wirkprinzip zur Funktionserfüllung ausgewählt. Der Konstrukteur muß bei seiner Arbeit betriebsinterne Daten, z. B. über die vorhandenen Fertigungseinrichtungen und deren Arbeitsgenauigkeit einfließen lassen sowie erkennbare Weiterentwicklungen in der Fertigungstechnik berücksichtigen. Bild 18.2 gibt die prinzipielle Vorgehensweise wieder [18.4].

Dem Konstrukteur obliegt eine besondere Verantwortung, da er mit seinem Entwurf den überwiegenden Teil der Kosten des Produktes festlegt. So ist es besonders wichtig, daß er das Entwicklungsergebnis auf alle Fehlermöglichkeiten hin untersucht. Hierfür bietet sich die *Fehlermöglichkeits- und Einflußanalyse* (FMEA) an. Die Durchführung einer FMEA ist normalerweise bei neuen Entwicklungen, der Anwendung neuer Technologien und bei Problemteilen erforderlich. Die Vorgehensweise ist folgende:

1. alle möglichen Fehler systematisch auflisten,
2. ihre Folgen für den Gebrauch beurteilen,
3. mögliche Fehlerursachen bestimmen,
4. Fehler erkennen und vermeiden,
5. Prioritätszahlen auf der Basis von Gewichtungsfaktoren bei der Beurteilung der Wahrscheinlichkeit des Fehlers bilden, Auswirkungen auf den Kunden und Möglichkeit des Entdeckens des Fehlers beurteilen,
6. geeignete konstruktive, fertigungs- und prüftechnische Maßnahmen veranlassen,
7. erneute Fehlererkennung und -vermeidung nach den festgelegten Maßnahmen zur Erfolgskontrolle vornehmen.

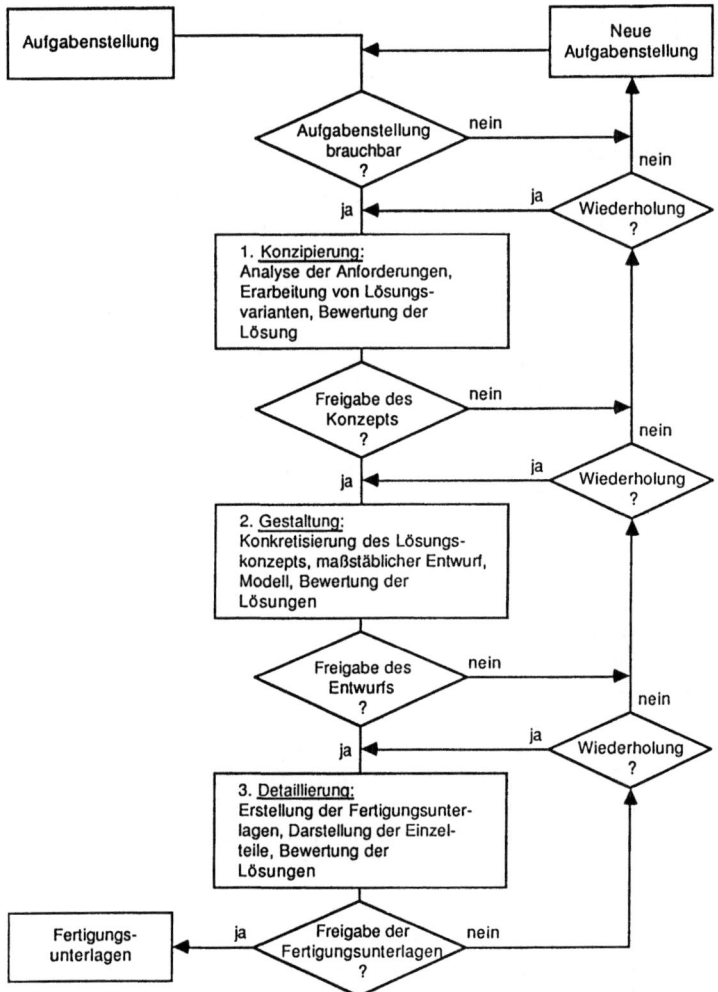

Bild 18.2 Die Teilevorgange beim Konstruieren

Die systematische Vorgehensweise bei der FMEA stellt sicherlich einen zusatzlichen Aufwand dar. Damit wird aber in der fruhen Produktplanungsphase die fast vollständige Erkennung potentieller Fehler möglich. Die FMEA zwingt den Konstrukteur, das Konstruktionsergebnis qualitativ zu verbessern und zu sichern.

18.1.3.3 Fertigungsplanung und Fertigung

Auch in diesem Fabrikbereich sind zahlreiche Optimierungsschritte notig, um das gewünschte Qualitätsniveau zu erlangen. Die *Arbeitsplanung* hat die Aufgabe, für jeden Fertigungsauftrag die

18.1 Schwerpunkte der Qualitätssicherung

Plandaten für Material, Betriebs-, Prüf- und Wirkmittel zu erzeugen. Aufgrund der konstruktiv vorgegebenen zulässigen Maß- und Oberflächentoleranzen werden die geeigneten Fertigungsmittel und Fertigungsverfahren ausgewählt.
Weiterhin umfaßt die Arbeitsplanung die Festlegung der Arbeitsfolge und die Planung der notwendigen Prüfvorgänge. Im *Prüfplan* finden Prüfmerkmale, Prüfintensität (Stichprobe, Vollprüfung) und Qualitätsregelungsmittel Berücksichtigung. Dabei ist die Festlegung der zu prüfenden Qualitätsmerkmale der aufwendigste Schritt. Die technischen Unterlagen (Zeichnungen, technische Lieferbedingungen, behördliche Vorschriften) sowie Erfahrungen des Betriebes dienen als Grundlage zur Merkmalsextraktion.
Die Steuerung des Fertigungsprozesses ist als Wirkschema in Bild 18.3 dargestellt. Sie wirkt über einen dreistufigen Regelkreis. Die direkte *Fertigungssteuerung* gibt die Parameter für den Fertigungsprozeß vor. Da auf diesen Fertigungsprozeß Storgrößen wie unvorhersehbare Unterbrechungen des Prozesses und Werkzeugbruch wirken, werden die Zustandsdaten des Prozesses periodenweise erfaßt und zur Veränderung der Vorgabe zurückgefuhrt. Im mittleren Regelkreis werden der *Fertigungsplanung* weiter aufbereitete Betriebsdaten geliefert. Das Management enthält in regelmäßigen Abständen verdichtete Informationen, die es zur Entscheidungsbildung benotigt.
Diese Betriebsdaten enthalten Aussagen zur *Auftragsbildung*, zur *Arbeitsverteilung* und zur *Fertigungsüberwachung*. Letztere gibt der Qualitätssicherung die Moglichkeit der Trendbestimmung. Je nach Automatisierungsgrad der Fertigung ist der Informationsfluß durch Personal gewährleistet oder durch Rechnereinsatz automatisiert [18.5].
Meßplätze in der Fertigung werden meist abseits der Fertigungsanlagen angeordnet, um Störungen durch Schwingungen, Schmutz und nicht zuletzt auch durch Lärm zu vermeiden. Sehr ungünstig ist auch der Temperatureinfluß, so daß für besonders anspruchsvolle Prüf- und Meßaufgaben ein klimatisierter Raum zur Verfügung stehen muß. Zur Überprüfung wird regelmäßig eine Revision an den Meß- und Prüfmitteln vorgenommen, um verschlissene, nicht mehr mit der geforderten Genauigkeit arbeitende Lehren und Maßstäbe auszusortieren und Geräte zu reparieren [18.6].

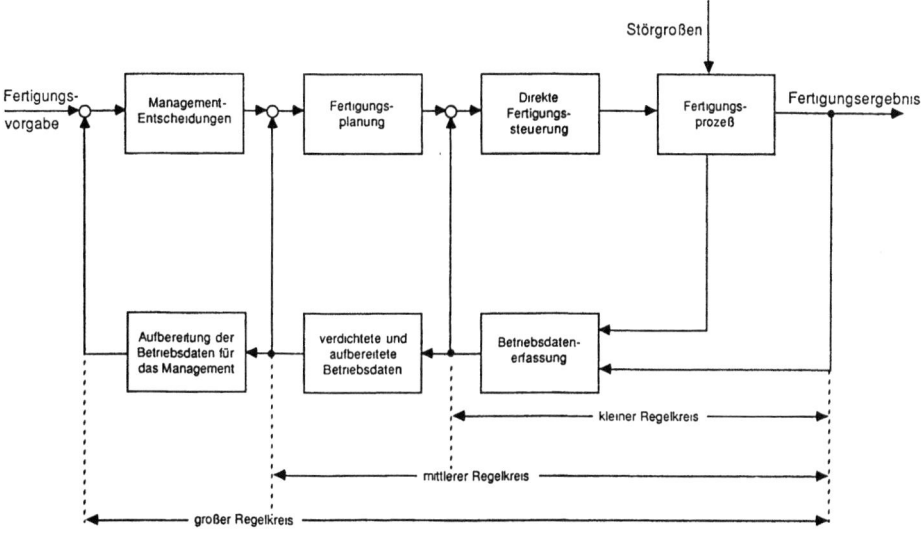

Bild 18.3 Informationsfluß zur Steuerung der Fertigung

18.1.4 Statistische Methoden der Qualitätssicherung

18.1.4.1 Vorbemerkung

Das Messen und Prüfen ist ein Vergleich von Soll- und Istwerten, verbunden mit der Entscheidung, ob vorgegebene Fehler- bzw. Toleranzgrenzen eingehalten worden sind oder nicht. Im Produktionsbereich einer Fabrik können unterschiedliche Prüfungen durchgeführt werden: Die wichtigen sind die *Wareneingangsprüfung*, die *prozeßbegleitende Prüfung*, die parallel zur Teilebearbeitung oder nach Einzelschritten in der Fertigung durchgeführt wird, und die *Endprüfung*. Mangelhafte Planung vor Beginn der Fertigung bewirkt in der Fertigungsphase hohe Kosten durch Stillstand des Materialflusses und macht häufig auch kostenintensive qualitätsmindernde Improvisationen erforderlich.

Ein großes Gewicht muß den qualitätssichernden Maßnahmen für Zulieferungen beigemessen werden. Um hier die erforderliche Qualität sicherzustellen, müssen alle überprüfbaren Qualitätsmerkmale und deren Grenzwerte, die Herstellverfahren sowie die Abnahme in Übereinstimmung mit den technischen Lieferbedingungen beschrieben werden. Die Wareneingangsprüfung wird anhand ausgewählter Qualitätsmerkmale und unter Einschluß der Beurteilung der Zuverlässigkeit des Lieferanten durchgeführt. Die Qualitätsgeschichte der Zulieferteile liefert die Kriterien zur Auswahl der Stichprobenvorschrift für die Eingangsprüfung. Sie kann sich von der Vollprüfung bis zum „Skip-lot" erstrecken (Los ungeprüft annehmen). Eine Annahme einer Lieferung ohne Prüfung ist unter rechtlichen Gesichtspunkten allerdings problematisch. Mängelrügen können nur angebracht werden, wenn die Ware unverzüglich nach der Lieferung untersucht wird.

18.1.4.2 Prüfung nach Stichprobenplänen

Eine *Vollprüfung* ist wirtschaftlich nicht immer zu vertreten. Sie wird für Sicherheitsteile jedoch vorgeschrieben, um überkritische Fehler rechtzeitig zu entdecken. *Stichprobenprüfungen* gestatten es, den Prüfaufwand auf ein wirtschaftliches Maß zu reduzieren. Aus der Wahrscheinlichkeitsrechnung ist bekannt, daß sich die Fehlerverteilung in Stichproben bei kleinem Fehlerprozentsatz p' im Los als Poisson-Verteilung darstellt. Die Annahmewahrscheinlichkeit L für ein Los ist nun die Summe all der Poisson-Verteilungen, deren Stichproben das Ergebnis 0 bis c fehlerhafte Stücke liefern. Diesen Zusammenhang zwischen der Annahmewahrscheinlichkeit und dem Fehlerprozentsatz eines Loses wird *Operationscharakteristik* (OC) genannt. Die in Bild 18.4 wiedergegebenen Operationscharakteristiken sind für zwei unterschiedliche Stichprobenumfänge n berechnet. Parameter ist die höchstzulässige Anzahl fehlerhafter Stücke c (Annahmezahl) in der Stichprobe. Der Abnehmer ermittelt auf der Basis einer kleinen Annahmewahrscheinlichkeit (z. B. $L=5\%$) und einer maximalen Fehlerquote im Prüflos (z. B. $p'=6\%$) die Annahmezahl für seine Stichprobe. Er darf in diesem Fall für den Stichprobenumfang $n=50$ kein fehlerhaftes Stück und für $n=200$ höchstens sechs fehlerhafte Stücke zulassen. Der Lieferant muß es sich zum Ziel setzen, daß seine Ware mit hoher Wahrscheinlichkeit (z. B. $L=90\%$) angenommen wird, d.h., seine Ware darf nicht mehr als $p'=0,2\%$ (bei $n=50$) bzw. nicht mehr als $p'=2\%$ fehlerhafte Stücke (bei $n=200$) aufweisen. Daraus ergibt sich, daß ein größerer Stichprobenumfang wegen des steileren Verlaufs der OC zu einer besseren Sicherung der Lieferung führt [18.15].

Für die Beurteilung von Losen wurde als übergeordnetes System die *annehmbare Qualitätsgrenzlage* (AQL) eingeführt. Der AQL-Wert ist als der maximale Fehlerprozentsatz p' bestimmt, dem aufgrund des Verlaufs der OC gerade noch eine hohe Annahmewahrscheinlichkeit (80...99%) zugeordnet werden kann. Die Paarungen $n-c$ sind als Stichprobenanweisungen über verschiedenen AQL-Werten in Stichprobenplänen geordnet. Daher müssen im praktischen Gebrauch Zuordnungen nicht aus der OC ermittelt werden.

18.1 Schwerpunkte der Qualitätssicherung

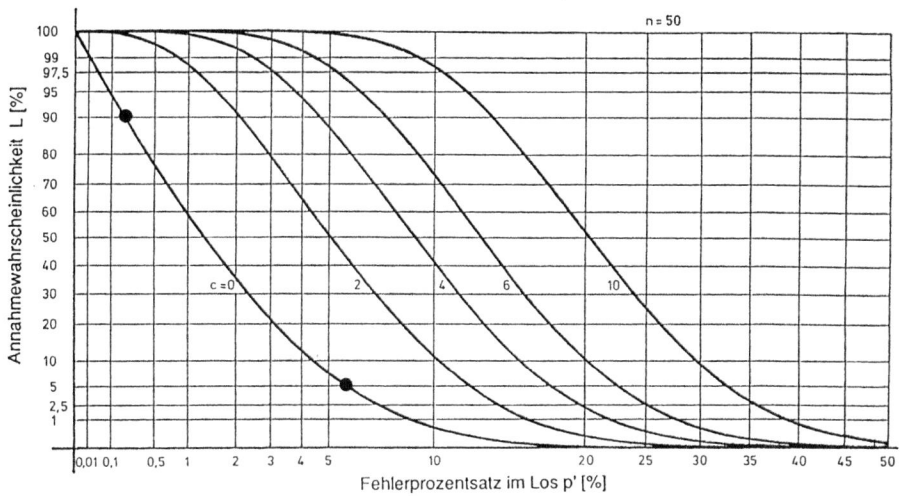

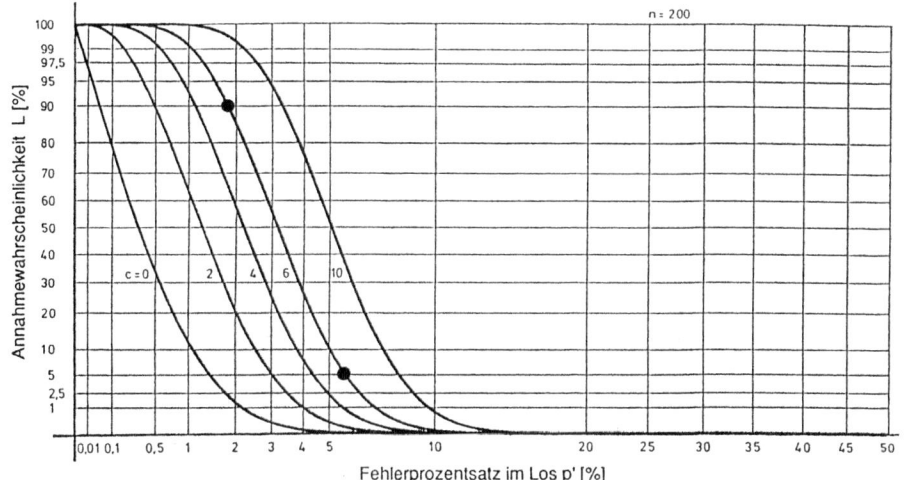

Bild 18.4 Operationscharakteristik

18.1.4.3 Qualitätssicherung des Fertigungsprozesses

Die Maße der in der Mengenfertigung an einer Maschine nacheinander hergestellten Teile sind um einen Mittelwert (Sollwert) streuende Werte, sofern nicht systematische Fehler diesen Mittelwert nach und nach verschieben. Die *Fertigungskontrolle* hat nun die Aufgabe, die in zeitlicher Folge anfallenden Werte zu überprüfen. Hierzu hat sich in vielen Betrieben die *Qualitätsregelkarten-Tech-*

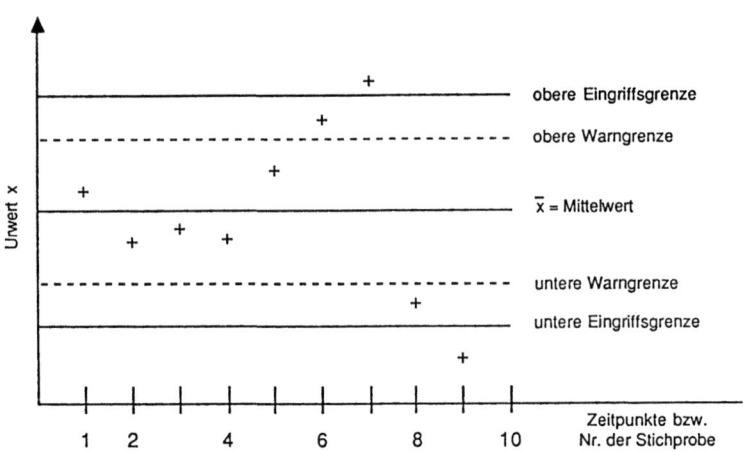

Bild 18.5 Qualitätsregelkarte für Urwerte

nik durchgesetzt. Mit ihr ist es möglich, die Qualität der gefertigten Teile zu überwachen und auch zu steuern, wenn die Prüfung während des Fertigungsprozesses vorgenommen wird. Durch aufmerksame Beobachtung der in die Karte eingetragenen Werte können Fehler frühzeitig erkannt und der Prozeß nachgestellt werden.

Die Qualitätsregelkarte für Urwerte ist eine Darstellung der ermittelten Meßwerte in der Reihenfolge ihrer zeitlichen Erfassung (Bild 18.5). Die Meßwerte streuen um den Mittelwert $\bar{x}$ (Sollwert) der Verteilung. Über den Mittelwert der Standardabweichung von mindestens 20 großen Stichproben wird ein Wert für die Streuung σ ermittelt. Man hat festgestellt, daß ein bestimmter Anteil der streuenden Einzelwerte außerhalb sogenannter *Eingriffsgrenzen* liegt. Wenn diese mit 3 σ festgelegt wird, sind dies 0,3 %. Bei den *Warngrenzen* (2 σ) liegt die Überschreitungswahrscheinlichkeit bei 5 %. Wird nun ein Meßwert außerhalb der Eingriffsgrenzen festgestellt, so ist die Wahrscheinlichkeit dafür, daß er zur ursprünglichen Grundgesamtheit gehört, mit 0,3 % sehr klein. Wahrscheinlicher aber ist, daß die Lage (Mittelwert) und die Form (Streuung) der ursprünglichen Grundgesamtheit sich verändert haben und der Wert dieser neuen veränderten Grundgesamtheit entstammt. Die Unterbrechung und Korrektur des Prozesses erscheint angebracht [18.7].
Den Qualitätsregelkarten können weitere wichtige Aussagen zum Prozeß entnommen werden. So sind frühzeitig Aussagen über einen sich entwickelnden Trend, der z. B. durch Werkzeugverschleiß bedingt ist, möglich. Weiterhin können Periodizitäten, die durch thermische Schwingungen hervorgerufen sind, erkannt werden.
Die Qualitätsregelkarten-Technik stellt also ein wichtiges Rationalisierungsmittel für die Fertigungsüberwachung und für die Fertigungssteuerung dar. Nach Bild 18.3 füllt sie hier die Funktion Betriebsdatenerfassung im kleinen Regelkreis aus. Automatisierte Meßwerterfassung und Auswertesysteme werden heute zunehmend direkt mit den Fertigungseinrichtungen gekoppelt. Damit ist es möglich, schon frühzeitig Kenngrößen zur Beurteilung der Qualitätslage des Fertigungsprozesses zu ermitteln und Korrekturen über eine Rückkopplung zur Maschine vorzunehmen. Diese Vorgehensweise wird in der englischen Literatur SPC, *Statistical Process Control* (statistische Prozeßregelung), genannt [18.16].

18.1.5 Zuverlässigkeit

Eines der wichtigsten Qualitätsmerkmale ist die *Zuverlässigkeit*. Sie beschreibt das Verhalten eines Produktes während oder nach der bestimmungsgemäßen Anwendung. Somit ist Zuverlässigkeit kurz als „Qualität über Zeit" zu definieren. Da sie für das individuelle Produkt nicht exakt vorherbestimmt werden kann, lassen sich Angaben nur für ein Kollektiv von Produkten auf statistischer Basis machen. Zuverlässigkeitsangaben sind um so interessanter, je komplexer das Erzeugnis ist. Die Zuverlässigkeit eines Systems, das aus vielen Elementen besteht, entspricht nicht der des einzelnen Elementes, sondern sinkt mit größer werdender Elementenzahl. Die Ausführung von Systemelementen mit redundant angelegten Elementen kann hier die Verfügbarkeit bedeutend erhohen.

Das Ausfallverhalten eines Produktloses über der Zeit wird mit der sogenannten *Badewannenkurve* nach Bild 18.6 beschrieben. So ist die erste Phase nach Inbetriebnahme durch eine hohe Ausfallrate gekennzeichnet. Diese Frühausfälle sind auf Herstellungs- und Materialmangel zurückzuführen. Um dies zu vermeiden, werden manche Erzeugnisse vor Auslieferung einem kurzen Betriebslauf unterzogen, so daß Fruhausfälle noch im Werk aufgefangen werden. Die Produkte werden „eingebrannt" (to burn in). Die nach den Frühausfällen eintretende Phase stellt den eigentlichen Gebrauchszeitraum dar und ist nur durch einige Zufallsausfälle gekennzeichnet. Im dritten Bereich der „Badewannenkurve" erfolgt wieder ein Anstieg der Ausfallrate. Er deutet auf den Verschleiß des Produktes hin.

In der Praxis werden die Verschleißausfälle häufig mit Hilfe der *Weibull-Verteilung* beschrieben. Der Verlauf der *Ausfallwahrscheinlichkeit* $F(t)$ über der Zeit t bestimmt sich zu

$$F(t) = 1 - e^{-\left(\frac{t}{T}\right)^b}.$$

Dabei steht T für die charakteristische Lebensdauer des Loses und b für die Ausfallsteilheit. Die Gegenwahrscheinlichkeit zu F heißt *Überlebenswahrscheinlichkeit*

$$R(t) = e^{-\left(\frac{t}{T}\right)^b}.$$

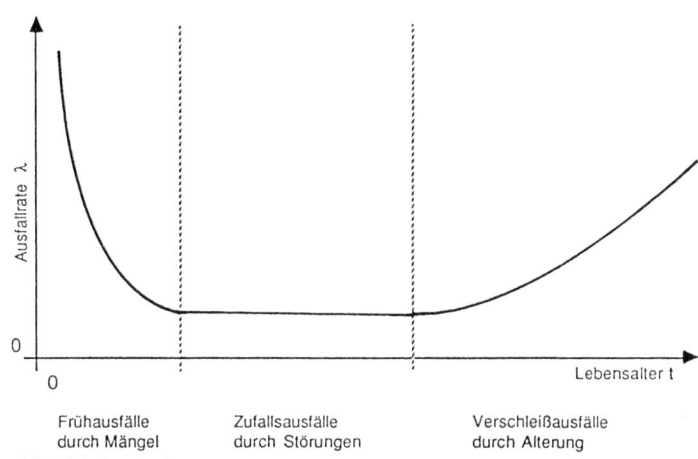

Bild 18.6 Die „Badewannenkurve" der Ausfallrate, abhängig vom Lebensalter

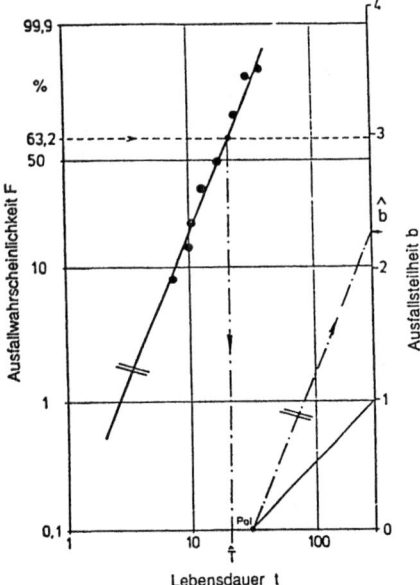

Bild 18.7
Wahrscheinkeitsnetz für Weibull-Verteilung

Sie sagt aus, mit welcher Wahrscheinlichkeit eine Einheit aus dem Los bis zum Ende einer vorgegebenen Dauer überlebt. Beide Beziehungen werden in doppelt-logarithmischer Ordinatenteilung über der logarithmisch geteilten Zeitachse aufgetragen und bilden das *Lebensdauernetz* (Bild 18.7). Im Versuch aufgenommene Ausfälle in einem Los werden als Summenhäufigkeiten der Ausfallwahrscheinlichkeit zugeordnet und ins Netz eingetragen. Sofern diese Ausfälle dem Weibullschen Gesetz genügen, bildet die Verbindungslinie zwischen den eingetragenen Punkten eine Gerade. Dann lassen sich die charakteristische Lebensdauer und die Ausfallsteilheit bestimmen [18.8].

18.1.6 Motivation und Mitarbeiterbeteiligung

Nicht nur Maßnahmen zur Verbesserung von Fertigungseinrichtungen führen zur Sicherung des geplanten Qualitätsniveaus, sondern es ist ebenso wichtig, mitarbeiterbezogene Qualitätsförderung zu betreiben. Die Qualitätsfähigkeit des Personals ist ein großes Potential, das vor allem in den europäischen Industriestaaten noch nicht ausreichend berücksichtigt wird.
Bestimmt wird die Qualitätsfähigkeit des Personals durch:

– spezielles Wissen auf dem Fachgebiet der Qualitätssicherung,
– den Grad der Motivation, Identifizierung mit dem Unternehmen und der eigenen Arbeit.

Aufgabe der Qualitätsförderung ist es, Wissen durch geeignete Schulung zu vermitteln und Maßnahmen zur Mitarbeitermotivation anzuregen und zu unterstützen. Als ein Mittel zur Motivation haben sich sogenannte *Qualitätszirkel* entwickelt. Ihnen liegt die Idee zugrunde, die Mitarbeiter eines Arbeitsbereiches zu Problemlösungsgruppen zusammenzufassen, die aus ihrer Kenntnis vor Ort Schwachstellenanalyse und Schwachstellenforschung betreiben. Die Notwendigkeit dieser Arbeit wird auch mit folgenden übergeordneten Argumenten begründet:

18.1 Schwerpunkte der Qualitätssicherung

- Entfremdung durch fortschreitende Arbeitsteilung,
- Notwendigkeit der Humanisierung der Arbeit,
- gemeinsame Unterstützung des Unternehmens auf einem umkämpften Markt.

Ein Ziel ist, möglichst viele Mitarbeiter der ausführenden Ebene in diese Gruppen einzubeziehen. Unter der Voraussetzung einer freiwilligen Teilnahme der Mitarbeiter trifft sich die Gruppe regelmäßig. Ihre Aufgabe ist es, die Probleme im eigenen Arbeitskreis zu erkennen, zu beschreiben, zu ordnen und abzugrenzen. Sie wird versuchen, nach den Ursachen zu forschen und sie zu beurteilen. Nach Maßgabe der eigenen Möglichkeiten wird die Gruppe um die Beseitigung der erkannten Probleme bemüht sein oder Hilfe von übergeordneten Stellen anfordern.
Durch diese Mitwirkung werden bei den Teilnehmern der Qualitätszirkel das Qualitatsbewußtsein und die Qualitätsverantwortung gesteigert. Damit nutzt die Qualitätszirkel-Arbeit dem Unternehmen, dem Mitarbeiter und dem Kunden [18.9; 18.10].

18.1.7 Qualitätsaudit

Zur Überprüfung der Wirksamkeit des Qualitätssicherungssystems werden verschiedene Qualitatsrevisionsmaßnahmen, sogenannte *Qualitatsaudits*, vorgenommen. Diese Audits sollen nicht die unterschiedlichen Qualitätssicherungsaktivitaten in Unternehmen ersetzen, sondern sie geben eine zusatzliche Entscheidungshilfe und steigern damit die Transparenz der Wirkung aller QS-Maßnahmen. Ziel der Audits ist es, sich zu vergewissern, ob praktizierte Ablaufe, Verfahren und Prozesse sowie die vorhandene Organisation den Sollvorgaben entsprechen und ob sie den gestellten Anforderungen an Qualitat gerecht werden. Unabhangige, mit hoher Kompetenz ausgestattete Stabstellen nehmen die Abwicklung der Audits vor.
Entsprechend dem Ziel, das mit der Revisionsmaßnahme verfolgt werden soll, sind

- Systemaudit,
- Verfahrensaudit,
- Produktaudit

voneinander zu unterscheiden.
Das *Systemaudit* dient der Überprüfung des Qualitätssicherungssystems und erfolgt üblicherweise nach den Regeln des in Bild 18.8 dargestellten Ablaufplans.
Beim *Verfahrensaudit* werden die technologischen Verfahren und Arbeitsablaufe des Fertigungsprozesses überprüft. Kriterien für die Durchführung stellen die Einhaltung der Arbeitsgenauigkeit und die Zweckmäßigkeit des technologischen Prinzips dar.
Das *Produktaudit* wird anhand einer kleinen Produktstichprobe durchgeführt. Nach gewichteten Kriterien wird nach einer vorgegebenen Prüfliste das Produkt auf Übereinstimmung mit allen vorgegebenen Qualitätsmerkmalen verglichen.
Die Ergebnisse der Audits erhalten das Management, die Leitung der Qualitätssicherung sowie die Leitung des betreffenden Bereiches. Werden Schwachstellen festgestellt, sind von den betreffenden Bereichen Korrekturen in die Wege zu leiten. In unregelmäßigen Abständen werden die Audits wiederholt, um festzustellen, ob die vorgenommenen Verbesserungsmaßnahmen gegriffen haben [18.11].
Bei einer weiteren, später angesetzten Untersuchung (*Folgeaudit*) wird die Ausfuhrung der beschlossenen Änderungsmaßnahmen kontrolliert und auf ihre Wirksamkeit uberprüft.

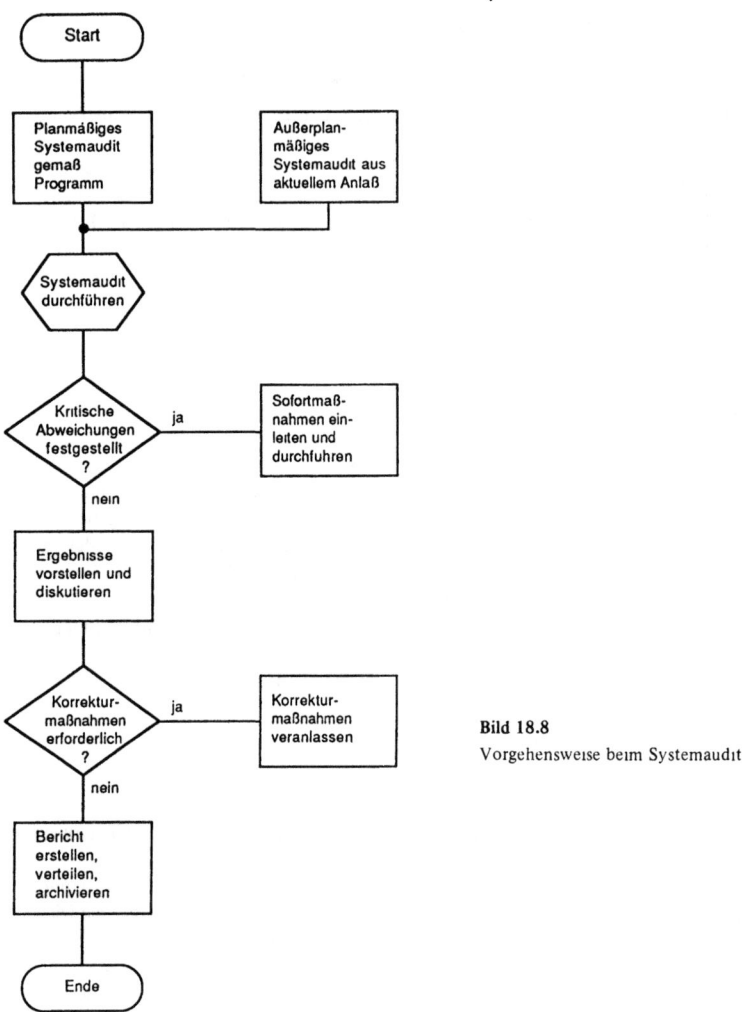

Bild 18.8
Vorgehensweise beim Systemaudit

18.1.8 Wirtschaftlichkeitsaspekt

Die Grundlage für das wirtschaftliche Handeln einer Fabrik bildet die *Kostenrechnung*, die den Wertverzehr erfaßt und überwacht, der durch alle Aktivitäten des Unternehmens bedingt ist. Unter den Begriff *Qualitätskosten* fallen gemeinhin alle Kosten, die durch Planung, Prüfung, Steuerung sowie durch externe und interne Fehler verursacht werden. Diese Definition ist durchaus nicht unproblematisch. Sie läßt den Eindruck entstehen, daß die Kosten für die Qualitätssicherung eine zusätzliche Belastung darstellen und demnach gering zu halten sind. Da es aber das Ziel eines jeden Unternehmens ist, dem geplanten Qualitätsanspruch Genüge zu leisten, soll-

18.1 Schwerpunkte der Qualitätssicherung

ten alle Aktivitäten, die spätere Fehler von vornherein ausschließen helfen, als selbstverständliche Aufwendungen begriffen werden. Qualitätssicherung wäre demnach nicht mehr ein „notwendiges Übel", sondern integrierter Bestandteil der Produktherstellung.

Die *Qualitätskostenrechnung* hat daher in vielen Betrieben nicht die Aufgabe der strengen Ermittlung der präventiven Qualitätskosten, sondern mehr Indikatorfunktion. Im einzelnen geht es um die

- Ermittlung der Entstehungsursachen und der Höhe bestimmter Arten von Qualitätskosten,
- Analyse der Entwicklung der jeweiligen Qualitätskosten und der Qualitätskostengruppen über bestimmte Zeiträume,
- Minimierung bestimmter Qualitätskosten unter Beachtung steigender Kosten anderer Bereiche,
- Ermittlung der geeigneten AQL-Werte für die Wareneingangsprüfung,
- Ermittlung von Prüfumfang und -häufigkeit für Prüfungen im Wareneingangs- und Fertigungsbereich,
- Information für die verschiedenen Leitungsebenen des Betriebes (Qualitätskostenrechnung als Führungsinstrument).

Nach der Fachterminologie werden die Qualitätskosten in die drei Hauptgruppen *Fehlerverhütungskosten, Prüfkosten* und *Fehlerkosten* gegliedert (Bild 18.9) [18.12].
Die einzelnen Qualitätskosten beeinflussen einander: Die Fehlerkosten lassen sich durch einen erhöhten Prüfaufwand, beides läßt sich durch verbesserte Verhütungsmaßnahmen verringern. Tendenziell ergeben sich Kostenverläufe nach Bild 18.10 als Abhängigkeit vom Perfektionsgrad der Produktherstellung.
Die Kostenverläufe der einzelnen Hauptkostengruppen sind jedoch nicht unbedingt für den Erfolg der Maßnahmen in der Qualitatssicherung kennzeichnend. So kann es vorkommen, daß erhöhte Anstrengungen zur Fehlerverhütung und Prüfung nicht zum unmittelbaren Absinken der Fehler-

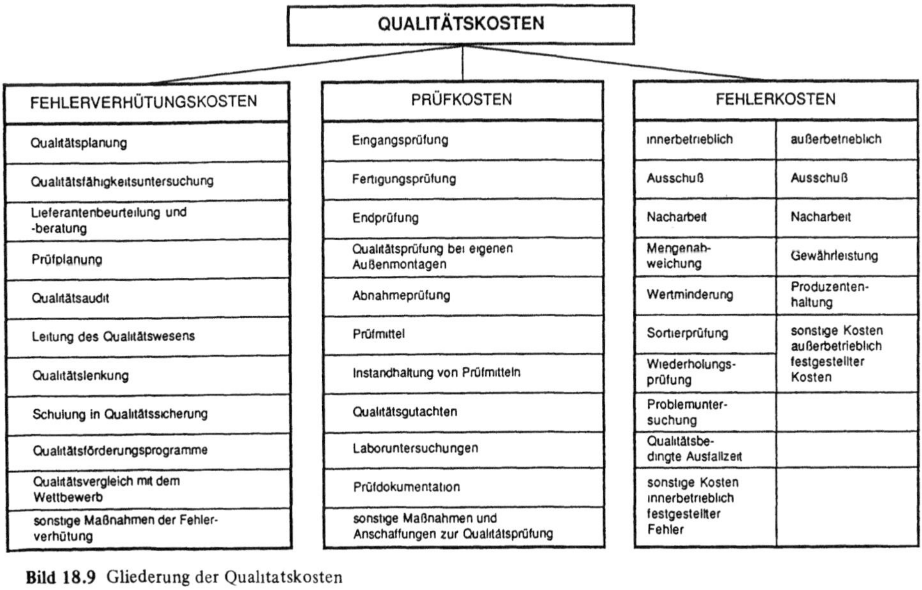

QUALITÄTSKOSTEN			
FEHLERVERHÜTUNGSKOSTEN	**PRÜFKOSTEN**	**FEHLERKOSTEN**	
		innerbetrieblich	außerbetrieblich
Qualitätsplanung	Eingangsprüfung		
Qualitätsfähigkeitsuntersuchung	Fertigungsprüfung	Ausschuß	Ausschuß
Lieferantenbeurteilung und -beratung	Endprüfung	Nacharbeit	Nacharbeit
Prüfplanung	Qualitätsprüfung bei eigenen Außenmontagen	Mengenabweichung	Gewährleistung
Qualitätsaudit	Abnahmeprüfung	Wertminderung	Produzentenhaltung
Leitung des Qualitätswesens	Prüfmittel	Sortierprüfung	sonstige Kosten außerbetrieblich festgestellter Kosten
Qualitätslenkung	Instandhaltung von Prüfmitteln	Wiederholungsprüfung	
Schulung in Qualitätssicherung	Qualitätsgutachten	Problemuntersuchung	
Qualitätsförderungsprogramme	Laboruntersuchungen	Qualitätsbedingte Ausfallzeit	
Qualitätsvergleich mit dem Wettbewerb	Prüfdokumentation	sonstige Kosten innerbetrieblich festgestellter Fehler	
sonstige Maßnahmen der Fehlerverhütung	sonstige Maßnahmen und Anschaffungen zur Qualitätsprüfung		

Bild 18.9 Gliederung der Qualitatskosten

Bild 18.10
Qualitätskosten über dem Beherrschungsgrad der Fertigung

kosten führen, da eine für das Produkt schlechte Marktlage die Kunden zu zahlreichen Reklamationen veranlaßt oder das Unternehmen in einem größeren Produkthaftpflichtfall zu Schadenersatz verurteilt wird.

Ein Ansteigen der Qualitätskosten über mehrere Abrechnungsperioden kann seine Ursache in Umsatzsteigerungen oder veränderten Fertigungsbedingungen haben. Deshalb ist es wichtig, die Qualitätskosten auf geeignete Bezugsgrößen wie Umsatz, Herstellkosten oder Anzahl der produzierten Einheiten zu beziehen. Die Umsatzbezugsgröße liefert bei Lagerbestandsveränderungen keine aussagekräftige Kennzahl. Geeigneter sind die letztgenannten Größen, wobei für Mehrproduktunternehmen eine verursachungsgerechte Verteilung der Qualitätskosten auf die Kostenträger mit anschließender Kennzahlbildung zu empfehlen ist.
Die Fertigung ist für die Höhe der Qualitätskosten von besonderer Bedeutung, da eine beherrschte Fertigung wesentlich weniger Fehlerkosten verursacht und dementsprechend auch eines wesentlich geringeren Prüfaufwands bedarf als dies bei unbeherrschten Prozessen der Fall ist. Allerdings sind bei einer beherrschten Fertigung wegen des hohen vorhergehenden Aufwandes die Fertigungs- bzw. Fertigungsgemeinkosten höher. Dies macht einen zwischenbetrieblichen Vergleich von Qualitätskosten und Qualitätskennzahlen problematisch. Ein Vergleich kann sich daher nur auf gleichartig strukturierte Kostenstellen beziehen.

18.1.9 Rechnerunterstützte Qualitätssicherung

18.1.9.1 Konzeption

Die rechnerintegrierte Fabrik (CIM) als formuliertes Ziel stellt alle Bereiche des Fabrikbetriebes vor die Aufgabe, Rechneranwendung unter der Prämisse einer durchgängigen Vernetzung weiterzuentwickeln. Rechnergeführte Teilstrukturen kennzeichnen heute bereits in zahlreichen Betrieben den Stand der Automatisierung. Beispiele für derartige Systeme sind:
- CAD für Entwicklung und Konstruktion,
- PPS für Fertigungsplanung, Arbeitsvorbereitung und Fertigungssteuerung,
- CAM für Fertigung und Montage.

18.1 Schwerpunkte der Qualitätssicherung

Ein weiterer Schritt auf dem Wege zur vollständigen Rechnerintegration wird durch die Einbeziehung der Qualitätssicherung erreicht. *Rechnerunterstützte Qualitätssicherung* CAQ (*Computer Aided Quality Assurance*) hat die Aufgabe, sämtliche Belange des Qualitätswesens durch die Datenverarbeitung zu unterstützen, zu vereinheitlichen und zu objektivieren.

In Bild 18.11 sind die wichtigsten Funktionen einer integrierten rechnerunterstützten Qualitätssicherung aufgeführt: Über die Prüfplanung ergibt sich eine enge Verbindung zur Fertigungsplanung und damit zum PPS-System. Aus der vorgegebenen Prüfaufgabe leiten sich Planungen für Prüfmittel, d.h. deren Einsatzeignung und verfügbare Kapazität ab. Mit der Integration von Prüfautomaten und Prüfsystemen in CAQ ist die Verarbeitung von Prüfdaten umfassender und objektivierbarer möglich. Wenn zudem die Prüfschärfe unter Beibehaltung des geplanten Prüfniveaus in Abhängigkeit vom Ergebnis der vorhergegangenen Prüfungen gesteuert werden kann, so wird auch der Prüfaufwand geringer.

Die systematische und einheitliche Auswertung der Qualitätsdaten schafft vergleichbare Qualitätsaussagen und sichert dadurch Maßnahmen zur Kontrolle und Steuerung des Fertigungsprozesses besser ab. Längerfristig angelegte Analysen von Qualitätsdaten vermitteln Aussagen zur Entwicklung des Qualitätsniveaus der hergestellten Produkte und sind von kurzfristigen Störungen befreit. Das Unternehmen erhält somit Antworten auf die strategische Planung der Qualitätslage seiner Produkte.

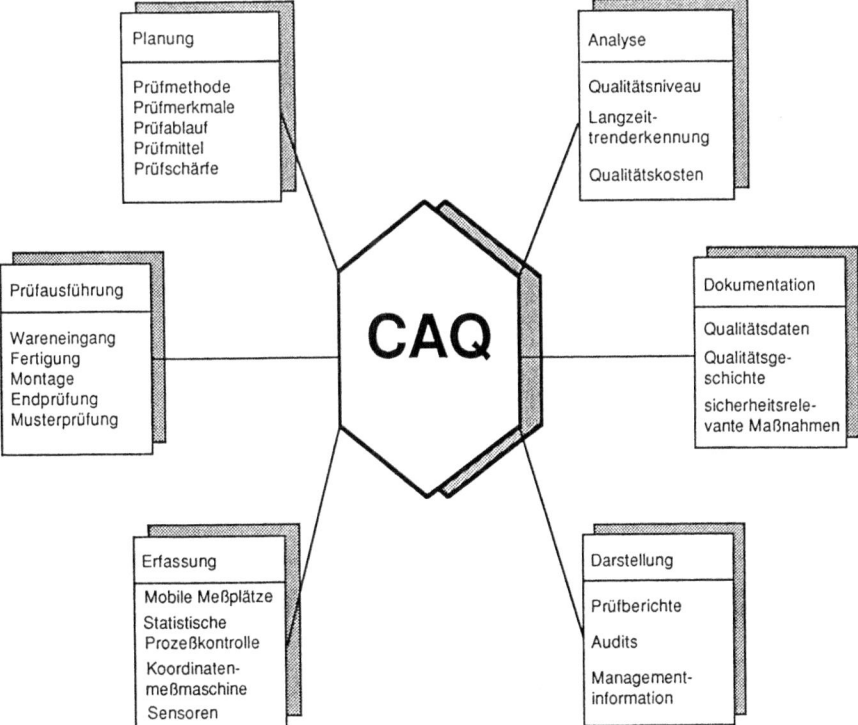

Bild 18.11 Beispiel einer Funktionensammlung für CAQ

Die Unternehmen werden sich in der Zukunft auf die folgenden Herausforderungen einstellen müssen:

- kürzere Produktlebenszyklen, größere Produktvielfalt,
- neue Produktionstechnik,
- wachsende Ansprüche des Kunden,
- verschärfte Produzentenhaftung,
- wachsendes Umweltbewußtsein.

Die Bewältigung dieser Aufgaben erscheint nur unter Zuhilfenahme von Rechnersystemen möglich.

18.1.9.2 Vorgehensweise bei der Einführung

Die Einführung eines CAQ-Systems bedarf einer eingehenden Analyse der Situation des Unternehmens. Dabei müssen die folgenden Strukturmerkmale einfließen:

- Wettbewerb, Kunde,
- Produktstruktur (Menge, Komplexität, Wiederholungsgrad, Sicherheitsrelevanz, Qualitätsniveau),
- Betriebsgröße (Anzahl und Qualifikation der Mitarbeiter, Umsatz, Grad der Arbeitsteilung),
- Ausprägung von Konstruktion und Entwicklung,
- Fertigung (Fertigungstiefe, Maschinenpark, Einzel- und Kleinserienfertigung),
- Organisation der Fertigung (Fließ-, Werkstattfertigung, Werkstattsteuerung),
- Zulieferer.

Daraus wird unter Berücksichtigung der Qualitätsstrategie des Unternehmens ein Konzept formuliert, das die Gesamtstruktur des geeigneten CAQ-Systems, seiner Bausteine und die schrittweise Verwirklichung beschreibt. Bei der Entwicklung von Modulen sind zwei Aspekte zu berücksichtigen. Zum einen kann es sinnvoll sein, die Module zunächst autonom zu betreiben. Eine spätere Einbindung muß aber möglich sein. Zum anderen dürfen die CAQ-Bausteine nur unter Beachtung der anderen Rechnerlösungen wie CAD, PPS oder CAM entstehen. Gerade wegen des von der Qualitätssicherung entwickelten gesamtheitlichen Anspruchs ist die strenge Orientierung an vorhandenen CIM-Inseln erforderlich. Eine Normung der Module und ihrer Schnittstellen ist bis heute noch nicht erfolgt. Die Sicherung der Kompatibilität wird daher in Zukunft einer der wichtigsten Aspekte bei der Entwicklungsaufgabe von CAQ in CIM sein [18.13].

18.1.9.3 Lösungsbeispiel

Wie dargestellt, darf sich die Integration des Rechners in die Qualitätssicherung eines Betriebs nur schrittweise vollziehen. Oft wird daher begonnen, ausgewählte Aufgaben zu einem in sich abgeschlossenen Paket zu formulieren und die Software für ein entsprechendes Rechnersystem zu entwickeln. In nachfolgenden Schritten müssen dann die entstandenen Insellösungen miteinander verbunden und zu einem Gesamtkonzept strukturiert werden. Nachfolgend wird ein System vorgestellt, das sowohl für Prüfplanungsaufgaben als auch im Wareneingangs- und Fertigungsbereich angewendet werden kann [18.17]. Es besteht aus einem Kleinrechnersystem, an das zur Vermeidung von Eingabe- und Übertragungsfehlern Prüfgeräte mit automatischer Prüfdatenerfassung angeschlossen werden können. In Bild 18.12 ist der organisatorische Ablauf im Wareneingang einer Fabrik von der Bestellung über die Prüfplanung, Warenprüfung bis zum Lager dargestellt. Für die Prüfdurchführung wird neben dem Prüfplan die Zeichnung des Prüflings benötigt. Aus der Zeichnung werden die Qualitätsmerkmale eines Produktes entnommen. Beim Einsatz des Kleinrechnersystems ist die organisatorische Zuordnung von der Zeichnung zum generierten Prüfplan

18.1 Schwerpunkte der Qualitätssicherung

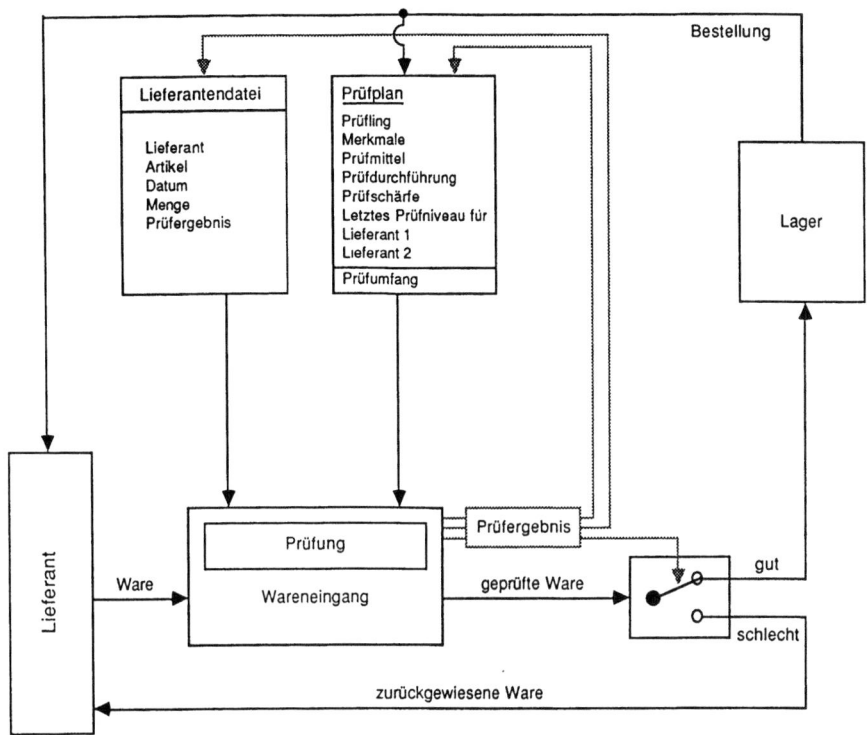

Bild 18.12 Organisatorischer Prüfablauf im Wareneingang

schwierig. CAD-Programme, die Werkstücke rechnerintern darstellen und über einen Bildschirm ausgeben können, sind wegen des großen Speicherplatzbedarfs nur sehr bedingt einsetzbar. Die Generierung eines Prüfplans erfolgt im Dialog zwischen System und Bedienperson. Zu Beginn müssen verwaltungstechnische Informationen wie Prüfplannummer, Teilebezeichnung, Zeichnungsnummer und Datum eingegeben werden. In der Prüfplanphase werden die an der Prüfstation verfügbaren Meß- und Prüfmittel dem Prüfplaner vorgeführt.
Die Bedienerführung benötigt vom Prüfplaner folgende Informationen:

— Anzahl der Prüfmerkmale am Werkstück,
— Messende oder attributive Prüfung je Prüfmerkmal,
— Art des Prüfmittels je Prüfmerkmal,
— Soll- und Toleranzwerte je Prüfmerkmal,
— Prüfschärfe je Prüfmerkmal.

Das Hauptprüfungsniveau und der AQL-Wert werden im Dialog bestimmt. Der Los- und Stichprobenumfang, der Prüfablauf sowie die Annahme bzw. Rückweisezahl können manuell eingegeben oder vom System aus der Lieferantenkartei und den Stichprobenplänen errechnet werden. Zu jedem Prüfmerkmal gehört ein Kommentar, der dem Prüfer wichtige Hinweise zum Prüfablauf gibt.

Außerdem kann die gewünschte statistische Auswertung festgelegt werden:
- Ausgabe aller Prüfdaten je Prüfmerkmal,
- Errechnung von Mittelwert und Standardabweichung,
- grafische Ausgabe als Histogramm,
- Darstellung der Qualitätsregelkarten.

Für Unternehmen mit einer überschaubaren Anzahl von Zulieferfirmen eignet sich das beschriebene System zu einer Lieferantenbeurteilung mit dynamischer Prüfschärfensteuerung. Für jeden Lieferanten ist eine Kartei angelegt, in der die Qualitätsgeschichte nach Artikeln geordnet ist. Bei jeder Anlieferung wird unter Berücksichtigung der Losgröße automatisch die Prüfschärfe aktualisiert.

18.2 Rechnergeführte Meßgeräte

18.2.1 Grundlagen, allgemeine Begriffe

Die wichtigsten Kriterien der Beurteilung von Verfahren der Meßtechnik im industriellen Einsatz sind: wirtschaftliche Gesichtspunkte, Qualitätsanforderungen, Meßzeiten (Anforderungen bezüglich der Stückzahl/Losgröße) und ergonomische Gesichtspunkte. Grundsätzlich sind also in der Fertigungsmeßtechnik ähnliche Beurteilungskriterien anzulegen wie an vergleichbare Fertigungsverfahren.

Um die Wirtschaftlichkeit eines bestimmten Herstellungsprozesses zu erhöhen, muß daher auch der Bereich der dazugehörigen Meßtechnik rationalisiert werden. In der Vergangenheit blieben im allgemeinen die Rationalisierungsmaßnahmen in der Meß- und Pruftechnik hinter denen der Fertigungstechnik weit zurück. Haufig war dies darin begründet, daß die Automatisierung von Meßvorgangen schwierig und technisch aufwendig ist. So entstand eine erhebliche Diskrepanz zwischen der Kapazitat und dem Genauigkeitsgrad im Bereich der Fertigung und den fur die Fertigungsuberwachung und Qualitätssicherung zur Verfugung stehenden Meßgeräten.

Seit einigen Jahren sind nun *rechnergeführte Meßgerate* verfugbar, die den aktuellen Moglichkeiten der Fertigungstechnik adaquat sind. Ihre Einfuhrung auf breiter Front ist schon deshalb notwendig, weil die Bedienung von handgesteuerten Meßgeraten im allgemeinen eine hohe Aufmerksamkeit und gute Qualifikation des ausführenden Personals erfordert. Einerseits bestimmten die subjektiven Einflusse des Menschen die Meßunsicherheit, andererseits ist bei häufig wiederholten, gleichartigen Messungen durch Ermudung, Auswerte- und Ablesefehler eine vergleichsweise hohe Anzahl fehlerhafter Meßergebnisse zu befurchten. Der Rechnereinsatz gerade im Bereich komplexer Meßgerate und die damit verbundene Automatisierung fuhrt daher auch dazu, daß die Meßergebnisse von menschlichen Fehlereinflussen unabhängig werden und der Meßvorgang insgesamt objektiviert und beschleunigt wird.

18.2.1.1 Komponenten von rechnergeführten Meßsystemen

Rechnergefuhrte Meßgerate bestehen grundsätzlich aus einem Digitalrechner (Computer) und einem Meßgerät (Bild 18.13). Beide Geräte sind uber eine geeignete Schnittstelle miteinander verbunden. Dabei wird in den meisten Fällen das Meßgerat an die im Bereich der Computertechnik üblichen Standardschnittstellen angepaßt (z. B. RS 232, IEC 488, Centronics). Um eine Messung mit einem derartigen rechnergeführten Meßgerät storungsfrei und schnell durchfuhren zu konnen, müssen über die Standardschnittstelle eine Fülle von Daten und Informationen vom Rechner zum Meßgerät und zurück vom Meßgerät zum Rechner übertragen werden. Das Meßgerat – sofern

18.2 Rechnergeführte Meßgeräte

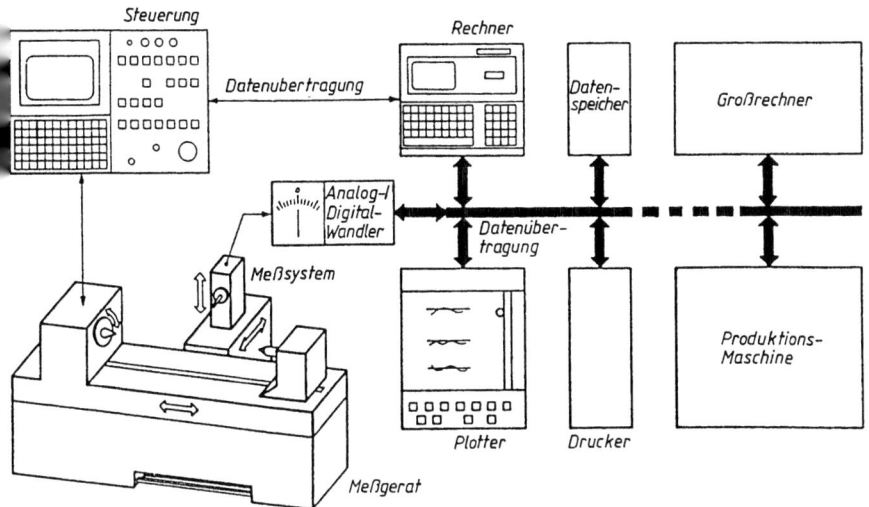

Bild 18.13 Prinzipbild eines rechnergeführten Meßgerätes [18.20]

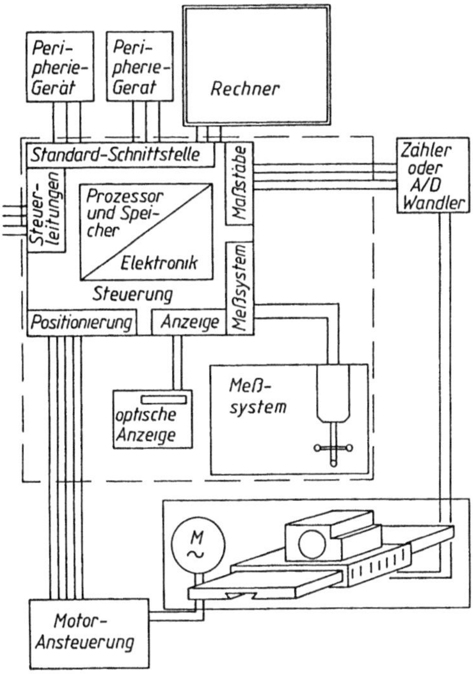

Bild 18.14
Komponenten eines rechnergeführten Meßgerätes

es für einen Einsatz mit Rechnersteuerung geeignet sein soll – besteht aus minimal *drei Hauptkomponenten* (Bild 18.14):

- einem geeigneten *Meßsystem*, mit dem das am Werkstuck zu messende Merkmal erfaßt werden kann;
- einer *Steuerung*, durch die zum einen die Kommunikation mit dem Rechner realisiert wird und mit der zum anderen die Positionierung des Meßsystems relativ zu dem zu prüfenden Werkstück durchgeführt werden kann;
- einer optischen *Anzeige*, die für den einwandfreien Betrieb eines rechnergeführten Meßgerätes zwar nicht zwingend erforderlich ist, jedoch bei der Kalibrierung des Meßgerätes und der Überwachung nützlich und hilfreich ist.

Die drei obengenannten Komponenten, die in Bild 18.14 innerhalb des gestrichelten Bereiches gezeichnet sind, gehören zu einem Meßgerät, das fur die Rechnersteuerung geeignet ist. Bei den meisten rechnergeführten Meßgeräten kommen noch eine oder mehrere *Meßachsen* hinzu, mit denen das Werkstück relativ zum Meßsystem bewegt werden kann. Zu einer solchen Meßachse (außerhalb des gestrichelten Bereiches in Bild 18.14) gehören im allgemeinen die fur die Bewegung notwendigen mechanischen Baugruppen (z. B. Schlitten, Pinole, Portal), jeweils ein Elektromotor als Antrieb der Achse und je ein Maßstab, um die aktuellen Positionen und die Bewegungen der Meßachsen zu erfassen.

Die Meßachsen sind i. a. Bestandteil des Meßgerätes selbst (z. B. bei Koordinaten-, Verzahnungs-, Oberflächen- und Formprüfgeräten). Eine wichtige Ausnahme ist das Laserinterferometer, das als Maßstab, Meßsystem sowie auch als eigenständiges Meßgerät eingesetzt wird. Beim Laserinterferometer wird die Relativbewegung zwischen den optischen Bauteilen durch das zu prüfende Meßobjekt selbst (z. B. bei der Abnahme einer Werkzeugmaschine) oder durch ein drittes Gerat realisiert (s. Abschnitt 18.2.1.4).

18.2.1.2 Zusammenwirken der Komponenten

Um die grundsätzliche Funktion von rechnergeführten Meßgeraten und die dabei moglicherweise auftretenden Schwierigkeiten und Grenzen besser verstehen zu können, ist zunächst das Zusammenwirken der Komponenten an Hand von Bild 18.14 zu erlautern. Die gesamte Messung läuft unter der Kontrolle eines Rechners ab, in dem der Meßvorgang in Form eines geeigneten Programms gespeichert ist. Dabei kommen je nach dem Umfang der Meßprogramme und dem geforderten Bedienungskomfort des gesamten Meßgerätes alle bekannten Rechnertechniken (Mikrorechner bis Minicomputer) und alle bekannten Programmiersprachen zum Einsatz.

Nach einer Initialisierungsphase des Meßgerätes, die zumeist auch rechnergesteuert abläuft (Kalibrierung, Nullpunkt bzw. Referenzpunkt setzen), besteht die erste Aufgabe des Meßprogramms darin, das Meßsystem in eine geeignete Position zu bringen, die sich relativ zu dem zu prüfenden Meßobjekt definieren läßt. Bei berührungslosen Meßsystemen liegt die Meßposition zumeist in der unmittelbaren Umgebung des Meßobjektes; bei berührenden Meßverfahren muß das Meßsystem in mechanischen Kontakt mit dem Meßobjekt gebracht werden. Für die dazu notwendigen Relativbewegungen zwischen Meßsystem und Werkstück sendet der Rechner zunächst über die Standardschnittstelle Steuersignale an die Steuerung. Dort werden die geforderten Positionen der Meßachsen mit den jeweils aktuellen Positionen der Meßachsen verglichen und daraus die erforderlichen Steuerspannungen für die Achsantriebe berechnet und ausgegeben. Die aktuellen Positionen der Meßachsen zu Beginn und wahrend der Bewegung werden durch die Maßstäbe erfaßt und in die Steuerung eingelesen. Da die heute üblichen Steuerungen nur digitale Signale verarbeiten können, ist bei analogen Maßverkörperungen ein AD-Wandler zwischengeschaltet und bei digital-inkrementalen Maßstäben ein Zähler je Achse.

18.2 Rechnergeführte Meßgeräte

Die zweite Hauptaufgabe des Meßprogramms besteht darin, die vom Meßsystem gelieferten Signale zu erfassen und zu interpretieren. Die Meßsignale sind ein Maß für die am Werkstück zu prüfenden Merkmale. Je nach Art des verwendeten Meßsystems müssen sie gewandelt, verstärkt oder gefiltert werden. Ein oder mehrere Zwischenzustände der Meßsignalverarbeitung in der Steuerung können über eine geeignete optische Anzeige dargestellt werden. Dafür eignen sich neben einfachen Zeigerinstrumenten vor allem auch Bildschirme. Die gewandelten und verdichteten Informationen über das Meßobjekt werden – wiederum über die Standardschnittstelle – an den Rechner übergeben und dort weiterverarbeitet.

Bei der Ausführung der vom Meßprogramm vorgegebenen Aufgaben fallen damit in der Steuerung eine Vielzahl von logischen Operationen und Berechnungsaufgaben an. Dafür wurde noch bis vor wenigen Jahren für jede Meßgerätesteuerung eine spezielle, festverdrahtete Elektronik entwickelt. Solche Meßgeräte sind auch heute noch vielfach im Einsatz. In modernen Meßgerätesteuerungen ist die festverdrahtete Elektronik durch einen (oder mehrere) Prozessoren und einen ausreichend großen Speicher ersetzt worden. Dies hat zum einen den Vorteil, daß die Herstell- und Entwicklungskosten für die Meßgeräte erheblich gesenkt werden können, weil weitgehend Standardbauteile Anwendung finden, die im Bereich der vielfältigen Mikroprozessortechnik in hohen Stückzahlen hergestellt werden. Der zweite Vorteil für den Einsatz geeigneter Prozessoren besteht darin, daß das gesamte Meßgerät schnell und flexibel an veränderte Meßaufgaben angepaßt werden kann. Diese flexible Anpassung kann einmal durch den Hersteller des Meßgerätes selbst, bei ausreichendem Bedienkomfort aber auch durch den Anwender vorgenommen werden.

Zum Bild 18.14 ist zu ergänzen, daß der Rechner über die Standardschnittstelle direkten Zugriff auf die vom Meßsystem gelieferten Signale sowie auf die Maßstäbe und auf eine Reihe von zusätzlichen Steuerleitungen hat, mit denen der allgemeine Betriebszustand des Meßgerätes überwacht wird (z. B. Endschalter der Meßachse, Kollisionsprüfung, Versorgungsspannungen).

18.2.1.3 Bedingungen für einen störungsfreien Betrieb

Das Zusammenwirken der Komponenten eines rechnergeführten Meßgerätes läuft nur dann störungsfrei ab, wenn die beteiligten elektromechanischen Baugruppen sowie die Programme im Rechner und in der Steuerung erhöhten Anforderungen genügen. Innerhalb des im Bild 18.14 dargestellten Gesamtsystems sind einige kritische Punkte auszumachen, an denen vermehrt Störungen oder Fehler auftreten können. Die gesamte Hardware und Software muß so ausgelegt werden, daß derartige Störungen erkannt und abgefangen werden können, bevor es zu einer fehlerhaften Messung oder sogar zu einer Beschädigung des Werkstückes oder des Meßgerätes kommen kann.

Besonders empfindlich und störungsanfällig ist im allgemeinen das Meßsystem. Bei berührender Messung ist auf einen ausreichenden *Kollisionsschutz* zu achten, so daß auch bei Antastung mit erhöhter Geschwindigkeit oder bei unerwarteter Kollision mit dem Werkstück (weil z. B. eine Bohrung im Werkstück fehlt) es nicht zu einer Beschädigung des Meßsystems kommen kann. Dagegen ist bei berührungslosen optischen Meßsystemen die Gefahr fehlerhafter Meßergebnisse dadurch gegeben, daß die vom Meßsystem in Form von Bildinformationen gelieferten Signale nicht durch einen Menschen individuell beurteilt werden, sondern innerhalb des Meßprogrammes nach mehr oder weniger starr festgelegten Schemata interpretiert werden. Dabei können schon geringfügige Störungen zu fehlerhaften Meßergebnissen führen (s. Abschnitt 18.2.1.4).

Eine weitere Fehlerursache sind die *Hard-* und *Software-Schnittstellen* innerhalb des Meßgerätes. Unter einer Hardware-Schnittstelle versteht man die mechanischen und elektrischen Baugruppen, mit denen die Komponenten des Meßgerätes untereinander vernetzt werden. Um das Zusammenschalten der Komponenten überhaupt zu ermöglichen, müssen in jedem Fall der Steckerbauart, die Belegung der Leitungen, die Spannungspegel und die Frequenz aufeinander abgestimmt sein. Für eine Software-Schnittstelle ist darüber hinaus zu fordern, daß die Daten in einem festgelegten Format und in einer genau abgestimmten zeitlichen Reihenfolge übergeben werden bzw. im eventuell gemeinsam genutzten Speicher abgelegt werden. Äußere Storungseinflüsse oder nicht vorgesehene Abläufe des Meßprogramms (z. B. durch Fehlbedienung) verursachen auch hier leicht fehlerhafte Messungen.

Dies führt zu einem weiteren kritischen Bestandteil des gesamten Systems: der *Software*. Wie bereits im vorangegangenen Abschnitt erläutert, wird das in der Steuerung ablaufende Programm vom Rechner aufgerufen und gestartet. Die dann von der Steuerung und von den übrigen Komponenten des Meßgerätes zurückgelieferten Informationen müssen vom Meßprogramm auch unter extremen Betriebsbedingungen fehlerfrei interpretiert werden konnen. Nach Möglichkeit mussen alle nur denkbaren Fehler am Werkstuck selbst, bei der Aufspannung des Werkstückes und nicht zuletzt bei der Bedienung berücksichtigt und wenn notwendig abgefangen werden.

Betriebssicherheit und fehlerfreie Messungen sind am einfachsten dadurch zu erzielen, daß *sequentielle Programme* zum Einsatz kommen. Darunter versteht man Meßprogramme, bei denen der Rechner nacheinander die einzelnen Vorgänge für die Durchführung der Gesamtmessung aufruft und in der Steuerung startet. Die aufeinander folgenden Operationen werden vom Rechner erst dann gestartet, wenn die jeweils vorangegangene Operation durch die Steuerung oder eine andere Komponente des Meßgerätes abgeschlossen und quittiert worden ist. Derartige sequentielle Meßprogramme haben neben der hohen Zuverlassigkeit der Meßergebnisse jedoch den Nachteil, daß die gesamte Messung sehr zeitaufwendig wird. So muß zum Beispiel bei jeder Positionieranweisung zunächst abgewartet werden, bis das Meßsystem in die geforderte Position relativ zum Werkstuck eingefahren wurde, bevor die nächste Operation in der Steuerung gestartet werden kann. Diese Wartezeit konnte innerhalb der übrigen Komponenten des Meßgerätes für anderweitige Auswerte- und Berechnungsvorgänge genutzt werden. Zum Beispiel konnte die vorangegangene Messung rechnerintern interpretiert werden oder in der Steuerung die nachfolgenden Positionsangaben ausgewertet werden. Das setzt voraus, daß die übrigen Komponenten des Meßgerätes mit jeweils einem eigenen Prozessor und Speicher ausgerustet sind. Der Rechner ubergibt zu Beginn einer Messung die jeweiligen Einzelaufgaben an die Komponenten des Meßgerates, und diese arbeiten dann (zumindest zeitweise) während der Messung eigenständig die vorgegebenen Teilaufgaben ab. Man nennt diese Art der Steuerung gleichzeitig ablaufender Prozesse die *parallele Programmierung* oder auch *concurrent programming* (concurrent = nebenläufig). Parallele Programmierung von Mehrprozessorsystemen bewirkt eine erhebliche Reduktion der Meßzeit und damit eine bessere Ausnutzung des Meßgerätes. Deswegen ist bei komplexen und zeitaufwendigen Meßaufgaben eine Tendenz zur Entwicklung solcher Meßgerate zu beobachten. Allerdings gehoren die Programme zur Steuerung paralleler Prozesse zu den schwierigsten Aufgaben in der Softwareentwicklung. Hauptproblem ist sowohl die Synchronisation von einzelnen Prozessoren und Prozessen als auch der erforderliche Datenaustausch zum richtigen Zeitpunkt. So besteht zum Beispiel die Schwierigkeit, daß die vom Meßsystem gelieferten Signale einer bestimmten Position der Meßachsen zugeordnet werden müssen. Wenn beispielsweise das Programm in der Positionierungssteuerung erheblich schneller abläuft als etwa das Programm zur Erfassung und Wandlung der Signale des Meßsystems, kann es vorkommen, daß die vom Meßsystem gelieferten Informationen den falschen Punkten am Werkstuck zugeordnet werden und damit insgesamt zu einer fehlerhaften Messung führen.

18.2.1.4 Beispiele für rechnergeführte Meßgeräte

Koordinatenmeßgeräte

Koordinatenmeßgerate mit drei oder vier CNC-gesteuerten Achsen sind heutzutage ein vielseitiges Meßgerät. Sie sind den Prüfaufgaben einer modernen Produktion mit numerisch gesteuerten Werkzeugmaschinen angemessen. Verglichen mit solchen Meßgeräten, die fur die Prufung von nur einem oder wenigen Merkmalen an einem Werkstuck hergestellt werden, sind Koordinatenmeßgeräte flexibler aber auch meistens teurer und manchmal auch langsamer. Insgesamt sind sie

18.2 Rechnergeführte Meßgeräte

besonders gut dafür geeignet, die prinzipielle Funktion von rechnergeführten Meßgeräten zu erläutern. Exemplarisch werden daher im folgenden Abschnitt die Koordinatenmeßgeräte ausführlich dargestellt.

Oberflächenprüfgeräte

Unter der *Oberflachenmessung* versteht man die Prüfung technischer Oberflächen mit elektrischen Tastschnittgeräten. Dabei wird ein senkrechter Profilschnitt − vorzugsweise senkrecht zur Richtung der Bearbeitungsriefen verlaufend − von der zu prüfenden Oberfläche ausgewertet. Die angetastete Oberfläche kann als eine Überlagerung von Rauheit, Welligkeit und Anteilen der Formabweichung aufgefaßt werden. Nach DIN 4760 werden die oben genannten Gestaltsabweichungen eingeteilt in:

− Grobgestaltsabweichungen: das sind Maßabweichungen, Form- und Lageabweichungen,
− Feingestaltsabweichungen: dazu gehören die Welligkeit und die Rauheit einer Oberfläche.

Die Maß- und Lageabweichungen können zum Beispiel mit einem Koordinatenmeßgerät sinnvoll erfaßt werden. Für Formabweichungen stehen für die wichtigsten technischen Geometrien spezielle Formprüfgeräte zur Verfügung, die im folgenden Abschnitt behandelt werden.
Nach DIN 4760, DIN 4768 und DIN 4774 sind für die vollständige Oberflächenprüfung eine Vielzahl von Meßgrößen zu erfassen. Dies ist notwendig, weil einerseits Rauheit, Welligkeit und Formabweichungen verschiedene fertigungstechnische Ursachen haben und weil andererseits die einzelnen Oberflächenfehler unterschiedliche Auswirkungen auf die Funktion des Werkstücks haben können. Um Rauheit und Welligkeit jeweils getrennt erfassen zu können, müssen aus dem ungefilterten Ist-Profil die jeweils zu untersuchenden Anteile der Gestaltsabweichungen herausgefiltert werden. Für die Welligkeit und Formabweichung sind dies die langwelligen Anteile, für die Rauheit sind dagegen die kurzwelligen Anteile der Gestaltsabweichung zu untersuchen. Dafür wird ein Tiefpaß bzw. Hochpaß verwendet, dessen Grenzfrequenz nach DIN 4768 festgelegt wird. In Bild 18.15 ist das Blockschaltbild eines Oberflächenprüfgerätes dargestellt.
Bis vor wenigen Jahren wurde der Hochpass bzw. Tiefpass in der Auswerteeinheit des Oberflächengerates als festverdrahtete Elektronik realisiert; die *Filterwahl* wurde überwiegend von Hand vorgenommen. Nach dem heutigen Stand der Technik sind die Filterungen selbst wie auch die Wahl des richtigen Filters nach DIN 4768 auch rechnerintern möglich. Dazu wird das ungefilterte Profil

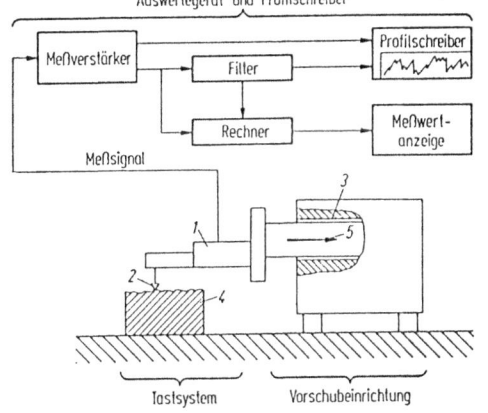

Bild 18.15
Blockschaltbild eines Oberflachen-Meßgerates [18.6]
1 Meßaufnehmer
2 Tastspitze
3 Bezugsflache
4 Werkstuck
5 Vorschubrichtung

722   18 Rechnerunterstützte Qualitätssicherung

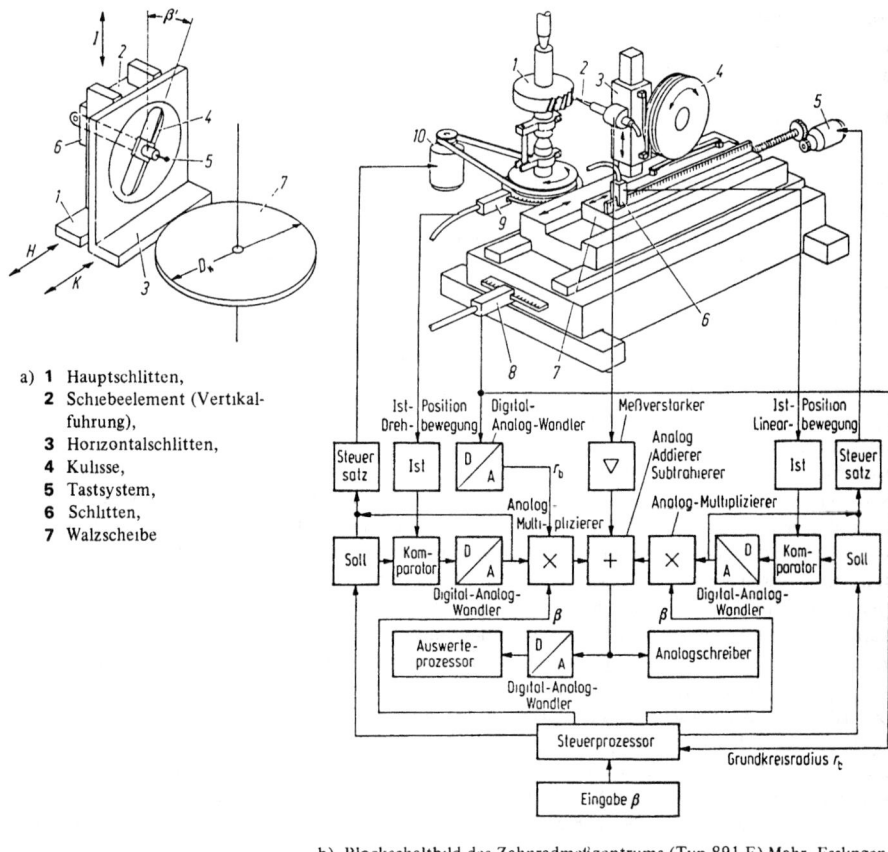

a) 1 Hauptschlitten,
   2 Schiebeelement (Vertikalführung),
   3 Horizontalschlitten,
   4 Kulisse,
   5 Tastsystem,
   6 Schlitten,
   7 Walzscheibe

b) Blockschaltbild des Zahnradmeßzentrums (Typ 891 E) Mahr, Esslingen
   1 Zahnrad,   6 Meßsystem 3,
   2 Tastsystem,   7 Horizontalschlitten,
   3 Vertikalschlitten,   8 Meßsystem 1,
   4 Meßbandrolle,   9 Meßsystem 2,
   5 Antrieb 1,   10 Antrieb 2

Bild 18.16 Prinzip a) und Blockschaltbild b) eines Verzahnungs-Prüfgerates [18 6]

(Signal am Ausgang des Verstärkers) in den Rechner eingelesen und gespeichert. Die Filterung wird dann mit geeigneten numerischen Verfahren durchgeführt, die auch verschiedene Filtercharakteristiken zulassen.
Schließlich ergeben sich für rechnergeführte Oberflächenmeßgeräte auch Vorteile hinsichtlich der *Meßwertausgabe*. Bei konventionellen Oberflächenmeßgeräten war die graphische Ausgabe auf Profilschreibern an fest vorgegebene Verstärkungsfaktoren und Vorschubgeschwindigkeiten gebunden. Dagegen kann bei rechnergeführten Meßgeräten die Ausgabe ein- oder mehrfarbig mit

18.2 Rechnergeführte Meßgeräte

beliebigen Formaten auf einem Bildschirm, einem Plotter oder Printer erfolgen. Durch Zwischenspeicherung der Meßergebnisse ist auch ein Vergleich der Oberfläche vor und nach einem Fertigungsschritt rechnerintern möglich und in einem gemeinsamen Diagramm darstellbar.

Formprüfgeräte

Mit speziellen *Formprüfgeräten* können die Formabweichungen einzelner Werkstückflächen geprüft werden, für die (zumeist nur geringe) Toleranzen vorgegeben sind. Weil auch für die Fertigung der zu prüfenden Oberflächen die Flächenform durch Profile dargestellt bzw. erzeugt wird, ist es naheliegend, die Formprüfung ebenfalls auf eine Profilformmessung zurückzuführen. Die häufigsten zu prüfenden Profile sind Kreise und Geraden, mit denen rotationssymmetrische oder ebene Flächen abgetastet werden. Anders als bei Oberflächenmeßgeräten werden für die Formprüfgeräte Meßsysteme verwendet, deren Taster eine kugelförmige Tastfläche aufweisen. Der Taster wird mit Hilfe einer Kombination von Horizontal-, Vertikal- und Rundführungen entsprechend dem zu prüfenden Profil bewegt. Der Vorteil von rechnergeführten Formprüfgeräten gegenüber konventionellen Formprüfgeräten besteht darin, daß das aufwendige Ausrichten des Werkstückes entfällt. So können zum Beispiel Exzentrizitätsfehler oder elliptische Profilverzerrungen, die durch falsches Aufspannen des Werkstückes bei der Rundheitsprüfung entstehen, rechnerintern korrigiert werden.

Noch größere Vorteile für die rechnergeführten Formprüfgeräte sind in Zukunft darin zu sehen, daß die Darstellung des Sollprofils (gegeben durch die Bewegung der Meßachsen) durch die numerische Steuerung des Tasters relativ zur Werkstückoberfläche ersetzt werden kann. Ein wichtiges Beispiel dafür sind Verzahnungsprüfgeräte, die vorzugsweise für die Profilprüfung und Flankenlinienprüfung von Evolventverzahnungen eingesetzt werden. Bei konventionellen Zahnradprüfgeräten wird die Sollform des Profils durch mechanische Komponenten wie z. B. Wälzlineale oder Grundkreisscheiben generiert (Bild 18.16). Dagegen wird bei rechnergesteuerten Verzahnungsprüfgeräten die Sollform des Werkstückes numerisch dargestellt. Dies führt dazu, daß jede beliebige Zahngeometrie inklusive aller Profilkorrekturen, wie sie nach dem heutigen Stand der Technik üblich sind, mit dem Verzahnungsprüfgerät meßbar ist (Bild 18.20e). Solche Formprüfgeräte sind von den in Abschnitt 18.2.2 behandelten Zylinderkoordinaten-Meßgeräten nur durch die Ausstattung und das verwendete Meß-(Tast-)System zu unterscheiden; der Übergang ist entsprechend fließend.

Mehrstellenmeßautomaten

Für die Fertigungsüberwachung und die Serienprüfung fest vorgegebener, gleichbleibender Merkmale an einem Werkstück erweisen sich ab einer bestimmten Losgröße *Mehrstellenmeßautomaten* in Kompakt- oder Modulbauweise wirtschaftlich als sinnvoll. Bei der heute bevorzugten Modulbauweise wird die Funktion des Meßgerätes aus einzelnen Einheiten im Baukastensystem zusammengestellt (Bild 18.17). Die Wahl des Meßbereiches, die Klassierung und Speicherung der Meßwerte und ihre Verknüpfung können sowohl durch eine festverdrahtete Elektronik als auch durch einen frei programmierbaren Rechner erfolgen. In jedem Fall wird heute die nachgeschaltete Meßwertverknüpfung und Auswertung durch einen Digitalrechner vorgenommen. Dieser übernimmt die Steuerung des gesamten Prüfablaufs, die Meßwertaufbereitung (z. B. statistische Auswertung), eine mögliche Fehlerkompensation sowie die Kommunikation mit Peripheriegeräten.

Lasermeßsysteme

Als genaueste Längenmaßverkörperung gilt in der Fertigungsmeßtechnik zumeist der *He-Ne-Laser*, der mit einem getrennten, zählenden Interferometer benutzt wird und eine Längenmessung mit einer Auflösung von 0,01...0,1 μm ermöglicht. Das Funktionsprinzip des *2-Frequenzen-Laserinferometers* soll an Hand von Bild 18.18 erklärt werden. Von der Laserquelle wird kontinuierlich Licht mit den beiden Wellenlängen λ_1 und λ_2 emittiert. Die beiden Strahlenanteile werden im In-

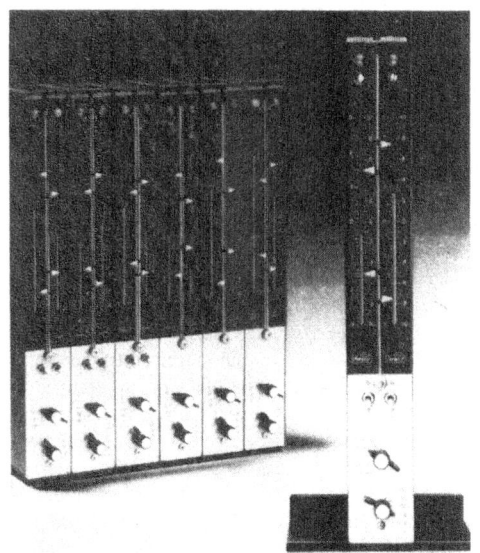

a) Elektrische Säulenmeßgeräte (Feinpruf) in Anreihtechnik zum Anschluß induktiver Längenmeßtaster

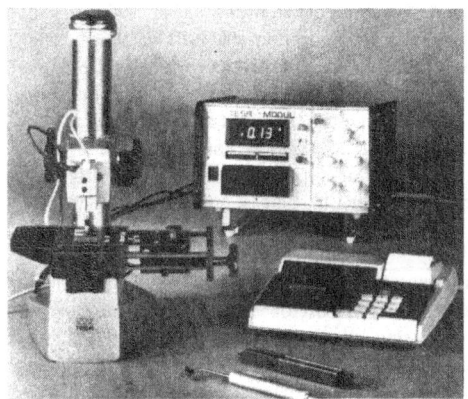

b) Meßeinrichtung zu Endmaßmessungen (Tesa) nach DIN 861, zwei in Summe geschaltete Längenmeßtaster sind an einem Meßgerät aus einem Baukastensystem in Anreihtechnik angeschlossen, die Meßwertverarbeitung erfolgt über den angeschlossenen Kleinrechner

Bild 18.17 Mehrstellen-Meßautomat im Baukastensystem [18.6]

terferometer optisch getrennt und durch zwei Prismen, einen feststehenden Reflektor und einen beweglichen Meßreflektor, wiederum im Interferometer überlagert. Auch bei feststehendem Meßreflektor wird daher vom Fotodetektor ein Laserlicht mit der Differenzfrequenz

$$\Delta f_{R,\text{statisch}} = f_2 - f_1 \qquad (18.1)$$

empfangen. Wird der Meßreflektor bewegt, so ändert sich Δf_R in Gl. (18.1) aufgrund des Dopplereffekts um den Betrag Δf_M

$$\Delta f_{R,\text{dynamisch}} = f_2 - f_1 \pm \Delta f_M. \qquad (18.2)$$

8.2 Rechnergeführte Meßgeräte

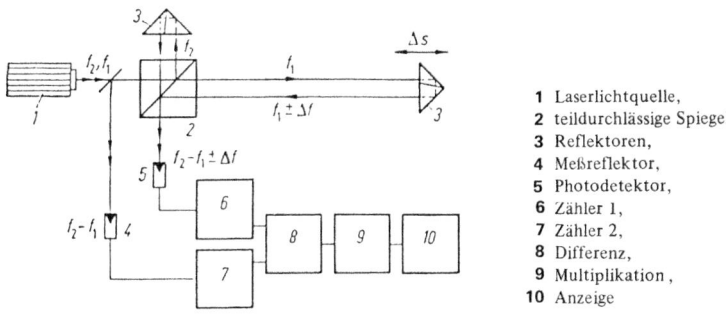

1 Laserlichtquelle,
2 teildurchlässige Spiegel,
3 Reflektoren,
4 Meßreflektor,
5 Photodetektor,
6 Zähler 1,
7 Zähler 2,
8 Differenz,
9 Multiplikation,
10 Anzeige

Bild 18.18 Funktionsprinzip und Blockschaltbild eines Zwei-Frequenzen-Laserinterferometers [18.6]

Die Frequenzverschiebung Δf_M ist ein Maß für die Verschiebung des Meßreflektors, die auch die Richtung der Bewegung als Vorzeichen enthält. Die Wellenlänge (Frequenz) des emittierten Laserlichtes stellt demnach die Maßverkörperung des Laserinterferometers dar, die für He-Ne-Laser etwa im Bereich von 0,6 μm liegt. Für die Stabilität der emittierten Wellenlänge läßt sich ohne besonderen Aufwand eine relative Meßunsicherheit von $10^{-7} \ldots 10^{-8}$ erreichen, die für viele industrielle Meßaufgaben ausreichend ist. Bei erhöhten Anforderungen an die Meßunsicherheit und bei größeren Meßlängen kann die emittierte Wellenlänge im Bereich $10^{-12} \ldots 10^{-13}$ λ stabilisiert werden.
Die Umgebungsbedingungen der Luft (Lufttemperatur, Luftdruck, Luftfeuchtigkeit) können die Meßunsicherheit beim Einsatz eines Laserinterferometers entscheidend beeinträchtigen. Dies liegt daran, daß sich Licht gleicher Frequenz innerhalb der Laserlichtquelle und außerhalb des Lasers im Medium Luft mit unterschiedlicher Geschwindigkeit und daher mit unterschiedlichen Wellenlängen ausbreitet. Allgemein gilt:

$$\lambda_{Luft} = \frac{c_{Luft}}{f_{Laser}} = \frac{\frac{c_{Vakuum}}{n_{Luft}}}{f_{Laser}} = \frac{\lambda_{Vakuum}}{n_{Luft}}, \tag{18.3}$$

wobei c_{Luft} bzw. c_{Vakuum} die Ausbreitungsgeschwindigkeit des Lichtes im jeweiligen Medium, f_{Laser} die emittierte Frequenz des Lasers und λ_{Luft} bzw. λ_{Vakuum} die Wellenlänge des Lichtes im jeweiligen Medium darstellen. Der Brechungsindex n_{Luft} hängt von den Einflußgrößen Temperatur T, Luftdruck p und Luftfeuchtigkeit R wie folgt ab:

$$\frac{dn_{Luft}}{dT} \approx \frac{10^{-6}}{K}$$
$$\frac{dn_{Luft}}{dp} \approx \frac{3 \cdot 10^{-7}}{mbar} \tag{18.4}$$
$$\frac{dn_{Luft}}{dR} \approx \frac{10^{-9}}{1\,\%RF}.$$

Diese Einflußgrößen wie auch die mögliche Ausdehnung des Meßobjektes mit der Temperatur sowie die Ausdehnung der Maßstäbe eines zu prüfenden Gerätes (z. B. bei der Abnahme von Werkzeugmaschinen oder Meßgeräten) können und müssen rechnerisch korrigiert werden. Daher ist der

Einsatz eines Laserinterferometers ohne die Auswertung durch einen Rechner bei den geforderten, geringen Meßunsicherheiten praktisch undenkbar. Mit diesem Rechner kann auch die weitere Meßwertverarbeitung oder die Ansteuerung einer zu prüfenden CNC-Maschine vorgenommen werden.

Sichtprüfung

Wie auch die Lasermeßsysteme nehmen die Geräte zur optischen Prüfung von Werkstucken eine Sonderstellung innerhalb der rechnergeführten Meßgeräte ein. Die optische, berührungslose Prüfung von Werkstücken in bezug auf ihre Vollständigkeit, Form und Oberfläche ist − soweit sie automatisiert durchgeführt werden soll − ohne *Mustererkennung* nicht möglich. Die Hauptschwierigkeit bei der Entwicklung von *musterverarbeitenden Geraten* liegt darin, durch geeignete Sensoren und durch die anschließende Meßwertverarbeitung die Sinnesorgane des Menschen − hier hauptsächlich die Sehfähigkeit − angemessen zu ersetzen. Dieser Ersatz des Menschen durch automatisierte, rechnergeführte Meßgeräte ist besonders dort angezeigt, wo von Menschen im Dauereinsatz eine hohe Konzentration unter monotonen Arbeitsbedingungen verlangt wird (z. B. Getränkeabfülleinrichtungen) oder wo durch storende Umwelteinflüsse (Larm, Staub, Hitze, Abgase) die menschlichen Fähigkeiten oder seine Gesundheit beeinträchtigt würden. Anwendungen für die *Sichtprüfung* ergeben sich daher in der Automation der Fertigung, in der Qualitätskontrolle, im Materialtransport und in der Überwachung des gesamten Herstellungsprozesses.

Der prinzipielle Aufbau eines musterverarbeitenden Gerätes geht aus Bild 18.19 hervor. Der in diesem Zusammenhang häufig verwendete Begriff „Bildverarbeitungssysteme" ist insofern irreführend, weil außer optischen Aufnehmern (z. B. Videokameras) auch kapazitive und magnetische Sensoren zum Einsatz kommen, deren Ausgangssignale manchmal über die zu prufenden Merkmale des Werkstückes bessere Informationen liefern als Videokameras. Nach Bild 18.19 werden die vom Sensor gelieferten, optischen, akustischen oder elektromagnetischen Signale in einem nachgeschalteten Filter soweit aufbereitet, daß am Ausgang des Filters ein Signal anliegt, das in irgendeiner Form ein Maß fur das zu untersuchende Merkmal des Werkstuckes ist. Deswegen wird dieser Filter in [18.19] auch als *Merkmalsextraktor* bezeichnet. Ganz allgemein liefert das Ausgangssignal des Filters eine Information über den Ist-Zustand des Werkstuckes. Dieser Ist-Zustand muß dann in einem weiteren Glied der Meßkette bewertet, also in Hinblick auf die zu untersuchenden Merkmale analysiert und klassifiziert werden.

Das vom Sensor aufgenommene und gefilterte Muster kann in bezug auf folgende Eigenschaften analysiert werden:

− geometrische Eigenschaften wie Kontur, Fläche, Flächenaufteilung und Rasterung,
− spektrale Eigenschaften (Farbe),
− elektromagnetische Eigenschaften, dargestellt durch Amplituden-, Phasen- und Frequenzgang,
− mathematische Eigenschaften wie Häufigkeitsverteilungen, Korrelationskoeffizienten und Extremwerte.

Um die zu untersuchenden Merkmale zu ermitteln, müssen häufig große Datenmengen innerhalb einer zumeist kurzen Prüfzeit analysiert werden. Deshalb sind moderne musterverarbeitende Geräte mit einem relativ großen Bildspeicher (Halbleiter-Bufferspeicher, Plattenlaufwerk) und einem leistungsfähigen Prozeßrechner ausgerüstet. Für die mathematischen Methoden der strukturellen und statistischen Mustererkennung sei auf [18.19] verwiesen.

Bild 18.19 Prinzipieller Aufbau eines musterverarbeitenden Gerates [18.19]

18.2 Rechnergeführte Meßgeräte

18.2.2. Koordinatenmeßgeräte

Um die Funktion rechnergeführter Meßgeräte im Detail anschaulich zu beschreiben, soll hier
– stellvertretend für die im vorangegangenen Abschnitt behandelten, rechnergeführten Meßgeräte
– die *Koordinatenmeßtechnik* ausführlich erläutert werden. Im Rahmen dieses verhältnismäßig jungen Zweiges der Fertigungsmeßtechnik können nahezu alle Probleme analysiert und erörtert werden, die auch bei den anderen genannten rechnergeführten Meßgeräten von Bedeutung sind.

18.2.2.1 Hardware

Die ersten *Koordinatenmeßgeräte* basierten auf Konstruktionen von Werkzeugmaschinen. Heute wird eine Vielzahl von Geraten mit unterschiedlichen Grundbauarten, verschiedenen Ausführungen der einzelnen Baugruppen und zumeist mehreren Ausbaustufen angeboten. Auf eine detaillierte Beschreibung muß an dieser Stelle verzichtet werden, um allein die wichtigsten Baugruppen eines Koordinatenmeßgerätes, deren Funktion und gerätetechnische Verwirklichung zu beschreiben. Die folgenden sieben Baugruppen sind allen Koordinatenmeßgeräten gemeinsam:

– Grundgestell,
– Werkstuckaufnahme (bewegt oder unbewegt),
– Meßachsen (zu unterscheiden sind Anordnung, Lagerung und Antrieb),
– Maßstäbe (Maßverkörperung, Ablesekopf),
– Meßsystem (Taster (bestehend aus Taststift und Tastkugel), Tastkopf),
– Steuerung,
– Rechner mit Peripheriegeraten.

Die Gestaltung und Zusammensetzung der einzelnen Baugruppen bei einem bestimmten Koordinatenmeßgerat bestimmen

– Form, maximale Große und maximales Gewicht der Werkstücke, die gemessen werden konnen,
– Genauigkeit,
– Preis.

Man unterscheidet bei Koordinatenmeßgeraten funf Grundbauarten, die durch den Aufbau des Gestells bestimmt sind (Bild 18.20)

– Auslegerbauart,
– Ständerbauart,
– Portalbauart,
– Brückenbauart,
– Zylinderkoordinaten-Bauart.

Das *Grundgestell* muß genugend steif sein, um bei unterschiedlichen Belastungen durch das Werkstückgewicht die zulassigen Verformungen auch in ungunstigen Positionen nicht zu überschreiten. Deshalb wird bei kleineren Geraten die *Werkstückaufnahme* als Tisch ausgeführt, der in einer oder zwei Richtungen verfahren werden kann. Dagegen wird bei großeren Werkstuckabmessungen und -gewichten eine Meßplatte als Werkstuckaufnahme verwendet, die starr mit dem Grundgestell verbunden ist. Bei Geraten mit geringer Meßunsicherheit werden haufig Hartgesteinsplatten verwendet. Alle Bewegungen müssen bei dieser Ausfuhrung von anderen Baugruppen ausgefuhrt werden. Die Geratekomponenten, mit denen die Relativbewegung zwischen dem Tastsystem und der Antastfläche des Werkstucks erzeugt wird, bezeichnet man als die *Achsen* oder *Meßachsen* eines Koordinatenmeßgerates. Das Verhalten der bewegten Geratekomponenten wird wesentlich durch die Anordnung der Fuhrungsbahnen, die Lagerung und den Antrieb beeinflußt.

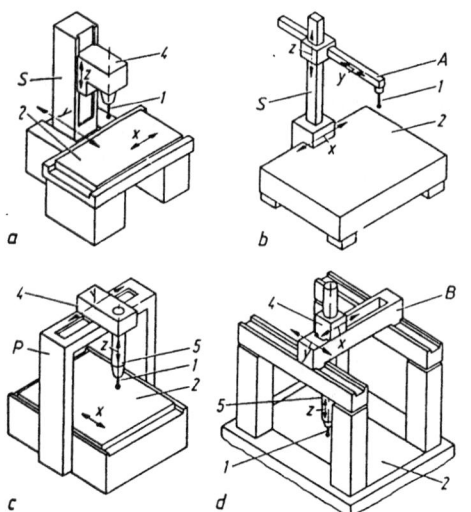
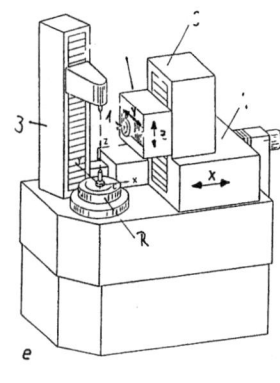

Bild 18.20 Funf Grundbauarten von Koordinatenmeßgeraten [7, 18.6, 18.23]

a) Standerbauart	S Stander	1 Tastsystem
b) Auslegerbauart	P Portal	2 Tisch
c) Portalbauart	B Brucke	3 Werkstuckaufnahme
d) Bruckenbauart	R Rundtisch	4 Support
e) Zylinderkoordinaten-Bauart	A Ausleger	5 Pinole

Die Anordnung der Achsen muß so gestaltet werden, daß mit dem Taster jeder Punkt des quaderformigen bzw. zylinderformigen Meßraums erreichbar ist. Die Relativbewegung zwischen Taster und Werkstück wird mit drei translatorisch bewegten Achsen X, Y, Z und häufig mit einer zusätzlichen rotatorischen Achse C ausgefuhrt.

Die bewegten Gerätekomponenten sind vorzugsweise mit Wälz- oder Luftlagern gelagert. Bestehen die Fuhrungsbahnen aus Hartgestein, so finden zumeist Luftlager Verwendung, bei Guß- oder Schweißkonstruktionen dagegen vorwiegend Walzlager. Auch Gleitlager kommen zum Einsatz; sie eignen sich für hohe Genauigkeitsanforderungen bei kleinen Geschwindigkeiten, erfordern allerdings hohe Antriebskrafte und erhöhten Wartungsaufwand.

Das Antasten von Werkstuckoberflächen kann beruhrend oder beruhrungslos erfolgen. In den meisten Fällen wird das Werkstuck mechanisch angetastet. Hier setzt sich das *Tastsystem* aus dem Tastelement, kurz *Taster* genannt, und der Tasteraufnahme, dem *Tastkopf*, zusammen. Der mechanische Taster besteht zumeist aus einem Hartmetallstift mit einer Rubinkugel. Aber es kommen auch andere Tasterformen zum Einsatz, die speziell auf die jweilige Meßaufgabe abgestimmt sind (Bild 18.21).

Für den Tastkopf sind verschiedene Prinzipien und Bauformen entwickelt worden. Die einfachste technische Losung ist eine starre Verbindung zwischen Taster und Tastkopf. Solche Tastsysteme werden bei Koordinatenmeßgeraten mit manuell gefuhrten Achsen verwendet. Beim Andrücken des Tasters an die Werkstuckoberfläche mit unterschiedlicher Kraft treten Deformationen an Werkstück, Taster und anderen Baugruppen auf, die das Meßergebnis verfälschen. Daher werden fur

8.2 Rechnergeführte Meßgeräte

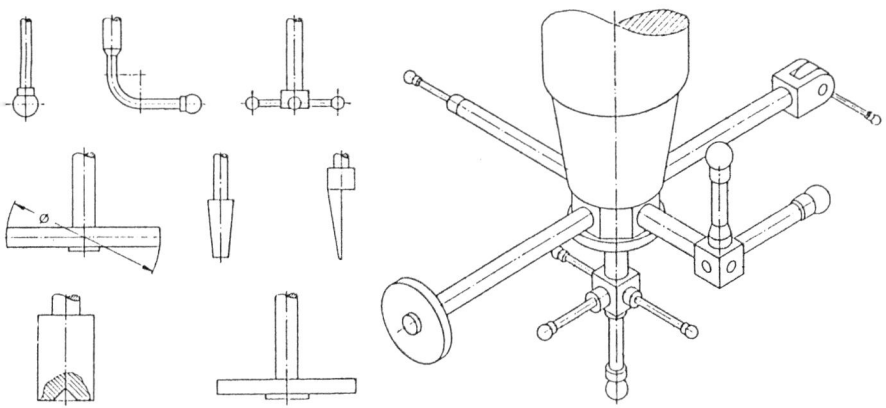

Bild 18.21 Beispiele für Taster und Tasterkombinationen [18.6]

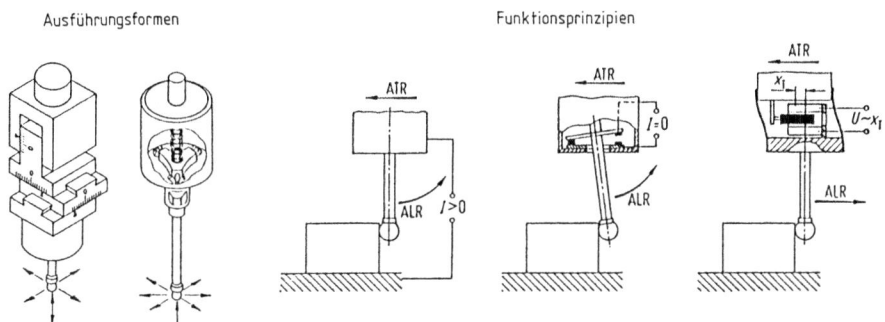

Bild 18.22 Starre, schaltende und messende Tastsysteme [18.6]
ATR Antastrichtung U Spannung
ALR Auslenkrichtung I Strom

hohere Genauigkeitsanforderungen schaltende und messende Tastsysteme eingesetzt, deren Funktionsprinzipien in Bild 18.22 dargestellt sind. Bei schaltenden Tastsystemen wird mit einer definierten Auslenkung ein Triggersignal ausgelöst, so daß die Positionen der Maßstäbe in den Meßachsen vom Rechner eingelesen werden können. Bei messenden Tastsystemen wird die Tasterauslenkung durch kleine Wegmeßsysteme erfaßt.
Für Koordinatenmeßgeräte der höchsten Genauigkeitsklasse sind Tastsysteme entwickelt worden, bei denen mit wechselnden Taststiftgewichten gearbeitet und aus allen Achsrichtungen angetastet werden kann. Die Reproduzierbarkeit der Meßwerte liegt bei ca. 0,5 μm und ist von der Antastrichtung unabhängig. Bei einigen Tastsystemen ist für jeden Aufnehmer eine Klemmung eingebaut; d.h., die Meßsysteme können einzeln oder auch gleichzeitig im jeweiligen Nullpunkt arre-

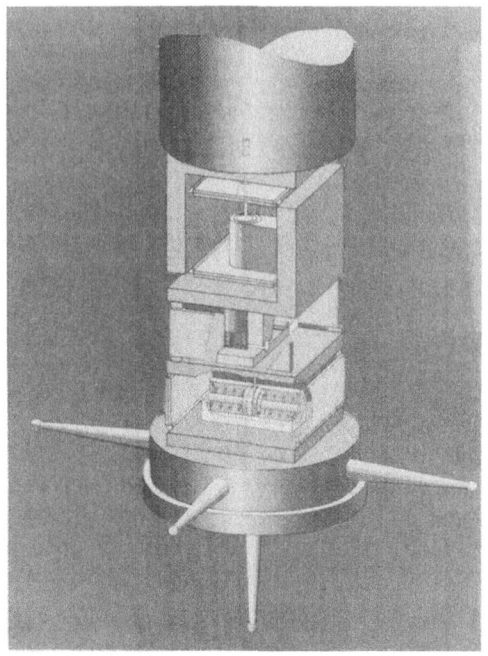

Bild 18.23
Messendes 3-D-Tastsystem der Fa. Leitz, Wetzlar [18.21].

Tastkopf mit Auslenkvektoren; die Resultierende R entspricht der gewahlten Meßkraft (= konstant), die stufenlos einstellbar ist.
$R = \sqrt{X^2 + Y^2 + Z^2}$

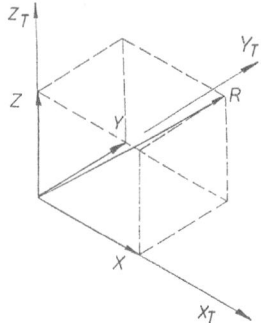
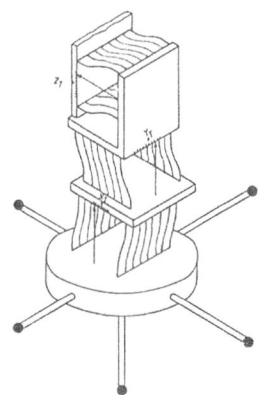

tiert werden. Dies hat den Vorteil, daß definierte Punkte an schiefen oder gekrümmten Flächen angefahren werden können, ohne daß der Taster seitlich „abrutscht". Beim Tastsystem in Bild 18.23 wird dagegen ohne Klemmung gearbeitet. Dies hat den Vorteil, daß der Taster stets in Normalenrichtung zur (Ist-)Oberfläche des Werkstückes ausgelenkt wird. Dadurch kann das Werkstück stets mit einer definierten Meßkraft angetastet werden. Auch die numerische Korrektur des Tastkugelradius (siehe Abschnitt 18.2.2.3) ist mit dem letztgenannten Konstruktionsprinzip bei einigen Meßaufgaben einfacher zu realisieren.

Für die Wegmeßsysteme im Tastsystem, die die Relativbewegung zwischen Taster und Tastkopf erfassen, kommen fast ausschließlich induktive Aufnehmer zur Anwendung. Deren Meßwert kann den Positionswerten der Maßstäbe in den Meßachsen überlagert werden. Es muß jedoch

18.2 Rechnergeführte Meßgeräte

beachtet werden, daß dabei die Nichtlinearitat des induktiven Systems in das Ergebnis eingeht. Dies kann durch eine extern aufgeschaltete Meßkraft in Antastgegenrichtung vermieden werden, so daß im Nullpunkt des Meßsystems mit berechenbaren Meßkraften gemessen wird, ohne daß Nichtlinearitaten das Ergebnis verfalschen.

Um die Koordinaten eines Meßpunktes zu bestimmen, besitzt jede Achse einen *Maßstab*, der aus Maßverkorperung und Ableseeinheit besteht. Auch hier kommen je nach Ausstattung und Genauigkeit sehr verschiedene Prinzipien und Bauarten zum Einsatz. Die weitaus meisten Koordinatenmeßgerate sind heute mit optisch inkrementalen Maßstaben ausgestattet (Bild 18.24). Bei entsprechend genauer Fertigung der Strichteilung der Maßverkorperung und der Ableseeinheit (gute Gesamtlagengenauigkeit und geringe kurzperiodische Schwankungen der Gitterabstände) erreicht die Meßunsicherheit solcher Maßstabe 0,5 μm bei einer Auflosung von 0,1 μm. Das setzt naturlich auch ein entsprechend genaues elektronisches Interpolationsverfahren voraus, da die Gitterkonstante aus physikalischen und wirtschaftlichen Gründen zwischen 5 μm und 20 μm liegt.

Als weiterer Maßstab sei der *Induktosyn-Langenmaßstab* genannt, der bei Meßgeraten mittlerer und großer Bauart eingesetzt wird. Bild 18.24 erlautert das Prinzip: Durch die Windungen der feststehenden Skala a, die die Maßverkorperung bildet, fließt ein Wechselstrom hoher Frequenz. Dadurch werden in den beiden Windungen c_1 und c_2 des beweglichen Gleiters zwei Spannungen induziert, die um 90° phasenverschoben sind, da c_1 und c_2 um ein Viertel der Teilung versetzt angeordnet sind. Die beiden Spannungen E_{c_1} und E_{c_2} werden vektoriell addiert. Der Summenzeiger E_c führt genau dann eine volle Umdrehung aus, wenn der Gleiter um eine Teilung bewegt wird.

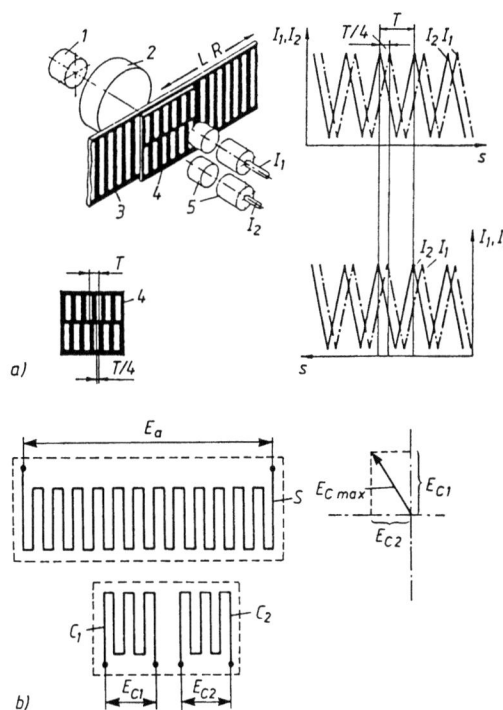

Bild 18.24
Optisch inkrementaler Maßstab (a) und Linear-Induktosyn-Maßstab (b) [18.6]

a) 1 Lichtquelle (Sender),
2 Objektive,
3 inkrementaler Maßstab,
4 Abtastplatte,
5 Photozellen (Empfanger),
I_1, I_2 Empfangersignale,
T Gitterkonstante,
s Maßstabsverschiebung

b) A) Windungsanordnung der gedruckten Schaltungen, B) vektorielle Darstellung der Spannungsverhaltnisse

Innerhalb einer Teilungslänge ist also jedem Ortspunkt ein Spannungsvektor zugeordnet, so daß bei entsprechendem elektronischen Aufwand und genauer Fertigung der Maßverkörperung und des Gleiters eine Auflosung von unter 1 µm erreicht werden kann. Darüberhinaus ist der Maßstab einfach und robust aufgebaut, wartungsarm, verschleißfrei und gegen Verschmutzung weitgehend unempfindlich.

Das Zusammenwirken zwischen der *Steuerung* und den anderen Baugruppen des Koordinatenmeßgerätes wurde bereits in den Abschnitten 18.2.1.1 und 18.2.1.2 erläutert. Bei Koordinatenmeßgeraten werden heute fast nur noch Steuerungen eingesetzt, die über einen eigenen Prozessor verfügen. Dagegen werden Steuerungen mit festverdrahteter Elektronik nur noch vereinzelt in alteren Geräten angetroffen. Die wesentlichen Unterschiede zu Steuerungen von Werkzeugmaschinen bestehen im allgemeinen darin, daß die Positionierung mit einer Auflosung von weniger als 1 µm erfolgen muß (meistens 0,1 µm oder 0,2 µm). Insbesondere ist der zulässige Schleppabstand beim Einsatz von Scanning-Einrichtungen deutlich geringer als bei Werkzeugmaschinen. Dies ist im allgemeinen nur dadurch zu erreichen, daß die maximalen Vorschubgeschwindigkeiten gegenüber den bei Werkzeugmaschinen ublichen Werten deutlich reduziert werden. Letztere Einschränkung wirkt sich aber im Bereich der Koordinatenmeßtechnik kaum storend aus, weil das mechanische Antasten und Einlesen der Meßdaten ohnehin nur geringe Vorschubgeschwindigkeiten bei der Bewegung von Meßpunkt zu Meßpunkt zulaßt.

Auf Grund dieser Besonderheiten, die eine Steuerung bei Koordinatenmeßgeräten erfüllen muß, haben die meisten Hersteller solcher Meßgeräte eigene Steuerungen entwickelt. Es werden aber auch konventionelle, speicherprogrammierbare Steuerungen (SPS) erfolgreich eingesetzt. Dies setzt einen nicht unerheblichen Programmieraufwand voraus, ermoglicht aber eine flexible Anpassung der Steuerung an die gerätetechnische Entwicklung des gesamten Meßgerätes.

Außer den bisher genannten Baugruppen konnen *zusätzliche Komponenten* den Einsatzbereich von Koordinatenmeßgeräten wesentlich erweitern. An erster Stelle ist hier die Verwendung eines *Rundtisches* (freibeweglich auf dem Werkstücktisch oder fest eingebaut) zu nennen, durch den das Meßgerät uber eine zusätzliche Rotationsachse verfügt. Der Maßstab für die Drehbewegung arbeitet zumeist mit einer Auflosung von 0,5″. Die Einfuhrung einer Rotationsachse erleichtert im allgemeinen die Zugänglichkeit der Werkstückoberflache für die mechanische Antastung. Dagegen erschwert es die räumliche Ausrichtung des Werkstuckes, bedingt durch Taumel- und Exzentrizitätsabweichungen.

Mit Hilfe einer *Scanning-Einrichtung* kann eine Tastkugel an der Werkstückoberfläche entlang bewegt werden, wahrend gleichzeitig laufend Oberflächenkoordinaten in den Rechner eingelesen werden. Je großer die Vorschubgeschwindigkeit dabei gewählt wird, um so großer sind der Schleppfehler und die kurzperiodischen Schwingungen, die bei den eingelesenen Meßdaten erhebliche Storungen verursachen konnen. So wird im allgemeinen eine erheblich kürzere Meßzeit im Vergleich zur statischen Messung durch eine deutlich erhohte Meßunsicherheit erkauft.

Um das Automatisierungspotential von Koordinatenmeßgeräten voll ausschopfen zu konnen, ist ein manueller Wechsel des Taststiftes zwischen zwei Werkstucken oder während der Messung eines komplexen Werkstückes nicht zweckmaßig. Daher laßt sich schon bei kleinen Losgroßen der Einsatz einer *Taster-Wechseleinrichtung* wirtschaftlich rechtfertigen. Weil auch die automatische bzw. programmgesteuerte Einspannung eines neuen Tasters in das Tastsystem nicht mit ausreichender Reproduzierbarkeit durchgefuhrt werden kann, ist nach jedem Tasterwechsel eine neue Kalibrierung notwendig (s. Abschnitt 18.2.2.2).

18.2.2.2 Anwendungen, Meßaufgaben

Koordinatenmeßgeräte werden vorwiegend für die Prüfung von *prismatischen Werkstücken* eingesetzt. Unter prismatischen Werkstücken versteht man solche, deren Oberflächen aus der Überlagerung oder dem Aneinanderfügen von einfachen Grundgeometrien generiert werden. Zu den

18.2 Rechnergeführte Meßgeräte

einfachen Grundgeometrien gehören die Geometrieelemente Punkt, Gerade, Kreis, Ebene, Zylinder, Kugel, Kegel sowie in Sonderfällen einige zusätzliche Grundgeometrien wie Ellipse, Torusfläche und Ellipsoid. Jeder einzelne Bereich der Oberfläche, der sich durch eine der obengenannten Elemente ausreichend genau charaktererisieren läßt, wird mit einer vorgegebenen Anzahl von Meßpunkten angetastet. Aus diesen Meßpunkten werden dann mit Hilfe von Verfahren der Ausgleichsrechnung die Parameter des tatsächlichen Geometrieelements berechnet. In Tabelle 18.1 sind die Anzahl und die Lage der minimal notwendigen Antastpunkte sowie eine Unterscheidung der Bestimmungsgrößen des jeweiligen Geometrieelementes eingetragen.

Auch die Messung von *Verzahnungen* wird in den letzten Jahren zunehmend auf Koordinatenmeßgeräten durchgeführt. Dafür eignen sich besonders die in Bild 18.20e dargestellten Zylinder-Koordinatenmeßgeräte. Bei konventionellen Verzahnungsmeßgeräten wird, wie in Abschnitt 18.2.1.4 erläutert, die Sollgeometrie der Verzahnung (Evolvente, Zahnschräge) mit Hilfe mechanischer Übertragungselemente nachgebildet, die die rotatorischen und translatorischen Bewegungen der Meßachsen miteinander koppeln. Bei Koordinatenmeßgeräten kann die Sollgeometrie rechnerintern dargestellt werden. Mit geeigneten Steuerungen wird dann der Taster entlang der Sollkontur des Werkstückes bewegt und die Abweichung der Istoberfläche von der Solloberfläche durch das Meßsystem erfaßt.

Der Vorteil beim Einsatz von Koordinatenmeßgeräten liegt besonders darin, daß eine Vielzahl möglicher Verzahnungen ohne mechanische Umbauten (Teilkreisscheiben, Wälzlineale) geprüft werden kann. Eine mögliche Schieflage oder Exzentrizität des Werkstückes ist rechnerisch korrigierbar. Durch den Einsatz von Scanning-Einrichtungen kann die Abtastgeschwindigkeit so weit gesteigert werden, daß zum Beispiel die Messung eines Evolventenstirnrades in weniger als 3,5 Minuten möglich ist.

Auf einem Koordinatenmeßgerät können darüberhinaus Kegelrader, Nocken- und Kurbelwellen, sowie die dazugehörigen Werkzeuge (Wälzfräser, Schälrader) geprüft werden. Dies bietet die Möglichkeit einer umfassenden Überwachung und Qualitätssicherung bei der Verzahnungsherstellung. Gleiches gilt in allen Bereichen des Maschinenbaus, in denen rotationssymmetrische Werkstücke hergestellt werden, z. B. Produktion von Achsen und Wellen, Kugellagerherstellung, Herstellung von Pumpenspindeln und Rotoren.

Die Verbindung mit einem leistungsfähigen Rechnersystem und die damit gegebenen Speichermöglichkeiten bieten weitere wichtige Anwendungen, die in Zukunft vermutlich noch an Bedeutung zunehmen werden. Hierzu gehört beispielsweise die *Form- und Lagemessung* von Werkstuckoberflachen nach DIN 7148. Die meisten heute bekannten Form- und Lage-Meßprogramme basieren auf dem Gauß-Algorithmus (Minimierung der Fehlerquadratsumme; s. Abschnitt 18.2.2.3). Dieser numerische Ansatz ist nicht in allen Anwendungsfällen ausreichend genau. Moderne leistungsfähige Rechneranlagen bieten hier die Moglichkeit, in vernunftigen Rechenzeiten (wenige Sekunden) die normgerechte aber mathematisch aufwendige Approximation nach der Tschebyscheff-Norm durchzufuhren. Noch hoher ist der numerische Aufwand bei der *Paarungsprüfung*. Bei konventionellen Meßgeraten ware eine Paarungsprüfung nur durch optischen Vergleich der Prüfprotokolle moglich und damit fur die meisten technischen Anwendungen unwirtschaftlich. Durch die Speicherung der Meßergebnisse einer Vielzahl von zu paarenden Werkstücken kann hier rechnerintern eine Paarungsuntersuchung und -optimierung durchgefuhrt werden. Heute sind diese Moglichkeiten allerdings noch weitgehend ungenutzt, weil die Meßzeiten bei den meisten Koordinatenmeßgeraten nur eine Stichprobenprufung und keine 100%-Messung zulassen.

Die erhebliche Steigerung der Kapazitat von Massenspeichern in Rechneranlagen (Plattenspeicher, optische Speicher) erleichtert die *statistische Untersuchung von Meßergebnissen* uber einen langeren Zeitraum. Die Ermittlung von Trends und Haufigkeitsverteilungen kann bei bestimmten, gemessenen Merkmalen erlauben eine Ruckkopplung dieser Daten in die Fertigung und damit eine verbesserte Fertigungsuberwachung.

Tabelle 18.1 Antastung von einfachen Geometrieelementen in der Koordinatenmeßtechnik

Geometrie-element	Skizze mit Lage der minimal erforderlichen Antastpunkte	Minimal-zahl der An-tastungen	Bestimmungsgrößen									Beme-kunge
			Punkt-koordinaten			Achsenwinkel			Radien		Win-kel	
						W_1 oder E_x	W_2 oder E_y	W_3 oder E_z	R_1	R_2	φ	
			X_0	Y_0	Z_0							
Punkt (in der X-Y-Ebene)		1	+	+								
Gerade		2		+		+	+					
Kreis		3	+	+					+			
Ellipse		5	+	+		+	+		+	+		
Punkt (im Raum)		1	+	+	+							
Gerade		2	+	+	+	+	+	+				1)
Ebene		3	+	+	+	+	+	+				1)
			\multicolumn{3}{Punkt der Ebene}	\multicolumn{3}{Flächennormale}				
Kreis		3	+	+	+				+			2)
Ellipse		5	+	+	+	+	+	+	+	+		2)
Zylinder		5	+	+	+	+	+	+	+			1), 3)
			\multicolumn{3}{Punkt der Zylinderachse}	\multicolumn{3}{Zylinderachse}				
Kugel		4	+	+	+				+			
			\multicolumn{3}{Kugel-mittelpunkt}							

18.2 Rechnergeführte Meßgeräte

Geometrie-element	Skizze mit Lage der minimal erforderlichen Antastpunkte	Freiheitsgrad = Minimalzahl der Antastungen	Bestimmungsgrößen							Bemerkungen
			Punktkoordinaten			Achsenwinkel			Radien		Winkel	
			X_0	Y_0	Z_0	W_1 oder E_x	W_2 oder E_y	W_3 oder E_z	R_1	R_2	φ	
Kegel im Raum	Tangetas-teter Kreis, 2angetas-teter Kreis	6	+	+	+	+	+	+			+ Öffnungswinkel	1), 3)
			Kegelspitze			Kegelachse						
Torus		7	+	+	+	+	+	+	+	+		1)
			Zentrum = Symmetriepunkt			Normale zur Ringfläche			Kreisquerschn	Ring		

Bemerkungen

1) Für die Beschreibung einer Achse (Gerade, Flächennormale, Zylinder- oder Kegelachse) sind verschiedene Darstellungen möglich. Bei der rechnerinternen Darstellung verwendet man zweckmäßigerweise die Richtungskosinus E_x, E_y und E_z zusammen mit einem Punkt (X_0, Y_0, Z_0) der Achse, in dem der Einheitsvektor $\vec{N}$ angreift (Bild a). Für die zeichnungsgerechte Darstellung ist die Projektion der Achse auf die drei Koordinatenflächen vorteilhafter (Bild b und c). Die Koordinatenebene, mit der die Achse den größten Raumwinkel α, β oder γ einschließt, bildet die Hauptebene (in Bild b: X-Y-Ebene), die Koordinatenachse senkrecht zur Hauptebene heißt Hauptrichtung. Um die Lage einer Achse im Raum eindeutig und zeichnungsgerecht zu beschreiben reicht es aus, den Durchstoßpunkt der Achse durch die Hauptebene (Bild c. X_0 und Y_0) und die Winkel der projizierten Achsen mit der Hauptrichtung (Bild c: W_1 und W_2) anzugeben. Bei einigen Softwarepaketen werden auch alle drei Punktkoordinaten X_0, Y_0 und Z_0 sowie alle drei Projektwinkel W_1, W_2 und W_3 angegeben.

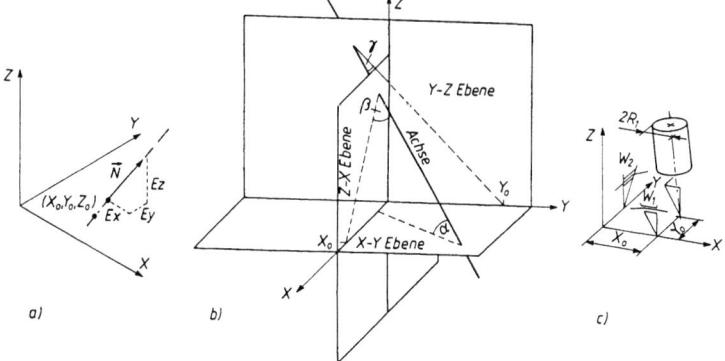

2) Die genaue räumliche Lage läßt sich nur mit Hilfe weiterer Antastpunkte ermitteln, siehe Zylindermessung
3) Es werden auch andere Antaststrategien eingesetzt, bei denen zum Teil die minimale Zahl der Antastpunkte höher ist

Ein weiteres Anwendungsgebiet von Koordinatenmeßgeräten sind die *räumlich gekrümmten Flächen*. Dazu zählt man Karosserien im Automobilbau, Modelle im Flugzeug- und Schiffbau, Kunststoffspritzwerkzeuge, Werkzeuge der Umformtechnik (z. B. Gesenke) sowie Turbinen und Verdichterschaufeln. Viele dieser Meßobjekte sind außerhalb der Koordinatenmeßtechnik nicht oder nur mit sehr hohem personellen und gerätetechnischen Aufwand meßbar, wobei die Meßzeiten und die erreichbaren Meßunsicherheiten häufig noch sehr unbefriedigend sind. Die Probleme rühren zum Teil daher, daß an den Objekten keine geeigneten Referenzflächen zu finden sind, so daß die Aufnahme in konventionelle Meßgeräte schwierig ist bzw. ihre Lage im Meßraum nur ungenau oder mit erhöhtem Zeitaufwand festgestellt werden kann. Dies führt dazu, daß ein gewünschter Punkt der (Soll-)Oberfläche an der tatsächlichen (Ist-)Oberfläche nicht hinreichend reproduzierbar angetastet werden kann und es somit nicht möglich ist, dem gemessenen Ist-Punkt eindeutig einen zugehörigen Soll-Punkt zuzuordnen. Ein Soll-/Istvergleich und eine Aussage über die Meßabweichung des Werkstückes ist dann mit vergleichsweise großen Unsicherheiten behaftet. Aus den genannten Gründen gilt das Messen räumlich gekrümmter Flächen auch in der Koordinatenmeßtechnik als schwierig, besonders dann, wenn alle drei Grundprobleme der Koordinatentechnik (Abschnitt 18.2.2.3) gleichzeitig auftreten.

18.2.2.3 Software

Die *Software* von Koordinatenmeßgeraten ist im allgemeinen sehr umfangreich und kann als vergleichsweise teuer bezeichnet werden. Dies hat zum einen seine Ursache in der Vielzahl von Aufgaben, denen die Software gerecht werden muß. Hierzu gehören

- Dialogeingaben über das Terminal,
- manuelle Bedienerführung,
- Überwachung der Hardware des Koordinatenmeßgerätes,
- Kommunikation mit Peripheriegeräten (Drucker, Plotter, Massenspeicher),
- Einlesen von Meßwerten der Maßstäbe und des Meßsystems,
- Berechnungen,
- Steuerung/Berechnung des CNC-Ablaufs,
- Verwaltung von Dateien,
- Ausgabe und Protokollierung von Meßergebnissen.

Zum anderen kommen gerade in diesem Bereich der Fertigungsmeßtechnik Problemstellungen hinzu, deren Lösung numerische Schwierigkeiten bereiten kann. Vor allem sind hier die drei Grundprobleme der Koordinatenmeßtechnik zu nennen, durch die Softwareentwicklung für Koordinatenmeßgeräte zeitaufwendig und damit kostenintensiv wird. Diese drei Grundprobleme der Koordinatenmeßtechnik sind:

- Ausrichtung des Werkstückes im Meßraum,
- Korrektur des Tastkugelradius und
- Berechnung der tatsächlichen Bestimmungsgrößen eines Werkstuckes mit Hilfe geeigneter Verfahren der Ausgleichsrechnung.

Von allen namhaften Meßgeräteherstellern wurden spezielle Programmpakete entwickelt, die dem obengenannten Aufgabenkatalog in Verbindung mit prismatischen Werkstucken gerecht werden. Hierzu gehören z. B. die Programmpakete QUINDOS, UMESS, NCMES, MAUS, CONCERTO, usw. Bei Zylinderkoordinaten-Meßgeraten umfaßt die Standardsoftware heute das Messen von Verzahnungen und einfachen rotationssymmetrischen Werkstücken. In die Programmpakete können Ergänzungsmodule eingebunden werden, die z. B. den in Abschnitt 18.2.2.2 genannten, speziellen Meßaufgaben entsprechen.

18.2 Rechnergeführte Meßgeräte

Unter dem *Ausrichten* eines Werkstückes versteht man das Verdrehen und Verschieben einer Ist-Oberfläche, so daß diese Ist-Oberfläche „möglichst gut" mit der zugehörigen Soll-Oberflache übereinstimmt. Das Verdrehen und Verschieben wird nun nicht manuell mit dem Werkstück selbst im Meßraum durchgeführt, sondern es werden am Werkstück geeignete Referenzflächen angetastet und deren Lage relativ zu einer gespeicherten Soll-Oberfläche ermittelt. In jedem Fall muß eine Koordinatentransformation T_w gefunden werden, so daß die am Werkstuck festgestellten Maße und Bestimmungsgroßen mit den in der Zeichnung eingetragenen oder im Rechner gespeicherten Werten vergleichbar sind.

In Bild 18.25 ist die Ausrichtung eines Werkstückes in der X-Y-Ebene dargestellt. Eine ebene Koordinatentransformation ist durch zwei Translationen ΔX und ΔY sowie eine Winkelangabe α gekennzeichnet. Im allgemeinen hat man es in der Koordinatenmeßtechnik jedoch mit einer räumlichen Ausrichtung von Werkstücken zu tun. Nach Bild 18.26 sind dann drei Winkelangaben ψ, β und η sowie drei Translationen ΔX, ΔY und ΔZ erforderlich.

Um die Lösung des Ausrichteproblems eindeutig berechnen zu können, muß die bereits oben geforderte „möglichst gute" Übereinstimmung zwischen Soll- und Ist-Oberfläche mathematisch präzise formuliert werden. Dies geschieht durch die Angabe einer *Zielfunktion*. Eine häufig angewandte und numerisch vergleichsweise einfach zu beherrschende Zielfunktion ist die *Gaußsche Fehlerquadratsumme*.

$$Q_G = \left(\sum_{i=1}^{n} (X_{i_B} - X_{i_S})^2 \right)^{\frac{1}{2}} = \left(\sum_{i=1}^{n} d_i^2 \right)^{\frac{1}{2}} \to \text{Min.} \tag{18.5}$$

Darunter versteht man die in Gl. (18.5) angegebene Summe der Abstandsquadrate d_i^2 zwischen allen gemessenen Punkten i der Ist-Oberfläche und den zugehörigen Punkten der Soll-Oberfläche. Zur Losung des Ausrichteproblems wählt man von allen moglichen Transformationen nach Bild 18.25 oder 18.26 genau diejenige, fur die die Zielfunktion Q_G in Gl. (18.5) minimal wird.

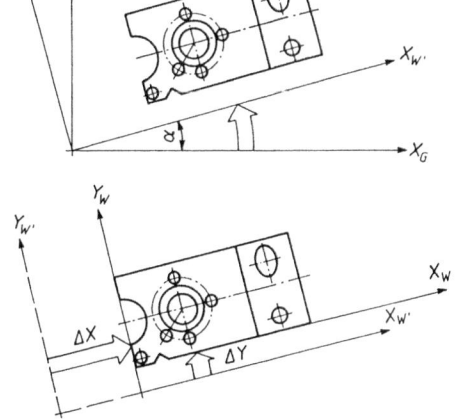

Bild 18.25
Ebene Koordınatentransformation α, ΔX, ΔY
[18 18]

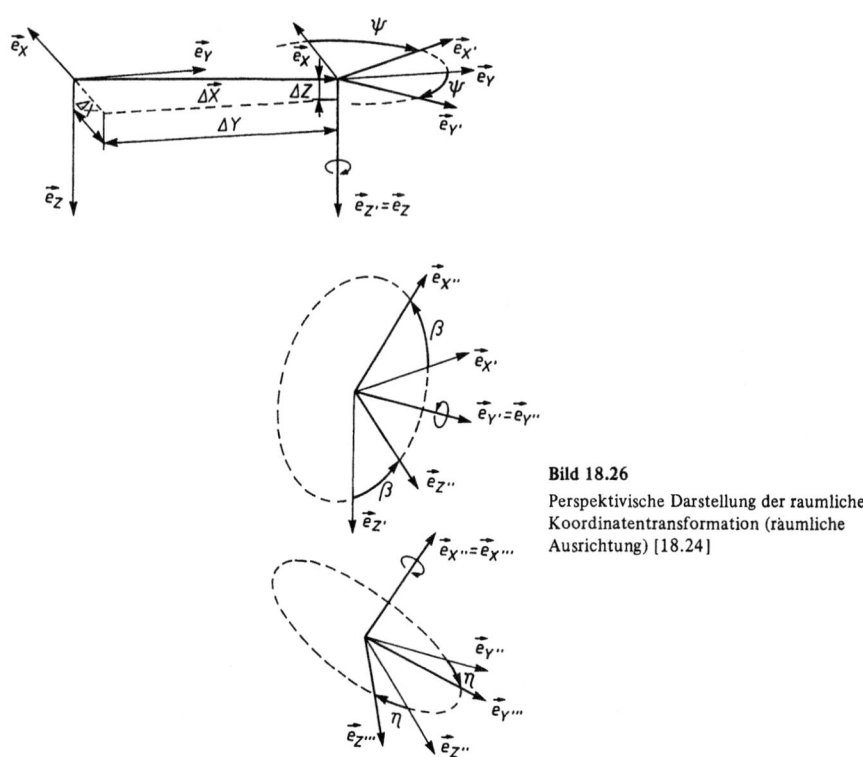

Bild 18.26
Perspektivische Darstellung der räumlichen Koordinatentransformation (räumliche Ausrichtung) [18.24]

Eine andere wichtige Zielfunktion ist die *Tschebyscheff-Norm* nach Gl. (18.6).

$$Q_T = \max_{i=1,n} \{X_{i_B} - X_{i_S}\} = d_{i\max} \rightarrow \text{Min}. \tag{18.6}$$

Hier wird von allen gemessenen Abständen nur der maximale Abstand $d_{i\max}$ untersucht, wobei gefordert wird, daß $d_{i\max}$ minimal wird. Von allen denkbaren Transformationen T_W wird also genau diejenige Transformation ausgewählt, bei der der größte auftretende Abstand zwischen Soll- und Ist-Oberfläche minimal wird.

Das zweite Grundproblem der Koordinatenmeßtechnik besteht in der *Tastkugelkorrektur*. Damit bezeichnet man die Ermittlung des tatsächlichen Berührpunktes X_{iB} zwischen Tastkugel und Ist-Oberfläche des Werkstückes, kurz *Antastpunkt* genannt. Nach Bild 18.27 erhält man den Antastpunkt, indem man durch vektorielle Addition vom gemessenen Mittelpunkt X_{iM} der Tastkugel (kurz *Meßpunkt* genannt) ausgehend in Richtung des Normalen-Einheitsvektor n_i auf der Werkstück-Istoberfläche um den Tastkugelradius K_r korrigiert.

$$X_{iM} \pm (K_{ri} \cdot n_i) = X_{iB}. \tag{18.7}$$

Die bei der Antastung verwendeten Tastkugelradien K_{ri} werden entweder direkt eingegeben oder mit Hilfe eines Kalibrierprogramms ermittelt und abgespeichert. Als Kalibriernormal verwendet man zumeist eine Kugel, gelegentlich auch einen Würfel oder ein Endmaß. Müssen für ein Werk-

18.2 Rechnergeführte Meßgeräte

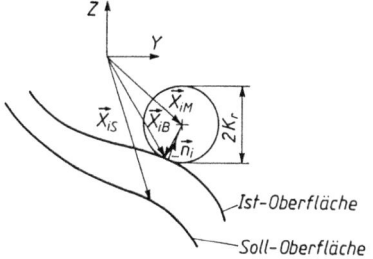

Bild 18.27
Tastkugelkorrektur [18.24]

stück mehrere Taster verwendet werden, weil mit einem Taster allein die gesamte Oberfläche nicht zugänglich ist, so muß auch die relative Lage der Tastkugeln untereinander bzw. zu einem Referenztaster bekannt sein (s. Bild 18.21).

Die Berechnung des Normalen-Einheitsvektors n_i hängt offensichtlich eng mit dem ersten Grundproblem (Ausrichtung des Werkstückes), aber auch mit dem dritten Grundproblem der Koordinatenmeßtechnik zusammen: der *Berechnung von Bestimmungsgrößen* oder (allgemeiner) der quantitativen Beschreibung eines gemessenen Geometrieelements der Werkstuck-Istoberflache. Die Berechnung der Bestimmungsgroßen ist besonders einfach, wenn die Tastkugelkorrektur erst nach der Ausgleichsrechnung durchgeführt werden muß, wenn also die Zielfunktion nach Gl. (18.5) oder Gl. (18.6) nicht auf die Antastpunkte X_{iB}, sondern auf die Meßpunkte X_{iM} angewendet werden kann. Die Berechnung der Normalenrichtungen n_i nach Gl. (18.7) ist dann überflüssig. In Bild 18.28 wird dieser Zusammenhang am Beispiel der Kreismessung deutlich: Statt für die Antastpunkte X_{iB} wird die Ausgleichsrechnung für die Meßpunkte X_{iM} durchgeführt. Die Mittelpunktskoordinaten X_0 und Y_0 des approximierten Kreises sind in beiden Fällen gleich; nur die Durchmesser D_{0B} und D_{0M} differieren um $2 \cdot K_r$.
Der in Bild 18.28 dargestellte Zusammenhang läßt sich grundsätzlich auf alle in Tab. 18.1 aufgeführten Geometrieelemente anwenden [18.24, 18.25, 18.6], allerdings nur, wenn alle Meßpunkte

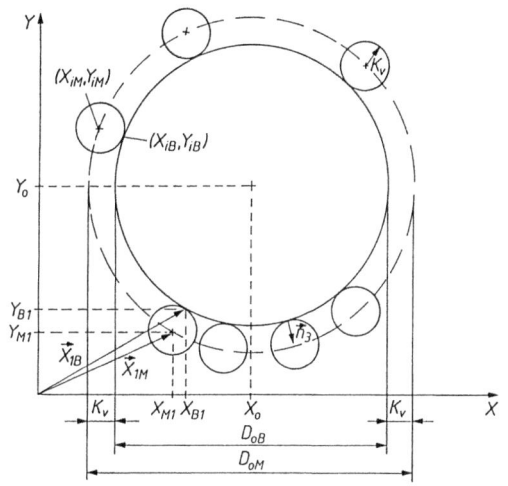

Bild 18.28

Tastkugelkorrektur bei der Antastung eines Außenkreises mit konstantem Tastkugelradıus K_r

mit dem gleichen Tastkugelradius K_r erfaßt wurden. In allen anderen Fällen sind erhebliche numerische Schwierigkeiten zu überwinden, weil dann eine Tastkugelkorrektur nach Gl. (18.7) unumgänglich ist und die Normalenrichtungen n_i erst berechnet werden können, *nachdem* das Werkstück ausgerichtet ist und *nachdem* die Bestimmungsgrößen der Ist-Oberfläche berechnet sind. Andererseits kann diese Istoberfläche erst bestimmt werden, wenn *vorher* die Tastkugelkorrektur durchgeführt worden ist. Beim Messen der Referenzflächen des Werkstückes für die Ausrichtung treten sogar alle drei Grundprobleme der Koordinatenmeßtechnik gleichzeitig auf.

Aus diesem Dilemma führen in aller Regel Nährungslösungen, die durch geeignete Iterationsverfahren berechnet werden müssen und auf die hier nicht näher eingegangen werden soll [18.6, 18.24, 18.25, 18.26].

18.2.3 Einbindung in die rechnergeführte Fertigung

Auf Grund ihrer vielseitigen Einsatzmöglichkeiten sind Koordinatenmeßgeräte wertvolle Prüfmittel für die Fertigungsüberwachung, Fertigungssteuerung und Qualitätskontrolle. Durch die heute kostengünstig verfügbare, mittel- und langfristige Speicherung von Meßdaten und die hohe Genauigkeit der Koordinatenmeßgeräte sind auch vergleichende Prüfungen vor und nach einzelnen Fertigungsschritten möglich geworden. Ein wesentliches Hindernis für eine noch bessere Nutzung dieser Meßgeräte ist einerseits die zeitaufwendige Programmierung der CNC-Meßprogramme, andererseits die zur Zeit noch stark eingeschränkten Zugriffsmöglichkeiten auf die gespeicherten Meßdaten. Dies gilt besonders für andere rechnergestützte Arbeitsbereiche („C-Techniken") innerhalb eines Betriebes. So ist zum Beispiel die Rückkopplung der Meßdaten in den CAM-Bereich (für die Werkzeugkorrektur, Verbesserung der Werkzeugmaschinen-Voreinstellung, Änderung von NC-Programmen) bisher nur in Einzelfällen realisierbar. Auch die mittelfristige Trendanalyse von Meßdaten und die daraus abgeleitete, rechnergestützte Fertigungssteuerung ist bislang nur vereinzelt in Form von Speziallösungen im Einsatz.

Umgekehrt sind fast alle Informationen und Daten, die für die Programmierung und Meßdatenverarbeitung von Koordinatenmeßgeräten benötigt werden, bei der vorangegangenen Bearbeitung mit CAD- und CAM-Programmen bereits verarbeitet und gespeichert worden. Daraus können grundsätzlich lauffähige CNC-Meßprogramme generiert werden, jedoch ist die Realisierung in der Praxis noch auf wenige Spezialfälle beschränkt. Die Ursache für die nur schleppende Einbindung der Qualitätssicherung (hier speziell der Koordinatenmeßtechnik als Zweig der Fertigungsmeßtechnik) in die rechnerintegrierte Fertigung (CIM) ist hauptsächlich darin zu suchen, daß die z. Zt. verfügbaren und genormten Softwareschnittstellen noch längst nicht alle Belange der täglichen Betriebspraxis abdecken. Die gegenwärtige, intensive Entwicklungsarbeit auf diesem Gebiet läßt hoffen, daß in einigen Jahren ein Datenaustausch zwischen den verschiedenen C-Techniken ohne manuelle Eingriffe möglich sein wird. Erst in diesem Stadium der Realisierung von CIM, in dem eine weitgehende *Durchlässigkeit der Daten* innerhalb eines Betriebes erreicht ist, werden die heutigen „Insellösungen" in eine *umfassende rechnergeführte Qualitätssicherung* (CAQ) übergehen, die in allen Stadien des Entwicklungs- und Fertigungsprozesses Bedeutung erlangt (Abschnitt 18.1).

Um deutlich zu machen, welche Möglichkeiten in einer solchen Vernetzung der verschiedenen C-Techniken stecken, soll hier ein Beispiel aus der Kegelradfertigung erläutert werden, das seit einigen Jahren im Einsatz ist. Das Programm G-MET verknüpft Kegelrad-/Tellerrad-Verzahnungsmaschinen der Fa. Gleason mit einem Zeiss-Koordinatenmeßgerät. Das Programm berechnet zunächst auf der Basis einiger grundlegender Bestimmungsgrößen eine theoretische Zahngeometrie in Form eines Punktegitters, das die Zahnflanken überdeckt. Zu jedem einzelnen Punkt werden die räumlichen Koordinaten und Normalenrichtungen auf der Oberfläche berechnet und gemein-

18.2 Rechnergeführte Meßgeräte

sam mit einigen Datenblättern, Maschineneinstellungen, Schnittparametern und Rohlingsmaßen ausgegeben. An Hand dieses Datenmaterials wird eine erste Maschineneinstellung vorgenommen und die erste Verzahnung gefertigt. Danach wird die Ist-Oberfläche des Werkstückes mit dem Programm G-MET auf einem Zeiss-Koordinatenmeßgerät gemessen und mit der zuvor berechneten, theoretischen Zahngeometrie verglichen. Zu jedem einzelnen Punkt erhält man eine Abweichung vom zugehörigen Sollpunkt, die wie in Bild 18.29 dargestellt in einem Punktegitter eingetragen werden kann. Aus der Gesamtheit der räumlich verteilten Abweichungen berechnet das Programm direkt die notwendigen Korrektureinstellungen an der jeweils verwendeten Verzahnungsmaschine

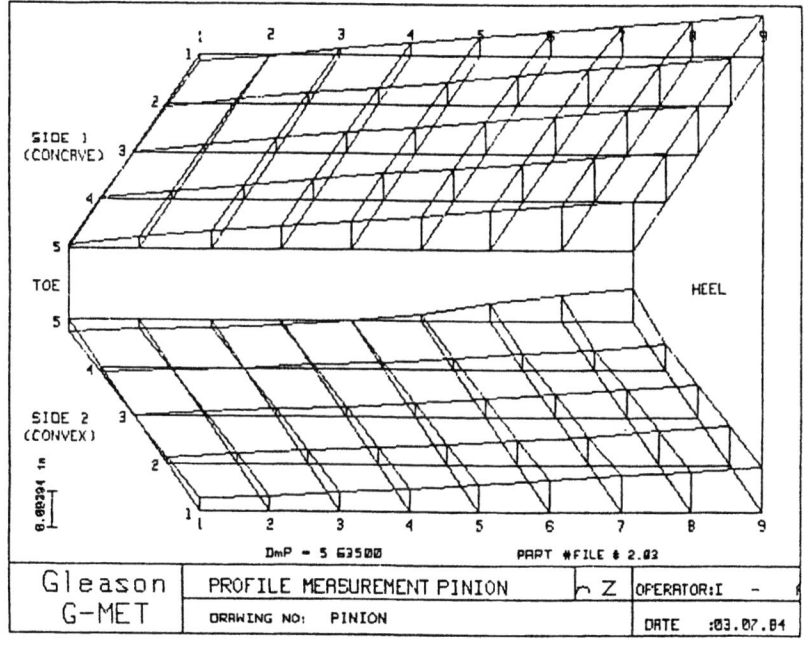

Bild 18.29 a) vor der ersten Korrektur
Gemessene Flankenformabweichung und Korrekturwerte für Verzahnungsmaschine [18.22]

(unterer Teil von Bild 18.29). Ohne die Unterstützung durch einen Rechner müssen diese Korrekturen allein auf Grund der graphisch ausgegebenen Abweichungen ermittelt werden. Das ist grundsätzlich möglich, setzt aber ein vertieftes Wissen über die Zahngeometrie und die Eingriffsverhältnisse in der Verzahnungsmaschine voraus. Auch dann ist eine zielgerichtete Korrektur, wie beim Übergang von Bild 18.29a zu b, nicht immer möglich und muß häufig durch „Probieren" oder spezifische Erfahrungswerte ersetzt werden.

Durch die Durchlässigkeit der Daten vom Generieren der Sollform (Konstruktion) über die Fertigung in die Qualitätsprüfung und zuruck wird das Anfahren der Produktion und die laufende Fertigungsüberwachung und -steuerung erheblich verbessert.

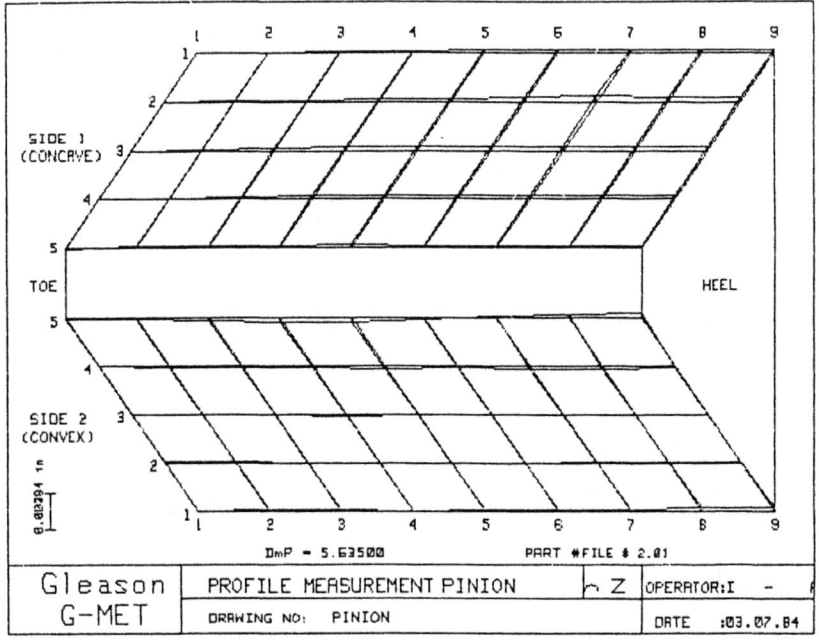

Bild 18.29 b) nach der ersten Korrektur der Maschineneinstellung

18.3 Literatur

Bücher

[18. 1] *Höhl, M.* (Hrsg.): Integrierte Qualitätssicherung als Managementaufgabe. gfmt Gesellschaft für Management und Technologie mbH, Verlags KG, München 1987.
[18. 2] *Bläsing, J. P.* (Hrsg.) und *F.-F. Neubauer* (Beitrag): Praxishandbuch Qualitätssicherung, Band 3, Qualitats-Management – aus der Sicht des Marktes. Ergebnisse aus dem PIMS-Programm. gfmt Gesellschaft für Management und Technologie mbH, Verlags KG, München 1987.
[18. 3] *Masing, W.* (Hrsg.): Handbuch der Qualitatssicherung. Carl Hanser Verlag, München 1980.
[18. 4] *Pahl, G.* und *W. Beitz*: Konstruktionslehre. Springer-Verlag, Berlin 1986.
[18. 5] *Spur, G.*: Handbuch der Fertigungstechnik, Band 2. Carl Hanser Verlag, München 1983.
[18. 6] *Warnecke, H. J.* und *W. Dutschke*: Handbuch Fertigungsmeßtechnik. Springer-Verlag, Berlin 1984.
[18. 7] Deutsche Gesellschaft für Qualitat e. V. (Hrsg.): DGQ-Schrift 16–30: Qualitatsregelkarten. Beuth Verlag, Berlin 1979.
[18. 8] Deutsche Gesellschaft für Qualitat e. V. (Hrsg.): DGQ-Schrift 17–25: Das Lebensdauernetz, Beuth Verlag, Berlin 1979.
[18. 9] Deutsche Gesellschaft für Qualitat e. V. (Hrsg.): DGQ-Schrift 14–11: Qualitätszirkel. Beuth Verlag, Berlin 1984.
[18.10] *Zink, K. J.* und *G. Schick*: Quality Circles. Carl Hanser Verlag, München 1984.
[18.11] *Gaster, D.*, Deutsche Gesellschaft für Qualität e. V. (Hrsg.): DGQ-Schrift 12–28: Qualitätsaudit, Beuth Verlag, Berlin 1984.
[18.12] Deutsche Gesellschaft fur Qualität e. V. (Hrsg.): DGQ-Schrift 14–17: Qualitatskosten, Beuth Verlag, Berlin 1985.
[18.13] *Wildemann, H.* (Hrsg.): Überprufung der Effizienz von Qualitätssicherungssystemen. gfmt Gesellschaft für Management und Technologie, Munchen 1986.
[18.14] *Juran, J. M.*: Quality Control Handbook. McGraw-Hill, Inc., New York 1974.
[18.15] *Geiger, W.*: Qualitätslehre, Einführung, Systematik, Terminologie. Verlag Friedr. Vieweg & Sohn, Braunschweig/Wiesbaden 1986.
[18.16] *Großberndt, H.* und *D. Strelow*: Lieferqualitat automatengerechter Schrauben VDI-Z Bd. 129 (1987), Nr. 9 – September, S. 68–78.
[18.17] *Busch, M., D. Fatehi* und *A. Hahner*: Kleinrechnereinsatz zur Automatisierung von Prüfablaufen im Wareneingangs- und Fertigungsbereich, ZWF 75 (1980), S. 542–545.
[18.18] Leitz QUINDOS, Grundkurs fur stationare Koordinatenmeßgeräte. Firmendruckschrift Fa. Ernst Leitz GmbH, Wetzlar (1987).
[18.19] *Warnecke, H.-J.* et al.: Handbuch Qualitätstechnik. Verlag Moderne Industrie, Landsberg/Lech, Loseblatt-Ausgabe (Stand 1987).
[18.20] Die neue CNC-Koordinaten-Meßtechnik. Firmendruckschrift Fa. Wilhelm Fette GmbH, Schwarzenbek 1986.
[18.21] Leitz kontrolliert Lehren. Firmendruckschrift Fa. Leitz GmbH, Wetzlar 1985.
[18.22] *Neumann, H. J.* und *B. Neuhaus*: Messung von Zylinder- und Kegelradern auf Koordinaten-Meßgeräten. Firmendruckschrift Fa. Carl Zeiss, Oberkochen 1984.
[18.23] Polarkoordinaten-Meßzentrum. Firmendruckschrift und Produktinformation 644 CI der Fa. Carl Mahr GmbH, Esslingen 1987.
[18.24] *Goch, G.*: Theorie der Prufung gekrummter Werkstuck-Oberflächen in der Koordinatenmeßtechnik. Dissertation Univ. d. Bw., Hamburg 1982.
[18.25] *Wollersheim, H. R.*: Theorie und Lösung ausgewahlter Probleme der Form- und Lage-Prufung auf Koordinatenmeßgeraten. Dissertation RWTH Aachen 1984.
[18.26] *Goch, G., R.-D. Peters* und *F. Schubert*: Beschreibung gekrummter Flächen in der Mehrkoordinaten-Meßtechnik. VDI-Berichte Nr. 378, VDI-Verlag, Dusseldorf 1980.

Normen

DIN 4760		Gestaltabweichungen; Begriffe, Ordnungssystem
DIN 4768	Teil 1	Ermittlung der Rauheitsmeßgrößen R_a, R_z, R_{max} mit elektrischen Tastschnittgeräten; Grundlagen
	Teil 1	Beiblatt 1: Ermittlung der Rauheitsmeßgrößen R_a, R_z, R_{max} mit elektrischen Tastschnittgeräten; Umrechnung der Meßgröße R_a in R_z und umgekehrt
DIN 4774		Messung der Wellentiefe mit elektrischen Tastschnittgeräten
DIN 40 080		Verfahren und Tabellen für Stückprobenprüfung anhand qualitativer Merkmale (Attributprüfung)
DIN 55 350		Begriffe der Qualitätssicherung und Statistik

19 Innerbetriebliche Transport- und Lagersysteme

19.1 Grundlagen

19.1.1 Begriffsbestimmungen, Einordnungen

Die VDI-Richtlinie 3300 definiert den *Materialfluß* als die Verkettung aller Vorgänge beim Gewinnen, Bearbeiten und Verarbeiten sowie bei der Verteilung von stofflichen Gütern innerhalb festgelegter Bereiche, d.h., hier wird die funktionale Aufgabe des Materialflusses in Form der Verkettung der Vorgänge hervorgehoben, wie das Transportieren, das Handhaben, der ungewollte Aufenthalt und die gewollte Lagerung. Somit dienen die *Transport-* und *Lagersysteme* der Ver- und Entsorgung eines Betriebes. Die Aufgabe der Unternehmenslogistik [19.3, S. 203] besteht darin, den Material-, Waren- und Produktfluß sowie den dazugehörigen Informationsfluß vom Lieferanten zum Unternehmen, im Unternehmen und vom Unternehmen zum Kunden zu planen, zu gestalten, zu steuern und zu kontrollieren, d.h., eine Reihe von logistischen Einzelfunktionen werden durch die Transport- und Lagersysteme übernommen. Daraus ist zu folgern, daß das Ziel der Logistik auch das Ziel des Materialflusses und damit die Aufgabe der Transport- und Lagersysteme ist, nämlich die Bereitstellung der richtigen Ware in der richtigen Menge zum richtigen Zeitpunkt am richtigen Ort zu jeweils minimalen Kosten. Dies kann nur durch die Steuerungs- und Organisationskomponente der Systeme erreicht werden, die die Transport- und Lagervorgänge wirtschaftlich, möglichst personalarm, also mit hohem Technisierungsgrad und sinnvoll organisiert ablaufen lassen.

Die Bedeutung der *innerbetrieblichen Förder- und Lagersysteme* ist an den hierdurch verursachten Kosten zu erkennen, die sich aus Personal-, Raum-, Transport-, Kapital-, Fördermittel- und Lagereinrichtungskosten zusammensetzen (VDI-Richtlinie 3330). Sie betragen z.B. bezogen auf den Umsatz ca. 32 % in der Nahrungsmittelindustrie, ca. 24 % in der chemischen Industrie und ca. 16 % in der Textilindustrie.

19.1.2 Bildung von Ladeeinheiten

Die entscheidende Ausgangsgröße bei der Planung von Transport- und Lagersystemen ist das Transport- bzw. Lagerobjekt in Form von Stückgut oder Schüttgut. *Stückgut* existiert entweder als Einzelstück, als Massengut von Einzelstücken oder bildet mit Hilfe eines Förderhilfsmittels (Ladehilfsmittel) eine Ladeeinheit. Um anforderungsgerechte Transportmittel für die Beförderung und Handhabung des Stückgutes auswählen zu können, müssen die Eigenschaften des Einzelstückes oder der Ladeeinheit exakt bekannt sein. Diese Eigenschaften beziehen sich auf die Maße, Form, Bodenfläche, mechanische Eigenschaften, Empfindlichkeit und sonstiges. Zu den Förderhilfsmitteln gehören:

— Paletten als
  - Flachpaletten (Zwei- und Vierwegpaletten),
  - Boxpaletten (Vollwand- und Gitterboxpaletten),
  - Spezialpaletten (Faßpalette, Rungengestell, Flüssigkeitspalette),
— Transport- und Lagerkästen (Sicht-, Stapel- und Sonderkästen),
— Behälter (Transport- und Stapelbehälter),
— Container (Open-Top-, Open-Side-Container).

Die Bildung von *Ladeeinheiten* mit diesen Förderhilfsmitteln hat die Vorteile:
— Einsparung von Umladevorgängen,
— Reduzierung von Handhabungszeiten,
— Schonung des Transportgutes, Sicherung gegen Diebstahl,
— Erhohung der Umschlagsleistung,
— Bildung von Transportsystemen und -ketten,
— Erleichterung der Mechanisierung bzw. Automatisierung,
— Einsparung von Verpackungskosten,
— Erhöhung der Auslastung der Trasnportmittel.

Besonders langes Stückgut ($>$ 2,5 m) wird als *Langgut* bezeichnet.

Loses Gut in schüttbarer Form — *Schüttgut* — läßt sich nach Formbeschaffenheit (Korngröße, Kornform), nach dem Zusammenhalt und Fließverhalten, nach den physikalischen und chemischen Eigenschaften, nach Schüttdichte und Temperatur charakterisieren (VDI-Richtlinie 2393).

19.1.3 Aufgaben und Funktionen von Transport- und Lagersystemen

Das *Transportsystem* ist fur die Durchführung des innerbetrieblichen Transportes zuständig. Die primäre Aufgabe liegt also in der Raumüberbruckung, die sekundäre in der Kurzzeituberbrückung (Pufferung). Diese zusätzliche Möglichkeit erhöht die Anpassungsfähigkeit und die Flexibilität des Transportsystems. Den Aufgaben lassen sich Funktionen zuordnen, die das Transportsystem unabhängig von seinem Einsatzbereich zu erfüllen hat. Solche Funktionen sind Befördern, Verteilen, Sammeln, Puffern.

Lagern ist ein geplanter Aufenthalt, so daß die Hauptaufgabe des *Lagersystems* die Langzeitüberbrückung ist. Zu jeder Lagerung gehört zwangsläufig ein Ein- und Auslagerungsvorgang, also ergeben sich in der zeitlichen Abfolge des Lagerprozesses folgende Funktionen eines Lagersystems: Einlagern — Lagern — Auslagern (im Kommissionierbereich sind diese Funktionen oft mit Beschicken — Bereitstellen — Sammeln bezeichnet).

19.1.4 Gesichtspunkte zur Planung von Transport- und Lagersystemen

Die Planung hat die Aufgabe, das Anforderungsprofil an das Transport- und Lagersystem durch Informationsbeschaffung zu ermitteln und Leistungsprofile konkreter Systeme zu beschaffen. Mit Hilfe des Planungsinstrumentariums werden dem Anforderungsprofil verschiedene mögliche Leistungsprofile gegenübergestellt, um das System auszuwählen, das am weitesten die Anforderungen erfüllt [10.1, S. 58 und 19.11, S. 13].

Ausgehend von einer genau formulierten Aufgabenstellung wird in der *Informationsphase* das Anforderungsprofil bestimmt. Die dabei zu ermittelnden Daten beziehen sich auf die Art des Transportgutes, Transportweges, Antriebes, Energiezufuhr, Betriebsdauer, Stückgutstrom, Auf- und Abgabeeinrichtungen, Übergabestellen, Bedienung und Wartung, Umgebungseinflüsse, Sicherheitsvorkehrungen, konstruktive Gestaltung, Investitionen und Betriebskosten, Schnittstellen, gesetzliche Bestimmungen [19.5, S. 10 f], Auftragsstruktur, Artikelstruktur und Restriktionen.

19.2 Transportsysteme

Diese Planungsdaten müssen verarbeitet und festgelegt werden, um so das Anforderungsprofil erstellen zu können, mit dessen Hilfe die Systemfindung durchgeführt wird. Bei der Suche nach dem geeignetsten System ergeben sich immer mehrere Lösungsalternativen, die mittels Bewertungsverfahren, Nutzwertanalyse und/oder Wirtschaftlichkeitsvergleiche gegeneinander differenziert werden. Ein normaler Planungsprozeß läuft in den Stufen ab: Vorstudie, Systemplanung, Ausführungsplanung, Ausführung, Kontrolle [19.6, S. 37 ff.].

19.2 Transportsysteme

19.2.1 Strukturierung eines Transportsystems

Die im Abschnitt 19.1.3 aufgeführten Funktionen bilden die Möglichkeit *Transportsystemtypen* zu bilden durch Verwendung der im Vordergrund stehenden Funktion:
- Beförderungssystem,
- Verteilsystem,
- Sammelsystem.

Den Einzelfunktionen werden also Funktionsträger zugeordnet. Ein Transportsystem setzt sich zusammen aus:
- den Transportobjekten,
- den Transportsystemtypen,
- dem Steuerungssystem (s. Abschnitt 19.4),

Tabelle 19.1 Einsatzgebiete der Fördermittel

Einsatzgebiet / Fördermittel	Fördergut		Förderrichtung			Förderbereich flächenförmig				Beweglichkeit des Förderers		
	Stückgut	Schüttgut	geneigt	waagerecht	senkrecht	punktförmig	linienförmig	begrenzt	unbegrenzt	ortsfest	ortsbeweglich	freibeweglich
Stetigförderer												
Gurtförderer	x	x	x	x	o		x	x		x	x	
Becherwerk		x	x	x	x		x	x		x		
Kreisförderer	x		x	x	x			x		x		
Trogkettenförderer		x	x	x	x			x		x		
Schneckenförderer		x	x	x	x	x	x			x		
Schüttelrutsche		x	x	x			x			x		
Schwingrinne		x	x	x	x		x			x		
Rollenförderer	x		x				x			x		
Rutschen	x		x		x	x	x			x		
Pneumatikförderer	x	x	x	x	x	x	x			x		
Hydraulikförderer		x	x	x	x		x			x		
Unstetigförderer												
Schlepper	x			x				x				x
Wagen	x			x				x				x
Stapler	x			x	x			x				x
Winden	x	x	x	x	x	x	x			x		
Drehkran	x	x		x	x			x	x	x	x	
Brückenkran	x	x		x	x			x		x		
Kabelkran	x	x		x	x	x		x	x	x		
Aufzug	x				x		x			x		

x Einsatzgebiet   o mit Einschränkungen oder in Sonderkonstruktion möglich die nicht losgelöst voneinander betrachtet werden dürfen, da zwischen ihnen Abhängigkeiten bestehen.

Die Funktionsträger des Beförderungssystems sind die Strecken- und Verbindungselemente in Form der *Transportmittel*, analog beim Verteilsystem die Verzweigungselemente und beim Sammelsystem die Zusammenführungselemente. Die Transportmittel lassen sich nach verschiedenen Gesichtspunkten wie Transportgut, Förderrichtung, Förderbereiche, Beweglichkeit oder zeitliche Arbeitsweise ein- und unterteilen. Die Einsatzgebiete sind in Tabelle 19.1 tabellarisch zusammengestellt, wobei die Einteilung nach der zeitlichen Arbeitsweise in Stetig- und Unstetigförderer durchgeführt wurde.

19.2.2 Bestimmungsgrößen für Transportsysteme

Bezugnehmend auf Abschnitt 19.1.4 gehören für die aufgaben- und anforderungsgerechte Zuordnung von Transportmitteln folgende Bestimmungsgrößen:
- die Eigenschaften des Transportgutes (Abschnitt 17.1.2),
- die Eigenschaften des Transportweges und des Transportortes,
- die Eigenschaften des Transportvorgangs.

Zu den Eigenschaften des *Transportweges* und *-ortes* gehören die Neigung der Transportstrecke, die Länge zwischen der Gutaufnahme und Gutabgabe, die Bodentragfähigkeit, die Flurbeschaffenheit, die Linienführung und die Umgebungseinflüsse.

Die Eigenschaften des *Transportvorgangs* sind gekennzeichnet durch
- Volumen-, Masse- oder Stückstrom (Durchsatz),
- Transportgutaufgabe, Transportgutabgabe,
- Zusatzfunktionen,
- Technisierungsgrad.

Bei der Betrachtung der Transportarbeit und der Transportleistung ist von einer physikalischen, einer technischen und einer arbeitsphysiologischen Definition auszugehen. Die *physikalische Transportleistung* ist:

$$P = \frac{(F_R + F_H + F_A) v}{1\,000\, \eta_{ges}} \text{ in KW,} \tag{2.1}$$

F_R in N Roll- und Gleitreibung,
F_H in N Kraft zur Überwindung von Steigungen,
F_A in N Beschleunigungskraft.

Die *technische Transportleistung* wird angegeben für:
- Stetigförderer bei:
  - Schuttgut als:

    Volumenstrom $\dot{V} = 3\,600\, A \cdot v$ in m³/h, (2.2)
    Massenstrom $\dot{m} = \dot{V} \cdot \rho_s$ in t/h, (2.3)
  - Stuckgut als:

    Massenstrom $\dot{m} = 3\,600\, \dfrac{m \cdot v}{l}$ in t/h, (2.4)

    Stuckstrom $\dot{m}_{ST} = 3\,600\, \dfrac{v}{l}$ in Stuck/h; (2.5)

9.2 Transportsysteme

- Unstetigförderer:

Massenstrom $\dot{m}_e = 60 \dfrac{m}{t_s}$ in t/h, (2.6)

Anzahl Förderer $z = \dfrac{\dot{m}}{\dot{m}_e}$. Stück (2.7)

Es bedeuten:

v	in m/s	Fördergeschwindigkeit,
η_{ges}		Gesamtwirkungsgrad,
A	in m²	Gutquerschnitt,
ρ_s	in t/m³	Schüttdichte,
m	in t	Masse des Einzelstückes, der Transporteinheit,
l	in m	Abstand der Stücke voneinander,
t_s	in min	mittlere Spielzeit.

Die *arbeitsphysiologische Transportleistung* ist die für Handtransporte, für Sortier-, Verpackungs- und Verladevorgange erforderliche körperliche Energie, die durch Mechanisierung und Automatisierung möglichst verringert werden soll.
Nach Möglichkeit werden Transportmittel nach dem Baukastenprinzip (Standardisierung, Reihenbildung) konstruiert und gefertigt. Damit kann eine kundenspezifische Einzelkonstruktion aus erprobten und bewährten Bauteilen zusammengestellt werden, so daß lange Lieferzeiten sich reduzieren, die Ersatzteilhaltung geringer, die Austauschbarkeit größer und der Kundendienst für Reparaturen einfacher ist (Bild 19.1). Die Transportmittel setzen sich aus Bauelementen, -teilen und -gruppen zusammen, die im folgenden kurz aufgelistet werden:
- Seiltriebe (Drahtseile, Seilrollen, Seiltrommeln, Treibscheiben, Flaschenzüge),
- Kettentriebe (Ketten, Kettenräder, Kettentrommeln),
- Laufräder und Schienen,

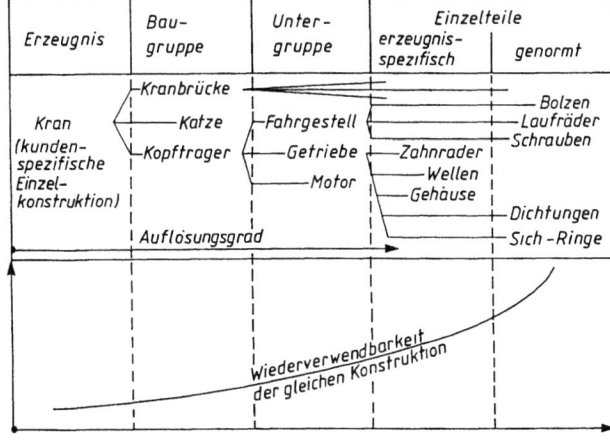

Bild 19.1 Auflösung eines Krans in Baugruppen und Einzelteile.

- Antriebe (verbrennungs- und elektromotorischer Antrieb, Batteriebetrieb),
- Bremsen mit Bremslüftern, Gesperre,
- Übersetzungsgetriebe,
- Lastaufnahmeeinrichtungen für Stück- und Schüttgut (Lasthaken, Schäkel, Hakengeschirre, Anschlagmittel, Zangen, Klemmen, Greifer, Lasthebegeräte),
- Hebezeuge (Elektrozüge, Winden),
- elektrische Ausrüstung (Steuerung, Stromzuführung)
- Sicherheitseinrichtungen (Endschalter, Überlastsicherung, Abstandssicherung),
- Stahlbau.

19.2.3 Stetigförderer

Eine Einteilung der *Stetigförderer* nach konstruktiven und funktionalen Gesichtspunkten zeigt Tabelle 19.2. Sie werden überall dort wirtschaftlich eingesetzt, wo große oder stetig anfallende Fördergutströme mit gleichartigen Gütern auf immer denselben Wegen gefördert werden müssen. Besonders wirtschaftlich ist es, beim Transportieren zusätzliche Produktionsvorgänge wie Befeuchten, Trocknen, Mischen, Sortieren, Zusammenstellen, Kühlen, Erwärmen, Montieren usw. auszuführen. Die Vorteile der Stetigförderer sind:

- einsetzbar zur horizontalen, geneigten und senkrechten Förderung,
- günstiges Totlastverhältnis = Nutzmasse : (Nutzmasse + Totmasse)
- Vermeidung von Totzeiten, einfache Bauart,
- hohe Transportgeschwindigkeiten, gleichmäßiger Materialfluß,
- gut automatisierbar,
- hohe Typenvielfalt, Anpassungsfähigkeit.

Die Bilder 19.2 bis 19.7 vermitteln in Funktionszeichnungen die wichtigsten Stetigfördersysteme in ihren Grundkonzeptionen.

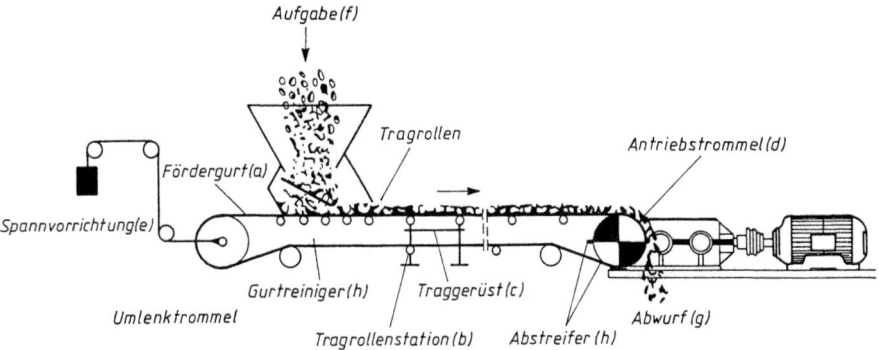

Bild 19.2 Grundaufbau eines Gummigurtförderers.

19.2 Transportsysteme

Tabelle 19.2 Einteilung der Stetigförderer nach konstruktiven und funktionalen Gesichtspunkten

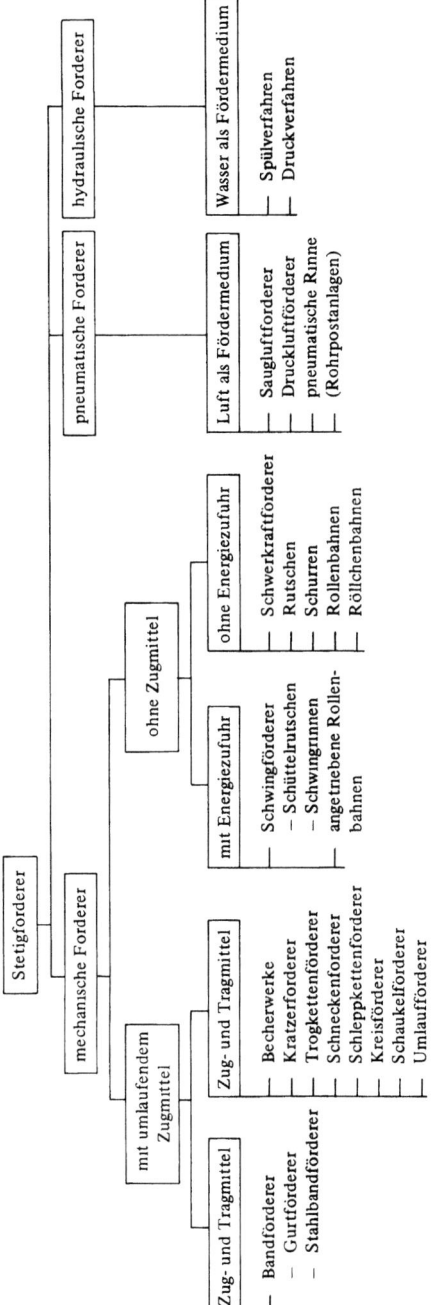

752 19 Innerbetriebliche Transport- und Lagersysteme

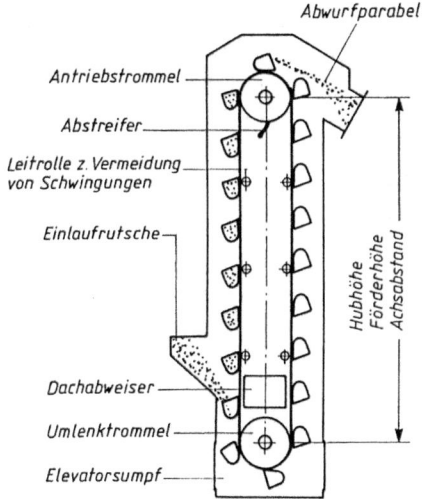

Bild 19.3
Konstruktiver Aufbau eines Gurtbecherwerkes.

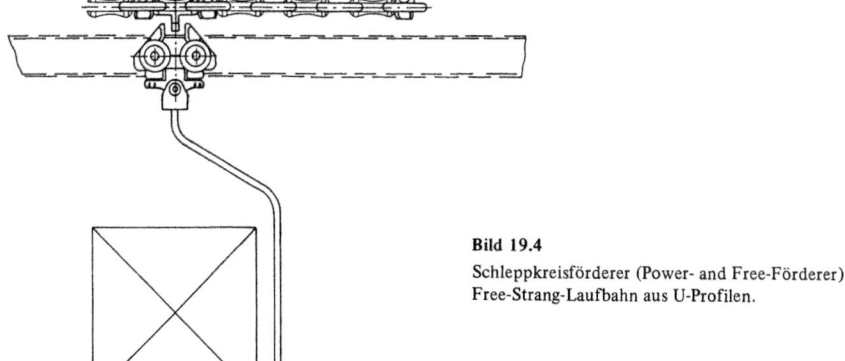

Bild 19.4
Schleppkreisförderer (Power- and Free-Förderer)
Free-Strang-Laufbahn aus U-Profilen.

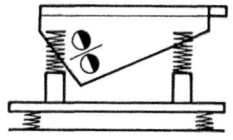

Bild 19.5
Schwingrinne mit Wuchtmassenantrieb und Gegenschwingrahmen.

19.2 Transportsysteme

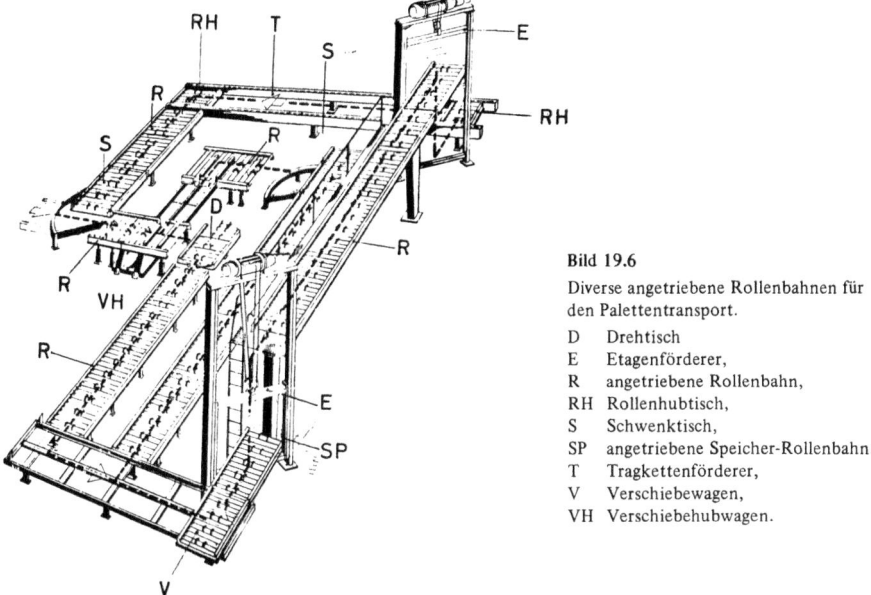

Bild 19.6 Diverse angetriebene Rollenbahnen für den Palettentransport.
D   Drehtisch
E   Etagenförderer,
R   angetriebene Rollenbahn,
RH Rollenhubtisch,
S   Schwenktisch,
SP angetriebene Speicher-Rollenbahn,
T   Tragkettenförderer,
V   Verschiebewagen,
VH Verschiebehubwagen.

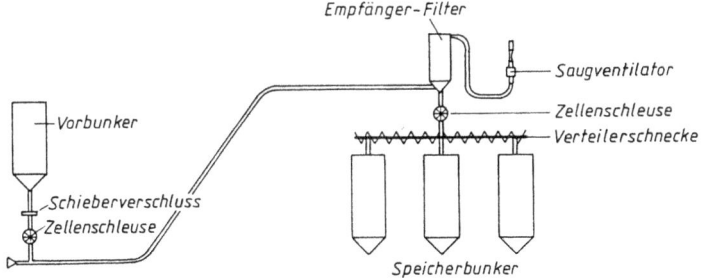

Bild 19.7 Schema eines einfachen Saugluftfördersystems.

19.2.4 Unstetigförderer

Die Ein- und Unterteilung der *Unstetigforderer* wird in Tabelle 19.3 wiedergegeben, die Einsatzgebiete sind der Tabelle 19.1 zu entnehmen.

Die meist auf Schienen fahrenden *Krane* bedienen einen dreidimensionalen Raum, der durch die Fahrbahn in der Fläche und durch die oberste Hakenstellung in der Höhe begrenzt wird. Aus der Vielfalt der Bauformen und Systeme sind in Bild 19.8 einige in schematischer Form dargestellt.

Regalforderzeuge (Bild 19.9), die eine Weiterentwicklung des Stapelkranes sind, werden meist als bodenverfahrbare Gerate in Einsaulen- und in Zweisaulenbauweise hergestellt. Sie dienen der Ein- und Auslagerung von Lagergütern auf Transporthilfsmitteln bei Flachhoch- und Hochregallagern, aber auch zur Kommissionierung von Fachbodenregalen.

Für den innerbetrieblichen Materialfluß haben in erster Linie die gleislosen *Flurförderer* Bedeutung. Man setzt sie überall dort ein, wo unregelmäßige Transport- und Hubaufgaben mit wechselnden Wegen bei kleinen bis mittleren Entfernungen von Stückgut zu bewältigen sind. Die vielseitige Verwendbarkeit des gleichen Geräts ist häufig an ein Transporthilfsmittel als Ladeeinheit gebunden. Dem freizügigen Einsatz in allen Betriebsbereichen, der großen Beweglichkeit und Wendigkeit, dem Fahren in schmalen Gängen, den vergleichsweise niedrigen Anlage- und Betriebskosten, der großen Anpassungsmöglichkeit an Betriebsumstellungen stehen eine beschränkte Ladefähigkeit, die Einsatzabhängigkeit von der Bodenbeschaffenheit und die Bodenbelastbarkeit sowie der Personalaufwand entgegen. Bild 19.10 gibt die Einteilung und die Bauformen der Flurförderer wieder, Bild 19.11 zeigt einen Schlepper mit Fahrersitz, der für begleitfreie Förderung mit einer induktiven Lenk- und Fahrsteuerung versehen werden kann. Gerade solche fahrerlosen Transportsysteme (FTS) werden in zunehmendem Maße zur Transportrationalisierung eingesetzt. Der in Bild 19.12 gezeigte Gabelstapler kann mit diversen Zusatzgeräten (Bild 19.13) ausgestattet werden und ist bei der Ein- und Auslagerung einer Palette im Block- oder Regallager in der Draufsicht dargestellt.

Tabelle 19.3 Ein- und Unterteilung der Unstetigförderer

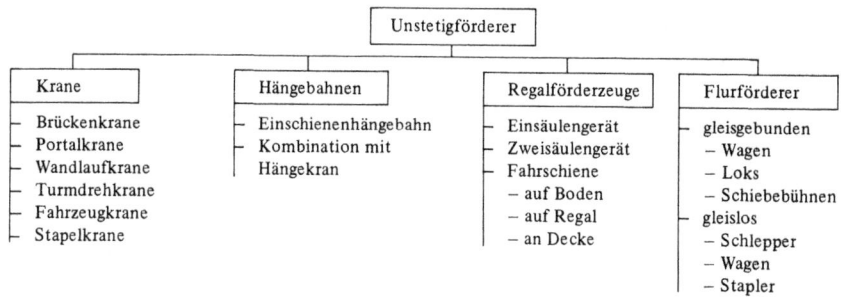

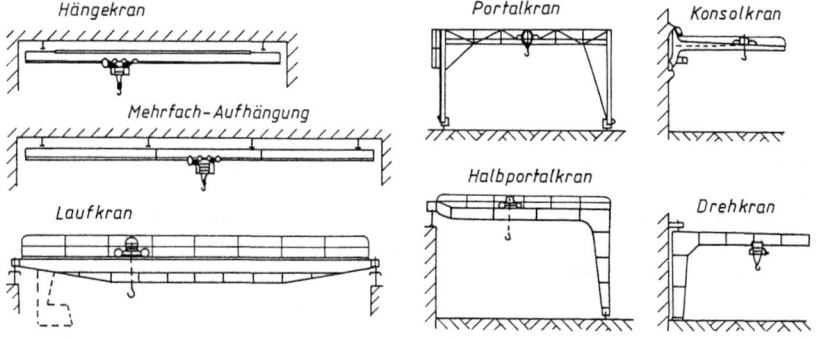

Bild 19.8 Kranbauformen (schematisch).

19.2 Transportsysteme

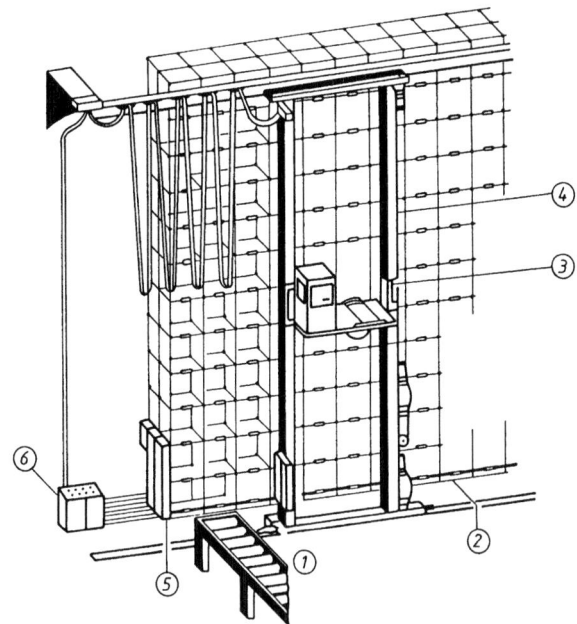

Bild 19.9 Automatisch gesteuertes Regalförderzeug
1 Istwertgeber horizontal,
2 Kennung horizontal,
3 Istwertgeber vertikal,
4 Kennung vertikal,
5 Schaltschrank Positioniersteuerung,
6 Steuerpult mit Sollwerteingabe.

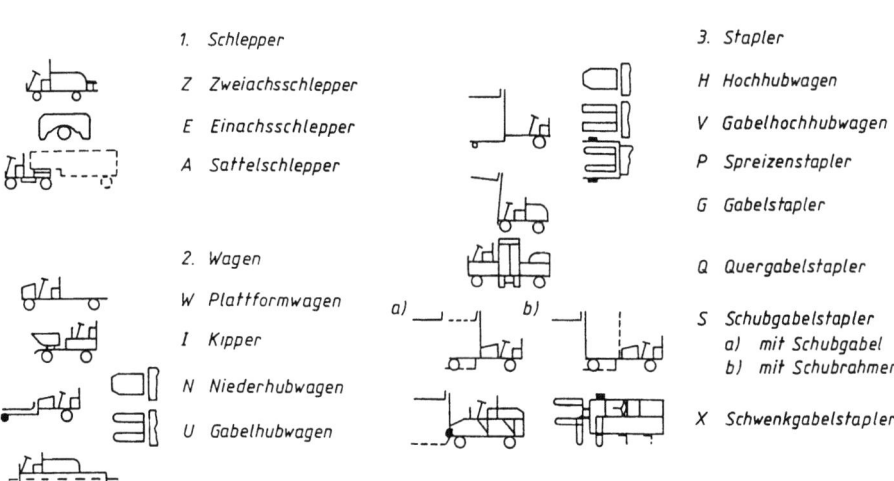

Bild 19.10 Einteilung und Bauformen der Flurförderer.

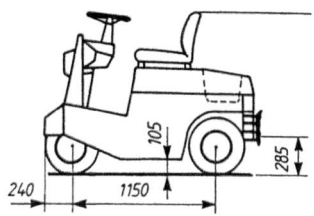

Bild 19.11
Elektro-Schlepper für 4 t Anhängelast in Dreiradbauweise.

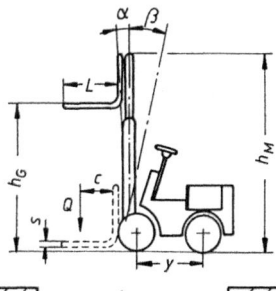

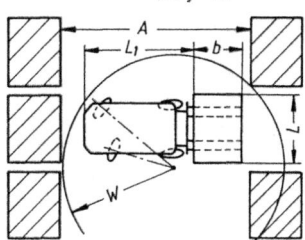

Bild 19.12
Frontgabelstapler im Einsatz (charakteristische Größen).
Q Traglast,
c max. Schwerpunktabstand der Last,
L Gabellänge,
s Gabeldicke,
h_G max. Hubhöhe,
α, β Neigungswinkel des Mastes,
h_M max. Höhe des ausfahrbaren Mastes,
b, l Lademittelmaße,
A Gangbreite,
W kleinster Wendekreisradius,
y, L_1 Wagenmaße.

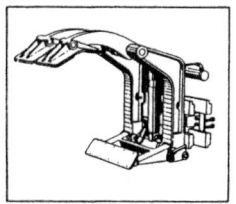

Drehbare hydraulische
Rollenklammer

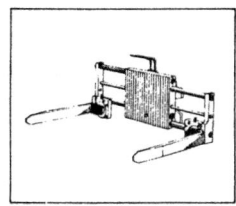

Hydraulische Klammer mit
drehbaren Zinken

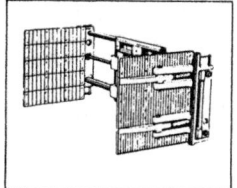

Hydraulische Karton- und
Ballenklammer

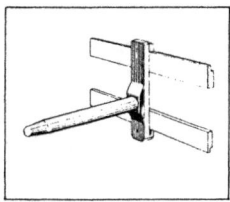

Tragdorn

Bild 19.13
Anbaugeräte für Frontgabelstapler.

19.3 Lagersysteme

19.3.1 Allgemeines

Im Industriebetrieb hat das *Lager* die Aufgabe,
- Schwankungen im Beschaffungsmarkt auszugleichen,
- die Produktion kontinuierlich mit Material zu versorgen und flexibel auf Produktionsänderungen zu reagieren,
- Rohstoffe, Halbfabrikate und Hilfsguter preisgunstig einzukaufen,
- Zwischenprodukte, die nicht am Produktionsprozeß teilnehmen, aufzubewahren,
- Fertigwaren bis zur Abnahme zu lagern.

Ein Lager stellt also bei dem Prinzip der Vorratshaltung von Gütern ein nicht vermeidbares Kurzzeit- bis Langzeitpuffer fur ankommende und abgehende Guter, der Beschaffungs-, Fertigungs- und Absatzseite dar. Werden in einem Unternehmen alle Guter in einem Lager untergebracht, spricht man vom *Zentrallager* im Gegensatz zur *dezentralen Lagerung*. Die Vorteile beider Prinzipien zeigt Tabelle 19.4.

Tabelle 19.4 Vorteile zentraler und dezentraler Lagerung

Vorteile bei	
zentraler Lagerung	dezentraler Lagerung
konzentrierte Lagerung	verringerte Transportkosten
keine Mehrfachlagerung	schnellere Belieferung
weniger Kapitalbindungskosten	kurze Wege
gute Übersichtlichkeit	geringere Materialflußkosten
bessere Bestandsüberwachung	Lagertechnik besser den Bedürfnissen angepaßt
erhöhter Flachen-, Raum- und Hohennutzungsgrad	Organisationsaufwand der Einzellager geringer
geringerer Dispositionsaufwand	im Katastrophenfall ist nur ein Teil vernichtet
eher zu mechanisieren und automatisieren	
bessere Ausnutzung von Lagergeraten	

19.3.2 Strukturierung eines Lagersystems

Die Aufgabe eines *Lagersystems* besteht einmal in der Zeitberucksichtigung der Lagerguter, zum anderen in dem Mengenausgleich. Diesen Aufgaben konnen Funktionen zugeordnet werden, die sich aufgrund der zeitlichen Reihenfolge des Lagerprozesses beschreiben lassen. Ein Gesamtlagersystem besteht aus den folgenden Subsystemen mit den dazugehorenden Funktionen:
- *Wareneingangssystem:* Annehmen, Transportieren, Prufen, Ladeeinheit bilden, Abgeben;
- *zufuhrendes Transportsystem:* Annehmen, Transportieren, Stauen, Abgeben;
- Lagersystem mit
  - *Einlagerungssystem:* Annehmen, Transportieren, Ablegen;
  - *Lagerungssystem:* Speichern;
  - *Auslagerungssystem:* Entnehmen, Transportieren, Abgeben;
- *abfuhrendes Transportsystem:* Annehmen, Transportieren, Abgeben;
- *Warenausgangssystem:* Annehmen, Transportieren, Versandeinheit bilden, Verpacken, Bereitstellen, Beladen.

Nach diesem Schema sind alle in einem Unternehmen bestehenden Lager, wie das Lager für Roh-, Hilfs- und Betriebsstoffe, das Halbfabrikatelager oder das Fertigwarenlager aufgebaut, wobei nur die Anzahl der Funktionen differiert und verschiedene Subsysteme zusammengefaßt werden können. Werden nur ganze Ladeeinheiten in einem Lager ein- und ausgelagert, so spricht man vom *Einheitenlagersystem*. Bei Entnahme von Teilmengen aus einer Einheit ergibt sich ein *Kommissionierlagersystem*, das also noch die Zusatzfunktion des Umstrukturierens der Lagergüter von einem lagerspezifischen in einen verbrauchsspezifischen Zustand durchzuführen hat. Analog zum Transportsystem werden den Funktionen Funktionsträger zugeordnet. Ein Lagersystem besteht aus
— den Lagerobjekten (Lagergüter, Ladeeinheiten);
— dem Lagersystemtyp (Einheitenlager, Kommissionierlager),
— dem Steuerungssystem.

Die Funktionsträger der Lagersystemtypen sind die Ein- und Auslagerungselemente (Abschnitt 19.3.4) und die Lagerungselemente (Abschnitt 19.3.5).

19.3.3 Kommissionierlagersysteme

Unter *Kommissionierung* wird verstanden, einen Auftrag aus ganzen Einheiten und Teilmengen eines Sortiments zusammenzustellen. Dabei werden die Güter, die im Lager artikelorientiert aufbewahrt werden in auftragsorientierte Sendungen umgeordnet. Die in Tabelle 19.5 dargestellte Matrix analysiert den Kommissioniervorgang in 4 Grundfunktionen mit je zwei divergierenden Möglichkeiten. Die Kombination dieser Funktionen ergibt mögliche Kommissioniersysteme. *Statische Bereitstellung* der Artikel bedeutet, daß der Kommissionierer zur Ware geht; *dynamische Bereitstellung* der Artikel besagt, daß die Ware zum Kommissionierer kommt (Schubladenprinzip). Der Kommissioniervorgang verursacht hohe Kosten, da er sehr personalintensiv ist. Eine Analyse dieses Vorgangs zeigt, daß es durch Maßnahmen möglich ist, die Kommissionierzeit zu reduzieren. So kann die *Basiszeit*, die administrative Tätigkeiten beinhaltet, durch eine Straffung und gute Gestaltung der Arbeitsvorbereitung positiv beeinflußt werden. Durch Erhöhung der Artikelkonzentration reduziert sich die *Wegzeit*, die als Durchschnittszeit zwischen zwei Entnahmestellen eines Artikels definiert ist. Die *Greifzeit* setzt sich aus den Tätigkeiten des Hinlangens, Aufnehmens, Beförderns und Ablegens zusammen und ist abhängig von der Greifhöhe, dem Gewicht, Volumen, Anzahl der Artikel pro Entnahme und der Geschicklichkeit des Kommissionierers. Durch Informations- und Suchhilfen, durch gute Arbeitsbedingungen und geeignete Vorrichtungen kann die *Totzeit* verringert werden, die die Aufenthaltszeit vor dem Entnahmeort mit Ausnahme des Zugriffs und des Suchens und Findens des Artikelplatzes, sowie des Zählens, Anbruch bildens, Kontrollierens, Vergleichens, Lesens und Schreibens umfaßt.

Bei der *Auftragszusammenstellung* unterscheidet man:

— *auftragsorientiertes Kommissionieren:* der Sammler stellt einen Auftrag an Hand einer Entnahmeliste komplett zusammen. Diese Liste — meist EDV erarbeitet — enthält die Artikel entsprechend ihrem Lagerplatz, so daß eine Wegminimierung durch die Reihenfolge der Auflistung gegeben ist (einstufiges Auftragszusammenstellen);

Tabelle 19.5 Matrix möglicher Kommissioniersysteme

Grundfunktionen	Möglichkeit	
Bereitstellung der Waren	statisch	dynamisch
Fortbewegung des Kommissionierers	eindimensional	zweidimensional
Entnahme der Waren	manuell	mechanisch
Abgabe der Waren	zentral	dezentral

19.4 Steuerungssysteme

– *serienorientiertes Kommissionieren:* der Auftrag wird in zwei Stufen zusammengestellt. Der Sammler entnimmt bei einem Rundgang durch das Lager bei jedem Artikel die Menge für mehrere Aufträge gleichzeitig. In einer zweiten Arbeitsstufe werden dann Einzelaufträge gebildet (zweistufiges Auftragszusammenstellen).

Ist das Kommissionierlager in mehrere Zonen unterteilt, so können diese beiden Auftragszusammenstellungssysteme entweder seriell oder parallel durchgeführt werden. *Serielle Kommissionierung* bedeutet eine Nacheinanderbearbeitung der einzelnen Aufträge in den verschiedenen Lagerzonen. Unter *paralleler Kommissionierung* versteht man gleichzeitiges Sammeln der Artikel in den verschiedenen Lagerzonen.

19.3.4 Ein- und Auslagerungssysteme

Nachdem das Stückgut von der Wareneingangskontrolle freigegeben ist und auf die entsprechende Einlagerungseinheit umgepackt wurde, muß es durch ein oder mehrere geeignete Transportmittel in das Lagersystem ein- und bei Bedarf wieder ausgelagert werden. Dieser Vorgang kann manuell, mechanisch, teil- oder vollautomatisch durchgeführt werden. Während in der Ein- und Auslagerungsvorzone auf Standard-Fördermittel für Paletten, Behälter, Kartons usw. zurückgegriffen werden kann (vgl. Bild 19.6), sind für den eigentlichen Ein- und Auslagerungsvorgang sehr spezielle Unstetigförderer entwickelt worden.

In Abhängigkeit *statischer Lagergrößen* (Lagergut, Art und Anzahl der Lagereinheiten, Lagergebäude, Lagerungssystem, behördliche Auflagen, Randbedingungen) und *dynamischer Lagergrößen* (Anzahl der Ein- und Auslagerungen pro Zeiteinheit, Kommissioniersystem, Art der Auftragszusammenstellung) werden als Fördermittel für den Ein- und Auslagerungsvorgang eingesetzt

– *regalunabhängige Regalbediengeräte* (auch für Bodenlagerung): Front-Gabelstapler mit diversen Anbaugeräten, Schub- und Schubrahmenstapler, Vierwegstapler, Quergabelstapler, Hochregalstapler, Kommissionierstapler, Portalhubwagen, Stapelkran
– *regalabhängige Regalbediengeräte:* schienengebundene Regalförderzeuge (RFZ), die decken-, regal- oder meist bodenverfahrbar ausgebildet sind (siehe Bild 19.9), Kommissioniergeräte.

19.3.5 Lagerungssysteme

Lagerungssysteme bewahren Lagergüter solange auf, bis sie am Produktionsprozeß oder am Distributionsvorgang wieder teilnehmen. Für die innerbetriebliche Stückgutlagerung stehen zur Verfügung
– Lagerung ohne Lagerstelle: *Bodenlagerung.* Unterteilung in ohne oder mit Hilfsmittel als Einzel-, Linien- oder Blocklagerung
– Lagerung in Lagerstellen: *Regallagerung.* Unterteilung in Linienlagerung (Fachbodenregal, Palettenregal, Hochregal, Lagergestelle für Lagergut) und in Blocklagerung (Einfahrregal, Durchlaufregal, Verschieberegal, Umlaufregal)
– Lagerung (Pufferung) in *Stetig-* und *Unstetigförderern.* Unterteilung in Stetigförderer (angetriebene Rollenbahn, Kreisförderer, Power- and Free-Förderer, Gurtförderer, Bodenförderer, Schleppkettenförderer, Wandertische) und in Unstetigförderer (umlaufende, fahrerlose Schlepper und Gabelhubwagen).

19.4 Steuerungssysteme

Die Lagergüter können im Lagersystem nach dem Prinzip der *festen Lagerplatzordnung* oder der *freien Lagerplatzwahl* gelagert werden. Im ersten Fall wird jedem Artikel ein bestimmter starrer Lagerplatz zugeordnet, der nach Kriterien wie Umschlagshäufigkeit, Gewicht, Volumen, Abmessungen usw. ausgesucht und für lange Zeit festgeschrieben wird. Bei der freien Lagerplatzwahl

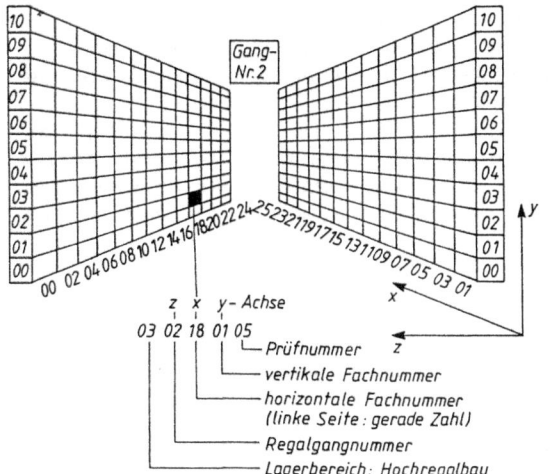

Bild 19.14
Festlegung von Lagerfachkoordinaten.

kann jeder freie Lagerplatz von irgendeinem Artikel besetzt werden. Dem Lagerplatz wird also nicht eine Artikelnummer, sondern eine Lagerplatznummer zugeordnet. Dem Vorteil einer höheren Lagerplatzausnutzung steht hier der Nachteil einer aufwendigeren Organisation gegenüber. Zur Festlegung der Lagerplätze wird ein Koordinatensystem auf dem Lagerraster aufgebaut (Bild 19.14). Der Lagerplatz liegt fest durch die Reihenfolge der Achsen: z, x, y. Die Platznummer 02 18 01 bedeutet:

- 02: z-Achse = Regalnummer oder Regalgangnummer (Gasse);
- 18: x-Achse = horizontale Fachnummer (Saule);
- 01: y-Achse = vertikale Fachnummer (Ebene).

Für große Lagersysteme sind zwei Betriebsarten möglich, deren Unterschied in der Art der Datenübertragung von der PDV an die Fordermittel liegt. Es sind dies der *off-line-* und der *on-line-Betrieb*, dargestellt im Bild 19.15.
Der Aufbau förder- und lagertechnischer Automatisierungssysteme kann wie folgt aussehen:
1. *übergeordneter Rechner* in Form einer kommerziellen Datenverarbeitungsanlage, um die Aufgaben des Einkaufes, Verkaufes, der Buchhaltung, Planung und Statistik zu übernehmen;
2. *Lagerverwaltungsrechner*, der sowohl mit dem übergeordneten Rechner wie auch mit dem Prozeßrechner Informationsaustausch betreibt und dessen Aufgaben in Warenannahmegroßen, in der strategischen Lagerabwicklung, in der Auftragsabwicklung und in der Tourenplanung liegen;
3. *Prozeßrechner*, der z.B. in real time-Steuerung die Gesamtanlage überwacht, kontrolliert und steuert. Er verfolgt die durchzuführenden Operationen, sendet und empfängt Vollzugs- und Storungsmeldungen der prozeßnahen Ebene;
4. *Geratesteuerungen* übernehmen eigenständig die Durchfuhrung der festgelegten Arbeitsablauffunktionen.

9.5 Lager- und Verteilsysteme

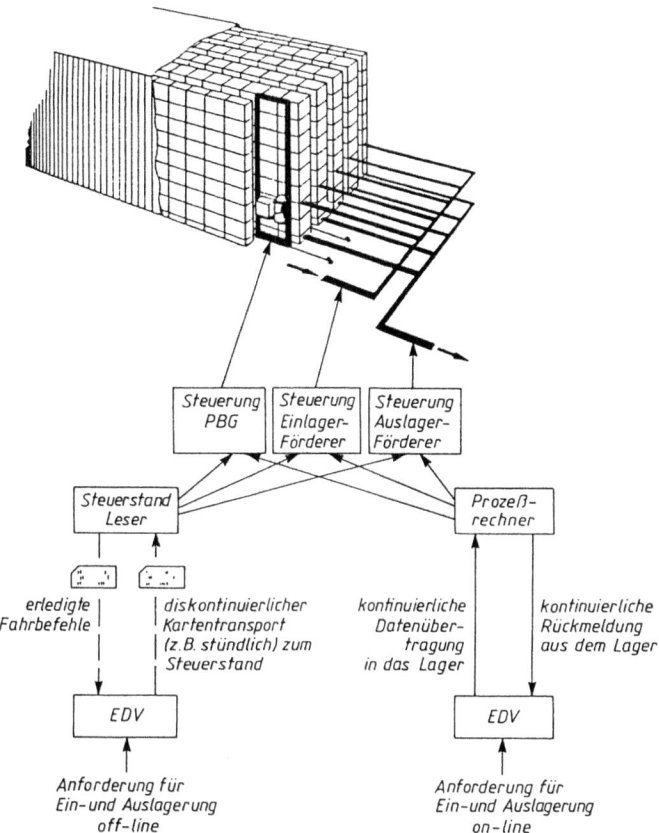

Bild 19.15 Schematische Darstellung des on-line- und off-line-Betriebes.

19.5 Lager- und Verteilsysteme

Das Zusammenspiel von Transport- und Lagersystemen wird im Bild 19.16 demonstriert. Es geht darum, den innerbetrieblichen Materialfluß zu systematisieren und seinen Ablauf zu automatisieren. Nachdem die Transport- und Lagervorgänge sowohl im Fertigungs- als auch im Lagerbereich in den letzten Jahren das Ziel von Rationalisierungsmaßnahmen waren, ist man nun angetreten, einmal die Verladeseite unter die Lupe zu nehmen mit der Absicht, eine automatische Be- und Entladung des Lastkraftwagens oder Container zu erreichen (Bild 19.17), zum anderen eine Integration von Transport, Lager und Fertigung vorzunehmen.

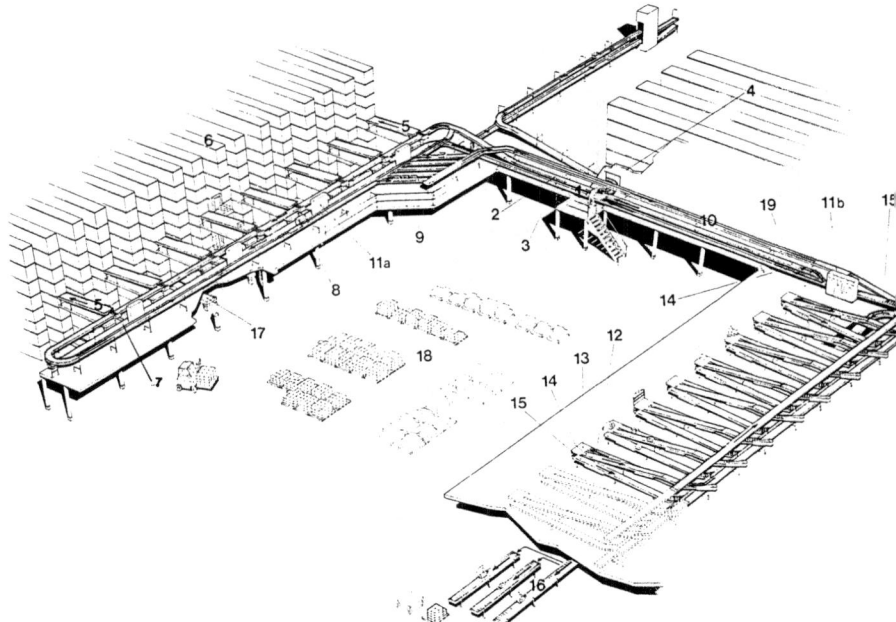

Bild 19.16 Fertigwarenlager, Kommissionierung und Packzone mit Transportsystem eines Fotoartikelherstellers
1   Bedienperson (sie legt die Packliste in die Behälter),
2   Transportbahn für Leerbehälter mit Packliste,
3   Transportbahn für Reservebehalter,
4   Stauförderer aus dem Kühllager,
5   Zuführlinie zum Kommissionierlager,
6   Kommissionierlager,
7   Endlosförderer,
8   Leseeinheit,
9   5 Ausschleusbahnen für komplettierte Aufträge,
10 Abtranspotbahnen für Behälter über einen Stauförderer zur Packzone,
11a Computer zur Steuerung des Endlosförderers,
11b Computer zur Steuerung des Packbereiches,
12 Vollbehälterförderer zum Packtisch,
13 Packtisch,
14 Abtransportbahn für Leerbehälter,
15 Abzugsförderer für Kartons zum Versand,
16 Sortierstationen,
17 Auslagerungsbahn für komplette Paletten,
18 Versand,
19 Rückführbahn der falsch zusammengestellten Aufträge.

19.5 Lager- und Verteilsysteme

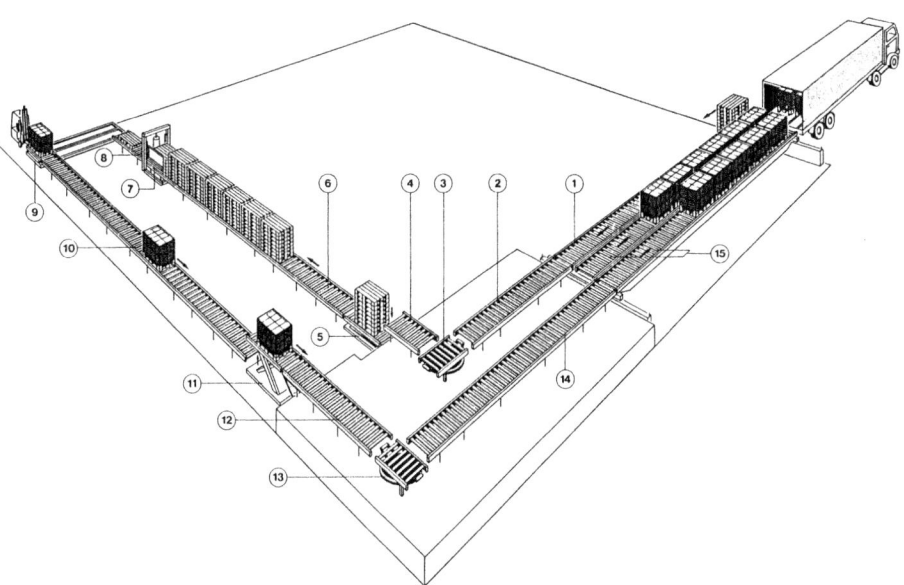

Bild 19.17 Automatische Be- und Entladung von umgerüsteten mit zwei angetriebenen Rollenbahnen ausgestatteten LKWs (Kapazität des LKWs: 2 × 8 = 16 Vollpaletten)

1. Leergutstrecke,
2. Zuteil-Rollenbahn,
3. Drehtisch,
4. kurze Rollenbahn,
5. Hubtisch,
6. Speicher-Rollenbahn (Leerpaletten),
7. Palettenmagazin,
8. Rollenbahn,
9. Verschiebewagen mit Rollenbahn,
10. Speicher-Rollenbahn,
11. Hubtisch,
12. Rollenbahn,
13. Drehtisch,
14. Rollenbahn,
15. Verfahrwagen mit 2 Vollbahnen und der Leergutstrecke **1**.

19.6 Literatur

Bücher

[19.1] *Baumgarten, H., H. Bockmann* und *M. Gail:* Voraussetzungen automatisierter Lager. Betriebstechnische Reihe RKW und REFA. Beuth Verlag, Berlin/Köln 1978.
[19.2] *Borris, R. v.:* Kommissioniersysteme im Leistungsvergleich. Verlag Moderne Industrie, München 1975.
[19.3] *Felsner, J.:* Kriterien zur Planung und Realisierung von Logistik-Konzeptionen in Industrieunternehmen. Schriftenreihe der Bundesvereinigung Logistik e.V., Bd. 3. Verlag, Bremen 1980.
[19.4] *Gudehus, T.:* Materialfluß im Betrieb, Bel. 27: Transportsysteme für leichtes Stückgut. VDI-Verlag, Düsseldorf 1977.
[19.5] *Martin, H.:* Förder- und Lagertechnik. Verlag Friedr. Vieweg & Sohn, Braunschweig/Wiesbaden 1978.
[19.6] *Martin, H.:* Materialfluß- und Lagerplanung. Verlag Friedr. Vieweg & Sohn, Braunschweig/Wiesbaden 1979.
[19.7] *Pfeifer, H.:* Grundlagen der Fördertechnik. Verlag Friedr. Vieweg & Sohn, Braunschweig/Wiesbaden 1985.
[19.8] Transporttechnik (Materialfluß- und Transportsysteme). VDI-Bericht Nr. 238. VDI-Verlag, Düsseldorf 1975.
[19.9] Möglichkeiten der Automatisierung. VDI-Bericht Nr. 352. VDI-Verlag, Düsseldorf 1979.
[19.10] Materialfluß und Förderwesen. VDI-Handbuch. VDI-Verlag, Düsseldorf Jahr.
[19.11] *Wurch, R.:* Beitrag zur systematischen Materialflußplanung für Kommissioniersysteme. Schriftenreihe der Bundesvereinigung Logistist e.V., Bd. 8. Verlag, Bremen 1982.

Normen

DIN 15 201 Teil 1 Stetigförderer; Benennungen, Bildbeispiele, Bildzeichen
Teil 2 Stetigförderer; Zubehörgeräte, Benennungen, Bildbeispiele
DIN 30 781 Transportkette; Grundbegriffe
Beiblatt 1: Transportkette, Grundbegriffe, Erläuterungen
Teil 2 Transportkette; Systematik der Transportmittel und Transportwege
DIN ISO 3435 Stetigförderer; Klassifizierung und Symbolisierung von Schüttgutern
DIN ISO 3569 Stetigförderer; Klassifizierung von Stückgut

VDI 2366 Gliederung der Fördermittel
Blatt 2 Gliederung der Fördermittel; Gruppen 14 bis 22
VDI 2490 Verpackung, Transport und Lagerung von Material
VDI 2492 Multimoment-Aufnahmen im Materialfluß
VDI 2493 Fördern und Lagern von Langgut in der Metallverarbeitung
VDI 2498 Vorgehen bei einer Materialflußplanung
VDI 2689 Leitfaden für Materialflußuntersuchungen
VDI 2690 Blatt 1 Material- und Datenfluß im Bereich von automatisierten Hochregallagern; Grundlagen
Blatt 2 Material- und Datenfluß im Bereich von automatisierten Hochregallagern; Voraussetzungen für die Automatisierbarkeit
Blatt 3 Material- und Datenfluß im Bereich von automatisierten Hochregallagern; Möglichkeiten der Automatisierung
VDI 2694 Bunker und Silos zur Speicherung von Schüttgut
VDI 2697 Hochregalanlagen mit regalabhängigen Förderzeugen; Planungsstufen
VDI 3300 Materialfluß-Untersuchungen
VDI 3485 Fließlagerung von Stückgut

20 Technische Gebäudeausrüstung

20.1 Beleuchtungstechnik

20.1.1 Größen, Einheiten, Begriffe

Die speziellen Größen, Einheiten und Begriffe der *Lichttechnik* sind der Tabelle 20.1 zu entnehmen.

Tabelle 20.1 Spezielle Größen, Einheiten und Begriffe der Lichttechnik

Bezeichnung	Formelzeichen	Kurzzeichen	Benennung	Gleichung
Beleuchtungsstärke	E	lx	Lux	$E = \dfrac{I}{A}$
horizontale Beleuchtungsstärke	E_n	lx	Lux	
mittlere Beleuchtungsstärke	E_m	lx	Lux	$E = Ir^2$
vertikale Beleuchtungsstärke	E_v	lx	Lux	
Leuchtdichte	L	cd/m²	Candela/Quadratmeter	$L = \dfrac{I}{A \cdot \cos \epsilon}$
Lichtausbeute	η_v	lm/W	Lumen/Watt	
Lichtstärke	I	cd	Candela	
Lichtstrom	Φ	lm	Lumen	
Entfernung	r	m	Meter	
Ausstrahlungswinkel	ϵ	°	Grad	
Fläche	A	m²	Quadratmeter	
Leistung elektrisch	P	W	Watt	

20.1.2 Lichtquellen für Beleuchtungszwecke

Für Beleuchtungszwecke kommen die in der Tabelle 20.2 aufgeführten *Lichtquellen* in Frage.

Tabelle 20.2 Lichtquellen für Beleuchtungszwecke

	Allgebrauchs-lampe	Halogen-glühlampe	Leuchtstoff-lampe	Hochdruck-Quecksilber-dampflampe	Metallhalogen-dampflampe	Niederdruck-Natrium-dampflampe	Hochdruck-Natrium-dampflampe
Leistung W	15... 2 000	15... 5 000	5... 65	50... 2 000	70... 2 000	18... 180	35... 1 000
Lichtausbeute ggf. mit Vorschalt-gerate lm/W	10... 20	13... 25	15... 85	34... 63	75... 90	68... 145	39... 115
Lichtfarbe	ww	ww	ww, nw, tw	ww, nw	nw, tw	ww	ww
Farbwiedergabe	1	1	1, 2, 3	3	1, 2, 3	4	2, 3, 4
Lichtstrom lm	150...40 000	150...125 000	150...5 300	2 000...130 000	5 200...190 000	1 800...32 000	1 300...130 000
Nutzlebensdauer h	1 000	1 000/2 000	7 500	6 000	2 000/6 000	6 000	6 000
Vorschaltgerate	–	–	Drosselspule	Drosselspule	Drosselspule	Streufeldtrafo	Drosselspule
Zundvorrichtung	–	–	Starter	–	Zündgerat	–	Zündgerät
Anlaufzeit min	sofort	sofort	sofort	3	10	3	5
Wiederzündzeit min	sofort	sofort	sofort	5	10	2	1

Anmerkung zur Nutzlebensdauer: Die mittlere Lebensdauer kann ein Mehrfaches der Nutzlebensdauer betragen. Faktoren sind die Schaltungsart, der Elektrodenaufbau, die Leistung und die Schalthaufigkeit.
Zeichenerklarung: ww = warmweiß, nw = neutralweiß, tw = tageslichtweiß

20.1.3 Schaltung von Entladungslampen

Die verschiedenen Schaltungsmöglichkeiten von Entladungslampen sind in Tabelle 20.3 zusammengefaßt.

Tabelle 20.3 Schaltungen für Entladungslampen

Leuchtstofflampen

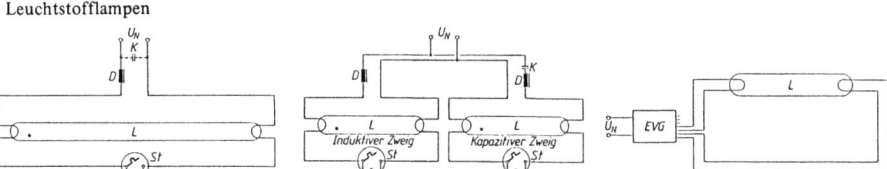

Quecksilberhochdrucklampe

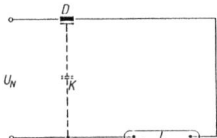

Metallhalogendampflampe

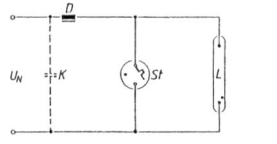 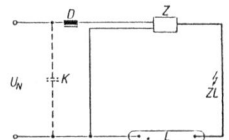

Niederdruck-Natriumdampflampe

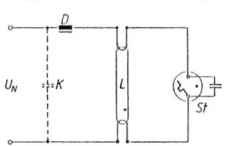 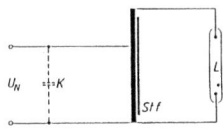

Natriumhochdrucklampe

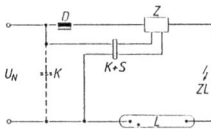 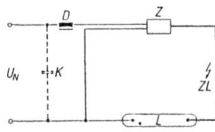 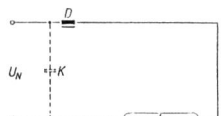

Zeichenerklärung:
- K   Kondensator
- D   Drosselspule
- St Starter
- L   Lampe
- UN Netzspannung
- Z   Zündgerät
- Stf Streufeldtransformator
- KS Kurzzeitschalter
- EVG Elektronisches Vorschaltgerät

Tabelle 20.4 Leuchteneinsatz unter Berücksichtigung des Staub- und Feuchtigkeitsschutzes

Raumart nach VDE 0100	Mindest-Schutzart					weitere Schutzanforderungen		
	nach DIN 40050		nach VDE 0710			mechanischer Schutz	Korrosionsschutz	sonstiger Schutz
	Kennzeichen	Symbol	Bezeichnung	Kurzzeichen				
Innenräume ohne besondere Beanspruchung oder Staubentwicklung	P 20 IP 20		abgedeckt					
feuergefährdete Betriebsstätten ohne Staub oder Faserstoffe	P 20 IP 20		abgedeckt					Leuchtengehäuse aus entflammbarem Material
Anlagen im Freien, geschützte Orte	P 22 IP 23		regengeschützt	●	gegen Erschütterung und Wind	gegen Wasser evtl. Seewasser u. Abgase	
desgleichen offen unter Dach			gegen Wind		gegen Feuchtigkeit		
Baustellen	P 22 IP 23		regengeschützt	●	gegen Erschütterung und Wind	gegen Feuchtigkeit	
feuchte und ähnliche Räume	P 22 IP 23		regengeschützt	●		mindestens gegen Feuchtigkeit	
Bade- und Duschräume in Wohnungen und Hotels	P 23 IP 44		spritzwassergeschützt	◁		mindestens gegen Feuchtigkeit	Schutzisolierung empfohlen
feuergefährdete Betriebsstätten mit Staub und Faserstoffen	P 40 IP 50		staubgeschützt	◈			
desgleichen bei zusätzlicher mechanischer Beanspruchung					Schutzgitter, Schutzkorb, Schutzglas		

20.1 Beleuchtungstechnik

landwirtschaftliche Betriebsstätten, die feucht oder feuergefährdet sind, wie Ställe, Scheunen, Heu- und Strohboden	P 43 IP 54		staub- und spritzwassergeschützt		gegen Wasser und chemisch aggressive Stoffe	Schutzisolierung empfohlen
nasse und durchtränkte Räume deren Wände und Fußböden abgespritzt werden	P 44 IP 55	◁	strahlwassergeschützt		gegen Wasser und chemisch aggressive Stoffe	
Bade- und Duschräume in Badeanstalten	P 44 IP 55	◁	strahlwassergeschützt		gegen Wasser	
Schwimmbecken, Wasserbehälter, Springbrunnen und dergleichen	P 54... (Eintauchtiefe in mm)	◁◁ ... atü	druckwasserdicht		gegen Wasser, evtl. Seewasser, Chlor u.a. chemische Agenzien	
Waschanlagen für Kraftwagen und ähnliche Räume, wo Wasser unter Druck gespritzt wird	P 54... (Eintauchtiefe in mm)	◁◁ ... atü	druckwasserdicht	Schutzgitter, Schutzkorb	gegen Wasser und chemisch aggressive Stoffe	
Räume die nach VDE 0165 durch Staubexplosionen gefährdet sind	P 5 IP 6		staubdicht	Schutzgitter, Schutzglaskorb, Schutzkunststoffwanne		

20.1.4 Beleuchtungskörper

Die Lichtquellen der Tabelle 20.2 können nur in Verbindung mit *Beleuchtungskörpern* die unterschiedlichsten Beleuchtungsprobleme wirtschaftlich erfüllen (Bild 20.1). Beim Einsatz von Beleuchtungskörpern ist darauf zu achten, daß die Leuchten entsprechend ihrer Schutzart unter Zugrundelegung der Raumart (VDE 0100) ausgewählt werden (Tabelle 20.4).

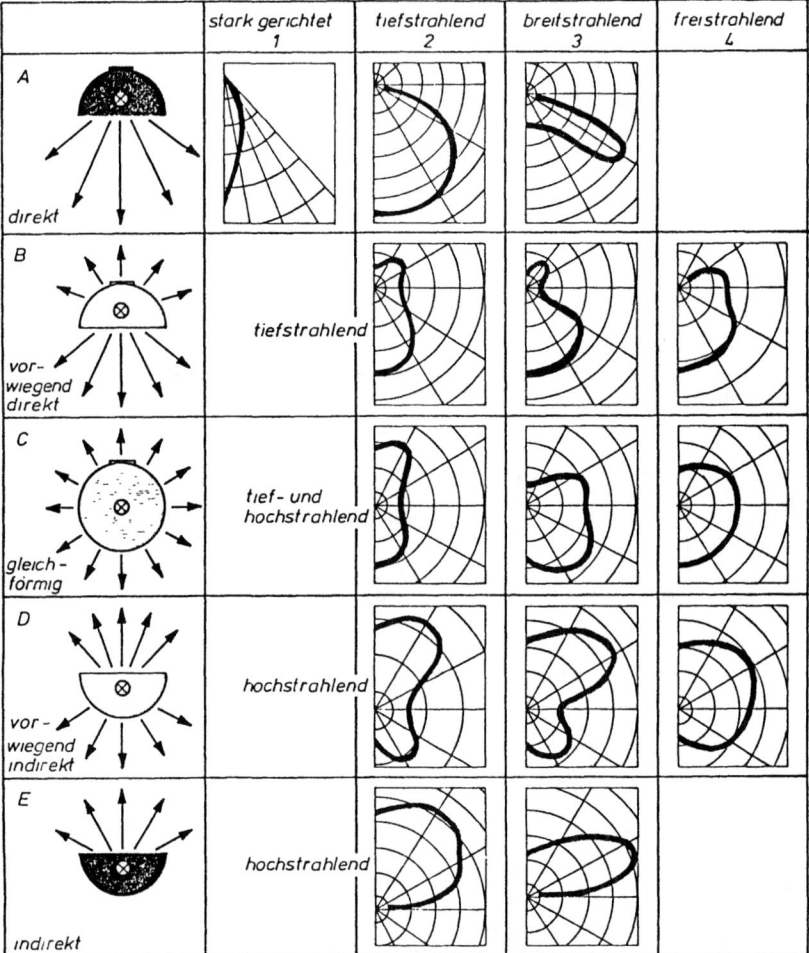

Bild 20.1 Leuchteneinteilung für Beleuchtungszwecke nach der Lichtverteilung (DIN 5040).

20.1.5 Berechnung von Innenraumbeleuchtungsanlagen

Um die nach DIN 5035 und Arbeitsstättenverordnung 7.3 vorgeschriebenen Beleuchtungsstärkewerte zu gewährleisten, sind bei der Planung Beleuchtungsberechnungen durchzuführen. Es wird von einer mittleren Horizontalbeleuchtungsstärke in der Nutzebene (0,85 m über dem Boden) ausgegangen. Die Berechnung erfolgt nach dem *Wirkungsgradverfahren* der Lichttechnischen Gesellschaft. Zur Berechnung der Beleuchtungsanlage sind die Leuchtenanordnung, die Lichtstromverteilung und der Betriebswirkungsgrad der Beleuchtungskörper sowie die Raumbegrenzungsflächen und die geometrische Abmessung des Raumes (Raumindex K) zu berücksichtigen. Die Ermittlung der Lampenanzahl erfolgt nach der Formel

$$n = \frac{P \cdot E \cdot A}{\Phi_{LP} \cdot \eta_B}$$

Der Planungsfaktor, der von mehreren Faktoren abhängt, ist der folgenden Tabelle zu entnehmen.

Verminderung der Beleuchtungsstärke bedingt durch Verschmutzung und Alterung von Leuchten, Lichtquellen und Raumen	V Verminderungsfaktor	P Planungsfaktor
normal	0,8	1,25
erhoht	0,7	1,43
stark	0,6	1,67

$\eta_{LB}, \eta_B, \Phi_{LP}$ sind Daten, die von den Herstellern der Lampen und Leuchten zur Verfugung gestellt werden.

A	Nutzflache,
a	Raumlange,
b	Raumbreite,
h	Abstand zwischen Nutzebene und Leuchte,
k	Raumindex $K = \dfrac{a \cdot b}{h(a+b)}$,
ρ_1, ρ_2, ρ_3	Reflexionsgrade, Decke, Wand, Boden,
η_R	Raumwirkungsgrad,
η_{LB}	Betriebswirkungsgrad der Beleuchtungskorper,
η_B	Beleuchtungswirkungsgrad ($\eta_B = \eta_{LB} \cdot \eta_R$),
n	Lampenzahl,
P	Planungsfaktor,
V	Verminderungsfaktor,
Φ_{LP}	Lampenlichtstrom,
E	Beleuchtungsstarke,

20.1.6 Blendungsbegrenzung

Wenn sich im Gesichtsfeld Oberflachen sehr großer Leuchtdichte befinden, werden Storungen verursacht, die als *Blendung* gekennzeichnet sind. Die direkte Blendung von den Beleuchtungskorpern und die Reflexblendung durch glänzende bzw. spiegelnde Oberflachen erzeugen bei dem Nutzer der Beleuchtungsanlagen ein Unbehagen. Dies führt zur Ermüdung und kann zur Minderung der Leistungsfähigkeit führen. Bei der Planung und der Ausführung von Beleuchtungsanlagen ist der Punkt der Blendungsbegrenzung (siehe DIN 5035) grundsätzlich zu beachten.

20.1.7 Auszug von Nennbeleuchtungsstärken

Die Tabelle 20.5 ist ein Auszug der *Nennbeleuchtungsstärken*, die der DIN 5035, Teil 2, bzw. der Arbeitsstättenverordnung entnommen sind.

Tabelle 20.5 Nennbeleuchtungsstärken in Lux

Art des Raumes bzw. der Tätigkeit	Nennbeleuchtungsstärke	Art des Raumes bzw. der Tätigkeit	Nennbeleuchtungsstärke
allgemeine Räume		*Metallbe- und -verarbeitung*	
Verkehrszonen in Abstellräumen	50	Schweißen	300
Lagerräume mit Sehaufgaben	100	grobe und mittlere Maschinen-	
Lagerräume mit Leseaufgaben	200	arbeiten wie Drehen, Fräsen, Hobeln,	
Versand	200	zul. Abweichung $\geq 0{,}1$ mm	300
Gänge in Hochregallagern	20	feine Maschinenarbeiten	
Kantinen	200	zul. Abweichung $< 0{,}1$ mm	500
Umkleideräume	100	Anreiß- und Kontrollplätze	750
Waschräume	100	Verarbeitung von schweren Blechen	200
Toilettenräume	100	(> 5 mm)	
Sanitätsräume	500	Verarbeitung von leichten Blechen	300
Maschinenräume	100	(< 5 mm)	
Energieversorgung und -verteilung	100	Herstellung von Handwerkzeugen	
		und Schneidwaren	500
Büroräume		Montage grob	200
Großraumbüros (mittlere Reflexion)	1000	Montage fein	500
Technisches Zeichnen	750		
(bezogen auf eine Gebrauchslage des		*Automobilbau*	
Zeichenbrettes von 75° zur Horizontalen)		Karosserie-Rohbau	500
		Karosserie-Oberflächenbearbeitung	500
Hütten-, Stahl- und Walzwerke, Großgießereien		Lackiererei Spritzkabine	750
Produktionsanlage ohne manuelle Eingriffe	50	Lackiererei Schleifplätze	750
Produktionsanlagen mit gelegentlichen		Nacharbeit Lackiererei	1000
Eingriffen	100	Polsterei	500
ständig besetzte Arbeitsplätze in		Karosserie- und Wagenfertigmontage	500
Produktionsanlagen	200	Inspektion	750
Meßstände, Steuerbühnen, Warten	300		
Prüf- und Kontrollplätze	500		

20.1.8 Messung der Beleuchtungsstärke

Zur Überprüfung von Beleuchtungsanlagen im Hinblick auf die Beleuchtungsstärke (Lux) werden Instrumente mit einem Fotoelement verwendet (Bild 20.2). Es sollten nur dem menschlichen Auge angeglichene farbkorrigierte Fotoelemente zur Anwendung kommen.

20.1.9 Anwendung

20.1.9.1 Industriebeleuchtung

Flachbauten mit und ohne Oberlicht (Bild 20.3). Flachbauten weisen Höhen zwischen 3 m und 6 m auf. Zweckmäßigerweise werden hier Lampen niedriger Leuchtdichte (Leuchtstofflampen) verwendet. Die zu *Lichtbändern* zusammengefügten Leuchtstofflampen-Langfeldleuchten können

20.1 Beleuchtungstechnik

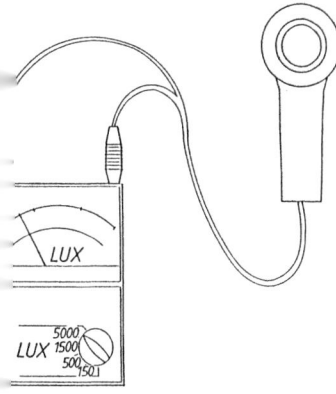

Bild 20.2
Meßgerät mit Photoelement zum Bestimmen der Beleuchtungsstärke

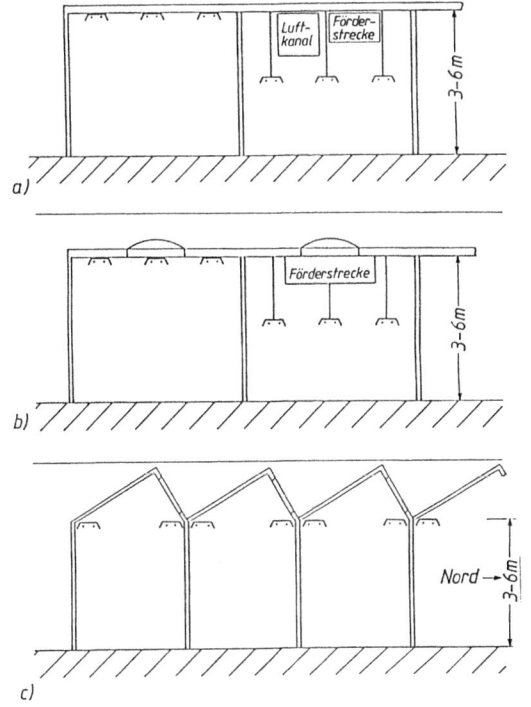

Bild 20.3
Beispiele für die Beleuchtung von Fertigungshallen
a) Flachbau ohne Oberlicht,
b) Flachbau mit Oberlicht,
c) Flachbau mit Sheddach.

direkt bzw. mittels einer Pendelabhangung an der Decke befestigt werden. Die Lichtbänder sind grundsätzlich parallel zu den Fensterfronten zu installieren, um bei genügendem Tageslicht die fensternahen Beleuchtungskörper abschalten zu konnen. Tragschienenleuchtensysteme weisen als tragende Elemente ein Tragprofil zur Aufnahme der Drehstromverdrahtung sowie der unterschiedlichsten Lichttrager auf.

Zum Erreichen gleichmäßiger Beleuchtungsstärken im Bereich der Arbeitsflächen sind gewisse Abstände zwischen Nutzebene, Lichtpunkthöhe und der Lichtbänder untereinander einzuhalten (Bild 20.4).

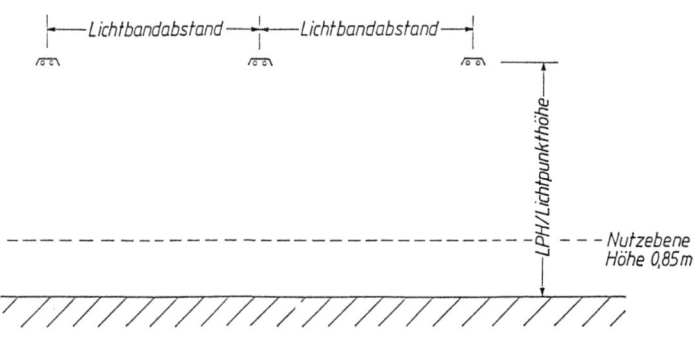

Bild 20.4 Abstand zwischen Nutzebene, Lichtpunkthöhe und der Lichtbänder untereinander.

Hohe Hallen. In Industriehallen mit Höhen über 8 m müssen die Beleuchtungskörper infolge vorhandener Einbauten und Brückenkrananlagen sehr hoch montiert werden (Bild 20.5). Zweckmäßigerweise sind hier tiefstrahlende Spiegelreflektorleuchten mit leistungsstarken Hochdruckentladungslampen hoher Leuchtdichte einzusetzen. Durch die tiefstrahlende Lichtverteilung ist die vertikale Beleuchtungsstarke sehr niedrig. Zur Kompensation sind zusätzlich Leuchtstofflampen-

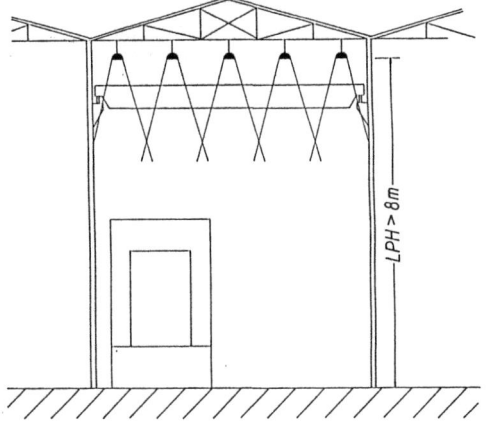

Bild 20.5
Beleuchtung von hohen Hallen.

20.1 Beleuchtungstechnik

leuchten zu installieren. Wegen der sehr niedrigen Lichtausbeute der Quecksilberhochdrucklampen sind die wirtschaftlicheren (doppelte Lichtausbeute) neutralweißen Hochleistungs-Metallhalogendampf-Lampen vorzusehen.

Geschoßbauten. Beleuchtungsanlagen für mehrgeschossige Gebäude sind ähnlich denen der Flachbauten zu konzipieren (Bild 20.6).

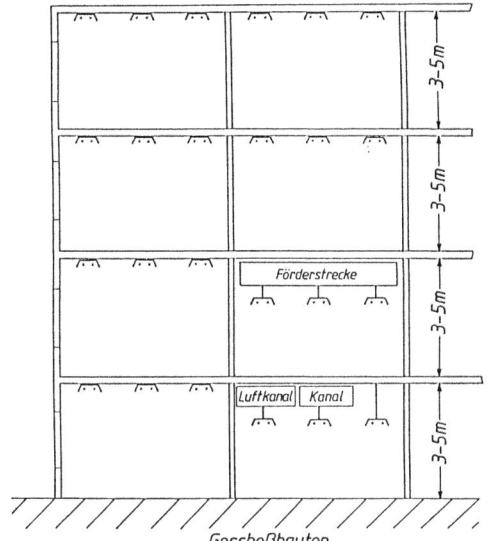

Bild 20.6
Beleuchtungsanlagen in Geschoßbauten.

Arbeitsplatzorientierte Beleuchtung. Bei vielen Produktionsabläufen ist eine allgemeine Hallenbeleuchtungsanlage mit hoher Nennbeleuchtungsstärke unwirtschaftlich. Statt dessen werden den speziellen Erfordernissen entsprechend zusätzlich zur allgemeinen Hallenbeleuchtung *arbeitsplatzorientierte Beleuchtungsanlagen* erstellt. Infolge der Vielzahl der Möglichkeiten sind hier zwei optimal ausgestattete Arbeitsplätze als Beispiel dargestellt (Bild 20.7).

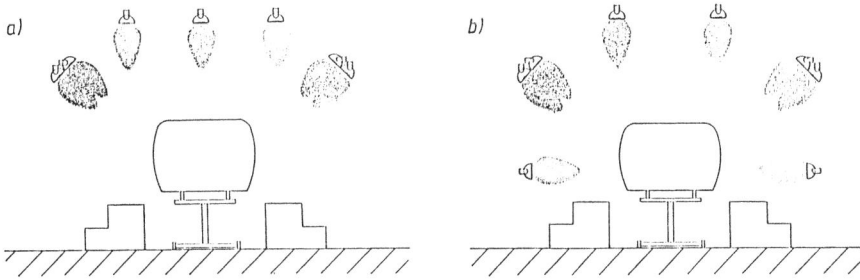

Bild 20.7 Arbeitsplatzbeleuchtung
a) Beleuchtung eines Trockenschleifplatzes,
b) Beleuchtung eines Karosserierohbaubandes.

20.1.9.2 Bürobeleuchtungsanlagen

Bürobeleuchtungsanlagen müssen infolge der flexiblen Büroraumgestaltung (Einzelbüro, Funktionsraum, Großraumbüro) sowie der unterschiedlichen Tätigkeiten einen universellen Aufbau aufweisen. Die zur Errichtung der variablen Trennwände unterbrochenen Leuchtstofflampen-Lichtbänder sind parallel zur Fensterfront anzuordnen (Bild 20.8). Die Beleuchtungskörper müssen gut abgeschirmt sein, um die Blendung sowie die Reflexblendung niedrig zu halten. Bei der Auswahl der Leuchtstofflampen ist auf eine angenehme Lichtfarbe und auf eine sehr gute Farbwiedergabe zu achten. Die Dreibandenleuchtstofflampe mit einer Lichtausbeute von ca. 100 lm/W ist zur Zeit die wirtschaftlichste und farblich beste Lichtquelle.

Der Einsatz von Bildschirmarbeitsplätzen stellt höchste Ansprüche an eine optimale Beleuchtungsanlage, so daß die max. Entblendung der Beleuchtungskörper nur durch parabolisch ausgebildete Spiegelraster erreicht werden kann (Darklight-Leuchten).

Bild 20.8
Büroraumbeleuchtung.

20.2 Heiztechnik

20.2.1 Grundlagen

Als *Aufgabe der Heizung* bezeichnet man im allgemeinen die Erwärmung der Aufenthaltsbereiche des Menschen. Genauer gesagt: Es soll die Wärmeabgabe des menschlichen Körpers in der kalten Jahreszeit durch Erwärmung der Umgebung so reguliert werden, daß sich ein Wärmegleichgewicht zwischen Körper und Umgebung einstellt und der Mensch sich wärmephysiologisch behaglich fühlt. Eine weitere Aufgabe ist die Wärmezufuhr für Geräte, Apparate, Bäder und Prozesse. Art und Umfang der Heizung wird im wesentlichen durch die außenklimatischen Verhältnisse bestimmt und hier besonders durch die *Außenlufttemperatur*.

Für die Bemessung von Heizungsanlagen sind *mittlere Temperaturen* bzw. *mittlere Tiefsttemperaturen* von Bedeutung. Wichtig sind folgende Begriffe:

— *mittlere Tagestemperatur*:

$$t_m = \frac{t_7 + t_{14} - 2 \cdot t_{21}}{4}$$

t_7 Ergebnis der Messung um 7^{00},
t_{14} Ergebnis der Messung um 14^{00},
t_{21} Ergebnis der Messung um 21^{00},

20.2 Heiztechnik

– *mittlere Tiefsttemperatur* gemäß DIN 4701:

$t_{m,min} = -18... -10\ °C$,

z.B. Küstenbereich mit Hamburg $t_{m,min} = -12\ °C$;
– *mittlere Jahrestemperatur:* wichtig für Jahresverbrauchsrechnungen. Das Verfahren wird in VDI 2067 beschrieben;
– *Temperatur-Häufigkeitskurven:* Sie gibt ortsbezogen die mittlere Tagestemperatur im Verlauf eines Jahres wieder;
– *Heizgradtage:* Sie dienen ebenfalls zur Ermittlung des Jahresverbrauches,

$G = z\,(t_i - t_{am})$

G Gradtageszahl,
m Anzahl der Heiztage,
t_i mittlere Raumtemperatur,
t_{am} mittlere Außentemperatur der Heizperiode,
(s. auch Abschnitt 20.2.2).

Insbesondere die Kaltluftmenge durch Fugen und Undichtigkeiten des Gebäudes wird durch höhere *Windgeschwindigkeiten* vergrößert (Vergrößerung der Druckdifferenz Luv-Lee). Die mittlere Windgeschwindigkeit schwankt zwischen 2...6 m/s und ist im Küstenbereich wesentlich größer als im Binnenland, besonders in Süddeutschland. Mit der Höhe nimmt die Windgeschwindigkeit zu. Häufigste Windrichtung: West.

Der *Wärmehaushalt* des Menschen ist dann im Gleichgewicht, wenn die Wärmeabgabe durch

Konvektion,
Strahlung,
Verdunstung über die Haut,
Atmung,
Ausscheidung

nicht größer ist, als durch den Stoffwechsel produziert wird. Bei normaler Aktivität (z.B. Bürotätigkeit) und Kleidung ist in der Regel eine *Raumlufttemperatur* von $t_R = 20\ °C$ angemessen. Sinkt die Raumtemperatur t_R stark ab, wird die *Behaglichkeitsgrenze* unterschritten. Der Mensch fühlt sich behaglich, wenn bestimmte Umgebungseinflüsse sich innerhalb gewisser Grenzen bewegen.

Zusätzlich zu t_R ist t_u, die *Temperatur der Umschließungsflächen*, von Bedeutung. t_u sollte nach Möglichkeit nicht mehr 2...3K unter t_R liegen. Ebenso sollte das Δt_u der Flächen untereinander nicht zu groß sein. Weitere Einflüsse auf die Behaglichkeit siehe in Abschnitt 20.3.1.

Für die Heizungstechnik ist wesentlich die thermodynamische Betrachtungsweise der *Wärmeübertragung* maßgebend.

– *Wärmeleitung* ist die Fortleitung der Wärme innerhalb eines Körpers von Teilchen zu Teilchen:

$\Phi = A \cdot \Lambda \cdot \Delta t$ in Watt,
$\Lambda = \lambda/d$,

Λ ist die *Wärmedurchgangszahl* und λ die *Wärmeleitzahl* in W/m · K. Nach DIN 4108 gilt

für gängige Baustoffe $\lambda = 0,1 ...3,5$ W/m · K,
für Wärmeschutzstoffe $\lambda = 0,03...0,3$ W/m · K.

– *Wärmeströmung* ist die Konvektion, d.h. Bewegung der Wärme mit den Teilchen des Gases oder der Flüssigkeit:

$\Phi = A \cdot \alpha \cdot \Delta t$ in Watt;

α ist die *Wärmeübergangszahl* in W/m² · K. Sie ist eine Funktion des Strömungszustands:
$\alpha = f$ (Strömungszustand) $= f(w, t, \Delta t, d)$.

- **Wärmestrahlung** ist die Umsetzung der Wärme in Strahlungsenergie, Übertragung an einem anderen Körper ohne materiellen Träger:

  $\Phi = A \cdot \alpha_S \cdot \Delta t$ in Watt,
  $\alpha_S = \beta \cdot c$ in W/m² · K.

  α_S ist die *Strahlungsübergangzahl*, β der *Temperaturfaktor* in K³ und c die *Strahlungszahl* in W/m² · K⁴.

- **Wärmedurchgang** ist die Kombination der verschiedenen Wärmeübertragungsarten: wichtig bei der Wärmebedarfsberechnung (s. Abschnitt 20.2.2). Wärmeaustausch findet bei allen Arten von Wärmeüberträgern wie Lufthitzer, Gegenstromapparate u.a. statt. Die Unterscheidung erfolgt nach der Strömungskombination: Gleichstrom, Kreuzstrom, Gegenstrom.

Unter *Verbrennung* versteht man die Verbindung brennbarer Stoffe mit Sauerstoff unter Bildung von Wärme. Wichtige Begriffe sind:

- **Brennstoffe** bestehen im wesentlichen aus Kohlenstoff (C) und Wasserstoff (H) sowie aus Schwefel (S), Stickstoff (N) und Asche:

  feste Brennstoffe: Kohle aller Art, Holz, Torf,
  flüssige Brennstoffe: Mineralöle wie Heizöl EL und S, Teeröl, Steinkohleöl;
  gasförmige Brennstoffe: Erdgas L und H, Stadtgas, Raffineriegas (Butan, Propan), Gichtgas usw.

- **Heizwert** H_u: Der untere Heizwert H_u ist in der Regel der nutzbare Anteil der Verbrennungswärme; er kann aus den bekannten Einzelbestandteilen ermittelt werden. Es gelten folgende Anhaltsbwerte

  Steinkohle 32 MJ/kg,
  Koks 29 MJ/kg,
  Erdöl EL 42 MJ/kg,
  Erdöl S 40 MJ/kg,
  Erdgas 34 MJ/m³$_n$,
  Stadtgas 16 MJ/m³$_n$,
  Propan 46 MJ/m³$_n$,

- **Brennwert** H_o: Der Brennwert ist um die Verdampfungswärme des im Abgas enthaltenen Wassers größer als H_u.
- **Verbrennungsluftmenge** L: Die Mindest-Verbrennungsluftmenge L_{min} wird theoretisch für den jeweiligen Brennstoff ermittelt. Es gilt

  $L = \lambda \cdot L_{min}$
  $\lambda = 1{,}05...2{,}0$.

λ ist die *Luftzahl*, die von der Feuerungsart abhängig ist. Man kann aber auch mit dem Luftüberschuß n arbeiten:

$n = (\lambda - 1) \cdot 100$ Vol.-%,
$= 5...100 \%$.
(Gas) (Steinkohle).

L muß möglichst so groß sein, daß vollständige Verbrennung erfolgt (ohne CO und H_2 im Abgas), aber der Luftüberschuß muß wiederum so gering wie möglich gehalten werden, um unnötige Verlustwärme zu vermeiden.

− *Abgasmenge* V_A:

$V_A = V_{A,tr} + V_W$ in m^3_n/kg.

Die Wassermenge V_W ist möglichst gering zu halten, weil bei Temperaturunterschreitung *Korrosionsgefahr* für Kessel und Abgasführung sowie *Versottungsgefahr* für den Schornstein besteht (besonders gefährlich: aus SO_2 wird Schwefelsäure H_2SO_4). Ggf. müssen bestandigere Materialien gewählt werden.
Bei der *Rauchgasprüfung* werden die Anteile CO_2 und O_2 gemessen und aus *Verbrennungsdreiecken* λ und CO ermittelt. Bei einer guten Verbrennung sollte als Indikator der CO_2-Gehalt möglichst hoch sein.

20.2.2 Berechnungen und Auslegungen

Für die Bemessung der Raumheizungs- und Wärmeverbrauchsanlagen sind der höchste stündliche Wärmeverbrauch und die jährliche Brennstoffmenge ausschlaggebend. Die Ermittlung des *Norm-Wärmebedarfes von Raumheizungsanlagen* Q_N wurde in der DIN 4701 vereinheitlicht. Der Norm-Gebäudewärmebedarf setzt sich aus dem *Norm-Transmissionswarmebedarf* aller Raume und dem *Lüftungswärmeanteil* zusammen:

$\dot{Q}_{NGeb} = \Sigma \dot{Q}_T + \zeta \cdot \dot{Q}_L$ in Watt

$\dot{Q}_T$ Norm-Transmissionswarmebedarf des Raumes in W,
$\dot{Q}_L$ Norm-Lüftungswarmebedarf des Raumes in W,
ζ gleichzeitig wirksamer Lüftungswarmeanteil nach DIN 4701 Teil 2, Tabelle 14.

Bei gewerblichen Anlagen mit inneren Warmequellen (z.b. oberflächengekühlten Elektromotoren) kann die zu installierende Wärmeleistung gegenüber dem rechnerischen Wärmebedarf verringert werden. Bei längeren Betriebspausen (Wochenende) darf jedoch eine festzulegende Mindest-Raumtemperatur nicht unterschritten werden.
Für Überschlagsrechnungen konnen folgende Richtwerte für den Wärmebedarf herangezogen werden:

Fabrikhallen 5...18 W/m^3 umbautem Raum,
Bürogebäude 25...35 W/m^3 umbautem Raum.

Warmwasserbedarf. Das *Warmwasser* kann in gewerblichen Betrieben für Waschbecken und Duschen, in Kantinen und für technische Zwecke erforderlich sein. Für Bürogebäude kann mit einem Bedarf von 20...30 Litern, von 40 °C pro Arbeitstag und Person gerechnet werden, der annähernd gleichmäßig während der Arbeitszeit anfällt. In gewerblichen Betrieben mit vorwiegend körperlicher Arbeit kann mit einem Spitzenbedarf am Ende jeder Schicht von 1...7 ℓ/min je Person gerechnet werden, wobei die Benutzungszeit etwa 3...10 min je Person betragt.
Die Art der Wassererwärmung − insbesondere der Warmwasservorrat für Spitzenbelastungen − ist fur die Warmleistungsermittlung ausschlaggebend. Der Wärmeverbrauch $\dot{Q}_{WE}$ in kWh wird aus der Wassermenge W in ℓ, der Temperaturerhohung Δt in °C und der mittleren spezifischen Warme von Wasser $c = 4,2$ Ws/ℓ · K ermittelt:

$\dot{Q}_{WE} = W \cdot \Delta t \cdot c \cdot 3\,600$ in kW.

Die *Wärmeleistung* $\dot{Q}_{WE}$ wird zweckmaßigerweise durch ein Belastungsdiagramm ermittelt, in dem die Wassermengen oder bei unterschiedlichen Zapftemperaturen die Warmemengen über die Zeit dargestellt werden. Die Warmeleistungen sonstiger Heizgeräte geben die Hersteller an. Sie sind von den wärmetauschenden Oberflächen und von den mittleren Temperaturdifferenzen der Stoffstrome abhängig.

Die *Warmeleistung eines Anlagenteiles* Q_A kann durch Messung der Temperaturen und des Durchflusses eines der Medien bestimmt werden.

$$\dot{Q}_A = m \cdot c \cdot (T_1 - T_2) \cdot 3600 \text{ in kW,}$$

m Mediumdurchfluß, bezogen auf eine Stunde in kg/h,
c mittlere spezifische Warme in kJ/kg · K,
T_1 absolute Temperatur des Mediums vor der Warmeabgabe in K,
T_2 absolute Temperatur des Mediums nach der Warmeabgabe in K,

Die *jahrliche Brennstoffmenge* B_a kann mit Hilfe der VDI-Richtlinie 2067 vorausgeschätzt werden.

$$B_a = \frac{b_{vH} \cdot \dot{Q}_N}{H_u \cdot \eta_{ges}} + \frac{b_{vWE} \cdot \dot{Q}_{WE}}{H_u \cdot \eta_{ges}} + \frac{b_{vA} \cdot \dot{Q}_A}{H_u \cdot \eta_{ges}},$$

b_{vH} Vollbenutzungsstunden für Heizung im Jahr,
$\dot{Q}_N$ Norm-Warmebedarf nach DIN 4701,
H_u unterer Heizwert nach VDI 2067,
η_{ges} Jahres-Anlagenwirkungsgrad nach VDI 2067,
b_{vWE} Vollbenutzungsstunden fur Wassererwarmung,
$\dot{Q}_{WE}$ Warmebedarf fur Wassererwarmung,
b_{vA} Vollbenutzungsstunden fur allgemeine Warmeverbraucher,
$\dot{Q}_A$ Warmebedarf fur allgemeine Warmeverbraucher.

Die *Vollbenutzungsstunden* b_{vH} setzen sich aus den Vollbenutzungsstunden in der Heizzeit b_{vHZ} und denen im Sommer b_{vHS} zusammen:

$$b_{vH} = b_{vHZ} + b_{vHS},$$

$$b_{vHZ} = f \cdot f_H \cdot 24 \cdot Z_Z \cdot \frac{t_{im} - t_Z}{20 \cdot t_{a\,min}},$$

$$b_{vHS} = f \cdot f_H \cdot 24 \cdot Z_S \cdot \frac{t_{im} - t_S}{20 \cdot t_{a\,min}};$$

f Korrekturfaktor nach VDI 2067,
f_H Heizzeitfaktor nach VDI 2067,
Z_Z Heiztage in der Heizzeit,
Z_S Heiztage in der Sommerzeit,
t_{im} mittlere Gebaudetemperatur,
t_z mittlere Außenlufttemperatur in der Heizzeit,
t_s mittlere Außenlufttemperatur im Sommer,
$t_{a\,min}$ Norm-Außentemperatur nach DIN 4701.

Bundesgesetze und -Verordnungen. Auf dem *Energieeinsparungsgesetz (EnEG)* vom 22.07.1976 basieren die Wärmeschutzverordnung vom 24.02.1984, die Heizungsanlagenverordnung vom 24.02.1984, die Heizungsbetriebsverordnung vom 22.09.1978 und die Heizkostenverordnung vom 23.02.1981.

Die *Heizungsanlagenverordnung* gilt für Heizungs- und Warmwasseranlagen mit einer Nennwärmeleistung über 4 kW, die mit fossilen Brennstoffen, Fernwarme oder elektrisch beheizt werden. Sie begrenzt die zulassigen Abgasverluste, fordert Einrichtungen zur witterungs- und raumtemperaturabhängigen Regelung, schreibt die Anpassung der Nennwarmeleistung an den Norm-Wärmebedarf vor und fordert bei Nennwärmeleistungen über 120 kW mehrere Wärmeerzeuger oder mehrstufige bzw. stufenlose Feuerungsregelung.

20.2 Heiztechnik

Die *Heizungsbetriebsverordnung* gilt für Heizungs- und Warmwasseranlagen mit einer Nennwärmeleistung über 11 kW, die mit fossilen Brennstoffen, Fernwärme oder elektrisch beheizt werden. Sie begrenzt die zulässigen Abgasverluste, schreibt für Anlagen über 50 kW eine monatliche Bedienungspflicht vor, enthält Bestimmungen über die fachkundige Wartung und Instandsetzung der Feuerung und der Regelung, schreibt die regelmäßige Überprüfung der Wasservolumenströme (Einregulierung) vor und fordert Nachweise durch die Bezirksschornsteinfegermeister.

Die *Heizkostenverordnung* fordert vom Gebäudeeigentümer die Umlage der Heizkosten für Raumwärme und Warmwasser auf die Nutzer bei zentral versorgten Anlagen. Geeignete Geräte dafür werden in den DIN-Normen 4713 und 4714 behandelt. Die Kosten müssen mit einem Anteil von mindestens 50 %, höchstens 70 %, verbrauchsabhängig umgelegt werden, der Rest z.B. nutzungsflächenabhängig.

Auf dem *Bundes-Immissionsschutzgesetz* vom 15. März 1974 basieren zahlreiche Durchführungsverordnungen und Verwaltungsvorschriften.

Das förmliche Genehmigungsverfahren. Die Errichtung, wesentliche Änderungen und der Betrieb folgender Anlagen bedarf einer Genehmigung nach den §§ 8 bis 15 BImSchG.:
– *Feuerungsanlagen* für feste oder flüssige Brennstoffe mit einer Gesamt-Feuerungswärmeleistung pro Anlage oder pro Schornstein von 40 GJ/h (= 9,5 Gcal/h) und mehr, solche für gasförmige Brennstoffe von 2 TJ/h (= 480 Gcal/h) und mehr;
– *Kühlturme* mit einem Kühlwasserdurchsatz von 10 000 m^3/h und mehr;
– *Brenngas-Speicher-Anlagen* mit mehr als 15 000 m$_N^3$ Fassungsvermögen für gewerbliche Zwecke oder wirtschaftliche Unternehmungen;
– *Mineralöl-Tankanlagen* mit mehr als 50 000 m^3 Fassungsvermögen für gewerbliche Zwecke oder wirtschaftliche Unternehmungen.

Das vereinfachte Genehmigungsverfahren. Die Errichtung, die wesentlichen Änderungen und der Betrieb folgender Anlagen bedarf einer Genehmigung nach § 19 BImSchG.:
– *Feuerungsanlagen* für feste oder flüssige Brennstoffe mit einer Gesamt-Feuerungswärmeleistung pro Anlage oder pro Schornstein von 4 GJ/h bis 40 GJ/h (= 0,95...9,5 Gcal/h),
– *Brenngas-Speicher-Anlagen* mit einem Fassungsvermögen von 1 500 ... 15 000 m$_N^3$ für gewerbliche Zwecke oder wirtschaftliche Unternehmungen,
– *Ortsfeste Kohle-Umschlaganlagen* an offenen Stellen Mineralöl-Tankanlagen mit einem Fassungsvermögen von 10 000 ... 50 000 m^3.

Betreiber von Feuerungsanlagen für feste oder flüssige Brennstoffe mit einer Feuerungswärmeleistung von 600 GJ/h (143 Gcal/h) und mehr oder für gasförmige Brennstoffe mit einer Feuerungswärmeleistung von 5 TJ/h und mehr haben einen betriebsangehörigen *Immissionsbeauftragten* zu bestellen. Genehmigungsfreie Anlagen unterliegen den emissionsbegrenzenden Maßnahmen der 1. BImSchV. Das sind:
– Begrenzung der Rauchfahnen auf Grauwert 1 nach *Ringelmann*,
– Begrenzung der Abgasverluste,
– Begrenzung der Rußzahl,
– Begrenzung des Staubauswurfes bei festen Brennstoffen auf 150 mg/m^3.

Die Überwachung obliegt den Bezirksschornsteinfegermeistern.

Die *Dampfkesselverordnung* (DampfkV) vom 27.02.1980 gilt für die Einrichtung und den Betrieb von Wärmeerzeugungsanlagen im gewerblichen Bereich für Wasser über 100 °C und Dampf. Die *Druckbehälterverordnung* (DruckbehV) vom 27.02.1980 ist für die Errichtung und den Betrieb von Behältern, Druckgasbehältern und Füllanlagen gültig, in denen ein geringerer oder höherer als der atmosphärische Druck auftreten kann. Die *Verordnung über brennbare Flüssigkeiten* (VbF) vom 01.03.1980 gilt für die Errichtung und den Betrieb von Anlagen zur Lagerung, Abfüllung oder Beförderung brennbarer Flüssigkeiten im gewerblichen Bereich.

Ländergesetze und -Verordnungen. Da die Bauordnungen der Länder unterschiedlich sind, wird nur auf die weitgehend übereinstimmenden Gesetze und Verordnungen eingegangen, soweit sie die technische Gebäudeausrüstung betreffen. Das sind solche, die durch die bauaufsichtliche Einführung von Muster-Verordnungen und DIN-Normen Gesetzeskraft erlangten. Die *Muster-Feuerungsverordnung* (FeuVO) vom Januar 1980 gilt für Anlagen zur Feuerung, Wärmeverteilung, Warmwasserversorgung sowie für Brennstoffleitungen, Brennstofflagerung und Aufstellungsräume von Feuerstätten. Sie enthält Sicherheits-, Bau- und Brandschutzvorschriften. Aus den eingeführten Normen sind für Heizungsanlagen vor allem diejenigen über die sicherheitstechnische Ausrüstung hervorzuheben: DIN 4750 bis DIN 4757.

20.2.3 Bestandteile der Heiz- und Wassererwärmungsanlagen

Unter *Heizanlagen* werden hier allgemein Wärmeverbrauchs-, Wärmeerzeugungs- und Verteilungsanlagen verstanden. Raumlufttechnische Anlagen siehe Abschnitt 20.3.

Heizkessel. *Heizkessel* können aus Stahlblechen und Stahlrohren oder aus Gußgliedern bestehen. In ihnen wird Wärme aus Verbrennungsprozessen, Abgasen oder elektrischer Widerstandsheizung an ein Heizmedium übertragen. Die besten Wirkungsgrade werden mit Kesseln erreicht, die speziell auf eine bestimmte Beheizungsart und definierte Betriebsbedingungen abgestimmt sind. Für abweichende Beheizungsarten und Betriebsbedingungen sind separate Kessel ratsam. Sie werden sowohl nach dem Aggregatzustand des Heizmediums in Dampf- und Wasserkessel als auch nach der Überdruckgrenze 1 bar in Niederdruck- und Hochdruckkessel unterteilt. Berechnung, Herstellung, Prüfung, Ausrüstung und Betrieb der Kessel werden in den DIN-Normen 4702, 4751 bis 4754 geregelt. Kessel mit Vorlauftemperaturen von 100 °C und mehr sowie Dampfkessel unterliegen der Dampfkesselverordnung mit den „Technischen Regeln für Dampfkessel", unter 100 °C ggf. der Druckbehälterverordnung mit den Technischen Regeln für Druckbehälter.

Freuerungsanlagen. Bei der Aufstellung von *Feuerungsanlagen* sind die Landesbauordnungen zu beachten. *Feuerungsanlagen für Heizöl* unterliegen der Verordnung über brennbare Flüssigkeiten (VbF) vom 01.03.1980 sowie DIN 4755, DIN 4787 und ggf. der TRD Öl. Sie enthalten ein Verbrennungsluftgebläse, eine Ölzerstäubungseinrichtung, eine Ölpumpe und Sicherheitseinrichtungen und bedürfen einer Heizölbevorratung in geeigneten Lagerbehältern.
Feuerungsanlagen für Gas unterliegen DIN 4756, DIN 4788 und ggf. der TRD Gas. Sie weisen neben Sicherheitseinrichtungen ggf. ein Verbrennungsluftgebläse auf und setzen den Anschluß an ein Gasversorgungsnetz oder eine Flüssiggasbevorratung voraus.
Feuerungsanlagen für feste Brennstoffe sind durch Brennstofflager, Brennstofftransport, ggf. bewegliche Roste, Entschlackung, Entaschung und ggf. Rauchgasentstaubung mit erhöhtem Personal- oder Kapitalaufwand verbunden. Die Feuerung erfolgt bei festen Brennstoffen durch stehende oder bewegliche Roste. Brennstoffzufuhr und Entaschung ist von Hand oder mechanisch möglich.
Flüssige oder gasförmige Brennstoffe werden bei atmosphärischem Druck (Verdampfungsbrenner Heizöl EL, atmosphärischer Brenner Gas) oder mit Überdruck im Feuerraum (Druckzerstäuber, Drehzerstäuber) verbrannt. Letztere können umschaltbar sein, z.B. von Erdgas auf Heizöl EL; dies ist vorteilhaft für die Versorgungssicherheit oder Tarifgestaltung bei leitungsgebundenen Energien.

Schornsteine. *Schornsteine* haben die Aufgabe, die Abgase einer (ggf. mehrerer) Feuerstätten abzuführen. Ihre Sogwirkung durch Ventilator oder thermischen Auftrieb muß der Summe der Strömungswiderstände im Schornstein, in den Verbindungsleitungen und bei Kesseln ohne Verbrennungsluftgebläse auch im Kessel entsprechen. Die Berechnung erfolgt nach DIN 4705, die Ausführung nach DIN 18160 mit Formsteinen oder geeignetem Mauerwerk. Die Abgastemperatur darf an der Schornsteinmündung 160 °C im Dauerbetrieb nicht unterschreiten, anderenfalls

20.2 Heiztechnik

sind Maßnahmen zur Kondensatableitung, ggf. Neutralisation, und beständige Schornsteinauskleidungen erforderlich. Um dennoch die Abgastemperatur am Kessel so gering wie möglich fahren zu können, wird der Schornstein gegen Wärmeverluste gedämmt. Bauabnahme und Brandschutz werden in den Landesbauordnungen geregelt.

Raumheizkörper. *Raumheizkorper* erwärmen die Räume durch Übergabe von Strahlungswärme und/oder Konvektionswärme. Sie werden in der Regel vor (Außen-)Wänden aufgestellt. Man unterscheidet:

- *Gliederradiatoren* aus Stahl (DIN 4722) oder Guß (DIN 4720), die aus Gliedblocken oder Einzelgliedern zu Heizkörpern der erforderlichen Leistung zusammengenippelt werden. Durch abgestufte Bauhöhen und Bautiefen konnen sie den Anforderungen des Aufstellungsortes angepaßt werden. Die Normalausführungen sind bis 4 bar Überdruck und 110 °C belastbar, Hochdruckausführungen bis 6 bar.
- *Flachheizkorper* aus Stahlblechplatten mit Kanälen, die das Heizmedium führen. Die Frontseiten sind eben oder profiliert, die Rückseiten und bei mehrlagigen Platten auch die Innenseiten sind glatt, profiliert oder mit Konvektionslamellen versehen. Flachheizkörper werden durch unterschiedliche Bauhohen – und Baulängenabstufung an die Anforderungen des Aufstellungsortes angepaßt hergestellt. Die hochstzulassigen Betriebsdrücke sind unterschiedlich.
- *Sonderbauarten*, die besondere Anforderungen abdecken wie Rohrenheizkorper für hohere Betriebsdrücke, leichtere Reinigung oder optische Effekte und Aluminiumheizkorper, die weniger anfällig gegen Außenkorrosion sind und besondere Herstellungsformen ermoglichen. Rohr- und Rippenrohrheizkorper als Einzelrohr oder Rohrregister werden wegen ihres hohen Gewichts und Preises nur noch in Sonderfallen verwendet.
- *Konvektoren* mit oder ohne Geblase. Sie bestehen aus mindestens einem heizmittelführenden Rohr mit Lamellen und einem Schachtgehause, das den thermischen Auftrieb verstärkt.

Flächenheizungen. Raumumschließende Flachen – vorwiegend Fußboden – werden durch heizmittelfuhrende Rohrschlangen erwärmt, um ihrerseits die Warme – überwiegend durch Strahlung – an den Raum abzugeben. Auf der raumabgewandten Seite der Rohrschlangen muß der Warmefluß gedammt werden. Fruher wurden für die Beheizung der Fußboden Stahl- oder Kupferrohrschlangen in den Estrich verlegt, heute stehen daneben auch geeignete Kunststoffrohre zur Verfügung.

Gegenüberstellung der Heizflächenarten. Die Hauptmerkmale für die Unterscheidung der Heizflachenarten sind der Anteil ihrer Wärmeabgabe durch Strahlung und Konvektion sowie ihr Temperaturniveau.

Bei *normalen Raumhohen* erzielt eine hohe Konvektions-Warmeabgabe geringe Lufttemperaturunterschiede im Raum sowohl in senkrechter als auch in waagerechter Ebene. Als störend konnen hohe Luftgeschwindigkeiten, kalt strahlende Flachen und Staubaufwirbelung empfunden werden.

In *hohen Raumen* stellt sich bei vorwiegend konvektiver Warmeabgabe und ungenügender Luftumwalzung häufig ein starkes senkrechtes Temperaturgefälle ein, so daß die erforderliche Raumtemperatur in der Aufenthaltszone eine Überheizung der Raumluft in großeren Höhen bedingt. Hier eignen sich Strahlplatten-Heizungen mit Betriebstemperaturen bis zu 160 °C, die Wände und Fußboden anstrahlen und diese zu konvektiver Warmeabgabe veranlassen.

Die *Warmeleistung* wird bei Wand- und Deckenstrahlungsheizungen durch die hochstzumutbare Wärmeeinstrahlung auf die menschliche Haut und bei Fußbodenheizungen durch die hochste Oberflächentemperatur von ca. 25 °C begrenzt. In Bereichen, die nicht zum ständigen Aufenthalt bestimmt sind, können diese Werte etwas überschritten werden. Flächenheizungen sind meistens teurer als Standheizflächen. Beide ermoglichen bei niedrigem Temperaturniveau des Heizmittels den Einsatz regenerierbarer Wärmequellen wie Abwärme und Sonnenenergie, ggf. in Verbindung mit Wärmepumpen. Am weitesten verbreitet sind die Standheizflachen wie Radiatoren und Plattenheizkörper, die in vielen Formen und Abmessungen angeboten werden. Sie geben den größten Teil ihrer Wärme konvektiv ab und eignen sich für Mediumtemperaturen von 50...110 °C.

Wassererwärmer. *Wassererwarmer* für die zentrale Warmwasserversorgung können aus einem Vorratsbehälter (z.b. nach DIN 4801 bis 4805) und/oder einem Wärmeübertrager bestehen. Für die Berechnung und Prüfung gelten die Druckbehälterverordnung und DIN 4708, für die Ausrüstung DIN 4753, für den Betrieb die Betriebsverordnung zum EnEG und die Bestimmungen des Deutschen Vereins des Gas- und Wasserfaches (DVGW).

Wärmeübertrager. *Warmeubertrager*, auch *Warmetauscher* genannt, haben die Aufgabe, die Warme von einem Heizmedium höherer Temperatur auf ein Heizmedium niedrigerer Temperatur zu ubertragen. Drücke und Arten der Heizmedien (meist Flüssigkeiten) sind beliebig, wenn die Medien räumlich getrennt sind, z.b. durch Rohrwandungen. Eine Sonderform des Wärmeübertragers ist die Kaskade, in der die Medien direkten Kontakt haben. Aus besonderen Grunden — z.B. Trinkwasserschutz bei Beheizung mit giftigen Heizmedien — kann ein Wärmeübertrager aus 3 getrennten Räumen bestehen (Tertiärsystem).

Wärmepumpen. *Warmepumpen* werden in Heiz- und Wassererwärmungsanlagen eingesetzt, wenn Wärme von niedrigem Temperaturniveau zur Beheizung auf höherem Temperaturniveau verwendet werden soll. Beispielhafte Wärmequellen: Abluft, Abwasser, Außenluft, Grundwasser. Ein Wärmepumpenkreislauf besteht aus je einem Wärmeübertrager für die Wärmeaufnahme und Wärmeabgabe und einem Kältemittel, das mittels Kompressor und Drosselorgan zwischen der gasförmigen und der flüssigen Phase wechselt. Der Antrieb des Kompressors kann mit Kraftmaschinen beliebiger Art erfolgen, deren Abwärme vorzugsweise mitgenutzt wird. Die Normen DIN 8900 und DIN 8975 enthalten weitere Einzelheiten. Eine Sonderform ist die Absorptionswärmepumpe, in der durch thermische Trennung und Mischung eines Stoffpaares (z.b. Ammoniak/Wasser) die Zustandsänderung erreicht wird.

Sonnenkollektoren. *Sonnenkollektoren* setzen die direkte und indirekte Sonnenstrahlung oberhalb ca. 200 W/m^2 in Wärme um, die an einen Heizmittelkreislauf übertragen wird. Sie bestehen aus Absorbern mit schwarzer, vorzugsweise selektiver Beschichtung, die Heizmittelkanäle aufweisen. Sie sind rückseitig wärmegedämmt und sonnenseitig einfach oder doppelt verglast. Die Wärmeausbeute steigt mit fallenden Heizmitteltemperaturen an, so daß die Einsatzgrenze in Europa bei Heizmitteltemperaturen von etwa 60 °C liegt. Hinweise für Prüfung, Ausrüstung und Betrieb gibt DIN 4757.

Wärmespeicher. *Warmespeicher* gleichen die zeitlichen Verschiebungen von Wärmelieferung und Wärmeabnahme aus. Sie sind in Anlagen mit Sonnenkollektoren unentbehrlich. Sie konnen Teil einer Verbrauchseinrichtung (z.B. technisches Bad) sein oder als Wassererwarmer ausgebildet sein. Die Speicherung kann durch Temperaturanhebung eines Mediums, durch den Wechsel von Aggregatzuständen oder durch umkehrbare chemische Prozesse erfolgen.

Armaturen. *Armaturen* werden in Heiz- und Wassererwärmungsanlagen eingebaut, um Anlagenteile abzusperren, Heizmittelströme zu begrenzen oder zu regeln, Schmutz auszufiltern oder Luft oder Kondensat abzuscheiden. Sie werden mit Rohrleitungen und Anlageteilen lösbar (durch Flanschen, Gewindeverschraubungen, Schneidringverschraubungen usw.) oder unlösbar (durch Einschweißen, Einlöten usw.) verbunden. Werkstoffe und Baumaße sind durch Normen vereinheitlicht.

Rohrleitungen. *Rohrleitungen* für den Heizmittel-, Warmwasser- oder Brennstofftransport können ihrem Verwendungszweck entsprechend aus Metall oder Kunststoff bestehen. Die Einsatzgrenzen sind in Normen festgelegt (Eisenwerkstoffe: DIN 2401, Kunststoffe DIN 8061 bis 8078 und 19 532 f.). Wärmedehnungen und Brandabschnitt-Trennungen muß durch geeignete Verlegung entsprochen werden.

Wärmedämmung. Die *Warmedammung* der Rohrleitungen und Bauteile vermindert das Aufheizen der Umgebungsluft und die Temperaturabsenkung des Heizmediums. Beide Gründe können für die

20.2 Heiztechnik

Wahl einer Wärmedämmung und für deren Bemessung ausschlaggebend sein. Die Wärmedämmung besteht aus einer faser- oder schaumartigen Schicht mit geringer Wärmeleitfähigkeit und ggf. einer Dampfsperrschicht oder Witterungsschutzschicht und einer Umhüllung gegen Beschädigung. Das Dämm-Material wird in Matten, Schläuchen oder Formstücken gehandelt.

Eine *Dampfsperrschicht* ist erforderlich, wenn die Rohraußenwand tiefere Temperaturen als die Umgebungsluft annehmen kann. Die Umhüllung gegen Beschadigung wird in Verkehrszonen aus verzinktem Stahlblech, sonst auch aus Kunststoff oder Hartgips gefertigt. Brandschutzvorschriften und DIN 4102 sind zu beachten.

Ausdehnungsgefäße. *Ausdehnungsgefäße* sind in Heizanlagen erforderlich, um die durch Temperaturschwankungen bedingten Volumenänderungen des Wärmetragers auszugleichen. Sie konnen gegenüber der Atmosphäre offen oder durch ein Sicherheitsventil verschlossen sein. Sie unterliegen der Druckbehälterverordnung. Geschlossene Ausdehnungsgefäße weisen einen Dampfraum oder Gasraum auf, der mit einer Membrane vom Heizmedium getrennt sein kann.

Pumpen. In Heiz- und Wassererwärmungsanlagen werden *Pumpen* als Kreiselpumpen zu Füll-, Druckhalte- und Umwälzwecken eingesetzt. Der Antrieb erfolgt meist elektromotorisch, bei veränderlichen Medienströmen vorzugsweise drehzahlgeregelt.

20.2.4 Heiz- und Warmwassersysteme

Dezentrale Systeme. Einzelgeräte für die Raumheizung und Wassererwärmung sind fast ausschließlich an die elektrische Versorgung gebunden, da die aufwendige Brennstoffversorgung und eine Vielzahl von Einzelschornsteinen anderen Beheizungsarten entgegensteht. Im Vergleich der Erstellungs- und Betriebskosten schneiden zentrale Systeme meistens gunstiger ab.

Zentrale Heizsysteme. Jede Zentralheizungsanlage besteht aus Wärmeerzeuger bzw. Wärmeübergabestation, Verteilnetz und Wärmeabgabeeinrichtungen in den zu beheizenden Räumen. Für die Gegenüberstellung der Systeme bietet sich die Unterscheidung nach dem Wärmeträger an.

Wärmeträger. Mit der spezifischen Wärme von 1 kcal/kg · K ist Wasser ein idealer *Warmetrager*. Im Vergleich dazu müssen bei anderen Wärmetragern größere Volumenstrome gefördert werden, und zwar bei:

Thermool das 1,7-fache,
Dampf das 3,3-fache,
Luft das 3,472-fache.

Im gleichen Verhaltnis müßten die Forderleitungen bei vergleichbarer Warmeleistung vergroßert werden.

– Nur in der gleichmäßigen Warmeverteilung auf die Heizflächen ist *Dampf* dem Wasser überlegen. Bei der Kondensation des Dampfes durch die Warmeabgabe bildet sich Unterdruck. Dadurch stromt Dampf nach. Ausreichende Wärmeverteilung auf alle Verbraucher ist dadurch auch bei grobdimendionierten, nicht einregulierten Rohrnetzen gesichert. Die stetige zentrale Anpassung der Wärmeleistung an den Raumwärmebedarf ist mit Dampf jedoch nicht moglich.
– *Luft* wird als Warmetrager bei nicht standig beheizten Hallenbauten usw. eingesetzt, da Luft in Betriebspausen nicht einfriert.
– *Thermool* eignet sich gut für höhere Betriebstemperaturen in Industrieanlagen.
– Im wesentlichen beherrscht *Wasser* als Wärmeträger das Gebiet der zentralen Heizungsanlagen. Aus diesen Gründen beschranken sich die folgenden Ausfuhrungen auf die ubliche Pumpen-Warmwasser-Heizung.

Einflußgrößen und ihre Auswirkungen. Zentralheizungen erfüllen ihre Aufgabe um so besser, je genauer es gelingt, die Wärmezufuhr dem Raumwärmebedarf anzupassen. Die Anpassung ist abhängig von
- der richtigen Bemessung der *Heizfläche* für jeden einzelnen Raum,
- der richtigen Bemessung des *Wasserstromes* durch jeden Verbraucher,
- der Wahl der richtigen *Vorlauftemperatur*.

Für die Kriterien Wasserstrom und Vorlauftemperatur sind die Temperaturspreizung und das Temperaturniveau ausschlaggebend.

Die *Temperaturspreizung* ist die Differenz zwischen Vorlauf- und Rücklauftemperatur eines Anlagenteiles. Fur Zentralheizungsanlagen mit Standheizflachen ist eine Spreizung von 20 °C, bei 70...90 °C Vorlauftemperatur ublich. Diese Temperaturen treten nur beim Zusammentreffen tiefster Außentemperatur, ungünstigster Witterung und voller Heizleistung auf. Größere Spreizungen bei gleichem Temperaturniveau senken die Anlagenkosten, so daß bei verdoppelter Spreizung nur der halbe Wasserstrom für den Wärmetransport benötigt wird. Die Verteilnetze werden entsprechend kleiner und billiger.

Mit steigendem *Temperaturniveau* wird die erforderliche Heizfläche geringer und damit billiger.

Verteilsysteme. Die *Verteilsysteme* haben die Aufgabe, den Wasserstrom vom Wärmeerzeuger auf alle Verbraucher gleichmäßig zu verteilen und zum Wärmeerzeuger zurückzuführen. Dieser Aufgabe müssen sie bei den unterschiedlichsten Geometrien und Statiken des Baukörpers gerecht werden.

Bei der *Zweirohr-Verteilung* wird jeder Verbraucher mit der gleichen Vorlauftemperatur angeströmt. Der Wärmeträger fließt gleichmäßig ausgekühlt wieder zum Wärmeerzeuger zurück, und der Kreislauf beginnt von neuem. Bei Zweirohr-Verteilungen sind alle Verbraucher direkt mit den Vorlauf- und Rücklaufleitungen verbunden. Sie bilden damit parallele Wasserwege. Die gleichmäßige Verteilung auf alle Heizkörper einer Anlage oder Heizgruppe läßt sich nur erreichen, wenn die Stromungswiderstände aller parallelen Wege gleich groß sind.

Bei der *Einrohr-Verteilung* mit senkrechter oder waagerechter Rohrfuhrung werden mehrere Raum-Heizkorper aus einem Rohr gespeist. Dieses Rohr nimmt auch den ausgekuhlten Warmetrager wieder auf und leitet ihn weiter zum Warmeerzeuger. Die Heizkorper sind bei der Einrohr-Heizung hintereinander geschaltet. Bei der *Einrohr-Heizung mit Kurzschlußstrecken* fließt ein Teil des Wärmeträgers am Heizkorper vorbei, während bei der *Einrohr-Heizung ohne Kurzschlußstrecken* die gesamte Warmetragermenge die Heizkorper nacheinander durchstromt.

Im Gegensatz zur Zweirohr-Heizung sind die Eintrittstemperaturen fur die Heizkorper bei der Einrohr-Heizung unterschiedlich. Auch die Auskuhlung des Heizwassers in den einzelnen Heizkorpern entspricht nicht mehr der des Heizsystems. Die Heizflächenberechnung fur eine Einrohr-Heizung muß daher neben dem Warmebedarf des Raumes auch die jeweils unterschiedliche Heizmitteltemperatur berücksichtigen. Die gleichmäßige Verteilung in einer Einrohr-Heizung ist nur von der Abstimmung der jeweiligen Stromungswiderstände zwischen einer Kurzschlußstrecke und einem Heizkörper abhangig. Die Lage des Heizkorpers, ob am Anfang oder Ende eines Ringes, hat auf die Verteilung keinen Einfluß. Die zeitaufwendige Einregulierung ist aus diesem Grunde bei Einrohr-Heizungen nicht erforderlich.

Systembedingt erhalten vorgeschaltete Heizkorper in einem Einrohr-Ring höhere Heizmitteltemperaturen als nachfolgende. Zum Ausgleich sind am Ende eines Einrohr-Ringes die Heizflachen großer als am Anfang. Die Heizflachenunterschiede konnen bei großen Temperaturspreizungen beträchtlich sein.

Die Vorteile von Einrohr-Heizungen sind neben der Materialeinsparung vor allem die Stabilitat der Wasserverteilung. Bei Schwerkrafteinwirkung kommt der zusätzliche Umtriebsdruck nicht einem einzelnen Heizkorper, sondern einem ganzen Ring zugute, wodurch die Leistungsänderung unerheblich bleibt. Auch bei größeren Temperaturspreizungen im System kann die Spreizung im Heiz-

20.2 Heiztechnik

körper auf 10 °C begrenzt werden. Dadurch bleibt die Wärmeleistung regulierbar. Einrohr-Verteilungen lassen sich durch Verlegung in Zwischendecken oder als vorgefertigte Profilleiste im Raum (ein patentgeschütztes Verfahren) gut an die Raumgestaltung anpassen.
Ein Nachteil aller Einrohr-Heizungen ist der Zwang zu größeren Heizflächen am Ende eines Ringes. Die Größe der Endheizflächen nimmt mit geringeren System-Rücklauftemperaturen zu. Niedrige Rücklauftemperaturen sind jedoch erwünscht, um einerseits die System-Temperaturspreizung zu vergrößern und andererseits bei Fernwärmeanschlüssen günstige Tarife zu erzielen.
Diese Überlegungen führten zu einem neuartigen Einrohr-Heizungssystem, das mit rythmischer Umkehr der Heizmittelstromung arbeitet und *Perpendikel-Heizung* genannt wird. Der Hauptvorteil der Perpendikel-Heizung liegt darin, daß die Heizflächen am Ende eines Ringes nicht in dem Maße größer sein müssen, wie bei herkömmlichen Einrohr-Verteilungen. Sie vereint die Vorteile der Einrohrheizung mit denen der Zweirohrheizung.

Zentrale Dampfversorgung. Eine *zentrale Dampfversorgung* ist der Heizwasserversorgung hinsichtlich der Regelbarkeit unterlegen. Darüberhinaus erfordern Dampfsysteme aufwendigere Wasseraufbereitungsmaßnahmen, um Sauerstoff und Kohlensäure zu binden und abzuscheiden, wie thermische Entgasung und Kondensat-Dosierung. Die Kondensat-Rückführung vom Verbraucher zum Dampferzeuger erfolgt durch Kondensatleitungen mit Gefälle oder Überdruck. Aus diesen Gründen wird die Dampfversorgung vorwiegend für die Luftbefeuchtung in raumlufttechnischen Anlagen, für den Antrieb von Turbinen und für Heizzwecke zwischen 100 °C und 120 °C eingesetzt (z.B. für Kocheinrichtungen).

Zentrale Warmwassersysteme. Je nach Nutzergewohnheiten und Belastungsprofil können die *Wassererwarmungsanlagen* mit zentralen Vorratsspeichern und ausgedehntem Warmwassernetz oder mit verbrauchernahen Vorratsspeichern und ausgedehntem Wärmeträgernetz ausgerüstet sein. Bei großen Belastungsunterschieden ist eine Kombination aus Vorratsspeicher und außenliegendem Wärmetauscher mit Ladepumpe vorteilhaft. Zirkulationspumpen sorgen während der Entnahmezeiten für annähernd konstante Temperaturen im Warmwassernetz, die gemäß Heizungsbetriebsverordnung 60 °C nicht überschreiten dürfen.
Die Wassererwärmung bietet die günstigsten Voraussetzungen für Wärmerückgewinnung und Abwärmeverwertung aus Abluft, Abwasser, Kühlprozessen und Umweltwärme, da das Wasser von ca. 10 °C auf Zapftemperaturen zwischen 45 °C und 60 °C erwärmt wird. Günstige Lösungen werden mit einer zweistufigen Erwärmung erzielt: *Vorwärmung* mit Niedertemperatur-Abwärme und *Nachwärmung* mittels zentraler Wärmeversorgung. Die Bestimmungen des Lebensmittelgesetzes, die DVGW-Arbeitsblätter Reihe W, DIN 4753 und DIN 1988 sowie ggf. DIN 2000 sind zu beachten.

20.2.5 Betriebshinweise für Heiz- und Wassererwärmungsanlagen

Auf die vorstehenden Normen, Richtlinien und Gesetze wird verwiesen, soweit sie den Betrieb betreffen.

Wartung und Instandsetzung. Für die *Wartungs- und Instandsetzungsarbeiten* wird zweckmäßigerweise ein anlagenbezogener Katalog der periodisch erforderlichen Arbeiten in Abstimmung mit den Herstellern der Bauteile erstellt. Dieser Katalog kann für eigenes Personal oder für Verträge mit Fachunternehmern herangezogen werden. Die VDI-Richtlinie 3810 enthält entsprechende Muster.

Frostschutz. Wasserführende Anlageteile werden dadurch vor dem Einfrieren geschützt, daß Überlauf- und Ablaufleitungen, die normalerweise trocken sind, mit Gefälle zur Mündung verlegt werden und wasserführende Leitungen in temperierten Räumen verlegt oder wärmegedämmt werden oder für ausreichende Wasserzirkulation bei Frostgefahr gesorgt wird (z.B. mit Thermostatventilen). Regelmäßig frostgefährdete Anlagen können mit Zustimmung des Anlagenerstellers auch durch Zusatz eines geeigneten *Frostschutzmittels* zum Heizwasser geschützt werden (z.B. Freiflächenheizungen und Sonnenheizanlagen nach DIN 4757).

20.2.5.1 Raumheizungsanlagen

Temperaturregelung. Der Planer einer Zentralheizungsanlage legt die Heizflächen so aus, daß die gewünschten Raumteperaturen bei tiefsten nach DIN 4701 anzunehmenden Außentemperaturen und ungünstigster Witterung erreicht werden konnen. Dieser Bedarf besteht nur wenige Stunden in jeder Heizperiode. Für alle anderen Bedarfszustände muß die Heizleistung reduziert werden. Um die Leistung der Witterung anzupassen, wird die Vorlauftemperatur bei gleichbleibendem Umlaufwasserstrom zentral stetig geregelt. Um himmelsrichtungsabhangige Einflusse wie Sonnenstrahlung und Windanfall zu berucksichtigen, werden großere Gebaude in entsprechende Heiz-Zonen aufgeteilt, die einzeln witterungsabhängig geregelt werden. Den individuellen Wünschen kann die Leistung an jeder Heizfläche thermostatisch oder von Hand durch ein Drosselventil angepaßt werden. Hiermit wird der Wasserstrom verringert und Rücklauftemperatur und mittlere Heizflachentemperatur abgesenkt.

Ob eine *Absenkung der Raumtemperaturen* in Abhangigkeit von der Nutzung sinnvoll ist, hängt von mehreren Faktoren ab. Für Wohngebäude mit mittlerer oder geringer Warmespeicherfähigkeit und schnell regelbaren Heizflachen können Energieeinsparungen erzielt werden, wenn die Temperaturen nachts abgesenkt und die Zeit zum Wiederaufheizen an die mogliche Kesselleistung angepaßt wird. Fur Gebaude mit einheitlichen regelmaßigen Nutzungspausen wie z.B. Burohauser ist zudem eine Temperaturabsenkung am Wochenende vorteilhaft. Fur Raumgruppen mit geringeren Nutzungszeiten bieten sich *dezentrale Zonen-Temperaturabsenkungen* an, die ggf. von einer zentralen Schalt- und Meldetafel gesteuert und überwacht werden konnen. Dezentrale Raumtemperaturregler sind geeignet, anfallende Fremdwarme wie Sonneneinstrahlung, Personenwarme, elektrische Abwarme usw. durch entsprechende Reduzierung der Heizkorperleistung zu nutzen.

Nicht vorteilhaft sind vorübergehende Temperaturabsenkungen bei großer Wärmespeicherung im Baukorper, bei Flachenheizungen mit hoher Warmespeicherung und während kürzerer Nutzungspausen. Außerdem wird die Temperaturabsenkung in der Nähe der Auslegungstemperatur mit fallender Außentemperatur weniger wirtschaftlich, da in diesem Bereich fur das Wiederaufheizen die Kesselleistung erheblich vergroßert werden muß. Aus diesem Grunde ist es sinnvoll, die Nacht- und Wochenendabsenkung von der Außentemperatur abhangig zu steuern und mit Raumfuhlern zu uberwachen.

Wärmemengenmessung. Für einen kritischen Rückblick auf den wirtschaftlichen Betrieb einer Heizanlage ist die Messung der abgegebenen Wärme erforderlich. Das ist bei kleineren Anlagen durch Ermittlung des Brennstoffverbrauches möglich, im übrigen durch Warmemengenzähler, die in die Rohrleitungen eingebaut werden und aus Wasserdurchsatz und Temperaturspreizung die Wärmemenge integrieren. Durch die Warmekostenumlage kann zur sparsamen Energieverwendung beigetragen werden.

Korrosionsschutz. Hinweise für den *Korrosionsschutz* geben die VDI-Richtlinie 2035 für Anlagen unter 100 °C, die TRD 611 für Hochdruck-Dampfkessel der Gruppe IV sowie die VdTÜV-Richtlinien für weitere Dampf- oder Heißwassererzeuger. Die Richtlinien enthalten Anforderungen an die Wasseraufbereitung zur Verhinderung von *Korrosion* und *Steinbildung* (Definitionen siehe DIN 50930). Die Korrosionen werden vorwiegend durch Kohlensaure und Sauerstoff verursacht. Die Steinbildung wird schwerpunktmäßig als Ausscheidungen an den Heizflächen durch Nachfüllung mit hartem Wasser verursacht. Sie hemmt den Wärmeübergang und setzt dadurch den Wirkungsgrad herab.

Der Sauerstoffaufnahme kann durch Reduzierung der Nachspeisemengen begegnet werden. Das ist durch Wahl eines ausreichend bemessenen Ausdehnungsgefäßes und durch rechtzeitige Wartung und Instandsetzung der Bauteile möglich, um Netzentleerungen zu ersparen. Ein ausreichender Überdruck in allen Teilen des Netzes gegenüber der Atmosphäre verhindert den Luftzutritt in das Wassersystem. Ein Unterdruck kann in Anlageteilen entstehen, die im abgesperrten Zustand auskühlen. Daher sind im Normalbetrieb die Vorlaufventile offen, während die Rücklaufventile Regel- und Absperraufgaben übernehmen.

20.2.5.2 Wassererwärmungsanlagen

Temperaturregelung. Wassererwärmungsanlagen weisen üblicherweise Speichertemperaturen zwischen 40 °C und 60 °C auf, die an der Entnahmestelle zu 35 °C bis 40 °C abgemischt werden. Im praktischen Betrieb sollten die Temperaturen so niedrig wie ohne Komforteinbuße möglich eingestellt werden. Die untere Grenze kann durch die für Spitzenbedarf notwendige Speicherkapazität vorgegeben sein. Energiesparende Entnahmeeinrichtungen öffnen manuell und schließen nach einstellbarer Zeit. Zirkulationspumpen und Beheizungen werden nach einem vorzugebenden Programm in längeren Nutzungspausen abgeschaltet.

Korrosionsschutz. In Wassererwärmungsanlagen muß bei allen Maßnahmen für *Korrosionsschutz* und gegen Steinbildung die Trinkwasserqualität erhalten bleiben (Lebensmittelgesetz). Die möglichen Maßnahmen sind Filterung und mengenabhängige Phosphatdosierung. DIN 1988 enthält weitere Betriebshinweise.

20.2.5.3 Zentrale Wärmeversorgungsanlagen

Zu Zeiten geringerer Wärmepreise wurden zentrale Wärmeversorgungsanlagen vorwiegend mit konstanten Vorlauftemperaturen betrieben, deren Höhe sich nach den Wärmeverbrauchern mit den höchsten Temperaturanforderungen richtete. Der Regelaufwand dafür war gering. Mit steigenden Wärmepreisen wird ein hoher Regelaufwand wirtschaftlich. So ist es heute sinnvoll, die Temperaturen und Differenzdrücke zentraler Wärmeversorgungsanlagen in Abhängigkeit von den Anforderungen der Wärmeverbraucher zu regeln. Das erfordert drehzahlgeregelte Umwälzpumpen, zentrale stetige *Temperaturregelung* und ein umfangreiches *Meldesystem* bzw. zentrale *Leittechnik*.

20.3 Raumlufttechnik

20.3.1 Grundlagen

Grundlegende Norm für die *Raumlufttechnik (RLT)* ist die DIN 1946. Im Teil 1 sind u. a. die *Aufgaben von RLT-Anlagen* definiert: „RLT-Anlagen werden eingesetzt, um ein angestrebtes Raumklima sicherzustellen. Dazu müssen je nach Anforderung folgende Aufgaben erfüllt werden:
a) Abführen von Luftverunreinigungen aus Räumen: Geruchsstoffe, Schadstoffe, Ballaststoffe,
b) Abführen sensibler Wärmelasten aus Räumen: Heizlasten, Kühllasten,
c) Abführen latenter Wärmelasten aus Räumen: Befeuchtungslasten, Entfeuchtungslasten.
Die meisten Aufgaben nach a) werden normalerweise durch stetige Lufterneuerung (*Lüftung*) und/oder eine geeignete Luftbehandlung (*Filterung*) gelöst. Die Aufgaben nach b) und c) werden in Regelfall durch eine geeignete *thermodynamische Luftbehandlung* erfüllt. Sie lassen sich in begrenztem Maße auch durch eine stetige Lufterneuerung durchführen."
Ebenso wird in DIN 1946 Teil 1 eine *Klassifikation der RLT-Anlagen* gegeben. Nach der Lüftungsfunktion werden dort unterschieden:
1. RLT-Anlagen mit Lüftungsfunktion (*Lüftungstechnische Anlagen*),
2. RLT-Anlagen ohne Lüftungsfunktion (*Luftumwälzanlagen*).

Unabhängig von der Funktion *filtern* gelten als thermodynamische Zusatzfunktionen: *heizen kühlen, befeuchten, entfeuchten*.

- *Lüftungsanlage:* Lüftungstechnische Anlage ohne oder mit einer thermodynamischen Luftb handlungsfunktion,
- *Teilklimaanlage:* Lüftungstechnische Anlage mit zwei oder drei thermodynamischen Luftb handlungsfunktionen,
- *Klimaanlage:* Lüftungstechnische Anlage mit vier thermodynamischen Luftbehandlungsfunl tionen.

Die *Lüftungsfunktion* bedeutet also Lufterneuerung für Menschen oder aber auch Produkte i der Regel durch Außenluft.

20.3.1.1 Außenluftzustand

Zusammensetzung: Das Gasgemisch besteht aus unterschiedlichen Komponenten, im wesentliche (gilt für trockene Luft):

ca. 78 Vol-% Stickstoff (N_2),
ca. 21 Vol.-% Sauerstoff (O_2),
ca. 1 Vol.-% Edelgase (Argon, Kohlendioxyd, Wasserstoff und Spurengase).

Reale feuchte Luft enthält zwischen 0 und 4 Vol.-% Wasser in Form von Dampf, Tröpfchen od Eiskristallen.

Verunreinigungen:

- *Staub* (Großstadtluft: ca. 0,75 mg/m^3 in den Korngrößen 0 ... 30 μm); Verbrennungsproduk (Ruß, Rauch); Salzkristalle, Bakterien, Luftkeime;
- *Kohlendioxyd* (CO_2) gilt als Indikatorgas für Verunreinigungen; es werden z. B. in der freie Landluft ca. 0,035 Vol.-%, in der Großstadt ca. 0,05 Vol.-%, in industriellen Ballungsräume ca. 0,08 Vol.-% festgestellt.

Temperaturen: Wichtig sind die Mittelwerte

Monatswerte als Jahresschwankung $- 2 ... + 18\,°C$
Tagesschwankung   Winter   z. B. $- 2 ... + 2\,°C$
                     Sommer z. B. $+ 18 ... 32\,°C$

Von Bedeutung für die Auslegung von RLT-Anlagen sind mittlere Höchstwerte:

$t_{max} = 32\,°C$ (Binnenland),
$t_{max} = 29\,°C$ (Küste);

Kühlgradstunden sind eine Bemessungsgrundlage für den jährlichen Kälteverbrauch bei Außenlu versorgung:

$$G_K = (t_{a,m} - t_z) \cdot \text{Kühlstunden in Gradstunden.}$$

$t_{a,m}$ mittlere Außenlufttemperatur,
t_z bestimmte Zulufttemperatur.

Kühlstunden sind von den Betriebszeiten abhängig, z. B. bei $t_z = 18\,°C$ und Betrieb von 6^{00} t 16^{00} ist $G_K = 2850$ Gradstunden.

Luftfeuchte:

- *relative Feuchte*

$$\varphi = \frac{p_d}{p_d} = \frac{\text{Teildruck des Wasserdampfes}}{\text{Sättigungsdruck des Dampfes bei der gegebenen Temperatur}} \quad \text{in mbar/mbar}$$

20.3 Raumlufttechnik

- *absolute Feuchte*

$$x = \frac{m_w}{m_d} = \frac{\text{Feuchtigkeitsmenge}}{\text{Menge trockene Luft}} \quad \text{in g/kg.}$$

Für Berechnungen gilt der mittlere Wert

$x_{max} = 11{,}5$ g/kg (Schwülegrenze).

x verläuft analog den Tages- und Jahresschwankungen der Temperatur, hat jedoch eine geringere Amplitude. Meteorologische Tafeln enthalten meistens die Angabe des Dampfdrucks.

- *Feuchtkugeltemperatur:*

t_f = Temperatur eines feucht gehaltenen Thermometers
(z. B. mittels getränktem Wattebausch).

Mit dem Wertepaar t_{tr} und t_f kann aus psychrometrischen Diagrammen oder Tafeln die relative Feuchte abgelesen werden. Für Berechnungen gilt der mittlere Wert:

$t_{f,max} = 21{,}5\ °C$.

Mindestaußenluftstrom. Aus der Luft benötigt der Mensch den Sauerstoff für seinen Stoffwechsel und produziert dabei im wesentlichen Energie, Wärme und in der ausgeatmeten Luft CO_2 und H_2O-Dampf. Falls nicht noch andere Luftbelastungen im Raum entstehen, soll der CO_2-Gehalt der Raumluft 0,15 Vol.-% nicht überschreiten. Hieraus resultieren Mindestwerte für den Außenluftstrom pro Person. Laut DIN 1946 Teil 2 werden z. B. bei normaler Bürotätigkeit 30 m³/h und Person benötigt. Bei Raucherlaubnis sind 20 m³/h und Person zusätzlich erforderlich. Analoge Werte in der Arbeitsstättenrichtlinie (ASR 5) sind

20 ... 40 m³/h und Person bei überwiegend sitzender Tätigkeit,
40 ... 60 m³/h und Person bei überwiegend nicht sitzender Tätigkeit,
über 65 m³/h und Person bei schwerer körperlicher Arbeit;

Bei Raucherlaubnis sind 10 m³/h und Person, bei intensiver Geruchsverschlechterung 20 m³/h und Person zusätzlich erforderlich. Bei Extremwerten der Außenlufttemperatur können diese Luftraten halbiert werden.

Schädliche Gase und Dämpfe. Entstehen im Raum *schädliche Gase und Dämpfe*, so darf der *MAK-Wert* (*maximale Arbeitsplatzkonzentration*) nicht überschritten werden. Die erforderliche *Zuluftmenge* errechnet sich nach

$$\dot{V}_z = \frac{K}{k_i - k_a} \quad \text{im m}^3/\text{h,}$$

K stündlich anfallende Gas- oder Dampfmenge,
k_i MAK-Wert in m³ Gas/m³ Luft,
k_a Gasmenge in der Zuluft in m³/m³.

Eine Direktabsaugung am Entstehungsort verringert diese Luftmenge. Bei der Fortluft von Absauganlagen ist die TA-Luft (Technische Anleitung zur Reinhaltung der Luft) zu beachten.

20.3.1.2 Raumluftzustand und Behaglichkeit

Der *Raumluftzustand* kann u. a. beschrieben werden durch Angaben zu der Temperatur, der relativen Luftfeuchtigkeit bzw. dem Wasserdampfgehalt, dem Schadstoffgehalt wie Staubgehalt, der Luftbewegung nach Art, Richtung und Größe, dem Druckniveau gegenüber der Außenluft bzw. anderen Räumen.

Behaglichkeit empfindet der Mensch, wenn im wesentlichen die Raumlufttemperatur t_R, die Temperatur der Umschließungsflächen t_U und die Luftgeschwindigkeit c innerhalb gewisser Toleranzen liegen. Diese *Behaglichkeitsparameter* sind komplex miteinander verknüpft und gehen von mittleren Werten aus. Sie sind darüber hinaus vom individuellen Zustand des Menschen abhängig.

- t_R ist von t_a und t_U abhängig: bei höheren t_a darf auch t_R ansteigen (s. DIN 1946 Teil 2), bei niedrigen t_U muß t_R höher sein und umgekehrt; von Einfluß ist auch das Δt_U der Strahlungsflächen untereinander.
- c darf bei höheren t_R leicht ansteigen (s. DIN 1946 Teil 2); von Einfluß sind die Anströmrichtung der bewegten Luft und Δc (in der Regel liegt eine sehr unregelmäßige Geschwindigkeitsverteilung im Raum vor).
- Insbesondere bei höheren t_R ist die relative Feuchte zu begrenzen (Schwülegrenze):

    nach ASR 5 z. B.: φ_{max} = 80% bei t_R = 20 °C,
    φ_{max} = 55% bei t_R = 26 °C,
    nach DIN 1946 Teil 2: φ_{max} = 65%.

    Eine untere Grenze φ_{min} ist nach derzeitigen Erkenntnissen nicht erforderlich.
- Der *Staubgehalt* normal sauber gehaltener Büroräume hat keinen Einfluß auf das Wohlbefinden des Menschen. Höhere Staubkonzentrationen bei der Produktion sind durch geeignete Maßnahmen einzugrenzen.
- Weitere Beeinflussung der Behaglichkeit erfolgt durch *Lärmeinwirkung* (Schallpegelwerte in DIN 1946 Teil 2 sowie Arbeitsstätten-Verordnung § 15) und *Beleuchtung* (s. DIN 5035 und ASR 7/3).
- Der *individuelle Zustand* des Menschen überlagert die Einflüsse der übrigen Behaglichkeitsparameter und bestimmt u. a. die Auslegung der RLT-Anlage. Die Wärmeabgabe des Menschen ist von der körperlichen Tätigkeit (Aktivitätsgrad I bis IV in DIN 1946 Teil 2) und der Art der Bekleidung abhängig. Physiologische und psychische Zustände beeinflussen das Empfinden des Menschen gegenüber seiner Umwelt.

20.3.1.3 Raumluftzustand für Fertigung und Produkte

Jeder industrielle Einsatzfall erfordert bestimmte klimatische Verhältnisse z. B.
- *Temperatur:*
  hoch: Lackierungen, Keramikindustrie,
  niedrig: Kühlbereiche, Bierherstellung,
  konstant: Präzisionsfertigung, Feinmeßräume;
- *Feuchte:*
  hoch: Textilherstellung, Kabelisolierung, Druckerei, Papierfabrik, Tabakindustrie,
  niedrig: Süßwarenherstellung, Filmverarbeitung, Lagerung pharmazeutischer Produkte;
- *Staubfreiheit:* Elektronikindustrie, Filmherstellung, Nahrungsmittelindustrie, EDV-Räume, Pharmazeutische Industrie.

20.3.2 Berechnung und Auslegung

Wärmebedarf nach DIN 4701 siehe Abschnitt 20.2.2.

Kühllast (s. VDI 2078): Als *Kühllast* bezeichnet man die kalorische Leistung, die zu einem bestimmten Zeitpunkt aus einem Raum abgeführt werden muß, um vorgegebene Luftzustandswerte einzuhalten. Man unterscheidet zwischen *innerer Kühllast* (Wärmeabgabe durch Menschen, Beleuchtungswärme, Maschinen- und Gerätewärme, Wärmeaufnahme bei Stoffdurchsatz durch den

Raum) und *äußerer Kühllast* (Wärmedurchgang durch Außenwände und Dächer sowie durch Fenster).

Kanalnetzberechnung und Ventilatorauslegung: Nach Bestimmung der Luftmenge nach Wärmebedarf, Kühllast bzw. nach Personen oder Material bezogenen Außenluftraten sind mit dem Ziel einer entsprechenden Luftverteilung die Geschwindigkeit zu berechnen oder zu bestimmen und danach weiter die vom Ventilator aufzubringende Druckleistung.

Geschwindigkeit für Industrieanlagen   8 ... 12 m/s (Hauptkanal),
                                                  5 ... 8 m/s (Abzweigkanal),
Hochgeschwindigkeitssystem mit Rundrohr 12 ... 25 m/s.

— Der *Luftwiderstand* der ungünstigsten (meist längsten) Kanalleitung bestimmt sich durch:

$$\Delta p = Z_1 + Z_2 + Z_3 \text{ in Pa};$$

$Z_1 = R \cdot l$ Kanalreibung (haufig gering),
$Z_2 = \Sigma \zeta \cdot \rho/2 \, v^2$ Einzelwiderstände ($Z_2 > Z_1$),
Z_3 Apparatewiderstände ($Z_3 > Z_2$)
             (zentral und dezentral).

Die Berechnung erfolgt saug- und druckseitig.

— Für die *Leistung* des Ventilators gilt:

$$P = \frac{\dot{V} \cdot \Delta p_t}{\eta} \text{ in W};$$

$\dot{V}$ = Volumenstrom in m³/s,
Δp_t = Gesamtdruckdifferenz in Pa,
Δp_t = $p_s + p_d$ (statisch + dynamisch),
η = Ventilatorwirkungsgrad.

Der Ventilator mit entsprechendem $\dot{V}$ und Δp_t wird aus Herstellerunterlagen (meist doppellogarithmisches Kennlinienfeld) unter Berücksichtigung der zulässigen Geräuschentwicklung und des Wirkungsgrades ausgewählt.

— Bei Veränderung der Auslegungsparameter gelten die *Proportionalitätsgesetze*:

$\dot{V}_1/\dot{V}_2 = n_1/n_2$ Volumen,
$\Delta p_1/\Delta p_2 = (n_1/n_2)^2$ Druck,
$P_1/P_2 = (n_1/n_2)^3$ Leistung.

Akustische Berechnung (nach VDI 2081) (s. auch die Abschnitte 20.4 und 23.3):

— Das *Ventilatorgeräusch* ist von vielen Faktoren wie Drehzahl, Schaufelzahl und -form, Luftmenge, Förderdruck und Luftgeschwindigkeit abhängig. Der *Schalleistungspegel* ist im Wirkungsgradoptimum überschlägig:

$$L_W = 37 \pm 4 + 10 \lg \dot{V} + 20 \lg \Delta p_t$$

$\dot{V}$ in m³/s,
Δp_t in Pa.

Geräusche von Motoren, Pumpen und Getrieben sind wesentlich niedriger als die des Ventilators.

— Ein *Strömungsgeräusch* entsteht bei größeren Geschwindigkeiten an Einbauten, Umlenkungen, Abzweigen und Auslässen. Ebenso erfolgt an diesen Bauteilen eine Reduzierung des Ventilatorgeräusches (Einzelangabe in VDI 2081). Mit den akustischen Rechengrößen erfolgt die ggf. erforderliche Schalldämpferauslegung, wobei die zulässigen *Schallpegel* in den Räumen zugrunde gelegt werden. Es gilt

gemäß DIN 1946 Teil 2:	Büro	35 ... 50 dB,
	Werkstatt	50 dB,
	Lackiererei	60 dB,
	Schweißerei	60 dB,
	EDV	40 ... 50 dB,
	Sozialräume	35 ... 50 dB.
gemäß Arbeitsstätten-Verordnung, § 15:	geistige Arbeit	55 dB,
	mechanische Büroarbeit	70 dB,
	sonstige Tätigkeiten	85 ... (90) dB.

Raumdämpfung berücksichtigen!
Bei Emissionen sind die zulässigen Schallpegel in der Nachbarschaft zu beachten. Es gilt

		tags	nachts
gemäß VDI bzw. TA-Lärm:	ausschließlich gewerbliche Nutzung	70 dB	
	vorwiegend gewerbliche Nutzung	65 dB	50 dB
	vorwiegend Wohngegend	55 dB	40 dB.

h-x-Diagramm (nach *Mollier*): Dieses Diagramm dient zur Darstellung von Zustandsänderungen bei feuchter Luft.

Gesetze, Normen, Richtlinien

— *Wichtige Gesetze und Verordnungen*

Bundes-Immissionsschutzgesetz (BImSchG) Gesetz zum Schutz vor schädlichen Umwelteinwirkungen durch Luftverunreinigungen, Geräusche, Erschütterungen und ähnliche Vorgänge; Hierzu:
Technische Anleitung zum Schutz gegen Lärm (TA-Lärm) v. 07/68,
Technische Anleitung zur Reinhaltung der Luft (TA-Luft) v. 02/86.
Diese Anleitungen liefern Hinweise, die bei der Auslegung von Absauganlagen hinsichtlich deren Emissionen von Bedeutung sind.
Arbeitsstättenverordnung v. 20. 03. 75, hierzu insbesondere:
Arbeitsstättenrichtlinie Lüftung zu § 5 der Arbeitsstättenverordnung v. 10/79.

— **Wichtige Normen**
DIN 1946 ist die grundlegende Norm für RLT-Anlagen. Sie besteht aus mehreren Teilen und Blättern und wird z. Z. völlig neu konzipiert und ständig erweitert; hauptsächlich Teil 1 Grundlagen, Teil 2 Gesundheitstechnische Anforderungen;
DIN 8975 Kälteanlagen, Teile 1 bis 8;
DIN 33403 Klima am Arbeitsplatz.

— **Wichtige Richtlinien.** Für Berechnungen und für bestimmte Anlagen hat der Verein Deutscher Ingenieure (VDI) eine große Anzahl von Richtlinien herausgegeben. Auch der Verein Deutscher Maschinenbauanstalten (VDMA) hat einige Richtlinien (Einheitsblätter), insbesondere über Apparate, publiziert. Einige wichtige Richtlinien sind im Abschnitt 20.6 ersichtlich.

20.3.3 Bestandteile von RLT-Anlagen

20.3.3.1 Zentralanlagen

Bei Versorgung größerer gleichartiger Raumbereiche, insbesondere bei Teilklima- und Klimaanlagen, werden *Zentralanlagen* verwendet, bei denen die Luftaufbereitung in einer Geräteeinheit vorgenommen wird. Früher wurden häufig gemauerte Kammern für die jeweilige Aufbereitungsstufe verwendet, heute in der Regel kompakte Kastengeräte.

Lufterhitzer: Luft durchströmt ein senkrecht zum Luftstrom befindliches Rohrbündel, das das wärmere Medium führt,

– *Arten:* Wasser/Luft — Wasser ggf. mit Frostschutzmittel als Zusatz t_W z. B. = 90/70 °C oder 130/90 °C, $w_{L,max}$ = 5 m/s,

Dampf/Luft — $p_{D,max}$ = 0,1 bar,

elektrische Lufterhitzer — nur für kleine Leistungen und wenn andere Medien nicht verfügbar sind;

– *Material:* Lamellenrohr — Stahl/Stahl oder Cu/Al, i.d.R. 1- bis 3-reihig (max. 6-reihig)

Glattrohr — Stahl, hauptsächlich als Vorerhitzer oder bei besonders staub- oder ähnlich belasteter Luft,

bei elektrischem Lufterhitzer — Stahl oder Cu (Stäbe), Ni- oder Cr-Legierung (Drähte).

Luftkühler (analog Lufterhitzer):

– *Arten:* Kaltwasser/Luft — z. T. mehr Rohrreihen als beim Lufterhitzer, typisch t_W = 6/12 °C, in der Regel im Gegenstrom geführt;

Sole/Luft

– *Funktion:* trockene Luftkühler, Luftkühler mit Entfeuchtung — Taupunktunterschreitung an der Rohroberfläche.

Luftfilter:

– *Arten:* Plattenfilter — Grobfilter; alle Abmessungen,
Taschenfilter — Feinfilter; Normzelle 610 x 610 mm,
Rollbandfilter — Grob-/Feinfilter; heute selten, aber gleichbleibendes Δp;

– *Materialien:* Fasergespinste — aus Cellulose, Glas, synthetische Polymere, Wolle, Asbest, teilweise speziell imprägniert,

Geflechte — aus Metall; häufig ölbenetzt;

– *Wirkungsweise:* mechanische Filter — Abscheidung durch Sperr-, Trägheits-, Diffusionseffekt,

Sorptionsfilter — (Aktivkohle); für Gase, Aerosole, Gerüche,

Elektrofilter — elektrostatischer Effekt; für Feinstaub, aber auch z. B. Zigarettenrauch;

– *Abscheidevermögen:*	Staubfilter	Grob-/Vorfilter: Schutz der Anlage vor grober Außenluftverschmutzung A, B_1^*/Eu**1,2, Feinfilter: Hauptfilter B_2/Eu3,4 C_1/Eu5,6, hochwertige Feinfilter: zur intensiven Filterung, ggf. zum Schutz des Kanalsystems, Filterklassen * nach DIN 24185 ** nach Eurovent
	Schwebstoffilter Fettfangfilter	Klassen Q, R, S

Für die Auswahl des Filters sind weiterhin die Anfangs- u. Enddruckdifferenz sowie die Standzeit von Bedeutung. Sie ist von Staubanfall, Luftbelastung, Abscheidegrad, Oberfläche des Filters und Staubspeichervermögen abhängig. Die letzte Filterstufe sollte so dicht wie möglich vor dem zu schützenden Objekt installiert werden, insbesondere gilt dies bei Schwebstoffiltern.

Luftbefeuchter:

– *Rieselbefeuchter:* Stoffaustausch über benetzte Oberfläche (Rieselfilm); Füllkörperkammer mit Kunststoffröhrchen, Raschigringe oder Metallgewebe; $w_{L,max} \approx 1$ m/s;

– *Verdunstungsbefeuchter:* benetzte Oberfläche durch Kapillarwirkung oder Tauchen;

– *Sprühbefeuchter (Wäscher):* Düsenstöcke in Kammer; feine Zerstäubung erzeugt Aerosole; $w_{L,max} \approx 2,5$ m/s.

Die Befeuchtung der Luft erfolgt durch Wasseraufnahme von Wasserdampf oder Aerosole; dabei tritt Abkühlung durch adiabatische (d. h. ohne Wärmezu- oder -abfuhr von/nach außen) Abgabe der Verdunstungswärme ein. Die Umlaufwassermenge ist ein Mehrfaches der Verdunstungsmenge; durch ständige Konzentration der Salze u. a. ist ständiges Abschlämmen (2 ... 3-fach) oder Wasseraufbereitung erforderlich; Wäscher sind nicht für hohe hygienische Ansprüche geeignet, da Staub- und Bakterienbildung möglich ist.

– *Dampfbefeuchter:* Dampf wird direkt aus dem vorhandenen Dampfsystem entnommen oder gesondert erzeugt; er hat eine hohe elektrische Anschlußleistung; Zusatzwasser muß enthärtet oder entsalzt werden.

Luftentfeuchter:

– *Luftkühler* (s. dort)

– *Sorptionsentfeuchter:* Berührung der Luft mit Sorptionsstoffen wie Kieselgel (Quarz mit großer Oberfläche), Aluminiumoxyd, Lithiumchlorid oder Lithiumbromid.

Tropfenabscheider: Sie sind besonders hinter Wäschern und Kühlern (naß) erforderlich; die Abscheidung erfolgt an besonders profilierten und mit Abtropfnasen versehenen Lamellen aus Blech oder Kunststoff.

Ventilator:

– *Radialventilator:*	rückwärts gekrümmte Schaufeln	hohe Drücke (> 1000 Pa), hoher Wirkungsgrad, wenige Schaufeln,
	vorwärts gekrümmte Schaufeln	niedrige Drücke, viele Schaufeln (Trommelrad),
	radial endende Schaufeln einseitig oder zweiseitig über die Achsen saugend;	für Sonderzwecke,

- *Axialventilator:* Zusammen mit dem Leitrad wird ein besserer Wirkungsgrad und höherer Druck erreicht; ein besonderer Vorteil des Axialventilators ist: Zur stufenlosen Leistungsregulierung sind im Lauf verstellbare Flügel möglich. Der Antrieb erfolgt direkt durch den Motor, mit zwischengeschalteter Kupplung oder Riementrieb (häufigste Form).
- *Regelung:* Drosselregelung (billig, aber unwirtschaftlich),
  Drallregelung,
  Schaufelverstellung,
  Drehzahlregelung (wirtschaftlich), Schleifringläufer, Kommutatormotor,
  Phasenschnittsteuerung, Frequenzsteuerung, polumschaltbarer Motor.

Schalldämpfer: (s. auch Abschnitt 20.4)
- *Kulissen-Schalldämpfer (Absorptions-Schalldämpfer):* Seine Wirkung ist von der Dicke der Kulissen, deren Abstand untereinander und der Länge des Schalldämpfers abhängig;
- *Rohr-Schalldämpfer:* Es wirkt die schalldämpfende Auskleidung und ggf. ein entsprechender Kern.

20.3.3.2 Luftverteilsystem

Luftleitung: Kanal (rechteckig): gefalzt z. T. gelötet bzw. besondere Abdichtung; Rundrohr (Ovalrohr); diverse Verbindungssysteme; Material: verzinktes Blech, Edelstahl, Kunststoff (PE, PVC, PP_s), feuerfeste Mineralfaserplatten, Mauerwerk; Flexrohr (aus Al, PE).

Drossel- und Absperrelemente: Drosselklappe (einteilig), Jalousieklappe (mehrteilig), Überströmklappe, Blende, Ventil, Volumenstrom-Regler, Feuerschutzklappe (Einbauvorschriften, Prüfzeichenpflicht).

Mischkasten: Die Mischung von warmer und kalter Luft aus zwei verschiedenen Leitungen erfolgt unter gleichzeitiger Reduzierung des Druckes (bei Zweikanalanlagen).

Entspannerkasten: Druckminderelement bei Einkanalanlagen.

Luftdurchlaß:

Gitter:	Wetterschutz-, Wand-, Decken-, Fußboden-Gitter;
Verteiler:	Anemostat, Drallluftverteiler;
Schlitz:	1- bis 4-reihig;
Düse:	große Wurfweite (Eindringtiefe); u. a. auch für Stützstrahlen;
Flächen-Decke:	Zuluftdecke (Lochdecke).

20.3.3.3 Wärmerückgewinnung (gemäß VDI 2071)

Definition: Als *Wärmerückgewinner* werden wärmeaustauschende Apparate einschließlich die zu ihrer Funktion erforderlichen Bauteile bezeichnet, mit denen ein Teil der Abwärme dem System wieder zugeführt wird. Bei RLT-Anlagen erfolgt die Übertragung zwischen Fortluft- und Außenluftstrom. Die Wirksamkeit wird durch die Austauschzahlen Φ *Rückwärmzahl* und Ψ *Rückfeuchtzahl* ausgedrückt.

Systeme:
- *Rekuperator.* Wärmeaustausch über Trennflächen (Kreuzstromtauscher);
- *Regenerator* mit umlaufendem flüssigen oder gasförmigen Wärmeträger (Kreislaufverbund von zwei Rohrbündeltauschern);
- *Regenerator* mit drehendem, festen Wärmeträger (Rotor); Stoffaustausch möglich;
- *Wärmepumpe.*

20.3.3.4 Regelung (s. auch Kap. 13)

- *Systeme:* pneumatisch, elektronisch, elektro-pneumatisch, mechanisch;
- *Meßfühler:* unterschiedliche Bauarten zur Erfassung der Temperatur (t, Δt), der Feuchte (x, TP) und des Druckes (Δp);
- *Stellglieder:* Regelventile, Stellmotore für Klappen;
- *Schaltschrank:* Meßwertverarbeitung, Regler, Steuerungen, Anzeigeinstrumente; bei größeren Anlagen in Felder eingeteilt für Einspeisung, elektrische Schaltungen, elektronische (pneumatische) Regelungen und ggf. Übergabe für Zentrale Leittechnik (ZLT). Nach neuester Entwicklung kann in DDC-Technik (Direct Digital Control) Regelung und Leittechnik unmittelbar verknüpft werden.

20.3.3.5 Wasseraufbereitung

- *Enthärtung:* Entfernung von Ca und Mg mittels Fällverfahren durch Phosphate oder Austauschverfahren durch Ionen-Austauscher (Kationen-, Anionen-Austauscher)
- *Vollentsalzung* durch Kombination von Kationen- und Anionen-Austauscher
- *Schutzschichtbildung* durch Phosphatimpfung
- *UV-Bestrahlung* zur Keimabtötung.

20.3.3.6 Kälteaggregate

Kompressions-Kälteanlage. In Anlehnung an den idealen Carnot-Kreisprozeß läuft ein technisch realisierbarer Vergleichsprozeß mit adiabatischer Verdichtung des Kältemittels im Kompressor ab: Kondensation mit Wärmeabgabe an Kühlwasser oder Kühlluft, Entspannung im Expansionsventil und Verdampfung durch Wärmeaufnahme an der Kühlstelle ggf. mit Überhitzung des Kältemitteldampfers. Man unterscheidet

- *Kolbenkompressoren* für kleine und mittlere Leistungen; in hermetischer, halbhermetischer oder offener Bauweise;
- *Turbokompressoren* für große Leistungen; meist mehrstufig;
- *Schraubenkompressoren* für mittlere und große Leistungen; gewinnen zunehmend an Bedeutung.

Dampfstrahl-Kälteanlage. Sie bietet sich insbesondere bei eigener Dampfversorgung des Betriebes an; als Kältemittel wird Wasser verwendet; die Verdichtung des Wasserdampfes erfolgt in einem Treibdampfejektor.

Absorptions-Kälteanlage. Anstelle der mechanischen Verdichtung absorbiert der Kältemitteldampfer in einem zweiten Medium, aus dem in einer weiteren Stufe durch Wärmezufuhr (meist Dampf) das Kältemittel wieder ausgetrieben wird. Verwendete Stoffpaare: Wasser/Lithiumbromid, seltener Ammoniak/Wasser.

Verdampfer. Er ist der kälteerzeugende Teil der Anlage. Es gibt verschiedene Bauarten für trockenen Betrieb (Direktverdampfer, Wasserkühler) sowie überfluteten Betrieb (meist als Röhrenkessel-Verdampfer für Turbokaltwassersatz).

Kondensator. Die an der Kühlstelle von dem Kältemitteldampf im Verdampfer aufgenommene Wärme wird im Kondensator durch Verflüssigung an die Umgebung wieder abgegeben. Man unterscheidet

- *luftgekühlte Kondensatoren:* Ventilatoren (meist Axial-) saugen relativ große Luftmengen durch mit Kältemittel gefüllte Rippenrohre; Aufstellung meist im Freien;
- *wassergekühlte Kondensatoren:* Wasser kann Wärme günstiger aufnehmen; daher spezifisch kleinere Apparate erforderlich, in der Regel als Röhrenkessel-Kondensatoren.

20.3 Raumlufttechnik

Rückkühlwerk (Kühlturm). Die häufigste Art ist: Das rückzukühlende Wasser wird über Düsen versprüht und in Rieselfüllkörpern durch Luft im Gegenstrom gekühlt (Axial- oder Radialventilator); das verdunstete Wasser muß ersetzt werden; je nach Wasserqualität muß abgeschlämmt oder das Wasser aufbereitet werden.

Kältemittel. Die Anforderungen sind (gemäß DIN 8960): günstige Verdampfungseigenschaften, chemisch stabil, nicht brennbar, ungiftig u. a.; hauptsächlich fluorierte Chlorkohlenwasserstoffe (Halogene) wie R12, R22 u. a.

20.3.4 Systeme Lüftung

20.3.4.1 Freie Lüftung

Freie Lüftung ist die Lüftung mit Förderung der Luft durch Druckunterschiede infolge Wind und/oder Temperaturdifferenz zwischen außen und innen (ASR 5).

- *Voraussetzungen der Außenverhältnisse:* Die Außenluft darf nicht unzumutbar verunreinigt sein. Dauerschallpegel darf gemäß VDI 2058 nicht überschritten werden. Bei freier bzw. ungünstiger Lage soll mittlere max. Windgeschwindigkeit 6,5 m/s nicht überschreiten, Fenster bzw. Lüftungsöffnungen dürfen nicht zu einem Außenraum führen, dessen Luft nur ungenügend umgewälzt wird.
- *Voraussetzungen der Innenverhältnisse:* Durch innere Funktionsabläufe werden gesundheitsschädliche Raumluftzustände nicht erreicht. Innere Wärmebelastungen lassen Raumlufttemperatur nicht über unzulässige Grenzen ansteigen (26 °C werden als tragbar erachtet; kurzzeitige Temperaturerhöhungen, insbesondere während heißer Sommertage sind vertretbar; Ausnahme: Hitzearbeitsplätze). Ein ausreichendes Raumvolumen je Person in Aufenthaltsbereichen steht zur Verfügung.

20.3.4.2 Mechanische Lüftung

- *Konventionelle Lüftung:* Sie besteht in der einfachsten Form aus Filter, Außenlufterhitzer, Ventilator und Kanalsystem nach Erfordernis. Das Abluft-System ist in der Regel davon getrennt. Die Lüftungsaufgabe überwiegt. Heizung erfolgt durch Standheizflächen.
- *Luftheizanlage:* Als Medium für die gesamte Heizleistung dient Luft. Die *Zentralanlage* entspricht der konventionellen Lüftungsanlage, arbeitet jedoch meistens mit Mischluftsystem d. h., ein Teil der Abluft wird der Zuluft im Zentralgerät wieder beigemischt. *Dezentrale Anlagen* benutzen Einzelbefeuerung durch Gas, Öl oder Elektroenergie (Standardgeräte). Eine besondere Art ist der *Luftheizer* (Wandlufterhitzer), ein Gerät das alle Bestandteile der Lüftungsanlage enthält. Außenluft wird an der Außenwand oder der Dachfläche entnommen; meistens ist Mischluftbetrieb gestattet. Als Wärmemedium wird häufig Heizwasser oder Dampf verwendet.
- *Dachzentrale:* Sie eignet sich besonders für flächige Hallenbauten. Die Luftansaugung, sämtliche Aufbereitungsaggregate und die Schalt- und Regelungstechnik sind kompakt in einem wetterfesten Gehäuse untergebracht. Die Luft wird entweder direkt über Deckenluftverteiler oder mit weiter verzweigtem Leitungssystem in die Nutzbereiche eingeblasen.
- *Einzelabsaugungen:* Sie ist immer sinnvoll bei örtlichen Emissionsquellen. Sie besteht aus Saugvorrichtung (Hauben, Saugrohr, Schlitze u. a.), Saugleitung ggf. mit Abscheider, Saugventilator.

20.3.5 Systeme Klima

Zusätzlich zur Lüftungsfunktion sind mindestens zwei thermodynamische Aufbereitungsfunktionen notwendig.

Einzelgeräte. Es gibt diverse Ausführungsarten z. B. Klimatruhe, Klimaschrank; Kälteversorgung erfolgt häufig dezentral als Split-Einheit.

Zentralsysteme (Kälteversorgung i. der Regel zentral).

- *Einkanalanlage* (Nur-Luft-System): Der Volumenstrom ist konstant oder variabel. Ein Niedergeschwindigkeitssystem arbeitet mit $w < 8$ m/s, Hochgeschwindigkeitssysteme mit $w > 8$ m/s; Hochdrucksysteme haben Differenzdrücke $\Delta p > 1000$ Pa, mit Entspannerkasten.
- *Zweikanalanlage:* Nach der zentralen Aufbereitung wird ein Kanal mit warmer, ein Kanal mit kalter Luft durchströmt; die Mischung erfolgt in Raumnähe im Mischkasten (über Temperaturfühler und Stellmotor geregelt, d. h. individuelle Beeinflussung an der Verbraucherstelle); es ist meist als Hochdrucksystem ausgebildet.
- *Induktionssystem:* Die Primärluft (nur notwendige Außenluft) wird zentral aufbereitet und im dezentralen Induktionsgerät durch Düsen ausgeblasen; hierdurch ist die Induktion einer gegenüber der Primärluft zwei- bis dreifachen Umluftmenge möglich; Nachbehandlung der Umluft erfolgt durch Wärmetauscher im Induktionsgerät; individuelle Beeinflussung der Umlufttemperierung ist durch Klappen oder Ventile im Induktionsgerät möglich.

20.3.6 Spezielle RLT-Anlagen für die Industrie

20.3.6.1 Absauganlagen (s. auch Abschnitt 23.2)

- *Schweißtische* (s. auch VDI 2084): Die Absaugung erfolgt durch Hauben (seitlich, von oben, von unten); Luftgeschwindigkeit beträgt an der Schweißstelle 0,5 ... 2 m/s, in der Haubenfläche 8 ... 10 m/s.
- *Maschinenabsaugung:* Es werden verwendet: Hauben, Schlitze, Saugrohre z. B. bei Schleif- u. Poliermaschinen; Ölnebelabsaugung bei Werkzeugmaschinen; Einzelabsaugstellen werden flexibel angebunden; gleichartige Absaugungen zu einem Absaugventilator hin zusammengefaßt; nicht benutzte Maschinen werden durch Trennschieber an der Maschine oder in der Luftleitung abgetrennt.
- *Badabsaugung:* z. B. beim Beizen und Galvanisieren; seitliche Schlitze ($w_{Schlitz} \approx 10$ m/s).
- *Späneabsaugung* (Holzbearbeitung): Saugrohr oder Hauben sind seitlich oder unterwärts der Maschinen-Arbeitsfläche angebracht; die vorhandenen Absaugungen sind zu einem Absaugventilator hin zusammengeführt, dem eine Absackanlage oder ein Zyklon vorgeschaltet ist.
- *Farbspritzanlagen:* Je nach Größe des zu lackierenden Gutes sind es Spritztische, -kabinen oder -räume; die Luft wird über Farbnebelabscheider gesaugt ($w \approx 0,5 ... 0,8$ m/s), z. T. werden wasserberieselte Wände verwendet; ggf. muß für eine entsprechend saubere z. T. mehrfach gefilterte Zuluft gesorgt werden.
- *Digestorien* (Laborabzüge) (s. auch VDI 2051): Es handelt sich um kastenförmige Aufsätze auf Arbeitstischen, die vorne offen oder durch Schiebefenster verschlossen werden können; innen an der Rückwand erfolgt die Abluftentnahme über verstellbare Schlitze; Abluftleistung 600 (400) m^3/h je laufenden Meter Frontlänge des Abzuges; wegen aggressiver Medien sind in der Regel Leitungen und Abluftventilator aus Kunststoff, seltener aus Edelstahl.
- *Akkuraumentlüftung:* Die Abluft wird am Fußboden (wegen Schwefelsäuredämpfe u. a.) und unter der Decke (wegen Wasserstoff u. a.) entnommen; Abluftventilatoren müssen ex-geschützt sein; Außenluft als Zuluft wird direkt aus dem Freien entnommen.
- *Küchenlüftung* (s. auch VDI 2052): Es werden Hauben über den Koch- und Bratgeräten oder Flächenentlüftung an der Decke (Unterdruckraum) verwendet; verschiedene Systeme mit Fettfilter oder sonstigen Fettabscheideeinrichtungen (labyrinthartige Strömungswege) sind im Einsatz; Belüftung ist erforderlich (Luftwechsel 15 ... 25-fach/h).

20.3 Raumlufttechnik

20.3.6.2 Teilklimaanlagen

Für besondere Industriezweige werden *Teilklimaanlagen* eingesetzt, s. hierzu Abschnitt 20.3.1.

20.3.6.3 Klimakammern

Die Kammergröße reicht von Handbeschickung bis begeh- und befahrbar. Der Wandaufbau erfolgt in Sandwich-Weise, kompakt oder modulartig, immer mit starker Wärmedämmung versehen. Die Innenauskleidung wird den Klimakomponenten und dem Anwendungsfall angepaßt. Die Klimakammern sind jeweils mit sämtlichen Aggregaten zur Erzeugung des gewünschten Klimas, mit Komponenten zu dessen Regelung und mit Instrumenten zur meßtechnischen Überwachung ausgestattet.

- *Verfahrenstechnik:* Zur *Trocknung* werden sie in der Lebensmittelindustrie z. B. für die Würfelzuckerherstellung (höhere Stabilität), in der Pharmazeutik, in der Elektroindustrie z. B. bei der Kabelherstellung (bessere Isolation) eingesetzt. Bei medizinischen Kunststoffprodukten z. B. Einwegspritzen (bessere Sterilität) dienen Klimaschränke zur *Befeuchtung*.

- *Umweltsimulation* (hauptsächlich für Prüf- und Meßzwecke):
  - *Konstantklima:* spezielle meßtechnische Versuche; Produktion in der Elektronik- und Feinmechanikindustrie
  - *Wechselklima:* Herstellung und Prüfung in der Baustoff- und Elektronikindustrie, Schockprüfung sowie für Eichzwecke; Salzbesprühung und Beregnung: Korrosionsprüfung z. B. in der Kfz-Industrie;
  - weitere Simulationen: Staubtest, Vakuum, Überdruck, Vibration u. a.

20.3.6.4 Reinraumanlagen (s. a. VDMA 24183)

Reinraumanlagen werden für ganze Räume, für Kammern sowie für Einzelarbeitsplätze (reine Werkbänke, reine Arbeitskabinen) eingesetzt; hoher Filterungsaufwand ist erforderlich. Häufig müssen große Luftströme in Laminar-Flow-Technik (Verdrängungsströmung), horizontal und vertikal geführt werden. Anwendungsgebiete sind: Elektronikindustrie, Herstellung von Film- und Bildmaterial, Herstellung von pharmazeutischen Produkten u. a.

20.3.6.5 EDV-Anlagen (s. a. VDI 2054)

Bei *EDV-Anlagen* gelten besondere Anforderungen hinsichtlich Kühlung, Staubarmut und Feuchte. Die Räume sind meistens mit Doppelboden ausgestattet, die Luft strömt sowohl von unten nach oben als auch umgekehrt; verstärkter Luftdurchsatz ist im Bereich der Maschinen erforderlich, zusätzlich ggf. Direktabsaugung. Die Luftmenge bestimmt sich aufgrund der notwendigen Kühlung, daher beträgt der Anteil Außenluft zur Verbesserung des Raumluftzustandes nur etwa 10 ... 15% der Gesamtluftmenge.

20.3.6.6 Luftschleieranlagen

Für Werktüren und -tore, die häufig oder dauernd geöffnet sind sind *Luftschleieranlagen* erforderlich, die Luftführung erfolgt am häufigsten von oben nach unten, aber auch alle anderen Strömungsrichtungen sind möglich. Je nach der Jahreszeit werden Warmluftschleier (t_Z = 20 ... 25 °C) oder Kaltluftschleier eingesetzt. Die Strömungsgeschwindigkeit (w = 10 ... 15 m/s) richtet sich nach Torgröße und Windgeschwindigkeit. Die Auslaßform sind lange schmale Schlitze.

20.3.7 Betrieb von RLT-Anlagen (s. auch VDI 3801)

Das Betreiben von *RLT-Anlagen* umfaßt im wesentlichen das Bedienen einschließlich des Überwachens der geforderten Funktionen und des Behebens von Betriebsstörungen sowie das Instandhalten mit Wartung und Instandsetzung. Voraussetzungen für einen einwandfreien Betrieb sind:

das vollständige Vorhandensein sämtlicher erforderlicher technischer Unterlagen, die bei der Abnahme (s. hierzu VDI 2079 – Abnahmeprüfung von RLT-Anlagen) vom Anlagenersteller zu übergeben sind; ausreichendes und dem Umfang und dem Ausstattungsgrad der Anlagen entsprechend geschultes Betriebspersonal; Betriebsanweisungen, die neben den Nutzungszeiten auch Möglichkeiten der Energieeinsparung berücksichtigen; das Führen von Betriebsbüchern; das regelmäßige Instandhalten gemäß Instandhaltungsplan (s. hierzu z. B. VDMA-Einheitsblatt 24186) und Aufzeichnung dieser Tätigkeiten. Über die übliche Instrumentierung der Anlagen zum Zwecke der Funktionsüberwachung hinaus empfiehlt es sich, Meßgeräte einzubauen, die eine ständige und gesicherte Erfassung der Energie- und Medienverbräuche ermöglichen.

20.4 Ver- und Entsorgung

20.4.1 Wasserversorgung

Wasserversorgungsanlagen unterliegen den Bestimmungen der Bauordnungen der Bundesländer, der Trinkwasserverordnung vom 31. 1. 1976 und den DVGW-Richtlinien. DIN 1988 und ggf. DIN 2000 und 2001 sind zu beachten. Die Wahl des Rohrwerkstoffes bestimmt gleichzeitig die Art der Rohrverbindungen.

– *Verzinkte Stahlrohre* sind wegen der geringen Kosten am weitesten verbreitet. Sie werden mit Gewindemuffen verschraubt oder mit Speziallötung verbunden. Nachteilig können sich Inkrustationen an der rauhen Rohrwand auswirken, die den freien Querschnitt verringern.
– *Kupferrohre* werden mit Lötfittings verbunden. Sie sind weniger korrosionsanfällig, haben eine glattere Oberfläche und sind teurer.
– *Kunststoffrohre* werden geschweißt, geklemmt oder geklebt. Korrosionen und Inkrustationen können ausgeschlossen werden. Sie sind brennbar.

Um Verwechslungen vorzubeugen wird eine Kennzeichnung der Rohrleitungen nach DIN 2406 empfohlen.

Wasserversorgung vom kommunalen Netz. Über die Lage der Anschlußleitungen im Grundstück muß ein Plan angefertigt werden. Die Leitungen müssen frostfrei und mit Steigung zu den Entnahmestellen verlegt werden und eine Absperrung sowie eine frostfrei installierte Wasserzähleranlage enthalten. Die Verbrauchsleitungen müssen eine Entlüftungseinrichtung enthalten. Zugelassene Werkstoffe und Anforderungen an Bauteile können DIN 1988 entnommen werden.

Betriebshinweise. Vor der Inbetriebnahme sind die Leitungen gründlich zu spülen. Nicht betriebene Leitungen sind vom Netz abzusperren und zu entleeren. Bei einer Unterbrechung der Wasserzufuhr müssen alle Zapfstellen geschlossen bleiben. Alle Anlageteile müssen dicht und betriebssicher erhalten werden.

Bemessungshinweise. Die *Bemessung der Wassernetze* erfolgt nach dem DVGW-Arbeitsblatt W 308. Anschlußleitungen sollten DN 25, Steigleitungen DN 20, Stockwerksleitungen für mehrere Zapfstellen DN 20, für eine Zapfstelle DN 15 nicht unterschreiten.

Kühlwasser. Die Verwendung von Trinkwasser zu *Kühlzwecken* sollte aus ökologischen und Kostengründen eingeschränkt werden. Folgende Maßnahmen bieten sich an:
– Kühlung durch unverschmutzte Abwässer,
– Kühlung durch Kühlturm-Kreisläufe,
– Kühlung durch Eigenwasser-Versorgung,
– Kühlung durch Wärmerückgewinnung.

20.4 Ver- und Entsorgung

Für die Auswahl der Maßnahmen müssen die Verbraucher in Gruppen eingeteilt werden, getrennt nach der erforderlichen Wasserqualität und der Art der Abwässer:

	Wasserqualität	Abwasser
Gruppe 1	Trinkwasserqualität	Abwasser unrein
Gruppe 2	unverschmutztes Nutzwasser niedriger Temperatur für Kühlzwecke	Abwasser unrein und erwärmt
Gruppe 3	unverschmutztes Nutzwasser erhöhter Temperatur für Produktionszwecke, Spülbäder usw.	Abwasser unrein ggf. Neutralisation

Nach der Unterteilung und Ermittlung der Wassermengen können Maßnahmen diskutiert werden wie
— kostensparende Abwassereinleitung für die Gruppe 2 in Vorfluter,
— Wiederverwendung der Abwässer der Gruppe 2 für Verbraucher der Gruppe 3,
— Wärmerückgewinnung aus warmen Abwässern,
— Eigenversorgung.

Eigenversorgung. Die *Eigenversorgung* mit Trink- und Nutzwasser setzt eine sorgfältige Untersuchung der geologischen, hygienischen und wirtschaftlichen Belange voraus. Sie kann zu erheblichen Kosteneinsparungen führen. DIN 2000 und 2001 enthalten Hinweise auf die zu beachtenden Normen, DVGW-Richtlinien und Gesetze. Der Betrieb zentraler Wasserversorgungsanlagen setzt eine fachkundige Betriebsleitung voraus. Hygiene, Wassermenge und Wasserdruck sowie der Schutz der Verbraucher unterliegen Mindestanforderungen. Über die Überwachung von Grundwasserspiegel und -fließrichtung, Brunnen, Aufbereitungsanlage und Rohrnetz ist eine Dokumentation zu führen. Eine Eigenversorgungsanlage muß vom kommunalen Netz im allgemeinen durch einen geeigneten offenen Zwischenbehälter getrennt sein.

20.4.2 Entsorgung

Die *Entsorgung* durch Grundstücksentwässerungsanlagen ist in DIN 1986 geregelt. Der Teil 1 enthält Baubestimmungen, Teil 2 Dimensionierungshinweise, Teil 3 Betriebshinweise und Teil 4 Hinweise auf geeignete Werkstoffe. Die Abflußleitungen sind normalerweise drucklos und daher auf Gefälle zum Kanalnetz angewiesen. Wo kein ausreichendes Gefälle zur Verfügung steht, muß eine Abwasser-Hebeanlage eingesetzt werden.
Unter *Abwässern* werden Regen und Schmutzwasser aus Haus, Gewerbe und Industrie einschließlich Fäkalien verstanden. Abwässer, die Mineralöle und zerknallbare Beimengungen enthalten, müssen über Benzinabscheider geführt werden, fetthaltige über Fettabscheider. Chemisch belastete Abwässer sind zu neutralisieren. Fettstoffe sind durch Fangeinrichtungen auszuscheiden. Wenn die Abwässer nicht ausreichend von Schadstoffen getrennt werden können, müssen sie aufgefangen und abtransportiert werden. Unverschmutzte Abwässer können ggf. in Vorfluter geleitet oder zu Spülzwecken o. ä. wiederverwendet werden. Warme Abwässer können einer Wärmerückgewinnung unterzogen werden. In diesem Fall ist eine getrennte Sammlung von warmen und kalten Abwässern ratsam.

Werkstoffe. Gußrohre, Beton- und Asbest-Zementrohre haben ein hohes Eigengewicht und werden durch dickwandige Muffen verbunden. Sie neigen zur Inkrustation durch rauhe Oberflächen. Kunststoffrohre neigen wegen glatter Oberflächen nicht zur Inkrustation. Sie werden mit dünnwandigen Muffen verklebt oder verschweißt. Sie sind jedoch brennbar.

20.4.3 Technische Gase

Druckluftversorgung. Eine *Druckluftversorgungsanlage* besteht aus einer Kompressorstation, einem Druckluftbehälter mit Schalt- und Sicherheitsarmaturen und einem Versorgungsnetz. Die Höhe des Überdrucks und die Dimensionierung der Anlagen ist von den Verbrauchern abhängig. Bei unterschiedlichen Druckanforderungen sind getrennte Versorgungsnetze möglich. Die Druckbehälterverordnung ist zu beachten. Wenn die Verbraucher ölfreie Druckluft benötigen muß dieser Forderung durch geeignete Kompressoren entsprochen werden. Die Schallabstrahlung von den Kompressoren muß durch geeignete Maßnahmen begrenzt werden. Ein Teil der für die Kompression aufgewendeten Energie kann als Wärme zurückgewonnen werden.

Erdgas. Für *Gasleitungen* gelten die DVGW-Arbeitsblätter der Reihe G, für Bau und Betrieb von Gasleitungen für 0,5 ... 3 bar gilt das Arbeitsblatt G 460. Die Verbrauchseinrichtungen unterliegen den Forderungen der betreffenden DIN-Normen und DVGW-Arbeitsblätter.

Azetylen. *Azetylen-Versorgungsanlagen* sind nach der Azetylen-Verordnung vom 1. 3. 1980 zu errichten und zu betreiben. Sie verpflichtet den Betreiber wiederkehrende Prüfungen durch Sachverständige zu beantragen und Instandsetzungen anzuzeigen, eine kundige volljährige Person mit dem Betrieb zu beauftragen und Schadensfälle anzuzeigen.

Allgemeines. Versorgungsanlagen für technische Gase aus Flaschen bestehen meistens aus zwei *Flaschenbatterien*, die mit je einer Sammelleitung verbunden sind. Umschaltventile stellen sicher, daß jeweils eine Batterieseite mit dem zentralen Druckminderventil verbunden ist, während die andere Batterieseite als Reserve zur Verfügung steht oder ausgewechselt wird. Ein Druckwächter auf jeder Sammelleitung gibt das Signal für die erforderliche Umschaltung. Filter und Kondenswasserabscheider sind nach Bedarf vorzusehen. Anlagen mit gefährlichen, z. B. brennbaren Stoffen sind mit entsprechenden Hinweisschildern zu kennzeichnen. Auf die einschlägigen Unfallverhütungsvorschriften wird verwiesen.

20.5 Lärmminderung an Maschinen und im Gebäude

Maßnahmen zur *Lärmminderung* können an der Quelle, auf dem Ausbreitungsweg und beim Betroffenen ergriffen werden. Man unterscheidet:
- technisch-konstruktive Maßnahmen,
- planerisch-organisatorische Maßnahmen,
- Öffentlichkeits- und Aufklärungsarbeit.

Grundregeln (s. auch VDI 3720 „Lärmarm Konstruieren") sind:
1. Vorrangiger Ansatzpunkt zur Lärmminderung ist das Vermeiden bzw. die Minderung der Schallentstehung.
2. Lärmminderung muß zuerst bei der lautesten bzw. schalleistungsstärksten Teilquelle erfolgen.

Die Beachtung dieser Grundregeln führt meist zu den wirkungsvollsten und wirtschaftlichsten Maßnahmen. Im folgenden werden insbesondere technisch-konstruktive Lärmminderungsmaßnahmen erläutert.

20.5.1 Systematik der Vorgehensweise

Lärmminderung beginnt mit einer sorgfältigen *Bestandsanalyse*. Entstehungsursache (Körper- oder Luftschall) und Ausbreitungsweg der Schallschwingungen sind festzustellen. Teilquellenanalysen mit Schallspektren und Richtwirkung in charakteristischen Betriebszuständen sind

20.5 Lärmminderung an Maschinen und im Gebäude

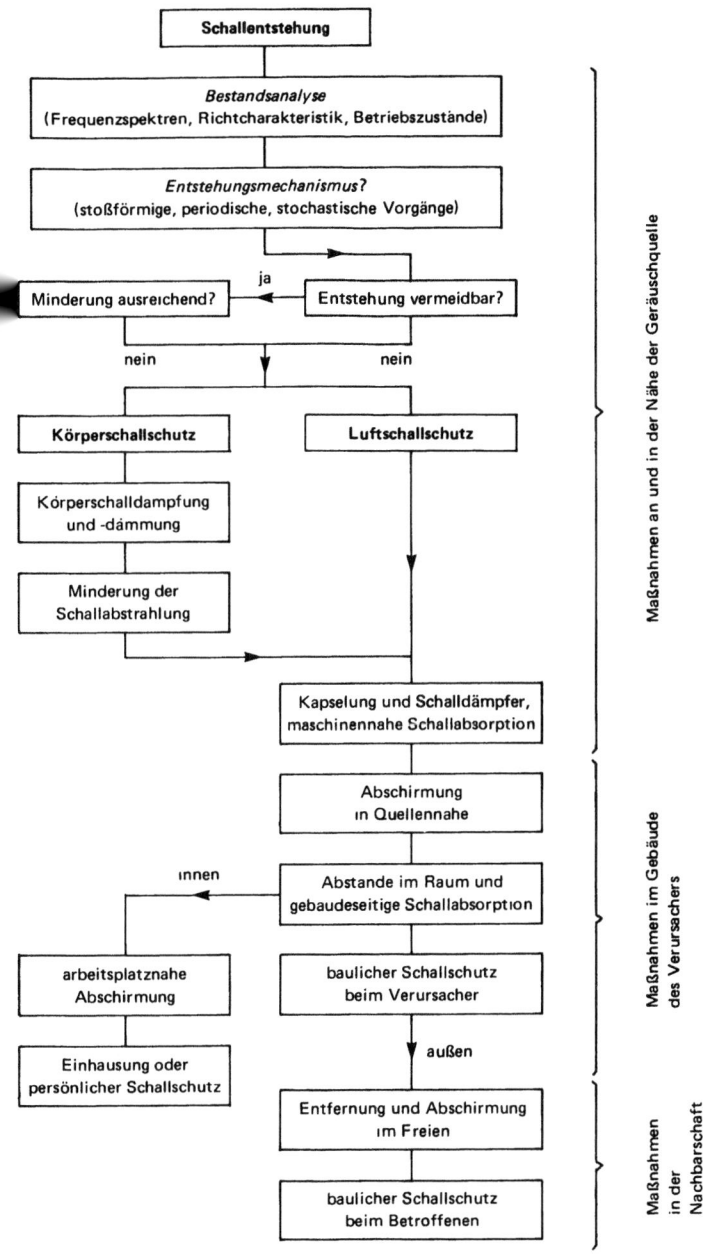

Bild 20.9 Technisch-konstruktive Maßnahmenkette zur Lärmminderung im Betrieb.

vorteilhaft. A-bewertete Schallpegelangaben lassen oft keine ausreichend gezielten Maßnahmen zu. Die Einhaltung der Reihenfolge in der Maßnahmenkette zur Lärmminderung (Bild 20.9) ist zweckmäßig. Maßnahmen in Quellennähe bieten meist das bessere Kostenwirksamkeitsverhältnis. VDI-Richtlinien 3720 und 2570 enthalten weitergehende Hinweise und ausführliche Literaturangaben.

20.5.2 Verhinderung der Schallentstehung

Schall entsteht bei plötzlicher Kraft- oder Zustandsänderung. Zur Minderung sollte die Schnelligkeit und die Amplitude der Änderung verringert werden. Minderung bei *schlag-* oder *stoßförmiger Anregung* ist oft am einfachsten durch zeitliche Dehnung des Vorgangs oder durch dämpfende Zwischenlagen. Bei *periodischen Anregungen* − hier treten die besonders lästigen tonhaltigen Geräusche auf − ist das Vermeiden der Periodizität, z. B. durch aperiodische Oberflächenaufteilung bei Rotationskörpern vorteilhaft. Zur Minderung bei *stochastischer Anregung* (z. B. Strömungs- und Rollgeräusche) sind geringere Geschwindigkeiten der bewegten Medien bzw. geringere Umfangsgeschwindigkeiten anzustreben.

20.5.3 Minderung in Quellennähe

20.5.3.1 Körperschalldämpfung und -dämmung

Bei *Körperschalldämpfung* wird Schwingungsenergie in Wärme umgewandelt. Hierzu werden Werkstoffe mit möglichst hoher innerer Dämpfung oder Oberflächendämpfung (Entdröhnbeläge) sowie aus Einzelteilen zusammengesetzte Strukturen (Reibung an Grenzflächen) eingesetzt. Durch Übergang zu Werkstoffen mit höheren Verlustfaktoren η (Tab. 20.6) können Pegelminderungen ΔL der Körperschallamplituden erreicht werden:

$$\Delta L = 10 \lg (\eta_1/\eta_2). \tag{20.5.1}$$

Tabelle 20.6: Anhaltswerte für Verlustfaktoren η

Werkstoff bzw. Konstruktion	Verlustfaktor η
Stahl, Al	0,0001
Gußeisen	0.001
Blei	0,01
Stahlblech mit Entdröhnbelag	0,1
Verbundbleche	0,1
geschraubte oder genietete dünne Metallteile	0,01

Körperschalldämmung wird durch Reflexion der Schwingungen an Stellen mit sprungförmiger Änderung der Ausbreitungsbedingungen erzielt. Beispiele für derartige Sprungstellen sind: weiche Schichten zwischen steifen Bauteilen, Sperrmassen, Querschnittsänderungen, Bauteilumlenkungen und -verzweigungen. Vor Reflexionsstellen können Pegelerhöhungen auftreten.
Die elastische Aufstellung von Maschinen auf Fundamenten ist ein wichtiges Beispiel für die Körperschalldämmung. Das Verhältnis von angeregter Frequenz f zur Eigenfrequenz f_{res} des Aufstellungssystems soll möglichst groß sein. f_{res} läßt sich aus der Zusammenpressung Δx der elastischen Schicht unter dem Gewicht der Maschine abschätzen:

$$f_{res} \approx 5/\sqrt{\Delta x} \text{ in Hz}, \tag{20.5.2}$$

Δx in cm.

20.5.3.2 Abstrahlungsminderung

Die abgestrahlte akustische Leistung P_{ak} ist der Schwinggeschwindigkeit v, der abstrahlenden Oberfläche S und dem Abstrahlgrad σ proportional:

$$P_{ak} \sim v^2 \cdot S \cdot \sigma. \tag{20.5.3}$$

σ ist frequenzabhängig: unterhalb einer Grenzfrequenz f_g fällt σ mindestens quadratisch mit der Frequenz. Oberhalb f_g hat σ etwa den Wert 1. Kleine Oberflächen und hohe Werte für f_g sind also für die Lärmminderung günstig.

Für *ebene Platten* gilt

$$f_g \approx \frac{6{,}4 \cdot 10^4}{h} \sqrt{\frac{\rho}{E}} \text{ in Hz,} \tag{20.5.4}$$

ρ Dichte des Plattenwerkstoffs in kg/m^3,
E Elastizitätsmodul in N/m^2,
h Dicke der Platte in m.

Für *kompakte Maschinenkörper* gilt

$$f_g \approx \frac{170}{l} \text{ in Hz,} \tag{20.5.5}$$

h mittlere Abmessung des Maschinenkörpers in m.

Besonders geringe Abstrahlgrade erzielt man mit Lochblechen ($\sigma < 10^{-4}$). Sie können z.B. als preisgünstige Behälterwandungen eingesetzt werden, solange kein dichter Abschluß erforderlich ist.

20.5.3.3 Kapselung

Bild 20.10 zeigt eine *Kapselanordnung* mit zu berücksichtigenden Schallausbreitungswegen. Die Minderungswirkung der Kapsel wird am besten durch das Einfügungsdämmaß ΔL_e (Schallpegelunterschied am Immissionsort mit und ohne Maßnahme) gekennzeichnet. Bild 20.11 zeigt Minderungswerte für verschiedene Kapselausführungen. Hohe Werte sind nur bei gleichzeitiger Verbesserung der Luft- und Körperschallisolation erreichbar. Kapseln können um den Wert 100:1 (20 dB) verbesserte Dämmwirkung haben, wenn sie innen vollabsorbierend ausgekleidet sind. Sind derartige Kapseln undicht, so richtet sich die erzielbare Dämmung nach dem Anteil der Undichtigkeitsoberfläche $S_ö$ an der Gesamtkapseloberfläche S_k (Tabelle 20.7). Beim Einsatz von

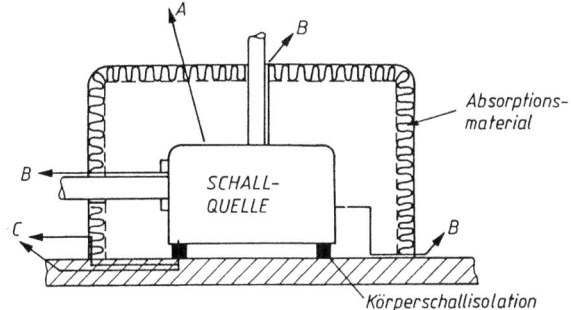

Bild 20.10
Kapsel mit Schallausbreitungswegen
A Weg durch die Kapselwandung,
B Weg durch Kapselundichtigkeiten,
C Weg der Körperschallübertragung.

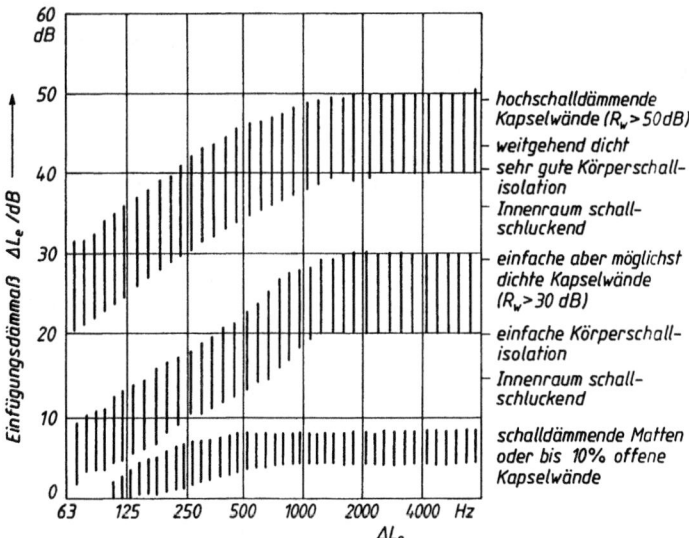

Bild 20.11 Einfügungsdämmaß bei verschiedenen Kapselausführungen.

Kapseln sind unbedingt die betriebstechnischen Belange wie Temperaturverhalten, Explosionssicherheit, Gewichtszunahme usw. zu beachten (s. auch VDI 2711 „Schallschutz durch Kapselung").

Tabelle 20.7: Maximale mögliche Minderung bei undichten Kapseln

$S_ö/S_k$	1:1000	1:100	1:10
ΔL_e in dB	30	20	10

20.5.3.4 Schalldämpfer

Schalldämpfer sind Bauelemente, die den Schalldurchgang durch betriebstechnisch notwendige Öffnungen weitgehend unterbinden, dabei aber trotzdem Medienstrom oder Zugang zum Raum ermöglichen. Minderung kann auf folgenden Effekten beruhen:
- *Absorption*, d. h. Umwandlung der Schallenergie in Wärme;
- *Reflexion*, d. h. Rückwurf der Schallwellen zur Schallquelle.

Die Gesamtwirkung einer Schalldämpferanlage wird am besten durch das Einfügungsdämmaß ΔL_e (s. Abschnitt 20.5.3.3) gekennzeichnet. ΔL_e ist in der Regel stark frequenzabhängig.
Bei Verbrennungskraftmaschinen werden *Reflexionsschalldämpfer* bevorzugt. Hier ist wegen der Ausnutzung von Resonanzeffekten eine besonders sorgfältige Anpassung an die jeweilig angeschlossene Maschine nötig.
Besonders häufig werden *Absorptionsschalldämpfer* wegen ihrer breitbandigen Wirkung und geringen Strömungswiderstände (Druckverluste) eingesetzt.

20.5 Lärmminderung an Maschinen und im Gebäude

innerhalb eines Frequenzbereiches f:

$$\frac{85}{d} \text{ bzw. } \frac{170}{l} < f < \frac{170}{b} \text{ in Hz} \tag{20.5.6}$$

läßt folgende Formel eine Abschätzung der Einfügungsdämmung zu:

$$\Delta L_e \approx 1{,}5 \cdot \alpha \cdot \frac{U}{S} \cdot l \text{ in dB,} \tag{20.5.7}$$

α Absorptionsgrad der schallschluckenden Schicht,
U absorbierend belegter freier Kanalquerschnitt in m,
S freier Kanalquerschnitt in m²,
d, b, l, siehe Bild 20.12, in m.

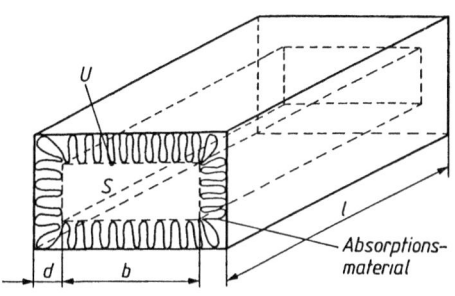

Bild 20.12
Absorptionsschalldampfer

Wegen der höheren Werte für U/S werden flache, rechteckige gegenüber runden Dämpferquerschnitten bevorzugt. Bei durchströmten Dämpfern müssen die Druckverluste Δp beachtet werden. Sie sind u. a. von der Strömungsgeschwindigkeit V abhängig. Bei handelsüblichen Dämpferkulissen ist Δp größenordnungsmäßig:

$$\Delta p \approx 0{,}05 \cdot V^2, \tag{20.5.8}$$

Δp Druckverluste in mm WS,
V Strömungsgeschwindigkeit in m/s.

Weitere Einzelheiten zu Dämpfern siehe VDI 2567 „Schallschutz durch Schalldämpfer".

20.5.4 Schallschutz auf dem Ausbreitungsweg

20.5.4.1 Schallausbreitung in Räumen

Das *Schallfeld in Räumen* setzt sich aus dem Direktschall und dem von Wänden und Gegenständen reflektierten Raumschall zusammen. Der Gesamtschalldruckpegel L_{ges} ergibt sich aus der energetischen Addition des Direktschallpegels L_D und des Raumschallpegels L_R:

$$L_{ges} = 10 \cdot \lg (10^{0{,}1 L_D} + 10^{0{,}1 L_R}) \text{ dB} \tag{20.5.9}$$

Steht die Schallquelle auf reflektierendem Boden, so berechnet sich der Direktschallpegel aus dem Schalleistungspegel L_W und dem Abstand r:

$$L_D = L_W - 20 \lg r - 8 \text{ dB} \quad (r \text{ in m}) \tag{20.5.10}$$

L_D ist also entfernungsabhängig. Maschinen werden für die Berechnung als punktförmig angenommen solange ihre größte Abmessung D kleiner als $0{,}7 \cdot r$ ist. Ausgedehnte Quellen werden entsprechend aufgeteilt.

Im diffusen Schallfeld wird der Raumschallpegel L_R aus dem Schalleistungspegel und der äquivalenten Absorptionsfläche A (s. auch Gl. 20.5.14) berechnet:

$$L_R = L_W - 10 \lg A + 6 \text{ dB} \quad (A \text{ in m}^2). \tag{20.5.11}$$

L_R ist zwar theoretisch entfernungsunabhängig. In der Praxis (z. B. in flachen Hallen) kann der Raumschallpegel manchmal mit bis zu 4 ... 6 dB je Entfernungsverdopplung abnehmen.

Der Abstand, bei dem Direktschall und Raumschall gleich sind, wird *Hallradius* r_H genannt. Bei Schallfeldabstrahlung über reflektierendem Boden ist:

$$r_H = 0{,}2 \sqrt{A} \quad \text{in m.} \tag{20.5.12}$$

Bei Entfernungen kleiner r_H läßt sich eine Pegelminderung vor allem für den Direktschall (Abschirmung), außerhalb des Hallradius für den Raumschall (Absorption) erreichen.

Minderung durch Absorptionsmaßnahmen. Verringerung des Raumschalls läßt sich durch *Vergrößerung der äquivalenten Absorptionsfläche A* erreichen:

$$\Delta L_R = 10 \cdot \lg(1 + \Delta A/A) \text{ dB}. \tag{20.5.13}$$

Entscheidend ist das Verhältnis der Änderung der Absorptionsfläche ΔA zur ursprünglich vorhandenen Absorptionsfläche A. Nur in ursprünglich sehr halligen Räumen (wenig Absorption) kann mit Pegelminderungen von 6 ... 8 dB gerechnet werden. Unter Verwendung eines mittleren Absorptionsgrades $\bar{\alpha}$ von 0,15 bis 0,25 in üblichen, mittelbelegten Fertigungsräumen und einer Gesamtoberfläche S der Raumbegrenzungsflächen läßt sich A näherungsweise berechnen:

$$A \approx \bar{\alpha} \cdot S \quad (A \text{ und } S \text{ in m}^2) \tag{20.5.14}$$

Weitere Einzelheiten zum Absorptionsverhalten s. z. B. [20.14].

Minderung durch Abschirmung. *Abschirmmaßnahmen* sind um so wirksamer je dichter bei der Schallquelle sie angebracht werden. Auch bei empfängernaher Aufstellung bringen sie Vorteile. Für Einfügungsdämmaße ΔL_e (Direktschallpegeländerung mit und ohne Abschirmung) > 10 dB sind Flächengewichte der Abschirmwände größer 3 kg/m² notwendig. Die Abschirmwand sollte etwa doppelt so groß wie die abzuschirmenden Wellenlängen sein. Beim Einsatz von absorbierenden Wänden sind Kostenwirksamkeitsüberlegungen am Platze. Erfahrungswerte über die Wirkung von Schallschirmen in flachen Werkhallen (3 ... 13 m Höhe) können einem Forschungsbericht der BAU entnommen werden (s. auch Tabelle 20.8 aus [20.11].

Tabelle 20.8: Minderung durch Schallschirme in Werkhallen

Schirmhöhe/Raumhöhe \ Abstand Quelle-Empfänger/Raumhöhe	< 0,3	0,3 ... 1	1 ... 3	
< 0,3		7,4 ± 1,4	3,5 ± 2,1	
0,3 ... 0,5	10	7,1 ± 1,8	4,5 ± 1,8	ΔL_e/dB
> 0,5		8,6 ± 1,7	6,3 ± 1,5	

20.5.4.2 Baulicher Schallschutz

Die Kennzeichnung der *Schalldämmung von Bauteilen* erfolgt heute durch das *bewertete Schalldämmaß* R_w nach DIN 52210. Je höher die Werte von R_w um so besser dämmt das Bauteil.

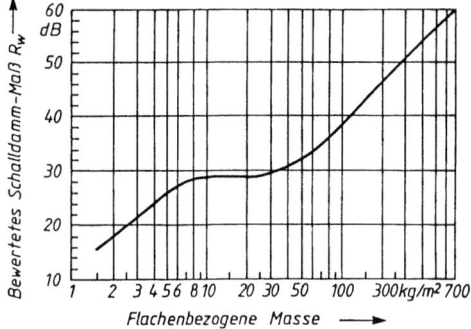

Bild 20.13
Bewertetes Schalldämmaß R_w für Beton, Mauerwerk, Gips, Glas u. a. in Abhängigkeit von der flächenbezogenen Masse (nach DIN 4109 Entwurf 1979).

Die Schalldämmung einschaliger Wände wächst im wesentlichen mit ihrer flächenbezogenen Masse und der Frequenz. Bild 20.13 zeigt Dämmwerte für einige übliche Baustoffe. Einfachwände mit flächenbezogener Masse von 10 ... 30 kg/m² haben ein ungünstiges akustisches Verhalten. Bei mehrschaligen Wänden mit Zwischenlagen aus weichen Absorptionsmaterialien (Fasermatten) lassen sich deutlich höhere Dämmwerte erreichen als mit Einfachwänden. Bei Doppelwänden mit einem Schalenabstand d kann eine Verbesserung $\Delta R_w \geq d$ gegenüber gleichschweren Einfachwänden erreicht werden (ΔR_w in dB, d in cm). Werden Wände aus Teilflächen S_i mit unterschiedlichen Dämmwerten R_{wi} zusammengesetzt, so ergibt sich das resultierende Dämmaß $R_{w\,res}$ der Gesamtfläche S_{ges} aus:

$$R_{w\,res} \approx -10 \cdot \lg\left(\frac{1}{S_{ges}} \sum_{i=1}^{N} S_i \cdot 10^{-0,1 R_{wi}}\right). \qquad (20.5.15)$$

Schwächste Glieder der Außenwanddämmung sind erfahrungsgemäß Fenster, Türen und Dächer. Tabelle 20.9 gibt Werte, die üblicherweise bei den verschiedenen Fensterkonstruktionen erreicht werden. Sorgfältiger Einbau und gute Dichtungen sind besonders bei den höheren Dämmwerten wichtig.

Tabelle 20.9: Dämmwerte R_w für übliche Glasbauteile

Einfachfenster	20 ... 30 dB
Isolierglaseinfachfenster	30 ... 40 dB
Verbundfenster	35 ... 45 dB
Kastenfenster	40 ... 50 dB
Glasbausteine u. ä.	30 ... 40 dB

Die in Tabelle 20.9 genannten Werte können sinngemäß auch für Fenstertüren benutzt werden. Schalldämmwerte für Industriebauteile auch Dächer können der VDI 2571 „Schallabstrahlung von Industriebauten" und [20.16] entnommen werden. Weitere Angaben zum baulichen Schallschutz siehe z. B. [20.14].

20.6 Literatur

Bücher

[20.1] *Wittig, E.:* Einführung in die Beleuchtungstechnik. Siemens AG, Berlin/München 1969.
[20.2] Lichttechnik, Lichttechnische Erläuterungen. AEG-Telefunken, 1972.
[20.3] Philips, Lichthandbuch. W. V. Philips, Gloeeilampenfabriken, Eindhoven 1975.
[20.4] Planen mit Siemens-Innenleuchten.
[20.5] *Philippow, E.:* Taschenbuch Elektrotechnik. VEB Verlag Technik, Berlin 1965.
[20.6] *Rietschel/Raiß:* Heiz- und Klimatechnik. Springer-Verlag, Berlin 1968.
[20.7] *Recknagel/Sprenger/Hönmann:* Taschenbuch für Heizung und Klimatechnik einschließlich Brauchwassererwärmung und Kältetechnik. R. Oldenbourg-Verlag, München (jedes Jahr Neuauflage).
[20.8] *Feurich, H.* und *K. Bösch:* Sanitärtechnik. Krammer-Verlag, Düsseldorf 1987.
[20.9] *Cremer, L.* und *H. Heckl:* Körperschall. Springer-Verlag, Berlin 1967.
[20.10] *Heckl, M.* und *H. A. Müller:* Taschenbuch der Technischen Akustik. Springer-Verlag, Berlin 1975.
[20.11] *Kurze, U., W. Damberg, K. Flögel, H. Wittmann* und *W. Weissenberger:* Erfahrungen mit Schallschirmen in Arbeitsráumen. Forschungsbericht Nr. 168 der Bundesanstalt für Arbeitsschutz und Unfallforschung, Dortmund 1977 (BAU).
[20.12] *Kurtz, G., H. Schmidt* und *W. Westphal:* Physik und Technik der Lärmbekampfung. Verlag G. Braun, Karlsruhe 1975.
[20.13] *Sälzer, E.* und *H.-U. Wilhelm:* Schallschutz leichter Industriedächer. Bericht des Ministers für Arbeit, Gesundheit und Soziales NRW, Essen 1979.
[20.14] *Schild, E., H. F. Casselmann, G. Dahmen* und *R. Pohlenz:* Bauphysik. Planung und Anwendung. Verlag Friedr. Vieweg & Sohn, Braunschweig/Wiesbaden 1982.
[20.15] *Schirmer, W. u. a.:* Lärmbekämpfung. Verlag Tribüne, Berlin 1974.
[20.16] *Splittgerber, H.* und *K. H. Wietlake:* Luftschalldämmung von Bauelementen für Industriebauten. Bericht Nr. 4 der Landesanstalt für Immissionsschutz NRW, Essen 1979.
[20.17] *Fasold W., M. Kraak* und *W. Schirmer:* Taschenbuch Akustik. VEB Verlag Technik, Berlin 1984.

Normen

DIN 1946 Teil 1 Raumlufttechnik; Grundlagen (VDI-Lüftungsregeln)
           Teil 2 Raumlufttechnik; Gesundheitstechnische Anforderungen (VDI-Lüftungsregeln)
           Teil 3 Lüftungstechnische Anlagen (VDI-Lüftungsregeln); Lüftung von Fahrzeugen
           Teil 4 Raumlufttechnische Anlagen (VDI-Lüftungsregeln; Raumlufttechnische Anlagen in Krankenhäusern
DIN 1986 Teil 1 Entwässerungsanlagen für Gebäude und Grundstücke; Technische Bestimmungen für den Bau
           Teil 2 Entwässerungsanlagen für Gebäude und Grundstücke; Bestimmung für die Ermittlung der lichten Weiten und Nennweiten der Rohrleitungen
           Teil 3 Entwässerungsanlagen für Gebäude und Grundstücke; Regeln für Betrieb und Wartung
           Teil 4 Entwässerungsanlagen für Gebäude und Grundstücke; Verwendungsbereiche von Abwasserrohren und Formstücken verschiedener Werkstoffe
           Teil 30 Entwässerungsanlagen für Gebäude und Grundstücke; Allgemeine Entwässerungsanlagen; Inspektion und Wartung
           Teil 31 Entwässerungsanlagen für Gebäude und Grundstücke; Abwasserhebeanlagen; Inbetriebnahme, Inspektion und Wartung
           Teil 32 Entwässerungsanlagen für Gebäude und Grundstücke; Rückstauverschlüsse für fäkalfreies Abwasser; Inspektion und Wartung
DIN 1988 Trinkwasser-Leitungsanlagen für Grundstücke; Technische Bestimmungen für Bau und Betrieb
           Teil 1 Technische Regeln für Trinkwasser-Installationen (TRWI); Allgemeines; Technische Regeln des DVGW
           Teil 2 Technische Regeln für Trinkwasser-Installationen (TRWI); Planung und Ausführung, Apparate, Werkstoffe; Technische Regeln des DVGW
           Teil 3 Technische Regeln für Trinkwasser-Installationen (TRWI); Ermittlung der Rohrdurchmesser; Technische Regeln des DVGW
           Teil 4 Technische Regeln für Trinkwasser-Installationen (TRWI); Schutz des Trinkwassers; Erhaltung der Trinkwassergüte; Technische Regel des DVGW

20.6 Literatur

	Teil 5	Technische Regeln für Trinkwasser-Installationen (TRWI); Druckerhöhung und Druckminderung; Technische Regel des DVGW
	Teil 6	Technische Regeln für Trinkwasser-Installationen (TRWI); Feuerlösch- und Brandschutzanlagen; Technische Regel des DVGW
DIN 2000		Zentrale Trinkwasserversorgung; Leitsätze für Anforderungen an Trinkwasser; Planung, Bau und Betrieb der Anlagen
DIN 2001		Eigen- und Einzeltrinkwasserversorgung; Leitsätze für Anforderungen an Trinkwasser; Planung, Bau und Betrieb der Anlagen; Technische Regel des DVGW
DIN 2401	Teil 1	Innen- oder außendruckbeanspruchte Bauteile; Druck- und Temperaturangaben; Begriffe, Nenndruckstufen
	Teil 2	Rohrleitungen; Druckstufen, zulässige Betriebsdrücke für Rohrleitungsteile aus Eisenwerkstoffen
	Teil 3	Rohrleitungen; Druckstufen, zulässige Betriebsdrücke für Rohrleitungsteile aus Beton und Spannbeton
DIN 2406		Rohrleitungen; Kurzzeichen, Rohrklassen
DIN 4043		Sperren für Leichtflüssigkeiten (Heizölsperren; Baugrundsätze, Einbau und Betrieb, Prüfungen
DIN 4046		Wasserversorgung; Begriffe, Technische Regel des DVGW
DIN 4102		Beiblatt 1: Brandverhalten von Baustoffen und Bauteilen; Inhaltsverzeichnisse
	Teil 1	Brandverhalten von Baustoffen und Bauteilen; Baustoffe, Begriffe, Anforderungen und Prüfungen
	Teil 2	Brandverhalten von Baustoffen und Bauteilen; Bauteile, Begriffe, Anforderungen und Prüfungen
	Teil 3	Brandverhalten von Baustoffen und Bauteilen; Brandwände und nichttragende Außenwände; Begriffe, Anforderungen und Prüfungen
	Teil 4	Brandverhalten von Baustoffen und Bauteilen; Zusammenstellung und Anwendung klassifizierter Baustoffe, Bauteile und Sonderbauteile
	Teil 5	Brandverhalten von Baustoffen und Bauteilen; Feuerschutzabschlüsse, Abschlüsse in Fahrschachtwänden und gegen Feuer, widerstandsfähige Verglasungen; Begriffe, Anforderungen und Prüfungen
	Teil 6	Brandverhalten von Baustoffen und Bauteilen; Lüftungsleitungen; Begriffe, Anforderungen und Prüfungen
DIN 4108		Beiblatt 1: Wärmeschutz im Hochbau; Inhaltsverzeichnisse; Stichwortverzeichnis
	Teil 1	Wärmeschutz im Hochbau; Größen und Einheiten
	Teil 2	Wärmeschutz im Hochbau; Wärmedämmung und Wärmespeicherung; Anforderungen und Hinweise für Planung und Ausführung
	Teil 3	Wärmeschutz im Hochbau; Klimabedingter Feuchteschutz; Anforderungen und Hinweise für Planung und Ausführung
	Teil 4	Wärmeschutz im Hochbau; Wärme- und feuchteschutztechnische Kennwerte
	Teil 5	Wärmeschutz im Hochbau; Berechnungsverfahren
DIN 4109		Schallschutz im Hochbau
DIN 4700	Teil 1	Grundlagen der Heizungstechnik; Gesetzliche Einheiten, Formelzeichen, Indizes
	Teil 2	Grundlagen der Heizungstechnik; Vorzugswerte für Nennwärmeleistungen
DIN 4701	Teil 1	Regeln für die Berechnung des Wärmebedarfs von Gebäuden; Grundlagen der Berechnung
	Teil 2	Regeln für die Berechnung des Wärmebedarfs von Gebäuden; Tabellen, Bilder, Algorithmen
DIN 4702	Teil 1	Heizkessel; Begriffe, Nennleistung, Heiztechnische Anforderungen, Kennzeichnung
	Teil 2	Heizkessel; Prüfungen
	Teil 3	Heizkessel; Gas-Spezialheizkessel mit Brenner ohne Gebläse
	Teil 4	Heizkessel; Spezialheizkessel für besondere Brennstoffe; Begriffe, Heiztechnische Anforderungen
	Teil 5	Heizkessel; Mindest-Brennraumabmessungen
	Teil 6	Heizkessel; Brennwertkessel für gasförmige Brennstoffe
	Teil 101	Heizkessel; Bereitschafts-Wärmeaufwand; Ergänzung zu DIN 4702 Teil 3
DIN 4705	Teil 1	Berechnung von Schornsteinabmessungen; Begriffe, ausführliches Berechnungsverfahren
	Teil 2	Berechnung von Schornsteinabmessungen; Näherungsverfahren für einfach belegte Schornsteine
	Teil 3	Berechnung von Schornsteinabmessungen; Näherungsverfahren für mehrfach belegte Schornsteine

	Teil 10	Berechnung von Schornsteinabmessungen; Näherungsverfahren für einfach belegte Schornsteine; Ausführungsart IIIa für Abgastemperaturen $T_e = 140\,°C$, $190\,°C$ und $240\,°C$, Ausführungsart I, II, III und IIIa für Abgastemperatur $T_e = 80\,°C$
DIN 4708	Teil 1	Zentrale Wassererwärmungsanlagen; Begriffe und Berechnungsgrundlagen
	Teil 2	Zentrale Wassererwärmungsanlagen; Regeln zur Ermittlung des Wärmebedarfs zur Erwärmung von Trinkwasser in Wohnbauten
	Teil 3	Zentrale Wassererwärmungsanlagen; Regeln zur Leistungsprüfung von Wassererwärmern für Wohnbauten
DIN 4710		Meteorologische Daten zur Berechnung des Energieverbrauchs von heiz- und raumlufttechnischen Anlagen
DIN 4713	Teil 1	Verbrauchsabhängige Wärmekostenabrechnung; Allgemeines, Begriffe
	Teil 2	Verbrauchsabhängige Wärmekostenabrechnung; Heizkostenverteiler nach dem Verdunstungsprinzip
	Teil 3	Verbrauchsabhängige Wärmekostenabrechnung; Heizkostenverteiler mit elektrischer Meßgrößenerfassung
	Teil 4	Verbrauchsabhängige Wärmekostenabrechnung; Wärmezähler und Wasserzähler
	Teil 5	Verbrauchsabhängige Wärmekostenabrechnung; Betriebskostenverteilung und Abrechnung
	Teil 6	Verbrauchsabhängige Wärmekostenabrechnung; Verfahren zur Registrierung
DIN 4714	Teil 2	Aufbau der Heiz- und Warmwasserkostenverteiler; Heizkostenverteiler nach dem Verdunstungsprinzip
	Teil 3	Aufbau der Heizkostenverteiler; Heizkostenverteiler mit elektrischer Heizkostenerfassung
DIN 4720		Gußradiatoren, Gliederbauart; Maße und Einbaumaße
DIN 4722		Stahlradiatoren, Gliederbauart; Maße und Einbaumaße
DIN 4750		Sicherheitstechnische Anforderungen an Niederdruckdampferzeuger
DIN 4751	Teil 1	Heizungsanlagen; Sicherheitstechnische Ausrüstung von Warmwasserheizungen mit Vorlauftemperatur bis $110\,°C$
	Teil 2	Sicherheitstechnische Ausrüstung von Heizungsanlagen mit Vorlauftemperaturen bis $110\,°C$; Offene und geschlossene Wasserheizungsanlagen bis 300 000 kcal/h mit thermostatischer Absicherung
	Teil 3	Sicherheitstechnische Ausrüstung von Heizungsanlagen mit Vorlauftemperaturen bis $110\,°C$; Offene und geschlossene Wasserheizungsanlagen mit Zwanglauf-Wärmeerzeugern bis 10 Liter Inhalt und einer Nennwärmeleistung bis 150 kW = 130 000 kcal/h mit thermostatischer Absicherung
	Teil 4	Sicherheitstechnische Ausrüstung von Wärmeerzeugungsanlagen mit Vorlauftemperaturen bis $120\,°C$; Geschlossene, thermostatisch abgesicherte Wasserheizungsanlagen mit statischen Höhen über 15 m oder Nennwärmeleistungen über 350 kW
DIN 4752		Heißwasserheizungsanlagen mit Vorlauftemperaturen von mehr als $110\,°C$ (Absicherung auf Drücke über 0,5 atü); Ausrüstung und Aufstellung
DIN 4753	Teil 1	Wassererwärmungsanlagen für Trinkwasser und Betriebswasser; Ausführung, Ausrüstung und Prüfung
	Teil 2	Wassererwärmungsanlagen für Trink- und Betriebswasser; Verfahrensgang zur Registrierung von Wassererwärmern bzw. Wassererwärmungsanlagen
	Teil 3	Wassererwärmungsanlagen für Trink- und Betriebswasser; Wasserseitiger Korrosionsschutz durch Emaillierung; Anforderungen und Prüfung
	Teil 4	Wassererwärmungsanlagen für Trink- und Betriebswasser; Wasserseitiger Korrosionsschutz durch warmhärtende kunstharzgebundene Beschichtungsstoffe; Anforderungen und Prüfung
	Teil 5	Wassererwärmungsanlagen für Trink- und Betriebswasser; Wasserseitiger Korrosionsschutz durch Auskleidungen mit Folien aus natürlichem oder synthetischem Kautschuk; Anforderungen und Prüfung
	Teil 6	Wassererwärmungsanlagen für Trink- und Betriebswasser; Kathodischer Korrosionsschutz für emaillierte Stahlbehälter; Anforderungen und Prüfungen
	Teil 9	Wassererwärmungsanlagen für Trink- und Betriebswasser; Wasserseitiger Korrosionsschutz durch thermoplastische Beschichtungsstoffe; Anforderungen und Prüfung
DIN 4754		Wärmeübertragungsanlagen mit organischen Flüssigkeiten; Sicherheitstechnische Anforderungen, Prüfung
DIN 4755	Teil 1	Ölfeuerungsanlagen; Ölfeuerungen in Heizungsanlagen; Sicherheitstechnische Anforderungen

20.6 Literatur

	Teil 2	Ölfeuerungsanlagen; Heizöl-Versorgung; Heizöl-Versorgungsanlagen; Sicherheitstechnische Anforderungen, Prüfung
DIN 4756		Gasfeuerungsanlagen; Gasfeuerungen in Heizungsanlagen; Sicherheitstechnische Anforderungen
DIN 4757	Teil 1	Sonnenheizungsanlagen mit Wasser oder Wassergemischen als Wärmeträger; Anforderungen an die sicherheitstechnische Ausführung
	Teil 2	Sonnenheizungsanlagen mit organischen Wärmeträgern; Anforderungen an die sicherheitstechnische Ausführung
	Teil 3	Sonnenheizungsanlagen; Sonnenkollektoren; Begriffe; Sicherheitstechnische Anforderungen, Prüfung der Stillstandtemperatur
	Teil 4	Sonnenheizungsanlagen; Sonnenkollektoren, Bestimmung von Wirkungsgrad, Wärmekapazität und Druckabfall
DIN 4787	Teil 1	Ölzerstäubungsbrenner; Begriffe, Sicherheitstechnische Anforderungen, Prüfung, Kennzeichnung
	Teil 2	Ölzerstaubungsbrenner; Flammenüberwachungseinrichtungen, Flammenwachter und Feuerungsautomaten; Sicherheitstechnische Anforderungen, Prüfung, Kennzeichnung
DIN 4788	Teil 1	Gasbrenner; Gasbrenner ohne Gebläse
	Teil 2	Gasbrenner; Gasbrenner mit Gebläse; Begriffe, Sicherheitstechnische Anforderungen, Prüfung, Kennzeichnung
	Teil 3	Gasbrenner; Flammenüberwachungseinrichtungen, Flammenwächter, Steuergerate und Feuerungsautomaten; Begriffe, Sicherheitstechnische Anforderungen, Prüfung, Kennzeichnung
DIN 4794	Teil 1	Ortsfeste Warmlufterzeuger mit und ohne Wärmeaustauscher; Allgemeine und lufttechnische Anforderungen, Prüfung
	Teil 2	Ortsfeste Warmlufterzeuger; Ölbefeuerte Warmlufterzeuger; Anforderungen, Prüfung
	Teil 3	Ortsfeste Warmlufterzeuger; Gasbefeuerte Warmlufterzeuger mit Wärmeaustauscher, Aufstellung, Betrieb
	Teil 5	Ortsfeste Warmlufterzeuger; Allgemeine und sicherheitstechnische Anforderungen, Aufstellung, Betrieb
	Teil 7	Ortsfeste Warmlufterzeuger; Gasbefeuerte Warmlufterzeuger ohne Wärmeaustauscher; Sicherheitstechnische Anforderungen, Prüfung
DIN 4801		Einwandige Wassererwarmer mit abschraubbarem Deckel aus Stahl
DIN 4802		Einwandige Wassererwärmer mit Halsstutzen aus Stahl
DIN 4803		Doppelwandige Wassererwärmer mit abschraubbarem Deckel aus Stahl
DIN 4804		Doppelwandige Wassererwarmer mit Halsstutzen aus Stahl
DIN 4805	Teil 1	Anschlüsse für Heizeinsatze für Wassererwärmer in zentralen Heizungsanlagen; Elektrische Heizeinsätze
	Teil 2	Anschlüsse für Heizeinsatze für Wassererwärmer in zentralen Heizungsanlagen; Rohrheizeinsatze
DIN 5034		Beiblatt 1. Innenraumbeleuchtung mit Tageslicht; Berechnung und Messung
		Beiblatt 2: Innenraumbeleuchtung mit Tageslicht; Vereinfachte Bestimmung lichttechnisch ausreichender Fensterabmessungen
	Teil 1	Tageslicht in Innenraumen; Allgemeine Anforderungen
	Teil 2	Tageslicht in Innenraumen; Grundlagen
	Teil 4	Tageslicht in Innenräumen; Vereinfachte Bestimmung von Mindestfenstergrößen für Wohnraume
	Teil 5	Tageslicht in Innenraumen; Messungen
DIN 5035	Teil 1	Innenraumbeleuchtung mit künstlichem Licht; Begriffe und allgemeine Anforderungen
	Teil 2	Innenraumbeleuchtung mit künstlichem Licht; Richtwerte für Arbeitsstatten
	Teil 3	Innenraumbeleuchtung mit künstlichem Licht; Spezielle Empfehlungen für die Beleuchtung in Krankenhausern
	Teil 4	Innenraumbeleuchtung mit künstlichem Licht; Spezielle Empfehlungen für die Beleuchtung von Unterrichtsraumen
	Teil 5	Innenraumbeleuchtung mit künstlichem Licht; Notbeleuchtung
	Teil 6	Innenraumbeleuchtung mit künstlichem Licht; Messung und Bewertung
DIN 5040	Teil 1	Leuchten für Beleuchtungszwecke; Lichttechnische Merkmale und Einteilung
	Teil 2	Leuchten für Beleuchtungszwecke; Innenleuchten, Begriffe, Einteilung
	Teil 3	Leuchten für Beleuchtungszwecke; Außenleuchten, Begriffe, Einteilung
DIN 8900	Teil 1	Wärmepumpen; Anschlußfertige Wärmepumpen mit elektrisch angetriebenen Verdichtern, Begriffe

	Teil 2	Wärmepumpen; Anschlußfertige Wärmepumpen mit elektrisch angetriebenen Verdichtern; Prüfbedingungen, Prüfumfang, Kennzeichnung
	Teil 3	Wärmepumpen; Anschlußfertige Heiz-Wärmepumpen mit elektrisch angetriebenen Verdichtern; Prüfung von Wasser/Wasser- und Sole/Wasser-Wärmepumpen
	Teil 4	Wärmepumpen; Anschlußfertige Heiz-Wärmepumpen mit elektrisch angetriebenen Verdichtern; Prüfung von Luft/Wasser-Wärmepumpen
DIN 8960		Kältemittel; Anforderungen
DIN 8975	Teil 1	Kälteanlagen; Sicherheitstechnische Grundsätze für Gestaltung, Ausrüstung, Aufstellung und Betreiben, Auslegung
	Teil 2	Kälteanlagen; Sicherheitstechnische Anforderungen für Gestaltung, Ausrüstung, Aufstellung und Betreiben, Werkstoffauswahl für Kälteanlagen
	Teil 3	Kälteanlagen; Sicherheitstechnische Anforderungen für Gestaltung, Ausrüstung, Aufstellung und Betreiben, Angaben für Betriebsanleitungen
	Teil 4	Kälteanlagen; Sicherheitstechnische Anforderungen für Gestaltung, Ausrüstung, Aufstellung und Betreiben, Kennzeichnungsschild, Beschreibung über die Prüfung
	Teil 5	Kälteanlagen; Sicherheitstechnische Anforderungen für Gestaltung, Ausrüstung, Aufstellung und Betreiben; Prüfung vor Inbetriebnahme
	Teil 6	Kälteanlagen; Sicherheitstechnische Grundsätze für Gestaltung, Ausrüstung, Aufstellung und Betreiben, Kältemittel, Rohrleitungen
	Teil 7	Kälteanlagen; Sicherheitstechnische Grundsätze für Gestaltung, Ausrüstung, Aufstellung und Betreiben, Sicherheitseinrichtungen in Kälteanlagen gegen unzulässige Druckbeanspruchungen
	Teil 8	Kälteanlagen; Sicherheitstechnische Anforderungen für Gestaltung, Ausrüstung, Aufstellung und Betreiben, Füllstandsanzeige – Einrichtungen für die Kältemittelbehälter, Flüssigkeitsstandanzeiger
	Teil 9	Kälteanlagen; Sicherheitstechnische Anforderungen für Gestaltung, Ausrüstung und Aufstellung; Flexible Leitungen im Kältemittelkreislauf
DIN 18017	Teil 1	Lüftung von Bädern und Spülaborten ohne Außenfenster; Einzelschachtanlagen ohne Ventilatoren
	Teil 3	Lüftung von Bädern und Spülaborten ohne Außenfenster mit Ventilatoren
	Teil 4	Lüftung von Bädern und Spülaborten ohne Außenfenster, mit Ventilatoren; Rechnerischer Nachweis der ausreichenden Volumenströme
DIN 18379		VOB Verdingungsordnung für Bauleistungen, Teil C: Allgemeine Technische Vorschriften für Bauleistungen, Lüftungstechnische Anlagen
DIN 18380		VOB Verdingungsordnung für Bauleistungen, Teil C: Allgemeine Technische Vorschriften für Bauleistungen, Heizungs- und zentrale Brauchwassererwärmungsanlagen
DIN 18382		VOB Verdingungsordnung für Bauleistungen, Teil C: Allgemeine Technische Vorschriften für Bauleistungen; Elektrische Kabel- und Leitungsanlagen in Gebauden
DIN 24185	Teil 1	Prüfung von Luftfiltern für die allgemeine Raumlufttechnik; Begriffe, Einheiten, Verfahren
	Teil 2	Prüfung von Luftfiltern für die allgemeine Raumlufttechnik; Filterklasseneinteilung, Kennzeichnung, Prüfung
DIN 33403	Teil 1	Klima am Arbeitsplatz und in der Arbeitsumgebung; Grundlagen zur Klimaermittlung
	Teil 2	Klima am Arbeitsplatz und in der Arbeitsumgebung; Einfluß des Klimas auf den Wärmehaushalt des Menschen
DIN 40050		IP-Schutzarten; Berührungs-, Fremdkörper- und Wasserschutz für elektrische Betriebsmittel
	Teil 9	Schutzarten; Berührungs-, Fremdkörper- und Wasserschutz, Elektrische Kraftfahrzeugausrüstung
	Teil 10	Schutzarten; Berührungs-, Fremdkörper- und Wasserschutz, Kleintransformatoren bis 16 kVA
DIN 50900	Teil 1	Korrosion der Metalle; Begriffe, Allgemeine Begriffe
	Teil 2	Korrosion der Metalle; Begriffe, Elektrochemische Begriffe
	Teil 3	Korrosion der Metalle; Begriffe, Begriffe der Korrosionsuntersuchung
DIN 50930	Teil 1	Korrosion der Metalle; Korrosionsverhalten von metallischen Werkstoffen gegenüber Wasser; Allgemeines
	Teil 2	Korrosion der Metalle; Korrosionsverhalten von metallischen Werkstoffen gegenüber Wasser, Beurteilungsmaßstäbe für unlegierte und niedriglegierte Eisenwerkstoffe

0.6 Literatur

	Teil 3	Korrosion der Metalle; Korrosionsverhalten von metallischen Werkstoffen gegenüber Wasser, Beurteilungsmaßstäbe für feuerverzinkte Eisenwerkstoffe
	Teil 4	Korrosion der Metalle; Korrosionsverhalten von metallischen Werkstoffen gegenüber Wasser; Beurteilungsmaßstäbe für nichtrostende Stähle
	Teil 5	Korrosion der Metalle; Korrosionsverhalten von metallischen Werkstoffen gegenüber Wasser; Beurteilungsmaßstäbe für Kupfer und Kupferlegierungen
DIN 52210	Teil 1	Bauakustische Prüfungen; Luft- und Trittschalldämmung; Meßverfahren
	Teil 2	Bauakustische Prüfungen; Luft- und Trittschalldämmung; Prüfstände für Schalldämm-Messungen an Bauteilen
	Teil 3	Bauakustische Prüfungen; Luft- und Trittschalldämmung; Eignungs-, Güte- und Baumuster-Prüfungen
	Teil 4	Bauakustische Prüfungen; Luft- und Trittschalldämmung; Ermittlung von Einzahl-Angaben
	Teil 5	Bauakustische Prüfungen; Luft- und Trittschalldämmung; Messung der Luftschalldämmung von Außenbauteilen am Bau
	Teil 6	Bauakustische Prüfungen; Luft- und Trittschalldämmung; Bestimmung der Schachtpegeldifferenz
	Teil 7	Bauakustische Prüfungen; Luft- und Trittschalldämmung; Bestimmung des Schall-Langsdämm-Maßes
DIN VDE 0100		Bestimmungen für das Errichten von Starkstromanlagen mit Nennspannungen von 1000 V *Die Norm enthält über 60 Teile.*
DIN VDE 0165		Errichten elektrischer Anlagen in explosionsgefährdeten Bereichen
DIN VDE 0710		Vorschriften für Leuchten mit Betriebsspannungen unter 1000 V *Die Norm enthält 18 Teile.*
VDI 2035		Verhütung von Schäden durch Korrosion und Steinbildung in Warmwasserheizungsanlagen
VDI 2051		Raumlufttechnik in Laboratorien
VDI 2052		Raumlufttechnische Anlagen für Küchen
VDI 2054		Raumlufttechnische Anlagen für Datenverarbeitung
VDI 2058	Blatt 1	Beurteilung von Arbeitslärm in der Nachbarschaft
	Blatt 2	Beurteilung von Arbeitslärm am Arbeitsplatz hinsichtlich Gehörschäden
	Blatt 3	Beurteilung von Lärm am Arbeitsplatz unter Berücksichtigung unterschiedlicher Tätigkeiten
VDI 2062	Blatt 1	Schwingungsisolierung; Begriffe und Methoden
	Blatt 2	Schwingungsisolierung; Isolierelemente
VDI 2067	Blatt 1	Berechnung der Kosten von Wärmeversorgungsanlagen; Betriebstechnische und wirtschaftliche Grundlagen
	Blatt 2	Berechnung der Kosten von Wärmeversorgungsanlagen; Raumheizung
	Blatt 3	Berechnung der Kosten von Wärmeversorgungsanlagen; Raumlufttechnik
	Blatt 4	Berechnung der Kosten von Wärmeversorgungsanlagen; Warmwasserversorgung
	Blatt 5	Berechnung der Kosten von Wärmeversorgungsanlagen; Dampfbedarf in Wirtschaftsbetrieben
	Blatt 6	Berechnung der Kosten von Wärmeversorgungsanlagen; Wärmepumpen
	Blatt 7	Berechnung der Kosten von Warmversorgungsanlagen; Blockheizkraftwerke
VDI 2068	Blatt 1	Meß-, Überwachungs- und Regelgeräte in heiztechnischen Anlagen mit Wasser als Wärmeträger
	Blatt 2	Meß-, Überwachungs- und Regelgeräte in RLT-Anlagen
	Blatt 3	Meß-, Überwachungs- und Regelgerate in heizungstechnischen Anlagen; Verbrauchsmessung in Großanlagen
VDI 2071	Blatt 1	Wärmerückgewinnung in Raumlufttechnischen Anlagen; Begriffe und technische Beschreibungen
	Blatt 2	Wärmerückgewinnung in Raumlufttechnischen Anlagen; Wirtschaftlichkeitsberechnung
VDI 2078		Berechnung der Kühllast klimatisierter Räume (VDI-Kühllastregeln)
VDI 2079		Abnahmeprüfung von Raumlufttechnischen Anlagen
VDI 2080		Meßverfahren und Meßgeräte für Raumlufttechnische Anlagen
VDI 2081		Geräuscherzeugung und Lärmminderung in Raumlufttechnischen Anlagen
VDI 2083	Blatt 1	Reinraumtechnik; Grundlagen, Definitionen und Festlegung der Reinheitsklassen
	Blatt 2	Reinraumtechnik; Bau, Betrieb und Wartung
	Blatt 3	Reinraumtechnik; Meßtechnik
VDI 2084		Raumlufttechnische Anlagen für Schweißräume

VDI 2087	Luftkanäle; Bemessungsgrundlagen, Schalldämpfung, Temperaturabfall und Wärmeverluste
VDI 2567	Schallschutz durch Schalldämpfer
VDI 2570	Lärmminderung in Betrieben; Allgemeine Grundlagen
VDI 2571	Schallabstrahlung von Industriebauten
VDI 2711	Schallschutz durch Kapselung
VDI 2714	Schallausbreitung im Freien
VDI 2715	Lärmminderung an Warm- und Heißwasserheizungsanlagen
VDI 2719	Schalldämmung von Fenstern und deren Zusatzeinrichtungen
VDI 2720	Blatt 1 Schallschutz durch Abschirmung im Freien
	Blatt 2 Schallschutz durch Abschirmung in Räumen
	Blatt 3 Schallschutz durch Abschirmung im Nahfeld; teilweise Umschließung
VDI/VDE 3235	Blatt 1 Regelung von Raumlufttechnischen Anlagen; Grundlagen
VDI 3720	Blatt 1 Lärmarm Konstruieren; Allgemeine Grundlagen
	Blatt 2 Lärmarm Konstruieren; Beispielsammlung
	Blatt 3 Lärmarm Konstruieren; Systematisches Vorgehen
	Blatt 4 Lärmarm Konstruieren; Rotierende Bauteile und deren Lagerung
	Blatt 5 Lärmarm Konstruieren; Hydrokomponenten und -systeme
	Blatt 6 Lärmarm Konstruieren; Mechanische Eingangsimpedanzen von Bauteilen insbesondere von Normprofilen
VDI 3801	Betreiben von Raumlufttechnischen Anlagen
VDI 3802	Raumlufttechnische Anlagen für Fertigungsstätten
VDI 3803	Raumlufttechnische Anlagen; Technische Grundanforderungen
VDI 3808	Energiewirtschaftliche Beurteilungskriterien für heiztechnische Anlagen
VDI 3810	Betreiben von heiztechnischen Anlagen
VDI 3814	Blatt 1 Zentrale Leittechnik für betriebstechnische Anlagen in Gebäuden (ZLT-G); Begriffsbestimmung
	Blatt 2 Zentrale Leittechnik für betriebstechnische Anlagen in Gebäuden (ZLT-G); Schnittstellen in Planung und Ausführung
	Blatt 3 Zentrale Leittechnik für betriebstechnische Anlagen in Gebäuden (ZLT-G); Hinweis für den Betreiber
	Blatt 4 Zentrale Leittechnik für betriebstechnische Anlagen in Gebauden (ZLT-G); Ausrüstung der BTA zum Anschluß an die ZLT-G
ASR 5	Lüftung
ASR 6/1, 3	Raumtemperaturen
ASR 7/3	Künstliche Beleuchtung
ASR 7/4	Sicherheitsbeleuchtung
ASR 8/1	Fußböden
ASR 8/4	Lichtdurchlässige Wände
ASR 41/3	Künstliche Beleuchtung für Arbeitsplätze und Verkehrswege im Freien
VDMA 24175	Lufttechnische Geräte und Anlagen; Dach-Zentraleinheiten für die Raumlufttechnik, Anforderungen an das Gebäude
VDMA 24176	Lufttechnische Geräte und Anlagen; Leistungsprogramm für die Inspektion
VDMA 24186	Lufttechnische Geräte und Anlagen; Leistungsprogramm für die Wartung
DVGW G 461	Teil 1 Errichtung von Gasleitungen bis 4 bar Betriebsüberdruck aus Druckrohren und Formstücken aus duktilem Gußeisen
	Teil 2 Errichtung von Gasleitungen mit Betriebsüberdrücken von mehr als 4 bar bis 15 bar aus Druckrohren und Formstücken aus duktilem Gußeisen
DVGW G 462	Teil 1 Errichtung von Gasleitungen bis 4 bar Betriebsdruck aus Stahlrohren
	Teil 2 Gasleitungen aus Stahlrohren von mehr als 4 bar bis 16 bar Betriebsdruck; Errichtung
DVGW G 472	Verlegung von Rohrleitungen aus PVC hart (Polyvinylchlorid hart) mit einem Betriebsüberdruck bis 1 bar und aus PE hart (Polyäthylen hart) mit einem Betriebsüberdruck bis 4 bar für Gasleitungen
DVGW W 308	Richtlinien für die Berechnung von Wasserleitungen in Hausanlagen; Berechnungsanleitung zu DIN 1988
DVGW W 410	Wasserbedarfszahlen
DVGW W 503	Richtlinien für den Anschluß von das Trinkwasser gefährdenden Geräten und Anlagen

21 Arbeitsschutz und Unfallverhütung

21.1 Allgemeine Vorbemerkungen

Der Begriff *Arbeitsschutz* umfaßt zwei wesentliche Bereiche: zum einen die *Arbeitssicherheit*, also die Sicherheit des arbeitenden Menschen gegen Unfälle und Krankheiten am Arbeitsplatz. Daneben widmet sich der Begriff *Arbeitsschutz* dem Wohlbefinden des Menschen am Arbeitsplatz, dem sogenannten *humanen Arbeitsplatz*. Dabei geht es z. B. um die Luftbedingungen, um einen möglichst unmittelbaren Blick ins Freie, sowie um vernünftige Umkleide- und Waschräume.
Ein weiterer Begriff soll noch genannt werden: *Ergonomie*. Dieser Begriff wurde erst 1950 „erfunden" und befaßt sich mit dem Menschen als Maß aller Dinge. Die Ergonomie will erreichen, daß der Arbeitsplatz den menschlichen Möglichkeiten und Bedürfnissen angepaßt wird. Das beginnt damit, daß die Werkbank die richtige Höhe hat, der Schreibtischstuhl nicht 4 sondern 5 Rollen hat, berücksichtigt weiter die Fähigkeiten unserer Sinnesorgane und geht schließlich auf die menschliche Psyche ein.
In Deutschland hat man sich in den letzten Jahren besonders intensiv um den Arbeitsschutz bemüht. In den 70-iger Jahren sind viele entscheidende neue Gesetze erlassen worden; erste Erfolge sind bereits erkennbar. Daß dennoch viel getan werden muß, verdeutlichen folgende Zahlen: Alle 20 Sekunden ereignet sich in Deutschland ein Arbeitsunfall mit mehr als 3 Tagen Arbeitsunfähigkeit; alle 6 Stunden ein tödlicher Arbeitsunfall. Um die Personenschäden dieser Unfälle zu entschädigen, müssen die Berufsgenossenschaften jährlich ca. 11 Milliarden DM aufwenden. Ca. 45% der tödlichen Unfälle ereignen sich auf dem Arbeitsweg, der in Deutschland seit 1925 unfallversichert ist. Mehr als 20% der tödlichen Unfälle passieren durch Herabstürzen von erhöhtem Standort, also vor allem im Baugewerbe. Nach der Statistik ist jeder 700. Unfall tödlich. Eine besondere Ausnahme bilden die Elektrounfälle. Hier ist jeder 35. Unfall tödlich, und meistens sind es die Nicht-Elektriker, denen diese Unfälle zustoßen. Deshalb wird im Abschnitt 21.3.4 auch auf die Gefährlichkeit elektrischer Spannung besonders eingegangen.

21.2 Rechtsgrundlagen

21.2.1 Allgemeines

Bis zum Jahre 1968 wurde der Arbeitsschutz in Deutschland mit zwei wesentlichen Gesetzen geregelt, deren Ursprung bereits im 19. Jahrhundert lag: Der *Gewerbeordnung* und der *gesetzlichen Unfallversicherung* (Reichsversicherungsordnung). In der Zeit von 1968 bis 1976 sind 4 weitere entscheidende neue Bundesgesetze bzw. -verordnungen zum Arbeitsschutz erlassen worden: *Gerätesicherheitsgesetz, Arbeitssicherheitsgesetz, Arbeitsstättenverordnung, Gefahrstoffverordnung*. Daneben entstanden weitere Gesetze bzw. wurden bestehende Gesetze geändert mit entscheidenden Hinweisen auf den Arbeitsschutz: Zu nennen sind das neue *Betriebsverfassungsgesetz* von 1972, das die Position des Betriebsrates hinsichtlich des Arbeitsschutzes erheblich stärkt und das neue *Jugendarbeitsschutzgesetz* von 1976, das ebenfalls erweiterte Schutzbestimmungen enthält.

21.2.2 Die Gewerbeordnung (1869)

Dieses seit über 100 Jahren wichtigste Gesetz des Arbeitsschutzes bestimmt in seinem Grundsatz, daß der Gewerbeunternehmer verpflichtet ist, die Arbeitsräume, Betriebsvorrichtungen, Maschinen und Gerätschaften so einzurichten und zu unterhalten und den Betrieb so zu regeln, daß die Arbeiter gegen Gefahren für Leben und Gesundheit geschützt sind. Der Gesetzgeber hat festgelegt, daß die Kontrolle darüber bei staatlichen Organen, nämlich bei der sogenannten *Gewerbeaufsicht* liegen soll. In allen größeren deutschen Städten gibt es Gewerbeaufsichtsämter mit insgesamt ca. 4000 Gewerbeaufsichts-„Beamten" (diese sind in vielen Fällen staatliche technische Angestellte). Diese Staatsdiener sollen also in den Betrieben die Betriebssicherheit kontrollieren; sie dürfen dazu jederzeit unaufgefordert Zutritt zu allen Betriebsräumen verlangen und dort – wenn es zur Abwendung unmittelbarer Gefahren erforderlich ist – auch Anordnungen treffen.

Die Gewerbeaufsicht versteht sich heute jedoch nicht nur als eine Art Sicherheitspolizei; sie möchte daneben mit ihren Erfahrungen auch hilfreich bei der Planung und Umgestaltung von Arbeitsplätzen mitwirken. Die gute kooperative Zusammenarbeit zwischen den Gewerbebetrieben und der Gewerbeaufsicht ist sicherlich eine entscheidende Voraussetzung für erfolgreichen betrieblichen Arbeitsschutz. Schon bei der Entstehung dieses Gesetzes wurde deutlich, daß es eine Reihe komplizierter und gefährlicher Betriebsanlagen gibt, die sowohl den Unternehmer als auch die Gewerbeaufsicht hinsichtlich ihrer Zuständigkeit für Betriebssicherheit überfordern. Für diese sogenannten *Überwachungsbedürftigen Anlagen* wurden besondere Sachverständigenorganisationen ins Leben gerufen, die früher Namen hatten, wie „Vereine zur Verhinderung von Dampfkesselexplosionen" – unsere heutigen Technischen Überwachungsvereine. Nur in Hamburg und Hessen gibt es eine staatliche Technische Überwachung. Zu den überwachungsbedürftigen Anlagen zählen u. a. Dampfkesselanlagen, Druckbehälter, Druckgasbehälter (Flaschen), Lagerbehälter für brennbare Flüssigkeiten, Aufzugsanlagen, elektrische Anlagen in besonders gefährdeten Räumen (Explosions-Schutz-Räume) sowie Acetylenanlagen. Für diese Anlagen gibt es besondere Verordnungen (z. B. DampfkesselVO) und dazugehörige Technische Regeln (z. B. Technische Regeln Dampfkessel – TRD).

21.2.3 Die gesetzliche Unfallversicherung

Ebenfalls über 100 Jahre alt ist in Deutschland der Grundsatz, daß jeder Arbeitnehmer am Arbeitsplatz unfallversichert ist. Zuständig für diese *Unfallversicherung* sind Genossenschaften der Arbeitgeber, sogenannte *Berufsgenossenschaften*. Diese gibt es für verschiedene Berufszweige, z. B. für den Bergbau, für das Baugewerbe, Gas und Wasser, Eisen und Metall, Elektrotechnik, Feinmechanik und Optik, Chemie und die Holzindustrie. Rechtsgrundlage ist seit 1911 die Reichsversicherungsordnung (RVO), die 1963 in wesentlichen Punkten neu geregelt wurde. Die Berufsgenossenschaften sind nicht nur Versicherungsträger, sie haben daneben den gesetzlichen Auftrag, sich darum zu bemühen, Unfälle zu verhüten und *Unfallverhütungsvorschriften (UVV)* herauszugeben.

Die Leistungen der Unfallversicherung gehen weit über den Rahmen einer Krankenversicherung hinaus: dazu gehören Rehabilitationshilfen, Umschulungen zur Wiederherstellung der Erwerbsfähigkeit, Renten sowie Leistungen in Geld – auch an Angehörige und Hinterbliebene. Für den Arbeitnehmer ist es außerordentlich wichtig, diesen Unfallversicherungsschutz nicht leichtfertig zu verspielen, z. B. durch Nichtbeachtung von Unfallverhütungsvorschriften.

Es ist müßig, wie es Juristen gelegentlich tun, über die Rechtsnatur dieser Unfallverhütungsvorschriften zu streiten; unbestritten ist, daß diese autonomen und vom Bundesarbeitsminister genehmigten Vorschriften für jeden Arbeitnehmer uneingeschränkt am Arbeitsplatz zu beachten sind. Eine übergeordnete Rolle spielt die UVV „Allgemeine Vorschriften". Sie nennt die Rechte und Pflichten von Arbeitgeber und Arbeitnehmer, beschreibt übergreifend Betriebsanlagen, Be-

21.2 Rechtsgrundlagen

triebsregelungen und erläutert die arbeitsmedizinische Vorsorge. Ein wichtiger Hinweis aus dieser UVV besagt: ab 20 Arbeitnehmern muß der Arbeitgeber *Sicherheitsbeauftragte* benennen; diese haben den ehrenamtlichen Auftrag, im Bereich ihres Arbeitsplatzes auf die Durchführung von Sicherheitsbestimmungen zu achten.

Es gibt ca. 150 weitere Unfallverhütungsvorschriften, von denen einige hier in der Numerierung des Hauptverbandes der Berufsgenossenschaften (VBG-Nr.) genannt werden sollen:

VBG 4:	Elektrische Anlagen und Betriebsmittel,
VBG 7n6:	Schleifkörper ..., Schleifmaschinen,
VBG 8:	Hebezeuge,
VBG 15:	Schweißen, Schneiden und verwandte Arbeitsverfahren,
VBG 61:	Gase (z. B. Propan/Butan),
VBG 62:	Sauerstoff,
VBG 74:	Leitern und Tritte,
VBG 109:	Erste Hilfe,
VBG 121:	Lärm.

Städte und Gemeinden unterhalten eigene Unfallversicherungen, bei denen nicht nur die öffentlichen Bediensteten, sondern auch Kinder im Kindergarten, Schüler und Studenten versichert sind. Diese staatlichen Berufsgenossenschaften schützen darüber hinaus jeden, der im öffentlichen Interesse tätig wird, z. B. beim Blutspenden oder als Helfer bei Verkehrsunfällen.

21.2.4 Gesetz über technische Arbeitsmittel (Gerätesicherheitsgesetz, 1968)

Dieses Gesetz verpflichtet alle Hersteller von technischen Arbeitsgeräten (bei ausländischen Herstellern deren Importeure), diese so herzustellen, daß sie den in Deutschland geltenden Sicherheitsregeln entsprechen. Im Anhang zum Gesetz sind diese Regeln genannt: über 500 DIN-Normen, VDE-, VDI-Vorschriften u. a. technische Regeln. Eine allgemeine Prüfpflicht der Geräte auf Übereinstimmung mit den Sicherheitsbestimmungen ist nicht gefordert; die Hersteller und Importeure haben jedoch die Möglichkeit, ihre Produkte freiwillig bei einer der ca. 60 anerkannten Prüfstellen beurteilen zu lassen, um dann das inzwischen gut eingeführte Prüfzeichen *GS = geprüfte Sicherheit* zu erhalten. Dazu gibt es die Prüfstellen-Verordnung von 1986.

21.2.5 Gesetz über Betriebsärzte, Sicherheitsingenieure und andere Fachkräfte für Arbeitssicherheit (Arbeitssicherheitsgesetz, 1973)

Mit diesem Gesetz ist ein neuer Weg bei der Durchsetzung von Arbeitsschutzbestimmungen verfolgt worden. Waren bisher die Gewerbeaufsicht und der Technische Dienst der Berufsgenossenschaften, also „Außenstehende" für die Überprüfung der Arbeitsschutzgesetze zuständig, so verpflichtet dieses Gesetz die Betriebe selbst, zusätzliches hauptamtliches Sicherheitspersonal einzusetzen. Dieses besteht aus *Betriebsärzten* und den Fachkräften für Arbeitssicherheit – *Sicherheitsingenieur, Sicherheitstechniker, Sicherheitsmeister*. Sie sollen den Arbeitgeber in allen Fragen der Arbeitssicherheit beraten, die Arbeitsplätze regelmäßig überprüfen und die im Betrieb Beschäftigten unterweisen und schulen. Sie dürfen in der Regel keine Anordnungen treffen und sind keine Garanten dafür, daß nichts passiert; die Verantwortung für den Arbeitsschutz bleibt beim Arbeitgeber.

Zur Zeit wird dieses Gesetz für Betriebe mit mehr als 50 Arbeitnehmern angewendet. Der jährliche Arbeitsaufwand für das Sicherheitspersonal errechnet sich aus der Personalstärke des Betriebes und dem Gefährdungsgrad. Mittelgroße Betriebe müssen keine „ganze" Fachkraft für Arbeitssicherheit und keinen „ganzen" Arzt beschäftigen; sie können sich dadurch helfen, daß sie sich entweder mit anderen Betrieben zusammentun, einen im Betrieb Beschäftigten zur Sicherheitsfachkraft ausbilden lassen und dafür stundenweise einsetzen oder Fachkraft und Arzt je nach Bedarf in den Betrieb holen. Je nach Gefährdungspotential wird ein Betrieb ab etwa 1000 Arbeitnehmern eine „ganze" Fachkraft für Arbeitssicherheit und ab etwa 2500 Mitarbeitern einen Betriebsarzt einstellen müssen.

Das Sicherheitspersonal nach dem Arbeitssicherheitsgesetz muß eine zusätzliche Fachausbildung nachweisen und wird vom Gewerbeaufsichtsamt bestätigt. Sicherheitsmeister oder -ingenieur wird man beispielsweise dadurch, daß man Sicherheitslehrgänge mit Abschlußprüfung, z. B. bei Berufsgenossenschaften oder als Fernlehrgang bei der Bundesanstalt für Arbeitsschutz und Unfallforschung in Dortmund, absolviert.

21.2.6 Verordnung über Arbeitsstätten (Arbeitsstätten-VO, 1975)

Diese Verordnung beschreibt *besondere Anforderungen an alle Arbeitsplätze* und legt diese in detaillierten *Arbeitsstätten-Richtlinien* fest. Dabei werden nachfolgende Kriterien besonders herausgestellt: Be- und Entlüftung, Raumklima, Beseitigung von Stolperstellen, Einhaltung der MAK-Werte (vgl. auch 21.3.7), Lärmschutz, Mindesthöhe von Arbeitsräumen, Bewegungsflächen, Pausen- und Liegeräume für bestimmte Tätigkeiten, Nichtraucherschutz, unmittelbarer Blick ins Freie und Sanitärräume. Mit dieser Verordnung erhalten die nach dem Arbeitssicherheitsgesetz einzustellenden Ärzte und Sicherheitsfachkräfte eine Grundlage für ihre Tätigkeit. Zuständig für die Durchführung und Überwachung ist die Gewerbeaufsicht.

21.2.7 Verordnung über gefährliche Stoffe (Gefahrstoff-VO, 1986)

Diese Verordnung wurde auf Grund des Chemikaliengesetzes von 1980 neu erlassen und löst die Verordnung über gefährliche Arbeitsstoffe (Arbeitsstoff-VO, 1975) ab. Gefährliche Stoffe werden nach folgenden Eigenschaften unterschieden: explosionsgefährlich, brandfördernd, hoch entzündlich, leicht entzündlich, sehr giftig, giftig, mindergiftig, ätzend, reizend. Für diese Eigenschaften gibt es *Gefahrensymbole*: schwarze Zeichen auf gelbem, quadratischem Untergrund, z. B. den Totenkopf zum Zeichen der Giftigkeit. Die Verordnung regelt neben dem Kennzeichnen das Verpacken, den Umgang, die Lagerung und die gesundheitliche Überwachung. Neben den genannten Gefahrensymbolen werden Behältnisse für gefährliche Arbeitsstoffe noch mit besonderen Gefahrenhinweisen und Sicherheitsratschlägen aller Art gekennzeichnet.

21.3 Arbeitssicherheit in der Praxis

21.3.1 Allgemeines

Nachfolgend sollen Beispiele von Schwerpunktthemen praktischer Arbeitssicherheit und Unfallverhütung kurz dargestellt werden. Natürlich kann diese Beispielsammlung nur einen kleinen Ausschnitt des gesamten Gefahrenspektrums wiedergeben. Wichtige andere Themen, wie Be- und Entlüftung von Räumen, Umgang mit Lösemitteln, können aus Platzgründen hier nicht behandelt werden. Auf weitere Themen wie den Lärmschutz wird im Abschnitt 20.5 eingegangen. Im übrigen darf auf die regelmäßigen Veröffentlichungen in berufsgenossenschaftlichen Zeitschriften verwiesen werden, die sich in prägnanter Form aktuellen Schwerpunktthemen widmen.

21.3 Arbeitssicherheit in der Praxis

21.3.2 Brandschutz und Handfeuerlöschgeräte

Der *bauliche Brandschutz* ist heute ein sehr aktuelles Thema, vor allem, wenn es um den feuerhemmenden Abschluß von Durchbrüchen, Kabelschächten, Luftkanälen und dgl. geht. Diesem baupolizeilichen Schwerpunktthema können wir hier nicht nachgehen. Es soll vielmehr kurz auf die Brandvoraussetzungen und das Löschen von Bränden mit üblichen *Handlöschgeräten* eingegangen werden.

Brände sind möglich bei Vorhandensein eines festen, flüssigen oder gasförmigen brennbaren Stoffes, von Luft bzw. Sauerstoff und einer Zündung (Überschreiten der Zündtemperatur). Als Besonderheit bei brennbaren Flüssigkeiten ist zu nennen, daß diese erst oberhalb ihres *Flammpunktes* (z. B. bei Benzin: $-30\,°C$, Dieselöl: $+76\,°C$) entzündet werden können. Bei Gasen bezeichnet man die zündfähigen Mischungsgrenzen mit Luft als obere und untere *Explosionsgrenze*. *Feuerlöscher* sollen bewirken, daß eine dieser Verbrennungsvoraussetzungen unterdrückt wird.

Die zu löschenden Stoffe teilt man in 4 Brandklassen ein:

A feste, glutbildende Stoffe,
B flüssige Stoffe,
C gasförmige Stoffe, auch unter Druck,
D Aluminium, Magnesium und Legierungen.

Folgende Handfeuerlöscher sind heute handelsüblich:

Wasserlöscher (W 10 entsprechend 10 l Inhalt). Diese Löscher sind mit einer CO_2-Druckpatrone ausgerüstet oder stehen unter CO_2 Dauerdruck. Sie wirken durch Abkühlung des Brandherdes unter die Zündtemperatur und eignen sich für die Brandklasse A. Da in Werkstatträumen viele feste Brennstoffe vorhanden sind, wird der Wasserlöscher dort immer seinen Zweck erfüllen. Auch die Feuerwehr wird weiterhin mit Wasser anrücken. Auf die Besonderheit des Verschäumens mit Schaumbildnern sei hingewiesen.

Pulverlöscher (P 6, P 12). Sie werden ebenfalls durch CO_2 dauernd oder kurz vor dem Benutzen unter Druck gesetzt. Das Pulver deckt den Brand ab und hat darüber hinaus eine chemische Wirkung, indem es die oberhalb der Zündtemperatur freiwerdenden Valenzen des Brennstoffes blockiert und damit die Verbindung mit Sauerstoff unterbindet. Pulver eignet sich vor allem für die Brandklassen A, B, C und – mit Einschränkungen – Brandklasse D. Pulver wäre das ideale Löschmittel, hinterließe es keine Rückstände.

Übrigens: Ein Pulverfeuerlöscher entleert sich in weniger als 15 s. Grundsätzlich soll man nach dem Gebrauch die Förderwege mit Treibgas freiblasen. Sofern noch Restpulver vorhanden ist, dreht man dazu den Löscher auf den Kopf, damit das Ende des innenliegenden Tauchrohres freiliegt.

Kohlensäuregas-, Nebel-, Schneelöscher (K 6). Kohlendioxid befindet sich unter hohem Druck verflüssigt im Löscher (überwachungspflichtige Druckgasflasche). Wegen der physikalischen Besonderheit dieses Gases kann es bei der Entspannung zur Bildung sehr kalter, fester Kohlensäure (Trockeneis) kommen. Solche Löscher eignen sich mit Einschränkungen für die Brandklassen B und C. Das CO_2 wirkt dabei kühlend und luftverdrängend. In geschlossenen Räumen, z. B. auf Schiffen, sind deshalb automatische CO_2-Löschanlagen installiert, die ganze Laderäume mit CO_2 füllen und damit zwangsläufig die leichtere Luft vom Brandherd verdrängen.

Halonlöscher (Ha2). *Halongas* ist ein halogenhaltiger Kohlenwasserstoff verschiedener Zusammensetzungen. Das Gas ist nicht ganz ungiftig und darf deshalb nicht von Menschen in engen geschlossenen Räumen als Löschmittel benutzt werden. Halonlöscher sind ebenfalls Druckgasflaschen. Die Löschwirkung ist ähnlich der des Pulvers. In automatischen Löschanlagen, z. B. in Computerräumen und in Vorsorgungseinheiten von Flugzeugen, hat Halon als Löschmittel seinen uneingeschränkten vorrangigen Platz. Kleine bisher erhältliche Handfeuerlöscher setzen sich – nicht zuletzt wegen ihres hohen Preises – nur zögernd durch.

21.3.3 Persönliche Schutzausrüstung (PSA)

Die Hände sind die gefährdetsten Körperteile am Arbeitsplatz. Über 40% der Unfälle führen zu Handverletzungen. Auch Füße, Arme und der Kopf sind stark gefährdet. Betrachtet man die tödlichen Verletzungen, stehen Kopfverletzungen an der Spitze, gefolgt von Verletzungen der Brust. Aus diesen Verletzungen folgt zwingend die Notwendigkeit, Körper und Gliedmaßen zu schützen. Schutzmittel wie Helm, Brille, Anzug, Handschuhe und Sicherheitsschuhe sind hinreichend bekannt. Sie werden durch Unfallverhütungsvorschriften vorgeschrieben und sind dem besonderen Anwendungsfall mit Sorgfalt anzupassen.

Die Statistik sagt, daß bei 40% der Unfälle persönliche Schutzausrüstungen nicht anwendbar waren, bei 23% zwar anwendbar aber nicht vorgesehen, in 2% der Unfälle nicht zur Verfügung standen, bei 9% nicht benutzt wurden und in 26% der Unfälle nicht wirksam waren. Aus diesen Zahlen erkennen wir einerseits, daß die Arbeitnehmer eindringlich zur Gewissenhaftigkeit bezüglich der persönlichen Schutzausrüstung ermahnt werden müssen, daß andererseits noch viel zur Verbesserung der Schutzfähigkeit dieser Mittel getan werden muß.

21.3.4 Gefahren elektrischer Spannung

Elektrounfälle enden sehr viel häufiger tödlich als andere Arbeitsunfälle. Das liegt vor allem an der geradezu erschütternden Fehleinschätzung der Gefahren elektrischer Spannung durch den Menschen. Die Natur des Menschen ermöglicht es ihm nicht, diese Gefahren angemessen und in gewohnter Weise wahrzunehmen. Außerdem mag der Mensch Gefahren erst dann anerkennen, wenn er sie am eigenen Leibe gespürt hat. Das Spüren dieser Gefahr bei der in Deutschland üblichen Wechselspannung von 220 V überlebt der Mensch nur dann, wenn genügend große äußere Widerstände den Stromfluß durch seinen Körper herabsetzen.
Der menschliche Körper kann einen Wechselstrom von 50 mA gerade noch überleben. Der Widerstand zwischen Hand und Fuß beträgt ca. 1100 Ω. Nach dem Ohmschen Gesetz errechnet sich damit eine maximale ungefährliche Wechselspannung von 55 V. Es gibt verschiedene Möglichkeiten, um den Menschen gegen zu hohe Berührungsspannungen zu schützen. Diese sind in der besonders wichtigen VDE-Vorschrift 0100 „Errichten von Starkstromanlagen unter 1000 V" zusammengestellt und beschrieben. Einige der wichtigsten Schutzmaßnahmen sind: Schutzisolierung (Zeichen: ▣), Kleinspannung unter 42 V, Schutzerdung (Schutzleiter grün/gelb gekennzeichnet), Fehlerstrom (FI)–Schutzschaltung und Schutztrennung. Es wird dringend empfohlen, sich mit dem Vorstehenden ausführlicher zu beschäftigen.

21.3.5 Alkohol am Arbeitsplatz

Jeder 5. tödliche Arbeitsunfall ereignet sich unter Alkoholeinfluß. Deshalb galt schon lange in den Unfallverhütungsvorschriften das ausdrückliche Verbot: „Brandwein mitzubringen und während der Arbeitszeit zu trinken ist verboten." Dieser Satz wurde inzwischen abgemildert in: „Der Arbeitnehmer darf sich durch den Genuß von Alkohol nicht in einen Zustand versetzen, in dem er sich und andere gefährdet." Diese Änderung geschah in der Einsicht, daß durchaus nicht immer kleine „vernünftige" Mengen alkoholischer Getränke zur Gefährdung des Arbeitnehmers führen müssen. Allerdings mindert diese Lockerung keinesfalls die Problematik Alkohol.
Nach der ständigen Rechtsprechung kann ein Unfall, den ein Arbeitnehmer erleidet, der wegen Alkohols zu keiner dem Unternehmen förderlichen Arbeit fähig ist, nicht als Arbeitsunfall anerkannt werden. Zu gut deutsch: Wer betrunken einen Arbeitsunfall erleidet, hat keinen Anspruch

21.3 Arbeitssicherheit in der Praxis

auf Unfallversicherungsschutz. Feste Promillegrenzen gibt es nicht; die Entscheidung, wann eine Gefährdung durch Alkohol vorliegt, kann deshalb oft nur mit Hilfe von Gerichten gefunden werden. Bei einem solchen Unfall ist zu prüfen, ob dieser typisch für einen unter Alkoholeinfluß stehenden Arbeitnehmer war, oder ob andere Ursachen entscheidend waren. Die Unfallverhütungsvorschrift sagt ferner, daß unter Alkoholeinfluß stehende Arbeitnehmer ihre Arbeiten nicht fortsetzen dürfen. Dieser Hinweis verpflichtet auch die mitarbeitenden Kollegen in deren eigenem Interesse, dafür zu sorgen, daß der Angetrunkene sich – wo auch immer – erst einmal ausnüchtert. Feiern mit Alkohol am Arbeitsplatz sind nur nach ausdrücklicher Genehmigung durch den Arbeitgeber gestattet. In einem solchen Fall trägt der Arbeitgeber das besondere Unfallrisiko dieser Feier und wird in aller Regel dafür sorgen, daß seinen Arbeitnehmern während der Feier und auf dem Heimweg (in gemieteten Bussen oder Taxen) nichts passiert. Die vorgenannten Regelungen nach den Unfallverhütungsvorschriften schließen nicht aus, daß Betriebe schärfere Regelungen – z. B. absolutes Alkoholverbot – mit ihren Mitarbeitern vereinbaren.

21.3.6 Sicherheit in der Schweißtechnik

Es gibt wohl kaum eine Tätigkeit, die so viele Gefahren in sicht birgt wie das *Schweißen*. Deshalb sei noch einmal auf die UVV-VBG 15: ,,Schweißen, Schneiden und verwandte Arbeitsverfahren" hingewiesen. Diese UVV ist nicht nur außerordentlich wichtig, sie ist technisch sehr interessant und lehrreich zugleich. Bei jedem Schweißverfahren entstehen Gefahren durch Verbrennungen, durch sehr helles Licht, durch Rauch, Gase und Dämpfe, durch Lärm und ganz besonders durch Brand. Beim *Lichtbogenschweißen* sind zusätzlich die Gefahren durch elektrischen Strom, durch UV-Strahlen, durch abspringende Schlacke und ggf. durch Schutzgase zu nennen. Beim *Gasschweißen* entstehen weitere Gefahren durch den Sauerstoff und das Acetylen und die dazugehörigen Flaschen bzw. Verteilungsanlagen. Wegen der Möglichkeit des exothermen Zerfalls von Acetylen in Kohlenstoff und Wasserstoff mußte schon immer die Acetylenflasche mit einer besonderen porösen Masse und einem Lösemittel (meist Aceton) präpariert werden. Auch sogenannte Gebrauchsstellen von zentralen Versorgungsanlagen wurden schon immer mit Rückschlagsicherungen versehen; früher verwendete man dafür Wasservorlagen, heute ,,trockene" Sicherheitsvorlagen, bei denen eine gesinterte Chrom-Nickel-Legierung das Weiterlaufen des Acetylenzerfalls verhindert. Seit dem 1. 1. 1980 müssen auch einzelne Acetylenflaschen durch Sicherheitseinrichtungen geschützt werden, wenn die Flasche außerhalb des Arbeitsbereichs steht. Solche Einrichtungen werden direkt an den Brenner oder in den Schlauch gesetzt.
Besonders gefährlich wird das *Schweißen in engen Räumen*, vor allem wegen der notwendigen Be- und Entlüftung. Beim Gasschweißen ist immer daran zu denken, daß die Flamme den größten Teil des zur Verbrennung erforderlichen Sauerstoffs nicht aus der Flasche, sondern aus der Umgebungsluft bezieht. Fehlt die nötige Zuluft, kann es sehr leicht zu Sauerstoffmangel (weniger als 17%) kommen. Das Belüften mit reinem Sauerstoff ist in höchstem Maße gefährlich und in jedem Falle unzulässig! Ein erhöhter Sauerstoffgehalt kann aber auch durch Undichtigkeiten entstehen. Er ist nicht wahrnehmbar und deshalb so gefährlich, weil sich die Verbrennungsgeschwindigkeit und -temperatur erheblich erhöhen, weil selbst schwer entzündliche Arbeitskleidung plötzlich lichterloh brennen kann. Die Entlüftung soll der Beseitigung entstehenden Gases und Rauchs dienen. Vor allem die schweren nitrosen Gase (Stickoxyde) müssen bodennah abgesaugt werden. Das Lichtbogenschweißen in engen metallenen Räumen – das können auch Gittermasten sein – ist nur mit besonders dafür geeigneten Stromquellen zulässig. Transformatoren dürfen eine Leerlaufspannung von 42 V nicht überschreiten; Gleichrichteranlagen müssen durch ein K (Kessel) gekennzeichnet sein.
Abschließend sei noch einmal die Brandgefahr erwähnt. Jährlich entstehen erhebliche Schäden durch die Brandursache Schweißen. Diese Gefahr ist deshalb so heimtückisch, weil häufig stark

zeitverzögerte Schwelbrände entstehen. Schweißspritzer können einen Brand noch in 10 m Entfernung verursachen. Schweißspritzer durchschlagen auch Einweg-Feuerzeuge aus Kunststoff; deshalb haben diese Feuerzeuge am Schweißarbeitsplatz nichts zu suchen.

21.3.7 Schadstoffe in der Arbeitsluft

Die höchstzulässige Konzentration eines Schadstoffes (Gas, Dampf, fester Schwebstoff) in der Luft am Arbeitsplatz wird durch den *MAK-Wert* (maximale Arbeitsplatz-Konzentration) angegeben. Verunreinigungen in diesen Konzentrationen werden nach dem Stand der Kenntnis auch bei wiederholter und langfristiger, in der Regel täglich 8-stündiger Einwirkung, im allgemeinen die Gesundheit der Beschäftigten nicht beeinträchtigen. Ob gelegentliche oder häufige Überschreitungen noch unbedenklich sein können, hängt nicht nur von der Höhe, Dauer und Häufigkeit ab, sondern auch von der besonderen Wirkung des Stoffes. Für die Beurteilung einer Schadstoffwirkung entscheidet der ärztliche Befund unter Berücksichtigung aller äußeren Umstände. Der MAK-Wert gilt für die Einwirkung des reinen Stoffes, er ist nicht ohne weiteres für eine Mischung verschiedener Stoffe anzuwenden. Das gleichzeitig oder nacheinander erfolgende Einwirken verschiedener Stoffe kann die gesundheitsschädliche Wirkung z. T. erheblich verstärken. Die MAK-Werte sind nicht identisch mit Geruchsschwellen. Diese liegen häufig noch darunter, können jedoch bei mehrmaligem Schadstoffauftreten weit ansteigen, also unempfindlicher werden.

Für den Umgang mit *radioaktiven Stoffen* gelten besondere Bestimmungen der Strahlenschutzverordnung. Der Umgang mit *krebserzeugenden Arbeitsstoffen* erfordert besondere Vorsicht und wird deshalb nach strengeren Kriterien behandelt. Auch für Stäube gibt es Sonderregelungen. Nachstehend werden einige wichtige MAK-Werte in der Einheit ppm (parts per million, z. B. cm^3/m^3) genannt: Aceton 1000 ppm, Ameisensäure 5 ppm, Chlor 0,5 ppm, Kohlenoxid 30 ppm, Salpetersäure 10 ppm, Tetrachlorkohlenstoff 10 ppm, Trichlorethylen 50 ppm. Die Liste aller MAK-Werte ist umfangreich; sie wird von einer Kommission der Deutschen Forschungsgemeinschaft ständig überarbeitet und vom Bundesministerium für Arbeit im Fachteil Arbeitsschutz veröffentlicht.

21.3.8 Schleifkörper

Kaum ein Körperschutzmittel ist so unumstritten erforderlich wie die *Schutzbrille* beim Schleifen. In den USA sind Schutzbrillen mit Klarsichtgläsern und Seitenschutz in Werkstätten der Metallbearbeitung von jedem ständig zu tragen, denn tatsächlich ist hier nicht nur derjenige durch umherfliegende Funken und dgl. gefährdet, der unmittelbar vor einer Schleifmaschine steht. Um so erschütternder ist es, daß immer wieder selbst beim Schleifen aus purer Nachlässigkeit die Brille nicht aufgesetzt wird. In einem solchen Falle wird grob fahrlässig gegen eine Unfallverhütungsvorschrift verstoßen.

Das Schleifen ist aber nicht nur wegen der Funken gefährlich, sondern auch wegen der hohen Drehzahl der Schleifkörper und der Gefahr eines Bruches (Zerknall). Die richtige Behandlung von Schleifkörpern hat eine hohe sicherheitstechnische Bedeutung für Werkstätten. Aus der Unfallverhütungsvorschrift „Schleifkörper ..., Schleifmaschinen" geht hervor, daß Schleifkörper mit folgenden Angaben gekennzeichnet sein müssen: Hersteller, Art der Bindung, Abmessung der Schleifscheibe, zulässige Drehzahl. Schleifkörper mit Umfangsgeschwindigkeiten von mehr als 35 m/s erhalten zusätzliche farbige Diagonalstreifen (4 verschiedene Farben für 4 Geschwindigkeitsabstufungen). Die Bindungsart ist ein weiteres wesentliches Unterscheidungsmerkmal, das ebenfalls farblich gekennzeichnet wird. Durch Aufkleber kann ergänzend auf besondere Gesundheitsgefahren – z. B. bei Kunstharzbindung mit bleihaltigen Füllstoffen oder quarzhaltigen Schleifmitteln – hingewiesen werden. In solchen Fällen sind besondere Absaugvorrichtungen erforderlich.

Schleifkörper sind im Betrieb erheblichen Kräften ausgesetzt; sie müssen deshalb absolut fehlerfrei sein. Dazu ist eine ordnungsgemäße trockene Lagerung ebenso erforderlich wie ein sorgfältiger Transport. Vor der Verwendung sollen Schleifkörper einer *Klangprobe* unterzogen werden, bei der sie nicht klirren dürfen. Die Betriebssicherheit von Schleifkörpern hängt letztlich entscheidend von der Einspannkraft ab. Sowohl zu lose als auch zu fest eingespannte Schleifkörper sind äußerst gefährlich; dieser Gefahr soll man sich beim gleichmäßigen Festziehen von Schleifkörpern ständig bewußt sein.

21.3.9 Lastaufnahmeeinrichtungen

Immer wieder ereignen sich Arbeitsunfälle beim *Transport von Lasten mit Hebezeugen*. Während früher Kranführer und hauptberufliche Anschläger für den Transport sorgten, benutzt heute nahezu jeder flurbediente Hebezeuge und schlägt dabei die Last auch selbst an. Ausreichende Kenntnisse über Lastmittel (z. B. Haken, Zangen), Anschlagmittel (z. B. Seile, Ketten) und Lastaufnahmemittel (z. B. Traversen, Magnete) sollten deshalb bei jedem vorhanden sein. Hier können nur einige wenige Hinweise gegeben werden. Eine weitergehende Vertiefung dieses Themas wird dringend empfohlen.

Lasthaken sollten mit einer Hakensicherung ausgerüstet sein, die ein unbeabsichtigtes Aushängen verhindert. Sie dürfen nur verwendet werden, solange sie keinerlei Anrisse haben, nicht verformt oder aufgebogen sind und im tragenden Teil nicht mehr als 5% abgenutzt sind. An Lasthaken darf niemals geschweißt werden.

Anschlagmittel müssen gegen scharfes Biegen und Knicken geschützt werden; sie dürfen nicht über scharfe Kanten gelegt werden. Ketten müssen der DIN 685 entsprechen und danach gekennzeichnet sein. Ketten mit einer Längung – auch einzelner Glieder – um mehr als 5% oder mit verformten Kettengliedern, Anrissen oder starken Korrosionen sind auszusondern. Das Knoten von Ketten und Verlängern mit Hilfe von Schrauben ist unzulässig. Seile sind beim Bruch einer Litze, Aufdoldungen, Lockerungen der äußeren Lage, Korrosionen und äußeren Verformungen auszusondern. Ähnliche Sicherheitshinweise sind bei Tauen, Chemiefaserseilen und Hebebändern zu beachten. Hinzuweisen ist schließlich auf Belastungstabellen für alle Anschlagmittel, aus denen die Tragfähigkeit in Abhängigkeit von den verschiedenen Verwendungsmöglichkeiten (Einzelstrang, Mehrfachstrang mit unterschiedlichen Neigungswinkeln) hervorgeht.

21.4 Literatur

Bücher

[21.1] Taschenbuch „Arbeitsschutzgesetze". Beck'sche Textausgabe. Verlag C. H. Beck, München 1984.

Normen

Die Normen, Vorschriften, Richtlinien, technische Bestimmungen zum Arbeitsschutz und zur Unfallverhütung sind so zahlreich, daß eine Aufnahme den Rahmen dieses Buches sprengen würde.

22 Arbeitsrecht

22.1 Einleitung

Arbeitsrecht als eine die Leistung menschlicher Arbeit für andere regelnde Materie gab es in jeder geschichtlichen Epoche, in der die jeweilige Kultur auf dem Grundsatz der Arbeitsteilung beruhte. Die Geschichte des Arbeitsrechts im Sinne des Anliegens des Arbeitnehmerschutzes beginnt jedoch im wesentlichen erst mit dem Entstehen der in engem Zusammenhang mit der Industrialisierung stehenden sogenannten sozialen Frage im 19. Jahrhundert, die den Staat zwang, neben und im Zusammenwirken mit den sich herausbildenden Gewerkschaften ein System von Rechtsnormen zu schaffen, um mit den Mitteln des Rechts die soziale Lage des Arbeitnehmers erträglicher zu machen und ihn gegen die Nachteile und Gefahren seiner Stellung als „doppelt freier Lohnarbeiter" (*Karl Marx*) abzusichern – frei nämlich von Herrschaftsbindungen wie Leibeigenschaft, aber eben auch „frei" von allen für die Existenz durch Arbeit notwendigen Produktionsmitteln.

Aus der geschichtlichen Entwicklung folgt die – bei der Auslegung arbeitsrechtlicher Vorschriften stets zu beachtende – hauptsächliche Funktion des Arbeitsrechts: den Arbeitnehmer als den wirtschaftlich schwächeren Teil des Arbeitsverhältnisses zu schützen. Geschehen ist dies in einer unüberschaubaren Zahl gesetzlicher Sonderregelungen, da es im Arbeitsrecht trotz wiederholter Anstrengungen bisher nicht gelungen ist, wie in anderen Rechtsgebieten (z. B. im bürgerlichen Recht mit dem Bürgerlichen Gesetzbuch (BGB) oder im Strafrecht mit dem Strafgesetzbuch (StGB)) ein einheitliches und umfassendes Gesetzbuch der Arbeit zu schaffen. Dieser – wie ein gängiges Schlagwort lautet – „Flucht des Gesetzgebers aus der politischen Verantwortung" korrespondiert ein dadurch notwendig gewordenes, ausuferndes, demokratisch nicht legitimiertes, sich immer weiter verästelndes, quasi-gesetzgeberisches Richterrecht, das gespeist aus generalklauselhaften Gummiparagraphen und richterlicher Unabhängigkeit (vgl. Art. 97 Abs. 1 des Grundgesetzes für die Bundesrepublik Deutschland (GG)) den Ausgang eines arbeitsgerichtlichen Verfahrens nahezu unkalkulierbar macht.

22.2 Das Arbeitsverhältnis

Voraussetzung für die Anwendung von Arbeitsrecht ist das Vorliegen eines *Arbeitsverhältnisses*. Ein Arbeitsverhältnis liegt nur vor, wenn der eine Vertragsteil Arbeitgeber, der andere Arbeitnehmer (Angestellter oder Arbeiter) ist. Da Arbeitgeber ist, wer mindestens einen Arbeitnehmer beschäftigt, hängt alles vom Begriff des Arbeitnehmers ab. Nach herrschender Meinung (h. M.) ist Arbeitnehmer, wer aufgrund eines privatrechtlichen Vertrages für einen anderen unselbständige Dienste leistet. Voraussetzung ist also das Vorliegen eines *Dienstvertrages* (§ 611 BGB), bei dem primär die Leistung von Diensten und nicht primär ein bestimmter Erfolg (dann Werkvertrag, § 631 BGB) geschuldet wird. Dienstverträge werden allerdings auch von freiberuflich Tätigen abgeschlossen (z. B. frei praktizierende Ärzte, Rechtsanwälte, Architekten, Industrieberater); diese sind keine Arbeitsverträge, da bei ihnen das Merkmal der unselbständigen, fremdbestimmten, an die Weisungen des Arbeitgebers (vgl. § 121 Gewerbeordnung (GewO)) gebundenen Arbeit fehlt. Entscheidend ist dabei aber nie die von den Parteien gewählte Bezeichnung, sondern die rechtliche Einordnung; auch ein als „freies Mitarbeiterverhältnis" benanntes Vertragsverhältnis kann sich deshalb in Wahrheit als Arbeitsvertrag herausstellen (und dementsprechende Ansprüche beinhalten).

22.2.1 Die Begründung des Arbeitsverhältnisses

Wie jeder Vertrag kommt auch der *Arbeitsvertrag* durch zwei übereinstimmende, empfangsbedürftige (§ 130 Abs. 1 BGB) Willenserklärungen (Antrag und Annahme, §§ 145ff. BGB) zustande, die, wenn nicht etwas anderes zwischen den Vertragsparteien vereinbart worden ist, an keine Form gebunden sind, also schriftlich, mündlich oder sogar stillschweigend durch schlüssiges Verhalten (z. B. Arbeitsaufnahme) abgegeben werden können. Kein Vertragsangebot zum Abschluß eines Arbeitsvertrages enthält nach h. M. die *Stellenausschreibung*; sie stellt rechtlich lediglich die Aufforderung an den Leser dar, daß dieser ein Vertragsangebot abgibt, was im Ergebnis darauf hinausläuft, daß der die Stelle Ausschreibende in keiner Weise an die von ihm in der Annonce genannten Bedingungen gebunden ist. Er hat jedoch, wenn er den Bewerber zu einem Vorstellungsgespräch auffordert, diesem nach h. M. die Unkosten (Reisekosten, Verdienstausfall usw.) ohne Rücksicht darauf zu ersetzen, ob ein Arbeitsvertrag zustandekommt.

Im *Vorstellungsgespräch* macht der Arbeitgeber in aller Regel von seinem Fragerecht mündlich oder durch Vorlage eines Fragebogens Gebrauch. Dem Arbeitgeber steht jedoch kein grenzenloses Fragerecht zu; es ist begrenzt auf „zulässige Fragen". Zulässig sind nur die Fragen, die in angemessener Form nach arbeitsplatzrelevanten Umständen gestellt werden. Das sind Fragen nach dem beruflichen Werdegang, vorheriger Gehaltshöhe, chronischen und Berufskrankheiten, Schwangerschaft (h. M., neuerdings jedoch wegen der Gleichbehandlungsvorschrift des § 611a BGB heftig umstritten) und nach im Bundeszentralregister eingetragenen und noch nicht getilgten Vorstrafen, unabhängig von ihrer Einschlägigkeit für den Arbeitsplatz. Beantwortet der Bewerber diese Fragen falsch und wird eingestellt, so kann der Arbeitgeber, wenn er zu einem späteren Zeitpunkt die Täuschung erkennt, das Arbeitsverhältnis durch Erklärung der Anfechtung gemäß § 123 BGB (vgl. auch die Anfechtungsmöglichkeiten nach § 119 Abs. 1 und 2 BGB) mit sofortiger Wirkung für die Zukunft beenden; die Vorschriften über den Schutz des Arbeitnehmers gegen Kündigungen (vgl. dazu Abschnitt 22.2.6) finden hier keine Anwendung. Unzulässige Fragen dagegen kann der Arbeitnehmer falsch beantworten, ohne negative Folgen befürchten zu müssen. Darunter fallen etwa Fragen nach Gewerkschaftszugehörigkeit (wegen Art. 9 Abs. 3 GG), bevorstehender Eheschließung, Krankheiten allgemeiner Art, Religions- und Parteizugehörigkeit. Es kann aber u. U. auf die Konstellation des Einzelfalles ankommen (Arbeitsplatzrelevanz der Frage!).

Ob und mit wem man einen *Arbeitsvertrag* abschließt, steht aufgrund der im Arbeitsrecht geltenden Vertragsfreiheit (vgl. § 105 GewO) grundsätzlich im Belieben der Parteien. Es gibt jedoch eine Reihe von gesetzlichen Beschränkungen der Abschlußfreiheit, die z. T. direkter (vgl. die Beschäftigungsverbote zum Schutze von Kindern und Jugendlichen in §§ 5, 7 Jugendarbeitsschutzgesetz (JArbSchG), von Frauen in § 16 Arbeitszeitordnung (AZO), von werdenden und stillenden Müttern in §§ 3ff. Mutterschutzgesetz (MuSchG) sowie von Auszubildenden in § 20 Berufsbildungsgesetz (BBiG)), z.T. nur indirekter Art sind (z.B. §§ 4, 8 Schwerbehindertengesetz (SchwbG)). Abgesehen vom Fall des Wiedereinstellungsgebotes des § 18 Abs. 7 SchwerbG behält der Arbeitgeber aber stets die negative Partnerwahlfreiheit; auch über die Mitbestimmungsvorschriften des Betriebsverfassungsgesetzes (§ 99, vgl. auch §§ 92, 95 BetrVG) kann dem Arbeitgeber kein Arbeitnehmer aufgezwungen werden, der Betriebsrat kann unter den Voraussetzungen des § 99 BetrVG nur die Einstellung eines Arbeitnehmers verhindern.

22.2 Das Arbeitsverhältnis

Die Freiheit der Parteien, den Vertragsinhalt des einzelnen Arbeitsverhältnisses festzulegen (Gestaltungsfreiheit), ist durch eine große Anzahl gesetzlicher Regelungen und durch Kollektivvereinbarungen (Tarifverträge = Vereinbarungen zwischen Gewerkschaften und einzelnen Arbeitgebern oder Arbeitgeberverbänden, vgl. §§ 1 ff. Tarifvertragsgesetz (TVG), und Betriebsvereinbarungen = Vereinbarungen zwischen Betriebsrat und Arbeitgeber, vgl. § 77 BetrVG) eingeschränkt, von deren zwingenden Bestimmungen im einzelnen Arbeitsvertrag nur zugunsten des Arbeitnehmers abgewichen werden darf (sog. *Günstigkeitsprinzip*).

22.2.2 Die Pflichten des Arbeitnehmers

Hauptpflicht des Arbeitnehmers ist es, der sich aus der arbeitsvertraglichen Tätigkeitsbeschreibung ergebenden *Arbeitspflicht* nachzukommen (§ 611 BGB); zu andersartigen oder geringerwertigen Arbeiten darf der Arbeitgeber trotz des ihm zustehenden Weisungsrechts den Arbeitnehmer ohne dessen Zustimmung nicht einsetzen. Da der Arbeitnehmer seine Arbeitskraft nur an den Arbeitstagen für die vorgesehenen Arbeitsstunden zur Verfügung zu stellen hat, ist er grundsätzlich zur Ausübung einer entgeltlichen *Nebentätigkeit* berechtigt, sofern sie nicht vertraglich ausgeschlossen ist und soweit sie die Arbeitspflicht nicht beeinträchtigt; in der Praxis häufig ist aber die zulässige arbeitsvertragliche Vereinbarung, daß die Aufnahme einer Nebentätigkeit von der vorherigen Zustimmung des Arbeitgebers abhängig sein soll.
Die Hauptpflicht des Arbeitnehmers wird ergänzt durch eine Reihe von *Nebenpflichten*, deren schuldhafte (vorsätzliche oder fahrlässige, vgl. § 276 BGB) Verletzung den Arbeitnehmer schadensersatzpflichtig machen (vgl. dazu Abschnitt 22.2.3) und zu seiner fristlosen Entlassung (vgl. dazu Abschnitt 22.2.6) führen kann. Zu diesen Nebenpflichten sind zu zählen die *Pflicht zur Verschwiegenheit* über Geschäfts- und Betriebsgeheimnisse (Warenbezugsquellen; Kundenlisten; Absatzgebiete; Bilanzen; technisches know-how, auch wenn es nicht patentfähig ist; eigene Erfindungen des Arbeitnehmers, wenn sie im Rahmen des Arbeitsverhältnisses gemacht wurden), die *Pflicht zur Unbestechlichkeit*, die *Pflicht zur Anzeige und Abwendung von Schäden* sowie die *Pflicht zur Unterlassung von Wettbewerb* (vgl. §§ 60, 61 Handelsgesetzbuch (HGB); diese Nebenpflicht gilt selbst dann, wenn sicher ist, daß der Arbeitgeber den von seinem Arbeitnehmer beworbenen Sektor oder Kunden nicht erreichen würde, weil mit der Wettbewerbsenthaltung des Arbeitnehmers im Marktbereich des Arbeitgebers bezweckt wird, daß dem Arbeitgeber der Marktbereich voll und ohne die Gefahr der nachteiligen, zweifelhaften oder zwielichtigen Beeinflussung durch den Arbeitnehmer offen steht).
Da die Pflicht zur Unterlassung von Wettbewerb ebenso wie die anderen arbeitsvertraglichen Pflichten grundsätzlich mit dem Ende des Arbeitsverhältnisses aufhört, werden insbesondere im Ingenieurbereich vielfach *nachvertragliche Wettbewerbsverbote* für die Zeit nach Beendigung des Arbeitsverhältnisses vereinbart, häufig sogar bereits in den Arbeitsverträgen. Ein derartiges nachvertragliches Wettbewerbsverbot ist jedoch an enge Wirksamkeitsvoraussetzungen geknüpft: Es bedarf der Schriftform und der Aushändigung einer vom Arbeitgeber unterzeichneten, die vereinbarten Bestimmungen enthaltenden Urkunde an den Arbeitnehmer (§ 74 Abs. 1 HGB), der Vereinbarung einer sogenannten Karenzentschädigung (siehe dazu §§ 74 Abs. 2, 74b, 74c, 75b HGB), die Höchstdauer beträgt zwei Jahre (§ 74a Abs. 1 HGB), und es ist zum Schutz des Arbeitnehmers vor Umgehung des differenzierten Systems der §§ 74ff. HGB nach ständiger Rechtsprechung grundsätzlich bedingungsfeindlich.

22.2.3 Die Haftung des Arbeitnehmers gegenüber dem Arbeitgeber

Der Arbeitgeber hat Anspruch auf Erfüllung der in Abschnitt 22.2.2 genannten Pflichten des Arbeitnehmers. Er kann seine Ansprüche gegebenenfalls vor dem Arbeitsgericht klageweise durchsetzen; es ergeht dann ein Urteil, das den Arbeitnehmer zu einem bestimmten Tun oder Unterlassen verurteilt. Aus einem Urteil auf Arbeitsleistung ist allerdings nach h. M. eine Zwangsvollstreckung nicht möglich (vgl. § 888 Abs. 2 Zivilprozeßordnung (ZPO)). Tritt also ein Arbeitnehmer seine Stelle nicht an, etwa weil er in der Zeit zwischen Arbeitsvertragsabschluß und Arbeitsbeginn einen für ihn günstigeren Arbeitsplatz gefunden hat, oder verläßt er ohne Einhaltung der Kündigungsfrist vorzeitig seinen Arbeitsplatz, oder bleibt er aus anderen Gründen ungerechtfertigt vorsätzlich oder fahrlässig seiner Arbeit fern (= schuldhafte Nichtleistung bzw. Nichtarbeit), so kann der Arbeitgeber ihn trotz des an sich bestehenden Anspruchs auf Arbeitsleistung nicht zur Arbeit zwingen.

Der Arbeitnehmer ist in diesen Fällen jedoch *schadensersatzpflichtig* (§§ 249 ff. BGB). Er hat dem Arbeitgeber die zum Suchen eines neuen Arbeitnehmers erforderlich gewordenen Inseratkosten in angemessenem Rahmen (Faustregel: nicht mehr als ein Monatsgehalt des Vertragsbrüchigen) sowie – jedoch nur bis zum für den Arbeitnehmer nächstmöglichen Kündigungszeitpunkt – die Mehrkosten für durch die Nichtleistung notwendig gewordenen Aushilfskräfte und den entgangenen Gewinn zu ersetzen, wobei im letzten Fall allerdings häufig ein die Schadensersatzpflicht des Arbeitnehmers herabmilderndes Mitverschulden (§ 254 BGB) des Arbeitgebers vorliegen wird, falls er z. B. nicht für eine Vertretung gesorgt hat. Schließlich hat der Arbeitgeber auch die Möglichkeit, ohne Schadensnachweis eine pauschalierte Entschädigung (maximal einen Wochenlohn; vgl. §§ 124b, 133e GewO) vom Arbeitnehmer zu verlangen; weitere Schadensersatzansprüche werden dadurch jedoch ausgeschlossen.

Schadenersatzpflichtig ist der Arbeitnehmer dem Arbeitgeber auch für *schuldhafte* (§ 276 Abs. 1 BGB) *Schlechtleistungen*. Schlechtleistungen sind alle Pflichtverletzungen des Arbeitnehmers mit Ausnahme der verspäteten und der Nichtleistung (z. B. schlechtes Arbeitsergebnis, Vergeudung von Material, Beschädigung von Arbeitsgeräten, Verletzung der Verschwiegenheitspflicht oder des Wettbewerbsverbotes). Grundsätzlich haftet der Arbeitnehmer dem Arbeitgeber auf vollen Schadensersatz für den dem Arbeitgeber bei Erfüllung des Arbeitsvertrages durch schuldhafte Schlechtleistung zugefügten Schaden.

Ein *ganz geringes Verschulden* des Arbeitnehmers kann allerdings u. U. zu einem großen Schaden führen; auch diesen müßte der Arbeitnehmer dem Arbeitgeber an sich in vollem Umfang ersetzen, da er nach § 276 Abs. 1 BGB außer für Vorsatz auch für jede – selbst die leichteste – Fahrlässigkeit einzustehen hat. Da aber nirgendwo die Gefahr, sich hohen Schadensersatzverpflichtungen auszusetzen, so groß wie in einem Arbeitsverhältnis ist, in dem der Arbeitnehmer ständig mit erheblichen Vermögenswerten (Maschinen, Fahrzeugen) umzugehen hat, wäre dieses Ergebnis untragbar. Deshalb sind im Arbeitsrecht besondere Haftungsgrundsätze für sogenannte schadensgeneigte (gefahrengeneigte) Arbeit entwickelt worden. Schadensgeneigte Arbeit liegt vor, wenn sie es ihrer Art nach mit sich bringt, daß auch dem sorgfältigen Arbeitnehmer gelegentlich Fehler unterlaufen, die zwar – für sich allein betrachtet – jedesmal vermeidbar, also fahrlässig herbeigeführt sind, mit denen aber angesichts der menschlichen Unzulänglichkeit erfahrungsgemäß zu rechnen ist („Das kann jedem einmal passieren"; Beispiele: Speisung von Computern, Bedienung komplizierter Maschinen, Erstellung differenzierter Analysen, Vertippen auf der Schreibmaschine oder an der Kasse). Liegt schadensgeneigte Arbeit vor, so haftet der Arbeitnehmer dem Arbeitgeber bei Vorsatz und grober Fahrlässigkeit gleichwohl voll, bei mittlerer und leichter Fahrlässigkeit dagegen gar nicht (die frühere Rechtsprechung, wonach bei mittlerer Fahrlässigkeit eine Schadensaufteilung zwischen Arbeitnehmer und Arbeitgeber stattfand, ist inzwischen vom Bundesarbeitsgericht angesichts der mit der technologischen Entwicklung verbundenen Vergrößerung der Haftungsrisiken für den Arbeitnehmer aufgegeben worden; vgl. BAG NJW 1983, 1693 ff. Ende 1987 ist diese Rechtsprechung vom BAG aber wieder aufgenommen worden.).

Fügt der Arbeitnehmer in Ausführung schadensgeneigter Arbeit einem Dritten (z. B. einem Passanten, Werksbesucher) schuldhaft einen Schaden zu, so können die Grundsätze über die schadensgeneigte Arbeit zu einem *Freistellungsanspruch* des Arbeitnehmers gegen den Arbeitgeber führen, zu einem Anspruch also darauf, daß der Arbeitgeber den Dritten (ganz oder teilweise) befriedigt.

22.2.4 Die Pflichten des Arbeitgebers

Hauptpflicht des Arbeitgebers ist es, dem Arbeitnehmer das vereinbarte, der Höhe nach sich vielfach aus einem Tarifvertrag ergebende *Arbeitsentgelt* zu zahlen (§ 611 Abs. 1 BGB; vgl. auch § 612 BGB) und zwar unabhängig davon, ob der Arbeitnehmer gute oder (schuldlos wie schuldhaft) schlechte Arbeit geleistet hat; dies folgt aus dem Wesen des Arbeitsvertrages als einem Dienstvertrag (vgl. Abschnitt 22.2), wonach eben nicht ein bestimmter Arbeitserfolg, sondern in erster Linie die Arbeitsleistung vom Arbeitnehmer geschuldet wird. Der Arbeitgeber kann allerdings bei schuldhafter Schlechtleistung des Arbeitnehmers (vgl. Abschnitt 22.2.3) mit einem fälligen Schadensersatzanspruch gegen die Arbeitsentgeltforderung des Arbeitnehmers aufrechnen (§§ 387 ff. BGB), was sich von der – unzulässigen – Lohnkürzung insofern unterscheidet, als die Aufrechnung nur innerhalb der Pfändungsgrenzen für Arbeitseinkommen erlaubt ist (vgl. § 394 BGB, § 850c ZPO und die Anlage zu § 850c ZPO).

Wird die Arbeitsleistung aus einem Grund unmöglich, den der Arbeitgeber zu vertreten hat (z. B. vom Arbeitgeber verschuldeter Fabrikbrand), so behält der Arbeitnehmer den *Entgeltanspruch* (§ 324 Abs. 1 BGB), hat dagegen der Arbeitnehmer die Unmöglichkeit zu vertreten (schuldhafte Nichtleistung, vgl. Abschnitt 22.2.3), so entfällt die *Vergütungspflicht* des Arbeitgebers (§ 325 Abs. 1 Satz 3 in Verbindung mit § 323 Abs. 1 Satz 1 BGB). Haben weder Arbeitgeber noch Arbeitnehmer die Unmöglichkeit zu vertreten (z. B. Nichterscheinen am Arbeitsplatz infolge eines unvorhersehbaren Verkehrsstaus oder aufgrund von Witterungsverhältnissen), verliert der Arbeitnehmer grundsätzlich seinen Vergütungsanspruch (§ 323 Abs. 1 BGB).

Das Prinzip *Ohne Arbeit kein Lohn* erfährt jedoch im Arbeitsrecht eine Reihe von wichtigen Durchbrechungen. So behält der Arbeitnehmer seinen Entgeltanspruch, wenn er durch einen in seiner Person liegenden Grund (z. B. Eheschließung, Niederkunft der Ehefrau, Autopanne, gerichtliche Vorladung, Umzug, Arztbesuche) ohne sein Verschulden für eine verhältnismäßig nicht erhebliche Zeit an der Arbeitsleistung verhindert ist (§ 616 Abs. 1 BGB; diese Norm ist allerdings tarif- und arbeitsvertraglich abdingbar, wie sich aus § 619 BGB ergibt). Bei einem *Arbeitsausfall wegen Krankheit* muß der Arbeitgeber bis zur Dauer von sechs Wochen das Arbeitsentgelt weiter zahlen (§ 1 Lohnfortzahlungsgesetz (LohnfortzG), § 616 Abs. 2 BGB, § 63 HGB, § 133c GewO, § 12 Abs. 1 Nr. 2b BBiG), es sei denn, die Krankheit geht auf ein grobes Verschulden des Arbeitnehmers zurück (z. B. verbotswidrige Benutzung gefährlicher Werkzeuge, Nichtbenutzen von Schutzhelmen, Drogensucht, u. U. Ausübung einer besonders gefährlichen Sportart; der Einzelfall ist entscheidend); nach Ablauf von sechs Wochen bleibt dem arbeitsunfähig kranken Arbeitnehmer nur der Anspruch auf das sich auf 80% des wegen der Arbeitsunfähigkeit entgangenen Regellohns belaufende Krankengeld (vgl. §§ 182, 183 Reichsversicherungsordnung (RVO)). Nimmt der Arbeitgeber die von dem Arbeitnehmer ordnungsgemäß angebotene Arbeitsleistung nicht an, kommt er in *Annahmeverzug* und bleibt zur Lohn- bzw. Gehaltszahlung verpflichtet; auf ein Verschulden des Arbeitgebers kommt es dabei nicht an (§§ 293 ff., 615 BGB; Beispiel: Unterlassen von Arbeitsanweisungen). Liegt Annahmeverzug nicht vor, sondern ist die Arbeitsleistung aufgrund eines weder vom Arbeitgeber noch vom Arbeitnehmer zu vertretenden Umstandes unmöglich (vgl. § 297 BGB, der jedoch der Risikosphäre des Arbeitgebers zuzurechnen ist (z. B. Stromsperre, Maschinenschaden, Brand, Auftragsmangel, verspätete Materiallieferungen), so behält der Arbeitnehmer nach der von der Rechtsprechung entwickelten Lehre vom Betriebsrisiko seinen Entgeltanspruch, es sei denn, die Betriebsstörung trifft den Betrieb so schwer, daß bei Fortzahlung der vollen Löhne die Existenz des Betriebes gefährdet wäre, oder daß die Beschäftigung des Arbeitnehmers infolge eines Streiks im eigenen oder fremden Betrieb unmöglich ist.

Wie beim Arbeitnehmer treffen auch den Arbeitgeber außer der Hauptpflicht noch eine Anzahl von *Nebenpflichten*. Er ist im Rahmen der technischen und wirtschaftlichen Zumutbarkeit zur *Obhut des in den Betrieb eingebrachten Arbeitnehmereigentums* verpflichtet (z. B. indem er verschließbare Schränke zur Verfügung stellt), wenn es sich um persönlich notwendige (z. B. Kleidung) oder arbeitsdienliche Sachen (z. B. Werkzeuge) handelt und der Arbeitnehmer während der Arbeitsleistung für sie nicht selbst sorgen kann. Bestandteil der Pflicht des Arbeitgebers, die *Persönlichkeit des Arbeitnehmers zu schützen*, ist es, den Arbeitnehmer im bestehenden Arbeitsverhältnis nicht nur zu bezahlen, sondern auch zu beschäftigen, im gekündigten Arbeitsverhältnis unter den Voraussetzungen des § 102 Abs. 5 BetrVG sogar nach Ablauf der Kündigungsfrist bis zur rechtskräftigen gerichtlichen Entscheidung eines Kündigungsschutzprozesses; die einseitige Suspendierung ist nur dann rechtmäßig, wenn sie vorher zwischen den Parteien vereinbart worden ist oder die Beschäftigung des Arbeitnehmers für den Arbeitgeber unzumutbar ist (z. B. bei fehlenden Aufträgen oder bei Diebstahlsverdacht). Des weiteren besteht die Verpflichtung des Arbeitgebers, *sichere Arbeitsplätze* zu schaffen (vgl. §§ 618, 619 BGB, § 62 HGB, § 120a GewO), dem Arbeitnehmer *bezahlten Erholungsurlaub* (siehe dazu die Regelungen des Mindesturlaubsgesetzes für Arbeitnehmer (BUrlG)) und nach der Kündigung *bezahlte Freizeit für das Suchen einer neuen Arbeitsstelle* (§ 629 BGB) zu gewähren. Schließlich hat der Arbeitgeber dem Arbeitnehmer auf dessen Verlangen bei der Beendigung des Arbeitsverhältnisses ein *schriftliches Zeugnis* auszustellen (§ 630 BGB, § 73 HGB, § 113 GewO, § 8 BBiG), das, handelt es sich um ein sogenanntes qualifiziertes Zeugnis (§ 630 Satz 2 BGB, § 73 Satz 2 HGB, § 113 Abs. 2 GewO, § 8 Abs. 2 Satz 2 BBiG), wohlmeinend, aber auch wahr sein muß; ist das Zeugnis zuungunsten des Arbeitnehmers unrichtig, kann dieser auf Berichtigung klagen, ist es dagegen wider besseres Wissen des Arbeitgebers zu günstig ausgefallen, läuft der Arbeitgeber Gefahr, von einem späteren Arbeitgeber auf Schadensersatz in Anspruch genommen zu werden (§ 826 BGB), wenn dieser den Arbeitnehmer im Vertrauen auf das unrichtige Zeugnis einstellt und von ihm geschädigt wird.

22.2.5 Die Haftung des Arbeitgebers gegenüber dem Arbeitnehmer

Kommt der Arbeitgeber seinen in Abschnitt 22.2.4 genannten Pflichten aus dem Arbeitsverhältnis nicht nach, so hat der Arbeitnehmer außer der *Beschwerdemöglichkeit* nach §§ 84ff. BetrVG einen beim Arbeitsgericht *einklagbaren Anspruch auf Erfüllung der Pflichten*, ohne daß es darauf ankommt, ob den Arbeitgeber ein Verschulden trifft. Ist dem Arbeitnehmer aus der Pflichtverletzung ein Schaden entstanden, so setzt sein Anspruch auf Schadensersatz dagegen eine schuldhafte (§ 276 Abs. 1 BGB) Pflichtverletzung des Arbeitgebers voraus, wobei der Arbeitgeber nach § 278 BGB für das Verschulden seiner Erfüllungsgehilfen (z. B. Werkmeister, Bürovorsteher, Kolonnenführer) einzustehen hat.

Besonderheiten gelten beim *Arbeitsunfall*, allerdings nur für den infolge eines Arbeitsunfalls (§§ 548 ff. RVO) erlittenen *Personenschaden* eines Arbeitnehmers. Für diesen steht die Berufsgenossenschaft als Träger der gesetzlichen Unfallversicherung (§§ 537 ff. RVO) ein, während es hinsichtlich eines Sachschadens bei dem oben Gesagten bleibt, der Arbeitgeber dafür also bei schuldhafter Hinzufügung selber einzustehen hat. Der Personenschaden eines Arbeitnehmers kann demgegenüber grundsätzlich weder gegen den Arbeitgeber noch gegen einen Arbeitskollegen geltend gemacht werden (§§ 636, 637 RVO); auch ein Schmerzensgeldanspruch (§ 847 BGB) besteht gegen sie nicht, obgleich die gesetzliche Unfallversicherung kein Schmerzensgeld zahlt.

22.2.6 Die Beendigung des Arbeitsverhältnisses

Das Arbeitsverhältnis kann enden durch *Aufhebungsvertrag* der Parteien (vgl. § 305 BGB), durch *Zeitablauf* bei einem befristeten Arbeitsverhältnis (vgl. § 620 Abs. 1 BGB), durch den *Tod* des

22.2 Das Arbeitsverhältnis

Arbeitnehmers (vgl. §§ 613, 673, 675 BGB), durch *Anfechtung* (vgl. Abschnitt 22.2.1) sowie *per Gesetz* im Fall der Nichtigkeit des Arbeitsverhältnisses (vgl. §§ 105 ff., 125, 134, 138 BGB); einer Kündigung bedarf es in all diesen Fällen nicht.

Die Beendigung des Arbeitsverhältnisses durch *ordentliche Kündigung* setzt zunächst voraus, daß die ordentliche Kündigung weder einzelvertraglich (z. B. im Arbeitsvertrag) noch kollektivvertraglich (in einem Tarifvertrag) sowie auch nicht gesetzlich (vgl. § 9 MuSchG, § 18 Bundeserziehungsgeldgesetz (BErzGG), § 15 BBiG, §§ 2, 16a Arbeitsplatzschutzgesetz (ArbPlSchG), §§ 15, 16 Kündigungsschutzgesetz (KSchG)) ausgeschlossen worden ist. Im übrigen bedarf es zur Wirksamkeit der ordentlichen Kündigung einer Kündigungserklärung, der Einhaltung der Kündigungsfrist (vgl. für Arbeiter § 622 Abs. 2 BGB und für Angestellte § 622 Abs. 1 BGB sowie § 2 des Gesetzes über die Fristen für die Kündigung von Angestellten; die gesetzlich vorgeschriebene Verlängerung der Kündigungsfristen nach einer bestimmten Dauer der Betriebszugehörigkeit gilt entgegen dem Wortlaut des § 622 BGB nur für die Kündigung durch den Arbeitgeber; wird die Kündigung mit einer kürzeren als der erforderlichen Frist ausgesprochen, wirkt sie zum nächsten zulässigen Termin), der vorherigen Anhörung des Betriebsrats (§ 102 Abs. 1 BetrVG; für leitende Angestellte vgl. § 105 BetrVG) und – falls, was bei den meisten Arbeitsverhältnissen gegeben ist, das Kündigungsschutzgesetz Anwendung findet (vgl. dazu § 1 Abs. 1 und § 23 Abs. 1 Satz 2 KSchG) – des Vorliegens eines die ordentliche Kündigung durch den Arbeitgeber rechtfertigenden Grundes. Ein derartiger Grund liegt nur dann vor, wenn die Kündigung *sozial gerechtfertigt* ist, was vom Arbeitgeber zu beweisen ist. Die Kündigung ist *sozial ungerechtfertigt* (vgl. § 1 Abs. 2 Satz 1 und Abs. 3 KSchG), wenn sie nicht *personenbedingt* (z. B. mangelnde körperliche oder geistige Leistungsfähigkeit, häufige Erkrankung oder langandauernde Krankheit), *verhaltensbedingt* (z. B. mangelhafte Arbeitsleistungen, Störung des Betriebsfriedens; der verhaltensbedingten Kündigung muß grundsätzlich eine Abmahnung vorausgegangen sein), *betriebsbedingt* (z. B. Auftragsrückgang, Absatzschwierigkeiten, Rationalisierungsmaßnahmen, Produktionsum- und Produktionseinstellung; bei der nach § 1 Abs. 3 KSchG bei der betriebsbedingten Kündigung zu treffenden sozialen Auswahl sind beispielsweise zu berücksichtigen Alter, Familienstand, wirtschaftliche Lage, Dauer der Betriebszugehörigkeit) oder aus einem der in § 1 Abs. 2 Satz 2 und 3 KSchG genannten Gründe sozial ungerechtfertigt ist. Hält der Arbeitnehmer die Kündigung für sozial ungerechtfertigt, so muß er innerhalb von drei Wochen nach Zugang der Kündigung *Kündigungsschutzklage* beim Arbeitsgericht erheben (§ 4 KSchG; vgl. aber auch § 5 KSchG), sonst wird die Kündigung selbst bei krassester Sozialwidrigkeit rechtswirksam (§ 7 KSchG).

Ebenso wie die ordentliche Kündigung setzt auch die *außerordentliche (fristlose) Kündigung*, die vertraglich übrigens nicht ausgeschlossen werden kann, eine Kündigungserklärung, die vorherige Anhörung des Betriebsrats (§ 102 Abs. 1 BetrVG) und gemäß § 626 BGB das Vorliegen eines Kündigungsgrundes (z. B. beharrliche Arbeitsverweigerung durch eigenmächtigen Urlaubsantritt, Ausübung einer den Heilungsprozeß verzögernden Nebentätigkeit während krankheitsbedingter Arbeitsunfähigkeit, strafbare Handlungen gegenüber dem Arbeitgeber; beachte die Erklärungsfrist des § 626 Abs. 2 BGB) voraus. Wegen Fehlens des Kündigungsgrundes kann die fristlose Kündigung ebenfalls nur innerhalb der Dreiwochenfrist des § 4 KSchG angegriffen werden, andernfalls wird sie nach § 7 KSchG wirksam (§ 13 Abs. 1 Satz 2 KSchG). Kommt das Arbeitsgericht zu dem Ergebnis, daß ein wichtiger Grund nicht vorliegt, so prüft es, ob die unwirksame außerordentliche Kündigung in eine wirksame ordentliche Kündigung umgedeutet werden kann (vgl. § 140 BGB); dies ist der Fall, wenn die für die ordentliche Kündigung geltenden Zulässigkeits- und Wirksamkeitsvoraussetzungen vorliegen und anzunehmen ist, daß die ordentliche Kündigung bei Kenntnis der Unwirksamkeit der außerordentlichen Kündigung gewollt sein würde.

Obsiegt der Arbeitnehmer im arbeitsgerichtlichen Verfahren auf Feststellung der Unwirksamkeit der (ordentlichen wie außerordentlichen) Kündigung, so bleibt das Arbeitsverhältnis meistens gleichwohl nicht aufrechterhalten, weil das Kündigungsschutzgesetz unter Anwendung seiner §§ 9, 10 und 13 Abs. 1 Satz 3 in der Praxis weitgehend zu einem *Abfindungsgesetz* verkümmert ist.

22.3 Das arbeitsgerichtliche Verfahren

Das *arbeitsgerichtliche Verfahren* ist dreizügig. Es beginnt beim *Arbeitsgericht* (§ 8 Abs. 1 Arbeitsgerichtsgesetz (ArbGG)), das im Urteilsverfahren zunächst in einer *Güteverhandlung* die Parteien zu einer gütlichen Einigung zu bewegen versucht (§ 54 ArbGG). Ist das Güteverfahren erfolglos, kommt es zur *streitigen Verhandlung*. Vor dem Arbeitsgericht können die Parteien den Prozeß selbst führen, müssen sich also nicht vertreten lassen (§ 11 Abs. 1 ArbGG). Die im Urteil des Arbeitsgerichts unterlegene Partei muß zwar die Gerichtskosten tragen, nicht aber die außergerichtlichen Kosten des Prozeßgegners; diese trägt in der ersten Instanz jede Partei selbst (§ 12a Abs. 1 ArbGG). Gegen die Urteile der Arbeitsgerichte kann nach Maßgabe des § 64 ArbGG *Berufung* innerhalb eines Monats zum *Landesarbeitsgericht* (§§ 8 Abs. 2, 66 Abs. 1 ArbGG), gegen die Urteile des Landesarbeitsgerichts nach Maßgabe des § 72 ArbGG Revision innerhalb eines Monats zum *Bundesarbeitsgericht* (§§ 8 Abs. 3, 74 Abs. 1 ArbGG) eingelegt werden. Vor dem Landesarbeitsgericht und dem Bundesarbeitsgericht besteht Vertretungszwang (§ 11 Abs. 2 ArbGG); vor dem Landesarbeitsgericht sind außer Rechtsanwälten jedoch auch Vertreter von Gewerkschaften oder Arbeitgeberverbänden vertretungsberechtigt. Die unterliegende Partei trägt im zweiten und dritten Rechtszug die gesamten Verfahrenskosten.

22.4 Literatur

Bücher

Daubler, W.: Das Arbeitsrecht, 2 Bd. Verlag Rowohlt, Reinbek 1986.
Hanau, P. und *K. Adomeit:* Arbeitsrecht. Verlag Metzner, Frankfurt a.M. 1988.
Schaub, G.: Arbeitsrechts-Handbuch. Verlag Beck, München 1987.
Sollner, A.: Arbeitsrecht. Verlag Kohlhammer, Stuttgart 1987.
Zollner, W.: Arbeitsrecht. Verlag Beck, München 1988.

Textsammlungen arbeitsrechtlicher Gesetze sind in den Verlagen Beck (als Loseblattsammlung), Bund, dtv, Luchterhand und NWB erschienen.

23 Umweltschutz

23.1 Wasserreinhaltung

Oberster Grundsatz des Gesetzes zur *Ordnung des Wasserhaushaltes* ist es, daß Gewässer dem Allgemeinwohl dienen und die Nutzung durch Einzelne nur im Einklang mit dem Allgemeinwohl erlaubt ist. Jede vermeidbare Beeinträchtigung des Gewässers hat zu unterbleiben [23.1]. *Gewässernutzung* und die Regulierung der Gewässernutzung durch staatliche Aufsicht können auf eine lange Tradition blicken. Heutiges Wasserrecht ist über Jahrhunderte gewachsen und in seiner Struktur von der jeweiligen Entwicklung der heutigen Bundesländer geformt.

23.1.1 Struktur gesetzlicher Regelungen

Gemäß Artikel 75 des Grundgesetzes ist die Gesetzgebung des Bundes bezüglich des *Wasserhaushaltes* auf den Erlaß von Rahmenvorschriften beschränkt (Wasserhaushaltsgesetz). Landeswassergesetze legen die Ziele und Aufgaben der Wasserwirtschaft eines Bundeslandes konkret fest. Die Regelung von Einzelfragen erfolgt jedoch auch auf Landesebene bevorzugt in Verordnungen und Erlassen zuständiger Ministerien. Für jeden regelungsbedürftigen Tatbestand können maximal elf parallele, teils übereinstimmende, teils voneinander abweichende gesetzliche Vorschriften der Bundesländer existieren.

In einigen Bundesländern sind wasserwirtschaftliche Aufgaben und Zuständigkeiten (z. B. Gewässerunterhalt, Abwasserreinigung) Wasserverbänden per Gesetz übertragen (z. B. Emschergenossenschaft, Ruhrverband). Während die Abwassereinleitungen einer Kommune in ein Gewässer der Genehmigung und Kontrolle durch Landeswasserbehörden (s. Abschnitt 23.1.2) unterliegen, legen die Kommunen ihrerseits die Bedingungen für Abwassereinleitungen in ihre Kanalisationen und Kläranlagen in kommunalen Abwassersatzungen fest.

23.1.2 Struktur der Wasserbehörden

Aufgaben im Bereich der Wassereinhaltung und des Gewässerschutzes verteilen sich in der Regel auf folgende Ebenen:

Rang	Behörde	Aufgabenbereich
oberste Wasserbehörde	Landwirtschafts-, Umweltministerium	Dienst- und Fachaufsicht, Planung, landeseinheitliche Regelungen
obere Wasserbehörde	Regierungspräsidien	Genehmigung größerer Abwassereinleitungen in ein Gewässer, Gewässeraufsicht
untere Wasserbehörde	Landratsämter	Genehmigung kleinerer Abwassereinleitungen in ein Gewässer
technische Fachbehörde	Landesämter für Wasserwirtschaft, Wasserwirtschaftsämter	technische Beratung der Verwaltungsbehörden, Einleiterkontrolle
–	Tiefbauämter der Gemeinden	Bau und Betrieb von Kanalisation und Kläranlagen

Tabelle 23.1: 1.–16. Abwasser-Verwaltungsvorschriften zu § 7a WHG

Mindestanforderungen an das Einleiten von Schmutz- bzw. Abwasser in Gewässer Branchenspezifische Verwaltungsvorschriften nach § 7a WHG Abwasser aus:	Absetzbare Stoffe Stichprobe ml/l	CSB 2 h Mischprobe mg/l	CSB 24 h Mischprobe mg/l	BSB₅ 2 h Mischprobe mg/l	BSB₅ 24 h Mischprobe mg/l	Quecksilber Hg mg/l (2 h-Mischprobe)	Cadmium Cd mg/l (2 h-Mischprobe)	Fischgiftigkeit GF	Aluminium Al mg/l	Barium Ba mg/l	Blei Pb mg/l	Chrom gesamt Cr mg/l	Chrom-VI CrVI mg/l	Eisen Fe mg/l
Gemeinden — 1 Abwasser VwV — v 16 12 1982 GMBl. 1982, S. 744 Größenklasse 1 kleiner als 60 kg/d BSB₅ (roh)	0,5	180	120	45	30									
Größenklasse 2 60 bis 600 kg/d BSB₅ (roh)	0,5	160	110	35	35									
Größenklasse 3 größer als 600 kg/d BSB₅ (roh)	0,5	140	100	30	20									
Braunkohle-Brikettfabrikation — 2 Abwasser VwV — v. 10 1980 GMBl 1980, S 61	0,3	60												
Milchverarbeitung — 3 Abwasser VwV — v 17 3. 1981 GMBl 1981, Nr 9, S 138	0,5	170	160	35	30									
Ölsaatenaufbereitung	0,3	200	170	30	20									
Speisefett- und	0,3	250	230	50	40									
Speiseölraffination — 4 Abwasser VwV — v. 17. 3 1981 GMBl 1981, Nr 9, S 139	0,3	200	170	30	20									
Herstellung von Obst- und Gemüseprodukten — 5 Abwasser VwV — v 17 3 1981 GMBl. 1981, Nr 9, S 140	0,3	250	200	60	45									
Herstellung von Erfrischungsgetränken und Getränkeabfüllung — 6. Abwasser VwV — v 17 3 1981 GMBl. Nr 9, S 141	0,3	160	110	35	25									
Fischverarbeitung — 7. Abwasser VwV — v. 17. 3 1981 GMBl Nr. 9, S. 142	0,3	300	250	35	25									
Kartoffelverarbeitung — 8. Abwasser VwV — v. 17 3. 1981 GMBl Nr 9, S. 143	0,5	200	160	40	30									

23.1 Wasserreinhaltung

Kupfer Cu mg/l	Cobalt Co mg/l	Nickel Ni mg/l	Silber Ag mg/l	Selen Se mg/l	Vanadium V mg/l	Zink Zn mg/l	Zinn Sn mg/l	Chlor aktiv mg/l	Chlorid gesamt Cl mg/l	Cyanid CN mg/l	Fluorid F mg/l	Ammonium/Ammoniak NH₃ NH₄ als N mg/l	Nitrat NO₃ mg/l	Nitrit NO₂ mg/l	Phosphat ges. als P mg/l	Sulfid S mg/l	Sulfit SO₃ mg/l	Kohlenwasserstoffe mg/l	chlor. Lösemittel EOₓ mg/l	Phenole C₆H₅OH mg/l	Abfiltrierbare Stoffe 2 h Mischprobe mg/l	Schmutzwassermenge in m³/t Einsatzprodukt
																				50		

Mindestanforderungen an das Einleiten von Schmutz- bzw. Abwasser in Gewässer Branchenspezifische Verwaltungsvorschriften nach § 7a WHG Abwasser aus:	Absetzbare Stoffe Stichprobe ml/l	CSB 2 h Mischprobe mg/l	CSB 24 h Mischprobe mg/l	BSB₅ 2 h Mischprobe mg/l	BSB₅ 24 h Mischprobe mg/l	Quecksilber Hg mg/l	Cadmium Cd mg/l	Fischgiftigkeit GF	Aluminium Al mg/l	Barium Ba mg/l	Blei Pb mg/l	Chrom gesamt Cr mg/l	Chrom-VI CrVI mg/l	Eisen Fe mg/l	Kupfer Cu mg/l
Herstellung von Anstrichstoffen — 9 Abwasser VwV — v 17 3. 1983 GMBl Nr 9, S 144	0,3	155	115	30	20										
Fleischwirtschaft — 10 Abwasser VwV — v. 17. 3 1981 GMBl Nr 9, S 145	0,3	160		35											
Brauereien — 11 Abwasser VwV — v 17 3 1981 GMBl. Nr 9, S 146 Abwasseranfall m³ pro hl Bierausstoß im Jahresmittel 0,8	0,3	95	85	25	20										
0,6	0,3	120	100	30	25										
bis 0,4	0,3	175	150	35	30										
Herstellung von Alkohol und alkoholischen Getränken — 12. Abwasser VwV — v 17 3 1981 GMBl. Nr 9, S 147	0,3	200		30											
Herstellung von Holzfaserplatten — 13 Abwasser VwV — v 17. 3 1981 GMBl. Nr 9, S 148	0,5	8 kg/t Faserplatte		2 kg/t Faserplatte											
Trocknung pflanzlicher Produkte für die Futtermittelherstellung — 14 Abwasser VwV — v 17 3 1981 GMBl Nr 9, S 149	0,3	160		30											
Herstellung von Hautleim, Gelatine und Knochenleim — 15 Abwasser VwV — v 17 3. 1981 GMBl Nr. 9, S. 150	0,3	140		25											
Steinkohlenaufbereitung und Steinkohle-Brikettfabrikation — 16. Abwasser VwV — v. 15. 1. 1982 GMBl S 56	0,5 0,5	100 200													

23.1 Wasserreinhaltung

					2 h-Mischprobe														
Cobalt Co mg/l	Nickel Ni mg/l	Silber Ag mg/l	Selen Se mg/l	Vanadium V mg/l	Zink Zn mg/l	Zinn Sn mg/l	Chlor aktiv mg/l	Chlorid gesamt Cl mg/l	Cyanid CN mg/l	Fluorid F mg/l	Ammonium/Ammoniak NH₃ NH₄ als N mg/l	Nitrat NO₃ mg/l	Nitrit NO₂ mg/l	Phosphat ges. als P mg/l	Sulfid S mg/l	Sulfit SO₃ mg/l	Kohlenwasserstoffe mg/l	chlor. Lösemittel EOₓ mg/l	Phenole C₆H₅OH mg/l	Abfiltrierbare Stoffe 2 h Mischprobe mg/l	Schmutzwassermenge in m³/t Einsatzprodukt
																				100	
																				100	

Tabelle 23.2: 40. Abwasser-Verwaltungsvorschrift zu § 7a WHG

Mindestanforderungen an das Einleiten von Schmutz- bzw. Abwasser in Gewässer

Branchenspezifische Verwaltungsvorschriften nach § 7a WHG

Abwasser aus:	Absetzbare Stoffe Stichprobe (ml/l)	CSB 2 h Mischprobe (mg/l)	CSB 24 h Mischprobe (mg/l)	BSB₅ 2 h Mischprobe (mg/l)	BSB₅ 24 h Mischprobe (mg/l)	Quecksilber Hg (mg/l) 2 h-Misch[1]-probe	Cadmium Cd (mg/l) 2 h-Misch[1]-probe	Fischgiftigkeit GF	Aluminium Al (mg/l)	Barium Ba (mg/l)	Blei Pb (mg/l)	Chrom gesamt Cr (mg/l)	Chrom-VI CrVI (mg/l)	Eisen Fe (mg/l)	Kupfer Cu
Metallbearbeitung, Metallverarbeitung – 40. Abwasser VwV – v 5 9 1984 GMBl S 354															
Galvanik	0,3	600				–	0,5	8	3	–	1	2	0,5	3	2
Beizerei	0,3	100				–	–	5	3	–	–	1	0,5	3	2
Anodisierbetrieb	0,3	100				–	–	2	3	–	–	1	0,5	–	–
Brünierei	0,3	200				–	–	8	–	–	–	1	0,5	3	–
Feuerverzinkerei	0,3	200				–	0,1	10	–	–	–	–	–	3	–
Härterei	0,3	1000				–	–	40	–	2	–	–	–	–	–
Leiterplattenherstellung	0,3	2500				–	–	10	–	–	1	1	0,5	3	2
Batterieherstellung	0,3	250				0,05	0,5[2]	8	–	–	2	–	–	3	2
Emaillierbetrieb	0,3	100				–	0,2	4	2	–	1	2	0,5	3	2
Mechanische Werkstätte	0,3	800				–	0,1	30	3	–	1	1	0,5	3	1
Gleitschleiferei	0,3	1500				–	–	8	3	–	–	–	–	3	2
Lackierbetrieb	0,3	800				–	0,5	10	3	–	1	1	0,5	3	2
Automobilwerke, Maschinenfabriken und vergleichbare Fertigungsbetriebe mit mehreren unterschiedlichen Abwasseranfallstellen mit Abwasservor- und/oder Endbehandlung	0,3	400				0,005	0,05	8	3	–	0,3	0,5	0,05	3	0,3

[1] bei Chargenanlagen gelten alle Werte für die Stichprobe
[2] 0,1 mg/l gilt für die Primärzellenanfertigung

23.1 Wasserreinhaltung

Cobalt Co mg/l	Nickel Ni mg/l	Silber Ag mg/l	Selen Se mg/l	Vanadium V mg/l	Zink Zn mg/l	Zinn Sn mg/l	Chlor aktiv mg/l	Chlorid gesamt Cl mg/l	Cyanid CN mg/l	Fluorid F mg/l	Ammonium/Ammoniak NH3 NH4 als N mg/l	Nitrat NO3 mg/l	Nitrit NO2 mg/l	Phosphat ges. als P mg/l	Sulfid S mg/l	Sulfit SO3 mg/l	Kohlenwasserstoffe mg/l	chlor. Lösemittel EOX mg/l	Phenole C6H5OH mg/l	Abfiltrerbare Stoffe 2 h Mischprobe mg/l	Schmutzwassermenge in m³/t Einsatzprodukt
–	3	0,1	–		5		0,5		0,2		50	100	–		–		10	0,1	–		
–	2	–	–		5		0,5		–		20	–		10	–		10	0,1			
–	–	–	–		3		0,5		–		50	–		5	–		10	0,1			
–	2	–	–		–		0,5		–		–	–		10	–		10	0,1			
–	–	–	–		5		–		–		50	400		–	–		10	0,1			
–	–	–	–		–		0,5		1		–	–		5	–		10	0,1			
–	3	0,1	–		–		–		–		0,2	50	100		–	2		10	0,1			
–	3	0,1	1		5		–		–		–	150		–	–		10	0,1			
1	2	–	–		2		–		–		50	20		5	–		10	0,1			
–	1	–	–		3		–		0,2		30	300		10	–		10	0,1			
–	–	–	–		3		–		–		–	–		–	–		10	0,1			
–	1	–	–		3		–		–		–	–		–	–		10	0,1			
–	1	–	–	–	2	–	–	–	0,05	5	30	–	5	–	–	–	5	0,1			

Die dargestellte Aufgabenverteilung auf die verschiedenen *Wasserbehörden* stellt nur ein grobes Raster dar, da sie von Bundesland zu Bundesland verschieden gestaltet ist. In den kleineren Bundesländern und Stadtstaaten entfällt die mittlere Ebene. Die Wasserwirtschaftsämter besitzen im allgemeinen keine rechtliche Zuständigkeit bei der Genehmigung von Wasserentnahmen und Abwassereinleitungen.

23.1.3 Schwerpunkte gesetzlicher Regelungen im Wasserhaushaltsgesetz (WHG)

Grundsätzlich ist jede Benutzung von Oberflächenwasser und Grundwasser genehmigungspflichtig. Die im gewerblich/industriellen Bereich wichtigsten Nutzungen sind die Entnahme von Grund- und Oberflächenwasser und das Ableiten von benutztem, in der Regel verschmutztem Wasser. Zum Schutz der Gewässer werden in den *Einleiteerlaubnissen* Menge und Schädlichkeit der Abwässer durch Grenzwerte begrenzt. Wenn Abwasser, das in kommunale Abwasseranlagen eingeleitet wird, gefährliche Stoffe im Sinne des § 7a WHG enthält, sind diese Einleitungen ebenfalls genehmigungspflichtig. Ein weiterer Schwerpunkt sind Regelungen für den Umgang (Lagerung und Transport) mit denjenigen Stoffen, die eine Gefahr für Grund- und Oberflächenwasser darstellen (z. B. Ölverschmutzungen).

23.1.3.1 Anforderungen an das Einleiten von Abwasser in Gewässer

Gemäß § 7a Abs. 1 WHG darf eine *Erlaubnis für das Einleiten* von Abwasser in Gewässer nur erteilt werden, wenn Menge und Schädlichkeit des Abwassers so gering gehalten werden, wie dies bei Anwendung der jeweils in Betracht kommenden Verfahren nach den allgemein anerkannten Regeln der Technik möglich ist. Sind gefährliche Stoffe im Abwasser enthalten, so sind die jeweils in Betracht kommenden Verfahren nach dem Stand der Technik anzuwenden (ab 1986). Das Einleiten von Abwasser in Gewässer muß Mindestanforderungen in Form von Grenzwerten genügen, die in Verwaltungsvorschriften (VwV'en) des Bundes für unterschiedliche Abwasserarten entsprechend der Schädlichkeit der Abwasserarten festgelegt werden [23.2].
Für kommunales Abwasser gelten die Vorschriften der 1. AbwasserVwV [23.2]. Die Mindestanforderungen für industrielles Abwasser sind in nach Industriebranchen gegliederten Verwaltungsvorschriften festgelegt (2. AbwasserVwV [23.4] und folgende). Soweit gefährliche Stoffe im Abwasser enthalten sind, werden die davon betroffenen AbwasserVwV'en überarbeitet und Grenzwerte entsprechend dem Stand der Technik festgesetzt (ab 1986). Die AbwasserVwV'en für industrielle Abwässer gelten nur für Betriebe, deren Abwasser (nach Reinigung in einer betriebseigenen Abwasserreinigungsanlage) direkt in ein Gewässer fließt (Direkteinleiter). Für die in kommunale Anlagen (Kanalisation, Kläranlage) entwässernden Betriebe (Indirekteinleiter) gelten die Abwassersatzungen der Gemeinden. Eine gute tabellarische Übersicht über die Verwaltungsvorschriften und deren Grenzwerte ist in [23.9] enthalten (**Basis**: nach allgemein anerkannter Regel der Technik). Die Tabellen 23.1 und 23.2 sind Auszüge aus dieser Übersicht.
Die Wasserbehörden können je nach Erfordernis des Vorfluters (= Gewässer, in das eingeleitet wird), insbesondere aufgrund von Reinhalteordnungen (§ 27 WHG) oder Bewirtschaftungsplänen (§ 36b WHG), höhere Anforderungen an die Qualität des gereinigten Abwassers stellen als sie in den AbwasserVwV'en festgelegt sind.

23.1.3.2 Lagerung und Transport wassergefährdender Stoffe

Die diesem Sachgebiet zugrunde liegenden Paragraphen 19a-1 des WHG sind von dem Prinzip des vorbeugenden Gewässerschutzes geprägt. Durch den Erlaß von Vorschriften über den technischen Stand von Anlagen und Verhaltensregeln im Umgang mit wassergefährdenden Stoffen soll der Schadensfall vermieden oder begrenzt werden. In Baurecht, Gewerberecht und Wasserrecht ist auf den Ebenen: Bundes- und Ländergesetze, Verordnungen, Verwaltungsvorschriften,

23.1 Wasserreinhaltung

technische Regeln matrixartig ein nur noch schwer übersehbares Netzwerk von Regelungen entstanden. Zugang zu diesem Komplex bieten nur umfangreiches Literaturstudium [23.5 bis 23.8] und Lehrgänge (s. Abschnitt 23.1.8).

23.1.4 Abwasserabgabengesetz (AbwAG)

Das *Abwasserabgabengesetz* schreibt vor, daß für das Einleiten von Abwasser in ein Gewässer eine Abgabe zu entrichten ist. Von diesem Gesetz sind unmittelbar nur diejenigen betroffen, die Abwasser direkt in ein Gewässer einleiten (Direkteinleiter), d. h. Kommunen und Betriebe mit eigenem Zugang zu einem Gewässer. Die Höhe der Abgabe richtet sich nach der Schädlichkeit des

Tabelle 23.3: Berechnung der Schädlichkeit des Abwassers
(Quelle: BGBl. 1986 I S. 2619, 1987 I S. 880–885)

Nr. 20 – Tag der Ausgabe: Bonn, den 19. März 1987

Anlage zu § 3

A.

(1) Die Bewertungen der Schadstoffe und Schadstoffgruppen sowie die Schwellenwerte ergeben sich aus folgender Tabelle:

Nr.	Bewertete Schadstoffe und Schadstoffgruppen	Einer Schadeinheit entsprechen jeweils folgende volle Meßeinheiten	Schwellenwerte nach Konzentration und Jahresmenge		
1	Oxidierbare Stoffe in chemischem Sauerstoffbedarf (CSB)	50 Kilogramm Sauerstoff	20 Milligramm je Liter und 250 Kilogramm Jahresmenge		
2	Organische Halogenverbindungen als adsorbierbare organisch gebundene Halogene (AOX)	2 Kilogramm Halogen, berechnet als organisch gebundenes Chlor	100 Mikrogramm je Liter und 10 Kilogramm Jahresmenge		
3	Metalle und ihre Verbindungen:			und	
3.1	Quecksilber	20 Gramm	1 Mikrogramm	100	Gramm
3.2	Cadmium	100 Gramm	5 Mikrogramm	500	Gramm
3.3	Chrom	500 Gramm	50 Mikrogramm	2,5	Kilogramm
3.4	Nickel	500 Gramm	50 Mikrogramm	2,5	Kilogramm
3.5	Blei	500 Gramm	50 Mikrogramm	2,5	Kilogramm
3.6	Kupfer	1 000 Gramm Metall	100 Mikrogramm je Liter	5	Kilogramm Jahresmenge
4	Giftigkeit gegenüber Fischen	3 000 Kubikmeter Abwasser geteilt durch G_F	$G_F = 2$		

G_F ist der Verdünnungsfaktor, bei dem Abwasser im Fischtest nicht mehr fjtig ist.

(2) Wird Abwasser in Küstengewässer eingeleitet, bleibt die Giftigkeit gegenüber Fischen insoweit unberücksichtigt, als sie auf dem Gehalt an solchen Salzen beruht, die den Hauptbestandteilen des Meerwassers gleichen. Das gleiche gilt für die Einleitung von Abwasser in Mündungsstrecken oberirdischer Gewässer in das Meer, die einen ähnlichen natürlichen Salzgehalt wie die Küstengewässer aufweisen.
(Die Schadstoffgehalte sowie die Giftigkeit gegenüber Fischen werden aus der nicht abgesetzten, homogenisierten Probe nach den im Gesetz zitierten Verfahren bestimmt)

Abwassers. Sie wird als Summe aus den Produkten: (Menge/Jahr) x Bewertungsziffer für folgende Parameter berechnet:

oxidierbare Stoffe (CSB), organische Halogenverbindungen (AOX), Quecksilber, Cadmium, Chrom, Nickel, Blei, Kupfer, Fischgiftigkeit.

Die Berechnung für die *Schadeinheiten* ist aus Tabelle 23.3 ersichtlich. Sie wird in der Literatur an Beispielen erläutert [23.10]. Der Abgabesatz beträgt ab 1.1.1986 40,– DM. Werden die Mindestanforderungen an das Einleiten von Abwasser (gemäß § 7a WHG) oder die gegebenenfalls niedrigeren Grenzwerte des Wasserrechtsbescheides vom Einleiter eingehalten, ermäßigt sich die Abgabe um mindestens die Hälfte. Nach der Novellierung des Abwasserabgabengesetzes (vermutlich 1989) ist zusätzlich mit einer Abgabeerhebung für die Parameter

Stickstoff und Phosphor

zu rechnen. Desgleichen sollen der Berechnungsmodus und die Regeln für die Ermäßigung der Abgabe oder Befreiung von der Abgabezahlung neu formuliert werden.

23.1.5 Klärschlammverordnung (AbfKlärV)

Um einer Verseuchung von Böden und landwirtschaftlichen Produkten mit Schwermetallen vorzubeugen, sind in der 1982 erlassenen Rechtsverordnung zu § 15 des Abfallbeseitigungsgesetzes [23.12] Grenzwerte für Schwermetalle in *Klärschlämmen* festgesetzt worden, die auf landwirtschaftlich genutzte Böden aufgebracht werden sollen. Da Schwermetalle in Klärschlämmen überwiegend aus industriellen Abwässern stammen, wird durch die Klärschlammverordnung ein starker Zwang zur Vermeidung von Schwermetallen in Abwässern ausgeübt. Betroffen sind in erster Linie Betriebe der Metallverarbeitung und Oberflächenveredelung, deren Abwasser zusammen mit häuslichem bzw. kommunalem Abwasser in biologischen Kläranlagen gereinigt wird.

23.1.6 Landeswassergesetz/Einleiterlaubnisse

Auf Landesebene ist das *Landeswassergesetz* das für die Wasserwirtschaft eines Bundeslandes bedeutsamste Gesetz. Es regelt im wesentlichen die Nutzung der Oberflächengewässer und des Grundwassers sowie die Reinhaltung der Gewässer. Ein in den Landeswassergesetzen enthaltenes wichtiges Element der Maßnahmen zur Reinhaltung der Gewässer ist die Erlaubnis zum Einleiten von Abwasser. Sie ist widerruflich und befristet. Die *Einleiterlaubnisse* legen im allgemeinen fest:

– Geltungsdauer, Ort und Art der Einleitung in ein Gewässer,
– Abwassermenge, Art und Menge der Abwasserinhaltsstoffe (Höchstmengen), physikalisch/chemische Beschaffenheit des Abwassers, Hygiene-Vorschriften, Überwachungsmodalitäten,
– ferner die zur Berechnung der Abwasserabgabe notwendigen Angaben.

23.1.7 Satzungen

Die Einleitung von Abwasser in die kommunale Kanalisation ist durch kommunale *Abwassersatzungen* geregelt. Soweit nicht Beschaffenheit und Menge dagegen sprechen, besteht Anschlußzwang an die öffentliche Abwasserbehandlungsanlagen. Das Abwasser darf weder die Funktion der Kanalisation noch der Kläranlage beeinträchtigen oder gefährden. Gegebenenfalls müssen Vorreinigungsanlagen installiert werden (z. B. Öl- und Fettabscheider, Neutralisationsanlage, Ionenaustauscher). Von besonderer Wichtigkeit ist die weitgehende Zurückhaltung von Schwermetallen bereits in den Betrieben, um die landwirtschaftliche Verwertbarkeit der Klärschlämme nicht zu gefährden [23.11 und 23.12].

23.1 Wasserreinhaltung

Die wesentlichen Regelungen in den Satzungen betreffen:
- Benutzungsberechtigung und Benutzungspflicht, Einleitebeschränkungen,
- Grundstücksentwässerungsanlagen,
- Gebühren (Starkverschmutzerzuschläge),
- Genehmigungen, Kontrolle, Haftung, Ordnungswidrigkeiten.

23.1.8 Regelwerke technischer Vereinigungen/Lehrgänge

Eine umfassende Informationsquelle über deutsche und internationale *technische Regelwerke* bietet das vom DIN jährlich herausgegebene Verzeichnis technischer Regelwerke [23.13]. Von den deutschen technischen Regelwerken, die sich mit der Abwasserbehandlung befassen, sind die wichtigsten in Tabelle 23.4 genannt.

Tabelle 23.4: Deutsche technische Regelwerke zur Abwasserbehandlung

Herausgeber	Regelwerk	Vertriebsstelle
Abwassertechnische Vereinigung e. V. 5205 St. Augustin	ATV-Arbeitsblatter	Gesellschaft zur Förderung der Abwassertechnik e. V. 5300 Bonn
Deutscher Verein des Gas- und Wasserfaches e. V. 6236 Eschborn	DVGW-Regelwerk Wasser	ZfGW-Verlag GmbH 6000 Frankfurt/M 90
DIN Deutsches Institut für Normung e. V. 1000 Berlin 30	DIN-Taschenbuch 13 (Grundstücksentwässerung, Sanitärausstattung) DIN-Taschenbuch 50 (Rohrleitungen) DIN-Taschenbuch 138 (Abwasserreinigung, Abscheider, Kläranlage)	Beuth Verlag GmbH Berlin/Köln
Fachverband Galvanotechnik im ZVEI e. V. 6000 Frankfurt/M 70	Merkblatt über Abwasser	Herausgeber

Seminare zur Thematik „Lagerung und Transport wassergefährdender Stoffe" werden u. a. angeboten in:
- Haus der Technik, 4300 Essen,
- Technische Akademie Wuppertal, 5600 Wuppertal 1,
- Technische Akademie Esslingen, 7302 Ostfildern 2,
- Bundesberufsfortbildungszentrum GmbH, Geschäftsstelle Nord, 2210 Breitenburg/Nordoe.

Auskünfte über *abwassertechnische Lehrgänge* der Abwassertechnischen Vereinigung (ATV) bzw. der ATV-Landesverbände sind von der Abwassertechnischen Vereinigung (ATV) e. V., Markt 71, 5205 St. Augustin, zu erhalten.

23.2 Luftreinhaltung

23.2.1 Einleitung

Maßnahmen zum Schutz der Umwelt bauen auf der Kenntnis der Gefährdung der Umwelt auf und greifen, soweit die Gefährdung von *Luftverunreinigungen* ausgeht, an der Quelle der Luftverunreinigung an. Auslösend für Maßnahmen sowie maßgeblich für den Aufwand sind das Ausmaß der Gefährdung der Umwelt und die Möglichkeit der Vermeidung der Luftverunreinigung. Das Sammeln von Luftverunreinigungen entsprechend dem Sammeln von Abfällen oder Abwässern ist ebenso wenig praktikabel wie in der Regel der Rückzug auf Passivmaßnahmen wie etwa das Tragen von Gasmasken oder die Züchtung resistenter Arten. Die Gefahren und Beeinträchtigungen, die von Luftverunreinigungen ausgehen, entstehen aus der passiven oder aktiven Aufnahme von Luftverunreinigungen (z.B. Atmung bei Menschen). Die Aufnahme von Luftverunreinigungen durch eine Bezugsfläche, die *Immission*, kennzeichnet die Verunreinigung der Luft. Die Immission wiederum wird üblicherweise als *Immissionskonzentration* gemessen.

Die Maßnahmen zur Reinhaltung der Luft lassen sich grob nach *produktbezogenen, gebietsbezogenen* und *anlagenbezogenen Maßnahmen* strukturieren, was auch in der Struktur des *Bundes-Immissionsschutzgesetzes* von 1974, zuletzt geändert 1986, zum Ausdruck kommt:

- allgemeine Vorschriften (§§ 4 bis 31),
- Beschaffenheit von Anlagen, Stoffen, Erzeugnissen, Brennstoffen und Treibstoffen (§§ 32 bis 37),
- gebietsbezogene Maßnahmen, Überwachung im Bundesgebiet und Luftreinhaltepläne (§§ 44 bis 47).

23.2.2 Produktbezogene Maßnahmen

Die Verminderung der Luftbelastung durch Gebrauch, Verbrauch oder Weiterverarbeitung von *luftverunreinigenden Produkten* erfordert Maßnahmen für eine emissionsarme Beschaffenheit dieser Produkte. Diese Maßnahmen reichen von Verbraucherempfehlungen (z.B. Umweltzeichen), Absprachen mit der Industrie über Zulassungsprüfungen (z.B. Pflanzenschutzgesetz mit Folgevorschriften über die Zulassung von Pflanzenschutzmitteln und Wachstumsreglern), Anforderungen an Produkte (z.B. Gesetz über gesundheitsschädliche oder feuergefährliche Arbeitsstoffe) bis hin zu Beschränkungen des Gebrauchs oder Begrenzungen der Emissionen beim Gebrauch (z.B. Verordnung zur Emissionsbegrenzung von leichtflüchtigen Halogenkohlenwasserstoffen, 2. BImSchV vom 21. April 1986) und schließlich zu Verboten.

Die Erfahrungen aus der Begrenzung der Emissionen aus genehmigungsbedürftigen Anlagen einerseits und aus der Umweltüberwachung andererseits zeigen, daß bei der Vielzahl von Emissionen aus dem Gebrauch bestimmter Produkte und insbesondere deren Anwendung in zahlreichen Kleinbetrieben im freien Sektor in besonderem Maße Belastungen für die Umwelt entstehen.

Auf der Grundlage des § 23 BImSchGesetzes können in Rechtsverordnungen Beschränkungen der Emissionen an nicht genehmigungsbedürftigen Anlagen festgesetzt werden. Dies ist, soweit Anlagen betroffen sind, in folgenden Rechtsverordnungen geschehen:

- 1. BImSchV vom 5. Februar 1979, BGBl I S. 165,[1])
    Verordnung über Feuerungsanlagen.

---

[1]) Novellierung 1988 erfolgt.

3.2 Luftreinhaltung

- 2. BImSchV vom 21. April 1986, BGBl I S. 571,
  Verordnung zur Emissionsbegrenzung von leichtflüchtigen Halogenkohlenwasserstoffen.
- 3. BImSchV vom 14. Dezember 1987, BGBl I S. 671,
  Verordnung über den Schwefelgehalt von Heizol und Dieselkraftstoff.
- 8. BImSchV vom 18. Dezember 1975, BGBl I S. 3133,
  Verordnung zur Auswurfbegrenzung von Holzstaub.
- 10. BImSchV vom 26. Juli 1978, BGBl I S. 1138,
  Verordnung zur Beschrankung von PCB, PCT und VC.
- 15. BImSchV vom 15. November 1986, BGBl I S. 1729,
  Baumaschinenlarm-Verordnung.

Darüber hinaus sind Folgerungen daraus zu erwarten, daß sich die Bundesregierung 1987 in einem Protokoll zur Konvention zum Schutz der stratosphärischen Ozonschicht zur drastischen Reduzierung von Herstellung und Gebrauch von Fluorchlorkohlenwasserstoffen verpflichtet hat. Diese Stoffe werden bisher vor allem als Treibgase in Spraydosen, zum Schäumen von Kunststoffen, als Lösungsmittel und in Kühlaggregaten angewandt. Regelungen, die zur Einschränkung des Gebrauchs dieser Stoffe um mehr als 80 % führen, stehen bevor.

Gebrauch von Losungsmitteln gem. der 2. BImSchV Bedeutung (s. auch D. Jost, Hrsg., Die Neue TA Luft, Loseblattsammlung aktueller immissionsschutzrechtlicher Anforderungen an den Anlagenbetreiber, WEKA Fachverlage, GmbH & Co. KG, Kissing). Diese 2. BImSchV setzt Forderungen fest für Anlagen, in denen Losemittel verwendet werden, in denen mehr als 1 % (Massengehalt) Halogenkohlenwasserstoffe enthalten sind, die bei 1013 mbar einen Siedepunkt bis zu 150 °C haben. Betroffen sind Anlagen, in denen Oberflachen, insbesondere solche aus Metall, Glas, Keramik oder Kunststoff, gereinigt, be- oder entfettet, be- oder entschichtet, entwickelt, phosphatiert oder getrocknet werden, sowie Chemischreinigungs- und Textilausrustungsanlagen (reinigen, entfetten, ausrüsten, trocknen von Textilien, Leder, Pelzen, Fellen, Federn, Wolle, Fasern) und Extraktionsanlagen (Aromen, Öle, Fette aus Pflanzen oder Tierkorpern). Unterhalb des Geltungsbereichs der Verordnung sind sehr kleine Anlagen, die Losemittel ohne Erwarmen einsetzen und ein Füllvolumen von bis zu 10 Liter haben und aus denen die Abgase nicht abgesaugt werden.

Bei *Anlagen zur Oberflachenbehandlung* (s. oben) durfen ausschließlich die folgenden leichtflüchtigen Halogenkohlenwasserstoffe verwendet werden: Tetrachlorethen, Trichlorethen, 1,1,1-Trichlorethen, Dichlormethan, 1,1,2,2-Tetrachlor-1,2-difluorethan (R 112), 1,1,2-Trichlor-1,2,2-trifluorethan (R 113) und Trichlorfluormethan (R 11).

Bei Oberflachenbehandlungsanlagen ohne Abgasabsaugung und einem Einsatz von bis zu 500 kg Halogenkohlenwasserstoffen darf der Verlust 0,5 kg je Stunde nicht überschreiten, entsprechend darf bei großeren Anlagen bis zu 1500 kg der Verlust nicht großer als 0,1 % der Stunde einsetzbaren Halogenkohlenwasserstoffmenge sein und bei allen noch größeren Anlagen darf der Verlust nicht mehr als 1,5 kg je Stunde betragen. In all diesen Anlagen müssen die Moglichkeiten, die Verluste zu verringern, durch Kapselung, Abdichtung sowie durch Kondensationsabscheidung darüber hinaus ausgeschopft werden. Im betriebsbereiten Zustand, ohne Beschickung mit Behandlungsgut, dürfen die Verluste an leichtflüchtigen Halogenkohlenwasserstoffen je Stunde und je Quadratmeter Verdunstungsflache 0,2 kg nicht überschreiten. Enthalt das Losemittel Halogenkohlenwasserstoffe, die zu mehr als 50 % aus 1,1,2-Trichlor-1,2,2-Trifluorethan (R 113) oder Trichlorfluormethan (R 11) bestehen, dürfen die Verluste das Zweifache der oben angegebenen Werte nicht überschreiten.

Fur Oberflächenbehandlungsanlagen mit Abgasabsaugung und einem Massenstrom an Halogenkohlenwasserstoffen von 0,3 kg/h oder mehr gelten 200 mg/m^3 bei einem Abgasvolumenstrom bis zu 500 m^3/h und 100 mg/m^3 ab mehr als 500 m^3/h jeweils bezogen auf das Abgasvolumen bei 1013 mbar und 0 °C. Wenn der Halogenkohlenwasserstoffgehalt des Losemittels zu mehr als 50 %

Dichlormethan oder Fluorchlorkohlenwasserstoffen besteht, wird der Emissionsgrenzwert auf 150 mg/m^3 erhöht. Darüber hinaus sind die technischen Möglichkeiten, wie bereits genannt, auszuschöpfen. Für Anlagen mit einem Massenstrom von weniger als 0,3 kg/h gelten lediglich die gleichen Anforderungen wie für Anlagen ohne Abgasabsaugung. Ein Ausweichen von den angeführten Anforderungen mittels Aufteilung auf mehrere kleine Anlagen auf gleichem Betriebsgelände mit gemeinsamem technischem Zweck und gemeinsamen Betriebseinrichtungen ist nicht gestattet.

Entsprechend gilt für *Chemischreinigungs-* und *Textilausrüstungsanlagen* ohne Abgasabsaugung, daß nach Abschluß des Trocknungsvorganges die Konzentration an leichtflüchtigen Halogenkohlenwasserstoffen beim Eintritt in den Trommelbereich 15 g/m^3 nicht überschreiten darf und die Temperatur des Behandlungsgutes mindestens 30 °C betragen muß. Für Altanlagen gelten 28 g/m^3 beim Eintritt in den und 42 g/m^3 im Trommelbereich als Grenzwerte. Höhere Grenzwerte von 300 g/m^3 beim Eintritt in den Trommelbereich und 500 g/m^3 im Trommelbereich und 20 °C als Mindesttemperatur für das Behandlungsgut gelten, wenn der Gehalt an leichtflüchtigen Halogenkohlenwasserstoffen des Lösemittels zu mehr als 50 % aus R 113 oder R 11 besteht. Bei Anlagen mit Abgasabsaugung gelten 200 g/m^3 bei einer Füllmenge mit Behandlungsgut bis 30 kg und 100 mg/m^3 bei mehr als 30 kg; 150 mg/m^3 sind erlaubt, wenn der Gehalt an Halogenkohlenwasserstoffen des Losemittels zu mehr als 50 % aus Fluorchlorkohlenwasserstoffen besteht. Eine Verschärfung der Anforderungen hinsichtlich der Emissionen an Fluorchlorkohlenwasserstoffen ist zu erwarten. Auch für Chemischreinigungsanlagen gilt, wie für Anlagen zur Oberflächenbehandlung dargelegt wurde, daß ein Ausweichen zu hoheren Grenzwerten hin durch Aufteilen einer Anlage auf mehrere kleinere nicht moglich ist.

Ebenfalls für *Extraktionsanlagen* mit einem Massenstrom an leichtflüchtigen Halogenkohlenwasserstoffen im Abgas ab 0,3 kg je Stunde gelten 200 mg/m^3 bei Abgasvolumenstrom bis 500 m^3/h und 100 mg/m^3 bei einem größeren Strom als Emissionsgrenzwerte. 150 mg/m^3 sind wiederum gestattet, wenn die leichtflüchtigen Halogenkohlenwasserstoffe des Lösemittels zu mehr als 50 % aus Dichlormethan oder Fluorchlorkohlenwasserstoffen bestehen. Ein Ausweichen auf mehrere kleinere Anlagen ist, wie oben dargelegt, nicht möglich.

Die Abgase sind so abzuleiten, daß ein Abtransport mit der freien Luftströmung gewahrleistet ist, d.h., daß eine direkte Verwirbelung in das angrenzende Gelande nicht auftritt. Vorkehrungen fur die Durchführung von Messungen, verschließbare Kontrolloffnungen in einem geraden Stuck der Abgasleitung mussen vorhanden sein. Entsprechendes gilt für die Luftleitung am Eintritt in den Trommelbereich, soweit Grenzwerteinhaltung uberwacht werden muß.

Die Anlagenbetreiber mussen Aufzeichnungen über die Mengen der der Anlage zugeführten Halogenkohlenwasserstoffe sowie der wiederaufbereiteten oder beseitigten Mengen und uber die Betriebsstunden führen. Die Aufzeichnungen müssen drei Jahre aufbewahrt und zuständigen Behorden auf Verlangen vorgelegt werden. Die Funktionsfahigkeit der Abscheider muß mindestens einmal monatlich geprüft werden, das Ergebnis ist ebenfalls aufzuzeichnen. Die festgelegten Massenkonzentrationen sind durch eine nach § 26 BImSchGesetz bekanntgegebene Stelle zu ermitteln und zu berichten. Eine Auflistung dieser Stellen findet sich u.a. in der bereits erwahnten Loseblattsammlung des Autors. Zu messen ist frühestens 3 Monate spätestens 6 Monate nach Inbetriebnahme und dann wieder nach jeweils 3 Jahren. Diese wiederkehrenden Messungen sind entbehrlich, wenn der Massenstrom an leichtflüchtigen Halogenkohlenwasserstoffen im Abgas nicht mehr als 0,5 kg/h beträgt. Es kann wirtschaftlicher sein, statt der u.U. haufigen Einzelmessungen, die Einhaltung der Grenzwerte mit fortlaufend aufzeichnender Messung nachzuweisen. In diesem Falle ist die Meßeinrichtung durch eine von der zuständigen obersten Landesbehorde bekanntgegebene Stelle zu kalibrieren und jahrlich einmal auf Funktionsfahigkeit zu prufen.

Bei Oberflächenbehandlungsanlagen, bei denen mehr als 300 kg Halogenkohlenwasserstoffe einsetzbar sind, müssen die Verluste an leichtflüchtigen Halogenkohlenwasserstoffen bzw. die Einhaltung der Grenzwerte bis spätestens 6 Monate nach Inbetriebnahme bzw. nach einer wesentlichen

23.2 Luftreinhaltung

Änderung gemessen werden. Im Falle von mehr als 1000 kg sind die Messungen durch eine nach § 26 BImSchG bekanntgegebenen Stelle durchzuführen.

Von den bisher genannten Anforderungen können durch die zuständige Behörde ausnahmsweise Abweichungen zugelassen werden, wenn die Einhaltung nur mit unverhaltnismäßig hohem Aufwand gewährt werden könnte.
Verstöße gegen die Vorschriften werden als Ordnungswidrigkeiten belangt.

23.2.3 Gebietsbezogene Maßnahmen

Das Bundesimmissionsschutzgesetz legt die behördliche Luftreinhaltestrategie in *Belastungsgebieten* fest, um dort einen Zielkonflikt zwischen notwendigen wirtschaftlichen Vorhaben und Immissionsschutz möglichst zu vermeiden und um dort die Luftqualität mittelfristig mittels Luftreinhalteplanen zu verbessern. Diese Belastungsgebiete werden von den Bundesländern dort festgelegt, wo in besonderem Maße schädliche Umwelteinwirkungen auftreten oder aufzutreten drohen, z.b. hohe Konzentration von Luftverunreinigungen infolge Ansammlung von Emittenten oder großer Häufigkeit ungünstiger Wettersituationen. *Luftreinhaltepläne* basieren auf Emissionskatastern, die aufgrund von Emissionserklärungen der Betreiber von Anlagen sowie von besonderen Erhebungen der Emissionen des Kfz-Verkehrs, des Hausbrandes und der Kleinbetriebe erstellt werden, ferner auf Immissionskatastern, Wirkungskatastern und Ursachenanalysen und zielen auf eine Verbesserung der Luftqualitat mittels eines Katalogs von Maßnahmen. Darüber hinaus haben die Bundesländer *Smogverordnungen* erlassen, die Betriebsbeschränkungen und u.U. Betriebsstillegungen im Falle von austauscharmem Wetter und hohen Konzentrationen von Luftverunreinigungen vorsehen.

Langfristig wirken sich planerische, *gebietsbezogene Maßnahmen* auf die Luftqualität aus. Der Planungsgrundsatz des Immissionsschutzes ist in § 50 BImSchG enthalten. Er betrifft die Zuordnung von Flächen und den Abstand von Flächen unterschiedlicher Nutzung. Diese Flächen sind im Planungsprozeß so zuzuordnen, daß bei der vorgesehenen Nutzung schädliche Umwelteinwirkungen auf schutzbedürftige Gebiete (z.B. Wohngebiete) soweit wie möglich vermieden werden. Dieser Grundsatz ist von Behörden in jeder Stufe der Planung – Raumordnung, Landesplanung, Benutzungsordnung, Bauleitplanung – zu berücksichtigen und wirkt sich somit auf den Bürger aus.

23.2.4 Anlagenbezogene Maßnahmen

Anlagenbezogene Maßnahmen, d.h. Maßnahmen an den Quellen der Luftverunreinigungen bilden den Kern des BImSchG und seiner Ausführungsvorschriften. Diese Vorschriften realisieren vier Grundsätze:

- Anlagen sind so zu errichten und zu betreiben, daß schädliche Umwelteinwirkungen und sonstige Gefahren, erhebliche Nachteile und erhebliche Belastigungen für die Allgemeinheit und die Nachbarschaft nicht hervorgerufen werden;
- mittels Maßnahmen entsprechend dem Stand der Technik zur Emissionsbegrenzung ist Vorsorge gegen schädliche Umwelteinwirkungen zu treffen;
- Reststoffe müssen, es sei denn sie werden ordnungsgemäß und schadlos verwertet oder beseitigt, vermieden werden;
- Abwärme ist soweit wie möglich zu nutzen.

Demzufolge gelten die Voraussetzungen für die Genehmigung einer Anlage, soweit Probleme der Luftreinhaltung maßgebend sind, als erfüllt, wenn

- im Einwirkungsbereich der Anlage durch deren Betrieb schädliche Umwelteinwirkungen nicht zu befürchten sind (z.B. Immissionswerte zum Schutz der menschlichen Gesundheit, aber auch Schutz vor erheblichen Belästigungen, Schutz empfindlicher Pflanzen und Tiere);

- die Anlage mit den dem Stand der Technik entsprechenden Vorrichtungen ausgerüstet ist;
- eine ausreichende Verdünnung der dennoch unvermeidbaren Emissionen in der Atmosphäre gewährleistet ist;
- entstehende Abwärme genutzt wird.

Die Bedingungen sowie die ihnen gemäßen Prüfungen sind in der *Technischen Anleitung zur Reinhaltung der Luft* (TA Luft) von 1985 im einzelnen festgelegt.

Vorrang genießt die emissionsarme Technik vor der Abgasreinigung und diese vor der Verdünnung in der Atmosphäre. Die Bedeutung des Standes der Technik bezüglich des Immissionsschutzgesetzes für den Betrieb von Anlagen wird aus dem Text des § 3 BImSchG deutlich: „Stand der Technik im Sinne dieses Gesetzes ist der Entwicklungsstand fortschrittlicher Verfahren, Einrichtungen oder Betriebsweisen, der die praktische Eignung einer Maßnahme zur Begrenzung von Emissionen gesichert erscheinen läßt. Bei der Bestimmung des Standes der Technik sind insbesondere vergleichbare Verfahren, Einrichtungen oder Betriebsweisen heranzuziehen, die mit Erfolg im Betrieb erprobt worden sind." Solche Maßnahmen müssen noch nicht abschließend betriebserprobt sein und können trotzdem im Genehmigungsverfahren durch die Genehmigungsbehörde gefordert werden.

Aus der Vielzahl der Techniken zur Verminderung von Emissionen werden einige Beispiele aufgezeigt, die bei den in den Kapiteln 2, 8 und 9 angesprochenen Fertigungs- und Betriebstechniken angewendet werden können. Der höchste Effekt, sowohl bezüglich der Kosten als auch der Abgasreinigung, wird erzielt, wenn die Luftverunreinigung in möglichst geringen Abgasströmen, d.h. mit möglichst hoher Konzentration anfällt. Demzufolge ist Fremdluft (Unterdruck) zu vermeiden. Umgekehrt sollen aus Gründen der Arbeitsplatzhygiene Leckagen (Überdruck) vermieden werden. Bereits bei der Errichtung von Anlagen ist auf leckarme Konstruktion zu achten: dauerhaftes Material für Leitungsverbindungen u.ä., Abkapselung verbunden mit Absaugung und anschließender Ableitung der Abgase in eine Reinigungsanlage. Absaugung ist das Mittel der Wahl, wenn abgaserzeugende Anlagenteile zugänglich (z.B. Beiz-, Entfettungs- und Legierungsbäder, Elektrolyseöfen, Kunststoffschäumung und -beschichtung u.a.) oder beweglich (z.B. Konverter) bleiben sollen.

Die Auswahl einer *Abgasreinigungsanlage* wird meistens aufgrund einer geforderten Endgasreinheit getroffen, aus der sich bei gegebenem Rohgas die notwendige Abscheideleistung ergibt. Neben den Anforderungen an die Arbeitsweise (kontinuierlich, intermittierend, zeitweise) sind Eigenschaften des Abgases bei der Wahl der Reinigungsanlage zu berücksichtigen: Temperatur, Feuchte, Brennbarkeit, Explosivität, Selbstentzündung, Korrosivität, Giftigkeit, Hygroskopizität, agglomerierende Bestandteile.

Folgende Prinzipien werden zur Abgasreinigung angewendet: Massenkraftabscheider (Schwerkraft, Trägheitskraft), Filter (mechanisch, biologisch, elektrostatisch), Naßabscheider (Wäsche, Absorption), Adsorption, Nachverbrennung.

Die Reinigung staubbeladener Abgase gelingt am zuverlässigsten durch *Filterung* (z.B. Schüttungen, Gewebefilter). Die Abscheidung beim Filtervorgang beruht auf *Trägheitsabscheidung* (große Teilchen), *Diffusion* zur Filteroberfläche (Teilchen mit Durchmesser kleiner als 1 μm), *elektrostatische Abscheidung* im Filter und *biologischen Abbau*. Empirisch hat sich gezeigt, daß ein wesentlicher Filtereffekt vom Filterkuchen, d.h. von auf den Filtern bereits abgelagertem Staub ausgeht, weshalb es angebracht ist, bei der Filterreinigung einen Reststaubbelag zu belassen. Der Betrieb von (Gewebe-)Filteranlagen ist bezüglich Verschleiß und Abscheidegrad (geringer Abgasdurchsatz) einerseits und Anlagengröße (kleine, preiswerte Anlagen mit hohem Durchsatz) andererseits zu optimieren.

Weite Anwendung haben *elektrostatische Staubabscheider* gefunden. Für die Abscheidung von beherrschender Bedeutung ist der elektrische Widerstand der Teilchen: gut leitend (bis ca. 10^4 Ω/cm), mäßig leitend ($10^4 ... 10^{11}$ Ω/cm) und schlecht leitend (mehr als 10^{11} Ω/cm). Die mäßig leitenden Teilchen sind zur elektrostatischen Abscheidung gut geeignet, wogegen die gut leitenden

Teilchen die Anlage passieren und schlecht leitende Teilchen eine Isolierschicht auf der Fangelektrode aufbauen. In Grenzen kann schlecht leitender Staub durch Zuführung von Wasserdampf oder SO_3 für die elektrostatische Abscheidung konditioniert werden.

Zur Entfernung gasförmiger Luftverunreinigungen werden drei Prinzipien angewendet: *Absorption*, *Adsorption* und *Nachverbrennung*.

Absorptionsverfahren werden großtechnisch vor allem zur Beseitigung anorganischer, häufig aggressiver Abgasbestandteile, z.B. SO_2 im Rauchgas, angewendet. Je nach Abgaszusammensetzung werden der Waschflüssigkeit Chemikalien (Chemisorption) zugesetzt, auch kann es sich als nützlich erweisen, durch Druckerhöhung das Absorptionsgleichgewicht zu verschieben. In der Praxis werden eine Vielfalt von unterschiedlichen Konstruktionen angewendet, die einen möglichst innigen Kontakt von Abgas und Absorptionslösung sowie ein Freihalten der Strömungsführung von Ablagerungen zum Ziel haben.

Für die Abscheidung gasförmiger, organischer Luftverunreinigungen ist die *Adsorption* eine wichtige Verfahrensart, die es zudem häufig ermöglicht, die abgeschiedenen Bestandteile des Abgases der Produktion wieder zuzuführen. Entsprechend dem adsorptiven Gleichgewicht, das durch Adsorptionsisothermen dargestellt wird, läßt sich das Adsorbens (z.B. Aktivkohle) um so mehr beladen, je hoher der Dampfdruck des Adsorptivs (z.B. Lösemittel) und je niedriger die Temperatur ist. Mittels Wärmezufuhr läßt sich das Adsorbens im Gegenstrom leicht wieder reinigen. Die Adsorbenzien können in Festbettreaktoren (z.b. gegen Abrieb empfindliche, teure Aktivkohle für Lösemittel) oder in Wanderbettreaktoren (z.b. für staubhaltige Abgase) gelagert werden. Im Bereich der kunststoffverarbeitenden Industrie muß beachtet werden, daß Weichmacher, Katalysatoren, Retarder, Fließmittel und Stabilisatoren dazu neigen, Adsorbenzien zu blockieren, dem in Einzelfällen mit geeigneten Vorabscheidern (z.b. Wäsche oder minderwertige Aktivkohle) entgegengewirkt werden kann. Gegebenenfalls muß man auf die rasch blockierbaren Adsorbenzien verzichten und eine Nachverbrennung als Endreinigung für das Abgas wählen.

Bei der *thermischen* und auch bei der *katalytischen Nachverbrennung* von Abgasen muß auf vollständige Verbrennung geachtet werden. Bei unvollständiger Verbrennung kann das Abgas gefährlichere Luftverunreinigungen als vor der Verbrennung enthalten. Thermische Verbrennung erfordert u.U. zusätzlichen Energieeinsatz, die katalytische Nachverbrennung häufig noch teure Katalysatoren, die zudem, ähnlich den Adsorbenzien, von einzelnen Bestandteilen des Abgases (z.B. Halogene, Blei, Stabilisatoren) unwirksam gemacht (vergiftet) werden können. Allerdings läßt sich mit Nachverbrennungsanlagen eine Reinigung des Abgases bis auf deutlich weniger als 10 mg/m³ C erreichen. Erforderlichenfalls läßt sich bei Nachverbrennungsanlagen noch eine Rauchgaswäsche nachschalten.

23.2.4.1 Maßnahmen bei Anlagen zur Bearbeitung von Kunststoffen (Schäumen, Gießen, Beschichten u.ä.)

Die besondere Problematik der Luftreinhaltung bei der Bearbeitung von Kunststoffen erwächst aus der Vielzahl monomerer Vorprodukte und dem Hinzufügen von in die Tausende gehenden Kombinationen von Zusatzstoffen, die schließlich zu den gewünschten Produkten führen (Plaste, Elaste, Lacke, Klebstoffe u.a.). Besonders die monomeren Einsatzstoffe und die Zwischenprodukte stellen häufig eine erhebliche – wie das Beispiel Vinylchlorid zeigt, erst spat erkannte – Gefahrdung fur die Umwelt und die menschliche Gesundheit dar. Viele dieser Stoffe sind in ihrer Emission begrenzt. Beispiele von Prozessen zur Bearbeitung von Kunststoffen, bei denen Luftverunreinigungen freigesetzt werden, sind: *Blockschaumen, Herstellung von Formteilen und Beschichtung* z.T. auf Trennmitteln, *Ziehen von Folien, Sprühen von Hartschaumen und Lacken*, wobei das Tragen von Atemschutzmasken moglichst mit Frischluftversorgung notwendig ist. Bei all diesen Prozessen, insbesondere beim Sprühen werden Monomere und Zusatzstoffe freigesetzt. Die Emissionen sind sehr stark von den jeweiligen Betriebsbedingungen abhängig, so kann die Toluylendiisocyanat(TDI)-Emission bei der Herstellung von Polyurethan (PUR) aus TDI und verschiedenen Hydroxylverbindungen (z.b. Polyether, Polyesther) um den Faktor 20 sowohl in der Konzentration als auch bezogen auf den Einsatzstoff (g/t) variieren. Die Rezepturen müssen so gewählt werden, daß bei der Bearbeitung von Kunststoffen z.b. zu Verpackungsmaterial bereits die meisten Emissionen auftreten, um das Entweichen giftiger Substanzen bei späterer Bearbeitung zu vermeiden. Besondere Sorgfalt ist bei der Beseitigung von Monomeren geboten, so kann ausgelaufenes TDI mit einer Lösung aus 90 % Wasser, 8 % Ammoniak und 2 % Detergenz unschädlich gemacht werden. Werkzeuge können mit Lösungen aus 50 %Alkohol, 45 % Wasser und 5 % Ammoniak gereinigt werden. Adsorptionsmittel plus aufgenommenes TDI müssen einer Sondermüllbehandlung zugeführt werden. Die Reinigung der Abgase von TDI gelingt mit Waschanlagen (z.B. 1. Stufe Wasser, 2. Stufe Natronlauge, eventuell 3. Stufe Natronlauge jeweils mit Füllkörper zur Intensivierung der Durchmischung) bis auf ca. 2 %. Bei der weiteren Bearbeitung von Kunststoffen, z.b. Formen, Beschichten, Folienziehen kennt der Bearbeiter häufig nicht die seinen Einsatzstoffen zugrundeliegende Rezeptur und somit auch kaum die möglichen Emissionen. Sowohl beim Beschichten und Formen als auch beim Folienziehen entstehen die meisten Emissionen in den Bereichen, in denen die Einsatzstoffe erhitzt (z.b. Heizwalzen) oder gemischt (Formen) werden und wo deshalb eine Absaugung der Dämpfe über abgehängte Hauben mit großer Absauggeschwindigkeit und damit mit großem Frischluftanteil erfolgt. Besonders beim Beschichten und Folienziehen zeigt sich die Kombination von Wäscher und Filter als geeignet. Lediglich wenn leichtflüchtige Bestandteile zu befürchten sind, müssen weitere Maßnahmen getroffen werden. Die genannten Kombinationen aus Wascher und Filteranlagen macht eine anschließende, biologische Abwasserreinigung notwendig. Adsorptionstechniken, die eventuell das Problem einer weiteren Abwasserbehandlung erübrigen können, erscheinen möglich, sind jedoch nicht marktgängig.

23.2.5 Überwachung der Luftreinhaltung

Messungen zur *Überwachung der Luftreinhaltung* vermögen als Nebeneffekt einen Beitrag zur Reinhaltung der Luft zu leisten, indem diese Messungen motivierend zugunsten der Funktionserhaltung der Techniken zur Reinhaltung der Luft wirken. Die eigentliche Bedeutung der Überwachung der Luftreinhaltung ist jedoch in der Kausalkette Emission–Transmission (Ausbreitung in der Atmosphäre), Immission–Wirkung zu sehen. Aufgrund festgestellter oder befürchteter Wirkungen werden gemäß dieser Kette Emissionen begrenzt. Im Bundesimmissionsschutzgesetz 1974 kommt den vorsorglichen Maßnahmen an den Quellen der Luftverunreinigung – Nutzung moderner, emissionsarmer Techniken und Luftreinhaltetechniken – zusätzlich besondere Bedeutung zu. Von daher spielt die Emissionsüberwachung, die Kontrolle technischer Maßnahmen zur Luftreinhaltung, eine große Rolle.

23.2.5.1 Emissionsüberwachung

Bei *Emissionsmessungen* soll im allgemeinen die pro Zeiteinheit emittierte Masse der Luftverunreinigung bezogen auf das Volumen des unverdünnten Abgases im Normalzustand festgestellt werden. Das Abgasvolumen erhält man bei Emissionsmessungen üblicherweise aus der Strömungsgeschwindigkeit und dem Querschnitt des Abgaskanals. Die Strömungsgeschwindigkeit folgt aus statischem Druck, Dichte und dynamischem Druck (Prandtlsches Staurohr) oder aus der Messung des Volumenstroms. Die Probenahme, insbesondere für Staubproben, ist in geraden, senkrechten Kanalabschnitten mit konstanter Weite isokinetisch, d.h. mit dem Abgasstrom angepaßter Saugleistung durchzuführen. Die Pflicht zur Emissionsüberwachung, abhängig von den emittierten Mengen an Luftverunreinigungen ist in der Technischen Anleitung zur Reinhaltung der Luft von 1986 ausführlich und verbind-

23.2 Luftreinhaltung

lich geregelt. Der Vergleichbarkeit der Ergebnisse aus Emissionsmessungen und damit der Gleichbehandlung der Betreiber der Anlagen dient die einheitliche Eignungsprüfung von Meßgeräten und deren anschließende Bekanntgabe durch den Bundesminister für Umwelt, Naturschutz und Reaktorsicherheit. Darüber hinaus werden praxiserprobte Meßgeräte in Richtlinien des VDI beschrieben.

23.2.5.2 Immissionsüberwachung

Die *Immissionsüberwachung* zielt auf die Messung der Luftverunreinigung als Funktion des Ortes, der Zeit. Das Ergebnis aus Immissionsmessungen, das im Falle eines Genehmigungsverfahrens für eine Neuanlage um die berechnete zusätzlich durch die künftige Anlage verursachte Belastung (Konzentration) ergänzt wird, wird mit Grenzwerten verglichen. Ziel ist also weniger die Festlegung einer Konzentration, als die Entscheidung, ob ein vorgegebener Immissionswert eingehalten wird. Diese Immissionswerte sind für Meßgebiete von in der Regel 1×1 km^2 und $0,5 \times 0,5$ km^2 bei besonders inhomogener Konzentrationsverteilung mit einer in Einzelheiten vorgegebenen Meßanleitung in der Technischen Anleitung zur Reinhaltung der Luft von 1986 definiert.

Die Meßwerte für Staubniederschlag werden als Monatsmittelwerte, für Schwebstaub als Tagesmittelwerte und für Gase als Halbstundenmittelwerte bestimmt. Über die genannten Regelungen hinaus werden als geeignet geprüfte Meßgerate durch den Bundesminister für Umwelt, Naturschutz und Reaktorsicherheit veroffentlicht. Zusätzlich zu den angeführten Messungen im Rahmen von Genehmigungsverfahren führen die Bundeslander in belasteten Gebieten Messungen durch, über deren Ergebnisse sie regelmäßig berichten. Die Bundesregierung berichtet jeweils 1 Jahr nach dem Zusammentreten des neugewählten Bundestages dem Parlament über Stand des Immissionsschutzes.

23.2.6 Fragen der Zuständigkeit

Das Bundes-Immissionsschutzgesetz wird von den Ländern als eigene Angelegenheit ausgeführt. Dabei werden die örtliche und die sachliche Zuständigkeit der einzelnen Behörden von den Bundesländern eigenverantwortlich geregelt. Einzelfragen der Zuständigkeit müssen den jeweiligen Verordnungen entnommen werden. Hier kann nur eine summarische Zusammenfassung der Zuständigkeiten im immissionsschutzrechtlichen Genehmigungsverfahren gegeben werden. In den meisten Bundeslandern sind für die meisten Anlagen die Gewerbeaufsichtsämter zuständig. Die Überwachung des Betriebs von Anlagen obliegt überwiegend den gleichen Behorden wie die Genehmigungsverfahren. Bergbauliche Anlagen unterliegen generell der Aufsicht der oberen Bergbaubehorden.

23.2.7 Internationale Aspekte

Für internationales und überregionales Vorgehen bei den Bemühungen zur Reinhaltung der Luft sprechen zwei wichtige Gründe: Luftverunreinigungen werden in der Atmosphare über Grenzen hinweg verfrachtet und vermogen dort die Umwelt zu schädigen. Prominentes Beispiel bilden die Waldschäden in Mitteleuropa. Maßnahmen zur Reinhaltung der Luft können zu Handelshemmnissen führen. Internationale Fragen des Umweltschutzes werden behandelt bei

- EG-Kommission und -Rat (Brussel) im Hinblick auf Handelshimmnisse, auf den Gesundheits- und Umweltschutz,
- OECD (Paris) vorwiegend wirtschaftliche Aspekte des Umweltschutzes in den westlichen Industriestaaten,
- ECE (Genf) vorwiegend wirtschaftliche Aspekte des Umweltschutzes in den Europäischen Staaten und Staatengemeinschaften und Nordamerika, weiträumige grenzüberschreitende Luftverunreinigung, Protokoll zur 30%igen Verminderung der SO_2-Emissionen im Rahmen der ECE-Luftreinhaltekonvention, Protokoll zur Begrenzung der NO_x-Emissionen von 1988,

– UNEP (Nairobi) Umweltprogramm der Vereinigten Nationen, z.b. weltweite Beobachtung der Veränderung der Zusammensetzung der Atmosphäre, Koordinierung der Forschungen zur Untersuchung der Gefährdung der atmosphärischen Ozonschicht.

23.3 Lärmbekämpfung

23.3.1 Einführung

In der *Lärmbekämpfung* durch gesetzliche Maßnahmen werden grundsätzlich zwei Bereiche unterschieden:
1. Lärm am Arbeitsplatz,
2. Lärm in der Nachbarschaft.

Obwohl im allgemeinen – insbesondere dann, wenn technische Maßnahmen an der Quelle die Geräuschentstehung und -abstrahlung verhindern (s. Abschnitt 20.5) – Lärmminderung beiden Bereichen zugute kommt, sind auch Ausnahmen von dieser Regel möglich. So kann z. B. eine aus Gründen des Nachbarschaftsschutzes gebaute Halle den Lärm am Arbeitsplatz durchaus erhöhen, sofern keine zusätzlichen Maßnahmen an den Halleninnenwänden getroffen werden. Diese Zweigleisigkeit der Lärmbekämpfung durch den Gesetzgeber wird dadurch dokumentiert, daß innerhalb der Bundesregierung zwei Minister für die beiden Bereiche federführend zuständig sind:
– der Bundesminister für Arbeit und Sozialordnung für Lärmbekämpfung am Arbeitsplatz,
– der Bundesminister für Umwelt, Naturschutz und Reaktorsicherheit für Lärmbekämpfung in der Nachbarschaft (Umweltschutz).

Das hat dazu geführt, daß für beide Bereiche gesonderte gesetzliche Regelungen erlassen worden sind. Darüberhinaus existieren Normen und Richtlinien, die nicht vom Gesetzgeber erlassen werden, die jedoch starken Einfluß auf die Lärmbekämpfung haben. Hierzu gehören die Vorschriften der Berufsgenossenschaften und die als Sachverständigenäußerungen anzusehenden Normen des DIN und Richtlinien des VDI.

23.3.2 Lärm am Arbeitsplatz[1])

23.3.2.1 Gesetzliche Vorschriften

Grundlage für die *Bekämpfung des Lärms am Arbeitsplatz* (Geräuschimmission) ist § 120a der Gewerbeordnung [23.21]. In Absatz 1 wird dort festgelegt:

„Die Gewerbeunternehmer sind verpflichtet, die Arbeitsräume, Betriebsvorrichtungen, Maschinen und Gerätschaften so einzurichten und zu unterhalten und den Betrieb so zu regeln, daß die Arbeiter gegen Gefahren für Leben und Gesundheit so weit geschützt sind, wie es die Natur des Betriebes gestattet."

In der Siebenten Berufskrankheitenverordnung [23.22] werden unter den durch physikalische Einwirkungen verursachten Berufskrankheiten auch die *Lärmschwerhörigkeit* und *Lärmtaubheit* genannt. Somit ist also Vorsorge auch gegen das Auftreten dieser Berufskrankheit zu treffen.
Eine Konkretisierung der Anforderungen der Gewerbeordnung findet sich in der Verordnung über Arbeitsstätten [23.23]. Diese Verordnung gilt für alle Arbeitsstätten in Industrie, Handwerk und Handel. Ziel der Verordnung ist es, die Arbeitsbedingungen in den Betrieben zu verbessern. In § 15 werden die Anforderungen an Arbeitsstätten hinsichtlich Lärm festgelegt:

---
[1]) S. auch Abschnitte 14.7 und 20.5.

„(1) In Arbeitsräumen ist der Schallpegel so niedrig zu halten, wie es nach der Art des Betriebes möglich ist. Der Beurteilungspegel am Arbeitsplatz in Arbeitsräumen darf unter Berücksichtigung auch der von außen einwirkenden Geräusche höchstens betragen:
1. bei überwiegend geistiger Tätigkeit 55 dB(A),
2. bei einfachen oder überwiegend mechanisierten Bürotätigkeiten und vergleichbaren Tätigkeiten 70 dB(A),
3. bei allen sonstigen Tätigkeiten 85 dB(A); soweit dieser Beurteilungspegel nach der betrieblich möglichen Lärmminderung zumutbarerweise nicht einzuhalten ist, darf er bis zu 5 dB(A) überschritten werden.

(2) In Pausen-, Bereitschafts-, Liege- und Sanitärräumen darf der Beurteilungspegel höchstens 55 dB(A) betragen. Bei der Festlegung des Beurteilungspegels sind nur die Geräusche der Betriebseinrichtungen in den Räumen und die von außen auf die Räume einwirkenden Geräusche zu berücksichtigen."

In der Verordnung wird somit festgelegt, daß z. B. in Werkshallen ein *Beurteilungspegel* von 85 dB(A) (in Ausnahmefällen 90 dB(A)) nicht überschritten werden darf. Erfahrungsgemäß können diese Pegel jedoch in einer Reihe von Fällen aus technischen Gründen heute noch nicht eingehalten werden (z. B. Hammerwerke, Putzereien, Schleifereien). Dann müssen jedoch nach § 4 der Verordnung Maßnahmen ergriffen werden, die den Arbeitnehmer auf andere Weise gegen Gefahren für seine Gesundheit schützen. Hier ist insbesondere an persönlichen Schallschutz und an Schallschutzkabinen gedacht. In welcher Weise der genannte Beurteilungspegel zu ermitteln ist, darüber gibt die Arbeitsplatzlärmschutzrichtlinie des Bundesministers für Arbeit und Sozialordnung Auskunft [23.24]. Diese Richtlinie empfiehlt den obersten Arbeitsschutzbehörden der Länder, die VDI-Richtlinie 2058 Blatt 2 (s. Abschnitt 23.3.2.3) für die Beurteilung von Arbeitslärm am Arbeitsplatz anzuwenden.

Eine Begrenzung der *Geräuschemission von Arbeitsgeräten* auf ein unumgängliches Maß fordert das Gesetz über technische Arbeitsmittel [23.25] in § 3 Absatz 1:

„Der Hersteller oder Einführer von technischen Arbeitsmitteln darf diese nur in den Verkehr bringen oder ausstellen, wenn sie nach den allgemein anerkannten Regeln der Technik sowie den Arbeitsschutz- und Unfallverhütungsvorschriften so beschaffen sind, daß Benutzer und Dritte bei ihrer bestimmungsgemäßen Verwendung gegen Gefahren aller Art für Leben oder Gesundheit soweit geschützt sind, wie es die Art der bestimmungsgemäßen Verwendung gestattet. Von den allgemein gültigen Regeln der Technik sowie den Arbeitsschutz- und Unfallverhütungsvorschriften darf abgewichen werden, soweit die gleiche Sicherheit auf andere Weise gewährleistet ist."

23.3.2.2 Forderungen der Berufsgenossenschaften

Die *Berufsgenossenschaften* als die Hauptträger der gesetzlichen Unfallversicherung sind verpflichtet, beim Eintreten einer Berufskrankheit den Betroffenen zu entschädigen. Weiterhin besteht für sie die Pflicht, Vorsorge zu treffen, daß Unfälle bzw. Berufskrankheiten nicht auftreten können. Dazu dienen die Unfallverhütungsvorschriften, im Lärm die vom Hauptverband der Berufsgenossenschaften herausgegebene *Unfallverhütungsvorschrift Lärm* [23.26]. In ihr wird vorgeschrieben, daß

- Arbeitsplätze so eingerichtet und Arbeitsverfahren so gestaltet und angewendet werden, daß auf die Versicherten kein Lärm einwirkt;
- Arbeitseinrichtungen nach den fortschrittlichen in der Praxis bewährten Regeln der Lärmminderungstechnik beschaffen sein und betrieben werden müssen;
- bei einem Beurteilungspegel über 85 dB(A) vom Arbeitgeber persönliche Schallschutzmittel zur Verfügung gestellt werden müssen;

- bei einem Beurteilungspegel über 90 dB(A) die Versicherten (Arbeitnehmer) Schallschutzmittel benutzen müssen;
- Lärmbereiche mit Beurteilungspegeln über 90 dB(A) gekennzeichnet werden müssen.

Ferner werden in der UVV Lärm ärztliche Untersuchungen (Eignungsuntersuchung, Überwachungsuntersuchungen) für lärmexponierte Arbeitnehmer vorgeschrieben.

23.3.2.3 VDI-Richtlinien und DIN-Normen

Die *VDI-Richtlinie 2058 Blatt 2 „Beurteilung von Arbeitslärm am Arbeitsplatz hinsichtlich Gehörschäden"* verfolgt den Zweck

„eine einheitliche und praktikable Verfahrensweise zur Beurteilung von Lärm am Arbeitsplatz mit dem Ziel der Verhütung von Gehörschäden anzugeben."

Sie enthält unter anderem Hinweise, wann ärztliche Untersuchungen durchzuführen bzw. persönlicher Schallschutz anzuwenden ist, und macht Aussagen über mögliche Wirkungen von Lärmpausen. Besondere Wichtigkeit erhält sie jedoch dadurch, daß sie Verfahren zur Geräuschbeurteilung durch Messungen des zeitlichen Verlaufs des Schalldruckpegels angibt. Als Maß für die Wahrscheinlichkeit einer Hörschädigung der Betroffenen wird der Beurteilungspegel in Absatz 2.2 definiert:

„Der Beurteilungspegel (rating sound level) L_r ist der Pegel eines zeitlich konstanten Geräusches, der dem zeitlich schwankenden Pegel in seiner Wirkung gleichgesetzt wird".

Anlage A zur Richtlinie gibt das Verfahren zur Bestimmung des Beurteilungspegels aus dem zeitlichen Verlauf des Schalldruckpegels.

Die *VDI-Richtlinie 2058 Blatt 3 „Beurteilung von Lärm unter Berücksichtigung von Anforderungen des Arbeitsplatzes"* gibt Hinweise für die Beurteilung von Lärm an Arbeitsplätzen und dessen Auswirkungen, wenn der Beurteilungspegel unter 90 dB(A) liegt. Auch hier ist der Beurteilungspegel die entscheidende Größe.

DIN 45645 Teil 2 „Einheitliche Ermittlung des Beurteilungspegels für Geräuschimmissionen am Arbeitsplatz" legt fest, in welcher Weise aus dem zeitlichen Verlauf eines Schalldruckpegels der Beurteilungspegel gebildet wird, der für eine Beurteilung des Arbeitsplatzes maßgebend ist. Die Norm stellt eine Verallgemeinerung der in der VDI 2058 Blatt 2 angegebenen Meßvorschrift dar. Unter anderem werden Aussagen über die Meßgenauigkeit bei Verwendung unterschiedlicher Meßgeräte gemacht.

23.3.3 Arbeitslärm in der Nachbarschaft

23.3.3.1 Das Bundes-Immissionsschutzgesetz

Grundlage für die Bekämpfung des Lärms in der Nachbarschaft ist das *Bundes-Immissionsschutzgesetz* [23.27]. Dort ist in § 1 als Zweck dieses Gesetzes festgelegt:

„Zweck dieses Gesetzes ist es, Menschen sowie Tiere, Pflanzen und andere Sachen vor schädlichen Umwelteinwirkungen und, soweit es sich um genehmigungsbedürftige Anlagen handelt, auch vor Gefahren, erheblichen Nachteilen und erheblichen Belästigungen, die auf andere Weise herbeigeführt werden, zu schützen und dem Entstehen schädlicher Umwelteinwirkungen vorzubeugen".

Das Bundes-Immissionsschutzgesetz unterscheidet zwischen *genehmigungsbedürftigen Anlagen* — das sind solche, die auf Grund ihrer Beschaffenheit oder ihres Betriebes in besonderem Maße geeignet sind, schädliche Umwelteinwirkungen hervorzurufen oder in anderer Weise die Allgemeinheit oder die Nachbarschaft zu gefährden, erheblich zu benachteiligen oder erheblich zu belästigen – und *nicht genehmigungsbedürftige Anlagen*. Genehmigungsbedürftige Anlagen, die in der 4. Verordnung zum Bundes-Immissionsschutzgesetz [23.28] aufgezählt sind, dürfen grundsätzlich nicht errichtet und betrieben werden. Die Errichtung und der Betrieb können jedoch in einem Genehmigungsverfahren nach Bundes-Immissionsschutzgesetz (§§ 4ff.), dessen genauer Ablauf in der 9. Verordnung zum Bundes-Immissionsschutzgesetz [23.29] festgelegt ist, von den Genehmigungsbehörden der Länder auf Antrag bewilligt werden. Die Genehmigung kann jedoch nur dann erteilt werden, wenn durch Einrichtung und Betrieb der Anlage nach § 5 BImSchG

„1. schädliche Umwelteinwirkungen und sonstige Gefahren, erhebliche Nachteile und erhebliche Belästigungen für die Allgemeinheit und die Nachbarschaft nicht hervorgerufen werden können und
2. Vorsorge gegen schädliche Umwelteinwirkungen getroffen wird, insbesondere durch die dem Stand der Technik entsprechenden Maßnahmen zur Emissionsbegrenzung ...".

Dabei ist der Begriff des Standes der Technik sehr weitgehend auszulegen; er wird in § 3 BImSchG wie folgt definiert:

„Stand der Technik im Sinne dieses Gesetzes ist der Entwicklungsstand fortschrittlicher Verfahren, Einrichtungen und Betriebsweisen, der die praktische Eignung einer Maßnahme zur Begrenzung von Emissionen gesichert erscheinen läßt. Bei der Bestimmung des Standes der Technik sind insbesondere vergleichbare Verfahren, Einrichtungen oder Betriebsweisen heranzuziehen, die mit Erfolg im Betrieb erprobt wurden."

Das BImSchG regelt weiterhin die wesentliche Änderung genehmigungsbedürftiger Anlagen (§ 15), die nachträglichen Anordnungen (§ 17), das Erlöschen der Genehmigung (§ 18) sowie Untersagung und Stillegung (§ 20) und Genehmigungswiderruf (§ 21).
In ähnlicher Weise werden die Errichtung und der Betrieb nicht genehmigungsbedürftiger Anlagen im BImSchG geregelt (§ 22–25). Auch hier gilt, daß

„– schädliche Umwelteinwirkungen, die nach dem Stand der Technik vermeidbar sind, verhindert werden müssen,
– nach dem Stand der Technik unvermeidbare schädliche Umwelteinwirkungen auf ein Mindestmaß beschränkt werden müssen."

Im BImSchG wird die Bundesregierung ermächtigt, nach Anhörung der beteiligten Kreise und mit Zustimmung des Bundesrates in Rechtsverordnungen Grenzwerte für die Emission (§§ 7, 23) und in allgemeinen Verwaltungsvorschriften Grenzwerte für die Immissionen und Emissionen (§ 48) festzusetzen. Dieser Ermächtigung ist die Bundesregierung im Lärmbereich bisher noch nicht nachgekommen; jedoch wird in § 66 BImSchG gesagt, daß die im Jahre 1968 erlassene TA Lärm [23.30] bis zum Inkrafttreten neuer allgemeiner Verwaltungsvorschriften zum BImSchG für genehmigungsbedürftige Anlagen weiterhin maßgebend ist.

23.3.3.2 Technische Anleitung zum Schutz gegen Lärm (TA Lärm)

Die *TA Lärm* [23.30] wendet sich als allgemeine Verwaltungsvorschrift an die Genehmigungsbehörden und enthält Vorschriften zum Schutz gegen Lärm, die von den zuständigen Behörden zu beachten sind bei
– der Prüfung der Anträge auf Genehmigung zur Errichtung sowie Änderung in Bau und Betrieb genehmigungsbedürftiger Anlagen,
– nachträglichen Anordnungen.
Als allgemeiner Grundsatz wird in Nr. 2.2 angegeben:

„Die Genehmigung zur Errichtung neuer Anlagen darf grundsätzlich nur erteilt werden, wenn
a. die dem jeweiligen Stand der Technik entsprechenden Lärmschutzmaßnahmen vorgesehen sind *und*
b. die Immissionsrichtwerte im gesamten Einwirkungsbereich der Anlage ... nicht überschritten werden."

Auch hier ist also wieder der Stand der Technik als Voraussetzung für die Genehmigung genannt. Wichtige Bestandteile der TA Lärm sind weiterhin die zeitlich und örtlich gestaffelten Immissionsrichtwerte, die bei der Beurteilung der von genehmigungsbedürftigen Anlagen hervorgerufenen Immissionen maßgebend sind, sowie ein Verfahren, mit dem die Immissionen aufgrund von Messungen als sogenannte Beurteilungspegel bestimmt werden können (s. Abschnitt 20.5). Die Immissionswerte sind festgelegt wie folgt (Nr. 2.321):

für

a) Gebiete, in denen nur gewerbliche oder industrielle Anlagen und Wohnungen für Inhaber und Leiter der Betriebe sowie für Aufsichts- und Bereitschaftspersonen untergebracht sind, 70 dB(A)

b) Gebiete, in denen vorwiegend gewerbliche Anlagen untergebracht sind, tagsüber 65 dB(A)
nachts 50 dB(A)

c) Gebiete mit gewerblichen Anlagen und Wohnungen, in denen weder vorwiegend gewerbliche Anlagen noch vorwiegend Wohnungen untergebracht sind, tagsüber 60 dB(A)
nachts 45 dB(A)

d) Gebiete, in denen vorwiegend Wohnungen untergebracht sind, tagsüber 55 dB(A)
nachts 40 dB(A)

e) Gebiete, in denen ausschließlich Wohnungen untergebracht sind, tagsüber 50 dB(A)
nachts 35 dB(A)

f) Kurgebiete, Krankenhäuser und Pflegeanstalten tagsüber 45 dB(A)
nachts 35 dB(A)

g) Wohnungen, die mit der Anlage baulich verbunden sind, tagsüber 40 dB(A)
nachts 30 dB(A).

Dabei beträgt die Nachtzeit 8 Stunden, die Tagzeit 16 Stunden.

23.3.3.3 VDI- und ETS-Richtlinien, DIN-Normen

Der Verein Deutscher Ingenieure (VDI) hat die von ihm veröffentlichten etwa 50 *VDI-Richtlinien* zum Thema Lärm und Lärmbekämpfung in einem VDI-Handbuch Lärmminderung [23.31] zusammengefaßt; dieses Handbuch hat die Form einer Loseblattsammlung und wird fortlaufend durch weitere VDI-Richtlinien ergänzt.
Die für den Lärmschutz in der Nachbarschaft wichtigste VDI-Richtlinie ist die VDI 2058 Blatt 1 „Beurteilung von Arbeitslärm in der Nachbarschaft". Sie enthält Immissionsrichtwerte und ein Meß- und Beurteilungsverfahren für Geräuschimmissionen. Unterschiede gegenüber der TA Lärm treten im wesentlichen bei der Beurteilung der nächtlichen Immissionen (die lauteste Nachtstunde wird zur Beurteilung der gesamten Nacht herangezogen) auf. Ihr Hauptanwendungsgebiet liegt im Bereich der Beurteilung von Geräuschimmissionen durch nicht genehmigungsbedürftige Anlagen; sie wird jedoch vereinzelt auch bei der Beurteilung genehmigungsbedürftiger Anlagen herangezogen.
Von allgemeinem Interesse sind weiterhin die VDI-Richtlinien 2570 „Lärmminderung im Betrieb", 2571 „Schallabstrahlung von Industriebauten", 2714 „Schallausbreitung im Freien" und die verschiedenen Blätter der VDI 3720 „Lärmarm Konstruieren". Weitere VDI-Richtlinien behandeln

spezielle technische Probleme wie z. B. Kapselung, Schalldämpfer, Schwingungsisolierung, Schalldämmung von Fenstern und Lärmminderung an ausgewählten Anlagen.

Ein gemeinsamer Ausschuß der VDI und des DIN, der Gemeinschaftsausschuß Emissionskennwerte Technischer Schallquellen (ETS), veröffentlicht sogenannte *ETS-Richtlinien*, in denen Emissionskennwerte — im allgemeinen Schalleistungspegel — ausgewählter Anlagen und Geräte zusammengestellt sind. Die im allgemeinen von den Herstellern zur Verfügung gestellten Kenndaten, die nach den entsprechenden Folgeblättern der DIN 45635 „Geräuschmessung an Maschinen" bestimmt werden, sind nach Leistung und unter Umständen Konstruktionsprinzip oder Wirkungsweise geordnet und geben einen Überblick über die Spanne der Emissionswerte auf dem Markt der Bundesrepublik angebotener Anlagen und Geräte.

DIN 45645 „Einheitliche Ermittlung des Beurteilungspegels für Geräuschimmissionen" legt fest, in welcher Weise aus dem zeitlichen Verlauf an einem Immissionsort ein Beurteilungspegel gebildet werden kann. Sie enthält unterschiedliche Möglichkeiten der Messung (energieäquivalente Mittelung, Taktmaximalverfahren, Impulsverfahren) und gibt die Möglichkeit — anders als in der TA Lärm und VDI 2058 — auch Abend- bzw. Erholungszeiten bei der Beurteilung zu berücksichtigen. Die DIN 45645 stellt damit eine Verallgemeinerung der Meßvorschriften der VDI 2058 und der TA Lärm dar.

23.4 Literatur

Bücher

[23.1] Bundesministerium des Innern: Umweltgesetze — Textsammlung der in Kraft getretenen zentralen Gesetze, Bonn 1977.
[23.2] *Kanowski, S.*: Das System der Mindestanforderungen an das Einleiten von Abwasser in den allgemeinen Verwaltungsvorschriften gemäß § 7a Abs. 1 WHG. Korrespondenz Abwasser, 1980, 9, S. 604–610 (Teil I); 11, S. 762–767 (Teil II).
[23.3] Erste Allgemeine Verwaltungsvorschrift über Mindestanforderungen an das Einleiten von Abwasser aus Gemeinden in Gewässer – 1. AbwasserVwV – vom 16. 12. 1982, GMBl, S. 744.
[23.4] Zweite Allgemeine Verwaltungsvorschrift über Mindestanforderungen an das Einleiten von Abwasser in Gewässer (Braunkohle-Brikettfabrikation) – 2. AbwasserVwV – vom 10. 1. 1980, GMBl 1980, S. 111.
[23.5] *Bickel, C.*: Die wasserrechtlichen Bestimmungen über die Lagerung wassergefährdender Stoffe. Die Öffentliche Verwaltung, 1979, S. 242–248.
[23.6] *Charbonnier/Stachels*. Betrieb und Umwelt — Wesentlicher Inhalt der wichtigsten Rechtsvorschriften für Produktion und umweltrelevante Produkte in systematischer Übersicht. Erich Schmidt Verlag, Berlin 1977.
[23.7] *Hommel, G.* u. a.: Handbuch der gefährlichen Güter. Loseblattsammlung. Springer-Verlag, Berlin 1988.
[23.8] *Ridder*: Gefahrgut Handbuch. 2 Bände, Verlag Moderne Industrie, München 1988.
[23.9] Abwasser-VwV — Mindestanforderungen an Abwassereinleitungen nach § 7a WHG. wasser, luft und betrieb, wlb-Handbuch Umwelttechnik 1984/85, S. 43–58.
[23.10] *Lühr, H.-P.*: Abwasserabgabengesetz — Bewertungsgrundlagen und Abgabenermittlung. Korrespondenz Abwasser, 1977, S. 355–358.
[23.11] Erlaß des Ministeriums für Ernährung, Landwirtschaft und Umwelt über Richtlinien für die Anforderungen an Abwasser bei Einleitung in öffentliche Abwasseranlagen vom 28. Juni 1978, Nr. 74-5040. GABl 1978, S. 995 (Land Baden-Württemberg).
[23.12] Klarschlammverordnung – AbfKlärV vom 25. Juni 1982. BGBl 1982 I, S. 734–739.
[23.13] GdT-Informationsstelle über Technische Regelwerke beim DIN Deutsches Institut für Normung e. V.: Verzeichnis Deutscher und Internationaler Technischer Regelwerke. Beuth Verlag GmbH, Berlin/Köln, jährliche Neuauflage.
[23.14] DIN-Taschenbuch Bd. 13: Abwassertechnik. 1. Grundstückentwässerung, Sanitärausstattungsgegenstände, Entwässerungsgegenstände, Normen. Beuth Verlag, Berlin/Köln 1986.
[23.15] DIN-Taschenbuch Bd. 50: Abwassertechnik 2: Normen über Rohre, Formulare, Zubehör. Beuth Verlag, Berlin/Köln 1983.

[23.16] *Weber, E.* und *W. Brocke:* Apparate und Verfahren der industriellen Gasreinigung. 2 Bände. Verlag Oldenbourg, München 1973.
[23.17] *Dreyhaupt, F. J.:* Handbuch für Immissionsschutzbeauftragte. Verlag TÜV Rheinland, Köln 1976/84.
[23.18] VDI-Handbuch: Reinhaltung der Luft. 6 Bände. Beuth Verlag, Berlin/Köln.
[23.19] *Jost, M. D.:* Die neue TA Luft, Loseblattsammlung. WEKA-Verlag, Kissing 1983.
[23.20] *Dreißigacker, H. L., F. Surendorf* und *E. Weber:* Luftreinhaltung, 3 Bände. Carl Heymanns Verlag, Köln 1983.
[23.21] Gewerbeordnung vom 21. Juli 1869 in der Fassung vom 5. Februar 1960 (BGBl. I S. 61 – BGBl. III 7600-1).
[23.22] Siebente Berufskrankheitenverordnung (7. BKVO) vom 20. März 1975 (BGBl. I S. 721).
[23.23] Verordnung über Arbeitsstätten (Arbeitsstättenverordnung – ArbStättV) vom 20. Juni 1968 (BGBl. I S. 729).
[23.24] Richtlinie über Maßnahmen zum Schutz der Arbeitnehmer gegen den Lärm am Arbeitsplatz (Arbeitsplatzlärmschutzrichtlinie) vom 10. November 1970 (Arbeitsschutz 12/1970 S. 345).
[23.25] Gesetz über technische Arbeitsmittel (Gerätesicherheitsgesetz) vom 24. Juni 1968 (BGBl.I S. 717) zuletzt geändert durch das Gesetz vom 13. August 1979 (BGBl. I S. 1432).
[23.26] Unfallverhütungsvorschrift Lärm (UVV Lärm) vom 1. Dezember 1974.
[23.27] Gesetz zum Schutz vor schädlichen Umwelteinwirkungen durch Luftverunreinigungen, Geräusche, Erschütterungen und ähnliche Vorgänge (Bundes-Immissionsschutzgesetz – BImSchG) vom 15. März 1974 (BGBl. I S. 721) zuletzt geändert am 20. April 1986 (BGBl. I S. 560).
[23.28] Vierte Verordnung zur Durchführung des Bundes-Immissionsschutzgesetzes (Verodrnung über genehmigungsbedürftige Anlagen – 4. BImSchV) vom 24. Juli 1985 (BGBl. I S. 1586).
[23.29] Neunte Verordnung der Bundesregierung zur Durchführung des Bundes-Immissionsschutzgesetzes (Grundsätze des Genehmigungsverfahrens) – 9. BImSchV vom 18. Februar 1977 (BGBl. I S. 274).
[23.30] Technische Anleitung zum Schutz gegen Lärm (TA Lärm) vom 16. Juli 1968 (Beilage zum Bundesanzeiger Nr. 137 vom 26. Juli 1968).
[23.31] VDI-Handbuch Lärmminderung, Hrsg.: VDI-Kommission Lärmminderung; Düsseldorf, VDI-Verlag 1973.
[23.32] *Löffler/Dietrich/Flatt:* Staubabscheidung mit Schlauchfiltern und Taschenfiltern. Verlag Friedr. Vieweg & Sohn, Braunschweig/Wiesbaden 1984.

Normen

DIN 45635 Geräuschmessung an Maschinen; Luftschallmessung, Hüllflächen-Verfahren. *Die Norm enthält über 85 Teile.*

DIN 45645 Teil 1 Einheitliche Ermittlung des Beurteilungspegels für Geräuschimmissionen
Teil 2 Einheitliche Ermittlung des Beurteilungspegels für Geräuschimmissionen; Gerauschimmissionen am Arbeitsplatz

VDI 2058 Blatt 1 Beurteilung von Arbeitslärm in der Nachbarschaft
Blatt 2 Beurteilung von Arbeitslärm am Arbeitsplatz hinsichtlich Gehörschäden
Blatt 3 Beurteilung von Lärm am Arbeitsplatz unter Berücksichtigung unterschiedlicher Tätigkeiten

VDI 2570 Lärmminderung in Betrieben; Allgemeine Grundlagen
VDI 2571 Schallabstrahlung von Industriebauten
VDI 2714 Schallausbreitung im Freien
VDI 3720 Blatt 1 Lärmarm Konstruieren; Allgemeine Grundlagen
Blatt 2 Lärmarm Konstruieren; Beispielsammlung
Blatt 3 Lärmarm Konstruieren; Systematisches Vorgehen
Blatt 4 Lärmarm Konstruieren; Rotierende Bauteile und deren Lagerung
Blatt 5 Lärmarm Konstruieren; Hydrokomponenten und -systeme
Blatt 6 Lärmarm Konstruieren; Mechanische Eingangsimpedanzen von Bauteilen, insbesondere von Normprofilen

Sachwortverzeichnis

2-Frequenzen-Laserinterferometer 723
2D-Methode 616
3D-CAD-System 616
3D-Methode 616

A

A-Schallpegel, mittlerer 566
AO-Ebene 622
Abbesches Komparatorprinzip 507
Abbindemechanismus 204
Abbindetemperatur 205
Abbrennstumpfschweißen 224 ff.
ABC-Analyse 579, 586
Abfindungsgesetz 836
AbfKlärV 846
abführendes Transportsystem 757
Abgasmenge 779
Abgasreinigungsanlage 852
abgebbare Körperkraft 978
Abgraten 292
Abkanten 288
Abkantschweißen 299
Abkantversuch 91
Abkochentfettung 131
Abkühlungsschwindung 147
Ablauforganisation 573, 578 ff.
Ablaufparameter 670
Ablaufplanung 592
Abnahme einer Werkzeugmaschine 316
Abnehmerrisiko 464
Abrichten der Schleifscheibe 193
Abrieb 129
ABS 50, 55 ff., 279, 283, 287 f., 295, 300, 302
Absauganlage 800
Abscheidevermögen 796
Abscheidung, elektrostatische 852
Abschirmung 810
Abschirmungsmaßnahme 810
Abschmelzschweißen 218
Abschneiden 253 f.
Abschreckhärten 77, 79
Absenken der Raumtemperatur 788
absolute Feuchte 791

Absorption 808, 853
Absopritons-Kälteanlage 798
Absorptionsfläche 810
Absorptionsmaßnahme 810
Absorptionsschalldämpfer 797, 808
Absperrelement 797
Abstandsaufnehmer 494
Abstiegsphase 581
Abstreckziehen 239, 251
Abstreiferplatte 349
Abtastkopf, elektronischer 517
Abtragen 171, 197
– thermisches 197
Abtragungsgeschwindigkeit 135
Abtttragrate 199
Abwälzschleifen, Schleifscheibe zum 344
Abwälzverfahren 344
Abwasser 803
Abwasserabgabengesetz 845
Abwassersatzung 846
Abwassertechnischer Lehrgang 847
Abwasserverwaltungsvorschriften 838 ff.
AbwAG 845
Abweichung, maschinenbedingte 546
Abwendung von Schaden, Pflicht zur Anzeige und 831
AC 318
ACC 318
Acethylen-Versorgungsanlage 804
ACM 64
ACO 318
Acrylatkautschuk 64
Acrylnitril-Butadien-Kautschuk 64
Acrylnitril-Butadien-Styrol 50
Adaptive Control Constraint 318
Adaptive Control Optimisation 318
Adaptive Control System 318
Addierer, digitaler 436
Adhäsion 129, 203
Adhäsionskraft 129
Adreßbus 441
Adresse 672
Adsorption 129, 852 f.

Adsorptionskraft 129
Aggregationsniveau 661
Aggressivität von Wasser 139
Akkuraumentlüftung 800
Aktionsraum 661
Aktivator (Gummi) 64
aktive Schicht 140
aktiver elektromechanischer Aufnehmer 485 ff.
– Aufnehmer 474, 483 ff.
– Meßfühler 480 ff.
akustischer Oberflächenwellen-Resonator 497
Alkohol am Arbeitsplatz 804
Allgebrauchslampe 766
Allgemeinbeleuchtung 386
Allgemeintoleranz 17
allotrope Modifikation 74
Alterung 80, 115, 121
–, irreversible 110
Alterungsverhalten 206
Alterungsversuch 91
Alu 441
Aluminium 44 ff.
Aluminium-Gußlegierung 148
Aluminiumlegierung 211
Aluminothermisches Gasschmelzschweißen 221
Aminoplast 50, 62
amorpher Thermoplast 287
Ampere 2
Amplitudengang 481
Analog-Digital-Umsetzer 440
Analogrechner 428
Angewandte Forschung 582
Ångström 6
Angußart 278
Angußlage 278
Ankerwiderstandssteuerung 407
Anlage zur Oberflächenbehandlung 849
–, lüftungstechnische 789
–, überwachungsbedürftige 820
anlagenbedingte Störung 601
Anlassen 78
Annahmekennlinie 464
Annahmeverzug 833
Annahmewahrscheinlichkeit 464
Annahmezahl 462
annehmbare Qualitätsgrenzlage 462, 704

Anpassungsabweichung 484
Anpassungsfaktor, komplexer 485
Anpassungskonstruktion 397
Anpassungstest 449, 460
Anregung, periodische 806
—, schlagförmige 806
—, stochastische 806
—, stoßförmige 806
Anschlagmittel 827
Anstiegsphase 581
Antastpunkt 738
Antischaum-Zusatz 119
Antiwear-Additive 119
Antrieb, elektrischer 389
—, hydraulischer 312
—, integrierter 412
—, linearer hydraulischer 312
Antriebsaufgabe 396
Antriebsauswahl 416
Antriebskonzept, komplexes 391, 394
—, rechnergeführtes 394
Antriebsregelung 415
Antuschieren 535
Anweisungs-Code, dezimalalphanumerischer 667
Anwenderalgorithmus 616
Anzeige 718
— und Abwendung von Schäden, Pflicht zur 831
APT 634, 667
AQL 704
AQL-Wert 462
Ar 7
Arbeit 3, 8
—, schadensgeneigte 832
Arbeitgeber 829
Arbeitnehmer 829
—, Persönlichkeit des 834
Arbeitnehmereigentum 834
Arbeitsablaufdarstellung 579
Arbeitsaufgabe 381
arbeitsbedingte Störung 601
Arbeitsebene 172
Arbeitsentgelt 833
arbeitsgebundene Maschine 325
Arbeitsgenauigkeit 327
Arbeitsgerät, Geräuschemission 857
arbeitsgerichtliches Verfahren 836
Arbeitsgestaltung 377 ff., 592
Arbeitshaltung 381
Arbeitsluft, Schadstoffe in der 826
Arbeitsmaschine 396
Arbeitsmittel, Gesetz über technische 821

Arbeitspflicht 831
arbeitsphysiologische Transportleistung 749
Arbeitsplan 592 ff.
— der Wertanalyse 586
Arbeitsplanerstellung 594
Arbeitsplanung 643
— mit Rechnern 643
—, automatisierte 644
—, rechnerunterstützte 634
Arbeitsplanungssystem CAPSY 644
—, dialogorientiertes, 643
Arbeitsplatz 381, 822
—, Alkohol am 824
—, humaner 819
—, Lärmbekämpfung am 856
—, sicherer 834
Arbeitsplatzbeleuchtung 386, 775
Arbeitsplatzkonzentration, maximale 791, 826
Arbeitsplatzmaße 381
arbeitsplatzorientierte Beleuchtung 775
Arbeitsrecht 829 ff.
Arbeitsschutz 819 ff.
Arbeitssicherheit 822 ff.
Arbeitssicherheitsgesetz 819, 821
Arbeitsspindel 311
Arbeitsstätten-Richtlinie 822
— ·— Lüftung 794
Arbeitsstättenverordnung 794, 819, 822
Arbeitsstoff, krebserregender 826
arbeitssystembezogene Bereitstellung 600
Arbeitsteilung 620
Arbeitsunfall 834
Arbeitsunsicherheit 545 f.
Arbeitsunterweisung 592
Arbeitsverhältnis 829 ff.
Arbeitsverteilung 600, 656, 665, 703
—, dezentrale 600
—, kombinierte 601
—, zentrale 600
Arbeitsvertrag 830
—, Aufhebung 835
Arbeitsvorbereitung 591
Arithmetikmodul 609
arithmetisch-logische Einheit 441
Arithmetischer Mittelwert 452 f.
Armatur 784
ASA 50, 55, 58, 287
Assemblerprogramm 441

Assemblieren 441
Asynchronmotor 404
Asynchronverhalten 410
Atmosphäre 8
—, Korrosivität der 139
Ätzen, elektrochemisches 200
Aufbauorganisation 573 ff.
Aufbohren 183, 339
aufbringbare Muskelkraft, maximal 384
Aufdampfen 232
Aufgabenanalyse 574
Aufgabensynthese 574
Aufgabenverteilung 600
Aufhebung des Arbeitsvertrages 835
Aufhebungsvertrag 834
Aufkohlen 24
Auflichtmikroskopie 95
Auflichtverfahren 112
Aufnahmedorn 355
Aufnahmeflansch 354
Aufnahmehülse 353
Aufnehmer, aktiver 474, 483 ff.
—, dielektrischer 484
—, elektrodynamischer 486 f., 551
—, elektromagnetischer 487 f.
—, elektromechanischer 499
—, elektromechanischer aktiver 485 ff.
—, induktiver 494 ff.
—, kapazitiver 493 f.
—, kompensierender 497 f.
—, magnetoelastischer 496
—, passiver 474, 483 ff.
—, passiver elektromechanischer 489 ff.
—, piezoelektrischer 488 f.
Aufrauhen, mechanisches 203
Auftrag 596
Auftraglöten 234
Auftragsarbeitsplan 593
Auftragsbildung 665, 703
Auftragschweißen 218, 227, 234
Auftragsdurchführung 601
Auftragsfreigabe 665
auftragsgebundene Disposition 598
Auftragskenndaten 661
Auftragsleitstelle 591
auftragsorientierte Kommissionierung 758
— Terminplanung 599
Auftragsspektrum 656
Auftragsüberwachung 654
Auftragsveranlassung 654
Auftreffgeschwindigkeit 327
Ausarbeiten 587

Sachwortverzeichnis

Ausbaubarkeit des Speichers 610
Ausdehnungsgefäß 785
Ausdehnungskoeffizient 4
Ausdehnungsprinzip 430
Ausdehnungsthermometer 501 f.
Ausfallwahrscheinlichkeit 707
Ausgangsregister 438
Aushärtung 80
Aushärtungszeit 205
Aushebeschräge 282
Ausheilen von Gitterdefekten 71 f.
Ausklinken 253 f.
Auslagerungssystem 757
Auslastungsanforderung 658
Auslegerbauart 727 f.
Ausreißer 449
Ausrundung 281
Ausscheidungshärtung 80 ff.
Ausscheidungsvorgang 71
Ausschlag 548
Ausschmelzmodell 152
Ausschneiden 253 ff., 257
Ausschußprozentsatz, zulässiger 462
Außen-Halbkreisfräser 341
Außen-Langdrehen 171
Außen-Räumwerkzeug 343
Außendrehmeißel 336
Außendurchmesser 530
Außenlufttemperatur 776
Außenmaß 519 f.
Außenrundschleifmaschine 321
äußere Datenverarbeitung 316
äußere Kuhllast 793
außerordentliche Kündigung 835
Ausstrahlungswinkel 765
Austenit 73
austenitischer Stahl 28, 211
Auswahlkriterium, ergonomisches 646
—, strategisches 646
—, technisches 646
—, wirtschaftliches 646
Auswerferstift 349
Auswerterrechnung 518
Auswertung, grafische 459
—, statistische 449
Auswuchten 554
autogenes Brennschneiden 229 f.
Automat 684
Automatenbearbeitung 293
Automatenstahl 29
Automatically Programmed Tools 634, 667
automatische Fertigung 596
— Meßwertverarbeitung 518

— Objektantastung 517
— Zeichnungserfassung 649
automatisierte Arbeitsplanung 644
— Fertigungszelle 688
automatisiertes System 391, 393 f.
Automatisierung 683 ff.
— der Montage 693
Automatisierungsgrad 658, 686, 688
Automatisierungstechnik 683
Axialkolbenmotor 312
Axialventilator 797

B

Backupregler 439
Badabsaugung 800
Badewannenkurve 707
Badnitrieren 349
Bar 325
Bahnmotor 410
Bahnschweißen 692
Bahnsteuerung 316 f.
Bandsägemaschine 323
Bandschleifen 193
Bandschleifmaschine 322
Bar 7
Barrel 7
Basisarbeitsplan 593
Baugruppenbezeichnung 587
Baukastenstrukturstückliste 589
Baukastenstückliste 588
Baukastensystem 584, 588
Baukastenverwendungsnachweis 589
baulicher Brandschutz 823
— Schallschutz 811
Baustahl 210
—, allgemeiner 23 ff.
Baustein, mikroelektronischer 470
bausteinorientiertes Simulationssystem 631
BDE 626, 667
Beanspruchung 377
Bearbeitungskraft 363
Bearbeitungszeit 656
Bearbeitungszentrum 324
Becherwerkzeug 348
Bedarfsrechnung 598
Bedienungsfreundlichkeit 309
Bedrucken 306
Befestigungsgewinde 537
Befeuchtung 801
Beflocken 305

Beförderungssystem 747
Behaglichkeit 792
Behaglichkeitsparameter 792
behinderte Schrumpfung 212
Beinraum 381 f.
Beizen 132, 237
Bekumverfahren 284
Belastung 377 ff.
— der Nerven 380
— der Sinne 380
Belastungsabgleich 662
Belastungsdauer 377
Belastungsgrenzwert, zulässiger 384
Belastungshöhe 377
Belastungsübersicht 662
Belegungszeit 656
Beleuchtung von Flachbauten 772
Beleuchtung von Geschoßbauten 775
Beleuchtung von hohen Hallen 774
Beleuchtungskörper 770
Beleuchtungsstärke 765, 772 f.
—, horizontale 765
—, mittlere 765
—, vertikale 765
Beleuchtungstechnik 765 ff.
Belüftungselement 137
Bemessung des Wassernetzes 802
Benutzerschnittstelle 614
Berechnungsmodell 618
Bereitstellung 600
—, arbeitssystembezogene 600
—, auftragsbezogene 600
—, dynamische 758
—, kombinierte 600
—, statische 758
Bereitstellungstermin 600
Berufsgenossenschaft 820, 857
Berührungsthermometer 501
Beschichten 231, 692
— von Kunststoffen 306
—, elektrochemisches 233
—, elektronisches 306
—, funktionelles 231
Beschichtung 853
—, organische 236
beschichtungsgerechtes Konstruieren 237
Beschichtungsverfahren 232
Beschleuniger (Gummi) 64
Beschleunigung 3
Beschleunigungsaufnehmer 549
—, piezoelektrischer 551
—, piezoresistiver 552

Beschneiden 253 f.
Beschreibungssystem 632
Beschwerdemöglichkeit 834
Bestimmebene 357
Bestimmen 357, 359
Bestimmfehler 370
Bestimmung, falsche 370
Beta-Rückstreuverfahren 540, 542
betriebliche Rechnerhierarchie 689 f.
Betriebsart 416
Betriebsarzt 821
Betriebsärzte, Gesetz über 821
Betriebsauswuchten 554
Betriebsbereichsdaten 662
Betriebsbereichsebene 661
Betriebsdatenerfassung 626
Betriebsdatenerfassungssystem 667
Betriebskalender 597
–, dekadischer 597
Betriebsmittel 626, 657
Betriebsmittelerstellung 622, 625
Betriebsmittelüberwachung 666
Betriebsmittelzeichnung 587
Betriebsmodell 626
Betriebsorganisation 573 ff.
–, funktionale 581 ff.
Betriebsspannung 404
Betriebsverfassungsgesetz 819
Beurteilungspegel 857
Bewegungsgewinde 537
bewerteter Schall-Leistungspegel 566
bewertetes Schalldämmaß 809, 811
Bewertungskurve A 559
– B 561
bezahlte Freizeit 834
bezahlter Erholungsurlaub 834
Bezugsebene 357, 369
Bezugsnormal 545
Bezugsschnittkraft, spezifische 174
Bezugstemperatur 507
Biegebalken 490 f.
Biegefaktor 87
Biegemoment 3
Biegen 245, 288, 330
Biegesteifigkeit 87, 102
Biegestreifenmethode 110
Biegeumformen 438, 240, 245
Biegeversuch 86, 102
–, technologischer 90
Bildanalyse 640
Bildgenerierung 640
Bildinformation 719

Bildschirm, grafischer 612
Bildverarbeitung 640
Bildzeichen 585
Bimetallthermometer 502
BImSchG 794, 848
BImSchgesetz 848, 858
Binärzähler 436
Bindefestigkeit 205
Bindemittel 150, 234
Bindenaht 278
Bindungshärte 342
biologische Korrosion 140
Black-Box 684
Black-Box-Methode 580
Blasformen 283 f.
–, Werkzeug für 350
Blechverarbeitung 325 ff.
–, Werkzeug für 344
Blendung 771
Blendungsbegrenzung 771
Blocklöten 210
Blockschäumen 853
Blubber 244
Bode-Diagramm 425
Bodenlagerung 759
Bodenreißer 241
Bohrbuchse 369
Bohren 183, 292, 319
–, Werkzeug zum 337 ff.
Bohrfutter 353
– mit Spannzange 353
–, selbstzentrierendes 353
Bohrmaschine 311, 319 f.
Bohrmoment 184
Bohrstange 319, 338
Bohrwerkzeug, Spannzeuge für 353
Bohrwerkzeuge, Führen der 369
Bohrzentrum 324
Boltzmannkonstante 504
Bond-Graph-Darstellung 429
Bornitridhonleiste 342
Bottom-UP-Vorgehensweise 632
Boundary Representation 638
Bourdonfeder 503
Brainstorming 580
Brandschutz, baulicher 823
Brechen 252
Bremswulst 249
brennbare Flüssigkeiten, Verordnung über 781
Brennbohren 229
Brennen 132
Brennflämmen 229
Brennfugen 229
Brenngas-Speicher-Anlage 781
Brennhobeln 229
Brennschneiden, autogenes 229 f.

Brennstoff 778
Brennstoffmenge, jährliche 780
Brennverhalten von Kunststoffen 114
Brennwert 778
Brinell-Härte 88
Bringsystem 600
Brisch-Code 591
Bruch, Stauchung bei 102
Bruchausbauchung 86
Bruchdehnung 84
Bruchdurchbiegung 86
Brucheinschnürung 84 f.
Bruchstauchung 86
Brückenbauart 727 f.
Bruttobedarfsrechnung 598
BTA-Verfahren 338
Buchdruck 306
Buckelschweißen 228 f.
Bügelsägemaschine 323
Bundes-Immissionsschutzgesetz 781, 794, 848 ff., 858 ff.
Bundesarbeitsgericht 836
Bunsenkoeffizient 121
Bürobeleuchtungsanlagen 776
Busstruktur 613
Busterpackung 291
Butylkautschuk 65

C

C-Form 309 f.
C-Gestell-Presse 327, 331
CA 50, 59, 279, 300 f.
CAB 50, 59, 279, 300, 306
CAD 587, 634, 712
CAD-Arbeitsplatz, nicht-intelligenter 611
CAD/CAM 626
CAD/CAM-Arbeitsplatz 611
CAD/CAM-Software 611
CAD/CAM-System 609 ff.
CAD/CAM-System, Modellbegriff 615
CAD/CAM-System, Technik 609
CAD/NC-Integration 669, 672
CAD-Software 635
CAD-System 635, 645
–, rechnerflexibles 636
CAM 609, 634, 712
Candela 2
CAP 634
CAPSY, Arbeitsplanungssystem 644
CAPSY-Planungsprozessor 644
CAQ 713 ff.
CASUS 648
CASUS-Systemarchitektur 648

Sachwortverzeichnis

Celluloseabkömmlinge 50, 59 ff.
CFK 60
charakteristische Nennerfunktion 483
Checklistentechnik 579
Chemical-Vapour-Deposition 232
chemisch abbindender Metallklebstoff 204
– reagierender Klebstoff 295
chemische Korrosion 135
– Vorbehandlung 204
Chemischreinigungsanlage 850
Chemisorption 129, 853
Chi-Quadrat-Anpassungstest 460
Chlorsulfoniertes Polyethylen 65
Chromatieren 237 f.
CIM 619, 630, 667, 712
CLDATA-Form 644
CLDATA-Programm 670
CNC-Fertigungssystem 668
CNC-Steuerung 318
Code, mnemonischer 441
Computer 438, 716
– Aided Design 587, 634
– Manufacturing 609, 634
– Planning 634
– Quality Assurance 713
– Solid-Reconstruction Using Sketches 648
– Integrated Manufacturing 619
– Numerical Control 668
CONCERTO 736
Concurrent Programming 720
Constructive Solid Geometrie 638
Corpoplastverfahren 284
Cost-Center-Konzept 576
Coulometrisches Verfahren 540
CP 50, 59, 279
CPM 581
CPU 441
CR 64
Crack-Erscheinungen 121
CSM 65
Cut-off 526
Cutter Location Data 670
CVD-Verfahren 232
Cyanacrylat-Klebstoff 295

D

D-Verhalten 424
Dachzentrale 799
Dämmwert 811
Dampf als Wärmeträger 785
Dampfbefeuchter 796
Dampfdruck-Federthermometer 502
Dampfentfettung 130 f.
Dampfkesselverordnung 781
DampfkV 761
Dampfsperrschicht 785
Dampfstrahlkälteanlage 798
Dampfstrahlreinigung 131
Dämpfungs-Temperatur-Kurve 110
Dämpfungsverhalten 110
Dampfversorgung, zentrale 787
Darstellung, linienorientierte 640
Daten, technologische 615
Datenbank 590
Datenbasen, operationale 615
Datenbus 441
Datenbussystem 499
Datenflußplan 579
Datenhaltung, objektbezogene 626, 629
Datenintegration 626
Datenkommunikationssystem 613
Datenmodell 615
Datenschnittstelle 615
Datenverarbeitung, äußere 316
–, dezentrale 618
–, grafische 640
–, innere 316
Datenverwaltung 665
Dauerbruch 92
Dauerfestigkeit 92
Dauerfestigkeitsprufung 92 f.
Dauerfestigkeitsschaubild nach Smith 93
Dauerfestigkeitsversuch 93
Dauerform 153
Dauermodell 150
Dauerschallpegel 562
Dauerschwingversuch 92, 104
Dauerstandfestigkeit 206
Daumen, Druck 384
DDC-Betrieb 439
Dehndorn, hydraulischer 361
–, mechanischer 361
Dehnung 160
– bei Streckspannung 101
Dehnungsaufnehmer 497
Dehnungsmeßstreifenaufnehmer 490
Deka 7
dekadischer Betriebskalender 597
Denken in Funktionsketten 630
Desorption 137

Deutscher Normenausschuß 584
dezentrale Arbeitsverteilung 600
– Datenverarbeitung 618
– Lagerung 757
– Zonentemperaturabsenkung 788
dezentrales Heizsystem 785
– Warmwassersystem 785
Dezimal-alphanumerischer Anweisungs-Code 667
Dialogorientiertes Arbeitsplanungssystem 643
Dialogteil 614
diametrales Kugelmaß 534
Dichte 3
Dichtebestimmung 114
Dichtungsgewinde 537
Dichtungsmittel 126
Dickfilm-Streifen 492
dielektrische Eigenschaften 109
dielektrischer Aufnehmer 494
– Verlustfaktor 109
Dielektrizitätszahl 109
Dienstvertrag 829
Differentialaufnehmer 495
Differentialtransformator 550
Differentialtransformator-Aufnehmer 495 f.
Differenzdruckmeßverfahren 512
diffuses Schallfeld 565
Diffusion 852
Diffusionsglühen 76
Digestorium 800
Digital-Analog-Umsetzer 444
Digitalbaustein, integrierter elektronischer 436
digitale Meßtechnik 499
– Schnittstelle 499
digitaler Addierer 436
Digitalrechner 429, 716
– Direct Digital Control 439
– Numerical Control 318
Direkte-Rechner-Regelung 440
direkter Regler 439
direktes Spannen 364 f.
– Ultraschallschweißen 300
Direkthärtung 24
Direktion 574
Direktschall 810
Direktschallpegel 809
Dispersionsklebstoff 204
Disposition, auftragsgebundene 598
–, verbrauchsgebundene 598
dispositionsbedingte Störung 601

disposive Steuerung 663 ff.
Divisionalorganisation 574, 576
DMS-Beschleunigungsaufnehmer 552
DMS-System 550
DNA 584
DNC-System 318
Dokumentation 605
Doppel-Stichprobenplan 463
Doppelfaltversuch 91
Doppelhärtung 24
Doppelregler 439
Doppelschlußverhalten 412
Doppelständer-Exzenterpresse 327, 329
Dosimeter 562
Drahtstreifen 492
Drallrichtung 337
Drallwinkel 337
Drehaufnehmer 474
Drehautomat 319
Drehen 181, 293
–, Werkzeug zum 336 f.
Drehfrequenzbereich 313
Drehführung 311
Drehimpuls 3, 8
Drehmaschine 311, 318 f.
Drehmeißel 318, 336 f.
Drehmeißelspanner 352
Drehmoment 8
Drehrichtungsumkehr 407
Drehstrom-Asynchronmotor 311, 402, 410
Drehstrom-Synchronmotor 311, 402, 408
Drehwerkzeug, Spannzeuge für 352
Drehzahl-Drehmoment-Abhängigkeit 400
Drehzahl-Drehmomentverhalten 404
Drehzahlregelungsmöglichkeit 404
Drehzahlstellbereich 404
Drehzahlsteuerungsmöglichkeit 404
Drehzerspanen 171
Drei-Koordinatenmeßmaschine 515
Drei-Scheiben-Spindelpresse 328
Dreidrahtmethode 539
Dreiplattenwerkzeug 347
Dreipunktbiegung 102
Drosselelement 797
Druck 3, 5, 7
– des Daumens 384
–, hydrostatischer 430

Druckaufnehmer 474
Druckbehälterverordnung 781
DruckbehV 781
Drücken 239, 251
Druckfestigkeit 85, 87, 102
Druckgasbrenner 229
Druckgießverfahren 154
Druckgußform 153 f.
Druckluftformen 290
Druckluftformung 335
Druckluftversorgungsanlage 804
Druckmaschine 335
Druckmeßverfahren 511
Druckumformverfahren 162
Druckversuch 85 f., 102
Druckwalzen 251
Dryblend 287
DT1-Verhalten 424
DT2-Verhalten 424
Durchbiegung 87
Durchbruch 282
Durchdringungsverknüpfung 617
Durchgangsloch 282
Durchgangswiderstand, spezifischer 109
durchgehärteter Stahl 349
Durchhärtung 80
Durchlaufterminierung 656
Durchlaufzeit 594
Durchlässigkeit der Daten 740
Durchlicht, polarisiertes 112
Durchlichtverfahren 112
Durchschlagfestigkeit, elektrische 108
Durchschlupf 464
Durchstrahlungsverfahren 98
Duroplast 49, 53, 60, 274
duroplastische Formmasse 269, 274
Düse 334
Dynamik 562
dynamische Bereitstellung 758
– Festigkeit 206
– Lagergröße 759
– Messung 484, 489
– Muskelarbeit 378
– –, einseitige 378
– –, schwere 378
– Steifigkeit 309
– Unwucht 554, 557 f.
– Viskosität 120
dynamischer Vorgang, stationärer 471
dynamisches Härteprüfverfahren 89
– Verhalten 404

E
Ebene Platte 807
Echtzeitanalysator 554
Eckenwinkel 173
EDV-Anlage 801
effektive Schnelle 548
Effektivwert der Schwinggeschwindigkeit 548
Eigenschaften, dielektrische 109
–, thermische 109 f.
Eigenspannung 248
Eigenspannungszustand 211
Eigenversorgung 803
Ein/Ausgabemodul 609
Einfach-Stichprobenplan 463
Einfachhärtung 24
Einfärben von Kunststoffen 304
Einflanken-Wälzabweichung 532
Einflanken-Wälzprüfung 535
Einflüsse von Zusatzstoffen 100
Einfrieren 288
Einfügungsdämmaß 808
Eingabedaten 317
Eingangsfilter 438
Eingangsregister 438
Eingriffsgrenze 465, 706
Eingriffskennlinie 465
Einheitenlagersystem 758
einheitliche Sprache 590
Einkanalanlage 800
Einkomponentenklebstoff 295
Einkoordinatenmaß 519
Einlagerungssystem 757
Einläppen 324
Einleiteerlaubnis 844, 846
Einlippen-Tiefbohrer 338
Einmalfertigung 595
Einmitten 358
Einphasen-Asynchronmotor 410
Einphasenwechselstrom-Reihenschlußmotor 410
Einquadrantenantrieb 401
Einrohr-Verteilung 786
Einsatzstahl 24 f., 349
Einschlußthermometer 501
Einschneckenextruder 335
Einschneiden 253 f.
einseitige dynamische Muskelarbeit 378
einseitiges Punktschweißen 225 f.
Einsetzen 24
Einspindelbohrmaschine 319
Einspindeldrehautomat 319
Einspritzgeschwindigkeit 271
Einständer Exzenterpresse 327 f.

Einstechschleifen 324
Einsteck-Gewindeschleifen 192
Einstellwinkel 173
Einverfahrenswerkzeug 254
Einzahn-Fräsen 189
Einzelabweichung einer Verzahnung 532
Einzelarbeitsplan 593
Einzelfertigung 595
Einzelteilzeichnung 587
Einzug 148
Eisenwerkstoff 23 ff.
–, gegossener 34 ff.
Ejektor-Tiefbohrverfahren 338 f.
Elastizitätsmodul 3, 84, 101 f.
Elastomer-Verträglichkeit 122
Elastomere 53 ff., 63 ff.
elektrische Durchschlagfestigkeit 108
– Meßtechnik 499
– Spannung, Gefahren 824
– Stromstärke 2
elektrischer Antrieb 389
– Motor 401
elektrisches Messen 470
elektrochemische Metallbearbeitung 200
elektrochemisches Abtragen 200
– Ätzen 200
– Beschichten 233
– Entgraten 202
– Honen 202
– Läppen 202
– Polieren 202
– Schleifen 202
– Senken 200
Elektroden, Polung der 217
Elektrodenverschleiß, relativer 199
elektrodynamischer Aufnehmer 486, 551
– Schwinggeschwindigkeitsaufnehmer 549
elektrodynamisches System 550
Elektroerosionsverfahren 197
elektrolytische Entfettung 131
– Korrosion 135
elektrolytisches Metallabscheiden 237
elektromagnetischer Aufnehmer 487 f.
elektromagnetisches Stellglied 413
elektromechanischer Aufnehmer 499
– –, aktiver 485 ff.
– –, passiver 489 ff.

– Meßkettenteil 470
Elektronenstrahlschweißanlage 221
Elektronenstrahlschweißen 220
elektronische Stücklisten-Organisation 588
elektronischer Abtastkopf 517
– Digitalbaustein, integrierter 436
– Meßkettenteil 470
– Operationsverstärker 437
– Rechenverstärker 437
– Regelkreis 434
elektronisches Beschichten 306
– Längenmeßgerät 512 ff.
– Meßkettenteil 499 f.
– Meßverfahren 508
– Spritzlackiersystem 235
– Stellglied 413
Elektroschlackeschweißen 220 f.
elektrostatische Abscheidung 852
elektrostatischer Staubabscheider 852
elektrostatisches Pulverspühen 236
– Spritzlackieren 305
Elektrotauchlackieren 236 f.
elementares System 391 f.
Eloxal 44
Emaillieren 237
Emission 848
Emissionskennwerte technischer Schallquellen 861
Emissionsmessung 854
Endmaß 522
Endmaß-Meßstift-Kombination 523
Endprüfung 506, 604, 704
Endstückhalter 355
EnEG 780
Energie 3, 6
Energieeinsparungsgesetz 780
Energieflußabhängigkeit 400
Energieflußplan 475
Energieflußstrang 477 ff.
Energieprinzip der Signalübertragung 471
Energierichtungsgeber 300
ENPORT 429
Entfetten 237
Entfettung, elektrolytische 131
Entgeltanspruch 833
Entgraten 693
–, elektrochemisches 202
Enthärtung 798
Entladungslampe 767
Entropiestrom 500
Entsorgung 803

Entspannerkasten 797
Entspannungsverhalten 106
Entwerfen 587
Entwicklung 581 ff.
Entwicklungsabteilung 701
EP 50, 62 f., 284 f.
EP-Additives 119
EP-Klebstoff 295
EPDM 65
EPM 65
Epoxydharz 50, 62 f., 204
EPROM-Speicher 441
EPS 67, 286
Erdgas 804
Ereignis 447
Erg 8
Ergonomie 377 ff., 819
ergonomisches Auswahlkriterium 646
Erholung 71
Erholungsurlaub, bezahlter 834
Erosionskorrosion 138
Erprobung 587
Ersatzstreckgrenze 83, 85
Erstarrungsschrumpfung 147
Erwärmungsgrenze, zulässige 417
Erwärmungsverhalten des Motors 417
Erzeugnisbeschreibung 587
Erzeugnisgestaltung 585
Erzeugnisgliederung, synthetische 589
Erzeugniskonkretisierung 583
Erzeugniskonzeption 583
Erzeugnisplanung 583
Erzeugnisstrukturdaten 589
Etagenpressen 334 f.
ETFE 50, 60, 279
Ethylen-Propylen-Kautschuk 65
Ethylen-Vinyl-Acetat 65
ETS 861
ETS-Richtlinien 861
Eulerbeziehung 482
EVA 65
Evolventenform 535
EXAPT 672
expandiertes Polystyrol 67
Expansionsgewindesatz 303
Extendet APT 672
Extraktionsanlage 850
Extruder 335
Extrudieren 269, 283
Extrusion, Werkzeug für 350
Extrusionsanlage 284
Extrusionsblasanlage 284
Extrusionsblasen 284, 350
Extrusionsblasmaschine 335
Extrusionsblaswerkzeug 350

F

Fabrikbetrieb 622
–, rechnerintegrierter 620
–, Referenzmodell 620, 623
Fadenkorrektur 501
Fahrenheit 6
fahrerloses Transportsystem 754
Faktoreinsatzmenge 683
Fallhammer 326 f.
falsche Bestimmung 370
Falte 238, 243
Faltversuch 90 f.
Farbdarstellung, flächenhafte 640
Farbeindringverfahren 96
Farbspritzanlage 600
Farbspritzen 304
Faserspritzverfahren 285
Faustschluß 384
Federarbeit, verlorene 328
federnde Schnappverbindung 302
federnder Haken 303
Federsteifigkeit des Gestells 331
Federthermometer 502
Fehler 445, 603
Fehleranalyse 603
Fehleranteil, systematischer 546
Fehlerart 603
Fehlerelement 474
Fehlergewichtung 603
Fehlerkatalog 603
Fehlerkosten 603 f., 711
Fehlermöglichkeits- und Einflußanalyse 701
Fehlerort 603
Fehlerquadratsumme, Gaußsche 737
Fehlersammelkarte 466
Fehlerursache 603
Fehlerverhütungskosten 604, 711
Feilen 292
Feinbearbeitung 324
Feinfräsen 189
Feingestaltsabweichung 721
Feinguß 152
Feinkorn 72, 75
Feinkornbaustahl 23 f., 211
Feinschneidband 258
Feinschneiden 258, 332
Feinschneidpresse 332
Feinschneidwerkzeug 258
Feinstbearbeitung 324
Feinzeiger 508
Feldplatten-Aufnehmer 490

Feldsteuerung 407
Fenster 386
FEP 50, 60, 279
Ferrit 73
ferritischer Stahl 28, 210
Fertigschleifen 194
Fertigung 720 f.
– nach dem Flußprinzip 595
–, automatische 596
–, Flexibilität der 658
–, Komplextät der 657
Fertigungsart 595
Fertigungsauftragsgröße 656
Fertigungskontrolle 705
Fertigungsmaschine, rechnergeführte 688
Fertigungsmeßtechnik 505 ff.
Fertigungsmittel 546
Fertigungsmittelplanung 592
Fertigungsplanung 591 ff., 702 f.
Fertigungsprogramm 598
Fertigungsprogrammplanung 630, 662
Fertigungsprozeß 609 ff., 703
Fertigungsprüfung 604
Fertigungssteuerung 591, 596 ff., 630, 654 ff., 703
–, rechnergeführte 654 ff.
Fertigungssystem 684 f.
–, flexibles 689
–, rechnergeführtes 631
Fertigungsteil 593
Fertigungsüberwachung 666, 703
Fertigungsunsicherheit 546
Fertigungsverfahren 269 ff.
Fertigungszelle, automatisierte 688
Fertigverzahnen 323
feste Brennstoffe, Feuerungsanlage für 782
– Lagerplatzordnung 759
fester Filter 552
Festigkeit, dynamische 206
Festigkeitskennwerte 83
Feuchte, absolute 791
–, relative 790
Feuchtkugeltemperatur 791
Feueraluminieren 233
Feuerungsanlage 791 f.
– für feste Brennstoffe 782
– für Gas 782
– für Heizöl 782
Feuerverbleien 233
Feuerverzinken 44, 233
Feuerverzinnen 233
FeuVO 782

Filmanguß 278
Filmscharnier 294
Filter 552, 852
–, fester 552
Filterung 789
Filterwahl 721
Fingerfräser 344
FKM 65
Flachbauten, Beleuchtung von 772
Fläche 3, 7
flächenhafte Farbdarstellung 640
– Grautondarstellung 640
Flächenheizung 783
Flächenmodell 616, 638
Flächenträgheitsmoment 3
Flachführung 310
Flachheizkörper 783
Flachnut-Spiralbohrer 338
Flachschleifmaschine 321
Flachsenker 338
Flachstrahl 235
Flämmlöten 209
Flammpunkt 823
Flammrichten 212
Flammspritzen 228, 233, 236
Flankendurchmesser 536, 538
Flankenwinkel 536
Flaschenbatterie 804
Flexibilität 687 f.
– der Fertigung 658
flexibles Fertigungssystem 689
Flexodruck 306
Fliehkraftprinzip 429
Fliehkraftregler 429
Fließfertigung 595
–, verfahrenstechnische 596
Fließgrenze 245
Fließkurve 161
Fließpressen 166, 330
Fließprinzip 657
Fließspan 172, 293
Fließspannung 160 ff.
Flitter 129
Floating-Point-Prozessor 610
Flor 305
flüchtiger Speicher 441
Flügelzellenmotor 312
Fluidik 432
fluidische Steuerung 432
Fluorkautschuk 65
Flurförderer 754 f.
Flüssigkeitsglasthermometer 501
Flußmittel 208 f.
Flußprinzip, Fertigung nach dem 595

Sachwortverzeichnis

Fluten 236
FMEA 701 f.
Fokussiergas 219
Folgeaudit 709
Folgekosten 583
Folgeschneiden 254
Folgeschneidwerkzeug 254, 345 f.
Folien, Ziehen von 853
Folienblasanlage 284
Foliennahtschweißen 227
Folienstreifen 492
Förderhilfsmittel 745
Fördermittel 747
Fördersystem, innerbetriebliches 745
Form, verlorene 151
Formabweichung 370, 525, 528, 721
Formänderungswiderstand 162
Formbeständigkeit in der Wärme 110
Formdrehen 181
Formdrehmeißel 337
Formfehlermeßgerät 525
Formfräsen 186
Formfräser 341, 344
Formlappen 197
Formmasse 49, 269
−, duroplastische 269, 274
−, keramische 150
Formmeißel 344
Formmessung 733
Formprüfgerät 723
Formrauheit 181
Formscheibendrehmeißel 337
Formschleifscheibe 344
formschlüssiges Getriebe 315
Formstoff 49, 149, 269
−, geschäumter 270
Formteil 853
Formtoleranz 13 ff.
Forschung 581 f.
−, angewandte 582
Fortschrittskontrolle 656
Fräsen 185, 292, 320
−, Werkzeug zum 340 f.
Fräser, hinterdrehter 341
−, spitzgezahnter 340 f.
Fräsmaschine 320 f.
Fräswerkezentrum 324
Fräswerkzeug 340 f.
−, Spannzeuge für 354
Free-Förderer 752
Freidraht-Druckaufnehmer 490
freie Lagerplatzordnung 759
− Lüftung 799
− Schrumpfung 212
freies Mitarbeiterverhältnis 830

Freifeldverfahren 565
Freiflächenverschleiß 177
Freiformen 162
Freiformschmieden 325
Freiheitsgrad 461
Freistellungsanspruch 833
Freiwinkel 172
Freizeit, bezahlte 834
Fremderzeugnisanalyse 586
Fremdspannung 142
Frequenz 3, 314
Frequenzanalysator 552, 562
−, serieller 553
Frequenzanalyse 552
Frequenzgang 425
Frequenzkennlinie 425
Fristenplan 594
fristlose Kündigung 835
Frostschutz 787
Frostschutzmittel 788
FTS 754
Fügefläche, Reinigen der 203
Fügen 293
Fügeverfahren 293
Fühlhebel-Rachenlehre 534
Führen von Bohrwerkzeugen 369
Führung 310
Führungsgröße 421
Füllgrad, kritischer 286
Füllraumwerkzeug 350
Füllstoff (Gummi) 63
− (Kunststoffe) 55
Fundamentzeichnung 587
Funkenerosion 198
Funkenerosionsanlage 126
funkenerosives Schleifen 199
− Schneiden 198 f.
− Schruppen 199
− Senken 198 f.
funktionale Betriebsorganisation 581 ff.
funktionales Referenzmodell 620
Funktionalsystem nach Taylor 547
funktionelles Beschichten 231
Funktionsanalyse 586
Funktionsblock 471 f.
Funktionsblock-Koppler 472
Funktionsintegration 626
Funktionsketten, Denken in 630
Funktionsstoff 125
Fuß 6
Fußbodenheizung 683
Fußfeld 593
Futter, kraftbetätigtes 361
Futterdrehmaschine 318

G

Galvanisieren 233, 305
Gammaprüfung 99
Gammaverfahren 98
ganz geringes Verschulden 832
Gas, Feuerungsanlage für 782
Gas-Federthermometer 502
Gasgegendruckverfahren 286
Gaspreßschweißen 222
Gasschmelzschweißen 214, 216
Gaußsche Fehlerquadratsumme 737
GDV 587
Gebäudeausrüstung, technische 765 ff.
Gebrauchsmuster 584
Gebrauchsmusterschutz 584
Gebrauchsnormal 545
Gebrauchsprüfung 119
Gebrauchstauglichkeit 115, 699
Gebrauchstemperatur 110
Gebrauchswert 583
gebundenes Korn 341
Gefahren elektrischer Spannung 824
Gefahrensymbol 822
gefährliche Stoffe, Verordnung über 822
Gefahrstoffverordnung 819, 822
gefälzte Verbindung 205
Gefrierschnitt 112
Gefügestruktur 528
Gefügeuntersuchung 112
Gegenlauffräsen 186, 292
Gegenschlaghammer 326 f.
Gelenkspindelbohrmaschine 320
gemischtes System 477
Genauigkeit 309
Genehmigungsverfahren, technisches 781
−, vereinfachtes 781
Generierungsverfahren 639
genormte Maschinensprache 318
Geometriedaten 669
Geometrieverarbeitung, rechnerunterstützte 609
geometrisches Modell 618
Gerät, musterverarbeitendes 726
Gerätesicherheitsgesetz 819, 821
Gerätesteuerung 760
Gerätestreuung 447
Geräusch, technisches 558
Geräuschbelastung 558

Geräuschemission von Arbeitsgeräten 857
Geräuschimmission 856
geregeltes System 391, 393 f.
geringes Verschulden, ganz 832
Gesamt-Strahlungsthermometer 504
Gesamt-Ziehverhältnis 242
Gesamtarbeitszeit 594
Gesamtpegel 559
Gesamtschneiden 254
Gesamtschneidwerkzeug 254, 345 f.
Gesamtschwindung 111, 287
Gesamtziehkraft 241
geschäftete Verbindung 205
geschäumter Formstoff 270
Geschmacksmuster 584
Geschmacksmusterschutz 585
Geschoßbauten, Beleuchtung von 775
Geschwindigkeit 3, 8
Geschwindigkeitsalgorithmus 441
Geschwindigkeitsmeßverfahren 511
Gesenkauslegung 163
Gesenkbiegen 240
Gesenkformen 162
Gesenkschmieden 325, 330
Gesetz über Betriebsärzte 821
– – – Sicherheitsingenieure 821
– – – Technische Arbeitsmittel 821
gesetzliche Unfallversicherung 819 f.
Gestaltabweichung 528, 721
Gestalteinfluß 100
Gestaltungsgrundsätze 211
Gestell 309
–, Federsteifigkeit 331
gesteuertes System 391 f.
gestuftes Getriebe 312
Getriebe 312
–, formschlüssiges 315
–, gestuftes 312
–, gleichförmig übersetzendes 312
–, kraftschlüssiges 315
–, stufenloses 312
–, ungleichförmig übersetzendes 312, 315
Getriebeart 313
Getriebemotor 405
Getriebeöl 124
Gewässernutzung 837
Gewerbeaufsicht 820
Gewerbeordnung 819 f.
gewerblicher Rechtsschutz 584

Gewinde 283, 343
–, Werkzeug zum Herstellen von 343 f.
Gewinde-Drehmeißel 343
Gewinde-Lehrung 537
Gewinde-Messung 538
Gewinde-Scheibenfräser 343
Gewinde-Schneidbacken 343
Gewinde-Schneideisen 343
Gewinde-Strehler 343
Gewindebohren 183
Gewindebohrer 344
gewindeformende Schraube 303
Gewindefräsen 188
Gewindefräsmaschine 324
Gewindeprüfung 536 ff.
Gewindeschleifen 192
Gewindeschleifmaschine 324
Gewindeschleifscheibe 343
Gewindeschneiden 292, 319
gewindeschneidende Schraube 303
Gewindeschneidwerkzeug 343
Gewindewalzen 170
Gewindewirbelmaschine 324
GFK 60
GFK-Formstoff 284
Gießen 236
–, kontinuierliches 156
Gießereitechnik 147
Gießharz 60 ff.
Gießharzverarbeitung 269
Gießschmelzschweißen 220
Gitteraufbau 528
Gitterdefekte, Ausheilen der 71
GKS 641
Glanzbrennen 132
Glanzdrehen 337
Glasfaserkabel 613
Glättungstiefe 531
Glattwalzen 170
Gleichbehandlungsvorschrift 830
gleichförmig übersetzendes Getriebe 312 f.
Gleichlauffräsen 186, 292
Gleichmaßdehnung 248
gleichmäßige Spannungsverteilung 294
Gleichrichten 414
Gleichstrom, Schweißen mit 217
Gleichstromdoppelschlußmotor 412
Gleichstrommotor 311, 402, 404
Gleichstromnebenschlußmotor 408

Gleichstromreihenschlußmotor 410
Gleichstromumrichter 415
Gleichteileückliste 589
Gleitbahnöl 125
Gleitebene 71
Gleitschleifen 196
Gleitspanen 196
Gleitverhalten 125
Gliederradiator 783
Glockenläufer 408
Grad Engler 8
Gradführung 310
Grafiksystem 641
grafische Auswertung 459
– Datenverarbeitung 587
– Datenverarbeitung 640
– Interaktivität 612
grafischer Bildschirm 612
graphisches Kernsystem 641
graue Strahlung 504
Grauguß 211
– globular 35 f.
– lamellar 35 f.
Grautondarstellung, flächenhafte 640
Greifbereich 381 ff.
Greifraumgröße 381
Greifzeit 758
Grenzlehre 537
Grenzregelung 318
Grenzziehverhältnis 241 ff.
Grobgestaltsabweichung 721
Grobkorn 73, 75
Grobkornglühen 75
Groborganisation 580
Grundgesamtheit 448
Grundgestell 727
Grundgetriebe 314
Grundgröße 467
Grundlagenanalyse 579
Grundlagenforschung 582
Grundtoleranz 9
Grundvolumenelement 618
Gummi 63 ff.
gummielastischer Temperaturbereich 288
Gummiverarbeitung, Werkzeug für 351
Günstigkeitsprinzip 831
Gurtbecherwerk 752
Gußeisen 148
Gußkupfer 148
Gußstückklassifikation 591
Güteverhandlung 836

H
H-x-Diagramm 794
Haftfestigkeit 294

Sachwortverzeichnis

Haftkraftverfahren 540
Haftstrahlverfahren 432
Halbbestimmen 357 f.
Halbleiter-Stromrichter 414
Halbleiter-Widerstandsthermometer 503
Halbleiterstreifen 492
Halbzentrieren 358 ff.
Hallradius 810
Hallraumprinzip 565
Halogenglühlampe 766
Halonlöscher 823
Haltearbeit, statische 378
Hand-Finger-Muskeln 384
Handbohrmaschine 319
Handformen 150
Handhabungsvorgang 691
Handloschgerat 823
Handreibahle 340
Handschneidbrenner 229
Handskizzenverarbeitung 649
Handverfahren 285
handwerkliche Umformung 351
Handwerksbetrieb 849
Handwerkzeug 350
Hardcopygerat 612
Hardware 316
Hardware-Schnittstelle 719
Hardwarestruktur 609 ff.
Harnstoffharz 61 f.
Härtbarkeit 80
Härte 187
– des Wassers 139
Härtegrade nach Mohs 87
Härten 77 ff.
Härteprüfung 103
– nach Brinell 87 f.
– nach Rockwell 88
– nach Shore 103
– nach Vickers 88
Härteprüfverfahren, dynamisches 89
–, statisches 87 ff.
Härtetechnik 80
Hartezeit 275
Hartlot 209
Hartlöten 207
Hartlötverbindung 208
Hartmetall 31 ff.
Hartmetall-Wendeschneidplatte 336
Hartschaum, Sprühen von 853
Häufigkeitssummenwert 458
Häufigkeitsverteilung 448
Hauptabteilung 574
Hauptantrieb 396
Hauptantriebe der Werkzeugmaschine 311

HB 288
HDPE 50
He-Ne-Laser 723
Hebezeuge, Transport von Lasten 827
Heftplan 214
Heißkanalwerkzeug 349
Heißpragen 306
Heißsiegelklebstoff 294
Heißspritzen 235
Heizanlage 782
–, Instandsetzung der 787
–, Wartung der 787
Heizelement-Muffenschweißen 398 f.
Heizelement-Nutschweißen 298 f.
Heizelement-Schweißen 298
Heizelement-Schwenkbiegeschweißen 288, 298 f.
Heizelement-Stumpfschweißen 298 f.
Heizelement-Warmekontaktschweißen 298 f.
Heizfläche 786
Heizgradtage 777
Heizkeilschweißen 298 f.
Heizkessel 782
Heizkostenverordnung 780 f.
Heizöl, Feuerungsanlage für 782
Heizsystem, dezentrales 785
–, zentrales 785
Heiztechnik 778 ff.
Heizungsanlagenverordnung 780
Heizungsbetriebsversordnung 780 f.
Heizwert 778
Hektar 7
Henry-Daltonsches Gesetz 121
Herdformen 150
Herstellerrisiko 464
Herstellkosten 405
Hi-Lo-Schraube 303
Hilfsstoff (Kunststoffe) 55
Hin- und Herbiegeversuch 91
hinterdrehter Fräser 341
Hinterschneidung 282
Hobelmaschine 322
Hobeln 182, 292
–, Werkzeug zum 342
Hobelwerkzeug 342, 344
–, Spannzeuge für 354
Hochdruck 308
Hochdruck-Meßgerät 510
Hochdruck-Natriumdampflampe 766
Hochdruck-Quecksilberdampflampe 766

Hochdruckspritzen 243 f.
Hochfrequenzschweißen 301
Hochdrequenzvorwärmgerät 275, 335
Hochgeschwindigkeitshammer 327
Hochglühen 75
hochintegrierter mehrstufiger Transistorverstärker 437
hochlegierter Stahl 210, 349
Hochleistungs-Metallhalogendampf-Lampe 775
Hochtemperaturstreifen 492
Hochtemperaturtechnik, Stahl für 29
Hochverchromen 349
hohe Hallen, Beleuchtung 664
Hohl-Quer-Fließpressen 166
Hohl-Quer-Strangpressen 169
Hohl-Ruckwarts-Fließpressen 166
Hohl-Rückwarts-Strangpressen 169
Hohl-Vorwärts-Fließpressen 166
Hohl-Vorwärts-Strangpressen 168
Hohlkörperblasen 278, 284
Hohlprägen 240
Hohlzylinder-Druckmeßfeder 490 f.
Holsystem 600
Honen 190, 195, 342
–, elektrochemisches 202
Honkluppe 196
Honmaschine 324
Honstein 342
Honverfahren 195
horizontale Beleuchtungsstarke 765
Hub 329
Hubsägemaschine 323
Hubverstellung 330
Hullflächenprinzip 563
Hüllprinzip 16
humaner Arbeitsplatz 819
hybride Meßkette 470
Hydrauliköl 123
hydraulische Oberdruckpresse 334 f.
– Presse 332 f.
hydraulischer Antrieb 312
– –, linearer 312
– – Dehndorn 361
hydraulisches Verfahren 430
hydrostatische Steuerung 430
hydrostatischer Druck 430
Hydrostatisches-Voll-Vorwärts-Fließpressen 166

Hydrostatisches-Voll-Vorwärts-
  Strangpressen 169
Hysteresemotor 408

I

I-Verhalten 424
IBM-Teilecode 591
ICI-Verfahren 286
Ideenfindungstechnik 580
IDEF-Modellbeschreibungs-
  methode 622
Identifizierungsnummer 590
Identnummer 590
If-Then-Beziehung 651
IGES 640
IGES-Definition 618
Immission 848
Immissionsbeauftragter 781
Immissionskonzentration 848
Immissionspegel 566
Immissionsüberwachung 855
Impuls 3
Impuls-Echo-Methode 97
Impuls-Laufzeit-Verfahren 97
indirektes Spannen 364 f.
– Ultraschallschweißen 300
individueller Zustand 792
Induktionslöten 209
Indutionsmotor 408, 410
Induktionssystem 800
induktiver Aufnehmer 494 ff.
– Queranker-Aufnehmer 495
– Wegaufnehmer 512
induktives System 549
Induktosyn-Längenmaßstab 731
Industriebeleuchtung 772 ff.
Industriebetrieb, stromrichterge-
  speister 413
industrieller Produktionsprozeß
  619
Industrieroboter 691 ff.
Information, technologische
  317
Informationsfluß 422
Informationsmodell 615
Informationsphase 746
Informationspyramide 661
Informationsregelkreis 659
informationstechnische Ver-
  knüpfung, material- und 689
Informationsträger 316
Informationsverbund, papier-
  loser 649
Initial Graphics Exchange Speci-
  fication 640
Innen-Halbkreisfräser 341
Innen-Räumwerkzeug 342
Innenauftrag 598

Innendrehmeißel 336
Innenmaß 519 f.
Innenmeßgerät, mechanisches
  508 f.
Innenraumbeleuchtungsanlage
  771
Innenrundschleifmaschine 321
innerbetriebliches Fördersystem
  745
– Lagersystem 745 ff., 757 ff.
– Transportsystem 745 ff.
innere Datenverarbeitung 316
– Kühllast 792
Innovation 583
Instandsetzung von Heizanlagen
  787
instationärer Spanbildungspro-
  zeß 185
Integralschaumstoff 66
Integration 620 ff.
Integrationsinsel 626 f.
integrierte Terminplanung 599
integrierter elektronischer Digi-
  talbaustein 436
– Antrieb 412
Intelligenz, lokale 611
Intelligenzgrad 611
Intensität 467
Intensitätsgröße 467, 471
Interaktivität, grafische 612
Interferenzkontrastverfahren
  112
Interferometer 514
interkristalline Korrosion 28,
  138
International Organisation for
  Standardization 584
Internationale Praktische
  Temperaturskala 500 f.
Interpolator 316
Intrusionsverfahren 274
Inverter 437
Investitionsplanung 591 f.
Investment-Center-Konzept 576
Ionenkühlung 148
Ionenplattieren 232
irreversible Alterung 110
ISO 584
ISO-Grundtoleranzreihe 12
ISO-Qualitäten 12
ISO-System 9
ISO-Viskositätsklassifikation
  120
isochrones Spannungs-Dehnungs-
  Diagramm 107
Isolierstoff 108
Ist-Aufnahme 579
Istanzeige 445
IT1-Verhalten 424

ITPS-68 500
ITPS-68/75 501
ITR 65

J

Jahrestemperatur, mittlere 777
jährliche Brennstoffmenge 780
Jugendarbeitsschutzgesetz 819

K

Käfigläufermotor 410
Kalander 335
Kalkrostschicht 139
Kalorie 8
Kaltarbeitsstahl 30 ff.
Kaltaushärtung 80
Kälteaggregat 798
Kältemittel 798
Kaltentfettungsmittel 131
Kälteversorgung 800
Kaltkammerverfahren 154
Kaltkreissägemaschine 323
Kaltpreßschweißen 223
Kaltriß 148
Kaltschweißen 211
Kaltumformen 161, 288
Kaltverformung 71 ff.
Kanalnetzberechnung 793
Kantenmodell 616, 638
Kapazität 3
Kapazitätsplanung 581
Kapazitätsgruppenebene 662
kapazitätsorientierte Termin-
  planung 599
kapazitiver Aufnehmer 493 f.
– Wegaufnehmer 512
kapazitives System 550
Kapselanordnung 807
Kapselung 807
Karat 7
Karte, zweispurige 465
katalytische Nachverbrennung
  853
Kathodenzerstäuben 232
kathodischer Schutz 142
Kautexverfahren 284
Kautschuk 63 ff.
Kavitation 138
Kegelanguß 348
Kegeldefinition 523
Kegelprüfung 523
Kegelrad-Verzahnung 344
Kegelrad-Wälzfräser 344
Kegelsenker 339
Keil 366
Keilschneiden 252
Keilstangenfutter 361

Sachwortverzeichnis

Keilwinkel 172
Kelvin 2
Keramik-Wendeschneidplatte 336
keramische Formmasse 150
Kerbschlagbiegeversuch 89 f., 103
Kerbschlagzähigkeit 89, 104
Kerbschlagzähigkeits-Temperatur-Kurve 89
Kernbohren 183, 339
Kerndurchmesser 538
Kerneisen 150
Kernmarke 150
Kernsystem, grafisches 641
Kilogramm 2
Kilopond 7
kinematische Viskosität 120
kinematisches Modell 618
Klärschlamm 846
Klärschlammverordnung 846
Klassenbesetzung 451
Klassenbreite 450
Klassengrenze 450
Klassenhäufigkeit 451
Klassenzahl 449
Klassierung 449, 451
Klassifikation der RLT-Anlagen 789
Klassifizierung 590
Klauenpolmaschine 408
Klebdispersion 294
Klebemaschine 335
Kleben 202, 294
– von Metallen 202
Klebnahtform 205
Klebstoff 202, 204, 294
–, chemisch reagierender 295
–, physikalisch abbindender 294
Kleinlasthärtprüfung 87
Kleinstspiel 14
Klemmhülse 353
Klemmsystem für Wendeschneidplatten 352
Klima 799 f.
Klimaanlage 790
Klimakammer 801
Knabberschneiden 253 f.
Knickbauchen 239
Kniehebel 367
Kniehebelpresse 331
Knoten 8, 613
Koaxialkabel 613
Kohäsion 294
Kohle-Umschlaganlage, ortsfeste 781
Kohlendioxyd 790

Kohlensäuregaslöscher 823
Kokille 153
Kokillengießverfahren 153
Kolbenkompressor 798
Kolbenlöten 210
Kolbenspritzgießmaschine 334
Kolbenventil 432
Kolkverschleiß 177
Kolkzahl 178
Kollisionsschutz 719
kombinierte Arbeitsverteilung 601
– Bereitstellung 600
kombinierter Steh-/Sitzarbeitsplatz 381 f.
kombiniertes Werkzeug 351
Kommaspanbildung 187
Kommissionierlagersystem 758
Kommissionierung 758
–, auftragsorientierte 758
–, parallele 759
–, serielle 759
–, serienorientierte 759
Kommutatormotor 408
kompakter Maschinenkörper 807
Komparatorprinzip, Abbesches 507
Kompensationskapillare 502
Kompensationsprinzip 497
kompensierender Aufnehmer 497 f.
komplexer Anpassungsfaktor 485
komplexes Antriebskonzept 391, 394
Komplexität der Fertigung 657
Komplexstückliste 589
Kompressions-Kalteanlage 798
Kondensator 798
–, luftgekühlter 798
–, wassergekühlter 798
Konsolfrasmaschine 320 f.
Konstantklima 801
Konstruieren mit Rechnern 641
–, beschichtungsgerechtes 237
Konstruktion 585 ff.
– und Arbeitsplanung 626
–, rechnerunterstützte 634
Konstruktionsabteilung 701
Kontaktflachenverknüpfung 617
Kontaktklebstoff 294
Kontaktthermometer 501
Konterprägung 306
kontinuierliches Gießen 156
Konturdrehen 318
Konvektor 783

konventionelle Lüftung 799
Konzipieren 581
Koordinatenbohrmaschine 320
Koordinatenmeßgerät 515, 720, 727
Koordinatenmeßtechnik 727
Kopf, verlorener 148
Kopfteil 593
Kopierdrehen 181
Kopierdrehmaschine 319
Korn, gebundenes 341
–, ungebundenes 341
Kornneubildung 71
Körnung der Schleifmittel 342
Kornzerfall 138
Körperkraft 378
–, abgebbare 378
Korpermaß, menschliches 378 ff.
Körperschall 562
Körperschalldämmung 806
Körperschalldämpfung 806
Korrosion 135, 788
–, biologische 140
–, chemische 135
–, elektrolytische 135
–, interkristalline 28, 138
–, transkristalline 138
Korrosionsbeständigkeit 110
Korrosionsgefahr 779
Korrosionsinhibitor 119
Korrosionsschutz 135 ff., 236, 788 f.
Korrosivität der Atmosphäre 139
Kostenmodell 618
Kostenplanung 581
Kostenrechnung 710
Kostenvergleichsrechnung 593
Kraft 4, 7
Kraft-Verlängerungs-Diagramm 84
Kraft-Weg-Verlauf 330 f.
Kraftaufnehmer 474
Kraftaufwand 381
kraftbetätigtes Futter 361
Kraftfluß 309
kraftgebundene Presse 332
kraftschlüssiges Getriebe 315
Kragenziehen 239
Kranbauform 754
krebserregender Arbeitsstoff 826
Kreisexcenter 366
Kriechfestigkeit 205
Kriechkurve 107
Kriechmodul 108
Kriechstromfestigkeit 109

Kriechverhalten 206
Kriechversuch 106
Kristallerholung 71
Kristallschmelzbereich 288
Kriterium 684
kritischer Füllgrad 286
Küchenentlüftung 800
Kugeldruckhärte 103
Kugeldruckhärteprüfung 103
Kugeleindruckprüfung 103
Kugeleindruckverfahren 110
Kugelläppen 324
Kugelmaß der Verzahnung 534
–, diametrales 534
Kugelprüfverfahren 524
Kugelschlaghammer 89
Kugelventil 432
Kühlgradstunden 790
Kühlkokille 148
Kühllast 792
–, äußere 793
–, innere 792
Kühlschmierstoff 125
Kuhlschmierung 179, 193
Kühlturm 781, 799
Kühlwasser 802
Kulissen-Schalldämpfer 797
Kundenauftrag 597, 626
Kündigung, außerordentliche 835
–, fristlose 835
–, ordentliche 835
Kündigungsschutzklage 835
Kunstharzpressen 335
Kunststoff 47 ff., 853
–, Beschichten 306
–, Brennverhalten von 114
–, Einfärben 304
Kunststoffgalvanisieren 305
Kunststofflacksystem 304
Kunststoffschmelzen 306
Kunststoffverarbeitung 334
–, Werkzeug für die 347
Kupfer 39 f.
Kupfer-Nickel-Legierung 41
Kupfer-Zink-Legierung 41 f.
Kupfer-Zinn-Legierung 40 f.
Kupplung 315
–, nichtschaltbare 315
–, schaltbare 315
Kurbelgetriebe 315
Kurbelschwinge 315
Kurbelwinkel 329
kurzfristige Terminplanung 599
Kurzgewindefräsen 324
Kurzhobeln 162
Kurzhubhonen 319, 324
Kybernetik 684

L

L-Form 309 f.
Laborabzug 800
Lack 853
Lackieren 304
Lackiertechnik 234
Lackschicht 234
Lacktrocknen 247
Ladeeinheit 746
Ladung 4
Ladungsverstärker 489
Lageabweichung 370 f., 525, 721
Lagebestimmen 357
Lagemaß 452, 454
Lagemessung 733
Lager 757
Lagerauftrag 597
Lagerfachkoordinaten 760
Lagergröße, dynamische 759
–, statische 759
Lagerplatzordnung, feste 759
–, freie 759
Lagersystem 745 ff., 757 ff.
–, innerbetriebliches 745 ff., 757 ff.
Lagerung, dezentrale 757
Lagerungssystem 757, 759, 761 ff.
Lagerverwaltungsrechner 760
Lagetoleranz 13 ff.
Lamellenspan 172
Laminat 285, 289
LAN 612, 637
Landeswassergesetz 646
Langdrehen 171
Länge 1, 6
Längenmeßgerät, elektronisches 512 ff.
–, pneumatisches 510
Langenmessung, rechnergestützte 542 ff.
Langenmeßverfahren 540
Längenprüfung 519
Langfrasmaschine 321
langfristige Terminplanung 599
Langgewindefräsen 324
Langgut 746
Langhobeln 182
Langhubhonen 195, 324
Längsdrehen 181, 318
Längsspannung 213
Langwalzverfahren 169
Langzeitspeicherung 614
Laplace Transformation 426
Läppen 196, 342
–, elektronisches 202
Läppkäfig 197

Läppkorn 196
Läppmaschine 324
Läppscheibe 197
Läppverfahren 197
Läppwerkzeug 197
Lärm, Technische Anleitung zum Schutz gegen 794, 859
–, Unfallverhütungsvorschrift 857
Lärmbekämpfung 856 ff.
Lärmbekämpfung am Arbeitsplatz 856
Lärmeinwirkung 792
Larmminderung 386, 604 ff.
Larmschwerhörigkeit 856
Lärmtaubheit 856
Laschung 205, 295
Laser 513
Laser-Interferometer 514
Lasermeßsystem 723
Laserstrahlschneiden 231
Laserstrahlschweißen 220
Lastaufnahmeeinrichtung 827
Lasthaken 827
Laufer, nutenloser 408
Laufkarte 601
Lautstarkepegel 561
LDPE 50
Lebensdauer 583
Lebensdauernetz 708
Ledeburit 73
Lehren 506, 519
Lehrenbohrmaschine 320
Lehrengewinde 537
Lehrensystem 9
Lehrgang, Abwassertechnischer 847
Leichtmetall 44 ff.
Leistung 4, 8
Leistungsbereich eines Motors 404
Leistungsmenge 683
Leistungswarmeanteil 779
Leitwert 4
Leuchtdichte 765
Leuchteneinsatz 768
Leuchtstofflampe 766 f., 772
Lichtausbeute 765
Lichtband 772
Lichtbogenhandschweißen 217
Lichtbogenpreßschweißen 222
Lichtbogenschweißen 825
Lichtbogenspritzen 228
Lichtechtheit 114
Lichtjahr 6
lichtmikroskopische Untersuchung 112
Lichtquelle 766

Lichtstärke 2, 765
Lichtstrom 765
Lichttechnik 765
Lieferantenbeurteilung 604
Liegend-Schmieden 166
lineare Merkmalstransformation 453
linearer hydraulischer Antrieb 312
Linearinterpolation 316 f.
Linearmotor 412
Linie-Stab-System 576
Linienorganisation 574 f.
linienorientierte Darstellung 640
Liter 7
Local Area Network 612 f., 637
Loch-Wendeschneidplatte 352
Lochen 253 ff.
Lochfraßkorrosion 139
Logarithmischer Schallpegel 558
Logik, pneumatische 432
Logikelement 432
logische Standardschaltung 436
Lohnschein 601
lokale Intelligenz 611
– Speicher Peripherie 611
Lokalelement 138
lokales Netzwerk 612 f., 637
Longitudinaleffekt 488 f.
Lorentz-Kraft 486
Los 462, 656
Lösemittel 234
Losentscheidung 462
loses Schneidkorn 196
Losgröße 656
Lösungsmittelreinigung 130
Lot 207 ff.
Löten 207
– mit angesetztem Lot 207
– mit eingelegtem Lot 207
Lötfläche 208
Lötverbindung 208
LSP 611
Luft als Wärmeträger 785
–, Technische Anleitung zur Reinhaltung der Luft 794, 852
Luftabscheidevermögen 121
Luftbefeuchter 796
Luftbehandlung, thermodynamische 789
Luftdurchlaß 797
Luftentfeuchter 796
Lufterhitzer 795
Luftfeuchte 790
Luftfeuchtigkeit, relative 139

Luftfilter 795
luftgekühlter Kondensator 798
Lufthärter 80
Luftheizanlage 799
Luftkühler 795 f.
Luftleitung 797
Luftlösevermögen 121
Luftreinhaltung 848 ff.
Luftreinhaltungsplan 851
Luftschleieranlage 801
Luftumwälzanlage 789
Lüftung 799
–, Arbeitsstättenrichtlinie 794
–, freie 799
–, konventionelle 799
–, mechanische 799
Lüftungsanlage 790
Lüftungsfunktion 790
lüftungstechnische Anlage 789
Luftverunreinigendes Produkt 848
Luftverunreinigung 848
Luftwiderstand 793
Luftzahl 776
Lunker 148

M
MAG 218, 227
MAGC 218
MAGM 218
Magnesium-Gußlegierung 148
Magnetformverfahren 150
magnetinduktives Verfahren 540
magnetische Rissprüfung 96
magnetisches Verfahren 540
magnetoelastischer Aufnehmer 496
Magnetpulverprüfung 96
Magnetwirkung, Spannen mit 368
MAK-Wert 791, 826
Make-or-buy-Analyse 593
Makrohartprüfung 87
Makroskopie 95
makroskopische Prüfverfahren 95
MAM 634
Mantellinienmessung 525
manuelle Programmierung 670, 672 ff.
martensitischer Stahl 28
Maschine, arbeitsgebundene 325
maschinelle Montageeinrichtung 694
– Programmierung 670, 678 ff.
Maschinenabsaugung 800
maschinenbedingte Abweichung 546

Maschinendaten 669
Maschinenformverfahren 151
Maschinenkörper, kompakter 807
Maschinenreibahle 340
Maschinenschneidbrenner 229
Maschinensprache 441
–, genormte 318
Maschinenumformer 413
Maskenformverfahren 151
Maßabweichung 370 f.
Masse 2, 5, 7
Massenfertigung 595
Massenkraftabscheider 852
Massenmoment 4
Massenstrom 4
Massivumformen 159
Maßtoleranz 349
Maßverkörperung 445
material- und informationstechnische Verknüpfung 689
materialbedingte Störung 601
Materialentnahmeschein 601
Materialfluß 595, 745
Materialflußanalyse 595
Materialflußdarstellung 596
Materialflußgestaltung 595
Materialflußplanung 595
Materialplanung 592
Materialwirtschaft 658
mathematisch-analytische Methode 632, 634
Matrixorganisation 574, 578
Mattbrennen 132
Maus 736
maximal aufbringbare Muskelkraft 384
maximale Arbeitsplatz-Konzentration 791, 826
Maximalwert des Schwingweges 548
Maximum-Material-Prinzip 14
mechanisch-elektrisches Stellglied 413
mechanisch-technologische Prüfung 83
mechanische Lüftung 799
– Presse 327
mechanischer Dehndorn 361
– Meßkettenteil 470
mechanisches Aufrauhen 203
– Innenmeßgerat 508 f.
– Meßverfahren 508
– Plattieren 234
– Spannmittel 364 ff.
Mechanisierung 683
Median 452
Mehrfachwerkzeug 276
mehrfachwirkende Presse 333

Mehrfasen-Stufenbohrer 337
Mehrkomponentenklebstoff 295
Mehrschichtsystem 233
Mehrschneckenextruder 335
Mehrspindelautomat 319
Mehrspindelbohrmaschine 319
Mehrstellenmeßautomat 723
mehrstufiger Transistorverstärker, hochintegrierter 437
Mehrwellengetriebe 314
Meile 7
Meißelhalter 354
Meißelklappe 354
Melamin-Phenolharz 61
Melaminharz 61
Membran 432, 490 ff.
Membranventil 432
Mengenstückliste 588
Mengenverwendungsnachweis 589
Mensch-Betriebsmittelsystem 573
menschliche Körpermaße 378 ff.
Merkmal 447
–, alternatives 447
–, normiertes 456
–, qualitatives 447, 602
–, quantitatives 447, 602
Merkmalsextraktor 726
Merkmalstransformation, lineare 453
Merkmalwert 456
Meßabweichung 445
–, systematische 446
–, zufällige 446
Meßachse 718, 727
Messen 445, 506, 519, 704
–, elektrisches 470
Meßergebnisse, statistische Untersuchung 733
Messerkopf 341, 344
Messerkopffräsen 189
Meßfehler 445 f.
Meßflächenmaß 565
Meßfühler 474, 798
–, aktiver 480 ff.
–, passiver 480 ff.
Meßgerät 445
–, rechnergeführtes 716 ff.
Meßgröße 445
Meßgrößensignal 467
Messing 41 f.
Meßkette, hybride 470
Meßkettenteil, elektro-mechanischer 470
–, elektronischer 470, 499 f.
–, mechanischer 470

Meßpunkt 738
Meßsystem 718
Meßtechnik 445 ff.
–, digitale 499
–, elektrische 499
Meßuhr 508
Messung, dynamische 484, 489
Meßunsicherheit 446, 517 f.
Meßverfahren, elektronisches 508
–, mechanisches 508
–, optisches 508
–, opto-elektronisches 508
–, pneumatisches 508
Meßvorgang, stationärer 481
–, transienter 481
Meßwert 445
Meßwertausgabe 722
Meßwertverarbeitung, automatische 518
Metall-Aktivgasschweißen 218
Metall-Innertgasschweißen 218
Metallabscheiden, elektrolytisches 237
Metallausdehnungsthermometer 502
Metallbearbeitung, elektrochemische 200
Metalle, Kleben 202
Metalleinlegeteil 303
Metallgewindebuchse 303
Metallhalogendampflampe 766 f.
metallische Verunreinigung 129
metallisches Widerstandsthermometer 503
Metallklebstoff, chemisch abbindender 204
–, physikalisch abbindender 204
metallografische Untersuchungen 95
Metallreinigung 129
Metallschicht 232
Metallspritzverfahren 228
Meter 1, 506
Methode des schwarzen Kastens 580
–, mathematisch-analytische 631, 634
–, statistische 447
Methodenplanung 592
MF 50, 61, 279, 295
Michelson-Interferometer 514
MIG 218, 227
Mikrocomputer 441
mikroelektronischer Baustein 470
Mikrofilm-Lochkartensatz 588

Mikrohärteprüfung 87
Mikrorechner, Programmieren eines 441
Mikroschliff 95
mikroskopisches Prüfverfahren 95
Mikrotomschnitt 112
Mikroverfilmung 587
Mindestaußenluftstrom 791
Mindestbiegeradius 247
Mineralöl 126
Mineralöl-Tankanlage 781
Minimum-Maximum-Thermometer 501
Mischkasten 797
Mischkopf 286
Mischkristall 41
Mischverteilung 458
Mischvorrichtung 286
Mischwalzwerk 335
Mischzink 44
Mitarbeiterbeteiligung 708
Mitarbeiterverhältnis, freies 830
Mitlauffilter 553
mittelfristige Terminplanung 599
Mittelungspegel 562
Mittelwert, arithmetischer 452 f.
mittlere Beleuchtungsstärke 765
– Jahrestemperatur 777
– Spanungsdicke 188
– Tagestemperatur 776
– Temperatur 776
– Tiefsttemperatur 776
mittlerer A-Schallpegel 566
– Rauhheitswert 530
mnemonischer Code 441
Modell 472
–, geometrisches 618
–, kinematisches 618
–, technologisches 618
–, verlorenes 152
Modell-Verhalten 472
Modellalgorithmus 616
Modellausschmelzverfahren 152
Modellbegriff bei CAD/CAM-Systemen 615
Modellierung 632
Modifikation, allotrope 74
Modul zur rechnerinternen Objektdarstellung 614
Mol 2
Moment 4
Momentenunwucht 554
Montage, Automatisierung der 693
Montageautomat 694 f.
Montageeinrichtung, maschinelle 694

Montagemaschine 694
Montagemittel 694
Montageplan 592 f.
Montageprüfung 506
Montagestation 695
Montagesystem, programmierbares 695
Morgen 7
morphologische Methode 580
Mosys 632 ff.
Motor, elektrischer 401
—, Erwärmungsverhalten 417
—, fremderregter 408
—, Leistungsbereich 404
—, permanentmagnet-erregter 408
—, polumschaltbarer 314
—, selbsterregter 408
Motorschutzeinrichtung 418
MP 61
MPM 581
MTM 594
Multiplexverfahren 439
Multiplizierer 436
Muskelarbeit 378
—, dynamische 378
—, einseitig dynamische 378
—, schwere dynamische 378
—, statische 378
Muskelkraft, maximal aufbringbare 384
Muster-Feuerungsverordnung 782
Mustererkennung 726
musterverarbeitendes Gerät 726

N
Nach-links-Schweißen 214
Nach-rechts-Schweißen 214
Nachformdrehmaschine 319
Nachformfräsen 166
Nachhärtung 276
Nachschmierung 127
Nachschneiden 253 f.
Nachschwindung 111, 276, 278
Nachverbrennung 852 f.
—, katalytische 853
—, thermische 853
nachvertragliches Wettbewerbsverbot 831
Nachwärmung 787
Nadelventil 334
Napf-Vorwärts-Fließpressen 166
Naßabscheider 852
Naßverzinken 44
Natriumhochdrucklampe 767
Naturkautschuk 64
NBR 64

NC-Programmierung 668
NC-Technik 667
NCMES 736
Nebellöscher 823
Nebenpflicht 831, 834
Nebenschlußverhalten 406, 408
Nebentätigkeit 831
Negativwerkzeug 351
Neigungsmesser 523
Neigungswinkel 173
Nenn-Beleuchtungsstärke 772
Nenner-Funktion, charakteristische 483
Nennmaß 9 ff.
Nernstsche Gleichung 136
Nerven, Belastung der 380
Nettostrahlungsdichte 503
Netzmittel 132
Netzplantechnik 580 f., 586
Netzstruktur 613
Netzwerk 612 f.
—, lokales 612 f., 637
Netzwerktechnik 613
Netzwerktopologie 613
Newton 7
Nicht-Intelligenter CAD-Arbeitsplatz 611
Nichteisenmetall 38 ff.
nichtrostender Stahl 28
nichtschaltbare Kupplung 315
nichtschwarze Strahlung 504
Niederdruck-Meßgerät 510
Niederdruck-Natriumdampflampe 766 f., 611
Niederdruckkokillenguß 153
Niederdruckspritzen 234
Niederhalterdruck 241
niedrig legierter Stahl 210
Nieten 301
Nietlochreibahle 340
Nietverbindung 293, 301
Nitrierhärten 25
Nitrierstahl 24 f.
Norm-Transmissionswärmebedarf 779
Norm-Warmebedarf 779
Normal 445
Normalarbeitsplan 593
normale Prüfung 465
Normalglühen 75, 79
Normalisieren 75
Normalläufer 408
Normalpotential 135
Normalverteilung 449, 456 ff.
Normdrehfrequenz 313
normiertes Merkmal 456
Normung 584
NR 64

Numerical control 316, 667
numerisch gesteuerte Werkzeugmaschine 667
numerische Steuerung 316, 318, 667
Nummernsystem 590
Nummerung 590
Nute 282
Nutenfräsen 166
Nutenfräser 341
nutenloser Läufer 408
Nutzlebensdauer 766
Nutzquelle 563

O
O-Form 309 f.
Oberdruckhammer 326 f.
Oberdruckpresse, hydraulische 334 f.
Oberfläche, Strukturierung 304
Oberflächenabweichung 369
Oberflächenaufkohlung 76
Oberflächenaufstickung 76
Oberflächenbehandlung, Anlage zur 849
Oberflächenbehandlungsverfahren 140
Oberflächengüte 129
Oberflächenhärten 76, 80
Oberflächenmessung 721
Oberflächenwellen-Resonator, akustischer 497
Oberflächenwiderstand 108
Objektantastung, automatische 517
objektbezogene Datenhaltung 626, 629
Objektdarstellung, Modul zur rechnerinternen 614
objektives Prüfen 603
Objektprogramm 441
Ofenlöten 209
off-line-Betrieb 760
ohmscher Wegaufnehmer 512
Ölhärter 80
operationale Datenbasen 615
Operationscharakteristik 704 f.
Operationsverstärker, elektronischer 437
operative Steuerung 663, 666 ff.
Opferanode 142
Opitz-Klassifikationssystem 591
Optimierungsregelung 318
optisches Meßverfahren 508
opto-elektronisches Meßverfahren 508
Orbitalerodieren 199
ordentliche Kündigung 835

Ordnung des Wasserhaushaltes 837
Organisation 573
Organisationshandbuch 579
Organisationsplan 579
Organisationsrichtlinie 579
Organisationsstruktur 630
Organisationstyp 657
organische Beschichtung 236
Ortskurve 425
Oxidationsinhibitor 119

P
P-Intensitätsgrößen 483
P-Quelle 484
P-Regler 434
P-Speicher 478
P-Verhalten 424
PA 50, 56, 58, 279, 282 f., 287 f., 291, 293 ff., 300 ff.
Paarungs-Flankendurchmesser 538
Paarungsprüfung 733
Palettentransport 753
papierloser Informationsverbund 649
Parabelinterpolation 317
parallele Kommissionierung 759
– Programmierung 720
paralleles System 500
Parallelnummernsystem 590
Parallelprogrammierung 670
Parameter, statistischer 448
parametrisierbares Simulationsmodell 631 f.
Pascal 7
passiver elektromechanischer Aufnehmer 489 ff.
– Aufnehmer 474, 483 ff.
– Meßfühler 480 ff.
Passivkraft 173
Passung 9 ff.
Passungssystem 9
Patent 584
Patentieren 76
Patentschutz 584
PBTB 50, 55 ff., 59, 279, 291, 295, 300, 302
PC 50, 55 ff., 58, 279, 287, 295, 300, 302
PD-Regler 434
PE 50, 58 f., 279, 282, 287 f., 300, 302, 305
PEHD 287, 297, 299, 302
PELD 287, 297, 302
Pendelglühen 76
Pendelschlagwerk 89

Pendelschleifen 321
Penetrant 96
periodische Anregung 806
Peripheriegerät 612
Perlit 73
Perlitisieren 76
permanentmagnet-erregter Motor 408
Perpendikel-Heizung 787
Personalplanung 581
Personenschaden 834
persönliche Schutzausrüstung 824
Persönlichkeit des Arbeitnehmers 834
PERT 581
Perzentil 378
PES 59, 279
PETB 50, 56, 59, 284, 295
petrochemische Industrie, Stähle für 29
PF 50, 61 f., 279, 295
Pferdestärke 8
Pflicht zur Anzeige und Abwendung von Schäden 831
– zur Unbestechlichkeit 831
– zur Unterlassung von Wettbewerb 831
– zur Verschwiegenheit 831
Pflichtenheft 701
Phase 574
Phasenkontrastverfahren 112
Phasenlogik 642
Phenolharz 61 f., 204
Phenolplast 50
PHIGS 641
Phosphatierung 237
Photodiode 490
Phototransistor 490
Physical-Vapour-Deposition 232
physikalisch abbindender Klebstoff 294
– abbindender Metallklebstoff 204
physikalische Adsorption 203
– Transportleistung 748
PI 50, 61 f.
PI-Regler 434
PID-Regelalgorithmus 440
PID-Regler 434
PID-Verhalten 424
piezoelektrischer Aufnehmer 488 f.
– Beschleunigungsaufnehmer 551
piezoelektrisches System 550
piezoresistiver Beschleunigungsaufnehmer 552

piezoresistives System 550
piezostriktiver Effekt 489
Pigment 234
Plancksche Strahlungsformel 503
Plandrehen 181, 318
Plandrehmaschine 319
Planetarerodieren 199
Planfräsen 186
Planfräsmaschine 319
Plankurvenfutter 361
Planschleifen 192
Planspiralfutter 361
Planungshilfe 631
Planungssystem, wissensbasiertes 652 f.
Plasma 219
Plasma-Heißdraht-Auftragschweißen 228
Plasma-Pulver-Auftragschweißen 228
Plasmabrenner 228
Plasmafugen 230
Plasmahonen 195
Plasmaschneiden 230
Plasmaschweißen 219
Plasmaschweißverfahren 228
Plasmaspritzen 228, 234
Plastifizierleistung 334
Plastite-Schraube 303
Platine 238
Platte, ebene 807
Plattenführungsschneidwerkzeug 345 f.
Plattenkondensator 493
Plattieren, mechanisches 234
Plotter 587
Plus-Minus-Stückliste 589
PMMA 50, 56, 58, 279, 287, 293, 295, 297, 300
PMS 696
pneumatische Logik 432
– Steuerung 432
pneumatischer Regler 434
– Stellzylinder 432
pneumatisches Längenmeßgerät 510
pneumatisches Meßverfahren 508
Poise 6
polare Verunreinigung 129
Polarisation 488
polarisiertes Durchlicht 112
Polieren 293
–, elektrochemisches 202
Polierläppem 197
Polradläufer 408
polumschlatbarer Motor 314

Sachwortverzeichnis 881

Polung der Elektroden 217
Polyacetat 50, 58
Polyacrylat 50, 58
Polyamid 50, 58
Polycarbonat 50, 58
Polychloroprenkautschuk 64
Polyester 50, 59, 62
Polyethylen 50, 57
Polyimid 50, 59, 204
Polyphenylenoxid 50, 59
Polyphenylsulfid 50
Polypropylen 50, 57
Polystyrol 50, 57 f.
Polysulfon 50, 59
Polytetrafluorethylen 60
Polyurethan 204, 854
Polyurethan-Elastomer 67
Polyvinylchlorid 50, 57
POM 50, 56, 58, 297, 282 f., 291, 295, 299 ff.
Porenfreiheit 140
Portalbauart 727 f.
Portalfräsmaschine 321
Positionstoleranz 15
Positionstolerierung 15
Positivprägung 306
Positivwerkzeug 351
Potentiometer-Aufnehmer 490
Power-Förderer 752
PP 50, 58 f., 279, 284, 287 f., 290, 294, 297, 299 f., 302
PPO 50, 59, 279, 287, 295, 300
PPS 50, 59, 279, 626, 654, 712
Pragemaschine 335
Prägen 325, 330
praktische Temperaturskala, Iternationale 500 f.
Prellschlag 325
Preßautomat 335
Preßdruck 275
Presse, hydraulische 332 f.
–, kraftgebundene 332
–, mechanische 327
–, mehrfachwirkende 333
–, weggebundene 329
Pressen 156, 274, 277, 280, 334 f.
–, Werkzeug zum 350
Preßgrat 276
Preßkraft 327
Preßläppen 197
Preßluftentformung 349
Preßschweißen 223
Preßstumpfschweißen 223
Preßtemperatur 275
Preßverbindungsschweißen 222
Preßverfahren 285
Preßwerkzeug 350
Preßzeit 275

Primärbedarf 598
primäre Rekristallisation 71
Primitives 616
Prismenführung 310
Produkt 626
–, luftverunreinigendes 848
Produkt-Lebenszyklus 581
Produktaudit 709
Produktdaten 661
Produkthaftung 605
Produktionsplanung und -steuerung 626, 654
Produktionsprogramm 661
Produktionsprogrammplanung 661
Produktionsprozeß, industrieller 619
Produktivität 683
Produktmanagement 574, 577
Produktmodell 626, 652, 654
Produktqualitat 700
Produzentenhaftung 605
Profil, theoretisches 536
Profilfrasen 186
Profilfräser 341
Profilschleifen 192
Profilschneidverfahren 323
Profilziehverfahren 285
Profit-Center-Konzept 576
Programm 684
–, sequentielles 720
Programmer's Hirarchical Interaktive Graphics Standard 641
programmierbares Montagesystem 695
Programmieren eines Mikrorechners 441
programmierte Steuerung 438
Programmierung, manuelle 670, 672 ff.
–, maschinelle 670, 678 ff.
–, parallele, 720
Programmierverfahren 669
Programmsatz 672
Programmschnittstelle 615
Programmspeicher 438
Programmwort 672
Projektmanagement 574, 577
Promillegrenze 824
Proportionalstab 83
Proportionalventil 430
prozeßbegleitende Prufung 704
Prozeßleitprogramm 442
Prozeßrechner 439, 760
Prozeßregelkarte 465
Prozeßregelung, statistische 706
Prüfbericht 603
Prüfen 506, 603, 704

–, objektives 603
–, subjektives 603
Prüfkosten 604, 711
Prüfmittelkennzeichen 545
Prüfmittelüberwachung 544, 604
Prüfplan 214, 603, 703
Prüfplanung 604
Prüfung, normale 465
–, prozeßbegleitende 704
–, reduzierte 465
–, verschärfte 465
–, zerstörende 113
–, zerstörungsfreie 113
Prüfungsschein 545
Prüfverfahren, makroskopisches 95
–, mikroskopisches 95
–, zerstörungsfreies 96 ff.
PS 50, 58 ff., 279, 287, 293, 300
PSA 824
PSU 50, 59, 300
PT1-Verhalten 424
PT2-Verhalten 424
PTFE 50, 58, 60, 291
Pufferzeit 581
Pulssteuerung 407
Pulver 236
Pulverbeschichten 236, 306
Pulverbrennschneiden 230
Pulverlöscher 823
Pulvermetallurgie 156
Pulversprühen, elektrostatisches 236
Pumpe 785
Punktanguß 238, 349
Punktschweißen 223 f., 692
–, einseitiges 225 f.
–, zweiseitiges 225 f.
Punktsteuerung 316 f.
PUR 65, 279, 286, 300, 854
PUR-Klebstoff 295
Purpoint-Erniedriger 119
Putzen 693
PVC 50, 55 ff., 279, 284, 287 f., 295, 297, 299 ff., 306
PVD-Verfahren 232
PVDF 50, 58

Q
QS 602
Qualitat 12, 699 ff.
qualitatives Merkmal 447, 602
Qualitatsaudit 605, 709
Qualitätsfähigkeit 605
Qualitätsgrenzlage, annehmbare 462, 704
Qualitätsgröße 467, 471

Qualitätskosten 604, 710
Qualitätskostenrechnung 711
Qualitätsmerkmal 602
Qualitätsniveau 602
Qualitätsregelkarte 465 f., 706
Qualitätsregelkarten-Technik 705 f.
Qualitätsrevision 605
Qualitätssicherung 505, 602, 631, 699 ff.
—, rechnerunterstützte 712 ff.
Qualitätssicherungsabteilung 602
Qualitätszirkel 708
quantitatives Merkmal 447, 602
Quarzthermometer 504
Quecksilberhochdrucklampe 775
Quecksilberhochdruckdampflampe 767
Quellenprogramm 670
Quellfluß 271 f.
Quellprogramm 441
Queranker-Aufnehmer, induktiver 495
Querspannung 213
Quetschgrenze 85
Quetschspannung 102
—, Stauchung bei 102
QUINDOS 736

R
Radioaktiver Stoff 826
Radialbohrmaschine 320
Radialkolbenmotor 312
Radialventilator 796
RAM 441
Randbreite 256
Randfaserdehnung 102
Randverformung 247 f.
Rang 574
Rasterelektronenmikroskop 113
Rasterelektronenmikroskopie 95
Rastersichtgerät 612
Rationalisierung 683
Rauchgasprüfung 779
Rauhheit 721
Rauhheitsmeßtechnik 526
Rauhheitsprüfung 528 ff.
Rauhheitswert, mittlerer 530
Rauhtiefe 183
Raumeinfluß 565
Räumen 182, 322
—, Werkzeug zum 342
Raumheizkörper 783
Raumheizungsanlage 788

Raumlufttechnik 789 ff.
Raumlufttemperatur 777
Raumluftzustand 791
Räummaschine 322 f.
Räumnadel 322, 342
Raumschall 810
Raumschallpegel 809
Räumscheibe 344
Raumtemperatur, Absenken der 788
Räumwerkzeug 182, 342
—, Spannzeug für 354
Rauschspannungsthermometrie 504
Reaction-Injection-Holding 286
Reaktionsmotor 408
Reaktionsschaumguß 67, 286
Reaumur 8
Rechenverstärker, elektronischer 437
Rechner, Arbeitsplanung mit 643
—, Konstruieren mit 641
—, übergeordneter 760
Rechnereinsatz, wirtschaftlicher 609
rechnerflexibles CAD-System 636
rechnergeführte Fertigungssteuerung 654 ff.
rechnergeführtes Antriebskonzept 394
— Fertigungssystem 531
— Meßgerät 716 ff.,
rechnergesteuerte Fertigungsmaschine 688
— Zeichenmaschine 612
rechnergestützte Längenmessung 542 ff.
Rechnerhierarchie, betriebliche 689 f.
rechnerintegrierter Fabrikbetrieb 620
rechnerinterne Objektdarstellung, Modul 614
rechnerunterstützte Arbeitsplanung 634
— Geometrieverarbeitung 609
— Konstruktion 634
— Qualitätssicherung 712 ff.
Rechtsschutz, gewerblicher 584
Reckwalzen 170
Reduktanzmotor 408
Reduzierhülse 353
reduzierte Prüfung 465
Referenzmodell des Fabrikbetriebs 620, 623
—, funktionales 620

Reflexion 808
Reflexionsschalldämpfer 808
regalabhängiges Regalbediengerät 759
Regalbediengerät, regalabhängiges 759
—, regalunabhängiges 759
Regalförderzeug 753, 755
Regallagerung 759
regalunabhängiges Regalbediengerät 759
Regelalgorithmus 440
Regeldifferenz 431
Regeleinrichtung 421
Regelfehler 431
Regelgröße 421
Regelkreis, elektronischer 434
Regelkreisglied, Zeitverhalten 424
Regelstrecke 421
Regelung 421 ff., 798
Regelungstechnik 421 ff.
Regelwerk, Technisches 847
Regenerat 63
Regenerator 797
Registerrecht 584
Regler, direkter 434
—, pneumatischer 434
Reibahle 340
—, verstellbare 340
Reiben 183, 319
Reibkegelschweißen 300
Reibschweißen 224 f., 300
Reibung 181
Reibungskupplung 316
Reibverschleißtest nach Reichert 122
Reichsversicherungsordnung 819 f.
Reihenbohrmaschine 320
Reihenfertigung 595
Reihenschlußverhalten 410
Reinhaltung der Luft, Technische Anleitung zur 794, 852
Reinigen der Fügefläche 203
Reinraumanlage 801
Reinzink 44
Reißdehnung 101
Reißen 252
Reißfestigkeit 101
Reißrippe 149
Reißspan 172
Rekristallisation 71 ff.
—, primäre 71
—, sekundäre 71
Rekristallisationsschaubild 72
Rekuperator 797
Relaisschaltung 434

Sachwortverzeichnis

relative Feuchte 790
– Luftfeuchtigkeit 139
relativer Elektrodenverschleiß 199
Relaxationsmodul 108
Relaxationsverhalten 106
Reliefprägung 306
Research and Development 581
Resonator-Aufnehmer 497
Retardationsversuch 106
Revolverbohrmaschine 320
Revolverdrehmaschine 319
Riefe 528
Rieselbefeuchter 796
Rille 528
RIM 286
Ringfeder-Spannelement 362
Ringschnappverbindung 302
Ringstruktur 613
Risseprüfung, magnetische 96
RLT 789 ff.
RLT-Anlage 789, 795, 801
RLT-Anlagen, Klassifikation der 789
Rockwell-Härte 88
Rohr-Schalldämpfer 797
Rohrleitung 784
Rohrleitungsplan 587
Rohrwerkzeug 350
Rollenbahn 753
Rollennahtschweißen 227
Röntgenprüfung 98
Rotationsformen 270, 287
rotatorisches System 467
Roving 285
RSG 67, 286
Rückfederung 245, 248
Ruckfederungsverhalten 247
Rückkühlwerk 799
Rückmeldedaten 666
Rückstellbereich 288
Rückwärtsfließpreßwerkzeug 345
Rückwärtsrechnung 580, 599
Rückwärtsverkettung 652
rückwirkungsfreie Steuerung 475
Rundfräsen 186
Rundführung 310
Rundheitsmeßgerät 526
Rundheitsmessung 525 ff.
Rundläufer 335
Rundlauffehler 535
Rundlaufmaschine 334
Rundschleifen 192
Rundschleifmaschine, spitzenlose 321
Rundstrahl 235

Rundtransferbaukastensystem 695
Ruß 129
RVO 820

S
Sachpatent 584
Sackloch 282
Sägemaschine 323
Sägen 189, 291, 323
–, Werkzeug zum 343
Sägewerkzeug, Spannzeug für 355
Sammelarbeitsplan 593
Sammelfehler einer Verzahnung 532
Sammelfehlerprüfung 535
Sammelsystem 747
SAN 50, 58, 279, 295, 300, 302
Sandwichbausystem 285
Sandwichspritzguß 274
Sättigungsphase 581
Satzfräser 340 f.
Satzgewinde 343
Satznummer 674
Sauerstoffgehalt des Wassers 139
Sauerstoffkorrosion 137
Sauggasbrenner 229
Saugluftfördersystem 753
Säulenbohrmaschine 319 f.
Säulenführungsschneidwerkzeug 346
SB 50, 55 ff., 279
SBR 64
Scanning-Einrichtung 732
Schaberad 344
Schablonenformverfahren 151
Schabotte 326
Schadeinheit 845 f.
Schaden, Pflicht zur Anzeige und Abwendung von 831
Schadensersatzpflicht 832
schadensgeneigte Arbeit 832
Schädigung, thermische 296
Schadstoffe in der Arbeitsluft 826
Schaefler-Diagramm 211
Schaftfräsen 189
Schaftfraser 341
Schafthalter 355
Schälkraft 205
Schall-Leistungspegel 563
– - –, bewerteter 566
Schallabstrahlung 807
Schalldämmaß, bewertetes 809, 811
Schalldämpfer 797, 808

Schalldruck 558
Schalldruckpegel 387
Schalleistungspegel 793, 809
Schallentstehung 806
Schallfeld in Räumen 809
–, diffuses 565
Schallpegel 857
–, logarithmischer 558
Schallpegelmesser 562
Schallquellen, Emissionswerte technischer 861
Schallschirm 810
Schallschutz, baulicher 811
schaltbare Kupplung 315
Schaltfunktion 423
Schaltinformation 674
Schaltplanzeichnung 587
Schaumbildung 121
Schäume 66 f.
Schaumen 285
Scheibenfräsen 189
Scheibenfräser 341
Scheibenläufer 408
Scherfestigkeit 208
Scherkraftmeßfeder 490 f.
Scherschneiden 252
Scherspan 172
Scherung 294
Schicht mit Sperrwirkung 141
–, aktive 140
Schichtdickenmessung 540
Schichtdickenprüfung 540 f.
Schichtpreßstoff 60
Schichtwerkstoff 231 f., 275
Schirmanguß 278
Schlagbiegeversuch 103
schlagförmige Anregung 806
Schlagversuch 103
Schlagzähigkeit 104
Schlechtleistung, schuldhafte 832
Schleifen 190, 192, 237, 293, 321
–, elektrochemisches 202
–, funkenerosives 199
–, spitzenloses 193
–, Werkzeug zum 341
Schleifkörper 190 f., 826
Schleifmaschine 321 f.
Schleifmittel 342
–, Körnung der 342
Schleifringläufermotor 410
Schleifscheibe 323 f., 342
– zum Abwälzschleifen 344
–, Abrichten der 193
Schleifscheibenhärte 342
Schleifwerkzeug, Spannzeug für 354

Schleppkreisförderer 752
Schleuder-Formgießverfahren 153
Schleudergießverfahren 154
Schlichtbearbeitung 189
Schlichtdrehen 181
Schlichten 183, 199
Schließeinheit 334
Schließen von Zangengriffen 384
Schliffverfahren 540
Schmelzbadspritzen 233
Schmelzindex 110
Schmelzklebstoff 295
Schmelzrotationsformen 287
Schmelzschneidverfahren 230
Schmelzschweißverfahren 214
Schmelzstauchen 233
Schmelzviskosität 284
Schmiedefehler 165
Schmiedegesenk 344 f.
Schmiedehammer 325 ff.
Schmieden 162
Schmiege 523
Schmierfett 26
Schmieröl 124
Schmierstoff 119 ff.
Schnapphaken 302
Schnappverbindung 293, 302
—, federnde 302
—, zylindrische 303 f.
Schneckenextruder 335
Schneckenspritzgießmaschine 274, 334
Schneelöscher 823
Schneidarbeit 256
Schneide 330
Schneiden 171, 251, 330 f.
—, funkenerosives 198 f.
—, thermisches 229
Schneidenverschleiß 176
Schneidgeschwindigkeit 258
Schneidkorn 190
—, loses 196
Schneidkraft 255 ff.
Schneidplatte 336
Schneidrad 323, 344
Schneidspalt 255
Schneidstoff 176
Schneidwerkzeug 345
Schnellarbeitsstahl 30 ff.
Schnelle 548
—, effektive 548
Schnellklebstoff 295
Schnellwechselfutter 353
Schnittarbeit 187
Schnittaufteilung 256
Schnitteingriffswinkel 186, 188
Schnittgeschwindigkeit 175

Schnittkraft 173 f., 182 ff., 190
—, spezifische 175, 187
Schnittkraftexponent 174
Schnittleistung 176, 182 f., 185, 187, 190
Schnittmoment 187
Schnittstelle 614
—, digitale 499
Schockschweißverfahren 223
Schornstein 782
Schrägungswinkel 535
Schraube 303, 366
—, gewindeformende 303
—, gewindeschneidende 303
Schraubenkompressor 798
Schraubenkopfsenkung 339
Schraublehre 534
Schraubverbindung 293
schriftliches Zeugnis 834
Schrittmotor 412
Schrumpfformen 288
Schrumpfschlauch 288
Schrumpfung, behinderte 212
—, freie 212
Schruppbearbeitung 289, 337
Schruppdrehen 181
Schruppen 183
—, funkenerosives 199
Schubkurbel 315
Schubkurbeltrieb 329
Schubmodul-Temperatur-Kurve 110
Schubstangenverhältnis 329
Schubumformen 238, 240
schuldhafte Schlechtleistung 832
Schüttgut 746
Schutz gegen Lärm, Technische Anleitung zum 794, 859
—, kathodischer 142
Schutzausrüstung, persönliche 824
Schutzbrille 826
Schutzenschaltung 434 f.
Schutzgasschweißen 218
Schutzschichtbildung 798
Schwallöten 210
schwarzer Kasten, Methode des 580
Schweißautomat 335
Schweißbarkeit 210
Schweißeigenspannung 213
Schweißeignung 210
Schweißen 210, 295, 825
— im Fernfeld 300
— im Nahfeld 300
— mit Gleichstrom 217
— mit Wechselstrom 217
Schweißfolgeplan 214 f.

Schweißmaschine 335
Schweißmöglichkeit 210, 214
Schweißplan 214 f.
Schweißsicherheit 210 f., 214
Schweißstromquelle 217
Schweißtechnik, Sicherheit in der 825
Schweißtisch 800
Schwellverhalten 283
schwere dynamische Muskelarbeit 378
Schwermetall 38 ff.
Schwimmerprinzip 429
Schwindmaß 149
Schwindungskennwert 112
Schwindungsverhalten 111
Schwingbeschleunigung 548
Schwinggeschwindigkeit 548
—, Effektivwert der 548
Schwinggeschwindigkeitsaufnehmer, elektrodynamischer 549
Schwingläppen 197
Schwingrinne 752
Schwingsaitenmeßfeder 497
Schwingspiel 93
Schwingungsaufnehmer, seismischer 549
Schwingungskorrosion 138
Schwingungsmeßtechnik 548 ff.
Schwingweg 548
—, Maximalwert 548
Sehentfernung 381
Sehleistung 386
seismischer Schwingungsaufnehmer 549
— Wegaufnehmer 549
Seitenschräge 165
Seitenspanwinkel 337
Seitenwinkel 337
Sekundärbedarf 598
sekundäre Rekristallisation 71
Sekunde 2
selbsterregter Motor 408
selbstzentrierendes Bohrfutter 353
Senken 183, 292, 319
—, elektrochemisches 200
—, funkenerosives 198 f.
—, zylindrisches 292
Senker 339
Senkrecht-Bohrmaschine 319
Senkrecht-Fräsmaschine 320
Senkrecht-Räummaschine 323
Senkrecht-Stoßmaschine 322
sequentielles Programm 800
serielle Kommissionierung 759
serieller Frequenzanalysator 553
serielles System 500

Sachwortverzeichnis

Serienfertigung 595
serienorientierte Kommissionierung 759
Servohydraulik 430
Servoventil 430
Set Point Control 440
Shaping 315
Shore-Härte 103
sicherer Arbeitsplatz 834
Sicherheit in der Schweißtechnik 825
Sicherheit, statistische 448
Sicherheitsbeauftragter 821
Sicherheitsfaktor 363
Sicherheitsingenieur 821
Sicherheitsingenieure, Gesetz über 821
Sicherheitsmeister 821
Sicherheitstechniker 821
Sichtprüfung 726
Siebdruck 306
Signalflußplan 422, 470
Signalübertragung, Energieprinzip der 471
Signalverarbeitung 404
Signalwegquerschnitt 472
Siliconkautschuk 65
Simulation 428, 631, 633
Simulationsmodell 618
–, parametrisierbares 631 f.
Simulationssystem, Bausteinorientiertes 631
Sinne, Belastung der 380
Sinterglühung 157
Sintern 156
Sinterschmieden 158
Sinterschwund 157
Sinuslineal 523
Sinusprinzip 522
Sinusschwingung 552
Sinustisch 522
Sitzarbeitsplatz 381 f.
Skinpackung 291
Smogverordnung 851
Software 316, 720, 736
Software-Schnittstelle 719
Softwarestruktur 609, 614 ff.
Sollanzeige 445
Sondermaschine 323 f., 335
Sonderschleifmaschine 322
Sonderzeichnung 587
Sonnenkollektor 784
Sonotrode 300
Sorptionsentfeuchter 796
soziales System 573
soziotechnisches System 573
Spaltkorrosion 137
Spanabfluß 309
Spanabsaugung 800

Spanbildungsprozeß, instationärer 185
Spanen 171, 309
spanende Werkzeugmaschine 309
Spannbreite 450
Spannbügel 355
Spanndorn 361
Spannen 363 ff.
– mit plastischer Masse 365
– mit Magnetwirkung 368
– mit Wirkmedien 364
–, direktes 364 f.
–, indirektes 364 f.
Spannfutter 354
Spannhülse 354
Spannkraft 363 f.
Spannmittel, mechanisches 364 ff.
Spannregeln 363 s, 364 f.
Spannrolleneinheit 355
Spannscheibe 462
Spannung 4, 160
Spannungs-Dehnungs-Diagramm 84, 101
– – –, isochrones 107
Spannungsarmglühen 76
Spannungsreihe 136
–, thermoelektrische 502
Spannungsrißbildung 110, 305
Spannungsrißempfindlichkeit 110
Spannungssteuerung 407
Spannungsverteilung, gleichmäßige 294
Spannweite 453
Spannzange 362
–, Bohrfutter mit 353
Spannzeug für Bohrwerkzeug 353
– – Drehwerkzeug 352
– – Fräswerkzeug 354
– – Hobelwerkzeug 354
– – Raumwerkzeug 354
– – Sägewerkzeug 355
– – Schleifwerkzeug 354
– – Stoßwerkzeug 354
– – Werkzeug 351 ff.
Spanstauchung 175
Spanungsdicke, mittlere 188
Spanwinkel 172, 175, 293
Sparbeizzusatz 132
Spartenorganisation 576
SPC 465, 706
SPC-Regelung 440
Speicher 609
–, flüchtiger 441
–, Ausbaubarkeit 610
Speicherelement 436

Speichermodell 615
speicherprogrammierte Steuerung 438
Speicherungsmodell 615
Speicherverwaltung 609
Speiser 148
Spektralthermometer 504
spezifische Bezugsschnittkraft 174
– Schnittkraft 175, 187
– Wärmekapazität 122
spezifischer Durchgangswiderstand 109
Spindelpresse 327 f.
Spiralbohrer 319, 337 ff.
– mit innerer Kühlmittelzufuhr 338 f.
– – Kegelschaft 338
– – Zylinderschaft 338
Spiralbohrer-Werkstoff 337
Spiralexcenter 367
Spitzdrehmeißel 343
Spitzendrehmaschine 318
spitzengezahnter Fräser 340 f.
spitzenlose Rundschleifmaschine 321
spitzenloses Schleifen 193
Sprache, einheitliche
Sprengschweißen 223
Spritzblasen 284, 350
Spritzdruck 270
Spritzeinheit 334
Spritzen 234
–, thermisches 228, 233
Spritzgießen 270 ff., 276 f., 280, 289
–, Werkzeug zum 347
Spritzgießmaschine 270, 350
Spritzgießwerkzeug 347
Spritzlackieren, elektrostatisches 305
Spritzlackiersystem, elektronisches 235
Spritzpragen 274
Spritzpressen 269, 279, 334 f.
–, Werkzeug zum 350
Spritzpreßwerkzeug 350
Spritzverfahren 130
Sprödbruchneigung 89
Sprühbefeuchter 796
Sprühen von Hartschaumen 853
Spülprozeß 237
Sputtern 232
Stabausdehnungsthermometer 502
Stablinienorganisation 574, 576
Stabthermometer 501
Stahl, austenitischer 28, 211
–, durchgehärteter 349

–, ferritischer 28, 211
–, hochlegierter 211, 349
–, martensitischer 28
–, nichtrostender 28
–, niedriglegierter 210
–, überperlitischer 75
–, unterperlitischer 75
–, warmfester 28
Stahlguß 34, 148, 211
Stammdaten 589
Stammwerkzeug 349 f.
Standalone-Arbeitsplatz 611
Standardabweichung 453
Standardisierung 584
Standardschaltung, logische 436
Ständer 326
Ständerbauart 727 f.
Ständerbohrmaschine 319
Ständerfräsmaschine 320 f.
Standweg 185
Standzeit 177
Standzeitexponent 178
Standzeitgerade 178
Stangenanguß 281
stationärer dynamischer Vorgang 471
– Meßvorgang 481
statische Bereitstellung 758
– Haltearbeit 378
– Lagergröße 759
– Muskelarbeit 378
– Unwucht 554 ff.
Statistical Process Control 465, 706
statistische Auswertung 449
– Methode 447
– Prozeßregelung 706
– Sicherheit 448
– Untersuchung von Meßergebnissen 733
statistischer Parameter 448
statistisches Härteprüfverfahren 87 ff.
Staub 790
Staubabscheider, elektrostatischer 852
Staubgehalt 792
Stauchen 161, 330
Stauchgrenze 85
Stauchung bei Bruch 102
– – Quetschspannung 102
Stauchzylinder 490 f.
Stegbreite 256
Steh-/Sitzarbeitsplatz, kombinierter 381 f.
Steharbeitsplatz 381 f.
Stehend-Schmieden 166
Steifigkeit, dynamische 309

Steigen im Gesenk 164
Steilkegel 354
Steinbildung 788
Stelle 574
Stellenausschreibung 830
Stellenbeschreibung 579
Stellglied 422, 798
–, elektromagnetisches 413
–, elektronisches 413
–, mechanisch-elektrisches 413
Stellgröße 421
Stellhülse 353
Stellit 34
Stellteil 385
Stellvorgang 396
Stellwirklinie 477
Stellzylinder, pneumatischer 432
Sternstruktur 613
Stetigförderer 750 f.
Steuerdaten 666
Steuereinrichtung 422
Steuerstrecke 422
Steuerung 421 ff., 716
–, dispositive 663 ff.
–, fluidische 432
–, hydrostatische 430
–, numerische 316, 318, 667
–, operative 663, 666 ff.
–, pneumatische 432
–, programmierte 438
–, rückwirkungsfreie 475
–, speicherprogrammierte 438
–, werkzeuginnendruckabhängige 334
Steuerungskette 659
Steuerungsmodell 626
Steuerungsmodul 609
Steuerungssystem 759 ff.
Steuerungstechnik 421 ff.
Stichprobe 448
Stichprobenplan 704
Stichprobenprüfplan 462
Stichprobenprüfung 462, 704
Stichprobensystem 464 f.
Stichprobenumfang 462
Stimmgabel-Meßfeder 497
Stirnabschreckversuch 28
Stirnfräsen 186
Stirnrad-Verzahnung 344
Stirnsenker 339
stochastische Anregung 806
Stoff, radioaktiver 826
–, wassergefährdender 844
Stoffe, Verordnung über gefährliche 822
Stoffmenge 2
Stoffwert 18 f.
Stokes 8

Störgröße 421, 695
Stórquelle 563
Störung, anlagenbedingte 601
–, arbeitsbedingte 601
–, dispositionsbedingte 601
–, materialbedingte 601
Stößelkraft 329 f.
Stößelweg 330
Stoßen 182
–, Werkzeug zum 342
stoßförmige Anregung 806
Stoßmaschine 315, 322
Stoßmeißelhalter 355
Stoßwerkzeug 342
–, Spannzeug für 334
Strahlablenkverfahren 432
Strahlen 237
Strahlläppen 324
Strahlschweißen 220
Strahlschweißverfahren 220
Strahlspanen 196 f.
Strahlung, graue 504
–, nichtschwarze 504
Strahlungsformel, Plancksche 503
Strahlungsthermometer 503
Strahlungsübergangszahl 778
Strahlungszahl 778
Stranggießverfahren 156
Strangpressen 168
strategisches Auswahlkriterium 646
Streckblasen 284
Streckdehnung 101
Streckdrücken 252
Streckensteuerung 316 f.
Streckformen 289
Streckformwerkzeug 351
Streckgrad 252
Streckgrenze 83 f.
Streckspannung 101
–, Dehnung bei 101
Streckziehen 240, 247 f.
Streichen 234, 304
Streichmaschine 335
streitige Verhandlung 836
Streumaß 453
Streustromkorrosion 140
Streuung 453
Stromfrequenzgang 482
Stromrichter 414
Stromrichtergerät 413
stromrichtergespeister Industrieantrieb 413
Stromstärke, elektrische 2
strömungsdynamisches System 467
Strömungsgeräusch 793
Struktur 684

Strukturdaten 589
Strukturierung von Oberflächen 304
Strukturschaumformteil 286
Strukturstückliste 588
Strukturverwendungsnachweis 589
Stückgut 745
Stückliste 588, 592
Stücklisten-Organisation, elektronische 500
Stücklistenarchivierung 589
Stücklistenspeicherung 589
Stufenbohrer 337
Stufengetriebe 313
stufenloses Getriebe 312
Stufenlosgetriebe 315
Stufenscheiben-Getriebe 313
Stufenskala 687
Stufensprung 313
Stulpziehen 239
Stumpfschweißen 223
Stumpfstoßverbindung 205
Stützmittel 150
Styrol-Acrylnitril 50
Styrol-Butadien 50
Styrol-Butadien-Kautschuk 64
subjektives Prüfen 603
Summenpegel 559
Superfinish 324
Synchrondrehfrequenz 313
Synchronmotor 404
Synchronverhalten 406, 408
Syntheseöl 126
synthetische Erzeugnisgliederung 589
System 684
— vorbestimmter Zeiten 594
—, elektrodynamisches 550
—, elementares 391 f.
—, gemischtes 477
—, geregeltes 391, 393 f.
—, gesteuertes 391, 393 f.
—, gleichwertig einheitliches 477
—, induktives 549
—, kapazitives 550
—, paralleles 500
—, piezoelektrisches 550
—, piezoresistives 550
—, rotatorisches 467
—, serielles 500
—, soziales 573
—, soziotechnisches 573
—, strömungsdynamisches 467
—, technisches 573
—, thermodynamisches 500 f.
—, translatorisches 467
—, verkoppeltes 471

systematischer Fehleranteil 546
Systemaudit 709 f.
Systembetrachtung 684
Systemdynamik 471
Systemeinführung 580
Systemelement 684
Systemkonzept 579
Systemtechnik 684
Systemtheorie 573
Systemumwelt 684

T
T-Intensitätsgrößen 483
T-Quelle 484
T-Stoßschweißen 299
TA-Lärm 794
TA-Luft 794, 852
Tag 67, 286
Tagestemperatur, mittlere 776
Taktbindung 657
Tangensprinzip 522
Tangenstisch 522
Tangentialstreckziehen 248 f.
Taster 728
Taster-Wechseleinrichtung 732
Tastkopf 728
Tastkugelkorrektur 738
Tastschnittverfahren 529
Tastsystem 728
Tauchanker-Aufnehmer 495 f.
Tauchblasen 350
Tauchlackieren 236, 305
Tauchläppen 324
Tauchverfahren 130, 540
Taylorscher Grundsatz 15 f., 507
TDI 854
Teach-in-Verfahren 692
Technische Anleitung zum Schutz gegen Lärm 794, 859
— — zur Reinhaltung der Luft 794, 852
— Arbeitsmittel, Gesetz über 821
— Gebäudeausrüstung 765 ff.
— Schallquellen, Emissionswerte 861
— Transportleistung 748
— Überwachung 820
— Zeichnung 588
technisches Auswahlkriterium 646
— Genehmigungsverfahren 781
— Geräusch 558 ff.
— Regelwerk 847
— System 573
technologische Daten 615
— Information 317
technologischer Biegeversuch 90

technologisches Modell 618
— Prüfverfahren 90
Teilautomatisierung 687
Teilefertigungsarbeitsplan 593
Teileklassifikationssystem 590
Teilespektrum 655
Teilklimaanlage 790, 801
Teilkreisdurchmesser 534
Teilung 534
Teilungsfehler 534
Teilwälzschleifverfahren 323
Telemetrie 500
Temperatur 6, 8
— der Umschließungsfläche 777
—, thermodynamische 2, 500
Temperatur-Häufigkeitskurve 777
Temperaturbeanspruchung 206
Temperaturbehandlung 237
Temperaturbereich, gummielastischer 288
—, thermoelastischer 288
Temperaturfaktor 778
Temperaturmeßbereich 504 f.
Temperaturmessung 500 ff.
Temperaturniveau 786
Temperaturregelung 788 f.
Temperaturskala 500 f.
—, Internationale Praktische 500 f.
Temperaturspreizung 786
Temperguß 37 f., 148
Tempern 272
Tempoprintverfahren 306
Tensionsthermometer 502
Terminplanung 598
—, auftragsorientierte 599
—, integrierte 599
—, kapazitätsorientierte 599
—, kurzfristige 599
—, langfristige 599
—, mittelfristige 599
Termoöl als Wärmeträger 785
Tertiärbedarf 598
Textilausrüstungsanlage 850
Textur 75
theoretisches Profil 536
thermische Eigenschaften 109 f.
— Nachverbrennung 853
— Schädigung 296
thermisches Abtragen 197
— Schneiden 229
— Spritzen 228, 233
thermodynamische Luftbehandlung 789
— Temperatur 2, 500
thermodynamisches System 500 f.
thermoelastischer Temperaturbereich 288

thermoelektrische Spannungsreihe 502
Thermoelement 502
Thermoplast 49, 52 ff., 269 f., 272
Thermoplastschaumguß 67, 286
Tiefbohrmaschine 320
Tieflochbohren 183, 339
Tiefschleifen 321
Tiefsttemperatur, mittlere 776
Tieftemperaturtechnik, Stahl für 28 f.
Tiefungsversuch 91
Tiefziehen 238 ff., 251, 330 f.
Tiefziehversuch 91
Tiefziehwerkzeug 345 f.
Tischbohrmaschine 319
Toleranz 9 ff., 369 ff.
Toleranzgruppe 278 f.
Toleranzsystem 4 ff.
Tolerierungsgrundsätze 15 ff.
Toluylendiisocyanat 854
Tonne 7
TOP-DOWN-Vorgehensweise 632
Toroid-Meßfeder 490 f.
Torsionsmeßfeder 490 f.
Torsionsschwingungsversuch 110
Totzeit 758
Tragantell 531
Trägheitsabscheidung 852
transienter Meßvorgang 481
– Vorgang 471
Transistorverstärker, hochintegrierter mehrstufiger 437
transkristalline Korrosion 138
translatorisches System 487
Transport von Lasten mit Hebezeugen 827
Transportleistung, arbeitsphysiologische 749
–, physikalische 748
–, technische 748
Transportmittel 748
Transportort 748
Transportsystem 745 ff.
–, abführendes 757
–, fahrerloses 754
–, innerbetriebliches 745 ff.
–, zuführendes 757
Transportvorgang 748
Transportweg 748
Transversaleffekt 488 f.
Trapezgewinde 343
Trennen 171 ff., 252, 291, 309
Trennschleifmaschine 322
Trockenverzinken 44
Trommelläufer 408

Trommeln 236
Tropenfestigkeit 115
Tropfenabscheider 796
Tschebyscheff-Norm 738
TSG 236
TTL-Baustein 434, 436
Tunnelanguß 281, 349
Turbokompressor 798
Turbulenzverstärker 433
Typenbeschränkung 584
Typenstückliste 589
Typisierung 584
Typung 584

U
Überbestimmung 370
übergeordneter Rechner 760
Überlappung 205, 295
Überlebenswahrscheinlichkeit 707
überperlitischer Stahl 75
übersetzendes Getriebe, gleichförmiges 312
– –, ungleichförmiges 312, 315
Übertragungsglied 422
Übertragungsverhalten 470
Überwachung, Technische 820
überwachungsbedürftige Anlage 820
Überwachungskennzeichen 545
UF 50, 61 f., 279
Ultraschall 131
Ultraschalleinbettung 304
Ultraschallöten 210
Ultraschallprüfung 97
Ultraschallschweißen 224, 300
–, direktes 300
–, indirektes 300
UMESS 736
Umformarbeit 332
Umformen 159 ff., 287, 325 ff.
–, Werkzeug zum 344, 351
Umformer 413
Umformgeschwindigkeit 161, 327
Umformgrad 159 f., 238, 241, 251
Umformkraft 325
Umformung, handwerkliche 351
Umformverfahren 159
Umformweg 325
Umformzeit 327
Umgebungseinfluß 100
Umkehrverstärker 437
Umschließungsfläche, Temperatur der 777

Umsteckräder-Getriebe 314
Umweltschutz 837 ff.
Umweltsimulation 801
Unbestechlichkeit, Pflicht zur 831
Unebenheit 528
Unfallverhütung 819 ff.
Unfallverhütungsvorschrift 820
– Lärm 857
ungebundenes Korn 341
ungleichförmig übersetzendes Getriebe 312, 315
Universal-Mikroskop 515
Universaldrehmaschine 318
Universalmaschine 320
Universalmotor 410
unkontrollierter Zufallseinfluß 447
unpolare Verunreinigung 129
Unrundheit 528
Unstetigförderer 753 ff.
Unterbestimmung 470
Unterdruckpressen 334 f.
Unterlassung von Wettbewerb, Pflicht zur 831
unterperlitischer Stahl 75
Unterpulverschweißen 218
– mit Bandelektrode 228
– – Kaltdraht 228
Unterpulverschweißverfahren 228
Untersuchung, lichtmikroskopische 112
–, metallografische 95 ff.
Unterwasserbohren 230
Unterwasserschneiden 230
Unwucht, dynamische 554, 557 f.
–, statische 554 ff.
Unze 7
UP 50, 60 ff., 279, 284 f., 218
Urformen 147 ff., 216
Urliste 449 f.
Urmeter 1
Urstückliste 588
UV-Bestrahlung 798
UVV 820

V
Vakuumbedampfen 305
Vakuumformen 290
Vakuumformung 335
Vakuumformverfahren 150
Value Analysis 586
– Engineering 586
Variantenkonstruktion 397
Variantenstückliste 589
Variantenverfahren 639
Variationskoeffizient 453

Sachwortverzeichnis 889

VBF 781
VDA-FS 640
VDA-FS-Schnittstelle 618
VDA-PS 640
VDE 584
VDI 584
Ventilator 796
Ventilatorauslegung 793
Ventilatorgeräusch 793
Ventiltrieb 432
Verarbeitungseinfluß 100
Verarbeitungsschwindung 111, 278
Verbindung, gefalzte 205
–, geschäftete 205
verbrauchsgebundene Disposition 598
Verbrennung 778
Verbrennungsdreieck 779
Verbrennungsluftmenge 778
Verbundguß 154
Verbundmotor 412
Verbundnummernsystem 590
Verbundverfahren 254
Verbundverhalten 412
Verbundwerkstoff 269 f., 284
Verbundwerkzeug 254
Verdampfer 798
Verdunstungsbefeuchter 796
vereinfachtes Genehmigungsverfahren 781
Verfahren, arbeitsgerichtliches 836
–, hydraulisches 430
Verfahrensaudit 709
Verfahrenspatent 584
Verfahrenstechnik 801
verfahrenstechnische Fließfertigung 596
Verfahrensvergleich 579
Verformungskennwert 83 f.
Verformungszustand 211
Vergleicher 436
Vergleichsbedingung 449
Vergüten 77 ff.
Vergütungspflicht 833
Vergütungsstahl 26 f.
Verhandlung, streitige 836
verkoppeltes System 471
verlorene Federarbeit 328
– Form 152
verlorener Kopf 148
verlorenes Modell 152
Verlustfaktor 806
–, dielektrischer 109
Verordnung über Arbeitsstätten 822
– – brennbare Flüssigkeiten 781 f.

– – gefährliche Stoffe 822
Verrippung 149
Versatz 165
verschärfte Prüfung 465
Verschleiß 193
Verschleißmarkenbreite 178
Verschlußdüse 334
Verschlüsselung 453
Verschulden, ganz geringes 832
Verschwiegenheit, Pflicht zur 831
Versottungsgefahr 779
Verstarkertechnik 499
Verstarkungsstoff (Kunststoff) 55
Versteifung 282
verstellbare Reibahle 340
Verteilsystem 747, 761 ff., 786
Verteilungsfunktion 457
vertikale Beleuchtungsstärke 765
Vertragsfreiheit 830
Vertrauensbereich 454
Vertrauensgrenze 455
Vertrieb 701
– und Kundendienst 622, 624
Verunreinigung, metallische 129
–, polare 129
–, unpolare 129
Verwaltung 630
Verwendungsnachweis 589
Verwerfung 148
Verwindeversuch 91
Verzahnung 733
–, Einzelabweichung einer 532
–, Kugelmaß der 534
–, Sammelfehler einer 532
Verzahnungen, Werkzeug zum Herstellen von 344
Verzahnungsprüfung 532
Verzug 267
VI-Verbesserer 119
Vibrations-Aufnehmer 497
Vicaterweichungstemperatur 110
Vickers-Flügelzellenpumpe 123
Vickers-Härte 88
Vierquadrantenantrieb 401
Viskosität 4, 8, 120
–, dynamische 120
–, kinematische 120
Viskosität-Temperaturverhalten 120
Voll-Quer-Fließpressen 166
Voll-Quer-Strangpressen 166
Voll-Rückwärts-Fließpressen 166
Voll-Rückwärts-Strangpressen 166

Voll-Vorwärts-Fließpressen 166
Voll-Vorwärts-Strangpressen 168
Vollbenutzungsstunden 780
Vollbestimmen 357, 359
Vollbohren 163, 339
Vollentsalzung 798
Vollformgießverfahren 153
Vollprüfung 462, 704
Vollschnittschleifen 194
Vollzentrieren 358, 360
Volumen 4 f., 7
Volumenmeßverfahren 511
Volumenmodell 618, 638
Volumenstrom 4
Vorbehandlung, chemische 204
Vorgelege 314
Vorkalkulation 592
Vorlauf 465
Vorlauftemperatur 786
Vorratsauftrag 597
Vorrichtung 356 ff.
Vorrichtungsdaten 669
Vorrichtungssystematik 356 ff.
Vorschleifen 194
Vorschubantrieb 312, 396
Vorschubkraft 173
Vorschubrichtungswinkel 186
Vorstellungsgespräch 830
Vorverzahnen 323
Vorwärmung 787
Vorwärtsrechnung 580, 599
Vorwärtsverkettung 652
VQM 65
Vulkanisiermittel 64

W

Waagerecht-Bohrmaschine 319
Waagerecht-Fräsmaschine 320
Waagerecht-Räummaschine 323
Waagerecht-Stoßmaschine 322
wahrer Wert 445
Wahrnehmungsstärke 548
Wahrscheinlichkeit 448
Wahrscheinlichkeitsdichtefunktion 457
Wahrscheinlichkeitsnetz 458 ff.
Wahrscheinlichkeitsverteilung 448
Walzen 169, 236
Walzenfräsen 189
Walzenfräser 341
Wälzfräsen 186
Wälzfräser 344
Wälzfräsmaschine 323
Wälzhobelmaschine 323
Wälzschleifen 193
Wälzschleifverfahren 323
Wälzstoßmaschine 323

Wälzumformen 169
Wälzwerkzeug 344
Wanddicke 281
Warenausgangssystem 757
Wareneingangsprüfung 506, 604, 704
Wareneingangssystem 757
Warenzeichen 584 f.
Warmarbeitsstahl 30 ff.
Warmaushärtung 80
Warmbadhärten 76
Warmbehandlung 73 ff.
Wärme 4
—, Formbeständigkeit in der 110
Wärmedämmung 784
Wärmedehnzahl 109
Wärmedurchgang 778
Wärmedurchgangskoeffizient 4
Wärmedurchgangszahl 777
Wärmehaushalt 777
Wärmekapazität 4, 500
Wärmekapazität, spezifische 122
Wärmeleistung 779, 783
Wärmeleitfähigkeit 4, 109, 122
Wärmeleitung 777
Wärmeleitzahl 777
Warmemenge 5, 8
Wärmemessung 788
Warmepumpe 784, 797
Wärmerückgewinnung 797
Wärmeschutzverordnung 780
Wärmespeicher 784
Wärmestrahlung 778
Warmestrom 5
Wärmeströmung 777
Wärmetauscher 784
Wärmeträger 785
—, Dampf als 785
—, Luft als 785
—, Thermoöl als 785
Wärmeübergang 777
Wärmeübergangswiderstand 504
Wärmeübergangszahl 778
Wärmeüberträger 784
warmfester Stahl 26 f.
Warmgasextrusionsschweißen 297
Warmgasfächelschweißen 297
Warmgasschweißen 297 f.
Warmgasschweißgerät 288
Warmkammerverfahren 154
Warmpressen 269, 274 f.
Warmriß 148
Warmschweißen 211
Warmumformen 287, 289
Warmumformmaschine 335
Warmwasser 779

Warmwasserformung 73
Warmwassersystem, dezentrales 785
—, zentrales 787
Warngrenze 465, 706
Wartenetz 634
Wartung von Heizanlagen 787
Wartungskosten 405
Wäscher 796
Wasser, Aggressivtät von 139
—, Härte von 139
—, Sauerstoffgehalt von 139
Wasseraufbereitung 798
Wasseraufnahme 278
Wasserbehörden 837
Wassererwärmer 784
Wassererwärmungsanlage 787, 789
wassergefährdender Stoff 844
wassergekühlter Kondensator 798
Wasserhaushalt 837
—, Ordnung 837
Wasserhaushaltsgesetz 844
Wasserhärter 80
Wasserlinienkorrosion 138
Wasserlöscher 823
Wassernetz, Bemessung 802
Wasserreinhaltung 837 ff.
Wasserstoffkorrosion 137
Wasserstoffkrankheit 39
Wasserstoffversprödung 131
Wasserstrom 786
Wasserversorgung 802
Wasserversorgungsanlage 802
Watt 8
Wechselklima 801
Wechselräder-Getriebe 313
Wechselrichten 414
Wechselstrom, Schweißen mit 217
Wechselstromumrichten 415
Wegabhängigkeit 500
Wegaufnehmer, induktiver 512
—, kapazitiver 512
—, ohmscher 512
—, seismischer 549
weggebundene Presse 329
Wegzeit 758
Weibull-Verteilung 708
Weichglühen 76
Weichlot 209
Weichlöten 207, 209
Weichlotverbindung 210
Weichmacher (Gummi) 64
Weitungsversuch 91
Wellenschwingaufnehmer 549
Wellenschwingung 548
Wellentrenner 531

Welligkeit 528, 721
Wendegetriebe 314 f.
Wendeschneidplatte 336
Wendeschneidplatten, Klemmsystem für 352
Wendestreifen 256
Werkbankfertigung 595
Werksnorm 584
Werkstattauftrag 601
Werkstättenfertigung 595
Werkstattprinzip 657
Werkstattprogrammierung 670
— von NC-Maschinen 626
Werkstattsteuerung 663 ff.
Werkstoffausnutzung 256
Werkstofffluß 163
Werkstoffprüfung 83 ff.
—, zerstörungsfreie 96 ff.
Werkstückantastung 510
Werkstückaufnahme 727
Werkstückhandhabung 691, 693
Werstückspanner 356
Werkstückzeichnung 592
Werkvertrag 829
Werkzeug 336 ff.
— für die Kunststoffverarbeitung 347 ff.
— — Blasformen 350
— — Extrusion 350
— — Gummiverarbeitung 351
— mit geometrisch bestimmter Schneide 336
— — — unbestimmter Schneide 336
— zum Bohren 337 ff.
— — Drehen 330 f.
— — Fräsen 340 f.
— — Herstellen von Gewinden 343 f.
— — Herstellen von Verzahnungen 344
— — Hobeln 342
— — Pressen 350
— — Räumen 342
— — Sägen 343
— — Schleifen 341
— — Spritzgießen 347
— — Spritzpressen 350
— — Stoßen 342
— — Umformen 344, 351
— zur Blechverarbeitung 344
—, kombiniertes 351
—, Spannung für 351 ff.
Werkzeug-Bezugsebene 172
Werkzeug-Orthogonalebene 172
Werkzeug-Orthogonalfreiwinkel 172
Werkzeug-Schneidenebene 172
Werkzeug-Seitenfreiwinkel 172

Sachwortverzeichnis 891

Werkzeugdaten 669
Werkzeughandhabung 691 f.
werkzeuginnendruckabhängige
  Steuerung 334
Werkzeugmaschine 309, 546
—, Abnahme einer 316
—, Hauptantrieb 311
—, numerisch gesteuerte 667
—, spanende 309
Werkzeugschleifmaschine 322
Werkzeugstahl 28 ff.
Werkzeugtemperatur 275, 349
Werkzeugwechsler 325
Wert, wahrer 445
Wertanalyse 586
—, Arbeitsplan der 586
Wettbewerb, Pflicht zur Unterlassung von 831
Wettbewerbsrecht 584
Wettbewerbsverbot, nachvertragliches 831
Wetter-Meßgerät 563
Wetterbeständigkeit 114
WHG 844
Wickelverfahren 285
Widerstand 5
Widerstandpreßschweißen 224
Widerstandslöten 209
Widerstandsmoment 5
Widerstandsthermometer, metallisches 503
Wiederholbedingung 449
Wiederholmeßreihe 446, 449
Wiederholteilorganisation 588
WIG 218, 227
Windgeschwindigkeit 777
Winkel 5
Winkelabhängigkeit 400
Winkeleinheit 521
Winkelendmaß 522 f.
Winkelgeschwindigkeit 4
Winkelmesser 523
Winkelmessung 521
Winkelmeßverfahren 523
Winkelnormal 522
Wirbelkammerelement 433
Wirbelkopf 324
Wirbelsintern 236
Wirbelstrom-Aufnehmer 496
Wirbelstromverfahren 540
Wirk-Bezugsebene 172
Wirk-Bezugssystem 172
Wirk-Orthogonalebene 172
Wirk-Schneidenebene 172
Wirkbewegung 309
Wirkmedien, Spannen mit 364
Wirkungsgradverfahren 771
Wirkungslinie 475

wirtschaftlicher Rechnereinsatz 609
wirtschaftliches Auswahlkriterium 646
Wirtschaftlichkeitsanalyse 579
wissensbasiertes Planungssystem 652 f.
Wöhler-Kurve 105
Wöhler-Schaubild 93
Wöhler-Verfahren 93
Wolfram-Inertgas-Schweißen 218
Work Factor 594
Workstation 611
Wortlänge 610
Wortzeichen 585
Wuchtmaschine 558
Würstchenspritzguß 272
Wurzelortverfahren 426

X
X-Karte 465

Y
Yard 6

Z
Zafoformenordnung 591
Zahndicke 533
Zahnflankenform 535
Zahnflankenschleifmaschine 323
Zahnmeßschieber 533
Zahnradmotor 312
Zahnradräummaschine 323
Zahnstangen-Schneidkamm 344
Zahnweite 533
Zahnweiten-Meßschraube 533
Zangengriffe, Schließen der 384
Zapfensenker 339
Zarge 238
Zeichenautomat 587
Zeichenmaschine, rechnergesteuerte 612
Zeichnung, technische 588
Zeichnungsarchivierung 587
Zeichnungserfassung, automatische 649
Zeichnungssatz 587
Zeichnungsumwandlung 650
Zeichnungsverwaltung 587
Zeit 2, 5
Zeit-Temperatur-Umwandlungs-Schaubild 79
Zeitabhängigkeit 400
Zeitablauf 834
Zeitdehnlinie 107

Zeitdehnspannung 108
Zeitfunktion 438
Zeitplanung 592, 594
Zeitplanungsmethode 581
Zeitraffung 113
Zeitschwellfestigkeit 105
Zeitschwingfestigkeit 105
Zeitschwingfestigkeitsschaubild nach Smith 105
Zeitschwingversuch 104
Zeitspannungsvolumen 194
Zeitstandfestigkeit 108
Zeitstandschaubild 107
Zeitstandversuch 106
Zeitverhalten von Regelkreisgliedern 424
Zeitverlauf 562
Zeitwechselfestigkeit 105
Zeitwirtschaft 658
Zementieren 24
Zementit 73
Zentner 7
Zentralanlage 795
zentrale Arbeitsverteilung 600
— Dampfversorgung 787
Zentraleinheit 438, 441, 609
zentrales Heizsystem 785
— Warmwassersystem 787
Zentralheizung 786
Zentrallager 757
Zentralwert 452
Zentrierbohren 183
Zentrierbohrer 338
Zentrieren 358, 360
Zentriermittel 361
Zentrierspitze 362
Zentrifugieren 236
Zerschneiden 253 f.
Zerspankosten 180
Zerspankraft 173
Zerspanungsvorgang 173
zerstörende Prüfung 113
zerstörungsfreie Prüfung 113
— Werkstoffprüfung 96 ff.
Zerstörungsfreies Prüfverfahren 96 ff.
Zerteilen 171, 152
Zeugnis, schriftliches 834
Ziehen von Folien 853
Ziehstufe 242
Ziehverhältnis 241
Zielhierarchie 659
Ziffernfolge 672, 674
Zink 42 ff.
Zink-Gußlegierung 146
Zinklegierung 42 ff.
Zipfelbildung 255
Zoll 6 f.

Zonentemperaturabsenkung, dezentrale 788
ZTU-Diagramm 79
Zufallseinfluß, unkontrollierter 447
Zufallsgrenze 456
Zufallsstreubereich 456, 460
zuführendes Transportsystem 757
Zug-Zylinder 490 f.
Zugdruckumformen 238 f., 251
Zugfestigkeit 83 f., 101
Zugscherfestigkeit 206
Zugscherschwellfestigkeit 206
Zugspannungserhöhung 243
Zugumformen 238, 240, 247
Zugversuch 83 ff., 101, 160
zulässige Erwärmungsgrenze 417
zulässiger Ausschußprozentsatz 462
– Belastungsgrenzwert 384
Zunderschicht 135
Zusammenstellungszeichnung 587
Zusatzstoffe, Einfluß der 100
Zuschnittplan 214
Zustand, individueller 792
Zustandsdarstellung 426
Zustandsfestigkeitswert 27
Zustandsgleichung 426
Zuverlassigkeit 602, 707
Zwei-Frequenzen-Laserinterferometer 723, 725
Zweiflanken-Wälzabweichung 532
Zweiflanken-Wälzprüfung 535
Zweikanalanlage 800
Zweikomponenten-Klebstoff 295
Zweikomponenten-Material 235
Zweikomponenten-Spritzgießverfahren 286
Zweipunktmeßmethode 518
Zweiquadrantenantrieb 401
Zweirohr-Verteilung 786
zweiseitiges Punktschweißen 225 f.
zweispurige Karte 465
Zweiständer-Exzenterpresse 327, 329
Zweiständer-Kurbelpresse 327, 329
Zwischenstufenglühen 76
Zylinderformmessung 525
Zylinderkondensator 493
Zylinderkoordinaten-Bauart 727 f.
zylindrische Schnappverbindung 302 f.
zylindrisches Senken 292

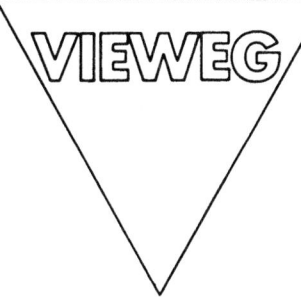

Horst H. Raab
Wirtschaftliche Fertigungstechnik

1984. XII, 322 Seiten mit 396 Abbildungen, zahlreichen Beispielen und Aufgaben. 16,2 x 22,9 cm. (Viewegs Fachbücher der Technik.) Kartoniert.

Die Fertigungstechnik nimmt im Rahmen der Ingenieurausbildung eine zentrale Stelle ein. Die Grundlagen dieses Fachs sind in hohem Maße ausgerichtet an den tatsächlichen Gegebenheiten des Produktionsprozesses in der industriellen Praxis. Durch die Praxisbezogenheit des Lehrstoffes kommt dem Gebiet eine besondere Bedeutung zu.

Dieses Buch beleuchtet die Fertigungstechnik aus dem Blickwinkel der Wirtschaftlichkeit. Aus diesem Ansatz ergeben sich zusätzliche Gesichtspunkte, die über das rein lexikalische Beschreiben des Stoffs hinausgehen und das Buch für Studenten und Praktiker gleichermaßen attraktiv machen.

Es werden die Fertigungsverfahren nach DIN 8580 behandelt. Dabei steht die industrielle Fertigung im Vordergrund. Werkzeuge, Werkzeugmaschinen und Anlagen, auf denen Werkstücke in einer bestimmten Stückzahl hergestellt werden, Umwelteinflüsse, Genauigkeit, Automatisierung und Rentabilität sind nur einige Stichworte, die einen ersten Eindruck von der Zielrichtung des Buches vermitteln. Durch praktische Beispiele und Wirtschaftlichkeitsbetrachtungen bei konkurrierenden Fertigungsverfahren wird der Blick des Lesers über das rein technologische Verfahren hinaus auf die heute immer wichtiger werdenden Fragen der Rentabilität gelenkt.

Dieses Buch wird in Ausbildung und Industrie der Forderung nach zeitgemäßer und praxisorientierter Darstellung gerecht.

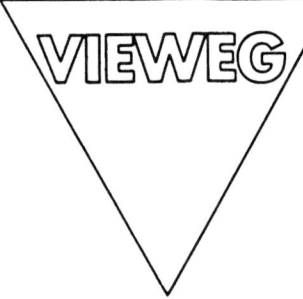

Das Techniker Handbuch

von Alfred Böge

11., überarbeitete und erweiterte Auflage 1989. XVI, 1.648 Seiten mit 1.773 Abbildungen und 306 Tafeln. 14,7 x 21,5 cm. Gebunden.

Aus dem Inhalt: Mathematik – Physik – Mechanik – Festigkeitslehre – Werkstoffkunde – Wärmelehre – Elektrotechnik – Spanlose Fertigung – Zerspantechnik – Werkzeugmaschinen – Betriebswirtschaftslehre – Kraft- und Arbeitsmaschinen – Fördertechnik – Maschinenelemente – Steuerungstechnik – CNC-Technik.

Das Techniker Handbuch enthält den Lehrstoff der Grundlagen- und Anwendungsfächer der Fachrichtung Maschinenbau. Die technisch-naturwissenschaftlichen Grundlagen werden ohne höhere Mathematik erarbeitet. Die Lehrinhalte im neu bearbeiteten Abschnitt Mathematik werden besonders ausführlich behandelt. Eine Einführung in die Differential- und Integralrechnung beschließt diesen Abschnitt.

Seit der 8. Auflage enthält das Techniker Handbuch den Abschnitt Steuerungstechnik, seit der 10. Auflage den Abschnitt CNC-Technik.

Printed by Books on Demand, Germany